Ulrich Haas

Physik

Ulrich Haas

Physik

Für Pharmazeuten, Mediziner und Studierende mit Physik als Nebenfach

Prof. Dr. Ulrich Haas, Stuttgart

7., neu bearbeitete und erweiterte Auflage

Mit 781 Abbildungen und 82 Tabellen

WVG Wissenschaftliche Verlagsgesellschaft
Stuttgart

Anschrift des Autors

Prof. Dr. Ulrich Haas
Universität Hohenheim
Fakultät Naturwissenschaften (220)
D-70593 Stuttgart

Bibliografische Information der Deutschen Nationalbibliothek.
Die Deutsche Nationalbibliothek verzeichnet diese Publikation in der
Deutschen Nationalbibliografie; detaillierte bibliografische Daten sind
im Internet unter http://dnb.d-nb.de abrufbar.

7., neu bearbeitete und erweiterte Auflage
ISBN 978-3-8047-2553-9

Birkenwaldstr. 44, 70191 Stuttgart
www.wissenschaftliche-verlagsgesellschaft.de
Printed in Germany
Satz: CMS – Cross Media Solutions GmbH, Würzburg
Druck und Bindung: Stürtz GmbH, Würzburg
Umschlaggestaltung: deblik, Berlin
Umschlagsabbildung: Dmitry Koksharov/fotolia.com

Vorwort zur 7. Auflage

Dieses Lehrbuch vermittelt die Grundlagen der Physik für alle Studierenden mit Physik als Nebenfach und ist begleitend zu Vorlesungen zur Aufarbeitung und Vertiefung des dort gehörten Lehrstoffs gedacht. Die Studierenden sollen aber auch dazu motiviert werden, in ihrem jeweiligen Fach die physikalischen Aspekte zu hinterfragen und deren physikalische Zusammenhänge zu erkennen. Darüber hinaus gibt es den an Physik Interessierten auf den unterschiedlichsten Gebieten durch weiterführende Darstellungen physikalischer wie auch technischer Sachverhalte und deren Anwendungen tiefere Einblicke sowie Anregungen und Hinweise zu Themenfeldern benachbarter Wissenschaftsbereiche.

Zwar sind in den unterschiedlichen Fachdisziplinen die Lehrinhalte des Nebenfachs Physik grundsätzlich vergleichbar, durch die jeweiligen Gegenstandskataloge werden den Studierenden der Pharmazie bzw. Medizin jedoch fachspezifische Schwerpunkte vorgegeben. Das Grundkonzept dieses Buches, das sich an den Vorgaben der Gegenstandskataloge für den ‚Ersten Abschnitt der Pharmazeutischen Prüfung' bzw. die ‚Ärztliche Vorprüfung' orientiert, wurde beibehalten, wie auch die Gliederung in Anlehnung an diese Gegenstandskataloge. Aber ebenso sind Teile des dargebotenen Lehrstoffs bzw. ganze Kapitel, wie beispielsweise das Kapitel „Schwingungen und Wellen", die nicht mehr in der prüfungsrelevanten Auflistung der Gegenstandskataloge enthalten sind, als unverzichtbar beibehalten worden, da darauf z. B. in anderen Kapiteln zurückgegriffen wird, sie aber außerdem für das Grundwissen im Fach Physik unentbehrlich sind.

Bei der Überarbeitung wurde, neben einer gründlichen und kritischen Durchsicht, das Buch für diese Neuauflage in zahlreichen Teilgebieten vertiefend ergänzt sowie aktualisiert und erweitert. Hierbei flossen ebenso prüfungsrelevante Fragestellungen in den Lehrstoff und in erläuternde Beispiele mit ein, wie auch diverse physikalische bzw. technische Neuerungen und Fortentwicklungen der letzten Jahre mit aufgenommen wurden, die entweder technologischer Art sind oder aber hohe Relevanz bei Diagnose- und Nachweisverfahren haben, die in den Naturwissenschaften und der Medizin vielfältig Anwendung finden.

Derjenige Lehrstoff, der gemäß den Gegenstandskatalogen nur von Studierenden der Pharmazie bzw. Medizin gefordert wird, wird im Allgemeinen durch ein [P] bzw. [M] links neben der Überschrift des jeweiligen Abschnitts gekennzeichnet. In Kleindruck gehaltener Text dient der Vertiefung und Erweiterung des sonstigen Lehrstoffs und kann für eine erste Orientierung ggf. überschlagen werden, ist aber für ein besseres Verständnis äußerst hilfreich. Am Ende eines Teilgebietes oder Kapitels sind zu Übungszwecken des jeweiligen Lehrstoffs Aufgaben eingefügt, deren Lösungen im Anhang zu finden sind.

Das ausführlich gehaltene Sachverzeichnis soll den Studierenden und auch allen anderen Nutzern dieses Buches, z.B. als Nachschlagewerk, den Zugang erleichtern.

Die verwendete Nomenklatur und die Einheiten sind wie bislang weitgehend dem von der Internationalen Union für reine und angewandte Physik (IUPAP) empfohlenen Standard sowie den DIN-Normen angepasst. Die angegebenen physikalischen Konstanten sind nach „P.J. Mohr, B.N. Taylor and D.B. Newells, CODATA Recommended Values of the Fundamental Physical Constants, 2006“: J. of Physical and Chemical Reference Data, 37(3), 2008 und Rev. of Modern Physics, 80(2), 2008. Siehe dazu auch ‚Physikalisch Technische Bundesanstalt [*http://www.ptb.de/*] oder ‚National Institute of Standards and Technology (NIST)‘, USA [*http://physics.nist.gov/cuu/Constants/*].

Der Autor dankt allen Nutzern dieses Buches an der Universität Hohenheim aber auch allen externen, die ihm Anregungen und Hinweise gegeben haben, denn ein Lehrbuch kann von der kritischen Mitarbeit seiner Leser nur profitieren.

Dank sagen möchte ich auch meinem familiären Umfeld, das viel Verständnis aufbringen musste für die zahlreichen Wochen, inklusive der Wochenenden, die dem Buch gewidmet waren, dabei gebührt meiner lieben Frau auch diesmal wieder besonderer herzlicher Dank für ihre aktive Mitarbeit und konstruktiv kritische Manuskript- und Korrekturlesung.

Der Wissenschaftlichen Verlagsgesellschaft, Stuttgart, gilt nicht zuletzt mein Dank für die stets gleich bleibend gute Zusammenarbeit, die Unterstützung und die Geduld während der Herstellungsphase.

Stuttgart, Frühjahr 2011 *Ulrich Haas*

Inhaltsverzeichnis

KAPITEL 1 Physikalische Größen – Einheiten – Mengenbegriffe

KAPITEL 2 Mechanik

KAPITEL 3 Wärmelehre

KAPITEL 4 Elektrizität und Magnetismus

KAPITEL 5 Schwingungen und Wellen

KAPITEL 6 Optik

KAPITEL 7 Atomistische Struktur der Materie

KAPITEL 8 Strahlung (Quellen – Größen – Spektren – Wirkungen – Nachweis)

KAPITEL 9 Steuerung – Regelung – Informationsübertragung

KAPITEL 10 Physikalische Messung – Messfehler

Anhang

Physikalische Größen, Einheiten, Mengenbegriffe

Die Physik ist eine Naturwissenschaft, welche für die Erfassung von Gesetzmäßigkeiten der Natur nicht nur Beobachtungen anstellt und rein qualitative Beschreibungen abgibt, sondern überwiegend quantitative Aussagen mittels genau durchgeführter Messungen macht. Sehr oft konnten Naturgesetze aus zahlenmäßigen Zusammenhängen, gewonnen durch Messungen, abgeleitet werden. Präzise Messmethoden, mehrfach wiederholte kritisch durchgeführte Einzelmessungen und eine solide Fehlerbetrachtung sind dabei unabdingbar.

Wir wollen in diesem Kapitel die Grundbegriffe des Messens ansprechen, die Basisgrößen und -einheiten des internationalen Einheitensystems und ihre Definitionen kennen lernen, um dann noch einige grundlegende Mengen- und Größenbegriffe zu betrachten. Ergänzende Bemerkungen zu physikalischen Messungen, insbesondere der dabei möglicherweise auftretenden Messfehler und ihrer Behandlung finden sich im Kapitel 10.

§ 1 Einheit, Maßzahl, Dimension

Eine **physikalische Größe** beschreibt Eigenschaften und Beschaffenheit physikalischer Objekte, Zustände oder Vorgänge. Die verschiedenen Arten physikalischer Größen werden auf möglichst wenige **Basisgrößen** zurückgeführt. Diesen Basisgrößen wird eine willkürlich gewählte Bezugsgröße zugeordnet, die **Einheit**. Alle anderen physikalischen Größen sind aus diesen Basisgrößen abgeleitete Größen mit abgeleiteten Einheiten. Die Basisgrößen und deren Einheiten sind international festgelegt und werden im nachfolgenden Paragraphen detailliert behandelt. Einige abgeleitete Größen mit ihren Einheiten, wie beispielsweise die Dichte, die Geschwindigkeit, die Kraft, der Druck, die Energie, die elektrische Feldstärke etc., werden z. T. ebenfalls angeführt, jedoch erst in den entsprechenden Kapiteln definiert und eingehend besprochen.

Zur Bestimmung physikalischer Größen muss ein Messverfahren vereinbart werden. Bei dieser Messung wird die zu bestimmende Größe mit der *Einheit* der Größe gleicher Art verglichen. Die bei diesem Vergleich sich ergebende reelle Zahl heißt der **Zahlenwert** (früher: die *Maßzahl*). Eine physikalische Größe ist also immer gleich Zahlenwert mal Einheit.

Physikalische Größe = Zahlenwert × Einheit

Beispiel: Bestimmung des Abstandes zweier Punkte P_1 und P_2. Das vereinbarte Messverfahren ist das Anlegen eines Maßstabes. Auf dem Maßstab ist das Meter, die Einheit der Größe gleicher Art, abgetragen, mit welcher der Abstand der beiden Punkte verglichen wird. Dies ergibt den Zahlenwert. Der Abstand der beiden Punkte ist dann als Zahlenwert mal Einheit bekannt; etwa: $\overline{P_1\,P_2} = 25\ \text{m}$.

Bei Wechsel der Einheit einer Größe ergibt sich i. Allg. ein anderer Zahlenwert. Wird beispielsweise die Fläche A eines Rechtecks zunächst in der Einheit mm^2 dargestellt und dann stattdessen für die Länge der Seitenkanten des Rechtecks die Einheit cm verwendet, d. h. die Fläche soll nun in cm^2 angegeben werden, so ändert sich der Zahlenwert der Flächenangabe um den Faktor $(10^{-1})^2 = 10^{-2}$. Zu beachten ist, dass bei Wechsel der Einheit einer Größe, im Beispiel hier jene der Länge, u. U. entsprechende Potenzen der Umrechnungsfaktoren zwischen den Einheiten dieser Größe berücksichtigt werden müssen (im Beispiel der Angabe einer Fläche ist es das Quadrat des Umrechnungsfaktors der Längeneinheit).

Allgemein gilt bei Wechsel der **Einheit einer Größe**:

> Für die **gleiche** Größe ergibt sich beim Übergang zu einer um den Faktor k größeren (bzw. kleineren) Einheit, ein $1/k$-fach kleinerer (bzw. k-fach größerer) Zahlenwert der Größe.

Umrechnungen zwischen unterschiedlichen Einheiten sind i. Allg. auch erforderlich, wenn bei der Darstellung der Größen ein Wechsel des zugrunde liegenden Maßsystems vorgenommen wird. Eine Länge sei z. B. in ‚inch' (1 inch $\triangleq$ 2,54 cm) angegeben, wie mitunter im angelsächsischen Bereich noch häufig verwendet. Es ist dann der Zahlenwert einer in $(\text{inch})^2$ bestimmten Fläche mit dem Faktor $(2{,}54)^2$ zu multiplizieren, um den Zahlenwert für die Flächenangabe in cm^2 zu erhalten.

Die **Dimension** ist die Beschreibung der physikalischen Größe in ihren Basisgrößen (ohne Einheit). Die Dimension ist also nur abhängig von der Wahl der Basisgröße, nicht aber von der Einheit, in der die physikalische Größe gemessen wird.

Beispiel: Die Geschwindigkeit ist gegeben durch $v = \frac{\Delta s}{\Delta t}$, dann ist die Dimension der Geschwindigkeit $v = \frac{\text{Länge}}{\text{Zeit}}$.

Physikalische Größen können sowohl **skalare** als auch **vektorielle Größen** sein. Wie im Anhang Mathematische Grundlagen, V.A behandelt wird, bezeichnet man eine Größe, die bei vorgegebener Maßeinheit, allein durch die Angabe einer *einzigen* Zahl, den ***Betrag***, eindeutig festgelegt ist, als einen **Skalar**. Beispiele für skalare Größen sind: die Masse, die Zeit, die Frequenz, die Dichte, das Volumen, die Arbeit, die Energie, die Leistung, die Temperatur, die Wärmekapazität, die Brechzahl etc.

Zur Beschreibung eines **Vektors** sind zwei Angaben erforderlich, ein ***Betrag*** (reine Zahl, i. Allg. mit Maßeinheit) und eine ***Richtung***, wie beispielsweise zur Angabe von Weg, Geschwindigkeit, Beschleunigung, Kraft, Impuls, Winkelgeschwindigkeit, Drehmoment, Drehimpuls, oder elektrischer und magnetischer Feldstärke, u. v. a. m.

Zwei einfache Beispiele: Die Angabe einer Verschiebung im Raum, z. B. um einen Weg der Länge von 50 m, oder die Angabe einer Windgeschwindigkeit von 50 km/h ist jeweils keine vollständige Beschreibung. Erst durch die zusätzliche Angabe einer Richtung, der „Bewegungsrichtung", in welche die Verschiebung längs des Weges stattfindet bzw. der Wind bläst, werden diese Größen vollständig bestimmt. Der *Weg* und die *Geschwindigkeit* sind somit Vektoren.

§ 2 Internationales Einheitensystem

Für die Einheiten der physikalischen Größen werden die in der Bundesrepublik Deutschland gesetzlich vorgeschriebenen Einheiten des *‚Système International d'Unités'* (*SI-Einheit*) verwendet. (Zum Teil noch gebräuchliche Einheiten aus anderen Maßsystemen werden in einigen Fällen als Erinnerungshilfe mit angegeben.)

Die Größen der verschiedenen Teilgebiete der Physik lassen sich auf insgesamt sieben Basisgrößen zurückführen (Tab. 2.1).

Tab. 2.1

Basisgröße	SI-Einheit	Einheitenzeichen
Länge	Meter	m
Masse	Kilogramm	kg
Zeit	Sekunde	s
Elektrische Stromstärke	Ampere	A
Temperatur	Kelvin	K
Stoffmenge	Mol	mol
Lichtstärke	Candela	cd

Alle anderen SI-Einheiten sind aus diesen Basiseinheiten abgeleitete Einheiten.

§ 2.1 Definitionen der SI-Basiseinheiten

Meter (m): Das Meter ist die Länge der Strecke, die Licht im Vakuum während des Intervalls von $\frac{1}{299\,792\,458}$ s durchläuft.

Die Überlieferung der Festlegung von Längeneinheiten reicht weit zurück bis in die Zeit Mesopotamiens und des frühen Ägypten. So waren z. B. in Ägypten übliche Längenmaße die *Handbreite*, die *Elle* oder der *Fuß*, natürlich jeweils abhängig von der festlegenden Person bzw. dem Personenkreis. In der hellenistischen Zeit wurde in einigen der wissenschaftlichen Schulen u. a. bereits die Kugelgestalt der Erde als existent belegt und auch deren Umfang, womit der Schritt zur später erfolgten Festlegung der Längeneinheit Meter nicht mehr weit war. Im Jahr 1101 führte in England Henry I. die heute in den angelsächsischen Ländern noch vielfach verwendeten Längenmaße ein, wie „Inch" (1 in = 1" ≙ 2,54 cm: Breite seines Daumens), „Yard" (1 yd ≙ 91,44 cm: Abstand zwischen seiner Nasenspitze und dem senkrecht nach oben gespreizten Daumen seines ausgestreckten Armes) und „Foot" (1 ft ≙ 30,48 cm: Länge seines Fußes). Erst Eduard II. von England legte die Längeneinheit „Inch" im Jahre 1234 als offizielles Längenmaß fest, als die Länge, die drei hintereinander gelegten Reiskörnern entspricht. Ähnlich alte Maßeinheiten des europäischen Kontinents sind der *Schritt* (Länge eines Schrittes), die *Elle* (Abstand zwischen Ellenbogen und Spitze des Mittelfingers), der *Fuß* (Länge eines Fußes), die *Spanne* (Abstand zwischen jeweils der Spitze des kleinen Fingers und des Daumens der gespreizten Hand) oder ein *Klafter* (Längenabstand zwischen den ausgestreckten Armen eines erwachsenen Mannes). So gab es beispielsweise einen *preußischen Fuß* und einen *württembergischen Fuß* oder eine *preußische, badische* und *Bamberger Elle* etc., die aber jeweils unterschiedlich lang waren. Hier stellte die Festlegung der Längeneinheit Meter durch den Beschluss der französischen Nationalversammlung nach Ende der französischen Revolution Ende des 18. Jahrhunderts einen großen Fortschritt in Richtung einer Vereinheitlichung und Vergleichbarkeit der Längenmessung dar. Die Längeneinheit Meter leitet sich über den Erdumfang als dem zehnmillionsten Teil eines Erdmeridianquadranten ab. Aufgrund dieser Definition wurde nach mehreren Zwischenschritten schließlich am 26. September 1889 das sog. ***Urmeter*** als Prototyp des Meters aus einer Legierung, bestehend aus 90 % Platin und 10 % Iridium realisiert, das in Sèvres bei Paris unter konstanten Bedingungen aufbewahrt wurde. Das Längennormal, dessen Querschnitt X-förmig ist (Länge der Schenkel jeweils 20 mm) hat eine Gesamtlänge von 102 cm, mit zwei Marken innerhalb einer Strichgruppe, die bei einer Temperatur von 0 °C einen Abstand von einem Meter haben. Die mangelhafte Qualität dieser Striche bedingte die relative Unsicherheit mit der das Meter damals realisiert werden konnte, die relative Genauigkeit betrug $\pm 1 \cdot 10^{-7}$. Das Urmeter wird auch heute noch in Sèvres bei Paris aufbewahrt. Die Prototypdefinition von 1889 wurde 1960 aber aufgegeben und durch einen atomaren Standard ersetzt, wobei das Meter mittels einer interferometrischen Messmethode (s. § 46.1) als ein bestimmtes Vielfaches der Vakuumwellenlänge eines optischen Übergangs des Krypton-86-Isotops festgelegt wurde. Die XVII. Generalkonferenz für Maß und Gewicht (kurz: CGPM, Conférence Général des Poids et Mésures) löste schließlich 1983 diese Festlegung durch die oben angegebene ab: die Lichtgeschwindigkeit im Vakuum, eine universelle Naturkonstante, wird definiert zu exakt $c = 299\,792\,458 \,\frac{\mathrm{m}}{\mathrm{s}}$ und die Längeneinheit Meter über eine Laufzeitdefinition festgelegt, welche mit Hilfe der modernen Frequenzmesstechnik mit großer Genauigkeit und Reproduzierbarkeit bestimmt werden kann.

Beispiele einiger Längen sind in Tab. 46.1 (§ 46.1) zusammengestellt.

Kilogramm (kg): Das Kilogramm ist die Einheit der Masse, es ist gleich der Masse des Internationalen Kilogramm-Prototyps.

Ursprünglich wurde das Kilogramm als die Masse von 1 dm^3 Wasser bei einer Temperatur von +4 °C definiert. Die I. CGPM, 1889 legte die Masseneinheit durch die Masse eines Zylinders mit einem Durchmesser und einer Höhe von je 39 mm fest, der aus einer chemisch und physikalisch resistenten Legierung aus 90 % Platin und 10 % Iridium angefertigt ist, mit einer Dichte von ca. $21{,}5 \cdot 10^3\ \mathrm{kg \cdot m^{-3}}$. Dieses ***Urkilo-***

gramm wird im Internationalen Büro für Maß und Gewichte in Sèvres bei Paris unter konstanten Bedingungen (wie das Urmeter) aufbewahrt.
Das Kilogramm ist im System die einzige Einheit, die nicht durch Natur- oder Fundamentalkonstanten festgelegt ist, sondern noch einer materiellen Verkörperung bedarf. Die Forschung ist seit vielen Jahren schon auf der Suche nach einer Festlegung des Kilogramms auf der Basis einer unveränderlichen Methode, jedoch hat weder eines der Experimente noch einer der Vorschläge die Reproduzierbarkeit erreicht, um zu einer Neudefinition zu gelangen.

Sekunde (s): Eine Sekunde ist das 9 192 631 770-fache der Periodendauer eines Strahlungsübergangs von Atomen des Nuklids ^{133}Cs (Übergang zwischen den beiden Hyperfeinstrukturniveaus im Grundzustand).

Bei physikalischen Zeitmessungen kann nur die Differenz von zwei Zeiten, ein Zeitintervall, ermittelt werden. Es ist unmöglich, ähnlich wie bei der Angabe der Lage im Raum, physikalisch eine „absolute Zeit" anzugeben.
Die Festlegung der Sekunde erfolgte bis 1956 auf der Basis der Drehung der Erde um ihre eigene Achse und eine Sekunde war der 86 400ste Teil des mittleren Sonnentages. Schon erste Messungen im Jahre 1936 mit Quarzuhren zeigten, dass die Erdrotation jahreszeitliche und auch unregelmäßige nicht vorhersehbare Schwankungen aufweist sowie eine Abbremsung der Erdrotation zu beobachten ist. Die relative Unsicherheit bei der Bestimmung der Weltzeitsekunde lag bei ca. 10^{-8}. Danach dienten bestimmte Bruchteile der als sehr gleichmäßig angesehenen Umlaufszeit der Erde um die Sonne (sog. mittleres tropisches Jahr) zur Festlegung der Sekunde (Ephemeriden-Sekunde). Die oben angegebene Definition der SI-Sekunde beruht auf atomarer Grundlage und wurde im Jahre 1967 durch die XIII. CGPM eingeführt.

Die Tab. 46.2 (§ 46.2) enthält eine Auswahl von in der Natur auftretenden Zeiten.

Ampere (A): Das Ampere ist die Stärke eines zeitlich konstanten elektrischen Stromes, der, durch zwei im Abstand von 1 Meter angeordnete parallele Leiter fließend, zwischen diesen eine Kraft erzeugt, die pro Meter Leiterlänge $2 \cdot 10^{-7}$ N beträgt.

Dabei ist vorausgesetzt, dass die zwei parallelen Leiter sich im Vakuum befinden, vernachlässigbare kreisförmige Querschnittsfläche besitzen, geradlinig und unendlich lang sind.

Die früher übliche Definition der Stromstärke bzw. Ladungseinheit erfolgte über die chemische Wirkung des Stromes: die Stromstärke von 1 A scheidet in 1 s bei einem elektrolytischen Leitungsvorgang in einer Silbersalzlösung 1,118 mg Silber an der Kathode ab (s. § 25.3.2). Aus Gründen der Messgenauigkeit wurde 1948 durch die IX. CGPM die auf der Kraftwirkung zwischen zwei Strömen (s. §§ 26.3 u. 26.3.1) basierende Festlegung getroffen.

Kelvin (K): Das Kelvin ist das $\frac{1}{273{,}16}$fache der thermodynamischen Temperatur des Tripelpunktes von Wasser.

Die XIII. CGPM führte die Temperaturmessung auf der Basis der thermodynamischen (oder absoluten) Temperaturskala mit der Einheit Kelvin (K) als Basiseinheit ein. Daneben dürfen Temperaturdifferenzen auch in Grad Celsius (°C) angegeben werden (s. § 12.2).

Mol (mol): Das Mol ist die Stoffmenge eines Systems, welches so viele Einzelteilchen enthält, wie Atome in 0,012 kg des Kohlenstoffnuklids ^{12}C enthalten sind.

Anmerkung: Bei Verwendung des Mols müssen die Einzelteilchen spezifiziert sein und können Atome, Moleküle, Ionen, Elektronen, andere Teilchen oder spezifizierte Gruppen solcher Teilchen sein.

Die physikalische Größe Stoffmenge n mit der Einheit mol wurde von der XIV. CGPM 1971 festgelegt und ist als die Basisgröße der Atomistik und des Diskontinuums zu betrachten. Sie trägt der Abzählbarkeit gleicher Individuen eines Systems Rechnung und ist deren Anzahl N proportional (s. § 3).

Candela (cd): Die Candela ist die Lichtstärke einer Strahlungsquelle, welche monochromatische Strahlung der Frequenz $540 \cdot 10^{12}$ Hertz in eine bestimmte Richtung aussendet, in der die Strahlstärke 1/683 Watt durch Steradiant beträgt.

Diese neue Definition der Candela nahm die XVI. CGPM im Jahre 1979 an und ersetzte damit die seitherige Festlegung (XIII. CGPM, 1967) der Candela, als der Lichtstärke in senkrechter Richtung einer 1/600 000 m^2 großen Oberfläche eines schwarzen Körpers bei der Temperatur des erstarrenden Platins (2042,5 K) unter einem Druck von 101 325 $N \cdot m^{-2}$.

Früher wurde als Einheit die Hefnerkerze (HK) verwendet, welche die Lichtstärke einer Amylacetatlampe bestimmter Flammhöhe zugrunde gelegt hatte.

1

§ 2.2 Vorsilben zur Bezeichnung von dezimalen Vielfachen und Teilen

Die physikalischen Größen treten in den einzelnen Gebieten der Physik in sehr verschiedenen Größenordnungen auf. Zur bequemeren Schreibweise hat man daher ein international gültiges System von Kurzzeichen für dezimale Vielfache und Teile der Einheiten vereinbart, welche anstatt von Zehnerpotenzen als Vorsatz vor die SI-Einheit gesetzt werden. Das Hintereinandersetzen mehrerer SI-Vorsätze ist unzulässig (z. B. **nicht** 1 mμm, **sondern** 1 nm). Eine Zusammenstellung findet sich in Tab. 2.2.

Tab. 2.2

Bezeichnung	Internationales Kurzzeichen	Zehnerpotenz
Yocto	y	10^{-24}
Zepto	z	10^{-21}
Atto	a	10^{-18}
Femto	f	10^{-15}
Piko	p	10^{-12}
Nano	n	10^{-9}
Mikro	μ	10^{-6}
Milli	m	10^{-3}
Zenti	c	10^{-2}
Dezi	d	10^{-1}
Deka	da	10^{1}
Hekto	h	10^{2}
Kilo	k	10^{3}
Mega	M	10^{6}
Giga	G	10^{9}
Tera	T	10^{12}
Peta	P	10^{15}
Exa	E	10^{18}
Zetta	Z	10^{21}
Yotta	Y	10^{24}

Einige Beispiele für die Anwendung der Vorsilben sowie weitere Einheiten, die gemeinsam mit dem Internationalen Einheitensystem verwendet werden bei:

- Längenangaben: $1\ \text{fm} = 10^{-15}$ m; $1\ \text{nm} = 10^{-9}$ m; $1\ \text{mm} = 10^{-3}$ m; $1\ \text{cm} = 10^{-2}$ m; $1\ \text{dm} = 10^{-1}$ m; $1\ \text{km} = 10^{3}$ m
  Vielfach verwendet wird in der Atom- und Kernphysik noch das Ångström (Einheitenzeichen **Å**): $1\ \text{Å} = 10^{-10}$ m
- Flächenangaben: $1\ \text{m}^2 = 10^2\ \text{dm}^2 = 10^4\ \text{cm}^2 = 10^6\ \text{mm}^2$; $1\ \mu\text{m}^2 = 10^{-12}\ \text{m}^2$. Mitunter wird noch das Hektar (**ha**) bzw. Ar (**a**) verwendet: $1\ \text{ha} = 100$ a; $1\ \text{a} = 100\ \text{m}^2$
  In der Kernphysik findet man häufig das Barn (Einheitenzeichen **b**): $1\ \text{b} = 10^{-28}\ \text{m}^2 = 10^{-24}\ \text{cm}^2$
- Volumenangaben: $1\ \text{m}^3 = 10^3\ \text{dm}^3 = 10^6\ \text{cm}^3 = 10^9\ \text{mm}^3$
  Gemeinsam mit dem SI verwendet wird **der Liter** (Einheitenzeichen **l** oder **L**): $1\ \text{L} = 1\ \text{dm}^3 = 10^{-3}\ \text{m}^3$
  Gebraucht werden oft folgende dezimale Vielfache und Teile:
  $1\ \text{hL} = 100\ \text{L} = 10^{-1}\ \text{m}^3$; $1\ \text{dL} = 10^{-1}\ \text{L} = 10^2\ \text{cm}^3$; $1\ \text{cL} = 10^{-2}\ \text{L} = 10\ \text{cm}^3$; $1\ \text{mL} = 10^{-3}\ \text{L} = 1\ \text{cm}^3$; $1\ \mu\text{L} = 10^{-6}\ \text{L} = 1\ \text{mm}^3$
- Massenangaben: Als einzige SI-Basiseinheit enthält die Masse aus historischen Gründen bereits im Namen eine Vorsilbe. Die Bezeichnung der dezimalen Vielfachen und Teile der Basiseinheit der Masse werden daher durch Hinzufügen der Vorsilben vor das Wort „Gramm" gebildet, wie beispielsweise:
  $1\ \text{kg} = 10^3\ \text{g} = 10^6\ \text{mg}$; $1\ \mu\text{g} = 10^{-6}\ \text{g} = 10^{-9}\ \text{kg}$.
  Gemeinsam mit dem SI verwendet wird die Tonne (Einheitenzeichen **t**): $1\ \text{t} = 1\ \text{Mg} = 10^3$ kg
  Vielfache einer Tonne können auch mit den entsprechenden Präfixen z. B. t, kt, Mt, Gt etc. verwendet werden.
  Die Masse von Edelsteinen darf bei Wägungen auch in metrischen Karat (Kurzzeichen ct oder Kt) angegeben werden, wobei 1 ct = 0,2 g entspricht.
- Zeitangaben:
  $1\ \text{ps} = 10^{-3}\ \text{ns} = 10^{-12}\ \text{s}$; $1\ \mu\text{s} = 10^{-3}\ \text{ms} = 10^{-6}\ \text{s}$.
  Gemeinsam mit dem SI verwendet wird:
  ⇒ die Minute (Einheitenzeichen **min**): $1\ \text{min} = 60$ s
  ⇒ die Stunde (Einheitenzeichen **h**): $1\ \text{h} = 60\ \text{min} = 3600$ s
  ⇒ der Tag (Einheitenzeichen **d**): $1\ \text{d} = 24\ \text{h} = 86\,400$ s
  Das allgemeine Einheitenzeichen für die Zeiteinheit ein Jahr ist 1 **a** unabhängig von seiner speziellen Definition.
- Ebener Winkel: Gemeinsam mit dem SI verwendet wird:
  ⇒ der Grad (Einheitenzeichen °): $1° = (\pi/180)$ rad
  ⇒ die Winkelminute (Einheitenzeichen ′): $1' = (1/60)° = (\pi/10\,800)$ rad.
  ⇒ die Winkelsekunde (Einheitenzeichen ″): $1'' = (1/60)' = (\pi/648\,000)$ rad.

§ 2.3 Abgeleitete SI-Einheiten mit besonderem Namen

Ausgehend von den in § 2.1 definierten Basiseinheiten ist das Internationale Einheitensystem SI als ein kohärentes Maßeinheitensystem aufgebaut. Die Maßeinheit einer abgeleiteten physikalischen Größe wird aus den Basiseinheiten ebenso multiplikativ zusammengesetzt, wie die physikalische Größe selbst als multiplikative Verknüpfung aus den Basisgrößen definiert ist.

Beispiele: Die abgeleitete Einheit einer *Fläche*, mit der Dimension $(\text{Länge})^2$, ergibt sich zu: Meter · Meter $= \text{m} \cdot \text{m} = \text{m}^2$, dem Quadratmeter (auch Meterquadrat), oder für das *Volumen*, mit der Dimension $(\text{Länge})^3$, folgt die Einheit Kubikmeter (auch Meterkubus) zu Meter · Meter · Meter $= \text{m} \cdot \text{m} \cdot \text{m} = \text{m}^3$.

Die physikalische Größe *Geschwindigkeit* hat gemäß ihrer Definition die Dimension $(\text{Länge} \cdot \text{Zeit}^{-1})$ und somit lautet die abgeleitete Einheit $\text{m} \cdot \text{s}^{-1}$, d. h. Meter pro Sekunde.

Der *Impuls*, definiert als Produkt aus Masse und Geschwindigkeit, hat die Dimension $(\text{Masse} \cdot \text{Länge} \cdot \text{Zeit}^{-1})$ und somit die abgeleitete Einheit $\text{kg} \cdot \text{m} \cdot \text{s}^{-1}$.

Unter den abgeleiteten SI-Einheiten gibt es welche, die mit einem besonderen Namen versehen sind und deren Kurzform für die Produkte der Basiseinheiten verwendet werden. Einige von ihnen sind mit den Namen von Wissenschaftlern verknüpft, die sich um die betreffenden Teilgebiete der Physik verdient gemacht haben. In Tabelle 2.3 sind die wesentlichen abgeleiteten Einheiten, die einen besonderen Namen und besondere Einheitenzeichen haben, angegeben.

Außer den in diesem Abschnitt angegebenen SI-Einheiten für die Basisgröße Masse und die abgeleitete Größe Energie (Tab. 2.3), werden neben dem SI-System für spezielle Zwecke besondere Einheiten für diese Größen benutzt, deren in SI-Einheiten ausgedrückten Größenwerte experimentell ermittelt werden (Tab. 2.4). Dabei wird mit N_A (in mol^{-1}) die Avogadro-Konstante (s. § 3) und mit e (in C) die Elementarladung (s. § 23) bezeichnet.

Tab. 2.3

Größe	Name und Einheitenzeichen		Darstellung in Basiseinheiten	Darstellung in anderen SI-Einheiten
Ebener Winkel	Radiant	rad	$\text{m} \cdot \text{m}^{-1}$	
Raumwinkel	Steradiant	sr	$\text{m}^2 \cdot \text{m}^{-2}$	
Frequenz	Hertz	Hz	s^{-1}	
Kraft	Newton	N	$\text{m} \cdot \text{kg} \cdot \text{s}^{-2}$	J/m
Druck	Pascal	Pa	$\text{m}^{-1} \cdot \text{kg} \cdot \text{s}^{-2}$	N/m^2
Energie, Arbeit, Wärmemenge	Joule	J	$\text{m}^2 \cdot \text{kg} \cdot \text{s}^{-2}$	$\text{N} \cdot \text{m}$
Leistung, Energiestrom	Watt	W	$\text{m}^2 \cdot \text{kg} \cdot \text{s}^{-3}$	J/s
elektrische Ladung, Elektrizitätsmenge	Coulomb	C	$\text{s} \cdot \text{A}$	$\text{A} \cdot \text{s}$
elektrisches Potential, elektrische Spannung, elektromotorische Kraft	Volt	V	$\text{m}^2 \cdot \text{kg} \cdot \text{s}^{-3} \cdot \text{A}^{-1}$	W/A
elektrische Kapazität	Farad	F	$\text{m}^{-2} \cdot \text{kg}^{-1} \cdot \text{s}^4 \cdot \text{A}^2$	C/V
elektrischer Widerstand	Ohm	Ω	$\text{m}^2 \cdot \text{kg} \cdot \text{s}^{-3} \cdot \text{A}^{-2}$	V/A
elektrischer Leitwert	Siemens	S	$\text{m}^{-2} \cdot \text{kg}^{-1} \cdot \text{s}^3 \cdot \text{A}^2$	A/V
magnetischer Fluss	Weber	Wb	$\text{m}^2 \cdot \text{kg} \cdot \text{s}^{-2} \cdot \text{A}^{-1}$	$\text{V} \cdot \text{s}$
magnetische Flussdichte, Induktion	Tesla	T	$\text{kg} \cdot \text{s}^{-2} \cdot \text{A}^{-1}$	Wb/m^2
Induktivität	Henry	H	$\text{m}^2 \cdot \text{kg} \cdot \text{s}^{-2} \cdot \text{A}^{-2}$	Wb/A
Lichtstrom	Lumen	lm		$\text{cd} \cdot \text{sr}$
Beleuchtungsstärke	Lux	lx		$\text{m}^{-2} \cdot \text{cd} \cdot \text{sr}$
Aktivität (radioaktive)	Becquerel	Bq	s^{-1}	
Energiedosis	Gray	Gy	$\text{m}^2 \cdot \text{s}^{-2}$	J/kg
Äquivalentdosis	Sievert	Sv	$\text{m}^2 \cdot \text{s}^{-2}$	J/kg

Tab. 2.4

Größe	Name	Einheiten-zeichen	Definition
Masse	atomare Masseneinheit	u	$1\,u = 10^{-3} \cdot N_A^{-1}\,kg \cdot mol^{-1}$
Energie	Elektronvolt (früher: Elektronenvolt)	eV	$1\,eV = e\,J/C = 1{,}60218 \cdot 10^{-19}\,J$

Zur atomaren Masseneinheit siehe auch § 38.1 und zur Elementarladung § 23.2.

Tab. 3.1

	Masse in kg
Elektron	$9{,}109 \cdot 10^{-31}$
Proton	$1{,}673 \cdot 10^{-27}$
Neutron	$1{,}675 \cdot 10^{-27}$
Bleiatom	$3{,}441 \cdot 10^{-25}$
Virus	ca. $10^{-21} \ldots 10^{-19}$
Staubkorn	ca. 10^{-10}
Erdmond	$7{,}36 \cdot 10^{22}$
Erde	$5{,}98 \cdot 10^{24}$
Sonne	$1{,}99 \cdot 10^{30}$
unsere Galaxie (Milchstraße)	ca. $6 \cdot 10^{41}$
gesamtes Universum	ca. 10^{52}

§ 3 Mengenbegriffe – Bezogene Größen

Mengenbegriffe

Masse: Die *Masse* ist eine der wichtigsten Eigenschaften der materiellen Stoffe. Sie ist eine für den betreffenden Körper charakteristische und ortsunabhängige physikalische Größe. Besitzt beispielsweise 1 dm^3 Wasser eine bestimmte Masse, dann haben 2 dm^3 Wasser die doppelte und 3 dm^3 die dreifache Masse. Eine Änderung des Aggregatzustandes (d. h. fest zu flüssig zu gasförmig und *vice versa*) ist ohne Einfluss auf die Masse. Gefriert z. B. Wasser zu Eis oder wandelt es sich in Dampfform um, so bleibt die Masse erhalten.

Die Masse, häufig mit dem Buchstaben m bezeichnet, ist ein Skalar und stellt eine der sieben Basisgrößen des SI dar (s. § 2).

Einheit:

Kilogramm (kg)
Weitere gebräuchliche Einheiten:
1 Tonne (t) $= 10^3$ kg
1 Gramm (g) $= 10^{-3}$ kg

In Tabelle 3.1 sind einige Beispiele von Massen zusammengestellt.

Volumen: Das *Volumen* V ist wie die Masse ein Begriff zur Beschreibung bestimmter Mengen eines Stoffes. Der Rauminhalt eines Körpers beispielsweise im dreidimensionalen Raum hat die Dimension $(\text{Länge})^3$.

Einheit:

Kubikmeter, auch Meterkubus (m^3)
Weitere gebräuchliche Einheiten (s. auch § 2.2):
$1\,mm^3 = 10^{-3}\,cm^3 = 10^{-6}\,dm^3 = 10^{-9}\,m^3$
$1\,dm^3 = 1\,L$

Das Volumen eines Stoffes ist von Druck und Temperatur abhängig.

Stoffmenge: Der Mengenbegriff *Stoffmenge* ist eine der Basisgrößen des SI. Die Stoffmenge n ist der Anzahl N näher zu bezeichnender gleicher Einzelteilchen eines Systems (einer Substanz) proportional. Die Einzelteilchen können Atome, Moleküle, Ionen, Elektronen sowie andere Teilchen oder Gruppen solcher Teilchen genau angegebener Zusammensetzung sein. Der Proportionalitätsfaktor ist $(N_A)^{-1}$, wobei die ***Avogadro-Konstante*** N_A die Anzahl der Teilchen in einem Mol der Substanz angibt (s. auch §§ 13.2.3 und 14).

Definition:

$$n = \frac{N}{N_A} \tag{3.1}$$

dabei ist der Zahlenwert der **Avogadro-Konstante** N_A gegeben durch:
$N_A = (6{,}02214179 \pm 0{,}00000030) \cdot 10^{23}\ \text{mol}^{-1} \approx 6{,}022 \cdot 10^{23}\ \text{mol}^{-1}$.

Einheit:

Mol (mol) (Basiseinheit)

Beispiel: Gemäß der Definition des Mol enthalten verschiedenartige Substanzen pro Mol jeweils die gleiche Anzahl von Teilchen, d.h. ein mol Eis, ein mol Wasser, wie auch ein mol Benzol enthalten die gleiche Anzahl von Molekülen.

Weitere Erläuterungen und Beispiele § 13.2.3.

Teilchenanzahl: Die Anzahl der Teilchen N einer Substanz ist ebenso ein Mengenbegriff. Die Teilchenanzahl ist der Stoffmenge n proportional (s. auch Gleichung (3.1)).

Definition:

$$N = n \cdot N_A \tag{3.2}$$

Einheit:

dimensionslos

Bezogene Größen

Mit den Größen Masse, Volumen und Stoffmenge bzw. Teilchenanzahl können bestimmte Mengen eines Stoffes beschrieben werden. Zur Charakterisierung von Stoffen werden aber auch oft sog. bezogene Größen verwendet, wie volumenbezogene, massenbezogene und stoffmengenbezogene sowie bei Stoffgemischen und Lösungen, Größen, die einen „Gehalt" bzw. eine „Konzentration" bezeichnen.

a) Volumenbezogen

Dichte: Verschiedene Stoffe können bei gleicher Masse unterschiedliche Volumina aufweisen. Typisch für den betreffenden Stoff ist der Quotient aus seiner Masse und seinem Volumen, der als *Dichte* bezeichnet wird, zur Unterscheidung mitunter präziser als *Massendichte*. Man verwendet für die Dichte meist den griechischen Buchstaben ϱ.

Definition:

$$\varrho = \frac{m}{V} \tag{3.3}$$

Dichte = Masse durch Volumen

Einheit:

$$\frac{\text{Kilogramm}}{(\text{Meter})^3} \left(\frac{\text{kg}}{\text{m}^3}\right)$$

Weitere gebräuchliche Einheit:

$$\frac{\text{g}}{\text{cm}^3} \left(\text{Umrechnung: } 1\ \frac{\text{g}}{\text{cm}^3} = 10^3\ \frac{\text{kg}}{\text{m}^3}\right);$$

aber auch: $\frac{\text{kg}}{\text{L}}$; $\frac{\text{g}}{\text{L}}$; $\frac{\text{g}}{\text{mL}}$

Mit den weiter unten definierten Größen *molare Masse M* und *molares Volumen* V_m kann die Dichte auch durch $\varrho = M/V_m$ angegeben werden.

Die Dichte der Stoffe ist i. Allg. abhängig von Temperatur (s. §13.1.3) und Druck (s. §13.2.1). Bei festen und auch bei flüssigen Substanzen ändert sich die Dichte über weite Bereiche des Druckes und der Temperatur nur wenig. Dagegen ist die Dichte von Gasen stark druck- und temperaturabhängig. Die Tabelle 3.2 zeigt Werte der Dichte einiger fester, flüssiger und gasförmiger Stoffe für bestimmte Werte von Druck und Temperatur.

Die Dichte von Stoffen wird mitunter auf die Dichte bestimmter Bezugssubstanzen bezogen und als *Dichteverhältnis* bzw. *relative Dichte* angegeben. Feste Stoffe und Flüssigkeiten werden gewöhnlich auf Wasser von 4 °C ($\varrho = 0{,}999975 \cdot 10^3\ \text{kg/m}^3$) bezogen und für Gase ist die Bezugssubstanz üblicherweise Luft bei entsprechenden Werten von Druck und Temperatur.

Beispiele von Methoden zur Dichtebestimmung werden in § 9.6 beschrieben.

Die Dichte darf keinesfalls verwechselt werden mit dem manchmal (leider) immer noch verwendeten Begriff der „Wichte" bzw. des „spezifischen Gewichtes", definiert als der Quotient von *Gewicht/Volumen* und demzufolge mit der Einheit N/m³. Da das Gewicht (als Kraft in Richtung des Erdmittelpunktes) an verschiedenen Orten der Erdoberfläche unter-

Tab. 3.2

Feste Stoffe (bei 20 °C)	Dichte in $10^3 \frac{kg}{m^3}$	Feste Stoffe (bei 20 °C)	Dichte in $10^3 \frac{kg}{m^3}$
Aluminium, rein	2,702	Holz, trocken	0,4...0,8
Bernstein	1,0...1,1	Kupfer, rein	8,933
Blei	11,34	Papier	0,7...1,2
Diamant	2,6	Paraffin	0,8...0,9
Eis (0 °C)	0,917	Platin	21,4
Eisen, Roh-, grau	6,6...7,4	Plexiglas	1,2
Fette	0,90...0,95	Polyamid (Perlon, Nylon u. ä.)	1,08...1,14
Germanium	5,323		
Glas, Fenster-	2,48	Polivinylchlorid (PVC)	1,38
Glas, Pyrex-	2,59	Porzellan	2,3...2,5
Glas, Quarz-	2,2	Silber	10,5
Gold	19,29	Teflon (Hostaflon)	2,1...2,2
Flüssigkeiten (bei 20 °C)	**Dichte in $10^3 \frac{kg}{m^3}$**	**Flüssigkeiten (bei 20 °C)**	**Dichte in $10^3 \frac{kg}{m^3}$**
Aceton	0,791	Methylalkohol (Methanol)	0,7915
Äthylalkohol (Ethanol)	0,7892	Milch, mittelfett	1,032
Benzin	0,68...0,78	Quecksilber	13,546
Benzol	0,879	Salpetersäure (100 %)	1,512
Chloroform	1,489	Salzsäure (40 %)	1,195
Diethylether	0,714	Schwefelsäure (100 %)	1,834
Dieselkraftstoff	0,85...0,88	Silikonöl	0,76...0,97
Erdöl	0,73...0,94	Wasser (H_2O), rein	0,9982
Glycerin	1,261	Wasser, Meer-	1,01...1,03
Heizöl	0,95...1,08	Wasser, schweres (D_2O)	1,105
Gase (bei 0 °C, 1013 hPa)	**Dichte in $\frac{kg}{m^3}$**	**Gase (bei 0 °C, 1013 hPa)**	**Dichte in $\frac{kg}{m^3}$**
Acetylen	1,173	Luft	1,2928
Ammoniak	0,771	Methan	0,7168
Argon	1,784	Neon	0,9002
Butan	2,732	Ozon	2,139
Chlor	3,214	Propan	2,0096
Dimethylether	2,1098	Sauerstoff	1,4290
Helium	0,1785	Stadtgas	ca. 0,6
Kohlenstoffdioxid	1,977	Stickstoff	1,2505
Kohlenstoffmonoxid	1,250	Wasserstoff	0,0899
Krypton	3,744	Xenon	5,897

schiedliche Werte annimmt (s. § 5.1.2), ist die Wichte keine Stoffkonstante und sollte daher nicht verwendet werden.

Teilchenanzahldichte: Sie gibt die Anzahl der Teilchen (Def. s. Gleichung (3.2)) in der Volumeneinheit an.

Definition:

$$\varrho_{\mathrm{N}} = \frac{N}{V} \tag{3.4}$$

Einheit:

m^{-3}

b) Massenbezogen

Massenbezogene Größen werden üblicherweise als *spezifische Größen* bezeichnet. Beispiele dazu sind die *spezifische Wärmekapazität* als Quotient von Wärmekapazität und Masse (s. dazu §§ 15.1 und 15.1.1) und das *spezifische Volumen.*

Spezifisches Volumen: Als Quotient aus Volumen V und Masse m stellt das spezifische Volumen υ den Kehrwert der (Massen-)Dichte ϱ dar.
Definition:

$$\upsilon = \frac{V}{m} = \frac{1}{\varrho} \tag{3.5}$$

Einheit:

$\dfrac{\mathrm{m}^3}{\mathrm{kg}}$

c) Stoffmengenbezogen

Auf die Stoffmenge bezogene Größen bezeichnet man als „molare Größen", die stoffmengenbezogene Masse bzw. das stoffmengenbezogene Volumen wird daher *molare Masse* bzw. *molares Volumen* genannt. Beispiele zu diesen Größen finden sich in § 13.2.3.

Molare Masse: Die molare Masse M eines Stoffes, bezogen auf seine Einzelteilchen (Atome, Moleküle, etc.) ist der Quotient aus der Masse m und der Stoffmenge n des Teilchensystems.

Definition:

$$M = \frac{m}{n} \tag{3.6}$$

Einheit:

$\dfrac{\mathrm{kg}}{\mathrm{mol}}$

Weitere gebräuchliche Einheiten:

$\dfrac{\mathrm{mg}}{\mathrm{mol}}; \dfrac{\mathrm{g}}{\mathrm{mol}}$

Beispiele dazu siehe § 13.2.3.

Molares Volumen: Das molare Volumen V_{m} eines Stoffes ist der Quotient aus dem Volumen V und der Stoffmenge n des Teilchensystems.

Definition:

$$V_{\mathrm{m}} = \frac{V}{n} \tag{3.7}$$

V_{m} ist, wie das Volumen V, von Druck und Temperatur abhängig.
Einheit:

$\dfrac{\mathrm{m}^3}{\mathrm{mol}}$

Weitere gebräuchliche Einheiten:

$\dfrac{\mathrm{L}}{\mathrm{mol}}$ (bei Gasen); $\dfrac{\mathrm{cm}^3}{\mathrm{mol}}$ (bei festen und flüssigen Stoffen)

$\left(\text{Umrechnungen: } 1\,\dfrac{\mathrm{L}}{\mathrm{mol}} = 1\,\dfrac{\mathrm{dm}^3}{\mathrm{mol}} = 10^{-3}\,\dfrac{\mathrm{m}^3}{\mathrm{mol}}\right).$

Weitere *molare Größen* sind beispielsweise die *molare Wärmekapazität* (s. § 15.1.1) oder die *molare Schmelz- und Verdampfungswärme* (s. dazu § 16.1).

d) Gehalt

Massengehalt: Angegeben wird der Quotient des *Massenanteils* einer Substanzkomponente B und der Gesamtmasse $\sum_i m_i$ der Mischsubstanz (z. B. einer Lösung oder eines Gasgemisches).

Definition:

$$w_B = \frac{m_B}{\sum_i m_i} \quad (3.8)$$

Einheit:

dimensionslos oder in %

Die früher verwendete Bezeichnung Massenbruch oder Gewichtsprozent (Gew.%) sollte nicht mehr verwendet werden.

Als Einheit für den Massengehalt sind außer den genannten, mehrere Möglichkeiten gebräuchlich und – mutatis mutandis – auch für den untenstehend angegebenen Volumen- und Stoffmengengehalt. Einige wichtige Einheiten, welche insbesondere oft zur Angabe von Nachweisgrenzen analytischer Untersuchungen verwendet werden, sind – stellvertretend – für den Massenanteil in Tab. 3.3 angegeben.

Tab. 3.3

Quotient zweier Masseneinheiten	$\frac{g}{g}$	$\frac{cg}{g}$	$\frac{mg}{g}$	$\frac{\mu g}{g}$	$\frac{ng}{g}$	$\frac{pg}{g}$
Dezimalquotient	1	10^{-2}	10^{-3}	10^{-6}	10^{-9}	10^{-12}
Verwendetes Einheitenzeichen	1	%	‰	ppm	ppb	ppt

Dabei bedeuten: ppm ≡ parts per million; ppb ≡ parts per billion; ppt ≡ parts per trillion, wobei im Angelsächsischen gilt: 10^9 = billion und 10^{12} = trillion.

Volumengehalt: Angegeben wird der Quotient des *Volumenanteils* der Substanzkomponente B und dem Gesamtvolumen $\sum V_i$ der Mischsubstanz (z. B. einer Lösung oder eines Gasgemisches).

Definition:

$$\varphi_B = \frac{V_B}{\sum_i V_i} \quad (3.9)$$

Einheit:

dimensionslos oder in %

Die früher verwendete Bezeichnung Volumenbruch oder Volumenprozent (Vol.%) sollte nicht mehr verwendet werden.

Zur Berechnung des Gesamtvolumens werden die Volumina der reinen Komponenten eingesetzt, das jedoch nicht unbedingt gleich $\sum_i V_i$ sein muß, da z. B. beim Lösen Volumeneffekte auftreten können.

Stoffmengengehalt: Angegeben wird der *Stoffmengenanteil* der Substanzkomponente B, d. h. der Anteil der Mole dieser Komponente an der Summe der Molzahlen $\sum_i n_i$ aller vorhandenen Komponenten der Mischsubstanz. Der Stoffmengengehalt wurde bisher auch *Molenbruch* genannt.

Definition:

$$x_B = \frac{n_B}{\sum_i n_i} \quad (3.10)$$

Einheit:

dimensionslos oder in %

e) Konzentration

Massenkonzentration: Sie wird angegeben als der Quotient aus der Masse der Substanzkomponente B und dem Gesamtvolumen V der Mischsubstanz (z. B. einer Lösung).

Definition:

$$\varrho_B^* = \frac{m_B}{V} \quad (3.11)$$

Einheit:

$\frac{kg}{m^3}$

Stoffmengenkonzentration: Die Stoffmengenkonzentration ist gegeben als Stoffmenge der Komponente des Stoffes B (d. h. die Anzahl der Mole dieser Substanz) dividiert durch das Gesamtvolumen der Mischsubstanz (z. B. einer Lösung).

Definition:

$$c_B = \frac{n_B}{V} \qquad (3.12)$$

Einheit:

$\frac{\text{mol}}{\text{m}^3}$ $\left(\frac{\text{mol Substanz}}{\text{m}^3 \text{ Lösung}}\right)$

Weitere gebräuchliche Einheit:

$\frac{\text{mol}}{\text{dm}^3} = \frac{\text{mol}}{\text{L}}$, mit der häufig verwendeten Bezeichnung **Molarität** für die Stoffmengenkonzentration.

Beispielsweise bezeichnet man eine Lösung von 2 mol/L als eine 2 molare Lösung und schreibt hierfür oft einfach: 2 M Lösung.

Molalität: Sie ist gegeben als Stoffmenge der Komponente des (z. B. gelösten) Stoffes B dividiert durch die Masse des Lösungsmittels m_L.

Definition:

$$m_B^* = \frac{n_B}{m_L} \qquad (3.13)$$

Einheit:

$\frac{\text{mol}}{\text{kg}}$ $\left(\frac{\text{mol Substanz}}{\text{kg Lösungsmittel}}\right)$

Als Größenzeichen soll für die Molalität nach IUPAP der Buchstabe m verwendet werden; um jedoch Verwechslungen zu vermeiden, wird in der Definition (3.13) für die Bezeichnung der Molalität m^* benützt.

Der Unterschied zwischen der Molarität in mol/l und der Molalität in mol/kg ist bei konstanter Temperatur für verdünnte wässrige Lösungen nicht sehr groß. Die Verwendung der Molalität als Konzentrationsmaß bietet den Vorteil von äußeren Parametern wie Druck und Temperatur unabhängig zu sein, da sie im Gegensatz zur Stoffmengenkonzentration (Molarität) nicht auf das Volumen bezogen ist.

Aufgaben

Aufgabe 3.1: Was versteht man unter einer *physikalischen Größe*?

Aufgabe 3.2: Welche *Basisgrößen* verwendet das „Internationale Einheitensystem SI"?

Aufgabe 3.3: Was versteht man unter einer *vektoriellen* und was unter einer *skalaren Größe*?

Aufgabe 3.4: Geben Sie die Einheit der *Länge*, der *Masse* und der *Zeit* im SI an.

Aufgabe 3.5: Wie werden die Einheiten der in Aufgabe 3.4 genannten Größen festgelegt?

Aufgabe 3.6: Wie lautet die Definition der SI-Einheit mol?

Aufgabe 3.7: Welche a) *dezimale Vielfache* und b) *dezimale Teile* gibt es im SI; wie werden sie benannt und wie lauten ihre Vorsatzzeichen?

Aufgabe 3.8: Wie wird die (*Massen-*)Dichte definiert und wie lautet ihre SI-Einheit?

Aufgabe 3.9: Was versteht man unter der *Avogadro-Konstante* und welchen Zahlenwert (mit Einheit) hat diese?

Aufgabe 3.10: Wie ist die *Stoffmengenkonzentration* definiert und wie lautet ihre Einheit?

Mechanik

Die Mechanik ist jenes Teilgebiet der Physik, in welchem die Bewegung bzw. die Bewegungsänderung und die Formänderung von Körpern unter der Wirkung von Kräften untersucht wird. Die dabei gewonnenen physikalischen Gesetze sind grundlegend und können beispielsweise ebenso zur Beschreibung der Bewegung geladener Teilchen in elektrischen und/oder magnetischen Feldern wie für die der Planeten im Gravitationsfeld der Sonne herangezogen werden. Die Natur der wirkenden Kräfte spielt dabei in der Beschreibung ihrer Wirkung durch die Gesetzmäßigkeiten der klassischen Mechanik eine untergeordnete Rolle. Weit über den Rahmen der Mechanik hinaus finden Begriffe und Gesetze der klassischen Mechanik – man denke z. B. an den Begriff der Energie, insbesondere an deren Erhaltungssatz – in allen Bereichen der Naturwissenschaften ihre Anwendung.

Wir beginnen den zu behandelnden Stoff der klassischen Newton'schen Mechanik mit der **Kinematik**, der Lehre von der *Bewegung* von Körpern in Raum und Zeit.

§4 Bewegungen

Ein Körper ist im **Zustand der Ruhe**, wenn er seine Lage in Bezug auf seine Umgebung bzw. auf ein die Umgebung beschreibendes Koordinatensystem **mit der Zeit nicht verändert**.

Trägt man auf der Abszisse eines rechtwinkligen Koordinatensystems die Zeit t und auf der Ordinate den Weg s in den entsprechenden Einheiten ab, so erhält man ein ***Weg-Zeit***-Diagramm (Abb. 4.1). Befindet sich ein Körper im *Zustand der Ruhe*, so ergibt dies in einem solchen *Weg-Zeit*-Diagramm eine Parallele zur Abszissenachse (s. Abb. 4.1 (1)).

Verändert er seine Stellung dauernd, so ist der Körper in **Bewegung**. Alle Bewegungen sind Relativbewegungen bezüglich einer ruhend gedachten Umgebung bzw. eines Koordinatensystems. Ein absolut festes Koordinatensystem gibt es nicht. Die bei der Bewegung in Abhängigkeit von der Zeit t zurückgelegten Wege s, bezüglich des ruhend gedachten Ausgangspunktes, ergeben im *Weg-Zeit*-Diagramm Kurven $s = f(t)$, wie in Abb. 4.1 (2) – (4) beispielhaft dargestellt.

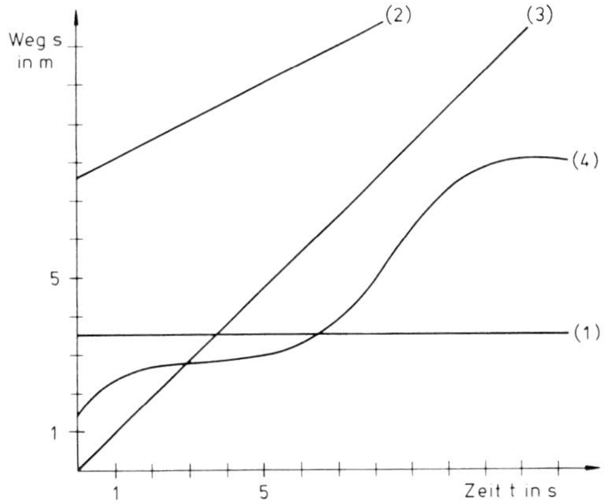

Abb. 4.1
(1): Körper im Zustand der Ruhe
(2)/(3): Körper im Zustand der gleichförmig geradlinigen Bewegung
(4): Körper im Zustand der ungleichförmigen Bewegung

Betrachtet man die allgemeine Bewegung eines Körpers, so unterscheidet man zur Vereinfachung der Beschreibung der Bewegung zunächst grundsätzlich zwischen der ***translatorischen*** und der ***rotatorischen Bewegung.*** Diese beiden Arten der Bewegung eines Körpers, *Translation* und *Rotation*, können folgendermaßen definiert werden:

Translation:
Alle Punkte des Körpers bewegen sich auf parallelen Linien um gleiche Stücke in der gleichen Zeit.

Wird der Quader der Abb. 4.2 in Pfeilrichtung durch eine Translation um den Verschiebungsvektor $\Delta\vec{r}$ bewegt, so bewegen sich die beliebig herausgegriffenen drei Punkte 1, 2 und 3 des Quaders auf parallelen Geraden um gleiche Stücke nach 1', 2' bzw. 3'.

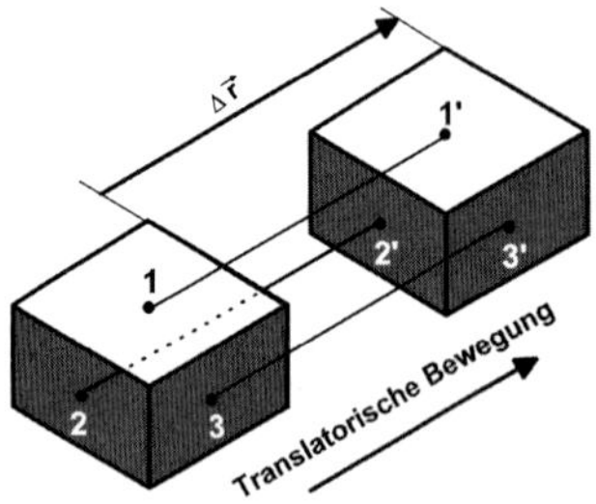

Abb. 4.2

Rotation:
Alle Punkte des Körpers bewegen sich auf konzentrischen Kreisen um ein festes Drehzentrum.

Rotiert die Scheibe der Abb. 4.3 um das ortsfeste Drehzentrum D, so bewegen sich die beliebig herausgegriffenen drei Punkte 1, 2 und 3 der Scheibe auf konzentrischen Kreisen (beispielsweise nach einer Drehung der Scheibe um $\Delta\varphi = 90°$ bis zur Position 1', 2' bzw. 3').

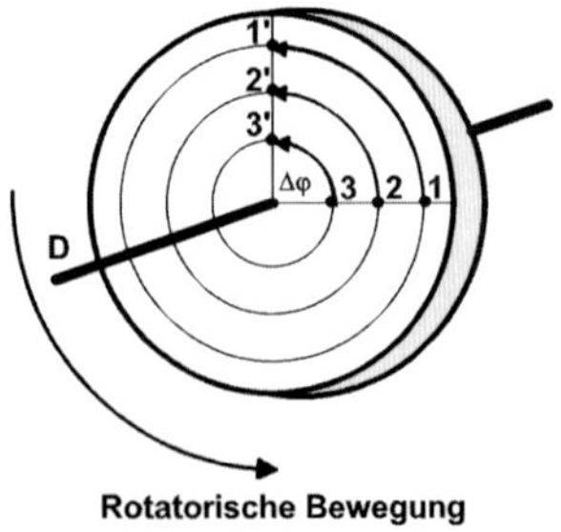

Abb. 4.3

Die Zusammensetzung beider Bewegungsarten ist z. B. bei einem rollenden Rad zu beobachten (s. z. B. § 6.2.2 ff.).

Weiterhin unterscheidet man zwischen *gleichförmiger und ungleichförmiger* Bewegung.

Die Bewegung heißt **gleichförmig**, wenn in gleichen Zeitabschnitten bei einer Translation gleiche Wege zurückgelegt, bzw. bei einer Rotation gleiche Winkel überstrichen werden. Sind die in gleichen Zeiten zurückgelegten Wege bzw. überstrichenen Winkel verschieden, so handelt es sich um eine *nicht gleichförmige* oder **ungleichförmige Bewegung**.

Im Weg-Zeit-Diagramm $s = f(t)$ einer Translation stellen die Geraden (2) und (3) der Abb. 4.1 eine gleichförmige und die Kurve (4) eine ungleichförmige Bewegung eines Körpers dar.

§ 4.1 Translationsbewegungen

In diesem Abschnitt untersuchen wir kinematische Größen im speziellen Fall der eindimensionalen Bewegung, d. h. der fortschreitenden Bewegung auf einer Geraden. Wir betrachten dabei die Bewegung eines idealisierten Körpers, eines ***Massenpunktes***, dessen gesamte Masse in einem mathematischen Punkt vereinigt gedacht ist. Jeder reelle Körper, dessen Form bzw. Größe bei dem untersuchten physikalischen Problem keinen Einfluss hat, kann als Massenpunkt betrachtet werden.

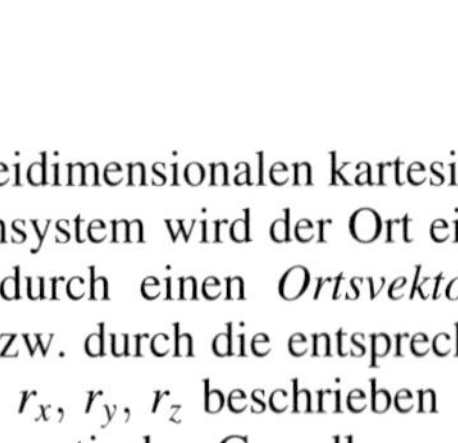

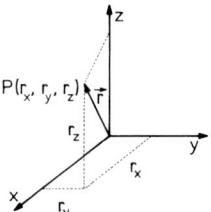

Abb. 4.4

In einem dreidimensionalen kartesischen x, y, z-Koordinatensystem wird der Ort eines Massenpunktes P durch einen *Ortsvektor* $\vec{r}$ (Abbildung 4.4) bzw. durch die entsprechenden Ortskoordinaten r_x, r_y, r_z beschrieben (s. auch Anhang Mathematische Grundlagen, V. C). Der Ortsvektor, der bei Bewegung des Massenpunktes sich zeitabhängig verändert, ist zu einer bestimmten Zeit t gegeben durch:

$$\vec{r}(t) = \vec{r}_x(t) + \vec{r}_y(t) + \vec{r}_z(t),$$

wobei für den Betrag des Ortsvektors

$$r(t) = |\vec{r}(t)| = \sqrt{r_x^2(t) + r_y^2(t) + r_z^2(t)} \quad \text{gilt.}$$

Verändern sich bei einem Massenpunkt die Ortskoordinaten in Abhängigkeit von der Zeit, erfolgt also eine Verschiebung des Körpers in einer bestimmten Zeit von einem Punkt aus in eine bestimmte Richtung um ein Wegstück Δs zu einem Nachbarpunkt, so wird die Bewegung des Massenpunktes durch die physikalischen Größen Weg $\vec{s}$, Zeit t, Geschwindigkeit $\vec{v}$ und Beschleunigung $\vec{a}$ beschrieben. Dabei sind der Weg, die Geschwindigkeit und die Beschleunigung vektorielle Größen.

§ 4.1.1 Die Geschwindigkeit

Wir betrachten zunächst nur reine Translationsbewegungen und untersuchen die nach dem Zustand der Ruhe einfachste Bewegungsform, die ***geradlinig gleichförmige Bewegung*** eines Körpers, d. h. die Verschiebung erfolge auf einer geradlinigen Bahn. Wir verstehen darunter die in Abb. 4.5 dargestellte Bewegung (geradlinige Bahnkurve eines Körpers im x, y, z-Koordinatensystem), bei welcher der Körper gleiche Wegstücke Δs seiner geradlinigen Bahn in gleichen Zeitintervallen Δt zurücklegt. Es ist $\Delta s \sim \Delta t$ (das Zeichen $\sim$ steht für „proportional zu"). Der Proportionalitätsfaktor ist die **Geschwindigkeit v** (von lateinisch „*velocitas*"), die dann als Quotient aus der zurückgelegten Wegstrecke Δs und dem dazu benötigten Zeitintervall Δt definiert wird:

Definition:

$$\boxed{v = \frac{\Delta s}{\Delta t}} \tag{4.1}$$

Einheit:

$$\frac{\text{Meter}}{\text{Sekunde}} \left(\frac{\text{m}}{\text{s}}\right)$$

Weitere gebräuchliche Einheiten: km/h
Umrechnung: 1 m/s = 3,6 km/h

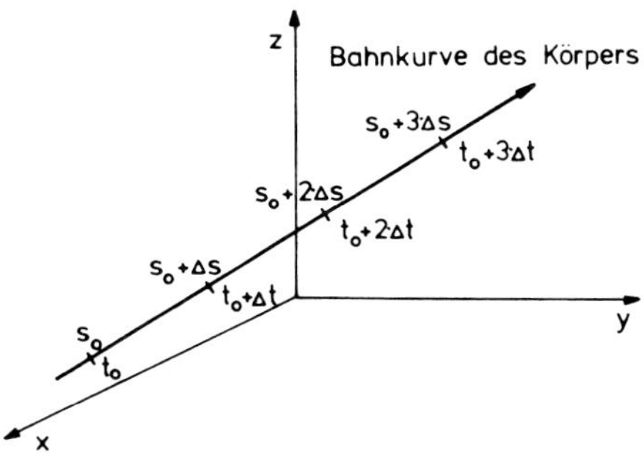

Abb. 4.5

Für den speziellen Fall der gleichförmigen Bewegung der Abb. 4.5 ist die Geschwindigkeit $v = \text{const}$.

Bei bekannter Geschwindigkeit v kann man den auf der Bahnkurve zurückgelegten Weg s leicht als Funktion der Zeit t angeben. Zur Zeit t_0 befinde sich der Körper an der Wegmarke s_0 (Abb. 4.5). Ausgehend von s_0 ergibt sich die Wegmarke s zur Zeit t durch Aufsummieren der einzelnen Wegelemente Δs, welche in dieser Zeit zurückgelegt werden. Mit (4.1) erhält man:

$$\begin{aligned} s &= s_0 + \sum(\Delta s) = s_0 + \sum(v \cdot \Delta t) \\ &= s_0 + v \cdot \sum(\Delta t) = s_0 + v \cdot (t - t_0) \end{aligned}$$

da die Summation der Zeitintervalle Δt ausgehend vom Zeitpunkt t_0, $\sum(\Delta t) = (t - t_0)$ ergibt. Die vom Körper zurückgelegte Wegstrecke s auf der Bahnkurve lässt sich als Funktion der Zeit angeben und in einem ***Weg-Zeit***-Diagramm darstellen. Die Funktion $s = f(t)$ ist linear in der Zeit t und ergibt im Weg-Zeit-Diagramm eine Gerade (Abb. 4.6). Die Steigung der Geraden erhält man als Tangens des Neigungswinkels α der Geraden gegen die t-Achse und entspricht damit der Geschwindigkeit v:

$$\tan\alpha = \frac{\Delta s}{\Delta t} = v.$$

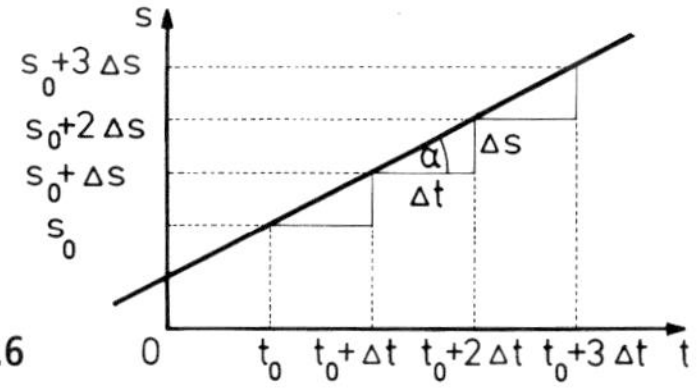

Abb. 4.6

Wird die Wegmarke s_0 zur Zeit $t_0 = 0$ zu $s_0 = 0$ gewählt, so stellt die Funktion $s = f(t)$ im Weg-Zeit-Diagramm eine Ursprungsgerade $s = v \cdot t$ mit der Steigung v dar. Je steiler die Gerade, desto größer ist v, wie in Abb. 4.7 für zwei unterschiedliche Geschwindigkeiten dargestellt, für welche $v_2 > v_1$ gilt.

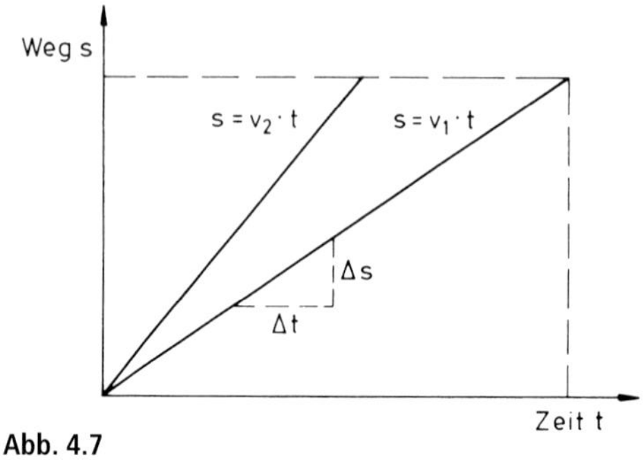

Abb. 4.7

Ist zur Zeit $t_0 = 0$ die Wegmarke $s_0 \neq 0$, wie beispielsweise in Abb. 4.8 für $s_0 > 0$ und außerdem $v > 0$ dargestellt, so lautet die allgemeine Gleichung dieser Geraden:

$$s = s_0 + v \cdot t \tag{4.2}$$

Aus Abb. 4.8 entnimmt man

$$v = \frac{\Delta s}{\Delta t} = \frac{1}{3}\frac{\text{m}}{\text{s}} \quad \text{und} \quad s_0 = 2\,\text{m}$$

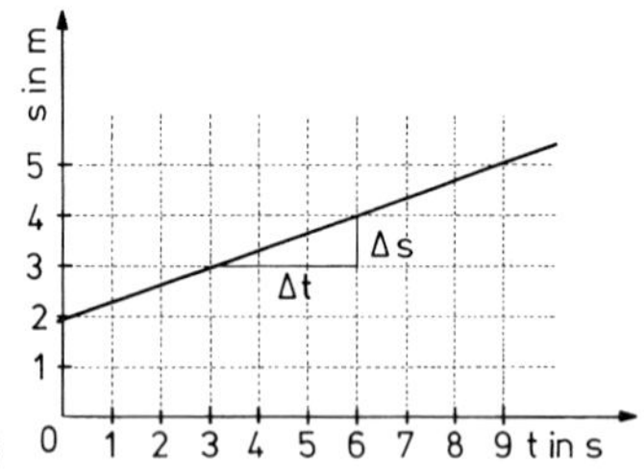

Abb. 4.8

Die Vorschrift zur Messung einer Geschwindigkeit eines Körpers oder der Ausbreitungsgeschwindigkeit, z. B. von Schall oder Licht, folgt unmittelbar aus der Definition (4.1): man wählt zwei beliebige Wegmarken 1 und 2, die von der Anfangsmarke (Nullmarke, z. B. Koordinatenursprung) der Bahnkurve oder der Ausbreitungsrichtung, die zu messenden Abstände s_1 und s_2 haben, welche zu den zu messenden Zeiten t_1 und t_2 passiert werden. Mit der Wegstrecke $\Delta s = s_2 - s_1$ und dem dazu benötigten Zeitintervall $\Delta t = t_2 - t_1$ erhält man schließlich: $v = \dfrac{\Delta s}{\Delta t}$.

Tabelle 4.1 enthält Beispiele einiger Geschwindigkeiten.

Die Geschwindigkeit $\vec{v}$ ist wie der Weg $\vec{s}$ ein Vektor, was wir mit einem Pfeil über der Größe andeuten. (Ist der Pfeil weggelassen, so ist nur der Betrag der Geschwindigkeit gemeint.)

Geschwindigkeiten können somit wie Vektoren in Komponenten zerlegt werden. Umgekehrt lassen sich einzelne Geschwindigkeitskomponenten zu einer resultierenden Geschwindigkeit zusammensetzen (s. Abb. 4.9):

$$\vec{v}_r = \vec{v}_1 + \vec{v}_2$$

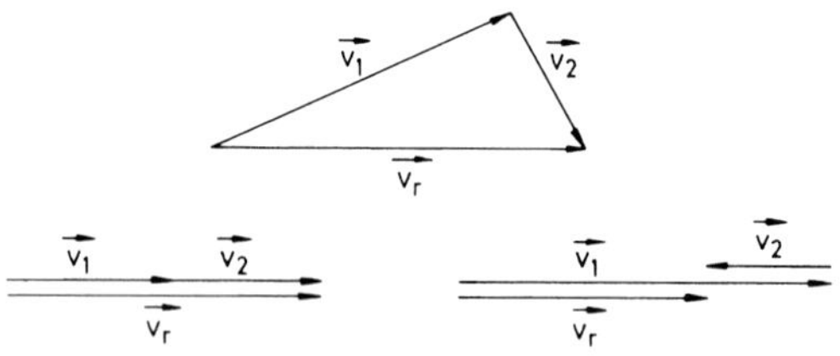

Abb. 4.9

Tab. 4.1

Geschwindigkeit v in $\frac{\text{m}}{\text{s}}$	
Lichtgeschwindigkeit (im Vakuum)	$2{,}998 \cdot 10^8$
Bahngeschwindigkeit der Sonne um das galaktische Zentrum	$2{,}5 \cdot 10^5$
Bahngeschwindigkeit der Erde um die Sonne	$2{,}98 \cdot 10^4$
Schall in Meerwasser (17 °C)	ca. $1{,}5 \cdot 10^3$
Umfangsgeschwindigkeit der Erde am Äquator	$4{,}59 \cdot 10^2$
Schall in Luft (20 °C)	$3{,}44 \cdot 10^2$
Rennpferd	ca. 25
Sprinter	ca. 10
Regentropfen	ca. 9
Sperling	ca. 8
Fallschirmspringer	ca. 4
Fußgänger	ca. 1,5
Schnecke	ca. 10^{-3}
Wachstum von Gras	ca. 10^{-6}
Wachstum von Haaren	ca. 10^{-8}

Beispiele:

1. (Abb. 4.10)

Zwei Sportler starten gleichzeitig am Ausgangspunkt und bewegen sich unter einem Winkel γ in unterschiedlichen Richtungen jeweils geradlinig so auseinander, dass in 10 s Sportler A 60 m und Sportler B 80 m zurücklegt. Sportler A sprintet daher mit einer Geschwindigkeit von $\upsilon_A = 6\,\frac{m}{s}$, Sportler B mit $\upsilon_B = 8\,\frac{m}{s}$. Die Geschwindigkeit $\vec{\upsilon}_r$, mit welcher sich die beiden Sportler auseinanderbewegen, zeigt in Richtung einer Diagonalen des Parallelogramms, gebildet aus $\vec{\upsilon}_A$ und $\vec{\upsilon}_B$, und ergibt sich aus Abb. 4.10 nach den Regeln der Vektoraddition zu (s. Anhang A V.B):

$$\vec{\upsilon}_r = \vec{\upsilon}_B - \vec{\upsilon}_A$$

Mit Hilfe des Cosinussatzes (Anhang A II.B und V.B) folgt für den Betrag von $\upsilon_r = |\vec{\upsilon}_r|$:

$$\upsilon_r = \sqrt{|\vec{\upsilon}_A|^2 + |\vec{\upsilon}_B|^2 - 2\cdot|\vec{\upsilon}_A|\cdot|\vec{\upsilon}_B|\cdot\cos\gamma}$$

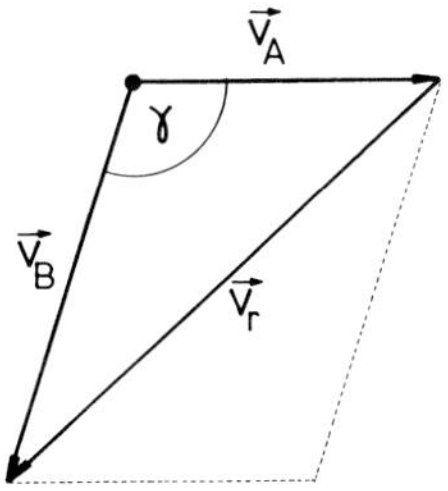

Abb. 4.10

Betrachten wir drei Einzelfälle für den Winkel γ und die sich dabei ergebenden unterschiedlichen Beträge für υ_r:

a) $\gamma = 0°$, d. h. die Sportler laufen in dieselbe Richtung: Mit $\upsilon_A = 6\,\frac{m}{s}$ und $\upsilon_B = 8\,\frac{m}{s}$ ergibt sich aus obiger Gleichung, für die Differenzgeschwindigkeit wegen $\cos\gamma = 1$,

$$\upsilon_r = \sqrt{|\vec{\upsilon}_A|^2 + |\vec{\upsilon}_B|^2 - 2\cdot|\vec{\upsilon}_A|\cdot|\vec{\upsilon}_B|} = 2\,\frac{m}{s}$$

ein Ergebnis, das auch ohne Cosinussatz einfach errechnet werden kann.

b) $\gamma = 90°$, die beiden Sportler laufen im rechten Winkel zueinander weg. In diesem Fall stellt die Geschwindigkeit $\vec{\upsilon}_r$ eine der Diagonalen eines Rechtecks dar, gebildet aus $\vec{\upsilon}_A$ und $\vec{\upsilon}_B$, deren Betrag sich (da $\cos\gamma = 0$) nach dem Satz des Pythagoras ergibt zu:

$$\upsilon_r = \sqrt{|\vec{\upsilon}_A|^2 + |\vec{\upsilon}_B|^2} = 10\,\frac{m}{s}$$

c) $\gamma = 180°$, die beiden Sportler laufen in entgegengesetzte Richtungen. Die Geschwindigkeit, mit der sie auseinander laufen, ergibt sich als Summe der Beträge der Einzelgeschwindigkeiten, bzw. folgt mathematisch aus dem Cosinussatz für den Betrag der resultierenden Geschwindigkeit, wegen $\cos\gamma = -1$, zu:

$$\upsilon_r = \sqrt{|\vec{\upsilon}_A|^2 + |\vec{\upsilon}_B|^2 + 2\cdot|\vec{\upsilon}_A|\cdot|\vec{\upsilon}_B|} = 14\,\frac{m}{s}$$

2. (Abb. 4.11)

Ein Ozeandampfer bewege sich bezüglich des Meeresgrundes mit einer Geschwindigkeit von $\upsilon_D = 8\,\frac{m}{s}$. Ein Läufer bewege sich auf dem Dampfer mit $\upsilon_L = 4\,\frac{m}{s}$ senkrecht zur Bewegungsrichtung des Schiffes. Die resultierende Geschwindigkeit $\vec{\upsilon}_r$ des Läufers, bezüglich des Meeresgrundes, folgt nach Betrag und Richtung durch vektorielle Addition der Geschwindigkeitskomponenten zu: $\vec{\upsilon}_r = \vec{\upsilon}_D + \vec{\upsilon}_L$, mit dem Betrag (nach dem Satz des Pythagoras) $|\vec{\upsilon}_r| = \sqrt{\upsilon_D^2 + \vec{\upsilon}_L^2} = 8{,}94\,\frac{m}{s}$ und dem Winkel $\varphi = 26{,}6°$ (aus $\tan\varphi = \upsilon_L/\upsilon_D$).

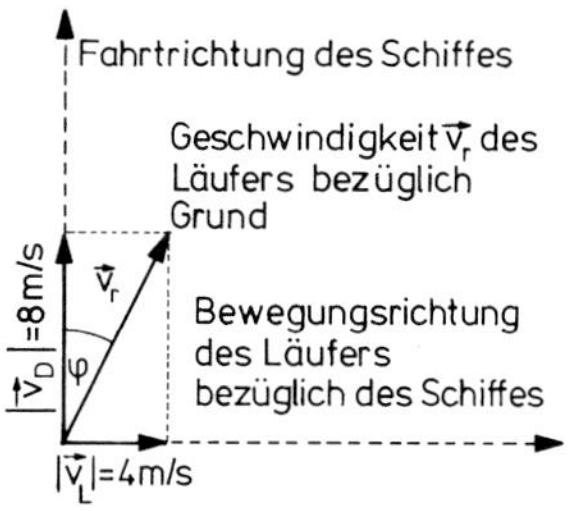

Abb. 4.11

3.

In einem Strömungskanal bewegen sich Teilchen mit einer horizontalen Geschwindigkeit von $\upsilon_h = 1{,}2\,\frac{m}{s}$ und sinken gleichzeitig vertikal mit $\upsilon_v = 0{,}5\,\frac{m}{s}$. Ihre resultierende Gesamtgeschwindigkeit $\vec{\upsilon}_r$ ergibt sich aus der Vektorsumme der Einzelkomponenten zu: $\vec{\upsilon}_r = \vec{\upsilon}_h + \vec{\upsilon}_v$ mit dem Betrag $|\vec{\upsilon}_r| = \sqrt{\vec{\upsilon}_h^2 + \vec{\upsilon}_v^2} = 1{,}3\,\frac{m}{s}$.

4. (Abb. 4.12)

Ein Boot überquert einen Fluß von einem Ufer zum anderen und startet am Punkt A mit der Geschwindigkeit $\vec{\upsilon}_2$ senkrecht zum Ufer in Richtung B am gegenüberliegenden Ufer. Die mittlere Geschwindigkeit des Wassers sei $\vec{v}_1$; die resultierende Bahnkurve des Bootes ergibt sich dann durch vektorielle Zusammensetzung der beiden Geschwindigkeitskomponenten: $\vec{v}_r = \vec{v}_1 + \vec{v}_2$, wobei $\vec{v}_r$ die resultierende Geschwindigkeit des Bootes relativ zum Ufer ist. Das Boot wird in C am anderen Ufer ankommen.

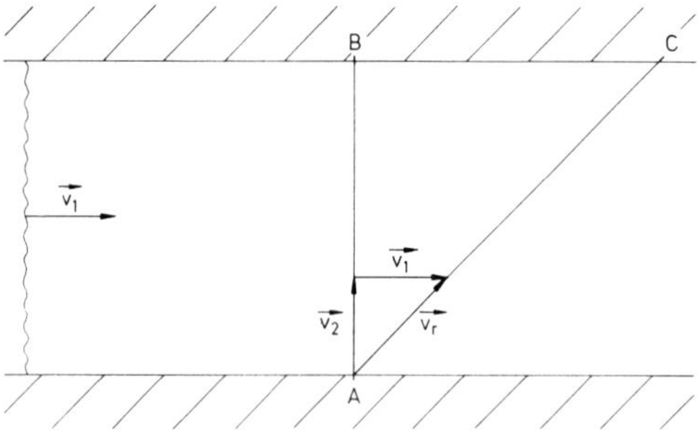

Abb. 4.12

Der Betrag der Geschwindigkeit $\vec{v}_r$ folgt mithilfe des Satzes des Pythagoras zu:

$$v_r = |\vec{v}_r| = \sqrt{\vec{v}_1^2 + \vec{v}_2^2}.$$

Nun sind die geradlinig gleichförmigen Bewegungen ausgezeichnete Spezialfälle, denn im Allgemeinen ändert sich sowohl der Betrag als auch die Richtung der Geschwindigkeit (z. B. bei der Bewegung eines Körpers auf gekrümmter Bahn). Wir haben es dann mit dem allgemeinen Fall der *nicht gleichförmigen* oder ***ungleichförmigen Bewegung*** zu tun. Es wird nun weder vorausgesetzt, dass die Bahn geradlinig ist noch dass der Körper längs der Bahn in gleichen Zeiten Δt gleiche Wegstrecken Δs zurücklegt. Sind die in gleichen Zeiten zurückgelegten Wege aber verschieden, so ändert sich die Geschwindigkeit von Punkt zu Punkt auf der Bahnkurve. Die Frage ist, wie wir dann die Geschwindigkeit einzuführen haben?

Dazu betrachten wir in einem (x, y, z)-Koordinatensystem die Bahnkurve $\vec{r}(t)$ eines Massenpunktes (Abb. 4.13), der sich zur Zeit t im

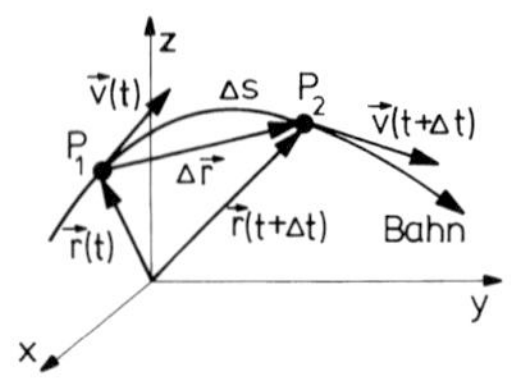

Abb. 4.13

Punkt P_1 befindet und zu einem späteren Zeitpunkt $t + \Delta t$ bis P_2 vorgerückt ist und führen zunächst den Begriff der *mittleren Geschwindigkeit* für die Bewegung des Massenpunktes von P_1 nach P_2 ein, um anschließend die für jeden beliebigen Punkt der Bahnkurve angebbare *Momentangeschwindigkeit* zu definieren.

Die mittlere Geschwindigkeit

Nach den Regeln der Vektoraddition erhält man aus Abb. 4.13

$$\vec{r}(t + \Delta t) = \vec{r}(t) + \Delta\vec{r}$$

sodass für die Änderung der Lage des Massenpunktes $\Delta\vec{r}$ (Vektor von P_1 nach P_2) folgt:

$$\Delta\vec{r} = \vec{r}(t + \Delta t) - \vec{r}(t) \tag{4.3}$$

wobei die Zeit $\Delta t = (t + \Delta t) - t$ verstreicht. Der Quotient aus der Verschiebung $\Delta\vec{r}$ des Massenpunktes und dem Zeitintervall Δt wird als die **mittlere Geschwindigkeit** (oder *Durchschnittsgeschwindigkeit*) $\bar{\vec{v}}$ (Sprechweise: v quer) auf der Strecke $\overline{P_1P_2}$ definiert:

Definition:

$$\bar{\vec{v}} = \frac{\text{Verschiebungsvektor } \overline{P_1 P_2}}{\text{verstrichene Zeit}} = \frac{\Delta\vec{r}}{\Delta t} \tag{4.4}$$

Bei der Berechnung der mittleren Geschwindigkeit muss jeweils die gesamte Wegstrecke und die dafür benötigte Gesamtzeit genommen werden. Sind beispielsweise für k Teilstücke der gesamten Wegstrecke eines Körpers die mittleren Geschwindigkeiten $\bar{v}_k$ bereits bekannt und soll nun die mittlere Geschwindigkeit $\bar{v}$ für die gesamte Strecke berechnet werden, so ist $\bar{v}$ als gewichteter (oder gewogener) Mittelwert zu bestimmen, gemäß:

$$\bar{v} = \frac{\sum_k \bar{v}_k \cdot \Delta t_k}{\sum_k \Delta t_k} \tag{4.5}$$

Dabei sind für jeden Geschwindigkeitsbetrag $\bar{v}_k$, welcher auf dem k-ten Teilstück vorliegt, als Wichtungsfaktoren die Zeiten Δt_k eingeführt, die für diese Teilstrecke benötigt werden. In der Kinematik bedeutet mittlere Geschwindigkeit, vorausgesetzt es ist nicht ausdrücklich anders erwähnt, immer „gemittelt über die Zeit".

Beispiel: Legt ein Pkw eine erste Teilstrecke von $s_1 = 10\,\text{km}$ mit einer Geschwindigkeit von $v_1 = 30\,\text{km/h}$ zurück, kann die nächsten $s_2 = 10\,\text{km}$ aber mit einer Geschwindigkeit von $v_2 = 90\,\text{km/h}$ fahren, dann berechnet sich folgendermaßen seine Durchschnittsgeschwindigkeit: Zunächst bestimmen wir die Wichtungsfaktoren Δt_k, d. h. die Zeitanteile der einzelnen Geschwindigkeitsbeiträge auf den Teilstrecken, um damit die benötigte Gesamtzeit für die Gesamtstrecke zu erhalten:

$$\Delta t_1 = \frac{s_1}{v_1} = \frac{10\,\text{km}}{30\,\text{km/h}} = \frac{1}{3}\,\text{h}; \; \Delta t_2 = \frac{s_2}{v_2} = \frac{10\,\text{km}}{90\,\text{km/h}} = \frac{1}{9}\,\text{h}$$

Aus (4.5) ergibt sich im gegebenen Beispiel für die mittlere Geschwindigkeit:

$$\bar{v} = \frac{v_1 \cdot \Delta t_1 + v_2 \cdot \Delta t_2}{\Delta t_1 + \Delta t_2}$$

und daraus erhält man mit den vorliegenden Zahlenwerten:

$$\bar{v} = 45\,\text{km/h}$$

Die mittlere Geschwindigkeit $\bar{\vec{v}}$ sagt gemäß ihrer Definitionsgleichung (4.4) etwas über die Gesamtverschiebung und die dazu benötigte Gesamtzeit aus, jedoch nicht wie die Bewegung von P_1 nach P_2 erfolgt, ob sie gleichförmig oder ungleichförmig, auf gerader oder gekrümmter Bahn verläuft. Für den Fall, dass die mittlere Geschwindigkeit zwischen zwei beliebigen Punkten der Bahn nach Betrag und Richtung jeweils gleich ist, bewegt sich der Körper auf einer Geraden mit *konstanter Geschwindigkeit*, d. h. für alle Punkte der Bahn besitzt die Geschwindigkeit die gleiche Richtung und konstanten Betrag.

Die Momentangeschwindigkeit

Ist die mittlere Geschwindigkeit zwischen beliebigen Punkten der Bahn nicht konstant, sondern ändert sich diese nach Betrag und Richtung, so muss die zu einem bestimmten Zeitpunkt herrschende *Momentangeschwindigkeit* angegeben werden.

Bei der Definition der mittleren Geschwindigkeit (4.4) gibt $\Delta\vec{r}$ für endliche Zeitintervalle Δt zwar die Verschiebung des Massenpunktes von P_1 nach P_2 an, jedoch nicht dessen zurückgelegten Weg Δs längs der Bahnkurve (Abb. 4.13). Lassen wir nun den Punkt P_2 gedanklich gegen P_1 rücken, dann werden die Zeitintervalle Δt immer kleiner (in der Grenze „infinitesimal" klein) und $|\Delta\vec{r}|$ wird für den Grenzfall $\Delta t \to 0$ gleich einem Wegelement Δs auf der Bahnkurve. In Verallgemeinerung der Gleichung (4.1) erhalten wir die Geschwindigkeit des Massenpunktes zur Zeit t im Punkt P_1 als den Grenzwert des Differenzenquotienten $\frac{\Delta\vec{r}}{\Delta t}$ für $\Delta t \to 0$:

$$\vec{v}(t) = \lim_{\Delta t \to 0} \frac{\Delta\vec{r}}{\Delta t} = \lim_{\Delta t \to 0} \frac{\vec{r}(t+\Delta t) - \vec{r}(t)}{\Delta t} \qquad (4.6)$$

Die rechte Seite von (4.6) stellt die Definition des Differentialquotienten $\frac{d\vec{r}}{dt}$ dar (s. Anhang Mathematische Grundlagen, IV.A.1). Somit gibt die zeitliche Ableitung von $\vec{r}(t)$ die **Momentangeschwindigkeit $\vec{v}(t)$** des Massenpunktes zur Zeit t in einem beliebigen Punkt P der Bahnkurve an:

Definition:

$$\vec{v}(t) = \frac{d\vec{r}(t)}{dt} \qquad (4.7)$$

Anstelle des Differentialquotienten $\frac{d\vec{r}}{dt}$ schreibt man auch $\dot{\vec{r}}$.

Mit der Definition der **Geschwindigkeit** als dem **ersten Differentialquotienten des Ortsvektors nach der Zeit**, werden auch solche Bewegungen beschrieben, bei denen sich die Geschwindigkeit von Ort zu Ort nach Betrag und/oder Richtung ändert.

Der Geschwindigkeitsvektor $\vec{v}(t) = \frac{d\vec{r}}{dt}$ zeigt in jedem Punkt der Bahnkurve $\vec{r}(t)$ in Richtung der Tangente in diesem Punkt (Abb. 4.13). Für den **Betrag v** der Momentangeschwindigkeit $\vec{v}$ gilt:

$$v = |\vec{v}| = \left|\frac{d\vec{r}}{dt}\right|$$

womit wegen $ds = |d\vec{r}|$ für den Betrag der Momentangeschwindigkeit, als dem *1. Differentialquotienten des Weges nach der Zeit*, geschrieben werden kann:

$$v = \frac{ds(t)}{dt} \qquad (4.8)$$

2

Dabei kann der Weg $s = s(t)$ als der „Fahrplan" des Massenpunktes auf der Bahn interpretiert werden, welche im (x, y, z)-Koordinatensystem durch den *Ortsvektor* $\vec{r}$ beschrieben wird.

In kartesischen Koordinaten sind die Komponenten der Momentangeschwindigkeit $\vec{v}$ gegeben durch $v_x = \frac{dx}{dt}$, $v_y = \frac{dy}{dt}$, $v_z = \frac{dz}{dt}$. Damit ergibt sich für den Betrag von $\vec{v}$:

$$v = \sqrt{\left(\frac{dx}{dt}\right)^2 + \left(\frac{dy}{dt}\right)^2 + \left(\frac{dz}{dt}\right)^2}$$

Zur zeitabhängigen Darstellung der Bewegung eines Körpers wählt man ein *Weg-Zeit*-Diagramm $s = s(t)$, in welchem der zurückgelegte Weg s des Massenpunktes auf der Bahnkurve als Funktion der Zeit t dargestellt wird (Abb. 4.14), dabei ist zum Zeitpunkt $t_0 = 0$ willkürlich $s(t_0) = 0$ gewählt. Der Abbildung ist zu entnehmen, dass die in gleichen Zeitintervallen Δt zurückgelegten Wegstrecken Δs unterschiedlich sind, d. h. die Geschwindigkeit des Körpers ändert sich von Punkt zu Punkt auf der Bahnkurve.

Der Betrag der *Momentangeschwindigkeit*, definiert durch (4.8), entspricht der Steigung der Tangente $s = s(t)$ in jedem beliebigen Punkt der Bahnkurve, wie in Abb. 4.14 beispielsweise für den Punkt P eingezeichnet. Je steiler die Bahnkurve und damit die Steigung der Tangente, desto größer ist die Geschwindigkeit.

Eine horizontale Tangente (z. B. im Punkt P_2 bzw. P_4 der Abb. 4.14) bedeutet, dass die Geschwindigkeit $v = \frac{ds}{dt} = 0$ und damit $s = \text{const.}$ ist, d. h. der Körper ist an dem betreffenden Ort in Ruhe.

Trägt man die Steigungen der Tangenten aller Punkte der Bahnkurve, also die Geschwindigkeit v, als Funktion der Zeit auf, so erhält man ein **Geschwindigkeit-Zeit**-Diagramm. Abb. 4.15 stellt das *Geschwindigkeit-Zeit*-Diagramm zum *Weg-Zeit*-Diagramm Abb. 4.14 dar.

Eine *mittlere Geschwindigkeit*, gemäß (4.4), kann in Abb. 4.14 beispielsweise für das Wegintervall von P_1 bis P_2 angegeben werden. Deren Betrag ergibt sich als Steigung der Sekante zwischen P_1 und P_2 mit (4.1) zu:

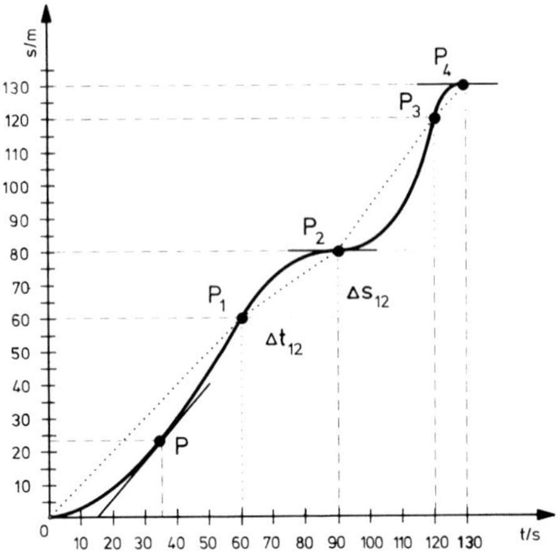

Abb. 4.14

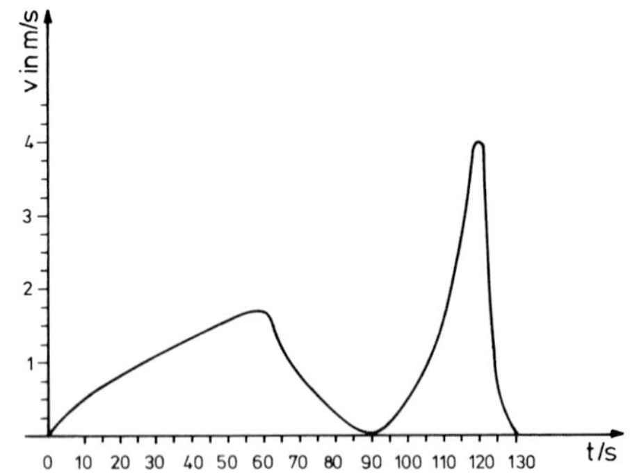

Abb. 4.15

$$\bar{v} = \frac{\Delta s_{12}}{\Delta t_{12}} \tag{4.9}$$

Aus der Abbildung 4.14 entnimmt man für die mittlere Geschwindigkeit zwischen den Punkten P_1 und P_2 den Zahlenwert $\bar{v}_{12} = \frac{2}{3}\frac{\text{m}}{\text{s}}$. Entsprechend erhält man mit (4.9) für die mittleren Geschwindigkeiten zwischen dem Koordinatenursprung 0 und P_1: $\bar{v}_{01} = 1\,\frac{\text{m}}{\text{s}}$, zwischen P_2 und P_3: $\bar{v}_{23} = \frac{4}{3}\frac{\text{m}}{\text{s}}$ und zwischen P_3 und P_4: $\bar{v}_{34} = 1\,\frac{\text{m}}{\text{s}}$. Die Durchschnittsgeschwindigkeit, beispielsweise, zwischen dem Startpunkt „0" und P_2 aus den Geschwindigkeitswerten $\bar{v}_{01}$ und $\bar{v}_{12}$ ist anhand von (4.5) als gewichtetes Mittel zu bestimmen und folgt zu $\bar{v}_{02} = \frac{8}{9}\frac{\text{m}}{\text{s}}$. Die mittlere Geschwindigkeit für die gesamte zurückgelegte Wegstrecke zwischen Startpunkt „0“ und dem 130 m entfernt liegenden Zielpunkt P_4, ergibt sich zu: $\bar{v} = 1\,\frac{\text{m}}{\text{s}}$.

Weitere Beispiele zur Momentangeschwindigkeit bzw. zur mittleren Geschwindigkeit finden sich auch in den Aufgaben am Ende dieses Paragraphen.

§ 4.1.2 Die Beschleunigung

Bei einer ungleichförmigen Bewegung ist die Geschwindigkeit $\vec{v} \neq \text{const.}$ Dabei ändert sich die Geschwindigkeit $\vec{v}$ nach Betrag und/oder Richtung. Eine derartige Bewegung nennt man *beschleunigt*. Jede ungleichförmige Bewegung ist folglich beschleunigt. Für die Beschleunigung verwenden wir das Symbol a von lateinisch *„acceleratio“*. Die **Beschleunigung $\vec{a}$** ist eine vektorielle physikalische Größe und man definiert sie als die in der Zeiteinheit Δt auftretende Änderung der Geschwindigkeit $\Delta\vec{v}$ dividiert durch das Zeitintervall Δt. Als Beispiel betrachten wir die in Abb. 4.13 dargestellte Bewegung eines Massenpunktes von P_1 nach P_2 auf der Bahnkurve. Die am Ort P_1 zum Zeitpunkt t vorliegende Momentangeschwindigkeit $\vec{v}(t)$ ändert sich im Zeitintervall Δt nach Betrag *und* Richtung um $\Delta\vec{v}$ in die Momentangeschwindigkeit $\vec{v}(t+\Delta t)$ zum Zeitpunkt $t+\Delta t$ am Ort P_2. Die Geschwindigkeitsänderung $\Delta\vec{v}$ im Zeitintervall Δt ergibt sich als Differenzvektor $\Delta\vec{v} = \vec{v}(t+\Delta t) - \vec{v}(t)$, wie das in Abb. 4.16 getrennt herausgezeichnete Vektordreieck zeigt.

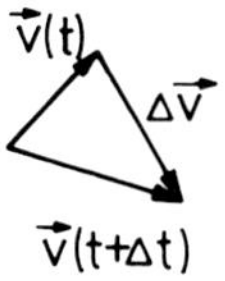

Abb. 4.16

Als **mittlere Beschleunigung** zwischen den beiden Punkten P_1 und P_2 der Abb. 4.13 erhält man dann:

$$\bar{\vec{a}} = \frac{\vec{v}(t+\Delta t) - \vec{v}(t)}{\Delta t} = \frac{\Delta\vec{v}}{\Delta t} \tag{4.10}$$

Geht man mit dem Zeitintervall Δt zum Grenzfall $\Delta t \to 0$ über, so lässt sich analog zur Geschwindigkeit auch bei der Beschleunigung eine Aussage über deren Momentanwert machen. Für die Beschleunigung $\vec{a}(t)$ erhält man dann:

$$\vec{a}(t) = \lim_{\Delta t\to 0}\frac{\Delta\vec{v}}{\Delta t} = \lim_{\Delta t\to 0}\frac{\vec{v}(t+\Delta t) - \vec{v}(t)}{\Delta t} \tag{4.11}$$

Die Beschleunigung ist ein Vektor und wir erhalten aus (4.11) im allgemeinen Fall der *ungleichförmig beschleunigten Bewegung* für den **Momentanwert der Beschleunigung *$\vec{a}(t)$***:

Definition:

$$\vec{a}(t) = \frac{\mathrm{d}\,\vec{v}(t)}{\mathrm{d}t} \tag{4.12}$$

Einheit:

$$\frac{\text{Meter}}{(\text{Sekunde})^2}\ \left(\frac{\text{m}}{\text{s}^2}\right)$$

Mit (4.7) kann (4.12) auch geschrieben werden als:

$$\vec{a}(t) = \frac{\mathrm{d}^2\,\vec{r}(t)}{\mathrm{d}t^2} \tag{4.13}$$

Die Beschleunigung ist also nach (4.12) der *1. Differentialquotient* der **Geschwindigkeit** nach der **Zeit** bzw. gemäß (4.13) der *2. Differentialquotient* des **Ortsvektors $\vec{r}(t)$** nach der **Zeit**, oder anders ausgedrückt, die Beschleunigung ist die erste zeitliche Ableitung der Geschwindigkeit- bzw. die 2. Ableitung der Weg-Zeit-Funktion.

Die Angabe der Richtung der Beschleunigung $\vec{a}(t)$ relativ zur Bahnkurve ist jedoch etwas schwieriger als bei der Geschwindigkeit, welche immer tangential zur Bahnkurve gerichtet ist. Im allgemeinen Fall kann die Beschleunigung $\vec{a}(t)$ in eine zur Bahn *tangentiale* Komponente (also parallel zur Richtung der Momentangeschwindigkeit $\vec{v}(t)$) und eine zur Bahnkurve *normale* Komponente (also senkrecht zu $\vec{v}(t)$) zerlegt werden (Abb. 4.17) und es gilt:

$$\vec{a}(t) = \vec{a}_t(t) + \vec{a}_n(t) \tag{4.14}$$

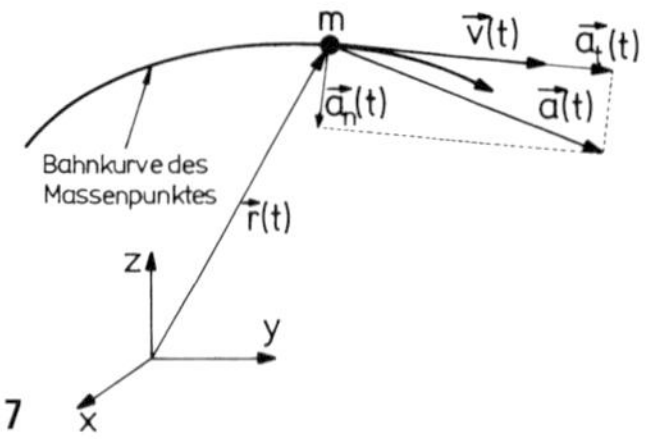

Abb. 4.17

Die Tangentialkomponente $\vec{a}_t(t)$ ändert den Betrag der Geschwindigkeit $\vec{v}(t)$, während die dazu senkrecht stehende Normalkomponente $\vec{a}_n(t)$ zu einer Richtungsänderung der Geschwindigkeit führt. Um den Begriff der Beschleunigung näher zu verdeutlichen, betrachten wir zwei Sonderfälle.

Der erste Fall ist die beschleunigte Bewegung mit einer Beschleunigung $\vec{a} \neq 0$, bei welcher der Betrag der Geschwindigkeit $|\vec{v}|$ konstant bleibt und sich nur die Richtung des Geschwindigkeitsvektors $\vec{v}$ ändert. Ein derartiger Spezialfall ist die gleichförmige Kreisbewegung, für welche die Bedingung Tangentialkomponente $\vec{a}_t = 0$ und Normalkomponente $\vec{a}_n = \text{const.}$ gilt. Diesen Fall behandeln wir in § 4.2.1.

Im zweiten Sonderfall betrachten wir eine beschleunigte Bewegung auf geradliniger Bahn. Für die geradlinige Bewegung verschwindet die Normalkomponente $\vec{a}_n$ ($\vec{a}_n = 0$) der Beschleunigung $\vec{a}$ und nur die Tangentialkomponente $\vec{a}_t$ ist ungleich null. Die Beschleunigung zeigt in diesem Fall in dieselbe Richtung wie die Geschwindigkeit und diese wiederum in dieselbe Richtung wie die Bahnkurve. Wir erhalten daher, ausgehend von (4.12) und (4.13), für die momentane Beschleunigung:

$$\vec{a} = \frac{d\vec{v}}{dt} = \frac{d^2\vec{s}}{dt^2} \qquad (4.15)$$

Häufig wird für $\frac{d\vec{v}}{dt}$ auch $\dot{\vec{v}}$ und $\ddot{\vec{s}}$ anstelle von $\frac{d^2\vec{s}}{dt^2}$ geschrieben.

Im *Geschwindigkeit-Zeit*-Diagramm ergibt sich die Beschleunigung als die Steigung der Tangente in einem beliebigen Punkt der Funktion $v = v(t)$, wie beispielsweise in Abb. 4.19 im Punkt P der Kurve (3) eingezeichnet.

Ist bei der beschleunigten Bewegung auf geradliniger Bahn zudem noch die Beschleunigung $\vec{a} = \text{const.}$, dann liegt die spezielle Bewegungsform der *gleichförmig* (oder *gleichmäßig*) *beschleunigten Bewegung* vor. Abb. 4.18 zeigt diese Bewegungsform eines Massenpunktes im Raum (x, y, z-Koordinatensystem) auf geradliniger Bahn. Dabei wird für jeden beliebigen Zeitpunkt t die Lage des Körpers durch den Ortsvektor $\vec{r} = \vec{r}(t)$ und der auf der Bahnkurve dabei zurückgelegte Weg durch $s = s(t)$ beschrieben.

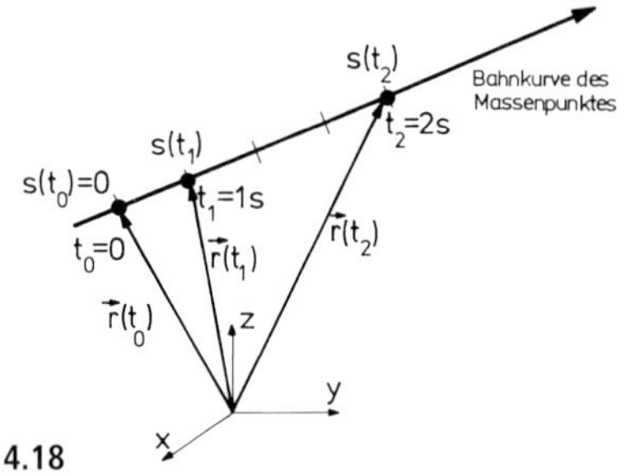

Abb. 4.18

Bei der **gleichförmig beschleunigten Bewegung** gilt:

$$\vec{a} = \frac{\Delta\vec{v}}{\Delta t} = \text{const.}, \qquad (4.16)$$

d. h. die Geschwindigkeit nimmt mit der Zeit linear zu. Wir erhalten daher in einem *Geschwindigkeit-Zeit*-Diagramm eine Gerade mit der Steigung $a = \frac{\Delta v}{\Delta t}$ (Kurve (2) in Abb. 4.19), wobei hier zum Zeitpunkt $t_0 = 0$ die Geschwindigkeit $\vec{v} = 0$ ist.

Dagegen nimmt der zurückgelegte Weg $s = s(t)$, wie z. B. in Abb. 4.18 von t_0 aus zu den Zeiten t_1 und t_2 dargestellt, quadratisch mit der Zeit zu. Diese Zusammenhänge werden wir in § 4.1.3 noch etwas näher betrachten.

Entsprechend zur Angabe einer mittleren Geschwindigkeit kann man gemäß (4.10) auch bei der ungleichförmig beschleunigten Bewegung eine *mittlere* oder *durchschnittliche Beschleunigung*

$$\bar{a} = \frac{\Delta v_{12}}{\Delta t_{12}} \qquad (4.17)$$

zwischen zwei beliebigen Punkten P_1 und P_2 angeben (s. Kurve (3) in Abb. 4.19).

Die graphische Darstellung einiger unterschiedlich beschleunigter Bewegungen zeigt das

Geschwindigkeit-Zeit-Diagramm (Abb. 4.19):

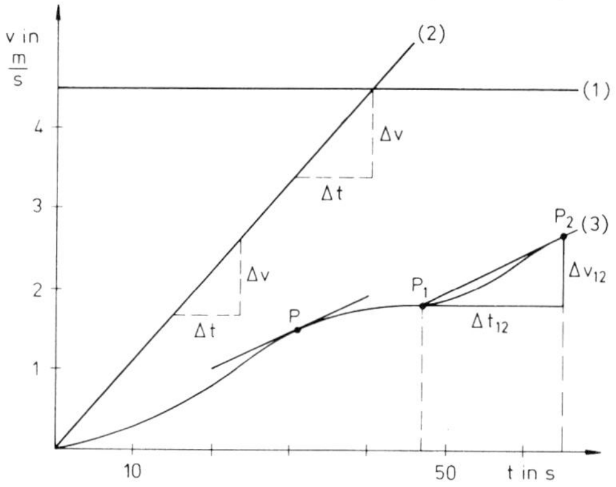

Abb. 4.19

Aus der Abb. 4.19 entnimmt man für die Kurve:

(1): eine Bewegung mit konstanter Geschwindigkeit, also $a = 0$.

(2): eine geradlinige Bewegung mit in allen Punkten der Kurve konstanter Beschleunigung $a = \dfrac{\Delta v}{\Delta t}$, eine **gleichförmig beschleunigte** Bewegung.

(3): eine Bewegung mit veränderlicher Beschleunigung, die in jedem Punkt P der Kurve einen bestimmten Momentanwert a besitzt.

Schauen wir uns nochmals die beiden Diagramme Abb. 4.14, ein *Weg-Zeit*-Diagramm $s = s(t)$ eines Massenpunktes, und Abb. 4.15, das zugehörige *Geschwindigkeit-Zeit*-Diagramm $v = v(t)$ an. Bei der in Abb. 4.14 dargestellten Bewegung nimmt die Geschwindigkeit vom Koordinatenursprung „0" bis P_1 zu, mit einem ersten Maximum der Geschwindigkeit zur Zeitmarke $t_1 = 60\,\text{s}$ (Punkt P_1) und von P_2 bis P_3, mit einem weiteren Maximum zur Zeitmarke $t_3 = 120\,\text{s}$ (Punkt P_3). Dies ist sowohl aus Abb. 4.15 als auch aus der Steilheit der Kurve in P_1 bzw. P_3 (entsprechend der Steigung der Tangenten in den jeweiligen Punkten) der Abb. 4.14 zu ersehen. Ab den Punkten P_1 bzw. P_3 der Bahn des Massenpunktes wird die in gleichen Zeiteinheiten zurückgelegte Wegstrecke kleiner, d. h. die Geschwindigkeit nimmt wieder ab, was entsprechend aus der abnehmenden Steilheit der Funktion $s = s(t)$ zwischen P_1 und P_2 bzw. P_3 und P_4 der Abb. 4.14, oder aus der negativen Steigung der Funktion $v = v(t)$ zwischen den Zeitmarken 60 und 90 s bzw. 120 und 130 s folgt (Abb. 4.15). Eine negative Steigung der Funktion $v = v(t)$, d. h. abnehmende Geschwindigkeit, bedeutet aber einen Abbremsungsvorgang und somit eine (Brems-)**Verzögerung** oder **negative Beschleunigung**. Im Falle einer Bewegung auf gerader Bahn zeigt die Verzögerung in die zur Geschwindigkeit entgegengesetzte Richtung.

Bei beliebiger Bewegung von Körpern sind sowohl Anteile mit konstanter Geschwindigkeit als auch beschleunigte und verzögerte Phasen enthalten. Die Beziehungen zwischen den in bestimmten Zeiten zurückgelegten Wegstrecken, den vorliegenden Geschwindigkeiten und den herrschenden Beschleunigungen werden wir im nächsten Abschnitt etwas eingehender betrachten.

§ 4.1.3 Zusammenhang von Beschleunigung, Geschwindigkeit, Weg und Zeit

Wir betrachten hier nur reine Translationsbewegungen von Körpern, welche gleichförmig beschleunigt sind ($\vec{a} = \text{const.}$) oder deren Bahnkurve sich aus der Überlagerung gleichförmig beschleunigter und/oder gleichförmiger Bewegungen ($\vec{a} = 0$) ergibt. In Abb. 4.18 ist die Bewegung eines gleichförmig beschleunigten Massenpunktes auf geradliniger Bahn skizziert. Ausgehend von der Wegmarke $s(t_0)$, die zur Zeit t_0 erreicht ist, steigt der zurückgelegte Weg s quadratisch mit der Zeit an (dabei wird willkürlich als Zeitpunkt $t_0 = 0$ und für den Weg $s(t_0) = 0$ gewählt). Dieser Zusammenhang zwischen Weg s, Beschleunigung a und Zeit t ist im *Weg-Zeit*-Diagramm (Abb. 4.20) graphisch dargestellt und wird durch folgende Beziehung beschrieben:

$$s = \frac{1}{2} \cdot a \cdot t^2 \qquad (4.18)$$

oder falls der Startpunkt nicht der Ursprung des Koordinatensystems ist, gilt allgemein:

$$s = s_0 + \frac{1}{2}\, a \cdot t^2 \qquad (4.19)$$

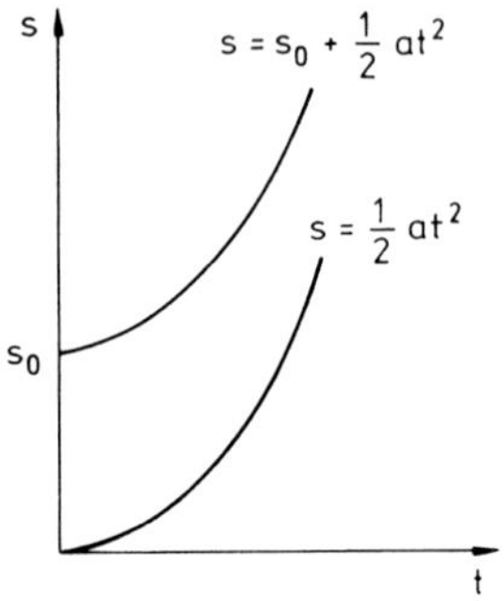

Abb. 4.20

Die Beziehung (4.19) gilt somit für einen Körper, welcher zum Zeitpunkt $t_0 = 0$ bereits ein Wegstück $s(t_0) = s_0$ zurückgelegt hat und sich auf dem weiteren Weg $s = s(t)$ für $t > 0$ gleichförmig beschleunigt bewegt (entsprechend wie in Abb. 4.18). Mathematisch stellt die Funktion $s = s(t)$ der gleichförmig beschleunigten Bewegung eine Parabel dar (Abb. 4.20).

Nach Gleichung (4.16) nimmt bei der gleichförmig beschleunigten Bewegung die Geschwindigkeit in gleichen Zeiten um gleiche Beträge zu, d. h. die Geschwindigkeit, die ein mit a=const. beschleunigter Körper nach der Zeit t besitzt, steigt linear mit der Zeit t an und ergibt sich zu:

$$v = a \cdot t \tag{4.20}$$

In diesem Fall startet der Körper aus der Ruhe heraus, d. h. zur Zeit $t_0 = 0$ ist auch $v(t_0) = 0$. Besitzt der Körper zum Zeitpunkt $t_0 = 0$ bereits eine bestimmte Anfangsgeschwindigkeit $v(t_0) = v_0$, und wird ab $t_0 = 0$ mit a = const. beschleunigt, man nennt dies in der Umgangssprache auch einen „fliegenden" Start, dann gilt:

$$v = v_0 + a \cdot t \tag{4.21}$$

Die Darstellung der Beziehungen (4.20) bzw. (4.21) in einem *Geschwindigkeit-Zeit*-Diagramm (Abb. 4.21) ergibt Geraden mit der Steigung a, der konstanten Beschleunigung gegeben durch Gleichung (4.16). Für die gleichförmig beschleunigte Bewegung ist die (konstante) Momentanbeschleunigung a gleich der mittleren Beschleunigung (s. Gleichung (4.17)) in einem beliebigen Zeitintervall.

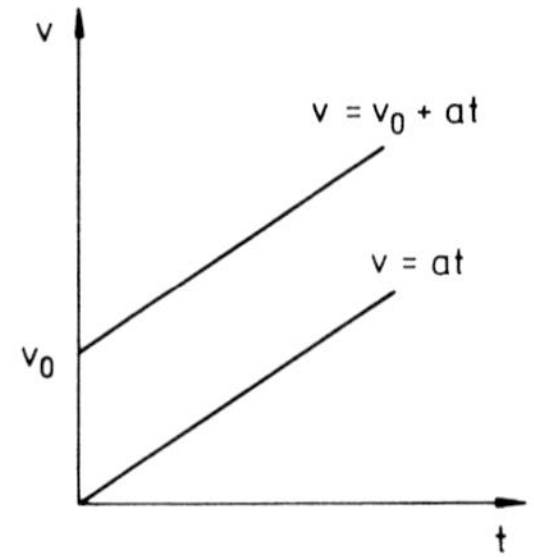

Abb. 4.21

Die Beziehung (4.20) erhält man auch aus Gleichung (4.18) oder (4.19) gemäß der Definition (4.8) der Geschwindigkeit durch Differentiation des Weges nach der Zeit. Für die Geschwindigkeit folgt:

$$v = \frac{ds}{dt} = \frac{d}{dt}\left(\frac{1}{2} a \cdot t^2\right) = a \cdot t$$

Differenziert man $v = a \cdot t$ nochmals nach der Zeit t, dann ergibt sich: $\frac{dv}{dt} = a = \text{const.}$, die konstante Beschleunigung a als Steigung der Kurven in Abb. 4.21. Dazu gehört das in Abb. 4.22 dargestellte *Beschleunigung-Zeit-*Diagramm.

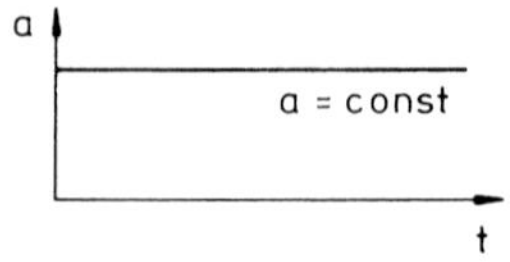

Abb. 4.22

Ein Körper, der aus der Ruhe heraus (d. h. zur Zeit $t = 0$ ist $s(t) = 0$ und auch $v(t) = 0$), mit der Beschleunigung a gleichförmig beschleunigt startet und sich auf geradliniger Bahn bewegt, hat nach einer bestimmten Zeit t den Weg $s(t)$ auf der Bahnkurve zurückgelegt und dabei an dem bis dahin erreichten Ort die Momentangeschwindigkeit $v(t)$. Durch Einsetzen von (4.20) in (4.18) kann beispielsweise die Zeit eliminiert werden und es folgt für den Betrag der Momentangeschwindigkeit:

$$v = \sqrt{2a \cdot s} \tag{4.22}$$

Für einen aus der Ruhe heraus startenden, gleichförmig beschleunigten Körper ist die anwachsende Momentangeschwindigkeit v zu jedem Zeitpunkt t größer als seine mittlere Geschwindigkeit.

Ausgehend von der allgemeinen Definition der Beschleunigung (4.12) bzw. (4.15) für den hier betrachteten Fall der gleichförmig beschleunigten Bewegung, als dem 1. Differentialquotienten der Geschwindigkeit nach der Zeit, lassen sich die Beziehungen (4.18) bis (4.21) für die gleichförmig beschleunigte Bewegung ($\vec{a} = \text{const.}$) durch Integration einfach gewinnen.

Mit der Anfangsbedingung, dass zur Zeit $t = t_0$ die Geschwindigkeit $v(t) = v_0$ ist, ergibt sich durch Integration von $\mathrm{d}v = a \cdot \mathrm{d}t$ für die Geschwindigkeit $v(t)$ zur Zeit t:

$$v(t) = v_0 + \int_{t_0}^{t} a \cdot \mathrm{d}t = v_0 + a \cdot (t - t_0) \quad (4.23)$$

Für $t_0 = 0$ folgt daraus Gleichung (4.21) und ist überdies $v_0 = 0$ zum Zeitpunkt $t_0 = 0$, so erhalten wir (4.20).

Den zurückgelegten Weg $s(t)$ erhält man ausgehend von $\mathrm{d}s = v \cdot \mathrm{d}t$ durch nochmalige Integration:

$$s(t) = \int_{t_0}^{t} v(t) \cdot \mathrm{d}t \qquad \text{oder mit (4.21):}$$

$$s(t) = \int_{t_0}^{t} v_0 \cdot \mathrm{d}t + \int_{t_0}^{t} a \cdot t \cdot \mathrm{d}t$$

Mit den Anfangsbedingungen zum Zeitpunkt t_0: $v(t) = v_0$ und $s = s_0$ folgt daraus für den zurückgelegten Weg:

$$s(t) = s_0 + v_0 \cdot (t - t_0) + \frac{1}{2} a \cdot (t - t_0)^2 \quad (4.24)$$

Folgende Fälle sind darin enthalten: für $t_0 = 0$ erhält man: $s(t) = s_0 + v_0 \cdot t + \frac{1}{2} a \cdot t^2$; ist zum Zeitpunkt $t_0 = 0$ die Geschwindigkeit $v_0 = 0$, so ergibt sich (4.19) und ist auch $s_0 = 0$, so folgt die Beziehung (4.18) für den zurückgelegten Weg bei einer gleichförmig beschleunigten Bewegung aus der Ruhe heraus.

Wie am Ende von § 4.1.2 angesprochen, ist auch die Abbremsung eines bewegten Körpers eine beschleunigte Bewegung, wobei die Beschleunigung der Geschwindigkeit entgegengesetzt gerichtet ist. Betrachten wir einen Massenpunkt, der zur Zeit $t_0 = 0$ an einem bestimmten Ort der Bahnkurve, dessen Wegmarke $s(t_0) = s_0 = 0$ sei, sich mit der Geschwindigkeit v_0 bewege und ab hier gleichförmig abgebremst werde (Beschleunigung $-a$). Dann verringert sich die Geschwindigkeit, d. h. die in gleichen Zeitintervallen zurückgelegte Wegstrecke wird kleiner, wie im Weg-Zeit-Diagramm Abb. 4.23 dargestellt. Für den Betrag des Weges s einer **gleichförmig verzögerten Bewegung** ($-a = \text{const.}$) erhält man dann aus (4.24) mit den gegebenen Anfangsbedingungen:

$$\boxed{s = v_0 \cdot t - \frac{1}{2} a \cdot t^2} \quad (4.25)$$

und für die Geschwindigkeit folgt aus (4.23):

$$\boxed{v = v_0 - a \cdot t} \quad (4.26)$$

Das Geschwindigkeit-Zeit-Diagramm Abb. 4.24 zeigt die lineare Abnahme der Geschwindigkeit mit der Steigung $-a$ infolge der konstanten Verzögerung (dargestellt im Beschleunigung-Zeit-Diagramm Abb. 4.25).

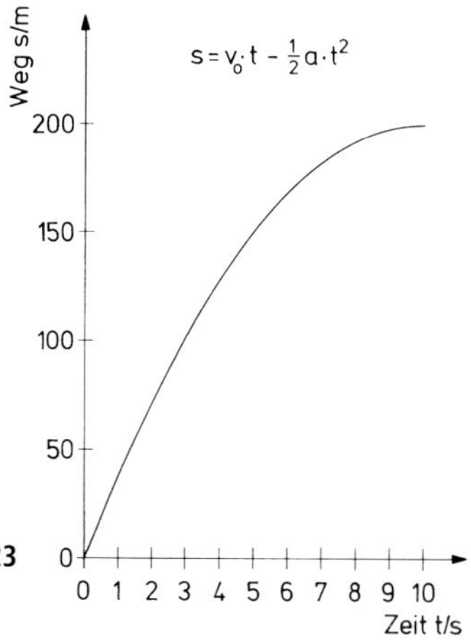

Abb. 4.23

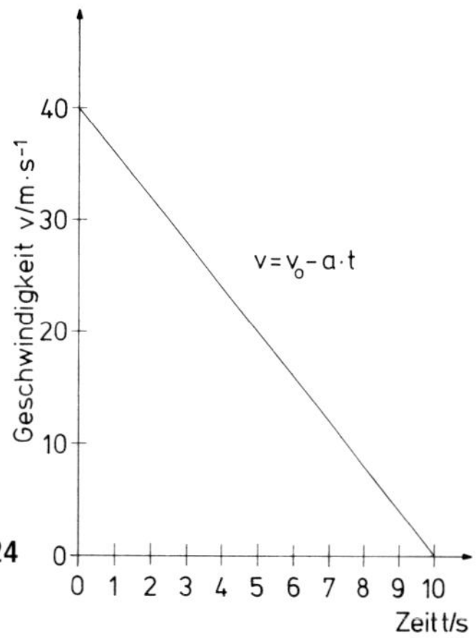

Abb. 4.24

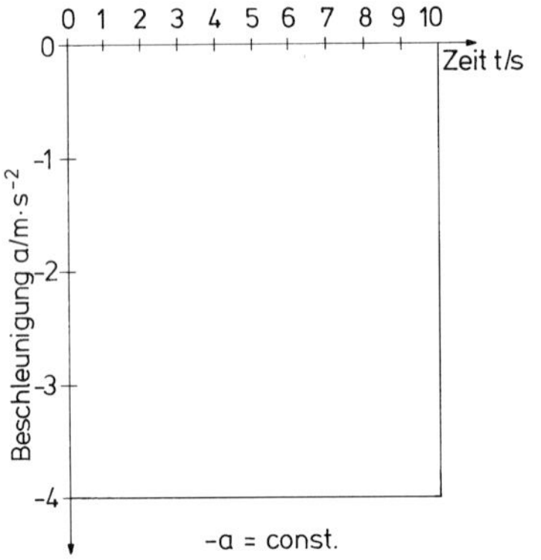

Abb. 4.25

§4.1.4 Der Freie Fall und der Wurf im Schwerefeld der Erde

Alle Körper erfahren im Schwerefeld der Erde eine Beschleunigung $a = g$ in Richtung des Erdmittelpunktes. Die so genannte **Fallbeschleunigung *g*** ist für einen festen Ort an der Erdoberfläche konstant (s. dazu auch § 5.1.2) und hat auf dem 50. nördlichen Breitengrad den Wert $g = 9{,}81\ \mathrm{m \cdot s^{-2}}$. Wirken daher auf einen frei beweglichen Körper keine zusätzlichen Kräfte ein (z. B. Reibungskräfte, wie etwa Reibung auf der Unterlage oder der Luftwiderstand), so bedingt die Fallbeschleunigung eine gleichförmig beschleunigte Bewegung des Körpers.

Beispiele:

1. Freier Fall (gleichförmig beschleunigte Bewegung): Alle Körper fallen im luftleeren Raum gleich schnell und erreichen aus der Ruhe heraus in der Zeit t mit $a = g$ nach (4.20) die ***Fallgeschwindigkeit*** v:

$$v = g \cdot t \tag{4.27}$$

Der **Fallweg** s (die durchfallene Wegstrecke) nach der Zeit t beträgt gemäß (4.18):

$$s = \frac{1}{2} g \cdot t^2 \tag{4.28}$$

Aus (4.28) folgt, dass eine bestimmte Fallhöhe $\boldsymbol{h = s}$ in der **Fallzeit** $t = \sqrt{\frac{2h}{g}}$ durchfallen wird und der Körper die Endgeschwindigkeit

$$v = \sqrt{2g \cdot h} \tag{4.29}$$

erreicht, wie durch Einsetzen der Fallzeit in (4.27) und nach leichter Umformung folgt. Im Punkt P der Abb. 4.26 (Weg-Zeit-Diagramm des freien Falls) ist nach $t = 2\,s$ (mit $g \approx 10\ \mathrm{m \cdot s^{-2}}$ gerechnet): der Fallweg $s = 20\ \mathrm{m}$; die Höhe über der Erdoberfläche $h = 30\ \mathrm{m}$; die momentane Fallgeschwindigkeit $v = 20\ \mathrm{m \cdot s^{-1}}$. Die Endgeschwindigkeit nach Durchfallen der gesamten Höhe $h = h_0$ ergibt sich zu $v \approx 31\ \mathrm{m \cdot s^{-1}}$.

Abb. 4.26

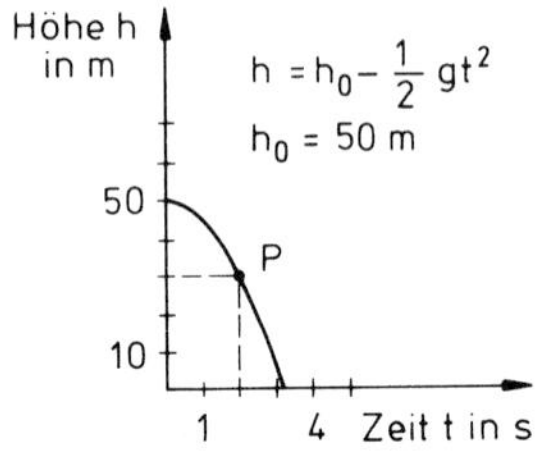

2. „Fall" (reibungsfrei) auf schiefer Ebene (gleichförmig beschleunigt; Abb. 4.27): Ein Körper bewege sich reibungsfrei aus der Ruhe heraus eine schiefe Ebene hinab (Neigungswinkel α gegen die Horizontale). Auf den Massen(mittel)punkt wirkt aufgrund der Fallbeschleunigung g die Komponente a parallel zur schiefen Ebene, welche den Körper gleichförmig beschleunigt. Aus dem Vektordreieck (Abb. 4.27) entnimmt man für den Betrag der effektiv wirkenden Beschleunigung $a = g \cdot \sin \alpha$.

Die Geschwindigkeit (Momentangeschwindigkeit), die der Körper nach dem Loslassen aus der Ruhe heraus nach der Zeit t besitzt, folgt nach (4.20) zu: $v = g \cdot t \cdot \sin \alpha$.

3. Senkrechter Wurf nach oben (reibungsfrei): Wirft man einen Körper von der Ebene $h = 0$ aus mit der Abwurfgeschwindigkeit $\vec{v}_0$ senkrecht nach oben ab (Abb. 4.28), so überlagert sich dieser gleichförmig geradlinigen Bewegung nach oben eine dazu entgegengerichtete gleichförmig beschleunigte Bewegung nach unten, infolge der Erdanziehung. Der Wurf nach oben ist also mit $a = -g$ gleichförmig verzögert. Nach Erreichen der maximalen Steighöhe wird der Körper wieder frei fallen, d. h. gleichförmig nach unten beschleunigt und an der Abwurfebene betragsmäßig mit der Abwurfgeschwindigkeit $|\vec{v}_0|$ wieder auftreffen.

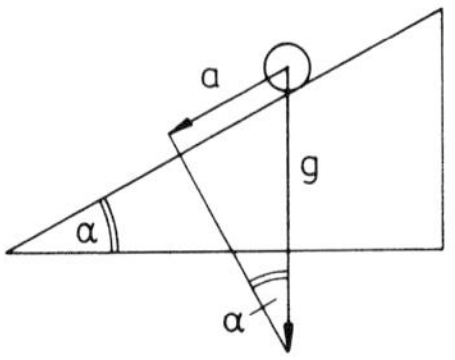

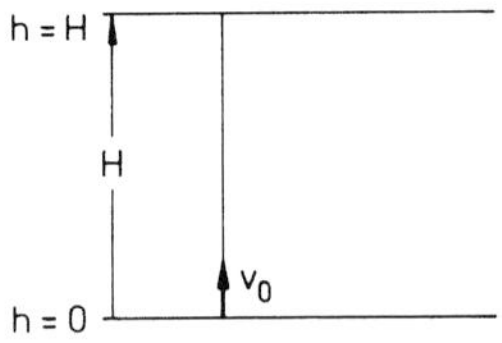

Abb. 4.27 Abb. 4.28

Aus den Beziehungen (4.26) bzw. (4.25) folgt (mit $a = g$ und $s = h$) während der Steigphase für die:

Momentangeschwindigkeit: $v = v_0 - g\,t$

Höhe zum Zeitpunkt t: $h = v_0\,t - \frac{1}{2}\,g\,t^2$

Aus der Bedingung, dass bei Erreichen der maximalen Höhe (Steighöhe H) die Momentangeschwindigkeit $v = 0$ ist, folgt für die

Steigzeit: $T = \frac{v_0}{g}$ (***Steigzeit*** = ***Fallzeit***) (4.30)

Steighöhe: $H = \frac{v_0^2}{2g}$ (4.31)

4. Horizontaler Wurf (reibungsfrei): Ein Körper werde zum Zeitpunkt $t = 0$ mit der Anfangsgeschwindigkeit $\vec{v}_0$ in horizontaler Richtung (x-Richtung) abgeworfen (s. Abb. 4.29). Infolge der Wirkung der Fallbeschleunigung g in vertikaler Richtung (y-Richtung), setzt sich die Bewegung des Körpers aus einer gleichförmig geradlinigen Bewegung in x-Richtung und einer gleichförmig beschleunigten Bewegung in y-Richtung zusammen. Für von Null verschiedene Anfangsgeschwindigkeiten ($v_0 \neq 0$) resultieren parabelförmige Bahnkurven, die so genannten „Wurfparabeln" des horizontalen Wurfs.

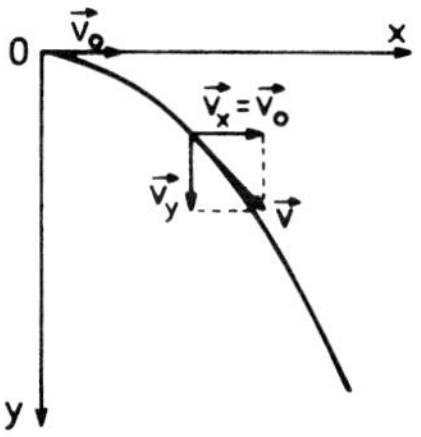

Abb. 4.29

Es gilt zur Zeit t:

in x-Richtung:
momentane Geschwindigkeit: $v_x = v_0$
zurückgelegter Weg: $x = v_0 \cdot t$ (i)

in y-Richtung:
momentane Geschwindigkeit: $v_y = g \cdot t$
zurückgelegter Weg: $y = \frac{1}{2} g \cdot t^2$ (ii)

für den momentanen Betrag der Bahngeschwindigkeit:

$$v = \sqrt{v_x^2 + v_y^2} = \sqrt{v_0^2 + g^2 \cdot t^2}$$

Die Gleichung der Bahnkurve folgt aus (i) und (ii), indem t eliminiert wird, zu:

$y = \frac{g}{2 \cdot v_0^2} \cdot x^2$ (***Parabel***) (4.32)

5. Der schiefe Wurf nach oben (reibungsfrei): Wird ein Körper zum Zeitpunkt $t = 0$ mit der Anfangsgeschwindigkeit $\vec{v}_0$ unter dem Winkel α schräg nach oben geworfen, so würde er, ohne Vorhandensein der Erdanziehung, eine geradlinige gleichförmige Bewegung in die durch $\vec{v}_0$ vorgegebene Richtung durchlaufen. Jedoch unter der Wirkung der senkrecht nach unten gerichteten Fallbeschleunigung g, wird

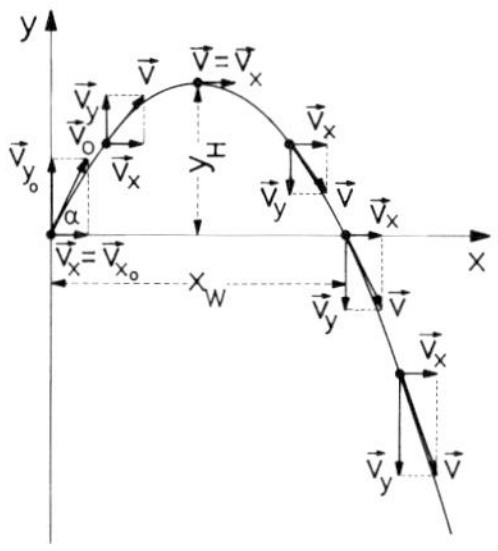

Abb. 4.30

der Körper gleichzeitig eine Fallbewegung ausführen, sodass seine tatsächliche Bahn die in Abb. 4.30 dargestellte Wurfparabel ist. Wir vernachlässigen dabei wiederum den Luftwiderstand. Um die Gleichung der Bahnkurve zu finden, zerlegen wir die Abwurfgeschwindigkeit $\vec{v}_0$ in eine horizontale Komponente $\vec{v}_{x_0}$ und in eine vertikale Komponente $\vec{v}_{y_0}$ (s. Abb. 4.30), für deren Beträge folgt:

$v_{x_0} = v_0 \cdot \cos\alpha$; bzw. $v_{y_0} = v_0 \cdot \sin\alpha$ (4.33)

Da die Beschleunigung $a_y = -g$ keine horizontale Komponente hat, wird sich der geworfene Körper in horizontaler Richtung mit konstanter Geschwindigkeit $v_x = v_{x_0}$ während des gesamten Flugs fortbewegen und dabei in der Zeit t den Weg

$x = v_0 \cdot (\cos\alpha) \cdot t$ (4.34)

zurücklegen.

In vertikaler Richtung handelt es sich um einen senkrechten Wurf nach oben mit der Abwurfgeschwindigkeit $\vec{v}_{y_0}$. Für deren Betrag gilt nach Gleichung (4.33) $v_{y_0} = v_0 \cdot \sin\alpha$ und mit der Beschleunigung $a_y = -g$ ergibt sich dann betragsmäßig für die Momentangeschwindigkeit in vertikaler Richtung mit Gleichung (4.21) $v_y = v_0 \cdot \sin\alpha - g \cdot t$ und für den zurückgelegten Weg in y-Richtung aus Gleichung (4.19)

$y = v_0 \cdot (\sin\alpha) \cdot t - \frac{1}{2} g \cdot t^2$ (4.35)

Eliminiert man die Zeit t aus den beiden Gleichungen (4.34) und (4.35), so erhält man als Beschreibung für die Bahnkurve (Abb. 4.30) folgende Beziehung:

$y = (\tan\alpha) \cdot x - \frac{g}{2 \cdot v_0^2 \cdot \cos^2\alpha} \cdot x^2$ (4.36)

die Gleichung einer Parabel. Dabei folgt für den Winkel, den der momentane Geschwindigkeitsvektor $\vec{v}$ zu einem beliebigen Zeitpunkt t mit der Horizontalen bildet, aus dem Vektordreieck $(\vec{v}, \vec{v}_x, \vec{v}_y)$: $\tan\alpha = \frac{v_y}{v_x}$.

Wie Abb. 4.30 zeigt, liegt in jedem Punkt der Flugbahn der Geschwindigkeitsvektor $\vec{v}$ tangential an der Bahnkurve. Der Betrag der momentanen Geschwindigkeit $\vec{v}$, die der Körper auf dieser Parabelbahn zum beliebigen Zeitpunkt t erreicht, ergibt sich aus den beiden Komponenten $v_x = v_{x_0} = v_0 \cdot \cos\alpha$ in horizontaler und $v_y = v_0 \cdot \sin\alpha - g \cdot t$ in vertikaler Richtung zu:

$$v = \sqrt{v_0^2 \cdot \cos^2\alpha + (v_0 \cdot \sin\alpha - g \cdot t)^2} \qquad (4.37)$$

In der Steigphase nimmt die Vertikalgeschwindigkeit $v_y = v_0 \cdot \sin\alpha - g \cdot t$ proportional zur Zeit t ab und damit auch die Momentangeschwindigkeit v bis zum Scheitelpunkt der Parabel, d. h. dass die auf der Bahnkurve in gleichen Zeitabschnitten zurückgelegten Wegstücke entsprechend Gleichung (4.35) kürzer werden.

Die **Wurfhöhe** (bzw. Steighöhe) $\boldsymbol{y_H}$, die im Scheitelpunkt der Parabel liegt, wird zu jenem Zeitpunkt erreicht, wenn die Vertikalgeschwindigkeit verschwindet, d. h. $v_y = v_0 \cdot \sin\alpha - g \cdot t = 0$ ist. Daraus erhält man analog zu Gleichung (4.30) für die Steigzeit

$$T_H = \frac{v_0 \cdot \sin\alpha}{g}$$

womit aus (4.35) die zu (4.31) äquivalente Gleichung für die Wurfhöhe beim schiefen Wurf folgt:

$$y_H = \frac{v_0^2 \cdot \sin^2\alpha}{2g} \qquad (4.38)$$

Die Momentangeschwindigkeit $\vec{v}$ ist im Augenblick des Erreichens des Scheitelpunktes allein durch die Horizontalkomponente $\vec{v}_x$ bestimmt $(\vec{v} = \vec{v}_x)$. Der weitere Verlauf der Bahn setzt sich nun aus einer gleichförmig beschleunigten Bewegung (freier Fall) in vertikaler Richtung und einer gleichförmigen Bewegung mit konstanter Geschwindigkeit v_x in horizontaler Richtung zusammen. Die auf der Bahnkurve in gleichen Zeitabschnitten zurückgelegten Wegstücke werden ab dem Scheitelpunkt nun wieder entsprechend Gleichung (4.18) anwachsen.

Die größte Wurfhöhe wird, bei gegebener Abwurfgeschwindigkeit, im senkrechten Wurf nach oben, d. h. für $\alpha = 90°$, erreicht und wird durch Gleichung (4.31) beschrieben.

Eine weitere interessierende Größe beim schiefen Wurf ist die **Wurfweite** $\boldsymbol{x_W}$. Sie ist die Entfernung vom Abwurfpunkt, in welcher der Körper wieder die vom Abwurfort aus gesehene Horizontale trifft, es wird also $y = 0$. Damit ergibt sich aus (4.36):

$$x_W = \frac{v_0^2 \cdot \sin(2\alpha)}{g} \qquad (4.39)$$

Für den Fall $\sin 2\alpha = 1$, d. h. somit einen Abwurfwinkel von $\alpha = 45°$, wird nach (4.39) die größte Wurfweite erzielt. Jede andere (kleinere) Wurfweite kann unter zwei unterschiedlichen Abwurfwinkeln erreicht werden, die um gleiche Differenzwinkel vom Winkel 45° nach oben (sog. *Steilwurf*) und nach unten (sog. *Flachwurf*) abweichen.

Kann der Körper nach Überschreiten der Wurfweite x_W weiterhin frei fallen, wie in Abb. 4.30 dargestellt, so folgt er der durch (4.36) beschriebenen Parabelbahn, mit konstanter Fallbeschleunigung, d. h. entsprechend ansteigender Geschwindigkeit $\vec{v}_y$ (s. Abb. 4.30), in vertikaler Richtung und konstanter Geschwindigkeit $\vec{v}_x$ in horizontaler Richtung.

Infolge des Luftwiderstandes weichen die wirklichen Flugbahnen jedoch stark von der hier betrachteten theoretischen Parabelbahn ab. Bei den so genannten „ballistischen Kurven" ist der abfallende Zweig der Bahnkurve steiler als der ansteigende, und die erzielbaren Weiten und Höhen liegen beträchtlich unter den für das Vakuum berechneten Werten.

§ 4.2 Rotationsbewegungen

In § 4.1.2 definierten wir die Beschleunigung $\vec{a}$ als die zeitliche Änderung der Geschwindigkeit. Wir beschränkten uns dabei zunächst auf beschleunigte Bewegungen auf geradliniger Bahn, bei welchen die Normalkomponente $\vec{a}_n = 0$, die Tangentialkomponente $\vec{a}_t \neq 0$ ist und die Geschwindigkeit sich somit nur im Betrag, aber nicht in der Richtung ändert. Schon eine geringe Abweichung eines Körpers von der geradlinigen Bahn bedeutet aber das Auftreten einer Normalkomponente $\vec{a}_n \neq 0$, d. h. eine Drehung des Geschwindigkeitsvektors und damit eine Richtungsänderung. Jede Kurvenfahrt mit einem Fahrzeug beispielsweise bedeutet eine Richtungsänderung und enthält damit eine Rotationsbewegung. Der spezielle Fall einer Rotation mit konstanter Krümmung der Bahnkurve ist die Bewegung auf einer Kreisbahn. Ehe wir diesen Fall näher betrachten, führen wir zur Beschreibung von Rotationsbewegungen zweckmäßigerweise einige neue Begriffe ein.

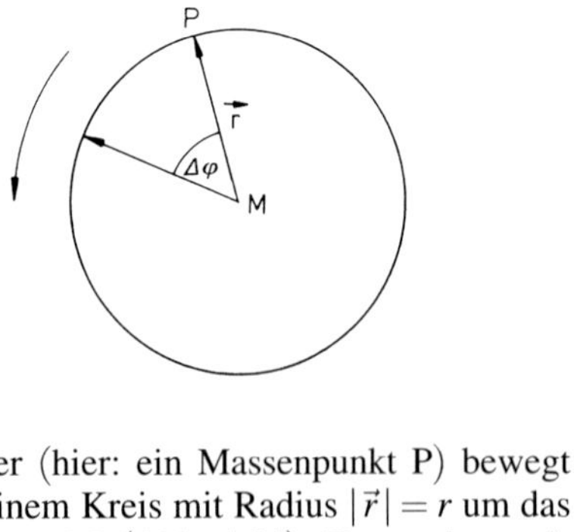

Abb. 4.31

Ein Körper (hier: ein Massenpunkt P) bewegt sich auf einem Kreis mit Radius $|\vec{r}| = r$ um das Drehzentrum M (Abb. 4.31). Dann überstreichen alle Punkte des Radiusvektors $\vec{r}$ in gleichen Zeiten Δt den Winkel $\Delta\varphi$. Der Winkel wird zweckmäßigerweise im Bogenmaß angegeben, das als Quotient des Bogenstücks Δs, welches die Radiusvektoren auf dem Umfang des Kreises mit Radius r ausschneiden, und dem Kreisradius r definiert wird (s. auch Anhang Mathematische Grundlagen, II.F):

$$\Delta\varphi = \frac{\Delta s}{r} \tag{4.40}$$

Der Einheit des ebenen Winkels im Bogenmaß gibt man den besonderen Namen „Radiant" (rad), wie in § 2.3, Tab. 2.3 definiert. Zur Angabe einer Rotationsgeschwindigkeit für alle Punkte, die auf dem Radiusvektor liegen, ist es vorteilhaft, in Analogie zur Geschwindigkeitsdefinition bei Translationsbewegungen, mit dem vom speziellen Kreisradius unabhängigen Winkel $\Delta\varphi$ (gemessen in rad) den Quotienten $\frac{\Delta\varphi}{\Delta t}$ als **Winkelgeschwindigkeit** $\boldsymbol{\omega}$ einzuführen.
Der Betrag der Winkelgeschwindigkeit wird folgendermaßen definiert:

Definition:

$$\omega = \lim_{\Delta t \to 0} \frac{\Delta\varphi}{\Delta t} = \frac{d\varphi}{dt} \tag{4.41}$$

Einheit:

definitionsgemäß: $\text{rad} \cdot \text{s}^{-1}$; meistens aber: s^{-1}

$\vec{\omega}$ ist ein Vektor, der senkrecht auf der Bewegungsebene steht (Normalenvektor) und bei dem in Abb. 4.31 beispielsweise entgegengesetzt dem Uhrzeigersinn umlaufenden Körper, in Richtung der Drehachse (durch M) aus der Zeichenebene heraus zeigt. (*Merkhilfe:* Der Daumen der rechten Hand zeigt in die Richtung der Winkelgeschwindigkeit, wenn die zur Handfläche gekrümmten Finger die Bewegung eines entgegengesetzt dem Uhrzeigersinn rotierenden Körpers wiedergeben.)

Ändert sich die Winkelgeschwindigkeit ω in der Zeiteinheit Δt, d. h. handelt es sich um eine ungleichförmige Rotationsbewegung, so führt man analog zur Translationsbewegung auch hier eine Beschleunigung ein, die **Winkelbeschleunigung** $\boldsymbol{\alpha} = \frac{\boldsymbol{\Delta\omega}}{\boldsymbol{\Delta t}}$, deren Betrag wir folgendermaßen definieren:

Definition:

$$\alpha = \lim_{\Delta t \to 0} \frac{\Delta\omega}{\Delta t} = \frac{d\omega}{dt} = \frac{d^2\varphi}{dt^2} \tag{4.42}$$

Einheit:

definitionsgemäß: $\text{rad} \cdot \text{s}^{-2}$; meistens aber: s^{-2}

Die bei den Definitionen (4.38) und (4.39) angegebenen Einheiten der Winkelgeschwindigkeit ω und der Winkelbeschleunigung α sind die abgeleiteten Einheiten $\frac{\text{rad}}{\text{s}}$ und $\frac{\text{rad}}{\text{s}^2}$. Da die Einheit rad aber dimensionslos ist (s. § 2.3, Tab. 2.3), schreibt man für die Einheiten von ω und α oft einfach s^{-1} bzw. s^{-2}. Man beachte jedoch, dass die Dimension von ω bzw. α nicht die einer Geschwindigkeit bzw. Beschleunigung ist und daher die Namensgebung für ω bzw. α eigentlich irreführend, der formalen Ähnlichkeit der Definitionen wegen aber so eingeführt wurde.

§ 4.2.1 Gleichförmige Kreisbewegung

In Analogie zur Definition der gleichförmig geradlinigen Bewegung bei Translationsbewegungen liegt eine **gleichförmige Kreisbewegung** vor, wenn die Winkelgeschwindigkeit ω konstant ist, d. h. es gilt:

Winkelbeschleunigung $\alpha = 0$
Winkelgeschwindigkeit $\omega = \text{const.}$

Bei einer gleichförmigen Kreisbewegung gilt daher auch für endliche Zeitintervalle Δt:

$$\Delta\varphi = \omega \cdot \Delta t \tag{4.43}$$

Bezeichnet T die Zeitdauer für einen vollen Umlauf des Massenpunktes P auf einer Kreisbahn, d. h. der Radiusvektor vom Drehzentrum M zum Punkt P (Abb. 4.31) durchläuft einen Vollkreis, also den Winkel von 360° (entsprechend 2π im Bogenmaß), und wird in der Zeit Δt der Winkel $\Delta\varphi$ überstrichen, dann gilt nach Abb. 4.31 folgende Relation:

$$\frac{\Delta\varphi}{2\pi} = \frac{\Delta t}{T} \tag{4.44}$$

Daraus ergibt sich mit Gleichung (4.43) für die Winkelgeschwindigkeit:

Definition:

$$\omega = \frac{2\pi}{T} \qquad (4.45)$$

Bei der gleichförmigen Kreisbewegung handelt es sich um einen periodischen Vorgang.

Der Kehrwert der Umlaufzeit T, bzw. der Perioden- oder Schwingungsdauer, wie wir T bei periodischen Vorgängen (wie z. B. Schwingungen) bezeichnen, wird als die **Frequenz ν** (oder auch f) definiert:

Definition:

$$\nu = \frac{1}{T} \qquad (4.46)$$

Einheit:

Hertz (Hz); (1 Hz = 1 s^{-1}).

Die Frequenz $\nu = T^{-1}$ gibt somit die Anzahl der Umläufe (des Radiusvektors $\vec{r}$) pro Sekunde an und wird daher auch als *Umdrehungszahl* bzw. *Umlaufsfrequenz* bezeichnet.

Mit (4.46) erhalten wir aus (4.45) für den Zusammenhang zwischen der Winkelgeschwindigkeit ω und der Frequenz ν:

$$\omega = 2\pi\nu \qquad (4.47)$$

Man bezeichnet die Winkelgeschwindigkeit aufgrund dieser Bezeichnung auch als ***Kreisfrequenz***.

Zur Messung der Frequenz ν und damit auch der Kreisfrequenz ω werden **Stroboskope** verwendet. Dies sind Lichtblitzlampen (Blitzdauer ca. 5 µs), deren Blitzfolgefrequenz ν_s zwischen einigen Hz und einigen 100 Hz eingestellt werden kann. Wird ein mit der Frequenz ν_0 rotierender Körper (z. B. eine Scheibe mit gut kontrastierenden Marken) oder ein mit ν schwingender Körper (z. B. eine Saite) mit einem Stroboskop beleuchtet, so ergibt sich dann ein stehendes Bild des Körpers, falls $\nu_s = \nu_0 \cdot n$ oder $\nu_s = \frac{\nu_0}{n}$ ist ($n = 1, 2, 3, \ldots$). Durch sorgfältige Beobachtung kann für $n = 1$ die gesuchte Umdrehungs- oder Schwingungsfrequenz ν_0 bestimmt werden.

Bei der gleichförmigen Kreisbewegung läuft ein Körper (Massenpunkt) mit einer dem Betrag nach konstanten **Bahngeschwindigkeit** $|\vec{v}| = \text{const.}$ auf einem Kreis mit Radius r um.

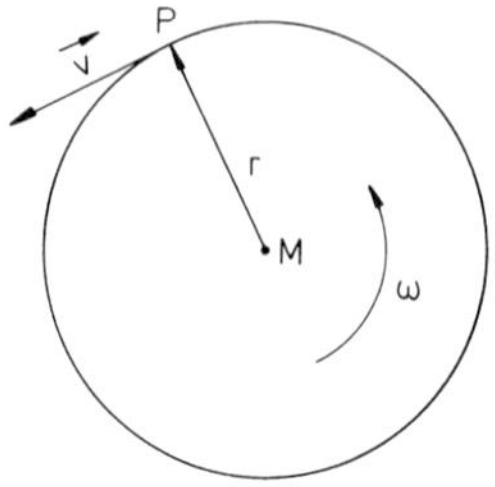

Abb. 4.32

Die Richtung der Bahngeschwindigkeit $\vec{v}$ ist in jedem beliebigen Punkt P des Kreises tangential (Abb. 4.32). Der Geschwindigkeitsvektor ändert sich zwar nicht im Betrag aber kontinuierlich in der Richtung (Abb. 4.33).

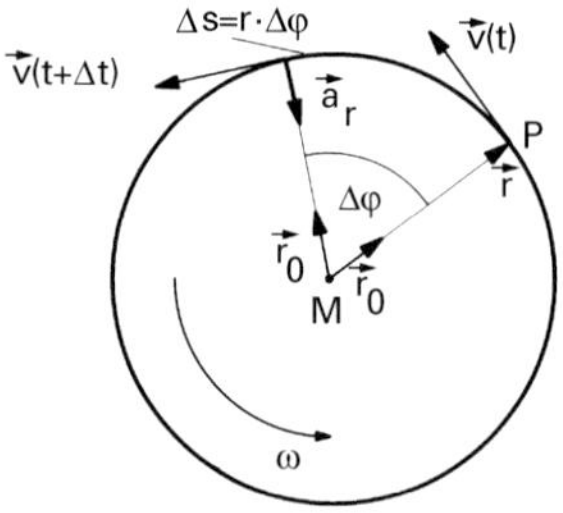

Abb. 4.33

Die Beziehung für den Betrag der Bahngeschwindigkeit v des Körpers im Punkt P und der Winkelgeschwindigkeit ω folgt aus (4.8) und (4.40) zu:

$$v = \lim_{\Delta t \to 0} \frac{\Delta s}{\Delta t} = \lim_{\Delta t \to 0} \frac{r \cdot \Delta\varphi}{\Delta t} = r \cdot \lim_{\Delta t \to 0} \frac{\Delta\varphi}{\Delta t}$$

woraus sich mit Gleichung (4.41) ergibt:

$$v = r \cdot \omega \qquad (4.48)$$

Die Bahngeschwindigkeit ist bei konstanter Winkelgeschwindigkeit proportional zum Radius der Kreisbahn.

Die Beziehung (4.48) folgt auch aus folgender Überlegung: Ein Massenpunkt, der auf einem Kreis mit Radius r umläuft, legt eine Wegstrecke von $\Delta s = 2\pi \cdot r$, den Kreisumfang zurück, und benötigt dazu die Zeit $\Delta t = T$, die Umlaufdauer. Nach der Definition (4.1) folgt dann mit (4.45) für die Geschwindigkeit des Massenpunktes:

$$v = \frac{\text{Umfang des Kreises}}{\text{Umlaufdauer}} = \frac{2\pi \cdot r}{T} = \omega \cdot r$$

Bei einer bestimmten Winkelgeschwindigkeit ω bewegt sich der Körper auf einem Kreis mit Radius r mit einer dem Betrag nach konstanten Bahngeschwindigkeit v, deren Richtung sich jedoch laufend ändert. Da die Geschwindigkeit als Vektorgröße sowohl durch einen Betrag als auch durch eine Richtung festgelegt ist, muss bei der Rotation eine Beschleunigung auftreten, welche die Richtung der Bahngeschwindigkeit $\vec{v}$ bei konstant bleibendem Betrag $|\vec{v}| = \text{const.}$ fortwährend ändert. Verantwortlich für die Änderung der Geschwindigkeitsrichtung ist, wie in § 4.1.2 dargestellt, die Normalkomponente der Beschleunigung $\vec{a}_n$ (s. auch Abb. 4.17). Bei dem hier vorliegenden Sonderfall der gleichförmigen Kreisbewegung mit konstantem Betrag $|\vec{v}|$ der Bahngeschwindigkeit, ist daher die Tangentialkomponente der Beschleunigung $\vec{a}_t = 0$ und die nach Gleichung (4.14) wirkende Beschleunigung ist die Normalkomponente $\vec{a}_n = \text{const.} \neq 0$, welche die Änderung der Geschwindigkeitsrichtung bedingt. Diese Komponente wirkt senkrecht zur Bahngeschwindigkeit im Punkt P radial zur Kreismitte M hin (Abb. 4.33) und wird als **Radialbeschleunigung** (oder auch *Normalbeschleunigung*) $\vec{\boldsymbol{a}}_r$ bezeichnet. Für deren Betrag ergibt sich:

$$a_r = v \cdot \omega \qquad (4.49)$$

wofür mit (4.48) auch geschrieben werden kann:

$$\boxed{a_r = v \cdot \omega = \frac{v^2}{r} = r \cdot \omega^2} \qquad (4.50)$$

Der Vektor $\vec{a}_r$ der Radialbeschleunigung zeigt in Richtung des Drehzentrums und ist daher dem Radiusvektor $\vec{r}$ entgegengesetzt gerichtet. Mit dem Einheitsvektor $\vec{r}_0$ in Richtung von $\vec{r}$ (Abb. 4.33) folgt in vektorieller Schreibweise für die Radialbeschleunigung:

$$\vec{a}_r = -\frac{v^2}{r} \cdot \vec{r}_0 = -v \cdot \omega \cdot \vec{r}_0 = -\omega^2 \cdot r \cdot \vec{r}_0 \qquad (4.51)$$

Beispiel: Eine Zentrifuge mit einem Durchmesser von 20 cm macht in der Minute 2400 Umdrehungen (Drehzahl n).

Umlaufdauer: $T = \frac{1}{2400}\ \text{min} = \frac{60}{2400}\ \text{s} = 0{,}025\ \text{s}$.

Frequenz: $f = \frac{1}{T} = \frac{1}{0{,}025}\ \text{Hz} = 40\ \text{Hz}$.

Winkelgeschwindigkeit: $\omega = 2\pi f = 251\ \text{s}^{-1}$.

Bahngeschwindigkeit: Auf dem Radius $r = 10$ cm ist $v = r \cdot \omega = 0{,}1 \cdot 251\ \text{m} \cdot \text{s}^{-1} = 25{,}1\ \text{m} \cdot \text{s}^{-1}$.

§ 4.2.2 Zusammenhänge einiger Größen bei Rotationsbewegungen

Ausgehend von den Beziehungen (4.41) bzw. (4.42) lassen sich analog zu den Translations- auch für die Rotationsbewegungen entsprechende Zusammenhänge zwischen φ, ω und α darstellen. Betrachten wir einen Körper, der zum Zeitpunkt $t_0 = 0$ aus der Ruhe heraus mit einer konstanten Winkelbeschleunigung $\alpha = \text{const.}$ in Rotation versetzt wird, so erhalten wir aus dem Zeitintegral von (4.42) für die Winkelgeschwindigkeit ω mit welcher der Körper nach der Zeit t rotiert:

$$\boxed{\omega = \alpha \cdot t} \qquad (4.52)$$

Dieser Zusammenhang ist in Abbildung 4.34 in einem *Winkelgeschwindigkeit-Zeit*-Diagramm dargestellt. Aus der Steigung der Geraden entnehmen wir für die konstante Winkelbeschleunigung den Wert $\alpha = \frac{\Delta\omega}{\Delta t} \approx \frac{\pi}{4} \text{s}^{-2}$.

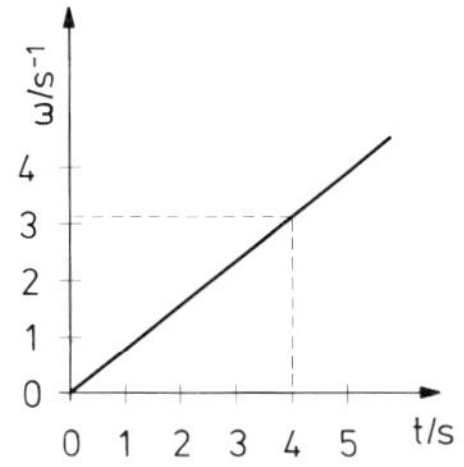

Abb. 4.34

Falls der Körper zum Zeitpunkt $t = 0$ bereits mit der Winkelgeschwindigkeit ω_0 rotiert und mit konstanter Winkelbeschleunigung $\alpha = \text{const.}$ rotatorisch beschleunigt wird, gilt:

$$\boxed{\omega = \omega_0 + \alpha \cdot t} \qquad (4.53)$$

Abb. 4.35 zeigt den graphischen Verlauf $\omega = f(t)$ im *Winkelgeschwindigkeit-Zeit*-Diagramm.

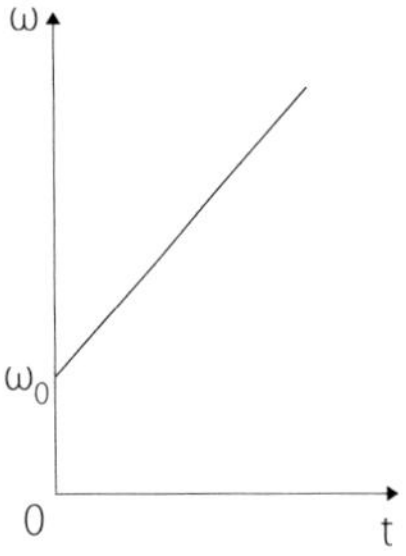

Abb. 4.35

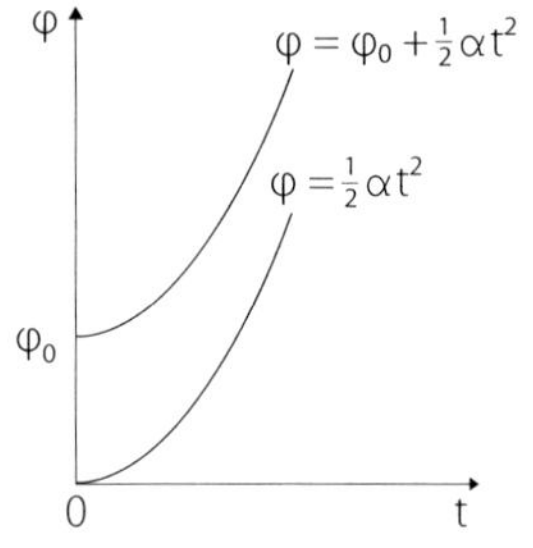

Abb. 4.36

Wird ein Körper zum Zeitpunkt $t_0 = 0$ aus der Ruhe heraus mit der konstanten Winkelbeschleunigung $\alpha = \text{const.}$ in Rotation versetzt, so erhält man für den vom Radiusvektor überstrichenen Winkel φ:

$$\varphi = \frac{1}{2}\alpha \cdot t^2 \qquad (4.54)$$

Im *Winkel-Zeit*-Diagramm wird dies durch eine Normalparabel (im Bereich der positiven Halbachsen) durch den Koordinatenursprung dargestellt (Abb. 4.36).

Für den Fall, dass der Radiusvektor des Körpers zum Zeitpunkt $t_0 = 0$ bereits einen bestimmten Winkel $\varphi = \varphi_0$ überstrichen hat und dann durch $\alpha = \text{const.}$ rotatorisch beschleunigt wird, folgt für den nach der Zeit t überstrichenen Winkel $\varphi = f(t)$:

$$\varphi = \varphi_0 + \frac{1}{2}\alpha \cdot t^2 \qquad (4.55)$$

Im *Winkel-Zeit*-Diagramm ergibt sich für (4.55) eine um φ_0 in Richtung der Ordinatenachse verschobene Normalparabel (Abb. 4.36).

Aus der allgemeinen Definition der Winkelbeschleunigung, Gleichung (4.42), lassen sich die Beziehungen (4.52) bis (4.55) für die gleichförmig beschleunigte Rotationsbewegung ($\alpha = \text{const.}$), unter Berücksichtigung der jeweiligen Anfangsbedingungen, durch Integration einfach gewinnen.

Integriert man die aus Gleichung (4.42) folgende Beziehung $\mathrm{d}\omega = \alpha \cdot \mathrm{d}t$ mit der Anfangsbedingung, dass zur Zeit $t = t_1$ die Winkelgeschwindigkeit $\omega(t) = \omega_0$ ist, so ergibt sich für die Winkelgeschwindigkeit $\omega(t)$ zur Zeit t:

$$\omega(t) = \omega_0 + \int_{t_1}^{t} \alpha \cdot \mathrm{d}t$$

oder

$$\omega(t) = \omega_0 + \alpha(t - t_1) \qquad (4.56)$$

Als Beispiel zu Gleichung (4.56) betrachten wir einen Körper, der in der Zeit von $t_0 = 0$ bis t_1 mit der Winkelgeschwindigkeit $\omega_0 = \text{const.}$ rotiert und ab dem Zeitpunkt t_1 mit der Winkelbeschleunigung $\alpha = \text{const.}$ beschleunigt wird.

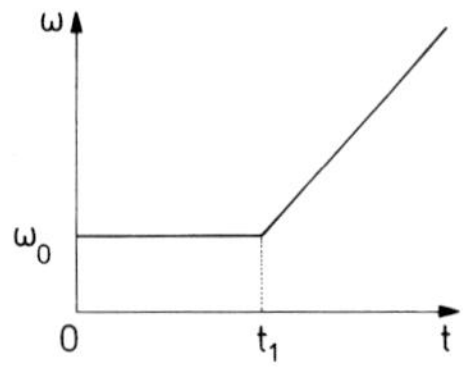

Abb. 4.37

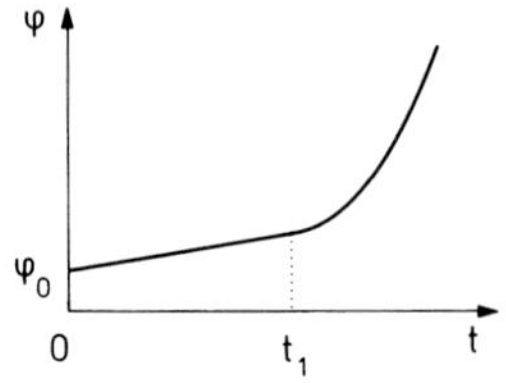

Abb. 4.38

Abb. 4.37 zeigt graphisch den zeitlichen Verlauf der Winkelgeschwindigkeit $\omega = \omega(t)$. Bis zum Zeitpunkt t_1 ist die Winkelbeschleunigung konstant, es handelt sich also um eine gleichförmige Kreisbewegung mit konstanter Winkelgeschwindigkeit $\omega_0 \neq 0$, die ab dem Zeitpunkt t_1 in eine gleichförmig beschleunigte Kreisbewegung mit konstant ansteigender Winkelgeschwindigkeit ω (Steigung α) übergeht.

Aus der Beziehung (4.56) folgt für $t_1 = 0$ die Gleichung (4.53) und ist überdies $\omega_0 = 0$ zum Zeitpunkt $t_1 = 0$, so erhält man Gleichung (4.52).

Der bei der Rotation vom Radiusvektor überstrichene Winkel $\varphi(t)$ ergibt sich, ausgehend von der zu $\mathrm{d}\varphi = \omega \cdot \mathrm{d}t$ umgeformten Definition der Winkelgeschwindigkeit (4.41), durch nochmalige Integration mit kleiner Zwischenrechnung zu:

$$\varphi(t) = \varphi_0 + \omega_0 \cdot (t - t_1) + \frac{1}{2}\alpha \cdot (t - t_1)^2, \qquad (4.57)$$

mit den Anfangsbedingungen $\omega(t) = \omega_0$ und $\varphi(t) = \varphi_0$ zum Zeitpunkt t_1.

Im obigen Beispiel zur Winkelgeschwindigkeit (Gleichung (4.56)), wird der vom Radiusvektor des rotierenden Körpers überstrichene Winkel $\varphi = f(t)$ durch die Beziehung (4.57) beschrieben, wobei die Anfangsbedingungen lauten: zum Zeitpunkt $t_0 = 0$ ist der überstrichene Winkel $\varphi(t_0) = \varphi_0$, im Zeitraum $t_0 = 0$ bis t_1 erfolgt die Rotation mit der Winkelgeschwindigkeit $\omega_0 = \text{const.}$ und ab dem Zeitpunkt t_1 beschleunigt mit der Winkelbeschleunigung $\alpha = \text{const.}$ Das entsprechende *Winkel-Zeit*-Diagramm $\varphi = f(t)$ zeigt Abb. 4.38.

Für den Fall $t_1 = 0$ erhält man aus (4.57) die Gleichung (4.58), welche die Zeitabhängigkeit $\varphi = f(t)$ eines rotierenden Körpers beschreibt, der zum Zeitpunkt $t = 0$ bereits den Winkel φ_0 überstrichen hat, mit konstanter Winkelgeschwindigkeit $\omega_0 = \text{const.}$ rotiert und außerdem mit konstanter Winkelbeschleunigung $\alpha = \text{const.}$ beschleunigt wird:

$$\varphi = \varphi_0 + \omega_0 \cdot t + \frac{1}{2}\alpha \cdot t^2 \tag{4.58}$$

Ist zum Zeitpunkt $t = 0$ auch die Winkelgeschwindigkeit $\omega_0 = 0$, so folgt aus (4.57) bzw. (4.58) die Beziehung (4.55) und ist überdies $\varphi_0 = 0$, so ergibt sich (4.54).

Handelt es sich bei der Rotation um eine gleichförmige Kreisbewegung, d. h. es ist $\alpha = 0$ und damit $\omega = \omega_0 = \text{const.}$ und außerdem $\varphi_0 = 0$ zum Zeitpunkt $t_0 = 0$, dann folgt aus (4.58) für den Winkel φ als Funktion der Zeit t bezüglich einer festen Richtung:

$$\varphi = \omega_0 \cdot t \tag{4.59}$$

Aus der Steigung der graphischen Darstellung in Abb. 4.39 entnimmt man für die Winkelgeschwindigkeit $\omega = \dfrac{\Delta\varphi}{\Delta t} = \pi\,\text{s}^{-1}$, unter Verwendung der Äquivalenz für den Winkel im Gradmaß und Bogenmaß ($360° \mathrel{\hat{=}} 2\pi$). Nach 2 s hat der Massenpunkt also den Vollkreis durchlaufen, d. h. seine Umlaufzeit beträgt $T = \dfrac{2\pi}{\omega} = 2\,\text{s}$. Die gleichförmige Kreisbewegung ist ein periodischer Vorgang, bei dem ein Massenpunkt auf dem Kreisumfang als Funktion der Zeit eine konstant zunehmende Wegstrecke $s(t) = r \cdot \varphi(t)$ zurücklegt.

Abb. 4.39

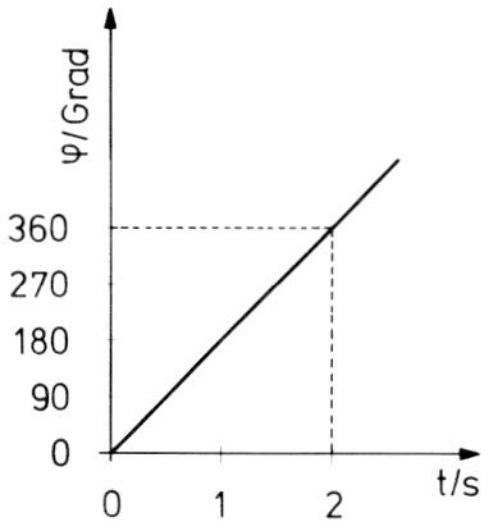

Aufgaben

Aufgabe 4.1: Die Geschwindigkeit des Lichtes beträgt etwa $3 \cdot 10^8\,\text{m} \cdot \text{s}^{-1}$, die des Schalls in Luft etwa $333\,\text{m} \cdot \text{s}^{-1}$. Bei einem Gewitter werde der Donner an einem bestimmten Ort 13,5 s später registriert als der Blitz. Wie groß ist etwa die Entfernung des Blitzdurchschlags vom Beobachtungsort?

Aufgabe 4.2: Das Echolot auf einem Schiff empfängt das von einem Fischschwarm reflektierte Signal 0,25 s und das von dem 3,2 km entfernten Meeresgrund reflektierte Signal 4,0 s nach Aussendung des Schallimpulses.
a) Wie groß ist die Schallgeschwindigkeit in Meerwasser?
b) Wie weit ist der Fischschwarm unterhalb des Schiffes etwa entfernt?

Aufgabe 4.3: Ein 100-m-Läufer legt die 100-m-Strecke in 10 s zurück. Wie groß ist seine mittlere Geschwindigkeit?

Aufgabe 4.4: In Bild A 4.1 ist der Weg eines Körpers als Funktion der Zeit dargestellt.
a) Mit welcher mittleren Geschwindigkeit bewegt sich der Körper im Zeitintervall von $t_1 = 1$ s bis $t_2 = 2$ s?
b) Zu welchem Zeitpunkt ist die Momentangeschwindigkeit Null?
c) Wie kann die Momentangeschwindigkeit zum Zeitpunkt $t = 2$ s aus dem Diagramm bestimmt werden und wie groß ist diese?

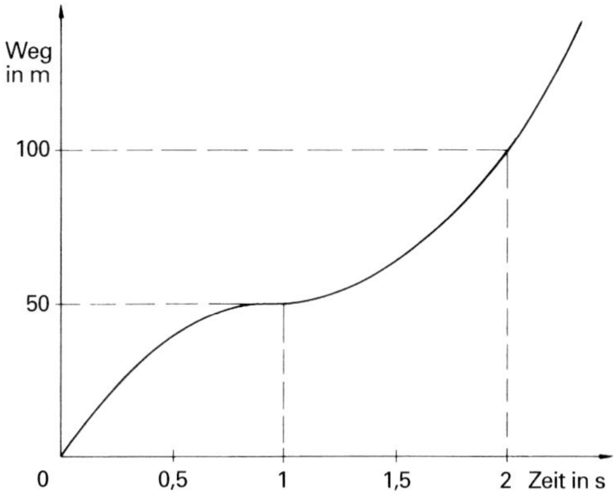

Bild A 4.1

Aufgabe 4.5: Ein Pkw erhöht seine Geschwindigkeit in 0,5 Minuten gleichmäßig von $25\,\text{km} \cdot \text{h}^{-1}$ auf $55\,\text{km} \cdot \text{h}^{-1}$. Wie groß ist die Beschleunigung des Pkw im Vergleich zu der eines Radfahrers, der aus der Ruhe heraus in derselben Zeit auf $30\,\text{km} \cdot \text{h}^{-1}$ beschleunigt?

Aufgabe 4.6: Das Geschwindigkeit-Zeit-Diagramm eines Massenpunktes ist in Bild A 4.2 dargestellt.
a) Innerhalb welcher Zeitintervalle liegt eine gleichförmig beschleunigte Bewegung vor?
b) Zu welchen Zeitpunkten ist die Beschleunigung Null?

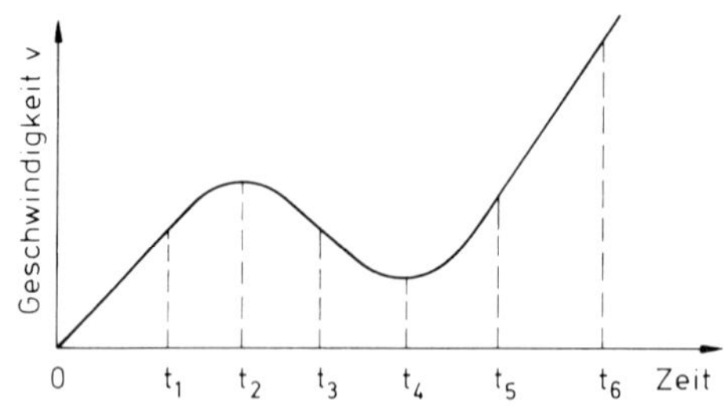

Bild A4.2

Aufgabe 4.7: Ein Intercity-Express erreicht aus dem Stand nach 6,5 Minuten seine Reisegeschwindigkeit von 250 $km \cdot h^{-1}$.

a) Wie groß ist seine mittlere Beschleunigung?
b) Wie lang ist die Strecke, die er in dieser Zeit zurücklegt?

Aufgabe 4.8: Eine S-Bahn wird durch eine Notbremsung innerhalb von 20 s auf einer Strecke von 400 m zum Stehen gebracht. Der Bremsvorgang wird in guter Näherung als gleichförmig beschleunigte Bewegung betrachtet.

a) Welche Reisegeschwindigkeit (in $km \cdot h^{-1}$) hatte der Zug vor der Notbremsung?
b) Wie groß war seine Bremsverzögerung a?

Aufgabe 4.9: Ein Automobil fährt mit konstanter Geschwindigkeit $v_1 = 20\ m \cdot s^{-1}$ hinter einem anderen Wagen her, dessen konstante Geschwindigkeit $v_2 = 12\ m \cdot s^{-1}$ beträgt.

a) Welche Zeit benötigt das Automobil, bis es den anderen Wagen eingeholt hat?
b) Welchen Weg legt es dabei zurück, wenn der anfängliche Abstand 600 m beträgt?

Aufgabe 4.10: Aus einem Heißluftballon wird in einer Höhe von 165 m über dem Erdboden Ballast abgeworfen.

a) Wie lange braucht der Ballast, um diese Höhe frei zu durchfallen (der Luftwiderstand sei vernachlässigt)?
b) Mit welcher Geschwindigkeit (in $km \cdot h^{-1}$) trifft der Ballast auf der Erde auf?

Aufgabe 4.11: Ein Körper werde zur Zeit $t_0 = 0$ aus der Ruhe losgelassen. Welchen Weg legt er im freien Fall (ohne Reibung) zurück, in dem Zeitintervall

a) zwischen t_0 und $t_1 = 1$ s?
b) zwischen $t_1 = 1$ s und $t_2 = 2$ s?

Aufgabe 4.12: Ein Ball wird senkrecht nach oben geworfen und erreicht eine Höhe von 15 m.

a) Mit welcher Geschwindigkeit muss er abgeworfen werden?
b) Wie viel Zeit benötigt er bis zur Rückkehr am Erdboden?

Aufgabe 4.13: Eine Kugel rollt von einem 80 cm hohen Tisch auf den Boden und trifft 1,2 m von der Tischkante auf dem Boden auf. Wie groß ist die Geschwindigkeit der Kugel beim Verlassen des Tisches?

Aufgabe 4.14: Eine Ballwurfmaschine werfe die Tennisbälle unter einem Winkel von $\alpha = 45°$ gegenüber der Horizontalen nach oben aus, die in 5 m Entfernung vom Tennisspieler mit dem Schläger angenommen werden. (Abwurf- und Auftreffstelle sollen in gleicher Höhe liegen; Luftreibung sei vernachlässigt.)

a) Berechnen Sie die Abwurfgeschwindigkeit?
b) Welche Wurfhöhe bezüglich der Abwurfstelle erreichen die Tennisbälle?
c) Wie lange hat der Spieler maximal Zeit um den Ball anzunehmen?

Aufgabe 4.15: Eine Scheibe wird aus der Ruhe heraus mit der konstanten Winkelbeschleunigung $\alpha = 1\ rad \cdot s^{-2}$ in Drehung versetzt. Wie lange dauert es, bis sich die Scheibe um einen Winkel (im Bogenmaß) von $\varphi = 12{,}5$ rad gedreht hat?

Aufgabe 4.16: In einer Zentrifuge befinde sich eine Suspension einheitlich kleiner Teilchen. Bei einer Rotationsfrequenz von $\nu = 10^3\ s^{-1}$ beträgt ihre Sedimentationsgeschwindigkeit $v_s = 2\ mm \cdot min^{-1}$. Welchen Wert hat diese, bei Verdoppelung der Rotationsfrequenz?

Aufgabe 4.17: In einer Zentrifuge rotiert eine kleine Masse im Abstand $r = 9{,}8$ cm um die Zentrifugenachse mit einer Winkelgeschwindigkeit $\omega = 100\ s^{-1}$.

a) Wievielmal größer ist ungefähr die auf die Masse wirkende Radialbeschleunigung als die Fallbeschleunigung?
b) Wie groß ist die Bahngeschwindigkeit der Masse?

Aufgabe 4.18: Von bestimmten Neutronensternen (Sterne hoher Dichte) nimmt man an, dass sie etwa mit einer Umdrehung pro Sekunde rotieren. Der Sternäquator hat im Mittel einen Durchmesser von 40 km. Wie groß ist die Beschleunigung eines Punktes am Rande des Sternäquators?

Aufgabe 4.19: Bei einem ‚Tag der offenen Tür' eines Sportvereins schleudert ein noch ungeübter Teilnehmer beim Wettbewerb der Hammerwerfer das Sportgerät in 1,8 m Höhe in einem horizontalen Kreis mit Radius 1,6 m. Nach dem Loslassen im geeigneten Augenblick fliegt der Hammer horizontal weg und trifft in 12 m Entfernung auf dem Boden auf.

a) Wie groß war die Radialbeschleunigung während der Rotation der Hammerkugel auf dem Kreis?
b) Wie groß war die Rotationsfrequenz in der Endphase kurz vor dem Loslassen?

Aufgabe 4.20: Der Teller eines mit 45 Umdrehungen pro Minute laufenden Plattenspielers kommt nach dem Abschalten innerhalb 3 s zum Stillstand. Wie groß ist etwa der Betrag der mittleren Winkelverzögerung (negative Winkelbeschleunigung) während des Auslaufens?

§ 5 Kräfte – Drehmoment

Die Kinematik, welche wir seither behandelt haben, beschrieb beispielsweise die translatorische Bewegung eines Körpers (bzw. Massenpunktes) mithilfe des Ortsvektors $\vec{r}$, der Geschwindigkeit $\vec{v}$ und der Beschleunigung $\vec{a}$ unter alleiniger Verwendung der Grundgrößen Länge und Zeit. Wir beschränkten uns dabei weitgehend auf die rein geometrische Beschreibung der Bewegung der Körper, ohne nach der Bewegungsursache zu fragen. Dies ist die Fragestellung der **Dynamik**, als der Lehre von der Bewegung von Körpern unter dem Einfluss von Kräften.

Der Bewegungszustand eines Körpers bzw. dessen Änderung ist bestimmt durch Natur und Eigenschaften des Körpers und jener seiner Umgebung, und den zwischen ihnen auftretenden Wechselwirkungen. Der Begriff der ***Kraft*** stellt dabei das Konzept zur Beschreibung der möglichen Wechselwirkungen dar. Jeder Umgebung entspricht ein bestimmtes Kraftgesetz. Eine Bewegungsänderung eines Körpers findet – in der gebräuchlichen Terminologie – dann statt, wenn Kräfte an ihm angreifen. Erfährt ein Körper keinerlei Wechselwirkung mit seiner Umgebung oder ist die Vektorsumme aller Wechselwirkungen bzw. Kräfte gleich Null, dann sprechen wir von einem freien (oder frei beweglichen) Körper bzw. Massenpunkt. Ein freier Massenpunkt ändert seinen Bewegungszustand nicht. Zwar gibt es keinen realen beobachtbaren Körper ohne irgendeine Wechselwirkung mit seiner Umgebung, doch stellt der freie Massenpunkt bzw. das freie Teilchen häufig eine nützliche Idealisierung dar. Wir beschränken uns zunächst im Folgenden auf das Beispiel makroskopischer Objekte – in der Idealisierung als Massenpunkt – mit Geschwindigkeiten, die klein im Vergleich zur Lichtgeschwindigkeit c sind, d. h. wir befassen uns mit der klassischen Mechanik als deren eigentlicher Begründer *Newton* gilt. Seine Mechanik führt uns auf die Begriffe der *Kraft* und der *Masse* eines Teilchens sowie auf eine grundlegende Beziehung dieser beiden Größen und der Beschleunigung, als einer die Bewegung charakterisierenden Größe. Die nach ihm benannten *Axiome* bedeuten den Übergang von der Kinematik zur *Dynamik* eines Bewegungsvorgangs.

Die Dynamik ermöglicht, im Gegensatz zur Kinematik, nicht nur eine bloße Beschreibung der Bewegung, sondern erlaubt – bei bekannter Kraft und Masse – auch die Voraussage der Bewegung eines Massenpunktes.

Im ersten Teil des vorliegenden Abschnittes befassen wir uns mit den Newton'schen Axiomen und diskutieren einige unterschiedliche Kräfte und ihre Wirkungen. Im zweiten Teil verlassen wir die Idealisierung des Massenpunktes und betrachten die Wirkung von Kräften auf makroskopische Körper, wobei wir den endlich ausgedehnten Festkörper als *Starren Körper* idealisieren.

§ 5.1 Kräfte

Der Begriff der Kraft leitet sich von der Spannung in unseren Muskeln ab, von der uns vertrauten „Muskelkraft", die wir beispielsweise beim Ziehen oder Heben einer Last empfinden. Wir benötigen eine Kraft, um ein Fahrzeug anzuschieben (d. h. es zu beschleunigen), ein auf den Boden gefallenes Buch von dort wieder aufzuheben, eine Expanderfeder zu dehnen oder eine Dose zu deformieren, eine Holzkiste über den Erdboden zu ziehen, aber auch um einen Stein an einer Schnur auf kreisförmiger Bahn um uns herumzuschleudern.

Kräfte können durch ihre beschleunigende (oder auch verzögernde) Wirkung auf bewegliche Körper oder durch ihre verformende Wirkung auf Körper beobachtet und gemessen werden.

§ 5.1.1 Trägheitskraft

Die Ursache für die im vorangehenden Paragraphen beschriebenen Bewegungen bzw. Bewegungsänderungen ist das Auftreten von Kräften. Bei jeder Änderung der Geschwindigkeit eines Körpers nach Betrag und/oder Richtung wirkt eine Beschleunigung, die durch eine Kraft verursacht wird. **Die Kraft ist** wie die Beschleunigung **ein Vektor**. Die für den Körper charakteristische Größe, welche durch die Kraft beschleunigt wird, ist die **Masse** des Körpers.

Newton gelang es als erstem, eine grundlegende Beziehung zwischen der Kraft, der

Masse und der Beschleunigung anzugeben. Die Verknüpfung zwischen der Kinematik und der Dynamik eines Bewegungsvorgangs erhalten wir durch die drei

Axiome von Newton:

I. Trägheitsprinzip: *Jeder Körper verharrt im Zustand der Ruhe oder der geradlinig gleichförmigen Bewegung ($\vec{v} = const.$, $\vec{a} = 0$), wenn er nicht durch äußere Kräfte gezwungen wird, diesen Zustand zu ändern.*

Dieser Satz, nach welchem ein Körper, der in keiner Wechselwirkung mit seiner Umgebung steht, in seinem Bewegungszustand verharrt, wurde schon von *Galilei* als ein Erfahrungssatz aufgestellt. Man nennt das Beharrungsvermögen eines Körpers in seinem Bewegungszustand die ***Trägheit*** des Körpers und schreibt diese Eigenschaft der ***trägen Masse*** des Körpers zu.

II. Aktionsprinzip: *Ein frei beweglicher Körper der Masse m erfährt durch eine Kraft $\vec{F}$ eine Beschleunigung $\vec{a}$, die der wirkenden Kraft proportional ist:*

$$\vec{F} = m \cdot \vec{a} \tag{5.1}$$

Einheit:

Newton (N)

$1\,\mathrm{N} = 1\,\mathrm{kg \cdot m \cdot s^{-2}}$

Früher übliche Einheit in der Technik:
Kilopond (kp)
Umrechnung: $1\,\mathrm{kp} \approx 9{,}81\,\mathrm{N}$ (s. § 5.2.1)

Nach der Bewegungsgleichung (5.1) bewirkt eine an einem Körper angreifende Kraft $\vec{F}$ eine Änderung des Bewegungszustandes des Körpers. Der Körper sucht, aufgrund seiner trägen Masse *m*, sich der Änderung des Bewegungszustandes zu widersetzen. Bei gegebener Kraft ist die Beschleunigung, die ein Körper erfährt, umso kleiner, je größer die Masse des Körpers ist, er reagiert also umso träger auf die Kraft. Das Beharrungsvermögen des Körpers können wir als eine **Trägheitskraft $\vec{F}_T$** auffassen, die mit der äußeren Kraft im Gleichgewicht steht. Während $\vec{F}$ eine durch die physikalischen Umstände gegebene reale Kraft bedeutet, ist $\vec{F}_T$ eine fiktive *Pseudo-* oder *Scheinkraft*, welche erst auftritt, wenn die reale Kraft $\vec{F} \neq 0$ eine Beschleunigung $\vec{a} \neq 0$ der Masse des Körpers hervorruft. Nach *d'Alembert* ist es für viele Anwendungen zweckmäßig, die Newton'sche Bewegungsgleichung umzuschreiben, zu $\vec{F} - m \cdot \vec{a} = 0$. Definiert man formal als Trägheitskraft:

$$\vec{F}_T = -m \cdot \vec{a} \tag{5.2}$$

so erhält man:

$$\vec{F} + \vec{F}_T = 0 \tag{5.3}$$

(d'Alembert)

Die Trägheitskraft $\vec{F}_T$ und die von außen vorgegebene reale Kraft $\vec{F}$ sind einander entgegengesetzt, ihre Summe verschwindet. Die Trägheitskraft $\vec{F}_T$ ruft selbst keine Beschleunigung eines Körpers hervor.

Trägheitskräfte beobachten wir z. B. bei einem beschleunigenden Kraftfahrzeug, wenn wir mehr oder weniger sanft in den Sitz gedrückt werden, oder beim Abbremsen, wenn uns der Sicherheitsgurt vor einer weiteren Vorwärtsbewegung bewahrt, vor allem, wenn es sich um ein abruptes Bremsgeschehen handelt. Weitere Beispiele zu Trägheitskräften werden wir später noch kennen lernen.

Die Anwendungsmöglichkeiten der Bewegungsgleichung (5.1) sind sehr vielfältig. So lässt sich beispielsweise bei Kenntnis der wirkenden Kraft und der Masse die Beschleunigung von Körpern und damit ihre Bahnkurve vorausberechnen, wie z. B. die Planetenbahnen im Gravitationsfeld ihres Zentralkörpers oder die Bahnen von geladenen Teilchen in elektrischen und/oder magnetischen Feldern. Aber ebenso kann umgekehrt die wirkende Kraft bestimmt werden, durch Beobachtung der Bewegung eines Körpers bekannter Masse auf seiner Bahnkurve, im zunächst unbekannten Kraftfeld.

Beachte: In der Formulierung der Bewegungsgleichung (5.1) ist die Voraussetzung enthalten, dass die Masse des Körpers während der Krafteinwirkung konstant bleibt. Es gibt jedoch zahlreiche Beispiele, bei welchen dies nicht erfüllt ist, z. B. verringert sich die Masse einer startenden Rakete ständig durch den

Ausstoß des verbrannten Treibstoffes, aber ebenso die jedes beschleunigten beliebigen Gefäßes, dessen Inhalt sich in Folge z. B. einer Undichtigkeit ständig verringert. Die Berücksichtigung der Massenveränderung führt uns zu einer allgemeineren Formulierung der Bewegungsgleichung, welche wir im Rahmen der klassischen Physik im Zusammenhang mit dem Impuls (§ 7.1) diskutieren werden.

III. Reaktionsprinzip: *Wirken zwischen zwei Körpern Kräfte, so ist die Kraft* $\vec{F}_{1\,2}$, *die der Körper 1 auf Körper 2 ausübt, dem Betrag nach gleich* $\vec{F}_{2\,1}$, *der Kraft des Körpers 2, die auf Körper 1 wirkt, aber entgegengesetzt gerichtet:*

$$\vec{F}_{1\,2} = -\vec{F}_{2\,1} \tag{5.4}$$

(actio = reactio)

Das Wechselwirkungsgesetz (5.4) wird durch die Erfahrung bestätigt, z. B. bei der Bewegung der Planeten (Gravitationsgesetz), bei der Kraft zwischen ruhenden elektrischen Ladungen (Coulomb'sches Gesetz) oder auch durch das Experiment der beiden Skateboard-Fahrer in Abb. 5.1:

Abb. 5.1

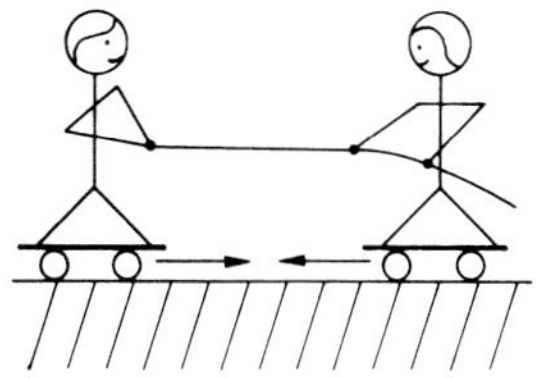

Die beiden Personen stehen sich auf je einem Skateboard gegenüber und halten die Enden eines Seiles in der Hand. Zieht nun eine der Personen am Seil (Abb. 5.1 die Person rechts), indem sie sich daran entlanghangelt, wogegen die zweite Person das andere Ende fest in Händen hält, so setzen sich beide Personen in Bewegung aufeinander zu.

§ 5.1.2 Gravitationskraft

Mit dem Begriff „Gravitation" umschreibt man die experimentell beobachtbare anziehende Wechselwirkung zwischen Körpern *(Gravitationskraft)*, deren universeller Charakter zuerst von *Newton* erkannt und in dem nach ihm benannten *Gravitationsgesetz* quantitativ formuliert wurde. Das Gravitationsgesetz gibt die Kraft $\vec{F}$ an, mit welcher sich zwei Körper bestimmter Masse anziehen.

Gravitationsgesetz

Wir betrachten zwei punktförmige Körper (Massen jeweils im Mittelpunkt konzentriert gedacht) der Massen m_1 und m_2, die sich im Abstand r befinden; der Einheitsvektor $\vec{r}_0$ zeige in Richtung der Verbindungslinie der Mittelpunkte von m_1 nach m_2 (Abb. 5.2).

Abb. 5.2

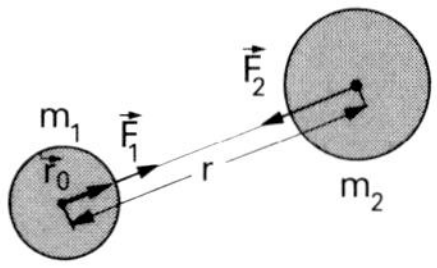

Dann lautet das **Newton'sche Gravitationsgesetz** für die Anziehungskraft $\vec{F}_1$, die auf die Masse m_1 von der Masse m_2, bzw. für die Anziehungskraft $\vec{F}_2$, die auf die Masse m_2 von der Masse m_1 ausgeübt wird:

$$\vec{F}_1 = \gamma \cdot \frac{m_1 \cdot m_2}{r^2} \cdot \vec{r}_0$$

bzw.

$$\vec{F}_2 = -\gamma \cdot \frac{m_1 \cdot m_2}{r^2} \cdot \vec{r}_0 \tag{5.5}$$

(Gravitationsgesetz)

Betragsmäßig sind die beiden Gravitationskräfte gleich groß und es folgt aus (5.5) für den Betrag $F = |\vec{F}_1| = |\vec{F}_2|$:

$$F = \gamma \cdot \frac{m_1 \cdot m_2}{r^2} \tag{5.6}$$

Die experimentell bestimmte **Gravitationskonstante γ** (auch mit G bezeichnet) ist eine Maßsystemkonstante mit dem Zahlenwert:

$$\gamma = (6{,}673 \pm 10 \cdot 10^{-3}) \cdot 10^{-11}\,\frac{\mathrm{Nm}^2}{\mathrm{kg}^2}$$
$$\approx 6{,}7 \cdot 10^{-11}\,\frac{\mathrm{Nm}^2}{\mathrm{kg}^2}$$

Anmerkung: Das im SI empfohlene Größenzeichen für die Gravitationskonstante ist G. Um jedoch Verwechslungen mit der häufig mit diesem Symbol bezeichneten Gewichtskraft (Def. s. weiter unten) zu vermeiden, wird hier für die Gravitationskonstante γ verwendet.

In Worten lautet das Gravitationsgesetz: Die Gravitationskraft zwischen zwei punktförmigen Massen ist proportional zum Produkt der Massen und umgekehrt proportional zum Quadrat ihres Abstandes. Die anziehenden Kräfte $\vec{F}_1$ und $\vec{F}_2$ wirken auf die Verbindungslinie zwischen den beiden Körpern in antiparalleler Richtung. Die Gravitationskräfte erfüllen damit das dritte Newton'sche Axiom, das Wechselwirkungsgesetz *actio = reactio*:

$$\vec{F}_1 = -\vec{F}_2 \tag{5.7}$$

Treten mehr als zwei Massen in Wechselwirkung, so ergibt sich die Gesamtkraft auf eine Masse nach dem Superpositionsprinzip der Gravitation, als die Summe der einzelnen Gravitationskräfte zwischen der betrachteten Masse und allen anderen Massen.

Gewichtskraft

Ein uns wohl bekanntes Beispiel der allgemeinen Massenanziehung ist die Gravitationsanziehung zwischen dem Erdkörper und einem Körper in der Nähe der Erdoberfläche. Im Gravitationsfeld (Schwerefeld) der Erde erfährt jeder Körper eine Kraft, die als **Schwerkraft** oder **Gewichtskraft** oder kurz als das **Gewicht** $\vec{G}$ des Körpers bezeichnet wird. Die Erdanziehungskraft zeigt in Richtung des Erdmittelpunktes, dabei übt der Körper der Masse m auf die Erde die gleich große (aber entgegengesetzt gerichtete) Kraft aus (actio = reactio).

Mit $m_1 = M$, der Masse der Erde und $m_2 = m$, der Masse des Körpers im Abstand $r = R$ (Erdradius) ergibt sich aus (5.6): $F = \frac{\gamma \cdot M}{R^2} \cdot m$. Für den Betrag des Gewichtes $G = F$ des Körpers der Masse m an der Erdoberfläche lässt sich dann schreiben:

$$\boxed{G = m \cdot g} \tag{5.8}$$

(Gewichtskraft, Gewicht)

$$\text{wobei} \quad g = \frac{\gamma \cdot M}{R^2} \quad \text{ist.} \tag{5.9}$$

Mit dem Zahlenwert der Erdmasse $M = 5{,}98 \cdot 10^{24}$ kg und dem mittleren Erdradius $R = 6\,378\,388$ m $\approx 6{,}38 \cdot 10^6$ m (unter Annahme einer kugelförmigen Gestalt der Erde), kann mit dem bei (5.6) angegebenen Wert der Gravitationskonstanten γ die so genannte **Fallbeschleunigung** g (häufig auch als *Schwerebeschleunigung* bzw. *Erdbeschleunigung* bezeichnet) an der Erdoberfläche berechnet werden. Ihr Zahlenwert schwankt etwas von Ort zu Ort an der Erdoberfläche und ist nur für einen festen Ort konstant. Auf dem 50. Breitengrad ist:

$$g = 9{,}81\,\frac{\text{m}}{\text{s}^2}.$$

Die Fallbeschleunigung g und damit auch das Gewicht eines Körpers ist von der geographischen Breite φ des betreffenden Punktes der Erdoberfläche abhängig. Infolge der Eigenrotation der Erde, ihrer nicht gleichmäßigen Massenverteilung und ihrer Abplattung an den Polen ist die Fallbeschleunigung g am Pol um etwa $0{,}05\,\text{m} \cdot \text{s}^{-2}$ größer als am Äquator.

In Tab. 5.1 sind einige Werte der Fallbeschleunigung g (in Meereshöhe), abhängig von der (nördlichen) geographischen Breite φ angegeben.

Im Allgemeinen wird mit dem gerundeten Mittelwert der Fallbeschleunigung $g = 9{,}81\,\frac{\text{m}}{\text{s}^2}$ gerechnet.

Die Fallbeschleunigung g und damit auch die Schwerkraft ist von der Höhe h über der Erdoberfläche abhängig. Im Abstand h von der

Tab. 5.1

geograph. Breite φ	0° (Äquator)	30°	45° (mittl. Breite)	60°	90° (Pol)
g in $\frac{\text{m}}{\text{s}^2}$	9,77989	9,79295	9,80665	9,81905	9,83210

Erdoberfläche (Erdradius R) ergibt sich mit $r = R + h$ aus dem Vergleich des Gravitationsgesetzes (5.6) und Gleichung (5.8) für g:

$$g = g(h) = \frac{\gamma \cdot M}{(R+h)^2} \qquad (5.10)$$

Im Vergleich zur Fallbeschleunigung am Erdboden $g(0)$ nimmt $g(h)$ in der Höhe $h = 10^6$ m $= 10^3$ km um ca. 25 % ab.

Die Schwerkraft an der Oberfläche eines Himmelskörpers ist nach (5.8) und (5.9) ganz allgemein von dessen Masse und Radius abhängig. So ergibt sich beispielsweise für die Fallbeschleunigung an der Mondoberfläche g_M mit der Mondmasse $M_M = 7{,}35 \cdot 10^{22}$ kg und dem Mondradius $R_M = 1{,}74 \cdot 10^6$ m: $g_M = 1{,}62 \frac{\text{m}}{\text{s}^2}$, also rund $\frac{1}{6}$ der Fallbeschleunigung an der Erdoberfläche. Dementsprechend ist auch die Schwerkraft $F_M = G_M = m \cdot g_M$ auf dem Mond nur $\frac{1}{6}$ jener auf der Erde, d. h. eine Masse von $m = 1$ kg hat auf der Erde ein Gewicht von $G_E = 9{,}81$ N, auf dem Mond dagegen nur von $G_M = 1{,}62$ N.

Das Gewicht $\vec{G}$ ist als Kraft ein *Vektor* in Richtung der Fallbeschleunigung $\vec{g}$: $\vec{\boldsymbol{G}} = \boldsymbol{m} \cdot \vec{\boldsymbol{g}}$.

Die *SI-Einheit* des **Gewichts** ist in der Physik die *Einheit* der **Kraft**, das Newton (N), da Gewicht nichts anderes bedeutet als die Kraft zwischen einem Körper und der Erde aufgrund der Gravitation.

Wie in § 5.1.1 bereits angegeben, fand (und findet teilweise heute noch) in der Technik als Einheit der Kraft das *Kilopond* Verwendung, wobei 1 kp die Gewichtskraft ist, welche die Masse 1 kg am Normort an der Erdoberfläche erfährt (1 kp = 9,81 N).

Den genauen Wert des Gewichts eines Körpers erhält man durch Multiplikation seiner Masse mit dem für den bestimmten Ort auf der Erde gültigen Wert der Fallbeschleunigung. Kauft man eine Ware, so ist als Gegenwert für das ausgegebene Geld die erhaltene Substanzmenge, also die Masse interessant und nicht die Kraft, mit welcher diese von der Erde angezogen wird. Trotzdem wird i. Allg. vom Gewicht der Ware gesprochen. Erworben wird jedoch Masse, da auf einer Waage (s. § 5.2.3) zwei Massen verglichen werden, allerdings mithilfe der Gewichtskraft der Ware und jener eines entsprechenden „Gewichtsstückes".

Da die Fallbeschleunigung am gleichen Ort der Erde (und auch selbst auf dem Mond) auf Ware und „Gewichtsstück" gleich groß ist, wird mit einer Balken- oder Tafelwaage die Masse der Ware durch den Gewichtsvergleich richtig bestimmt. Eine Federwaage kann ebenfalls zur Massenbestimmung verwendet werden durch Gewichtsvergleich mit einem entsprechenden „Gewichtsstück" oder sie muss für den entsprechenden Ort geeicht sein (s. § 5.1.3).

Äquivalenz von träger Masse und schwerer Masse

Beim Gravitationsgesetz und bei der Ableitung der Gewichtskraft eines Körpers auf der Erde haben wir als diejenige Masse, welche für die Gravitation verantwortlich ist, die Masse m des Körpers eingesetzt, wie sie sich aus der Bewegungsgleichung (5.1) ergibt. So selbstverständlich können wir aber nicht davon ausgehen, dass die Eigenschaft des Körpers, welche die Trägheit bedingt, auch für die Gravitation zuständig ist. Körper besitzen vielmehr zwei Eigenschaften: die *träge Masse*, die in der Bewegungsgleichung (5.1) auftritt, und die *schwere Masse*, die als Ursache der Gravitation im Gravitationsgesetz (5.6) einzusetzen ist. Im Rahmen der Messgenauigkeit zeigten moderne Experimente jedoch, dass die schwere und die träge Masse als gleich anzusehen sind. Wir haben deshalb auch bisher schon die zwei Eigenschaften der Masse in der Schreibweise nicht voneinander unterschieden.

Schwerkraft – Trägheitskraft; Schwerelosigkeit

Mithilfe der d'Alembert'schen Trägheitskraft (s. oben) lassen sich viele Erscheinungen, bei denen die Schwerkraft (Gewichtskraft) die von außen wirkende reale Kraft darstellt, durchsichtiger interpretieren.

Betrachten wir als Beispiel das Modell eines Fahrstuhls in Abb. 5.3. Eine Masse m sei an einer Feder im Fahrstuhl aufgehängt. Ist der

Fahrstuhl in Ruhe (Abb. 5.3 i)), dann ist die Feder so weit gedehnt, dass die Federkraft $\vec{F}_F$ die Gewichtskraft $\vec{G} = m \cdot \vec{g}$ der Masse m kompensiert. Im Gleichgewicht gilt für die Gesamtkraft: $\vec{F} = \vec{F}_F + \vec{G} = 0$. Der Fahrstuhl soll nun nach oben bzw. unten beschleunigt werden. An der beschleunigten Masse tritt dann eine Trägheitskraft $\vec{F}_T = -m \cdot \vec{a}$ entgegen der jeweiligen Richtung der Beschleunigung $\vec{a}$ des Fahrstuhls auf und die Bewegungsgleichung lautet somit:

$$\vec{F} + \vec{F}_T = \vec{F}_F + \vec{G} + \vec{F}_T = \vec{F}_F + m \cdot \vec{g} - m \cdot \vec{a} = 0.$$

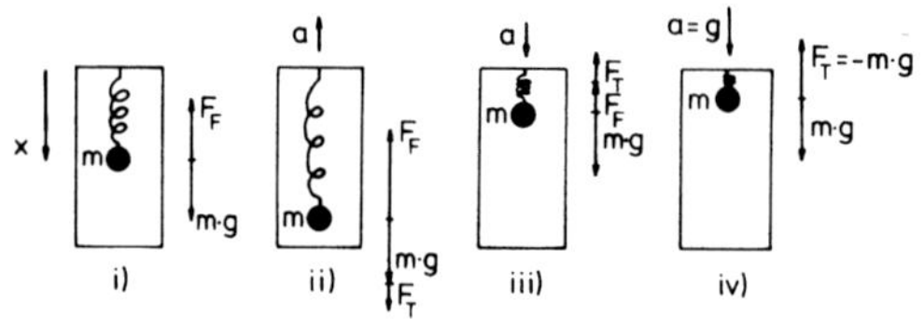

Abb. 5.3

Wird der Fahrstuhl nach oben beschleunigt (Abb. 5.3 ii)), so zeigt die Trägheitskraft $\vec{F}_T = -m \cdot \vec{a}$ wegen $\vec{a} \| -\vec{g}$ in Richtung der Schwerkraft, es ist also $\vec{F}_T \| \vec{G}$. Demzufolge wird die Feder mehr gedehnt, die Masse erscheint „schwerer", d. h. es ist eine größere Federkraft zur Erfüllung der Bewegungsgleichung erforderlich. Bei der beschleunigten Bewegung des Fahrstuhls nach unten (Abb. 5.3 iii)) entspannt sich die Feder etwas im Vergleich zum nicht beschleunigten Gleichgewichtszustand, die Masse wird scheinbar „leichter". Die Trägheitskraft $\vec{F}_T = -m \cdot \vec{a}$ ist wegen $\vec{a} \| \vec{g}$ entgegengesetzt zur Gewichtskraft gerichtet $(\vec{F}_T \| -\vec{G})$, d. h. es genügt eine kleinere Federkraft zur Kompensation.

Wird beim nach unten beschleunigten Fahrstuhl $\vec{a} = \vec{g}$, so haben wir die Grenze des freien Falls (Abb. 5.3 iv)): Die Trägheitskraft allein kompensiert die Gewichtskraft und die Feder entspannt sich vollständig ($\vec{F}_F = 0$). Für diesen (hypothetischen) Fall des frei fallenden Fahrstuhls fühlt sich ein Fahrgast „kräftefrei". Jeder frei fallende Körper (von Luftreibung sei abgesehen) ist daher **gewichts-** oder **schwerelos**, da wegen $\vec{a} = \vec{g}$ die Gewichts- und Trägheitskraft entgegengesetzt gleich groß sind. Dies gilt ebenso beispielsweise für jeden künstlichen Erdsatelliten in einer Erdumlaufbahn. Für kurze Zeitspannen ($\approx 10\,\text{s}$) kann man auch im Innern eines Flugzeuges den Zustand der Schwerelosigkeit herstellen, indem das Flugzeug exakt mit der ortsabhängigen Bahngeschwindigkeit eine Wurfparabel fliegt. Schwerelosigkeit liegt für einen Körper ebenso im interstellaren Raum vor, in welchem keine Gravitationskräfte wirken.

Beim Wegfall der Schwerkraft treten beim menschlichen Organismus Veränderungen auf (z. B. Muskel- und Knochenschwund). Bei längeren bemannten Raumflügen müssen daher entsprechende Gegenmaßnahmen, wie z. B. Gymnastik, Schwerkraftsimulation durch Druckanzüge, bzw. durch Eigenrotation der Raumstation getroffen werden. Selbstverständlich bietet die fehlende Schwerkraft auch den Anreiz und die Möglichkeit zu wissenschaftlich-technischen Experimenten, wie beispielsweise der Züchtung von Einkristallen höchster Reinheit, der Fertigung perfekter Kugeln oder der Herstellung von Legierungen, die unter irdischen Bedingungen nie möglich sind.

Kepler'sche Gesetze

Ein weiteres Beispiel der allgemeinen Massenanziehung sind die von *J. Kepler*, aus einem ihm vorliegenden umfangreichen Beobachtungsmaterial der Planetenbewegung, abgeleiteten Gesetze. Diese waren ein entscheidender Beitrag, der an die Stelle des ***geozentrischen***, das ***heliozentrische Weltbild*** treten ließ, in welchem sich die Planeten um die Sonne als Zentralgestirn und nicht um die Erde bewegen.

Newton wiederum war es, der zeigte, dass die *Kepler'schen Gesetze* zwanglos aus dem Gravitationsgesetz und den von ihm aufgestellten Axiomen folgten.

Die drei Kepler'schen Gesetze lauten:

1. *Jeder Planet bewegt sich in einer Ebene um die Sonne. Die Planetenbahnen sind Ellipsen, in deren einem Brennpunkt die Sonne steht (Abb. 5.4).*

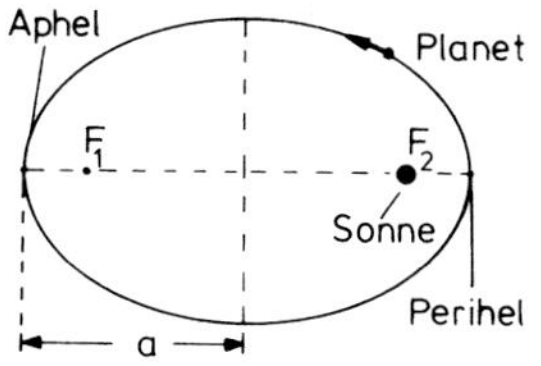

Abb. 5.4

F_1 und F_2 sind die beiden Brennpunkte der Ellipse, a deren große Halbachse. Den sonnenfernsten Punkt erreicht der Planet im *Aphel*, den sonnennächsten im *Perihel*, wie in Abb. 5.4 dargestellt (Sonne bzw. Zentralstern im Brennpunkt F_2).

2. *Der von der Sonne zum Planeten gezogene Fahrstrahl (Brennstrahl der Ellipse) überstreicht in gleichen Zeiten* $\mathrm{d}t$ *gleiche Flächen* $\mathrm{d}A$ (Abb. 5.5).
Dieser so genannte **Flächensatz** lautet anders formuliert:
Für einen Planeten ist die Flächengeschwindigkeit $\frac{\mathrm{d}A}{\mathrm{d}t}$ *des Fahrstrahls konstant:*

$$\frac{\mathrm{d}A}{\mathrm{d}t} = \text{const.} \tag{5.11}$$

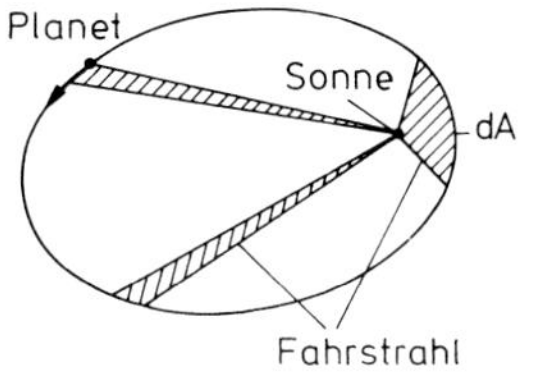

Abb. 5.5

Die Abb. 5.5 zeigt beispielhaft für drei Zeitintervalle $\mathrm{d}t$ in welchen der jeweilige Fahrstrahl, während eines Umlaufs des Planeten um die Sonne, gleiche Flächenelemente $\mathrm{d}A$ überstreicht.

3. *Die Quadrate der Umlaufzeiten* T *zweier Planeten verhalten sich wie die dritten Potenzen der großen Halbachsen* a *ihrer Bahnellipsen (Abb. 5.6)*:

$$\frac{T_1^2}{T_2^2} = \frac{a_1^3}{a_2^3} \tag{5.12}$$

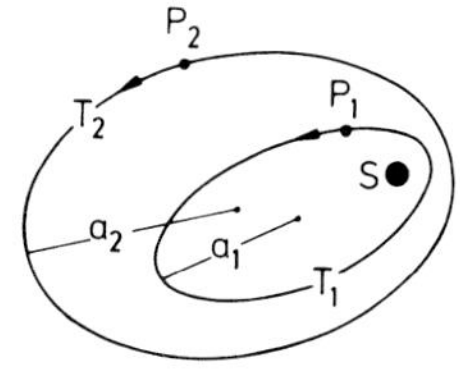

Abb. 5.6

Um die in Abb. 5.6 in einem Brennpunkt stehende Sonne S bewegen sich auf elliptischen Bahnen zwei Planeten P_1 (große Halbachse a_1) und P_2 (große Halbachse a_2) in den Umlaufzeiten T_1 bzw. T_2.

Eine wichtige Folgerung aus dem Satz von der Konstanz der Flächengeschwindigkeit (2. Kepler'sches Gesetz) ist, dass gemäß diesem Gesetz die Bahngeschwindigkeit eines Planeten auf seiner elliptischen Bahn um die Sonne nicht konstant sein kann. Die größte Bahngeschwindigkeit erreicht der Planet im ***Perihel*** (Sonnennähe), die kleinste hingegen im ***Aphel*** (Sonnenferne; Abb. 5.4). Diese Folgerung aus dem 2. Kepler'schen Gesetz ist für jeden Planeten bezüglich seines Zentralsterns gültig.

Die Bahnellipse des Umlaufs der Erde um die Sonne weist eine geringe numerische Exzentrizität ε auf ($\varepsilon = 0{,}0167134 \approx 0{,}017$), da der Aphel- und Perihelabstand sich um nur ca. 3,3 % unterscheidet. Das Perihel liegt in einer Entfernung von $147{,}1 \cdot 10^6$ km und das Aphel von $152{,}1 \cdot 10^6$ km von der Sonne (Abb. 5.7). Der Mittelwert des Aphel- und Perihelabstandes ergibt sich zu $149{,}6 \cdot 10^6$ km und entspricht annähernd der großen Halbachse a der Bahnellipse. Angemerkt sei hier, dass die mittlere Entfernung Erde – Sonne die Grundlage der Definition der ***Astronomischen Einheit*** (**AE** oder **a.e.**) bzw. englisch *Astronomical Unit* (AU oder A.U.) bildet. Diese wird häufig zur Angabe von Entfernungen innerhalb des Sonnensystems benutzt und wurde von der Internationalen Astronomischen Union zu $1\,\text{AE} = 1{,}49597870 \cdot 10^{11}$ m $\approx 149{,}6 \cdot 10^6$ km festgelegt.

Die Rotationsachse der Erde ist gegen die Senkrechte der Ekliptik (Bahnebene der Erde um die Sonne) um einen Winkel von derzeit 23° 26' geneigt (bei einer momentanen jährlichen Abnahme um etwa 0,5"). Durch die dadurch sich ständig ändernde Lage der Erdoberfläche gegenüber der Sonne, erfolgt während des Umlaufs der Erde um die Sonne ein unterschiedlich steiler Einfall der Sonnenstrahlung auf die Erde und damit eine schwankende Intensität der Sonnenstrahlung, wodurch die Jahreszeiten bedingt werden. Auf der Nordhalbkugel der Erde ist Sommer, wenn sich die Erde im Aphel und Winter, wenn sie sich im Perihel der Sonne befindet (Abb. 5.7). Der Durchgang durch das Perihel erfolgt um den 2. Januar und durch das Aphel um den 2. Juli eines Jahres, bei einer Bahngeschwindigkeit im Perihel von 30,29 km/s bzw. im Aphel von 29,29 km/s. Die mittlere Bahngeschwindigkeit beträgt 29,78 km/s und die Dauer für einen kompletten Umlauf der Erde um die Sonne (sog. *siderisches Jahr*) beläuft sich auf 365 Tage, 6 Stunden, 8 Minuten und 3,84 Sekunden. Der Umlaufsinn der Erde um die Sonne ist eine sog. *rechtläufige* Bewegung, d. h. vom Nordpol der Erdbahnebene aus betrachtet, bewegt sich die Erde entgegen dem Uhrzeigersinn um die Sonne (Abb. 5.7). Wie auch die tägliche Rotation der Erde um ihre Achse (Rotationsdauer: 23 Stunden, 56 Minuten, 4 Sekunden) vom Nordpol aus gesehen entgegen dem Uhrzeigersinn erfolgt, die Erdkugel sich also in der Richtung von Westen nach Osten dreht (Abb. 5.7), weshalb die Sonne und die Gestirne im Osten auf- und im Westen untergehen (bis auf die sog. Zirkumpolarsterne die niemals auf- und untergehen).

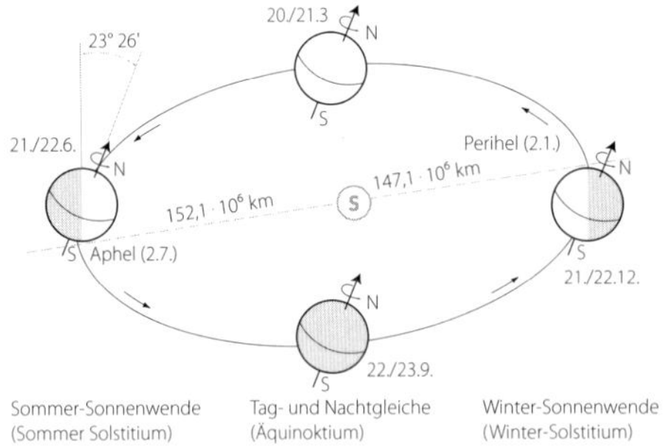

Abb. 5.7

In Abb. 5.7 sind auch die Stellungen der Erde in ihrer Bahn um die Sonne zu Beginn der vier Jahreszeiten Frühling, Sommer, Herbst und Winter schematisch skizziert. Am Beginn des Frühlings (20./21. März auf der Nordhalbkugel) steht die Sonne senkrecht über dem Äquator, weshalb die Nord- und Südhalbkugel gleichermaßen beleuchtet werden, es ist überall Tag- und Nachtgleiche (Äquinoktium). Für den mitbewegten Erdbeobachter steigt dann die Sonne scheinbar in Richtung Norden, demzufolge die Tage auf der Nordhalbkugel länger und die Nächte kürzer werden (auf der Südhalbkugel liegen für die Tag- und Nachtlängen gerade die umgekehrten Verhältnisse vor). Am 21./22. Juni (Sommer-Sonnenwende, Sommer-Solstitium) erreicht die Sonne ihre größte Höhe für die nördliche Halbkugel (Sommerbeginn) und steht senkrecht über dem nördlichen Wendekreis (Wendekreis des Krebses, 23° 27' nördlicher Breite). Auf der Nordhemisphäre ist der längste Tag des Jahres und die nördliche Polarzone ist ständig beleuchtet, die südliche hingegen liegt völlig im Dunkeln. Als nördliche bzw. südliche Polarzone wird jeweils die Kugelkappe jenseits des Polarkreises (Breitenkreis mit 66,5° nördlicher bzw. südlicher Breite) bezeichnet, in deren Mitte sich der Nord- bzw. der Südpol befindet. Für alle Orte der Erde mit der geographischen Breite 66,5° sinkt an den Tagen der Sommer-Sonnenwende (auf der Nordhalbkugel um den 21. Juni) die Sonne nicht unter den Horizont (Mitternachtssonne), innerhalb der Polarzone nimmt die Zahl der Tage mit Mitternachtssonne ständig zu, je mehr man sich dem Pol nähert; am Pol selbst ist sie an 182 Tagen sichtbar. Ab der Sommer-Sonnenwende wandert die Sonne (scheinbar) in Richtung Süden, bis sie zu Beginn des Herbstes auf der Nordhalbkugel (22./23. September) für die gesamte Erde wieder senkrecht über dem Äquator steht (Tag- und Nachtgleiche, Äquinoktium). Zu Beginn des Winters auf der Nordhalbkugel (21./22. Dezember) erreicht die Sonne ihren tiefsten Stand südlich des Äquators (Winter-Sonnenwende, Winter-Solstitium) und steht nun senkrecht über dem südlichen Wendekreis (Wendekreis des Steinbocks, 23° 27' südlicher Breite). Auf der Nordhalbkugel ist dann der kürzeste Tag des Jahres und die nördliche Polarzone liegt völlig im Dunkeln, die südliche dagegen ist ständig beleuchtet.

Das unterschiedliche Datum für die Sommer-Sonnenwende und den Aphel-Durchgang bzw. die Winter-Sonnenwende und den Perihel-Durchgang ist durch die Schiefe der Ekliptik bedingt.

Die Erde ist einer der acht großen Planeten unseres Sonnensystems, einem Planetensystem, das aus der Sonne im Zentrum, den Planeten und ihren Monden, sowie den Planetoiden, Kometen, Meteoriten und der interplanetaren Materie besteht. Die überwiegende Masse besitzt die Sonne, alle Planeten und die Monde haben zusammen nur ca. 1/700 der Masse der Sonne (s. Tab. 5.2). Wie oben bereits für die Erde erwähnt, rotieren auch die Sonne, die sonstigen Planeten (außer Venus und Uranus) und fast alle Monde im Gegenuhrzeigersinn um ihre Achsen und entsprechend bewegen sich ebenso alle Planeten in diesem Umlaufsinn um die Sonne. Die jeweils gering elliptischen Bahnen der großen Planeten liegen nahezu in einer Ebene mit der Äquatorebene der Sonne. In Tab. 5.2 sind einige Daten über die Sonne, die acht großen Planeten und den Erdmond zusammengestellt. Mit aufgenommen ist auch noch der Planet Pluto, der im August 2006 von der ‚Internationalen Astronomischen Union' jedoch vom Groß- zum Klein- oder Zwergplaneten herabgestuft wurde und daher nicht mehr als der neunte große Planet unseres Sonnensystems betrachtet werden kann.

Einfache Ableitung des 3. Kepler'schen Gesetzes

Betrachten wir als Sonderfall eine Kreisbahn eines Planeten um die Sonne, dann lässt sich das 3. Kepler'sche Gesetz leicht herleiten. Im speziellen Fall der Kreisbewegung ist die Bahngeschwindigkeit des Planeten konstant. Gemäß Gleichung (4.50) wirkt dann auf den Planeten der Masse m_P eine Radialbeschleunigung $a = \frac{v^2}{r}$ und damit eine Kraft $F = m_P \cdot \frac{v^2}{r}$ (diese Kraft F werden wir unten als die Zentripetalkraft $\vec{F}_p$ kennen lernen). Die Kraft F erfährt der Planet infolge der Gravitationswechselwirkung mit der Sonne (Masse M_S). Mit dem Gravitationsgesetz folgt dann: $F = \gamma \cdot \frac{m_P \cdot M_S}{r^2} = m_P \cdot a = m_P \cdot \frac{v^2}{r}$ und damit:

$$\boxed{v^2 = \frac{\gamma \cdot M_S}{r}} \tag{5.13}$$

Die Bahngeschwindigkeit des Planeten ist umso höher, je geringer die Entfernung von der Sonne ist, wie beispielsweise für die Erde die Geschwindigkeiten im Perihel bzw. Aphel ihrer Bahn um die Sonne zeigen (s. oben).

Mit den beiden Beziehungen $v = \omega \cdot r$ (4.48) und $\omega = \frac{2 \cdot \pi}{T}$ (4.45) erhält man aus (5.13) für die Umlaufzeit eines Planeten:

$$T^2 = \frac{4 \cdot \pi^2}{\gamma \cdot M_S} \cdot r^3 = \text{const.} \tag{5.14}$$

Für zwei Planeten auf Kreisbahnen um die Sonne mit den Radien r_1 und r_2 folgt für das Verhältnis $\frac{T_1}{T_2}$ mit (5.14) unmittelbar das 3. Kepler'sche Gesetz (unter Annahme kreisförmiger Planetenbahnen):

$$\frac{T_1^2}{T_2^2} = \frac{r_1^3}{r_2^3} \tag{5.15}$$

Bewegung von Monden und Satelliten

Die Kepler'schen Gesetze gelten nicht nur für die Planeten der Sonne, sondern ebenso für die (natürlichen) Monde der Planeten wie auch für künstliche Monde (Satelliten). Der Planet stellt dann das Zentralgestirn dar.

Man erhält daher beispielsweise für das System Erde – Mond für die Umlaufzeit T_M des Mondes um die Erde auf einer (nahezu) kreisförmigen Bahn eine analoge Beziehung zu (5.14):

$$T_M^2 = \frac{4 \cdot \pi^2}{\gamma \cdot M_E} \cdot r_{EM}^3 \tag{5.16}$$

Mit der Umlaufzeit des Mondes $T_M = 2{,}36 \cdot 10^6$ s um die Erde (Entfernung Erde – Mond $r_{EM} = 3{,}84 \cdot 10^8$ m), folgt aus (5.16) für die Erdmasse $M_E = 5{,}98 \cdot 10^{24}$ kg, in Übereinstimmung mit Tab. 5.2.

Auf Kreisbahnen umlaufende künstliche Erdmonde (Satelliten) genügen ebenso der Gleichung (5.16), nur ist hier für die Entfernung Erde – Satellit $r_{EM} = R_E + h$ einzusetzen, wobei R_E der Erdradius und h die Höhe des Satelliten über der Erdoberfläche bedeutet. Es gilt:

$$T^2 = \frac{4 \cdot \pi^2}{\gamma \cdot M_E} \cdot (R_E + h)^3 = \frac{4 \cdot \pi^2 \cdot (R_E + h)^3}{g \cdot R_E^2} \tag{5.17}$$

Die rechte Seite von (5.17) folgt mit $\gamma \cdot M_E = g \cdot R_E^2$ aus Gleichung (5.9).

In Tab. 5.3 sind die Umlaufdauern T von Satelliten für einige Höhen h über der Erdoberfläche angegeben.

Ein Satellit, der sich in einer Höhe $h = 35\,800$ km (s. letzte Spalte in Tab. 5.3) über der Erdoberfläche befindet, ist über dem Äquator mit einer Umlaufdauer $T = 1440$ min $= 24$ h geostationär. Geostationäre Satelliten sind für ständige Nachrichtenübertragungen (Funk, Fernsehen etc.) besonders gut geeignet. Von einem solchen Satelliten aus ist etwa ein Drittel der Erdoberfläche „sichtbar", d. h. mindestens drei Satelliten sind notwendig, um – mit Ausnahme der Polarregion – die ganze Erdoberfläche zu erreichen.

Bahngeschwindigkeiten von Erdsatelliten in Kreisbahnen lassen sich analog zur Beziehung (5.13) berechnen, nur ist hier die Masse M_S der Sonne durch die Masse M_E der Erde und r durch $R_E + h$ (h: Höhe des Satelliten über der Erdoberfläche) zu ersetzen; es folgt:

$$v = \sqrt{\frac{\gamma \cdot M_E}{R_E + h}} \tag{5.18}$$

Für eine Kreisbahn in unmittelbarer Nähe der Erdoberfläche ($h \simeq 0$) ergibt sich $v_K \simeq 7{,}91 \frac{\text{km}}{\text{s}}$ (*Kreisbahngeschwindigkeit* oder *1. kosmische Geschwin-*

Tab. 5.2

	a	T_B	v_B	ε	M	ϱ	R	g	v_E	T_{rot}
	$(10^6$ km)		$\left(\frac{km}{s}\right)$		(kg)	$\left(\frac{10^3\,kg}{m^3}\right)$	(km)	$\left(\frac{m}{s^2}\right)$	$\left(\frac{km}{s}\right)$	
Sonne	–	–	–	–	$1{,}99 \cdot 10^{30}$	1,41	696 000	274	618	25,38 d
Merkur	57,91	87,7 d	47,90	0,206	$3{,}30 \cdot 10^{23}$	5,43	2 439	3,70	4,3	58 d 15 h 30 m
Venus	108,21	226,5 d	35,05	0,007	$4{,}87 \cdot 10^{24}$	5,24	6 056	8,87	10,4	242 d 56 h 4 m
Erde	149,60	1 a	29,80	0,017	$5{,}98 \cdot 10^{24}$	5,52	6 378	9,78	11,2	23 h 56 m 4 s
Mond	0,384	27 d 07 h 43 m 12 s	1,02	0,055	$7{,}35 \cdot 10^{22}$	3,34	1 738	1,62	2,4	27 d 07 h 43 m 12 s
Mars	227,94	1,88 a	24,12	0,093	$6{,}41 \cdot 10^{23}$	3,93	3 397	3,71	5,0	24 h 37 m 23 s
Jupiter	778,3	11,86 a	13,06	0,048	$1{,}90 \cdot 10^{27}$	1,33	71 398	23,21	57,6	9 h 50 m
Saturn	1427	29,46 a	9,65	0,055	$5{,}68 \cdot 10^{26}$	0,70	60 335	9,28	33,4	10 h 14 m
Uranus	2869	84,02 a	6,80	0,047	$8{,}70 \cdot 10^{25}$	1,28	23 550	8,38	21,6	$\approx$ 22 h
Neptun	4498	164,79 a	5,43	0,010	$1{,}03 \cdot 10^{26}$	1,71	24 300	11,54	23,4	$\approx$ 18 h
Pluto	5946	247,70 a	4,74	0,248	$\approx 1{,}4 \cdot 10^{22}$	≈ 1	$\approx$ 1 500	?	?	6 d 09 h

Es bedeuten in der Tabelle:

a:	mittlere Entfernung vom Zentralgestirn	ϱ:	mittlere Dichte
T_B:	Umlaufdauer, siderisch	R:	mittlerer Äquatorradius
v_B:	mittlere Bahngeschwindigkeit	g:	Fallbeschleunigung an der Oberfläche (Äquator)
ε:	numerische Exzentrizität der Bahn	v_E:	Entweichgeschwindigkeit
M:	Masse	T_{rot}:	Rotationsdauer

digkeit). Mit (5.18) lassen sich die Kreisbahngeschwindigkeiten v_K in verschiedenen Höhen h über der Erdoberfläche berechnen; man erhält z. B. für einen geostationären Satelliten ($h \simeq 35\,800$ km) $v_K \simeq 3{,}06\,\frac{\text{km}}{\text{s}}$ oder für den Mond (unter Annahme einer kreisförmigen Mondbahn in $h \simeq 384\,000$ km) $v_K \simeq 1{,}02\,\frac{\text{km}}{\text{s}}$. Besitzt ein Raumflugkörper in einer bestimmten Höhe h über der Erdoberfläche dagegen eine Geschwindigkeit $v < v_K(h)$, dann wird seine Bahn elliptisch (z. B. die Flugbahn einer Interkontinentalrakete), aber auch bei Bahngeschwindigkeiten

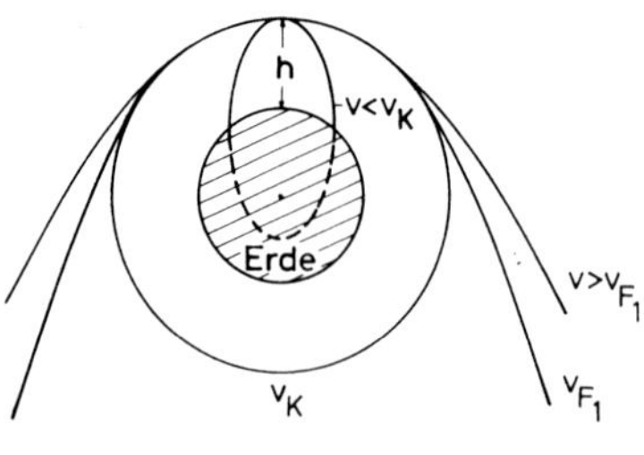

Abb. 5.8

$7{,}9\,\frac{\text{km}}{\text{s}} < v_K < 11{,}2\,\frac{\text{km}}{\text{s}} (= v_{F_1})$ sind die Satellitenbahnen elliptisch (Abb. 5.8).

Ab Geschwindigkeiten von $11{,}2\,\frac{\text{km}}{\text{s}}$ entartet die Bahnellipse zu einer Parabel, der Raumflugkörper entweicht bezüglich der Erde „ins Unendliche“. Diese Mindestgeschwindigkeit (Flucht- oder Entweichgeschwindigkeit), die ein Raumflugkörper haben muss, um das Gravitationsfeld der Erde zu verlassen, ergibt sich nach:

$$v_{F_1} = \sqrt{\frac{2\gamma \cdot M_E}{r}} = v_K \cdot \sqrt{2} \qquad (5.19)$$

(r: Abstand des Standortes vom Erdmittelpunkt) und man erhält für einen Punkt der Erdoberfläche $v_{F_1} = 11{,}2\,\frac{\text{km}}{\text{s}}$ *(2. kosmische Geschwindigkeit).*

Ein von der Erdbahn $\left(v_K \simeq 29{,}8\,\frac{\text{km}}{\text{s}}\text{, Sonne als Zentralkörper}\right)$ startender Raumflugkörper muss dagegen im Startpunkt an der Erdoberfläche mindestens die Geschwindigkeit $v_{F_2} = 42{,}1\,\frac{\text{km}}{\text{s}}$ *(3. kosmische*

Tab. 5.3

h in km	0	500	1 000	5 000	10 000	35 800
T in min	84	95	105	200	348	1 440

Geschwindigkeit) besitzen, um aus dem Anziehungsbereich der Sonne entweichen zu können.

§ 5.1.3 Federkraft

In der Einleitung zu diesem Abschnitt nannten wir neben der beschleunigenden Wirkung von Kräften, als eine weitere Eigenschaft, ihre verformende Wirkung.

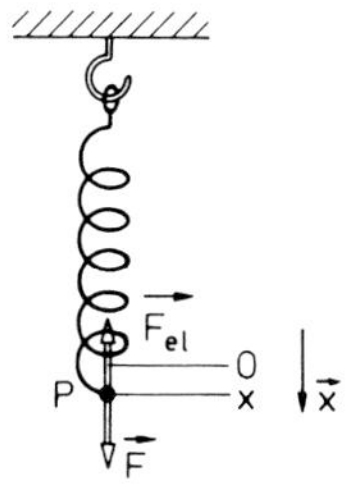

Abb. 5.9

Als Beispiel betrachten wir eine Schraubenfeder, bei der im Punkt P die Kraft $\vec{F}$ in $\vec{x}$-Richtung angreift, wodurch sie um eine gewisse Strecke $|\vec{x}|$ von 0 bis x gedehnt wird (Abb. 5.9). So lange die Dehnung innerhalb des Elastizitätsbereichs der Feder erfolgt (d. h. die Feder geht nach Aufhören der Kraftwirkung wieder in ihre Ausgangslage zurück), herrscht Gleichgewicht zwischen der angreifenden Kraft $\vec{F}$ und der elastischen Rückstellkraft $\vec{F}_{\text{el}}$ (Federkraft), die die Feder in die Ruhelage ($x = 0$) zurückzutreiben sucht.

Für kleine Auslenkungen aus der Ruhelage gilt:

$$\vec{F} = D \cdot \vec{x} = -\vec{F}_{\text{el}} \tag{5.20}$$

Die empirisch abgeleitete Beziehung der Elastizitätstheorie lautet in dieser einfachen Darstellung:

Die rücktreibende Kraft ist dem Betrag der Auslenkung proportional.

Sie wird auch als *Hooke'sches Gesetz* bezeichnet und stellt eine spezielle Form eines allgemeinen Gesetzes zur Deformierbarkeit elastischer Körper dar (s. § 8.1). Die Beziehung (5.20) kann auf Federn und andere elastische Körper angewendet werden bei nicht zu großen Dehnungen (oder Stauchungen), d. h. solange die Proportionalität zwischen Kraft und elastischer Dehnung (Stauchung) gewahrt bleibt.

Die Proportionalitätskonstante $\boldsymbol{D}$, die mitunter auch mit k bezeichnet wird, heißt ***Direktionskraft*** oder ***Federkonstante*** (auch ***Richtgröße***) und hat die Dimension einer Kraft pro Länge und somit die *Einheit*: $\text{N} \cdot \text{m}^{-1}$. Eine „starke" Feder nennt man hart und sie besitzt einen großen D-Wert.

Mit einer Feder können also Kräfte gemessen werden, weshalb eine *Federwaage* als ein oft gebrauchtes Instrument zur Kraftmessung Verwendung findet. Eine elastische Feder, an einem Ende mit einem Zeiger versehen, dem eine entsprechend geeichte Skala unterlegt ist, wird infolge der Einwirkung der zu messenden Kraft so lange entweder gedehnt oder gestaucht, bis die elastische Rückstellkraft der Feder gleich dieser Kraft ist. Die (ortsabhängige) Eichung der Skala erfolgt mit dem Gewicht von Normkörpern. Dieses Verfahren der Kraftmessung setzt auch das dritte Newton'sche Axiom voraus, da die Rückstellkraft der Feder den gleichen Betrag hat, wie die zu messende Kraft auf die Feder ausübt. Damit befinden sich aber die Feder und der Körper in Ruhe, d. h. die wirkende Beschleunigung $\vec{a}$ ist gleich null. Die Messmethode der Kraft kann daher als ‚statisch' bezeichnet werden. Würden aber beispielsweise beide Teile, Feder und der an ihr angebrachte Körper, frei fallen, wäre also $\vec{a} = \vec{g}$ analog dem Fall iv) der Abb. 5.3, dann würde die Feder überhaupt nicht gespannt werden und daher auch keine wirkende Kraft messen (sog. schwereloser Fall).

§ 5.1.4 Kraft als Vektor

Im Newton'schen Axiomensystem ist die Vektoreigenschaft der Kraft als viertes Prinzip festgehalten. Da die Kraft ein Vektor ist, kann man sie auch wie Vektoren in ihre Komponenten zerlegen oder mehrere Einzelkräfte nach den Regeln der Vektoraddition zu einer resultierenden Gesamtkraft zusammensetzen (s. auch Anhang Mathematische Grundlagen, V.B). Jede einzelne Kraftkomponente wirkt dabei unabhängig von den anderen und die Reihenfolge der Addition der Komponenten ist beliebig. Wirken also auf einen frei beweglichen Körper mehrere Kräfte ein, so wird er immer in Richtung der Wirkungslinie der resultierenden Gesamtkraft eine Beschleunigung $\vec{a}$ erfahren.

Beispiele:

1. Kräfte, die auf parallele Zweige verteilt, eine Last halten.

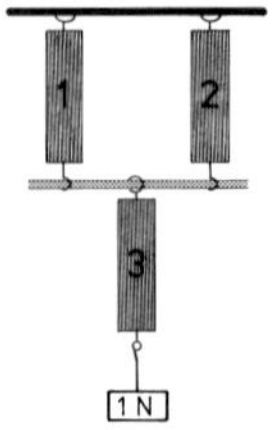

Abb. 5.10

Drei gleiche Federwaagen mit einem Messbereich von je 1 N sind wie in Abb. 5.10 dargestellt aneinandergehängt und zeigen in der hängenden Position ohne angehängtes Gewicht (von 1 N) den Wert null an. Die Massen der Federwaagen und der Haltestange seien vernachlässigbar. Wird nun, wie in Abb. 5.10 eingezeichnet, das Gewicht von 1 N angehängt, dann zeigen die drei Federwaagen folgende Kräfte an:

Die Federwaagen 1 und 2 zeigen die beiden Komponenten zu je 0,5 N, die Federwaage 3 zeigt die gesamte angehängte Gewichtskraft von 1 N.

2. Kräfte, die das Gewicht einer Straßenlampe kompensieren.

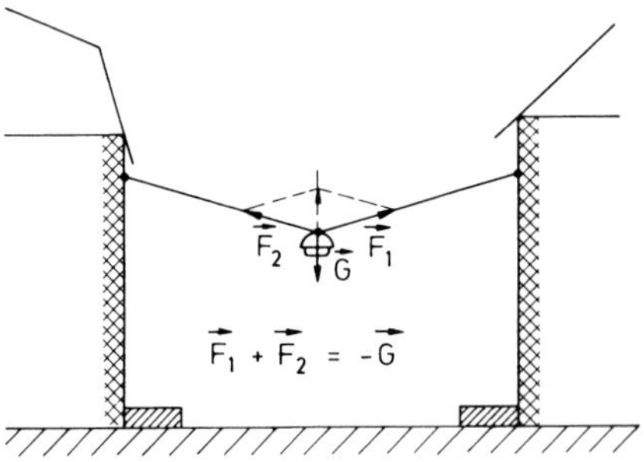

Abb. 5.11

Hier ist die Gewichtskraft in zwei Zweige zu zerlegen, die einen bestimmten Winkel miteinander bilden. Um die Straßenlampe mit dem Gewicht $\vec{G}$ in der in Abb. 5.11 gezeichneten Position im Gleichgewicht zu halten, müssen in den Halteseilen die Kräfte $\vec{F}_1$ und $\vec{F}_2$ wirken, deren Vektorsumme die Gewichtskraft der Straßenlampe kompensiert: $\vec{F}_1 + \vec{F}_2 = -\vec{G}$, wobei die Beträge der Kräfte in den Halteseilen, bei bekannten Winkeln zwischen $\vec{F}_1$, $\vec{F}_2$ und $\vec{G}$ sich mit Hilfe des Cosinussatzes berechnen lassen.

3. Kräfte, die an einem Körper der Masse *m* auf der schiefen Ebene wirken.

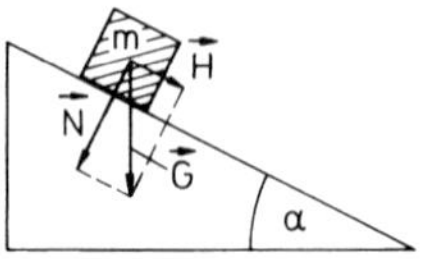

Abb. 5.12

Ein homogener Körper der Masse m befinde sich auf einer schiefen Ebene, deren Neigungswinkel gegenüber der Horizontalen α sei (Abb. 5.12). Die Gewichtskraft $\vec{G} = m \cdot \vec{g}$ des Körpers, die senkrecht zur Horizontalen in Richtung des Erdmittelpunktes zeigt, lässt sich in zwei Komponenten zerlegen: eine Komponente parallel zur schiefen Ebene, die **Hangabtriebskraft** (oder den **Hangabtrieb**) $\vec{H}$, und eine Komponente senkrecht zur schiefen Ebene, die **Normalkraft** $\vec{N}$. Aus dem Vektordreieck der Abb. 5.12 folgt für das Gewicht $\vec{G}$:

$$\vec{G} = \vec{H} + \vec{N} \qquad (5.21)$$

Für die Beträge der beiden Komponenten des Gewichts folgt aus dem Vektordreieck, wobei der Winkel zwischen $\vec{N}$ und $\vec{G}$ wieder α ist:

Hangabtrieb: $\quad H = G \cdot \sin\alpha = m \cdot g \cdot \sin\alpha \qquad (5.22)$

Normalkraft: $\quad N = G \cdot \cos\alpha = m \cdot g \cdot \cos\alpha \qquad (5.23)$

Wird ein Körper (reibungsfrei) eine schiefe Ebene hochgeschoben, so ist dafür die Hangabtriebskraft $H < G$ aufzubringen, d. h. mit Hilfe einer schiefen Ebene kann Kraft gespart werden (nicht aber Arbeit, s. §6.2.1).

Bewegt sich ein Körper (reibungsfrei) längs einer schiefen Ebene, so erfährt er durch die Hangabtriebskraft eine Beschleunigung $a < g$ (freier Fall auf der schiefen Ebene).

§5.1.5 Zentripetalkraft – Zentrifugalkraft

Im allgemeinen Fall einer beschleunigten Bewegung erfolgt eine Änderung der Geschwindigkeit nach **Betrag *und* Richtung**. Die Änderung der Geschwindigkeitsrichtung, wie beispielsweise bei der Kurvenfahrt in der Eisenbahn oder im Personenkraftwagen, ist nach §4.1.2 durch die Normalkomponente der Beschleunigung $\vec{a}_n$ bedingt. Beschränken wir uns zur Vereinfachung auf Bewegungen eines Körpers (Massenpunkt) der Masse m auf einer

Kreisbahn mit Radius r, die mit betragsmäßig konstanter Bahngeschwindigkeit v durchlaufen wird, so erfährt der Körper eine Radialbeschleunigung $\vec{a}_n = \vec{a}_r$, mit dem Betrag $a_r = \frac{v^2}{r}$. Wie in § 4.2.1 für die gleichförmige Kreisbewegung ausgeführt wurde, weist die Richtung von $\vec{a}_r$ immer radial auf das Rotationszentrum und ist deshalb ein veränderlicher Vektor, trotz konstanten Betrags, da bei der fortschreitenden Bewegung auf der Kreisbahn sich seine Richtung kontinuierlich ändert.

Auf jeden beschleunigten Körper muss aber nach *Newton* eine Kraft $\vec{F}$ wirken, die durch das *zweite Newton'sche Axiom* (5.1) gegeben ist. Diese radial auf das Rotationszentrum gerichtete Kraft, welche die Trägheit der Masse überwindet und den Körper auf die Kreisbahn zwingt, wird als **Zentripetalkraft $\vec{F}_p$** und die durch sie bedingte Radialbeschleunigung $\vec{a}_r$, entsprechend als **Zentripetalbeschleunigung** bezeichnet. Da $\vec{a}_r$, wie in Abb. 4.33, antiparallel zum Radiusvektor $\vec{r}$ (mit Einheitsvektor $\vec{r}_0$) ist, ergibt sich mit einer der Beziehungen von Gleichung (4.51) für die ***Zentripetalkraft $\vec{F}_p$***:

$$\vec{F}_p = m \cdot \vec{a}_r = -m \cdot \frac{v^2}{r} \cdot \vec{r}_0 \tag{5.24}$$

Der Betrag der Zentripetalkraft $|\vec{F}_p| = F_p$ folgt mit (5.24) und der Radialbeschleunigung nach (4.50) zu:

$$\boxed{\begin{aligned} F_p &= m \cdot a_r = m \cdot v \cdot \omega = m \cdot r \cdot \omega^2 \\ &= m \cdot \frac{v^2}{r} \end{aligned}} \tag{5.25}$$

Eine „zentripetal" wirkende Kraft kann ihrer Natur nach durch unterschiedlichste Wechselwirkungen verursacht sein. Ursache kann beispielsweise die elastische Kraft (Zugspannung) eines Seils sein, welche eine Kugel auf einer Kreisbahn um ein Drehzentrum hält, oder die Gravitationsanziehung, derzufolge z. B. der Mond um die Erde kreist, als auch eine elektrostatische Kraft, die für die Umkreisung eines Atomkerns durch ein Elektron verantwortlich ist. Die Zentripetalkraft stellt also keine neue Art von Kraft dar, sondern beschreibt nur das zeitabhängige Verhalten von Wechselwirkungen, die in Richtung auf ein Zentrum wirken.

Wir betrachten einen Körper, der an einem Seil befestigt ist und auf einer rotierenden Scheibe um eine Achse durch das Zentrum M eine gleichförmige Kreisbewegung ausführt.

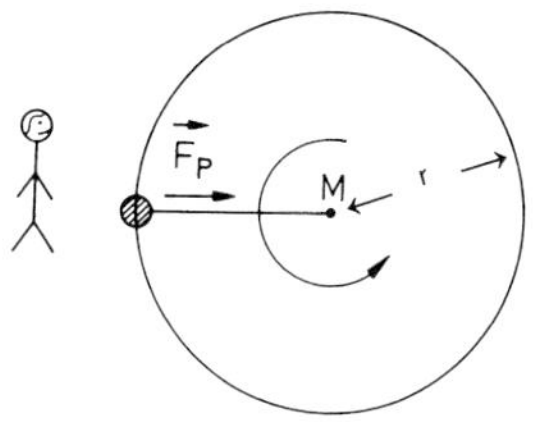

Abb. 5.13 Zentripetalkraft

Für einen Beobachter, der wie in Abb. 5.13 außerhalb der Scheibe auf der Erde steht, rotiert der Körper um M und wird durch die Zentripetalkraft $\vec{F}_p$ auf der Kreisbahn mit Radius r gehalten. Für einen auf der Scheibe mitrotierenden Beobachter jedoch, bewegt sich der Körper nicht und für ihn wirkt in dem Seil, mit dem er den Körper zu halten sucht, eine radial nach außen gerichtete Kraft (Abb. 5.14). Die Körpermasse widersetzt sich also der zentripetalen Beschleunigung, was nach *d'Alembert* (s. § 5.1.1) so interpretiert wird, dass infolge der Trägheit am Körper der Masse m eine Kraft angreift, die ihn radial vom Rotationszentrum wegtreibt.

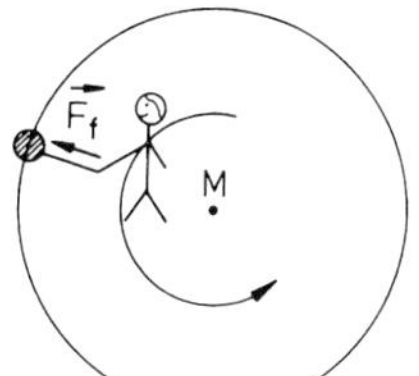

Abb. 5.14 Zentrifugalkraft

Diese Trägheitskraft heißt daher **Zentrifugalkraft $\vec{F}_f$** oder auch **Fliehkraft**). Die Zentrifugalkraft $\vec{F}_f = -m \cdot \vec{a}_r$ steht im Gleichgewicht mit der Zentripetalkraft $\vec{F}_p = m \cdot \vec{a}_r$.

Mit der Radialbeschleunigung $\vec{a}_r$ (Gleichung (4.51)) erhalten wir für die **Zentrifugalkraft $\vec{F}_f$**:

$$\vec{F}_f = -m \cdot \vec{a}_r = m \cdot \frac{v^2}{r} \cdot \vec{r}_0 \tag{5.26}$$

2

Sie ist entgegengesetzt gerichtet zur Zentripetalkraft $\vec{F}_p$ und zur Radialbeschleunigung $\vec{a}_r$ und ist daher eine Kraft in Richtung des Radiusvektors $\vec{r}$ (Einheitsvektor $\vec{r}_0$). Betragsmäßig ist die Zentrifugalkraft F_f gleich der Zentripetalkraft F_p und durch die Beziehungen (5.25) gegeben.

Die Zentrifugalkraft ist beispielsweise dafür verantwortlich, dass bei einer rotierenden Schleifscheibe die Schleiffunken oder beim rollenden Fahrzeugreifen die Wassertropfen sich ablösen und anschließend mit der Tangentialgeschwindigkeit $\vec{v}$ sich geradlinig gleichförmig weiterbewegen.

Bei sehr raschen Kurvenfahrten kann die Zentrifugalkraft ein Vielfaches der Gewichtskraft betragen, die auf den Körper einwirkt. Fliegt z. B. ein Flugzeug mit Schallgeschwindigkeit eine Kreiskurve mir Radius $r = 1$ km, so erfährt es eine Beschleunigung von $a \approx 10\,g$ (g = Fallbeschleunigung). Die Trägheitskraft, die der Pilot erfährt, ist entsprechend ca. 10-mal so groß wie die Schwerkraft. Weit größere Trägheitskräfte erreicht man bei Zentrifugen oder gar bei Ultrazentrifugen. Sie finden Anwendung, um Stoffe verschiedener Massendichten ϱ voneinander zu trennen. Sedimentationsvorgänge, die im Schwerefeld der Erde zu langsam ablaufen, können in der Zentrifuge, durch die infolge der schnellen Rotation sehr große Zentrifugalkraft, wesentlich effektiver durchgeführt werden. So erreicht man bei Ultrazentrifugen mit 60 000 Umdrehungen/min und auf einer Kreisbahn mit Radius $r = 1$ cm z. B. Beschleunigungen von $a \approx 4 \cdot 10^4 g$ (s. auch §10.4). Ähnlich wie Zentrifugen arbeiten auch Wäscheschleudern bei Umdrehungszahlen von 800 bis ca. 1600 U/min.

Die Abweichung der Erde von einer Kugelgestalt ist ebenfalls eine Folge der Zentrifugalkräfte. Ein Punkt der Erdoberfläche auf dem Breitengrad φ durchläuft infolge der Erdrotation eine Kreisbahn mit Radius $r = R_E \cdot \cos\varphi$ (Abb. 5.15). Für die senkrecht auf der Erdachse stehende, an diesem Punkt der Erde auf dem Breitengrad φ von ihr weggerichtete Zentrifugalkraft $F_f(\varphi)$ (in Abb. 5.15, rechts eingezeichnet) folgt dann:

$$F_f(\varphi) = m \cdot r \cdot \omega^2 = m \cdot R_E \cdot \omega^2 \cdot \cos\varphi .$$

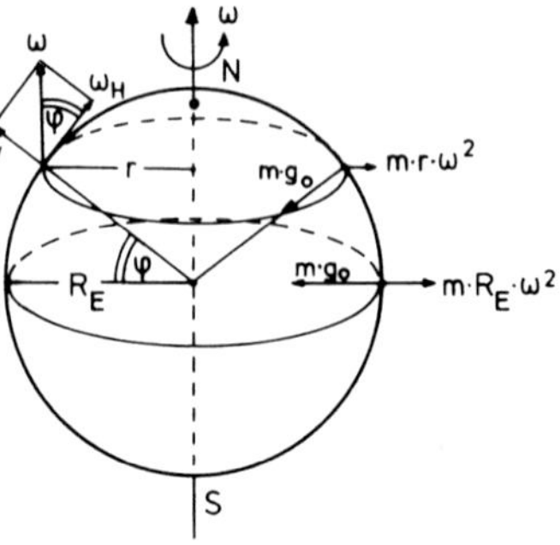

Abb. 5.15

Aufgrund der Erdrotation, in $T = 24$ h um ihre eigene Achse, ist die Zentrifugalkraft am Äquator maximal ($F_f(0°) = m \cdot R_E \cdot \omega^2$) und verschwindet dagegen an den Polen der Erde ($F_f(90°) = 0$) wegen des Rotationsradius $r = 0$. Jeder Körper an der Erdoberfläche auf einem Breitengrad $\varphi < 90°$ erfährt eine Zentrifugalkraft senkrecht zur Erdachse, deren Normalkomponente zur Erdoberfläche sich vektoriell mit der Gewichtskraft des Körpers überlagert; ein Körper ist daher am Äquator „leichter“ als an den Polen.

Corioliskraft – Foucault-Pendel

Eine weitere Scheinkraft, die in rotierenden und damit beschleunigten Bezugssystemen auftritt, ist die *Corioliskraft*. Zur Veranschaulichung der Corioliskraft stelle man sich eine Scheibe mit Radius r vor (Abb. 5.16). Vom Mittelpunkt aus werde eine Kugel der Masse m mit der Geschwindigkeit $\vec{v}_r$ radial nach außen weggeschleudert. Bezüglich eines **nicht rotierenden** Systems würde die Kugel sich auf einer geradlinigen Bahn radial in Richtung 1 bewegen und nach der Zeit Δt dort ankommen. Bei **rotierender** Scheibe (Kreisfrequenz ω) erwartet der **mitrotierende Beobachter**, welcher sich in der Zeit Δt von der Abwurfposition aus um den Winkel $\Delta\varphi = \omega \cdot \Delta t$ gedreht hat, die Kugel in Position 2, sieht sie jedoch in 2′ eintreffen. Für ihn bewegte sich die Kugel, relativ zur Scheibe beurteilt, auf einer gekrümmten Bahn nach 2′. Für den mitrotierenden Beobachter muss die Kugel daher eine Beschleunigung erfahren haben, die er einer Trägheitskraft, der ***Corioliskraft***, zuschreibt.

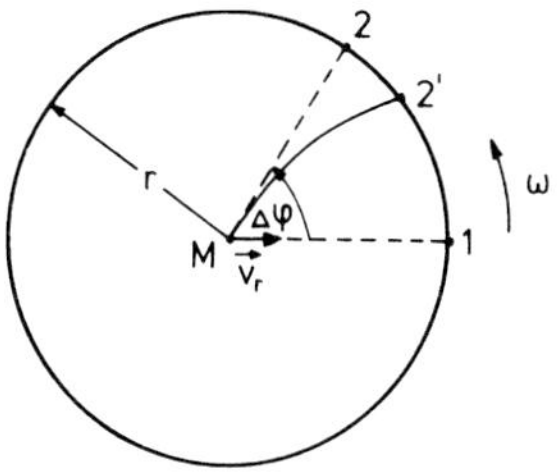

Abb. 5.16

Der Betrag der Corioliskraft $|F_c|$, in einem mit der Winkelgeschwindigkeit ω rotierenden Bezugssystem, ist gegeben durch $F_c = 2m \cdot v \cdot \omega$, wobei m die Masse des mit der Relativgeschwindigkeit v zum rotierenden Bezugssystem bewegten Körpers ist. Der außen stehende, **ruhende Beobachter** erkennt, dass unter der mit der Geschwindigkeit $\vec{v}_r$ radial nach außen fliegenden Kugel sich die rotierende Scheibe um den Winkel $\Delta\varphi$ weggedreht hat und die Kugel daher in 2′ auftreffen muss.

Auch jeder Körper, der sich auf der Erdoberfläche relativ zu dieser bewegt, unterliegt infolge der Erdrotation daher dieser Trägheitskraft. Die Corioliskraft bewirkt auf der Nordhalbkugel eine Ablenkung bewegter Körper nach rechts, auf der Südhalbkugel nach links (Blickrichtung in Bewegungsrichtung des Körpers). So werden auf der Nordhalbkugel Meeres- oder Luftströmungen nach rechts umgelenkt, wie beispielsweise der Golfstrom; Flüsse erodieren ihre rechten Ufer stärker als ihre linken; aus Hochdruckgebieten strömt die Luft z. B. nicht radial ab, sondern spiralenförmig im Uhrzeigersinn.

Eine kleine Anmerkung am Rande: Die häufig geäußerte Ansicht, dass das Wasser aus einer Badewanne auf der Nordhalbkugel in einem rechtsdrehenden und entsprechend auf der Südhalbkugel in einem linksdrehenden Wirbel ausläuft, wird jedoch nicht durch die Corioliskraft bedingt.

Ein an der Erdoberfläche (oder über einer Drehscheibe) aufgehängtes mathematisches Pendel (eine Masse an einem Faden befestigt) behält für einen ruhenden (außen stehenden) Beobachter seine Schwingungsebene bei, er beobachtet, wie sich die Erde (oder Drehscheibe) gegenüber der räumlich festen Schwingungsebene dreht. Ein bekanntes Experiment hierzu ist der ***Foucault'sche Pendelversuch***, mit welchem die Drehung der Erde um ihre Achse nachgewiesen werden kann. Für einen mitrotierenden (irdischen) Beobachter dreht sich die Schwingungsebene eines mathematischen Pendels am Pol in guter Näherung innerhalb von 24 h um 360°. Er interpretiert die von ihm beobachtete Drehung der Schwingungsebene des Pendels aufgrund der Corioliskraft. (Für den außen stehenden Beobachter dreht sich die Erde unter dem schwingenden Pendel hinweg.) Wird ein Pendel an einem Punkt der Erdoberfläche der geographischen Breite φ aufgehängt, so ist die Winkelgeschwindigkeit ω der Erdrotation in eine Horizontal- (ω_H) und eine Vertikalkomponente (ω_V) zu zerlegen (Abb. 5.15), wobei $\omega_V = \omega \cdot \sin\varphi$ die für die Drehung, des in der Vertikalebene schwingenden Pendels, wirksame Komponente ist. In einem Tag dreht sich daher für den irdischen Beobachter am Ort der geographischen Breite φ die Schwingungsebene des Pendels um den Winkel $360° \cdot \sin\varphi$. Das bedeutet, am Äquator ($\varphi = 0°$) behält ein Pendel seine Schwingungsebene relativ zur Erde bei. Drehungen der Schwingungsebene des Pendels erfolgen auf der Nordhalbkugel im Uhrzeigersinn, auf der Südhalbkugel im Gegenuhrzeigersinn.

2

§ 5.1.6 Reibungskraft

Bei den in den vorangehenden Abschnitten aufgestellten und angewendeten Gesetzen wird für deren Gültigkeit als eine der idealisierenden Bedingungen häufig die Reibung vernachlässigt. In der Natur, im täglichen Leben, spielen jedoch Reibungskräfte eine bedeutende Rolle.

Ein frei beweglicher Körper der Masse m, den wir mit der Anfangsgeschwindigkeit $\vec{v}_0$ auf horizontaler Ebene in Bewegung setzen, kommt nach einiger Zeit zum Stehen. Das bedeutet, dass er während der Bewegung eine Verzögerung (negative Beschleunigung) erfährt, die nach dem zweiten Newton'schen Axiom mit einer Kraft verbunden ist, der **Reibungskraft**. Reibungskräfte sind es auch, die ein einmal angestoßenes Pendel einer Uhr allmählich zur Ruhe kommen lassen oder die einen beachtlichen Anteil (mindestens ca. 20 %) der Antriebsenergie eines Autos aufzehren. Andererseits ist beispielsweise Reibung zwingend notwendig, damit wir uns fortbewegen können. Weder Gehen noch Fahren auf Rädern ist ohne Reibung möglich, aber auch nicht das Halten eines Bleistiftes oder damit auf ein Papier zu schreiben.

Zur Beurteilung der Reibungskräfte betrachten wir nun die Beschaffenheit und Eigenschaften der Körper und die ihrer Umgebung, mit der sie in Wechselwirkung stehen.

Grundsätzlich unterscheiden wir die **innere Reibung** oder **Viskosität** von der **äußeren Reibung**. Die innere Reibung, die wir z. B. bei Flüssigkeiten und Gasen beobachten, hemmt die Bewegung der Moleküle relativ zueinander (s. dazu auch § 10.3 ff.). Die äußere Reibung tritt dort auf, wo sich makroskopische Körper berühren und sie wirkt einer gegenseitigen Verschiebung der Körper entgegen. Diese Reibungskraft rührt vom mechanischen Ineinandergreifen der Oberflächenunebenheiten der Körper und den zwischen ihren Molekülen wirkenden Anziehungskräften her. Einige der wichtigsten Reibungsmechanismen sollen kurz besprochen werden.

Reibung zwischen Festkörpern

Bezeichnet man mit N (Normalkraft) den Betrag der Normalkomponente des Gewichtes $\vec{G}$ des zu bewegenden Körpers auf die Berührungsfläche der Körper, dann gilt für den Betrag der Reibungskraft das ***Coulomb'sche Reibungsgesetz***:

$$F_\mathrm{R} = \mu \cdot N \tag{5.27}$$

wobei der dimensionslose **Reibungskoeffizient** (oder die **Reibungszahl**) $\boldsymbol{\mu}$ vom Material und vom Oberflächenzustand der Körper abhängig ist.

Die Reibungskraft zwischen Festkörpern ist in weiten Bereichen nahezu unabhängig von der Größe der sich berührenden Oberflächen und ist stets der Bewegung entgegengerichtet. Bei der Reibung zwischen Festkörpern sind folgende Arten zu unterscheiden:

Haftreibung: Sie tritt zwischen relativ zueinander unbewegten Körpern auf. Um einen Körper relativ zum anderen zu verschieben, muss eine äußere Kraft F aufgewendet werden, die größer ist als der Schwellwert $F_\mathrm{R} = \mu_\mathrm{h} \cdot N$. Ist $F \leq F_\mathrm{R}$, so haften die Körper. μ_h ist der *Haftreibungskoeffizient*, der von Material und Oberflächenbeschaffenheit der Körper abhängt.

Gleitreibung: Bei gegeneinander bewegten Körpern wirkt die Gleitreibungskraft $F_\mathrm{R} = \mu_\mathrm{g} \cdot N$. Der *Gleitreibungskoeffizient* μ_g hängt von Material und Güte der Berührungsfläche (Rauigkeit, Schmierung) ab, ebenso von der Kraft, welche den gleitenden Körper senkrecht zur Berührungsfläche andrückt, ist aber weitgehend unabhängig von der Gleitgeschwindigkeit und der Größe der Berührungsfläche. Das Auftreten der Gleitreibungskraft zwischen gegeneinander bewegten festen Körpern führt zu einer Erwärmung der Körper.

Rollreibung: Sie tritt auf bei Kugellagern oder bei Abrollvorgängen einer Kugel, eines Rades oder einer Walze auf einer Unterlage. Der *Rollreibungskoeffizient* μ_r ist sehr viel kleiner als der Gleitreibungskoeffizient.

Bei gleichen Materialien gilt für die Reibungskoeffizienten: $\mu_\mathrm{h} > \mu_\mathrm{g} \gg \mu_\mathrm{r}$. Tabelle 5.4 zeigt einige Reibungskoeffizienten (näherungsweise Richtwerte).

Reibung zwischen Festkörpern und Flüssigkeiten oder Gasen

Wir betrachten zunächst die ***viskose Reibung*** bei nicht zu großen Relativgeschwindigkeiten zwischen einem Festkörper und einem umströmenden Medium (Flüssigkeit oder Gas). Für die auf den umströmten Körper wirkende Reibungskraft gilt dann weitgehend $\boldsymbol{F_\mathrm{R} \sim v}$ ***(Stokes-Reibung)***, wobei v die Relativgeschwindigkeit von Körper und Medium ist (s. dazu auch das Stokes'sche Gesetz, § 10.4, für eine Kugel).

Bei hohen Relativgeschwindigkeiten v und/oder ungünstig geformtem Profil des umströmten Körpers wird die ***Reibungskraft*** $\boldsymbol{F_\mathrm{R} \sim v^2}$.

Tab. 5.4

Reibungszahlen	μ_h	μ_g
Stahl auf Eis, trocken	0,027	0,014
Stahl auf Stahl, trocken	0,15 ... 0,3	0,12 ... 0,25
Autoreifen auf Asphalt		
trocken	0,4 ... 0,8	0,3 ... 0,4
nass	0,2 ... 0,5	0,15 ... 0,4
Bremsbelag auf Stahl	–	0,5 ... 0,6

Eine derartige Abhängigkeit gilt beispielsweise für den Luftwiderstand eines Personenkraftwagens (s. auch § 10.5).

Ein weiteres Beispiel ist der Fall eines Körpers im Schwerefeld der Erde unter Berücksichtigung des Luftwiderstandes. Die konstant wirkende Kraft ist die Gewichtskraft $\vec{G} = m \cdot \vec{g}$, welcher der Luftwiderstand $F_R \sim v^2$ entgegengerichtet ist. Bezeichnen wir den Proportionalitätsfaktor mit b (in § 10.5 werden wir sehen, dass $b = \frac{1}{2} c_w \cdot \varrho \cdot A$ ist), so gilt für die Reibungskraft $F_R = b \cdot v^2$. Die wirkende Gesamtkraft ist dann (die Koordinatenachse zähle positiv nach oben, entgegengesetzt gerichtet zu $\vec{G}$):

$F_{ges} = m \cdot a = -m \cdot g + b \cdot v^2$.

Der Körper wird aus der Ruhe heraus zunächst unter der Wirkung der Gewichtskraft $m \cdot g$ beschleunigt, wobei v noch so klein ist, dass die Reibung vernachlässigbar ist. Steigt jedoch die Fallgeschwindigkeit v weiter an, dann nimmt die Reibungskraft proportional v^2 zu und in zunehmendem Maße verringert sich die effektive Beschleunigung a auf den Körper (abnehmende Geschwindigkeitszunahme in der Zeiteinheit, s. *Geschwindigkeit-Zeit*-Diagramm Abb. 5.17), bis sie schließlich Null wird. Die Geschwindigkeit des Körpers nähert sich asymptotisch einem konstanten Wert.

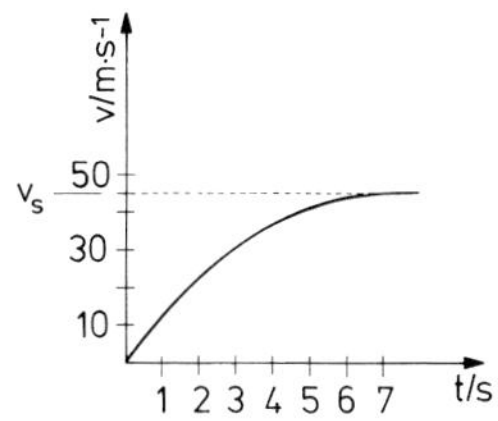

Abb. 5.17

Damit wird $b \cdot v^2 = m \cdot g$, es ist der so genannte „quasistationäre Zustand“ erreicht (Abb. 5.17), der Körper fällt mit der konstanten Geschwindigkeit

$$v_s = \sqrt{\frac{m \cdot g}{b}} \tag{5.28}$$

Je größer b ist, umso kleiner wird die konstante Fallgeschwindigkeit.

§ 5.2 Drehmoment

Bislang betrachteten wir die Körper im Allgemeinen als punktförmig, dabei dachten wir uns ihre gesamte Masse in einem Punkt konzentriert, dem *Massenmittelpunkt* (auch *Schwerpunkt* genannt). Alle auf den Körper einwirkenden Kräfte greifen nur an diesem Punkt an. Von der endlichen Ausdehnung des Körpers wird dabei völlig abgesehen. Diese Idealisierung ist streng gültig, so lange es sich um reine Translationsbewegungen handelt. Bei allgemeinen Bewegungen eines Körpers unter der Wirkung von Kräften treten neben Translationen auch Rotationen auf; dann müssen wir aber die unterschiedliche Wirkung einer oder mehrerer Kräfte auf den endlich ausgedehnten Körper berücksichtigen. Die auf ihn einwirkenden Kräfte sollen jedoch keine Deformationen des Körpers herbeiführen.

Mit der Vorstellung, dass ein makroskopischer Körper aus vielen Massenpunkten aufgebaut ist, die auch unter der Wirkung von Kräften gegeneinander feste Relativabstände haben, idealisieren wir einen Festkörper als einen ***Starren Körper*** mit definiertem Volumen und definierter Gestalt. Man kann nun zeigen, dass sich die allgemeinen Bewegungsmöglichkeiten eines Starren Körpers in eine *Translation* und eine *Rotation* aufspalten lassen. Dabei wird bei der Translationsbewegung der Starre Körper parallel zu sich selbst verschoben, d. h. alle Massenpunkte werden um einen einheitlichen Verschiebungsvektor $\Delta \vec{r}$ auf parallelen Raumkurven vom Anfangs- in den Endzustand versetzt (s. Abb. 4.2). Bei der Bewegungsform der Rotation, z. B. um eine starre Achse, durchlaufen alle Massenpunkte des Starren Körpers denselben Drehwinkel $\Delta \varphi$ auf Kreisbahnen um die gemeinsame Drehachse (s. Abb. 4.3). Da wir die Gesetzmäßigkeiten der reinen Translationsbewegungen bereits behandelt haben, können wir uns darauf beschränken, reine Rotationsbewegungen des Starren Körpers zu untersuchen.

In § 4.2 hatten wir uns mit den Bewegungsgrößen der Rotationsbewegung auseinander gesetzt, also die Kinematik der Rotation besprochen. In diesem Abschnitt zur Mechanik Starrer Körper beginnen wir mit Fragestellungen der Dynamik der Drehbewegungen, wobei wir uns zunächst mit der grundlegenden Definition des

Drehmomentes befassen, sodann mit den statischen Gleichgewichtsbedingungen und definieren anschließend noch das Trägheitsmoment, als eine der charakteristischen Größen bei Rotationen. Weitere Größen sowie auftretende Bewegungsformen Starrer Körper unter dem Einfluss äußerer Kräfte werden in den §§ 6.2.2, 7.2 bzw. 7.3 behandelt.

§ 5.2.1 Das Drehmoment

Ein translatorisch bewegter Körper erfährt durch eine Kraft, die auf ihn einwirkt, eine lineare Beschleunigung. Welche physikalische Größe bedingt dann bei einem rotierenden Körper eine Winkelbeschleunigung? Die Wirkung einer Kraft alleine kann es nicht sein, denn je nachdem wo und in welche Richtung die Kraft angreift, kann sie unterschiedlichste Winkelbeschleunigungen verursachen. Betrachten wir als praktisches Beispiel ein geöffnetes Fenster, an welchem betragsmäßig gleich große Kräfte an unterschiedlichen Punkten und in verschiedenen Richtungen angreifen. Wirkt die Kraft $\vec{F}_1$ in Richtung der Breitseite des Fensters (Kraftvektor senkrecht zur Drehachse der Fensterscharniere, wie in Abb. 5.18 punktiert dargestellt) oder direkt auf das Fensterscharnier ($\vec{F}_2$), so erfährt das Fenster keine Winkelbeschleunigung, es wird überhaupt nicht bewegt.

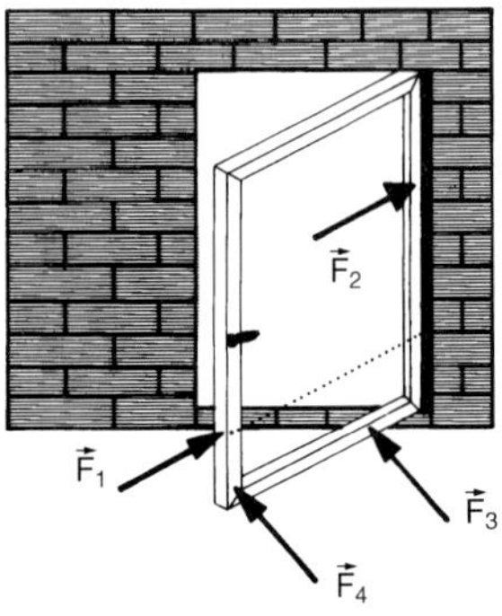

Abb. 5.18

Greift die Kraft jedoch senkrecht zur Fensterfläche an, dann erhält das Fenster je nach Abstand des Angriffspunktes von der Drehachse (Kraft $\vec{F}_3$ bzw. $\vec{F}_4$ in Abb. 5.18) eine unterschiedlich große Winkelbeschleunigung, die maximal für den Angriffspunkt an der Außenkante des Fensters durch die Kraft $\vec{F}_4$ ist. Die Wirkungsrichtung der Kraft und ihr Abstand von der Drehachse bestimmen die Winkelbeschleunigung und die erfolgende Drehbewegung. Zu ihrer Beschreibung führt man das *Drehmoment* ein als analoge Größe zur Kraft bei Translationsbewegungen. Das Drehmoment ist immer direkt mit einer Winkelbeschleunigung verknüpft (§ 5.2.4).

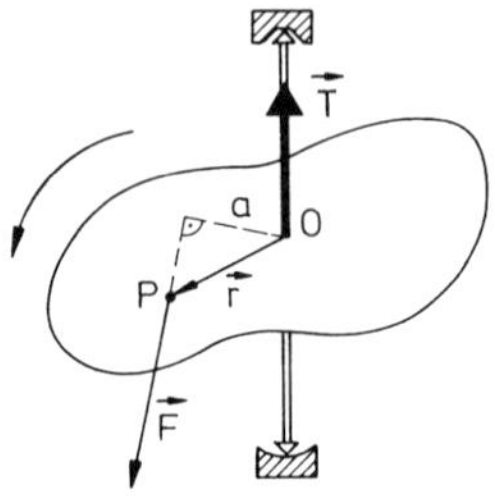

Abb. 5.19

Wir denken uns zunächst einen beliebigen Starren Körper, z. B. eine Scheibe mit fest gelagerter Drehachse (Abb. 5.19). Im Punkt P der Scheibe greife eine Kraft $\vec{F}$ an. P liege auf dem Radiusvektor $\vec{r}$ vom Drehzentrum 0 entfernt. Der (senkrechte) Abstand der Wirkungslinie der Kraft $\vec{F}$ (Wirkungslinie: Linie in Kraftrichtung) von der Drehachse durch 0 sei a. Um eine Drehung hervorzurufen, muss die Kraft eine Komponente in Richtung der Tangente des Kreises haben, den die Bahn des Angriffspunktes P der Kraft bei der Drehung beschreibt. Für die Wirkung der Kraft $\vec{F}$ ist ferner von Bedeutung, welchen Abstand ihr Angriffspunkt von der Drehachse hat. Das auftretende **Drehmoment $\vec{T}$** (häufig auch mit dem Buchstaben $\vec{M}$ bezeichnet) der Kraft $\vec{F}$ bezüglich des Drehzentrums 0 definiert man dann als das Vektorprodukt:

$$\vec{T} = \vec{r} \times \vec{F} \tag{5.29}$$

Drehmoment $\vec{T}$ = Vektorprodukt aus $\vec{r}$ und $\vec{F}$.

Das Drehmoment $\vec{T}$ (auch „Torsionsmoment" oder „Kraftmoment" genannt) steht senkrecht auf der von $\vec{r}$ und $\vec{F}$ aufgespannten Ebene und definiert eine Drehachse, um die die Kraft den Körper in Bewegung setzt. Die Richtung von $\vec{T}$ gibt den Drehsinn gemäß der Definition des

Vektorproduktes im Sinne einer Rechtsschraube an (s. Anhang Mathematische Grundlagen, V.D); blickt man also *in Richtung* von $\vec{T}$, so erfolgt die Drehung im Uhrzeigersinn.

Aus der Definitionsgleichung (5.29) erhält man unmittelbar die Einheit des Drehmomentes.

Einheit:

N · m
wobei $1\,\text{Nm} = 1\,\text{kg}\frac{\text{m}^2}{\text{s}^2}$ ist

Die Einheit des Drehmomentes ist formal mit der Einheit der (später zu besprechenden) Arbeit identisch. Trotzdem sind das Drehmoment (ein Vektor) und die Arbeit (ein Skalar) völlig verschiedene Größen und dürfen nicht miteinander verwechselt werden.

Für den Betrag des Drehmomentes gilt:

$$T = r \cdot F \cdot \sin\left(\vec{r}, \vec{F}\right) \qquad (5.30)$$

oder mit $a = r \cdot \sin\left(\vec{r}, \vec{F}\right)$ (s. Abb. 5.19) folgt:

$$T = a \cdot F \qquad (5.31)$$

Die Größe $a = r \cdot \sin\left(\vec{r}, \vec{F}\right)$ ist die Komponente von $\vec{r}$, die senkrecht auf der Richtung der angreifenden Kraft $\vec{F}$ steht und wird als **Kraftarm** bezeichnet. Für den Betrag des Drehmomentes $\left|\vec{T}\right|$ gilt daher:

Drehmoment $T =$ Kraftarm $\times$ Kraft.

Bei der Bestimmung eines Drehmomentes ist zu beachten, dass dieses von dem gewählten Bezugspunkt (in Abb. 5.19 der Punkt 0) abhängig ist, für den es angegeben wird. Beim Wechsel des Bezugspunktes ändert sich auch das Drehmoment. Drehmomente können, da auch sie Vektoren sind, wie solche zusammengesetzt werden.

§ 5.2.2 Statisches Gleichgewicht

In der Statik sucht man nach den Bedingungen, unter denen Körper als Funktion der Zeit in einem Ruhezustand verbleiben, d. h. keine Beschleunigungen erfahren. Diese heißen die *Gleichgewichtsbedingungen*.

Gleichgewichtsbedingungen

Ein Körper befindet sich im Gleichgewicht, d. h. er erfährt weder eine Translations- noch eine Rotationsbeschleunigung, wenn die ***Summe aller angreifenden äußeren Kräfte und die Summe aller äußeren Drehmomente verschwindet:***

$$\sum_i \vec{F}_i = 0; \quad \sum_i \vec{T}_i = 0 \qquad (5.32)$$

Wird ein Starrer Körper an einem Punkt im Raum fixiert, dann werden alle äußeren Kräfte (die eine Translation verursachen) durch die Aufhängung kompensiert und (5.32) reduziert sich auf die Gleichgewichtsbedingung:

$$\sum_i \vec{T}_i = 0 \qquad (5.33)$$

Schwerpunkt

Zwei Massen m_1 und m_2, die miteinander starr verbunden sind (Abb. 5.20), sollen in einem Punkt unterstützt werden, und zwar so, dass das System im Gleichgewicht ist. Die Aufgabe besteht also im Auffinden des Schwerpunktes S des Systems, welches aus den beiden Massen m_1 und m_2 besteht.

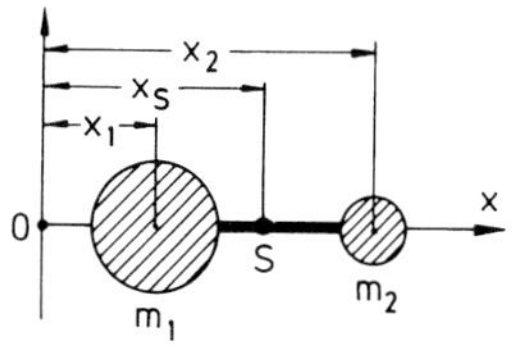

Abb. 5.20

Im Gravitationsfeld (das räumlich als konstant angenommen wird) wirkt an jeder Masse m die äußere Gewichtskraft $\vec{G} = m \cdot \vec{g}$. Im gesuchten Punkt, dem ***Massenmittelpunkt* S**, soll die gesamte Masse $M = \sum_i m_i$ vereinigt sein, sodass die am Körper(system) insgesamt angreifende Gewichtskraft, das *Gewicht* des Körpers, sich als $\vec{G} = M \cdot \vec{g}$ darstellen lässt. Die Lage des Massenmittelpunktes eines Körpers im Schwerefeld der Erde berechnet sich dann aus der Gleichheit des Gesamtdrehmoments der hier vereinigten Gesamtmasse M und der Summe der Drehmomente der Einzelmassen. Man bezeichnet daher den Massenmittelpunkt auch als den ***Schwerpunkt***. Nach Abb. 5.20 ergibt sich für das Beispiel von zwei Massen:

$$m_1 \cdot g \cdot x_1 + m_2 \cdot g \cdot x_2 = (m_1 + m_2) \cdot g \cdot x_S$$

Daraus erhält man für die Schwerpunktskoordinate:

$$x_S = \frac{m_1 \cdot x_1 + m_2 \cdot x_2}{m_1 + m_2} \tag{5.34}$$

Besteht das System aus mehreren Massenpunkten m_i, dann gilt für die x-Koordinate und analog auch für die beiden anderen Raumkoordinaten des Schwerpunktes:

$$x_S = \frac{\sum\limits_i m_i \cdot x_i}{\sum\limits_i m_i} \tag{5.35}$$

$$y_S = \frac{\sum\limits_i m_i \cdot y_i}{\sum\limits_i m_i} \tag{5.36}$$

$$z_S = \frac{\sum\limits_i m_i \cdot z_i}{\sum\limits_i m_i} \tag{5.37}$$

Beim Übergang von einzelnen Massenpunkten m_i zum homogenen Starren Körper mit Massenelementen $\mathrm{d}m$, sind die Summen in den Gleichungen (5.35) bis (5.37) durch die entsprechenden Integrale zu ersetzen.

Aus obigen Überlegungen zur Gleichheit der Drehmomente folgt weiterhin, dass für einen Körper, der im Schwerpunkt unterstützt oder befestigt ist, das Drehmoment in einem Gravitationsfeld bezüglich des Schwerpunktes verschwindet.

Gleichgewichtsarten

In welcher Gleichgewichtslage sich ein Körper befindet, hängt vom Verhalten seines Schwerpunktes S bei einer Bewegung des Körpers ab.

Man unterscheidet daher grundsätzlich drei Gleichgewichtslagen:

stabil (Abb. 5.21):
Bei jeder Verrückung aus der Gleichgewichtslage wird der Schwerpunkt angehoben.

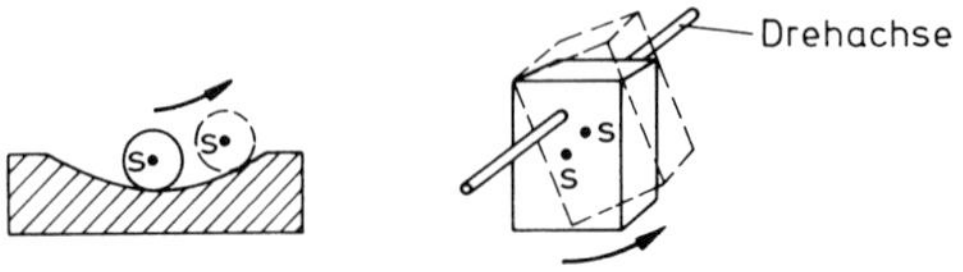

Abb. 5.21

labil (Abb. 5.22):
Bei jeder Verrückung aus der Gleichgewichtslage wird der Schwerpunkt gesenkt.

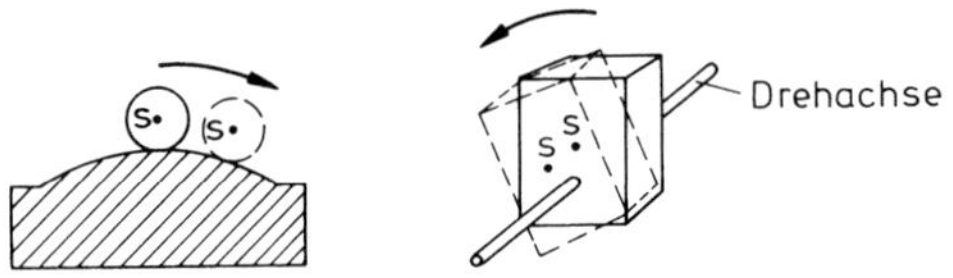

Abb. 5.22

indifferent (Abb. 5.23):
Bei jeder Verrückung bleibt die Schwerpunktslage unverändert. Jede Lage ist Gleichgewichtslage.

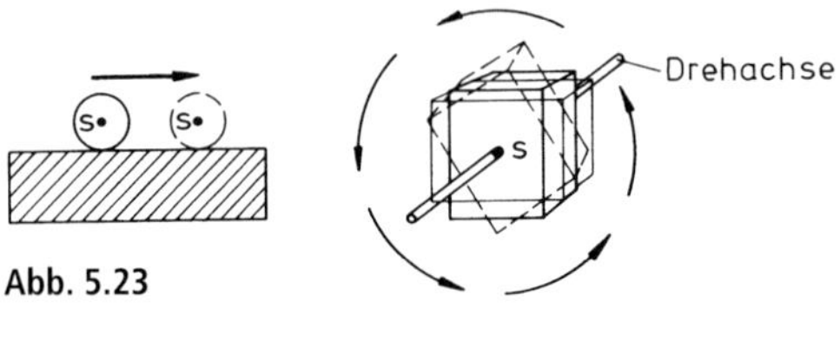

Abb. 5.23

Im Allgemeinen werden die Körper nicht nur um eine Achse drehbar oder in einem Punkt unterstützt sein (Quader bzw. Kugel in obigen Abbildungen), sondern mit einer bestimmten Fläche, der **Standfläche**, auf der Unterlage ruhen.

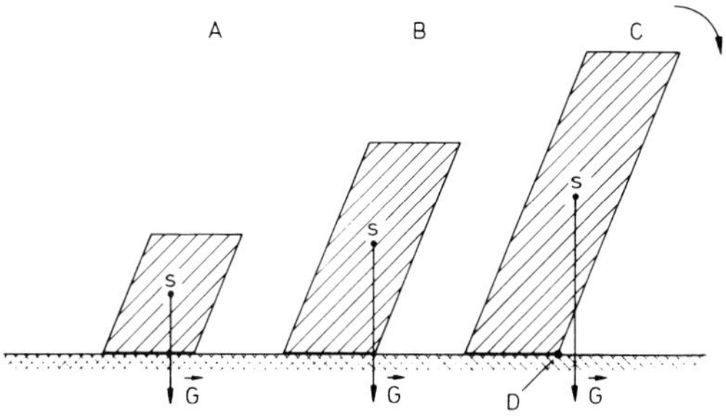

Abb. 5.24

Der Körper ist *dann* im Gleichgewichtszustand, wenn das vom Schwerpunkt gefällte Lot durch das Innere der Standfläche geht. Dabei muss der Körper seine Unterlage in mindestens drei Punkten berühren, die nicht in einer Geraden liegen.

Der Abb. 5.24 entnehmen wir:

Körper A ist im stabilen Gleichgewicht.

Körper B fällt zwar nicht um, besitzt jedoch geringe Standfestigkeit (labiles Gleichgewicht).

Körper C fällt um, wobei sein Gewicht G bezüglich der Drehachse D ein Drehmoment erzeugt.

§ 5.2.3 Statisches Gleichgewicht an Hebel, Waage und Rolle

Das Drehmoment findet in Physik und Technik zahlreiche Anwendungen. Bereits die Ägypter wussten beim Bau der Pyramiden zur Kraftersparnis sich des Hebelgesetzes zu bedienen. Durch Verwendung eines längeren Hebelarms lässt sich ein schweres Objekt mit großem Kraftaufwand u. U. eben noch bewegen. Auch die Getriebeübersetzung, mit Zahnrädern oder Treibrädern unterschiedlicher Durchmesser, nützt das Hebelgesetz aus. Auf der Basis der Gleichheit entgegengesetzt gerichteter Drehmomente erlaubt die Anwendung des Hebelgesetzes bei der Balkenwaage – durch Vergleich von Kraft und Gegenkraft – die im Schwerefeld der Erde wirkenden Gewichtskräfte und damit die ortsunabhängige Größe von Massen zu bestimmen. Die Wirkung eines Kräftepaares, beispielsweise zur Änderung der Bewegungsrichtung von Fahrzeugen, wie etwa beim Fahrrad, Motorrad oder Pkw, beruht ebenso auf der Anwendung des Drehmomentes.

Nachstehend werden einige dieser Anwendungsbeispiele besprochen.

Das Hebelgesetz

Einen um eine Achse drehbaren Körper (Stange, Balken), an dem zwei oder mehrere parallele Kräfte (oder Komponenten davon) angreifen, nennt man verallgemeinert einen **Hebel**. Greifen die Kräfte auf verschiedenen Seiten der Drehachse D an, handelt es sich um einen **„zweiarmigen" Hebel** (Abb. 5.25), liegen die Angriffspunkte der Kräfte auf der gleichen Seite der Drehachse, so spricht man von einem **„einarmigen" Hebel** (Abb. 5.26). Die Angriffspunkte der Kräfte $\vec{F}_1$ bzw. $\vec{F}_2$ befinden sich im Abstand r_1 bzw. r_2 vom Drehpunkt D, wobei die Vektoren $\vec{r}_1$ bzw. $\vec{r}_2$ jeweils vom Drehpunkt D in Richtung zum Angriffspunkt der Kräfte zeigen. Die in Abb. 5.26 verwendete Umlenkrolle (eine feste Rolle) dient allein zur Umlenkung der Richtung der angreifenden Kraft.

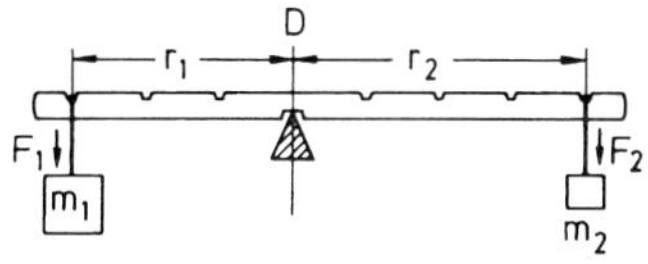

Abb. 5.25 Zweiarmiger Hebel

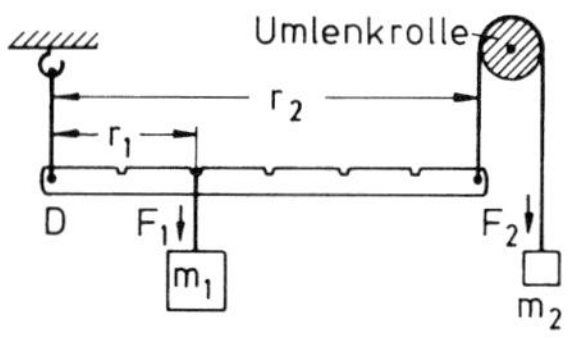

Abb. 5.26 Einarmiger Hebel

Ein um eine feste Achse durch den Punkt D drehbar gelagerter Körper befindet sich gemäß Gleichung (5.33) im Gleichgewicht, wenn die Summe der an ihm wirkenden Drehmomente bezüglich des Drehpunktes D gleich Null ist.

Greifen an einem Hebel nur zwei Kräfte $\vec{F}_1$ und $\vec{F}_2$ an (Abb. 5.25 oder 5.26) und erzeugen sie die Drehmomente $\vec{T}_1 = \vec{r}_1 \times \vec{F}_1$ bzw. $\vec{T}_2 = \vec{r}_2 \times \vec{F}_2$, so herrscht Gleichgewicht, wenn $\vec{T}_1 = \vec{T}_2$ ist. Die Gewichtskraft des Hebels sei vernachlässigt. Bestimmt man nun das Drehmoment betragsmäßig als Produkt aus Kraftarm a_i, dem senkrechten Abstand der Wirkungslinie der Kraft vom Drehpunkt

$(a_i = r_i \cdot \sin(\vec{r}_i, \vec{F}_i),\ i = 1, 2)$

und der Kraft F_i (s. Abb. 5.19 und Gleichung (5.31)), so lautet die Gewichtsbedingung am Hebel:

$$a_1 \cdot F_1 = a_2 \cdot F_2 \tag{5.38}$$

(Hebelgesetz)

Kraftarm mal Kraft = Lastarm mal Last.

Dabei bezeichnen wir, wie üblich, die Kraft $\vec{F}_2$ als die „Last“, $\vec{F}_1$ als die aufzubringende Kraft und die senkrechten Abstände a_1 bzw. a_2 als den Kraft- bzw. Lastarm.

Die Waage

Eine Anwendung des Hebelgesetzes finden wir bei allen **Waagen**. So stellt beispielsweise die älteste Ausführung einer sog. Laufgewichtswaage, die *römische Balken-* oder *Schnellwaage* (Abb. 5.27), einen zweiarmigen Waagebalken dar, an dessen fest vorgegebenem kurzen Lastarm die zu wägende Last L angehängt wird. Am langen Kraftarm des Waagebalkens wird das Gewicht G so lange verschoben, bis die Waage im Gleichgewicht ist. Wegen der Gleichheit der Drehmomente lässt sich dann, bei vorgegebenem Betrag von G, mit Hilfe der Teilung am langen Waagebalken zwischen Drehpunkt D und dem Punkt der Aufhängung des Gewichts G, die Größe der gesuchten Last ablesen.

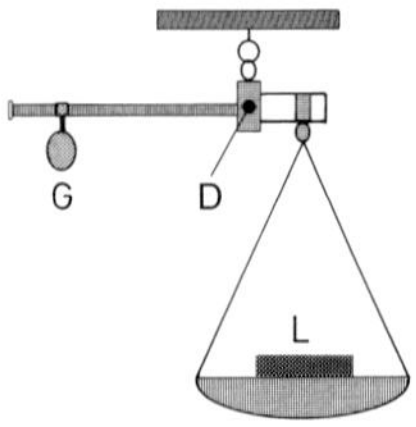

Abb. 5.27

Einen zweiarmigen Hebel stellt auch die häufig gebrauchte *Balkenwaage* dar, deren Waagebalken ein gleicharmiger Hebel ist, in dessen Mitte als Drehpunkt eine Stahlschneide auf einer ebenen Unterlage aus Stahl oder Achat ruht. Hängen die beiden gleich schweren Waagschalen an beiden Enden des Waagebalkens ebenfalls auf Stahlschneiden, zur Reduzierung der Reibung bei Drehung des Waagebalkens, dann handelt es sich um eine „Dreischneidenwaage“. Eine aus mehreren Hebeln bestehende, sog. zusammengesetzte Balkenwaage, findet in ihrer mechanisch einfachsten Bauform als Dreischneidenwaage vielfältige Anwendung im Laboratorium als *Analysenwaage*, deren Prinzipbauweise Abb. 5.28 zeigt.

Die Balkenwaage (Abb. 5.28) stellt einen dreiarmigen Hebel dar: zwei Hebel der Länge l, die zusammen den Waagebalken $2\,l$ bilden und ein weiterer Hebel für den Zeiger, die im raumfesten Drehpunkt D

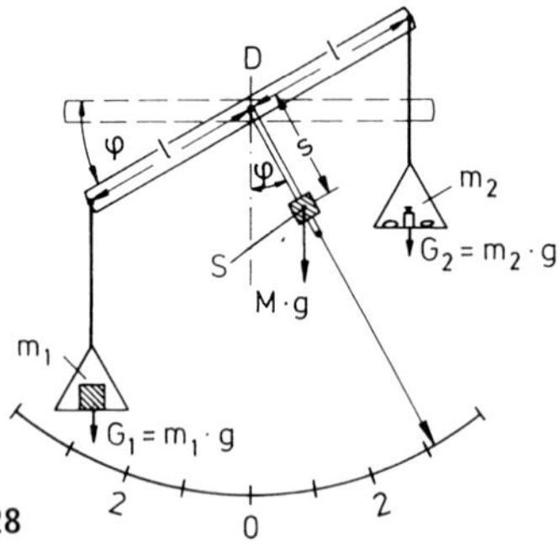

Abb. 5.28

zusammenkommen. Die Masse von Balken und Zeiger zusammen sei M, welche wir uns im Schwerpunkt S vereinigt denken. Dieser befindet sich im Abstand s vom Unterstützungspunkt D der Waage; hier greift die Gewichtskraft $M \cdot g$ an. Die Massen der Waagschalen seien jeweils dem Wägegut bzw. den „Gewichtssteinen“ hinzugerechnet. Im Gleichgewicht muss die Summe der Drehmomente auf der einen Seite des Drehpunktes betragsmäßig gleich der Summe auf der anderen Seite sein; vektoriell zeigen die Drehmomente auf der einen Seite aus der Zeichenebene heraus und auf der anderen Seite in die Zeichenebene hinein. Insgesamt muss bei Gleichgewicht das Gesamtdrehmoment gleich Null sein. Bei einer Auslenkung φ der Waage gilt daher nach Abb. 5.28, wobei $l \cdot \cos\varphi$ der zu G_1 bzw. G_2 senkrechte Hebelarm ist (s. Gleichungen (5.31) oder (5.38)):

$$m_1 \cdot g(l \cdot \cos\varphi) = m_2 \cdot g \cdot (l \cdot \cos\varphi) + M \cdot g \cdot (s \cdot \sin\varphi)$$

Mit dieser Gleichung erhält man für kleine Winkel φ:

$$\varphi \approx \tan\varphi = \frac{1}{M \cdot s} \cdot (m_1 - m_2) = \frac{1}{M \cdot s} \cdot \Delta m,$$

wenn $\Delta m = m_1 - m_2$ die Mehrbelastung einer Waagschale bedeutet. Nun ist die Auslenkung φ der Waage proportional zur Mehrbelastung Δm einer Waagschale. Der Proportionalitätsfaktor wird als die **Empfindlichkeit ε** bezeichnet; es gilt die *Definition*:

$$\varepsilon = \varphi / \Delta m.$$

Bei kleinen Auslenkungen φ ergibt sich damit für die Empfindlichkeit ε der Waage:

$$\varepsilon = l/(M \cdot s)$$

Die Waage ist also umso empfindlicher, je länger und masseärmer der Waagebalken ist und je näher der Schwerpunkt des Waagebalkens am Drehpunkt liegt (Abstand s klein).

Moderne Analysenwaagen weisen außerhalb ihres Gehäuses häufig nur eine Waagschale für das Wägegut auf. Diese Waagen kann man aufgrund ihres Wägeprinzips grob einteilen in mechanische Waagen und elektronische Waagen. Das vom Wägegut verursachte Drehmoment wird bei den mechanischen Waagen durch schaltbare Gewichte kompensiert und die Zahlenwerte, der mit Hilfe des Schaltgewichtsknopfes an einem Waagebalken angehängten Gewichte, auf einer Mattscheibe angezeigt. Bei den elektronischen Waagen wird das Gewicht des zu messenden Wägegutes durch elektromagnetische Kräfte kompensiert, wobei ein zur Gewichtskraft der Belastung proportionales Ausgangssignal, z. B. eine elektrische Spannung, erzeugt wird. Nach Weiterverarbeitung dieses Signals kann die erforderliche „Kompensationsmasse" und damit schließlich die Masse des Wägegutes digital abgelesen werden.

Die Messgenauigkeit von Analysenwaagen beträgt, abhängig von der Höchstlast, ca. 0,01 mg bei *Feinwaagen*; *Ultramikro-Analysenwaagen* haben sogar Messgenauigkeiten von bis zu 0,1 µg.

Die Rolle

Um die Richtung einer Kraft zu ändern, benutzt man die *feste* oder *starre Rolle*, eine kreisförmige Scheibe bzw. Walze mit einer Vertiefung im Umfang (s. Abb. 5.29, rechts oben) durch die ein Seil geführt ist, an dessen beiden Enden Kräfte wirken. Die Rolle ist um eine Achse durch den Mittelpunkt drehbar und wird z. B. an einem Balken fest aufgehängt. Eine Last $\vec{L}$, die auf der linken Seite der Rolle mit Radius r angehängt wird (Abb. 5.29, links), erzeugt ein Drehmoment $\vec{T}_L = \vec{r} \times \vec{L}$ ($\vec{r}$: Radiusvektor), dessen Vektor aus der Tafelebene heraus zeigt (in Abb. 5.29 durch den Punkt im kleinen Kreis über dem Gleichheitszeichen der Gleichung für $\vec{T}_L$ angedeutet) und welches eine Drehung entgegen dem Uhrzeigersinn bedingt (Linksdrehung). Auf der rechten Seite der Rolle greift die Kraft $\vec{F}$ an, deren Drehmoment $\vec{T}_F = \vec{r} \times \vec{F}$ eine Drehung im Uhrzeigersinn (Rechtsdrehung) zur Folge hat (in Abb. 5.29 durch das Kreuz im kleinen Kreis über dem Gleichheitszeichen der Gleichung für $\vec{T}_F$ angedeutet). An der Rolle herrscht Gleichgewicht, wenn $\vec{T}_L + \vec{T}_F = 0$ gilt, woraus für die Beträge folgt:

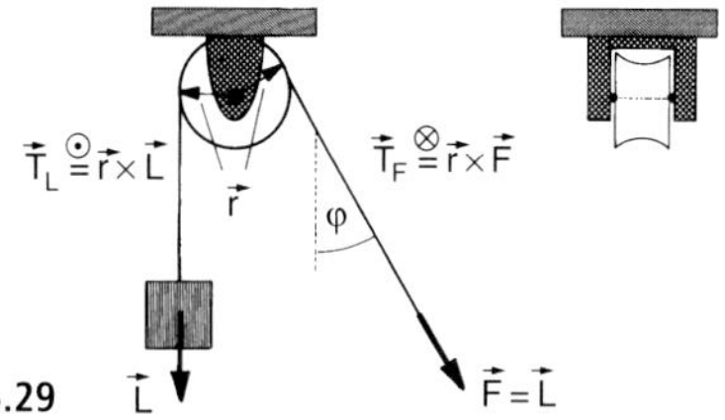

Abb. 5.29

$r \cdot L = r \cdot F$ oder $F = L$, unabhängig vom Winkel φ, da die Kraft $\vec{F}$ über das Seil immer tangential an der Rolle und damit senkrecht zu $\vec{r}$ angreift.

Bei der festen Rolle herrscht Gleichgewicht, wenn die Kraft gleich der Last ist.

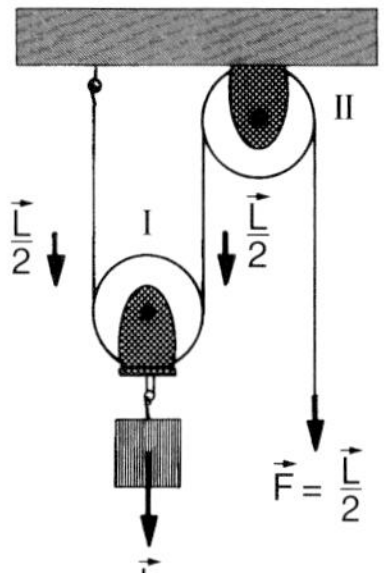

Abb. 5.30

Eine *lose Rolle* (I in Abb. 5.30), an der die Last $\vec{L}$ befestigt ist, hängt in einem Seil, das von einem festen Punkt ausgehend über die lose Rolle zu einer festen Rolle II geführt wird, die wiederum nur dazu dient, die Richtung des Seiles und damit jene der am Seilende angreifenden Kraft $\vec{F}$ zu ändern. Die an der losen Rolle I hängende Last $\vec{L}$ wird von deren beiden Seilabschnitten zu gleichen Teilen getragen, womit im Fall des Gleichgewichtes die Kraft $|\vec{F}| = \frac{1}{2}|\vec{L}|$ wird.

An der losen Rolle herrscht Gleichgewicht, wenn die Kraft halb so groß ist wie die Last.

Kombiniert man mehrere lose und feste Rollen je in einer sog. „Flasche“ und verbindet diese durch ein Seil, das über die Rollen geführt wird, so erhält man einen *Flaschenzug*, der abhängig von der Anzahl der Seilabschnitte den Kraftaufwand reduziert, um eine Last zu heben (s. § 6.2.1 Abb. 6.5).

Mit derartigen Vorrichtungen lassen sich auch schwere Lasten mit geringerem Kraftaufwand anheben.

Zahlreiche weitere Vorrichtungen der Technik und des täglichen Lebens beruhen auf der Anwendung des Drehmomentes oder sind Hebel bzw. Kombinationen mehrerer Hebel. Einige der vielen Beispiele sollen hier kurz angesprochen werden (s. auch bei den Aufgaben am Ende dieses Abschnittes):

1. Treibriemen, Kettenantrieb, Zahnradübersetzung: Soll eine Maschine über eine gewisse Distanz angetrieben werden, so lässt man beispielsweise über zwei Räder mit unterschiedlichen Radien ($a_1 < a_2$), die sich um getrennte Achsen drehen, einen endlosen Treibriemen bzw. eine endlose Kette laufen (Abb. 5.31). Die übertragene Kraft ist an beiden Rädern dieselbe. Infolge der unterschiedlichen Radien der Räder sind jedoch die Drehmomente, wie auch die Drehzahlen der Räder, verschieden. Der Antrieb der Lichtmaschine beim Pkw oder der Trommel einer Wäscheschleuder durch deren Antriebsmotoren sind Beispiele, wie auch der Kettenantrieb des Fahrrads oder die Zahnradübersetzung von einem Getriebe.

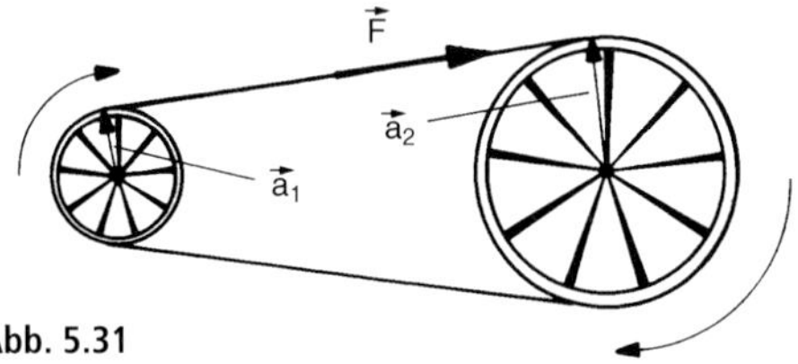

Abb. 5.31

Bei Zahnrädern wirken an den Berührungsstellen gleiche Kräfte, die aber wegen der verschiedenen Hebelarme (unterschiedliche Radien der Zahnräder) verschiedene Drehmomente und Drehzahlen erzeugen.

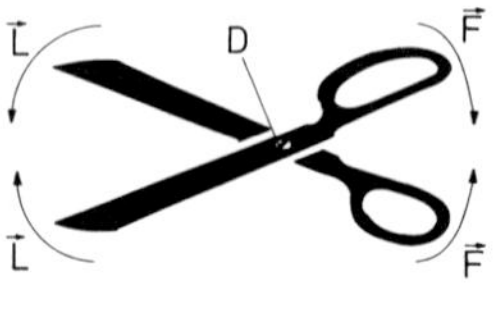

Abb. 5.32

2. Schere, Brechstange: Sie werden stellvertretend als Beispiele von Werkzeugen und kraftsparenden Vorrichtungen erwähnt, die ein- bzw. zweiarmige Hebel darstellen. Eine Schere (Abb. 5.32), ebenso die vielfältigen Ausführungen von Zangen, sind zweiarmige Hebel. Eine Brechstange kann, je nach Form und Anwendung, als einarmiger (Abb. 5.33 a) oder als zweiarmiger Hebel Abb. 5.33 b) eingesetzt werden.

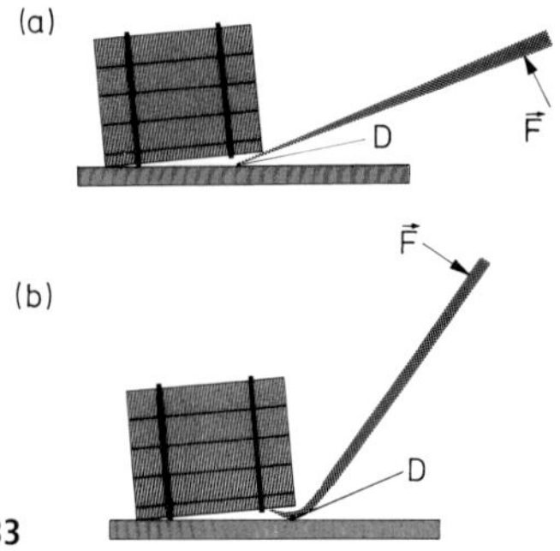

Abb. 5.33

3. Unterarm: Bei den beweglichen Gliedmaßen stellen die um Gelenke drehbaren Knochen Hebel dar. So zeigt beispielsweise Abb. 5.34 schematisch, wie der Unterarm beim Heben einer Last $\vec{L}$ als einarmiger Hebel mit dem Ellenbogengelenk als Drehpunkt D wirkt. Man beachte dabei den kleinen Kraftarm $b = \overline{SD}$, an dem in S die Kraft $\vec{F}$ des Bizepsmuskels M angreift, um die Last $\vec{L}$ (Angriffspunkt A) am Lastarm $a = \overline{AD}$ zu bewegen. Falls beide Kräfte senkrecht zum Unterarm wirken, folgt mit Gleichung (5.38) für deren Beträge:

$$F = \frac{a}{b} \cdot L$$

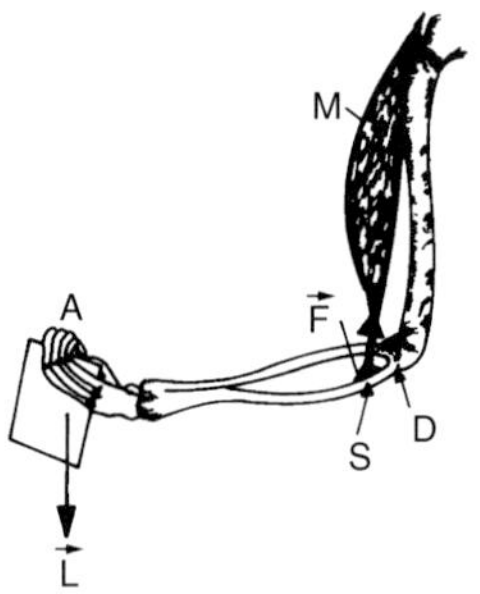

Abb. 5.34

Das Kräftepaar

Ein System aus zwei parallelen, dem Betrag nach gleich großen, aber entgegengesetzt gerichteten Kräften, deren Wirkungslinien nicht in derselben Geraden liegen, heißt ein ***Kräftepaar*** (Abb. 5.35).

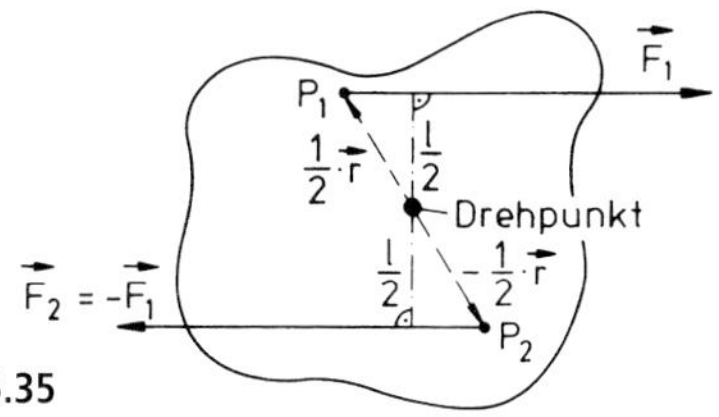

Abb. 5.35

Im Beispiel der Abb. 5.35 greife im Punkt P_1 der Scheibe die Kraft $\vec{F}_1$ und im Punkt P_2 die dazu antiparallele Kraft $\vec{F}_2 = -\vec{F}_1$ an, jeweils im Abstand $\left|\frac{1}{2}\vec{r}\right|$ des vom Drehpunkt ausgehenden Radiusvektors $\vec{r}$ (bzw. im senkrechten Abstand $\frac{l}{2}$ bezüglich der jeweiligen Wirkungslinie der Kräfte). Es gilt dann für das Drehmoment der Kraft $\vec{F}_1$:

$$\vec{T}_1 = \frac{1}{2}\vec{r} \times \vec{F}_1,$$

und der Kraft $\vec{F}_2 (= -\vec{F}_1)$:

$$\vec{T}_2 = -\frac{1}{2}\vec{r} \times \vec{F}_2 = \frac{1}{2}\vec{r} \times \vec{F}_1$$

Gesamtmoment:

$$\vec{T} = \vec{T}_1 + \vec{T}_2 = \vec{r} \times \vec{F}_1 \qquad (5.39)$$

oder für den Betrag:

$$T = l \cdot F_1 \qquad (5.40)$$

Das durch ein Kräftepaar bedingte Drehmoment ist dem Betrag nach gleich dem Produkt aus dem Betrag einer der beiden Kräfte und dem senkrechten Abstand ihrer Wirkungslinien. Dabei ändert die Verschiebung der Angriffspunkte der Kräfte längs deren Wirkungslinien die Größe des erzeugten Drehmomentes nicht.

Ein Kräftepaar versetzt einen Körper in eine beschleunigte Drehung um eine Achse, die senkrecht auf der von den Kräften $\vec{F}_1$ und $\vec{F}_2$ aufgespannten Ebene steht. Die Achse durchstößt diese Ebene im Drehpunkt (Abb. 5.35).

§ 5.2.4 Drehmoment – Winkelbeschleunigung – Trägheitsmoment

Bei der translatorischen Beschleunigung eines Körpers durch eine Kraft F ist die zu bewegende Größe seine Masse m. Wollen wir einen drehbar gelagerten Körper durch Kräfte zu einer Rotationsbewegung beschleunigen, so spielt seine Masse auch hierbei eine Rolle. Doch dürfen wir nicht die Masse als Gesamtgröße heranziehen, sondern müssen den Abstand der Massenelemente und ihre Verteilung bezüglich der Drehachse berücksichtigen. Diese physikalische Größe, die der Masse m bei translatorisch bewegten Körpern analog ist, heißt das **Trägheitsmoment J** (häufig auch mit dem Buchstaben $\boldsymbol{I}$ oder $\boldsymbol{\Theta}$ bezeichnet). Das (Massen-)Trägheitsmoment J eines Körpers übernimmt bei den Rotationsbewegungen daher eine ähnliche Funktion wie die „träge Masse“ bei den Translationsbewegungen. Deshalb nennt man das Trägheitsmoment mitunter auch die **Drehmasse** des Körpers bezüglich der Drehachse. Das Trägheitsmoment ist weder ein Vektor (keine Änderung seines Vorzeichens bei Umkehrung der Drehrichtung) noch ein Skalar, sondern ein Tensor (s. Anhang Mathematische Grundlagen, V.D).

Greifen an einem Körper betragsmäßig konstante Kräfte an, die ein konstantes Drehmoment $\vec{T}$ bezüglich einer raumfesten Drehachse bedingen, so wird der Körper dadurch in eine gleichförmig beschleunigte Rotation versetzt mit konstanter Winkelbeschleunigung $\vec{\alpha}$. Mit dem Trägheitsmoment J, als dem Maß für den Widerstand eines Körpers, den er einer Änderung seines Rotationszustandes entgegensetzt, erhält man analog zum II. Newton'schen Axiom eine Beziehung zwischen dem Drehmoment $\vec{T}$ und der Winkelbeschleunigung $\vec{\alpha}$. Für die Beträge gilt:

$$T = J \cdot \alpha \qquad (5.41)$$

Ein konstant wirkendes Drehmoment bedingt somit eine Zunahme der Winkelgeschwindigkeit wie durch Gleichung (4.52) beschrieben und dargestellt beispielsweise in Abb. 4.34 oder in Abb. 4.37 (Winkelbeschleunigung $\alpha > 0$ ab dem Zeitpunkt t_1).

2

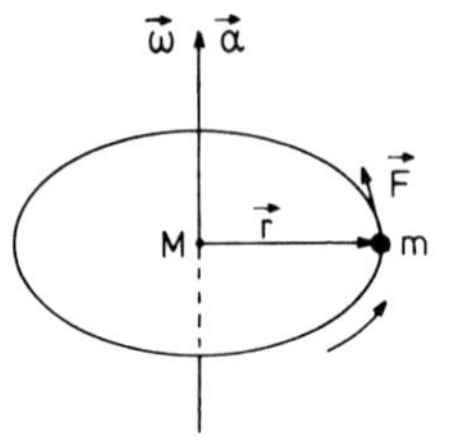

Abb. 5.36

Die einfachsten Verhältnisse liegen z. B. bei der Rotation eines Massenpunktes (Masse m) auf einem Kreis mit Radius $\vec{r}$ um eine feste Drehachse M vor (Abb. 5.36). Eine Kraft $\vec{F}$ wirke in Richtung der Tangente an den Kreis, d. h. senkrecht zu $\vec{r}$, wodurch der Massenpunkt gemäß $\vec{F} = m \cdot \vec{a}$ beschleunigt wird. Das wirkende Drehmoment ist $\vec{T} = \vec{r} \times \vec{F}$ und da $\vec{r} \perp \vec{F}$, darf man auch schreiben: $T = r \cdot F$. Die durch die Kraft F bedingte Beschleunigung erhöht die Bahngeschwindigkeit υ des Massenpunktes und es gilt: $a = \frac{d\upsilon}{dt}$. Mit der Beziehung (4.48) $\upsilon = r \cdot \omega$ erhält man: $a = r \cdot \frac{d\omega}{dt} = r \cdot \alpha$ (gemäß Definition (4.42)). Damit wird:

$$T = r \cdot F = r \cdot m \cdot a = m \cdot r^2 \cdot \alpha \qquad (5.42)$$

Vergleicht man (5.41) mit (5.42), so folgt für das Trägheitsmoment einer *punktförmigen Masse m* im Abstand r von der Drehachse:

$$J = m \cdot r^2 \qquad (5.43)$$

(punktförmige Masse)

Das Trägheitsmoment ist stets positiv. Seine Dimension folgt nach Gleichung (5.43) als die einer *Masse* · *(Länge)*^{2}. Die Einheit im SI-System ist daher:

Einheit:
kg · m^2

Weitere gebräuchliche Einheit: g · cm^2

Mehrere Massenpunkte m_i, die auf einem Zylindermantel mit Radius r um die Drehachse liegen, besitzen ein Trägheitsmoment von:

$$J = \left(\sum_i m_i\right) \cdot r^2 \qquad (5.44)$$

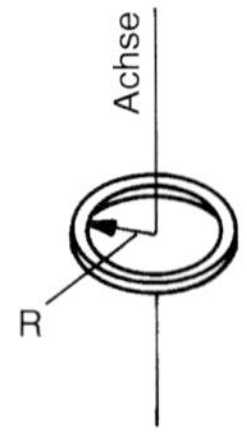

Abb. 5.37

Handelt es sich dabei um einen dünnwandigen homogenen Körper, beispielsweise einen *kreisförmigen Ring* (Abb. 5.37) oder einen *Hohlzylinder* mit mittlerem Radius R, wobei die Dicke d des Ringes bzw. Hohlzylinders $d \ll R$ ist, dann kann in Gleichung (5.44) für $\sum_i m_i$ die Gesamtmasse M des Körpers eingesetzt werden. Man erhält somit für das Trägheitsmoment bezüglich einer Achse senkrecht zur Kreisebene durch den Kreismittelpunkt:

$$J = M \cdot R^2 \qquad (5.45)$$

(dünner Ring, dünner Hohlzylinder)

Bezüglich dieser Symmetrieachse des Körpers als Drehachse gilt Beziehung (5.45) beispielsweise auch für eine Fahrradfelge oder für einen Reifen, wenn deren Wandstärke klein gegen den Radius ist.

Für eine Anordnung von n Massenpunkten m_i im jeweils starren Abstand r_i ($i = 1, \ldots, n$) von der Drehachse, bestimmt sich das Trägheitsmoment zu:

$$J = \sum_{i=1}^{n} \left(m_i \cdot r_i^2\right) \qquad (5.46)$$

Bei kontinuierlicher Massenverteilung ist jedes Massenelement dm mit dem Quadrat seines Abstandes r von der Drehachse zu multiplizieren.

Durch Integration ergibt sich dann für den *homogenen Starren Körper*:

$$J = \int r^2 \cdot \mathrm{d}m \tag{5.47}$$

(homogener Starrer Körper)

Das Integral erstreckt sich über den gesamten Körper und ist immer dann leicht zu berechnen, wenn es sich um einen Körper einfacher geometrischer Gestalt handelt und die Drehachse eine Symmetrieachse des Körpers ist. In schwierigen Fällen kann das Trägheitsmoment auch experimentell mit Hilfe von Drehschwingungen bestimmt werden (s. § 30.2.1).

Als Beispiel zur Berechnung des Trägheitsmomentes eines homogenen Starren Körpers gemäß (5.47) betrachten wir eine homogene kreisförmige Scheibe (Massendichte $\varrho =$ const.) mit der Masse M, Dicke h und Radius R bezüglich der Symmetrieachse der Scheibe senkrecht zur Kreisfläche als Drehachse. Zur Berechnung des Trägheitsmomentes zerlegen wir die Scheibe in eine Anzahl konzentrischer Ringe (Abb. 5.38) der Dicke h, der Breite $\mathrm{d}r$ und dem Abstand r von der Drehachse. Die Masse eines Kreisringes $\mathrm{d}m$ ist dann:

$$\mathrm{d}m = \varrho \cdot \mathrm{d}V = 2\pi \cdot r \cdot h \cdot \varrho \cdot \mathrm{d}r.$$

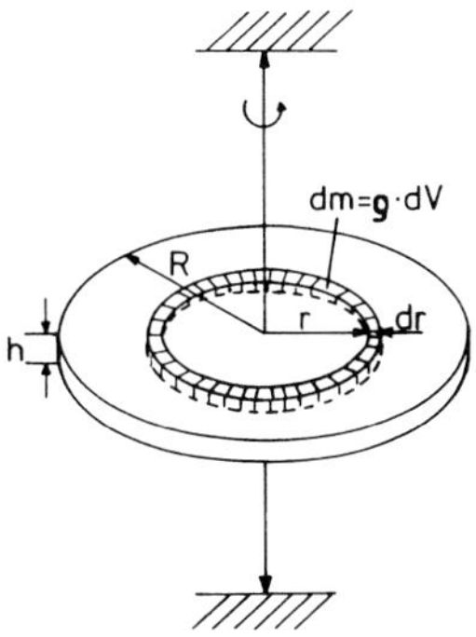

Abb. 5.38

Die Integration gemäß Gleichung (5.47) ist zwischen den Grenzen $r = 0$ und $r = R$ durchzuführen:

$$J = \int_0^R r^2 \cdot \mathrm{d}m = 2\pi \cdot \varrho \cdot h \cdot \int_0^R r^3 \cdot \mathrm{d}r$$

$$= \frac{2\pi \cdot \varrho \cdot h}{4} \cdot r^4 \Big|_0^R = \frac{1}{2}\pi \cdot \varrho \cdot h \cdot R^4$$

Mit dem Volumen $V = \pi \cdot R^2 \cdot h$ und der Masse $M = \varrho \cdot V$ der Scheibe erhält man daraus für das Trägheitsmoment einer *homogenen kreisförmigen Scheibe* oder eines *homogenen Vollzylinders*:

$$J = \frac{1}{2} M \cdot R^2 \tag{5.48}$$

(Scheibe, Vollzylinder)

Das Trägheitsmoment eines Vollzylinders (einer Scheibe) ist nach (5.48) bei gleicher Masse kleiner als nach (5.45) jenes eines Hohlzylinders (Ringes), da beim ersteren die Masse homogen über den gesamten Radius verteilt ist und nicht den größtmöglichen Abstand R von der Drehachse besitzt.

Bei flächenhaften Körpern wie Scheiben, Ringen oder Platten unterscheidet man zwischen dem **polaren** Trägheitsmoment, für den Fall, dass die Drehachse auf der Ebene des Körpers senkrecht steht (Abb. 5.38), und dem **äquatorialen** Trägheitsmoment, wenn die Drehachse in der Ebene des Körpers liegt (Abb. 5.39). Während das *polare* Trägheitsmoment einer dünnen kreisförmigen (Voll-)Scheibe mit Radius R und Masse M durch Gleichung (5.48) gegeben ist, folgt für deren *äquatoriales* Trägheitsmoment:

$$J = \frac{1}{4} M \cdot R^2 \tag{5.49}$$

(Dünne Scheibe; äquatorial)

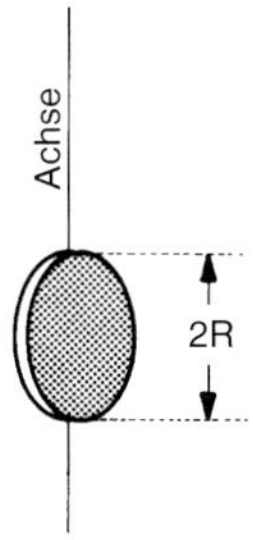

Abb. 5.39

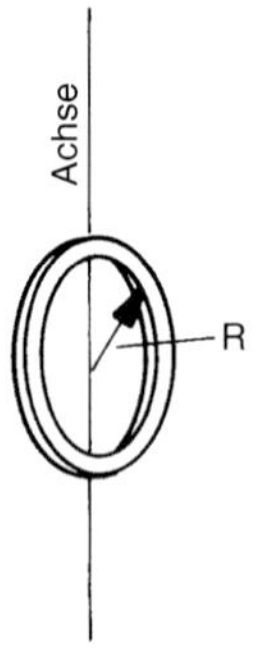

Abb. 5.40

Das äquatoriale Trägheitsmoment eines **dünnen Kreisrings** (Abb. 5.40) der Masse M und mittlerem Radius R (Dicke $d \ll R$) ergibt sich zu:

$$J = \frac{1}{2} M \cdot R^2 \tag{5.50}$$

Auf analoge Weise wie oben lassen sich die Trägheitsmomente der nachstehend aufgeführten regelmäßigen Körper berechnen:

Hohlzylinder mit nicht vernachlässigbarer Wandstärke der Masse M, innerem Radius R_1 und äußerem Radius R_2 (Abb. 5.41). Für das polare Trägheitsmoment folgt:

$$J = \frac{1}{2} M \cdot \left(R_1^2 + R_2^2\right) \tag{5.51}$$

Aus (5.51) ergibt sich im Falle eines *Vollzylinders*, d. h. innerer Radius $R_1 = 0$, das polare Trägheitsmoment wie in (5.48) angegeben. Ebenso folgt für den *dünnen Hohlzylinder* bei vernachlässigbarer Wandstärke $d \ll R \approx R_1 \approx R_2$ die in (5.45) angegebene Beziehung.

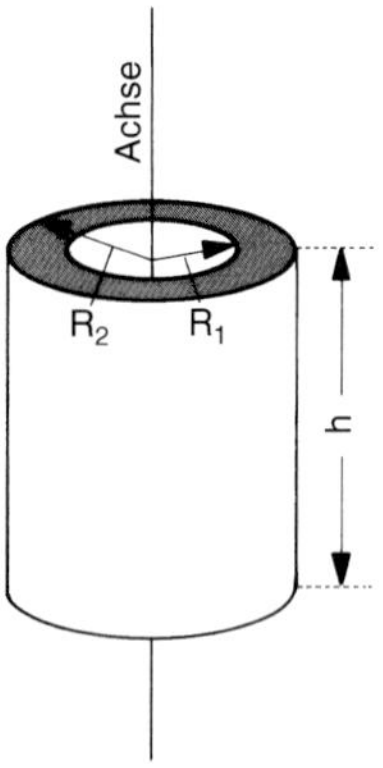

Abb. 5.41

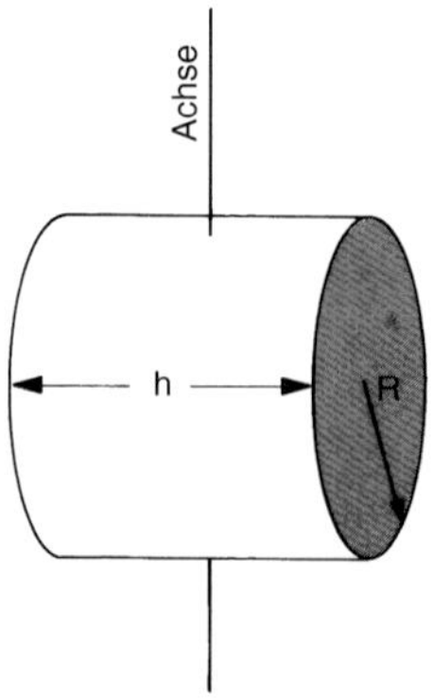

Abb. 5.42

Das äquatoriale Trägheitsmoment eines homogenen ***(Voll-)Zylinders*** (Abb. 5.42) oder einer ***dicken Scheibe***, mit kreisförmigem Querschnitt (Radius R) und der Höhe h, um eine durch die Mitte der Zylinderachse und auf dieser senkrecht stehenden Drehachse, ist gegeben durch:

$$J = \frac{1}{12} M \cdot \left(3\,R^2 + h^2\right) \tag{5.52}$$

Für einen ***dünnen zylindrischen Stab ($R \ll h$)*** ergibt sich aus (5.52) dessen äquatoriales Trägheitsmoment (Abb. 5.43) zu:

$$J = \frac{1}{12} M \cdot h^2 \tag{5.53}$$

Die Beziehung (5.53) gilt ebenso für das äquatoriale Trägheitsmoment jeden dünnen Stabes unabhängig von der geometrischen Form seiner Querschnittsfläche (s. auch Abb. 5.47 bzw. J_S in Gleichung (5.57)).

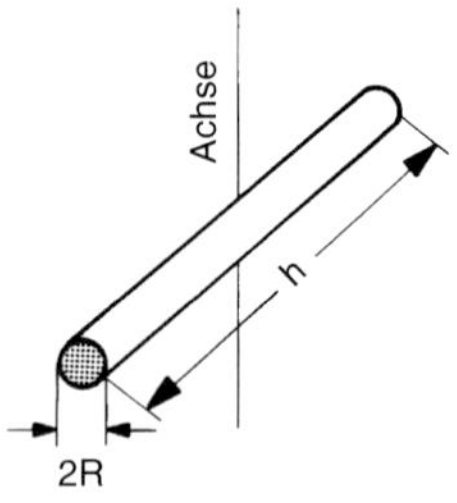

Abb. 5.43

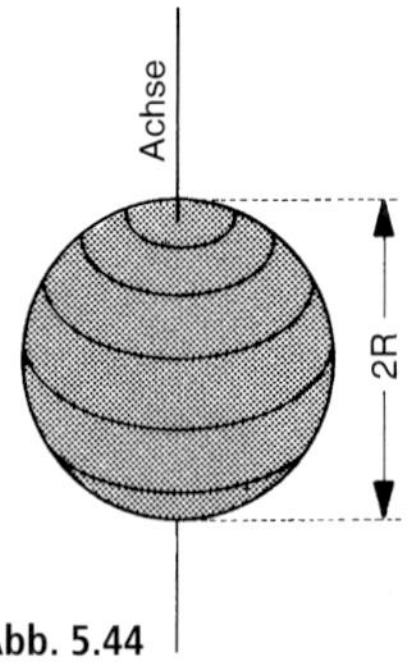

Abb. 5.44

Eine ***Vollkugel*** homogener Dichte (Abb. 5.44) mit Durchmesser $2R$ und Masse M besitzt bezüglich eines Durchmessers als Drehachse das Trägheitsmoment:

$$J = \frac{2}{5} M \cdot R^2 \tag{5.54}$$

während sich für eine ***dünnwandige Hohlkugel*** (Abb. 5.45) um einen Durchmesser:

$$J = \frac{2}{3} M \cdot R^2 \tag{5.55}$$

für das Trägheitsmoment ergibt.

Das Trägheitsmoment einer ***Hantel*** (Abb. 5.46), bestehend aus zwei Kugeln, die als punktförmige Massen m_1 und m_2 betrachtet werden können, und durch einen sehr dünnen Stab vernachlässigbarer Masse verbunden sind ***(Modell eines zweiatomigen Moleküls)***, ergibt sich bezüglich einer Drehachse senkrecht zum Verbindungsstab durch den gemeinsamen Massenmittelpunkt (Schwerpunkt) S nach (5.46) zu:

$$J = m_1 \cdot r_1^2 + m_2 \cdot r_2^2 = \frac{m_1 \cdot m_2}{m_1 + m_2} \cdot R^2 = \mu \cdot R^2 \qquad (5.56)$$

wobei $R = r_1 + r_2$ der Abstand der beiden Massenmittelpunkte und $\mu = \frac{m_1 \cdot m_2}{m_1 + m_2}$ die sog. reduzierte Masse ist.

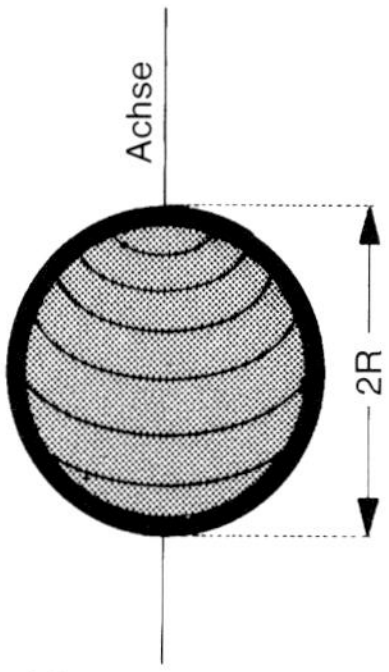

Abb. 5.45

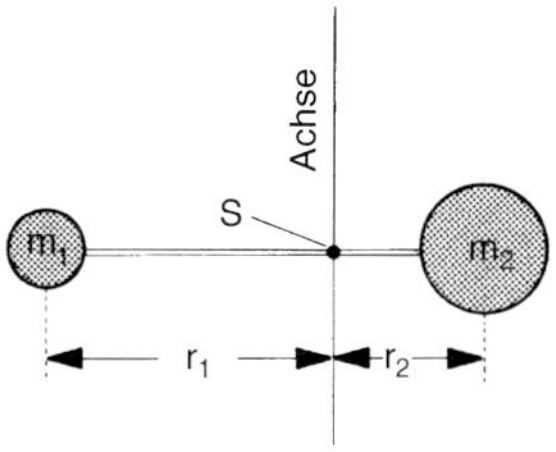

Abb. 5.46

Satz von Steiner

Das Trägheitsmoment eines Körpers ist immer abhängig von der Verteilung der Massenelemente bezüglich der gerade vorhandenen Drehachse. In unseren bisherigen Beispielen waren dies ausnahmslos Anordnungen, bei denen die Drehachse Symmetrieachse des Körpers war und durch dessen Schwerpunkt ging. Ist das Trägheitsmoment J_S für eine Achse durch den Massenmittelpunkt des Körpers bekannt, so lässt sich das Trägheitsmoment J_A bezüglich einer dazu parallelen aber sonst beliebigen Drehachse im Abstand a (Abb. 5.47) nach dem **Steiner'schen Satz** berechnen:

$$J_A = J_S + M \cdot a^2 \qquad (5.57)$$

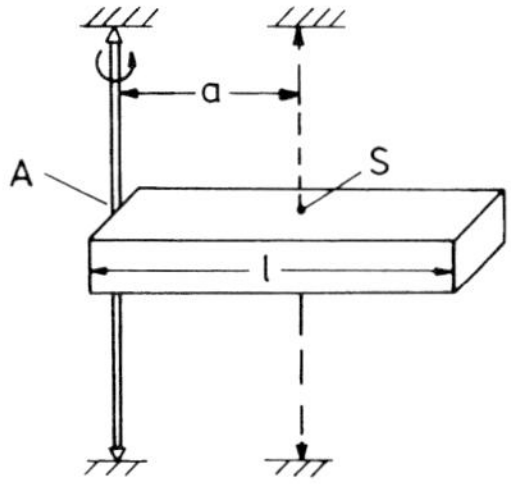

Abb. 5.47

Dabei ist M die im Massenmittelpunkt vereinigt zu denkende Gesamtmasse des Körpers und a der Abstand der beiden parallelen Achsen.

Das äquatoriale Trägheitsmoment J_S durch den Massenmittelpunkt S des in Abb. 5.47 dargestellten homogenen *dünnen* Stabes der Länge l mit rechteckigem Querschnitt, dessen sonstige Abmessungen klein gegen l sind, folgt mit $h = l$ nach (5.53) zu:

$$J_S = \frac{1}{12} M \cdot l^2 \qquad (5.58)$$

(homogener dünner Stab, Drehachse durch S)

Bei Rotation um eine Achse parallel zur Achse durch den Schwerpunkt am Stabende $\left(a = \frac{l}{2}\right)$ ergibt sich nach (5.57) das Trägheitsmoment zu:

$$J_A = \frac{1}{3} M \cdot l^2 \qquad (5.59)$$

(homogener dünner Stab, Drehachse durch A)

Bei jeder Rotation ist das Trägheitsmoment am kleinsten, wenn die Drehachse durch den Massenmittelpunkt verläuft ($M \cdot a^2 = 0$).

Aufgaben

Aufgabe 5.1: Ein Pkw der Masse $m = 1$ t soll gleichmäßig beschleunigt und aus der Ruhe in einer Minute auf die Geschwindigkeit $v = 108\ \text{km} \cdot \text{h}^{-1}$ gebracht werden.
a) Wie groß ist die Beschleunigung?
b) Wie groß ist die beschleunigende Kraft?

Aufgabe 5.2: Ein Pkw der Masse $m = 1000$ kg fahre mit 10 m/s im rechten Winkel frontal auf eine Mauer auf. Auf einer Strecke von 50 cm (Knautschzone) komme er gleichmäßig verzögert zum Stehen. Welche Kraft wird auf die Mauer ausgeübt?

Aufgabe 5.3: Längs einer schiefen Ebene mit dem Neigungswinkel $\alpha = 30°$ wird eine Masse von $m = 100$ kg reibungsfrei nach oben geschoben. (Rechnen Sie mit $g \approx 10\ \text{m} \cdot \text{s}^{-2}$)
a) Wie groß ist die (parallel zur schiefen Ebene) aufzuwendende Kraft $\vec{F}$?
b) Mit welcher Kraft drückt die Masse auf die schiefe Ebene?

Aufgabe 5.4: Eine Person der Masse $m = 70$ kg befinde sich in einem Fahrstuhl, der mit $a = 2{,}5\ \text{m} \cdot \text{s}^{-2}$ beschleunigt anfährt. Wie groß ist die Kraft, welche die Person auf den Boden des Aufzugs ausübt (rechnen Sie mit $g \approx 10\ \text{m} \cdot \text{s}^{-2}$)
a) Bei der Aufwärtsbewegung?
b) Bei der Abwärtsbewegung?
c) Wenn das Seil, an dem der Aufzug aufgehängt ist, reißt und der Aufzug frei fällt?

Aufgabe 5.5: Die Sonnenmasse beträgt etwa das 333 000fache der Erdmasse und der Radius der Sonne ca. 109 Erdradien. Welcher Wert ließe sich hieraus für die Gravitationsbeschleunigung g_S an der Sonnenoberfläche errechnen?

Aufgabe 5.6: Ein Gegenstand übt auf der Mondoberfläche eine Gewichtskraft von 10 N aus. Welche Masse hat der Gegenstand etwa, wenn die Schwerebeschleunigung an der Mondoberfläche $1{,}65\ \text{m} \cdot \text{s}^{-2}$ beträgt?

Aufgabe 5.7: Wie groß ist die Radialbeschleunigung a_r eines Körpers in Meereshöhe am Erdäquator? Der mittlere Radius der Erde beträgt 6378 km und die Dauer einer Umdrehung $T = 86\,164$ s.

Aufgabe 5.8: Wievielmal so rasch etwa müsste sich die Erde um ihre Achse drehen, wenn am Äquator die Körper schwerelos erscheinen sollten (Fallbeschleunigung am Äquator $g_{\text{Äq}} = 9{,}78\ \text{m} \cdot \text{s}^{-2}$)?

Aufgabe 5.9: In eine mit 600 Umdrehungen pro Sekunde rotierende Zentrifuge mit dem Radius $r = 5$ cm ist ein Steinchen der Masse $m = 0{,}1$ g geraten. Mit etwa welcher Kraft drückt das Steinchen auf die Zentrifugenwand?

Aufgabe 5.10: Ein mit Wasser gefülltes offenes Gefäß wird in einem vertikalen Kreis mit Radius $r = 80$ cm herumgeschleudert. Wie groß muss die Geschwindigkeit v mindestens sein, damit kein Wasser ausläuft?

Aufgabe 5.11: Eine Kugel der Masse $m = 810$ g wird in einem vertikalen Kreis mit Radius $r = 1$ m an einer Schnur mit $U = 90$ Umdrehungen pro Minute herumgeschleudert. Wie groß ist die Kraft F in der Schnur, wenn die Kugel den oberen Scheitel des Kreises passiert?

Aufgabe 5.12: Auf einem flachen, horizontalen Drehteller liegt eine Medikamentenschachtel der Masse $m = 75$ g im Abstand $r = 5$ cm vom Drehzentrum. Der Teller rotiere mit 9 Umdrehungen in 10 s.
a) Wie groß ist die Bahngeschwindigkeit und die Radialbeschleunigung der Schachtel, wenn sie nicht auf dem Drehteller gleitet?
b) Wie groß muss die Haftreibungskraft der Schachtel auf dem Drehteller mindestens sein, damit sie nicht weggleitet?

Aufgabe 5.13: In einem vertikalen Schacht gleitet ein Körper der Masse $m = 1$ kg an den Wänden des Schachtes bei konstanter und geschwindigkeitsunabhängiger Reibungskraft R reibend nach unten. Er bewegt sich dabei mit $a = 4\ \text{m} \cdot \text{s}^{-2}$ gleichmäßig beschleunigt. Wie groß ist die wirkende Bremskraft? (Rechnen Sie mit $g \approx 10\ \text{m} \cdot \text{s}^{-2}$)

Aufgabe 5.14: Die Massen von Erde und Mond verhalten sich wie $M_E : M_M = 81 : 1$. Der mittlere Abstand ihrer Massenmittelpunkte beträgt ca. $384 \cdot 10^3$ km. In welcher Entfernung r vom Erdmittelpunkt liegt etwa der gemeinsame Massenmittelpunkt? Vergleichen Sie mit dem Erdradius.

Aufgabe 5.15: Zwei Personen A und B tragen mithilfe einer auf ihren Achseln liegenden Stange der Länge 1,8 m einen an dieser befestigten Stein der Masse $m = 120$ kg. Die Teil-Traglasten der beiden Personen verhalten sich wie 11 : 13.

a) Wo ist die Last anzuhängen?
b) Wie groß ist die Last, die jede Person zu tragen hat?
c) Ändert sich die Verteilung der Last, wenn sie an einer längeren Stange getragen wird?

Aufgabe 5.16: Welche der in Bild A 5.1 angreifenden Kräfte übt auf die um O drehbar gelagerte Scheibe ein Drehmoment aus?

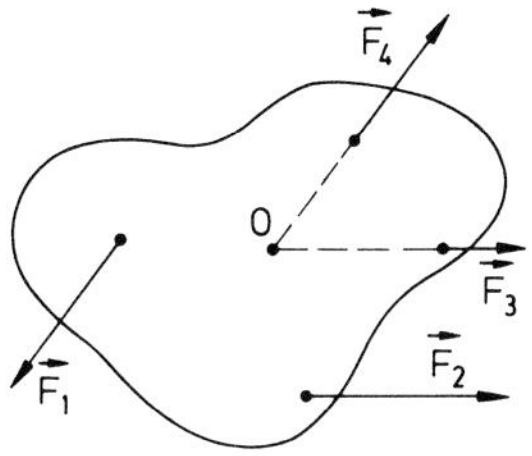

Bild A 5.1

Aufgabe 5.17: An einem Körper greift ein Kräftepaar $\vec{F}_1$ und $\vec{F}_2$, wobei $|\vec{F}_1| = |\vec{F}_2| = 50$ N ist, an den Angriffspunkten P_1 und P_2 an. Die beiden Angriffspunkte der Kräfte haben den Abstand $r = 52$ cm und die beiden Wirkungslinien der Kräfte $l = 40$ cm (Bild A 5.2). Welchen Wert hat das wirkende Drehmoment?

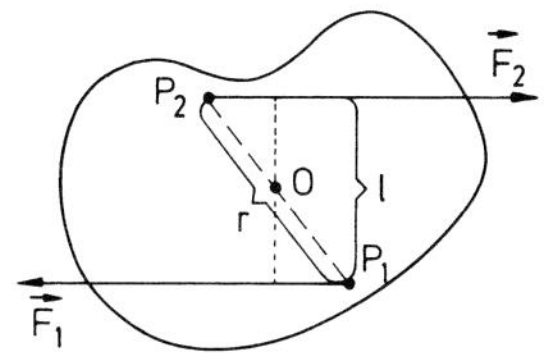

Bild A 5.2

Aufgabe 5.18: In Bild A 5.3 sind fünf homogene Körper im Querschnitt dargestellt.

a) Welcher der Körper fällt von selbst um?
b) Welcher der Körper befindet sich im labilen Gleichgewicht?

Aufgabe 5.19: Durch ein Drehmoment $T = 8 \cdot 10^3$ g$\cdot$cm$^2 \cdot$ s^{-2} erfährt ein Körper eine Winkelbeschleunigung $\alpha = 40$ s^{-2}. Wie groß ist sein Trägheitsmoment J?

Aufgabe 5.20: Wie groß ist der Abstand r von der Drehachse der praktisch punktförmigen Masse $m = 2$ g mit dem Trägheitsmoment J der Aufgabe 5.19?

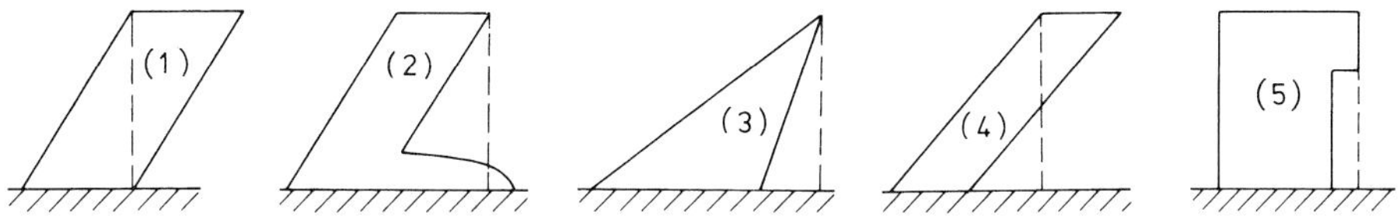

Bild A 5.3

§6 Arbeit – Energie – Leistung

Die Energie gehört zu den wichtigsten Größen der Physik. In allen Teilbereichen der Physik begegnet uns der Energiebegriff, und wir beobachten die verschiedensten Formen, in denen die Energie auftritt. Dabei erweist sich die Energie als eine Größe, die über alle Zustandsänderungen hinweg erhalten bleibt. Größen, die ihren Wert – gleichgültig ob als Skalar oder Vektor – als Funktion der Zeit nicht verändern, heißen *Erhaltungsgrößen*; für sie gilt ein *Erhaltungssatz*. Wir werden später noch weitere Beispiele solcher Erhaltungsgrößen kennen lernen. Um zu dem Energiebegriff zu gelangen, definieren wir zunächst die *Arbeit*.

§6.1 Arbeit

An einem Körper greife eine konstante Kraft $F = |\vec{F}|$ in Richtung des Weges an, die ihn auf einer Geraden um eine Wegstrecke $\vec{s}$ verschiebt, wobei $s = |\vec{s}|$ die Strecke bedeutet, die der Angriffspunkt des Kraftvektors $\vec{F}$ am Körper zurücklegt. Dazu muss eine *Arbeit W* („work") aufgewendet werden. Sie ist das Produkt aus dieser Kraft F und der Verschiebung s, die der Körper erfährt:

$$W = F \cdot s \tag{6.1}$$

Arbeit = Kraft mal Weg

Die Kraft $\vec{F}$ wie auch der Weg $\vec{s}$ sind Vektoren, daher gilt Gleichung (6.1) nur, wenn $\vec{F}$ und $\vec{s}$ parallel sind. Bilden die konstante Kraft $\vec{F}$ und der Weg $\vec{s}$ einen bestimmten Winkel α (Abb. 6.1), dann ergibt sich die Arbeit als das Produkt aus der Kraftkomponente in Bewegungsrichtung und der vom Körper zurückgelegten Wegstrecke s. Nach der Definition des Skalarproduktes (s. Anhang Mathematische Grundlagen, V. D) kann dann die Arbeit geschrieben werden als:

Definition:

$$W = \vec{F} \cdot \vec{s} = |\vec{F}| \cdot |\vec{s}| \cdot \cos\alpha \tag{6.2}$$

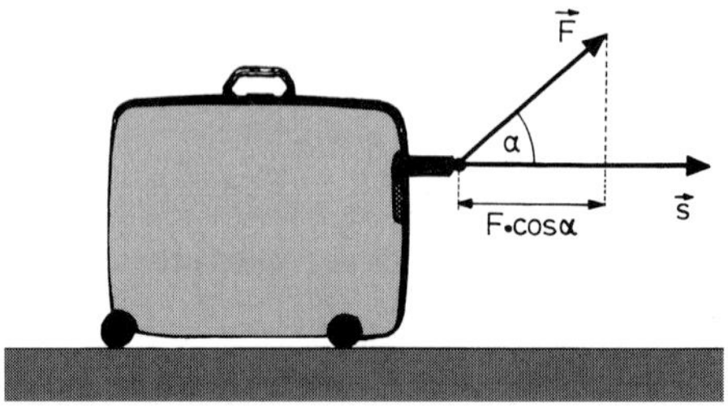

Abb. 6.1

Die Arbeit ist ein Skalar und gegeben durch das Skalarprodukt aus der konstanten Kraft $\vec{F}$ und dem Weg $\vec{s}$. Das Vorzeichen der Arbeit kann daher positiv oder negativ sein, je nachdem ob der Winkel α zwischen Kraft und Weg $0 \leqq \alpha < \frac{\pi}{2}$, d. h. die Kraft bzw. eine Komponente in Wegrichtung zeigt oder ob $\frac{\pi}{2} < \alpha \leqq \pi$ ist, die Kraft bzw. ihre Komponente antiparallel zum Weg gerichtet ist. Eine die Bewegung antreibende Kraft (parallel zum Weg) verrichtet eine positive Arbeit (z. B.: anfahrender Pkw), eine Bremskraft (antiparallel zum Weg) dagegen eine negative Arbeit.

Erfolgt die Bewegung des Körpers unter der Wirkung der Kraft nicht auf einer geradlinigen Bahnkurve und/oder ist die Kraft $\vec{F}$ längs des Weges nicht konstant, so muss der Weg $\vec{s}$ in eine große Anzahl gleich schmaler Intervalle $\Delta\vec{s}$ unterteilt werden, bzw. im Limes $\Delta\vec{s} \to 0$ in infinitesimal kleine Wegelemente $\mathrm{d}\vec{s}$, die jeweils geradlinig sind und auf denen die Kraft $\vec{F}$ als konstant angesehen werden kann.

Der Beitrag $\mathrm{d}W$ (das Differential der Arbeit) zur Gesamtarbeit auf dem Wegelement $\mathrm{d}\vec{s}$ ist dann gegeben als das Skalarprodukt:

$$\mathrm{d}W = \vec{F} \cdot \mathrm{d}\vec{s} \tag{6.3}$$

Die insgesamt verrichtete Arbeit W zwischen den Punkten 1 und 2 in Abb. 6.2 ergibt sich somit als die Summe (bzw. im Limes als das Integral) der Einzelbeiträge $\mathrm{d}W$ auf den jeweiligen Wegelementen $\mathrm{d}\vec{s}$:

Definition:

$$W = \int_1^2 \vec{F} \cdot d\vec{s} = \int_1^2 |\vec{F}| \cdot |d\vec{s}| \cdot \cos(\vec{F}, d\vec{s}) \quad (6.4)$$

Einheit:

Joule (J)
$1\,J = 1\,N \cdot m$

Ein derartiges Integral der Beziehung (6.4) nennt man ein *Linien-* oder *Wegintegral*: **die Arbeit ist das Wegintegral der Kraft**. Sie kann als bestimmtes Integral zwischen den Grenzen des Weges, gegeben durch die Punkte 1 und 2, bestimmt werden (s. Anhang Mathematische Grundlagen, IV.B.4). Numerisch ist diese Größe genau so groß wie die Fläche zwischen der Kraftkurve und der s-Achse innerhalb des Wegabschnittes zwischen Anfangspunkt 1 und Endpunkt 2. Die Gesamtarbeit W entspricht daher der schraffierten Fläche in Abb. 6.2. Einfache Beispiele zur Berechnung von Linienintegralen werden wir in den Anwendungen behandeln.

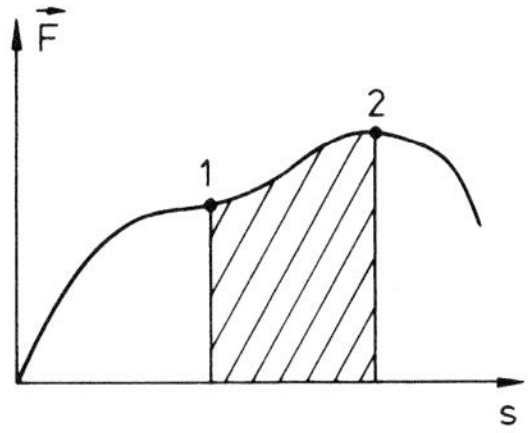

Abb. 6.2

Der in der Umgangssprache benutzte Begriff des Wortes „Arbeit" entspricht keinesfalls dem Sinn der physikalischen Definition. Eine Person, die eine Bücherkiste ruhig in den Händen hält oder einen voll beladenen Aktenkoffer mit konstanter Geschwindigkeit auf einer horizontalen Geraden trägt, ist der Meinung, dass sie harte Arbeit verrichtet. Dies ist im physiologischen Sinne richtig, aber vom Standpunkt der Physik aus wird dabei keine Arbeit verrichtet. Die von der Person aufgewendete Kraft bewirkt keine Lageänderung der Körper bzw. es verschwindet das Skalarprodukt zwischen (Gewichts-)Kraft des Aktenkoffers und horizontaler Wegstrecke, wie auch nachstehendes Beispiel zeigt.

Beispiel: Zur Bestimmung der Arbeit, als dem Skalarprodukt aus Kraft und Weg, betrachte man folgenden Fall: Eine Masse m wird horizontal entlang der Erdoberfläche mit konstanter Geschwindigkeit v verschoben (von Reibung wird abgesehen). Der Winkel zwischen der wirkenden Kraft (dem Gewicht des Körpers) und dem Weg beträgt 90°, da das Gewicht $\vec{G} = m \cdot \vec{g}$ senkrecht auf der Erdoberfläche steht. Die verrichtete Arbeit ist also Null. Beziehen wir nun die Reibung in unsere Betrachtungen wieder mit ein, so ist sie diejenige Kraft, welche der Verschiebung der Masse m entgegengerichtet ist. Gegen diese Reibungskraft F_R wird Arbeit verrichtet, wenn der Körper eine bestimmte Wegstrecke s in der Zeit t mit konstanter Geschwindigkeit bewegt wird.
Die *Reibungsarbeit* ist dann $W = F_R \cdot s$.

§ 6.2 Energie

Von den verschiedenen Energieformen, wie mechanische, chemische und elektrische Energie, Strahlungs- und Kernenergie und Wärme, behandeln wir in diesem Abschnitt nur die mechanischen Energien.

Die Energie ist, ebenso wie die Arbeit, **eine skalare Größe** und wird in derselben *SI-Einheit* wie die Arbeit, dem **Joule (J)** gemessen.

§ 6.2.1 Potentielle Energie

Damit wir einem Körper eine potentielle Energie zuordnen können, müssen bestimmte Voraussetzungen erfüllt sein. Erfährt ein Körper in jedem Punkt des Raumes eine wohldefinierte, durch dessen Ortskoordinaten eindeutig bestimmte Kraft, so sagt man es liege ein **Kraftfeld** vor. Ein bekanntes Beispiel für ein Kraftfeld ist das Gravitationsfeld der Erde. Wir teilen nun die Kraftfelder bzw. die Kraft in zwei große Klassen ein. Ist das Kraftfeld so beschaf-

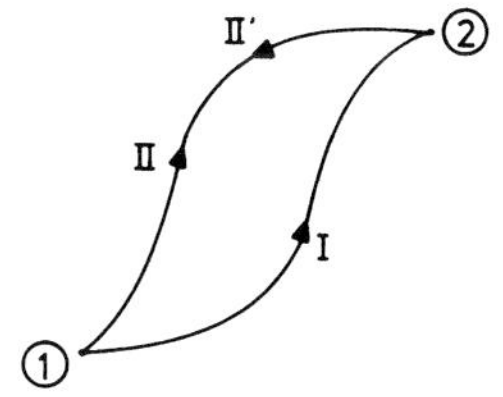

Abb. 6.3

fen, dass bei Verschiebung eines Körpers (Abb. 6.3) von ① nach ② die Arbeit unabhängig vom speziell gewählten Weg I oder II ist, so nennt man das Kraftfeld bzw. die Kraft *konservativ*. Gleichbedeutend damit ist die Aussage, dass in einem konservativen Kraftfeld die Arbeit bei der Verschiebung eines Körpers, auf einem in sich geschlossenen Weg, verschwindet (in Abb. 6.3 von ① längs I nach ② und längs II′ zu ① zurück):

$$\oint \vec{F} \cdot d\vec{s} = 0 \tag{6.5}$$

(Das Zeichen $\oint$ steht für eine Integration über einen geschlossenen Weg).

Beispiele konservativer Kräfte sind die Gravitationskraft und die Federkraft. Im Falle $\oint \vec{F} \cdot d\vec{s} \neq 0$ liegt ein *nichtkonservatives* Kraftfeld bzw. eine *nichtkonservative* Kraft vor. Ein Beispiel dieser zweiten Klasse haben wir bei der Reibungskraft, die ein Körper während seiner Bewegung erfährt. Hier wird ein Teil der verrichteten Arbeit in Wärme umgewandelt. Die Größe dieses Reibungsverlustes ist abhängig von der Länge des Weges, d. h. das Wegintegral auf einem geschlossenen Weg verschwindet hier nicht.

Potentielle Energie im Gravitationsfeld

Das Gravitationsfeld ist, wie oben erwähnt, ein konservatives Kraftfeld, in welchem die Arbeit unabhängig vom Weg ist und nur abhängig von der Lage des Anfangs- und Endpunktes bei der Verschiebung eines Körpers. Im erdnahen und damit näherungsweise konstanten Schwerefeld der Erde erfährt jeder Körper die Gewichtskraft $G = m \cdot g$. Um ihn von der Höhe h_1 auf h_2 über dem Erdboden, also um die Strecke $\Delta h = h_2 - h_1$, vertikal nach oben zu ziehen, muss Arbeit, die **Hubarbeit**, verrichtet werden. Für sie gilt in diesem Fall:

$$W = \int_{h_1}^{h_2} G \cdot dh = \int_{h_1}^{h_2} m \cdot g \cdot dh = m \cdot g \cdot \int_{h_1}^{h_2} dh$$

oder

$$\boxed{\begin{aligned} W &= m \cdot g \cdot (h_2 - h_1) \\ &= m \cdot g \cdot \Delta h = G \cdot \Delta h \end{aligned}} \tag{6.6}$$

Wird der Körper nicht genau senkrecht nach oben bewegt, so darf nur die Komponente von $\vec{G}$ in Richtung des Weges $\vec{s}$ genommen werden, es muss also der $\cos(\vec{G}, \vec{s})$ berücksichtigt werden.

Diese Arbeit, Gleichung (6.6), wird in dem Körper als **potentielle Energie** bezüglich der Erdoberfläche gespeichert. Setzt man die potentielle Energie der Erdoberfläche willkürlich gleich null, dann besitzt ein Körper im Schwerefeld der Erde, in der Höhe h über der Erdoberfläche, die *potentielle Energie*:

$$\boxed{E_{\text{pot}} = m \cdot g \cdot h} \tag{6.7}$$

Bei festem Bezugspunkt für die potentielle Energie (in unserem Fall die Erdoberfläche), ist sie in einem konservativen Kraftfeld eine definierte Funktion der Raumkoordinaten des Körpers. Dem Raum wird außer dem Kraftfeld auch ein Potentialfeld und jedem Raumpunkt ein definiertes Potential, das *Gravitationspotential*, zugeordnet. Die potentielle Energie eines Körpers ist daher nur von seiner Lage im Raum abhängig, man nennt sie auch die **Lageenergie** des Körpers. Erfolgt ein Wechsel des Bezugspunktes, z. B. von P_0 nach P_1, so tritt in den potentiellen Energien eine für alle Raumpunkte einheitliche additive Konstante hinzu, die durch $\int_{P_0}^{P_1} \vec{F} \cdot d\vec{s}$ gegeben ist.

Wird an einem Körper Hubarbeit verrichtet (s. Gleichung (6.6)), wodurch er im Raum von 1 nach 2 überführt wird, so erfolgt eine Änderung seiner potentiellen Energie oder Lageenergie: $W_{1\,2} = E_{\text{pot}}(2) - E_{\text{pot}}(1)$. Verschiebt man einen Körper auf horizontaler Ebene ($h = \text{const.}$), so ändert sich die potentielle Energie nicht, es wird keine Hubarbeit verrichtet (s. dazu auch das Beispiel in § 6.1); der Körper bewegt sich auf einer so genannten *Äquipotentialfläche* bzw. *-linie*, eine Fläche gleicher potentieller Energie.

Beispiele: Wird eine Masse m eine schiefe Ebene (reibungsfrei) vom Fußpunkt P_0 aus nach oben bewegt (Abb. 6.4), so ist gegen die Hangabtriebskraft H längs des Weges s Arbeit zu verrichten. Ausgehend von der Definition (6.2) als Skalarprodukt aus Kraft und Weg erhält man mit (5.22) für die Arbeit längs der schiefen Ebene:

$$W = \vec{H} \cdot \vec{s} = H \cdot s = G \cdot s \cdot \sin\alpha$$
$$= m \cdot g \cdot s \cdot \sin\alpha = m \cdot g \cdot h$$

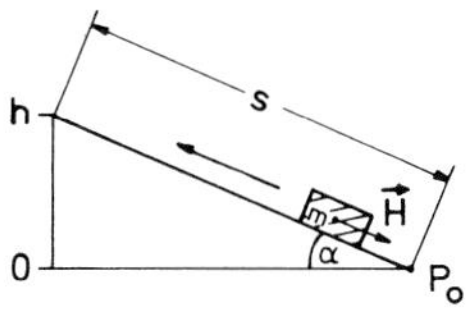

Abb. 6.4

Da für $h = s \cdot \sin\alpha$ gilt, ist das Resultat für die Arbeit unabhängig vom speziellen Weg dasselbe wie bei vertikalem Anheben des Körpers auf die Höhe h unter Verrichtung von Hubarbeit:

$$W = E_{\text{pot}}(h) - E_{\text{pot}}(0) = m \cdot g \cdot h = G \cdot h$$

Der „Gewinn" an Kraft längs der schiefen Ebene geht zu „Lasten" des Weges **(Goldene Regel der Mechanik)**, denn das Produkt ‚Kraft mal Weg' bleibt erhalten.

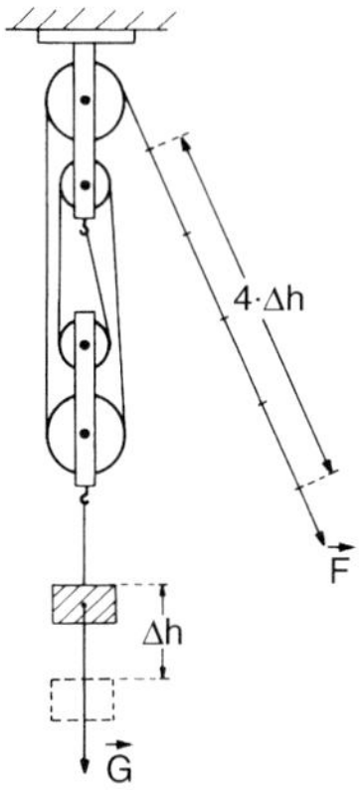

Abb. 6.5

Ein weiteres Beispiel einer Kraft sparenden Maschine ist der Flaschenzug. Er besteht aus festen und losen Rollen, über die ein Seil (oder eine Kette) gelegt ist, um damit das Heben einer Last zu ermöglichen (Abb. 6.5). Feste Rollen vermögen die Richtung einer Kraft zu verändern, lose Rollen die Größe der erforderlichen Kraft (s. § 5.2.3). Bei insgesamt n Rollen (hier: n = 4) verteilt sich die Last G gleichmäßig auf n Seilabschnitte. Die aufzuwendende Kraft ist im Falle des Gleichgewichtes:

$$F = \frac{\text{Last}}{\text{Anzahl der Seilabschnitte}} = \frac{G}{\text{n}}$$

Zum Anheben der Last G um Δh muss jeder Seilabschnitt um dieses Stück verkürzt werden, d. h. insgesamt um $\text{n} \cdot \Delta h$. Die zu verrichtende Arbeit mit Hilfe des Flaschenzugs ist wieder dieselbe, wie beim direkten Anheben der Last:

$$W = F \cdot \text{n} \cdot \Delta h = \frac{G}{\text{n}} \cdot \text{n} \cdot \Delta h = G \cdot \Delta h$$

Spannenergie

Potentielle Energie steckt auch in einer gespannten Feder. Um die Feder aus ihrer Ruhelage (entspannte Feder) um eine bestimmte Strecke x auszulenken (Abb. 5.9), muss durch die wirkende Kraft $\vec{F}$ längs der Auslenkungsrichtung Arbeit gegen die elastische Rückstellkraft $\vec{F}_{\text{el}}$ verrichtet werden. Erfolgt die Auslenkung innerhalb des Proportionalitätsbereiches der Feder, so ist nach der Gleichung (5.20) die aufzuwendende Kraft proportional zur Auslenkung (von Reibungskräften sei abgesehen):

$$F = D \cdot x$$

Da die Kraft sich längs des Weges ändert, zerlegen wir die Strecke x in infinitesimal kleine Stücke dx, auf denen wir die Kraft als konstant betrachten können. Mit (6.4) ergibt sich für die **Spannarbeit (Verformungsarbeit)** bei Dehnung der Feder von 0 bis x_{E} (Abb. 6.6):

$$W = \int_0^{x_{\text{E}}} F \cdot \text{d}x = \int_0^{x_{\text{E}}} D \cdot x \cdot \text{d}x$$

oder

$$\boxed{W = \frac{1}{2} \cdot D \cdot x_{\text{E}}^2} \qquad (6.8)$$

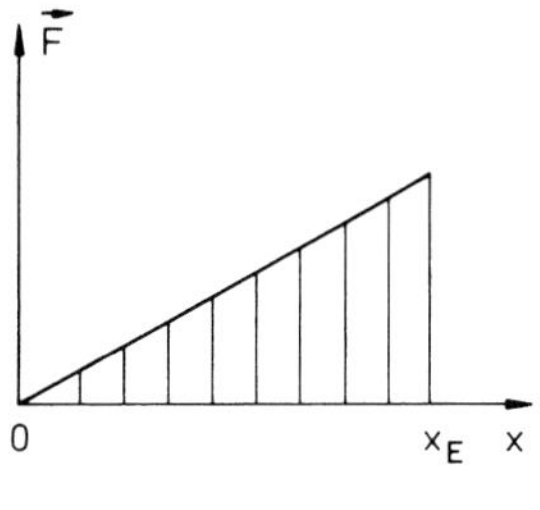

Abb. 6.6

Die Spannarbeit wird in der Feder bezüglich ihrer Ruhelage als **potentielle Energie (Spannenergie)** $E = \frac{1}{2} D \cdot x_{\text{E}}^2$ gespeichert. Diese Energie kann die Feder wieder abgeben, indem sie beispielsweise einen anderen Körper in Bewegung setzt; so wird bei alten Uhrwerken beim „Aufziehen" der Uhr Spannarbeit verrichtet.

Die Beziehung (6.8) ergibt sich auch durch folgende Überlegung: Wird beispielsweise ein elastischer Faden mit einer maximalen Kraft von F_{max} belastet und dadurch von $x = 0$ aus bis auf x_E gedehnt (Abb. 6.7), so ergibt sich die dabei aufzuwendende Arbeit $W = \bar{F} \cdot s$ gemäß (6.1) mit der „mittleren" Kraft: $\bar{F} = \frac{F_{max}}{2} = \frac{1}{2} D \cdot x_E$ bei maximaler Dehnung $s = x_E$ zu:

$$W = \bar{F} \cdot s = \frac{1}{2} F_{max} \cdot x_E = \frac{1}{2} D \cdot x_E^2$$

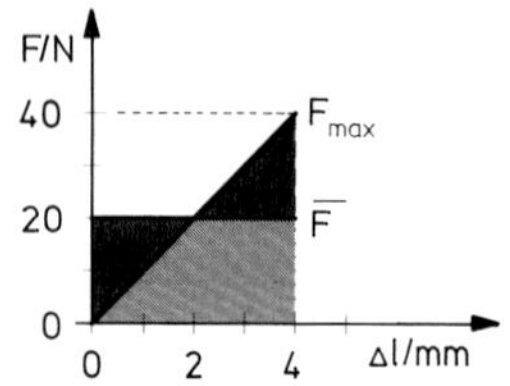

Abb. 6.7

Im Beispiel der Abb. 6.7 ist $F_{max} = 40\,\text{N}$ bei einer maximalen Dehnung von $\Delta l = x_E = 4\,\text{mm}$.

§ 6.2.2 Kinetische Energie

Bei der Hubarbeit bzw. der potentiellen Energie, wie auch bei der Spannarbeit bzw. der Spannenergie war vorausgesetzt, dass die ‚Anhebung' des Körpers oder die ‚Anspannung' der Feder „quasistatisch", d.h. ohne Beschleunigung des jeweiligen Systems erfolgt. Ist diese Voraussetzung nicht gegeben, treten also beschleunigende Kräfte oder Drehmomente auf, dann ist damit auch eine Änderung der translatorischen Geschwindigkeit bzw. der Winkelgeschwindigkeit bedingt. Dies führt uns zu einer weiteren mechanischen Energieform, ***der kinetischen Energie***.

Kinetische Energie der Translation

Zur Erhöhung der Geschwindigkeit eines Körpers muss dieser eine Beschleunigung durch eine Kraft erfahren. Die von der Kraft $\vec{F}$ längs des Wegelementes $d\vec{s}$ verrichtete Arbeit dW ergibt sich nach (6.3) mit der Newton'schen Bewegungsgleichung (5.1) und der Definition (4.12) für die Beschleunigung zu:

$$dW = \vec{F} \cdot d\vec{s} = m \cdot \vec{a} \cdot d\vec{s} = m \cdot \frac{d\vec{v}}{dt} \cdot d\vec{s}$$

Durch einfaches Umgruppieren der Differentiale $d\vec{s}$ des Weges und $d\vec{v}$ der Geschwindigkeit erhält man daraus unter Verwendung der Definition der Geschwindigkeit als dem ersten Differentialquotienten des Weges nach der Zeit (Gleichung (4.8)):

$$dW = m \cdot \frac{d\vec{s}}{dt} \cdot d\vec{v} = m \cdot \vec{v} \cdot d\vec{v}$$

oder

$$dW = d\left(\frac{1}{2} m \cdot v^2\right), \tag{6.9}$$

da $d\left(\frac{1}{2} m \cdot v^2\right)$ nach dv differenziert wieder $m \cdot v \cdot dv$ ergibt.

Definiert man die *Bewegungsenergie oder kinetische Energie* E_{kin} eines Körpers der Masse m, welcher sich translatorisch mit der Geschwindigkeit $|\vec{v}| = v$ bewegt, durch:

$$E_{kin} = \frac{1}{2} \cdot m \cdot v^2 \tag{6.10}$$

(kinetische Energie der Translation),

dann ergibt sich für (6.9)

$$dW = dE_{kin}. \tag{6.11}$$

Die Beziehung (6.11) besagt, dass die von der Kraft $\vec{F}$ an dem Körper verrichtete Arbeit dW gleich der Änderung der kinetischen Energie des Körpers ist. Das bedeutet eine Änderung der Geschwindigkeit und damit eine Beschleunigung des Körpers. Man nennt die Arbeit dW in Gleichung (6.11) die **Beschleunigungsarbeit**. Im Falle $dW > 0$ hat die Arbeit eine Zunahme $dE_{kin} > 0$ der kinetischen Energie zur Folge, denn die von der Kraft längs des Weges zwischen zwei Punkten 1 und 2 verrichtete Arbeit beträgt:

$$W = \int_1^2 dW = \int_1^2 F \cdot ds = \int_{v_1}^{v_2} m \cdot v \cdot dv$$

$$= \frac{1}{2} m \cdot v^2 \Big|_{v_1}^{v_2}$$

oder

$$W = \frac{m}{2} \cdot v_2^2 - \frac{m}{2} \cdot v_1^2 =$$

$$E_{\text{kin}}(2) - E_{\text{kin}}(1) = \Delta E_{\text{kin}} \qquad (6.12)$$

In diesem betrachteten Fall zu Gleichung (6.12) wird die Geschwindigkeit des Körpers erhöht. Tritt dagegen eine Abnahme $\mathrm{d}E_{\text{kin}} < 0$ der kinetischen Energie ein, d. h. es ist $\mathrm{d}W < 0$, dann erfährt der Körper durch eine verzögernde Kraft eine Abbremsung, es wirkt eine negative Beschleunigung.

Kinetische Energie der Rotation

Kinetische Energie besitzt auch ein um eine beliebige freie oder raumfeste Achse rotierender Körper. Wir betrachten einen Starren Körper, der mit der Winkelgeschwindigkeit ω zunächst nur um eine feste Achse rotieren soll. Jedes Massenelement des Körpers besitzt dann eine bestimmte kinetische Energie. Der i-te Massenpunkt m_i im senkrechten Abstand r_i von der Drehachse läuft bei der Winkelgeschwindigkeit ω nach (4.48) mit der Bahngeschwindigkeit $v_i = \omega \cdot r_i$ auf einer Kreisbahn um. Die kinetische Energie des i-ten Massenpunktes ergibt sich mit (6.10) zu $\frac{1}{2} m_i \cdot v_i^2 = \frac{1}{2} m_i \cdot \omega^2 \cdot r_i^2$. Die **Rotationsenergie E_{rot}**, als gesamte kinetische Energie des Körpers, ist die Summe der Einzelenergien aller Teilchen. Da in einem rotierenden Starren Körper alle Massenpunkte dieselbe Winkelgeschwindigkeit ω besitzen, folgt für

$$E_{\text{rot}} = \sum \left(\frac{1}{2} m_i \cdot v_i^2 \right) = \sum \left(\frac{1}{2} m_i \cdot \omega^2 \cdot r_i^2 \right)$$
$$= \frac{1}{2} \sum \left(m_i \cdot r_i^2 \right) \cdot \omega^2$$

woraus mit dem Trägheitsmoment J nach Gleichung (5.46) sich für die *Rotationsenergie* ergibt:

$$\boxed{E_{\text{rot}} = \frac{1}{2} \cdot J \cdot \omega^2} \qquad (6.13)$$

(Rotationsenergie)

Diese Beziehung ist analog zu (6.10) für die kinetische Energie der Translation. Im Vergleich dazu übernimmt bei der Rotation das Trägheitsmoment J die Funktion der trägen Masse m, während an die Stelle der Translationsgeschwindigkeit v die Winkelgeschwindigkeit ω tritt. Ein wesentlicher Unterschied zwischen der Masse m und dem Trägheitsmoment J des Starren Körpers ist jedoch, dass die Masse unabhängig vom Ort der Translationsbewegung ist, während das Trägheitsmoment bei einer Rotationsbewegung von der Lage der Drehachse abhängt.

Wirkt ein Drehmoment $\vec{T}$, d. h. eine Kraft $\vec{F}$ an einem Kraftarm $\vec{r}$, an einem um eine Achse drehbaren Körper, so wird ebenfalls **Beschleunigungsarbeit** verrichtet (analog zum translatorischen Fall). Die vom Drehmoment $\vec{T}$ bei Drehung um einen Winkel von φ_1 bis φ_2 verrichtete Arbeit, wodurch die Winkelgeschwindigkeit von ω_1 auf ω_2 geändert wird, ergibt sich zu: $W = \int_{\varphi_1}^{\varphi_2} \mathrm{d}W = \int_{\varphi_1}^{\varphi_2} T \cdot \mathrm{d}\varphi$, woraus mit (5.41), (4.42) und (4.41) folgt:

$$W = \int_{\omega_1}^{\omega_2} J \cdot \omega \cdot \mathrm{d}\omega = \frac{1}{2} J \cdot \omega^2 \Big|_{\omega_1}^{\omega_2}$$
$$= \frac{1}{2} J \cdot \omega_2^2 - \frac{1}{2} J \cdot \omega_1^2$$
$$= E_{\text{rot}}(\varphi_2) - E_{\text{rot}}(\varphi_1) = \Delta E_{\text{rot}}$$

Die vom Drehmoment am Körper verrichtete Arbeit ist gleich der Änderung der kinetischen Energie der Rotation.

Körper, die bei einer translatorischen Bewegung auch noch eine Rotationsbewegung ausführen, besitzen sowohl *kinetische Energie der Translation* $E_{\text{trans}} = \frac{1}{2} m \cdot v^2$ als auch *der Rotation* $E_{\text{rot}} = \frac{1}{2} J \cdot \omega^2$, ihre gesamte kinetische Energie ist somit $E_{\text{kin}} = E_{\text{trans}} + E_{\text{rot}}$.

Die Kombination von Translation und Rotation betrachten wir am einfachen Beispiel der Abrollbewegung eines auf einer festen Unterlage schlupffrei, d. h. ohne zu gleiten, rollenden Körpers, wie etwa eine Kugel oder den in Abb. 6.8 im Querschnitt dargestellten Zylinder. Ein solcher Körper rotiert zu jedem Zeitpunkt der Bewegung um eine (auf der Zeichenebene senkrecht stehende) feste Achse durch P und schreitet dabei noch in $\vec{x}$-Richtung fort.

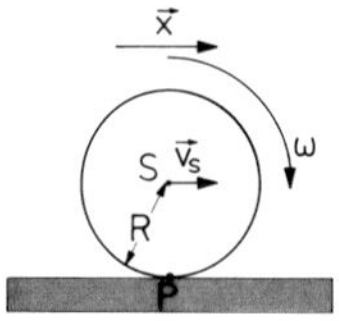

Abb. 6.8

Die durch P gehende Berührungslinie nennt man die *momentane Drehachse*, eine weder raumfeste noch körperfeste Achse. Es sei J_P das Trägheitsmoment, bezüglich einer dazu parallelen Achse durch den Massenmittelpunkt S des Zylinders der Masse M und Durchmesser $2R$. Dreht sich der Körper um die Achse durch P mit der Winkelgeschwindigkeit ω, dann ist seine kinetische Energie bezüglich dieser momentanen Drehachse nach (6.13) durch

$$E_{\text{kin}} = \frac{1}{2} J_P \cdot \omega^2 \qquad (6.14)$$

gegeben. Nach dem Satz von Steiner (Gleichung (5.57)) gilt für den Zusammenhang zwischen dem Trägheitsmoment um eine Achse durch P und durch den Massenmittelpunkt S

$$J_P = J_S + M \cdot R^2$$

womit in (6.14) für die kinetische Energie folgt:

$$E_{\text{kin}} = \frac{1}{2} J_S \cdot \omega^2 + \frac{1}{2} M \cdot R^2 \cdot \omega^2 \qquad (6.15)$$

Das im zweiten Summanden auf der rechten Seite der Gleichung auftretende Produkt $\omega \cdot R$ ist die Bahngeschwindigkeit v_S des Massenmittelpunktes S relativ zum Berührungspunkt P der Unterlage (s. Abb. 6.8). Damit kann (6.15) auch geschrieben werden als

$$E_{\text{kin}} = \frac{1}{2} J_S \cdot \omega^2 + \frac{1}{2} M \cdot v_S^2 \qquad (6.16)$$

Die Gesamtenergie des Körpers setzt sich gemäß (6.16) somit aus zwei Anteilen zusammen: Der erste Summand $\frac{1}{2} J_S \cdot \omega^2$ stellt die kinetische Energie der Rotation E_{rot} des Zylinders dar, wenn er nur mit der Winkelgeschwindigkeit ω um eine Achse durch seinen Massenmittelpunkt S rotieren würde. Bei reiner Rotationsbewegung besitzt dann jeder Massenpunkt des Körpers eine seiner Entfernung von der Drehachse proportionale Geschwindigkeit $\vec{v}_{\text{rot}}$, wobei sich gegenüberliegende Punkte mit entgegengesetzter Geschwindigkeit bewegen (Abb. 6.9 (a)). Der zweite Summand $\frac{1}{2} M \cdot v_S^2$ gibt die kinetische Energie der Translation E_{trans} des Zylinders wieder, wenn er sich rein translatorisch mit der Geschwindigkeit $\vec{v}_{\text{trans}} = \vec{v}_S$ bewegen würde, wobei alle Punkte des Körpers dieselbe Geschwindigkeit besitzen (Abb. 6.9 (b)). Bei der kombinierten Rotations-Translations-Bewegung ergibt sich dann die tatsächliche Geschwindigkeit jedes Massenpunktes aus der Addition der einzelnen Geschwindigkeitsvektoren $\vec{v}_{\text{rot}}$ und $\vec{v}_{\text{trans}}$ (Abb. 6.9 (c)). Die gesamte kinetische Energie des schlupffrei rollenden Starren Körpers setzt sich daher aus der Energie der Translation des Massenmittelpunktes $E_{\text{trans}} = \frac{1}{2} M \cdot v_S^2$ und jener der Rotation $E_{\text{rot}} = \frac{1}{2} J_S \cdot \omega^2$ um eine Achse durch den Massenmittelpunkt zusammen. Die Fortpflanzungsgeschwindigkeit v_S ist gleich seiner Umfangsgeschwindigkeit $\omega \cdot R$.

Die Beziehung (6.16) gilt allgemein für jeden Starren Körper, der sich translatorisch und um eine zur Fortbewegungsrichtung senkrecht stehende Achse rotatorisch bewegt.

§ 6.3 Energieerhaltungssatz

Ein Körper der Masse m gleite eine schiefe Ebene aus der Höhe h reibungsfrei herab (Abb. 6.10), beschleunigt durch die Hangab-

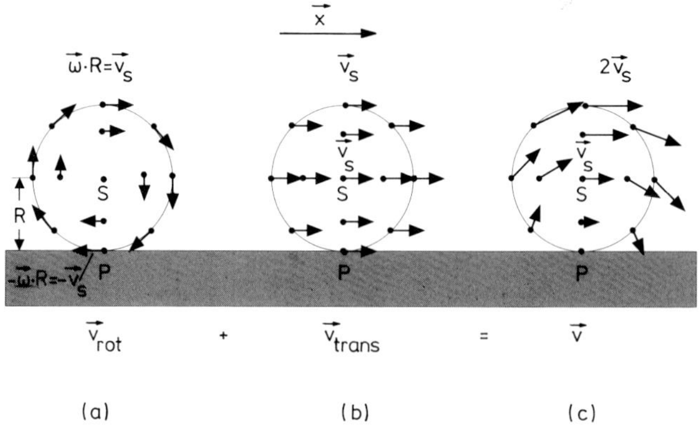

Abb. 6.9

triebskraft. Setzt man den Nullpunkt der potentiellen Energie willkürlich am Fußpunkt P_0 der schiefen Ebene fest, dann besitzt der Körper in der Höhe h die potentielle Energie $E_{pot} = m \cdot g \cdot h$. Der Körper passiert den Fußpunkt mit einer bestimmten Geschwindigkeit v, von wo aus er sich mit der kinetischen Energie $\frac{1}{2} \cdot m \cdot v^2$ weiter bewegt. Diese gesamte kinetische Energie stammt aus der potentiellen Energie $m \cdot g \cdot h$, die am Fußpunkt der schiefen Ebene auf den Wert Null abgenommen hat, also völlig in kinetische Energie umgewandelt ist.

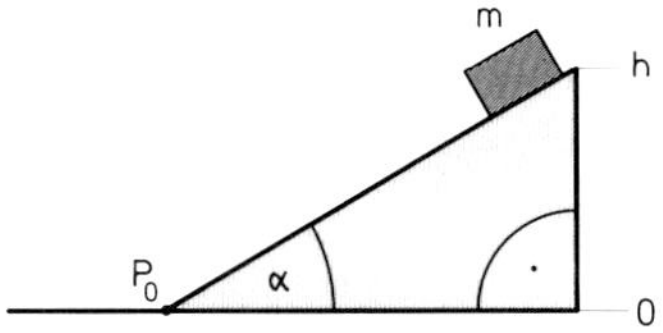

Abb. 6.10

Auf den Körper wirken nur konservative Kräfte, also z. B. keine Reibungskräfte, und wir betrachten das System als ein *abgeschlossenes System*, d. h. für den Körper sind nur systemeigene „innere" Kräfte des vorgegebenen Kraftfeldes wirksam; es greifen keine „äußeren" Kräfte ein. Wir können somit den **Energieerhaltungssatz der Mechanik** formulieren:

> In jedem abgeschlossenen System bleibt die Gesamtenergie, das ist die Summe aus potentieller und kinetischer Energie, konstant.

$$E_{ges} = E_{pot} + E_{kin} = \text{const.} \tag{6.17}$$

Handelt es sich bei dem Körper im oben beschriebenen Beispiel um eine Kugel, welche die schiefe Ebene herabrollt (s. auch unten Beispiel 3. sowie Abb. 6.13), dann haben wir unter E_{kin} sowohl die kinetische Energie der Translation als auch der Rotation zu verstehen (s. Gleichung (6.16)), da ja die Kugel außer der translatorischen Bewegung mit der Geschwindigkeit v (d. h. der kinetischen Energie der Translation $E_{kin} = \frac{1}{2} \cdot m \cdot v^2$) auch eine Rotationsbewegung mit der Winkelgeschwindigkeit ω (d. h. der kinetischen Energie der Rotation (Rotationsenergie) $E_{rot} = \frac{1}{2} \cdot J \cdot \omega^2$) ausführt, die beide aus der Umwandlung von potentieller Energie stammen. In unserem Beispiel gilt also:

$$E_{ges} = E_{pot} + E_{kin} + E_{rot} = \text{const.} \tag{6.18}$$

Wir haben den Energieerhaltungssatz für konservative Kraftfelder formuliert, insbesondere für die Erhaltung der mechanischen (potentiellen und kinetischen) Energie. Die Existenz anderer konservativer Kräfte (wie z. B. elektrische Kräfte, magnetische Kräfte, Kernkräfte) ändert nichts an der Gültigkeit des Energiesatzes. Treten allerdings nichtkonservative Kräfte auf, beispielsweise die **Reibungskraft**, kann der Energieerhaltungssatz nicht in der bisherigen Form aufrechterhalten werden. Das Auftreten von Reibungskräften bedingt Verlust an mechanischer Energie durch Umwandlung von *mechanischer Energie in Wärme*. Die gegen die Reibungskräfte verrichtete Reibungsarbeit taucht damit in einer anderen Energieform, der Wärme, wieder auf, die wir im Energieerhaltungssatz pauschal durch die Wärmeenergie Q berücksichtigen müssen. Im abgeschlossenen System gilt dann bei Anwesenheit nichtkonservativer Kräfte:

$$E_{ges} = E_{pot} + E_{kin} + Q = \text{const.} \tag{6.19}$$

Durch die Hinzunahme weiterer Energieformen, z. B. chemische Energie, Strahlungsenergie, elektrische Energie, kommen wir zu einem allgemeinen Energieerhaltungssatz für ein abgeschlossenes System:

> In jedem abgeschlossenen System bleibt die Gesamtenergie konstant:
> $\sum_i E_i = \text{const.}$
> Energie kann weder erzeugt noch vernichtet werden; sie kann nur umgewandelt werden.

Beispiele:

1. Steigungs- oder Gefällstrecken von Straßen oder Gelände werden üblicherweise in Prozent angegeben, worunter man das Verhältnis des Höhenunterschiedes zweier Punkte der Strecke zu ihrer horizontalen Entfernung versteht. So bedeuten z. B. 10 % Steigung oder 1:10 einen Höhenunterschied von 50 m zweier Punkte bei 500 m horizontaler Entfernung, woraus mit Hilfe des Tangens für den Winkel α, als dem Winkel, den die Strecke s mit der Horizontalen bildet (Abb. 6.11), aus $\tan\alpha = \frac{h}{x} = \frac{50}{500} = 0{,}1$ für $\alpha \approx 5{,}7°$ folgt. Die Länge der Strecke s ergibt sich in dem rechtwinkligen Dreieck zu $s \approx 502{,}5$ m.

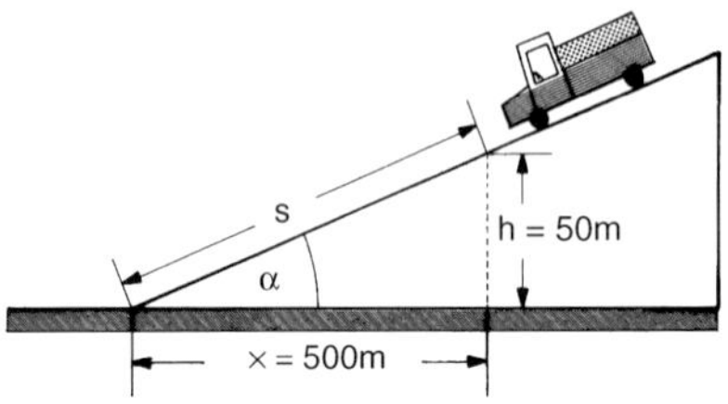

Abb. 6.11

Fährt ein Pkw der Masse $m = 900$ kg mit einer Geschwindigkeit von $54\,\text{km}\cdot\text{h}^{-1}$ eine Straße mit 10 % Gefälle bergab, dann nimmt seine potentielle Energie im Schwerefeld ab. Die Abnahme der potentiellen Energie pro Sekunde lässt sich bei bekannter Länge s einfach berechnen. Auf einer Gefällstrecke von $s = 502{,}5$ m nimmt die Höhe um 50 m ab. Das Fahrzeug fährt mit $v = 54\,\text{km}\cdot\text{h}^{-1}$, d. h. pro Sekunde 15 m bergab, wofür sich durch einfache Rechnung eine Höhendifferenz von $\Delta h = 1{,}49$ m pro Sekunde ergibt. Mit (6.7) folgt damit für die Abnahme der potentiellen Energie pro Sekunde $\Delta E_{pot} \approx 13{,}2$ kJ. (Die Berechnung der Geschwindigkeitskomponente des Pkw in vertikaler Richtung und daraus die pro Sekunde erfolgende Abnahme der Höhe führt ebenso zur Lösung dieses Beispiels.)

2. Eine Masse m gleite aus der Höhe h reibungsfrei eine schiefe Ebene herab und erreiche am Fußpunkt F (Höhe $h = 0$) eine Feder und komme (kurzzeitig) zum Stillstand, nachdem sie die masselose Feder zusammengedrückt hat (Abb. 6.12). Unmittelbar bei Erreichen der Feder bei F ist die gesamte potentielle Energie $E_{pot} = m \cdot g \cdot h$ in Bewegungsenergie $E_{kin} = \frac{1}{2} m \cdot v^2$ umgewandelt. Mithilfe des Energieerhaltungssatzes lässt sich aus der Gleichheit $E_{pot} = E_{kin}$ beispielsweise die Geschwindigkeit $v = \sqrt{2 \cdot g \cdot h}$ der Masse bestimmen. Der „Bremsweg" der Masse m, d. h. die Strecke s, auf welche die Feder zusammengedrückt wird, ergibt sich bei gegebener Federkonstante D ebenso mit dem Energieerhaltungssatz aus $E_{kin} = \frac{1}{2} m \cdot v^2 = \frac{1}{2} D \cdot s^2 = E_{spann}$.

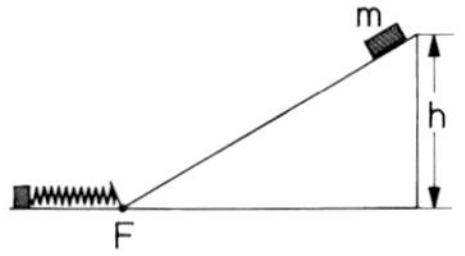

Abb. 6.12

3. Ein Körper der Masse M rolle, ohne zu gleiten, aus der Ruhe ($v_0 = 0$, $\omega = 0$) unter dem Einfluss der Fallbeschleunigung g einen Abhang (schiefe Ebene) der Höhe h hinab (Abb. 6.13). Anfangs besitzt der Körper in der Höhe h über dem Boden die potentielle Energie $E_{pot} = M \cdot g \cdot h$. Beim Hinabrollen verliert er ständig an potentieller Energie, bis schließlich am Fußpunkt F des Abhangs die gesamte potentielle Energie in kinetische Energie der Translation $E_{kin} = \frac{1}{2} M \cdot v^2$ und der Rotation $E_{rot} = \frac{1}{2} J \cdot \omega^2$ umgewandelt ist. Dabei bedeuten v die Geschwindigkeit des Massenmittelpunktes S, ω die Winkelgeschwindigkeit und J das Trägheitsmoment des Körpers um eine Achse durch S. Am Fußpunkt F (Höhe $h = 0$) sei seine potentielle Energie Null. Der Energieerhaltungssatz lautet dann:

$$M \cdot g \cdot h = \frac{1}{2} M \cdot v^2 + \frac{1}{2} J \cdot \omega^2 \tag{6.20}$$

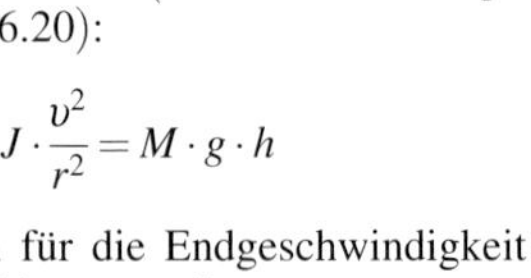

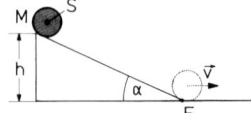

Abb. 6.13

Mit der durch Reibungskräfte gewährleisteten Abrollbedingung $v = \omega \cdot r$ (r: Radius des Körpers) folgt aus Gleichung (6.20):

$$\frac{1}{2} M \cdot v^2 + \frac{1}{2} J \cdot \frac{v^2}{r^2} = M \cdot g \cdot h \tag{6.21}$$

woraus sich für die Endgeschwindigkeit v am Fußpunkt des Abhangs ergibt:

$$v^2 = \frac{2\,g \cdot h}{1 + \dfrac{J}{M \cdot r^2}} \tag{6.22}$$

Für eine zylindrische Walze (Vollzylinder) beispielsweise mit dem Trägheitsmoment $J = \frac{1}{2} M \cdot r^2$ folgt für die Geschwindigkeit:

$$v^2 = \frac{4}{3} g \cdot h \quad \text{oder} \quad v = \sqrt{\frac{4}{3} g \cdot h} \tag{6.23}$$

Würde der Körper auf reibungsfreier Unterlage den Abhang hinunter gleiten, ohne ins Rollen zu kommen, so wäre die Rotationsenergie $E_{\text{rot}} = 0$ und nach dem Energieerhaltungssatz die Geschwindigkeit daher $v = \sqrt{2 \cdot g \cdot h}$, entsprechend dem Ergebnis des obigen zweiten Beispiels.

Beim Rollen erreicht der Körper somit nur eine geringere Geschwindigkeit als beim reibungsfreien Hinabgleiten auf einer schiefen Ebene, da bei der Abrollbewegung ein Teil der potentiellen Energie in kinetische Rotationsenergie umgesetzt wird und daher nicht mehr für die Translationsenergie zur Verfügung steht. Ein rollender Körper wird daher eine längere Zeit benötigen als ein reibungsfrei gleitender, um sich den Abhang hinab zu bewegen. Außerdem wird ein Körper umso langsamer auf der schiefen Ebene rollen, je höher sein Trägheitsmoment J und umso höher damit der Anteil der Rotationsenergie ist. Vergleicht man beispielsweise die Zeiten, die eine Kugel, ein Vollzylinder und ein Hohlzylinder (jeweils gleicher Masse) benötigen, um eine schiefe Ebene hinab zu rollen, so läuft die Kugel mit $J = \frac{2}{5} M \cdot r^2$ (Gleichung (5.54)) am schnellsten, dann folgt der Vollzylinder mit $J = \frac{1}{2} M \cdot r^2$ (Gleichung (5.48)) und schließlich der dünne Hohlzylinder mit $J = M \cdot r^2$ (Gleichung (5.45)). Alle Körper (ob rollend oder gleitend) besitzen jedoch am Fußpunkt der schiefen Ebene den gleichen (Gesamt-)Betrag an kinetischer Energie.

4. Wird ein Pkw von der Geschwindigkeit $v_0 = 140 \frac{\text{km}}{\text{h}}$ auf die Geschwindigkeit $v_1 = 70 \frac{\text{km}}{\text{h}}$ abgebremst und schließlich von dieser Geschwindigkeit zum Anhalten gebracht ($v_2 = 0$), dann werden die jeweiligen Differenzen der kinetischen Energien in Reibungswärme Q umgewandelt. Nach dem Energieerhaltungssatz gilt für die Energiebilanz beim ersten Abbremsungsvorgang:

$$E_1 = \frac{1}{2} m \cdot v_0^2 = \frac{1}{2} m \cdot v_1^2 + Q_1$$

und beim Abbremsen zum Anhalten:

$$E_2 = \frac{1}{2} m \cdot v_1^2 = 0 + Q_2.$$

Die aus der Umwandlung der kinetischen Energien auftretenden Wärmetönungen Q_1 und Q_2 verhalten sich wie $\frac{Q_1}{Q_2} = \frac{v_0^2 - v_1^2}{v_1^2}$, woraus mit den oben angegebenen Zahlenwerten der Geschwindigkeiten folgt: $\frac{Q_1}{Q_2} = \frac{3}{1}$.

5. Der Körper der Masse m eines Masse-Feder-Pendels ist zwischen zwei Federn (vernachlässigbarer Masse gegenüber der Pendelmasse m) eingespannt und wird um $-x_0$ aus seiner Ruhelage (entspannte Federn) ausgelenkt (Abb. 6.14). Werden Reibungskräfte vernachlässigt, dann verbleibt als einzige wirkende Kraft die Federkraft in x-Richtung, wie durch das Hooke'sche Gesetz (Gleichung (5.20)) gegeben. Für die Berechnung der potentiellen Energie $E_{\text{pot}}(x)$ der Federn gemäß Gleichung (6.8), wählen wir $x = 0$ als Bezugspunkt und erhalten für die maximalen Auslenkungen $\pm x_0$ aus der Ruhelage:

$$\boldsymbol{E_{\text{pot, max}}(x) = \frac{1}{2} D \cdot x_0^2}.$$

Lässt man die Masse m los, so setzt eine harmonische Schwingung ein (s. §30), für welche nach dem Energieerhaltungssatz im reibungsfreien Fall für die Gesamtenergie gilt:

$$E_{\text{ges}} = E_{\text{pot}} + E_{\text{kin}} = \text{konst.}$$

Mit abnehmender Auslenkung wandelt sich die potentielle Energie E_{pot} der Federn (Spannenergie) zunehmend in kinetische Energie $\boldsymbol{E_{\text{kin}} = \frac{1}{2} m \cdot v^2}$ der Masse m um.

In den Umkehrpunkten $-x_0$ und $+x_0$ des Masse-Feder-Pendels ist $E_{\text{ges}} = E_{\text{pot, max}}$ (Position (1) bzw. (3) in Abb. 6.14); im Nulldurchgang ($x = 0$) wird $E_{\text{ges}} = E_{\text{kin, max}}$ (Position (2) bzw. (4) in Abb. 6.14), die Masse m schwingt mit maximaler Geschwindigkeit $\vec{v}$ durch die Gleichgewichtslage ($x = 0$) hindurch.

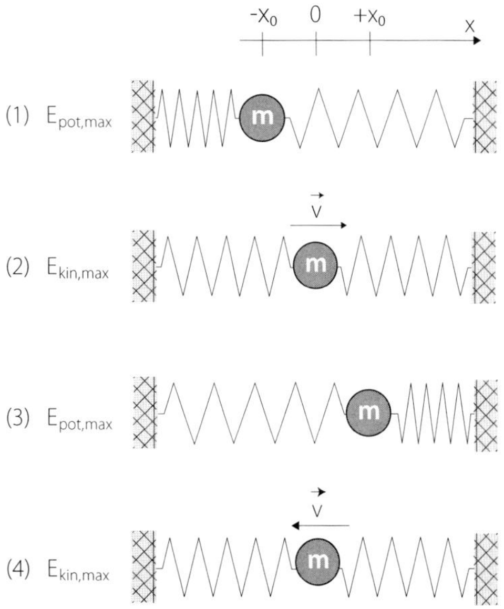

Abb. 6.14

Unter energetischen Gesichtspunkten entspricht in der Abb. 6.14 die Lage der Auslenkung bei $\pm x_0$ einem Extremum der potentiellen Energie (Spannenergie), wodurch Federkräfte geweckt werden, die den Körper der Masse m in die Ausgangslage (Gleichgewichtslage $x = 0$) zurückzutreiben suchen. Im Nulldurchgang ($x = 0$) ist die gesamte potentielle Energie in kinetische Energie der Masse m umgewandelt. In den Zwischenpositionen sind die Anteile der potentiellen Energie E_{pot} und der kinetischen Energie E_{kin} an der Gesamtenergie E_{ges} von der momentanen Auslenkung x abhängig (s. auch §30.2.1).

6. Ein weiteres Beispiel für den periodischen Wechsel zwischen potentieller und kinetischer Energie (unter Vernachlässigung von Reibungskräften) stellt die Schwingung eines Fadenpendels dar (s. dazu auch §30.2.1, Abb. 30.8 bzw. 30.9). Eine Versuchsvariante zeigt Abb. 6.15, das sog. *Fangpendel*. Zunächst wird die Pendelmasse m bezüglich der tiefsten Pendellage (in Abb. 6.15 punktiert angedeutet) um die Höhe h angehoben und dadurch um den Winkel φ_1 (nach links) ausgelenkt. Ohne den Stift in Abb. 6.15 würde das Pendel, nach dem Loslassen der Pendelmasse m, eine periodische Schwingung mit zeitlich konstanter Maximalauslenkung φ_1 durchführen, wie im reibungsfreien Fall nach dem Energieerhaltungssatz gefordert.

Die potentielle Energie $E_{pot} = m \cdot g \cdot h$ ist vollständig in kinetische Energie $E_{kin} = \frac{1}{2} m \cdot v^2$ umgewandelt, wenn die Pendelmasse durch die Ruhelage schwingt. Die Geschwindigkeit im Nulldurchgang ergibt sich aus $E_{pot} = m \cdot g \cdot h = \frac{1}{2} m \cdot v^2 = E_{kin}$ zu

$$v = \sqrt{2g \cdot h}, \qquad (6.24)$$

in Übereinstimmung mit (4.29), der Endgeschwindigkeit beim freien Fall über eine Fallhöhe h (§4.1.4).

Nach Durchlaufen der Ruhelage mit dieser Maximalgeschwindigkeit v, wandelt sich die kinetische Energie wieder in potentielle Energie um, bis zur vollständigen Umwandlung bei Erreichen der Maximalauslenkung auf der Gegenseite, wobei die Pendelmasse in ihrem Umkehrpunkt in der Höhe h über der Ruhelage kurzfristig zur Ruhe kommt. Ohne den Stift wäre dies in Abb. 6.15 die ebenfalls punktiert skizzierte Position der Pendelmasse auf der rechten Seite (vgl. dazu auch Abb. 30.9). Setzt man aber lotrecht unter dem Aufhängepunkt des Fadenpendels einen Stift ein (Abb. 6.15), der den Faden bei der Schwingung auf die Gegenseite abfängt und die wirksame Pendellänge von l_1 auf l_2 verkürzt, so steigt die Pendelmasse wegen des Energieerhaltungssatzes dennoch wieder zur vollen Höhe h auf, mit der dazugehörigen Schwingungsamplitude φ_2, wobei $\varphi_2 > \varphi_1$ ist. Aus der Position der Pendelmasse auf der rechten Seite wird dann die Oszillation von Neuem in die Gegenrichtung erfolgen und unter Einhaltung des Energieerhaltungssatzes periodisch fortgesetzt. Die Pendelmasse durchläuft ohne Stift die in Abb. 6.15 strichpunktiert markierte und für die Variante mit Stift die durchgehend markierte Bahnkurve.

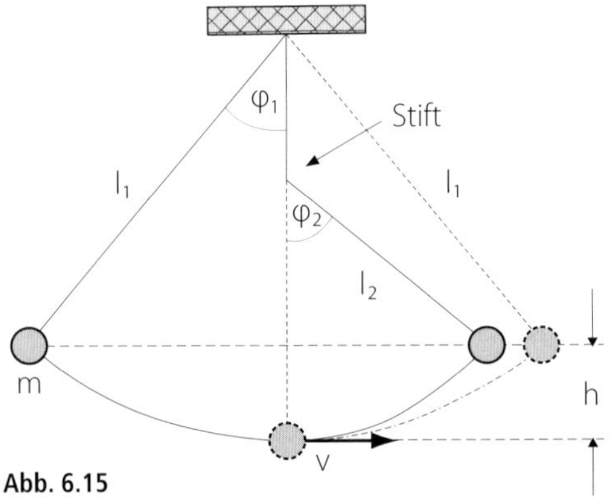

Abb. 6.15

Die Geschwindigkeit v mit der die Pendelmasse jeweils durch ihre Ruhelage schwingt, hängt somit nur von der Höhe h ab, auf die sie angehoben wurde, sie ist unabhängig von der Pendelmasse m (s. auch §30.2.1), von der wirksamen Pendellänge l sowie von der Bahnform und stimmt mit der Geschwindigkeit eines Körpers überein, der die Fallhöhe h aus der Ruhe heraus (ohne Reibung) frei durchfallen hat (Gleichungen (4.29) bzw. (6.24)).

§ 6.4 Leistung

Zur Berechnung der Arbeit spielt es bei gegebener Kraft keine Rolle, in welcher Zeit der Weg durchlaufen wird, es kommt nur auf den Weg an. Bei gleicher Kraft und gleichem Weg kann ein- und dieselbe Arbeit in unterschiedlichen Zeiten verrichtet werden. Sehr häufig ist es aber notwendig, eine bestimmte Arbeit in vorgegebener Zeit zu erledigen. So spricht man umgangssprachlich beispielsweise von einer hohen Leistung, die jemand erbracht hat, wenn eine große Arbeit in kurzer Zeit vollendet wird. In Anlehnung daran gelangen wir in der Physik zum Begriff der Leistung. Die **Leistung *P*** (angelsächsisch: *„power"*) ist der Quotient aus der verrichteten Arbeit und der dazu benötigten Zeit.

Wird bei der Verrichtung der Gesamtarbeit W innerhalb der Gesamtzeit t nach der dabei erbrachten Leistung gefragt, so interessiert die ***mittlere Leistung*** $\bar{P}$, die als die Gesamtarbeit W dividiert durch die Gesamtzeit t gegeben ist:

$$\bar{P} = \frac{W}{t} \qquad (6.25)$$

Da die Arbeit W und die Zeit t skalare Größen sind, ist auch die Leistung P als Quotient zweier skalarer Größen wieder ein Skalar.

Im Allgemeinen ist die Leistung zeitabhängig, d.h. es ist $P = P(t)$. Die dann zu betrachtende ***momentane Leistung P***, welche die im infinitesimalen Zeitintervall $\mathrm{d}t$ verrichtete Arbeit $\mathrm{d}W$ angibt, ist definiert durch:

Definition:

$$P = \frac{\mathrm{d}W}{\mathrm{d}t} \qquad (6.26)$$

Die Momentanleistung P ist der erste Differentialquotient (die erste Ableitung) der Arbeit (bzw. des Energieumsatzes) $\mathrm{d}W$ *nach der Zeit* $\mathrm{d}t$.

Aus (6.25) bzw. (6.26) folgt als Einheit der Leistung im SI-System:

Einheit:

Watt (W)

$$1\,\mathrm{W} = 1\,\frac{\mathrm{J}}{\mathrm{s}} = 1\,\frac{\mathrm{N\cdot m}}{\mathrm{s}}$$

Früher gebräuchliche Einheit:

$1\,\mathrm{PS} = 735{,}49875\,\mathrm{W} \approx 736\,\mathrm{W}$

Kennt man die Leistung als Funktion der Zeit $P(t)$, so erhält man die in der Zeit von t_1 bis t_2 verrichtete Arbeit durch eine Zeitintegration der umgestellten Gleichung (6.26) $\mathrm{d}W = P \cdot \mathrm{d}t$ zu:

$$W = \int_{t_1}^{t_2} P \cdot \mathrm{d}t \qquad (6.27)$$

Wird die konstante Leistung in der Zeit 0 bis t erbracht, so gilt für die Arbeit:

$$W = P \cdot t \qquad (6.28)$$

Ausgehend von $\mathrm{d}W = P \cdot \mathrm{d}t$ erhält man mit $\mathrm{d}W = \vec{F} \cdot \mathrm{d}\vec{s}$ (Gleichung (6.3)): $\vec{F} \cdot \mathrm{d}\vec{s} = P \cdot \mathrm{d}t$ und daraus wegen $\vec{v} = \frac{\mathrm{d}\vec{s}}{\mathrm{d}t}$:

$$P = \vec{F} \cdot \vec{v} \qquad (6.29)$$

Die Leistung ergibt sich auch als das Skalarprodukt aus Kraft $\vec{F}$ und Geschwindigkeit $\vec{v}$.

Beispiele:

1. Eine Person (Masse $m = 65$ kg) rennt eine Treppe hoch und überwindet dabei den Höhenunterschied von $\Delta h = 4$ m in $t = 3$ s. Für die aufzubringende mittlere Leistung $\bar{P}$ folgt mit (6.6) aus (6.25) $\bar{P} = \frac{m \cdot g \cdot \Delta h}{t} = 850{,}2$ W.

2. Die konstante Hubleistung P einer Pumpe, die pro Sekunde 20 l Wasser $\Delta h = 15$ m hoch fördert, berechnet sich durch Umformung von (6.28) aus $P = \frac{W}{t} = \frac{m \cdot g \cdot \Delta h}{t} = \frac{\varrho \cdot V \cdot g \cdot \Delta h}{t}$ zu $P \approx 3$ kW (Dichte des Wassers: $\varrho = 1 \cdot 10^3\ \mathrm{kg \cdot m^{-3}}$).

3. Um eine Masse von 1 kg in 1 sec um 1 m, d. h. mit der Geschwindigkeit $v = 1\,\frac{\mathrm{m}}{\mathrm{s}}$, senkrecht nach oben zu heben, ist nach (6.29) eine Leistung von $P = G \cdot v = m \cdot g \cdot v \approx 10$ W erforderlich.

4. Ein Kraftfahrzeug fährt mit konstanter Geschwindigkeit geradlinig eine ansteigende Straße (schiefe Ebene) hinauf. Verdoppelt man die Geschwindigkeit des Fahrzeugs, dann verdoppelt sich nach (6.29) auch dessen Leistung.

5. Damit ein Pkw sich mit einer konstanten Geschwindigkeit von $v = 80\,\text{km}\cdot\text{h}^{-1}$ bewegen kann, ist zur Überwindung aller auftretenden Kräfte, z. B. Luftwiderstand und Reibungswiderstand der Straße, eine Schubkraft $\vec{F}$ in Richtung von $\vec{v}$ erforderlich. Wenn der Betrag dieser Kraft $F = 3300$ N ist, dann muss die vom Motor ausgeübte Leistung nach (6.29)

$$P = |\vec{F}| \cdot |\vec{v}| = 3300 \cdot 80 \cdot \frac{10^3}{3{,}6 \cdot 10^3} \, \frac{\text{N} \cdot \text{m}}{\text{s}} = 73{,}3\,\text{kW}$$

(d. h. ≈ 100 PS) betragen.

In Tabelle 6.1 sind die Größenordnungen einiger typischer Leistungswerte angegeben.

Tab. 6.1

System	Leistung
Herzventrikel (linker), während der Systole	3 W
Gehirn	10 W
Mensch, Dauerleistung	70 W
Athlet (Gewichtheber), kurzzeitig, maximal	8 kW
Pferd, mittlere Leistung	700 W
Pkw, mittlere Leistung	50 kW
Elektrolokomotive	8 MW
Wasserkraftwerk (elektrische Leistung)	100 MW bis 10 GW
Kernkraftwerk (elektrische Leistung)	300 MW bis 1,3 GW
Trägerrakete (Saturn V, 1. Stufe Bodenschub)	120 GW

M Zur Feststellung der körperlichen Leistungsfähigkeit bzw. des Leistungsstandes eines Menschen werden im medizinischen Bereich, beim Leistungssport und in der Sport- oder Arbeitsmedizin sowie als Herz-Kreislauf Trainingssysteme auch im privaten Bereich **Ergometer** verwendet. Als Ergometer kommen beispielsweise *Fahrradergometer* (eine mit Pedalen bewegte Schwungscheibe) zum Einsatz, bei welchen die mechanische Leistung (in Watt) unter dosierbarer Belastung gemessen wird, die mittels einer mechanischen Bremse (Bremsband) oder einer elektromagnetischen Wirbelstrombremse (s. §26.4.2) eingestellt werden kann. Im medizinischen Bereich werden neben Fahrradergometern (meist im Sitzen, aber auch im Liegen) seltener auch *Laufbandergometer* eingesetzt, als Ergometer für Sportler möglichst die der jeweiligen Sportart verwandten Geräte, wie z. B. *Laufband-*, *Treppenstufen-*, *Ruder-* oder *Oberkörperergometer*.
Die **Ergometrie** hat sich in den medizinischen Bereichen besonders zur Überprüfung der Herz- und Kreislauffunktion und zur Beurteilung von Belastungsreaktionen bewährt, beispielsweise im Belastungs-Elektrokardiogramm (Belastungs-EKG) an einem Ergometrieplatz oder in der Spiroergometrie (der Lungenfunktionsprüfung bei dosierter körperlicher Belastung, z. B. der Messung von Lungenvolumina oder Gasaustausch-Parametern). Im Leistungssport und in der Sportmedizin dienen die Ergebnisse des mittels Ergometrie ermittelten Leistungsstandes eines Sportlers als Basis der weiteren Trainingsplanung.

Aufgaben

Aufgabe 6.1: Ein Pferd zieht 15 Minuten lang eine Kutsche mit einer Kraft von 180 N bei einer Geschwindigkeit von 7,2 km · h^{-1}. Die Deichsel der Kutsche bilde einen Winkel von 30° gegenüber der Horizontalen. Welche Arbeit verrichtet das Pferd?

Aufgabe 6.2: Ein Körper der Masse $m = 5$ kg wird im Schwerefeld der Erde 180 cm hoch gehoben. Wie groß ist die Zunahme seiner potentiellen Energie?

Aufgabe 6.3: Ein Kran hebt eine Last von 2000 N um 3 m in die Höhe und transportiert sie anschließend 4 m weit horizontal seitwärts. Um wie viel erhöht sich etwa die potentielle Energie der Last?

Aufgabe 6.4: Mit einem praktisch reibungsfreien Flaschenzug wird eine Last von 600 N um 15 m angehoben. Wie groß ist die abgewickelte Länge des Seils, wenn die am Flaschenzug aufzuwendende Kraft 60 N beträgt?

Aufgabe 6.5: An einer Federwaage hängt eine Masse $m = 8$ kg, welche die Feder um 50 mm aus der Ruhelage auslenkt (rechnen Sie mit $g \approx 10\ \text{m} \cdot \text{s}^{-2}$).

a) Wie groß ist die in der Feder gespeicherte Spannarbeit?
b) Welchen Wert hat die Federkonstante D?

Aufgabe 6.6: Ein Kraftfahrzeug mit einer Gesamtmasse von 1200 kg fährt mit einer Geschwindigkeit von 30 m · s^{-1} auf einer Straße bergan, die auf einer Fahrbahnlänge von 100 m um 5 m ansteigt. Um welchen Wert steigt dabei pro Sekunde die potentielle Energie im Schwerefeld etwa an?

Aufgabe 6.7: Ein Auto der Masse $m = 1$ t wird aus der Ruhe heraus auf eine Geschwindigkeit von $v = 54\ \text{km} \cdot \text{h}^{-1}$ beschleunigt. Wie groß ist die kinetische Energie des Fahrzeugs?

Aufgabe 6.8: Die Geschwindigkeit eines Pkw betrage 100 km · h^{-1}. Durch Erhöhung der Geschwindigkeit soll seine kinetische Energie verdoppelt werden. Auf das Wievielfache muss die Geschwindigkeit des Fahrzeugs erhöht werden?

Aufgabe 6.9: Ein Triebwagenzug mit einer Masse von 200 t wird aus dem Stand 2 Minuten lang mit 0,1 m · s^{-2} beschleunigt. Welche kinetische Energie hat er dann?

Aufgabe 6.10: Die Erde rotiert um eine durch ihre Pole hindurchgehende freie Achse (Dauer für einen Umlauf $T = 23$ h 56 min 4 s). Sie sei als Kugel homogener Dichte angenommen mit Radius $R \approx 6400$ km und der Masse $M \approx 6 \cdot 10^{24}$ kg. Wie groß ist die Rotationsenergie der Erde?

Aufgabe 6.11: Das Sauerstoffmolekül kann als zweiatomares Molekül in Form einer Hantel betrachtet werden (s. Abb. 5.46). Es besitzt ein Trägheitsmoment $J = 1{,}94 \cdot 10^{-46}\ \text{kg} \cdot \text{m}^2$ bei Rotation um eine im gemeinsamen Massenmittelpunkt auf der Verbindungslinie der beiden Atome senkrecht stehenden Achse. In einem Gas bewegt sich das Molekül der Masse $m = 5{,}31 \cdot 10^{-26}$ kg translatorisch mit einer Geschwindigkeit $v = 450\ \text{m} \cdot \text{s}^{-1}$. Wie groß ist die mittlere Rotationsdauer und -frequenz des Sauerstoffmoleküls, wenn seine kinetische Energie der Rotation zwei Drittel des Wertes der kinetischen Energie der Translation beträgt?

Aufgabe 6.12: Ein Körper der Masse m bewege sich reibungsfrei eine schiefe Ebene von der Höhe h aus herab (Bild A 6.1). Welche Beziehung ergibt sich für die Geschwindigkeit v des Körpers am Fußpunkt F der schiefen Ebene?

Aufgabe 6.13: Berechnen Sie die Geschwindigkeit und kinetische Energie des Körpers am Fußpunkt der schiefen Ebene (Bild A 6.1) für eine Körpermasse von $m = 20$ kg, eine Länge der schiefen Ebene von $s = 6$ m und einem Winkel $\alpha = 30°$.

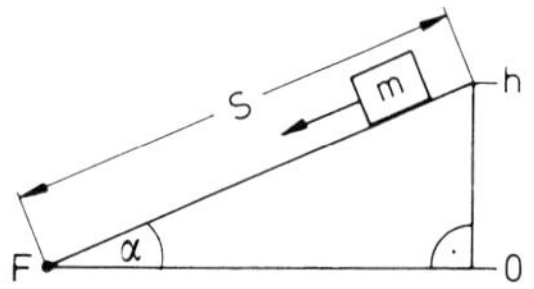

Bild A 6.1

Aufgabe 6.14: Ein Fadenpendel wird um einen Winkel α ausgelenkt (Anhebung bis zur Höhe h) und dann losgelassen (Bild A 6.2). Die Pendelschwingung erfolge ohne Reibung.

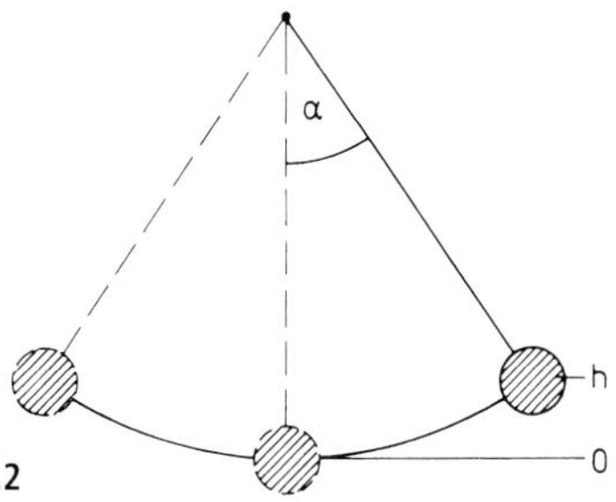

Bild A 6.2

a) In welchem Punkt der Pendelbahn ist die kinetische Energie maximal?
b) In welchen Punkten weist die Pendelbahn ein Maximum der potentiellen Energie auf und wie groß ist dort die kinetische Energie?
c) Welche Beziehung ergibt sich für die Geschwindigkeit im Nulldurchgang?

Aufgabe 6.15: Ein Hammer (Masse $m = 400$ g) wird mit einer Geschwindigkeit von $v = 3\,\mathrm{m \cdot s^{-1}}$ auf einen unelastischen Gegenstand geschlagen. Welche Auftreffenergie wird dabei maximal in Wärme umgewandelt?

Aufgabe 6.16: Ein Körper der Masse $m = 200$ kg werde mit konstanter Geschwindigkeit horizontal um die Strecke $\Delta s = 5\,\mathrm{m}$ in $\Delta t = 10\,\mathrm{s}$ verschoben. Zur Überwindung der Reibung ist eine Kraft von $F = 400$ N notwendig. Wie groß ist während des Verschiebens
a) die aufgewendete Arbeit?
b) die kinetische Energie des Körpers?
c) die Leistung?

Aufgabe 6.17: Für einen Motor wird eine Leistung von 1 kW angegeben. Wie groß ist die von ihm in 0,5 h verrichtete Arbeit? Geben Sie die Arbeit in kWh und in J an.

Aufgabe 6.18: Ein Körper der Masse m wird in der Zeit t um die Strecke h senkrecht nach oben angehoben. Wie lautet die Beziehung, nach welcher die erforderliche mittlere Leistung $\bar{P}$ berechnet werden kann?

Aufgabe 6.19: Ein Aufzug mit einem Gewicht von $G = 2000$ N steigt mit einer Geschwindigkeit von $v = 1{,}8\,\mathrm{m \cdot s^{-1}}$. Wie groß ist die Gesamtleistung des Motors, wenn 90 % davon in Steigleistung umgesetzt werden?

Aufgabe 6.20: Die mittlere Energiezufuhr eines Menschen mit der Masse $m = 60$ kg beträgt etwa $6 \cdot 10^6$ J pro Tag. Welcher mittleren Leistung entspricht dies?

§7 Impuls – Drehimpuls

Nach der Energie lernen wir in diesem Abschnitt als zwei weitere Größen, für welche Erhaltungssätze gelten, den Impuls und den Drehimpuls kennen. Zunächst befassen wir uns mit dem *Impuls* und der Verallgemeinerung des II. Newton'schen Axioms, auch für Systeme von Massenpunkten, führen den Begriff des *Kraftstoßes* ein und definieren den *Impulserhaltungssatz*. Mit den Erhaltungssätzen für Energie und Impuls lassen sich dann die Gesetze für *elastische* und *unelastische Stöße* (*Stoßgesetze*) aufstellen. Danach wenden wir uns der Definition des *Drehimpulses* zu, der – wie schon der Name andeutet – bei einer Drehbewegung eine zum Impuls bei der Translationsbewegung vergleichbare Rolle spielt. Schließlich führen wir den *Drehimpulserhaltungssatz* ein und besprechen dazu Bewegungsbeispiele. Zum Abschluss dieses Abschnitts behandeln wir noch grundsätzlich den Starren Körper bei freier Drehachse und als Anwendung beispielhaft einfache Kreiselprobleme (*Nutation*, *Präzession*).

§7.1 Impuls

Bewegt sich ein Körper *(Massenpunkt)* der Masse m translatorisch mit der Geschwindigkeit $\vec{v}$, so bezeichnet man das Produkt aus m und $\vec{v}$ als seine **Bewegungsgröße** oder seinen **Impuls**.

Definition:

$$\vec{p} = m \cdot \vec{v} \tag{7.1}$$

Einheit:

$\mathrm{N \cdot s}$ oder $\mathrm{kg \cdot m \cdot s^{-1}}$

Der Impuls $\vec{p}$ ist ein Vektor, der in dieselbe Richtung wie die Geschwindigkeit $\vec{v}$ zeigt.

Unter Verwendung der Definitionsgleichung (7.1) für den Impuls, können wir das II. Newton'sche Axiom (5.1) für konstante Masse $m = \text{const.}$ umformen:

$$\vec{F} = m \cdot \vec{a} = m \cdot \frac{d\vec{v}}{dt} = \frac{d(m \cdot \vec{v})}{dt} = \frac{d\vec{p}}{dt}$$

Wir erhalten also für die real wirkende Kraft $\vec{F}$:

$$\vec{F} = \frac{d\vec{p}}{dt} \tag{7.2}$$

Die real wirkende Kraft $\vec{F}$, die auf die Masse m wirkt, ist gleich der Impulsänderung pro Zeiteinheit.

Diese allgemeine Formulierung (7.2) des II. Newton'schen Axioms schließt die Fälle mit ein, bei denen sich außer der Geschwindigkeit auch die Masse eines Körpers zeitlich verändert:

$$\vec{F} = \frac{d\vec{p}}{dt} = m \cdot \frac{d\vec{v}}{dt} + \frac{dm}{dt} \cdot \vec{v} = m \cdot \vec{a} + \frac{dm}{dt} \cdot \vec{v} \tag{7.3}$$

Das II. Newton'sche Axiom, in der üblicherweise gebrauchten Formulierung der Beziehung (5.1): $\vec{F} = m \cdot \vec{a}$, ist als Sonderfall in (7.3) enthalten; ist die Masse $m = \text{const.}$, so gilt $\frac{dm}{dt} = 0$.

Newton selbst hatte das II. Axiom in der allgemeinen Form gemäß (7.2) als $\vec{F} = \frac{d\vec{p}}{dt} = \frac{d(m \cdot \vec{v})}{dt}$ formuliert.

In dieser Form ist das II. Newton'sche Axiom auch relativistisch gültig. In der *„speziellen Relativitätstheorie"* von *A. Einstein* treten variable Massen abhängig von der Geschwindigkeit, d. h. $m = m(v)$, auf. Ohne detailliert auf Einzelheiten dieser experimentell bestätigten Theorie eingehen zu können, sei Folgendes kurz angeführt. Die maximale Grenzgeschwindigkeit v eines Körpers ist nach Einstein die Lichtgeschwindigkeit c, d. b. es ist $v \leqq c$. Bei hohen Geschwindigkeiten v nahe c $(v \approx c)$ ist die Masse von der Geschwindigkeit nicht mehr unabhängig, sie nimmt mit der Geschwindigkeit zu. Ist v der Betrag der Geschwindigkeit eines Teilchens und m_0 seine so genannte *Ruhemasse*, d. h. die Masse, die es bei der Geschwindigkeit $v = 0$ besitzt, dann wird seine Masse m durch die von Einstein abgeleitete Beziehung beschrieben:

$$m = \frac{m_0}{\sqrt{1 - \frac{v^2}{c^2}}} \qquad (7.4)$$

(relativistische Masse)

Dabei ist:

m_0 = Ruhemasse

v = Geschwindigkeit der Masse

c = Lichtgeschwindigkeit

$= 2{,}9979 \cdot 10^8\ \mathrm{m \cdot s^{-1}}$

Elementarteilchen, wie Elektronen oder Protonen, erreichen in Beschleunigern enorm hohe Geschwindigkeiten v, die bereits nahe bei der Lichtgeschwindigkeit c liegen $(v \approx 0{,}999\,c)$. Bei Experimenten mit schnellen Teilchen muss daher anstatt der Ruhemasse m_0 die relativistische Masse m berücksichtigt werden.

Im Sinne der klassischen Mechanik werden wir jedoch für das Weitere alle vorkommenden Geschwindigkeiten v als sehr klein gegenüber der Lichtgeschwindigkeit c annehmen, sodass wir von relativistischen Effekten absehen und die Massen der Körper (Massenpunkte) als konstant betrachten können. Es ist dennoch oft zweckmäßig, neben der spezielleren Gleichung (5.1) $\vec{F} = m \cdot \vec{a}$ die Beziehung (7.2) $\vec{F} = \frac{\mathrm{d}\vec{p}}{\mathrm{d}t}$ zu verwenden, insbesondere dann, wenn Impulsänderungen eines Körpers einfacher beurteilt werden können als seine Beschleunigungen.

Betrachten wir nicht nur einen Massenpunkt, sondern ein System von Massenpunkten mit den Massen m_i $(i = 1, \ldots, n)$ und den Geschwindigkeiten v_i, wobei jedes Teilchen m_i des Systems einen Impuls $\vec{p}_i = m \cdot \vec{v}_i$ besitzt und an ihm die Einzelkräfte $\vec{F}_i = \frac{\mathrm{d}\vec{p}_i}{\mathrm{d}t}$ angreifen. Das System als Ganzes besitzt dann den Gesamtimpuls $\vec{p}_{\text{ges}}$, der sich vektoriell aus der Summe aller Einzelimpulse zu

$$\vec{p}_{\text{ges}} = \vec{p}_1 + \vec{p}_2 + \ldots + \vec{p}_n = \sum_{i=1}^{n} \vec{p}_i \qquad (7.5)$$

zusammensetzt und entsprechend ergibt sich für die Gesamtkraft

$$\vec{F}_{\text{ges}} = \sum_{i=1}^{n} \vec{F}_i \qquad (7.6)$$

Für das System kann somit geschrieben werden:

$$\boxed{\vec{F}_{\text{ges}} = \frac{\mathrm{d}\vec{p}_{\text{ges}}}{\mathrm{d}t}} \qquad (7.7)$$

Die Beziehung (7.7) ist die Verallgemeinerung von (7.2) und stellt die Newton'sche Bewegungsgleichung für Systeme von Massenpunkten dar; dabei können die Massenpunkte z. B. auch zu ausgedehnten makroskopischen Körpern zusammengefasst sein. In § 5.2.2 haben wir besprochen, wie ein Massenmittelpunkt definiert ist. Verstehen wir unter $M = \sum_i m_i$ die im Massenmittelpunkt S mit den Koordinaten (x_S, y_S, z_S) vereinigt gedachte Gesamtmasse des Systems, dann kann ausgehend von den Gleichungen (5.35) bis (5.37) gezeigt werden, dass der Gesamtimpuls $\vec{p}_{\text{ges}}$ des Systems, definiert durch (7.5), gleich dem Impuls $\vec{p}_M = M \cdot \vec{v}_S$ des Massenmittelpunktes ist, mit $\vec{v}_S$ als der Geschwindigkeit des Massenmittelpunktes. Für die Gesamtkraft $\vec{F}_{\text{ges}}$ nach (7.7) ergibt sich dann:

$$\vec{F}_{\text{ges}} = \frac{\mathrm{d}\vec{p}_M}{\mathrm{d}t} \qquad (7.8)$$

Danach bewegt sich der Massenmittelpunkt eines Systems gerade so, wie wenn die Summe, der an den einzelnen Massenpunkten m_i angreifenden Kräfte, auf einen Massenpunkt der Gesamtmasse M im Massenmittelpunkt einwirken würde.

In Worten kann daher (7.7) bzw. (7.8) auch folgendermaßen formuliert werden: Bei einem System von Massenpunkten ist die resultierende Gesamtkraft gleich der zeitlichen Änderung des Impulses des Massenmittelpunktes.

Als Anwendung betrachten wir folgendes Beispiel eines Systems mit veränderlicher Masse: Ein Chemiegrundstoff in Granulatform rinnt aus einem Vorratsbehälter mit konstanter Rate $\frac{\mathrm{d}m}{\mathrm{d}t}$ auf ein Förderband (Abb. 7.1) und wird von diesem mit der Geschwindigkeit $\vec{v}$ zu einem Reaktionsgefäß weiter transportiert. Gefragt ist die Antriebskraft $\vec{F}$, mit welcher das Förderband betrieben werden muss, um seine Laufgeschwindigkeit $\vec{v}$ konstant zu halten.

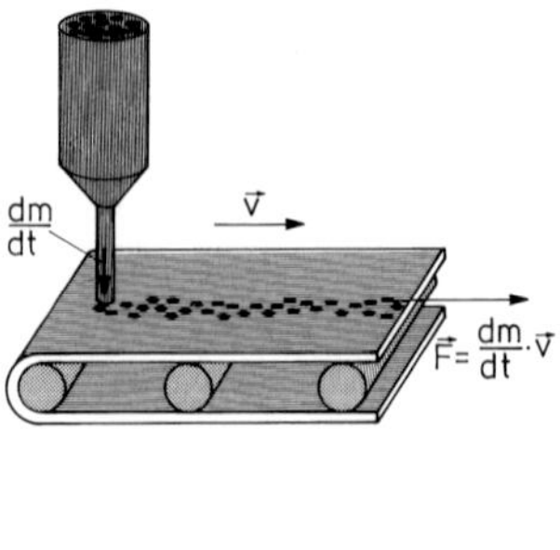

Abb. 7.1

Das System besteht aus Transportgut und Förderband. In der Zeit $\mathrm{d}t$ wird die Masse $\mathrm{d}m$ des Systems von der Geschwindigkeit null auf $\vec{v} \neq 0$ beschleunigt. Dabei erfährt sie die Impulsänderung $\mathrm{d}\vec{p} = \mathrm{d}m \cdot \vec{v}$ durch die Kraft

$$\vec{F} = \frac{\mathrm{d}\vec{p}}{\mathrm{d}t} = \frac{\mathrm{d}m}{\mathrm{d}t} \cdot \vec{v}$$

Es handelt sich hier um eine Kraft, die nur von einer veränderlichen Masse abhängig ist und stimmt mit dem zweiten Term der Beziehung (7.3) überein. Zu beachten ist jedoch, dass in (7.3) $\frac{\mathrm{d}m}{\mathrm{d}t}$ die sich ändernde Masse eines einzelnen Massenpunktes bedeutet, während hier in (7.8) die Masse des Einzelkörpers (Granulat) konstant ist und unter $\frac{\mathrm{d}m}{\mathrm{d}t}$ die Teilmasse des Systems zu verstehen ist, die in der Zeiteinheit in Bewegung gesetzt wird.

Die das Förderband antreibende Kraft zeigt in die Richtung, in der das Band läuft und hat nach (6.29) mit (7.8) die Leistung

$$P = \vec{F} \cdot \vec{v} = \left(\frac{\mathrm{d}m}{\mathrm{d}t} \cdot \vec{v}\right) \cdot \vec{v} = \frac{\mathrm{d}m}{\mathrm{d}t} \cdot v^2$$

zu erbringen. Da $\vec{v}$ konstant ist, kann man dafür auch schreiben:

$$P = \frac{\mathrm{d}(m \cdot v^2)}{\mathrm{d}t} = 2\frac{\mathrm{d}}{\mathrm{d}t}\left(\frac{1}{2}m \cdot v^2\right) = 2\,\frac{\mathrm{d}E_{\mathrm{kin}}}{\mathrm{d}t}$$

Die zum Betrieb des Bandes erforderliche Leistung ist gerade doppelt so groß wie die in der Zeiteinheit erfolgende Zunahme der kinetischen Energie des Systems. Die Hälfte der eingebrachten Arbeit findet sich nicht in der kinetischen Energiezunahme des Fördergutes, sondern wird in Form von Wärmeenergie verzehrt.

Ein weiteres Beispiel eines Systems mit zeitlich veränderlicher Masse stellt die Beschleunigung einer Rakete dar, welche den in der Zeiteinheit verbrannten Treibstoff als heiße Verbrennungsgase durch eine Düse mit hoher Geschwindigkeit nach hinten ausstößt. Dabei nimmt die Masse der Rakete ständig ab und ihre Geschwindigkeit dauernd zu (s. auch § 7.1.3).

Zwischen dem Impuls $\vec{p} = m \cdot \vec{v}$ und der kinetischen Energie $E_{\mathrm{kin}} = \frac{1}{2}m \cdot v^2$ kann man eine direkte Beziehung ableiten. Ausgehend von der kinetischen Energie erhält man durch Umformung:

$$E_{\mathrm{kin}} = \frac{m \cdot v^2}{2} = \frac{m^2 \cdot v^2}{2m} = \frac{(m\vec{v}) \cdot (m\vec{v})}{2m} = \frac{\vec{p} \cdot \vec{p}}{2m}$$

oder

$$E_{\mathrm{kin}} = \frac{p^2}{2m} \qquad (7.9)$$

Die kinetische Energie und der Impuls können für einen Körper definierter Masse nicht unabhängig voneinander angegeben werden.

§ 7.1.1 Kraftstoß

Erfährt ein Körper zwischen den Zeiten t_0 und t_1 eine Änderung seines Impulses $\vec{p}$ durch einen ruck- oder stoßweisen Vorgang, so zeigt die wirkende Kraft einen nichtkonstanten Verlauf mit der Zeit t (Abb. 7.2). Die Kraft soll vor und nach dem Stoß null sein. Die zeitliche Änderung des Impulses ist durch (7.2) gegeben, woraus wir durch einfaches Umschreiben erhalten

$$\vec{F} \cdot \mathrm{d}t = \mathrm{d}\vec{p}$$

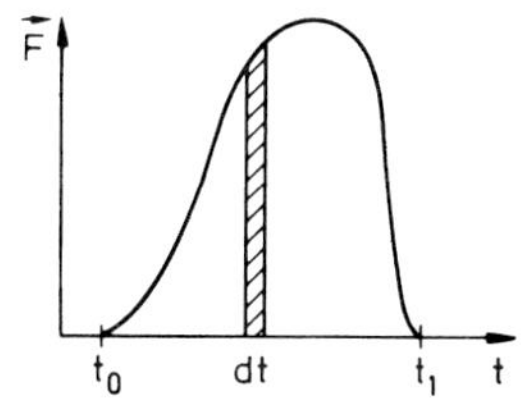

Abb. 7.2

Damit ergibt sich der Zusammenhang zwischen der im Zeitintervall $\Delta t = (t_1 - t_0)$ wirkenden Kraft und der durch den Stoß erfolgten Impulsänderung des Körpers als *zeitliches Integral der Kraft* $\vec{F}$. Dieses Zeitintegral der Kraft nennt man **Kraftstoß**:

Definition:

$$\int_{t_0}^{t_1} \vec{F} \cdot \mathrm{d}t = \int_{t_0}^{t_1} \mathrm{d}\vec{p} = \vec{p}(t_1) - \vec{p}(t_0) = \Delta\vec{p} \qquad (7.10)$$

Einheit:

N · s

Der Kraftstoß ist gleich der gesamten Änderung des Impulses $\Delta\vec{p}$ zwischen den Zeiten t_0

und t_1. Bewegt sich ein Körper kräftefrei ($\vec{F}=0$), dann verschwindet der Kraftstoß und damit ist auch die Impulsänderung $\Delta\vec{p}=0$, d. h. der Impuls des Körpers bleibt unverändert konstant.

Ist die wirkende Kraft $\vec{F}$ im Zeitintervall $\Delta t=(t_1-t_0)$ konstant oder kann für sie eine mittlere Kraft angegeben werden, dann kann (7.10) auch geschrieben werden als:

$$\Delta\vec{p}=\vec{p}\,(t_1)-\vec{p}\,(t_0)=\vec{F}\cdot\Delta t \qquad (7.11)$$

In einem „crash-test" fahre beispielsweise ein Fahrzeug der Masse M mit der Geschwindigkeit $\vec{v}$ auf ein starres Hindernis (Mauer). Die in der Zeit $\Delta t=t_1-t_0$ auf das Fahrzeug wirkende mittlere Kraft lässt sich aus dem Kraftstoß berechnen. Mit (7.11) folgt $\vec{F}\cdot\Delta t=\vec{p}\,(t_1)-\vec{p}\,(t_0)=0-M\cdot\vec{v}$. Daraus ergibt sich betragsmäßig für $|\vec{F}|$:

$$|\vec{F}|=\frac{M\cdot|\vec{v}\,|}{\Delta t}=\frac{M\cdot v}{t_1-t_0}$$

Je kürzer Δt (Wechselwirkungszeit), desto größer ist die auf das Fahrzeug wirkende Kraft.

§ 7.1.2 Impulserhaltungssatz

In einem abgeschlossenen System (d. h. eine Wechselwirkung mit der Außenwelt ist unterbunden, z. B. wirken keine Kräfte von außen) betrachten wir zwei Massen m_1 und m_2, auf die gegenseitig die inneren Kräfte $\vec{F}_1$ und $\vec{F}_2$ einwirken. Wir interpretieren diese Kräfte $\vec{F}_1$ und $\vec{F}_2$ gemäß dem III. Newton'schen Axiom (actio = reactio), dann gilt: $\vec{F}_1=-\vec{F}_2$ oder $\vec{F}_1+\vec{F}_2=0$. Mit (7.2) folgt dann:

$$\frac{\mathrm{d}\vec{p}_1}{\mathrm{d}t}+\frac{\mathrm{d}\vec{p}_2}{\mathrm{d}t}=\frac{\mathrm{d}(\vec{p}_1+\vec{p}_2)}{\mathrm{d}t}=\frac{\mathrm{d}\vec{p}_{\mathrm{ges}}}{\mathrm{d}t}=0 \qquad (7.12)$$

wenn $\vec{p}_{\mathrm{ges}}=\vec{p}_1+\vec{p}_2$ der Gesamtimpuls des Systems ist. Da sich nach (7.12) der Gesamtimpuls $\vec{p}_{\mathrm{ges}}$ zeitlich nicht ändert, muss der Impuls zeitlich konstant sein.

$$\vec{p}_{\mathrm{ges}}=\mathrm{const.} \qquad (7.13)$$

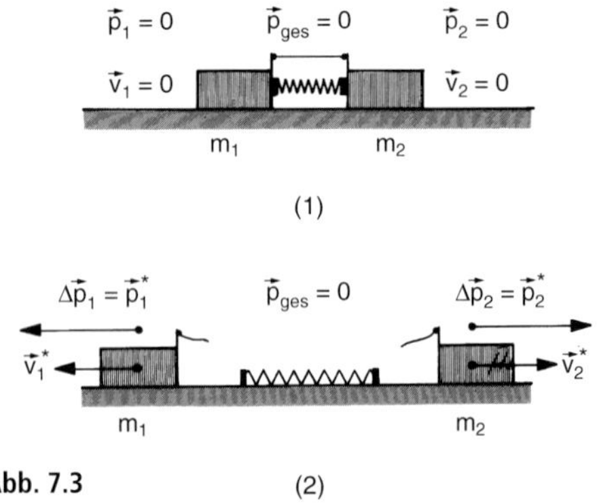

Abb. 7.3

Wir können also ähnlich wie für die Energie auch für den Impuls im abgeschlossenen System einen Erhaltungssatz formulieren:

> Wirken auf ein System keine äußeren Kräfte, so bleibt der Gesamtimpuls (Vektorsumme der Impulse) konstant.

Der *Impulserhaltungssatz* oder kürzer *Impulssatz* lässt sich experimentell in folgender Weise veranschaulichen: Zwei Körper der Massen m_1 und m_2 gleiten reibungsfrei auf einer horizontalen ebenen Unterlage, z. B. einer Luftkissenfahrbahn. Zwischen den beiden Massen befinde sich eine (im Idealfall masselose) Feder. Zu Beginn des Experiments werden die beiden Körper zusammengeschoben – die Feder wird dadurch gestaucht – und die mit der Feder gegeneinander verspannten Körper fixiert man zunächst durch einen dünnen Faden zur Kräftekompensation (Abb. 7.3 (1)). Da hierzu äußere Kräfte $\vec{F}_{\mathrm{ext}}$ erforderlich sind, ist das System zunächst nicht abgeschlossen. Erst ab dem Zeitpunkt, an welchem die äußeren Kräfte entfernt werden, ist das System sich selbst überlassen und damit abgeschlossen. Die beiden Körper sind anfangs in Ruhe und mit $\vec{v}_1=0$ bzw. $v_2=0$ sind auch die Impulse $\vec{p}_1=0$ bzw. $\vec{p}_2=0$, und damit der Gesamtimpuls $\vec{p}_{\mathrm{ges}}=\vec{p}_1+\vec{p}_2=0$. Wird zum Zeitpunkt t_0 der dünne Faden mittels einer Flamme durchgebrannt – das System bleibt sich nun selbst überlassen, d. h. es ist abgeschlossen –, dann bewirken die Federkräfte $\vec{F}_1$ und $\vec{F}_2$ eine Beschleunigung und damit eine Impulsänderung der Massen m_1 und m_2 für eine Zeitspanne Δt so lange, bis die Feder völlig entspannt ist. Zu jedem Zeitpunkt während der Beschleunigungsphase in der Zeit Δt gilt nach dem III. Newton'schen Axiom $\vec{F}_1=-\vec{F}_2$. Gemäß (7.2) ergibt sich dann für die Impulsänderung

$$\mathrm{d}\vec{p}_1=\vec{F}_1\cdot\mathrm{d}t=-\vec{F}_2\cdot\mathrm{d}t=-\mathrm{d}\vec{p}_2$$

woraus, ähnlich wie in Gleichung (7.10), durch Integration über das Zeitintervall von t_0 bis $(t_0+\Delta t)$ für den Kraftstoß folgt

$$\Delta\vec{p}_1 = \int\limits_{t_0}^{t_0+\Delta t} \vec{F}_1 \cdot \mathrm{d}t = -\int\limits_{t_0}^{t_0+\Delta t} \vec{F}_2 \cdot \mathrm{d}t = -\Delta\vec{p}_2 \qquad (7.14)$$

und damit

$$\Delta\vec{p}_{\text{ges}} = \Delta\vec{p}_1 + \Delta\vec{p}_2 = 0 \qquad (7.15)$$

Gleichung (7.15) stellt wiederum den Impulserhaltungssatz $\Delta\vec{p}_{\text{ges}} = 0$ bzw. $\vec{p}_{\text{ges}} = \text{const.}$ dar, gültig im gesamten Zeitintervall Δt der Wechselwirkung (Entspannung der Feder). Da zu Beginn des Experimentes der Impuls $\vec{p}_{\text{ges}} = 0$ war, ist auch am Ende $\vec{p}_{\text{ges}} = 0$. Die Körper der Massen m_1 bzw. m_2 können jedoch durchaus Einzelimpulse $\vec{p}_1^{\,*}$ bzw. $\vec{p}_2^{\,*}$ besitzen, sich also mit den Geschwindigkeiten $\vec{v}_1^{\,*}$ bzw. $\vec{v}_2^{\,*}$ bewegen, da wegen des nicht verschwindenden Kraftstoßes in Gleichung (7.14) gilt:

$$\Delta\vec{p}_1 = \vec{p}_1^{\,*} - \vec{p}_1 = \vec{p}_1^{\,*} = m_1 \cdot \vec{v}_1^{\,*} \neq 0 \qquad (7.16)$$

und

$$\Delta\vec{p}_2 = \vec{p}_2^{\,*} - \vec{p}_2 = \vec{p}_2^{\,*} = m_2 \cdot \vec{v}_2^{\,*} \neq 0 \qquad (7.17)$$

Die Impulse $\vec{p}_1^{\,*}$ und $\vec{p}_2^{\,*}$ ergeben sich nach (7.14) und (7.15) als betragsmäßig gleich groß und antiparallel zueinander gerichtet (Abb. 7.3 (2)). Mit den Beziehungen (7.16) und (7.17) folgt somit aus (7.15) für die resultierende Summe der Impulse der in entgegengesetzte Richtungen auseinander laufenden Körper:

$$\vec{p}_1^{\,*} + \vec{p}_2^{\,*} = m_1 \cdot \vec{v}_1^{\,*} + m_2 \cdot \vec{v}_2^{\,*} = 0 \qquad (7.18)$$

Für die Beträge erhält man aus (7.14) $|\Delta\vec{p}_1| = |\Delta\vec{p}_2|$ und damit $|\vec{p}_1^{\,*}| = |\vec{p}_2^{\,*}|$ bzw. $m_1 \cdot v_1^* = m_2 \cdot v_2^*$, woraus sich ergibt:

$$\frac{v_1^*}{v_2^*} = \frac{m_2}{m_1} \qquad (7.19)$$

Die Beträge der Geschwindigkeiten der beiden Körper verhalten sich somit umgekehrt wie deren Massen; der Körper mit der größeren Masse bewegt sich also mit der kleineren Geschwindigkeit und umgekehrt. Sind die beiden Massen gleich $(m_1 = m_2)$, dann bewegen sich die Körper mit betragsmäßig gleich großen Geschwindigkeiten in entgegengesetzte Richtungen voneinander weg.

Die obigen Betrachtungen zeigen, dass bei der Wechselwirkung zwischen zwei Körpern ein Impuls $\Delta\vec{p}$ ausgetauscht wird, für welchen aufgrund der Zusammenhänge zwischen den Kraftstößen bzw. Impulsänderungen nach (7.14) Folgendes gilt: Der Impuls $\Delta\vec{p} = \Delta\vec{p}_1$ der vom Körper der Masse m_1 übernommen wird, ist gleich dem vom Körper der Masse m_2 abgegebenen Impuls $\Delta\vec{p} = -\Delta\vec{p}_2$, d. h. $\Delta\vec{p} = \Delta\vec{p}_1 = -\Delta\vec{p}_2$. Der Körper der Masse m_2 erfährt nun eine zum abgegebenen Impuls $(-\Delta\vec{p}_2)$ antiparallele Impulsänderung $\Delta\vec{p}_2$, die man als ***Rückstoß*** auf den Körper der Masse m_2 bezeichnet. Im Beispiel des Experimentes zur Impulserhaltung (Abb. 7.3) ist das Auftreten eines Rückstoßes $\Delta\vec{p}_2$ auf die Masse m_2 eine zwangsläufige Folge der auf die Masse m_1 wirkenden Impulsänderungen $\Delta\vec{p}_1$. Im nachfolgenden Abschnitt werden wir noch weitere Beispiele zum Rückstoß und zu Anwendungen des Impulserhaltungssatzes kennen lernen.

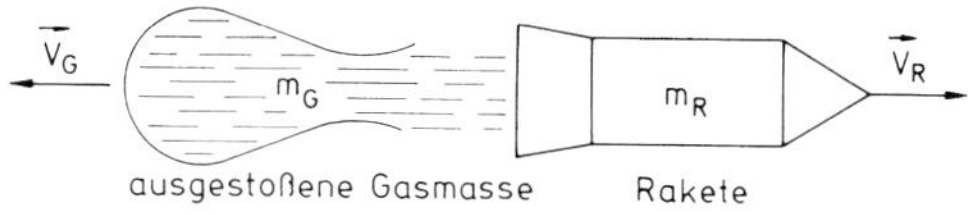

Abb. 7.4

§ 7.1.3 Beispiele zur Anwendung des Impuls- und Energieerhaltungssatzes

I. Rückstoß

I.1. Eine Anwendung des Impulserhaltungssatzes finden wir bei den nach dem *Rückstoßprinzip* arbeitenden Raketen- oder Strahlantrieben. Wie bereits als Beispiel eines Systems mit zeitlich veränderlicher Masse in § 7.1 angesprochen, werden bei einer Rakete die heißen Verbrennungsgase aus dem Raketenmotor mit hoher Geschwindigkeit $\vec{v}_G$ ausgestoßen. Eine Rakete fliege mit der Geschwindigkeit $\vec{v}_R$ durch den sonst leeren Raum, äußere Kräfte treten nicht auf, d. h. wir können das Gesamtsystem (Rakete plus ausgestoßenes Gas) als abgeschlossen betrachten (Abb. 7.4). Beschleunigt wird die Rakete der Masse m_R, d. h. Raketenkörper (inkl. einer eventuellen Nutzlast) und restlicher Treibstoff, durch den zum Impuls der ausgeschleuderten Verbrennungsgase antiparallelen Rückstoß. Eine vereinfachte Betrachtung zeigt: Im Raketenmotor wird der Treibstoff mit einer Verbrennungsrate $-\dfrac{\mathrm{d}m_R}{\mathrm{d}t}$ verbrannt und in der Zeiteinheit als Gasmasse m_G aus den Triebwerksdüsen mit der zur Rakete relativen Geschwindigkeit $\vec{v}_{\text{rel}} = \vec{v}_G - \vec{v}_R$ (alle Geschwindigkeiten sind im Bezugssystem der Erde gemessen) ausgestoßen. Dadurch erfährt die

Rakete eine Reaktionskraft (Rückstoß) $\vec{F}_R = \vec{v}_{rel} \cdot \frac{dm_R}{dt}$, welche die so genannte *Schubkraft* (oder kurz den *Schub*) darstellt, also die effektive beschleunigende Kraft auf die Rakete, die ihre Geschwindigkeit in Flugrichtung erhöht. Es handelt sich also bei diesem Vorgang nur um die Wirkung von inneren Kräften des Systems (Rakete plus Verbrennungsgase). Wirken keine äußeren Kräfte, so bleibt der Impuls des Gesamtsystems erhalten.

I.2. Auch der Rückstoß beim Abfeuern einer Kugel beispielsweise aus einem Gewehr lässt sich mittels des Impulserhaltungssatzes bestimmen. Der Impuls des Gewehres, einschließlich der Kugel, vor dem Abfeuern ist $\vec{p}_1 = 0$. Somit muss $\vec{p}_2$, die Summe der Einzelimpulse des Gewehres (ohne abgefeuerte Kugel) $m_G \cdot \vec{v}_G$ und der Kugel $m_K \cdot \vec{v}_K$, nach dem Abfeuern auch null sein:

$$\vec{p}_1 = 0 = \vec{p}_2 = m_G \cdot \vec{v}_G + m_K \cdot \vec{v}_K \qquad (7.20)$$

Daraus lässt sich, bei bekannter Masse m_G des Gewehres sowie Geschwindigkeit v_K und Masse m_K der Kugel, die Rückstoßgeschwindigkeit v_G des Gewehres bestimmen.

I.3 Nach dem Rückstoßprinzip kann man sich beispielsweise auch mit einem Boot auf einem (ruhigen) See vorwärts bewegen, wenn man genügend Wurfmaterial bei sich hat. In einem Boot befinde sich z. B. eine Person mit einem großen Vorrat an Steinen, der so groß ist, dass es gerade noch nicht untergeht. Auch ohne Rudern ist dann eine Fortbewegung möglich, wenn nur die Person die Steine in jeweils die gleiche Richtung mit möglichst hoher Geschwindigkeit abwirft. Dann wird sie sich aufgrund des Rückstoßes mit dem Boot in die entgegengesetzte Richtung zur Abwurfrichtung vorwärts bewegen. Der Gesamtimpuls war vor dem Abwurf null und ist gemäß dem Impulserhaltungssatz auch nach dem Abwurf gleich null.

I.4. Damit sich ein Skateboardfahrer vorwärts bewegt, muss er sich mit einer bestimmten Kraft vom Boden abstoßen, wobei vorausgesetzt wird, dass die Reibung zwischen den Schuhsohlen des Skateboardfahrers und dem Boden hinreichend groß ist. Durch die im Zeitintervall Δt auf den Boden wirkende mittlere Kraft $\vec{F}_B$ wird auf den Boden der Impuls $\Delta\vec{p}_B = \vec{F}_B \cdot \Delta t$ entgegen der vorgesehenen Bewegungsrichtung des Skateboardfahrers übertragen (Abb. 7.5). Dadurch erfährt das System bestehend aus Skateboardfahrer und Skateboard einen Rückstoß $\Delta\vec{p}_S = \vec{F}_S \cdot \Delta t = m_S \cdot \vec{v}_S$ und erreicht damit die Geschwindigkeit $\vec{v}_S$ ($m_S, \vec{v}_S$: Masse bzw. Geschwindigkeit von Skateboardfahrer plus Skateboard). Nach dem Wechselwirkungsgesetz gilt $\vec{F}_S = -\vec{F}_B$ und es folgt für die Impulsänderungen im Zeitintervall Δt:

$$\Delta\vec{p}_S = \vec{F}_S \cdot \Delta t = -\vec{F}_B \cdot \Delta t = -\Delta\vec{p}_B \qquad (7.21)$$

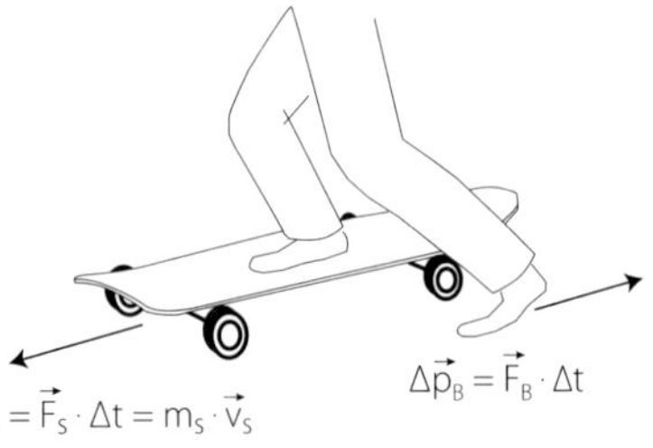

Abb. 7.5

Der auf den Boden ausgeübte Impuls wird zwar die Erde aufgrund ihrer großen (trägen) Masse nicht in Bewegung versetzen, der Rückstoß bringt jedoch den Skateboardfahrer mit der Geschwindigkeit $\vec{v}_S$ voran. Die obigen Betrachtungen für die Fortbewegung eines Skateboardfahrers können auch für andere Arten der Fortbewegung angestellt werden. Beim Gehen, z. B., steht der Impuls, der an den Boden abgegeben wird, gemäß dem Impulserhaltungssatz als Rückstoß für die Fortbewegung zur Verfügung. Schwieriger wird es aber beispielsweise auf Eis zu gehen, da die geringe Reibung die Kraftübertragung auf den Boden stark reduziert und damit der Rückstoß für die Fortbewegung auch kleiner ausfällt.

II. Stoßgesetze

Beim Kraftstoß (s. § 7.1.1) bedingt eine kurzzeitig einwirkende Kraft eine Impulsänderung eines Körpers. Auch bei einem Zusammenstoß von bewegten Körpern werden in kurzen Zeiten Kräfte übertragen unter Änderung des Bewegungszustandes, den die Körper vor dem Zusammenstoß hatten. Dabei verstehen wir unter einem „Stoß" ganz allgemein die Wechselwirkung zwischen Körpern oder Teilchen in Stoßzeiten, die klein gegenüber der Beobachtungszeit sind, sodass daher der Stoßvorgang zeitlich eindeutig in einen Abschnitt *‚vor dem Stoß'* und einen Abschnitt *‚nach dem Stoß'* einteilbar ist. Bei den Körpern kann es sich um makroskopische (z. B. Kugeln) oder um mikroskopische wie Moleküle, Atome oder Elementarteilchen (z. B. Elektronen, Protonen, α-Teilchen) handeln. Für sie sind die Stoßgesetze in gleicher Weise anwendbar. Das Studium der Gesetzmäßigkeiten, die bei Zusammenstößen von

Körpern oder Teilchen bzw. bei gezielt durchgeführten Stoßexperimenten auftreten, liefert wesentliche Erkenntnisse sowohl über die Veränderungen der Bewegungsgrößen der Körper oder über makroskopische Eigenschaften, wie beispielsweise bei Gasen die Erklärung des Drucks und der Kompressibilität, als auch über Eigenschaften von Teilchen in atomarer und subatomarer Dimension, wie etwa über die Struktur der Atomhülle und Atomkerne oder die Wechselwirkungen (Kraftfelder) zwischen Atomen, Atomkernen und Elementarteilchen.

Wir betrachten hier nur die einfachsten Grundlagen des Stoßvorgangs eines Systems bestehend aus zwei Körpern, die aus großer Entfernung voneinander, wo sie sich mit vorgegebenen Impulsen (und Energien) bewegen, sich einander annähern, in Wechselwirkung treten und demzufolge ihren Bewegungszustand ändern, um schließlich mit veränderten Impulsen (und Energien) wieder auseinander zu fliegen. Der physikalische Ablauf während der Kollision und die genaue Form der Wechselwirkung zwischen den Körpern braucht uns dabei nicht bekannt zu sein, uns interessieren nur Aussagen über den Bewegungszustand vor und nach dem Stoß. Zur Untersuchung der Gesetzmäßigkeiten, die sich beim Stoß ergeben, nehmen wir das Zwei-Körper-System als abgeschlossen an, d. h. es wirken keine äußeren Kräfte, und es gelten somit die Erhaltungssätze für Impuls und Energie.

Der *Impulserhaltungssatz* lautet:

Summe der Impulse vor dem Stoß gleich Summe der Impulse nach dem Stoß.

Außerdem muss der *Energieerhaltungssatz* erfüllt sein:

Summe der Energien vor dem Stoß gleich Summe der Energien nach dem Stoß.

Ist beim Stoß makroskopischer Körper die Summe der kinetischen Energien vor dem Stoß gleich der Summe der kinetischen Energien nach dem Stoß, wird dabei also z. B. nur kinetische Energie der Translation übertragen, so handelt es sich um einen **elastischen Stoß**. Die beteiligten Körper können während des elastischen Stoßes zwar deformiert werden, jedoch verschwindet diese Deformation wieder vollständig nach Beendigung des Stoßvorgangs. Treten beim Stoß aber auch andere Energieformen auf, wie Schall-, Wärme-, Deformationsenergie oder Anregungs- und Bindungsenergien von beispielsweise Atomen bzw. Molekülen, in welche ein mehr oder minder großer Teil der kinetischen Energie der stoßenden Körper umgewandelt wird, sodass die Summe der kinetischen Energien nach dem Stoß kleiner ist als vor dem Stoß, dann heißt der Stoß **inelastisch**. Falls sich die beiden Stoßpartner nach dem Stoß gemeinsam mit gleicher Geschwindigkeit weiterbewegen, nennt man den Stoß **voll inelastisch** oder **plastisch**.

Beim *geraden* Stoß bewegen sich beide Körper vor und nach dem Stoß auf der gleichen Geraden, der *Stoßgeraden* (das ist die Senkrechte auf der Berührungsebene der Körper beim Stoß). Bewegen sich die Körper nicht in Richtung der Stoßgeraden, dann handelt es sich um einen *schiefen* Stoß. Der Stoß heißt **zentral**, wenn die Schwerpunkte der beteiligten Körper auf der Stoßgeraden liegen, andernfalls ist der Stoß **exzentrisch**.

II.1. Zentraler elastischer Stoß: Wir betrachten im Folgenden speziell den geraden zentralen elastischen Stoß von Kugeln, d. h. die beiden Massenmittelpunkte der Kugeln bewegen sich somit vor und nach dem Stoß auf derselben Geraden, z. B. in Richtung der $\vec{x}$-Achse. Die Massen der Kugeln seien m_1 und m_2, ihre Geschwindigkeiten vor dem Stoß $\vec{v}_1$ und $\vec{v}_2$ bzw. nach dem Stoß $\vec{u}_1$ und $\vec{u}_2$. Wenn die Geschwindigkeitsvektoren in Richtung der positiven $\vec{x}$-Achse zeigen, sollen sie positiv gerechnet werden. Da keine äußeren Kräfte wirken, wir das System somit als abgeschlossen betrachten können, gilt der Impulssatz:

$$\underbrace{m_1 \cdot \vec{v}_1 + m_2 \cdot \vec{v}_2}_{\text{vor dem Stoß}} = \underbrace{m_1 \cdot \vec{u}_1 + m_2 \cdot \vec{u}_2}_{\text{nach dem Stoß}} \tag{7.22}$$

Da der Stoß elastisch abläuft, die kinetische Energie über den Stoßprozess hinweg also erhalten bleibt, gilt auch der Energieerhaltungssatz in der Form:

$$\underbrace{\frac{1}{2} m_1 \cdot v_1^2 + \frac{1}{2} m_2 \cdot v_2^2}_{\text{vor dem Stoß}} = \underbrace{\frac{1}{2} m_1 \cdot u_1^2 + \frac{1}{2} m_2 \cdot u_2^2}_{\text{nach dem Stoß}} \tag{7.23}$$

Sind die Massen und Geschwindigkeiten der beiden Körper vor dem Stoß bekannt, so lassen sich deren Geschwindigkeiten nach dem Stoß aus den Beziehungen (7.22) und (7.23) berechnen.

Dazu formen wir beide Gleichungen etwas um; aus (7.22) wird

$$m_1 \cdot (\vec{v}_1 - \vec{u}_1) = m_2 \cdot (\vec{u}_2 - \vec{v}_2) \quad (7.24)$$

Mit der Identität $\vec{v}^2 = v^2$ und unter Benutzung der Beziehung $(x^2 - y^2) = (x - y) \cdot (x + y)$ folgt aus (7.23):

$$m_1 \cdot (\vec{v}_1^2 - \vec{u}_1^2) = m_2 \cdot (\vec{u}_2^2 - \vec{v}_2^2) \quad (7.25)$$

oder

$$m_1 \cdot (\vec{v}_1 - \vec{u}_1) \cdot (\vec{v}_1 + \vec{u}_1) = m_2 \cdot (\vec{u}_2 - \vec{v}_2) \cdot (\vec{u}_2 + \vec{v}_2) \quad (7.26)$$

Unter der Voraussetzung $\vec{v}_1 \neq \vec{u}_1$ und $\vec{v}_2 \neq \vec{u}_2$ erhält man aus dem Vergleich der beiden Beziehungen (7.24) und (7.26):

$$\vec{v}_1 + \vec{u}_1 = \vec{u}_2 + \vec{v}_2$$

oder

$$\vec{v}_1 - \vec{v}_2 = \vec{u}_2 - \vec{u}_1 \quad (7.27)$$

d. h. beim geraden elastischen Stoß ist die Relativgeschwindigkeit der beiden Stoßpartner vor dem Stoß gleich ihrer Relativgeschwindigkeit nach dem Stoß.

Löst man (7.27) nach $\vec{u}_2$ auf und setzt dies in (7.22) oder (7.24) ein, dann erhält man schließlich für die Geschwindigkeit der Masse m_1 nach dem Stoß:

$$\vec{u}_1 = \left(\frac{m_1 - m_2}{m_1 + m_2}\right) \cdot \vec{v}_1 + \left(\frac{2m_2}{m_1 + m_2}\right) \cdot \vec{v}_2 \quad (7.28)$$

Ebenso ergibt sich durch Elimination von $\vec{u}_1$ aus (7.27) und Einsetzen in (7.24) für die Geschwindigkeit der Masse m_2 nach dem Stoß:

$$\vec{u}_2 = \left(\frac{2m_1}{m_1 + m_2}\right) \cdot \vec{v}_1 + \left(\frac{m_2 - m_1}{m_1 + m_2}\right) \cdot \vec{v}_2 \quad (7.29)$$

Wir diskutieren nun einige Spezialfälle des elastischen Stoßes anhand der beiden Beziehungen (7.28) und (7.29):

a) Die beiden Körper haben gleiche Massen, $m_1 = m_2 = m$. Dann erhalten wir aus (7.28) und (7.29) für die Geschwindigkeiten nach dem Stoß:

$$\vec{u}_1 = \vec{v}_2 \text{ und } \vec{u}_2 = \vec{v}_1 \quad (7.30)$$

Beim geraden zentralen Stoß von Körpern gleicher Massen bewegen sich die Körper nach dem Stoß mit vertauschten Geschwindigkeiten.

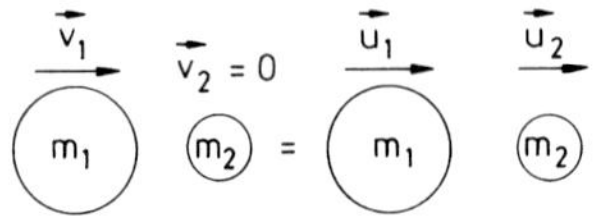

Abb. 7.6

b) Eine Kugel der Masse m_1 und der Geschwindigkeit $\vec{v}_1$ stößt auf eine ruhende Kugel ($\vec{v}_2 = 0$) der Masse m_2 (Abb. 7.6). Damit vereinfachen sich die linken Seiten der Gleichungen (7.22) und (7.23), und entsprechend folgt aus (7.28) bzw. (7.29) für die Geschwindigkeit nach dem Stoß, für die Kugel der Masse m_1:

$$\vec{u}_1 = \left(\frac{m_1 - m_2}{m_1 + m_2}\right) \cdot \vec{v}_1 \quad (7.31)$$

und für die Kugel der Masse m_2:

$$\vec{u}_2 = \left(\frac{2m_1}{m_1 + m_2}\right) \cdot \vec{v}_1 \quad (7.32)$$

c) Sind neben der Bedingung in Fall b) auch noch die Massen der beiden Kugeln gleich, $m_1 = m_2 = m$, dann fliegt die gestoßene Kugel 2 nach dem Stoß mit der Geschwindigkeit der stoßenden Kugel 1 weiter, während die Kugel 1 zur Ruhe kommt:

$$\vec{u}_1 = 0 \text{ und } \vec{u}_2 = \vec{v}_1 \quad (7.33)$$

Die beiden Massen haben, wie in Fall a), ihren Bewegungszustand getauscht.

d) Es liege hier wiederum die Bedingung von Fall b) vor, nur sei die Masse des ruhenden Körpers sehr viel kleiner als die des stoßenden, $m_2 \ll m_1$. Dann folgt aus (7.31) mit $\frac{m_1 - m_2}{m_1 + m_2} \approx 1$ und aus (7.32) mit $\frac{2m_1}{m_1 + m_2} \approx 2$ für die Geschwindigkeiten nach dem Stoß:

$$\vec{u}_1 \approx \vec{v}_1 \text{ und } \vec{u}_2 \approx 2\vec{v}_1 \quad (7.34)$$

Der stoßende Körper der großen Masse m_1 erfährt durch den Stoß nahezu keine Veränderung seiner Geschwindigkeit, während die kleinere, ruhende Masse m_2 sich nach dem Stoß etwa doppelt so schnell wie die große Masse und in dieselbe Richtung wie diese bewegt.

e) Es wird nochmals die Bedingung von Fall b) betrachtet, nur sei jetzt die Masse des ruhenden Stoßpartners sehr viel größer als jene des stoßenden, $m_2 \gg m_1$, d. h. eine Kugel der Masse m_1 prallt elastisch mit der Geschwindigkeit $\vec{v}_1$ auf eine ruhende, sehr große Masse, z. B. senkrecht auf eine feste Wand. Es ergibt sich daher aus (7.31) mit $\frac{m_1 - m_2}{m_1 + m_2} \approx -1$ und aus (7.32) mit $\frac{2m_1}{m_1 + m_2} \approx 0$ für die Geschwindigkeiten nach dem Stoß:

$$\vec{u}_1 \approx -\vec{v}_1 \quad \text{und} \quad \vec{u}_2 \approx 0 \tag{7.35}$$

Das bedeutet, die Kugel fliegt mit der entgegengesetzt betragsmäßig gleichen Geschwindigkeit wieder zurück. Ist $\vec{p}_1$ bzw. $\vec{p}_1^*$ der Impuls vor bzw. nach dem Stoß, dann ergibt sich ihre Impulsänderung $\Delta\vec{p} = \vec{p}_1^* - \vec{p}_1$ zu:
$\Delta\vec{p} = m_1 \cdot \vec{u}_1 - m_1 \cdot \vec{v}_1 = m_1 \cdot (-\vec{v}_1) - m_1 \cdot \vec{v}_1 = -2m_1 \cdot \vec{v}_1$. Demnach wird auf die Wand (bei senkrechtem Einfall der Kugel) der doppelte Impuls $2m_1 \cdot \vec{v}_1$ der Kugel übertragen, aber keine Energie.

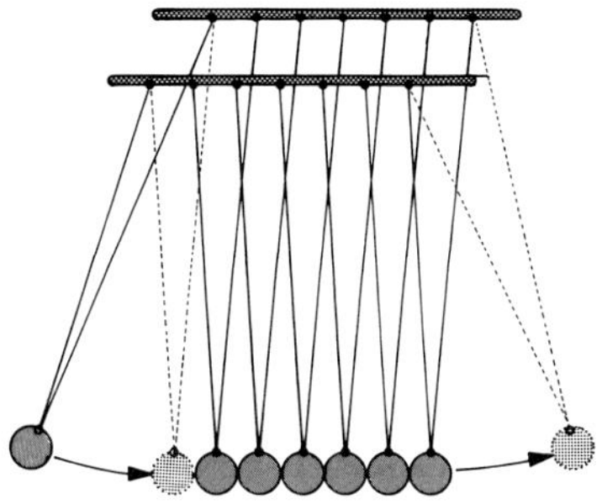

Abb. 7.7

Eine sehr schöne Demonstration, dass Energie- *und* Impulssatz erfüllt sein müssen, ist die in Abb. 7.7 dargestellte Anordnung zur Vorführung der Stoßgesetze. An dünnen Fäden sind bifilar sieben Stahlkugeln gleichen Volumens und gleicher Masse so nebeneinander aufgehängt, dass sie sich gerade berühren und die Berührungspunkte und Massenmittelpunkte auf einer horizontalen Geraden liegen. Alle Kugeln sind zunächst in Ruhe. Lenkt man nun beispielsweise die erste Kugel links bis zu einer gewissen Höhe (bei gespannten Haltefäden) aus und lässt sie gegen die übrigen Kugeln stoßen, dann beobachtet man, dass die letzte Kugel rechts wegfliegt und bis zur gleichen Höhe ansteigt, aus der die erste Kugel links losgelassen wurde. Der Stoß wurde über alle Kugeln hinweg von einer zur anderen Kugel übertragen, bis die letzte Kugel rechts (ohne nachfolgenden Stoßpartner) mit der anfänglichen Stoßgeschwindigkeit wegflog. Werden gleichzeitig zwei, drei oder gar vier Kugeln ausgelenkt und lässt man sie gegen die übrigen stoßen, so fliegen jeweils die gleiche Anzahl von Kugeln auf der gegenüberliegenden Seite weg. Nach dem Energieerhaltungssatz wäre beispielsweise im letzten Fall der vier aufprallenden und auch wieder wegfliegenden Kugeln denkbar, dass auf der Gegenseite nur eine Kugel mit doppelter Geschwindigkeit abgestoßen würde. Denn die kinetische Energie der vier einlaufenden Kugeln beträgt
$E_{\text{kin}} = 4 \cdot \left(\frac{1}{2} m \cdot v^2\right)$ und jene, einer mit doppelter Geschwindigkeit auslaufenden Kugel, wäre $E_{\text{kin}}^* = \left(\frac{1}{2} m\right) \cdot (2\,v^2)$, d. h. der Energieerhaltungssatz wäre erfüllt, keinesfalls aber der Impulserhaltungssatz; vor dem Stoß wäre der Gesamtimpuls $\vec{p} = 4m \cdot \vec{v}$ und nach dem Stoß $\vec{p}^* = m \cdot \vec{u} = 2m \cdot \vec{v} \neq \vec{p}$. Wenn allgemein n_1 Kugeln mit der Geschwindigkeit $v_1 = |\vec{v}_1|$ einlaufen und n_2 Kugeln mit der Geschwindigkeit $v_2 = |\vec{v}_2|$ auslaufen (die Masse einer Kugel sei jeweils m), dann lautet der

Impulssatz	$n_1 \cdot m \cdot v_1 = n_2 \cdot m \cdot v_2$
und der Energiesatz	$\frac{n_1}{2} \cdot m \cdot v_1^2 = \frac{n_2}{2} \cdot m \cdot v_2^2,$
woraus	$n_1 = n_2$ und $v_1 = v_2$

folgt, ein Resultat, welches auch das Experiment zeigt.

II.2. Elastische Reflexion an einer Wand (schiefer Stoß einer Kugel): Bei der Diskussion der Beziehungen (7.28) und (7.29) haben wir im Spezialfall e) die elastische Reflexion einer Kugel bei senkrechtem Einfall (Winkel $\alpha = 0°$ gemessen gegen das Einfallslot auf der reflektierenden Ebene) bereits besprochen. Betrachten wir nun als Beispiel eines schiefen Stoßes die Reflexion einer Kugel (z. B. ein Ball, ein Gasmolekül oder ein anderes Teilchen), die unter dem *Einfallswinkel* α auf eine feste, ruhende Wand elastisch stößt und unter dem *Reflexionswinkel* β von der Wand wieder zurückprallt (Abb. 7.8). Dabei ist der Reflexionswinkel gleich dem Einfallswinkel und die Reflexionsrichtung liegt in der durch die Einfallsrichtung und das Einfallslot bestimmten Ebene. Die Geschwindigkeit $\vec{u}_1$ der Kugel nach dem Stoß ist betragsmäßig gleich der Geschwindigkeit $\vec{v}_1$ vor dem Stoß, $|\vec{u}_1| = |\vec{v}_1|$, jedoch mit geänderter Richtung. Dies zeigt folgende Überlegung:

Die Geschwindigkeit $\vec{v}_1$ vor dem Aufprall zerlegt man in eine Komponente $\vec{v}_{1p}$ parallel zur Wand und eine Komponente $\vec{v}_{1s}$ senkrecht dazu. Die parallele Komponente $\vec{v}_{1p}$ bleibt unverändert, die senkrechte kehrt sich in $\vec{u}_{1s} = -\vec{v}_{1s}$ um, sodass die Kugel mit der Geschwindigkeit $\vec{u}_1 = \vec{v}_{1p} - \vec{v}_{1s}$ reflektiert wird.

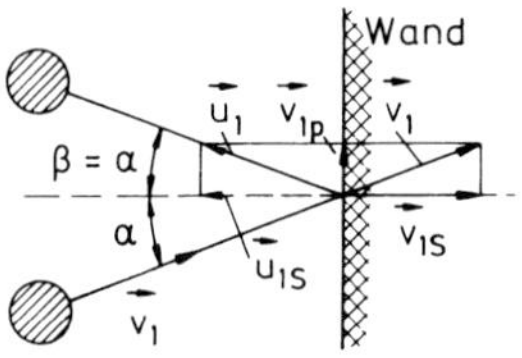

Abb. 7.8

Die Wand nimmt keine Energie auf, doch erfährt sie einen Kraftstoß $F \cdot \Delta t$ durch die Impulsänderung der Kugel von $m_1 \cdot v_{1s} = m_1 \cdot v_1 \cdot \cos\alpha$ in $m_1 \cdot u_{1s} = -m_1 \cdot v_{1s} = -m_1 \cdot v_1 \cdot \cos\alpha$, also eine Impulsänderung um insgesamt $2 \cdot m_1 \cdot v_1 \cdot \cos\alpha$. Im Falle des senkrechten Einfalls der Kugel $(\alpha = 0°)$ ergibt sich der auf die Wand übertragene Impuls, wie oben bereits angegeben, zu $2m_1 \cdot v_1$.

Durch Zerlegung der Geschwindigkeit der stoßenden Kugel in eine zur Berührungstangente mit dem gestoßenen Körper parallelen Komponente (Tangentialkomponente) und eine dazu senkrechte Komponente (Normalkomponente), die nach Richtungsumkehrung wieder vektoriell zur unveränderten Tangentialkomponente addiert wird, kann prinzipiell auch der *schiefe Stoß zweier Kugeln* behandelt werden. Dies soll hier jedoch nicht weiter ausgeführt werden.

II.3 Inelastischer Stoß: Bleibt die gesamte kinetische Energie der Translation beim Stoß nicht erhalten, sondern wird diese in andere Energieformen umgewandelt, dann nennt man – wie eingangs bereits definiert – den Stoß *inelastisch* oder auch *unelastisch*. Betrachten wir wieder ein abgeschlossenes Zwei-Körper-System bestehend aus zwei Massen m_1 und m_2 mit den Geschwindigkeiten $\vec{v}_1$ und $\vec{v}_2$ vor bzw. $\vec{u}_1$ und $\vec{u}_2$ nach dem inelastischen Stoß, dann lauten Impuls- und Energiesatz:

(Impulssatz)

$$\underbrace{m_1 \cdot \vec{v}_1 + m_2 \cdot \vec{v}_2}_{\text{vor dem Stoß}} = \underbrace{m_1 \cdot \vec{u}_1 + m_2 \cdot \vec{u}_2}_{\text{nach dem Stoß}} \tag{7.36}$$

(Energiesatz)

$$\underbrace{\frac{m_1}{2} \cdot v_1^2 + \frac{m_2}{2} \cdot v_2^2}_{\text{vor dem Stoß}} = \underbrace{\frac{m_1}{2} \cdot u_1^2 + \frac{m_2}{2} \cdot u_2^2 + Q}_{\text{nach dem Stoß}} \tag{7.37}$$

wobei Q die *Wärmetönung* oder den *Q-Wert* bedeutet, d. h. der Anteil der Bewegungsenergie, der in eine andere Energieform umgewandelt wird; man nennt daher auch einen solchen Stoßprozess *inelastisch endotherm*. Es gibt aber auch Stoßprozesse, beispielsweise bei chemischen Reaktionen oder Kernreaktionen, bei welchen die gesamte kinetische Energie nach dem Stoß größer ist als vorher; solche Stoßprozesse heißen *inelastisch exotherm*. Wir betrachten hier jedoch nur die in der klassischen Mechanik überwiegend vorkommenden Fälle der inelastisch endothermen Stoßprozesse ohne eine Veränderung der beteiligten Massen.

Da im Allgemeinen die Wärmetönung Q nicht bekannt ist, kann keine Energiebilanz gezogen und daher können auch die Geschwindigkeiten nach dem Stoß nicht berechnet werden. Es gibt jedoch zahlreiche Fälle, in denen sich die Stoßpartner nach dem inelastischen Stoß mit gleicher Geschwindigkeit $\vec{u}_1 = \vec{u}_2 = \vec{u}$ gemeinsam weiter bewegen, d. h. es liegt ein *voll inelastischer* oder *plastischer Stoßprozess* vor.

Die beiden Erhaltungssätze für Impuls und Energie lauten dann, ausgehend von (7.36) bzw. (7.37):

(Impulssatz):

$$\underbrace{m_1 \cdot \vec{v}_1 + m_2 \cdot \vec{v}_2}_{\text{vor dem Stoß}} = \underbrace{m_1 \cdot \vec{u} + m_2 \cdot \vec{u} = (m_1 + m_2) \cdot \vec{u}}_{\text{nach dem Stoß}} \tag{7.38}$$

(Energiesatz):

$$\underbrace{\frac{m_1}{2} \cdot v_1^2 + \frac{m_2}{2} \cdot v_2^2}_{\text{vor dem Stoß}} = \underbrace{\left(\frac{m_1}{2} + \frac{m_2}{2}\right) \cdot u^2 + Q}_{\text{nach dem Stoß}} \tag{7.39}$$

wobei $\vec{v}_1$, $\vec{v}_2$ die Geschwindigkeiten der Massen m_1, m_2 vor dem Stoß und $\vec{u}$ die gemeinsame Geschwindigkeit beider Massen nach dem Stoß sind und Q, wie oben, den i. Allg. unbekannten Anteil der Bewegungsenergie bedeutet, der in andere Energieformen umgewandelt wurde – bei plastischen Stößen letztlich meist in Wärme. Aufgrund der Tatsache, dass auch beim inelastischen Stoß der Gesamtimpuls vor dem Stoß genau so groß ist wie nach dem Stoß, liefert uns die Gültigkeit des Impulssatzes allein die Möglichkeit einer Lösung für die Geschwindigkeit $\vec{u}$ der nach dem Stoß sich gemeinsam weiter bewegenden Stoßpartner. Aus (7.38) folgt:

$$\vec{u} = \frac{m_1}{m_1 + m_2} \cdot \vec{v}_1 + \frac{m_2}{m_1 + m_2} \cdot \vec{v}_2 \qquad (7.40)$$

Anhand der Beziehung (7.40) diskutieren wir nun einige spezielle Fälle:

a) Beide Stoßpartner haben die gleiche Masse $m_1 = m_2 = m$. Dann wird aus (7.40):

$$\vec{u} = \frac{1}{2} \cdot (\vec{v}_1 + \vec{v}_2) \qquad (7.41)$$

Bewegen sich beide Körper vor dem Stoß in die gleiche Richtung, so ist der Betrag der Geschwindigkeit $|\vec{u}|$ nach dem Stoß gleich dem arithmetischen Mittel der beiden Geschwindigkeiten vor dem Stoß. Ist außerdem noch der gestoßene Körper 2 vor dem Stoß in Ruhe ($\vec{v}_2 = 0$), so wird die gemeinsame Geschwindigkeit beider Körper nach dem Stoß

$$\vec{u} = \frac{1}{2} \vec{v}_1 \qquad (7.42)$$

b) *Das ballistische Pendel:* Das Pendel besteht aus einem an einem Draht aufgehängten massiven Holzklotz (oder einem mit Sand gefüllten Behälter) großer Masse m_2, welcher sich in der Nulldurchgangslage ($\alpha = 0$) in Ruhelage befindet ($\vec{v}_2 = 0$). Zur Bestimmung der unbekannten Geschwindigkeit $\vec{v}_1$ kleiner Projektile, z. B. einer Gewehrkugel, wird waagerecht in den Pendelkörper hineingeschossen, sodass die Kugel darin stecken bleibt (Abb. 7.9). Die Abbremszeit t der Kugel im Pendelkörper kann als klein gegenüber der Schwingungsdauer T des Pendels ($t \ll T$) betrachtet werden, d. h. die gesamte horizontale Komponente des Impulses der Kugel wird im Nulldurchgang des Pendels übertragen und bleibt erhalten. Nach dem voll inelastischen Stoß bewegen sich die Gewehrkugel und der Pendelkörper gemeinsam mit der gleichen Geschwindigkeit $\vec{u}_1 = \vec{u}_2$ weiter, für welche aus (7.40) folgt:

$$\vec{u}_1 = \vec{u}_2 = \frac{m_1}{m_1 + m_2} \cdot \vec{v}_1 \qquad (7.43)$$

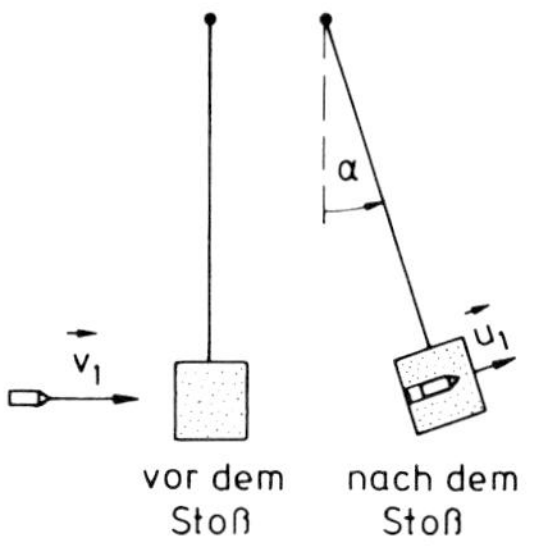

Abb. 7.9

Zur Bestimmung der Projektilgeschwindigkeit $\vec{v}_1$ muss $\vec{u}_1$ ermittelt werden. Der Pendelkörper schwingt mit der Kugel um einen bestimmten Winkel α aus (Abb. 7.9), d. h. der Massenmittelpunkt des Pendels wird bis zu einer bestimmten Höhe h ansteigen. Die gesamte kinetische Energie des Pendels ist in diesem Punkt in potentielle Energie umgewandelt und aus dem Energieerhaltungssatz (6.17) folgt dann für die Geschwindigkeit $u_1 = \sqrt{2g \cdot h}$, womit schließlich durch Umformung aus (7.43) sich für den Betrag der gesuchten Geschwindigkeit v_1 ergibt:

$$v_1 = \frac{m_1 + m_2}{m_1} \cdot \sqrt{2g \cdot h} \qquad (7.44)$$

Mit den bekannten Massen m_1 und m_2 und der gemessenen Höhe h kann die Geschwindigkeit v_1 des Projektils berechnet werden. Anstatt die Höhe h zu messen, ist es auch möglich, sie mit Hilfe des maximalen Ausschlagwinkels α aus der Pendellänge l zu ermitteln.

Da das Pendel nach der Auslenkung um den Winkel α um seine Ruhelage eine harmonische Schwingung ausführt, kann die Mündungsgeschwindigkeit v_1 der Kugel bei Kenntnis der Massen auch aus der Messung der Amplitude und der Schwingungsdauer des Pendels berechnet werden.

§ 7.2 Drehimpuls

Der momentane Bewegungszustand eines Körpers wird bei der Translation durch den Impuls $\vec{p}$ beschrieben und entsprechend bei der Rotation durch den **Drehimpuls** $\vec{L}$ (auch als Impulsmoment oder Drall bezeichnet).

Betrachten wir eine Masse m (Massenpunkt), deren Lage im Punkt P durch den Ortsvektor $\vec{r}$ bestimmt ist, und die außerdem den Impuls $\vec{p} = m \cdot \vec{v}$ besitzt (Abb. 7.10), dann ist der *Drehimpuls* $\vec{L}$ definiert durch das Vektorprodukt:

Definition:

$$\vec{L} = \vec{r} \times \vec{p} = m\,(\vec{r} \times \vec{v}) \qquad (7.45)$$

Einheit:

$\mathrm{kg} \cdot \mathrm{m}^2 \cdot \mathrm{s}^{-1} = \mathrm{N} \cdot \mathrm{m} \cdot \mathrm{s} = \mathrm{J} \cdot \mathrm{s}$

Der Drehimpuls hat die Dimension von Energie mal Zeit. Eine Größe mit dieser Dimension nennt man eine *Wirkung*.

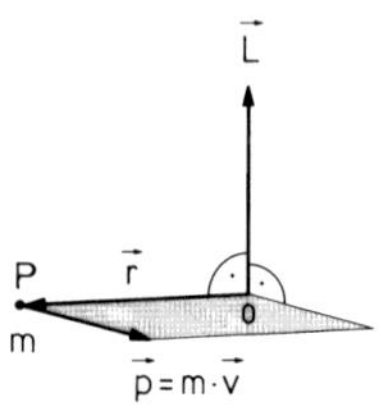

Abb. 7.10

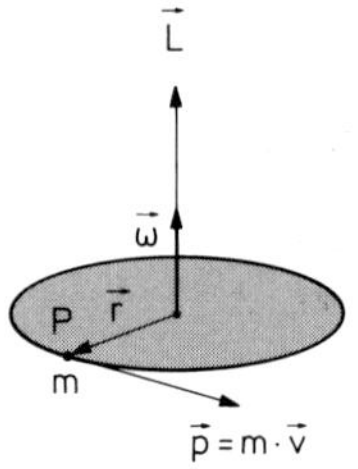

Abb. 7.11

Der Drehimpuls $\vec{L}$ ist ein Vektor definiert als Vektorprodukt aus $\vec{r}$ und $\vec{p}$ und steht daher senkrecht auf der von $\vec{r}$ und $\vec{p}$ bzw. $\vec{v}$ aufgespannten Ebene (Abb. 7.10), wobei die Richtung durch die sog. Korkenzieherregel (s. Anhang Mathematische Grundlagen, V.D) eindeutig bestimmt ist.

Beschränken wir die Bewegung des Massenpunktes auf die Bewegung in einer Ebene und zwar speziell auf eine gleichförmige Kreisbewegung, dann zeigt der Drehimpuls $\vec{L}$ immer in die Normalenrichtung senkrecht zur Kreisebene, d. h. in Richtung der Achse durch den Kreismittelpunkt (Abb. 7.11). Bei der gleichförmigen Bewegung des Massenpunktes auf einer Kreisbahn steht der Ortsvektor $\vec{r}$ senkrecht auf der Geschwindigkeit $\vec{v}$, für deren Betrag mit der Winkelgeschwindigkeit $\vec{\omega}$ gilt: $v = r \cdot \omega$. Aus der allgemein gültigen Definition (7.45) ergibt sich für die Bewegung des Massenpunktes auf einer Kreisbahn für den Betrag des Drehimpulses $|\vec{L}| = L = m \cdot r \cdot v = m \cdot r^2 \cdot \omega = J \cdot \omega$, mit dem Trägheitsmoment J des Massenpunktes wie in (5.43) definiert. Im Fall der Kreisbewegung sind $\vec{L}$ und $\vec{\omega}$ parallel zueinander und es gilt hier auch vektoriell: $\vec{L} = J \cdot \vec{\omega}$ (Abb. 7.11).

Analog zum Impuls $\vec{p} = m \cdot \vec{v}$ eines mit der translatorischen Geschwindigkeit $\vec{v}$ bewegten Körpers der Masse m können wir dann für einen mit der Winkelgeschwindigkeit $\vec{\omega}$ um eine **feste Achse** rotierenden Starren Körper mit dem Trägheitsmoment J (Definition s. (5.47)) für den Drehimpuls $\vec{L}$ angeben:

$$\vec{L} = J \cdot \vec{\omega} \qquad (7.46)$$

Der Drehimpuls $\vec{L}$ ist wie die Winkelgeschwindigkeit $\vec{\omega}$ ein axialer Vektor. Im allgemeinen Fall zeigt $\vec{L}$ jedoch nicht in dieselbe Richtung wie $\vec{\omega}$.

§ 7.2.1 Drehimpulserhaltungssatz

Auch für den Drehimpuls gilt ein Erhaltungssatz, den wir durch eine ähnliche Umformung erhalten, wie wir sie für die Kraft $\vec{F}$ in Gleichung (7.2) durchführten. Aus der Definitionsgleichung des Drehmomentes (5.41) folgt dann:

$$\vec{T} = J \cdot \vec{\alpha} = \frac{\mathrm{d}\vec{L}}{\mathrm{d}t} \qquad (7.47)$$

Ein auf einen Körper wirkendes Drehmoment bewirkt nach (7.47) eine Änderung des Drehimpulses. Greifen an einem Körper keine äußeren Drehmomente an, d. h. ist $\vec{T} = 0$, dann folgt mit (7.47) $\dfrac{\mathrm{d}\vec{L}}{\mathrm{d}t} = 0$ und daraus:

$$\vec{L} = \text{const.} \qquad (7.48)$$

Im abgeschlossenen System lautet somit der *Erhaltungssatz für den Drehimpuls*:

> Wirken auf ein System keine äußeren Drehmomente, so bleibt der Gesamtdrehimpuls des Systems konstant.

Die zeitliche Konstanz des Drehimpulses ($\vec{L} = \text{const.}$) ist trivial erfüllt für den Fall, dass am Körper keine äußeren Kräfte angreifen: $\vec{F} = 0$, d. h. auch $\vec{T} = \vec{r} \times \vec{F} = 0$.

Das Drehmoment $\vec{T}$ wird jedoch auch null, wenn die am Körper angreifende Kraft eine *Zentralkraft* ist. Darunter versteht man eine

Kraft $\vec{F}(r)$, welche entweder auf ein (punktförmiges) Kraftzentrum hin- oder von ihm weggerichtet ist und deren Betrag an jedem beliebigen Punkt mit Ortsvektor $\vec{r}$ nur vom Abstand $r = |\vec{r}|$ vom Kraftzentrum, nicht aber von der Winkelposition des Ortsvektors abhängt.

Ein Beispiel einer Zentralkraft ist die Gravitationskraft, z. B. zwischen Sonne und Erde, welche auf die Erde wirkt und die ständig auf das Kraftzentrum (Gravitationszentrum), den Sonnenmittelpunkt hin gerichtet ist. Unter der Voraussetzung, dass das Kraftzentrum auch Koordinatenursprung des Systems ist, folgt dann aus $\vec{T} = \frac{\mathrm{d}\vec{L}}{\mathrm{d}t} = 0$ die zeitliche Konstanz des Drehimpulses ($\vec{L} = \text{const.}$) eines Körpers bei der Bewegung im Zentralkraftfeld. Aus der Konstanz des Drehimpulsbetrags bei Zentralkräften folgt die geometrische Interpretation der Konstanz der Flächengeschwindigkeit $\left(\frac{\mathrm{d}A}{\mathrm{d}t} = \text{const.}\right)$. Dies ist genau der Inhalt des 2. Kepler'schen Gesetzes.

Als Beispiel zum Drehimpulssatz betrachten wir auch das abgeschlossene System der Abb. 7.12. Auf einem drehbaren Tisch steht eine Person und hält mit ausgestreckten Armen zwei Hanteln in den Händen. Der Tisch wird in eine Drehbewegung versetzt; der Gesamtdrehimpuls, des sich dann selbst überlassenen Systems, ist $\vec{L} = J \cdot \vec{\omega}$. Zieht die Person die Hanteln an ihren Körper heran, dann ändert sich die Massenverteilung; das bedeutet aber in diesem Fall, J wird kleiner. Da es sich um ein abgeschlossenes System handelt, muss der Drehimpuls $\vec{L}$ um die vorgegebene feste Drehachse konstant bleiben. Das ist nur möglich, wenn sich die Rotationsgeschwindigkeit erhöht, das heißt $\vec{\omega}$ wird größer. Beim Ausstrecken der Arme verlangsamt sie sich wieder. Dieser Effekt wird z. B. bei Pirouetten oder Salto ausgenützt.

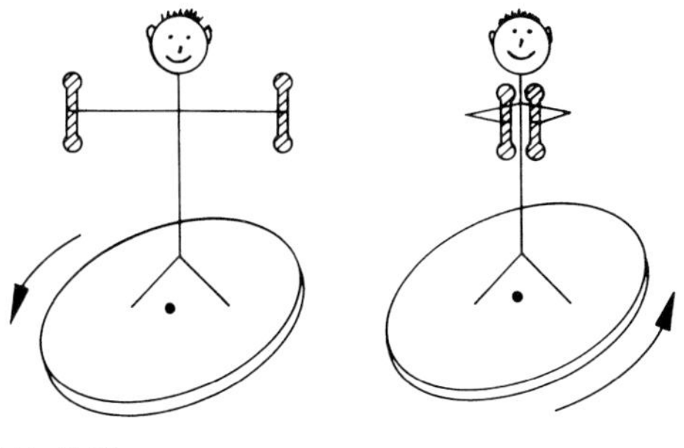

Abb. 7.12

Die Gültigkeit des Drehimpulssatzes bei Wirken innerer Kräfte zeigen auch die beiden folgenden Experimente. Auf einem Drehstuhl mit vertikaler Drehachse sitzt eine Person und hält in der einen Hand die verlängerte Achse eines einzelnen Rades, z. B. von einem Fahrrad, dessen Felge zur Vergrößerung des Trägheitsmomentes mit einem Bleikranz ausgelegt ist, in vertikaler Richtung (Abb. 7.13). Die Person, das Rad und der Drehstuhl sind zunächst in Ruhe, der Drehimpuls ist also null, und sie bilden ein abgeschlossenes System.

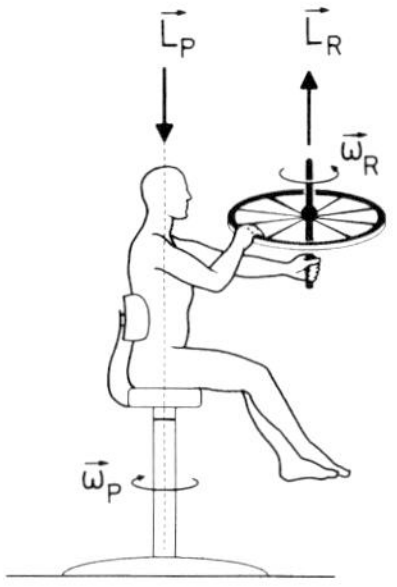

Abb. 7.13

Versetzt die auf dem Stuhl sitzende Person nun das Rad mit der anderen Hand in rasche Rotation mit der Winkelgeschwindigkeit $\vec{\omega}_R$, so erhält das Rad den Drehimpuls $\vec{L}_R = J_R \cdot \vec{\omega}_R$ (J_R: Trägheitsmoment des Rades), dessen Vektor in die in Abb. 7.13 eingezeichnete Richtung weist, d. h. für einen Beobachter, der von oben schaut, dreht sich das Rad entgegen dem Uhrzeigersinn. Gleichzeitig beobachtet man, dass sich Person und Stuhl im umgekehrten Drehsinn mit einer Winkelgeschwindigkeit $\vec{\omega}_P$ bewegen, demnach einen Drehimpuls $\vec{L}_P = J_P \cdot \vec{\omega}_P$ (J_P: Trägheitsmoment von Person und Drehstuhl) erhalten (s. Abb. 7.13). Nach dem Drehimpulssatz muss

$$\vec{L}_R + \vec{L}_P = J_R \cdot \vec{\omega}_R + J_P \cdot \vec{\omega}_P = 0$$

gelten, woraus

$$\vec{\omega}_P = -\vec{\omega}_R \cdot J_R / J_P$$

folgt. Da J_P wesentlich größer ist als J_R, dreht sich die Person und der Stuhl mit entsprechend kleinerer Winkelgeschwindigkeit als das Rad. Wird das Rad von der Person wieder abgebremst, so bleiben das Rad und der Drehstuhl mit der Person zur gleichen Zeit stehen, denn beide Drehimpulse müssen wegen des Drehimpulssatzes null werden, da der Gesamtdrehimpuls des Systems vor Beginn des Experimentes null war.

Beim zweiten Experiment bekommt die auf dem Drehstuhl sitzende Person das bereits mit großer Winkelgeschwindigkeit rotierende Rad, mit beispielsweise vertikal gerichteter Achse, von außen gereicht. Damit bleiben die Person und der Drehstuhl in

Ruhe und das gesamte System besitzt den Drehimpuls $\vec{L}_0 = \vec{L}_R$, wobei $\vec{L}_R$ der Drehimpuls des von außen gereichten Rades sei, dessen Vektor in diesem Fall in vertikale Richtung zeigt (Abb. 7.14 (a)). Dreht nun die auf dem Stuhl sitzende Person die Radachse in die Horizontale (Senkrechte zur Drehstuhlachse), dann beginnt die Person sich zu drehen. Durch das Kippen der Radachse in die Horizontale wird der Drehimpuls des Rades in Bezug auf die Drehstuhlachse gleich null, d. h. eine horizontale Drehimpulskomponente kommt für die Person nicht zur Wirkung. Das Gesamtsystem besaß jedoch zu Beginn den Drehimpuls $\vec{L}_0$, der jetzt, wegen der Erhaltung des Drehimpulses, von der Person und dem Drehstuhl als Drehimpuls $\vec{L}_P = \vec{L}_R$ beibehalten wird und sich somit in dieselbe Richtung dreht, wie zu Beginn des Experimentes das Rad rotierte (Abb. 7.14 (b)). Kippt die Person die Achse des rotierenden Rades in dieselbe Richtung weiter bis dessen Drehimpuls vertikal nach unten zeigt, also $-\vec{L}_R$ geworden ist, dann wurde der Drehimpuls insgesamt um $2\,\vec{L}_R$ geändert. Die auf dem Drehstuhl sitzende Person dreht sich jetzt mit dem Drehimpuls $\vec{L}_P = 2\,\vec{L}_R$ weiterhin in derselben Richtung wie das Rad am Anfang des Experimentes rotierte (Abb. 7.14 (c)). Kippt die Person das Rad wieder in die Ausgangsstellung zurück, so kommen die Person und der Drehstuhl wiederum zum Stillstand und verbleiben in Ruhe, während das Rad mit Drehimpuls $\vec{L}_R$, wieder vertikal nach oben gerichtet, weiter rotiert.

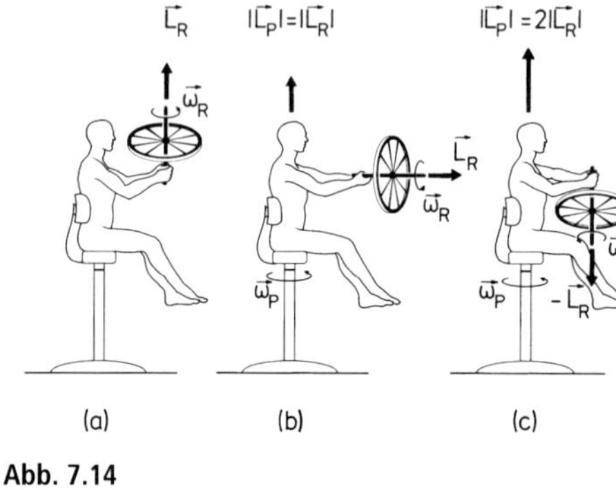

Abb. 7.14

§ 7.2.2 Vergleich von Translations- und Rotationsbewegungen

Die Gesetze der Translation einer Masse lassen sich in die Gesetze der Rotation eines Starren Körpers überführen, wenn man die Größen der Translation durch die entsprechenden der Rotationsbewegung ersetzt.

Translation	Rotation
Weg $\vec{s}$	Winkel φ
Geschwindigkeit $\vec{v} = \dot{\vec{s}}$	Winkelgeschwindigkeit $\vec{\omega} = \dot{\vec{\varphi}}$
Beschleunigung $\vec{a} = \dot{\vec{v}} = \ddot{\vec{s}}$	Winkelbeschleunigung $\vec{\alpha} = \dot{\vec{\omega}} = \ddot{\vec{\varphi}}$
Masse m	Trägheitsmoment J
Kraft $\vec{F} = m \cdot \vec{a} = m \cdot \dot{\vec{v}}$	Drehmoment $\vec{T} = J \cdot \vec{\alpha} = J \cdot \dot{\vec{\omega}}$
Kinetische Energie $E_{kin} = \frac{1}{2} m v^2$	Rotationsenergie $E_{rot} = \frac{1}{2} J \omega^2$
Impuls $\vec{p} = m\vec{v}$	Drehimpuls $\vec{L} = J \cdot \vec{\omega}$
Impulserhaltungssatz $\vec{F} = \frac{d\vec{p}}{dt}$	Drehimpulserhaltungssatz $\vec{T} = \frac{d\vec{L}}{dt}$

§ 7.3 Starre Körper bei freier Drehachse – Kreisel

Wenn ein Starrer Körper sich um eine körperfeste Achse dreht, so muss sie, wenn sie auch eine raumfeste Achse sein soll, im Allgemeinen in zwei Punkten (so genannten „Lagern“) festgehalten werden. Bei allen bisher behandelten reinen Rotationsbewegungen waren die Körper durch Achsen in Lagern fixiert. Es gibt jedoch auch Bewegungen eines Körpers im Raum, bei denen eine derartige Festlegung nicht erforderlich bzw. nicht vorhanden ist, oder die keinerlei Zwangsbedingungen unterworfen sind. Dennoch kann ein Körper um gewisse, durch seinen Massenmittelpunkt gehende geometrische Achsen stabil rotieren. Man nennt sie *stabile* oder *freie Achsen*.

Als *Kreisel* bezeichnet man in der Physik allgemein jeden Starren Körper, der in höchstens einem Körperpunkt raumfest gehalten wird, ansonsten aber um eine (momentane) Drehachse rotiert, die im allgemeinen Fall weder raumnoch körperfest ist, sondern im Verlauf der Bewegung in systematischer Weise wandert.

Freie Achsen – Hauptträgheitsmomente

Ein beliebig geformter Starrer Körper besitzt im Allgemeinen unterschiedliche Trägheitsmomente in Bezug auf die unendlich vielen Drehachsen durch seinen Massenmittelpunkt. Bestimmt man diese Trägheitsmomente J und trägt man in der jeweiligen Achsenrichtung von einem festen Punkt aus nach beiden Seiten eine Strecke proportional $\frac{1}{\sqrt{J}}$ auf, dann liegen die Endpunkte aller dieser Strecken auf einem Ellipsoid, dem so genannten **Trägheitsellipsoid**. Dieses ist im Allgemeinen dreiachsig und die drei senkrecht aufeinander stehenden Hauptachsen des Ellipsoids heißen *Hauptträgheitsachsen*, die dazu gehörigen Trägheitsmomente *Hauptträgheitsmomente*. Dabei wählt man zweckmäßigerweise ein körpereigenes $(x,\ y,\ z)$-Koordinatensystem mit Ursprung im Massenmittelpunkt, dessen Achsenrichtungen mit den Hauptträgheitsachsen zusammenfallen.

Die Abb. 7.15 zeigt dies für einen quaderförmigen Körper, dem das ihm entsprechende Trägheitsellipsoid bezüglich des Massenmittelpunktes skizziert einbeschrieben ist. Man erkennt, dass zur kleinsten Hauptträgheitsachse A–A (in z-Richtung) das größte Trägheitsmoment J_3 und zur größten Hauptträgheitsachse C–C (in x-Richtung) das kleinste Trägheitsmoment J_1 gehört. Die Form des Trägheitsellipsoids schmiegt sich der grundsätzlichen Gestalt des Körpers an, d. h. die Symmetrien des Körpers spiegeln sich in der Form des Ellipsoids wider. Eine eingehende Betrachtung zeigt, dass nur bei Rotationen des Körpers um eine der Hauptträgheitsachsen der Bahndrehimpuls $\vec{L}$ und die Winkelgeschwindigkeit $\vec{\omega}$ in dieselbe Richtung weisen. Außerdem treten hier keine Drehmomente auf die Lager einer der Drehachsen auf, da sich infolge der symmetrischen Massenverteilung die Zentrifugalkräfte kompensieren. Man nennt daher die Hauptträgheitsachsen mit den Hauptträgheitsmomenten J_1, J_2, J_3 auch *freie Achsen*. Rotierende Teile bei Maschinen (z. B. auch die Räder eines Fahrzeugs) müssen deshalb „ausgewuchtet" werden, um eine Drehung um eine Hauptachse einzustellen.

Eine stabile Rotation ergibt sich allerdings nur um die Achse mit dem größten Trägheitsmoment J_3 und um jene mit dem kleinsten Trägheitsmoment J_1; eine Rotation um die Achse mit Trägheitsmoment J_2 ist labil. Dies zeigt sich insbesondere deutlich bei einer freien Rotation um die Hauptträgheitsachsen ohne irgendeine Zwangsbedingung, wenn man beispielsweise den Körper der Abb. 7.15 unter gleichzeitigem „Andrehen" mit der Hand durch den Raum wirft.

Kreisel

Das Verhalten eines Kreisels wird vor allem durch seinen Drehimpuls (nach Betrag und Richtung) und die auf ihn einwirkenden Drehmomente $\vec{T} = \frac{\mathrm{d}\vec{L}}{\mathrm{d}t}$ bestimmt. Translationen des Körpers seien ausgeschlossen, d. h. es werden nur Rotationen um einen raum- und körperfesten Punkt betrachtet. Dabei beschränken wir uns auf einen ***symmetrischen Kreisel***, dessen Trägheitsellipsoid eine Rotationssymmetrieachse aufweist. Der Körper kann um die Figurenachse, die gleichzeitig freie Achse ist, stabil rotieren wie z. B. ein Kinderkreisel mit der „Figurenachse" als Symmetrieachse.

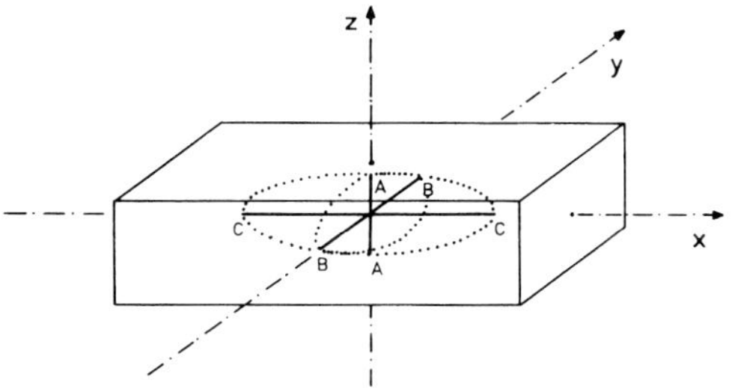

Abb. 7.15

Wir betrachten zunächst den ***kräftefreien, symmetrischen Kreisel***. Beim kräftefreien Kreisel ist das Drehmoment $\vec{T} = 0$, sodass aus $\vec{T} = \frac{\mathrm{d}\vec{L}}{\mathrm{d}t}$ unmittelbar die zeitliche Konstanz des Drehimpulses ($\vec{L} = \text{const.}$) folgt. Kräftefreiheit wird für einen Kreisel im Schwerefeld der Erde durch Unterstützung im Schwerpunkt erreicht (Figurenachse durch den Schwerpunkt). Abb. 7.16 zeigt ein Beispiel eines kräftefreien symmetrischen Kreisels, eine auf einem Luftpolster rotierende, im Schwerpunkt (Sp) unterstützte Kugel (man beachte: das Trägheitsellipsoid einer Kugel ist wiederum eine Kugel und damit ist auch $J_1 = J_2 = J_3$, d. h. jede Achse ist gleichzeitig Hauptträgheitsachse).

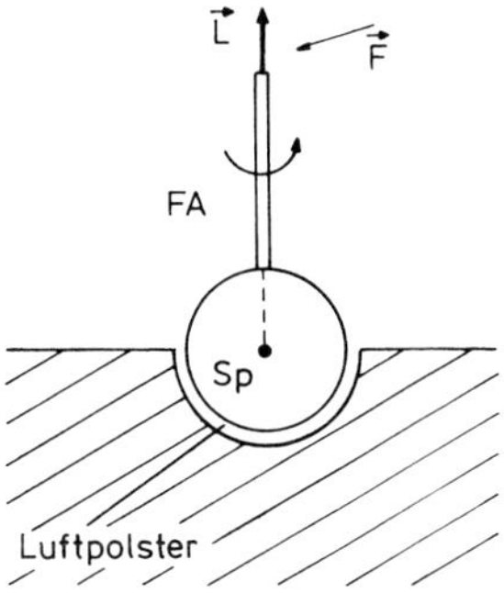

Abb. 7.16

Der Kreisel werde in schnelle Rotation versetzt (die Figurenachse FA fällt noch mit der Drehimpulsachse $\vec{L}$ zusammen) und erfahre dann einen kurzen Schlag ($\vec{F}$) auf die Figurenachse FA. Dadurch fällt die Figurenachse FA nicht mehr mit der Richtung der Drehimpulsachse $\vec{L}$ zusammen. Die Figurenachse bewegt sich um die Richtung des resultierenden (nach Betrag und Richtung) zeitlich konstanten Drehimpulses $\vec{L}$ auf einem Kreiskegel. Die Bewegungsform der Figurenachse heißt **reguläre Präzession** oder **Nutation** mit der Nutationsfrequenz $\omega_N = \frac{L}{J}$ (Abb. 7.17).

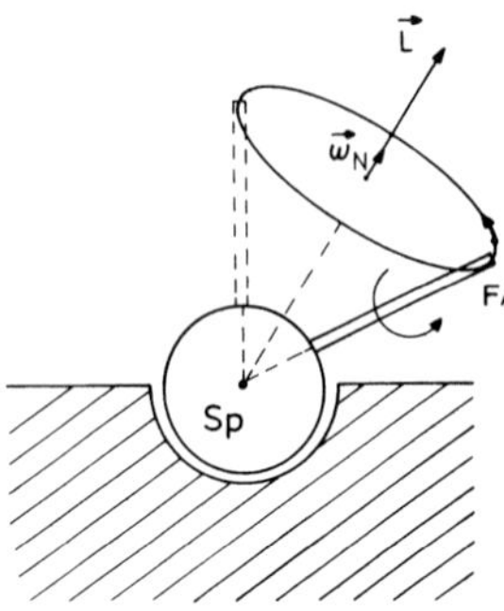

Abb. 7.17

Für den außen stehenden Beobachter ist die Bewegung der Figurenachse FA auf dem Nutationskegel um die raumfeste Drehimpulsachse $\vec{L}$ deutlich sichtbar; er erkennt aber nur schwer die Bewegung der **momentanen** Drehachse $\vec{\omega}$ auf einem Kreiskegel um $\vec{L}$, da auch $\vec{\omega}$ und $\vec{L}$ nicht mehr kollinear sind. Die Interpretation der Nutationsbewegung der Figurenachse ergibt sich anschaulich aus Abb. 7.18 mit der Vorstellung, dass der (gedachte) körperfeste Körper- oder Gangpolkegel (FA als Achse) auf dem (ebenfalls gedachten) raumfesten Raum- oder Rastpolkegel (L als Achse) abrollt. Dabei ist die momentane Drehachse durch die Berührungslinie dieser beiden Kegel gegeben; auch sie läuft auf einem Kegelmantel um. Beim symmetrischen Kreisel liegen Drehimpuls, Figurenachse und momentane Drehachse stets in einer Ebene.

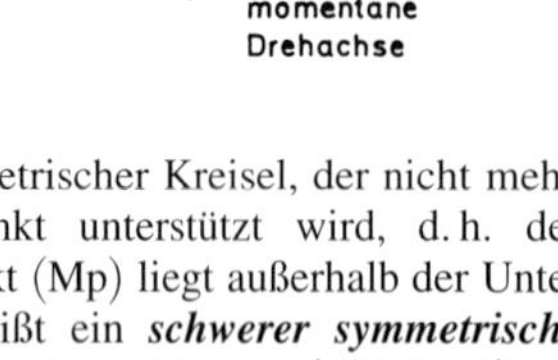

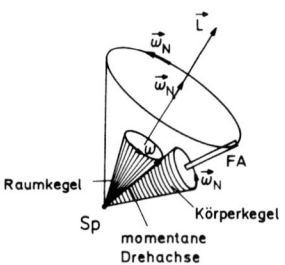

Abb. 7.18

Ein symmetrischer Kreisel, der nicht mehr in seinem Schwerpunkt unterstützt wird, d. h. der Massenmittelpunkt (Mp) liegt außerhalb der Unterstützungsfläche, heißt ein ***schwerer symmetrischer Kreisel***. Bei unserem Modellkreisel (Abb. 7.19) kommt durch eine entsprechend gewählte Zusatzmasse m der Massenmittelpunkt in der Entfernung $\vec{R}$ vom seitherigen Kreiselschwerpunkt, außerhalb die Unterstützungsfläche. Es greift daher im Schwerefeld der Erde das

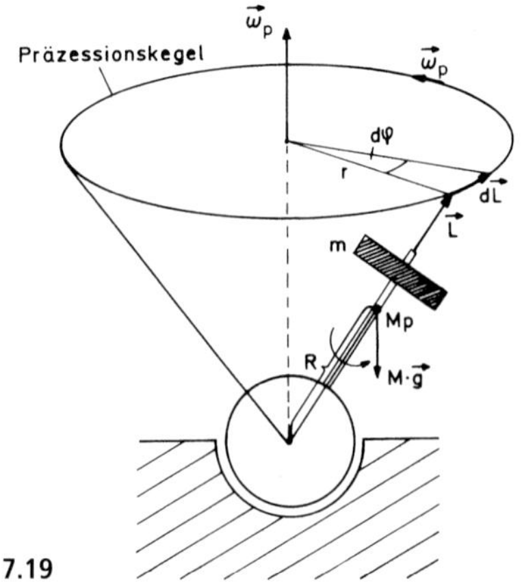

Abb. 7.19

Drehmoment $\vec{T} = \vec{R} \times M \cdot \vec{g}$ an, womit bei dem schnell rotierenden Kreisel eine Änderung des Drehimpulses $\mathrm{d}\vec{L} = \vec{T} \cdot \mathrm{d}t$ verbunden ist (Abb. 7.20). Nun ist (gemäß der Definition von T) $\vec{T} \perp \vec{R}$ und $\vec{T} \perp M \cdot \vec{g}$ und damit auch $\mathrm{d}\vec{L}$ jeweils senkrecht zu $\vec{R}$ und $M \cdot \vec{g}$; da jedoch $\vec{L}$ parallel zu $\vec{R}$ ist, folgt schließlich $\mathrm{d}\vec{L} \perp \vec{L}$. Das bedeutet, das Drehmoment $\vec{T}$ bewirkt wegen $\mathrm{d}\vec{L} \perp \vec{L}$ nur eine Änderung der Richtung von $\vec{L}$, und zwar senkrecht zu $M \cdot \vec{g}$. Der Kreisel „kippt" also nicht um, sondern „weicht" in Richtung des Drehmoments aus. Der Drehimpuls $\vec{L}$ (und die Figurenachse) läuft auf einem Kreiskegel, dem Präzessionskegel, um die raumfeste Lotrechte durch den Unterstützungspunkt, d. h. der Kreisel **präzediert**. Die Bewegung der Figurenachse heißt **Präzession**. Für die Präzessionsfrequenz ω_p erhält man nach kurzer Rechnung

$$\omega_\mathrm{p} = \frac{R \cdot M \cdot g}{L} \tag{7.49}$$

Die Präzessionsfrequenz ω_p erweist sich dabei als unabhängig vom Neigungswinkel Θ der Figurenachse.

Überlagert sich der Präzessionsbewegung der Drehimpulsachse $\vec{L}$ eine Nutation der Figurenachse von $\vec{\omega}$ um $\vec{L}$, so erhält man eine **Nickschwingung** oder **pseudoreguläre Präzession**.

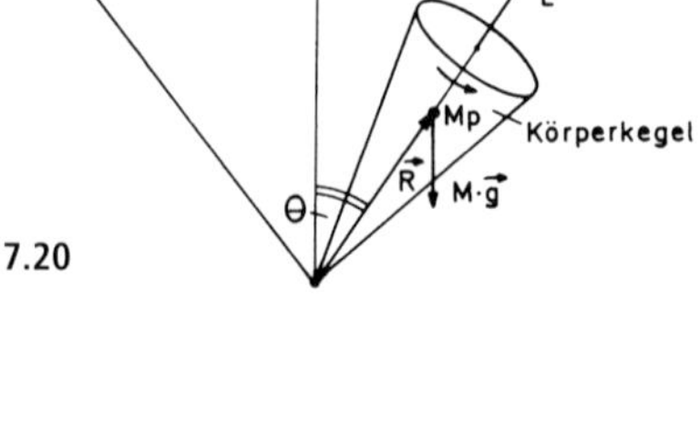

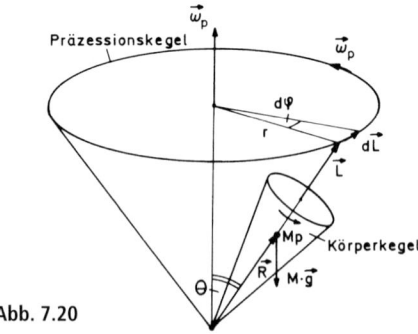

Abb. 7.20

Aufgaben

Aufgabe 7.1: Zwischen zwei festgehaltenen, ruhenden Wagen der Massen m_1 und $m_2 = 2\,m_1$ befinde sich eine gespannte Feder, die in diesem Zustand eine Spannenergie von 120 J aufweist. Welche kinetische Energie bekommt jeder der beiden reibungsfrei auseinander laufenden Wagen nach dem Loslassen und damit nach der völligen Entspannung der Feder?

Aufgabe 7.2: Zwei Massen $m_1 = 1$ kg und $m_2 = 2$ kg werden durch eine gespannte Feder aus dem Zustand der Ruhe auseinander getrieben. In welchem Verhältnis stehen nach dem Impulserhaltungssatz die Beträge der Geschwindigkeiten v_1 und v_2 nach der völligen Entspannung der Feder?

Aufgabe 7.3: Aus einem Gewehr der Masse $m_G = 3$ kg (mit Kugel) wird eine Gewehrkugel der Masse $m_K = 10$ g mit einer Anfangsgeschwindigkeit $v_K = 600\,\text{m}\cdot\text{s}^{-1}$ abgefeuert. Wie groß ist der Betrag der Rückstoßgeschwindigkeit v_G des Gewehres?

Aufgabe 7.4: Eine Kugel der Masse $m_1 = 5$ kg fliege mit der Geschwindigkeit $|\vec{v}_1| = 1\,\text{m}\cdot\text{s}^{-1}$ nach rechts, eine zweite Kugel der Masse $m_2 = 4$ kg mit der Geschwindigkeit $|\vec{v}_2| = 0{,}5\,\text{m}\cdot\text{s}^{-1}$ nach links (Bild A 7.1). Berechnen Sie den Gesamtimpuls und die gesamte kinetische Energie beider Massen.

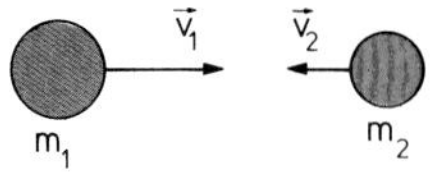

Bild A 7.1

Aufgabe 7.5: Ein Gasmolekül der Masse m treffe mit der Geschwindigkeit $\vec{v}_1$ senkrecht auf eine ebene Gefäßwand und werde von dort vollkommen elastisch reflektiert.

a) Was gilt für den Impuls des Gasmoleküls $\vec{p}_1$ vor und $\vec{p}_2$ nach dem Stoß?
b) Wie groß ist der Impuls, den die Gefäßwand aufnimmt?

Aufgabe 7.6: Ein Neutron der Masse m_n fliege mit der Geschwindigkeit $v_n = 300\,\text{m}\cdot\text{s}^{-1}$. In die gleiche Richtung fliege ein Heliumkern der Masse $m_{He} = 4\,m_n$ mit der Geschwindigkeit $v_{He} = 800\,\text{m}\cdot\text{s}^{-1}$ und stoße elastisch mit dem Neutron zusammen. Es handelt sich um einen geraden Stoß, da die Bewegungen vor und nach dem Stoß auf derselben Geraden stattfinden. Welche Geschwindigkeiten haben beide Teilchen nach dem Stoß?

Aufgabe 7.7: Zwei Kugeln 1 und 2 gleicher Masse sind an dünnen Schnüren aufgehängt und Kugel 1 (Ruhelage punktiert gezeichnet) wird aus der in Bild A 7.2 angegebenen ausgelenkten Lage losgelassen und stoße mit der Geschwindigkeit $\vec{v}_1$ **elastisch** auf Kugel 2. Wie bewegen sich die Kugeln nach dem Stoß?

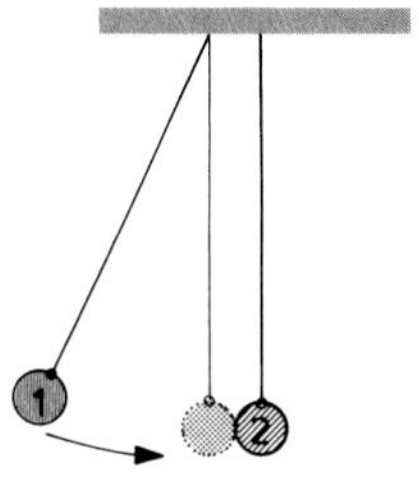

Bild A 7.2

Aufgabe 7.8: Zwei Kugeln 1 und 2 gleicher Masse sind an dünnen Schnüren aufgehängt und Kugel 1 (Ruhelage punktiert gezeichnet) wird aus der in Bild A 7.2 angegebenen ausgelenkten Lage losgelassen und stoße mit der Geschwindigkeit $\vec{v}_1$ **voll unelastisch** auf Kugel 2. Wie bewegen sich die Kugeln nach dem Stoß?

Aufgabe 7.9: Zwei Pkw gleicher Bauart und Masse m stoßen zusammen. Der Stoß sei voll inelastisch und zentral. Vergleichen Sie die auftretenden Verformungsarbeiten (Q-Werte) für folgende Fälle:

a) Beide Fahrzeuge fahren mit gleicher Geschwindigkeit einander entgegen;
b) Das eine Fahrzeug stößt mit doppelter Geschwindigkeit $2v$ auf das ruhende zweite Fahrzeug.
c) Wie groß ist die auftretende Verformungsarbeit, wenn ein Pkw gleicher Masse m mit der Geschwindigkeit $2v$ voll inelastisch gegen eine starre Betonwand fährt?

Aufgabe 7.10: Eine Person steht auf einem Drehtisch und hält mit ausgestreckten Armen zwei schwere Hanteln (Bild A 7.3 'I'). Durch einen Anstoß von außen wird sie in Drehung versetzt und rotiert mit der Winkelgeschwindigkeit $\vec{\omega}_I$ und dem Drehimpuls $\vec{L}_I$. Anschließend wird das System sich selbst überlassen. Wie ändert sich

a) der Drehimpuls und
b) die Winkelgeschwindigkeit

des Systems, wenn die Person die Arme mit den Hanteln an ihren Körper heranzieht (Bild A 7.3 'II')?

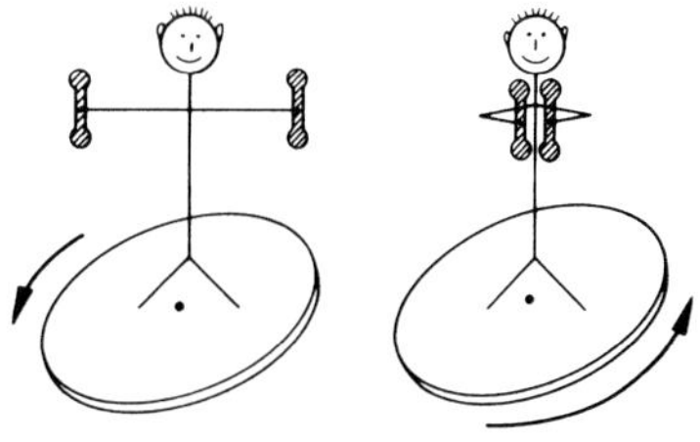

Bild A 7.3 'I' 'II'

§8 Deformierbare feste Körper

Unsere bisherigen Betrachtungen der Einwirkung von Kräften auf Körper schlossen *Deformationen der Körper* aus. Die Deformation eines Körpers ist die Änderung seiner Abmessungen und seines Volumens, wobei die Form des Körpers vollkommen geändert werden kann oder wie bei der allseitigen Expansion oder Kompression erhalten bleibt.

Verschwindet die Deformation wieder, sobald die sie erzeugenden Kräfte nicht mehr wirken, so handelt es sich um eine **elastische Deformation**. Die *nichtelastische* Deformation, die mit einer bleibenden Volumen- und Gestaltänderung einhergeht, wird als **plastische Deformation** bezeichnet.

Bei der *Deformation eines Festkörpers* erfolgt eine Verschiebung seiner Gitterbausteine aus der Gleichgewichtslage (s. §39.2). Gegen diese Verschiebungen wirken die zwischen den Bausteinen herrschenden Wechselwirkungskräfte, was zum Auftreten **innerer elastischer Kräfte** im deformierten Körper führt, die den äußeren angreifenden Kräften das Gleichgewicht halten. Bei der *plastischen Deformation* erfolgt eine irreversible Umordnung des Gitters, wogegen bei der *elastischen Deformation* die Gitterbausteine ihre ‚alten' Plätze wieder einnehmen, wenn die Kraft nicht mehr wirkt.

Eine elastische Verformung lernten wir bereits bei der Federkraft kennen. Ihre elastische Eigenschaft, wie sie die einfache Form des Hooke'schen Gesetzes (5.20) beschreibt, ist im Wesentlichen durch die Vorbehandlung des für die Feder verwendeten Materials und durch die äußere Formgebung der Feder bedingt. Die uns *hier* interessierenden elastischen Eigenschaften fester Körper liegen im inneren Aufbau, im Zusammenhalt der den Körper aufbauenden Atome und Moleküle begründet.

§8.1 Einseitige Dehnung oder Kompression

Ein Körper, z. B. ein Draht der Querschnittsfläche A und der Länge l, erfahre durch eine an ihm angreifende Kraft F eine Längenänderung Δl (Abb. 8.1). Dann gilt für die relative Längenänderung innerhalb des Elastizitätsbereiches:

$$\frac{\Delta l}{l} = \frac{1}{E} \cdot \frac{F}{A} \tag{8.1}$$

Dabei bezeichnet:

$\frac{1}{E}$ den ***Elastizitätskoeffizienten*** oder die ***Dehnungsgröße;***

E den ***Dehnungs-*** oder ***Elastizitätsmodul*** (Materialkonstante) mit der Einheit $\mathrm{N \cdot m^{-2}}$.

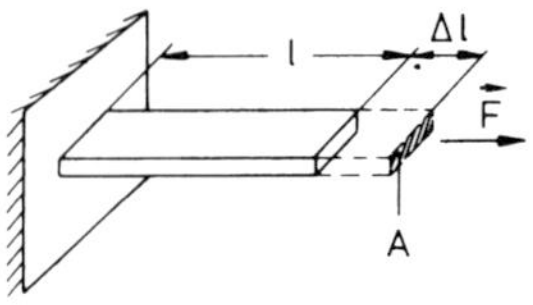

Abb. 8.1

In der Technik wird häufig für die *Einheit* des Elastizitätsmoduls $\mathrm{kN \cdot mm^{-2}} = 10^9\ \mathrm{N \cdot m^{-2}}$ verwendet. Der Elastizitätsmodul hängt vom Material und dessen Vorbehandlung (z. B. Glühen, Schmieden, Härten etc.) ab. Tab. 8.1 gibt Zahlenwerte für einige Materialien.

Zur übersichtlicheren Darstellung der Beziehung (8.1) führt man die **(Normal-)Spannung** $\boldsymbol{\sigma}$ ein, die ein Zug oder Druck (s. dazu auch §9.1) sein kann, definiert als Kraft F pro Fläche A, wobei F die *senkrecht* auf die Fläche A wirkende Zug- oder Druckkraft (*Normalkraft*) ist:

Definition:

$$\sigma = \frac{F}{A} \tag{8.2}$$

Einheit:

$\mathrm{N \cdot m^{-2}}$

und ebenso die **relative Dehnung** $\boldsymbol{\varepsilon}$, eine reine Zahl, durch die

Definition:

$$\varepsilon = \frac{\Delta l}{l} \tag{8.3}$$

Man erhält dann aus (8.1) das Gesetz von ***Hooke*** für elastische Deformationen in seiner allgemeinen Form:

$$\varepsilon = \frac{1}{E} \cdot \sigma \qquad (8.4)$$

oder

$$\sigma = E \cdot \varepsilon \qquad (8.5)$$

(Hooke'sches Gesetz)

Die Spannung ist der relativen Deformation proportional.

Untersuchen wir die Spannung σ, z. B. eines Drahtes, als Funktion der Dehnung ε, so ergibt sich das in Abb. 8.2 schematisch dargestellte Verhalten. Der Verlauf der Spannungs-Dehnungskurve ist für verschiedene Materialien oft sehr unterschiedlich.

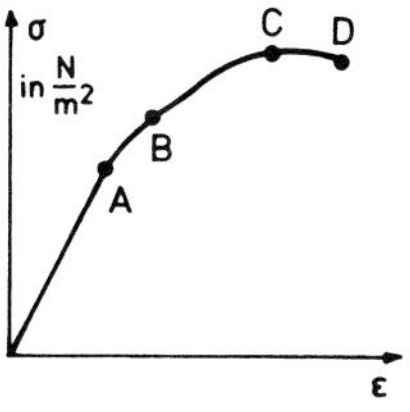

Abb. 8.2

Es gelten folgende Bezeichnungen:
A: Proportionalitätsgrenze
B: Elastizitätsgrenze
C: Fließgrenze
D: Bruchgrenze

Den Bereich vom Koordinatenursprung der Abb. 8.2 bis zur Proportionalitätsgrenze A nennt man den **Proportionalitätsbereich**, in dem sich die atomaren Abstände der deformierten Körper nur in einem engen Bereich um ihre Gleichgewichtslage ändern, d. h. in welchem die Kraft $\vec{F}$ als Funktion des Abstandes der Gitteratome des deformierten Körpers einen linearen Verlauf zeigt. Das ist der Gültigkeitsbereich des *Hooke'schen Gesetzes*, in welchem direkte Proportionalität zwischen der Spannung σ und der relativen Dehnung ε vorliegt. Der Elastizitätsmodul E ist als Steigung aus dem $\sigma = \sigma(\varepsilon)$-Diagramm bestimmbar; je steiler die Kurve desto größer ist der E-Modul. Überschreitet man den Proportionalitätsbereich über A hinaus, so wächst die Dehnung überproportional mit der Zugspannung an. So lange der Körper nach Aufhören der Krafteinwirkung wieder seine ursprüngliche Gestalt annimmt, befinden wir uns innerhalb des so genannten **Elastizitätsbereichs**, der bis zur Grenze B reicht und den Proportionalitätsbereich mit einschließt. Die Grenzen A und B folgen bei vielen Materialien sehr dicht aufeinander. Bei Dehnungen bis zur Grenze C bleiben Restdeformationen des Körpers zurück. Man bezeichnet die ab dem Überschreiten des Punktes B auftretende irreversible Deformation als **plastische Verformung.** Die höchste Spannung, der ein Material standhält, ist bei der Grenze C erreicht. Bei darüber hinausgehender größerer Dehnung beginnt das Material bei starker Querschnittsverkleinerung zu fließen, um schließlich bei D zu Bruch zu gehen.

Man nennt ein Material **spröde**, wenn es nur einen sehr engen Bereich der plastischen Deformation aufweist und bei weiterer Belastung dann sehr schnell zu Bruch geht (z. B. Glas, Porzellan, Gummi und PVC bei tiefen Temperaturen). Viele Metalle dagegen sind plastisch (d. h. sie weisen einen breiten Bereich der plastischen Deformation auf) und können daher durch Ziehen, Hämmern, Walzen etc. verformt werden. Einige Materialien zeigen zwar sprödes Verhalten bei tiefen Temperaturen, können bei höheren Temperaturen aber gut durch eine plastische Deformation in eine andere Form gebracht werden (z. B. thermoplastische Kunststoffe bei Temperaturen zwischen 50 und 100 °C; Glas bei Temperaturen um 500–600 °C).

Als **Härte** bezeichnet man den Widerstand, den ein Material dem Eindringen eines anderen entgegensetzt. Ein Eindringen ist nur möglich, wenn der eindringende Prüfkörper härter als das zu prüfende Material ist. Die *Härteprüfung nach Mohs*, bei welcher der Diamant das härteste Material der zehnteiligen Härteskala ist, hat heute kaum mehr Bedeutung. Die derzeit verwendeten Prüfverfahren bestimmen entweder die Fläche des Eindrucks (*Brinell*, *Vickers*) oder die Eindringtiefe (*Rockwell*) eines entsprechenden Prüfkörpers (Stahlkugel, Diamantspitze), welche er in der Oberfläche des Materials, bei einer bestimmten Prüflast, verursacht. Diese Größe ist ein Maß für die Härte.

M §8.2 Biegung – Knickung – Bruch

Als Beispiel zur Anwendung der einseitigen Dehnung betrachten wir die *Biegung* von Balken bzw. Stäben. Die Berechnung solcher Biegungen von Körpern beliebigen Querschnitts ist kompliziert und kann oft nur numerisch durchgeführt werden. Wir beschränken uns hier auf wenige einfache Formen von Balken und Trägern, die eine Biegebeanspruchung durch senkrecht zur Längsachse der Körper angreifende Kräfte erfahren.

Einseitig eingespannter Balken: Wir betrachten zunächst einen an einem Ende fest eingespannten Balken mit rechteckiger Querschnittsfläche $A = a \cdot b$, wobei a die Höhe und b die Breite des Balkens ist, an welchem in der Entfernung l (Länge des Balkens) von der Einspannstelle die Kraft $\vec{F}$ am Balken senkrecht nach unten angreife (Abb. 8.3). Dadurch biegt sich der Balken etwas nach unten, und zwar so weit, bis das rücktreibende Drehmoment der elastischen Kräfte im Balkenmaterial jenes der von außen angreifenden Kraft kompensiert. Durch die Wirkung der Kraft $\vec{F}$ werden die oberen Schichten des Balkens gedehnt, die unteren gestaucht, während die Mittelebene, die ‚neutrale Faser', ihre ursprüngliche Länge beibehält. In den Schichten der oberen Hälfte des Balkens muss daher eine Zugspannung, in jenen der unteren Hälfte eine Druckspannung herrschen. Gegenüber dem unbelasteten Balken erfährt das freie Balkenende eine Durchbiegung Δx, die man auch den *Biegungspfeil* nennt. Aus der Theorie erhält man für die maximale Durchbiegung Δx des einseitig eingespannten Balkens:

$$\Delta x = \frac{4 \cdot F \cdot l^3}{E \cdot b \cdot a^3} \quad (E\text{: Elastizitätsmodul}) \qquad (8.6)$$

Die Durchbiegung eines rechteckigen Balkens steigt mit l^3 an, ist aber umgekehrt proportional zu a^3, nimmt also mit der dritten Potenz der Höhe des Balkens ab.

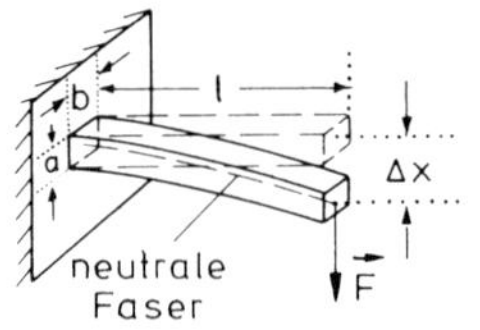

Abb. 8.3

Ist die Querschnittsfläche des einseitig eingespannten Balkens kreisförmig, d. h. handelt es sich um einen runden Stab der Länge l mit Querschnittsradius R (Abb. 8.4), dann ergibt sich für die maximale Durchbiegung:

$$\Delta x = \frac{4 \cdot F \cdot l^3}{3\pi \cdot E \cdot R^4} \qquad (8.7)$$

Auch beim massiven Rundstab steigt die Durchbiegung mit l^3 an, nimmt aber mit der vierten Potenz des Querschnittsradius R ab, je größer also der Durchmesser eines Rundstabes desto weniger biegt er sich durch.

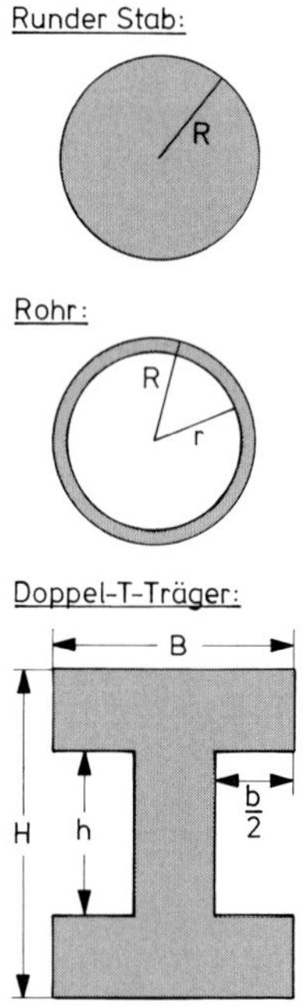

Abb. 8.4

Für ein Rohr der Länge l mit äußerem Radius R und innerem Radius r (Abb. 8.4) wird:

$$\Delta x = \frac{4 \cdot F \cdot l^3}{3\pi \cdot E \cdot (R^4 - r^4)} \qquad (8.8)$$

Beispiele solcher Röhren sind Grashalme und Knochen. Röhrenknochen (z. B. der Oberschenkelknochen eines Menschen) sind druckfest aufgrund ihrer anorganischen Substanzen, zugfest wegen ihrer organischen Substanzen und in geringem Maße auch biegungselastisch, wobei die Wanddicke $(R - r)$ der Röhre bei biegebeanspruchten Röhren typischerweise zwischen 10 % und 20 % des Außendurchmessers $2R$ beträgt.

Spannt man einen Doppel-T-Träger der Länge l, dessen Querschnitt ebenfalls Abb. 8.4 zeigt, einseitig ein, so erfährt dieser eine maximale Durchbiegung:

$$\Delta x = \frac{4 \cdot F \cdot l^3}{E \cdot (B \cdot H^3 - b \cdot h^3)} \qquad (8.9)$$

Zweiseitig eingespannter Balken (Abb. 8.5): Ein Balken sei beidseitig eingespannt oder liege auf festen Lagern auf und erfahre durch eine in der Mitte des Balkens senkrecht nach unten angreifende Kraft $\vec{F}$ eine Durchbiegung. Auch hier behält die Mitte des Balkens (‚neutrale Faser‘) ihre ursprüngliche Länge bei. Die Oberseite wird gestaucht und die Unterseite gedehnt. Die Durchbiegung Δx ergibt sich zu:

$$\Delta x = \frac{F \cdot l^3}{4 \cdot E \cdot b \cdot a^3} \qquad (8.10)$$

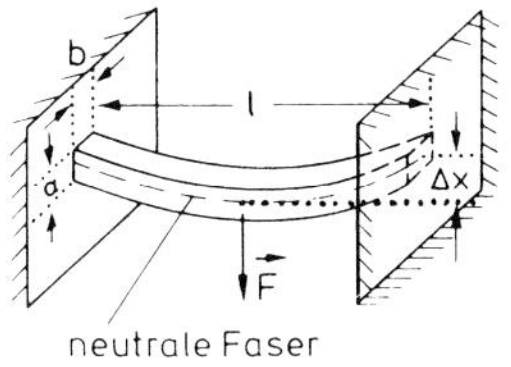

Abb. 8.5

Im Vergleich zum einseitig eingespannten rechteckigen Balken ist die Durchbiegung hier um einen Faktor 16 kleiner.

Bei allen Körpern zeigt sich, wird hohe Biegefestigkeit gefordert (Δx klein), so trägt die Höhe des Körpers wesentlich stärker dazu bei als seine Breite. Deshalb benutzt man für technische Konstruktionen T- und Doppel-T-Träger oder man legt einen Balken „hochkant“ um die Durchbiegung zu minimieren, da dann der überwiegende Anteil der Masse des Körpers bezüglich der Biegerichtung weiter von der „neutralen Faser“ entfernt angeordnet ist.

Von der Größe der Spannung, also von der pro Querschnittsfläche angreifenden Kraft, hängt es ab, ob der Körper eine *elastische* bzw. *plastische Biegung* erfährt oder ob es gar zum Bruch des Materials kommt. Bei der elastischen

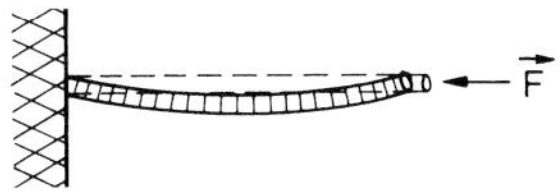

Abb. 8.6

Biegung verschwindet die Deformation des Körpers nach Aufhören der Krafteinwirkung wieder, d. h. die Gitterbausteine des Materials wurden nicht über das Maß der inneren elastischen Kräfte aus ihrer Gleichgewichtslage ausgelenkt. Erhält der Körper jedoch unter der Wirkung der Biegespannung eine bleibende Formänderung, ohne dass ein Bruch erfolgt, dann war die Biegung plastisch.
Wirkt die Kraft $\vec{F}$ nicht senkrecht zur Längsachse eines, beispielsweise einseitig eingespannten Stabes, sondern in Achsenrichtung (Abb. 8.6), so weicht dieser ab einer gewissen Größe der Kraft in eine gebogene, aber stabile Gleichgewichtslage aus, er erfährt eine *Knickung*. Röhren (Abb. 8.4), z. B. Röhrenknochen, besitzen Knickstabilität. Man unterscheidet auch hier wieder eine elastische und eine plastische Knickung.

Bei der plastischen Knickung (Abb. 8.7) liegt eine nichtelastische Deformation vor, die mit einer Volumen- und Gestaltsänderung des Körpers einhergeht. Die Gitterbausteine nehmen hier also neue Gleichgewichtslagen ein.

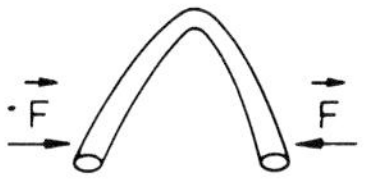

Abb. 8.7

Abb. 8.8

Überschreiten die einwirkenden Kräfte einen typischen Maximalwert der Belastung für ein bestimmtes Material, so bricht es. Beim *Bruch* findet eine völlig irreversible Trennung der Gitterbausteine des Körpers statt, wobei die Einzelteile eventuell noch ineinander passen (Abb. 8.8).

M § 8.3 Querkontraktion – Querdehnung – Poisson-Zahl

Jede elastische einseitige Deformation ist mit einer Änderung in der zur Deformationsrichtung senkrechten Querdimension verbunden. Die einseitige Dehnung eines Materials hat daher stets eine *Querkontraktion* (d.h. *Querschnittsverringerung*) und entsprechend die einseitige Stauchung eine *Querdehnung* (d.h. *Querschnittsvergrößerung*) des Materials zur Folge. Bezeichnet man mit Δd die Änderung der Querdimension d (bei kreisförmigem Querschnitt z.B. den Durchmesser eines Stabes), dann gilt innerhalb gewisser Grenzen, dass die relative Änderung der Querdimension $\frac{\Delta d}{d}$ der relativen Längenänderung $\frac{\Delta l}{l}$ proportional ist:

$$\frac{\Delta d}{d} = -\mu \cdot \frac{\Delta l}{l} \qquad (8.11)$$

Den Proportionalitätsfaktor $\boldsymbol{\mu}$ nennt man ***Poisson-Zahl*** (auch ***Querdehnungs-*** oder ***Querkontraktionszahl***); die Poisson-Zahl ist eine reine Zahl, die nur vom Material abhängig ist und deren quantitativen Werte zwischen 0,2 und 0,5 liegen (s. Tab. 8.1).

Die bei einer einseitigen elastischen Deformation auftretenden Änderungen der Länge und der Querdimension bedingen eine Volumenänderung ΔV. Für die relative Volumenänderung gilt mit großer Näherung:

$$\frac{\Delta V}{V} = \frac{\sigma}{E}(1-2\mu) = \varepsilon(1-2\mu) \qquad (8.12)$$

Da bei einer einseitigen Dehnung $\Delta V \geqq 0$ ist, kann μ nicht größer als 0,5 sein; es gilt $0 < \mu < 0,5$.

M § 8.4 Allseitige Dehnung oder Kompression (reine Volumenelastizität)

Sie besteht in einer Vergrößerung oder Verkleinerung des Volumens des Körpers, ohne eine Änderung seiner Gestalt, unter dem Einfluss in allen drei Raumrichtungen wirkender Zug- oder Druckkräfte. Für die **Spannung** σ gilt bei einer relativen Volumenänderung $\frac{\Delta V}{V}$:

$$\sigma = K \cdot \frac{\Delta V}{V} \qquad (8.13)$$

Dabei ist K der ***Volumenelastizitäts-*** oder ***Kompressionsmodul*** (*Einheit*: $\mathrm{N \cdot m^{-2}}$).

Die Beziehung (8.13) sagt aus, dass Stoffe mit kleinem (großem) Kompressionsmodul leicht (schwer) komprimierbar sind.

Den Kehrwert des Kompressionsmoduls $\frac{1}{K}$ nennt man die *Kompressibilität*. Diese Größe wird vorzugsweise bei Gasen und Flüssigkeiten verwendet (s. § 9.1).

Die Volumenänderung ΔV ist bei einer allseitigen (dreidimensionalen) Spannung (Druck oder Zug) dreimal so groß wie bei der einseitigen Spannung. Man erhält daher für isotrope Körper mit (8.12) aus der Gleichung (8.13) eine Beziehung zwischen der Poisson-Zahl, dem Elastizitäts- und dem Kompressionsmodul:

$$K = \frac{E}{3(1-2\mu)} \qquad (8.14)$$

Die Poisson-Zahl μ verknüpft somit die elastischen Eigenschaften eines Materials (Elastizitätsmodul E) mit seinem Kompressionsmodul K (bzw. seiner Kompressibilität $1/K$). Festkörper mit einem E-Modul der klein ist gegenüber dem K-Modul (d.h. mit dominierenden elastischen Eigenschaften) haben eine Poisson-Zahl bei $\mu = 0,5$, wohingegen im umgekehrten Extremfall (K-Modul klein im Vergleich zum E-Modul) die Poisson-Zahl des Festkörpers nahe Null liegt.

M § 8.5 Scherung – Torsion (reine Formelastizität)

Bei der *Scherung* bleiben bei Krafteinwirkung die zu einer festgehaltenen Ebene im Körper parallelen Schichten eben und verschieben sich relativ zueinander parallel ohne ihre Dimensionen zu ändern.

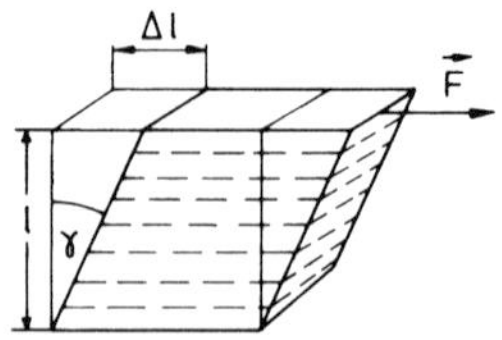

Abb. 8.9

Die *Scherkraft* oder *Schubkraft* $\vec{F}$ greift tangential am Körper an (Abb. 8.9). Die der Ebene, an welcher die Kraft angreift, gegenüberliegende Grundfläche wird festgehalten. Dadurch erfahren alle zur angreifenden Kraft senkrechten Kanten des Körpers eine Neigung um den Winkel γ (Scherwinkel). Bei kleinen Deformationen gilt $\gamma \approx \tan\gamma = \frac{\Delta l}{l}$ und dann besteht für ideal elastische Körper Proportionalität zwischen der **Schub- oder Scherspannung τ** und dem **Scherwinkel γ:**

$$\tau = G \cdot \gamma \qquad (8.15)$$

wobei G als der ***Scherungs-, Schub-*** oder ***Torsionsmodul*** bezeichnet wird (*Einheit*: $\mathrm{N \cdot m^{-2}}$) und ein Maß für die Gestalts- oder Formelastizität ist.

Als *Torsion* oder *Drillung* bezeichnet man die Deformation eines Körpers, der an einem Ende festgehalten wird und an dem um eine zur festgehaltenen Grundebene senkrechten Achse ein Kräftepaar angreift. Das dadurch wirkende Drehmoment heißt **Torsionsmoment**. Eine Torsion wird auch erzeugt, wenn an beiden Enden des Körpers entgegengesetzte Drehmomente angreifen.

Die Torsion besteht in einer Verdrehung paralleler Querschnitte relativ zueinander. Wird die Endfläche eines Zylinders um den Winkel φ durch ein Kräftepaar gedreht, dann erfährt der in Abb. 8.10 eingezeichnete schraffierte (zur Zylinderachse parallele) Ausschnitt am Zylindermantel eine Scherung um den Winkel α. Für kleine Verdrillungen gilt $\alpha \approx \frac{\varphi \cdot r}{l}$ und damit folgt für die die Torsion verursachende Schubspannung mit (8.15):

$$\tau = G \cdot \frac{r \cdot \varphi}{l} \qquad (8.16)$$

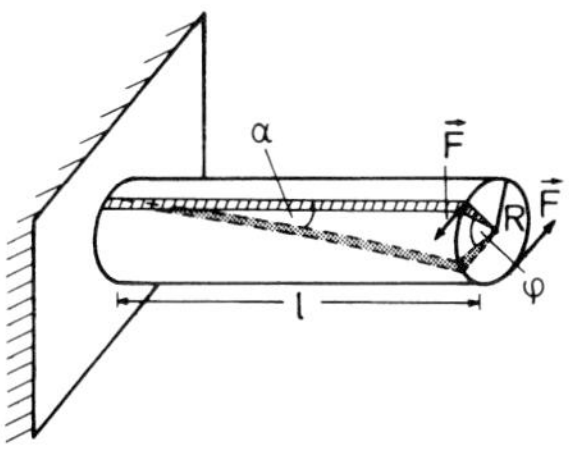

Abb. 8.10

Mit dem wirkenden Drehmoment $\vec{T} = \vec{r} \times \vec{F}$ und der Beziehung (8.16) folgt nach kleiner Rechnung für den Torsionswinkel φ bei Drillung eines Zylinders:

$$\varphi = \frac{2l \cdot T}{\pi \cdot G \cdot R^4} \qquad (8.17)$$

Die Drillung von dünnen Drähten (R klein) ist daher eine sehr empfindliche Methode zur Messung kleiner Drehmomente (z. B. Gravitationswaage, Galvanometer).

Bei der Torsion wirkt sich die Verteilung der Masse bezüglich der Torsionsachse, analog zur Biegung bezüglich der ‚neutralen Faser', auf die Stabilität des tordierten Körpers aus. Je weiter die Masse von der Torsionsachse entfernt angeordnet ist, desto größer wird die Stabilität. Bei gleichem Torsionsmoment tritt bei einem Hohlrohr ein kleinerer Torsionswinkel auf als bei einem Vollrohr (mit homogener Massenverteilung) gleicher Länge und Masse. Die Röhrenknochen von Mensch und Tier, die Federkiele der Vögel, das Schilfrohr und viele Gräser besitzen als Hohlrohre (bei geringer Masse) eine optimale Stabilität gegen Torsion und Biegung (s. auch § 8.2).

In diesem Abschnitt haben wir insgesamt vier elastische Konstanten besprochen, den Dehnungsmodul E die Poisson-Zahl μ, den Kompressionsmodul K und den Scherungsmodul G. In Gleichung (8.14) haben wir eine erste Beziehung zwischen drei der Größen; eine zweite folgt aus der Elastizitätstheorie. Sie lautet für einen isotropen Körper:

$$G = \frac{E}{2(1+\mu)} \qquad (8.18)$$

Das elastische Verhalten eines Festkörpers ist, im Bereich der Gültigkeit des Hooke'schen Gesetzes, durch zwei unabhängige elastische Konstanten vollständig bestimmt, die dritte Konstante liegt fest.
Mit den Grenzen der Poisson-Zahl μ $(0 < \mu < 0{,}5)$ folgen aus (8.18) auch Grenzen für den Torsionsmodul:

$$\frac{E}{2} > G > \frac{E}{3} \qquad (8.19)$$

In Tabelle 8.1 sind die elastischen Konstanten einiger Festkörper (bei 20 °C) zusammengestellt.

Tab. 8.1

Material	E	K	G	μ
Aluminium	71	73,2	26	0,34
Beton	15 ... 40		7...17	0,1... 0,15
Blei	16	43	5,7	0,44
Eis (–4 °C)	9,6	9,8	3,6	0,33
α-Eisen	211	169	82	0,28
Glas	40 ... 78	27 ... 67	18 ... 35	0,2 ... 0,3
Quarzglas	75	38	32	0,17
Gold	78	169	27	0,42
Granit	30 ... 50	15 ... 24	14 ... 44	0,1 ... 0,15
Holz	11 ... 12			
Knochen	10 ... 20			
Kupfer	123	136	45,5	0,35
Nickel	206	185	78,5	0,31
Plexiglas	3 ... 5	3,5 ... 6	1,2 ... 1,5	0,35
Platin	170	27	60,8	0,39
Porzellan	58	36	24	0,23
Sehnen	$5 \cdot 10^{-2}$			
Silber	78	100	28	0,37
Stahl, legiert	206	160	80	0,27
Weichgummi, vulkanisiert	$1{,}5 \cdot 10^{-3} \ldots 5 \cdot 10^{-3}$	$6 \cdot 10^{-3} \ldots 8 \cdot 10^{-2}$	$5 \cdot 10^{-4} \ldots 1{,}5 \cdot 10^{-3}$	0,46 ... 0,49

E, K, G: Elastizitäts-, Kompressions- und Torsionsmodul in $10^9 \frac{\text{N}}{\text{m}^2}$; μ: Poisson-Zahl

M § 8.6 Viskoelastizität

Sowohl amorphe Stoffe – wie Glas, Schwefel, Selen, Glycerin – im Verglasungsbereich (Übergang aus dem flüssigen in den festen Zustand) als auch die meisten Polymere verhalten sich bei langsamen (bzw. bei niederfrequenten periodischen) Deformationen wie zähe Flüssigkeiten, es treten also geschwindigkeitsabhängige Reibungskräfte auf. Auch menschliches Weichgewebe, die quer gestreiften und die glatten Muskeln zeigen viskoelastisches Verhalten, ebenso wie halbfeste Stoffe, wie z. B. Suppositorienmassen, Paraffine etc. oder Zubereitungen (Salben etc.), weisen die Eigenschaft der Relaxation und des Fließens (Kriechens) auf.

Viskoelastizität ist dadurch charakterisiert, dass die Dehnung eines Stoffes bei Anlegen einer konstanten Spannung (Zug oder Druck) zeitabhängig wird, d. h. der Endwert der Auslenkung wird, ebenso wie der Ausgangswert (nach Aufhören der Spannung) exponentiell erreicht, mit einer für das betreffende Material typischen Relaxationszeit τ. Für die Spannungsrelaxation σ gilt:

$$\sigma = \sigma_0 \cdot e^{-\frac{t}{\tau}} \tag{8.20}$$

σ_0 ist die konstante Ausgangsspannung und die Relaxationszeit τ die Zeitspanne, nach der die elastische Spannung auf den e-ten Teil zurückgegangen ist (s. auch § 27.3).

Stoffe die nach einer viskoelastischen Verformung nicht vollständig in ihren Ausgangszustand zurückkehren, sondern eine bleibende Verformung zeigen, besitzen außer der Viskoelastizität auch noch die Eigenschaft der Plastizität. Solche Materialien werden als viskoplastoelastisch bezeichnet.

Dagegen zeigen viskoelastische Stoffe bei ruckartigen (bzw. hochfrequenten periodischen) Verformungen das Verhalten eines Festkörpers, also ein elastisches Verhalten gemäß dem Hooke'schen Gesetz.

Aufgaben

2

Aufgabe 8.1: Auf welche Länge l_m wird ein Messingdraht mit Durchmesser $d = 0{,}8$ mm (kreisförmige Querschnittsfläche), der unbelastet $l_0 = 960$ mm lang ist, durch Anhängen einer Masse von $m = 5{,}7$ kg gedehnt, wenn der Elastizitätsmodul $E = 89 \cdot 10^9\ \mathrm{N \cdot m^{-2}}$ ist?

Aufgabe 8.2: In Bild A 8.1 ist das Spannungs-Dehnungsdiagramm von Stahl dargestellt. Entnehmen Sie dem Diagramm den Elastizitätsmodul E dieser Stahlsorte.

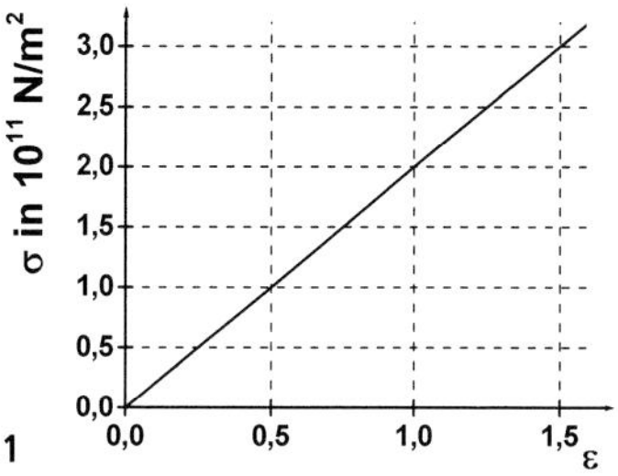

Bild A 8.1

Aufgabe 8.3: Von einem Schwerlastkran wird ein Gesamtgewicht von 10^4 N an fünf Stahlseilen von je 2 cm² Querschnittsfläche derart gehalten, dass alle Seile gleichmäßig belastet sind.
Welche Zugspannung herrscht in jedem einzelnen Seil, wenn deren Eigengewichte vernachlässigt werden?

Aufgabe 8.4: Die Spannungs-Dehnungskurven sind für drei unterschiedliche Materialien ① – ③ in Bild A 8.2 dargestellt.

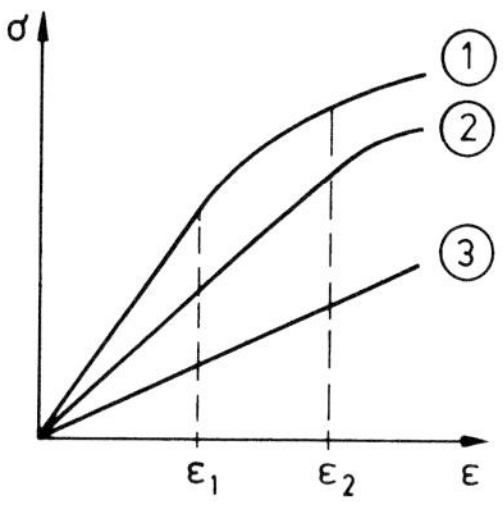

Bild A 8.2

a) Wie unterscheiden sich die Elastizitätsmodule E_1, E_2, E_3 der drei Materialien?
b) Bis zu welcher Dehnung ε_1 bzw. ε_2 gilt für die drei Stoffe das Hooke'sche Gesetz?

Aufgabe 8.5: Der Kopf eines Reißnagels habe eine Fläche von 1 cm² und die Querschnittsfläche der Reißnagelspitze betrage 0,1 mm². Der Nagel werde mit einer Kraft von 10 N in ein Holzbrett gedrückt.
Wie groß ist der mittlere Druck (in Pa), der an der Spitze des Reißnagels herrscht?

§9 Ruhende Flüssigkeiten und Gase

Bei den Festkörpern besitzen die Bausteine (Atome oder Moleküle) feste, einander zugeordnete Ruhelagen, um welche sie allenfalls eine von der Temperatur abhängige so genannte *Wärmebewegung* zeigen, die überwiegend aus Schwingungen der Bausteine um die Gleichgewichtslage besteht.
Die **Flüssigkeiten** unterscheiden sich von den Festkörpern dadurch, dass ihre einzelnen Moleküle nicht mehr an Gleichgewichtslagen gebunden, sondern relativ frei gegeneinander verschiebbar sind. Deshalb nimmt eine Flüssigkeit die Form des Gefäßes an, in welchem sie aufbewahrt wird. Flüssigkeiten besitzen daher im Gegensatz zu den festen Körpern keine *Form-* oder *Gestaltselastizität*. Sie zeigen jedoch *Volumenelastizität*, zeichnen sich hierbei aber durch eine geringe Kompressibilität κ $\left(\kappa = \frac{1}{K};\ K: \text{Kompressionsmodul}\right)$ aus. Der Kompressionsmodul ist um etwa eine Größenordnung kleiner als bei Festkörpern. Die leichte Verschiebbarkeit der Flüssigkeitsmoleküle ist auch der Grund dafür, dass sich eine Flüssigkeitsoberfläche stets senkrecht zur wirkenden Kraft einstellt. Doch beobachtet man bei Flüssigkeiten innerhalb kleiner Volumenbereiche noch eine Ordnung benachbarter Teilchen, ähnlich des für Festkörper charakteristischen Ordnungszustandes. Die Abstände der einzelnen Teilchen sind in Flüssigkeiten im Mittel nur wenig größer als im festen Körper.

Im Gegensatz zu den Flüssigkeiten haben die **Gase** das Bestreben, jeden ihnen gebotenen Raum vollkommen auszufüllen. Bei nicht zu großer Dichte der Gase können die Wechselwirkungskräfte (außer bei Zusammenstößen) zwischen den einzelnen Molekülen vernachlässigt werden. Außerdem sind die Abstände zwischen den Gasmolekülen um ein Vielfaches größer als die der Flüssigkeitsmoleküle. D. b., dass Gase eine große Kompressibilität besitzen.

Bei Flüssigkeiten und bei Gasen sind die Teilchen nicht in Ruhe, sondern bewegen sich (temperaturabhängig) in einer ungeordneten Zickzack-Bewegung, bedingt durch Zusammenstöße mit benachbarten Teilchen (Brown'sche Bewegung, s. auch §14). Dieser Bewegung wirken die Anziehungskräfte zwischen den Molekülen entgegen. Im Allgemeinen sind aber die Wechselwirkungskräfte bei den Gasen zu klein, um diese Bewegung merklich zu beeinflussen. Gasmoleküle bewegen sich daher zwischen zwei Zusammenstößen mehr oder weniger frei und unabhängig von den übrigen Molekülen, dagegen sind die Bewegungen der Flüssigkeitsmoleküle nicht vollkommen frei, da die molekularen Kräfte weitaus größer sind als bei den Gasen.

Wegen ihres Fließvermögens verwendet man für (*tropfbare*) *Flüssigkeiten* und für *Gase* als Oberbegriff auch häufig die Bezeichnung **Fluid**.

Die oben vorgenommene Unterteilung der Materie in feste, flüssige und gasförmige Stoffe erlaubt jedoch keine eindeutige Beschreibung aller Stoffe bzw. für deren Zustand, wie beispielsweise von Glas, Siegellack, Pech etc. So bezeichnet man den *amorphen Stoff* Glas treffender als **unterkühlte Flüssigkeit**. Ebenso wenig lässt sich der Zustand eines hochionisierten Gases, eines **Plasmas**, eindeutig einordnen. Man nennt daher häufig den Plasmazustand den vierten Aggregatzustand der Materie, um ihn vom festen, flüssigen und gasförmigen Zustand abzugrenzen. Solche Sonderfälle werden hier jedoch nicht betrachtet.

In diesem Abschnitt behandeln wir zunächst die grundlegenden Gesetze des statischen und im Nachfolgenden jene des dynamischen Verhaltens von Flüssigkeiten und Gasen. Im letzten Paragraphen des Kapitels Mechanik befassen wir uns mit den Erscheinungen, welche durch Grenz- bzw. Oberflächeneffekte der Flüssigkeiten bedingt sind.

§9.1 Begriff des Druckes

Greift an einer Fläche A senkrecht zu ihr, nach innen gerichtet, eine Kraft $F = |\vec{F}|$ an, so nennen wir das Verhältnis von Kraft und Fläche den **Druck** $\boldsymbol{p}$:

Definition:

$$p = \frac{F}{A} \tag{9.1}$$

Einheit:

Pascal (Pa); $1\,\text{Pa} = 1\,\frac{\text{N}}{\text{m}^2}$

Bislang verwendete Einheiten und ihre Definitionen:
Bar (bar); $1\,\text{bar} = 10^5\,\text{Pa}$;
physikalische Atmosphäre (atm);
1 atm = 101,325 kPa (der Druck von 101 325 Pa = 101,325 kPa = 1013,25 hPa ist der Standarddruck oder Normdruck);
Torr (Torr); $1\,\text{Torr} = \frac{101\,325}{760}\,\text{Pa}$ (s. auch § 9.3.2 und § 9.5)

Die Definition des Druckes p ist formal identisch mit der in § 8.1 eingeführten Spannung σ, die je nach Richtung der Kraft ein Druck oder ein Zug sein kann.

Kompressibilität

Flüssigkeiten oder Gase besitzen im Gegensatz zu den Festkörpern nur *einen* elastischen Modul, den Kompressionsmodul K. Wird auf eine Flüssigkeit oder ein Gas ein Druck ausgeübt, so ist die Druckzunahme Δp mit einer relativen Volumenabnahme $-\frac{\Delta V}{V}$ des Mediums verbunden und es gilt (analog zu (8.13)):

$$\Delta p = -K \cdot \frac{\Delta V}{V} \tag{9.2}$$

Meist verwendet man bei Flüssigkeiten und Gasen nicht den Kompressionsmodul, sondern dessen Kehrwert, die ***Kompressibilität* $\boldsymbol{\kappa}$**:

Definition:

$$\kappa = -\frac{1}{V} \cdot \frac{\Delta V}{\Delta p} \tag{9.3}$$

Einheit:

$$\frac{1}{\text{Pa}} = \frac{\text{m}^2}{\text{N}}$$

Mit (9.2) und (9.3) kann daher für die Kompressibilität auch geschrieben werden (K: Kompressionsmodul):

$$\kappa = \frac{1}{K} \tag{9.4}$$

Die Kompressibilität ist im Allgemeinen von der Temperatur und vom Druck abhängig.

Tabelle 9.1 enthält Beispiele der Kompressibilität einiger Flüssigkeiten (bei 20 °C und einem Druck von $1 \cdot 10^5$ Pa).

Tab. 9.1

Flüssigkeit	$\kappa/10^{-9}\,\frac{\text{m}^2}{\text{N}}$	Flüssigkeit	$\kappa/10^{-9}\,\frac{\text{m}^2}{\text{N}}$
Aceton	1,27	Petroleum	0,8
Benzol	0,97	Quecksilber	0,039
Ethanol	1,12	Rizinusöl	0,5
Glycerin	0,22	Terpentinöl	0,81
Methanol	1,22	Wasser	0,46

Die Kompressibilität κ eines idealen Gases (s. § 13.2) ist $\kappa \approx 10^{-5}\,\frac{\text{m}^2}{\text{N}}$ (bei 20 °C; 10^5 Pa), d. h. die Kompressibilität der Gase ist groß gegen jene der Flüssigkeiten (s. auch § 9.3).

§ 9.2 Ruhende Flüssigkeiten (Hydrostatik)

Als Hydrostatik bezeichnet man jenes Gebiet, das die Gleichgewichtsbedingungen und -gesetze für Flüssigkeiten, auf welche Kräfte einwirken, untersucht. Die Flüssigkeiten werden zunächst als *ideale* Flüssigkeiten betrachtet, d. h. wir sehen vom Einfluss von Reibungskräften (wobei die innere Reibung (s. § 10.3) im statischen Fall ruhender Flüssigkeiten sowieso keine Rolle spielt) und von Grenzflächeneffekten ab. Außerdem sollen die Flüssigkeiten *inkompressibel* sein, die oben angesprochene Kompressibilität kann bei den hier angestellten Betrachtungen als vernachlässigbar angesehen werden.

§ 9.2.1 Stempeldruck – Kolbendruck

Wir betrachten einen mit Flüssigkeit gefüllten Zylinder, der durch einen Stempel oder Kolben der Querschnittsfläche A abgeschlossen ist. Wirkt nun die Kraft F senkrecht zur Querschnittsfläche A (die Schwerkraft wird zunächst vernachlässigt), so wird durch den Stempel oder Kolben auf die Flüssigkeit ein Druck aus-

2

geübt und es herrscht überall im Innern sowie an den Grenzflächen der Flüssigkeit der **hydrostatische Druck** $p = F/A$ (Abb. 9.1).

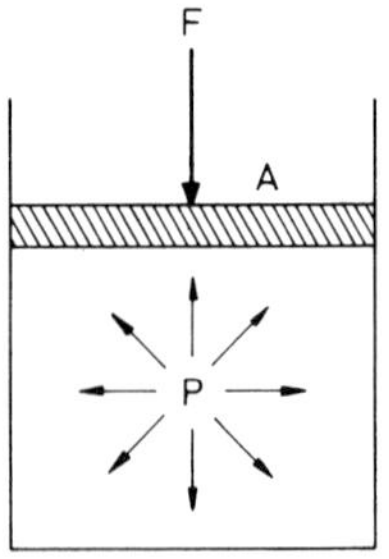

Abb. 9.1

Zum Nachweis der allseitigen Druckverteilung in einer Flüssigkeit verwendet man beispielsweise einen mit Wasser gefüllten zylindrischen Behälter wie in Abb. 9.1, an dessen Mantelfläche aber ringsum kleine Öffnungen gleichen Querschnitts angebracht sind. Wird dessen Stempel der Fläche A mit konstanter Kraft hineingedrückt, so spritzt aus allen Öffnungen das Wasser gleichmäßig und gleich weit heraus, wobei die maximalen Weiten auf einem Kreis um den Zylinder liegen.

Der Druck ist kein Vektor. Er wirkt nach allen Richtungen gleich und verursacht dadurch an jeder Fläche, an der er angreift, eine Kraftwirkung, die bei ruhender Flüssigkeit senkrecht zu dieser Fläche gerichtet ist. Auf diesem Prinzip beruht die **hydraulische Presse** (schematische Darstellung in Abb. 9.2), die wir als erste Anwendung besprechen wollen.

Zwei mit einer Flüssigkeit (Wasser oder meist Öl) gefüllte Zylinder mit verschiedenen Querschnittsflächen A_1 und A_2 $(A_2 \gg A_1)$, die durch ein enges Rohr miteinander verbunden sind, werden durch verschiebbare Kolben I und II (häufig als Pump- und Arbeitskolben bezeichnet) abgeschlossen. In den Pumpkolben I strömt zunächst beim Hochziehen Flüssigkeit aus dem Vorratsgefäß ein, wobei zum Vorratsgefäß hin Ventil V_1 öffnet und Ventil V_2 zum Arbeitskolben II hin schließt. Bewegt nun, wie in Abb. 9.2 dargestellt, die Kraft $F_1 = |\vec{F}_1|$ den Kolben I wieder abwärts (Ventil V_1 schließt, V_2 öffnet), dann wird im gesamten Flüssigkeitsvolumen von Pump- und Arbeitskolben der hydrostatische Druck p erzeugt:

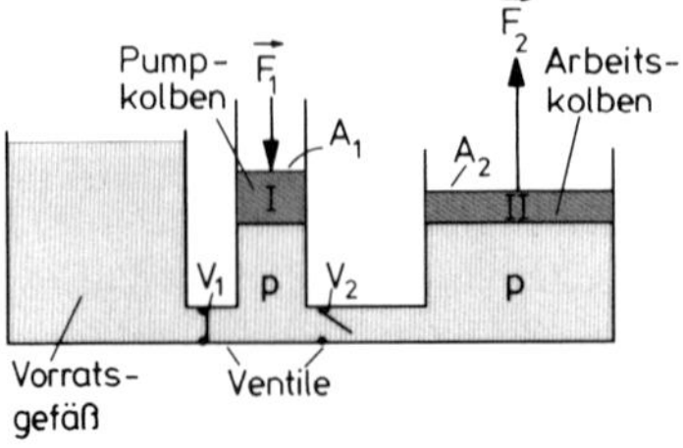

Abb. 9.2

$$p = \frac{F_1}{A_1} \tag{9.5}$$

Dieser Druck übt auf den Kolben II eine Kraft $F_2 = |\vec{F}_2|$ aus:

$$F_2 = p \cdot A_2 = F_1 \cdot \frac{A_2}{A_1} \tag{9.6}$$

d. h. die an den Kolben I und II angreifenden Kräfte F_1 und F_2 verhalten sich wie die Kolbenquerschnitte A_1 und A_2:

$$\boxed{\frac{F_1}{F_2} = \frac{A_1}{A_2}} \tag{9.7}$$

Wird der Kolben I um das Wegstück s_1 verschoben, so gilt für den Hub s_2 des Kolbens II wegen des Energieerhaltungssatzes:

$$W = F_1 \cdot s_1 = F_2 \cdot s_2 \tag{9.8}$$

Die Arbeit und damit auch die Leistung beider Kolben ist gleich. Man benötigt zwar nur eine relativ geringe Kraft $F_1 = p \cdot A_1$ am Kolben I mit der kleineren Stempelfläche, um eine wesentlich größere Kraft $F_2 = p \cdot A_2$ am Kolben II (größere Stempelfläche) zu erzielen, dies jedoch auf Kosten des Kolbenhubs s_1 in Relation zu s_2. Aus der Gleichheit der Arbeit folgt:

$$\boxed{\frac{s_2}{s_1} = \frac{F_1}{F_2}} \tag{9.9}$$

Die Wege s_1 und s_2 verhalten sich umgekehrt wie die Kräfte F_1 und F_2.

Bei jeder Bewegung des Pumpkolbens I (Querschnittsfläche A_1) um den Hubweg s_1, und demzufolge des Arbeitskolbens II (Querschnittsfläche A_2) um den Hubweg s_2, wird das Flüssigkeitsvolumen um $\Delta V = A_1 \cdot s_1 = A_2 \cdot s_2$ geändert. Mit den Gleichungen (9.5), (9.6) und

(9.8) folgt dann für die verrichtete Arbeit W der Kolben:

$$W = W_1 = F_1 \cdot s_1 = p \cdot A_1 \cdot s_1 = F_2 \cdot s_2 = p \cdot A_2 \cdot s_2 = W_2 \quad (9.10)$$

woraus sich mit dem bei einem Kolbenhub bewegten Flüssigkeitsvolumen ΔV für die Arbeit W ergibt:

$$W = p \cdot \Delta V \quad (9.11)$$

Die verrichtete Arbeit ist gleich Druck mal Volumenänderung und wird als ***Volumenarbeit*** bezeichnet. Außer bei Flüssigkeiten begegnet uns die Volumenarbeit auch bei Gasen (s. § 15.2), nur ist bei Gasen der Druck p nicht konstant, sondern vom Volumen V abhängig, da Gase kompressibel sind.

Hydraulische Pressen finden zahlreiche Verwendung in der Technik zum Heben schwerer Lasten (z. B. beim Wagenheber für Pkw) oder zum Erzeugen sehr hoher Drücke (z. B. in Pressen). Aber auch in hydraulischen Gestängen und in den Bremskraftverstärkern der Kraftfahrzeugbremsen findet die allseitige Druckverteilung Anwendung.

§ 9.2.2 Kolbenpumpe – Membranpumpe

Als weitere praktische Anwendung der Wirkung einer Druckkraft betrachten wir als Beispiel **Druckpumpen**, die nach dem Verdrängerprinzip das Fördermedium mittels eines auf- und abwärtsbewegten bzw. hin- und hergehenden oder eines rotierenden Kolbens transportieren. Das Grundprinzip einer einfach wirkenden *Kolbenpumpe* (Abb. 9.3, schematischer Ausschnitt) ist folgendes: Wird der Kolben K nach oben bewegt entsteht im Pumpengehäuse B ein Unterdruck, der zur Öffnung des Saugventils V_1 führt, während sich das Druckventil V_2 schließt. Das Fluid wird aus der Saugleitung von A in das Pumpengehäuse nach B angesaugt. Drückt man den Kolben nach unten, so schließt infolge des Überdrucks das Saugventil V_1 und das Druckventil V_2 öffnet sich. Der Kolben drückt das Fluid in die Druckleitung nach C. Durch ständiges Auf- und Abwärtsbewegen lässt sich somit ein Fluid von A nach C pumpen. Bei doppelt wirkenden Druckpumpen taucht ein Kolben in zwei über- bzw. nebeneinander liegende Pumpengehäuse, wobei gleichzeitig in einem Gehäuse ein Saughub, im anderen ein Druckhub ausgeführt wird. Neben diesen Verdrängerpumpen finden, entsprechend der Vielfalt der Einsatzmöglichkeiten, Druckpumpen der unterschiedlichsten Wirkungsweisen und Bauformen Verwendung, wie z. B. Kreiselpumpen oder Strahlpumpen etc., auf deren Funktionsweise hier jedoch nicht eingegangen werden kann. Das Fördervermögen von Druckpumpen hängt wesentlich von dem im Pumpengehäuse erzeugten Überdruck ab.

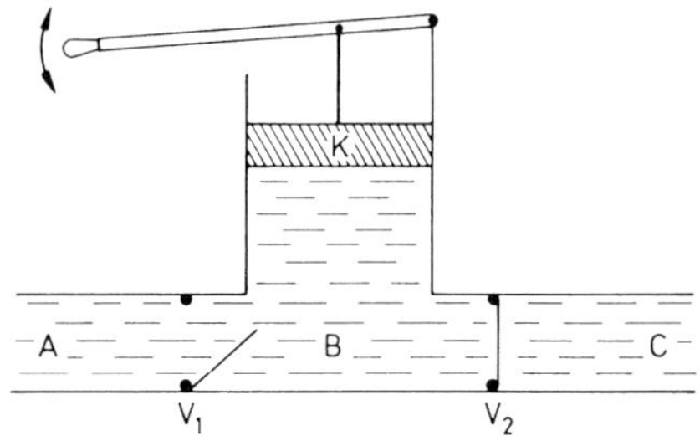

Abb. 9.3

Bei einer *Membranpumpe* ist im Prinzip der Kolben K der Kolbenpumpe durch eine elastische, deformierbare Membran ersetzt, welche durch periodische Erregung (z. B. mit der Frequenz des Wechselstromnetzes) in Schwingung versetzt wird. Die sonstige Funktionsweise entspricht prinzipiell derjenigen der Kolbenpumpe und die erzeugbaren Überdrücke liegen bei 150 Pa und mehr. Ihr Vorteil ist, dass sie keine umlaufenden Teile besitzen, welche Dichtprobleme bedingen können.

Nach einem ähnlichen Prinzip arbeitet beispielsweise auch das menschliche Herz, welches als Druck- und Saugpumpe zwei hintereinander geschaltete Kreisläufe, den Lungen- und den Körperkreislauf, betreibt und dementsprechend durch Scheidewände in zwei Hälften getrennt ist, den rechten bzw. linken Vorhof (*Atrium*) und die rechte bzw. linke Kammer (*Ventrikel*), die jeweils durch Ventile (*Klappen*) getrennt sind. Ausschließlich durch die ständige Folge von Kontraktion (*Systole*) und Erschlaffung (*Diastole*) der Vorhöfe und Kammern wird die gerichtete Blutzirkulation im Gefäßsystem des Körpers aufrechterhalten. Die notwendige externe Arbeit zum Betrieb der diskontinuierlich arbeitenden Pumpe wird von der durch Reizleitungsimpulse entsprechend gesteuerten Muskulatur erbracht, die das Herz umschließt. Infolge der diskontinuierlichen Arbeitsweise strömt das Blut zwar intermittierend in das Gefäßsystem ein, trotzdem wird durch die sog. *Windkesselwirkung* der Aorta und des übrigen arteriellen Systems ein relativ hohes mittleres Niveau des Blutdrucks aufrecht erhalten und damit ein peripherer Abfluss während des gesamten Pulszyklus gewährleistet. In der Technik dienen Windkessel dazu eine diskontinuierliche Strömung eines Fluids zu minimieren und in eine mehr oder weniger kontinuierliche Strömung zu verwandeln. Dazu wird in die Druckleitung ein als Puffervolumen dienendes Gefäß installiert, in welches während des Arbeitshubs ein Teil des Fördervolumens des Fluids unter Kompression einströmt und gespeichert wird, wodurch es zur Glättung der Druckstöße und zu einem gleichmäßigeren Ausströmen des Fluids kommt. In analoger Weise ist auch die Funktionsweise des Windkessels des arteriellen Systems zu sehen, nur dass das Puffervolumen hier durch die Ausdehnung der Gefäßwände aufgrund ihrer Elastizität erzeugt wird. Dabei kann jedoch die Gesamtelastizität des arteriellen Systems nicht völlig ausgenützt werden, da der Druck sich pulswellenförmig ausbreitet und dadurch immer nur einen Teil der Wand dehnt. An der gesamten Windkesselfunktion hat die Aorta den größeren Anteil im Vergleich zum übrigen arteriellen Gefäßsystem. Vereinfacht lässt sich der Pumpvorgang des Herzens mit arteriellem Windkessel folgendermaßen beschreiben: Während jedes einzelnen Pulsschlags erfolgt jeweils in der Systole die Einströmung des Blutes in den Windkessel, der periphere Abfluss verteilt sich aber auf die Systole und die Diastole, da ein Teil des in den Windkessel eingeströmten Blutvolumens während der Systole gespeichert wird und erst während der Diastole abfließt. Demzufolge kommt es zu pulsatorischen Volumen- und Druckschwankungen im Windkessel, die dem mittleren Füllvolumen und mittleren Druck aufgeprägt sind.

§ 9.2.3 Schweredruck

Bislang betrachteten wir nur die allseitige Fortpflanzung eines äußeren Druckes (z. B. auch des äußeren Luftdruckes) im Innern einer Flüssigkeit, wobei wir zunächst den Einfluss der Schwerkraft unberücksichtigt ließen. Doch lasten auf den tieferen Schichten einer Flüssigkeit die darüber befindlichen Schichten und erzeugen durch das Gewicht dieser Flüssigkeitssäule einen zusätzlichen Beitrag zum hydrostatischen Druck. Man nennt diesen zusätzlichen Druck den ***Schweredruck***. Zu einer Beziehung für den Schweredruck gelangen wir durch folgende Überlegung:

In einem Zylinder der Querschnittsfläche A befinde sich eine inkompressible Flüssigkeit der Dichte ϱ. Dann ist das Gewicht G der Flüssigkeitssäule der Höhe H (Abb. 9.4) gegeben durch:

$$G = m \cdot g = \varrho \cdot V \cdot g = \varrho \cdot H \cdot A \cdot g$$

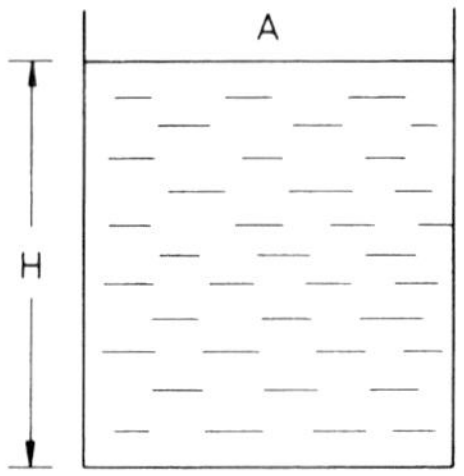

Abb. 9.4

Damit erhält man für den Schweredruck am Boden des Zylinders (von einem äußeren Druck auf die Flüssigkeitsoberfläche, z. B. durch den äußeren Luftdruck, sei zunächst abgesehen):

$$p = \frac{G}{A} = \varrho \cdot H \cdot g$$

oder in einer beliebigen Tiefe h unter der Flüssigkeitsoberfläche:

$$\boxed{p = \varrho \cdot h \cdot g} \qquad (9.12)$$

(Schweredruck)

Mit zunehmender Tiefe h, von der Flüssigkeitsoberfläche aus gemessen, steigt also der Druck p in der Flüssigkeit gemäß der Beziehung (9.12) linear an. Beispielsweise ergibt sich für eine Wassersäule der Höhe $h = 10$ m ein Druck von $p \approx 10^5$ Pa, d. h. ein Druck in der Größenordnung des Luftdruckes (s. § 9.3.2). Ohne spezielle Anzüge kann daher nur bis zu einer Tiefe von ca. 40 m unter Wasser getaucht werden. In einer Tiefe von 1000 m ergibt sich bereits ein Druck von etwa 10^7 Pa und in den größten auf der Erde vorkommenden Meerestiefen von 11 km, in die man nur noch mit entsprechend konstruierten Druckbehältern vordringen kann, herrschen Drücke von mehr als 10^8 Pa.

Berücksichtigen wir den auf der freien Flüssigkeitsoberfläche lastenden Luftdruck p_0 oder wird durch eine Kraft an einem Stempel, der die inkompressible Flüssigkeit abschließt, ein äußerer Druck p_0 ausgeübt, dann ergibt sich der gesamte hydrostatische Druck p in der Tiefe h unter der Flüssigkeitsoberfläche als Summe aus äußerem Druck und Schweredruck mit (9.12) zu:

$$p = p_0 + \varrho \cdot h \cdot g \qquad (9.13)$$

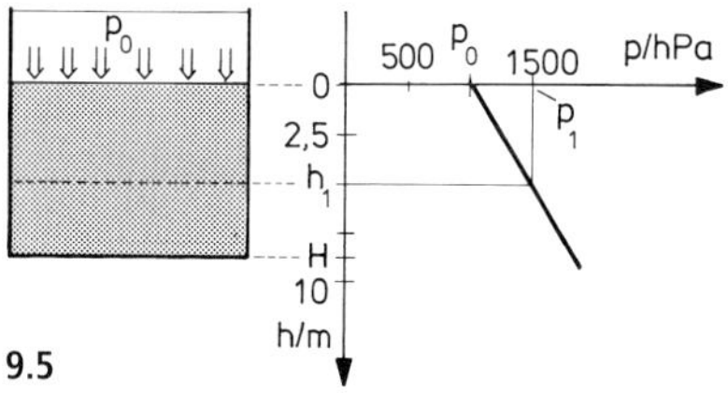

Abb. 9.5

Die Abhängigkeit des Drucks p als Funktion der Flüssigkeitstiefe h zeigt das Diagramm der Abb. 9.5, wobei p_0 den über der Flüssigkeit herrschenden Luftdruck und H die Gesamttiefe der Flüssigkeit in dem oben offenen Behälter bezeichnen. Der Druck in der beliebigen Flüssigkeitstiefe h_1 ergibt sich nach (9.13) zu: $p_1 = p_0 + \varrho \cdot h_1 \cdot g$.

Der Schweredruck einer Flüssigkeit ist nach (9.12) allein abhängig von der Höhe h der Flüssigkeitssäule und der Dichte ϱ der Flüssigkeit, also unabhängig von der Form des Gefäßes. Der auf den Boden des Gefäßes ausgeübte Schweredruck, der **Bodendruck**, ist bei den in Abb. 9.6 dargestellten Gefäßen gleicher Bodenfläche A und gleicher Füllhöhe H einer Flüssigkeit der Dichte ϱ der gleiche, obwohl in den einzelnen Gefäßen jeweils die Menge und somit auch das Gewicht der Flüssigkeit unterschiedlich ist. Diese Erscheinung bezeichnet man als das **hydrostatische Paradoxon**. Die auf den Gefäßboden ausgeübte Kraft $F = p \cdot A$ ist ebenfalls unabhängig von der Gestalt des Gefäßes und für die Gefäße in Abb. 9.6 jeweils gleich groß, da sowohl deren Grundflächen A als auch der herrschende Bodendruck p infolge gleicher Höhen H der Flüssigkeitssäulen übereinstimmen.

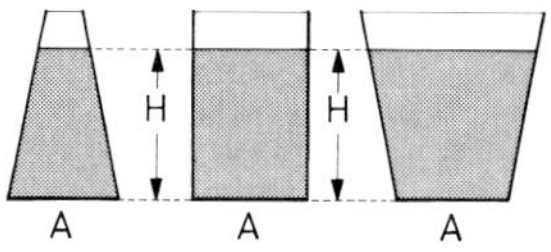

Abb. 9.6

Analog zum Bodendruck bezeichnet man als den **Seitendruck** jenen Druck, den eine Flüssigkeit auf eine Stelle der seitlichen Begrenzungswand oder auf die Seitenwand eines in die Flüssigkeit getauchten Körpers ausübt. Da der Druck allseitig gleich verteilt ist, ist der Seitendruck gleich dem in der betreffenden Tiefe h in der Flüssigkeit herrschenden hydrostatischen Druck $p = p_0 + \varrho \cdot h \cdot g$.

§ 9.2.4 Kommunizierende Röhren

Ein U-förmig gebogenes Rohr ist mit einer homogenen Flüssigkeit der Dichte ϱ gefüllt. Über beiden offenen Enden herrsche derselbe Druck p_0. Die Flüssigkeitshöhen h_1 und h_2 in beiden Schenkeln des U-Rohres sind gleich (Abb. 9.7), denn am Ort des Kräftegleichgewichts, an der tiefsten Stelle (Querschnittsfläche A) der Verbindung zwischen den beiden

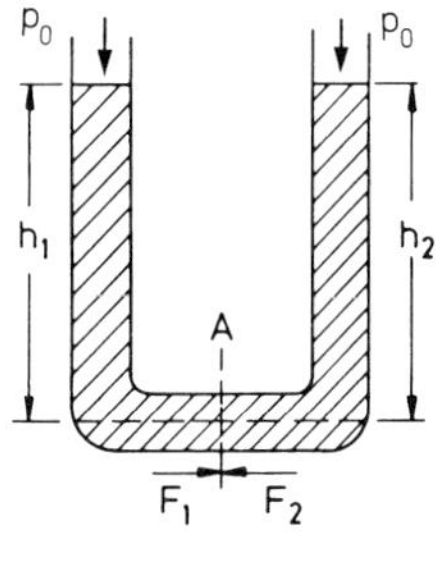

Abb. 9.7

Schenkeln, gilt für die Beträge der von den hydrostatischen Drücken der beiden Flüssigkeitssäulen erzeugten Kräfte:

$$F_1 = F_2$$

oder

$$p_1 \cdot A = p_2 \cdot A$$

$$h_1 \cdot \varrho \cdot g \cdot A = h_2 \cdot \varrho \cdot g \cdot A$$

diese Gleichung ist erfüllt für:

$h_1 = h_2$

Sind derartige miteinander verbundene Gefäße – so genannte *kommunizierende Röhren* – mit derselben Flüssigkeit gefüllt, dann stehen auch bei unterschiedlicher Gestalt und Querschnittsfläche der beiden Schenkel deren Flüssigkeitssäulen gleich hoch. Kommunizierende Röhren finden zahlreiche Anwendungen, beispielsweise als einfache Möglichkeit zur Ermittlung der gleichen Höhe von zwei Punkten (z. B. mit der Schlauchwaage), als Wasserstandsanzeiger oder als Flüssigkeitsmanometer (s. § 9.5) und auch zur Dichtebestimmung von Flüssigkeiten im Vergleich zu einer anderen, mit dieser nicht mischbaren Flüssigkeit bekannter Dichte (s. § 9.6).

§ 9.3 Ruhende Gase (Aerostatik)

Gase nehmen, wie einleitend zu diesem Abschnitt bereits erwähnt, jedes ihnen zur Verfügung stehende Volumen ein. Die einzelnen Teilchen (Moleküle) eines Gases, deren mittlere Abstände im Allgemeinen groß gegen die Reichweite der zwischenmolekularen Kräfte sind, sind weitgehend frei beweglich (Brown'sche Bewegung, s. § 14). Die Dichten der Gase sind dementsprechend viel geringer als die der Flüssigkeiten. Bei den auf der Erdoberfläche herrschenden Drücken und Temperaturen sind die Gasdichten typisch ca. 1000-mal kleiner als im kondensierten Aggregatzustand (s. Tab. 3.2). Die Dichten von Gasen sind stark von der Temperatur und dem jeweiligen Druck abhängig.

§ 9.3.1 Gesetz von Boyle und Mariotte

Der Druck in einem ruhenden Gas – wir werden uns in der Wärmelehre, insbesondere auch in der kinetischen Gastheorie (§ 14) eingehender damit beschäftigen – wirkt wie bei den Flüssigkeiten „allseitig“, d. h. ein von außen ausgeübter Druck kann sich im gesamten Gasvolumen nach allen Seiten hin ausbreiten. Im Gegensatz zu Flüssigkeiten lassen sich Gase leicht komprimieren, d. h. bei Druckänderung ändert sich das Volumen des Gases merklich. Bei vielen Gasen (z. B. Helium, Wasserstoff, Stickstoff) ist bei konstanter Temperatur das Volumen, welches das Gas einnimmt, umgekehrt proportional zum Druck. Solche Gase nennt man **ideale Gase** (s. § 13.2) und sie gehorchen dem **Boyle-Mariotte'schen Gesetz**. Es gilt bei konstanter Temperatur T:

$p_1 \cdot V_1 = p_2 \cdot V_2 = \ldots$

oder allgemein

$$p \cdot V = \text{const.} \quad \text{bei } T = \text{const.} \tag{9.14}$$

Eine aus dem Boyle-Mariotte'schen Gesetz sich ergebende Folgerung ist, dass Gase die unter hohem Druck stehen, ein kleineres Volumen einnehmen, als solche, die unter einem geringen Druck stehen. Dies findet beispielsweise eine Anwendung bei den Druckgasflaschen, wobei wir den Druck eines solchen komprimierten Gases innerhalb des ihm zur Verfügung stehenden Volumens als konstant ansehen können.

Beispiele:

1. Eine Druckgasflasche von $V_1 = 10$ L Inhalt enthält Stickstoff bei fünfzigfachem Atmosphärendruck ($p_1 = 50\,p_0$) und einer Temperatur von 0 °C. Bei einer Dichte des Stickstoffs von $\varrho_N \approx 1{,}25\ \text{kg} \cdot \text{m}^{-3}$ bei Atmosphärendruck p_0 und 0 °C erhält man die in der Druckgasflasche enthaltene Stickstoffmasse m durch folgende kleine Rechnung, ausgehend vom Boyle-Mariotte'schen Gesetz: $p_0 \cdot V_0 = p_1 \cdot V_1$. Daraus ergibt sich das Volumen V_0 unter Atmosphärendruck zu $V_0 = 0{,}5\ \text{m}^3$, woraus mit (3.3) für die in der Druckgasflasche enthaltene Stickstoffmasse $m = \varrho_N \cdot V_0 = 0{,}625$ kg folgt.

2. Das Gewicht einer Druckgasflasche betrage leer $G_0 = 140$ N und mit Gasfüllung $G_1 = 260$ N für ein Gas dessen Dichte $\varrho_0 = 6\ \text{kg} \cdot \text{m}^{-3}$ bei Atmosphärendruck p_0 und einer Temperatur von 0 °C beträgt (sog. *Normbedingungen*, s. auch § 13.2.3). Das unter Normbedingungen der Gasflasche entnehmbare Volumen an Gas (in Liter) folgt durch folgende Überlegung. Ausgehend vom Boyle-Mariotte'schen Gesetz $p_0 \cdot V_0 = p_1 \cdot V_1$ ergibt sich aufgrund der Konstanz der Gasmasse m mit (3.3) $\frac{p_1}{\varrho_1} = \frac{p_0}{\varrho_0}$, oder $V_0 \cdot \varrho_0 = V_1 \cdot \varrho_1 = m = \frac{G}{g}$, wenn $G = G_1 - G_0$ das Gewicht der Gasfüllung ist. Daraus erhält man für das aus der Druckgasflasche unter Normbedingungen entnehmbare Volumen:

$$V_0 = \frac{G}{g \cdot \varrho_0} \approx \frac{120}{10 \cdot 6}\,\text{m}^3 = 2000\ \text{L}.$$

3. Wie in § 9.2.3 angegeben, nimmt pro 10 m Wassertiefe der Druck um ca. 10^5 Pa zu, d. h. etwa um die Größenordnung des äußeren Luftdrucks p_0. In einer Tiefe von 30 m herrscht daher in Wasser nach (9.13) ein hydrostatischer Druck $p = 4\,p_0$ (äußerer Luftdruck plus Schweredruck des Wassers). Nimmt daher eine Luftblase in einer Wassertiefe von 30 m ein Volumen $V_1 = 0{,}25\,\text{cm}^3$ ein, dann erhält man (bei gleicher Temperatur) unmittelbar unter der Wasseroberfläche ($p = p_0$) aus dem Boyle-Mariotte'schen Gesetz (9.14) für deren Volumen $V_0 = 1\ \text{cm}^3$.

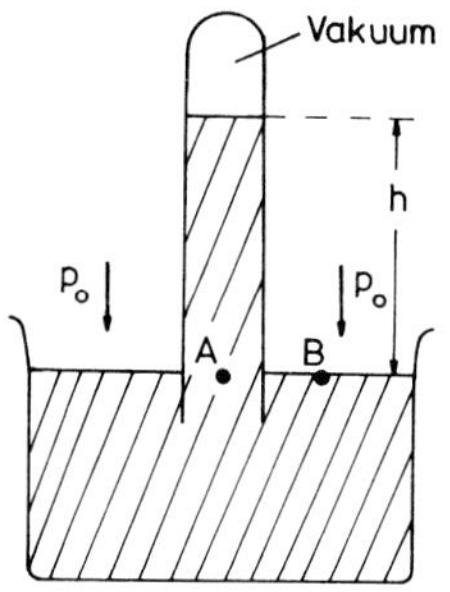

Abb. 9.8

§ 9.3.2 Atmosphärendruck – Barometrische Höhenformel

Auch Gase haben ein Gewicht. Sie üben deshalb ähnlich wie Flüssigkeiten einen Schweredruck aus. Da die Erde von einer Lufthülle umgeben ist, deren Höhe mehrere hundert Kilometer beträgt (mit unscharfer Grenze), lastet auf der Erdoberfläche ein durch das Gewicht dieser Lufthülle bedingter Druck: der **atmosphärische Luftdruck**. Der Luftdruck an irgendeiner Stelle in der Atmosphäre ist gleich dem Druck, der sich als Quotient aus dem Gewicht einer Luftsäule, die sich von dem betreffenden Punkt aus bis zum oberen Ende der Atmosphäre erstreckt, und der Querschnittsfläche jener Säule ergibt. Durch die ständige Bewegung von Luftmassen in der Atmosphäre treten zeitliche und räumliche Schwankungen des Luftdrucks auf. Er beträgt z. B. auf Meereshöhe im Mittel $p_0 = 1{,}013 \cdot 10^5\ \text{Pa} = 1013\ \text{hPa}$ und entspricht größenordnungsmäßig etwa dem Druck, den die Gewichtskraft von 1 kg Luft am Erdboden auf $1\ \text{cm}^2$ ausübt.

Der als *Standarddruck* oder *Normdruck* bezeichnete Luftdruck von 101 325 Pa (s. oben § 9.1) hält bei der Normfallbeschleunigung $g_n = 9{,}80665\ \text{m} \cdot \text{s}^{-2}$, der Temperatur von 0 °C und der Dichte von Quecksilber $\varrho_{\text{Hg}} = 13{,}5951 \cdot 10^3\ \text{kg} \cdot \text{m}^{-3}$ bei dieser Temperatur, einer Quecksilbersäule der Höhe $h = 760\ \text{mm}$ das Gleichgewicht. Dieser zuerst von *Torricelli* durchgeführte Versuch ist in Abb. 9.8 schematisch dargestellt. Ein ca. 1 m langes, an einem Ende zugeschmolzenes Glasrohr wird randvoll (luftfrei) mit Quecksilber gefüllt, am offenen Ende mit dem Finger dicht verschlossen und umgekehrt in ein Glasgefäß getaucht, das ebenfalls Quecksilber enthält (Abb. 9.8). Dabei beobachtet man, dass aus dem Glasrohr ein Teil des Quecksilbers ausfließt, bis eine Quecksilbersäule von etwa 760 mm Höhe stehen bleibt, abhängig vom herrschenden äußeren Luftdruck p_0 der senkrecht von oben auf die freie Quecksilberoberfläche im Glasgefäß drückt und somit die Quecksilbersäule trägt. Nach Beziehung (9.12) gilt im Punkt A: $p_{\text{A}} = \varrho \cdot g \cdot h$ (h: Höhe der Quecksilbersäule über der Oberfläche im Glasgefäß). Dieser Druck ist gleich demjenigen bei B und somit: $p_{\text{A}} = p_{\text{B}} = p_0$, woraus folgt: $\varrho \cdot g \cdot h = p_0$ oder

$$h = \frac{p_0}{\varrho \cdot g} = 0{,}76\ \text{m} \qquad (9.15)$$

mit $\varrho = \varrho_{\text{Hg}} = 13{,}5951 \cdot 10^3\ \text{kg} \cdot \text{m}^{-3}$ bei 0 °C, $g = g_n = 9{,}80665\text{m} \cdot \text{s}^{-2}$ und dem Druck auf Meereshöhe von $p_0 = 1013{,}25\ \text{hPa}$.

Da die Höhe h der Quecksilbersäule proportional zum Luftdruck ist, kann sie zu dessen Messung benutzt werden.

Man gab daher – und gibt auch (leider) heute noch häufig – den Druck, insbesondere z. B. den Blutdruck aber auch den Luftdruck (als Normaldruck p_0, wie auch als Unterdruck $p < p_0$), anstatt in Pascal in „Millimeter Quecksilbersäule" (mm Hg) an. Die Druckdifferenz, die 1 mm Höhenänderung einer Quecksilbersäule entspricht, wird bzw. wurde dann als 1 mm Hg oder zu Ehren von *Torricelli als* ***1 Torr*** *bezeichnet*, der die oben beschriebene Anordnung (Abb. 9.8) zur Messung des Luftdruckes verwendete. Dem Atmosphärendruck in Meereshöhe $p_0 = 101\,325$ Pa entsprechen bei 0 °C nach (9.15) daher 760 Torr.

Häufig findet man den Druck auch noch in „Millimeter Wassersäule" (mm WS) angegeben, eine Druckeinheit, die ebenfalls nicht mehr verwendet werden sollte. Nach Gleichung (9.15) beträgt die Höhe einer Wassersäule etwa das 13,6fache der Höhe der Quecksilbersäule, da die Dichte des Wassers $1 \cdot 10^3\,\mathrm{kg/m^3}$ ist. Ein Luftdruck von $p_0 = 1013{,}25$ hPa hält somit einer Wassersäule von $h_{\mathrm{H_2O}} \approx 10{,}33$ m das Gleichgewicht. Das bedeutet aber, dass der äußere Luftdruck eine Wassersäule nur so hoch drücken kann, bis er deren Schweredruck gleich ist. Man kann daher mit einer *Saugpumpe*, deren Wirkung auf dem Einfluss des äußeren Luftdrucks beruht, Wasser nur bis zu einer Höhe von etwa 10 m heraufpumpen. Um größere Höhenunterschiede zu überwinden, muss das Wasser mit einer *Druckpumpe* entsprechender Pumpleistung nach oben gedrückt werden (s. auch § 9.2.2).

Auf der Wirkung des äußeren Luftdrucks beruhen auch viele andere Erscheinungen, wie beispielsweise die *Pipette*, manchmal auch *Stechheber* genannt. Um Flüssigkeit aus einem Behälter herauszuhebern, wird die Pipette zunächst in die Flüssigkeit eingetaucht und ehe sie herausgenommen wird, mit dem Finger an ihrer oberen Öffnung verschlossen. Beim Herausnehmen fließt ein wenig Flüssigkeit aus der Pipette, wodurch der Luft in der Pipette über der Flüssigkeit ein größeres Volumen zur Verfügung steht und der Druck sich dadurch soweit erniedrigt (s. § 9.3.1), dass dieser in der Summe mit dem Schweredruck der Flüssigkeitssäule in der Pipette am unteren Ende der Pipettenöffnung gleich dem dort herrschenden äußeren Luftdruck ist. Analoges gilt beim Ansaugen der Flüssigkeit durch einen geringen Unterdruck, erzeugt beispielsweise mittels eines Pipettierballs.

Sehr eindrucksvoll lässt sich die Wirkung des Luftdruckes mit den so genannten *Magdeburger Halbkugeln* demonstrieren, ein Versuch, der häufig in Experimentalphysik-Vorlesungen gezeigt wird. Werden zwei metallische Halbkugeln aufeinander gelegt, zwischen deren planen Berührungsflächen z. B. ein Kunststoffring als Dichtung liegt, und wird der Kugelhohlraum anschließend luftleer gepumpt, dann presst der äußere Luftdruck die beiden Kugelhälften so fest aufeinander, dass eine große Kraft erforderlich ist, um sie auseinander zu reißen. Nach Gleichung (9.1) ergibt sich, bei einer Druckdifferenz zwischen innerem Druck und äußerem Luftdruck von $\Delta p = 950\,\mathrm{hPa}$ und einer Kugelquerschnittsfläche $A = 1{,}13 \cdot 10^{-2}\,\mathrm{m^2}$ (Kugeldurchmesser 12 cm), für die Kraft $F = \Delta p \cdot A \approx 1{,}1 \cdot 10^3$ N. Durch die Gewichtskraft einer an eine Hälfte angehängten Masse von 25 kg werden die Kugelhälften daher noch nicht getrennt. Wird der Kugelhohlraum wiederum mit Luft geflutet, vermag bei Erreichen eines Innendrucks von ca. 800 hPa (Druckdifferenz zwischen innen und außen $\Delta p \approx 200\,\mathrm{hPa}$) die Gewichtskraft der angehängten Masse die beiden Kugelhälften wieder auseinander zu ziehen. Dieser erstmalig von dem Magdeburger Bürgermeister *Otto von Guericke* um 1657 durchgeführte Versuch lief weitaus spektakulärer ab. Die von ihm benutzten Halbkugeln hatten einen Durchmesser von 42 cm und auch die stattliche Zahl von je acht Pferden, die auf jeder Seite an die Halbkugeln angeschirrt wurden, vermochten sie nicht gegen den äußeren Luftdruck auseinander zu ziehen (wobei auch einmal acht Pferde und als Gegenkraft ein kräftiger und gut verankerter Pfahl oder Baum ausreichend gewesen wäre); erst beim Belüften des Hohlraumes fielen die beiden Halbkugeln von alleine auseinander.

Die Wirkung des Luftdrucks zeigt auch folgender Versuch: Spannt man über die Öffnung eines Gefäßes, z. B. einer solchen Halbkugel, gut dichtend eine dünne Folie beispielsweise aus Kunststoff und erzeugt dann in dem eingeschlossenen Volumen einen Unterdruck $p < p_0$ (p_0: äußerer Luftdruck), indem man die Halbkugel luftleer pumpt, so wird die Folie nach innen gedrückt und zerreißt schließlich. Wegen der Gefahr einer derartigen Implosion ist daher bei größeren Gefäßen mit planer Begrenzungsfläche immer Vorsicht geboten, wenn diese luftleer gepumpt werden. Überhaupt sollte beim Hantieren mit evakuierten Gefäßen, insbesondere wenn diese ganz oder auch nur teilweise aus Glas gefertigt sind, mit größter Sorgfalt vorgegangen werden.

Bei dem in Abb. 9.8 dargestellten Versuch nach *Torricelli* ist der Raum über der Quecksilbersäule im Glasrohr luftleer, es herrscht ein **Vakuum**. Man bezeichnet dieses Vakuum oft auch als *Torricelli-Vakuum*, da der Restgasgehalt in dem Raum über der Quecksilbersäule zumindest noch durch den bei der aktuellen Temperatur herrschenden Dampfdruck (s. § 16.2) des Quecksilbers bestimmt ist. Zur Erzeugung besserer Vakua werden spezielle Pumpen verwendet, mit denen man heute in entsprechenden Apparaturen den Druck auf ca. 10^{-12} Pa erniedrigen kann.

Der als Vakuum bezeichnete Druckbereich ist sehr groß und wird deshalb in Teilbereiche mit folgenden ungefähren Druckintervallen untergliedert:

Grobvakuum:	1013 hPa – 1 hPa
Feinvakuum:	10^2 Pa – 10^{-1} Pa
Hochvakuum:	10^{-1} Pa – 10^{-4} Pa
Ultrahochvakuum:	$< 10^{-4}$ Pa

Die von *Otto von Guericke* 1650 erfundene „Luftpumpe", mit der es ihm zum ersten Mal gelungen war, aus Metallgefäßen die Luft herauszupumpen, war vom Prinzip her eine Kolbenpumpe mit Dreiwegehahn. Verschiedenste technische Ausführungen von Pumpen wurden im Laufe der Zeit zur Erreichung eines immer besseren Vakuums entwickelt. Zur Erzeugung von Grob- und Feinvakua werden heute überwiegend so genannte **Drehschieberpumpen** verwendet, mit denen man ein Endvakuum von 1 bis 0,1 Pa erreicht, ein Vakuum, das im Laboratoriumsgebrauch, aber auch in der Technik, meist als ‚Vorvakuum' und die zur Erzeugung eingesetzten Pumpen entsprechend als ‚Vorvakuumpumpen' oder kurz als ‚Vorpumpen' bezeichnet werden. Um einen geringeren Druck, d. h. ein besseres bzw. „höheres" Vakuum zu erzeugen, werden Pumpenarten verwendet, die nur gegen einen Druck von 1 bis 0,1 Pa, also gegen Vorvakuum arbeiten können. Im Hochvakuumbereich und im unteren Bereich des Ultrahochvakuums werden **Diffusionspumpen** mit geeigneten Treibmitteln – meist Silikonöle, selten auch noch Quecksilber – und in zunehmendem Maße **Turbomolekularpumpen** verwendet. Zwischen Pumpe und Rezipienten, d. h. dem zu evakuierenden Gefäß, werden bei Diffusionspumpen i. Allg. immer, bei Turbomolekularpumpen manchmal, eine oder zwei hintereinander geschaltete Kühlfallen (engl.: *Baffle*) eingebaut, die mit Wasser oder mit flüssigem Stickstoff gekühlt werden, damit einerseits das Treibmittel der Pumpe nicht in den zu evakuierenden Rezipienten gelangt und andererseits einige Restgase ‚ausgefroren' werden können. Zur Erzielung noch besserer Vakua, die vor allem frei von Treibmitteln sind, werden sog. **Getter**- oder **Sorptionspumpen** eingesetzt. Mit **Kryopumpen**, das sind Pumpen, bei denen Metallflächen auf die Temperatur des flüssigen Wasserstoffs bzw. Heliums abgekühlt werden und an denen die abzupumpenden Gase kondensieren, lassen sich selbst große Behälter innerhalb kürzester Zeit auf ca. 10^{-8} Pa evakuieren. Ein Gefäß völlig „luftleer" zu pumpen gelingt aber nicht, da selbst bei einem Druck von 10^{-8} Pa noch etwa 10^9 Moleküle pro dm^3 enthalten sind.

Barometrische Höhenformel

An der Erdoberfläche befinden wir uns am Fuße eines riesigen Luftmeeres, dessen Normdruck (in Meereshöhe bei 0 °C) $p_0 = 1013{,}25$ hPa beträgt. Daher nimmt mit zunehmendem Abstand h von der Erdoberfläche der Atmosphärendruck ab. Während der Schweredruck in einer Flüssigkeit (ausgehend z. B. vom Grund eines Gewässers mit der Höhe $h = 0$) mit steigender Höhe h nach oben proportional zu h abnimmt, ist beim atmosphärischen Druck, aufgrund der hohen Kompressibilität der Gase eine andere Abhängigkeit von der Höhe h zu erwarten. Abb. 9.9 (Koordinatenachsen linear geteilt) zeigt die unterschiedliche Druckabnahme als Funktion des Abstandes h in einem Gas (hier: Luft) von der Erdoberfläche aus und in einer Flüssigkeit vom Grund des Gefäßes bis zur Oberfläche.

Die Abnahme des Atmosphärendrucks in Abhängigkeit von der Höhe h über der Erdoberfläche lässt sich aus dem Boyle-Mariotte'schen Gesetz ableiten, unter der (nicht gerechtfertigten) Annahme einer konstanten Temperatur T in der gesamten Atmosphäre.

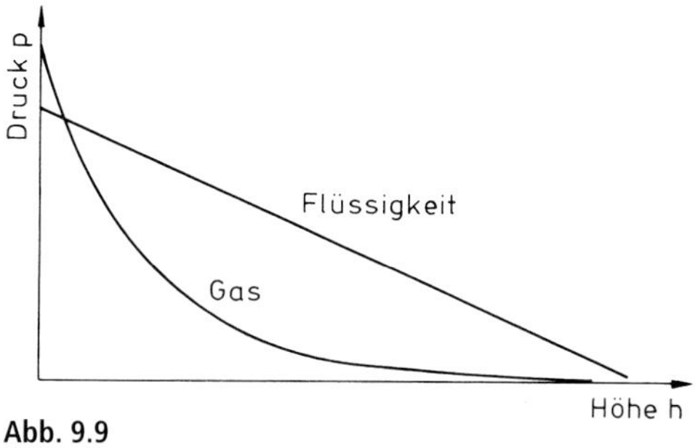

Abb. 9.9

Für ein Luftvolumen V unter dem Druck p in beliebiger Höhe h über Meeresniveau gilt, dass das Produkt $p \cdot V = p_0 \cdot V_0$ ist, wenn p_0, V_0 Druck und Volumen in Meereshöhe $h_0 = 0$ m sind. Daraus erhält man durch Division mit der Masse m der Luft: $\frac{p \cdot V}{m} = \frac{p_0 \cdot V_0}{m}$ oder mit der Definition der Dichte $\varrho = \frac{m}{V}$ folgt:

$$\frac{p}{\varrho} = \frac{p_0}{\varrho_0} \qquad (9.16)$$

Diese Beziehung drückt aus, dass die **Dichte der Gase druckabhängig** ist: $\varrho = \varrho(p) = \frac{\varrho_0}{p_0}\, p$.

In beliebiger Höhe h nimmt in einem kleinen Volumenelement der Höhe $\mathrm{d}h$ – die Dichte kann hier als konstant betrachtet werden – der Schweredruck um $\mathrm{d}p = -\varrho \cdot g \cdot \mathrm{d}h = -p\,\frac{\varrho_0}{p_0} \cdot g \cdot \mathrm{d}h$ ab. Daraus folgt $\frac{\mathrm{d}p}{p} = -\frac{\varrho_0}{p_0} \cdot g \cdot \mathrm{d}h$ und durch Integration zwischen den Grenzen $h = h_0$ (Druck p_0) und h (Druck p_h):
$\int_{p_0}^{p_h} \frac{\mathrm{d}p}{p} = \ln \frac{p_h}{p_0} = -\frac{\varrho_0}{p_0} \cdot g \cdot h$ (wegen $h_0 = 0$ m).

Es ergibt sich:

$$p_h = p_0 \cdot e^{-\frac{\varrho_0}{p_0} \cdot g \cdot h} \qquad (9.17)$$

(Barometrische Höhenformel)

Setzt man $H = \dfrac{p_0}{\varrho_0 \cdot g}$, so folgt für die barometrische Höhenformel (9.17):

$$p_h = p_0 \cdot e^{-\frac{h}{H}} \tag{9.18}$$

Mit der Dichte der Luft (s. Tab. 3.2) und dem Druck p_0 in Meereshöhe erhält man für $H = 7{,}99 \cdot 10^3\,\mathrm{m} \approx 8\,\mathrm{km}$. Auf diesem Höhenunterschied h nimmt der Druck (die Dichte) jeweils um den Faktor e^{-1} ab. Eine Abnahme des Luftdrucks jeweils auf die Hälfte ($p_h = p_0/2$) erfolgt bei einem Höhenanstieg um $h \approx 5{,}54\,\mathrm{km}$, der so genannten *Halbwertshöhe*.

Die barometrische Höhenformel erlaubt, bei bekanntem Druck an der Erdoberfläche, eine grobe Bestimmung der Höhe h über dem Erdboden durch Messung des Luftdruckes in dieser Höhe (Prinzip des *Höhenmessers*), vorausgesetzt es treten während der Messung keine wetterbedingten Änderungen des Luftdrucks auf. Bei genauen Berechnungen des Luftdrucks in Abhängigkeit von der Höhe muss jedoch beachtet werden, dass die Temperatur mit der Höhe zunächst abnimmt und die barometrische Höhenformel in der Form nach (9.17) bzw. (9.18) daher nur auf solche Schichtdicken der Atmosphäre angewendet werden darf, in denen die Temperatur konstant bleibt.

§ 9.3.3 Partialdruck

Wir betrachten nun Gasgemische: Gase, die nicht chemisch miteinander reagieren, lassen sich beliebig mischen. *Der Druck des Gasgemisches ist gleich der Summe der Drücke, die jedes einzelne Gas ausüben würde, wenn es das gesamte Volumen, welches das Gasgemisch einnimmt, ausfüllen würde* **(Dalton'sches Gesetz)**. Nach dem Boyle-Mariotte'schen Gesetz berechnen sich die Partialdrücke zu:

$$p_1 = p\frac{V_1}{V}; \quad p_2 = p\frac{V_2}{V} \quad \text{usw.}$$

Wobei p der Druck des Gasgemisches und der Einzelgase vor der Mischung ist. $V_1, V_2 \ldots$ sind die Volumina der Gase vor der Mischung und $V = V_1 + V_2 + \ldots$ ist das Volumen der Mischung.

Der Gesamtdruck ergibt sich dann nach Dalton zu:

$$p = p_1 + p_2 + p_3 + \ldots \tag{9.19}$$

Der Gesamtdruck eines Gasgemisches ist gleich der Summe der Partialdrücke der einzelnen Komponenten (s. auch § 13.2.5).

§ 9.4 Auftrieb in Flüssigkeiten und Gasen

§ 9.4.1 Auftrieb und archimedisches Prinzip

Wir betrachten einen Würfel der Kantenlänge a, welcher ganz in eine Flüssigkeit der Dichte ϱ_{Fl} eingetaucht ist (Abb. 9.10). Auf den Körper wirkt der von der Flüssigkeitshöhe abhängige Schweredruck. Die Kraft, welche die Bodenfläche des Würfels in der Tiefe h_2 infolge des allseitig wirkenden Druckes erfährt, ergibt sich zu:

$$F_2 = p_2 \cdot a^2 = h_2 \cdot \varrho_{\mathrm{Fl}} \cdot g \cdot a^2 \tag{9.20}$$

Ebenso wirkt in der Tiefe h_1 von oben auf den Würfel die Kraft:

$$F_1 = p_1 \cdot a^2 = h_1 \cdot \varrho_{\mathrm{Fl}} \cdot g \cdot a^2 \tag{9.21}$$

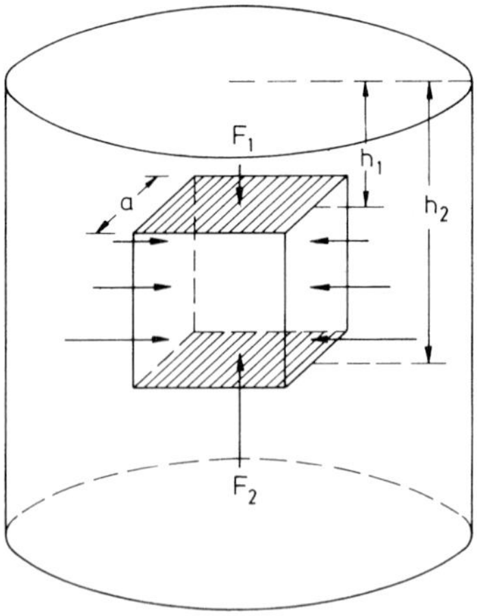

Abb. 9.10

Die Kräfte, die auf die Seitenflächen ausgeübt werden, kompensieren sich in jeder Höhe paarweise, in Abb. 9.10 angedeutet durch die mit der Tiefe in ihrer Größe zunehmenden Kraftpfeile auf zwei gegenüber liegende Seitenflächen des Körpers. Die vektorielle Addition der antiparallel gerichteten Kräfte $\vec{F}_1$ und $\vec{F}_2$ auf die Deck- und Bodenfläche ergibt eine resultierende Kraft senkrecht nach oben, da in der Tiefe $h_2 > h_1$ der Schweredruck $p_2 > p_1$ ist und somit für den Betrag der Kraft $F_2 > F_1$ folgt.

Diese resultierende Kraft heißt der **Auftrieb** $\vec{A}$ eines Körpers in einer Flüssigkeit und ist die Folge des Druckgradienten (Druckgefälles) in der Flüssigkeit. Der Auftrieb $\vec{A}$ ist eine der Gewichtskraft des Körpers entgegen gerichtete Kraft für deren Betrag $A = |\vec{A}|$ sich mit (9.20) und (9.21) ergibt:

$$A = F_2 - F_1 = \varrho_{\mathrm{Fl}} \cdot g \cdot (h_2 - h_1) \cdot a^2 = \varrho_{\mathrm{Fl}} \cdot g \cdot a^3$$

oder allgemein

$$\boxed{A = \varrho_{\mathrm{Fl}} \cdot V_{\mathrm{K}} \cdot g} \qquad (9.22)$$

Dabei bedeutet ϱ_{Fl} die Dichte der Flüssigkeit, V_{K} das Volumen des eingetauchten Körpers und g die Fallbeschleunigung. Die Beziehung (9.22) haben wir zwar für einen Würfel abgeleitet, sie gilt jedoch auch für Körper beliebiger Gestalt, die das Volumen V_{K} besitzen.

Durch den Auftrieb erfährt der Körper einen (scheinbaren) Gewichtsverlust. Nun stellt die rechte Seite von Gleichung (9.22), wie man sofort sieht, das Gewicht G_{Fl} des durch den Körper verdrängten Flüssigkeitsvolumens dar:

$$G_{\mathrm{Fl}} = \varrho_{\mathrm{Fl}} \cdot V_{\mathrm{K}} \cdot g = m_{\mathrm{Fl}} \cdot g \qquad (9.23)$$

Damit erhalten wir das **archimedische Prinzip** (*Archimedes*, um 255 v. Chr.) in folgender Formulierung:

> Durch den Auftrieb erfährt ein in eine Flüssigkeit eingetauchter Körper einen (scheinbaren) Gewichtsverlust, welcher gleich dem Gewicht des durch den Körper verdrängten Flüssigkeitsvolumens ist.

Auftrieb in Gasen

Auch in Gasen erfahren Körper einen Auftrieb. Analog zum Auftrieb in Flüssigkeiten ergibt sich der Auftrieb für einen Körper mit dem Volumen V_{K} in einem Gas der Dichte ϱ_{Gas} zu:

$$\boxed{A = \varrho_{\mathrm{Gas}} \cdot V_{\mathrm{K}} \cdot g} \qquad (9.24)$$

Durch den Auftrieb erfährt der Körper einen Gewichtsverlust, der gleich dem Gewicht des durch den Körper verdrängten Gasvolumens ist. Ein Körper ist daher beispielsweise in Luft immer leichter als im Vakuum. Wegen der geringen Dichte der Gase (s. Tab. 3.2) ist der Auftrieb in Gasen kleiner als in Flüssigkeiten.

§ 9.4.2 Schwimmen, Schweben, Sinken

Nach dem archimedischen Prinzip ergibt sich das scheinbare Gewicht G^* eines völlig in eine Flüssigkeit (Dichte ϱ_{Fl}) eingetauchten Körpers der Dichte ϱ_{K}, des Volumens V_{K} und Gewichts G mit (9.22) zu:

$$G^* = G - A = (\varrho_{\mathrm{K}} - \varrho_{\mathrm{Fl}}) \cdot V_{\mathrm{K}} \cdot g \qquad (9.25)$$

Drei Fälle können anhand von (9.25) unterschieden werden:

Ist das Gewicht des Körpers größer als der Auftrieb ($G > A$), d. h. größer als das Gewicht der von ihm verdrängten Flüssigkeitsmenge (Abb. 9.11 (1)), dann *sinkt* der Körper in der Flüssigkeit unter (scheinbares Gewicht $G^* > 0$).

Im Grenzfall $G^* = 0$, d. h. $G = A$, ist der Körper an jeder Stelle in der Flüssigkeit im Gleichgewicht, der Körper *schwebt* in der Flüssigkeit (Abb. 9.11 (2)).

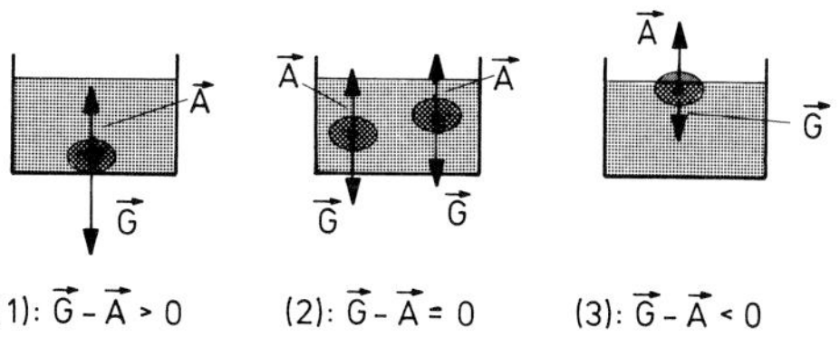

Abb. 9.11

Ist jedoch das Gewicht des zunächst völlig in die Flüssigkeit eingetauchten Körpers kleiner als der Auftrieb ($G < A$) und damit $G^* < 0$, dann erfährt er eine Kraft in Richtung zur Oberfläche der Flüssigkeit, sodass zumindest ein Teil des Körpers aus der Flüssigkeit herausragt (Abb. 9.11 (3)). Der Gleichgewichtszustand ist erreicht, wenn der Auftrieb des in die Flüssigkeit eingetauchten Teilvolumens das Gewicht des Körpers kompensiert, der Körper *schwimmt* in der Flüssigkeit (s. auch unten § 9.4.3). Das Gewicht G des schwimmenden Körpers ist dann gleich dem Gewicht der vom Teilvolumen des Körpers verdrängten Flüssigkeit.

Im Übrigen erfahren in Flüssigkeiten nicht nur feste Körper, sondern auch andere Flüssigkeiten einen Auftrieb. Daher steigen leichte Flüssigkeiten in schwereren (d. h. mit größerer Dichte) stets an die Oberfläche (z. B. Öl in Wasser), während schwere Flüssigkeiten in leichteren (d. h. mit geringerer Dichte) absinken (z. B. Wasser in Benzol).

Zusammengefasst lauten die Bedingungen für Schwimmen, Schweben und Sinken eines in eine Flüssigkeit eingetauchten Körpers:

$G - A > 0$	d. h. $\varrho_K > \varrho_{Fl}$	der Körper sinkt
$G - A = 0$	d. h. $\varrho_K = \varrho_{Fl}$	der Körper schwebt
$G - A < 0$	d. h. $\varrho_K < \varrho_{Fl}$	der Körper schwimmt.

Für das Sinken bzw. Schweben von Körpern oder Tröpfchen in Gasen gelten dieselben Bedingungen wie für Flüssigkeiten, nur dass die Dichte der Flüssigkeit durch die des Gases ersetzt wird.

§ 9.4.3 Eintauchen eines Körpers in eine Flüssigkeit

In einer Flüssigkeit der Dichte ϱ_{Fl} schwimme ein Körper mit dem Volumen V_K und der Dichte ϱ_K ($\varrho_K < \varrho_{Fl}$). Das Teilvolumen V'_K befinde sich unter der Flüssigkeitsoberfläche (Abb. 9.12). Das Gewicht G des schwimmenden Körpers ist dann im Gleichgewicht mit dem Auftrieb A', den das eingetauchte Teilvolumen V'_K des Körpers in der Flüssigkeit erfährt:

$$G = V_K \cdot \varrho_K \cdot g = V'_K \cdot \varrho_{Fl} \cdot g = A' \qquad (9.26)$$

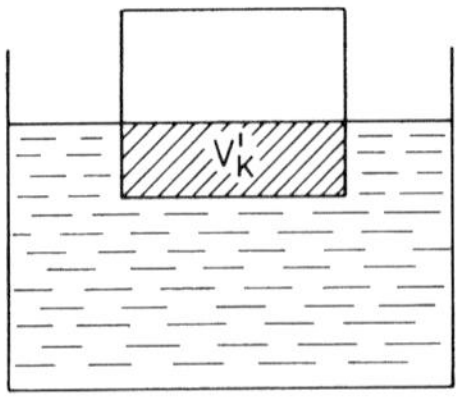

Abb. 9.12

Daraus erhält man für das Verhältnis des eingetauchten Teilvolumens V'_K zum Gesamtvolumen V_K des Körpers:

$$\frac{V'_K}{V_K} = \frac{\varrho_K}{\varrho_{Fl}} \qquad (9.27)$$

Hier liegt also der in § 9.4.2 bereits erwähnte Fall vor, dass das Gewicht des schwimmenden Körpers gleich dem Gewicht der Flüssigkeit ist, die vom eingetauchten Teilvolumen des Körpers verdrängt wurde. Erhöht man die Dichte der Flüssigkeit, beispielsweise von reinem Wasser durch Lösen von Salz, so verringert sich nach (9.27) das in die Flüssigkeit eingetauchte Teilvolumen V'_K, da die Dichte ϱ_{Fl} einer Salzlösung größer ist als die von reinem Wasser. Es gilt aber weiterhin, dass die Gewichtskraft des Körpers gleich der Auftriebskraft ist, die er aufgrund des eingetauchten Teilvolumens erfährt.

Ein beladenes Containerschiff, beispielsweise, taucht ins Wasser des Flusshafens tiefer ein als auf dem offenen Meer, wegen der höheren Dichte des Meerwassers aufgrund des Salzgehaltes. Wird seine Ladung aber im Hafen gelöscht, liegt der Kiel des Schiffes wieder höher im Wasser.

Andere Beispiele von in Flüssigkeiten schwimmenden Stoffen sind Holz oder Eis in Wasser, aber auch Eisen in Quecksilber. Betrachten wir speziell das Beispiel von Eis ($\varrho_{Eis} = 0{,}917 \cdot 10^3$ kg/m^3 bei 0 °C) in Wasser ($\varrho_{Wasser} = 0{,}9982 \cdot 10^3$ kg/m^3 bei 20 °C), dann ergibt sich aus (9.27) für das Verhältnis des ins Wasser eingetauchten Volumens V'_{Eis} zum gesamten Volumen V_{Eis} des Eises: $V'_{Eis}/V_{Eis} = 0{,}92$, d. h. ca. 92 % des Eises sind unter der Wasseroberfläche. Von einem in Meerwasser schwimmenden Eisberg, ragen wegen der höheren Dichte des Meerwassers (s. Tab. 3.2), ca. 10 % des Eisbergs aus dem Wasser heraus, ca. 90 % sind unter der Meeresoberfläche.

Beispiele:
1. Ein vollständig mit Wasser gefülltes Überlaufgefäß steht auf einer Waage und hat eine Gesamtmasse von 8 kg (Abb. 9.13). Legt man vorsichtig ein Metallstück der Masse $m_M = 1$ kg und Dichte $\varrho_M = 10^4\ \text{kg}\cdot\text{m}^{-3}$ in das Wasser, so läuft ein Teil des Wassers in das Überlaufgefäß aus. Die Masse m_W des verdrängten Wassers ergibt sich aus (9.22) gemäß dem archimedischen Prinzip mit $V_K = m_M/\varrho_M$ zu $m_W = V_K \cdot \varrho_W = 0{,}1$ kg. Durch das im Wasser sinkende Metallstück ergibt sich eine Änderung der Masse um $\Delta m = m_M - m_W = +0{,}9$ kg. Die Waage zeigt daher anschließend eine Gesamtmasse von 8,9 kg an.

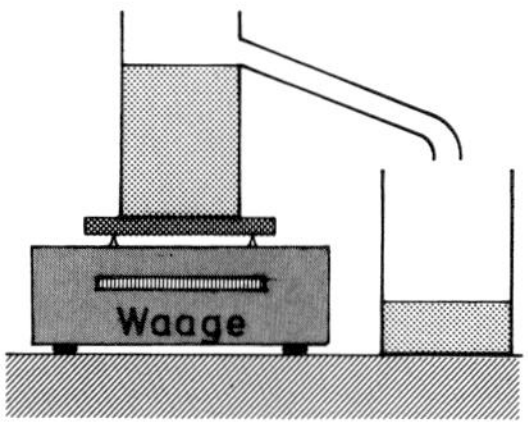

Abb. 9.13

Wird jedoch anstelle eines Metallstückes ein Holzklotz der Masse $m_H = 1$ kg und Dichte $\varrho_H = 8 \cdot 10^2\ \text{kg}\cdot\text{m}^{-3}$ in das Wasser gebracht, so ändert sich an der von der Waage angezeigten Gesamtmasse nichts, da das Holz infolge seiner kleineren Dichte im Wasser schwimmt und somit das Gewicht des schwimmenden Körpers gleich dem Gewicht der von seinem eingetauchten Teilvolumen verdrängten Flüssigkeit ist. Aus (9.26) folgt dann $m_H = V_K \cdot \varrho_H = V'_K \cdot \varrho_W = m_W$, d. h. die Waage zeigt auch anschließend eine Gesamtmasse von 8 kg an.

2. In einem Wasserbecken schwimme ein Boot (Masse m_B), in dem sich eine Person, ein großer schwimmfähiger Holzbalken (Masse m_H, Dichte ϱ_H) und ein schwerer Stein (Masse m_S, Dichte ϱ_S) befinden. Wirft die Person nun zunächst den Stein in das Wasser (Dichte ϱ_W), so beobachtet man ein Absinken des Wasserspiegels im Becken. So lange sich der Stein im schwimmenden Boot befand, tauchte das Boot so tief in das Wasser ein, dass sein Gesamtgewicht $G^* = (m_B + m_H + m_S) \cdot g$ gemäß (9.26) durch den Auftrieb kompensiert und nach dem archimedischen Prinzip eine dem eingetauchten Teilvolumen V^* des Bootes äquivalente Menge Wasser (Gewicht $G^*{}_W$) verdrängt wurde. Wird der Stein aus dem Boot entfernt, so reduziert sich dessen Gesamtgewicht auf $G^{**} = (m_B + m_H) \cdot g$. Das eingetauchte Teilvolumen des Bootes nimmt etwa um $\frac{m_S}{\varrho_W}$ ab, d. h. $V^{**} < V^*$ und dementsprechend folgt für das Gewicht der verdrängten Wassermenge $G_W^{**} < G_W^*$. Durch das Entfernen des Steines verdrängt das Boot daher weniger Wasser, wodurch einerseits der Wasserspiegel im Becken absinkt, er andererseits jedoch wiederum eine Anhebung erfährt, da der ins Wasser geworfene Stein ein seinem Volumen $\frac{m_S}{\varrho_S}$ entsprechendes Wasservolumen verdrängt. Wegen $\varrho_S > \varrho_W$ ist diese Volumenzunahme des Wassers im Becken geringer als die durch die Verkleinerung des eingetauchten Volumens von V^* auf V^{**} bedingte Abnahme, sodass insgesamt eine Absenkung des Wasserspiegels resultiert.

Wird anstelle des Steines der schwimmfähige Holzbalken ($\varrho_H < \varrho_W$) aus dem Boot ins Wasser geworfen, bleibt der Wasserspiegel ungeändert, da die verdrängte Wassermenge durch den Anteil des Gewichts $G_H = m_H \cdot g$ des Holzbalkens im Boot dieselbe ist, wie für den ins Wasser geworfenen und dort schwimmenden Holzbanken, d. h. die verdrängten Wasservolumina sind identisch.

3. Ein Junge ($m_J = 40$ kg) stehe auf einer gleichmäßig dicken Eisscholle (Dicke $d_E = 10$ cm). Zur Berechnung der Minimalfläche A_E, welche die Eisscholle haben muss, damit diese ihn gerade noch trägt, d. b. die Eisoberfläche auf welcher der Junge steht, schließt mit der Wasseroberfläche ab, gehen wir für einen schwimmenden Körper nach dem archimedischen Prinzip davon aus, dass das Gewicht G_S des Gesamtsystems (Junge plus Eisscholle) durch den Auftrieb A' kompensiert wird, d. h. gleich dem Gewicht derjenigen Wassermenge ist, welche durch das eingetauchte Volumen des Gesamtsystems (in diesem Fall das Volumen V_E der gesamten Eisscholle) verdrängt wird. Mit Gleichung (9.26) folgt:

$$G_S = G_E + G_J = V_E \cdot \varrho_E \cdot g + m_J \cdot g = V_E \cdot \varrho_W \cdot g = A'$$

woraus sich mit dem Volumen der Eisscholle $V_E = A_E \cdot d_E$ ergibt:

$$A_E \cdot d_E(\varrho_W - \varrho_E) = m_J$$

oder

$$A_E = \frac{m_J}{d_E \cdot (\varrho_W - \varrho_E)}$$

Daraus erhält man mit der Dichte von Wasser $\varrho_W = 1 \cdot 10^3\ \text{kg}\cdot\text{m}^{-3}$ und von Eis $\varrho_E = 900\ \text{kg}\cdot\text{m}^{-3}$ für die Minimalfläche der Eisscholle, die den Jungen gerade noch trägt, den Wert $A_E = 4\ \text{m}^2$.

§ 9.5 Druckmessung

Zur Druckmessung von Flüssigkeiten und Gasen verwendet man so genannte **Manometer**. Man unterscheidet zwischen direkt anzeigenden Manometern, wie beispielsweise Flüssigkeits- oder Membranmanometern, und Druckwandlern oder Druckumformern (*Transducer*), Geräten, die den Druck in eine elektrische Messgröße umwandeln. Die Druckwandler verdrängen in zunehmendem Maße die direkt anzeigenden Manometer. Entsprechend unterschiedliche technische Ausführungen von Manometern ermöglichen Druckmessungen im Bereich von etwa 10^{-8} Pa (Ultrahochvakuum) bis 10^{11} Pa. Druckmessgeräte insbesondere zur Messung des Luftdruckes heißen **Barometer**.

Ist beispielsweise der Druck eines Gases größer als der äußere Luftdruck p_0, so spricht man von einem *Überdruck*, ist er kleiner, von einem *Unterdruck*. Druckmessgeräte zur Messung von Drücken kleiner als 10^3 Pa werden als **Vakuummeter** bezeichnet.

Flüssigkeitsmanometer

Zur Druckmessung bei Gasen wird oft das Flüssigkeitsmanometer verwendet. Dieses besteht aus einem mit einer homogenen Flüssigkeit gefüllten U-Rohr, d. h. es handelt sich um kommunizierende Röhren, deren Flüssigkeitssäulen in den beiden Schenkeln gleich hoch sind, wenn der äußere Druck über den offenen Rohrenden gleich ist. Dieses bekannte U-Rohr-Manometer lässt sich in einfacher Weise, z. B. direkt über Schliff- oder mittels Schlauchverbindungen eines oder beider Schenkel des U-Rohres, zur Druckmessung verwenden. Wird an einen Schenkel des U-Rohres ein Gefäß angeschlossen, dessen Druck p_1 gemessen werden soll (dabei kann es sich um einen Unterdruck oder, wie in Abb. 9.14 gezeigt, um einen Überdruck handeln) und bleibt der andere Schenkel offen, d. h. darüber lastet der äußere Druck p_0 (z. B. der Luftdruck), dann kann aus dem Höhenunterschied der Flüssigkeitsspiegel, aufgrund des Schweredrucks der Sperrflüssigkeit bekannter Dichte ϱ, auf die Druckdifferenz Δp an den Rohrenden rückgeschlossen werden. Die Höhendifferenz Δh zwischen den Flüssigkeitssäulen in beiden Schenkeln ist dann proportional zur Druckdifferenz $\Delta p = p_1 - p_0$ des Gasdruckes p_1 im Innern des Gefäßes und des Gasdrucks p_0 im Außenraum.

$$\Delta p = \Delta h \cdot \varrho \cdot g \tag{9.28}$$

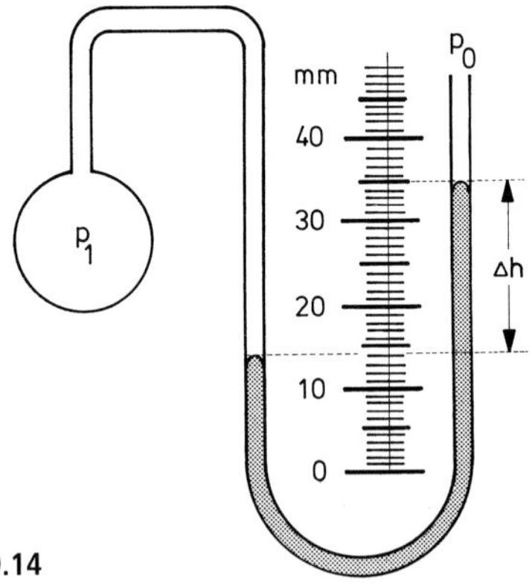

Abb. 9.14

Bei bekanntem Gasdruck p_0 im Außenraum folgt für den Druck p_1:

$$p_1 = p_0 + \Delta p = p_0 + \Delta h \cdot \varrho \cdot g \tag{9.29}$$

Da es sich im Beispiel der Abb. 9.14 um einen Überdruck im angeschlossenen Gefäß handelt ($p_1 > p_0$), ist Δp positiv. Häufig wird als Sperrflüssigkeit Quecksilber verwendet, da es wegen seiner großen Dichte ($\varrho_{Hg} = 13{,}6 \cdot 10^3$ kg $\cdot$ m^{-3}) besonders gut geeignet ist, die Manometer in handlicher Größe herzustellen.

Der Druck Δp wird dann häufig immer noch in der (nicht mehr zu verwendenden) Einheit „mm Quecksilbersäule" bzw. „Torr" angegeben (s. auch §9.3.2), sollte jedoch in der SI-Einheit des Druckes, „Pascal" (Pa), gemessen werden. Für die Umrechnung dieser Druckeinheiten sowie der noch manchmal verwendeten Einheit bar bzw. mbar in die SI-Einheit Pa gelten folgende Zusammenhänge:

> 1 mm Hg definiert als 1 Torr
> $\mathrel{\hat{=}}$ 1,333 mbar $\mathrel{\hat{=}}$ 133,3 Pa = 1,333 hPa.

Mit Quecksilber als Manometerflüssigkeit ergibt sich für die Druckdifferenz Δp zwischen Kolben und Außenraum in Abb. 9.14, aufgrund der Ablesung an der in mm geeichten Skala, ein Überdruck von $\Delta p = 21$ mm Hg $\overset{\wedge}{\approx}$ 28 hPa bezüglich des Außenraumes, sodass der absolute Druck p_1 im Kolben sich gemäß Beziehung (9.29) zu $p_1 = p_0 + \Delta p = p_0 + 2800$ Pa ergibt.

Verwendet man Wasser als Manometerflüssigkeit, so gilt für die Angabe eines Druckes in mm Wassersäule (mm WS) folgender Zusammenhang mit der SI-Einheit Pa:

> 1 mm H_2O definiert als 1 mm WS $\mathrel{\hat{=}}$ 9,81 Pa.

Mit Wasser als Sperrflüssigkeit herrscht in dem Kolben der Abb. 9.14 bezüglich des Außendruckes mit den gegebenen Flüssigkeitsspiegeln ein Überdruck von $\Delta p = 21$ mmWS $\triangleq 206$ Pa, d. h. ein um das ca. 13,6fache kleinerer Überdruck als im Falle des vorherigen Beispiels, bei welchem als Sperrflüssigkeit Quecksilber verwendet wurde. Flüssigkeitsmanometer mit Wasser als Sperrflüssigkeit können in noch handhabbarer Baugröße zur Messung kleinerer Druckdifferenzen verwendet werden. Grundsätzlich lässt sich durch Neigung der Rohre gegen die Vertikale die Empfindlichkeit vergrößern (*Schrägrohr-Manometer*).

Würde im Kolben ein Unterdruck herrschen, d. h. $p_1 < p_0$ (p_0: Druck im Außenraum), dann wäre in diesem Fall der Flüssigkeitsspiegel im linken Schenkel des U-Rohres höher als im rechten, womit sich wiederum aus der Höhendifferenz Δh der Flüssigkeitsspiegel die Druckdifferenz bestimmen ließe.

Der Messbereich der Flüssigkeitsmanometer ist aus konstruktiven Gründen auf etwa 10^5 Pa begrenzt.

Zur Messung des Luftdruckes wird häufig das Quecksilberbarometer in der prinzipiellen Anordnung nach Abb. 9.8 benutzt, wobei das Vorratsgefäß weitgehend abgeschlossen und nur durch eine kleine Öffnung mit dem äußeren Luftdruck in Kontakt steht.

Membranmanometer

Beim *Membranmanometer* ist eine Metalldose mit einer leicht deformierbaren gewellten Membran abgeschlossen (Abb. 9.15). Je nachdem wie groß der Druck p in der Dose gegenüber dem Druck im Außenraum ist, deformiert sich die Membran stärker oder schwächer. Über ein Räderwerk wird die Bewegung der Membran auf einen Zeiger übertragen, welcher den zu messenden Druck auf einer geeichten Skala anzeigt. Eine Feder (als Gegenkraft) steht im Gleichgewicht mit dem durch die deformierte Membran verursachten Drehmoment. Der Bezugsdruck ist jeweils der von außen auf die Membran einwirkende Druck; bei offenen Gefäßen also der äußere Luftdruck. Ist der Innendruck p im Gefäß größer als der äußere Druck, so wölbt sich die Membran auf.

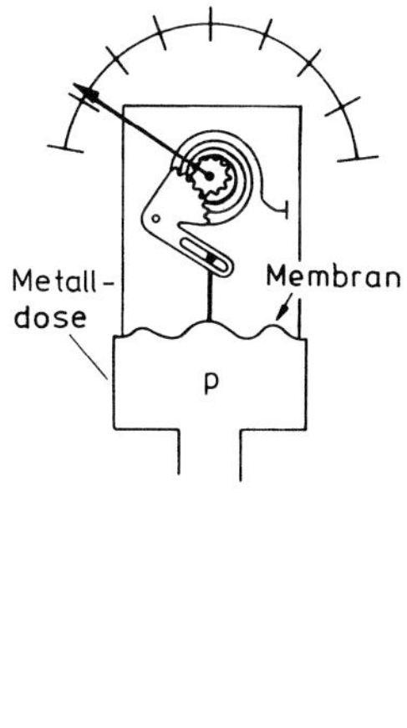

Abb. 9.15

Wird die Metalldose evakuiert und luftdicht verschlossen, dann kann mit einem solchen Manometer die Veränderung des Luftdrucks angezeigt werden (*Dosen-* oder *Aneroidbarometer*).

Bourdon-Manometer

Eine häufig benutzte Manometerausführung ist die des Bourdon-Manometers, bei dem ein kreisförmig gekrümmtes Rohr mit elliptischem oder ovalem Querschnitt unter Einwirkung eines, bezüglich des Außendruckes, erhöhten (bzw. geringeren) Innendruckes gestreckt (bzw. stärker gekrümmt) wird. Die Bewegung des Rohrendes wird über einen Zahnkranz gegen das Drehmoment einer Feder (als Gegenkraft) auf einen Zeiger übertragen (Abb. 9.16), der an der geeichten Skala den Druck anzeigt. Das Bourdonrohr ist aus einem elastischen Material wie beispielsweise Bronze gefertigt.

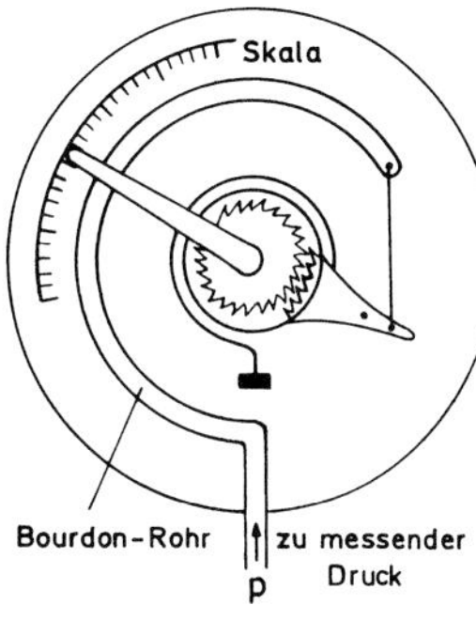

Abb. 9.16

Elektrische Druckmessgeräte

Die Druckmessung mittels elektrischer Verfahren nützt einerseits aus, dass elektrische Eigenschaften von Materialien sich unter Druckeinfluss verändern (z. B. die elektrische Leitfähigkeit) oder auftreten (Beispiel: Piezoelektrizität, s. § 29.1). Andererseits können sehr präzise

Druckmessungen ausgeführt werden, indem eine druckbedingte (elastische) mechanische Verformung, etwa einer Membran, über die Veränderung einer elektrischen Größe (z. B. der Kapazität) registriert wird.

Zur ersten Gruppe gehören Druckmessgeräte, die den elektrischen Widerstand oder die Ladung messen. Beispielsweise zeigen einige elektrische Leiter und vor allem Halbleiter eine beträchtliche Veränderung der elektrischen Leitfähigkeit unter Druck (*Widerstandsmanometer*). Einige Kristalle (z. B. Quarz) besitzen die Eigenschaft, dass bei einseitiger Zug- oder Druckbelastung an der Oberfläche dieser Materialien eine der Belastung proportionale Ladung entsteht (*piezoelektrische Druckaufnahme*), die mit einem entsprechenden Messgerät registriert werden kann.

Elektrische Druckmessgeräte der zweiten Gruppe messen den Weg, die Dehnung oder die Kraft auf elektrischem Wege. Beispiele: *Kapazitive Manometer* verwenden als Druckmessglied meistens eine Membran, die als bewegliche Platte eines Plattenkondensators ausgebildet ist und registrieren damit die druckabhängige Kapazitätsänderung. Die Widerstandsänderung durch Längenänderung mit Hilfe von *Dehnungsmessstreifen* ermöglicht ebenfalls eine Druckmessung auf elektrischem Wege. Dabei wird mit dem Dehnungsmessstreifen z. B. die druckabhängige Dehnung oder Aufweitung eines Rohres bestimmt. Die Widerstandsmessung erfolgt dann mittels einer Wheatstone'schen Brückenschaltung (s. § 24.3.3).

Blutdruckmessung

Die vom gesunden Herzen des Erwachsenen geförderte Blutmenge beträgt 4–5 l/min (Herzminutenvolumen). Pro Pulsschlag werden also etwa 70 ml Blut in der Kontraktionsphase (Systole) des Herzens aus der linken Herzkammer mit einem Druck von 120–175 hPa (entsprechend 90–130 mm Hg) in die Aorta gepresst (*Systolischer Druck*). In der Erschlaffungsphase (Diastole) fällt der Druck in der Aorta auf 80–120 hPa (entsprechend 60–90 mm Hg) ab (*Diastolischer Druck*). Die Druckverhältnisse in den herznahen Arterien sind damit weitgehend vergleichbar.

Charakteristische arterielle Blutdruckwerte können grundsätzlich auf zwei unterschiedlichen Wegen ermittelt werden, durch eine *direkte, invasive* oder eine *indirekte, nicht invasive* Messung.

Die nicht invasive (unblutige) Messung des Blutdruckes ist ein indirektes Verfahren bei dem der arterielle Druck meist am Oberarm oder am Handgelenk des Menschen durch eine manuelle oder automatische Messmethode erfasst wird. Die Messung kann *auskultatorisch, palpatorisch* oder *oszillometrisch* durchgeführt werden. Zur Druckmessung verwendet man Dosenmanometer, mit Quecksilber gefüllte Flüssigkeitsmanometer oder elektrische Techniken, wie Mikrophone und andere Sensoren. Das Prinzip der Messung am Oberarm ist folgendes: Eine aufblasbare Gummimanschette geeigneter Breite wird mittels eines Gummiballs manuell oder mittels einer kleinen elektrischen Pumpe über den zu erwartenden Blutdruck aufgeblasen, dadurch wird die Oberarmarterie gegen den Oberarmknochen gepresst, demzufolge durch die Arterie kein Blut mehr passieren kann (Kompressionsverfahren nach Riva-Rocci; daher auch die in der Medizin übliche Bezeichnung „R. R." für Blutdruck). Ist der Puls am Handgelenk nicht mehr zu fühlen (Abb. 9.17), dann wird der Druck in der Manschette noch um ca. 20 hPa (entsprechend 15 mm Hg) erhöht. Beim anschließenden langsamen Absenken des Druckes in der Manschette über ein Nadelventil, mit einer Absenkgeschwindigkeit von max. 3–4 hPa (entsprechend ca. 2–3 mm Hg) pro Sekunde in der Manschette, wird durch Abhören mit einem Stethoskop über der Arterie in der Ellenbeuge (Auskultationsmethode), durch Befühlen des Pulses (Palpationsmethode, in Abb. 9.17 schematisch dargestellt) oder oszillometrisch der Blutdruck bestimmt.

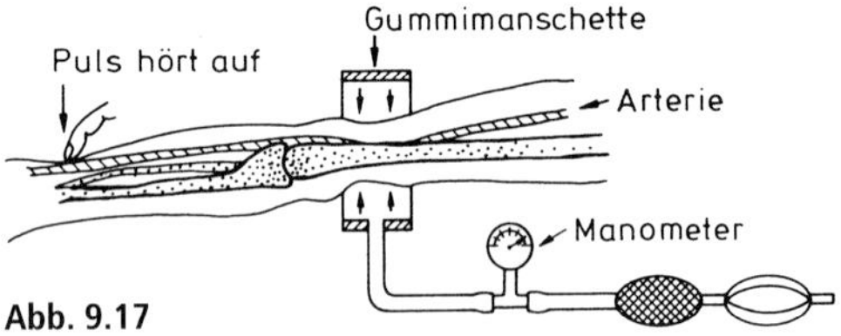

Abb. 9.17

Die *auskultatorische* Messung mittels Stethoskop ist das Standardverfahren. Klassische Stethoskope sind akustische Verstärker bestehend aus einem sog. Kopf oder Bruststück, in welchem sich eine elastische Membran befindet, die das Luftvolumen in einem Schlauch abschließt, mit dem sie verbunden ist, und der an seinem anderen Ende in zwei Ohrbügel mündet. Die Membran wird durch die akustischen Wellen über der Arterie in Schwingungen versetzt, die sie auf die Luftsäule im Stethoskopschlauch überträgt, wodurch diese Druckschwankungen über die Ohrbügel auf das Trommelfell der untersuchenden Person geleitet werden. Die Ohrbügel sind mit Oliven versehen welche die Gehörgänge abdichten. Wird nun der Druck in der Manschette langsam erniedrigt, kann man das Auftreten und, bei weiterer Druckminderung in der Manschette, das Verschwinden des sog. *Korotkow-Geräusches* mit Hilfe des Stethoskops über der Armarterie hören (auskultieren). Der systolische Blutdruck ist dann der am Manometer abgelesene Wert, wenn die ersten „Herzschläge" wieder zu vernehmen sind, d. h. wenn eine systolische Druckspitze etwas Blut durch die Arterie hindurchdrückt. Die durch den Manschettendruck bedingte Kompression der Arterie wird vorübergehend aufgehoben, der gemessene systolische Druck ist also höher als der Druck in der Manschette. Die dadurch auftretenden Strömungsturbulenzen (s. § 10.5.4) bedingen das hörbare, meist klopfende Korotkow-Geräusch. Mit weiter langsam abnehmendem Manschettendruck nimmt die Lautstärke der Korotkow-Geräusche zunächst zu, bleibt dann entweder konstant oder nimmt vorübergehend leicht ab. Bei noch weiterer Verringerung des Druckes in der Manschette erhält man den diastolischen Wert, als den Druck am Manometer, der beim Verschwinden der Pulsation der Strömung bzw. des Korotkow-Geräusches registriert wird, wenn die Arterie in der Diastole nicht mehr kollabiert und die Strömung wieder laminar erfolgt (s. § 10.5.1).

Bei der *palpatorischen* Messung (Abb. 9.17) wird ebenfalls eine Druckmanschette am Oberarm angelegt und aufgepumpt, bis der Puls nicht mehr an der Arteria radialis zu tasten ist. Anschließend wird der Manschettendruck langsam erniedrigt und es ist der erste Pulsschlag tastbar, wenn der systolische Blutdruck in der Arterie den Manschettendruck gerade überwindet. Die Ermittlung des diastolischen Wertes ist palpatorisch nicht möglich, dazu muss eines der anderen Verfahren verwendet werden.

Die Durchführung der *oszillatorischen* Messung erfolgt entsprechend wie die beiden anderen Methoden, hier wird jedoch der Amplitudenverlauf der Pulsschwankungen in der Arterie durch Übertragung der dadurch bedingten Oszillationen der Gefäßwand auf einen Sensor in der Druckmanschette erfasst. Ein erstes Auftauchen von Schwingungsamplituden bei sinkendem Manschettendruck zeigt die obere Grenze des systolischen Drucks an, die bei weiter langsam absinkendem Manschettendruck einen charakteristischen zu- und dann wieder abnehmenden Amplitudenverlauf aufweisen und bei Erreichen des diastolischen Blutdrucks wieder verschwinden. Das oszillatorische Messprinzip wird bevorzugt in automatisch arbeitenden Blutdruckmessgeräten eingesetzt und hat sich dort auch bewährt, zumal bei manueller Messung mit dem oszillatorischen Verfahren keine zuverlässigen Ergebnisse erzielt werden. Auch bei den Handgelenkmessgeräten findet das oszillatorische Prinzip seine Anwendung.

Es gibt automatisch arbeitende Blutdruckmessgeräte auch als kombinierte Systeme die sowohl die Korotkow- als auch die oszillatorische Methode nutzen, was beispielsweise eine sichere Blutdruckmessung selbst bei relativ leisen Pulsgeräuschen erlaubt.

Bei der direkten (invasiven) Messung des arteriellen Blutdrucks wird nach Punktion einer Arterie eine Kanüle oder ein Katheter direkt in das Gefäß eingeführt und mit einem Druckaufnehmer verbunden. Dabei handelt es sich heute um Druckwandler (Transducer), die das mechanische in ein elektrisches Signal umwandeln, welches verstärkt wird und durch ein Registriergerät aufgezeichnet werden kann. Der Vorteil dieses Verfahrens ist die größere Genauigkeit bei der Bestimmung des systolischen und diastolischen Druckwertes im Vergleich zu den indirekten Methoden, die Möglichkeit der kontinuierlichen Aufzeichnung der Pulskurve ohne zeitliche Verzögerung sowie der Ermittlung des mittleren arteriellen Blutdrucks und der Herzfrequenz. Die Anwendung dieser Technik ist jedoch auf die klinische Diagnostik beschränkt.

§ 9.6 Dichtebestimmung

Die Dichte eines Stoffes ist nach Gleichung (3.3) definiert als das Verhältnis aus Masse und Volumen:

$$\varrho = \frac{m}{V}$$

Diese Definitionsgleichung gibt im Prinzip eine Möglichkeit zur Dichtebestimmung vor: die Masse m kann durch Wägung bestimmt werden; das Volumen von festen Körpern mit regelmäßiger Gestalt lässt sich i. Allg. aus den Körperdimensionen berechnen, während für Flüssigkeiten und Gase eine Bestimmung aus dem Volumen der sie aufnehmenden Behälter möglich ist. Bei festen Körpern unregelmäßiger Gestalt bestimmt man das Volumen, indem der Körper in ein Gefäß (Messkolben) mit einer Flüssigkeit gebracht und deren Volumenänderung bestimmt wird.

Die angegebene Definition der Dichte setzt Homogenität des Stoffes voraus. Nun können aber Feststoffe beispielsweise inhomogen, porös oder pulverförmig sein, sodass die Volumenbestimmung mit großer Vorsicht betrachtet werden muss und damit die Angabe der Dichte sich als schwierig gestaltet. Man definiert daher bei porösen, granulösen bzw. pulverförmigen Stoffen üblicherweise drei Arten von Dichten: (a) die *wahre Dichte* ϱ des Materials selbst, wobei Hohlräume und intrapartikuläre Poren unberücksichtigt bleiben; (b) die *scheinbare Dichte* ϱ_S, bei deren Bestimmung zwar Hohlräume, aber Poren nur ab einer bestimmten Größe berücksichtigt sind; (c) die *Schüttdichte*

ϱ_g. Letztere wird als Masse des Pulvers pro Schüttvolumen bestimmt, wobei das Schüttvolumen in genormten Fülltrichtern, Schüttbechern bzw. Messzylindern ermittelt wird. Die Schüttdichte eines Pulvers ist in erster Linie von der Korngrößenverteilung abhängig sowie von der Teilchenform und der Agglomerationsneigung. Die scheinbare Dichte wird über die Verdrängung eines bestimmten Volumens (s. unten) von Quecksilber bestimmt, welches bei Atmosphärendruck nicht in Poren eindringen kann, die kleiner als 10–15 µm sind. Die Bestimmung der wahren Dichte eines nichtporösen Feststoffes kann auch über die Verdrängung von Flüssigkeiten erfolgen, vorausgesetzt der Feststoff ist darin unlöslich. In den meisten Fällen handelt es sich jedoch um poröse Feststoffe, dann wird anstelle einer Flüssigkeit ein Gas, meist Helium, verwendet und die wahre Dichte über das verdrängte Gasvolumen ermittelt, wie unten bei der Behandlung des Pyknometers beschrieben.

Die Schüttdichte ist immer kleiner als die scheinbare Dichte und im allgemeinen Fall ist diese kleiner als die wahre Dichte. Bei nichtporösen Stoffen (z. B. Pulvern), bei denen also keine inneren Poren oder Kapillarhohlräume vorhanden sind, sind jedoch wahre und scheinbare Dichte identisch. Bei solchen Stoffen liegt der Unterschied zwischen der wahren Dichte und der Schüttdichte im extra-partikulären Hohlraumvolumen, das zur Berechnung der Schüttdichte herangezogen wird, nicht jedoch für die der wahren Dichte. Der relative Anteil dieses Hohlraumvolumens bezogen auf das Schüttvolumen wird als ***Porosität*** bezeichnet. Die Porosität wird häufig in Prozent angegeben.

Die Dichte eines Stoffes ist von Druck und Temperatur abhängig, d. b., dass diese Größen mit anzugeben sind, bei welchen die Dichte bestimmt wurde.

Nachstehend werden einige Methoden der Dichtebestimmung von festen, flüssigen und gasförmigen Stoffen etwas näher besprochen.

Bestimmung der Dichte durch Wägung

Die Dichte von Feststoffen kann durch Wägung am einfachsten unter Anwendung des *archimedischen Prinzips* mittels der Messung des Auftriebs in einer Flüssigkeit bestimmt werden. Da Wägungen sehr genau durchgeführt werden können, ist dies eine Präzisionsmethode. Zuerst wiegt man den Körper in Luft und dann in einer Flüssigkeit bekannter Dichte (z. B. Wasser). Für die Dichte des Körpers gilt dann:

$$\varrho_K = \frac{G}{A} \cdot \varrho_{Fl} \qquad (9.30)$$

Die Beziehung (9.30) folgt durch Division des experimentell bestimmten Gewichtes $G = m_K \cdot g = \varrho_K \cdot V_K \cdot g$ in Luft und des Auftriebs $A = G - G_{Fl} = V_K \cdot \varrho_{Fl} \cdot g$ des Körpers der Masse m_K, des Volumens V_K, der Dichte ϱ_K und dem Gewicht G_{Fl} in der Flüssigkeit der Dichte ϱ_{Fl}.

Zur Bestimmung der Dichte von Flüssigkeiten durch Wägung verwendet man zweckmäßigerweise Behälter mit geeichtem Volumen, deren Masse mit und ohne Flüssigkeit ermittelt wird (s. Pyknometer).

Zur Bestimmung der Dichte von Gasen durch Wägung wird die Masse des Gases von bekanntem Volumen ermittelt. Ein mit einem Ventil (oder Hahn) verschließbarer Glaskolben, dessen Volumen durch Auswiegen mit Wasser oder Quecksilber vorher ermittelt wurde, wird zunächst evakuiert und gewogen. Dann wird der Kolben mit dem zu messenden Gas gefüllt und wieder gewogen. Zur Korrektur des Luftauftriebs verwendet man als Gegengewicht einen geschlossenen Glaskolben von nahezu gleichem Gewicht und gleichem Außenvolumen.

Pyknometer

Das Pyknometer dient zur Bestimmung der Dichte von Feststoffen und vor allem aber von Flüssigkeiten. Zahlreiche Pyknometertypen finden für die vielfältigen Anwendungen ihren Einsatz, wobei die in Abb. 9.18 dargestellte einfache Ausführung eines birnenförmigen Pyknometer-Fläschchens aus Glas mit Schliffstopfen, der mit einer Kapillarbohrung versehen ist, häufig zur Bestimmung der Dichte von Flüssigkeiten Verwendung findet.

Um die Dichte einer Flüssigkeit zu bestimmen, wird das Gefäß mit geeichtem Volumen zuerst leer, dann mit der Flüssigkeit der unbe-

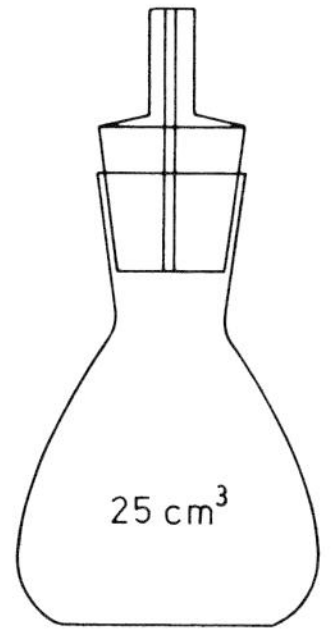

Abb. 9.18

kannten Dichte ϱ gefüllt, gewogen. Sollte das Volumen des Pyknometers nicht genau bekannt sein, so kann es durch Kalibrierung mit einer Flüssigkeit bekannter Dichte (z. B. Wasser) bestimmt werden. Für Präzisionsmessungen muss der Auftrieb in Luft und eventuelle Temperaturunterschiede der Proben- und der Eichflüssigkeit als Korrektur berücksichtigt werden.
Genaueste Pyknometertypen: Flaschentyp von Reischauer; Pipettentyp nach Sprengel-Ostwald.

Um die Dichte ϱ eines Feststoffes mit dem Pyknometer (Masse m_P) zu bestimmen, wird im Prinzip die Volumenzunahme einer Flüssigkeit bei Eintauchen des Festkörpers gemessen, jedoch nicht direkt, sondern über die Bestimmung des verdrängten Flüssigkeitsvolumens durch Wägung. Dazu wird das Pyknometer bis zu einer bestimmten Marke mit der Flüssigkeit (Masse m_{Fl}) der bekannten Dichte $\varrho_{Fl} < \varrho$ aufgefüllt und die Gesamtmasse $M = m_P + m_{Fl}$ ermittelt. Dann entfernt man eine entsprechende Flüssigkeitsmenge und bringt den in der Flüssigkeit nicht löslichen Stoff mit der (durch Wägung bestimmten) Masse m in das Pyknometer hinein. Nach Auffüllen mit der Flüssigkeit bis zur Marke wird durch Wägung erneut die Gesamtmasse $M^* = m_P + m + m_{Fl} - \varrho_{Fl} \cdot V$ festgestellt. Dabei ist $\varrho_{Fl} \cdot V$ die Masse der durch den Festkörper (Volumen V) verdrängten Flüssigkeitsmenge, die sich aus $M + m - M^*$ ergibt, womit bei gegebener Dichte der Flüssigkeit ϱ_{Fl} das Volumen des Festkörpers gefunden und letztlich dessen Dichte ϱ berechnet werden kann. Die auf diese Art und Weise bestimmte (wahre) Dichte mag geringfügig unterschiedliche Werte ergeben, abhängig von der Art der verwendeten Flüssigkeit (z. B. Wasser oder Alkohol) und beispielsweise unterschiedlichen Grenzflächeneffekten zwischen Flüssigkeiten und Feststoff, wobei insbesondere bei porösen Stoffen die nach dieser Methode ermittelten Werte unter der wahren Dichte liegen werden.

Sehr präzise wahre Dichten erhält man mit einem wie oben beschriebenen, etwas modifizierten Verfahren, indem man anstelle einer Flüssigkeit ein Gas, z. B. Luft oder ein nicht absorbierbares Gas wie Helium verwendet. Es wird dazu das Gefäß definierten Volumens mit Helium gefüllt gewogen, anschließend die Substanz bekannter Masse m eingebracht, das Gesamtsystem evakuiert, erneut mit Helium geflutet und gewogen. Durch Rechnung wird (ähnlich wie oben) die Masse des verdrängten Gasvolumens und daraus das Volumen des Feststoffes bestimmt, womit sich mit der durch Wägung bestimmten Masse seine Dichte berechnen lässt. Da Helium in kleinste Poren und Risse auch eines porösen Stoffes einzudringen vermag, wird man nach dieser Methode sehr gute Näherungswerte für die wahre Dichte erhalten (Korrekturen für den Auftrieb in Luft müssen berücksichtigt werden).

Die scheinbare Dichte ϱ_s von porösen Stoffen oder Pulvern (also des Quotienten aus deren Masse und dem Gesamtvolumen einschließlich des Poren- und Hohlraumes) lässt sich mit einem Pyknometer und Quecksilber als Flüssigkeit nach dem beschriebenen Verfahren ermitteln. Wie bereits erwähnt, vermag Quecksilber zwar in Hohlräume, nicht aber in Poren kleiner 10–15 µm einzudringen. Ein bewährter Pyknometertyp ist das *Higuchi*-Quecksilber-Pyknometer.

Aräometer

Bei dieser Methode wird ein Glashohlkörper (Volumen V_K, Masse m_K), der in einem kugelförmigen Ansatz des unteren Teils – dem Schwimmer (Abb. 9.19) – zur Erzielung einer aufrechten Schwimmlage durch einen tief liegenden Schwerpunkt, z. B. mit Quecksilber oder Bleischrot gefüllt ist und nach oben in ein zylindrisches Glasrohr mit Skala ausläuft, in die Flüssigkeit eingetaucht, deren Dichte bestimmt werden soll. Dabei taucht das *Aräometer*, auch *Tauch- oder Senkspindel* genannt, so tief ein, bis sein Eigengewicht gleich dem Gewicht der verdrängten Flüssigkeitsmenge ist. Nach Gleichung (9.27) gilt dann für das Volumen unter der Flüssigkeitsoberfläche V'_K:

$$V'_K = \frac{V_K \cdot \varrho_K}{\varrho_{Fl}} = \frac{m_K}{\varrho_{Fl}} \tag{9.31}$$

Das eingetauchte Teilvolumen V'_K ist also umgekehrt proportional zu ϱ_{Fl}, d. h. das Aräometer taucht umso tiefer ein, je geringer die Dichte der Flüssigkeit ist. Die an der Skala angegebenen Dichtewerte nehmen daher nach oben hin ab und die Skala ist nicht linear geteilt. Denn das eingetauchte Volumen V'_K kann geschrieben werden als $V'_K = V_S + A \cdot h$, wobei h die Höhe des eingetauchten Teils des Skalenrohres, A dessen Querschnittsfläche und V_S das restliche Volumen des Aräometers bedeuten. Mit (9.31) ergibt sich somit für die Höhe h:

$$h = \frac{m_K}{\varrho_{Fl} \cdot A} - \frac{V_S}{A} \qquad (9.32)$$

Die Skala ist i. Allg. in Einheiten der Dichte geeicht, sodass die für die jeweilige (benetzende oder nicht benetzende) Flüssigkeit zu bestimmende Dichte direkt abgelesen werden kann.

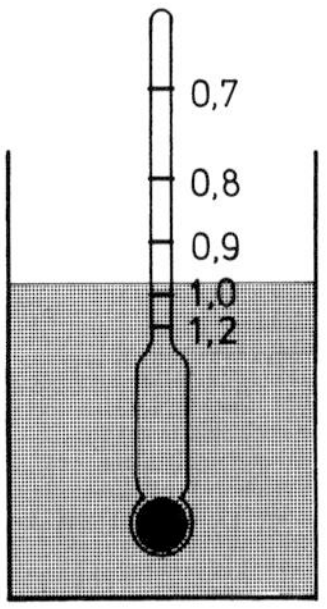

Abb. 9.19

Bei großer Querschnittsfläche A des Skalenrohrs ergibt sich nach (9.32) ein breiterer Messbereich des Aräometers, wogegen man bei kleinerer Querschnittsfläche eine größere Empfindlichkeit erreicht (große Änderung der Höhe bei gegebener Dichtevariation), jedoch ist dann der Gesamtumfang des Messbereiches geringer.

Für unterschiedliche Anwendungszwecke finden Aräometer mit eigenen Bezeichnungen und mitunter auch speziellen Skaleneinheiten Verwendung, wie beispielsweise im Bereich der Medizin zur Messung der Harndichte (im Bereich 1001 bis 1035 mg · cm^{-3}) mit dem *Urometer*. Eine Teilung der Skala in Prozentgehalte einer Lösung findet man bei *Alkoholmetern* (Alkoholgehalt), *Laktometern* (Fettgehalt von Milch), *Saccharometern* (Zuckergehalt; als „Mostgewicht" meist in „Grad Öchsle" geteilt) und bei *Säurespindeln* (Säuregehalt). Die Eichung dieser Skalen gilt nur für die auf dem Aräometer angegebene Temperatur.

Mohr'sche Waage

Die *Mohr'sche Waage*, auch als *Hydrostatische Waage* bezeichnet (Abb. 9.20), dient zur Bestimmung der Dichte von Flüssigkeiten aus dem Auftrieb, den ein in die Flüssigkeit vollkommen eingetauchter Senkkörper (i. Allg. mit eingebautem Thermometer) erfährt, durch Vergleich mit dem Auftrieb des Senkkörpers in einer Flüssigkeit bekannter Dichte (z. B. Wasser).

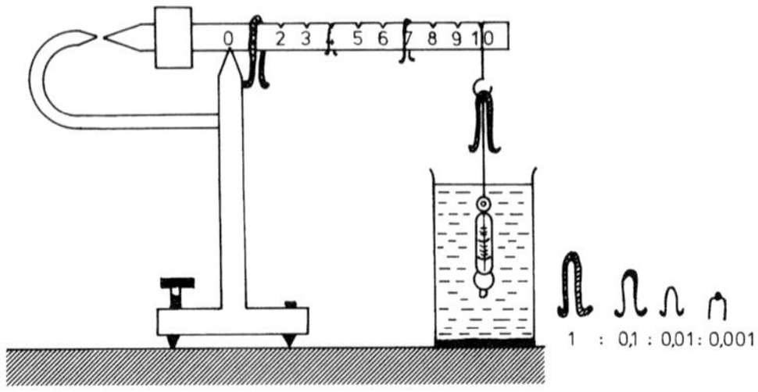

Abb. 9.20

Die Mohr'sche Waage besteht aus einem zweiarmigen Hebel mit unsymmetrischen Hebelarmen. Der rechte Hebelarm ist durch Kerben in zehn gleiche Teile eingeteilt, wobei an der zehnten Kerbe ein Haken angebracht ist, an welchem an einem feinen Platindraht der Senkkörper hängt. Das Ende des linken Hebels trägt ein entsprechend groß gewähltes Gegengewicht mit Dorn, der zur Kontrolle des Gleichgewichts einem weiteren Dorn an einem Bügel gegenübersteht. Zu der Waage gehören Reiter mit dezimal abgestuften Massen, für deren Verhältnis gilt: $m_1 : m_2 : m_3 : m_4 = 1 : 10^{-1} : 10^{-2} : 10^{-3}$, d. h. Masse m_1 ist beispielsweise 1000-mal so groß wie Masse m_4. Zunächst wird die Waage mit dem Senkkörper in Luft austariert, sodass sie sich im Gleichgewicht befindet. Wird der Senkkörper nun vollständig in die Flüssigkeit eingetaucht, dann erfährt er einen Auftrieb, der die Waage aus dem Gleichgewicht bringt. Durch Anhängen von geeigneten Reitern an entsprechenden Positionen der zehn Einhängestellen (Kerben) des rechten Hebelarms kann die Waage wieder ins Gleichgewicht gebracht werden, dabei wirkt ein Reiter an der Kerbe 10 mit vollem bzw. an den anderen Kerben mit 9/10, 8/10, …, 3/10, 1/10 seines Gewichtes. Es ist nun zweckmäßig, die Mohr'sche Waage zunächst durch Eintauchen des Senkkörpers in Wasser – als Flüssigkeit bekannter Dichte – ins Gleichgewicht zu bringen, wobei ein großer Reiter der Masse m_1 genau über dem Senkkörper aufgehängt dessen Auftrieb in Wasser durch sein Gewicht kompensiert, und nötigenfalls die Waage durch die Fußstellschrauben vollends austariert wird. Wird nun in das Standgefäß die Flüssigkeit unbekannter Dichte eingefüllt und erfährt dadurch der Senkkörper einen größeren Auftrieb als mit Wasser, d. h. es sind somit noch weitere Reiter an entsprechenden Kerben anzuhängen, um die Waage wieder ins Gleichgewicht zu bringen, dann besitzt diese Flüssigkeit eine höhere Dichte als Wasser entsprechender Temperatur, da der Auftrieb des Senkkörpers direkt proportional zur Dichte der Flüssigkeit ist. Handelt es sich um eine Flüssigkeit mit einer Dichte kleiner als jene von Wasser, so muss der bei Kerbe 10 hängende große Reiter entfernt und mit eventuell noch weiteren Reitern an entsprechenden anderen Kerben angebracht werden, um die Waage auszutarieren.

Ist A_{Fl} der Auftrieb des Senkkörpers in der Flüssigkeit unbekannter Dichte und A_{H_2O} jener in Wasser, als der Flüssigkeit bekannter Dichte ϱ_{H_2O} bei der herrschenden Temperatur, so lässt sich die unbekannte Dichte ϱ_{Fl} der Flüssigkeit gemäß folgender Relation bestimmen:

$$\varrho_{Fl} = \frac{A_{Fl}}{A_{H_2O}} \cdot \varrho_{H_2O} \tag{9.33}$$

Im dargestellten Beispiel der Abb. 9.20 erweist sich die Dichte der Flüssigkeit größer als jene von Wasser $\left(\varrho_{H_2O} = 1 \cdot 10^3 \frac{kg}{m^3} \text{ bei } 4\,°C\right)$. Aus der Abbildung entnimmt man für das Verhältnis der beiden Auftriebskräfte aufgrund der an entsprechenden Kerben angehängten unterschiedlichen Reitern 1,174 als Zahlenfaktor, sodass sich für die unbekannte Dichte der Flüssigkeit $\varrho_{Fl} = 1{,}174 \cdot 10^3 \frac{kg}{m^3}$ ergibt.

Schwebemethode

Eine weitere Anwendung des Auftriebs finden wir bei der i. Allg. seltener angewendeten *Schwebemethode*. Wie der Name andeutet, werden die Stoffe, deren Dichte zu bestimmen ist, in dem Fluid zum Schweben gebracht, d. h. es wird der Systemzustand betrachtet, in welchem die Dichte des Stoffes gleich jener des Fluids ist (s. § 9.4.2).

Beispiele dazu sind:

a) die Bestimmung der Dichte unregelmäßig geformter kleiner Festkörper, z. B. kleiner Stücke von Fasern, Folien etc., in konzentrierten Salzlösungen, die so lange mit Wasser verdünnt werden, bis der Stoff schwebt (Dichtebereich: $1 - 1{,}2 \cdot 10^3$ $kg \cdot m^{-3}$);

b) die Dichtebestimmung von Wachs (z. B. von *Cera alba* bzw. *Cera flava*), von welchem kleine Stückchen zunächst in eine definierte Menge reinen Ethanols gebracht werden, das dann mit Wasser aus einer Bürette bis zum Schwebezustand des Wachses verdünnt wird;

c) die Ermittlung der Dichte von beispielsweise Blut, wozu es genügt, einen Tropfen in einer Kupfersulfatlösung oder einem Chloroform-Benzol-Gemisch zum Schweben zu bringen. Typische Werte für menschliches Blut liegen im Bereich von ca. $1{,}05 - 1{,}06 \cdot 10^3$ $kg \cdot m^{-3}$;

d) ein relativ elegantes Verfahren durch Anwendung eines Dichtegradienten in einer Flüssigkeitsmischung, der in einem Glasrohr durch Einleiten von zwei Flüssigkeiten unterschiedlicher, jedoch bekannter Dichte erzeugt wird. In der Flüssigkeitssäule nimmt das Konzentrationsverhältnis und damit die Dichte vom oberen Rohrende nach unten hin ab, sodass in die Mischflüssigkeit eingebrachte kleine Feststoffe in jener Höhe der Säule zur Ruhe kommen, d. h. im Gleichgewicht sind, in welcher ihre Dichte gleich der Dichte des Flüssigkeitsgemisches ist.

Während in den Anwendungsbeispielen a) – c) die zwingend erforderliche Dichtebestimmung des Flüssigkeitsgemisches zur Ermittlung der Dichte der schwebenden Substanz beispielsweise mittels der *Mohr'schen Waage* durchgeführt werden kann, wobei im Falle c) die Dichte der Mischung und damit des Probenkörpers auch aus Tabellen der Mischungsdichte definierter Volumina beider Flüssigkeiten entnommen werden kann, ist es im Beispiel d) erforderlich, mit hoher Genauigkeit den Dichtegradienten in der Flüssigkeitssäule zu kennen. Bei Untersuchungen nach Verfahren a) – c) ist darauf zu achten, dass die Flüssigkeit gut durchmischt ist und die zu untersuchenden Stoffe frei von Luftbläschen sind.

Kommunizierende Röhren

Befinden sich in einem U-Rohr zwei nicht mischbare Flüssigkeiten verschiedener Dichte, so ergibt sich aus dem Kräftegleichgewicht für das Verhältnis der Höhen (Abb. 9.21), wobei die horizontale Bezugsebene durch die Berührungsfläche der beiden Flüssigkeiten gelegt ist:

$$\frac{h_1}{h_2} = \frac{\varrho_2}{\varrho_1} \tag{9.34}$$

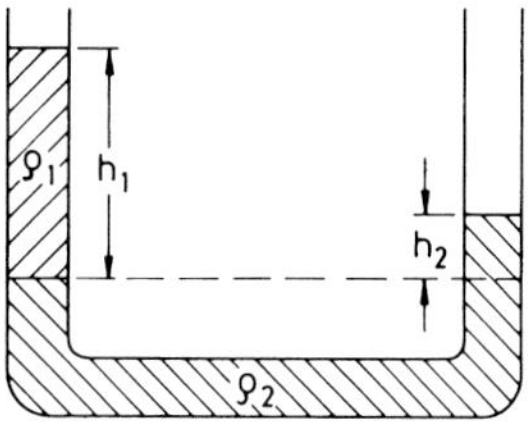

Abb. 9.21

Für Wasser und Quecksilber erhalten wir zum Beispiel:

$$\frac{h_{H_2O}}{h_{Hg}} = \frac{\varrho_{Hg}}{\varrho_{H_2O}} = \frac{13{,}6}{1}$$

$$\left(\varrho_{Hg} = 13{,}6 \cdot 10^3 \frac{kg}{m^3}; \varrho_{H_2O} = 1 \cdot 10^3 \frac{kg}{m^3} \text{ bei } 4\,°C\right)$$

Bei bekannter Dichte einer Flüssigkeit kann aus dem Verhältnis der Höhen die Dichte der anderen Flüssigkeit bestimmt werden.

Schwingungsmessgerät (Biegeschwinger)

Die Dichtebestimmung von Flüssigkeiten und Gasen nach dem Biegeschwingerprinzip beruht auf der Ermittlung der Eigenfrequenz eines schwingungsfähigen Systems. Dieses besteht im Wesentlichen aus einem geraden oder U-förmig gebogenen Rohr das mit der homogenen Probe gefüllt oder kontinuierlich von ihr durchströmt wird und durch einen elektrischen Erreger so zu einer ungedämpften Schwingung angeregt wird, dass es mit seiner Resonanzfrequenz (Eigenfrequenz) schwingt (s. §§ 30.1 und 30.4). Die Eigenfrequenz oder deren Kehrwert die Schwingungsdauer T (s. Gleichung (4.46)) des Schwingers hängt von der Gesamtmasse m und damit auch von jenem Teil der im Rohr befindlichen Fluidmasse ab, der an der Schwingung tatsächlich teilnimmt (Begrenzung des mit dem Rohr mitschwingenden Fluidvolumens V_{osz} durch die ruhenden Schwingungsknoten an den Einspannstellen des Biegeschwingers; s. §§ 31.3.3 und 33.1). Aus der Bestimmung der Resonanzfrequenz bzw. der Schwingungsdauer T kann die relevante Masse m und zusammen mit dem bekannten Volumen V_{osz} die gesuchte Dichte ϱ_{Fluid} ermittelt werden.

Für die Schwingungsdauer T eines Biegeschwingers gilt analog zu jener eines Masse-Feder-Pendels nach Gleichung (30.12):

$$T = 2\pi \cdot \sqrt{\frac{m}{D}} \qquad (9.35)$$

Dabei setzt sich die Gesamtmasse m des schwingungsfähigen Systems aus der Masse des leeren Rohres m_{Rohr} und der Fluidmasse $m_{Fluid} = \varrho_{Fluid} \cdot V_{osz}$ zusammen, gemäß $m = m_{Rohr} + m_{Fluid} = m_{Rohr} + \varrho_{Fluid} \cdot V_{osz}$. Substituiert man damit m in Gleichung (9.35) und quadriert diese, dann erhält man durch auflösen nach der Dichte des Fluids:

$$\varrho_{Fluid} = \frac{D}{4\pi^2 \cdot V_{osz}} \left(T^2 - \frac{4\pi^2 \cdot m_{Rohr}}{D}\right) \qquad (9.36)$$

Setzt man

$$A = \frac{D}{4\pi^2 \cdot V_{osz}} \text{ und } B = \frac{4\pi^2 \cdot m_{Rohr}}{D}$$

so ergibt sich aus (9.36) als Bestimmungsgleichung für die Fluiddichte:

$$\varrho_{Fluid} = A \cdot (T^2 - B) \qquad (9.37)$$

Die Größen A und B sind Gerätekonstanten und werden durch Kalibrierung mit Stoffen bekannter Dichte ermittelt, z.B. mit Luft und Wasser.

Ein großer Vorteil der Biegeschwingermethode liegt in dem relativ kleinen Probenvolumen (ca. 1 cm^3) und den kurzen Messzeiten sowie der Möglichkeit Dichtemessungen auch von den Biegeschwinger durchströmenden Fluiden zu erhalten.

Aufgaben

Aufgabe 9.1: Der Kolben einer 10-mL-Spritze sei vollständig hineingedrückt und die Spritze an der Spitze luftdicht verschlossen. Wie groß ist die Kraft $\boldsymbol{F}$, die zum Herausziehen des Kolbens aus der Spritze (Innendurchmesser $\boldsymbol{d}$=1,4 cm) mindestens notwendig ist (Reibung sei vernachlässigt), wenn der äußere Luftdruck $\boldsymbol{p}$=1013 hPa beträgt?

Aufgabe 9.2: Eine Ärztin drücke mit einer Kraft $\boldsymbol{F}$=12 N auf den Kolben (Kreiszylinder mit Radius $\boldsymbol{r}$=0,6 cm) einer Spritze, in der sich eine Injektionsflüssigkeit befindet. Um welchen Wert erhöht sich der Druck in der Flüssigkeit?

Aufgabe 9.3: Bei dem in Bild A 9.1 dargestellten Kraftwandler (Grundprinzip: hydraulische Presse), wirkt auf den Kolben I mit der Querschnittsfläche $\boldsymbol{A}_1$ = 100 cm^2 eine Kraft von $\boldsymbol{F}_1$ = 1 N.

a) Wie groß ist die Kraft $\boldsymbol{F}_2$, die am Kolben II (Querschnittsfläche $\boldsymbol{A}_2$ = 1 m^2) ausgeübt wird?
b) Um welches Wegstück $\boldsymbol{s}_2$ bewegt sich der Kolben II, wenn der Kolben I um $\boldsymbol{s}_1$ = 50 cm eingedrückt wird?

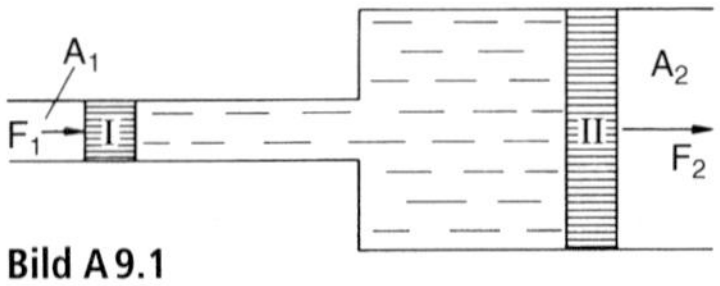

Bild A 9.1

Aufgabe 9.4: Ein Abflussrohr für Regenwasser ($\varrho = 1 \cdot 10^3$ kg $\cdot$ m^{-3}) sei 20 m unterhalb des Einlaufs auf dem Dach verstopft. Nach starkem Regen bleibt das Rohr bis zum Einlauf mit Wasser gefüllt. Wie groß ist der Überdruck, der an der Verstopfungsstelle im Wasser gegenüber dem äußeren Luftdruck herrscht?

Aufgabe 9.5: In welchem der in Bild A 9.2 dargestellten Gefäße herrscht am Gefäßboden ein Druck von $p \approx$ 1,08 $\cdot 10^3$Pa (vom Luftdruck sei abgesehen), wenn die Gefäße mit Wasser ($\varrho = 1 \cdot 10^3$ kg $\cdot$ m^{-3}) gefüllt sind?

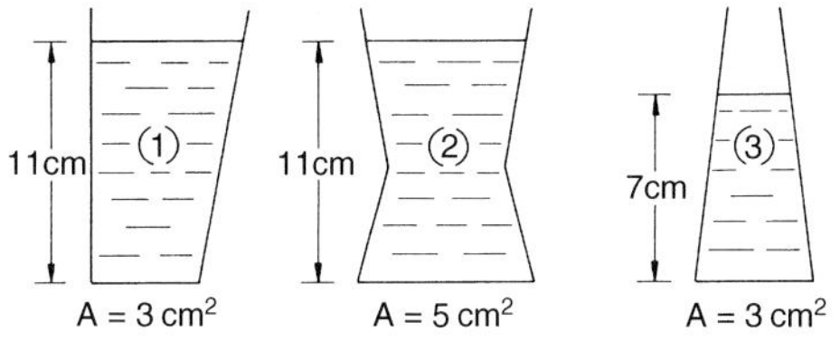

Bild A 9.2

Aufgabe 9.6: Im Kurilen-Graben wurde bei einem Tiefseetauchgang eine Meerestiefe von $h = 10\,549$ m gemessen.

a) Wie groß ist der Druck p in dieser Tiefe, wenn das Meerwasser (idealisiert zunächst als inkompressibel betrachtet) eine Dichte von $\varrho = 1{,}026 \cdot 10^3$ kg $\cdot$ m^{-3} hat?

b) Auf welches Volumen V würde dort eine Menge Wasser zusammengedrückt werden, die an der Meeresoberfläche $V_0 = 1$ l ausfüllt, wenn die Kompressibilität von Wasser $\kappa = 4{,}6 \cdot 10^{-10}$ m$^2 \cdot$ N^{-1}beträgt?

c) Wie groß ist die Dichte ϱ_h des Wassers in dieser Tiefe, unter Berücksichtigung seiner Kompressibilität?

Aufgabe 9.7: Wie groß ist etwa die hydrostatische Druckdifferenz zwischen dem Blutdruck im Kopf und den Füßen eines ca. 1,74 m großen Menschen (mittlere Dichte des Blutes $\varrho_B = 1{,}06 \cdot 10^3$ kg $\cdot$ m^{-3})?

Aufgabe 9.8: Bei einem Interkontinentalflug befinde sich ein Flugzeug in einem Korridor der Höhe 11 km. Wie groß ist ungefähr der äußere Luftdruck in dieser Höhe über Meeresniveau?

Aufgabe 9.9: In einer Druckgasflasche mit einem Volumen von 10 Litern herrscht ein Druck von $2 \cdot 10^7$ Pa. Welches Volumen V nimmt das Gas bei einem Druck von 10^5 Pa ein?

Aufgabe 9.10: Luft ist ein Gasgemisch, dessen Hauptbestandteile (Angabe in Volumenprozent) Stickstoff (ca. 79 %) und Sauerstoff (ca. 21 %) sind. Wie groß ist bei einem Luftdruck von 10^5 Pa der Partialdruck p_N von Stickstoff?

Aufgabe 9.11: Ein Körper der Masse $m = 2$ kg hat ein Volumen $V = 800$ cm^3. Er hängt an einer Federwaage und sei dabei vollständig in Wasser eingetaucht. Wie groß ist die von der Federwaage angezeigte Gewichtskraft G^*?

Aufgabe 9.12: Eine Aufgabe aus der Schule des ***Archimedes***: Eine goldene Kette hat in Luft eine Masse von $m_K = 48$ g. Wird sie vollständig in Wasser ($\varrho_W = 1$ g $\cdot$ cm^{-3}) eingetaucht, beträgt ihre Masse nur noch 45 g. Welche Zusammensetzung (Massenanteile) hat die Kette, wenn die Dichte von Gold $\varrho_G = 19{,}3$ g $\cdot$ cm^{-3} und die des Silbers $\varrho_S = 10{,}5$ g $\cdot$ cm^{-3} ist?

Aufgabe 9.13: Ein quaderförmiger Eisberg (Dichte von Eis $\varrho_E = 0{,}92 \cdot 10^3$ kg $\cdot$ m^{-3}) schwimme in Meerwasser ($\varrho_{MW} = 1{,}02 \cdot 10^3$ kg $\cdot$ m^{-3}) und rage $h = 2$ m hoch aus dem Wasser. Wie tief befindet sich der Eisberg noch unter der Wasserlinie?

Aufgabe 9.14: Ein Schiff mit der Gesamtmasse $m = 16\,000$ t fahre aus der Seine (Dichte des Flusswassers $\varrho_W = 1 \cdot 10^3$ kg $\cdot$ m^{-3}) bei Le Havre ins offene Meer hinaus (Dichte des Meerwassers
$\varrho_{MW} = 1{,}02 \cdot 10^3$ kg $\cdot$ m^{-3}). Wie und um wie viel ändert sich seine Wasserverdrängung, wenn es aus dem Fluss- ins Meerwasser kommt?

Aufgabe 9.15: Fünf Kugeln mit gleichen Radien aus Eisen, Buchenholz, Ebenholz, Paraffin und Bernstein werden in Flüssigkeiten unterschiedlicher Dichte gebracht: i) Eisen ($\varrho = 7$ g/cm^3) in Quecksilber ($\varrho = 13{,}6$ g/cm^3); ii) Buchenholz ($\varrho = 0{,}7$ g/cm^3) in Benzin ($\varrho = 0{,}7$ g/cm^3); iii) Ebenholz ($\varrho = 1{,}2$ g/cm^3) in Wasser ($\varrho = 1$ g/cm^3); iv) Paraffin ($\varrho = 0{,}9$ g/cm^3) in Leinöl ($\varrho = 0{,}9$ g/cm^3); v) Bernstein ($\varrho = 1{,}1$ g/cm^3) in Rosenöl ($\varrho = 0{,}8$ g/cm^3).
Welche Bedingungen – Schwimmen, Schweben oder Sinken – stellen sich jeweils bei den vorstehenden Kombinationen ein?

Aufgabe 9.16: Ein Quader mit der Kantenlänge $a = 10$ cm, $b = 15$ cm, $c = 20$ cm und der Masse $m = 1$ kg befindet sich in Wasser der Temperatur $\theta = 4\,°$C schwimmend im Gleichgewicht.
Welcher Bruchteil seines Volumens V taucht dabei in das Wasser ein?

Aufgabe 9.17: Eine Person habe eine Masse von $m = 75$ kg. Um wie viel ist ihre Masse infolge des Auftriebs in Luft ($\varrho_L = 1{,}29$ kg/m^3) etwa kleiner, wenn die mittlere Dichte der Person $\varrho_P = 1{,}07 \cdot 10^3$ kg/m^3 beträgt?

Aufgabe 9.18: Die Dichte von Schwefelsäure ϱ_S wird mit dem Pyknometer ermittelt. Durch Wägung erhält man folgende Werte für die einzelnen Massen: leeres Pyknometerfläschchen $m = 12{,}5$ g; gefüllt mit Wasser $m_1 = 62{,}5$ g bzw. mit Schwefelsäure $m_2 = 105$ g. Wie groß ist die Dichte der Schwefelsäure, wenn die Dichte von Wasser $\varrho_W = 1 \cdot 10^3$ kg/m^3 ist?

Aufgabe 9.19: Ein Senkkörper aus Glas einer Mohr'schen Waage habe das Gewicht G_L in Luft, G_W in Wasser und G_E in Ether. Wie lässt sich bei gegebener Dichte von Wasser ϱ_W die Dichte des Ethers bestimmen?

Aufgabe 9.20: Ein Aräometer der Masse $m = 9$ g hat ein Gesamtvolumen $V = 10$ cm^3, von dem 1 cm^3 als Hals mit Messskala ausgebildet ist. Zur Messung welchen Dichtebereiches kann das Aräometer eingesetzt werden?

§ 10 Bewegte Flüssigkeiten und Gase (Hydro- und Aerodynamik)

Das Studium der Bewegung von Flüssigkeiten bzw. Gasen bildet den Inhalt der beiden Teilgebiete der Physik *Hydro-* und *Aerodynamik*. Bei der seitherigen Behandlung der Eigenschaften von Flüssigkeiten und Gasen haben wir die Fluide als Gesamtsystem als ruhend angesehen, wobei die einzelnen Teilchen (Atome oder Moleküle) des Fluids in einer temperaturabhängigen thermischen Bewegung sein können. Um das makroskopische Verhalten strömender Flüssigkeiten und Gase zu beschreiben, wird die mittlere fortschreitende Bewegung eines Volumenelementes des Fluids betrachtet und i. Allg. von der thermischen Bewegung der Einzelteilchen abgesehen. Jedes beliebig kleine Volumenelement einer Flüssigkeit oder eines Gases wird dabei als so groß angenommen, dass es zwar noch genügend viele Moleküle enthält, d. h. groß im Vergleich zu den zwischenmolekularen Abständen, aber klein gegenüber dem Volumen des betrachteten Körpers ist, also im „physikalischen“ Sinne ein unendlich kleines Volumen, ein infinitesimales Volumenelement darstellt. Unter der Verschiebung eines „Teilchens“ eines Fluids verstehen wir in der Hydro- bzw. Aerodynamik daher nicht die Bewegung eines einzelnen Moleküls, sondern eines solchen infinitesimalen Volumenelements.

Der Bewegungszustand einer Flüssigkeit oder eines Gases lässt sich durch die Geschwindigkeit $\vec{v}$, die Dichte ϱ und den Druck p in jedem Punkt (x, y, z) des Raumes und zu jeder Zeit (t) angeben. Dabei kann die Dichte ϱ bei strömenden Flüssigkeiten zeitlich und räumlich im Allgemeinen als konstant angesehen werden, was aber nicht generell bei strömenden Gasen erfüllt ist. Trotzdem gelten unter gewissen Voraussetzungen zahlreiche Gesetzmäßigkeiten für beide Fluide. Die Strömung von Flüssigkeiten oder Gasen erfolgt unter der Einwirkung von Kräften, die auf jedes Volumenelement ΔV der Masse $\Delta m = \varrho \cdot \Delta V$ (Massenelement) eines gewissen Volumens V_0 des Fluids wirken, wobei hier sowohl äußere als auch innere Kräfte zu betrachten sind:

a) Für Strömungen, die nicht rein horizontal erfolgen und somit eine vertikale Geschwindigkeitskomponente enthalten, bedingt die Schwerkraft $\vec{F}_g$ eine Beschleunigung des Volumenelementes ΔV.

b) Herrscht zwischen verschiedenen Raumpunkten des Fluids eine Druckdifferenz (Druckgradient grad p), so wirken auf das Volumenelement ΔV Druckkräfte $\vec{F}_p$.

c) Reibungskräfte $\vec{F}_R$ zwischen einzelnen Schichten des Fluids, also innere Kräfte, die auch für die Viskosität der Flüssigkeiten oder Gase verantwortlich sind, haben eine Energiedissipation im Medium zur Folge und damit eine nicht räumlich konstante Strömungsgeschwindigkeit $\vec{v}$.

Die Resultierende $\vec{F}$ dieser Kräfte bewirkt nach dem II. Newton'schen Axiom eine Änderung des Bewegungszustandes des Volumenelementes ΔV der Masse Δm des strömenden Fluids:

$$\begin{aligned} \vec{F} &= \vec{F}_g + \vec{F}_p + \vec{F}_R = \Delta m \cdot \frac{d\vec{v}}{dt} \\ &= \varrho \cdot \Delta V \cdot \frac{d\vec{v}}{dt} \end{aligned} \qquad (10.1)$$

wobei $\frac{\mathrm{d}\vec{v}}{\mathrm{d}t}$ die Beschleunigung des Volumenelementes ΔV des Fluids der Dichte ϱ bedeutet und die Beträge der Schwerkraft durch $F_{\mathrm{g}} = \Delta m \cdot g = \varrho \cdot g \cdot \Delta V$ bzw. der Druckkräfte durch $F_{\mathrm{p}} = -\operatorname{grad} p \cdot \Delta V$ gegeben sind.

Ehe wir die für ein Fluid aus Gleichung (10.1) sich ergebenden Folgerungen weiter ausführen, befassen wir uns zuerst mit einigen allgemeinen Eigenschaften und der Beschreibung von strömender Materie. Durch zunächst eingeführte Idealisierungen und Vereinfachungen gelangen wir in den sich anschließenden Kapiteln zu einigen wesentlichen Folgerungen für strömende Fluide aus dieser Beziehung.

1. Die Bewegung von Flüssigkeiten und Gasen lässt sich durch die Angabe der **Strömungsgeschwindigkeit $\vec{v}(x, y, z, t)$** zu jeder Zeit t und in jedem Punkt (x, y, z) des von dem Fluid eingenommenen Raumes beschreiben. Beobachten kann man die Strömung eines Fluids beispielsweise bei Flüssigkeiten durch kleine darin schwebende Partikeln aus Aluminiumpulver oder Kunststoff bzw. durch eingebrachte Farbstoffe oder bei Gasen mittels Rauch bzw. Nebeln. Diese zeigen dann als Funktion der Zeit die **Bahnkurven** oder **-linien** der Flüssigkeits- bzw. Gasteilchen. Das Strömungsgeschehen des gesamten Fluids wird durch die Beschreibung des **Strömungsfeldes** wiedergegeben, indem man die Geschwindigkeiten $\vec{v}(x, y, z)$ aller Teilchen an ihren jeweiligen Orten zu einem bestimmten Zeitpunkt t (Momentaufnahme) betrachtet. Durch Konstruktion der so genannten **Stromlinien**, jenen Kurven, deren Tangente in jedem Punkt des Fluids die Richtung der dort vorliegenden momentanen Geschwindigkeit $\vec{v}$ der Fluidteilchen angibt (Abb. 10.1), erhält man einen Überblick über die momentanen Strömungsverhältnisse. Im allgemeinen Fall ändert sich das Bild der Strömung dauernd und die Bahnlinien sind nicht mit den Stromlinien zu irgendeinem Zeitpunkt identisch, sondern berühren sich nur in dem Punkt, in welchem sich das Fluidteilchen momentan aufhält.

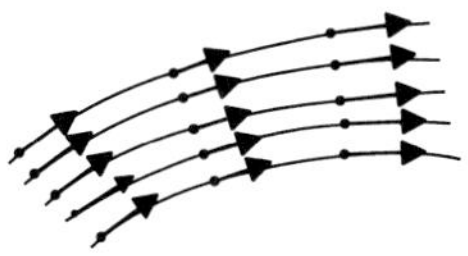

Abb. 10.1

2. Handelt es sich aber um eine so genannte **stationäre** Strömung, dann ist unabhängig von der Zeit t an jeder Stelle (x, y, z) des vom Fluid eingenommenen Raumes die Strömungsgeschwindigkeit $\vec{v}$ der dort zeitlich aufeinander folgenden Fluidteilchen die gleiche, d. h. am gegebenen Punkt besitzt jedes Teilchen die gleiche Geschwindigkeit $\vec{v}$ in die gleiche Richtung wie ein vorhergehendes, wobei diese jedoch an unterschiedlichen Punkten sehr wohl verschieden sein kann. Bei *stationärer* Strömung sind die Stromlinien mit den Bahnlinien der Einzelteilchen identisch, im Gegensatz zum oben angesprochenen allgemeinen Fall einer *nichtstationären* (oder *instationären*) Strömung.

3. Die Gesamtheit der Stromlinien gibt ein qualitatives Bild der Strömung in einem Fluid, kann aber auch zur quantitativen Darstellung des Geschwindigkeitsfeldes verwertet werden,

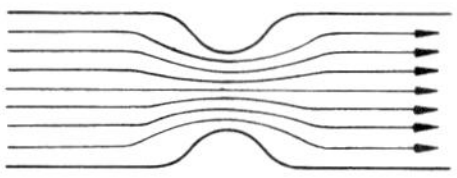

Abb. 10.2

indem die Anzahl der Stromlinien in einer zur Strömungsrichtung senkrecht stehenden Einheitsfläche als Maß für die Geschwindigkeit der Strömung betrachtet wird. Je dichter die Stromlinien liegen, desto größer ist die Strömungsgeschwindigkeit, je weiter auseinander liegend, eine umso kleinere Geschwindigkeit liegt vor, wie beispielsweise in Abb. 10.2 für zwei unterschiedliche Strömungsquerschnitte dargestellt.

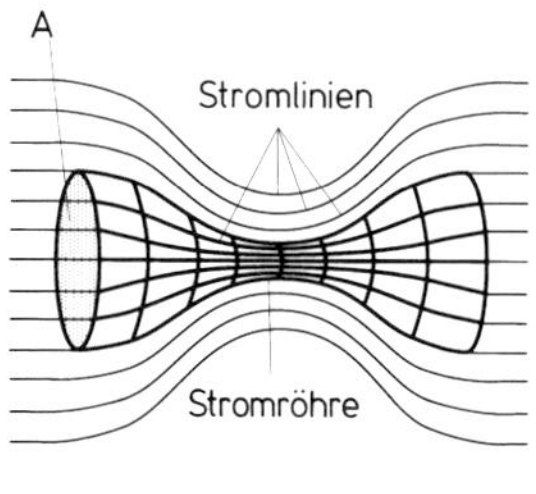

Abb. 10.3

Fasst man alle durch eine Querschnittsfläche A gehenden Stromlinien zu einem Bündel zusammen, so erhält man eine so genannte **Stromröhre** (Abb. 10.3), ein schlauchartiges Gebilde, dessen Begrenzung wieder aus lauter Stromlinien besteht und überall parallel zur Geschwindigkeitsrichtung der

Teilchen verläuft. Die in einer Stromröhre befindliche Menge eines Fluids bleibt erhalten und es können keine Fluidteilchen durch die seitliche Begrenzung der Stromröhre aus- oder eintreten, da das Fluid sich stets in der Richtung der Stromlinien bewegt; jene Fluidmenge, die an einem Ende in die Stromröhre eintritt, muss sie auch am anderen Ende wieder verlassen. Die in einer Stromröhre enthaltene Fluidmenge wird häufig als ein *Stromfaden* bezeichnet.

4. Bewegen sich die Stromlinien eines Fluids parallel zueinander in Schichten ohne sich zu durchmischen, dann nennt man diese regelmäßige Strömung eine **laminare** (oder *schlichte*) Strömung (Abb. 10.2), im Unterschied zur **turbulenten** Strömung, bei welcher es durch Ausbildung von *Wirbeln* zur vollständigen Durchmischung der Stromlinien kommen kann (s. § 10.5). Laminar bleibt die Strömung, solange die Reibungskräfte groß gegenüber den für die Beschleunigung des Fluids verantwortlichen Kräften sind. In *ideal viskosen* Fluiden (auch *Newton'sche Fluide* genannt) zeigen die im strömenden Medium aneinander vorbeigleitenden Fluidschichten unterschiedlicher Geschwindigkeit ein laminares Strömungsverhalten (s. § 10.3 ff.).

5. In einem strömenden Fluid können infolge der inneren Reibung (Viskosität) Energieverluste auftreten. Kann man diese Reibungskraft $\vec{F}_R$ vernachlässigen, dann handelt es sich um die Bewegung von **idealen** strömenden Flüssigkeiten und Gasen. Sind dagegen im anderen Extrem die Reibungskräfte sehr groß gegenüber den ansonsten auftretenden Kräften, so liegt ein *stark viskoses* Fluid vor (z. B. Honig). Die **realen** Flüssigkeiten bzw. Gase zeigen ein Strömungsverhalten, das zwischen diesen beiden Grenzfällen zu finden ist.

In den nachstehenden Abschnitten werden wir die Fluide (Flüssigkeiten oder Gase) zunächst als *ideal* annehmen und außerdem, wie oben bereits erwähnt, als **inkompressibel**, d. h. die Dichte der Flüssigkeiten oder Gase wird während der gesamten Bewegung als konstant angesehen. In strömenden Flüssigkeiten ist dies i. Allg. überall erfüllt, da der Druck nirgendwo so hohe Werte annimmt, dass die Dichte wesentlich geändert wird und auch in Gasen kann die Dichte als konstant angesehen werden, solange die Strömungsgeschwindigkeit klein gegen die Ausbreitungsgeschwindigkeit von Schallwellen im Medium ist. Zudem handele es sich um rotationsfreie Strömungen, d. h. bei welchen innerhalb der Strömung nirgendwo Stromlinien auftreten, die in sich geschlossene Kurven darstellen. Solche Strömungen heißen **Potentialströmungen** (oder **wirbelfreie Strömungen**).

§ 10.1 Kontinuitätsbedingung

Wir betrachten zunächst die Strömung als **stationär**, die strömenden Flüssigkeiten und Gase als **ideal** und **inkompressibel**. Außerdem erfolge die Strömung horizontal, sodass von den in Beziehung (10.1) angeführten wirkenden Kräften bei der Bewegung des Fluids allein die Druckkraft $\vec{F}_p$ übrig bleibt. Strömt in einer Röhre, deren Querschnittsfläche sich von A_1 auf A_2 verengt (Abb. 10.4), eine Flüssigkeit (oder Gas), dann ist die im (hinreichend klein gewählten) Zeitintervall Δt durch die jeweiligen Rohrquerschnitte A_1 bzw. A_2 strömende Fluidmasse:

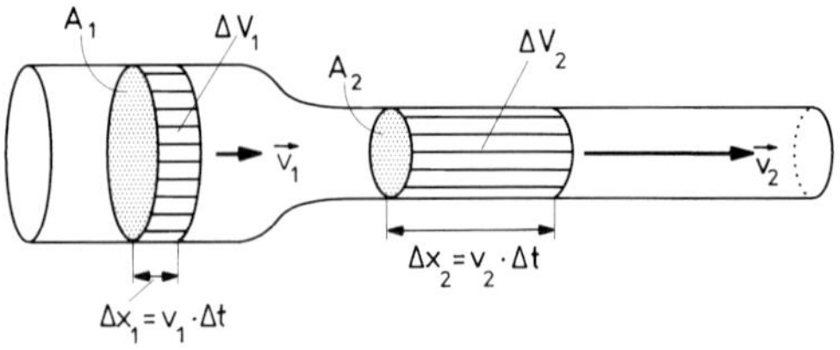

Abb. 10.4

$$\begin{aligned}\Delta m_1 &= \varrho_1 \cdot \Delta V_1 = \varrho_1 \cdot A_1 \cdot \Delta x_1 \\ &= \varrho_1 \cdot A_1 \cdot v_1 \cdot \Delta t\end{aligned} \tag{10.2}$$

bzw.

$$\begin{aligned}\Delta m_2 &= \varrho_2 \cdot \Delta V_2 = \varrho_2 \cdot A_2 \cdot \Delta x_2 \\ &= \varrho_2 \cdot A_2 \cdot v_2 \cdot \Delta t\end{aligned} \tag{10.3}$$

Für die in der Zeiteinheit Δt durch eine bestimmte Querschnittsfläche strömende Fluidmasse Δm, den so genannten *Massenstrom* (oder *Massendurchfluss*) $\dfrac{\Delta m}{\Delta t}$, gilt das Gesetz von der Erhaltung der Masse in der Hydro- und Aerodynamik:

Bei stationärer Strömung fließt pro Zeiteinheit durch jede Querschnittsfläche A die gleiche Menge einer Flüssigkeit (oder eines Gases).

Aus der Gleichheit der Massenströme $\frac{\Delta m_1}{\Delta t} = \frac{\Delta m_2}{\Delta t}$ durch jeden Querschnitt folgt mit (10.2) und (10.3) die **Kontinuitätsgleichung**:

$$\varrho_1 \cdot A_1 \cdot \upsilon_1 = \varrho_2 \cdot A_2 \cdot \upsilon_2$$

welche sich bei der hier vorausgesetzten Inkompressibilität des Fluids $(\varrho_1 = \varrho_2)$ vereinfacht zu:

$$A_1 \cdot \upsilon_1 = A_2 \cdot \upsilon_2 \tag{10.4}$$

Bei kleinen Rohrquerschnitten ist die (mittlere) Strömungsgeschwindigkeit größer als bei großen Rohrquerschnitten, d. h. die Strömungsgeschwindigkeiten verhalten sich umgekehrt wie die Querschnitte.

Das Produkt $A \cdot \upsilon$ stellt das durch die Querschnittsfläche A in der Zeiteinheit Δt strömende Volumen ΔV dar, denn $A \cdot \upsilon$ ist gleich $A \cdot \frac{\Delta x}{\Delta t} = \frac{\Delta V}{\Delta t}$. Diese Größe nennt man den **Volumenstrom** (früher **Volumenstromstärke**) $\boldsymbol{I} \equiv \dot{V}$ mit der allgemeinen Definition:

Definition:

$$I \equiv \dot{V} = \frac{\mathrm{d}V}{\mathrm{d}t} \tag{10.5}$$

(Volumenstrom)

Einheit:

$$\frac{(\text{Meter})^3}{\text{Sekunde}} \left(\frac{\text{m}^3}{\text{s}}\right)$$

Die Einheit $\text{m}^3 \cdot \text{s}^{-1}$ des Volumenstroms stellt eine sehr große Einheit dar. Es wird daher häufig, wie beispielsweise in der Physiologie bei der Angabe des *Herzminutenvolumens*, die kleinere Einheit L/min bzw. mL/min verwendet.

Nach der Kontinuitätsgleichung (10.4) ist in der gesamten Stromröhre der Volumenstrom konstant:

$$I = \frac{\mathrm{d}V}{\mathrm{d}t} = A \cdot \upsilon = \text{const.} \tag{10.6}$$

Verengt sich somit der Querschnitt einer Stromröhre von A_1 auf A_2, wie im Beispiel der Abb. 10.4 dargestellt, dann muss durch die kleinere Querschnittsfläche dasselbe Volumen ΔV_2 in der gleichen Zeit hindurchströmen wie durch den größeren Querschnitt das Volumen ΔV_1.

Die Kontinuitätsgleichung ist auch anwendbar auf *ideal viskose* (*Newton'sche*) Fluide, d. h. auf Newton'sche Flüssigkeiten und auch Gase, sofern diese als inkompressibel betrachtet werden können (Dichte ϱ konstant), wobei für die Geschwindigkeit υ eine mittlere Strömungsgeschwindigkeit des Fluids zu verwenden ist (s. § 10.5.2).

§ 10.2 Bernoulli-Gleichung

Bei einer Änderung des Strömungsquerschnittes ändert sich nicht nur die Geschwindigkeit der strömenden Flüssigkeit oder des Gases, sondern auch der Druck im strömenden Medium. Wird durch eine Querschnittsverkleinerung die Strömungsgeschwindigkeit erhöht, so bedeutet dies, dass jedes Teilchen der Flüssigkeit oder des Gases eine Beschleunigung erfährt in Richtung der die Beschleunigung verursachenden Kraft. Bei einer Strömung in horizontaler Ebene (eventuelle Einflüsse der Schwerkraft $\vec{F}_\text{g}$ sind also auszuschließen) können für die Beschleunigung nur Druckkräfte $\vec{F}_\text{p}$ aufgrund eines Druckgradienten zwischen den verschieden weiten Stellen einer Stromröhre verantwortlich sein, z. B. muss in der Stromröhre mit veränderlichem Querschnitt (schematische Darstellung in Abb. 10.5) der Druck $p_1 > p_2$ sein. Es muss demnach in einem strömenden Medium in Gebieten größerer Strömungsgeschwindigkeit (d. h. größerer Stromliniendichte) der Druck im Medium stets kleiner sein als in Gebieten geringerer Geschwindigkeit (d. h. geringerer Stromliniendichte). Der quantitative Zusammenhang zwischen Druck und Strömungsgeschwindigkeit ergibt sich durch Anwendung des Energieerhaltungssatzes auf ein Teilvolumen des idealen (ohne Reibungsverluste) und inkompressibel strömenden Fluids. Verjüngt sich der Querschnitt von A_1 auf A_2, so muss zur Vergrößerung der Strömungsgeschwindigkeit einer Fluidmenge der

Masse m, des Volumens V und der Dichte ϱ von $\vec{v}_1$ auf $\vec{v}_2$ (Abb. 10.5) Beschleunigungsarbeit verrichtet werden, womit eine Erhöhung der kinetischen Energie des strömenden Fluids bedingt ist.

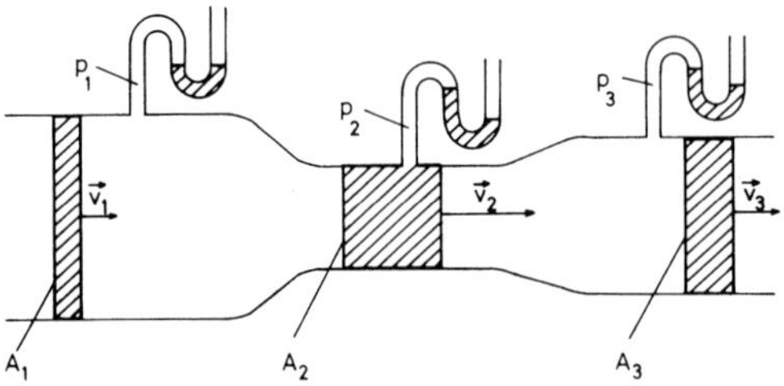

Abb. 10.5

Die Änderung der kinetischen Energie ergibt sich zu: $\Delta E_{\text{kin}} = \frac{m}{2}\left(v_2^2 - v_1^2\right)$. Die Beschleunigungsarbeit entstammt der Abnahme der potentiellen (Druck-)Energie $p \cdot V$ des strömenden Mediums ($p \cdot V$ hat die Dimension einer Energie). Der statische Druck sinkt dabei von p_1 (vor der Verengung) auf p_2 (in der Verengung). Die potentielle Energie ändert sich um: $\Delta E_{\text{pot}} = (p_1 - p_2) \cdot V$.
Der Energieerhaltungssatz verlangt, dass $\Delta E_{\text{kin}} = \Delta E_{\text{pot}}$, d. h.

$$\frac{m}{2}\left(v_2^2 - v_1^2\right) = (p_1 - p_2) \cdot V$$

oder

$$p_1 \cdot V + \frac{m}{2} v_1^2 = p_2 \cdot V + \frac{m}{2} v_2^2$$

Allgemein gilt somit:

$$\frac{m}{2} v^2 + p \cdot V = \text{const.} \qquad (10.7)$$

Daraus ergibt sich nach Division durch das Volumen V die **Bernoulli-Gleichung**:

$$\frac{1}{2} \varrho v^2 + p = \text{const.} = p_{\text{ges}} \qquad (10.8)$$

↑ Staudruck ↑ stat. Druck ↑ Gesamtdruck

Die Größe $\frac{1}{2} \varrho \cdot v^2$ heißt der *dynamische Druck* oder *Staudruck*, p ist der *statische Druck*, der auch im ruhenden Fluid (Strömungsgeschwindigkeit $v = v_1 = v_2 = 0$) herrschen würde und die Konstante repräsentiert den *Gesamtdruck* p_{ges} des Systems. Der statische Druck ist umso kleiner, je größer die Geschwindigkeit in einer Strömung ist. Aus Abb. 10.5 entnimmt man für die Querschnittsflächen $A_1 > A_3 > A_2$, womit sich aus der Kontinuitätsgleichung für die Beträge der Strömungsgeschwindigkeiten $v_1 < v_3 < v_2$ ergibt. Nach der Bernoulli-Gleichung muss daher für den statischen Druck in den entsprechenden Querschnittsbereichen $p_1 > p_3 > p_2$ gelten, wie in der Abbildung jeweils die gezeichneten Einstellungen der Flüssigkeitsmanometer angeben; dabei sei $p_1 = p_0$ (p_0: äußerer Druck) angenommen.

Erfolgt die Strömung nicht horizontal, sondern beispielsweise bei schräg stehendem Rohr, so kommt noch ein weiterer Beitrag zur potentiellen Energie des strömenden Mediums aus der Änderung der Lageenergie des Fluids im Schwerefeld der Erde hinzu von $m \cdot g \cdot h_1$ auf $m \cdot g \cdot h_2$, wenn $h = h_1 - h_2$ die Höhendifferenz zwischen den betrachteten unterschiedlichen Rohrquerschnitten ist. Dadurch tritt als weiteres Glied in Gleichung (10.8) der Schweredruck $\varrho \cdot g \cdot h$ auf und die allgemeinere Form der *Gleichung von Bernoulli* lautet:

$$\frac{\varrho}{2} v^2 + p + \varrho \cdot g \cdot h = p_{\text{ges}} \qquad (10.9)$$

Sowohl die Bernoulli-Gleichung in der Form (10.8) bzw. (10.9) als auch, wie bereits oben erwähnt, die Kontinuitätsgleichung (10.4) können in vielen Fällen näherungsweise auch auf Strömungen in realen Flüssigkeiten und Gasen angewandt werden. Als Voraussetzung dafür sollten die Strömungsquerschnitte überall groß genug bzw. Einflüsse des Randes vernachlässigbar und außerdem die Bedingung der Inkompressibilität des Fluids annähernd erfüllt sein. Für Flüssigkeiten trifft letzteres in praktischen Fällen häufig zu, für Gase bei kleineren Strömungsgeschwindigkeiten ($v < c_S$; c_S: Schallgeschwindigkeit im Medium).

Die Messung der einzelnen Druckkomponenten der Beziehung (10.8) geschieht zweckmäßig mit Hilfe besonderer *Drucksonden*, die an die betreffende Stelle im strömenden Medium eingeführt werden. Die Messung des statischen Druckes p kann mit der Drucksonde der Abb. 10.6 durchgeführt werden; die Öffnungen O liegen parallel zu den Stromlinien.

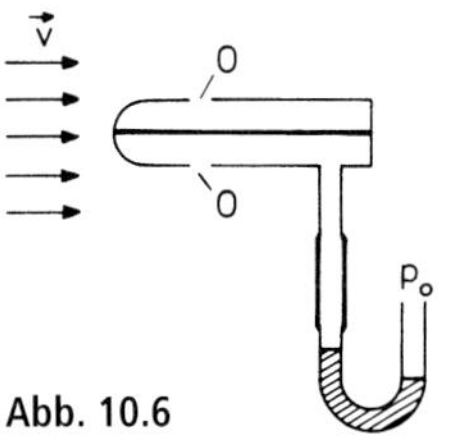

Abb. 10.6

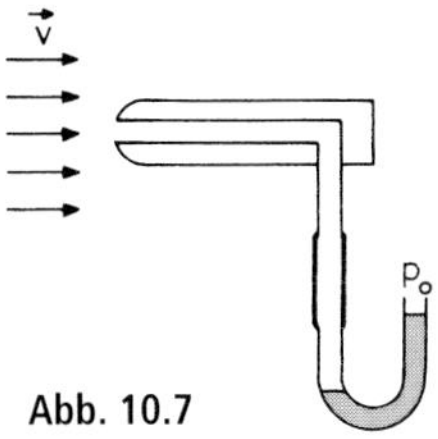

Abb. 10.7

Diese Sonde ersetzt die in Abb. 10.5 benutzten Manometer. Der Gesamtdruck p_{ges} wird mit dem so genannten *Pitot-Rohr* (Abb. 10.7) gemessen. Vor der Sonde bildet sich ein Staugebiet, in welchem das Medium zur Ruhe kommt ($v = 0$). Daher addiert sich zum statischen Druck p noch der Staudruck und ergibt den Gesamtdruck p_{ges}. Der Staudruck selbst wird als Differenz von Gesamtdruck p_{ges} und statischem Druck p mit dem von *Prandtl* angegebenen *Staurohr* gemessen (Abb. 10.8). Die Druckdifferenz ist ein direktes Maß für das Quadrat der Strömungsgeschwindigkeit. Das Staurohr kann daher zur Bestimmung dieser Geschwindigkeit verwendet werden. Als Manometer ist bei den Abb. 10.6 bis 10.8 jeweils ein Flüssigkeitsmanometer dargestellt, welches die Druckverhältnisse in der Taille der Stromröhre (Querschnitt A_2 der Abb. 10.5) andeuten soll.

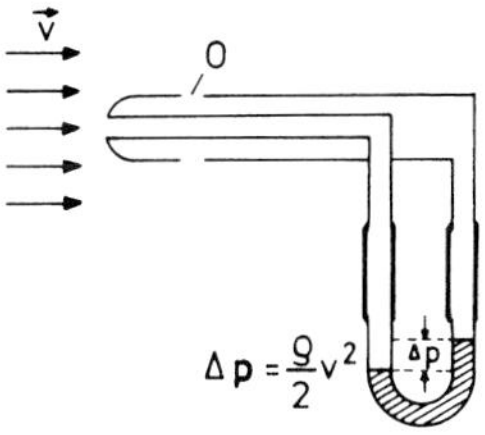

Abb. 10.8

Die Gleichung von Bernoulli wurde zwar für inkompressible ideale Fluide abgeleitet, sie erlaubt jedoch vielfältige praktische Anwendungen bei Strömungsvorgängen realer Medien zu beschreiben und grundlegend zu erklären, wobei es gleichgültig ist, ob das Fluid sich relativ zum ruhenden Körper oder der Körper sich relativ zum ruhenden Fluid bewegt. Zur Anwendung der Bernoulli-Gleichung sollen nun einige Beispiele erläutert werden.

Beispiele:

1. Ausströmung aus einem Druckgefäß
(Abb. 10.9 und 10.10)
Aus einem Gefäß ströme ein Fluid aus einer engen Öffnung (Querschnittsfläche A) mit der Ausströmgeschwindigkeit u_{a}. Innerhalb des Gefäßes herrsche der Druck $p_{\text{i}} = p_{\text{a}} + \Delta p$, indem ein Überdruck Δp gegenüber dem Außendruck entweder durch einen Kolben (Querschnittsfläche A_{K}) aufrecht erhalten wird (Abb. 10.9) oder durch den Schweredruck $\Delta p = \varrho \cdot g \cdot \Delta h$, wenn die Öffnung um Δh unter der Oberfläche liegt (Abb. 10.10). Da die Querschnittsfläche A_{K} des Kolbens bzw. Gefäßes groß ist gegenüber dem Querschnitt A der Öffnung, gilt für die Strömungsgeschwindigkeit innerhalb des Kolbens $u_{\text{i}} \ll u_{\text{a}}$, d. h. u_i kann vernachlässigt werden ($u_{\text{i}} \approx 0$). Gemäß der Bernoulli-Gleichung (10.8) ist der Gesamtdruck $p_{\text{ges}} = p + \frac{1}{2}\varrho \cdot v^2$ innen und außen gleich, womit aus $p_{\text{i}} + 0 = p_{\text{a}} + \frac{1}{2}\varrho \cdot u_{\text{a}}^2$ oder $p_{\text{a}} + \Delta p = p_{\text{a}} + \frac{1}{2}\varrho \cdot u_{\text{a}}^2$ für die Ausströmgeschwindigkeit des Fluids folgt:

$$u_{\text{a}} = \sqrt{\frac{2 \cdot \Delta p}{\varrho}} \qquad (10.10)$$

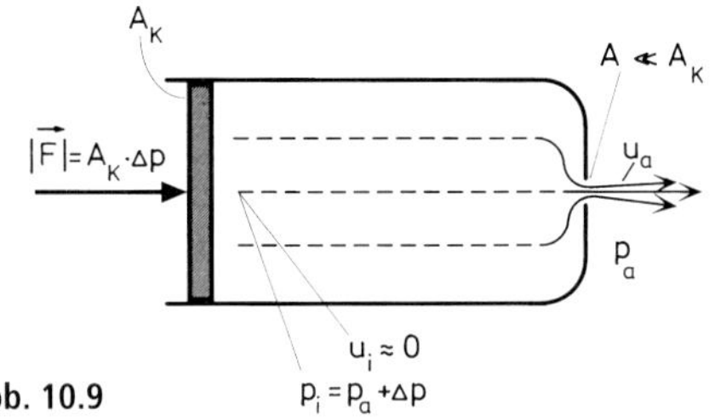

Abb. 10.9

Wird der Überdruck Δp allein durch den Schweredruck erzeugt (Abb. 10.10) dann folgt:

$$u_{\text{a}} = \sqrt{2g \cdot \Delta h} \qquad (10.11)$$

d. h. ein nicht viskoses Fluid strömt mit der gleichen Geschwindigkeit aus der Öffnung, als hätte es die Strecke Δh frei durchfallen (s. Gleichung (4.29)).

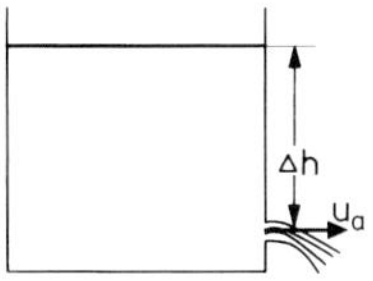

Abb. 10.10

Nach der Beziehung (10.10) ist die Ausströmgeschwindigkeit eines Fluids umgekehrt proportional zur Wurzel aus seiner Dichte. Bei gleichem Druck und gleicher Temperatur gilt dann für das Verhältnis der Ausströmgeschwindigkeiten zweier Fluide der Dichte ϱ_1 bzw. ϱ_2:

$$\frac{u_1}{u_2} = \sqrt{\frac{\varrho_2}{\varrho_1}} = \sqrt{\frac{M_2}{M_1}} \qquad (10.12)$$

wobei die Proportionalität $\varrho \sim M$ zwischen der Dichte ϱ und der molaren Masse M, bei den gegebenen Bedingungen für Druck und Temperatur, aus der Definition der Dichte mit (3.6) und (3.7) folgt. Gemäß der Beziehung (10.12) lassen sich aufgrund der unterschiedlichen Ausströmgeschwindigkeiten daher die Dichten bzw. bei Gasen die molaren Massen M mit dem so genannten **Effusiometer** nach *Bunsen* bestimmen.

2. Hydrodynamisches Paradoxon (Abb. 10.11)
Sehr anschaulich, jedoch zunächst unerwartet, lässt sich die Druckminderung in einem aus einer Verengung mit hoher Geschwindigkeit ausströmenden Fluid zeigen, indem ein Flüssigkeits- oder Gasstrahl (z. B. Luft unter hohem Druck) durch ein Rohr aus einer Platte P_1 gegen eine zur Strömungsrichtung senkrechte, lose Platte P_2 anströmt (Abb. 10.11 ①).

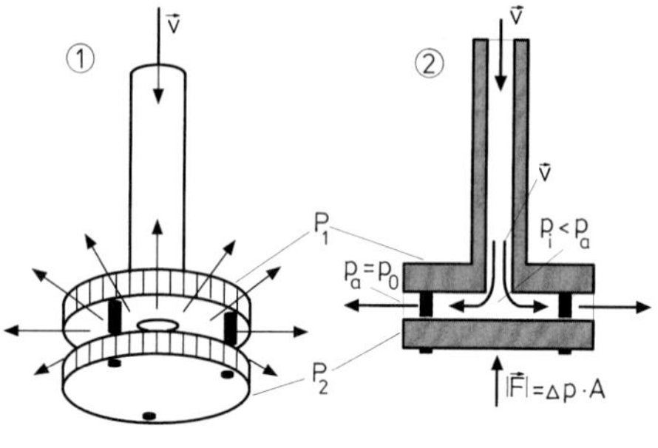

Abb. 10.11

Dabei wird die Platte P_2 nicht weggedrückt, sondern sie wird im Gegenteil angezogen, weil die Strömungsgeschwindigkeit an der Austrittsöffnung des Rohres in der Platte P_1 wesentlich höher ist als am äußeren Rand. Infolgedessen ist der statische Druck p_i an der zentralen Austrittsöffnung in der Mitte zwischen den beiden Platten kleiner als der Druck p_a am Rande der Platten (Abb. 10.11 ②), welcher etwa gleich dem im Außenraum herrschenden Atmosphärendruck p_0 ist ($p_0 \approx p_a$). Aufgrund dieser Druckdifferenz $\Delta p = p_a - p_i$ erfährt die bewegliche Platte P_2 (Fläche A) eine Kraft $F = \Delta p \cdot A$ in Richtung zur Platte P_1 (so genanntes **hydrodynamisches Paradoxon**). Entsprechendes beobachtet man beim Ausströmen von Luft z. B. aus einem nach unten gehaltenen Trichter, in welchen ein Filtrierpapier in Form eines Kegels von unten angenähert wird (Abb. 10.12).

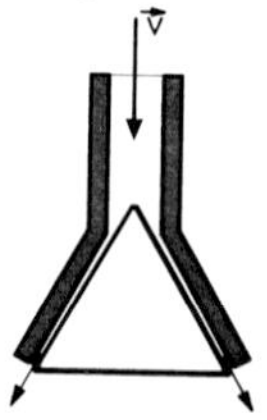

Abb. 10.12

Auch dieses wird in den Trichter hineingedrückt und dort gehalten, wobei ein nicht überhörbares schnarrendes Geräusch auftritt, sehr ähnlich einem „Schnarchen" (das durch entsprechende Bewegungen des Gaumensegels entsteht).

Eine ebenso überraschende Wirkung zeigt sich, wenn eine freie Strömung beispielsweise durch Wände eingeengt wird. Während in der freien Strömung der statische Druck etwa gleich dem Druck des umgebenden, ruhenden Mediums ist, verringert sich zwischen den eingebrachten Wänden der statische Druck. Diese Druckdifferenz bedingt ein Zusammenschieben der Wände, ein Effekt, welcher auch bei nebeneinander mit hoher Geschwindigkeit sich bewegender Körper, z. B. Kraftfahrzeuge, in Form von unerwarteten Seitenkräften auftreten kann.

3. Düsenwirkung bei Zerstäubern und Flüssigkeitsmischern (Abb. 10.13 und 10.14)
Lässt man eine Flüssigkeit oder ein Gas durch ein Rohr strömen, das an einem Ende eine Verengung (Düse) besitzt, so erhöht sich dort die Geschwindigkeit des strömenden Fluids, während sich nach der Bernoulli-Gleichung (10.8) der statische Druck verringert, d. h. im Vergleich zum Umgebungsdruck ein Unterdruck entsteht. Dadurch wird durch das Steigrohr die zu zerstäubende (Abb. 10.13) oder beizumischende (Abb. 10.14) Flüssigkeit angesaugt und mitgerissen.

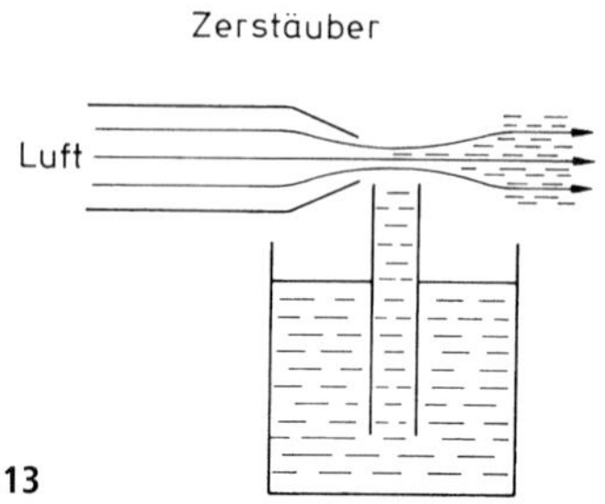

Abb. 10.13

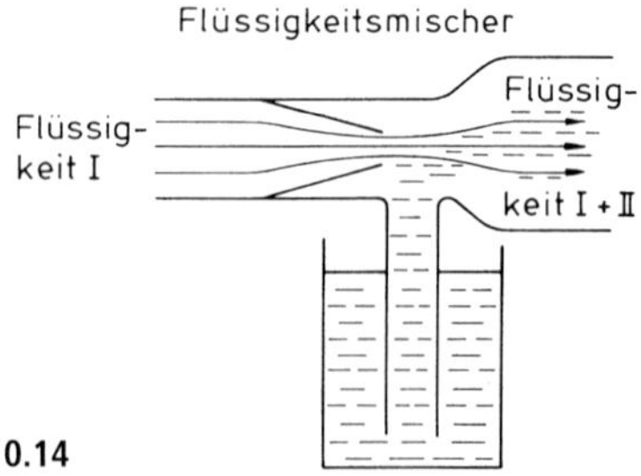

Abb. 10.14

*4. **Wasserstrahlpumpe*** (Abb. 10.15)
Wegen der hohen Strömungsgeschwindigkeit v_1 in der Düse ist der statische Druck p_1 kleiner als der Außendruck p_2, welcher der geringeren Strömungsgeschwindigkeit v_2 entspricht. Der Außendruck p_2 ist gleich dem herrschenden Luftdruck, d. h. in einem bei A angeschlossenen Gefäß entsteht ein Unterdruck. Mit einer Wasserstrahlpumpe kann man ein Vakuum von etwa 2,6 kPa erzeugen (Abb. 10.15). Der Restgasdruck ist der Dampfdruck des Wassers (s. § 16.2) bei Raumtemperatur (21 °C).

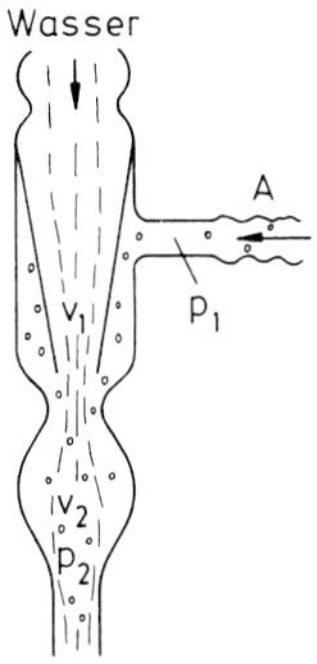

Abb. 10.15

*5. **Bunsenbrenner*** (Abb. 10.16)
Auf dem gleichen Prinzip beruht die Wirkungsweise des Bunsenbrenners: Hier strömt das Gas mit hoher Geschwindigkeit aus der Düse in das Brennerrohr ein, wodurch gemäß der Bernoulli-Gleichung der statische Gasdruck p_G vor der Düse reduziert wird und hinter der Düse ein statischer Unterdruck $p_B < p_G$ herrscht. Dadurch wird an den seitlich am Brennerrohr vorhandenen (regelbaren) Öffnungen Luft angesaugt (Außendruck $p_0 > p_B$) und dem Gas beigemischt (Abb. 10.16), sodass die Gasflamme den zur vollständigen Verbrennung erforderlichen Sauerstoff erhält.

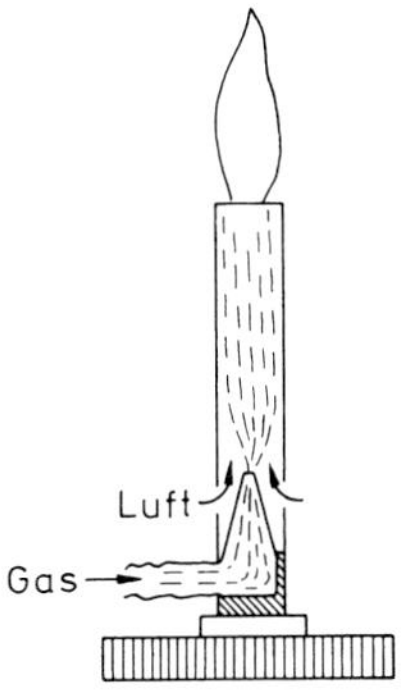

Abb. 10.16

6. Kavitation
Strömt eine Flüssigkeit durch eine Verengung in einem Rohr oder bewegt sich ein Körper mit hoher Geschwindigkeit durch eine Flüssigkeit, so kann der statische Druck p_s lokal Werte annehmen, die kleiner als der Dampfdruck p_d (s. § 16.2) der Flüssigkeit sind. Dadurch bilden sich Flüssigkeits-Dampfblasen (*Kavitationsblasen*), insbesondere wenn in der Flüssigkeit mikroskopisch kleine feste Partikeln oder Gasbläschen (etwa Luft in Wasser) vorhanden sind. Steigt der Druck im Verlauf der Strömung wieder über den Dampfdruckwert an, verschwinden diese Kavitationsblasen sehr rasch, indem sie implosionsartig zusammenbrechen. Dadurch treten hohe Druckspitzen auf, die für die Oberflächen der festen Körper in der Strömung, z. B. Schiffspropeller oder Turbinenschaufeln, eine erhebliche Materialbelastung darstellen, mit u. U. zerstörender Wirkung. Die kritische Grenzgeschwindigkeit v_{krit}, ab welcher Kavitation auftreten kann, ergibt sich mit Hilfe der Bernoulli-Gleichung aus $p_s = p_{\text{ges}} - \frac{\varrho}{2} \cdot v_{\text{krit}}^2 = p_d$ zu

$$v_{\text{krit}} = \sqrt{\frac{2 \cdot (p_{\text{ges}} - p_d)}{\varrho}} \qquad (10.13)$$

wobei p_{ges} der Gesamtdruck und ϱ die Dichte der Flüssigkeit ist.

Eine ähnliche Wirkung tritt in Ultraschallfeldern auf; dort ist die Kavitation i. Allg. jedoch erwünscht (vgl. § 33.3).

§ 10.3 Viskosität

In den vorangegangenen Abschnitten haben wir Strömungen idealer Flüssigkeiten und Gase betrachtet, d. h. strömende Medien, bei welchen die einzelnen Fluidschichten reibungsfrei gegeneinander verschiebbar sind und außerdem keine Wechselwirkungskräfte (*Adhäsionskräfte*, vgl. §§ 11 und 11.2) zwischen dem Fluid und den umströmten Körpern wirken. Diese Idealisierungen lieferten sehr häufig eine brauchbare Beschreibung vieler Phänomene, jedoch lassen sich zahlreiche Erscheinungen erst bei Berücksichtigung der zwischen den einzelnen Fluidschichten vorhandenen Reibungskräfte verstehen. Diese als **innere Reibung** bezeichneten Wechselwirkungen zwischen den Molekülen der Flüssigkeiten oder Gase werden durch die *Viskosität* oder *Zähigkeit* beschrieben.

2

In einem Gedankenexperiment verschiebt man eine Platte der Fläche A mit der Geschwindigkeit v auf einer Flüssigkeit im konstanten Abstand z parallel zu einer ortsfesten Wand (Abb. 10.17). An beiden die Flüssigkeit begrenzenden Flächen haftet (bedingt durch Adhäsionskräfte) jeweils eine dünne Flüssigkeitsschicht unmittelbar an, die sich mit derselben Geschwindigkeit wie die entsprechende Fläche (Platte bzw. Wand) bewegt. Dazwischen gleiten die parallelen Fluidschichten mit verschiedenen Geschwindigkeiten aneinander vorbei.

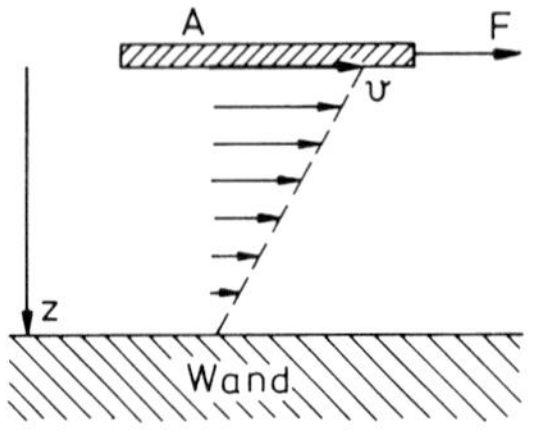

Abb. 10.17

So wird die der Platte anliegende Flüssigkeitsschicht mit der Geschwindigkeit v mitbewegt. Diese übt auf die zunächst folgende Flüssigkeitsschicht eine Tangentialkraft aus, die letztere gleichfalls in Bewegung setzt. Durch innere Reibung überträgt sich diese Bewegung auf die anderen Flüssigkeitsschichten. Die Ursache dafür besteht darin, dass Moleküle infolge ihrer Wärmebewegung von einer Schicht in die andere überwechseln und dabei durch Stöße einen Teil ihres Strömungsimpulses übertragen können. Jede Schicht übt also auf die zur ortsfesten Wand hin folgende eine beschleunigende Wirkung aus (Abb. 10.17), erfährt aber nach dem Reaktionsprinzip von der darunter liegenden Schicht eine gleich große, aber verzögernde Kraft infolge Impulsübertrag durch Moleküle aus einer Fluidschicht mit geringerer Strömungsgeschwindigkeit, d. h. zwei im Abstand Δz aneinander vorbeigleitende Fluidschichten unterscheiden sich um Δv in ihrer Geschwindigkeit. Dadurch entsteht ein Geschwindigkeitsgefälle $\frac{\Delta v}{\Delta z}$ (senkrecht zur Bewegungsrichtung der Platte), das im Beispiel Abb. 10.17 linear ist. Im allgemeinen Fall ist die Änderung der Geschwindigkeit mit der z-Richtung jedoch nicht linear, sodass wir zu infinitesimal dünnen Schichten $\mathrm{d}z$ übergehen und den Geschwindigkeitsgradienten $\frac{\mathrm{d}v}{\mathrm{d}z}$ betrachten müssen. Um die Platte mit konstanter Geschwindigkeit v zu bewegen, muss somit die innere Reibung überwunden werden, wozu eine Kraft $\vec{F}$ erforderlich ist, die gerade die ihr entgegengesetzt gerichtete Reibungskraft $\vec{F}_R$ kompensiert ($\vec{F}_R = -\vec{F}$). Der Betrag der Tangentialkraft F ist durch folgende Beziehung gegeben:

$$F = \eta \cdot A \cdot \frac{\mathrm{d}v}{\mathrm{d}z} \qquad (10.14)$$

(Newton'sche Gleichung)

$\frac{\mathrm{d}v}{\mathrm{d}z}$: Geschwindigkeitsgradient in z-Richtung
A: Berührungsfläche der Schichten
η: *dynamische Viskosität oder Zähigkeit, Koeffizient der inneren Reibung*

Die **dynamische Viskosität η** besitzt die *Einheit* Pascalsekunde (Pa · s).

Dabei ist:

$$1\,\mathrm{Pa \cdot s} = 1\,\frac{\mathrm{N \cdot s}}{\mathrm{m}^2} = 1\,\frac{\mathrm{kg}}{\mathrm{m \cdot s}}$$

Früher gebräuchliche Einheit für η:
Poise (P)

$$1\,\mathrm{P} = 1\,\frac{\mathrm{g}}{\mathrm{cm \cdot s}} = 10^{-1}\,\mathrm{Pa \cdot s}$$

oder

$$1\,\mathrm{cP} = 1\,\mathrm{mPa \cdot s}$$

Die zur *dynamischen Viskosität* η reziproke Größe η^{-1} wird als **Fluidität** bezeichnet.

Führt man nach § 8.5 für die tangential am Flächenelement $\mathrm{d}A$ angreifende Kraft $\mathrm{d}F$ die *Tangential-*, *Schub-* oder *Scherspannung* τ ein gemäß:

$$\tau = \frac{\mathrm{d}F}{\mathrm{d}A} \qquad (10.15)$$

dann folgt mit Gleichung (10.14) für die *viskose Schubspannung*:

$$\tau = \eta \cdot \frac{\mathrm{d}v}{\mathrm{d}z} \qquad (10.16)$$

Die Schubspannung ist also proportional zum Geschwindigkeitsgradienten quer zur Strömungsrichtung. Gleichung (10.16) wird auch als ***Newton'sches Reibungsgesetz*** (oder *Newton'sche Viskositätsgleichung*) der Strömung von **ideal viskosen Fluiden** bezeichnet.

Mit (10.15) und (10.16) kann dann die *dynamische Viskosität* folgendermaßen definiert werden:

$$\eta = \frac{\mathrm{d}F/\mathrm{d}A}{\mathrm{d}\upsilon/\mathrm{d}z} \qquad (10.17)$$

$\mathrm{d}F/\mathrm{d}A$: Schubspannung
$\mathrm{d}\upsilon/\mathrm{d}z$: Geschwindigkeitsgradient

Zwischen der Schubspannung bei festen Körpern (s. § 8.5) und der Schubspannung τ bei Flüssigkeiten besteht ein grundsätzlicher Unterschied. Bei Festkörpern ist sie proportional zur elastischen Deformation, bei Flüssigkeiten proportional zum Geschwindigkeitsgradienten der Flüssigkeitsschichten, d. h. durch die innere Reibung bedingt. Die Schubspannung stellt daher bei Flüssigkeiten keine elastische Größe dar. Als eigentliche elastische Spannungen können in Flüssigkeiten nur Normalspannungen, d. h. der Druck p auftreten.

Auch bei Gasen ist der Impulstransport senkrecht zur Strömungsrichtung – infolge der *Brown'schen* Bewegung der Moleküle – für die Viskosität verantwortlich und damit für die auftretende Schubspannung. Nur ist bei Gasen die so genannte *mittlere freie Weglänge*, d. h. die Wegstrecke, die ein Molekül zwischen zwei Zusammenstößen mit einem anderen ungestört zurücklegen kann (s. auch § 14), groß gegen den Molekülradius. Die Durchdringung benachbarter Strömungsschichten ist daher ausgeprägter als bei Flüssigkeiten, bei welchen die Kräfte im Wesentlichen nur zwischen den unmittelbar benachbarten Molekülen der übereinander hinweg gleitenden Schichten wirken. Dies zeigt sich auch in der Abhängigkeit der Viskosität vom Druck und insbesondere von der Temperatur der Fluide. Zwar hängt die Viskosität von Flüssigkeiten nur sehr gering vom Druck ab und auch bei Gasen ist sie in erster Näherung druckunabhängig, die Temperaturabhängigkeit der Viskosität von Flüssigkeiten und Gasen erweist sich jedoch als sehr unterschiedlich.

Für **Flüssigkeiten** gilt: *Mit steigender Temperatur T nimmt die Viskosität η stark ab*: $\eta\searrow$, *wenn* $T\nearrow$ (z. B. hat heißes Öl eine geringere Zähigkeit als kaltes Öl). Für viele Flüssigkeiten gilt mit guter Näherung $\eta = a \cdot e^{\frac{b}{T}}$, wobei a und b empirische Konstanten und T die absolute Temperatur gemessen in K bedeuten.

Anders verhält es sich bei **Gasen**: Hier nimmt die *Viskosität mit steigender Temperatur T zu*: $\eta\nearrow$, *wenn* $T\nearrow$. Nach der kinetischen Gastheorie (vgl. § 14) ergibt sich (unter den oben genannten Annahmen der Druckabhängigkeit) für die Temperaturabhängigkeit der Viskosität $\eta \sim \sqrt{T}$, wobei T wieder die absolute Temperatur ist.

In den Tabellen 10.1 und 10.2 sind die dynamischen Viskositäten η einiger Flüssigkeiten bzw. Gase für drei Temperaturwerte bei einem Druck von 1013 hPa zusammengestellt.

Die für Blut in Tab. 10.1 angegebenen Werte der dynamischen Viskosität η sind ungefähre Richtwerte. Denn beim Blut, als einer heterogenen Flüssigkeit, hängt die dynamische Viskosität außer von der Temperatur weitgehend von der Volumenkonzentration der roten Blutkörperchen (Erythrozyten), von der Verformbarkeit der Erythrozyten und in geringerem Maße auch vom Proteingehalt des Blutplasmas ab.

Tab. 10.1

Flüssigkeit	Viskosität η in mPa·s		
	0 °C	+20 °C	+80 °C
Benzol	0,91	0,648	0,316
Ethanol	1,78	1,20	0,446*
Glycerin	12 100	1480	35
Quecksilber	1,685	1,554	1,298
Rizinusöl	2 420	990	32
Wasser	1,792	1,002	0,355
Blut		3...4	
Blutplasma		1,6...2,2	

* Beim Siedepunkt 78,3 °C

2

Tab. 10.2

Gas	Viskosität η in μPa · s		
	0 °C	+20 °C	+100 °C
Argon	21,3	22,31	26,8
Chlor	12,3	13,2	16,8
Helium	18,6	19,50	23,1
Kohlenstoffdioxid	13,7	14,6	18,5
Luft	17,2	18,2	21,8
Sauerstoff	19,2	20,2	24,4
Stickstoff	16,6	17,5	21,2
Wasserstoff	8,42	8,8	10,4

§ 10.4 Stokes'sche Formel

Durch die innere Reibung werden auf Körper, die sich in realen Flüssigkeiten und Gasen bewegen, Kräfte ausgeübt. Die Flüssigkeit (oder das Gas) setzt dem bewegten Körper einen Widerstand entgegen, der durch eine äußere Kraft $\vec{F}$ kompensiert werden muss. Bei ideal viskosen (Newton'schen) Fluiden ist bei wirbelfreier Bewegung von Kugeln (nicht zu großer Radien) die auf sie wirkende Reibungskraft $\vec{F}_R$ proportional zur Zähigkeit η des Fluids und zur Geschwindigkeit $\vec{v}$ der Kugeln. Für eine mit konstanter Geschwindigkeit $\vec{v}$ bewegte Kugel mit Radius r, lautet das von *G. G. Stokes* für die Reibungskraft $\vec{F}_R$ aufgestellte und durch zahlreiche Experimente bestätigte Gesetz:

$$\boxed{\vec{F}_R = -6 \cdot \pi \cdot \eta \cdot r \cdot \vec{v}} \qquad (10.18)$$

(Gesetz von Stokes)

η: dynamische Viskosität
r: Radius der Kugel
$\vec{v}$: Geschwindigkeit der Kugel

Voraussetzung für das Stokes-Gesetz ist, dass die Bewegung der Kugel in dem ideal viskosen Fluid laminar erfolgt und der Kugelradius eine gewisse Größe nicht überschreitet. Eine bessere Näherung für den Strömungswiderstand, den eine Kugel auch mit größerem Radius bei der Bewegung durch das Fluid erfährt, erhält man durch Hinzunahme eines weiteren Terms in der Gleichung (10.18), welcher das nächste Glied der Entwicklung des Strömungswiderstandes nach der sog. *Reynolds-Zahl* (s. § 10.5.4) darstellt.

Wir erhalten dann die von *C. W. Oseen* abgeleitete Beziehung für den Strömungswiderstand $\vec{F}_R$, den eine Kugel mit Radius r und Geschwindigkeit $\vec{v}$ im Fluid der Dichte ϱ_{Fl} und der dynamischen Viskosität η erfährt ($\vec{v}_0$: Einheitsvektor in Richtung $\vec{v}$):

$$\vec{F}_R = -6\pi \cdot \eta \cdot r \cdot v \cdot \left(1 + \frac{3 \cdot \varrho_{Fl} \cdot r \cdot v}{8\eta}\right) \cdot \vec{v}_0 \qquad (10.19)$$

Für kleine Radien der Kugeln ist der zweite Term von (10.19) klein gegen 1 und kann vernachlässigt werden, d. h. (10.19) geht dann in (10.18) über.

Die geschwindigkeitsproportionale Reibungskraft, die ein Körper in einem viskosen Medium nach Gleichung (10.18) erfährt, kann auch folgendermaßen geschrieben werden:

$$\vec{F}_R = -f \cdot \vec{v} \qquad (10.20)$$

wobei f der *Reibungsfaktor* ist, der sich im Falle einer Kugel (mit nicht zu großem Radius) nach *Stokes* zu $f = 6\pi \cdot \eta \cdot r$ ergibt.

Handelt es sich bei dem im Fluid sich langsam bewegenden Körper nicht um eine Kugel, sondern beispielsweise um eine runde Scheibe mit Radius r, so gilt auch hier für den Strömungswiderstand die Beziehung (10.20), nur ist der Reibungsfaktor f unterschiedlich. So ergibt sich beispielsweise für eine runde Scheibe, die sich senkrecht zu ihrer Querschnittsfläche bewegt, der Reibungsfaktor zu $f = 16 \cdot \eta \cdot r$, bzw. wenn sie sich in dieser Ebene bewegt zu $f = \frac{32}{3} \cdot \eta \cdot r$.

Kugelfallviskosimeter

Die Stokes'sche Beziehung eignet sich zur Messung der dynamischen Viskosität η: Fällt eine Kugel (Radius r) mit der Anfangsgeschwindigkeit $\vec{v} = 0$ von der Oberfläche aus in einer viskosen Flüssigkeit, so greifen an ihr im Prinzip drei Kräfte an (Abb. 10.18): die Schwerkraft (das Gewicht $\vec{G}$ der Kugel), der Auftrieb $\vec{A}$ und die geschwindigkeitsproportionale Reibungskraft $\vec{F}_R$. Es gilt:

1. Die Gewichtskraft:

$$\vec{G} = m \cdot \vec{g} = \varrho_K \cdot V_K \cdot \vec{g}$$

2. Der Auftrieb:

$$\vec{A} = -V_K \cdot \varrho_{Fl} \cdot \vec{g}$$

3. Die Reibungskraft:

$$\vec{F}_R = -6 \cdot \pi \cdot \eta \cdot r \cdot \vec{v}_0$$

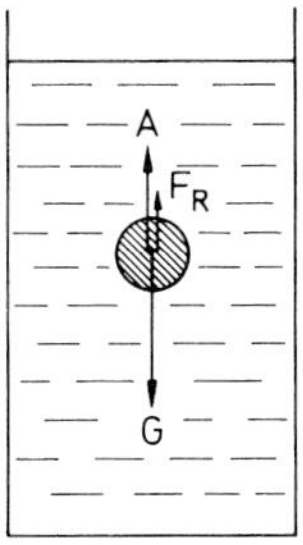

Abb. 10.18

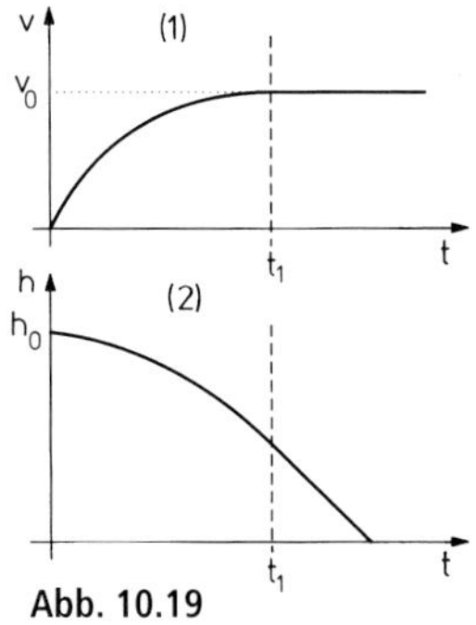

Abb. 10.19

Nach dem Loslassen wird die Kugel durch die Gewichtskraft $\vec{G}$ zunächst beschleunigt mit zunehmender Geschwindigkeit. Bei ansteigender Geschwindigkeit $\vec{v}$ der Kugel nimmt jedoch die geschwindigkeitsproportionale Reibungskraft $\vec{F}_R$ gemäß Beziehung (10.18) zu. Diese wirkt auf die Kugel verzögernd, weshalb die durch die Gewichtskraft $\vec{G}$ bedingte Beschleunigung geringer wird, bis im stationären Zustand die Kugel mit konstanter Geschwindigkeit $\vec{v}_0$ sinkt (in Abb. 10.19 (1) ab dem Zeitpunkt t_1). Die Vektorsumme der angreifenden Kräfte ist dann gleich Null und der Fall der Kugel geht in eine gleichförmige Bewegung mit der Beschleunigung Null über. Für das Kräftegleichgewicht gilt:

$$\vec{G} + \vec{A} + \vec{F}_R = 0$$

oder

$$\vec{F}_R = -(\vec{G} + \vec{A})$$

woraus für die Beträge folgt:

$$6\pi \cdot \eta \cdot r \cdot v_0 = (\varrho_K - \varrho_{Fl}) \cdot V_K \cdot g$$

Daraus erhält man für die Geschwindigkeit v_0 der Kugel ($V_K = \frac{4}{3}\pi r^3$):

$$v_0 = g \cdot \frac{\varrho_K - \varrho_{Fl}}{\eta} \cdot \frac{2 \cdot r^2}{9} \qquad (10.21)$$

Für die mit konstanter Geschwindigkeit v_0 kurze Zeit nach dem Loslassen sinkende Kugel (Abb. 10.19 (1)) ist die Fallhöhe h in Abhängigkeit von der Zeit t in Abb. 10.19 (2) dargestellt (vgl. auch die Betrachtungen zum freien Fall mit Reibung in § 5.1.6).

Bei bekanntem Radius r der Kugel und vorgegebenen Dichten ϱ_K bzw. ϱ_{Fl} von Kugel und Fluid lässt sich mit einem *Kugelfallviskosimeter* nach Gleichung (10.21) die Viskosität η über die Bestimmung der im stationären Zustand einer Kugel vorliegenden Sinkgeschwindigkeit v_0 berechnen. Diese ergibt sich als Quotient aus der Länge einer bestimmten Wegstrecke, vorgegeben beispielsweise durch den Abstand zwischen zwei Lichtschranken, und der benötigten Zeit zum Durchfallen dieses Weges, gemessen z. B. mit einem elektronischen Zähler als Zeitintervall zwischen Start- und Stoppimpuls ausgelöst durch die Lichtschranken.

Sedimentation im Schwerefeld – Blutsenkung – Sedimentation im Zentrifugalfeld

Da die Sinkgeschwindigkeit von Kugeln in einem viskosen Medium proportional zum Quadrat des Kugelradius anwächst, sinken Kugeln mit großem Radius schneller als Kugeln gleicher Dichte mit kleinerem Radius. Dabei gelte für die Dichte der Kugeln $\varrho_K > \varrho_M$ (Dichte des Mediums) und die Strömung der relativ zueinander bewegten Medien sei im laminaren Bereich. Anwendung findet die für kugelförmige Teilchen auf das Stokes'sche Gesetz zurückgehende Beziehung (10.21), modifiziert auch in verallgemeinerter Version für nicht kugelförmige Teilchen, bei der **Sedimentation**.

Grundsätzlich bezeichnet man als *Sedimentation* die Verschiebung von Partikeln aufgrund von Kräften, die ihrer Teilchenmasse proportional sind. Sedimentationserscheinungen sind im Bereich der Pharmazie (z. B. physikalische Stabilität pharmazeutischer Suspensionen), der Medizin (z. B. Trennung von Proteinen, Abtrennung von Zellen aus Blut, Herstellung von Blutkonserven) oder der Zellbiologie und der molekularen Biologie (z. B. Auftrennung gemischter Teilchenpopulationen, Charakterisierung reiner Teilchenpräparationen nach Größe, Form, Dichte) die Grundlage wichtiger Anwendungen physikalischer Techniken. Zu nennen sind hier die *Sedimentation im Schwerefeld der Erde* und die *Sedimentation im Zentrifugalfeld*, wobei bei letzterer die großen Trägheitskräfte (Zentrifugalkräfte) bei der schnellen Rotation ausgenützt werden, die mit modernen *Hochgeschwindigkeits- bzw. Ultrazentrifugen* erreicht werden können.

Bei der ***Sedimentation im Schwerefeld der Erde*** bewirkt die *Schwerebeschleunigung* g das unterschiedlich rasche Absinken von Stoffen (z. B. Partikeln der Dichte ϱ_P) aus einem Medium (Dichte ϱ_M) gemäß ihrer Dichte, wie beispielsweise kugelförmige kolloidale Partikeln aus einer Suspension. Die im stationären Zustand erreichte Sedimentationsgeschwindigkeit kugelförmiger Teilchen wird durch Gleichung (10.21) beschrieben, wobei ϱ_K durch ϱ_P und ϱ_{Fl} durch ϱ_M zu ersetzen sind. Handelt es sich jedoch um keine kugelförmigen Partikeln, dann ist für die geschwindigkeitsproportionale Reibungskraft die Beziehung (10.20) zu verwenden und es folgt dann im stationären Fall für die Sedimentationsgeschwindigkeit v_G im Gravitationsfeld der Erde:

$$v_G = g \cdot \frac{\varrho_P - \varrho_M}{f} \cdot V_P \qquad (10.22)$$

mit

g: Fallbeschleunigung

ϱ_P, V_P: Dichte bzw. Volumen der Partikeln

ϱ_M: Dichte des viskosen Mediums (z. B. Suspension)

f: Reibungsfaktor

Zur Abschätzung der Sedimentationsgeschwindigkeit v_G von beispielsweise Zellen im Gravitationsfeld der Erde, betrachten wir zur Vereinfachung kugelförmige Partikeln mit Radius r unter Heranziehung von Gleichung (10.21). Unter physiologischen Bedingungen liegen bei Säugetierzellen die Radien zwischen 2,5 µm und 12 µm bei Dichten ϱ_P zwischen $1{,}05 \cdot 10^3$ kg/m³ und $1{,}10 \cdot 10^3$ kg/m³. Bei einer mittleren Dichte ϱ_M einer Suspension von ca. $1{,}0 \cdot 10^3$ kg/m³ unterscheiden sich dann die maximalen und minimalen Sedimentationsgeschwindigkeiten v_G aufgrund der Dichtevariation nur um etwa einen Faktor 2, wohingegen die Größenvariationen im genannten Bereich der Zellradien eine Größenvariation von v_G um einen Faktor von ca. 20 ergibt. Größere Teilchen sedimentieren sehr viel schneller. Die Unterschiede beispielsweise bei der Zellsedimentation im Schwerefeld der Erde, beruhen also daher im Wesentlichen auf den Größenunterschieden der Zellen und nicht auf den Dichteunterschieden.

Ein weiteres Beispiel ist die im Bereich der Medizin angewandte Methode zur Bestimmung der **Blutkörperchen-Senkungsgeschwindigkeit (BSG)** im Schwerefeld der Erde, kurz auch **Blutsenkung** genannt. Bei der Blutkörperchensenkung bestimmt man die Sedimentationsgeschwindigkeit der im Blutplasma suspendierten Erythrozyten (rote Blutzellen), die beim gesunden Menschen bestimmte Normalwerte aufweist. Vor allem bei Infektionskrankheiten oder bei Vorliegen von Tumoren kommt es zur Aneinanderlagerung der Erythrozyten (Agglomeration). Dadurch erhöht sich wegen $v \sim r^2$ die Senkungsgeschwindigkeit.

Grundsätzliche Voraussetzung zur Erzielung verwertbarer Daten bei der Ermittlung der Sedimentationsgeschwindigkeit im Schwerfeld der Erde, ist eine untere Grenze für die Partikelgröße. Diese sollte i. Allg. nicht kleiner als ca. 0,5 µm sein, da es bei kleineren Partikeln infolge der *Brown'schen* Bewegung (die der Sedimentation entgegenwirkt) eher zu einer Durchmischung als zu einer Separation von Dispersionsmedium und Kolloiden kommt. Zur Trennung solcher kolloidaler Teilchen durch Sedimentation müssen daher größere Kräfte als die Schwerkraft wirken. Hierzu bedient man sich der *Sedimentation im Zentrifugalfeld mit Hilfe von Zentrifugen* (vgl. auch § 5.1.5) bzw. *Ultrazentrifugen*.

Bei der ***Sedimentation im Zentrifugalfeld*** können mit den heute verfügbaren Ultrazentrifugen Zentrifugalbeschleunigungen bis zum ca. 10^6-fachen der Schwerebeschleunigung g erzielt werden. Beschleunigungen dieser Größenordnung sind völlig ausreichend, um beispielsweise Makromoleküle, wie Proteine oder Nukleinsäuren zu sedimentieren und daraus z. B. deren molare Masse zu bestimmen.

In einer mit konstanter Winkelgeschwindigkeit ω rotierenden Zentrifuge wirkt auf ein Teilchen der Masse m_P und Dichte ϱ_P in radialer x-Richtung die Radialbeschleunigung $a_x = x \cdot \omega^2$ und damit die Zentrifugalkraft $F_x = m \cdot x \cdot \omega^2$. Das Teilchen (Volumen $V_P = m_P/\varrho_P$) erfährt in der umgebenden homogenen Suspension der Dichte ϱ_M eine Auftriebskraft $F_A = V_P \cdot \varrho_M \cdot a_x = \frac{m_P}{\varrho_P} \cdot \varrho_M \cdot x \cdot \omega^2$. Auf das Teilchen wirkt damit die resultierende Kraft $F_x - F_A$ ein, wodurch es sich mit der momentanen Geschwindigkeit $v_x = \frac{\mathrm{d}x}{\mathrm{d}t}$ radial nach außen bewegt. Dabei erfährt es die Reibungskraft $F_\mathrm{R} = f \cdot v_x$, die der bewegenden resultierenden Kraft $F_x - F_\mathrm{A}$ entgegengerichtet ist. Im stationären Fall folgt für die Sedimentationsgeschwindigkeit v_x aus dem Kräftegleichgewicht (in Beträgen) $F_x - F_\mathrm{A} - F_\mathrm{R}$:

$$v_x = x \cdot \omega^2 \cdot \frac{\varrho_\mathrm{P} - \varrho_\mathrm{M}}{f} \cdot \frac{m_\mathrm{P}}{\varrho_\mathrm{P}} \quad (10.23)$$

mit

x:	Abstand der Partikeln vom Drehzentrum (Rotationsachse)
ω:	Winkelgeschwindigkeit (oder Kreisfrequenz)
$x \cdot \omega^2 = a_x$:	Zentrifugalbeschleunigung (in radialer Richtung)
ϱ_P, m_P:	Dichte bzw. Masse der Partikeln
ϱ_M:	Dichte des viskosen Mediums (Suspension)
f:	Reibungsfaktor

Vergleicht man die beiden Beziehungen (10.22) und (10.23), so steht in (10.23) die Radialbeschleunigung $a_x = x \cdot \omega^2$ im Zentrifugalfeld für die Fallbeschleunigung g im Gravitationsfeld der Erde und das Partikelvolumen V_P ist durch $m_\mathrm{P}/\varrho_\mathrm{P}$ substituiert.

Die Zentrifugalbeschleunigung a_x wird meist als Vielfaches der Schwerebeschleunigung der Erde ($g = 9{,}81\ \mathrm{m/s^2}$) angegeben (z. B. $a_x = 10^4\, g$).

Handelt es sich bei den Partikeln um kugelförmige Teilchen mit Durchmesser d, deren Volumen somit durch $V_\mathrm{P} = \pi \cdot d^3/6$ gegeben ist und welche in der Suspension der Viskosität η die Stokes'sche Reibungskraft $F_\mathrm{R} = f \cdot v_x = 3\pi \cdot d \cdot \eta \cdot v_x$ erfahren, dann folgt mit dem Reibungsfaktor $f = 3\pi \cdot d \cdot \eta$; aus (10.23) für die Sedimentationsgeschwindigkeit v_x kugelförmiger Teilchen im Zentrifugalfeld:

$$v_x = x \cdot \omega^2 \cdot \frac{(\rho_\mathrm{P} - \varrho_\mathrm{M}) \cdot d^2}{18\eta} \quad (10.24)$$

x:	Abstand der Partikeln vom Drehzentrum (Rotationsachse)
ω:	Winkelgeschwindigkeit (oder Kreisfrequenz)
$x \cdot \omega^2 = a_x$:	Zentrifugalbeschleunigung (in radialer Richtung)
ϱ_P:	Dichte der Partikeln
ϱ_M, η:	Dichte bzw. Viskosität des Mediums (Suspension)

Die Beziehung (10.24) ist äquivalent zu (10.21) für die Sedimentationsgeschwindigkeit im Schwerefeld der Erde.

Üblicherweise bezieht man die Sedimentationsgeschwindigkeit $v_x = \mathrm{d}x/\mathrm{d}t$ auf die wirksame Zentrifugalbeschleunigung $a_x = x \cdot \omega^2$ und bezeichnet diesen Quotienten als den sog. *Sedimentationskoeffizienten s*:

$$s = \frac{(\mathrm{d}x)/(\mathrm{d}t)}{x \cdot \omega^2} \quad (10.25)$$

Die Größe s hat die Dimension einer Zeit. Da in der praktischen Anwendung der Sedimentation im Zentrifugalfeld meist nur sehr kleine s-Werte (Größenordnung 10^{-13} s) auftreten, führt man zur Vereinfachung für den praktischen Gebrauch als Einheit (keine SI-Einheit) das sog. *Svedberg* ein und definiert als 1 Svedberg $= 1\ \mathrm{S} = 10^{-13}$ s.

§ 10.5 Strömungen realer Fluide

Bei der Betrachtung des Strömungsverhaltens realer Fluide werden wir in diesem Abschnitt einige der zu Beginn von § 10 genannten Idealisierungen aufgeben müssen, um die wirklich beobachteten Bewegungsvorgänge beschreiben zu können. Bei der Besprechung idealer Fluide gingen wir davon aus, dass die gesamte von außen, beispielsweise durch Druckkräfte zugeführte Arbeit in Beschleunigungsarbeit des Mediums umgesetzt wird. Aufgrund einer Druckdifferenz erfährt ein *ideales Fluid* daher ausschließlich eine Änderung seiner kinetischen Energie. Treten jedoch durch die *innere Reibung* bedingte Kräfte in der Flüssigkeit oder dem Gas auf – ist die Strömung also viskos – so bewirkt die Viskosität des Fluids eine Energiedissipation, wobei die Energie letztendlich in Wärme umgewandelt wird. Solange die Reibungskräfte $\vec{F}_\mathrm{R}$ groß gegenüber den beschleunigenden Kräften sind, d. h. alle Teilchen der Flüssigkeit oder des Gases sich in parallelen Schichten bewegen ohne sich zu durchmischen, dann liegt eine **laminare** oder **wirbelfreie** Strömung vor. Reißen die Stromlinien jedoch ab und beginnen sich zu durchmischen, z. B. infolge einer sprungartigen Veränderung des Strömungsquerschnittes oder ab einer bestimmten Strömungsgeschwindigkeit, so tritt eine Verwirbelung der Strömung ein. Die *laminare* geht in eine **turbulente** Strömung über. Im Folgenden betrachten wir zunächst nur Strömungen im laminaren Bereich.

§ 10.5.1 Laminare Strömung viskoser Fluide

Wir haben bei der Einführung der Viskosität in einem Gedankenexperiment eine Platte mit der Geschwindigkeit $\vec{v}$ auf einer Flüssigkeit der Viskosität η verschoben und dabei vorausgesetzt, dass mit der Platte sich eine ihr anhaftende Flüssigkeitsschicht bestimmter Dicke mit derselben Geschwindigkeit mitbewegt. Diese Schicht wird als *Grenzschicht* – häufig auch als *Prandtl-Grenzschicht* – bezeichnet und ist dadurch charakterisiert, dass in ihr die Geschwindigkeitsgradienten beträchtliche Werte annehmen können. Die Größenordnung der Dicke δ der Grenzschicht lässt sich nach *L. Prandtl*, der auch die Idee und die grundlegenden Gleichungen der laminaren Grenzschicht formulierte, einfach abschätzen.

Wir gehen dazu von folgenden Überlegungen aus: Die Strömung erfolge laminar, d. h. die Reibungskräfte $\vec{F}_R$ sind groß gegenüber den beschleunigenden Kräften und damit die Reibungsarbeit W_R größer als die kinetische Energie E_{kin} des bewegten Fluids. Wird die mit der Geschwindigkeit $\vec{v}$ bewegte Platte der Fläche A um ihre eigene Länge l verschoben, so muss dazu die Reibungsarbeit $W_R = F_R \cdot l$ aufgebracht werden. Mit (10.14) ergibt sich daher $W_R = \eta \cdot A \cdot l \cdot \left|\frac{d\vec{v}}{dz}\right| = \eta \cdot A \cdot l \cdot \frac{v}{\delta}$, da bei linearem Geschwindigkeitsgefälle gilt: $\frac{dv}{dz} = \frac{v}{\delta}$. Die mitgeführte Flüssigkeitsschicht erhält dadurch eine kinetische Energie E_{kin}, welche durch Integration über alle schichtförmigen Massenelemente $dm = \varrho \cdot A \cdot dz$, die sich mit der Geschwindigkeit $u_z = \frac{v}{\delta} \cdot z$ zwischen $z = 0$ und $z = \delta$ bewegen, bestimmt werden kann: $E_{kin} = \frac{1}{2}\int_0^\delta \varrho \cdot A \cdot \left(\frac{v}{\delta} \cdot z\right)^2 \cdot dz = \frac{1}{6}\varrho \cdot A \cdot \delta \cdot v^2$. Da infolge der Reibung ein Teil der aufgewendeten Arbeit in Form von Wärme dissipiert, ist $E_{kin} < W_R$, sodass mit den Beziehungen für E_{kin} und W_R für die Dicke der Grenzschicht folgt: $\delta < \sqrt{\frac{6\eta \cdot l}{\varrho \cdot v}}$

Als eine Näherung für die Dicke δ der Grenzschicht gilt:

$$\delta \approx \sqrt{\frac{\eta \cdot l}{\varrho \cdot v}} \tag{10.26}$$

ϱ, η: Dichte bzw. Viskosität der Flüssigkeit
v: Relativgeschwindigkeit von Körper und Medium
l: Längenausdehnung des Körpers in Strömungsrichtung

Bildet sich über die gesamte Berührungsfläche von Körper und Medium eine Grenzschicht aus, dann kann die Strömung außerhalb der Grenzschicht in erster Näherung als ideal betrachtet werden. Bei den realen Strömungen spielt daher die an einem Körper unmittelbar anhaftende Grenzschicht des Mediums eine wesentliche Rolle, da sie für die viskose Strömung unter gewissen Voraussetzungen den Übergang zu den Bereichen der annähernd idealen Strömung darstellt. Eine Voraussetzung für die volle Ausbildung der Grenzschicht ist, dass beispielsweise im Falle der bewegten Platte der Abstand der Platte von der gegenüberliegenden ruhenden Wand größer ist als die Grenzschichtdicke, d. h. die in Gleichung (10.26) vorkommenden Größen müssen innerhalb bestimmter Grenzwerte liegen (vgl. § 10.5.4). Diese Betrachtungen zur Ausbildung der Grenzschicht sind unabhängig davon, ob sich ein Körper relativ zu einem Fluid bewegt oder davon umströmt wird bzw. ob ein Fluid zwischen ruhenden Begrenzungsflächen strömt.

Strömt ein viskoses Fluid stationär zwischen ruhenden Begrenzungsflächen, z. B. zwischen parallelen Wänden oder in einem zylindrischen Rohr, so muss zur Aufrechterhaltung einer konstanten Strömungsgeschwindigkeit eine der Reibung entgegengesetzte, betragsmäßig gleich große Kraft aufgewendet werden, wie etwa durch eine Druckdifferenz $\Delta p = p_1 - p_2$ zwischen Ein- und Auslauf eines Rohres. Betrachten wir beispielsweise das Strömungsverhalten in einer zylindrischen Röhre, dann ist die Reibungskraft nach Gleichung (10.14) abhängig von der Viskosität η des Fluids, den Berührungsflächen A zwischen den Fluidschichten und dem Geschwindigkeitsgefälle $\frac{dv}{dr}$, das im Falle eines Rohres mit kreisförmigem Querschnitt vom Radius abhängt. Die der Rohrwandung unmittelbar anhaftende Fluidschicht hat die Strömungsgeschwindigkeit null, dagegen herrscht in der Achse der Röhre die größte Strömungsgeschwindigkeit. Für das *Geschwindigkeitsprofil* eines laminar strömenden viskosen Fluids in einer zylindrischen Röhre mit kreisförmigem Querschnitt (Beispiele: Wasserleitungen, Pipelines, Blutadern) erhält man, im Querschnitt betrachtet, ein *parabolisches Geschwindigkeitsfeld*, wobei der Scheitel der Parabel in der Rohrachse liegt (Abb. 10.20, Abb. 10.21).

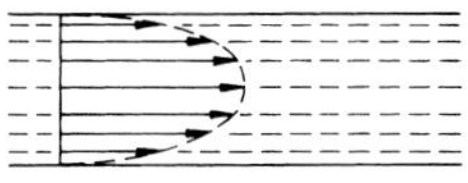

Abb. 10.20

Um dieses koaxiale Geschwindigkeitsfeld zu beschreiben, denken wir uns in der zylindrischen Röhre mit Radius R und Länge l einen koaxialen Teilzylinder mit Radius $r < R$, welcher sich mit der zwischen r und dem infinitesimal größeren Radius $r + dr$ vorliegenden Strömungsgeschwindigkeit $v(r)$ bewegt (Abb. 10.21). Die Reibungskraft auf die Zylinderoberfläche (Mantelfläche $A = 2\pi \cdot r \cdot l$) ergibt sich dann nach (10.14) zu $F_R = \eta \cdot 2\pi \cdot r \cdot l \cdot \frac{dv}{dr}$. Diese wird kompensiert durch die betragsmäßig gleich große Druckkraft $F_p = \pi \cdot r^2 \cdot \Delta p$ auf die Stirnfläche des Zylinders aufgrund des Druckunterschiedes $\Delta p = p_1 - p_2$ zwischen den Rohrenden. Da Druckkraft und Reibungskraft einander entgegengesetzt gerichtet sind, gilt demnach

$$\pi \cdot r^2 \cdot \Delta p = -\eta \cdot 2\pi \cdot r \cdot l \cdot \frac{dv}{dr}$$

bzw.

$$\Delta p \cdot r \cdot dr = -2\eta \cdot l \cdot dv$$

Unter Berücksichtigung der Randbedingung, dass bei $r = R$ die Geschwindigkeit $v(r) = 0$ ist, erhält man aus der Integration

$\int_r^R \Delta p \cdot r \cdot dr = -\int_{v(r)}^0 2\eta \cdot l \cdot dv$ für eine laminare Strömung durch eine zylindrische Röhre eine *parabolische* Geschwindigkeitsverteilung, gegeben durch folgende Beziehung:

$$v(r) = \frac{\Delta p}{4\eta \cdot l} \cdot \left(R^2 - r^2\right) = \frac{p_1 - p_2}{4\eta \cdot l} \cdot \left(R^2 - r^2\right) \quad (10.27)$$

mit $v(r)$: Strömungsgeschwindigkeit in der Entfernung r von der Zylinderachse
$\Delta p = p_1 - p_2$: Druckdifferenz zwischen den Rohrenden
η: Viskosität des Fluids
l, R: Länge bzw. Radius des zylindrischen Rohres

Die Spitzen der Geschwindigkeitsvektoren liegen auf einem *Rotationsparaboloid* (Abb. 10.21).

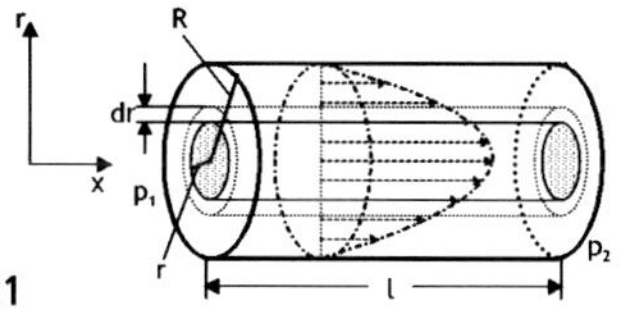

Abb. 10.21

Ein parabolisches Profil ergibt sich auch für die laminare Strömung eines viskosen Fluids zwischen zwei parallelen Wänden, wie z. B. für die Strömung in einem Kanal. Experimentell lässt sich das parabelförmige Strömungsprofil einer zähen Flüssigkeit, z. B. Glycerin, einfach demonstrieren, indem in das zunächst ruhende Medium in einem vertikal angeordneten Gefäß (beispielsweise ein zylindrisches Rohr oder eine Säule) eine etwas angefärbte, dünne Schicht der Flüssigkeit gebracht wird und man unter dem Einfluss der Schwerkraft dann den Strömungsverlauf verfolgt.

§ 10.5.2 Gesetz von Hagen-Poiseuille

Das durch eine zylindrische Röhre in der Zeit t strömende Fluidvolumen lässt sich mit der in (10.27) angegebenen Geschwindigkeitsverteilung berechnen. Durch eine Querschnittsfläche des in Abb. 10.21 dargestellten Hohlzylinders mit den Radien zwischen r und $r + dr$ strömt mit (10.6) in der Zeiteinheit dt das Fluidvolumen dV bei gegebenem v nach (10.27) gemäß

$$\frac{dV}{dt} = 2\pi \cdot r \cdot dr \cdot v = \frac{2\pi \cdot \Delta p}{4\eta \cdot l} \cdot \left(R^2 - r^2\right) \cdot r \cdot dr$$

und durch den gesamten Rohrquerschnitt in der Zeit t somit:

$$\frac{V}{t} = \int_{r=0}^{R} \left[\frac{2\pi \cdot \Delta p}{4\eta \cdot l} \cdot \left(R^2 - r^2\right) \cdot r\right] \cdot dr$$

Mit der in Gleichung (10.5) angegebenen Definition des *Volumenstroms* I, für den bei stationärer Strömung $I = \frac{V}{t}$ gilt, ergibt sich dann für den Volumenstrom eines homogenen Fluids in einer zylindrischen Röhre das nach *Hagen* und *Poiseuille* benannte Gesetz:

$$I = \frac{\pi \cdot R^4}{8 \cdot \eta \cdot l} \cdot \Delta p \qquad (10.28)$$

(Hagen-Poiseuille'sches Gesetz)

η: dynamische Viskosität
$\Delta p = p_1 - p_2$: Druckdifferenz zwischen Anfang und Ende der Röhre
R: Radius der Röhre
l: Länge der Röhre

Bezeichnet man mit $A = \pi \cdot R^2$ die Querschnittsfläche der Röhre, so lautet das Hagen-Poiseuille'sche Gesetz:

$$I = \frac{A^2}{8 \cdot \pi \cdot \eta \cdot l} \cdot \Delta p \qquad (10.29)$$

Der im *Hagen-Poiseuille'schen Gesetz* auftretende Quotient $(p_1 - p_2)/l = \Delta p/l = \frac{\mathrm{d}p}{\mathrm{d}x}$ gibt das (lineare) Druckgefälle längs des Rohres an, sodass für den Volumenstrom auch allgemein geschrieben werden kann:

$$I = \frac{\pi \cdot R^4}{8 \cdot \eta} \cdot \operatorname{grad} p = \frac{A^2}{8 \cdot \pi \cdot \eta} \cdot \operatorname{grad} p \qquad (10.30)$$

Der Volumenstrom in einer zylindrischen Röhre ist somit direkt proportional dem Druckgefälle längs der Röhre, wächst aber mit dem Quadrat ihrer Querschnittsfläche bzw. mit der 4. Potenz des Rohrradius an. Bei gleichem Druckgefälle steigt beispielsweise der Volumendurchsatz bei einer Verdoppelung des Rohrradius auf das 16fache. Diese Abhängigkeit spielt z. B. zur Steuerung der Durchblutung des menschlichen Organismus durch Veränderung des Gefäßdurchmessers eine wesentliche Rolle.

Anstelle der mit unterschiedlichen Geschwindigkeiten sich bewegenden einzelnen Schichten des parabelförmigen Profils einer laminaren Strömung in einer zylindrischen Röhre mit Radius R betrachten wir das gesamte Rohr als eine einzige Stromröhre, welche sich mit der über die gesamte Querschnittsfläche $A = \pi \cdot R^2$ des Rohres gemittelten Strömungsgeschwindigkeit $\bar{v}$ bewegt. Dann lässt sich der Volumenstrom I mit Hilfe (10.6) auch schreiben als:

$$I = A \cdot \bar{v} \qquad (10.31)$$

wobei für die mittlere Strömungsgeschwindigkeit unter Verwendung des Hagen-Poiseuille-Gesetzes folgt:

$$\bar{v} = \frac{I}{\pi \cdot R^2} = \frac{A}{8\pi \cdot \eta} \cdot \frac{\Delta p}{l} = \frac{R^2}{8\eta} \cdot \frac{\Delta p}{l} \qquad (10.32)$$

Bei gegebenem Druckgefälle $\Delta p/l$ ist also die mittlere Strömungsgeschwindigkeit $\bar{v}$ proportional zu R^2 und gerade halb so groß wie die sich aus (10.27) im Rohrzentrum $(r = 0)$ ergebende maximale Strömungsgeschwindigkeit.

Während bei dem zu Gleichung (10.30) genannten Beispiel bei einem Verhältnis der Durchmesser zweier Röhren wie 2 : 1 – z. B. von zwei Arterien gleicher Länge, die bei gleicher treibender Druckdifferenz laminar mit Blut durchströmt werden – der Volumenstrom (das Herzminutenvolumen) im Gefäß mit doppelt so großem Durchmesser um den Faktor 16 größer ist, strömt hier das Fluid jedoch nur mit der vierfachen mittleren Strömungsgeschwindigkeit im Vergleich zum Gefäß mit kleinerem Durchmesser.

Anwendungsbeispiel:

P *Kapillar-Viskosimeter* nach *Ostwald*: Mithilfe von Kapillarrohren lässt sich, unter Anwendung des Hagen-Poiseuille'schen Gesetzes, ebenfalls die Zähigkeit von Flüssigkeiten bestimmen. Dies geschieht z. B. mit dem Ostwaldviskosimeter. Ein abgemessenes Volumen der zu untersuchenden Flüssigkeit wird in den weiten Schenkel des U-Rohres (Abb. 10.22) eingefüllt. Dann wird sie im kapillar ausgezogenen Schenkel bis knapp über die Marke 1 hochgesogen. Man misst nun die Durchlaufzeit t, welche die Flüssigkeit (Dichte ϱ) unter dem Einfluss der Schwerkraft zwischen den Marken 1 und 2 benötigt. Die Druckdifferenz ist $\Delta p = \varrho \cdot g \cdot h$, wobei für h die mittlere Höhendifferenz der Flüssigkeitsspiegel in den beiden Schenkeln des U-Rohres für die Marken 1 und 2 eingesetzt wird. Die Viskosität η folgt mit (10.5) aus (10.28): $\eta = k \cdot \varrho \cdot t$. Dabei ergibt sich die Apparatekonstante k zu: $k = (\pi \cdot R^4 \cdot g \cdot h)/(8 \cdot l \cdot V)$. Bei Kenntnis der Höhe h und des Volumens V der Flüssigkeit, des Radius R und der Länge l der Kapillare kann η direkt bestimmt werden. In der Praxis wird k mit einer Vergleichsflüssigkeit bekannter Viskosität (z. B. Wasser) experimentell ermittelt oder wird vom Hersteller des Gerätes schon angegeben.

Es ist darauf zu achten, dass die Messungen bei denselben Temperaturen durchgeführt werden, da die Viskosität temperaturabhängig ist (vgl. § 10.3) und

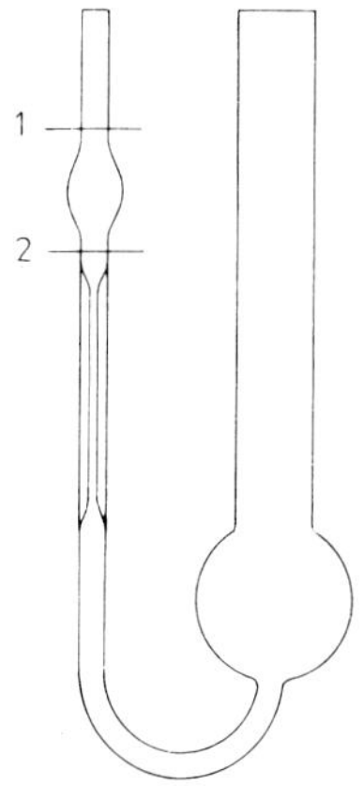

Abb. 10.22

damit auch der zur Viskositätsbestimmung gemessene Volumenstrom durch die Kapillare.

§ 10.5.3 Strömungswiderstand Newton'scher Fluide

Wird ein Körper relativ zu einem Fluid bewegt, so wirkt im allgemeinen Fall auf den Körper eine Kraft, die in zwei Komponenten senkrecht und parallel zur Strömungsrichtung zerlegt werden kann. Die Komponente senkrecht zur Strömungsrichtung heißt *Querkraft* oder auch *dynamischer Auftrieb* (s. § 10.5.5), die Komponente in Strömungsrichtung ist der *Strömungswiderstand.* Letzterer kann seine Ursachen haben etwa in geschwindigkeitsabhängigen Reibungskräften aufgrund der Viskosität, wie wir sie bei der Stokes'schen Reibungskraft (§ 10.4) umströmter Körper, oder den Strömungen viskoser Fluide in Rohren beim Hagen-Poiseuille'schen Gesetz (§ 10.5.2) kennen gelernt haben, aber auch in Reibungskräften, wie wir sie in § 10.5.4 besprechen werden. Handelt es sich bei den strömenden Flüssigkeiten oder Gasen um ideal viskose Fluide, so zeigen sie ein laminares Strömungsverhalten. Solche Flüssigkeiten oder Gase heißen ***Newton'sche Fluide***, wie z. B. Wasser oder Öl, sowie die meisten Flüssigkeiten und Gase, solange sie inkompressibel sind und keine zu hohen Strömungsgeschwindigkeiten und Viskositäten vorliegen.

Betrachten wir beispielsweise die Strömung einer viskosen Flüssigkeit durch ein Rohr, so treten infolge der inneren Reibung Verluste an kinetischer Energie auf. Zur Aufrechterhaltung einer konstanten Strömungsgeschwindigkeit müssen diese Energieverluste kompensiert werden, wozu eine Kraft erforderlich ist, welche durch die Druckdifferenz Δp aufgebracht wird.

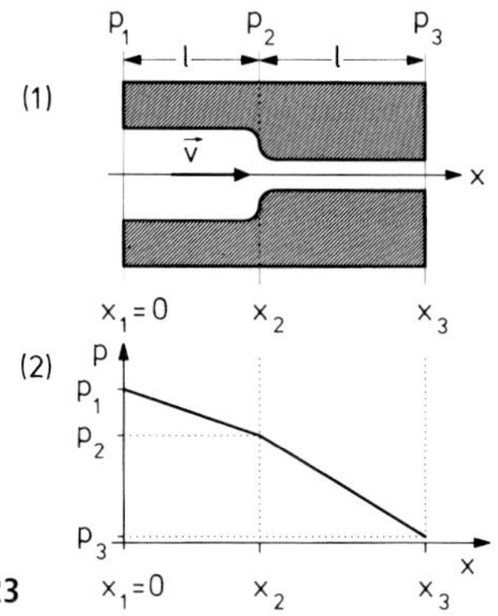

Abb. 10.23

In Abb. 10.23 (1) ströme eine viskose inkompressible Flüssigkeit laminar durch zwei direkt aneinander anschließende (hintereinander geschaltete) Rohre, z. B. Kapillaren, gleicher Länge, jedoch unterschiedlicher Querschnittsfläche. Aus dem Druckverlauf längs der Kapillaren, dargestellt im Diagramm $p = f(x)$ in Abb. 10.23 (2), entnimmt man, dass der Druckabfall in der Kapillare mit kleinerer Querschnittsfläche größer ist als in jener mit größerem Querschnitt, damit derselbe Volumenstrom bei kleinerem Radius hindurchströmt. Es muss also beim kleineren Rohrquerschnitt wegen der größeren Energieverluste infolge innerer Reibung ein größerer Druck pro durchströmter Länge aufgewendet werden. Wir führen daher für die Strömung eines Fluids, analog zum elektrischen Strom (§ 24), einen Widerstand ein, den *Strömungswiderstand.*

Als **Strömungswiderstand** R_S bezeichnen wir das Verhältnis aus Druckdifferenz Δp und Volumenstrom I.

Definition:

$$R_S = \frac{\Delta p}{I} \tag{10.33}$$

Einheit:

$$\frac{\mathrm{N \cdot s}}{\mathrm{m^5}}$$

Der reziproke Wert des Strömungswiderstandes heißt der **Strömungsleitwert** L_S.

Definition:

$$L_S = \frac{1}{R_S} \tag{10.34}$$

Einheit:

$$\frac{m^5}{N \cdot s}$$

Bei laminarer Strömung erhalten wir aus dem Hagen-Poiseuille'schen Gesetz für den Strömungswiderstand eines Rohres:

$$R_S = \frac{8\eta \cdot l}{\pi \cdot R^4} = \frac{8\pi \cdot \eta \cdot l}{A^2} \tag{10.35}$$

Der Strömungswiderstand ist also direkt proportional zur Viskosität η des Fluids und zur Länge l des Rohres, umgekehrt proportional aber zum Quadrat der Querschnittsfläche A bzw. zur 4. Potenz des Radius R des Rohres. Das Druckgefälle ist nach (10.33) $\Delta p = I \cdot R_S$, woraus mit (10.31) und (10.35) folgt:

$$\Delta p = \frac{8\eta \cdot l}{R^2} \cdot \bar{v} \tag{10.36}$$

und für den Zusammenhang der Gesamtdruckkraft $F_p = A \cdot \Delta p = \pi \cdot R^2 \cdot (p_1 - p_2)$ mit dem Volumenstrom I erhält man mit (10.33) und (10.35):

$$F_p = A \cdot R_S \cdot I = \frac{8\eta \cdot l}{R^2} \cdot I = 8\pi \cdot \eta \cdot l \cdot \bar{v} \tag{10.37}$$

Abb. 10.23 (2) zeigt einen stärkeren Druckabfall bei kleiner werdendem Radius eines von einem viskosen Fluid durchströmten Rohres, wie aus Gleichung (10.36) wegen $\Delta p \sim R^{-2}$ folgt. Der lineare Druckabfall mit der Länge des Rohres, $\Delta p \sim l$ nach (10.36), bei konstanter Querschnittsfläche des von einem Newton'schen Fluid durchströmten Rohres, ist in Abb. 10.24 dargestellt und lässt sich auch experimentell leicht mittels Steigrohrmanometern zeigen. Bei ruhender Flüssigkeit im horizontalen Rohr würde in allen Steigrohren die Flüssigkeit gleich hoch stehen (Abb. 10.24 bildet dann ein System kommunizierender Röhren), aber auch bei einer reibungslosen (idealen) Flüssigkeit wären die Druckhöhen in den Steigrohren gleich. Strömt jedoch eine viskose Flüssigkeit, so tritt infolge der inneren Reibung ein Strömungswiderstand auf und für die laminare Strömung stellt sich ein lineares Druckgefälle ein. Die Druckkraft F_p kompensiert die Reibungskraft F_R $(\vec{F}_p = -\vec{F}_R)$ und die Flüssigkeit strömt mit konstanter mittlerer Geschwindigkeit.

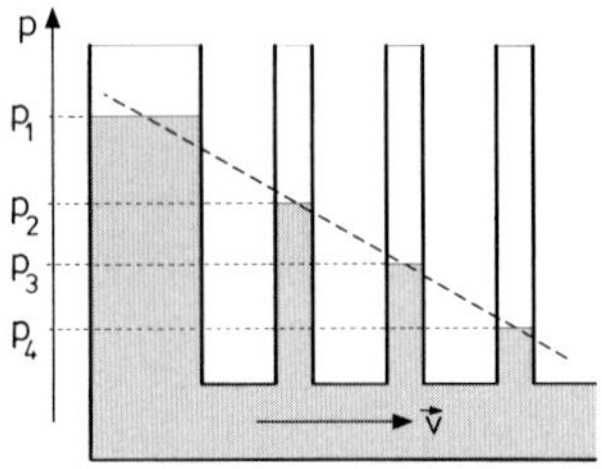

Abb. 10.24

Trägt man in einem Diagramm den Volumenstrom $I \equiv \dot{V}$ als Funktion der Druckdifferenz Δp auf, so erhält man das *Volumenstrom-Druckdifferenz*-Diagramm einer Flüssigkeit. Man nennt diese Funktion auch die *Kennlinie* einer Flüssigkeit. Ist die Kennlinie eine Gerade (Abb. 10.25), so handelt es sich um eine **Newton'sche Flüssigkeit**. Nach (10.33) ist dann der Volumenstrom $I \sim \Delta p$ **(Ohm'sches Gesetz der Hydrodynamik)**, d. h. der Strömungswiderstand R_S, für die durch ein Rohr strömende Flüssigkeit ist konstant, bei voller Gültigkeit des Hagen-Poiseuille'schen Gesetzes also unabhängig von der Druckdifferenz Δp und damit auch unabhängig von der Strömungsgeschwindigkeit v. Die Steigung der Kennlinie des Volumenstrom-Druckdifferenz-Diagramms einer beispielsweise durch eine Kapillare fließenden Newton'schen Flüssigkeit ergibt den Strömungsleitwert $L_S = 1/R_S$ der Kapillaren.

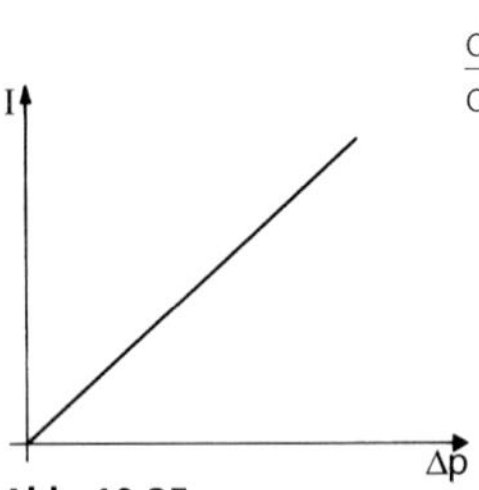

Abb. 10.25

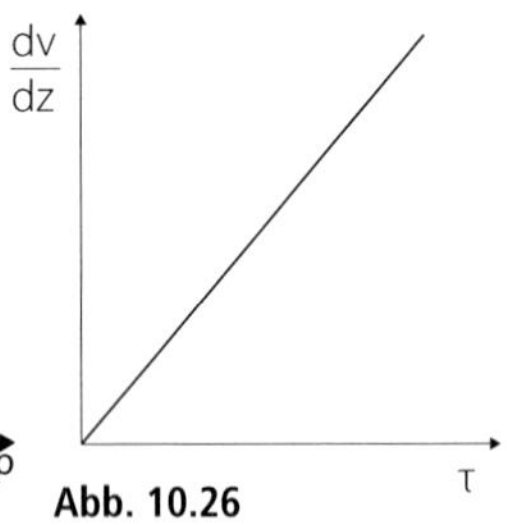

Abb. 10.26

In § 10.3 haben wir eine entsprechende Charakterisierung ideal viskoser (Newton'scher)

Fluide durch das *Newton'sche Reibungsgesetz* in der Form der Gleichung (10.16) angeführt, gemäß welchem für die Schub- oder Scherspannung τ, die dynamische Viskosität η und den (lateralen) Scher-Geschwindigkeitsgradienten $\mathrm{d}v/\mathrm{d}z$ (auch als Scherrate bzw. Schergeschwindigkeit bezeichnet) der allgemeine Zusammenhang gilt: $\tau = \eta \cdot \frac{\mathrm{d}v}{\mathrm{d}z}$. Bei Stoffen, für welche die dynamische Viskosität η unabhängig von der Verformungsgeschwindigkeit bzw. der Schubspannung ist, handelt es sich um *Newton'sche Fluide*. Man spricht also von *Newton'schem Fließverhalten* oder *ideal viskosem Verhalten* eines Stoffes im Falle einer linearen Abhängigkeit zwischen dem Schergeschwindigkeitsgradienten und der Schubspannung. In einem *Schergeschwindigkeitsgradienten-Schubspannungs-Diagramm* $\frac{\mathrm{d}v}{\mathrm{d}z} = f(\tau)$ (einem sog. ***Rheogramm***) ergibt sich analog zu Abb. 10.25 als Kennlinie (Fließkurve) ebenfalls eine Ursprungsgerade, deren Steigung der Fluidität η^{-1} entspricht (Abb. 10.26).

Beispielsweise zeigen Newton'sches Verhalten alle Gase, nahezu alle einfachen niedermolekularen Flüssigkeiten (z. B. Wasser, Ethanol, Glycerin, Milch, Olivenöl) und niederviskosen klaren Schmelzen, aber auch Glasschmelzen.

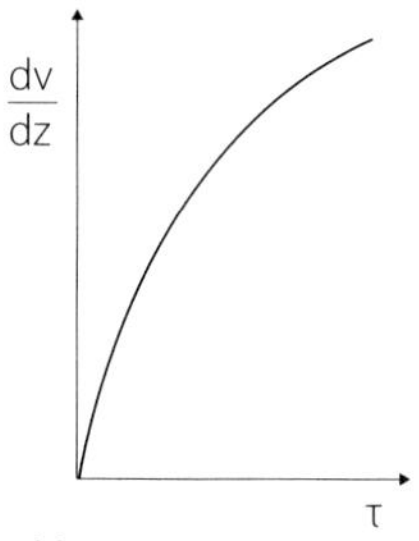

Abb. 10.27

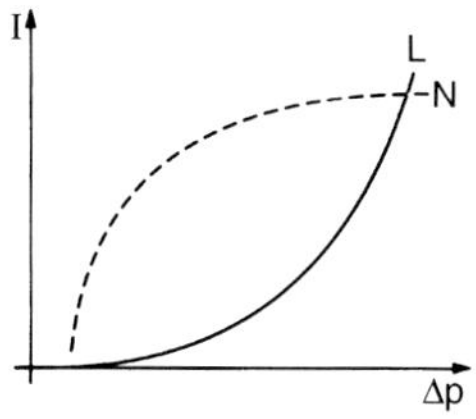

Abb. 10.28

Es gibt aber auch Systeme, die keinen linearen Zusammenhang zwischen dem Schergeschwindigkeitsgradienten $\mathrm{d}v/\mathrm{d}z$ und der Schubspannung τ (Abb. 10.27) bzw. zwischen dem Volumenstrom I und der Druckdifferenz Δp aufweisen (Abb. 10.28) oder deren Kennlinie bzw. Fließkurve nicht durch den Koordinatenursprung verläuft (Abb. 10.28 bzw. 10.29). Man spricht dann von *Nicht-Newton'schem Fließverhalten* und bezeichnet sie als **Nicht-Newton'sche Fluide**. Unter Nicht-Newton'schem Fließverhalten fasst man eine Vielzahl von Erscheinungsformen zusammen von denen in den Abb. 10.27 bis 10.29 exemplarisch Beispiele dargestellt sind.

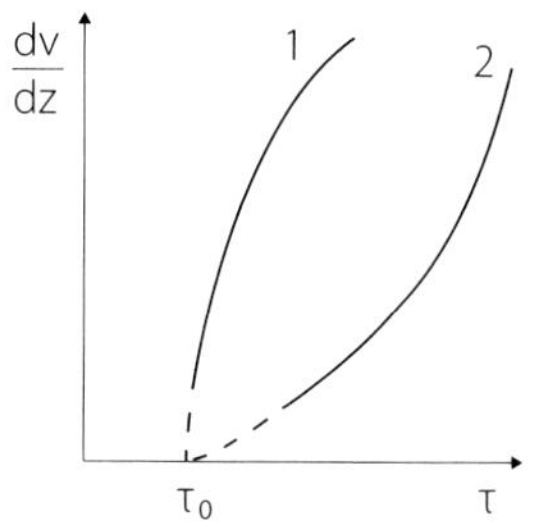

Abb. 10.29

Der Kurventyp der Abb. 10.27 beschreibt beispielsweise die Dilatanz (oder Scher-Verzähung), d. h. eine mit steigender Schubspannung zunehmende Viskosität, während Abb. 10.29 zwei mögliche Fließkurven viskoplastischer Stoffe zeigt, für welche die Existenz einer Fließgrenze τ_0 (extrapolierter Schnittpunkt mit der τ-Achse in Abb.10.29) gemeinsam ist, unterhalb derer sich der Stoff als Festkörper verhält. Beispiele Nicht-Newton'scher Fluide sind viele kolloidale Lösungen, Suspensionen, Emulsionen, Schmelzen und Salben sowie Fette, Eiweiß, Schokoladenmasse, Zahnpasta, Lippenstift, Pasten, Kleister, Kitt, Ton, Breie, Schleime und Schäume, aber auch Anstrich- und Klebstoffe. Einen Vertreter der Gruppe der *heterogenen Nicht-Newton'schen Flüssigkeiten* stellt auch das Blut dar, dessen Viskosität nicht konstant ist und u. a. vom Hämatokrit, dem Schergeschwindigkeitsgradienten (d. h. von der Schubspannung) sowie den mechanischen Eigenschaften (z. B. der druckabhängigen Verformbarkeit) der Erythrozyten abhängt. Bei der Durchblutung von Organen kommt zusätzlich noch eine Druckabhängigkeit des Gefäßsystems hinzu, da die Gefäße sich mit zunehmendem Druck passiv dehnen bzw. reaktiv kontrahieren können (als Prototypen gelten hier jeweils der Lungen- bzw. der Nierenkreislauf).

Im $I = f(\Delta p)$-Diagramm der Abb. 10.28 sind die Kennlinien der Nicht-Newton'schen Flüssigkeit Blut im Gefäßsystem des Lungenkreislaufs (L) und des Nierenkreislaufs (N) dargestellt, die für beide Blutkreisläufe eine nicht lineare Volumenstrom-Druckdifferenz-Beziehung zeigen. Dabei weist die Kennlinie des Lungenkreislaufs (L) eine Krümmung in Richtung der Ordinatenachse auf, d. h. der Volumenstrom steigt mit zunehmendem Druck stärker an als bei starrem Gefäß nach dem Hagen-Poiseuille'schen Gesetz (10.28) zu erwarten wäre, im Falle des Nierenkreislaufs (N) jedoch weniger stark. Das Beispiel des Nierenkreislaufs (N) zeigt überdies, dass die Kennlinie nicht durch den Nullpunkt geht, sondern auf der Druckachse einen extrapolierten Wert größer Null ergibt, das bedeutet, fällt der Druck unter einen bestimmten kritischen Wert ab, erfolgt keine Strömung mehr.

Kirchhoff'sche Gesetze der Flüssigkeitsströmung

Die formale Analogie zwischen den Flüssigkeitsströmungen und elektrischen Strömen, wie wir sie beim Ohmschen Gesetz der Hydrodynamik kennen gelernt haben, reicht noch weiter. Auch für Flüssigkeitsströmungen gelten Kirchhoff'sche Gesetze (elektrisches Analogon s. § 24.3):

1. *Kirchhoff'sches Gesetz*: Verzweigt sich eine Strömung, so ist in jedem Verzweigungspunkt die Summe der einlaufenden Flüssigkeitsströme gleich der Summe der abfließenden. Der Gesamtvolumenstrom bleibt konstant.
2. *Kirchhoff'sches Gesetz*: Sind zwei Verzweigungspunkte durch parallel geschaltete Strömungszweige verbunden, so ist das Druckgefälle an allen Stromzweigen dasselbe, d. h. der Volumenstrom in jedem Zweig stellt sich seiner Länge und seinem Querschnitt entsprechend ein.

Daraus erhält man:

Sind mehrere *Kapillaren hintereinander geschaltet (in Serie geschaltet)*, so addieren sich ihre Strömungswiderstände:

$$R_{ges} = R_1 + R_2 + R_3 + \ldots \qquad (10.38)$$

Bei *Parallelschaltung von Kapillaren* addieren sich deren Leitwerte:

$$L_{ges} = L_1 + L_2 + L_3 + \ldots \qquad (10.39)$$

Beispiele:

1. In Abb. 10.23 (1) sind zwei Kapillaren mit unterschiedlichem Durchmesser hintereinander geschaltet und werden laminar von einer inkompressiblen Newton'schen Flüssigkeit durchströmt. Der Druckabfall $\Delta p_{21} = p_2 - p_1$ in der ersten Kapillare ist geringer als jener in der dahinter geschalteten zweiten: $\Delta p_{21} < \Delta p_{32} = p_3 - p_2$, bei gleichem Volumenstrom durch beide Kapillaren. Der gesamte Strömungswiderstand ergibt sich dann aus (10.38) mit (10.33) zu: $R_{ges} = \dfrac{\Delta p_{21}}{I} + \dfrac{\Delta p_{32}}{I} = R_1 + R_2$, wobei das Verhältnis der beiden Teilwiderstände, bei doppelt so großem Durchmesser der ersten im Vergleich zur zweiten Kapillare, nach Gleichung (10.35) sich zu $R_1 : R_2 = 1 : 16$ ergibt.

2. Aus einem Hochbehälter I ströme eine inkompressible Newton'sche Flüssigkeit laminar durch eine Doppelleitung in ein Auffangbecken II (Abb. 10.30). Die Doppelleitung ist aus insgesamt sechs Rohrstücken zusammengesetzt, wobei jedes Rohrstück der Länge l einen Strömungswiderstand R hat. Der Gesamtwiderstand der Doppelleitung folgt aus (10.39) als Summe der Leitwerte jedes Einzelstranges, wobei dessen Widerstand sich nach (10.38) ergibt. Als Gesamtwiderstand der Doppelleitung erhält man somit: $R_{ges} = \dfrac{1}{L_{ges}} = \dfrac{3}{2} R$.

3. Eine laminar strömende inkompressible Flüssigkeit verzweigt auf einem Teilstück in zwei Rohre gleicher Länge, deren Durchmesser sich verhalten wie

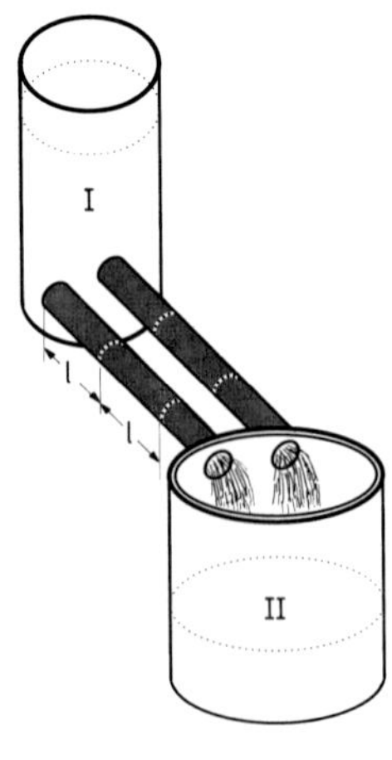

Abb. 10.30

$d_1 : d_2 = 1 : 2$ (Abb. 10.31). Der Gesamtvolumenstrom I teilt sich in die beiden Teilströme I_1 und I_2 auf, gemäß $I = I_1 + I_2$. Das Verhältnis der Strömungswiderstände in den beiden Rohren ergibt sich dann aus (10.35) zu $R_1 : R_2 = 16 : 1$ und für jenes der Volumenströme folgt nach (10.28) $I_1 : I_2 = 1 : 16$, d. h. es gilt $R_1 : R_2 = I_2 : I_1$. Der gesamte Strömungswiderstand berechnet sich wiederum aus (10.35).

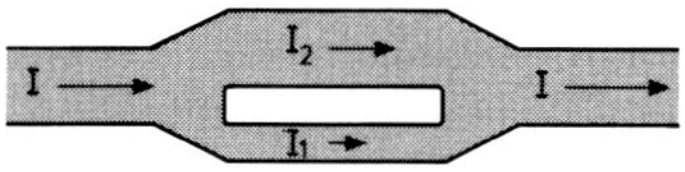

Abb. 10.31

4. Als ein Beispiel aus dem biologischen Bereich eines Transportsystems mit seriell und parallel geschalteten Leitungswegen soll hier der Blutkreislauf der höher entwickelten Tiere und des Menschen erwähnt werden (Abb. 10.32). Die Zirkulation des Blutes wird durch zwei Pumpen im Kreislauf aufrecht erhalten, die linke Herzhälfte (li. Herzhälfte in Abb. 10.32) zwischen dem Lungen- und dem Körpergefäßsystem und die rechte Herzhälfte (re. Herzhälfte in Abb. 10.32) zwischen dem Körper- und Lungengefäßsystem, wobei das Lungen- und Körpergefäßsystem in Serie geschaltet und die einzelnen Teilsysteme des Körpergefäßsystems untereinander parallel geschaltet sind. Die Leitungswege – Arterien, Arteriolen, Kapillaren und Venen – sind prinzipiell in Serie geschaltet, wobei innerhalb der einzelnen Systeme durch Verzweigungen entstandene Leitungswege parallel geschaltet sind. Die Blutströmung erfolgt in Richtung der Pfeile und die Prozentzahlen geben an, welche Anteile des Herzminutenvolumens während Körperruhe ungefähr durch die verschiedenen Leitungsbahnen fließen.

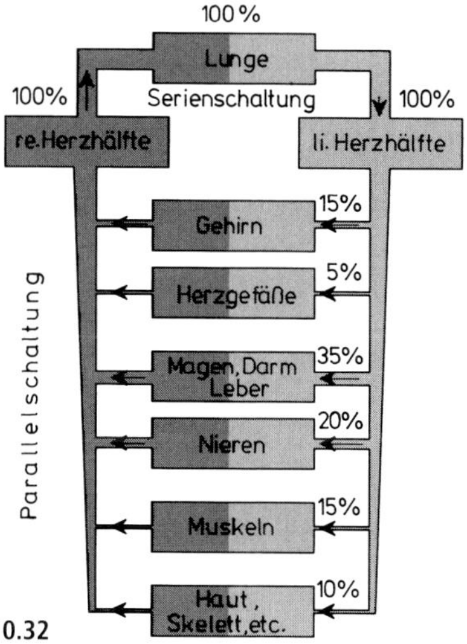

Abb. 10.32

§ 10.5.4 Turbulente Strömung viskoser Fluide – Reynolds-Zahl

Die Laminarität der Strömung eines Fluids ist nur unter bestimmten Bedingungen gewährleistet, die an die Viskosität η des Fluids, die Strömungsgeschwindigkeit v und die Abmessung l des umströmten Körpers bzw. des Strömungsgefäßes geknüpft sind. Erhöht man beispielsweise die mittlere Geschwindigkeit $\bar{v}$ der laminaren Strömung einer viskosen Flüssigkeit in einem Rohr oder um einen Körper über einen bestimmten Grenzwert, die sog. kritische Geschwindigkeit $\bar{v}_{\text{krit}}$, so geht die Strömung ganz oder teilweise in eine **turbulente Strömung** über. Es kommt zu unregelmäßigen Schwankungen der Strömungsgeschwindigkeit, benachbarte Schichten durchmischen sich und es entstehen Wirbel. Demzufolge werden Geschwindigkeitsunterschiede ausgeglichen und das Strömungsprofil ändert sich von einem parabolischen bei der laminaren Strömung ($\bar{v} < \bar{v}_{\text{krit}}$), z. B. in einem Rohr (Abb. 10.33 (1)), zu einem in der Geschwindigkeitsverteilung mehr ausgeglichenen Profil bei der turbulenten Strömung ($\bar{v} > \bar{v}_{\text{krit}}$), das nur in der Rohrwandnähe ein starkes Geschwindigkeitsgefälle aufweist (Abb. 10.33 (2)).

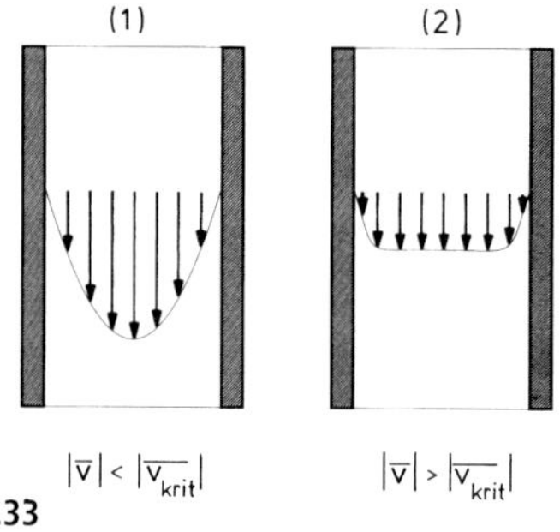

Abb. 10.33

Ein Kriterium für den Strömungszustand ist eine von *O. Reynolds* eingeführte Kennzahl, die sog. **Reynolds-Zahl** ***Re***:

Definition:

$$Re = \frac{l \cdot \bar{v} \cdot \varrho}{\eta} = \frac{l \cdot \bar{v}}{\nu} \qquad (10.40)$$

Einheit:

dimensionslos, reine Zahl

Hierbei bedeuten:

l: charakteristische lineare Abmessung
$\bar{v}$: mittlere Strömungsgeschwindigkeit
ϱ: Dichte des Fluids
η: dynamische Viskosität des Fluids
ν: kinematische Viskosität des Fluids,

welche gegeben ist durch:

$$\nu = \frac{\eta}{\varrho} \tag{10.41}$$

(kinematische Viskosität)

Einheit:

$$\frac{\mathrm{m}^2}{\mathrm{s}}$$

Anschaulich spiegelt die Reynolds-Zahl die unterschiedlichen Größenrelationen der Trägheitskräfte und der Reibungskräfte des Mediums bei der Strömung wider und entspricht dem Verhältnis:

$$Re = \frac{\text{Trägheitskraft}}{\text{Reibungskraft}}$$

Das Kriterium für das Umschlagen der laminaren in die turbulente Strömung wird Gleichung (10.40) zufolge nicht allein die Größe der mittleren Strömungsgeschwindigkeit sein, wie für die Rohrströmung der Abb. 10.33 beschrieben, sondern ist im allgemeinen Fall durch die Reynolds-Zahl bestimmt. Erfolgt der Umschlag bei einer Re_{krit}, dann ist für:

$Re < Re_{\text{krit}}$ die Strömung laminar,

$\text{Re} > Re_{\text{krit}}$ die Strömung turbulent.

Die *kritische Reynolds-Zahl* Re_{krit} muss i. Allg. experimentell ermittelt werden.

Für ein Rohr mit Durchmesser D ist die Reynolds-Zahl definiert als $Re = \frac{D \cdot \bar{v} \cdot \varrho}{\eta}$. Abhängig von der Art und Beschaffenheit des Rohrzuflusses (Einströmbedingungen) und der Beschaffenheit der Rohrwandung liegen für Strömungen in glatten Röhren die Grenzen der kritischen Reynolds-Zahl zwischen 1000 und 1200 (für einen scharfkantigen Rohransatz, unregelmäßiger Einlauf) und bis zu 30 000 (für einen glatten, gut abgerundeten trompetenförmigen Einlauf).

Vergleicht man die Volumenströme I eines Fluids beispielsweise durch ein Rohr bei laminarer und turbulenter Strömung, so ist bei gleichem Druckgradienten der Volumenstrom kleiner im Falle der turbulenten Strömung.

Turbulent ist beispielsweise im Allgemeinen die Strömung des Wassers in Flüssen und der Luftstrom hinter einem Kraftfahrzeug. Direkt erwünscht ist Turbulenz wegen des besseren Wärmeaustausches zwischen Flüssigkeit und Wandung bei Heizungs- und Kühlröhren.

Auch die Strömung der Luft in den Verzweigungen der Bronchien erfolgt turbulent. Ebenso kommt beispielsweise in den herznahen Teilen der Aorta unmittelbar hinter den Herzklappen, in jedem Puls eine turbulente Strömung zu Stande (Herzklappengeräusche). Turbulenz kann auch in herzfernen Arterien auftreten, wenn die Strömungsgeschwindigkeit v abnorm große und die dynamische Viskosität abnorm kleine Werte aufweisen. Wogegen die Blutströmung ansonsten normalerweise laminar ist.

Bei der Blutdruckmessung (s. § 9.5) nützt man die Erscheinung, dass turbulente Strömungen Geräusche hervorrufen können, durch die Erzeugung einer künstlichen turbulenten Strömung aus. Beim Nachlassen des Druckes in der Manschette können die Turbulenzgeräusche abgehört werden, bis das Blut wieder laminar strömt.

Bei laminarer Strömung eines viskosen Fluids ist der Strömungswiderstand proportional zur Geschwindigkeit v. Schlägt die laminare Strömung, infolge des Überschreitens der kritischen Reynolds-Zahl, in ein turbulentes Strömungsverhalten um, dann wächst der Strömungswiderstand erheblich.

Dieser Übergang ist häufig mit dem Abreißen der Prandtl'schen Grenzschicht verknüpft, wodurch es dann zur Wirbelbildung kommt. Um dies etwas näher zu erörtern, betrachten wir jeweils die Umströmung einer Kugel in einer Parallelströmung mit der (mittleren) Strömungsgeschwindigkeit v_0 durch drei verschiedene Fluide, ein ideales, ein ideal viskoses (Newton'sches, mit $Re < Re_{\text{krit}}$) und ein reales mit einer Reynolds-Zahl $Re > Re_{\text{krit}}$. Das Stromlinienbild für das ideale Fluid ($\eta = 0$) zeigt in einem Meridianschnitt durch die Kugel schematisch Abb. 10.34 (1). Die Stromlinien weichen symmetrisch zum Körper aus, wobei die Stromlinie, welche durch die beiden Pole PP′ geht und die Trennungslinie zwischen den beiden dazu spiegelsymmetrischen Strömungsbereichen darstellt, die *Staulinie* heißt, sowie der Pol P vorderer und der Pol P′ hinterer *Staupunkt*. An beiden Staupunkten ist die Strömungsgeschwindigkeit

$v = 0$ und damit verschwindet auch der Staudruck, d. h. nach der Bernoulli-Gleichung (10.8) wird der statische Druck an den Polen der Kugel gleich dem Gesamtdruck: $p_{stat} = p_{ges}$. Zum Äquator der Kugel hin steigt die Strömungsgeschwindigkeit an und erreicht in den Äquatorpunkten (A bzw. A′ in Abb. 10.34 (1)) ihren Maximalwert ($v > v_0$), womit nach (10.8) der statische Druck minimal wird ($p_{stat,A} < p_0$, dem statischen Druck der ungestörten Parallelströmung). Hinter der Kugel nähern sich die Stromlinien wieder der Parallelströmung an, wie auch das weiter nach außen folgende Stromlinienbild, vom Kugeläquator aus gesehen, mit zunehmender Entfernung in die ungestörte Parallelströmung übergeht. Da bei symmetrischer Umströmung die Staupunkte P und P′, wie auch die Orte niedrigsten statischen Drucks A und A′ einander gegenüber liegen, ist die Druckverteilung völlig symmetrisch. Da sich damit alle Druckkräfte paarweise kompensieren, verschwindet insgesamt die Kraftwirkung auf den umströmten Körper. Fazit: Eine Kugel, die von einer Parallelströmung eines idealen Fluids umströmt wird, bzw. sich in einem idealen Fluid mit konstanter Geschwindigkeit bewegt, erfährt keine Kraft bzw. keinen Widerstand. Ein Resultat, das den tatsächlichen Beobachtungen widerspricht, zumal es nicht nur für die Kugel, sondern für jeden beliebigen Körper gilt.

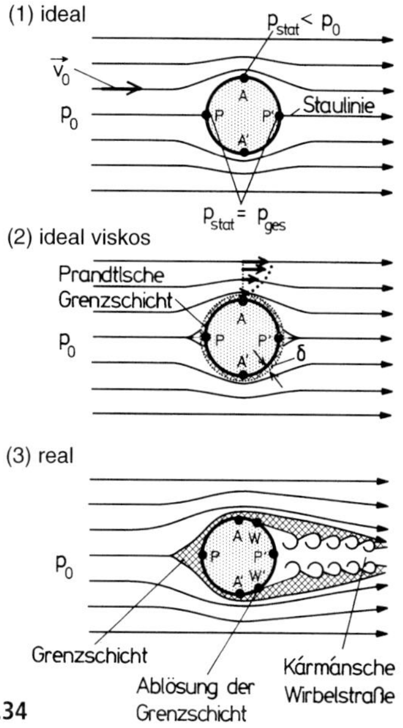

Abb. 10.34

Betrachten wir daher im nächsten Schritt in Richtung realer Bedingungen die laminare Umströmung der Kugel durch ein Newton'sches Fluid der Viskosität η (Reynolds-Zahl $Re < Re_{krit}$). Das Bild dieser Strömung (Abb. 10.34 (2)) ist sehr ähnlich jenem der oben betrachteten Umströmung einer Kugel durch ein ideales (reibungsfreies) Fluid (Abb. 10.34 (1)). Auch hier ist bezüglich der Stauachse PP′ und ebenso in Bezug auf die äquatoriale Achse AA′ das Strömungsbild völlig symmetrisch. Jedoch haftet hier eine innerste Schicht der Kugel unmittelbar an, weshalb die daran angrenzend strömenden Schichten aufgrund der inneren Reibung abgebremst werden. Es bildet sich eine Prandtl'sche Grenzschicht aus (vgl. § 10.5.1), welche die gesamte Kugel umschließt, sodass außerhalb dieser Grenzschicht die Strömung wieder ideal erfolgt (Potentialströmung). Im Strömungsbereich der Grenzschicht um die Kugel liegt daher ein starkes Geschwindigkeitsgefälle vor. Innerhalb der Prandtl'schen Grenzschicht der Dicke δ entstehen Turbulenzen und wird Reibungswiderstand erzeugt. Daher ist der Druck auf die Anströmseite der Kugel bei P größer als im Lee der Kugel bei P′; die resultierende Druckkraft liefert die Reibungskraft nach (10.18).

Wird die Kugel von einem realen Fluid umströmt, d. h. überschreitet die Reynolds-Zahl der laminaren Strömung um die Kugel den kritischen Wert, $Re > Re_{krit}$, so reißt ein Teil der Grenzschicht ab und ein Teil der Strömung wird turbulent. Dadurch ändern sich die Strömungsverhältnisse im Vergleich zu den beiden vorangegangenen Fällen, wie Abb. 10.34 (3) zeigt. Bei der erhöhten Reynolds-Zahl, z. B. durch Erhöhung der mittleren Strömungsgeschwindigkeit, bei ansonsten gleichen Konditionen für Dichte ϱ, Viskosität η des Fluids und Ausdehnung l des Körpers, kann die Reibung aufgrund der Viskosität auch in der Grenzschicht nicht mehr vernachlässigt werden. Auf der Anströmseite der Kugel liegt ein zur ideal viskosen Anströmung (Abb. 10.34 (2)) vergleichbares Strömungsbild vor. Die Teilchen einer Stromröhre, die im dichten Umfeld der Staulinie entlang strömen und in die Grenzschicht gelangen, erfahren eine Beschleunigung vom Staupunkt P zu den Punkten maximaler Strömungsverdrängung in A bzw. A′, aufgrund des Druckgradienten zwischen diesen beiden Bereichen. Im Falle der idealen (reibungsfreien) oder der ideal viskosen Strömung entlang der Prandtl'schen Grenzschicht ist der durch die Beschleunigung von P nach A bzw. A′ erzielte Gewinn an kinetischer Energie gleich groß wie die gegen den Druckanstieg von A bzw. A′ nach P′ aufzubringende Arbeit, wenn von Reibung abgesehen werden kann. Bei der hier jedoch vorliegenden realen Strömung mit Reibung erzielen die Teilchen wegen der Reibungsverluste nicht mehr die maximale Geschwindigkeit in A bzw. A′, wie ohne Reibung. Sie haben daher bereits in den Punkten W bzw. W′ ihre kinetische Energie aufgezehrt und kommen dort zur Ruhe, die Prandtl'sche Grenzschicht reißt ab. Wegen des Druckgefälles zwischen

Staupunkt P′ nach W bzw. W′ wirkt auf diese hier bereits abgebremsten Teilchen eine Kraft entgegen der Strömung, d. h. die Fluidteilchen werden zur Umkehr gezwungen und es bildet sich im Lee der Kugel zunächst ein Wirbelpaar von betragsmäßig gleichem, aber entgegengesetztem Drehimpuls. Bei höheren Reynolds-Zahlen bleiben die abgelösten Wirbel jedoch nicht ortsfest, sondern werden vom strömenden Fluid infolge der inneren Reibung mitgenommen, wobei sich am selben Ort wieder neue Wirbel bilden, die ebenfalls abgelöst werden. Die entstandenen Wirbelpaare werden dabei nicht gleichzeitig, sondern jeweils ein Wirbel mit entgegengesetztem Drehsinn wird abwechselnd von der Strömung mitgenommen und es entsteht so hinter dem Körper eine *Kármán'sche Wirbelstraße* (Abb. 10.34 (3)).

Die durch das Abreißen der Prandtl'schen Grenzschicht entstehenden Wirbel entnehmen ihre Rotationsenergie der kinetischen Energie des Fluids, weswegen hinter der Kugel die mittlere Strömungsgeschwindigkeit und damit auch der Druck abnimmt. Auf der Anströmseite hingegen werden die anströmenden Fluidteilchen im Staupunkt P abgebremst, wodurch hier der Druck ansteigt. Demzufolge entsteht eine Druckdifferenz zwischen den Strömungsgebieten vor und hinter der Kugel, welche einen zusätzlichen *Druckwiderstand* ausübt.

Allgemein gilt für einen Körper, der von einem realen Fluid mit einer Reynolds-Zahl $Re > Re_{\text{krit}}$ umströmt wird, dass sich der gesamte Strömungswiderstand im Prinzip aus dem, durch die dynamische Viskosität η bestimmten, eigentlichen Reibungswiderstand und einem durch die Dichte der Flüssigkeit oder des Gases bestimmten *Druckwiderstand* zusammensetzt. Letzterer entsteht durch die Wirbelbildung in der Strömung infolge der Ablösung der Prandtl'schen Grenzschicht, wodurch ein Teil der Strömung turbulent wird; verantwortlich für die Grenzschichtablösung ist die Viskosität η. Insgesamt erfährt daher ein Körper, der von einem Fluid der Dichte ϱ *turbulent* umströmt wird, eine **Strömungswiderstandskraft F_w** (*Kraft in Anströmrichtung*) proportional zur Dichte ϱ und zum Quadrat der Strömungsgeschwindigkeit v

$$F_w = c_w \cdot A \cdot \frac{\varrho}{2} \cdot v^2 \qquad (10.42)$$

wobei v die mittlere Relativgeschwindigkeit zwischen Körper und Fluid und A die größte senkrecht zur Strömung wirksame Querschnittsfläche ist. Der Proportionalitätsfaktor c_w ist der so genannte **Widerstandsbeiwert** oder kurz **c_w-Wert** und ist eine dimensionslose Zahl. Der Widerstandsbeiwert ist im Idealfall nur abhängig von der Form (Profil) des umströmten Körpers, allgemein jedoch eine Funktion der Reynolds'schen Zahl. Der c_w-Wert wird im Allgemeinen experimentell ermittelt. In Tabelle 10.3 sind die Widerstandsbeiwerte einiger Körper angegeben. Der Widerstandsbeiwert wird dann klein, wenn die Wirbelbildung unterdrückt bzw. reduziert werden kann. Dies kann dadurch erreicht werden, indem das Wirbelgebiet durch geeignete Formgebung des Körpers selbst ausgefüllt wird, wie beispielsweise beim Stromlinienkörper, der einen besonders kleinen c_w-Wert aufweist.

Zur experimentellen Ermittlung von Strömungswiderständen oder Widerstandsbeiwerten von Körpern mit sehr großen Abmessungen, wie z. B. Schiffen oder Flugzeugen, werden die dazu erforderlichen Messungen an Modellkörpern durchgeführt. Es ist jedoch nicht ausreichend, allein die geometrischen Daten des Körpers zu reduzieren, sondern den dadurch veränderten Trägheits- und Reibungskräften im Strömungsverhalten muss ebenso Rechnung getragen werden. Hier stellt die mit Gleichung (10.40) eingeführte Reynolds-Zahl die Größe dar, welche bei Modell- wie Originalkörper dieselbe sein muss. Denn solange die Reynolds-Zahl konstant bleibt, ist es auch der Widerstandsbeiwert und damit sind die gesamten

Tab. 10.3

Körper	Anströmungsrichtung	c_w
Halbkugel, offen	→ 	1,33
	→ 	0,35
Halbkugel, geschlossen	→ 	1,17
	→ 	0,4
Platte, eben, dünn	→	1,11
Stromlinienkörper	→ 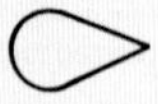	0,05
Personenkraftwagen, geschlossen		0,28 ... 0,4
Personenkraftwagen, offen		0,6 ... 0,9
Lastkraftwagen		0,6 ... 1,2
Rennwagen		0,15 ... 0,2

Strömungsvorgänge in Modell wie Original ähnlich. Dies wird auch als das *hydrodynamische Ähnlichkeitsgesetz* bezeichnet. Wird beispielsweise ein Modell hergestellt, d. h. die charakteristische Längenabmessung l des Originals wird in bestimmtem Maßstab verkleinert, dann ist bei Strömungsuntersuchungen am Modell mit dem Fluid gleicher Dichte ϱ und Viskosität η die mittlere Strömungsgeschwindigkeit v im gleichen Maßstab zu vergrößern, um ähnliche Strömungsverhältnisse zu haben. Bei gleicher Reynolds-Zahl von Original und Modell erhält man dann auch gleiche Widerstandsbeiwerte.

§ 10.5.5 Dynamischer Auftrieb

Den *statischen Auftrieb* in Flüssigkeiten und Gasen haben wir in § 9.4 als die Kraft kennen gelernt, infolge derer beispielsweise ein Eisberg schwimmt oder Ballone und Zeppeline fahren. Dieser darf jedoch nicht mit dem *dynamischen Auftrieb* verwechselt werden, aufgrund dessen Vögel und Flugzeuge fliegen oder der unterstützend zum statischen Auftrieb bei der Bewegung getauchter U-Boote in Wasser wirkt. Beim dynamischen Auftrieb handelt es sich um *Querkräfte*, senkrecht zur Bewegungsrichtung, infolge der Vorwärtsbewegung bzw. der Anströmung von Körpern in Flüssigkeiten oder Gasen. Einige grundsätzliche Gesichtspunkte hierzu sollen in diesem Abschnitt qualitativ angesprochen werden.

Beginnen wir zunächst mit zwei kleinen Gedankenexperimenten zur Wirkung der Reibung in Fluiden, wobei mit dem ersten (dem sog. Newton'schen Eimerversuch) oft in Vorlesungen demonstriert wird, dass die freie Oberfläche einer Flüssigkeit stets senkrecht zur wirkenden Kraft (als Resultierende aus Zentrifugal- und Gewichtskraft) steht: Dazu lässt man ein mit Wasser gefülltes Becherglas um seine Mittelachse rotieren und beobachtet wie durch innere Reibung die gesamte viskose Flüssigkeit ebenfalls in Rotation versetzt wird (und die Flüssigkeitsverteilung alsbald die Form eines Rotationsparaboloids einnimmt). Bringt man andererseits in eine ruhende Flüssigkeit einen z. B. um seine Längsachse rotierenden Zylinder, so wird auch hier wegen der inneren Reibung zumindest im Nahbereich die den Zylinder umgebende Flüssigkeit koaxial zu ihm in Rotation versetzt.

Es entsteht also um einen in einem ruhenden viskosen Fluid beispielsweise im Uhrzeigersinn rotierenden Zylinder, infolge der Reibung in der Grenzschicht, eine Zirkulationsströmung wie in Abb. 10.35 (1) dargestellt. Wird ein ruhender Kreiszylinder von einem viskosen Fluid mit einer Parallelströmung angeströmt, so zeigt (im Kreisquerschnitt betrachtet) Abb. 10.35 (2) das laminare Strömungsprofil, ganz entsprechend der laminaren Strömung um eine Kugel (Abb. 10.34 (2)). Versetzen wir nun zusätzlich den Zylinder im Uhrzeigersinn in Rotation, dann ergibt sich das Stromlinienbild der Abb. 10.35 (3) als Überlagerung der Strömungsfelder von umströmtem nichtrotierendem (Abb. 10.35 (2)) und im ruhenden Medium rotierendem Zylinder (Abb. 10.35 (1)). Die Addition der Geschwindigkeitsvektoren der Potential- und der Zirkulationsströmung ergibt oberhalb des Zylinders eine erhöhte, unterhalb eine verringerte Strömungsgeschwindigkeit. Damit wird nach der Bernoulli-Gleichung (10.8) der statische Druck unterhalb des Zylinders größer als oberhalb. Aufgrund dieser Druckdifferenz wirkt eine Auftriebskraft auf den Körper senkrecht zur Anströmrichtung (und zur Richtung von $\vec{\omega}$ des rotierenden Zylinders). Dieser Effekt wurde von *H. G. Magnus* entdeckt. Der **Magnus-Effekt** bewirkt z. B. beim sog. „Anschneiden" von Bällen beim Tennis, Tischtennis oder Fußball ein Abweichen von der normalen Flugbahn.

Zirkulationsströmungen sind auch beim dynamischen Auftrieb geeignet geformter Körper, z. B. beim Tragflächenprofil von großer Bedeutung, wie *M. W. Kutta* und *N. J. Joukowski* gezeigt haben. Bei der Tragfläche erreicht man durch Verrundung der Anströmkante und spitz zulaufender hinterer Kante, dass sich nur an der hinteren Kante ein Wirbel ausbildet. Wird eine Tragfläche in Bewegung versetzt oder von einem Fluid angeströmt, dann teilt sich die Strömung am vorderen Staupunkt P und umströmt das unsymmetrische Profil auf der Ober- und Unterseite (Abb. 10.36 (1)), wo sie infolge Reibung der grenznahen Schichten abgebremst wird. Da die Oberseite

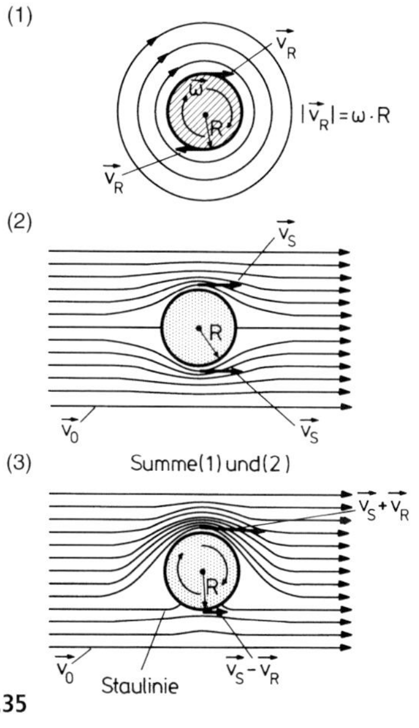

Abb. 10.35

länger ist als die Unterseite, kommt das Fluid im Punkt P_o mit geringerer Geschwindigkeit an als am unteren Punkt P_u. An der hinteren Kante entsteht also ein Geschwindigkeitsgradient, demzufolge sich mit steigender Relativgeschwindigkeit von Körper und Fluid ein Wirbel bildet, der *Anfahrwirbel*, mit dem in Abb. 10.36 (1) angegebenen Drehsinn. Für das Gesamtsystem des die Tragfläche umströmenden Fluids muss der Drehimpuls jedoch erhalten bleiben, d. h. es bildet sich in gleichem Maße wie der Wirbel eine Zirkulationsströmung um das gesamte Tragflächenprofil aus mit betragsmäßig gleich großem Drehimpuls, aber entgegengesetztem Drehsinn (Abb. 10.36 (1)).

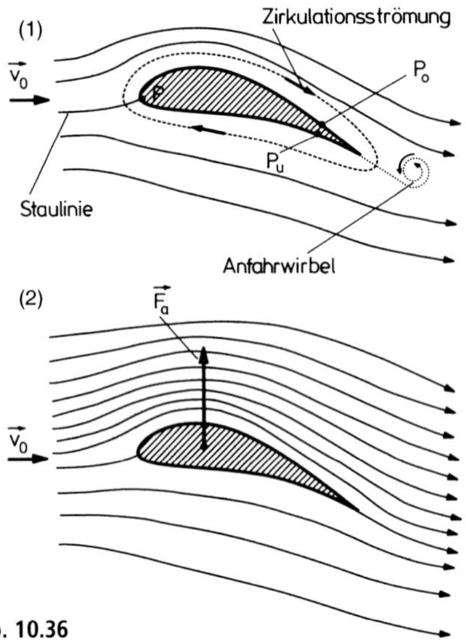

Abb. 10.36

Diese Zirkulationsströmung um die Tragfläche überlagert sich der Anströmung und führt zu einer Zunahme der Geschwindigkeit an der Oberseite und entsprechender Abnahme an der Unterseite des Profils. Der Anfahrwirbel selbst löst sich ab einer bestimmten Strömungsgeschwindigkeit von der Tragfläche ab und wird von der Strömung mitgenommen. Die Zirkulationsströmung um das Tragflächenprofil bleibt erhalten und es kommt im stationären Zustand zu dem in Abb. 10.36 (2) dargestellten Strömungsfeld. Es resultiert also auch hier eine Querkraft analog zum Magnuseffekt, die den **Auftrieb** einer Tragfläche bewirkt. Für die *dynamische Quer-* oder *Auftriebskraft* F_a ergibt sich eine analoge Beziehung wie (10.42) für die Strömungswiderstandskraft:

$$F_a = c_a \cdot A \cdot \frac{\varrho}{2} v_0^2 \qquad (10.43)$$

mit

ϱ: Dichte des Fluids
v_0: Strömungsgeschwindigkeit des Fluids
A: Fläche des Tragflächenprofils
c_a: Auftriebsbeiwert, abhängig von der Form der Tragfläche und vom „Anstellwinkel" bezüglich der Strömung

Die hier angestellten Betrachtungen gelten für eine in ihrer Ausdehnung senkrecht zur Ebene der Abb. 10.36 unendlich langen Tragfläche. Infolge der endlichen Länge realer Tragflächen kommt es wegen der Druckdifferenz zwischen Ober- und Unterseite an den Rändern der Tragflächen zur ständigen Bildung von Wirbeln mit entgegengesetztem Drehsinn, die sich als „Wirbelzöpfe" am hinteren Rand seitlich ablösen und so als Druckwiderstand zum gesamten Strömungswiderstand beitragen. Auch der Widerstandsbeiwert der Gleichung (10.42) und damit der Strömungswiderstand einer Tragfläche ist vom Anstellwinkel abhängig.

Aufgaben

Aufgabe 10.1: In einem Rohr der Querschnittsfläche $A_1 = 3\,\text{cm}^2$ ströme eine ideale Flüssigkeit. Das Rohr besitzt eine zylindrische Verengung mit der Querschnittsfläche $A_2 = 1\,\text{cm}^2$. Um das Wievielfache oder welchen Bruchteil verändert sich die Strömungsgeschwindigkeit in der Verengung bezüglich der Querschnittsfläche $\boldsymbol{A}_1$?

Aufgabe 10.2: Durch eine Rohrleitung, die anfangs einen Durchmesser von $d_1 = 40\,\text{cm}$ und direkt anschließend von $d_2 = 30\,\text{cm}$ hat, sollen pro Sekunde 240 L Wasser gefördert werden. Wie groß sind die Geschwindigkeiten in den beiden Querschnitten?

Aufgabe 10.3: Ein inkompressibles Fluid der Dichte ϱ ströme mit der Geschwindigkeit $\boldsymbol{v}$. Wie verändert sich gegenüber der ruhenden Flüssigkeit

a) der Gesamtdruck $\boldsymbol{p}_{\text{ges}}$?
b) der statische Druck $\boldsymbol{p}_{\text{stat}}$?

Aufgabe 10.4: Beim Rasensprengen sei der Volumenstrom 15 L pro Minute durch einen Gartenschlauch mit innerer Querschnittsfläche $A_1 = 10\,\text{cm}^2$. Der Gartenschlauch, der horizontal gehalten wird, gehe direkt in eine Düse mit Querschnittsfläche $A_2 < A_1$ über (Bild A 10.1). Der Druckabfall über der Düse sei $\Delta p = 2 \cdot 10^5\,\text{Pa}$. Die Strömung erfolge laminar und reibungsfrei.

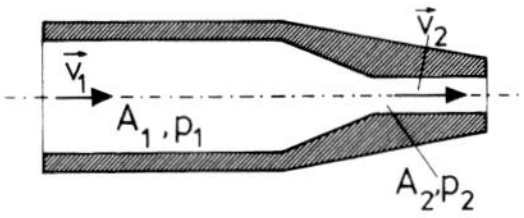

Bild A 10.1

a) Wie groß sind die Strömungsgeschwindigkeiten des Wassers v_1 im Schlauch bzw. v_2 in der Düse?
b) Welchen Durchmesser d_2 hat die Austrittsöffnung der Düse?

Aufgabe 10.5: Eine Stahlkugel ($\varrho_{\text{St}} = 8{,}7 \cdot 10^3\,\text{kg/m}^3$) mit einem Durchmesser von 1 mm sinkt in einer Flüssigkeit ($\varrho_{\text{Fl}} = 9{,}5 \cdot 10^2\,\text{kg/m}^3$) mit der konstanten Geschwindigkeit $v = 5\,\text{mm/s}$ zu Boden. Wie groß ist die Viskosität der Flüssigkeit?

Aufgabe 10.6: Der Volumenstrom einer laminar strömenden Flüssigkeit durch eine Kapillare soll um 20 % gesteigert werden, indem sie durch eine Kapillare mit größerem lichten Durchmesser ersetzt wird. Welche Durchmesservergrößerung ist etwa notwendig?

Aufgabe 10.7: Gegeben sei eine Kapillare, deren Strömungswiderstand für Wasser $8 \cdot 10^8\,\text{N} \cdot \text{s} \cdot \text{m}^{-2}$ beträgt. Wie lange dauert es, bis 1 cm^3 Wasser bei einer Druckdifferenz $\Delta p = 16\,\text{Pa}$ durch die Kapillare geflossen ist?

Aufgabe 10.8: Durch die in Aufgabe 10.7 gegebene Kapillare fließe nun Glycerin ($\eta = 1{,}4\,\text{Pa} \cdot \text{s}$) statt Wasser ($\eta = 10^{-3}\,\text{Pa} \cdot \text{s}$). Welchen Strömungswiderstand besitzt die Kapillare für Glycerin?

Aufgabe 10.9: In Bild A 10.2 ist die Volumenstrom(I)-Druckdifferenz(Δp)-Kennlinie der Flüssigkeitsströmung in einem Rohr dargestellt. In welchen Bereichen von Δp handelt es sich um eine Newton'sche bzw. Nicht-Newton'sche Flüssigkeit?

Bild A 10.2

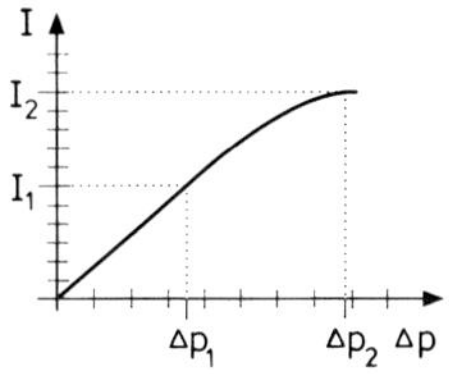

Aufgabe 10.10: Drei Kapillaren gleicher Länge mit den Querschnittsflächen $\boldsymbol{A}$, 2 $\boldsymbol{A}$ und 3 $\boldsymbol{A}$ sind parallel geschaltet und werden von einem Newton'schen Fluid durchströmt. Um welchen Faktor unterscheidet sich der Strömungswiderstand $\boldsymbol{R}_{\text{ges}}$ des Parallelsystems vom Strömungswiderstand $\boldsymbol{R}_1$ der Kapillare mit der kleinsten Querschnittsfläche $\boldsymbol{A}$?

Aufgabe 10.11: Aus einer Düse ströme Pressluft vertikal nach oben aus. Wie groß muss die Geschwindigkeit des Luftstroms ($\varrho_{\text{Luft}} = 1{,}15\,\text{kg/m}^3$) sein, damit eine Holzkugel (Radius $r = 2{,}5$ cm; $\varrho_{\text{Holz}} = 900\,\text{kg/m}^3$; $\boldsymbol{c}_{\text{w}} = 0{,}24$) gerade schwebt?

Aufgabe 10.12: Wie groß ist die Kraft, die auf eine Überlandleitung bei einer Windstärke ($\varrho_{\text{Luft}} = 1{,}15\,\text{kg/m}^3$) von $\boldsymbol{v} = 50$ m/s wirkt, wenn diese auf einer Länge von $\boldsymbol{l} = 200$ m frei hängt und aus Kupferdraht ($\varrho_{\text{Cu}} = 8{,}9 \cdot 10^3\,\text{kg/m}^3$) mit einem Durchmesser von $\boldsymbol{d} = 8$ mm besteht? ($\boldsymbol{c}_{\text{w}} = 0{,}95$ für einen Zylinder bei Anströmung der Mantelfläche)
Vergleichen Sie diese Kraft mit dem Gewicht der Überlandleitung.

§ 11 Grenzflächeneffekte

Als Grenzfläche bezeichnen wir hier die Berührungsfläche von Medien in unterschiedlichen Aggregatzuständen (z. B. flüssig-gasförmig), von festen Körpern oder von zwei nicht mischbaren flüssigen Phasen.

Grenzflächeneffekte spielen z. B. in der Pharmazie, Biologie und Medizin eine große Rolle. Sie beeinflussen unter anderem die Adsorption von Wirkstoffen an feste Trägerstoffe in Arzneimitteln, die Penetration von Molekülen durch biologische Membranen sowie die Bildung und Stabilität von Emulsionen und Suspensionen. Lungenoperationen wurden möglich dank bestimmter Eigenschaften eines oberflächenaktiven Stoffes, der die Alveolen auszukleiden vermag.

Der Aggregatzustand (fest, flüssig, gasförmig) ist durch die Größe der Kräfte zwischen den Bausteinen (Atomen, Molekülen, Ionen) der Materie bedingt. Die Kräfte zwischen den Bausteinen ein und desselben Körpers heißen **Kohäsionskräfte**, dagegen spricht man bei Kräften zwischen den Bausteinen verschiedener Körper von **Adhäsionskräften**. Erscheinungen an Grenzflächen unterschiedlicher Stoffe zeigen besonders deutlich die Wirkungen solcher zwischenmolekularer Kräfte. So haften beispielsweise plan polierte Grenzflächen von Festkörpern durch Adhäsionskräfte, ebenso alle geklebten, gekitteten etc. festen Körper. An der Grenze zwischen festen und flüssigen Körpern hängen die Wirkungen von der Größe der Kohäsionskräfte zwischen den Molekülen der Flüssigkeit im Vergleich zu den Adhäsionskräften zwischen denen der Flüssigkeit und des Festkörpers ab (benetzende und nichtbenetzende Flüssigkeiten). Entsprechende Fälle sind bei zwei nicht mischbaren Flüssigkeiten möglich. Bei einer Flüssigkeit und einem Gas überwiegen jedoch immer die Kohäsionskräfte zwischen den Flüssigkeitsmolekülen und das Verhalten der Grenzfläche ist allein dadurch bedingt.

Besonders augenfällig werden die Wirkungen der Molekularkräfte in Flüssigkeiten bei den Erscheinungen der Oberflächenspannung an der Grenzfläche Flüssigkeit/Gas.

§ 11.1 Oberflächenspannung

Flüssigkeiten unterscheiden sich von Gasen, indem sie *freie Oberflächen* aufweisen. Im homogenen Schwerefeld ist die Oberfläche einer Flüssigkeit horizontal, verändert aber unter dem Einfluss von Kräften wegen der unbegrenzten Verschiebbarkeit der Flüssigkeitsteilchen gegeneinander leicht ihre Gestalt. Sie ist dabei bestrebt, stets die Gestalt mit kleinstmöglicher Oberfläche anzunehmen. Dieses Bestreben beruht auf der *Oberflächenspannung*. Sie ist eine Folge der Kohäsionskräfte zwischen den Flüssigkeitsmolekülen. Wir betrachten ein Molekül im Innern der Flüssigkeit (Abb. 11.1). Die auf das Molekül wirkende Gesamtkraft setzt sich zusammen aus den Anziehungskräften der in einem kugelförmigen Bereich (Radius etwa 10^{-8} m), der so genannten *Wirkungssphäre*, um dieses Molekül liegenden anderen Moleküle. Während sich im Flüssigkeitsinnern diese Kräfte gegenseitig kompensieren, ist dies an der Grenzfläche nicht der Fall.

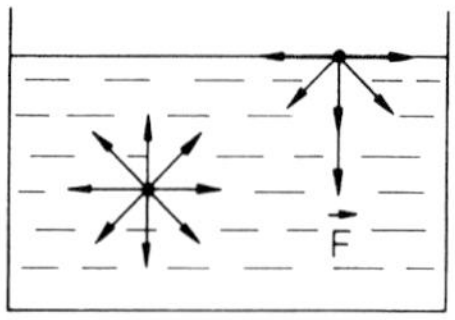

Abb. 11.1

Auf ein Teilchen an der Flüssigkeitsoberfläche wirkt die Resultierende der molekularen Anziehungskräfte ins Flüssigkeitsinnere. Es entsteht also eine Kraft, die senkrecht auf der Flüssigkeitsoberfläche steht und ins Flüssigkeitsinnere zeigt. Wird ein Molekül aus dem Flüssigkeitsinneren an die Oberfläche transportiert, so muss gegen diese Kraft Arbeit verrichtet werden. Alle an der Flüssigkeitsoberfläche liegenden Moleküle besitzen daher eine größere potentielle Energie als im Innern der Flüssigkeit, diese nennt man *Oberflächenenergie*. Da ein stabiles Gleichgewicht einem Minimum an potentieller Energie entspricht, wird eine Flüssigkeitsoberfläche (auf die keine äußeren Kräfte einwirken) stets bestrebt sein, einen solchen Minimalwert anzunehmen, d. h. die Oberfläche einer Flüssigkeit sucht sich möglichst zu verkleinern: sie bildet eine so genannte *Minimalfläche*. Daher versuchen Flüssigkeitstropfen Kugelgestalt anzunehmen, denn von allen geometrischen Körpern weist eine Kugel das kleinste Verhältnis von Oberfläche zu Volumen auf.

Zur genaueren Untersuchung der Oberflächenspannung betrachten wir einen U-förmig gebogenen Draht (Abb. 11.2), an dem ein verschiebbarer Bügel angebracht ist. Zwischen Bügel und Draht befinde sich eine Seifenlamelle, deren Oberfläche S durch Verschieben des Bügels vergrößert werden kann. Bei der Breite b des Bügels und einer Verschiebung um Δa ist die Oberflächenvergrößerung: $\Delta S = 2 \cdot \Delta a \cdot b$ (Ober- und Unterseite der Seifenlamelle). Dazu muss eine bestimmte Anzahl von Flüssigkeitsmolekülen aus dem Innern gegen die Grenzflächenkräfte an die Oberfläche gebracht werden, wozu Arbeit verrichtet werden muss. Die zur Vergrößerung der Oberfläche S um ΔS erforderliche Arbeit ΔW ist gleichbedeutend mit dem *Zuwachs an Oberflächenenergie* der Flüssigkeit. Man definiert dann als **Oberflächenspannung σ** folgenden Quotienten:

Definition:

$$\sigma = \frac{\text{Zuwachs an Energie } \Delta W}{\text{Oberflächenzunahme } \Delta S} = \frac{\Delta W}{\Delta S} \qquad (11.1)$$

Einheit:

$$\frac{\text{J}}{\text{m}^2} \quad \text{oder} \quad \frac{\text{N}}{\text{m}}$$

Die nach (11.1) definierte Oberflächenspannung σ kann auch als *Flächendichte der Oberflächenenergie* bezeichnet werden.

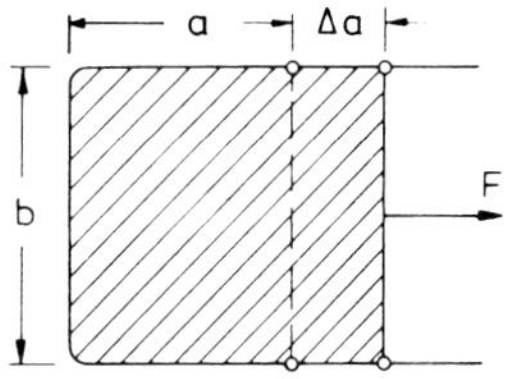

Abb. 11.2

Zur Verschiebung des Bügels der Abb. 11.2 ist eine Kraft F erforderlich, womit die Arbeit $\Delta W = F \cdot \Delta a$ verrichtet wird. Man erhält dann aus (11.1) für die Oberflächenspannung:

$$\sigma = \frac{\Delta W}{\Delta S} = \frac{F \cdot \Delta a}{2 \cdot \Delta a \cdot b} \quad \text{und somit auch:}$$

$$\sigma = \frac{F}{2 \cdot b} \qquad (11.2)$$

Die Oberflächenspannung σ ist daher auch als der Quotient aus der zur Vergrößerung der Oberfläche am Rand angreifenden Kraft F und der Länge $2\,b$ der Randlinie der verschiebbaren Oberflächengrenze definierbar. Die Beziehung (11.2) zeigt außerdem, dass die zur Vergrößerung der Oberfläche S erforderliche Kraft von Δa und damit von der Größe der vorhandenen Oberfläche abhängig ist. Die rücktreibende Kraft hängt im Unterschied zur Federkraft (Hooke'sches Gesetz) nicht von der Auslenkung ab.

Die Oberflächenspannung ist temperaturabhängig. Die Oberflächenspannung einer Flüssigkeit gegen Luft nimmt mit steigender Temperatur ab. Am Erstarrungspunkt der Flüssigkeit ist sie am größten.

Tabelle 11.1 gibt Zahlenwerte für die Oberflächenspannung σ (bei 20 °C, falls nicht anders vermerkt) einiger Flüssigkeiten gegen Luft an.

Tab. 11.1

Substanz	σ in $\frac{\text{N}}{\text{m}}$	Substanz	σ in $\frac{\text{N}}{\text{m}}$
Benzol	0,0289	Quecksilber	0,465
Diethylether	0,0171	Schwefelsäure	0,0551
Essigsäure	0,0274	Terpentinöl	0,0268
Ethanol	0,0223	Tetrachlorkohlenstoff	0,0268
Glycerin	0,0634		
Isopropylalkohol	0,0214	Wasser (0 °C)	0,0756
Methanol	0,0226	(20 °C)	0,0728
Olivenöl	0,0342	(50 °C)	0,0678
Rizinusöl	0,0390	(100 °C)	0,0588

So genannte grenz- bzw. oberflächenaktive Substanzen wie etwa Lipoproteine oder Waschmittel bewirken bereits in sehr geringen Konzentrationen zum Teil eine starke Herabsetzung der Oberflächenspannung (s. auch § 11.5). So kann daher z. B. eine Seifenlösung infolge ihrer geringeren Oberflächenspannung als derjenigen von reinem Wasser beim Waschen in die winzigen Spalten zwischen Schmutzteilchen und Gewebefaser kriechen.

Neben den grenzflächenaktiven Substanzen, die sich in der Oberfläche anreichern und damit die Oberflächenspannung erniedrigen, gibt es auch solche, welche die Oberfläche meiden und daher die Oberflächenspannung der Lösung gegenüber dem reinen Lösungsmittel erhöhen. Beispiele dazu sind Systeme von wässrigen Lösungen von Salzen, wie z. B. NaCl, das bei 20 °C für eine zwischen 0- und 5-molare Lösung eine lineare Erhöhung der Oberflächenspannung von 0,0728 auf 0,0810 N/m zeigt.

Sind die Flüssigkeitsoberflächen nicht wie bisher betrachtet eben, sondern z. B. konvex nach außen gewölbt zum Gasraum hin, wie etwa bei einem Flüssigkeitstropfen (kugelförmige Gestalt mit Radius r), so zeigt die resultierende Kraft $\vec{F}_r$ der intermolekularen Kräfte an jedem Oberflächenelement radial in Richtung des Mittelpunktes. Die auf die Flächeneinheit bezogene (und darauf senkrecht stehende) Kraft ergibt einen *Normaldruck*, der als Überdruck auf der konkaven Seite, d. h. auf der Seite mit dem Krümmungsmittelpunkt, vorliegt. Dieser so genannte **Kohäsionsdruck** (auch *Binnendruck* genannt) innerhalb einer *Flüssigkeitskugel* im Gasraum oder innerhalb eines mit *Gas* oder *Dampf* gefüllten *Hohlraums* in einer Flüssigkeit kompensiert das Bestreben der Oberfläche sich zu verkleinern. Für den *Kohäsionsdruck p* eines kugelförmigen Flüssigkeitstropfens bzw. einer Gasblase in einer Flüssigkeit gilt:

$$p = 2\,\frac{\sigma}{r} \qquad (11.3)$$

Zur Ableitung der Gleichung (11.3) betrachten wir beispielsweise eine Flüssigkeitskugel mit Radius r (Abb. 11.3), innerhalb welcher der Druck p_i herrsche; der Betrag der nach außen gerichteten Kraft ist dann $4\pi \cdot r^2 \cdot p_i$ (Kugeloberfläche $S = 4\pi \cdot r^2$). Die nach innen gerichtete Kraft setzt sich zusammen aus der Kraft $4\pi \cdot r^2 \cdot p_a$, bedingt durch den äußeren Druck p_a, und der bei der gekrümmten Oberfläche resultierenden Kraft F_r, die sich aufgrund der Oberflächenspannung ergibt. Eine infinitesimale Änderung des Radius r der Kugel nach außen um $\mathrm{d}r$ bedingt eine Änderung der Kugeloberfläche S um $\mathrm{d}S = 8\pi \cdot r \cdot \mathrm{d}r$, wozu nach (11.1) die Arbeit $\mathrm{d}W = \sigma \cdot \mathrm{d}S = 8\pi \cdot r \cdot \sigma \cdot \mathrm{d}r = F_r \cdot \mathrm{d}r$ aufgewendet werden muss. Somit ist die einer Veränderung des Radius um $\mathrm{d}r$ entgegengesetzte Kraft gerade gleich $8\pi \cdot r \cdot \sigma$. Im Gleichgewicht der von außen und innen wirkenden Kräfte erhält man:

$$4\pi \cdot r^2 \cdot p_i = 4\pi \cdot r^2 \cdot p_a + 8\pi \cdot r \cdot \sigma$$

oder:

$$p_i = p_a + 2\,\frac{\sigma}{r} \qquad (11.4)$$

Auf der inneren, der konkaven Seite einer gekrümmten Oberfläche herrscht also ein größerer Druck als auf der Außenseite. Der Kohäsionsdruck p folgt dann aus (11.4) als Druckdifferenz $p = p_i - p_a$ zwischen dem Druck innerhalb und außerhalb der Kugel.

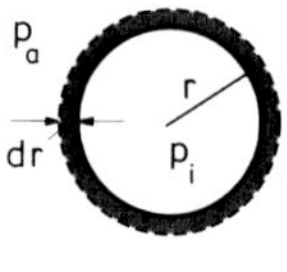

Abb. 11.3

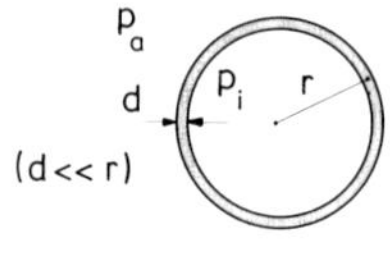

Abb. 11.4

Bei Blasen, wie z. B. Seifenblasen, herrscht ebenfalls im Innern ein erhöhter Druck aufgrund der Oberflächenspannung in der Flüssigkeitshülle. Für den Kohäsionsdruck gilt eine ähnliche Beziehung wie (11.4), nur ist bei Blasen zu berücksichtigen, dass sie zwei Grenzflächen, eine konkave innere und eine konvexe äußere Kugeloberfläche besitzen. Da für die Dicke d der Flüssigkeitshülle (Seifenhaut) i. Allg. $d \ll r$ (r: mittlerer Radius) gilt (Abb. 11.4), kann als Gesamtoberfläche einer Seifenblase die doppelte Oberfläche einer Kugel mit Radius r angesehen werden. Damit ergibt sich für den Kohäsionsdruck p im Innern einer Seifenblase:

$$p = 4\,\frac{\sigma}{r} \qquad (11.5)$$

Beispielsweise herrscht im Innern einer Seifenblase von 1 cm Durchmesser bei 20 °C ein Kohäsionsdruck p von ca. 4 Pa, für einen Wassertropfen gleichen Durchmessers erhält man $p \approx 29$ Pa. Perlende Bläschen (gasgefüllte Hohlräume) mit 0,2 mm Durchmesser in einem Sektglas haben einen Kohäsionsdruck von etwa 1,5 kPa, während sich für eine Seifenblase mit diesem Durchmesser ca. 200 Pa ergeben.

Da nach Gleichung (11.3) bzw. (11.5) für den Kohäsionsdruck $p \sim \frac{1}{r}$ gilt, ist der Druck in einem Flüssigkeitstropfen bzw. einer Seifenblase umso größer, je kleiner der Kugelradius ist. Das Verhalten von Seifenblasen ist also vollkommen verschieden von demjenigen von Blasen mit elastischer Außenhaut (z. B. Luftballons). Der Druck in einem Luftballon steigt mit wachsendem Radius, während er in einer Seifenblase sinkt.

Die Gleichung (11.4) bildet die Grundlage für viele experimentelle Methoden zur Bestimmung der Oberflächenspannung von Flüssigkeiten. Sie ist aber ebenso grundlegend für das Verständnis von Erscheinungen infolge von *Grenzflächenspannungen zwischen zwei unterschiedlichen Flüssigkeiten*, wie auch *zwischen Flüssigkeiten und Festkörpern.*

§ 11.2 Adhäsion – Kohäsion – Randwinkel

An Stellen, wo sich feste, flüssige und gasförmige Stoffe berühren, beobachtet man Erscheinungen, die als Benetzung bzw. Nichtbenetzung bezeichnet werden. Verantwortlich dafür sind die eingangs schon erwähnten zwischenmolekularen Kräfte. Wir unterscheiden:

Kohäsion: Darunter versteht man Wechselwirkungen (durch Anziehungskräfte) zwischen *gleichartigen* Molekülen (*Kohäsionskraft* $\vec{F}_K$), z. B. zwischen einzelnen Flüssigkeitsmolekülen.

Adhäsion: Darunter sind Wechselwirkungen (infolge von Anziehungskräften) zwischen *verschiedenartigen* Molekülen eng einander berührender Körper (*Adhäsionskraft* $\vec{F}_A$) zu verstehen, z. B. zwischen den Festkörper- und den Flüssigkeitsmolekülen.

Bei einer senkrecht in einer Flüssigkeit stehenden festen Grenzfläche, etwa der Gefäßwand, verursacht das Zusammenwirken der Kohäsion und Adhäsion in der Nähe der festen Grenzfläche eine Krümmung der freien Oberfläche der Flüssigkeit, indem sich die Flüssigkeitsoberfläche senkrecht zur resultierenden Kraft $\vec{F}_R = \vec{F}_K + \vec{F}_A$, der Vektorsumme aus Kohäsionskraft $\vec{F}_K$ und Adhäsionskraft $\vec{F}_A$ einstellt. Vom Einfluss der Schwerkraft, unter deren alleinigem Einfluss die Flüssigkeitsoberfläche horizontal wäre, wird hier gegenüber den im Vergleich dazu größeren Oberflächenkräften abgesehen. Außerdem wird vorausgesetzt, dass die Kohäsionskräfte der festen bzw. flüssigen Phase groß gegenüber den jeweiligen Adhäsionskräften fest-gasförmig und flüssig-gasförmig sind. Durch die Änderung der Flüssigkeitsoberfläche unter dem Einfluss der insgesamt wirkenden zwischenmolekularen Kräfte bildet sich dann im Gleichgewichtszustand an der Grenze zwischen festem, flüssigem und gasförmigem Stoff ein **Randwinkel** aus. Dies ist der Winkel φ, den die Grenzfläche des Festkörpers mit der Tangentialebene bildet, die im Berührungspunkt der Flüssigkeitsoberfläche mit der Festkörpergrenzfläche an die Flüssigkeitsoberfläche gelegt werden kann (Abb. 11.5 und 11.6). Aufgrund der Größe des Randwinkels lassen sich *benetzende* und *nicht benetzende Systeme* unterscheiden.

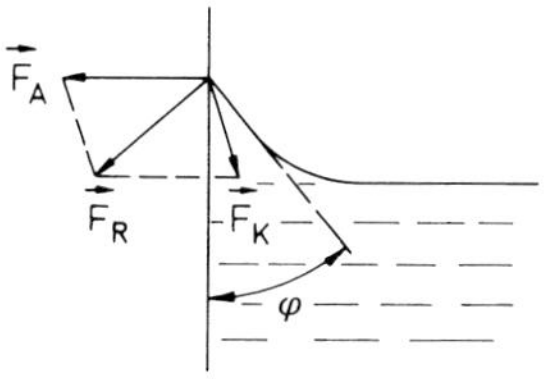

Abb. 11.5 Benetzendes System

Es ergibt sich ein *Randwinkel* $\varphi < 90°$ (Abb. 11.5) im Falle:

$$\vec{F}_A > \vec{F}_K$$

Die Adhäsionskräfte $\vec{F}_A$ sind größer als die Kohäsionskräfte $\vec{F}_K$ und die resultierende Kraft $\vec{F}_R$ zeigt in Richtung des Festkörpers. Es handelt sich um ein **benetzendes System**. Die Flüssigkeit wird an der Wand hochgezogen bis das Gewicht der Flüssigkeit dem Aufwärtskriechen ein Ende setzt. Die Flüssigkeitsoberfläche stellt sich senkrecht zur insgesamt resultierenden Kraft ein und bildet eine konkav gekrümmte Oberfläche in Richtung zum Gas.

Beispiel: Glas (fettfreie Oberfläche) und Wasser bilden ein benetzendes System. Man kann die Oberfläche des Festkörpers in diesem Beispiel auch als *hydrophil* bezeichnen.

Bei einem *Randwinkel* $\varphi > 90°$ (Abb. 11.6) gilt:

$$\vec{F}_A < \vec{F}_K$$

Die Kohäsionskräfte $\vec{F}_K$ sind hier größer als die Adhäsionskräfte $\vec{F}_A$ und die Resultierende $\vec{F}_R$ zeigt in Richtung der Flüssigkeit. Es handelt sich um ein **nicht benetzendes System**. Die

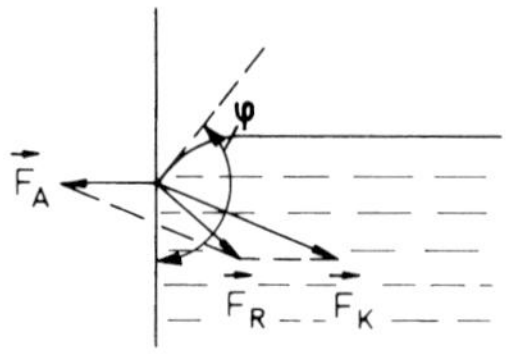

Abb. 11.6 Nicht benetzendes System

Flüssigkeit wird in Wandnähe herabgedrückt und ihre Oberfläche ist konvex gekrümmt.

Beispiel: Glas und Quecksilber ergeben ein nicht benetzendes System; aber auch eine eingefettete Glasplatte bildet mit Wasser ebenfalls ein nicht benetzendes System. Ob ein System benetzend oder nicht benetzend ist, hängt also immer von beiden Stoffen ab, d. h. gilt jeweils nur für bestimmte Substanzkombinationen.

Die im letzten Beispiel mit einer hauchdünnen Fettschicht bedeckte Oberfläche der Glasplatte wird als *hydrophob* (wasserabstoßend) bezeichnet, das Wasser benetzt nicht mehr.

Diese Erscheinungen an Grenzflächen von fester, flüssiger und gasförmiger Phase können auch mithilfe der hier aufgrund von Kohäsions- und Adhäsionskräften auftretenden **Grenzflächenspannung** beschrieben werden. Dabei verwenden wir den Begriff der *Grenzflächenspannung* für die Phasengrenzen fest–flüssig bzw. flüssig–flüssig anstelle der *Oberflächenspannung*, die sich eigentlich nur auf die Grenze Flüssigkeit–Luft bezieht. Führt man auch für die Oberfläche eines Festkörpers eine Grenzflächenspannung ein, so kann der Winkel, den die Oberfläche der Flüssigkeit mit der Gefäßwandung bildet, ebenfalls aus einer Gleichgewichtsbetrachtung abgeleitet werden. Dazu betrachtet man die durch die jeweiligen Grenzflächenspannungen bedingten tangential zu den Grenzflächen wirkenden Kräfte. Bezeichnen f die feste, fl die flüssige und g die gasförmige Phase, dann sind $\sigma_{\mathrm{f,fl}}$, $\sigma_{\mathrm{f,g}}$ und $\sigma_{\mathrm{fl,g}}$ die entsprechenden Grenzflächenspannungen. In Abb. 11.7 greifen an einem Linienelement $\mathrm{d}l$ (senkrecht zur Zeichenebene) im Berührungspunkt G die Kräfte $\sigma_{\mathrm{f,fl}} \cdot \mathrm{d}l$ und $\sigma_{\mathrm{f,g}} \cdot \mathrm{d}l$ bzw. $\sigma_{\mathrm{fl,g}} \cdot \mathrm{d}l$ parallel zur festen bzw. flüssigen Grenzfläche an. Mit dem Randwinkel φ, den die Tangentialebene der Flüssigkeits-Gas-Grenzfläche im Berührungspunkt G mit der Festkörper-Flüssigkeits-Grenzfläche bildet, erhalten wir im Kräftegleichgewicht:

$$\sigma_{\mathrm{f,fl}} - \sigma_{\mathrm{f,g}} + \sigma_{\mathrm{fl,g}} \cdot \cos\varphi = 0 \tag{11.6}$$

Daraus folgt:

$$\cos\varphi = \frac{\sigma_{\mathrm{f,g}} - \sigma_{\mathrm{f,fl}}}{\sigma_{\mathrm{fl,g}}} \tag{11.7}$$

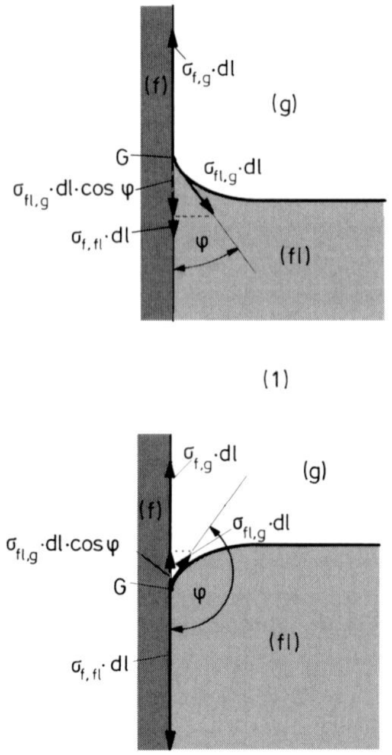

Abb. 11.7 (2)

wobei der Definitionsbereich des Cosinus $(-1 \leq \cos\varphi \leq +1)$ für $|\sigma_{\mathrm{f,g}} - \sigma_{\mathrm{f,fl}}| \leq \sigma_{\mathrm{fl,g}}$ voraussetzt. Damit sind für den Randwinkel φ folgende Fälle zu unterscheiden:

(i): Aus $\sigma_{\mathrm{f,g}} > \sigma_{\mathrm{f,fl}}$ folgt $\cos\varphi > 0$ und somit $\varphi < 90°$, d. h. ein *benetzendes System* mit spitzem Winkel φ (Abb. 11.7 (1) bzw. Abb. 11.5), für welches die Vergrößerung der Grenzfläche fest zu flüssig zu Ungunsten der anderen Grenzflächen sich als energetisch günstiger erweist.

(ii): Ist dagegen $\sigma_{\mathrm{f,g}} < \sigma_{\mathrm{f,fl}}$ folgt $\cos\varphi < 0$ und damit $\varphi > 90°$, d. h. der Winkel φ ist stumpf, es liegt ein *nicht-benetzendes System* vor (Abb. 11.7 (2) bzw. Abb. 11.6).

(iii): Im Grenzfall $\sigma_{\mathrm{f,g}} - \sigma_{\mathrm{f,fl}} = \sigma_{\mathrm{fl,g}}$ wird der Randwinkel gleich null. Liegt jedoch der vorher für Gleichung (11.7) ausgeschlossene Fall $|\sigma_{\mathrm{f,g}} - \sigma_{\mathrm{f,fl}}| > \sigma_{\mathrm{fl,g}}$ vor, dann liegt ein *vollständig benetzendes System* vor. Bewirkt durch die restliche Kraftkomponente parallel zur Festkörperoberfläche schiebt sich zwischen die feste und gasförmige Phase ein dünner Flüssigkeitsfilm und benetzt die Festkörperoberfläche vollständig (die Flüssigkeit „kriecht“ z. B. an der Gefäßwand hoch).

Die Form von Flüssigkeitstropfen auf einer ebenen, festen Unterlage hängt ebenso davon ab, ob es sich um ein benetzendes oder nicht benetzendes System handelt und die auftretenden Randwinkel sind im Prinzip ebenfalls durch die Fallunterscheidungen von Gleichung (11.7) gegeben. Abb. 11.8 (1) zeigt ein benetzendes System mit spitzem Randwinkel, wel-

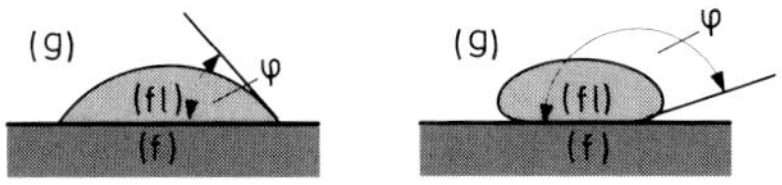

Abb. 11.8 (1) (2)

ches z. B. bei einem Wassertropfen auf einer Glasplatte vorliegt. Ein vollständig benetzendes System ergibt ein Wassertropfen auf einer total fettfreien Glasplatte, es bildet sich ein dünner Wasserfilm (Wasserhaut) auf der Festkörperoberfläche aus. Ein nicht benetzendes System mit stumpfem Randwinkel ist in Abb. 11.8 (2) dargestellt, wie z.. B. ein Quecksilbertropfen auf einer leicht eingefetteten Glasplatte oder ein Wassertropfen auf einer Paraffinschicht.

Auch für Grenzflächen zweier unterschiedlicher, nicht mischbarer Flüssigkeiten sind die Erscheinungen vom Zusammenwirken der Kohäsions- und Adhäsionskräfte abhängig. Betrachten wir beispielsweise einen Tropfen Olivenöl auf Wasser, so wird dieser zumindest zunächst die in Abb. 11.9 dargestellte linsenförmige Gestalt annehmen, wobei die jeweils an die Ränder R sich anschließende Wasseroberfläche eine leicht gekrümmte Oberflächenform aufweist. Bezeichnen (fl_1) und (fl_2) die beiden Flüssigkeiten und (g) das Gas (Luft) und sind $\varphi_{\mathrm{fl}_1,\mathrm{g}}$, $\varphi_{\mathrm{fl}_1,\mathrm{fl}_2}$ bzw. $\varphi_{\mathrm{fl}_2,\mathrm{g}}$ bezüglich der Horizontalen jeweils die Winkel der an dem Linienelement $\mathrm{d}l$ (senkrecht zur Zeichenebene) im Randpunkt R angreifenden tangentialen Kräfte bedingt durch die Grenzflächenspannungen $\sigma_{\mathrm{fl}_1,\mathrm{g}}$, $\sigma_{\mathrm{fl}_1,\mathrm{fl}_2}$ bzw. $\sigma_{\mathrm{fl}_2,\mathrm{g}}$, dann folgt aus der Gleichgewichtsbedingung dieser Kräfte in horizontaler Richtung:

$$\sigma_{\mathrm{fl}_1,\mathrm{g}} \cdot \cos\varphi_{\mathrm{fl}_1,\mathrm{g}} = \sigma_{\mathrm{fl}_1,\mathrm{fl}_2} \cdot \cos\varphi_{\mathrm{fl}_1,\mathrm{fl}_2} + \sigma_{\mathrm{fl}_2,\mathrm{g}} \cdot \cos\varphi_{\mathrm{fl}_2,\mathrm{g}} \qquad (11.8)$$

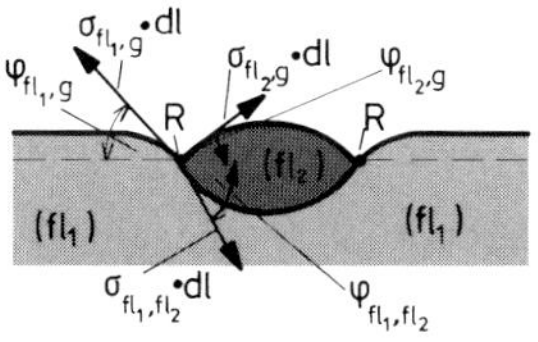

Abb. 11.9

Einen stabilen Tropfen bildet die Flüssigkeit (fl_2) nur dann, wenn $\sigma_{\mathrm{fl}_1,\mathrm{g}} < \sigma_{\mathrm{fl}_1,\mathrm{fl}_2} + \sigma_{\mathrm{fl}_2,\mathrm{g}}$ gilt. Ist aber $\sigma_{\mathrm{fl}_1,\mathrm{g}}$ größer als die Summe der beiden anderen, wie in unserem Beispiel von Olivenöl auf Wasser (s. Tab. 11.1 und 11.2), dann ist kein Gleichgewicht möglich. Die Grenzflächenspannung $\sigma_{\mathrm{fl}_1,\mathrm{g}}$ zieht den Öltropfen (fl_2) immer weiter zu einer extrem dünnen Schicht auseinander, die bei einer gerade noch zusammenhängenden Ölschicht eine Dicke in der Größenordnung von 10^{-9} m haben kann; es bildet sich eine *monomolekulare* Schicht der Flüssigkeit (fl_2) auf der Oberfläche der Flüssigkeit (fl_1) aus.

Wie in § 11.1 kurz angesprochen, führen so genannte grenz- bzw. oberflächenaktive Substanzen zur Erniedrigung der Oberflächenspannung. Die wichtigen oberflächenaktiven Substanzen für das bei biologischen Systemen wesentliche Lösungsmittel Wasser sind die so genannten *Tenside*, die sich bevorzugt in der Oberfläche der Lösung anreichern. Sie tragen in der Regel sowohl polare als auch unpolare Molekülgruppen. Die ersteren sind die *hydrophilen* Gruppen (sie liegen in der Regel hydratisiert vor) und umgeben sich bevorzugt mit Wassermolekülen der Lösungsoberfläche, während die unpolaren Molekülgruppen sich zur Gasphase hin ausrichten, da sie wasserabstoßend wirken und daher *hydrophob* oder auch *lipophil* genannt werden. Dadurch kommt es zur Akkumulation und zur vollkommen gerichteten Anordnung der Tensidmoleküle an der Oberfläche. Die Tensidmoleküle *spreiten*, d. h. breiten sich über die gesamte verfügbare Oberfläche der Lösung aus (vgl. auch § 11.5).

Wie Öl sich auf Wasser ausbreitet, so breitet sich auch Wasser auf einer reinen Quecksilberoberfläche aus. Dagegen bildet Quecksilber in

Tab. 11.2

Wasser – Flüssigkeit	σ in $\frac{\mathrm{N}}{\mathrm{m}}$	Quecksilber – Flüssigkeit	σ in $\frac{\mathrm{N}}{\mathrm{m}}$
Benzol	0,0350	Chloroform	0,357
n-Butanol	0,0018	Diethylether	0,379
Chloroform	0,0328	Ethanol	0,389
Diethylether	0,0107	n-Heptan	0,378
Olivenöl	0,0182	Olivenöl	0,335
Tetrachlorkohlenstoff	0,0450	Wasser	0,375

Wasser einen abgeflachten Tropfen. Tropft man beispielsweise eine kleine Menge Quecksilber vorsichtig aus einer Pipette in ein mit Wasser gefülltes Uhrglas, so bilden sich zunächst kleine Tröpfchen, die sich infolge der starken Kohäsionskräfte des Quecksilbers alsbald zu einem großen Tropfen zusammenschließen und so eine Minimalfläche bilden. In Tab. 11.2 sind einige Zahlenwerte von Grenzflächenspannungen Flüssigkeit – Flüssigkeit angegeben (bei 20 °C).

§ 11.3 Kapillarwirkung

Die Wirkungen der Oberflächenspannung an der Grenze Festkörper – Flüssigkeit – Gas treten besonders deutlich in engen Röhren, so genannten *Kapillaren* in Erscheinung. Taucht man ein Kapillarrohr vertikal in eine benetzende Flüssigkeit, so steigt die Flüssigkeit in der Kapillare hoch (Abb. 11.10). Diese Erscheinung nennt man **Aszension**. Benetzende Flüssigkeiten stehen in dünnen Kapillaren höher als in dicken. Umgekehrt wird in einer nicht benetzenden Flüssigkeit beim Eintauchen einer Kapillare die Flüssigkeitsoberfläche in der Kapillare unter das Niveau im umgebenden Gefäß herabgedrückt (**Depression**, Abb. 11.11).

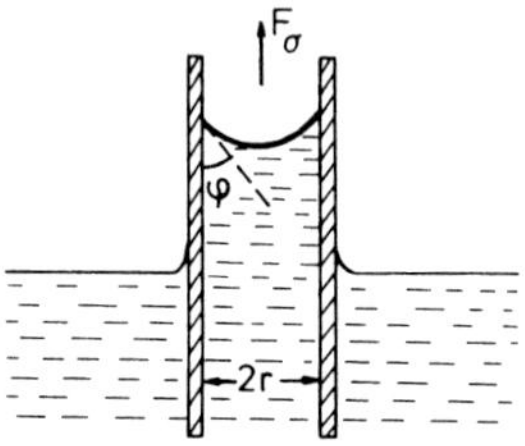

Abb. 11.10

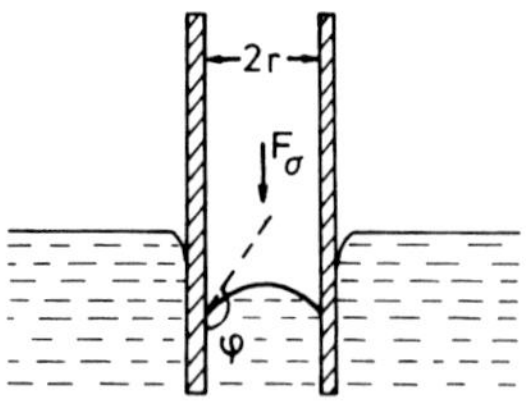

Abb. 11.11

In dünnen Kapillaren stehen nicht benetzende Flüssigkeiten tiefer als in dicken. Die freie Oberfläche der Flüssigkeit weist in beiden Fällen in der Kapillare eine Krümmung auf, die als **Meniskus** bezeichnet wird. Benetzende Flüssigkeiten weisen einen nach oben konkaven, nicht benetzende einen nach oben konvexen Meniskus auf. Der Meniskus stellt den Ausschnitt einer Kugelfläche dar; die Krümmung ist umso stärker, je kleiner der Durchmesser der Kapillare ist. Bei nicht vollkommener Benetzung bzw. bei Nichtbenetzung bilden der Meniskus und die Kapillargrenzfläche einen bestimmten Winkel φ (Randwinkel) miteinander (s. Abb. 11.10 bzw. 11.11). Bei idealer (vollkommener) Benetzung bzw. Nichtbenetzung wird $\varphi = 0°$ bzw. 180°.

Die Kapillaraszension bzw. -depression kommt folgendermaßen zustande: Bei einer sphärisch gekrümmten Oberfläche (Abb. 11.10 bis Abb. 11.12) herrscht wegen der Oberflächenspannung $\sigma = \sigma_{\text{fl, g}}$ der Flüssigkeit gegen Luft ein nach dem Krümmungsmittelpunkt hin gerichteter Kohäsionsdruck $p = F_\sigma/A$, für den nach Beziehung (11.3) gilt:

$$p = \frac{2\sigma}{r_K} = \frac{2\sigma}{r} \cdot \cos\varphi \qquad (11.9)$$

wobei r_K der Krümmungsradius des Meniskus und $r = r_K \cdot \cos\varphi$ (φ: Randwinkel) der Radius der Kapillare ist (Abb. 11.12). Dieser Druck hebt (bzw. senkt) die Flüssigkeit an (bzw. ab) gegenüber dem Niveau der die Kapillare umgebenden Flüssigkeit.

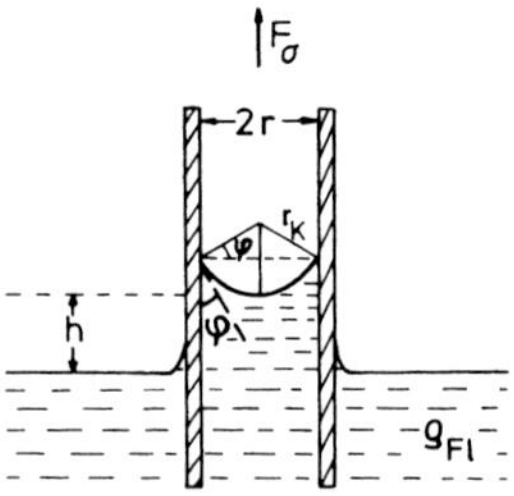

Abb. 11.12

Eine die Kapillarwand benetzende Flüssigkeit wird in Kapillaren so weit hochsteigen, bis der Kohäsionsdruck im Gleichgewicht mit dem der Steighöhe h entsprechenden Schweredruck $p_S = \varrho_{Fl} \cdot g \cdot h$ ist (Abb. 11.12). Es folgt dann mit (11.9):

$$\varrho_{Fl} \cdot g \cdot h = \frac{2\sigma \cdot \cos\varphi}{r}$$

oder

$$h = \frac{2\sigma \cdot \cos\varphi}{r \cdot \varrho_{Fl} \cdot g} \qquad (11.10)$$

Im speziellen Fall einer vollkommen benetzenden Flüssigkeit ($\varphi \approx 0°$), z. B. Wasser-Glaskapillare, gilt für die Steighöhe:

$$h = \frac{2\sigma}{r \cdot \varrho_{Fl} \cdot g} \qquad (11.11)$$

Bei gleicher Oberflächenspannung σ ist die Steighöhe desto größer je kleiner der Radius der Kapillare ($h \sim r^{-1}$) ist.

Bei nicht benetzenden Flüssigkeiten ergibt sich eine zu (11.10) entsprechende Beziehung für die Depression, wobei der Randwinkel gemäß (11.6) bzw. (11.7) gegeben ist.

§ 11.4 Bestimmung der Oberflächenspannung

Zur Messung der *Oberflächenspannung* gibt es diverse Verfahren. Einige Beispiele der *Tensiometrie*, welche z. T. oben schon angesprochen wurden, werden nachstehend kurz beschrieben.

Abreißmethode

Ein Abreißkörper (Drahtbügel oder Metallring) bekannter Abmessung ist an einer empfindlichen Federwaage (z. B. Spiralfederwaage) aufgehängt. Er wird vollständig in die zu messende Flüssigkeit eingetaucht und danach wieder langsam herausgezogen, wobei sich eine dünne Flüssigkeitslamelle aus der Flüssigkeitsoberfläche heraus ausbildet. Man bestimmt dann mit der Waage die auf den Abreißkörper wirkende maximale Kraft F im Augenblick des Abreißens der Flüssigkeitslamelle. Im Falle eines Drahtbügels als Abreißkörper lässt sich die Oberflächenspannung nach Gleichung (11.2) berechnen. Bei Verwendung eines Metallrings, dessen kreisförmiger Umfang u sei, ergibt sich aus (11.1) für die Oberflächenspannung $\sigma = \frac{\Delta W}{\Delta S} = \frac{F \cdot \Delta h}{2 \cdot u \cdot \Delta h}$, wobei Δh die Höhe bedeutet, um welche die Flüssigkeitslamelle über die Flüssigkeitsoberfläche herausgezogen werden kann und die Oberflächenzunahme ΔS sich als doppelte Mantelfläche (Innen- und Außenfläche) des entstehenden Kreiszylinders zu $\Delta S = 2 \cdot u \cdot \Delta h = 4\pi \cdot r \cdot \Delta h$ ergibt, mit $u = 2\pi \cdot r$ (r: Radius des Metallrings). Die Oberflächenspannung berechnet sich somit nach der Abreißmethode mit Metallring gemäß:

$$\sigma = \frac{F}{2 \cdot u} = \frac{F}{4\pi \cdot r} \qquad (11.12)$$

Steighöhenmethode

Nach der Beziehung (11.10) bzw. (11.11) kann die Oberflächenspannung σ aus der Steighöhe der Flüssigkeit in Kapillaren bestimmt werden.

Tropfengewichtsmethode

Zur Messung der Oberflächenspannung benetzender Flüssigkeiten kann auch das Gewicht eines Tropfens aus einer vertikalen Kapillare verwendet werden. Dies wird beim Stalagmometer und beim Normaltropfenzähler angewendet.

Stalagmometer

Durch eine kreisrunde Kapillarenöffnung tritt ein Tropfen Flüssigkeit aus (Abb. 11.13). Der Tropfen reißt dann ab, wenn das Gewicht G des Tropfens gleich der Kraft F wird, die an der Abreißstelle aufgrund der Grenzflächenspannung entsteht. Für den Flüssigkeitstropfen (Oberflächenspannung σ_{Fl}) erhält man, infolge des Kohäsionsdrucks der Flüssigkeit (s. Gleichung (11.3)), bei einer horizontalen, kreisförmigen Fläche $A = \pi \cdot r^2$ mit (ungefährem) Radius r, für die Kraft $F = p \cdot A$ bis zum Abreißen:

$$F = 2\pi \cdot r \cdot \sigma_{Fl} \qquad (11.13)$$

Beim Abreißen ist das Volumen V_{Tr} des Flüssigkeitstropfens so groß geworden, dass seine Gewichtskraft

$$G_{Tr} = m_{Tr} \cdot g = \varrho_{Fl} \cdot V_{Tr} \cdot g \qquad (11.14)$$

gleich der bis dahin haltenden Kraft F ist, wobei m_{Tr} die Masse des Flüssigkeitstropfens bzw. ϱ_{Fl} die Dichte der Flüssigkeit bezeichnet. Durch Gleichsetzen von (11.13) und (11.14): $F = 2\pi \cdot r \cdot \sigma_{Fl} = \varrho_{Fl} \cdot V_{Tr} \cdot g = G_{Tr}$, folgt für die Oberflächenspannung σ_{Fl} des Flüssigkeitstropfens:

$$\sigma_{Fl} = \frac{\varrho_{Fl} \cdot g \cdot V_T}{2\pi \cdot r} \qquad (11.15)$$

Wird jeweils ein definiertes Volumen $V_{0,\,Fl}$ einer Flüssigkeit verwendet, dann ergibt dieses Volumen jeweils Z_{Fl} Flüssigkeitstropfen und es gilt $Z_{Fl} = V_{0,\,Fl}/V_{Tr}$, womit für (11.15) folgt:

$$\sigma_{Fl} = \frac{\varrho_{Fl} \cdot g \cdot V_{0,\,Fl}}{2\pi \cdot r \cdot Z_{Fl}} \qquad (11.16)$$

Bei bekannter Dichte der Flüssigkeit ϱ_{Fl} und bekanntem Radius r des Tropfens kann mittels (11.15) prinzipiell die Oberflächenspannung der Flüssigkeit ermittelt werden. Mit Stalagmometern werden jedoch hauptsächlich Relativmessungen durchgeführt, wobei zur Kalibration meist Wasser als Bezugsgröße ($\sigma_{H_2O} = 72{,}8 \cdot 10^{-3} N \cdot m^{-1}$ bei 20 °C) verwendet wird. Bei jeweils fest vorgegebenem Volumen $V_{0,\,Fl}$ und bekanntem Kapillarenradius r erhält man dann nach kurzer Rechnung, aus dem Quotienten jeweils der Beziehung (11.16) von der unbekannten Flüssigkeit und der Referenzflüssigkeit, für die Oberflächenspannung σ_x der unbekannten Flüssigkeit in Bezug auf die Referenzflüssigkeit Wasser (Indizes H_2O):

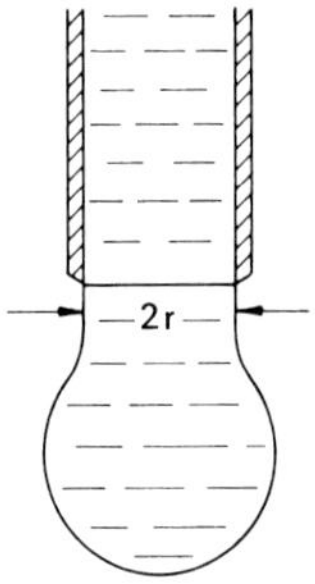

Abb. 11.13

$$\sigma_x = \frac{Z_{H_2O}}{Z_x} \cdot \frac{\varrho_x}{\varrho_{H_2O}} \cdot \sigma_{H_2O} \qquad (11.17)$$

Z_{H_2O} = Tropfenzahl von Wasser
Z_x = Tropfenzahl der zu messenden Flüssigkeit
ϱ_x = Dichte der Flüssigkeit
ϱ_{H_2O} = Dichte von Wasser

Die Tropfenzahl und die Oberflächenspannung sind umgekehrt proportional zueinander, d. h. im Vergleich zur Bezugsflüssigkeit ist bei höherer Tropfenzahl Z_x der unbekannten Flüssigkeit deren Oberflächenspannung geringer. Bei der experimentellen Durchführung ist wegen der Temperaturabhängigkeit von σ auf konstante Temperatur zu achten und auf vertikale Positionierung des Stalagmometers, zur Vermeidung einer Erhöhung der Tropfenzahl pro Flüssigkeitsvolumen durch eventuelle Schräglage.

P Normaltropfenzähler

Der Normaltropfenzähler beruht auch auf der Abhängigkeit der mittleren Masse bzw. des Volumens eines von einer Kapillaren abreißenden Flüssigkeitstropfens von der Größe der Oberflächenspannung. Setzt man (11.13) und (11.14) gleich, so folgt $G = m \cdot g = \varrho \cdot V \cdot g = 2\pi \cdot r \cdot \sigma$; daraus ergibt sich für die Masse des Tropfens:

$$m = \varrho \cdot V = \frac{2\pi \cdot r \cdot \sigma}{g} \qquad (11.18)$$

Ein Brüsseler Normaltropfenzähler (Durchmesser der Abtropffläche 3 mm bei vertikaler Positionierung) liefert bei einer Tropfgeschwindigkeit von 1 Tropfen pro Sekunde bei 20 °C mit 20 Tropfen eine Menge von (1000 ± 50) mg destilliertes Wasser. (Maximal 5 % Abweichung bei 3 Bestimmungen.)

Die Anzahl der Tropfen pro 1 g Flüssigkeit ist ein Maß für die Oberflächenspannung. Je größer die Tropfenzahl desto geringer ist die Oberflächenspannung. So liefern z. B. ätherische und alkoholische Flüssigkeiten 40–80 Tropfen pro Gramm.

P § 11.5 Adsorption an Grenzflächen

In diesem Abschnitt können nur einige grundlegende Bemerkungen und Begriffe angesprochen werden, zu diesem für viele naturwissenschaftliche Disziplinen interessanten und vielfältig angewendeten Themenbereich der Wechselwirkungsprozesse und Erscheinungen an Grenzflächen.

Adsorption findet sowohl an flüssigen wie auch an festen Grenzflächen statt. Man versteht darunter die Anreicherung einer flüssigen oder gasförmigen Phase, oder von Komponenten davon, an der Oberfläche einer damit in Kontakt stehenden kondensierten Phase (Flüssigkeit oder Festkörper). Den zu adsorbierenden Stoff nennt man das *Adsorptiv*, die adsorbierte Substanz das *Adsorbat* und das Material, aus dem die Oberfläche besteht, das *Adsorbens* oder auch das *Substrat* (meist im Falle von Feststoffen). Die Umkehrung der Adsorption ist die **Desorption**.

Wir haben in § 11.2 die Akkumulation von oberflächenaktiven Substanzen an flüssigen Grenzflächen bereits kurz erwähnt. Hier reichern sich die einer Flüssigkeit hinzugefügten Moleküle in der Grenzfläche an, unter Verkleinerung der freien Oberflächenenergie und damit der Oberflächenspannung des Systems. Diese Adsorption bezeichnet man auch als *positive Adsorption* im Unterschied zur *negativen Adsorption*, bei welcher sich die Substanzen bevorzugt im Innern der Phase anreichern (z. B. anorganische Elektrolyte), was zu einer Erhöhung der Oberflächenspannung führt. Die an der Grenzfläche adsorbierten Moleküle oder Ionen bezeichnet man als *Tenside* oder auch *amphiphile Stoffe*, worin zum Ausdruck kommt, dass eine gewisse Affinität sowohl zu polaren als auch zu unpolaren Lösungsmitteln besteht. Die amphiphile Substanz wird einen zwischen **hydrophil** und **lipophil** liegenden Charakter haben, je nach Anzahl und Art der polaren und unpolaren Gruppen des Moleküls oder Ions. Die amphiphilen Eigenschaften sind es gerade, denenzufolge die oberflächenaktiven Stoffe an flüssig – gasförmig oder flüssig – flüssig Grenzflächen adsorbiert werden.

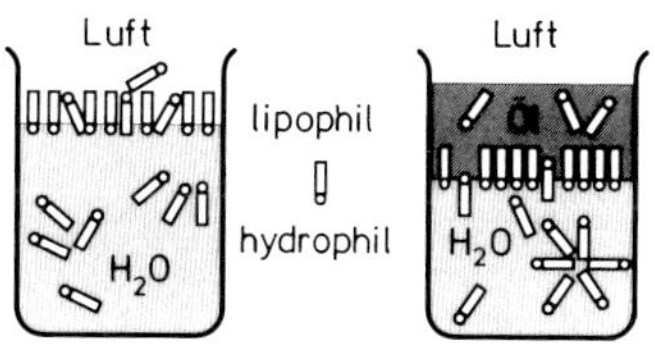

Abb. 11.14 (1) (2)

Abb. 11.14 zeigt schematisch das Beispiel einer Fettsäure (z. B. Stearinsäure) an der Grenzfläche Wasser – Luft und Wasser – Öl. Während die lipophilen Ketten (CH_3-Gruppen) an der Wasser-Luft-Grenzfläche in den Luftraum ausgerichtet sind (Abb. 11.14 (1)), assoziieren sie sich an der Wasser-Öl-Grenzfläche mit der Ölphase (Abb. 11.14 (2)). Die hydrophile Carboxylgruppe (COOH) erfährt dagegen in beiden Fällen starke Adhäsionskräfte durch die Wassermoleküle, wodurch es zu einer gerichteten Anordnung der Fettsäuremoleküle an der jeweiligen Grenzfläche kommt. Zur Ausrichtung und Anreicherung in der Wasser-Öl-Grenzfläche muss ein ausgewogenes Verhältnis von wasserlöslichen und öllöslichen Gruppen vorliegen. Zu hydrophile Moleküle bleiben im Innern der Wasserphase, zu lipophile im Innern der Ölphase und zeigen keine Tendenz zur Anordnung an der Grenzfläche. Bei der Ausbildung von Monoschichten adsorbierter Materialien an Oberflächen unterscheidet man häufig aufgrund der Löslichkeit des Adsorbats in der flüssigen Phase zwei Gruppen: solche die „lösliche" Monoschichten bilden und jene, die „unlösliche" Filme bilden. In dieser Betrachtungsweise würde auf Wasser beispielsweise Amylalkohol eine lösliche Monoschicht bilden, wogegen Cetylalkohol einen unlöslichen Film ausbilden würde.

Die Adsorption von Substanzen an festen Grenzflächen aus einem angrenzenden Gas oder einer Flüssigkeit ist in vieler Hinsicht derjenigen an flüssigen Grenzflächen ähnlich, jedoch sind die Adsorptionserscheinungen entsprechend der größeren Vielfalt der Oberflächenstrukturen der Festkörper vielgestaltiger. Ganz allgemein gibt es zwei Möglichkeiten der Adsorption: die *Physisorption* (eigentlich physikalische Adsorption), die auf van der Waals-Wechselwirkungen (s. § 39.1.1) zwischen Adsorbat und Substrat beruht und die *Chemisorption* (chemische Adsorption), bei welcher das Adsorbat über eine chemische (häufig kovalente) Bindung an die Oberfläche gebunden wird. Physisorption und Chemisorption unterscheiden sich daher auch in der Stärke der Bindung, wobei die Physisorption die schwächere Bindung darstellt. Ein Maß für die Stärke der Bindung ist die Größe der auftretenden *Adsorptionswärme*. Bei der Physisorption bleiben adsorbierte Moleküle als solche erhalten, sie werden eventuell polarisiert, während es bei der Chemisorption zu einem Zerfall der Moleküle kommen kann. Die Chemisorption unterscheidet sich jedoch von der chemischen Bindung dadurch, dass chemisorbierte Teilchen auf der Oberfläche des Adsorbens noch beweglich sind. Auf der Adsorbensoberfläche können die adsorbierten Teilchen entweder statistisch verteilt oder in streng geometrischer, der Struktur der Festkörperoberfläche entsprechenden Ordnung vorliegen. Das Ausmaß und die Art der Adsorption ist von zahlreichen Faktoren abhängig:

a) von der chemischen Natur des Adsorbens;
b) von der chemischen Natur des Adsorptivs; z. B. können aus einem Gemisch einige Komponenten adsorbiert werden, andere nicht (*selektive Adsorption*);
c) von der Struktur der Oberfläche; die Adsorptionseigenschaften können für verschiedene kristallographische Ebenen ein und desselben Adsorbens unterschiedlich sein (*flächenspezifische Adsorption*);
d) vom Partialdruck des Adsorptivs in der Gasphase bzw. von der Konzentration in der flüssigen Phase;
e) von der Temperatur; die Zahl der adsorbierten Moleküle steigt i. Allg. mit sinkender Temperatur;
f) von der Gegenwart anderer Adsorptive; stärker gebundene Adsorbate vermögen schwächer gebundene vom Adsorbens zu verdrängen (*Verdrängungsadsorption*).

Trägt man die bei konstanter Temperatur beobachtete Zahl N der pro Flächeneinheit A adsorbierten Teilchen, bzw. den Belegungsgrad Θ, oder, wie auch häufig, die gemessene Adsorbatmasse x pro Adsorbensmasse m in Abhängigkeit vom Druck p des Absorptivs in der Gasphase, oder als Funktion seiner Konzentration c in einer Lösung, in einem (jeweils linear bzw. logarithmisch geteilten) Koordinatensystem auf, so ergibt sich eine als *Adsorptionsisotherme* bezeichnete Kurve (vgl. Abb. 11.15 (a) bzw. (b)). Die analytische Form einer solchen Isotherme wird durch die speziellen Eigenschaften des Adsorptionssystems bestimmt.

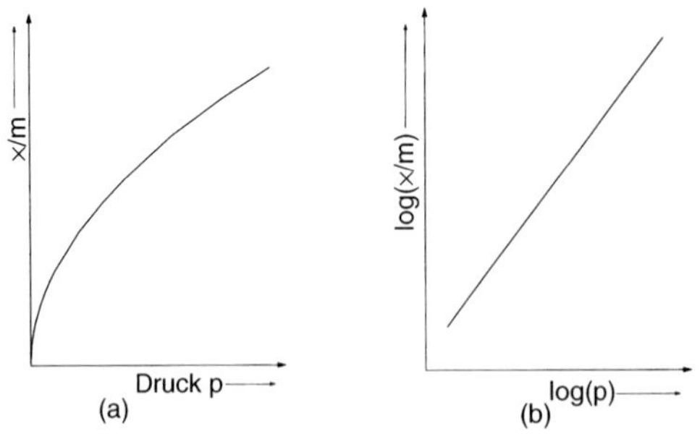

Abb. 11.15

Bildet sich beispielsweise bei der Adsorption, wie bei der Chemisorption, nur eine monomolekulare Adsorptionsschicht aus und ist die Adsorptionswärme unabhängig von der Belegung, dann lässt sich der Zusammenhang zwischen Belegungsgrad und Gasdruck oft durch die *Langmuir'sche Adsorptionsisotherme* beschreiben (Abb. 11.16). Für diese ist charakteristisch, dass sie für kleine Drücke linear mit p ansteigt und bei großen Drücken in Sättigung geht, d. h. sich asymptotisch der (maximalen) monomolekularen Belegung $(x/m)_s$ nähert. Mit steigender Temperatur verläuft die Langmuir'sche Adsorptionsisotherme flacher und geht erst bei höheren Drücken in Sättigung, wie Abb. 11.17 für zwei Temperaturen ($T_2 > T_1$) zeigt.

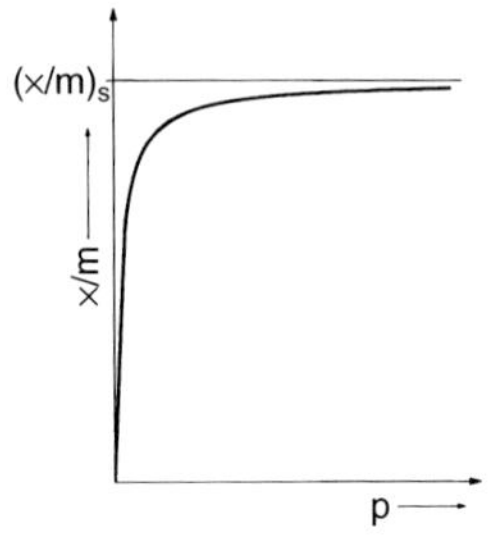

Abb. 11.16

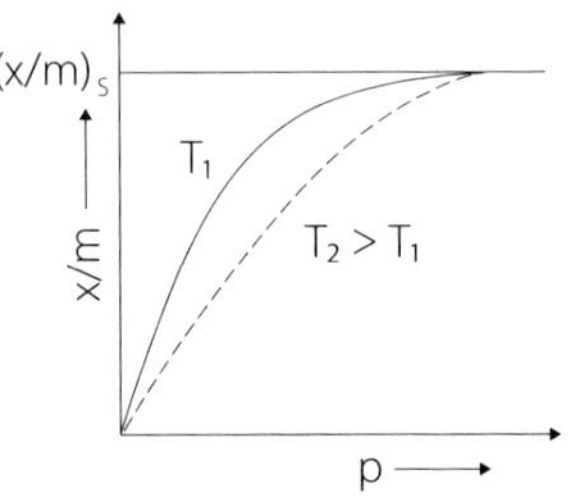

Abb. 11.17

Ist aber die Adsorptionswärme von der Belegung abhängig und nimmt logarithmisch mit der Belegung ab, dann gilt die *Freundlich'sche Adsorptionsisotherme*, wie in Abb. 11.15 dargestellt; sie wird durch die Beziehung: $\frac{x}{m} = a \cdot p^{1/n}$ beschrieben (dabei ist x die Masse an Gas, die pro Masse m des Adsorbens adsorbiert werden kann, a und n sind Systemkonstanten). Bildet sich jedoch nicht nur eine monomolekulare Adsorptionsschicht aus, sondern findet Adsorption in mehreren Schichten statt, was insbesondere bei der *Physisorption* zu beobachten ist, dann zeigt die Adsorptionsisotherme eine sigmoide Form, wenn

Gase an nichtporösen Feststoffen adsorbiert werden (Abb. 11.18). Von kleinen Drücken ausgehend strebt die Adsorptionsisotherme zunächst einem Grenzwert zu bis zu einem Wendepunkt, an dem die Monoschicht ausgebildet ist, um dann mit steigendem Druck weiter anzusteigen infolge der Ausbildung von Multischichten durch fortschreitende Adsorption.

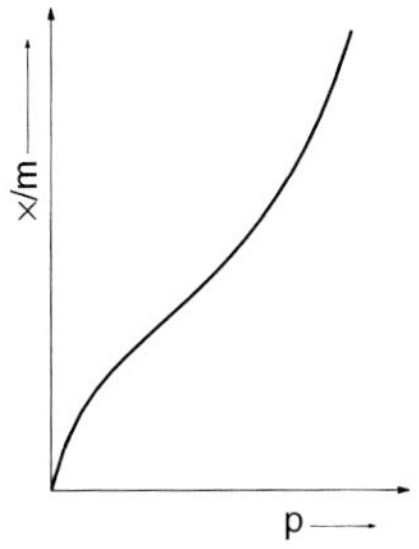

Abb. 11.18

Die o. g. *Physisorption* oder *van der Waals-Adsorption* ist ein reversibler Prozess, wobei deren Umkehrprozess, wie eingangs bereits erwähnt, als *Desorption* bezeichnet wird. Soll ein physikalisch adsorbiertes Gas beispielsweise von einem Feststoff desorbieren, so kann dies durch eine Erhöhung der Temperatur und eine Herabsetzung des Druckes erreicht werden. Demgegenüber ist die *chemische Adsorption* irreversibel, da hier das Adsorbat über chemische Bindungen an das Adsorbens gebunden ist.

Aufgaben

Aufgabe 11.1: Wie groß ist die Oberflächenenergie eines kugelförmigen Wassertropfens mit dem Radius $\boldsymbol{r} = 1$ mm, wenn die Oberflächenspannung von Wasser $\sigma = 0{,}07\ \mathrm{N \cdot m^{-1}}$ beträgt?

Aufgabe 11.2: Wie hoch ist der Kohäsionsdruck
a) in einem Quecksilberkügelchen vom Radius $r = 1\ \mu$m ($\sigma_{Hg} = 0{,}47$ N/m)?
b) in einer Seifenblase mit dem Radius $r = 30$ mm ($\sigma = 0{,}03$ N/m)?

Aufgabe 11.3: Um welchen Betrag ändert sich der Druck im Innern einer Seifenblase, wenn sich deren Durchmesser von $\boldsymbol{d}_1 = 4$ cm auf $\boldsymbol{d}_2 = 8$ cm vergrößert? Die Oberflächenspannung der Seifenhaut sei $\sigma = 0{,}0324$ N/m.

Aufgabe 11.4: Wie groß ist die Oberflächenspannung von Alkohol, wenn dieser in einer Kapillare mit dem Radius $\boldsymbol{r} = 0{,}3$ mm eine Steighöhe von $\boldsymbol{h} = 19$ mm aufweist? (Randwinkel $\varphi \approx 0°$, Dichte $\varrho = 7{,}9 \cdot 10^2\ \mathrm{kg \cdot m^{-3}}$.)

Aufgabe 11.5: Zwei Kapillaren aus gleichem Material werden in die gleiche Flüssigkeit getaucht. Bei der einen Kapillare stellt sich eine Steighöhe $\boldsymbol{h}_1$ ein, während sich bei der anderen Kapillaren mit doppelter innerer Querschnittsfläche eine Steighöhe $\boldsymbol{h}_2$ ergibt. In welchem Verhältnis stehen die Steighöhen der beiden Kapillaren?

Wärmelehre

§ 12 Grundbegriffe – Temperaturskalen – Temperaturmessung

§ 12.1 Grundbegriffe

Mithilfe unseres Wärmesinns nehmen wir Wärme und Kälte wahr. Dieser subjektiven Empfindung liegt eine von der Masse und der stofflichen Zusammensetzung der Körper unabhängige *Zustandsgröße*, die **Temperatur**, zugrunde. Die Temperatur ist eine *skalare Größe* und beschreibt den Wärmezustand eines Systems. Soll die Temperatur geändert werden, so muss dem System *Wärme*, d.h. *Energie*, zugeführt oder entzogen werden. Die dabei benötigte oder freigesetzte **Wärmemenge** ΔQ hängt von der Masse m, der stofflichen Zusammensetzung des Systems und der Größe der Temperaturänderung $\Delta\vartheta$ ab: $\Delta Q \sim m \cdot \Delta\vartheta$ (s. § 15.1).

Bringt man zwei Körper, die anfangs verschiedene Temperatur besitzen, genügend lange in innige Berührung, so nehmen sie dieselbe Temperatur an. Der anfangs „wärmere" Körper kühlt sich ab und der „kältere" Körper erwärmt sich; beide Körper sind dann im *thermischen Gleichgewicht* oder *Wärmegleichgewicht*.

§ 12.2 Temperaturskalen

Die *SI-Einheit der Temperatur* ist das **Kelvin (K)**. Daneben ist als Temperatureinheit auch der **Grad Celsius** (°C) zugelassen. Noch gebräuchlich, vor allem in angelsächsischen Ländern, ist der **Grad Fahrenheit (°F)**.

Wir bezeichnen die Temperaturen, die in Kelvin gemessen werden, mit T. Bei allen anderen Temperatureinheiten wird für die Temperatur der griechische Buchstabe ϑ verwendet.

Die **Kelvinskala** wird auch als *absolute thermodynamische Temperaturskala* bezeichnet. Den Beginn der Kelvinskala (s. Abb. 12.1) bildet der *absolute Nullpunkt*: 0 K. Fixpunkt der thermodynamischen Skala ist der *Tripelpunkt des Wassers*: 273,16 K (s. dazu § 16.3). Die Einheit 1 K ist definiert (s. § 2.1) als das (1/273,16)fache der thermodynamischen Temperatur des Tripelpunktes von Wasser.

Die **Celsiusskala** hat zwei Fixpunkte. Als Nullpunkt, 0 °C, die Temperatur, bei der sich

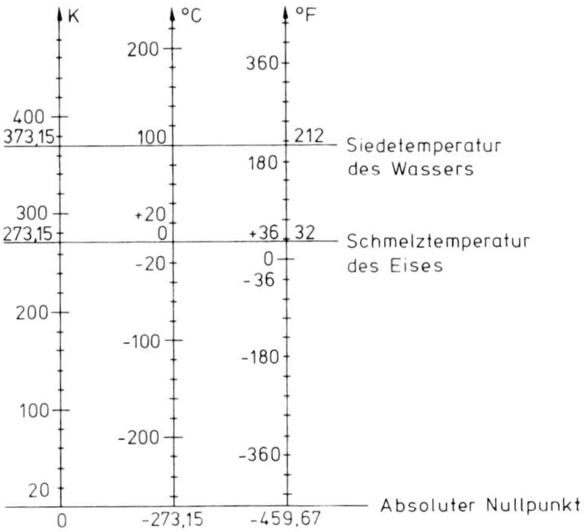

Abb. 12.1

Eis und Wasser im Gleichgewicht befinden (Schmelzpunkt des Eises), und den Wert 100 °C, den *Siedepunkt des Wassers*, jeweils bei Normaldruck (= 1013,25 hPa). Dieser Abstand ist in 100 gleiche Teile geteilt und ein Teil entspricht einem Grad Celsius (°C). Celsiusskala und Kelvinskala haben die gleiche Teilung (s. Abb. 12.1). Temperaturdifferenzen sollten zwar in K, können aber als Celsius-Temperaturdifferenzen auch in °C angegeben werden.

Der absolute Nullpunkt, 0 K, entspricht –273,15 °C. Der Tripelpunkt des Wassers, 273,16 K, liegt um 0,01 K höher als der Schmelzpunkt von Eis bei Normaldruck.
Ist T die Temperatur gemessen in K und ϑ die Temperatur gemessen in °C, dann gilt für die absolute Temperatur:

$$T/\mathrm{K} = \vartheta/{}^\circ\mathrm{C} + 273{,}15 \qquad (12.1)$$

Die **Fahrenheitskala** setzt 32 °F als die Temperatur *des schmelzenden Eises* fest (s. Abb. 12.1), während die *Siedetemperatur des Wassers* 212 °F entspricht. Die Einteilung ist also derart, dass auf 5 Celsiusgrade ϑ_C 9 Fahrenheitgrade ϑ_F entfallen:

$$\vartheta_F/{}^\circ\mathrm{F} = \frac{9}{5}\,\vartheta_C/{}^\circ\mathrm{C} + 32 \qquad (12.2)$$

So entsprechen z. B. 37 °C, die Körpertemperatur des Menschen, 98,6 °F.

§ 12.3 Temperaturmessung

Mit der Änderung der Temperatur ändern sich zahlreiche physikalische Eigenschaften von festen, flüssigen und gasförmigen Substanzen wie: Volumen, Dichte, Elastizität, Oberflächenspannung, Viskosität, elektrische Leitfähigkeit, thermoelektrischer Effekt usw. Die Änderung einiger dieser Eigenschaften macht man sich bei der Messung der Temperatur mit **Thermometern** zunutze.

Bimetallstreifen

Die meisten Festkörper dehnen sich bei Temperaturerhöhung aus (s. § 13.1). Insbesondere eignen sich hier Metalle als Thermometer. Lötet, schweißt oder walzt man zwei (oder mehrere) Streifen aus Metallen, die bei gleicher Temperaturänderung sich unterschiedlich stark ausdehnen, aufeinander, so reagiert ein solcher **Bimetallstreifen** bei jeder Temperaturänderung mit einer Biegung. Zwei prinzipielle Ausführungsmöglichkeiten sind in Abb. 12.2 dargestellt. Bei Temperaturerhöhung, z. B., krümmt sich der Bimetallstreifen zur Seite des Materials, welches den geringeren thermischen Ausdehnungskoeffizienten (s. § 13.1) besitzt (Abb. 12.2 (1)). Durch schraubenförmige oder spiralige Anordnung des Bimetalls (Abb. 12.2 (2)) lassen sich diese Thermometer sehr klein gestalten. *Bimetallthermometer* besitzen keine hohe Genauigkeit (ca. 1 bis 2 % des Skalenbereichs) und man verwendet sie oft nur zu Anzeigezwecken oder aber u. a., um in Kombination mit einem Schalter eine automatische Temperaturregelung herzustellen, wie z. B. das Öffnen und Schließen eines elektrischen Kontaktes bei einer bestimmten Temperatur.

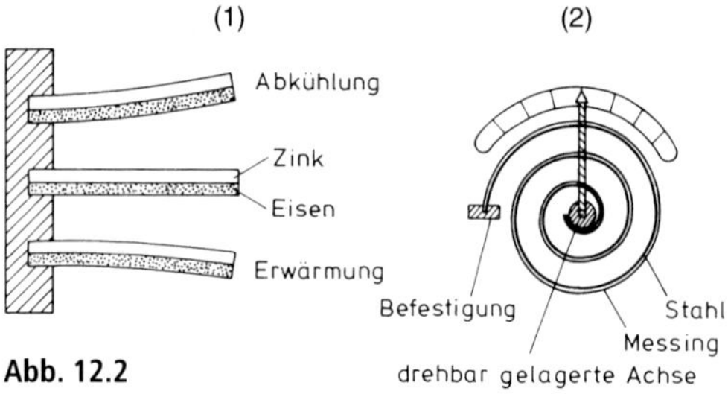

Abb. 12.2

Der Einsatzbereich von Bimetallthermometern liegt zwischen ca. –50 °C und 400 °C, abhängig vom Metall. Beispiele von Kombinationen für Bimetallstreifen sind: Aluminium – Kupfer, Eisen – Zink und Messing – Stahl.

Flüssigkeitsthermometer

Die Ausdehnung von Flüssigkeiten (s. § 13.1) ist bei einer bestimmten Temperaturänderung erheblich größer als die von Festkörpern. Als Thermometerflüssigkeiten finden mit unterschiedlichen Einsatzbereichen zur Temperaturmessung häufig Verwendung:

Quecksilber:
von –39 °C (Erstarrungstemperatur) bis ~ 300 °C (Siedetemperatur 356,7 °C).

Quecksilber mit Gasfüllung (Argon oder Stickstoff) im kapillaren Raum über dem Quecksilberfaden:
von – 39 °C bis ca. 700 °C.
Der Druck des Füllgases muss so gewählt werden, dass er größer ist als der Dampfdruck des Quecksilbers bei der höchsten zu messenden Temperatur.

Alkohol oder *Toluol:*
von etwa – 100 °C bis 200 °C.

Pentan:
von ca. – 190 °C bis 700 °C.

Bei allen diesen Thermometern befindet sich die Messflüssigkeit zum größten Teil in einem dünnwandigen Behälter von Kugel- oder Zylindergestalt aus Glas oder Quarz – dem eigentlichen Messfühler –, der in eine lange dünne Kapillare mündet (Abb. 12.3). An diese Kapillare ist eine Skala angebracht, deren Teilstrichabstand von der Messflüssigkeit, dem Messbereich und auch von der verwendeten Glasart abhängt, da ja das Messprinzip auf der relativ stärkeren Ausdehnung der Flüssigkeit im Vergleich zum umgebenden Glasbehälter beruht. Die Ablesegenauigkeit liegt je nach Skaleneinteilung zwischen 0,1 und 1 K. Durch Verwendung von Kapillaren mit sehr kleinem Innenquerschnitt und hinreichend großen Quecksilbergefäßen erreicht man auch Ablesegenauigkeiten von 0,01 K, wobei solche hochempfindlichen Thermometer nur für einen eng begrenzten Temperaturbereich hergestellt werden, damit sie noch eine handliche Länge haben.

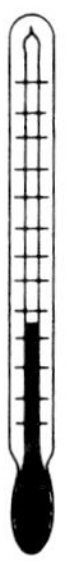

Abb. 12.3

Fieberthermometer

Das klassische Fieberthermometer (Abb. 12.4) ist ein Maximumthermometer mit einer Quecksilberfüllung, das eine in Zehntelgrad geteilte Skala von 35 bis 42 °C besitzt.

Das Stehenbleiben des Quecksilberfadens in der Kapillare bei der Höchsttemperatur wird durch eine am unteren Ende der Kapillare angebrachte Verengung erreicht. An dieser Verengung werden die Kohäsionskräfte der Flüssigkeit stark abgeschwächt, demzufolge der Quecksilberfaden beim Absinken der Temperatur infolge der Kontraktion des Flüssigkeitsvolumens abreißt, sodass der obere Teil in der Kapillare stehen bleibt und die Höchsttemperatur abgelesen werden kann. Durch eine Schleuderbewegung wird das Quecksilber wieder in das Vorratsgefäß gebracht.

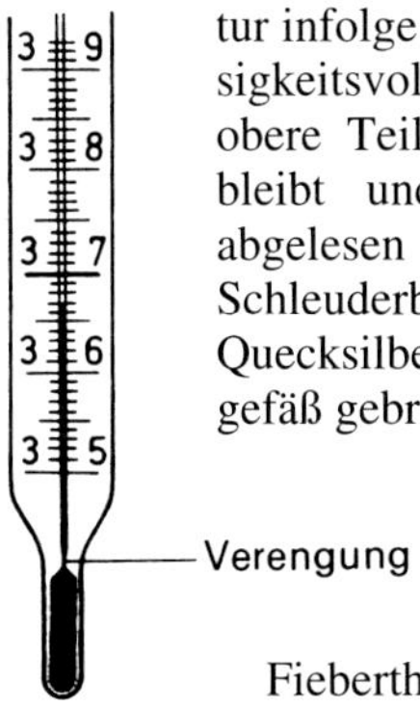

Abb. 12.4

Fieberthermometer mit Quecksilberfüllung dürfen jedoch in der Europäischen Union seit 2009 nicht mehr im Handel angeboten werden. Als alternative Thermometerflüssigkeiten kommen neben Alkoholen überwiegend die seit 1996 verfügbare ungiftige Legierung ***Galinstan*** in Frage. Galinstan, ein Akronym aus ***Gal***lium, ***In***dium und ***Stan***num (Zinn), ist eine silberfarbige eutektische Legierung bestimmter Zusammensetzung aus diesen Elementen und bei Raum- bzw. Körpertemperatur flüssig. Da Galinstan an Glas haftet, müssen die Thermometerkapillaren auf ihrer Innenfläche mit entsprechend geeignetem Material (z. B. Galliumoxid) beschichtet werden. Die Funktionsweise und Handhabung dieser analogen Fieberthermometer mit Galinstan als Thermometerflüssigkeit, ist vergleichbar zu denen mit Quecksilberfüllung und sie können wegen ihres nahezu identischen Aussehens leicht mit diesen verwechselt werden.

Als Alternative zu diesen analogen Fieberthermometern sind jedoch auch elektronische Messtechniken zur Erfassung der Körpertemperatur weit verbreitet, üblicherweise mit digitaler Anzeige, wie beispielsweise die sog. **Digitalen Fieberthermometer** und die **Infrarot-Fieberthermometer**.

Digitale Fieberthermometer, wegen der digitalen Flüssigkristallanzeige (**L**iquid **C**rystal **D**isplay) oft auch als *LCD-Fieberthermometer* bezeichnet, nutzen als Messprinzip die Temperaturabhängigkeit des elektrischen Widerstandes aus (s. unten *Widerstandsthermometer*). Durch eine entsprechende elektronische Schaltung wird die temperaturabhängige Widerstandsänderung erfasst, bis in einem bestimmten Zeitintervall keine merkliche Änderung mehr stattfindet. Der dem erreichten elektrischen Widerstand äquivalente Temperaturwert entspricht dann der Maximaltemperatur.

Infrarot-Fieberthermometer messen berührungslos die von einem Körper emittierte Infrarotstrahlung

(Wärmestrahlung), die von seiner Oberflächentemperatur abhängt (s. § 17.3). Ein geeignetes optisches Linsensystem fokussiert die von der Körperoberfläche emittierte Strahlungsenergie auf einen Detektor, welcher ein der Strahlung äquivalentes elektrisches Signal erzeugt, das mittels einer digitalen Signalverarbeitung in ein der Körpertemperatur proportionales Ausgangssignal umgesetzt und über ein Display angezeigt wird. Als Detektoren werden thermische und pyroelektrische Sensoren verwendet (s. dazu auch den letzten Abschnitt dieses Paragraphen), wobei der Detektor auf das Emissionsvermögen des emittierenden Körpers kalibriert sein muss.

Nach diesem Messprinzip arbeiten die sog. *Ohr-Fieberthermometer*, welche zur Temperaturmessung im Ohr verwendet werden, sowie die berührungslos die Temperatur der Hautoberfläche (z. B. der Stirn) messenden *Infrarot-Fieberthermometer*. Beide Gerätetypen finden in den letzten Jahren zunehmend Verwendung in Arztpraxen, im klinischen und auch im privaten Bereich.

Gasthermometer

Gase dehnen sich bei einer bestimmten Temperaturänderung noch wesentlich stärker aus (s. § 13.2) als Flüssigkeiten. Da sich Gase in hinreichender Verdünnung alle gleich verhalten, finden verdünnte Gase, insbesondere die idealen Gase, als sehr genaue Temperaturmessinstrumente in einem weiten Temperaturbereich Verwendung. Flüssigkeitsthermometer werden zu Eichzwecken mit Gasthermometern verglichen (s. § 13.2.2, Abb. 13.7), insbesondere solchen mit Wasserstoff- oder Heliumfüllung der Glas- oder Quarzbehälter. Verwendet man Platin bzw. Iridium als Gefäßmaterial und Helium als Füllgas, so erstreckt sich der Anwendungsbereich eines solchen Gasthermometers ab etwa 1 K bis 1900 bzw. 2300 K. Aufgrund der ca. 1000-mal so starken Ausdehnung der Gase im Vergleich zu den Gefäßmaterialien, kann man im Allgemeinen die Ausdehnung der Gefäße vernachlässigen bzw. kann der durch das Gefäß bedingte Fehler klein gehalten werden.

Widerstandsthermometer

Der elektrische Widerstand von Metallen und Halbleitern ist von der Temperatur abhängig. Bei Metallen steigt der elektrische Widerstand mit steigender Temperatur (s. § 25.1.1). Der Widerstand ist abhängig von der Art des Metalls und bei sehr tiefen Temperaturen von seiner Reinheit. Besonders geeignet als Material für Widerstandsthermometer ist das Platin, das im Temperaturbereich von ca. $-250\,°C$ bis etwa $+1000\,°C$ eingesetzt werden kann.

Im Gegensatz zu Metallen sinkt bei Halbleitermaterialien der elektrische Widerstand mit steigender Temperatur (s. § 25.2.2). Da ihre Empfindlichkeit bei abnehmender Temperatur steigt, finden sie Anwendung zur Messung sehr tiefer Temperaturen, etwa zwischen 0,1 und 20 K, aber je nach Ausführung auch als Widerstandsthermometer für höhere Temperaturen im Bereich von ca. $-55\,°C$ bis $+400\,°C$; in speziellen Ausführungen auch bis $+1000\,°C$. Als Materialien für Halbleiter-Temperaturfühler finden z. B. Massiv-Kohlewiderstände, Einkristalle aus Germanium oder Silizium und auch geeignet dotiertes Halbleitermaterial Verwendung.

Bei Metall- wie bei Halbleiter-Widerstandsthermometern wird die Temperaturmessung auf eine Messung des Widerstandes zurückgeführt (vgl. §§ 24 und 28) und es werden Genauigkeiten für die Temperaturbestimmung zwischen 0,1 und 1 K erreicht.

Thermoelemente

Verbindet man zwei verschiedene Metalle durch Klemmen, Löten oder Schweißen, so treten an der Kontaktstelle Elektronen des einen Metalls zum anderen über, wodurch eine *Kontaktspannung* entsteht, die von der Temperatur der Kontaktstellen abhängig ist (siehe dazu auch § 25.1.3). Sind alle Kontaktstellen auf gleicher Temperatur, so kompensieren sich die Kontaktspannungen. Werden aber zwei Kontaktstellen auf verschiedener Temperatur gehalten, so bleibt die Differenz der Kontaktspannungen als Thermospannung übrig, die der Temperaturdifferenz ΔT der beiden Kontaktstellen proportional ist. Damit ist die Temperaturmessung auf eine Spannungsmessung zurückgeführt.

Thermoelemente besitzen den Vorteil, Temperaturfühler mit sehr kleiner Berührungsfläche ($\lesssim 0{,}1$ mm $\varnothing$), geringer Wärmekapazität und damit geringer Trägheit der Anzeige zu sein. Die Spannungen liegen z. B. für ein Kupfer-Konstantan-Element bei etwa 40 μV/K für Temperaturen zwischen $-150\,°C$ und $+150\,°C$.

Der schematische Aufbau eines solchen Thermoelementes ist in Abb. 12.5 wiedergegeben. Zur Temperaturmessung wird die Messstelle der zu messenden Temperatur ausgesetzt (T_2 in Abb. 12.5) und die Vergleichsstelle auf einer bekannten und möglichst konstanten Temperatur T_1 gehalten, z. B. mittels eines thermostatisierten Gefäßes oder wie in Abb. 12.5 dargestellt mit Eiswasser.

Für die am Voltmeter ablesbare Thermospannung gilt:

$$U_{\text{th}} = a \cdot \Delta T = a \cdot (T_2 - T_1) \tag{12.3}$$

Dabei ist a eine materialspezifische Konstante, häufig als „*Thermokraft*" bezeichnet, die durch

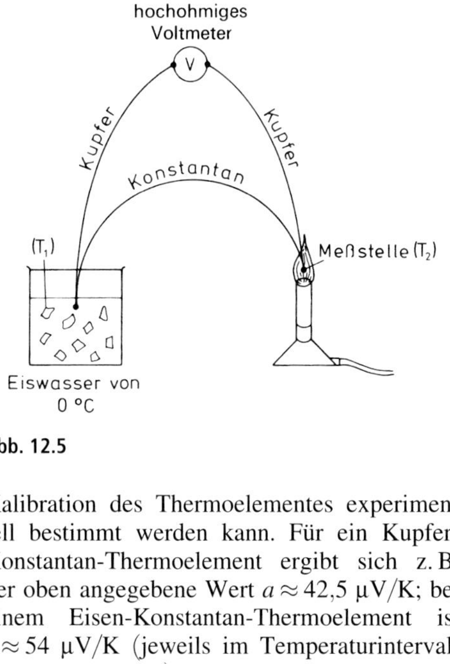

Abb. 12.5

Kalibration des Thermoelementes experimentell bestimmt werden kann. Für ein Kupfer-Konstantan-Thermoelement ergibt sich z. B. der oben angegebene Wert $a \approx 42{,}5$ µV/K; bei einem Eisen-Konstantan-Thermoelement ist $a \approx 54$ µV/K (jeweils im Temperaturintervall 0 °C bis +150 °C). Der von Thermoelementen in unterschiedlichen Paarungen von Werkstoffen (vgl. § 25.1.3) insgesamt überdeckte Temperaturbereich erstreckt sich von −270 °C bis etwa 2500 °C.

Beispiele weiterer Möglichkeiten der Temperaturmessung

Besonders präzise Messungen sind mit dem *Quarzkristallthermometer* möglich, wobei die Temperaturabhängigkeit der Schwingungsfrequenz (typischer Wert: 1 kHz pro K) eines Quarzkristalls ausgenützt wird, im Vergleich zu einem Referenzkristall, der aufgrund eines anderen Herstellungsverfahrens nahezu temperaturunabhängig ist. Die Schwingquarze werden i. Allg. so hergestellt, dass sie bei 0 °C mit einer Frequenz $\nu \approx 28{,}2$ MHz schwingen. Gemessen wird die Differenzfrequenz von Mess- und Referenzquarz mit einem Frequenzzähler, bei einem Messfehler von maximal 0,04 K.

Berührungslose Temperaturmessmethoden beruhen auf der Erfassung der von einem Körper emittierten Strahlungsleistung, die mit der Temperatur des Körpers ansteigt (s. §§ 17.3 und 43). Die Messung der Strahlung erfolgt mit *Bolometern*, *Thermosäulen* und *Pyrometern* (mit unterschiedlichen Detektoren). Pyrometer werden überwiegend zur Messung hoher Temperaturen verwendet (Bereich: ca. 1000 bis 3200 °C), es gibt aber auch Pyrometer mit denen, bei geeignetem Detektor (z. B. Thermosäule), sich Temperaturen ab −40 °C messen lassen. Ein weiteres Verfahren der berührungslosen Temperaturmessung ist die *Thermographie*, bei welcher mit einer *Infrarotkamera* das Objekt mittels einer Rasteroptik zeilenförmig abgetastet wird und man so ein Temperaturverteilungsbild des Objektes erhält. Die Messmöglichkeiten reichen von −30 °C bis ca. 1400 °C, bei einer Temperaturauflösung im niedrigsten Messbereich von etwa 0,1 K. Dieses Verfahren findet sowohl in der Technik als auch in der Medizin vielfältig Anwendung.

Es gibt auch eine Reihe spezieller berührender Temperaturmessverfahren auf nichtelektrischer Basis. Ein Beispiel hierzu sind bestimmte *Flüssigkristalle* (z. B. Cholesterinkristalle), die innerhalb eines engen Bereichs bei unterschiedlichen Temperaturen reversibel verschiedene Farben zwischen rot und blau annehmen (Anwendung z. B. in der Medizin bei der Plattenthermographie). Ebenso finden *Temperaturanzeigefolien* Verwendung, die bei Erreichen einer vorgegebenen Temperatur einen irreversiblen Farbumschlag zeigen, wie auch *Temperaturmessfarben* (Thermofarben oder -kreiden), die in Abhängigkeit von der Temperatur deutlich erkennbare Farbumschläge aufweisen.

In der Praxis benutzt man zur Kalibrierung von Thermometern in unterschiedlichen Temperaturbereichen eine Reihe von Fixpunkten, die durch Erstarrungs-, Siede- und Tripelpunkte verschiedener Stoffe international festgelegt sind. Einige dieser definierenden Fixpunkte der sog. „Internationalen Praktischen Temperaturskala" (ITPS-68) sind in Tab. 12.1, bezogen auf einen Normdruck von 1013,25 hPa, angegeben.

Tab. 12.1

Fixpunkt	T in K	ϑ in °C
Tripelpunkt von Wasserstoff	13,81	−259,34
Siedepunkt von Wasserstoff	20,28	−252,87
Siedepunkt von Neon	27,102	−246,048
Tripelpunkt von Sauerstoff	54,361	−218,789
Siedepunkt von Sauerstoff	90,188	−182,962
Tripelpunkt von Wasser	273,16	0,01
Siedepunkt von Wasser	373,15	100
Erstarrungspunkt von Zink	692,73	419,58
Erstarrungspunkt von Silber	1235,08	961,93
Erstarrungspunkt von Gold	1337,58	1064,43

Aufgaben

Aufgabe 12.1: Geben Sie die Fixpunkte
a) der Kelvin-Skala,
b) der Celsius-Skala an.

Aufgabe 12.2: Man gebe den Schmelzpunkt von Platin, 2045 K, in °C an.

Aufgabe 12.3: Bei einem Thermometer sind infolge sehr ungenauer Eichung der Nullpunkt bei +1 °C und der Siedepunkt bei 99 °C an der Skala aufgetragen.
a) Wie groß ist die tatsächliche Temperatur, wenn an der Skala dieses Thermometers 25 °C abgelesen werden?
b) Welche Temperatur zeigt das Thermometer richtig an?

Aufgabe 12.4: Mit einem Widerstandsthermometer wird die Temperatur von Wasser am Tripelpunkt gemessen und man liest einen Widerstand von $\boldsymbol{R} = 90{,}35\ \Omega$ ab. Welche Temperatur hat eine Flüssigkeit, in welcher mit diesem Thermometer ein Widerstand von $96{,}28\ \Omega$ gemessen wird? Im verwendeten Messbereich zeigt das Widerstandsthermometer einen linearen Zusammenhang zwischen Temperatur und Widerstand. (Temperaturleitfähigkeit α des elektrischen Widerstandes des Thermometermaterials $\alpha = 3{,}66 \cdot 10^{-3}\ \mathrm{K}^{-1}$.)

Aufgabe 12.5: Die Bezugsstelle eines Thermoelementes wird zunächst auf konstanter Temperatur von 300 K gehalten und an der Messstelle liegt eine Temperatur von 374 K vor, sodass eine elektrische Spannung von ca. 4 mV am Messinstrument abgelesen werden kann. Welche Spannung tritt auf, wenn sich nun die Bezugsstelle auf 20 °C und die Messstelle auf 70 °C befindet?

§ 13 Einige thermische Eigenschaften von Festkörpern, Flüssigkeiten und Gasen

In diesem Abschnitt befassen wir uns mit der temperaturabhängigen Änderung von charakteristischen Größen, wie z. B. des Volumens und der Dichte kondensierter Materie oder des Volumens und des Drucks von Gasen. Bei der Beschreibung der Gase gehen wir zunächst von einer Idealisierung aus und stellen einfache mathematische Beziehungen zwischen den Größen Druck, Volumen und Temperatur des idealen Gases auf, um dann für ein reales Gas eine der möglichen Formulierungen einer Beziehung zwischen diesen Größen zu diskutieren.

§ 13.1 Thermische Ausdehnung von Festkörpern und Flüssigkeiten

Die Ausdehnung fester und flüssiger Stoffe haben wir bereits bei der Beschreibung der Möglichkeiten zur Temperaturmessung erwähnt. Diese Zusammenhänge sollen nun etwas genauer behandelt werden. Beginnen wir mit der thermischen Ausdehnung von Festkörpern, wobei wir erst einmal nur die Ausdehnung in einer der drei Raumrichtungen, d. h. die Längenausdehnung oder lineare Ausdehnung betrachten. Beispielsweise stellt ein Stab, dessen Länge groß gegenüber seiner Querschnittsfläche ist, eine gute Näherung dafür dar, aber auch eine in einer Kapillare eingeschlossene Flüssigkeitssäule.

§ 13.1.1 Lineare Ausdehnung

Die lineare Ausdehnung von Stäben oder Rohren lässt sich mit einer einfachen Anordnung demonstrieren und messen, wie in Abb. 13.1 schematisch dargestellt: Ein Metallstab ist in der Halterung H fest eingespannt, in der Führung F frei gleitend gelagert und drückt gegen eine Zahnstange mit aufliegendem Zahnrad Z. Der am Zahnrad befestigte Zeiger erlaubt an der entsprechend geeichten Skala eine Verlän-

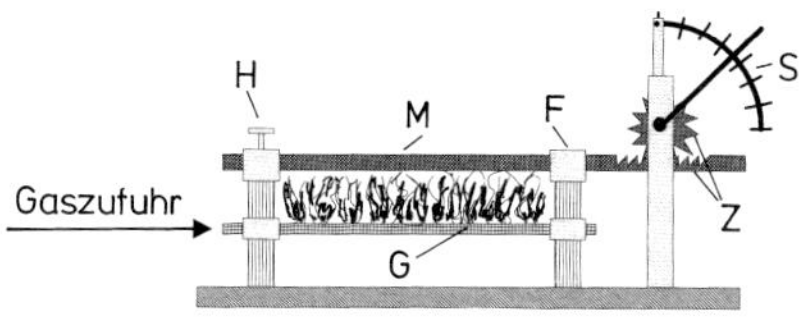

Abb. 13.1

gerung des Stabes abzulesen, die bei Erwärmung durch die aus zahlreichen Düsen austretenden Flammen des darunter angebrachten Gasrohrs G auftritt. Besitzt der Metallstab bei

Tab 13.1

Stoff	α in 10^{-6}/K
Aluminium	23,86
Blei	29,4
Chrom	6,6
Diamant	1,3
Eis (– 10 °C ... 0 °C)	50,7
Eisen	12,1
Germanium	6,1
Glas (Duran 50, Pyrex)	3,2
(Fenster)	10
(Quarz)	0,45
Glimmer	9 ... 15
Gold	14,5
Granit	3 ... 11
Hartgummi	75 ... 100
Kalium	84
Kohlenstoff (Graphit)	7,9
Konstantan	15
Kupfer	16,7
Platin	8,8
Plexiglas	70 ... 100
Polyamid (Nylon, Perlon)	70 ... 140
Polyethylen	200 ... 250
Porzellan	3 ... 4
PVC	150 ... 200
Silber	18,9
Silicium	7,6
Stahl (V-2A)	16
Teflon	60 ... 100
Titan	8,35
Wolfram	4,5
Zink	26,3
Zirconium	5,7

der Ausgangstemperatur T_0 die Länge l_0, dann gilt bei Ausdehnung in einer Dimension für die Länge l_T bei der Temperatur $T = T_0 + \vartheta$:

$$l_T = l_0 \cdot (1 + \alpha \cdot \vartheta) \tag{13.1}$$

Der Metallstab erfährt somit bei einer Temperaturerhöhung $\vartheta = \Delta T = T - T_0$ eine Längenänderung $\Delta l = l_T - l_0 = l_0 \cdot \alpha \cdot \vartheta$. Der *lineare Ausdehnungskoeffizient* α ist gleich der mittleren relativen Längenänderung des Körpers im Temperaturintervall von T_0 bis $(T_0 + \vartheta)$ und gegeben durch:

Definition:

$$\alpha = \frac{1}{\vartheta} \cdot \frac{l_T - l_0}{l_0} = \frac{1}{\vartheta} \cdot \frac{\Delta l}{l_0} \tag{13.2}$$

Einheit:

K^{-1}

Der lineare Ausdehnungskoeffizient ist über große Temperaturbereiche selbst von der Temperatur abhängig. Der mittlere lineare Ausdehnungskoeffizient einiger fester Stoffe (für den Bereich 0 °C bis 100 °C, falls nicht anders vermerkt) ist in Tab. 13.1 angegeben.

§ 13.1.2 Volumenausdehnung

Festkörper dehnen sich nicht nur in Längsrichtung aus, sondern auch ihre Querschnittsfläche, d. h. in die beiden anderen Raumrichtungen erfahren sie ebenso eine Ausdehnung. Da Flüssigkeiten keine Gestaltselastizität besitzen, lässt sich bei ihnen nur eine Volumenänderung aufgrund einer Temperaturänderung angeben. Für die Volumenausdehnung von Festkörpern und Flüssigkeiten bei Temperaturerhöhung um $\vartheta = \Delta T = T - T_0$ gilt daher allgemein:

$$V_T = V_0 \cdot (1 + \gamma \cdot \vartheta) \tag{13.3}$$

γ: Volumenausdehnungskoeffizient
V_T: Volumen bei der Temperatur $T = T_0 + \vartheta$
V_0: Volumen bei der Temperatur T_0

Es erfolgt somit bei einer Temperaturerhöhung ϑ von T_0 auf $(T_0 + \vartheta)$ eine Volumenänderung

$\Delta V = V_T - V_0$ gegeben durch $\Delta V = V_0 \cdot \gamma \cdot \vartheta$, wobei der Volumenausdehnungskoeffizient γ gleich der mittleren relativen Volumenänderung des Körpers pro Kelvin ist:

Definition:

$$\gamma = \frac{1}{\vartheta} \cdot \frac{V_T - V_0}{V_0} = \frac{1}{\vartheta} \cdot \frac{\Delta V}{V_0} \qquad (13.4)$$

Einheit:

K^{-1}

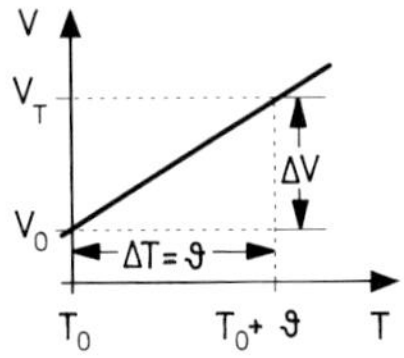

Abb. 13.2

In Abb. 13.2 ist der lineare Zusammenhang zwischen Körpervolumen und Temperaturänderung nach Gleichung (13.3) dargestellt (beide Koordinatenachsen linear geteilt). Bei bekanntem Volumen V_0 kann aus der Steigung der Geraden der Volumenausdehnungskoeffizient bestimmt werden.

Festkörper

Bei *homogenen* und *isotropen Festkörpern* ist die relative Längenänderung $\Delta l_i = l_{i,T} - l_{i,0}$ in alle drei Raumrichtungen $(i = x, y, z)$ dieselbe. Ist $V_0 = l_{x,0} \cdot l_{y,0} \cdot l_{z,0}$ das Volumen des Festkörpers bei der Temperatur T_0 und $V_T = l_{x,T} \cdot l_{y,T} \cdot l_{z,T}$ bei der um ϑ höheren Temperatur $T = T_0 + \vartheta$ dann folgt mit (13.1) für V_T:

$$V_T = V_0 \cdot (1 + \alpha \cdot \vartheta)^3 \approx V_0 \cdot (1 + 3\,\alpha \cdot \vartheta) \qquad (13.5)$$

wobei für $\alpha \cdot \vartheta \ll 1$ Glieder mit höheren Potenzen vernachlässigt werden können. Durch Vergleich mit der Beziehung (13.3) folgt aus (13.5) für den Volumenausdehnungskoeffizienten γ des homogenen und isotropen Festkörpers:

$$\gamma = 3\,\alpha \qquad (13.6)$$

Der kubische Ausdehnungskoeffizient von isotropen Festkörpern kann somit in erster Näherung aus dem linearen Ausdehnungskoeffizienten gemäß (13.6) berechnet werden. Für einen nicht-isotropen Festkörper stellt α in (13.6) den Mittelwert $\bar{\alpha} = \frac{1}{3}(\alpha_x + \alpha_y + \alpha_z)$ der linearen Ausdehnungskoeffizienten in die jeweilige Raumrichtung dar.

Flüssigkeiten

Die Volumenausdehnungskoeffizienten γ von Flüssigkeiten sind erheblich (ca. 100fach) größer als jene der Festkörper, wie Tab. 13.2 für einige Flüssigkeiten (bei einer Temperatur von 20 °C, falls nicht anders vermerkt) zeigt. Der Ausdehnungskoeffizient der Flüssigkeiten variiert aber wesentlich stärker mit der Temperatur als der von Festkörpern. Das Volumen von Flüssigkeiten wächst daher nicht streng linear mit der Temperatur und Gleichung (13.3) ist allenfalls über ein kleines Temperaturintervall gültig. Der thermische Ausdehnungskoeffizient γ der Flüssigkeit kann demzufolge nur aus der Steigung der Messkurve $V = f(T)$ für die entsprechende Temperatur $(T_0 + \vartheta)$ bestimmt werden. Bei Quecksilber ist γ über einen großen Temperaturbereich in erster Näherung von der Temperatur unabhängig, weshalb die Skalen von Quecksilber-Thermometern eine äquidistante Teilung aufweisen. Für eine beliebige Thermometerflüssigkeit wird die Teilung jedoch nichtäquidistant sein (z. B. Alkoholthermometer).

Als ein Beispiel für die Temperaturabhängigkeit sind in Tab. 13.2 einige Werte des thermischen Ausdehnungskoeffizienten γ von Wasser bei verschiedenen Temperaturen mit aufgenommen, wobei Wasser überdies eine wichtige Ausnahmestellung einnimmt, indem es eine *Anomalie* zeigt: Wasser besitzt bei Erwärmung von 0 °C bis zu einer Temperatur von 3,98 °C einen negativen Ausdehnungskoeffizienten – d. h. es zieht sich bei Erwärmung zusammen –, bei 3,98 °C ist der Nulldurchgang und erst oberhalb dieser Temperatur nimmt γ positive Werte an; die Dichte von Wasser ist bei dieser Temperatur daher maximal (s. § 13.1.3).

Tab. 13.2

Flüssigkeit	γ in 10^{-4}/K
Aceton	14,9
Benzin	10,6
Benzol	12,4
Chloroform	12,8
Diethylether	16,2
Ethanol	11,0
Glycerin	4,7
Glycol	6,4
Methanol	12,0
Olivenöl	7,2
Quecksilber	1,82
Salpetersäure	12,4
Schwefelsäure	5,7
Silikonöl	9...16
Tetrachlorkohlenstoff	12,3
Toluol	11,1
Wasser:	
von 0 °C	−0,7
von 3,98 °C	0,0
von 10 °C	0,88
von 20 °C	2,07
von 30 °C	3,02
von 40 °C	3,85
von 50 °C	4,58
von 60 °C	5,23
von 70 °C	5,84
von 80 °C	6,43
von 90 °C	6,96

§ 13.1.3 Temperaturabhängigkeit der Dichte

Die Dichte eines Körpers ist definiert durch $\varrho = \frac{m}{V}$. Bei der Temperatur $T = T_0 + \vartheta$ besitzt der Körper dann die Dichte:

$$\varrho_T = \frac{m}{V_T} = \frac{m}{V_0 \cdot (1 + \gamma \cdot \vartheta)} = \frac{m}{V_0} \cdot \frac{1}{1 + \gamma \cdot \vartheta}$$

oder

$$\varrho_T = \frac{\varrho_0}{1 + \gamma \cdot \vartheta} \tag{13.7}$$

ϱ_0: Dichte des Körpers bei der Temperatur T_0
γ: Volumenausdehnungskoeffizient

Die Dichte von festen Körpern und von Flüssigkeiten nimmt in der Regel gemäß Gleichung (13.7) mit steigender Temperatur ab. Für kleine Temperaturänderungen $\vartheta = \Delta T$ erhält man aus (13.7) für die Dichteänderung $\Delta\varrho = \varrho_T - \varrho_0$:

$$\Delta\varrho = -\gamma \cdot \varrho \cdot \vartheta \tag{13.8}$$

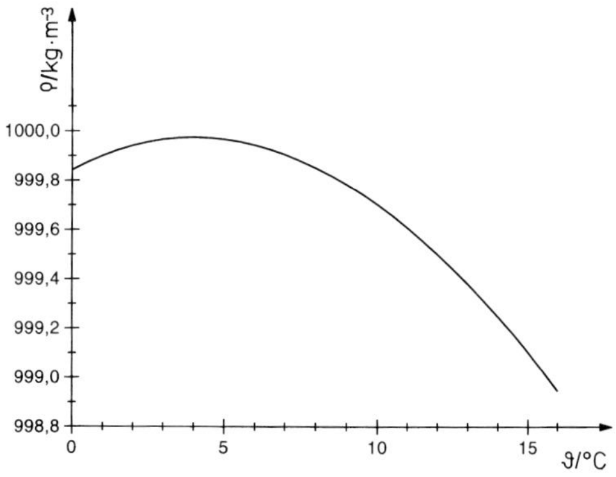

Abb. 13.3

Eine bemerkenswerte Abweichung von Gleichung (13.7) zeigt das Wasser, wie oben bereits erwähnt (*Anomalie des Wassers*). In Abb. 13.3 ist die Abhängigkeit der Dichte des Wassers bei Temperaturerhöhung von 0 °C bis 16 °C dargestellt. Reines Standard-Meerwasser, das frei von darin gelösten Salzen oder Gasen ist, besitzt bei einem Normdruck von 1013,25 hPa bei 4 °C (genauer bei 3,98 °C) ein Maximum der Dichte ($\varrho_{H_2O} = 0{,}999975 \cdot 10^3\ \mathrm{kg \cdot m^{-3}}$) und es gilt für die Dichte im Temperaturintervall von 0 °C bis 16 °C:

$$\varrho_{0\,°C} < \varrho_{4\,°C} > \varrho_{16\,°C}$$

Für Temperaturen oberhalb und unterhalb von 4 °C ist die Dichte des Wassers stets kleiner. Stehende Gewässer gefrieren in kalten Wintern deshalb von der Wasseroberfläche her zu, während sie am Grund i. Allg. noch eine Temperatur von 4 °C aufweisen.

§ 13.2 Ausdehnung von Gasen – Zustandsgleichungen

Bei der Betrachtung der Gase nehmen wir zunächst eine Idealisierung vor. Wir betrachten nur solche Gase, deren Moleküle punktförmig sind, also keine räumliche Ausdehnung (Eigenvolumen) besitzen, und bei denen keine intermolekularen Wechselwirkungskräfte auftreten, die sich also weder anziehen noch abstoßen. Außerdem sollen sie sich bei Zusammenstößen wie vollelastische Kugeln verhalten. Solche Gase heißen **ideale Gase**. Als ideal können Gase betrachtet werden, sofern ihre Temperatur weit oberhalb des Siedepunktes ihrer flüssigen Phase liegt. Bei Normalbedingungen (0 °C und 1013,25 hPa) verhalten sich z. B. Luft, Wasserstoff, Helium, Neon oder auch Argon wie ideale Gase. Alle anderen Gase, die obige Idealisierung nicht erfüllen, nennt man **reale Gase**. Reale Gase nähern sich umso mehr den idealen Gasen an, je verdünnter der Zustand ist, in dem man sie verwendet.

Die drei Größen Druck p, Volumen V und Temperatur T sind charakteristisch für jeden Zustand eines Gases und lassen sich für Gase in relativ einfacher Weise bestimmen. Die Zustandsgleichung ist die mathematische Beschreibung des Zusammenhangs zwischen den Zustandsgrößen. Wir betrachten ein ideales Gas, das sich in einem Zylinder mit beweglichem Kolben befindet und beim Druck p_0 und der Temperatur T_0 das Volumen V_0 einnimmt (Abb. 13.4), und für welches bei einer Zustandsänderung zunächst einmal jeweils eine der Zustandsgrößen konstant gehalten werden soll. Taucht man etwa zur Konstanthaltung der Temperatur den Zylinder beispielsweise in ein Wärmebad konstanter Temperatur und verändert durch (langsames) Verschieben des Kolbens das Volumen des eingeschlossenen idealen Gases, dann stellt das Gesetz von *Boyle* und

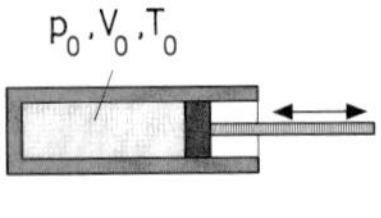

Abb. 13.4

Mariotte den Zusammenhang zwischen Druck und Volumen für die *isotherme Zustandsänderung* her. Eine thermische Zustandsänderung (z. B. Expansion) eines idealen Gases wird durch die Gesetze von *Gay-Lussac* für den Fall einer *isobaren* (konstanter Druck) bzw. einer *isochoren* (konstantes Volumen) *Zustandsänderung* beschrieben. Alle drei Zustandsgrößen verknüpft dann in Gestalt einer Beziehung $p = f(V, T)$ für ein ideales Gas die *allgemeine Zustandsgleichung idealer Gase* bzw. – ohne die Abstraktion des idealen Gases – für ein reales Gas die *Zustandsgleichung realer Gase nach van der Waals.*

§ 13.2.1 Gesetz von Boyle und Mariotte

Wie schon in der Mechanik bei den ruhenden Gasen (§ 9.3) angeführt, sind Druck und Volumen vieler Gase bei konstanter Temperatur durch Gleichung (9.14) verknüpft, wonach für verschiedene Drücke p_i und Volumina V_i $(i = 0, 1, 2, \ldots)$ gilt:

$$p_0 \cdot V_0 = p_1 \cdot V_1 = \ldots = \text{const.} \tag{13.9}$$

bei $\boldsymbol{T} = \textbf{const.}$

Ideale Gase befolgen das Boyle-Mariotte'sche Gesetz.

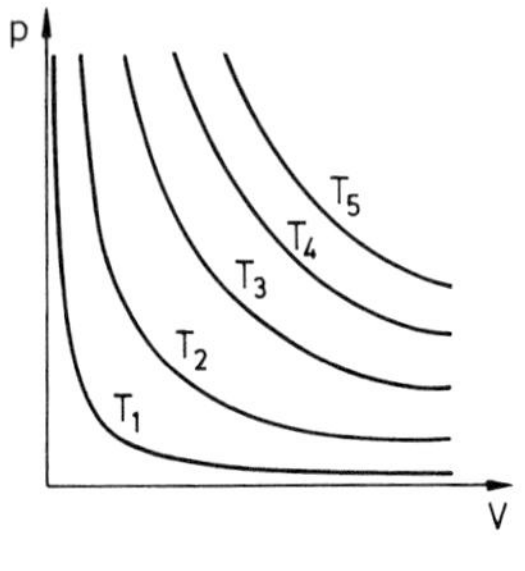

Abb. 13.5

Trägt man für ein ideales Gas gemäß dem Boyle-Mariotte'schen Gesetz $p \cdot V = \text{const.}$ bei einer bestimmten Temperatur $T = \text{const.}$ den Druck p in Abhängigkeit vom Volumen V des Gases auf, so wird dieser Zusammenhang graphisch durch eine gleichseitige Hyperbel (Koordinatenachsen als Asymptoten, s. auch Anhang Mathematische Grundlagen, III.C.V) dargestellt. Diese Kurven konstanter Temperatur im p, V-Diagramm sind die **Isothermen** (Abb. 13.5). In der Abbildung ist die Temperatur von T_1 bis T_5 ansteigend.

Mit zunehmendem Druck in einem Gas bzw. mit abnehmendem Volumen, z. B. infolge Kompression des Gases im Zylinder der Abb. 13.4 durch Hineindrücken des Kolbens, steigt bei gleich bleibender Masse des eingeschlossenen Gases auch dessen Dichte an. Der Druck p ist also der Dichte ϱ eines Gases proportional. Man erhält daher auch für die graphische Darstellung der Abhängigkeit von Volumen und Dichte eines idealen Gases bei konstanter Temperatur gleichseitige Hyperbeln.

§ 13.2.2 Gesetze von Gay-Lussac

Bei der Erwärmung eines Gases ändert sich im Allgemeinen sowohl das Volumen als auch der Druck. Wird der Druck konstant gehalten, so ändert sich das Volumen eines Gases linear mit der Temperatur und es gilt für ein ideales Gas das *1. Gay-Lussac'sche Gesetz:*

$$V_T = V_0 \cdot (1 + \gamma \cdot \vartheta) \tag{13.10}$$

bei $\boldsymbol{p} = \textbf{const.}$

V_0: Volumen bei T_0
V_T: Volumen bei $T = T_0 + \vartheta$
γ: kubischer Ausdehnungskoeffizient

In einem (p, V)-Diagramm erhalten wir für die *isobare Temperaturänderung* bei verschiedenen p-Werten Parallelen zur Abszissenachse. Diese Geraden sind die Linien konstanten Drucks, die **Isobaren** – in Abb. 13.6 für einen Wert des Druckes p dargestellt.

Der kubische Ausdehnungskoeffizient γ in Gleichung (13.10) ist auch hier gleich der mittleren relativen Volumenänderung pro Kelvin entsprechend der Definition in (13.4). Der Ausdehnungskoeffizient von Gasen ist jedoch viel größer als für feste und flüssige Stoffe, wie Tabelle 13.3 für einige Gase zeigt. Diese Werte gelten im Temperaturintervall von 0 bis 100 °C bei Normaldruck. Für *ideale Gase* gilt:

Der Ausdehnungskoeffizient für alle idealen Gase ist gleich groß und beträgt:

$$\boldsymbol{\gamma = \frac{1}{273{,}15} K^{-1} = 366{,}1 \cdot 10^{-5} K^{-1}}$$

Ein Vergleich mit Tabelle 13.3 zeigt, dass Helium und Neon dem idealen Gas sehr nahe kommen und auch Luft noch als ideales Gas angesehen werden kann; dagegen weicht γ beispielsweise für Chlor, Kohlenstoffdioxid und Schwefeldioxid schon merklich vom Wert für ideale Gase ab, welche daher unter den gegebenen Bedingungen als reale Gase zu betrachten sind.

Tab. 13.3

Gas	γ in 10^{-5}/K
Argon	367,6
Chlor	382,9
Helium	366,0
Kohlenstoffdioxid	372,6
Kohlenstoffmonoxid	366,7
Krypton	369,0
Luft	366,5
Methan	367,8
Neon	366,1
Sauerstoff	367,2
Schwefeldioxid	384,5
Stickstoff	367,2
Wasserstoff	366,4
Xenon	372,0

Halten wir nun das Volumen des Gases konstant, so ändert sich der Druck ebenfalls linear mit der Temperatur und es gilt für ein ideales Gas das *Gesetz von Charles*, welches meist als das *2. Gay-Lussac'sche Gesetz* bezeichnet wird.

$$p_T = p_0 \cdot (1 + \gamma \cdot \vartheta) \tag{13.11}$$

bei $\boldsymbol{V} = \textbf{const.}$

p_0: Druck bei T_0
p_T: Druck bei $T = T_0 + \vartheta$
γ: Spannungskoeffizient

Der in Gleichung (13.11) auftretende Spannungskoeffizient γ ist für ideale Gase numerisch gleich dem kubischen Ausdehnungskoeffizienten von (13.10) innerhalb des Gültigkeitsbereiches beider Beziehungen und beträgt ebenso $\gamma = \frac{1}{273{,}15} K^{-1} = 366{,}1 \cdot 10^{-5} K^{-1}$.

Die graphische Darstellung der *isochoren Temperaturänderung* gemäß Gleichung (13.11) in einem p, V-Diagramm ergibt für verschiedene

Volumina V Parallelen zur Ordinatenachse, die Linien konstanten Volumens, die **Isochoren** – in Abb. 13.6 (3) für ein konstantes Volumen dargestellt.

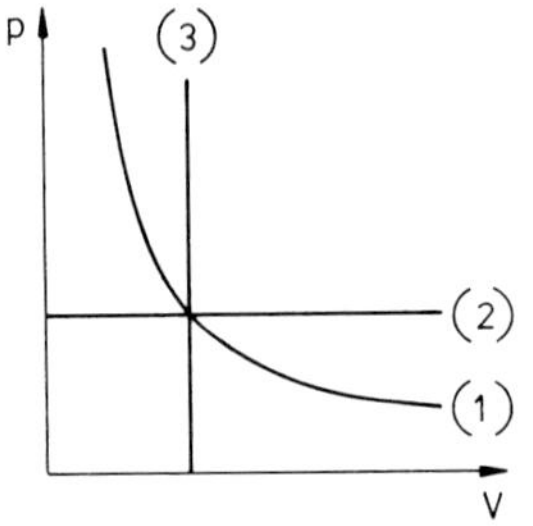

Abb. 13.6

Für ein ideales Gas können wir in einem p, V-Diagramm somit folgende Kurven eintragen (Abb. 13.6):

(1) Isotherme: $p \cdot V = \text{const.}$ bei $T = \text{const.}$ (gleichseitige Hyperbel)

(2) Isobare: $V = V(T)$ bei $p = \text{const.}$ (Parallele zur Abszissenachse)

(3) Isochore: $p = p(T)$ bei $V = \text{const.}$ (Parallele zur Ordinatenachse)

Die Beziehungen (13.10) und (13.11) lassen sich für ein ideales Gas noch etwas anders schreiben:

Mit $T_0 = 273{,}15\,\text{K}$, $\gamma = \dfrac{1}{273{,}15}\,\text{K}^{-1}$ und $T = T_0 + \vartheta$ gesetzt, folgt für (13.10):

$$V_T = V_0 \cdot \left(1 + \frac{\vartheta}{273{,}15\,\text{K}}\right) = V_0 \left(\frac{T_0 + \vartheta}{T_0}\right)$$

oder:

$$V_T = V_0 \cdot \frac{T}{T_0} \qquad (13.12)$$

bei **isobarer Zustandsänderung**,

d. h. bei $p = \text{const.}$ gilt:

$$\frac{V_T}{T} = \text{const.}$$

Entsprechend ergibt sich für (13.11):

$$p_T = p_0 \cdot \frac{T}{T_0} \qquad (13.13)$$

bei **isochorer Zustandsänderung**,

d. h. für $V = \text{const.}$ gilt:

$$\frac{p_T}{T} = \text{const.}$$

Die Druckerhöhung bei konstantem Volumen wird beim *Gasthermometer* zur Temperaturmessung ausgenutzt (vgl. § 12.3). In Abb. 13.7 ist schematisch eine einfache Ausführung des Gasthermometers nach *Jolly* dargestellt. Der mit Wasserstoff oder Helium gefüllte Gasbehälter B aus Glas, Platin oder einer Platin-Iridium-Legierung ist über ein Kapillarrohr mit einem Quecksilbermanometer verbunden. Das Volumen des Gasbehälters wird durch Heben oder Senken des Vorratsgefäßes V konstant gehalten, indem der Meniskus der Quecksilbersäule im linken Schenkel U_l des U-Rohres auf eine feste Referenzmarke (Nullmarke in Abb. 13.7) eingestellt wird.

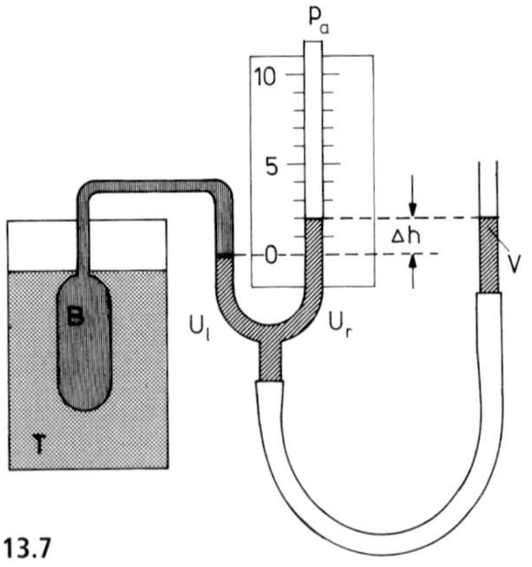

Abb. 13.7

Der Druck im Gasbehälter setzt sich zusammen aus dem äußeren Luftdruck p_a und dem Schweredruck der Quecksilbersäule der Höhe Δh (Höhendifferenz der Quecksilbermenisken in den beiden Schenkeln U_l und U_r). Zunächst taucht man den Gasbehälter B in ein Medium bekannter Temperatur T_0 (z. B. in schmelzendes Eis) und bestimmt den Druck p_0 bei fest eingestelltem Gasvolumen. Sodann wird der Behälter in den Raum gebracht, dessen Temperatur $T = T_0 + \vartheta$ zu messen ist und der Druck p_T nach erneuter Einstellung des konstanten Volumens bestimmt. Aus Gleichung (13.11) folgt mit $\Delta p = p_T - p_0 = \varrho_{\text{Hg}} \cdot g \cdot \Delta h$ für die Temperaturdifferenz $\Delta T = T - T_0 = \vartheta$:

$$\vartheta = \frac{1}{\gamma} \cdot \frac{\Delta p}{p_0} = 273{,}15 \cdot \frac{\Delta p}{p_0}\,\text{K}$$

Für die praktische Durchführung mit präzisen Instrumenten müssen noch einige Korrekturen berücksichtigt werden, wie z. B. eine minimale Volumenänderung des Gases infolge Kontraktion oder Expansion des Gasbehälters bei Temperaturänderungen oder eine geringe Druckänderung bedingt durch das Restgas in den Verbindungskapillaren, welches nicht die Temperatur des zu messenden Mediums besitzt. Bei Helium als Füllgas des Behälters entsprechen die mit dem Gasthermometer gemessenen Temperaturen recht genau den Werten der thermodynamischen Temperaturskala.

§ 13.2.3 Zustandsgleichung idealer Gase

Diese Zustandsgleichung verknüpft für eine bestimmte Menge eines idealen Gases die drei Zustandsgrößen Druck, Volumen und Temperatur. Bevor wir diese Beziehung formulieren können, sind noch einige Vorbemerkungen zur Stoffmenge, der molaren Masse und dem molaren Volumen von Gasen zu machen.

Die Stoffmenge, die molare Masse und das molare Volumen sind durch die Gleichungen (3.1), (3.6) und (3.7) definiert.

Die *molare Masse M* eines Stoffes (Definition s. Gleichung (3.6)) sollte immer in Form einer Größengleichung angegeben werden; die Teilchen (Atome, Moleküle etc.) werden in Klammern hinter das Größenzeichen M gesetzt.

Beispiele:

$$M(\mathrm{H}) = 1{,}008 \cdot 10^{-3}\,\frac{\mathrm{kg}}{\mathrm{mol}} = 1{,}008\,\frac{\mathrm{g}}{\mathrm{mol}}$$

$$M(\mathrm{H_2O}) = 18{,}01\,\frac{\mathrm{g}}{\mathrm{mol}}$$

$$M(\mathrm{N_2}) = 28{,}013\,\frac{\mathrm{g}}{\mathrm{mol}}$$

Bei der Angabe der *Stoffmenge n* müssen (gemäß der Definition des Mols) die Teilchen (Atome, Moleküle etc.) bezeichnet werden, auf welche sich die Stoffmengenangabe bezieht, z. B. $n(\mathrm{CH_4}) = 2{,}5$ kmol. Die Stoffmenge n und die Masse m einer Substanz sind durch die molare Masse M verknüpft. Durch Entwickeln der Gleichung (3.6) nach n folgt: $n = \frac{m}{M}$. Dadurch lässt sich die Masse einer Substanz in deren Stoffmenge umrechnen.

Beispiele:
Die Stoffmenge von $m = 23$ g Cu ergibt:

$$n(\mathrm{Cu}) = \frac{m}{M(\mathrm{Cu})} = \frac{23\,\mathrm{g}}{63{,}55\,\mathrm{g/mol}} = 0{,}36\,\mathrm{mol}$$

Die Stoffmenge von $m = 54{,}03$ kg $\mathrm{H_2O}$ ergibt:

$n(\mathrm{H_2O}) = 3$ kmol

Die Stoffmenge von $m = 112{,}05$ g Stickstoff ergibt:

$n(\mathrm{N_2}) = 4$ kmol

Das *molare Volumen* V_m ist durch die Gleichung (3.7) definiert: $V_\mathrm{m} = V/n$. Mit den Gleichungen (3.3) und (3.6) folgt daraus: $V_\mathrm{m} = M/\varrho$.

Beispiele:
$V_\mathrm{m}(\mathrm{H_2O}$, flüssig, 25 °C$) = 18{,}07\ \mathrm{cm^3/mol}$
$V_\mathrm{m}(\mathrm{Pb}$, 20 °C$) = 18{,}27\ \mathrm{cm^3/mol}$
$V_\mathrm{m}(\mathrm{H_2}$, 0 °C, 1013 mbar$) = 22{,}43$ l/mol.

Aus dem *Avogadro'schen Gesetz*, nach welchem „ideale Gase gleichen Druckes und gleicher Temperatur in gleichen Volumina dieselbe Anzahl Moleküle enthalten", folgt:

> Für ein ideales Gas ist unabhängig von der Gasart, bei einem *Normdruck* von 1013,25 hPa und einer *Normtemperatur* von 0 °C (*Normbedingungen* oder *Normalbedingungen*), das **molare Volumen** $V_{\mathrm{m},0} = (22{,}413996 \pm 0{,}000039)\ \mathrm{m^3/kmol} \approx 22{,}4\ \mathrm{m^3/kmol} = 22{,}4\ \mathrm{dm^3/mol} = 22{,}4\ \mathrm{l/mol}$.

Beispiel:
Luft kann unter Normbedingungen als ein ideales Gas angesehen werden. Da ein Mol eines idealen Gases bei Normbedingungen unabhängig von der Gasart ein Volumen von 22,414 l einnimmt, enthält 1 $\mathrm{m^3}$ Luft eine Stoffmenge an Sauerstoff plus Stickstoff von insgesamt: $n_\mathrm{L} = \dfrac{1000\ \mathrm{dm^3}}{22{,}4\ \mathrm{dm^3/mol}} \approx 44{,}6$ mol.

Wir betrachten nun bei einem idealen Gas der konstanten Masse $m = n \cdot M$ (M: molare Masse) und damit konstanter Stoffmenge n eine Änderung der seinen Zustand beschreibenden Größen Druck, Volumen und Temperatur in zwei Schritten: Ausgehend vom Volumen V_0 beim Druck p_0 und der Temperatur T_0 besitze das Gas nach der Änderung bei der Temperatur T und dem Druck p das Volumen V. Zuerst werde das Gasvolumen von T_0 auf T isobar erwärmt ($p_0 = \mathrm{const.}$), dann gilt nach (13.12) für das Volumen: $V_T = V_0 \cdot \frac{T}{T_0}$. Im zweiten Schritt erfolge eine isotherme Kompression ($T = \mathrm{const.}$) von p_0 auf p, wofür nach (13.9) folgt: $p \cdot V = p_0 \cdot V_T$. Beide Schritte zusammen ergeben somit: $p \cdot V = p_0 \cdot V_0 \cdot \frac{T}{T_0}$ oder:

$$\boxed{\frac{p \cdot V}{T} = \frac{p_0 \cdot V_0}{T_0}} \qquad (13.14)$$

Als Ausgangsbedingungen werden zweckmäßigerweise Normalbedingungen gewählt, d. h. $T_0 = 273{,}15$ K und $p_0 = 1013{,}25$ hPa; das Volumen $V_0 = n \cdot V_{m,0}$ führt man nach (3.7) auf das für alle idealen Gase gleiche molare Volumen $V_{m,0}$ zurück. Aus der Beziehung (13.14) erhalten wir dann die **allgemeine Zustandsgleichung idealer Gase**:

$$\boxed{p \cdot V = n \cdot R \cdot T} \qquad (13.15)$$

p: Druck des Gases
V: Volumen des Gases
n: Stoffmenge
T: absolute Temperatur
R: **universelle Gaskonstante**

Dabei ergibt sich die *universelle (molare) Gaskonstante* zu

$$R = \frac{p_0 \cdot V_{m,0}}{T_0} = \left(8{,}314472 \pm 15 \cdot 10^{-6}\right) \frac{\text{J}}{\text{mol} \cdot \text{K}}$$
$$\approx 8{,}315 \frac{\text{J}}{\text{mol} \cdot \text{K}} = 8315 \frac{\text{J}}{\text{kmol} \cdot \text{K}}$$

Das Produkt $p \cdot V$ in Gleichung (13.15) hat die Dimension einer Energie und wird auch als Volumenarbeit bezeichnet (s. § 15.2).

Für *ein Mol* eines idealen Gases (molares Volumen V_m) lautet die allgemeine Zustandsgleichung:

$$\boxed{p \cdot V_m = R \cdot T} \qquad (13.16)$$

Die allgemeine Zustandsgleichung charakterisiert ein ideales Gas durch die drei Zustandsgrößen: Druck p, Volumen V und Temperatur T. Der funktionale Zusammenhang zwischen je zwei dieser Größen lässt sich in p, V-, V, T- oder p, T-Diagrammen darstellen, wobei jeweils die dritte Größe konstant gehalten wird.

Bei einer isothermen Zustandsänderung ($T =$ const.) ergibt sich aus (13.15), da auf der rechten Seite der Gleichung nur konstante Größen stehen, das in § 13.2.1 besprochene Gesetz von Boyle-Mariotte $p \cdot V =$ const. und im p, V-Diagramm das Schaubild von *Isothermen* (Abb. 13.8).

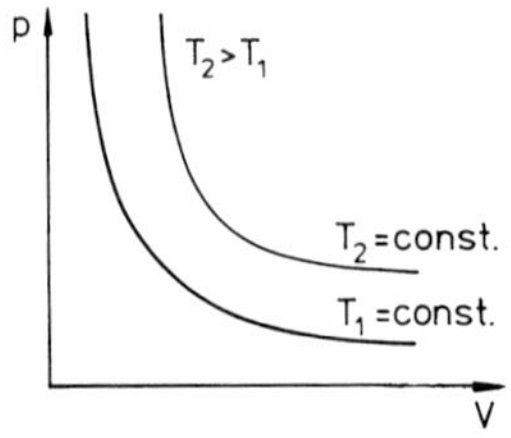

Abb. 13.8

Erfolgt die Zustandsänderung bei konstantem Druck p, d. h. isobar, so folgt aus (13.15): $\frac{V}{T} = \frac{n \cdot R}{p} =$ const., das 1. Gay-Lussac'sche Gesetz in der Formulierung der Gleichung (13.12) und im V, T-Diagramm werden die *Isobaren* durch Geraden dargestellt, deren Steigung umgekehrt proportional zum Druck p ist (Abb. 13.9).

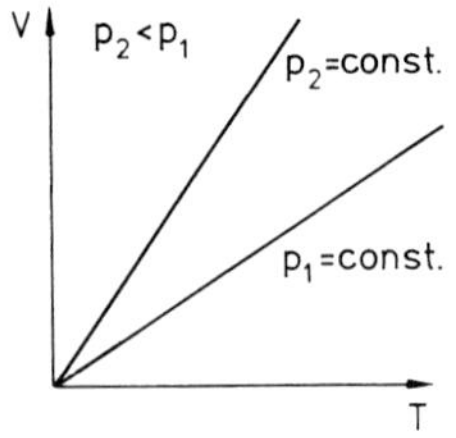

Abb. 13.9

Schließlich erhält man bei einer isochoren Zustandsänderung ($V =$ const.) aus (13.15) $\frac{p}{T} = \frac{n \cdot R}{V} =$ const., das 2. Gay-Lussac'sche Gesetz entsprechend Gleichung (13.13), wobei die *Isochoren* im p, T-Diagramm umso steilere Geraden ergeben je kleiner das Volumen V ist (Abb. 13.10).

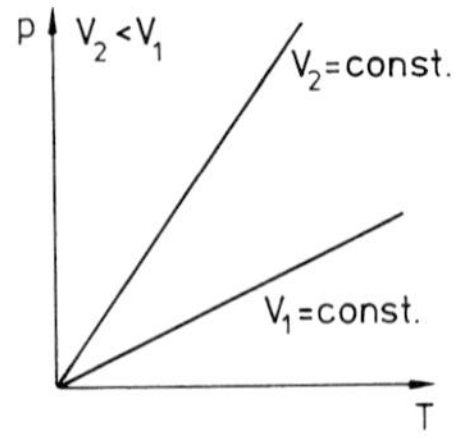

Abb. 13.10

Die in den Abb. 13.8–13.10 dargestellten Diagramme sind charakteristisch und nur gültig für die

Abstraktion des *idealen Gases*, d. h. eines Gases, das unter allen Bedingungen z. B. die Beziehung (13.15) erfüllt. Ein wirkliches Gas wird dadurch jedoch nur näherungsweise und unter bestimmten Bedingungen beschrieben. Die Extrapolation von (13.15) zu sehr tiefen Temperaturen würde nämlich bedeuten, dass beispielsweise das Volumen der Gasteilchen (bei gleichem Druck) verschwinden würde, was natürlich unmöglich ist, zumal die Gase bei hinreichender Abkühlung in den flüssigen Zustand übergehen. Ein solches Modellgas, beschrieben durch (13.15), stellt aber eine gute Näherung dar für alle realen Gase bei hohen Temperaturen (weit oberhalb der Verdampfungstemperatur) und bei niedrigen Drücken, d. h. bei geringen Gasdichten.

§ 13.2.4 Zustandsgleichung realer Gase

Die Abstraktion des idealen Gases kann nicht mehr aufrechterhalten werden, wenn beispielsweise bei hohen Teilchendichten (z. B. gesättigter Dampf) die räumliche Ausdehnung oder die zwischen den Teilchen wirkenden Wechselwirkungskräfte nicht mehr vernachlässigt werden dürfen, d. h. wir müssen diese Gase als **reale Gase** betrachten. Das Verhalten der Gase ist dann stark von den Teilchendichten, d. h. vom Druck, und damit bei größerer Annäherung von der Wechselwirkung zwischen den Teilchen abhängig. Die Abb. 13.11 zeigt schematisch den Verlauf der potentiellen Energie $E_{\text{pot}}(d)$ zweier neutraler Teilchen (Moleküle, Atome) in Abhängigkeit ihres Abstandes d. Dieser Kurvenverlauf für die Energie ergibt sich aus der Überlagerung der anziehenden und abstoßenden Wechselwirkung zwischen den Teilchen (s. auch § 39, Abb. 39.1).

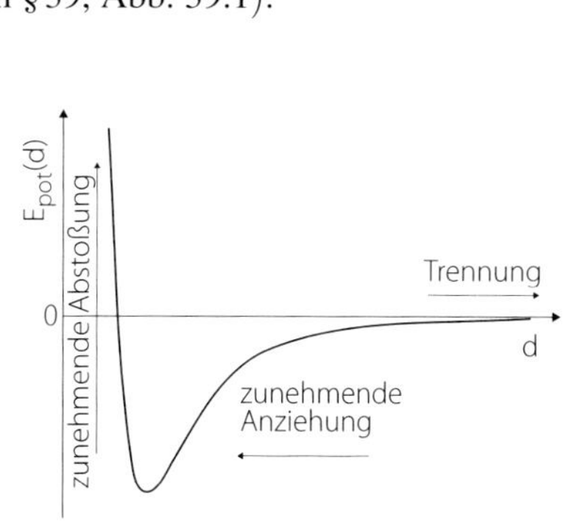

Abb. 13.11

Die Abstände d zwischen den Teilchen sind groß bei geringer Dichte der Gasteilchen, d. h. bei kleinem Druck. Die zwischen ihnen wirkenden Kräfte können vernachlässigt werden, womit die potentielle Energie gegen Null geht, das Gas verhält sich wie ein ideales Gas (rechter Teil der Abb. 13.11). Nähern sich bei mittlerem Druck die Teilchen aber stärker an, auf Abstände zwischen ihnen, die nur einige Teilchendurchmesser betragen, so kommen die relativ langreichweitigen anziehenden Kräfte zum Tragen. In diesem Bereich der Teilchenabstände dominiert die Anziehung und die potentielle Energie nimmt bei einem bestimmten Gleichgewichtsabstand ihren negativsten Wert an. Bei noch weiterer Annäherung machen sich jedoch zunehmend die kurzreichweitigen abstoßenden Kräfte zwischen den Teilchen bemerkbar, was bei hohem Druck, d.h. hoher Teilchendichte, auftritt (linker Teil der Abb. 13.11).

Reale Gase zeigen daher mit steigendem Druck ein von den idealen Gasen abweichendes Verhalten. Im Druckbereich, in welchem die Abstände nur wenige Teilchendurchmesser betragen, sind die Gase leichter komprimierbar im Vergleich zum idealen Gas, da zwischen den Gasteilchen die anziehenden Kräfte dominieren. Wohingegen bei weiterer Druckerhöhung die Abstoßung zwischen den Teilchen des Gases wieder zunimmt und das Gas damit schwerer komprimierbar wird. Die Abweichung realer Gase vom idealen Gasverhalten bei steigendem Druck und sinkenden Temperaturen, aufgrund der zwischenmolekularen Wechselwirkung, lässt sich mittels des gasartabhängigen sog. *Kompressionsfaktors* Z darstellen, der auch *Kompressibilitätsfaktor* (nicht zu verwechseln mit der Kompressibilität) oder *Realgasfaktor* genannt wird.

Der ***Kompressionsfaktor Z*** eines Gases ist als Quotient aus seinem molaren Volumen $V_{\text{m}} = V/n$ (s. Gleichung (3.7)) und dem molaren Volumen $V_{\text{m}}^{\text{ideal}}$ eines idealen Gases bei gleichem Druck und gleicher Temperatur gegeben:

Definition:

$$Z = \frac{V_{\text{m}}}{V_{\text{m}}^{\text{ideal}}} \qquad (13.17)$$

Aus der allgemeinen Zustandsgleichung für ideale Gase, in der Formulierung für ein Mol des Gases (13.16), folgt $V_m^{ideal} = R \cdot T/p$, womit sich in (13.17) für den Kompressionsfaktor Z ergibt:

$$Z = \frac{p \cdot V_m}{R \cdot T} \qquad (13.18)$$

Da sich für ein ideales Gas nach (13.17) bzw. (13.18) stets $Z = 1$ ergibt, stellt die Abweichung von 1 ein Maß für die Abweichung vom idealen Verhalten des Gases dar. Als Beispiel ist in Abb. 13.12 die Abhängigkeit des Kompressionsfaktors Z vom Druck p des Gases für die drei Gase Argon (Ar), Methan (CH_4) und Wasserstoff (H_2) bei der Temperatur $T = 273$ K dargestellt. Bei sehr kleinen Drücken ($p \leq 10^6$ Pa) liegen die Z-Werte nahe bei $Z = 1$, die Gase verhalten sich annähernd ideal. Im Bereich mäßiger Drücke ist für Argon und Methan, wie auch für sehr viele andere Gase bei $T = 273$ K, der Kompressionsfaktor $Z < 1$ und damit nach (13.17) das molare Volumen des Gases kleiner als jenes eines idealen Gases. Das ist der Druckbereich, in welchem die anziehenden Kräfte zwischen den Teilchen dominant sind. Der Kompressionsfaktor durchläuft ein mehr oder weniger ausgeprägtes Minimum. Bei Wasserstoff jedoch ist bei der Temperatur $T = 273$ K bereits im mittleren Druckbereich $Z > 1$, was für Argon und Methan (sowie auch für die anderen Gase) erst bei hohen Drücken ($p \geq 3 \cdot 10^7$ Pa) der Fall ist. Das molare Volumen dieser Gase ist gemäß (13.17) größer als jenes eines idealen Gases; es ist der Druckbereich in welchem die abstoßende Wechselwirkung zwischen den Teilchen überwiegt.

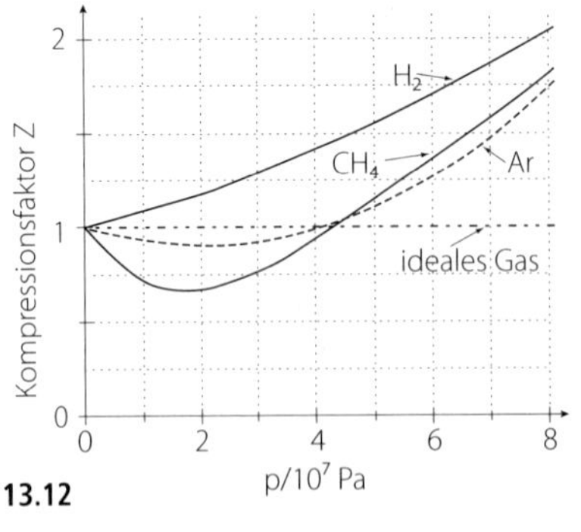

Abb. 13.12

Der gasartabhängige Kompressionsfaktor Z erlaubt somit eine temperatur- und druckabhängige Beschreibung des Verhaltens realer Gase und deren Abweichung vom idealen Gas. Bei vielen Gasen ist eine Abweichung vom idealen Verhalten eines Gases (d. h. $Z = 1$) erst bei sehr hohen Drücken zu beobachten, doch gibt es eine Reihe von Gasen, die bereits im kleinen bis mittleren Druckbereich ziemliche Abweichungen vom idealen Verhalten aufweisen.

Diese Charakterisierung realer Gase stellt einen ersten Ansatz dar, um die Verknüpfung von Druck, Volumen und Temperatur irgendeines realen Gases mittels einer mathematischen Beziehung darzustellen. Der nächste Schritt wäre die Feststellung, dass es sich bei der allgemeinen Zustandsgleichung für ideale Gase nur um den ersten Term einer Reihenentwicklung des Produkts $p \cdot V_m/(R \cdot T)$ als Funktion steigender Potenzen des Druckes p handelt, der sog. ***Virialgleichung***, mit den entsprechenden experimentell bestimmten *Virialkoeffizienten*. Diese Überlegungen sollen jedoch hier nicht weiter vertieft werden.

Zur Beschreibung realer Gase liegen zahlreiche Gleichungen vor, mit denen sich die experimentellen Ergebnisse mit einer Genauigkeit von ca. 1 bis 2 % wiedergeben lassen, die aber durch ihre Kompaktheit in der Darstellung wettmachen, was sie an Genauigkeit einbüßen. Von diesen Zustandsgleichungen betrachten wir hier nur – nicht zuletzt wegen ihrer formalen Ähnlichkeit mit der allgemeinen Zustandsgleichung idealer Gase – die Gleichung von *van der Waals*. Sie berücksichtigt die bei größeren Gasdichten auftretende Wechselwirkung zwischen den Gasmolekülen durch einen inneren Druck (Kohäsionsdruck), den so genannten ***Binnendruck*** $\boldsymbol{a/V_m^2}$, und das bei komprimierten Gasen nicht mehr zu vernachlässigende Eigenvolumen der Moleküle durch das so genannte ***Kovolumen b***, welches etwa gleich dem vierfachen Eigenvolumen der Moleküle in einem Mol des Gases ist.

Die **Zustandsgleichung** für ein Mol eines realen Gases lautet nach **van der Waals**:

$$\boxed{\left(p + \frac{a}{V_m^2}\right) \cdot (V_m - b) = R \cdot T} \qquad (13.19)$$

oder für n Mole:

$$\boxed{\left(p + \frac{a \cdot n^2}{V^2}\right) \cdot (V - n \cdot b) = n \cdot R \cdot T} \qquad (13.20)$$

Dabei bedeuten:
p: Druck des Gases
V: Volumen des Gases
V_m: molares Volumen des Gases
n: Stoffmenge
T: absolute Temperatur
R: universelle Gaskonstante

Die van der Waals Konstanten a (Kohäsions- oder Binnendruck) und b (Kovolumen) hängen von der Art des Gases ab und werden experimentell ermittelt (s. auch § 16.4, Tab. 16.8).

Die graphische Darstellung der Zustandsänderung eines realen Gases im p, V-Diagramm für $T = \text{const.}$, beschrieben durch (13.19) bzw. (13.20), ergibt auch *Isothermen*, deren Verlauf vom Wert der Konstanten a und b und damit von der Natur des Gases abhängt. Abb. 13.13 zeigt solche Isothermen für ein reales Gas bei unterschiedlichen Temperaturen. Für hohe Temperaturen, d. h. für Temperaturen $T > T_{kr}$, der sog. **kritischen Temperatur** (s. § 16.3), nähert sich mit steigender Temperatur die Form der Isothermen zunehmend denen des idealen Gases. Bei Temperaturen unterhalb der kritischen Temperatur T_{kr} weichen die Isothermen des realen Gases jedoch stark von der Form einer rechtwinkligen Hyperbel ab. Sie zeigen für tiefe Temperaturen $T < T_{kr}$ gemäß der van der Waals Gleichung innerhalb des in Abb. 13.13 schraffierten Bereiches einen s-förmig gebogenen Verlauf, der jedoch nicht dem tatsächlichen Druck-Volumen-Verlauf entspricht. Betrachten

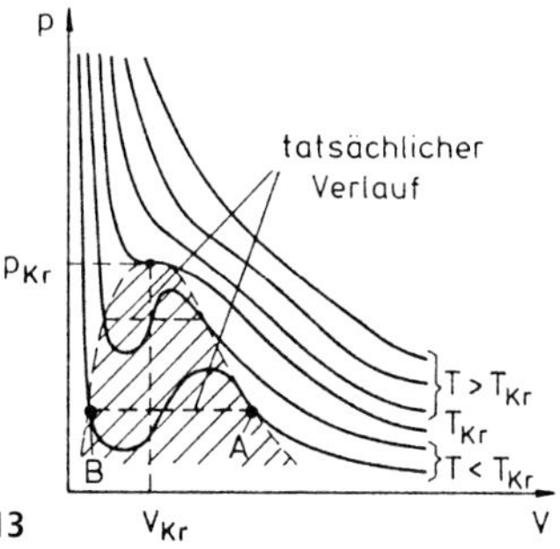

Abb. 13.13

wir als Gedankenexperiment in Abb. 13.13 eine Zustandsänderung des realen Gases, indem wir, ausgehend von großen Volumina, das Gas bei einer tiefen Temperatur isotherm komprimieren. Längs einer Isotherme für $T < T_{kr}$ steigt der Druck unter Volumenverkleinerung, ausgehend von großen Volumina, zunächst langsam an und bleibt innerhalb des schraffierten Bereiches konstant, wie dies in Abb. 13.13 durch die gestrichelte Linie, die so genannte **Maxwell'sche Gerade**, beschrieben wird. Diese, den tatsächlichen Druckverlauf wiedergebende Gerade wird so konstruiert, dass die beiden sich zwischen ihr und dem s-förmigen Kurventeil ergebenden Flächenstücke gleich groß sind. Innerhalb des schraffierten Bereiches hat das Gas den Charakter eines gesättigten Dampfes und mit Erreichen des Punktes A bei Volumenverkleinerung setzt Verflüssigung des Gases ein, bis im Punkt B alles Gas verflüssigt ist. Im schraffierten Bereich sind also die flüssige Phase und die Gasphase koexistent, der Dampf ist im Gleichgewicht mit der Flüssigkeit. Weitere Volumenverkleinerung ab Punkt B erfordert eine starke Druckerhöhung (Verlauf außerhalb des schraffierten Bereiches bei kleinen Volumina); dieser Verlauf entspricht der geringen Kompressibilität der Flüssigkeiten. Die Kurve für die Temperatur T_{kr} besitzt einen Wendepunkt mit horizontaler Tangente, der die Koordinaten p_{kr} (kritischer Druck) und V_{kr} (kritisches Volumen) besitzt. Oberhalb der kritischen Temperatur T_{kr} kann ein Gas durch Anwendung noch so hoher Drücke nicht mehr verflüssigt werden. Außerhalb des schraffierten Gebietes wird das Verhalten der realen Gase durch die van der Waals Gleichung in guter Näherung beschrieben. Für hohe Temperaturen und geringe Gasdichten geht die Zustandsgleichung nach *van der Waals* in die allgemeine Zustandsgleichung idealer Gase über.

§ 13.2.5 Zustandsgleichung von Gasgemischen

Ein Gasgemisch setzt sich aus verschiedenartigen Gasen zusammen, die chemisch nicht miteinander reagieren. Es sei n_i die Stoffmenge der i-ten Komponente mit der Masse m_i und der molaren Masse M_i. Dann ist der Partialdruck p_i des i-ten Gases des Gemisches nach der allgemeinen Zustandsgleichung idealer Gase (13.15) gegeben durch:

$$p_i = n_i \cdot \frac{R \cdot T}{V} \tag{13.21}$$

p_i: Partialdruck der i-ten Gaskomponente
n_i: Stoffmenge der i-ten Komponente
V: Volumen des Gasgemisches
T: Temperatur des Gasgemisches

Nun besagt das *Dalton'sche Gesetz* (s. § 9.3.3), dass der Druck eines Gemisches idealer Gase gleich der Summe ihrer Partialdrücke ist:

$$p = \sum_i p_i = \frac{R \cdot T}{V} \cdot \sum_i n_i \qquad (13.22)$$

Nach § 3 ist der Stoffmengengehalt definiert durch $x_i = \frac{n_i}{\sum_i n_i}$. Damit und mit Gl. (13.21) erhält man aus dem Dalton'schen Gesetz in der Form nach (13.22):

$$\boxed{p_i = x_i \cdot p} \qquad (13.23)$$

> Der Partialdruck p_i des i-ten Gases ist gleich dem Produkt aus dem Stoffmengengehalt dieser Gaskomponente und dem Druck des Gemisches.

Anders formuliert lautet (13.23): Die Partialdrücke der einzelnen Komponenten eines Gasgemisches verhalten sich zueinander wie ihre Stoffmengen. Sind insgesamt k Komponenten enthalten, so gilt:

$$p_1 : p_2 : \ldots : p_{k-1} : p_k = n_1 : n_2 : \ldots n_{k-1} : n_k \qquad (13.24)$$

Mit der Gesamtstoffmenge $n = \sum_i n_i$, dem Gesamtdruck $p = \sum_i p_i$ und Gesamtvolumen $V = \sum_i V_i$, wobei V_i die Partialvolumina sind, ergeben sich mit den Beziehungen (13.21) bis (13.23) folgende Relationen für die Partialgrößen der i-ten Komponente des Gasgemisches:

$$\frac{p_i}{p} = \frac{n_i}{n} = \frac{V_i}{V} \qquad (13.25)$$

Beispiel: Wird in ein unter dem Druck von 1000 hPa stehendes ideales Gasgemisch aus 80 % (mol/mol) N_2 und 20 % (mol/mol) O_2 isobar so viel CO_2 eingeleitet, dass der Partialdruck des CO_2 100 hPa beträgt, dann berechnen sich die Partialdrücke p_i und Stoffmengengehalte (Molenbrüche) x_i der Gaskomponenten mithilfe des Dalton'schen Gesetzes (13.22). Es gilt:

$$p = \sum_i p_i = p_{N_2} + p_{O_2} + p_{CO_2}$$

woraus man mit (13.23) erhält:

$$p = x_{N_2} \cdot p + x_{O_2} \cdot p + p_{CO_2}$$

Gegeben ist $p_{CO_2} = x_{CO_2} \cdot p = 100$ hPa und der konstant bleibende Gesamtdruck $p = 1000$ hPa, womit sich für die Molenbrüche ergibt:

$$x_{N_2} + x_{O_2} = 0{,}9$$

und da weiterhin für $x_{N_2}/x_{O_2} = 4/1$ gilt, folgt schließlich für die Molenbrüche:

$$x_{N_2} = 0{,}72; \quad x_{O_2} = 0{,}18 \text{ und } x_{CO_2} = 0{,}1$$

d. h. das Gemisch enthält nach dem Einleiten von CO_2: 72 % N_2, 18 % O_2 und 10 % CO_2 [jeweils (mol/mol)], wobei für N_2 und O_2 die Partialdrücke sind:

$$p_{N_2} = 720 \text{ hPa und } p_{O_2} = 180 \text{ hPa}$$

Zusammensetzung der Luft

Als Luft bezeichnet man das die Erdatmosphäre bildende Gasgemisch, das überwiegend aus Stickstoff und Sauerstoff besteht. Die Zusammensetzung der trockenen Luft am Erdboden (Gesamtdruck $p = 1013{,}25$ hPa in Meereshöhe) ist Tab. 13.4 zu entnehmen.

Tab. 13.4

Bestandteil	Volumengehalt in %	Massengehalt in %	Partialdruck (in Meereshöhe) in hPa
Stickstoff N_2	78,09	75,52	791,25
Sauerstoff O_2	20,95	23,15	212,28
Argon Ar (inkl. Spuren anderer Edelgase und H_2)	0,93	1,28	9,42
Kohlenstoffdioxid CO_2	0,03	0,05	0,3

Zu diesen Bestandteilen kommen noch ein wechselnder Gehalt an Wasserdampf, unterschiedliche Mengen von Stickstoff- und Schwefelverbindungen, Staub, Abgase etc. und ferner pflanzliche und tierische Mikroorganismen.

M Angabe von Gasvolumina in der Physiologie

In der Atmungsphysiologie sind die folgenden drei Bedingungen zur Messung von Gasvolumina international gebräuchlich:

ATPS: Gemessen wird das Gasvolumen bei Zimmertemperatur (Umgebungstemperatur), beim aktuell herrschenden Luftdruck und im wasserdampfgesättigten Zustand (s. dazu auch § 16.2 und § 16.5); (englisch: **A**mbient **T**emperature, **P**ressure, **S**aturated).

BTPS: Zur Angabe von Lungenvolumina oder Atemstromstärken werden Volumina oder Volumenänderungen innerhalb der Atemwege gemessen, welche auf „Körperbedingungen" umgerechnet werden müssen. Man bestimmt also das Gasvolumen bei Körpertemperatur, aktuell herrschendem Luftdruck und im wasserdampfgesättigten Zustand (Druck des gesättigten Wasserdampfes bei Körpertemperatur); (englisch: **B**ody **T**emperature, **P**ressure, **S**aturated).

STPD: Die *Sauerstoffaufnahme* und die *Kohlenstoffdioxidabgabe* bezeichnen die in der Zeiteinheit ausgetauschten Stoffmengen, die auf physikalische Normbedingungen reduziert angegeben werden. Man bestimmt also das Gasvolumen bei der Normtemperatur 0 °C, beim Normdruck 1013,25 hPa = 101,325 kPa und bei trockenem Zustand der Luft; (englisch: **S**tandard **T**emperature, **P**ressure, **D**ry).

Die Umwandlungsfaktoren für Gasvolumina zwischen den drei Bedingungen lauten (dabei bezeichnet p den aktuell herrschenden Luftdruck in hPa, T die Zimmertemperatur in Kelvin und p_{H_2O} den Druck des gesättigten Wasserdampfes bei Zimmertemperatur T [s. auch § 16.2 und § 16.5]):

$$\frac{V(\mathrm{BTPS})}{V(\mathrm{ATPS})} = \frac{310(p - p_{H_2O})}{T(p - 62{,}8)}$$

$$\frac{V(\mathrm{STPD})}{V(\mathrm{ATPS})} = \frac{p - p_{H_2O}}{3{,}71 \cdot T}$$

$$\frac{V(\mathrm{STPD})}{V(\mathrm{BTPS})} = \frac{p - 62{,}8}{1151}$$

Hierbei wurde für die Körpertemperatur 37 °C und für den bei dieser Temperatur herrschenden Druck des gesättigten Wasserdampfes 62,8 hPa eingesetzt (s. Tab. 16.6).

Aufgaben

Aufgabe 13.1: Zwischen benachbarten Masten einer elektrischen Überlandleitung hänge ein Kabel ($\alpha = 1{,}7 \cdot 10^{-5}\ \mathrm{K}^{-1}$), dessen Länge bei −30 °C im Winter $l = 100$ m betrage. Um welchen Betrag nimmt die Länge im Sommer zu, wenn die Temperatur auf +40 °C steigt?

Aufgabe 13.2: Bei einer Außentemperatur von 13 °C werden Eisenbahnschienen aus Stahl ($\alpha = 1{,}1 \cdot 10^{-5}\ \mathrm{K}^{-1}$) von 30 m Länge verlegt. Welche Abstände müssen zwischen den Schienenenden frei gelassen werden, wenn im Sommer Temperaturen bis zu 44 °C auftreten können?

Aufgabe 13.3: Eine Glasscheibe aus Fensterglas ($\alpha = 1 \cdot 10^{-5}\ \mathrm{K}^{-1}$) habe bei einer Temperatur von 18 °C die Maße 120 cm × 80 cm. Um wie viel nimmt ihre Fläche zu, wenn die Temperatur auf 30 °C ansteigt?

Aufgabe 13.4: Eine Kugel aus Messing ($\alpha = 1{,}9 \cdot 10^{-5}\ \mathrm{K}^{-1}$) hat bei $T_1 = 289$ K einen Radius von $r = 20$ mm. Auf welche Temperatur T_2 ist sie zu erwärmen, dass sie eben noch durch einen kreisförmigen Ring vom Durchmesser d = 40,2 mm geht?

Aufgabe 13.5: Ein einzelner Marmorblock des Parthenon auf der Akropolis habe bei einer Temperatur in der Nacht von 5 °C ein Volumen von $V = 3{,}8\ \mathrm{m}^3$ und erwärme sich am Tag auf 35 °C. Der lineare Ausdehnungskoeffizient des Marmors beträgt $\alpha = 8{,}5 \cdot 10^{-6}\ \mathrm{K}^{-1}$ und seine Dichte bei 5 °C ist $\varrho = 2{,}6 \cdot 10^3\ \mathrm{kg/m^3}$.
a) Um wie viel vergrößert sich sein Volumen?
b) Wie groß ist dann seine Dichte?

Aufgabe 13.6: Das Volumen eines idealen Gases wird bei konstanter Temperatur verdoppelt. Wie ändert sich der Druck?

Aufgabe 13.7: In Bild A 13.1 ist für ein ideales Gas die Druck-Temperaturkurve bei konstantem Volumen $\boldsymbol{V}$ dargestellt. Wie lautet die allgemeine Beziehung für die Steigung $\frac{\mathrm{d}p}{\mathrm{d}T}$ dieser Kurve, die aus der Zustandsgleichung idealer Gase folgt?

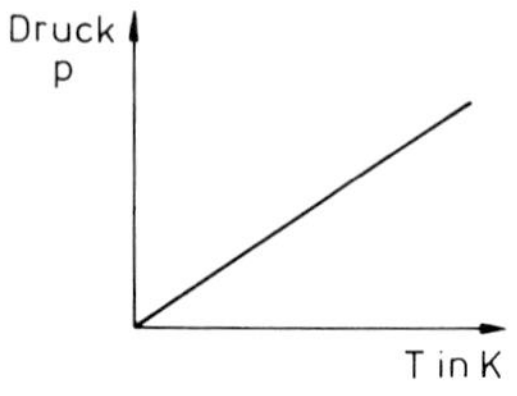

Bild A 13.1

Aufgabe 13.8: Welche der im $\boldsymbol{p}$, $\boldsymbol{V}$-Diagramm (Bild A 13.2) eingezeichneten Kurven stellt
a) die Isotherme
b) die Isobare
c) die Isochore
eines idealen Gases dar?

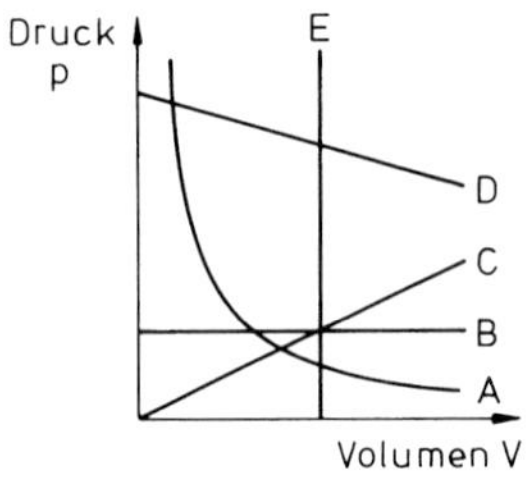

Bild A 13.2

Aufgabe 13.9: Welche der im $\boldsymbol{p}$, $\boldsymbol{T}$-Diagramm (Bild A 13.3) eingezeichneten Kurven stellt
a) die Isotherme
b) die Isobare
c) die Isochore
eines idealen Gases dar?

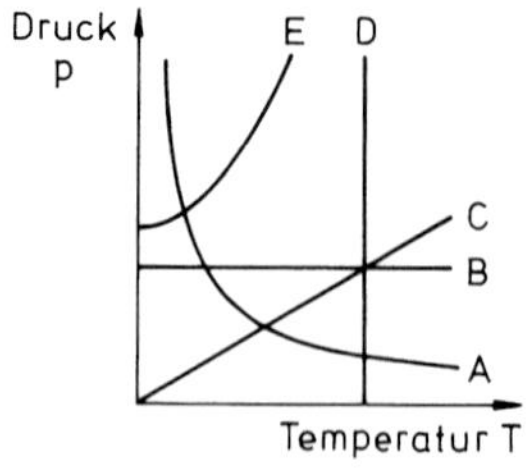

Bild A 13.3

Aufgabe 13.10: Welche der im $\boldsymbol{V}$, $\boldsymbol{T}$-Diagramm (Bild A 13.4) eingezeichneten Kurven stellt
a) die Isotherme
b) die Isobare
c) die Isochore
eines idealen Gases dar?

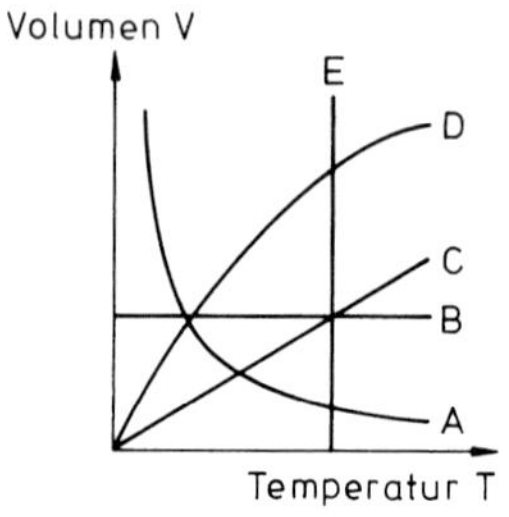

Bild A 13.4

Aufgabe 13.11: Ein Autoreifen wird bei einer Umgebungstemperatur von 27 °C auf $2 \cdot 10^5$ Pa mit einem idealen Gas aufgepumpt. Nach längerer Autofahrt ist der Druck um 5 % gestiegen, bei konstantem Volumen des Reifens. Um wie viel erhöhte sich die Temperatur des Reifens?

Aufgabe 13.12: Der Druck von einem Liter Sauerstoff beträgt bei 40 °C $\boldsymbol{p}_1 = 1013{,}25$ hPa. Nach Expansion des Gases auf $\boldsymbol{V}_2 = 1{,}5$ L erhöht sich der Druck auf $\boldsymbol{p}_2 = 1066{,}64$ hPa.
a) Welche Temperatur hat das Gas nach der Expansion?
b) Wie groß ist die Stoffmenge des Sauerstoffs?

Aufgabe 13.13: Ein nahezu ideales Gas, das bei einer Temperatur von 27 °C ein Volumen von 15 L einnimmt, wird isobar auf eine Temperatur von 57 °C erwärmt. Welches Volumen nimmt es dann etwa ein?

Aufgabe 13.14: Ein Sporttaucher atmet Luft aus einer Vorratsflasche über einen Druckregler, der den Druck der eingeatmeten Luft automatisch dem der Tauchtiefe entsprechenden Druck im Wasser angleicht. Nehmen wir an, der Taucher würde in 30 m Tiefe seine Lungen mit 6 L Luft füllen und anschließend, ohne auszuatmen, bei gleich bleibender Temperatur schnell an die Wasseroberfläche aufsteigen; welches Volumen würde dann die vorher eingeatmete Luft etwa einzunehmen versuchen?

Aufgabe 13.15: Die von einem Sporttaucher ausgestoßenen Luftblasen verdoppeln ihr Volumen, wenn sie bis zur Wasseroberfläche bei gleich bleibender Temperatur aufsteigen, wo der Druck $1 \cdot 10^5$ Pa herrscht. In welcher Tiefe $\boldsymbol{h}$ befindet sich der Taucher?

Aufgabe 13.16: Ein ideales Gas ist in einem festen Behälter bei konstantem Volumen eingeschlossen und steht bei einer Temperatur von 237 °C unter dem Druck p_0. Welcher Druck herrscht in dem Gas nach Abkühlung auf 0 °C?

Aufgabe 13.17: Ein Glasgefäß mit einem Volumen von 10 L ist mit Argon gefüllt. Wie viel Gas entweicht, wenn das Gas von 0 °C auf 2,73 °C bei konstantem Druck erwärmt wird?

Aufgabe 13.18: Eine Gasflasche wird bei einer Temperatur von 21 °C mit einem Druck von $200 \cdot 10^5$ Pa mit Wasserstoff abgefüllt. Ab welcher Außentemperatur spricht ein Sicherheitsventil an, das auf ca. $220 \cdot 10^5$ Pa eingestellt ist?

Aufgabe 13.19: Für CO_2 sind die Konstanten in der van der Waals Gleichung: $a = 0{,}37\ \frac{\mathrm{N \cdot m^4}}{\mathrm{mol^2}}$ und $b = 43\ \frac{\mathrm{cm^3}}{\mathrm{mol}}$. Berechnen Sie den Druck bei 0 °C für ein molares Volumen $V_m = 0{,}55\ \frac{\mathrm{L}}{\mathrm{mol}}$

a) des realen Gases CO_2;
b) unter der Annahme, dass sich CO_2 wie ein ideales Gas verhielte.

Aufgabe 13.20: In einer Druckgasflasche aus Stahl befindet sich Luft, wobei der Partialdruck von Sauerstoff $p_{O_2} = 15 \cdot 10^5$ Pa und von Stickstoff $p_{N_2} = 60 \cdot 10^5$ Pa betrage. Auf welche Werte ändern sich die Partialdrücke von Sauerstoff und Stickstoff, wenn der Gesamtdruck auf $25 \cdot 10^5$ Pa erniedrigt wird?

§ 14 Grundzüge der kinetischen Wärme- und Gastheorie

Die Atome und Moleküle eines jeden Stoffes sind in Bewegung (*Wärmebewegung*) und beeinflussen sich gegenseitig, jedoch bestehen hier bei festen, flüssigen und gasförmigen Körpern beträchtliche Unterschiede. Beim *festen Körper* schwingen die Moleküle, infolge der zwischen ihnen wirkenden starken Wechselwirkungskräfte, um ihre Gleichgewichtslage. Wie wir bereits in § 9 einleitend angesprochen haben, sind bei *flüssigen Körpern* Wechselwirkungskräfte zwischen den Flüssigkeitsmolekülen noch schwach vorhanden, treten aber bei den **gasförmigen Körpern** (bei nicht zu hohen Teilchendichten) kaum mehr merklich in Erscheinung. Die Teilchen der Flüssigkeiten und Gase pendeln daher nicht mehr um eine Gleichgewichtslage, vielmehr bewegen sie sich fortschreitend auf regellosen Zickzackbahnen, da sie mit benachbarten Teilchen immer wieder zusammenstoßen und entsprechend den Stoßgesetzen aus ihrer ursprünglichen Richtung abgelenkt werden. Diese so genannte **Brown'sche Bewegung** ist nach dem englischen Botaniker *Robert Brown* benannt, der 1827 diese Erscheinung in Flüssigkeiten beobachtete. Die Zitterbewegung lässt sich sichtbar machen durch in ein Fluid eingebrachte, mit einem Mikroskop beobachtbare, kolloidale oder suspendierte kleine Teilchen, hervorgerufen durch Zusammenstöße mit den in thermischer Bewegung befindlichen (selbst nicht sichtbaren) Molekülen der Flüssigkeiten oder Gase. Beispielsweise Rauch- oder Staubteilchen in Luft oder kleine nicht lösliche Farbstoffteilchen in Wasser zeigen unter dem Mikroskop eine statistische Bewegung, schematisch für ein Teilchen in Abb. 14.1 dargestellt. Zu Demonstrationszwecken lässt sich die Brown'sche Bewegung auch sehr schön zeigen, indem man Wasser mit

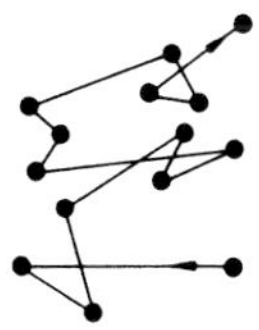

Abb. 14.1

3

darin suspendiertem feinem Pulverstaub von Aluminium oder Eisen in einer Glasküvette mit einem Laser beleuchtet und in Transmission auf einem Schirm beobachtet.

Wir wollen nun aus mikroskopischer Sicht ein ideales Gas betrachten und auf die Gasteilchen die Gesetze der (Newton'schen) Mechanik in statistischer Weise anwenden, um mit dieser mikroskopischen Beschreibung beispielsweise die thermodynamischen Größen Druck und Temperatur zu interpretieren.

Druck und Energie eines Gases

Nach dem Avogadro'schen Gesetz sind *in gleichen Volumina bei gleichem Druck und gleicher Temperatur gleich viele Moleküle enthalten*. Die in der Stoffmenge von einem Kilomol (kmol) bzw. einem Mol (mol) enthaltene Anzahl von Teilchen ist die **Avogadro-Konstante** $\boldsymbol{N_A}$ (s. auch § 3):

$$\begin{aligned} N_A &\approx 6{,}022 \cdot 10^{26}\,(\text{kmol})^{-1} \\ &= 6{,}022 \cdot 10^{23}\,(\text{mol})^{-1} \end{aligned} \tag{14.1}$$

Bezieht man die Avogadro-Konstante auf das molare Volumen des idealen Gases, so ergibt sich die **Loschmidt-Konstante** $\boldsymbol{N_0}$ (bei 273,15 K; 101,325 kPa):

$$\begin{aligned} N_0 &= \frac{N_A}{V_m} = \left(2{,}6867774 \pm 47 \cdot 10^{-7}\right) \cdot 10^{25}\,\text{m}^{-3} \\ &\approx 2{,}687 \cdot 10^{25}\,\text{m}^{-3} \end{aligned} \tag{14.2}$$

Druck und Energie eines Gases lassen sich im Rahmen der kinetischen Gastheorie aus den Bewegungsvorgängen der einzelnen Gasmoleküle ableiten. Diese bewegen sich ungeordnet und verhalten sich bei Stößen wie vollkommen elastische Kugeln, solange das Gas als ideal betrachtet werden kann. Den Druck eines Gases führen wir auf die elastischen Stöße der Moleküle gegen die das Gasvolumen begrenzenden Wände zurück. Bei jedem Stoß erfährt die Wand eine Kraft F, die gleich dem in der Zeiteinheit Δt übertragenen Impuls ist.

Die Masse m der Moleküle ist klein gegenüber der Masse der Wand, sodass die Moleküle reflektiert werden und dabei im Allgemeinen ihre Geschwindigkeit ändern. Dennoch betrachten wir zunächst die Bewegung der Moleküle mit einer einheitlichen Geschwindigkeit $\vec{v}$, die aber eigentlich als ein Mittelwert anzusehen ist. Ist der Impuls eines Moleküls $\vec{p} = m \cdot \vec{v}$, dann beträgt die Impulsänderung Δp eines senkrecht auf die Wand auftreffenden Moleküls $\Delta p = 2 \cdot |\vec{p}\,| = 2 \cdot m \cdot v$, infolge der Richtungsumkehr des Impulses beim Stoß (s. § 7.1.3). In einem Würfel des Volumens V befinde sich ein Gas bestehend aus N Molekülen; von diesen soll sich ein Drittel geordnet in Richtung einer Koordinatenachse bewegen, die Hälfte davon, d. h. also $\frac{N}{6}$, bewege sich beispielsweise in Richtung der positiven x-Achse (Abb. 14.2).

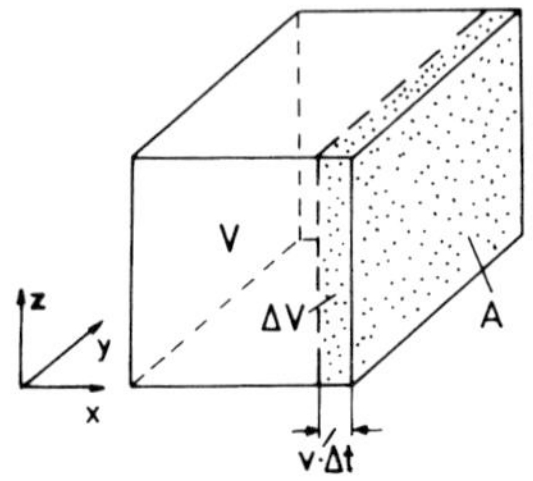

Abb. 14.2

Davon treffen alle die Moleküle ΔN in der Zeit Δt auf die Wand auf, die maximal um die Strecke $v \cdot \Delta t$ von ihr entfernt sind, sich also im Teilvolumen $\Delta V = A \cdot v \cdot \Delta t$ befinden. Die Anzahl $\Delta N = \frac{N}{6} \cdot \frac{\Delta V}{V}$ der Moleküle wirkt aufgrund der Impulsänderung Δp in der Zeit Δt gemäß (7.11) mit der Kraft $F = \Delta N \cdot \frac{\Delta p}{\Delta t} = \frac{1}{3} \cdot \frac{N}{V} m \cdot v^2 \cdot A$ auf die Wand. Unter Berücksichtigung der Tatsache, dass die Geschwindigkeiten der Gasmoleküle nicht alle gleich sind, ist hier v^2 durch das Mittel aller vorkommenden Geschwindigkeitsquadrate $\overline{v^2}$ zu ersetzen, es gilt somit: $F = \frac{1}{3} \cdot \frac{N}{V} \cdot m \cdot \overline{v^2} \cdot A$.

Der Druck ergibt sich dann aus seiner Definitionsgleichung $p = \frac{F}{A}$, wenn A die Fläche der Wand ist. Mit $\varrho_N = \frac{N}{V}$, der Anzahl der Teilchen der Masse m in der Volumeneinheit V des Gases der Dichte ϱ, erhalten wir schließlich:

$$p = \frac{1}{3} \cdot \varrho_N \cdot m \cdot \overline{v^2} \tag{14.3}$$

$\overline{v^2}$ ist der Mittelwert der Quadrate aller vorkommenden Geschwindigkeiten (*mittleres Geschwindigkeitsquadrat*).

Mit Gleichung (14.3) haben wir eine makroskopische Größe, den Druck p, durch den Mittelwert einer mikroskopischen Größe, das mittlere Geschwindigkeitsquadrat $\overline{v^2}$, ausgedrückt. Führen wir mit $\overline{E_{kin}} = \frac{1}{2} m \cdot \overline{v^2}$ die mittlere kinetische Energie eines Teilchens ein, so folgt aus (14.3) für den Druck eines Gases:

$$p = \frac{2}{3}\,\varrho_N \cdot \overline{E_{kin}} \tag{14.4}$$

Der Druck eines Gases auf die das Gasvolumen begrenzenden Wände ist also proportional zur Dichte der Teilchenzahl und der mittleren kinetischen Energie der Teilchen.

Multipliziert man Gleichung (14.4) mit dem molaren Volumen V_m, so ergibt sich mit (3.2) und (3.7):

$$p \cdot V_m = \frac{2}{3}\frac{N}{V} \cdot V_m \cdot \overline{E_{kin}} = \frac{2}{3}\frac{n \cdot N_A}{n \cdot V_m} \cdot V_m \cdot \overline{E_{kin}}$$

oder:

$$p \cdot V_m = \frac{2}{3} \cdot N_A \cdot \overline{E_{kin}} \tag{14.5}$$

Nun ist $\overline{E_{kin}} = \frac{1}{2} \cdot m \cdot \overline{v^2}$ die mittlere kinetische Energie der Translation *eines* Gasmoleküls. Die in einem Mol enthaltene kinetische Energie der Translation ist dann $\overline{E_{m,\,kin}} = N_A \cdot \overline{E_{kin}}$. Vergleichen wir Gleichung (14.5) mit Gleichung (13.16), $p \cdot V_m = R \cdot T$, so erhalten wir für ein Mol:

$$\overline{E_{m,\,kin}} = N_A \cdot \overline{E_{kin}} = \frac{3}{2} \cdot R \cdot T \tag{14.6}$$

Die mittlere kinetische Energie der Translation aller Moleküle in einem Mol eines Gases beträgt $\frac{3}{2} R \cdot T$.

Die mittlere kinetische Translationsenergie der Moleküle ist unabhängig von der Art des Gases, der absoluten Temperatur aber direkt proportional. Die Temperatur ist ein Maß für den Energieinhalt eines idealen Gases – seiner **inneren Energie** – und damit auch für die mittlere Energie der Bewegung eines Moleküls, für welche wir aus Gleichung (14.6) erhalten:

$$\overline{E_{kin}} = \frac{m}{2} \cdot \overline{v^2} = \frac{3}{2} \cdot \frac{R}{N_A} \cdot T = \frac{3}{2} \cdot k \cdot T \tag{14.7}$$

Dabei bezeichnet die Größe k die **Boltzmann-Konstante**:

$$k = \frac{R}{N_A} = \left(1{,}3806504 \pm 24 \cdot 10^{-7}\right) \cdot 10^{-23}\,\frac{\mathrm{J}}{\mathrm{K}}$$
$$\approx 1{,}381 \cdot 10^{-23}\,\frac{\mathrm{J}}{\mathrm{K}} \tag{14.8}$$

Mit Gleichung (14.7) können wir auch eine Beziehung für den Zusammenhang des mittleren Geschwindigkeitsquadrats der Moleküle des Gases mit der absoluten Temperatur angeben:

$$\overline{v^2} = \frac{3k \cdot T}{m} \tag{14.9}$$

Für den Druck p eines Gases ergibt sich aus Gleichung (14.4) mit der mittleren kinetischen Energie eines Moleküls gegeben durch (14.7):

$$p = \varrho_N \cdot k \cdot T \tag{14.10}$$

Diese Gleichung lässt sich mit den Definitionen der Teilchenanzahldichte $\varrho_N = N/V$, der Stoffmenge $n = N/N_A$ und der Bolzmannkonstante (14.8) wieder in die allgemeine Zustandsgleichung idealer Gase $p \cdot V = N \cdot k \cdot T = n \cdot R \cdot T$ überführen.

Die oben angestellten Betrachtungen gelten für ideale Gase und somit gilt die Folgerung nach Gleichung (14.7) nur für den Mittelwert der Energie, gemittelt über alle Bewegungsmöglichkeiten eines solchen idealen Gasmoleküls. Nun kann sich ein Gasmolekül im dreidimensionalen Raum in die drei Raumrichtungen x, y, z bewegen, man sagt das Gasmolekül besitzt drei **Freiheitsgrade** der Translation. Infolge der Stöße der Gasmoleküle untereinander und der damit verbundenen dauernden Änderung ihrer Geschwindigkeiten nach Betrag und Richtung sind im zeitlichen Mittel alle Richtungen der Geschwindigkeit gleich wahrscheinlich. Demzufolge wird im thermodynamischen Gleichgewicht bei der Temperatur T die mittlere kinetische Energie eines Gasmoleküls pro

Freiheitsgrad nach (14.7) $\overline{E_{\text{kin}}} = \frac{1}{2} \cdot k \cdot T$ betragen. Bei realen Molekülen können außer diesen drei translatorischen Freiheitsgraden auch noch Freiheitsgrade der Schwingung und Rotation zur Energie beitragen. Die Zahl der insgesamt auftretenden Freiheitsgrade eines Gases hängt somit davon ab, ob es sich um ein-, zwei- oder mehratomige Gase handelt, d. h. um Gase, deren Moleküle aus einem, zwei oder mehreren Atomen bestehen.

Einatomige Gase, die wir uns im Modell als glatte Kugel vorstellen, tauschen bei Zusammenstößen keine translatorische Energie mit der Rotationsenergie aus. Folglich treten bei ihnen die Rotationsfreiheitsgrade nicht in Erscheinung.

Zweiatomige Gase, bei denen die Moleküle in der Modellvorstellung die Form von Hanteln haben, mit festem Abstand (Näherung des Starren Körpers) der Atome der Massen m_1 und m_2 (Abb. 14.3), besitzen zwei Freiheitsgrade der Rotation um die zwei zueinander senkrechten Achsen I und II. Nur sie tauschen Energie mit der Translation aus. Der dritte Freiheitsgrad der Rotation um die Verbindungsachse der Atome tritt, wie die Rotationsfreiheitsgrade der einatomigen Gase, bei normalen Temperaturen (unterhalb einer bestimmten Grenztemperatur) ebenfalls nicht in Erscheinung, man bezeichnet diesen Freiheitsgrad, bildlich gesprochen, als *eingefroren*.

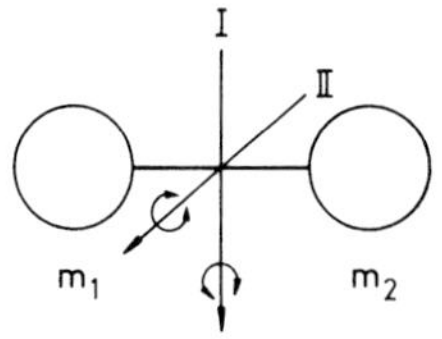

Abb. 14.3

Dreiatomige Gase, bei denen höchstens zwei Atome in einer Geraden liegen, und *mehratomige Gase* besitzen drei Freiheitsgrade der Rotation.

Die Zahl der Freiheitsgrade wird bei zwei- oder mehratomigen Gasen, insbesondere bei höheren Temperaturen, durch die Möglichkeit der Schwingung der Atome im Molekül gegeneinander, noch vergrößert (s. auch § 30.4.3). Auch die Schwingungsfreiheitsgrade können bei Zusammenstößen der Moleküle mit der Translations- und Rotationsbewegung Energie austauschen.

Die Gesamtzahl der Freiheitsgrade eines Gasmoleküls ist die Summe der Translations-, der Schwingungs- und der Rotationsfreiheitsgrade.

Nach dem **Äquipartitionsgesetz** (Gleichverteilungssatz) ist im statistischen Gleichgewicht die *Energie pro Freiheitsgrad im Mittel* $\frac{1}{2} \cdot k \cdot T$ *oder pro mol und Freiheitsgrad*:

$$N_{\text{A}} \cdot \frac{1}{2} \cdot k \cdot T = \frac{1}{2} \cdot R \cdot T.$$

Die mittlere Energie eines Mols eines Gases beträgt demnach:

$$\overline{E_{\text{m, kin}}} = \frac{1}{2} \cdot i \cdot R \cdot T \tag{14.11}$$

Hierbei ist $i = 3$ für einatomige Gase und, ohne Berücksichtigung der Schwingungsfreiheitsgrade, $i = 5$ für zweiatomige und $i = 6$ für dreiatomige Gase.

Die Geschwindigkeitsverteilung der Moleküle

Vom Standpunkt der Molekularphysik aus betrachtet stellt ein Gas eine große Anzahl von sich mehr oder weniger frei bewegenden Teilchen dar, deren Geschwindigkeit sich nach Betrag und Richtung bei Zusammenstößen mit anderen Teilchen oder der Wand ständig ändert. In der Vorstellung der kinetischen Gastheorie können wir eine Beziehung zwischen dem mittleren Geschwindigkeitsquadrat der Gasteilchen und der Temperatur angeben (Gleichung (14.9)). Die Geschwindigkeiten der Teilchen variieren über einen großen Bereich, mit einer statistischen Verteilung der Absolutbeträge der Geschwindigkeiten. Für alle vorkommenden Molekülgeschwindigkeiten v gibt es eine charakteristische *Verteilungsfunktion* $f(v)$, die nur von der Temperatur abhängt. Sie gibt die Häufigkeit an, mit der eine bestimmte Anzahl $\mathrm{d}N$ des Ensembles aller N Moleküle eines Gases eine Geschwindigkeit im Intervall $\mathrm{d}v$ zwischen v und $v + \mathrm{d}v$ besitzt, wobei die Geschwindigkeit v alle Werte zwischen 0 und ∞ annehmen kann. Die Wahrscheinlichkeit dafür, dass ein Molekül eine Geschwindigkeit zwischen v und $v + \mathrm{d}v$ hat, ist dann gegeben durch:

$$\mathrm{d}N = N \cdot f(\upsilon) \cdot \mathrm{d}\upsilon \qquad (14.12)$$

Für ein Gas, für welches die Geschwindigkeitsverteilung der Komponenten der Teilchengeschwindigkeiten in die drei Raumrichtungen gleich sind, ergibt sich für die Beträge der Geschwindigkeitsvektoren die Verteilungsfunktion nach **Maxwell** zu:

$$f(\upsilon) = 4\pi \cdot \left(\frac{m}{2\pi \cdot k \cdot T}\right)^{\frac{3}{2}} \cdot \upsilon^2 \cdot e^{-\frac{m \cdot \upsilon^2}{2k \cdot T}} \qquad (14.13)$$

Bei einem vorgegebenen Gas hängt die Geschwindigkeitsverteilung der Gasteilchen also nur von der absoluten Temperatur T ab. Die makroskopische Zustandsgröße Temperatur beschreibt damit einen mikroskopischen Zustand eines Teilchenensembles in Bezug auf die Verteilung der Geschwindigkeit bzw. der kinetischen Energie auf die Teilchen, wobei die Anzahl der Teilchen N des Ensembles nicht zu klein sein darf. Die Verteilungskurve besitzt ein Maximum, welches sich mit $\frac{\mathrm{d}f(\upsilon)}{\mathrm{d}\upsilon} = 0$ aus (14.13) ergibt.

Der in Gleichung (14.13) auf der rechten Seite stehende Exponentialfaktor, der allgemein mit der Energie E auch geschrieben werden kann als $e^{-\frac{E}{k \cdot T}}$, wird der ***Boltzmann Faktor*** genannt. Der Boltzmann Faktor spielt bei der physikalischen Beschreibung von zahlreichen Erscheinungen eine wichtige Rolle, wie z. B. bei der Beschreibung der Druckverteilung bzw. dem Dichteverlauf in der Atmosphäre bei konstanter Temperatur mit der Barometrischen Höhenformel (Gleichung (9.17)) oder den Teilchenzahl- bzw. Besetzungsdichten von Energiezuständen bei Atomen und Molekülen (s. auch § 38.2.2).

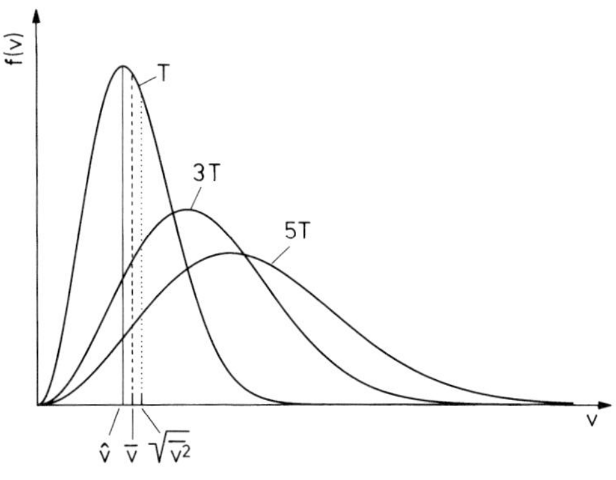

Abb. 14.4

In Abb. 14.4 ist die *Häufigkeitsverteilung der Geschwindigkeit* der Gasmoleküle, die **Maxwell'sche Geschwindigkeitsverteilung**, bei drei verschiedenen Temperaturen (T, $3T$ und $5T$) dargestellt. Auf der Abszisse ist die Geschwindigkeit υ aufgetragen und auf der Ordinate die Verteilungsfunktion $f(\upsilon)$ für die Beträge der Teilchengeschwindigkeiten im Geschwindigkeitsintervall $\mathrm{d}\upsilon$ zwischen υ und $\upsilon + \mathrm{d}\upsilon$. Die Wahrscheinlichkeit dafür, ein Teilchen mit genau einer bestimmten Geschwindigkeit anzutreffen, ist gleich Null ($\mathrm{d}N \to 0$ wenn $\mathrm{d}\upsilon \to 0$ geht), jedoch ungleich Null dafür, dass ein Teilchen eine Geschwindigkeit in einem Intervall $\mathrm{d}\upsilon$ aufweist. Die dem Maximum einer Verteilungskurve entsprechende Geschwindigkeit wird als die **wahrscheinlichste Geschwindigkeit $\hat{\upsilon}$** bezeichnet, für welche man aus der Verteilungsfunktion erhält:

$$\hat{\upsilon} = \sqrt{\frac{2k \cdot T}{m}} \qquad (14.14)$$

Da die Verteilung der Geschwindigkeiten unsymmetrisch ist, besteht keine Übereinstimmung mit der **mittleren Geschwindigkeit $\bar{\upsilon}$**, die das arithmetische Mittel der Absolutwerte der Geschwindigkeiten der N Teilchen darstellt. Es folgt:

$$\bar{\upsilon} = \sqrt{\frac{8k \cdot T}{\pi \cdot m}} = \frac{2\hat{\upsilon}}{\sqrt{\pi}} \approx 1{,}128\,\hat{\upsilon} \qquad (14.15)$$

Die mittlere Geschwindigkeit $\bar{\upsilon}$ ist somit etwas größer als die wahrscheinlichste Geschwindigkeit $\hat{\upsilon}$. In Tab. 14.1 sind experimentelle Werte von $\bar{\upsilon}$ und $\hat{\upsilon}$ für einige Gase bei $T = 273{,}15$ K angegeben.

Tab. 14.1

Gas	$\bar{v}$ in $\frac{m}{s}$	$\hat{v}$ in $\frac{m}{s}$
Wasserstoff H_2	1694	1487
Stickstoff N_2	453	398
Luft	447	395
Sauerstoff O_2	425	377
Kohlenstoffdioxid CO_2	361	318
Joddampf J_2	151	133

Das mittlere Geschwindigkeitsquadrat $\overline{\upsilon^2}$ ergibt sich wie in Gleichung (14.9) angegeben und mit (14.14) kann man für die Wurzel aus dem mittleren Geschwindigkeitsquadrat auch schreiben:

$$\sqrt{\overline{v^2}} = \sqrt{\frac{3}{2}}\,\hat{v} \approx 1{,}225\,\hat{v} \qquad (14.16)$$

Für die drei Molekulargeschwindigkeiten gilt somit folgende Relation (s. auch Abb. 14.4):

$$\hat{v} < \bar{v} < \sqrt{\overline{v^2}} \qquad (14.17)$$

Insgesamt kommen größere Geschwindigkeiten als die wahrscheinlichste Geschwindigkeit $\hat{v}$ häufiger vor als kleinere. Es treten auch sehr große und sehr kleine Geschwindigkeiten auf, aber mit geringerer Häufigkeit. Mit steigender Temperatur verschiebt sich das Maximum in Richtung größerer Geschwindigkeiten (Abb. 14.4), wobei gleichzeitig die Verteilungskurve flacher wird (die Fläche unter der Kurve muss konstant bleiben, da sich die Anzahl N der Teilchen nicht ändert).

Mittlere freie Weglänge

Ein Molekül bewegt sich in einem Gas zwischen zwei aufeinander folgenden Stößen geradlinig mit konstanter mittlerer Geschwindigkeit $\bar{v}$ und legt dabei im Mittel eine bestimmte Strecke (Abb. 14.1), die sog. ***mittlere freie Weglänge*** $\bar{l}$ zurück. Betrachten wir die Moleküle vereinfacht als kleine starre Kugeln mit Radius r, so wird ein Zusammenstoß zwischen zwei Teilchen immer dann erfolgen, wenn sich ihre Mittelpunkte bis auf den Abstand $d = 2r$ (Abb. 14.5) nähern (handelt es sich um Teilchen mit unterschiedlichen Radien r_1 und r_2, dann ist $d = r_1 + r_2$). Ordnet man einem Molekül die Fläche $\pi \cdot d^2$ zu und betrachtet die anderen Teilchen als punktförmig, so werden alle die Teilchen eine Ablenkung von ihrer geradlinigen Bahn erfahren, die innerhalb der Fläche $\pi \cdot d^2$, dem ***Stoßquerschnitt*** $\boldsymbol{\sigma}$, auftreffen. Wenn $\varrho_N = N/V$ die Molekülanzahldichte im Gas bezeichnet, dann errechnet sich die Zahl der Stöße in der Zeiteinheit, die *mittlere Stoßhäufigkeit* $\bar{z}$, für ein Teilchen zu $\bar{z} = \pi \cdot d^2 \cdot \sqrt{2} \cdot \bar{v} \cdot \varrho_N$, wobei der Faktor $\sqrt{2}$ berücksichtigt, dass für die bewegten Gasmoleküle die mittlere Relativgeschwindigkeit zu betrachten ist. In der Zeit t ist der zurückgelegte Gesamtweg $\bar{v} \cdot t$ und die Anzahl der Zusammenstöße $\bar{z} \cdot t$, woraus sich die mittlere freie Weglänge dann als Quotient $\bar{l} = \bar{v} \cdot t / \bar{z} \cdot t$ ergibt zu:

$$\bar{l} = \frac{1}{\pi \cdot d^2 \cdot \sqrt{2} \cdot \varrho_N}$$

was mit dem *Stoßquerschnitt* $\sigma = \pi \cdot d^2$ auch geschrieben werden kann als:

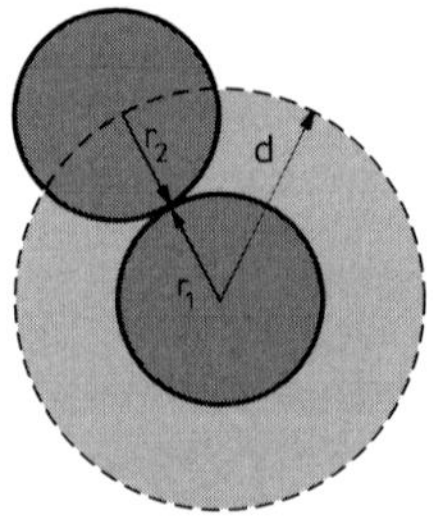

Abb. 14.5

$$\bar{l} = \frac{1}{\sigma \cdot \sqrt{2} \cdot \varrho_N} \qquad (14.18)$$

Unter Normalbedingungen, d. h. bei einer Molekülanzahldichte von $\varrho_N \approx 2{,}7 \cdot 10^{25}/\mathrm{m}^3$, folgt beispielsweise für Luft (effektiver Moleküldurchmesser $d \approx 2 \cdot 10^{-10}\,\mathrm{m}$) eine mittlere freie Weglänge der Gasmoleküle von $\bar{l} \approx 0{,}2\,\mu\mathrm{m}$. Die durchschnittliche Geschwindigkeit der Moleküle beträgt bei Normalbedingungen ca. $10^3\,\mathrm{m/s}$, sodass sich für die mittlere Stoßzahl $\bar{z} \approx 5 \cdot 10^9/\mathrm{s}$ ergibt, d. h. *jedes* Molekül stößt im Mittel fünf Milliarden Mal mit anderen Molekülen zusammen. Bei einem Druck von 0,1 Pa (wie er z. B. in der Atmosphäre in einer Höhe von ca. 100 km herrscht) wird die mittlere freie Weglänge bereits $\bar{l} \approx 2\,\mathrm{mm}$. In einem kugelförmigen Vakuumbehälter mit einem Durchmesser von 10 cm, in welchem ein Druck von 10^{-4} Pa vorliegt, ist die mittlere freie Weglänge $\bar{l} \approx 160\,\mathrm{m}$, sodass Stöße der Moleküle untereinander relativ selten sind im Vergleich zu Wandstößen, obwohl noch ca. $1{,}4 \cdot 10^{13}$ Moleküle in dem Vakuumbehälter enthalten sind.

Aufgaben

Aufgabe 14.1: In zwei idealen Gasen herrsche der gleiche Druck und es liege die gleiche Temperatur vor. Welche Aussagen lassen sich für

a) die mittleren kinetischen Energien $\boldsymbol{E}_1$ und $\boldsymbol{E}_2$ der Translation und
b) die Teilchenanzahldichten ϱ_{N_1} und ϱ_{N_2} in den beiden Gasen machen?

Aufgabe 14.2: Die Temperatur eines idealen Gases betrage 27 °C. Auf welche Temperatur muss das Gas erwärmt werden, um die mittlere kinetische Energie seiner Moleküle zu verdoppeln?

Aufgabe 14.3: Welche Geschwindigkeit ergibt sich als Wurzel aus dem mittleren Geschwindigkeitsquadrat für Rauchpartikel (Masse $\boldsymbol{m} = 30$ ag) in Luft bei einer Temperatur von 20 °C und einem Druck von 1013,25 hPa?

Aufgabe 14.4: Welche der in Bild A 14.1 dargestellten Kurven gibt bei einer bestimmten Temperatur etwa die Häufigkeitsverteilung der Geschwindigkeit nach Maxwell wieder?

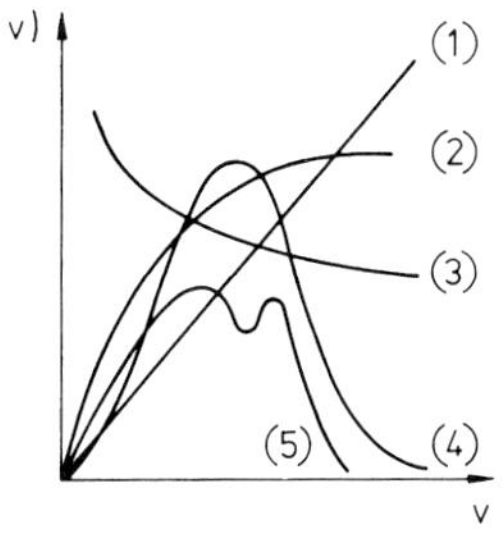

Bild A 14.1

Aufgabe 14.5: Wie groß ist die mittlere freie Weglänge $\bar{l}$ von Stickstoffmolekülen (Moleküldurchmesser $d \approx$ 320 pm) bei Normalbedingungen und einer Molekülanzahldichte von ca. $3 \cdot 10^{25}\ \mathrm{m}^{-3}$?

§ 15 Wärme als Energieform

In der Mechanik haben wir beim Studium der Bewegung von Körpern oder ihres Verhaltens bei Stößen Energieverluste durch Reibung ausgeschlossen, indem wir die Vorgänge idealisiert als reibungsfrei bzw. elastisch betrachtet haben. Das unvermeidbare Auftreten von Reibungskräften bedingt jedoch einen scheinbaren Verlust an (z. B. mechanischer) Energie, der in Form von (Reibungs-)Wärme auf das Gesamtsystem übertragen wird unter Erhöhung seiner Temperatur.

Betrachten wir zwei Systeme, zwischen denen eine Temperaturdifferenz besteht, beispielsweise ein Festkörper in einer Flüssigkeit, so geht – wie eingangs zu Kapitel 3 bereits erwähnt – so lange Wärme vom System mit der höheren Temperatur auf jenes mit der tieferen Temperatur über, bis sich die Temperaturen der beiden Systeme angeglichen haben. Durch die übertragene Wärme ändert sich jeweils der Energieinhalt, die **innere Energie** $\boldsymbol{U}$ (s. auch § 15.2), von jedem der beiden Systeme z. B. durch Änderung der kinetischen und potentiellen Energie der Moleküle um einen bestimmten Betrag dU. Die *innere Energie* ist beispielsweise für ein Gas mit i Freiheitsgraden der Moleküle, bei vorgegebenem Druck p und Volumen V, nach der Beziehung (14.11) durch die absolute Temperatur T bestimmt. Je nach Anregungsmöglichkeiten tragen zur inneren Energie bei Fluiden die Energien der Translation und Schwingungen – bei Gasen auch noch jene der Rotationen – der Atome, Moleküle oder Ionen bei, bei Festkörpern sind es die Schwingungsenergien (Wärmebewegung) der Gitterbausteine. Auch die Energien der Wechselwirkung der betreffenden Teilchen untereinander, chemische Energien oder die Energien der Atomhüllen und -kerne der Teilchen usw. sind innere Energien.

Nach dem obigen Beispiel kann die innere Energie eines Systems (fest, flüssig oder gasförmig) somit dadurch geändert werden, dass ihm von außen Wärme zugeführt wird oder vom System Wärme nach außen abgegeben wird. Eine Änderung der inneren Energie eines Systems kann jedoch auch durch am (oder vom) System verrichtete Arbeit erfolgen. Die Verrichtung von Arbeit W ist daher, genauso wie der Übergang von Wärme Q, nichts anderes als übertragene Energie zwischen Systemen unter Änderung ihrer inneren Energie, wodurch die Systeme jeweils von einem bestimmten thermodynamischen (Gleichgewichts-)Zustand in einen anderen gelangen.

Wärme ist eine Energieform und wird in Energieeinheiten gemessen.

In den folgenden Abschnitten befassen wir uns u. a. mit Zustandsänderungen von Systemen infolge Energieübertrag durch einen *thermodynamischen Prozess*, der durch die verrichtete Arbeit W und/oder die zu- bzw. abgeführte **Wärme Q** (auch als **Wärmemenge** bezeichnet) charakterisiert ist.

§ 15.1 Wärmemenge – Wärmekapazität

Um die Temperatur eines Körpers zu erhöhen oder zu erniedrigen, muss ihm eine bestimmte *Wärmemenge* zugeführt oder entzogen werden. Diese ist proportional der Masse m des Körpers und seiner Temperaturänderung $\Delta T = T_2 - T_1$ (T_1: Anfangstemperatur, T_2: Endtemperatur). Es gilt dann für die zugeführte oder entzogene **Wärme** bzw. **Wärmemenge** ΔQ:

Definition:

$$\Delta Q = c \cdot m \cdot (T_2 - T_1) = c \cdot m \cdot \Delta T \qquad (15.1)$$

Einheit:

Joule (J)
$1\,\mathrm{J} = 1\,\mathrm{N} \cdot \mathrm{m} = 1\,\mathrm{W} \cdot \mathrm{s}$

Früher gebräuchliche Einheit:
Die Kalorie (cal), für deren Umrechnung in das Joule (J) folgende Einheitengleichungen gelten:
$1\,\mathrm{cal_{th}} = 4{,}184\,\mathrm{J}$ oder $1\,\mathrm{J} = 0{,}239\,\mathrm{cal_{th}}$
(so genannte „thermochemische" Kalorie):
bzw.
$1\,\mathrm{cal_{IT}} = 4{,}1868\,\mathrm{J}$ oder $1\,\mathrm{J} = 0{,}2388\,\mathrm{cal_{IT}}$
(so genannte „Internationale Tafel"-Kalorie)

Bemerkung:
Die früher verwendete Einheit Kalorie (cal) war definiert als diejenige Wärmemenge, die erforderlich ist, um 1 g Wasser um 1 °C, von 14,5 auf 15,5 °C zu erwärmen.

Frühere Angaben in cal oder kcal können in guter Näherung mit 4,2 multipliziert werden (Fehler ca. 0,3 %), um die Einheit J oder kJ zu erhalten.

Die so genannte „große Kalorie" (kcal) wurde früher – und wird auch heute noch häufig – zur Bezeichnung des Verbrennungswerts von Nahrungsmitteln („Esskalorie") verwendet. Mit dem Umrechnungsfaktor ($\approx 4{,}2$) lässt sie sich einfach in der Einheit kJ ausdrücken.

Der Proportionalitätsfaktor c in Gleichung (15.1) heißt die **spezifische Wärmekapazität** und ist diejenige Wärmemenge, die einem homogenen Körper der Masse 1 kg zugeführt werden muss, um ihn um ein Kelvin zu erwärmen.

Definition:

$$c = \frac{\text{Wärmemenge}}{\text{Masse} \cdot \text{Temperaturänderung}} = \frac{\Delta Q}{m \cdot \Delta T} \qquad (15.2)$$

Einheit:

$$\frac{\mathrm{J}}{\mathrm{kg} \cdot \mathrm{K}}$$

Die spezifische Wärmekapazität eines Stoffes ist temperaturabhängig und hängt außerdem von der Art der Erwärmung ab; wir unterscheiden daher zwischen c_p und c_v, je nachdem, ob der *Druck* oder das *Volumen* konstant gehalten wird.

Spezifische Wärmekapazität c_p (bei konstantem Druck)

Die Erwärmung des Körpers erfolgt isobar unter Vergrößerung des Volumens. Die zugeführte Wärmemenge erhöht also die mittlere Energie der Moleküle des Stoffes und verrichtet noch Arbeit gegen den äußeren Luftdruck infolge der Volumenvergrößerung.

Spezifische Wärmekapazität c_v (bei konstantem Volumen)

Die Erwärmung erfolgt isochor. Die zugeführte Wärmemenge dient allein zur Erhöhung der mittleren Energie der Moleküle des Stoffes, also einer Erhöhung seiner Temperatur.

Es ist daher stets $c_p > c_v$. Bei Festkörpern ist der Unterschied zwischen c_p und c_v äußerst gering, ebenso bei Flüssigkeiten, infolge der wesentlich geringeren Wärmeausdehnung dieser Stoffe gegenüber den Gasen.

In den Tabellen 15.1 und 15.2 sind die spezifischen Wärmekapazitäten einiger fester und flüssiger Stoffe bzw. Gase bei einem Druck von 1013,25 hPa und den jeweils angegebenen Temperaturen aufgeführt.

Tab. 15.1

Feststoffe	ϑ in °C	c in $\frac{\text{kJ}}{\text{kg} \cdot \text{K}}$	Flüssigkeiten	ϑ in °C	c in $\frac{\text{kJ}}{\text{kg} \cdot \text{K}}$
Aluminium	20	0,89	Aceton	20	2,18
Eis	0	2,04	Benzol	20	1,74
Eisen (V2A Stahl)	20	0,48	Ethanol	20	2,43
Fett	20	1,95	Glycerin	20	2,39
Glas (Pyrex)	20	0,77	Methanol	20	2,55
Gold (rein)	20	0,13	Olivenöl	20	1,97
Kupfer (rein)	20	0,39	Quecksilber	20	0,14
Polyethylen	20	2,3	Silikonöl	20	1,47
Teflon	20	1,04	Terpentinöl	20	1,72
Zucker (fein)	0	1,25	Wasser	20	4,18

Tab. 15.2

Gase (Dämpfe)	ϑ in °C	c_p in $\frac{\text{kJ}}{\text{kg} \cdot \text{K}}$	c_v in $\frac{\text{kJ}}{\text{kg} \cdot \text{K}}$	$\gamma = \frac{c_p}{c_v} = \frac{C_{m,p}}{C_{m,v}}$
Argon (Ar)	0	0,524	0,316	1,66
Helium (He)	0	5,23	3,17	1,65
Krypton (Kr)	0	0,247	0,147	1,68
Neon (Ne)	0	1,030	0,628	1,64
Xenon (Xe)	0	0,159	0,096	1,66
Quecksilberdampf (Hg)	20	0,105	0,063	1,67
Chlor (Cl_2)	20	0,745	0,552	1,35
Chlorwasserstoff (HCl)	20	0,812	0,574	1,41
Kohlenstoffmonoxid (CO)	20	1,042	0,744	1,40
Luft	20	1,005	0,718	1,402
Sauerstoff (O_2)	20	0,917	0,655	1,398
Stickstoff (N_2)	20	1,038	0,741	1,401
Stickstoffmonoxid (NO)	20	0,996	0,716	1,39
Wasserstoff (H_2)	20	14,32	10,17	1,41
Distickstoffoxid (N_2O)	20	0,883	0,689	1,28
Kohlenstoffdioxid (CO_2)	20	0,838	0,649	1,29
Ozon (O_3)	20	0,795	0,568	1,40
Schwefeldioxid (SO_2)	20	0,640	0,503	1,27
Ammoniak (NH_3)	20	2,049	1,554	1,32
Methan (CH_4)	0	2,165	1,655	1,31

In Tab. 15.2 ist auch der so genannte *Isotropen- oder Adiabatenexponent* $\gamma = \frac{c_p}{c_v} = \frac{C_{m,p}}{C_{m,v}}$ mit angegeben (s. dazu § 15.1.1 und § 15.2.2).

§ 15.1.1 Wärmekapazität – Molare Wärmekapazität

Die Untersuchung der Temperaturabhängigkeit der oben eingeführten *spezifischen Wärmekapazität*, wie auch der nachstehend definierten *Wärmekapazität* bzw. der *molaren Wärmekapazität*, gibt wesentliche Informationen über den Aufbau der Stoffe und das Verhalten ihrer Bausteine. Werte der Wärmekapazitäten von zahlreichen festen, flüssigen und gasförmigen Stoffen erhält man mit unterschiedlichen experimentellen Verfahren (vgl. z. B. § 15.1.2).

Charakteristisch für die Materialzusammensetzung eines Körpers ist die massenbezogene spezifische Wärmekapazität, gemäß der Definition (15.2). Die Wärmekapazität ist die von der Masse m des Körpers abhängige Größe; beispielsweise besitzt Aluminium eine bestimmte spezifische Wärmekapazität, der Aluminiumblock, der aus diesem Aluminium besteht, eine auch noch von seiner Masse abhängige Wärmekapazität.

Wärmekapazität

Die Wärmemenge, die notwendig ist, um die Temperatur eines Körpers um ein Kelvin zu erhöhen, nennt man seine **Wärmekapazität** $\boldsymbol{C}$. Mit Gl. (15.1) erhält man:

Definition:

$$C = \frac{\Delta Q}{\Delta T} = c \cdot m \qquad (15.3)$$

Einheit:

$$\frac{\mathrm{J}}{\mathrm{K}}$$

Früher gebräuchliche Einheit:

$$1\,\frac{\mathrm{cal}}{\mathrm{K}} \approx 4{,}2\,\frac{\mathrm{J}}{\mathrm{K}}$$

Molare Wärmekapazität

Die Wärmemenge, die notwendig ist, um ein Mol eines Stoffes um ein Kelvin zu erwärmen, heißt die **molare Wärmekapazität** $\boldsymbol{C_m}$:

Definition:

$$C_m = c \cdot M \qquad (15.4)$$

M: molare Masse in kg/mol
c: spezifische Wärmekapazität in $\mathrm{J \cdot kg^{-1} \cdot K^{-1}}$

Einheit:

$$\frac{\mathrm{J}}{\mathrm{mol \cdot K}}$$

Früher gebräuchliche Einheit:

$$\frac{\mathrm{cal}}{\mathrm{mol \cdot K}}$$

Die molare Wärmekapazität C_m ist gemäß der Definition (15.4) das Produkt aus der spezifischen Wärmekapazität c und der molaren Masse M, sie bezieht sich auf 1 Mol des Stoffes.

Die Wärmekapazität eines Mols einer beliebigen Substanz wurde früher als *Molwärme* bezeichnet und unter der *Atomwärme* verstand man die molare Wärmekapazität eines „Grammatoms", d. h. der relativen Atommasse in Gramm ausgedrückt.

Bereits 1819 stellten *P. L. Dulong* und *A. T. Petit* einen Erfahrungssatz für die molaren Wärmekapazitäten einatomiger Festkörper auf, den wir heute wie nachstehend formulieren.

Dulong-Petit'sche Regel:

> Die einem Element im festen Aggregatzustand zugeführte Wärmemenge, die erforderlich ist, um seine Temperatur um 1 K zu erhöhen, ist vom chemischen Charakter unabhänging und hängt nur von der Zahl der Atome ab, die in der Elementmenge enthalten sind.

Die molaren Wärmekapazitäten der meisten festen Elemente weisen sehr ähnliche Werte auf und betragen bei genügend hohen Temperaturen:

$$C_m \approx 25\,\frac{\mathrm{J}}{\mathrm{mol \cdot K}} \left(\approx 6\,\frac{\mathrm{cal}}{\mathrm{mol \cdot K}}\right) \qquad (15.5)$$

Bei einer großen Zahl fester chemischer Verbindungen kann nach *F. Neumann*, *J.P. Joule* und *H. Kopp* deren molare Wärmekapazität additiv aus den molaren Wärmekapazitäten der in den Verbindungen enthaltenen Elemente berechnet werden. Es gilt als äquivalente Aussage zur Dulong-Petit'schen Regel als ein weiterer Erfahrungssatz die Neumann-Kopp'sche Regel (oder auch *Joule-Kopp'sche* Regel):

> Die Molwärme ist die Summe der Atomwärmen.

Es gibt aber von dieser Regel zahlreiche Abweichungen für die molaren Wärmekapazitäten fester chemischer Verbindungen. Beide Erfahrungssätze stellen jedoch eine starke Stütze der atomistischen Theorie des Materieaufbaus dar, aufgrund der Tatsache, dass die erforderliche Wärmemenge um die Temperatur *pro Atom* um 1 K zu erhöhen, für viele feste Stoffe die Gleiche ist.

Für relativ einfache Stoffe, wie z. B. bei einigen (festen) Metallen oder bei Gasen, können die Wärmekapazitäten mit Hilfe der mechanischen Wärmetheorie (§ 14) abgeschätzt werden. Ausgehend vom Gleichverteilungssatz (Äquipartitionsgesetz), ist die Energie eines Mols eines Stoffes pro Freiheitsgrad $\frac{1}{2} \cdot R \cdot T$. Die molare Wärmekapazität pro Freiheitsgrad ergibt sich damit zu:

$$C_{\mathrm{m},\upsilon} = \frac{1}{2} R \tag{15.6}$$

Betrachten wir zuerst die Festkörper. Im *festen Körper* äußert sich die Temperaturbewegung nicht als Translations- oder Rotationsbewegung, sondern die gebundenen Atome schwingen nur um feste Ruhelagen (Gleichgewichtslagen). Da der Beitrag der kinetischen Energie zur Gesamtenergie im Mittel gleich der potentiellen Energie ist, ergeben sich für die drei unabhängigen Schwingungsrichtungen des Festkörperatoms insgesamt sechs Freiheitsgrade. Mit Gleichung (15.6) folgt daher für die molare Wärmekapazität (einatomiger) Festkörper derselbe Wert wie nach der empirischen Regel von *Dulong-Petit*:

$$C_{\mathrm{m},\upsilon} = 3R \approx 25 \, \frac{\mathrm{J}}{\mathrm{mol} \cdot \mathrm{K}} \left(\approx 6 \, \frac{\mathrm{cal}}{\mathrm{mol} \cdot \mathrm{K}} \right) \tag{15.7}$$

Für viele Festkörper ist die Beziehung (15.7) bei Zimmertemperatur gut erfüllt, beispielsweise für Pb, Sn, Ag und Au, d. h. für weiche Festkörper mit Atomen relativ großer Masse und schwachen Bindungskräften. Abweichungen zeigen sich vor allem bei sehr harten Festkörpern (mit relativ leichten Atomen bei starken Bindungskräften), z. B. für Be, C (Diamant) und Si, für welche bei Zimmertemperatur nicht alle möglichen Oszillationen voll angeregt sind. Deren molare Wärmekapazitäten nähern sich erst bei sehr viel höheren Temperaturen dem *Dulong-Petit'schen* Wert an; für Diamant beispielsweise oberhalb 2000 K. Die Erklärung für diese Abweichungen wird durch die Quantentheorie gegeben, wie auch für das Verhalten der molaren Wärmekapazitäten aller Festkörper bei tiefen Temperaturen. Misst man nämlich die Temperaturabhängigkeit, so zeigt sich, dass bei Annäherung an den absoluten Nullpunkt ($T \rightarrow 0\,\mathrm{K}$) die molaren Wärmekapazitäten sich mit einem etwa zu T^3 proportionalen Verlauf dem Wert Null nähern. Qualitativ lässt sich dieses thermische Verhalten mit dem allmählichen Einfrieren von Oszillationen der Festkörperbausteine bei Annäherung an $T = 0$ beschreiben. Der Verlauf der molaren Wärmekapazitäten, ausgehend von hinreichend tiefen Temperaturen, lässt sich prinzipiell folgendermaßen beschreiben: Bei tiefen Temperaturen sind nur Schwingungen mit den kleinsten Energiewerten anregbar, deren Anzahl aber mit steigender Temperatur zunimmt, bis bei entsprechend hohen Temperaturen alle möglichen Oszillationen angeregt sind.

Da sich Festkörper bei Erwärmung nur wenig ausdehnen, unterscheiden sich die spezifischen Wärmekapazitäten c_p und c_υ, wie oben bereits erwähnt, nur sehr wenig. Dasselbe ist auch für deren molare Wärmekapazitäten $C_{\mathrm{m},p}$ bei isobarer und $C_{\mathrm{m},\upsilon}$ bei isochorer Erwärmung gültig. Bei Zimmertemperatur liegt die Differenz zwischen $C_{\mathrm{m},p}$ und $C_{\mathrm{m},\upsilon}$ bei etwa 5 %, d. h. es treten im Mittel Differenzen zwischen 0,8 und $1{,}3 \, \frac{\mathrm{J}}{\mathrm{mol} \cdot \mathrm{K}}$ auf.

Bei den *Gasen* müssen wir für die molaren Wärmekapazitäten, entsprechend wie bei den spezifischen Wärmekapazitäten, den Unterschied zwischen isobarer Erwärmung ($\rightarrow C_{\mathrm{m},p}$) und isochorer Erwärmung ($\rightarrow C_{\mathrm{m},\upsilon}$) berücksichtigen. Die Erfahrung lehrt, dass für alle idealen Gase in guter Näherung für die Differenz der molaren Wärmekapazitäten gilt:

$$C_{\mathrm{m},p} - C_{\mathrm{m},\upsilon} = R \approx 8{,}314 \, \frac{\mathrm{J}}{\mathrm{mol} \cdot \mathrm{K}} \left(\approx 2 \, \frac{\mathrm{cal}}{\mathrm{mol} \cdot \mathrm{K}} \right) \tag{15.8}$$

Dies gilt unabhängig davon, ob es sich um 1-, 2- oder mehratomige Gase handelt.
Nun ist nach Gleichung (14.11) die mittlere Energie eines Mols eines Gases:

$$\overline{E_{\mathrm{m,kin}}} = \frac{1}{2} \cdot i \cdot R \cdot T$$

und damit die molare Wärmekapazität

$$C_{\mathrm{m},v} = \frac{1}{2} \cdot i \cdot R \qquad (15.9)$$

Dabei ist $i = 3$ für einatomige, $i = 5$ für zweiatomige, $i = 6$ für drei- und mehratomige Gase. Es gilt weiterhin nach Gleichung (15.8):

$$C_{\mathrm{m},p} = \frac{1}{2} \cdot i \cdot R + R \qquad (15.10)$$

Der oben angeführte Quotient γ der spezifischen Wärmekapazitäten c_p und c_v, der auch als Adiabatenexponent bezeichnet wird, kann ebenso für die entsprechenden molaren Wärmekapazitäten angegeben werden. Mit den Beziehungen (15.9) und (15.10) folgt:

$$\gamma = \frac{c_p}{c_v} = \frac{C_{\mathrm{m},p}}{C_{\mathrm{m},v}} = \frac{i+2}{i}.$$

Aus den in Tab. 15.2 experimentell bestimmten Werten von c_p und c_v kann daher aufgrund der Größe von γ eine Aussage über die Molekülstruktur gemacht werden.
Eine Zusammenstellung der nach der Theorie aus den Gleichungen (15.9) und (15.10) für Gase zu erwartenden molaren Wärmekapazitäten $C_{\mathrm{m},v}$ und $C_{\mathrm{m},p}$ sowie deren Quotient γ ist in Tab. 15.3 angegeben.

Ein Vergleich der theoretischen Werte für γ aus der Tab. 15.3 und der in Tab. 15.2 angegebenen experimentellen Daten für den Adiabatenexponenten zeigt, dass alle einatomigen Gase – und hierzu zählen auch die Metalldämpfe – einen experimentell ermittelten Wert für γ von ungefähr 1,66 aufweisen, wobei nach der Theorie für einatomige Gase (drei Freiheitsgrade der Translation) $\gamma = \frac{5}{3} \approx 1{,}67$ zu erwarten ist, d. h. eine weitgehende Übereinstimmung besteht. Ebenso sind die experimentell gefundenen Werte für γ bei zweiatomigen Gasen mit rund 1,4 mit dem theoretischen Resultat $\gamma = \frac{7}{5} = 1{,}40$ in guter Übereinstimmung, wenn davon ausgegangen werden kann, dass beim zweiatomigen Gas bei Raumtemperatur ($T \approx 293\,\mathrm{K}$) zwei Freiheitsgrade der Rotation zusätzlich angeregt sind zu den dreien der Translation. Betrachten wir als Beispiel den Wasserstoff (H_2), so werden die Rotationsfreiheitsgrade dieses zweiatomigen Moleküls (Hantelmodell, Abb. 14.3) ab einer Temperatur $T \approx 160\,\mathrm{K}$ angeregt, die beiden möglichen Schwingungsfreiheitsgrade jedoch erst weit oberhalb Raumtemperatur ab $T \approx 3500\,\mathrm{K}$. Schließlich ist nach Tab. 15.3 der theoretische Wert für ein dreiatomiges Gas, bei welchem maximal zwei Atome in einer Geraden liegen, $\gamma = \frac{8}{6} \approx 1{,}33$. Dieser stimmt nur angenähert mit den experimentell ermittelten Werten überein (vgl. Tab. 15.2).

Experimentelle Daten der molaren Wärmekapazitäten, die mit den spezifischen Wärmekapazitäten gemäß Gleichung (15.4) in Beziehung stehen, sind für einige Gase in Tab. 15.4 zusammengestellt.

Betrachten wir die experimentellen Daten der molaren Wärmekapazitäten der Tab. 15.4 und die Resultate nach den theoretischen Überlegungen (Tab. 15.3), so ist die Übereinstimmung, von wenigen Ausnahmen abgesehen, sowohl für die $C_{\mathrm{m},p}$- und $C_{\mathrm{m},v}$-Werte als auch für deren Differenz $C_{\mathrm{m},p} - C_{\mathrm{m},v}$ nach Theorie und Experiment gut erfüllt, ganz unabhängig davon, ob es sich um ein-, zwei-, drei- oder mehratomige Moleküle handelt.

Tab. 15.3

Gas	Freiheitsgrade		Molare Wärmekapazität		γ
	translatorisch	rotatorisch	$C_{\mathrm{m},v}$	$C_{\mathrm{m},p}$	
1-atomig	3	0	$\frac{3}{2}R$	$\frac{5}{2}R$	$\frac{5}{3}$
2-atomig	3	2	$\frac{5}{2}R$	$\frac{7}{2}R$	$\frac{7}{5}$
3-atomig	3	3	$\frac{6}{2}R$	$\frac{8}{2}R$	$\frac{8}{6}$

Tab. 15.4

Gas	ϑ in °C	$C_{m,p}$ in $\frac{kJ}{kmol \cdot K}$	$C_{m,v}$ in $\frac{kJ}{kmol \cdot K}$	$C_{m,p} - C_{m,v}$ in $\frac{kJ}{kmol \cdot K}$
Ar	0	20,9	12,6	8,3
He	0	20,9	12,7	8,2
Kr	0	20,7	12,3	8,4
Ne	0	20,8	12,7	8,1
Xe	0	20,9	12,6	8,3
Cl_2	20	52,8	39,2	13,6
CO	20	29,2	20,8	8,4
Luft	20	29,1	20,8	8,3
O_2	20	29,3	20,9	8,4
H_2	20	28,9	20,5	8,4
CO_2	20	36,9	28,6	8,3
O_3	20	38,2	27,3	10,9
SO_2	20	41,0	32,2	8,8
NH_3	20	34,9	26,5	8,4
CH_4	0	34,7	26,6	8,2

Abweichungen experimenteller von den theoretisch geforderten Werten der molaren Wärmekapazitäten und damit auch der des Adiabatenexponenten γ, insbesondere bei zwei- und mehratomigen Gasmolekülen, können darin begründet liegen, dass die theoretischen Werte nur unter der Annahme eines starren Moleküls erhalten wurden. Dies ist für viele Gase bei tieferen Temperaturen und mitunter auch noch bei Raumtemperatur (z. B. für H_2 wie oben bereits erwähnt) gerechtfertigt, nicht aber bei höheren Temperaturen. Hier können durch Schwingungsfreiheitsgrade (s. § 30.4.3) und die dadurch möglichen Anregungen von Oszillationen der Atome des betreffenden Moleküls zusätzliche Beiträge kommen.

Auch bei Gasen sinkt die molare Wärmekapazität bei abnehmender Temperatur, wie wir es prinzipiell bereits von den oben beschriebenen Festkörpern kennen. So verhält sich beispielsweise Wasserstoff bei Temperaturen um 40 K wie ein einatomiges Gas mit einem Adiabatenexponenten $\gamma \approx 1{,}67$. Ähnliches zeigen ebenfalls andere ein- und zweiatomige Gase bei sehr tiefen Temperaturen, d. h. bei abnehmender Temperatur T sinken auch die molaren Wärmekapazitäten weiter ab; die Erklärung hierzu kann erst die Quantentheorie geben.

§ 15.1.2 Kalorimetrie

Zur Ermittlung von Wärmekapazitäten verwendet man *Kalorimeter*. Ein einfaches Ausführungsprinzip zur Bestimmung der spezifischen Wärmekapazität c fester Körper zeigt das in Abb. 15.1 schematisch dargestellte **Mischungskalorimeter**. Das Kalorimetergefäß ist ein doppelwandiges Glasgefäß, dessen Zwischenraum evakuiert ist (*Dewar-Gefäß*); damit werden Wärmeverluste vermieden. Dieses Gefäß sei mit Wasser (Masse m_1, Temperatur T_1) gefüllt. Der Festkörper, z. B. ein Metallstück der Masse m_2, dessen spezifische Wärmekapazität bestimmt werden soll, wird beispielsweise durch heißen Dampf auf die Temperatur T_2 erwärmt ($T_2 > T_1$). Nun bringt man das Metallstück in das Dewargefäß. Nach einiger Zeit stellt sich das Temperaturgleichgewicht bei der Temperatur T_{mt}, der Mischungstemperatur, ein. Die abgegebene Wärmemenge muss nach der Mischungsregel (Energieerhaltungssatz) gleich der aufgenommenen Wärmemenge sein. Die vom Festkörper abgegebene Wärmemenge ist:

$$\Delta Q_2 = c \cdot m_2 \cdot (T_2 - T_{mt}) \qquad (15.11)$$

Bezeichnet man mit C_K die Wärmekapazität des Kalorimetergefäßes, inklusive Rührer und

Thermometer (man bezeichnet C_K auch als den Wasserwert des Kalorimeters), dann ist die vom Kalorimetersystem und vom Wasser aufgenommene Wärmemenge (wobei c_{H_2O} die spezifische Wärmekapazität des Wassers ist):

$$\Delta Q_1 = c_{H_2O} \cdot m_1 \cdot (T_{mt} - T_1) + C_K \cdot (T_{mt} - T_1) \tag{15.12}$$

Somit gilt:

$$c \cdot m_2 \cdot (T_2 - T_{mt}) = (c_{H_2O} \cdot m_1 + C_K) \cdot (T_{mt} - T_1) \tag{15.13}$$

Daraus ergibt sich die spezifische Wärmekapazität c des Metallstückes zu:

$$c = \frac{c_{H_2O} \cdot m_1 + C_K}{m_2} \cdot \frac{T_{mt} - T_1}{T_2 - T_{mt}} \tag{15.14}$$

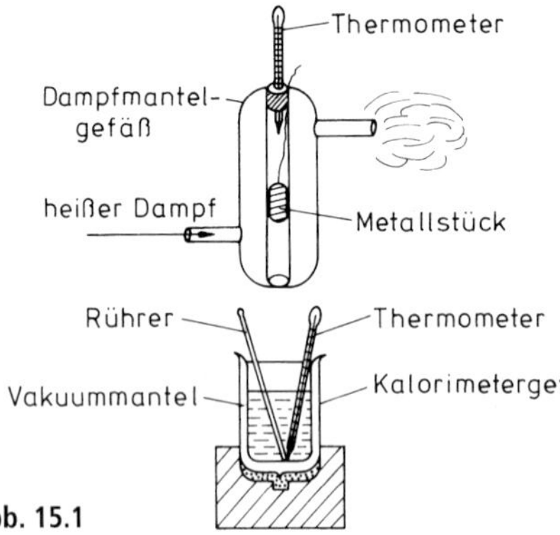

Abb. 15.1

Soll bei bekannten spezifischen Wärmekapazitäten die Mischungstemperatur zweier Flüssigkeiten oder die Gleichgewichtstemperatur eines Festkörpers und einer Flüssigkeit bestimmt werden, dann erhält man aus der Gleichheit der aufgenommenen Wärmemenge und der abgegebenen Wärmemenge, wobei von der Wärmekapazität des Kalorimetergefäßes und einem eventuellen Phasenübergang eines der Stoffe abgesehen sei:

$$\begin{aligned} \Delta Q_1 &= c_1 \cdot m_1 \cdot (T_{mt} - T_1) \\ &= c_2 \cdot m_2 \cdot (T_2 - T_{mt}) = \Delta Q_2 \end{aligned} \tag{15.15}$$

T_{mt}: Mischungstemperatur
T_1, T_2: Temperaturen vor der Mischung ($T_2 > T_1$)

Aus Gleichung (15.15) ergibt sich die Mischungstemperatur zu:

$$T_{mt} = \frac{c_1 \cdot m_1 \cdot T_1 + c_2 \cdot m_2 \cdot T_2}{c_1 \cdot m_1 + c_2 \cdot m_2} \tag{15.16}$$

Die Bestimmung der Wärmekapazität C_K eines Kalorimetergefäßes kann durch Ermittlung der Mischungstemperatur T_{mt} zweier Mengen m_1 (Temperatur T_1) und m_2 (Temperatur $T_2 > T_1$) von beispielsweise Wasser erfolgen. Im Wärmegleichgewicht gilt eine Beziehung analog (15.13), woraus sich für die zu bestimmende Wärmekapazität ergibt:

$$C_K = \frac{c_{H_2O} \cdot [m_2 \cdot (T_2 - T_{mt}) - m_1 \cdot (T_{mt} - T_1)]}{T_{mt} - T_1} \tag{15.17}$$

Bei präzise durchgeführten kalorimetrischen Bestimmungen müssen außer der Wärmekapazität des Kalorimetergefäßes auch die Wärmekapazitäten der verwendeten Hilfsmittel, wie Thermometer, Rührer etc., berücksichtigt werden. Den Einfluss beispielsweise der Wärmekapazität des Thermometers bei der Temperaturmessung, insbesondere bei kleineren Flüssigkeitsmengen zeigt folgendes Beispiel: An einem Thermometer der Wärmekapazität $C_{Th} = 4{,}2$ J/K, das sich zunächst auf Zimmertemperatur $\vartheta_{Th} = 20\,°C$ befindet, wird nach dem Eintauchen in $m_W = 10$ g erwärmtes Wasser eine Temperatur von $\vartheta_{mt} = 40\,°C$ abgelesen. Die tatsächliche Temperatur des Wassers ϑ_W, bevor das Thermometer eingetaucht wurde, ergibt sich ebenfalls wieder aus der Gleichheit der aufgenommenen Wärme ΔQ_{Th} und der abgegebenen Wärme ΔQ_W gemäß:

$$\begin{aligned} \Delta Q_W &= m_W \cdot c_W (T_W - T_{mt}) = m_W \cdot c_W (\vartheta_W - \vartheta_{mt}) \\ &= C_{Th} \cdot (T_{mt} - T_{Th}) = C_{Th} \cdot (\vartheta_{mt} - \vartheta_{Th}) \\ &= \Delta Q_{Th} \end{aligned} \tag{15.18}$$

wobei T_W, T_{Th} bzw. T_{mt} jeweils die absoluten Temperaturen in K sind. Mit den gegebenen Zahlenwerten des Beispiels und der spezifischen Wärmekapazität von Wasser $c_W = 4{,}2$ J/g · K folgt aus (15.18) für die anfängliche Temperatur des Wassers $\vartheta_W = 42\,°C$.

§ 15.2 Hauptsätze der Wärmelehre

Die Hauptsätze der Wärmelehre sind Erfahrungstatsachen. Der *erste Hauptsatz* erweitert den Energieerhaltungssatz der Mechanik unter Einbeziehung der *Wärme* als einer weiteren Energieform und kommt zu der Aussage, dass die Gesamtenergie erhalten bleibt, d. h. bei Energieumwandlungen geht keine Energie verloren. Der *zweite Hauptsatz* gibt ein Kriterium an, ob und wie ein Vorgang spontan – d. h. von selbst – abläuft, durch die Einführung des Begriffs der *Entropie*. Der *dritte Hauptsatz* schließlich macht eine Aussage zu Prozessen bei sehr tiefen Temperaturen und besagt, dass der absolute Nullpunkt unerreichbar ist.

Bei der Definition der ausgetauschten Wärme eines Körpers mit seiner Umgebung gemäß Gleichung (15.1) haben wir als eine früher gebräuchliche Einheit die Kalorie (cal) genannt und auch deren Umrechnungsfaktor in die SI-Einheit Joule (J) angegeben: $1\,\text{cal} = 4{,}1868\,\text{J} \approx 4{,}2\,\text{J}$. Dieser Zusammenhang ist das sog. *mechanische Wärmeäquivalent*, welches 1842 von dem Heilbronner Arzt *J. R. Mayer* aus der Differenz der spezifischen Wärmekapazitäten abgeleitet und im gleichen Jahr von *J. P. Joule* experimentell bestimmt wurde, indem er in einer Flüssigkeit die Temperaturerhöhung maß, die durch Reibungswärme von einem in dieser Flüssigkeit sich drehenden Schaufelrad erzeugt wurde. Dieses wurde über ein um seine Achse gewickeltes Seil in Rotation versetzt, an dem eine im Schwerefeld der Erde langsam heruntersinkende Masse hing, wodurch die Reibungsarbeit erbracht wurde.

Wir betrachten nun ein System (Vielteilchensystem) von Atomen, Molekülen oder Ionen, das mit seiner Umgebung Energie in Form von Wärme oder mechanischer Arbeit austauscht. Dabei versteht man in der Thermodynamik unter einem „System", das fest, flüssig oder gasförmig sein kann, einen bestimmten räumlichen Bereich, der durch gedachte oder materielle Grenzflächen von seiner Umwelt abgetrennt ist. *Das System* heißt *„offen"*, wenn durch die Grenzfläche hindurch sowohl Materie als auch Energie ausgetauscht werden kann; als *„geschlossen"* wird es bezeichnet im Fall, dass die Grenzflächen für Materie undurchlässig sind und ein *„abgeschlossenes* (oder *isoliertes*) *System"* liegt vor bei völlig undurchlässigen Grenzflächen (undurchlässig für Materie wie auch für einen Austausch von Energie oder andere Arten von Wechselwirkungen).

Steht das System in Wechselwirkung mit seiner Umgebung, so interessiert, wie sich der Zustand des Systems ändert. Das System nennt man stationär, d. h. es liegt ein *thermodynamisches Gleichgewicht* vor, wenn sich seine Eigenschaften als Funktion der Zeit nicht ändern. Wir werden im Folgenden meist Gleichgewichtszustände betrachten oder zumindest Vorgänge, bei welchen die Änderungen so langsam erfolgen, dass sie als eine Aneinanderreihung von Gleichgewichtszuständen beschrieben werden können.

Zustandsgrößen

Der Gleichgewichtszustand eines Vielteilchensystems (ein Festkörper oder eine bestimmte Menge einer Flüssigkeit bzw. eines Gases) ist durch die drei Größen Druck p, Volumen V und Temperatur T charakterisiert und festgelegt. Man nennt diese Größen daher ***(thermodynamische) Zustandsgrößen***. Sie sind dadurch gekennzeichnet, dass sie von der Vorgeschichte und vom „Weg", auf welchem der Zustand erreicht wurde, unabhängig sind. Außer den genannten gibt es noch andere abgeleitete Zustandsgrößen, wie beispielsweise die *innere Energie U*, die *Enthalpie H* und die *Entropie S*. Die zwischen Zustandsgrößen bestehenden Beziehungen sind die ***(thermodynamischen) Zustandsgleichungen***.

Bei idealen Gasen sind von allen Zustandsgrößen (z. B. p, V, T, U etc.) nur jeweils zwei voneinander unabhängig wählbar und bestimmen den Zustand des Gases eindeutig. Alle weiteren Zustandsgrößen lassen sich mit Hilfe der Zustandsgleichungen berechnen. Beispielsweise sind die drei Zustandsgrößen p, V und T für das ideale Gas in der *allgemeinen Zustandsgleichung* (13.15) oder entsprechend für das reale Gas in der *van der Waals Gleichung* (13.19) bzw. (13.20) miteinander verknüpft.

Die ***innere Energie U***, als Beispiel einer abhängigen Zustandsfunktion, ist eine eindeutige Funktion des Zustandes (p, V, T) des Systems und bei vorgegebenem Druck p und Volumen V allein durch die Temperatur T bestimmt. Beispielsweise ist für ein ideales Gas, dessen gesamte innere Energie ausschließlich aus kinetischer Energie besteht, d. h. es besitzt keine innere potentielle Energie, nach Gleichung (14.7) die mittlere kinetische Energie eines Moleküls $\frac{3}{2} k \cdot T$ und somit die innere Energie des idealen Gases mit N Teilchen bzw. der Stoffmenge n:

$$U = \frac{3}{2} N \cdot k \cdot T = \frac{3}{2} n \cdot R \cdot T \qquad (15.19)$$

Dies gilt nur für einatomare Gase, bei welchen nur Translationen stattfinden. Handelt es sich jedoch um mehratomige Gase, bei denen auch Schwingungs- und Rotationsbewegungen auftreten, so folgt für die innere Energie eines solchen Systems der Stoffmenge n mit Beziehung (14.11):

$$U = \frac{1}{2} \cdot n \cdot i \cdot R \cdot T \qquad (15.20)$$

wobei i die Anzahl der Freiheitsgrade für die Energieaufnahme oder -abgabe der Atome bzw. Moleküle des Systems angibt.

Keine Zustandsgrößen sind dagegen die z. B. einem Gas durch einen bestimmten *Prozess* zugeführte oder entzogene **Wärmemenge** Q bzw. **Arbeit** W, wodurch das System eine Zustandsänderung erfährt. Die **Wärme** Q wie auch die **Arbeit** W sind allein die bei dem Prozess **übertragenen Energiemengen**.

Arbeit, die an einem System, z. B. einer Gasmenge, verrichtet wird oder welche das System verrichtet, ist die *Volumenarbeit*, dabei kann es sich um *Expansions-* oder *Kompressionsarbeit* handeln.

Volumenarbeit

Eine notwendige Bedingung dafür, dass ein System Arbeit verrichtet, ist die längs eines Weges erfolgende Verschiebung äußerer, mit dem System in Wechselwirkung stehender Körper, z. B. die Verschiebung eines Stempels, der ein gasgefülltes Volumen V begrenzt (Abb. 15.2). Diese Arbeit nennt man *Volumenarbeit*.

Die Kraft, die ein Gas in welchem der Druck p herrscht, auf einen reibungsfreien Stempel der Querschnittsfläche A ausübt, ergibt sich aus $F = p \cdot A$. Um das Gasvolumen $V = A \cdot x$ um das infinitesimale Volumen $-\mathrm{d}V$ zu komprimieren, muss eine Kraft F längs des Weges $\mathrm{d}x$ aufgewendet werden; die Volumenarbeit gegen das Gas ist dann:

$$\mathrm{d}W = -F \cdot \mathrm{d}x = -p \cdot A \cdot \mathrm{d}x = -p \cdot \mathrm{d}V \qquad (15.21)$$

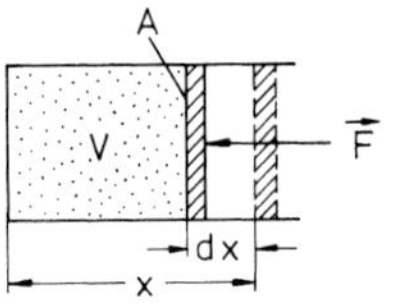

Abb. 15.2

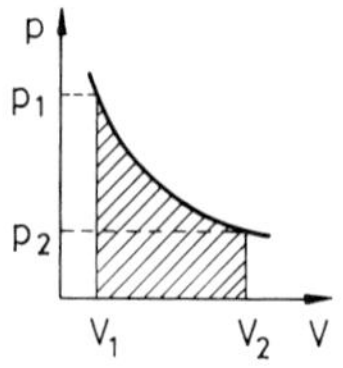

Abb. 15.3

Bei einer Verkleinerung des Volumens ($\mathrm{d}V < 0$ berechnet sich die Arbeit (*Kompressionsarbeit*), die zum Verschieben des Stempels notwendig ist, aus $\mathrm{d}W = -p \cdot \mathrm{d}V$ zu:

$$W = -\int_{V_1}^{V_2} p \cdot \mathrm{d}V \qquad (15.22)$$

Verrichtet das System die Arbeit W' (*Expansionsarbeit*) bei isothermer Ausdehnung ($\mathrm{d}V > 0$) gegen äußere Druckkräfte, so ist $\mathrm{d}W' = p_a \cdot \mathrm{d}V$ oder falls der äußere Druck $p_a = p$, d. h. gleich dem Druck p des Systems ist, gilt:

$$W' = \int_{V_1}^{V_2} p \cdot \mathrm{d}V \qquad (15.23)$$

Die Arbeit W', die vom System nach außen verrichtet wird (gegen äußere Kräfte), ist gleich $-W$.

Im p, V-Diagramm (Abb. 15.3) ist die Arbeit gleich der Fläche, welche die Kurve des Prozesses mit der Abszisse zwischen den Grenzen V_1 und V_2 bildet.

§ 15.2.1 Erster Hauptsatz der Wärmelehre

Der erste Hauptsatz der Thermodynamik ist ein Erfahrungssatz und lediglich eine besondere Formulierung des Energieerhaltungssatzes. Betrachten wir einen Stoff bzw. ein (Vielteilchen-)System, dem von außen in irgendeiner Form Wärme zugeführt oder entzogen wird ($\pm \mathrm{d}Q$) oder an bzw. von welchem Arbeit ($\pm \mathrm{d}W$) verrichtet wird, so ändert sich dessen Energieinhalt, d. h. seine innere Energie U um $\mathrm{d}U$. Das kann zur Folge haben, dass sich beispielsweise seine Temperatur ändert (infolge einer Änderung der kinetischen Energie der Moleküle), der Molekülabstand (als Folge einer Volumenänderung) oder der Aggregatzustand eine Änderung erfährt.

Die thermodynamische Formulierung des 1. Hauptsatzes der Wärmelehre lautet somit:

> Die Änderung der inneren Energie $\mathrm{d}U$ eines Systems ist gleich der Summe aus der dem System von außen zugeführten (bzw. nach außen abgegebenen) Wärmemenge $\mathrm{d}Q$ und der von außen zugeführten (bzw. vom System verrichteten) Arbeit $\mathrm{d}W$.

$$\mathrm{d}U = \mathrm{d}Q + \mathrm{d}W \quad (15.24)$$

(1. Hauptsatz der Wärmelehre)

Die dem System zugeführten Energien (Wärme bzw. Arbeit) werden nach Vereinbarung immer positiv gerechnet; vom System abgegebene Energien negativ. Ist die Änderung $\mathrm{d}U$ größer null, so erfolgt eine Zunahme der inneren Energie U, nimmt die innere Energie ab ($\mathrm{d}U < 0$), so hat das System Energie nach außen abgegeben.

Anmerkung: Die Wärme Q und die Arbeit W sind keine Zustandsgrößen eines Systems, d. h. sie hängen nicht von den Zustandsvariablen des Systems ab. Im mathematischen Sinne sind daher die Größen $\mathrm{d}Q$ und $\mathrm{d}W$ keine vollständigen Differentiale und werden meist als δQ und δW bezeichnet. Dagegen ist $\mathrm{d}U$ in Beziehung (15.24) ein vollständiges Differential, da die innere Energie U eine Funktion der Systemvariablen ist.

Für ein abgeschlossenes System (von außen wird keine Energie zugeführt oder entzogen) gilt:

> Die Summe der inneren Energien in einem abgeschlossenen System ist konstant.

Der erste Hauptsatz entspricht der Erfahrung, dass es keine periodisch arbeitende Maschine gibt, die mehr Energie liefert, z. B. in Form von Arbeit, als ihr zugeführt wird. Der erste Hauptsatz wird daher auch als der Satz von der *Unmöglichkeit eines* **Perpetuum mobile 1. Art** bezeichnet.

§ 15.2.2 Beispiele spezieller Prozesse zur Anwendung des 1. Hauptsatzes

Der erste Hauptsatz der Thermodynamik soll nun auf spezielle Prozesse mit einem idealen Gas angewendet werden. Wir betrachten dazu einige *Zustandsänderungen idealer Gase* bei konstanter Stoffmenge n, ausgehend von einem Zustand beschrieben durch (p_1, V_1, T_1), in einen Zustand (p_2, V_2, T_2). Dabei befinde sich das Gas z. B. in einem Zylinder des Volumens V (s. Abb. 15.2) mit verschiebbarem Stempel.

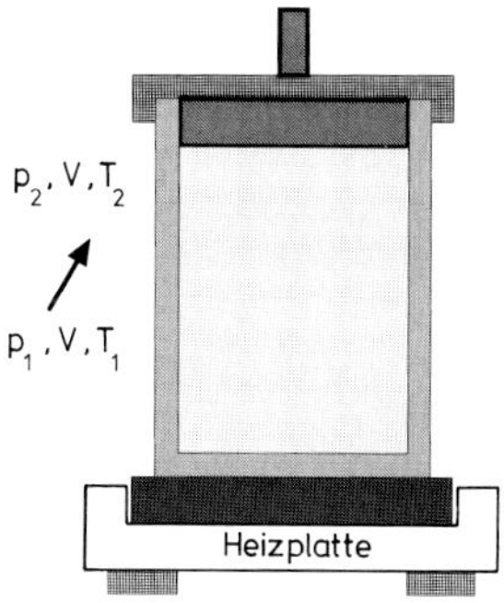

Abb. 15.4

1. Isochore Zustandsänderung

Das Volumen V wird konstant gehalten, wie in Abb. 15.4 beispielsweise dargestellt, indem die Position des Stempels fixiert und dem im Volumen eingeschlossenen idealen Gas von außen Wärme, z. B. durch eine Heizplatte, zugeführt wird, wodurch sich dessen Temperatur von T_1 auf T_2 erhöht. Dann erfolgt die Zustandsänderung des idealen Gases wie durch das 2. Gay-Lussac'sche Gesetz (13.13) beschrieben, der Druck p steigt proportional zu T (Abb. 13.10); im p, V-Diagramm verläuft die Isochore parallel zur p-Achse (Abb. 13.6). Da $V = \text{const.}$ ist, gilt $\mathrm{d}V = 0$, d. h. es wird keine Arbeit verrichtet. Die dem idealen Gas zugeführte Wärmemenge $\mathrm{d}Q$ wird nach dem 1. Hauptsatz (15.24) bei einer isochoren Zustandsänderung zur Steigerung der inneren Energie benützt und es folgt mit (15.1) und (15.3):

$$\mathrm{d}U = \mathrm{d}Q = m \cdot c_v \cdot \mathrm{d}T = C_v \cdot \mathrm{d}T \quad (15.25)$$

Für die Wärmekapazität C_v bei konstantem Volumen V folgt damit:

$$C_v = \left(\frac{\mathrm{d}U}{\mathrm{d}T}\right)_v \quad (15.26)$$

Aus (15.25) erhält man durch Integration (wobei c_v innerhalb weiter Temperaturgrenzen als konstant angesehen werden darf) für die **innere Energie** eines idealen Gases:

$$U = m \cdot c_v \cdot T + \text{const.} = C_v \cdot T + \text{const.} \quad (15.27)$$

Die innere Energie eines idealen Gases bestimmter Masse ist also nur von der Temperatur abhängig.

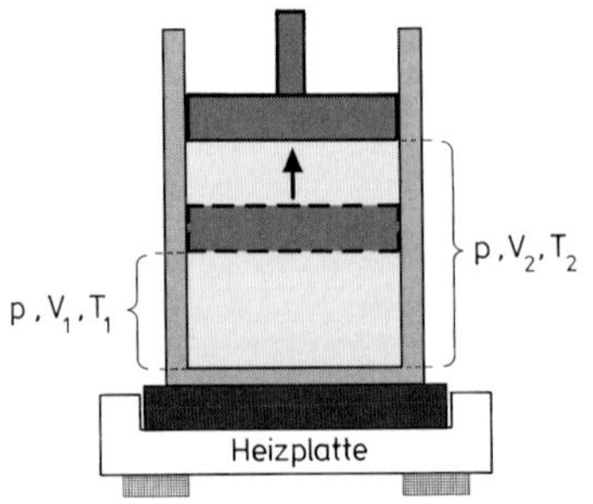

Abb. 15.5 p = const.

2. Isobare Zustandsänderung

Bei der isobaren Zustandsänderung eines Gases bedingt die Temperaturzunahme im Gas, aufgrund der von außen zugeführten Wärme $\mathrm{d}Q$, eine Ausdehnung des Gasvolumens (das bedeutet beispielsweise, dass in Abb. 15.5 der Stempel unter Konstanthaltung des Druckes von der Gasmenge unter Volumenvergrößerung nach außen geschoben wird). Für ein ideales Gas gilt das 1. Gay-Lussac'sche Gesetz (13.12), nach welchem das Volumen V proportional zur Temperatur T anwächst (Abb. 13.9). Ein Teil der bei konstantem Druck p (d. h. konstanter Dichte ϱ des Gases) zugeführten Wärmemenge $\mathrm{d}Q = m \cdot c_p \cdot \mathrm{d}T = C_p \cdot \mathrm{d}T$ dient dabei zur Erhöhung der inneren Energie $\mathrm{d}U = m \cdot c_v \cdot \mathrm{d}T = C_v \cdot \mathrm{d}T$ (15.25), der andere Teil verrichtet Volumenarbeit $(-p \cdot \mathrm{d}V)$, z. B. durch Verschieben des Stempels der Abb. 15.5 gegen den äußeren Druck. Die isobar zugeführte Wärmemenge muss somit größer sein als die isochor zugeführte.

Aus dem 1. Hauptsatz erhalten wir dann:

$$\mathrm{d}Q = \mathrm{d}U + p \cdot \mathrm{d}V \qquad (15.28)$$

oder:

$$m \cdot c_p \cdot \mathrm{d}T = m \cdot c_v \cdot \mathrm{d}T + p \cdot \mathrm{d}V$$

und somit:

$$m \cdot c_p - m \cdot c_v = p \cdot \left(\frac{\mathrm{d}V}{\mathrm{d}T}\right)_p$$

Nach (13.15) folgt bei konstantem Druck: $\left(\frac{\mathrm{d}V}{\mathrm{d}T}\right)_p = \frac{n \cdot R}{p}$ und damit

$$m \cdot c_p - m \cdot c_v = n \cdot R$$

Mit $n = \frac{m}{M}$ erhält man daraus:

$$M \cdot (c_p - c_v) = C_{\mathrm{m},p} - C_{\mathrm{m},v} = R$$

das bereits oben erhaltene Ergebnis der Beziehung (15.8).

Betrachten wir nochmals die rechte Seite der Gleichung (15.28), so stellt sie die differentielle Form (bei $p = \text{const.}$) einer weiteren Zustandsfunktion, der **Enthalpie *H*** dar. Die *Enthalpie*, die auch als *Wärmeinhalt* oder *Wärmefunktion* bezeichnet wird, ist gleich der Summe der inneren Energie U und des Produktes aus Druck p und Volumen V des Systems:

$$H = U + p \cdot V \qquad (15.29)$$

(Enthalpie)

Die Enthalpieänderung folgt daraus durch Differentiation zu:

$$\mathrm{d}H = \mathrm{d}U + \mathrm{d}(p \cdot V) = \mathrm{d}U + p \cdot \mathrm{d}V + V \cdot \mathrm{d}p$$

Bei einer isobaren Zustandsänderung ($p = \text{const.}$, $\mathrm{d}p = 0$), wie sie z. B. bei einer chemischen Reaktion abläuft, gilt dann:

$$\mathrm{d}H = \mathrm{d}U + p \cdot \mathrm{d}V$$

Wir erhalten damit für die Beziehung (15.28)

$$\mathrm{d}Q = \mathrm{d}H = m \cdot c_p \cdot \mathrm{d}T = C_p \cdot \mathrm{d}T \qquad (15.30)$$

Die von einem System, bei konstant gehaltenem Druck ($\mathrm{d}p = 0$), aufgenommene bzw. abgegebene Wärmemenge ist gleich der Zunahme bzw. Abnahme der Enthalpie.

Nach (15.30) gilt für die Wärmekapazität C_p bei konstantem Druck p:

$$C_p = \left(\frac{\mathrm{d}H}{\mathrm{d}T}\right)_p \qquad (15.31)$$

Durch Integration von (15.30) ergibt sich mit (15.3) für die Enthalpie eines idealen Gases:

$$H = m \cdot c_p \cdot T + \text{const.} = C_p \cdot T + \text{const.} \qquad (15.32)$$

Die Enthalpie eines idealen Gases hängt nur von seiner absoluten Temperatur ab und ist der Masse des Gases proportional.

3. Isotherme Zustandsänderung

Um eine Zustandsänderung isotherm durchzuführen, wird das im Zylinder mit verschiebbarem Stempel eingeschlossene ideale Gas in ein Wärmebad konstanter Temperatur gebracht (Abb. 15.6). Wird dem Gas nun beispielsweise von außen Wärme $\mathrm{d}Q$ zugeführt, so beschreibt das Gesetz von ***Boyle-Mariotte*** (13.9) die isotherme Zustandsänderung, in welches die allgemeine Zustandsgleichung idealer Gase (13.15) für diesen Prozess übergeht. Die Kurve des Prozesses ist eine Isotherme (Abb. 13.6), deren Lage durch die Temperatur bestimmt ist (Abb. 13.8). Wegen $T = \text{const.}$ ist auch die innere Energie $U = C_v \cdot T$ konstant und damit $\mathrm{d}U = 0$. Aus dem 1. Hauptsatz (15.24) erhalten wir daher bei ***isothermer Expansion***:

$$0 = \mathrm{d}Q + \mathrm{d}W = \mathrm{d}Q - p \cdot \mathrm{d}V \qquad (15.33)$$

Das bedeutet aber, dass bei einer isothermen Zustandsänderung die gesamte zugeführte Wärmemenge restlos in mechanische Arbeit umgesetzt wird. Soll ein Gas, das z. B. in einem Gefäß mit verschiebbarem Stempel eingeschlossen ist – wie in Abb. 15.6 –, sich vom Volumen V_1 längs einer Isotherme auf V_2 ausdehnen (Abb. 15.7), d. h. Arbeit gegen den äußeren Druck verrichten, so muss ihm die Wärmemenge $\mathrm{d}Q = -\mathrm{d}W = p \cdot \mathrm{d}V$ von außen **quasistatisch** zugeführt werden. Quasistatisch heißt, dass die Zustandsänderungen unendlich langsam ablaufende Prozesse sind, das Gas also von einem Gleichgewichtszustand in den anderen übergeht.

Die zugeführte Wärmemenge und damit auch die Arbeit ergibt sich dann mit der Zustandsgleichung für ideale Gase (13.15) zu:

$$\begin{aligned} Q &= \int_{V_1}^{V_2} p \cdot \mathrm{d}V = \int_{V_1}^{V_2} \frac{n \cdot R \cdot T}{V} \cdot \mathrm{d}V \\ &= n \cdot R \cdot T \cdot \int_{V_1}^{V_2} \frac{\mathrm{d}V}{V} = n \cdot R \cdot T \cdot \ln \frac{V_2}{V_1} \end{aligned} \qquad (15.34)$$

Bei ***isothermer Kompression*** muss diese Wärme z. B. an das Wärmebad (Abb. 15.6) abgeführt werden.

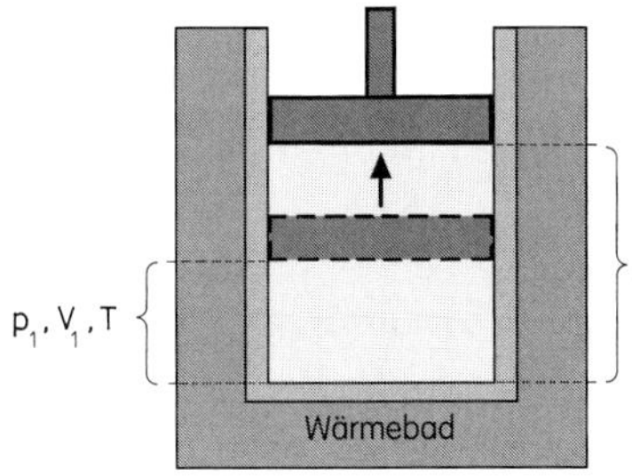

Abb. 15.6

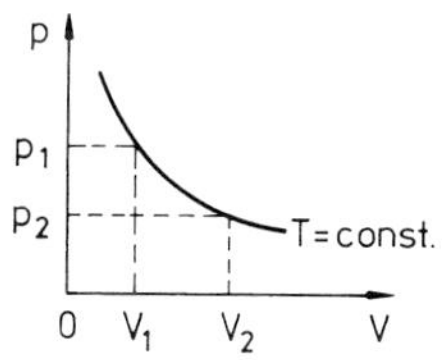

Abb. 15.7

4. Adiabatische Zustandsänderung

Ein Prozess heißt **adiabatisch**, wenn die an die Umgebung abgegebene oder von der Umgebung aufgenommene Wärmemenge $\mathrm{d}Q = 0$ ist, also kein Wärmeaustausch mit der Umgebung stattfindet. Dies kann entweder durch eine vollkommene Wärmeisolation des Gasbehälters (z. B. des Zylinders in Abb. 15.8) erreicht werden oder wenn der mit dem Gas ablaufende Änderungsprozess so schnell erfolgt, dass während dieser kurzen Zeit mit der Umgebung des Gasvolumens kein Energieaustausch durch Wärme stattfinden kann. Adiabatische Zustandsänderungen spielen in der Natur und in der Technik eine große Rolle. Als Beispiel sei auch die Schallausbreitung im Bereich der hörbaren Frequenzen erwähnt, bei der die Verdichtungen und Verdünnungen in einem Gas praktisch adiabatisch stattfinden (s. auch § 33).

Ist C_v die Wärmekapazität (bei konstantem Volumen) eines idealen Gases, dann folgt mit

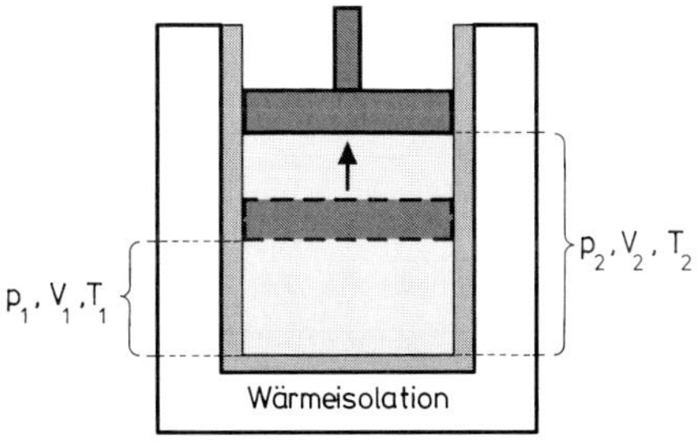

Abb. 15.8

Gleichung (15.24) für eine adiabatische Zustandsänderung ($\mathrm{d}\,Q = 0$):

$$\mathrm{d}\,U = \mathrm{d}\,W = -p \cdot \mathrm{d}\,V = C_\upsilon \cdot \mathrm{d}\,T \qquad (15.35)$$

Bei einem adiabatischen Prozess findet eine Umwandlung von innerer Energie eines Gases in mechanische Arbeit bzw. umgekehrt statt (Expansions- bzw. Kompressionsarbeit), welche jeweils mit einer Temperaturänderung des Gases verbunden ist. Bei adiabatischer Expansion ($\mathrm{d}\,V > 0$) erfolgt daher eine Temperaturabnahme („Abkühlung“) und bei adiabatischer Kompression ($\mathrm{d}\,V < 0$) eine Temperaturzunahme („Erwärmung“) des Systems.

Aus der Beziehung (15.35) folgt $C_\upsilon \cdot \mathrm{d}\,T = -p \cdot \mathrm{d}\,V$ und daraus, wenn der Druck p mittels der Zustandsgleichung idealer Gase (13.15) ausgedrückt wird,

$$C_\upsilon \cdot \mathrm{d}\,T = -\frac{R \cdot T}{V} \cdot \mathrm{d}\,V \text{ oder:}$$

$$\frac{\mathrm{d}\,T}{T} = -\frac{R}{C_\upsilon} \cdot \frac{\mathrm{d}\,V}{V}$$

Bei der adiabatischen Zustandsänderung geht das System vom Zustand beschrieben durch die Zustandsgrößen (p_1, V_1, T_1) in den Zustand (p_2, V_2, T_2) über. Durch Integration obiger Gleichung

$$\int_{T_1}^{T_2} \frac{\mathrm{d}\,T}{T} = -\frac{R}{C_\upsilon} \cdot \int_{V_1}^{V_2} \frac{\mathrm{d}\,V}{V}$$

folgt:

$$\ln\left(\frac{T_2}{T_1}\right) = -\frac{R}{C_\upsilon} \cdot \ln\left(\frac{V_2}{V_1}\right) = \frac{R}{C_\upsilon} \cdot \ln\left(\frac{V_1}{V_2}\right) = \ln\left(\frac{V_1}{V_2}\right)^{\frac{R}{C_\upsilon}}$$

Mithilfe der Beziehung $R = C_p - C_\upsilon$ (15.8) und dem in § 15.1 bereits eingeführten Adiabatenexponenten

$$\gamma = \frac{c_p}{c_\upsilon} = \frac{C_p}{C_\upsilon} = \frac{C_{\mathrm{m},p}}{C_{\mathrm{m},\upsilon}} \text{ folgt daraus:}$$

$$\frac{T_2}{T_1} = \left(\frac{V_1}{V_2}\right)^{\gamma-1} \quad \text{bzw.} \quad T_1 \cdot V_1^{\gamma-1} = T_2 \cdot V_2^{\gamma-1} = \text{const.}$$

Allgemein gilt bei einem adiabatischen Prozess für den Zusammenhang zwischen Temperatur und Volumen:

$T \cdot V^{\gamma-1} = \text{const.}$ (γ: Adiabatenexponent).

Aus der Verknüpfung dieser beiden Zustandsgrößen lässt sich durch Elimination der Temperatur T bzw. des Volumens V mithilfe der Zustandsgleichung idealer Gase (13.15) nach kurzer Rechnung auch der Zusammenhang jeweils zwischen den Zustandsgrößen Druck und Volumen bzw. Temperatur darstellen. Die erhaltenen drei Gleichungen, die für *adiabatische Zustandsänderungen* den Zusammenhang zwischen je zwei der Zustandsgrößen Druck p, Volumen V und Temperatur T angeben, heißen **Poisson Gleichungen** (oder auch ***Adiabatengleichungen***) und sind nachstehend zusammengestellt:

$$\frac{T_1}{T_2} = \left(\frac{V_2}{V_1}\right)^{\gamma-1} \quad \text{oder } T \cdot V^{\gamma-1} = \text{const.} \qquad (15.36)$$

$$\frac{p_1}{p_2} = \left(\frac{V_2}{V_1}\right)^{\gamma} \quad \text{oder } p \cdot V^{\gamma} = \text{const.} \qquad (15.37)$$

$$\frac{T_1}{T_2} = \left(\frac{p_1}{p_2}\right)^{\frac{\gamma-1}{\gamma}} \quad \text{oder } T \cdot p^{\frac{1-\gamma}{\gamma}} = \text{const.} \qquad (15.38)$$

Dabei bedeuten p_1, V_1, T_1 die Zustandsgrößen vor und p_2, V_2, T_2 nach der adiabatischen Zustandsänderung; $\gamma = \frac{c_p}{c_\upsilon}$ ist der **Adiabatenexponent**. In jedem Punkt des p, V-Diagramms ist die Steigung der **Adiabaten** ($p \cdot V^\gamma = \text{const.}$) größer als die der *Isothermen* ($p \cdot V = \text{const.}$), die Adiabate verläuft also steiler (Abb. 15.9), da $\gamma > 1$ ist (s. auch Tab. 15.2 bzw. 15.3).

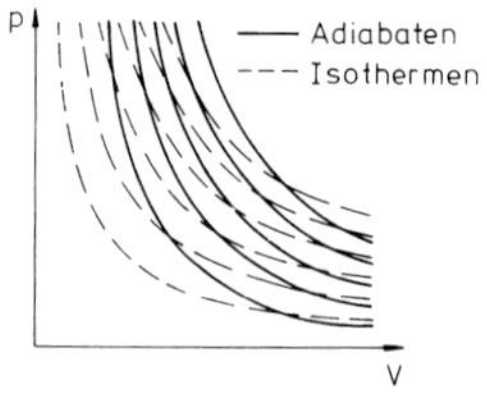

Abb. 15.9

Die Expansions- oder Kompressionsarbeit bei einer adiabatischen Zustandsänderung ergibt sich aus (15.35) durch Integration zwischen den Grenzen 1 (Ausgangszustand mit der Temperatur T_1) und 2 (Endzustand mit der Temperatur T_2):

$$W = \int_1^2 C_\upsilon \cdot \mathrm{d}\,T = C_\upsilon \cdot (T_2 - T_1) \qquad (15.39)$$

Die adiabatische Zustandsänderung, mit der Forderung keinerlei Wärmeaustausches mit der Umgebung (strenge Adiabasie: $\mathrm{d}Q = 0$), wie auch die isotherme Zustandsänderung (strenge Temperaturkonstanz: $\mathrm{d}T = 0$) mit der Bedingung ungehinderten Wärmeaustausches mit der Umgebung, sind beides nicht (bzw. kaum) realisierbare Grenzfälle. Zustandsänderungen von Gasen verlaufen bei technischen Prozessen, Vorgängen in der Atmosphäre etc. im Allgemeinen nicht genau längs einer Adiabate, Isotherme, Isobare oder Isochore. Sie werden durch die so genannte *polytrope Zustandsänderung* beschrieben, bei der nur vorausgesetzt wird, dass die beliebige spezifische Wärmekapazität c (bzw. molare Wärmekapazität C_m) des Gases während der Zustandsänderung als konstant betrachtet werden kann (dies ist für nicht zu große Temperaturintervalle erfüllt). Für polytrope Zustandsänderungen gelten ebenfalls die Beziehungen (15.36) bis (15.38), wobei anstelle des Adiabatenexponenten γ der Polytropenexponent n tritt, für den gilt $1 < n < \gamma$. Im p, V-Diagramm weicht die *Polytrope* in ihrer Steigung sowohl von der der Isotherme als auch der Adiabate ab.

Ein Beispiel einer adiabatischen bzw. eher polytropen Zustandsänderung ist die Erwärmung einer Fahrradpumpe bei ihrer Benützung, die nicht etwa auf die Reibung der mechanisch bewegten Teile zurückzuführen ist, sondern auf die adiabatische Erwärmung der komprimierten Luft. Ebenso geschieht die Zündung des Kraftstoffgemisches von Dieselmotoren durch die bei der Kompression des Gemisches erfolgende Temperaturerhöhung.

§ 15.2.3 Kreisprozesse

In der Thermodynamik spielen Kreisprozesse, bei denen ein System nach einer Reihe von Zustandsänderungen, z. B. durch Austausch von Arbeit und Wärme mit anderen Systemen, wieder in seinen ursprünglichen Ausgangszustand zurückgeführt wird, eine wichtige Rolle. Alle periodisch arbeitenden Wärmekraftmaschinen führen solche Kreisprozesse aus.

Im p, V-Diagramm ergibt sich für einen Kreisprozess ein geschlossener Kurvenzug, wobei die beiden Zustände ① und ② (Abb. 15.10), charakterisiert durch die Zustandsgrößen (p_1, V_1, T_1) bzw. (p_2, V_2, T_2), durch unterschiedlich verlaufende Kurven verbunden sind. Wenn das System nach Durchlaufen des Kreisprozesses (1) → (2) → (1) wieder genau im gleichen Zustand ist wie zu Beginn, so muss die innere Energie des Systems auch wieder die gleiche sein, d. h. die Änderung der

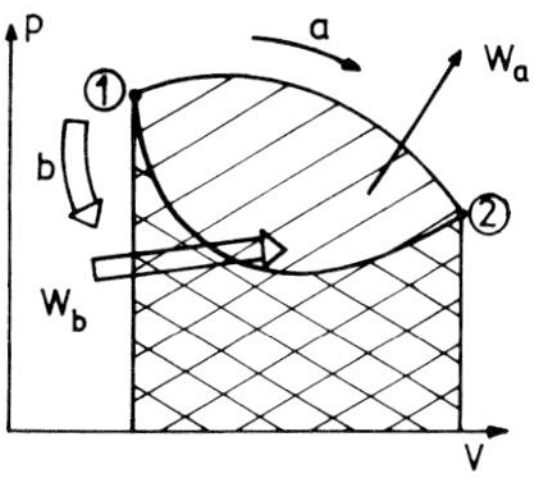

Abb. 15.10

inneren Energie ist gleich null und damit nach dem 1. Hauptsatz (15.24) auch die Summe der zugeführten und abgeführten Energien in Form von Wärme bzw. Arbeit. Die verrichteten Arbeiten ergeben sich als die Flächen, begrenzt durch die jeweilige Kurve und die Abszissenachse. Der Inhalt der umschlossenen Fläche entspricht der abgegebenen Arbeit W_a, wenn die Kurve im Uhrzeigersinn (a in Abb. 15.10) durchlaufen wird (Umwandlung von Wärme in mechanische Arbeit, das Grundprinzip der *Wärmekraftmaschine*). Bei Durchlaufen im Gegenuhrzeigersinn (b in Abb. 15.10) wird dagegen Arbeit zugeführt (Umwandlung mechanischer Energie in Wärme, das Grundprinzip der *Wärmepumpe* bzw. *Kältemaschine*).

Die bei einem Kreisprozess ablaufenden Zustandsänderungen sollen **reversibel** geführt sein, d. h. es laufen unendlich langsame, quasistatische Prozesse ab, sodass man auf den vorgegebenen Prozess den im umgekehrten Sinne durchlaufenden Prozess folgen lassen kann, ohne dass Änderungen irgendwelcher Art in der Umgebung zurückbleiben.

Carnot'scher Kreisprozess – Thermischer Wirkungsgrad

Jeder beliebige Kreisprozess kann aus kurzen Teilstücken spezieller reversibel ablaufender Zustandsänderungen zusammengesetzt werden, z. B. durch Prozesse längs von Isothermen und Adiabaten.

Ein solcher idealer reversibler Prozess ist der von *Sadi Carnot* erdachte, so genannte ***Carnot'sche Kreisprozess*** (Abb. 15.11).

Der geschlossene Weg des Carnot-Prozesses besteht aus zwei isothermen Prozessen (1 → 2 und 3 → 4) sowie aus zwei adiabatischen Prozessen (2 → 3 und 4 → 1), insgesamt somit aus vier reversiblen Zustandsänderungen, wobei das thermodynamische System zunächst expandiert und anschließend wieder komprimiert wird. Wir denken uns dazu ein ideales Gas als Arbeitssubstanz in einem Zylinder mit verschiebbarem Stempel (Abb. 15.12). Je nach Bedarf bestehe die Möglichkeit, den Zylinder entweder durch eine isolierende Wand an der Wärmeaufnahme bzw. -abgabe mit der Umgebung zu hindern oder ihm durch ein entsprechendes Wärmereservoir (Wärmebad) eine entsprechende Wärme zuzuführen bzw. zu entziehen. Das p, V-Diagramm (Abb. 15.11) stellt einen Ausschnitt für je zwei Adiabaten ($Q = \text{const.}$) und Isothermen ($T = \text{const.}$) der Abb. 15.9 dar. Die vier Teilprozesse, die das Gas im Ganzen wieder auf seinen Anfangszustand zurückbringen, sind in Abb. 15.11 bzw. den Abb. 15.12 (1)–(4) dargestellt und werden folgendermaßen beschrieben:

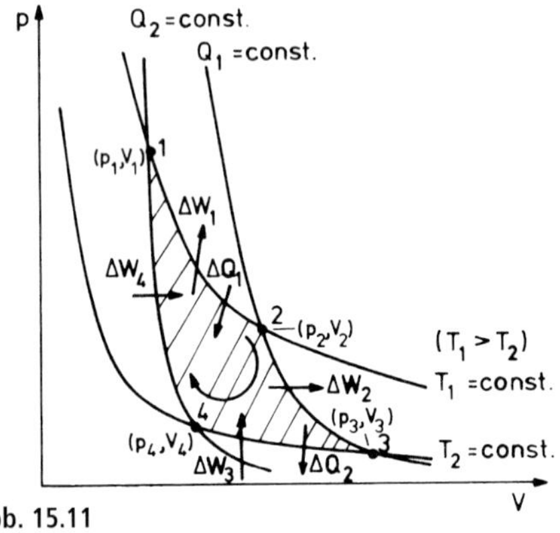

Abb. 15.11

1. Isotherme Expansion ($\mathbf{1} \to \mathbf{2}$) von ($p_1$, V_1) nach (p_2, V_2), ($V_2 > V_1$, $p_2 < p_1$); bei konstanter Temperatur T_1 ($\Delta U = 0$). Das Gas verrichtet Arbeit:

$$-\Delta W_1 = +\Delta Q_1 = +n \cdot R \cdot T_1 \cdot \ln \frac{V_2}{V_1}$$

gemäß (15.34), unter Wärmeaufnahme $+\Delta Q_1$ aus dem Wärmereservoir mit der Temperatur T_1.

2. Adiabatische Expansion ($\mathbf{2} \to \mathbf{3}$) von ($p_2$, V_2) nach (p_3, V_3), ($V_3 > V_2$, $p_3 < p_2$, $T_2 < T_1$); ohne Wärmeaustausch ($\Delta Q = 0$). Die zu verrichtende Arbeit:

$$-\Delta W_2 = -\Delta U_2 = +C_v \cdot (T_1 - T_2)$$

(s. (15.39)) entstammt der inneren Energie des Gases, das sich auf T_2 abkühlt.

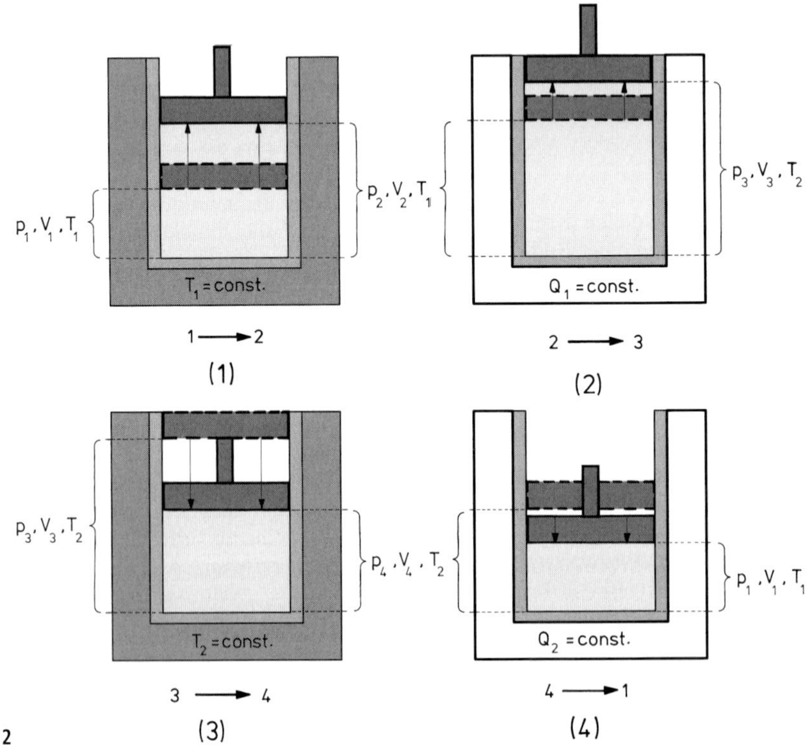

Abb. 15.12

3. Isotherme Kompression ($3 \to 4$) von (p_3, V_3) auf (p_4, V_4), $(V_4 < V_3, p_4 > p_3)$; bei konstanter Temperatur $T_2 < T_1$ $(\Delta U = 0)$. Durch den Stempel wird am Gas Kompressionsarbeit verrichtet:

$$\Delta W_3 = -\Delta Q_2 = n \cdot R \cdot T_2 \cdot \ln \frac{V_3}{V_4}$$

(entsprechend (15.34)) unter Wärmeabgabe $-\Delta Q_2$ an das Wärmereservoir mit der Temperatur T_2.

4. Adiabatische Kompression ($4 \to 1$) von (p_4, V_4) auf (p_1, V_1), $(V_1 < V_4, p_1 > p_4, T_1 > T_2)$; ohne Wärmeaustausch $(\Delta Q = 0)$. Die Kompressionsarbeit:

$$\Delta W_4 = \Delta U_4 = C_v \cdot (T_1 - T_2) = -\Delta W_2$$

(entsprechend (15.39)) erhöht die innere Energie des Gases, das sich auf T_1 erwärmt.

Die Gesamtarbeit ΔW ergibt sich aus den obigen Einzelbeiträgen unter Berücksichtigung von $\Delta W_2 = -\Delta W_4$ zu:

$$\Delta W = \Delta W_1 + \Delta W_2 + \Delta W_3 + \Delta W_4$$
$$= -n \cdot R \cdot T_1 \cdot \ln \frac{V_2}{V_1} + n \cdot R \cdot T_2 \cdot \ln \frac{V_3}{V_4}$$

Mit der Poisson-Gleichung (15.36) folgt $\frac{V_3}{V_4} = \frac{V_2}{V_1}$ und damit:

$$\Delta W = -n \cdot R \cdot (T_1 - T_2) \ln \frac{V_2}{V_1} \qquad (15.40)$$

Die vom System bei der (höheren) Temperatur $T_1 > T_2$ aufgenommene Wärme ist:

$$\Delta Q_1 = n \cdot R \cdot T_1 \cdot \ln \frac{V_2}{V_1} \qquad (15.41)$$

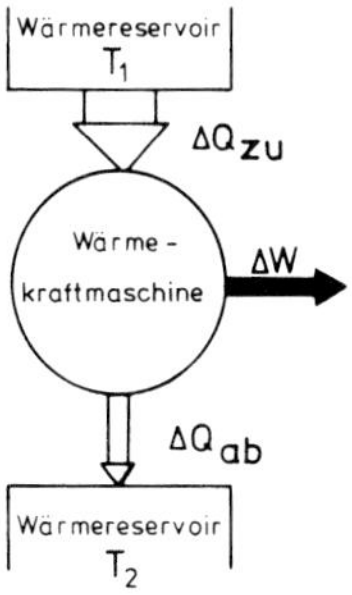

Abb. 15.13

Der Carnot-Prozess beschreibt die Zustandsänderungen einer idealisierten Wärmekraftmaschine (s. Abb. 15.13), welche die bei T_1 aufgenommene Wärme $\Delta Q_{zu} (= \Delta Q_1)$ in mechanische Arbeit ΔW verwandelt, allerdings nicht, ohne dass eine restliche Wärmemenge ΔQ_{ab} $(= \Delta Q_2)$ übrig bleibt, die bei der tieferen Temperatur T_2 wieder vom Gas abgegeben wird. Für die technische Nutzung ist es von großem Interesse, den Bruchteil der zugeführten Wärme zu kennen, welche in die nach außen abgegebene Arbeit ΔW umgewandelt wird. Für diesen so genannten **thermischen Wirkungsgrad** $\boldsymbol{\eta}$ gilt die Definition.

Definition:

$$\eta = \frac{\text{abgegebene mechanische Arbeit } \Delta W}{\text{zugeführte Wärmemenge } \Delta Q_{zu}}$$

Im Falle des reversiblen Carnot'schen Kreisprozesses folgt dann:

$$\eta_{rev} = \frac{-\Delta W}{\Delta Q_1} = \frac{\Delta Q_1 + \Delta Q_2}{\Delta Q_1} \qquad (15.42)$$

oder mit (15.40) und (15.41) erhält man für den ***thermischen Wirkungsgrad des Carnot-Prozesses***:

$$\eta_{rev} = \frac{T_1 - T_2}{T_1} = 1 - \frac{T_2}{T_1} (< 1) \qquad (15.43)$$

Der Wirkungsgrad einer reversibel arbeitenden Wärmekraftmaschine, die einen Carnot'schen Kreisprozess durchläuft, ist abhängig von der Temperaturdifferenz der Wärmebehälter. Der thermische Wirkungsgrad ist umso größer, je höher die Temperaturdifferenz und je tiefer die untere Temperatur T_2 ist. Eine vollständige Umsetzung der Wärme in mechanische Arbeit wäre nur dann zu erzielen, wenn die untere Temperatur $T_2 = 0$ wäre, d. h. wenn der absolute Nullpunkt erreicht werden könnte, was aber nicht möglich ist.

Da der Carnot'sche Kreisprozess reversibel geführt wird, kann man ihn auch in umgekehrter Richtung betreiben. Bei einem im Gegenuhrzeigersinn durchlaufenen reversiblen Carnot-Prozess handelt es sich um eine Kältemaschine (bzw. einen Kühlschrank) oder um eine Wärmepumpe.

Bei der *Kältemaschine* (s. Abb. 15.14) nimmt die Arbeitssubstanz bei niedriger Temperatur T_2 (im Kühlraum) Wärme ΔQ_{zu} auf und führt diese unter Verrichtung von Arbeit ΔW (z. B. eines Kompressors)

3

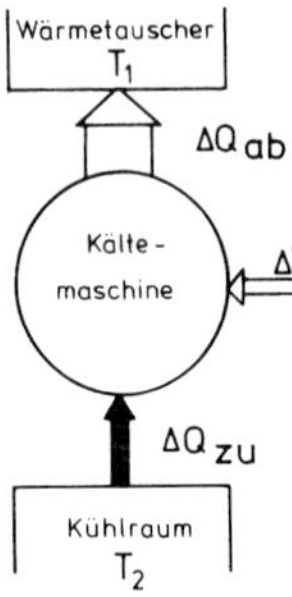

Abb. 15.14

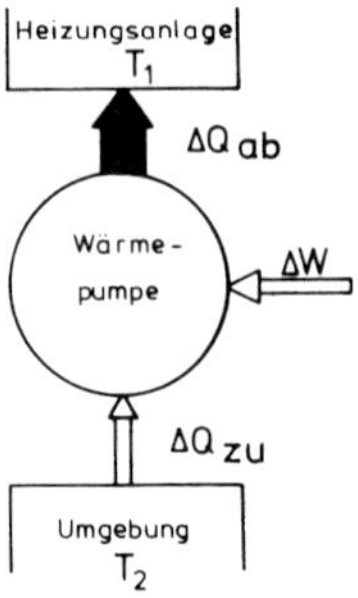

Abb. 15.15

bei einer höheren Temperatur T_1 (über den Wärmetauscher an die Umgebung) ab (ΔQ_{ab}). Der Wirkungsgrad, der hier als Kühlfaktor bezeichnet wird, ergibt sich als Quotient aus der bei T_2 aufgenommenen Wärme ΔQ_{zu} zur zugeführten Arbeit ΔW und folgt zu:

$$\eta_{KM,\,rev} = \frac{T_2}{T_1 - T_2} \tag{15.44}$$

Die Aufgabe einer *Wärmepumpe* (s. Abb. 15.15) besteht im Gegensatz zur Kältemaschine darin, bei der höheren Temperatur T_1 möglichst viel Wärme ΔQ_{ab} (z. B. an einer Heizungsanlage) abzugeben. Die Wärmeaufnahme ΔQ_{zu} erfolgt bei niedrigerer Temperatur T_2 aus einem Wärmereservoir (Umgebung, Boden, Fluss, See etc.), die unter Verrichtung von mechanischer Arbeit ΔW (Kompressor) zur höheren Temperatur T_1 geführt wird. Der Wirkungsgrad oder Pumpfaktor der Wärmepumpe ist der Quotient aus der bei der höheren Temperatur T_1 abgegebenen Wärmemenge ΔQ_{ab} und der zugeführten Arbeit ΔW und ergibt sich zu:

$$\eta_{WP,\,rev} = \frac{T_1}{T_1 - T_2} = \frac{1}{\eta_{rev}} > 1 \tag{15.45}$$

$\eta_{WP,\,rev}$ ist prinzipiell größer als 1.

§ 15.2.4 Zweiter Hauptsatz der Wärmelehre

Er ist ebenso ein Erfahrungssatz, der aber den ersten Hauptsatz einschränkt, indem er eine Richtung angibt, in der thermodynamische Prozesse verlaufen. Wärme geht (z. B. durch Wärmeleitung) niemals spontan von einem Körper tieferer Temperatur auf einen Körper höherer Temperatur über, um ihn noch mehr zu erwärmen. Es ist außerdem sehr unwahrscheinlich, dass ein Ziegel vom Erdboden wieder auf das Dach springt, indem er aus seiner inneren Energie, bzw. jener des Bodens, unter Abkühlung die dafür notwendige Hubarbeit aufbringt. Ein See wird im heißen Sommer niemals spontan zufrieren und dabei Erstarrungswärme an die Umgebung abgeben. Auch gibt es keine Maschine, die einem Reservoir, z. B. dem Meer, Wärme entziehen und diese völlig in mechanische Energie verwandeln kann, um z. B. ein Schiff anzutreiben. Eine solche Maschine bezeichnet man als **Perpetuum mobile 2. Art**:

> Es gibt keine periodisch arbeitende Maschine, die nichts anderes bewirkt als die Erzeugung mechanischer Arbeit unter Abkühlung eines Wärmereservoirs.

Dies ist eine der vielen verschiedenen Formulierungen des zweiten Hauptsatzes der Thermodynamik, wobei zwar jede den Schwerpunkt etwas anders setzt, aber inhaltlich jeweils die gleichen Aussagen macht. Die hier gewählte Formulierung knüpft an den Wirkungsgrad einer Wärmekraftmaschine an, den wir im obigen Abschnitt (§ 15.2.3) für den Fall der reversibel arbeitenden Carnot-Maschine angegeben haben. Nach der Erfahrungsaussage des zweiten Hauptsatzes ist es unmöglich, dass es eine „vollkommenere" Wärmekraftmaschine gibt als die Carnot-Maschine, die nur Wärme aus einem Reservoir aufnimmt und ohne irgendwelche Verluste in mechanische Arbeit umwandelt. Auch eine perfekte Maschine könnte höchstens den maximal möglichen thermischen Wirkungsgrad η_{rev}, der nach dem Carnot'schen Kreisprozess zwischen zwei Wärmereservoirs mit den Temperaturen T_1 und T_2 reversibel arbeitenden idealen Wärmekraftmaschine, besitzen. Die ideale Wärmekraftmaschine ist aber ein in Wirklichkeit nicht erreichbarer Grenzfall. Wir haben nach dem zweiten Hauptsatz bei Zustandsänderungen von thermodynamischen Systemen zwischen **reversiblen** (vollständig umkehrbaren) und **irreversiblen Prozessen** zu unterscheiden.

Reversibilität liegt vor, wie oben schon angeführt, wenn dem vorgegebenen Prozess ein im umgekehrten Sinne ablaufender Prozess folgen kann, ohne dass in der Umgebung irgendwelche Änderungen zurückbleiben. Realisiert werden kann ein reversibler Prozess z. B. durch eine Zustandsänderung, die so langsam erfolgt, dass das System sich zu jedem Zeitpunkt im Gleichgewicht befindet, der Prozess also quasistatisch abläuft.

Ein ***irreversibler Prozess*** ist ein solcher, bei dem das System nicht in den Ausgangszustand zurückkehren kann, ohne dass Änderungen in der Umgebung eingetreten sind. Irreversible Vorgänge laufen von selbst (spontan) nur in *einer* Richtung ab, wie beispielsweise die Erwärmung durch Reibung. Der Umkehrvorgang, um das System in den Ausgangszustand zu bringen, müsste aber unter Abkühlung der Umgebung die Wärme wieder rückführen; dies wäre ein Perpetuum mobile 2. Art, das nicht existiert. Weitere Beispiele zu irreversiblen Prozessen sind: der unelastische Stoß, Diffusionsvorgänge, die Mischung von beispielsweise Wasser mit Alkohol oder die Auflösung von Kochsalz in Wasser, wie auch der Temperaturausgleich zwischen zwei Körpern, die anfänglich unterschiedliche Temperaturen hatten. Die meisten technischen Prozesse sind irreversibel oder enthalten irreversible Teilprozesse.

Da reale Wärmekraftmaschinen unvermeidliche Verluste haben, d. h. im Allgemeinen zumindest Teilprozesse irreversibel verlaufen, z. B. infolge von Verlust an Wärme bei adiabatischen Zustandsänderungen oder von Reibungsverlusten bei der erzeugten mechanischen Arbeit, ist der thermische Wirkungsgrad η einer *realisierbaren Wärmekraftmaschine* kleiner als der des reversibel quasistatisch ablaufenden Carnot-Kreisprozesses (15.43). Es gilt, wobei $T_1 > T_2$ ist:

$$\boxed{\eta < \eta_{\text{rev}} = \frac{T_1 - T_2}{T_1}} \qquad (15.46)$$

Beispiele realer Wärmekraftmaschinen, für welche also $\eta < \eta_{\text{rev}}$ ist, sind: Benzin- und Dieselmotoren, Dampfmaschinen, Dampfturbinen, Kohle-, Wasser- und Kernkraftwerke. Der Wirkungsgrad eines Benzinmotors liegt zwischen 10 % und 30 %, der von Dieselmotoren zwischen 30 % und 40 %, ein Kohlekraftwerk erreicht ca. 43 % und ein Kernkraftwerk ca. 32 %.

Entropie

Für den Wirkungsgrad des *reversiblen Carnot-Prozesses* mit einem idealen Gas als Arbeitssubstanz erhält man mit den Gleichungen (15.42) und (15.43):

$$\eta_{\text{rev}} = 1 + \frac{\Delta Q_2}{\Delta Q_1} = 1 - \frac{T_2}{T_1}$$

oder

$$\frac{\Delta Q_2}{\Delta Q_1} + \frac{T_2}{T_1} = 0$$

woraus für die bei den Temperaturen T_1 und T_2 ausgetauschten Wärmemengen ΔQ_1 bzw. ΔQ_2 folgt:

$$\frac{\Delta Q_{1,\,\text{rev}}}{T_1} + \frac{\Delta Q_{2,\,\text{rev}}}{T_2} = 0 \qquad (15.47)$$

Gleichung (15.47) stellt somit eine andere Formulierung der Beziehungen (15.42) bzw. (15.43) für den thermischen Wirkungsgrad eines reversiblen Carnot-Kreisprozesses dar und besagt, dass die als **reduzierte Wärmemengen** bezeichneten Quotienten $\boldsymbol{\Delta Q/T}$ gleich sind, unabhängig davon, auf welchem Weg vom Punkt 1 aus beim Carnot-Prozess (Abb. 15.11) der Punkt 3, nämlich über Punkt 2 oder über 4 erreicht wurde. Die beim gesamten Kreisprozess aufgenommenen reduzierten Wärmemengen sind nur vom Anfangs- und Endpunkt im (p, V)-Diagramm abhängig, vom Weg dazwischen jedoch unabhängig. Ganz allgemein ergibt sich für einen beliebigen reversiblen Kreisprozess mit einer beliebigen Arbeitssubstanz bei beliebig vielen Wärmereservoirs der Temperatur T_n:

$$\sum \frac{\Delta Q_{\text{n,\,rev}}}{T_{\text{n}}} = 0 \qquad (15.48)$$

Zur Beschreibung des augenblicklichen Zustandes eines thermodynamischen Systems führt man nun eine weitere *Zustandsfunktion* ein. Diese Zustandsgröße ist die ***Entropie S***, deren Änderung dS bei einem (reversiblen) Kreisprozess als die aufgenommene bzw. abgegebene *reduzierte Wärmemenge* definiert wird, d. h. als Quotient aus der infinitesimalen, dem System bei der absoluten Temperatur T zugeführten oder vom System abgegebenen Wärmemenge dQ und der Temperatur T. Für das Differential dS gilt:

$$\mathrm{d}S = \frac{\mathrm{d}Q}{T} \qquad (15.49)$$

Die *Einheit* der Entropie ergibt sich aus der Definitionsgleichung zu: $\frac{\mathrm{J}}{\mathrm{K}}$.

Anmerkung: Obwohl die Wärmemenge selbst, wie beim ersten Hauptsatz der Wärmelehre (15.24) angemerkt, keine Zustandsgröße, d. h. δQ kein vollständiges Differential ist, ist aber $\delta Q/T = \mathrm{d}S$ sehr wohl ein solches und die Entropie S eine Zustandsgröße.

Wie oben ausgeführt, ist $\mathrm{d}S$ nur vom Anfangs- und Endpunkt und nicht vom Weg im Zustandsdiagramm abhängig. Damit beschreibt die Entropie S zusammen mit der Temperatur T, dem Volumen V und dem Druck p den Zustand eines Systems.

Für die Entropiedifferenz ΔS zwischen zwei beliebigen Zuständen A und B eines Systems ergibt sich nach (15.49):

$$\Delta S = S_\mathrm{B} - S_\mathrm{A} = \int_\mathrm{A}^\mathrm{B} \mathrm{d}S = \int_\mathrm{A}^\mathrm{B} \frac{\mathrm{d}Q}{T} \qquad (15.50)$$

Handelt es sich bei dem mit der beliebigen Arbeitssubstanz durchgeführten Prozess um einen reversiblen Kreisprozess, bei welchem verschwindend kleine Wärmemengen $\mathrm{d}Q$ bei den Temperaturen T der unendlich vielen Wärmereservoirs ausgetauscht werden, so geht in Beziehung (15.48) die Summation in eine Integration über den geschlossenen Weg über und man erhält für die Entropiedifferenz:

$$\Delta S_\mathrm{rev} = \oint \mathrm{d}S = \oint \frac{\mathrm{d}Q_\mathrm{rev}}{T} = 0 \qquad (15.51)$$

Daraus folgt aber, da die Entropiedifferenz $\Delta S = 0$ ist, dass auch die Änderung der Entropie $\mathrm{d}S{=}0$ ist und somit die Entropie $S{=}\mathrm{const.}$ bleibt. Das bedeutet, dass bei einem reversibel geführten Kreisprozess, mit einem idealen Gas als Arbeitssubstanz, in einem abgeschlossenen System die Entropie konstant bleibt.

Läuft ein irreversibler Prozess ab oder sind irreversible Teilprozesse enthalten, so ergibt sich, dass in einem abgeschlossenen System die Entropiedifferenz $\Delta S > 0$ ist, d. h. eine Entropievermehrung erfolgt.

Wir können den **2. Hauptsatz der Wärmelehre** somit auch wie folgt formulieren:

> In einem abgeschlossenen System kann die Entropie bei *irreversiblen* Veränderungen stets nur zunehmen. Von selbst verlaufen nur Vorgänge, bei denen die Entropie wächst.
> Bei einem idealen *reversiblen*, quasistatisch ablaufenden Kreisprozess bleibt die Entropie konstant.

Das Prinzip von der Vermehrung der Entropie schließt von den nach dem 1. Hauptsatz zulässigen Prozessen alle diejenigen aus, die mit einer Entropieverminderung verknüpft sind. Das Entropieprinzip bestimmt die **Richtung** der Prozesse. Der eingangs zu diesem Abschnitt erwähnte unwahrscheinliche Fall, dass ein Ziegel „von sich aus" vom Erdboden wieder auf das Dach springt, würde beispielsweise eine Entropieverminderung bedeuten und stünde daher im Widerspruch zum Entropieprinzip. Einen damit konformen Prozess stellt dagegen das Herabfallen des Dachziegels dar, da nach dem Aufschlagen am Erdboden infolge Umwandlung von mechanischer Energie in Wärme eine Entropievermehrung stattgefunden hat.

Entropie und Wahrscheinlichkeit

Zur weiteren Veranschaulichung des zweiten Hauptsatzes und zur Vertiefung des Verständnisses des Entropiebegriffes betrachten wir die von selbst erfolgende Durchmischung zweier Gase:

In einem Volumen V, das durch eine Trennwand halbiert ist, befinde sich ein Modellgas aus zwei verschiedenartigen Gasen. Es sind gleich viele weiße Moleküle in der linken Hälfte des Volumens, wie schwarze in der rechten Hälfte (Abb. 15.16). Nimmt man die Trennwand weg, so diffundieren die Moleküle in die Teilvolumina hinein und durchmischen sich vollkommen unter Gleichverteilung über das Gesamtvolumen (Abb. 15.17). Der ursprüngliche Zustand (Abb. 15.16) wird von selbst nie mehr angenommen, die Durchmischung ist irreversibel.

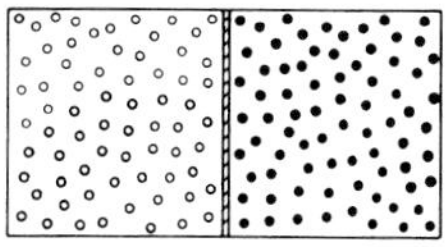

Abb. 15.16

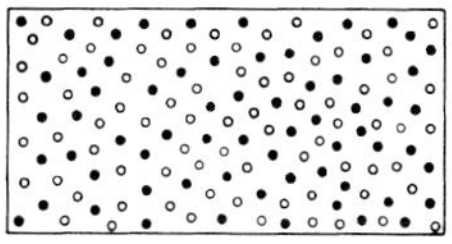

Abb. 15.17

Ebenso strömt auch ein Gas aus einem gaserfüllten Raum so lange in einen gasleeren Raum (Vakuum), bis in beiden Räumen Druckgleichheit herrscht. Niemals aber wird das Gas einen Teil des ihm zur Verfügung stehenden Raumes von selbst wieder freigeben, der Vorgang ist irreversibel.

Diese beiden Beispiele zeigen uns, dass der *unwahrscheinlichere Zustand der Ordnung* von selbst in den *wahrscheinlicheren Zustand der Unordnung* übergeht. Die beschriebenen Vorgänge sind typische irreversible Prozesse, die mit einer Entropiezunahme verbunden sind. Die Entropie kann daher als ein Maß für die „Unordnung" in einem System von Teilchen betrachtet werden. In der statistischen Thermodynamik definiert man daher die Entropie S eines Zustandes proportional zum Logarithmus seiner thermodynamischen Wahrscheinlichkeit w durch:

$$S = k \cdot \ln w \tag{15.52}$$

Dabei ist k die *Boltzmann-Konstante*.

Je größer der Ordnungszustand eines Systems, also je geringer die thermodynamische Wahrscheinlichkeit w, desto geringer ist seine Entropie. Bei einer Veränderung eines Systems aus dem Zustand A mit der Wahrscheinlichkeit w_A in den Zustand B mit der Wahrscheinlichkeit w_B, wobei $w_B \geq w_A$ sein soll, ändert sich die Entropie somit von S_A auf S_B und es gilt mit (15.52):

$$\Delta S = S_B - S_A = k \cdot \ln \frac{w_B}{w_A} \geq 0 \tag{15.53}$$

Die Beziehung (15.53) ist eine weitere Formulierung des 2. Hauptsatzes der Wärmelehre, wobei $\Delta S = 0$ für reversible und $\Delta S > 0$ für irreversible Prozesse gilt; oder anders ausgedrückt:

Jeder von selbst ablaufende Vorgang führt im abgeschlossenen System von Zuständen geringerer Wahrscheinlichkeit zu Zuständen größerer Wahrscheinlichkeit.

§ 15.2.5 Thermodynamische Potentiale und Gleichgewichte

Zur Beschreibung des Zustandes eines Systems haben wir bislang die Größen Druck p, Volumen V, Temperatur T, innere Energie U bzw. Enthalpie H benutzt und mit dem 2. Hauptsatz der Wärmelehre eine weitere Zustandsfunktion, die Entropie S eingeführt, welche es erlaubt, auch etwas über die Richtung von spontanen Prozessen auszusagen, in welche diese verlaufen. Mit den genannten Variablen lassen sich nun weitere Zustandsgrößen einführen, welche insbesondere bei speziellen Prozessen an Systemen aus dem Bereich der Pharmazie, Chemie, Biologie etc. sich als sehr zweckmäßig erweisen. Im Rahmen dieses Buches können jedoch nur grundsätzliche Betrachtungen dazu angestellt werden, ansonsten wird auf weiterführende Bücher der Thermodynamik bzw. physikalischen Chemie verwiesen.

Ausgehend von der Definition (15.49) der Entropieänderung $\mathrm{d}S$ gilt, nach dem in § 15.2.4 Gesagten, für eine reversible Zustandsänderung $\mathrm{d}Q_{\mathrm{rev}} = T \cdot \mathrm{d}S$ und für eine irreversible $\mathrm{d}Q_{\mathrm{irrev}} < T \cdot \mathrm{d}S$ oder allgemein für ein System, das sich im thermischen Gleichgewicht mit seiner Umgebung befindet ($T_{\mathrm{System}} = T_{\mathrm{Umgebung}} = T$) die Ungleichung

$$\mathrm{d}Q \leq T \cdot \mathrm{d}S \tag{15.54}$$

wobei das Gleichheitszeichen für reversible, das „Kleiner-als"-Zeichen ($<$) für irreversible Prozesse steht. Diese Beziehung, die nur Eigenschaften des Systems enthält, stellt ein Kriterium für spontane Prozesse dar und soll nun auf zweierlei Weise unter Einführung neuer Zustandsfunktionen erweitert werden.

Mit dem ersten Hauptsatz $\mathrm{d}U = \mathrm{d}Q + \mathrm{d}W$ (15.24) erhält man aus (15.54) bei konstanten Stoffmengen n des betrachteten Systems (homogenes System oder nur für eine Komponente eines heterogenen Systems):

$$\mathrm{d}U \leq T \cdot \mathrm{d}S + \mathrm{d}W \tag{15.55}$$

Als Erste führt man nun als neue Zustandsfunktion die **freie Energie** (oder **Helmholtz-Funktion**) $\boldsymbol{F}$ ein, gebildet aus den Zustandsgrößen U, S und der Temperatur T gemäß folgender Beziehung

Definition:

$$F = U - T \cdot S \tag{15.56}$$

Da F die freie Energie und U die Gesamtenergie des Systems ist, stellt dann $T \cdot S$ die *gebundene Energie* dar.

Bildet man das Differential von (15.56), so gilt

$$dF = dU - T \cdot dS - S \cdot dT \tag{15.57}$$

woraus sich durch Substitution von dU mit (15.55) ergibt:

$$dF \leq dW - S \cdot dT \tag{15.58}$$

Bei *isotherm* ablaufenden Prozessen ist $T = \text{const.}$, d. h. $dT = 0$ und es folgt dann für die Beziehung (15.58):

$$dF = d(U - T \cdot S) \leq dW \tag{15.59}$$

Durchläuft ein System einen isothermen Prozess, dann ist nach der Beziehung (15.59) die Änderung der freien Energie höchstens gleich der in das System (von außen) hineingesteckten oder der vom System (nach außen) verrichteten Arbeit. Diese anschauliche Bedeutung ist der Grund, weshalb die freie Energie F auch als *maximale Arbeit* oder *Arbeitsfunktion* bezeichnet wird.

Erfolgt der *isotherme Prozess ohne Volumenänderung* ($dV=0$), tritt also keine Volumenarbeit $-p \cdot dV$ auf und wird auch keine andere Art von Arbeit (Nicht-Volumenarbeit), wie z. B. elektrische Arbeit (etwa durch Ladungsträger in einem Stromkreis) etc., verrichtet, so ergibt sich aus (15.59)

$$dF \leq 0 \tag{15.60}$$

d. h. die freie Energie nimmt ab.

Ein isotherm und isochor geführter Prozess läuft dann im geschlossenen System spontan ab, wenn $dF < 0$ gilt (Abnahme der freien Energie), d. h. er bewegt sich spontan in Richtung eines Zustandes mit geringerer freier Energie F. Gleichgewicht liegt unter der Bedingung $dF=0$ vor. Bei einem spontan ablaufenden Prozess nimmt daher wegen $U=\text{const.}$ gemäß $T \cdot S = U - F$, wie aus (15.56) folgt, die Entropie S zu. Für irreversible Prozesse – und die meisten in der Natur vorkommenden haben einen solchen Verlauf – ist das Streben eines Systems zu kleinerer freier Energie F somit gleich bedeutend mit der Zunahme der Gesamtentropie in der ganzen Welt.

Chemische Prozesse und zahlreiche biochemische Reaktionen laufen i. Allg. jedoch nicht, wie bislang betrachtet bei konstantem Volumen, sondern unter konstantem Druck ab. In § 15.2.2 hatten wir zur Beschreibung einer isobar ablaufenden Zustandsänderung im abgeschlossenen System die *Enthalpie* $H = U + p \cdot V$ (15.29) verwendet, deren Änderung gleich der mit der Umgebung ausgetauschten Wärmemenge ist. Analog zur *freien Energie F* wird nun als weitere Zustandsfunktion die **freie Enthalpie** (oder **Gibbs-Funktion**) G eingeführt, die folgendermaßen definiert ist:

Definition:

$$\boxed{G = H - T \cdot S} \tag{15.61}$$

Durch Differentiation ergibt sich für (15.61) und mit (15.29):

$$\begin{aligned} dG &= dH - d(T \cdot S) \\ &= dU + d(p \cdot V) - d(T \cdot S) \end{aligned} \tag{15.62}$$

woraus durch Substitution von dU gemäß Gleichung (15.55) folgt:

$$dG \leq dW + p \cdot dV + V \cdot dp - S \cdot dT \tag{15.63}$$

Die Arbeit dW besteht aus Volumenarbeit (die für reversible Vorgänge durch $-p \cdot dV$ gegeben ist) und eventuell aus einer Nicht-Volumenarbeit, die mit dW_{NV} bezeichnet sei, womit sich dann für (15.63) ergibt:

$$dG \leq dW_{NV} + V \cdot dp - S \cdot dT \tag{15.64}$$

Für einen *isothermen* ($dT=0$) und *isobaren* ($dp=0$) *Prozess* ist dann

$$dG \leq dW_{NV} \tag{15.65}$$

und im Falle, dass mit der Zustandsänderung auch keine Nicht-Volumenarbeit dW_{NV} verbunden ist, stellt die Ungleichung

$$dG \leq 0 \tag{15.66}$$

das Kriterium für *spontane, isotherm-isobar* verlaufende Vorgänge im abgeschlossenen System dar, analog zu Beziehung (15.60) für *isotherm-isochor* ablaufende Prozesse. Spontan (d. h. von selbst) verlaufen thermodynamische Prozesse (z. B. chemische Reaktionen) stets in Richtung von thermodynamischen Gleichgewichtszuständen, die sich durch ein (relatives) Minimum der thermodynamischen Potentiale auszeichnen. Dabei ist jedoch zu beachten, dass die eigentliche „Triebkraft" der Zustandsänderung nicht in der Abnahme der *freien Energie F* oder der *freien Enthalpie G* zu sehen ist, sondern in der Zunahme der *Entropie S* des Weltalls – und in nichts anderem.

Die Gleichung (15.65) stellt eine wichtige Beziehung zur Berechnung der maximalen Nicht-Volumenarbeit ($dG = dW_{NV,\,max}$) chemischer Reaktionen dar, insbesondere bei elektrochemischen Anwendungen, wo beispielsweise der Betrag an elektrischer Arbeit (ohne Volumenarbeit) einer Batterie interessiert.

Als ein weiteres thermodynamisches Potential soll noch das *chemische Potential* μ erwähnt werden, das insbesondere bei chemischen Reaktionen verwendet wird, da es sich hierbei in den seltensten Fällen um Stoffe mit nur einer Komponente handelt, wie seither vorausgesetzt. Diese Einschränkung wird im Falle veränderlicher Stoffmengen n (z. B. aufgrund chemischer Reaktionen) behoben, indem die Formeln für die freie Enthalpie durch die Terme

$$\mu_1 \cdot dn_1 + \mu_2 \cdot dn_2 + \ldots + \mu_k \cdot dn_k = \sum_{s=1}^{k} \mu_s \cdot dn_s$$

ergänzt werden, wobei $\mathrm{d}n_1$, $\mathrm{d}n_2, \ldots, \mathrm{d}n_k$ die differentiellen Stoffmengen bedeuten und die $\boldsymbol{\mu}_k$ als die **chemischen Potentiale** der entsprechenden Stoffe definiert sind durch die partiellen Ableitungen der freien Enthalpie G nach der jeweiligen Stoffmenge n_k $(n_k \neq n_i)$ bei konstantem Druck und konstanter Temperatur:

$$\mu_k = \left(\frac{\partial G}{\partial n_k}\right)_{p,T} \tag{15.67}$$

Wie wir oben bei der Betrachtung der Beziehung (15.65) gesehen haben, gilt bei konstanter Temperatur und konstantem Druck $\mathrm{d}G = \mathrm{d}W_{\mathrm{NV,max}}$, sodass für die freie Enthalpie G des aus mehreren Komponenten bestehenden Systems folgt:

$$\begin{aligned} \mathrm{d}G &= \mu_1 \cdot \mathrm{d}n_1 + \mu_2 \cdot \mathrm{d}n_2 + \ldots + \mu_k \cdot \mathrm{d}n_k \\ &= \sum_{s=1}^{k} \mu_s \cdot \mathrm{d}n_s \end{aligned} \tag{15.68}$$

das bedeutet, bei einer Änderung der Zusammensetzung eines Systems tritt keine Nicht-Volumenarbeit $\mathrm{d}W_{\mathrm{NV}}$ auf. Eine chemische Reaktion kann nur vonstatten gehen, wenn $(\mathrm{d}G)_{P,T} = \sum_{s=1}^{k} \mu_s \cdot \mathrm{d}n_s < 0$ ist, d. h. unter dem Gefälle des chemischen Potentials, und es liegt Gleichgewicht vor – hier chemisches Gleichgewicht –, wenn $(\mathrm{d}G)_{P,T} = 0$ ist.

Abschließend noch eine Anmerkung zur Bezeichnung der hier angesprochenen Zustandsfunktionen als thermodynamische „Potentiale". – Diese beruht auf der Analogie zu den mechanischen bzw. elektrischen Systemen, bei welchen die Körper ebenfalls ein Minimum der Energie anstreben – Wasser fließt entsprechend dem Niveaugefälle des Geländes oder ein Fluid unter dem Druckgefälle in einer Röhre, bzw. ein elektrischer Strom gemäß dem Gradienten des elektrischen Potentials. Ebenso erfolgen Zustandsänderungen nur unter einem Gefälle der thermodynamischen Potentiale wie der freien Energie F, der freien Enthalpie G oder dem chemischen Potential μ, wobei dies bei letzterem nicht nur Gültigkeit beim Stofftransport innerhalb einer reinen homogenen Phase, sondern auch beim Übergang von einer Phase in eine andere hat.

§ 15.2.6 Dritter Hauptsatz der Wärmelehre

Der dritte Hauptsatz der Thermodynamik ist ebenso ein Erfahrungssatz aufgrund experimenteller Beobachtungen, kann aber auf theoretischem Wege abgeleitet werden.

Der in vollkommener Übereinstimmung mit der Beobachtung stehende Erfahrungssatz wurde von *W. Nernst* aufgestellt, weshalb der **3. Hauptsatz der Wärmelehre** auch häufig als das **Nernst'sche Wärmetheorem** oder der **Nernst'sche Wärmesatz** bezeichnet wird und unter Betrachtung der Entropie bzw. der freien Energie folgendermaßen formuliert werden kann:

> Bei einem kondensierten System geht die mit einem Übergang zwischen zwei Zuständen im Gleichgewicht verbundene Entropieänderung gegen null, wenn die absolute Temperatur gegen null geht.
> *oder*:
> Die Differenz der freien Energie zweier Zustände eines kondensierten Systems wird temperaturunabhängig bei hinreichend tiefen Temperaturen.

Bei hinreichend tiefen Temperaturen verlaufen somit Übergänge zwischen Zuständen (chemische Reaktionen mit eingeschlossen) in reinen kondensierten Systemen (perfekte reine kristallisierte Festkörper oder perfekte reine Flüssigkeiten und verflüssigte bzw. feste Gase) reversibel, d. h. ohne Entropieänderung. Der Grenzwert der Entropie reiner kondensierter Stoffe ist, wie die quantentheoretische Betrachtung zeigt, am absoluten Nullpunkt gleich null ($\lim S(T) = 0$ für $T \to 0$) und wie hoch präzise Tiefsttemperaturuntersuchungen an Festkörpern zeigten, strebt der Wert der Entropie bei Annäherung an den absoluten Nullpunkt sehr stark gegen null. Das bedeutet aber, dass für kondensierte Systeme bei Annäherung an den absoluten Nullpunkt sich sowohl deren molare bzw. spezifische Wärmekapazitäten als auch die thermischen Ausdehnungskoeffizienten dem Wert null annähern.

Hieraus folgt, dass kein Prozess realisiert werden kann – und in der Tat wurde dies auch nicht erreicht – bei dem irgendein System auf die Temperatur $T = 0$ abgekühlt wird. In verallgemeinerter Form lautet dieser Erfahrungssatz:

> Es ist unmöglich, den absoluten Nullpunkt durch irgendeinen – auch idealisierten Prozess – mit einem System in einer endlichen Anzahl von Schritten zu erreichen.

Wie der *erste Hauptsatz* („Energie kann weder erzeugt noch vernichtet werden") und der *zweite Hauptsatz* („die Entropie der gesamten Welt nimmt niemals ab") kann auch der *dritte Hauptsatz der Thermodynamik* in einer Unmöglichkeitsaussage formuliert werden als der ***Satz von der Unerreichbarkeit des absoluten Nullpunktes***.

Aufgaben

Aufgabe 15.1: Welche Energie ist etwa erforderlich, um 1 L Wasser von 20 °C auf 80 °C zu erwärmen? Für die spezifische Wärmekapazität von Wasser verwende man $c = 4{,}2$ J/(g · K).

Aufgabe 15.2: Zur Bereitung heißen Tees zum Frühstück werden mit einem Tauchsieder der elektrischen Leistung $P = 0{,}8$ kW in einem gut isolierenden Gefäß vernachlässigbarer Wärmekapazität 0,5 Liter Wasser der Temperatur 18 °C erwärmt. Nach welcher Zeit Δt (in Minuten) etwa siedet das Wasser bei einer Temperatur von 98 °C? (Die spezifische Wärmekapazität von Wasser beträgt $c = 4{,}2$ kJ/(kg · K).)

Aufgabe 15.3: Ein Wärmetauscher wird pro Sekunde von einem Liter Wasser gleichmäßig durchströmt, wobei sich das Kühlwasser um 10 °C erwärmt. Wie groß etwa ist die vom Wärmetauscher abgeführte Leistung ΔP, wenn die spezifische Wärmekapazität des Wassers $c = 4{,}2$ J/(g · K) beträgt?

Aufgabe 15.4: Ein Fluid (Dichte $\varrho = 1 \cdot 10^3$ kg · m^{-3}) durchströme mit einem Volumenstrom von $I = 2 \cdot 10^{-3}$ m^3 · s^{-1} eine gut wärmeisolierte Rohrleitung, in der sich eine Heizspirale befindet (Bild A 15.1). Welche Heizleistung P ist stationär notwendig, wenn das Fluid (spezifische Wärmekapazität $3 \cdot 10^3$ J/(kg · K)) um 10 °C aufgeheizt werden soll?

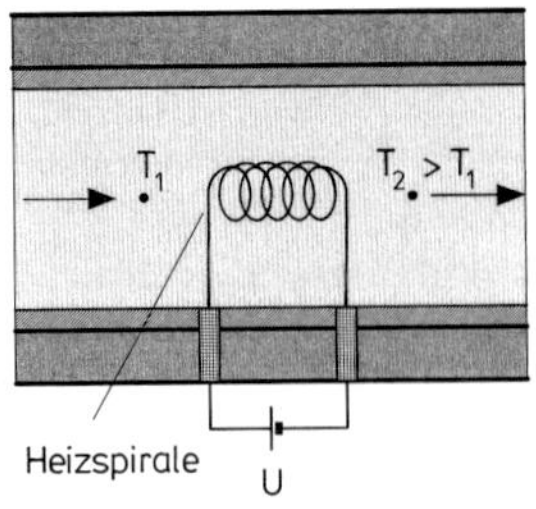

Bild A 15.1

Aufgabe 15.5: Welche Wärmemenge ΔQ_L ist erforderlich, um die Luft eines Büroraumes von 8 m Länge, 7,2 m Breite und 2,5 m Höhe (der mit der Außenluft kommuniziert) bei konstantem Luftdruck $p = 1000$ hPa von 0 °C auf 16 °C zu erwärmen? Rechnen Sie mit der spezifischen Wärmekapazität $c_p = 0{,}996$ kJ/(kg · K), dem Volumenausdehnungskoeffizienten $\gamma = 1/273$ K^{-1} und einer Dichte der Luft bei 0 °C und $p_0 = 1013$ hPa von $\varrho_L = 1{,}2928$ kg/m^3.

Aufgabe 15.6: Ein Tauchsieder der Leistung $P = 1$ kW erwärme in einem gut wärmeisolierten Gefäß 2 kg einer Flüssigkeit, deren Temperatur dabei nach je 4 s um 1 K steigt. Wie groß ist die spezifische Wärmekapazität der Flüssigkeit?
(Die Wärmekapazität von Gefäß und Tauchsieder sowie Wärmeverluste durch Wärmeleitung bzw. -strahlung seien vernachlässigbar.)

Aufgabe 15.7: Wie groß ist die Mischungstemperatur ϑ_{mt} (in °C), wenn 1 Liter Wasser von 20 °C mit 0,5 Liter Wasser von 50 °C gemischt wird? (Von Wasser ist die spezifische Wärmekapazität $c = 4{,}2$ kJ/(kg · K) und die Dichte $\varrho = 10^3$ kg/m^3; die Wärmekapazität des Mischungsgefäßes werde vernachlässigt.)

Aufgabe 15.8: Ein Thermometer der Wärmekapazität 4 J/K, das sich zunächst auf Zimmertemperatur von 20 °C befindet, wird in eine kleine Menge Wasser mit dem Volumen von 9 cm^3 und einer Temperatur von 60 °C getaucht. Wie fällt die Temperaturmessung aus? (Die spezifische Wärmekapazität von Wasser werde gleich 4 J/(g · K) gesetzt.)

Aufgabe 15.9: In ein isoliertes Mischgefäß speisen zwei Zuleitungen gleichmäßig Wasser ein mit 3 L/s von $\vartheta_1 = 5$ °C und 1 L/s von $\vartheta_2 = 15$ °C (Bild A 15.2). Wie groß etwa ist die stationäre Mischtemperatur ϑ_{mt}?

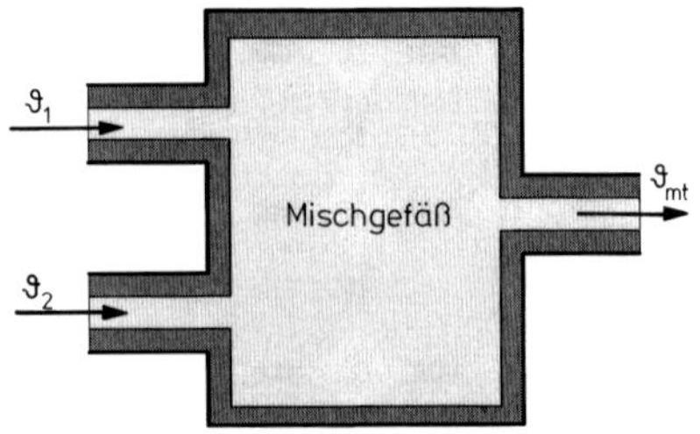

Bild A 15.2

Aufgabe 15.10: Man schüttet $m_{Hg} = 400$ g Quecksilber der Temperatur $\vartheta_{Hg} = 60$ °C zu $m_W = 0{,}6$ kg Wasser von $\vartheta_W = 25$ °C.
Welche Mischungstemperatur ϑ_{mt} wird beobachtet, wenn die spezifische Wärmekapazität von Quecksilber $c_{Hg} = 0{,}14$ J/(g · K) und von Wasser 4,2 J/(g · K) ist?

Aufgabe 15.11: Ein Metallblock der Masse $m = 1200$ g wird im heißen Dampf auf 100 °C erwärmt und unmittelbar anschließend in ein Kalorimetergefäß eingetaucht, welches mit 1 Liter Wasser von 10 °C gefüllt ist. Die spezifische Wärmekapazität von Wasser sei 4,2 J/(g · K); die Wärmekapazität des Kalorimeters (der Wasserwert) und des zur Temperaturmessung verwendeten Thermometers sei vernachlässigbar. Nach einiger Zeit haben das Wasser und der Körper eine Temperatur von 25 °C angenommen.
Wie groß ist ungefähr die spezifische Wärmekapazität des Materials, aus dem der Metallblock besteht?

Aufgabe 15.12: Zur Bestimmung der mittleren Temperatur eines Hochofens wurde eine Platinkugel der Masse $m = 170$ g in diesen eingebracht, nach einiger Zeit wieder herausgenommen und sofort in 800 g Wasser der Temperatur 12 °C geworfen. Nach Temperaturausgleich werden am Thermometer 20 °C abgelesen.
Wie hoch etwa war die Hochofentemperatur, wenn die spezifische Wärmekapazität von Platin $c_{Pt} = 0{,}134$ J/(g · K), von Wasser $c_W = 4{,}2$ J/(g · K) beträgt und die Wärmekapazität des Kalorimeters sowie des zur Temperaturmessung verwendeten Thermometers vernachlässigbar ist?

Aufgabe 15.13: Bei konstantem äußerem Luftdruck werden 10 g Sauerstoff von 22 °C auf 122 °C erhitzt (spezifische Wärmekapazität von Sauerstoff bei konstantem Druck $c_p = 0{,}92$ J/(g · K)).

a) Wie groß ist die auf den Sauerstoff übertragene Wärmemenge?
b) Welcher Anteil der zugeführten Wärmemenge steckt in der Erhöhung der inneren Energie des Sauerstoffs?

Aufgabe 15.14: Durch eine sehr schnell verlaufende (plötzliche) Kompression eines idealen Gases auf 1/10 seines Volumens bei 20 °C erhöht sich dessen Temperatur.
Wie groß ist die Temperaturerhöhung, wenn es sich um ein

a) einatomares ideales Gas handelt,
b) zweiatomares ideales Gas handelt?

Aufgabe 15.15: Im Zylinder eines Dieselmotors werde die unter Atmosphärendruck angesaugte Luft auf das 40fache streng adiabatisch komprimiert.
Wie hoch ist bei dieser adiabatischen Kompression die Endtemperatur, wenn die Ausgangstemperatur 22 °C betrug?

Aufgabe 15.16: Welches ist der größtmögliche thermische Wirkungsgrad einer Dampfturbine, in welche der heiße Dampf mit der Temperatur $\vartheta_1 = 257$ °C einströmt, wenn die im Kondensator vorliegende (tiefere) Temperatur $\vartheta_2 = 49$ °C beträgt?

Aufgabe 15.17: Zwei Körper, die sich auf unterschiedlichen Temperaturen befinden, werden in Berührung gebracht. Der Energieaustausch mit der Umgebung kann vernachlässigt werden; die Körper bilden ein abgeschlossenes System.
Welche Änderung erfährt

a) die Gesamtenergie

und welche

b) die Gesamtentropie

der beiden Körper durch den zwischen ihnen erfolgenden Austauschvorgang, der zur Temperaturangleichung führt?

3

§ 16 Aggregatzustände der Materie

Der Aggregatzustand charakterisiert die äußere Form, in der ein Stoff auftritt, d. h. den **festen**, **flüssigen**, oder **gasförmigen** Zustand der Materie.

Festkörper besitzen eine *bestimmte Gestalt*, die sie beibehalten, wenn sie nicht durch äußere Kräfte zur Gestaltsänderung gezwungen werden. **Flüssigkeiten** können eine *beliebige Gestalt* annehmen, haben jedoch ein bestimmtes Volumen, während **Gase** *jedes* ihnen *dargebotene Volumen* ausfüllen (s. auch § 9).

Neben dem Begriff Aggregatzustand wird oft auch der Begriff Phase verwendet, wobei der Begriff Phase stärker differenziert. In einem Aggregatzustand können mehrere Phasen des gleichen Stoffes auftreten. So tritt z. B. der feste Aggregatzustand des Kohlenstoffes in zwei verschiedenen Phasen auf, in der Modifikation des Graphit und in der des Diamanten. Ein Kristall stellt eine einzelne Phase dar, wie auch ein aus mehreren Flüssigkeiten bestehendes System einphasig sein kann, wenn die Flüssigkeiten vollständig mischbar sind, aber mehrphasig, wenn die Flüssigkeiten sich nicht vollständig mischen. Ebenso stellt eine aus zwei Metallen sich zusammensetzende Legierung ein zweiphasiges System dar, wenn sie nicht mischbar sind, die Legierung ist aber einphasig bei vollständiger Mischbarkeit der Metalle. Ist in einer Lösung von Salz in reinem Wasser das gesamte Salz gelöst, handelt es sich um ein einphasiges System, aber es ist zweiphasig, wenn noch ungelöstes Salz als Bodenkörper in der Lösung vorhanden ist. Ein ausschließlich gasförmiges System kann nur einphasig sein, gleichgültig ob es allein aus einem reinen Gas oder aus einer Mischung verschiedener Gase besteht. Eine Phase stellt also einen Zustand eines Stoffes dar, der in seinen physikalischen Eigenschaften sich nicht sprunghaft ändert und auch in seiner chemischen Zusammensetzung gleichförmig ist.

Bislang betrachteten wir das thermische Verhalten einheitlicher Stoffe eines bestimmten Aggregatzustandes bzw. einer definierten Phase, ohne mögliche Änderungen dieses Zustandes in Betracht zu ziehen. Liegt beispielsweise ein Stoff in der festen oder flüssigen Phase vor und wird ihm bei konstantem Druck Wärme zugeführt, so erhöht sich seine Temperatur; die zugeführte Wärme steigert die kinetische Energie seiner Bausteine (Wärmebewegung). Bei einer für den Stoff charakteristischen Temperatur, der vom äußeren Druck abhängigen Umwandlungstemperatur, wird die weiterhin zugeführte Wärmemenge ausschließlich zur Bindungslockerung (Erhöhung der inneren potentiellen Energie) seiner Bausteine und zur eventuellen Verrichtung einer Volumenarbeit infolge Ausdehnung des Stoffes verwendet. Die Temperatur bleibt so lange konstant, bis die gesamte Masse des Stoffes in die andere Phase umgewandelt ist (Abb. 16.2). Weitere Energiezufuhr bedingt dann eine Temperaturerhöhung entsprechend der Wärmekapazität des Stoffes in der vorliegenden Phase. Der Umwandlungsvorgang verläuft isotherm bei der konstanten Umwandlungstemperatur (Schmelz- oder Siedetemperatur). Infolge der Zunahme der molekularen Unordnung beim Umwandlungsvorgang ist damit auch eine Entropiesteigerung verbunden.

Wird dagegen einem Stoff Energie entzogen, so wird die in Abb. 16.2 skizzierte Kurve in umgekehrter Richtung durchlaufen. Bei Erreichen der jeweiligen Umwandlungstemperatur des Stoffes wird nun eine entsprechende Wärmemenge freigesetzt.

Den Austausch von Wärme mit der Umgebung, beobachtet man jedoch auch bei chemischen Reaktionen, bei denen sich aus den Ausgangssubstanzen (Edukte) durch einen Umwandlungsprozess bestimmte Endsubstanzen (Reaktions-Produkte) bilden.

Die aufgenommene oder abgegebene Wärmemenge des isochoren bzw. isobaren Prozesses nennt man im Fall einer Phasenumwandlung die *Umwandlungsenergie* bzw. *Umwandlungsenthalpie* oder für den Fall einer chemischen Reaktion die *Reaktionsenergie* bzw. *Reaktionsenthalpie*. Auch der Begriff *latente Wärme* findet bei Umwandlungsprozessen für die ausgetauschte Wärmemenge Verwendung. Sehr häufig wird die auftretende Wärmetönung jedoch als *Umwandlungswärme* bzw. *Phasenübergangswärme* und bei chemischen Reaktionen entsprechend als *Reaktionswärme* bezeichnet.

§ 16.1 Umwandlungswärmen

Die beim Übergang unter konstantem Druck von einer Phase in die andere aufgenommene oder abgegebene Phasenübergangswärme Q, bei gleichbleibender Temperatur (Tab. 16.1 bzw. Abb. 16.1 und 16.2), ist gegeben durch:

$$Q = m \cdot q \tag{16.1}$$

m: Masse des Körpers
q: spezifische Umwandlungswärme bzw. Umwandlungsenthalpie

Die spezifische Umwandlungswärme q ist eine Materialkonstante. Sie wird in der Einheit $\frac{\mathrm{J}}{\mathrm{kg}}$ angegeben.

Aus dem ersten Hauptsatz der Wärmelehre (15.24) folgt bei isobarer Zustandsänderung $\mathrm{d}Q = \mathrm{d}U + p \cdot \mathrm{d}V$ nach (15.28) und mit der Definition der Enthalphie H (15.29) somit

$$\begin{aligned} \mathrm{d}Q &= \mathrm{d}H - p \cdot \mathrm{d}V - V \cdot \mathrm{d}p + p \cdot \mathrm{d}V \\ &= \mathrm{d}H - V \cdot \mathrm{d}p = \mathrm{d}H \end{aligned}$$

wegen $p = \text{const.}$, d. h. $\mathrm{d}p = 0$. Die bei einer isobaren Phasenumwandlung ausgetauschte Wärmemenge ist gleich der Enthalpieänderung des Systems: $\mathrm{d}Q = \mathrm{d}H$, woraus sich auch die unterschiedlichen Bezeichnungen Phasenumwandlungswärme bzw. -enthalpie erklären.

Die möglichen Übergänge von einem Aggregatzustand in einen anderen zeigt schematisch Abb. 16.1. Die Bezeichnungen der Aggregatzustandsänderungen und die dabei zugeführten Wärmemengen (Übergänge 1 bis 3) bzw. freigesetzten Wärmemengen (Übergänge 4 bis 6) sind in Tab. 16.1 zusammengestellt.

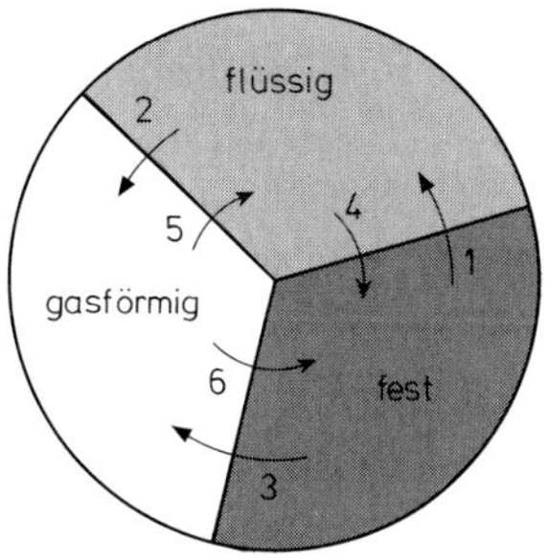

Abb. 16.1

Den Zusammenhang zwischen der Wärmemenge Q und der Temperatur T eines reinen Stoffes, welcher die Phasenübergänge fest-flüssig und flüssig-gasförmig (bzw. *vice versa*) durchläuft, zeigt Abb. 16.2. Bei konstant zugeführter (bzw. entzogener) Wärmemenge bleibt die Temperatur T jeweils bei Erreichen der Umwandlungstemperatur des Stoffes so lange konstant, bis die Phasenänderung der gesamten Menge des Stoffes abgeschlossen ist (s. auch Abb. 16.3).

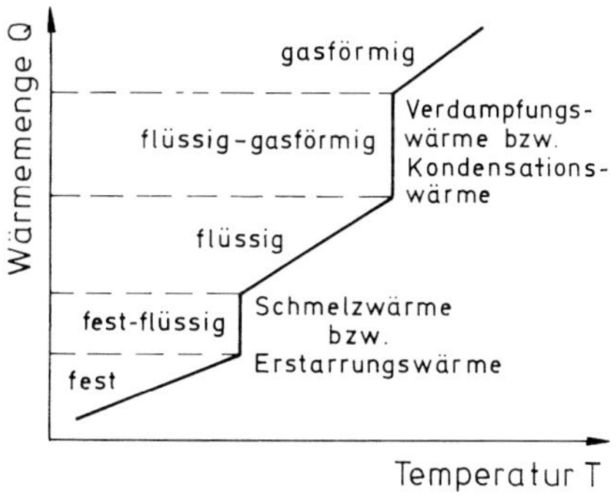

Abb. 16.2

Tab. 16.1

Übergang	Bezeichnung	Übergangswärme
1: fest-flüssig	Schmelzen	Schmelzwärme
2: flüssig-gasförmig	Verdampfen	Verdampfungswärme
3: fest-gasförmig	Sublimieren	Sublimationswärme
4: flüssig-fest	Erstarren	Erstarrungswärme
5: gasförmig-flüssig	Kondensieren	Kondensationswärme
6: gasförmig-fest	Verfestigen (manchmal auch Sublimieren)	Verfestigungswärme

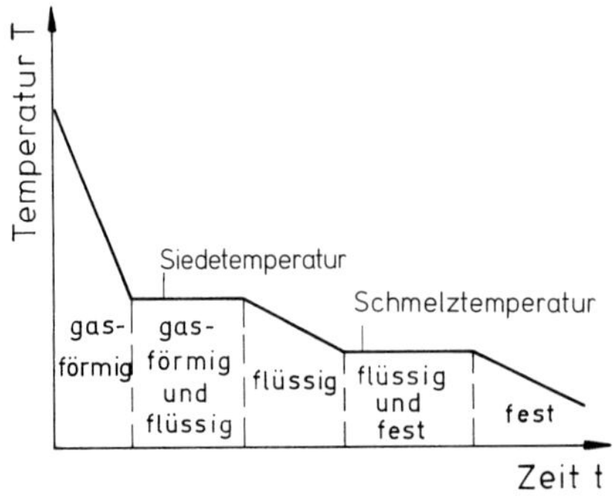

Abb. 16.3

Analog zur spezifischen Umwandlungswärme q lässt sich die molare Umwandlungswärme q_m angeben. Die bei einer Phasenumwandlung aufgenommene oder frei werdende Wärmemenge ist dann gegeben durch:

$$Q = n \cdot q_m \tag{16.2}$$

n: Stoffmenge des an der Umwandlung beteiligten Stoffes

q_m: molare Umwandlungswärme bzw. Umwandlungsenthalpie

Die *Einheit* der molaren Umwandlungswärme ist:

$$\frac{\text{J}}{\text{mol}} \left(\text{früher gebräuchliche Einheit: } \frac{\text{cal}}{\text{mol}}\right).$$

Zwischen molarer und spezifischer Umwandlungswärme besteht folgender Zusammenhang:

$$q_m = q \cdot M \tag{16.3}$$

M: molare Masse

In Tab. 16.2 sind die spezifischen und molaren Schmelz- bzw. Verdampfungswärmen (oder -enthalpien) von Eis bzw. Wasser bei Normaldruck ($p_0 = 1013{,}25$ hPa) angegeben, wobei auch die Werte der jeweiligen Phasenübergangswärmen in der früher verwendeten Einheit cal/g und cal/mol noch mit eingetragen sind.

Die bei konstantem Druck (Normaldruck 1013,25 hPa) ausgetauschten spezifischen Schmelz- bzw. Erstarrungsenthalpien oder -wärmen bei den entsprechenden Schmelz- bzw. Erstarrungstemperaturen und die spezifischen Verdampfungs- bzw. Kondensationsenthalpien oder -wärmen bei den entsprechenden Siede- bzw. Kondensationstemperaturen enthält für einige weitere Stoffe die Tab. 16.3.

Bei allen Phasenumwandlungen ist die Umwandlungstemperatur vom äußeren Druck abhängig. Tritt bei der Umwandlung (z. B. fest in flüssig) eine Volumenvergrößerung ein (dies ist bei den meisten Stoffen der Fall), so erhöht sich die Umwandlungstemperatur mit steigendem Druck; wird dagegen das Volumen bei der Umwandlung kleiner (z. B. Eis/Wasser), so erniedrigt sich die Umwandlungstemperatur bei Drucksteigerung (s. auch § 16.3 f.).

Die Enthalpie H ist eine Zustandsgröße, ihre Änderung ΔH ist also unabhängig vom Weg, auf welchem eine Phasenumwandlung erfolgt. Es muss daher die gleiche Zustandsänderung auftreten, wenn beispielsweise ein Mol eines Stoffes unmittelbar sublimiert wird (Sublimationsenthalpie ΔH_s), oder zunächst geschmolzen (Schmelzenthalpie ΔH_m) und dann verdampft wird (Verdampfungsenthalpie ΔH_e). Es gilt somit: $\Delta H_s = \Delta H_m + \Delta H_e$.

Tab. 16.2

Phasenübergangswärme:	spezifische	molare
Schmelzwärme bei 0 °C	$333{,}6\,\frac{\text{J}}{\text{g}} \approx 80\,\frac{\text{cal}}{\text{g}}$	$6{,}01\,\frac{\text{kJ}}{\text{mol}} \approx 1{,}44\,\frac{\text{kcal}}{\text{mol}}$
Verdampfungswärme bei 100 °C	$2256\,\frac{\text{J}}{\text{g}} \approx 539\,\frac{\text{cal}}{\text{g}}$	$40{,}64\,\frac{\text{kJ}}{\text{mol}} \approx 9{,}71\,\frac{\text{kcal}}{\text{mol}}$

Tab 16.3

Stoff	Schmelztemperatur in K	spezifische Schmelzwärme in J/g	Siedetemperatur in K	spezifische Verdampfungswärme in J/g
Aluminium	933,5	396,9	2720	10 900
Blei	600,6	23	2024	8 663
Gold	1337	64,8	2980	1 650
Kupfer	1358	205	2868	4 790
Wolfram	3691	192	$\sim$ 5773	4 350
Kaliumchlorid	1045	342	1686	2 166
Natriumchlorid	1073	500	1733	2 900
Ethanol	158,7	107,9	351,5	813,3
Methanol	179,3	92,1	337,7	1 099,8
Quecksilber	234,3	11,8	629,8	285
Helium (^{4}He)	–	–	4,22	20,6
Luft (trocken und CO_2-frei)	–	–	78,67	205
Sauerstoff (O_2)	54,36	13,9	90,2	213
Stickstoff (N_2)	63,15	25,7	77,35	199
Wasserstoff (H_2)	13,95	58,2	20,39	454

§ 16.1.1 Atomistisches Bild

Das Auftreten von Umwandlungswärmen bei einer Änderung des Aggregatzustandes rührt daher, dass sich der Energieinhalt des Systems ändert. Wie bereits in § 11 ausgeführt wurde, üben die Moleküle eines Stoffes Anziehungskräfte aufeinander aus, die so genannten Kohäsionskräfte, deren Stärke vom gegenseitigen Abstand der Moleküle abhängt. Je mehr sich die Moleküle einander annähern, umso stärker wird die anziehende Wechselwirkung, bis zu einer bestimmten unteren Grenze des Abstandes, ab welcher starke abstoßende Kräfte wirken (s. auch § 13.2.4 und § 39).

Wir betrachten nun in Abb. 16.2 den Verlauf der Kurve $Q=Q(T)$ ausgehend vom gasförmigen Zustand (hohe Temperatur) unter Absenkung der Temperatur T. Die Abb. 16.3 zeigt dazu schematisch die Änderung der Temperatur T als Funktion der Zeit t. Im gasförmigen Aggregatzustand sind die Moleküle relativ weit voneinander entfernt, sodass die Wirkung der Kohäsionskräfte, außer bei Stößen der Gasmoleküle untereinander, noch gering ist. Durch Abkühlen (oder auch Komprimieren) erhöht sich, infolge der Verringerung des mittleren Abstandes der Moleküle, die Wirkung der Kohäsionskräfte. Dabei verrichten die molekularen Anziehungskräfte Arbeit, die in Form von Kondensationswärme nach außen abgegeben wird, ohne dass sich die Temperatur des Systems ändert (siehe Abb. 16.2 bzw. 16.3). Während dieser Zeit sind beide Phasen des Systems koexistent. Die Gasphase geht dabei in die energieärmere flüssige Phase über, wobei die Dichte der flüssigen Phase eines Stoffes meist wesentlich größer als jene des gasförmigen Aggregatzustandes ist (s. auch Tab. 3.2), d. h., dass die mittleren Abstände der Teilchen des Systems in der flüssigen Phase i. Allg. wesentlich geringer sind als in der gasförmigen.

Fahren wir in der Abkühlung des Systems fort, so ist mit der kontinuierlichen Abnahme der Temperatur (s. Abb. 16.2) eine weitere Verringerung der mittleren kinetischen Energie der Flüssigkeitsmoleküle verbunden, bis bei einer bestimmten Temperatur der Energieinhalt nochmals sprunghaft abnimmt. Das System gibt nun wieder, bei konstant bleibender Temperatur, Wärme (Erstarrungswärme) nach außen ab. Die flüssige Phase geht in die energieärmere feste Phase über. Die Moleküle haben dabei ihre freie Beweglichkeit vollständig eingebüßt. Ihre Wärmebewegung besteht nur noch in elastischen Schwingungen um eine feste Ruhelage. Die mittleren Abstände benachbarter Teilchen des Systems ändern sich dabei i. Allg. viel geringer als beim Phasenübergang gasförmig-flüssig. Demzufolge ist auch der Grad der Dichteänderung beim Übergang von der flüssigen in die feste Phase kleiner, wobei jedoch die feste Phase einiger Stoffe (bei gleicher Temperatur) eine geringere Dichte aufweist als die flüssige Phase (Beispiel: Eis – Wasser).

Bei Aggregatzustandsänderungen in umgekehrter Richtung, d. h. beim Schmelzen eines Feststoffes bzw. beim Verdampfen der flüssigen Phase, muss entsprechend Wärme zugeführt werden, um gegen die molekularen Anziehungskräfte der Teilchen Arbeit zu verrichten. Die Temperatur des Systems bleibt auch dann bei Erreichen der Phasengrenze, trotz weiterhin zugeführter Wärme, wiederum so lange konstant, bis die gesamte Stoffmenge in die andere Phase übergeführt ist (unter der Voraussetzung, dass sich weder der Druck noch die Zusammensetzung des Stoffes ändert).

Der Übergang fest-flüssig erfolgt, wie hier beschrieben, bei einer bestimmten Temperatur, der Schmelztemperatur. Dies ist bei einem idealen festen Körper erfüllt, d. h. bei einem Kristall mit regelmäßiger Anordnung seiner Bausteine, die an den definierten Gitterplätzen im Kristall mit im Mittel gleicher Bindungsenergie festgehalten werden. Anders als die kristallinen Festkörper verhalten sich die amorphen festen Stoffe. Infolge der uneinheitlichen Abstände ihrer Bausteine sind die Bindungskräfte untereinander unterschiedlich groß. Für Bausteine mit großem Abstand genügt daher eine wesentlich geringere Energie zum Aufbrechen der Bindung als für solche mit kleinem Abstand. Die Folge ist, dass ein amorpher Körper keinen einheitlichen Schmelzpunkt besitzt. Der Übergang fest-flüssig erfolgt stetig, wobei sich der Körper in einem weiten Temperaturbereich allmählich verflüssigt. Die Anordnung der Bausteine der amorphen Festkörper entspricht eher derjenigen von Flüssigkeiten als von kristallinen Festkörpern.

§ 16.1.2 Reaktionswärme, -enthalpie und -energie

Bei *chemischen Reaktionen*, die i. Allg. als isotherme und isobare (bzw. als isotherme und isochore) Prozesse ablaufen, findet neben dem Materieumsatz auch ein Energieumsatz statt. Dieser Energieumsatz tritt meist in Form von Wärme, der *Reaktionswärme* auf und ist gleich der *Reaktionsenthalpie* ΔH, solange außer Volumenarbeit $p \cdot V$ keine Arbeit in anderer Form verrichtet wird (bzw. gleich der *Reaktionsenergie* ΔU, wenn dabei keinerlei Arbeit verrichtet wird). Da viele Prozesse im Labor und in der Natur isobar ablaufen, beschränken wir uns auf die Betrachtung der Änderung der Enthalpien. Die bei einem Prozess auftretende Reaktionsenthalpie ergibt sich durch Differenzbildung aus den jeweiligen Summen der Enthalpien der Endprodukte und denen der Ausgangsstoffe. Die Enthalpieänderung nennt man *Bildungsenthalpie*, wenn es sich bei der Reaktion um die Bildung einer chemischen Verbindung aus den reinen Elementen handelt (diese Größe wurde früher als *Bildungswärme* bezeichnet).

Reaktionen, bei denen die Änderung der Enthalpie ΔH negativ ist (Reaktionsenthalpie $\Delta H < 0$), heißen **exotherm**, ist dagegen $\Delta H > 0$, so findet eine **endotherme** Reaktion statt. Wird der Prozess isotherm-isobar geführt, dann wird bei einer exothermen Reaktion Energie freigesetzt und in Form von Wärme ($\Delta Q < 0$) an die Umgebung abgegeben, während bei einer endothermen Reaktion das System Energie in Form von Wärme ($\Delta Q > 0$) aufnimmt (Wahl des Vorzeichens in Übereinstimmung mit dem ersten Hauptsatz der Wärmelehre).

Wie bereits bei den Phasenumwandlungen angemerkt, sind die Enthalpie H (und auch die innere Energie U) Zustandsfunktionen, wie auch deren Änderungen ΔH (und ΔU). Sie sind also durch die Angabe des Anfangs- und des Endzustandes des Systems eindeutig bestimmt und werden nicht davon beeinflusst, auf welchem Weg man vom Anfangs- zum Endzustand gelangt. Es ist demnach für die Änderung der Enthalpie beispielsweise ohne Belang, ob der Übergang vom Zustand I in den Zustand III unmittelbar erfolgt oder über einen Zustand II verläuft. Die frei werdende oder verbrauchte Reaktionsenthalpie einer über Zwischenstufen verlaufenden Reaktion setzt sich somit additiv aus den Reaktionsenthalpien der einzelnen Schritte zusammen. Dieser so genannte *Satz von Heß*, der bereits vor dem ersten Hauptsatz der Wärmelehre formuliert wurde, erlangt große Bedeutung für die Ermittlung von Reaktionsenthalpien, die nicht unmittelbar gemessen werden können. Entsprechendes wie hier für die Reaktionsenthalpie beim isobaren Prozess beschrieben, ist auch beim isochor ablaufenden Prozess für die Reaktionsenergie gültig.

Eine spezielle und praktisch wichtige Klasse unter den Reaktionsenthalpien stellen die **Verbrennungsenthalpien** oder **-wärmen** dar. Der Vorgang der Verbrennung eines Stoffes an der Luft (*Oxidation*) beruht auf der Umsetzung des Stoffes mit dem Sauerstoff der Luft. So verbrennt z. B. Kohlenstoff an der Luft zu Kohlenstoffdioxid unter Freisetzung von Wärme, die Verbrennungsenthalpie ist also negativ ($\Delta H < 0$), da das System Energie abgibt:

$C + O_2 \rightarrow CO_2 + \text{Wärme}$

Die bei einer Verbrennung entwickelte Wärmemenge ist gegeben durch:

$$Q = m \cdot q_V \qquad (16.4)$$

m: Masse des verbrannten Stoffes
q_V: Spezifische Verbrennungswärme bzw. Verbrennungsenthalpie

Die *Einheit* der spezifischen Verbrennungswärme ist: $\frac{J}{kg}$.

Bezieht man die Verbrennungswärme auf ein Mol eines Stoffes, so erhält man die *molare Verbrennungswärme*. Sie ist gleich der spezifischen Verbrennungswärme multipliziert mit der relativen Molekülmasse.

Definition:

$$q_{V,m} = q_V \cdot M \qquad (16.5)$$

Einheit:

$\frac{J}{mol}$

Die spezifische bzw. molare Verbrennungswärme ist diejenige Wärmemenge, die bei einer vollständigen Verbrennung von 1 kg bzw. 1 mol Substanz entsteht und ist eine Materieeigenschaft.

Die spezifische Verbrennungswärme wurde früher und wird oft auch heute noch in der Technik als der *untere* ***Heizwert*** H_u bezeichnet. Dieser unterscheidet sich vom so genannten *oberen* ***Heizwert*** H_o dadurch, dass letzterer gleich der spezifischen Verbrennungswärme der Substanz plus der Verdampfungswärme des bei der Oxidation entstehenden Reaktionswassers ist. Wenn dieses nicht dampfförmig bleibt, ist H_o um den Anteil der bei der Kondensation des Verbrennungswassers zusätzlich freigesetzten Energie größer als H_u. Bei technischen Verbrennungsprozessen, wie beispielsweise bei einer Heizung oder einem Verbrennungsmotor, kann mit dem unteren Heizwert gerechnet werden für den Fall, dass infolge der hohen Temperatur der Abgase keine Kondensation eintritt, was für Temperaturen oberhalb ca. 50 °C gilt.

Heizwerte können durch Verbrennen der entsprechenden Substanz im Verbrennungs-Kalorimeter bestimmt werden. In Tab. 16.4 sind die spezifischen Verbrennungswärmen (bei Normalbedingungen) einiger fester, flüssiger und gasförmiger Substanzen angegeben.

Die Verbrennung von Stoffen nutzen die Organismen zur Aufrechterhaltung der lebensnotwendigen Funktionen. Ein Großteil der dazu erforderlichen Energie wird aus der langsamen Verbrennung (Oxidation) der Nahrung gewonnen. Im Gleichgewicht des Organismus muss die aus den Nährstoffen der Nahrung aufgenommene gleich der umgesetzten Energiemenge sein. Diese Energiemenge kann im Kalorimeter (z. B. Tierkalorimeter nach *Lavoisier*) bestimmt werden. Dieser direkten Kalorimetrie liegt der Energieerhaltungssatz zugrunde, dass nämlich im Organismus, verglichen mit der verbrauchten Menge O_2 und der gebildeten Menge CO_2 ebenso viel Wärmeenergie anfällt wie bei der Verbrennung der gleichen Substanz außerhalb des Organismus. Anstelle dieses sehr aufwändigen Verfahrens wird zur Bestimmung des Energieinhaltes von Nährstoffen meist die so genannte indirekte Kalorimetrie angewendet. Sie geht davon aus, dass bei der Oxidation von Nährstoffen eine stöchiometrische Beziehung besteht zwischen der Menge an verbrannter Substanz, dem Verbrauch an Sauerstoff, der Bildung von Kohlenstoffdioxid und der freigesetzten Energie. Kennt man die Zusammensetzung und Variation eines Nahrungsgemischs aus den Nährstoffen und ist die spezifische Verbrennungsenthalpie – welche hier als ***Brennwert*** (mit der Einheit J/kg) bezeichnet wird – jedes einzelnen Stoffes bekannt, so lässt sich aus den leicht zu messenden Werten des Sauerstoffverbrauchs und der Kohlenstoffdioxidbildung die umgesetzte Energiemenge bestimmen. Wegen der unterschiedlichen Verwertbarkeit der in den Nährstoffen (Kohlenhydrate, Fette und Proteine) enthaltenen chemischen Verbindungen muss dabei zwischen deren physikalischem und physiologischem Brennwert unterschieden werden. Der außerhalb des Organismus bestimmte physikalische Brennwert kann daher u. U. größer sein als der physiologische Brennwert beim Abbau des Nährstoffs (z. B. Eiwei-

3

Tab. 16.4

Substanz	$q_V \Big/ \frac{MJ}{kg}$	Substanz	$q_V \Big/ \frac{MJ}{kg}$
Anthrazit	31	Steinkohlekoks	28
Braunkohle, hart	17–30	Steinkohle	27–32
weich	8–13	Tannenholz, trocken	15,4
Holzkohle	31	frisch	8,4
Kohlenstoff (zu CO_2)	30,5	Torf, lufttrocken	≈ 14
Benzin, Super	44,1	Heizöl	41–44
Benzol	40,2	Methanol	19,5
Dieselkraftstoff	38–43	Petroleum	43
Diethylether	34	Schweröl	≈ 40
Erdöl	≈ 41	Wachs	≈ 41
Acetylen	48,5	Leuchtgas	22,6
Ammoniak	18,4	Methan	50,1
Butan	45,4	Propangas	46,5
Kohlenstoffmonoxid (zu CO_2)	10,1	Wasserstoff	120,1

ße) im Organismus. Die charakteristischen Bereiche der physikalischen und typische Mittelwerte der physiologischen Brennwerte der tatsächlich in den Organismus aufgenommenen Nährstoffe (Fette, Kohlenhydrate und natürlich vorkommende Proteine) stellt Tab. 16.5 dar.

Tab. 16.5

Nährstoff	Brennwert in MJ/kg	
	physikalisch	physiologisch
Fette	38,6–39,9	38,9
Kohlenhydrate	15,7–17,6	17,2
Proteine	21,9–24,8	17,2

Die von einem adulten Menschen (mit geringer körperlicher Tätigkeit) täglich abgegebene Energie beträgt etwa 10^7 J. Zur Aufrechterhaltung des stationären Zustandes ist diese täglich zuzuführende Energie von 10 MJ in ca. 300 g Kohlenhydraten, 100 g Fett und 100 g Proteinen enthalten. Führt man die gleiche Energiemenge von 10 MJ einem Pkw in Form von Benzin zu, so kommt dieser, bei einem Verbrauch von ca. 5 l Benzin pro 100 km, damit nicht einmal zehn Kilometer weit.

§ 16.2 Gleichgewicht von Aggregatzuständen

Im vorangehenden Abschnitt haben wir uns mit Phasenübergängen und den dabei auftretenden Phasenübergangswärmen zwischen verschiedenen Aggregatzuständen befasst. Wie bereits am Anfang zu § 16 hingewiesen wurde, sind die jeweiligen Umwandlungstemperaturen, bei welchen die Phasenübergänge stattfinden, vom Druck abhängig. Dabei nehmen im Allgemeinen sowohl die Schmelz- als auch die Verdampfungstemperatur eines Stoffes mit steigendem Druck zu. Eine Besonderheit zeigt hier jedoch das Wasser, dessen Schmelztemperatur, in Abweichung von der allgemeinen Regel, mit steigendem Druck absinkt; seine Verdampfungstemperatur steigt jedoch auch an. In diesem und im folgenden Abschnitt werden wir uns mit den Bedingungen befassen, unter welchen ein Stoff gleichzeitig in zwei oder drei Phasen im Gleichgewicht existieren kann, wobei wir zunächst die Koexistenz von Flüssigkeit und Dampf sowie von Festkörper und Flüssigkeit und anschließend die Koexistenz aller drei Phasen eines reinen Stoffes betrachten.

§ 16.2.1 Sättigungsdampfdruck – Dampfdruckkurve

Zum Studium des Gleichgewichts Flüssigkeit–Gas gehen wir von einem System aus, bei dem in einem abgeschlossenen Volumen gleichzeitig die beiden Phasen flüssig und gasförmig vorhanden sind. Um von anderen Einflüssen ungestört zu sein, wird dazu eine Flüssigkeit in einen evakuierten Behälter gebracht, dessen Volumen sie nur teilweise ausfüllt. Durch aus der Flüssigkeit austretende Moleküle entsteht nun in dem Restvolumen des Behälters ein Gasdruck, den man als **Dampfdruck** bezeichnet. Damit ein Flüssigkeitsmolekül aus dem Innern der Flüssigkeit in den Außenraum gelangt, muss es eine kinetische Energie besitzen, welche ausreicht, die zum Austreten durch die Oberfläche hindurch in den Gasraum notwendige Arbeit gegen die molekularen Anziehungskräfte zu verrichten. Analog zu den für Gase angestellten Überlegungen der kinetischen Gastheorie (s. § 14) haben auch die Flüssigkeitsmoleküle Geschwindigkeiten und damit kinetische Energien, die einer Maxwell-Verteilung folgen (Abb. 14.4). Alle jene Moleküle können daher die Flüssigkeit verlassen, deren Geschwindigkeit so groß ist, dass ihre kinetische Energie die Oberflächenenergie (s. § 11.1) überwiegt. Gleichermaßen treten Moleküle aus der Dampfphase, abhängig von ihrer Dichte und damit dem Dampfdruck im Gasraum, wieder in die flüssige Phase ein. Aus der Flüssigkeit verdampfen nun so lange Moleküle, bis sich ein Gleichgewicht zwischen der flüssigen Phase und der Dampfphase einstellt, d. h. im Gleichgewicht treten aus der flüssigen Phase so viele Moleküle in den Gasraum über, wie aus diesem heraus wieder kondensieren: Es stellt sich im abgeschlossenen Volumen ein *dynamisches Gleichgewicht* zwischen dem Gas (Dampf) und der flüssigen Phase ein; d. h. die Stoffmengen der beiden Phasen bleiben im Mittel konstant. Über der Flüssigkeit stellt sich der so genannte **Sättigungsdampfdruck $p_D(T)$** ein. Dieser Sättigungsdruck im Gleichgewicht Flüssigkeit–Gas ist von der Art der Flüssigkeit und der Temperatur T abhängig. Erhöht man die Temperatur, so können weitere Moleküle die Austrittsarbeit aufbringen, die Flüssigkeit zu verlassen. Infolgedessen steigt die Dichte und damit auch der Dampfdruck über der Flüssigkeit an. Es gilt daher:

> Im dynamischen Gleichgewichtszustand zwischen Flüssigkeit und Dampf stellt sich über einer Flüssigkeit der Sättigungsdampfdruck ein. Er hängt allein von der Art der Flüssigkeit und der Temperatur ab und steigt mit der Temperatur an.

So lange es sich um ein abgeschlossenes Volumen handelt und noch Flüssigkeit vorhanden ist, ist der Sättigungsdampfdruck unabhängig von der Größe des für den Dampf verfügbaren Volumens. Bei Gegenwart anderer Dämpfe oder Gase im Dampfraum stellt sich der Sättigungsdampfdruck als Partialdruck dieser Flüssigkeit ein, wie es nach dem Dalton'schen Gesetz (13.22) zu erwarten ist.

In Tabelle 16.6 sind als Beispiel Werte des Sättigungsdampfdrucks p_D von Wasser für einige Temperaturen zwischen 0 °C und 100 °C zusammengestellt. Trägt man in einem p, T-Diagramm den Dampfdruck als Funktion der Temperatur auf, so erhält man die **Dampfdruckkurve**, wie in Abb. 16.4 für Wasser im Temperaturbereich zwischen Schmelzpunkt und kritischem Punkt (s. unten) dargestellt ist, oder schematisch Abb. 16.5 zeigt. Die Dampfdruckkurve $p_D(T)$ teilt die p, T-Ebene des Diagramms in zwei Bereiche: Oberhalb der Kurve

Tab. 16.6

ϑ in °C	p in hPa	ϑ in °C	p in hPa	ϑ in °C	p in hPa
0	6,11	25	31,69	45	95,90
5	8,72	30	42,46	50	123,44
10	12,28	35	56,27	60	199,32
20	23,39	37	62,79	80	473,73
22	26,45	40	73,81	100	1013,25

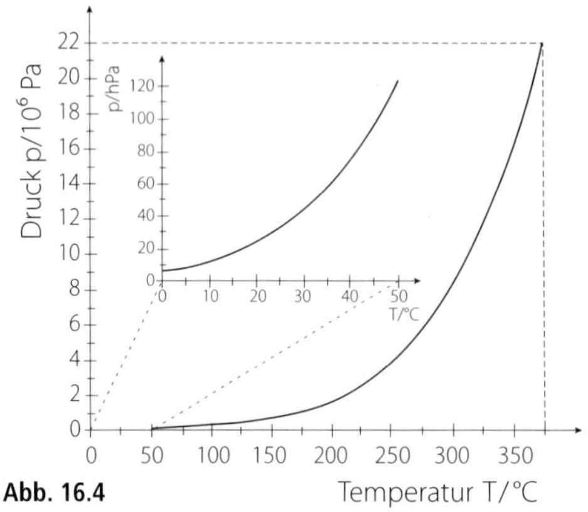

Abb. 16.4

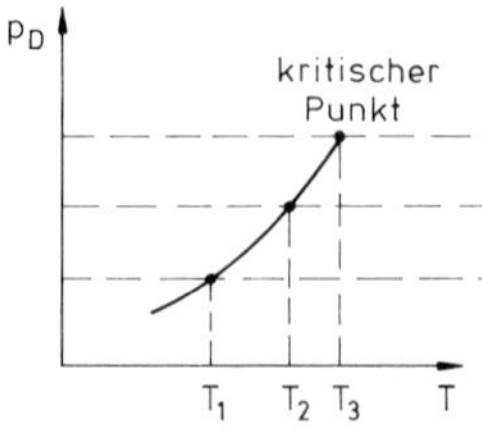

Abb. 16.5

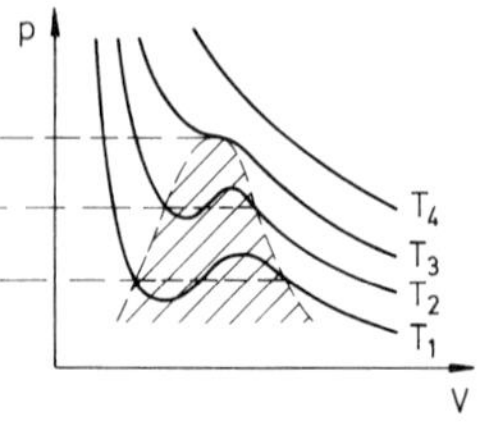

Abb. 16.6

kann nur der flüssige und unterhalb nur der gasförmige Aggregatzustand vorliegen. Nur für die *p*-, *T*-Werte auf der Dampfdruckkurve koexistieren die flüssige und die gasförmige Phase.

Im Vergleich zu einer ebenen Flüssigkeitsoberfläche weist eine gekrümmte Oberfläche, z. B. ein Tropfen oder das Innere eines Hohlraumes (Blase) in einer Flüssigkeit, einen höheren Dampfdruck auf. Ursache dafür ist, wie man zeigen kann, dass der Dampfdruck größer ist, wenn auf eine Flüssigkeit ein Druck ausgeübt wird. Bei Tropfen oder Blasen liegt gemäß Gleichung (11.3) aufgrund der Oberflächenspannung σ über die gekrümmte Oberfläche (Krümmungsradius r) hinweg eine Druckdifferenz von $\Delta p = 2\sigma/r$ vor, d. h. der Innendruck ist größer und bedingt damit einen etwas höheren Dampfdruck.

Die Koexistenz von Flüssigkeit und Dampf haben wir bereits bei der Diskussion der Zustandsänderung eines realen Gases anhand der van der Waals'schen Gleichung (13.19) kennen gelernt. Man beobachtet hier bei einer bestimmten Temperatur $T < T_{kr}$ (Abb. 13.13 u. 16.6) den isothermen Übergang vom gasförmigen in den flüssigen Aggregatzustand (und umgekehrt) entlang der Maxwell'schen Geraden bei konstantem Sättigungsdampfdruck p_D, der unabhängig vom Volumen ist. – Eine Volumenverkleinerung (-vergrößerung) bewirkt nur, dass mehr Gas (Flüssigkeit) verflüssigt (verdampft) wird. – Nun entspricht jeder Temperatur $T < T_{kr}$ ein bestimmter Sättigungsdampfdruck p_D; deren Werte ergeben im p, T-Diagramm die *Dampfdruckkurve*, wie in Abb. 16.4 am Beispiel von Wasser für den Temperaturbereich von 0 °C bis zur kritischen Temperatur (s. unten) bei ca. 374 °C und in dem Ausschnitt der Abbildung für die Temperaturen von 0 bis 50 °C dargestellt ist. Die Dampfdruckkurve für den Übergang flüssig-gasförmig wird auch als **Verdampfungskurve** bezeichnet. Betrachten wir nebeneinander die Dampfdruckkurve im p, T-Diagramm und entsprechende Isothermen im p, V-Diagramm, wie in Abb. 16.5 bzw. 16.6 schematisch dargestellt, und erhöhen die Temperatur T des Systems, so steigt der Sättigungsdampfdruck p_D an, bis wir bei jener Temperatur angelangt sind, bei der die Isotherme im p, V-Diagramm (T_3 in Abb. 16.6) einen Wendepunkt mit horizontaler Tangente besitzt. Bei dieser Temperatur werden die Molvolumina von Flüssigkeit und Dampf identisch und es besteht kein Unterschied mehr zwischen den beiden Phasen. Diese Temperatur (T_3 in Abb. 16.5 bzw. 16.6) nennt man die *kritische Temperatur* T_{kr}, den dazugehörigen Druck den *kritischen Druck* p_{kr}, das gemeinsame Volumen, das *kritische molare Volumen* $V_{m,kr}$ und die entsprechende Dichte die *kritische Dichte* ϱ_{kr}.

Die kritischen Größen T_{kr}, p_{kr} und $V_{m,kr}$ lassen sich aus der van der Waals Gleichung (13.19) für die kritische Isotherme im Wendepunkt mit horizontaler Tangente (mittels der Bedingungen $\mathrm{d}p/\mathrm{d}V = 0$ und $\mathrm{d}^2p/\mathrm{d}V^2 = 0$) berechnen und es ergibt sich:

$$T_{kr} = \frac{8a}{27R \cdot b}; \quad p_{kr} = \frac{a}{27b^2}; \quad V_{m,kr} = 3b \qquad (16.6)$$

und

$$p_{kr} \cdot V_{m,kr} = \frac{3}{8} R \cdot T_{kr}$$

Dabei ist R die universelle Gaskonstante und a bzw. b die van der Waals Konstanten, welche für einige Gase in Tab. 16.8 (§ 16.4) angegeben sind.

Oberhalb dieses so genannten **kritischen Punktes** (Abb. 16.5) ist keine Verflüssigung mehr möglich, d. h. auch durch noch so hohe

Drücke kann eine Verflüssigung des Gases nicht bewirkt werden. Um ein Gas zu verflüssigen, muss man es zunächst bis unter die kritische Temperatur abkühlen und dann bis zur Sättigung komprimieren. In Tab. 16.7 sind die kritischen Daten (Temperatur T_{kr}, Druck p_{kr}, Dichte ϱ_{kr}) einiger Gase bzw. Dämpfe angegeben.

§ 16.2.2 Clausius-Clapeyron'sche Gleichung

Den Verlauf der Dampfdruckkurve, d. h. den Zusammenhang zwischen Dampfdruck p_D und Temperatur T, beschreibt die von *Clausius* und *Clapeyron* abgeleitete Beziehung. Sie gilt jedoch nicht nur für den Phasenübergang fest-flüssig, sondern in analoger Weise auch für die anderen Aggregatzustandsänderungen eines Stoffes.

Zur Ableitung dieser Beziehung betrachten wir eine Flüssigkeit in einem Zylinder mit verschiebbarem Stempel, die abwechselnd verdampft und komprimiert wird, wobei dafür Sorge getragen wird, dass die entsprechenden Wärmemengen ausgetauscht werden können. Man führt also einen Carnot'schen Kreisprozess zwischen zwei eng benachbarten Isothermen eines realen Gases durch (Abb. 16.7). Im Zustand 1 liegt die reine flüssige Phase beim Volumen V_{Fl}, Druck $(p+\mathrm{d}p)$ und der Temperatur $(T+\mathrm{d}T)$ vor. Nun wird unter Zufuhr der Verdampfungswärme $\Delta Q_1 = n \cdot q_m$ (gemäß (16.2)) bei konstanter Temperatur $(T+\mathrm{d}T)$ quasistatisch die Flüssigkeit vollständig verdampft; der Dampf besitzt im Zustand 2 sodann das Volumen V_D. Dabei verrichtet das System die Arbeit $-\Delta W_1 = (p+\mathrm{d}p)(V_D - V_{Fl})$, die nach außen abgegeben wird. Durch Expansion unter Abkühlung um $\mathrm{d}T$ gelangt man zum Zustand 3. Dabei unterscheidet sich $V_D(2)$ und $V_D(3)$ umso weniger, je kleiner $\mathrm{d}T$ ist, was ebenso für $V_{Fl}(4)$ und $V_{Fl}(1)$ gilt. Vom Zustand 3 aus gelangt man durch isotherme Kompression bei der Temperatur T zum Zustand 4, bei welchem aller Dampf kondensiert ist. Die dem System zugeführte Arbeit beträgt $\Delta W_2 = p(V_D - V_{Fl})$. Die Erwärmung der Flüssigkeit von T auf $T + \mathrm{d}T$ schließt den Kreisprozess. Die Arbeitsbeiträge bei den Übergängen $2 \to 3$ und $4 \to 1$ können bei kleinem $\mathrm{d}T$ vernachlässigt werden. Die Gesamtarbeit des Systems ergibt sich somit zu:

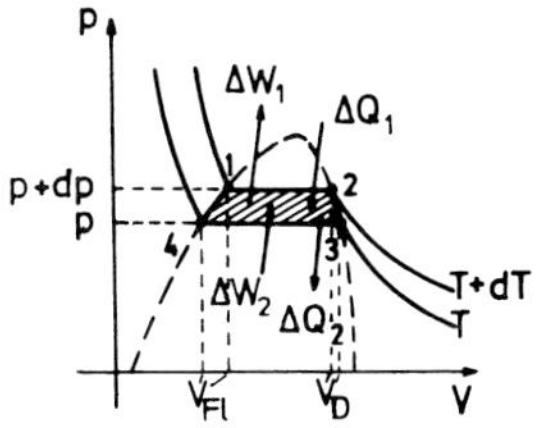

Abb. 16.7

$$-\Delta W = -\Delta W_1 - \Delta W_2 = (V_D - V_{Fl}) \cdot \mathrm{d}p$$

Der Wirkungsgrad eines solchen reversibel geführten Kreisprozesses ist nach (15.42) und (15.43):

$$\eta = -\frac{\Delta W}{\Delta Q_1} = \frac{(V_D - V_{Fl}) \cdot \mathrm{d}p}{n \cdot q_m} = \frac{(T+\mathrm{d}T) - T}{T} = \frac{\mathrm{d}T}{T}$$

Durch Umordnen erhält man daraus die gesuchte Beziehung.

Die **Clausius-Clapeyron'sche Gleichung** lautet:

$$\frac{\mathrm{d}p}{\mathrm{d}T} = \frac{n \cdot q_m}{T \cdot (V_D - V_{Fl})} \qquad (16.7)$$

Tab. 16.7

	T_{kr}/K	$p_{kr}/10^5$ Pa	ϱ_{kr} /kg · m^{-3}
Ammoniak	405,6	113,0	235
Argon	150,9	48,98	535,7
Helium (^{4}He)	5,2	2,28	69,6
Kohlenstoffdioxid	304,2	73,83	466,1
Kohlenstoffmonoxid	132,9	34,99	301
Luft (trocken und CO_2-frei)	132,5	37,66	313
Sauerstoff	154,6	50,43	436,1
Stickstoff	126,2	34,0	314,0
Wasserdampf	647,4	221,2	328

(q_m: molare Umwandlungswärme bzw. Umwandlungsenthalpie; T: Umwandlungstemperatur; V_D, V_{Fl}: Dampf- bzw. Flüssigkeitsvolumen; n: Stoffmenge).

Unter der Voraussetzung, dass wir den Dampf als ein ideales Gas betrachten dürfen, was bei genügend hoher Temperatur näherungsweise gilt, folgt mit der allgemeinen Zustandsgleichung idealer Gase (13.15) $p \cdot V_D = n \cdot R \cdot T$ aus (16.7), wobei im Allgemeinen $V_{Fl} \ll V_D$ ist:

$$\frac{dp}{p} = \frac{q_m}{R} \cdot \frac{dT}{T^2} \qquad (16.8)$$

Da für das Differential $d(\ln p) = dp/p$ gilt, kann die Beziehung (16.8) auch geschrieben werden als:

$$d(\ln p) = \frac{q_m}{R \cdot T^2} \cdot dT$$

woraus mit der Bedingung, dass bei $T = T_0$ der Dampfdruck $p(T_0) = p_0$ ist, die Integration zwischen den Grenzen T_0 und T ergibt:

$$\begin{aligned} \ln p &= \ln p_0 + \int_{T_0}^{T} \frac{q_m}{R \cdot T^2} \cdot dT \\ &= \ln p_0 - \frac{q_m}{R}\left(\frac{1}{T} - \frac{1}{T_0}\right) \end{aligned} \qquad (16.9)$$

Die Integration von (16.8) zur Gewinnung der vollen Dampfdruckkurve ist nur möglich, wenn die Temperaturabhängigkeit sowohl der Verdampfungswärme als auch der Änderung der Volumina bekannt ist. Betrachtet man jedoch nur Teile der Gleichgewichtskurve von Flüssigkeit und Dampf in kleinen Temperaturintervallen, so kann q_m als konstant und wegen der im Allgemeinen sehr unterschiedlichen Dichten auch, wie oben bereits angegeben, $V_{Fl} \ll V_D$ angesehen werden. Für den quantitativen Verlauf der Dampfdruckkurve $p(T)$ folgt dann in exponentieller Schreibweise:

$$p = C \cdot p_0 \cdot e^{-\frac{q_m}{R \cdot T}} \qquad (16.10)$$

mit

$$C = e^{\frac{q_m}{R \cdot T_0}} \quad \text{und} \quad p_0 = p(T_0)$$

d. h. der Dampfdruck wächst mit $p \sim e^{-\frac{1}{T}}$ an, wie in Abb. 16.4 beispielsweise für Wasser dargestellt ist.

Trägt man die Dampfdruckkurve in ein Zustandsdiagramm ein, in welchem $\ln p$ über $1/T$ aufgetragen ist, so ergeben sich zumindest in engeren Temperaturintervallen Geraden, deren Steigung ein Maß für die Verdampfungswärme ist (s. auch Gleichung (16.9)).

Häufig wird die *Clausius-Clapeyron'sche* Gleichung nach der molaren Verdampfungswärme q_m aufgelöst dargestellt, wofür man mit den Molvolumina des Dampf- bzw. Flüssigkeitszustandes $V_{m,D} = \frac{V_D}{n}$ bzw. $V_{m,Fl} = \frac{V_{Fl}}{n}$ aus (16.7) erhält:

$$\boxed{q_m = T \cdot \frac{dp}{dT} \cdot \left(V_{m,D} - V_{m,Fl}\right)} \qquad (16.11)$$

Die molare Verdampfungswärme (molare Verdampfungsenthalpie) eines Stoffes ist, wie Beziehung (16.11) zeigt, abhängig von der Verdampfungstemperatur T, der Steigung der Dampfdruckkurve (Temperaturgradient dp/dT) und proportional der Differenz der Molvolumina $V_{m,D}$ bzw. $V_{m,Fl}$ in der Dampfphase bzw. der flüssigen Phase. Da das Volumen des Dampfes größer als das der Flüssigkeit ist, muss bei der Verdampfung Volumenarbeit (gegen den äußeren Luftdruck p) zur Vergrößerung des Volumens verrichtet werden. Diese stellt jedoch nur einen geringen Anteil der Energie dar, die dem System zur Verdampfung der Flüssigkeit zugeführt werden muss. Der größte Teil der Verdampfungswärme wird zur Überwindung der molekularen Anziehungskräfte bei der Vergrößerung des mittleren Molekülabstandes verbraucht.

Am kritischen Punkt sind die Molvolumina (und damit auch die Dichten) von Flüssigkeit und Dampf gleich; aus der Clausius-Clapeyron'schen Gleichung folgt daher nach (16.11), dass die Verdampfungswärme dort null wird.

§ 16.2.3 Verdunsten – Sieden – Kondensation

Wir betrachteten bislang die Gleichgewichtszustände zwischen flüssigem und gasförmigem Aggregatzustand der Stoffe im abgeschlossenen Behältervolumen. Befindet sich die Flüssigkeit in einem offenen Gefäß, d. h. auf der freien Flüssigkeitsoberfläche lastet ein Fremdgas, z. B. Luft (unter Atmosphärendruck), dann findet bei jedem Druck und jeder Temperatur ebenso Verdampfung der Flüssigkeit statt, ohne dass sich jedoch ein Gleichgewicht einstellen kann. Zwar beginnt sich unmittelbar über der Flüssigkeitsoberfläche bald ein Sättigungsdruck des Dampfes als Partialdruck auszubilden, aber dieser Vorgang wird dadurch verlangsamt, dass die Dampfmoleküle durch die atmosphärische Luft diffundieren müssen; die Diffusion begrenzt also die Verdampfungsgeschwindigkeit der Flüssigkeit. Diese langsame Verdampfung durch die freie Flüssigkeitsoberfläche bezeichnet man als **Verdunstung**.

Auch hier ist von außen Verdampfungswärme (pro Mol oder kg) zuzuführen oder, falls dies nicht geschieht, entnimmt die Flüssigkeit diese Wärmemenge ihrem eigenen Energievorrat. Die Folge ist, dass die mittlere thermische Energie der Moleküle abnimmt und damit die Temperatur des Systems sinkt, d. h. die Flüssigkeit kühlt sich ab. Die für die Verdunstung erforderliche Verdampfungswärme tritt jetzt als ***Verdunstungskälte*** auf.

Beispielsweise weist ein an einer Leine aufgehängtes feuchtes Tuch, aufgrund der durch die Verdunstung des Wassers verbrauchten Wärmeenergie, eine geringere Temperatur auf als seine Umgebung. Ebenso reguliert, als Beispiel eines Warmblüters, der menschliche Organismus durch Transpiration seine Körpertemperatur, indem durch Verdunstung des ausgetretenen Schweißes, die dazu erforderliche Wärmeenergie dem Körper entzogen und damit ihm Abkühlung verschafft wird.

Die Abkühlung eines Systems erfolgt umso rascher, je höher der Dampfdruck der Flüssigkeit ist. So erfolgt z. B. die Abkühlung bei Ether schneller als bei Alkohol und bei diesem wiederum schneller als bei Wasser. Wird die Diffusion der Moleküle in der Gasphase durch einen Konvektionsstrom begünstigt, d. h. die Dampfmoleküle werden z. B. durch eine über die Flüssigkeitsoberfläche strömende Luftmasse (Wind) schnell abtransportiert, so treten pro Zeiteinheit mehr Moleküle aus der flüssigen Phase in die Gasphase über und es wird somit in der gleichen Zeit mehr Verdampfungswärme verbraucht, das System kühlt sich stärker ab (hieran ist zu erkennen, womit z. B. auch die erfrischende Wirkung eines Fächers bzw. – die weitaus profanere – eines Ventilators zusammenhängt).

Findet bei einer Flüssigkeit infolge starker Wärmezufuhr nicht nur an der Oberfläche Verdampfung statt, sondern auch im Innern der Flüssigkeit, d. h. bilden sich dort Dampfblasen, die dann an die Oberfläche steigen, so bezeichnet man diese aus dem ganzen Innern heraus erfolgende Verdampfung als **Sieden**. Wegen des Zusammenhangs zwischen Sättigungsdruck und Temperatur (Clausius-Clapeyron'sche Gleichung) ist die *Siedetemperatur* druckabhängig.

Eine Flüssigkeit siedet, wenn der Sättigungsdampfdruck bei der gegebenen Temperatur dem Druck über der Flüssigkeit entspricht.

Befindet sich die Flüssigkeit nicht in einem abgeschlossenen, sondern in einem offenen Gefäß, so kann der Dampf entweichen und *die Flüssigkeit siedet dann, wenn ihr Dampfdruck dem äußeren Luftdruck entspricht.*

In den beim Siedevorgang im Innern der Flüssigkeit gebildeten Dampfblasen herrscht dann ein Sättigungsdruck, welcher mindestens gleich dem Außendruck ist, unter dem die Flüssigkeit steht, da sonst der Dampf in der Blase wieder kondensieren würde. Für einige Stoffe in der flüssigen Phase sind in Tab. 16.3 die Siedetemperaturen (in K) bei Normaldruck mit angegeben. Siedetemperaturen können sehr genau bestimmt werden und stellen, wie wir auch in § 19.2 sehen werden, ein Reinheitskriterium für die betreffende Substanz dar.

Bei tieferen Gefäßen kommt zum äußeren Druck noch der mit der Tiefe zunehmende Schweredruck hinzu, sodass der Siedevorgang aus dem Innern der Flüssigkeit heraus erst bei etwas höherer Temperatur eintritt.

Wasser siedet nur *unter Normaldruck* (1013,25 hPa) bei 100 °C (bzw. gemäß der Internationalen Temperaturskala von 1990 bei 99,974 °C); bei *vermindertem Druck* siedet es bei Temperaturen unterhalb von 100 °C (s. Tab. 16.6), bei *erhöhtem Druck* darüber. In größeren Höhen über Meeresniveau, z. B. auf der 2963 m hohen Zugspitze mit einem mittleren Luftdruck von 699 hPa, siedet das Wasser schon bei 90 °C. Wasser siedet jedoch bereits bei Zimmertemperatur, wenn in einem abgeschlossenen Gefäß der Druck im Raum über der Flüssigkeitsoberfläche mit einer Saugpumpe auf ca. 25 hPa erniedrigt wird. Dagegen kann in einem druckfest abgeschlossenen Gefäß Wasser über den normalen Siedepunkt erhitzt werden, um so beispielsweise in einem

Dampfkochtopf innerhalb kurzer Zeit Speisen zu garen oder in einem ***Dampfsterilisator (Autoklav)*** unterschiedlichste Substanzen oder Gegenstände zu sterilisieren. Die dabei erreichten Drücke sind durch die Zerreißfestigkeit des verwendeten Gefäßes bzw. durch das zur Sicherheit eingebaute Überdruckventil begrenzt. So werden z. B. bei Dampfkochtöpfen zum Garen von Speisen typische Werte der Gartemperaturen zwischen 110 und 120 °C bei Drücken des Wasserdampfes im Bereich von 1400 und 2200 hPa (d. h. einem Überdruck zwischen 400–1200 hPa gegenüber dem äußeren Luftdruck) erreicht. Bei der Drucksterilisation mit gespanntem, gesättigtem Wasserdampf in Autoklaven sind in der Praxis zwei Druck- und Temperaturbedingungen üblich. Entweder wird bei 121 °C und einem Druck von 2000 hPa oder bei 134 °C und 3000 hPa autoklaviert, jeweils für mindestens 20 bzw. 5 Minuten.

Zur Verdampfung einer Flüssigkeit, beispielsweise im offenen Gefäß unter Atmosphärendruck, ist zur Erzeugung des notwendigen Dampfdrucks der Flüssigkeit eine bestimmte Verdampfungswärme erforderlich, die von außen bei gleich bleibender Temperatur des Systems zugeführt werden muss. Wird dagegen der Dampfdruck geringer als der äußere Druck, z. B. durch Absenken der Temperatur bzw. verminderte Zufuhr von Wärme, so beginnt der Dampf zu kondensieren. Bei der **Kondensation** wird dabei umgekehrt die Wärmemenge freigesetzt, die gleich der Verdampfungswärme ist und die als *Kondensationswärme* bezeichnet wird.

Neben diesen *stabilen Zuständen*, wo eine Flüssigkeit bei einem bestimmten Druck und der entsprechenden Siedetemperatur siedet, gibt es auch *labile Zustände*, bei denen es möglich ist, eine Flüssigkeit über die normale Siedetemperatur zu erhitzen, ohne dass sie zu sieden beginnt. Bei einer kleinen Störung dieses Zustandes stellt sich aber sofort die richtige Siedetemperatur ein. Diese Erscheinung nennt man **Siedeverzug durch Überhitzen**. Entsprechend lässt sich bei der Kondensation auch ein **Kondensationsverzug durch Unterkühlung** erreichen. Siede- und Kondensationsverzug lassen sich vermeiden, indem man in die Flüssigkeit oder den Dampf Keime einbringt, an denen Verdampfung oder Kondensation stattfindet.

§ 16.2.4 Schmelzen und Erstarren

Der Übergang vom festen in den flüssigen Aggregatzustand bzw. umgekehrt, das **Schmelzen** bzw. **Erstarren**, geht ohne Temperaturänderung des Systems unter Zufuhr bzw. Abgabe von *Schmelz-* bzw. *Erstarrungswärme* oder *Schmelz-* bzw. *Erstarrungsenthalpie* vor sich. Bei der *Schmelztemperatur* können die feste und die flüssige Phase (Schmelze) im Gleichgewicht koexistieren. Der Schmelz- bzw. Erstarrungsvorgang ist mit einer Änderung der Ordnung und damit der potentiellen Energie der Teilchen des Systems sowie mit einer Volumen- und damit Dichteänderung verbunden. Die Schmelztemperatur zeigt wie die Siedetemperatur eine – jedoch etwas geringere – Abhängigkeit vom Druck. In einem p, T-Diagramm kennzeichnet daher die **Schmelzdruckkurve** (oder **Schmelzkurve**) $p(T)$ die Koexistenz der flüssigen und festen Phase im Gleichgewicht und trennt den flüssigen und den festen Bereich. Auf die gleiche Weise wie bei der Verdampfung kann auch für den Phasenübergang fest-flüssig die Clausius-Clapeyron'sche Gleichung abgeleitet werden und man erhält für den Temperaturgradienten $\frac{\mathrm{d}p}{\mathrm{d}T}$ des Schmelzdruckes:

$$\frac{\mathrm{d}p}{\mathrm{d}T} = \frac{n \cdot q_\mathrm{m}}{T \cdot (V_\mathrm{Fl} - V_\mathrm{F})} \tag{16.12}$$

wobei T die Schmelztemperatur, V_Fl bzw. V_F das Volumen der flüssigen bzw. festen Phase und q_m die molare Schmelzwärme oder molare Schmelzenthalpie bedeutet, für welche mit den Molvolumina $V_\mathrm{m,Fl} = \frac{V_\mathrm{Fl}}{n}$ und $V_\mathrm{m,F} = \frac{V_\mathrm{F}}{n}$ folgt:

$$q_\mathrm{m} = T \cdot \frac{\mathrm{d}p}{\mathrm{d}T} \cdot (V_\mathrm{m,Fl} - V_\mathrm{m,F}) \tag{16.13}$$

Die Schmelzwärme ist stets positiv $(q_\mathrm{m} > 0)$ und in der Regel ist $V_\mathrm{Fl} > V_\mathrm{F}$, sodass für die meisten Stoffe die Schmelzdruckkurve eine positive Steigung aufweist $\left(\frac{\mathrm{d}p}{\mathrm{d}T} > 0\right)$, wie in Abb. 16.9 für CO_2 dargestellt. Wasser bzw. Eis und einige wenige andere Stoffe (Bi, Ga, Ge) bilden eine Ausnahme, denn ihre Dichte steigt beim Schmelzen (s. § 13.1.3, Anomalie des Wassers). Somit ist $V_\mathrm{Fl} - V_\mathrm{F} < 0$ und nach

(16.12) daher die Steigung $\frac{\mathrm{d}p}{\mathrm{d}T} < 0$, d. h. die Schmelzdruckkurve beispielsweise von Wasser fällt (s. Abb. 16.8). Das bedeutet aber, dass die Schmelztemperatur von Eis (oder Schnee) bei Druckerhöhung sinkt. Demzufolge schmilzt Eis (bei nicht zu tiefen äußeren Temperaturen) unter erhöhtem Druck. Dazu wird Schmelzwärme verbraucht, wodurch sich das System abkühlt, sodass beim Nachlassen des Druckes das Wasser sofort wieder gefriert (so genannte *Regelation* des Eises).

Das leichtere Gleiten beim Schlittschuhlaufen auf Eis, beim Skilaufen auf Schnee oder die mit geringer Reibung erfolgende Wanderung des Gletschereises wird durch einen infolge des Drucks – und aufgrund der auftretenden Reibungsarbeit – gebildeten dünnen Wasserfilm bedingt. Die beim Gefrieren (Erstarren) von Wasser erfolgende beträchtliche Ausdehnung von ca. 9 % ist eine der wichtigsten Ursachen für die Verwitterung in der Natur und wurde vom Menschen schon vor Jahrtausenden zum Absprengen von Gestein genutzt.

Der Schmelz- bzw. Erstarrungsvorgang findet bei derselben Umwandlungstemperatur statt. Bei vorsichtiger und erschütterungsfreier Abkühlung kann jedoch die Schmelze einer Substanz auch unter ihre Erstarrungstemperatur abgekühlt werden, es tritt **Unterkühlung** der Flüssigkeit auf. Eine leichte Erschütterung des Gefäßes oder das „Impfen" der Flüssigkeit mit einem Keim, bestehend aus winzigen Partikeln der festen Substanz, lässt die unterkühlte Schmelze von dieser Impfstelle ausgehend sofort erstarren.

§ 16.3 Phasendiagramm

Wie die Abb. 16.8 bzw. 16.9 für Wasser bzw. Kohlendioxid zeigen, hat die Gleichgewichtskurve fest-flüssig, die Schmelzdruckkurve (die auch als *Schmelzkurve* bezeichnet wird), im p, T-Diagramm eine – absolut gesehen – größere Steigung als die Gleichgewichtskurve flüssig-gasförmig, die Dampfdruckkurve (oder *Verdampfungskurve*); das bedeutet, dass sich beide Kurven in einem Punkt schneiden. In diesem Schnittpunkt, dem **Tripelpunkt**, können alle drei Phasen (fest, flüssig, gasförmig) im Gleichgewicht koexistieren, jedoch mit völlig unterschiedlichen Molvolumina. Für Drücke und Temperaturen, die kleiner sind als am Tripelpunkt, lässt sich von dort ausgehend eine Gleichgewichtskurve fest-gasförmig definieren, die **Sublimationskurve**, die den unmittelbaren Übergang aus dem festen in den gasförmigen Aggregatzustand, und *vice versa*, beschreibt. Die Schmelz-, Verdampfungs- und Sublimationskurve geben die Gleichgewichtsbedingungen für jeweils zwei Phasen an, fest-flüssig, flüssig-gasförmig und fest-gasförmig. Entlang dieser Kurven sind jeweils zwei Phasen gleichzeitig vorhanden. Die drei Kurven trennen drei Gebiete voneinander, in denen im Gleichge-

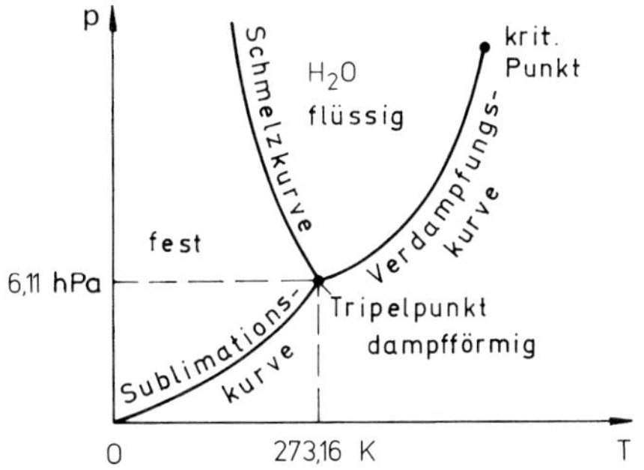

Abb. 16.8

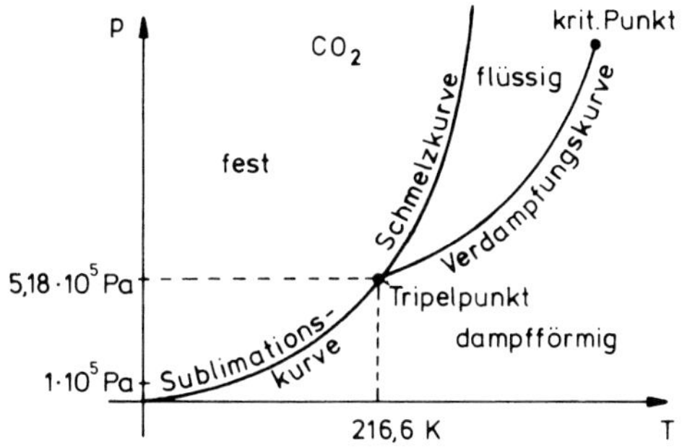

Abb. 16.9

wichtszustand nur ein Aggregatzustand vorliegen kann. Man nennt daher das p, T-Diagramm dieser drei Kurven für einen bestimmten Stoff das **Phasendiagramm** oder **Zustandsdiagramm** dieses Stoffes. Als Beispiele einkomponentiger Systeme, die nur in drei Phasen auftreten, zeigt Abb. 16.8 das Zustandsdiagramm von Wasser und Abb. 16.9 das von Kohlenstoffdioxid (beide Diagramme sind nicht maßstäblich gezeichnet). Die mit positiver Steigung (in linearer Auftragung des p, T-Diagramms) verlaufende *Dampfdruckkurve* (*Verdampfungskurve*) endet, wie in § 16.2.1 bereits besprochen, am kritischen Punkt. Nur einige wenige Stoffe, wie beispielsweise in Abb. 16.8 für Wasser dargestellt, weisen eine negative Steigung der *Schmelzkurve* auf, wogegen bei der überwiegenden Anzahl von Substanzen, in Abb. 16.9 z. B. für CO_2 gezeigt, die Steigung der Schmelzkurve positiv ist. Auch die *Sublimationskurve* besitzt für alle Substanzen eine positive Steigung, wie nach der für diesen Phasenübergang modifizierten Gleichung von *Clausius-Clapeyron* folgt.

Den Abb. 16.8 bzw. 16.9 ist unmittelbar zu entnehmen, dass bei einem Druck, der kleiner ist als jener beim Tripelpunkt, die Substanzen nicht im flüssigen Aggregatzustand existieren können. Kohlenstoffdioxid beispielsweise, dessen Tripelpunkt bei $p = 5{,}18 \cdot 10^5$ Pa und $T = 216{,}6$ K liegt, kann bei Atmosphärendruck (Normaldruck 1013,25 hPa) nicht flüssig sein, unabhängig von der Temperatur. Festes CO_2 (so genanntes Trockeneis) geht daher bei Atmosphärendruck bei –78 °C durch Sublimation in den Dampfzustand über, unter Aufnahme der dazu erforderlichen Sublimationswärme aus der Umgebung. Festes CO_2 kann daher zu Kältezwecken verwendet werden. Der Tripelpunkt des Wassers bei $p = 6{,}11$ hPa und $T = 273{,}16$ K, der um 0,0099 K über dem Schmelzpunkt des Eises bei 1013,25 hPa liegt, ist Fixpunkt der thermodynamischen Temperaturskala und wird seit 1967 zur Festlegung der Temperatureinheit (SI-Einheit) Kelvin (K) verwendet (s. § 2).

M § 16.3.1 Gefriertrocknung

Bei tiefen Temperaturen ($T < 273$ K) und kleinen Drücken ($p < 6{,}1$ hPa) sublimiert Eis (s. Abb. 16.8). Daher lässt sich aus wärmeempfindlichen Stoffen, z. B. biologischen Proben, Nahrungsmitteln oder Pharmazeutika, die Hauptmenge des darin enthaltenen Wassers durch Sublimation entfernen.

Dieses sehr schonende Verfahren der ***Gefriertrocknung*** erfolgt in drei Schritten, wozu das wasserhaltige Trockengut in eine vakuumdichte Kammer gebracht wird. Zuerst wird die Materie unter Normaldruck ($\approx 10^5$ Pa) eingefroren, wobei sich unter 0 °C zuerst reine Eiskristalle abscheiden und nach Absenken der Temperatur bis zur Verfestigung der Materie, alles freie Wasser zu Eis erstarrt ist. Vorhandenes gebundenes Wasser bleibt innerhalb der Struktur der Substanz fixiert. Im Zustandsdiagramm des Wassers (Abb. 16.8) liegt also der Beginn dieses Prozesses (bei Normaldruck und z. B. Raumtemperatur) in der flüssigen Phase und verläuft infolge der isobaren Absenkung der Temperatur auf einer Horizontalen parallel zur T-Achse unter Unterschreiten der Schmelzkurve (Erstarrungskurve) bis zur Verfestigungstemperatur T_s der Materie (typischerweise zwischen ca. –10 °C und –70 °C). In einem zweiten Schritt wird sodann durch Evakuieren der Kammer der Druck isotherm auf einen Wert $p < p_{\text{Tripelpunkt}}$ des Wassers reduziert (z. B. $p \approx 20$ Pa), d. h. bei der Temperatur T_S entlang einer Vertikalen parallel zur p-Achse der Abb. 16.8 durch Unterschreiten der Sublimationskurve. Bei konstantem Druck p wird an die Substanz zum Aufbringen der erforderlichen Sublimationsenthalpie, z. B. durch eine geeignete Heizvorrichtung oder durch Strahlung (Mikrowellen, Infrarotstrahlung), Wärme herangeführt, um das Eis zu sublimieren. Der entstehende Wasserdampf wird durch die Vakuumpumpe abgesaugt. Nach der Sublimation des Eises wird, insbesondere bei Nahrungsmitteln und pharmazeutischen Stoffen, als letzter Schritt die Materie unter Vakuumbedingungen bei etwas erhöhten Temperaturen (max. ca. 50 °C) einem weiteren Trocknungsprozess durch Desorption (s. § 11.5) unterworfen, um den entsprechenden Trocknungsgrad der Substanz zu erreichen.

Bei entsprechend angepassten Trocknungszyklen lässt diese Art des Wasserentzugs, wie die vielfältige Erfahrung bei Nahrungsmitteln (z. B. Obstsäften, Kaffee) und bei Pharmazeutika zeigt, die Mikrostruktur der Substanzen unbeschädigt. Die Gefriertrocknung stellt jedoch ebenso ein wichtiges Verfahren zur Stabilisierung biologischer Präparate für das Vakuum dar, beispielsweise bei Untersuchungen im Elektronenmikroskop.

P § 16.3.2 Gibbs'sche Phasenregel

Die hier gezeigten Zustandsdiagramme von Wasser (Abb. 16.8) und Kohlenstoffdioxid (Abb. 16.9) mit nur drei Phasen sind relativ einfach. In jedem der durch die drei Kurvenzweige abgetrennten Gebiete liegt die Substanz in einem definierten Aggregatzustand vor – fest, flüssig oder gasförmig –, wobei innerhalb eines Gebietes die Werte für die Zustandsgrößen Druck p und Temperatur T in gewissen Grenzen beliebig gewählt werden können. Man bezeichnet diese (freie) Wahl der Zustandsgrößen p und T als die Zahl f der ***Freiheitsgrade*** (nicht zu verwechseln mit dem in anderem Sinn gebrauchten Begriff des Freiheitsgrades in § 14); innerhalb eines Gebietes ist somit jeweils $f=2$. Liegen jedoch in einem Gefäßvolumen mehr als eine Phase vor, so sind p und T nicht mehr unabhängig voneinander wählbar. Koexistieren z. B. zwei Phasen auf einem der Kurvenzweige des p,T-Diagramms, so ist $f=1$, d. h. nur noch eine Zustandsvariable kann frei gewählt werden; bei jeder Änderung, z. B. der Temperatur T ist der Druck p bereits festgelegt. Sind alle drei Phasen koexistent, d. h. für den Stoff liegen die Bedingungen des Tripelpunktes vor, so gibt es gar keinen Freiheitsgrad mehr ($f=0$); jede Änderung einer der Zustandsgrößen p oder T würde die Substanz vom Tripelpunkt entfernen.

Nun gibt es neben Stoffen mit insgesamt nur drei Phasen eine große Zahl von Substanzen, die im festen bzw. flüssigen Aggregatzustand in mehr als einer Phase auftreten können. So tritt beispielsweise der feste Aggregatzustand des Schwefels in einer rhombischen und in einer monoklinen kristallinen Form auf, oder, wie bereits zu Beginn von § 16 erwähnt, gibt es die zwei verschieden festen Phasen des Kohlenstoffs in den Modifikationen Graphit und Diamant. Bei komplizierten Systemen können mehrere ***Phasen*** ϕ nebeneinander bestehen; mehrere feste, mehrere flüssige, jedoch aber nur eine gasförmige Phase (infolge der Mischbarkeit der Gase).

Bei den bislang betrachteten Systemen handelte es sich durchweg um chemisch einheitliche Stoffe, die aus einer ***Komponente k*** bestehen. So ist z. B. die Anzahl der Komponenten im Gleichgewichtssystem Eis, Wasser und Wasserdampf gleich eins, da die Zusammensetzung aller drei Phasen durch die chemische Formel H_2O beschrieben werden kann (Einstoffsystem). Es gibt jedoch zahlreiche Systeme, die aus chemisch verschiedenen, aber voneinander unabhängigen, Bestandteilen bestehen. Als einfache Beispiele werden wir dazu in § 19 Lösungen von Stoffen kennen lernen, wie etwa einer wässrigen Kochsalzlösung, für welche die $k=2$ Komponenten Wasser und Kochsalz vorliegen. Wegen ihrer unterschiedlichen Dampfdruckwerte und Schmelztemperaturen können Stoffsysteme, die aus mehreren chemischen Komponenten bestehen, bei einer bestimmten vorgegebenen Temperatur in verschiedenen Phasen vorliegen.

Den Zusammenhang zwischen der Anzahl der Freiheitsgrade (z. B. den unabhängigen Variablen Druck, Temperatur oder auch Konzentration der chemisch unterschiedlichen Substanzen) und der Anzahl der verschiedenen Phasen (fest, flüssig, gasförmig, gelöst etc.), die in einem Gleichgewichtssystem mit einer bestimmten Anzahl von Komponenten vorliegt, beschreibt die ***Phasenregel*** von ***Gibbs***:

$$\phi + f = k + 2 \qquad (16.14)$$

Gibbs'sche Phasenregel

wobei ϕ die Anzahl der Phasen, f die Anzahl der Freiheitsgrade und k die Anzahl der Komponenten des Systems bedeuten. Für jedes Einstoffsystem, wie z. B. Wasser oder der oben erwähnte Schwefel, das somit nur eine Komponente besitzt ($k=1$), hat nach der Gibbs'schen Phasenregel (16.14) die rechte Seite jeweils den Wert 3 und ist gleich der Summe aus der Zahl der Phasen ϕ und der Freiheitsgrade f. Ist die Anzahl der Phasen $\phi = 3$ (Beispiel Wasser) und koexistieren alle drei Phasen, dann ist dies nur im Tripelpunkt möglich (Zahl der Freiheitsgrade $f=0$). Beim Schwefel als Einstoffsystem, welcher $\phi = 4$ Phasen besitzt (zwei Modifikationen der Kristallstruktur im festen Aggregatzustand), ist ebenfalls die Summe $\phi + f = 3$. Es können daher unmöglich alle vier Phasen miteinander koexistieren, d. h. Einstoffsysteme besitzen keinen Quadrupelpunkt; dazu muss das System zumindest aus zwei Komponenten bestehen.

§ 16.4 Joule-Thomson-Effekt – Gasverflüssigung

In vorangehenden Abschnitten (§ 13.2.4 bzw. § 16.3) haben wir gesehen, dass die Verflüssigung eines Gases erst unterhalb der kritischen Temperatur möglich ist, wozu es dann mit dem nötigen Druck komprimiert werden muss. Dies gelingt z. B. mit Kohlenstoffdioxid bei Raumtemperatur (ca. 20 °C) unter Anwendung eines Druckes von etwa $55 \cdot 10^5$ Pa. Bei Gasen wie Luft, Sauerstoff und Stickstoff oder gar Wasserstoff und Helium müssen andere Verfahren angewendet werden.

Eines der Verfahren, ein Gas zu verflüssigen, d. h. die Temperatur unter seine vom Druck abhängige Siedetemperatur abzusenken, ist die in § 15.2.2 besprochene Abkühlung des Gases durch *adiabatische Expansion*. Hierbei wird ohne Wärmeaustausch ($\mathrm{d}Q=0$) von einem (idealen oder realen) Gas bei Expansion des Volumens V gegen den äußeren Druck p Arbeit verrichtet, welche aus der Abnahme der inneren Energie des Gases stammt. Die demzufolge auftretende Temperaturerniedrigung ergibt sich für ein ideales Gas nach Beziehung (15.35) zu $\mathrm{d}T = -p \cdot \mathrm{d}V / C_v$.

Bei realen Gasen lässt sich eine Abkühlung auch durch Entspannung ohne Wärmeaustausch (d. h. adiabatisch) und ohne Verrichtung von äußerer Arbeit erzielen, mittels einer adiabatischen gedrosselten Entspannung, dem so genannten **Joule-Thomson-Effekt**. Im Unterschied zu den idealen Gasen ist bei realen Gasen bei der Entspannung auch noch Arbeit gegen die zwischenmolekularen Anziehungskräfte zu verrichten. Eine Abkühlung tritt beim Joule-Thomson-Effekt durch irreversible adiabatische gedrosselte Expansion eines realen Gases jedoch erst unterhalb einer stoffcharakteristischen Temperatur (der Inversionstemperatur) ein.

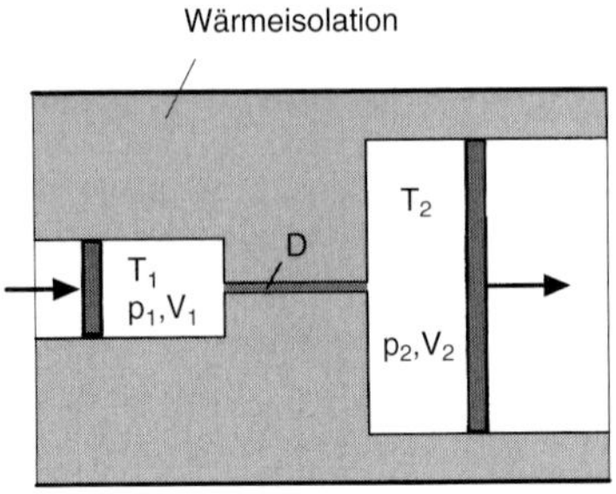

Abb. 16.10

Abbildung 16.10 zeigt schematisch die Anordnung dieses nach *J. P. Joule* und *W. Thomson* (dem später in den Adelsstand erhobenen *Lord Kelvin*) genannten Effektes. Ein Gasstrom wird durch eine enge Öffnung D (Drosselstelle: ein Drosselventil oder ursprünglich ein enges Rohr mit Wattepfropf) von der linken in die rechte Kammer hindurchgepresst und ändert dabei sein Volumen von V_1 auf $V_2 > V_1$, wobei mittels langsam bewegter Kolben links ein Druck p_1 und rechts ein Druck $p_2 < p_1$ durch Verschieben des rechten Kolbens in Pfeilrichtung aufrechterhalten wird. Da der Prozess adiabatisch abläuft, ist die mit der Umgebung ausgetauschte Wärmemenge $\Delta Q = 0$ und somit nach dem 1. Hauptsatz der Wärmelehre

$$\begin{aligned} 0 = \Delta Q = \Delta U - \Delta W &= U_1 - U_2 - (\Delta W_1 - \Delta W_2) \\ &= U_1 - U_2 - (-p_1 \cdot V_1 + p_2 \cdot V_2) \\ &= (U_1 + p_1 \cdot V_1) - (U_2 + p_2 \cdot V_2) = H_1 + H_2, \end{aligned}$$

d. h. bei diesem Vorgang bleibt die Enthalpie $H = U + p \cdot V$ konstant. Würde es sich bei dem adiabatisch gedrosselt expandierenden Gas um ein ideales Gas handeln, so könnte für $H = \text{const.}$ keine Temperaturänderung auftreten, da bei idealen Gasen sowohl die innere Energie U gemäß (15.19) als auch $p \cdot V$ aufgrund der allgemeinen Zustandsgleichung idealer Gase (13.15) allein von der Temperatur abhängig sind. Bei realen Gasen ist die innere Energie dagegen vom Volumen bzw. Druck abhängig, es tritt daher bei der adiabatischen gedrosselten Entspannung eines realen Gases, entsprechend dem oben beschriebenen Experiment nach *Joule-Thomson*, eine Temperaturänderung auf. Für die mit der Druckänderung verbundene Temperaturänderung dieses isenthalpen Vorgangs ($\Delta H = 0$) führt man den so genannten *Joule-Thomson-Koeffizienten* μ ein, der sich mithilfe der Zustandsgleichung für reale Gase nach van der Waals, bei kleinen Druckunterschieden Δp, in erster Näherung berechnet zu:

$$\mu = \frac{\Delta T}{\Delta p} \approx \frac{1}{C_{m,p}} \cdot \left(\frac{2a}{R \cdot T} - b \right) \tag{16.15}$$

wobei $C_{m,p}$ die molare Wärmekapazität bei konstantem Druck, R die universelle Gaskonstante, T die absolute Temperatur und a bzw. b die Konstanten der van der Waals'schen Gleichung sind.

Je nach der Größe der Temperatur kann μ positiv oder negativ sein und der Vorzeichenwechsel erfolgt bei der so genannten *Inversionstemperatur* $T_i = \frac{2a}{R \cdot b} = \frac{27}{4} T_{kr} = 6{,}75\, T_{kr}$, was mittels der Bedingung für T_{kr} nach (16.6) folgt. Oberhalb T_i ist μ negativ, d. h. die Entspannung ist mit einer Temperaturzunahme verbunden; unterhalb dieser Temperatur ist μ positiv, bei der Entspannung um $\Delta p = p_1 - p_2$ tritt eine Temperaturerniedrigung um $\Delta T = T_1 - T_2$ ein. Bei der Entspannung muss infolge der Vergrößerung des mittleren Abstandes zwischen den Molekülen des realen Gases, gegen die durch die van der Waals Konstante a charakterisierten, zwischenmolekularen Anziehungskräfte Arbeit verrichtet werden. Reale Gase mit einem hohen Wert von a zeigen daher eine starke Temperaturabnahme. Werte der van der Waals Konstanten a bzw. b, bestimmt aus den kritischen Daten p_{kr} und T_{kr} und die daraus mit obiger Beziehung berechneten Inversionstemperaturen T_i einiger Gase, finden sich in Tabelle 16.8.

Es darf nicht übersehen werden, dass die hier angegebenen Inversionstemperaturen mithilfe der nur angenähert gültigen van der Waals Gleichung gewonnen wurden. Eine genauere Betrachtung zeigt jedoch, dass die Inversionstemperatur beispielsweise auch vom Druck abhängt und daher von denen in Tab. 16.8 aufgelisteten abweichende Werte annehmen kann.

Luft, Stickstoff, Sauerstoff und zahlreiche weitere Gase liegen bereits bei Raumtemperatur (ca. 20 °C) unterhalb der Inversionstemperatur. Um solche Gase zu verflüssigen, ist ein in der Technik heute noch grundlegendes Verfahren das ***Linde-Verfahren***. Beispielsweise kann damit Luft mithilfe des Joule-Thomson-Effektes unter die Siedetemperatur des Stickstoffs und Sauerstoffs abgekühlt werden, indem sie unter hohem Druck (ca. $1 - 2 \cdot 10^7$ Pa) aus einer Düse

Tab. 16.8

Gas	$a/(10^{-3}\ N \cdot m^4 \cdot mol^{-2})$	$b/(10^{-3}\ m^3 \cdot mol^{-1})$	T_i/K
Ammoniak	422,5	0,03713	2737
Argon	135,5	0,03201	1018
Helium (^4He)	3,46	0,0238	35
Kohlenstoffdioxid	365,8	0,04286	2053
Kohlenstoffmonoxid	147,2	0,03948	897
Sauerstoff	138,2	0,03186	1044
Stickstoff	137,0	0,0387	852
Wasserstoff	24,53	0,02651	223
Luft	–	–	895

ausströmt, wobei infolge Entspannung Abkühlung der Luft eintritt. Die abgekühlte Luft wird zurückgeleitet und kühlt im Gegenstrom an einem Wärmetauscher weitere komprimierte Luft, bevor diese sich wieder entspannt. Dieser Kreis wird mehrfach durchlaufen. Ist die Siedetemperatur erreicht, dann verflüssigt sich ein Teil der Luft, während der Rest wieder zur Kühlung der komprimierten Luft dient.

Die Temperaturerniedrigung beträgt bei Luft etwa $0{,}3\ K/10^5$ Pa, sodass bei einer Entspannung von $1 \cdot 10^7$ Pa pro Durchlauf eine Abkühlung von $\Delta T \approx 30\,K$ erreicht wird.

Mit dem Linde-Verfahren können Luft, Sauerstoff, Stickstoff und viele andere Gase verflüssigt werden. Manche Gase jedoch, wie z. B. Helium und Wasserstoff, müssen erst unter die Inversionstemperatur abgekühlt werden. Dies gelingt bei Wasserstoff durch eine Vorkühlung mit flüssiger Luft (bzw. mit flüssigem Stickstoff), um jedoch Helium zu verflüssigen, muss dazu mit flüssigem Wasserstoff unter die oben genannte Inversionstemperatur abgekühlt werden.

Eine weitere Anwendung des Joule-Thomson-Effektes ist auch die Erzeugung von festem Kohlenstoffdioxid (Kohlensäureschnee) durch Expansion von flüssigem Kohlenstoffdioxid, das bei einem Druck von $7 \cdot 10^6$ Pa aus einer Stahlflasche durch poröses Material oder ein Ventil ausströmt.

§ 16.5 Luftfeuchtigkeit

Die Luft der Atmosphäre enthält eine gewisse Menge Wasserdampf, sie ist i. Allg. jedoch nicht damit gesättigt. Infolge des raschen Luftmassenaustauschs und auch der häufigen Temperaturwechsel erreicht die freie atmosphärische Luft meistens keinen Gleichgewichtszustand, bei welchem sich der zur vorherrschenden Temperatur gehörende Sättigungsdampfdruck des Wassers einstellen könnte. Quellen für den Wasserdampfgehalt der Luft sind die Verdunstung von Wasser aus Meeren, Seen, Flüssen und von Festlandflächen, aber auch der Wasserhaushalt der Pflanzen hat darauf einen nicht unbeträchtlichen Einfluss.

Man bezeichnet den Gehalt der Luft an Wasserdampf als ***Luftfeuchtigkeit***. Dabei unterscheidet man zwischen der *absoluten Luftfeuchtigkeit* f_{abs} (oder ϱ^*_W), der *maximalen Luftfeuchtigkeit* f_{max} und der *relativen Luftfeuchtigkeit* f_{rel}.

Absolute Luftfeuchtigkeit f_{abs}:
Sie ist als die Massenkonzentration (s. (3.11)) des Wasserdampfes in Luft definiert und wird mit ϱ^*_W oder f_{abs} bezeichnet.

Definition:

$$f_{abs} = \varrho^*_W = \frac{\text{Masse Wasserdampf}}{\text{Volumeneinheit}} = \frac{m_W}{V} \quad (16.16)$$

Einheit:

$\frac{kg}{m^3}$

Oft wird die absolute Luftfeuchtigkeit auch in den gebräuchlichen Druckeinheiten angegeben. Sie entspricht dann dem ***Partialdruck p_W des Wasserdampfes in der Luft***.

Maximale Luftfeuchtigkeit f_{max}: Sie entspricht dem Massenanteil des Wasserdampfes beim Sättigungsdampfdruck bei der Temperatur der Atmosphäre, d. h. sie ist gleich der maximal möglichen absoluten Luftfeuchtigkeit der Atmosphäre, bei gegebener Temperatur. Bei der Sättigungsfeuchte ist somit der Partialdruck p_W des Wasserdampfes gleich dem Sättigungsdampfdruck p_D.

Relative Luftfeuchtigkeit f_{rel}:

Definition:

$$f_{rel} = \frac{f_{abs}}{f_{max}} = \frac{p_W}{p_D} \qquad (16.17)$$

Einheit:

reine Zahl oder deren 100faches in %

Die relative Luftfeuchtigkeit ist somit der Quotient aus der absoluten (f_{abs}) und der maximalen Luftfeuchtigkeit (f_{max}) bzw. aus tatsächlichem Druck p_W des Wasserdampfes und dem Sättigungsdampfdruck p_D bei der vorliegenden Temperatur. Eine relative Feuchtigkeit von 60 % bedeutet daher, dass der Partialdruck des Wasserdampfes $p_W = 0{,}6\,p_D$ bei der vorliegenden Temperatur beträgt. Eine relative Luftfeuchtigkeit von 40–70 % wird als „normal" bezeichnet und wird vom Menschen i. Allg. als angenehm empfunden.

Der Zusammenhang zwischen der absoluten Luftfeuchtigkeit f_{abs} und dem Partialdruck p_W des Wasserdampfes ergibt sich aus (13.15) oder (14.10) (wobei ϱ_W die Teilchenanzahldichte des Wasserdampfes nach (3.4) ist) mithilfe der Beziehung (16.16):

$$p_W = \varrho_W \cdot k \cdot T = \frac{f_{abs}}{10^{-3} M_W / N_A} \cdot k \cdot T$$

wobei k die Boltzmannkonstante, N_A die Avogadrozahl, M_W die relative Molekülmasse des Wassers und $10^{-3} M_W / N_A = 2{,}99 \cdot 10^{-26}\,kg$ ihr absoluter Wert ist.

Der Partialdruck des Wasserdampfes p_W kann höchstens gleich dem Sättigungsdampfdruck p_D bei gegebener Temperatur werden, es sei denn Übersättigung tritt auf.

Ist die Luft nicht mit Wasserdampf gesättigt, d. h. ist $f_{abs} < f_{max}$, so bleibt bei einer Abkühlung die absolute Luftfeuchtigkeit f_{abs} unverändert, bis infolge der Abkühlung Sättigung erreicht wird, d. h. $f_{abs} = f_{max}$ bzw. $p_W = p_D$ wird. Die Temperatur der Luft, bei welcher die Dampfdruckkurve erreicht oder überschritten wird und der Wasserdampf zu sichtbaren Wassertröpfchen kondensiert, sich als Nebel oder Tau abzuscheiden beginnt, heißt der **Taupunkt**. Die Geräte zur Bestimmung der Luftfeuchtigkeit heißen **Hygrometer**, von denen Beispiele nachstehend kurz besprochen werden.

Der aktuelle Wasserdampfdruck kann beispielsweise mit Hilfe eines *Taupunkthygrometers* (*Taupunktspiegel*) dadurch ermittelt werden, dass eine blank polierte Metalloberfläche („Spiegel"), die von der Luft angeströmt wird oder in diese eintaucht, langsam bis zum Taupunkt abgekühlt wird durch thermische Kopplung mit einem Peltierelement oder einem anderen Kühlelement (z. B. durch Verdunsten von Ether im Innern einer Metalldose, deren eine Außenseite den Spiegel bildet). Liest man an einem Thermometer in dem Augenblick die Temperatur ab, in dem an der blanken Oberfläche sich Wasser in Tröpfchenform niederschlägt und diese matt erscheinen lässt (Änderung des Reflexionsverhaltens), dann kann man aus der Dampfdruckkurve den Sättigungsdruck p_W am Taupunkt und den entsprechenden Wert p_D für die vorliegende aktuelle Raumtemperatur entnehmen und daraus die relative Luftfeuchtigkeit gemäß (16.17) ermitteln.

Eine größere Genauigkeit erreicht man mit dem *Aspirationspsychrometer* (nach Assmann), welches auf dem Prinzip beruht, dass eine flüchtige Flüssigkeit, beispielsweise Wasser, durch Stoff- und Wärmeaustausch mit einem Gas (in diesem Fall Luft eines bestimmten Feuchtegehaltes) Verdunstungskälte produziert. Dazu wird die Luft an zwei Quecksilberthermometern vorbeigesaugt, wobei das Vorratsgefäß des einen mit einer Hülle aus leichtem Gewebe (z. B. Baumwolle) umgeben ist, die mit destilliertem Wasser (von Raumtemperatur) gut befeuchtet ist bzw. kontinuierlich befeuchtet wird. Bei einer charakteristischen Temperatur, der Feuchte- bzw. Kühlgrenztemperatur, stellt sich ein stationäres Gleichgewicht ein; diese Temperatur kann am „feuchten" Thermometer abgelesen werden. Aus dem Temperaturunterschied zwischen trockenem und befeuchtetem Thermometer kann (unter Berücksichtigung von Apparatekonstanten) auf den Partialdruck des Wasserdampfes bzw. die absolute Luftfeuchtigkeit f_{abs} geschlossen werden. Entnimmt man der Dampfdruckkurve von Wasser auch noch die maximale Luftfeuchtigkeit f_{max} bei der vorliegenden Raumtemperatur, so erhält man damit die relative Luftfeuchtigkeit f_{rel}.

Ein weiteres **Hygrometer** zur Messung der Luftfeuchtigkeit ist das *Haar- oder Faserhygrometer*. Es nützt die Eigenschaft einiger biologischer Stoffe – insbesondere solcher mit faseriger Struktur – aber auch von synthetischen Fasern aus, ihre Länge in Abhängigkeit ihres Wassergehaltes zu verändern (man beobachtet eine Ausdehnung bei Wasseraufnahme). Es kann damit (nach entsprechender Eichung) direkt die relative Feuchtigkeit bestimmt werden. Die Bezeichnung „Haar"-Hygrometer rührt daher, dass ursprünglich bevorzugt entfettete menschliche Haare Verwendung fanden, wobei dünne Haarsorten ausgesucht werden, damit sich bei einer Änderung des Wasserdampfgehaltes der Luft eine maximale Längenänderung einstellt. Haarhygrometer erfassen die relative Feuchte im gesamten Bereich von 0–100 % (Messunsicherheit 3 bis 5 %) mit Zeitkonstanten in der Größenordnung von Minuten; Voraussetzung ist jedoch eine regelmäßige Regenerierung der Faser in einem mit Wasserdampf gesättigten Raum.

3

Aufgaben

Aufgabe 16.1: Betrachtet werden die möglichen Übergänge zwischen den Aggregatzuständen fest, flüssig und gasförmig:

a) Bei welchen der Übergänge ist dem System Wärme zuzuführen und wie werden jeweils die Übergangswärmen bezeichnet?
b) Welche Übergänge von einem in den anderen Aggregatzustand setzen Wärme frei und wie werden jeweils die Übergangswärmen bezeichnet?

Aufgabe 16.2: Welche Wärmemenge wird benötigt, um 90 g Eis bei einer Temperatur von 273 K zu schmelzen? (Molare Schmelzwärme von Eis $q_{E,m} = 6$ kJ/mol.)

Aufgabe 16.3: In ein Mischungskalorimeter vernachlässigbarer Wärmekapazität werden $m_E = 2{,}5$ kg gestoßenes Eis von $\vartheta_E = 0\,°C$ zu $m_W = 10$ kg Wasser von $\vartheta_W = 65\,°C$ eingebracht. Welche Mischungstemperatur ϑ_{mt} stellt sich ein, wenn die spezifische Schmelzwärme des Eises $q_E = 334$ J/g und die spezifische Wärmekapazität des Wassers $c_W = 4{,}2$ kJ/(kg · K) beträgt?

Aufgabe 16.4: Es werden $m_E = 300$ g Eis von $\vartheta_E = 0\,°C$, $m_W = 150$ g Wasser von $\vartheta_W = 10\,°C$ und $m_D = 1{,}8$ kg Wasserdampf von $\vartheta_D = 100\,°C$ zusammengebracht. Wie hoch ist die Temperatur ϑ_{mt} des Schmelzwassers im geschlossenen Kalorimetergefäß (Wärmekapazität vernachlässigt) nach Erreichen des thermischen Gleichgewichtes? (Spezifische Verdampfungs- bzw. Kondensationswärme von Wasser $q_D = 2256$ J/g; spezifische Wärmekapazität von Wasser $c_W = 4{,}2$ kJ/(kg · K); spezifische Schmelzwärme von Eis $q_E = 334$ J/g.)

Aufgabe 16.5: Welche Mischungstemperatur stellt sich bei Aufgabe 16.4 ein, wenn das Eis eine Ausgangstemperatur von $\vartheta_E = -15\,°C$ hat? (Spezifische Wärmekapazität von Eis $c_E = 2{,}04$ kJ/(kg · K).)

Aufgabe 16.6:

a) Wie viel Steinkohle muss verbrannt werden, um eine Energie von $Q = 638$ MJ zu erzeugen (spezifische Verbrennungswärme von Steinkohle $320 \cdot 10^5$ J/kg)?
b) Wie groß wäre die Masse (bzw. das Volumen) von Wasser, das von 15 °C auf 65 °C mit dieser Verbrennungsenergie Q erwärmt wird, unter der Annahme einer 100%igen Energieübertragung (spezifische Wärmekapazität von Wasser $c_W = 4{,}2$ kJ/(kg · K))?
c) Wie lange könnte eine Familie mit einer von den Elektrizitätswerken gelieferten elektrischen Energie der Größe Q, bei einem durchschnittlichen Verbrauch von $3 \cdot 10^3$ kWh pro Jahr, ihren Bedarf decken?

Aufgabe 16.7: In Bild A 16.1 ist der Verlauf der Temperatur T als Funktion der Zeit t für ein Gas (Dampf) dargestellt, welches mit dem Zeitpunkt t_0 beginnend abgekühlt wird, wobei es die Aggregatzustände gasförmig, flüssig, fest und die entsprechenden Übergangszustände durchläuft. Benennen Sie den Zustand des Systems für:

a) das Zeitintervall t_0–t_1;
b) das Zeitintervall t_1–t_2;
c) den Zeitpunkt t_2;
d) den Zeitpunkt t_3;
e) den Zeitpunkt t_4.

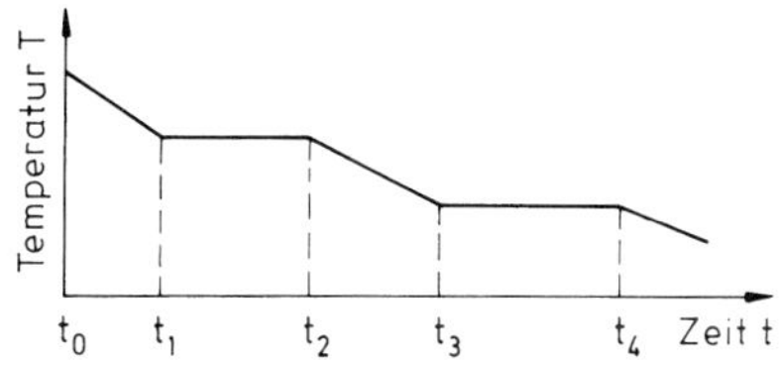

Bild A 16.1

Aufgabe 16.8: In einem Kalorimetergefäß (vernachlässigbarer Wärmekapazität) befinde sich Eis. Es wird eine konstante Heizleistung von $P = 500$ W zugeführt. Gegeben sind folgende Stoffdaten für H_2O: spezifische Wärmekapazität $c_W = 4{,}2$ J/(g · K); spezifische Schmelzwärme $q_E = 334$ J/g; spezifische Verdampfungswärme von Wasser $q_D = 2256$ J/g.

Welche Zeit benötigt der Vorgang:
a) des Schmelzens von 2 kg Eis von 0 °C?
b) des Erwärmens von 2 kg Wasser von 0 °C auf 100 °C?
c) des Verdampfens von 2 kg Wasser von 100 °C?

Aufgabe 16.9: Bei zeitlich konstanter Wärmezufuhr beobachtet man den in Bild A 16.2 dargestellten Temperatur-Zeit-Verlauf eines Einstoffsystems.
a) Zu welchem Zeitpunkt beginnt eine Änderung des Aggregatzustandes?
b) In welchem der Bereiche sind zwei Phasen des Stoffes koexistent?
c) In welchem der Bereiche (I oder III) ist die spezifische Wärmekapazität des Stoffes größer?

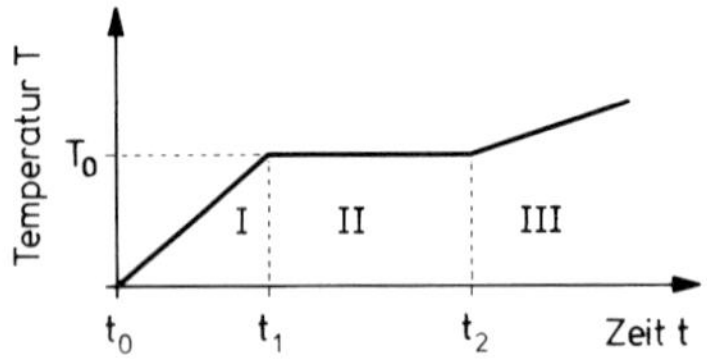

Bild A 16.2

Aufgabe 16.10: Eine reine Flüssigkeit befinde sich in einem offenen Gefäß bei einem äußeren Luftdruck p_0.
a) Unter welchen Bedingungen beginnt die Flüssigkeit bei konstanter Wärmezufuhr zu sieden?
b) Wie ändert sich die Siedetemperatur mit wachsender Höhe über dem Erdboden?

Aufgabe 16.11: Ein geschlossenes Gefäß enthält als Teilfüllung eine Flüssigkeit, die sich mit ihrem Dampf im dynamischen Gleichgewicht befindet (z. B. Wasser-Wasserdampf oder Ether-Etherdampf). Wie ändert sich bei konstant bleibender Temperatur der Dampfdruck, wenn das Dampfvolumen halbiert wird?

Aufgabe 16.12: Wie viel Gramm Wasser befinden sich in 1 m^3 Luft von 20 °C bei einer relativen Luftfeuchtigkeit von 75 %? (Sättigungsdampfdruck von Wasser bei 20 °C: 23,4 hPa; der Wasserdampf werde als ideales Gas betrachtet.)

§ 17 Wärmeübertragung

Bestehen zwischen zwei Körpern, zwischen benachbarten Teilen eines Körpers oder zwischen verschiedenen Bereichen Temperaturunterschiede, so findet zwischen diesen eine (irreversible) Energieübertragung statt. Die Übertragung der Energie in Form von Wärme kann dabei im Wesentlichen auf drei verschiedene Arten erfolgen:

durch ***Wärmeleitung***; wobei die Wärmeenergie ohne makroskopischen Massentransport im festen, flüssigen oder gasförmigen Stoff übertragen wird;

durch ***Konvektion***; hier wird die Wärmeenergie durch makroskopische Bewegungen, aufgrund der weitgehend freien Beweglichkeit der Teilchen, im flüssigen oder gasförmigen Stoff transportiert;

durch ***Strahlung***; hierbei erfolgt die Übertragung der Wärmeenergie in Form von elektromagnetischen Wellen.

§ 17.1 Wärmeleitung

Bei der *Wärmeleitung* findet ein Energietransport (ohne Massentransport) infolge atomarer und molekularer Wechselwirkung zwischen den Bausteinen der Materie unter dem Einfluss einer ungleichförmigen Temperaturverteilung in Richtung der tieferen Temperatur, d. h. der geringeren Energiedichte statt. Die Wärmeleitung ist somit an Materie gebunden, kann also nicht im Vakuum stattfinden. So erfolgt beispielsweise der Transport der thermischen Energie in Festkörpern über elastische Wellen (sog. *Phononen* (s. § 17.1.4)) und in Metallen zusätzlich durch Stöße zwischen den quasifreien Leitungselektronen, oder in Gasen durch die Stoßübertragung zwischen den Gasteilchen (s. dazu unten unter ‚Mechanismen der Wärmeleitung').

Phänomenologisch beschreibt man die Wärmeleitung durch die im Zeitintervall $\mathrm{d}t$ transportierte Wärmemenge $\mathrm{d}Q$, den **Wärmestrom** Φ, welcher folgendermaßen definiert wird:

Definition:

$$\Phi = \frac{\mathrm{d}Q}{\mathrm{d}t} \quad (17.1)$$

Wärmestrom = Wärmemenge pro Zeiteinheit

Einheit:

$\frac{\mathrm{J}}{\mathrm{s}}$ oder W

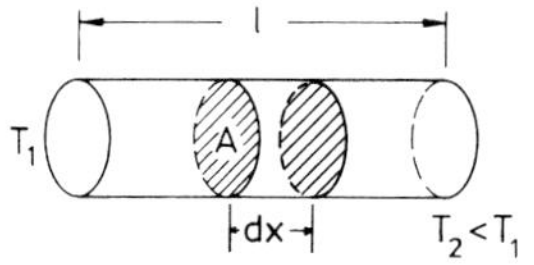

Abb. 17.1

Ein Körper, beispielsweise ein Stab der Länge l und Querschnittsfläche A (Abb. 17.1), befinde sich an seinen beiden Enden auf unterschiedlichen Temperaturen T_1 und T_2, wobei die Temperaturdifferenz $T_1 > T_2$ durch Wärmekontakt mit zwei Wärmereservoirs (z. B. die Flamme eines Bunsenbrenners einerseits und Eiswasser andererseits) aufrechterhalten wird. In dem Stab besteht dann zwischen zwei Orten seines Querschnitts A im Abstand $\mathrm{d}x$ eine Temperaturdifferenz $\mathrm{d}T$. Nach einiger Zeit stellt sich in dem Stab ein stationärer Zustand ein. Findet an den übrigen Begrenzungsflächen des Körpers kein Energieaustausch statt, dann ist der infolge des Temperaturgefälles (Temperaturgradienten) $\frac{\mathrm{d}T}{\mathrm{d}x}$ erzeugte Wärmestrom Φ durch die Fläche A gegeben durch:

$$\Phi = \frac{\mathrm{d}Q}{\mathrm{d}t} = -\lambda \cdot A \cdot \frac{\mathrm{d}T}{\mathrm{d}x} \quad (17.2)$$

Die **Wärmeleitfähigkeit** $\boldsymbol{\lambda}$ hat die SI-Einheit: $\frac{\mathrm{W}}{\mathrm{m} \cdot \mathrm{K}}$.

Sie ist eine materialspezifische Größe und in der Regel temperaturabhängig, wobei λ für Fluide i. Allg. mit zunehmender Temperatur etwas ansteigt. Feste Stoffe zeigen unterschiedliches Verhalten: Während für kristalline Nichtmetalle λ etwa proportional T^{-1} abnimmt, wächst dagegen λ mit T bei amorphen Stoffen; Metalle ändern ihre Wärmeleitfähigkeit nur geringfügig (je nach Art des Metalls zwischen ca. 2 % und 10 %) im Temperaturbereich zwischen 0 °C und einigen 100 °C, zeigen dagegen eine zunehmende Wärmeleitfähigkeit bei tiefen Temperaturen ($T \lesssim 200$ K). Ein Material mit einer hohen Wärmeleitfähigkeit λ nennt man einen guten Wärmeleiter, wie beispielsweise die Metalle. Materialien mit geringer Wärmeleitfähigkeit werden als schlechte Wärmeleiter (oder gute Wärmeisolatoren) bezeichnet und werden daher zur Wärmedämmung (Isolierung) verwendet; schlechte Wärmeleiter sind z. B.: Holz, Kork, Papier, Styropor, Wolle und Luft. In Tab. 17.1 ist für einige Stoffe die Wärmeleitfähigkeit bei 20 °C und 1013,25 hPa angegeben.

Führt man für den durch eine bestimmte Querschnittsfläche A fließenden Wärmestrom Φ die **Wärmestromdichte** $\boldsymbol{q}$ ein, definiert als $q = \frac{\Phi}{A}$ $\left(\text{SI-Einheit: } \frac{\mathrm{W}}{\mathrm{m}^2 \cdot \mathrm{K}}\right)$, so kann für den eindimensionalen Fall (Temperaturgefälle nur in x-Richtung) mit Hilfe des Gradienten grad $T = \mathrm{d}T/\mathrm{d}x$ die (erste) Wärmeleitungsgleichung (17.2) auch geschrieben werden als:

$$\vec{q} = -\lambda \cdot \operatorname{grad} T \quad (17.3)$$

Die Wärmestromdichte $\vec{q}$ ist proportional dem Temperaturgefälle und folgt seiner Richtung.

Für einen Stab aus homogenem und isotropem Material mit konstanter Querschnittsfläche A ergibt sich bei ***stationärer Wärmeleitung***, d. h. in jedem Punkt des Stabes herrscht eine zeitlich unveränderliche Temperatur, der gleiche Temperaturgradient $\frac{\mathrm{d}T}{\mathrm{d}x}$ durch alle Querschnittsflächen. Es liegt daher ein linearer Abfall der Temperatur längs des Stabes der Länge l vor, nämlich $-\frac{\mathrm{d}T}{\mathrm{d}x} = \frac{\Delta T}{l} = \frac{T_1 - T_2}{l}$, bei einer Tem-

Tab. 17.1

Stoff	λ in $\frac{W}{m \cdot K}$	Stoff	λ in $\frac{W}{m \cdot K}$
Aluminium (99,99 %)	237	Gummi, weich	0,16 … 0,23
Eisen (V2A Stahl)	15	Polyethylen (Hochdruck PE)	0,35
Gold	316	Polyethylen (Niederdruck-PE)	0,42 … 0,61
Kupfer (99,9 %)	394	Polyvinylchlorid (PVC)	0,17
Platin	71	Styropor	0,029 … 0,045
Silber	427	Teflon (Hostaflon)	0,23
Baumwolle	0,07	Benzol	0,146
Erde, feucht (15 %)	0,8 … 1,2	Blut (menschlich, 38 °C)	0,51
Eiche (radial)	0,17 … 0,25	Erdnussöl	0,16
Fett	0,17	Ethanol	0,165
Flusssand, trocken	0,3	Glycerin	0,285
Flusssand, feucht (10 %)	1,1	Silikonöl (je nach Viskosität)	0,10 … 0,16
Gasbeton-Blocksteine (500–800 kg/m^3)	0,2 … 0,3	Olivenöl	0,17
		Vaseline	0,18
Glas (Pyrex)	1,06	Vollmilch (3,5 % Fett)	0,55
Glaswolle	0,042	Wasser	0,598
Korkplatten	0,040	Argon	0,0177
Marmor	2,8	Helium	0,152
Normalbeton (nach DIN 1045)	2,1	Krypton	0,0095
Papier	0,12	Luft	0,0256
Porzellan	1,2 … 1,6	Neon	0,0489
Sperrholz	0,15	Sauerstoff	0,026
Steinzeug	1,3 … 1,9	Stickstoff	0,0258
Tonboden	1,3	Wasserstoff	0,182
Wolle	0,04 … 0,05	Xenon	0,0055

peraturdifferenz $\Delta T = T_1 - T_2$ zwischen seinen beiden Enden, deren Temperaturen T_1 (Wärmequelle) und T_2 (Wärmesenke) konstant gehalten werden. Dann wird der eindimensionale Wärmestrom Φ beschrieben durch:

$$\Phi = q \cdot A = \lambda \cdot A \cdot \frac{T_1 - T_2}{l} \tag{17.4}$$

Im stationären Fall ist der Wärmestrom der Temperaturdifferenz ΔT zwischen den beiden Enden direkt proportional sowie vom Verhältnis von Querschnittsfläche A und Länge l des Materials abhängig, und wird umso kleiner sein, desto geringer dessen Wärmeleitfähigkeit λ, d. h. je größer die wärmedämmende Eigenschaft des Materials ist.

In Analogie zum elektrischen Widerstand und elektrischen Leitwert (s. § 24.1) lässt sich formal auch entsprechend ein *Wärmewiderstand* und *Wärmeleitwert* einführen. Nehmen wir beispielsweise den stationären Fall einer eindimensionalen Wärmeströmung an, wie sie durch die Beziehung (17.4) beschrieben wird. Der Strom – hier Wärmestrom Φ – ist dann proportional der Potentialdifferenz – hier Temperaturdifferenz – und umgekehrt proportional zum Widerstand des Materials, wobei für den **Wärmewiderstand R_W** gilt:

Definition:

$$R_W = \frac{l}{\lambda \cdot A} \tag{17.5}$$

Einheit:

$\frac{\text{K}}{\text{W}}$

Der Wärmewiderstand ist – wie auch der elektrische Widerstand – von der Länge l, der Querschnittsfläche A und einer charakteristischen Konstante des Materials, in diesem Fall von der Wärmeleitfähigkeit λ, abhängig.. Gleichung (17.4) kann daher mit (17.5), in Analogie zum Ohm'schen Gesetz der Elektrizitätslehre auch geschrieben werden als:

$$\Phi = \frac{\Delta T}{R_\text{W}} = G_\text{W} \cdot \Delta T, \qquad (17.6)$$

wobei analog zum elektrischen Fall der **Wärmeleitwert G_W** als der Kehrwert des Wärmewiderstandes gegeben ist, gemäß: $\boldsymbol{G_\text{W} = \frac{1}{R_\text{W}} = \frac{\lambda \cdot A}{l}}$.

Der Wärmewiderstand bzw. der -leitwert kann sich aus mehreren Einzelwiderständen in Parallel- oder Reihenschaltung zusammensetzen, wobei die Berechnung des Gesamtwiderstandes bzw. -leitwertes nach den in der Elektrizitätslehre geltenden Regeln erfolgt.

§ 17.1.1 Wärmeübergang

Ein Körper der Oberfläche S habe die Temperatur T_1 und grenze an ein ihn umgebendes fluides Medium (z. B. Luft oder eine Kühlflüssigkeit) der Temperatur T_2, mit dem er im Wärmeaustausch steht. Es fließt dann ein Wärmestrom Φ, der durch den Ansatz

$$\Phi = q \cdot A = \alpha \cdot S \cdot (T_1 - T_2) \qquad (17.7)$$

beschrieben wird, den erstmalig I. Newton in einer Arbeit zu dem nach ihm benannten Abkühlungsgesetz verwendete. Die Größe $\boldsymbol{\alpha}$ heißt **Wärmeübergangszahl** (oder **Wärmeübergangskoeffizient**) und hat die SI-Einheit $\frac{\text{W}}{\text{m}^2 \cdot \text{K}}$. Die Wärmeübergangszahl ist keine reine Stoffgröße wie etwa die Wärmeleitfähigkeit λ, sondern hängt von der Beschaffenheit der Oberfläche des Körpers sowie von dem Zustand und den Wärmetransporteigenschaften (inkl. von Strömungsbedingungen) des ihn umgebenden fluiden Mediums ab.

Betrachten wir einen Körper, der von einem Fluid mit konstanter Temperatur T_2 umgeben ist und sich anfänglich beispielsweise auf der Temperatur T_1 befindet, so kühlt sich (im Falle $T_1 > T_2$ dieser Körper ab, wenn ihm keine Energie mehr nachgeliefert wird. Aus (17.7) und (17.2) folgt unter Verwendung von (15.1) für die Änderung $\mathrm{d}T$ der Temperatur des Körpers in der Zeit $\mathrm{d}t$:

$$\frac{\mathrm{d}T}{\mathrm{d}t} = -\frac{\alpha \cdot S}{m \cdot c_p} \cdot (T - T_2) \qquad (17.8)$$

wobei m die Masse und c_p die spezifische Wärmekapazität des Körpers ist. Mit $T = T_1$ zum Zeitpunkt $t = 0$ erhält man durch Integration von (17.8):

$$\ln\left(\frac{T - T_2}{T_1 - T_2}\right) = -\frac{\alpha \cdot S}{m \cdot c_p} \cdot t$$

und daraus

$$\left(\frac{T - T_2}{T_1 - T_2}\right) = e^{-\frac{\alpha \cdot S}{m \cdot c_p} \cdot t} = e^{-\frac{t}{\tau}}$$

mit der Zeitkonstante $\tau = \frac{m \cdot c_p}{\alpha \cdot S}$. Somit ergibt sich für den zeitlichen Verlauf des Temperaturausgleichs (*Newton'sches Abkühlungsgesetz*) des Körpers mit seiner Umgebung:

$$T = T_2 + (T_1 - T_2) \cdot e^{-\frac{t}{\tau}} \qquad (17.9)$$

Die Temperatur T des Körpers gleicht sich, ausgehend von der Temperatur T_1, mit der Zeitkonstanten τ der Umgebungstemperatur T_2 an.

§ 17.1.2 Wärmedurchgang

Sind zwei Bereiche eines flüssigen oder gasförmigen Mediums unterschiedlicher Temperatur $T_1 > T_2$ durch einen festen Körper K, z. B. eine ebene Wand, getrennt (Abb. 17.2), so vollzieht sich die Wärmeübertragung in drei Schritten a)–c), die zusammen als *Wärmedurchgang* bezeichnet werden (gleiche Querschnittsflächen A und stationäre Strömung seien vorausgesetzt):

a) Wärmeübergang vom Medium I der Temperatur T_1 an die Oberfläche des Körpers K, gemäß (17.7);
b) Wärmeleitung durch den Körper entsprechend (17.4), wobei stationäre Wärmeleitung angenommen wird;

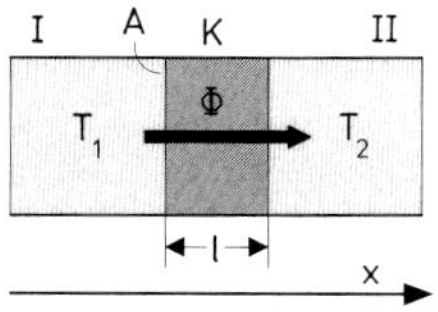

Abb. 17.2

3

c) Wärmeübergang von der Oberfläche des Körpers K an das Medium II der Temperatur T_2 gemäß (17.7).

Da der Wärmestrom Φ an allen Stellen des Durchgangs gleich groß sein muss, gilt für die einzelnen Schritte mit (17.4) und (17.7):

$$\Phi = \alpha_{\mathrm{I}} \cdot A \cdot \Delta T_{\mathrm{I}} = \frac{\lambda}{l} \cdot A \cdot \Delta T_{\mathrm{K}} = \alpha_{\mathrm{II}} \cdot A \cdot \Delta T_{\mathrm{II}}$$

wobei die Summe der einzelnen Temperaturdifferenzen gleich der Gesamtdifferenz zwischen den beiden Medien I und II ist: $\Delta T = \Delta T_{\mathrm{I}} + \Delta T_{\mathrm{K}} + \Delta T_{\mathrm{II}}$. Aus diesen beiden Gleichungen folgt durch entsprechendes Einsetzen: $\Delta T = \frac{\Phi}{A} \cdot \left(\frac{1}{\alpha_{\mathrm{I}}} + \frac{l}{\lambda} + \frac{1}{\alpha_{\mathrm{II}}} \right)$. Der Klammerausdruck lässt sich zusammenfassen unter Einführung des **Wärmedurchgangskoeffizienten *k***, für dessen Kehrwert in diesem Falle gilt:

$$\frac{1}{k} = \frac{1}{\alpha_{\mathrm{I}}} + \frac{l}{\lambda} + \frac{1}{\alpha_{\mathrm{II}}} \qquad (17.10)$$

Der Wärmedurchgangskoeffizient k setzt sich somit aus den Übergangskoeffizienten α_{i} (i = I, II) und der Wärmeleitfähigkeit λ auf der Strecke l zusammen. Er gibt den Wärmestrom pro Flächeneinheit bei einer Temperaturdifferenz $\Delta T = 1$ K an und wird in $\mathrm{W} \cdot \mathrm{m}^{-2} \cdot \mathrm{K}^{-1}$ gemessen.

Damit ergibt sich für den Wärmestrom dieses Wärmedurchgangs:

$$\Phi = k \cdot A \cdot \Delta T \qquad (17.11)$$

bzw. für die Wärmestromdichte:

$$q = k \cdot \Delta T \qquad (17.12)$$

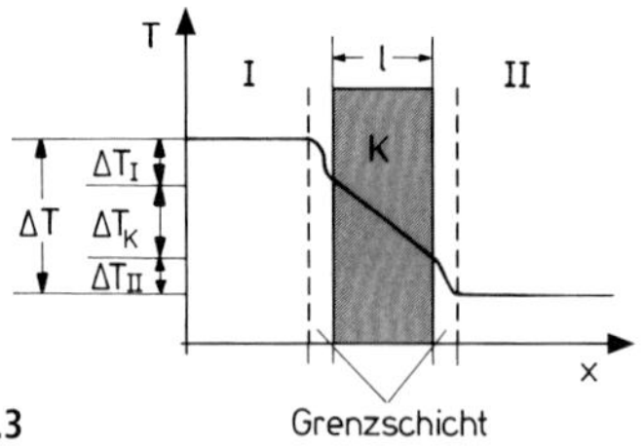

Abb. 17.3

In Abb. 17.3 ist der Temperaturverlauf als Funktion der Richtung x des Wärmestroms für den Wärmedurchgang der Abb. 17.2 dargestellt. Der Wärmeübergang zum bzw. vom Körper K vom Medium I bzw. ans Medium II erfolgt in einer relativ dünnen Grenzschicht, die unmittelbar der Körperoberfläche anliegt und zeigt sich in dem relativ steilen Temperaturgefälle in diesen Bereichen.

Handelt es sich bei dem wärmeleitenden Körper K nicht wie in Abb. 17.2 um einen isotropen, sondern um einen anisotropen Körper, beispielsweise einen Kristall, ein natürlich oder auch künstlich geschichtetes Material wie Holz, Mineralien, Sperrholz, Bauplatten, isoliertes Mauerwerk etc., dann ist die Wärmestromdichte bzw. der Wärmestrom bei gegebenem Temperaturgradienten von der Richtung abhängig, in welcher die Wärmeströmung betrachtet wird. Als Fallbeispiel betrachten wir die Wärmeströmung normal (d. h. senkrecht) zur Schichtung (Abb. 17.4), bei welcher der Körper aus n einzelnen Schichten der Dicke l_i mit den zugehörigen Wärmeleitfähigkeiten λ_i $(i = 1, \ldots, n)$ bestehe, wobei die beiden äußeren Ebenen auf den Temperaturen T_1 und $T_2 < T_1$ gehalten werden. Analog zur Elektrizitätslehre folgt, bei der hier betrachteten Serienschaltung von Widerständen, der gesamte Wärmewiderstand als Summe der Einzelwiderstände der Schichten:

$R_{\mathrm{W,ges}} = \sum_{i=1}^{n} R_{\mathrm{W,i}}$, woraus mit der Definition (17.5) folgt $R_{\mathrm{W,ges}} = \left(\frac{l_1}{\lambda_1} + \frac{l_2}{\lambda_2} + \ldots + \frac{l_n}{\lambda_n} \right) \cdot \frac{1}{A}$. In diesem Fall folgt für den Klammerausdruck als Kehrwert des Wärmedurchgangskoeffizienten $\frac{1}{k'} = \sum_{i=1}^{n} \frac{1}{k'_i} = \sum_{i=1}^{n} \frac{l_i}{\lambda_i}$,

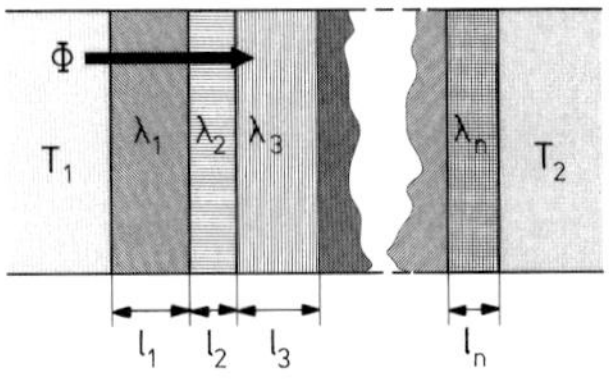

Abb. 17.4

zunächst unter Vernachlässigung der Wärmeübergangskoeffizienten an den Außenflächen des geschichteten Körpers. Der Gesamtwiderstand folgt damit zu $R_{\mathrm{W,ges}} = \frac{1}{k' \cdot A}$ und für den durch das Schichtmaterial fließenden Wärmestrom ergibt sich mit (17.6):

$$\Phi = \frac{\Delta T}{R_{\mathrm{W,ges}}} = k' \cdot A \cdot \Delta T \qquad (17.13)$$

Berücksichtigt man noch die Wärmeübergangskoeffizienten α_{I} bzw. α_{II} an den beiden äußeren Ebenen, die an die Medien I bzw. II mit den Temperaturen T_1 bzw. T_2 grenzen, dann gilt für den Wärmedurchgangskoeffizienten k beim Wärmedurchgang durch einen anisotropen Körper anstelle von (17.10) die Gleichung:

$$\frac{1}{k} = \frac{1}{\alpha_{\text{I}}} + \frac{l_1}{\lambda_1} + \frac{l_2}{\lambda_2} + \ldots + \frac{l_n}{\lambda_n} + \frac{1}{\alpha_{\text{II}}} \qquad (17.14)$$

Der Wärmestrom Φ des Wärmedurchgangs vom Medium I zum Medium II durch den geschichteten Körper (z. B. einer in Sandwich-Bauweise gefertigten Wand) ergibt sich nach (17.13), indem k' durch k substituiert wird. Sämtliche Wärmewiderstände des Durchgangs sind in diesem Beispiel in Reihe geschaltet angeordnet.

§ 17.1.3 Fourier-Gleichung

Für die Wärmeleitung in einem kontinuierlich ausgedehnten Körper haben wir bisher die Ausbreitung der Wärmeenergie nur in Abhängigkeit von der Zeit betrachtet. Die vollständige Lösung der Wärmeleitung ist jedoch erst dann gegeben, wenn die Temperatur des betrachteten Körpers sowohl in Abhängigkeit von der Zeit als auch vom Ort bekannt ist. Vorausgesetzt sei nun wiederum, dass das Material des Körpers als homogen und isotrop betrachtet werden kann, d. h. die Wärmeleitfähigkeit λ ist unabhängig von der Ausbreitungsrichtung, und überdies wird λ als temperaturunabhängig betrachtet. Handelt es sich beim Studium der Wärmeleitungsprozesse um Vorgänge, bei welchen kein konstantes Temperaturgefälle vorliegt bzw. sich eingestellt hat oder einstellen kann, da beispielsweise eine Störung des Temperaturgleichgewichts durch eine zeitlich variable Wärmequelle – entweder periodisch moduliert oder in Form von kurzen Impulsen – hervorgerufen wird, so liegt ***nichtstationäre Wärmeleitung*** vor. Für den Temperaturverlauf in einem homogenen und isotropen Material der Dichte ϱ und der isobaren spezifischen Wärmekapazität c_p gilt dann im eindimensionalen Fall der nichtstationären Wärmeleitung eine Differentialgleichung, die nach ihrem Entdecker die *Fourier-Gleichung* genannt wird:

$$\frac{\partial T}{\partial t} = -a \cdot \frac{\partial^2 T}{\partial x^2} \qquad (17.15)$$

Dabei ist $a = \dfrac{\lambda}{\varrho \cdot c}$ die **Temperaturleitfähigkeit** $\left(\text{Einheit: } \dfrac{\text{m}^2}{\text{s}}\right)$. Sie ist eine Stoffkonstante und stellt ein Maß für die Geschwindigkeit des Temperaturausgleichs dar; schroffe Änderungen der momentanen Temperaturverteilung $T(x)$ gleichen sich am schnellsten aus.

§ 17.1.4 Mechanismen der Wärmeleitung

Bei den Festkörpern sind die Atome auf ihre Gitterplätze gebunden und können um diese Gleichgewichtslage herum schwingen. Infolge der Bindung der Atome untereinander sind ihre Schwingungen miteinander gekoppelt und es entstehen Gitterschwingungen, d. h. sich ausbreitende elastische Wellen. Diese Gitterschwingungen unterliegen den Gesetzen der Quantenmechanik, d. h. ihre Energie kann nur bestimmte diskrete Werte annehmen und man bezeichnet diese quantisierten Gitterschwingungen als **Phononen**. Den Wärmetransport bei Festkörpern übernehmen also die Phononen. Bei den Metallen, mit ihren hohen Elektronendichten, bewirken zwei Mechanismen den Energietransport durch Wärmeleitung: die Phononen und die quasifreien Leitungselektronen (§ 25.1). Beide Mechanismen verlaufen parallel und in erster Näherung unabhängig voneinander, jedoch überwiegt bei den Metallen im Allgemeinen der Energietransport durch Bewegung der Leitungselektronen. Dies zeigt sich auch in der Proportionalität der Wärmeleitfähigkeit λ von Metallen mit deren elektrischer Leitfähigkeit γ (s. § 24.1 und § 25.1.1), wie sie in der von Wiedemann, Franz und Lorenz angegebenen Beziehung zum Ausdruck kommt:

$$\frac{\lambda}{\gamma} = L_0 \cdot T \qquad (17.16)$$

(*Gesetz von Wiedemann-Franz-Lorenz*)

Die Konstante L_0, die Lorenz-Zahl, hat für alle Metalle angenähert den gleichen Wert $L_0 = \dfrac{\pi^2}{3} \cdot \left(\dfrac{k}{e}\right)^2 = 2{,}44 \cdot 10^{-8}\,\dfrac{\text{V}^2}{\text{K}^2}$. Während bei reinen Metallen der elektronische Anteil die Wärmeleitung bestimmt, ist dieser bei bestimmten Metalllegierungen und insbesondere bei den Halbleitern so gering, dass für diese Stoffe in Relation dazu auch die Wechselwirkung der Gitterbausteine einen beachtlichen Anteil zur Wärmeleitung beiträgt.

Die Wärmeleitung in Flüssigkeiten ist i. Allg. gering, mit Ausnahme der elektrisch leitenden Flüssigkeiten (z. B. Quecksilber oder Metallschmelzen). Wie bei den Metallen tragen bei Letzteren überwiegend die quasifrei beweglichen Elektronen zur Wärmeleitung bei; der Beitrag von Ionen kann wegen der geringen Beweglichkeit infolge ihrer relativ großen Masse vernachlässigt werden. Bei elektrisch nicht leitenden Flüssigkeiten bleibt als Wärmeleitungsmechanismus alleinig der Energieübertrag

3

durch Stöße zwischen den frei beweglichen Teilchen der Flüssigkeit, der unter anderem von der mittleren Teilchengeschwindigkeit und der Zeit zwischen zwei Stößen abhängt, i. Allg. jedoch relativ langsam erfolgt.

Bei Gasen beruht die Wärmeleitung wegen der geringen Wechselwirkung zwischen den Gasteilchen und demzufolge deren großen freien Beweglichkeit, ebenfalls auf dem Übertrag von Energie durch Stöße auf andere Teilchen, wodurch ein Nettoenergiefluss von Bereichen höherer Temperatur und damit größerer mittlerer thermischer Energie der Teilchen zu Bereichen tieferer Temperatur resultiert. Die Wärmeleitfähigkeit der Gase ist proportional zur mittleren freien Weglänge $\bar{l}$ und zur mittleren Teilchengeschwindigkeit $\bar{v}$. Da beide, $\bar{l}$ und $\bar{v}$, mit zunehmender Molekülmasse M bzw. Molekülgröße abnehmen, ist für leichte Atome bzw. Moleküle die Wärmeleitfähigkeit größer als für schwere und nimmt $\sim M^{-1/2}$ ab, weshalb Wasserstoff z. B. eine noch verhältnismäßig gute Wärmeleitfähigkeit zeigt (s. Tab. 17.1).

Solange die mittlere freie Weglänge (s. § 14) der Gasteilchen $\bar{l}$ klein ist gegen die Dimension des Gefäßes, in dem das Gas eingeschlossen ist, ist die Wärmeleitung vom Druck p des Gases unabhängig. Bei niedrigen Drücken allerdings, bei denen die mittlere freie Weglänge größer als die Gefäßdimension wird, wird die Wärmeleitfähigkeit proportional zum Gasdruck p. Eine Anwendung davon findet man im gasartabhängigen so genannten *Pirani-* oder Wärmeleitungs-Vakuummeter zur Messung kleiner Drücke im Bereich von ca. 1 Pa bis 10^{-2} Pa.

§ 17.1.5 Einige Beispiele zu: Wärmetransport – Wärmeleitung – Wärmedämmung

1. Die Wärmeleitung ist an sehr vielen Prozessen der Wärmeübertragung beteiligt. Bei einer Zentralheizung mit Heißwasser als Überträgermedium beispielsweise gibt die durch den Verbrennungsvorgang erhitzte Kesselwandung die Wärme an das Wasser ab (Wärmeübergang). Das zum Heizkörper transportierte Heißwasser überträgt dort die Wärme in einem Wärmeübergang an die Innenwand des Heizkörpers, durch Wärmeleitung an dessen Außenwand und durch einen weiteren Wärmeübergang an die Raumluft (Wärmedurchgang, wie oben zu Gleichung (17.11) beschrieben). Es sind somit hohe k-Werte (hohe Wärmeübergangszahlen als auch große Wärmeleitfähigkeit) erwünscht.

2. Dagegen muss im Falle der Wärmedämmung (Isolation) der Wärmestrom insgesamt beim Wärmedurchgang gering sein, d. h. das zwischen zwei Medien unterschiedlicher Temperatur befindliche Material muss möglichst geringe Wärmeleitfähigkeit aufweisen. Beispielsweise ist der Wärmedurchgangskoeffizient einer 30 cm dicken Mauer aus Leichtbeton-Hohlblocksteinen eines Hauses (mit Verputz) $k = 1{,}13\,\mathrm{W \cdot m^{-2} \cdot K^{-1}}$. Werden zusätzlich an der Außenseite (unter dem Verputz) noch 5 cm dicke Styroporplatten angebracht, so sinkt der Wärmedurchgangskoeffizient auf $k = 0{,}51\,\mathrm{W \cdot m^{-2} \cdot K^{-1}}$, womit eine beträchtliche Steigerung der Wärmeisolation erzielt wird.

3. Die Wärmeleitfähigkeit von Gasen ist im Vergleich zu der von Festkörpern und Flüssigkeiten wesentlich kleiner. Das schlechte Wärmeleitvermögen der Gase verhindert so beispielsweise in Form von „Luftpolstern" eine zu rasche Abkühlung oder auch Erwärmung von Körpern durch die Umgebung. So schützt etwa bei Schwimmvögeln die zwischen dem gut gefetteten (d. h. nicht benetzbaren) Federkleid eingeschlossene Luft die Tiere vor zu großer Auskühlung durch das kalte Wasser. Aber auch das so genannte *Leidenfrost'sche* Phänomen beruht auf der geringen Wärmeleitung der Gase. Ein Flüssigkeitstropfen (z. B. ein Wassertropfen), der auf eine horizontale Unterlage fällt, deren Temperatur groß gegenüber der Siedetemperatur der Flüssigkeit ist (z. B. auf einer heißen Herdplatte), verdampft nicht sofort, sondern bewegt sich längere Zeit darauf hin und her. Die im ersten Augenblick sich zwischen heißer Unterlage und Tropfen ausbildende Dampfschicht schützt ihn vor direktem Kontakt mit der Unterlage und dadurch, infolge der geringen Wärmeleitfähigkeit der Gase, vor zu raschem Verdampfen. Entsprechendes gilt auch für die auf einer Unterlage (bei Raumtemperatur) sich bewegenden Tropfen von flüssigem Stickstoff oder flüssiger Luft (Temperatur ca. –195 °C).

4. Auf der drastischen Abnahme der Wärmeleitung bei starker Reduktion des Gasdrucks beruht die sehr effektive Isolation des Inneren von Gefäßen (z. B. von Kalorimetern) gegen Abgabe bzw. Aufnahme von Wärme, indem diese mit doppelter Wandung hergestellt werden, deren Zwischenraum evakuiert wird; diese sind als so genannte *Dewar-Gefäße* oder im Haushaltsgebrauch als *Thermosflaschen* bekannt (s. auch § 17.3).

§ 17.2 Wärmeübertragung durch Konvektion

Die Wärmeübertragung durch *Konvektion* beruht auf dem Transport der Wärmeenergie durch die Bewegung eines materiellen Trägers (meist flüssig oder gasförmig). Bei Flüssigkeiten und Gasen überwiegt im Allgemeinen der Wärmetransport durch Konvektion den durch Wärmeleitung. Hier tritt die Konvektion von selbst ein, so genannte **freie Konvektion**, wenn eine lokale Erwärmung auftritt und infolge der damit verbundenen Dichteverringerung, die erwärmten Gebiete aufsteigen und dafür kältere Materie nachströmt. Im Gegensatz dazu spricht man von einer **erzwungenen Konvektion**, wenn die Bewegung der Materie durch äußere Kräfte (z. B. Druckdifferenzen, Umwälzpumpe) erzwungen wird.

Die treibende Kraft für die *freie Konvektionsströmung* ist somit der Auftrieb, den die lokal erwärmten Fluidbereiche infolge ihrer geringeren Dichte erfahren, und welcher proportional zu den lokalen Temperaturunterschieden $\mathrm{d}T$ ist; im schwerefreien Raum kann daher keine freie Konvektion auftreten. Auf den Konvektionsstrom hemmend wirkt die innere Reibung des Fluids, welche proportional zu dessen Viskosität η ist, sodass sich eine weitgehend stationäre Strömung mit einer im Mittel konstanten Geschwindigkeit einstellt. Die bei der Konvektion transportierte Energie entspricht der von der jeweils erwärmten Fluidmasse Δm aufgenommenen Wärmemenge ($\mathrm{d}Q \approx c \cdot \Delta m \cdot \mathrm{d}T$), ist also von der spezifischen Wärmekapazität c des übertragenden Mediums abhängig. Durch Erhöhung der Strömungsgeschwindigkeit, z. B. bei *erzwungener Konvektion* mittels einer Umwälzpumpe oder einem Gebläse bzw. Ventilator, erhöht sich der Massenstrom des Fluids und damit die transportierte Wärmemenge.

§ 17.2.1 Einige Beispiele und Anwendungen zum Transport von Wärme durch Konvektion bzw. zu Möglichkeiten der Vermeidung von Konvektionsströmung

1. Bei einem von seinem Boden her erwärmten Behälter mit einer Flüssigkeit, z. B. Wasser, würde ohne Konvektion, allein durch Wärmeleitung, kein effizienter Übertrag der zugeführten Wärme auf die gesamte Wassermenge stattfinden. Bei einer geringen Temperaturdifferenz (genauer, einem kleinen Temperaturgradienten) zwischen dem von unten erwärmten und oben auf fester Temperatur gehaltenen Bereich der Flüssigkeit erfolgt der Wärmetransport zunächst durch Wärmeleitung, bis ab einem bestimmten kritischen Temperaturgradienten eine makroskopische Bewegung der Flüssigkeit einsetzt. Interessanterweise ist diese Bewegung wohl geordnet (in rollenförmigen oder hexagonalen Strukturen) und wird als *Konvektions-* oder *Bénard-Instabilität* bezeichnet. Derartige Phänomene der Selbstorganisation zu streng geordneten räumlichen Mustern aus einem vollkommen homogenen statistischen Zustand spielen für den Aufbau geordneter Strukturen aus ungeordneten Systemen, fern vom thermischen Gleichgewicht, eine große Rolle. Sie sind Thema der *Synergetik*, einem Grenzgebiet zwischen Physik, Chemie und Biologie, welche sich in neuerer Zeit rasch entwickelt hat.

Solche Phänomene spielen beispielsweise auch in der Meteorologie eine fundamentale Rolle, wo sie Luftbewegungen und Wolkenbildung bestimmen, denn die freie Konvektion hat bei der Bewegung von Luftmassen in unserer Erdatmosphäre einen großen Anteil und ist verantwortlich für das Entstehen und den Ausgleich von Luftdruckunterschieden.

2. Ein Heizofen oder Heizkörper erwärmt durch freie Konvektion die gesamte Luft in einem Raum, wobei im Falle des Heizkörpers diesem die Energie beispielsweise mittels einer Warmwasserheizung wiederum entweder durch freie oder durch erzwungene Konvektion (durch eine Umwälzpumpe) zugeführt wird. Der Wärmestrom, der dabei vom Heizaggregat (Wärmetauscher) zum umgebenden Medium (z. B. Luft) fließt (s. auch § 17.1, Beispiele), wird durch die Beziehung (17.7) beschrieben und ist zum Wärmeübergangskoeffizienten α und zur Oberfläche S des Heizkörpers proportional, d. h. die Oberfläche S wird möglichst groß gewählt (große Oberfläche durch Kühlrippen). Der Wärmeübergangskoeffizient α hängt von der Beschaffenheit der Oberfläche im Kontakt mit dem Fluid, den Strömungsverhältnissen – insbesondere der Strömungsgeschwindigkeit des Fluids – und der Temperatur des Fluids ab. Eine entsprechende Betrachtung gilt auch für Kühlaggregate.

3. Die im menschlichen Körper gebildete Wärme wird überwiegend durch erzwungene Konvektion mit dem Blutstrom bis dicht unter die Haut transportiert und vergleichsweise nur in geringem Maße mittels Wärmeleitung durch das Gewebe. Durch die Haut hindurch selbst übernimmt die Wärmeleitung den Wärmetransport bis an die Körperoberfläche. Von dort wird die Wärme im Prinzip durch folgende Mechanismen abgegeben: Strahlung (s. § 17.3), Verdunstung (s. § 16.2.3) sowie durch Wärmeleitung und Konvektion. Die jeweiligen Anteile der einzelnen Wärmeströme an der gesamten Wärmeabgabe sind stark von der Umgebungstemperatur abhängig. So wird ab Außentemperaturen von ca. 35 °C die Verdunstung den überwiegenden Anteil des Gesamtwärmestroms an die Umgebung darstellen; bei Lufttemperaturen von ca. 20 °C überwiegt der Strahlungsanteil. Wärmeabgabe durch Wärmeleitung findet nur in einer auf der Körperoberfläche haftenden ruhenden Luftschicht (*Prandtl*-Grenzschicht, s. § 10.5.1) statt. Außerhalb dieser Grenzschicht, deren Dicke mit steigender Windgeschwindigkeit abnimmt, wird Wärme durch Konvektion abtransportiert. Die Konvektion ist dabei ebenfalls von den vorliegenden Strömungsgeschwindigkeiten des umgebenden Fluids abhängig und der durch Konvektion bedingte Wärmestrom steigt mit der Strömungsgeschwindigkeit an, wobei laminare und turbulente Strömungsverhältnisse zu unterschiedlichen Ergebnissen führen.

4. Die Unterdrückung der Konvektion, d. h. die Wirkungsweise, auf welcher **Wärme-Isolierstoffe** aber auch der **Wärmeschutz** unserer Kleidung beruhen, gelingt durch Verkleinerung der verfügbaren Volumina, in denen sich eine freie Zirkulation ausbilden kann, mithilfe von Geweben oder porösen Wärmedämmstoffen (z. B. Schaumstoffe, Styropor), die ein System von sehr kleinen luftgefüllten Zellen darstellen. Hier kommt dann die geringe Wärmeleitfähigkeit der Luft zur Geltung, denn die Isolation besorgen die kleinen Luftzellen und nicht das viel besser wärmeleitende Material. Bei Kleidungsstücken ist im Übrigen darauf zu achten, dass diese nicht zu hauteng anliegen, um noch wärmend zu wirken, da ansonsten die oben erwähnte isolierende Luft-Grenzschicht der Hautoberfläche nicht mehr zur Wirkung kommt. Die Wärmeisolierung durch Verhinderung oder zumindest durch Reduktion der Konvektion mit entsprechenden Wärmedämmstoffen geringer Wärmedurchgangskoeffizienten (s. auch § 17.1) findet vielfältige Anwendung, wie z. B. bei den Isolierschichten von Kühl- und Gefriergeräten, bei Kalorimetern, aber auch im Hausbau zur Mauerwerk- und Dachisolierung. Auch doppelt verglaste Fensterscheiben ergeben im Vergleich zu einfach verglasten eine wesentlich verbesserte Wärmeisolierung durch eine gering wärmeleitende Gasschicht (z. B. Luft oder Stickstoff) zwischen den beiden Glasscheiben, welche bei geeigneter Dicke (optimal ca. 1 cm) die Konvektion in dem Zwischenraum stark reduziert (s. auch § 17.3, Anwendungsbeispiele).

§ 17.3 Wärmeübertragung durch Strahlung

Zur Übertragung von Wärme ist außer der Wärmeleitung und der Konvektion noch eine dritte Art von großer Bedeutung: die *Wärmestrahlung* oder *Temperaturstrahlung*, die je nach der Temperatur des Körpers oder seiner Umgebung entsprechend hohe Anteile von infrarotem, sichtbarem und ultraviolettem Licht enthält. Der Wärmeaustausch zwischen Körpern, der durch Emission oder Absorption von *elektromagnetischer Strahlung* erfolgt (s. § 32), findet sowohl durch den mit Materie erfüllten Raum als auch durch das Vakuum statt (z. B. Strahlung der Sonne). Zwei Körper unterschiedlicher Temperatur beispielsweise, die nur Energie durch Strahlung austauschen können, ansonsten aber thermisch gegeneinander isoliert sind – etwa durch Vakuum –, werden am Ende ebenfalls gleiche Temperatur aufweisen. Im Gegensatz zu den beiden bisher besprochenen Wärmeübertragungsmechanismen existiert Wärmetransport durch Strahlung aber sowohl von warm nach kalt als auch von kalt nach warm. Die Differenz beider Wärmeströme, der Netto-Wärmestrom, erfolgt stets in Richtung zum Körper mit der tieferen Temperatur. Wärmestrahlung ist somit auch dann vorhanden, wenn zwischen den Körpern keine Temperaturdifferenz besteht; dann emittiert und absorbiert jeder Körper gleich viel Strahlungsenergie (es herrscht *thermisches Gleichgewicht*).

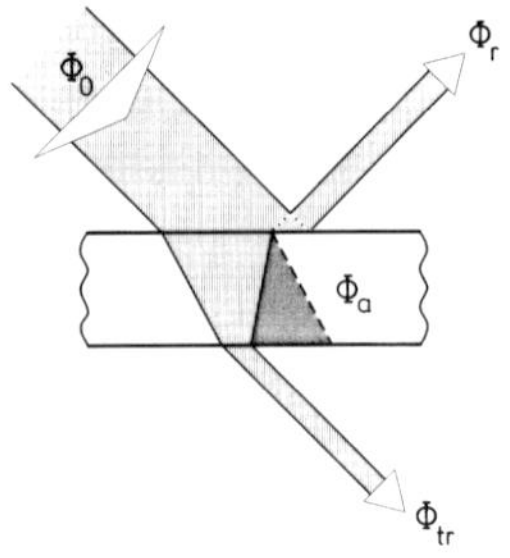

Abb. 17.5

Die auf einen Körper treffende Strahlung wird jedoch nur zum Teil absorbiert, der übrige Anteil wird reflektiert, gestreut oder gegebenenfalls durchgelassen. Sehen wir einmal von Streuung der Strahlung ab und sei der Strahlungsfluss (Strahlungsleistung) der auftreffenden Strahlung Φ_0, der reflektierten Φ_r, der absorbierten Φ_a und der transmittierten Strahlung Φ_{tr} (Abb. 17.5), dann gilt für den von der Wellenlänge λ der auftreffenden Strahlung und vom Material abhängigen *Reflexions-*, *Absorptions- und Transmissionsgrad* (*Durchlässigkeit*) jeweils folgende Definition:

Definition:

$$\varrho(\lambda) = \frac{\Phi_r}{\Phi_0} \quad (\textbf{Reflexionsgrad}) \tag{17.17}$$

$$\alpha(\lambda) = \frac{\Phi_a}{\Phi_0} \quad (\textbf{Absorptionsgrad}) \tag{17.18}$$

$$\tau(\lambda) = \frac{\Phi_{tr}}{\Phi_0} \quad (\textbf{Transmissionsgrad}) \tag{17.19}$$

Nach dem Energieerhaltungssatz muss $\Phi_r + \Phi_a + \Phi_{tr} = \Phi_0$ sein, woraus bei Division mit Φ_0 und (17.17)–(17.19) folgt:

$$\varrho + \alpha + \tau = 1 \tag{17.20}$$

Ist beispielsweise der Reflexionsgrad eines Körpers $\varrho = 1$, d. h. nach (17.20) wird damit $\alpha = \tau = 0$, dann liegt ein ideal *weißer Körper* vor, der vollständig reflektiert, wobei dies nicht notwendigerweise eine reguläre (Spiegelreflexion) sein muss, sondern auch eine in unterschiedlichen Graden diffuse Reflexion sein kann. Für einen Körper, der sämtliche auftreffende elektromagnetische Strahlung unabhängig von der Frequenz (bzw. Wellenlänge) und der Temperatur absorbiert, muss $\varrho = \tau = 0$ und damit nach (17.20) der Absorptionsgrad $\alpha = 1$ sein; man bezeichnet ihn als den *absolut schwarzen Körper* oder kurz den **schwarzen Körper**. In Wirklichkeit ist kein Körper absolut schwarz. Ruß, Platinschwärze oder schwarzer Samt kommen im sichtbaren Spektralbereich aber recht nahe an den Absorptionsgrad des schwarzen Körpers heran; für derartige als *graue Körper* bezeichnete Materialien liegt α zwischen 0 und 1. Als experimentell sehr gute Näherung eines schwarzen Körpers (mit dem Absorptionsgrad $\alpha(\nu, T) = \alpha_B = 1$ für alle Frequenzen ν) gilt ein abgeschlossener Hohlraum mit einer kleinen Öffnung, in einer der den Hohlraum begrenzenden undurchsichtigen Wand, deren Querschnittsfläche klein gegenüber der gesamten Innenfläche des Hohlraums ist. Elektromagnetische Strahlung, die durch die Öffnung von außen in den Hohlraum eindringt, wird infolge vielfacher Reflexion an den absorbierenden Innenflächen des Hohlraums so weit abgeschwächt, dass keine Strahlung mehr die Öffnung verlässt.

Jeder Körper K mit einer Temperatur $T > 0$ emittiert auch elektromagnetische Strahlung. Diese Temperaturstrahlung wird bei höheren Temperaturen als Wärmestrahlung empfunden und bei sehr hohen Temperaturen tritt auch Lichtemission auf, d. h. der Körper glüht. Die von einem Flächenelement $\mathrm{d}A$ der Körperoberfläche senkrecht emittierte spezifische spektrale Ausstrahlung $M_K(\nu, T)$ wird eingeführt durch $M_K(\nu, T) = \mathrm{d}\Phi_K / \mathrm{d}A_\perp$, wobei $\Phi_K = \Phi_K(\nu, T)$ den emittierten Strahlungsfluss (bzw. die Strahlungsleistung) bezeichnet. Der Emissionsgrad ε eines Körpers ist abhängig von dessen Temperatur T, dem Material, der Form und der Oberflächenbeschaffenheit sowie von der Frequenz ν der emittierten Strahlung. Die Erfahrung zeigt, dass Körper mit einem hohen spektralen Absorptionsgrad α auch einen hohen spektralen Emissionsgrad ε, d. h. eine hohe spezifische spektrale Ausstrahlung $M(\nu, T)$ aufweisen. Den größten Emissionsgrad und damit die größte spezifische spektrale Ausstrahlung $M_B(\nu, T)$ zeigt ebenfalls der schwarze Körper, der hierfür wiederum mit dem oben erwähnten Modell realisiert werden kann, nur dass die Wände des Hohlraums jetzt auf gleiche Temperatur T gebracht werden, sodass die Öffnung als Strahlungsquelle wirkt.

Für die spezifische spektrale Ausstrahlung $M_K(\nu, T)$ irgendeines Körpers und die eines schwarzen Körpers gleicher Temperatur $M_B(\nu, T)$ sowie den spektralen Absorptionsgrad $\alpha(\nu, T)$ gilt das **Kirchhoff'sche Strahlungsgesetz**:

$$\frac{M_K(\nu, T)}{\alpha(\nu, T)} = M_B(\nu, T) \tag{17.21}$$

Bei gegebener Frequenz ν (bzw. Wellenlänge λ) und Temperatur T hat somit der schwarze Körper als *idealer Strahler* die maximal mögliche spezifische Ausstrahlung und wird als **schwarzer Strahler** bzw. **Hohlraumstrahler**, die von ihm emittierte Strahlung als *schwarze Strahlung* oder *Hohlraumstrahlung* bezeichnet. Die spezifische spektrale Ausstrahlung des schwarzen Strahlers hängt nicht von der Oberflächenbeschaffenheit und dem Material des strahlenden Hohlraums ab.

Für den Emissionsgrad ε, definiert durch $\varepsilon(\nu,T) = M_K(\nu,T)/M_B(\nu,T)$ eines schwarzen Strahlers folgt somit $\varepsilon_B = 1$ und für *nichtschwarze Körper* ($\alpha(\nu) < 1$) ist auch $\varepsilon(\nu) < 1$. Die spezifische spektrale Ausstrahlung eines beliebigen Temperaturstrahlers ist daher nach Kirchhoff gegeben durch:

$$M_K(\nu,T) = \varepsilon(\nu,T) \cdot M_B(\nu,T) = \alpha(\nu,T) \cdot M_B(\nu,T)$$

Für die Hohlraumstrahlung gelten experimentell nachweisbare Gesetzmäßigkeiten, die auch durch die Strahlungstheorie erklärt werden können. Beispielsweise gibt die nach *J. Stefan* und *L. Boltzmann* benannte Beziehung den Zusammenhang zwischen der von einem schwarzen Strahler emittierten Hohlraumstrahlung und der Temperatur des schwarzen Körpers an:

Die von der Flächeneinheit der Hohlraumöffnung pro Zeit nach vorn, über alle Frequenzen bzw. Wellenlängen summiert, insgesamt ausgesandte Energie, die *Strahlungsleistungsdichte* oder *spezifische Ausstrahlung*

$$M(T) = \int_0^\infty M_B(\nu,T)\,\mathrm{d}\nu,$$

ist der vierten Potenz der absoluten Temperatur T des schwarzen Strahlers proportional **(Stefan-Boltzmann'sches Gesetz)**:

$$M(T) = \sigma \cdot T^4 \tag{17.22}$$

wobei

$$\sigma = (5{,}670400 \pm 0{,}000040) \cdot 10^{-8} \frac{\mathrm{W}}{\mathrm{m}^2 \cdot \mathrm{K}^4}$$

$\approx 5{,}67 \cdot 10^{-8} \dfrac{\mathrm{W}}{\mathrm{m}^2 \cdot \mathrm{K}^4}$ die ***Stefan-Boltzmann-Konstante*** ist.

Eine Fläche A eines Hohlraumstrahlers strahlt somit nach einer Seite die Strahlungsleistung P ab, für die mit (17.22) folgt:

$$P = \sigma \cdot A \cdot T^4 \tag{17.23}$$

Die Ausstrahlung eines realen (nichtschwarzen) Körpers ist stets geringer als die des schwarzen Strahlers bei gleicher Wellenlänge und Temperatur. Mit dem oben eingeführten Emissionsgrad ε, der für die Oberfläche realer Körper eine Zahl zwischen 0 (ideal weiße, glänzende Oberfläche) und 1 (ideal schwarze, stumpfe Oberfläche) und i. Allg. temperaturabhängig ist, ergibt sich aus (17.23) für die abgegebene Strahlungsleistung eines realen Strahlers:

$$P = \varepsilon \cdot \sigma \cdot A \cdot T^4 \tag{17.24}$$

Ein schwarzer Körper der Temperatur T_1 strahlt jedoch nicht nur Leistung $P_1 = \sigma \cdot A \cdot T_1^4$ an die Umgebung ab, sondern er absorbiert auch gleichzeitig eine aus der Umgebung (z. B. einer Wand der Temperatur T_2) kommende Strahlungsleistung $P_2 = \sigma \cdot A \cdot T_2^4$. Unter der Voraussetzung, dass die strahlende und absorbierende Fläche A gleich groß ist, wird nach (17.23) die effektiv abgegebene Strahlungsleistung des schwarzen Körpers:

$$\Delta P = \sigma \cdot A \cdot \left(T_1^4 - T_2^4\right) \tag{17.25}$$

Bei einem realen (*grauen*) Körper hängt die effektiv an die Umgebung abgegebene Strahlungsleistung auch noch von der jeweiligen Größe seines Emissions- und Absorptions- bzw. Reflexionsgrades ab, der bei der Berechnung nach (17.25) entsprechend berücksichtigt werden muss.

Die von der Oberfläche eines warmen Körpers (Temperatur $T > 0$) emittierte elektromagnetische Strahlung zeigt eine charakteristische Wellenlängenabhängigkeit. Die spektrale Verteilung der (von einem Flächenelement $\mathrm{d}A$ in den Raumwinkel $\mathrm{d}\Omega$ emittierten) Strahlungsleistungsdichte des schwarzen Körpers (im Wellenlängenintervall $\Delta\lambda = 1\,\mathrm{nm}$) zeigt Abb. 17.6 für einige Temperaturen (die Kurve für $T = 3000$ K ist 20fach vergrößert dargestellt). Die Gesamtstrahlungsleistung der emittierten Hohlraumstrahlung entspricht dem Flächeninhalt, den die zur entsprechenden Temperatur T gehörende Kurve mit der Abszissenachse einschließt. Wie aus der Abbildung zu entnehmen ist, wächst die Gesamtstrahlungsleistung mit steigender Temperatur, wobei sich das Maximum der jeweiligen T-Kurve mit steigender Temperatur des schwarzen Körpers zu kürzeren Wellenlängen hin verschiebt.

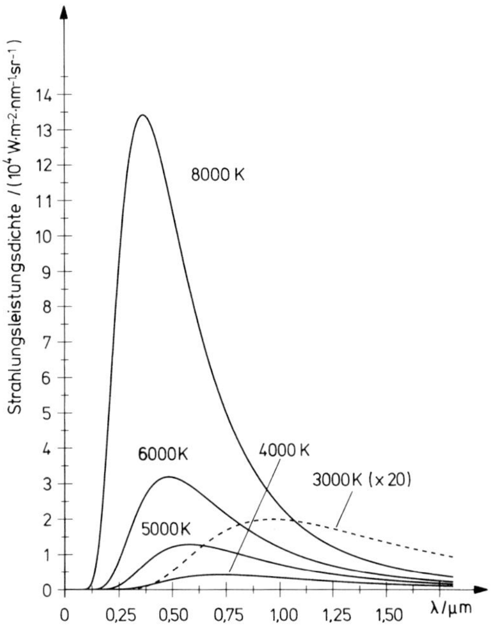

Abb. 17.6

Auf der Basis einer klassischen theoretischen Betrachtung konnte *W. Wien* zeigen, dass das Produkt aus der Wellenlänge $\lambda_{\max}$ des Maximums der Intensitätsverteilung des thermischen Strahlers und der Temperatur T eine universelle Konstante ergibt. Diese Beziehung heißt das **Wien'sche Verschiebungsgesetz**:

$$\lambda_{\max} \cdot T = b \tag{17.26}$$

Die Konstante b des Wien'schen Verschiebungsgesetzes ist
$b = (2{,}8977685 \pm 0{,}0000051) \cdot 10^{-3}$ m · K
$\approx 2{,}898$ mm · K $= 2898\ \mu$m · K.

Bei normaler Körpertemperatur (Hauttemperatur ≈ 306 K) liegt das Maximum der Eigenstrahlung des Menschen bei $\lambda_{\max} \approx 9{,}5$ µm. Dabei setzen wir voraus, dass der die Strahlung emittierende Körper in guter Näherung als schwarzer Strahler betrachtet werden darf. Ein Körper mit einer Oberflächentemperatur von $T = 1000$ K zeigt somit ein Strahlungsmaximum von $\lambda_{\max} \approx 2{,}9$ µm, emittiert aber, für das menschliche Auge bereits erkennbar, auch genügend Strahlungsintensität im sichtbaren Spektralbereich, denn der Körper beginnt augenscheinlich mit schwacher Rotglut zu glühen. Der Wolframglühfaden einer konventionellen Glühbirne hat die Temperatur $T \approx 2800$ K und damit das Maximum der Strahlungsemission bei $\lambda_{\max} \approx 1$ µm, wogegen jener einer Halogenlampe eine Betriebstemperatur von $T \approx 3500$ K, knapp unter der Schmelztemperatur des Wolframs aufweist und daher weit höhere Anteile an sichtbarem Licht emittiert, mit einem Maximum der Strahlungsintensität bei $\lambda_{\max} \approx 800$ nm. Die Sonne besitzt ihr Strahlungsmaximum bei $\lambda_{\max} \approx 500$ nm, d. h. die mittlere Oberflächentemperatur der Sonne beträgt nach (17.26) demnach $T \approx 5800$ K (unter der Annahme, die Sonne als schwarzen Strahler betrachten zu können). Mittels des Wien'schen Verschiebungsgesetzes ist es daher auch möglich, die Temperatur eines Strahlers zu ermitteln, wobei dazu aber sein Emissions- bzw. Absorptionsgrad berücksichtigt werden muss, da es sich dabei in den überwiegenden Fällen um keinen schwarzen, sondern um einen grauen Strahler handelt.

Die spektrale Verteilung der Strahlungsleistungsdichte eines schwarzen Körpers mit der mittleren Temperatur der Sonnenoberfläche zeigt die Abb. 17.7 mit dem Maximum der Strahlungsemission bei $\lambda_{\max} = 500$ nm; der Bereich des sichtbaren Anteils der Gesamtstrahlung ist schraffiert angedeutet. Die

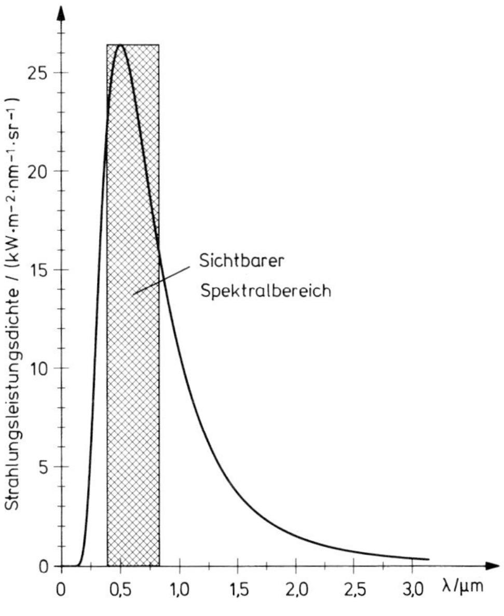

Abb. 17.7

von der Sonne insgesamt emittierte Strahlungsleistung ergibt sich, bei angenommener kugelförmiger Gestalt mit einem Radius der Sonne von $R_{So} = 696\,350$ km und einer effektiven Oberflächentemperatur von $T_{So} = 5870$ K, nach (17.23) zu $P_{So} = 3{,}85 \cdot 10^{26}$ W. Rechnet man mit einer Abnahme der Strahlungsleistung proportional r^{-2}, dann kommt im Raumwinkel, unter dem die Erde vom Mittelpunkt der Sonne aus erscheint, in der mittleren Entfernung Sonne-Erde ($r_0 = 149\,597\,870$ km) oberhalb der Erdatmosphäre pro m^2 senkrecht zur Verbindungsachse der Bruchteil $P_{So}/\left(4\pi \cdot r_0^2\right)$ an.

Diese Größe ist die so genannte ***extraterrestrische Solarkonstante S***, deren langjährig gemittelter Zahlenwert derzeit mit $\boldsymbol{S = 1368\ W \cdot m^{-2}} \approx 1{,}37\ \mathrm{kW \cdot m^{-2}}$ (oder $S \approx 8{,}22\ \mathrm{J \cdot cm^{-2} \cdot min^{-1}}$) angegeben wird. Die Literaturwerte der letzten Jahre variieren im Bereich zwischen etwa $1360\ \mathrm{W \cdot m^{-2}}$ und $1370\ \mathrm{W \cdot m^{-2}}$. Die natürlichen Schwankungen im Laufe eines Jahres aufgrund der Exzentrizität der Erdbahn um die Sonne betragen ca. $\pm$ 3,4 % des mittleren Wertes, wobei während des Periheldurchgangs der Erde im Januar das Maximum und im Apheldurchgang Anfang Juli das Minimum der Einstrahlung auftritt.

Von der an der äußeren Atmosphäre auftreffenden Strahlungsleistungsdichte kommt an einem Ort der Erdoberfläche wegen der Erdrotation einerseits sowie durch Reflexions- und Absorptionsverluste durch die Erdatmosphäre andererseits, nur ein Teil an. Die Sonne beleuchtet eine Fläche, die der projizierten Fläche $\pi \cdot R_E^2$ (mit R_E: Erdradius) der Erdkugel entspricht, d. h. ein Strahlungsbündel dieser Größe wird aus der auftreffenden Sonnenstrahlung ausgeblendet. Infolge der Erdrotation verteilt sich die gesamte Strahlungsleistung auf die Kugeloberfläche $4\pi \cdot R_E^2$. Somit steht im Mittel nur ein Viertel der Solarkonstanten an einem Ort der Erdkugeloberfläche zur Verfügung, d. h. ein mittlerer Wert von ca. $342\ \mathrm{W \cdot m^{-2}}$, ohne Berücksichtigung des Einflusses der Erdatmosphäre. Bezieht man die Atmosphäre mit ein, so folgt aus der Budgetierung der Strahlungs- und Energieflüsse im System Erdatmosphäre-Erdoberfläche, dass ca. 31 % der an der oberen Grenze der Atmosphäre auftreffenden Strahlung in den Weltraum zurückreflektiert sowie rund 20 % in der Atmosphäre absorbiert werden und etwa 49 % oder $168\ \mathrm{W \cdot m^{-2}}$ am Erdboden ankommen und dort absorbiert werden können.

§ 17.3.1 Anmerkungen zur theoretischen Beschreibung der Spektralverteilung der Hohlraumstrahlung

Der in Abb. 17.6 skizzierte Verlauf der spektralen Energiedichte eines Hohlraumstrahlers für verschiedene Temperaturen in Abhängigkeit von der Wellenlänge war gegen Ende des neunzehnten Jahrhunderts durch präzise Messungen bestens bestätigt. Es war jedoch nicht gelungen, eine zufrieden stellende mathematische Formulierung dieser Funktion zu finden. Der Ansatz von *Rayleigh* und *Jeans* wie auch der von *Wien* konnte die spektrale Verteilung der Hohlraumstrahlung nicht vollständig richtig wiedergeben. *Max Planck* gelang es schließlich im Jahre 1900, eine Interpolationsformel aufzustellen, die den experimentell gefundenen Verlauf der Strahlung im gesamten Spektralbereich richtig wiedergibt. Dies war aber nur möglich unter der für die klassische Physik fremden Annahme, dass bei Absorption und Emission eines Strahlers die elektromagnetische Strahlung nicht in beliebigen Energieportionen ausgetauscht werden kann, sondern nur in ganzzahligen Vielfachen eines Elementarquantums, dem *Energiequantum* $E = h \cdot \nu$. Dabei ist ν die Frequenz der Strahlung und $h = 6{,}626 \cdot 10^{-34}$ J · s, die *Planck'sche Konstante* oder das *Planck'sche Wirkungsquantum*, eine neue Naturkonstante. Die von *Planck*, unter Zugrundelegung der *Quantenhypothese*, aufgestellte **Strahlungsformel** für die spektrale Dichte der Strahlungsenergie lautet:

$$w_\nu(\nu, T)\,\mathrm{d}\nu = \frac{8\pi \cdot \nu^2}{c^3} \cdot \frac{h\nu}{e^{\frac{h \cdot \nu}{k \cdot T}} - 1}\,\mathrm{d}\nu \tag{17.27}$$

(Planck'sches Strahlungsgesetz)

(c: Lichtgeschwindigkeit im Vakuum; k: Boltzmannkonstante)

Diese Beziehung enthält im Grenzfall sehr kleiner Frequenzen, d. h. $h \cdot \nu \ll k \cdot T$ (womit für $e^{h \cdot \nu/(k \cdot T)} - 1 \approx 1 + h \cdot \nu/(k \cdot T)$ gilt) das Gesetz von *Rayleigh-Jeans*:

$$w_\nu(\nu, T)\,\mathrm{d}\nu \approx \frac{8\pi \cdot \nu^2}{c^3}\, k \cdot T \cdot \mathrm{d}\nu \tag{17.28}$$

(Rayleigh-Jeans-Gesetz)

wie auch das *Wien'sche Strahlungsgesetz* im Grenzfall großer Frequenzen, d. h. $h \cdot \nu \gg k \cdot T$ (und damit $e^{h \cdot \nu/(k \cdot T)} \gg 1$):

$$w_\nu(\nu, T)\,\mathrm{d}\nu \approx \frac{8\pi \cdot h \cdot \nu^3}{c^3} e^{-h \cdot \nu/(k \cdot T)} \cdot \mathrm{d}\nu \tag{17.29}$$

(Wien'sches Gesetz)

Das auf klassischer Grundlage abgeleitete Strahlungsgesetz von *Rayleigh* und *Jeans* gibt den experimentellen Verlauf der spektralen Strahlungsenergiedichte nur für den Grenzfall sehr kleiner Frequenzen, d. h. sehr großer Wellenlängen, einigermaßen zutreffend wieder, liefert jedoch nicht einmal das (endliche) Maximum der Kurven. Erst ab Wellenlängen $\lambda > 50\,\mu\text{m}$ findet man eine gute Übereinstimmung mit experimentellen Daten. Dagegen stimmt das von *Wien* entwickelte Gesetz für die Spektralverteilung der Hohlraumstrahlung für große Frequenzen, d. h. kleine Wellenlängen, sehr gut mit den experimentellen Messergebnissen überein und liefert auch die Maxima, weicht jedoch erheblich im langwelligen Bereich des Strahlungsspektrums ab.

Das oben angegebene Wien'sche Verschiebungsgesetz (17.26) wie auch das Stefan-Boltzmann'sche Gesetz (17.22), kann ebenfalls aus der Planck'schen Strahlungsformel abgeleitet werden. Das Erstere durch Bestimmung der Extremalwerte der Kurven mittels Differentiation von (17.27), das Letztere durch Integration der spektralen Energiedichteverteilung der Hohlraumstrahlung über alle Frequenzen und Berechnung der in den gesamten Halbraum pro Flächeneinheit emittierten Strahlungsleistung.

§ 17.3.2 Einige Anwendungsbeispiele zu Möglichkeiten der Wärmeisolierung bzw. zur Wärmestrahlung

In den §§ 17.1 und 17.2 haben wir bereits Anwendungsbeispiele zur Wärmeleitung und Konvektion bzw. zu Möglichkeiten für deren Reduzierung besprochen, wobei mitunter auch die Wärmestrahlung mit einzubeziehen war. Für eine gute Wärmeisolierung sind alle drei Wärmetransportmechanismen zu berücksichtigen. Dazu und zur Wärmestrahlung selbst noch einige Beispiele, außer den oben schon angesprochenen:

1. Eine hoch reflektierende z. B. metallisierte Oberfläche besitzt einen Reflexionsgrad $\varrho \approx 1$ und damit einen geringen Absorptions- bzw. Emissionsgrad. Ein Material mit geringer Wärmeleitfähigkeit, das an seiner Oberfläche metallisch beschichtet ist, findet daher vielfältige Anwendung, beispielsweise als Wärmeisoliermatte.

2. Die Wärmedämmung von doppelverglasten Fensterscheiben (s. § 17.2, Beispiele) lässt sich noch verbessern, insbesondere durch weitere Reduzierung der Konvektion im gasgefüllten Zwischenraum der beiden Scheiben, indem die Innenseiten mit einer dünnen metallischen Schicht bedampft werden, welche zwar das sichtbare Licht nahezu ungehindert passieren lässt, jedoch die infrarote Strahlung (von außen wie von innen) reflektiert. Dadurch wird die Erzeugung von Wärme infolge Absorption der Infrarotstrahlung und damit auch Wärmetransport mittels Konvektion im Glaszwischenraum vermieden. Auf diese Weise werden auch für die Fensterflächen eines Hauses Wärmedurchgangskoeffizienten ähnlich denen isolierter Mauern erreicht (s. § 17.1, Beispiele).

Solarkollektoren dienen zur Umwandlung der absorbierten Strahlungsenergie der Sonne letztendlich in Wärme, z. B. zur Brauchwassererwärmung. Durch selektive Absorptionsschichten, die im Bereich hoher Strahlungsintensität der Sonne (s. Abb. 17.7) stark absorbieren, in den anderen Bereichen dagegen gering, insbesondere im fernen Infrarot, und damit bei einer Kollektortemperatur von ca. 360 K auch wenig emittieren.

3. Bei den in § 17.1 erwähnten Dewar-Gefäßen, Thermosflaschen bzw. Wärmeisoliergefäßen, die als doppelwandige Glasgefäße mit Vakuummantel gefertigt sind (Vakuummantelgefäße), kann infolge des luftleer gepumpten Zwischenraums keine Konvektion und Wärmeleitung auftreten. Durch eine hochreflektierende Metallschicht auf der Vakuumseite des Glases wird auch noch Wärmetransport durch Strahlung vermieden. Zum Transport und zur Aufbewahrung größerer Mengen von z. B. flüssigem Stickstoff oder flüssiger Luft werden heute meist doppelwandige Metallgefäße mit evakuiertem Zwischenraum verwendet.

4. Nach dem Stefan-Boltzmann'schen Gesetz ist die emittierte gesamte Strahlungsleistung eines Körpers proportional zur vierten Potenz seiner Temperatur. Geräte, welche mit einem geeigneten Detektor die emittierte Strahlungsleistung erfassen, sind die so genannten *Strahlungspyrometer*, womit berührungslos Temperaturmessungen durchgeführt werden können (s. auch § 12.3). Auch die *Thermographie* stellt ein berührungsloses Temperaturmessverfahren dar, bei dem mit einer *Thermo-* oder *Infrarotkamera* ein Temperaturverteilungsbild („Wärmebild") eines Objektes erhalten wird, indem eine im Strahlengang der Kamera befindliche Rasteroptik das Objekt zeilenweise von links nach rechts und von oben nach unten ähnlich wie eine Fernsehkamera abtastet. Im Gegensatz zu den Pyrometern wird also die Wärmestrahlung nicht als Mittelwert über die gesamte Oberfläche auf einmal, sondern mit einem empfindlichen Strahlungsempfänger von vielen kleinen Teilflächen erhalten. Da die Intensität der Strahlung $P \sim T^4$ ist, werden auch geringe örtliche Temperaturunterschiede deutlich; die Temperaturauflösung beträgt im kleinsten Messbereich ca. 0,1 K, bei Messbereichen zwischen $-30\,°\text{C}$ und $+1400\,°\text{C}$. Anwendungsbeispiele sind: die Untersuchung der Wärmeverluste von Gebäuden; die Lokalisierung von Wärmestaus bzw. Kurzschlüssen in elektronischen Schaltungen bei Entwicklung und Herstellung von Leiterplatten; zur zerstörungsfreien Materialprüfung; in der Medizin zur Messung der Oberflächentemperatur der Haut etwa bei der Brustkrebsvorsorgeuntersuchung oder allgemein zur Detektion entzündlicher Herde in Zonen nahe unterder Haut, die sich durch eine entsprechend größere Gesamtintensität der Temperaturstrahlung der Haut im Vergleich zu einem Normwert bzw. zu umliegenden Bereichen bemerkbar machen.

3

Aufgaben

Aufgabe 17.1: Ein Kupferstab ($\lambda = 389\,W \cdot m^{-1} \cdot K^{-1}$) der Länge $l = 1$ m und der Querschnittsfläche $A = 1\,cm^2$ befinde sich an einem Ende auf der Temperatur $T_1 = 120\,°C$. Die Temperatur am anderen Ende betrage $T_2 = 20\,°C$.
Wie lange dauert es, bis eine Wärmeenergie von $\Delta Q = 7002$ J transportiert ist?

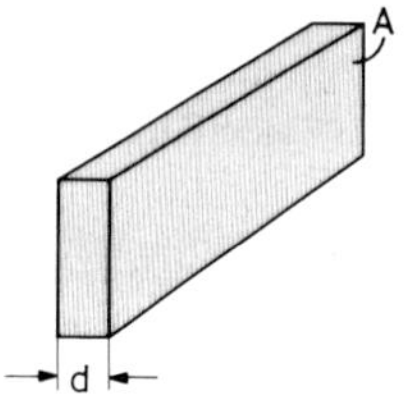

Bild A 17.1

Aufgabe 17.2: Bei einer Wärmeisolierungsplatte (Bild A 17.1) der Dicke $d = 1$ cm und der Fläche $A = 100\,cm^2$ bestehe zwischen den rechteckigen Flächen ein Temperaturunterschied $\Delta T = 30$ K und es fließe ein Wärmestrom von $\Phi_1 = 50$ J/s durch die isolierende Platte.
Wie groß ist der pro Zeiteinheit fließende Wärmestrom Φ_2 durch eine Platte aus gleichem Material, bei der gegenüber der ersten Platte alle linearen Abmessungen verdoppelt wurden?

Aufgabe 17.3: Ein 1,2 m langer zylindrischer Kupferstab (Radius $r = 1{,}25$ cm, Wärmeleitfähigkeit $\lambda = 394\,W \cdot m^{-1} \cdot K^{-1}$), der an seiner Mantelfläche gegen Wärmeverluste isoliert ist, tauche mit einem Ende in Eis (spezifische Schmelzwärme $q_{Eis} = 333{,}6$ J/g) von 0 °C, das andere werde in siedendem Wasser von 100 °C auf konstanter Temperatur gehalten.

a) Wie groß ist der Wärmestrom durch den Stab?
b) Mit welcher Rate schmilzt das Eis am kühleren Ende?

Aufgabe 17.4: Oberhalb der Erdatmosphäre werden von der Sonne je Minute 82,2 kJ pro m^2 senkrecht auf die Erde eingestrahlt.

a) Beim Rheinfall (bei Schaffhausen) stürzen pro Sekunde 250 000 L Wasser eine mittlere Fallhöhe von $h = 20$ m hinab. Wievielmal größer ist die in der Sekunde auf 1 km^2 einfallende Sonnenstrahlung im Vergleich zur im Wasser steckenden Energie aus ΔE_{pot} beim Rheinfall?
b) Die spezifische Verbrennungswärme von Steinkohle sei $q_v = 30$ MJ/kg. Wie viel Tonnen Kohle müssen bei 15%iger Ausnutzung verbrannt werden, um die auf 1 km^2 je Sekunde fallende Sonnenenergie zu erhalten?

Aufgabe 17.5: Die Oberflächentemperatur der Haut eines Menschen steige lokal durch eine darunter liegende Entzündung um $\Delta T = 3$ K an.
Um wie viel Prozent ungefähr liegt an dieser Stelle die Strahlungsleistung der Temperaturstrahlung der Haut über dem Normalwert (33 °C)?

Aufgabe 17.6: Das Maximum der spektralen Strahlungsemission des Hauptsterns im Sternbild des ***Großen Hundes***, des blauweiß erscheinenden ***Sirius'***, liegt bei $\lambda_{max} = 240$ nm und des hell rötlichen Sternes ***Beteigeuze*** im Sternbild ***Orion*** bei $\lambda_{max} = 850$ nm.

a) Wie hoch sind die Oberflächentemperaturen dieser zwei Sterne, wenn sie als schwarze Strahler angesehen werden können?
b) Wie groß ist die spezifische Ausstrahlung $M(T)_{Si}$ bzw. $M(T)_{Be}$ von Sirius (Si) bzw. Beteigeuze (Be)?
c) Welche Strahlungsleistung (Leuchtkraft) P_{Si} bzw. P_{Be} wird insgesamt jeweils von der Oberfläche dieser Sterne abgegeben, wenn der Radius des Sirius das ca. 1,75fache und der des Beteigeuze etwa das 1000fache des Sonnenradius ($R_{So} = 6{,}9635 \cdot 10^8$ m) beträgt? Wie ist das Resultat der Leuchtkraft für Beteigeuze, trotz der niedrigen Oberflächentemperatur, im Vergleich zum Ergebnis für Sirius mit der ca. 3,5fachen Oberflächentemperatur sowie zu der, weiter oben angegebenen, von der Sonne emittierten Strahlungsleistung zu interpretieren?

§ 18 Diffusion

Im vorangehenden Abschnitt (§ 17) haben wir Transportmechanismen zur irreversiblen Übertragung von Wärmeenergie kennen gelernt. Wir haben gesehen, dass es sich beispielsweise bei der Konvektion um eine makroskopische Bewegung eines materiellen Trägers handelt, dagegen bei der Wärmeleitung ein orientierter Transport von Energie stattfindet durch Stoßübertragung zwischen den in ständiger thermischer Bewegung befindlichen Teilchen der Materie aufgrund eines Temperaturgefälles. Ganz allgemein treten Transporterscheinungen auf, wenn ein räumliches Ungleichgewicht vorhanden ist, wie z. B. ein Temperaturgefälle oder ein Teilchenkonzentrationsgefälle, ein Geschwindigkeitsgefälle bzw. (bei elektrischen Ladungsträgern) ein elektrisches Potentialgefälle. Die entstehenden Ströme von Energie, Teilchen, Ladungen etc. sind stets so gerichtet, dass der vorliegende Gradient abgebaut wird. Die transportierten physikalischen Größen sind Energie, Impuls, elektrische Ladung bzw. Masse, wenn es sich um die Transportvorgänge *thermische* (oder *Wärme-*)*Leitfähigkeit*, *innere Reibung* oder *Viskosität* (bei Strömungen), *elektrische Leitfähigkeit* bzw. um die ***Diffusion*** handelt. Bei der Diffusion findet somit ein **orientierter Massentransport** statt, der dafür sorgt, dass sich ein vorhandenes räumliches Konzentrationsgefälle ausgleicht. Die Diffusion ist ein irreversibler Prozess, ähnlich wie die Wärmeleitung.

Diffusion tritt sowohl in Gasen als auch in Flüssigkeiten und festen Körpern auf. Bei der Diffusion findet ein Ortswechsel von Molekülen oder Atomen statt, wobei man die Bewegung von Teilchen in einem Stoff anderer Teilchenart als *Fremddiffusion*, die Bewegung von Teilchen in einem Stoff gleicher Teilchenart als *Selbst-* oder *Eigendiffusion* bezeichnet.

Ein Beispiel für die Eigendiffusion ist die Bewegung eines Gasmoleküls in seinem Gas bzw. eines Flüssigkeitsmoleküls in seiner Flüssigkeit. Fremddiffusion kann beispielsweise beobachtet werden, wenn man zwei verschiedenfarbige Flüssigkeiten so übereinander schichtet, dass die Flüssigkeit mit der geringeren Dichte oben liegt. Zunächst ist eine scharfe Grenze zwischen den beiden Flüssigkeiten vorhanden, die jedoch im Laufe der Zeit immer verschwommener wird, da immer mehr Flüssigkeitsmoleküle in das Nachbargebiet diffundieren. Die Diffusion ist erst beendet, wenn kein Dichtegradient mehr vorhanden ist. Ein Beispiel für Gase ist in Abb. 15.16 und 15.17 dargestellt, dabei können die „schwarzen" und „weißen" Moleküle verschiedenartige Gasmoleküle oder Moleküle unterschiedlicher Größe sein. Die Erscheinung der Diffusion in Flüssigkeiten und Gasen hängt aufs Engste mit der Brown'schen Bewegung der Moleküle zusammen. Da Gasmoleküle eine größere mittlere Geschwindigkeit besitzen als Flüssigkeitsmoleküle und sich außerdem in größeren mittleren Abständen voneinander befinden, d. h. größere mittlere freie Weglängen aufweisen, erfolgt die Diffusion der Atome bzw. Moleküle in Gasen schneller als in Flüssigkeiten.

Die Diffusion in Festkörpern geht wesentlich langsamer vor sich und beruht auf anderen Mechanismen. Auch hier kann Eigendiffusion beobachtet werden, z. B. Austausch von Atomen auf benachbarten Gitterplätzen, Wanderung von Atomen auf Zwischengitterplätze sowie auch Fremddiffusion, die beispielsweise in der Halbleitertechnik (Dotierung von Halbleitern, s. § 25.2), bei der Behandlung von Oberflächen oder bei der Korrosion eine wichtige Rolle spielt.

In allen Aggregatzuständen zeigt die Diffusion eine Abhängigkeit von der Temperatur, ist bei den Fluiden und den festen Stoffen jedoch unterschiedlich (s. weiter unten). Zahlreiche der Gesetzmäßigkeiten zur Beschreibung des Diffusionsvorgangs sind für alle drei Aggregatzustände gültig, insbesondere gilt das nachstehend behandelte erste Fick'sche Gesetz ebenso wie das zweite Fick'sche Gesetz. Wir beschränken unsere Erörterungen zunächst auf die Fluide, wobei wir im Wesentlichen die Diffusionsvorgänge für Gase behandeln. Es wird daher i. Allg. vorausgesetzt, dass die betrachtete Gasmenge hinreichend ausgedehnt ist und unter einem nicht zu niedrigen Druck steht, sodass die mittlere freie Weglänge der Gaspartikeln klein gegenüber der Gefäßdimension ist.

Wir stellen uns ein horizontal liegendes quaderförmiges Gefäß vor, das zunächst in Richtung der positiven x-Achse durch eine Trennwand in zwei Kammern unterteilt ist, die bei gleicher Temperatur mit zwei Gasen gefüllt

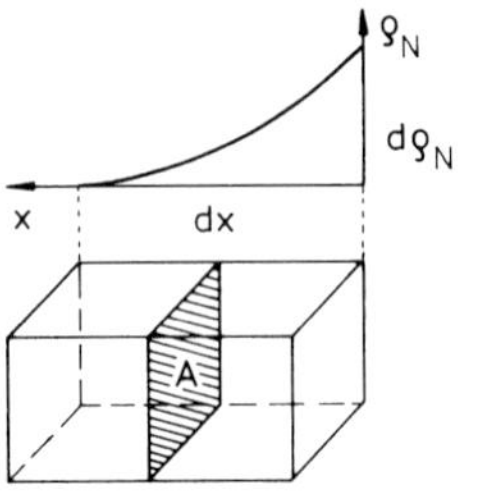

Abb. 18.1

sind, wobei die Dichte einer Gassorte in der rechten Kammer größer ist, wie in der schematischen Darstellung der Abb. 18.1 angenommen. Entfernen wir die Wand der Querschnittsfläche A, so durchmischen sich die beiden Gase spontan, beruhend auf der statistischen ungerichteten *Brown'schen Bewegung* ihrer diffundierenden Teilchen. Solange die Durchmischung noch nicht vollständig ist oder wir den stationären Nichtgleichgewichtszustand dadurch aufrechterhalten, indem wir das System aus den zwei Kammern zwischen zwei Reservoire schalten, von denen das eine (an der rechten Kammer) kontinuierlich die entsprechende Gassorte hineinfließen lässt zur Aufrechterhaltung der entsprechenden Partialdichte, während das andere Reservoir kontinuierlich eine entsprechende Menge aus dem System aufnimmt, solange besteht für beide Gase in der positiven x-Richtung ein stationäres Konzentrationsgefälle. Dieses wird zweckmäßigerweise durch die Gradienten der Teilchenanzahldichten der beiden Gase in x-Richtung gemessen. Da die angestellten Überlegungen für beide Gase gelten, genügt es, die Diffusion eines der Gase zu beschreiben. Im Falle, dass die Teilchenanzahldichte ϱ_N dieses Gases auf beiden Seiten der Querschnittsfläche A gleich groß wäre, würden im zeitlichen Mittel gleich viele Moleküle von rechts und von links diese Querschnittsfläche passieren. Ist jedoch, wie im betrachteten Modellfall, die Teilchenanzahldichte ϱ_N rechts größer als links, dann treten sicherlich von rechts mehr Moleküle durch die Fläche A als von links und es fließt ein Teilchenstrom von rechts nach links. Die durch die Fläche A in der Zeit $\mathrm{d}t$ hindurchdiffundierende Teilchenanzahl $\mathrm{d}N$ ist dann proportional zur Fläche A und zum Gradienten der Teilchenanzahldichte $\frac{\mathrm{d}\varrho_N}{\mathrm{d}x}$, welcher im Gesamtvolumen momentan herrscht.

Für den Teilchenstrom $\mathrm{d}N/\mathrm{d}t$ gilt das **1. Fick'sche Gesetz**:

$$\frac{\mathrm{d}N}{\mathrm{d}t} = -D \cdot A \cdot \frac{\mathrm{d}\varrho_N}{\mathrm{d}x} \tag{18.1}$$

Der Proportionalitätsfaktor D ist die **Diffusionskonstante** oder der **Diffusionskoeffizient** (s. Tab. 18.1 und 18.2), mit der SI-Einheit: $\frac{\mathrm{m}^2}{\mathrm{s}}$, der aber häufig auch in $\frac{\mathrm{cm}^2}{\mathrm{s}}$ angegeben wird.

Mit den Definitionen der Stoffmenge n nach (3.1) und der Stoffmengenkonzentration c der betrachteten Komponente des Gasgemisches nach (3.12) erhält man durch Einsetzen in Gleichung (18.1) als eine andere Darstellung des 1. Fick'schen Gesetzes:

$$\frac{\mathrm{d}n}{\mathrm{d}t} = -D \cdot A \cdot \frac{\mathrm{d}c}{\mathrm{d}x} \tag{18.2}$$

Die Stoffmenge n, die pro Zeitintervall $\mathrm{d}t$ senkrecht durch die Fläche A diffundiert, ist proportional zum Konzentrationsgefälle $-\frac{\mathrm{d}c}{\mathrm{d}x}$. Es fließt also ein *Teilchenstrom* oder *Diffusionsstrom* $i = \frac{\mathrm{d}n}{\mathrm{d}t}$ (im Beispiel der Abb. 18.1 von rechts nach links) durch die zur x-Richtung senkrechte Fläche A, wobei die treibende Kraft der Konzentrationsgradient $\frac{\mathrm{d}c}{\mathrm{d}x}$ ist. Mit der *Diffusionsstromdichte* $j = \frac{i}{A}$ folgt aus (18.2) eine weitere Formulierung des 1. Fick'schen Gesetzes, die analog zur ersten Wärmeleitungsgleichung in der Darstellung für die Wärmestromdichte gemäß Gleichung (17.3) ist, für den Fall eines eindimensionalen Dichtegradienten:

$$j = -D \cdot \frac{\mathrm{d}c}{\mathrm{d}x} \tag{18.3}$$

Die Diffusionsstromdichten, wie auch die Diffusionsströme, sind Nettodichten bzw. Nettoströme der chaotischen Bewegung der Teilchen (Brown'sche Bewegung) des diffundierenden Mediums in Richtung des Konzentrationsgefälles. Die Diffusion ist dann beendet, wenn ein völliger Ausgleich aller Stoffmengenkonzentrationen bzw. Teilchenzahldichten im gesamten Volumen erreicht ist, vorausgesetzt, es sind keine Teilchenquellen bzw. -senken vorhanden.

Das 1. Fick'sche Gesetz beschreibt die Teilchenstromdichte bei einem vorhandenen Konzentrationsgefälle an einem bestimmten Ort x. Damit ist aber die Diffusionserscheinung noch nicht vollständig beschrieben, denn der Diffusionsstrom ändert die Stoffmengenkonzentration als Funktion der Zeit. Die Beschreibung des Diffusionsvorgangs unter Berücksichtigung der Orts- und Zeitabhängigkeit der Stoffmengenkonzentration erfolgt mit dem **2. Fick'schen Gesetz**:

$$\frac{\partial c}{\partial t} = D \cdot \frac{\partial^2 c}{\partial x^2} \qquad (18.4)$$

Lösungen dieser Differentialgleichung ergeben die gesuchte Stoffmengenkonzentration als Funktion des Orts und der Zeit, sind aber nur in einigen speziellen Fällen (mit entsprechenden so genannten Anfangs- und Randbedingungen) möglich.

Man beachte die formale Ähnlichkeit sowohl des 1. als auch des 2. Fick'schen Gesetzes der Diffusion mit den entsprechenden Gleichungen des Transportphänomens Wärmeleitung (17.2) bzw. (17.3) und (17.15).

Ein stationäres Konzentrationsgefälle und damit ein stationärer, d. h. zeitlich konstanter Diffusionsstrom kann, wie oben beim 1. Fick'schen Gesetz bereits angesprochen, durch entsprechende Teilchenquellen bzw. -senken erreicht werden, die in den jeweiligen Volumenbereichen die unterschiedliche Teilchendichte aufrechterhalten. Näherungsweise, zumindest über einen bestimmten Zeitabschnitt, darf von einem stationären Diffusionsstrom ausgegangen werden, wenn die jeweiligen Volumenbereiche sehr groß sind und sich die entsprechenden Konzentrationen durch den Stoffübertritt praktisch nur wenig ändern. Ansonsten verschwindet der Diffusionsstrom, wenn die Konzentrationsunterschiede ausgeglichen sind, d. h. das System im thermodynamischen Gleichgewicht ist. Denn nur das Vorliegen eines Gradienten der Konzentration oder der Partialdichte bzw. des Partialdrucks im System führt dazu, dass die ungeordnete Brown'sche Bewegung der Moleküle zu einem im Mittel gerichteten Diffusionsstrom wird. Bei erhöhter Temperatur steigt die thermische, ungeordnete Bewegung in der Materie und damit auch die Diffusionsgeschwindigkeit. Der Diffusionskoeffizient ist daher abhängig von der mittleren thermischen Geschwindigkeit $\bar{v}$ und der mittleren freien Weglänge $\bar{l}$ der Moleküle. Nach der kinetischen Gastheorie erhält man für den Diffusionskoeffizienten D eines Gases:

$$D = \frac{\bar{v} \cdot \bar{l}}{3} \qquad (18.5)$$

Mit (14.15), (14.18) und (14.10) ergibt sich somit

$$D = \frac{2}{3 \cdot p \cdot \sigma} \cdot \sqrt{\frac{(k \cdot T)^3}{\pi \cdot m}} \qquad (18.6)$$

Daraus folgt für die Abhängigkeit des Diffusionskoeffizienten vom Gasdruck p (bei $T = \text{const.}$)

$$D \sim \frac{1}{\varrho_N} \sim \frac{1}{p} \qquad (18.7)$$

und für die Temperaturabhängigkeit des Diffusionskoeffizienten von Gasen gilt (bei $p = \text{const.}$)

$$D \sim T^{3/2} \qquad (18.8)$$

Aus (18.6) folgt ferner, dass der Diffusionskoeffizient $D \sim \frac{1}{\sqrt{m}}$ und damit auch $D \sim \frac{1}{\sqrt{M}}$ (M: molare Masse), d. h. leichtere Moleküle (z. B. He, H_2) diffundieren schneller als schwere (z. B. Luft, N_2, O_2), ein Zusammenhang, der jedoch nur in eingeschränkter Weise für einige Gase gültig ist.

Da nach (18.5) und (18.6) bei konstanter Temperatur $D \sim \bar{v} \sim \frac{1}{\sqrt{m}} \sim \frac{1}{\sqrt{M}}$ zumindest für einige Gase gilt, erhält man für zwei verschiedene Gase mit den molaren Massen M_1 und M_2 für das Verhältnis ihrer mittleren thermischen Geschwindigkeiten: $\bar{v}_1/\bar{v}_2 = \sqrt{M_2/M_1}$. Strömt nun ein Gas aus einem Behälter, in dem es sich unter dem Druck p (größer als der Außendruck) bei der Temperatur T befindet, durch eine dünne Kapillare bzw. eine poröse Wand (Durchmesser der Öffnung bzw. der Poren klein gegen die mittlere freie Weglänge der Gasmoleküle), dann ist die Ausströmgeschwindigkeit proportional zur mittleren thermischen Geschwindigkeit, d. h. obige Beziehung für den Quotienten der mittleren thermischen Geschwindigkeiten gilt auch für das Verhältnis der Ausströmgeschwindigkeiten zweier

Gase (vgl. auch § 10 Gleichung (10.12)). In Unterscheidung zur Diffusion wird der Ausströmvorgang aus einer Kapillaren auch als ***Effusion*** und das langsame Strömen von Gasen durch eine poröse Wand, welche wie eine Parallelschaltung von Kapillaren betrachtet werden kann, auch als ***Transfusion*** bezeichnet.

Die Bestimmung von Diffusionskoeffizienten erfolgt mit Apparaturen, die sich im Wesentlichen aus zwei Hauptkomponenten zusammensetzen: Der erste Teil, die eigentliche Diffusionszelle, besteht i. Allg. aus zwei identischen gut thermostatisierten Gefäßen zur Aufnahme der zu untersuchenden reinen Komponenten oder Gemische. Zur Durchmischung wird auf geeignete Weise eine Verbindung zwischen beiden Vorratsgefäßen hergestellt, wie beispielsweise beim so genannten Zweikammerverfahren – der bereits erstmals von *Fick* angewandten *quasistationären Methode* – durch eine Kapillare, deren Durchmesser bei vorliegendem Druck und thermostatisiert eingestellter Temperatur groß ist gegenüber der mittleren freien Weglänge der Teilchen. Die zweite wesentliche Komponente umfasst die Messeinrichtung, womit die Änderung der Zusammensetzung detektiert wird. Hierzu werden heute zunehmend differentielle Messtechniken eingesetzt und zur Durchmischungsanalyse werden zahlreiche physikalische Eigenschaften bzw. Methoden genutzt, etwa die Wärmeleitung in Gasen, die Detektion der Strahlung radioaktiv markierter Teilchen, Brechung oder Absorption von Licht etc.

Die Diffusionskoeffizienten von Gasen liegen unter Normalbedingungen im Bereich von ca. 10^{-5} bis 10^{-4} m^2/s, wie die experimentell ermittelten Werte in Tab. 18.1 zeigen. In der linken Spalte der Tabelle sind die Selbstdiffusionskoeffizienten D_0 einiger Gase (bei 0 °C und 1013,25 hPa), in der rechten Spalte die Fremddiffusionskoeffizienten einiger Gase und Dämpfe in Luft bei 20 °C und 1013,25 hPa angegeben.

Tab. 18.1

Gas in Gas	D_0 in $10^{-4}\,\frac{m^2}{s}$	Gas bzw. Dampf in Luft	D_0 in $10^{-4}\,\frac{m^2}{s}$
Argon	0,158	Ammoniak	0,2
Deuterium	0,862	Benzol	0,08
Helium	1,0	Essigsäure	0,11
Kohlenstoffdioxid	0,0962	Ethanol	0,1
Kohlenstoffmonoxid	0,177	Ethylether	0,09
Luft	0,178	Kohlenstoffdioxid	0,16
Neon	0,45	Methan	0,2
Sauerstoff	0,181	Methanol	0,13
Stickstoff	0,177	Sauerstoff	0,19
Wasserstoff	1,26	Wasserdampf	0,25
Xenon	0,06	Wasserstoff	0,66

Bei Flüssigkeiten bewirken im Prinzip die gleichen Mechanismen wie bei den Gasen den Stofftransport bei Vorliegen beispielsweise eines Konzentrationsgradienten, nur sind die mittleren thermischen Geschwindigkeiten und mittleren freien Weglängen der Teilchen weitaus geringer ($\bar{l}$ in der Größenordnung der molekularen Dimension), sodass wesentlich kleinere Diffusionsgeschwindigkeiten bzw. kleinere Diffusionskoeffizienten bei Flüssigkeiten vorliegen.

Der Nettostrom der Flüssigkeitsteilchen folgt einerseits dem Konzentrationsgefälle, erfährt aber andererseits – bei nicht zu großen Strömungsgeschwindigkeiten – eine geschwindigkeitsproportionale Widerstandskraft, charakterisiert durch einen (durch die innere Reibung bedingten) Reibungsfaktor f, der z. B. für kugelförmige Teilchen (Radius r) nach (10.20) $f = 6 \cdot \pi \cdot \eta \cdot r$ ist. Ausgehend von der *Brown'schen Bewegung* kann für den Diffusionsprozess ein Zusammenhang zwischen dem Diffusionskoeffizienten D und dem Reibungsfaktor f abgeleitet werden, die ***Stokes-Einstein-Beziehung***:

$$D = \frac{k \cdot T}{f} \tag{18.9}$$

wonach sich der Diffusionskoeffizient D kugelförmiger Teilchen im Medium der Viskosität η ergibt zu:

$$D = \frac{k \cdot T}{6\pi \cdot \eta \cdot r} \tag{18.10}$$

Es ist demnach möglich, Diffusionskoeffizienten von in Flüssigkeiten gelösten Molekülen aus Viskositätsmessungen zu berechnen. Prinzipiell wird die experimentelle Bestimmung der Diffusionskoeffizienten von Flüssigkeiten mit denselben Verfahren und unter denselben Bedingungen durchgeführt wie bei Gasen, nur dass z. B. bei der quasistationären Methode die beiden Gefäße übereinander angeordnet werden und entweder durch eine Kapillare oder eine poröse Membran (Diaphragma) verbunden werden.

Die Diffusionskoeffizienten einiger Substanzen in Wasser sind in Tab. 18.2 (bei 293 K, 1013,25 hPa angegeben (Zahlenwerte extrapoliert auf Konzentration $c \rightarrow 0$).

Bei Flüssigkeiten liegen die Diffusionskoeffizienten, wie Tab. 18.2 zeigt, im Bereich von ca. 10^{-11} bis 10^{-9} m^2/s, d. h. sie sind um etwa vier Zehnerpotenzen kleiner als jene der Gase.

Die Diffusion in festen Stoffen folgt anderen Gesetzmäßigkeiten als in der Gasphase und unterscheidet sich von der Diffusion in Gasen und Flüssigkeiten durch eine noch geringere Beweglichkeit der Teilchen und damit durch einen wesentlich kleineren Diffusionskoeffizienten.

Tab. 18.2

Substanz in Wasser	D in $10^{-9}\,\frac{m^2}{s}$	Substanz in Wasser	D in $10^{-9}\,\frac{m^2}{s}$
Adenosintri-phosphat	0,3	Lithiumchlorid	1,32
		Methanol	1,3
Ethanol	1,2	Myosin	0,01
Fibrinogen (Mensch)	0,02	Natriumchlorid	1,55
Glucose	0,67	Natriumlauryl-sulfat	0,61
Glycerin	0,93		
Glycerol	1,1	Rinderserumal-bumin	0,06
Hämoglobin	0,07		
Harnstoff	1,27	Rohrzucker	0,46
Kaliumchlorid	1,92	Zitronensäure	0,66

Er liegt bei Feststoffen in Bereichen zwischen ca. 10^{-11} und 10^{-21} m^2/s, wie z. B. für Ag in Cu (6,55 mol%) bei $T = 900$ K ist $D = 1{,}4 \cdot 10^{-15} m^2/s$ oder für Cu in Zn (75 mol%) bei $T = 1050$ K ist $D = 2{,}3 \cdot 10^{-13} m^2/s$.

Besonders auffällig ist, dass die Diffusion in fester Phase eine sehr große Temperaturabhängigkeit aufweist. Maßgebend für die Diffusion in der festen Phase sind Platzwechselvorgänge im Kristallgitter, die eine entsprechende Aktivierungsenergie erfordern. Die Temperaturabhängigkeit der Diffusion in Feststoffen wird in guter Näherung durch eine der *Arrhenius-Gleichung* (s. § 19.5) entsprechende Beziehung beschrieben:

$$D = D_0 \cdot e^{-\frac{E_a}{k \cdot T}} \tag{18.11}$$

wobei D_0 eine Konstante des jeweiligen Systems ist und E_a die so genannte Aktivierungsenergie, eine Größe, die von der Stärke der Wechselwirkung mit dem Kristallgitter abhängt.

Beim Atemgastransport des Menschen zwischen der Außenwelt und den Zellen des Organismus, stellt der Diffusionsaustausch zwischen Gewebekapillaren und Zellen einen wesentlichen Teilprozess dar. Die Werte der Diffusionskoeffizienten in biologischen Medien liegen in der Größenordnung der Werte für die Diffusion z. B. von Flüssigkeiten in Wasser. In Tabelle 18.3 sind die Diffusionskoeffizienten von Sauerstoff in einigen biologischen Medien und zum Vergleich in Wasser zusammengefasst.

Tab. 18.3

Sauerstoff in Medium	$D/10^{-9}\,\frac{m^2}{s}$
Blutplasma	2,2
Erythrozyt (Mensch)	0,8
Herzmuskel (Mensch)	1,3
Hirnrinde (Mensch)	1,2
Skelettmuskel (Mensch)	1,2
Wasser	3,2

Beispiel zum 1. Fick'schen Gesetz

Als Beispiel einer einfachen Anwendung des 1. Fick'schen Gesetzes betrachten wir die eindimensionale stationäre Diffusion zwischen zwei Volumina I und II, die Fluide bzw. Fluidgemische unterschiedlicher Konzentration c_I und c_{II} enthalten und durch eine feinporige Wand bzw. Membran der Dicke d getrennt sind (Abb. 18.2). Die Konzentration der Flüssigkeit oder des Gases im jeweiligen Volumen sei ortsunabhängig, sodass das gesamte Konzentrationsgefälle sich über die Trennwand erstreckt und welches i. Allg. als linear angenommen werden kann (Abb. 18.2, oben). Wir setzen dabei den Gradienten der Konzentration und damit den Diffusionsstrom als stationär voraus, gewährleistet durch entsprechende Reservoire an Quellen und Senken oder verschwindende Konzentrationsänderungen aufgrund großer Fluidvolumina I und II. Gemäß dem 1. Fick'schen Gesetz, in der Formulierung beispielsweise nach (18.2), wird dann der Konzentrationsverlauf beschrieben durch

$$c(x) = -\frac{(c_{II} - c_I)}{d} \cdot x \quad (\text{mit } 0 \leq x \leq d)$$

woraus folgt

$$\frac{dc(x)}{dx} = -\frac{(c_{II} - c_I)}{d} \tag{18.12}$$

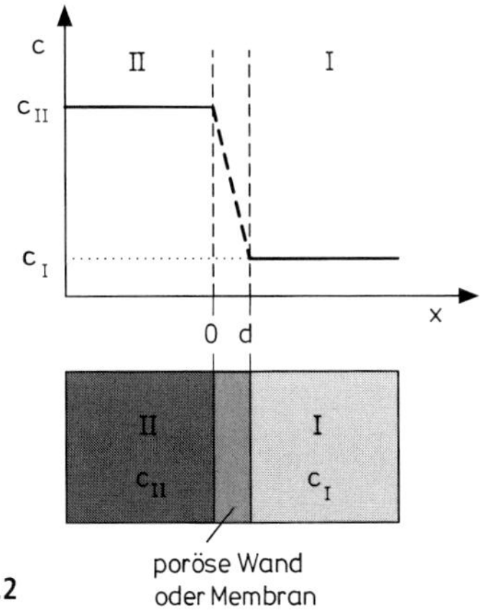

Abb. 18.2

Damit ergibt die Gleichung (18.2) einen positiven Diffusionsstrom (in positiver x-Richtung):

$$i = \frac{\Delta n}{\Delta t} = +D \cdot A \cdot \frac{(c_{\mathrm{II}} - c_{\mathrm{I}})}{d} \qquad (18.13)$$

Wird die für den stationären Fall im Zeitintervall Δt durch die Trennwand der effektiven Dicke d und der effektiven Querschnittsfläche A hindurchdiffundierende Stoffmenge Δn gemessen, dann lässt sich eine solche beschriebene Anordnung zur Messung des Diffusionskoeffizienten D benutzen. Aus (18.13) erhält man:

$$D = \frac{\Delta n}{\Delta t} \cdot \frac{d}{A \cdot (c_{\mathrm{II}} - c_{\mathrm{I}})} \qquad (18.14)$$

wobei der Quotient d/A zweckmäßigerweise durch Eichung der Anordnung mit einer Substanz bestimmt wird, deren Diffusionskoeffizient bekannt ist. Für eine sorgfältige Thermostatisierung der Messapparatur auf gleiche Temperatur T ist jeweils zu achten.

Aufgaben

Aufgabe 18.1: Zwei mit unterschiedlicher Konzentration gaserfüllte Volumina sind durch eine wirksame Querschnittsfläche der Größe $\boldsymbol{A}$ getrennt. Diese Querschnittsfläche muss aus technischen Gründen auf die Hälfte verkleinert werden.
Wie muss die Membran verändert werden, damit die gleiche Gasmenge pro Zeiteinheit wie vor der Verkleinerung der Querschnittsfläche hindurchdiffundiert?

Aufgabe 18.2: Die Konzentration $\boldsymbol{c}_{\mathrm{I}}$ bzw. $\boldsymbol{c}_{\mathrm{II}}$ einer ungeladenen Substanz $\boldsymbol{X}$ diesseits bzw. jenseits einer Zellmembran sei $8 \cdot 10^{-2}$ mol/dm^3 bzw. $1 \cdot 10^{-2}$ mol/dm^3. Unter diesen Bedingungen ist die Netto-Diffusionsstromdichte der Substanz $\boldsymbol{X}$ durch die Membran nach dem 1. Fick'schen Gesetz $\boldsymbol{j}_1 = 1{,}2 \cdot 10^{-2}$ mol $\cdot$ m$^{-2} \cdot$ s^{-1}.
Wie groß ist die Netto-Diffusionsstromdichte $\boldsymbol{j}_2$ der Substanz $\boldsymbol{X}$ durch die Membran etwa, wenn bei gleicher Konzentration $\boldsymbol{c}_{\mathrm{I}}$ im einen Volumen, die Konzentration im anderen Volumen jedoch auf $\boldsymbol{c}_{\mathrm{II}} = 45$ mmol $\cdot$ m$^{-2} \cdot$ s^{-1} ansteigt?

Aufgabe 18.3: Ein Makromolekül hat bei einer Temperatur von 20 °C in Wasser einen Diffusionskoeffizienten von $\boldsymbol{D} = 4 \cdot 10^{-11}$ m$^2 \cdot$ s^{-1}. Die Viskosität des Wassers beträgt bei dieser Temperatur $1 \cdot 10^{-3}$ kg $\cdot$ m$^{-1} \cdot$ s^{-1}.
Wie groß ist etwa der effektive Radius $\boldsymbol{r}$ des Makromoleküls, wenn wir annehmen, das Molekül als kugelförmig betrachten zu können?

Aufgabe 18.4: Zwei Gefäße sind durch eine kreiszylindrische Kapillare von 1 cm Länge und 2 mm Durchmesser miteinander verbunden. Ein Gefäß enthält eine Glucoselösung der Konzentration $\boldsymbol{c} = 1$ mol/L, im anderen Gefäß ist reines Wasser. Der Diffusionskoeffizient von Glucose beträgt bei der vorherrschenden Temperatur $\boldsymbol{D} = 1 \cdot 10^{-5}$ cm$^2 \cdot$ s^{-1}. Es werde vorausgesetzt, dass die Volumina der Gefäße sehr groß sind, sodass die Konzentration während der Versuchsbeobachtung näherungsweise als konstant betrachtet werden kann, d. h. die Diffusion stationär erfolgt; außerdem liege ein lineares Konzentrationsgefälle vor.

a) Wie viele Mole Glucose diffundieren in der Beobachtungszeit von $\Delta \boldsymbol{t} = 10$ h durch die Kapillare?
b) Wie viel Gramm Glucose entspricht dies, wenn die molare Masse von Glucose $\boldsymbol{M} = 180$ g/mol beträgt?

§19 Eigenschaften von Lösungen

Bislang haben wir uns überwiegend mit festen, flüssigen und gasförmigen Substanzen beschäftigt, die aus nur einer Komponente bestehen. In diesem Paragraphen betrachten wir einige grundlegende Eigenschaften von Mischsystemen, die durch Mischen (z. B. von zwei Flüssigkeiten) oder durch Lösen verschiedener Komponenten gebildet werden. Als Lösung wird jede Phase bezeichnet, die mehr als eine Komponente enthält, wobei die Phase sowohl gasförmig als auch flüssig oder selbst fest sein kann. Wie bereits in § 16.3.2 eingeführt, verstehen wir unter Phase ein homogenes Gebiet in einem bestimmten Aggregatzustand (fest, flüssig, gasförmig) und als Komponenten die chemisch verschiedenen Bestandteile eines Mischsystems. Wir beschränken uns auf Mischsysteme aus Festkörpern, Flüssigkeiten und Gasen mit chemisch von ihnen verschiedenen Flüssigkeiten, die in *homogener, molekularer* Verteilung aus gelöstem Stoff und Lösungsmittel vorliegen. (Als Lösungsmittel wird jeweils die im Überschuss vorhandene Komponente, bzw. bei der Lösung von Feststoffen die flüssige Komponente bezeichnet.) Dabei können *molekulardisperse Mischungen* – d. h. *„echte"* oder *„wahre" Lösungen* –, *kolloidale Lösungen* oder *grobdisperse Systeme* entstehen.

Echte Lösungen sind Ein-Phasensysteme aus zwei oder mehreren Komponenten, deren Zusammensetzung über einen weiten Bereich variieren kann. Binäre Lösungen, beispielsweise, bestehen aus zwei Substanzen, den Komponenten „Lösungsmittel" und darin „gelöster Stoff". Im Allgemeinen kann eine Substanz in einem Lösungsmittel meist nur bis zu einer bestimmten maximalen Teilchenanzahldichte (*Sättigungskonzentration*) gelöst werden, die man auch als die (temperaturabhängige) *Löslichkeit* des betreffenden Stoffes im entsprechenden Lösungsmittel bezeichnet. Außer durch Druck und Temperatur ist eine Lösung durch die Konzentration der Bestandteile bestimmt. Zur Angabe von Massen der Stoffe bzw. von Stoffmengen werden neben den Maßen der „Konzentration" auch jene des „Gehalts" verwendet (s. § 3), wie z. B. die Stoffmengenkonzentration (Molarität) oder die Molalität und sehr häufig der Stoffmengengehalt (Molenbruch). Mit dem Molenbruch (Def. s. Gleichung (3.10)) kann die Beziehung zwischen Lösungsmittel und gelöstem Stoff (etwa eines binären Systems) einfach und direkt angegeben werden.

In Flüssigkeiten lösen sich, wie oben bereits erwähnt, feste Körper, andere Flüssigkeiten und auch Gase. Die Lösung von Gasen wird in § 19.4 getrennt behandelt und wir betrachten hier zunächst einmal Lösungen von Flüssig/Flüssig-Systemen.

Bei der **Lösung von Flüssigkeiten** ineinander spricht man allerdings meist von einem *Mischen* der Flüssigkeiten. Entsprechend ihrer wechselseitigen Löslichkeit teilt man die Flüssig/Flüssig-Systeme in zwei Kategorien ein, in solche vollständiger Mischbarkeit, d. h. sie lassen sich in jedem beliebigen Verhältnis mischen, und in solche teilweiser Mischbarkeit, die sich nur in einem bestimmten Mengenverhältnis mischen. Vollständig miteinander mischbar sind polare (z. B. Wasser) und semipolare (z. B. Alkohole, Ketone) Lösungsmittel (s. unten) zu homogenen Lösungen in jedem Mischungsverhältnis, u. a. Alkohol und Wasser, Alkohol und Aceton etc.; vollständige Mischbarkeit zeigen auch nichtpolare Flüssigkeiten wie Benzol und Tetrachlorkohlenstoff. Nur teilweise mischbar in bestimmten Mengenverhältnissen sind z. B. Ether und Wasser, Wasser und Phenol. Bei diesen Systemen entstehen zwei Flüssigkeitsschichten, von denen jede etwas von der anderen Flüssigkeit in gelöstem Zustand enthält, aber ansonsten sich eine deutlich erkennbare Grenze zwischen den beiden Flüssigkeiten ausbildet.

Häufig ist bei der Mischung von Flüssigkeiten eine beträchtliche Volumenverminderung aufgrund der großen attraktiven Wechselwirkungskräfte zwischen den unterschiedlichen Molekülarten zu beobachten, wie z. B. beim Mischen von Wasser und Alkohol. Die wechselseitige Löslichkeit von Flüssigkeiten ist temperaturabhängig und erhöht sich i. Allg. bei steigender Temperatur. Einige nur teilweise miteinander mischbare Flüssigkeiten weisen so genannte kritische Lösungstemperaturen auf, ober- oder unterhalb welcher sie in jedem Verhältnis mischbar sind; so steigt beispielsweise bei Phenol und Wasser die wechselseitige Löslichkeit bei steigender Temperatur bis zum bestimmten kritischen Lösungspunkt, ab welchem sie ein homogenes Einphasensystem bilden. Es gibt jedoch auch Flüssigkeitspaarungen, deren Löslichkeit mit abnehmender Temperatur ansteigt und die einen unteren kritischen Lösungspunkt haben, ab dem sie beliebig mischbar sind oder eine obere und untere kritische Lösungstemperatur besitzen mit einem Zwischentemperaturbereich, in dem die beiden Flüssigkeiten nur begrenzt mischbar sind. Die Paarung Wasser/Ethylether beispielsweise besitzt dagegen überhaupt keine kritische Lösungstemperatur, d. h. sie ist im gesamten Temperaturbereich der flüssigen Phase nur begrenzt mischbar.

Fügt man bei konstanter Temperatur einem binären, nicht mischbaren Flüssigkeitssystem, z. B. dem fast nicht mischbaren System Wasser/Benzol oder Wasser/Schwefelkohlenstoff eine dritte Substanz (gasförmig, fest oder flüssig) hinzu, so entsteht ein ternäres System. Dabei kann die Löslichkeit der dritten Substanz in den beiden ursprünglichen Komponenten sehr unterschiedlich sein und außerdem die wechselseitige Löslichkeit dieses Flüssigkeitspaares beeinflussen; ein Beispiel wäre die zusätzliche Lösung von Jod in einem Wasser-/Benzol-System. Der Quotient der Teilchenanzahldichten ϱ_1 und ϱ_2 der dritten Substanz in den beiden Komponenten (1 bzw. 2), der so genannte **Verteilungskoeffizient** $K = \varrho_1/\varrho_2$ ist ein konstanter Wert für eine bestimmte Systemkombination und hängt nur von der Temperatur ab; das ist der so genannte **Verteilungssatz von Nernst**. Der Nernst'sche Verteilungssatz gilt in dieser einfachen Form nur für ideal verdünnte Lösungen und nur für wenige Systeme in einem begrenzten Bereich.

Systeme von in **Flüssigkeiten gelösten Feststoffen** sind die am häufigsten vorkommenden Lösungen. Eine grobe Einteilung dieser Systeme erhält man nach dem chemischen Charakter des gelösten Stoffes und den damit zusammenhängenden physikalischen Eigenschaften in: *Lösungen* von *Metallen*, von *Elektrolyten* und von *Nichtelektrolyten*. Beispiele flüssiger Lösungen von Metallen bei Zimmertemperatur sind etwa einige Amalgame, wie z. B. in Quecksilber gelöstes Blei, Cadmium, Zinn oder Zink, welche in ihren physikalischen Eigenschaften (u. a. die elektrische oder die thermische Leitfähigkeit) denen anderer metallischer Mischphasen (Mischkristalle) ähneln. In wässrigen Lösungen von Elektrolyten (Säuren, Basen, Salzen) liegt die gelöste Substanz teilweise in Ionen dissoziiert vor (z. B. Lösungen der Alkali- und Erdalkalihalogenide u. v. a. m.). Dagegen bilden Nichtelektrolyte keine Ionen, wenn sie in Wasser aufgelöst werden und die Lösungen weisen demgemäß auch keine elektrische Leitfähigkeit auf, wie z. B. die meisten organischen Verbindungen (beispielsweise Zucker, Glycerol, Harnstoff etc.), aber auch bestimmte anorganische Verbindungen in Lösungsmitteln, mit denen sie chemisch nicht reagieren.

Eine feste Substanz besitzt in einem entsprechenden Lösungsmittel, wie eingangs bereits allgemein angesprochen, eine bestimmte (temperaturabhängige) *Löslichkeit*, d. h. die feste Substanz kann in dem Lösungsmittel meist nur bis zu einer bestimmten Sättigungskonzentration gelöst werden. Der Auflösungsvorgang kann durch Rühren, häufig auch durch Temperaturänderung und durch vorheriges Zerkleinern der zu lösenden Substanz (infolge der Vergrößerung der Oberfläche) beschleunigt werden. Unter einer **ideal verdünnten Lösung** versteht man eine Lösung, bei welcher die Verdünnung so hoch ist, dass zwar eine entsprechende Wechselwirkung zwischen den Molekülen des Lösungsmittels und des gelösten Stoffes vorhanden ist, die Moleküle des gelösten Stoffes sich untereinander aber nicht mehr beeinflussen können. Bei einer **ungesättigten Lösung** ist die Konzentration der gelösten Substanz kleiner als die Sättigungskonzentration, bei einer **gesättigten Lösung** ist sie gleich der Sättigungskonzentration. Im letzteren Fall löst sich die Substanz nicht vollständig im Lösungsmittel auf und man bezeichnet den ungelösten Rest als *Bodenkörper*. Zwischen ihm und dem in Lösung gegangenen Anteil bildet sich ein dynamisches Gleichgewicht aus: Pro Zeiteinheit gehen genauso viele Moleküle in Lösung, wie sich aus der Lösung am Bodenkörper wieder abscheiden. Unter bestimmten Bedingungen ist es auch möglich eine Lösung zu übersättigen, d. h. ihre Konzentration wird größer als die Sättigungskonzentration. Die Lösung befindet sich dann aber in einem labilen Zustand und geht bei der kleinsten Störung, z. B. durch einen Kondensationskeim, unter Ausscheidung der überschüssig gelösten Substanz in eine gesättigte Lösung über.

Wie eingangs bereits angesprochen, stellen *molekulardisperse Mischungen*, wie die **echten Lösungen** (z. B. NaCl in Wasser $\rightarrow Na^+$ und Cl^-), Systeme dar, bei denen der zu lösende Stoff in einzelne Moleküle oder Ionen mit einer Größe $< 10^{-9}$ m zerfällt, d. h. in Teilchen, die im Elektronenmikroskop unsichtbar sind, die ultrafeine Filter und semipermeable Membranen passieren sowie hohe Diffusionsgeschwindigkeiten aufweisen. Daneben gibt es *kolloiddisperse Systeme*, so genannte **kolloidale Lösungen** (z. B. Leim, Globulin, natürliche und synthetische Polymere, Mizellen, Liposomen oder kolloidale Goldlösungen usw.), bei denen es sich um heterogene Lösungen handelt, deren Teilchen weder für das Auge noch mit einem normalen Mikroskop erkennbar sind, jedoch im Elektronenmikroskop sichtbar gemacht werden können. Diese Makromoleküle (Größe zwischen 10^{-9} m und 0,5 µm) passieren normales Filterpapier, nicht dagegen semipermeable Membranen, zeigen eine kleine Diffusionsgeschwindigkeit und die Dispersionen sind opaleszierend. Außerdem gibt es *grobdisperse Systeme*, mit Teilchengrößen > 0,5 µm, die bereits im normalen Lichtmikroskop sichtbar sind und infolge ihrer Größe weder ein Filter noch eine semipermeable Membran zu passieren vermögen und auch keine Diffusion zeigen. Man bezeichnet diese meistens optisch trüb aussehenden Gemische aus kleinen festen Teilchen und einer Flüssigkeit als *Aufschlämmung* oder **Suspension**. Dasselbe tritt auch bei zwei nicht miteinander mischbaren Flüssigkeiten auf, z. B. bei Öl und Wasser, welche etwa im Ultraschallfeld (s. § 33.3) fein dispergiert werden können und eine so genannte **Emulsion** bilden.

Wechselwirkungen zwischen Lösungsmittel und gelöstem Stoff

Bei den Lösungsmitteln unterscheidet man, wie oben bereits angesprochen, prinzipiell zwischen **polaren**, **semipolaren** und **nichtpolaren Flüssigkeiten**. Auch die gelösten Stoffe lassen sich z. B. in polare und nichtpolare Substanzen einteilen, können aber aufgrund der elektrischen Leitfähigkeit der erhaltenen Lösungen auch in Nichtelektrolyte und in Elektrolyte (welche in Wasser Ionen bilden) unterteilt werden.

Die Moleküle *polarer Lösungsmittel* besitzen ein permanentes elektrisches Dipolmoment (s. § 29.1) und sind in der Lage, polare Substanzen und Elektrolyte zu lösen, wie beispielsweise Wasser und Alkohol (in jedem beliebigen Mischungsverhältnis) oder z. B. Zucker bzw. Kochsalz in Wasser. Polare Lösungsmittel verringern dank ihrer großen Dielektrizitätszahl die Anziehungskräfte (s. § 20.2.3) zwischen ungleichnamig geladenen Ionen der zu lösenden Substanz. Löst man polare Substanzen in polaren Lösungsmitteln, so kommt es zu Anlagerungen von Lösungsmittelmolekülen an die gelösten Moleküle bzw. Ionen unter Bildung einer lockeren Additionsverbindung. Diese durch Dipolwechselwirkungskräfte bedingte Erscheinung nennt man **Solvatation**. Handelt es sich bei dem Lösungsmittel speziell um Wasser, so nennt man diese Fähigkeit **Hydratation**; die gelösten Teilchen sind von einer Hydrathülle umgeben. Zur Erklärung der Löslichkeit polarer Stoffe in Wasser reicht die Betrachtung der Dipolmomente alleine jedoch nicht aus. Bei all jenen Substanzen, welche in der Lage sind, Wasserstoffbrückenbindungen auszubilden – die Wassermoleküle sind selbst zu Strukturen aus ca. vier bis fünf Molekülen über Wasserstoffbrückenbindungen verknüpft – bestimmt diese Eigenschaft entscheidend die Löslichkeit einer Substanz. Beispielsweise werden bei einer Mischung von Alkohol und Wasser die Wasserstoffbrücken zwischen den Wassermolekülen teilweise durch entsprechende Bindungen zwischen Alkohol- und Wassermolekülen substituiert.

Nichtpolare Lösungsmittel, wie z. B. Kohlenwasserstoffe, besitzen kleine Dielektrizitätszahlen und sind daher nicht in der Lage, analog zu den polaren Lösungsmitteln, bei den zu lösenden Substanzen (den Elektrolyten) bindungslockernd zu wirken oder bei Nichtelektrolyten Wasserstoffbrückenbindungen auszubilden. Nichtpolare Flüssigkeiten können jedoch nichtpolare Substanzen lösen, wie etwa Öle und Fette in Tetrachlorkohlenstoff oder Benzol.

Semipolare Lösungsmittel stellen Verbindungen dar, wie z. B. Alkohole oder Ketone, welche bei nichtpolaren Substanzen eine Polarität induzieren können. So wird beispielsweise das leicht polarisierbare Benzol in Alkohol löslich. Semipolare Verbindungen stellen daher intermediäre Lösungsmittel dar, die polare und nichtpolare Flüssigkeiten mischbar machen.

§ 19.1 Lösungsenthalpie bzw. -wärme

Bei Lösungen unterscheidet man auch grundsätzlich zwischen **idealen** und **realen Lösun-**

3

gen. Eine *ideale Lösung* wird üblicherweise dadurch definiert, dass sich die Eigenschaften ihrer Komponenten bei Bildung der Lösung nicht verändern. Das bedeutet aber nicht, dass wie beim idealen Gas u. a. keine Anziehungskräfte zwischen den Molekülen auftreten – was im kondensierten Zustand auch schwerlich möglich ist –, sondern eine binäre Lösung beispielsweise, bestehend aus den Molekülarten *A* und *B* wird dann als ideale Lösung bezeichnet, wenn die Adhäsionskräfte zwischen den Molekülen *A* zu *B* in der Lösung etwa gleich dem arithmetischen Mittel der Kohäsionskräfte zwischen *A* zu *A* und *B* zu *B* sind. Beim Lösungsvorgang wird bei einer idealen Lösung weder Wärme aufgenommen noch abgegeben und das Endvolumen der Lösung folgt additiv aus den Volumina der Einzelkomponenten. Die Mischung von Substanzen mit ähnlichen Eigenschaften ergibt solche **ideale Lösungen**, wie z. B. die Mischung von 100 mL Methanol mit 100 mL Ethanol ein Gesamtvolumen von 200 mL aufweist und kein Wärmeaustausch zu beobachten ist. Analog zu den idealen Gasen verhalten sich einige Lösungen in geringen Konzentrationen noch als ideal, während viele andere nur bei extremer Verdünnung als ideal betrachtet werden können. Ideale Lösungen lassen sich nie streng, sondern immer nur in einer gewissen Näherung verwirklichen. Keinesfalls als ideal gilt jedoch die Mischung von 100 mL Schwefelsäure und 100 mL Wasser bei Raumtemperatur (ca. 21 °C), welche ein Gesamtvolumen von nur 180 mL ergibt und beim Mischungsvorgang eine beträchtliche Wärmeentwicklung zeigt. Derartige Lösungen werden als **nichtideal** oder **real** bezeichnet. Bei ihnen unterscheiden sich die Adhäsionskräfte der Mischungskomponenten von den mittleren Kohäsionskräften der Ausgangsstoffe. Es findet eine starke Wechselwirkung zwischen den Molekülen der verschiedenen Komponenten in der Lösung statt, was bedeutet, dass die thermodynamischen Eigenschaften einer realen Lösung sich nicht mehr aus den entsprechenden Eigenschaften der reinen Komponenten bestimmen lassen.

Bei idealen Lösungen von *Feststoffen* lassen sich, wie oben bereits angesprochen, deren Eigenschaften aus den entsprechenden Eigenschaften der reinen Komponenten ermitteln. So findet beispielsweise keine Volumenänderung des Systems statt und die **Lösungsenthalpie** bzw. **Lösungswärme** einer *idealen Lösung* ist gleich der Schmelzwärme des gelösten Feststoffes, wie z. B. beim Lösen von Naphthalin in Benzol. Ideale Lösungen erfüllen das *Raoult'sche Gesetz* (s. § 19.2). Die **Löslichkeit** eines Feststoffes in einer idealen Lösung wird daher von seiner Schmelzwärme, dem Schmelzpunkt und von der Temperatur abhängig sein, bei welcher der Lösungsvorgang abläuft. Handelt es sich beispielsweise um Stoffe mit großer Schmelzwärme (Schmelzenthalpie) und hohem Schmelzpunkt, dann werden diese bei normalen Temperaturen nur eine geringe Löslichkeit aufweisen.

Bei Stoffen, die während des Mischungs- oder Lösungsvorgangs Wärme aufnehmen – man nennt einen solchen Energie verbrauchenden Vorgang einen **endothermen Prozess** –, kühlt sich die Mischung bzw. Lösung ab, d. h. die *Mischungs-* bzw. *Lösungsenthalpie* ist, *per definitionem*, positiv, da das System Energie aufnimmt. Hier sind die Unterschiede der Wechselwirkungsenergien bei den Molekülen gleicher Art in den reinen Komponenten größer als zwischen den artfremden Molekülen. Diese Stoffe zeigen daher mit steigender Temperatur zunehmende Löslichkeit. Bei einem **exothermen Prozess** wird dagegen beim Mischungs- oder Lösungsvorgang Energie freigesetzt, d.h. das System erwärmt sich, die *Mischungs-* bzw. *Lösungsenthalpie* ist negativ. In diesem Fall sinkt die Löslichkeit mit steigender Temperatur. Ob ein Mischungs- bzw. Lösungsvorgang endotherm oder exotherm, d.h. die entsprechende Enthalpie positiv oder negativ ist, ist einerseits u. a. durch die unterschiedliche Größe der Wechselwirkungsenergien zwischen den arteigenen und den artfremden Molekülen bedingt, kann andererseits aber auch durch die Anlagerung von Lösungsmittelmolekülen an die Teilchen des gelösten Stoffes unter Bildung einer **Solvathülle** (oder **Hydrathülle** im Falle von Wasser als Lösungsmittel) modifiziert werden, da hierbei Solvatationsenergie freigesetzt wird. So ist beispielsweise beim Lösen von Kristallen, z. B. Salzen, im geeigneten Lösungsmittel, die *Lösungsenthalpie* (in Betrag und Vorzeichen) durch die jeweilige Größe der Solvatationsenergie und der zum Abbau des Kristallgitters erforderlichen Gitterenergie bestimmt.

Die Beträge der Mischungs- bzw. Lösungswärme sind auch vom Mischungsverhältnis abhängig. Die jeweils umgesetzte Wärmemenge Q ist durch folgende Beziehung gegeben:

$$Q = m \cdot q_L \tag{19.1}$$

q_L: spezifische Lösungswärme
m: Masse des gelösten Stoffes

Die *Einheit* der spezifischen Lösungswärme ist $\frac{J}{kg}$.

Gibt man die gelöste Substanzmenge in Mol an, so ist die verbrauchte oder freigesetzte Wärmemenge Q:

$$Q = n \cdot q_{L,m} \tag{19.2}$$

$q_{L,m}$: molare Lösungswärme
n: Stoffmenge des gelösten Stoffes.

Die molare Lösungswärme wird in der *Einheit* $\frac{J}{mol}$ angegeben.

§ 19.2 Dampfdruckerniedrigung bei Lösungen

Wie wir in § 16.2 besprochen haben, stellt sich bei gegebener Temperatur über der Oberfläche einer reinen Flüssigkeit ein bestimmter Dampfdruck ein. Welchen Einfluss die in einem flüssigen Lösungsmittel gelösten Substanzen haben, werden wir in diesem Paragraphen am Beispiel der ***Dampfdruckänderung über der Lösung*** und den daraus resultierenden ***Gefrierpunkts- und Siedepunktsänderungen*** behandeln und im nächsten Paragraphen den ***osmotischen Druck*** als eine konsequente Folge für die gesamte flüssige Phase kennen lernen. Wir werden dabei sehen, dass die betrachteten Erscheinungen nur von der Anzahl der gelösten Substanzteilchen abhängen und nicht von der Teilchenart. Man nennt daher diese Effekte gelöster Substanzen auch **kolligative (konzentrationsabhängige) Eigenschaften**.

Wir betrachten zunächst einmal den in einem abgeschlossenen Volumen sich einstellenden Sättigungsdampfdruck über einer Lösung, wobei vorausgesetzt sei, dass die gelöste Substanz nicht flüchtig ist. Der Dampfdruck über der Lösung wird daher allein vom Lösungsmittel bestimmt und die Beobachtung zeigt, dass er bei gleicher Temperatur geringer ist als über dem reinen Lösungsmittel (Abb. 19.1). Der gelöste Stoff reduziert also die „Entweichungstendenz" des Lösungsmittels aus der flüssigen in die dampfförmige Phase.

Dies kann dadurch beschrieben werden, dass in der Lösung durch die zusätzlichen Wechselwirkungskräfte zwischen den Molekülen der gelösten Substanz und den Molekülen des Lösungsmittels die Anzahl der die Lösung verlassenden Moleküle verringert wird, infolge einer Erhöhung der dazu erforderlichen Austrittsarbeit. Da diese Erscheinung jedoch auch in idealen Lösungen zu beobachten ist, bei denen die Mischungsenthalpie gleich null ist, muss die Dampfdruckerniedrigung allein als ein Entropieeffekt angesehen werden, der qualitativ durch folgende Modellvorstellung interpretiert werden kann: Im statistischen thermodynamischen Bild entspricht die Entropie – in diesem Fall des reinen Lösungsmittels – dem Grad seiner Unordnung und sein Dampfdruck charakterisiert den bei gegebener Temperatur der Flüssigkeit möglichen Zustand größerer Unordnung und damit größerer Entropie, d. h. die Entropie des Gesamtsystems ist bei der vorliegenden Temperatur maximal. Eine in der Flüssigkeit gelöste Substanz bedingt jedoch bereits in der flüssigen Phase eine Erhöhung der Entropie der Lösung (auch der idealen Lösung) und somit einen höheren Grad der Unordnung, sodass die Tendenz des Lösungsmittels in den Gasraum zu verdampfen, um die Entropie des Gesamtsystems zu maximieren, reduziert wird. Das Maximum der Entropie des Gesamtsystems wird bei der gegebenen Temperatur bereits bei geringerem Dampfdruck p des Lösungsmittels erreicht.

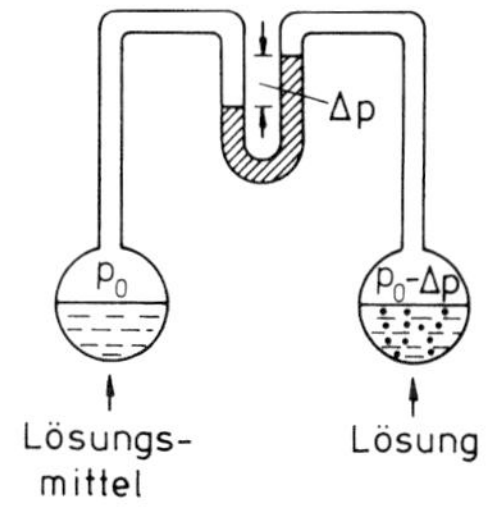

Abb. 19.1

Eine quantitative Beschreibung für hinreichend verdünnte Lösungen gibt das bereits 1890 empirisch gefundene Gesetz von *Raoult*: Die relative Erniedrigung des Sättigungsdampfdrucks p_0 des Lösungsmittels über der Lösung ist gleich dem Stoffmengengehalt (Molenbruch) x_1 (s. Gleichung (3.10)) des gelösten Stoffes. Mit der Stoffmenge n_0 und dem Dampfdruck p_0 des reinen Lösungsmittels und der Stoffmenge n_1 des gelösten Stoffes lautet somit das **Raoult'sche Gesetz** für die **Dampfdruckerniedrigung**:

$$\frac{\Delta p}{p_0} = -x_1 = -\frac{n_1}{n_0 + n_1} \qquad (19.3)$$

Bei verdünnten Lösungen ist die Stoffmenge der gelösten Substanz $n_1 \ll n_0$ des Lösungsmittels und es folgt dann aus (19.3) für die Dampfdruckerniedrigung:

$$\Delta p = -p_0 \cdot \frac{n_1}{n_0} \qquad (19.4)$$

Die Dampfdruckerniedrigung hängt also lediglich vom Molenbruch der gelösten Substanz ab, d. h. also der Anzahl an Partikeln pro Lösungsvolumen, und nicht von der chemischen Natur der gelösten Substanz. Handelt es sich bei der gelösten Substanz um ein in der Lösung dissoziiert vorliegendes Salz, dann tragen sowohl die Kationen als auch die Anionen zur Teilchenanzahl bei. Das bedeutet aber, dass ein Mol eines einwertigen, vollständig dissoziierten Elektrolyten den Dampfdruck daher doppelt so stark reduziert wie ein Mol einer nicht dissoziierten Substanz. Eine Dissoziation – ebenso wie eine Assoziation – der gelösten Substanz ist deshalb bei der Berechnung von deren Stoffmengengehalt (Molenbruch) zu berücksichtigen. Man beachte außerdem, dass das Raoult'sche Gesetz ein Grenzgesetz für sehr verdünnte Lösungen darstellt und bei steigender Konzentration Abweichungen von der direkten Proportionalität zwischen relativer Dampfdruckerniedrigung und dem Molenbruch auftreten können.

Nach den Beziehungen (19.3) bzw. (19.4) ist die relative Dampfdruckerniedrigung $\frac{\Delta p}{p_0}$ einer Lösung bestimmter Konzentration konstant und gleich dem Molenbruch x_1. Demzufolge ist die absolute Dampfdruckerniedrigung $\Delta p = p_0 - p_1$ proportional zum Dampfdruck p_0, was aber bedeutet, dass die Dampfdruckkurve der Lösung stets unterhalb jener des reinen Lösungsmittels liegt (s. auch Abb. 19.2 bzw. 19.3).

Die Erniedrigung des Dampfdruckes von Lösungen im Vergleich zum reinen Lösungsmittel hat zwei Konsequenzen:

1. Die Dampfdruckerniedrigung bewirkt, dass der Siedepunkt der Lösung höher liegt als der des reinen Lösungsmittels, wie in Abb. 19.2 am Beispiel einer wässrigen Kochsalzlösung gezeigt wird. Um die Lösung im offenen Gefäß bei einem äußeren Druck von $p_0 = 1013{,}25$ hPa zum Sieden zu bringen, muss ihr Dampfdruck durch eine Erhöhung der Temperatur des Lösungsmittels um Δp ansteigen.

Beispiel: Der Siedepunkt einer Kochsalzlösung liegt bei $\vartheta_s = 100{,}2\,°C$, wenn z. B. 1,5 g Kochsalz in 100 g Wasser gelöst sind.

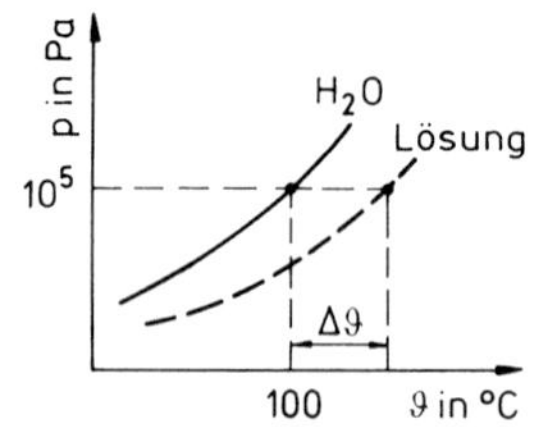

Abb. 19.2

Der allgemeine Zusammenhang zwischen der Dampfdruckerniedrigung $\Delta p = p_0 - p$ und der Siedepunktserhöhung $\Delta T_B = T - T_0$ lässt sich durch Differentiation des quantitativen Verlaufs der Dampfdruckkurve $p(T)$ (wie durch (16.10) beschrieben) herleiten, bzw. ergibt sich mittels der *Clausius-Clapeyron'schen* Gleichung (16.7) aus (16.8) zu: $\frac{dp}{dT} = \frac{q_{B,m}}{R \cdot T^2} \cdot p$ ($q_{B,m}$: molare Verdampfungswärme). Durch Übergang zu den Differenzenquotienten für die Temperaturänderung folgt: $\Delta T = \frac{R \cdot T^2}{q_{B,m}} \cdot \frac{\Delta p}{p}$.

Mit (19.4) erhält man dann daraus für die Siedepunktserhöhung nach ***van't Hoff***:

$$\Delta T_B = \frac{R \cdot T_0^2}{q_{B,m}} \cdot x_1 \approx k_B \cdot \frac{n_1}{n_0} \qquad (19.5)$$

Demnach ist die Siedepunktserhöhung als kolligative Eigenschaft allein vom Molenbruch des gelösten Stoffes abhängig, bzw. für sehr verdünnte ideale Lösungen vom Verhältnis der Stoffmengen von gelöstem Stoff und Lösungsmittel, nicht aber von der Natur des Stoffes; die Proportionalitätskonstante $k_B = \frac{R \cdot T_0^2}{q_{B,m}}$ enthält nur Eigenschaften des Lösungsmittels.

Sind im Lösungsmittel mehrere Substanzen der Stoffmengen n_i ($i = 1, \ldots, l$) gelöst, dann folgt im Falle ideal verdünnter Lösung für die Siedepunktserhöhung

$$\Delta T_B = \frac{k_B}{n_0} \cdot \sum_{i=1}^{l} n_i \qquad (19.6)$$

Unter Verwendung von Gleichung (3.6) und (3.13) lässt sich für ideal verdünnte Lösungen (19.5) auch schreiben als $\Delta T_B = k_B \cdot M_0 \cdot \frac{n_1}{m_0} = k_B \cdot M_0 \cdot m_1^*$, wobei m_0 die Masse bzw. M_0 die molare Masse des Lösungsmittels und $m_1^* = \frac{n_1}{m_0}$ die molale Konzentration (Molalität) der Lösung bedeutet. Mit der so genannten *ebullioskopischen Konstanten* des Lösungsmittels $K_B = k_B \cdot M_0$, welche ebenso nur vom Lösungsmittel abhängige Eigenschaften enthält und für dieses charakteristisch ist, folgt somit für die Siedepunktserhöhung aus (19.5):

$$\Delta T_B = K_B \cdot \frac{m_1}{M_1 \cdot m_0} = K_B \cdot \frac{n_1}{m_0} = K_B \cdot m_1^* \qquad (19.7)$$

Der Zahlenwert der ebullioskopischen Konstanten K_B (Einheit: $K \cdot kg \cdot mol^{-1}$) entspricht der Siedepunktserhöhung einer idealen, einmolalen Lösung. Werte ebullioskopischer Konstanten K_B einiger Lösungsmittel können Tab. 19.1 entnommen werden und damit die entsprechende **molare Siedepunktserhöhung** für ein Mol gelöster Substanz in einem Kilogramm des jeweiligen Lösungsmittels.

2. Eine Dampfdruckerniedrigung bedingt jedoch nicht nur eine Erhöhung des Siedepunktes einer Lösung, sondern dementsprechend liegt auch der Gefrierpunkt einer Lösung tiefer als der des Lösungsmittels (Abb. 19.3).

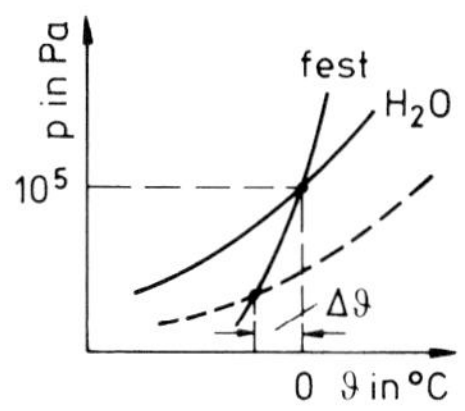

Abb. 19.3

Beispiel: Bei einer Kochsalzlösung in Wasser liegt der Gefrierpunkt bei $\vartheta_G = -4{,}4\,°C$, wenn z. B. 7,5 g Kochsalz in 100 g Wasser gelöst sind.

In analoger Weise zur Siedepunktserhöhung, beschrieben durch die Beziehung (19.5), erhält man nach ***van't Hoff*** für die Gefrierpunktserniedrigung ΔT_F

$$\Delta T_F = -\frac{R \cdot T_0^2}{q_{F,m}} \cdot x_1 \approx -k_F \cdot \frac{n_1}{n_0} \qquad (19.8)$$

wobei $q_{F,m}$ die molare Schmelzwärme des Lösungsmittels ist.

Wird mehr als eine Substanz gelöst, dann gilt analog zu Beziehung (19.6) auch für die Gefrierpunktserniedrigung einer ideal verdünnten Lösung:

$$\Delta T_F = -\frac{k_B}{n_0} \cdot \sum_{i=1}^{l} n_i \qquad (19.9)$$

wobei n_i ($i = 1, \ldots, l$) die Stoffmengen der gelösten Substanzen bedeuten.

Auch die Gefrierpunktserniedrigung ist eine kolligative Eigenschaft und der Gefrierpunkt einer Lösung liegt daher umso niedriger, je konzentrierter die Lösung ist und je mehr Substanzen gelöst sind. Ebenso enthält die Proportionalitätskonstante $k_F = \frac{R \cdot T_0^2}{q_{F,m}}$, wie auch die *kryoskopische Konstante* $K_F = k_F \cdot M_0$, nur Eigenschaften des jeweiligen Lösungsmittels, und entsprechend zu den Betrachtungen für die Siedepunktserhöhung folgt aus (19.8) für die Gefrierpunktserniedrigung:

$$\Delta T_F = -K_F \cdot \frac{m_1}{M_1 \cdot m_0} = -K_F \cdot \frac{n_1}{m_0} = -K_F \cdot m_1^* \qquad (19.10)$$

mit der molalen Konzentration (Molalität) $m_1^* = \frac{n_1}{m_0}$ der gelösten Substanz.

In Tab. 19.1 sind für einige Lösungsmittel Werte der kryoskopischen Konstanten K_F angegeben, woraus sich für ein Mol gelöster Substanz in einem Kilogramm des jeweiligen Lösungsmittels die entsprechende **molare Gefrierpunktserniedrigung** ergibt.

Die Gefrierpunktserniedrigung macht man sich bei der Herstellung von **Kältemischungen** zunutze, mit denen sich relativ einfach Temperaturen zwischen –65 °C und 0 °C herstellen lassen. Die am häufigsten verwendeten Kältemischungen bestehen aus Eis und einem Salz. Die zum Schmelzen bzw. Lösen erforderlichen Schmelz- bzw. Lösungswärmen werden dabei der Umgebung entzogen und es bildet sich eine stark konzentrierte Salzlösung. Diese kann jedoch nicht mehr mit den oben genannten einfachen Gesetzmäßigkeiten beschrieben werden, da kein „Lösungsmittel" mehr im Überschuss vorhanden ist und somit in diesem Gemisch nicht mehr zwischen Lösungsmittel und gelöstem Stoff unterschieden werden kann. Die tiefste erreichbare Temperatur einer Kältemischung ist die des so genannten *eutektischen Punktes*. Einige Beispiele von Kältemischungen aus Eis und verschiedenen (wasserfreien) Salzen sind in Tab. 19.2 zusammengestellt (die angegebenen Zusammensetzungen in Prozent sind jeweils Massenanteile).

Wie Tab. 19.2 zeigt, schmilzt beispielsweise die in zweierlei Anwendungen verwendete Kältemischung aus ca. 23 % Natriumchlorid und 77 % Wasser bei –21,2 °C. Gibt man zu Eis Koch- oder Viehsalz unter isothermen Bedingungen (z. B. durch Streuen eines vereisten Gehweges oder einer Straße), dann schmilzt das Gemisch für den Fall, dass die Temperatur oberhalb –21,1 °C liegt. Wird dagegen (z. B. in einem Dewar-Gefäß) Salz und Eis unter adiabatischen Bedingungen gemischt, so schmilzt das Eis unter Entzug von Schmelzwärme aus der Mischung und senkt damit deren Temperatur weiter ab. Bei entsprechend hohem Überschuss an Salz kann so die Temperatur nahe dem eutektischen Punkt erreicht werden.

Bestimmung der molaren Masse

Die kolligativen (konzentrationsabhängigen) Eigenschaften – die Dampfdruckerniedrigung, Siedepunktserhöhung, Gefrierpunktserniedrigung und, wie wir im nächsten § 19.3 kennen lernen, der osmotische Druck – gelöst vorlie-

Tab. 19.1

Lösungsmittel	Siedepunkt/°C	$K_B/(K \cdot kg \cdot mol^{-1})$	Gefrierpunkt/°C	$K_F/(K \cdot kg \cdot mol^{-1})$
Aceton	56,3	1,69	–94,82	2,4
Ammoniak	–33,5	0,34	–77,3	1,32
Benzol	80,1	2,54	5,5	5,12
Chloroform	61,1	3,8	–63,2	4,9
Diethylether	34,5	2,1	–116,3	1,79
Essigsäure	118,5	3,08	16,6	3,6
Ethylalkohol	78,3	1,15	–114,5	3
Naphthalin	218,9	5,80	80,5	6,90
Phenol	182,2	3,6	41,2	7,15
Wasser	100,0	0,52	0,0	1,86

Tab. 19.2

Salz	Zusammensetzung/%		Eutektische Temperatur in °C	Salz	Zusammensetzung/%		Eutektische Temperatur in °C
	Salz	Eis			Salz	Eis	
Na_2CO_3	6,0	94,0	–2	NaCl	22,9	77,1	–21,1
$MgSO_4$	16,0	84,0	–4	$MgCl_2$	14,0	86,0	–34
KCl	18,9	81,1	–11	$CaCl_2$	30,2	69,8	–50
NH_4Cl	14,0	86,0	–15	KOH	30,9	69,1	–63

gender Substanzen können zur Berechnung deren molarer Masse herangezogen werden, vorausgesetzt die gelösten Stoffe sind weder dissoziiert noch assoziiert.

Für eine ideal verdünnte Lösung folgt mit (3.3) für die Dampfdruckerniedrigung aus (19.4) $\Delta p = -p_0 \cdot \frac{m_1/M_1}{m_0/M_0} = -\frac{p_0 \cdot M_0}{M_1} \cdot w_1$, wobei $w_1 = \frac{m_1}{m_0}$ der Massengehalt (gemäß der Definition (3.8)) der gelösten Substanz ist sowie m_1 und M_1 bzw. m_0 und M_0 die Masse und molare Masse des gelösten Stoffes bzw. des Lösungsmittels bedeuten. Aus der Dampfdruckerniedrigung $-\Delta p$ kann somit die molare Masse des gelösten Stoffes berechnet werden nach:

$$M_1 = \frac{p_0 \cdot M_0}{\Delta p} \cdot w_1 \qquad (19.11)$$

Entsprechend lässt sich die molare Masse einer nichtflüchtigen Substanz auch über die Siedepunktserhöhung bestimmen. Für eine ideal verdünnte Lösung erhält man beispielsweise aus Beziehung (19.7) mit (3.3) und (3.13), der Molalität $m_1^* = n_1/m_0 = \frac{m_1}{M_1 \cdot m_0}$, nach kleiner Umrechnung für die Berechnung der molaren Masse M_1 eines gelösten Nichtelektrolyten:

$$M_1 = \frac{K_B}{\Delta T_B} \cdot \frac{m_1}{m_0} = \frac{K_B}{\Delta T_B} \cdot w_1 \qquad (19.12)$$

mit dem Massengehalt $w_1 = m_1/m_0$, der tabellierten ebullioskopischen Konstanten K_B und der bestimmten Siedepunktserhöhung ΔT_B.

Ebenso wie die ***Ebullioskopie*** ist die ***Kryoskopie***, d. h. die Bestimmung der Gefrierpunktserniedrigung, ein geeignetes Mittel zur Bestimmung der molaren Masse einer im entsprechenden Lösungsmittel gelösten Substanz, letztere insbesondere für Lösungen mit flüchtigen Bestandteilen, wie z. B. Alkoholen. Analog zum Vorgehen zur Bestimmung der molaren Masse aus der Siedepunktserhöhung einer, im geeigneten Lösungsmittel gelösten weder dissoziierenden noch assoziierenden Substanz, folgt aus (19.10) zur Berechnung der molaren Masse aus der Gefrierpunktserniedrigung:

$$M_1 = \frac{K_F}{\Delta T_F} \cdot \frac{m_1}{m_0} = \frac{K_F}{\Delta T_F} \cdot w_1 \qquad (19.13)$$

Mit tabellierten Werten kryoskopischer Konstanten K_F sowie der beobachteten Gefrierpunktserniedrigung ΔT_F kann bei bekanntem Massengehalt $w_1 = m_1/m_0$ die molare Masse M_1 der gelösten Substanz berechnet werden.

Beispiel: Die Gefrierpunktserniedrigung einer Lösung von 2,0 g 1,3-Dinitrobenzol in 100,0 g Benzol wurde zu 0,6095 °C bestimmt. Die molare Masse von 1,3-Dinitrobenzol berechnet sich mit (19.13) und dem Wert für K_F von Benzol aus Tab. 19.1 zu:

$$M_1 = \frac{5{,}12 \cdot 2}{0{,}0695 \cdot 100} \frac{\text{kg}}{\text{mol}} = 168 \text{ g/mol}$$

Bei der Bestimmung der molaren Masse von Substanzen aus der Dampfdruck- oder Gefrierpunktserniedrigung bzw. aus der Siedepunktserhöhung gilt nach (19.11)–(19.13), dass die molare Masse einer gelösten Substanz proportional zum Massengehalt (Verhältnis der Massenanteile von gelöster Substanz und Lösungsmittel), aber zur Dampfdruck- oder Gefrierpunktserniedrigung bzw. zur Siedepunktserhöhung umgekehrt proportional ist. Werden beispielsweise aus gleichen Mengen eines Lösungsmittels und je gleichen Massen zweier (nicht dissoziierender) Substanzen 1 und 2 verdünnte Lösungen hergestellt, d. h. der Massengehalt w ist jeweils konstant, dann gilt in guter Näherung für das Verhältnis der molaren Massen der beiden Substanzen

$$M_A/M_B = (\Delta p)_2/(\Delta p)_1 = (\Delta T_F)_2/(\Delta T_F)_1 = (\Delta T_B)_2/(\Delta T_B)_1$$

wenn Δp und ΔT_F bzw. ΔT_B die jeweiligen Dampfdruck- und Gefrierpunktserniedrigungen bzw. Siedepunktserhöhungen sind.

§ 19.3 Osmose

Werden zwei verschiedene Flüssigkeiten (Lösung und Lösungsmittel oder gleiche Lösungen verschiedener Konzentration) durch eine *halb durchlässige (semipermeable) Membran* getrennt, so bezeichnet man die Diffusion nur einer Komponente als **Osmose**. Eine semipermeable Membran ist also so beschaffen, dass z. B. nur Lösungsmittelmoleküle hindurchtreten können, während die Moleküle des gelösten Stoffes an der Membran reflektiert werden (Abb. 19.4). Die Stoffmengenkonzentration der Moleküle des Lösungsmittels in der Lösung ist daher zunächst geringer als im reinen Lösungsmittel, folglich besteht für das Lösungsmittel ein Dichtegradient. Es kommt deshalb zur Diffusion von Lösungsmittelmolekülen durch die Membran in den Bereich mit dem gelösten Stoff, um seine Stoffmengenkonzentration anzugleichen, die Lösung also zu verdünnen.

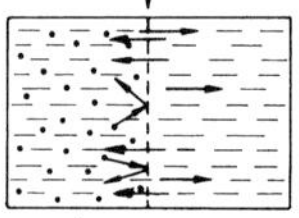

Abb. 19.4

Durch das Eindiffundieren des Lösungsmittels entsteht in dem Bereich der Lösung ein Überdruck, der schließlich dem weiteren Eindringen des Lösungsmittels entgegenwirkt. Den Überdruck im Gleichgewichtszustand bezeichnet man als den **osmotischen Druck Π**. Erhöht man daher den Druck p auf der Seite der Lösung um den *osmotischen Druck* Π, so lässt sich das Einströmen von Lösungsmittel in die Lösung verhindern. Dadurch stellt sich ein Gleichgewicht zwischen den durch die Membran in die Lösung ein- und aus der Lösung wieder hinausdiffundierenden Lösungsmittelmolekülen ein.

Trennt die semipermeable Wand zwei Lösungen unterschiedlicher Konzentration im gleichen Lösungsmittel, so diffundieren die Lösungsmittelmoleküle hier von der **hypotonen** Lösung, d. h. von jener geringerer Konzentration, zur **hypertonen** Lösung (jene höherer Konzentration) bis zum Ausgleich der Konzentrationen, d. h. bis zur **Isotonie**.

Betrachtet man die *Osmose* vom thermodynamischen Standpunkt aus, so ist das chemische Potential der Lösungsmittelmoleküle in der Lösung aufgrund der Anwesenheit der gelösten Substanz (bzw. der Substanz höherer Konzentration) erniedrigt gegenüber dem chemischen Potential der Lösungsmittelmoleküle im reinen Lösungsmittel (bzw. in der Lösung geringerer Substanzkonzentration). Im Gleichgewicht muss das chemische Potential des Lösungsmittels auf beiden Seiten der Membran gleich sein, was durch Erhöhung des ursprünglich auf beiden Seiten vorliegenden Druckes p um den osmotischen Druck Π in der Lösung, infolge eindiffundierender Lösungsmittelmoleküle, erfolgt.

Zwischen dem Verhalten von idealen, hinreichend verdünnten Lösungen und einem idealen Gas erkannte *van't Hoff* eine Analogie und es gilt für den *osmotischen Druck Π* solcher Lösungen von Nichtelektrolyten das **van't Hoff Gesetz**:

$$\Pi \cdot V = n_1 \cdot R \cdot T \tag{19.14}$$

n_1: Stoffmenge des gelösten Stoffes
V: Volumen der Lösung
R: allgemeine Gaskonstante
T: Temperatur der Lösung in Kelvin

Die gelösten Moleküle verhalten sich also ähnlich wie ein ideales Gas. Es gilt:

> Der osmotische Druck ist gleich dem Druck, den der gelöste Stoff ausüben würde, wenn seine Moleküle als ideales Gas, bei gleicher Temperatur, im gleichen Raum vorhanden wären, den die Lösung beansprucht.

Aus Gleichung (19.14) erhält man mit der Definition (3.12) der Stoffmengenkonzentration (Molarität) $c_1 = n_1/V$ für den osmotischen Druck Π:

$$\Pi = c_1 \cdot R \cdot T \tag{19.15}$$

Unter der Verwendung von (3.6) und der Beziehung (3.11) für die Massenkonzentration folgt für die Stoffmengenkonzentration

$c_1 = m_1/(M_1 \cdot V) = \varrho_1^*/M_1$

womit (19.15) lautet:

$$\Pi = \frac{1}{M_1} \cdot \varrho_1 \cdot R \cdot T \tag{19.16}$$

Bei ideal verdünnten Lösungen kann daher die molare Masse M_1 des gelösten Stoffes auch über den osmotischen Druck mit Hilfe der van't Hoff'schen Gleichung bestimmt werden. Der osmotische Druck einer Lösung ist, wie die Dampfdruck- und Gefrierpunktserniedrigung bzw. die Siedepunktserhöhung, von der chemischen Natur der gelösten Substanz unabhängig und gehört demnach auch zu deren kolligativen Eigenschaften, wie im vorangehenden § 19.2 bereits angesprochen.

Die experimentelle Bestimmung des osmotischen Druckes erfolgt i. Allg. mittels des Schweredrucks einer Flüssigkeitssäule. Man verwendet u. a. Anordnungen wie die sog. ***Pfeffer'sche Zelle***, welche in Abb. 19.5 schematisch dargestellt ist. Sie besteht aus einem mit einem Steigrohr versehenen Gefäß, das am Boden mit einer semipermeablen Membran verschlossen ist. Bringt man die mit einer Lösung gefüllte Pfeffer'sche Zelle in eine mit Lösungsmittel gefüllte Schale, so steigt die Lösung infolge des osmotischen Druckes im Steigrohr hoch, bis der osmotische Druck mit dem hydrostatischen Druck der Lösung (Flüssigkeitssäule der Höhe h) im Gleichgewicht ist. Dann gilt:

$$\Pi = \varrho_{\text{Lös}} \cdot g \cdot h.$$

Ist am Steigrohr eine in Druckeinheiten geeichte Skala angebracht, so kann der osmotische Druck direkt abgelesen werden.

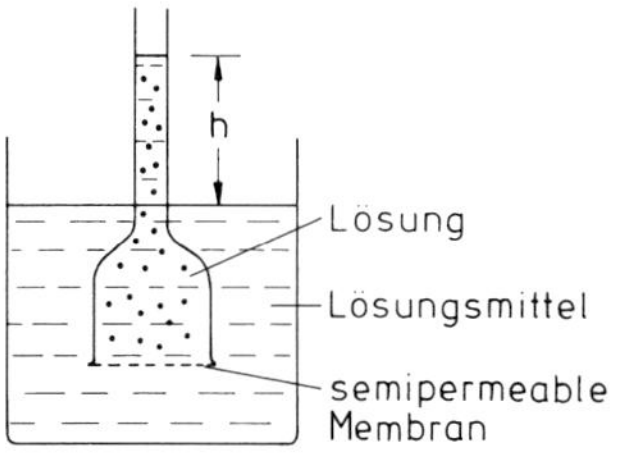

Abb. 19.5

Die Beziehungen (19.14)–(19.16) gelten nur für den Grenzfall sehr verdünnter Lösungen, bei welchen man davon ausgehen kann, dass sie sich ideal verhalten. Für reale Lösungen – und die Messung von molaren Massen, die ***Osmometrie***, wird vor allem bei Makromolekülen (z. B. Proteinen, synthetischen Polymeren) angewandt – gilt das van't Hoff'sche Gesetz in der obigen Form nicht mehr. Sie stellt nur das erste (lineare) Glied einer Reihenentwicklung in Potenzen der Konzentration der gelösten Substanz dar, bei welcher die weiteren Glieder die Abweichung vom idealen Verhalten beschreiben.

Handelt es sich bei den Lösungen um solche schwacher Elektrolyte, so kann je nach dem untersuchten Elektrolyten der osmotische Druck zwei- bis dreifach oder noch höher sein als durch das van't Hoff'sche Gesetz, beispielsweise in der Form der Gleichung (19.15), beschrieben. Van't Hoff führte daher für dieses abweichende Verhalten von Ionenlösungen einen Korrekturfaktor i ein, der sich als angenähert gleich der Ionenzahl erwies, in die die Elektrolytmoleküle bei zunehmender Verdünnung der Lösung dissoziieren. Damit ergibt sich für den osmotischen Druck nach (19.15):

$$\Pi = i \cdot c_1 \cdot R \cdot T \tag{19.17}$$

Mit zunehmender Verdünnung nähert sich der van't Hoff'sche Faktor i beispielsweise für NaCl und $CaSO_4$ dem Wert 2, für K_2SO_4 und $CaCl_2$ dem Wert 3 oder für $FeCl_3$ und $K_3Fe(CN)_6$ dem Wert 4 und nimmt für ideal verdünnte Nichtelektrolyte, z. B. eine wässrige Saccharoselösung, den Wert 1 an. Bei bekannter Abhängigkeit des van't Hoff'schen Faktors i von der Konzentration einer Lösung kann der osmotische Druck realer Lösungen sowohl von Elektrolyten als auch von Nichtelektrolyten durch Gleichung (19.17) ausgedrückt werden.

Bei konzentrierten Lösungen und insbesondere bei wässrigen Lösungen starker Elektrolyte weicht der experimentell bestimmte reale osmotische Druck Π_{real} vom idealen Π_{ideal} nach van't Hoff ab. Dies berücksichtigt man durch Einführung eines anderen, weiteren Korrekturfaktors, des so genannten *osmotischen Koeffizienten* $g = \Pi_{\text{real}}/\Pi_{\text{ideal}}$, wobei aus Gleichung (19.15) dann folgt:

$$\Pi = g \cdot c_1 \cdot R \cdot T \tag{19.18}$$

Der osmotische Koeffizient g lässt sich bei Elektrolyten auch durch den Aktivitätskoeffizienten ausdrücken und experimentell bestimmen. Für verdünnte Lösungen starker Elektrolyte kann g auch theoretisch berechnet werden. Die beiden Koeffizienten g und i sind bei Elektrolyten über deren Dissoziationsgrad verknüpft.

Enthält eine Lösung mehrere Komponenten mit den Konzentrationen (Molaritäten) $c_1, c_2, \ldots, c_k$, für welche die Membran undurchlässig ist, dann gilt in Analogie zu (19.15):

$$\Pi = R \cdot T \cdot \sum_{i=1}^{k} c_i \tag{19.19}$$

Dabei bezeichnet die Größe $\sum_{i=1}^{k} c_i$ die **Osmolarität** der Lösung, bei deren Berechnung die gesamte in Lösung befindliche Teilchenanzahl ankommt (s. auch die Anmerkungen zu Beziehung (19.4) in § 19.2 und die obigen Betrachtungen für Elektrolyte). Beispielsweise ergibt sich bei einer wässrigen Lösung von Na_2SO_4, das völlig in die Ionen Na^+ und SO_4^{2-} dissoziiert, die Osmolarität dieser Lösung als dreimal so groß wie ihre Konzentration c:

$$\sum c_i = c_{Na} + c_{SO_4^{2-}} = 2c + c = 3c$$

Die Erscheinung der Osmose besitzt für das menschliche, tierische und pflanzliche Leben große Bedeutung, hauptsächlich bei Ernährungs- und Stoffwechselprozessen. Neben dem Stofftransport ermöglicht sie für den pflanzlichen Organismus einen inneren Spannungszustand, den so genannten *Turgordruck* oder kurz *Turgor*, aufrechtzuerhalten, welcher der Pflanze die Festigkeit verleiht. So findet man in den Parenchymzellen der Wurzelrinde mitunter osmotische Drücke zwischen etwa $5 \cdot 10^5$ und $15 \cdot 10^5$ Pa, der in den Sprossen gewöhnlich mit der Entfernung von den Wurzeln ansteigt und in den Zellen des Blattgewebes Maximalwerte von bis zu $30 \cdot 10^5$ bis $40 \cdot 10^5$ Pa annehmen kann. Das Blut im menschlichen Organismus besitzt einen osmotischen Druck von etwa $7{,}5 \cdot 10^5$ Pa. Die roten Blutkörperchen würden durch Zugabe einer Lösung von geringerem osmotischem Druck (*hypotonische Lösung*) durch Wasseraufnahme zum Quellen bzw. durch die Zugabe einer Lösung von höherem osmotischem Druck (*hypertonische Lösung*) zum Schrumpfen gebracht werden. Eine Lösung, die den gleichen osmotischen Druck wie das Blut besitzt, die *isotone physiologische Kochsalzlösung* mit einem Gehalt von 0,9 % NaCl, kann daher in der Medizin bei intravenösen Injektionen verwendet werden.

Die Osmose findet auch bei der *Dialyse* Anwendung, als einem Verfahren zur Abscheidung niedermolekularer Stoffe aus Lösungen makromolekularer oder kolloidaler Substanzen, aufgrund der mitunter stark unterschiedlichen Diffusionsgeschwindigkeiten durch eine semipermeable Membran. Die Dialyse erfolgt in einer Dialysierzelle (*Dialysator*), die aus zwei, durch die semipermeable Membran geeigneter Porenweite, getrennten Kammern besteht, wovon eine mit der entsprechend zusammengesetzten Dialysierflüssigkeit, die andere mit der zu dialysierenden Flüssigkeit gefüllt ist. Äußerst erfolgreich wird das Dialyseverfahren z. B. bei der extrakorporalen Dialyse bei Menschen mit Niereninsuffizienz mittels der sog. künstlichen Niere angewandt.

M § 19.4 Lösung von Gasen in Flüssigkeiten

Befindet sich ein Gas in Kontakt mit einer Flüssigkeit, so kann ein Teil des Gases darin gelöst werden. Bekannte Beispiele sind Lösungen von Ammoniak oder Chlorwasserstoffgas in Wasser sowie brausende Flüssigkeiten mit gelöstem Kohlenstoffdioxid. Dazu gehören auch die als Aerosole zu zerstäubenden Produkte, welche als Treibgas Kohlenstoffdioxid oder Stickstoff enthalten, wovon ein Teil unter Druck gelöst ist.

Die Löslichkeit eines Gases, welche durch die in der Flüssigkeit gelöste Gasmenge gekennzeichnet ist, hängt primär von der Temperatur, vom Partialdruck, d. h. vom Druck des ungelösten Gasanteils über der Flüssigkeit und von der Gegenwart von Salzen ab, außerdem u. U. von chemischen Reaktionen, die das Gas mit dem Lösungsmittel eingehen kann. Der Gas-Partialdruck über der Lösung bestimmt die Löslichkeit des Gases, das sich im Gleichgewicht mit seiner Lösung befindet. Für sehr verdünnte Lösungen wird, bei konstanter Temperatur, die Löslichkeit von Gasen in Flüssigkeiten durch das **Henry-Dalton'sche Gesetz** beschrieben:

> Die in einer Flüssigkeit gelöste Stoffmenge eines idealen Gases ist bei gegebener Temperatur proportional zum Partialdruck des Gases über der Lösung.

Sei $n_{i,s}$ die Stoffmenge des im Flüssigkeitsvolumen V gelösten Gases, dann ist auch die Stoffmengenkonzentration $c_{i,s} = n_{i,s}/V$ proportional zum Partialdruck des Gases über der Lösung und die quantitative Formulierung des *Henry-Dalton Gesetzes* lautet:

$$c_{i,s} = h_i \cdot p_i \qquad (19.20)$$

(bei T=const.),

wobei die temperaturabhängige Proportionalitätskonstante h_i (Einheit: $\text{mol} \cdot (\text{N} \cdot \text{m})^{-1}$) spezifisch für die betreffende Lösung ist.

Das Henry-Dalton'sche Gesetz, oft nur als *Henry'sches Gesetz* bezeichnet, wird häufig auch in folgender Formulierung angegeben:

> Der Partialdruck p_i eines Gases i über einem in großem Überschuss vorhandenen chemisch indifferenten Lösungsmittel ist dem Molenbruch $x_{i,\text{s}}$ des Gases i im Lösungsmittel proportional:

$$p_i = H_i \cdot x_{i,\text{s}} \tag{19.21}$$

mit der temperaturabhängigen, so genannten *Henry'schen Konstanten* H_i (Einheit: Pa), welche für die Löslichkeit des jeweiligen Gases i charakteristisch ist. Bei Umrechnung des Molenbruchs in die Stoffmengenkonzentration ergibt sich mit der Dichte ϱ_L bzw. der molaren Masse M_L des Lösungsmittels $H_i = \varrho_\text{L}/(M_\text{L} \cdot h_i)$ als Zusammenhang zwischen den beiden Konstanten H_i und h_i, womit die Beziehung (19.21) in (19.20) übergeführt werden kann.

Da nach dem *Boyle-Mariotte'schen* Gesetz (13.9) bei konstanter Temperatur das Volumen eines Gases dem Druck umgekehrt proportional ist, folgt mit (19.20), dass das Volumen des gelösten Gases unabhängig von seinem Partialdruck wird. Somit kann das Henry-Dalton'sche Gesetz für ein in einer Flüssigkeit gelöstes Gas, das sich im Gleichgewicht mit der darüber vorhandenen Gasatmosphäre befindet, wie folgt formuliert werden:

> Das in einer Flüssigkeit bei gegebener Temperatur gelöste Gasvolumen ist unabhängig vom Partialdruck des Gases.

Für den Quotienten aus dem Volumen $V_{i,\text{s}}$ des in Lösung gegangenen Gases i (reduziert auf Standardbedingungen von 0 °C und $p_\text{n} = 1013{,}25$ hPa) und dem Volumen V_L der Lösung, in welchem das Gas (Partialdruck p_i) bei der betreffenden Temperatur gelöst ist, gilt folgende Beziehung:

$$\frac{V_{i,\text{s}}}{V_\text{L}} = \alpha_i \cdot \frac{p_i}{p_\text{n}} \tag{19.22}$$

Dabei heißt α_i nach *Bunsen* der **Löslichkeits- oder Absorptionskoeffizient** des betreffenden Gases für die gegebene Flüssigkeit. Für einige Gase sind in Tabelle 19.3 Werte der *Bunsen-Löslichkeitskoeffizienten* bei zwei unterschiedlichen Temperaturen angegeben.

Mithilfe des idealen Gasgesetzes ergibt sich als Zusammenhang mit α_i und den in (19.20) bzw. (19.21) vorkommenden Löslichkeitskonstanten: $a_i = R \cdot T_\text{n} \cdot h_i = R \cdot T_\text{n} \cdot \varrho_\text{L}/(M_\text{L} \cdot H_i)$, wobei R die universelle Gaskonstante, $T_\text{n} = 273{,}15$ K und ϱ_L die Dichte bzw. M_L die molare Masse des Lösungsmittels ist. Durch Einsetzen der entsprechenden Zahlenwerte folgt $\alpha_i = 2271 \cdot h_i$ und z. B. im Falle von Wasser als Lösungsmittel ebenso $\alpha_i = 1{,}262 \cdot 10^8/H_i$ als Relation zu den Konstanten h_i bzw. H_i.

Der Einfluss der Temperatur auf die Löslichkeit eines Gases in einer Flüssigkeit äußert sich darin, wie auch Tab. 19.3 zeigt, dass die Löslichkeit mit zunehmender Temperatur i. Allg. abnimmt. Daher sollten Behälter mit gashaltigen Lösungen oder Flüssigkeiten

Tab. 19.3

Gas	α_i in Wasser bei		α_i in Alkohol bei	
	0 °C	20 °C	0 °C	20 °C
Wasserstoff	0,0193	0,0178	0,069	0,067
Stickstoff	0,0203	0,0144	0,126	0,126
Sauerstoff	0,0411	0,0286	0,284	0,284
Kohlenstoffdioxid	1,798	0,901	4,33	2,95
Schwefelwasserstoff	4,371	2,905	17,89	7,42
Schwefeldioxid	79,79	39,38	328,62	114,48
Chlorwasserstoff	500	439	–	–
Ammoniak	1200	700	–	–

hohen Dampfdrucks vor dem Öffnen vorsichtshalber abgekühlt werden, um Temperatur und Gasdruck zu erniedrigen.

Löst man Elektrolyte (z. B. Kochsalz) oder auch Nichtelektrolyte (z. B. Saccharose) in einer Flüssigkeit, die Gase gelöst enthält, so beobachtet man, dass die Gase aus ihrer Lösung verdrängt werden. Sehr einfach lässt sich dieser so genannte *Aussalzeffekt* bei CO_2-haltigem Wasser durch Einstreuen einer kleinen Menge Salz demonstrieren, was eine starke aufbrausende Wirkung zur Folge hat. Die Ursache dafür liegt in einer Dichteänderung in der wässrigen Lösung infolge der starken Wechselwirkungen zwischen den gelösten festen Substanzen und den Wassermolekülen.

Das Gesetz von *Henry-Dalton* ist im Grunde nur für solche Gase gültig, welche eine relativ geringe Löslichkeit in der entsprechenden Flüssigkeit aufweisen und vor allem mit dem Lösungsmittel nicht chemisch reagieren. Gase wie beispielsweise Schwefelwasserstoff, Chlorwasserstoff, Ammoniak und auch Kohlenstoffdioxid weichen daher vom idealen Gesetz ab infolge chemischer Reaktionen mit dem Lösungsmittel, die sich i. Allg. in einer höheren Löslichkeit äußern, wie auch Tab. 19.3 zeigt.

Bei *Gasgemischen* gilt: Die Flüssigkeit nimmt von jedem einzelnen Gas diejenige Gasmenge auf, die sich für den Partialdruck des Gases aus dem Henry-Dalton'schen Gesetz berechnet.

Beispiele:

1. Sauerstoff besitzt eine höhere Löslichkeit in Wasser als Stickstoff. Deshalb enthält die in Wasser gelöste Luft einen größeren Sauerstoffanteil (35 %) als die Luft der Atmosphäre (21 %).
2. In Mineralwasser wird Kohlenstoffdioxid unter Druck gelöst. Nach dem Öffnen der Mineralwasserflasche perlt das Kohlenstoffdioxid so lange aus, bis die im Mineralwasser gelöste Menge Kohlenstoffdioxid dem Partialdruck von CO_2 in Luft proportional ist.

P § 19.5 Einfache Grundlagen der Reaktionskinetik

Bei den bisherigen Überlegungen gingen wir i. Allg. davon aus, dass die betrachteten Stoffe oder Systeme sich im thermischen (bzw. chemischen) Gleichgewicht befinden. Im Rahmen dieses einführenden Abschnitts – eine ausführliche Behandlung des Themenkreises muss den Lehrbüchern der physikalischen Chemie vorbehalten bleiben – werden wir uns nur mit einigen grundlegenden Betrachtungen des zeitlichen Ablaufs der Einstellung eines Gleichgewichtszustandes befassen, wie beispielsweise mit den unterschiedlichen Zeitgesetzen von Reaktionen in Lösungen oder Gasen, wobei insbesondere die Abhängigkeit der Konzentration von der Zeit betrachtet wird.

Jede homogene chemische Reaktion von Gasen oder in verdünnten Lösungen verläuft niemals vollständig, sondern nur bis zu einem Gleichgewichtszustand, bei welchem die Geschwindigkeit der *Hinreaktion* gleich jener der *Rückreaktion* ist. Beginnen wir unsere Betrachtungen mit diesem erreichten Endzustand einer einfachen Reaktion, beispielsweise zweier Substanzen (z. B. ideale Gase) A und B als Ausgangsstoffe, deren Reaktionsprodukt C sei, mit den jeweiligen Stoffmengen α, β, γ und die gemäß $\alpha \cdot \mathrm{A} + \beta \cdot \mathrm{B} \rightleftharpoons \gamma \cdot \mathrm{C}$ bei konstanter Temperatur und konstantem Druck verläuft, dann gilt im Gleichgewicht das sog. **Massenwirkungsgesetz** von *Guldberg* und *Waage*. Dieses lautet für die Konzentrationen der beteiligten Substanzen, wobei die Konzentration einer Substanz meist zweckmäßig in der Form [A], [B] bzw. [C] geschrieben wird:

$$\frac{[\mathrm{C}]^{\gamma}}{[\mathrm{A}]^{\alpha} \cdot [\mathrm{B}]^{\beta}} = K_c \qquad (19.23)$$

dabei bezeichnet K_c die *Gleichgewichtskonstante* oder *Massenwirkungskonstante* (für die *Konzentration*). Sie ist unabhängig von den Mengen der eingesetzten Substanzen, jedoch von Druck und Temperatur abhängig. Der Ablauf dieser Reaktion bis zum Erreichen des dynamischen Gleichgewichtszustands ist von vielen Größen abhängig, wie z. B. von der Konzentration der Reaktionspartner und ihrer Verteilung im Reaktionsgefäß, von der Temperatur, der Gegenwart von Katalysatoren und von der Zeit.

Die Geschwindigkeit, mit der sich die Konzentration einer der beteiligten Substanzen ändert, ist ein Maß für die Geschwindigkeit der Reaktion. Für die **Reaktionsgeschwindigkeit** einer einfachen homogenen Reaktion der Form $\mathrm{A} + \mathrm{B} \rightarrow \mathrm{C}$, bei welcher die Rückreaktion vernachlässigbar ist, gilt wenn [A], [B] bzw. [C] die momentane Konzentration der jeweiligen Substanz bezeichnet: $\frac{\mathrm{d}[\mathrm{C}]}{\mathrm{d}t} = -\frac{\mathrm{d}[\mathrm{A}]}{\mathrm{d}t} = -\frac{\mathrm{d}[\mathrm{B}]}{\mathrm{d}t}$, da für jedes gebildete Molekül C ein Molekül A und ein Molekül B verschwindet. In vielen Fällen wird die zeitliche Änderung der Reaktion, d. h. die Reaktionsgeschwindigkeit einer bestimmten Potenz der Konzentration der Reaktanden proportional sein. Für die Geschwindigkeit der Konzentrationsänderung, z. B. der Substanz A, existiert bei der betrachteten einfachen Reaktionsgleichung eine Beziehung in Abhängigkeit von den Konzentrationen von A und B:

$$\frac{\mathrm{d}[\mathrm{A}]}{\mathrm{d}t} = -k \cdot [\mathrm{A}]^{a} \cdot [\mathrm{B}]^{b} \qquad (19.24)$$

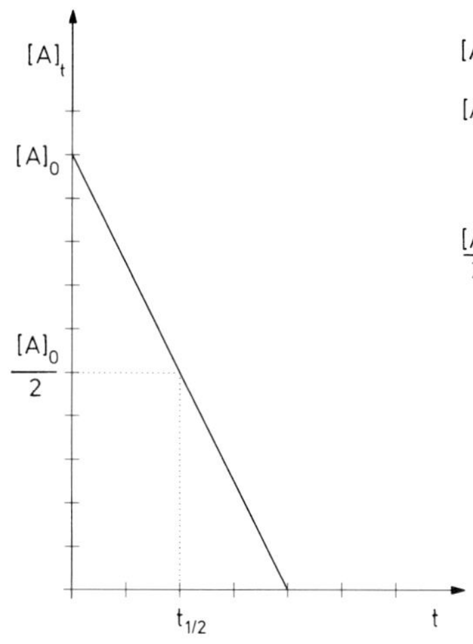

Abb. 19.6

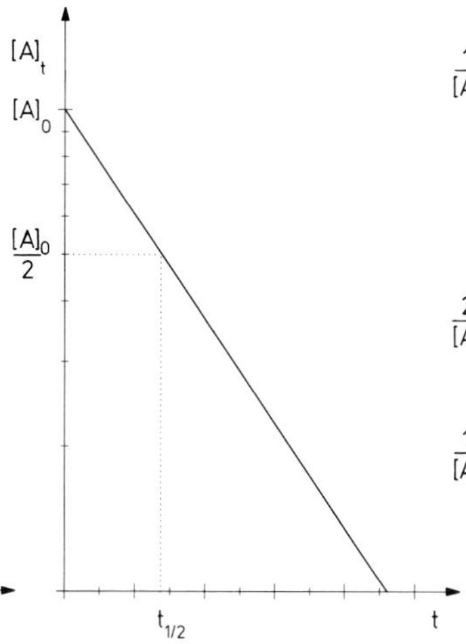

Abb. 19.7

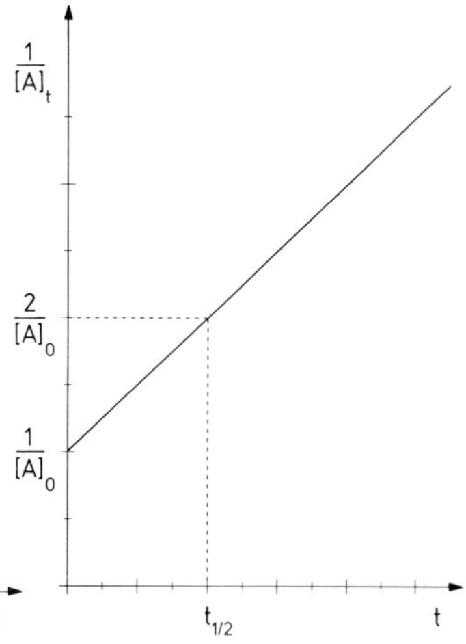

Abb. 19.8

Die Exponenten a bzw. b bezeichnen die **Ordnung** der Reaktion bezüglich der Komponente A bzw. B und deren Summe $n = a + b$ die *Ordnung der Gesamtreaktion*. Die *Reaktionsgeschwindigkeitskonstante* k ist unabhängig von der Konzentration, jedoch temperaturabhängig. Liegen nur einfache Reaktionen vor, d. h. solche mit nur wenigen Teilschritten, dann nimmt die Gesamtordnung i. Allg. Werte zwischen 0 und 4 an und die Ordnungen bezüglich der einzelnen Komponenten liegen zwischen 0 und 2, wobei die Ordnung einer Reaktion und damit auch jene der Gesamtreaktion prinzipiell keinesfalls eine ganze Zahl sein muss, sondern auch gebrochene Reaktionsordnungen auftreten können. Grundsätzlich kann das Geschwindigkeitsgesetz einer Reaktion nur experimentell bestimmt und nicht aus der Reaktionsgleichung hergeleitet werden.

Anmerkung: Von der Reaktionsordnung zu unterscheiden ist die *Molekularität* einer Reaktion, die ausdrückt, wie viele Teilchen an dem elementaren Schritt beteiligt sind, der zu der chemischen Reaktion führt. Während die Reaktionsgleichung $A \rightarrow B + C$ (inkl. $C \equiv 0$) eine *monomolekulare Reaktion* beschreibt, stellt die Gleichung $A + B \rightarrow C + D$ eine *bimolekulare Reaktion* dar, wobei $A \equiv B$ und/oder $D \equiv 0$ sein kann. Ordnung und Molekularität einer Reaktion stimmen nur bei sehr einfachen Reaktionen überein.

§ 19.5.1 Reaktionen nullter Ordnung

Ist bei der Umsetzung beispielsweise der Ausgangsprodukte A und B zum Reaktionsprodukt C die Geschwindigkeit von keiner Konzentration der Reaktionspartner abhängig (die Exponenten a und b in Gleichung (19.24) sind somit null), dann ergibt sich ein einfaches Zeitgesetz, welches z. B. für die Konzentration [A] der Substanz A lautet:

$$\frac{-\mathrm{d}[A]}{\mathrm{d}t} = k_0 \qquad (19.25)$$

d. h. die Geschwindigkeit der Konzentrationsänderung von A ist konstant (*Reaktion nullter Ordnung*), wobei k_0 die Reaktionskonstante ist. Ist die anfängliche Konzentration (Zeit $t = 0$) gleich $[A]_0$, dann ergibt sich für die Konzentration $[A]_t$ zur Zeit t aus (19.25) durch einfache Integration:

$$[A]_t = [A]_0 - k_0 \cdot t \qquad (19.26)$$

In einem Konzentration-Zeit-Diagramm (beide Achsen linear geteilt) ergibt sich für diese lineare Beziehung (19.26) eine Gerade mit der Steigung $-k_0$ (Abb. 19.6). Nach der sog. *Halbwertszeit* $t_{1/2}$ hat die Anfangskonzentration $[A]_0$ auf die Hälfte abgenommen $\left([A]_t = \frac{1}{2} \cdot [A]_0\right)$ und es folgt aus (19.26) für $t_{1/2} = 0{,}5\,[A]_0 \cdot k_0^{-1}$.

§ 19.5.2 Reaktionen erster Ordnung

Wir betrachten eine Reaktion vom Typ $A \rightarrow B + C + \ldots$, für welche die Geschwindigkeit mit der die Konzentration von A ([A]) abnimmt, proportional zu [A] ist, dann lautet das Geschwindigkeitsgesetz für eine derartige *Reaktion erster Ordnung*:

$$-\frac{\mathrm{d}[A]}{\mathrm{d}t} = k_1 \cdot [A] \qquad (19.27)$$

3

wobei der Proportionalitätsfaktor k_1 wiederum die Geschwindigkeitskonstante bezeichnet. Schreibt man diese Differentialgleichung (19.27) in der Form $\mathrm{d}[A]/[A] = -k_1 \cdot \mathrm{d}t$, so folgt durch Integration mit der Anfangsbedingung, dass zur Zeit $t=0$ die Konzentration $[A]_0$ vorliegt, für die zur Zeit t noch vorliegende Konzentration $[A]_t$ als Lösung:

$$\ln\left(\frac{[A]_t}{[A]_0}\right) = -k_1 \cdot t \qquad (19.28)$$

oder

$$[A]_t = [A]_0 \cdot e^{-k_1 \cdot t} \qquad (19.29)$$

Bei Reaktionen erster Ordnung nimmt also die Konzentration der Ausgangssubstanz exponentiell mit der Zeit ab. In halblogarithmischer Auftragung, entsprechend Gleichung (19.28), ergibt sich somit eine Gerade mit der Steigung $-k_1$ (Abb. 19.7). Bei Darstellung im dekadischen Logarithmus folgt durch Umrechnung von natürlichem in dekadischen Logarithmus für (19.28): $\lg([A]_t/[A]_0) = -0{,}434 \cdot k_1 \cdot t$.

Eine Reaktion erster Ordnung liegt also nur dann vor, wenn sich in halblogarithmischer Darstellung eine Gerade ergibt.

Zur Charakterisierung einer Abbaureaktion wird meistens deren Halbwertszeit $t_{1/2}$ angegeben, für welche sich aus (19.29) mit $[A]_t = \frac{1}{2} \cdot [A]_0$ ergibt:

$$t_{1/2} = \frac{\ln 2}{k_1} = 0{,}693 k_1^{-1} \qquad (19.30)$$

Beispiele zu Reaktionen erster Ordnung sind etwa der thermische Zerfall von Dixstickstoffpentoxid $\left(N_2O_5 \rightarrow N_2O_4 + \frac{1}{2}O_2\right)$ oder die Rohrzuckerspaltung. Beide Reaktionen sind zwar keine monomolekularen Reaktionen, können aber durch ein Geschwindigkeitsgesetz erster Ordnung beschrieben werden. So wird beispielsweise die bimolekulare Reaktion: Rohrzucker + Wasser $\rightarrow$ (α)-D-Glucose + (α)-D-Fructose, durch Wasserstoffionen katalysiert, welche zwar als Reaktionspartner fungieren, aber im Reaktionsverlauf stets quantitativ zurückgebildet werden und somit sich die Wasserstoffionen-Konzentration, d. h. die Konzentration des Wassers infolge hohen Überschusses, in der Gesamtbilanz nicht ändert und daher ein Zeitgesetz erster Ordnung resultiert.

Ein weiteres bekanntes, jedoch spezielles Beispiel einer Reaktion erster Ordnung ist der radioaktive Zerfall. Man verwendet hierbei im Allgemeinen nicht die Konzentration, sondern die Anzahl N von Atomen als Variable. Liegen N_0 Atome zur Zeit $t = 0$ vor und noch N zur Zeit t, so gilt entsprechend (19.29): $N_t = N_0 \cdot e^{-\lambda \cdot t}$, wobei anstelle von k_1 als sog. *Zerfallskonstante* meist λ verwendet wird (s. § 40.1).

§ 19.5.3 Reaktionen zweiter Ordnung

Eine Reaktion des Typs $A + B \rightarrow C + D + \ldots$ ist von *zweiter Ordnung*, wenn das Geschwindigkeitsgesetz der Reaktion bezüglich A lautet:

$$-\frac{\mathrm{d}[A]}{\mathrm{d}t} = k_2 \cdot [A] \cdot [B] \qquad (19.31)$$

oder im Falle $[A] \equiv [B]$:

$$-\frac{\mathrm{d}[A]}{\mathrm{d}t} = k_2 \cdot [A]^2 \qquad (19.32)$$

wenn k_2 die Geschwindigkeitskonstante der Reaktion zweiter Ordnung bezeichnet. Durch Integration beispielsweise von Gleichung (19.32) folgt, wobei $[A]_0$ die zu Beginn der Reaktion ($t=0$) vorliegende Konzentration ist:

$$\frac{1}{[A]_t} - \frac{1}{[A]_0} = k_2 \cdot t \qquad (19.33)$$

woraus sich durch Umformung für die Konzentration von A zum beliebigen Zeitpunkt t ergibt:

$$[A]_t = \frac{[A]_0}{1 + k_2 \cdot t \cdot [A]_0} \qquad (19.34)$$

Wie die Beziehung (19.33) zeigt, ist für eine Reaktion zweiter Ordnung charakteristisch, dass bei Auftragung des Kehrwertes der Konzentration in Abhängigkeit von der Zeit sich eine Gerade ergibt (s. Abb. 19.8), deren Steigung durch die Geschwindigkeitskonstante k_2 gegeben ist. Die Halbwertszeit $t_{1/2}$ für eine derartige Reaktion, wie etwa der Zerfall von Stickstoffdioxid $2\,NO_2 \rightarrow 2\,NO + O_2$, ergibt sich aus (19.33) zu:

$$t_{1/2} = \frac{1}{k_2} \cdot \frac{1}{[A]_0} \qquad (19.35)$$

Reaktionen zweiter Ordnung kommen relativ häufig vor.

§ 19.5.4 Reaktionen dritter Ordnung

Seltener treten Reaktionen dritter Ordnung auf, die in allgemeiner Darstellung Reaktionen vom Typ $A + B + C \rightarrow D + E + \ldots$ sind und deren Geschwindigkeitsgesetz bezüglich A lautet:

$$-\frac{\mathrm{d}[A]}{\mathrm{d}t} = k_3 \cdot [A] \cdot [B] \cdot [C] \qquad (19.36)$$

mit der Geschwindigkeitskonstanten k_3. Durch Integration erhält man bezüglich A, wenn die zum Zeitpunkt $t = 0$ vorliegende Anfangskonzentration $[A]_0$ ist:

$$\frac{1}{2\,[A]_t^2} - \frac{1}{2\,[A]_0^2} = k_3 \cdot t \qquad (19.37)$$

bzw. für die Konzentration von A zum beliebigen Zeitpunkt t durch Umformung:

$$[A]_t^2 = \frac{[A]_0^2}{1 + 2\,k_3 \cdot t \cdot [A]_0^2} \qquad (19.38)$$

woraus sich die Halbwertszeit bestimmt zu:

$$t_{1/2} = \frac{3}{2\,k_3} \cdot \frac{1}{[A]_0^2} \qquad (19.39)$$

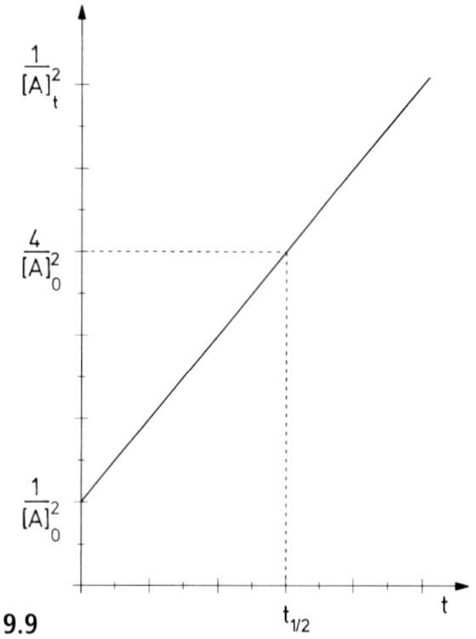

Abb. 19.9

Trägt man $[A]^{-2}$ in Abhängigkeit von der Zeit t auf und ergibt sich dafür eine Gerade, so handelt es sich um eine Reaktion dritter Ordnung mit der Geschwindigkeitskonstanten gemäß Beziehung (19.37) als Geradensteigung (Abb. 19.9).

§ 19.5.5 Gegenläufige Reaktion erster Ordnung

Die seither behandelten Reaktionen verliefen alle vollständig nach einer Seite, was für den größten Teil der chemischen Reaktionen aber nicht zutreffend ist. Wir müssen uns daher mit der Kinetik von Reaktionen befassen, die auch nach langer Zeit noch unveränderte Reaktanden enthalten. Im einfachsten Fall einer Gegenreaktion wird ein Stoff A über einen Mechanismus erster Ordnung in einen Stoff B umgewandelt und umgekehrt: $A \underset{k_2}{\overset{k_1}{\rightleftharpoons}} B$, wobei k_1 die Geschwindigkeitskonstante für die Hinreaktion und k_2 für die Rückreaktion bedeuten. Für die Reaktionsgeschwindigkeit gilt:

$$\frac{d[A]}{dt} = -k_1 \cdot [A] + k_2 \cdot [B] \qquad (19.40)$$

Gegenläufige Reaktionen führen zu einem chemischen Gleichgewicht. Unter der Annahme, dass zum Zeitpunkt $t = 0$ der Stoff A in der Konzentration $[A]_0$ und der Stoff B in der Konzentration $[B] = 0$ vorlagen, ist stets $[A] + [B] = [A]_0$, womit für (19.40) folgt:

$$\begin{aligned}\frac{d[A]}{dt} &= -k_1 \cdot [A] + k_2 \cdot \{[A]_0 - [A]\} \\ &= -(k_1 + k_2) \cdot [A] + k_2 \cdot [A]_0\end{aligned} \qquad (19.41)$$

Durch Integration dieser Differentialgleichung erster Ordnung unter den gegebenen Anfangsbedingungen (zum Zeitpunkt $t = 0$ liegt vor: Konzentration $[A]_0$ und $[B] = 0$), ergibt sich für die Konzentration $[A]_t$ zur Zeit t:

$$\ln \frac{[A]_t \cdot (k_1 + k_2) - k_2 \cdot [A]_0}{k_1 \cdot [A]_0} = -(k_1 + k_2) \cdot t \qquad (19.42)$$

oder

$$[A]_t = [A]_0 \cdot \frac{k_2 + k_1 \cdot e^{-(k_1 + k_2) \cdot t}}{k_1 + k_2} \qquad (19.43)$$

Die Konzentration $[A]$ des Stoffes A nimmt als Funktion der Zeit exponentiell ab und strebt für $t \to \infty$ einer Gleichgewichtskonzentration $[A]_\infty$ zu, wie auch die sich aufbauende Konzentration $[B]$ des Stoffes B von $[B] = 0$ aus einer Gleichgewichtskonzentration $[B]_\infty$ zustrebt. Abbildung 19.10 zeigt für die Stoffe A und B die Zeitabhängigkeit der relativen Konzentrationen, normiert auf die Ausgangskonzentration $[A]_0$, für $k_1 = 3\,k_2$.

Für die Gleichgewichtskonzentrationen erhält man aus (19.43) für $t \to \infty$ und mit der Bedingung, dass $[A] + [B] = [A]_0$:

$$[A]_\infty = \frac{k_2 \cdot [A]_0}{k_1 + k_2} \quad \text{und}$$

$$[B]_\infty = [A]_0 - [A]_\infty = \frac{k_1 \cdot [A]_0}{k_1 + k_2} \qquad (19.44)$$

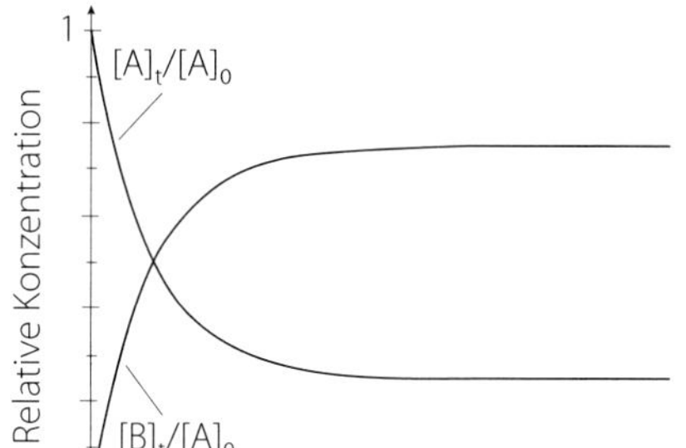

Abb. 19.10

Daraus folgt als Quotient der beiden Gleichgewichtskonzentrationen die Konstante des Massenwirkungsgesetzes K_c für die Reaktion $A \rightleftarrows B$ zu:

$$K_c = \frac{[B]_\infty}{[A]_\infty} = \frac{k_1}{k_2} \tag{19.45}$$

Entsprechend lässt sich auch eine gegenläufige Reaktion zweiter Ordnung behandeln, was hier aber nicht weiter betrachtet werden soll.

§ 19.5.6 Parallel ablaufende Reaktion erster Ordnung

Es wird hier als Reaktionstyp beispielhaft eine Reaktion betrachtet, bei welcher ein Reaktionspartner an mehr als einer Reaktion beteiligt ist, es sich also um eine konkurrierende Parallelreaktion handelt, der Art: $A \xrightarrow{k_1} B$ und $A \xrightarrow{k_2} C$. Das Geschwindigkeitsgesetz für die Abnahme der Konzentration des Stoffes A ist von erster Ordnung und lautet:

$$\frac{d[A]}{dt} = -k_1 \cdot [A] - k_2 \cdot [A] = -(k_1 + k_2) \cdot [A] \tag{19.46}$$

Liegt zu Beginn $(t = 0)$ nur A in der Konzentration $[A]_0$ vor, dann ergibt sich durch einfache Integration von (19.46) für die Konzentration $[A]_t$ zur Zeit t:

$$[A]_t = [A]_0 \cdot e^{-(k_1+k_2)\cdot t}, \tag{19.47}$$

also eine Reaktion erster Ordnung bezüglich des Stoffs A. Die Bildungsgeschwindigkeiten für die Stoffe B und C ergeben sich mit (19.47) zu:

$$\frac{d[B]}{dt} = k_1 \cdot [A]_t = k_1 \cdot [A]_0 \cdot e^{-(k_1+k_2)\cdot t} \text{ und}$$

$$\frac{d[C]}{dt} = k_2 \cdot [A]_t = k_2 \cdot [A]_0 \cdot e^{-(k_1+k_2)\cdot t} \tag{19.48}$$

Die Integration von (19.48) liefert für die Konzentrationen $[B]_t$ bzw. $[C]_t$ nach der Zeit t, unter Beachtung der Anfangsbedingungen ($[A]_0$, bzw. $[B]_0 = [C]_0 = 0$ z. Zt. $t = 0$):

$$[B]_t = \frac{k_1}{k_1 + k_2} \cdot [A]_0 \cdot \left\{1 - e^{-(k_1+k_2)\cdot t}\right\} \text{ und}$$

$$[C]_t = \frac{k_2}{k_1 + k_2} \cdot [A]_0 \cdot \left\{1 - e^{-(k_1+k_2)\cdot t}\right\} \tag{19.49}$$

Abb. 19.11 zeigt für $k_1 = 2k_2$ den Verlauf der relativen Konzentrationen der Stoffe A, B und C normiert auf die Ausgangskonzentration $[A]_0$ als Funktion der Zeit t.

Für das Verhältnis der Konzentrationen des Aufbaus der Stoffe B bzw. C ergibt sich aus (19.49):

$$\frac{[B]_t}{[C]_t} = \frac{k_1}{k_2} \tag{19.50}$$

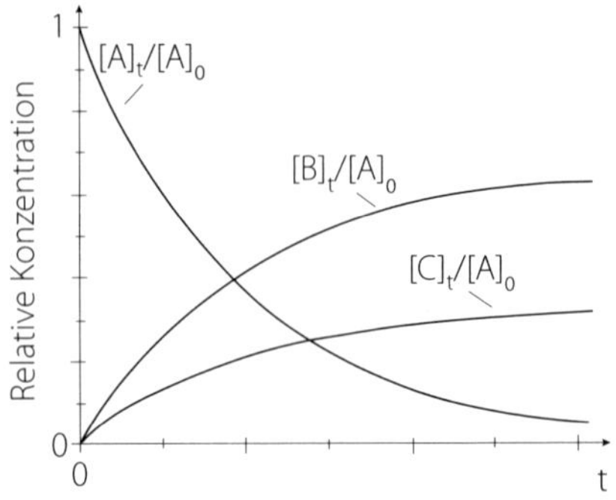

Abb. 19.11

Welches der beiden Produkte vorzugsweise entsteht, hängt also vom Verhältnis der beiden Geschwindigkeitskonstanten k_1 und k_2 ab.

Als Beispiel einer Parallelreaktion sei Ethanol angeführt, das entweder zu Ethylen dehydratisiert oder zu Acetaldehyd dehydriert: $C_2H_5OH \xrightarrow{k_1} C_2H_4 + H_2O$ bzw. $C_2H_5OH \xrightarrow{k_2} CH_3CHO + H_2$

§ 19.5.7 Folgereaktionen erster Ordnung

Reaktionen bestehen häufig aus einer Folge verschiedener Reaktionsschritte und sind dann meist mathematisch nicht geschlossen darstellbar. Ein lösbares einfaches Beispiel ist die Zersetzung eines Stoffes A in ein Zwischenprodukt B, das sich als Endprodukt in den Stoff C umwandelt, wobei beide irreversible Prozesse erster Ordnung sind: $A \xrightarrow{k_1} B \xrightarrow{k_2} C$. Zum Zeitpunkt $t = 0$ seien die Ausgangskonzentrationen $[A]_0$, bzw. $[B]_0 = [C]_0 = 0$ und die Konzentrationen z. Zt. t sind $[A]_t$, $[B]_t$ und $[C]_t$. Die Zersetzungs- bzw. Bildungsgeschwindigkeiten lassen sich durch folgende Differentialgleichungen beschreiben:

$$\frac{d[A]}{dt} = -k_1 \cdot [A] \tag{19.51}$$

$$\frac{d[B]}{dt} = k_1 \cdot [A] - k_2 \cdot [B] \tag{19.52}$$

$$\frac{d[C]}{dt} = k_2 \cdot [B] \tag{19.53}$$

Die Beziehung (19.51) entspricht (19.27), dem Geschwindigkeitsgesetz für eine Reaktion erster Ordnung, welche durch Integration ergibt:

$$[A]_t = [A]_0 \cdot e^{-k_1\cdot t} \tag{19.54}$$

Auch bei dieser Folgereaktion nimmt, wie bei jeder Reaktion erster Ordnung, die Konzentration $[A]_t$ des Ausgangsstoffs A exponentiell mit der Zeit t ab.

Substituieren wir den Ausdruck (19.54) für [A] in Gleichung (19.52), dann ergibt sich eine lineare Differentialgleichung erster Ordnung.

$$\frac{d[B]}{dt} = k_1 \cdot [A]_0 \cdot e^{-k_1 \cdot t} - k_2 \cdot [B] \qquad (19.55)$$

Die allgemeine Lösung dieser Differentialgleichung erhält man nach kleiner Rechnung durch Integration unter Beachtung der Anfangsbedingungen zu:

$$[B]_t = \frac{k_1}{k_2 - k_1} \cdot [A]_0 \cdot \{e^{-k_1 \cdot t} - e^{-k_2 \cdot t}\} \qquad (19.56)$$

Unter der Bedingung, dass die Summe der Konzentrationen, $[A]_t + [B]_t + [C]_t = [A]_0$, konstant bleibt, folgt für das Endprodukt C:

$$[C]_t = [A]_0 \cdot \left\{1 - \frac{k_2}{k_2 - k_1} \cdot e^{-k_1 \cdot t} + \frac{k_1}{k_2 - k_1} \cdot e^{-k_2 \cdot t}\right\} \qquad (19.57)$$

In Abb. 19.12 ist der Verlauf der relativen Konzentrationen der Stoffe A, B und C, jeweils normiert auf die Ausgangskonzentration $[A]_0$ des Ausgangsstoffs A, als Funktion von t für den Fall $k_1 = 10 k_2$ dargestellt.

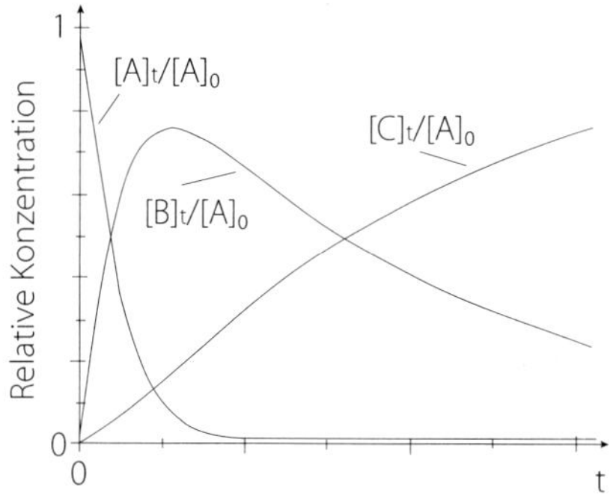

Abb. 19.12

Ist nun aber die Geschwindigkeitskonstante $k_2 \gg k_1$, so kann das dritte Glied in der geschweiften Klammer von (19.57) vernachlässigt werden und die Gleichung geht über in:

$$[C]_t = [A]_0 \cdot (1 - e^{-k_1 \cdot t}) \qquad (19.58)$$

d. h. die Geschwindigkeit der Reaktion wird durch k_1 bestimmt, der Ausgangsstoff wird nur langsam verbraucht und Stoff B liegt nur in geringer Konzentration vor. Analog wird bei $k_1 \gg k_2$ die Geschwindigkeit durch k_2 bestimmt und es ergibt sich aus (19.57):

$$[C]_t = [A]_0 \cdot (1 - e^{-k_2 \cdot t}) \qquad (19.59)$$

In diesem Fall wird der Ausgangsstoff A rasch abgebaut und das Zwischenprodukt B liegt zwischenzeitlich in relativ hoher Konzentration vor.

Beispiele derartiger Folgereaktionen findet man auch beim radioaktiven Zerfall innerhalb einer Zerfallsreihe (s. § 40.2).

§ 19.5.8 Die Temperaturabhängigkeit der Reaktionsgeschwindigkeiten

Bislang haben wir vorausgesetzt, dass die Temperatur bei den stattfindenden Reaktionen konstant bleibt. Eine Erhöhung der Temperatur bedeutet bei den meisten Reaktionen jedoch eine Zunahme der Reaktionsgeschwindigkeit, d. h. die Geschwindigkeitskonstante k_n ist temperaturabhängig. Eine Temperaturänderung kann sich jedoch sehr unterschiedlich auf die Geschwindigkeitskonstante auswirken. Die am häufigsten vorkommenden Fälle lassen sich durch den von *Arrhenius* empirisch abgeleiteten Zusammenhang zwischen der Geschwindigkeitskonstanten k_n und der Temperatur T beschreiben.

Die **Arrhenius'sche Gleichung** lautet für die Geschwindigkeitskonstante k_n:

$$k_n = A \cdot e^{-\frac{\varepsilon_a}{k \cdot T}} = A \cdot e^{-\frac{E_a}{R \cdot T}} \qquad (19.60)$$

wobei A die empirisch bestimmte sog. *Arrhenius-Konstante*, ε_a die *Aktivierungsenergie*, E_a die (molare) *Aktivierungsenergie* und k, R bzw. T die Boltzmann-Konstante, universelle Gaskonstante bzw. absolute Temperatur bezeichnen. Der auf der rechten Seite stehende Exponentialfaktor ist der *Boltzmann-Faktor*, welchen wir in Zusammenhang mit Beziehung (14.13) bereits kennen gelernt haben. Er gibt den Bruchteil von Molekülen an, die eine Energie größer oder gleich ε_a (bzw. E_a) haben und bringt damit zum Ausdruck, dass nicht jedes Molekül bei einem Zusammenstoß mit einem anderen reagiert, sondern nur dann, wenn es die Mindestenergie ε_a besitzt. Die Aktivierungsenergie lässt sich aus der Temperaturabhängigkeit der Geschwindigkeitskonstanten bestimmen, indem zunächst die Ordnung der Reaktion

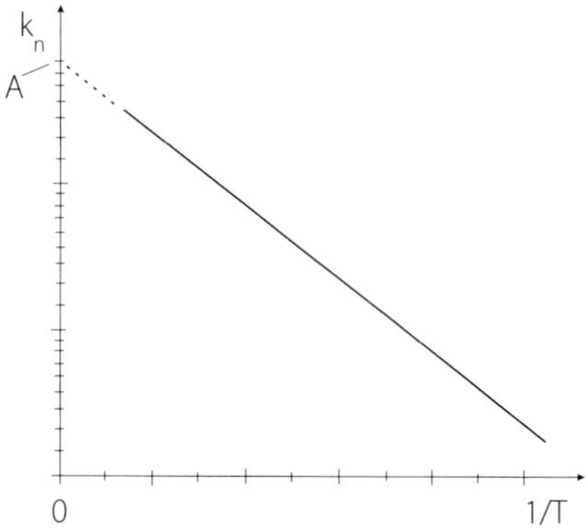

Abb. 19.13

3

ermittelt und die jeweilige Geschwindigkeitskonstante bei unterschiedlichen Temperaturen gemessen wird. Die Auftragung von ln k_n gegen $1/T$, dem sog. ***Arrhenius-Diagramm*** (oder ***Arrhenius-Plot***), ergibt dann gemäß Gleichung (19.60) eine Gerade der Form:

$$\ln k_n = \ln A - \frac{E_a}{R \cdot T} \qquad (19.61)$$

deren Steigung $-E_a/R$ ist und damit die Aktivierungsenergie liefert. Der Faktor A ergibt sich durch Extrapolation als Schnittpunkt des Graphen mit der k_n-Achse für $(1/T) = 0$ (d. h. bei unendlich hoher Temperatur). Abb. 19.13 zeigt schematisch die Temperaturabhängigkeit der Reaktionsgeschwindigkeitskonstanten (Ordinate logarithmisch, Abszisse linear geteilt).

Aufgaben

Aufgabe 19.1: Was versteht man unter
a) Solvatation?
b) Hydratation?

Aufgabe 19.2: In einer Pfeffer'schen Zelle erreicht eine Zuckerlösung eine Höhe von $\boldsymbol{h} = 150$ cm. Welchen osmotischen Druck erzeugt diese Zuckerlösung ($\varrho_{\text{Lös}} \approx 10^3$ kg/m^3) bei einer Temperatur von $\boldsymbol{T} = 300$ K?

Aufgabe 19.3: Welche Stoffmenge Zucker enthält die Lösung der vorherigen Aufgabe 19.2, wenn sie ein Volumen von $\boldsymbol{V} = 1{,}66$ m^3 einnimmt ($\boldsymbol{R} = 8{,}3$ J/(mol · K); $\boldsymbol{T} = 300$ K)?

Aufgabe 19.4: Die molare Gefrierpunktserniedrigung von Wasser als Lösungsmittel (kryoskopische Konstante) beträgt $\boldsymbol{K}_F = 1{,}86$ K · kg/mol (s. auch Tab. 19.1). In 1 kg Wasser werden 23,0 g einer unbekannten, weder dissoziierenden noch assoziierenden Flüssigkeit gelöst, und es wird eine Gefrierpunktserniedrigung von 0,93 K beobachtet. Wie groß ist etwa die molare Masse der unbekannten Flüssigkeit?

Aufgabe 19.5: In einem Liter Wasser lösen sich bei 20 °C und einem Druck von 10^5 Pa 900 cm^3 Kohlenstoffdioxid. In der Atmosphärenluft ist Kohlenstoffdioxid zu 0,03 % enthalten.
Wie viel Kohlenstoffdioxid ist in einem Liter Regenwasser bei 20 °C und 10^5 Pa gelöst?

Elektrizität und Magnetismus

Als Erkenntnisse über die Erscheinungen der Elektrizität und des Magnetismus sind aus der Antike nur wenige Beschreibungen von Phänomenen und einige Begriffe bekannt. Die Griechen wussten beispielsweise, dass kleinere Stückchen Wolle oder Stroh von Bernstein (griechisch: „elektron“) angezogen werden, wenn dieser zuvor intensiv gerieben wurde, und ebenso kannten sie die anziehende Wirkung von Magneteisenstein (Stein aus Magnesia) auf kleine Eisenteilchen; ansonsten waren jedoch keine weitergehenden Kenntnisse über diese Teilgebiete der Physik vorhanden. Das Wissen über die elektrischen und magnetischen Erscheinungen hat sich auch bis zum Beginn des 17. Jahrhunderts nur wenig erweitert und die Erkenntnisse über die beiden Gebiete Elektrizität und Magnetismus entwickelten sich bis ins 19. Jahrhundert hinein weitgehend unabhängig voneinander. Erst als es Ende des 18. Jahrhunderts möglich war, fließende Ladungen (elektrische Ströme) zu erzeugen (*A. Volta*) und deren magnetische Wirkung beobachtet wurde (*H. C. Oersted*, *A.-M. Ampère*), waren erste Schritte zur Erkenntnis des Zusammenhangs zwischen elektrischen und magnetischen Erscheinungen getan. Die Weiterentwicklung der Wissenschaft vom *Elektromagnetismus* sowohl im experimentellen (z. B. *M. Faraday*) als auch im theoretischen Bereich (z. B. *J. C. Maxwell*, mit den nach ihm benannten umfassend gültigen Gleichungen der *Elektrodynamik*), reicht bis in die Anfänge des 20. Jahrhunderts (z. B. *H. A. Lorentz*, *H. Hertz*, *G. Marconi* und andere).

Wir werden uns zunächst mit der Elektrostatik befassen, welche die Erscheinungen *ruhender* **elektrischer Ladungen**, deren Wirkungen und Beziehung zur Materie behandelt, um anschließend Phänomene bewegter Ladungen (elektrischer Ströme) und des Ladungstransports in Materie und Vakuum kennen zu lernen sowie einige wesentliche Erscheinungen des Magnetismus und insbesondere des Elektromagnetismus bzw. der Elektrodynamik.

§ 20 Das elektrostatische Feld

§ 20.1 Grundtatsachen

§ 20.1.1 Elektrische Ladungen

Beginnen wir mit einigen Erfahrungstatsachen und Festlegungen, die für elektrische Ladungen gelten:

- Es gibt *zwei unterschiedliche Arten von elektrischen Ladungen*, unterschieden durch ihr Vorzeichen: **positive (+)** und **negative (–)** elektrische Ladungen, *die einander neutralisieren können.*
- *Gleichnamige Ladungen stoßen einander ab, ungleichnamige Ladungen ziehen sich gegenseitig an.* Es gibt also anziehende und abstoßende elektrische Kräfte, im Gegensatz zur Gravitationskraft, welche immer anziehende Wirkung hat.

- Die *elektrische Ladung ist stets an einen materiellen Träger gebunden.*
- Die *SI-Einheit der Ladung*, das **Coulomb** mit dem Einheitenzeichen **C** ist eine abgeleitete Einheit: $1\,\mathrm{C} = 1\,\mathrm{A} \cdot \mathrm{s}$
  Das Ampere (Einheitenzeichen: A), als eine Basiseinheit des SI, ist die Einheit der elektrischen Stromstärke (Def. s. § 23.1 und § 26.3.1).
- Die *elektrische Ladung ist gequantelt*, sie kommt nur als ganzzahliges Vielfaches der **Elementarladung** $|e| = 1{,}602 \cdot 10^{-19}\,\mathrm{C}$ vor (s. auch § 23).
  - Die *negative Elementarladung* trägt das **Elektron** $e = -1{,}602 \cdot 10^{-19}\,\mathrm{C}$, bei einer Masse von $m_e \approx 9{,}1 \cdot 10^{-31}\,\mathrm{kg}$.
  - Dem Absolutbetrag nach die gleiche *positive Elementarladung* trägt, wie sehr genaue Messungen (Messgenauigkeit 10^{-20}) gezeigt haben, das **Proton** $p = +1{,}602 \cdot 10^{-19}\,\mathrm{C}$, bei einer Masse von $m_p \approx 1{,}7 \cdot 10^{-27}\,\mathrm{kg}$.

  Die *Quarks* (s. § 38.3), die als Bausteine schwerer Elementarteilchen betrachtet werden, tragen Drittel-Ladungen; sie treten jedoch nicht als freie isolierte Teilchen auf.
- *Ladungen bleiben* im abgeschlossenen System immer *erhalten*. Erzeugung oder Vernichtung (Neutralisation) von Ladungen erfolgt immer in gleichen quantitativen Portionen beider Vorzeichen.
- Ladungen können mit *Elektroskopen* oder *Elektrometern* nachgewiesen werden. Deren Funktionsweise beruht auf der oben genannten Eigenschaft, dass sich gleichnamige Ladungen abstoßen.

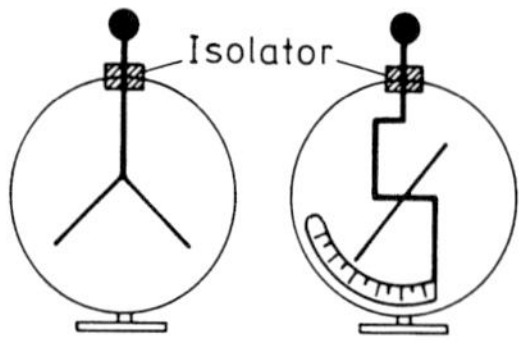

Abb. 20.1 **Abb. 20.2**

Beim Blättchenelektroskop (Abb. 20.1) hängen im ungeladenen Zustand an einer isoliert eingeführten Metallstange, die oben meist eine Kugel (oder Platte) trägt, zwei Streifen aus dünner Metallfolie lose herab. Diese Blättchen stoßen sich umso mehr ab, je größer die aufgebrachte Ladung ist.

Führt man einem Braun'schen Elektrometer (Abb. 20.2) elektrische Ladung zu, so wird eine in Spitzen drehbar gelagerte leichte Metallzunge von einem geeignet geformten, isoliert eingebauten Leiter abgestoßen.

Die am Elektrometer angebrachte Skala ist der Messgröße entsprechend geeicht.

In den die Materie aufbauenden Atomen sind die Elektronen in der Atomhülle die negativen, die Protonen im Atomkern die positiven Ladungsträger. Die Ladungen sind so verteilt, dass das Atom nach außen hin *elektrisch neutral* ist. Gelingt es, diese Gleichverteilung zu stören, so erscheint die Materie mit elektrischer Ladung behaftet. Reibt man z. B. einen Hartgummistab mit einem Katzenfell, so wird dieser von dem Katzenfell angezogen. Zwei Hartgummistäbe, die mit dem Fell gerieben wurden, stoßen sich ab. Dasselbe beobachtet man bei mit einem Seidentuch geriebenen Glasstäben. Ein Hartgummi- und ein Glasstab, die mit dem entsprechenden Tuch gerieben wurden, ziehen sich gegenseitig an. Bei dieser Erscheinung der Reibungselektrizität werden durch den innigen Kontakt beim Reiben elektrische Ladungen voneinander getrennt und so verteilt, dass der eine Körper negativ, der andere positiv elektrisch geladen wird. Für das Auftreten der Reibungselektrizität ist nicht so sehr das Reiben der unterschiedlichen Materialien aneinander, sondern der innige Kontakt der Körper miteinander verantwortlich und wird wesentlich durch die unterschiedliche *Dielektrizitäts-* bzw. *Permittivitätszahl* der Materialien bedingt (s. §§ 20.2.3, 22.1, 29.1). Beispielsweise laden sich Paraffin und Wasser oder Glimmer und Quecksilber beim bloßen Kontakt gegeneinander auf. Dabei gilt jeweils, wie oben bereits erwähnt, dass elektrische Ladungen zwar weder entstehen noch verschwinden, jedoch können sie innerhalb desselben Körpers verschoben werden oder von einem Körper auf einen anderen übertragen werden (*Prinzip der Erhaltung der elektrischen Ladung*).

Leiter – Nichtleiter – Halbleiter

Materialien, in welchen elektrische Ladungen sich nahezu frei bewegen können, stellen für die Elektrizität **Leiter** dar, wie die Metalle Cu, Al, Au und Ag, Salzlösungen (Elektrolyte), heiße Gase etc. (s. § 25). Mit elektrisch isolierten Metallplatten oder -kugeln, beispielsweise, können auch Ladungen transportiert werden, wie etwa von der Ladungsquelle zu einem elektrisch neutralen Körper, der aufgeladen werden soll, oder zu einem Elektroskop bzw. Elektrometer, um die Ladungsmengen zu messen, wobei jeweils immer ein leitender Kontakt, z. B. durch Berühren, hergestellt werden muss.

Werden Ladungen durch ein Material nur sehr schlecht transportiert, bzw. findet kein Ladungstransport statt, handelt es sich um **Nichtleiter (Isolatoren)**, wie z. B. Glas, Kunststoffe, Porzellan, Quarz, Gase (trocken, bei Normalbedingungen) etc. Der ideale Nichtleiter, bei dem überhaupt keine Ladungen transportiert werden können, ist schwer realisierbar. Es gibt jedoch Materialien mit sehr guten isolierenden Eigenschaften; so isoliert beispielsweise Quarzglas ca. 10^{25}-mal besser als metallisches Kupfer.

Die metallische Leitung beruht auf der quasifreien Bewegung von Elektronen als Ladungsträger im Metall (wie z. B. mit dem Hall-Effekt, § 26.3.3, gezeigt werden kann), während die positiven Ladungen (Atomrümpfe) unbeweglich sind. In anderen Leitern, wie beispielsweise den Elektrolyten oder in elektrisch leitenden Gasen, bewegen sich sowohl negative als auch positive Ladungsträger (Ionen).

Eine besondere Klasse von Materialien stellen die **Halbleiter** dar, wie z. B. die Elementhalbleiter Silicium, Germanium und zahlreiche entsprechende Verbindungshalbleiter (s. § 25.2), bei welchen zum Ladungstransport sowohl negative (Elektronen) als auch positive (sog. Defektelektronen) Ladungsträger beitragen. Die Halbleiter befinden sich mit ihren Eigenschaften des Ladungstransportes zwischen den Metallen und den Nichtleitern.

§ 20.1.2 Influenz

In metallischen Leitern sind, wie oben erwähnt, die frei beweglichen Ladungsträger die (negativ geladenen) Elektronen, welche über den gesamten metallischen Leiter gleich verteilt sind, wenn dieser elektrisch neutral ist. Nähert man einem metallischen Leiter, ohne ihn zu berühren, eine positive Ladung, so werden die negativ geladenen Elektronen des Leiters angezogen und befinden sich dann überwiegend auf der der positiven Ladung anliegenden Seite, während die gegenüberliegende Seite des Leiters an frei beweglichen Elektronen verarmt (Abb. 20.3).

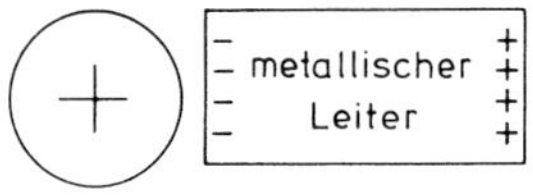

Abb. 20.3

Analoges beobachtet man bei Annäherung einer negativen Ladung, nur dass hier die frei beweglichen Elektronen abgestoßen werden. In beiden Fällen wird das Gleichgewicht der Ladungsverteilung gestört und eine Anhäufung einer Ladungsträgersorte, hier der frei beweglichen Elektronen, verursacht. Diese Erscheinung heißt **Influenz**.

Entfernt man die äußere Ladung wieder, so stellt sich die Gleichverteilung der frei beweglichen Elektronen über den gesamten metallischen Leiter sofort wieder ein.

§ 20.1.3 Polarisation

In Nichtleitern (Isolatoren) findet **keine** Ladungstrennung statt, da hier keine frei beweglichen Ladungsträger zur Verfügung stehen. Nähert man aber einem Nichtleiter eine Ladung, so beobachtet man dennoch an dessen Oberfläche Ladungen, wobei sich die der angenäherten Ladung zugewandte Seite ungleichnamig, die abgewandte Seite gleichnamig mit der Ladung auflädt. Dieser Effekt der **Polarisation** verschwindet nach Entfernen der äußeren Ladung wieder.

Im atomistischen Bild werden durch die äußere Ladung, innerhalb eines jeden Atoms des Nichtleiters, die Ladungsschwerpunkte der negativen Elektronenhülle und des positiven Atomkerns verschoben, sodass sie sich nach außen hin nicht mehr kompensieren (Abb. 20.4). Das Atom wird ***polarisiert***.

Makroskopisch wird der gesamte Isolator polarisiert, wobei nur die Ladungen an den Oberflächen auftauchen (Abb. 20.5).

§ 20.1.4 Begriff des elektrischen Feldes – Feldlinienbilder

Den Raum um elektrische Ladungen, in dem andere Ladungen Kräfte erfahren, nennt man ein **elektrisches Feld**. Den Zustand des elektri-

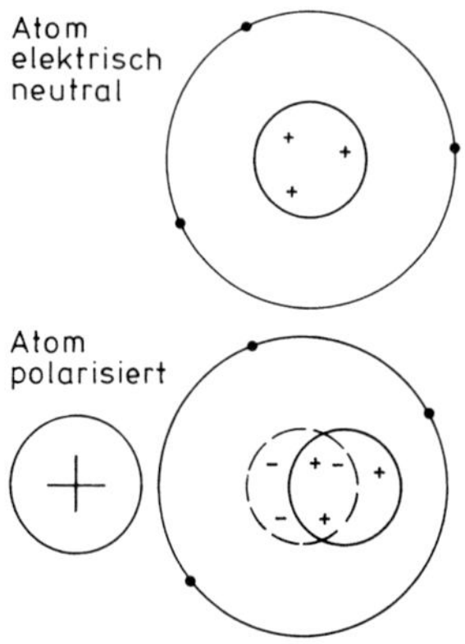

Abb. 20.4

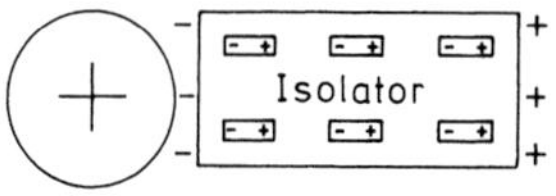

Abb. 20.5

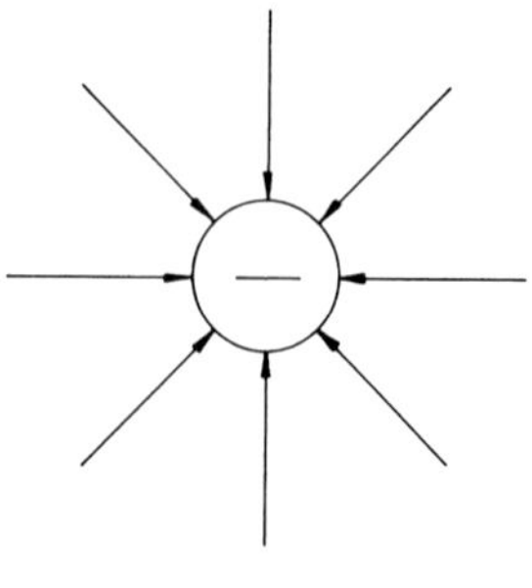

Abb. 20.6

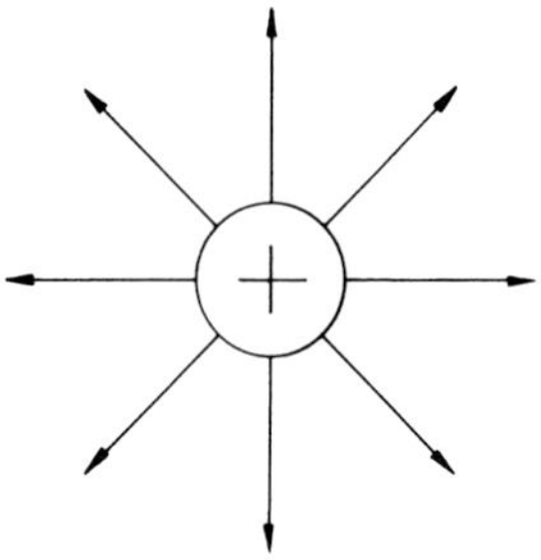

Abb. 20.7

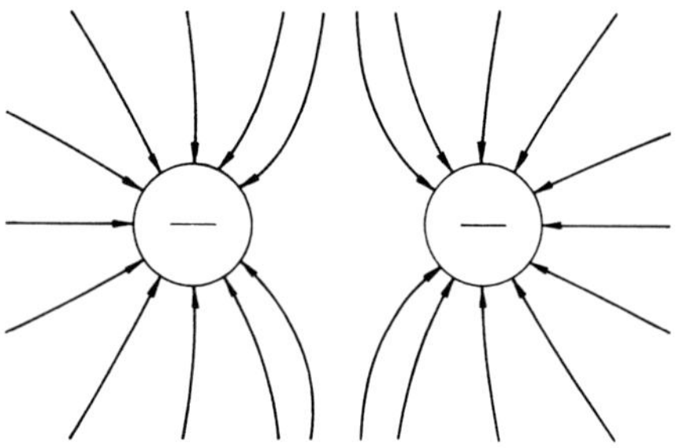

Abb. 20.8

schen Feldes beschreiben wir mithilfe der **Feldlinien**. Die Tangente in jedem Punkt einer Feldlinie gibt die Richtung der Kraft an, die eine andere Ladung in diesem Punkt erfahren würde. Im elektrostatischen Feld verlaufen die Feldlinien immer von Ladungen einer Polarität zu Ladungen der entgegengesetzten Polarität; sie beginnen oder endigen nie im freien Raum, schneiden sich niemals und es gibt auch keine in sich geschlossenen Feldlinien. Auf Metalloberflächen beginnen oder enden Feldlinien immer senkrecht. Die Richtung der Feldlinien wird durch folgende Vereinbarung festgelegt: ***Elektrische Feldlinien beginnen an der positiven und enden an der negativen Ladung.*** Die Dichte der Feldlinien ist ein Maß für die Stärke des elektrischen Feldes (s. § 20.2.2). Denkt man sich die Ladung in einem Punkt vereint **(Punktladung)** und befindet sich die entgegengesetzt polare Ladung sehr weit entfernt („im Unendlichen"), so haben auch hier die Feldlinien Anfang und Ende. Sie gehen von der Punktladung geradlinig **(radial)** aus oder enden auf ihr (Abb. 20.6 und 20.7).

Das Feldlinienbild zweier gleichnamiger Punktladungen zeigt Abb. 20.8 am Beispiel negativer Ladungen. Dieses charakteristische Feldlinienbild einer abstoßenden Wirkung zwischen Ladungen ergibt sich auch für den Fall zweier positiver Punktladungen, nur dass die Feldlinien nicht auf den Ladungen senkrecht endigen, wie in Abb. 20.8, sondern von ihnen ausgehen. In Abb. 20.9 ist das Feldlinienbild zweier ungleichnamiger Punktladungen dargestellt. Es stellt das typische Feldlinienbild eines elektrischen Dipols dar (s. auch § 21, Abb. 21.8).

Zwei parallele sowohl gegeneinander als auch gegen die Umgebung isoliert im ansonsten leeren Raum aufgestellte Metallplatten, deren Querschnittsfläche groß gegenüber dem Plattenabstand sei, nennt man einen **Plattenkondensator** (Abb. 20.10). Auf die metallischen Leiter, die zunächst ungeladen sind, werden Ladungen aufgebracht, sodass eine der Platten die Ladung $+Q$, die andere $-Q$ trägt, wobei betragsmäßig die Ladung auf beiden Leitern gleich groß ist. Im Innern eines solchen Plattenkondensators verlaufen die Feldlinien

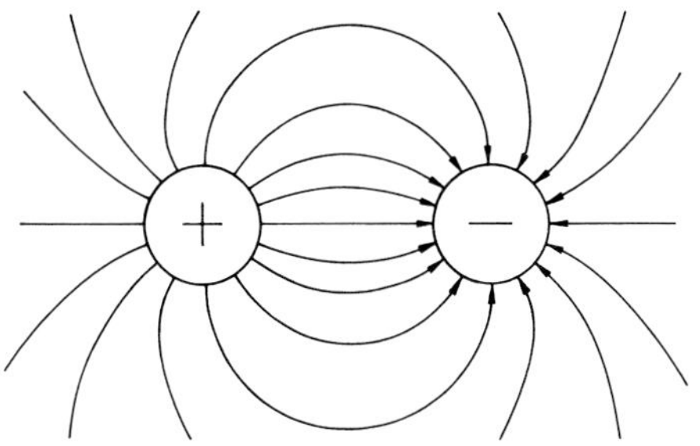

Abb. 20.9

parallel, das elektrische Feld hat überall gleiche Richtung und gleiche Stärke. Ein solches Feld heißt **homogen**.

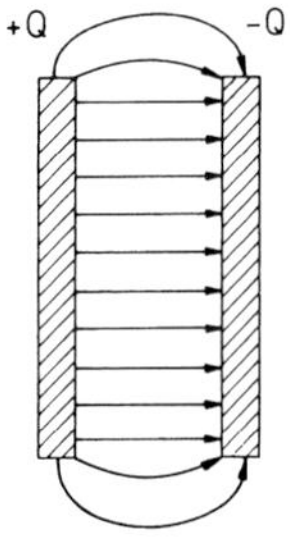

Abb. 20.10

Am Rand des Plattenkondensators sind die Feldlinien nach außen gekrümmt, das Randfeld wird **inhomogen**. In ausreichender Entfernung ist der Außenraum der Platten feldfrei.

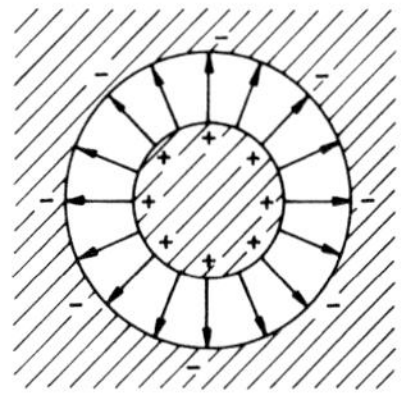

Abb. 20.11

Befindet sich im Innern einer geerdeten metallischen Hohlkugel konzentrisch eine z. B. positiv geladene Metallkugel, so enden alle Feldlinien dieser Metallkugel auf der Innenseite der äußeren Kugel, wo durch Influenz gerade die gleich große entgegengesetzte Ladung gebunden wird. Die Feldlinien verlaufen radial und das inhomogene elektrische Feld hängt nur von der Ladung der inneren Kugel ab. Eine solche Anordnung heißt ein **Kugelkondensator** (Abb. 20.11).

§ 20.2 Kräfte zwischen Ladungen – Elektrische Feldstärke

§ 20.2.1 Coulomb'sches Gesetz

Mit elektrischen Abstoßungs- und Anziehungskräften befasste sich u. a. experimentell sehr intensiv *C. A. de Coulomb* und stellte für den physikalischen Zusammenhang auch eine (später) nach ihm benannte Beziehung auf. Betrachten wir zwei punktförmige Ladungen Q_1 und Q_2, welche sich im Abstand r voneinander im sonst leeren Raum befinden (bei nicht punktförmigen Ladungen muss die Ausdehnung klein gegenüber dem Abstand r sein) und es sei $\vec{r}_0$ der Einheitsvektor in Richtung von Q_1 nach Q_2 (Abb. 20.12), dann ist $\vec{F}_2$ die Kraft, die auf Q_2 von Q_1 ausgeübt wird, bzw. entsprechend $\vec{F}_1$ die Kraft, mit welcher auf Q_1 die Ladung Q_2 wirkt.

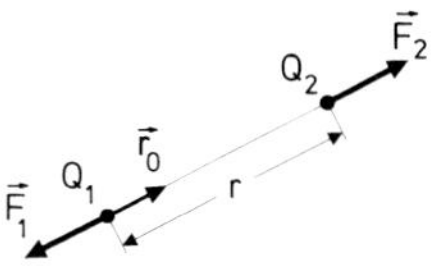

Abb. 20.12

Das **Coulomb'sche Gesetz** kann dann in folgender Form geschrieben werden:

$$\vec{F}_2 = \frac{1}{4 \cdot \pi \cdot \varepsilon_0} \cdot \frac{Q_1 \cdot Q_2}{r^2} \cdot \vec{r}_0 = -\vec{F}_1 \qquad (20.1)$$

d. h. die beiden Kräfte wirken längs der Verbindungslinie zwischen den Ladungen und weisen für die beiden Ladungen in entgegengesetzte Richtungen, gemäß dem dritten Newton'schen Axiom (actio gleich reactio): $\vec{F}_2 = -\vec{F}_1$. Dabei ist der Betrag der Kraft auf jede Ladung gleich groß, auch wenn die beiden Ladungen verschieden groß sind.

Sind beide Ladungen Q_1 *und* Q_2 gleichnamig (beide positiv oder beide negativ), wirken die Kräfte abstoßend, wie in Abb. 20.12 dargestellt. Dagegen wirken die Kräfte anziehend, wenn die Ladungen ungleichnamig sind, d. h. z. B. Q_1 positiv und Q_2 negativ oder umgekehrt;

für diese Fälle ist das Produkt $Q_1 \cdot Q_2 < 0$ und die Kraft $\vec{F}_2$ ist entgegengesetzt zum Einheitsvektor $\vec{r}_0$ auf Q_1 gerichtet, wogegen die Kraft $\vec{F}_1$, welche von Q_2 auf Q_1 ausgeübt wird, in Richtung von $\vec{r}_0$ zeigt.

In Worten lautet das Coulomb'sche Gesetz:

> Die Kraft zwischen zwei Punktladungen Q_1 und Q_2 ist proportional dem Produkt der beiden Ladungen ($F \sim |Q_1| \cdot |Q_2|$) und umgekehrt proportional dem Quadrat des Abstandes r zwischen den beiden Ladungen $\left(F \sim \frac{1}{r^2}\right)$.

Für den Betrag der Coulombkraft gilt:

$$F = \frac{1}{4 \cdot \pi \cdot \varepsilon_0} \cdot \frac{Q_1 \cdot Q_2}{r^2} \qquad (20.2)$$

Der Faktor $\frac{1}{4 \cdot \pi \cdot \varepsilon_0}$, der oft mit f^* bezeichnet wird, ist eine Maßsystemkonstante, deren Zahlenwert sich ergibt zu:

$$\begin{aligned} f^* &= \frac{1}{4 \cdot \pi \cdot \varepsilon_0} = 10^{-7} \cdot c^2 \\ &= (8{,}987551787\ldots) \cdot 10^9 \, \frac{\mathrm{N} \cdot \mathrm{m}^2}{\mathrm{A}^2 \cdot \mathrm{s}^2} \\ &\approx 9 \cdot 10^9 \, \frac{\mathrm{N} \cdot \mathrm{m}^2}{\mathrm{A}^2 \cdot \mathrm{s}^2} \end{aligned}$$

Dabei ist die *elektrische Feldkonstante* (exakt festgelegter Wert):

$$\begin{aligned} \varepsilon_0 &= (8{,}854187817\ldots) \cdot 10^{-12} \, \frac{\mathrm{A}^2 \cdot \mathrm{s}^2}{\mathrm{N} \cdot \mathrm{m}^2} \\ &\approx 8{,}9 \cdot 10^{-12} \, \frac{\mathrm{A}^2 \cdot \mathrm{s}^2}{\mathrm{N} \cdot \mathrm{m}^2} \end{aligned}$$

Sind die Ladungen nicht punktförmig, sondern auf ausgedehnten Körpern (z. B. Kugeln) verteilt, so zerlegt man diese in infinitesimal kleine (‚punktförmige') Elemente und berechnet die zwischen diesen wirkenden Coulombkräfte. Die Gesamtkraft ergibt sich dann als Summe der Einzelkräfte nach Betrag und Richtung durch Integration. So lange die Ausdehnung der Körper klein gegenüber ihrem Abstand voneinander ist, können sie als punktförmig angesehen werden.

Erwähnt sei auch noch die formale Übereinstimmung des Coulomb'schen Gesetzes, Gleichung (20.1), mit dem Gravitationsgesetz, Gleichung (5.6). Die Masse m wird durch die Ladung Q ersetzt, jedoch kennt man bei der Gravitation nur Anziehungskräfte, wogegen es wegen der zwei Arten von Ladungen sowohl elektrische Anziehungs- als auch Abstoßungskräfte gibt. Schließlich sei noch erwähnt, dass wir in Kapitel 7 (§ 38.2) die Analogie dieser beiden Gesetze auch in den grundlegenden Modellvorstellungen des Atombaus wieder finden, in welchen bewegte Ladungen unter dem Einfluss wechselseitiger Coulombkräfte (Elektronen im Feld des Atomkerns) ähnliche Bahnen durchlaufen werden wie z. B. die Planetenmassen unter dem Einfluss der Gravitationswechselwirkung mit der Sonne.

§ 20.2.2 Elektrische Feldstärke

Zur quantitativen Beschreibung des elektrischen Feldes einer Punktladung Q_1 ist die durch das Coulomb'sche Gesetz gegebene Kraft wenig geeignet, da sie noch von der zur Untersuchung der Wirkung des Feldes verwendeten Ladung Q_2 abhängt. Um von ihr unabhängig zu werden, formuliert man das Coulomb'sche Gesetz um und gelangt dadurch zum Begriff der *elektrischen Feldstärke*.

Nach dem Coulomb'schen Gesetz (20.1) folgt für die Kraft, welche die Ladung Q_1 auf Ladung Q_2 ausübt:

$$\vec{F}_2 = \left(\frac{1}{4 \cdot \pi \cdot \varepsilon_0} \cdot \frac{Q_1}{r^2} \cdot \vec{r}_0\right) \cdot Q_2$$

Der Klammerausdruck hängt nur von der Ladung Q_1 und dem Abstand der Punktladungen Q_1 und Q_2 ab. *Für eine Punktladung $Q_1 = Q$ definiert man dann die* **elektrische Feldstärke $\vec{E}$** im Abstand r von der Ladung als:

Definition:

$$\vec{E} = \frac{1}{4 \cdot \pi \cdot \varepsilon_0} \cdot \frac{Q}{r^2} \cdot \vec{r}_0 \qquad (20.3)$$

wobei $\vec{r}_0$ der Einheitsvektor (Vektor der Länge 1) in radialer Richtung ist, d. h. die Felder von Punktladungen sind Radialfelder. Eine Probe- oder Testladung $Q_2 = q$, deren eigenes elektrisches Feld vernachlässigt werden kann, erfährt daher im elektrischen Feld $\vec{E}$ der Ladung Q, das unabhängig von der Probeladung im Raum existiert, eine Kraft $\vec{F}$ der Größe:

$$\vec{F} = q \cdot \vec{E} \tag{20.4}$$

Daraus ergibt sich die allgemeine Definition der **elektrischen Feldstärke $\vec{E}$**:

Definition:

$$\vec{E} = \frac{\vec{F}}{q} \tag{20.5}$$

Einheit:
$\frac{\text{Newton}}{\text{Coulomb}}\left(\frac{\text{N}}{\text{C}}\right)$;
auch gebräuchlich: $\frac{\text{Volt}}{\text{Meter}}\left(\frac{\text{V}}{\text{m}}\right)$.

Die elektrische Feldstärke $\vec{E}$ ist wie die Kraft $\vec{F}$ ein Vektor (q ist ein Skalar). Befindet sich die Probeladung q im elektrischen Feld von mehreren im Raum verteilten Ladungen Q_i, dann ergibt sich die Gesamtkraft $\vec{F}_{\text{ges}}$ auf q durch vektorielle Addition der wirkenden Einzelkräfte

$$\vec{F}_i = \frac{q}{4\pi \cdot \varepsilon_0} \cdot \frac{Q_i}{r_i^2} \cdot \vec{r}_0$$

zu

$$\vec{F}_{\text{ges}} = \sum_{i=1}^{m} \vec{F}_i = \frac{q}{4\pi \cdot \varepsilon_0} \cdot \sum_{i=1}^{m} \frac{Q_i}{r_i^2} \cdot \vec{r}_0$$

und daraus mit (20.5) die Gesamtfeldstärke $\vec{E}_{\text{ges}}(\vec{r}) = \vec{F}_{\text{ges}}(\vec{r})/q$. Oder man bestimmt zuerst die Einzelfeldstärken $\vec{E}_i(\vec{r}) = \vec{F}_i(\vec{r})/q$ am Ort der Probeladung q und erhält durch deren vektorielle Addition die resultierende Gesamtfeldstärke $\vec{E}_{\text{ges}}(\vec{r}) = \sum_{i=1}^{m} E_i(\vec{r})$. Für Feldstärken gilt ebenso das *Superpositionsprinzip* wie für die Coulomb-Kräfte.

Zur qualitativen Veranschaulichung von Feldverteilungen verwendet man das von *M. Faraday* bevorzugte Bild von elektrischen Kraft- oder Feldlinien für die elektrische Feldstärke, wie in § 20.1.4 bereits eingeführt. Die Tangente in einem Punkt der Feldlinie zeigt somit die *Richtung* der Feldstärke $\vec{E}$ in diesem Punkt (und damit auch die Richtung der Kraft auf eine dort befindliche Probeladung) an. Ebenso ist die Feldliniendichte (Zahl der Feldlinien geteilt durch die Fläche, welche sie senkrecht durchsetzen) als das in § 20.1.4 zunächst eingeführte Maß für die Stärke eines elektrischen Feldes proportional zum *Betrag* der Feldstärke: Dicht liegende Feldlinien bedeutet eine große Feldstärke; ist die Feldstärke klein, liegen die Feldlinien weiter auseinander. Das Feld einer *Punktladung* beispielsweise ist inhomogen und *per definitionem* zeigt bei einer positiven Punktladung ($Q > 0$) die elektrische Feldstärke radial von der Ladung nach außen (Abb. 20.7), für eine negative Ladung ($Q < 0$) radial in Richtung auf die Ladung (Abb. 20.6).

Gemäß Gleichung (20.3) nimmt die *elektrische Feldstärke* mit $\frac{1}{r^2}$ nach außen hin ab (abnehmende Feldliniendichte), ist also z. B. im Bereich direkt an der Zentralladung beim Kugelkondensator (Abb. 20.11) oder an einer Punktladung (Abb. 20.6 bzw. 20.7) am größten. Für eine Kugel mit sehr kleinem Radius, beispielsweise das Ende einer sehr feinen Spitze (in Halbkugelform) folgt daher, dass die elektrische Feldstärke im Raum unmittelbar vor der Spitze sehr hoch ist.

Das anschauliche Feldlinienbild kann mathematisch präziser mit dem Begriff des **elektrischen Flusses Φ_{el}** beschrieben werden, der von der Größe der elektrischen Feldstärke $\vec{E}$ abhängt, die eine gegebene Fläche durchsetzt. Steht die Fläche A senkrecht zum elektrischen Feld $\vec{E}$ und ist das Feld homogen, es hat also im gesamten betrachteten Raumgebiet gleichen Betrag und gleiche Richtung (parallele Feldlinien), d. h. $\vec{E} = \text{const.}$, dann ist der elektrische Fluss $\Phi_{\text{el}} = E \cdot A$. Bildet $\vec{E}$ einen Winkel α mit der Flächennormalen $\vec{n}$, dann gilt, wobei $\vec{A} = A \cdot \vec{n}$ die normierte Fläche bezeichnet:

$$\Phi_{\text{el}} = \vec{E} \cdot \vec{A} = E \cdot A \cdot \cos\alpha \tag{20.6}$$

Ist das Feld inhomogen, d. h. ändert sich im allgemeinen Fall die elektrische Feldstärke $\vec{E}$ längs einer gekrümmten Fläche, so zerlegt man diese in infinitesimal kleine ebene Flächenelemente $\mathrm{d}\vec{A}$ und summiert über deren einzelne Beiträge auf, d. h. man bildet das Oberflächenintegral:

$$\Phi_{\text{el}} = \oint \vec{E} \cdot \mathrm{d}\vec{A} \tag{20.7}$$

Für eine beliebige in sich geschlossene Hüllfläche, welche die Gesamtnettoladung Q umschließt, gilt dann, unter Verwendung von (20.5), für den aus der Oberfläche hervorquellenden elektrischen Fluss der **Gauß'sche Satz**:

$$\Phi_{el} = \oint \vec{E} \cdot d\vec{A} = \frac{1}{\varepsilon_0} \cdot Q \qquad (20.8)$$

Umfassen Hüllflächen positive Ladungen, so stellen diese Quellen des elektrischen Flusses dar ($\Phi_{el} > 0$), welcher aus der Umhüllung austritt; umfasste negative Ladungen dagegen sind Senken ($\Phi_{el} < 0$), bei denen der elektrische Feldfluss in die Umhüllung eintritt.

Legt man um eine Punktladung Q eine Kugel mit Radius r, dann tritt durch die Kugeloberfläche $A = 4\pi \cdot r^2$ der Fluss $\Phi_{el} = Q/\varepsilon_0$. Da das elektrische Feld radial gerichtet ist, zeigt die Feldstärke in Richtung der Flächennormalen und es folgt aus (20.8) für die Beträge: $E \cdot A = E \cdot 4\pi \cdot r^2 = Q/\varepsilon_0$, d. h. betragsmäßig wieder Beziehung (20.3) für die elektrische Feldstärke.

Nachstehend folgen Ergebnisse einiger weiterer Anwendungen des Gauß'schen Satzes:

1. Bei einer ***homogen geladenen Kugel*** (Radius R), die pro Volumeneinheit homogen die Volumenladungsdichte $\varrho = Q/V$ trage, liegt aus Symmetriegründen wie bei der Punktladung ein radial gerichtetes Feld $\vec{E}$ vor (Abb. 20.13 (a)). Wählt man zur Ladungskugel konzentrische Kugeloberflächen als Hüllflächen, so ist auf jeder Hüllfläche $|\vec{E}|$ konstant und man erhält für den Betrag der elektrischen Feldstärke (s. auch Abb. 20.13 (b)) im Falle

$$r \leq R: \qquad E = \frac{\varrho}{3\,\varepsilon_0} \cdot r \qquad (20.9)$$

und für

$$r \geq R: \qquad E = \frac{Q_{gesamt}}{4\pi \cdot \varepsilon_0} \cdot \frac{1}{r^2} \qquad (20.10)$$

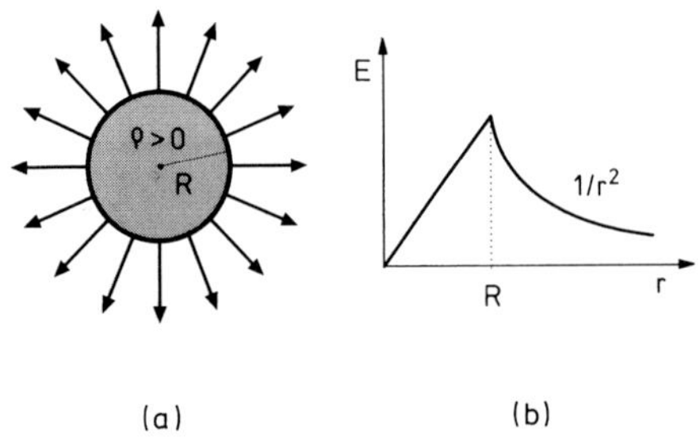

Abb. 20.13

Im Außenraum kann also bezüglich des elektrischen Feldes eine homogen geladene Kugel nicht von einer Punktladung unterschieden werden.

2. Bei einer ***leitenden Hohlkugel*** mit Radius R und der homogenen Flächenladungsdichte $\sigma = Q/A$ ist die Ladung $Q = 4\pi \cdot R^2 \cdot \sigma$ gleichmäßig auf die äußere Oberfläche des Leiters verteilt. Auch hier ist das Feld kugelsymmetrisch und als Hüllflächen werden ebenso konzentrische Kugeloberflächen gewählt. Im Außenraum der Hohlkugel (Hüllfläche $r > R$) folgt mit (20.8) für die elektrische Feldstärke E ebenso Beziehung (20.10), d. h. die geladene Hohlkugelfläche wirkt wie eine Punktladung Q im Mittelpunkt der Kugel. Durch eine konzentrische Hüllfläche innerhalb der Hohlkugel kann aber kein elektrischer Fluss treten, da im Innern keine Ladung sitzt. Folglich ist nach (20.8) das Feld im Innern überall null ($\vec{E} = 0$ im Kugelinnern).

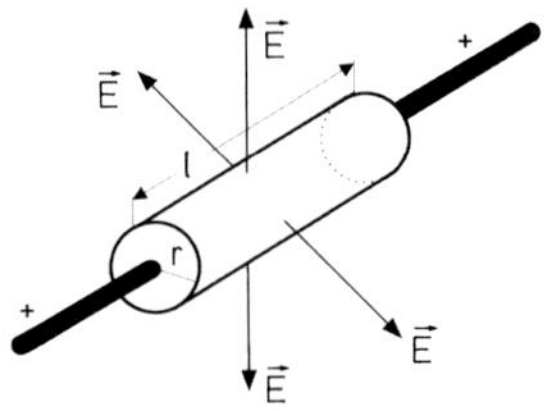

Abb. 20.14

3. Ein unendlich langer ***dünner Leiter*** (z. B. ein Metalldraht) sei gleichmäßig mit Ladung belegt. Pro Längeneinheit l trage er die Ladung $\lambda = Q/l$. Aus Symmetriegründen ist die Feldstärke $\vec{E}$ wieder radial senkrecht zum Draht gerichtet. Mit einem zur Drahtachse konzentrischen Kreiszylinder (Radius r, Länge l) als Hüllfläche (Abb. 20.14), ergibt sich durch Anwendung von (20.8) für den Betrag der elektrischen Feldstärke:

$$E = \frac{\lambda}{2\pi \cdot \varepsilon_0} \cdot \frac{1}{r} \qquad (20.11)$$

Das Feld einer linienhaften Ladungsverteilung fällt mit $1/r$ ab im Unterschied zur Punktladung und zur homogen geladenen Kugel im Außenraum.

4. Das Feld einer ***flächenhaften Ladungsverteilung***, z. B. einer unendlich ausgedehnten ebenen Platte mit der homogenen Flächenladungsdichte $\sigma = Q/A$, ist wiederum aus Symmetriegründen normal zur Plattenfläche gerichtet. Zur Berechnung der elektrischen Feldstärke wählt man eine Hüllfläche, welche beiderseits parallel und symmetrisch zur Platte eingepasst ist. Durch diese Hüllfläche tritt der elektrische Fluss $\Phi_{el} = 2E \cdot A$ und mit dem Gauß'schen Satz $\Phi_{el} = \frac{1}{\varepsilon_0} \cdot Q = \frac{1}{\varepsilon_0} \cdot \sigma \cdot A$, folgt durch Vergleich für den Betrag der elektrischen Feldstärke:

$$E = \frac{\sigma}{2\,\varepsilon_0} \tag{20.12}$$

Das elektrische Feld $\vec{E}$ hat für eine unendlich ausgedehnte, ebene homogene Flächenladung überall im Raum einen konstanten Betrag und jeweils in einem Halbraum eine einheitliche Richtung. In jedem Halbraum liegt damit ein homogenes Feld $\vec{E} = \text{const.}$ vor, welches für $\sigma > 0$ (d. h. $Q > 0$) von der mit Ladung belegten Platte jeweils weg (s. Abb. 20.15), bzw. für $\sigma < 0$ (d. h. $Q < 0$) auf die mit Ladung belegte Platte jeweils hin gerichtet ist. Beim Durchtritt durch die Platte findet also für die Feldkomponente vertikal zur Platte ein Sprung von $-\frac{1}{2}\cdot\frac{\sigma}{\varepsilon_0}$ auf $+\frac{1}{2}\cdot\frac{\sigma}{\varepsilon_0}$, d. h. insgesamt um $\frac{\sigma}{\varepsilon_0}$ statt.

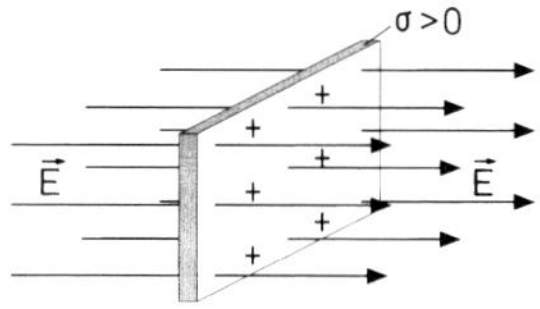

Abb. 20.15

Für den Fall, dass die Ladungsverteilungen nicht unendlich ausgedehnt sind, gelten die für die Feldstärke $\vec{E}$ abgeleiteten Beziehungen zumindest näherungsweise im zentrumsnahen Bereich der mit Ladungen belegten Platten, jedoch keinesfalls in deren Randbereich.

Eine *flächenhafte Ladungsverteilung* liegt beispielsweise auch bei den Platten eines Plattenkondensators vor. Jede der beiden (im Prinzip) unendlich ausgedehnten, ebenen parallelen Platten ist so aufgeladen, dass die eine Platte die Ladung $Q_+ = +|Q|$, die andere die Ladung $Q_- = -|Q|$ trägt. Praktisch sind „unendlich" ausgedehnte Leiterplatten nicht realisierbar, jedoch sind die Betrachtungen auch für den Fall gültig, dass der Abstand der Platten klein gegenüber deren Ausdehnung ist. Betragsmäßig stellt sich auf jeder Platte die gleich große homogene Flächenladungsdichte $\sigma = Q/A$ (A: Plattenfläche) ein. Das resultierende elektrische Feld ist die Überlagerung der in Gleichung (20.12) berechneten Felder der einzelnen ebenen Ladungsverteilungen mit konstanter Ladungsbelegung. Für das senkrecht zu den Plattenflächen gerichtete elektrische Feld ergibt sich aus der Superposition betragsmäßig für einen Plattenkondensator

im Außenraum: $E = 0$

im Zwischenraum: $E = \frac{\sigma}{\varepsilon_0}$ (20.13)

Im Außenraum des idealen, unendlich ausgedehnten Kondensators kompensieren sich die Felder der Einzelplatten gegenseitig, wogegen sie sich im Innenraum aufaddieren. Wie (20.13) zeigt, hängt die elektrische Feldstärke im idealen Plattenkondensator nicht vom Abstand der Platten ab. Bei endlicher Plattenfläche herrscht nur im Zentralbereich der Platten in guter Näherung ein homogenes elektrisches Feld, während insbesondere im Randbereich Abweichungen in Form von inhomogenen „Randfeldern" auftreten (Abb. 20.10).

§ 20.2.3 Einfluss des Dielektrikums zwischen den Ladungen

Befindet sich zwischen den aufeinander einwirkenden Ladungen ein Isolator, so müssen wir die in § 20.1.3 angeführte Polarisation dieses Isolators bei der Bestimmung der elektrischen Feldstärke oder der Coulomb'schen Kraft zwischen diesen Ladungen berücksichtigen.

Infolge der Polarisation des Isolators durch die Ladungen wird innerhalb des Isolators ein elektrisches Gegenfeld $\vec{E}_D$ ($\leftarrow - - -$) aufgebaut, welches das ohne Dielektrikum zwischen den Ladungen herrschende, elektrische Feld $\vec{E}_V$ ($\longrightarrow$) schwächt, womit auch die Coulomb'sche Kraft zwischen den Ladungen kleiner wird (Abb. 20.16).

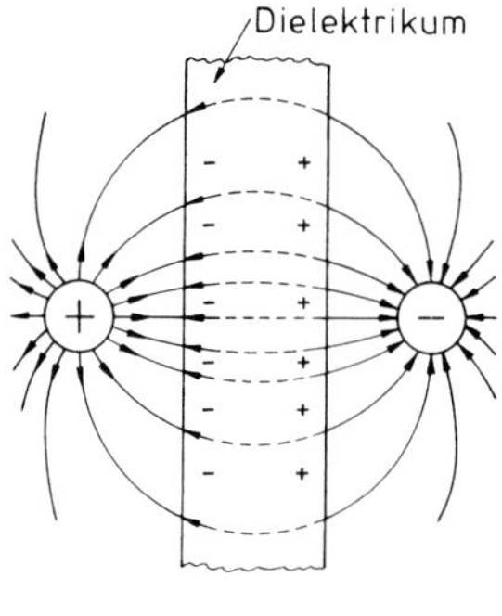

Abb. 20.16

Einen solchen Isolator nennt man auch ein **Dielektrikum**. Nun sind die verschiedenen Isolatoren verschieden stark polarisierbar. Man führt daher als Maß für die makroskopische Polarisationseigenschaft des Isolators die **Permittivitäts**- oder **Dielektrizitätszahl ε_r** ein (ihre Definition s. § 22.1). Die Dielektrizitätszahl ist eine reine Zahl, dabei ist für das Vakuum $\varepsilon_r = 1$ gesetzt. Da die Dielektrizitätszahl von Luft nur wenig von eins verschieden ist (s. Tabelle 20.1), wird auch für Luft meist $\varepsilon_r = 1$ verwendet. In Tabelle 20.1 sind einige Dielektrizitätszahlen bei 0 °C und 1013,25 hPa angegeben.

Tab. 20.1

Material	Dielektrizitätszahl	Material	Dielektrizitätszahl	Material	Dielektrizitätszahl
Papier	1,6...2,6	Petroleum	2,1	Helium	1,000066
Paraffin	1,9...2,5	Benzol	2,5	Neon	1,000123
Hartgummi	2,5...3,5	Ethylalkohol	27,9	Wasserstoff	1,000264
PVC	3,1...3,9	Nitrobenzol	36,5	Sauerstoff	1,000547
Glas	5,0...9,0	Wasser (0 °C)	87,74	Luft	1,000590
Titanat (Ba, Sr, Ca u. a.)	15...10^4	Wasser (20 °C)	80,1	Stickstoff	1,000606
		Wasser (90 °C)	58,31	Kohlenstoffdioxid	1,000985

Befindet sich eine Ladung in einem Dielektrikum der Dielektrizitätszahl ε_r, so verringert sich die elektrische Feldstärke um das $\left(\frac{1}{\varepsilon_r}\right)$fache der Feldstärke, die ohne Dielektrikum herrschen würde:

$$E_{\text{Diel}} = \frac{1}{\varepsilon_r} \cdot E_{\text{Vakuum}} \tag{20.14}$$

Eine Verringerung der elektrischen Feldstärke $\vec{E}$ bedeutet gemäß (20.4) eine entsprechend geringere Coulombkraft zwischen zwei Ladungen, deren Zwischenraum mit einem Dielektrikum der Dielektrizitätszahl ε_r erfüllt ist. Für den Betrag der Coulomb'schen Kraft zwischen den beiden Ladungen ergibt sich dann mit (20.2):

$$F = \frac{1}{4 \cdot \pi \cdot \varepsilon_0} \cdot \frac{Q_1 \cdot Q_2}{\varepsilon_r \cdot r^2} \tag{20.15}$$

§ 20.3 Metallische Leiter, elektrische Ladungen und elektrische Dipole im elektrischen Feld

Metallische Leiter im elektrischen Feld

In § 20.1.2 haben wir bei Annäherung einer Ladung Q an einen isoliert aufgestellten metallischen Leiter die Erscheinung der Influenz beobachtet. Dabei wird im elektrischen Feld der angenäherten Ladung Q auf die im Leiter frei beweglichen Ladungsträger die Kraft $\vec{F} = q \cdot \vec{E}$ ausgeübt. Dadurch werden diese auf der Leiteroberfläche so verteilt, dass das durch die veränderte Ladungsverteilung im Leiter aufgebaute Gegenfeld das äußere Feld gerade kompensiert, d. h. das Innere des Leiters ist feldfrei und die Ladungen sitzen auf der Oberfläche des Leiters.

Die ***Ladungstrennung durch Influenz*** zeigt auch folgendes kleine Experiment: Bringt man zwei mit Isoliergriffen versehene Metallplatten, die sich berühren und elektrisch neutral sind, in das elektrische Feld beispielsweise eines Plattenkondensators (Abb. 20.17 (a)), dann werden, solange die Metallplatten in Kontakt sind, durch Influenz im elektrischen Feld die frei beweglichen Ladungen auf die beiden entgegengesetzten Oberflächen verteilt. Trennt man nun die beiden Platten im elektrischen Feld (Abb. 20.17 (b)) und nimmt sie getrennt heraus, so tragen die beiden Metallplatten ungleichnamige Ladungen, die eine $+Q$, die andere $-Q$ (Abb. 20.17 (c)), wie mithilfe eines Elektrometers leicht nachgewiesen werden kann. Dieses Verfahren ist das Prinzip der *Influenzmaschine*.

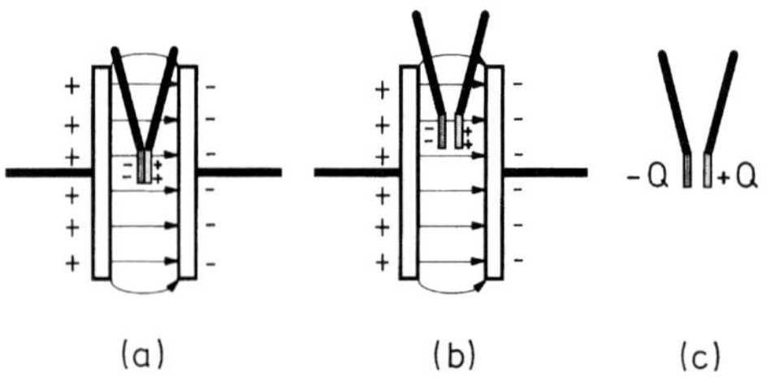

Abb. 20.17

Zum quantitativen Nachweis von Ladungen bei vollständiger Entladung z. B. einer geladenen Metallkugel oder der oben verwendeten Metallplatten (sog. Ladungslöffel), verwendet man zweckmäßigerweise Elektrometer mit einem Metallbecher, einem sog. ***Faraday'schen Becher***, zur Ladungsaufnahme (Abb. 20.18). Führt man den aufgeladenen Leiter in das Innere des Faradaybechers und stellt dort den Kontakt von Becherwand und Leiter her, dann fließen die Ladungen auf die Außenfläche des Bechers und dessen Innenraum bleibt feldfrei; die Ladungen, welche der vorher eingeführte Leiter trug, sind völlig verschwunden. Während Ladung vollständig nur im Innern des Faraday'schen Bechers zugeführt werden kann, ist es nur möglich, sie an der (äußeren) Oberfläche durch Berühren abzunehmen.

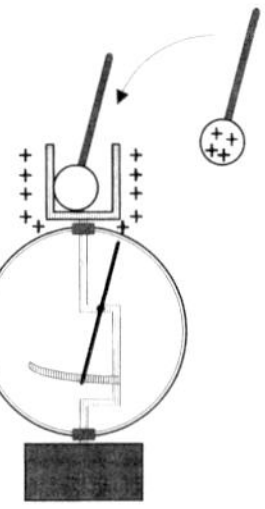

Abb. 20.18

Auch das nächste Anwendungsbeispiel hängt eng mit der Erscheinung zusammen, dass in Hohlräumen von Leitern – die im Innern keine isoliert aufgestellten Ladungen enthalten – das elektrostatische Feld $\vec{E} = 0$ ist, gleichgültig, ob der Leiter an seiner Oberfläche eine Ladung trägt oder sich in einem äußeren elektrostatischen Feld befindet.

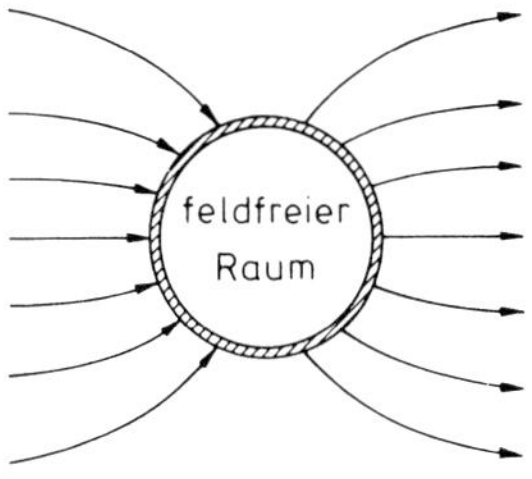

Abb. 20.19

Umgibt man daher einen Raum mit metallischen Wänden, die untereinander gut leitend verbunden sind, so kann der Raum dadurch von elektrischen Feldern abgeschirmt werden; meist genügt schon ein engmaschiges Drahtnetz zur Abschirmung. Man nennt eine solche Anordnung einen **Faradaykäfig** (Abb. 20.19).

Das Innere eines Automobils stellt beispielsweise angenähert einen Faradaykäfig dar.

Elektrische Ladungen in elektrischen Feldern

Wir nehmen ein elektrisches Feld als gegeben an und fragen nach den Kräften, bzw. im nachfolgenden Abschnitt nach den Drehmomenten, auf bestimmte Ladungsverteilungen, die ins elektrische Feld eingebracht werden. Hier betrachten wir die Wirkungen auf punktförmige Probeladungen der Masse m und Ladung q in elektrischen Feldern.

Homogenes elektrisches Feld (Feldstärke $\vec{E}$ überall konstant):

a) Eine positive Probeladung z. B. werde in ein homogenes elektrisches Feld eines (idealen) Plattenkondensators gebracht (d. h. das inhomogene Randfeld werde vernachlässigt) und sich selbst überlassen (Abb. 20.20). Wegen $\vec{E} = \text{const.}$ erfährt die Ladung im gesamten homogenen Feldbereich die konstante Kraft $\vec{F} = q \cdot \vec{E}$, welche die positive Ladung in Richtung des Feldes beschleunigt (eine negative Probeladung würde eine beschleunigende Kraft entgegengesetzt zur Feldrichtung erfahren). Gemäß Beziehung (5.1) folgt für die Beschleunigung betragsmäßig $a = F/m = (q \cdot E)/m$. Das vorliegende Problem ist ähnlich dem freien Fall eines Teilchens im Schwerefeld der Erde wie in § 4.1.4 behandelt (wobei wir hier die Wirkung der Gravitationskraft selbst vernachlässigen), d. h. wird die Ladung aus der Ruhe heraus beschleunigt, dann hat sie nach der Zeit t die Geschwindigkeit $v = a \cdot t = [(q \cdot E)/m] \cdot t$ erreicht und dabei den Weg $s = a \cdot t^2/2 = [(q \cdot E)/(2m)] \cdot t^2$ zurückgelegt.

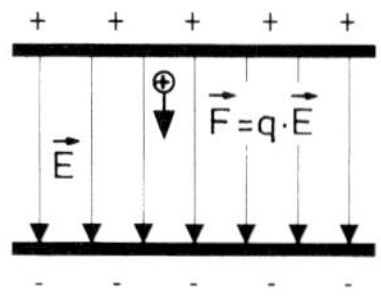

Abb. 20.20

b) Eine Ladung der Größe q und der Masse m fliege mit der Horizontalgeschwindigkeit $\vec{v}_\text{h} = \vec{v}_0$ senkrecht zu den Feldlinien in ein homogenes elektrisches Feld der Feldstärke $\vec{E}$ hinein (Abb. 20.21). Horizontal fliegt die Ladung mit konstanter Geschwindigkeit durch das homogene Feld, erfährt jedoch als positive Ladung in Feldrichtung (bzw. als Elektron oder

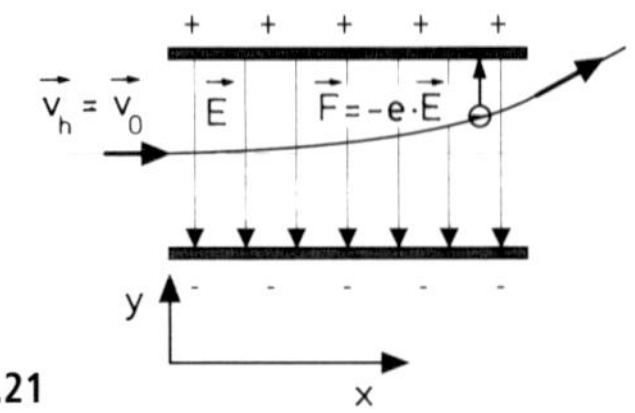

Abb. 20.21

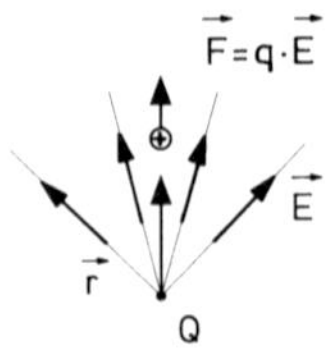

Abb. 20.22

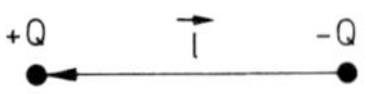

Abb. 20.23

andere negative Ladung aber entgegengesetzt zur Feldrichtung) eine konstante Kraft $\vec{F} = q \cdot \vec{E}$ (bzw. $\vec{F} = -e \cdot \vec{E}$) und damit in Kraftrichtung eine Beschleunigung, solange die Ladung sich im Bereich des elektrischen Feldes befindet (die Wirkung der Gravitationskraft werde vernachlässigt). Auch dieser Fall ist ähnlich dem Beispiel des horizontalen Wurfs im Gravitationsfeld (§ 4.1.4). Zur Zeit t gilt für ein Elektron (s. Abb. 20.21)
in x-Richtung: $x = v_0 \cdot t$ und
in y-Richtung: $y = (a \cdot t^2)/2 = [(e \cdot E)/(2\,m)] \cdot t^2$, womit sich durch Elimination von t als Gleichung für die Flugbahn innerhalb des homogenen elektrischen Feldes ergibt:

$$y = \frac{e \cdot E}{2\,m \cdot v_0^2} \cdot x^2 \qquad (20.16)$$

d. h. eine Parabelbahn. Verlässt das Elektron das Feld zwischen den Platten (am rechten Ende in Abb. 20.21), dann fliegt es auf geradliniger Bahn weiter. Eine Anwendung dieses Prinzips der Ablenkung in elektrischen Feldern finden wir beispielsweise beim Elektronenstrahloszillographen (s. § 25.5.3).

***Inhomogenes elektrisches Feld*:**

Bringt man eine Probeladung q der Masse m in ein inhomogenes elektrisches Feld, beispielsweise eine positive Ladung in das radiale Feld einer punktförmigen Einzelladung Q (Abb. 20.22) oder eines geladenen Kugelkondensators, dann erfährt sie ebenfalls eine Kraft $\vec{F}(\vec{r}) = q \cdot \vec{E}(\vec{r})$. Diese zeigt in (bzw. entgegengesetzt zur) Feldrichtung im Falle einer positiven (bzw. negativen) Probeladung q. Wegen $E \sim 1/r^2$ ist die Kraft jedoch nicht konstant und nimmt dementsprechend bei abstoßender Wirkung ab bzw. bei anziehender Wirkung zu, ist somit unmittelbar an der Punktladung Q am größten.

Elektrische Dipole in elektrischen Feldern

Zwei ungleichnamige Ladungen $+Q$ und $-Q$ (Beträge der Ladungen gleich groß), die sich im Abstand l voneinander befinden (Abb. 20.23), nennt man einen **elektrischen Dipol**. Bezeichnet man mit $\vec{l}$ den Radiusvektor, der von $-Q$ nach $+Q$ führt, dann ist das ***elektrische Dipolmoment*** $\vec{p}$ gegeben durch:

Definition:

$$\vec{p} = Q \cdot \vec{l} \qquad (20.17)$$

Das elektrische Feld eines elektrischen Dipols ist das zweier ungleichnamiger Ladungen (Abb. 20.9).

Ein solcher Dipol erfährt in einem elektrischen Feld eine Kraft, wobei diese Kraft von der Art des elektrischen Feldes und der relativen Lage des Dipols im Feld abhängt.

***Homogenes elektrisches Feld* (*Feldstärke* $\vec{E}$ *überall konstant*):**

a) Der Dipol liege parallel zur elektrischen Feldstärke $\vec{E}$ (Abb. 20.24). Dann ist die Gesamtkraft auf den Dipol, als Summe der Einzelkräfte $-Q \cdot E$ und $+Q \cdot E$ auf die Ladungen $-Q$ und $+Q$, gleich null.

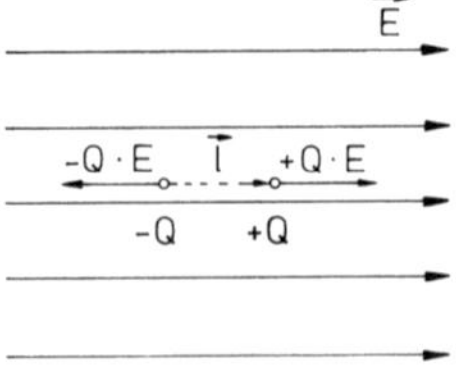

Abb. 20.24

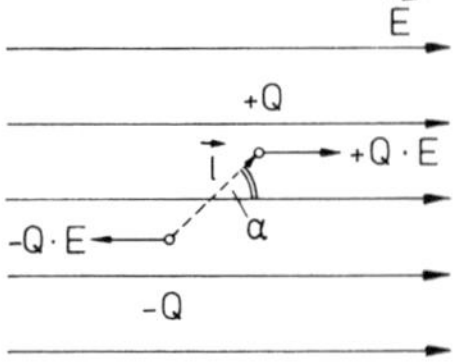

Abb. 20.25

b) Der Dipol liege beliebig, aber nicht parallel, bezüglich der elektrischen Feldstärke $\vec{E}$ (Abb. 20.25). Der Winkel, den die Dipolachse mit der Feldrichtung bildet, sei α. Dann wirkt auf den Dipol ein Kräftepaar $|Q \cdot E|$ ein, wodurch der Dipol ein Drehmoment $\vec{T}$ erfährt, das bestrebt ist, ihn in Feldrichtung zu stellen:

$$\vec{T} = Q \cdot \vec{l} \times \vec{E} = \vec{p} \times \vec{E}$$
$$|\vec{T}| = Q \cdot |\vec{l}| \cdot |\vec{E}| \cdot \sin\alpha \tag{20.18}$$

Das Drehmoment verschwindet, wenn das Dipolmoment $\vec{p}$ parallel zur elektrischen Feldstärke $\vec{E}$ steht. Diese Lage nimmt der Dipol von selbst ein, falls er nicht durch andere Wechselwirkungseinflüsse daran gehindert wird. Im homogenen elektrischen Feld erfährt ein elektrischer Dipol zwar ein Drehmoment, die auf ihn wirkende Gesamtkraft ist jedoch gleich null.

Inhomogenes elektrisches Feld:

Hier ist die elektrische Feldstärke längs der Feldlinien nicht konstant, sondern es liegt ein Feldgradient vor, das elektrische Feld $\vec{E}$ ändert sich längs des Stückes $\mathrm{d}\vec{r}$ um $\mathrm{d}\vec{E}$. Im allgemeinen Fall eines inhomogenen Feldes wirkt auf den Dipol, der als hantelförmiger starrer Körper betrachtet werden darf, sowohl ein Drehmoment $\vec{T}(\vec{r}) = \vec{p}(\vec{r}) \times \vec{E}(\vec{r})$ als auch eine resultierende Kraft $\vec{F} = \vec{F}^+ + \vec{F}^-$. Die beiden auf die Einzelladungen $+Q$ und $-Q$ des Dipols wirkenden Kräfte $\vec{F}^+ = Q \cdot \vec{E}^+$ und $\vec{F}^- = -Q \cdot \vec{E}^-$ versuchen auch hier den Dipol in Richtung der elektrischen Feldstärke zu drehen, wobei $\vec{E}^+$ bzw. $\vec{E}^-$ die Feldstärken am Ort der Dipolladungen $+Q$ bzw. $-Q$ sind. Der Verbindungsvektor $\vec{l}$ des Dipols ist sehr klein und es gilt daher $\vec{E}^+ = \vec{E}^- + \vec{l} \cdot \frac{\mathrm{d}\vec{E}}{\mathrm{d}\vec{r}}$, womit für die resultierende Gesamtkraft folgt:

$$\vec{F} = Q \cdot \left(\vec{E}^+ - \vec{E}^-\right) = Q \cdot \vec{l} \times \frac{\mathrm{d}\vec{E}}{\mathrm{d}\vec{r}} = \vec{p} \times \frac{\mathrm{d}\vec{E}}{\mathrm{d}\vec{r}}.$$

In diesem Fall sind also die beiden entgegengesetzt gerichteten Kräfte verschieden groß, sodass eine resultierende Kraft $\vec{F}$ übrig bleibt, die den Dipol auch noch in Richtung zunehmender Feldstärke zieht. Im allgemeinen Fall wirkt also auf den Dipol:

ein Drehmoment

$$\vec{T}(\vec{r}) = \vec{p}(\vec{r}) \times \vec{E}(\vec{r})$$

und eine resultierende Gesamtkraft

$$\vec{F} = \vec{p} \times \frac{\mathrm{d}\vec{E}}{\mathrm{d}\vec{r}} \tag{20.19}$$

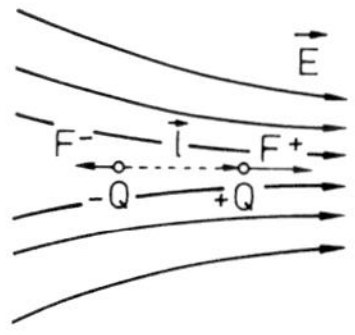

Abb. 20.26

Für den Fall, dass die Dipolachse bereits parallel zur Richtung der elektrischen Feldstärke gerichtet ist, wie z. B. im inhomogenen Feld einer Punktladung oder entsprechend der Abb. 20.26, ist das wirkende Drehmoment $\vec{T} = 0$, aber es wirkt eine resultierende Kraft, welche den Dipol in Richtung zunehmender Feldstärke fortbewegt.

4

Aufgaben

Aufgabe 20.1: Zwei ungleichnamige Ladungen befinden sich im Abstand $\boldsymbol{r}$ voneinander. Die Beträge ihrer Ladungen verhalten sich wie $|Q_1| : |Q_2| = 3 : 1$.

a) Wie verhalten sich jeweils die Beträge der Kräfte $\boldsymbol{F}_1$ und $\boldsymbol{F}_2$ auf die Ladungen $\boldsymbol{Q}_1$ bzw. $\boldsymbol{Q}_2$?
b) Wie sind die auf $\boldsymbol{Q}_1$ bzw. $\boldsymbol{Q}_2$ wirkenden Kräfte $\vec{F}_1$ bzw. $\vec{F}_2$ gerichtet (Ladung $\boldsymbol{Q}_1$ wirkt mit der Kraft $\vec{F}_2$ auf die Ladung $\boldsymbol{Q}_2$), wenn der Einheitsvektor $\vec{r}_0$ in Richtung von $\boldsymbol{Q}_1$ nach $\boldsymbol{Q}_2$ zeigt?

Aufgabe 20.2: Zwei an langen Seidenfäden aufgehängte kleine Hohlkugeln befinden sich im Abstand 10 cm voneinander und sind mit einer Ladung von je 10^{-8} C negativ aufgeladen.

a) Wie groß ist der Betrag der Kraft $|\vec{F}|$, mit der sie sich gegenseitig abstoßen?
b) Wie viel überschüssige Elektronen sind auf jeder Kugel?

Aufgabe 20.3: Welche Polarität trägt die zentrale Ladung, deren Feldlinienbild das Bild A 20.1 zeigt?

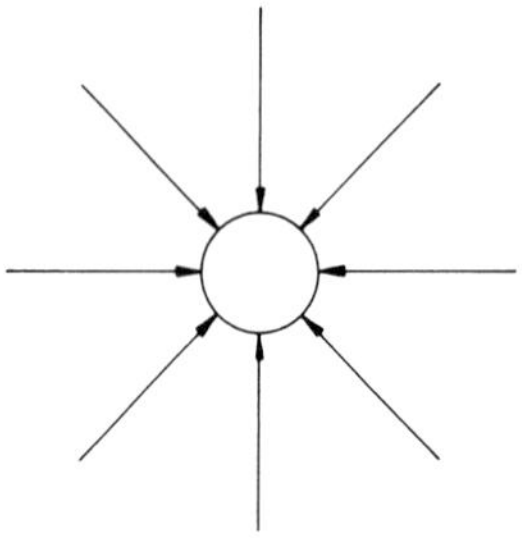

Bild A 20.1

Aufgabe 20.4: Das Wasserstoffatom besteht aus einem Proton im Kern und einem Elektron in der Hülle, welche einen mittleren Abstand von $\boldsymbol{r} = 5{,}29 \cdot 10^{-11}$ m haben.

a) Wie groß ist die elektrische Anziehungskraft $|\vec{F}_C|$ zwischen den beiden Teilchen?
b) Berechnen Sie im Vergleich dazu die Massenanziehungskraft $|\vec{F}_G|$ zwischen Proton und Elektron!
c) Was ergibt sich für das Verhältnis der beiden Kräfte und was folgt daraus?

Aufgabe 20.5: Im Kern eines Eisenatoms haben zwei Protonen einen Abstand von ca. $4 \cdot 10^{-15}$ m.

a) Wie groß ist die abstoßende Kraft $\boldsymbol{F}$ zwischen den beiden Protonen?
b) Welche Folgerung lässt sich aus diesem Ergebnis für die Größe der Kernkräfte $\vec{F}_K$, die den Zusammenhalt des Atomkerns gewährleisten, im Vergleich zur Größe der Coulombkräfte $\vec{F}_C$ ziehen?

Aufgabe 20.6: Angenommen, eine Ein-Centmünze bestünde aus reinem Kupfer (was nicht der Fall ist, da ihr Rohstoffwert des hohen Kupferpreises wegen höher wäre als der ausgewiesene Münzwert). Die Münze (Masse $\boldsymbol{m} = 2{,}3$ g) ist elektrisch neutral, da jedes Kupferatom (molare Masse $\boldsymbol{M} = 63{,}5$ g/mol) gleich viel positive Kernladungen (Ordnungszahl $\boldsymbol{Z} = 29$) wie negative Elektronen in der Hülle trägt. Wie groß ist der Gesamtbetrag der Ladungen der Münze?

Aufgabe 20.7: Zwei identisch positiv geladene Ionen haben einen Abstand von $5 \cdot 10^{-10}$ m und die zwischen ihnen wirkende elektrostatische Kraft betrage $3{,}7 \cdot 10^{-9}$ N.

a) Wie groß ist die Ladung, die jedes Ion trägt?
b) Wievielwertig ist jedes Ion, d. h. wie viele Elektronen fehlen in diesem Beispiel jedem Ion?

Aufgabe 20.8: Zwei punktförmige gleichnamige Ladungen $\boldsymbol{Q}_1$ und $\boldsymbol{Q}_2$ im Abstand $\boldsymbol{R}$ stoßen sich gegenseitig ab. Wie ändern sich die Abstoßungskräfte $\boldsymbol{F}_1$ und $\boldsymbol{F}_2$, wenn bei gleich bleibendem Abstand die Ladung $\boldsymbol{Q}_2$ verdoppelt wird?

Aufgabe 20.9: Zwei gleiche Körper sind ungleichnamig mit je $\boldsymbol{Q} = 1$ mC geladen und befinden sich im Abstand $\boldsymbol{l} = 100$ cm.

a) Wie groß ist die anziehende Kraft $\boldsymbol{F}$ zwischen ihnen?
b) Wie groß ist die Kraft $\boldsymbol{F}$, wenn zwischen die beiden Körper eine Scheibe aus Paraffin ($\varepsilon_r = 2$) geschoben wird?

Aufgabe 20.10: Zwei Ladungen $+\boldsymbol{Q}$ und $-\boldsymbol{Q}$ im Abstand $\boldsymbol{l}$ bilden einen elektrischen Dipol mit dem Dipolmoment $\boldsymbol{p}_1$.

a) Wie groß ist das Dipolmoment $\boldsymbol{p}_1$?
b) Was ergibt sich für ein Dipolmoment $\boldsymbol{p}_2$, wenn man die Ladungen verdoppelt und der Abstand halbiert wird?

§ 21 Elektrisches Potential – Elektrische Spannung

In der Mechanik haben wir für konservative Kräfte den Begriff der potentiellen Energie und, am Beispiel des Gravitationsfeldes, den Potentialbegriff eingeführt (s. § 6.2.1). Kräfte werden dann als konservativ bezeichnet, wenn die Arbeit W als Wegintegral der Kraft $\vec{F}$ unabhängig vom Weg ist und nur vom jeweiligen Endpunkt abhängt, das bedeutet aber, für einen in sich geschlossenen Weg ist das Integral gleich null ($\oint \vec{F} \cdot \mathrm{d}\vec{s} = 0$). Diese Bedingung erfüllen auch die elektrostatischen Kräfte, d. h. das elektrostatische Feld ist wie das Gravitationsfeld konservativ und man kann nach Wahl eines beliebigen Bezugspunktes P_0 jedem Punkt des felderfüllten Raumes eindeutig eine *potentielle Energie* E_{pot} und ein *elektrisches Potential* φ zuordnen, wie uns die nachfolgenden Betrachtungen zeigen.

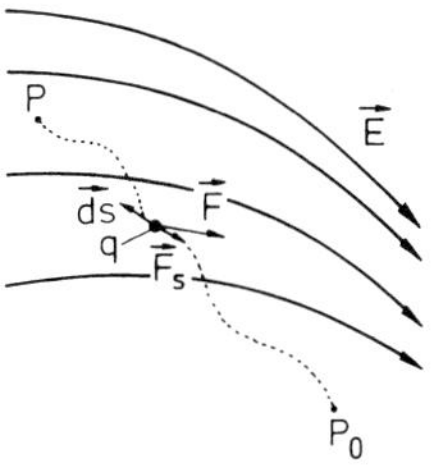

Abb. 21.1

Verschiebt man in einem elektrostatischen Feld eine elektrische Ladung q vom Ort 1 zum Ort 2, dann ist dazu eine Kraft $\vec{F}$ notwendig, d. h. längs des Weges $\mathrm{d}\vec{s}$ wird die Arbeit

$$W_{21} = \int_1^2 \vec{F} \cdot \mathrm{d}\vec{s} \tag{21.1}$$

verrichtet. Nimmt man als Ausgangsort 1 den beliebigen Bezugspunkt P_0 (s. Abb. 21.1) und verschiebt man die Ladung bis zu einem beliebigen Punkt P (als dem Ort 2), so kann jedem Punkt P des Feldes eindeutig eine potentielle Energie E_{pot} (P) zugeordnet werden und es gilt die *Definition*:

$$E_{\text{pot}}(\mathrm{P}) = -\int_{\mathrm{P}_0}^{\mathrm{P}} \vec{F} \cdot \mathrm{d}\vec{s} = -\int_{\mathrm{P}_0}^{\mathrm{P}} F_{\mathrm{s}} \cdot \mathrm{d}s \tag{21.2}$$

F_{s}: Komponente von $\vec{F}$ in Richtung des Weges $\vec{s}$.

Diese potentielle Energie E_{pot} ist eine für jeden beliebigen Raumpunkt P des Feldes charakteristische Größe und nimmt einen ganz bestimmten Wert an, wenn der Bezugspunkt P_0 festliegt. Setzt man für $\vec{F} = q \cdot \vec{E}$ ein, so folgt für (21.2):

$$E_{\text{pot}}(\mathrm{P}) = -q \cdot \int_{\mathrm{P}_0}^{\mathrm{P}} \vec{E} \cdot \mathrm{d}\vec{s} \tag{21.3}$$

Um zur Charakterisierung des Zustandes des Punktes P unabhängig von der Probeladung q zu werden, führt man als feldbeschreibende Zustandsgröße das **elektrische Potential $\boldsymbol{\varphi}$ (P)** ein.

Definition:

$$\varphi(\mathrm{P}) = -\int_{\mathrm{P}_0}^{\mathrm{P}} \vec{E} \cdot \mathrm{d}\vec{s} = \frac{E_{\text{pot}}(\mathrm{P})}{q} \tag{21.4}$$

φ (P) heißt das skalare Potential im beliebigen Punkt P des elektrischen Feldes $\vec{E}$. Als Bezugspunkt P_0 wählt man in der Elektrostatik meist einen unendlich fernen Punkt, im Gebiet der bewegten Ladungen (Ströme) mitunter auch einen Punkt der Erdoberfläche (dieser Punkt wird dann meist als Erdpunkt oder „Erde" bezeichnet). Das Potential des Bezugspunktes P_0 wird gleich null gesetzt $\varphi(\mathrm{P}_0) = 0$. Der Wert von $\varphi(\mathrm{P})$ im Punkt P ist unabhängig davon, auf welchem Weg man von P_0 nach P gelangt, d. h. er hängt nicht von der Wahl des Integrationsweges $\mathrm{P}_0 \rightarrow \mathrm{P}$ ab und ist auch unabhängig von der Ladung q. Das Potential $\varphi(\mathrm{P})$ im Punkt $\mathrm{P}(x, y, z)$ des felderfüllten Raumes ist nur abhängig vom extern vorgegebenen elektrischen Feld und nimmt in Richtung von $\vec{E}$ fortschreitend ab. Die elektrische Feldstärke $\vec{E}$ kann man daher als Gradient des Potentials $\varphi(x, y, z)$ schreiben (s. auch Anhang Mathematische Grundlagen, V.E):

$$\vec{E} = -\operatorname{grad} \varphi(x, y, z) \tag{21.5}$$

Linien bzw. Flächen gleichen Potentials $\varphi(\mathrm{P})$ nennt man **Äquipotentiallinien** bzw. **Äquipotentialflächen**. Als Gradient des Potentials, gemäß Beziehung (21.5), steht das elektrische Feld in jedem Punkt P senkrecht auf den Äqui-

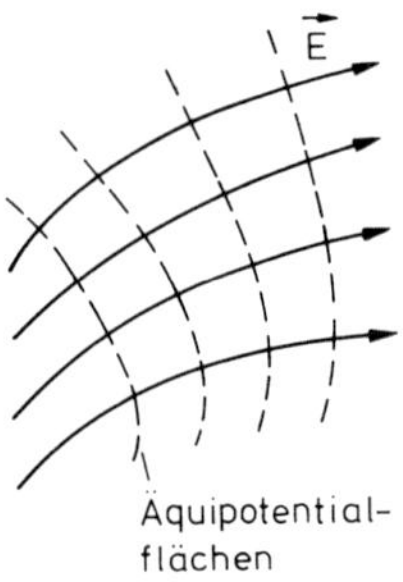

Abb. 21.2

potentialflächen (Abb. 21.2). Äquipotentialflächen sind damit auch orthogonal zu den Feldlinien und man kann sie sich ähnlich den Höhenlinien auf einer Landkarte vorstellen, die all jene Punkte auf der Erdoberfläche mit gleicher Höhe h über dem Meeresspiegel verbinden, d. h. welche dieselbe Lageenergie $E_{\text{pot}}(h)$ besitzen. Bewegt man einen Massenpunkt (reibungsfrei) auf einer solchen Höhenlinie, so wird im physikalischen Sinne keine Arbeit verrichtet. Entsprechend verrichtet man auch keine Arbeit beim Verschieben einer Ladung q zwischen zwei Punkten 1 und 2 auf einer Äquipotentialfläche (bzw. -linie) im elektrostatischen Feld, da aus (21.1) mit $\vec{F} = q \cdot \vec{E}$ und wegen $\vec{F}$ bzw. $\vec{E} \perp \mathrm{d}\vec{s}$ für die Arbeit $W_{21} = q \cdot \int_1^2 \vec{E} \cdot \mathrm{d}\vec{s} = 0$ folgt.

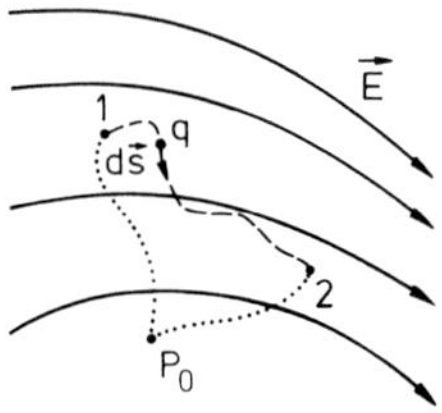

Abb. 21.3

Verschiebt man eine Ladung q zwischen zwei beliebigen Punkten des felderfüllten Raumes, z. B. von 1 nach 2 wie in Abb. 21.3 dargestellt, so ergibt sich mit den Gleichungen (21.3), (21.4) und (21.1):

(i) $$E_{\text{pot}}(2) - E_{\text{pot}}(1) = \Delta E_{\text{pot}}$$
$$= -q\left[\int_{P_0}^{2} \vec{E} \cdot \mathrm{d}\vec{s} - \int_{P_0}^{1} \vec{E} \cdot \mathrm{d}\vec{s}\right]$$
$$= q[\varphi(2) - \varphi(1)] = q \cdot \Delta\varphi$$

und

(ii) $$\Delta E_{\text{pot}} = -q\left[\int_{P_0}^{2} \vec{E} \cdot \mathrm{d}\vec{s} - \int_{P_0}^{1} \vec{E} \cdot \mathrm{d}\vec{s}\right]$$
$$= -q\left[\int_{1}^{P_0} \vec{E} \cdot \mathrm{d}\vec{s} + \int_{P_0}^{2} \vec{E} \cdot \mathrm{d}\vec{s}\right] = -q\int_1^2 \vec{E} \cdot \mathrm{d}\vec{s}$$
$$= -\int_1^2 \vec{F} \cdot \mathrm{d}\vec{s} = -W_{21}$$

Die vom Feld $\vec{E}$ an der Probeladung q bei einer Verschiebung von P_1 nach P_2 verrichtete Arbeit W_{21} ist damit gleich der Abnahme der potentiellen Energie $-\Delta E_{\text{pot}}$ der Ladung im elektrischen Feld und diese wiederum gleich dem Produkt aus Ladung q und Potentialdifferenz $\Delta\varphi$:

$$W_{21} = -\Delta E_{\text{pot}} = -q \cdot \Delta\varphi \tag{21.6}$$

Die **Potentialdifferenz** $\Delta\varphi = \varphi(2) - \varphi(1)$ nennt man die **Spannung U_{21}** zwischen den Punkten 1 und 2.

Definition:

$$U_{21} = \Delta\varphi = \varphi(2) - \varphi(1) = -\int_1^2 \vec{E} \cdot \mathrm{d}\vec{s} = -\frac{W_{21}}{q} \tag{21.7}$$

Einheit:

Volt (V)

$$1\,\mathrm{V} = 1\frac{\mathrm{J}}{\mathrm{C}}$$

Wirken bei der Bewegung einer Ladung im elektrischen Feld $\vec{E}$ zwischen den Punkten 1 und 2 (Abb. 21.3) keine zusätzlichen Kräfte, liegt z. B. eine reibungsfreie Bewegung im Vakuum vor, dann gewinnt die Ladung q die vom Feld an ihr verrichtete Arbeit W_{21} als kinetische Energie $\Delta E_{\text{kin}} = \frac{1}{2} m \cdot v_2^2 - \frac{1}{2} m \cdot v_1^2 = W_{21}$, wenn mit der Ladung q die Masse m verknüpft ist. Mit (21.6) und (21.7) folgt für die kinetische Energie unter Berücksichtigung des Energieerhaltungssatzes $\Delta E_{\text{kin}} + \Delta E_{\text{pot}} = 0$:

$$\Delta E_{\text{kin}} = -q \cdot \Delta\varphi = -q \cdot U_{21} \tag{21.8}$$

Man bezeichnet die Spannung U_{21} daher als ***Beschleunigungsspannung***. Beispiele zur beschleunigenden Wirkung elektrischer Felder auf elektrische Ladungen haben wir in § 20.3 bereits kennen gelernt.

Wird dagegen eine Ladung q zwischen zwei Punkten im elektrischen Feld durch eine äußere Kraft verschoben, so ist hierzu Arbeit W_{21}^* von der äußeren Kraft aufzubringen $(W_{21}^* = -W_{21})$, wodurch die potentielle Energie ΔE_{pot} der Ladung zunimmt. Somit entspricht die Spannung zwischen zwei Punkten 1 und 2 der Arbeit, die aufgebracht werden muss, um die Ladung q von 1 nach 2 zu bringen. Die von außen hineingesteckte Arbeit findet sich als Zunahme ΔE_{pot} der potentiellen Energie der Ladung wieder:

$$W_{21}^* = \Delta E_{\text{pot}} = q \cdot U_{21} \tag{21.9}$$

Beispiele zum Potential

1. Das Potential im elektrischen Feld $\vec{E} = 0$ (Nullfeld): Aus Beziehung (21.7) folgt für die Potentialdifferenz zwischen zwei Punkten 1 und 2 im Falle $\vec{E} = 0$: $\Delta\varphi = -\int_1^2 \vec{E} \cdot \mathrm{d}\vec{s} = 0$, d. h. in jedem Punkt ist das Potential $\varphi = \text{const}$. Daher liegt in einem Leiter, insbesondere auch im umschlossenen Hohlraum (*Faradaykäfig*), aber ebenso auf einem Leiter, ein einheitliches konstantes Potential $\varphi = \text{const}$. vor.

2. Das Potential im homogenen elektrischen Feld: Im Innern eines Plattenkondensators (s. auch § 20.1.4), dessen Platten mit den konstanten Ladungen $+Q$ und $-Q$ belegt sind, kann das elektrische Feld als homogen betrachtet werden (Abb. 21.4), d. h. die elektrische Feldstärke $\vec{E}$ zwischen den Platten ist konstant und

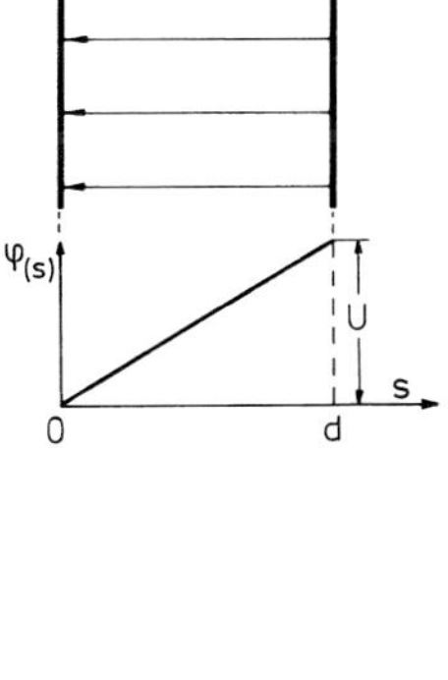

Abb. 21.4

im Außenraum des Kondensators gleich null. Der Betrag der Feldstärke im Innenraum der Platten ergibt sich nach (20.13) zu $E = \sigma/\varepsilon_0$.

Wählt man als Bezugspunkt P_0 beispielsweise die negativ geladene Kondensatorplatte, dann steigt das Potential im Zwischenraum linear mit dem Abstand s von der Bezugsplatte an (Abb. 21.4, unten) und für die Potentialdifferenz zwischen den beiden Platten im Abstand d ergibt sich mit (21.7):

$$\begin{aligned}\Delta\varphi = \varphi(d) - \varphi(0) &= -\int_0^d \vec{E} \cdot \mathrm{d}\vec{s} = \int_0^d E \cdot \mathrm{d}s \\ &= E \cdot \int_0^d \mathrm{d}s = E \cdot s\Big|_0^d = E \cdot d\end{aligned} \tag{21.10}$$

wobei im Wegintegral das Skalarprodukt $\vec{E} \cdot \mathrm{d}\vec{s}$ durch $-E \cdot \mathrm{d}s$ ersetzt werden kann, da $\vec{E}$ und $\vec{s}$ parallel, aber einander entgegengesetzt gerichtet sind und außerdem kann die elektrische Feldstärke E vor das Integralzeichen gezogen werden, da sie im Innenraum des Plattenkondensators überall einen konstanten Wert hat.

Für die Spannung $U = \Delta\varphi$ zwischen den Platten (Abstand d) eines Plattenkondensators folgt aus Beziehung (21.10):

$$\boxed{U = E \cdot d} \tag{21.11}$$

Die Spannung U zwischen den Platten ist also proportional zum Plattenabstand d des Kondensators.

Die Feldstärke in einem Plattenkondensator folgt aus Gleichung (21.11) zu: $E = \frac{U}{d}$. Daraus erklärt sich auch die Einheit $\frac{\text{V}}{\text{m}}$ für die elektrische Feldstärke.

Beim Plattenkondensator sind die Äquipotentialflächen, da sie senkrecht zu den elektrischen Feldlinien stehen, Ebenen parallel zu den Leiterplatten. Das Potential φ im Außenraum eines Kondensators ist konstant.

3. Das Potential einer Punktladung Q: Das Potential im Coulombfeld einer isoliert aufgestellten, z. B. positiven Punktladung Q, erhält man mithilfe von Gleichung (21.7) durch Bestimmen der Potentialdifferenz $\Delta\varphi = \varphi(2) - \varphi(1) = -\int_1^2 \vec{E} \cdot \mathrm{d}\vec{s}$ zwischen zwei Punkten 1 und 2, welche mit der Punktladung Q auf einer Geraden liegen, indem eine Probeladung q

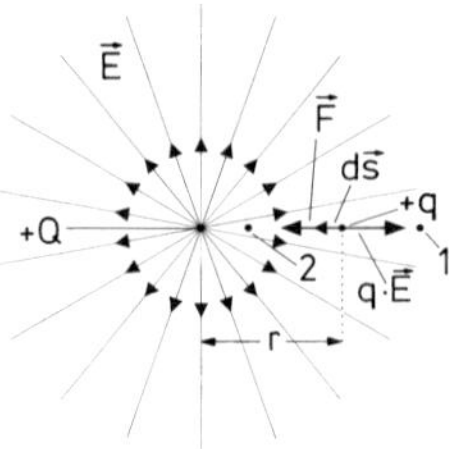

Abb. 21.5

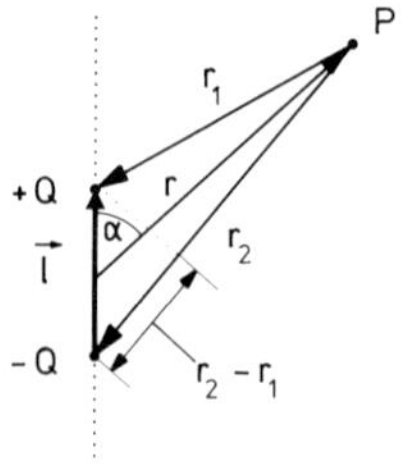

Abb. 21.7

gleichförmig längs eines Radiusstrahls durch die Kraft $\vec{F}$ von 1 nach 2 verschoben wird (Abb. 21.5). Dabei ist die elektrische Feldstärke $\vec{E}$ entgegengesetzt gerichtet zur Verschiebung $d\vec{s}$, der Bewegungsrichtung der Probeladung q. Für das Skalarprodukt $\vec{E} \cdot d\vec{s}$ des Integranden von (21.7) folgt daher: $\vec{E} \cdot d\vec{s} = E \cdot \cos 180° \cdot ds = -E \cdot ds = E \cdot dr$, mit $dr = -ds$ im Abstand r der Probeladung q von der Punktladung Q, da $\vec{r}$ in Richtung der elektrischen Feldstärke $\vec{E}$ zeigt. Mit (20.3) erhält man schließlich für (21.7):

$$\varphi(2) - \varphi(1) = -\frac{Q}{4\pi \cdot \varepsilon_0} \cdot \int_{r(1)}^{r(2)} \frac{dr}{r^2} = \frac{Q}{4\pi \cdot \varepsilon_0} \cdot \left[\frac{1}{r(2)} - \frac{1}{r(1)}\right] \tag{21.12}$$

Wählt man als Bezugspunkt den Punkt 1 im Unendlichen ($r(1) \to \infty$) mit Potential $\varphi(1) = 0$, dann folgt für das Potential φ im Punkt 2 (im Abstand r von Q):

$$\varphi = \frac{1}{4\pi \cdot \varepsilon_0} \cdot \frac{Q}{r} \tag{21.13}$$

Die Äquipotentialflächen des elektrischen Feldes $\vec{E}$ einer Punktladung Q sind demnach konzentrische Kugelschalen um die Punktladung wie in Abb. 21.6 (gestrichelt) dargestellt. Für eine geladene (Hohl- oder Voll-)Kugel kann durch eine entsprechende Herleitung gezeigt werden, dass das Potential im Außenfeld ebenso durch Beziehung (21.13) beschrieben wird, da auch die elektrischen Feldstärken im Außenraum in all diesen Fällen gleich beschrieben werden (s. § 20.2.2).

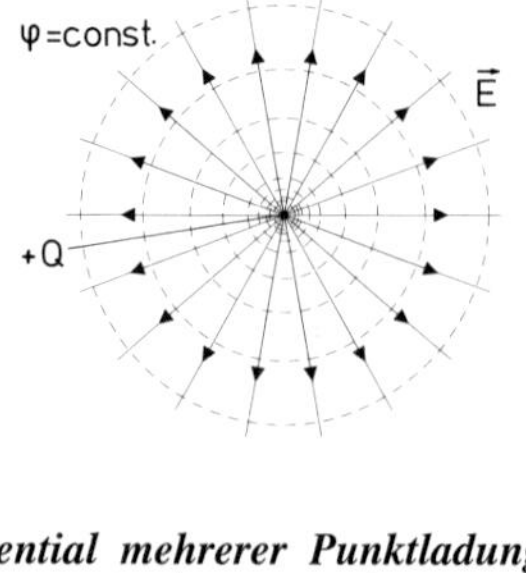

Abb. 21.6

4. Das Potential mehrerer Punktladungen: In einem beliebigen Punkt P eines Feldes, das durch mehrere Punktladungen Q_i ($i = 1, \ldots, n$) erzeugt wird, lässt sich das Potential dadurch bestimmen, dass man zunächst für diesen Punkt das Potential jeder einzelnen Ladung (unter Vernachlässigung aller anderen Ladungen) bestimmt und dann, gemäß dem für das skalare Potential geltenden Superpositionsprinzip, alle diese Einzelpotentiale zum Gesamtpotential φ aufaddiert. Ist Q_i die i-te Ladung im Abstand r_i vom Punkt P des Feldes, so folgt mit (20.13):

$$\varphi(\mathrm{P}) = \sum_{i=1}^{n} \varphi_i(\mathrm{P}) = \frac{1}{4\pi \cdot \varepsilon_0} \cdot \sum_{i=1}^{n} \frac{Q_i}{r_i} \tag{21.14}$$

Liegt eine kontinuierliche Ladungsverteilung vor, so geht die Summation in eine Integration über und es ergibt sich aus (21.14):

$$\varphi(\mathrm{P}) = \int d\varphi(\mathrm{P}) = \frac{1}{4\pi \cdot \varepsilon_0} \cdot \int \frac{dQ}{r} \tag{21.15}$$

wobei dQ das differentielle Ladungselement im Abstand r vom Punkt P des Feldes darstellt. Ist ϱ die Raumladungsdichte und dV ein Volumenelement, dann kann in (21.15) das Ladungselement dQ durch die in dV vorliegende Ladung $\varrho \cdot dV$, bzw. im Falle einer flächenhaften Ladungsverteilung auf einer Oberfläche (Flächenladungsdichte σ, Flächenelement dA) durch $\sigma \cdot dA$ substituiert werden.

5. Das Potential eines elektrischen Dipols: Wie wir in § 20.3 kennen gelernt haben, besteht ein elektrischer Dipol aus zwei betragsmäßig gleich großen, aber ungleichnamigen Punktladungen $+Q$ und $-Q$ im Abstand l und besitzt ein *Dipolmoment* $\vec{p} = Q \cdot \vec{l}$, das von der negativen zur positiven Ladung weist. Zur Ermittlung des Potentials betrachten wir einen hinreichend weit entfernten beliebigen Punkt P, dessen Ort durch den Abstand r ($r \gg l$) vom Zentrum des Dipols und durch den Winkel α zur Dipolachse bestimmt sei (Abb. 21.7). Aus (21.14) erhält man für $\varphi(\mathrm{P})$:

$$\varphi(\mathrm{P}) = \sum_{i=1}^{2} \varphi_i(\mathrm{P}) = \varphi_1(\mathrm{P}) + \varphi_2(\mathrm{P})$$
$$= \frac{1}{4\pi \cdot \varepsilon_0} \cdot \frac{(+Q)}{r_1} + \frac{1}{4\pi \cdot \varepsilon_0} \cdot \frac{(-Q)}{r_2}$$
$$= \frac{Q}{4\pi \cdot \varepsilon_0} \cdot \left(\frac{1}{r_1} - \frac{1}{r_2}\right) = \frac{Q}{4\pi \cdot \varepsilon_0} \cdot \left(\frac{r_2 - r_1}{r_1 \cdot r_2}\right)$$

Da wir nur Punkte in hinreichend weiter Entfernung $r \gg l$ vom Dipol betrachten, kann man dann näherungsweise $r_2 - r_1 \approx l \cdot \cos\alpha$ und $r_1 \cdot r_2 \approx r^2$ setzen (s. Abb. 21.7). Damit reduziert sich die Beziehung für das Potential $\varphi(\mathrm{P})$ folgendermaßen:

$$\varphi(\mathrm{P}) = \frac{Q}{4\pi \cdot \varepsilon_0} \cdot \frac{l \cdot \cos\alpha}{r^2} = \frac{1}{4\pi \cdot \varepsilon_0} \cdot \frac{p \cdot \cos\alpha}{r^2} \qquad (21.16)$$

wobei mit $p = Q \cdot l$ der Betrag des Dipolmomentes verwendet wurde. Das Potential eines Dipols nimmt, wie auch anschaulich aus der teilweisen Kompensation der elektrischen Felder der ungleichnamigen Ladungen $+Q$ und $-Q$ zu erwarten ist, mit $\frac{1}{r^2}$ stärker ab als jenes einer einzelnen Punktladung mit $\frac{1}{r}$. Die in Abb. 21.8 dargestellten Äquipotentialflächen (gestrichelt) und elektrischen Feldlinien (durchgezogen) eines elektrischen Dipols – hier in der Papierebene gezeichnet – sind im Raum rotationsymmetrisch um die Dipolachse (auf der ZZ'-Linie) zu denken. Überall auf der Fläche mit $\alpha = 0°$ (äquatoriale Ebene) verschwindet das Potential ($\varphi = 0$), d. h. auf der Mittelsenkrechten zur Dipolachse kann eine Probeladung ohne Aufwendung von Arbeit aus dem Unendlichen in die Nähe des Dipols verschoben werden.

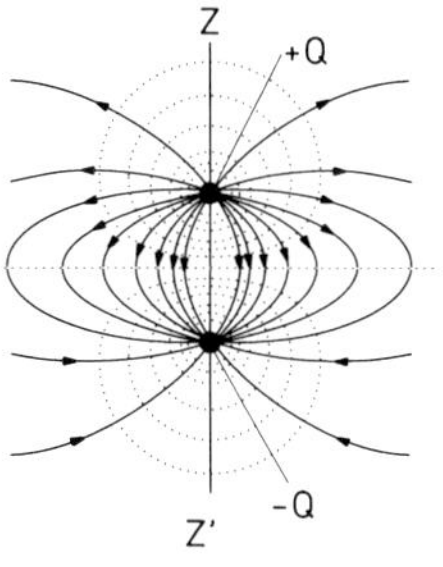

Abb. 21.8

Anmerkung: Zahlreiche Moleküle haben ein Dipolmoment, wie beispielsweise das Wasser, bei welchem das Zentrum der positiven Ladungen nicht mehr mit jenem der negativen Ladungen zusammenfällt (s. auch § 29.1). Für Wassermoleküle im dampfförmigen Zustand beträgt das Dipolmoment 1,87 D $\widehat{=}$ $6{,}24 \cdot 10^{-30}$ C · m, wobei häufig für die Einheit des Dipolmomentes noch das *Debye* (D) verwendet wird, mit der Umrechnung 1 D $\widehat{=}$ $3{,}33564 \cdot 10^{-30}$ C · m. Atome und viele Moleküle besitzen kein elektrisches Dipolmoment. Bei ihnen kann ein solches durch Einbringen in ein äußeres elektrisches Feld jedoch induziert werden, wodurch die Zentren der positiven und negativen Ladungen gegeneinander verschoben werden. Die Atome oder Moleküle werden *polarisiert* und es entsteht ein *induziertes elektrisches Dipolmoment* (s. § 20.1.3 und § 29.1), welches wieder verschwindet sobald das äußere elektrische Feld abgeschaltet wird.

Elektrische Dipole spielen im atomaren Bereich eine große Rolle aber auch bei elektrischen Schwingungen. So handelt es sich beispielsweise bei einer Radioantenne um einen oszillierenden elektrischen Dipol, bei welcher in dem metallischen Leiter oder Stab Elektronen periodisch hin- und herschwingen und sich dabei nach jeder halben Schwingungsperiode die Polarität der Leiterenden umkehrt (s. auch § 32), d. h. das Dipolmoment ändert sich periodisch.

4

Spannungsquellen

In den weiteren Abschnitten der Elektrizitätslehre werden wir immer wieder Spannungsquellen benötigen. Ohne vorläufig auf eine detaillierte Beschreibung einzugehen, folgen nachstehend einige grundlegende Bemerkungen zu Spannungs- bzw. Stromquellen und Beispiele von Größenordnungen typischer Spannungswerte.

Vorrichtungen, welche eine Potentialdifferenz aufrechterhalten, heißen **Spannungsquellen** (oder auch **Stromquellen**). Die Anschlussklemmen dieser Quellen heißen **Pole**.

Bleibt die Polarität der beiden Pole der Spannungsquellen (als Funktion der Zeit) gleich, so handelt es sich um eine **Gleichspannungsquelle**. Der Pol mit dem höheren Potential ist der positive oder **Pluspol**, der Pol mit dem geringeren Potential der negative oder **Minuspol**. In Schaltungen wird eine Gleichspannungsquelle durch das Zeichen —⊣|⊢— (− +) angedeutet. Das Symbol für die Gleichspannung ist: $U_{=}$ oder $U_{0=}$.

Tab. 21.1

Bleiakkumulatorzelle	2 $\mathrm{V}_{=}$	Hochspannungsleitungen bis	400 $\mathrm{kV}_{\sim}$
Galvanisches Element	1 $\mathrm{V}_{=}$	Elektrische Eisenbahn	15 $\mathrm{kV}_{\sim}$
Pkw-/Lkw-Bordspannung	12 V/24 $\mathrm{V}_{=}$	Straßenbahn	500 bis 800 $\mathrm{V}_{=}$
Technischer Wechselstrom (Europa)	230 $\mathrm{V}_{\sim}$	Herz-EKG	ca. 50 $\mathrm{mV}_{\sim}$
Technischer Drehstrom (Europa)	400 $\mathrm{V}_{\sim}$	EEG	ca. 100 $\mu\mathrm{V}_{\sim}$

Ändert sich die Polarität der beiden Pole als Funktion der Zeit, so liegt eine **Wechselspannungsquelle** vor. Ihr Schaltzeichen ist —o o— mit dem Symbol für Wechselspannung $U_\sim$ oder $U_{0\sim}$.

In Tabelle 21.1 ist die Größenordnung der Werte einiger Spannungsquellen angegeben. Zur Gefährdung durch elektrische Spannungen bzw. Ströme, insbesondere für den menschlichen Organismus, s. § 28.4.

Aufgaben

Aufgabe 21.1: In einem homogenen elektrischen Feld der Feldstärke $\vec{E} = 3 \cdot 10^5$ V/m wird eine Ladung $q = +2 \cdot 10^{-5}$ C zunächst 0,4 m parallel zu den Feldlinien und dann 0,3 m senkrecht dazu verschoben (Bild A 21.1). Wie groß ist die insgesamt verrichtete Arbeit W?

Bild A 21.1

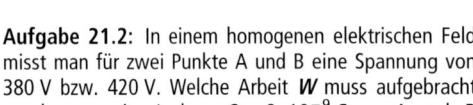

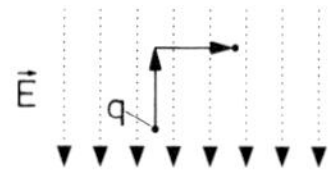

Aufgabe 21.2: In einem homogenen elektrischen Feld misst man für zwei Punkte A und B eine Spannung von 380 V bzw. 420 V. Welche Arbeit W muss aufgebracht werden, um eine Ladung $Q = 8 \cdot 10^{-9}$ C von A nach B zu verschieben?

Aufgabe 21.3: Zwei gleichnamige Ladungen von je $Q = 3 \cdot 10^{-5}$ C werden aus einer ursprünglichen Entfernung von $r_1 = 100$ cm einander auf $r_2 = 50$ cm angenähert. Wie groß ist die zu verrichtende Arbeit?

§ 22 Die Kapazität

Zwei Leiter beliebiger Form, die im sonst leeren Raum sowohl gegen ihre Umgebung als auch gegeneinander isoliert aufgestellt sind, nennt man in der Elektrotechnik einen **Kondensator**. Elektrische Kondensatoren sind Vorrichtungen, die auf ihren beiden Leitern betragsmäßig gleich große elektrische Ladungen entgegengesetzten Vorzeichens tragen. Ungeachtet ihrer Form bezeichnen wir die beiden Leiter als Platten des Kondensators.

Wir betrachten einen einfachen Kondensator, dessen beide Platten die gleich großen, aber ungleichnamigen Ladungen $+Q$ und $-Q$ tragen, wodurch sich zwischen den Platten ein elektrisches Feld $\vec{E}$ aufgebaut hat, dessen Kraftlinien, per definitionem, von der positiv zur negativ geladenen Platte verlaufen. Der Betrag der elektrischen Feldstärke E ist nach (20.3) proportional zur Ladung Q. Dabei ist Q die gesamte Ladung eines Vorzeichens. Nach Gleichung (21.11) ist die zwischen den Platten herrschende Spannung $U \sim E$. Insgesamt folgt daraus für einen Kondensator die Proportionalität: $Q \sim U$. Die Proportionalitätskonstante zwischen Q und U wird als die **Kapazität C** definiert:

Definition:

$$C = \frac{Q}{U} \tag{22.1}$$

Einheit:

Farad (F)

$$1\,\text{F} = 1\,\frac{\text{C}}{\text{V}}$$

Ein Kondensator besitzt die Kapazität $C = 1$ F, wenn zwischen seinen Platten, die je eine Ladung $Q = 1$ C tragen, eine Potentialdifferenz $U = 1$ V herrscht. Dabei darf zur Berechnung der Kapazität nur die gesamte Ladung eines Vorzeichens verwendet werden, da die Ladung entgegengesetzter Polarität auf der benachbarten Platte durch Influenz erzeugt wird.

Die Kapazität $C = 1$ F ist eine sehr große Einheit; man arbeitet daher meist mit den kleineren Einheiten wie $1\,\text{mF} = 10^{-3}\,\text{F}$, $1\,\mu\text{F} = 10^{-6}\,\text{F}$, $1\,\text{pF} = 10^{-12}\,\text{F}$ etc.

Die Kapazität eines Leiters ist bei vorgegebener Spannung ein Maß für sein Ladungsspeichervermögen. Verbindet man beispielsweise die beiden Leiter eines Kondensators leitend mit den beiden Polen einer Spannungsquelle mit konstanter Spannung U (z. B. mit dem Plus- und Minuspol einer Taschenlampenbatterie), so wird so lange Ladung Q zwischen der Quelle und dem Kondensator transportiert (man sagt: der Kondensator wird geladen), bis die Potentialdifferenz zwischen den Leitern den von der Spannungsquelle vorgegebenen Wert U erreicht hat (der Ladevorgang ist beendet). Die in einem Kondensator gespeicherte Ladungsmenge ist bei gegebener Spannung durch seine Kapazität bestimmt.

Angemerkt sei noch, dass die Kapazität einer Leiteranordnung unabhängig von der Art der angelegten Spannung (Gleichspannung oder Wechselspannung bestimmter Frequenz) ist.

Auch jedes Elektrometer (Abb. 20.2) besitzt eine bestimmte Kapazität. Durch die ihm zugeführte Ladung zeigt es einen bestimmten Ausschlag, welcher der Ladung proportional ist. Nach Gleichung (22.1) wird das Elektrometer durch die zugeführte Ladung auf eine bestimmte Spannung gebracht. Ein Elektrometer kann daher als Ladungsmesser wie als Spannungsmesser verwendet werden. Hieraus versteht sich auch die häufig gebrauchte *Einheit* $\frac{\text{F}}{\text{m}}$ für die *elektrische Feldkonstante* ε_0:

$$\left(1\frac{\text{F}}{\text{m}} = 1\frac{\text{C}}{\text{V}\cdot\text{m}} = 1\frac{\text{A}\cdot\text{s}}{\text{V}\cdot\text{m}} = 1\frac{(\text{A}\cdot\text{s})^2}{\text{N}\cdot\text{m}^2}\right).$$

Somit gilt auch: $\varepsilon_0 \approx 8{,}89 \cdot 10^{-12}\,\frac{\text{F}}{\text{m}}$.

§ 22.1 Kapazität von Kondensatoren

Nach der Form der Leiter unterscheidet man die verschiedenen Kondensatortypen. Als einfache Beispiele sollen hier der Platten-, Kugel- und Zylinderkondensator genannt sein. Die Kapazität von Kondensatoren hängt von ihrer Geometrie ab und kann für einfache Leiteranordnungen geschlossen berechnet werden.

Plattenkondensator

Zwei parallele, im Idealfall unendlich ausgedehnte, ebene Leiter nennt man einen Plattenkondensator. In praktischen Ausführungen besteht der Plattenkondensator aus zwei ebenen Leiterplatten beliebiger Bauform mit der Querschnittsfläche A im Abstand d, welcher klein gegenüber der Ausdehnung der Leiterplatten $\sqrt{A}$ ist, d. h. es gilt $d \ll \sqrt{A}$. Abb. 22.1 zeigt schematisch einen idealen Plattenkondensator.

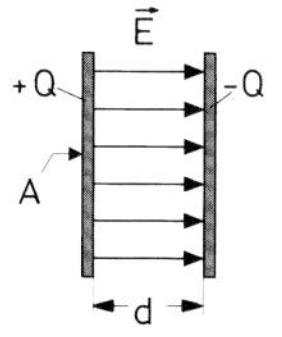

Abb. 22.1

Durch kurzzeitiges Verbinden mit den Polen einer Gleichspannungsquelle werden die Platten mit den Ladungen $+Q$ und $-Q$ belegt. Das dadurch im Zwischenraum des Kondensators aufgebaute elektrische Feld kann im Falle $d \ll \sqrt{A}$ als homogen betrachtet werden, das inhomogene Randfeld werde vernachlässigt.

Gemäß den in § 20.2.2 angestellten Betrachtungen stellt sich auf den Leiterplatten infolge der aufgebrachten Ladungen eine homogene Flächenladungsdichte $\sigma = Q/A$ ein. Das im Zwischenraum aufgebaute homogene elektrische Feld E ist nach (20.13) durch $E = \sigma/\varepsilon_0$ gegeben und die zwischen den Platten vorliegende Potentialdifferenz ist nach der Beziehung (21.11) $U = E \cdot d$. Nach der allgemeinen Definitionsgleichung der Kapazität (22.1) folgt somit

$$C = \frac{Q}{U} = \frac{A\cdot\sigma}{E\cdot d} = \frac{A\cdot\sigma}{(\sigma/\varepsilon_0)\cdot d} = \varepsilon_0 \cdot \frac{A}{d}.$$

Für die ***Kapazität C eines Plattenkondensators (im Vakuum)*** gilt somit folgende Beziehung:

$$C = \varepsilon_0 \cdot \frac{A}{d} \qquad (22.2)$$

dabei ist A die Fläche einer Platte (falls die Platten ungleich sind, jene der kleineren), d der Abstand der Leiterplatten und ε_0 die elektrische Feldkonstante. Die Kapazität dieses speziellen Kondensators mit parallelen Platten ist also von der Geometrie der Anordnung abhängig. Wie erwähnt wurde das Randfeld des Kondensators vernachlässigt, dennoch ist die Beziehung (22.2) unter der Bedingung $d \ll \sqrt{A}$ eine gute Näherung für die Kapazität des Plattenkondensators. So lautet beispielsweise im Falle von Kondensatorplatten mit kreisförmiger Querschnittsfläche (Durchmesser $2\,r$) die Näherungsbedingung für den Plattenabstand $d \ll 2\,r$.

Die Gleichung (22.2) gilt nur für einen Plattenkondensator im Vakuum. Wie wir in § 20.2.3 gesehen haben, ändert sich zwischen Ladungen die Coulombkraft bzw. die elektrische Feldstärke, wenn in den Zwischenraum Materie (ein ***Dielektrikum***) eingebracht wird. Wir betrachten einen isoliert aufgestellten (und nicht an einer Spannungsquelle angeschlossenen) Kondensator, in welchen bei gleich bleibender Ladung $Q_0 = |+Q| = |-Q|$ auf den Platten, ein Dielektrikum eingeschoben wird (Abb. 22.2). Durch das Einbringen des Dielektrikums wird nach Gleichung (20.14) die elektrische Feldstärke E und gemäß (21.11) die zwischen den Platten herrschende Spannung U

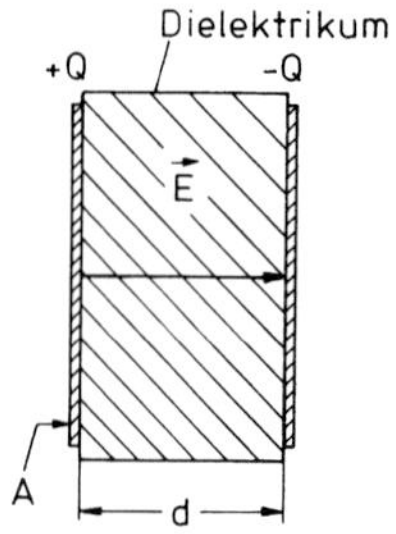

Abb. 22.2

herabgesetzt, wodurch mit (22.1) eine Vergrößerung der Kapazität des Kondensators von C_0 auf C_D bedingt ist. Bei vollständiger Ausfüllung des felderfüllten Raumes gilt, wobei C_0, U_0 bzw. C_D, U_D jeweils die Werte der Kapazität und Spannung ohne bzw. mit Dielektrikum bezeichnen:

Kapazität *ohne* Dielektrikum:

$$C_0 = \frac{Q_0}{U_0}$$

Kapazität *mit* Dielektrikum:

$$C_D = \frac{Q_0}{U_D}$$

Die bereits in § 20.2.3 eingeführte ***Permittivitäts- oder Dielektrizitätszahl*** $\boldsymbol{\varepsilon_r}$ eines Dielektrikums kann demnach als Quotient der Kapazität eines Kondensators *mit* Dielektrikum zur Kapazität *ohne* Dielektrikum definiert werden:

Definition:

$$\varepsilon_r = \frac{C_D}{C_0} \qquad (22.3)$$

Einheit:
reine Zahl

Aus Gleichung (22.3) erhält man durch eine einfache Umformung wieder die Gleichung (20.14):

$$\varepsilon_r = \frac{C_D}{C_0} = \frac{Q_0 \cdot U_0}{U_D \cdot Q_0} = \frac{U_0}{U_D} = \frac{E_0 \cdot d}{E_D \cdot d} = \frac{E_0}{E_D}$$

Die Permittivitäts- bzw. Dielektrizitätszahl ε_r beträgt 1 für Vakuum und ist größer als 1 für alle anderen Medien (**Dielektrika**), wie Tabelle (20.1) für einige Stoffe zeigt. Die unterschiedlichen dielektrischen Eigenschaften der Materie werden in § 29.1 besprochen.

Aus $C_D = \varepsilon_r \cdot C_0$ nach (22.3) erhält man mit (22.2) für die ***Kapazität eines Plattenkondensators mit Dielektrikum*** (Abb. 22.2):

$$C = \varepsilon_r \cdot \varepsilon_0 \cdot \frac{A}{d} \qquad (22.4)$$

Das in (22.4) auftretende Produkt $\varepsilon = \varepsilon_r \cdot \varepsilon_0$ heißt *Permittivität* oder *Dielektrizitätskonstante*; die Permittivitäts- oder Dielektrizitätszahl ε_r wird daher auch häufig als *relative Permittivität* (Index r) bezeichnet. Die Gleichung (22.2) ist ein Spezialfall von (22.4) mit $\varepsilon_r = 1$, d. h. für einen Kondensator im Vakuum.

Beispiele:

1. Für zwei Leiterplatten im Abstand $d = 1$ mm (im Vakuum) und der Querschnittsfläche $A = 1\ \text{cm}^2$ ergibt sich nach (22.2) eine Kapazität von $C_V \approx 0{,}9$ pF.

2. Ist der Zwischenraum der Leiterplatten des obigen Beispiels vollständig mit dem Dielektrikum Hartgummi ($\varepsilon_r = 3$) gefüllt, so verdreifacht sich die Kapazität nach (22.4) auf $C_D \approx 2{,}7$ pF.

3. Der Kondensator des ersten Beispiels werde mit einer Spannungsquelle (z. B. einer Batterie) auf

$U = 10$ V aufgeladen. Wird er dann von der Spannungsquelle getrennt und der Plattenabstand vergrößert, so bedingt dies eine Veränderung der Kapazität (sie wird kleiner). Werden die Kondensatorplatten beispielsweise auf den doppelten Abstand gebracht, so sinkt die Kapazität C auf die Hälfte. Im betrachteten Fall des von der Spannungsquelle getrennten Kondensators bleibt die Ladung Q auf den Leiterplatten konstant. Mit der Vergrößerung des Abstandes d wächst die Spannung U linear an und steigt beim doppelten Abstand auf das Doppelte ihres ursprünglichen Werts, denn dann bleibt $Q = C \cdot U$ für diesen Fall konstant. Im Beispiel steigt die Spannung auf $U = 20$ V.

4. Bleibt dagegen der Plattenkondensator nach dem Aufladen an die Spannungsquelle angeschlossen und wird dann der Abstand der Platten verdoppelt, so nimmt die Kapazität C wiederum auf die Hälfte ab, jedoch wird in diesem Fall durch die Spannungsquelle die Spannung U konstant gehalten. Beim Plattenkondensator gilt die Beziehung $U = E \cdot d$, es sinkt daher die elektrische Feldstärke (im Beispiel auf die Hälfte) und damit nimmt wegen $U = E \cdot d = Q/C = \text{const.}$ bzw. $E = Q/\varepsilon_0 \cdot A$ auch die Ladung Q der Kondensatorbelegungen (im Beispiel auf die Hälfte) ab.

5. Der zunächst leere Plattenkondensator des ersten Beispiels werde wiederum an einer Spannungsquelle auf $U = 10$ V aufgeladen und danach werden die Verbindungen zu ihr entfernt. Füllt man nun den Raum zwischen den Kondensatorplatten des Kondensators vollständig mit einem Dielektrikum der Dielektrizitätszahl $\varepsilon_r = 3$, so geht infolge gleich bleibender Ladung Q nach (22.1) die Spannung auf $U = 10/3$ V zurück, da die Kapazität des Kondensators durch Einbringen des Dielektrikums sich verdreifacht, d. h. auf $C_D \approx 2{,}7$ pF erhöht hat.

6. Bleibt der zunächst leere Plattenkondensator nach der Aufladung an der Spannungsquelle jedoch weiterhin mit dieser verbunden und wird dann der Raum zwischen den Kondensatorplatten vollständig mit einem Dielektrikum der Dielektrizitätszahl $\varepsilon_r = 3$ gefüllt, so wird durch die Spannungsquelle die an den Leiterplatten anliegende Spannung U konstant gehalten. Durch das eingebrachte Dielektrikum steigt die Kapazität, im Beispiel auf das Dreifache, und nach (22.1) verdreifacht sich, infolge konstant bleibender Spannung, auch die Ladung Q.

Damit große Kapazitäten von Kondensatoren erreicht werden, müssen gemäß den Beziehungen (22.2) bzw. (22.4) bei einem Plattenkondensator die Leiterflächen möglichst groß und deren Abstand möglichst klein sein. In der Praxis erreicht man dies durch sog. ***Wickelkondensatoren***, bei welchen zwei dünne Metallfolien, getrennt durch eine dünne, einerseits isolierende und andererseits als Dielektrikum wirkende Folie, zu einer zylindrischen Rolle aufgewickelt sind.

Die Abhängigkeit der Kapazität eines Plattenkondensators von der gemeinsamen Fläche der sich gegenüberstehenden Platten gemäß (22.2) macht man sich auch zur Verwirklichung von Kondensatoren variabler Kapazität zunutze im sog. ***Drehkondensator***, wie er beispielsweise in der Rundfunktechnik verwendet wird. Die Platten sind jeweils feststehend bzw. auf einer drehbaren Achse abwechselnd angebracht und greifen ineinander (Abb. 22.3), wobei immer dazwischen ein gewisser Luftspalt

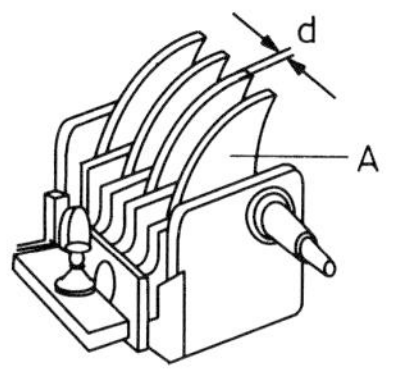

Abb. 22.3

als Isolator vorhanden ist. Durch Verdrehen der Achse erfolgt eine stetige Veränderung der Kapazität infolge der sich ändernden gemeinsamen Fläche. Die maximale Kapazität C_{max} eines solchen Drehkondensators mit n Platten der Fläche A im Abstand d voneinander ergibt sich zu:

$$C_{max} = \frac{(n-1) \cdot \varepsilon_0 \cdot A}{d}$$

Kugelkondensator

Ein **Kugelkondensator** wird aus zwei konzentrischen Kugelflächen gebildet (schematische Darstellung s. Abb. 20.11), welche die Ladungen $+Q$ bzw. $-Q$ tragen. Ist der Radius der äußeren Kugelfläche (Hohlkugel) r_2 und jener der konzentrischen inneren Kugel $r_1 < r_2$, dann ergibt sich für die Kapazität des Kugelkondensators

$$C = 4\pi \cdot \varepsilon_0 \cdot \frac{r_1 \cdot r_2}{r_2 - r_1} \qquad (22.5)$$

bzw. wenn der leere Raum zwischen den beiden konzentrischen Kugelflächen mit einem Dielektrikum der Permittivitätszahl ε_r erfüllt ist:

$$C = 4\pi \cdot \varepsilon_0 \cdot \varepsilon_r \cdot \frac{r_1 \cdot r_2}{r_2 - r_1} \qquad (22.6)$$

Wie beim Plattenkondensator (s. Gleichung (22.2) bzw. (22.4)) hängt auch beim Kugelkondensator die

4

Kapazität C von der Geometrie des Kondensators, d. h. von den Größen r_1 und r_2 ab, was auch für folgendes Beispiel gilt.

Ist eine leitende Kugel mit dem Radius $r_1 = R$ im ansonsten leeren Raum (im Vakuum oder in Luft) isoliert aufgestellt, dann folgt für deren Kapazität gegenüber der sich im Unendlichen befindlichen äußeren Kugel wegen $r_2 \to \infty$ aus (22.5):

$$C = 4\pi \cdot \varepsilon_0 \cdot R \tag{22.7}$$

oder bei mit Dielektrikum (ε_r) erfülltem Raum

$$C = 4\pi \cdot \varepsilon_0 \cdot \varepsilon_r \cdot R \tag{22.8}$$

So berechnet sich beispielsweise nach (22.7) die Kapazität C einer isoliert aufgestellten leitenden Kugel mit Radius $R = 1$ cm zu ca. 1 pF, und für die Erdkugel (mittlerer Radius $R = 6370$ km) ergibt sich, wenn man sie als leitende Kugel betrachtet, eine Kapazität von $C \approx 710\ \mu$F.

Zylinderkondensator

Ein **Zylinderkondensator** besteht aus zwei *koaxialen* Zylindern der Radien r_1, r_2 und der Länge l, wobei $l \gg r_2$ ist, d. h. die Zylinder müssen sehr lang sein, um bei der Berechnung der Kapazität die elektrischen Randfelder an den jeweiligen Enden der Zylinder vernachlässigen zu können. Die Kapazität eines solchen Zylinderkondensators (Abb. 22.4) ergibt sich zu:

$$C = 2\pi \cdot \varepsilon_0 \cdot \frac{l}{\ln\left(\frac{r_2}{r_1}\right)} \tag{22.9}$$

Auch hier hängt die Kapazität von der Geometrie der Anordnung ab, nämlich von den Größen l, r_1 und r_2.

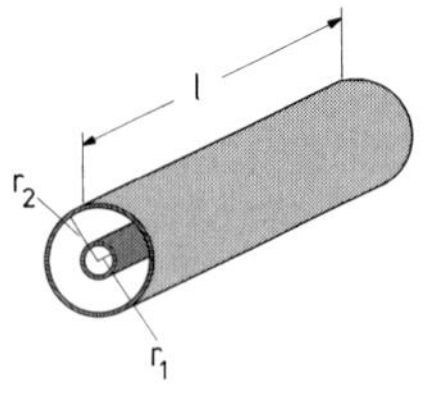

Abb. 22.4

Ein *Koaxialkabel*, wie es z. B. als Antennenkabel bei Radio- oder Fernsehgeräten Verwendung findet, entspricht ebenfalls einer solchen Anordnung aus einem leitenden inneren Metalldraht mit Radius r_1, umgeben von einem äußeren dünnen, leitenden Hohlzylinder (praktisch meist ein Metalldrahtgeflecht) mit Radius $r_2 > r_1$, wobei sich zwischen den beiden koaxialen Zylindern ein isolierendes Dielektrikum der Permittivitätszahl ε_r befindet. Bei einer Länge l des Koaxialkabels folgt für seine Kapazität mit (22.9):

$$C = 2\pi \cdot \varepsilon_0 \cdot \varepsilon_r \cdot \frac{l}{\ln\left(\frac{r_2}{r_1}\right)} \tag{22.10}$$

Die Beziehung (22.10) ist ebenso gültig für jeden Zylinderkondensator mit einem Dielektrikum der Permittivitätszahl ε_r zwischen den beiden Zylinderflächen.

§ 22.2 Parallel- und Serienschaltung von Kondensatoren

Wichtig ist oft die Zusammenschaltung mehrerer Einzelkapazitäten zu einer resultierenden Kapazität. Dabei unterscheidet man grundsätzlich die zwei Möglichkeiten, *Parallelschaltung und Serienschaltung*.

Parallelschaltung

Die Einzelkondensatoren sind hier so angeordnet, dass je eine Leiterfläche eines Kondensators direkt mit je einem Pol der Spannungsquelle und jeweils mit der Leiterfläche gleicher Polarität der anderen Kondensatoren verbunden ist.

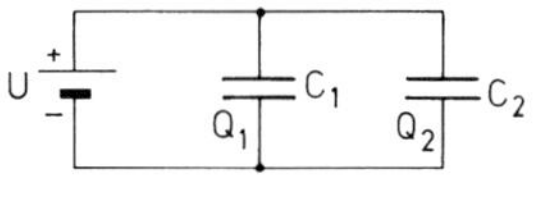

Abb. 22.5

Als Beispiel zeigt Abb. 22.5 die Parallelschaltung von zwei Plattenkondensatoren der Kapazitäten C_1 und C_2. An jedem einzelnen Kondensator liegt dieselbe Spannung U, denn bei jedem Kondensator sind jeweils die oberen Platten bzw. die unteren Platten miteinander und mit demselben Pol der Spannungsquelle verbunden.

Es ist dann allgemein bei n parallel geschalteten Kondensatoren der Kapazität C_i ($i = 1, \ldots, n$):

$$Q_1 = C_1 \cdot U;\ Q_2 = C_2 \cdot U;\ \ldots;\ Q_n = C_n \cdot U$$

Die gesamte von der Spannungsquelle transportierte Ladung ergibt sich zu:

$$Q = Q_1 + Q_2 + \ldots + Q_n$$
$$= (C_1 + C_2 + \ldots + C_n)\, U = C \cdot U$$

Demnach gilt für die resultierende Gesamtkapazität C:

$$C = C_1 + C_2 + \ldots + C_n = \sum_{i=1}^{n} C_i \qquad (22.11)$$

> Bei Parallelschaltung von Kondensatoren addieren sich die Einzelkapazitäten.

Im Beispiel der Abb. 22.5 resultiert damit für die Gesamtkapazität $C = C_1 + C_2$.

Das Anwachsen der Kapazität bei Parallelschaltung von Kondensatoren ist unmittelbar verständlich, denn stellt man sich die einzelnen Kondensatoren beispielsweise als Plattenkondensatoren mit gleichem Abstand d vor, dann handelt es sich im Endergebnis um einen Kondensator, dessen wirksame Leiterplattenfläche A gleich der Summe der Flächen A_i jedes Einzelkondensators ist. Da bei Plattenkondensatoren nach (22.2) bzw. (22.4) die Kapazität $C_i \sim A_i$ ist, folgt somit für die Gesamtkapazität ebenso $C = \sum_i C_i$.

Serienschaltung

Die Serienschaltung wird oft auch als Reihen- oder Hintereinanderschaltung bezeichnet. Hier sind die Einzelkondensatoren so angeordnet, dass eine Leiterfläche des ersten Kondensators und eine Leiterfläche des letzten Kondensators mit je einem Pol der Spannungsquelle verbunden ist. Die weiteren Kondensatoren sind untereinander immer so verbunden, dass eine Leiterfläche des einen mit einer Leiterfläche des nächsten Kondensators leitenden Kontakt besitzt.

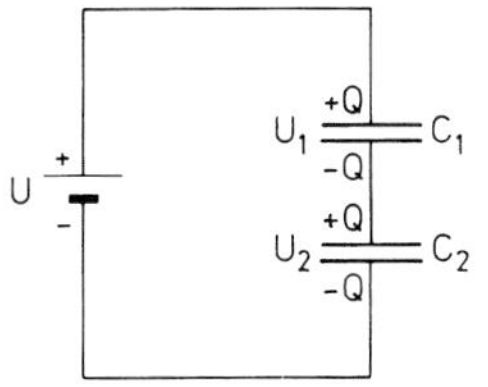

Abb. 22.6

Abb. 22.6 zeigt als Beispiel die Serienschaltung von zwei Plattenkondensatoren der Kapazitäten C_1 und C_2. Das Anlegen einer Spannung U bewirkt zunächst das Aufladen je einer Platte des ersten und letzten Kondensators mit betragsmäßig gleichen Ladungen $+Q$ bzw. $-Q$. Aber auch alle dazwischen liegenden Kondensatorplatten erfahren durch Influenz eine Aufladung auf gleich große Ladungsmengen $+Q$ bzw. $-Q$. Die Gesamtspannung U verteilt sich danach auf die Einzelkondensatoren so, dass im Beispiel der Abb. 22.6 gilt $U = U_1 + U_2$, bzw. im Falle von n in Reihe geschalteten Kondensatoren sich die Einzelspannungen U_i $(i = 1, \ldots, n)$ für die gesamte Anordnung zur Gesamtspannung $U = U_1 + U_2 + \ldots + U_n$ addieren. Aus Gleichung (22.1) folgt $U = Q/C$ und damit für die an den einzelnen Kondensatoren der Kapazität $C_i\,(i = 1, \ldots, n)$ jeweils anliegende Spannung:

$$U_1 = \frac{Q}{C_1};\; U_2 = \frac{Q}{C_2};\; \ldots;\; U_n = \frac{Q}{C_n}$$

und somit für die Gesamtspannung der Anordnung:

$$U = Q \cdot \left(\frac{1}{C_1} + \frac{1}{C_2} + \ldots + \frac{1}{C_n}\right) = \frac{Q}{C}$$

Für die resultierende Gesamtkapazität C erhält man daraus:

$$C = \frac{Q}{U} = \frac{1}{\frac{1}{C_1} + \frac{1}{C_2} + \ldots + \frac{1}{C_n}}$$

bzw.

$$\frac{1}{C} = \frac{1}{C_1} + \frac{1}{C_2} + \ldots + \frac{1}{C_n} = \sum_{i=1}^{n} \frac{1}{C_i} \qquad (22.12)$$

> Bei Serienschaltung ist der Kehrwert der Gesamtkapazität gleich der Summe der Kehrwerte der Einzelkapazitäten. Die Gesamtkapazität ist kleiner als die kleinste verwendete Einzelkapazität.

Nach Gleichung (22.12) folgt für die Kapazität des Beispiels der Abb. 22.6:

$$\frac{1}{C} = \frac{1}{C_1} + \frac{1}{C_2}$$

oder

$$C = \frac{C_1 \cdot C_2}{C_1 + C_2}$$

Analog zur Parallelschaltung lässt sich (22.12) für Plattenkondensatoren ebenso unter Verwendung von Gleichung (22.2) bzw. (22.4) herleiten, nur dass bei der Serienschaltung die Abstände d_i der einzelnen Plattenkondensatoren zu addieren sind, wobei für jede Einzelkapazität $C_i \sim \frac{1}{d_i}$ gilt, d. h. umgekehrte Proportionalität von Plattenabstand und Kapazität jedes Kondensators.

§ 22.3 Die Energie des elektrischen Feldes – Der Energieinhalt eines Kondensators

Das elektrische Feld eines Kondensators kann z. B. frei bewegliche Ladungen in Bewegung setzen (anziehen oder abstoßen), d. h. es verrichtet damit mechanische Arbeit. Ebenso muss von einer Spannungsquelle Arbeit aufgewendet werden, um die Ladung Q auf die Kondensatorplatten aufzubringen. Das bedeutet aber, dass die elektrische Energie im Feld steckt. In § 21 haben wir gesehen, dass jeder Punkt des felderfüllten Raumes einer beliebigen Ladungsverteilung eine definierte potentielle elektrische Energie besitzt, welche der Arbeit W entspricht, die zum Verschieben der Einzelladungen aus dem Unendlichen an den jeweiligen Raumpunkt aufgewendet werden muss. Dies erinnert an das mechanische Analogon der in einer gespannten Feder gespeicherten potentiellen Energie (Spannenergie) oder an die potentielle Energie des Gravitationsfeldes, die beispielsweise im System Erde-Mond gespeichert ist.

Die Vorstellung, dass die elektrische Energie im Feld lokalisiert ist, ist bei den später zu behandelnden elektromagnetischen Wellen unumgänglich, da hier die elektrischen und magnetischen Felder die Träger der Energie darstellen (z. B. wird die Energie von der Sonne mittels elektromagnetischer Wellen auf die Erde übertragen).

Ein einfaches Beispiel zum Energieinhalt eines elektrischen Feldes ist die Trennung zweier betragsmäßig gleich großer ungleichnamiger Ladungen, welche die dafür aufgewendete Arbeit im getrennten System als potentielle Energie lokalisiert haben. Diese kann wiederum freigesetzt werden, wenn die Ladungen die Möglichkeit haben, sich aufeinander zu zu bewegen. Auch im geladenen Kondensator steckt elektrische potentielle Energie, die der Arbeit entspricht, welche beim Aufladen des Kondensators zur Trennung der Ladungen auf den Leiterflächen verrichtet wird. Bei der Entladung des Kondensators wird diese elektrische Feldenergie wieder freigesetzt. Die Ableitung der Beziehung für die Feldenergie führen wir am einfachsten anhand des Energieinhalts im elektrostatischen Feld eines Kondensators durch.

Wir betrachten dazu die Aufladung eines Plattenkondensators der Kapazität C (Plattenabstand d). Die Aufladung des zunächst „leeren" Kondensators erfolgt durch Verbinden der beiden Kondensatorplatten mit den beiden Polen einer Spannungsquelle U. Zu einem beliebig herausgegriffenen Zeitpunkt während des Aufladevorgangs besteht zwischen den Kondensatorplatten eine Potentialdifferenz u, die aufgebrachten Ladungen sind $+q$ und $-q$ und es gilt nach (22.1) $q = C \cdot u$. Gegen die vorhandene Spannung $u > 0$ muss für die weitere Aufladung des Kondensators von der äußeren Spannungsquelle Arbeit verrichtet werden, um die Ladung $\mathrm{d}q > 0$ von der negativen zur positiven Platte zu transportieren. Die von der elektrischen Spannungsquelle von außen zugeführte Arbeit ist nach (21.9) $\mathrm{d}W_{\mathrm{el}}^* = u \cdot \mathrm{d}q$. Durch Integration dieser Beziehung, von der Anfangsladung $q = 0$ bis zur Endladung $q = \pm Q$ auf den Platten, erhält man die insgesamt zur Verschiebung der Ladungselemente $\mathrm{d}q$ aufzuwendende Arbeit, die als Energieinhalt W_{C} im Kondensator steckt:

$$W_{\mathrm{C}} = \int \mathrm{d}W_{\mathrm{el}}^* = \int_0^Q u(q) \cdot \mathrm{d}q = \frac{1}{C} \int_0^Q q \cdot \mathrm{d}q = \frac{1}{2} \cdot \frac{Q^2}{C} \tag{22.13}$$

Die im elektrischen Feld eines mit der Ladung Q aufgeladenen Kondensators der Kapazität C steckende Energie ergibt sich zu $W_{\mathrm{C}} = \frac{1}{2} \frac{Q^2}{C}$, wofür mit $Q = C \cdot U$ auch folgt:

$$\boxed{W_{\mathrm{C}} = \frac{1}{2} \cdot \frac{Q^2}{C} = \frac{1}{2} C \cdot U^2 = \frac{1}{2} \cdot Q \cdot U} \tag{22.14}$$

Der in den Beziehungen (22.14) auftretende Faktor $1/2$ rührt daher, dass die Spannung am Kondensator durch den Ladungstransport erst aufgebaut wird (ausgehend vom Ladungszustand $q = 0$), wobei die Spannung u proportional zur Ladung q ansteigt ($u = q/C$).

Die hier angestellten Überlegungen zeigen, dass die zum Aufladen eines Plattenkondensators erforderliche Energie gleich dem Energieinhalt des aufgeladenen Kondensators und im elektrischen Feld des Kondensators lokalisiert zu denken ist. Wir können damit eine in einem elektrischen Feld lokalisiert abgespeicherte Energie gleich dem Energieinhalt des Kondensators setzen. Im Falle des Plattenkondensators erhält man für die elektrische Feldenergie mit $C = \varepsilon_r \cdot \varepsilon_0 \cdot \frac{A}{d}$ und $U = E \cdot d$ aus Beziehung (22.14):

$$W_{el} = \frac{1}{2} C \cdot U^2 = \frac{1}{2} \varepsilon_r \cdot \varepsilon_0 \cdot \frac{A}{d} \cdot E^2 \cdot d^2 = \frac{1}{2} \varepsilon_r \cdot \varepsilon_0 \cdot E^2 \cdot A \cdot d$$

woraus sich für die Energiedichte $w_{el} = W_{el}/V$ des felderfüllten Volumens $V = A \cdot d$ des Kondensators ergibt:

$$w_{el} = \frac{1}{2}\, \varepsilon_r \cdot \varepsilon_0 \cdot E^2 \tag{22.15}$$

Diese speziell für einen Plattenkondensator hergeleitete Beziehung gilt jedoch allgemein für beliebige elektrische Felder, unabhängig von der Art ihrer Erzeugung. Wenn irgendwo im Raum, z. B. im Vakuum ($\varepsilon_r = 1$), ein elektrisches Feld $\vec{E}$ existiert, dann kann jeder Volumeneinheit des Feldes eine Energiedichte $w_{el} = \frac{1}{2} \varepsilon_0 \cdot E^2$ zugeordnet werden.

Der Energieinhalt W_C eines Kondensators lässt sich auch durch Zufuhr von rein mechanischer Arbeit $\mathrm{d}\,W^*_{mech}$ verändern, indem die Platten eines Plattenkondensators mit einer äußeren Kraft $\vec{F}_a$, die mindestens die Größe der Anziehungskräfte zwischen den Kondensatorplatten erreicht, auf den Abstand d auseinandergezogen werden. Die isoliert aufgestellten, d. h. von der Spannungsquelle entkoppelten Platten des Kondensators, seien mit den Ladungen $\pm Q$ belegt und im Zwischenraum des Kondensators herrsche das Gesamtfeld $\vec{E}$. Dann gilt für die auf die positiv bzw. negativ geladene Platte wirkende Kraft $\vec{F}_\pm = Q_\pm \cdot \frac{1}{2} \vec{E}$, wobei der Faktor $\frac{1}{2}$ bedeutet, dass zur Berechnung von $\vec{F}_\pm$ nur das Feld der komplementären Ladung eingeht, d. h. nur der Feldbetrag $\frac{1}{2} E$. Die Bedingung $\vec{F}_a = -\vec{F}_\pm$ und die allgemeine Beziehung für die von außen eingebrachte Arbeit $\mathrm{d}\,W^*_{mech} = \vec{F}_a \cdot \mathrm{d}\vec{s}$ ergibt, durch Integration von $s = 0$ bis zum Endabstand $s = d$, die insgesamt verrichtete mechanische Arbeit bzw. den Energieinhalt W_C des Kondensators zu $W_C = \frac{1}{2} Q \cdot E \cdot d$. Nach Gleichung (21.11) gilt beim Plattenkondensator $U = E \cdot d$, womit sich für den Energieinhalt des Plattenkondensators $W_C = \frac{1}{2} Q \cdot U$, in völliger Übereinstimmung mit Beziehung (22.14) ergibt. Der Energieinhalt des Kondensators wird somit durch die beim Auseinanderziehen verrichtete mechanische Arbeit vergrößert.

Aufgaben

Aufgabe 22.1: In dem in Bild A 22.1 dargestellten System wird der Kondensator der Kapazität C_1 auf die Spannung U_0 aufgeladen, wodurch die Ladung Q_0 gespeichert ist.

a) Welche Spannung U stellt sich in dem System zwischen den Platten nach dem Schließen der Schalter S ein?
b) Wie groß ist der Energieinhalt W_C des Systems nach dem Schließen der Schalter S?

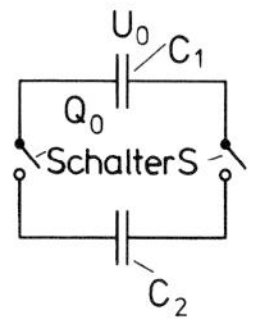

Bild A 22.1

Aufgabe 22.2: Bei einem Plattenkondensator der Kapazität 100 pF herrsche zwischen den Platten eine Spannung von 100 V. Wird diesem ein zweiter, ungeladener Kondensator parallel geschaltet, dann sinkt die an den Leiterflächen anliegende Spannung auf 80 V. Wie groß ist die Kapazität des zweiten, zugeschalteten Kondensators?

Aufgabe 22.3: Ein Mensch hat gegenüber seiner Umgebung eine Kapazität von 250 pF. Die zufällige Reibung an einem Sitzmöbel führt zu einer Aufladung auf eine Spannung $U = 600$ V. Durch welche Ladungsmenge Q wird diese Aufladung bewirkt?

Aufgabe 22.4: Ein Kugelkondensator mit konzentrischen Kugelschalen der Durchmesser $\boldsymbol{d}_1 = 20$ cm und $\boldsymbol{d}_2 = 24$ cm ist auf der inneren Leiterfläche mit der Ladung $\boldsymbol{Q}$ geladen, während die äußere Kugelfläche geerdet ist. Wie groß ist die Kapazität des Kondensators, wenn der Zwischenraum mit Petroleum ($\varepsilon_r = 2{,}1$) ausgefüllt ist?

Aufgabe 22.5: Ein zunächst leerer Plattenkondensator (Querschnittsfläche $\boldsymbol{A} = 5\ \text{cm}^2$, Plattenabstand $\boldsymbol{d} = 2$ mm) wird an einer Spannungsquelle auf $\boldsymbol{U} = 100$ V aufgeladen. Dann wird, während die Verbindung zur Spannungsquelle bestehen bleibt, der Raum zwischen den Kondensatorplatten vollständig mit Hartgummi ($\varepsilon_r = 2$) gefüllt. Wie ändern sich und wie groß sind dann:

a) die Kapazität
b) die Ladung
c) die Spannung
d) die Feldstärke des Kondensators?

Aufgabe 22.6: Der zunächst leere Plattenkondensator der Aufgabe 22.5 werde jetzt nach dem Aufladen auf die Spannung $\boldsymbol{U} = 100$ V von der Spannungsquelle abgetrennt. Wie ändern sich und wie groß sind dann:

a) die Kapazität
b) die Ladung
c) die Spannung
d) die Feldstärke des Kondensators?

Aufgabe 22.7: Die Feldstärke zwischen einer 420 m über der Erdoberfläche befindlichen Wolke der Flächenausdehnung $\boldsymbol{A} = 0{,}1\ \text{km}^2$ und dem Erdboden betrage durchschnittlich $\boldsymbol{E} = 2 \cdot 10^5$ V/m. Das System Wolke-Erdboden kann man als geladene Leiterflächen eines Plattenkondensators mit Luft als Dielektrikum auffassen und dessen elektrisches Feld als homogen ansehen.

a) Wie groß ist die Spannung $\boldsymbol{U}$ zwischen Wolke und Erdboden?
b) Welche elektrische Ladung $\boldsymbol{Q}$ trägt die Wolke?
c) Welche Energie $\boldsymbol{W}_C$ steckt im elektrischen Feld des Systems Wolke-Erdboden?
d) Welchen finanziellen Gegenwert würde diese Energie darstellen, wenn man den Preis von 0,12 € pro kWh zugrunde legt, für welchen die Elektrizitätswerke elektrische Energie liefern?

Aufgabe 22.8: Man bestimme jeweils die Gesamtkapazität $\boldsymbol{C}_{ges}$ der Anordnungen (1) bis (5) von Kondensatoren in Bild A 22.2.

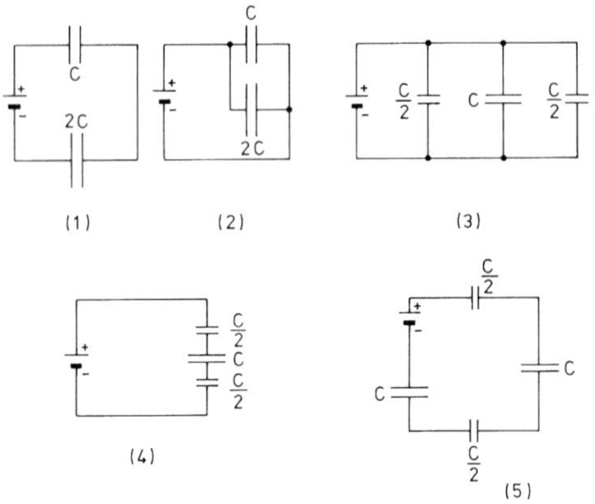

Bild A 22.2

Aufgabe 22.9: Der Speicherkondensator eines Elektronenblitzgerätes wird vor der Entladung auf eine Spannung von $\boldsymbol{U}_e = 500$ V aufgeladen. Pro Blitzentladung wird bei dem Gerät eine Energie von $\boldsymbol{W}_e = 100$ J umgesetzt.

a) Wie groß ist die Ladungsmenge $\boldsymbol{Q}_e$, die pro Blitzentladung durch die Blitzröhre des Geräts geht?
b) Welche Kapazität besitzt der Speicherkondensator des Gerätes?

Aufgabe 22.10: An der Erdoberfläche herrscht im Mittel eine elektrische Feldstärke von $\boldsymbol{E} \approx 130$ V/m. Betrachten wir die Erde als leitende Kugel (mittlerer Radius $R = 6378$ km), die sich isoliert im Raum befindet (d. h. in höheren Schichten der Atmosphäre sollen keine elektrischen Ladungen vorhanden sein), dann ergibt sich für die

a) Gesamtladung $\boldsymbol{Q}$ auf der Erdoberfläche?
b) Kapazität $\boldsymbol{C}$ der Erde?
c) elektrische Feldenergie $\boldsymbol{W}_{el}$?

§ 23 Der elektrische Strom

Ab diesem Abschnitt befassen wir uns gegenüber der Elektrostatik mit neuen Erscheinungen, die bei der Bewegung von Ladungen auftreten (elektrischer Strom, Magnetfeld elektrischer Ströme). Dabei beschränken wir uns in Analogie zur Flüssigkeitsströmung (§ 10) zunächst auf sog. „stationäre elektrische Ströme".

Elektrische Ladungen können sich, bei Vorliegen eines Potentialgefälles, durch ein elektrisch leitendes Medium oder auch im Vakuum gerichtet fortbewegen, sie strömen oder fließen. Man versteht daher analog zur Flüssigkeits- oder Gasströmung unter jeder geordneten Bewegung von Ladungsträgern einen **elektrischen Strom**. Für den Ladungstransport kommen als Ladungsträger vor allem Elektronen und positive oder negative Ionen in Betracht. Während es sich beispielsweise bei Elektrolyten überwiegend um die Bewegung von Ionen handelt und bei Gasentladungen oder Plasmen (ionisierte Gase) sowohl Ionen als auch Elektronen infrage kommen, wird der elektrische Strom z. B. bei Metallen und Halbleitern hauptsächlich von Elektronen getragen.

Wir wollen uns zunächst mit dem Ladungstransport in Metallen befassen. Hier sind die Ladungsträger die *Elektronen*, die mit der Ladung von der Größe einer negativen Elementarladung behaftet sind.

Elementarladung

Sehr genaue Ladungsmessungen mit dem Schwebekondensator nach *Millikan* haben gezeigt, dass in der Natur Ladungen immer als ganzzahlige Vielfache z ($z = \pm 1, \pm 2, \pm 3, \ldots$) einer Elementarladung auftreten. Für positive wie negative Ladungen ergibt sich das betragsmäßig gleich große ***Elementarquant e*** zu:

$$e = (1{,}602\,176\,487 \pm 0{,}000\,000\,040) \cdot 10^{-19}\,\mathrm{C}$$
$$\approx 1{,}6 \cdot 10^{-19}\,\mathrm{C}$$

Jede Ladung q lässt sich dann in der Form $q = z \cdot e$ darstellen.

Wie in § 20.1.1 bereits angeführt, tragen das Elektron und das Proton betragsmäßig die gleiche Ladung $q = e$, wobei nach Konvention das Vorzeichen der *Elektronenladung negativ*, das der *Protonenladung positiv* ist.

Schwebekondensator nach Millikan

In das homogene elektrische Feld E eines Plattenkondensators mit horizontalen Platten bringt man durch Zerstäuben kleine Öltröpfchen, die durch Bestrahlung mit ionisierender Strahlung aufgeladen werden (so schlagen z. B. Röntgenstrahlen aus den Öltröpfchen Elektronen heraus, wodurch diese Tröpfchen positiv geladen zurückbleiben).

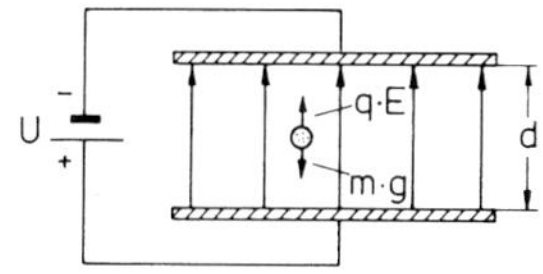

Abb. 23.1

Die Spannung zwischen den Platten wird nun so eingestellt, dass (betragsmäßig) die nach oben gerichtete Coulombkraft $F = q \cdot E$ auf das positiv geladene Öltröpfchen gleich der nach unten gerichteten Schwerkraft $m \cdot g$ ist, die am Tropfen angreift (Abb. 23.1). Das Schweben des Tropfens kann in einem Beobachtungsmikroskop verfolgt werden. Zur Messung sind noch einige Größen zu bestimmen. Die Feldstärke E ergibt sich aus der Spannung U und dem Plattenabstand d zu $E = \dfrac{U}{d}$, jedoch bereitet die Bestimmung der Masse der Öltröpfchen einige Schwierigkeit.

Nimmt man an, dass der Tropfen Kugelgestalt besitzt, was für sehr kleine mit dem Mikroskop gerade noch sichtbare Tröpfchen gilt, so folgt unter Berücksichtigung des Luftauftriebes:

$$m \cdot g = \varrho_{\mathrm{Tr}} \cdot V_{\mathrm{Tr}} \cdot g - \varrho_{\mathrm{Luft}} V_{\mathrm{Tr}} \cdot g$$
$$= (\varrho_{\mathrm{Tr}} - \varrho_{\mathrm{Luft}}) \frac{4}{3} \cdot \pi \cdot r^3 \cdot g$$

Damit wäre noch der Radius r des Tropfens zu bestimmen, was mittels einer Weg-Zeit-Messung aus dem Stokes'schen Gesetz gelingt, indem durch Abschalten des elektrischen Feldes der Sinkvorgang von Tröpfchen mit einem Beobachtungsmikroskop verfolgt und die Sinkgeschwindigkeit aus der für eine definierte Strecke benötigten Zeit bestimmt wird. Mit dem Stokes'schen Gesetz (10.18) gilt dann: $m \cdot g = 6 \cdot \pi \cdot r \cdot \eta \cdot v_{\mathrm{sink}}$, dabei ist v_{sink} die Sinkgeschwindigkeit des Tropfens und η die Zähigkeit der Luft.

Berücksichtigt man hierbei ebenfalls den Auftrieb, den das Tröpfchen in Luft erfährt, so folgt: $6\pi \cdot \eta \cdot r \cdot v_{\mathrm{sink}} = (\varrho_{\mathrm{Tr}} - \varrho_{\mathrm{Luft}}) \cdot V_{\mathrm{Tr}} \cdot g$, woraus sich mit dem Volumen $V_{\mathrm{Tr}} = \frac{4}{3}\pi \cdot r^3$ des als kugelförmig angenommenen Tröpfchens für dessen Radius r ergibt:

$$r^2 = \frac{9 \cdot \eta \cdot v_{\mathrm{sink}}}{2 \cdot g \cdot (\varrho_{\mathrm{Tr}} - \varrho_{\mathrm{Luft}})}$$

Präzise Messungen ergeben für die Tröpfchenladung q, dass sie immer nur in ganzzahligen Vielfachen $z = 1, 2, 3, \ldots$ einer quantisierten elementaren Größe auftritt, d. h. die Ladungen der Tröpfchen erfüllen die Gleichung $q = z \cdot e$.

§ 23.1 Stromstärke – Stromdichte

Stromstärke

Haben zwei Punkte eines Leiters verschiedenes Potential φ, dann herrscht zwischen diesen Punkten 1 und 2 eine Spannung $U = \varphi_2 - \varphi_1$. Das durch die Spannung erzeugte elektrische Feld $\vec{E}$ übt auf die Ladungen eine Kraft $q \cdot \vec{E}$ aus und es werden so lange Ladungen im Leiter transportiert, es fließt also ein Strom, bis die Potentiale gleich sind. Wird die Potentialdifferenz zwischen den beiden Punkten laufend aufrechterhalten, z. B. an den beiden Polen einer Batterie, dann fließt Ladung mit im Mittel konstanter sog. *Driftgeschwindigkeit* (s. § 25.1) von 2 nach 1. Fließt in der Zeit Δt die konstante Ladungsmenge ΔQ durch den Leiterquerschnitt, so beträgt die **Stromstärke *I***:

Definition:

$$I = \frac{\Delta Q}{\Delta t} \qquad (23.1)$$

Ist die Stromstärke zeitlich nicht konstant, so gilt:

Definition:

$$I = \frac{\mathrm{d}Q}{\mathrm{d}t} \qquad (23.2)$$

Einheit:

Ampere (A)

Bei einer Stromstärke von 1 A fließt in 1 s die Ladungsmenge von 1 C durch den Leiterquerschnitt.

Daraus erklärt sich auch der Zusammenhang zwischen der Einheit Coulomb und den Basiseinheiten Ampere und Sekunde: $1\,\mathrm{C} = 1\,\mathrm{A} \cdot \mathrm{s}$.

Die Basisgröße *elektrische Stromstärke* mit der SI-Einheit *Ampere* (A) wird, wie in § 2.1 angegeben, über die Kraftwirkung zwischen zwei Strom durchflossenen Leitern festgelegt (s. dazu § 26.3.1).

Betrachten wir nochmals die Definition der elektrischen Stromstärke als Ladungsmenge pro Zeiteinheit, so bedeutete dies beispielsweise für einen metallischen Leiter, dass bei einem Strom von 1 A sich durch den Leiterquerschnitt pro Sekunde 1 C, d. h. ca. $6 \cdot 10^{18}$ Elektronen bewegen.

Die Größenordnung von typischen Stromstärken einiger elektrischer Verbraucher sind in Tab. 23.1 angegeben. Der für die Wirkung des elektrischen Stromes auf den (menschlichen) Organismus angegebene Grenzwert kann nur als ein ungefährer Richtwert verstanden werden. Die tatsächliche Wirkung des elektrischen Stromes auf den Organismus hängt sowohl von der Art des Stromes – ob Gleichstrom oder (niederfrequenter) Wechselstrom – als auch von der Dauer der Einwirkung ab. Wenn auch die Gefahr bei kurzzeitigen Stromstößen mit Dauern unter ca. 1 s als relativ gering betrachtet werden kann (abhängig von der Konstitution des Betroffenen), ist jedoch immer Vorsicht geboten.

Tab. 23.1

Glühlampen	0,1 … 1 A	Straßenbahn	150 A
Bügeleisen	2 A	für den Menschen	
Elektr. Ofen	5 … 10 A	lebensgefährliche	
Heizkissen	0,3 A	Ströme	≥ 20 mA

***Stromrichtung*:** Die Stromrichtung ist vereinbart von Plus nach Minus, d. h. in der Richtung eines positiven Stromes. Da bei Metallen der Ladungstransport auf der Bewegung von Elektronen beruht, ist die hierbei vereinbarte Stromrichtung der tatsächlichen Bewegung der Ladungsträger entgegengerichtet.

Stromdichte

Die Stromstärke, die eine zur Bewegungsrichtung der Ladungsträger senkrechte Fläche $A_\perp$ durchfließt, heißt die **Stromdichte** j.

Definition:

$$j = \frac{I}{A_\perp} = \frac{\Delta Q}{\Delta t \cdot A_\perp} \qquad (23.3)$$

Einheit:

$\frac{\text{Ampere}}{(\text{Meter})^2}\left(\frac{\text{A}}{\text{m}^2}\right)$

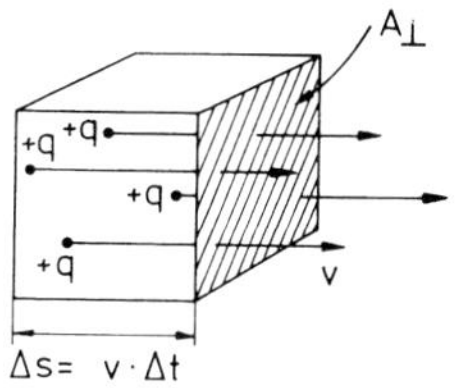

Abb. 23.2

Betrachten wir eine quadratische Säule der Querschnittsfläche A und der Länge $\Delta s = v \cdot \Delta t$, dabei ist v die Driftgeschwindigkeit der Ladungsträger. In der Zeit Δt treten dann alle Ladungen, die sich im Abstand $\Delta s = v \cdot \Delta t$ vor $A_\perp$ aufhalten durch $A_\perp$ hindurch (Abb. 23.2). Enthält die Volumeneinheit von 1 m^3 ϱ_N Ladungsträger, dann sind im Volumen $A_\perp \cdot \Delta s$ insgesamt $\varrho_N \cdot A_\perp \cdot \Delta s$ Ladungsträger der Ladung q enthalten. Die durch die Fläche $A_\perp$ hindurchfließende Gesamtladung ergibt sich dann zu: $\Delta Q = q \cdot \varrho_N \cdot A_\perp \cdot v \cdot \Delta t$. Für die ***Stromdichte j*** folgt damit:

$$j = q \cdot \varrho_N \cdot v \qquad (23.4)$$

Die Stromdichte $\vec{j}$ ist ein Vektor parallel zur Driftgeschwindigkeit $\vec{v}$ der Ladungsträger, wenn $q > 0$ und antiparallel dazu, wenn $q < 0$ ist. Das bedeutet aber, dass die Bewegung einer positiven Ladung in einer bestimmten Richtung gleichbedeutend mit der Bewegung einer negativen Ladung in der dazugehörigen Gegenrichtung ist.

§ 23.2 Arbeit, Leistung und Wirkungen des elektrischen Stromes

Arbeit – Leistung

Wird eine Ladung $\mathrm{d}q$ in einem elektrischen Feld E zwischen zwei Raumpunkten mit der Potentialdifferenz $U_{21} = \Delta\varphi = (\varphi_2 - \varphi_1)$ bewegt, so verrichtet das elektrische Feld nach Gleichung (21.7) an dieser Ladung $\mathrm{d}q$ eine Arbeit $\mathrm{d}W = W_{21} = -U_{21} \cdot \mathrm{d}q$.

Interessiert man sich nur für die Beträge, so schreibt man einfach $\mathrm{d}W = U_{21} \cdot \mathrm{d}q$. Eine positive Ladung $+q$ erfährt damit durch die Beschleunigungsarbeit im elektrischen Feld eine Änderung ihrer potentiellen Energie um $\Delta E_{\text{pot}} = q \cdot U$ und erhält dadurch, z. B. bei ihrer Bewegung von der positiv geladenen Platte eines Plattenkondensators aus, eine kinetische Energie $\frac{m}{2}v^2 = q \cdot U$, mit der sie auf der negativ geladenen Platte auftrifft, wenn U die Spannung ist, die am Plattenkondensator anliegt (Abb. 23.3). Die Energie, welche die Ladung erhält, wird der Spannungsquelle entzogen.

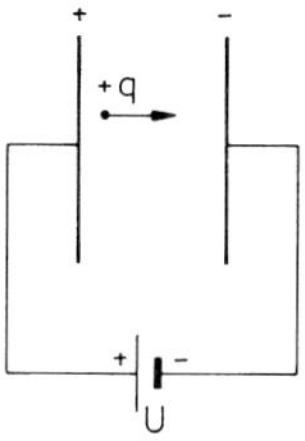

Abb. 23.3

Handelt es sich bei der durch die Spannung U beschleunigten Ladung um Teilchen mit einer Ladung der Größe der Elementarladung e (z. B. Elektronen, Protonen oder einfach positiv geladene Ionen), so ist die Arbeit, welche die Beschleunigungsspannung an der Elementarladung verrichtet, gegeben durch:

$$W = e \cdot U$$

Bei einer Beschleunigungsspannung von 1 V erhält das Teilchen dann demnach die Energie:

$$W = 1\,e \cdot 1\,\text{V} \approx 1{,}6 \cdot 10^{-19} \cdot 1\,\text{C} \cdot \text{V} = 1{,}6 \cdot 10^{-19}\,\text{J}$$

Diese Energie bezeichnet man als **1 Elektro-**

nenvolt (1 eV), wofür mit dem Zahlenwert der Elementarladung folgt:

$$1\,\text{eV} = (1{,}602\,176\,487 \pm 0{,}000\,000\,040) \cdot 10^{-19}\,\text{J} \approx 1{,}6 \cdot 10^{-19}\,\text{J}$$

Fließt in der Zeit t ein Strom I, z. B. durch einen metallischen Leiter, so wird die Ladung $Q = I \cdot t$ transportiert. Die dabei von der Spannungsquelle aufgebrachte Arbeit (Beschleunigungsarbeit) ist dann:

$$W = Q \cdot U = U \cdot I \cdot t$$

Die aufgebrachte **elektrische Leistung** ergibt sich nach der Definitionsgleichung (6.25) zu:

$$P = U \cdot I \qquad (23.5)$$

Einheit:

Watt (W)
$1\,\text{W} = 1\,\text{V} \cdot \text{A} = 1\,\frac{\text{J}}{\text{s}}$

Ändern sich die Stromstärke und/oder die Spannung mit der Zeit, so wird durch die Gleichung (23.5) nur noch die Momentanleistung beschrieben. Stellen $I(t)$ bzw. $U(t)$ die Momentanwerte der Stromstärke bzw. der Spannung dar, so ist die Momentanleistung (s. dazu auch § 27.4):

$$P(t) = U(t) \cdot I(t) \qquad (23.6)$$

Damit erhält man die von der Spannungsquelle insgesamt verrichtete Arbeit entsprechend Beziehung (6.27) durch Integration von $P(t)$ im Zeitintervall von t_1 bis t_2 als:

$$W = \int_{t_1}^{t_2} U(t) \cdot I(t) \cdot \mathrm{d}t \qquad (23.7)$$

Die *Einheit* der Arbeit kann daher auch angegeben werden als 1 Wattsekunde (Ws) und es gilt: **1 Ws = 1 J.**

Häufig wird die größere Einheit Kilowattstunde (kWh) zur Angabe der Arbeit, insbesondere elektrischer Arbeit, verwendet:

$$1\,\text{kWh} = 3{,}6 \cdot 10^6\,\text{Ws} = 3{,}6 \cdot 10^6\,\text{J}$$

Wärmewirkung des elektrischen Stromes

Bewegen sich die Ladungsträger reibungsfrei zwischen zwei Punkten verschiedenen Potentials, z. B. zwischen zwei Elektroden, so wird an ihnen vom elektrischen Feld Arbeit verrichtet, die sie in Form von kinetischer Energie erhalten. Prallen diese Ladungsträger auf eine der Elektroden auf, so wird diese kinetische Energie in Wärme umgewandelt, was man z. B. bei der Röntgenröhre in der Erwärmung der Anode beobachten kann.

In allen Leitern erfahren die Ladungsträger bei ihrer Bewegung – außer im Gebiet der Supraleitung (s. § 25.1.2) – einen Verlust an Energie durch Reibung, was eine Erwärmung des Leiters zur Folge hat **(Joule'sche Wärme)**. Man nützt dies beispielsweise bei elektrischen Glühlampen aus, wo eine Wendel aus Wolframdraht zur leuchtenden Weißglut gebracht wird, oder auch bei Tauchsiedern, Kochplatten und Heizgeräten, sowie zur Strommessung (Hitzdrahtamperemeter, s. § 28.1) bzw. ebenso bei Schmelzsicherungen etc. (s. auch § 24.1).

Chemische Wirkung des elektrischen Stromes

Lösungen von Säuren, Basen und Salzen in Wasser oder anderen Lösungsmitteln und auch Salzschmelzen bezeichnet man als **Elektrolyte**. Sie leiten ebenfalls den elektrischen Strom. Man nennt sie auch *Leiter zweiter Klasse*. Die Ladungsträger sind hier **Ionen**, also positiv oder negativ geladene Molekülteile. Ein elektrisches Feld, welches zwischen zwei in den Elektrolyten getauchten leitenden Platten, den **Elektroden**, anliegt, vermag die Ladungsträger zu bewegen und so den Elektrolyten in seine Bestandteile zu zersetzen. Diesen Vorgang der chemischen Umwandlung des Elektrolyten unter Stromdurchgang heißt **Elektrolyse** (Beispiele: Galvanische Elemente, Akkumulatoren oder der Hoffmann'sche Wasserzersetzungsapparat etc.); siehe auch § 25.3.

Magnetische Wirkung des elektrischen Stromes

Jede bewegte Ladung erzeugt ein magnetisches Feld.

Bringt man in die Nähe eines stromdurchflossenen Drahtes eine Magnetnadel, so wird diese aus ihrer Ruhelage, der Nord-Süd-Richtung, herausgedreht; die Nadel stellt sich senkrecht zur Drahtrichtung ein (Abb. 23.4).

Das Magnetfeld hat die Form konzentrischer Kreise um den stromdurchflossenen Leiter (Abb. 23.5), dabei gilt die Regel: Zeigt der Daumen der rechten Hand in die Richtung des positiven Stromes, so geben die zur Handfläche hin gekrümmten Finger die Richtung des Magnetfeldes wieder (Abb. 23.6). (*1. Regel der rechten Hand.*)

Der elektrische Strom kann also in seiner Umgebung vermittels seines Magnetfeldes beispielsweise mit anderen Magnetfeldern in Wechselwirkung treten und Kräfte ausüben (Anwendungsbeispiele: Kräfte auf elektrische Ströme und bewegte Ladungen, Elektromotor, Fahrraddynamo, Transformator, Drehspulmessinstrumente etc.); s. auch §§ 26, 27 und 28.

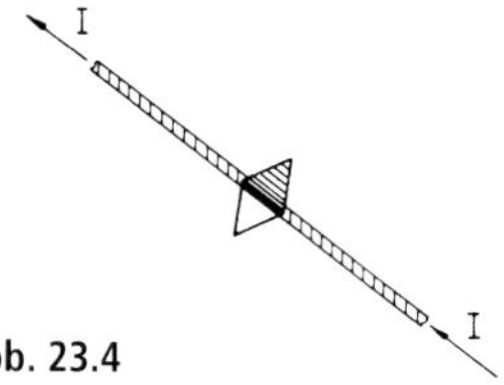

Abb. 23.4

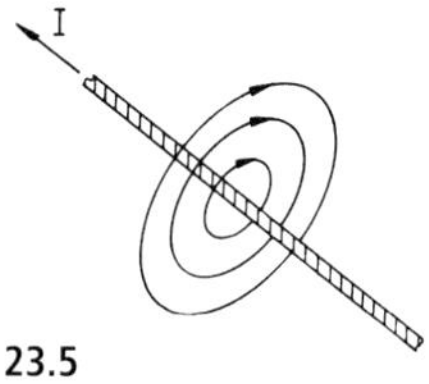

Abb. 23.5

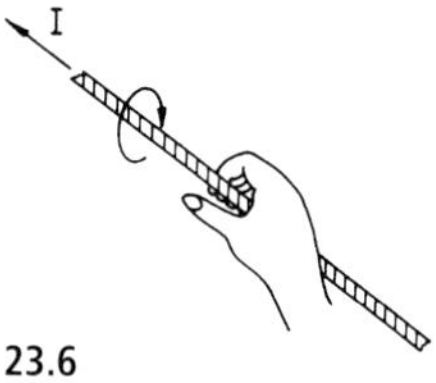

Abb. 23.6

Aufgaben

Aufgabe 23.1: Einer Batterie wird 1 h lang eine Stromstärke von 0,5 A entnommen. Wie groß ist die in dieser Zeit transportierte Ladungsmenge?

Aufgabe 23.2: Durch einen Kupferdraht fließe eine Stunde lang eine elektrische Stromstärke von 1 A. Wie viele Elektronen fließen dann in dieser Zeit etwa durch einen beliebigen Querschnitt des Drahtes?

Aufgabe 23.3: Ein Kondensator der Kapazität $\boldsymbol{C} = 5$ nF werde durch eine konstante Stromstärke $\boldsymbol{I}$ in der Zeit $\boldsymbol{t} = 2$ ms auf eine Spannung von $\boldsymbol{U} = 4$ V aufgeladen. Wie groß ist die Stromstärke $\boldsymbol{I}$?

Aufgabe 23.4: In einem Kupferdraht mit kreisförmiger Querschnittsfläche (Radius $\boldsymbol{r} = 1{,}5$ mm) fließt homogen verteilt eine Stromdichte $\boldsymbol{j} = 3 \cdot 10^5$ A/m^2. Welchen Wert hat die Gesamtstromstärke?

Aufgabe 23.5: Eine Glühlampe hat die Leistung 100 W. Welche Stromstärke fließt bei einer Spannung von $\boldsymbol{U} = 230$ V?

Aufgabe 23.6: Die Elektrizitätswerke berechnen für eine Kilowattstunde (1 kWh) einen Haushaltstarif von 12 Cent (100 Cent = 1 €). Wie lange kann eine 75 W Glühlampe für diesen Betrag betrieben werden?

Aufgabe 23.7: Ein Stromkreis mit der üblichen technischen Spannung des Haushalts ist mit 16 A abgesichert. Welche Leistung kann diesem Stromkreis maximal längerfristig entnommen werden?

Aufgabe 23.8: Ein Laborakkumulator trage als Aufschrift folgende Nenndaten: 12 V; 45 Ah. Was folgt aus diesen Nennwerten für den voll aufgeladenen Akkumulator:
a) für die gespeicherte elektrische Energie?
b) für die Zeit, mit der eine 12 V Beleuchtung mit 12 W theoretisch maximal betrieben werden kann?

Aufgabe 23.9: Eine Batterie liefert bei einer Spannung von 6 V insgesamt 2 Minuten lang eine Stromstärke von 3 A. Wie groß ist
a) die umgesetzte und damit der Batterie entnommene Energie?
b) die Leistung?

Aufgabe 23.10: Ein Teilchen der Masse $\boldsymbol{m} = 10^{-5}$ kg trägt eine Ladung von $2 \cdot 10^{-10}$ C. Welche Geschwindigkeit erlangt es, wenn es im Vakuum durch eine Spannung von $\boldsymbol{U} = 100$ kV beschleunigt wird?

§ 24 Elektrischer Widerstand – Leitwert

Ein elektrischer Strom stellt, wie wir im vorigen Abschnitt besprochen haben, die in der Zeiteinheit transportierte elektrische Ladung dar. Elektrische Ladungen sind immer an Masse gebunden (wie z. B. bei Elektronen oder Ionen). In elektrisch leitender Materie sind die Ladungsträger nicht vollkommen frei beweglich, sondern sie stoßen ständig mit den Teilchen der Materie zusammen (z. B. die Elektronen in Metallen mit den Metallatomen bzw. -atomrümpfen), werden aus ihrer Bewegungsrichtung abgelenkt und geben dabei einen Teil ihrer Bewegungsenergie in Form von Reibungsenergie (Joule'sche Wärme) an die Materie ab. Phänomenologisch betrachtet unterliegen die sich bewegenden Ladungen in Materie Reibungskräften, und man spricht von dem *elektrischen Widerstand*, den die Materie dem Stromfluss entgegenstellt. Um gegen diesen Widerstand Ladungsträger durch die Materie zu transportieren, muss im Leiter ein elektrisches Feld $\vec{E} \neq 0$ vorhanden sein, d. h. am Leiter muss eine Spannung $U \neq 0$ anliegen, welche dafür sorgt, dass der Stromfluss im Leiter aufrechterhalten wird und von außen die durch Reibung entstandenen Energieverluste kompensiert werden.

§ 24.1 Ohm'sches Gesetz

Widerstand – Leitwert

Den **elektrischen Widerstand *R*** eines Leiters, in dem der Strom I bei einer angelegten Spannung U fließt, definiert man als:

Definition:

$$R = \frac{U}{I} \tag{24.1}$$

Einheit:

Ohm (Ω)

$$1\,\Omega = \frac{1\,\text{V}}{1\,\text{A}}$$

Ein Leiter besitzt also den Widerstand von 1 Ω, wenn bei einer angelegten Spannung von 1 V ein Strom von 1 A fließt.

Den **Leitwert *G*** eines Leiters definiert man als Kehrwert des elektrischen Widerstandes R.

Definition:

$$G = \frac{1}{R} \tag{24.2}$$

Einheit:

Siemens (S)

$$1\,\text{S} = \frac{1}{\Omega} = \frac{1\,\text{A}}{1\,\text{V}}$$

Ohm'sches Gesetz

Für viele Festkörper und Flüssigkeiten besteht zwischen der elektrischen Stromstärke I und der angelegten Spannung U eine direkte Proportionalität, wenn die Temperatur T des Leiters konstant gehalten wird.

Solche Leiter erfüllen die von *G. S. Ohm* postulierte Beziehung, die man als das **Ohm'sche Gesetz** bezeichnet:

$$I \sim U \quad \text{bei} \quad T = \text{const.} \tag{24.3}$$

Die Proportionalitätskonstante in Gleichung (24.3) ist gleich dem Leitwert G des Leiters:

$$I = G \cdot U = \frac{U}{R} \tag{24.4}$$

Im Leitwert bzw. Widerstand ausgedrückt lautet das Ohm'sche Gesetz, dass der Leitwert G bzw. der Widerstand $R = 1/G$ konstant sind.

Die Beziehung (24.4) lässt sich auch in der Form $\boldsymbol{U = R \cdot I}$ schreiben (wobei der Schweizer Kanton Uri als Merkhilfe dienen kann).

Die ohmsche Beziehung erlaubt eine nützliche Klassifizierung der elektrischen Leiter in *ohmsch* und *nicht-ohmsch*. Die Entscheidung, ob sich der Leiter ohmsch oder nicht-ohmsch verhält, geschieht anhand der *Strom-Span-*

nungs-Charakteristik des Leiters. Dazu trägt man in einem Diagramm den Strom I als Funktion der Spannung U auf und erhält die sog. **Kennlinie** des Leiters.

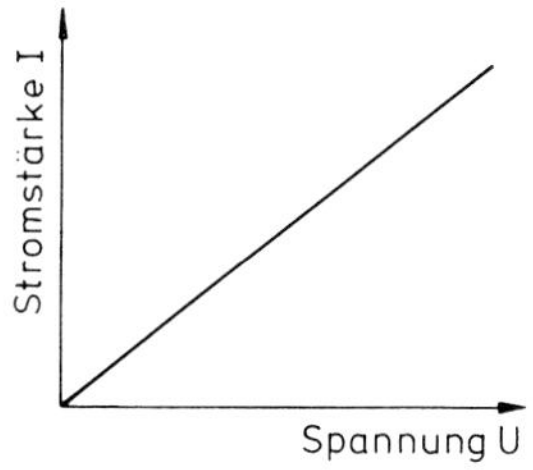

Abb. 24.1

Für *ohmsche Widerstände* (Abb. 24.1) gilt: Die Kennlinie eines ohmschen Leiters ist eine Gerade durch den Ursprung mit der Steigung $G = \frac{1}{R}$. Trägt man dagegen den Leitwert oder Widerstand an der Ordinate in Abhängigkeit von der Spannung (als Abszisse) auf, dann ergibt sich für einen ohmschen Leiter eine Parallele zur Abszissenachse.

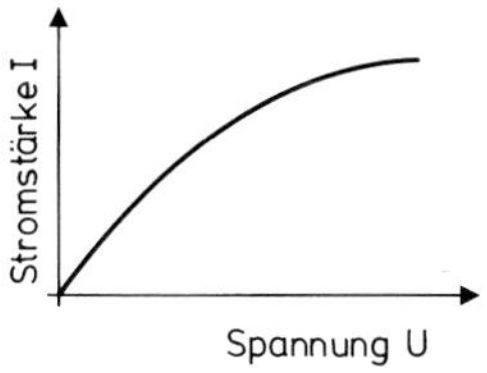

Abb. 24.2

Ein bekanntes, einfaches Beispiel eines nicht-ohmschen Leiters stellt die Kennlinie des Metallfadens einer Glühlampe dar, wie Abb. 24.2 schematisch zeigt. Dieser Verlauf der Kennlinie ist typisch für die Änderung des Leitwerts bzw. Widerstandes eines Metalldrahtes infolge Temperaturerhöhung (s. dazu unten und § 25.1.1). Die Abhängigkeit des Leitwerts von der Spannung für eine Glühlampe zeigt schematisch Abb. 24.3. Der Leitwert sinkt als Folge der Erhitzung des Glühfadens entsprechend steigt der Widerstand $R = 1/G$ an. Weitere nicht-ohmsche Leiter, die wir später noch kennen lernen werden, sind z. B. auch Halbleiter (s. § 25.2) sowie Gasentladungs- und Elektronenröhren (s. § 25.4 bzw. § 25.5.1). Nicht-ohmsche Leiter spielen in der modernen Elektronik und Elektrotechnik eine wichtige Rolle.

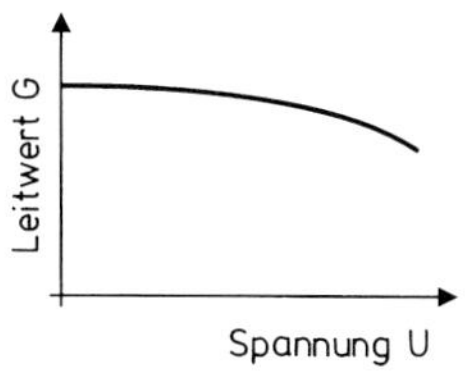

Abb. 24.3

Spezifischer Widerstand – Leitfähigkeit

Der elektrische Widerstand eines Leiters hängt vom atomaren Aufbau und von der Geometrie des Leiters ab. Für den elektrischen Widerstand eines drahtförmigen Leiters der Länge l und der konstanten Querschnittsfläche A gilt:

$$R = \varrho \cdot \frac{l}{A} \tag{24.5}$$

l: Länge des Leiters
A: Querschnittsfläche
ϱ: spezifischer elektrischer Widerstand

Der **spezifische elektrische Widerstand** (oder die **Resistivität**) $\boldsymbol{\varrho}$ des Leitermaterials ist eine von der Geometrie des Leiters unabhängige materialspezifische Größe. Gemäß (24.5) folgt für den spezifischen elektrischen Widerstand ϱ die

Einheit:

$\Omega \cdot \mathrm{m}$

In Tabelle 24.1 sind die spezifischen Widerstände ϱ (bei 20 °C) elektrisch leitender und isolierender Materialien angegeben. Neben metallischen Leitern und Beispielen für flüssige und isolierende Stoffe sind auch einige halbleitende Materialien mit aufgelistet, auf welche wir in § 25.2 zu sprechen kommen.

Der reziproke Wert der Resistivität ϱ heißt die **elektrische Leitfähigkeit** $\boldsymbol{\gamma}$ des Leitermaterials (wird oft auch mit $\boldsymbol{\sigma}$ bezeichnet):

$$\gamma = \frac{1}{\varrho} \tag{24.6}$$

Tab. 24.1

Material	$\varrho/\Omega\cdot m$	Material	$\varrho/\Omega\cdot m$
Aluminium	$2{,}65\cdot 10^{-8}$	Cadmiumsulfid	$1\cdot 10^{7}$
Blei	$2{,}08\cdot 10^{-7}$	Galliumarsenid	$2\cdot 10^{-4}$
Eisen	$9{,}81\cdot 10^{-8}$	Germanium	0,5
Gold	$2{,}21\cdot 10^{-8}$	Indiumantimonid	$1{,}6\cdot 10^{-5}$
Konstantan	$4{,}9\cdot 10^{-7}$	Selen	$1\cdot 10^{4}$
Kupfer	$1{,}68\cdot 10^{-8}$	Silicium	$2\cdot 10^{3}$
Messing	$(2{,}5\ldots 6{,}4)\cdot 10^{-8}$		
Natrium	$4{,}77\cdot 10^{-8}$	Bernstein	$>10^{17}$
Nickel	$6{,}93\cdot 10^{-8}$	Elfenbein	$2\cdot 10^{6}$
Platin	$1{,}05\cdot 10^{-7}$	Flintglas	$3\cdot 10^{8}$
Rubidium	$1{,}28\cdot 10^{-7}$	Glas	$10^{10}\ldots 10^{14}$
Silber	$1{,}59\cdot 10^{-8}$	Glimmer	$10^{13}\ldots 10^{15}$
Tantal	$1{,}31\cdot 10^{-7}$	Hartgummi	$10^{13}\ldots 10^{16}$
Titan	$4{,}2\cdot 10^{-7}$	Holz, trocken	$10^{9}\ldots 10^{13}$
Wolfram	$5{,}28\cdot 10^{-8}$	Marmor	$10^{7}\ldots 10^{8}$
Zink	$5{,}9\cdot 10^{-8}$	Papier	$10^{15}\ldots 10^{16}$
Zinn	$1{,}15\cdot 10^{-7}$	Paraffin	$10^{14}\ldots 10^{16}$
		Plexiglas	$\approx 10^{13}$
Meerwasser		Polyethylen	$10^{12}\ldots 10^{13}$
Salzgehalt 0,5 %	1,24	Polystyrol	$10^{15}\ldots 10^{16}$
Salzgehalt 1,0 %	0,652	Polyvinylchlorid	bis 10^{13}
Salzgehalt 1,5 %	0,449	Porzellan	$10^{10}\ldots 10^{16}$
Salzgehalt 2,0 %	0,345	Quarzglas	$5\cdot 10^{16}$
Salzgehalt 3,0 %	0,239	Silikonöl	$\approx 10^{13}$
Salzgehalt 4,0 %	0,185	Teflon	$1\cdot 10^{17}$
Quecksilber	$9{,}58\cdot 10^{-7}$	Vaseline	$10^{10}\ldots 10^{13}$
Wasser			
destilliert	$2{,}3\cdot 10^{5}$	Blut	1,6
+7,76 % KCl	0,1	Fettgewebe	≈ 33
+0,75 % KCl	0,86	Muskelgewebe	≈ 2

mit der *Einheit*:

$$\frac{1}{\Omega\cdot\mathrm{m}} \text{ oder } \frac{\mathrm{S}}{\mathrm{m}}$$

Mit den Gleichungen (24.2) und (24.6) folgt aus (24.5) entsprechend für den Leitwert G eines drahtförmigen Leiters der Länge l und der konstanten Querschnittsfläche A:

$$G = \gamma\cdot\frac{A}{l} \tag{24.7}$$

Der spezifische Widerstand ϱ bzw. die Leitfähigkeit γ von Leitern ist temperaturabhängig (siehe dazu auch §§ 25.1.1, 25.1.2 und 25.2.2). Rein qualitativ gelten folgende Aussagen:

Bei den meisten *Metallen* nimmt der spezifische Widerstand mit zunehmender Temperatur zu, die Leitfähigkeit ab:

$\varrho \nearrow$, wenn $T \nearrow$ bzw. $\gamma \searrow$, wenn $T \nearrow$.

Bei *Halbleitern* nimmt der spezifische Widerstand ab ca. 400 K mit steigender Temperatur ab, die Leitfähigkeit wird größer.

$\varrho \searrow$, wenn $T \nearrow$ bzw. $\gamma \nearrow$, wenn $T \nearrow$.

Wärmeleistung an einem Leiter

Wie bereits eingangs zu § 24 angedeutet, übertragen die Ladungsträger bei Zusammenstößen mit den Atomen auf diese einen Teil ihrer kinetischen Energie. Wegen dieser Reibungsverluste tritt beim stromdurchflossenen Leiter infolge des Potentialgefälles $U = \Delta\varphi$ längs des Leiters eine Erwärmung ein. Die Reibungsenergie wird in Form von *Joule'scher Wärme* freigesetzt.

Liegt am bekannten Widerstand R die Spannung U an, so fließt nach Gleichung (24.4) ein Strom $I = \frac{U}{R}$. Für die Wärmeleistung P erhält man dann:

$$P = U \cdot I = \frac{U^2}{R} = I^2 \cdot R \qquad (24.8)$$

Beim Transport von elektrischer Energie durch einen Leiter mit endlichem elektrischem Widerstand treten also Verluste auf, die sich in einer Erwärmung des Leiters äußern. Die Wärmewirkung des elektrischen Stromes hat, wie in § 23.2 angesprochen, vielfältige Anwendungen. So wird die Umwandlung elektrischer Energie in Wärmeenergie an einem Widerstand R, der vom Strom I durchflossen ist, z. B. bei elektrischen Heizgeräten, beim Tauchsieder oder bei der Schmelzsicherung (zur Begrenzung des maximalen Stromes in elektrischen Stromkreisen) etc. ausgenutzt, aber auch in der physikalischen Messtechnik spielt die Joule'sche Wärme eine Rolle, beispielsweise zur Messung des elektrischen Stromes mit dem *Hitzdrahtamperemeter* (s. § 28.1).

§ 24.2 Spannungsabfall am Widerstand

Zwischen den Enden A und B eines Leiters der Länge l (Abb. 24.4, unten) und der Querschnittsfläche A $\left(\text{Widerstand } R_l = \varrho \cdot \frac{l}{A}\right)$ liege eine Spannung $U = \varphi_A - \varphi_B$ (φ_A, φ_B: Potential des Punktes A bzw. B). Infolge dieses Potentialgefälles fließt durch den Leiter ein Strom der Größe:

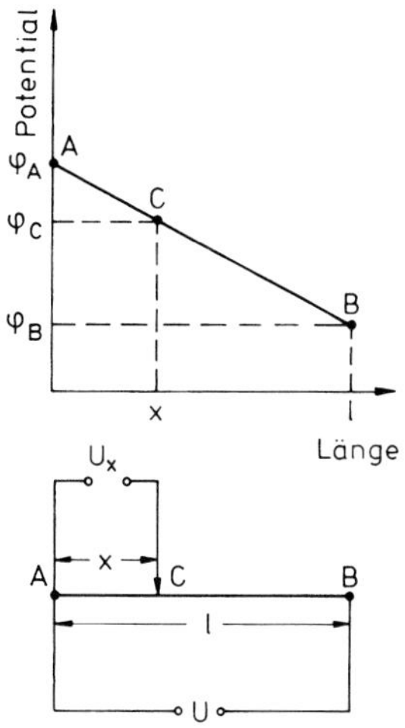

Abb. 24.4

$$I = \frac{U}{R_l} \qquad (24.9)$$

Das Potentialgefälle an dem Teilstück x $\left(\text{Widerstand } R_x = \varrho \cdot \frac{x}{A}\right)$ zwischen den Punkten A und C des Leiters ist: $\varphi_A - \varphi_C = U_x$ (Abb. 24.4, oben). Dieses Potentialgefälle bezeichnet man auch als ***Spannungsabfall*** am Teilwiderstand R_x des Leiters.

Nach Gleichung (24.4) gilt:

$$U_x = I \cdot R_x \qquad (24.10)$$

mit Gleichung (24.9) folgt dann:

$$U_x = U \cdot \frac{R_x}{R_l} = U \cdot \frac{x}{l} \qquad (24.11)$$

Die Spannung U_x ist proportional zu x. Man kann also an einem Widerstand jede Spannung U_x zwischen null und der am Widerstand angelegten Spannung U abgreifen. Eine solche Schaltung (Abb. 24.4) nennt man **Spannungsteiler-** oder **Potentiometerschaltung.** In der Praxis verwendet man im Allgemeinen keinen einzelnen Leiter mit Widerstand R_l, wie in Abb. 24.4 (unten) dargestellt, sondern anstelle des zwischen den Punkten (Anschlusskontakten) A und B gespannten Widerstandsdrahtes einen regelbaren Widerstand (häufig als ***Potentiometer*** oder auch als ***Rheostat*** bezeichnet),

4

bei welchem ein verschiebbarer oder drehbarer Gleitkontakt längs eines den Widerstand bildenden, geeignet spulenförmig aufgewickelten Drahtes verschoben wird. Dadurch kann ein bestimmter Teilwiderstand R_x und gemäß Beziehung (24.10) ein entsprechender Spannungsabfall eingestellt und damit am (dritten) Anschlusskontakt C (entsprechend Abb. 24.4) beispielsweise eine Spannung U_x bezüglich des Bezugspunktes A abgegriffen werden. Mit einer Potentiometerschaltung kann daher durch den Widerstand mit veränderbarem Abgriff eine kontinuierlich variable Spannung U_x, die (im Idealfall) maximal den Wert der am Gesamtwiderstand anliegenden Spannungsquelle annehmen kann, erzeugt werden.

Das Spannungsgefälle bzw. die Reibungsverluste längs des Leiters bedingen eine Erwärmung des stromdurchflossenen Leiters, wie in § 24.1 bereits besprochen. Die dadurch auftretenden Verluste durch Joule'sche Wärme stellen daher beim möglichst verlustarmen Transport von elektrischer Energie, wie etwa vom Elektrizitätswerk zum Verbraucher, ein technisches Problem dar. Sei P_L der Leistungsverlust am Widerstand R_L der Zuleitung vom Elektrizitätswerk, welches die Leistung $P = U \cdot I$ abgibt, zum Verbraucher, so steht diesem nur noch die Leistung $P_V = P - P_L$ zur Verfügung. Der Spannungsabfall in der Leitung folgt mit (24.10) zu $U_L = R_L \cdot I$ und somit der Leistungsverlust zu $P_L = U_L \cdot I = R_L \cdot I^2$, womit sich für die beim Verbraucher zur Verfügung stehende Leistung $P_V = U \cdot I - R_L \cdot I^2$ ergibt. Nur bei kleinem Strom I kann der Spannungsabfall U_L und somit auch der Leistungsverlust klein gehalten werden. Damit der Verbraucher jedoch noch möglichst hohe Leistung zur Verfügung hat, muss die Übertragungsspannung vom Kraftwerk bis zum Verbraucher möglichst hoch gewählt werden. Daher werden für den Transport elektrischer Energie über große Distanzen hinweg Hochspannungsleitungen verwendet.

§ 24.3 Kirchhoff'sche Regeln – Schaltung von Widerständen

Die bisher betrachteten Stromkreise waren einfache Stromkreise bestehend aus einer Spannungsquelle der Spannung U_0 und einem Widerstand R, wobei ohmsche Widerstände in Schaltungen i. Allg. durch kleine Rechtecke symbolisiert werden (Abb. 24.5).

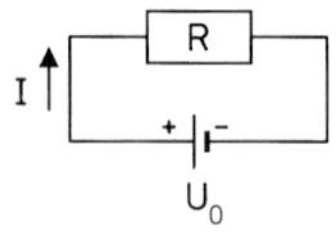

Abb. 24.5

Der in einem einfachen geschlossenen Stromkreis fließende Strom I (und *nur dann fließt ein Strom, wenn der Stromkreis geschlossen ist!!*) kann z. B. gemäß Beziehung (24.9) berechnet werden. Elektrische Schaltungen bestehen jedoch meist aus mitunter vielfach verzweigten Stromkreisen – *elektrische Netzwerke* –, die in so genannten Knotenpunkten wieder zusammenlaufen. Die einzelnen Zweige eines Netzwerkes können eine unterschiedliche Anzahl von Spannungsquellen und ohmschen Widerständen enthalten, bzw. (wie in Abschnitten des § 27 besprochen) zusätzlich noch Kapazitäten (Kondensatoren) und Induktivitäten (Spulen). Die Berechnung der einzelnen Ströme in den Leiterzweigen oder des Gesamtstroms, der Spannungen und des Gesamtwiderstandes einer Schaltung ermöglichen die **Kirchhoff'schen Regeln**.

§ 24.3.1 Kirchhoff'sche Regeln

Wir greifen uns aus einem verzweigten Netzwerk jeweils nur typische Teilbereiche heraus, wobei wir zuerst allein Verzweigungspunkte (*Knoten*) betrachten, auf welche sich die 1. Kirchhoff'sche Regel bezieht, und wenden dann anschließend auf geschlossene Schleifen (Maschen) eines Netzwerkes die 2. Kirchhoff'sche Regel an, die sog. Maschenregel.

Knotenregel

In einem Verzweigungspunkt (Abb. 24.6) eines Netzwerkes gilt: Die Summe der zufließenden Ströme (sie werden positiv gerechnet) und der abfließenden Ströme (sie werden negativ gerechnet) ist gleich null.

$$\sum_{k=1}^{n} I_k = I_1 + I_2 + \ldots + I_n = 0 \qquad (24.12)$$

(1. Kirchhoff'sche Regel)

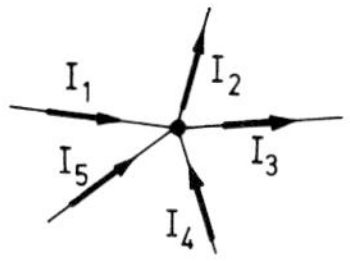

Abb. 24.6

Dies ist sofort plausibel, da durch die Ströme I_k $(k=1,\ldots,n)$ Ladung zum Knotenpunkt fließt oder von ihm fort. Unter (den hier vorausgesetzten) stationären Bedingungen kann am Knotenpunkt aber weder Ladung entstehen noch verschwinden, d. h. es muss genau so viel Ladung zu- wie abfließen. Man kann daher die 1. Kirchhoff'sche Regel auch folgendermaßen formulieren:

Die Summe der zufließenden Ströme ist gleich der Summe der abfließenden Ströme.

Beispiel: Für den in Abb. 24.6 gezeichneten Knotenpunkt gilt:

$$\sum_{k=1}^{5} I_k = \underbrace{I_1 + I_4 + I_5}_{\text{zufließende Ströme}} - \underbrace{I_2 - I_3}_{\text{abfließende Ströme}} = 0$$

Maschenregel

Eine geschlossene Masche, als Teil eines Netzwerkes, enthält ohmsche Widerstände und ggf. auch Spannungsquellen, wie in Abb. 24.7 dargestellt. Spannungsquellen sind beispielsweise Batterien, in welchen nichtelektrische Energie (z. B. chemische Energie) in elektrische Energie umgewandelt wird. Dadurch liegt an den Polen der Batterie eine bestimmte Potentialdifferenz vor. Im unbelasteten Zustand der Batterie, d. h. wenn kein Strom durch die Batterie fließt $(I=0)$, wird diese an den Polklemmen der Quelle herrschende Spannung als **elektromotorische Kraft** (kurz **EMK**) bzw. auch als **Leerlaufspannung** (oder *Urspannung*) U^{EMK} bezeichnet (s. auch § 24.4). Die im Stromkreis einer Masche enthaltenen Spannungsquellen betrachten wir als solche EMKs. Es gilt dann in einer geschlossenen Masche eines Stromkreises:

Die Summe der elektromotorischen Kräfte U^{EMK} ist gleich der Summe der an den Widerständen R_i durch die sie durchfließenden Ströme I_i erzeugten Spannungsabfälle $R_i \cdot I_i$:

$$\sum_{k=1}^{l} U_k^{\mathrm{EMK}} = \sum_{i=1}^{n} R_i \cdot I_i \qquad (24.13)$$

(2. Kirchhoff'sche Regel)

Dies ergibt sich daraus, dass das Potential in jedem Punkt der Masche einen eindeutigen Wert hat und somit muss, an einem beliebigen Punkt und in beliebiger Richtung beginnend, bei einem vollen Umlauf über die Masche die Potentialdifferenz zwischen Anfangs- und Endwert verschwinden, weil wir wieder zum selben Potentialwert im Ausgangspunkt gelangen.

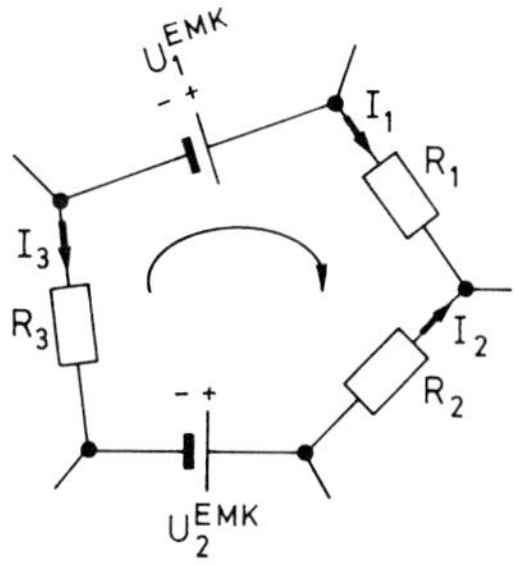

Abb. 24.7

Zur Anwendung der Maschenregel wird eine Umlaufrichtung vereinbart, wobei insbesondere Vorsicht geboten ist, was die Vorzeichen der Spannungsquellen und Richtungen der Ströme betrifft. Es zählen dann alle in Umlaufrichtung (in Abb. 24.7 beispielsweise im Uhrzeigersinn) fließenden Ströme positiv, während die entgegengesetzt fließenden Ströme negativ zählen und damit auch entsprechend die bei Durchquerung eines Widerstandes entstehenden Spannungsabfälle. Analog ist bei Durchquerung einer Spannungsquelle in Richtung der EMK die Potentialänderung (Spannung) positiv, entgegengesetzt dazu negativ.

Beispiel: Für die in Abb. 24.7 gezeichnete Masche gilt:

$$U_1^{\mathrm{EMK}} - U_2^{\mathrm{EMK}} = I_1 \cdot R_1 - I_2 \cdot R_2 - I_3 \cdot R_3$$

§ 24.3.2 Schaltungsarten von Widerständen

In diesem und dem nächsten Abschnitt befassen wir uns mit einigen einfachen Anwendungsbeispielen der Kirchhoff'schen Regeln, wobei wir zunächst die Serien- und anschließend die Parallelschaltung von Widerständen behandeln. Entsprechende Schaltungsarten haben wir bereits bei Kondensatoren kennen gelernt (vgl. § 22.2).

Serienschaltung von Widerständen

In Abb. 24.8 sind 3 Widerstände R_1, R_2 und R_3 hintereinander geschaltet. Nach der 2. Kirchhoff'schen Regel (24.13) gilt:

$$U = I \cdot R_1 + I \cdot R_2 + I \cdot R_3$$

oder:

$$\frac{U}{I} = R = R_1 + R_2 + R_3$$

Die 3 Widerstände R_1, R_2 und R_3 können also durch einen Widerstand R ersetzt werden, der der Summe aus den Einzelwiderständen entspricht.

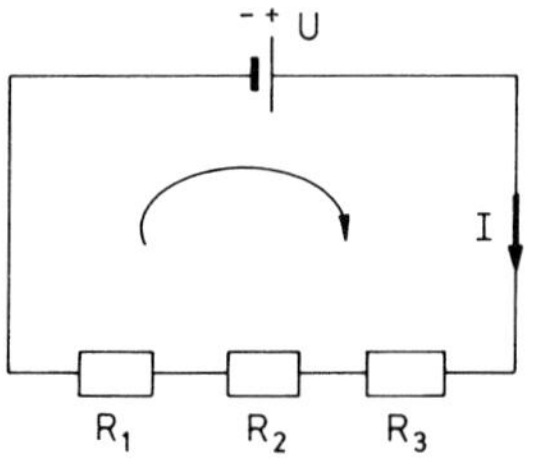

Abb. 24.8

Allgemein gilt für die Serienschaltung von Widerständen:

$$R_{\mathrm{ges}} = R_1 + R_2 + \ldots + R_n \qquad (24.14)$$

Bei der Serienschaltung von Widerständen addieren sich die Werte der Einzelwiderstände zum Wert des Gesamtwiderstandes.

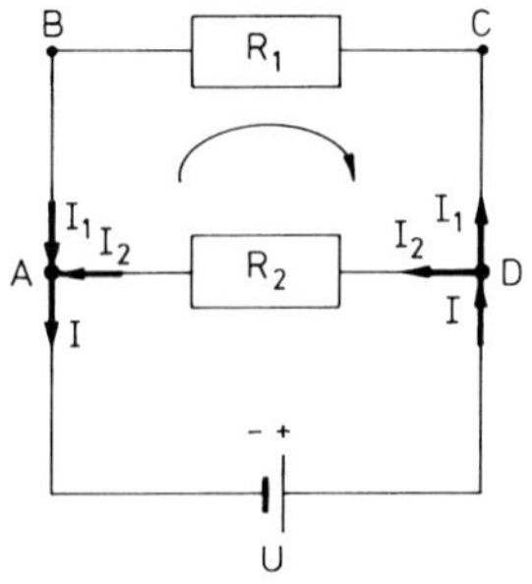

Abb. 24.9

Parallelschaltung von Widerständen

Eine Parallelschaltung beispielsweise von zwei Widerständen R_1 und R_2 stellt die in Abb. 24.9 skizzierte Schaltung dar. Die 1. Kirchhoff'sche Regel (24.12) liefert für den Knotenpunkt A in Abb. 24.9:

$$I_1 + I_2 - I = 0$$

Für den Knotenpunkt D gilt:

$$I - I_1 - I_2 = 0$$

Es gilt also in beiden Fällen:

$$I = I_1 + I_2 \qquad (24.15)$$

Für die Masche A-B-C-D liefert die 2. Kirchhoff'sche Regel (24.13), da keine elektromotorische Kraft in der Masche vorhanden ist:

$$-I_1 \cdot R_1 + I_2 \cdot R_2 = 0$$

oder:

$$\frac{I_1}{I_2} = \frac{R_2}{R_1} \qquad (24.16)$$

Bei zwei parallel geschalteten Widerständen verhalten sich die Ströme umgekehrt wie die Widerstände.

Da an den Widerständen R_1 und R_2 die gleiche Spannung U anliegt, folgt aus Gleichung (24.15):

$$I = I_1 + I_2 = \frac{U}{R_1} + \frac{U}{R_2} = U \cdot \left(\frac{1}{R_1} + \frac{1}{R_2}\right)$$

oder:

$$\frac{I}{U} = \frac{1}{R} = \frac{1}{R_1} + \frac{1}{R_2}$$

woraus für den Gesamtwiderstand R der parallel geschalteten Einzelwiderstände folgt:

$$R = \frac{R_1 \cdot R_2}{R_1 + R_2}$$

Allgemein gilt für die Parallelschaltung von Widerständen:

$$\frac{1}{R_{\text{ges}}} = \frac{1}{R_1} + \frac{1}{R_2} + \ldots + \frac{1}{R_n} \tag{24.17}$$

oder für die Leitwerte:

$$G_{\text{ges}} = G_1 + G_2 + \ldots + G_n \tag{24.18}$$

Bei der Parallelschaltung von Widerständen addieren sich die Leitwerte der Einzelwiderstände zum Leitwert des Gesamtwiderstandes. Der Gesamtwiderstand ist stets kleiner als der kleinste der Einzelwiderstände.

§ 24.3.3 Messung elektrischer Widerstände mit der Wheatstone-Brücke

Für Präzisionsmessungen spielen in der physikalischen Messtechnik sog. Brückenschaltungen eine bedeutende Rolle. Die Grundlage für alle diese Schaltungen stellt die ***Wheatstone'sche Brücke*** zur Bestimmung von Widerständen dar (Abb. 24.10). In dieser Schaltung sei R_x der zu bestimmende unbekannte Widerstand, R_3 ein fester Widerstand, R_1 und R_2 variable Widerstände.

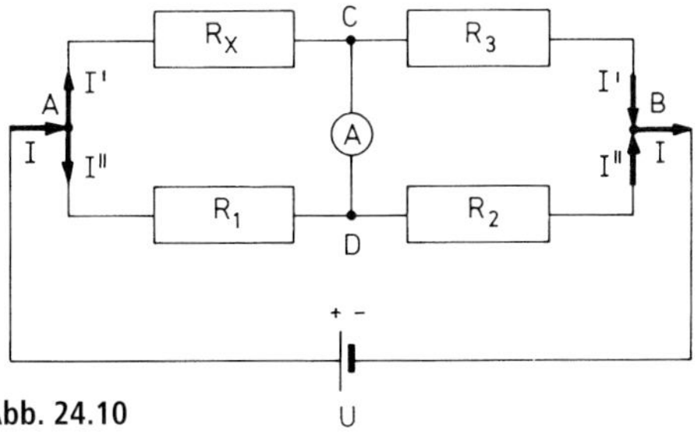

Abb. 24.10

In der Brücke, zwischen den Punkten C und D, befindet sich ein empfindliches Strommessgerät Ⓐ. Die Spannung U wird zwischen den Punkten A und B angelegt. Nun werden die beiden Widerstände R_1 und R_2 so lange variiert, bis zwischen den Punkten C und D kein Strom mehr fließt. Dies ist dann der Fall, wenn C und D auf gleichem Potential liegen, d. h. $U_{\text{CD}}=0$. Die Brücke bezeichnet man dann als abgeglichen und es gilt:

$$U_{\text{AD}} = U_{\text{AC}}; \quad U_{\text{BD}} = U_{\text{BC}}$$

Folglich ist:

$$U_{\text{AD}} = I'' \cdot R_1 = I' \cdot R_x = U_{\text{AC}} \tag{24.19}$$

$$U_{\text{BD}} = I'' \cdot R_2 = I' \cdot R_3 = U_{\text{BC}} \tag{24.20}$$

Die Division von Gleichung (24.19) durch Gleichung (24.20) ergibt:

$$\frac{I'' \cdot R_1}{I'' \cdot R_2} = \frac{I' \cdot R_x}{I' \cdot R_3}$$

Somit erhält man für den unbekannten Widerstand R_x bei abgeglichener Brücke:

$$R_x = R_3 \cdot \frac{R_1}{R_2} \tag{24.21}$$

In praktischen Ausführungen werden die Widerstände R_1 und R_2 oft als Widerstandsdraht mit dem Gesamtwiderstand $R = R_1 + R_2$ ausgebildet (Abb. 24.11). Sei $l = a + b$ die Gesamtlänge des Widerstandsdrahtes der Querschnittsfläche A und ϱ der spezifische elektrische Widerstand des Drahtmaterials, dann gilt für die Widerstände R_1 und R_2:

$$R_1 = \varrho \cdot \frac{a}{A}; \quad R_2 = \varrho \cdot \frac{b}{A}$$

Ist der Widerstandsdraht homogen (ϱ = const., A = const.), so erhält man für das Widerstandsverhältnis:

$$\frac{R_1}{R_2} = \frac{a}{b}$$

Mittels eines verschiebbaren Schleifkontaktes kann die Brücke abgeglichen werden, d. h. am Strommessgerät Ⓐ in Abb. 24.11 ist die Stromstärke $I=0$, sodass mit obigem Verhältnis der beiden Teilwiderstände R_1 und R_2 aus Glei-

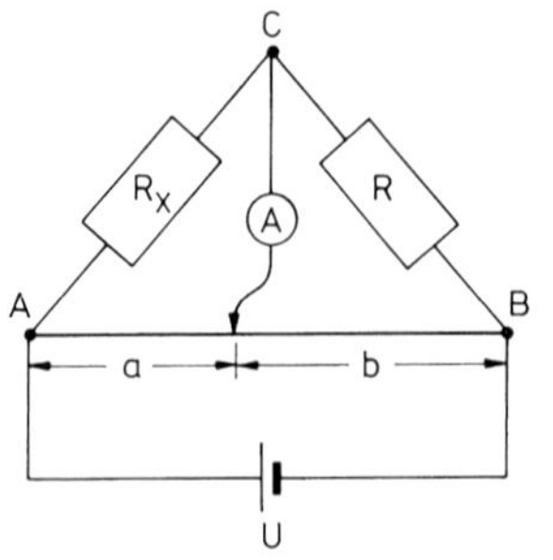

Abb. 24.11

chung (24.21) für den unbekannten Widerstand R_x folgt:

$$R_x = R \cdot \frac{a}{b} \qquad (24.22)$$

Bei bekanntem Widerstand R ist die Widerstandsmessung somit auf eine Längenmessung zurückgeführt.

§ 24.4 Spannungsquellen und Stromkreise

In den vorangegangenen Abschnitten haben wir uns einerseits mit dem Spannungsabfall am Widerstand befasst, d. h. wir haben diesen als einen Verbraucher angesehen mit einer (bei entsprechender Stromstärke) durch die Größe seines Widerstandes bestimmten Verbraucherspannung. Andererseits betrachteten wir im Rahmen der Kirchhoff'schen Regeln Netzwerke, die Spannungsquellen und Widerstände enthielten. Nunmehr wenden wir die dort gemachten Erkenntnisse an auf belastete Spannungsquellen und auf Stromkreise mit unterschiedlichen Verbrauchern.

§ 24.4.1 Innenwiderstand einer Spannungsquelle – Elektromotorische Kraft

Bislang hatten wir unter einer Spannungsquelle eine Vorrichtung verstanden, bei der an zwei Polen (oder Elektroden) eine konstante Potentialdifferenz $\Delta\varphi = U$ herrscht, unabhängig davon, wie groß die Stromstärke ist, die man der Spannungsquelle entnimmt. Bei den Betrachtungen zur Maschenregel (§ 24.3.1) hatten wir dann dafür den Begriff der *elektromotorischen Kraft* (*EMK*) eingeführt, welche z. B. bei Batterien die durch den elektrochemischen Prozess bedingte Potentialdifferenz an den Polen darstellt und nur im stromlosen Fall der Batterie als Leerlaufspannung U^{EMK} vorliegt. Diese Vorstellung müssen wir detaillierter betrachten und unabhängig von den möglichen Prinzipien der Erzeugung und Aufrechterhaltung der Potentialdifferenz der Spannungsquelle.

Im unbelasteten Zustand ($I = 0$) einer (beliebigen) Spannungsquelle ist die an den Klemmen der Spannungsquelle abgegriffene Spannung die U^{EMK}. Entnimmt man der Spannungsquelle, gleichgültig nach welchem Prinzip sie arbeitet, einen (positiven) Strom I, so verlässt dieser den Plus-Pol der Quelle, um über einen äußeren Verbraucherstromkreis wieder im Minus-Pol zurückzufließen. Damit jedoch ein geschlossener Stromkreis gewährleistet wird, der garantiert, dass weder irgendwo Ladungen ständig entzogen noch angesammelt werden, muss im Innern der Spannungsquelle der Strom I vom Minus-Pol zum Plus-Pol zurückfließen. Dieser Strom fließt im Innern der Spannungsquelle nun jedoch nicht widerstandslos, sondern er muss den sog. ***Innenwiderstand R_i*** der Spannungsquelle überwinden. Demzufolge fällt am Innenwiderstand R_i bei der vorliegenden Stromstärke I die Spannung $R_\mathrm{i} \cdot I$ ab. Im belasteten Zustand ($I \neq 0$) der Spannungsquelle ist daher die an den Klemmen für den Verbraucher zur Verfügung stehende Klemmenspannung U_K um den Spannungsabfall $R_\mathrm{i} \cdot I$ am Innenwiderstand R_i kleiner als U^{EMK}, wobei R_i selbst von der Stromstärke unabhängig sein soll. Eine Spannungsquelle lässt sich daher durch ein Ersatzschaltbild darstellen, das aus der Reihenschaltung der elektromotorischen Kraft U^{EMK} und dem Innenwiderstand R_i besteht, wie Abb. 24.12 für eine Gleichspannungsquelle

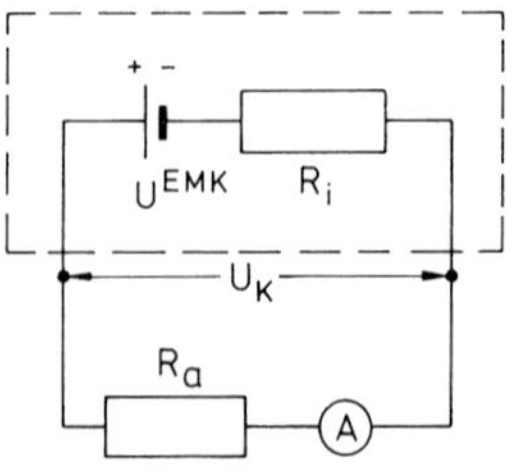

Abb. 24.12

(Batterie) im (gestrichelt eingezeichneten) Rahmen zeigt. Wenn R_a der Außenwiderstand (Verbraucher) und I die mit dem Strommessgerät Ⓐ registrierte Stromstärke ist, dann gilt nach der Maschenregel (§ 24.3.1) im Stromkreis der Abb. 24.12 für die elektromotorische Kraft U^{EMK} und für die Klemmenspannung U_K (wobei der Innenwiderstand des Strommessgerätes vernachlässigt sei):

$$U^{EMK} = R_a \cdot I + R_i \cdot I \qquad (24.23)$$

und

$$U_K = R_a \cdot I \qquad (24.24)$$

Daraus folgt für die für den Verbraucher zur Verfügung stehende **Klemmenspannung U_K einer belasteten Spannungsquelle:**

$$\boxed{U_K = U^{EMK} - R_i \cdot I} \qquad (24.25)$$

Aus Gleichung (24.25) folgt, dass bei hohem Innenwiderstand R_i der Spannungsquelle die Klemmenspannung U_K bereits für kleine Ströme I auf null zusammenbricht. Hohe Ströme können daher nur aus Quellen mit kleinem R_i entnommen werden. Beispielsweise liegt der Innenwiderstand einer Taschenlampenbatterie typisch zwischen 0,5 und 1 Ω, der Innenwiderstand eines Bleiakkumulators ist $R_i < 0{,}1\,\Omega$.

Die Klemmenspannung U_K wird maximal, d. h. $U_{K_{max}} = U^{EMK}$, im unbelasteten Zustand oder im „Leerlauf" $I = 0$ der Spannungsquelle. Daher rührt auch für U^{EMK} die Bezeichnung Leerlaufspannung.

Durch Umschreiben der Gleichung (24.23) erhält man für die Stromstärke:

$$I = \frac{U^{EMK}}{R_i + R_a} \qquad (24.26)$$

Liegt für eine gegebene Spannungsquelle (U^{EMK}, R_i) der Fall $R_i \ll R_a$ vor, so gilt näherungsweise $U^{EMK} \approx R_a \cdot I = U_K$, d. h. die Klemmenspannung bleibt konstant unabhängig von der Strombelastung, solange $R_i \ll R_a$ erfüllt ist.

Den einer Spannungsquelle maximal entnehmbaren Strom I_{max}, den **Kurzschlussstrom**, erhält man aus Gleichung (24.26), wenn der äußere Widerstand null ist ($R_a = 0$). Wegen des endlichen Innenwiderstandes R_i der Batterie wird dieser Kurzschlussstrom nicht unendlich, sondern nimmt folgenden Wert an:

$$I_{max} = \frac{U^{EMK}}{R_i} \qquad (24.27)$$

Für die Messung der Kurzschlussstromstärke werden die beiden Polklemmen der Spannungsquelle mit einem massiven Kurzschlussbügel verbunden und der dabei fließende Strom I_{max} bestimmt, der mitunter sehr hoch sein kann und u. U. zur Zerstörung der Spannungsquelle führt.

Beispiel: Für eine Batterie mit der elektromotorischen Kraft $U^{EMK} = 1{,}5$ V und dem Innenwiderstand von 0,5 Ω beträgt die Klemmenspannung bei einer Strombelastung von $I = 1$ A:

$$U_K = 1{,}5\,\text{V} - 0{,}5\,\Omega \cdot 1\,\text{A} = 1\,\text{V}$$

Für den Kurzschlussstrom erhält man:

$$I_{max} = \frac{1{,}5\,\text{V}}{0{,}5\,\Omega} = 3\,\text{A}$$

Die Beziehung (24.27) gibt auch für den Fall $R_a \neq 0$, solange nur $R_i \gg R_a$ gilt, näherungsweise den (maximalen) konstanten Strom I an, den man einer Spannungsquelle entnehmen kann.

Bei der Formulierung der 2. Kirchhoff'schen Regel, der *Maschenregel*, in § 24.3.1, haben wir in Gleichung (24.13) die Summe der elektromotorischen Kräfte gleich der Summe der Spannungsabfälle in der Masche gesetzt, ohne die Spannungsabfälle an den Innenwiderständen der in der Masche enthaltenen Spannungsquellen zu betrachten. Es müssen daher hier sowohl die Spannungsabfälle an den Innenwiderständen der Spannungsquellen als auch jene an den ohmschen Widerständen und, falls Strom- und Spannungsmessgeräte in der Masche enthalten sind, ggf. auch die Spannungsabfälle an deren jeweiligem Innenwiderstand bei der Summenbildung berücksichtigt werden.

§ 24.4.2 Kompensationsschaltung nach Poggendorff

Um die elektromotorische Kraft einer Spannungsquelle zu messen, darf diese nicht belastet

4

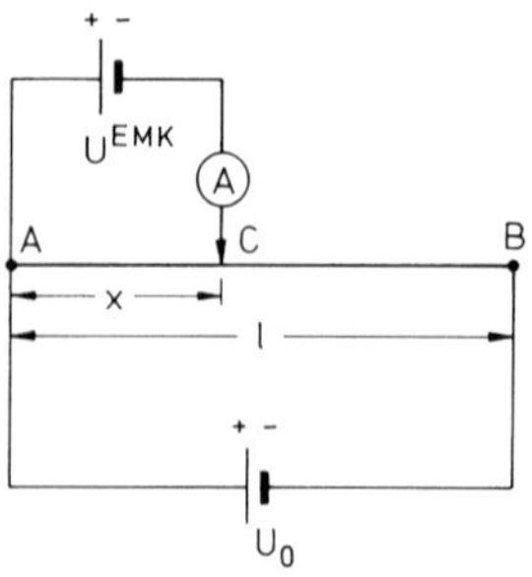

Abb. 24.13

werden, d. h. die Spannungsmessung muss *stromlos* erfolgen. Dazu legt man an einen variablen Widerstand oder wie in Abb. 24.13 an einen Widerstandsdraht (zwischen den Punkten A und B) der Länge l eine bekannte Vergleichsspannung $U_0 \geq U^{\text{EMK}}$ an. Die Spannungsquelle, deren Leerlaufspannung U^{EMK} bestimmt werden soll, wird wie in Abb. 24.13 dargestellt in Reihe mit einem Strommessgerät Ⓐ gleichpolig über einen Schleifkontakt zwischen den Punkten A und C des Widerstandsdrahtes an die Vergleichsspannungsquelle angeschlossen.

Der Schleifer wird nun so lange verschoben, bis das Strommessgerät Ⓐ keinen Strom mehr anzeigt ($I=0$). Dann ist der Spannungsabfall U_x am Leiterstück x gleich der elektromotorischen Kraft U^{EMK} und nach Gleichung (24.11) gilt:

$$U^{\text{EMK}} = U_x = U_0 \cdot \frac{x}{l} \tag{24.28}$$

Ist der Gesamtwiderstand des Drahtes R und der mit dem Schleifer bei C abgegriffene Widerstand am Teilstück x gleich R_x, dann folgt aus (24.13) die allgemeinere Beziehung:

$$U^{\text{EMK}} = U_x = U_0 \cdot \frac{R_x}{R} \tag{24.29}$$

Verwendet man daher zur Bestimmung der Leerlaufspannung einer Spannungsquelle anstelle des Widerstandsdrahtes einen regelbaren Widerstand (Potentiometer), an den die Vergleichsquelle U_0 angelegt wird, so muss zur Kompensation der U^{EMK} von dessen Gesamtwiderstand R ein entsprechender Teilwiderstand R_x mit dem Schleifer abgegriffen werden.

§ 24.4.3 Serien- und Parallelschaltung von Spannungsquellen

Kombiniert man mehrere Spannungsquellen in Serien- oder Parallelschaltung, so ergeben sich Quellen, deren elektromotorischen Kräfte U^{EMK} und Innenwiderstände R_i aus denen der Einzelquellen berechnet werden können. Wir betrachten nur einfache Beispiele der Serien- und Parallelschaltung von identischen Spannungsquellen (U^{EMK}, R_i).

Serien- oder Reihenschaltung von Spannungsquellen

Schaltet man beispielsweise zwei identische Spannungsquellen (U^{EMK}, R_i) in Reihe, wie Abb. 24.14 zeigt, dann addieren sich die Einzelspannungen auf und es wird die Gesamtspannung $U_g = U_1 + U_2$, wobei jede der Spannungsquellen eine eingeprägte Spannung, die elektromotorische Kraft U^{EMK}, und einen bestimmten Innenwiderstand R_i besitzt. Das bedeutet für die Gesamtspannungsquelle (U_g^{EMK}, $R_{i,g}$), dass sich die elektromotorischen Kräfte aufaddieren, aber auch die Innenwiderstände:

$$U_g^{\text{EMK}} = 2\,U^{\text{EMK}} \quad \text{und} \quad R_{i,g} = 2\,R_i$$

Durch Serienschaltung von vielen Einzelquellen kann man somit Spannungsquellen mit (im Prinzip beliebig) großer EMK erhalten, jedoch mit ebenso entsprechendem Anstieg des Innenwiderstandes. Kombiniert man n Spannungsquellen seriell, dann steigt auch die maximal entnehmbare Leistung der Gesamtspannungsquelle auf das n-fache.

Bei einer „Autobatterie" der Gesamtspannung $U = 12$ V sind beispielsweise sechs Bleiakkumulatoren, von denen jeder eine $U^{\text{EMK}} \approx 2$ V besitzt (s. § 25.3.4), in Reihe geschaltet.

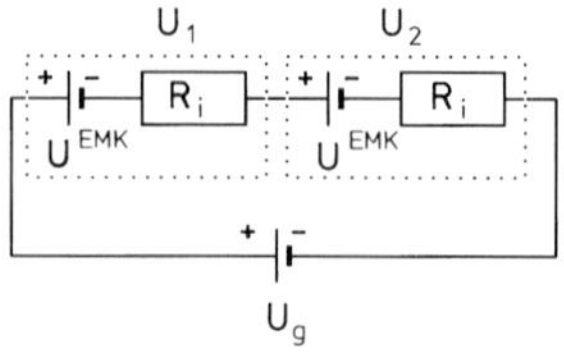

Abb. 24.14

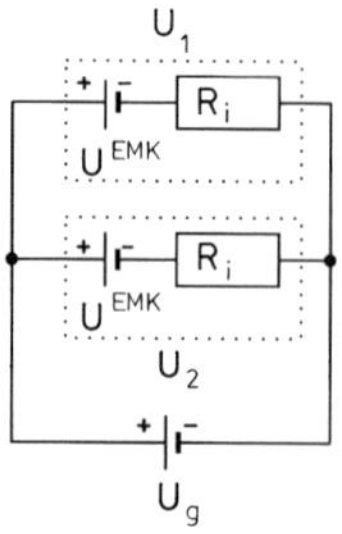

Abb. 24.15

Parallelschaltung von Spannungsquellen

Bei der Parallelschaltung von beispielsweise zwei identischen Spannungsquellen (U^{EMK}, R_i) folgt aus Abb. 24.15 für die gesamte elektromotorische Kraft U_g^{EMK} und den gesamten inneren Widerstand $R_{i,g}$:

$$U_g^{\text{EMK}} = U^{\text{EMK}} \quad \text{und} \quad R_{i,g} = R_i/2$$

Bei der Parallelschaltung bleibt die EMK unverändert, der Innenwiderstand wird kleiner (wie allgemein bei der Parallelschaltung von Widerständen) und der an den Polklemmen der Gesamtspannungsquelle entnehmbare Strom wird größer. Schaltet man n Einzelquellen parallel, so steigt auch hier die Maximalleistung wie bei der Serienschaltung auf das n-fache.

§ 24.4.4 Beispiele von Stromkreisen mit elektrischen Verbrauchern

In diesem Abschnitt werden einige ausgewählte Beispiele von Stromkreisen mit unterschiedlichen Verbrauchern betrachtet.

1. Drei ohmsche Widerstände $R_1 = 3\,\Omega$, $R_2 = 6\,\Omega$ und $R_3 = 98\,\Omega$ werden zusammengeschaltet, wie im Schaltkreis der Abb. 24.16 dargestellt, und an eine Spannungsquelle von $U_0 = 200$ V (Innenwiderstand vernachlässigbar) angeschlossen.

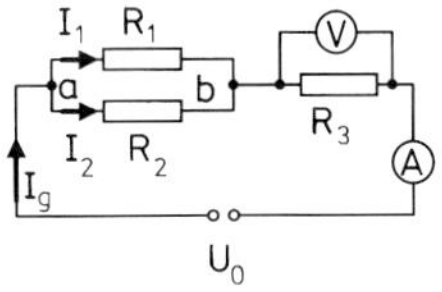

Abb. 24.16

Der Gesamtwiderstand R_g der Anordnung setzt sich aus dem Ersatzwiderstand $R_{1,2}$ der beiden parallel geschalteten Widerstände R_1 und R_2 und dem dazu in Serie liegenden Widerstand R_3 zusammen. Unter Anwendung der Kirchhoff'schen Regeln folgt für den Ersatzwiderstand der Parallelschaltung

$$R_{1,2} = \frac{R_1 \cdot R_2}{R_1 + R_2} = 2\,\Omega$$

und damit für den Gesamtwiderstand

$$R_g = R_{1,2} + R_3 = 100\,\Omega$$

Die Gesamtstromstärke I_g, die am Amperemeter Ⓐ abgelesen wird, ist durch U_0 und R_g bestimmt und ergibt sich mit $I_g = U_0/R_g$ zu $I_g = 2$ A.

An dem vom Strom I_g durchflossenen Widerstand R_3 fällt die Spannung $U_3 = R_3 \cdot I_g = 196$ V ab, die an dem mit Ⓥ in Abb. 24.16 bezeichneten Voltmeter (dessen Stromaufnahme vernachlässigt werden kann) abgelesen wird.

Somit herrscht zwischen den beiden Verzweigungspunkten a und b der Abb. 24.16 die Spannung $U_{1,2} = U_0 - U_3 = 4$ V, welche sowohl an R_1 als auch an R_2 anliegt, d. h. es ist $U_1 = U_2 < U_3$. Da in Reihe geschaltete Widerstände vom gleichen Strom durchflossen werden, was formal auch für den Ersatzwiderstand $R_{1,2}$ der parallel geschalteten Widerstände R_1 und R_2 gilt, folgt $U_{1,2} = R_{1,2} \cdot I_g = 4$ V auch als Spannungsabfall am Widerstand $R_{1,2}$. Dasselbe Ergebnis erhält man auch durch die einfache Rechnung, dass der Ersatzwiderstand $R_{1,2}$ gleich $\frac{1}{50}$ des Gesamtwiderstandes R_g ist und somit an $R_{1,2}$ auch nur $\frac{1}{50}$ der anliegenden Gesamtspannung U_0 abfällt.
Wegen $U_1 = U_2$ ergeben sich die Ströme in den beiden Zweigen der Parallelschaltung zu $I_1 = \frac{4}{3}$A für den Strom durch R_1 und zu $I_2 = \frac{2}{3}$A für den Strom durch R_2. Die Ströme verhalten sich also wie $I_1/I_2 = R_2/R_1$ gemäß Gleichung (24.16) und in den Verzweigungspunkten a bzw. b ist somit auch für den Gesamtstrom $I_g = I_1 + I_2$ erfüllt, wie durch Gleichung (24.15) für den Fall der Parallelschaltung von zwei Widerständen gegeben.

2. Ein Stromkreis bestehe aus zwei Spannungsquellen mit den Leerlaufspannungen $U_1^{\text{EMK}} = 1{,}5$ V bzw. $U_2^{\text{EMK}} = 4{,}5$ V, deren Innenwiderstände $R_{i,1} = 0{,}5\,\Omega$ bzw. $R_{i,2} = 1{,}5\,\Omega$ betragen, und dem äußeren Widerstand $R = 7\,\Omega$, wie in Abb. 24.17 dargestellt. Zu bestimmen ist die Stromstärke I und deren Richtung im Kreis.

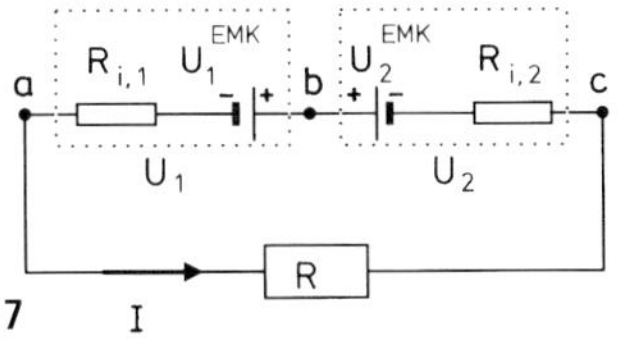

Abb. 24.17

Wie die Abbildung zeigt, sind die Spannungsquellen entgegengesetzt gerichtet geschaltet. Die Stromrichtung wird in diesem Beispiel jedoch durch U_2^{EMK} bestimmt, da $U_2^{\text{EMK}} > U_1^{\text{EMK}}$ ist. Die definitionsgemäße Richtung der elektrischen Stromstärke I verläuft daher im Gegenuhrzeigersinn. Nach der 2. Kirchhoff'schen Regel ergibt sich mit Gleichung (24.13) beginnend bei Punkt a im Uhrzeigersinn:

$$-U_2^{\text{EMK}} - I \cdot R_{i,1} + U_1^{\text{EMK}} - I \cdot R_{i,2} - I \cdot R = 0$$

woraus durch Auflösen nach der Stromstärke I folgt:

$$I = \frac{U_2^{\mathrm{EMK}} - U_1^{\mathrm{EMK}}}{R + R_{i,1} + R_{i,2}} \qquad (24.30)$$

Mit obigen Werten für die Leerlaufspannungen und die Widerstände ergibt sich daraus für die Stromstärke $I = 0{,}33$ A.
Die Stromrichtung hatten wir in diesem Fall bereits richtig angesetzt, doch muss diese nicht von vornherein bekannt sein und kann beliebig angenommen werden, wie auch die Umlaufrichtung bei Anwendung der Maschenregel. Die tatsächliche Stromrichtung ergibt sich durch das Vorzeichen von I, gemäß den Berechnungen mittels der Kirchhoff'schen Regeln.

3. Als nächstes Beispiel betrachten wir ein einfaches Netzwerk in Form eines einfach verzweigten Stromkreises bestehend aus zwei Spannungsquellen und drei äußeren Widerständen in der Schaltung nach Abb. 24.18, wobei die Innenwiderstände der Spannungsquellen zur Vereinfachung vernachlässigt seien. Die Leerlaufspannungen (U_1^{EMK} bzw. U_2^{EMK}) und Widerstände (R_1, R_2 bzw. R_3) sind gegeben; gefragt sind die Stromstärken I_1, I_2 und I_3. Die Richtungen der Ströme in den Verzweigungen sind zunächst beliebig angenommen.

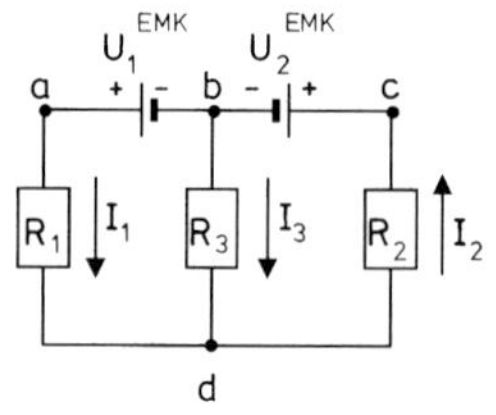

Abb. 24.18

Im linken Zweig vom Knoten b über a bis zum Knoten d fließt der Strom der Stromstärke I_1. Entsprechend fließt im rechten Zweig vom Knoten b über c zum Knoten d der Strom I_2 und zwischen Knoten b und Knoten d im mittleren Zweig der Strom I_3. In jedem Knoten muss gleich viel Ladung zu- wie abfließen, sodass im Knoten d nach der 1. Kirchhoff'schen Regel gilt:

$$I_1 - I_2 + I_3 = 0 \qquad (24.31)$$

Damit haben wir einen ersten Zusammenhang zwischen den Strömen, benötigen aber zur Lösung des Problems (bei drei Unbekannten) noch zwei weitere unabhängige Gleichungen, welche wir durch Anwendung der 2. Kirchhoff'schen Regel auf die unterschiedlichen Maschen erhalten können. Folgende Maschen kommen hier in Betracht: Die linke Masche a-b-d-a, die rechte Masche c-d-b-c und die äußere Masche a-b-c-d-a. Zwei von diesen sind unabhängig voneinander und wir betrachten (willkürlich) die linke und die rechte Masche. Nach der Maschenregel (Umlauf im Uhrzeigersinn) gilt für die

linke Masche: $-U_1^{\mathrm{EMK}} = +R_3 \cdot I_3 - R_1 \cdot I_1 \qquad (24.32)$

rechte Masche: $U_2^{\mathrm{EMK}} = -R_2 \cdot I_2 - R_3 \cdot I_3 \qquad (24.33)$

Diese beiden Gleichungen und das oben angegebene Resultat (24.31) der Knotenregel stellen die drei unabhängigen Bestimmungsgleichungen für die drei unbekannten Ströme dar. Daraus berechnen sich die Stromstärken zu:

$$I_1 = \frac{(R_2 + R_3) \cdot U_1^{\mathrm{EMK}} - R_3 \cdot U_2^{\mathrm{EMK}}}{R_1 \cdot R_2 + R_1 \cdot R_3 + R_2 \cdot R_3} \qquad (24.34)$$

$$I_2 = \frac{R_3 \cdot U_1^{\mathrm{EMK}} - (R_1 + R_3) \cdot U_2^{\mathrm{EMK}}}{R_1 \cdot R_2 + R_1 \cdot R_3 + R_2 \cdot R_3} \qquad (24.35)$$

$$I_3 = \frac{-\left(U_1^{\mathrm{EMK}} \cdot R_2 + U_2^{\mathrm{EMK}} \cdot R_1\right)}{R_1 \cdot R_2 + R_1 \cdot R_3 + R_2 \cdot R_3} \qquad (24.36)$$

Während die Richtung der beiden Stromstärken I_1 und I_2, wie durch die beiden Gleichungen (24.34) und (24.35) gegeben, von der jeweiligen Größe der Leerlaufspannungen und Widerstände abhängt, besitzt I_3 gemäß (24.36) immer negatives Vorzeichen unabhängig von den gegebenen Werten. Entgegen unserer anfänglichen willkürlichen Annahme für die Stromrichtungen zeigt I_3 daher entgegengesetzt zu der in Abb. 24.18 angegebenen Richtung (also von d nach b).

Mit Hilfe der Gleichungen (24.34)–(24.36) lassen sich auch alle möglichen Sonderfälle für dieses Netzwerk beschreiben. Ist z. B. der Widerstand $R_3 = \infty$, so folgt: $I_3 = 0$ und $I_1 = I_2 = \left(U_1^{\mathrm{EMK}} - U_2^{\mathrm{EMK}}\right)/(R_1 + R_2)$; oder für den Fall, dass der Widerstand $R_2 = \infty$ ist, ergibt sich: $I_1 = I_3 = U_1^{\mathrm{EMK}}/(R_1 + R_3)$ und $I_2 = 0$, d. h. der Stromkreis in dem jeweiligen Zweig mit unendlich großem Widerstand ist unterbrochen.

4. Zwei Glühlampen 15 W, 230 V und 150 W, 230 V werden, wie Abb. 24.19 zeigt, in Reihe an eine Spannungsquelle (Steckdose) des Haushaltsnetzes angeschlossen.

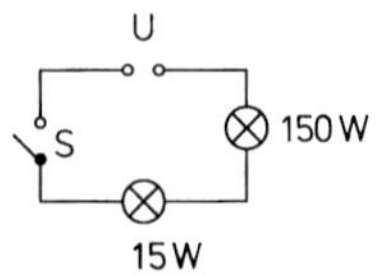

Abb. 24.19

Die Leistungs- und Spannungsangaben bei Glühlampen bedeuten, dass sie bei einer Nennspannung U (hier 230 V) eine Leistung P (hier 15 bzw. 150 W) verbrauchen. Eine Glühlampe brennt umso heller, je höher die angelegte Spannung (für die aber immer $\leq$ der Nennspannung U gilt), bzw. umso weniger hell, je niedriger die angelegte Spannung (bezüglich der Nennspannung) ist. Jede dieser Lampen besitzt einen bestimmten Widerstand, der sich mithilfe der Beziehung (24.8) einfach berechnen lässt. Aus $P = U^2/R$ folgt jeweils für den Widerstand der Lampen:

$$R_{15} = \frac{(230)^2}{15}\frac{(\mathrm{V})^2}{\mathrm{W}} = 3527\,\Omega$$

bzw.

$$R_{150} = \frac{(230)^2}{150}\frac{(\mathrm{V})^2}{\mathrm{W}} = 353\,\Omega$$

d. h. der Gesamtwiderstand beträgt $R_g = R_{15} + R_{150} = 3880\,\Omega$, und es fließt in dem Stromkreis ein Strom von:

$$I = \frac{U}{R} = \frac{230\,\mathrm{V}}{3880\,\Omega} = 0{,}059\ \mathrm{A} = 59\ \mathrm{mA}$$

Die am Widerstand jeder Glühlampe erbrachte Leistung ergibt sich damit zu:

$$P_{15} = R_{15} \cdot I^2 = (3527\,\Omega) \cdot \left(59 \cdot 10^{-3}\mathrm{A}\right)^2 = 12{,}3\ \mathrm{W}$$

bzw.

$$P_{150} = R_{150} \cdot I^2 = (353\,\Omega) \cdot \left(59 \cdot 10^{-3}\mathrm{A}\right)^2 = 1{,}23\ \mathrm{W}$$

Vergleicht man die tatsächlich erbrachten Leistungen der beiden Glühlampen mit ihren Nennleistungen, so ergibt sich, dass die 15 W Glühlampe ca. 83 % ihrer Leistung erreicht und daher nahezu mit maximal möglicher Helligkeit leuchtet, wogegen die 150 W Glühlampe mit nur 0,83 % ihrer Nennleistung nur sehr schwach brennt.

5. Wenn ein Tauchsieder, der bei einer Spannung von $U_1 = 220$ V eine Leistung von $P_1 = 500$ W aufweist, mit nur $U_2 = 110$ V betrieben wird, so geht dessen Leistung auf $P_2 = \frac{1}{4}P_1$ zurück. Der Widerstand des Tauchsieders ist eine von der angelegten Spannung unabhängige Größe und nach Gleichung (24.8) ist die Leistung dem Quadrat der Spannung proportional ($P \sim U^2$). Ist daher die angelegte Spannung halb so groß ($U_2 = U_1/2$), so wird die Leistung auf $P_2 = \left(\frac{1}{2}\right)^2 P_1 = 125\ \mathrm{W}$ zurückgehen. Denn bei einer auf die Hälfte reduzierten Spannung U wird wegen $I \sim U$ auch die Stromstärke I auf die Hälfte zurückgehen. Es ergibt sich somit auch hiermit eine Abnahme der Leistung auf ein Viertel, da die Leistung das Produkt aus Spannung und Stromstärke ist.

6. An einer Steckdose des Haushaltsnetzes von $U = 230$ V werden drei gleiche Glühlampen hintereinander betrieben (Abb. 24.20 (I)). Brennt eine der Glühlampen durch, beispielsweise Glühlampe 2, dann wird deren Widerstand sehr groß. Dadurch ist aber der Stromkreis unterbrochen und die anderen Lampen erlöschen ebenfalls. Elektrische Lichterketten sind i. Allg. derartig hintereinander geschaltete gleiche Glühlampen, z. B. besteht eine „Zehnerkette" des Haushaltsnetzes aus zehn 23 W Lampen in Reihe.

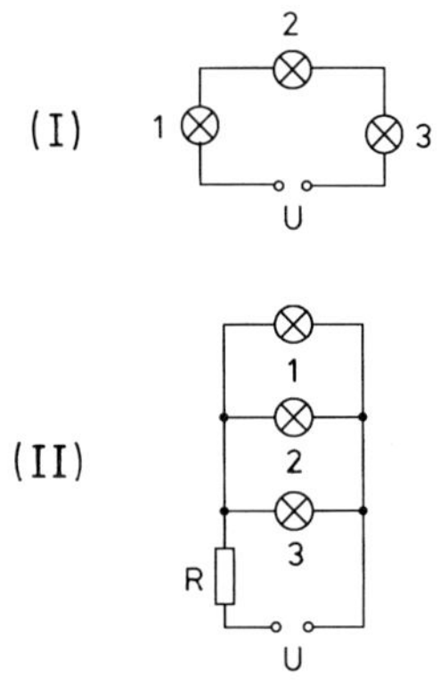

Abb. 24.20

Sind die Glühlampen jedoch parallel geschaltet (Abb. 24.20 (II)), wobei zur Sicherheit noch ein Vorschaltwiderstand R mit eingebaut ist, und brennt der Glühfaden einer der Lampen durch, wiederum beispielsweise bei Glühlampe 2, oder entfernt man diese, indem man sie aus ihrem Sockel schraubt, so leuchten die beiden anderen Glühlampen etwas heller. Der Gesamtwiderstand der Schaltung von Abb. 24.20 (II), an dem die Spannung U anliegt, ergibt sich aus der Serienschaltung des Widerstands R und des Ersatzwiderstands der parallel geschalteten Glühlampen. Der gesamte Ersatzwiderstand einer Parallelschaltung ist immer kleiner als jeder der Einzelwiderstände. Wird daher der Strom durch die Glühlampe 2 unterbrochen (infolge Durchbrennens oder Herausdrehens), so wird der Ersatzwiderstand der beiden restlichen Glühlampen 1 und 3 größer. Damit liegt ein größerer Teil der Gesamtspannung U an der Parallelschaltung an als zuvor.

7. Die Spannungsquelle (vom Innenwiderstand sei abgesehen) der Abb. 24.21 habe eine Leerlaufspannung von $U = 10$ V und die äußeren Widerstände haben folgende Werte: $R_1 = 1\,\Omega$, $R_2 = 3\,\Omega$ und $R_3 = 6\,\Omega$. Der Schalter S sei zunächst geöffnet. Der im Stromkreis fließende Strom ist nach (24.4)

$I = U/R_g$, wobei sich der Gesamtwiderstand nach (24.14) zu $R_g = R_1 + R_2 + R_3 = 10\,\Omega$ berechnet; damit folgt für die Stromstärke $I = (10\,\text{V})/(10\,\Omega) = 1\,\text{A}$. Der Spannungsabfall beispielsweise am Widerstand R_1 ergibt sich mit (24.10) zu $U_1 = 1\,\text{V}$.

Schließt man nun den Schalter S, dann wird die Schaltung im Punkt Q geerdet. Da definitionsgemäß die „Erde" E auf dem Potential $\varphi(\text{E}) = 0\,\text{V}$ liegt (s. § 21) und damit in der Schaltung auch der Punkt Q, liegt jetzt der Punkt P auf dem Potential $\varphi(\text{P}) = -1\,\text{V}$, d. h. seine Spannung ist gegen Erde $-1\,\text{V}$. Denn nach wie vor liegt am Gesamtwiderstand R_g die Gesamtspannung $U = 10\,\text{V}$ an und im Stromkreis fließt ebenso eine Stromstärke von $I = 1\,\text{A}$.

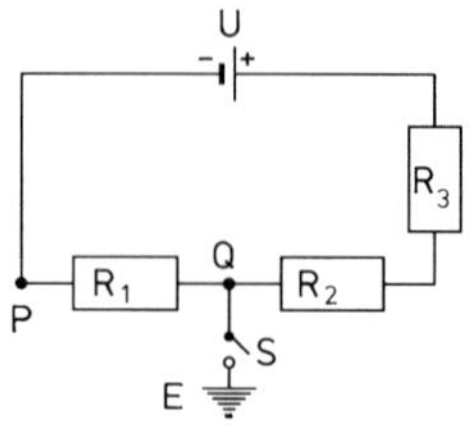

Abb. 24.21

Aufgaben

Aufgabe 24.1: Welchen Wert hat ein elektrischer Widerstand $\boldsymbol{R}$, wenn bei einer angelegten Spannung von $\boldsymbol{U} = 220\,\text{V}$ ein elektrischer Strom von $\boldsymbol{I} = 0{,}25\,\text{A}$ fließt?

Aufgabe 24.2: Das Diagramm von Bild A 24.1 zeigt die elektrische Stromstärke $\boldsymbol{I}$ in Abhängigkeit von der elektrischen Spannung $\boldsymbol{U}$ zwischen den Drahtenden.

a) Handelt es sich bei dem Draht um einen ohmschen Leiter?
b) Wie groß ist etwa der Widerstand $\boldsymbol{R}$ des Drahtes?

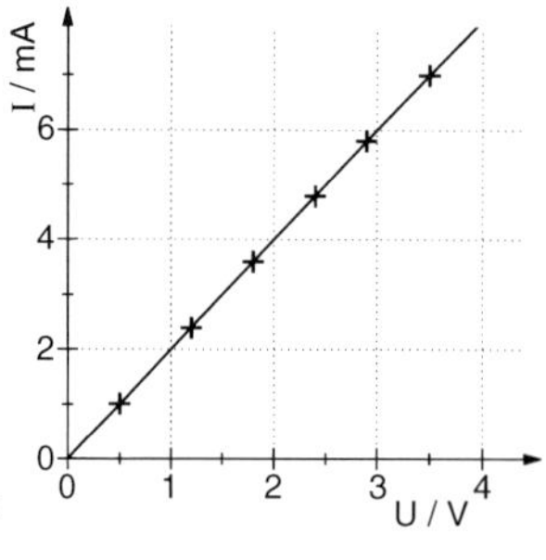

Bild A 24.1

Aufgabe 24.3: Wie groß ist der elektrische Widerstand $\boldsymbol{R}$ einer Kupferleitung (kreisförmige Querschnittsfläche mit Durchmesser $\boldsymbol{d} = 4\,\text{mm}$), die $\boldsymbol{l} = 6{,}2\,\text{km}$ lang ist? (Spezifischer elektrischer Widerstand des Kupfers: $\varrho = 1{,}7 \cdot 10^{-8}\,\Omega \cdot \text{m}$)

Aufgabe 24.4: Eine elektrische Leitung aus Eisendraht (kreisförmiger Querschnitt) mit Durchmesser $\boldsymbol{d}_{\text{Fe}} = 7{,}5\,\text{mm}$ soll durch eine ebenso gute (d. h. mit gleichem elektrischem Widerstand) und gleich lange Kupferleitung ersetzt werden. Welche Stärke muss diese haben, wenn der spezifische elektrische Widerstand für Kupfer $\varrho_{\text{Cu}} = 1{,}7 \cdot 10^{-8}\,\Omega \cdot \text{m}$, für Eisen $\varrho_{\text{Fe}} = 1 \cdot 10^{-7}\,\Omega \cdot \text{m}$ beträgt?

Aufgabe 24.5: Ein elektrisches Gerät mit einem Widerstand von $\boldsymbol{R} = 40\,\Omega$, das bei einer Spannung von $\boldsymbol{U}_1 = 220\,\text{V}$ eine Leistung $\boldsymbol{P}_1 = 1{,}21\,\text{kW}$ verbraucht, soll mit $\boldsymbol{U}_2 = 110\,\text{V}$ betrieben werden. Wie ändern sich

a) die Leistung?
b) die elektrische Stromstärke durch den Widerstand?
c) der Wert des Widerstands?

Aufgabe 24.6: In einer Glühlampe werde bei einer anliegenden Spannung von $\boldsymbol{U} = 230\,\text{V}$ eine Leistung von $\boldsymbol{P} = 100\,\text{W}$ umgesetzt. Wie groß ist in diesem Betriebszustand der Widerstand der Glühlampe?

Aufgabe 24.7: Der an einem elektrischen Energiezähler eines Haushalts abgelesene Zählerstand beträgt 268,47 kWh. Nun werden folgende parallel geschalteten Geräte in diesem Haushalt in Betrieb genommen: drei 75 W Glühlampen, die je 2,5 Stunden brennen, ein Tauchsieder, der 1,5 L Wasser von 10 °C auf 82 °C erwärmt, und zwei Stunden lang ein Motor mit einer Leistung von 245 W.
Wie groß ist der Zählerstand nach Abschalten der Geräte, wobei von den Leitungsverlusten abgesehen wird? (Spezifische Wärmekapazität des Wassers: $\boldsymbol{c} = 4{,}18\,\text{kJ/(kg} \cdot \text{K)}$.

Aufgabe 24.8: Die Versorgungsspannung (Batterie) einer Klingelanlage befindet sich 60 m vom Klingelapparat entfernt und ist mit ihr durch eine zweiadrige Leitung (Hin- und Rückleiter) mit kreisförmigem Querschnitt

(Durchmesser je 0,6 mm) verbunden. Ein in den Stromkreis geschaltetes Amperemeter zeigt einen Strom $I = 0{,}3$ A. (Spezifischer elektrischer Widerstand des Leitungsmaterials: $\varrho_L = 1{,}8 \cdot 10^{-8}\,\Omega \cdot \text{m}$).

a) Welchen Widerstand R hat die Leitung?
b) Wie groß ist der Spannungsabfall U in der Leitung?

Aufgabe 24.9: Vier Widerstände $R_1 = 100\,\Omega$, $R_2 = R_4 = 50\,\Omega$ und $R_3 = 75\,\Omega$ sind, wie in Bild A 24.2 dargestellt, an eine Spannungsquelle $U = 6$ V (Innenwiderstand werde vernachlässigt) angeschlossen.

a) Wie groß ist der Gesamtwiderstand R_{ges} der Anordnung?
b) Wie groß ist jeweils die Stromstärke I_1 bis I_4 in jedem der Widerstände?

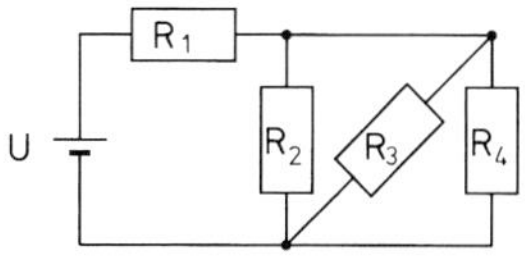

Bild A 24.2

Aufgabe 24.10: Wie groß ist der Widerstand eines Drahtwürfels, wenn der Strom in einer Würfelecke zufließt und in jener, in der Raumdiagonale des Würfels gegenüberliegenden Ecke wieder abfließt? Jede einzelne Würfelkante habe den Widerstand R.

Aufgabe 24.11: Drei Widerstände sind, wie in Bild A 24.3 dargestellt, mit einer Spannungsquelle verbunden (der Innenwiderstand der Spannungsquelle werde vernachlässigt).

a) Wie groß ist die im Kreis fließende Stromstärke I?
b) Welche Spannung U_2 fällt am Widerstand R_2 ab?

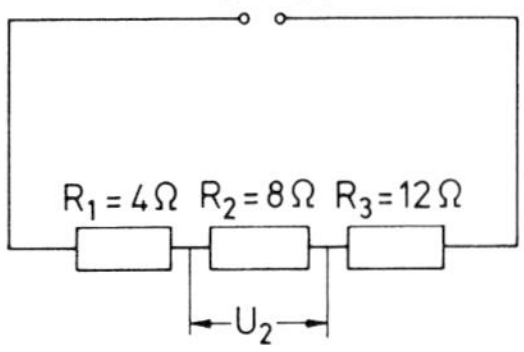

Bild A 24.3

Aufgabe 24.12: An eine Spannungsquelle (der Innenwiderstand der Spannungsquelle werde vernachlässigt) werden drei Widerstände gemäß Bild A 24.4 angeschlossen.

a) Welchen Leitwert G hat ein Widerstand, durch den die drei Widerstände ersetzt werden können?
b) Welche Stromstärke I wird der Spannungsquelle entnommen?

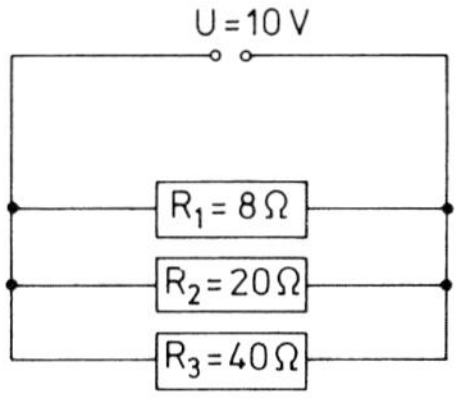

Bild A 24.4

Aufgabe 24.13: In Bild A 24.5 ist das Schema einer Wheatstone'schen Brückenschaltung dargestellt, mit einem unbekannten Widerstand R_x, dessen Wert bestimmt werden soll.

a) Wie groß ist der unbekannte Widerstand R_x, wenn die Brücke abgeglichen ist?
b) Welche Stromstärke I wird der Spannungsquelle entnommen?
c) Wie groß ist die Stromstärke I im oberen Brückenzweig?
d) Welcher Strom I fließt im unteren Brückenzweig?

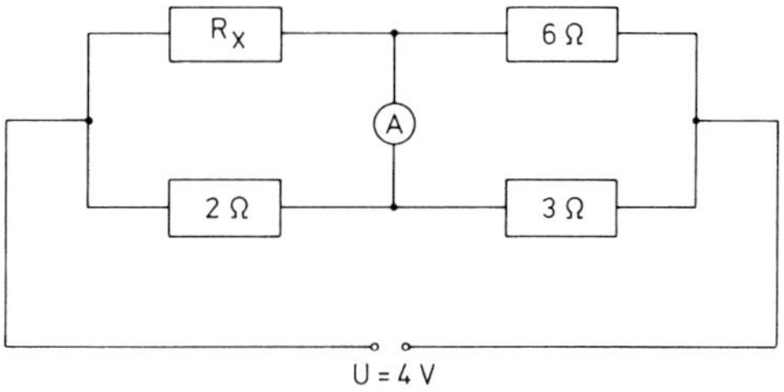

Bild A 24.5

Aufgabe 24.14: Um die Länge l eines auf einer Rolle aufgewickelten Kupferdrahtes (kreisförmiger Querschnitt) mit einer Dicke $d = 0{,}4$ mm (angenähert) zu bestimmen, wird sein Widerstand R_x mit einer Wheatstone'schen Brücke in der Anordnung nach Abb. 24.11 gemessen. Dabei ergibt sich, dass die Brücke für $a : b = 59 : 41$ stromlos ist, wenn der b zugeordnete Vergleichswiderstand $R = 50\,\Omega$ beträgt.
Welche Länge l hat der Draht, wenn der spezifische elektrische Widerstand von Kupfer $\varrho = 1{,}7 \cdot 10^{-8}\,\Omega \cdot \text{m}$ beträgt?

Aufgabe 24.15: Eine Batterie mit einem Innenwiderstand von $3\,\Omega$ habe eine Leerlaufspannung $U^{EMK} = 12$ V.

a) Wie groß ist die Klemmenspannung U_K, wenn ein Strom der Stärke $I = 0{,}5$ A fließt?
b) Welcher Wert folgt für die Kurzschlussstromstärke I_{max} der Batterie?

Aufgabe 24.16: Bild A 24.6 zeigt die Abhängigkeit der Klemmenspannung U_K eines Bleiakkumulators (dessen Innenwiderstand von der Stromstärke unabhängig ist) von dem ihm entnommenen Strom I.

a) Welchen Wert hat die Leerlaufspannung U^{EMK}?

b) Wie groß ist der Innenwiderstand R_i des Akkumulators?

c) Was folgt für die Kurzschlussstromstärke I_{max}?

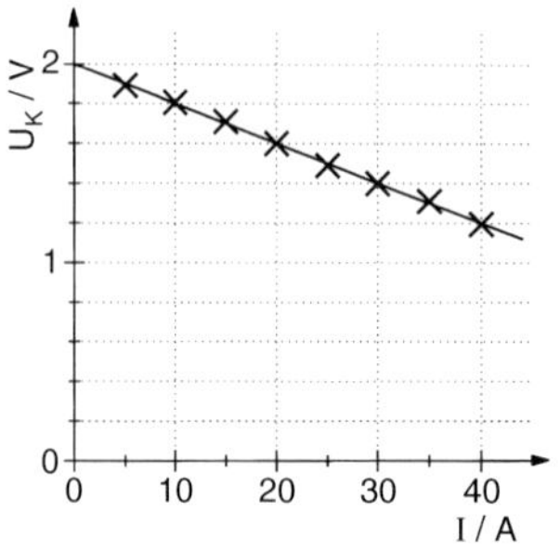

Bild A 24.6

Aufgabe 24.17: Einem Akkumulator mit einer Leerlaufspannung von $U^{EMK} = 2{,}0$ V und einem Innenwiderstand $R_i = 0{,}1\ \Omega$ werde eine Stromstärke von $I = 2{,}0$ A entnommen. Wie groß ist die

a) im Akkumulator umgesetzte Joule'sche Leistung P_i?

b) beim Verbraucher umgesetzte Joule'sche Leistung P_V?

Aufgabe 24.18: Welchen Wert muss in der in Bild A 24.7 dargestellten Schaltung (Kompensationsschaltung) der Widerstand R haben, damit das Amperemeter Ⓐ stromlos ist?

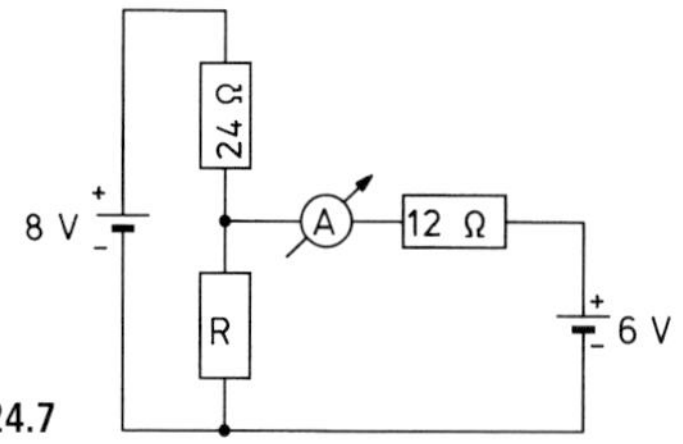

Bild A 24.7

Aufgabe 24.19: In der in Bild A 24.8 dargestellten elektrischen Schaltung sind an die Spannungsquelle (1) der Klemmenspannung U_1 und dem Innenwiderstand $R_1 = 0$ ein Widerstand R und ein Strommessgerät Ⓐ angeschlossen. Durch Schließen des Schalters S kann eine zweite Spannungsquelle (2) mit der Klemmenspannung $U_2 = U_1$ und dem Innenwiderstand $R_2 = 0$ zugeschaltet werden. Wie ändern sich:

a) die Spannung am Widerstand R?

b) der am Amperemeter Ⓐ abgelesene Strom I?

c) die Stärke des Stromes durch die Spannungsquelle (1)?

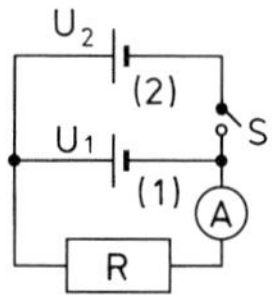

Bild A 24.8

Aufgabe 24.20: Der in Bild A 24.9 gezeichnete Schaltkreis mit den ohmschen Widerständen $R_1 = R_2 = 150\ \Omega$ sei zunächst isoliert aufgestellt. In einem zweiten Schritt wird die Schaltung durch Schließen des Schalters S geerdet.

a) Welchen Wert hat die Stromstärke I im Stromkreis bevor der Schalter geschlossen wird?

b) Wie ändert sich die Stromstärke nach Schließen des Schalters?

c) Wie groß ist die Spannung U(a) im Punkt a bzw. U(b) im Punkt b der Schaltung?

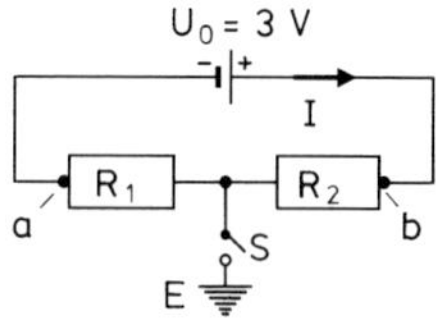

Bild A 24.9

§ 25 Ladungstransport in Materie und Vakuum

Ein Transport von Ladungen kann in Materie (Festkörper, Flüssigkeit, Gas) – wie auch im Vakuum – nur dann stattfinden, wenn frei bewegliche Ladungsträger vorhanden sind, welche im elektrischen Feld, aufgrund einer angelegten Spannung, Energie gewinnen. Die elektrische Leitfähigkeit ist jedoch, wie wir beispielsweise bei den Metallen bereits gesehen haben, in den verschiedenen Stoffen sehr unterschiedlich. In diesem Abschnitt werden wir in einer etwas eher mikroskopischen Deutung einige Grundzüge der Mechanismen des Ladungstransports behandeln, ohne aber z. B. detailliert auf atomistische Modellvorstellungen einzugehen. Zunächst betrachten wir einmal Grundprinzipien des Leitungsmechanismus in Festkörpern (s. auch § 29.3), hierbei insbesondere die Metalle und die Halbleiter (mit Anwendungsbeispielen), um dann die Flüssigkeiten und Gase sowie einige ihrer besonderen Eigenschaften anzusprechen. Anschließend diskutieren wir diverse Möglichkeiten der Erzeugung von Ladungen im Vakuum und einige der vielen Anwendungsmöglichkeiten.

§ 25.1 Metallische Leiter

In metallischen Leitern beruht der Ladungstransport auf der Bewegung von Elektronen, denn bei Kristallen mit metallischer Bindung sind die Valenzelektronen nicht an einzelne oder wenige benachbarte Atome gebunden, sondern alle Atome des gesamten Gitters teilen sich diese nicht lokalisierten, räumlich verteilten Elektronen, wobei jedes Metallatom im Mittel ein bis zwei Elektronen dazu beiträgt. Diese Elektronen erbringen einerseits durch die Wechselwirkung mit den positiven Ionenrümpfen der Metallatome einen hohen Anteil zur Bindungsenergie (s. auch § 39.1.5) und sind andererseits für die elektrische Leitfähigkeit der Metalle verantwortlich; man bezeichnet sie aus letzterem Grund als *Leitungselektronen*. Bei Kupfer (Ordnungszahl $Z = 29$) beispielsweise gibt es ein Leitungselektron pro Atom, während die anderen 28 Elektronen fest an den positiven Ionenrumpf des Atoms gebunden bleiben. Die Anzahldichte quasifreier Elektronen ergibt sich für Kupfer zu $8{,}4 \cdot 10^{28}/\text{m}^3$ und liegt bei den Metallen überhaupt typischerweise zwischen 10^{28} und 10^{29} pro m^3.

Die sich relativ frei durch das Gitter der Rumpfionen bewegenden Leitungselektronen bilden ein so genanntes *Elektronengas* (auch als *Fermi-Gas* bezeichnet). Wenn auch die Geschwindigkeitsverteilung von Leitungselektronen exakt nur mittels der Quantenmechanik beschrieben werden kann, so erlaubt dieses klassische Modell eines Gases quasifreier Elektronen doch einige Einsichten in den Mechanismus des Ladungstransports zu gewinnen. Tatsache ist somit, dass die Leitungselektronen im Metall auch in Abwesenheit eines elektrischen Feldes keineswegs ruhen, sondern eine ungeordnete thermische Bewegung ausführen mit zufällig verteilten Bewegungsrichtungen, ebenso wie jene von Gasmolekülen in einem Behälter.

In metallischen Leitern haben die Leitungselektronen jedoch aus quantentheoretischen Gründen eine wesentlich höhere mittlere thermische Geschwindigkeit als sich nach der gaskinetischen Beziehung (14.15) ergeben würde; sie liegt bei Raumtemperatur ($T \approx 300\,\text{K}$) in der Größenordnung von $\bar{v}_{\text{th}} \approx 10^6 - 10^7\,\text{m/s}$. Die Leitungselektronen stoßen dauernd mit den infolge der thermischen Energie um ihre Gitterplätze (als Gleichgewichtslage) schwingenden Metallatomen bzw. -ionen zusammen und werden in beliebige Richtung gestreut. Sie übertragen dabei Energie und Impuls auf das gesamte Metallgitter unter Anregung von Kristallgitterschwingungen (*Phononen*, s. auch § 17.1.4); man bezeichnet daher diese Wechselwirkung auch als *Elektron-Phonon-Streuung*. Eine weitere Wechselwirkung erfahren die Leitungselektronen durch die Streuung an elektrisch neutralen Störstellen (Gitterbaufehlern, Verunreinigungen) im Metallkristall, die insbesondere bei tieferen Temperaturen zum Tragen kommt.

Man kann nun auch hier, wie bei den Gasen, eine *mittlere freie Weglänge* $\bar{l}$ einführen, als den mittleren Weg, den ein Elektron zwischen zwei aufeinander folgenden Zusammenstößen zurücklegt. Beispielsweise ergibt sich für eine mittlere Geschwindigkeit von $\bar{v}_{\text{th}} = 1{,}56 \cdot 10^6\,\text{m/s}$ (bei $T = 300\,\text{K}$) der Leitungselektronen von Kupfer eine mittlere freie Weglänge von $\bar{l} \approx 41\,\text{nm}$. Vergleicht man diese Wegstrecke, welche die Elektronen stoßfrei durchlaufen können, mit dem mittleren Abstand der Kupferatome auf ihren Gitterplätzen

4

von ca. $2{,}6 \cdot 10^{-10}$ m, so ist sie in atomarer Dimension gesehen überraschend groß mit ungefähr dem 150fachen des Abstandes.

Legt man nun an einen metallischen Leiter ein elektrisches Feld an, z. B. durch eine äußere Gleichspannung, dann überlagert sich der statistischen Bewegung der Elektronen eine (per definitionem) entgegen der Feldrichtung geordnete Bewegung (*Driftbewegung*) durch den metallischen Leiter. Die Geschwindigkeit der für den elektrischen Strom allein verantwortlichen geordneten Driftbewegung, die *Driftgeschwindigkeit* $\vec{v}_{dr}$, ist bei nicht zu hohen elektrischen Feldstärken um den Faktor 10^9 bis 10^{10} kleiner als die mittlere Geschwindigkeit der Zufallsbewegungen. Die *Driftgeschwindigkeit* $\vec{v}_{dr}$ kann in Abhängigkeit von $\vec{E}$, $\bar{v}_{th}$ und $\bar{l}$ ausgedrückt werden. Zwischen zwei Stößen mit Gitteratomen übt das äußere elektrische Feld auf jedes Leitungselektron eine Kraft $\vec{F} = -e \cdot \vec{E}$ aus, wodurch es nach dem zweiten Newton'schen Axiom eine Beschleunigung $\vec{a} = -e \cdot \vec{E}/m$ erfährt. Nach kurzer Wegstrecke stößt das Elektron auf ein Gitteratom, wird statistisch verteilt gestreut und erneut durch das äußere elektrische Feld beschleunigt, wie Abb. 25.1 schematisch zeigt. Ein Elektron bewegt sich daher nach jedem Stoß nicht in Richtung der gestrichelt gezeichneten Pfeile, sondern wird durch das elektrische Feld entgegengesetzt zur Feldrichtung abgelenkt und bewegt sich jeweils längs einer gekrümmten Bahnkurve. Dadurch ergibt sich eine Drift in Richtung $\vec{v}_{dr}$. Ist $\bar{\tau} = \bar{l}/\bar{v}_{th}$ die mittlere Zeit zwischen zwei Stößen, die ein Leitungselektron im klassischen freien Elektronengas erfährt, d. h. $\bar{\tau}$ ist durch die um Größenordnungen höhere mittlere thermische Geschwindigkeit $\bar{v}_{th}$ und die mittlere freie Weglänge $\bar{l}$ bestimmt, dann ändert sich während dieser Zeit die Geschwindigkeit des Elektrons um $\vec{a} \cdot \bar{\tau}$. Diese Änderung ist die

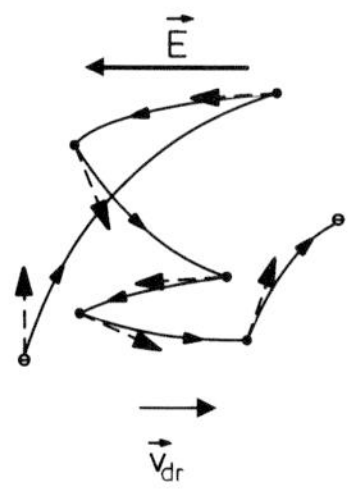

Abb. 25.1

Driftgeschwindigkeit $\vec{v}_{dr}$, für deren Betrag somit folgt:

$$v_{dr} = |\vec{a} \cdot \bar{\tau}| = \frac{e \cdot E \cdot \bar{\tau}}{m} = \mu \cdot E \qquad (25.1)$$

dabei bezeichnet $\mu = \frac{e \cdot \bar{\tau}}{m} = \frac{v_{dr}}{E}$ die ***Beweglichkeit*** der Elektronen, die bei konstanter Temperatur für viele Materialien eine Stoffkonstante ist (bei $T = 300$ K ist beispielsweise für Kupfer $\mu = 4{,}8 \cdot 10^{-3}\ \mathrm{m^2/V \cdot s}$). Die Driftgeschwindigkeit der Elektronen ist nach (25.1) also proportional zur elektrischen Feldstärke. Für einen Leiter aus Kupfer ergibt sich beispielsweise bei einer elektrischen Feldstärke $E = 1$ V/m eine Driftgeschwindigkeit von $v_{dr} = 4{,}8 \cdot 10^{-3}$ m/s.

Nach dem hier beschriebenen einfachen Modell stoßen die Leitungselektronen aufgrund ihrer Bewegung ständig mit den Atomen des Metallgitters zusammen (wobei Zusammenstöße der Elektronen untereinander relativ selten sind und zudem ohne Einfluss auf den Leitungsmechanismus). Durch die Zusammenstöße erfahren sie einen Widerstand analog zur Stokes'schen Reibungskraft der Hydrodynamik. Die Leitungselektronen bewegen sich also im Metall ähnlich wie Kugeln in einem zähen Medium. Welches sind nun die physikalischen Voraussetzungen für das Ohm'sche Gesetz (24.3) bzw. die Beziehungen für den elektrischen Widerstand (24.5) oder Leitwert (24.7), die sich auf der Basis der obigen Ergebnisse des klassischen Elektronengasmodells ergeben?

Für die Stromdichte eines homogenen Leiters gilt nach Gleichung (23.4):

$$j = \varrho_N \cdot e \cdot v_{dr} \qquad (25.2)$$

ϱ_N: Anzahl der Ladungsträger pro Volumeneinheit (Teilchenanzahldichte)
e: Elementarladung
v_{dr}: mittlere Geschwindigkeit der Driftbewegung der Ladungsträger

Gemäß Beziehung (25.1) ist die Driftgeschwindigkeit der Elektronen proportional zur elektrischen Feldstärke und es folgt damit für die Stromdichte j:

$$j = \varrho_N \cdot e \cdot \mu \cdot E \qquad (25.3)$$

Gehen wir der Einfachheit halber von einem homogenen geraden metallischen Leiter der Länge l und der konstanten Querschnittsfläche

A aus, an dessen Enden die Spannung U anliegt, welche im gesamten Leiter eine elektrische Feldstärke $E = U/l$ bedingt (Abb. 25.2).

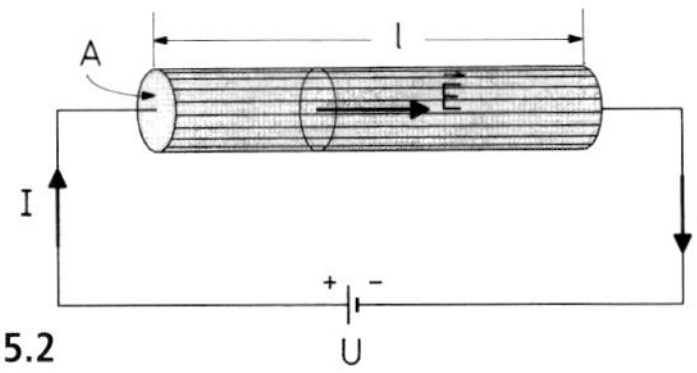

Abb. 25.2

Dabei ist vorausgesetzt, dass wegen der Konstanz des elektrischen Stromes und des Leiterquerschnitts auch die Stromdichte j und die elektrische Feldstärke im gesamten Leiter konstant sind. Aus Gleichung (23.3) findet man dann für die Stromstärke I:

$$I = j \cdot A = \varrho_N \cdot e \cdot \mu \cdot E \cdot A = \varrho_N \cdot e \cdot \mu \cdot \frac{A}{l} \cdot U$$

Demnach gilt das Ohm'sche Gesetz $I \sim U$ unter den Bedingungen, dass die Ladungsträgerdichte ϱ_N und die Beweglichkeit μ konstant sind. Außerdem ergibt sich für den Leitwert G bzw. Widerstand R gemäß der Definition (24.4) bzw. (24.1) jeweils die Form der Gleichung (24.7) bzw. (24.5). Dabei entspricht der elektrischen Leitfähigkeit γ bzw. dem spezifischen elektrischen Widerstand ϱ die Beziehung:

$$\gamma = \varrho_N \cdot e \cdot \mu \quad \text{bzw.} \quad \varrho = \frac{1}{\varrho_N \cdot e \cdot \mu} \tag{25.4}$$

woraus man mit der Beweglichkeit $\mu = e \cdot \bar{\tau}/m$ erhält:

$$\gamma = \frac{\varrho_N \cdot e^2 \cdot \bar{\tau}}{m} \quad \text{bzw.} \quad \varrho = \frac{m}{\varrho_N \cdot e^2 \cdot \bar{\tau}} \tag{25.5}$$

So lange bei konstanter Ladungsträgerdichte ϱ_N (wie vorausgesetzt) die mittlere Zeit $\bar{\tau}$ zwischen zwei Zusammenstößen der Leitungselektronen mit den Atomen des Metallgitters und damit auch die Beweglichkeit μ von der äußeren elektrischen Feldstärke unabhängig ist (d. h. die Feldstärken nicht zu groß sind), wird auch die elektrische Leitfähigkeit bzw. der spezifische elektrische Widerstand nicht von ihr abhängen. Da i. Allg. die Geschwindigkeitsverteilung der Elektronen, wie oben festgestellt, nur sehr wenig vom elektrischen Feld beeinflusst wird – v_{dr} und $\bar{v}$ verhalten sich in Metallen etwa wie $1 : 10^{10}$ – bleibt $\bar{\tau}$ damit fast unverändert. Damit ist die rechte Seite der Gleichung (25.4), d. h. γ und ϱ, von E unabhängig: Es gilt das Ohm'sche Gesetz.

Mit (25.3) und (25.4) lautet die allgemeine Form des Ohm'schen Gesetzes:

$$j = \gamma \cdot E \tag{25.6}$$

(bei $T = \text{const.}$)

> Die Stromdichte ist proportional zur elektrischen Feldstärke: $j \sim E$.
> Oder: Die elektrische Leitfähigkeit ist konstant.

§ 25.1.1 Temperaturabhängigkeit des elektrischen Widerstands von Metallen

Nach Gleichung (25.4) ist die elektrische Leitfähigkeit γ proportional zur Beweglichkeit μ der Elektronen. Je größer also die Beweglichkeit der Elektronen ist, desto höher wird die Leitfähigkeit (desto geringer wird der spezifische Widerstand) des Metalls. Nun ist die Beweglichkeit der Elektronen im Metall temperaturabhängig. Mit steigender Temperatur wird die mittlere thermische Geschwindigkeit der Elektronen größer, aber außerdem werden mehr Gitterschwingungen thermisch angeregt und behindern desto mehr die Elektronenbewegung. Damit wird die Stoßzeit $\bar{\tau}$ kleiner, somit sinkt auch die Beweglichkeit μ der Elektronen und das bedeutet nach (25.4) oder (25.5), dass die elektrische Leitfähigkeit γ abnimmt bzw. der spezifische elektrische Widerstand ϱ größer wird. In den meisten Fällen kann man für kleinere Temperaturbereiche einen linearen Ansatz für die **Temperaturabhängigkeit der Leitfähigkeit γ** bzw. **des spezifischen Widerstandes ϱ** annehmen:

$$\gamma_T = \gamma_0(1 - \alpha \cdot \vartheta) \tag{25.7}$$

4

bzw.

$$\varrho_T = \varrho_0(1 + \alpha \cdot \vartheta) \qquad (25.8)$$

dabei bedeuten γ_0 und γ_T bzw. ϱ_0 und ϱ_T die elektrische Leitfähigkeit bzw. den spezifischen elektrischen Widerstand jeweils bei der Temperatur T_0 und $T = (T_0 + \vartheta)$, mit der Temperaturänderung ϑ sowie α den relativen Temperaturkoeffizienten (mit der Einheit K^{-1}) des elektrischen Widerstandes. Bei Metallen ist der Temperaturkoeffizient positiv (man bezeichnet sie daher auch als PTC-Leiter; – PTC: ***„positive temperature coefficient“***), wogegen er beispielsweise bei Kohlenstoff und den Halbleitern negativ ist (NTC-Leiter, s. dazu § 25.2.2). In Tabelle 25.1 sind Temperaturkoeffizienten einiger Materialien bei 20 °C angegeben, die als mittlere relative Temperaturkoeffizienten, in der Regel im Temperaturbereich von 0 bis 100 °C gültig sind.

Tab. 25.1

Material	$\alpha/10^{-3}\,K^{-1}$
Aluminium	+4,67
Blei	+4,2
Eisen	+5,0
Gold	+3,98
Konstantan	+0,03
Kupfer	+4,33
Nickel	+6,75
Platin	+3,92
Quecksilber	+0,99
Silber	+4,10
Wolfram	+4,83
Zink	+4,2
Zinn	+4,63
Kohlenstoff	−0,5

Wie Tab. 25.1 zeigt, liegt der Temperaturkoeffizient für viele Metalle bei $\alpha \approx \frac{1}{250}\,K^{-1} = 4 \cdot 10^{-3}\,K^{-1}$. Er nähert sich dem thermischen Ausdehnungskoeffizienten $\frac{1}{273,15}\,K^{-1}$ der idealen Gase umso mehr, je reiner das betreffende Metall ist.

Die Abb. 25.3 gibt Beispiele der Temperaturabhängigkeit von ϱ_T (normiert auf den spezifischen Widerstand ϱ bei 293 K) für einige metallische Leiter. Während die Metalle Aluminium, Eisen, Kupfer und Platin unterschiedlichen Verlauf mit der Temperatur aufweisen, zeigt Konstantan (eine Legierung aus 50 % Cu, 40 % Ni und 10 % Zn) im dargestellten Temperaturbereich eine vernachlässigbare Abhängigkeit. Wie bei den idealen Gasen beim Druck, gilt analog für viele Metalle gemäß der Theorie in guter Näherung für die spezifische Wärmekapazität $\varrho \sim T$, häufiger sind jedoch die Abhängigkeiten $\varrho \sim T^{3/2}$.

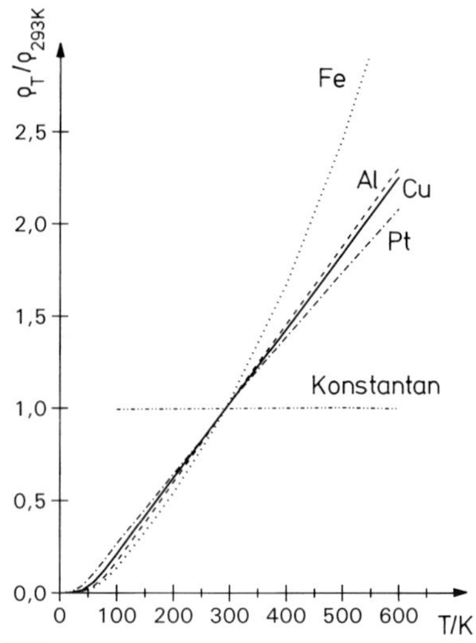

Abb. 25.3

Die **Temperaturabhängigkeit des elektrischen Widerstands R_T** eines Leiters ergibt sich ausgehend von Gleichung (24.5) unter Einbeziehung der Temperaturabhängigkeit des spezifischen elektrischen Widerstandes gemäß (25.8) zu:

$$\begin{aligned} R_T &= \varrho_T \cdot \frac{l}{A} = \varrho_0 \cdot (1 + \alpha \cdot \vartheta) \cdot \frac{l}{A} \\ &= R_0 \cdot (1 + \alpha \cdot \vartheta) \end{aligned} \qquad (25.9)$$

dabei sind R_T bzw. R_0 der elektrische Widerstand bei der Temperatur $T = (T_0 + \vartheta)$ bzw. T_0 und ϑ die Temperaturänderung. Bei bekanntem Temperaturkoeffizient α der Metalle lässt sich daher die Temperaturmessung auf eine Widerstandsmessung zurückführen. Dies findet bei ***Metall-Widerstandsthermometern*** Anwendung, die Messfühler (Widerstandsdrähte) aus Platin (Pt) oder Nickel (Ni) haben, deren Nennwiderstand bei 0 °C genau 100 Ω („Pt 100", „Ni 100") beträgt. Die Messwiderstände sind i. Allg. in eine Isolation (Glas, Kunststoff, Keramik) eingebettet. Der Verwendungsbereich hängt von der Linearität des Temperaturgangs des Widerstandsmaterials und auch wesentlich von dem verwendeten Isolationsmaterial ab. Der typische Temperaturbereich für Widerstandsthermometer aus Pt reicht von – 220 °C bis + 750 °C, in Spezialausführungen bis 1000 °C, und für solche aus Ni von – 60 °C bis + 150 °C. Für die Widerstandsmessung ist immer eine externe Spannungsquelle erforderlich bei typischen Messströmen von 10 mA; die erreichbare Auflösung beträgt einige mK. Für Präzisionsmessungen ist der Messdraht Teil einer Widerstandsmessbrücke. Ein Vorzug dieser Thermometer liegt in ihrer geringen Wärmekapazität. Außer Platin und Nickel finden für bestimmte Temperaturbereiche auch Kupfer-, Eisenrhodium- und insbesondere auch Halbleiter-Widerstandsthermometer Verwendung (zu Letzteren s. auch § 25.2.2).

Eine Abart der Widerstandsthermometer sind die zur Strahlungsmessung verwendeten *Bolometer*, bei welchen ein oberflächlich geschwärztes dünnes Platinband zickzackförmig ausgespannt ist. Die auftreffende Strahlung wird absorbiert und in Wärme umgesetzt, welche eine Widerstandsvergrößerung des Platins bedingt, die sich empfindlich messen lässt und woraus sich, nach entsprechender Kalibration, die einfallende Strahlungsenergie ergibt.

Aus der experimentellen Erfahrung wissen wir, dass gute elektrische Leiter (z. B. Kupfer) auch gute Wärmeleiter und schlechte elektrische Leiter (z. B. Glas, Kunststoffe) auch schlechte Wärmeleiter sind. Wie wir bereits in § 17.1 angesprochen haben, ist bei den Metallen die elektrische Leitfähigkeit und die Wärmeleitfähigkeit zueinander proportional und wird durch Gleichung (17.16), das Gesetz von *Wiedemann-Franz-Lorenz* (auch kurz *Wiedemann-Franz-Gesetz* genannt) beschrieben. Dies zeigt, dass das Elektronengas den wesentlichen Beitrag sowohl zur elektrischen Leitfähigkeit als auch zur Wärmeleitfähigkeit in Metallen liefert.

Mit abnehmender Temperatur wird der Beitrag der Elektron-Phonon-Streuung, d. h. die Wechselwirkung der Leitungselektronen mit den um ihre Gitterplätze schwingenden Metallatomrümpfen, zum spezifischen elektrischen Widerstand kleiner, da die Anzahl der thermisch angeregten Gitterschwingungen abnimmt. Der spezifische elektrische Widerstand entspricht dann für sehr tiefe Temperaturen dem weitgehend temperaturunabhängigen (konstanten) Restwiderstand (Abb. 25.4), der durch den Einfluss der Streuung an Störstellen des Gitters bedingt ist und daher wesentlich von der Reinheit des Materials abhängt. Bei Kupfer beispielsweise liegt dieser Restwiderstand für Temperaturen von 1 K bis 20 K zwischen $2 \cdot 10^{-11}\,\Omega \cdot \mathrm{m}$ und $2{,}8 \cdot 10^{-11}\,\Omega \cdot \mathrm{m}$.

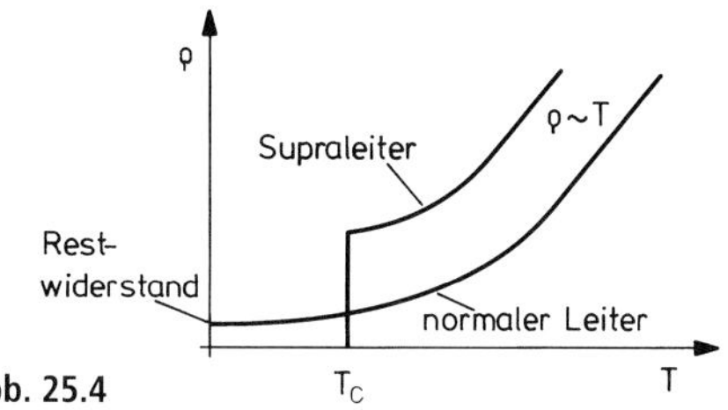

Abb. 25.4

Für manche Festkörpermaterialien geht der spezifische elektrische Widerstand bei sehr tiefen Temperaturen jedoch gegen null, d. h. bei einer bestimmten Temperatur $\boldsymbol{T_c}$ (***Sprungtemperatur*** oder *kritische Übergangstemperatur*) fällt der elektrische Widerstand abrupt auf einen unmessbar kleinen Wert ab (schematische Darstellung in Abb. 25.4). Das Material wird zu einem ***Supraleiter***. Der spezifische elektrische Widerstand von Supraleitern liegt (im supraleitenden Zustand) um mehr als 10 Zehnerpotenzen unter dem oben angegebenen Wert des Restwiderstandes von Kupfer.

§ 25.1.2 Supraleitung

Entdeckt wurde die Supraleitung, als 1911 *Heike Kammerlingh-Onnes* das Verhalten von Quecksilber bei tiefen Temperaturen (um 4 K) untersuchte, nachdem drei Jahre zuvor durch die erfolgreiche Verflüssigung des Heliums dieser neue Temperaturbereich erschlossen worden war. Es zeigte sich, dass der elektrische Widerstand des Quecksilbers, das bei diesen Temperaturen längst fest ist, bei Abkühlung mit Erreichen der Sprungtemperatur oder kritischen Temperatur $T_c = 4{,}154$ K abrupt abfällt.

Er nannte dieses Phänomen *Supraleitung*. Ein elektrischer Leiter mit praktisch unendlich großer Leitfähigkeit war gefunden und in der Folge wurden weitere Metalle, Legierungen, intermetallische Verbindungen, Halbleiter und selbst organische Materialien als Supraleiter erkannt. Seit Mitte der 50er Jahre schien mit der Verbindung Nb_3Ge ($T_c = 23{,}2$ K) die höchste Sprungtemperatur erreicht zu sein. Doch mit der Entdeckung der supraleitenden Eigenschaft spezieller Oxidkeramiken (z. B. Lanthan-Kupferoxid, La_2CuO_4) durch *K. A. Müller* und *J. G. Bednorz* im Jahre 1986 (Nobelpreis 1987), setzte eine stürmische Entwicklung von so genannten ***Hochtemperatur-Supraleitern*** (***HTSL***) ein, mit Sprungtemperaturen weit oberhalb der Verflüssigungstemperatur von Stickstoff (−195,9 °C). Damit war erstmals die Kühlung der Supraleiter durch flüssigen Stickstoff möglich und damit wesentlich kostengünstiger als mit Helium (Siedepunkt: −268,93 °C). Es wurden seither zahlreiche keramische Supraleiter mit Sprungtemperaturen $T_c > 130$ K entwickelt bis hin zur technischen Anwendungsreife. Mit diesen Hochtemperatur-Supraleitern, den sog. *Kupraten*, die überwiegend aus Kupferoxiden und einer Reihe weiterer Elemente unterschiedlichen Anteils bestehen, wurde eine neue Entwicklungsphase der Supraleitung eingeleitet. Seit dem Jahr 2000 liegt der Rekordwert der Sprungtemperatur des Kuprats $Hg_{0,8}Tl_{0,2}Ba_2Ca_2Cu_3O_{8,33}$ bei −135,15 °C. Zwischenzeitlich wurde in der Fachliteratur bei Kupraten bestimmter stöchiometrischer Zusammensetzung auch von beobachteten Sprungtemperaturen oberhalb von −80 °C berichtet, wie z. B. bei $(Sn_{1.0}Pb_{0.5}In_{0.5})Ba_4Tm_6Cu_8O_{22+}$ mit −78 °C, und Ende des Jahres 2009 gar von einer Sprungtemperatur um −19 °C für $(Tl_4Ba)Ba_2Ca_2Cu_7O_{13+}$, womit man in einem Temperaturbereich wäre, der ohne aufwändige Kühltechnik erreicht werden könnte. Jedoch bedarf es hier noch intensiver Forschungsaktivitäten, um diese ersten Beobachtungen zu manifestieren und es wird zudem dann noch ein weiter Weg sein, ggf. einen in der Praxis einsetzbaren Hochtemperatur-Supraleiter dieser Art zur Verfügung zu haben. Denn die Herstellung der Kuprate selbst, erfordert schon eine besondere Sorgfalt und die Verarbeitung dieser Hochtemperatur-Supraleiter für die Anwendung in der Energietechnik, z. B. in der Fertigung von Drähten oder Bändern, stellt eine hohe technologische Herausforderung dar und ist daher sehr begrenzt, da das Material sehr spröde ist.

Auf der Suche nach Hochtemperatur-Supraleitern mit noch höheren Sprungtemperaturen kommt jedoch als ein grundsätzliches Problem hinzu, dass der Mechanismus der Hochtemperatur-Supraleitung noch nicht verstanden ist, weshalb sich eine zielgerichtete Forschung in Richtung besser geeigneter Materialien dieses Typs sehr schwierig gestaltet. Vielleicht bringt hier der anfangs des Jahres 2008 von einer japanischen Forschergruppe vorgestellte Typus eines supraleitenden Materials die Entwicklung der Supraleiter weiter voran. Diese eisen- und arsenhaltigen Supraleiter, welche wie die Kuprate in „Sandwichbauweise“ hergestellt werden, bestehen aus abwechselnden Schichten von Eisenarsenid, getrennt durch isolierende Oxidschichten von Lanthan, bei welchen selektiv Sauerstoffatome durch Fluor substituiert werden, um Supraleitfähigkeit zu erzielen, die ab einem Fluoranteil von ca. 4 % beobachtet wurde. Der japanischen Forschergruppe gelang es damit, die supraleitende Eigenschaft von LaOFeAs bei einer Sprungtemperatur von −247 °C zu erzielen. Es handelt sich bei diesen so genannten *Pniktiden* daher um Supraleiter, die von den Anforderungen an die Kühlung für die breite technische Anwendung eigentlich uninteressant sind, wenn auch deren aktuelle höchste Sprungtemperatur inzwischen bei einer Temperatur von −217 °C liegt. Das vergleichende Studium des Verhaltens der Kuprate und der Pniktide könnte jedoch zum Verständnis des Mechanismus der Supraleitung dieser Materialien wesentlich beitragen und damit für eine zielgerichtete Suche nach Materialien mit noch höheren Sprungtemperaturen wegweisend sein. In Tabelle 25.2 sind sowohl einige so genannte konventionelle Supraleiter bzw. Tieftemperatur-Supraleiter (supraleitende Elemente sowie supraleitende Verbindungen und Legierungen) aufgeführt als auch Beispiele von Hochtemperatur-Supraleitern, einige der derzeit über 50 bekannten Kuprate und exemplarisch sechs Pniktide, mit den aktuell erreichten Sprungtemperaturen (kritische Temperaturen T_c).

Neben der unendlich guten Leitfähigkeit – ein in einem supraleitenden Ring einmal erzeugter Strom wies noch nach Jahren, wie in ei-

4

Tab. 25.2

Tieftemperatursupraleiter (Elemente)			
Element	**T_c/K**	**Element**	**T_c/K**
Al	1,175	Nb	9,25
Be	0,023	Pb	7,196
Cd	0,517	Pd	3,3
Cr	3,0	Pt	0,0019
Hg	4,154	Sn	3,722
In	3,41	Ta	4,48
Ir	0,1125	Ti	0,4
La	4,88	Tl	2,38
Li	0,0004	W	0,0154
Mo	0,915	Zn	0,85
Tieftemperatursupraleiter (Verbindungen und Legierungen)			
Material	**T_c/K**	**Material**	**T_c/K**
NbTi	10,6	Nb_3Al	18,0
V_3In	13,9	Nb_3Sn	18,05
Nb_3Ga	14,5	Nb_3Si	19,0
Ta_3Pb	17,0	$Nb_3(Al_8Ge_4)$	20,7
V_3Si	17,1	Nb_3Ge	23,2
Hochtemperatursupraleiter (Pniktide)			
Material	**T_c/K**	**Material**	**T_c/K**
$LaO_{0,89}F_{0,11}FeAs$	26	$SmFeAsO_{0,9}F_{0,1}$	43
$LaO_{0,9}F_{0,2}FeAs$	28,5	$SmFeAsO_{1-x}F_x$ ($x \approx 0,15$)	≈ 45
$Ba_{1-x}K_xFe_2As_2$	≈ 38	$GdFeAsO_{1-x}$ ($x \approx 0,15 \ldots 0,2$)	53 … 56
Hochtemperatursupraleiter (Kuprate)			
Material	**T_c/K**	**Material**	**T_c/K**
$YBa_2Cu_3O_7$	93	$Tl_2Ca_2Ba_2Cu_3O_{10}$	128
$Bi_2Ca_2Sr_2Cu_3O_{10}$	110	$HgBa_2Ca_2Cu_3O_8$	133…135
$Sn_2Ba_2(Tm_{0,5}Ca_{0,5})Cu_3O_{8+}$	115	$(Hg_{0,8}Tl_{0,2})Ba_2Ca_2Cu_3O_{8,33}$	138

nem Experiment gezeigt werden konnte, keine im Rahmen der Messgenauigkeit liegende Abnahme auf – ist für die Supraleitung ihr *„perfekter Diamagnetismus“* (s. § 29.2) charakteristisch: Beim Übergang in den supraleitenden Zustand wird ein äußeres (unterkritisches) Magnetfeld aus dem Innern des Leiters verdrängt (*Meissner-Ochsenfeld-Effekt*), und zwar unabhängig davon, ob das Material vor oder nach dem Einschalten des Magnetfeldes supraleitend wird. Unterkritisch heißt, dass das äußere Magnetfeld einen bestimmten Schwellenwert nicht überschreiten darf, weil sonst keine Supraleitung eintritt.

Wie oben schon erwähnt, hat der elektrische Widerstand in einem normal leitenden Metall prinzipiell seine Ursache in der Wechselwirkung der quasifreien Elektronen mit den *Phononen* (den quantisierten Gitterschwingungen) und in der Existenz von Gitterfehlern und Gitterstörstellen. Die unendlich gute Leitfähigkeit eines Supraleiters muss daher durch Elektronen bedingt sein, die durch keine Wechselwirkung mit dem Gitter in ihrer Beweglichkeit behindert werden. Nach der Theorie von **B**ardeen, **C**ooper und **S**chrieffer (kurz: **BCS-Theorie**) entsteht im System der Leitungselektronen bei Absenkung der Temperatur unterhalb die kritische Temperatur T_c durch Wechselwirkung über die Gitterschwingungen eine Korrelation der Elektronen zu den so genannten **Coo-**

per-Paaren. Diese „Kondensation" von je zwei Elektronen mit entgegengesetztem Spin und gleich großem, aber entgegengesetztem Wellenzahlvektor setzt bei der Sprungtemperatur ein und erfasst bei sinkender Temperatur immer mehr Elektronen. Der „Durchmesser" solcher Elektronenpaare liegt in der Größenordnung von 10^{-7} bis 10^{-6} m und ist groß gegenüber dem Abstand der ungepaarten Elektronen ($\approx 10^{-10}$ m), d. h. innerhalb eines Cooper-Paares befinden sich viele Elektronen, die wieder Teile eines anderen Cooper-Paares sein können; Cooper-Paare durchdringen sich gegenseitig. Zahlreiche experimentell beobachtbare Phänomene konventioneller Supraleiter beschreibt das hier nur knapp angesprochene Cooper-Paar-Modell der BCS-Theorie hinreichend gut, einige Erscheinungen können damit jedoch nicht voll zufriedenstellend interpretiert werden. Der Leitungsmechanismus der Hochtemperatur-Supraleiter kann derzeit theoretisch noch nicht detailliert erklärt werden, jedenfalls scheint es sich nicht um einen BCS-artigen Mechanismus wie bei den konventionellen Supraleitern zu handeln. Wie bereits oben erwähnt, kann hier die weitere Forschung an den Eisen-Arsenid basierten Supraleitern (Pniktiden) wesentliche Erkenntnisse zur Erklärung des Mechanismus der Hochtemperatur-Supraleitung beisteuern.

Das Verhalten eines Supraleiters, ein äußeres Magnetfeld zu verdrängen, erklärt sich aus der Existenz von Strömen, die aus Cooper-Paaren bestehen und in einer dünnen Oberflächenschicht des Supraleiters zirkulieren. Sie hindern damit das äußere Magnetfeld, ins Innere des Supraleiters einzudringen. Die Feldverdrängung vollzieht sich natürlich nicht unstetig an der Oberfläche des Supraleiters, sondern das Feld dringt unter stetiger Abschwächung etwas ein. Die geringste Eindringtiefe ergibt sich für $T \to 0\,\mathrm{K}$ und liegt bei einigen 10^{-8} m.

Die Supraleitung bietet zahlreiche Anwendungsmöglichkeiten. Beispielsweise können eisenfreie supraleitende Elektromagnete gebaut werden, mit denen sich Feldstärken von über 20 T verifizieren lassen (zum Vergleich: die Größe des erdmagnetischen Feldes beträgt an der Erdoberfläche ca. $5 \cdot 10^{-5}$ T). So werden z. B. bei der *Kernresonanz-Spektroskopie* (engl.: *Nuclear Magnetic Resonance Spectroscopy* oder kurz *NMR-Spectroscopy*) und der *Kernspin-Tomographie* (engl.: *Magnetic Resonance Tomography* oder kurz *MRT*) in zunehmendem Maße supraleitende Magnete verwendet (größere zeitliche Stabilität des Feldes, geringerer Stromverbrauch), insbesondere dann, wenn wegen der Wärmeverluste für Magnetfelder über 0,3 Tesla keine Widerstandsmagneten (im Prinzip stromdurchflossene Spulen) mehr eingesetzt werden können. Es sind aber hier für spezielle klinische Anwendungen Magnetfelder bis zu 2,5 T gefragt. Als Supraleiter kommen für die Magnete derzeit dominant die klassischen Supraleiter in Frage, überwiegend die supraleitenden Legierungen des Niob. Für Magnetfeldstärken bis ca. 12 T ist die duktile Legierung NbTi ein kostengünstiger Supraleiter. Sind höhere Magnetfeldstärken gefragt, findet der teurere Tieftemperatur-Supraleiter Nb_3Sn Verwendung, womit Magnetfeldstärken bis ca. 22 T erreicht werden können. Die Kühlmedien der klassischen supraleitenden Magneten sind daher flüssiges Helium und zusätzlich noch flüssiger Stickstoff zur Vorkühlung sowie als Pufferkühlmittel.

Es gibt nur wenige Magnete mit Hochtemperatur-Supraleitern. Dabei kommt hauptsächlich das Kuprat $Bi_2Ca_2Sr_2Cu_3O_{10}$ mit einer Sprungtemperatur von $T_c = 110$ K zum Einsatz, dessen Betriebstemperatur für höhere Magnetfeldstärken jedoch auf 40 K herabgekühlt werden muss, um eine genügend hohe Stromdichte zu gewährleisten. Die Fertigung von Magneten unter Verwendung von Hochtemperatur-Supraleitern erfordert jedoch noch weitere technologische Entwicklung.

Außer bei den oben erwähnten Kernspinverfahren (NMR-Spektroskopie und MRT) finden supraleitende Magnete auch ihr Einsatzgebiet als Labormagnete, bei Motoren und Transformatoren, als supraleitende magnetische Energiespeicher sowie bei Blasenkammern und Teilchenbeschleunigern. Als Beispiele für die Anwendung von supraleitenden Magneten bei Teilchenbeschleunigern, zur Führung der dort auf hohe Geschwindigkeiten beschleunigten Elementarteilchen auf definierter Flugbahn und zur Ablenkung der Elementarteilchen, sollen der inzwischen abgeschaltete Protonenbeschleuniger HERA (**H**adron-**E**lektron-**R**ing-**A**nlage), am **D**eutschen **E**lektronen-**Sy**nchrotron (DESY) Forschungszentrum in Hamburg und der **L**arge **H**adron **C**ollider (LHC) am Forschungszentrum CERN (abgeleitet vom französischen Namen des Gründungsrates: **C**onseil **E**uropéen pour la **R**echerche **N**ucléaire,) in Genf genannt werden. Diese Teilchenbeschleuniger waren bzw. sind zur Erzielung der entsprechenden hohen Magnetfeldstärken für die Wechselwirkung mit den beschleunigten Teilchen auf hohe und insbesondere stabile Magnetfelder angewiesen. Dies war nur mit supraleitenden Magneten erreichbar.

Eine weitere interessante Einsatzmöglichkeit, u. a. im medizinischen Bereich, finden so genannte als **SQUID** (**S**uperconducting **Q**uantum **I**nterference **D**evice) bezeichnete Anordnungen, mit welchen sehr empfindliche Magnetfeldsonden hergestellt werden. Damit ist es möglich, Magnetfelder zu messen, die kleiner als das 10^{-6}fache des Erdmagnetfeldes sind. Sie werden z. B. in der Geologie und der Archäologie eingesetzt, um damit von der Erdoberfläche aus geringe Änderungen des Erdmagnetfeldes zu erfassen, die unterirdisch beispielsweise durch geologische Schichten oder Erzvorkommen bedingt sind, aber auch um Strukturen archäologisch interessanter Objekte aufzuspüren, wie Gebäudeumrisse etc. Ebenso finden SQUID Anwendung in der zerstörungsfreien Materialprüfung. Selbst Magnetfelder, die durch *elektrische Aktionsströme* im menschlichen Gehirn entstehen, werden mit derartigen Sonden erfasst. Ein SQUID besteht aus zwei supraleitenden Bereichen, die durch eine dünne Isolierschicht getrennt sind, eine Fortentwicklung der so genannten **Josephson-Kontakte**. Darunter versteht man zwei durch eine dünne Isolierschicht (10^{-9} m dick) getrennte Supraleiter, die die von *Josephson* vorhergesagte besondere Eigenschaft besitzen, dass ein beträchtlicher Gleichstrom (ohne äußere angelegte Spannung) fließt, welcher von Cooper-Paaren hervorgerufen wird, die vom einen zum andern Supraleiter durch die Isolierschicht hindurchtunneln.

§ 25.1.3 Thermoelektrische Erscheinungen

Zur Gruppe der thermoelektrischen Erscheinungen gehören insbesondere der nach *Th. J. Seebeck* benannte *Seebeck-Effekt*, auch *thermoelektrischer Effekt* genannt, und der auf *J. Peltier* zurückgehende *Peltier-Effekt*. Beide Effekte haben ihre Ursache in Erscheinungen, die an den Kontaktstellen zwischen unterschiedlichen Materialien (Metalle oder Halbleiter) auftreten. Hält man die zwei Kontaktstellen eines geschlossenen Leiterkreises aus zwei verschiedenen, elektrisch leitenden Materialien auf unterschiedlicher Temperatur, so fließt ein (so genannter thermoelektrischer) Strom (*Seebeck-Effekt*). Lässt man dagegen durch eine solche Anordnung (von einer eingebrachten Spannungsquelle erzeugt) einen elektrischen Strom fließen, so weisen die beiden Kontaktstellen unterschiedliche Temperatur auf (*Peltier-Effekt*).

Kontaktpotential

Bei den Metallen sind, nach dem eingangs zu diesem Abschnitt beschriebenen klassischen Elektronengasmodell der metallischen Leitung, die Leitungselektronen zwar im Innern des metallischen Leiters quasifrei beweglich, sie sind jedoch an den Metallkristall als Ganzes gebunden. Um sie aus dem Metall zu entfernen, muss gegen die Bindungskräfte zwischen Elektronen und positiven Ionen des Metallgitters Arbeit verrichtet werden, die man als **Austrittsarbeit** bezeichnet. Sie kann im Prinzip als analog zu jener Arbeit angesehen werden, die zur Verdampfung von Molekülen aus einer Flüssigkeit erforderlich ist (Verdampfungswärme, s. § 16 ff.). Die *Austrittsarbeit* Φ liegt z. B. für Kupfer bei 4,65 eV und für Wolfram bei 4,55 eV. Bringt man zwei verschiedene Metalle miteinander in Kontakt, so entsteht zwischen ihnen eine Potentialdifferenz, die man als ***Kontaktspannung*** bzw. ***Kontaktpotential*** bezeichnet.

Zur Erklärung dieser Erscheinung bedienen wir uns des so genannten *Potentialtopfmodells*, bei welchem sich die, das o. g. Fermi-Gas bildenden, quasifreien Leitungselektronen des Metalls in definierten Energiezuständen innerhalb eines kastenförmigen Potentialtopfes der Tiefe E_0 befinden (Abb. 25.5). Dabei können die Elektronen alle Energiezustände vom niedrigsten bis zu einem Zustand der Energie E_F, dem *Fermi-Niveau* besetzen. Die *Fermi-Energie* E_F ist die maximal mögliche Energie, welche die Leitungselektronen im Metall annehmen können. Um ein Elektron aus einem Metall herauszubringen, ist also mindestens die Arbeit $\Phi = E_0 - E_F$ aufzuwenden.

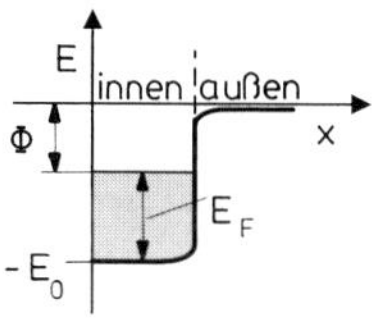

Abb. 25.5

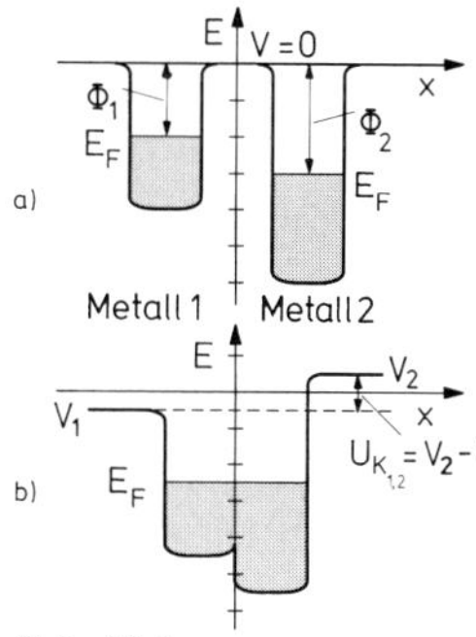

Abb. 25.6

Betrachten wir nun zwei Metalle, an denen keine äußere Spannung anliegen soll, mit den unterschiedlichen Austrittsarbeiten Φ_i ($i = 1{,}2$) ihrer quasifreien Elektronen und es sei Φ_1 die kleinere der beiden Austrittsarbeiten, d. h. $|\Phi_1| < |\Phi_2|$ (Abb. 25.6 a)). Für die beiden Metalle, die zunächst nicht in Kontakt sind, wählen wir als gemeinsamen Nullpunkt jene Energie, welche die Elektronen besitzen, wenn sie nicht mehr an das Metall gebunden sind. Sie befinden sich somit vom Metall aus gesehen im „Vakuum“, dessen Potential (*Vakuumpotential*) $V = 0$ gesetzt wird (Niveau des Topfrandes). Bringt man die beiden Metalle mit den verschiedenen Austrittsarbeiten in Kontakt, so diffundieren Elektronen vom Metall mit der kleineren Austrittsarbeit $|\Phi_1|$ in das Metall mit der größeren Austrittsarbeit $|\Phi_2| > |\Phi_1|$, wo Elektronenzustände mit niedrigerer Energie zur Verfügung stehen. Dadurch wird das Metall 2 im

Vergleich zu Metall 1 negativ aufgeladen und es entsteht ein elektrisches Gegenfeld, wodurch auch wieder Elektronen in das Metall 1 zurückdiffundieren. Demzufolge werden insgesamt die Potentiale $V_i = \Phi_i/e$ ($i = 1, 2$; e: Elementarladung) der beiden Metalle so lange verschoben, bis im Gleichgewichtszustand ihre Fermi-Niveaus eine einheitliche Energie annehmen (Abb. 25.6 b)). Die den Gleichgewichtszustand aufrechterhaltende Potentialdifferenz zwischen den beiden Metallen ist die *Kontaktspannung* $U_{K_{1,2}} = V_2 - V_1$, deren Betrag gleich der ursprünglichen Differenz zwischen den Fermi-Niveaus der beiden Metalle ist.

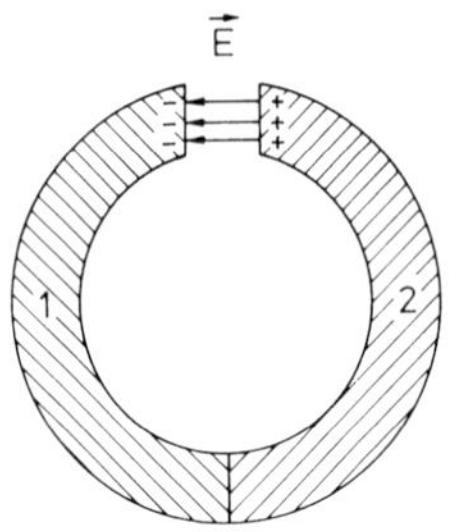

Abb. 25.7

Biegt man die Metalle zu einem offenen Ring, so entsteht im Luftspalt ein elektrisches Feld (Abb. 25.7). Werden auch noch diese beiden Enden in Kontakt gebracht, so entsteht zwischen diesen Berührungsflächen die gleiche Kontaktspannung, jedoch mit entgegengesetztem Vorzeichen. In einer geschlossenen Kette metallischer Leiter gilt bei gleicher Temperatur aller Kontaktstellen:

Die Summe aller Kontaktspannungen ist gleich null, es fließt kein Strom.

Seebeck-Effekt – Thermoelektrische Spannung

Nach dem oben formulierten Satz ist die Summe der Kontaktspannungen in einer geschlossenen Anordnung miteinander verbundener verschiedener Metalle nur dann null, wenn sich alle Punkte auf gleicher Temperatur befinden. Hält man dagegen eine der Kontaktstellen auf unterschiedlicher Temperatur im Vergleich zur anderen, indem man sie z. B. erwärmt, dann fließt im geschlossenen Kreis ein Strom, der so genannte *Thermostrom*. Dieser wird durch die ***Thermospannung*** (auch *Thermo-EMK* genannt) hervorgerufen, die zwischen den beiden Kontaktstellen entsteht. Das ist der ***thermoelektrische Effekt*** oder der, nach seinem Entdecker benannte, ***Seebeck-Effekt***.

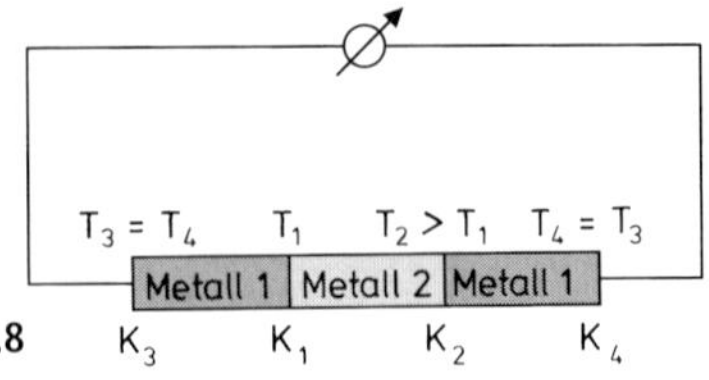

Abb. 25.8

Die schematische Anordnung in Abb. 25.8 ist entsprechend zur Darstellung der Abb. 12.5, wo die beiden Kontaktstellen K_1 und K_2 der unterschiedlichen Metalle 1 und 2 sich auf verschiedenen Temperaturen T_1 und $T_2 > T_1$ befinden. Die Kontakte K_3 und K_4 der Zuleitungen zum Messgerät (hochohmiges Voltmeter), aus möglichst gleichem Material wie Metall 1, befinden sich auf gleicher Temperatur $T_3 = T_4$, um die Messung der Thermospannung nicht zu verfälschen.

Das Auftreten der Thermospannung bedeutet, dass die Kontaktspannungen temperaturabhängig sind, $U_{K_1}(T_1) \neq U_{K_2}(T_2)$, und damit nach oben auch die Austrittsarbeit $\Phi = \Phi(T)$. Am Kontakt mit der höheren Temperatur T_2 treten nun mehr Elektronen über als am Kontakt mit der tieferen Temperatur $T_1 < T_2$, d. h. die Kontaktspannung am wärmeren Kontakt wird betragsmäßig größer als am kälteren. Es entsteht dadurch eine ***Thermospannung*** U_{th}, die in erster Näherung proportional zur Temperaturdifferenz $\Delta T = T_2 - T_1$ der beiden Kontaktstellen ist, und es gilt, wie in Beziehung (12.3) angegeben:

$$U_{th} = a \cdot \Delta T \qquad (25.10)$$

Diese Beziehung gilt für die meisten Materialien keineswegs allgemein, sondern es ergeben sich Abhängigkeiten mit höheren Potenzen von ΔT, wie zum Beispiel:

$$U_{th} = a \cdot \Delta T + b \cdot \Delta T^2 \qquad (25.11)$$

Die Änderung der Thermospannung mit der Temperatur (die differentielle Thermospannung $\mathrm{d}U_{th}/\mathrm{d}T$) bestimmt die ***thermoelektrische Empfindlichkeit*** oder die ***Thermokraft*** der entsprechenden Leiterkombination:

$$\frac{\mathrm{d}U_{th}}{\mathrm{d}T} = a + b \cdot \Delta T$$

die also im Allgemeinen von der Temperatur abhängig ist. Nun gibt es jedoch Kombinationen von Metallen bzw. Legierungen, für die in bestimmten Temperaturintervallen $b \approx 0$ ist und die somit durch (25.10) beschrieben werden können, d. h. die Thermokraft ist gleich dem Proportionalitätsfaktor a. Die Werte einiger technisch bedeutsamer Metallkombinationen zeigt Tabelle 25.3.

Man nennt eine solche Anordnung aus zwei Metallen mit unterschiedlichen Austrittsarbeiten ein ***Thermoelement*** oder ein ***Thermopaar***. Thermoelemente stellen als elektrische Thermometer ein wichtiges Hilfsmittel zur Temperaturmessung über einen sehr weiten Temperaturbereich (ab etwa 1 K bis ca. 3000 K) dar. Dabei ist es nützlich, wenn die Thermospannung linear vom Temperaturunterschied zwischen Mess- und Vergleichsstelle abhängt, wie in Beziehung (25.10) angegeben. In Tabelle 25.3 sind neben den Zahlenwerten der Thermokraft im Temperaturintervall von 0 bis 100 °C auch deren Variation im entsprechenden Temperaturbereich, in welchem die aufgeführten Leiterkombinationen verwendet werden können, mit angegeben.

Der Vorteil von Thermoelementen ist die Einfachheit ihres Aufbaus und der Herstellung bei kleiner geometrischer Abmessung und geringer Wärmekapazität, also geringer Trägheit und damit kurzen Ansprechzeiten, aber auch die Möglichkeit, sehr robuste Ausführungen für höhere Temperaturen (> 1500 K) herzustellen. Besonders gut geeignet sind Thermopaare für die Messung von Temperaturdifferenzen. Sie besitzen jedoch im Vergleich zu Widerstandsthermometern im Allgemeinen eine größere Messunsicherheit (minimaler Temperaturmessfehler 0,1 K bis 0,3 K bei guter thermoelektrischer Homogenität, die infolge von Alterungsprozessen sich verschlechtern und damit den Messfehler stark vergrößern kann). Außerdem benötigen Thermopaare eine bekannte (gut stabilisierte) Bezugstemperatur für die Vergleichsstelle.

Ein Thermoelement liefert nur eine relativ kleine Thermospannung. Trotz dieser kleinen Spannungen können große elektrische Ströme fließen, wenn der elektrische Widerstand im Stromkreis klein genug ist. Zu Demonstrationszwecken werden die großen Thermoströme oft über die magnetische Wirkung des Stromes nachgewiesen. Dazu biegt man beispielsweise einen Kupferstab (Metall 1) von ca. 1 cm Durchmesser zu einer Schleife, wie in Abb. 25.9 dargestellt, die durch zwei massive Stücke eines anderen Metalls 2, z. B. Konstantan, geschlossen wird. Werden die beiden Enden des Kupferstabes auf unterschiedlichen Temperaturen gehalten und damit auch die beiden Kontaktstellen der Metalle 1 und 2, indem ein freies Ende des Stabes mit einem Bunsenbrenner erhitzt, das andere Ende in Eiswasser getaucht wird, so entsteht zwischen den beiden Kontaktstellen eine Thermospannung U_{th}, die je nach Temperaturdifferenz in der Größenordnung von mehreren Millivolt liegt. Der in dem Kreis fließende Thermostrom $I_{\text{th}} = U_{\text{th}}/R$ ist wesentlich durch den sehr kleinen Widerstand R der beiden Konstantanstücke bestimmt und kann mehr als fünfzig Ampere betragen. Legt man nun die Kupferschleife zwischen zwei geeignet geformte und gut aufeinander passende Stücke aus Weicheisen (Abb. 25.9), so werden diese durch das magnetische Feld des Thermostromes im Kupferbogen so fest zusammengehalten, dass an die untere

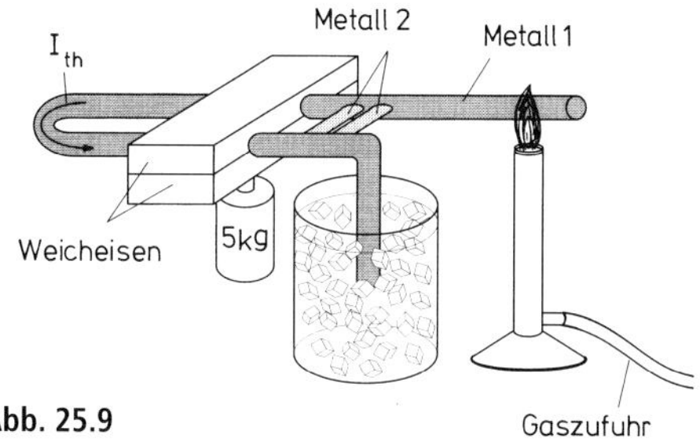

Abb. 25.9

Tab. 25.3

Thermoelement	Gesamter Temperaturbereich/°C	Thermokraft/(μV/K) Gesamtbereich	0–100 °C
Kupfer/Konstantan	−200 … +500	23 … 69	42,5
Eisen/Konstantan	−200 … +800	34 … 69	53,7
Nickel-Chrom/Nickel	0 … +1300	41 … 36	41,0
Platin/Platin-Rhodium	0 … +1800	6 … 13	6,4
Iridium/Iridium-Rhodium	0 … +2100	8 … 17	8,5

Platte eine Masse von mehreren Kilogramm angehängt werden kann.

Das Hauptanwendungsgebiet des thermoelektrischen Effektes ist die Temperaturmessung, er kann jedoch auch zur Erzeugung von elektrischer Energie ***(thermoelektrische Generatoren)*** verwendet werden, indem eine der Kontaktstellen durch eine Wärmequelle auf höherer Temperatur gehalten wird als die andere. Zur Erzeugung von elektrischer Energie werden oft Thermoelemente in Verbindung mit Radionukliden (z. B. Plutonium 238) zur Wärmeerzeugung dort eingesetzt, wo eine zuverlässige Stromquelle mit langer Lebensdauer in isolierter Lage gefordert ist (Beispiele sind: Generatoren auf dem Mond oder anderen Planeten als Energielieferanten für Experimente und Informationsübertragungssender bzw. -empfänger oder für Nachrichten- und Wettersatelliten, arktische Nachrichtenstationen etc.). Auch bei Herzschrittmachern werden neben Batterien auf der Basis von Lithium kleine Radionuklid-Thermoelemente verwendet (elektrische Leistung ca. 60 mW). Ihre lange Lebensdauer reduziert häufige operative Eingriffe zum Auswechseln der Batterie. Sie enthalten ebenfalls Plutonium 238, dessen α-Strahlung im metallischen Mantel, der das Plutonium umgibt, absorbiert wird und diesen erwärmt. Die gute Abschirmung verhindert das Austreten von ionisierender Strahlung.

Verwendung finden als thermoelektrische Generatoren insbesondere Halbleiter- bzw. Verbindungshalbleiter-Thermoelemente (wie z. B. Si/Ge, Pb/Te bzw. Bi_2Te_3/Bi_2Se_3 etc.), die im Vergleich zu den Metall-Thermoelementen relativ große Thermospannungen aufweisen. Sie werden daher bevorzugt zur Umwandlung von innerer Energie in elektrische Energie verwendet, womit eine Direktumwandlung von Wärmeenergie in elektrische (ohne Umweg über die mechanische Energie wie z. B. bei herkömmlichen Kraftwerken) stattfindet. Aus thermodynamischen Gründen ist jedoch der Wirkungsgrad dieser *thermoelektrischen Halbleitergeneratoren* klein (wesentlich kleiner als der thermodynamische) und liegt heute etwa bei 9–12 %.

Peltier-Effekt

Legt man an eine Metall- oder Halbleiterkombination analog dem Thermoelement eine Spannung U an und schickt durch diese Anordnung (Abb. 25.10) einen konstanten Strom I, so erwärmt sich die eine Kontaktstelle, die andere kühlt sich ab, in Abhängigkeit von der Stromrichtung. Die Erwärmung erfolgt jeweils an der Kontaktstelle, die bei gleicher Richtung des Thermostromes beim Seebeck-Effekt die kältere ist. Dieser Effekt wird nach seinem Entdecker als ***Peltier-Effekt*** bezeichnet und stellt in gewissem Sinn die Umkehrung des Seebeck-Effektes dar. Der mit einem *Peltier-Element* erzeugte Wärmeüberschuss zusätzlich zur Joule'schen Wärme heißt *Peltier-Wärme*. Die Wärmeleistung P an der Kontaktstelle ist proportional zur Stromstärke I:

$$P = \Pi \cdot I \tag{25.12}$$

wobei Π der *Peltier-Koeffizient* ist, welcher mit der Thermokraft durch $\mathrm{d}U_{th}/\mathrm{d}T = \Pi/T$ in Zusammenhang steht.

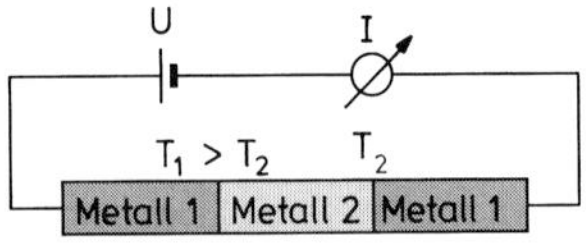

Abb. 25.10

Peltier-Elemente, die oft Kombinationen aus mehreren Thermoelementen darstellen (sog. *Peltier-Batterien*), werden zum Temperieren (Kühlen oder Erwärmen) verschiedenster Gegenstände und Substanzen eingesetzt, wie etwa kleiner Objekte beim Mikroskopieren. Zur Kühlung finden Peltier-Elemente vielfältig Verwendung beispielsweise für elektronische Bausteine (z. B. Halbleiterlaser, Infrarot-Strahlungsdetektoren), in Mikrokalorimetern und in verschiedenartigen Laborthermostaten, oder in der Medizin werden thermoelektrische Kühler in der Kryochirurgie und Kryotherapie eingesetzt. Ebenso gibt es thermoelektrisch betriebene Kühlschränke und Klimaanlagen. Sie kommen aber auch als thermoelektrische Heizung (*Wärmepumpe*) zum Einsatz, unter Ausnutzung der an der warmen Seite eines Peltier-Elementes abgegebenen Energie. Peltier-Batterien haben den Vorteil wartungsfrei zu sein, bei hoher Lebensdauer und ohne ein Kühlmittel zu benötigen.

§ 25.2 Ladungstransport in Halbleitern

Halbleitende Materialien besitzen mit $\gamma \approx 10^{-7} - 10^{5}\ \frac{\text{S}}{\text{m}}$ nicht die große elektrische Leitfähigkeit der metallischen Leiter $\left(\gamma \approx 10^{6} - 10^{8}\ \frac{\text{S}}{\text{m}}\right)$, sie unterscheiden sich in ihrer Leitfähigkeit jedoch deutlich von den Nichtleitern $\left(\gamma \approx 10^{-10} - 10^{-30}\ \frac{\text{S}}{\text{m}}\right)$, wie Abb. 25.11 für einige Materialien (bei 293 K) schematisch zeigt. Die spezifischen elektrischen Widerstände $\varrho = \frac{1}{\gamma}$ einiger Halbleiter (reine Substanzen) sind auch in Tab. 24.1 mit angegeben. Ein wesentlicher Unterschied der Halbleiter zu den Metallen ist, dass bei Halbleitern der spezifische elektrische Widerstand ϱ mit steigender Temperatur drastisch sinkt (d. h. die Leitfähigkeit γ steigt), wobei Variationen über mehrere Zehnerpotenzen möglich sind. Reine Halbleiter verhalten sich bei tiefen Temperaturen wie Isolatoren, bei hohen Temperaturen leiten sie den elektrischen Strom (§ 25.2.2). Des Weiteren zeigen sie eine erhöhte elektrische Leitfähigkeit bei Verunreinigungen mit Fremdatomen oder bei Abweichungen von der Stöchiometrie (§ 25.2.1). Eine wichtige Rolle spielen für technische Anwendungen sog. *dotierte* Halbleiter, bei welchen gezielt Fremdatome in das Kristallgitter eines Halbleiters eingebaut werden.

Im Periodensystem der Elemente liegen die *Elementhalbleiter* schwerpunktmäßig in den Hauptgruppen III bis VI, wobei insbesondere Silicium und Germanium aus der IV. und Selen aus der VI. Gruppe zu nennen sind. Unter der großen Zahl der *Verbindungshalbleiter* treten die der III–V-Verbindungen (z. B. GaAs, InSb) und der II–VI-Verbindungen hervor; dabei gehören zu Letzteren auch einige wichtige *Photoleiter*, deren Leitfähigkeit unter Belichtung stark ansteigt (z. B. CdS, ZnS). Wichtig sind außerdem die Metalloxide, wie z. B. Cu_2O, die nicht in diese Klassifikation fallen.

Der Leitungsmechanismus erfolgt bei allen Halbleitern grundsätzlich nach sehr ähnlichen Gesetzmäßigkeiten. Besondere technische Bedeutung haben die beiden Elemente Germanium (Ge) und Silicium (Si) erlangt, anhand deren wir, exemplarisch am Beispiel von Silicium gezeigt, den Leitungsmechanismus behandeln werden. Diese beiden Elementhalbleiter besitzen in der äußeren Schale (Valenzschale) vier Elektronen. Beide Kristalle zeigen Diamantstruktur (siehe § 39.2), d. h. jedem Atom sind vier weitere Atome eng benachbart (Abb. 25.12). Die Bindung erfolgt durch die vier Valenzelektronen jedes Atoms, die mit je einem Valenzelektron der vier Nachbaratome vier Elektronenpaarbindungen herstellen, die zwischen den Nachbaratomen lokalisiert sind.

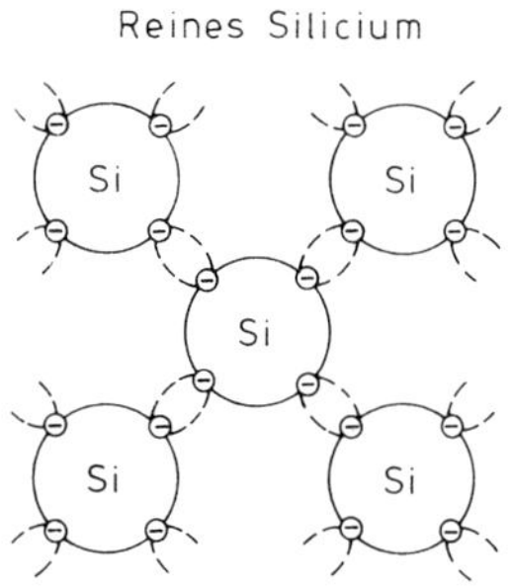

Abb. 25.12

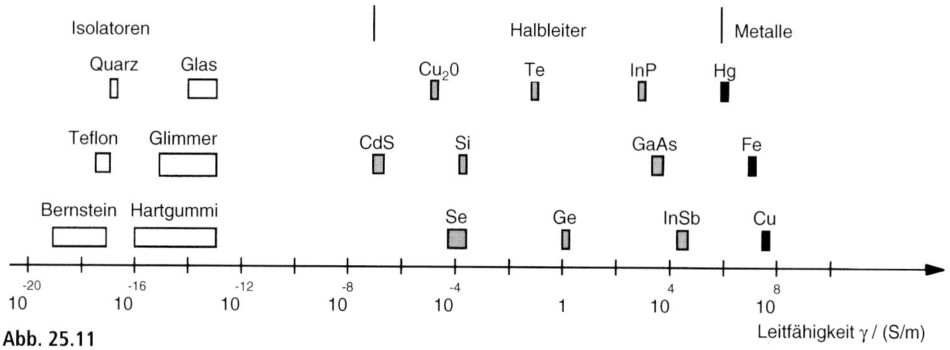

Abb. 25.11

Dadurch wird die stabile Bindung einer Edelgaskonfiguration erreicht (*kovalente* oder *homöopolare Bindung*). Damit werden alle Elektronen der Valenzschale der Atome zur Kristallbindung benötigt, d. h. zum Ladungstransport stehen keine freien Elektronen mehr zur Verfügung und die Stoffe müssten Isolatoren sein (was bei tiefen Temperaturen auch der Fall ist). Nun sind aber die Valenzelektronen relativ schwach an die Gitteratome gebunden, sodass bereits die Wärmebewegung des Gitters ausreicht, um eine mehr oder weniger große Zahl von Elektronen aus der Bindung zu lösen und damit quasi frei beweglich zu machen. Jedes Elektron, das eine bestimmte Elektronenpaarbindung verlassen hat, hinterlässt dabei durch die dort erzeugte Fehlstelle eine positive Ladung. Diese Elektronenfehlstellen bezeichnet man auch als „*Defektelektronen*" oder kurz als „*(positive) Löcher*". Legt man an den Halbleiterkristall eine elektrische (Gleich-)Spannung an, so wandern unter dem Einfluss des elektrischen Feldes die Elektronen in Richtung des positiven und die Defektelektronen in Richtung des negativen Pols, indem sie sukzessive von einem nächsten Nachbaratom ein Elektron aufnehmen, wodurch dort eine neue Elektronenfehlstelle entsteht etc., bis schlussendlich die Lücke durch von der Spannungsquelle zugeführte Elektronen aufgefüllt wird. Elektronen und Defektelektronen entstehen immer als Paare und ihre Anzahl wächst mit steigender Temperatur, infolge der Zunahme der thermischen Energie des Gitters und damit der Wahrscheinlichkeit ein Valenzelektron freizusetzen. Den hier beschriebenen Mechanismus des Ladungstransports in Halbleitern bezeichnet man als die sog. ***Eigenleitung.*** Für den Ladungstransport liegen bei Halbleitermaterialien somit grundsätzlich *zwei Arten von Ladungsträgern vor*: **negative Elektronen und positive Defektelektronen**. Beide Ladungsträger können sich durch **Rekombination** vernichten; diese kann sowohl unter Aussendung von Strahlung als auch strahlungslos erfolgen. Im letzteren Fall wird die frei werdende Energie an das Kristallgitter abgegeben.

§ 25.2.1 Störstellen-Leitung

Die elektrische Leitfähigkeit von Halbleitern ist zum Teil beträchtlich erhöht, wenn beispielsweise Abweichungen von der Stöchiometrie vorliegen oder der regelmäßige Gitteraufbau eines Eigenhalbleiters durch Kristallbaufehler, wie Leerstellen, Fremdstörstellen oder Versetzungen gestört ist. Bei den für die technische Anwendung wichtigen Halbleitermaterialien Germanium und Silicium werden kontrolliert Atome aus der dritten bzw. fünften Gruppe des Periodensystems in den reinen Halbleiterkristall auf regulären Gitterplätzen eingebaut. Diesen gezielten Einbau von Fremdatomen nennt man **Dotierung** des Halbleitermaterials, wodurch sich trotz deren geringer Konzentration (etwa 1 Fremdatom auf ca. 10^5 bis 10^6 Gitteratome) die elektrischen Eigenschaften des Halbleitermaterials drastisch verändern können. Wegen der durch die Störung des Gitteraufbaus bedingten Änderung der Leitfähigkeit spricht man von **Störstellenleitung** oder **Störleitung**. Je nach Art der Dotierung unterscheidet man zwischen ***n-Leitung*** und ***p-Leitung***, deren Prinzip wir im Folgenden betrachten.

n-Leitung

Wird durch Dotieren eines der vierwertigen Siliciumatome (bzw. Germaniumatome) durch ein Atom der fünften Gruppe des Periodensystems (Phosphor, Arsen oder Antimon) ersetzt, das also fünf äußere Elektronen besitzt, so erhält man *n-leitendes* Halbleitermaterial, d. h. der Ladungstransport erfolgt überwiegend durch die negativen Elektronen. So wird zum Beispiel Silicium durch Dotieren mit Arsen *n-leitend*, wie in Abb. 25.13 schematisch dargestellt, wo am Gitterplatz eines der Siliciumatome ein Arsenatom sitzt. Da Arsen fünf Valenzelektronen besitzt, davon aber nur vier zur

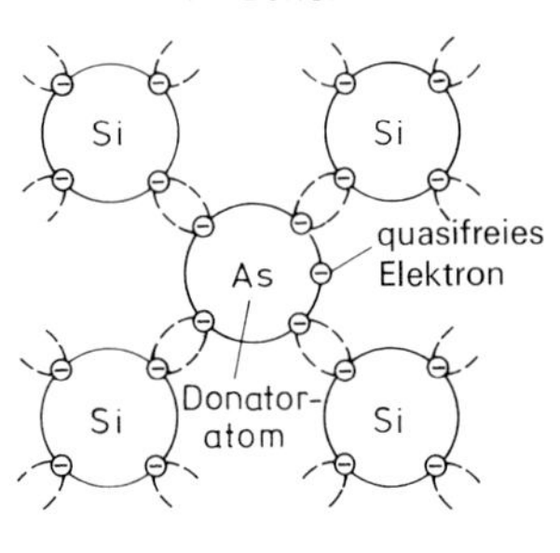

Abb. 25.13

Bindung benötigt werden, steht pro Arsenatom ein überschüssiges Elektron für den Ladungstransport zur Verfügung. Die *negativen Elektronen* sind nun ***Majoritätsträger***, der Halbleiter wird zum ***n-Leiter***. Die Arsen-Fremdatome bezeichnet man als **Donatoren**, da sie Elektronen zum Ladungstransport abgeben können. Die im Vergleich zu den Majoritätsträgern in sehr geringer Konzentration vorhandenen *Defektelektronen* (es können Konzentrationsunterschiede bis zu 10 Zehnerpotenzen zwischen ihnen auftreten) werden im Falle des *n*-Leiters als ***Minoritätsträger*** bezeichnet.

p-Leitung

Die Atome der dritten Gruppe des Periodensystems (Bor, Aluminium, Gallium und Indium) besitzen nur drei äußere Elektronen. Durch den Einbau von beispielsweise Indium in Silicium (Abb. 25.14) stehen statt der vier für die kovalente Bindung benötigten Elektronen hier nur drei zur Verfügung, es fehlt also jeweils ein für die Bindung erforderliches Elektron. Der Platz dieses ***Defektelektrons*** (oder ***positiven Lochs***)

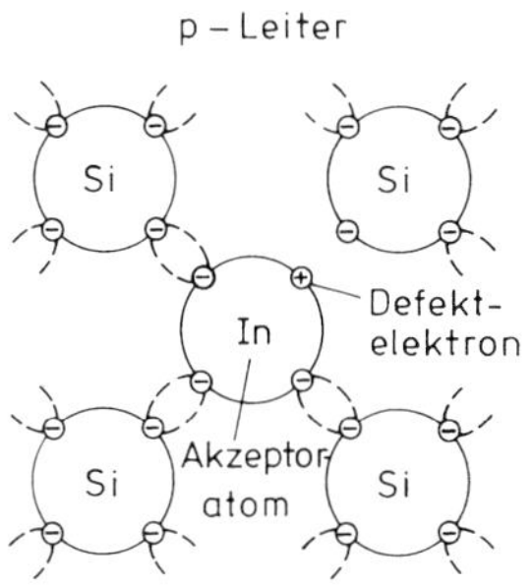

Abb. 25.14

kann relativ leicht durch ein Elektron eines Nachbaratoms eingenommen werden, das aufgrund der Wärmebewegung des Gitters von dort freigesetzt wird. Dadurch entsteht an diesem Nachbaratom ein positives Loch, das wiederum entsprechend aufgefüllt werden kann. Durch Dotieren mit dreiwertigen Fremdatomen, die man als Elektronen aufnehmende Atome **Akzeptoren** nennt, tragen somit die *Defektelektronen* überwiegend zum Ladungstransport bei. Damit sind in diesem Fall die *Defektelektronen* die ***Majoritätsträger*** und die *negativen Elektronen* die ***Minoritätsträger***. Mit Akzeptoren dotierte Halbleiter heißen ***p-leitend***. Die Anzahl von Defektelektronen und damit die erhöhte Leitfähigkeit gegenüber dem reinen Halbleitermaterial ist durch die Konzentration der Akzeptoratome bestimmt.

§ 25.2.2 Temperaturabhängigkeit der Leitfähigkeit von Halbleitern

Die elektrische Leitfähigkeit reiner Halbleiter verschwindet im Gegensatz zu den Metallen am absoluten Nullpunkt und liegt bei Zimmertemperatur ($\approx 293\,\text{K}$) zwischen jener von Metallen und Isolatoren, wie Abb. 25.11 zeigt. Oberhalb von etwa 350 K steigt die durch Eigenleitung bedingte elektrische Leitfähigkeit reiner Halbleitermaterialien im Unterschied zu den Metallen exponentiell mit der Temperatur an. Denn mit zunehmender Temperatur erhöht sich die Schwingungsenergie der Kristallgitteratome, d. h. es können vermehrt kovalente Bindungen aufbrechen. Damit stehen mehr Elektronen und auch mehr Fehlstellen zum Ladungstransport zur Verfügung, d. h. die Konzentration der Ladungsträger steigt mit der Temperatur. Bezeichnen wir mit ϱ_{N-} bzw. ϱ_{N+} die Anzahl der Elektronen bzw. Defektelektronen (Löcher) pro Volumeneinheit und deren Beweglichkeiten mit μ_- bzw. μ_+, so gilt analog zu Gleichung (25.4) für die elektrische Leitfähigkeit γ der Halbleiter die Beziehung:

$$\gamma = e \cdot \left(\varrho_{N-} \cdot \mu_- + \varrho_{N+} \cdot \mu_+\right) \tag{25.13}$$

wobei e die Elementarladung ist. Die Beweglichkeit ist meist höher als in Metallen (bis zu 1000fach) und für Elektronen und Defektelektronen unterschiedlich.

Beispielsweise ergibt sich bei Silicium für die Beweglichkeit (bei $T = 300\,\text{K}$) der Elektronen $\mu_- = 1450\,\text{cm}^2/\text{V}\cdot\text{s}$ und der Defektelektronen $\mu_+ = 480\,\text{cm}^2/\text{V}\cdot\text{s}$. Die Elektronendichte ϱ_{N-} bzw. Defektelektronendichte ϱ_{N+} nimmt, wie gesagt, exponentiell mit der Temperatur zu und auch die Beweglichkeiten der Elektronen und Löcher hängen von der Temperatur ab (zwar viel schwächer, aber in komplizierter Weise). Für die elektrische Leitfähigkeit der Halbleiter folgt daher mit guter Näherung im Allgemeinen auch eine exponentielle Zunahme mit der Temperatur.

Die starke Temperaturabhängigkeit der Leitfähigkeit führte zur Entwicklung von **Heißleitern** (*Thermistoren*), die z. B. zur Temperaturmessung oder zum Zünden von Gasentladungslampen eingesetzt werden. Wegen ihres negativen Temperaturkoeffizienten bezeichnet man sie auch als NTC-Thermistoren (s. auch § 25.1.1). Bei dotierten Halbleitern ist die entstehende Störstellenleitung im Temperaturbereich von etwa 50 K bis etwa 300 K wesentlich höher als die Eigenleitung und nur wenig von der Temperatur, aber sehr stark von der Dotierungskonzentration und der Art der Dotierung abhängig. Ab Temperaturen um 300 K wird jedoch die Störstellenleitung von der Eigenleitung mit ihrem starken Temperaturanstieg übertroffen, der Halbleiter wird wieder zum Eigenleiter. In der Regel werden dotierte Halbleiter im weitgehend temperaturunabhängigen Störleitungsbereich betrieben. Wie bei den verschiedenen Verfahren zur Temperaturmessung (§ 12.3) bereits angesprochen, finden Halbleitermaterialien als Widerstandsthermometer Anwendung bei sehr tiefen Temperaturen (0,1–20 K) und im Temperaturbereich von −55 °C bis +400 °C, in speziellen Ausführungen auch bis 1000 °C. Sie zeigen eine größere Temperaturempfindlichkeit (Auflösung ist z. T. bis unter 10^{-4} K möglich), sind jedoch stärker nichtlinear als metallische Widerstandsthermometer.

§ 25.2.3 *pn*-Übergänge

Elektronische Halbleiterbauelemente wie Halbleiterdioden (Gleichrichterdioden), Leuchtdioden, Laserdioden, Transistoren und viele andere mehr, bestehen im Wesentlichen aus einem Halbleiterkristall, der zwei oder mehrere Bereiche mit unterschiedlicher Dotierung aufweist. Im Wesentlichen bestehen die in ihrem Aufbau inhomogenen Halbleiterbausteine also alle aus einem oder mehreren so genannten *pn-Übergängen*. Um das Grundprinzip der einfachsten Halbleiterbauelemente zu verstehen, befassen wir uns zuerst mit den Eigenschaften eines einzelnen *pn*-Übergangs.

Was ist nun ein *pn*-Übergang? Legt man durch einen reinen Halbleiterkristall, z. B. aus Silicium, gedanklich eine Trennfläche und dotiert die eine Seite mit Akzeptoratomen (das Material wird *p*-leitend) und die andere mit Donatoratomen (es entsteht *n*-leitendes Material), so liegt an der Grenzfläche ein *pn*-Übergang vor. Hypothetisch können wir uns einen solchen Übergang durch Zusammenfügen je eines *p*- und *n*-Leiters herstellen, wie dies in Abb. 25.15 (a) und (b) schematisch dargestellt ist. Wegen des Dichtegefälles diffundieren nun jeweils die Majoritätsträger wechselseitig durch die Grenzfläche in das andere Gebiet, d. h. die Elektronen des *n*-Leiters in das *p*-Gebiet und die Defektelektronen des *p*-Leiters in das *n*-Gebiet. Dort rekombinieren sie, wodurch aber wegen der Ladung der Majoritätsträger im *p*-Gebiet eine negative und im *n*-Gebiet eine positive Raumladung entsteht. Dadurch wird ein elektrisches Feld aufgebaut, das den Diffusionsvorgang hemmt. Im Gleichgewicht bildet sich quer zur Grenzfläche des *pn*-Übergangs ein an beweglichen Ladungsträgern verarmtes Gebiet aus, die sog. ***Verarmungszone***, mit einer typischen Dicke von ca. 0,1 µm (Abb. 25.15 (b)). Der elektrische Widerstand ist im Bereich des *pn*-Übergangs sehr groß im Vergleich zum Widerstand des *p*- und des *n*-Gebietes des Halbleiterkristalls.

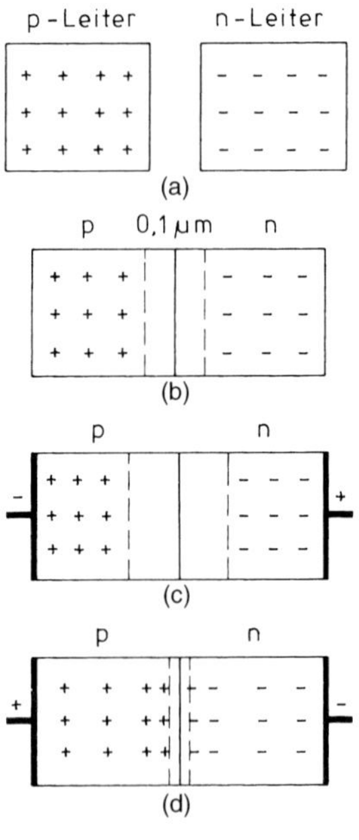

Abb. 25.15

Halbleiterdiode

Eine der Anwendungen des *pn*-Übergangs von Halbleiterkristallen ist die seiner Wirkung als Gleichrichter. Eine Halbleiterdiode (meist nur kurz als Diode bezeichnet) lässt den elektrischen Strom nur in einer Richtung, der ***Durchlassrichtung***, hindurch, in der entgegengesetzten Richtung, der ***Sperrrichtung***, ist der Strom gegenüber dem in Durchlassrichtung vernachlässigbar. Schematisch ist der Wirkungsmechanismus in Abb. 25.15 (c) und (d) dargestellt, wobei jeweils die Polarität der angelegten Spannungsquelle durch die entsprechenden Vorzeichensymbole gekennzeichnet ist.

Verbindet man den positiven Pol einer Gleichspannungsquelle mit dem *n*-Leiter und den negativen Pol mit dem *p*-Leiter, so vergrößert sich die Verarmungszone, da die Elektronen zum positiven Pol und die Defektelektronen zum negativen Pol hin diffundieren. Bis auf einen sehr kleinen Sperrstrom, der aufgrund der thermischen Diffusion der Ladungsträger fließt, ist kein Ladungstransport durch die Sperrschicht hindurch möglich: Die Diode sperrt den Strom. Polt man nun die Spannungsquelle um (positiver Pol am *p*-Leiter und negativer Pol am *n*-Leiter), so werden die Majoritätsträger durch das angelegte elektrische Feld in das Verarmungsgebiet getrieben. Dadurch wird der Stromdurchgang durch die Diode erleichtert, d. h. die Leitfähigkeit nimmt zu. In Abb. 25.16 ist die Strom-Spannungskennlinie einer solchen Halbleiterdiode dargestellt. Bei positiver Spannung steigt der Durchlassstrom mit zunehmender Spannung an. Für negative Spannungen sperrt die Diode. Es fließt nur der sehr kleine Sperrstrom I_s, der beispielsweise bei einer Spannung von $U = -10$ V für viele Halbleiterdioden in der Größenordnung von wenigen μA oder darunter liegt.

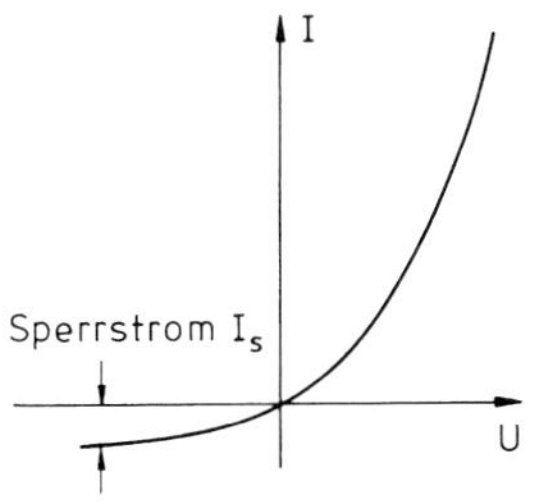

Abb. 25.16

Das Schaltsymbol solcher Dioden zeigt Abb. 25.17. Die Diode ist in Durchlassrichtung (Abb. 25.17 (a)), wenn ein positiver Strom (gemäß der Definition der technischen Stromrichtung vom Plus- zum Minuspol einer Gleichspannungsquelle, entgegengesetzt zur Richtung des Elektronenflusses) durch die Diode in Richtung des Diodenpfeils fließt, im anderen Falle (Abb. 25.17 (b)) ist die Diode in Sperrrichtung. Mit einem solchen Einweggleichrichter wird aus einer sinusförmigen Spannung $U_{\sim,e} = U_0 \cdot \sin \omega \cdot t$ (s. § 27) am Eingang der Diode eine Halbwellen-Spannung (pulsierende Gleichspannung) U_a am Ausgang (Abb. 25.18), da immer nur die positive Hälfte des Wechselstromes durchgelassen wird. Durch Parallelschaltung eines Kondensators zum Widerstand R lässt sich die pulsierende Gleichspannung glätten. Die maximale Gleichspannung am Ausgang ist U_0.

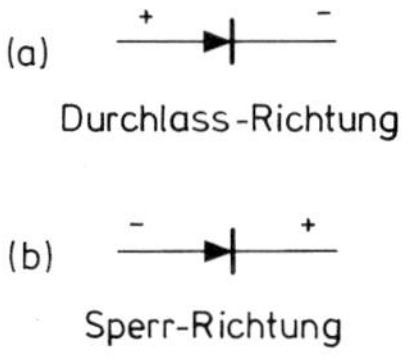

Abb. 25.17

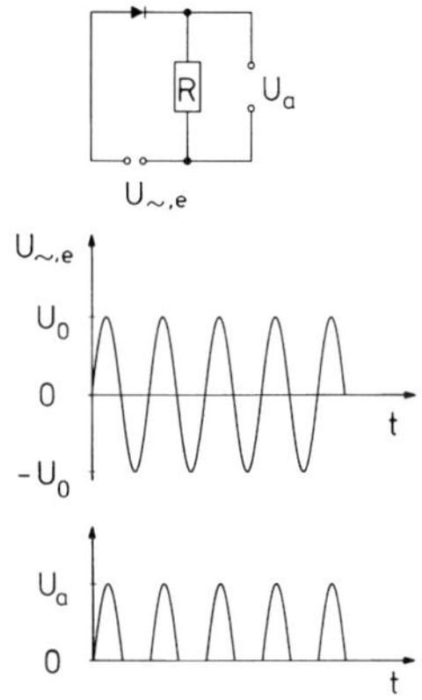

Abb. 25.18

Halbleiterphotoeffekt – Optoelektronische Halbleiter-Bauelemente

Bestrahlt man einen Halbleiterkristall mit Licht geeigneter Wellenlänge, so können durch die Energie der absorbierten Photonen zusätzliche Ladungsträger bzw. Elektronen-Defektelektronen-Paare freigesetzt werden. Man bezeichnet diese Erscheinung als den ***inneren Photoeffekt***. Dabei werden die Ladungsträger durch die Absorption der Lichtquanten jedoch im Gegensatz zum äußeren Photoeffekt (s. § 43.2.2) nicht aus dem Festkörper herausgelöst, sondern sie verbleiben im Halbleiter. Durch den Halbleiterphotoeffekt werden somit die elektrischen Eigenschaften des Halbleiters verändert und man bezeichnet diese Halbleiter auch als *optoelektronische Bauelemente*.

Die einfachste Anwendung der Photoleitung optoelektronischer Bauelemente besteht im **Photowiderstand**, auch als LDR (light dependent resistor) bzw. Photoleitungssensor bezeichnet. Photowiderstände sind Eigen- oder Störstellen-Photoleitungssensoren ohne Sperrschicht, bei welchen die durch Lichteinwirkung stromrichtungsunabhängige Widerstandsänderung für Schalt- und Steuerzwecke ausgenützt wird. Als strahlungsempfindliche Materialien finden je nach Spektralbereich Selen und heute insbesondere Mischkristalle, wie z. B. CdS, CdSe oder PbS, aber auch dotiertes Ge oder Si u. a. Verwendung.

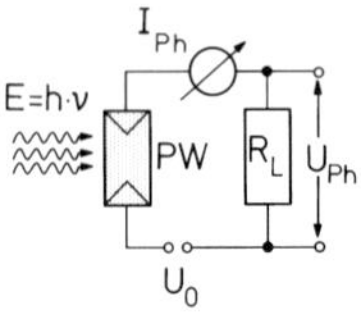

Abb. 25.19

Abb. 25.19 zeigt schematisch die Schaltung: Der Photowiderstand (PW) wird in Reihenschaltung mit einem Lastwiderstand R_L (und ggf. einem Amperemeter zur Messung des Photostromes I_{Ph}) mit einer geeigneten Spannungsquelle U_0 verbunden. Am Lastwiderstand ruft der durch die Bestrahlungsenergie $E = h \cdot \nu$ (h: Planck'sches Wirkungsquantum, ν: Frequenz der Strahlung) generierte Photostrom I_{Ph} eine zur Bestrahlungsstärke proportionale Spannungsänderung U_{Ph} hervor. Im Dunkelzustand (unbelichtet) sind Photowiderstände nahezu Isolatoren (Widerstände $> 10^6\,\Omega$), deren Hellwiderstand bei starker Belichtung unter $100\,\Omega$ sinken kann.

Praktische Anwendung finden Photowiderstände vor allem zum Nachweis von Infrarotstrahlung, als Lichtschranken, Dämmerungsschalter, zur berührungslosen Temperaturmessung oder als Belichtungsmesser, wobei hierfür häufig CdS eingesetzt wird, da dessen spektrale Charakteristik der des menschlichen Auges sehr ähnlich ist.

Bestrahlt man den *pn*-Grenzübergang eines entsprechend dotierten Halbleitermaterials mit Licht geeigneter Wellenlänge, so werden, beruhend auf dem inneren Photoeffekt, im *pn*-Übergangsbereich Paare von Elektronen und Defektelektronen erzeugt. Dabei ist die *p*- oder *n*-Schicht sehr dünn und die darauf befindliche Metallelektrode (als Anschlusskontakt) gitter- oder kreisförmig angelegt, damit das auftreffende Licht bis in den Bereich des *pn*-Übergangs eindringen kann. Halbleiterdioden können als optoelektronische Bauelemente grundsätzlich auf zweierlei Arten verwendet werden: als ***Photodioden*** und als ***Photoelement***. Als strahlungsempfindliches Material werden für Photodioden und Photoelemente Ge, Si, GaAs und andere Verbindungshalbleiter verwendet.

Die Bezeichnung **Photodiode** hat sich dabei für ein durch eine äußere Spannungsquelle in Sperrrichtung betriebenes optoelektronisches Bauteil eingebürgert.

Die Photodiode (PD) liegt in Reihe mit dem Lastwiderstand R_L und ist durch die äußere Spannungsquelle U_0 in Sperrrichtung vorgespannt, wie Abb. 25.20 schematisch zeigt. Der Dunkelstrom (Sperrstrom), der bei guten Photodioden im Bereich einiger nA liegt, wird durch die Belichtung um Größenordnungen geändert. Der durch die Strahlung (Energie $E = h \cdot \nu$) erzeugte Photostrom (d. h. erhöhte Sperrstrom) I_{Ph}, der bei Photodioden in weiten Grenzen linear von der Bestrahlungsstärke abhängt, erzeugt am Lastwiderstand R_L eine entsprechende Spannungsänderung U_{Ph}.

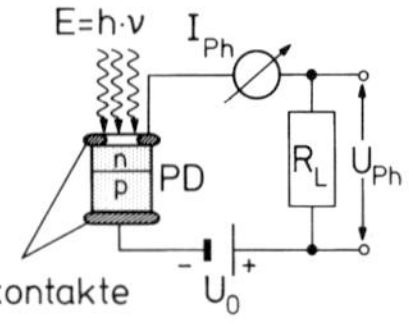

Abb. 25.20

Halbleiterphotodioden lassen sich für den Wellenlängenbereich von 100 nm bis über 30 µm herstellen. Silicium-Photodioden sind beispielsweise typischerweise im Spektralbereich von 0,4–1,2 µm empfindlich, wobei der Bereich durch entsprechende Dotierung noch beeinflusst werden kann.

Sperrschichtdetektoren werden als sog. *Halbleiterdetektoren* auch zum Nachweis ionisierender Strahlung (Röntgenstrahlung, radioaktive Strahlung) verwendet. Diese äußerst energiereiche Strahlung bedingt durch die große Anzahl erzeugter Ladungsträgerpaare (Elektron-Loch-Paare) eine entsprechend deutliche Zunahme des Sperrstromes. Die meisten dieser Detektoren werden mit flüssigem Stickstoff (bei 77 K) gekühlt, wie z. B. die lithiumgedrifteten Silicium- (Si(Li)-) oder Germanium-(Ge(Li)-)Detektoren.

Ein **Photoelement** ist eine ohne äußere Spannungsquelle betriebene Photodiode, die bei Belichtung des *pn*-Übergangs der Halbleiterdiode eine Photospannungsquelle (elektromotorische Kraft EMK) darstellt. Schaltet man parallel zum Photoelement (PE) an dessen beiden offenen Klemmen einen (nicht zu großen) Widerstand R_L, so erzeugt der durch ihn fließende, der Bestrahlungsstärke proportionale Photostrom I_{Ph} eine Spannung U_{Ph} (Abb. 25.21). Photoelemente verwendet man z. B. in Belichtungsmessern oder als elektrische Energiequellen. Eine spezielle Ausführung des Photoelementes ist die **Solarzelle** für die Umwandlung von Sonnenstrahlung in elektrische Energie. Solarzellen sind im Prinzip großflächige Photodioden, welche meistens aus (geeignet dotiertem) Silicium als Halbleitermaterial hergestellt werden. Damit Solarzellen mit hohem Wirkungsgrad arbeiten, muss der Widerstand des Lastkreises (Verbraucher) der Charakteristik der Solarzelle entsprechend angepasst werden. Die heute erreichbaren Wirkungsgrade praktisch genutzter Solarzellen liegen bei ca. 10 %.

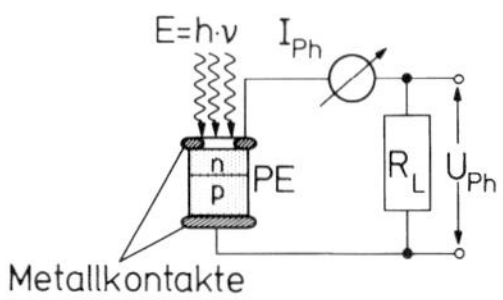

Abb. 25.21

Neben den bisher angesprochenen Licht aufnehmenden Halbleiterbauelementen gibt es auch solche, die Licht emittieren. In diese Kategorie können die *Leuchtdioden* und die *Halbleiterlaser* eingeordnet werden.

Leuchtdioden, die auch **Lumineszenz-Dioden** oder kurz **LED** (engl.: *Light Emitting **Diode***) genannt werden, sind Halbleiterdioden, deren *pn*-Übergang in Durchlassrichtung betrieben wird. Wie wir bereits bei der Halbleiter-Gleichrichter-Diode gezeigt haben (s. auch Abb. 25.15 (d)), diffundieren bei Polung in Durchlassrichtung Elektronen aus dem *n*-Gebiet und Defektelektronen aus dem *p*-Gebiet ineinander und rekombinieren zum größten Teil im *pn*-Grenzbereich. Diese Rekombination erfolgt strahlungslos, wie z. B. im Allgemeinen bei Silicium, unter Abgabe der frei werdenden Energie an die Schwingungen (Phononen) des Kristallgitters. Es gibt nun diverse Halbleitermaterialien, insbesondere die *III-V*-Halbleiter, wie beispielsweise GaAs bei deren Rekombinationsvorgängen elektromagnetische Strahlung in Form von Licht freigesetzt wird. Durch gezielte Auswahl sowie der Selektion der Zusammensetzung und der Dotierung der Halbleitermaterialien – so werden z. B. teilweise die Gallium- durch Aluminium- oder Indiumatome bzw. einige oder auch alle Arsen- durch Phosphor- oder Stickstoffatome substituiert – lassen sich die Eigenschaften des emittierten Lichtes, wie die Lichtausbeute und vor allem der emittierte Spektralbereich, d. h. der Farbe einer LED, beeinflussen. Dadurch ist das Emissionsmaximum einer LED in der Regel im Wesentlichen vom Bandabstand (s. prinzipiell dazu § 25.2.4) des verwendeten Halbleitermaterials, sowie von der Durchlassspannung und auch der Temperatur abhängig, mit der die LED betrieben wird. So lassen sich die infrarot, rot, orange, gelb, grün, blau, violett, ultraviolett und, mittels geeigneter LED-Kombinationen, auch die weiß leuchtenden LED herstellen. Meistens bestehen weiße LED aus einer blaues oder auch ultraviolettes Licht emittierenden LED mit einem sie umgebenden gelb emittierenden Leuchtstoff, der analog wie bei Leuchtstoffröhren oder den sog. Energiesparlampen (s. § 41.1, f.) die Lumineszenz-Schicht, als Wellenlängen-Konverter in den sichtbaren Spektralbereich hinein wirkt. Der Leuchtstoff ist für das blaue Licht der LED teildurchlässig, der andere Teil wird vom Leuchtstoff absorbiert und in gelbes Licht konvertiert. Je nach Kombination von emittierter Primärstrahlung der LED und der Zusammensetzung des Leuchtstoffs, ruft das emittierte Licht für das menschliche Auge mehr oder weniger den Farbeindruck weißen Lichtes hervor. Es gibt aber auch Kombinationen geeigneter verschiedenfarbiger LED (zwei- bzw. dreifarbige Arrangements), welche durch additive Farbmischung (s. § 35.3.1 ff.) weißes Licht ergeben.

In Tab. 25.4 sind einige der derzeit gängigen Halbleiterkombinationen für den Wellenlängenbereich vom Ultravioletten bis in den Bereich des Nahen Infrarot zusammengestellt. Die emittierten Wellenlängen der LED sind außer von der Kombination der Halbleitermaterialien ebenso von deren stöchiometrischer Komposition bzw. der Dotierung abhängig. Außerdem lassen sich viele der LED-Kompositionen durch Variation der Betriebstemperatur in gewissen Grenzen über ein begrenztes Wellenlängenintervall variieren, d.h. eine Verschiebung des Emissionsmaximums erzielen.

Im Allgemeinen stellen die beschriebenen LED sog. Heterostrukturen dar, d. h. es handelt sich um i. Allg. schichtweise aufgebaute Halbleiterkonfigurationen.

Die Anwendungsgebiete der Leuchtdioden sind inzwischen äußerst vielfältig. Anfangs kamen Leuchtdioden aufgrund ihrer relativ geringen Lichtstärke überwiegend als Anzeigeelemente (z. B. zur Anzeige von Betriebszuständen) oder in der Bauform der Leuchtdiodenzeile in der Anzeigetechnik (z. B. bei Taschenrechnern, Digitaluhren, Messinstrumenten,

Tab. 25.4

LED-Material	Bezeichnung	Farbe	Wellenlängenbereich λ/nm
GaSb/InAs	Gallium-Antimonit/Indium-Arsenid	nahes infrarot	1600 nm$< \lambda <$ 2500 nm
GaInAsP	Gallium-Indium-Arsenid-Phosphid		1000 nm$< \lambda <$ 1600 nm
GaAlAs	Gallium- Aluminium-Arsenid		780 nm$< \lambda <$ 1000 nm
GaAs	Gallium-Arsenid		
GaAlAs	Aluminium-Gallium-Arsenid	rot	625 nm$< \lambda <$ 780 nm
InGaAlP	Indium-Gallium-Aluminium-Phosphid		
GaAsP	Gallium-Arsenid-Phosphid		
GaP	Gallium-Phosphid		
InGaAlP	Indium-Gallium-Aluminium-Phosphid	orange	595 nm$< \lambda <$ 625 nm
GaAsP	Gallium-Arsenid-Phosphid		
GaP	Gallium-Phosphid		
InGaAlP	Indium-Gallium-Aluminium-Phosphid	gelb	560 nm$< \lambda <$ 595 nm
GaP	Gallium-Phosphid		
InGaAlP	Indium-Gallium-Aluminium-Phosphid	grün	490 nm$< \lambda <$ 560 nm
GaP	Gallium-Phosphid		
GaN	Gallium-Nitrid		
InGaN	Indium-Gallium-Nitrid		
InGaAlP	Indium-Gallium-Aluminium-Phosphid		
SiC/GaN	Silicium-Carbid/Gallium-Nitrid		
SiC	Silicium-Carbid	blau	430 nm$< \lambda <$ 490 nm
GaN	Gallium-Nitrid		
InGaN	Indium-Gallium-Nitrid		
SiC	Silicium-Carbid	violett	380 nm$< \lambda <$ 430 nm
GaN	Gallium-Nitrid		
InGaN	Indium-Gallium-Nitrid		
InGaN	Indium-Gallium-Nitrid	ultraviolett	230 nm$< \lambda <$ 380 nm
InGaAlN	Indium-Gallium-Aluminium-Nitrid		
GaAlN	Gallium-Aluminium-Nitrid		
GaN	Gallium-Nitrid		

Radiogeräten etc.) zur Anwendung. Ebenso zur Signalübertragung, wie beispielsweise in Lichtschranken oder in Optokopplern zur galvanischen Trennung verschiedener digitaler bzw. analoger Bauteile sowie in Infrarotsteuerungen etc., wo infrarot emittierende Leuchtdioden bis in die heutige Zeit überwiegend eingesetzt werden.

Seitdem die Fertigungstechnologie der Leuchtdioden so weit vorangeschritten ist, dass sie in allen Farben, insbesondere auch als weiße LED, und mit höherer Lichtstärke verfügbar sind, kommen sie in zunehmendem Maße als Leuchtmittel zum Einsatz. Es sollen hier nur einige Beispiele genannt werden, wie z. B. als Ersatz für Glüh- oder Halogenlampen zur Raumbeleuchtung, in Taschenlampen, zur Straßenbeleuchtung, bei Verkehrsampelanlagen, für Blinker, Kenn-, Brems- und Rückleuchten sowie als Scheinwerfer bei Kraftfahrzeugen oder bei Hinweistafeln. Daneben gibt es spezielle Anwendungsbereiche bei denen die spektralen Eigenschaften der Leuchtdioden von Interesse sind, wie beispielsweise in der optischen Spektroskopie als günstige Lichtquelle für einen bestimmten Spektralbereich oder im Bereich der Medizintechnik, z. B. zur Polymerisation von Kunststoffen mittels ultravioletter Leuchtdioden in der zahnmedizinischen Praxis.

Gegenstand intensiver Forschung und Entwicklung sind auch die **organischen Leuchtdioden**, kurz **OLED** (engl.: **O**rganic **L**ight **E**mitting **D**iode), deren Licht emittierendes Material organische Moleküle sind. Die Herstellung der OLED aus organischen, halbleitenden Materialien ist kostengünstiger als die der anorganischen LED, jedoch ist ihre Lebensdauer zum jetzigen Stand der Entwicklung noch geringer. Sie werden derzeit insbesondere bei Bildschirmen (z. B. Fernseher, Computer, Monitore) und als Displays in elektronischen Kleingeräten wie Mobiltelefonen, Autoradios oder Digitalkameras genutzt. Erste Anwendungen dieser organischen Leuchtmaterialien für Beleuchtungszwecke existieren zwar in Ansätzen im Labormaßstab, mit Lichtausbeuten die höher als jene der Leuchtstoffröhren sind, aber immer noch geringer im Vergleich zu den anorganischen LED und zudem haben sie das Problem der limitierten Lebensdauer. Mittelfristig werden die in Dünnfilmtechnologie hergestellten OLED jedoch Einzug in vielfältige Anwendungsgebiete halten, ob beispielsweise als biegsamer Bildschirm oder als großflächige Raumbeleuchtung mit diffusem, blendfreiem Licht. Auf alle Fälle handelt es sich dabei um Systeme mit hoher Energieeffizienz bei geringer Umweltbelastung wegen ihres geringen Strombedarfs.

Der *pn*-Übergang solcher Verbindungshalbleiter, wie wir sie bei den LED angesprochen haben, kann bei entsprechender Zusammensetzung und Konstruktion auch zur Laseraktivität angeregt werden, man erhält einen **Halbleiterlaser**. Halbleiterlaser sind von besonderem Interesse, da mit ihnen direkt elektrischer Strom in Laserlicht umgewandelt werden kann. Ein weiterer Vorteil sind die außerordentlich kleinen Abmessungen der Halbleiterlaserkristalle. Ein Halbleiterlaser, auch als **Laserdiode** oder **Diodenlaser** bezeichnet, ist im Prinzip einer Leuchtdiode ähnlich, der sich unterhalb einer gewissen *Schwellstromstärke* wie eine LED verhält und auch Licht emittiert, das ein Wellenlängenintervall endlicher Breite überdeckt, d.h. eine sog. *große spektrale Bandbreite* besitzt (s. § 42.1). Übersteigt aber die Stromstärke den Schwellwert, ist die emittierte Strahlung stärker gerichtet und die spektrale Bandbreite wird wesentlich geringer, d.h. die spektrale Reinheit der emittierten Strahlung steigt immens an (zum schematischen Aufbau und dem prinzipiellen Funktionsmechanismus der Laserdiode s. § 41.1). Der Spektralbereich der Emission der Laserdioden kann durch geeignete Wahl des Halbleitermaterials und der Dotierung (z. T. in ähnlicher Komposition wie bei den LED) in weiten Grenzen, partiell im ultravioletten sowie vom sichtbaren ab ca. 400 nm bis in den infraroten Spektralbereich hinein mit Wellenlängen von ca. 60 µm variiert werden. Die Anwendungsgebiete für Laserdioden sind äußerst vielfältig und aufgrund der ständigen Weiterentwicklung sehr zukunftsträchtig, wie beispielsweise in der optischen Nachrichtentechnik zur Datenübertragung mittels Glasfaserkabeln, als Lichtquelle in CD- und DVD-Geräten zum Beschreiben und Abtasten, für optische Plattenspeicher, in Laserprintern, Laserscannern (z. B. Barcode-Scanner) oder in Laserpointern, ebenso wie in Lichtschranken oder zur optischen Vermessung. Mit den Diodenlasern stehen der optisch spektroskopischen Spurenanalytik (z. B. von Molekülen oder Atomen) sehr schmalbandige Strahlungsquellen zur Verfügung. Sie kommen ebenso als Pumpquellen für andere Laser zum Einsatz oder im Bereich der Materialbearbeitung zum Bohren, Beschriften oder Schweißen mit Hochleistungs-Diodenlasern. Das Einsatzgebiet von Diodenlasern liegt derzeit im Bereich der Medizin unter anderem in der Dermatologie zum Entfernen von Haaren, in der Zahnheilkunde beim Entfernen von Karies oder von Zahnbelägen und in der Schönheitschirurgie beim Entfernen von Narben.

Transistor

Die Entdeckung des Transistoreffektes im Jahre 1948 durch *J. Bardeen* und *W. H. Brattain* sowie die quantitative Beschreibung der für die Funktion wesentlichen *pn*-Übergänge durch *W. Schockley*, war von wesentlicher Bedeutung für die Entwicklung der Halbleiterphysik und der Elektronik. Bis etwa Ende des letzten Jahrzehnts wurden Transistoren, mit inzwischen vielfältigsten Wirkungsprinzipien, noch „diskret", d. h. als einzelne Bausteine im eigenen Gehäuse auf Leiterplatten montiert. Seitdem werden Transistoren meist als Strukturelemente in integrierten Schaltungen zusammen mit anderen Bauelementen, wie Widerständen, Kondensatoren, Dioden etc. auf engstem Raum auf einem Siliciumplättchen (einem *„Chip"*) untergebracht.

Das Wort ***Transistor*** ist aus der Abkürzung der beiden englischen Wörter ***„transfer resistor"*** entstanden, eine der Anwendungsmöglichkeiten des Transistors zur Widerstandsanpassung in elektronischen Schaltkreisen. Von den verschiedenen Transistortypen haben sich bis zur Gegenwart als wichtige Bauelemente der Elektronik insbesondere die ***Feldeffekttransistoren*** und die ***Flächen-*** *oder* ***Planartransistoren*** durchgesetzt, wobei wir uns mit letzteren befassen werden.

Der **Flächentransistor** gehört zur Gruppe der so genannten bipolaren Bauelemente, da sowohl Elektronen als auch Defektelektronen zum Ladungstransport beitragen. Bei ihm befinden sich im Prinzip zwei *pn*-Übergänge in entgegengesetzter Durchlassrichtung in einem Einkristall, der überwiegend aus dem Halbleitermaterial Silicium besteht. Je nach der Reihenfolge *n-p-n* oder *p-n-p* der unterschiedlich dotierten Schichten erhält man einen *n-p-n-* bzw. *p-n-p*-Transistor. Die verschieden dotierten Zonen bezeichnet man als Emitter E, Basis B und Kollektor C wie in Abb. 25.22 für einen *n-p-n*-Flächentransistor schematisch dargestellt. Abb. 25.23 zeigt als Beispiel das Symbol eines *n-p-n*-Transistors in elektronischen Schaltungen.

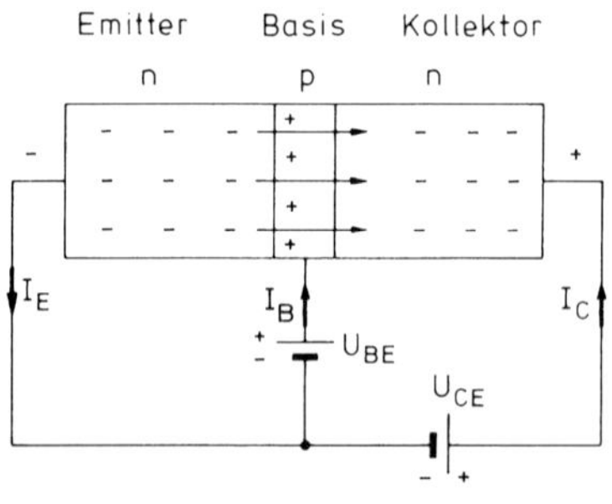

Abb. 25.22

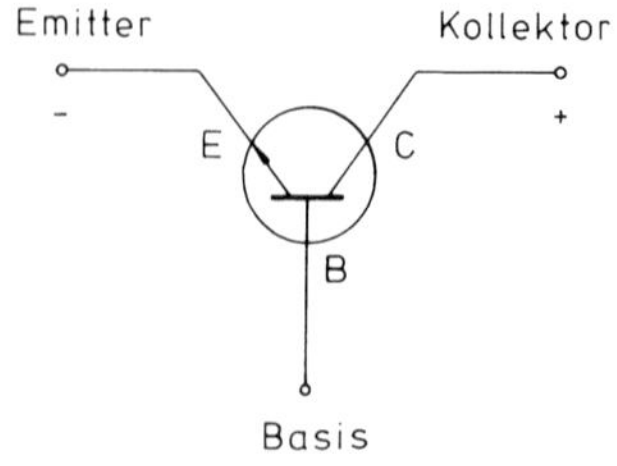

Abb. 25.23

Die Grundprinzipien der Wirkungsweise eines Transistors sind folgende: Schaltet man beim *n*-*p*-*n*-Transistor durch die von außen angelegte Basis-Emitter-Spannung U_{BE} den Emitter- Basis-Übergang in Durchlassrichtung (Abb. 25.22), dann fließt ein Emitterstrom I_E, d. h. es durchdringen Ladungsträger (hier: Elektronen) aus dem Emitter die Grenzschicht zur Basis und diffundieren durch die dünne Basiszone (typischerweise nur 10 µm dick) hindurch, in welcher, infolge deren geringer Dotierung nur wenige Ladungsträger rekombinieren (es fließt nur ein kleiner Basis-Emitter-Strom I_B). Die Dicke der Basiszone wird kleiner gewählt als die Länge des Diffusionsweges der Ladungsträger. Die durch die Basiszone hindurchdiffundierten Ladungsträger tragen zum Abbau der Verarmungsschicht des durch die externe Spannungsquelle U_{CE} in Sperrrichtung geschalteten Basis-Kollektor-Übergangs bei. Die in die Kollektorzone eindiffundierten Ladungsträger (hier: Elektronen) werden durch das Potentialgefälle zum Kollektor hin beschleunigt und rekombinieren dort, sodass ein Strom I_C im Kollektorkreis fließt. Dabei zeigt sich, dass kleine Änderungen ΔI_B des Basis-Emitterstromes I_B große Änderungen ΔI_C des Stromes I_C im Kollektorkreis bedingen. Der Flächentransistor wirkt, in der in Abb. 25.22 im Prinzip dargestellten sog. Emitterschaltung (der Emitter ist gemeinsamer Anschlusspunkt von Eingangs- und Ausgangskreis), als Stromverstärker (bis zu hundertfache Stromverstärkungen können erreicht werden).

Wird der Emitter-Basis-Übergang des Transistors jedoch in Sperrrichtung geschaltet, so fließt auch kein Strom I_C im Kollektorkreis. Über die Wahl von U_{BE} kann der Transistor also geschlossen und geöffnet werden. Dies ist die Einsatzmöglichkeit von Transistoren als elektronische Schalter.

Die hier für den *n*-*p*-*n*-Transistor betrachtete Wirkungsweise und einige seiner grundlegenden Eigenschaften sind für einen *p*-*n*-*p*-Transistor völlig analog. Es sind nur die Polaritäten zu vertauschen (am Emitter „positiv" und am Kollektor „negativ") und anstelle der Bewegung der Elektronen ist diejenige der Defektelektronen zu betrachten.

§ 25.2.4 Das Bändermodell

In diesem Abschnitt soll noch kurz und in vereinfachter Darstellung die Interpretation des möglichen Ladungstransportes in den unterschiedlichen Festkörpern (Metalle bzw. Nichtmetalle, d. h. Halbleiter und Isolatoren) auf der Basis des sog. **Bändermodells** angesprochen werden. Wir gehen dazu von folgenden Fakten aus:

Zum einen haben wir uns bei der Besprechung des Auftretens von Kontaktpotentialen zwischen verschiedenen Metallen in § 25.1.3 vorgestellt, dass für den gesamten Festkörper die Elektronen als in einem Potentialtopf befindlich betrachtet werden können. Bezugspotential war dabei das Vakuumniveau (Oberkante des „Potentialtopfes") und am absoluten Nullpunkt ($T=0$ K) hat kein Elektron des Festkörpers, wobei diese sich hierbei in definierten Energiezuständen befinden, eine höhere Energie als die des Fermi-Niveaus E_F.

Des Weiteren nehmen in jedem einzelnen freien Atom die Elektronen, wie wir in § 38.2 sehen werden, bestimmte, scharfe Energiezustände ein. Im Festkörper mit seinen vielen Atomen sind die Energieniveaus der innersten Elektronen der Atomhülle des Einzelatoms noch scharf definiert, wie z. B. deren

Röntgenspektren zeigen. Doch sind die Niveaus der weiter außen liegenden Elektronen und insbesondere der Valenzelektronen, infolge der Wechselwirkung mit den Nachbaratomen der periodischen Raumgitteranordnung der Atome des Festkörpers, zu *Energiebändern* verbreitert, wie die quantenmechanischen Rechnungen zeigen (daher der Name Bändermodell). Zwischen den Bändern befinden sich mehr oder weniger breite Energielücken mit jeweils einem bestimmten *Bandabstand* E_g, die **verbotenen Zonen**, in denen keine erlaubten Energieniveaus existieren.

a) Nach dem oben Erwähnten liegt bei den **Metallen** das Ferminiveau inmitten eines solchen erlaubten Energiebandes, dem obersten maximal bis zur Fermi-Energie E_F besetzten ***Valenzband***. Dieses Band enthält auch unbesetzte Energiezustände. Nun wissen wir, dass bei den Metallen für den Leitungsmechanismus die Valenzelektronen verantwortlich sind. Die Elektronenbewegung wird daher, sobald an den Leiter eine äußere elektrische Spannung angelegt wird, energetisch in dem ansonsten leeren Band, dem ***Leitungsband*** stattfinden. Am Prozess der metallischen Leitung nehmen ausschließlich die Elektronen des Bandes teil, welches das Ferminiveau enthält und nicht Elektronen aus tiefer liegenden Valenzbändern. Eine idealisierte Darstellung des Bändermodells dieser Verhältnisse zeigt Abb. 25.24, dabei bedeuten VB: Valenzband, LB: Leitungsband, E_F: Fermi-Energie, E_g: Energiebreite der verbotenen Zone. Bei den einwertigen Metallen, wie z. B. Na, Cu, Ag und Au, ist das oberste Band nur halb besetzt (Abb. 25.24 (a)) und damit können sich die Elektronen im direkt anschließenden Leitungsband frei bewegen, d. h. diese Festkörper haben eine gute Leitfähigkeit. Die Leitfähigkeit der zweiwertigen Metalle (beispielsweise den Erdalkalimetallen sowie Zn und Hg) erklärt sich aufgrund der teilweisen Überlappung von Valenz- und Leitungsband (Abb. 25.24 (b)), d. h. die sich überlappenden Bänder sind auch nur teilweise gefüllt.

b) Bei den **Nichtmetallen**, d. h. den ***Halbleitern*** und ***Isolatoren***, liegt das Ferminiveau in der verbotenen Zone zwischen Valenz- und Leitungsband. Bei den Isolatoren ist das Valenzband, als das höchste mit Elektronen besetzte Energieband, voll aufgefüllt. Das energetisch nächst höhere Energieband, das Leitungsband, ist unbesetzt. Der Abstand zwischen diesen beiden Bändern, die Energielücke E_g ist so groß (Abb. 25.24 (c)), dass bei Raumtemperatur die Wahrscheinlichkeit sehr gering ist, dass ein Elektron des Valenzbandes ins Leitungsband gelangen kann, d. h. die Breite der verbotenen Zone $E_g \gg k \cdot T$ (bei Raumtemperatur $T = 293$ K beträgt $k \cdot T = 25$ meV). Bei Isolatoren ist im Allgemeinen $E_g > 3$ eV, beispielsweise bei Kohlenstoff in Form des Diamant, als einem ausgezeichneten Isolator, beträgt $E_g = 5{,}48$ eV.

Halbleiter unterscheiden sich vom Isolator durch eine schmalere Energielücke ($E_g < 3$ eV) zwischen Valenz- und Leitungsband. Einige Beispiele sind: Germanium 0,66 eV; Silicium 1,11 eV; Selen 1,76 bis 2,2 eV; InSb 0,18 eV; PbS 0,37 eV; GaAs 1,43 eV; CdSe 1,75 eV. Dadurch können durch thermische Anregung bei Raumtemperatur oder sonstige Energiezufuhr (z. B. durch Einstrahlung entsprechender Photonenenergie) einige Elektronen aus dem Valenz- in das Leitungsband angehoben werden, wo sie wie Metallelektronen frei beweglich sind. Dadurch entstehen im vorher voll besetzten Valenzband Elektronenfehlstellen, die *Defektelektronen* oder *Löcher*, die sich hier wie bewegliche positive Ladungen verhalten: Es liegt ein Halbleiter mit *Eigenleitung* vor (Abb. 25.24 (d)). Mit wachsender Temperatur gelangen immer mehr Elektronen ins Leitungsband, das bedeutet, insgesamt steigt die Ladungsträgeranzahl und damit die elektrische Leitfähigkeit der Halbleiter.

Die elektrische Leitfähigkeit der Halbleiter steigt, wie in § 25.2.2 beschrieben, auch durch *Dotierung* mit Störstellen, insbesondere mit drei- bzw. fünfwertigen Fremdatomen, die man als ***Akzeptoren*** („Elektronenfänger") bzw. ***Donatoren*** („Elektronenspender") bezeichnet. Sie nehmen im Bändermodell einen Sonderplatz ein, und zwar bilden sie innerhalb der verbotenen Zone zusätzliche lokalisierte Störstellenniveaus mit Energien E_A der Akzeptoren wenig oberhalb des Valenzbandes (Abb. 25.24 (e)) bzw. E_D der Donatoren dicht unterhalb des Leitungsbandes (Abb. 25.24 (f)). Beispielsweise beträgt bei Silicium

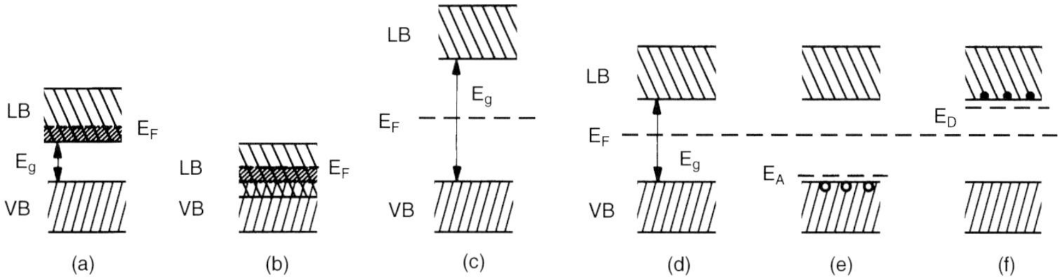

Abb. 25.24

(bzw. Germanium) für einen p-Leiter, dotiert mit dreiwertigem Indium, der Abstand des Akzeptorniveaus E_A zum Valenzband $\Delta E = 0{,}16\,\text{eV}$ (bzw. 0,0112 eV), und für einen n-Leiter, dotiert mit fünfwertigem Arsen, der Abstand des Donatorniveaus E_D zum Leitungsband $\Delta E = 0{,}049\,\text{eV}$ (bzw. 0,0127 eV). Infolge des geringen Energieabstandes zum Valenz- bzw. Leitungsband können bereits durch geringe Energiezufuhr Elektronen aus dem Valenzband durch Akzeptoren aufgenommen bzw. in das Leitungsband durch Donatoren abgegeben werden. Bei Raumtemperatur wird also ein sehr großer Teil dieser Störstellen ionisiert sein. Die Akzeptoren und Donatoren selbst bleiben fest an den Ort (Gitterplatz) gebunden, sind also keine beweglichen Ladungsträger.)= 1

§ 25.3 Ladungstransport in Flüssigkeiten

Das Vorhandensein frei beweglicher elektrischer Ladungsträger ist Grundvoraussetzung für einen Ladungstransport, wie wir in den vorangehenden Abschnitten gesehen haben. Bei den Halbleitern beruht die elektrische Leitung auf der Bewegung von negativen Elektronen und positiven Defektelektronen, während bei den Metallen ausschließlich negativ geladene Elektronen dafür verantwortlich sind. Auch bei den geschmolzenen Metallen (Quecksilber ist bereits bei Raumtemperatur flüssig), die zwar zu den flüssigen Leitern gehören, ist der Leitungsmechanismus dennoch derselbe wie bei den festen Metallen. In diesem Abschnitt behandeln wir jedoch einige wesentliche Erscheinungen des Ladungstransports in elektrolytischen Flüssigkeiten (kurz: Elektrolyte), bei denen die Ladungsträger ausschließlich sowohl positive als auch negative Ionen sind. Die Ionen können dabei einfach und auch mehrfach positiv bzw. negativ geladene Atome oder Moleküle sein, je nachdem wie viele Elektronen das Atom oder Molekül abgegeben bzw. aufgenommen hat. Der Stromtransport in Elektrolyten ist daher stets auch mit einem nachweisbaren Massetransport verbunden.

§ 25.3.1 Elektrolyte – Dissoziation – Elektrolyse

Flüssigkeiten sind im Vergleich zu den Metallen schlechte elektrische Leiter. Destilliertes Wasser beispielsweise hat eine elektrische Leitfähigkeit von $\gamma \approx 5 \cdot 10^{-6}\,\text{S/m}$, ein Wert, der in die Größenordnung der elektrischen Leitfähigkeit einiger Halbleiter kommt. Die Leitfähigkeit von Flüssigkeiten ist umso geringer, desto weniger Ionen sie enthalten. Gibt man daher z. B. in Wasser eine geringe Menge eines wasserlöslichen Salzes, so steigt die Leitfähigkeit stark an, je nach Konzentration um mehrere Größenordnungen (s. auch Tab. 24.1 und 25.5), doch die Leitfähigkeit der Metalle wird bei weitem nicht erreicht. Derartige Lösungen von Salzen, aber auch von Säuren und Basen in Wasser oder anderen Lösungsmitteln, bezeichnet man als **Elektrolyte**. Elektrolyte sind also *heteropolare* Verbindungen, aufgebaut aus geladenen Atomen oder Radikalen, den Ionen. Beispielsweise besteht Kochsalz auch im Kristall aus Na^+- und Cl^--Ionen oder Kupfersulfat aus Cu^{++}- und SO_4^{--}-Ionen. Auch Schmelzen von Salzen (z. B. NaCl oder $AgNO_3$) sind eine weitere Art von Elektrolyten, ebenso wie die Festelektrolyte (z. B. keramische Materialien wie Al_2O_3). Wir beschränken uns hier auf die Betrachtung einiger Eigenschaften von Elektrolyten in Lösungsmitteln.

Wie oben bereits erwähnt, ist die elektrische Leitfähigkeit von Elektrolyten erheblich größer als die des reinen Lösungsmittels. Die Ursache liegt darin, dass die Moleküle des gelösten Stoffes in positive und negative Ionen zerfallen. Diesen Vorgang bezeichnet man als ***Dissoziation***. Löst man z. B. Kochsalz in Wasser, so dissoziieren die NaCl-Kristalle in positive Na^+-Ionen und negative Cl^--Ionen.

Zur Erklärung der Dissoziation macht man sich folgendes Modell: Die Bindung im NaCl-Kristall beruht auf der Coulomb'schen Anziehungskraft zwischen den positiven Na^+- und den negativen Cl^--Ionen. Bringt man nun den Kristall in Wasser, so wirkt dieses als Dielektrikum. Die Wassermoleküle schieben sich zwischen die Na^+- und Cl^--Ionen. Dadurch verringert sich die elektrostatische Wechselwirkung (d. h. die Coulombkraft) zwischen den beiden ungleichnamig geladenen Ionen um den Faktor $\frac{1}{\varepsilon}$ $\left(\text{bei Wasser von z. B. } 18\,°\text{C gilt: } \frac{1}{\varepsilon} \approx \frac{1}{81} \approx 0{,}0123\right)$ und reicht nicht mehr aus, die Ionen zusammenzuhalten, die Kristallbausteine dissoziieren. Die Ionen umgeben sich dabei mit einer Hülle von Wasser-Dipolmolekülen; diesen Vorgang nennt man ***Hydratation***, bzw. allgemein heißt dieses Phänomen bei einem beliebigen Lösungsmittel ***Solvatation*** (s. auch § 19). Die freigesetzte Energie bei der Anlagerung der Wasserdipole genügt zur Abtrennung der Ionen aus dem Kristallgitter. Die beiden hydratisierten Ionensorten sind in der Lösung frei beweglich, abgesehen vom Reibungswiderstand, den sie erfahren.

Je nachdem inwieweit ein Elektrolyt in seine Ionen dissoziiert ist, unterscheidet man zwischen **starken** und **schwachen Elektrolyten**. *Schwache* Elektrolyte sind Verbindungen, die in wässriger Lösung nur gering bzw. nicht vollständig dissoziieren, wie z. B. Essigsäure und die meisten anderen organischen Säuren und Basen (z. B. Pyridin), aber auch salpetrige Säure ist ein schwacher Elektrolyt. Dagegen sind *starke* Elektrolyte Verbindungen, die in wässriger Lösung meist fast vollständig dissoziiert sind, wie Mineralsäuren (z. B. H_2SO_4, HNO_3), anorganische Basen (z. B. NaOH, KOH) und die meisten Salze (z. B. LiCl, NaCl).

Die Dissoziation der Moleküle lässt sich mithilfe der Gefrierpunktserniedrigung von Lösungen nachweisen: Bestimmt man z. B. die molare Masse von NaCl in einer wässrigen Lösung nach der Methode der Gefrierpunktserniedrigung, so ergibt sich, dass die Gefrierpunktserniedrigung ΔT_G rund doppelt so groß ist, wie sich aus Gleichung (19.13) $\Delta T_G = G \cdot k \cdot \frac{M_0}{M_1}$ bei Zugrundelegung der richtigen molaren Masse $M_1 = 58{,}4$ g/mol ergibt. Dies lässt sich nur damit erklären, dass die Lösung doppelt so viele gelöste Teilchen (Stoffmenge $2 \cdot n_1$) enthält, wie der gelösten Stoffmenge n_1 der NaCl-Moleküle entspricht, d. h. die NaCl-Moleküle haben sich in zwei Bestandteile aufgespalten, in negative Cl^--Ionen und positive Na^+-Ionen. Löst man beispielsweise 0,1 mol NaCl in einem Liter Wasser, so enthält die Lösung insgesamt etwa $1{,}2 \cdot 10^{23}$ Ionen, denn in 1 mol NaCl sind $N_A \approx 6 \cdot 10^{23}$ NaCl-Moleküle und in 0,1 mol also 1/10 davon, d. h. 0,1 mol NaCl dissoziieren somit in $6 \cdot 10^{22}$ Na^+- und $6 \cdot 10^{22}$ Cl^--Ionen.

Taucht man in einen Elektrolyten zwei Elektroden aus Platinblech und verbindet diese über ein Strommeßgerät mit den Klemmen einer Gleichspannungsquelle, so fließt, wie am Strommessgerät abzulesen ist, ein elektrischer Strom I durch den Elektrolyten. Außer der auftretenden Wärmeentwicklung im Elektrolyten beobachtet man, dass der Stromdurchgang mit einer chemischen Zersetzung verbunden ist. Der elektrische Strom beruht auf der Bewegung von positiven und negativen Ionen im elektrischen Feld zwischen den Elektroden, wobei die positiven Ionen – die **Kationen** – zur **Kathode** (verbunden mit dem negativen Pol der Spannungsquelle) und die negativen Ionen – die **Anionen** – zur **Anode** (verbunden mit dem positiven Pol der Spannungsquelle) wandern (Abb. 25.25). Kationen sind die Metallionen sowie NH_4^+ und H^+, Anionen die Säurerest- sowie die OH^--Ionen (korrekterweise sind viele dieser Ionen größere Komplexe, wie z. B. anstelle von H^+ das hydratisierte H_3O^+ etc.). An den Elektroden werden die Ionen neutralisiert, die Kationen nehmen Elektronen auf, die Anionen geben Elektronen ab und verändern dabei ihren chemischen Charakter. Die insbesondere

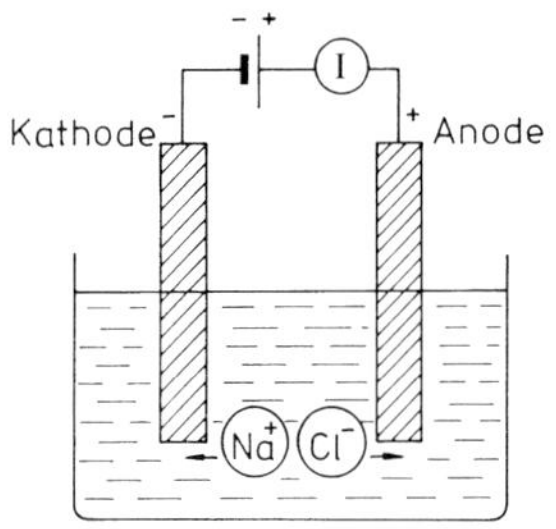

Abb. 25.25

an den Elektroden aufgrund des Stromdurchgangs erfolgenden Zersetzungen bzw. Abscheidungen unterschiedlichster Reaktionsprodukte bezeichnet man als **Elektrolyse** oder als **galvanische Abscheidung**.

Beispiele:

1. In der schematischen Darstellung der Abb. 25.25 besteht der Elektrolyt aus einer wässrigen Kochsalzlösung. Kation ist das Na^+-Ion, Anion das Cl^--Ion. In diesem Beispiel wird zwar an der Anode das Dissoziationsprodukt Cl^- sein Elektron abgeben und als Chlorgas ausgeschieden, aber an der Kathode nicht Natrium, sondern Wasserstoff, denn das primär abgeschiedene Natrium reagiert nach Abgabe seiner Ladung mit dem Lösungsmittel (Wasser) und es entsteht an der Kathode sekundär Natronlauge (NaOH) und Wasserstoff.

2. Verwendet man anstelle einer Kochsalzlösung als Elektrolyt eine Kupfersulfatlösung, so besteht die primäre Dissoziation in der Bildung eines Cu^{2+}-Kations und seines SO_4^{2-}-Anions. An der Platinkathode werden die Kupferionen entladen und die entstehenden Kupferatome als metallischer Niederschlag abgeschieden. An der Platinanode bildet sich zunächst die aktive Zwischenstufe SO_4, die sofort mit Wasser unter Bildung von H_2SO_4 reagiert, und der freigesetzte Sauerstoff wird an der Anode ausgeschieden.

3. Verändert man die Elektrolysezelle der Abb. 25.25 etwas, indem die beiden Platinelektroden in die beiden Schenkel eines U-Rohres eingebaut werden, so hat man im Prinzip einen sog. **Zersetzungsapparat** nach *A. W. von Hofmann*. Damit lassen sich die an der Anode und Kathode entstehenden Elektrolyseprodukte auffangen und quantitativ analysieren. Füllt man beispielsweise diesen Apparat mit verdünnter Schwefelsäure oder wässriger KOH-Lösung und verbindet die Elektroden mit einer Gleichspannungsquelle, so wird an der Kathode Wasserstoff H_2 und an der Anode Sauerstoff O_2 freigesetzt, wobei im Kathodenschenkel doppelt so viel Gas gebildet wird wie an der Anode. Das bedeutet, dass das Wasser durch Elektrolyse in seine Bestandteile H_2 und $\frac{1}{2}\,O_2$ zerlegt wurde.

4. Wie im Beispiel 2 befindet sich in der Elektrolysezelle Kupfersulfat, doch verwenden wir jetzt Kupfer- anstatt der Platinelektroden. Der Ionenstrom in der Elektrolytlösung besteht somit aus Cu^{++}-Kationen und SO_4^{2-}-Anionen. An der Kathode bleibt alles beim Alten, d. h. das Cu^{++}-Kation nimmt zwei Elektronen aus der Spannungsquelle auf und schlägt sich als metallisches Kupfer an der Kathode unter Zunahme von deren Masse nieder ($Cu^{++} + 2e \rightarrow Cu$). An der Anode verläuft die Zersetzung in anderer Weise aufgrund der Verwendung von Kupferelektroden. Zunächst gibt das SO_4^{2-}-Anion seine negativen Ladungen ab, reagiert aber dann mit der Kupferanode unter Bildung von Kupfersulfat, das bedeutet die Kupferanode wird aufgelöst, und zwar in gleicher Quantität wie an der Kathode sich ein Kupferniederschlag bildet. Dabei bleibt die Kupfersulfatlösung insgesamt unverändert.
Dies ist das Prinzip der **galvanischen Oberflächenbeschichtung**. Soll z. B. ein korrosionsanfälliges, unedles Metall, wie etwa Stahl, gleichmäßig mit einer dünnen metallischen Schicht aus beispielsweise Gold, Silber, Kupfer, Nickel, Chrom oder Zink überzogen werden, so kann dies auf elektrolytischem Wege geschehen. Das zu beschichtende Metall, im Beispiel Stahl, wird zum **Galvanisieren** als Kathode in einer Elektrolytlösung des edleren Metalls (Au, Ag, Cu etc.) verwendet und das jeweilige edlere Metall dient als Anode, damit die Ionenkonzentration des edleren Metalls in der Lösung konstant bleibt.

Elektrolytische Leitfähigkeit

In einer Elektrolytlösung herrscht zwischen zwei hinreichend großen planparallelen Elektrodenplatten mit Abstand d, die mit einer Spannungsquelle U verbunden sind, das homogene elektrische Feld $E = U/d$. Im allgemeinen Fall eines binären Elektrolyten wirkt auf ein z-wertiges Ion im $\vec{E}$-Feld zwischen den Elektroden die Kraft $\vec{F} = z \cdot e \cdot \vec{E}$ (e: Elementarladung). Wie im Metall wirkt auch hier eine geschwindigkeitsproportionale Reibungskraft $\vec{F}_R$, sodass im Gleichgewicht $\vec{F} = -\vec{F}_R$ die positiven (negativen) Ionen sich mit einer zum Feld proportionalen Geschwindigkeit v_+ (v_-) bewegen, wobei μ_+ (μ_-) die Beweglichkeit der Ionen (s. Tab. 25.4) bezeichnet:

$$v_+ = \mu_+ \cdot E \quad \text{(Kationen)} \tag{25.14}$$

$$v_- = -\mu_- \cdot E \quad \text{(Anionen)} \tag{25.15}$$

Die Beweglichkeiten werden im Allgemeinen positiv definiert, weshalb bei den mit v_- gegen die Feldrichtung laufenden Anionen in (25.15) ein Minuszeichen stehen muss. Beide Ionenarten tragen entsprechend ihrer Beweglichkeit zum Gesamtstrom bei. Die Gesamtstromdichte j ergibt sich als Summe der Stromdichten der Kationen j_+ und der Anionen j_- für welche gilt:

$$j_+ = z_+ \cdot \varrho_{N+} \cdot e \cdot v_+ \quad \text{bzw.} \quad j_- = -z_- \cdot \varrho_{N-} \cdot e \cdot v_-$$

so dass mit (25.14) und (25.15) folgt:

$$j = \left(z_+ \cdot \varrho_{N+} \cdot \mu_+ + z_- \cdot \varrho_{N-} \cdot \mu_-\right) \cdot e \cdot E \tag{25.16}$$

ϱ_{N+}: Zahl der positiven Ladungsträger pro Volumeneinheit (Kationenanzahldichte)
ϱ_{N-}: Zahl der negativen Ladungsträger pro Volumeneinheit (Anionenanzahldichte)

In Tab. 25.4 sind die Beweglichkeiten einiger Ionen in wässriger Lösung bei unendlicher Verdünnung (bei 25 °C) angegeben.

Aus (25.16) folgt für die Leitfähigkeit des Elektrolyten:

$$\gamma = \frac{j}{E} = \left(z_+ \cdot \varrho_{N+} \cdot \mu_+ + z_- \cdot \varrho_{N-} \cdot \mu_-\right) \cdot e \tag{25.17}$$

Die elektrische Leitfähigkeit γ bzw. der spezifische elektrische Widerstand $\varrho = 1/\gamma$ sind für Elektrolyte ebenso charakteristische Größen wie beispielsweise für die Metalle. Allerdings sind sie bei Elektrolyten von der Konzentration

Tab 25.4

Kationen	μ_+ in $10^{-8}\,\frac{m^2}{V\cdot s}$	Anionen	μ_- in $10^{-8}\,\frac{m^2}{V\cdot s}$
H^+	34,96	OH^-	19,8
Li^+	3,87	Cl^-	7,64
Na^+	5,01	Br^-	7,81
K^+	7,35	J^-	7,68
Ag^+	6,19	NO_3^-	7,15
NH_4^+	7,35	MnO_4^-	6,27
Zn^{++}	5,28	SO_4^{--}	7,99
Fe^{+++}	5,15	CO_3^{--}	6,93

des gelösten Stoffes abhängig, wie Tab. 25.5 für die spezifischen elektrischen Widerstände einiger Elektrolyte zeigt. Bei geringer Konzentration des gelösten Stoffes, d. h. bei verdünnten Lösungen, ist die Leitfähigkeit proportional zur Konzentration. Mit steigender Konzentration wächst die Leitfähigkeit weiter an und geht, bei solchen Stoffen, die sich in genügender Menge lösen lassen, durch ein Maximum, um dann wieder auf kleinere Werte zu fallen.

Die elektrische Leitfähigkeit γ der Elektrolyte nimmt im Gegensatz zu den Metallen mit steigender Temperatur zu und damit auch ihr Leitwert G. Entsprechend nimmt der spezifische Widerstand ϱ und der Widerstand R der Elektrolyte mit steigender Temperatur ab. Die Ursache für die Zunahme der elektrischen Leitfähigkeit der Elektrolyte ist in erster Linie dadurch bedingt, dass mit steigender Temperatur sich die Ionenbeweglichkeit erhöht, was zumindest teilweise durch die abnehmende Viskosität des Lösungsmittels erklärt werden kann.

Für die in einem Elektrolyten fließende Gesamtstromstärke I erhält man mit den Beziehungen (23.3) und (25.16), wenn an den beiden Elektrodenplatten (Abstand d, Querschnittsfläche A) eine Spannung U anliegt und somit ein homogenes elektrisches Feld $E = U/d$ zwischen den Platten herrscht:

$$I = j \cdot A = \left(z_+ \cdot \varrho_{N+} \cdot \mu_+ + z_- \cdot \varrho_{N-} \cdot \mu_-\right) \cdot \frac{A \cdot e \cdot U}{d} \tag{25.18}$$

Der Strom I ist auch bei elektrolytischen Vorgängen proportional zu U, d. h.: **Das Ohm'sche Gesetz $I \sim U$ gilt auch für Elektrolyte.**

Durch eine Widerstandsmessung lässt sich mit Hilfe von Beziehung (25.18) die Summe der Beweglichkeiten $\mu_+ + \mu_-$ bestimmen. Sie ergibt sich, wie z. B. auch die Werte aus Tab. 25.4 zeigen, etwa als das 10^{-4}fache der Elektronenbe-

Tab. 25.5

gelöster Stoff bei 20 °C	Massengehalt in %	spez. Widerstand in $10^{-2}\,\Omega\cdot m$
Kochsalz (NaCl)	5	14,3
	10	7,9
	20	4,9
Salpetersäure (HNO_3)	10	2,1
	20	1,4
	30	1,2
Kupfersulfat ($CuSO_4$)	5	50,8
	10	29,9
	15	22,7

weglichkeit in Metallen (s. § 25.1). Es soll noch kurz angemerkt werden, dass bei der praktischen Durchführung von Widerstandsbestimmungen von Elektrolytlösungen Wechselspannung zu verwenden ist, da sich bei Gleichspannung die Elektroden „polarisieren" und damit das elektrische Feld verändert wird.

Elektrophorese

Ähnlich wie die Bewegung von Ionen in Flüssigkeiten kann man die Wanderung größerer geladener Teilchen, z. B. kolloidal disperser Stoffe, durch leitende Flüssigkeiten unter Anlegen eines elektrischen Feldes untersuchen. Zwei Techniken werden heute grundsätzlich angewendet. Bei der Technik der wandernden Grenze wird die Bewegung der scharfen Phasengrenze des zu untersuchenden kolloidalen Elektrolyten und einer darüber geschichteten Pufferlösung im elektrischen Feld photographisch registriert. Ist das zu untersuchende Material z. B. ein Protein, das einen Überschuss an negativer Ladung auf seiner molekularen Oberfläche trägt, so verschiebt sich die Phasengrenze in Richtung auf die Anode; die Wanderungsgeschwindigkeit eines jeden wandernden Teilchens ist proportional der angelegten elektrischen Potentialdifferenz.

Die am häufigsten angewendete Technik ist die Elektrophorese in stabilisierten Medien. Es genügt hier, eine winzige Menge der zu trennenden Mischung auf den Mittelpunkt einer horizontalen Säule oder beispielsweise eines schmalen Papierstreifens aufzubringen, die (bzw. der) mit einer Pufferlösung gesättigt ist. Infolge der an deren Enden angelegten Gleichspannung beginnen die zu untersuchenden Stoffe zu wandern, womit eine Auftrennung des ursprünglichen Flecks in mehrere diskrete Zonen erfolgt, die unterschiedlichen aber spezifischen Elektromigrationsgeschwindigkeiten entsprechen. Der Abstand vom ursprünglichen Auftragspunkt stellt ein Maß für die Beweglichkeit der Teilchen dar, die sich in einer bestimmten Zone befinden; Dichte und Fläche des Flecks lassen auf die Menge der Substanz in der Mischung schließen. Die Trennung kann quantitativ ausgewertet werden.

§ 25.3.2 Faraday'sche Gesetze

Bei der *Elektrolyse* findet aufgrund der Bewegung von Ionen als den Ladungsträgern im Vergleich zu den Metallen ein merklicher Materietransport statt, denn die Masse der Ionen ist sehr viel größer als jene der Elektronen. Zwischen der Ladungsmenge Q, die bei der Elektrolyse durch den Elektrolyten transportiert wird und der dabei entstehenden Masse m der Elektrolyseprodukte an den Elektroden bestehen quantitative Zusammenhänge, die von *M. Faraday* (1832/33) als Erstem untersucht und erfasst wurden. Seine experimentellen Befunde ergaben folgende zwei Gesetzmäßigkeiten, die nach ihm benannt sind:

Die Masse m eines bei der Elektrolyse an einer Elektrode abgeschiedenen Stoffes ist proportional zur transportierten elektrischen Ladung Q (**1. Faraday'sches Gesetz**):

$$m = c \cdot Q \tag{25.19}$$

Der Proportionalitätsfaktor c heißt **elektrochemisches Äquivalent**. Es gibt an, wie viel kg des betreffenden Stoffes von 1 C Ladung abgeschieden werden.

Beispiel: Für Silber beträgt das elektrochemische Äquivalent $c = 1{,}118 \cdot 10^{-6}\ \frac{\text{kg}}{\text{C}}$. Um aus einer Silbernitratlösung 1 g Silber an der Kathode abzuscheiden, muss ein Strom von 1 A etwa 15 min durch den Elektrolyten fließen, denn nach dem 1. Faraday'schen Gesetz gilt:

$$m = c \cdot Q = c \cdot I \cdot t$$

also:

$$t = \frac{m}{c \cdot I} = \frac{10^{-3}}{1{,}118 \cdot 10^{-6}}\ \text{s} = 894\ \text{s} = 14{,}9\ \text{min}$$

Bei der Elektrolyse verschiedener Elektrolyte gilt nach dem **2. Faraday'schen Gesetz**:

> Durch gleiche Ladungsmengen werden in verschiedenen Elektrolyten ihre Äquivalentmengen abgeschieden.

Dabei ist die Äquivalentmenge n^* wie folgt definiert:

Definition:

Äquivalentmenge = Stoffmenge × Wertigkeit

$$n^* = n \cdot z \tag{25.20}$$

Einheit:

mol

Äquivalentmenge und Stoffmenge besitzen dieselbe Einheit, da die Wertigkeit (Ladungszahl der Ionen) eine reine Zahl ist. Man beachte aber, dass man unter der Äquivalentmenge die pro Mol enthaltene Anzahl z-wertiger Ionen versteht; dies sind $N_A = 6{,}022 \cdot 10^{23}$ Elementarladungen, jedoch nur $\frac{N_A}{z}$ Teilchen.

Die Einheit der Äquivalentmenge wird, zur Unterscheidung von der Stoffmenge, mitunter auch als *Äquivalent*, abgekürzt val, bezeichnet.

Es gilt dann:

$$1\,\text{val} = \frac{1}{z}\,\text{mol}$$

Die nach den Faraday'schen Gesetzen zur Abscheidung eines beliebigen Stoffes pro Äquivalentmenge benötigte Ladungsmenge bezeichnet man als die **Faradaykonstante**:

$$F = (96485{,}3399 \pm 0{,}0024)\,\frac{\text{C}}{\text{mol}} \approx 96485\,\frac{\text{C}}{\text{mol}}$$

Bei einem einwertigen Atom trägt jedes Ion nur eine Elementarladung e, pro Mol wird also die Ladungsmenge $N_A \cdot e$ (N_A: Avogadrozahl) transportiert. Es gilt:

$$\boxed{F = N_A \cdot e} \qquad (25.21)$$

Nach *Faraday* wird somit durch eine Elektrizitätsmenge Q die Äquivalentmenge n^* transportiert und es gilt:

$$n^* = \frac{Q}{F} \qquad (25.22)$$

Mit der Definition der Äquivalentmenge $n^* = n \cdot z$ gemäß Beziehung (25.20) folgt mit (25.22) für die durch eine bestimmte Ladungsmenge Q transportierte bzw. an einer Elektrode abgeschiedene Stoffmenge n eines z-wertigen Ions:

$$n = \frac{n^*}{z} = \frac{Q}{z \cdot F} \qquad (25.23)$$

Ebenso folgt aus (25.22) mit den Beziehungen (25.20) und (3.6) auch $m = \frac{M}{z \cdot F} \cdot Q$, womit sich durch Vergleich mit (25.19) für das elektrochemische Äquivalent ergibt:

$$c = \frac{M}{z \cdot F} = \frac{M}{z \cdot N_A \cdot e} \qquad (25.24)$$

wobei M die molare Masse in g/mol ist.

Beispiele:

1. Betrachten wir noch einmal die Elektrolyse von (leicht angesäuertem) Wasser, z. B. mit dem Hofmann'schen Zersetzungsapparat. Durch die Elektrolysezelle fließe eine Ladung von $Q = 96\,485$ C. Dann wandert zur Kathode 1 mol H^+-Ionen und wird dort von 1 mol Elektronen neutralisiert; es entsteht dabei 1 mol an neutralen H-Atomen, die $\frac{1}{2}$ mol H_2-Moleküle bilden. Sie nehmen somit den Raum von $\frac{1}{2} \cdot 22{,}4\,\text{dm}^3$ ein (s. § 13.2.3). An der Anode wird aber nur $\frac{1}{2}$ mol an O^{2-}-Ionen entladen, da Sauerstoff zweiwertig ist. Dies ergibt $\frac{1}{2}$ mol neutraler O-Atome und somit $\frac{1}{4}$ mol O_2-Moleküle, die bei Normalbedingungen ein Volumen von $\frac{1}{4} \cdot 22{,}4\,\text{dm}^3$ einnehmen. Das bedeutet, dass zum Abscheiden von 1 mol molekularen Sauerstoffs, d. h. $22{,}4\,\text{dm}^3$ ($\widehat{=} 22{,}4\,\text{l}$) O_2, eine Ladungsmenge von $4 \cdot 96\,485\,\text{C} \approx 386\,\text{kC}$ benötigt wird.

2. Zum Abscheiden eines einwertigen Metalls durch Elektrolyse, z. B. von Ag aus einer $AgNO_3$-Lösung, benötigt man gemäß (25.21) eine Ladungsmenge von $Q = 96485$ C. Mit derselben Ladungsmenge können aus einer $CuSO_4$-Lösung nach (25.23) nur 0,5 mol Cu (Wertigkeit von Cu ist $z = 2$) abgeschieden werden.

3. Durch Elektrolyse sollen in einer Elektrolysezelle $n = 0{,}1$ mol eines dreiwertigen Metalls an der Kathode abgeschieden werden, wobei die Stromstärke durch den Elektrolyten $I = 2$ A betrage. Nach (25.22) und (25.23) folgt für die dazu notwendige Ladungsmenge:
$Q = n^* \cdot F = n \cdot z \cdot F = 0{,}1 \cdot 3 \cdot 96\,485\,\text{C} \approx 2{,}9 \cdot 10^4\,\text{C}$, woraus sich die insgesamt dazu erforderliche Zeit nach $t = Q/I$ zu ca. 4 h ergibt.

4. Bei der Elektrolyse eines einwertigen Metalls fließe in der Elektrolysezelle eine Stromstärke von 5 mA. Die Zahl der an der Kathode pro Sekunde etwa ankommenden einwertigen Ionen soll bestimmt werden.

Eine beliebige Stromstärke von $I = x\,\text{A} = x\,\text{C/s}$ bedeutet, das x C durch N (in diesem Fall) einwertige Ionen pro Sekunde zur Kathode transportiert werden, also durch N Teilchen, von denen jedes eine Elementarladung $e = 1{,}6022 \cdot 10^{-19}$ C trägt. Pro Sekunde wird somit eine Ladungsmenge von $x = N \cdot e$ an der Kathode umgesetzt, woraus für die transportierende Teilchenzahl folgt: $N = x/e$. Mit $x = 5 \cdot 10^{-3}$ C/s in diesem Beispiel erhält man für die Zahl der einwertigen Ionen, die pro Sekunde an der Kathode etwa ankommen: $N \approx 3 \cdot 10^{16}$ Ionen.

4

5. In einem elektrolytischen Bad wird ein Werkstück vergoldet. Dabei wird durch eine konstante Stromstärke in einer Gesamtzeit von $t = 12$ h eine Masse von $m = 10$ g Gold niedergeschlagen. Die Wertigkeit von Gold ist $z = 3$ und die molare Masse beträgt $M_A = 200$ g/mol. Die in der Elektrolysezelle fließende Stromstärke I berechnet sich, wie man mithilfe von Beziehung (25.19) und (25.24) erhält, aus $I = \dfrac{m \cdot z \cdot F}{M_A \cdot t}$. Mit den gegebenen Zahlenwerten folgt für die konstante Stromstärke $I = 335$ mA.

Würde bei gleicher Stromstärke das Werkstück elektrolytisch versilbert werden, so wäre die erforderliche Zeit bei gleicher Masse des Silberniederschlags (Ag: einwertig; relative Atommasse 100 g/mol), nur $t = 8$ h. Das ist nicht überraschend, denn pro mol abgeschiedenem Silber- bzw. Goldatom verhalten sich die dafür erforderlichen Ladungsmengen gemäß deren Wertigkeiten wie $\Delta Q_{Au} : \Delta Q_{Ag} = 3 : 2$. Da die gleiche konstante Stromstärke $I = \Delta Q / \Delta t$ fließen soll, gilt somit $I = \Delta Q_{Au} / \Delta t_{Au} = \Delta Q_{Ag} / \Delta t_{Ag}$, woraus wie oben die für den Silberniederschlag erforderliche Zeit $\Delta t_{Ag} = (\Delta Q_{Ag} \cdot \Delta t_{Au}) / \Delta Q_{Au} = \frac{2}{3} \cdot 12\,\text{h} = 8\,\text{h}$ folgt.

§ 25.3.3 Galvanische Elemente

Bei der Elektrolyse findet infolge des Stromflusses durch den Elektrolyten an der Kathode immer der Übergang von der elektronischen Leitung im Metall zur ionischen Leitung im Elektrolyten statt (*Reduktion* von Ionen) und an der Anode in umgekehrter Richtung (*Oxidation* von Ionen); die Elektroden stellen Quellen und Senken von elektrischen Ladungen dar. Wir hatten dabei im vorausgehenden Abschnitt in den meisten Fällen die Elektroden selbst als „inert" angesehen, also nicht an der chemischen Reaktion direkt beteiligt. Es zeigt sich jedoch, dass die meisten Metalle als Elektrodenmaterial in Elektrolyten sich nicht inert verhalten, und dass z. B. an der Anode, an der chemisch gesehen immer ein Oxidationsvorgang abläuft, unter Umständen auch das Metall der Elektrode selbst oxidiert wird, indem es als positives Metallion in Lösung geht (wie z. B. bei der galvanischen Oberflächenbeschichtung).

Nun tritt prinzipiell beim Kontakt zwischen einem Elektrodenmetall und einer Flüssigkeit eine Kontaktspannung auf, ebenso wie beim Kontakt zwischen zwei Festkörpern (s. z. B. das Kontaktpotential unterschiedlicher Metalle § 25.1.3). Taucht man daher eine Metallelektrode in reines Wasser oder in eine verdünnte Elektrolytlösung ein (schematisch in Abb. 25.26 dargestellt), so entsteht zwischen Elektrode und Wasser bzw. Elektrolytlösung eine Potentialdifferenz. Man bezeichnet diese Potentialdifferenz als **elektrochemisches Potential** oder **Galvani-Potential** der Elektrode in der betreffenden Lösung.

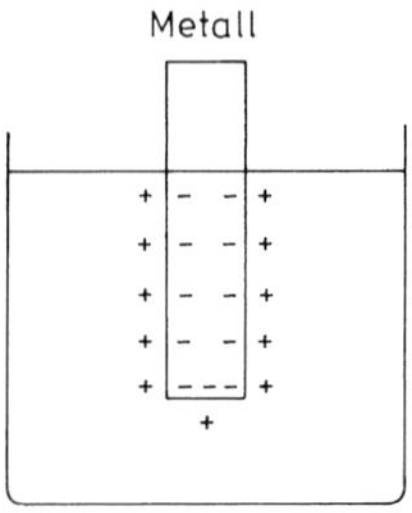

Abb. 25.26

Sie entsteht dadurch, dass positive Metallionen das Bestreben haben, in Lösung zu gehen (***Lösungstension***) und damit ein Überschuss an Elektronen im Leiter verbleibt. Der Lösungsvorgang endet, wenn das elektrische Feld, welches sich zwischen Elektrolyt und Metall aufbaut, so groß wird, dass die Energie der positiven Metallionen nicht mehr ausreicht, gegen dieses Feld anzulaufen; es stellt sich ein Gleichgewicht ein, ähnlich dem Sättigungsdampfdruck, zwischen den in Lösung gehenden und den sich wieder abscheidenden Ionen.

Da man keine absoluten Einzelpotentiale (Elektrodenpotentiale) messen kann, bezieht man alle Elektrodenpotentiale auf die gleiche durch internationale Übereinkunft (willkürlich) gewählte *Normalwasserstoffelektrode*. Deren Potential wurde zu null festgelegt für eine von Wasserstoffgas umspülte Platinelektrode. Die Platinelektrode ist eine sog. platinierte Platinelektrode, die durch ein bestimmtes Verfahren (Platinieren) eine äußerst poröse und schwammige Oberfläche bekommen hat, um für den Elektrolyten eine möglichst große Oberfläche darzustellen. Diese Normal- oder Standard-Wasserstoffelektrode taucht in eine saure wässrige Lösung von 1 Mol Ionen pro Liter Lösung ein (z. B. 0,5 mol/L Schwefelsäure bei Raumtemperatur). Schaltet man eine beliebige Elektrode X mit der Standardwasserstoffelektrode zu einer elektrochemischen Zelle zusammen, dann ist die elektromotorische Kraft (EMK) bzw. die Quellenspannung dieser Anordnung das *relative Elektrodenpotential* (Standardpotential) der Elektrode X. Man erhält so die **Normalpotentiale** der Elektroden (Elektroden-Standardpotentiale) verschiedener Elektrodensysteme, welche der Größe des Potentials entsprechend in der so genannten **Spannungsreihe** angeordnet werden. Je unedler z. B. ein Metall, umso negativer, je edler ein Metall, umso positiver ist sein Normalpotential. Einige Beispiele von **Standardpotentialen** $\boldsymbol{U^0}$ sind in Tab. 25.6 zusammengestellt. Die Potentiale der Elektroden – Element gegen Elemention ($X \rightleftharpoons X^{k+} + k \cdot e^-$; $k = 1, 2, 3$) in wässrigen Lösungen, deren Ionenkonzentration 1 Mol pro Liter betragen (bei 25 °C und 1013,25 hPa) – sind bezogen auf die Standard-Wasserstoffelektrode (als Nullpunkt).

Das Standardpotential U^0 bzw. die EMK einer elektrochemischen Zelle kann wenigstens grundsätzlich mit der ***Nernst'schen Gleichung*** bestimmt werden. Nach *W. Nernst* ist die Potentialdifferenz U zwischen einer in einem wässrigen Elektrolyten befindlichen Metallelektrode und der Lösung:

$$U = -\frac{k \cdot T}{z \cdot e} \cdot \ln \frac{c_{\text{Me}}}{c_{\text{Lö}}} = -\frac{R \cdot T}{z \cdot F} \cdot \ln \frac{c_{\text{Me}}}{c_{\text{Lö}}} \tag{25.25}$$

Dabei ist c_{Me} die Konzentration der Ionen in der Metallelektrode und $c_{\text{Lö}}$ in der Lösung. Bei Raumtemperatur (18 °C, also $T = 291$ K) und mit den Zahlenwerten der Boltzmannkonstanten k, Elementarladung e, universellen Gaskonstanten R und der Faradaykonstanten F ergibt sich für $\frac{k \cdot T}{e} = \frac{R \cdot T}{F} = 25$ mV. Geht man außerdem vom natürlichen zum dekadischen Logarithmus über (Multiplikation der Gleichung mit dem Faktor $\ln 10 = 2{,}3026$), so folgt bei Raumtemperatur für die Potentialdifferenz:

$$\begin{aligned} U &= \frac{1}{z} \cdot (0{,}025\,\text{V}) \cdot \ln \frac{c_{\text{Lö}}}{c_{\text{Me}}} \\ &= \frac{1}{z} \cdot (0{,}058\,\text{V}) \cdot \lg \frac{c_{\text{Lö}}}{c_{\text{Me}}} \end{aligned} \tag{25.26}$$

Voraussetzung für die Gültigkeit der Gleichungen (25.25) bzw. (25.26) ist, dass die betrachtete Metallelektrode reversibel betrieben werden kann, d. h. das Gesamtsystem und damit auch die Elektrode nach Ablauf eines Prozesses sich wieder im Ausgangszustand befindet. So stellen z. B. Elektroden aus Kupfer in Kupfersulfat oder aus Zink in Zinksulfat reversible Elektroden dar, während beispielsweise Zink in verdünnter Schwefelsäure eine irreversible Elektrode darstellt.

Bringt man zwei unterschiedliche Metallelektroden mit verschiedenen elektrochemischen Potentialen in einen Elektrolyten, so entsteht zwischen den beiden Elektroden eine Spannung (ein Potentialunterschied), man erhält ein sog. **Galvanisches Element**. Als ein erstes Beispiel betrachten wir das *Volta-Element* mit je einer Elektrode aus Zn und Cu in verdünnter Schwefelsäure als Elektrolyt. Entnimmt man einer solchen Zelle durch einen äußeren Verbraucher einen Strom, der im Innern des Elementes von der Zn- zur Cu-Elektrode fließt, so geht Zn in Lösung und an der Cu-Elektrode setzt eine Entwicklung von Wasserstoff ein. Dadurch wird diese Elektrode mit einer Wasserstoffhaut überzogen, der zufolge eine sog. *elektrolytische Polarisationsspannung* entsteht, welche die ursprüngliche EMK des Elementes herabsetzt.

Anders liegen die Verhältnisse bei einem weiteren Beispiel eines galvanischen Elementes, dem *Daniell-Element*, das unpolarisierbare Elektroden besitzt, d. h. bei dem keinerlei Gasentwicklung und somit auch keine Polarisa-

4

Tab. 25.6

Elektrode	U^0/V	Elektrode	U^0/V	Elektrode	U^0/V
Li/Li^+	−3,0401	Cr/Cr^{2+}	−0,913	$\mathbf{H_2/2H^+}$	**0,00000**
Rb/Rb^+	−2,98	Zn/Zn^{2+}	−0,7618	W/W^{3+}	+0,1
K/K^+	−2,931	Cr/Cr^{3+}	−0,744	Bi/Bi^{3+}	+0,308
Na/Na^+	−2,71	Fe/Fe^{3+}	−0,447	Cu/Cu^{2+}	+0,3419
Mg/Mg^{2+}	−2,372	Cd/Cd^{2+}	−0,403	Ag/Ag^+	+0,7996
Al/Al^{3+}	−1,662	Ni/Ni^{2+}	−0,257	Pd/Pd^{2+}	+0,951
Ti/Ti^{3+}	−1,37	Pb/Pb^{2+}	−0,1262	Pt/Pt^{2+}	+1,18
Mn/Mn^{2+}	−1,185	Fe/Fe^{3+}	−0,037	Au/Au^{3+}	+1,498

tionsspannung auftritt. Es besteht aus einer Cu/$CuSO_4$-Elektrode (positiver Pol) und aus einer Zn/$ZnSO_4$-Elektrode (negativer Pol), wobei die beiden Elektrolytlösungen über eine poröse Trennwand (Diaphragma) in Verbindung stehen, welche zwar die Ionenwanderung gewährleistet, jedoch eine schnelle Durchmischung der Lösungen durch Diffusion verhindert. Die EMK dieses Elementes setzt sich subtraktiv aus den gemessenen Standardpotentialen zusammen. Nach Tabelle 25.6 ist die EMK des Daniell-Elementes gleich dem Normalpotential von Cu in $CuSO_4$, $U^0 = 0{,}3419$ V, vermindert um das von Zn in $ZnSO_4$, $U^0 = -0{,}7618$ V, d. h. gleich $[0{,}3419 - (-0{,}7618)]\ \text{V} = 1{,}1037\ \text{V} \approx 1{,}1$ V, wobei von der minimalen Potentialdifferenz zwischen $ZnSO_4$ und $CuSO_4$ abgesehen werden kann. Schließt man an die beiden Elektroden einen Verbraucher an, so fließt außen ein Elektronenstrom vom Zn zum Cu und entsprechend auch durch den Elektrolyten ein Strom positiver Ionen ebenfalls vom Zn zum Cu. Das bedeutet, dass Zn-Ionen in Lösung gehen und Cu-Ionen sich aus dem Elektrolyten abscheiden. Demzufolge wird die Zn-Elektrode immer dünner, wogegen die Cu-Elektrode immer mehr anwächst, denn für jedes Zn^{2+}-Ion, das in Lösung geht wird zum Ladungsausgleich ein Cu^{2+}-Ion an der Cu-Elektrode abgeschieden und dort entladen. Wenn alles Kupfer aus der Lösung verbraucht ist, überzieht sich die Cu-Elektrode mit Zink, wird also auch zur Zn-Elektrode, womit die Potentialdifferenz verschwindet und somit auch kein Strom mehr fließen kann.

Ein weiteres Beispiel der unterschiedlichen Lösungstension verschiedener Metalle in Flüssigkeiten zeigt sich im Folgenden: Taucht man ein Metall mit der größeren Lösungstension in einen Elektrolyten, der keine entsprechenden Ionen aufweist, z. B. Fe in eine $CuSO_4$-Lösung, dann zeigt sich nach kurzer Zeit auf dem Eisenblech ein Überzug aus Kupfer, da sich für jedes in Lösung gehende Fe^{2+}-Ion ein Cu^{2+}-Ion aus der Lösung auf dem Eisen abscheidet. Solche Metallfällungen beruhen also ebenso auf elektrolytischen Vorgängen.

§ 25.3.4 Akkumulatoren

Akkumulatoren sind Speicher elektrischer Energie, die auf der Grundlage eines reversiblen elektrochemischen Prozesses arbeiten. Der Speichervorgang, das Laden, stellt eine Elektrolyse dar und liefert die Ausgangsprodukte für die chemische Reaktion, die bei Stromentnahme, dem Entladen, von selbst abläuft. Elektrische Energie wird also beim Aufladen in chemische Energie umgewandelt und umgekehrt beim Entladen.

In Akkumulatoren wird die elektrolytische Polarisationsspannung zur Ladungsspeicherung genutzt, um aus zwei ursprünglich gleichen Elektroden ein sog. ***Sekundärelement*** herzustellen. Die Sekundärelemente (Akkumulatoren) unterscheiden sich von den ***Primärelementen*** (Batterien, wie z. B. das Daniell-Element) dadurch, dass sie wieder aufladbar sind, d. h. die Reaktion in der Elektrolysezelle ist umkehrbar. Eines der gebräuchlichsten Systeme ist der **Bleiakkumulator**. Bei ihm werden zwei Bleiplatten in verdünnte Schwefelsäure (H_2SO_4) getaucht, die sich alsbald mit einer Schicht von unlöslichem Bleisulfat ($PbSO_4$) überziehen und damit die beiden gleichen Elektroden darstellen. Verbindet man nun die beiden Platten mit den Polen einer Gleichspannungsquelle, so fließt ein Strom und es beginnt der elektrolytische Vorgang der Aufladung. Dabei wird an der positiven Elektrode das Bleisulfat zu Bleidioxid (PbO_2) oxidiert, während es an der negativen Elektrode zu metallischem Blei (Pb) reduziert wird, wie auch unten die vereinfachte Darstellung der ablaufenden Reaktionen zeigt (Pfeilrichtung von rechts nach links: Laden). Am Ende des Ladevorgangs steht in der verdünnten Schwefelsäure eine reine Pb-Platte (negative Elektrode) einer PbO_2-Platte (positive Elektrode) gegenüber und zwischen den beiden Polen dieses nun entstandenen galvanischen Elementes liegt eine EMK von 2,05 $V_=$. Verbindet man jetzt die beiden Platten über einen externen Verbraucher, so fließt ein Entladestrom (in umgekehrter Richtung wie bei der Aufladung) und es laufen in dem Element folgende Reaktionen ab: SO_4^{2-}-Ionen der Elektrolytlösung gehen an die Pb-Elektrode und die H_+-Ionen wandern zur PbO_2-Elektrode, um dort jeweils ihre Ladungen abzugeben (s. auch unten die vereinfachte Darstellung der ablaufenden Reaktionen [Pfeilrichtung von links nach rechts: Entladen]). Für die beiden Elektroden ist der ursprüngliche Zustand wieder hergestellt; sie haben sich wieder in $PbSO_4$-Elektro-

$$\begin{array}{lll}
\text{Kathode:} & Pb + SO_4^{--} & \underset{\text{Laden}}{\overset{\text{Entladen}}{\rightleftharpoons}} PbSO_4 + 2\,e^- \\
\text{Anode:} & PbO_2 + 4\,H^+ + SO_4^{--} + 2\,e^- & \rightleftharpoons PbSO_4 + 2\,H_2O \\
\hline
\text{Gesamtumsatz:} & Pb + PbO_2 + 2\,H_2SO_4 & \rightleftharpoons 2\,PbSO_4 + 2\,H_2O
\end{array}$$

den umgewandelt. Bei der Entladung wird Schwefelsäure gebunden und es entsteht Wasser, d. h. die Dichte der Flüssigkeit wird geringer. Durch Messung der Dichte, z. B. mit einem Aräometer, lässt sich der Ladungszustand des Akkumulators kontrollieren.

Die chemisch ablaufenden Reaktionen zeigt die vereinfachte Darstellung oben, zu Beginn dieser Seite.

Der Lade- und Entladevorgang kann zyklisch wiederholt werden, wobei die Spannung des Ladegerätes für den Aufladevorgang etwas über der des Akkumulators (im voll geladenen Zustand) liegen sollte.

Der Wirkungsgrad des Bleiakkumulators, d. h. die Energie, die bei der Entladung zurückgewonnen wird, dividiert durch die bei der Aufladung hineingesteckte Energie, beträgt im Mittel 75 %, der Rest wird in Wärmeenergie umgewandelt. Die speicherbare spezifische Energie, also die speicherbare Energie pro Kilogramm Speichermedium, liegt für den Bleiakkumulator bei ca. 35 bis 40 Wh/kg.

Da jede Zelle eines Bleiakkumulators eine Spannung von ca. 2 $V_=$ bereitstellt, besteht eine 12-V-Auto-„Batterie" aus sechs solcher hintereinander geschalteter Bleiakkumulatorzellen. Die in einem Akkumulator gespeicherte elektrische Energie ergibt sich aus den am Akkumulator angegebenen Nennwerten, wie z. B.: 12 V; 45 Ah. Dies bedeutet, dass die im Akkumulator gespeicherte Energie

$$\begin{aligned}\Delta W &= P \cdot \Delta t = U \cdot I \cdot \Delta t = U \cdot \Delta Q \\ &= 12 \cdot 45\,\mathrm{V} \cdot \mathrm{A} \cdot \mathrm{h} = 540\,\mathrm{W} \cdot \mathrm{h} = 0{,}54\,\mathrm{kWh}\end{aligned}$$

beträgt. Einige typische Anwendungen von Bleiakkumulatoren sind beispielsweise als Notstromversorgungen, Fahrzeugantriebe, elektronische Versorgungen und als „Starthilfe" für verschiedenste mit Verbrennungsmotor getriebene Fahrzeuge etc.

Ein weiteres schon lange gebräuchliches System von Sekundärelementen ist der ***Nickel-Cadmium-Akkumulator***. Ohne auf eine detaillierte Betrachtung der ablaufenden Vorgänge einzugehen, sei dazu Folgendes kurz angemerkt: Nach dem Aufladen besteht dieses Sekundärelement aus einer negativen Cd-Elektrode und einer positiven Nickelhydroxid-Elektrode in Kalilauge (KOH), die in einem Feststoff adsorbiert ist. Die EMK der Ni-Cd-Akkumulatoren beträgt ca. 1,25 V pro Zelle. Ein Nachteil dieser Akkumulatoren mit gesinterten Elektroden ist, dass sie den sog. *Memory*-Effekt zeigen, d. h. einen Verlust an Ladungsspeicherkapazität bei sehr häufiger Teilentladung, da dann die Neuaufladung fortan immer nur bis zur Restkapazität der letzten Teilentladung erfolgt. Das Hauptproblem dieses Akkumulatortyps stellt jedoch das giftige und umweltschädliche Cadmium dar, weshalb die NiCd-Akkumulatoren speziell entsorgt werden müssen. Aufgrund gesetzlicher Regelung (basierend auf einer Richtlinie der Europäischen Union) dürfen daher Cadmium enthaltende Akkumulatoren und Batterien seit Dezember 2009 in Deutschland nicht mehr in Verkehr gebracht werden, abgesehen von einigen Ausnahmen, beispielsweise in medizinischen Geräten, Not- und Alarmsystemen, schnurlosen Elektrowerkzeugen sowie für industrielle und motorgetriebene Anwendungen wie z. B. für Elektrofahrzeuge. Eine Alternative und ebenso eine Verbesserung, auch im Hinblick auf die Ladungsspeicherkapazität, stellen die *Nickel-Metallhydrid-* und die *Lithium-Ionen-Sekundärelemente* dar, welche zukünftig große Bedeutung haben werden.

Die ***Nickel-Metallhydrid-Akkumulatoren*** haben ebenfalls einen alkalischen Elektrolyt und die im geladenen Zustand positive Elektrode besteht auch aus Nickelhydroxid. Dagegen ist die negative Cd-Elektrode vollständig durch ein Metallhydrid, d.h. eine Wasserstoff speichernde Legierung ersetzt. Die NiMH-Akkumulatoren weisen wie die NiCd-Akkumulatoren eine EMK von ca. 1,25 V pro Zelle auf, bieten jedoch bei gleicher Spannung ungefähr die doppelte Energiedichte und sind haltbarer. Auch sie sind insbesondere für den Einsatz in transportablen Geräten geeignet, da sie gasdicht und wartungsfrei sind und in jeder beliebigen Lage betrieben werden können. Anwendungsbereiche sind beispielsweise: in Taschenrechnern, Uhren, Messgeräten, als netzunabhängige Stromversorgungen, z. B. von Kleinleuchten, Leuchtdioden, Fernsteuerungen, elektrischen Zahnbürsten, Elektrowerkzeugen, Handys, schnurlosen Telefonen etc., d. h. generell in der Konsumelektronik. Außerdem kommen sie auch als leistungsfähige elektrische Energiespeicher für Elektrofahrräder, Elektroautos und Hybridfahrzeuge in Frage.

Für die o. g. Anwendungsgebiete erweist sich jedoch in zunehmendem Maße auch der ***Lithium-Io-***

nen-Akkumulator als bestens geeignet. Der Trend zur Miniaturisierung von Kleinstgeräten, wie Handys, Smartphones, iPods, Notebooks, Digitalkameras, Camcordern, etc., erfordert bei deren steigendem Energiebedarf leistungsfähige und problemlos wieder aufladbare Speicher elektrischer Energie zur Verfügung zu haben, die wenig Gewicht und geringen Raumbedarf haben. Hier bietet sich die extrem hohe Energiedichte der Lithium-Ionen-Zellen an, mit dem Vorteil keinen Memory-Effekt zu zeigen, thermisch stabil zu sein und über den Nutzungszeitraum eine relativ konstante Spannung zu gewährleisten. Die positive Elektrode eines geladenen Li-Ionen-Akkumulators besteht vielfach z. B. aus Lithiumcobaltdioxid ($LiCoO_2$) und die negative Elektrode aus Graphit mit eingelagertem Lithium zwischen den Graphitebenen, in Form eines sog. *Interkalationskomplexes*, alles eingebettet in einen wasserfreien Elektrolyten. Die EMK der Li-Ionen-Zelle beträgt ca. 3,6 V und somit fast das Doppelte der NiCd- bzw. NiMH-Zellen. Die Weiterentwicklung der Lithium-Ionen-Akkumulatoren ist Gegenstand intensiver Forschung und der praktischen Erprobung für diverse Anwendungen, wie oben erwähnt.

Zu den bislang genannten Beispielen ließe sich noch eine Vielzahl weiterer Typen von Akkumulatoren und insbesondere von Batterien hinzufügen, wie z. B. den Natrium-Schwefel-Akkumulator ($\sim 2{,}1$ V pro Zelle) oder auch die Brennstoffzelle ($\sim 0{,}8$ V) als Sekundärzellen, aber ebenso Primärzellen wie die Lithiumbatterie ($\sim 1{,}5$ bis 3,6 V pro Zelle), Zink-Luftsauerstoff-Batterie ($\sim 1{,}45$ V), Alkali-Mangan-Zelle ($\sim 1{,}5$ V) und die heute nach wie vor häufig verwendeten Weiterentwicklungen des *Leclanché-Elementes*. Diese auch als Kohle-Zink-Element bezeichnete Primärzelle ist eigentlich eine Braunstein-Zink-Zelle, die als Trockenbatterie beispielsweise in der Bauform der zylindrischen Becherzelle handelsüblich ist. Hier besteht die zum äußeren Zinkzylinder (negativer Pol) konzentrisch angeordnete Mittelelektrode aus Braunstein (MnO) vermischt mit fein verteiltem Kohlenstoff (positiver Pol). Als Elektrolyt befindet sich zwischen den beiden Elektroden Ammoniumchlorid (NH_4Cl), das durch den Zusatz von Quellmitteln (Stärke, Zellulose) zu einer Paste verfestigt ist. Die EMK der Zelle beträgt ca. 1,5 V. In der Bauform der Flachbatterie bestehen die Plattenzellen prinzipiell aus denselben Konstruktionselementen wie die Becherzelle. Um durch eine Serienschaltung Vielfache der Spannung der Einzelzelle zu erzielen, werden die Einzelzellen, deren Elektroden in flacher, Platz sparender Form angeordnet sind, gestapelt.

§ 25.3.5 Membranspannung

Gleichgewichte ungeladener Teilchen an Membranen sind uns beispielsweise von der Osmose bekannt, wo durch die Diffusion jener Teilchen, welche die semipermeable Membran passieren können, ein osmotischer Druck erzeugt wird (s. § 19.3). Die Verhältnisse ändern sich jedoch in Gegenwart von Ionen in den jeweiligen Lösungen, da viele Membranen ionenselektiv sind. Die Diffusion der permeablen Teilchen wird jetzt nicht mehr alleine durch eine sich aufbauende Druckdifferenz beeinträchtigt, sondern auch durch ein entsprechendes elektrisches Feld. Im Gleichgewicht stellen sich an der Membran Potentialdifferenzen ein; man spricht auch von *Donnan*-Gleichgewichten und -Potentialen. Aber auch das Diffusionspotential (§ 25.3.6) und die sog. Ionenpumpe (insbesondere in biologischen Systemen) sind weitere Ursachen für das Membranpotential. Wir betrachten hier als einfaches Beispiel das Membrangleichgewicht, das sich zwischen zwei Lösungen einstellt, die aus dem gleichen Lösungsmittel mit verschiedenen Elektrolyten bestehen und durch eine semipermeable Membran voneinander getrennt sind. Die Membran sei dabei für die Lösungsmittelmoleküle und, anders als bei der Osmose, auch für kleinere Ionen des gelösten Stoffes durchlässig, nicht aber für Ionen kolloidaler Größe. Die unterschiedliche Durchlässigkeit der Membran für verschiedene Ionen ist jedoch nicht allein durch die Größe der Ionen bestimmt. Die Ursache hierfür – insbesondere bei lebenden Membranen – ist ein komplizierter Mechanismus, der hier nicht betrachtet werden soll.

Im einfachsten Fall enthält im Anfangszustand die Lösung 1 auf der einen Seite der Membran z. B. ein Salz Na^+R^- in der Konzentration c_1 mit R^--Ionen kolloidaler Größe, während sich auf der anderen Seite der Membran eine Kochsalzlösung der Konzentration c_2 befindet (Abb. 25.27). Wenn die Membran für das Anion R^- undurchlässig, aber für Na^+-Ionen, Cl^--Ionen und für Lösungsmittelmoleküle durchlässig ist, so diffundieren Na^+- bzw. Cl^--Ionen in Richtung des Konzentrationsgefälles. Aus der dadurch sich ergebenden unterschiedlichen Ionenkonzentration in den beiden Lösungen 1 und 2 resultiert eine elektrische Potentialdifferenz, die **Membranspannung**.

Der Betrag der Membranspannung ist auch durch die ***Nernst'sche*** Gleichung (25.25) gegeben, die wir hier gleich in der Form der Beziehung (25.26) angeben, da die meisten biologi-

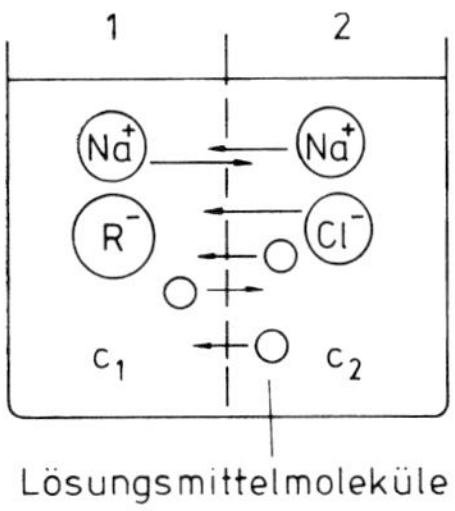

Abb. 25.27

schen Prozesse sich größenordnungsmäßig bei Raumtemperatur abspielen. Von dieser Beziehung ausgehend erhält man nach kleiner Rechnung für die Membranspannung:

$$U = \frac{(0{,}025\,\mathrm{V})}{z} \cdot \ln\frac{c_1}{c_2} = \frac{(0{,}058\,\mathrm{V})}{z} \cdot \lg\frac{c_1}{c_2} \quad (25.27)$$

c_1: Konzentration der Lösung 1
c_2: Konzentration der Lösung 2
z: Wertigkeit der Ionen

Beispiel: Membranspannungen treten u. a. an Nervenfasern auf. Sie haben ihre Ursache in einer unterschiedlichen Konzentration der Ionen des Faserinneren und der interstitiellen Flüssigkeit. Die Größenordnung dieser Spannungen liegt bei etwa 40–80 mV.

M § 25.3.6 Konzentrationselement – Diffusionsspannung

Nach der *Nernst'schen* Gleichung (25.25) ist die Spannung U bei einem bestimmten Metall u. a. von der Konzentration des Elektrolyten abhängig. Taucht man daher beispielsweise zwei Kupferelektroden in Kupfersulfatlösungen unterschiedlicher Konzentration, so folgt, ausgehend von Beziehung (25.6), für die Potentialdifferenz U_K zwischen den beiden Elektroden:

$$U_K = \frac{(0{,}058\ \mathrm{V})}{z} \cdot \left(\lg\frac{c_1}{c_{Me}} - \lg\frac{c_2}{c_{Me}}\right) = \frac{(0{,}058\ \mathrm{V})}{z} \cdot \lg\frac{c_1}{c_2} \quad (25.28)$$

c_1: Konzentration der Elektrolytlösung 1
c_2: Konzentration der Elektrolytlösung 2
z: Wertigkeit der Ionen

U_K ist also allein durch den Konzentrationsunterschied der beiden Lösungen bedingt. Im betrachteten Beispiel ist bei $z = 2$ daher eine Potentialdifferenz U_K zu erwarten in der Größe von:

$$U_K = \frac{(0{,}058\,\mathrm{V})}{2} \cdot \lg\frac{c_1}{c_2} = (0{,}029\,\mathrm{V}) \cdot \lg\frac{c_1}{c_2} \quad (25.29)$$

Ein derartiges Element nennt man ein **Konzentrationselement**. Ein experimenteller Vergleich zeigt, dass z. B. für ein Konzentrationsverhältnis $c_1 : c_2 = 100 : 1$ der theoretische Wert nach (25.29) von $U_K = 0{,}058$ V für zweiwertige Ionen recht gut bestätigt wird. Verbindet man die beiden Elektroden mit einem externen Verbraucher, so fließt durch diesen ein Strom von der Kupferelektrode in der Lösung höherer Konzentration zu jener in der verdünnten Lösung, aber ebenso fließt ein Ionenstrom im Innern des Elementes, d. h. es findet eine Elektrolyse statt, wodurch sich allmählich die Konzentrationsunterschiede ausgleichen.

Bei den Überlegungen zur Bestimmung der EMK des Konzentrationselementes haben wir nicht berücksichtigt, dass an der Grenzfläche zweier Elektrolytlösungen unterschiedlicher Konzentration oder verschiedener Zusammensetzung aufgrund unterschiedlicher Ionenbeweglichkeit ebenfalls eine Potentialdifferenz auftritt, die **Diffusionsspannung**. Sie rührt vom Konzentrationsgefälle und von der unterschiedlichen Beweglichkeit der Ionensorten in Lösungen verschiedener Konzentration her. Bei erreichtem Konzentrationsausgleich verschwindet die Diffusionsspannung.

Quantitativ ergibt sich nach *Nernst* für die Diffusionsspannung verschieden konzentrierter Lösungen des gleichen Elektrolyten:

$$U_D = U_{D,0} \cdot \ln\frac{c_1}{c_2} \quad (25.30)$$

c_1: Konzentration der Lösung 1
c_2: Konzentration der Lösung 2
$U_{D,0}$: Konstante

Die Konstante $U_{D,0}$ enthält neben dem Faktor $k \cdot T/e$ auch noch als wesentlichen Anteil die Beweglichkeit der Kationen und Anionen, die mitunter sehr unterschiedlich ist und dadurch das Diffusionspotential wesentlich bedingt. Für zwei Kupfersulfatlösungen, mit einem Konzentrationsverhältnis wie oben von $c_1 : c_2 = 100 : 1$ ergibt sich beispielsweise ein Diffusionspotential von $U_D = 0{,}012$ V.

Wesentlich komplizierter werden die Zusammenhänge für die Diffusionsspannung, wenn Lösungen verschiedener Elektrolyte mit unter-

4

schiedlichen Konzentrationen aneinander grenzen; diese liegen jedoch außerhalb des Rahmens unserer Betrachtungen.

§ 25.4 Elektrizitätsleitung in Gasen

Wer kennt nicht die mitunter spektakulären Entladungen in der Luft-Atmosphäre durch Blitze, Funken oder Lichtbogen? In welchem Haushalt, Büro etc. finden sich nicht Leuchtstoffröhren bzw. sog. Energiesparlampen? Was wäre eine Sportarena mit Beginn der Abenddämmerung ohne eine Flutlichtanlage, erhellt beispielsweise durch Hochdruck-Gasentladungslampen? Entsprechendes gilt für die Straßenbeleuchtung. Wie ist es möglich mit einer Ionisationskammer oder einem Geiger-Müller-Zählrohr energiereiche Strahlung nachzuweisen, um uns davor zu warnen? Der Basismechanismus all dieser Erscheinungen sind jeweils **Gasentladungen**. Mit Gasentladungen konnte man so gegen Ende des 19. Jahrhunderts umgehen und hatte damit auch einen der Wege zur Erforschung der Eigenschaften der Atome bereitet, um das Verständnis bzw. die Grundlagen und Ideen zu den oben genannten Erscheinungen und Anwendungsmöglichkeiten zu schaffen.

Gase sind im Prinzip Nichtleiter, da sie aus elektrisch neutralen Atomen und Molekülen bestehen. Die trotzdem beobachtete geringfügige Leitfähigkeit aller Gase wird auf das Vorhandensein von Ionen zurückgeführt. Gase leiten den Strom also nur, wenn durch Ionisation freie Ladungsträger erzeugt worden sind. Der Ladungstransport durch Gase erweist sich aber auch als stark vom Gasdruck abhängig, denn bei reduziertem Druck ist die mittlere freie Weglänge der Teilchen größer. Doch auch hier müssen zunächst einmal Ladungsträger vorhanden sein.

Um ein neutrales Atom oder Molekül zu ionisieren, d. h. um Elektronen gegen die anziehenden Coulombkräfte des positiven Atomkerns abzuspalten, muss Arbeit gegen diese Coulombkräfte verrichtet werden. Diese Arbeit wird als **Ionisationsarbeit** bezeichnet. Sie kann beispielsweise durch eine Kerzenflamme oder ein radioaktives Präparat erbracht werden, die man zwischen die Platten eines geladenen Kondensators hält, der mit einem Elektrometer verbunden ist. Die Entladung des Kondensators hört auf, sobald die Flamme oder das Präparat wieder entfernt wird. Offenbar werden durch sie im Luftraum zwischen den Kondensatorplatten elektrische Ladungsträger erzeugt, die im elektrischen Feld des Kondensators zu den Platten gelangen, dort Ladungen aufnehmen oder abgeben und so die Abnahme des Ausschlags am Elektrometer bedingen.

Ionisationsarbeit kann durch folgende Prozesse den Atomen oder Molekülen eines Gases zugeführt werden:

1. ***Starke Erwärmung***, also thermisch.
2. ***Bestrahlung mit elektromagnetischen Wellen*** (z. B. Licht, Röntgen- oder γ-Strahlung).
3. ***Radioaktive Strahlung***, also, α-, β- oder γ-Strahlung (siehe § 40).
4. ***Elektronen- oder Ionenstoß*** (Aufprall von Elektronen oder von Ionen auf Gasteilchen).

Anders als in Elektrolyten sind Ionen in Gasen nicht beständig. Die positiven Ionen fangen Elektronen ein, während negative Ionen ihre überschüssigen Elektronen abgeben. Diesen Vorgang nennt man ebenfalls **Rekombination**, ein Begriff den wir bereits bei den Halbleitern (§ 25.2) kennen gelernt haben.

§ 25.4.1 Gasentladungen

Die geringfügige Leitfähigkeit der (auch trockenen) Gase zeigt, dass immer eine kleine Ladungsträgerdichte im Gas aufrechterhalten wird, z. B. infolge Ionisation durch die radioaktive Strahlung der Umgebung oder durch kosmische Strahlung. Die Ladungsträger sind Ionen oder Elektronen, die jedoch bei Atmosphärendruck aufgrund der kleinen mittleren freien Weglänge rasch rekombinieren. Um die Eigenschaften einer leitenden Gasstrecke untersuchen zu können, nehmen wir deren Strom-Spannungs-Kennlinie auf. Dazu legt man an die Elektroden, die in ein mit einem Gas (bei einem Druck von einigen hPa) gefüllten Glasrohr eingeschmolzen sind, eine variable Gleichspannung U an (Abb. 25.28). Zur Ionisation des Raumes zwischen Kathode K und Anode A wird einer der oben genannten Prozesse, beispielsweise energiereiche Strahlung (wie radioaktive oder Röntgen-Strahlung) verwendet. Die im Gas dadurch erzeugten positiven Ionen

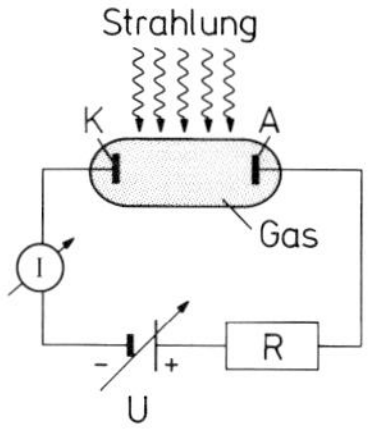

Abb. 25.28

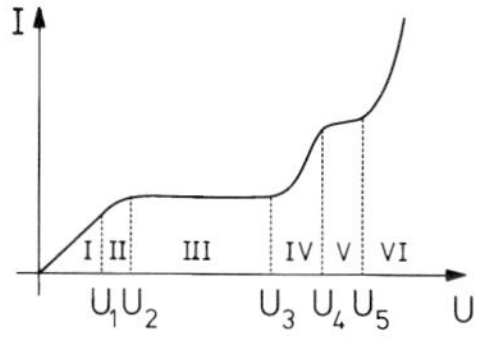

Abb. 25.29

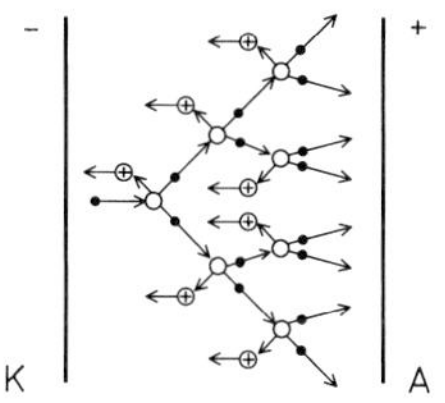

Abb. 25.30

und Elektronen werden durch das zwischen den Elektroden herrschende elektrische Feld getrennt und in Richtung auf die Kathode bzw. die Anode hin beschleunigt. Zunächst nimmt der zwischen den beiden Elektroden fließende Strom I mit zunehmender Spannung linear zu, wie das I-U-Diagramm (Abb. 25.29, nicht maßstabsgerechte schematische Darstellung) zeigt. Bis zu dem Spannungswert U_1 gilt das Ohm'sche Gesetz $I \sim U$, d. h. der Widerstand $R = U/I$ ist konstant (Bereich I). Oberhalb von U_1 (Bereich II) steigt die Stromstärke kaum mehr an und bleibt schließlich konstant, man erreicht eine Sättigungsstromstärke I_S. Der Sättigungsstrom ist dann erreicht, wenn alle pro Zeiteinheit erzeugten Ladungsträger zur Anode bzw. zur Kathode abfließen (horizontaler Teil der I-U-Kennlinie zwischen den Spannungswerten U_2 und U_3 in Abb. 25.29). In diesem Bereich III wird i. Allg. eine ***Ionisationskammer*** betrieben. Gasentladungen der Bereiche I bis III nennt man **unselbstständige Gasentladungen**. Entfernt man nämlich die ionisierende Quelle, dann geht der Strom I auf null zurück, da im Gas die notwendige Zahl der Ladungsträger fehlt.

Bei weiterer Steigerung der Spannung über U_3 hinaus steigt die Stromstärke I als Funktion von U wieder steil an, abhängig von Entladungsgeometrie, Gasart und -druck. Durch die Steigerung der Spannung wird die elektrische Feldstärke zwischen den Elektroden nun so groß, dass die durch das Feld auf dem Wegstück ihrer mittleren freien Weglänge beschleunigten Elektronen („•" in Abb. 25.30) genügend Energie haben, um bei Stößen mit neutralen Atomen oder Molekülen („○" in Abb. 25.30) diese zu ionisieren. Diesen Vorgang nennt man **Stoßionisation**. Nach dem Stoß mit einem Neutralteilchen wandern daher statt eines Elektrons dann zwei Elektronen in Richtung Anode, die nach Durchlaufen einer bestimmten Strecke wieder zur Stoßionisation fähig sind, womit vier Elektronen zur Anode hin beschleunigt werden etc. Die bei der Stoßionisation gebildeten positiven Ionen („⊕" in Abb. 25.30) werden in Feldrichtung auf die Kathode hin beschleunigt und können dort beim Aufprall aus der Kathode sog. ***Sekundärelektronen*** herausschlagen. Diese werden wiederum zur Anode hin beschleunigt und erzeugen ebenfalls weitere Ionen-Elektronenpaare. Durch Stoßionisation kommt es daher zu einer starken Vermehrung der Ladungsträger in der Gasentladung und damit zu dem Stromanstieg. Solange die Entladungsbedingungen (z. B. Gasdruck, Gasart) derart sind, dass die Zahl der durch Stoßionisation erzeugten Ladungsträger kleiner als die durch Rekombination wieder neutralisierten Teilchen ist, bzw. durch Rekombination rasch wieder abgebaut wird, ist die Gasentladung noch unselbstständig. Dies gilt für die Bereiche IV und V (Abb. 25.29), in denen beispielsweise das ***Proportionalzählrohr*** und das ***Geiger-Müller-Zählrohr*** betrieben werden.

Oberhalb einer von der Gasart, dem Gasdruck und der Geometrie des Entladungsgefäßes abhängigen Zündspannung (U_5 in Abb. 25.29) kommt es durch die Stoßionisation zu einer lawinenartigen Vermehrung der Ladungsträger, die Entladung geht in eine **selbstständige Gasentladung** über. In diesem Bereich der selbstständigen Entladung (Bereich VI in Abb. 25.29) brennt die Entladung auch ohne eine Primärionisation von außen, d. h. im Falle einer selbstständigen Gasentladung ist keine ionisierende Strahlungsquelle (wie in Abb. 25.28 dargestellt) mehr erforderlich. Eine selbstständige stationäre Gasentladung liegt dann vor, wenn ***jeder Ladungsträger für seinen eigenen Ersatz sorgt***.

Nach dem Zünden der Gasentladung sinkt ihr Widerstand wegen der steigenden Leitfähigkeit des Gases, die I-U-Kennlinie wird negativ.

Das bedeutet, die Brennspannung einer Gasentladung ist i. Allg. erheblich kleiner als die Zündspannung und sinkt mit wachsendem Entladungsstrom. Zur Begrenzung des Stromes muss daher der Entladungsröhre ein Widerstand R vorgeschaltet werden (Abb. 25.28), damit für den Unterhalt der Gasentladung nur noch die kleinere Brennspannung zur Verfügung steht und die restliche Spannung am Widerstand abfällt.

Neben der Ionisation kommt es bei Stößen von Elektronen mit den Gasteilchen auch zur Anregung von Atomelektronen der neutralen Teilchen (Atome oder Moleküle) in höhere Energiezustände. Diese Anregungsenergie strahlen die Atome i. Allg. nach kurzer Zeit (im Mittel nach 10^{-8} s) in Form von Licht wieder ab. Gasentladungen sind daher mit einer für das Gas typischen Leuchterscheinung verbunden, wobei Intensität, Farbe und die räumliche Verteilung in der Entladungsröhre auch noch von der Art der Entladung und vom Gasdruck abhängen.

Gasentladungen, die als ***Niederdruckentladungen*** bei Gasdrücken zwischen ca. 0,1 und 10 hPa brennen, bezeichnet man auch als ***Glimmentladungen***. Sie zeigen in einer zylindrischen Entladungsröhre (ähnlich Abb. 25.28) geschichtete Leuchterscheinungen, unterbrochen durch sog. Dunkelräume, deren Struktur vom Druck und der Entladungsspannung abhängig ist und der jeweils vorherrschenden Feldstärke- und Raumladungsverteilung im Entladungsraum entspricht. Ohne auf diese Verteilung detailliert eingehen zu wollen, greifen wir zwei für die praktische Anwendung wichtige Bereiche heraus:

1. Als ersten Bereich betrachten wir den des intensiven sog. ***negativen Glimmlichts***, das dicht an der Kathode entsteht und unter bestimmten Bedingungen der Entladung (eng benachbarte Elektroden) die gesamte Kathode bedeckt.

Es findet zu Beleuchtungszwecken bzw. als Kontrollleuchte Anwendung in der sog. ***Glimmlampe***, die bei Füllung mit Neon bereits bei einer Spannung von ca. 90 V zündet. Mit einer Glimmlampe beispielsweise als ***Phasenprüfer*** kann man einfach durch Berühren testen, welche Leitungen des Drehstromnetzes spannungsführende Phasenleitungen sind, oder bei Gleichspannungsquellen lassen sich mit Glimmlampen die Pole unterscheiden.

2. Der zweite Bereich ist die den größten Teil des Entladungsraumes ausfüllende leuchtende ***positive Säule***, in der in großer Anzahl gleich viele positive und negative Ladungsträger vorhanden sind (sog. quasineutrales Plasma).

Das Licht der positiven Säule findet in vielfältiger Weise zu Beleuchtungszwecken Anwendung. Die beispielsweise für Reklamezwecke oder für Außen- und Innenraumbeleuchtung benutzten **Niederdruckentladungsröhren**, mit Längen bis zu zwei Metern, bei Durchmessern von ca. 1 bis 3 cm, leuchten je nach Gasfüllung in unterschiedlichen Farben: Eine Neonfüllung liefert ein leuchtendes Rot, Natriumdampf ein intensives Gelb, Helium ein fahles Gelb und Quecksilberdampf ein bläulich-weißes Licht. Die in der Quecksilberemission vorhandene ultraviolette Strahlung wird dabei durch Beschichtung der Innenflächen der zylindrischen Entladungsröhren mit dünnen Schichten fluoreszierender Leuchtstoffe in sichtbares Licht umgewandelt, unter erheblicher Steigerung der Lichtausbeute (s. auch Leuchtstoffröhren bzw. -lampen in § 41.1).

Gasentladungen lassen sich bei sehr hohen Stromdichten und unter bestimmten geometrischen Bedingungen genauso in Gasen unter Atmosphärendruck ($\sim 10^5$ Pa) und höher (bis $\sim 10^7$ Pa) ausbilden wie z. B. bei den **Hg-** und **Xe-Hochdrucklampen**, die bei hoher Leuchtdichte ein „weißes" Spektrum emittieren (s. auch § 41.1). Auch die Bogenentladungen, die unter Atmosphärendruck bei niedriger Spannung und hohem Strom brennen, finden beispielsweise bei der **Kohlenbogenentladung** (s. § 41.1), die als intensive Lichtquelle zu Projektionszwecken benutzt wird, ebenso Anwendung, wie auch z. B. beim **Elektroschweißen.** Bei dieser Art der Entladung wird nach dem Zünden, durch Kurzschließen der Elektroden, der größte Teil der Ionisationsenergie thermisch geliefert.

Eine *selbstständige Gasentladung* ist auch der **Funkenüberschlag** oder **der Blitz**. Ein Funkenüberschlag über eine Strecke d erfordert eine dazu etwa proportionale Spannung U, d. h. die elektrische Feldstärke muss einen bestimmten Grenzwert überschreiten, damit eine solche Entladung stattfinden kann. Diese sog. *Durchschlag-* oder *Durchbruchfeldstärke* ist für jedes Material charakteristisch und beträgt für trockene Luft (unter Normaldruck und bei 20 °C) ca. 10^6 V/m.

Die eingangs zu diesem Abschnitt angesprochene ***unselbstständige Gasentladung*** werden wir im Folgenden in der Anwendung der *Ionisationskammer* als einem wichtigen Instrument der *Dosimetrie* betrachten und anschließend die in der Kernphysik vielfach benutzten Zählrohre, das *Geiger-Müller-* und das *Proportional-Zählrohr*, die zwar grundsätzlich in der Art einer unselbstständigen Gasentladung betrieben werden, aber unter Ausnutzung der Stoßionisation.

§ 25.4.2 Ionisationskammer

Die Ionisationskammer ist ein Beispiel einer unselbstständigen Gasentladung. Sie ermöglicht es, die Intensität ionisierender Strahlung zu messen. Eine Ionisationskammer besteht beispielsweise aus einem Plattenkondensator, der sich in einer gasgefüllten Zelle (mit Eintrittsfenster für die Strahlung) befindet (Abb. 25.31). Die am Plattenkondensator anliegende Spannung U_0 wird so gewählt, dass der Arbeitspunkt der Ionisationskammer im Sättigungsbereich des Stromes (Bereich III der Abb. 25.29) liegt. Dies ist im Teilausschnitt in Abb. 25.32 für zwei Strahlungsarten gleicher Energie aber unterschiedlicher spezifischer Ionisation dargestellt. Beim Betrieb der Ionisationskammer im Sättigungsbereich werden alle Ladungsträger, die pro Zeiteinheit von der ionisierenden Strahlung erzeugt werden, von den Platten abgesaugt. Der Sättigungsstrom der Ionisationskammer hängt dann nur von der Anzahl der erzeugten Ladungsträger, also von der Intensität der ionisierenden Strahlung ab.

Die von **einem** ionisierenden Strahlungsquant erzeugte Anzahl der Ladungspaare, und damit die zu messende Elektrizitätsmenge, ist meist nur unter Verwendung einer Verstärkeranordnung nachweisbar.

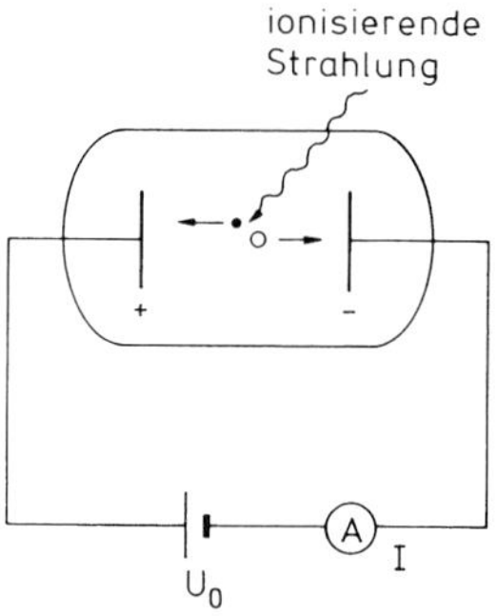

Abb. 25.31

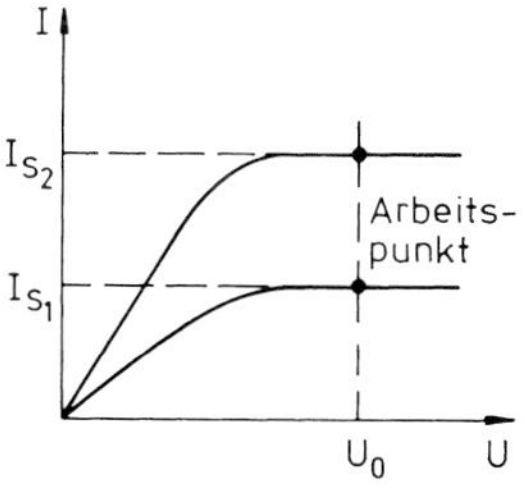

Abb. 25.32

In technischen Ausführungen von Ionisationskammern verwendet man anstelle des Plattenkondensators im Allgemeinen einen Zylinderkondensator (prinzipielle Bauweise wie in Abb. 25.33 für das Geiger-Müller-Zählrohr angegeben).

Da man üblicherweise mit der Ionisationskammer im Sättigungsbereich (Arbeitspunkt im horizontalen Teil der *I*-*U*-Kennlinie einer Gasentladung; s. Abb. 25.29 und 25.32) arbeitet, gilt:

> Der Sättigungsstrom einer Ionisationskammer ist proportional zur Intensität der ionisierenden Strahlung.

§ 25.4.3 Geiger-Müller-Zählrohr – Proportionalzählrohr

Das zum Strahlungsnachweis häufig verwendete **Geiger-Müller-Zählrohr** ist im Prinzip folgendermaßen aufgebaut (Abb. 25.33): In der Achse eines mit Argon und einem geringen Zusatz (einige hPa) eines Halogens (früher nahm man Alkoholdampf) gefüllten zylindrischen Rohres ist, isoliert gegen die Zylinderwand, ein dünner Draht gespannt. Die Rohrwand wird mit dem negativen Pol einer Hochspannungsquelle verbunden, wobei dieser geerdet ist, und der Draht wird über einen hohen Widerstand mit dem positiven Pol verbunden. Die angelegte Spannung (größer als 1 kV, bis ca. 2 kV) reicht noch nicht aus, um eine selbstständige Gasentladung zu zünden; Geiger-Müller-Zählrohre arbeiten im Bereich V der Abb. 25.29. Trifft nun ein ionisierendes Teilchen durch ein Fenster auf ein Argonatom im Zählrohrinneren, so erzeugt es ein positives Ion, das im elektrischen Feld zur Rohrwand wandert, und negative Elektronen, die zum Draht beschleunigt werden. In der Nähe des positiven Drahtes wird, wegen der dort herrschenden hohen Feldstärke, die kinetische Energie der Elektronen jedoch so groß, dass eine Stoßionisation einsetzen kann. Es bildet sich entlang des Drahtes eine Elektronenlawine aus. Dieser Entladungsstrom fließt über den Draht ab und erzeugt am Widerstand *R* einen Spannungsimpuls, der über den Koppelkondensator C abgegriffen und in einem nachgeschalteten Verstärker noch verstärkt werden kann. Die Ausgangsimpulse können durch ein Anzeige- oder Zählgerät erfasst bzw. über einen Lautsprecher hörbar gemacht werden. Um möglichst viele Teilchen nacheinander messen zu können, muss die Entladung nach kürzester Zeit abklingen. Der oben genannte Zusatz eines Halogens (oder von Alkohol) bewirkt das Löschen der Entladung. Die Impulsdauer liegt zwischen 10^{-3} und 10^{-5} s und ist durch die Wanderungszeit der positiven Ionen zur Rohrwand gegeben. Während dieser Zeit kann kein weiteres ionisierendes Teilchen nachgewiesen werden. Man nennt diese Zeit deshalb die ***Totzeit*** des Zählrohres.

Das Geiger-Müller-Zählrohr arbeitet im so genannten *Auslösebereich* (Bereich V in Abb. 25.29), in dem die Höhe des elektrischen Ausgangsimpulses unabhängig von der Energie und der Art der einfallenden Strahlung wird. Mit dem Geiger-Müller-Zählrohr misst man daher die Zahl der einfallenden ionisierenden Teilchen oder Quanten, nicht dagegen ihre Energie.

Die Energie der einfallenden Strahlung kann mit dem **Proportionalzählrohr** bestimmt werden, das im so genannten *Proportionalbereich* (Bereich IV in Abb. 25.29) arbeitet. Die Zahl der primär gebildeten Ionen-Elektronpaare ist in diesem Bereich proportional zur Energie der einfallenden Strahlung und damit auch die Höhe des elektrischen Ausgangsimpulses. Man kann also in diesem Proportionalbereich die Energie der einfallenden Teilchen oder Quanten messen. Das Proportionalzählrohr ist analog zum Geiger-Müller-Zählrohr (Abb. 25.33) aufgebaut, wird aber bei kleineren Spannungen um etwa 1 kV betrieben.

§ 25.5 Ladungstransport im Vakuum

Im Vakuum sind keine Ladungsträger vorhanden. Sie müssen, um eine Stromleitung zu erhalten, erst ins Vakuum eingebracht werden. Dies kann z. B. durch spezielle Kathoden geschehen, die Elektronen emittieren. Im elektrischen Feld zwischen der Kathode und einer Anode werden die von der Kathode freigesetzten Elektronen zur Anode hin beschleunigt, es fließt ein Strom. Außer Elektronen können auch andere bewegte Ladungsträger (z. B. positive und negative Ionen, Protonen) Ströme im Vakuum darstellen.

In Metallen sind die Leitungselektronen zwar quasi frei beweglich, jedoch sind sie immer noch an den Festkörper gebunden. Zu ihrer Auslösung aus dem Metall muss die (materialabhängige) ***Austrittsarbeit*** Φ aufgebracht werden (s. auch § 25.1.3).

Die Auslösung von Elektronen aus einer Metall-Kathode in ein Gas oder ins Vakuum kann durch folgende Prozesse erfolgen:

1. Thermische Emission (oder Glühemission): Die Austrittsarbeit Φ wird durch die thermische Energie der Leitungselektronen geliefert (s. § 25.5.1).

2. Photoelektrische Emission (äußerer Photoeffekt): Die Energie $E = h \cdot \nu$ der auf die Kathode auftreffenden Strahlungsquanten (s. § 43.2.2) liefert die Austrittsarbeit.

3. Durch Teilchen ausgelöste Emission (Sekundäremission): Auch die Energie der auf einer Metalloberfläche aufprallenden Elektronen oder Ionen, kann aus dieser Elektronen auslösen, so genannte ***Sekundärelektronen***. Die Sekundärelektronenausbeute (Anzahl der ausgelösten Elektronen/Anzahl der auffallenden

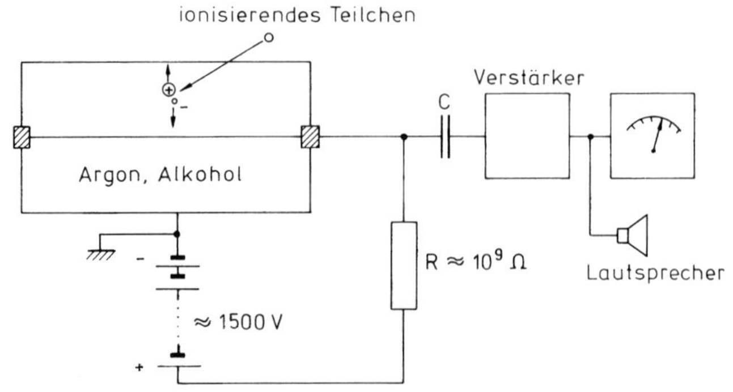

Abb. 25.33

Teilchen) ist (vor allem bei positiven Ionen sehr stark) von der Geschwindigkeit der stoßenden Teilchen und empfindlich von der Oberflächenkondition (Fremdschichten, Gasbeladung) des Metalls abhängig. Die Tatsache, dass ein auffallendes Elektron, Ion etc. mehrere Sekundärelektronen freisetzen kann, die nach entsprechender Beschleunigung an einer weiteren Metallfläche wiederum Sekundärelektronen auslösen usw., wird beim *Sekundärelektronen-Vervielfacher* (kurz: *SEV*) bzw. beim *Photomultiplier* (s. § 43.1.2) ausgenutzt, um einzelne geladene Teilchen bzw. Strahlungsquanten (Photonen) nachzuweisen.

***4. Feldemission*:** Wird ein Metall auf ein sehr hohes elektrisches Potential bezüglich seiner Umgebung gebracht, so treten durch das entstehende elektrische Feld bei Feldstärken ab 10^9 V/m aus dem Metall Elektronen aus. Um die Spannungen relativ klein zu halten, endet die Kathode in einer feinen Metallspitze.

§ 25.5.1 Thermische Elektronenemission

Die **Glühemission** oder **thermische Elektronenemission** aus einem Metall ist ein thermischer Prozess, bei dem die Energie, die dem Metall zugeführt werden muss, um Elektronen aus ihm herauszulösen, durch Erhitzen aufgebracht wird. Diese ***Austrittsarbeit*** $\boldsymbol{\Phi}$ beträgt für die meisten Metalle einige Elektronenvolt, wie z. B. für Kupfer 4,65 eV, für Wolfram 4,55 eV oder für Barium 2,52 eV.

Nun gilt für die kinetische Energie der Leitungselektronen im Metall bei Zimmertemperatur ($T \approx 293\,\mathrm{K}$): $E_{\mathrm{kin}} = \frac{3}{2} k \cdot T \approx 4 \cdot 10^{-2}\,\mathrm{eV}$, d. h. die thermische Energie der Leitungselektronen ist bei Zimmertemperatur zu klein, um sie aus dem Metall herauszubekommen. Bringt man jedoch das Metall durch Erhitzen zum Glühen, so wird die mittlere Energie der Elektronen so groß, dass einige die Austrittsarbeit aufbringen und dann ähnlich einem Verdampfungsprozess das Metall verlassen können. Die Zahl der emittierten Elektronen ist vom Material, insbesondere dessen Oberflächenzustand und vor allem von der Temperatur T der Kathode abhängig. Es gilt für die in den Außenraum emittierte Elektronen-Stromdichte die **Richardson-Dushman**-Gleichung:

$$\boxed{j = A \cdot T^2 \cdot e^{-\frac{\Phi}{k \cdot T}}} \qquad (25.31)$$

Die Richardson-Konstante A hat nach der Theorie für reine Metalle den Wert $A = 60{,}2\,\frac{\mathrm{A}}{\mathrm{cm}^2 \cdot \mathrm{K}^2}$; ist ansonsten aber ein experimentell ermittelter Materialwert.

Die thermische Elektronenemission hat in Hochvakuumelektronenröhren eine große technische Anwendung erfahren. In der Praxis finden als Glühkathode häufig direkt oder indirekt geheizte Metallbleche aus Nickel oder Platin Verwendung, welche mit einer Schicht aus Erdalkalioxiden (z. B. Bariumoxid) belegt sind. Dadurch erzielt man bei Kathodentemperaturen zwischen 800 °C und 900 °C eine ausreichende Elektronenemission.

Anwendungsbeispiele:

Diode

Bei der **Hochvakuumdiode** (Abb. 25.34) werden mithilfe der beheizten Glühkathode (Heizspannung U_{H}) Elektronen ins Vakuum verdampft. Der Glühkathode gegenüber ist eine weitere Elektrode, die Anode, angebracht. Legt man an die Anode eine positive Spannung, so werden die von der Glühkathode erzeugten Elektronen im elektrischen Feld zur Anode beschleunigt. Es fließt ein Anodenstrom I_{A}. Trägt man den Anodenstrom als Funktion der Anodenspannung U_{A} auf, so erhält man die *Kennlinie* der Hochvakuumdiode (Abb. 25.35). Für Anodenspannungen, die kleiner als U_1 sind, sperrt die Diode den Strom. Bei positiven Anodenspannungen steigt der Anodenstrom mit zunehmender Anodenspannung an, bis der Sättigungsstrom I_{S} erreicht ist. Dann fließen alle pro Zeiteinheit erzeugten Elektronen zur Anode. Die Hochvakuumdiode findet, ebenso wie die Halbleiterdiode eine Anwendung bei der Gleichrichtung von Wechselspannungen und Wechselströmen.

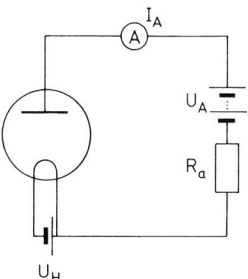

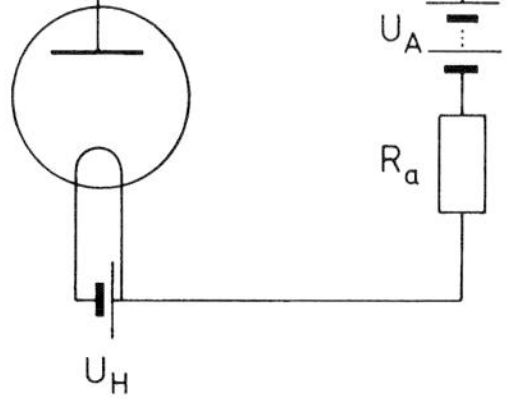

Abb. 25.34

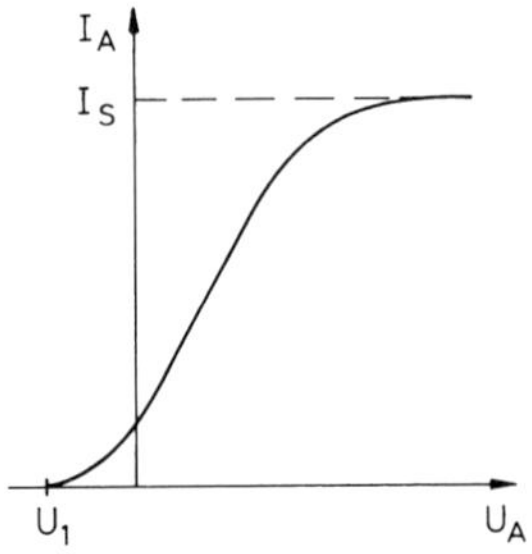

Abb. 25.35

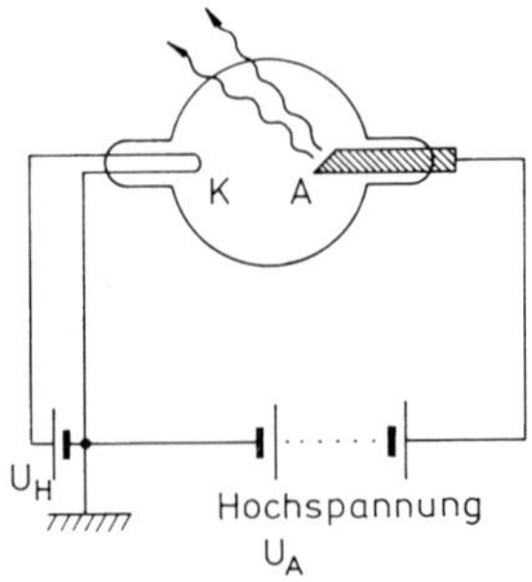

Abb. 25.37

Triode

Bringt man zwischen Kathode K und Anode A eine weitere Elektrode, das Gitter G an, so erhält man eine *Triode* (Abb. 25.36). Liegt das Gitter auf negativem Potential, so sperrt die Triode, d. h. es fließen keine Elektronen von der Kathode zur Anode. Ist das Gitter auf positivem Potential, so werden die Elektronen zur Anode hin bescheunigt, es fließt ein Anodenstrom. Mit der Gitterspannung U_G kann also der Anodenstrom I_A gesteuert werden. Die Triode kann als elektronischer Schalter oder als Verstärkerröhre verwendet werden. Sie ist jedoch bei diesen Anwendungen praktisch vollständig vom Transistor (siehe § 25.2.3) verdrängt worden.

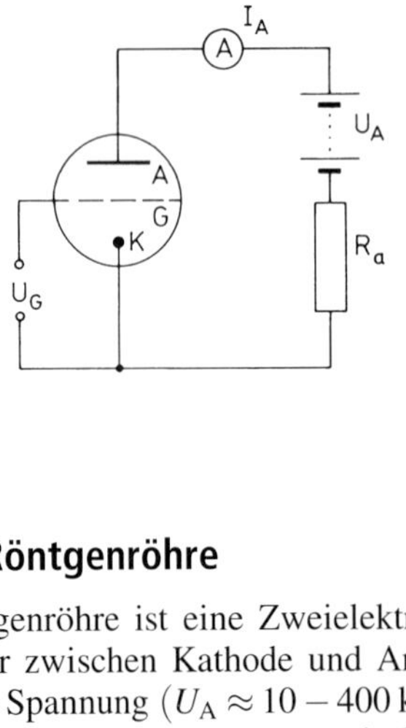

Abb. 25.36

§ 25.5.2 Röntgenröhre

Die Röntgenröhre ist eine Zweielektrodenröhre, bei der zwischen Kathode und Anode eine sehr hohe Spannung ($U_A \approx 10 - 400\,\text{kV}$; in der medizinischen Diagnostik typisch $U_A \approx 100 - 200\,\text{kV}$ angelegt wird (Abb. 25.37). Zur Erzeugung freier Elektronen dient wieder eine Glühkathode K. Die aus der Kathode austretenden Elektronen werden im elektrischen Feld zwischen Kathode K und Anode A stark beschleunigt und prallen mit hoher Energie auf die positive Anode (oft auch Antikathode genannt) auf. Ihre kinetische Energie E_{kin} beim Auftreffen auf der Anode ergibt sich aus der Beschleunigungsarbeit $W = e \cdot U_A$ zu:

$$E_{\text{kin}} = \frac{1}{2} m \cdot v^2 = e \cdot U_A \qquad (25.32)$$

In der Anode werden die Elektronen abgebremst und durch Wechselwirkung (Stoßprozesse) mit den Atomen des Anodenmaterials wird ein kleiner Teil ihrer kinetischen Energie als **Röntgenstrahlung** freigesetzt, der größte Teil davon, etwa 98 %, wird in Wärme umgewandelt. Aus diesem Grund muss die Anode aus wärmebeständigem Material (häufig Wolfram) bestehen und bei Dauerbetrieb gut gekühlt werden.

Röntgenstrahlen sind elektromagnetische Wellen mit Wellenlängen $3\,\text{pm} \lesssim \lambda \lesssim 1\,\text{nm}$. Je nach Art des Wechselwirkungsprozesses der auftreffenden Elektronen mit den Atomen des Anodenmaterials unterscheidet man zwischen ***Röntgenbremsstrahlung*** und ***charakteristischer Röntgenstrahlung*** (s. § 42.2). Die Quantenenergie $E = h \cdot \nu$ der emittierten Röntgenstrahlung ist nach oben durch die maximale kinetische Energie der auftreffenden Elektronen und damit durch die Beschleunigungsspannung begrenzt und es gilt:

$$h \cdot \nu_{\text{gr}} \leq e \cdot U_A \qquad (25.33)$$

wobei ν_{gr} die größtmögliche Frequenz, d. h. die kleinstmögliche Wellenlänge $\lambda_{\text{gr}} = c/\nu_{\text{gr}}$ (sog. kurzwellige Grenze), der emittierten Röntgenstrahlung ist; h ist das Planck'sche Wirkungsquantum. Die Energie der Röntgenstrahlung und damit ihre „Härte" (d. h. ihr Durchdringungsvermögen z. B. durch Gewebe) wird also umso größer, je höher die Anodenspannung gewählt wird. (Weiteres zum Röntgenspektrum siehe § 42.2.)

§ 25.5.3 Elektronenstrahloszillograph

Der *Kathodenstrahl-* oder *Elektronenstrahloszillograph* (*Braun'sches Rohr*), auch häufig als *Oszilloskop* bezeichnet (schematische Darstellung in Abb. 25.38), dient zur Sichtbarmachung des zeitlichen Verlaufes periodischer Schwingungen. Dazu wird ein gebündelter Elektronenstrahl durch elektrische Felder in horizontaler und vertikaler Richtung abgelenkt. Zur Elektronenstrahlerzeugung verwendet man wieder eine Glühkathode K (Abb. 25.38). Diese ist von einem Metallzylinder W (Wehneltzylinder) umgeben, der die Intensität der austretenden Elektronen regelt und sie zu einem feinen Strahl bündelt. Die Elektronen werden zur Anode A hin durch die Anodenspannung U_0 (einige kV) beschleunigt und fliegen als gebündelter Elektronenstrahl durch eine Bohrung in der Mitte der Anode hindurch und gelangen so auf den Fluoreszenzschirm der Oszillographenröhre. Dieser ist mit einer Leuchtschicht versehen (meist Zink- und Cadmium-Sulfide bzw. -Silikate), die beim Auftreffen von Elektronen Licht aussendet. Damit können die Auftreffpunkte des Elektronenstrahls auf dem Schirm sichtbar gemacht werden. Zwei jeweils senkrecht zueinander und senkrecht zur Strahlrichtung stehende elektrische Felder lenken den Elektronenstrahl ab. Dabei sorgt das elektrische Feld $\vec{E}_x$, das durch eine am x-Plattenpaar (Abb. 25.38) angelegte Spannung erzeugt wird, für die **Horizontalablenkung** (x-Richtung) der Elektronen mit einer Kraft $\vec{F}_x = -e \cdot \vec{E}_x$ und das am y-Plattenpaar, durch eine andere Spannung erzeugte elektrische Feld $\vec{E}_y$, für die **Vertikalablenkung** (y-Richtung) der Elektronen mit der Kraft $\vec{F}_y = -e \cdot \vec{E}_y$. Im Kondensatorfeld erfahren die Elektronen eine konstante Beschleunigung (s. auch § 20.3). Nach Durchlaufen des jeweiligen Kondensatorfeldes haben sie eine durch Gleichung (20.16) gegebene Ablenkung erfahren (Abb. 20.21), die proportional zur elektrischen Feldstärke, d. h. zur jeweils an den Platten angelegten Spannung ist. Elektronen können so aufgrund ihrer geringen Masse trägheitslos durch elektrische Felder gesteuert werden.

Legt man an die Horizontalablenkung eine ***Sägezahnspannung*** an, auch ***Kippspannung*** genannt (Abb. 25.39), so wird der Elektronenstrahl durch die in x-Richtung linear ansteigende Spannung mit konstanter Geschwindigkeit abgelenkt und der Leuchtpunkt am Bildschirm zeichnet eine horizontale Linie, um dann durch das plötzliche Sinken der Spannung schnell wieder zum Ausgangspunkt zurückzuspringen. Liegt nun an der Vertikalablenkung eine zeitlich periodische Spannung, z. B. eine sinusförmige Wechselspannung, die synchron mit der Kippspannung ist, so erhält man ein stehendes Bild dieser periodischen Spannung. Um diese Synchronisation zu erreichen, arbeitet man mit einem ***Trigger-Verfahren***: Durch einen Auslöser (Trigger) legt man die Sägezahnspannung immer dann an die Horizontalablenkung (x-Platten), wenn die Spannung an der Vertikalablenkung einen einstellbaren Schwellenwert (Triggerschwelle) durchläuft.

Der Elektronenstrahloszillograph ist zu einem der wichtigsten Messgeräte entwickelt worden sowohl zur Darstellung und Messung zeitlich periodischer Vorgänge als auch zur Erfassung einmaliger Vorgänge oder wenn die Wiederholfrequenzen sehr klein sind. Zur Messung sehr schneller Signale, mit z. B. An-

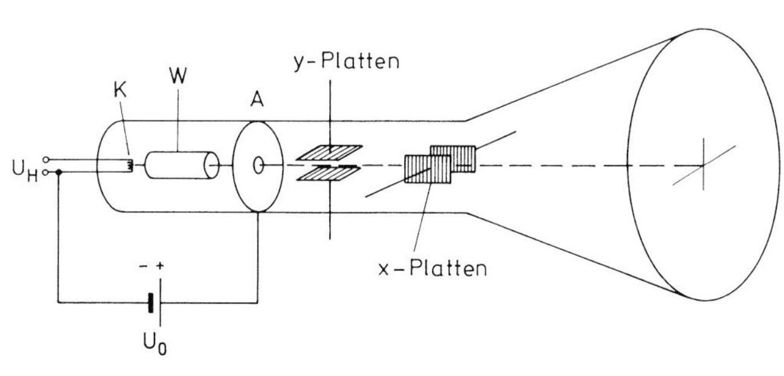

Abb. 25.38

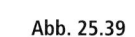

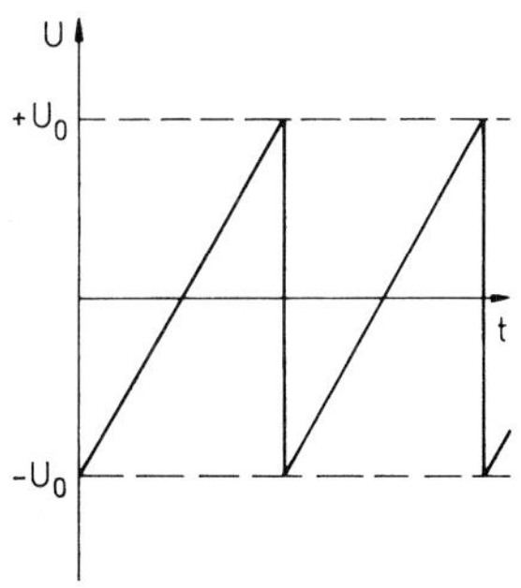

Abb. 25.39

stiegszeiten von 10^{-9} s, werden sog. ***Speicheroszillographen*** eingesetzt, bei denen die Information nach der Aufzeichnung als quasi „eingefrorenes" Bild ausgewertet werden kann (auf eine Beschreibung muss hier verzichtet werden).

Die Funktionsweise des elektronenoptischen Systems einer *Fernsehröhre* ist ähnlich der eines Elektronenstrahloszilloskops, nur werden hier die Elektronenstrahlen magnetisch abgelenkt. Eine *Farbbildröhre* enthält drei getrennte Elektronenstrahlerzeugungssysteme, je eines für die drei Grundfarben Rot, Grün und Blau. Die Anodenspannung beträgt ca. 25 kV; die dabei entstehende Röntgenstrahlung wird bis zu diesen Spannungen fast vollständig in der Glaswand des Bildröhrenkolbens absorbiert.

Aufgaben

Aufgabe 25.1: Durch einen Kupferdraht mit einer Querschnittsfläche von $A = 2{,}1\ \mathrm{mm}^2$ fließe ein konstanter Strom $I = 10$ A.
Wie groß ist die Driftgeschwindigkeit v_{dr} der Elektronen in dem Kupferdraht, wenn $\varrho = 9\ \mathrm{g/cm}^3$ die Dichte und $M = 64$ g/mol die molare Masse von Kupfer ist?

Aufgabe 25.2: Der spezifische elektrische Widerstand ϱ von Kupfer betrage bei 20 °C etwa $1{,}7 \cdot 10^{-6}\ \Omega \cdot \mathrm{cm}$. Wie groß ist ϱ etwa bei 120 °C, wenn der Temperaturkoeffizient des spezifischen elektrischen Widerstandes $\alpha = 0{,}004\ \mathrm{K}^{-1}$ beträgt?

Aufgabe 25.3: Für welche der Materialien i) Germanium, ii) Kupfer, iii) Silber, iv) Silicium, die jeweils in Form einer zylindrischen Probe aus der reinen homogenen Substanz vorliegen, nimmt mit steigender Temperatur
a) der elektrische Widerstand R zu?
b) die elektrische Leitfähigkeit stark zu?

Aufgabe 25.4: Welche der in Bild A 25.1 dargestellten Kennlinien zeigt qualitativ die Kennlinie einer einzelnen Halbleiter-Diode? (U: Spannung; I: Stromstärke).

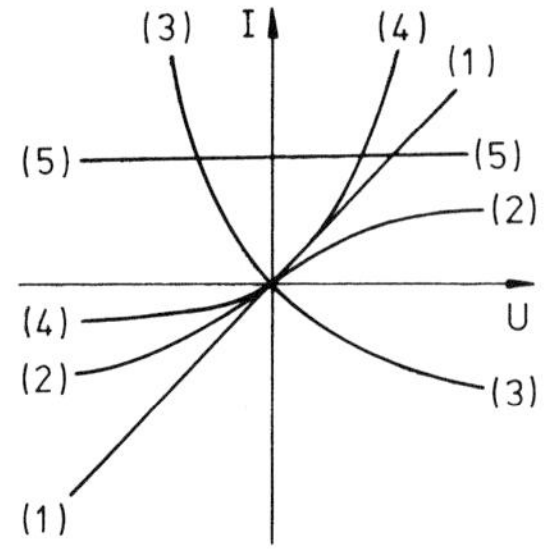

Bild A 25.1

Aufgabe 25.5: Welche Ionenanzahl N_{ges} enthält etwa insgesamt eine wässrige Kochsalzlösung, wenn 0,05 mol NaCl in einem Liter Wasser gelöst werden?

Aufgabe 25.6: Beim Stromdurchgang durch einen Elektrolyten werde durch einen Strom von $I = 0{,}8$ A in $\Delta t = 28$ min eine Masse $m = 0{,}112$ kg eines zweiwertigen Stoffes abgeschieden. Bestimmen Sie die molare Masse der abgeschiedenen Ionen!

Aufgabe 25.7: Wie groß ist die Ladungsmenge Q, die zur Abscheidung von 1 mol Ag bei der Elektrolyse einer $AgNO_3$-Lösung erforderlich ist?

Aufgabe 25.8: Wie lange benötigt etwa die elektrolytische Abscheidung von 1 mol Kupfer aus einer Cu(II)-Sulfat-Lösung bei einer Stromstärke von $I = 32$ A?

Aufgabe 25.9: In Bild A 25.2 ist im Ausschnitt qualitativ der charakteristische Verlauf der Strom-Spannungs-Kennlinie einer gebräuchlichen Ionisationskammer bei konstanter Einstrahlung dargestellt. Wie muss der Arbeitspunkt (Spannung U) eingestellt werden, um über die Intensität der ionisierenden Strahlung eine Aussage machen zu können?

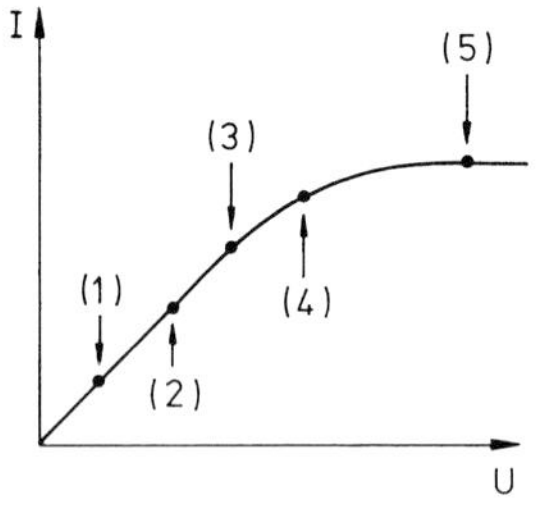

Bild A 25.2

Aufgabe 25.10: Eine Röntgenröhre werde mit einer Spannung von $U_A = 60$ kV betrieben. Wie groß ist etwa die Geschwindigkeit der von der Kathode emittierten Elektronen beim Auftreffen auf die Anode?

§ 26 Elektromagnetismus – Induktion

In diesem Abschnitt werden Erscheinungen besprochen, welche durch die Wechselwirkung über *magnetische Felder* zustande kommen. Dabei handelt es sich einmal um die Beobachtung von *Kraftwirkungen zwischen bewegten Ladungen* (Strömen), bzw. zwischen stationären Strömen und äußeren Magnetfeldern und zum anderen um das Phänomen der *Induktion*, d. h. die Kraftwirkungen auf elektrische Ladungsträger in zeitlich veränderlichen Magnetfeldern, welche wiederum durch zeitlich veränderliche Ströme erzeugt sein können.

§ 26.1 Grundtatsachen

Mit dem Begriff des *Magnetismus* beschreibt man alle Kraftwirkungen, die über ein **Magnetfeld** auf magnetisierte bzw. durch das Magnetfeld magnetisierbare Körper oder auf bewegte Ladungen ausgeübt werden. Solche Kraftwirkungen beobachtet man z. B. zwischen Permanentmagneten, zwischen einem Magneten und einem magnetisierbaren Material (wie z. B. Weicheisen), zwischen einem stromdurchflossenen Leiter und einem Permanentmagneten oder zwischen zwei stromdurchflossenen Leitern. Alle diese Körper besitzen selbst ein magnetisches Feld, mit dem sie mit anderen Körpern in Wechselwirkung treten können. Die Erzeugung dieses Feldes erfolgt bei stromdurchflossenen Leitern durch die Bewegung der Ladungsträger. Aber auch bei Permanentmagneten denkt man sich das Magnetfeld durch bestimmt angeordnete Kreisströme erzeugt (Bewegung der Elektronen um die Atomkerne). Dieses Modell erlaubt allerdings keine vollständige Beschreibung, da auch an ruhenden geladenen Elementarteilchen (z. B. Elektron oder Proton) magnetische Wechselwirkungen beobachtbar sind, für die keine theoretisch haltbaren Strommodelle existieren (zumindest vorläufig).

Magnetische Felder

Die **Erde** stellt selbst einen Permanentmagneten dar, dessen magnetischer Südpol etwa mit dem geographischen Nordpol und dessen magnetischer Nordpol etwa mit dem geographischen Südpol übereinstimmt (Abb. 26.1).

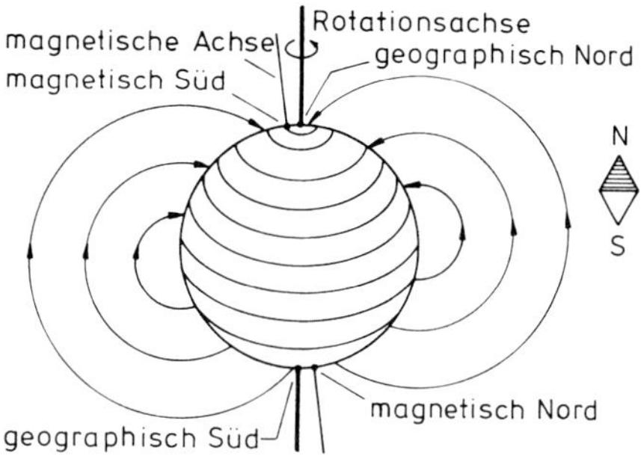

Abb. 26.1

Ein frei drehbar gelagerter Permanentmagnet (Kompassnadel) stellt sich an der Erdoberfläche in Richtung der Feldlinien, also in N-S-Richtung ein. Die Spitze, die nach (geographisch) Norden zeigt, heißt dann der Nordpol der Kompassnadel, und die Spitze, die nach (geographisch) Süden zeigt, heißt ihr Südpol. Bei stabförmigen Permanentmagneten (z. B. Kompassnadel) entspricht der Feldlinienverlauf im Außenraum des Magneten (Abb. 26.3) dem Feldverlauf eines elektrischen Dipols (Abb. 20.9 oder 21.8). Daher nennt man einen solchen Permanentmagneten auch einen **magnetischen Dipol**. Der Nordpol des Magneten entspricht dann definitionsgemäß dem ⊕-Pol und der Südpol dem ⊖-Pol des elektrischen Dipols, denn es gilt:

Definition:
Die magnetischen Feldlinien sind von Nord nach Süd gerichtet, d. h. sie treten am Nordpol des Magneten aus und am Südpol ein.

Magnetische Feldlinien sind in sich geschlossen, sie verlaufen also innerhalb des Magneten von Süd nach Nord.

Auch bei magnetischen Polen gilt, wie in Abb. 26.2 schematisch dargestellt:

Gleichnamige Pole stoßen sich ab.
Ungleichnamige Pole ziehen sich an.

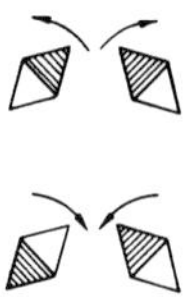

Abb. 26.2

Der Feldverlauf bei einem **Stabmagneten** ist in Abb. 26.3 wiedergegeben und Abb. 26.4 zeigt das nahezu homogene Feld zwischen den Enden (Polschuhen) eines **Hufeisenmagneten**, einem Permanentmagneten, der hufeisenförmig gebogen ist.

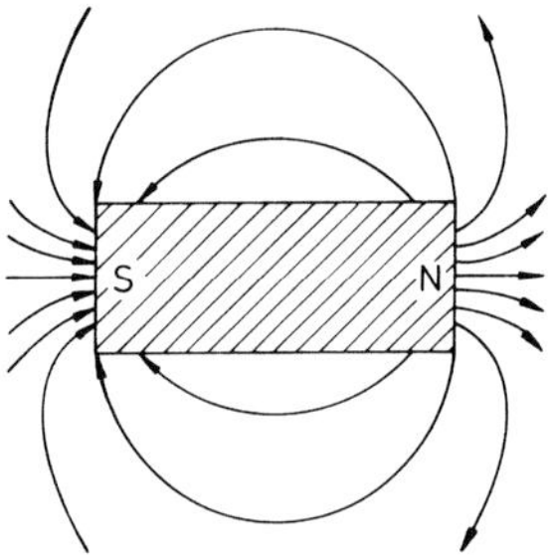

Abb. 26.3

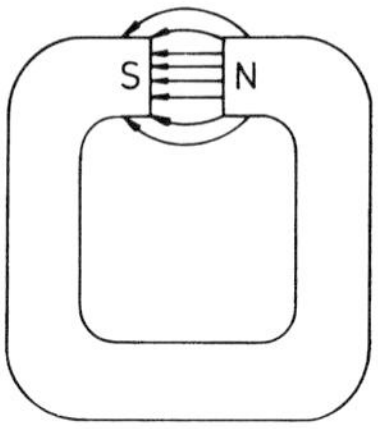

Abb. 26.4

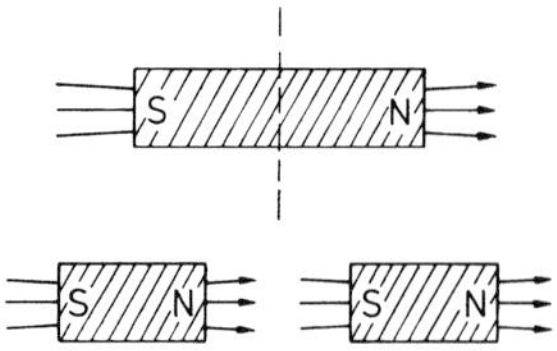

Abb. 26.5

Halbiert man einen Stabmagneten (Abb. 26.5), so entstehen zwei neue selbstständige Magnete mit je zwei Polen:

Es gibt keine magnetischen Monopole.

Nord- und Südpol treten immer paarweise auf in Form von Dipolen.

Analog zum elektrischen Dipolmoment kann man auch ein magnetisches Dipolmoment $\vec{m}$ definieren als:

$$\vec{m} = P \cdot \vec{l}$$

Dabei werden als die Polstärken $\pm P$ formal die annähernd punktförmig gedachten „magnetischen Ladungen" bezeichnet, die sich im Abstand des Radiusvektors $\vec{l}$ befinden (s. auch § 26.3.2).

Wie wir in § 23.2 kennen lernten, zeigt der elektrische Strom auch die Erscheinung des Magnetismus. So besitzt ein gerader, zylindrischer, *stromdurchflossener Leiter* ein zirkulares Magnetfeld, dessen Feldlinien konzentrische Kreise in einer Ebene senkrecht zur Stromrichtung bilden, mit nach außen hin abfallender Stärke des Magnetfeldes. Ein solches Magnetfeld weist auch jede bewegte Einzelladung in einer Ebene senkrecht zu ihrer Bewegungsrichtung auf. Für die Richtung der Magnetfeldlinien sei nochmals folgende Regel angemerkt (1. Regel der rechten Hand): Zeigt der Daumen in Richtung des positiven Stromes, dann geben die zur Handfläche gekrümmten Finger die Magnetfeldrichtung an (Abb. 26.6).

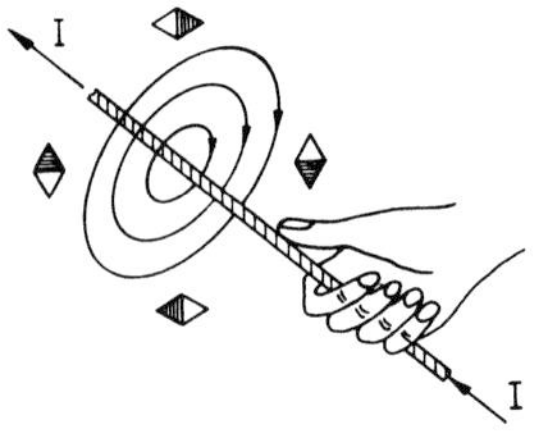

Abb. 26.6

Starke magnetische Felder kann man sich durch eine stromdurchflossene **Zylinderspule**, ein so genanntes *Solenoid*, erzeugen (Abb. 26.7). Das starke Magnetfeld im Innenraum der Spule ist homogen, zu den Enden der Spule hin wird es zunehmend inhomogen und

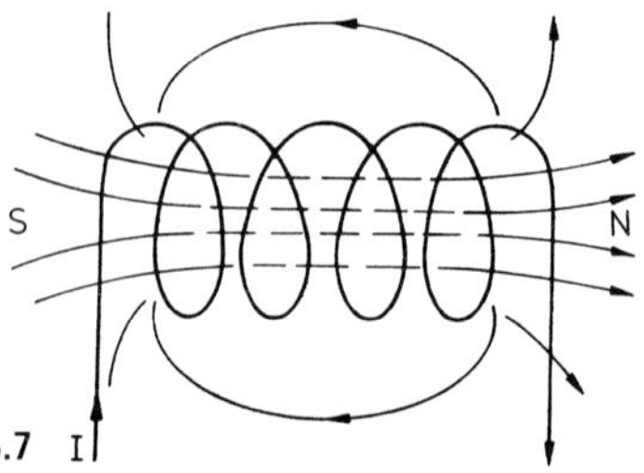

Abb. 26.7

schwächer. Das Feld im Außenraum ist dem eines Permanentmagneten ähnlich. Die in sich geschlossenen Feldlinien treten am Nordpol der Spule aus und am Südpol ein.

Ebenso wie man bei der Annäherung von elektrisch neutralen Leitern bzw. Nichtleitern an elektrische Ladungen die Erscheinung der Influenz bzw. Polarisation beobachtet, wird bei der Annäherung eines Permanentmagneten (oder einer stromdurchflossenen Zylinderspule) an einen vorher unmagnetischen Körper dieser magnetisch. Die Größe der *Magnetisierbarkeit* ist ebenfalls stoffabhängig. Die Ferromagnetika, z. B. Eisen, zeichnen sich durch besonders gute Magnetisierbarkeit aus (s. § 29.2).

Ferromagnetika eignen sich, bei entsprechender Dicke des Materials, auch ausgezeichnet zur Abschirmung eines Raumes gegen Magnetfelder. Man kann also mit ihnen einen dem (elektrischen) Faradaykäfig entsprechenden Abschirmeffekt erzielen. Jedoch sind nicht alle metallischen Leiter zur Abschirmung eines Magnetfeldes geeignet, so stört beispielsweise eine Abschirmung aus Messing das Magnetfeld kaum.

§ 26.2 Magnetische Kraftflussdichte – Magnetische Feldstärke – Magnetischer Fluss

Sowohl für das Feld eines Permanentmagneten als auch für das magnetische Feld einer lang gestreckten Spule (Abb. 26.7 und 26.8) führen wir analog zum elektrischen Feld als Maß für die Stärke eines Magnetfeldes die **magnetische Flussdichte $\vec{B}$** ein, die auch *magnetische Feldgröße* oder *magnetische Induktion* genannt wird. Sie ist beim Permanentmagneten durch Materialeigenschaften gegeben (s. § 29.2). Bei einer stromdurchflossenen Spule (Abb. 26.8)

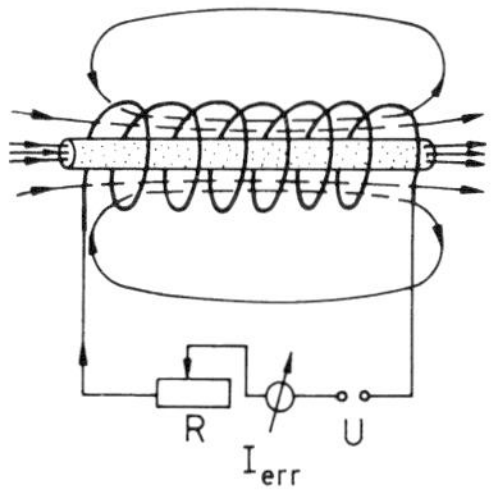

Abb. 26.8

ist sie abhängig von der Größe des felderzeugenden Erregerstromes I_{err}, der Länge l der Spule und ihrer Windungszahl N sowie den magnetischen Eigenschaften des die Spule erfüllenden Materials. Für den Betrag der magnetischen Flussdichte $\vec{B}$ dieser Spule gilt:

Definition:

$$B = \mu_r \cdot \mu_0 \cdot \frac{I_{err} \cdot N}{l} = \mu \cdot \frac{I_{err} \cdot N}{l} \qquad (26.1)$$

μ_r: **Permeabilitätszahl** oder **relative Permeabilität $\mu_r = \mu/\mu_0$** eines Stoffes, die angibt, um wie viel sich die magnetische Flussdichte vergrößert, wenn der vorher leere Raum innerhalb der Spule mit Materie erfüllt wird, wobei $\mu_r = 1$ für Vakuum ist (s. dazu auch § 29.2).

μ: **Permeabilität**

μ_0: **magnetische Feldkonstante** oder **Vakuumpermeabilität** mit dem exakt festgelegten Zahlenwert

$$\mu_0 = 4\pi \cdot 10^{-7} \frac{\mathrm{N}}{\mathrm{A}^2} = 4\pi \cdot 10^{-7} \frac{\mathrm{V \cdot s}}{\mathrm{A \cdot m}}$$
$$= (1{,}256\,637\,061\,4\ldots) \cdot 10^{-6} \frac{\mathrm{V \cdot s}}{\mathrm{A \cdot m}}$$
$$\approx 1{,}26 \cdot 10^{-6} \frac{\mathrm{V \cdot s}}{\mathrm{A \cdot m}}$$

Einheit:

Tesla (T)

$$1\,\mathrm{T} = 1\,\frac{\mathrm{V \cdot s}}{\mathrm{m}^2}$$

früher gebräuchliche Einheit:
1 Gauß (G) = 10^{-4} T

Zur Charakterisierung eines magnetischen Feldes im Vakuum verwendet man die **magnetische Feldstärke $\vec{H}$**, die mit der magnetischen Flussdichte $\vec{B}$ betragsmäßig wie folgt zusammenhängt:

Definition:

$$H = \frac{B}{\mu_r \cdot \mu_0} = \frac{B}{\mu} \qquad (26.2)$$

4

Einheit:

$$\frac{\text{Ampere}}{\text{Meter}} \left(\frac{\text{A}}{\text{m}}\right)$$

Die magnetische Feldstärke ist vom Medium unabhängig und lediglich durch die Form des Leiters bedingt. So ist z. B. für die lang gestreckte Spule der Abb. 26.8 die magnetische Feldstärke gegeben durch:

$$H = \frac{I_{\text{err}} \cdot N}{l} \qquad (26.3)$$

Damit kann Gleichung (26.1) auch geschrieben werden als:

$$\vec{B} = \mu_r \cdot \mu_0 \cdot \vec{H} \qquad (26.4)$$

Die magnetische Feldstärke $\vec{H}$ ist wie die magnetische Flussdichte $\vec{B}$ ein Vektor in Richtung der Magnetfeldlinien. Diese Proportionalität zwischen $\vec{B}$ und $\vec{H}$ gilt jedoch in ferromagnetischen Materialien nicht allgemein.

Mit der im Zusammenhang mit der Definition (26.1) des Betrags der magnetischen Flussdichte $|\vec{B}|$ eingeführten *Permeabilität* $\mu = \mu_r \cdot \mu_0$, ergibt sich für Gleichung (26.4):

$$\vec{B} = \mu \cdot \vec{H} \qquad (26.5)$$

Anmerkung: In der Lehrbuchliteratur, insbesondere der amerikanischen, wird heutzutage mitunter für die *magnetische Flussdichte* oder *magnetische Induktion* $\vec{B}$ die Bezeichnung *magnetische Feldstärke* verwendet und für die Größe $\vec{H}$ die Bezeichnung *magnetische Erregung*. Im Rahmen dieser Darstellung verwenden wir wie bislang die traditionellen Bezeichnungen.

Magnetischer Fluss

Ein ebenes Flächenstück A befinde sich in einem Feld $\vec{B} = \text{const.}$ (Abb. 26.9). Durch die

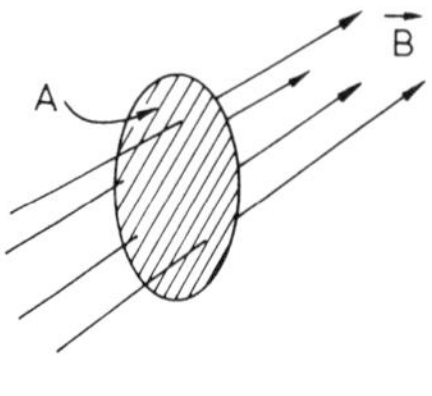

Abb. 26.9

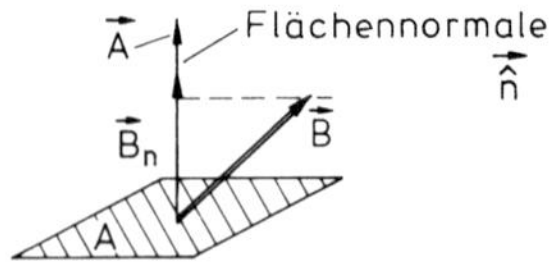

Abb. 26.10

Flächennormale $\vec{n}$, einem Vektor der Länge 1 senkrecht auf A (Abb. 26.10), schreibt man der Fläche eine Orientierung zu (d. h. eine Seite der Fläche wird als Außenseite gewählt) und es gilt: $\vec{A} = A \cdot \vec{n}$. Dann ist der die Fläche A durchsetzende ***magnetische Fluss Φ*** das Skalarprodukt aus $\vec{B}$ und $\vec{A}$:

Definition:

$$\Phi = \vec{B} \bullet \vec{A} = B \cdot A \cdot \cos(\vec{B}, \vec{A}) = B_n \cdot A \qquad (26.6)$$

Der magnetische Fluss ist ein Maß für die Zahl der magnetischen Feldlinien, die die Fläche durchsetzen.

Sind die $\vec{B}$-Feldlinien parallel zur Flächennormale, sie durchsetzen also die Fläche senkrecht, dann ist der magnetische Fluss:

$$\Phi = B \cdot A$$

So ist beispielsweise der Betrag des magnetischen Flusses durch eine ebene kreisförmige Leiterschleife mit dem Radius r: $\Phi = \pi \cdot r^2 \cdot B$ oder durch einen ebenen rechteckigen Leiterrahmen mit den Seitenlängen a und b: $\Phi = a \cdot b \cdot B$, wenn diese jeweils senkrecht zu ihrer Ebene von einem homogenen Feld der magnetischen Flussdichte $\vec{B}$ durchsetzt werden. Im Falle, dass $\vec{B}$ parallel zur Ebene der jeweiligen Leiterschleife liegt, ist jeweils $\Phi = 0$.

Ist die Fläche A aber gekrümmt oder das Feld $\vec{B}$ inhomogen, so muss man infinitesimal kleine Flächenstücke $\mathrm{d}\vec{A}$ wählen, für welche $\vec{B}$ als konstant betrachtet werden kann, und es folgt dann in allgemeiner Form für den ***magnetischen Fluss Φ***:

Definition:

$$\Phi = \int \vec{B} \bullet \mathrm{d}\vec{A} = \int B_n \cdot \mathrm{d}A \qquad (26.7)$$

Einheit:

Weber (Wb)
1 Wb = 1 V · s

Aus der Definitionsgleichung (26.6) leitet sich auch die Bezeichnung magnetische Flussdichte für B ab:

$$B = \frac{\Phi}{A} \tag{26.8}$$

Einheit:

$$\frac{\mathrm{V \cdot s}}{\mathrm{m^2}} = \frac{\mathrm{Wb}}{\mathrm{m^2}} = \mathrm{T}$$

Das Magnetfeld stromdurchflossener Leiter

Wie wir oben gesehen haben, ist ein von einem zeitlich konstanten Gleichstrom I durchflossener Leiter von einem zeitlich konstanten Magnetfeld der Feldstärke $\vec{H}$ in Form konzentrischer Kreise umgeben, wie Abb. 26.6 zeigt. Die $\vec{H}$-Feldlinien sind in sich geschlossen (im Unterschied zu den Feldlinien des elektrischen Feldes $\vec{E}$ der Elektrostatik, die immer auf Ladungen beginnen und endigen!). Das Integral $\oint \vec{H} \bullet \mathrm{d}\vec{s}$ längs eines geschlossenen Weges ist aber im Falle des magnetischen Feldes nicht null. Das *Ampère'sche Gesetz* beschreibt quantitativ den Zusammenhang zwischen der magnetischen Feldstärke $\vec{H}$ und dem Strom I:

$$\oint \vec{H} \bullet \mathrm{d}\vec{s} = I \tag{26.9}$$

dabei umschließt der Integrationsweg eine Fläche, die vom Strom I durchflossen ist.

Für einen kreisförmigen Integrationsweg auf einer $\vec{H}$-Feldlinie mit Radius r, auf welcher $|\vec{H}(\vec{r})| = \text{const.}$ ist, folgt (durch Übergang zu Polarkoordinaten):

$$\oint \vec{H} \bullet \mathrm{d}\vec{s} = H \cdot \int_0^{2\pi} r \cdot \mathrm{d}\varphi = H \cdot r \cdot 2\pi = I \tag{26.10}$$

wenn $\vec{H}$ und $\mathrm{d}\vec{s}$ gleich gerichtet sind (bei entgegengesetztem Umlaufsinn folgt $-H \cdot 2\pi r$).
Speziell für einen langen geradlinigen Leiter, der vom Strom I durchflossen wird, folgt mit (26.10) für den Betrag der magnetischen Feldstärke $H(r)$ auf einer kreisförmigen, geschlossenen Feldlinie mit Radius r (Abb. 26.11):

$$H = \frac{I}{2\pi \cdot r} \tag{26.11}$$

deren tangentiale Richtung (per Definition für einen positiven Strom I) in einem beliebigen Punkt P im Abstand r vom Leiter Abb. 26.11 zeigt.

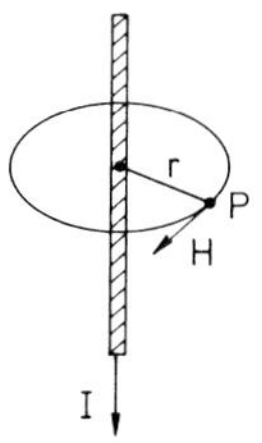

Abb. 26.11

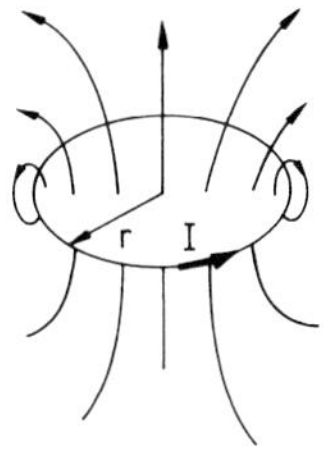

Abb. 26.12

Das Ampère'sche Gesetz ist ebenso für andere Leiterformen und Integrationswege (so lange keine magnetischen Materialien innerhalb des Integrationsweges liegen) anwendbar. Weitere Beispiele für den Zusammenhang der Magnetfeldstärke $\vec{H}$ und dem das Feld erzeugenden Strom I sind:
1. Magnetische Feldstärke eines Kreisstromes der Stärke I (Abb. 26.12):

$$H = \frac{I}{2r} \tag{26.12}$$

2. Magnetische Feldstärke innerhalb einer lang gestreckten Spule (Länge l, Radius r) mit N Windungen (Solenoid), die von einem Strom I durchflossen wird (Abb. 26.7); es folgt wie in den Gleichungen (26.1) und (26.3) bereits eingeführt:

$$H = \frac{I \cdot N}{l} \text{ (homogenes Feld)} \tag{26.13}$$

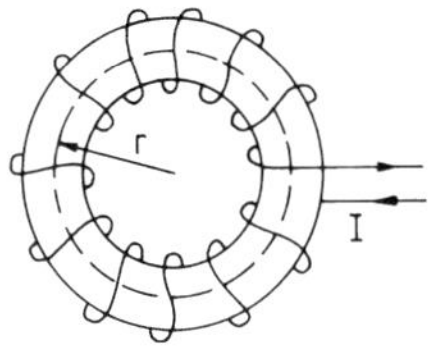

Abb. 26.13

3. Magnetische Feldstärke im Innern einer auf einem kreisförmigen Ring aufgewickelten Spule (Toroid), die von einem Strom der Stärke I durchflossen wird (Abb. 26.13):

$$H = \frac{I \cdot N}{2\pi r} \text{ (homogenes Feld)} \tag{26.14}$$

Das magnetische Feld verläuft ganz im Innern der Spule und die Feldlinien bilden geschlossene Kreise.

§ 26.3 Kräfte auf stromdurchflossene Leiter, bewegte Ladungen und magnetische Dipole im Magnetfeld

Das magnetische Feld eines elektrischen Stromes oder eines Permanentmagneten übt sowohl auf andere Permanentmagnete als auch auf andere stromdurchflossene Leiter eine Kraftwirkung aus. Ausgehend von den zugrunde liegenden Gesetzmäßigkeiten dieser Wechselwirkungen werden wir uns in diesem Abschnitt mit einigen praktischen Anwendungsbeispielen dazu befassen.

Die Kraftwirkung durch magnetische Wechselwirkung können wir beispielsweise zwischen zwei Strömen beobachten:

Ströme, die in gleicher Richtung parallel zueinander fließen, ziehen sich an; fließen die Ströme antiparallel, so stoßen sie sich ab.

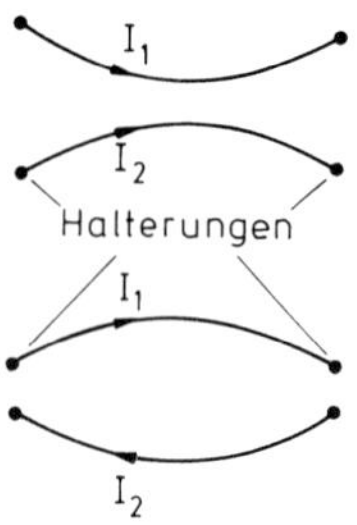

Abb. 26.14

Jeder dieser Ströme (I_1 bzw. I_2) hat ein magnetisches Feld um sich gemäß Gleichung (26.11) und Abb. 26.6. Dadurch kommt es aber im ersten Fall der Abb. 26.14, der gleich gerichteten Ströme, zu einer Schwächung des Feldes im Raum zwischen den Leitern und damit zu einer Anziehung; im zweiten Fall wird das Feld zwischen den Leitern verstärkt, die Magnetfeldlinien zeigen zwischen den Leitern in dieselbe Richtung (im unteren Fall der Abb. 26.14 in die Zeichenebene hinein), d. h. diese Leiter stoßen sich ab.

§ 26.3.1 Kräfte auf stromdurchflossene Leiter im Magnetfeld

Bringen wir einen stromdurchflossenen Leiter der Länge l, z. B. das Leiterrähmchen der Abb. 26.15, in ein homogenes Magnetfeld, so erfährt der Leiterbügel eine Kraft $\vec{F}$. Die Kraft $\vec{F}$ steht sowohl senkrecht auf der Richtung des Stromes I als auch senkrecht zum Feld. Für die definitionsgemäß positive Stromrichtung gilt für die ***Kraft*** $\vec{F}$ ***auf den stromdurchflossenen Leiter im Feld der Flussdichte*** $\vec{B}$:

$$\vec{F} = I \cdot \vec{l} \times \vec{B} \qquad (26.15)$$

Der Betrag der Kraft $\vec{F}$ ist: $F = I \cdot l \cdot B \cdot \sin\alpha$, wobei α der Winkel zwischen der positiven Stromrichtung und dem Feld der magnetischen Flussdichte $\vec{B}$ ist. Fließt der elektrische Strom senkrecht zum Magnetfeld, d. h. $\alpha = 90°$, dann gilt für den Betrag der Kraft: $F = I \cdot l \cdot B$. Sind aber die Richtungen von Strom und Magnetfeld parallel und ist somit $\alpha = 0°$, dann erfährt das stromdurchflossene Leiterstück keine Kraftwirkung ($F = 0$).

Die wirksame Länge des Leiterrähmchens ist nur die Länge des horizontalen Stückes im Feld, da die Kraftwirkungen auf die beiden vertikalen Leiterteile sich gerade kompensieren ($\vec{F}_1 + \vec{F}_2 = 0$ in Abb. 26.16).

Abb. 26.16 zeigt die Seitenansicht von links der Abb. 26.15. Das Magnetfeld steht senkrecht auf der Zeichenebene, was wir uns durch ein ‚×' andeuten. (Zeigt ein Vektor, hier das Magnetfeld, in die Zeichenebene hinein, so sieht

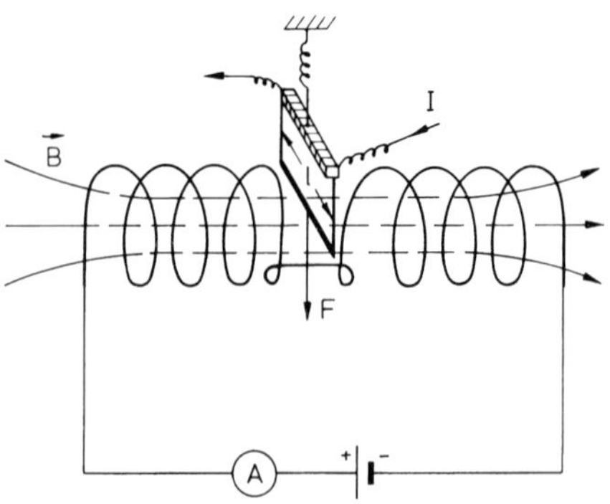

Abb. 26.15

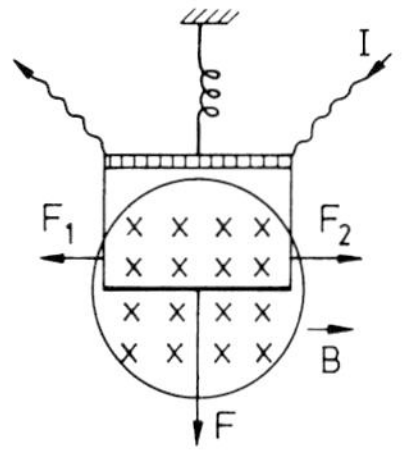

Abb. 26.16

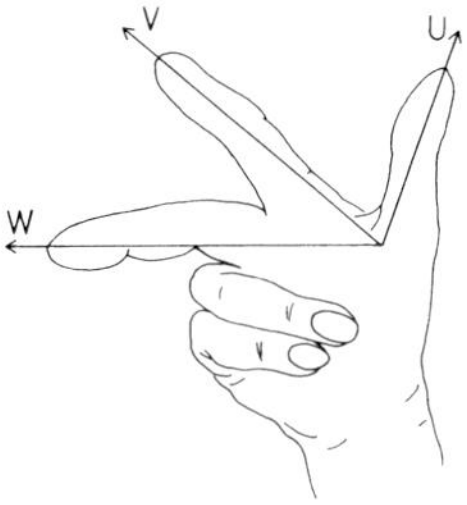

Abb. 26.17

man nur das Gefieder ‚×' des Vektorpfeiles ×⟶; zeigt ein Vektor aus der Zeichenebene heraus, wird dies durch einen Punkt ‚•' angedeutet, der Spitze des Vektorpfeiles ↖).

Als Merkhilfe für die Richtung der Kraftwirkung auf einen stromdurchflossenen Leiter im Magnetfeld soll nun Folgendes angeführt sein: In Abb. 26.16 fließt der positive Strom I durch das Leiterrähmchen von rechts nach links, das ist in diesem Fall die **U**rsache. Die **V**ermittlung erfolgt über das Magnetfeld, welches senkrecht auf der Ursache steht. Die **W**irkung, in diesem Fall die Kraft F auf den stromdurchflossenen Leiter, steht wiederum senkrecht auf den beiden anderen Größen, und zwar in der Reihenfolge **U–V–W** wie die Koordinatenachsen eines dreidimensionalen rechtwinkligen Koordinatensystems $x-y-z$. Die Richtung der Kraft ist also wie folgt festgelegt:

Der Strom (*Ursache*), das Magnetfeld (*Vermittlung*) und die Kraft (*Wirkung*) bilden ein Rechtssystem. Es gilt somit die 2. *Regel der rechten Hand*: Zeigt der Daumen der rechten Hand in Richtung der **U**rsache (hier: positiver Strom), der dazu senkrecht gestellte Zeigefinger in Richtung der **V**ermittlung, dann gibt der zu beiden senkrecht gestellte Mittelfinger die Richtung der **W**irkung (hier: der Kraft) an (Abb. 26.17).

So zeigt in Abb. 26.15 die Ursache schräg nach hinten in die Zeichenebene, die Vermittlung nach rechts, die Wirkung in Richtung des Mittelfingers, zeigt also nach unten. In Abb. 26.16 fließt der Strom nach links (Richtung des Daumens), die Vermittlung steht senkrecht auf der Zeichenebene (Richtung des Zeigefingers), die Kraftwirkung, in Richtung des Mittelfingers zeigt also wieder nach unten.

Definition der Einheit der Stromstärke

Durch die Kraftwirkung zwischen zwei stromdurchflossenen Leitern wird die SI-Einheit der Basisgröße „elektrische Stromstärke", das Ampere (A), festgelegt (Definition s. § 2). Die Kraft, die der zweite Leiter im Feld des 1. Leiters (und umgekehrt) erfährt (z. B. in der Anordnung ähnlich Abb. 26.14, oben), ergibt sich nach (26.15) mit (26.4) und (26.11) zu $F = \mu_r \cdot \mu_0 \cdot I_1 \cdot I_2 \cdot l/(2\pi \cdot r)$. Daraus erhält man mit $I_1 = I_2 = 1$ A, $\mu_r = 1$, $r = 1$ m für die Kraft pro Leiterlänge $l = 1$ m: $F = 2 \cdot 10^{-7}$ N.

§ 26.3.2 Kräfte auf bewegte Ladungen und magnetische Dipole im Magnetfeld

Analog zum Verhalten elektrischer Ladungen und elektrischer Dipole in elektrischen Feldern aufgrund der Coulomb-Wechselwirkung (§ 20.3) treten in magnetischen Feldern äquivalente Wechselwirkungen sowohl mit bewegten elektrischen Ladungen als auch mit magnetischen Dipolen auf.

Kraftwirkung auf bewegte Ladungsträger

Ein elektrischer Strom I ist eigentlich die Bewegung von Einzelladungen der Ladung q mit der (Drift-)Geschwindigkeit v. Ist ϱ_N die Anzahl der Ladungsträger in der Volumeneinheit, dann ist nach Gleichung (23.4) die Stromdichte $j = \varrho_N \cdot q \cdot v$ und nach Gleichung (23.3) die Stromstärke $I = j \cdot A$ (A: Querschnittsfläche des Leiters). Aus Gleichung (26.15) folgt dann für die Kraft auf den stromdurchflossenen Leiter: $\vec{F} = q \cdot \varrho_N \cdot l \cdot A \cdot (\vec{v} \times \vec{B})$.

Die Kraft auf eine einzelne positive Ladung q, die sich mit der Geschwindigkeit $\vec{v}$ im Magnetfeld der Flussdichte $\vec{B}$ bewegt, ist damit:

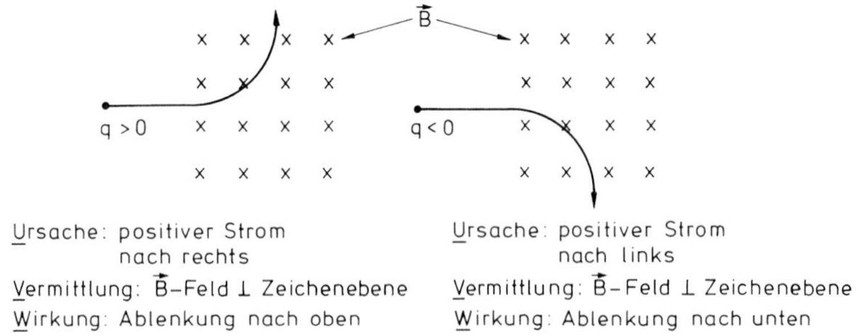

Abb. 26.18

$$\vec{F} = q \cdot (\vec{v} \times \vec{B}) \quad (26.16)$$

(Lorentzkraft)

Für den Betrag der Lorentzkraft ergibt sich gemäß der Definition des Vektorproduktes:

$$F = q \cdot v \cdot B \cdot \sin\alpha \quad (26.17)$$

dabei ist α der Winkel zwischen der Geschwindigkeit $\vec{v}$ der Ladung und der magnetischen Flussdichte $\vec{B}$. Bewegen sich die Ladungsträger senkrecht zu $\vec{B}$, dann ist $\alpha = 90°$ und es gilt: $F = q \cdot v \cdot B$.

Dabei ist immer zu beachten: Bei den Regeln der rechten Hand liegt immer die Bewegung positiver Ladungsträger zugrunde. Negative Ladungen, z. B. Elektronen, die sich in einer bestimmten Richtung bewegen, entsprechen dann einem Strom in der Gegenrichtung (Abb. 26.18).

Eine im Magnetfeld bewegte Ladung erfährt eine Lorentzkraft unabhängig davon, ob die Bewegung der Ladung im Metall, Halbleiter, Elektrolyten oder im Vakuum erfolgt. Wir werden dazu Beispiele in § 26.3.3 finden, wo einige Anwendungen der Kraftwirkungen von Magnetfeldern auf bewegte Ladungen bzw. stromdurchflossene Leiter besprochen werden.

Magnetische Dipole im Magnetfeld

Die Abb. 26.19 zeigt eine z. B. rechteckige Leiterschleife mit den Seitenlängen a und b in einem homogenen Magnetfeld der magnetischen Flussdichte $\vec{B}$. Im Unterschied zum Leiterrähmchen der Abb. 26.15 ist die Leiterschleife um eine vertikale Achse drehbar gelagert, wozu sie an einem langen Band aufgehängt wird. Der Strom I habe die in der Abbildung gezeigte Richtung. Von den auf die einzelnen Leiterstücke wirkenden unterschiedlichen Kräften bewirkt das an den beiden Vertikalseiten (Länge a) angreifende Kräftepaar $\vec{F}$ ein Drehmoment $\vec{T}$ um die vertikale Achse, dessen Betrag $T = b \cdot F$ durch Beziehung (5.40) gegeben ist. Mit (26.15) folgt für den Betrag des Drehmoments:

$$T = b \cdot F = b \cdot I \cdot a \cdot B \cdot \sin\vartheta = I \cdot A \cdot B \cdot \sin\vartheta \quad (26.18)$$

dabei ist $A = a \cdot b$ die Fläche der Leiterschleife und ϑ der Winkel zwischen der Richtung des Flächennormalenvektors $\vec{A}$ und der magnetischen Flussdichte $\vec{B}$ (s. auch Abb. 26.10). Eine stromdurchflossene Leiterschleife erfährt daher im homogenen Magnetfeld ein Drehmoment, das sie so zu drehen sucht, dass ihre Flächennormale in Feldrichtung zeigt. Sie verhält sich also analog zum elektrischen Dipol im elektrischen Feld (s. § 20.3 und Gleichung (20.18)); entsprechend kann (26.18) geschrieben werden als

$$T = m \cdot B \cdot \sin\vartheta \quad (26.19)$$

wobei wir mit

$$m = I \cdot A \quad (26.20)$$

das ***magnetische Dipolmoment m*** einführen.

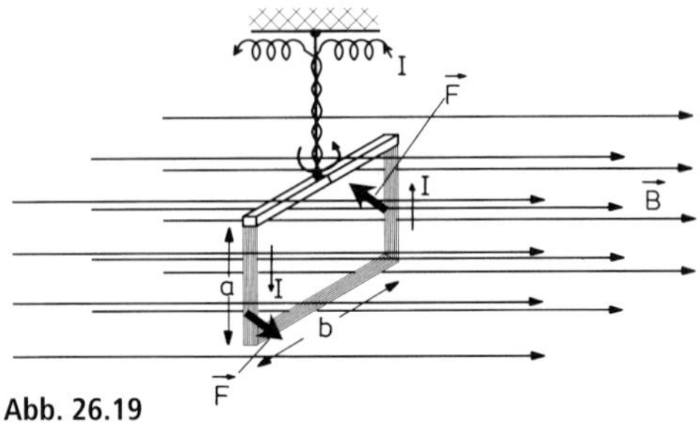

Abb. 26.19

Verwendet man anstelle einer Leiterschleife mit einer Windung eine Zylinder- oder Flachspule mit N Windungen, so ergibt sich für das ***magnetische Dipolmoment m*** einer Spule:

$$m = N \cdot I \cdot A \qquad (26.21)$$

Analog zu Gleichung (20.18) lautet die obige Beziehung (26.19) für das magnetisch erzeugte Drehmoment in vektorieller Schreibweise:

$$\vec{T} = \vec{m} \times \vec{B} \qquad (26.22)$$

Das magnetische Moment $\vec{m}$ einer stromdurchflossenen Leiterschleife bzw. Spule steht also senkrecht auf der von ihr aufgespannten Ebene, zeigt also in Richtung der Flächennormale. Durch das Drehmoment wird der magnetische Dipol in die Magnetfeldrichtung gedreht.

Zur Drehmomentwirkung auf magnetische Dipole in magnetischen Feldern werden wir ebenfalls in § 26.3.3 Anwendungsbeispiele kennen lernen.

Anmerkung: In § 26.1 hatten wir den Begriff des magnetischen Momentes bereits angesprochen und in formaler Analogie zu den Ladungen des elektrischen Dipols magnetische Polstärken $\pm P$ eingeführt. Bei Stabmagneten oder langen Spulen der Länge l könnte man jeweils an deren Enden, wo praktisch alle B-Feldlinien aus- bzw. eintreten, sich „magnetische Ladungen" oder Polstärken lokalisiert denken. Mit dem so eingeführten magnetischen Dipolmoment $m = P \cdot l$ ergibt sich für das Drehmoment im Feld: $T = P \cdot l \cdot B$, womit die Vorstellung verbunden ist, dass das Kräftepaar an den beiden Polen angreift. Es existieren aber keine Monopole (magnetische Ladungen), daher ist diese Betrachtungsweise nicht sinnvoll und wurde hier nur angesprochen, da in manchen Fällen noch daran festgehalten wird.

§ 26.3.3 Anwendungsbeispiele zu den Kraftwirkungen in magnetischen Feldern

$\frac{e}{m}$-Bestimmung mit dem Fadenstrahlrohr (Wehnelt-Rohr)

Das Fadenstrahlrohr ist ein evakuiertes Glasgefäß, in welchem Elektronen aus einer Glühkathode (in Abb. 26.20 nicht eingezeichnet) durch die zwischen Kathode und Anode angelegte Spannung U_A beschleunigt werden und durch eine Bohrung in der Anode als feiner Elektronenstrahl gebündelt sich mit einheitlicher Geschwindigkeit senkrecht zu einem homogenen Magnetfeld der Flussdichte $\vec{B}$ bewegen. Ohne ein äußeres Magnetfeld würden die Elektronen geradlinig weiterfliegen, durch das Feld aber erfahren sie eine Lorentzkraft $\vec{F}_L$ und werden deutlich abgelenkt (beachte: die Ladungen $q < 0$ bewegen sich entgegengesetzt zur konventionellen Stromrichtung). Bei entsprechender Größe der magnetischen Flussdichte werden die Elektronen auf eine Kreisbahn gezwungen (Abb. 26.20).

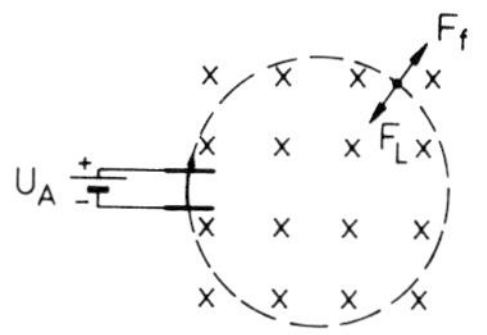

Abb. 26.20

Der Radius der Bahn folgt aus dem Gleichgewicht der Lorentzkraft F_L und der Zentrifugalkraft F_f. Da v senkrecht zu B ist, gilt für die Beträge:

$$e \cdot v \cdot B = \frac{m \cdot v^2}{r} \qquad (26.23)$$

Die Geschwindigkeit der Elektronen folgt aus der Beschleunigungsarbeit: $\frac{m}{2} \cdot v^2 = e \cdot U_A$ zu:

$$v = \sqrt{2 \cdot U_A \cdot \frac{e}{m}} \qquad (26.24)$$

Dabei sei vorausgesetzt, dass $U_A < 10^5$ V ist und damit die Geschwindigkeit der Elektronen im nichtrelativistischen Bereich bleibt (s. § 7.1).

Mit (26.23) und (26.24) folgt für den Radius der Elektronenbahn:

$$r = \frac{1}{B} \cdot \sqrt{2 \cdot U_A \cdot \frac{m}{e}} \qquad (26.25)$$

Im Fadenstrahlrohr wird die Bahn der Elektronen als leuchtender Faden sichtbar gemacht, da die Elektronen durch Stöße mit Atomen des noch vorhandenen Restgases diese zum Leuchten anregen. Aus dem so messbaren Radius r und den ebenfalls bekannten Größen B und U_A folgt aus (26.25) für die **spezifische Ladung $\frac{e}{m}$** der Elektronen:

$$\frac{-e}{m} = (-1{,}758\,820\,150 \pm 0{,}000\,000\,044) \cdot 10^{11}\,\frac{\mathrm{C}}{\mathrm{kg}}$$
$$\approx -1{,}76 \cdot 10^{11}\,\frac{\mathrm{C}}{\mathrm{kg}}$$

Mit dem aus dem Millikanversuch bestimmten Wert für die Elektronenladung folgt für die **Elektronenmasse m_e**:

$$m_e = (9{,}109\,382\,15 \pm 0{,}000\,000\,45) \cdot 10^{-31}\,\mathrm{kg}$$
$$\approx 9{,}11 \cdot 10^{-31}\,\mathrm{kg}$$

Hall-Effekt

Die Wirkung der Lorentzkraft auf bewegte Ladungsträger in einem stromdurchflossenen Leiter im Magnetfeld kann sowohl bei Metallen als auch bei Halbleitern mit dem nach *E. H. Hall* benannten Effekt beobachtet werden. Ein Leiter, z. B. eine Metallplatte der Dicke d und Breite b, wird von einem Strom I durchflossen und senkrecht dazu von einem Magnetfeld $\vec{B}$ durchsetzt (Abb. 26.21).

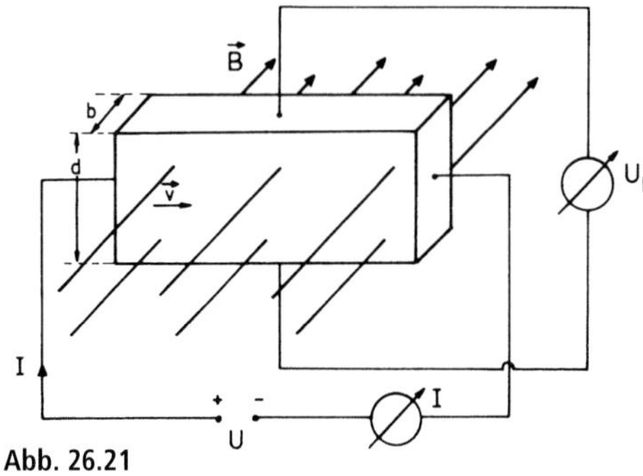

Abb. 26.21

Aufgrund der Lorentzkraft werden die Ladungsträger senkrecht zu ihrer Bewegungsrichtung und zu $\vec{B}$ abgelenkt, wodurch sich an zwei gegenüberliegenden Seitenflächen entgegengesetzte Ladungsträger anhäufen. Ab einem bestimmten Wert des durch diese Ladung aufgebauten Querfeldes $\vec{E}_H$ wird die Lorentzkraft genau kompensiert: $q \cdot \vec{E}_H = q \cdot \vec{v} \times \vec{B}$. Das Querfeld $\vec{E}_H = \vec{v} \times B$ bedingt eine Querspannung, die *Hall-Spannung*:

$$U_H = v \cdot B \cdot d \tag{26.26}$$

Diese ist allein von der Geschwindigkeit der Ladungsträger und im Gegensatz zur Lorentzkraft nicht von der Stromdichte $j = q \cdot \varrho_N \cdot v$ abhängig. Mit dem Gesamtstrom $I = j \cdot A$ durch die Querschnittsfläche $A = b \cdot d$ folgt für die **Hall-Spannung**:

$$U_H = R_H \cdot \frac{I \cdot B}{b} \tag{26.27}$$

Die Größe $R_H = \dfrac{1}{q \cdot \varrho_N}$ ist der *Hall-Koeffizient* des Materials; aus dessen Vorzeichen folgt jenes der für den Leitungsmechanismus verantwortlichen Ladungsträger. Da $R_H \sim 1/\varrho_N$ ist, ist der Hall-Effekt bei gut leitenden Metallen sehr klein und ergibt erst bei kleineren Ladungsträgerdichten ϱ_N, wie z. B. bei den Halbmetallen Bi, Zn, Cd und besonders bei den Halbleitern gut messbare Hall-Spannungen. Mit Hall-Sonden können Magnetfelder gemessen werden, weil die Hall-Spannung proportional zur magnetischen Induktion $\vec{B}$ ist.

Massenspektrometer

Die Wechselwirkung magnetischer Felder mit bewegten geladenen Teilchen wird in ***Massenspektrometern*** bzw. ***Massenspektrographen*** zur Bestimmung der Masse von Atomen oder Molekülen verwendet. Beim einfachsten Massenspektrometer werden aus einer ***Ionenquelle***, wo die Ionisierung der Teilchen und die Bildung eines Ionenstrahls erfolgt, durch eine Spannung U elektrostatisch beschleunigt.

Als Ionenquellen kommen je nach den physikalischen Eigenschaften der zu untersuchenden Substanz sehr unterschiedliche Prinzipien der Ionenerzeugung in Frage (s. auch § 25.5). Häufig verwendete sind: 1.) Elektronenstoßionisation; 2.) Feldionisation; 3.) Oberflächenionisation, d. h. Emission (Verdampfen) von Ionen aus einer festen Probe, die auf einen Heizdraht aufgebracht wurde; 4.) Photoionisation, d. h. „Verdampfen" und Ionisation fester Substanzen z. B. durch intensive Laserstrahlung; 5.) Hochfrequenzgasentladung; 6.) Ionisierung durch eine Ladungsaustausch-Reaktion.

Der Ionisierungsprozess führt bei Molekülen i. Allg. zu einer Fragmentierung des Moleküls, was speziell beachtet werden muss.

Nach dem Verlassen der Beschleunigungs- und Strahlfokussierungsstrecke gelangt der Ionenstrahl zur Massentrennung in ein homogenes Magnetfeld der Flussdichte $\vec{B}$ senkrecht zur Feldrichtung. Dabei durchlaufen die Ionen Kreisbahnen, deren Krümmungsradien r sich entsprechend Gleichung (26.25) ergeben und woraus die ***spezifische Ladung q/m*** bestimmt werden kann:

$$\frac{q}{m} = \frac{2U}{r^2 \cdot B^2} \tag{26.28}$$

Die Ladung q ist ein ganzzahliges Vielfaches der Elementarladung e: $q = z \cdot e$ (z: Ladungszustand der Ionen; häufig ist $z = \pm 1$). Die räumliche Trennung der Massen und damit die Bahnradien r der Ionen werden durch einen geeigneten Detektor, z. B. eine Photoplatte bestimmt.

Die üblichen Massenseparatoren sind, abgesehen von den nicht-magnetischen Massentrennmethoden (z. B. die Quadrupol-Massenfilter oder die Flugzeitmethoden), Kombinationen elektrischer und magnetischer Ablenkverfahren. Im Massenspektrographen nach *F. W. Aston* beispielsweise erfolgt die Ablenkung des Ionenstrahls mit Hilfe gekreuzter elektrischer und magnetischer Felder (Abb. 26.22).

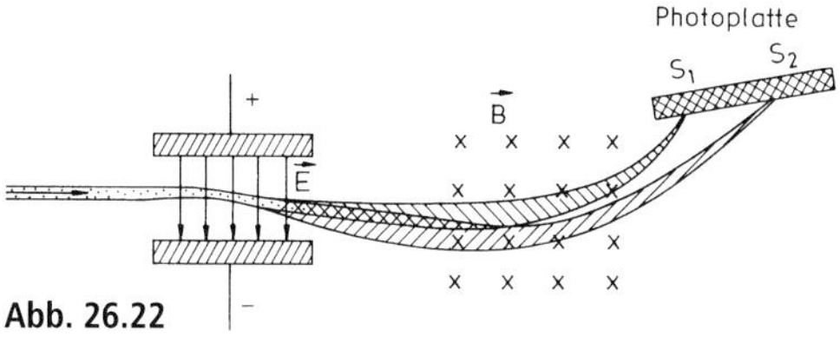

Abb. 26.22

Durch geeignete Anordnung der Felder ($\vec{E}$- und $\vec{B}$-Feld) und der Photoplatte gelingt es, Ionen mit verschiedener Geschwindigkeit, aber gleicher spezifischer Ladung, in einem Punkt der Photoplatte zu fokussieren. Dadurch erhält man auf der Photoplatte eine Reihe schmaler paralleler Linien ($S_1, S_2, \ldots$), die den verschiedenen Werten von $\frac{q}{m}$ entsprechen, wobei $\frac{q}{m}(S_1) > \frac{q}{m}(S_2)$ ist.

Mit der stetigen Verbesserung der Methoden wurden zunehmend höhere ***Massenauflösungsvermögen m/Δm*** (d. h. die Masse eines Ions dividiert durch die gerade noch erkennbare Massendifferenz zweier Ionen) möglich, zum Nachweis und zur Trennung von Isotopen der Elemente, von Molekülen und chemischen Radikalen, insbesondere organischen Radikalen. Die heutzutage höchsten Massenauflösungsvermögen ($m/\Delta m > 10^8$) werden mit *Zyklotron-Resonanz-Spektrometern* erzielt, bei welchen die Ionen in einem sog. Ionenkäfig eingefangen werden, der aus der Überlagerung entsprechend strukturierter elektrischer und magnetischer Felder besteht.

Massenspektrometer erlauben nur eine relative Massenbestimmung in Einheiten der atomaren Masseneinheit. Man gibt die Massen also relativ zu einem ***Bezugsisotop*** an. Die heute benutzte Bezugsmasse ist die Masse des Isotops ^{12}C von Kohlenstoff mit der relativen Atommasse: $A_r(^{12}\text{C}) = 12{,}000000\ldots$. Die atomare Masseneinheit beträgt damit $\frac{1}{12}$ der Masse eines Atoms des Isotops ^{12}C von Kohlenstoff (s. auch § 38.1)

4

Drehspulmesswerk

Auf der Kraftwirkung magnetischer Felder auf stromdurchflossene Leiter beruht die Wirkungsweise des sog. ***Drehspulinstrumentes*** zur Messung elektrischer Ströme unter Ausnutzung deren magnetischer Wirkung. Man verwendet dazu anstelle der Leiterschleife in Abb. 26.19 als Messwerk eine Spule, die auf einen Kreiszylinder aus Weicheisen gewickelt ist (Abb. 26.23). Die magnetische Flussdichte $\vec{B}$ wird durch einen Permanentmagneten mit halbkreisförmigen Polschuhen erzeugt, zwischen welchen sich der Weicheisenzylinder befindet. Wird die Spule (N Windungen) von einem Strom der Stärke I durchflossen, dann erfährt sie in dem Magnetfeld der Flussdichte $\vec{B}$, welches von dem Permanentmagneten erzeugt wird, durch ein Kräftepaar ein Drehmoment $\vec{T}$. Mit dem in § 26.3.2 eingeführten magnetischen Dipolmoment $m = N \cdot I \cdot A$ (Gleichung (26.21)) einer Spule folgt dann für das Drehmoment $\vec{T} = \vec{b} \times \vec{F}$ die in (26.22) angegebene Beziehung: $\vec{T} = \vec{m} \times \vec{B}$. Für eine bestimmte Magnetfeldstärke ist das Drehmoment, das die Spule erfährt, somit proportional zur Stromstärke. Die Spule wird so weit aus ihrer Ruhelage heraus um den Winkel α gedreht, bis das me-

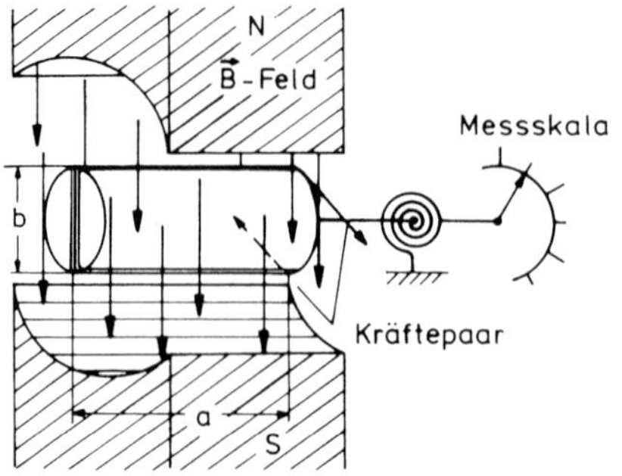

Abb. 26.23

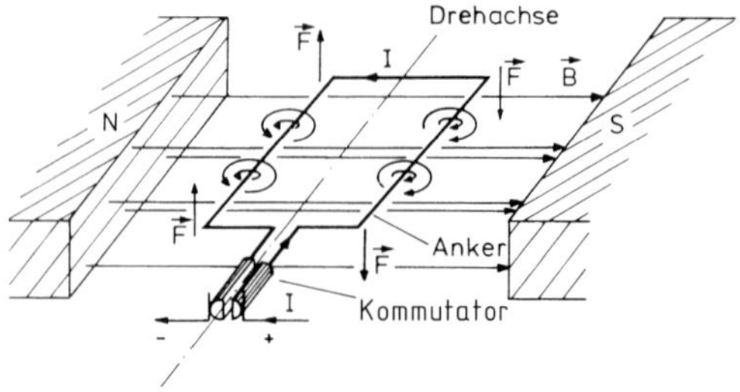

Abb. 26.24

chanische Rückstellmoment einer Rückstellfeder gleich groß geworden ist wie das vom Strom erzeugte Drehmoment. Für den Drehwinkel gilt dann: $\alpha \sim I$. Die Messskala ist in Einheiten des Stromes geeicht.

Drehspulinstrumente sind Strommessinstrumente, da ihre Anzeige durch einen elektrischen Strom hervorgerufen wird. Sie können, bei bekanntem (konstantem) Innenwiderstand der Messwerkspule, auch als Spannungsmesser verwendet werden (s. auch § 28.2).

Elektromotor

Auch der Elektromotor beruht auf der Wechselwirkung magnetischer Felder mit dem Magnetfeld stromdurchflossener Leiter. Das Prinzip betrachten wir hier anhand des in Abb. 26.24 gezeigten schematischen Aufbaus eines **Gleichstrommotors** mit Polwender (***Kommutator***). Eine stromdurchflossene Leiterschleife aus mehreren Windungen (***Anker***) befindet sich im Feld eines Permanentmagneten oder einer stromdurchflossenen Feldspule. Fließt ein Ankerstrom $I \neq 0$, so erfährt der Anker so lange ein Drehmoment, bis seine Querschnittsfläche senkrecht zum Feld steht. In diesem Augenblick wird durch den Kommutator die Stromrichtung umgedreht und der Anker, der sich infolge seiner Trägheit über den Totpunkt beim Umpolen etwas hinweggedreht hat, bewegt sich in derselben Drehrichtung weiter. Der Ankerstrom wird dem Kommutator über zwei Schleifkontakte (meist aus Graphit) zugeführt.

§ 26.4 Magnetische Induktion

Über die Wechselwirkung zwischen bewegten Ladungen und Magnetfeldern lernten wir bislang, dass stationäre Ströme, infolge des ihrerseits erzeugten zeitlich konstanten Magnetfeldes, in einem äußeren Magnetfeld eine Kraftwirkung erfahren. Wenn die Ströme nicht mehr, wie seither vorausgesetzt stationär, sondern zeitlich veränderlich sind, beobachtet man das Phänomen der magnetischen Induktion, d. h. die Bewegung elektrischer Ladungen durch zeitlich veränderliche magnetische Felder; ein Effekt, den *M. Faraday* im Jahre 1831 entdeckte.

§ 26.4.1 Das Induktionsgesetz

Die so genannten elektromagnetischen **Induktionserscheinungen** beobachtet man bei einem bewegten Leiter in einem zeitlich konstanten Magnetfeld wie auch bei einem ruhenden Leiter in einem zeitlich veränderlichen Magnetfeld. Die Induktion in bewegten Leitern ist schon mit den in § 26.3 aufgestellten Gesetzen (insbesondere der Gleichung (26.16), der Lorentzkraft) zu verstehen. Die Erscheinungen in zeitlich veränderlichen Magnetfeldern sind dagegen neu.

Induktion in einem bewegten Leiter bei zeitlich konstantem Magnetfeld

In einem zeitlich konstanten, räumlich homogenen Magnetfeld der Flussdichte $\vec{B}$ befinde sich eine U-förmig gebogene Leiterschleife, in wel-

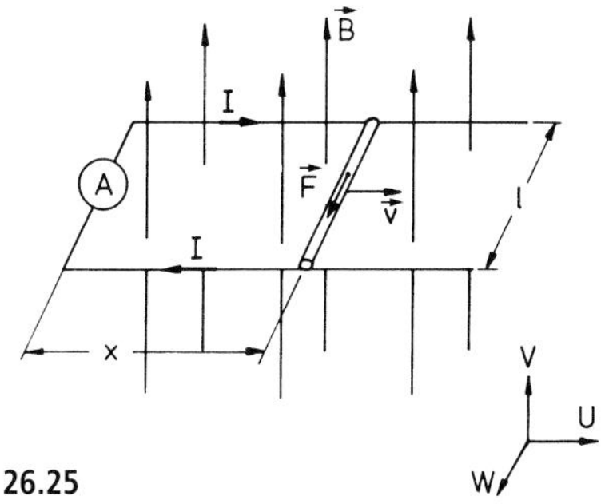

Abb. 26.25

che ein Strommessgerät geschaltet ist, und die in leitendem Kontakt mit einem beweglichen Drahtbügel einen geschlossenen Stromkreis darstellt (Abb. 26.25). Das $\vec{B}$-Feld durchsetze die Ebene der Leiterschleife senkrecht. Da in dem Stromkreis keine EMK vorhanden ist, erwarten wir am Amperemeter keine Stromanzeige. Wird nun aber der Drahtbügel mit der Geschwindigkeit $\vec{v}$ nach rechts bewegt, wie z. B. in Abb. 26.25, dann beobachtet man am Amperemeter einen Ausschlag, im geschlossenen Leiterkreis fließt somit ein elektrischer Strom. Ein Strom fließt aber nur dann, wenn eine Potentialdifferenz, d. h. eine Spannung vorliegt. Diese Erscheinung, die man **Induktion** nennt, kann folgendermaßen interpretiert werden: Bei der Bewegung des Drahtbügels (hier: die *Ursache*) durch das Magnetfeld der Flussdichte $\vec{B}$ (*Vermittlung*) erfahren die für den Stromfluss verantwortlichen frei beweglichen Ladungsträger eine Lorentzkraft $\vec{F} = q \cdot (\vec{v} \times \vec{B})$, die in Abb. 26.25 längs des Drahtbügels gerichtet ist (hier: *Wirkung*) und je nach Vorzeichen der Ladungsträger nach vorne oder hinten zeigt. (Handelt es sich um einen metallischen Leiter wie in unserem Beispiel, so werden die frei beweglichen Elektronen nach hinten bewegt.) Über den Drahtbügel versuchen die Ladungsträger sich auszugleichen, d. h. es fließt ein Strom I, was man am Strommessgerät beobachten kann. Infolge der Bewegung der Ladungsträger durch die Lorentzkraft wird im Leiter ein elektrisches Feld und damit zwischen den Leiterenden eine **Induktionsspannung** aufgebaut. In einem geschlossenen Leiterkreis fließt dadurch ein **Induktionsstrom**.

Im Beispiel der Abb. 26.25 ist die Geschwindigkeit $\vec{v}$ senkrecht zu $\vec{B}$, somit ergibt sich für den Betrag der Lorentzkraft $F = q \cdot v \cdot B$. Die längs des Bügels der Länge l konstante Lorentzkraft verrichtet an der Ladung q die Arbeit $W = F \cdot l = q \cdot v \cdot B \cdot l$. Bei der Verschiebung von Ladungen ist gemäß der Definition (21.7) die pro Ladung verrichtete Arbeit W/q gleich der Spannung. Der Betrag der den elektrischen Strom verursachenden Spannung, die Induktionsspannung, ergibt sich somit zu:

$$|U_{\text{ind}}| = v \cdot B \cdot l \qquad (26.29)$$

v: Geschwindigkeit, mit welcher der Leiter bewegt wird
B: magnetische Kraftflussdichte
l: Länge des Leiters

Die Induktionsspannung wirkt dabei als elektromotorische Kraft U^{EMK} einer Spannungsquelle, deren Innenwiderstand R_{i} der ohmsche Widerstand des Drahtbügels ist.

Wird der Leiter mit der Geschwindigkeit v bewegt, so überstreicht er in der Zeit $\mathrm{d}t$ den Weg $\mathrm{d}x = v \cdot \mathrm{d}t$. Dabei ändert sich aber die vom Drahtbügel und der Leiterschleife gebildete wirksame Fläche A, die von der magnetischen Kraftflussdichte B durchsetzt wird, in der Zeit $\mathrm{d}t$ um $\mathrm{d}A = l \cdot \mathrm{d}x$. Für die in der Leiterschleife induzierte Spannung nach Gleichung (26.29) erhält man damit: $|U_{\text{ind}}| = v \cdot B \cdot l = \frac{\mathrm{d}x}{\mathrm{d}t} \cdot B \cdot l = \frac{l \cdot \mathrm{d}x}{\mathrm{d}t} \cdot B = \frac{\mathrm{d}A}{\mathrm{d}t} \cdot B$. Da in diesem Fall B als konstant vorausgesetzt wird, ist die induzierte Spannung U_{ind} der zeitlichen Änderung der vom Magnetfeld durchsetzten Fläche proportional, aber, wie wir in § 26.4.2 noch sehen werden, mit entgegengesetztem Vorzeichen. Für die induzierte Spannung folgt daher, wobei $\vec{A} = A \cdot \vec{n}$ die in Richtung der Flächennormalen $\vec{n}$ (s. Abb. 26.10) orientierte Fläche bezeichnet:

$$U_{\text{ind}} = -\frac{\mathrm{d}\vec{A}}{\mathrm{d}t} \cdot \vec{B} \qquad (26.30)$$

Die induzierte Spannung hängt auch vom Winkel ab, den die Flächennormale und das Feld $\vec{B}$ bilden. Sie ist maximal, wenn das Magnetfeld die Leiterschleife senkrecht durchsetzt; sie wird null, wenn die Flächennormale senkrecht zum Magnetfeld steht, die Fläche also parallel zu den $\vec{B}$-Linien liegt.

Eine Spannung wird auch zwischen den Enden eines einzelnen Leiterstabs der Länge l induziert, wenn man ihn durch ein $\vec{B}$-Feld bewegt, nur wird kein Strom fließen, da kein geschlossener Stromkreis vorliegt. Durch die induzierte Spannung erfolgt jedoch eine Ladungstrennung, so dass sich der Leiter zu den Stabenden hin ungleichnamig auflädt. Das durch die Ladungen im Inneren erzeugte elektrische Feld verhindert eine weitere Ladungstrennung sobald die Kraftwirkung dieses Feldes gleich der Lorentzkraft wird. Der Leiterstab ist dann im Inneren stromlos und zeigt im Außenraum ein dipolartiges elektrisches Feld.

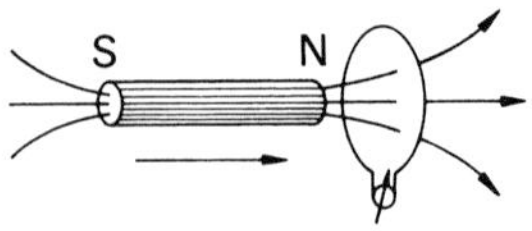

Abb. 26.26

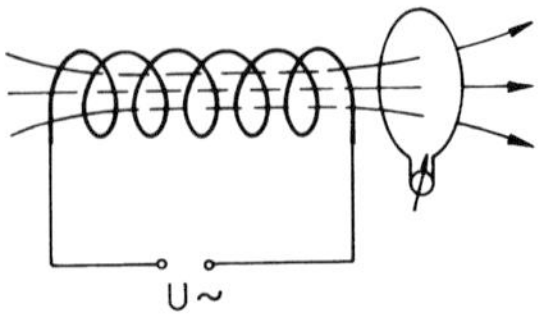

Abb. 26.27

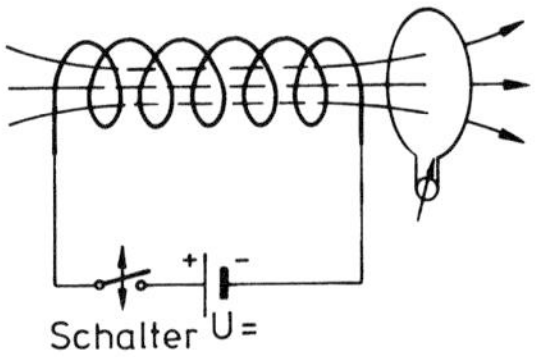

Abb. 26.28

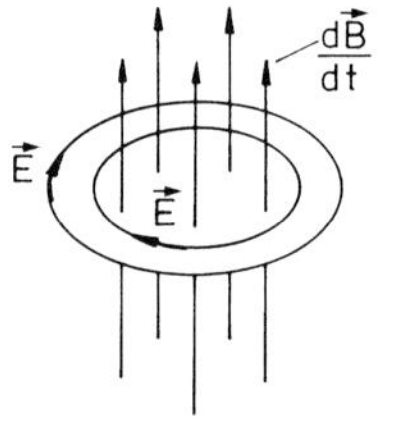

Abb. 26.29

Induktion im ruhenden Leiter bei zeitlich veränderlichem Magnetfeld

Bleibt nun die Leiterschleife, welche die konstante Fläche A aufspannt, am Ort festgehalten und ändert sich das $\vec{B}$-Feld zeitlich, so beobachtet man ebenfalls eine Induktionsspannung bzw., falls es sich um eine geschlossene Leiterschleife handelt, einen Induktionsstrom.

Ein zeitlich veränderliches Magnetfeld erhält man z. B. durch einen Stabmagneten, der einer Leiterschleife angenähert wird (Abb. 26.26). Oder durch das Feld einer Spule, welches die Leiterschleife durchsetzt, wobei der Strom, der in der felderzeugenden Spule fließt, zeitlich variiert wird, was durch eine angelegte Wechselspannung (Abb. 26.27) oder auch durch An- und Ausschalten eines Stromes aus einer Gleichspannungsquelle erzielt werden kann (Abb. 26.28).

Die beobachtete Induktionsspannung bzw. der Induktionsstrom kann nur auftreten, wenn in der Leiterschleife Ladungsträger bewegt werden. Durch die Lorentzkraft kann dies aber hier nicht geschehen, da die Leiterschleife in Ruhe ist. Somit muss ein elektrisches Feld vorhanden sein, durch welches die zunächst ruhenden Ladungsträger bewegt werden. Dieses elektrische Feld wurde in der Leiterschleife durch das zeitlich veränderliche $\vec{B}$-Feld erzeugt. Das Experiment zeigt, dass jedes zeitlich veränderliche $\vec{B}$-Feld ein elektrisches Feld $\vec{E}$ mit in sich geschlossenen $\vec{E}$-Feldlinien erzeugt, von welchen das $\vec{B}$-Feld umgeben ist (Abb. 26.29).

Elektrische Felder können somit auf zwei Arten erzeugten werden:

1. Elektrische Ladungen erzeugen ein elektrisches Feld mit Feldlinien, die Anfang und Ende haben (ein so genanntes Quellenfeld, wobei die elektrischen Ladungen die Quellen sind).
2. Zeitlich veränderliche magnetische $\vec{B}$-Felder erzeugen ein elektrisches Feld mit in sich geschlossenen Feldlinien (ein so genanntes quellenfreies Wirbelfeld). In Analogie zu Beziehung (21.7) definieren wir das Wegintegral der elektrischen Feldstärke $\vec{E}$ längs der geschlossenen Leiterschleife als die Umlauf- oder Induktionsspannung U_{ind} eines quellenfreien elektrischen Wirbelfeldes:

Definition:

$$U_{\text{ind}} = \oint \vec{E} \cdot \mathrm{d}\vec{s} \qquad (26.31)$$

Dieses elektrische quellenfreie Wirbelfeld und damit die Induktionsspannung U_{ind} wird verursacht durch das zeitlich variable $\vec{B}$-Feld in einer Leiterschleife der konstanten, ortsfesten Fläche A. In einer ruhenden Leiterschleife, wie z. B. in Abb. 26.27, ergibt sich somit für die Induktionsspannung, unter Berücksichtigung des Vorzeichens gemäß § 26.4.2:

$$U_{\text{ind}} = -\vec{A} \cdot \frac{\mathrm{d}\vec{B}}{\mathrm{d}t} \qquad (26.32)$$

Der magnetische Fluss Φ ist nach der Definition (26.6) gegeben als Skalarprodukt $\Phi = \vec{B} \bullet \vec{A}$ oder, falls $\vec{B}$ die Fläche nicht senkrecht durchsetzt (d. h. $\vec{B}$ nicht parallel zur Flächennormalen $\vec{\hat{n}}$), bzw. das Feld inhomogen oder die Fläche gekrümmt ist, so gilt nach Gleichung (26.7) $\Phi = \int \vec{B} \bullet \mathrm{d}\vec{A}$. Die beiden oben durch die Gleichung (26.30) bzw. (26.32) beschriebenen völlig unterschiedlichen physikalischen Mechanismen der Erzeugung einer induzierten Spannung – bei der Induktion in bewegten Leitern wirkt die Lorentzkraft, bzw. bei der Induktion in ruhenden Leitern die Coulombkraft – können mittels des magnetischen Flusses $\Phi = \vec{B} \bullet \vec{A}$, für dessen zeitliche Änderung

$$\frac{\mathrm{d}\Phi}{\mathrm{d}t} = \frac{\mathrm{d}\vec{B}}{\mathrm{d}t} \bullet \vec{A} + \vec{B} \bullet \frac{\mathrm{d}\vec{A}}{\mathrm{d}t}$$

folgt, durch eine Beziehung dargestellt werden. Für die Induktionsspannung lautet dann das **Faraday'sche Induktionsgesetz**:

$$U_{\text{ind}} = -\frac{\mathrm{d}\Phi}{\mathrm{d}t} = -\frac{\mathrm{d}}{\mathrm{d}t} \int \vec{B} \bullet \mathrm{d}\vec{A} \tag{26.33}$$

> Die in einem Leiter induzierte Spannung ist (betragsmäßig) gleich der zeitlichen Änderung des magnetischen Flusses durch die Leiterfläche.

Den magnetischen Fluss Φ bezeichnet man daher oft auch als den *Induktionsfluss*, da seine zeitliche Änderung die Induktionsspannung hervorruft.

Wenden wir das Faraday'sche Gesetz auf eine Leiterschleife mit N Windungen an (z. B. eine Spule), so wird in jeder einzelnen Windung eine Induktionsspannung dieser Größe erzeugt, da der magnetische Fluss durch jede Windung bei genügend dichter Wicklung gleich groß ist. Im Falle einer Leiterschleife mit N Windungen lautet daher das *Faraday'sche Induktionsgesetz*:

$$U_{\text{ind}} = -N \cdot \frac{\mathrm{d}\Phi}{\mathrm{d}t} = -N \cdot \frac{\mathrm{d}}{\mathrm{d}t} \int \vec{B} \bullet \mathrm{d}\vec{A} \tag{26.34}$$

Der Betrag der in einem Leiter induzierten Spannung ist also abhängig von der Änderungsgeschwindigkeit des magnetischen Flusses und von der Anzahl der Windungen (N-fache Fläche einer Leiterschleife), die vom zeitlich sich ändernden Fluss durchsetzt werden.

§ 26.4.2 Lenz'sche Regel

Infolge der induzierten Spannung U_{ind} fließt in einer geschlossenen Leiterschleife ein Induktionsstrom I_{ind}, der selbst ein Feld erzeugt, welches wir B_{ind} nennen. Die Richtung, in welcher der Strom I_{ind} fließt, wird durch die **Lenz'sche Regel** festgelegt, die sich aus dem Energieprinzip ableiten lässt:

> Der Induktionsstrom I_{ind} ist stets so gerichtet, dass sein Feld B_{ind} der Ursache der Induktion entgegenwirkt, d. h. das Feld B_{ind} sucht die Änderung $\frac{\mathrm{d}B}{\mathrm{d}t}$ des vorgegebenen Feldes B zu kompensieren.

Die Aussage der Lenz'schen Regel kommt beim Induktionsgesetz (26.33) bzw. (26.34) durch das negative Vorzeichen auf der rechten Seite der Gleichungen zum Ausdruck.

Der im geschlossenen Leiterkreis durch die induzierte Spannung hervorgerufene Induktionsstrom bedingt daher, dass für den Induktionsvorgang Arbeit verrichtet werden muss, da das durch den Induktionsstrom erzeugte Magnetfeld die Änderung zu hemmen versucht. Wäre dies nicht der Fall, so würde sich der Stabmagnet im Experiment der Abb. 26.26 bei Annäherung an die Leiterschleife von alleine darauf zu bewegen und so, ohne Verrichtung von Arbeit am System, der induzierte Strom immer mehr zunehmen, womit wir ein Perpetuum mobile geschaffen hätten. Vielmehr ist jedoch der in der Leiterschleife induzierte Strom stets so gerichtet, dass das durch ihn bedingte Magnetfeld auf den sich nähernden Nordpol des Stabmagneten eine abstoßende Wirkung hat, also die Leiterschleife auf der Seite des Stabmagneten (linke Seite der Leiterschleife in Abb. 26.26) bei dessen Annäherung die Wirkung eines Nordpols aufweist. Dagegen bedingt bei Entfernung des Stabmagneten von der Leiterschleife die zeitliche Änderung des magnetischen Flusses eine Richtungsumkehr der in der Leiterschleife induzierten Spannung, damit auch des Induktionsstromes und des von ihm erzeugten magnetischen Feldes, das nun die Wirkung eines Südpols auf der Seite des sich nach links entfernenden Nordpols des Stabmagneten zeigt und dessen Bewegung zu hemmen sucht. Entsprechendes gilt bei einer zeitlichen Flussänderung im Falle des An- und

4

Ausschaltens eines Feldspulenstromes (Abb. 26.28) oder durch Anlegen einer Wechselspannung (Abb. 26.27).

Beispiele:

1. Versuch zur Lenz'schen Regel (Abb. 26.30)

Ein geschlossener metallischer Ring, z. B. aus Aluminium, liegt auf einer Spule, welche auf einen Weicheisenkern gewickelt ist. Beim Einschalten des Spulenstromes I wird im Ring ein Strom I_{ind} induziert, der nach der Lenz'schen Regel der Stromrichtung des Spulenstroms I entgegengesetzt gerichtet fließt, woraus folgt, dass der Ring mit einer Kraft F abgestoßen wird (Abb. 26.30 (a)). Beim Abschalten des Spulenstromes I wird der Ring wieder angezogen. Verwendet man anstelle des geschlossenen Ringes einen geschlitzten Ring (Abb. 26.30 (b)), bei welchem der Stromfluss also unterbunden ist, so wirkt keine abstoßende oder anziehende Kraft, da kein Induktionsstrom fließen kann.

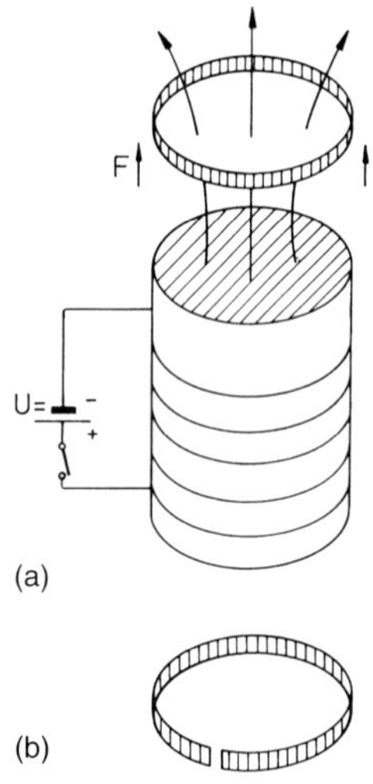

Abb. 26.30

2. Magnetischer Fluss und induzierte Spannung bei einem Induktionsversuch

Der magnetische Fluss Φ durch eine Leiterschleife (ähnlich z. B. der Abb. 26.26) ändert sich zeitlich, wie in Abb. 26.31 (a) dargestellt, wenn beispielsweise der Permanentmagnet der Abb. 26.26 vor der Leiterschleife um eine Achse in der Mitte senkrecht zu seiner Längsachse, um einen Winkel von 360° gedreht wird. Den zeitlichen Verlauf der induzierten Spannung U_{ind} und damit auch des in der Leiterschleife durch deren ohmschen Widerstand R bestimmten Induktionsstromes I_{ind} zeigt Abb. 26.31 (b). Vom Zeitpunkt $t=0$ bis t_1 ist der Fluss Φ konstant und damit die induzierte Spannung U_{ind} gleich null. Ab t_1 nimmt der Fluss Φ als Funktion der Zeit ab und damit steigt entsprechend der Lenz'schen Regel die induzierte Spannung gemäß $U_{\text{ind}} \sim -\dfrac{\mathrm{d}\Phi}{\mathrm{d}t}$ zunächst bis zu einem Maximalwert an und fällt dann infolge der Richtungsumkehr des Flusses wieder ab, um bei dessen Minimum das Vorzeichen umzukehren (Nulldurchgang). Entsprechend ist der weitere Verlauf bis zum Zeitpunkt t_2, ab welchem die Induktionsspannung wegen des konstanten Flusses wieder gleich null ist.

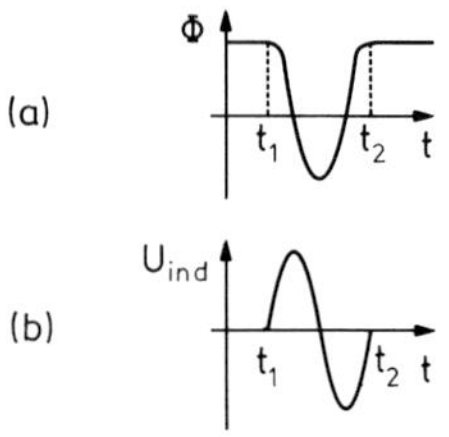

Abb. 26.31

3. Wirbelströme

Auch in ausgedehnten metallischen Leitern können Ströme induziert werden. Bewegt man einen solchen Leiter, z. B. eine Metallplatte, zwischen den Polen eines starken Magneten, so werden im Leiter Induktionsströme erzeugt mit in sich geschlossenen Stromlinien (ähnlich wie Wirbel). Man spricht deshalb von ***Wirbelströmen***. Die Existenz der Wirbelströme wurde 1825 von *Dominique F. J. Arago* nachgewiesen und lässt sich eindrucksvoll mit dem ***Waltenhofen'schen Pendel*** demonstrieren (Abb. 26.32 (a)).

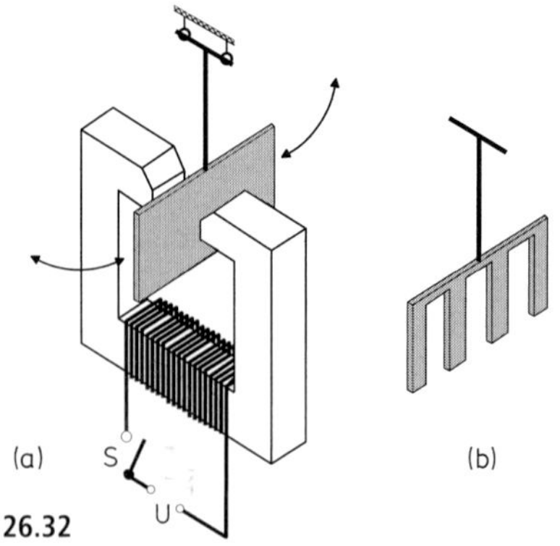

Abb. 26.32

Ein aus einer massiven Kupferscheibe bestehender Pendelkörper schwinge frei, z. B. im Luftspalt einer (zunächst stromlosen) Spule, die auf einen Weicheisenkern gewickelt ist (Abb. 26.32). Nach dem Einschalten des Spulenstromes wird die Schwingung des Pendels stark gedämpft und kommt fast momentan zur Ruhe. Beim Eintritt bzw. Austritt des Pendelkörpers in das bzw. aus dem Magnetfeld im Luftspalt der Spule, erfolgt eine Änderung des magnetischen Flusses Φ. Demzufolge treten Induktionsströme ***(Wirbelströme)*** auf, deren Felder gemäß der Lenz'schen Regel so gerichtet sind, dass sie der Änderung von Φ entgegenwirken, d. h. die den Fluss erzeugende Bewegung hemmen. Der Körper lässt sich daher nur wie in einem zähen Medium bewegen, wobei bei dieser Bewegung Arbeit gegen die magnetischen Kräfte verrichtet wird und von den Wirbelströmen als Joule'sche Wärme an den Pendelkörper abgegeben wird.

Darauf beruht die in der Technik häufig benutzte **Wirbelstrombremse**, wie z. B. zur Dämpfung unerwünschter Schwingungen bei Zeigerinstrumenten, wie auch zur Schnellbremsung bei elektrisch angetriebenen Geräten und Fahrzeugen oder auch zur Erzeugung kuppelnder Drehmomente, wie z. B. bei Tachometern und elektrischen Energieverbrauchszählern (kWh-Zähler).

Tauscht man dagegen den massiven gegen einen, wie in Abb. 26.32 (b) dargestellten, geschlitzten Pendelkörper aus, so besitzt das Magnetfeld einen wesentlich geringeren Einfluss auf die Pendelbewegung, da durch das Schlitzen des Pendelkörpers die Ausbildung der Wirbelströme weitgehend verhindert wird. Dies nützt man bei all jenen Vorrichtungen aus, bei denen Wirbelströme infolge ihres Joule'schen Wärmeverlustes unerwünscht sind (z. B. in Transformatoren, Elektromotoren etc.).

§ 26.4.3 Selbstinduktion

Ganz allgemein bewirkt ein sich ändernder Kraftfluss Φ zunächst ein elektrisches Feld mit in sich geschlossenen $\vec{E}$-Linien (Abb. 26.29) und erst dieses verursacht in einem geschlossenen Leiterkreis einen Induktionsstrom, wie wir ihn z. B. in einer Leiterschleife der Abb. 26.28 beobachten können. Nun durchsetzt der sich ändernde Kraftfluss ja auch die felderzeugende Spule selbst, das bedeutet aber, dass in ihr ebenfalls ein Induktionsvorgang stattfindet. Diese Erscheinung heißt **Selbstinduktion**. Nach der Lenz'schen Regel ist der Induktionsstrom I_{ind} so gerichtet, dass sein Feld B_{ind} der Ursache der Induktion entgegenwirkt, der Strom I_{ind} ist also dem felderzeugenden Strom I in der Spule selbst entgegengerichtet. Dadurch erreicht z. B. der Strom I einer Spule nicht sofort seinen Endwert I_0 nach dem Einschalten zum Zeitpunkt t_0, sondern nähert sich diesem exponentiell an (Abb. 26.33). Nach dem Abschalten zum Zeitpunkt t_1 beobachtet man den analogen Effekt, nur sucht der Induktionsstrom jetzt der Abnahme des ursprünglichen Feldes entgegenzuwirken, wodurch sich der Gesamtstrom I der Spule exponentiell dem Wert null nähert (Abb. 26.33).

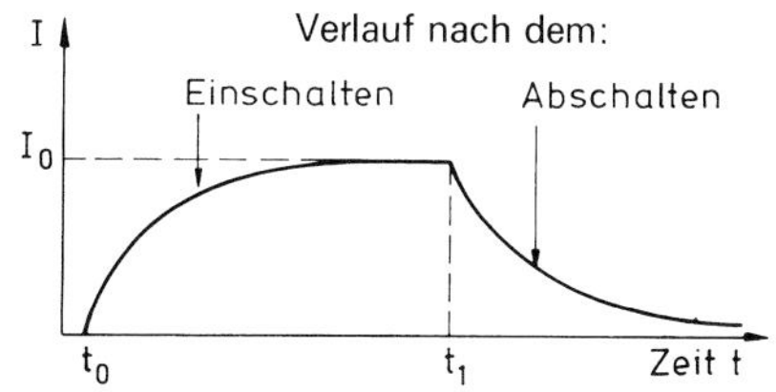

Abb. 26.33

Die infolge Selbstinduktion erzeugte Induktionsspannung U_{ind} (und damit der in der Spule erzeugte Induktionsstrom I_{ind}) ist abhängig von der Änderung des Kraftflusses Φ, d. h. in diesem Fall von der Änderungsgeschwindigkeit des felderzeugenden Stromes I in der Spule und von einem Spulenfaktor, dem **Selbstinduktionskoeffizienten** oder der **Induktivität** L. Es gilt für die Selbstinduktionsspannung:

Definition:

$$U_{\text{ind}} = -L \cdot \frac{\mathrm{d}I}{\mathrm{d}t} \qquad (26.35)$$

Die Induktivität L hat die Einheit Henry (H):

$$1\,\text{H} = 1\,\frac{\text{V} \cdot \text{s}}{\text{A}}$$

Der Selbstinduktionskoeffizient L hängt, wie die Kapazität eines Kondensators, nur von den geometrischen Daten der Spule und dem sie erfüllenden Material (relative Permeabilität μ_r) ab. Für eine lange Spule (Windungszahl N, Fläche A, Länge l) erhält man mit den Gleichungen (26.1) und (26.35):

$$L = \mu_r \cdot \mu_0 \cdot N^2 \cdot \frac{A}{l} \qquad (26.36)$$

§ 26.4.4 Gegenseitige Induktion

Fließt in einem Leiter ein zeitlich veränderlicher Strom, dann ändert sich auch das den Leiter umgebende Magnetfeld. Oben haben wir gesehen, dass dieses Magnetfeld beim Durchsetzen des eigenen Leiters eine Induktionsspannung, die Selbstinduktion, hervorruft. Es induziert aber auch in einer anderen in der Nähe befindlichen Leiteranordnung eine Spannung. Diesen Induktionsvorgang nennt man **gegenseitige Induktion** oder **Gegeninduktion**. Die in der benachbarten Leiteranordnung induzierte Spannung ist, analog zu jener im eigenen Leiter, proportional der in ihm erfolgenden zeitlichen Stromänderung und es gilt:

$$U_{\text{ind}} = -L_{12} \cdot \frac{\mathrm{d}I}{\mathrm{d}t} \qquad (26.37)$$

wobei L_{12} als der Koeffizient der gegenseitigen Induktion bzw. als die ***gegenseitige Induktivität*** oder ***Gegeninduktivität*** bezeichnet wird. Sie ist abhängig von der Geometrie der Leiteranordnungen, ihrer relativen Lage zueinander und von ihrem Abstand. Ihre SI-Einheit ist ebenfalls das Henry $(1\,\mathrm{H} = 1\,\mathrm{V} \cdot \mathrm{s/A})$, wie die der Induktivität L. Sie lässt sich einfach berechnen, wenn der gesamte magnetische Fluss der einen Leiteranordnung auch durch die andere Leiteranordnung greift und ist besonders groß, z. B. bei zwei ineinander gewickelten Spulen.

Erfolgt die zeitliche Änderung des Stromes nicht nur in einer, sondern in zwei oder mehreren benachbarten Leiteranordnungen, so erzeugen sie gegenseitig Induktionsspannungen gemäß Beziehung (26.37). Es werden daher beispielsweise Präzisionswiderstände mit einer *bifilaren Wicklung* versehen, die im gegenläufigen Sinne vom Strom durchflossen wird. Demzufolge kompensieren sich die jeweils erzeugten Magnetfelder nahezu und die Eigeninduktivität eines solchen Widerstandes ist angenähert null.

§ 26.4.5 Der Energieinhalt einer Spule – Die Energie des magnetischen Feldes

Die in einem elektrischen Feld enthaltene Energie haben wir am Beispiel eines geladenen Plattenkondensators beschrieben (§ 22.3). Analog betrachten wir für die in einem magnetischen Feld gespeicherte Energie den Energieinhalt einer stromdurchflossenen Spule der Induktivität L. Ist $I = I_0$ der Endstrom, der sich, nach dem Einschalten der Spannungsquelle, in einer Spule einstellt (Abb. 26.33), dann gilt für den Energieinhalt W_{L} der Spule:

$$W_{\text{L}} = \frac{1}{2} \cdot L \cdot I_0^2 \qquad (26.38)$$

Beim Einschalten wird diese Energie von der Spannungsquelle eingebracht, welche gegen die Induktionsspannung, die den Stromaufbau zu hindern sucht, Arbeit verrichtet. Der zeitliche Verlauf des Stromes nach Abschalten der Spannungsquelle (Abb. 26.33) zeigt, dass in der stromdurchflossenen Spule Energie gespeichert sein musste. Analog zur elektrischen Feldenergie lokalisieren wir den Energieinhalt einer stromdurchflossenen Spule im magnetischen Feld $\vec{B}$, das die Spule umgibt.

Bei einer lang gestreckten Spule der Länge l, Querschnittsfläche A und Windungszahl N ergibt sich mit der Induktivität nach (26.36) und mit Beziehung (26.38) für deren Energieinhalt W_{L}:

$$W_{\text{L}} = \frac{1}{2}\mu_{\text{r}} \cdot \mu_0 \cdot \frac{N^2 \cdot A}{l} \cdot I_0^2$$

Nach Beziehung (26.13) herrscht im Innern der Spule ein homogenes Feld $H = I \cdot N/l$, während im Außenraum zumindest näherungsweise das Feld vernachlässigt werden kann. Mit $B = \mu_{\text{r}} \cdot \mu_0 \cdot H$ gemäß (26.4) kann man die magnetische Energie der Spule darstellen als:

$$W_{\text{magn}} = \frac{1}{2}\mu_{\text{r}} \cdot \mu_0 \cdot \frac{N^2 \cdot I_0^2}{l^2} \cdot A \cdot l = \frac{1}{2\mu_{\text{r}} \cdot \mu_0} \cdot B^2 \cdot A \cdot l$$

dabei gibt das Produkt $A \cdot l = V$ das felderfüllte Volumen der Spule an. Man erhält somit für die Energiedichte w_{magn} im Magnetfeld unter Verwendung von (26.2):

$$w_{\text{magn}} = \frac{W_{\text{magn}}}{V} = \frac{B^2}{2\mu_{\text{r}} \cdot \mu_0} = \frac{1}{2} B \cdot H \qquad (26.39)$$

Diese Beziehung gilt nicht nur für den hier betrachteten Spezialfall einer von einem Gleichstrom durchflossenen langen Spule, sondern in völliger Analogie zum elektrischen Feld, allgemein für beliebig orts- und zeitabhängige magnetische Felder.

Aufgaben

Aufgabe 26.1: Die magnetische Flussdichte beträgt am Äquator etwa $B_{Äq} = 3{,}1 \cdot 10^{-5}$ T (an den Polen ist sie doppelt so groß). Wie groß muss der elektrische Strom I einer Spule mit $N = 10$ Windungen pro cm Länge sein, damit im Innern der lufterfüllten lang gestreckten Spule eine magnetische Feldstärke H entsprechender gleicher Stärke $H_{Äq}$ herrscht?

Aufgabe 26.2: Berechnen Sie die magnetische Feldstärke im Innern eines Solenoids der Länge $l = 10$ cm und der Windungszahl $N = 1000$, wenn der in der Spule fließende Strom $I = 1$ A beträgt.

Aufgabe 26.3: Durch eine Spule von 80 cm Länge, die aus zwei Lagen von je 720 Windungen eines isolierten Kupferdrahtes besteht, fließt ein Strom von $I = 8$ A. Wie groß ist die magnetische Feldstärke H und der magnetische Fluss Φ, wenn die Spule einen Durchmesser von 12 cm besitzt ($\mu_r = 1$)?

Aufgabe 26.4: Nach dem Bohr'schen Atommodell umkreisen die Elektronen den positiv geladenen Atomkern. Wie groß ist die magnetische Feldstärke H und die Flussdichte B am Ort des Wasserstoffkerns (ein Proton), wenn das Elektron des Wasserstoffs auf der ersten Bohr'schen Bahn das Proton im Abstand von $r_0 \approx 5{,}3 \cdot 10^{-11}$ m mit einer Frequenz $\nu = 6{,}5 \cdot 10^{15}$ Hz umkreist?

Aufgabe 26.5: Ein Leiter der Länge $l = 10$ cm wird von einem Strom $I = 1$ A durchflossen und befindet sich in Luft in einem äußeren, homogenen, senkrecht zum Leiter stehenden Magnetfeld der Stärke $H = 10^4$ A/m. Wie groß ist die auf den Leiter wirkende Kraft und in welche Richtung zeigt sie?

Aufgabe 26.6: Zwei parallele Stromleiter der Länge $l = 50$ cm und dem gegenseitigen Abstand $r = 1$ cm werden von je $I = 50$ A durchflossen. Mit welcher Kraft ziehen sie sich bei gleicher Richtung der Einzelströme einander an?

Aufgabe 26.7: Ein Elementarquant mit der Ladung $q = 1{,}6 \cdot 10^{-19}$ C fliege mit der Geschwindigkeit $v = 100\,000$ km/s senkrecht zur Feldlinienrichtung durch ein homogenes Magnetfeld der magnetischen Flussdichte $B = 0{,}4$ V · s/m². Mit welcher Kraft F wirkt das Magnetfeld auf die Ladung?

Aufgabe 26.8: Ein paralleler Strahl von Elektronen verschiedener Geschwindigkeit wird zwischen die Platten eines Kondensators geschickt, in welchem ein homogenes elektrisches Feld $E = 10^6$ V/m herrscht. Senkrecht zu diesem elektrischen Feld E und zur Primärrichtung der Elektronen ist noch ein Magnetfeld der Feldstärke $H = 10^4$ A/m vorhanden, das senkrecht in die Zeichenebene hinein gerichtet ist (s. Bild A 26.1). Welche Geschwindigkeit und welche Energie in eV haben diejenigen Elektronen (unrelativistisch gerechnet), welche beide Felder unabgelenkt passieren?

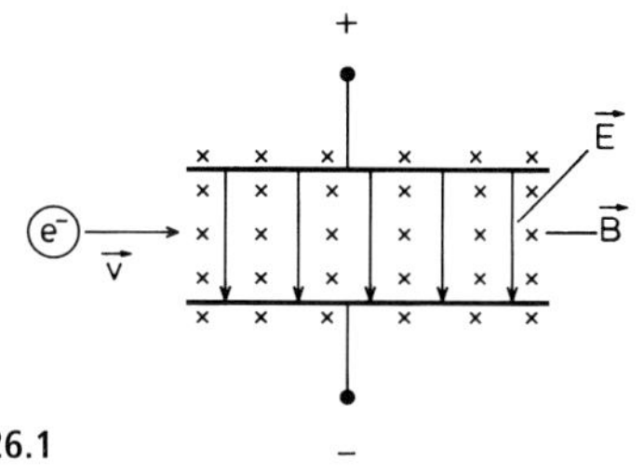

Bild A 26.1

Aufgabe 26.9: Ein Elektron der kinetischen Energie $E_{kin} = 10$ eV bewegt sich auf einer Kreisbahn in einer Ebene senkrecht zu einem homogenen magnetischen Feld der Flussdichte $B = 10^{-4}$ T (Elektronenmasse $m \approx 9 \cdot 10^{-31}$ kg).

a) Wie groß ist der Bahnradius r des Elektrons?
b) Wie groß ist die Umlaufsfrequenz $\nu = \omega/2\pi$, die sog. Zyklotronfrequenz, des Elektrons?
c) Welche Umlaufzeit hat das Elektron?

Aufgabe 26.10: Welches Magnetfeld der Flussdichte B würde ein Proton ($m_p \approx 1{,}7 \cdot 10^{-27}$ kg) mit einer Geschwindigkeit von ca. 10^7 m/s auf einer Kreisbahn von der Größe des Erdäquators ($R \approx 6370$ km) halten?

Aufgabe 26.11: In einem Massenspektrometer werden Ionen der Ladung $|e| = 1{,}6 \cdot 10^{-19}$ C durch ein elektrisches Feld auf eine Geschwindigkeit von $v = 10^5$ m/s beschleunigt und in ein Magnetfeld der magnetischen Flussdichte $|\vec{B}| = 1\,\text{V} \cdot \text{s}/\text{m}^2$ geleitet, das senkrecht auf der Richtung von $\vec{v}$ steht. Wie groß ist die auf die Ionen im Magnetfeld wirkende Kraft $\vec{F}$ und wie ist sie gerichtet?

Aufgabe 26.12: Ein Metallflugzeug fliege mit einer Geschwindigkeit von $v = 50$ m/s parallel zur Erdoberfläche. Die Vertikalintensität des Erdmagnetfeldes betrage $B_{vert} = 43$ µT. Wie groß ist die zwischen den Tragflächenenden der Spannweite $l = 20$ m induzierte Spannung U_{ind}?

§ 27 Wechselstrom

Wir bezeichnen einen elektrischen Strom, der als Funktion der Zeit periodisch seine Richtung und Stärke ändert als einen ***Wechselstrom***. Er wird durch eine entsprechend periodisch veränderliche ***Wechselspannung*** hervorgerufen. Wechselströme bzw. -spannungen spielen in der heutigen Technik eine große Rolle und sind aus dem täglichen Leben nicht mehr wegzudenken, wie etwa bei Kommunikationssystemen (Rundfunk, Fernsehen, Telekommunikation), der elektronischen Datenverarbeitung oder in zahlreichen Industriezweigen, um nur einige Beispiele zu nennen. Wechselspannungen lassen sich ohne größere Schwierigkeiten und bei geringen Verlusten in weiten Bereichen mit Transformatoren auf den jeweiligen Bedarf angepasst verändern. Außerdem kann elektrische Energie über große Distanzen mittels Wechselspannungen einfacher und verlustärmer transportiert werden als mit Gleichspannungen.

Wechselspannungen und -ströme lassen sich zum Beispiel durch die harmonischen Funktionen Sinus und Cosinus darstellen; weiter unten werden wir jedoch noch andere periodische Funktionen zur Darstellung kennen lernen. Zunächst betrachten wir eine **sinusförmige Wechselspannung** bzw. einen **sinusförmigen Wechselstrom** in der einfachsten Form. Der Momentanwert $I(t)$ der Stromstärke für einen sinusförmigen Wechselstrom (Abb. 27.1) ist durch folgende Beziehung gegeben:

$$I(t) = I_0 \cdot \sin \omega \cdot t \tag{27.1}$$

I_0: Scheitelwert (Amplitude) des Stromes
ω: Kreisfrequenz

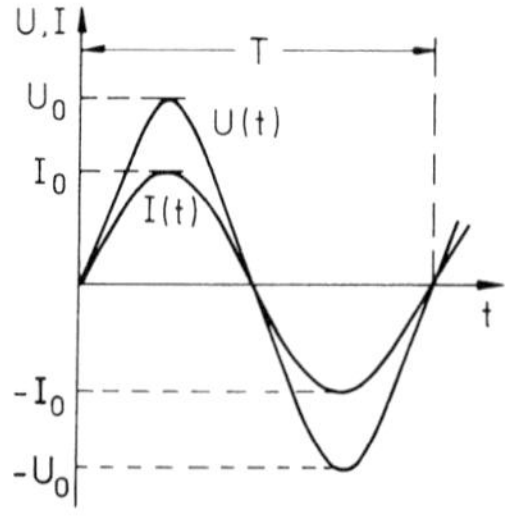

Abb. 27.1

Entsprechend lässt sich der Momentanwert $U(t)$ einer sinusförmigen Wechselspannung (Abb. 27.1) darstellen:

$$U(t) = U_0 \cdot \sin \omega \cdot t \tag{27.2}$$

U_0: Scheitelwert (Amplitude) der Spannung
ω: Kreisfrequenz

Zwischen **Frequenz ν**, **Kreisfrequenz ω** und **Periodendauer T** (Abb. 27.1) besteht folgender Zusammenhang (siehe auch § 4.2.1, Gleichung (4.47)):

$$\omega = 2 \cdot \pi \cdot \nu = \frac{2 \cdot \pi}{T} \tag{27.3}$$

Dabei ist die *Periodendauer* oder kurz die *Periode* $T = 2\pi/\omega = 1/\nu$ die Zeit zwischen zwei Maxima bzw. Minima oder, wie in Abb. 27.1 gezeigt, zwischen zwei Nulldurchgängen gleicher Steigung (bzw. Richtung) der die Wechselspannung bzw. den -strom darstellenden Schwingung (s. auch § 30.1).

Anmerkung: Die Wechselspannung U bzw. der -strom I ist in Abb. 27.1 – jeweils nur für eine Periodendauer T – als Funktion der Zeit t auf der Abszissenachse dargestellt, kann aber ebenso in Abhängigkeit von $\omega \cdot t$ aufgetragen werden.

Eine Wechselspannung, wie durch Gleichung (27.2) beschrieben, wird beispielsweise durch die Generatoren der Elektrizitätswerke erzeugt und aufrechterhalten und den Verbrauchern der Industrie bzw. in den Haushalten als Netzspannung bereitgestellt. Die Frequenz ν dieser technischen Wechselspannung beträgt 50 Hz (europäische Norm). Nach Gleichung (27.3) erhalten wir dann für die Kreisfrequenz $\omega = 314\,\text{s}^{-1}$ und für die Periodendauer der technischen Wechselspannung ergibt sich $T = 1/\nu = 0{,}02\,\text{s}$, d. h. im Prinzip ändert die Spannung alle 10 ms ihr Vorzeichen.

§ 27.1 Effektivwerte von Spannung und Strom

Bei einer Wechselspannungsquelle (häufig nicht ganz korrekt auch als Wechselstromquelle bezeichnet) ändert sich der momentane Wert der Spannung ständig, trotzdem spricht man von einer Wechselspannung von beispielsweise 230 V, die an einen Verbraucher angelegt wird und demzufolge im geschlossenen Stromkreis ein Wechselstrom entsprechender Größe fließt. Enthält der Stromkreis außer der Spannungsquelle nur einen ohmschen Widerstand R, so wäre im Falle einer Gleichspannung die Leistung nach Gleichung (23.5) bzw. (24.8) durch $P = U \cdot I$ gegeben, wobei die Stromstärke $I = U/R$ ist. Handelt es sich aber um eine Wechselspannung $U(t) = U_0 \cdot \sin \omega \cdot t$, die am ohmschen Widerstand R anliegt, so erzeugt diese einen Wechselstrom $I(t) = I_0 \cdot \sin \omega \cdot t$, mit $I_0 = U_0/R$ (Abb. 27.2 a)), dessen momentane elektrische Leistung

$$P(t) = U(t) \cdot I(t) = U_0 \cdot I_0 \cdot \sin^2(\omega \cdot t) \qquad (27.4)$$

ebenfalls eine periodische Funktion der Zeit ist.

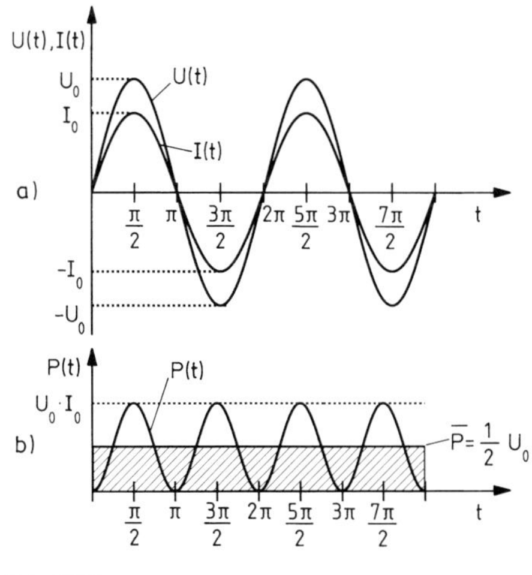

Abb. 27.2

Nun kann in Gleichung (27.4) für $\sin^2(\omega \cdot t) = \frac{1}{2}(1 - \cos(2\,\omega\, t))$ geschrieben werden, d. h. die Wechselstromleistung schwankt mit der doppelten Frequenz $(2\,\omega)$ periodisch um einen mittleren Wert $\bar{P}$, wie Abb. 27.2 b) graphisch zeigt. Die mittlere Leistung ergibt sich als der zeitliche Mittelwert von Beziehung (27.4) über die volle Zeitperiode $T = 2\,\pi/\omega$ zu:

$$\begin{aligned}\bar{P} &= \frac{1}{T}\int_0^T U_0 \cdot I_0 \cdot \sin^2(\omega \cdot t) \cdot \mathrm{d}t \\ &= \frac{1}{2} U_0 \cdot I_0\end{aligned} \qquad (27.5)$$

Die mittlere Leistung $\bar{P}$ ist eine zur Wechselstromleistung äquivalente Gleichstromleistung.

Die in der Zeit T verrichtete Arbeit $\Delta W = \int_0^T P(t)\,\mathrm{d}t$ ist daher gleich der Arbeit $\Delta W = \bar{P} \cdot T$ bei zeitlich konstanter mittlerer Leistung $\bar{P}$ in derselben Zeit und entspricht der Fläche der Kurve $P(t)$ bzw. von $\bar{P}$ mit der Abszissenachse. Nach (27.5) würde also ein von einer Gleichspannung $U_0/\sqrt{2}$ erzeugter Gleichstrom $I_0/\sqrt{2}$ die gleiche Leistung erbringen, wie der Wechselstrom mit dem Scheitelwert (Amplitude) I_0, erzeugt von einer Wechselspannung der Amplitude U_0. Man führt daher für die Spannung und die Stromstärke eines Wechselstromes ***Effektivwerte*** ein, die gemäß oben für sinusförmige (bzw. cosinusförmige) Wechselspannungen und -ströme durch folgende Beziehungen gegeben sind:

$$U_{\text{eff}} = \frac{U_0}{\sqrt{2}} \qquad (27.6)$$

$$I_{\text{eff}} = \frac{I_0}{\sqrt{2}} \qquad (27.7)$$

U_0, I_0: Scheitelwerte von Wechselspannung bzw. -strom

Die Effektivwerte sind somit folgendermaßen definiert:

Definition:

Die effektive Stromstärke eines Wechselstromes entspricht der Stromstärke eines Gleichstromes, der an einem ohmschen Widerstand dieselbe Leistung erzielt wie ein Wechselstrom. Entsprechendes gilt für den Effektivwert der Spannung.

4

Die Effektivwerte lassen sich allgemein berechnen, indem man die Quadratwurzel aus dem zeitlichen Mittelwert der Quadrate der Momentanwerte während einer Periodendauer bildet:

$$I_{\text{eff}} = \sqrt{\overline{I^2(t)}} = \sqrt{\frac{1}{T}\int_0^T I^2(t)\cdot \mathrm{d}t} \qquad (27.8)$$

$$U_{\text{eff}} = \sqrt{\overline{U^2(t)}} = \sqrt{\frac{1}{T}\int_0^T U^2(t)\cdot \mathrm{d}t} \qquad (27.9)$$

Mit Elektronenstrahloszillographen (siehe § 25.5.3) lässt sich der zeitlich periodische Verlauf von Wechselspannungen sehr bequem darstellen und durch Einstellung der geeigneten Empfindlichkeit der Vertikal- bzw. Horizontalablenkung können damit, anhand des kalibrierten Rastermaßes (meistens in cm geteilt), am Oszillographenbildschirm deren Amplituden (Scheitelwerte) und Periodendauern ermittelt werden. Auch Wechselströme können nach Umsetzung in eine ihrer Maßzahl proportionale Spannung, z. B. den stromproportionalen Spannungsabfall $U(t) = R \cdot I(t)$ an einem ohmschen Widerstand R, mit dem Oszillographen vermessen werden. Die ansonsten zur Messung von Wechselspannungen und Wechselströmen verwendeten Amperemeter und Voltmeter, wie beispielsweise in der Ausführung als Drehspulinstrument (s. § 28), sind jedoch viel zu träge, um jeder Schwingung von Strom und Spannung folgen zu können. Sie sind daher auf Effektivwerte geeicht. Beim einphasigen technischen Wechselstromnetz liegt zwischen den Polen der Steckdose eine effektive Spannung von (bei uns fast überall) $U_{\text{eff}} = 230$ V (oder auch noch $U_{\text{eff}} = 220$ V). Der Scheitelwert (die Amplitude) der Wechselspannung ergibt sich dann zu: $U_0 = U_{\text{eff}} \cdot \sqrt{2} \approx 325\,\text{V}$ bzw. $U_0 \approx 310\,\text{V}$).

Für Wechselspannungen, die anderen als sinus- oder kosinusförmigen Verlauf haben, gelten andere Zusammenhänge zwischen *Scheitelspannung* und *Effektivspannung* als durch die Gleichung (27.6) bzw. für den Strom durch (27.7) beschrieben. Beispielsweise erhält man für eine Rechteckspannung (Abb. 27.3), d. h. eine Folge von Rechteckimpulsen bestimmter Dauer, die alternierend positiv und negativ sind, Effektivwerte für Spannung und Strom,

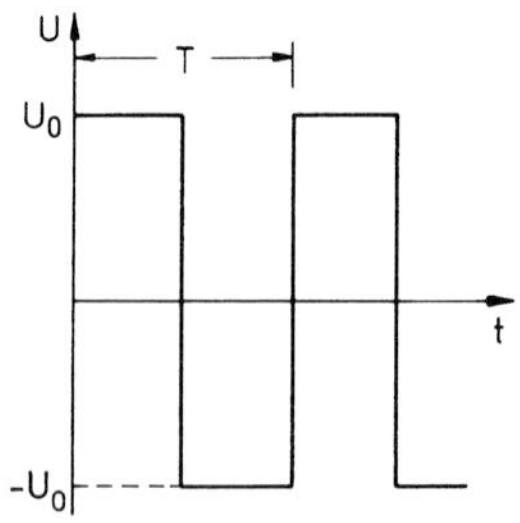

Abb. 27.3

die gleich dem jeweiligen Maximalwert (Scheitelwert) sind:

$$U_{\text{eff}} = U_0 \qquad (27.10)$$

$$I_{\text{eff}} = I_0 \qquad (27.11)$$

U_0, I_0: Scheitelwerte von Spannung bzw. Strom
T: Periodendauer

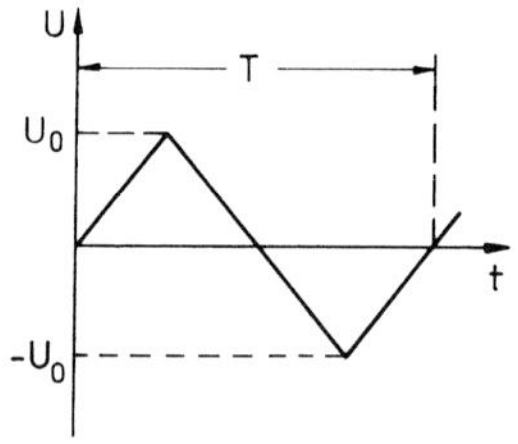

Abb. 27.4

Bei einer Dreieckspannung (Abb. 27.4) betragen die Effektivwerte von Spannung und Strom:

$$U_{\text{eff}} = \frac{U_0}{\sqrt{3}} \qquad (27.12)$$

$$I_{\text{eff}} = \frac{I_0}{\sqrt{3}} \qquad (27.13)$$

U_0, I_0: Scheitelwerte von Spannung bzw. Strom
T: Periodendauer

§ 27.2 Wechselstromwiderstand

Enthält der Wechselstromkreis nicht nur ohmsche Widerstände, sondern auch noch Induktivitäten L und/oder Kapazitäten C, dann sind Strom und Spannung im Allgemeinen nicht mehr in Phase. Zwischen Strom und Spannung besteht dann eine bestimmte Phasenverschiebung φ (Abb. 27.5). Die angelegte Spannung sei $U(t) = U_0 \cdot \sin \omega \cdot t$, dann gilt für den Strom:

$$I(t) = I_0 \cdot \sin(\omega \cdot t - \varphi)$$

oder

$$I(t) = I_0 \cdot \sin(2\pi \nu \cdot t - \varphi) \qquad (27.14)$$

oder

$$I(t) = I_0 \cdot \sin\left(\frac{2\pi}{T} \cdot t - \varphi\right)$$

U_0, I_0: Scheitelwerte von Spannung bzw. Strom
T: Periodendauer
ν: Frequenz
ω: Kreisfrequenz

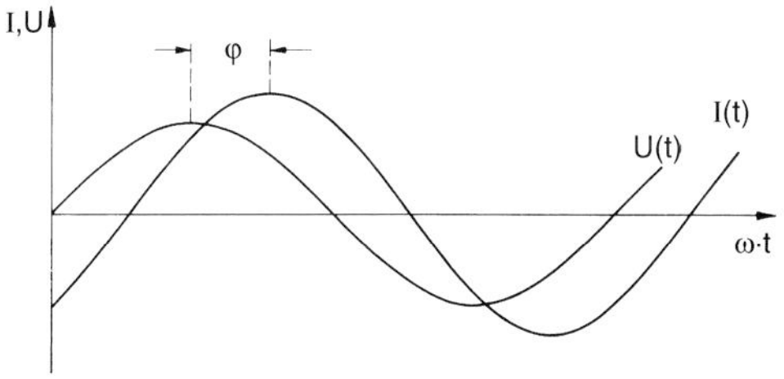

Abb. 27.5

Wir behandeln zunächst den Zusammenhang zwischen Strom und Spannung für einzelne Bauelemente (ohmsche Widerstände, Kondensatoren und Spulen) im Wechselstromkreis, an dem eine Wechselspannungsquelle $U(t)$ anliegt, um anschließend auch zusammengesetzte Schaltungen betrachten zu können. Das Ziel ist, Zusammenhänge zwischen Spannung, Strom und Leistung zu ermitteln unter Anwendung des Ohm'schen Gesetzes (§ 24.1) und der Kirchhoff'schen Gesetze (§ 24.3). Diese Grundregeln gelten ebenso für den Wechselstrom, sowohl für die Momentanwerte von Spannung und Strom als auch damit für deren Effektivwerte.

§ 27.2.1 Ohm'scher Widerstand

Man bezeichnet als einen rein ohmschen Widerstand einen solchen Widerstand, bei dem der Strom nur Joule'sche Wärme erzeugt.

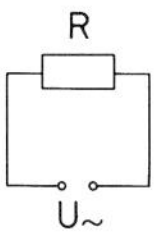

Abb. 27.6

Abb. 27.6 zeigt das Prinzipschaltbild für einen Wechselstromkreis mit einem ohmschen Widerstand R und einer Spannungsquelle $U_\sim = U(t) = U_0 \cdot \sin(\omega \cdot t)$. Nach der Maschenregel gilt $U = R \cdot I$, woraus folgt, dass die gesuchte Stromstärke ebenfalls sinusförmig ist mit derselben Kreisfrequenz ω:

$$I_\sim = \frac{U_\sim}{R} = \frac{U_0}{R} \cdot \sin(\omega \cdot t).$$

Die Phase zwischen Strom und Spannung wird durch einen rein ohmschen Widerstand nicht beeinflusst.

Befindet sich also nur ein rein ohmscher Widerstand in einem Wechselstromkreis, so besteht zwischen Strom und Spannung, unabhängig von der Kreisfrequenz ω, keine zeitliche Phasenverschiebung, d. h. der Phasenwinkel φ ist null, wie in Abb. 27.2 a) dargestellt.

§ 27.2.2 Kapazitiver Widerstand

In einem Gleichstromkreis stellt ein Kondensator einen unendlich großen Widerstand dar. Für einen Wechselstrom bildet er einen Widerstand endlicher Größe, den man als kapazitiven Widerstand bezeichnet. Schließt man einen Kondensator der Gesamtkapazität C an eine Wechselspannungsquelle $U_\sim$ an (Abb. 27.7), so gilt $U_\sim = Q/C$. Mit $I = \mathrm{d}Q/\mathrm{d}t$ folgt durch zeitliche Differentiation für den Strom $I = C \cdot \mathrm{d}U_\sim/\mathrm{d}t$. Daraus erhält man mit $U_\sim = U(t) = U_0 \cdot \sin(\omega \cdot t)$ für die Stromstärke

$$\begin{aligned} I_\sim &= \omega \cdot C \cdot U_0 \cdot \cos(\omega \cdot t) \\ &= \omega \cdot C \cdot U_0 \cdot \sin\left(\omega \cdot t + \frac{\pi}{2}\right) \end{aligned}$$

d. h. Strom und Spannung sind nicht in Phase:

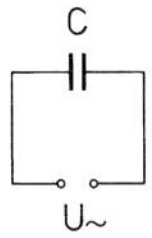

Abb. 27.7

Beim rein kapazitiven Widerstand eilt der Strom der Spannung um den Phasenwinkel $\boldsymbol{\varphi = +\frac{\pi}{2} (\mathrel{\hat{=}} 90°)}$***, d. h. um eine viertel Periode*** $\boldsymbol{\left(\frac{T}{4}\right)}$ ***voraus*** (Abb. 27.8).

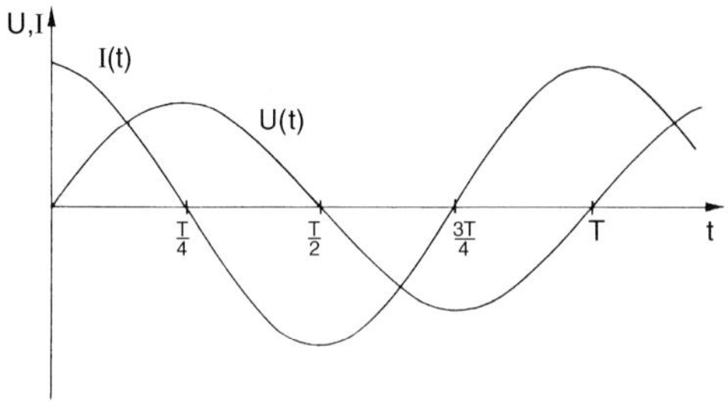

Abb. 27.8

Bei der Kapazität C ergibt sich für die Scheitelwerte von Spannung und Strom nach obigen Gleichungen:

$$U_{0,C} = \frac{1}{\omega \cdot C} \cdot I_{0,C} \tag{27.15}$$

womit für den kapazitiven Widerstand R_C gilt:

$$\boxed{R_C = \frac{1}{\omega \cdot C}} \tag{27.16}$$

Der kapazitive Widerstand ist umgekehrt proportional zur Kapazität des Kondensators und zur Kreisfrequenz ω der Wechselspannung, d. h. nach (27.16) sinkt mit wachsender Frequenz ω der kapazitive Widerstand mit $1/\omega$.

§ 27.2.3 Induktiver Widerstand

Eine Spule hat im Gleichstromkreis einen ohmschen Widerstand. Dieser ohmsche Widerstand wird im Wechselstromkreis durch den induktiven Widerstand vergrößert. Die Spule setzt also dem Wechselstrom einen größeren Widerstand entgegen als dem Gleichstrom.

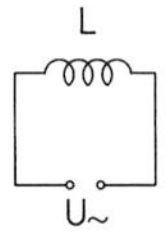

Abb. 27.9

In Abb. 27.9 ist ein Wechselstromkreis gezeigt, der neben der Spannungsquelle $U_\sim$ nur noch eine Spule der Induktivität L aufweist. Wenden wir auf diesen Stromkreis die Maschenregel an, so erhalten wir $U_\sim + U_{\text{ind}} = 0$, mit $U_{\text{ind}} = -L \cdot \frac{\mathrm{d}I}{\mathrm{d}t}$ nach (26.35) und daraus $U_\sim = L \cdot \frac{\mathrm{d}I}{\mathrm{d}t}$. Mit dem Ansatz $I_\sim = I_0 \cdot \sin(\omega \cdot t)$ für den Strom ergibt sich daraus

$$\begin{aligned} U_\sim &= \omega \cdot L \cdot I_0 \cdot \cos(\omega \cdot t) \\ &= \omega \cdot L \cdot I_0 \cdot \sin\left(\omega \cdot t + \frac{\pi}{2}\right) \end{aligned}$$

Spannung und Strom sind wiederum phasenverschoben, nur gilt hier:

Beim rein induktiven Widerstand eilt die Spannung der Stromstärke um den Phasenwinkel $\boldsymbol{\varphi = +\frac{\pi}{2} (\mathrel{\hat{=}} 90°)}$ ***voraus, d. h. wie*** **Abb. 27.10 zeigt um eine viertel Periode** $\boldsymbol{\left(\frac{T}{4}\right)}$.

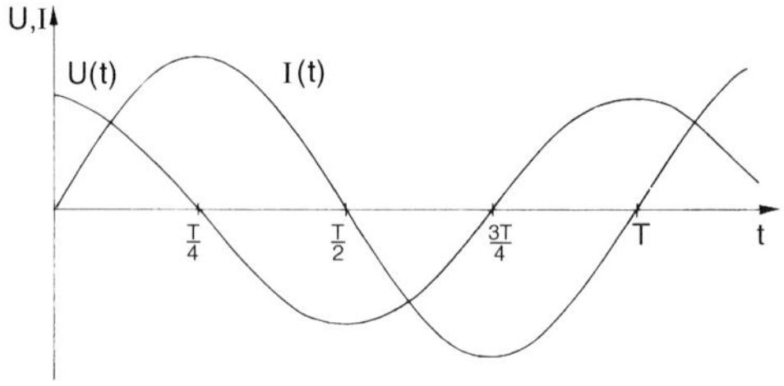

Abb. 27.10

Für die Scheitelwerte von Spannung und Strom folgt für die Induktivität L aus obiger Gleichung:

$$U_{0,L} = \omega \cdot L \cdot I_{0,L} \tag{27.17}$$

womit der induktive Widerstand R_L gegeben ist durch:

$$\boxed{R_L = \omega \cdot L} \tag{27.18}$$

Der induktive Widerstand ist direkt proportional zur Induktivität L der Spule und zur Kreisfrequenz ω der angelegten Wechselspannung, nach (27.18) steigt daher der induktive Widerstand linear mit wachsender Kreisfrequenz ω an.

§ 27.2.4 Widerstand *R*, Kapazität *C* und Induktivität *L* im Wechselstromkreis

In den vorangehenden Abschnitten haben wir das Verhalten eines ohmschen Widerstandes R, einer Spule der Induktivität L und eines Kondensators der Kapazität C in getrennten Stromkreisen kennen gelernt. Nun sollen sich alle drei Bauelemente in einem Wechselstromkreis befinden, an den eine Spannung $U_\sim$ der Frequenz $\nu = \omega / 2\,\pi$ angelegt wird, wobei wir die Reihen- bzw. Parallelschaltung von ohmschem Widerstand, Spule und Kondensator getrennt betrachten.

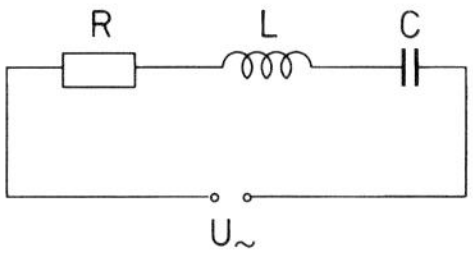

Abb. 27.11

Serienschaltung von *R*, *L* und *C*

In der Schaltung der Abb. 27.11 liegt ein Widerstand, eine Spule und ein Kondensator in Reihe an einer Wechselspannungsquelle

$$U_\sim = U(t) = U_0 \cdot \sin(\omega \cdot t)$$

und in dem Kreis fließe der Wechselstrom

$$I_\sim = I(t) = I_0 \cdot \sin(\omega \cdot t - \varphi)$$

mit einer bestimmten Phasenverschiebung φ gegenüber der erzeugenden Spannung. Nach der Maschenregel ist die Summe von angelegter Spannung und Induktionsspannung gleich der Summe der Spannungsabfälle an Widerstand und Kondensator:

$$U(t) + U_{\text{ind}}(t) = U_R(t) + U_C(t)$$

Mit $U_{\text{ind}}(t) = -L \cdot \dfrac{\mathrm{d}I}{\mathrm{d}t}$ nach (26.35) und $U_R(t) + U_C(t) = R \cdot I(t) + \dfrac{Q}{C}$ folgt dann:

$$U(t) = R \cdot I(t) + L \cdot \frac{\mathrm{d}I(t)}{\mathrm{d}t} + \frac{Q}{C}$$

Differenziert man diese Gleichung nach der Zeit t, so ergibt sich mit $I = \mathrm{d}Q/\mathrm{d}t$:

$$\frac{\mathrm{d}U(t)}{\mathrm{d}t} = L \cdot \frac{\mathrm{d}^2 I(t)}{\mathrm{d}t^2} + R \cdot \frac{\mathrm{d}I(t)}{\mathrm{d}t} + \frac{I}{C}$$

Diese lineare Differentialgleichung 2. Ordnung (s. auch z. B. § 30.4) kann durch einen entsprechenden Ansatz gelöst werden. Im Rahmen dieser Darstellung können wir jedoch nicht näher darauf eingehen.

Man kann nun zeigen, dass die Spannungen an Widerstand, Spule und Kondensator unter Berücksichtigung ihrer Phasendifferenzen sich zu einer Gesamtspannung aufaddieren. Für den Betrag der gesamten Scheitelspannung erhält man:

$$U_0 = \sqrt{U_{0,R}^2 + \left(U_{0,L}^2 - U_{0,C}^2\right)}$$

Mit den Scheitelspannungen $U_{0,R} = I_0 \cdot R$, $U_{0,L} = I_0 \cdot R_L$ und $U_{0,C} = I_0 \cdot R_C$, jeweils am Widerstand, an der Spule bzw. am Kondensator, folgt daher für die Scheitelwerte der Zusammenhang:

$$U_0 = \left(\sqrt{R^2 + \left(\omega \cdot L - \frac{1}{\omega \cdot C}\right)^2}\right) \cdot I_0$$

oder

$$U_0 = Z \cdot I_0 \tag{27.19}$$

bzw.

$$U_{\text{eff}} = Z \cdot I_{\text{eff}} \tag{27.20}$$

für die Effektivwerte mit den Gleichungen (27.6) und (27.7).

In (27.19) bzw. (27.20) stellt Z den *Wechselstromwiderstand* dar, welchen man als den **Scheinwiderstand** oder die **Impedanz** des Wechselstromkreises bezeichnet und der somit definiert ist durch:

$$Z = \sqrt{R^2 + \left(\omega \cdot L - \frac{1}{\omega \cdot C}\right)^2} \tag{27.21}$$

dabei heißt $X = \omega \cdot L - \dfrac{1}{\omega \cdot C}$ der **Blindwiderstand** (oder *Reaktanz*) und R der **Wirkwiderstand** (oder *Resistanz*) des Kreises.

Für den Phasenwinkel φ zwischen angelegter Gesamtspannung $U_\sim$ und der Stromstärke $I_\sim$ in der Masche ergibt sich:

$$\tan\varphi = \frac{\omega \cdot L - \dfrac{1}{\omega \cdot C}}{R} \tag{27.22}$$

Bei vernachlässigbaren ohmschen Verlusten, d. h. $R \to 0$, liegt ein reines LC-Glied vor, womit nach (27.21) der Wechselstromwiderstand $Z = X = (\omega \cdot L - 1/\omega \cdot C)$ allein durch den Blindwiderstand gegeben ist und gemäß (27.22) strebt $\tan\varphi \to \pm\infty$, d.h. der Phasenwinkel $\varphi \to \pm\frac{\pi}{2}$, je nachdem, ob $\omega \cdot L \lessgtr 1/\omega \cdot C$ ist. Im Falle $\omega \cdot L = 1/\omega \cdot C$ oder

$$\omega^2 = \frac{1}{L \cdot C} \quad \text{bzw.} \quad \omega = \frac{1}{\sqrt{L \cdot C}} \tag{27.23}$$

wird für die Serienschaltung von L und C die Impedanz $Z = 0$, womit bereits bei Anlegen einer kleinen Spannung $U_\sim$ ein unendlich großer Strom $I_\sim$ fließt.

Bei endlichem Wirkwiderstand ($R > 0$) nimmt der Scheinwiderstand Z infolge Gleichheit der Blindwerte bei der durch (27.23) gegebenen Kreisfrequenz ω, d.h. Frequenz $\nu = \omega/2\pi$, ein Minimum $Z = R$ an, wie die Darstellung der Frequenzabhängigkeit der Impedanz in Abb. 27.12 für die Serienschaltung von R, C und L zeigt (durchgehend gezeichnete Kurve R-C-L). Löst man Beziehung (27.19) nach der Stromstärke auf, so sieht man, dass der Wechselstrom maximal wird bei einer Kreisfrequenz gemäß Beziehung (27.23), d.h. wenn der induktive Widerstand gleich dem kapazitiven Widerstand wird. Man nennt diese Erscheinung, dass in dem betrachteten Wechselstromkreis die Wirkung der Induktivität durch jene der Kapazität aufgehoben wird, *Spannungsresonanz* (zu Resonanzerscheinungen s. § 30.4). Die Spannungen an Kondensator und Spule, die ein Vielfaches der angelegten Spannung betragen können, sind in ihrer Phase um 180° gegeneinander versetzt und kompensieren sich gerade.

In die Abb. 27.12 mit aufgenommen ist auch die Frequenzabhängigkeit des Wechselstromwiderstandes der Serienschaltung eines ohmschen Widerstandes R mit einer Induktivität L bzw. einer Kapazität C; während der Wechselstromwiderstand für die Serienkombination R-L mit der Frequenz ν anwächst, ausgehend vom Wert des (frequenzunabhängigen) ohmschen Widerstandes R, sinkt er für die R-C-Serienschaltung mit steigender Frequenz.

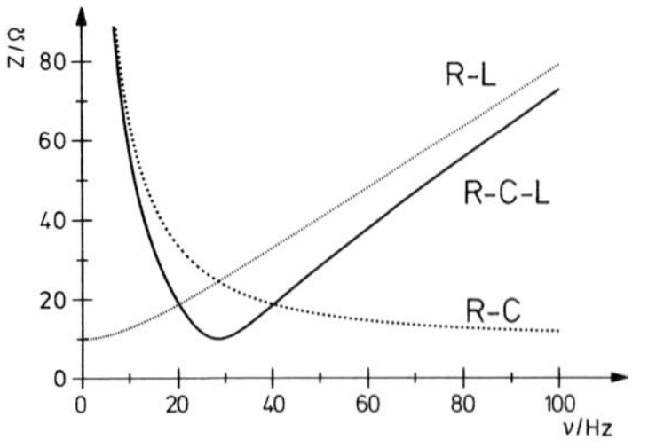

Abb. 27.12

Parallelschaltung von *R*, *L* und *C*

Bei Parallelschaltung eines Widerstandes R, eines Kondensators der Kapazität C und einer Spule der Induktivität L (Abb. 27.13), liegt an jedem Bauelement die gesamte Spannung $U_\sim$ an. Nach der ersten Kirchhoff'schen Regel (Knotenregel) setzt sich der gesamte von der Spannungsquelle aufzubringende Strom $I_\sim$ aus den Einzelströmen in den jeweiligen Bauelementen zusammen und es gilt: $I_\sim = I_R + I_C + I_L$.

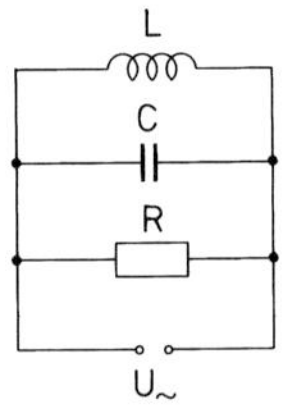

Abb. 27.13

Ohne im Rahmen dieser Darstellung näher darauf einzugehen, erhält man in Bezug auf die allen Bauteilen gemeinsame angelegte Spannung $U_\sim$ für den Scheitelwert des Gesamtstromes:

$$I_0 = \left(\sqrt{\left(\frac{1}{R}\right)^2 + \left(\omega \cdot C - \frac{1}{\omega \cdot L}\right)^2}\right) \cdot U_0 = \frac{1}{Z} \cdot U_0 = Y \cdot U_0 \tag{27.24}$$

mit der Definition des **Scheinleitwertes** (oder der **Admittanz**) ***Y*:**

$$Y = \frac{1}{Z} = \sqrt{\left(\frac{1}{R}\right)^2 + \left(\omega \cdot C - \frac{1}{\omega \cdot L}\right)^2} \tag{27.25}$$

wobei $B = \omega \cdot C - \frac{1}{\omega \cdot L}$ den **Blindleitwert** (die **Suszeptanz**) und $G = 1/R$ den durch (24.2) **definierten elektrischen Leitwert**, den sog.

Wirkleitwert bzw. die **Konduktanz** bezeichnet. Der Phasenwinkel zwischen Spannung und Strom folgt zu

$$\tan\varphi = \left(\frac{1}{\omega\cdot L} - \omega\cdot C\right)\cdot R \qquad (27.26)$$

Ein reines *LC*-Glied in Parallelschaltung (dies bedeutet formal $R\to\infty$) ergibt nach (27.25) für den Leitwert $Y = 1/Z = \omega\cdot C - \frac{1}{\omega\cdot L}$. Das heißt, dass für

$$\omega^2 = \frac{1}{L\cdot C} \quad \text{bzw.} \quad \omega = \frac{1}{\sqrt{L\cdot C}} \qquad (27.27)$$

Z unendlich groß wird, d. h. auch bei noch so großer angelegter Spannung $U_\sim$ fließt kein Strom. Bezüglich des Wechselstromwiderstandes verhalten sich also Serien- und Parallelschaltung von *C* und *L* bei derselben Frequenz – s. Gleichung (27.23) bzw. (27.27) – komplementär zueinander.

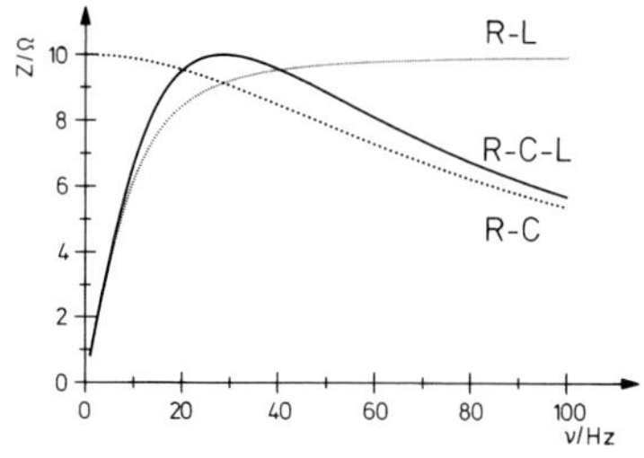

Abb. 27.14

Abb. 27.14 zeigt die Frequenzabhängigkeit des Wechselstromwiderstandes $Z = 1/Y$ der Parallelschaltung von ohmschem Widerstand, Kondensator und Spule (*R-C-L*) und den jeweiligen Kombinationen des ohmschen Widerstandes mit einem Kondensator (*R-C*) bzw. mit einer Spule (*R-L*). Wie die Abbildung zeigt, besitzt der Scheinwiderstand *Z* der Parallelschaltung von *R*, *C* und *L* ein Maximum ($Z = R$), wenn die Blindwerte einander gleich sind (der Scheinleitwert *Y* zeigt das dazu entsprechend reziproke Verhalten).

§ 27.3 Ein- und Abschaltvorgänge an Kondensator und Spule

Es werden hier Einschalt- bzw. Abschaltvorgänge einer konstanten Gleichspannung U_0 behandelt an der in der Praxis häufig vorkommenden Serienschaltung eines ohmschen Widerstandes *R* mit einer Kapazität *C* bzw. einer Induktivität *L*.

Widerstand *R* und Kondensator *C* in Reihe

In elektronischen Schaltungen spielen Widerstands-Kapazitäts-Kombinationen (*RC-Glieder*) eine wichtige Rolle. Legt man eine Spannung *U* an ein *RC*-Glied (in Abb. 27.15 liegt der Schalter S an Kontakt 1), so fließt zunächst ein Strom *I*, bis der Kondensator der Kapazität *C* aufgeladen ist. Nach der Kirchhoff'schen Maschenregel ergibt sich mit der Spannung $U_C = Q/C$ am Kondensator

$$U = R\cdot I + \frac{Q}{C}$$

wobei der Widerstand *R* sowohl den Innenwiderstand der Spannungsquelle als auch den Widerstand der Zuleitungen miterfasst.

Da die Spannung $U = \text{const.}$ ist, folgt durch Differentiation nach der Zeit und mit $I = \mathrm{d}Q/\mathrm{d}t$

$$0 = R\cdot\frac{\mathrm{d}I}{\mathrm{d}t} + \frac{I}{C} \quad \text{oder} \quad \frac{\mathrm{d}I}{\mathrm{d}t} = -\frac{1}{R\cdot C}\cdot I$$

Diese Differentialgleichung kann mit dem Ansatz $I(t) = a\cdot e^{-\frac{t}{R\cdot C}}$ gelöst werden, wie sich leicht nachprüfen lässt. Der Wert des konstanten Vorfaktors *a* der Exponentialfunktion ergibt sich aus den Anfangsbedingungen zum Zeitpunkt des Einschaltens.

Ist der Kondensator beim Einschalten zunächst ungeladen, dann fließt im ersten Moment (zum Zeitpunkt $t = 0$) der Strom $I_0 = U/R$, der mit steigender Aufladung des Kondensators ab-

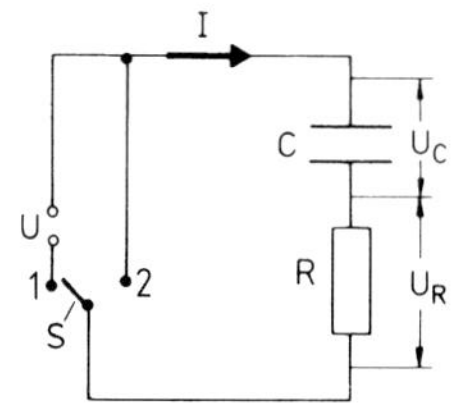

Abb. 27.15

nimmt. Mit diesem Anfangswert ergibt sich für die Zeitabhängigkeit des Stroms $I(t)$ folgende Beziehung:

$$I(t) = \frac{U}{R} \cdot e^{-\frac{t}{R \cdot C}} \qquad (27.28)$$

Abb. 27.16 zeigt den zeitlichen Verlauf des Stromes, der von seinem Maximalwert I_0 beim Einschalten exponentiell auf den Wert null abfällt. Nach der Zeit τ ist die Stromstärke $I(t)$ auf $\frac{1}{e} \approx 0{,}368$ ($\hat{=} 36{,}8\,\%$) der Anfangsstromstärke I_0 abgefallen. Die Zeit $\boldsymbol{\tau}$ nennt man die **Zeitkonstante** des *RC*-Gliedes (*kapazitive Zeitkonstante*), für welche gilt:

$$\boxed{\tau = R \cdot C} \qquad (27.29)$$

Das Produkt $R \cdot C$ hat die Dimension einer Zeit. In der Praxis kann τ grob als diejenige Zeit angesehen werden, bis sich der Endzustand eingestellt hat.

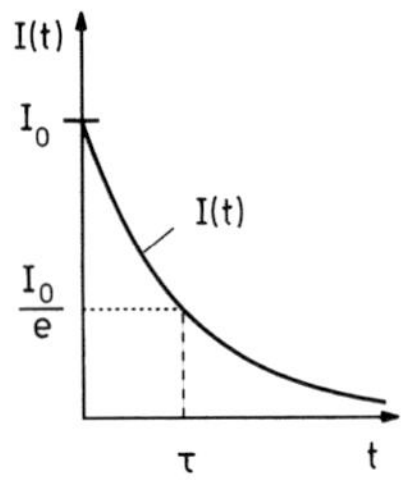

Abb. 27.16

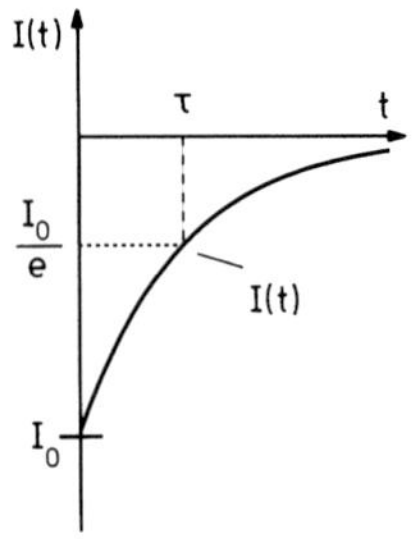

Abb. 27.17

Beispiel: Der Kondensator eines *RC*-Gliedes habe eine Kapazität von $C = 100\ \mu\text{F}$ und der Widerstand betrage $R = 50\ \text{k}\Omega$. Die Zeitkonstante τ ergibt sich nach (27.29) somit zu:

$$\tau = R \cdot C = \left(50 \cdot 10^3 \frac{\text{V}}{\text{A}}\right) \cdot \left(100 \cdot 10^{-6} \frac{\text{As}}{\text{V}}\right) = 5\,\text{s}.$$

Infolge der Zeitabhängigkeit der Aufladung erzeugt der durch Gleichung (27.28) beschriebene Strom $I(t)$ am Widerstand R einen exponentiell abklingenden Spannungsabfall:

$$U_R(t) = U \cdot e^{-\frac{t}{R \cdot C}} \qquad (27.30)$$

Entsprechend steigt aber die Spannung am Kondensator exponentiell an, bis er auf die Spannung U aufgeladen ist:

$$U_C(t) = U \cdot \left(1 - e^{-\frac{t}{R \cdot C}}\right) \qquad (27.31)$$

Nach Umlegen des Schalters S an Kontakt 2 in Abb. 27.15 entlädt sich der Kondensator C über den Widerstand R. Mit der Maschenregel folgt jetzt (ohne eine Spannungsquelle in der Masche)

$$0 = R \cdot I + \frac{Q}{C}$$

Differenziert man diese Gleichung nach der Zeit, so ergibt sich wieder die Differentialgleichung wie beim Aufladevorgang, welche mit dem gleichen Lösungsansatz – bei entsprechender Anfangsbedingung – gelöst werden kann.

Ist der Kondensator anfänglich auf die maximale Spannung $U_C = U$ aufgeladen, so gilt im ersten Augenblick bei Beginn der Entladung für die Stromstärke $I_0 = -U/R$, wobei der Strom in umgekehrter Richtung fließt wie beim Ladevorgang. Die Zeitabhängigkeit des abklingenden Entladungsstromes $I(t)$ wird dann durch

$$I(t) = -\frac{U}{R} \cdot e^{-\frac{t}{R \cdot C}} \qquad (27.32)$$

beschrieben und ist in Abb. 27.17 graphisch dargestellt. Die Zeitkonstante ist wie beim Ladevorgang $\tau = R \cdot C$ (Gleichung (27.29)).

Wegen der Zeitabhängigkeit der Entladung des Kondensators klingt auch die Spannung U_C am Kondensator exponentiell ab:

$$U_C(t) = U \cdot e^{-\frac{t}{R \cdot C}} \qquad (27.33)$$

Ebenso bedingt der durch Gleichung (27.32) beschriebene Entladestrom am Widerstand R einen entsprechenden zeitabhängigen Spannungsabfall:

$$U_R(t) = -U \cdot e^{-\frac{t}{R \cdot C}} \qquad (27.34)$$

Legt man an ein *RC*-Glied (Abb. 27.15) eine periodische Spannung $U(t)$, die jeweils in Zeitabständen $T/2$ an- und abgeschaltet wird – wie in Abb. 27.18 (oben) durch eine Rechteckspannung realisiert, dann ergibt sich der in Abb. 27.18 dargestellte zeitliche Verlauf der Spannung $U_R(t)$ am Widerstand bzw. $U_C(t)$ am Kondensator als Folge der periodischen Auf- und Entladevorgänge.

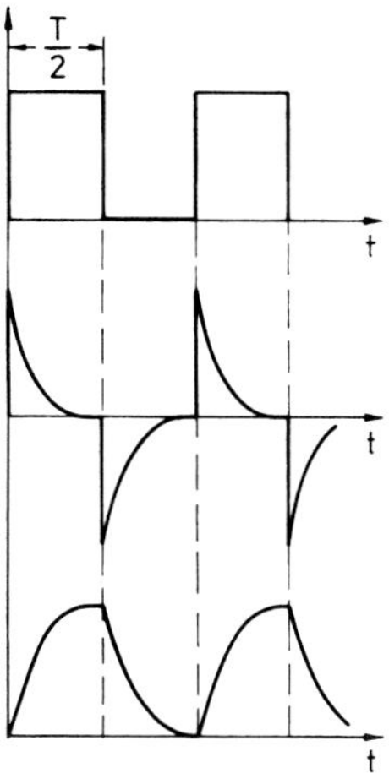

Abb. 27.18

Widerstand *R* und Induktionsspule *L* in Reihe

In der Schaltung nach Abb. 27.15 wird der Kondensator der Kapazität C durch eine Spule der Induktivität L ausgetauscht. Wird in diesem Stromkreis die Spannung U ein- bzw. ausgeschaltet, so ergeben sich verzögerte Anpassungen der Stromstärke an diese Situation. Die an das RL-Glied angelegte Spannung U fällt einerseits am Widerstand R ab – dies allein hätte einen konstanten Strom $I = U/R$ zur Folge – andererseits findet aber durch das in der Spule sich aufbauende Magnetfeld eine Änderung des magnetischen Flusses statt, der aufgrund der Induktivität der Spule eine Induktionsspannung U_{ind} und damit einen Induktionsstrom erzeugt, der den felderzeugenden Strom zu kompensieren sucht. Für die Schaltung analog Abb. 27.15 (Kondensator durch Spule ausgetauscht) folgt daher (bei Anliegen des Schalters S an Kontakt 1) nach der Maschenregel:

$$U + U_{\text{ind}} = R \cdot I$$

Mit (26.35) $U_{\text{ind}} = -L \cdot \frac{\mathrm{d}I}{\mathrm{d}t}$ folgt daraus für den Zusammenhang zwischen Strom und Spannung beim RL-Glied als Differentialgleichung

$$U = L \cdot \frac{\mathrm{d}I}{\mathrm{d}t} + R \cdot I$$

oder etwas umgeschrieben

$$\frac{\mathrm{d}I}{\mathrm{d}t} = \frac{U - R \cdot I}{L} = -\frac{R}{L} \cdot \left(I - \frac{U}{R}\right)$$

Da die Spannung $U = \text{const.}$ ist und damit $\mathrm{d}U/\mathrm{d}t = 0$, kann man für die linke Seite der Gleichung auch schreiben

$$\frac{\mathrm{d}I}{\mathrm{d}t} = \frac{\mathrm{d}}{\mathrm{d}t}\left(I - \frac{U}{R}\right)$$

Damit ergibt sich insgesamt eine Differentialgleichung vom selben Typ wie beim RC-Glied, wobei der Klammerausdruck $\left(I - \frac{U}{R}\right) = X$ gesetzt ist

$$\frac{\mathrm{d}X}{\mathrm{d}t} = -\frac{R}{L} \cdot X$$

und für deren Lösung wir ansetzen können

$$X = I - \frac{U}{R} = a \cdot e^{-\frac{R}{L} \cdot t}$$

bzw.

$$I(t) = a \cdot e^{-\frac{R}{L} \cdot t} + \frac{U}{R}$$

Unter Berücksichtigung der Anfangsbedingungen erhält man für den konstanten Vorfaktor a der Exponentialfunktion $a = U/R$.

Der im RL-Kreis fließende Strom $I(t)$ ergibt sich dann insgesamt zu:

$$I(t) = \frac{U}{R}\left(1 - e^{-\frac{R}{L} \cdot t}\right) \tag{27.35}$$

Wie der zeitliche Verlauf des Stromes $I(t)$ in Abb. 27.19 zeigt, folgt der Strom dem Sprung der Spannung von 0 auf U (nach Schließen des Kontaktes zum Zeitpunkt $t = 0$) nur mit einer gewissen Trägheit und erreicht asymptotisch den Endwert $I_{\max} = U/R$. Nach der Zeit

$$\tau = \frac{L}{R} \tag{27.36}$$

ist die Stromstärke $I(\tau) = I_{\max} \cdot (1 - e^{-1}) \approx 0{,}63 \cdot I_{\max}$. Die **Zeitkonstante** τ des RL-Gliedes

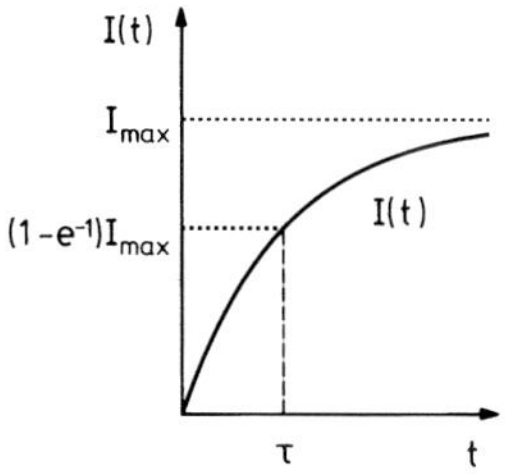

Abb. 27.19

(*induktive Zeitkonstante*) ist ein Maß für die Einstellzeit des Endzustandes der Stromstärke I.

Nach dem Umlegen des Schalters S an Kontakt 2 in der Schaltung nach Abb. 27.15 mit einer Induktivität L anstelle des Kondensators, sorgt die Induktivität dafür, dass der ursprüngliche Strom $I_{\max} = U/R$ im ersten Moment weiterhin fließt. Da keine externe Spannungsquelle mehr anliegt, gilt jetzt nach der Maschenregel im RL-Kreis:

$$U_{\text{ind}} = R \cdot I$$

Mit der Induktionsspannung nach (26.35) lautet dann die Differentialgleichung

$$\frac{\mathrm{d}I}{\mathrm{d}t} = -\frac{R}{L} \cdot I$$

die wiederum mit dem Ansatz $I(t) = a \cdot e^{-\frac{R}{L} \cdot t}$ gelöst werden kann, wobei sich der Faktor a mit den Anfangsbedingungen (Umlegen des Schalters S zum Zeitpunkt $t = 0$) zu $a = U/R$ ergibt.

Die in der Masche fließende Stromstärke fällt exponentiell mit der Zeit ab, wie Abb. 27.20 zeigt und es gilt:

$$I(t) = \frac{U}{R} \cdot e^{-\frac{R}{L} \cdot t} \qquad (27.37)$$

Nach der Zeit $\tau = L/R$ ist der Strom auf $e^{-1}(\approx 36{,}8\,\%)$ seines Ausgangswertes abgeklungen.

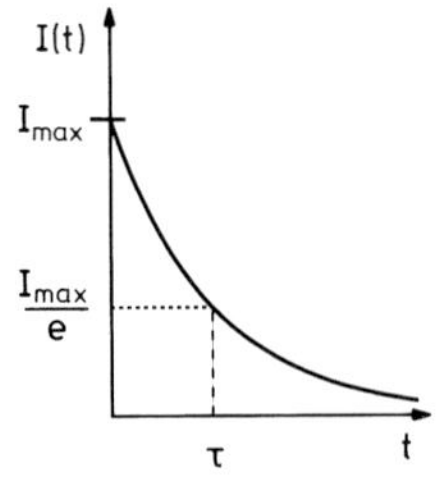

Abb. 27.20

Beim Ausschalten ist eine Parallelschaltung von Widerstand und Spule empfehlenswerter als die Reihenschaltung, da dann sofort ein Teil des Stromes über den Widerstand abfließen kann. Im Falle einer Reihenschaltung würde, insbesondere bei hohen Induktivitäten, die gesamte Induktionsspannung an den Schaltkontakten anliegen, wodurch diese oder auch andere Bauelemente (z. B. durch Auslösen eines Schaltfunkens) zerstört werden könnten.

§ 27.4 Leistung eines Wechselstromes

In Stromkreisen, in denen die Spannung und/oder die Stromstärke zeitlich variieren, ist auch die elektrische Leistung, wie wir bereits in § 27.1 diskutiert haben, eine Funktion der Zeit:

$$P(t) = U(t) \cdot I(t).$$

Für einen rein ohmschen Widerstand R, der an eine Quelle sinusförmiger Wechselspannung $U(t) = U_0 \cdot \sin\omega \cdot t$ angeschlossen ist und in welchem ohne zeitliche Phasenverschiebung bezüglich der Spannung ein Wechselstrom $I(t) = I_0 \cdot \sin\omega \cdot t$ fließt (s. Abb. 27.2 a)), ist die verbrauchte momentane elektrische Leistung gemäß Beziehung (27.4) und mit $R = U_0/I_0$

$$P(t) = U_0 \cdot I_0 \cdot \sin^2(\omega \cdot t) = I_0^2 \cdot R \cdot \sin^2(\omega \cdot t)$$
$$= \frac{U_0^2}{R} \cdot \sin^2(\omega \cdot t) \qquad (27.38)$$

Mit Gleichung (27.5) und den Effektivwerten von Spannung und Strom, $U_{\text{eff}} = U_0/\sqrt{2}$ bzw. $I_{\text{eff}} = I_0/\sqrt{2}$ (Gleichungen (27.6) bzw. (27.7)), ergibt sich für den zeitlichen Mittelwert der einem ohmschen Widerstand zugeführten Leistung $\bar{P}$ (s. auch Abb. 27.2 b)):

$$\bar{P} = U_{\text{eff}} \cdot I_{\text{eff}} = R \cdot I_{\text{eff}}^2 = \frac{1}{R} \cdot U_{\text{eff}}^2 \qquad (27.39)$$

Sind in einem Wechselstromkreis neben ohmschen noch kapazitive und induktive Widerstände vorhanden, so hängt die verbrauchte Leistung nicht nur von den Effektivwerten des Stromes und der anliegenden Spannung ab, sondern auch vom Phasenwinkel φ zwischen Strom und Spannung. Wir betrachten wieder harmonische Zeitabhängigkeiten von Spannung und Strom in der Form $U_\sim = U(t) = U_0 \cdot \sin(\omega \cdot t)$ und $I_\sim = I(t) = I_0 \cdot \sin(\omega \cdot t - \varphi)$, für deren Scheitelwerte nach Gleichung (27.19) $U_0 = Z \cdot I_0$ bzw. für die Effektivwerte nach (27.20) $U_{\text{eff}} = Z \cdot I_{\text{eff}}$ gilt, wobei Z den Wechselstromwiderstand bezeichnet. Ist dieser überwiegend durch induktive Last bedingt, so wird die Spannung der Stromstärke in der Phase vorauseilen (bei obigem Ansatz für Spannung und Strom ist dann $\varphi > 0$), dagegen wird die Spannung dem Strom im Falle vorwiegend kapazitiver Last nacheilen (bei obigem

Ansatz für Spannung und Strom ist dann $\varphi < 0$). Bei gemischter Belastung kann die Momentanleistung als das Produkt aus Momentanwert von Wechselspannung und -strom, unter Berücksichtigung deren relativer Phasenlage, angegeben werden. Unabhängig davon, ob die Phasenverschiebung durch eine Induktivität oder/und eine Kapazität hervorgerufen wird, trägt zum Leistungsverbrauch im Zeitmittel die sog. *Wirkleistung* $P_W(t)$ und die *Blindleistung* $P_B(t)$ bei.

Für beliebige ohmsche Widerstände, Kapazitäten und Induktivitäten folgt mit den Effektivwerten U_{eff} bzw. I_{eff} von Wechselspannung bzw. -strom für die mittlere

Wirkleistung:

$$\bar{P}_W = U_{eff} \cdot I_{eff} \cdot \cos\varphi \qquad (27.40)$$

und für die Amplitude der

Blindleistung:

$$P_B = U_{eff} \cdot I_{eff} \cdot \sin\varphi \qquad (27.41)$$

sowie für die von der Spannungsversorgung (Spannungsquelle) abgegebene

Scheinleistung:

$$P_S = U_{eff} \cdot I_{eff} \qquad (27.42)$$

Mit diesen Gleichungen ergibt sich die als Leistungsdreieck bezeichnete Formel

$$P_S^2 = \bar{P}_W^2 + P_B^2 \qquad (27.43)$$

Die Wirkleistung gibt den echten Leistungsverbrauch in einem Stromkreis an, d. h. sie stellt den Anteil der Scheinleistung dar, der dem Verbraucher (ohmscher Widerstand oder z. B. ein Elektromotor, der mechanische Arbeit abgibt) als nutzbare Leistung verfügbar ist. Beträgt die Phasenverschiebung z. B. 45° oder $T/8$ zwischen Spannung $U(t)$ und Strom $I(t)$, wie in Abb. 27.21 dargestellt, dann ist die vom Strom erbrachte Leistung $P(t)$, bzw. die verrichtete Arbeit, in bestimmten Zeitabschnitten positiv (in Abb. 27.21 mit „plus“ markierte Flächen der $P(t)$-Kurve mit der t-Achse), wogegen sie in den anderen Zeitabschnitten (mit „minus“ markierte Flächen in Abb. 27.21) negative Werte annimmt, d. h. während diesen Zeiten wird elektrische Energie aus dem Stromkreis an die Spannungsquelle zurückgegeben. Die Wirkleistung ergibt sich dann als die Differenz

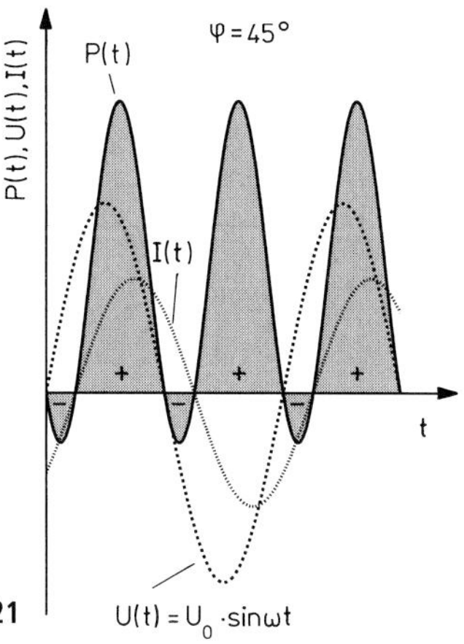

Abb. 27.21

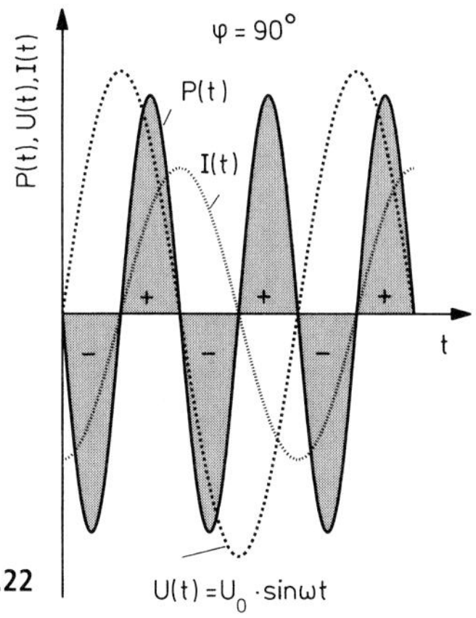

Abb. 27.22

zwischen den Flächen oberhalb und unterhalb der t-Achse (für die t-Achse ist $U \cdot I = 0$).

Die Blindleistung ist die elektrische Leistung, die zum Aufbau des elektrischen Feldes im Kondensator bzw. des magnetischen Feldes in der Spule erforderlich ist und dem Stromkreis dazu entzogen wird, aber beim Abbau dieser Felder wieder in den Stromkreis, d. h. an die Spannungsversorgung abgegeben wird. Die Blindleistung pendelt also lediglich zwischen Spannungsversorgung und Stromkreis hin und her, ohne verbraucht zu werden. Ein besonderer Fall liegt vor bei einer Phasenverschiebung von $\varphi = \pi/2$ ($\widehat{=} 90°$) des Stromes gegenüber der angelegten Spannung, der Stromkreis also aus Induktivitäten und Kapazitäten besteht. Dann wird die mittlere Leistung des Stromes null, und wie man aus Abb. 27.22 entnimmt, sind die Flächen, welche die $P(t)$-Kurve mit der Abszissenachse (t-Achse) oberhalb und unterhalb bildet, gleich groß. Es fließt also im Stromkreis ein so genannter wattloser Strom. Nur mit der Wirkleistung, aber nicht mit der Blindleistung, ist daher ein echter Leistungsverbrauch verknüpft.

Den Faktor $\cos\varphi$ bezeichnet man als den *Leistungsfaktor*, der gegeben ist durch:

$$\cos\varphi = \frac{\text{Wirkleistung}}{\text{Scheinleistung}} = \frac{P_W}{P_S} \qquad (27.44)$$

Die Wirkleistung nimmt also mit steigendem Phasenwinkel zwischen Spannung und Strom ab. Bei einer Phasenverschiebung von $\varphi = 90°$ ist die Wirkleistung daher null (Abb. 27.22), wie im obigen Beispiel eines Wechselstromkreises mit Induktivitäten und Kapazitäten, in welchen nur Blindströme auftreten.

§ 27.5 Erzeugung und Transformation von Wechselspannungen – Weitere elektrotechnische Anwendungen

§ 27.5.1 Erzeugung von Wechselspannungen

Das Induktionsgesetz (Gleichung (26.34)) liefert die Grundlage zur Erzeugung von Wechselspannungen. Dreht sich eine Spule mit N Windungen und der Querschnittsfläche A im homogenen Feld der magnetischen Flussdichte $\vec{B}$, wobei die Drehachse senkrecht zum Feld steht (in Abb. 27.23 für eine rechteckige Spule dargestellt), so ändert sich ständig der magnetische Fluss Φ durch die Spule. Damit wird eine zeitlich veränderliche Spannung in der Spule induziert. Erfolgt die gleichförmige Rotation der Spule mit der Winkelgeschwindigkeit ω, so ergibt sich mit Gleichung (26.6) für den durch eine harmonische Funktion gegebenen zeitlich variablen Fluss:

$$\Phi = B \cdot A \cdot \cos\omega \cdot t \qquad (27.45)$$

Insgesamt tritt dann an den N in Reihe geschalteten einzelnen Leiterschleifen der Spule, eine Induktionsspannung auf, für welche sich nach Gleichung (26.34) mit (27.45) ergibt:

$$\begin{aligned} U_{\text{ind}} &= -N \cdot \frac{\mathrm{d}\Phi}{\mathrm{d}t} = -N \cdot B \cdot A \cdot \frac{\mathrm{d}(\cos\omega \cdot t)}{\mathrm{d}t} \\ &= N \cdot B \cdot A \cdot \omega \cdot \sin\omega \cdot t \end{aligned} \qquad (27.46)$$

Die zwischen den Enden der Spule nach (27.46) induzierte Spannung ist also eine sinusförmige Wechselspannung (wie z. B. in Abb. 27.1 bzw. 27.2 a) dargestellt) und kann über die Schleifkontakte von den Kollektoren abgegriffen werden. Die Anordnung der Abb. 27.23 stellt das Schema eines ***Wechselstromgenerators*** dar, bei welchem mechanische Arbeit (zur Drehung der Spule) in elektrische Energie umgesetzt wird. Ein Dynamo, wie er etwa beim Fahrrad Verwendung findet, ist ein Beispiel eines solchen Generators. In Wasserkraftwerken, die nach diesem Prinzip elektrischen Strom erzeugen, kann der Generator z. B. über ein Schaufelrad (Turbine) direkt angetrieben werden, dagegen muss in Wärme- oder Kernkraftwerken die zur Verfügung stehende Energie zunächst in mechanische Energie umgesetzt werden.

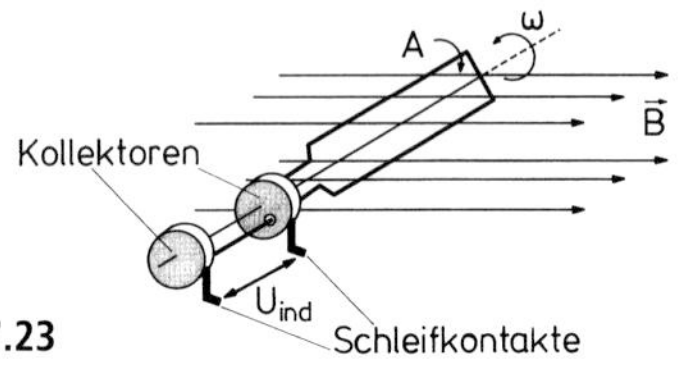

Abb. 27.23

Die Kreisfrequenz der induzierten Wechselspannung (die ja der Winkelgeschwindigkeit der rotierenden Spule entspricht) ist $\omega = 2\pi \cdot \nu$ und ihr Maximalwert, d. h. Amplitude oder Scheitelwert der Wechselspannung, folgt aus (27.46) zu $U_0 = N \cdot B \cdot A \cdot \omega$. Beim europäischen Wechselstromnetz ist die Frequenz $\nu = \omega/2\pi$ der Wechselspannung auf $\nu = 50\,\text{Hz}$ genormt, mit einer Effektivspannung des einphasigen Wechselstroms von üblicherweise $U_{\text{eff}} = 230\,\text{V}$, d. h. einem Scheitelwert von $U_0 \approx 325\,\text{V}$ (s. auch § 27).

In den Haushalten werden die elektrischen Geräte normalerweise mit einphasigem Wechselstrom betrieben, der an der elektrischen Steckdose zur Verfü-

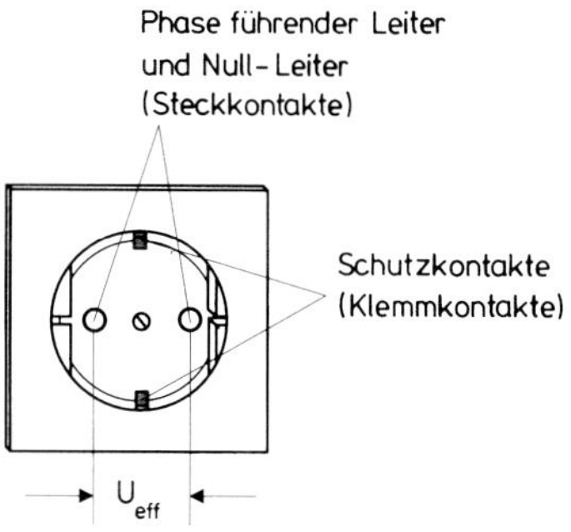

Abb. 27.24

gung steht. Die Verbindung von der Schutzkontaktsteckdose, kurz Schukosteckdose, zum elektrischen Verbraucher wird mittels eines Schutzkontaktsteckers (Schukostecker) über ein isoliertes dreiadriges Kabel hergestellt: Der ***Phasenleiter*** (blauer oder schwarzer Isolationsmantel) führt die elektrische Wechselspannung; der ***Nullleiter*** (brauner Isolationsmantel) stellt den Rückleiter der Phase dar und ist im Elektrizitätswerk geerdet, d. h. er hat guten elektrisch leitenden Kontakt mit der Erde, deren Potential definitionsgemäß null beträgt (s. auch § 21); der ***Schutz-*** oder ***Erdleiter*** (gelb-grüner Isolationsmantel) ist in der Nähe der elektrischen Verbraucher permanent geerdet und in leitendem Kontakt mit dem Gerätegehäuse. Sollte durch irgendeinen Umstand der Phasenleiter in Kontakt mit dem Schutzleiter kommen, dann fließt ein hoher Kurzschlussstrom, demzufolge die elektrische Sicherung die Verbindung zur Stromquelle unterbricht. Schukostecker und -steckdose enthalten alle drei Leiter. Beim Einstecken eines Schukosteckers in die Schukosteckdose ist der Kontakt ihrer Schutzleiter hergestellt, bevor Phase und Nullleiter Kontakt mit dem Netz schließen. Zwischen dem Phase führenden Steckkontakt und dem zweiten Steckkontakt (Rückleiter) liegt im öffentlichen Netz die effektive Wechselspannung von $U_{\text{eff}} = 230\,\text{V}$ (Abb. 27.24).

Anmerkung: Während das Wechselstromnetz in Europa mit einer Wechselspannung der Frequenz von $\nu = 50\,\text{Hz}$ betrieben wird, beträgt in den USA die Netzfrequenz 60 Hz. Das Netz der deutschen Eisenbahn wird mit einer Wechselspannung (ca. 15 kV) der Frequenz $16\frac{2}{3}\,\text{Hz}$ betrieben.

Drehstrom

Neben dem einphasigen sinus- bzw. cosinusförmigen Wechselstrom wird häufig ein Dreiphasenstrom verwendet, bei dem die (im Fachjargon kurz Phasen genannten) drei Wechselspannungen, welche i. Allg. mit den Buchstaben R, S und T bezeichnet werden, um jeweils 120° (entsprechend $2\pi/3$ bzw. einer drittel Schwingungsdauer $T/3$) gegeneinander verschoben sind. Ein solcher Dreiphasenstrom heißt auch **Drehstrom**. Er lässt sich in einem Generator erzeugen, dessen im Magnetfeld sich drehender Rotor aus drei Spulen besteht, die jeweils um 120 Grad gegeneinander versetzt sind. In jeder Spule wird dann eine effektive Wechselspannung von $U_{\text{eff}} = 230\,\text{V}$ (bzw. eine Scheitelspannung von $U_0 = U_{\text{eff}} \cdot \sqrt{2} \approx 325\,\text{V}$) induziert, wobei die einzelnen Phasen jeweils um eine drittel Periode gegeneinander phasenverschoben sind (Abb. 27.25). Für die jeweiligen Momentanwerte der Spannung in den einzelnen Spulen gilt:

$$\begin{aligned} U_{\text{R}} &= U_0 \cdot \sin \omega \cdot t \\ U_{\text{S}} &= U_0 \cdot \sin\left(\omega \cdot t + \frac{2\pi}{3}\right) \\ U_{\text{T}} &= U_0 \cdot \sin\left(\omega \cdot t + \frac{4\pi}{3}\right) \end{aligned} \qquad (27.47)$$

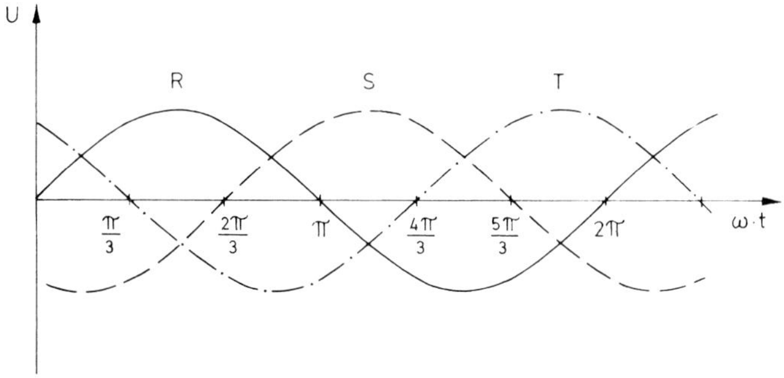

Abb. 27.25

Diese drei Wechselspannungen (Frequenz $\nu = 50\,\text{Hz}$ [europäische Norm]) könnte man nun getrennt dem Verbraucher zuführen, wozu insgesamt sechs Leitungen (d. h. ein Leitungspaar pro Spule) benötigt würden. Verkettet man aber die drei Spulen z. B. in einer ***Stern-*** oder ***Dreiecksschaltung*** (Abb. 27.26 (a) bzw. (b)), so sind nur vier bzw. drei Einzelleitungen erforderlich. Bei der Sternschaltung werden drei Leitungen, entsprechend je ein Ende der drei Spulen, miteinander zu einer Mittelpunktsleitung N (Null- oder Neutralleiter) verbunden (Abb. 27.26 (a)). Dann beträgt die effektive Spannung der verbleibenden drei Außenleiter R, S und T bezüglich dieses Sternpunktes N – also zwischen R-N, S-N und T-N – jeweils $U_{\text{N,eff}} = 230\,\text{V}$. Zwischen je zwei Phasen aber, also zwischen R-S, R-T und S-T, ist der Scheitelwert der Spannung dieses verketteten Dreiphasennetzes, wie sich zeigen lässt, $U_{\text{P},0} = U_0 \cdot \sqrt{3} = 325 \cdot \sqrt{3} \approx 563\,\text{V}$ und die effektive Spannung $U_{\text{P,eff}} = 398\,\text{V}$.

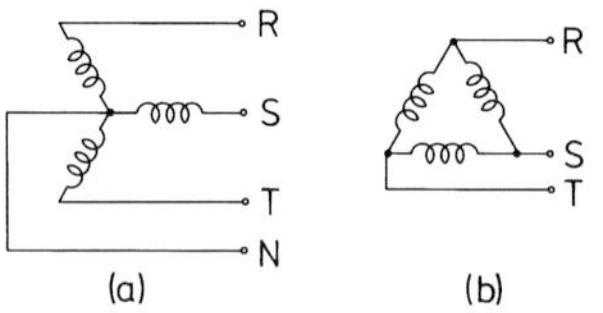

Abb. 27.26

Außer der Sternschaltung ist beim Dreiphasengenerator auch die in (Abb. 27.26 (b)) dargestellte Dreiecksschaltung möglich. Bei dieser ringförmigen Schaltung der drei Spulen wird ausgenutzt, dass die Summe der drei in ihnen induzierten Spannungen gleich null ist. Die Spannungen zwischen je zwei Leitungen R, S und T sind immer gleich der Spannung in einer der drei Spulen.

Der **Dreiphasenstrom** stellt das heute allgemein übliche **europäische Stromnetz** dar und wurde auch in den meisten Industrieländern eingeführt, da sich damit bei vertretbarem Aufwand selbst ein hoher Bedarf an elektrischer Energie von Verbrauchern decken lässt, im Vergleich z. B. zur Übertragung mit drei getrennten einphasigen Wechselspannungen. Bei Sternschaltung des Generators stehen außerdem zwei Spannungen zur Verfügung, einmal (bei uns) 230 V_{eff} (zwischen Sternpunkt N und je einem der drei Außenleiter R, S, T) oder 398 V_{eff} (zwischen zwei Außenleitern). Ein weiterer Vorteil des Drehstromes ist die Robustheit und relativ einfache sowie kostengünstige Bauweise der Generatoren, aber insbesondere der Elektromotoren (s. auch § 27.5.3).

§ 27.5.2 Transformation von Wechselspannungen

Um die Amplitude einer Wechselspannung ohne wesentlichen Energieverlust zu vergrößern bzw. zu verkleinern, sie also herauf bzw. herunter zu transformieren, verwendet man einen **Transformator**, dessen Wirkungsweise auf dem Induktionsgesetz beruht.

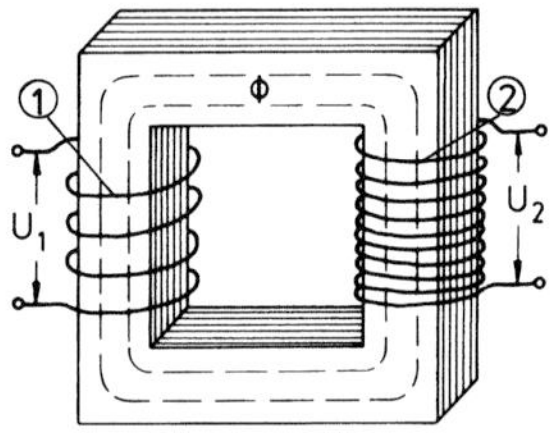

Abb. 27.27

Zwei Spulen sind auf ein Joch aus Weicheisen gewickelt (Abb. 27.27). Um im Weicheisen Energieverluste durch Wirbelströme zu vermeiden, besteht der Weicheisenkern aus dünnen gegeneinander isolierten Blechen, die mittels isolierter Schrauben zur Vermeidung von Vibrationen zusammengepresst werden. Die zu transformierende Wechselspannung U_1 wird an die so genannte ***Primärspule*** ① mit N_1 Windungen angelegt, an der ***Sekundärspule*** ② mit N_2 Windungen kann die transformierte Wechselspannung U_2 abgegriffen werden (Abb. 27.27).

Wir betrachten zunächst den ***unbelasteten*** Transformator, bei dem der Sekundärkreis offen ist, d. h. in der Sekundärspule fließt kein Strom ($I_2 = 0$). Legt man eine Wechselspannung $U_1 = U_0 \cdot \sin \omega \cdot t$ an die Primärspule des unbelasteten Transformators, so fließt in ihr ein Strom I_1, der gegenüber der Spannung eine bestimmte Phasenverschiebung φ besitzt. Im Falle vernachlässigbarer Verluste im Eisen durch Wirbelströme und einem ohmschen Widerstand der Spule $R \ll R_L$, dem induktiven Widerstand, wird $\varphi = \pi/2$, d. h. I_1 ist ein reiner Blindstrom.

Dieser im Primärkreis fließende Wechselstrom I_1 erzeugt einen mit der Frequenz der angelegten Wechselspannung sich ändernden magnetischen Fluss Φ, welcher einerseits in der Primärspule eine Induktionsspannung

$$U_{\text{ind}} = -L \cdot \frac{\mathrm{d}I_1}{\mathrm{d}t} = -N_1 \cdot \frac{\mathrm{d}\Phi}{\mathrm{d}t}$$

bewirkt, die entgegengesetzt gleich der von außen angelegten Spannung U_1 ist, d. h. $U_1 + U_{\text{ind}} = 0$ oder:

$$U_1 - N_1 \cdot \frac{\mathrm{d}\Phi}{\mathrm{d}t} = 0 \qquad (27.48)$$

Durchsetzt der im geschlossenen Weicheisenjoch erzeugte magnetische Fluss (ohne Verluste) völlig die Sekundärspule, so induziert die Flussänderung $\frac{\mathrm{d}\Phi}{\mathrm{d}t}$ dort andererseits die Spannung

$$U_2 = -N_2 \cdot \frac{\mathrm{d}\Phi}{\mathrm{d}t} = 0 \qquad (27.49)$$

Diese Spannung U_2 kann an der Sekundärspule abgegriffen werden. (Ein Vorzeichenwechsel der Spannung aufgrund des Wicklungssinns der Spulen wird bei dieser grundsätzlichen Betrachtung außer Acht gelassen.)

Mit (27.48) und (27.49) folgt für die **Spannungsübersetzung des unbelasteten Transformators:**

$$\boxed{\frac{U_2}{U_1} = -\frac{N_2}{N_1}} \qquad (27.50)$$

Durch geeignete Wahl der Windungszahl kann daher die Amplitude einer Wechselspannung auf jede andere höhere oder niedrigere Spannung transformiert werden. Man bezeichnet den **Quotienten aus Primär- und Sekundärspannung** als das ***Übersetzungsverhältnis*** des Transformators, das gleich dem Windungszahlverhältnis N_1/N_2 der Spulen ist. Das Vorzeichen drückt die Gegenläufigkeit der beiden Spannungen des unbelasteten Transformators aus (im Falle gleichsinniger Wicklung von Primär- und Sekundärspule).

Da beim idealen sekundärseitig unbelasteten Transformator der primärseitig fließende Strom I_1, wie oben erwähnt, ein Blindstrom ist (sog. wattloser Primärstrom), ist die von der angelegten Spannungsquelle aufgenommene mittlere Leistung gleich null, d. h. ein solcher Transformator verbraucht keine Energie.

Belastet man den Transformator sekundärseitig durch einen Verbraucher mit dem Widerstand Z (i. Allg. ein R, L und u. U. ein C), dann fließt in der Sekundärspule ein Strom $I_2 = U_2/Z$, der selbst wiederum einen ihm proportionalen (sekundären) magnetischen Fluss erzeugt. Dieser Fluss wirkt auf die Primärspule zurück und induziert dort einen zum primären Blindstrom I_1 phasenverschobenen Anteil, wodurch die von der primärseitig angelegten Spannungsquelle entnommene Leistung ungleich null wird. Ohne im Rahmen dieser Darstellung detaillierter auf die beim belasteten Transformator auftretenden Phänomene einzugehen, kann man zeigen, dass beim idealen Transformator, bei dem der ohmsche Widerstand des Primärkreises vernachlässigbar ist und keinerlei zusätzliche Verluste (z. B. im Weicheisen) auftreten, gilt:

Die vom Sekundärkreis abgegebene Leistung (bzw. Energie) ist gleich der vom Primärkreis aufgenommenen Leistung (bzw. Energie).

Da auch beim Transformator der Energiesatz gültig ist, lässt sich für die Näherung eines sekundärseitig schwach belasteten Transformators aus $P_1 = U_1 \cdot I_1 = U_2 \cdot I_2 = P_2$ für die **Stromübersetzung** des Transformators folgern:

$$\boxed{\frac{I_2}{I_1} = -\frac{N_1}{N_2}} \qquad (27.51)$$

Vergleicht man die beiden Beziehungen (27.50) und (27.51), so ergibt sich für die Transformation von Wechselspannungen bzw. -strömen:

> Eine Spannungserhöhung hat eine Stromverminderung zur Folge und umgekehrt.

Anwendungsbeispiele: Die Transformation von Wechselströmen spielt eine große Rolle bei der Übertragung elektrischer Energie über große Entfernungen. Damit die Verluste am ohmschen Widerstand der übertragenden Leitungen durch Joule'sche Wärme, die proportional I^2 anwächst (Gleichung (24.8)), minimiert werden können, darf die Stromstärke nicht

4

zu groß sein. Um dennoch große Leistungen übertragen zu können, transformiert man die Wechselspannung auf hohe Spannungswerte, z. B. 230 kV, womit nur kleine Ströme über die Fernleitung eine große Leistung befördern. Auf der Verbraucherseite wird dann der hochgespannte Wechselstrom wieder auf normale Spannung von 230 V herabtransformiert. Eine Stromentnahme von insgesamt beispielsweise 1000 A bei den Verbrauchern entspricht im obigen Beispiel einer Stromstärke von nur 1 A in der Überlandleitung.

Transformatoren sind neben dieser wichtigen technischen Anwendung auch ansonsten unentbehrliche Vorrichtungen zur Erzeugung von Hochspannung für die verschiedensten Zwecke, wie beispielsweise zur Erzeugung der Ablenkspannung für den Elektronenstrahl bei Oszillographen, Bildschirm- oder Fernsehgeräten (Zeilen-Trafo) und für viele andere Hochspannungsanwendungen.

Aber ebenso finden sie mannigfache Anwendung zur Erzeugung niedriger Spannungen sowohl bei relativ geringen Strömen (z. B. als Netzteile zahlreicher elektronischer Geräte) als auch bei großen Strömen. Solche Hochstromtransformatoren werden beim ***elektrischen Punktschweißen*** ebenso verwendet wie bei ***Induktionsöfen*** zum Schmelzen von Metallen. Einen Demonstrationsversuch zur Erzeugung starker Wechselströme durch Heruntertransformieren zeigt Abb. 27.28. Wird eine nur aus wenigen Windungen bestehende (dickdrahtige) Sekundärspule mit einem Eisenstift (z. B. einem Nagel) kurzgeschlossen, so kommt diese bei Anlegen etwa einer Wechselspannung von 230 V an die Primärspule nach wenigen Sekunden in helle Weißglut und schmilzt schließlich durch.

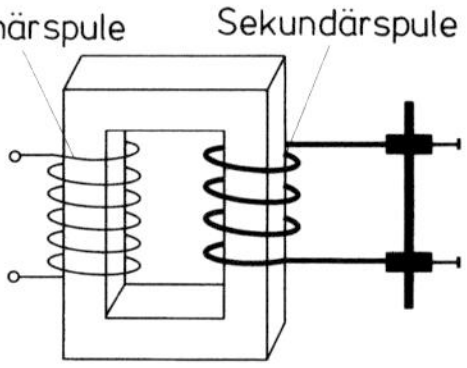

Abb. 27.28

§ 27.5.3 Weitere technische Anwendungen mechanoelektrischer Energieumwandlung

Es werden hier außer einem weiteren Beispiel zur Umwandlung mechanischer in elektrische Energie (Generator) noch exemplarisch zwei Prinzipbeispiele der Umkehrung (Elektromotor) kurz besprochen. Es zeigt sich dabei, dass elektrische Generatoren und Elektromotoren im Grundschema und in der technischen Ausführung einander analog sind.

Gleichstromgenerator

Verwendet man einen Aufbau entsprechend der schematischen Darstellung in Abb. 26.24 für den Gleichstrommotor, nur dass man jetzt dem Kommutator keinen Strom zuführt, sondern die Leiterschleife (Anker) durch mechanische Energie im homogenen Magnetfeld in gleichmäßige Rotation versetzt, dann kann an den Schleifkontakten des Kommutators eine pulsierende Gleichspannung abgegriffen werden (Abb. 27.29). Im Prinzip ist also ein solcher Aufbau auch als ***Gleichstromgenerator*** verwendbar, wobei der wichtige Unterschied zum Wechselstromgenerator im Kommutator besteht. Mit mehreren solchen Ankerspulen mit Kommutator, deren Ebenen unter bestimmten Winkeln gegeneinander verdreht angeordnet sind, kann man durch Überlagerung der Spannungen der einzelnen Spulen die pulsierende Gleichspannung noch glätten.

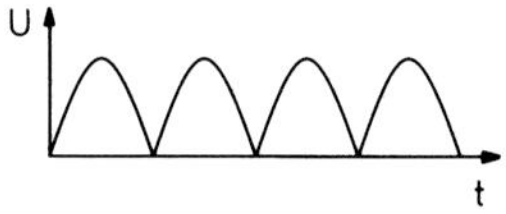

Abb. 27.29

Wechselstrommotor

Schließt man die Spule der Abb. 27.23 über die Schleifkontakte an eine externe Wechselspannungsquelle an, so wird die Spule in dem homogenen Magnetfeld durch die zugeführte elektrische Energie in Rotation versetzt (meist erst durch „Anwerfen" von Hand) und dreht sich mit der Frequenz der externen Wechselspannung, d. h. man kehrt das Prinzip des Wechselstromgenerators um und erhält einen Elektromotor ***(Synchronmotor)***.

Drehstrommotor

Die Mehrzahl der in der Technik benutzten Wechselstrommotoren sind Drehstrommotoren. Speist man mit den drei phasenverschobenen Wechselströmen drei nach dem Schema der Abb. 27.30 angeordnete Spulenpaare (mit Weicheisenkern, auf den sie isoliert gewickelt sind), so erhält man zwischen diesen ein magnetisches Drehfeld (wegen dieser Drehung des Magnetfeldes heißt der Dreiphasenstrom auch Drehstrom). Bringt man in dieses Drehfeld einen um die (in Abb. 27.30 vertikale) Achse A drehbaren Metallkörper, so erzeugt das magnetische Drehfeld in diesem Induktionsströme, die eine Kraftwirkung vom Magnetfeld erfahren, wodurch der Metallkörper im

Sinne des Drehfeldes mitgenommen wird. Die Drehzahl eines solchen Induktionsläufers, der in der Praxis meist als sog. Kurzschlussanker (mit in sich kurzgeschlossenen Windungen – Käfiganker) ausgebildet wird, ist dabei stets geringer als die des Drehfeldes (sog. Schlupf). Man nennt daher diese Art von Motoren auch ***Asynchronmotoren***. Ihre Drehzahl ist mit geringen Verlusten durch den Schlupf (einige Prozent) weitgehend von der Belastung unabhängig und je nach der Zahl der Feldspulenpaare gleich der Frequenz ν des verwendeten Wechselstromes bzw. eines Bruchteils davon.

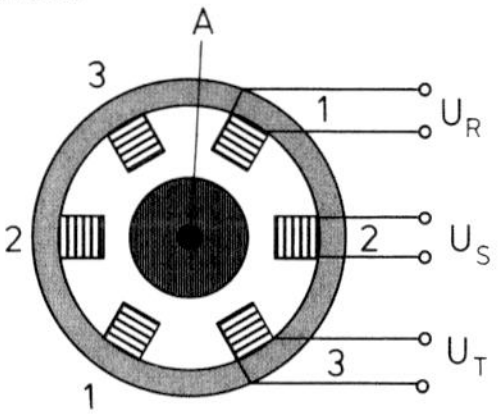

Abb. 27.30

Aufgaben

Aufgabe 27.1: Wie groß ist der Wechselstromwiderstand eines Kondensators der Kapazität $\boldsymbol{C} = 20\,\mu$F, wenn die Frequenz des Wechselstromes $\nu = 50$ Hz beträgt?

Aufgabe 27.2: Wie groß ist etwa die Frequenz ν, bei der ein Kondensator der Kapazität $\boldsymbol{C} = 1\,\mu$F einen Wechselstromwiderstand von $\boldsymbol{R_C} = 1{,}59$ kΩ besitzt?

Aufgabe 27.3: Wird ein Kondensator der Kapazität $\boldsymbol{C} = 1\,\mu$F über einen Widerstand $\boldsymbol{R} = 10$ kΩ entladen, so sinkt die Spannung am Kondensator nach einer Exponentialfunktion mit der Zeit ab. Nach welcher Zeit τ ist der Bruchteil $(1/\boldsymbol{e}) = 36{,}8\,\%$ der Anfangsspannung erreicht?

Aufgabe 27.4: In einem Wechselstromkreis befindet sich eine Spule mit dem ohmschen Widerstand $\boldsymbol{R} = 10\,\Omega$ und der Induktivität $\boldsymbol{L} = 0{,}15$ H. Die Frequenz der angelegten Wechselspannung beträgt $\nu = 5$ kHz. Welchen Gesamtwiderstand stellt die Spule einem Stromdurchgang entgegen?

Aufgabe 27.5: Die Impedanz eines Wechselstromkreises beträgt $\boldsymbol{Z} = 200\,\Omega$ und die Phasenverschiebung zwischen Strom und Spannung ergibt sich zu $\varphi = 60°$. Wie groß ist die Wirkleistung, wenn eine Wechselspannung von $\boldsymbol{U}_{\text{eff}} = 230$ V anliegt?

Aufgabe 27.6: In einem Wechselstromkreis, wie in Abb. 27.11, seien $\boldsymbol{R} = 4\,\Omega$, $\boldsymbol{C} = 150\,\mu$F, $\boldsymbol{L} = 60$ mH und die technische Wechselspannung $\boldsymbol{U}_\sim$ habe einen Scheitelwert $\boldsymbol{U}_0 = 325$ V. Man bestimme:

a) den kapazitiven Widerstand $\boldsymbol{R_C}$;
b) den induktiven Widerstand $\boldsymbol{R_L}$;
c) die Impedanz $\boldsymbol{Z}$;
d) den Scheitelwert $\boldsymbol{I}_0$ des im Kreis fließenden Stromes;
e) den Phasenwinkel φ zwischen angelegter Spannung und dem Strom in der Masche.

Aufgabe 27.7: Gegeben sei der Serienkreis von Aufgabe 27.6 mit den gleichen Daten von $\boldsymbol{R}$, $\boldsymbol{L}$, $\boldsymbol{C}$ und der angelegten Wechselspannung. Man bestimme:

a) $\boldsymbol{U}_{\text{eff}}$ und $\boldsymbol{I}_{\text{eff}}$;
b) den Leistungsfaktor $\cos\varphi$ und
c) die Wirkleistung $\bar{P}_W$ des Wechselstromkreises.

Aufgabe 27.8: Ein idealer, verlustfreier Transformator hat eine Primärwicklung mit 690 Windungen und wird an einer 230 $V_\sim$ Steckdose betrieben. Welche Windungszahl $\boldsymbol{N}_2$ der Sekundärwicklung muss angeschlossen werden, um einen Verbraucher mit 6 $V_\sim$ zu versorgen?

Aufgabe 27.9: Ein Ort wird von einem Transformator aus einer 20 kV Hochspannungsleitung mit der Netzspannung von 230 V versorgt. Die daran angeschlossenen Haushalte benötigen eine Leistung von 70 kW. Es sei $\cos\varphi = 1$ angenommen.

a) Wie groß ist das Übersetzungsverhältnis des Transformators?
b) Wie groß sind die Effektivwerte der Ströme im Primär- und Sekundärkreis?
c) Wie groß ist im Sekundärkreis der Gesamtwiderstand?

Aufgabe 27.10: In einem Wasserkraftwerk wird ein Wechselstromgenerator von einer Turbine angetrieben, in die pro Sekunde $\boldsymbol{V} = 1{,}5$ m^3 Wasser aus einer Höhe von $\boldsymbol{h} = 200$ m fallen. Der Gesamtwirkungsgrad des Systems Turbine-Generator ist 70 %. Die vom Generator abgegebene elektrische Energie wird von einem Transformator von 95 % Wirkungsgrad auf Hochspannung transformiert und in eine Fernleitung eingespeist, in der weitere 10 % verloren gehen. Wie groß ist die zur Verfügung stehende Leistung auf der Niederspannungsseite eines gleichen Transformators, mit welchem die Hochspannung am Ende der Fernleitung wieder auf die übliche Verbraucherspannung heruntertransformiert wird?

§ 28 Messung elektrischer Ströme und Spannungen

§ 28.1 Messung von Strömen

Die zur Messung von elektrischen Strömen verwendeten Instrumente heißen **Amperemeter**. Ihre Funktionsweise beruht auf den verschiedenen Wirkungen des elektrischen Stromes. Diese sind, wie in § 23.2 bereits angesprochen, die Wärmewirkung (Erzeugung Joule'scher Wärme), die chemische Wirkung (Zersetzung von Elektrolyten) und die magnetische Wirkung (Wechselwirkung von Strömen mittels Magnetfeldern). Einige gängige Typen von Strommessgeräten, die auf der Wärmewirkung und insbesondere der magnetischen Wirkung beruhen, sollen kurz beschrieben werden.

Beim ***Hitzdraht-Amperemeter*** wird die Erwärmung eines stromdurchflossenen Drahtes zur Strommessung ausgenützt. Der Draht mit Widerstand R, der wie in Abb. 28.1 schematisch dargestellt, zwischen den Punkten 1 und 2 gespannt sei und welche die Anschlusskontakte darstellen, werde vom Strom I durchflossen.

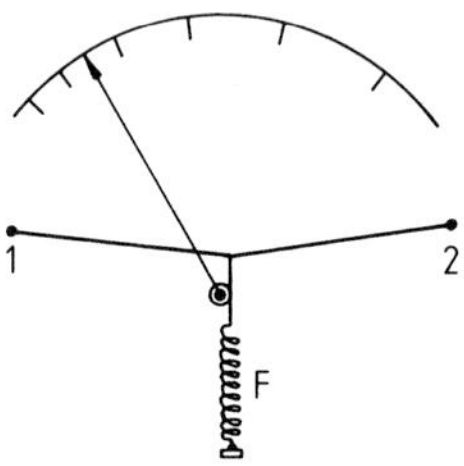

Abb. 28.1

Die dabei zugeführte elektrische Leistung $P = R \cdot I^2$ wird in Wärme umgewandelt und bedingt eine Temperaturerhöhung des Drahtes um $\Delta T \sim I^2$, wodurch eine Längenänderung Δl des Drahtes der Länge l proportional zu ΔT erfolgt, sodass insgesamt für die Längenausdehnung des Drahtes folgt:

$$\Delta l \sim I^2$$

Dabei wurde der Widerstand R des Drahtes idealisiert als temperaturunabhängig angenommen. Wird die Ausdehnung des Drahtes über einen entsprechenden Hebelmechanismus (mit Rückholfeder F) in eine Zeigerdrehung übertragen (Abb. 28.1), so kann aus der der Längenänderung proportionalen Drehung des Zeigers auf das Quadrat der Stromstärke und damit auf die Stromstärke selbst geschlossen werden. Das im Prinzip robuste aber nicht sehr empfindliche Hitzdrahtamperemeter ($I \geq 100\,\mathrm{mA}$) ist sowohl zur Messung von Gleichströmen als auch zur Wechselstrommessung (Effektivwert) geeignet.

Weit häufiger werden jedoch Instrumente verwendet, die die magnetische Wirkung des elektrischen Stromes ausnutzen. Beim ***Drehspul-Amperemeter***, das wir bereits in § 26.3.3 vorgestellt haben (Abb. 26.23), befindet sich eine drehbar gelagerte vom Messstrom durchflossene Spule im Feld eines Permanentmagneten (s. auch die schematische Skizze der Abb. 28.2). Eine an der Zeigerachse befestigte Spiralfeder liefert die Rückstellkraft für den Zeiger. Der Ausschlag des Zeigers ist gemäß den Überlegungen zum Drehspulmesswerk in § 26.3.3 proportional zum Strom, welcher durch die Spule fließt:

$$\alpha \sim I$$

Die Richtung des Zeigerausschlages hängt von der Stromrichtung ab. Drehspulinstrumente sind zur Messung von Gleichströmen geeignet und auch zur Messung von Wechselströmen, wenn diese zuvor gleichgerichtet werden (für sinusförmige Wechselströme zeigen sie den Effektivwert richtig an). Mit analogen Messgeräten lassen sich Stromstärken von 1 µA bis 30 A messen, bzw. mit Nebenwiderstand (s. § 28.3) bis zu 10^3 A. Drehspulmessgeräte sind am meisten verbreitet als Vielfach- oder Universal-

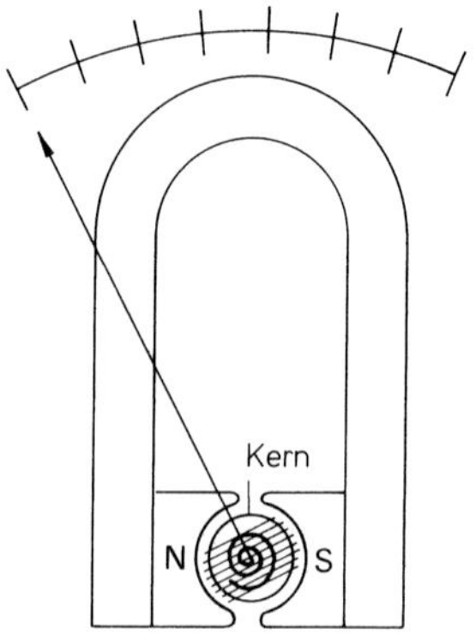

Abb. 28.2

messgeräte mit mehreren Strommessbereichen (s. § 28.3).

Der Aufbau eines ***Drehspulgalvanometers*** entspricht dem des Drehspulinstruments. Die Drehspule von rechteckigem Windungsquerschnitt, durch welche der zu messende Gleichstrom fließt, ist meist freitragend gewickelt und drehbar im zylindrischen Luftspalt zwischen dem Kern und den Polschuhen eines Permanentmagneten angeordnet. Die Aufhängung der Drehspule erfolgt entweder freitragend oder zwischen Spannbändern, deren Torsionselastizität die mechanische Rückstellkraft liefert. Ein Zeiger, bei allen empfindlichen Galvanometern ein Lichtzeiger, bringt die Spulendrehung als Verschiebung einer Marke auf einer Skala zur Anzeige. Zur Registrierung der Drehung mit einem Lichtzeiger wird an der Spule ein kleiner Spiegel befestigt, dessen Bewegung durch einen am Spiegel reflektierten Lichtstrahl zu erkennen ist („Spiegelgalvanometer", Strommessbereich $10^{-9}\,\text{A} \leq I \leq 10^{-5}\,\text{A}$).

Beim ***Weicheisen- (Dreheisen-) Instrument*** sind in einer ringförmigen Spule zwei Eisenbleche angeordnet. Fließt ein Strom durch die Spule, werden die Eisenplättchen gleichsinnig magnetisiert und stoßen sich gegenseitig ab. Das eine Eisenblech wird fest, das andere drehbar angebracht, wobei dessen Drehung gegen eine Spiralfeder erfolgt. Ein um eine Achse drehbarer Zeiger überträgt die Bewegung des Eisenplättchens auf eine Skala. Der Ausschlag ist unabhängig von der Stromrichtung; es können also Gleich- und Wechselströme gemessen werden.

Vorwiegend für die Messung von Wechselströmen bestimmt, aber auch für Gleichströme geeignet, sind ***elektrodynamische Messwerke (Dynamometer)***. Sie bestehen aus einer festen Spule, in der eine um eine Achse drehbare zweite Spule angebracht ist, deren Auslenkung gegen die Rückstellkraft einer Feder, über einen an der Achse befestigten Zeiger angezeigt wird. Schaltet man die beiden Spulen hintereinander, so können damit Gleich- und Wechselströme (und auch Spannungen) nachgewiesen werden, da das wirkende Drehmoment (nahezu) quadratisch vom Strom abhängig ist.

Grundsätzlich ist zur Messung von Strömen zu beachten:

> *Amperemeter werden in den Stromkreis geschaltet.*

Ihr Innenwiderstand muss deshalb möglichst gering sein, da sonst der sie durchfließende Strom einen merklichen Spannungsabfall am Amperemeter erzeugt.

Wie in § 27.1 bereits erwähnt, können elektrische Ströme aber auch mittels des am Widerstand R eines stromdurchflossenen Leiters auftretenden Spannungsabfalls gemessen werden. Dies ermöglicht insbesondere die Darstellung und Messung zeitlich veränderlicher Ströme, wie z. B. Wechselströme, als stromproportionalen Spannungsabfall mit einem ***Oszillographen*** (s. auch § 28.2).

Auch die Messung von Strömen mit ***digital*** anzeigenden Messgeräten, die meist in der Ausführung als ***Digitalmultimeter*** außer elektrischer Stromstärke auch Spannung, Widerstand und ggf. Kapazität, Induktivität etc. messen können, wird die Strom- auf eine Spannungsmessung zurückgeführt und der Spannungsabfall an einem im Gerät eingebauten Präzisions-Messwiderstand erfasst. Das grundsätzliche Messprinzip dieser Messgeräte wird in § 28.2 kurz angesprochen.

§ 28.2 Messung von Spannungen

Zur Spannungsmessung verwendet man meistens ebenfalls ***Drehspulinstrumente.*** Eicht man die Skala des Instrumentes nicht in Ampere, sondern in Einheiten von $R \cdot I$, wobei R der Innenwiderstand des Drehspulinstrumentes ist, so zeigt das Messwerk die Spannung an den Anschlussklemmen des Instrumentes in Volt an, man erhält ein **Voltmeter**. Man beachte aber bei der Messung von Spannungen:

> *Voltmeter werden parallel zum stromdurchflossenen Widerstand oder zur Spannungsquelle geschaltet.*

Bei der Spannungsmessung soll die Spannungsquelle möglichst nicht belastet werden, d. h. der Strom, der durch das Voltmeter fließt, muss gering sein, das Instrument muss einen möglichst hohen Innenwiderstand besitzen. Das bedeutet, dass der Widerstand des Voltmeters groß sein muss im Vergleich zum Widerstand der Verbraucher, deren Spannungsabfall gemessen werden soll, bzw. zum Innenwiderstand der zu messenden Spannungsquelle. (Zum Prinzip der stromlosen Spannungsmessung siehe § 24.4.2.) Zur Eignung der entsprechenden Typen von Voltmetern für die Messung von Gleich- bzw. Wechselspannungen gilt das in § 28.1 für die Strommessung Gesagte. Wie dort schon erwähnt, sind die meisten Vielfachmessgeräte Drehspulinstrumente mit mehreren Spannungs- und Strommessbereichen (s. § 28.3).

Die Messung von Strom und Spannung stellt zwei gegensätzliche Forderungen an ein Messgerät: Der Innenwiderstand des Amperemeters muss gering sein, während der Innenwiderstand des Voltmeters groß sein muss.

Die *Größe eines Widerstandes* bestimmt man am genauesten mit einer ***Wheatstone-Brückenschaltung*** (§ 24.4), einer stromlosen Messmethode. Kann die Bestimmung von R jedoch nicht stromlos vorgenommen werden, soll er also aus dem ihn durchfließenden Strom und dem dadurch verursachten Spannungsabfall bestimmt werden, dann ist Folgendes zu beachten: Grundsätzlich sind zwei Schaltungen möglich, um Strom und Spannung in einem Stromkreis zu messen. In Abb. 28.3 misst das Voltmeter die am Verbraucher R abfallende Spannung, während das Amperemeter die insgesamt im Stromkreis fließende Stromstärke misst (Strom durch den Verbraucher I_R + Strom durch das Voltmeter I_V). In Abb. 28.4 misst das Amperemeter nur den Strom, der durch den Widerstand fließt. Das Voltmeter misst in diesem Fall jedoch die am Widerstand und am Amperemeter abfallende Spannung ($U_R + U_A$). Um den Widerstand R aus Strom und Spannung zu bestimmen, sind somit, je nach Messmethode, entsprechende Korrekturen beim gemessenen Strom- bzw. Spannungswert anzubringen.

Zur Messung und Darstellung von zeitlich rasch veränderlichen bzw. zeitabhängigen Größen sind **Elektronenstrahloszillographen** universell einsetzbare Messgeräte. Damit lassen sich daher sowohl Amplituden als auch die Zeitabhängigkeit von Spannungen oder Spannungsimpulsen erfassen. Der Bildschirm der ***Oszillographen*** (auch als ***Oszilloskope*** bezeichnet) hat als Maßstab ein im Innern angebrachtes Messraster, das meist in Zentimeter eingeteilt ist. Maßstabfaktor ist die Ablenkempfindlichkeit in x- und y-Richtung (Abb. 28.5). Zur Untersuchung der Zeitabhängigkeit besitzen die Oszillographen ein Zeitablenksystem, das an die horizontalen (x-)Ablenkplatten eine sägezahnähnliche Spannung anlegt (s. § 25.5.3), mit linear ansteigender Amplitude während des sichtbaren Hinlaufs und steil abfallender Flanke während des unsichtbaren Rücklaufs des Elektronenstrahls. Die Periodendauer dieser Spannung ist in einem weiten Bereich einstellbar. Die darzustellende zeitabhängige Spannung wird an die vertikalen (y-)Ab-

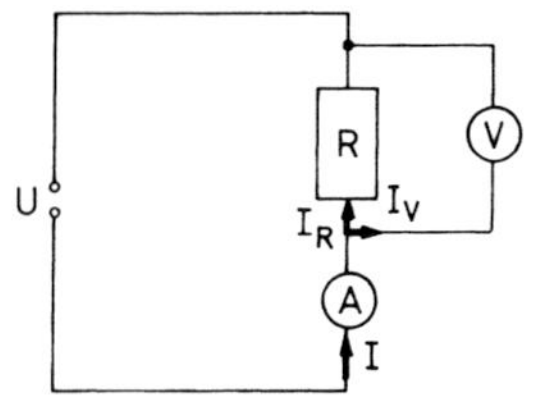

Abb. 28.3

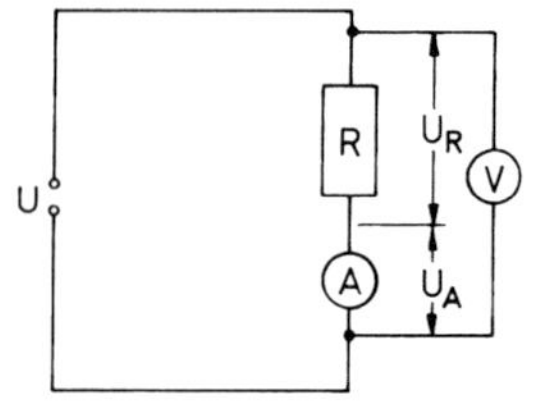

Abb. 28.4

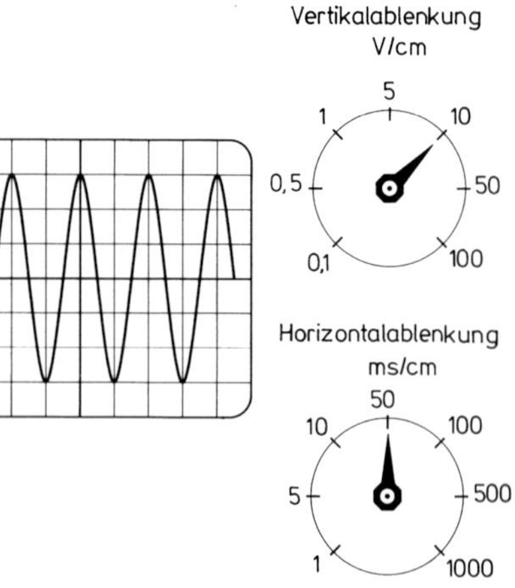

Abb. 28.5

lenkplatten angelegt, wobei die Amplitude in kalibrierten Empfindlichkeitsstufen eingestellt werden kann. In Abb. 28.5 ist als Beispiel das Oszilloskopbild einer harmonischen Wechselspannung skizziert, die eine Amplitude (Scheitelwert) von $U_0 = 30$ V und eine Periodendauer von $T = 100$ ms, d. h. eine Frequenz von $\nu = 1/T = 10$ Hz besitzt.

Die Messung von elektrischen Spannungen, Strömen und Widerständen etc. wird heute, wie am Ende von § 28.1 schon erwähnt, überwiegend mit ***digital*** anzeigenden Geräten, hauptsächlich mit ***Digitalmultimetern*** durchgeführt. *Digitalmultimeter* verwenden zur Messwertanzeige entweder Leuchtdioden oder Flüssigkristalle; die digitale Anzeige erfolgt in Dezimaldarstellung. Ein analog vorliegendes Messsignal (von z. B. Spannung, Stromstärke oder Widerstand) wird mittels eines sog. Analog-Digital-Wandlers oder kurz ***ADC*** (engl.: **A**nalog **D**igital **C**onverter) digitalisiert (s. auch § 46). Von den diversen möglichen Digitalisierungsverfahren kommt für Digitalmultimeter meist das sog. *Dual-Slope*-Verfahren zur Anwendung, das zwar relativ langsam ist (typ. 20 ms bis 100 ms pro Umwandlung), aber eine gute Auflösung und Linearität (16 Bit und mehr) bietet. Ohne detailliert darauf einzugehen, es wird bei diesem Verfahren im Prinzip ein Zeit- bzw. Ladungsvergleich zur Erfassung der unbekannten Messgröße durchgeführt, indem jeweils die Integrationszeiten zur Aufladung bzw. Entladung eines Kondensators durch eine interne, elektronisch stabilisierte Referenzspannungsquelle bzw. durch die zu messende Spannung quarzgenau mittels eines Mikroprozessors ermittelt werden. Aus dem Quotienten der beiden Integrationszeiten und der bekannten Referenzspannung wird der zu messende, unbekannte Messwert sehr genau bestimmt (relative Genauigkeit ca. 10^{-4}) und auf dem Display digital angezeigt.

Gemessen werden können grundsätzlich nur Gleichspannungen, weshalb Wechselspannungen gleichgerichtet und entsprechend aufbereitet werden, um deren Effektivwerte anzuzeigen (i. Allg. für sinusförmige Wechselspannungen). Die Messung von elektrischen Strömen (Gleich- oder Wechselströmen) wird auf eine Spannungsmessung zurückgeführt, wie in § 28.1 schon erwähnt. Die Messbereichsumschaltung erfolgt in der Regel durch geeignetes Zuschalten von Widerständen (s. § 28.3). Zur Messung von elektrischen Widerständen wird die interne Referenzspannungsquelle verwendet, deren von der Belastung unabhängiger Strom durch den zu ermittelnden Widerstand fließt und als Spannungsabfall gemessen und elektronisch in einen Widerstandswert umgerechnet, digital angezeigt wird.

§ 28.3 Messbereichserweiterung

Der Messbereich von Amperemetern und von Voltmetern lässt sich durch geeignetes Zuschalten von Widerständen erweitern.

Bei **Amperemetern** wird durch eine Verzweigung im Stromkreis nur ein Teil des Gesamtstromes durch das Amperemeter geleitet (Abb. 28.6).

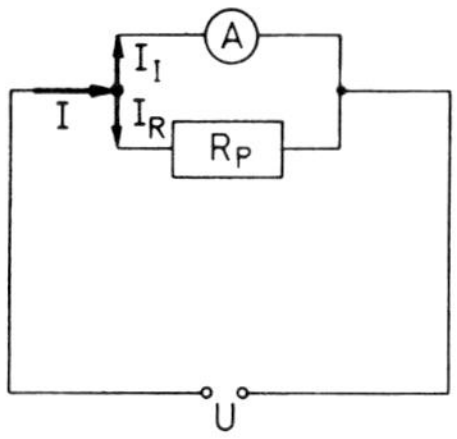

Abb. 28.6

Für den Widerstand R_P, der parallel zum Amperemeter geschaltet ist, gilt:

$$R_P = \left(\frac{I_I}{I - I_I}\right) \cdot R_I \qquad (28.1)$$

I: Gesamtstrom
I_I: Teilstrom durch das Amperemeter
R_I: Innenwiderstand des Amperemeters
R_P: Parallelwiderstand

Beispiel: Um den Messbereich eines Amperemeters von 1 A auf 10 A zu erweitern, muss also ein Widerstand, der $\frac{1}{9}$ des Innenwiderstandes des Amperemeters beträgt, parallel zum Amperemeter geschaltet werden.

Zur Messbereichserweiterung von **Voltmetern** wird ein Vorschaltwiderstand in Serie mit dem Voltmeter geschaltet. Dadurch fällt von der insgesamt anliegenden Spannung U nur ein Teil U_I am Instrument ab (Abb. 28.7).

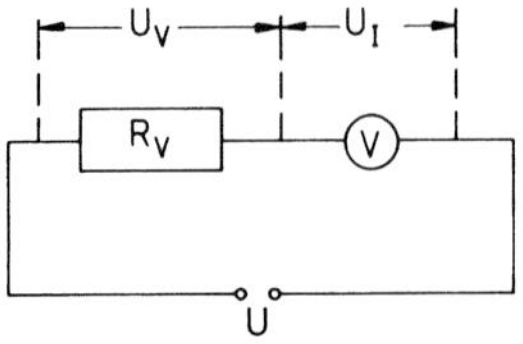

Abb. 28.7

Der Vorschaltwiderstand R_V berechnet sich nach folgender Formel:

$$R_V = \left(\frac{U}{U_I} - 1\right) \cdot R_I \qquad (28.2)$$

U: Gesamtspannung
U_I: Teilspannung am Voltmeter
R_I: Innenwiderstand des Voltmeters
R_V: Vorschaltwiderstand

Beispiel: Zur Messbereichserweiterung eines Voltmeters von 10 V auf 100 V muss nach Gleichung (28.2) ein Vorschaltwiderstand $R_V = 9 \cdot R_I$ in Serie mit dem Voltmeter geschaltet werden.

§ 28.4 Wirkung der Elektrizität auf den menschlichen Organismus

Der Mensch besitzt keine speziellen Sensoren für elektrische Spannungen bzw. Ströme. Durch Kontakt mit externen elektrischen Spannungsquellen kann der menschliche Körper unbeabsichtigt, z. B. durch Unachtsamkeit oder bei Unfällen, oder auch gewollt, z. B. bei der Diathermie, von elektrischen Strömen durchflossen werden.

Das Gewebe des menschlichen Körpers ist ein relativ guter elektrischer Leiter und die Leitfähigkeit entspricht etwa der eines Elektrolyten. Die Elektrizitätsleitung erfolgt über Ionen im Gewebewasser und der Zellzwischenräume. Allerdings hängt die bei einer bestimmten anliegenden Spannung auftretende Stromstärke einerseits davon ab, zwischen welchen Stellen des Körpers die Potentialdifferenz besteht, und andererseits spielt der Übergangswiderstand der Haut zwischen den Polen der Spannungsquelle und dem eigentlichen Körperwiderstand eine beträchtliche Rolle. Der Übergangswiderstand der Haut, der in Reihe mit dem Körperwiderstand liegt, kann in sehr weiten Grenzen variieren, wobei die Größe der Kontaktfläche eine Rolle spielt, aber wesentlich durch den Feuchtigkeitszustand der Haut bedingt ist. Beträgt der elektrische Widerstand des Körpers zwischen Hand und Fuß bei trockener Haut etwa 10 kΩ bis 100 kΩ, so liegt er bei feuchter Haut nur noch bei ca. 1 kΩ. Man kann daher nicht ohne Weiteres bestimmte Grenzwerte der Berührspannungen als gefährdend für den menschlichen Organismus angeben, da es die Ströme bzw. Stromdichten sind, welche die physiologischen Wirkungen bedingen. Spannungen von wenigen Volt, wie sie beispielsweise für Kinderspielzeug verwendet werden, können zwar noch als unkritisch betrachtet werden. Die Gefährlichkeit hängt aber von der Relation des Innenwiderstandes der Spannungsquelle zum Übergangs- und Körperwiderstand ab, die den möglichen Strom begrenzen.

Wirkungen auf den Körper gehen über die Stimulation von Nerven- und Muskelfasern sowie durch lokale Erwärmung des Gewebes. Zur stimulierenden Wirkung kann es kommen, wenn die im Körper fließenden Ströme eine Änderung des Membranpotentials (Ruhepotentials) der Zellen, Nerven- oder Muskelfasern unter Depolarisation und Ausbildung eines Aktionspotentials hervorrufen. Dies ist grundsätzlich von drei Bedingungen abhängig:

1. von der Stromstärke, die eine gewisse „Schwellenstromstärke“ überschreiten muss, damit die Stromdichte in der Membran die notwendige Depolarisation bewirken kann;
2. vom zeitlichen Verlauf und der Einwirkungsdauer des Stromes;
3. von der Stromrichtung, die in Bezug auf die Polarität der Membran (außen positiv, innen negativ) von entscheidender Bedeutung sein kann und von den betroffenen Bereichen.

Die am meisten gefährdeten Organe sind das Herz, das Gehirn und die Atemmuskulator.

Gleichspannungen vermögen Depolarisationen nur beim Ein- und Ausschalten des Stromes zu bewirken. Allerdings verändert ein Gleichstrom die Ausgangslage des Membranpotentials und bewirkt damit eine Änderung der Erregbarkeit, vor allem kommt es aber zu elektrolytischen Zersetzungen und zum Transport von Ionen auch über größere Distanzen im Körperinnern. Die ***elektrostatische Aufladung*** durch Reibung, wie etwa von Kleidung oder bei Kunststoffsitzen und -bodenbelägen, kann zwar zu hohen Spannungen führen, die bei der Entladung fließenden Ströme sind allerdings sehr gering. Hier besteht die Gefährdung mehr in der psychischen Schockwirkung und in der Funkenbildung.

Niederfrequente Wechselspannungen mit Frequenzen zwischen 5 Hz und 500 Hz sind besonders gefährlich. In diesem Frequenzbereich durchlaufen die Schwellenstromstärken der Nervenfasern ein Minimum. Insbesondere bei Frequenzen um die Netzfrequenz $\nu = 50$ Hz des technischen Wechselstromes ist die Gefährdung maximal.

Für eine Wechselspannung von 230 V, 50 Hz und bei ca. 1 s Einwirkungszeit gelten folgende ungefähren Grenzwerte:

- eine Stromstärke von bis zu 0,5 mA gilt noch als unbedenklich;
- Ströme unter 5 mA hinterlassen in der Regel keine bleibenden Wirkungen;
- bei Strömen bis zu 20 mA treten erhebliche Wirkungen auf (krampfartige Muskelkontraktionen);
- ab ca. 25 mA werden die Wirkungen rasch stärker und können bei Werten ≥ 50 mA zur Bewusstlosigkeit führen;
- Ströme oberhalb von ca. 100 mA bedingen Herzkammerflimmern, mit möglicherweise letaler Wirkung bei längerem Andauern;
- für noch größere Stromstärken gehen die bislang i. Allg. noch reversiblen Symptome zunehmend in das Risiko eines irreversiblen Herz- und Atemstillstandes über.

Mit zunehmender Stromstärke steigt auch die Verbrennungswirkung.

Die Abhängigkeit der Wirkung vom Weg, den der elektrische Strom durch den Organismus nimmt, verdeutlicht folgendes Beispiel: Durchströmt ein Wechselstrom den menschlichen Körper von einer Hand zur anderen, so kann, obwohl davon nur ca. 6 % durch das Herz fließen, bereits ein 50 Hz Wechselstrom von 40 mA zum tödlichen Herzkammerflimmern führen.

Hochfrequente Wechselspannungen (Frequenzen > 500 kHz) haben keine Reizwirkung mehr, sie rufen in den Körperzellen Ionenbewegungen hervor, die jedoch nur über sehr kurze Distanzen erfolgen und in der Regel nur noch Wärmewirkungen entfalten. Die Schwellenstromstärke steigt proportional mit der Frequenz, die Wärmeentwicklung aber mit dem Quadrat der Stromstärke. Hochfrequente Ströme werden in der Medizin daher verschiedentlich zu therapeutischen Zwecken eingesetzt. Wie etwa bei der ***Hochfrequenz-Diathermie***, wo Hochfrequenzenergie vermittels – je nach Frequenzbereich geeigneter – flächenhafter Elektroden in das Körperinnere geleitet und eine innere Durchwärmung von Organen und Gewebe bewirkt (s. auch § 29.1 und § 32). Oder bei der ***Hochfrequenz-Chirurgie*** (mit Frequenzen im MHz-Bereich), bei der eine der Elektroden als Spitze oder Messer ausgebildet ist, wodurch an der Berührungsstelle infolge der hohen Stromdichten so hohe Temperaturen auftreten, dass das Gewebe sofort verdampft und koaguliert (*Elektrokoagulation*).

Elektrizität muss, wie das Beispiel der hochfrequenten Wechselströme zeigt, für den Organismus nicht in allen Fällen schädlich sein, sondern kann sehr wohl therapeutischen Zwecken dienen; man denke dabei auch an die gezielte Stimulation von Muskeln in der Anwendung bei Herzschrittmachern, um noch ein weiteres Beispiel zu nennen.

Dagegen ist bei Gleichspannungen, wie oben ausgeführt, und ebenso auch im Bereich der mittleren Frequenzen zwischen 500 Hz und 500 kHz, für die in der Wirkung Ähnliches gilt wie für Gleichströme, ab bestimmten Stromstärken ein steigendes Gefährdungspotential gegeben. Ein solches liegt aber insbesondere im Bereich der niederfrequenten Wechselspannungen vor, dabei in verstärktem Maße im Frequenzbereich des technischen Wechselstroms. Zur Minimierung des Risikos beim Umgang damit ist daher für alle Geräte und Vorrichtungen, die damit versorgt werden, auf eine gute **Schutzerdung** zu achten. Ein elektrischer Leiter kann als geerdet angesehen werden, wenn er guten elektrischen Kontakt mit der Erde hat, z. B. durch direkten Kontakt mit dem Erdreich oder durch Kurzschließen mit einem anderen geerdeten Leiter, etwa einem metallenen Wasserrohr (s. auch § 27.5.1).

4

Aufgaben

Aufgabe 28.1: Welches der in Bild A 28.1 eingezeichneten Instrumente misst nur den Strom, der durch den Widerstand ***R*** fließt?

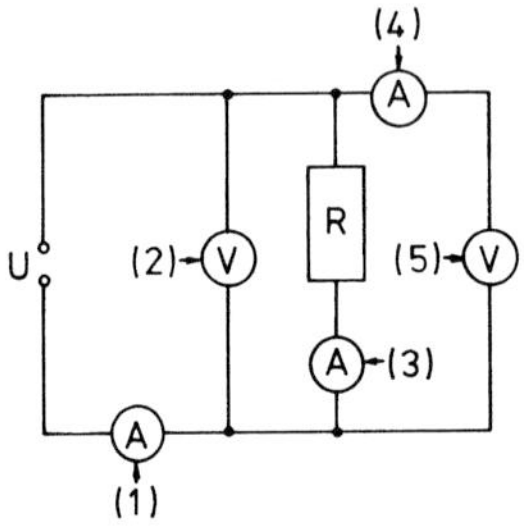

Bild A 28.1

Aufgabe 28.2: Welches Instrument der Schaltung in Bild A 28.1 misst allein die am Widerstand ***R*** abfallende Spannung?

Aufgabe 28.3: Welche Instrumente werden in der Schaltung von Bild A 28.2

a) zur Spannungsmessung verwendet?
b) Was misst Instrument (1)?

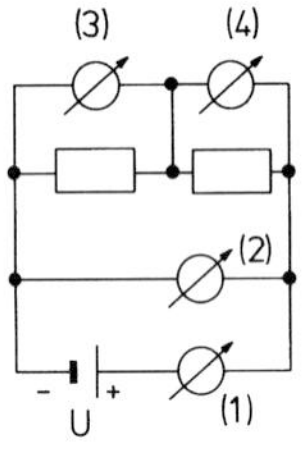

Bild A 28.2

Aufgabe 28.4: Welche Instrumente werden in der Schaltung von Bild A 28.3

a) zur Spannungsmessung und welche
b) zur Strommessung verwendet?

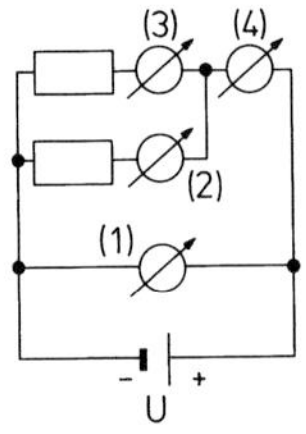

Bild A 28.3

Aufgabe 28.5: Bei einem Amperemeter, dessen Innenwiderstand R_i = 40 Ω beträgt, soll der Messbereich von 100 mA auf 10 A erweitert werden. Wie groß muss der parallel geschaltete Widerstand ***R*** sein?

§ 29 Dielektrische und magnetische Eigenschaften der Materie

§ 29.1 Dielektrische Eigenschaften der Materie

Bringt man einen Isolator in ein **elektrisches Feld**, so wird dieser polarisiert.

Dabei induziert das äußere elektrische Feld $\vec{E}$ elektrische Dipolmomente $\vec{p}_i$ im Dielektrikum in Richtung von $\vec{E}$ (s. § 20.1.3 u. § 20.3), deren Summe pro Volumeneinheit als die **Polarisation $\vec{P}$ des Dielektrikums** definiert wird:

Definition:

$$\vec{P} = \frac{\sum p_i}{V} \tag{29.1}$$

Bezeichnet man mit ϱ_N die Anzahldichte der Teilchen pro Volumeneinheit, dann ergibt sich für die Polarisation (Dipolmoment/Volumeneinheit) aus (29.1):

$$\boxed{\vec{P} = \varrho_N \cdot \vec{p}} \tag{29.2}$$

Für gewöhnliche Dielektrika in nicht zu starken elektrischen Feldern gilt, dass die Polarisation $\vec{P}$ direkt proportional der Feldstärke $\vec{E}$ ist:

$$\vec{P} = \varepsilon_0 \cdot \chi_e \cdot \vec{E} \tag{29.3}$$

Dabei fasst man mit $\chi_e = \varepsilon_r - 1$ als neue Materialkonstante die **dielektrische Suszeptibilität** zusammen; $\vec{E}$ ist die im Dielektrikum effektiv vorhandene Feldstärke $E = E_0/\varepsilon_r$, wenn E_0 die Feldstärke ohne Dielektrikum bedeutet.

Für das Zustandekommen der Polarisation eines Dielektrikums unterscheidet man zwischen ***Dielektrizität, Paraelektrizität*** und ***Ferroelektrizität***. Bei der **Dielektrizität** handelt es sich um eine sog. ***Verschiebungspolarisation*** durch das äußere elektrische Feld mit einem elektronischen (Verschiebung der Elektronenhülle relativ zum Kern) und einem ionischen Beitrag (Verschiebung der Ionen gegeneinander), während bei **Para-** und **Ferroelektrika**

Moleküle mit permanenten elektrischen Dipolmomenten, bzw. polarisierte mikroskopische Bereiche, zur ***Polarisation*** beitragen, indem deren ***Orientierung*** sich in einem äußeren elektrischen Feld ändern kann. In Tab. 20.1 sind statische Dielektrizitätszahlen ε_r einiger Stoffe zusammengestellt.

Ist das auf das Dielektrikum einwirkende äußere elektrische Feld $\vec{E}$ zeitlich periodisch veränderlich, so ist die Dielektrizitätszahl ε_r im Allgemeinen von dessen Kreisfrequenz ω abhängig, d. h. $\varepsilon_r = \varepsilon_r(\omega)$. Handelt es sich dabei um elektrische Felder von elektromagnetischen Wellen im Bereich der optischen Frequenzen, dann ist es fast ausschließlich der elektronische Anteil der Polarisation, der zur Dielektrizitätszahl beiträgt. Der ionische und der Anteil der permanenten Dipole sind bei hohen Frequenzen gering, infolge der Trägheit der Moleküle und Ionen. Ihr Beitrag zur Dielektrizitätszahl kommt bei geringeren Frequenzen zum Tragen, im Bereich der längerwelligen elektromagnetischen Strahlung, wie z. B. den Mikrowellen-, Radio- und Audiofrequenzen.

Wir betrachten nun die drei Typen dielektrischer Erscheinungen etwas näher.

Dielektrizität

Bei *dielektrischen Stoffen* fallen die Ladungsschwerpunkte der positiven und negativen Ladungen zusammen, d. h. sie besitzen kein elektrisches Dipolmoment. Bringt man solche Stoffe in ein elektrisches Feld, so werden die Ladungsschwerpunkte der positiven und negativen Ladungen etwas verschoben (s. auch § 20.1.3). Durch diese **Verschiebungspolarisation** entsteht ein ***induziertes elektrisches Dipolmoment*** $\vec{p} = \boldsymbol{\alpha} \cdot \vec{\boldsymbol{E}}$, wobei α die *elektrische Polarisierbarkeit* bedeutet. Es folgt daher für die Polarisation nach (29.2):

$$\vec{P} = \varrho_N \cdot \alpha \cdot \vec{E} \tag{29.4}$$

Damit und mit (29.3) ergibt sich für die Verknüpfung der messbaren makroskopischen Größe ε_r und der mikroskopischen Größe α folgende Beziehung:

$$\varepsilon_0(\varepsilon_r - 1) = \varrho_N \cdot \alpha \tag{29.5}$$

Die Dielektrizitätszahl dielektrischer Stoffe ist **temperaturunabhängig** und ist für Gase, wie z. B. für die kugelsymmetrischen Edelgasatome oder Moleküle mit homöopolarer Bindung, wie H_2, O_2, N_2, CO_2, CH_4 etc., nur wenig größer als eins (s. Tab. 20.1), liegt ansonsten in der Größenordnung von $\varepsilon_r \approx 1 \ldots 10$.

Wie bereits erwähnt, unterscheidet man bei der Verschiebungspolarisation zwischen der ***Elektronenpolarisation*** und der ***Ionenpolarisation***.

Bei der Elektronenpolarisation wird unter der Wirkung des elektrischen Feldes die Elektronenhülle der neutralen Atome oder Moleküle deformiert, wodurch ein elektrisches Dipolmoment entsteht. Bei der Ionenpolarisation werden in Molekülen mit Ionenbindung geladene Atome oder Atomgruppen gegeneinander verschoben, wodurch ebenfalls ein Dipolmoment entsteht oder ein schon vorhandenes verstärkt wird.

4

Paraelektrizität

Stoffe, die aufgrund ihres atomaren Aufbaues ein ***permanentes elektrisches Dipolmoment*** besitzen, nennt man ***paraelektrisch***.

Ein typischer Vertreter für paraelektrische Stoffe ist das Wassermolekül. Bei ihm bilden die beiden Wasserstoffatome einen Winkel von etwa 105 Grad zum Sauerstoffatom (Abb. 29.1), wodurch die Ladungsschwerpunkte nicht mehr zusammenfallen. Im elektrischen Feld richten sich die permanenten elektrischen Dipolmomente in Feldrichtung aus, man spricht hier von **Orientierungspolarisation**.

Auch paraelektrische Stoffe erfahren eine Verschiebungspolarisation, wenn sie in das elektrische Feld eingebracht werden. Nur ist der Effekt der Verschiebungspolarisation gegenüber dem der Orientierungspolarisation vernachlässigbar. Zu den Paraelektrika gehören neben Wasser noch Stoffe wie NaCl, KCl, Gly-

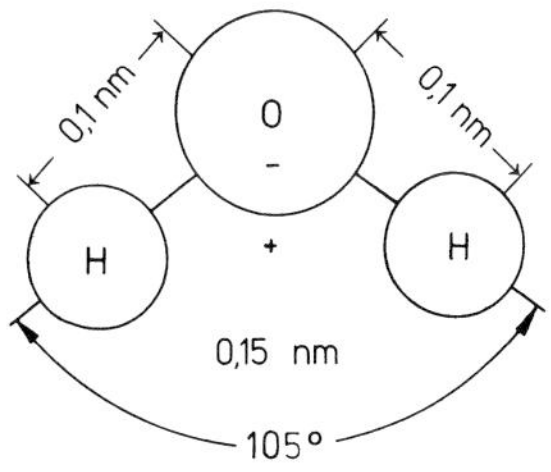

Abb. 29.1

cerin und viele andere. Die Dielektrizitätszahlen ε_r liegen bei den paraelektrischen Stoffen größenordnungsmäßig zwischen: $\varepsilon_r \approx 5 \ldots 100$.

Die Dielektrizitätszahl ist **temperaturabhängig**, denn die thermische Bewegung der Moleküle hemmt die Orientierung der Dipole im elektrischen Feld.

Nach dem ***Curie'schen Gesetz*** gilt für die Suszeptibilität: $\chi_e \sim 1/T$.

Die Suszeptibilität und damit die Dielektrizitätszahl ε_r nimmt für paraelektrische Stoffe bei steigender Temperatur schnell ab.

Verwendet man zur Orientierung der elektrischen Dipolmomente ein hochfrequentes Wechselfeld, so werden die Dipole ständig umorientiert. Durch innere Reibung entsteht dabei Wärme. Da die Dipole gleichmäßig über das gesamte Volumen des Stoffes (z. B. Wasser im Gewebe) verteilt sind, führt die Bestrahlung mit hochfrequenten Wechselströmen zu einer Volumenerwärmung. Man macht sich diese gleichmäßige Volumenerwärmung bei der ***Diathermie*** zunutze (s. auch § 32). So werden Körperteile oder Gewebe, beispielsweise bei der Kurzwellentherapie (Frequenz einige MHz) durch Auflegen flächenhafter Elektroden und bei der Ultrakurzwellentherapie (Frequenz einige 100 MHz) im Hochfrequenzfeld zwischen flächenhaften Elektroden (ohne Berührung des Gewebes) erwärmt. Auch die Volumenerwärmung von biologischem Material oder die Lebensmittelerwärmung im ***Mikrowellenherd*** ist eine Folge der Umorientierung von permanenten Dipolmomenten im Hochfrequenzfeld.

Ferroelektrizität

Die Ferroelektrizität ist durchweg an kristalline Festkörper gebunden, die sich durch sehr große Dielektrizitätszahlen auszeichnen. Bei ferroelektrischen Stoffen sind mikroskopisch kleine Bereiche (Domänen) auch ohne Vorhandensein eines elektrischen Feldes polarisiert. Das Gesamtdipolmoment ist jedoch null, da die Bereiche in verschiedene Richtungen polarisiert sind. Unter der Einwirkung eines äußeren elektrischen Feldes orientieren sich diese Bereiche in Feldrichtung, sodass das Dielektrikum stark polarisiert wird.

Die Polarisation von ferroelektrischen Stoffen zeigt in Abhängigkeit von der elektrischen Feldstärke eine ***Hysterese*** (Abb. 29.2); s. dazu auch § 29.2 (Abb. 29.6).

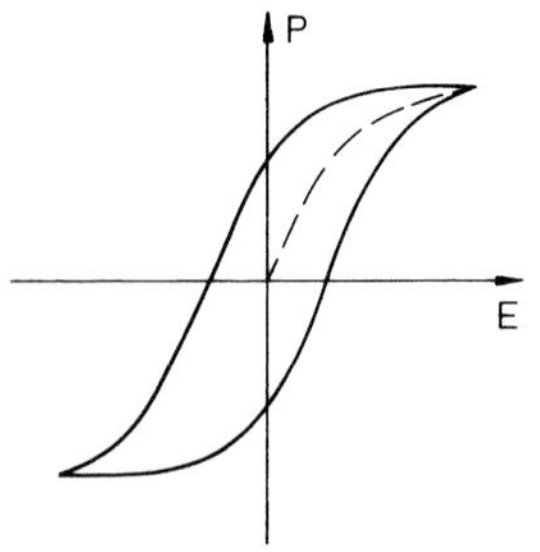

Abb. 29.2

Nach dem Abschalten des elektrischen Feldes bleibt noch eine Restpolarisation zurück. Diese Polarisation wird erst null, wenn man ein elektrisches Feld in entgegengesetzter Richtung anlegt.

Die Dielektrizitätszahlen ε_r erreichen für ferroelektrische Stoffe Werte über 10^3 bis 10^4 (s. Tab. 20.1) und sind stark von der elektrischen Feldstärke abhängig. Typische Vertreter für ferroelektrische Stoffe sind das Seignette-Salz (Kaliumnatriumtartrat) $NaK(C_4H_4O_6) \cdot 4\,H_2O$ ($\varepsilon_r \approx 10$ bis 170) und z. B. Niobate bzw. Titanate der Alkali- und Erdalkalielemente wie etwa Kaliumniobat $KNbO_3$ ($\varepsilon_r \approx 700$) oder Calciumtitanat $CaTiO_3$ ($\varepsilon_r \approx 165$); die angegebenen Dielektrizitätszahlen ε_r sind statische Werte bei Raumtemperatur ($T = 293$ K). Früher wurde die Ferroelektrizität auch als Seignetteelektrizität bezeichnet.

Die ferroelektrischen Eigenschaften von Stoffen gehen verloren, wenn man diese Stoffe über eine für sie charakteristische Temperatur, die ***Curie-Temperatur***, erhitzt. Ihr Verhalten im elektrischen Feld geht dann in das von normalen paraelektrischen Stoffen über.

Elektromechanische Eigenschaften der Ferroelektrika

Elektrostriktion

Jede Polarisation eines Dielektrikums ist wegen der räumlichen Verschiebung der elementaren Dipole mit einer Deformation des Kristallgitters und damit einer Änderung z. B. der Länge des Kristalls verbunden. Nun gibt es eine Reihe von Kristallen, die prinzipiell keine polaren Eigenschaften besitzen können. Werden sie in ein elektrisches Feld $\vec{E}$ gebracht, so beobachtet man eine als ***Elektrostriktion*** bezeichnete Längenänderung $\Delta l \sim E^2$. Dieser Effekt tritt vor allem in Kristallen mit Symmetriezentrum ohne polare Achse und in Flüssigkeiten auf, kann aber auch an Gasen beobachtet werden. Die quadratisch vom E-Feld abhängige Elektrostriktion ist aber viel kleiner als die linear vom E-Feld abhängige, die man bei polaren Kristallen beobachtet. Man bezeichnet die an polaren Kristallen auftretende lineare Elektrostriktion auch als ***inversen piezoelektrischen Effekt***, da er nur an Kristallen beobachtet werden kann, die auch den piezoelektrischen Effekt zeigen.

Piezoelektrischer Effekt

Kristalle ohne Symmetriezentrum haben eine oder mehrere polare Achsen. Um eine polare Achse herrscht zwar Rotationssymmetrie, sie besitzt aber eine Vorzugsrichtung, die physikalisch mit der Gegenrichtung nicht gleichwertig ist. Unter dem Einfluss einer mechanischen Deformation (Druck oder Dehnung) werden derartige Kristalle infolge Verzerrung des Kristallgitters polarisiert, es treten dabei an den Enden der polaren Achsen Oberflächenladungen auf. Diesen Effekt bezeichnet man als ***direkten piezoelektrischen Effekt*** (kurz auch: ***Piezoeffekt***). Der Effekt wurde an einer Reihe von Kristallen beobachtet: Seignette-Salz, Zinkblende, Quarz, Turmalin. Neben diesen klassischen Materialien sind für technische Anwendungen eine Reihe weiterer Substanzen von großer Bedeutung, wovon insbesondere die ferroelektrischen Keramiken (Bleizirkonat-Titanat) zu erwähnen sind. Beispiele für technische Anwendungen des direkten Piezo-Effektes sind: Gasanzünder, Tonabnehmer, Mikrophon, Kraft- und Beschleunigungsmesser. Der inverse Piezo-Effekt wird technisch ausgenützt bei Lautsprechern, mechanischen Feinverstellungen, Flüssigkeitszerstäubern, Quarzuhren, Frequenznormalen und Ultraschallstrahlern (s. § 33.3).

§ 29.2 Magnetische Eigenschaften der Materie

Wie die elektrische Polarisation eines Dielektrikums lässt sich die Magnetisierung $\vec{M}$ eines Stoffes als Summe der magnetischen Momente $\vec{m}_i$ pro Volumeneinheit definieren:

Definition:

$$\vec{M} = \frac{\sum \vec{m}_i}{V} \tag{29.6}$$

Bei den meisten Stoffen ist die Magnetisierung $\vec{M}$ proportional zur magnetischen Feldstärke $\vec{H}$.

$$\vec{M} = \chi_m \cdot \vec{H} \tag{29.7}$$

Die Proportionalitätskonstante $\boldsymbol{\chi_m}$ nennt man **magnetische Suszeptibilität**. Sie ist eine dimensionslose Zahl.

Bringt man Materie in ein **Magnetfeld** der magnetischen Flussdichte $\vec{B}_0$, so baut sich nach Gleichung (29.6) eine Magnetisierung auf, da im Stoff magnetische Dipolmomente induziert werden oder schon vorhandene Dipolmomente im Feld orientiert werden. In der Materie entsteht ein zusätzliches Magnetfeld. Für die magnetische Flussdichte gilt dann:

$$\begin{aligned} \vec{B} &= \vec{B}_0 + \mu_0 \cdot \vec{M} = (1 + \chi_m) \cdot \vec{B}_0 \\ &= \mu_r \cdot \vec{B}_0 \end{aligned} \tag{29.8}$$

$\vec{B}$:	magnetische Flussdichte mit Materie
$\vec{B}_0 = \mu_0 \cdot \vec{H}$:	magnetische Flussdichte ohne Materie
$\vec{M}$:	Magnetisierung
μ_0:	magnetische Feldkonstante
μ_r:	**Permeabilitätszahl** (oder **relative Permeabilität**)
χ_m:	**Suszeptibilität**

Zwischen der *Permeabilitätszahl* μ_r und der *Suszeptibilität* χ_m besteht damit nach Gleichung (29.8) folgender Zusammenhang:

$$\boxed{\mu_r = 1 + \chi_m} \tag{29.9}$$

Je nach Größe von χ_m bzw. μ_r unterscheidet man zwischen ***diamagnetischen***, ***paramagnetischen*** und ***ferromagnetischen Stoffen***.

4

diamagnetische Stoffe	$\mu_r < 1$	$\chi_m < 0$
		$(\chi_m \approx -10^{-4}$ bis $10^{-6})$
paramagnetische Stoffe	$\mu_r > 1$	$\chi_m > 0$
		$(\chi_m \approx +10^{-2}$ bis $10^{-6})$
ferromagnetische Stoffe	$\mu_r \gg 1$	$\chi_m \gg 0$
		$(\chi_m \approx +10^3 \ldots +10^4)$

Diamagnetische Stoffe

Diamagnetische Stoffe besitzen keine permanenten magnetischen Dipolmomente. In einem Magnetfeld entstehen jedoch ***induzierte magnetische Dipolmomente***. Diese sind wegen der Lenz'schen Regel (siehe § 26.4.2) dem äußeren Magnetfeld entgegengerichtet. Bringt man einen diamagnetischen Stoff in ein inhomogenes Magnetfeld, so erfährt er eine Kraft in Richtung abnehmender Feldstärke, er wird abgestoßen (Abb. 29.3).

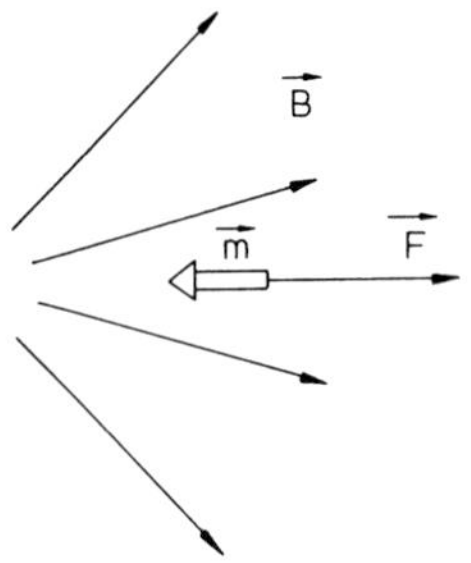

Abb. 29.3

Die Suszeptibilität χ_m diamagnetischer Stoffe ist daher negativ. Ihr Betrag ist sehr klein und meist **temperaturunabhängig**. Diamagnetisch sind Substanzen wie die Edelgase, Wasserstoff (H_2) oder die negativen Halogenid- und die positiven Alkaliionen sowie Wasser ($\chi_m = -9{,}05 \cdot 10^{-6}$) und einige Metalle, z. B. Bismut ($\chi_m = -1{,}65 \cdot 10^{-4}$), Gold ($\chi_m = -3{,}45 \cdot 10^{-5}$), Silber ($\chi_m = -2{,}38 \cdot 10^{-5}$), Blei ($\chi_m = -1{,}59 \cdot 10^{-5}$) oder Kupfer ($\chi_m = -9{,}63 \cdot 10^{-6}$). Die Permeabilitätszahl $\mu_r = 1 + \chi_m$ diamagnetischer Substanzen ist somit kleiner als eins, unterscheidet sich aber davon nur wenig, wie diese Beispiele zeigen.

Die für den Diamagnetismus typische Induktion magnetischer Dipolmomente durch ein äußeres Magnetfeld tritt im Prinzip bei allen Stoffen auf, wird jedoch bei einer Reihe von Substanzen durch den weitaus größeren Paramagnetismus überdeckt (s. unten).

Die eingangs gemachte Aussage, dass diamagnetische Stoffe keine permanenten Dipolmomente besitzen, liegt in deren atomarem Aufbau begründet. Wir machen uns dazu das einfache Modell des Atomaufbaus zunutze, nach dem die in definierten Energiezuständen befindlichen Elektronen auf stationären Bahnen um den positiven Atomkern kreisen (s. § 38.2). Nun stellen auf Kreisbahnen umlaufende Elektronen einen Strom dar, der wie jede bewegte Ladung ein Magnetfeld um sich hat, welchem im Falle eines Kreisstromes ein bestimmtes Dipolmoment zugeordnet werden kann (zum Magnetfeld eines Kreisstromes s. z. B. § 26.2, Abb. 26.12). In diamagnetischen Substanzen sind die Elektronenbahnen jedoch so gegeneinander orientiert, dass sich die einzelnen Dipolmomente der Atome kompensieren und die Substanz als Ganzes unmagnetisch ist. Bringt man eine diamagnetische Probe in ein Magnetfeld, so findet eine Wechselwirkung zwischen der magnetischen Induktion $\vec{B}$ und den atomaren Dipolen statt, mit der Folge, dass Kreisströme entstehen, indem das ganze Atom mit seiner Elektronenhülle wie ein kleiner atomarer Kreisel um die $\vec{B}$-Richtung eine Präzessionsbewegung ausführt, analog zur Präzessionsbewegung eines mechanischen Kreisels im Erdfeld (s. Abb. 7.19 und 7.20 sowie Gleichung (7.49)). Für die Präzessionsfrequenz (Kreisfrequenz), die so genannte ***Larmor-Frequenz*** $\boldsymbol{\omega_L}$, ergibt sich:

$$\omega_L = \gamma \cdot B \qquad (29.10)$$

Die Größe $\boldsymbol{\gamma}$ heißt ***gyromagnetisches Verhältnis***.

Das magnetische Moment stellt sich also nicht parallel zum homogenen $\vec{B}$-Feld ein wie ein elektrischer Dipol zum homogenen elektrischen Feld, sondern präzediert um die Magnetfeldrichtung. Da die atomaren Dipole erst durch das äußere $\vec{B}$-Feld induziert werden, sind sie dem äußeren Feld entgegengerichtet und erfahren daher im inhomogenen Magnetfeld eine Abstoßung.

Paramagnetische Stoffe

Elektronischen Paramagnetismus findet man bei Atomen und Molekülen mit einer ungeraden Anzahl von Elektronen und bei Stoffen mit nur teilweise gefüllten inneren Elektronenschalen, auch bei einigen wenigen Verbindungen mit einer geraden Anzahl von Elektronen sowie bei den meisten Metallen. Charakteristisch für sie ist, dass der Gesamtspin des jeweiligen Systems nicht null ist, sodass magnetische Wirkung (Spin- oder Bahnmoment) von mindestens einem Elektron erhalten bleibt. In paramagnetischen Stoffen sind daher ***permanente magnetische Dipolmomente*** vorhanden. Diese Dipolmomente sind jedoch statistisch verteilt und kompensieren sich somit gegenseitig. In einem äußeren Magnetfeld führen die atomaren magnetischen Dipolmomente $\vec{m}_i$ eine Präzessionsbewegung mit der Larmorfrequenz um die $\vec{B}$-Feldrichtung aus, wobei parallele und antiparallele Einstellungen der $\vec{m}_i$ zum Feld vorkommen können. In der Bilanz resultiert aber eine Ausrichtung in Richtung des $\vec{B}$-Feldes, der eigentliche ***Paramagnetismus***.

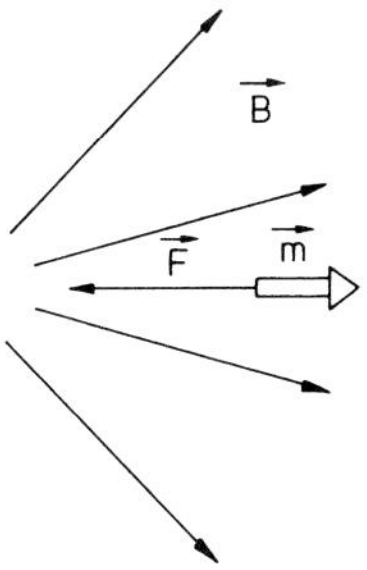

Abb. 29.4

In einem inhomogenen Feld erfahren paramagnetische Stoffe deshalb im Gegensatz zu diamagnetischen Stoffen eine Kraft in Richtung zunehmender Feldstärke, sie werden angezogen (Abb. 29.4). Die Suszeptibilität von paramagnetischen Stoffen ist **temperaturabhängig**. Sie nimmt mit steigender Temperatur ab, denn die Wärmebewegung der Atome wirkt einer Orientierung im Feld entgegen. Es gilt auch hier analog zur Paraelektrizität das ***Curie'sche Gesetz*** für die magnetische Suszeptibilität: $\chi_m \sim 1/T$.

Bei paramagnetischen Materialien ist χ_m positiv, aber auch sehr klein, d. b. die Permeabilitätszahl μ_r ist nur wenig größer als eins (μ_r unterscheidet sich von eins nur in den Dezimalen nach dem Komma).

Beispiele paramagnetischer Stoffe sind (χ_m jeweils bei 293 K):

Platin ($\chi_m = 2{,}66 \cdot 10^{-4}$), Aluminium ($\chi_m = 2{,}08 \cdot 10^{-5}$), Calcium ($\chi_m = 1{,}94 \cdot 10^{-5}$), Natrium ($\chi_m = 8{,}48 \cdot 10^{-6}$), Sauerstoff ($O_2 : \chi_m = 1{,}94 \cdot 10^{-6}$), Salze der Nebengruppenelemente, z. B. $FeCl_3$ ($\chi_m = 3{,}02 \cdot 10^{-3}$) oder Oxide der Lanthaniden, wie etwa Ho_2O_3 ($\chi_m = 4{,}37 \cdot 10^{-2}$).

Ferromagnetismus

Ferromagnetische Substanzen erreichen Werte der Permeabilitätszahl μ_r von ca. 10^3 bis 10^6 (und damit auch der magnetischen Suszeptibilität χ_m), die Magnetisierung ist also um viele Größenordnungen höher als bei paramagnetischen Substanzen. Ferromagnetika besitzen ein spontanes magnetisches Moment, d. h. ein Moment, das auch ohne äußeres Magnetfeld vorhanden sein kann. Der Ferromagnetismus ist eine Eigenschaft des Kristallgitters, in welchem magnetische Momente nach einem regelmäßigen Schema geordnet sind und so das spontane Moment bedingen. Als Ordnungsschema eines einfachen Ferromagneten existieren einzelne Bereiche, die so genannten ***Weiß'schen Bezirke***, in denen alle Elektronenspins beispielsweise parallel ausgerichtet sind (Abb. 29.5). Besitzen die einzelnen Bezirke verschiedene Orientierungen, so kann der Stoff nach außen auch unmagnetisch erscheinen. Bringt man ein ferromagnetisches Material in ein äußeres Magnetfeld, so bewegen sich die Wände, die sog. *Blochwände*, zwischen den Weiß'schen Bezirken, wodurch die Bezirke anwachsen, deren magnetische Spinmomente parallel zur Feldrichtung stehen. Es resultiert eine starke Magnetisierung des Stoffes. Dieser Umklappeffekt

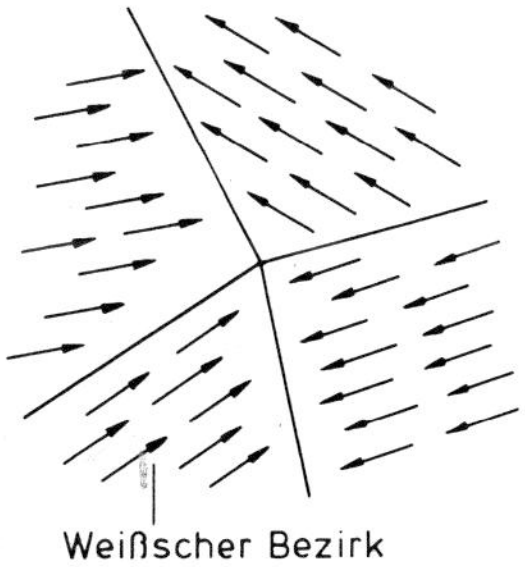

Abb. 29.5

der Elektronenspins bzw. der magnetischen Spinmomente an den Blochwänden beim Anwachsen der Weiß'schen Bezirke unter Einwirkung des äußeren Magnetfeldes, kann experimentell nachgewiesen werden; man nennt ihn den *Barkhausen-Effekt*.

Die Permeabilitätszahl μ_r ist bei ferromagnetischen Stoffen keine Materialkonstante, sondern hängt vom äußeren Magnetfeld und von der Vorbehandlung des Stoffes ab; außerdem ist sie **temperaturabhängig**. Oberhalb einer bestimmten, für den Stoff charakteristischen Temperatur T_C, der ***Curie-Temperatur***, geht die ferromagnetische Eigenschaft verloren und das Material geht in ein paramagnetisches Verhalten über. D. h. die magnetische Suszeptibilität χ_m sinkt um mehrere Größenordnungen und hängt für Temperaturen $T > T_C$ ähnlich der Curie'schen Beziehung von der Temperatur ab:

$$\chi_m = \frac{\text{const.}}{T - T_C} \quad \text{(Curie-Weiß Gesetz)} \qquad (29.11)$$

Bei der Curie-Temperatur T_C findet eine Phasenumwandlung des Kristalls statt, wobei in der neuen Phase die Ausbildung der Weiß'schen Bezirke nicht mehr möglich ist. Die Curie-Temperatur der Ferromagneten liegt z. B. für Fe bei $T_C = 1043$ K, für Co bei $T_C = 1388$ K und für Ni bei $T_C = 627$ K.

Untersucht man bei Ferromagnetika für Temperaturen $T < T_C$ das Verhalten der Magnetisierung in Abhängigkeit vom äußeren Feld, dann ergibt sich ein für den Ferromagneten typischer Kurvenlauf, den man als ***Hysterese***- oder ***Hysteresis-Kurve*** bezeichnet. In der Darstellung der Abb. 29.6 ist die Magnetisierung $\vec{M}$ als Funktion des äußeren Feldes $\vec{B}_0$ gewählt. Man kann aber ebenso auf der Ordinate die magnetische Flussdichte $\vec{B}$ in Abhängigkeit von der magnetischen Feldstärke $\vec{H}$ auf der Abszisse auftragen.

Beginnt man die Untersuchung einer völlig entmagnetisierten Probe beim äußeren Feld $B_0 = 0$, so steigt die Magnetisierung $\vec{M}$ mit zunehmender Feldstärke zunächst steil an und geht dann in eine Sättigung über (Neukurve oder jungfräuliche Kurve). Bei der Sättigungsmagnetisierung sind alle magnetischen Dipole in Feldrichtung ausgerichtet. Senkt man nun das Magnetfeld wieder ab, so nimmt zwar auch die Magnetisierung ab, aber die Werte liegen höher als beim ersten Hochfahren des $\vec{B}_0$-Feldes.

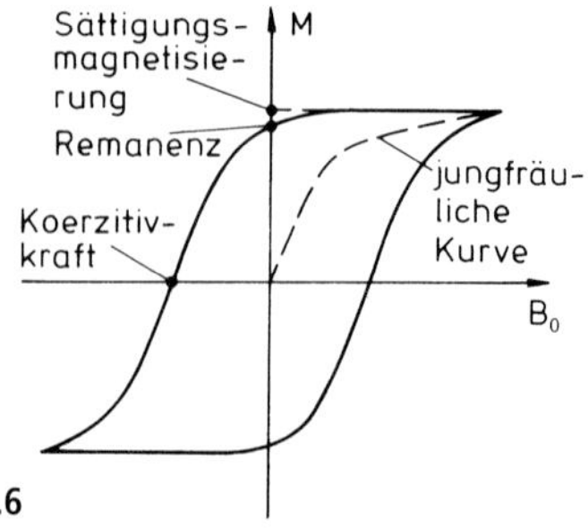

Abb. 29.6

Die Magnetisierung zeigt einen anderen Kurvenverlauf und geht bei $B_0 = 0$ nicht auf null zurück, sondern es bleibt eine Restmagnetisierung, die **Remanenz**, zurück.

Diese Eigenschaft ferromagnetischer Stoffe macht man sich bei der Herstellung von Permanentmagneten zunutze, indem man den Magneten in einem starken Magnetfeld magnetisiert.

Um die Restmagnetisierung abzubauen, muss ein Gegenfeld angelegt werden. Bei einer bestimmten Feldstärke, der **Koerzitivkraft**, ist der ferromagnetische Stoff dann wieder unmagnetisch. Eine zyklische Änderung des $\vec{B}_0$-Feldes lässt die Magnetisierung $\vec{M}$ die in Abb. 29.6 (durchgehend) gezeichnete Hysteresiskurve durchlaufen. Für die betragsmäßig gleich großen positiven und negativen Feldwerte sind die auftretenden Werte der Sättigungsmagnetisierung bzw. Koerzitivkraft wie auch der Remanenz (für $\vec{B}_0 = 0$) jeweils dem Betrage nach gleich.

Typische Vertreter ferromagnetischer Stoffe sind, wie oben erwähnt, die Elemente Eisen, Kobalt und Nickel sowie spezielle Legierungen aus Kupfer, Mangan und Aluminium (z. B. Heusler'sche Legierung Cu_2MnAl). Permeabilitätszahlen von Ferromagnetika sind z. B. für Eisen, je nach Vorbehandlung, $\mu_r \approx 400 \ldots 10^4$, für Eisen-Nickel-Legierungen (50 % Fe, 50 % Ni) bis zu $\mu_r \approx 2 \cdot 10^5$, für sog. Mumetall (77 % Ni, 16 % Fe, 5 % Cu, 2 % Cr) $\mu_r = 10^5$ bzw. für Supermalloy (79 % Ni, 16 % Fe, 5 % Mo) je nach Vorbehandlung von $\mu_r = 10^5$ bis 10^6.

Auch bei Ferromagnetika beobachtet man eine Längen- bzw. Volumenänderung, wenn das Material in ein $\vec{B}$-Feld eingebracht wird, ähnlich wie bei Ferroelektrika in $\vec{E}$-Feldern. Man bezeichnet diese Volumenänderung als ***Magnetostriktion***.

Aufgaben

Aufgabe 29.1: Welche der folgenden Stoffe zeigen im elektrischen Feld
a) dielektrische Verschiebungspolarisation?
b) dielektrische Orientierungspolarisation?
c) ferroelektrische Eigenschaft?
(1) He; (2) H_2; (3) H_2O; (4) $KNbO_3$; (5) Glycerin; (6) CH_4; (7) O_2; (8) NaCl; (9) N_2; (10) Seignette-Salz; (11) Ar; (12) CO_2.

Aufgabe 29.2: Welche der folgenden Stoffe sind bei Raumtemperatur
a) diamagnetisch?
b) paramagnetisch?
c) ferromagnetisch?
(1) Pt; (2) He; (3) H_2O; (4) $FeCl_3$; (5) Co; (6) Fe; (7) O_2; (8) Bi; (9) H_2; (10) Au; (11) Al; (12) Ar; (13) Ni; (14) Na; (15) Na^+.

Aufgabe 29.3: In Bild A 29.1 ist die Hysteresiskurve eines ferromagnetischen Materials dargestellt. Welche der eingezeichneten Punkte geben die
a) Sättigungsmagnetisierung b) Remanenz
c) Koerzitivkraft an?

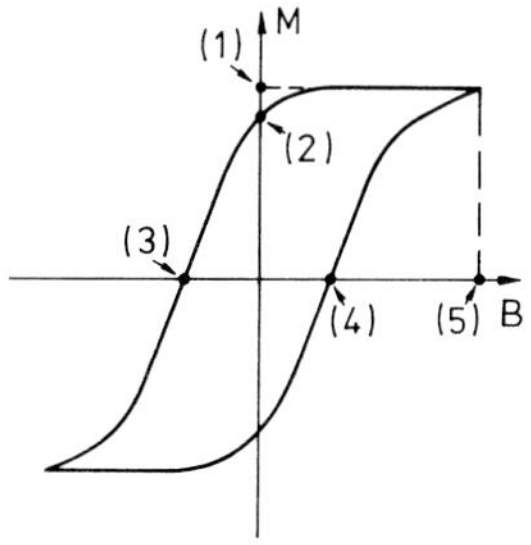

Bild A 29.1

Schwingungen und Wellen

§ 30 Schwingungen

§ 30.1 Allgemeines

In der Natur, wie auch in vielen Bereichen der Naturwissenschaften und der Technik, gibt es zahlreiche periodische Phänomene, d. h. periodische Veränderungen bestimmter (z. B. physikalischer) Größen. Vorgänge oder Bewegungen werden ***periodisch*** genannt, wenn sie sich in gleichen Zeitabschnitten wiederholen. Beispielhaft seien einige genannt: Der jahreszeitliche Wechsel infolge des Bahnumlaufs der Erde um die Sonne, der Wechsel von Tag und Nacht aufgrund der Rotation der Erde um ihre eigene Achse oder biologische Rhythmen, wie etwa zirkadiane Rhythmen (Periodendauer ca. 24 Stunden) oder die Kontraktion des Herzmuskels, jedoch auch (Langzeit-)Schwankungen z. B. in der Individuenzahl von Tierpopulationen, aber ebenso im Bereich der Technik, z. B. die Auf- und Abbewegung des Kolbens eines Motors sowie das Öffnen und Schließen der Ventile, oder einfach der Hin- und Hergang eines Uhrenpendels. Solche periodischen Vorgänge in Abhängigkeit von der Zeit bezeichnet man als ***Schwingungen***.

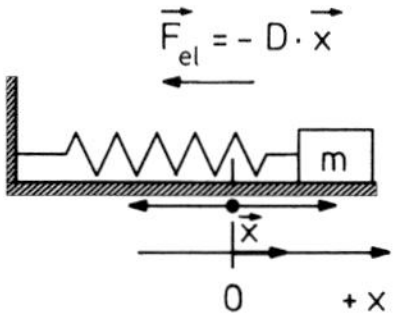

Abb. 30.1

Um die Darstellungsmöglichkeiten und Eigenschaften schwingender Systeme kennen zu lernen, betrachten wir als einfaches Beispiel das in Abb. 30.1 dargestellte Masse-Feder-Pendel, dessen Masse m auf einer Unterlage reibungsfrei geführt gleitet und über eine elastische (masselose) Schraubenfeder an eine feste Wand gekoppelt ist. Verschiebt man die Masse m aus der Gleichgewichtslage ($x=0$), z. B. nach rechts in $+\vec{x}$-Richtung, so übt die gespannte Feder eine rücktreibende Kraft $\vec{F}_{\text{el}} = -D \cdot \vec{x}$ nach links aus. Nach dem Loslassen bewegt sich daher die Masse nach links, schwingt infolge ihrer Trägheit über die Gleichgewichtslage hinaus unter zunehmender Stauchung der elastischen Feder. Die hierdurch hervorgerufene betragsmäßig gleich große rücktreibende Kraft nach rechts bewegt die Masse wiederum über die Gleichgewichtslage hinaus bis zur ursprünglichen rechten Position der Auslenkung. Die Federkraft wirkt also immer auf die Gleichgewichtslage hin, um welche die Masse m unter zeitlich periodischer Veränderung ihres Ortes schwingt. Kann die zeitlich periodische Veränderung durch eine Sinus- oder Cosinusfunktion beschrieben werden, wie in diesem Fall, dann nennt man die Schwingung ***harmonisch***.

Eine **harmonische Schwingung**, beschrieben z. B. mittels einer Sinusfunktion, ist durch folgende allgemeine Gleichung gegeben:

$$x(t) = A \cdot \sin(\omega \cdot t + \varphi) \qquad (30.1)$$

und ist in Abb. 30.2 dargestellt.

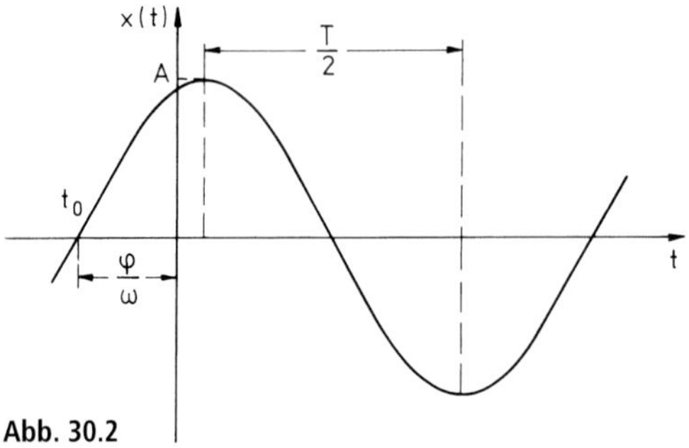

Abb. 30.2

Es bezeichnet $x(t)$ die zu einem beliebigen Zeitpunkt t vorliegende Auslenkung (*momentane Elongation*) und A den maximalen Absolutwert der Auslenkung beispielsweise der schwingenden Masse (Massenpunkt) der Abb. 30.1 aus ihrer Ruhe- bzw. Gleichgewichtslage. Die ***maximale Elongation A*** nennt man die ***Amplitude*** der Schwingung oder auch den ***Scheitelwert*** (wie bei den in § 27 behandelten Wechselspannungen bzw. -strömen bezeichnet).

Die im Argument der harmonischen Funktion auftretende Größe $\boldsymbol{\omega}$ ist die ***Kreisfrequenz*** der Schwingung; sie entspricht der Winkelgeschwindigkeit ω einer periodischen Drehbewegung, z. B. eines Massenpunktes auf einer Kreisbahn (§ 4.2.1). Wie im Anhang Mathematische Grundlagen, (Abschnitt III.C.9 und Abb. III.12) dargestellt, lässt sich die periodisch veränderliche, harmonische Funktion Sinus oder Cosinus durch die Drehung des Radius r um den Kreismittelpunkt, bzw. durch Rotation mit der Winkelgeschwindigkeit ω darstellen, da der von ihm in der Zeit t überstrichene Winkel nach Gleichung (4.43) gleich $\omega \cdot t$ ist. Analog zu Gleichung (4.45) gilt dann mit (4.46) für die Kreisfrequenz der Schwingung

$$\omega = \frac{2\pi}{T} = 2\pi\nu \qquad (30.2)$$

mit der ***Schwingungs-Frequenz*** $\boldsymbol{\nu = \frac{1}{T}}$ und der ***Schwingungs-*** oder ***Periodendauer T*** der Schwingung, entsprechend der Umlauffrequenz bzw. Umdrehungszahl ν und der Umlaufdauer T der gleichförmigen Kreisbewegung (§ 4.2.1). Im Zeitraum T erfolgt eine volle Schwingung, d. h. ein Hin- und Hergang, sodass nach der Zeit T alle die Schwingung charakterisierenden Größen wieder denselben Wert annehmen, es ist also $x(t+T) = x(t)$.

In Gleichung (30.1) bestimmt das Argument der Sinusfunktion, die *momentane Phase* $\Phi = \omega \cdot t + \varphi$, den Momentanwert $x(t)$ der Schwingung, wobei φ die ***Anfangsphase*** zum Zeitpunkt $t = 0$ bzw. die ***Phasenverschiebung*** oder der ***Phasenwinkel*** bezüglich des Zeitnullpunktes ist. In Abb. 30.2 ist die sinusförmige Schwingung mit einer Phasenverschiebung φ dargestellt. Zum Zeitpunkt $t = t_0$ ist die momentane Elongation $x(t) = 0$, d. h. $\sin \Phi = 0$ (da $A \neq 0$), was z. B. für $\Phi = 0$ der Fall ist. Somit folgt: $(\omega \cdot t_0 + \varphi) = 0$, woraus bei der Phasenverschiebung φ der Zeitpunkt des Nulldurchgangs $t_0 = -\frac{\varphi}{\omega}$ folgt.

Mit (30.2) ergeben sich für (30.1) folgende äquivalente Schreibweisen zur Darstellung einer harmonischen (sinusförmigen) Schwingung:

$$\begin{aligned} x(t) &= A \cdot \sin(\omega \cdot t + \varphi) \\ x(t) &= A \cdot \sin(2\pi\nu \cdot t + \varphi) \\ x(t) &= A \cdot \sin\left(\frac{2\pi}{T} \cdot t + \varphi\right) \end{aligned} \qquad (30.3)$$

$x(t)$: Zeitabhängige Auslenkung
ν: Frequenz der Schwingung
ω: Kreisfrequenz der Schwingung
T: Schwingungs- oder Periodendauer
A: Amplitude der Schwingung
φ: Phasenverschiebung oder Phasenwinkel

Als ein weiteres Beispiel sind in Abb. 30.3 zwei harmonische Schwingungen (hier beschrieben durch Cosinusfunktionen) gleicher

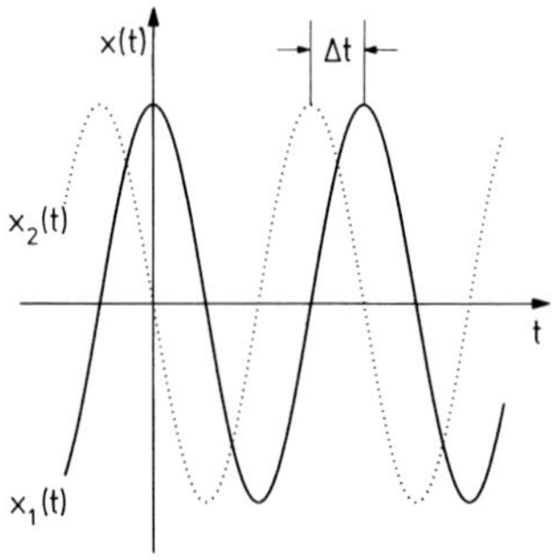

Abb. 30.3

Frequenz $\nu = \omega/2\pi$ und Amplitude A dargestellt, die um den Winkel φ gegeneinander phasenverschoben sind. Die beiden Schwingungen $x_1(t) = A \cdot \cos\omega \cdot t$ und $x_2(t) = A \cdot \cos(\omega \cdot t + \varphi)$ haben somit eine relative zeitliche Verschiebung um $\Delta t = \varphi/\omega$.

Nach diesen Vorbemerkungen zur Darstellung und Beschreibung von Schwingungen behandeln wir nun den Schwingungsvorgang des in Abb. 30.1 dargestellten Beispiels eines Masse-Feder-Pendels etwas detaillierter unter Betrachtung der insgesamt wirkenden Kräfte. Auf die reibungsfrei gleitende Masse m wirkt die zeitabhängige Rückstellkraft $\vec{F}(t)$, die immer antiparallel zur Auslenkung $\vec{x}(t)$ gerichtet ist. Für den Betrag $F(t) = |\vec{F}(t)|$ der Kraft in x-Richtung folgt nach dem Hooke'schen Gesetz (5.20) bei kleinen Auslenkungen $|\vec{x}(t)|$, wenn D die Direktionskraft (oder Federkonstante) der Feder darstellt:

$$F_x(t) = -D \cdot x(t) \tag{30.4}$$

Die auf die Masse m wirkende Rückstellkraft $F_x(t)$ ist gleich der Trägheitskraft, für deren Betrag nach dem zweiten Newton'schen Axiom gilt $F_x(t) = m \cdot a(t) = m \cdot \dfrac{d^2x(t)}{dt^2} = m \cdot \ddot{x}(t)$. Mit (30.4) folgt dann:

$$m \cdot \frac{d^2x(t)}{dt^2} = -D \cdot x(t)$$

bzw.

$$\boxed{\frac{d^2x(t)}{dt^2} + \frac{D}{m} \cdot x(t) = 0} \tag{30.5}$$

Die Gleichung (30.5), die ***Bewegungsgleichung des harmonischen Oszillators***, stellt eine *Differentialgleichung* dar, d. h. eine Gleichung, in welcher neben einer unbekannten Funktion (hier: $x(t)$) auch deren Differentialquotienten auftreten (hier allein der zweite Differentialquotient $\ddot{x}(t)$). Die Lösung einer solchen Gleichung ist jene Funktion, welche der gesamten Differentialgleichung, also zusammen mit ihren auftretenden Differentialquotienten, im Wertebereich der Variablen genügt. Eine Differentialgleichung des Typs der Gleichung (30.5), die man als eine lineare Differentialgleichung 2. Ordnung bezeichnet, gibt eine Beziehung zwischen der gesuchten Funktion $x(t)$ und ihrer zweiten zeitlichen Ableitung $\ddot{x}(t)$ an.

Gesucht wird also eine Funktion $x(t)$, die bis auf den Faktor $-(D/m)$ gleich ihrem zweiten Differentialquotienten ist. Eine solche Bedingung erfüllen die Sinus- oder Cosinusfunktionen. Wir machen daher in der Form einer harmonischen Schwingung beispielsweise folgenden allgemeinen Lösungsansatz:

$$x(t) = A \cdot \cos(\omega \cdot t + \varphi) \tag{30.6}$$

mit der Amplitude A, der Kreisfrequenz ω und der Phasenverschiebung φ der harmonischen Schwingung. Zweimalige Differentiation von Gleichung (30.6) nach der Zeit ergibt

$$\frac{d^2x(t)}{dt^2} = -\omega^2 \cdot A \cdot \cos(\omega \cdot t + \varphi) = -\omega^2 \cdot x(t) \tag{30.7}$$

Der Ansatz (30.6) führt tatsächlich zu einer Lösung der Differentialgleichung und man findet durch Einsetzen von (30.6) und (30.7) in (30.5), dass die Kreisfrequenz ω, mit der die Masse m nach einmaligem Anstoßen hin- und herpendelt, so gewählt werden muss, dass gilt:

$$\omega^2 = \frac{D}{m} \tag{30.8}$$

Die Amplitude A und die Phasenverschiebung φ hängen von den *Anfangsbedingungen* ab, d. h. von den Bedingungen, unter denen die Schwingung in Gang gebracht wurde. Wählen wir die Anfangsbedingungen so, dass zum Zeitpunkt $t = 0$ die Masse m das Maximum ihrer Auslenkung $x(t) = A$ besitzt (also z. B. nach dem erstmaligen Auslenken zum Zeitpunkt $t = 0$ losgelassen wird), dann ist die Phasenverschiebung $\varphi = 0$.

Mit dem allgemeinen Ansatz $x(t) = A \cdot \cos(\omega \cdot t + \varphi)$ zur Lösung der Differentialgleichung (30.5) folgt unter den im Beispiel der Abb. 30.1 gegebenen Anfangsbedingungen zum Zeitpunkt $t = 0 : x(t) = A$ und $\varphi = 0$, als spezielle Lösung der Differentialgleichung die harmonische Schwingung

$$x(t) = A \cdot \cos\omega \cdot t \tag{30.9}$$

für das Masse-Feder-Pendel, dessen Kreisfrequenz ω die Bedingung erfüllt:

$$\boxed{\omega = \sqrt{\frac{D}{m}}} \tag{30.10}$$

Daraus ergibt sich für die Frequenz ν bzw. die Schwingungsdauer T des Federpendels:

$$\nu = \frac{1}{2\pi} \cdot \sqrt{\frac{D}{m}} \qquad (30.11)$$

bzw.

$$T = 2\pi \cdot \sqrt{\frac{m}{D}} \qquad (30.12)$$

Man bezeichnet die nach (30.11) sich ergebende Frequenz ν des Federpendels auch als seine ***Eigenfrequenz***, da das System mit dieser Frequenz schwingt, nachdem es einmalig aus seiner Ruhelage ausgelenkt wurde und solange weiterhin keine äußeren Kräfte das System stören. Erfolgt die Schwingung mit konstanter Amplitude A, wie sie durch die Gleichungen (30.3), (30.6) oder (30.9) beschrieben wird, so nennt man die harmonische Schwingung eine **freie ungedämpfte Schwingung**. Bei ihr ist die Frequenz bzw. Schwingungsdauer (Gleichungen (30.11) bzw. (30.12)) unabhängig von der Schwingungsamplitude.

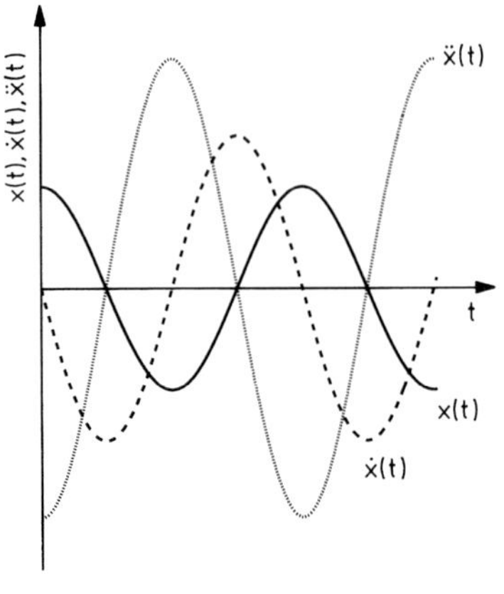

Abb. 30.4

Abb. 30.4 zeigt eine freie ungedämpfte, harmonische Schwingung mit der zeitabhängigen Auslenkung $x(t) = A \cdot \cos\omega \cdot t$ gemäß Gleichung (30.9) als Lösung der Bewegungsgleichung (30.5) bei den gegebenen Anfangsbedingungen. Mit dargestellt sind die zeitabhängige Geschwindigkeit $\upsilon(t) = \dot{x}(t)$ (gestrichelte Kurve in Abb. 30.4) und Beschleunigung $a(t) = \ddot{x}(t)$ (punktierte Kurve in Abb. 30.4) des harmonischen Schwingers, für welche gilt:

$$\upsilon(t) = \dot{x}(t) = -\omega \cdot A \cdot \sin\omega \cdot t \qquad (30.13)$$

bzw.

$$a(t) = \ddot{x}(t) = -\omega^2 \cdot A \cdot \cos\omega \cdot t \qquad (30.14)$$

In den Umkehrpunkten der Schwingung ist die Geschwindigkeit $\upsilon(t) = \dot{x}(t) = 0$ und in den Nulldurchgängen maximal, dagegen ist die Beschleunigung $a(t) = \ddot{x}(t) = 0$ in den Nulldurchgängen und maximal in den jeweiligen Umkehrpunkten, wobei sie gegenüber der Auslenkung $x(t)$ immer gegenphasig ist, d. h. eine Phasenverschiebung von π aufweist.

Wirkt außer der Federkraft auf die Masse eine zusätzliche konstante Kraft ein, z. B. die Schwerkraft wie bei dem in Abb. 30.5 gezeigten, vertikal aufgehängten Federpendel, so lässt sich leicht zeigen,

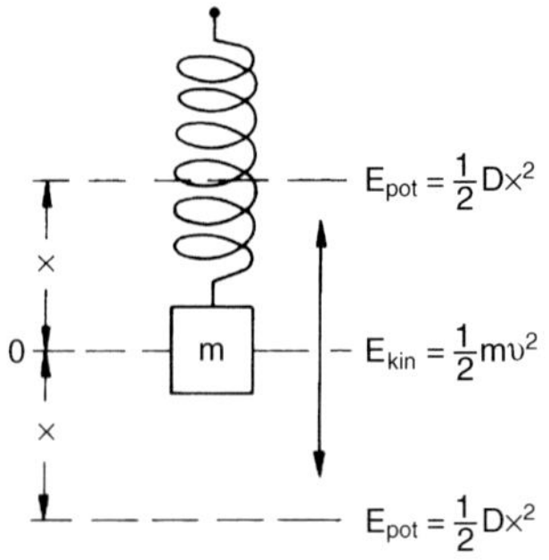

Abb. 30.5

dass die Schwingung ebenso harmonisch um eine (neue) Gleichgewichtslage erfolgt. Die konstante Schwerkraft $\vec{G} = m \cdot \vec{g}$ auf die Masse m bedingt allein eine Grundauslenkung aus der Ruhestellung der entspannten Feder in eine neue Gleichgewichtslage, die sich aus der Gleichheit der wirkenden Schwerkraft und der dadurch hervorgerufenen Rückstellkraft der gedehnten Feder ergibt. Legt man in diese neue Gleichgewichtslage den Nullpunkt der x-Richtung (Abb. 30.5) und zieht die Masse aus dieser Lage heraus und lässt sie wieder los, dann bleiben für die Oszillation um diese Gleichgewichtslage die oben für das Federpendel der Abb. 30.1 abgeleiteten Beziehungen erhalten.

§ 30.2 Schwingung als periodischer Wechsel zwischen verschiedenen Energieformen

Wir betrachten auch in diesem Abschnitt nur Systeme, die freie ungedämpfte harmonische Schwingungen ausführen, d. h. Systeme, die keinerlei Verluste wie z. B. durch Reibung erfahren, und diskutieren anhand ihrer Energiebilanz sowohl Beispiele mechanischer als auch elektrischer harmonischer Schwingungen.

§ 30.2.1 Federpendel – Fadenpendel – Drehpendel

Bei einem Pendel findet dauernd eine Umwandlung von potentieller Energie in kinetische Energie und umgekehrt statt. Dabei ist beim **Federpendel** (Abb. 30.5) die potentielle Energie, in diesem Fall die Federenergie $E_{\text{pot}} = \frac{1}{2} D \cdot x^2$, in den Umkehrpunkten maximal und die kinetische Energie null ((2), (4) in Abb. 30.6). Im Nulldurchgang wird die kinetische Energie $E_{\text{kin}} = \frac{1}{2} m \cdot v^2$ maximal und die Federenergie null ((1), (3) in Abb. 30.6). Zwischen diesen beiden Punkten liegt eine Mischung beider Energieformen vor. Wir setzen dabei voraus, dass die Änderung der Lageenergie, die das Federpendel in der Ausführung der Abb. 30.5 im Schwerefeld der Erde jeweils erfährt, klein ist gegenüber der Spannenergie der Feder bei der Oszillation um die Gleichgewichtslage.

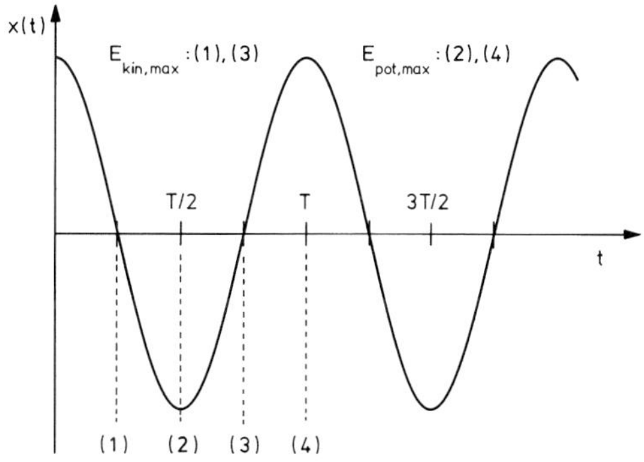

Abb. 30.6

Mit dieser Näherung gilt dann nach dem Energieerhaltungssatz:

$$\boxed{\frac{1}{2} m \cdot v^2 + \frac{1}{2} D \cdot x^2 = E_{\text{ges}} = \text{const.}} \tag{30.15}$$

Da $v = \dot{x}$ ist, kann Gleichung (30.15) auch wie folgt geschrieben werden:

$$\frac{1}{2} m \cdot \dot{x}^2 + \frac{1}{2} D \cdot x^2 = E_{\text{ges}} \tag{30.16}$$

Durch Differentiation der Beziehung (30.16) nach der Zeit erhält man:

$$\ddot{x} + \frac{D}{m} \cdot x = 0 \tag{30.17}$$

Es ergibt sich wiederum die Bewegungsgleichung des harmonischen Oszillators wie in Gleichung (30.5), die aus der Betrachtung der wirkenden Kräfte für das (horizontal) schwingende Federpendel folgte. Die Lösung der beiden identischen Gleichungen (30.5) und (30.17) ergab in § 30.1 z. B. für die Schwingungs- oder Periodendauer T, mit der die Masse m nach einmaligem Anstoßen um ihre Gleichgewichtslage hin- und herpendelt (Abb. 30.1 bzw. 30.5), den bereits in Gleichung (30.12) dargestellten Zusammenhang zwischen T, m und der Federkonstanten D:

$$T = 2\pi \cdot \sqrt{\frac{m}{D}} \tag{30.12}$$

Diese Gleichung und auch die Formeln für ω und v sind für jedes Federpendel gültig, solange die wirkenden Kräfte harmonische Kräfte sind, d. h. Rückstellkräfte, die betragsmäßig linear mit der Auslenkung aus der Ruhelage anwachsen.

Für die durch Gleichung (30.15) gegebene Energiebilanz, nach der sich die Gesamtenergie nur aus kinetischer und potentieller Energie zusammensetzt, können wir mit Gleichung (30.9) und (30.13) auch schreiben:

$$E_{\text{ges}} = E_{\text{kin}}(t) + E_{\text{pot}}(t) = \frac{1}{2} m \cdot v^2 + \frac{1}{2} D \cdot x^2$$
$$= \frac{1}{2} m \cdot \omega^2 \cdot A^2 \cdot \sin^2 \omega \cdot t + \frac{1}{2} D \cdot A^2 \cdot \cos^2 \omega \cdot t$$

woraus mit $\omega^2 = D/m$ nach Gleichung (30.10) folgt:

$$E_{\text{ges}} = \frac{1}{2} D \cdot A^2 \cdot \sin^2 \omega \cdot t + \frac{1}{2} D \cdot A^2 \cdot \cos^2 \omega \cdot t$$

oder schließlich mit $\sin^2 \omega \cdot t + \cos^2 \omega \cdot t = 1$:

$$E_{ges} = \frac{1}{2} D \cdot A^2 = \frac{1}{2} m \cdot \omega^2 \cdot A^2 = \text{const.} \qquad (30.18)$$

Die Summe aus kinetischer und potentieller Energie ist zu jedem Zeitpunkt des gesamten Schwingungsvorgangs gleich der konstanten Gesamtenergie E_{ges}. Während des Schwingungsvorgangs wandelt sich also periodisch kinetische in potentielle Energie um und umgekehrt. Gemäß der Beziehung (30.18) gilt: Die ***Gesamtenergie*** (Summe aus kinetischer und potentieller Energie) ***des harmonischen Oszillators ist proportional dem Quadrat der Schwingungsamplitude A und Kreisfrequenz ω (bzw. Frequenz*** $\boldsymbol{\nu = \omega/2\pi}$**)**. Wie Abb. 30.7 zeigt, entspricht die mittlere kinetische Energie der Schwingung (gemittelt über eine Periodendauer T) genau der mittleren potentiellen Energie mit dem Betrag $\overline{E_{kin}} = \overline{E_{pot}} = \frac{1}{4} D \cdot A^2 = \frac{1}{4} m \cdot \omega^2 \cdot A^2$, bei einer Gesamtenergie von $E_{ges} = E_{kin} + E_{pot} = \frac{1}{2} D \cdot A^2 = \frac{1}{2} m \cdot \omega^2 \cdot A^2$. Die Zeitskala der Abb. 30.7 ist entsprechend jener in Abb. 30.6, welche die zeitabhängige Auslenkung $x(t)$ der hier betrachteten ungedämpften harmonischen Schwingung darstellt.

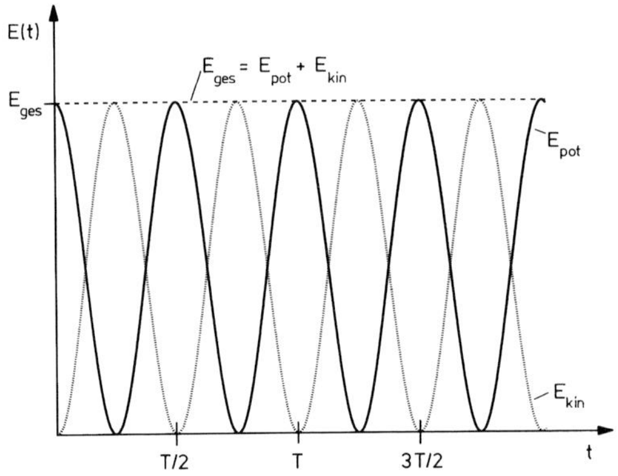

Abb. 30.7

Als **Fadenpendel** oder *Schwerependel* (Abb. 30.8 bzw. 30.9) bezeichnet man die idealisierte Form des **mathematischen Pendels**, bei welchem, idealisiert betrachtet, eine punktförmige Masse m an einem masselosen Faden (Fadenmasse klein gegen die Masse des Pendelkörpers) der Länge l aufgehängt ist. Die Gleichgewichtslage (Ruhelage) liegt lotrecht unter dem Aufhängepunkt. Bei kleinen Auslenkungen aus der Ruhelage vollführt das Pendel harmonische Schwingungen. Dabei bewegt sich die Masse m auf einem Kreisbogen um den Aufhängepunkt.

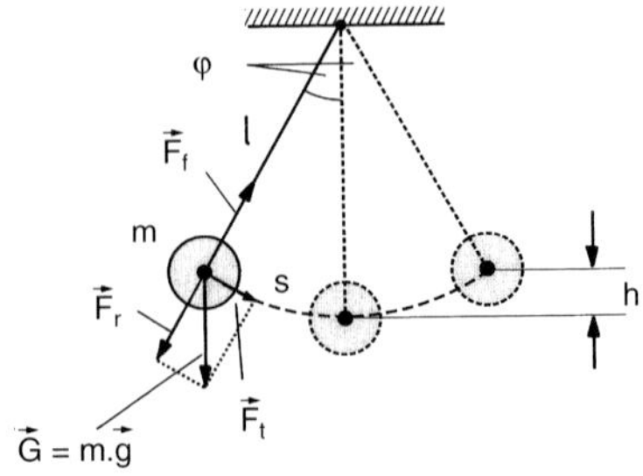

Abb. 30.8

Bei einer Auslenkung der Masse m um den kleinen Winkel φ aus der Ruhelage, legt sie auf dem Kreisbogen das Wegstück $s = l \cdot \varphi$ zurück. Während in der Ruhelage (vertikal unter dem Aufhängepunkt) die Gewichtskraft $\vec{G} = m \cdot \vec{g}$ der Masse m durch die Fadenspannung $\vec{F} = -m \cdot \vec{g}$ kompensiert wird, kann in der ausgelenkten Position die Fadenspannung $\vec{F}_f$ nicht mehr die gesamte Gewichtskraft $\vec{G}$ kompensieren, sondern nur noch die Komponente $\vec{F}_r$ in Richtung des Fadens (Abb. 30.8). Die verbleibende Komponente $\vec{F}_t = \vec{G} \cdot \sin\varphi = -m \cdot \vec{g} \cdot \sin\varphi$ in tangentialer Richtung zur Bewegung der Masse m auf dem Kreisbogen (vertikal zum Faden) sucht den Pendelkörper in die Ruhelage zurückzutreiben. Diese rücktreibende Kraft $\vec{F}_t$ hat wegen $\vec{F}_t = m \cdot \vec{a}_t$ eine tangentiale Beschleunigung längs des Kreisbogens zur Folge, für deren Betrag $a_t = \frac{d^2 s}{d t^2}$ mit $s = l \cdot \varphi$ folgt: $a_t = l \cdot \frac{d^2 \varphi}{d t^2} = l \cdot \ddot{\varphi}$. Insgesamt schreibt sich damit die (nicht harmonische) Bewegungsgleichung des mathematischen Pendels:

$$m \cdot l \cdot \ddot{\varphi} = -m \cdot g \cdot \sin\varphi \qquad (30.19)$$

Diese Bewegung besitzt nur dann eine harmonische Lösung, wenn für kleine Auslenkungen um den Winkel φ näherungsweise $\sin\varphi \approx \varphi$ gilt, womit sich die Bewegungsgleichung (30.19) vereinfacht.

Bei kleinen Winkelauslenkungen φ folgt für das mathematische Pendel eine Differentialgleichung vom selben Typ wie die Bewegungsgleichung (30.5) des Masse-Feder-Pendels:

$$\ddot{\varphi} + \frac{g}{l} \cdot \varphi = 0 \qquad (30.20)$$

mit der allgemeinen Lösung einer harmonischen Schwingung

$$\varphi(t) = \Phi \cdot \cos(\omega \cdot t + \varphi_0) \qquad (30.21)$$

als Näherung der Bewegungsform des mathematischen Pendels. Dabei ist Φ der maximale

Winkelausschlag, ω die Kreisfrequenz und φ_0 die Phasenverschiebung. Analog zum Masse-Feder-Pendel ergibt die Rechnung im Falle des Fadenpendels für die Kreisfrequenz ω der Schwingung

$$\omega = \sqrt{\frac{g}{l}} \tag{30.22}$$

und für die Frequenz

$$\nu = \frac{1}{2\pi} \cdot \sqrt{\frac{g}{l}} \tag{30.23}$$

bzw. für die Schwingungsdauer T des mathematischen Pendels (Fadenlänge l):

$$T = 2\pi \cdot \sqrt{\frac{l}{g}} \tag{30.24}$$

Die Schwingungsdauer oder die Frequenz des mathematischen Pendels ist von der Masse m des Pendelkörpers unabhängig. Dies ist bedingt durch den Ansatz der Gleichheit von schwerer und träger Masse, in Übereinstimmung mit der Erfahrung, weshalb sich auf der linken und rechten Seite der Gleichung (30.20) die Masse m weghebt. Ein Fadenpendel eignet sich daher gut als Zeitgeber, denn trotz der ständig abnehmenden Amplitude infolge der Reibungskräfte bleibt die Schwingungsdauer nahezu unverändert. Bei der Pendeluhr, die 1657 von *Christian Huygens* (1629–1695) erfunden und konstruiert wurde, werden die Reibungsverluste automatisch durch eine von der Ankerhemmung gesteuerte Energiezufuhr mittels eines Zahnrades ausgeglichen.

Beispiel: Mit der in mittleren Breiten gültigen Fallbeschleunigung $g = 9{,}81\ \text{m/s}^2$ beträgt bei einem Pendel der Länge $l = 1$ m die Schwingungsdauer $T \approx 2$ s.

Bei bekannter Fadenlänge l und unter Berücksichtigung von Korrekturgliedern eignet sich das Fadenpendel mit großer Genauigkeit auch zur Bestimmung der Fallbeschleunigung g aus der Schwingungsdauer T, ohne z. B. Fallversuche durchführen zu müssen.

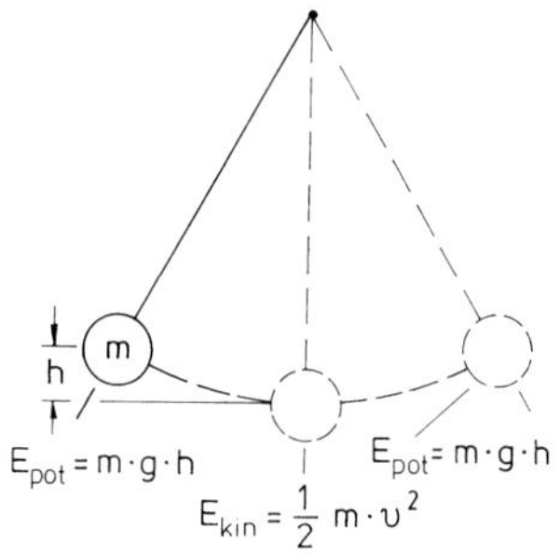

Abb. 30.9

Betrachten wir das mathematische Pendel vom Standpunkt der Energiebilanz, so findet bei seiner Pendelbewegung ebenfalls dauernd eine Umwandlung von potentieller Energie $E_{\text{pot}} = m \cdot g \cdot h$ in kinetische Energie $E_{\text{kin}} = \frac{1}{2} m \cdot v^2$ und umgekehrt statt. Wie Abb. 30.9 zeigt, ist die kinetische Energie wiederum maximal im Nulldurchgang (ursprüngliche Ruhelage) und nimmt in den Umkehrpunkten den Wert null an, wo alle kinetische Energie in potentielle Energie umgewandelt ist. Die Zeitabhängigkeit der Elongation stellt, bei analogen Anfangsbedingungen wie beim Masse-Feder-Pendel, die Abb. 30.6 dar und Abb. 30.7 zeigt für das Fadenpendel ebenso den entsprechenden zeitlichen Verlauf der kinetischen und potentiellen Energie sowie die konstante Gesamtenergie $E_{\text{ges}} = E_{\text{kin}} + E_{\text{pot}}$.

Im allgemeinen Fall einer Pendelschwingung, bei der die Einschränkung auf kleine Schwingungsamplituden nicht mehr besteht, ist die Näherung $\sin\varphi \approx \varphi$ nicht mehr zulässig. Die Schwingung ist daher nicht mehr harmonisch und die Lösung der Bewegungsgleichung in höherer Näherung liefert für die Periodendauer T Korrekturterme – wie hier nicht gezeigt werden soll –, die mit steigender Ordnung eine Funktion des maximalen Winkelausschlags Φ sind. Bei einem maximalen Winkel von z. B. $\Phi = 15°$, d. h. einem Vollwinkel von 30° zwischen den beiden Umkehrpunkten, beträgt dann die relative Abweichung $\Delta T/T$ der unter Berücksichtigung der Korrekturterme und der nach Gleichung (30.24) berechneten Periodendauer nur ca. 0,5 %.

Unter einem **Torsions-** oder **Drehpendel** versteht man einen Starren Körper, der in einer festen Achse drehbar gelagert ist und dessen Gleichgewichtslage durch eine an der Achse befestigte Spiralfeder festgelegt wird, wie in Abb. 30.10 schematisch dargestellt. Eine Verdrehung des Körpers – in der Abbildung eine Scheibe mit Drehachse durch ihren Massenmittelpunkt – in einer horizontalen Ebene (senkrecht zur Drehachse) aus der Gleichgewichtslage, verdrillt die Spiralfeder, d. h. sie speichert potentielle Energie, welche sich nach Loslassen des Körpers in dessen Rotationsenergie umwandelt, wodurch die Feder erneut entgegengesetzt verdrillt wird. Dadurch vollführt der Körper eine Drehschwingung um seine Gleichgewichtslage, die im Falle einer kleinen Verdrehung eine harmonische Schwingung ist.

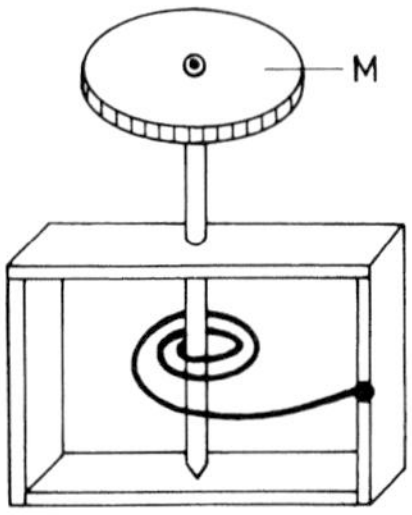

Abb. 30.10

(Beispiel: Die Unruh einer Taschenuhr.) Die Gesamtenergie ergibt sich als Summe der (kinetischen) Rotationsenergie $E_{\text{rot}} = \frac{1}{2} J \cdot \omega^2$ des Körpers (J: Trägheitsmoment des Körpers der Masse M; $\omega = \mathrm{d}\varphi/\mathrm{d}t$ die Kreisfrequenz) und der (potentiellen) Spannenergie der tordierten Feder $E_{\text{tors}} = \frac{1}{2} D' \cdot \varphi^2$ ($D' > 0$: Richt- oder Direktionsmoment bzw. Torsionsfederkonstante analog der Federkonstanten D beim Hooke'schen Gesetz (5.20)). Der zeitliche Verlauf der Elongation wie auch der, analog zu den beiden oben besprochenen Oszillatoren sich ineinander umwandelnden kinetischen und potentiellen Energien wird, bei den entsprechenden Anfangsbedingungen wie beim Masse-Feder-Pendel, ebenfalls durch die Abb. 30.6 und 30.7 beschrieben.

Um den Körper aus seiner ursprünglichen Gleichgewichtslage $\varphi_0 = 0$ (entspannter Zustand der Spiralfeder) um einen Winkel φ zu drehen, muss an ihm ein äußeres Drehmoment $\vec{T}_{\text{F}} = \vec{r} \times \vec{F}$ angreifen. Aufgrund der Verdrillung der Spiralfeder wird ein rücktreibendes elastisches Drehmoment $\vec{T}_{\text{el}}(t) = -D' \cdot \vec{\varphi}(t)$ in ihr geweckt, welches den Körper wieder in seine ursprüngliche Lage zu drehen sucht. Für den Betrag des auf den Körper wirkenden elastischen Rückstellmomentes gilt dann mit Gleichung (5.41):

$$T_{\text{el}}(t) = -D' \cdot \varphi(t) = J \cdot \alpha = J \cdot \frac{\mathrm{d}\omega(t)}{\mathrm{d}t} = J \cdot \frac{\mathrm{d}^2\varphi(t)}{\mathrm{d}t^2}$$

womit die Bewegungsgleichung des Torsionspendels lautet:

$$\frac{\mathrm{d}^2\varphi(t)}{\mathrm{d}t^2} + \frac{D'}{J} \cdot \varphi(t) = 0 \qquad (30.25)$$

Infolge der Ähnlichkeit von (30.25) mit der Bewegungsgleichung des harmonischen Oszillators (30.5) übernehmen wir als Lösung dieser Differentialgleichung die äquivalente Beziehung des Masse-Feder-Pendels in der allgemeinen Form einer harmonischen Schwingung

$$\varphi(t) = \Phi \cdot \cos(\omega \cdot t + \psi_0) \qquad (30.26)$$

mit der Winkelamplitude Φ, der Kreisfrequenz ω und der Phasenverschiebung ψ_0. Dieselbe Rechnung wie für das Masse-Feder-Pendel ergibt für die Kreisfrequenz ω der Drehschwingung:

$$\omega = \sqrt{\frac{D'}{J}} \qquad (30.27)$$

Für die Schwingungsdauer des Drehpendels mit einem Starren Körper der Masse M und Trägheitsmoment J folgt, wenn D' das Direktionsmoment der rücktreibenden Torsionsfeder ist:

$$T = 2\pi \cdot \sqrt{\frac{J}{D'}} \qquad (30.28)$$

Wie Gleichung (30.28) zeigt, ist die Schwingungsdauer T des Drehpendels vom Trägheitsmoment J des Starren Körpers abhängig. Daher wird das Drehpendel häufig zur Bestimmung von Trägheitsmomenten Starrer Körper verwendet. Neben der bereits oben erwähnten Unruh einer Taschenuhr beruht ebenso die Wirkungsweise zahlreicher Messinstrumente auf Torsionsschwingungen.

§ 30.2.2 Elektrischer Schwingkreis

Schaltet man in einem Stromkreis einen Kondensator und eine Spule zusammen, so stellt diese Kombination einen Speicher elektrischer bzw. magnetischer Feldenergie dar. Eine solche Schaltung nennt man einen *elektromagneti-*

schen (oder kurz *elektrischen*) *Schwingkreis*, den wir zunächst als widerstandslos, also verlustfrei annehmen. Eine einmal in den idealen elektrischen Schwingkreis eingebrachte Feldenergie pendelt periodisch zwischen Kondensator und Spule hin und her, d. h. man beobachtet elektrische Schwingungen. Dieses System kann mit einem im Idealfall reibungsfrei schwingenden mechanischen Masse-Feder-Pendel (Abb. 30.1 oder 30.5) verglichen werden. Beide Systeme oszillieren mit einer charakteristischen Frequenz und zeigen noch weitere Analogien, wie wir später sehen werden.

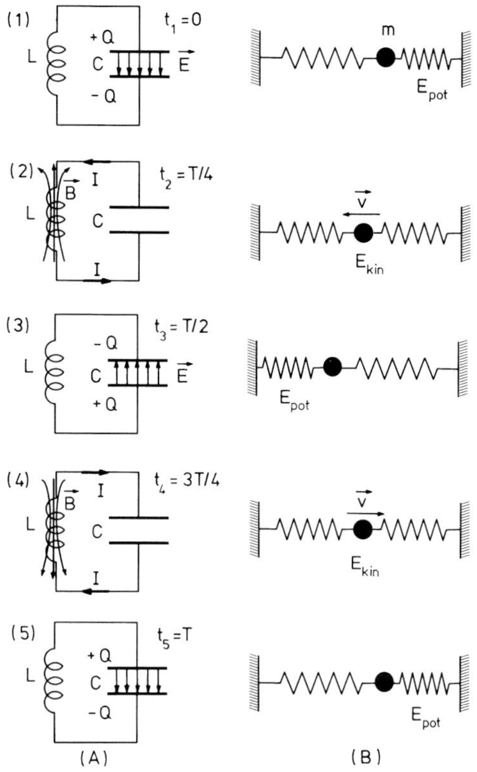

Abb. 30.11

Abb. 30.11 (System (A)) zeigt einen elektrischen Schwingkreis mit einem Kondensator der Kapazität C und einer Spule der Induktivität L und in Analogie dazu (System (B)) das mechanische Modell eines harmonischen Oszillators, in Form einer um ihre Ruhelage (vorgegeben durch das Kräftegleichgewicht zweier masseloser elastischer Federn) reibungsfrei oszillierenden Masse m. Wird nun analog der mechanischen Auslenkung der Masse m aus ihrer Ruhelage, zum Zeitpunkt $t_1 = 0$ der Kondensator mit der Ladung Q aufgeladen, z. B. durch kurzzeitiges Anschließen an eine externe Spannungsquelle, dann ist im Feld $\vec{E}$ die elektrische Energie $W_{el} = W_C = \frac{1}{2} \cdot \frac{Q^2}{C} = \frac{1}{2} C \cdot U^2$ gespeichert (Abb. 30.11 (1)). Nun erfolgt ein Ladungsausgleich zwischen den beiden Kondensatorplatten über die Spule. Es fließt ein Strom I, der in der Spule ein Magnetfeld $\vec{B}$ aufbaut. Abb. 30.11 (2) zeigt für das System (A) den Momentzustand $t_2 = T/4$, in dem die elektrische Energie des Kondensators vollkommen in magnetische Energie der Spule $W_{mag} = W_L = \frac{1}{2} L \cdot I^2$ gemäß (26.38) umgewandelt ist. Im mechanischen Analogon (System (B)) entspricht dies dem Nulldurchgang der Masse m durch die Ruhelage, wo die gesamte potentielle Energie der Federn in kinetische Energie der Masse umgewandelt worden ist. Infolge ihrer Trägheit schwingt die Masse über ihre Gleichgewichtslage hinaus unter Rückumwandlung ihrer kinetischen in potentielle Energie. Entsprechend fließt, aufgrund der Induktionswirkung, der Strom I durch die Spule in der ursprünglichen Richtung noch weiter, selbst wenn der Kondensator entladen ist, denn die Selbstinduktion der Spule versucht den abnehmenden Strom aufrechtzuerhalten (siehe Lenz'sche Regel § 26.4.2). Dadurch wird der Kondensator wieder aufgeladen, jedoch mit umgekehrter Polarität. Im Teilbild (3) der Abb. 30.11 ist zum Zeitpunkt $t_3 = T/2$ dann die gesamte magnetische Energie wieder in elektrische Energie des Kondensators umgewandelt, bzw. die kinetische in potentielle Energie des Masse-Feder-Pendels, nur dass die Richtung des elektrischen Feldes bzw. die Schwingungsamplitude des Pendels im Vergleich zum Teilbild (1) das Vorzeichen gewechselt hat. Im weiteren Verlauf entlädt sich der Kondensator wieder und (im Beispiel der Abb. 30.11) fließt ein Strom I im Uhrzeigersinn bzw. die Masse m bewegt sich nach rechts in Richtung ihrer Ruhelage. Das Spiel der Energieumwandlung beginnt nun wiederum von vorne in umgekehrter Richtung. Zum Zeitpunkt $t_4 = 3\,T/4$ (Abb. 30.11 (4)) ist die elektrische Energie des Kondensators bzw. die potentielle Energie der elastisch defomierten Federn wieder in magnetische Energie der Spule bzw. kinetische Energie der Masse m umgesetzt und durch erneute Rückumwandlung erreichen wir im letzten Teilbild (5) der Abb. 30.11 nach der Zeit $t_5 = T$ wieder den Ausgangszustand. Während beim Masse-Feder-Pendel ständig eine Umwandlung von potentieller und kinetischer Energie erfolgt, findet analog beim System Kondensator-Spule eine periodische Umwandlung von elektrischer Energie $W_C = \frac{1}{2}\frac{Q^2}{C}$ und magnetischer Energie $W_L = \frac{1}{2} L \cdot I^2$ statt.

Diese Erscheinung bezeichnet man als elektrische Schwingung, weshalb der LC-Kreis auch elektrischer Schwingkreis genannt wird. So lange die Verluste vernachlässigbar sind, wird auch die elektromagnetische Schwingung, analog zum mechanischen harmonischen Oszillator, durch eine harmonische Schwingung dargestellt. Abb. 30.12 zeigt den zeitlichen Verlauf der Ladung $Q(t)$ am Kondensator (Teilbild (a)), des Stromes $I(t)$ (Teilbild (b)), der elektrischen Energie $W_{\mathrm{el}}(t) = W_C(t)$, der magnetischen Energie $W_{\mathrm{mag}}(t) = W_L(t)$ und der konstanten Gesamtenergie $W_{\mathrm{ges}} = W_{\mathrm{el}} + W_{\mathrm{mag}}$ (Teilbild (c)) im LC-Schwingkreis des Beispiels der Abb. 30.11 (A). Wegen $I = \mathrm{d}Q/\mathrm{d}t$ ist Teilbild (b) die erste Ableitung nach der Zeit des in Teilbild (a) der Abb. 30.12 dargestellten zeitlichen Verlaufs der Ladung $Q(t)$ am Kondensator. Nach dem Energieerhaltungssatz gilt im verlustfreien elektrischen Schwingkreis zu jedem Zeitpunkt:

$$\frac{1}{2}\frac{Q^2}{C} + \frac{1}{2} L \cdot I^2 = W_{\mathrm{ges}} \qquad (30.29)$$

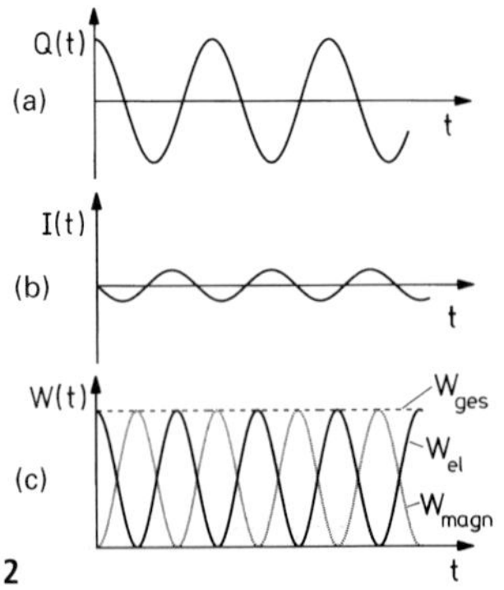

Abb. 30.12

Ausgehend von Gleichung (30.29) gelangt man zur Differentialgleichung für die Schwingung des LC-Kreises.

Differentiation von (30.29) ergibt wegen $W_{\mathrm{ges}} = \mathrm{const.}$:

$$\frac{Q}{C} \cdot \frac{\mathrm{d}Q}{\mathrm{d}t} + L \cdot I \cdot \frac{\mathrm{d}I}{\mathrm{d}t} = 0$$

wofür unter Berücksichtigung von $I = \mathrm{d}Q/\mathrm{d}t$ und daraus $\mathrm{d}I/\mathrm{d}t = \mathrm{d}^2Q/\mathrm{d}t^2$ folgt:

$$L \cdot \frac{\mathrm{d}^2Q}{\mathrm{d}t^2} + \frac{Q}{C} = 0 \qquad (30.30)$$

Diese Beziehung stellt die Differentialgleichung für die Schwingung des LC-Kreises dar und ist mathematisch vom selben Typ wie Gleichung (30.5) des Masse-Feder-Pendels und kann analog zu (30.6) mit dem harmonischen Ansatz

$$Q = Q_0 \cdot \cos(\omega \cdot t + \varphi) \qquad (30.31)$$

gelöst werden. Dabei stellt ω die Kreisfrequenz der elektrischen Schwingung und φ die Anfangsphase zum Zeitpunkt $t = 0$ dar.

Unter den gegebenen Anfangsbedingungen für die im Beispiel der in Abb. 30.11 gezeigten Situation, dass zum Zeitpunkt $t = 0$ die Ladung am Kondensator ihr Maximum $Q = Q_0$ annimmt, muss die Anfangsphase $\varphi = 0$ sein. Als spezielle Lösung der Differentialgleichung des Schwingkreises ergibt sich daher:

$$Q = Q_0 \cdot \cos(\omega \cdot t) \qquad (30.32)$$

dabei erfüllt die Kreisfrequenz ω die Bedingung $\omega^2 = 1/L \cdot C$. Dies ist die sog. ***Thomson'sche Gleichung*** (oder ***Thomsonformel***), welche für die Kreisfrequenz ω, die Frequenz ν oder die Schwingungsdauer T eines reinen LC-Schwingkreises lautet:

$$\omega = \frac{1}{\sqrt{L \cdot C}} \qquad \nu = \frac{1}{2\pi\sqrt{L \cdot C}} \qquad T = 2\pi\sqrt{L \cdot C} \qquad (30.33)$$

Die Eigenfrequenz des ungedämpften elektrischen Schwingkreises ist also umso höher, je kleiner die Induktivität L der Spule und je kleiner die Kapazität C des Kondensators ist.

Die Spannung am Kondensator ergibt sich mit den Gleichungen (22.1) und (30.32) zu:

$$U = \frac{Q}{C} = \frac{Q_0}{C} \cdot \cos(\omega \cdot t) = I_0 \cdot \cos(\omega \cdot t) \tag{30.34}$$

Ausgehend von Gleichung (30.32) folgt unter Berücksichtigung von $I = \mathrm{d}Q/\mathrm{d}t$ für den Strom im idealen elektrischen Schwingkreis:

$$\begin{aligned} I &= \frac{\mathrm{d}Q}{\mathrm{d}t} = -\omega \cdot Q_0 \cdot \sin(\omega \cdot t) \\ &= -I_0 \cdot \sin(\omega \cdot t) = I_0 \cdot \cos\left(\omega \cdot t + \frac{\pi}{2}\right) \end{aligned} \tag{30.35}$$

Im Schwingkreis fließt also ein sinusförmiger Wechselstrom, dessen Scheitelwert von der Frequenz und der Ladung Q_0 im Kreis abhängt, wobei die Frequenz gemäß (30.33) eine Funktion der Kapazität C des Kondensators und der Induktivität L der Spule ist. Spannung und Strom am Kondensator sind, wie der Vergleich von (30.34) und (30.35) zeigt, in der Phase um $\Delta\varphi = \pi/2$ verschoben (s. auch Abb. 30.11 (A) bzw. 30.12 (a) und (b)).

§ 30.3 Gedämpfte Schwingung

Die Schwingung eines mechanischen Pendels oder eines elektrischen Schwingkreises ist nur streng harmonisch, solange keine Energieverluste auftreten, d. h. eine ideale ungedämpfte Schwingung vorliegt. Meistens treten jedoch Verluste in Form von Reibung auf, so z. B. beim mechanischen Pendel durch Luftreibung oder Reibung an der Aufhängung, beim elektrischen Schwingkreis durch den ohmschen Widerstand der Bauelemente. Infolge dieser Reibungsverluste klingt die Amplitude der freien Schwingung immer mehr ab; solche Schwingungen nennt man ***gedämpfte (freie) Schwingungen***.

Sowohl die gedämpften mechanischen als auch die elektrischen Schwingungen können vom mathematischen Ansatz her formal analog zu den für die ungedämpften Schwingungen existierenden grundlegenden Gesetzen behandelt werden. Wir betrachten zuerst am Beispiel des Masse-Feder-Pendels die Bedingungen einer gedämpften mechanischen Schwingung und anschließend jene eines gedämpften elektrischen Schwingkreises.

§ 30.3.1 Gedämpfte mechanische Schwingungen

Bei einer *gedämpften mechanischen Schwingung* gehen wir von der Annahme aus, dass die Reibungskraft F_R, die der Schwingungsbewegung entgegenwirkt, der Geschwindigkeit v der Bewegung proportional ist (lineare Dämpfung), d. h. es gilt $F_R = -\mu \cdot v = -\mu \cdot \dot{x}(t)$ (μ: Reibungskoeffizient). Ein Beispiel eines solchen gedämpften harmonischen Oszillators zeigt das System der Abb. 30.13. Die mit der Geschwindigkeit $\vec{v} = \vec{v}(t)$ oszillierende Masse m erfährt in der Flüssigkeit eine nun nicht mehr vernachlässigbare Stokes'sche Reibungskraft, die stets der Geschwindigkeit $\vec{v}$ des sich bewegenden Körpers entgegengesetzt gerichtet ist. Die Trägheitskraft $F = m \cdot \ddot{x}(t)$ ist sowohl durch die rücktreibende Federkraft $-D \cdot x(t)$ als auch durch die Reibungskraft $-\mu \cdot \dot{x}(t)$ gegeben. Die Bewegungsgleichung der gedämpften harmonischen Schwingung ergibt sich somit zu:

$$m \cdot \ddot{x}(t) = -D \cdot x(t) - \mu \cdot \dot{x}(t)$$

oder

$$\boxed{m \cdot \ddot{x}(t) + \mu \cdot \dot{x}(t) + D \cdot x(t) = 0} \tag{30.36}$$

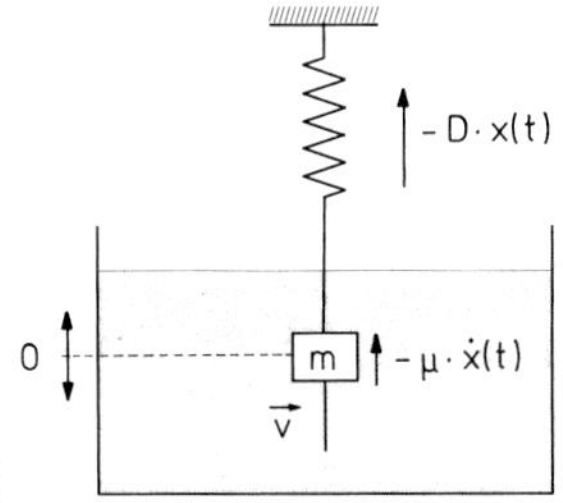

Abb. 30.13

Bei nicht zu starker Dämpfung, d. h. solange μ nicht zu groß ist, kann die Differentialgleichung (30.36) beispielsweise durch folgenden allgemeinen Lösungsansatz gelöst werden:

$$\boxed{x(t) = A \cdot [\sin(\omega \cdot t + \varphi)] \cdot e^{-\delta \cdot t}} \tag{30.37}$$

Dabei ist $\boldsymbol{A \cdot e^{-\delta \cdot t}}$ die als Funktion der Zeit exponentiell abnehmende Schwingungsamplitude und die im Exponenten auftretende Größe $\boldsymbol{\delta}$, die ***Dämpfungskonstante*** oder der ***Abklingkoeffizient***, bzw. der Kehrwert $\boldsymbol{\tau = 1/\delta}$, die ***Abkling-*** oder ***Relaxationszeit*** (auch als ***Zeitkonstante*** bezeichnet), ein Maß für die Dämpfung. Es ergibt sich für $\boldsymbol{\delta}$:

$$\delta = \frac{\mu}{2m} \qquad (30.38)$$

Je größer also der Reibungskoeffizient μ und damit die Dämpfungskonstante δ, bzw. je kleiner die Relaxationszeit τ ist, desto schneller klingt die Schwingung ab. Das Verhältnis zweier aufeinanderfolgender Maxima $x(t)$ und $x(t+T)$, deren zeitlicher Abstand gleich der Schwingungsdauer $T = 2\pi/\omega$ der gedämpften Schwingung ist, ergibt sich aus (30.37) zu:

$$\frac{x(t+T)}{x(t)} = e^{-\delta \cdot T} \qquad (30.39)$$

Dieses Amplitudenverhältnis ist also konstant und man nennt den natürlichen Logarithmus des Kehrwertes des Amplitudenverhältnisses das **logarithmische Dekrement Λ**:

$$\ln\left[\frac{x(t)}{x(t+T)}\right] = \delta \cdot T = \frac{T}{\tau} = \Lambda \qquad (30.40)$$

Die Einhüllende $f(t) = A \cdot e^{-\delta \cdot t}$ der gedämpften Schwingung hat nach der Zeit $\tau = 1/\delta$ auf den e-ten Teil der anfänglichen Maximalauslenkung abgenommen (s. Abb. 30.14).

Für die Kreisfrequenz ω des Lösungsansatzes (30.37) erhält man:

$$\omega = \sqrt{\frac{D}{m} - \left(\frac{\mu}{2m}\right)^2} \qquad (30.41)$$

wofür mit der Kreisfrequenz des ungedämpften Masse-Feder-Pendels $\omega_0 = \sqrt{\frac{D}{m}}$ nach Gleichung (30.10) und mit (30.38) auch geschrieben werden kann:

$$\omega = \sqrt{\omega_0^2 - \delta^2} \qquad (30.42)$$

Bei gleicher Rückstellkraft ist die Kreisfrequenz der gedämpften Schwingung kleiner als die der ungedämpften Schwingung. Die Frequenzverschiebung nimmt mit steigender Dämpfung zu. Eine Verkleinerung der Frequenz ist zu erwarten, da durch Reibung die Bewegung gehemmt wird. Im Falle $\delta \ll \omega_0$ ist die Differenz zwischen ω und ω_0 jedoch klein.

Durch Einsetzen von Gleichung (30.37) mit den angegebenen Bedingungen für ω bzw. δ in die Differentialgleichung (30.36) kann der Lösungsansatz nachgeprüft werden. In Abb. 30.14 ist der zeitliche Verlauf der Amplitude einer gedämpften Schwingung bei zwei unterschiedlichen Anfangsbedingungen dargestellt, wobei $\delta < \omega_0$, d. h. **schwache (unterkritische) Dämpfung** vorliegt. Im Falle $x_{\mathrm{I}}(t)$ ist zum Zeitpunkt $t=0$ die Auslenkung $x(t) = 0$ (Phasenverschiebung $\varphi = 0$) und es ergibt sich nach (30.37) eine gedämpfte sinusförmige Schwingung $x_{\mathrm{I}}(t) = A \cdot e^{-\delta \cdot t} \cdot \sin \omega \cdot t$. Dagegen erhält man, falls zum Zeitpunkt $t=0$ die Auslenkung maximal $x(0) = A$ ist, mit (30.37) wegen der Phasenverschiebung von $\varphi = 90°$ eine gedämpfte cosinusförmige Schwingung $x_{\mathrm{II}}(t) = A \cdot e^{-\delta \cdot t} \cdot \cos \omega \cdot t$. Man beobachtet also eine in der Amplitude allmählich abklingende Schwingung mit reeller Kreisfrequenz ω für den Fall $\omega_0^2 > \delta^2$, d. h. $\omega_0 > \delta$, des schwach gedämpften Oszillators.

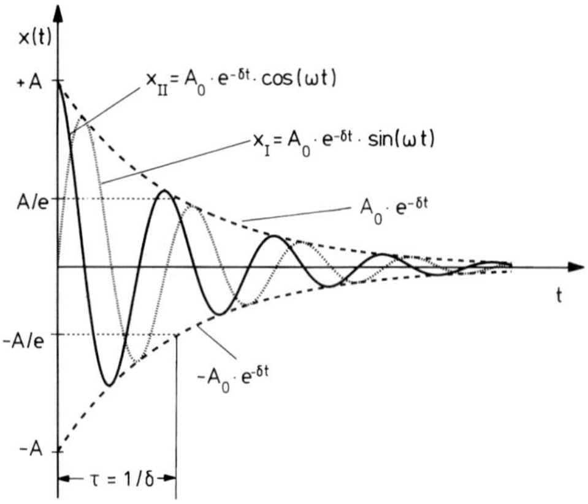

Abb. 30.14

Aufgrund der Reibungsverluste wird bei der gedämpften Schwingung pro Schwingungsperiode T ein Teil der Gesamtenergie der Schwingung $E_{\mathrm{ges}} = E_{\mathrm{kin}}(t) + E_{\mathrm{pot}}(t)$ in Wärmeenergie umgewandelt, d. h. E_{kin} und E_{pot} nehmen als Funktion der Zeit ab, wie in Abb. 30.15 für eine schwach gedämpfte Schwingung, mit den Anfangsbedingungen $x(0) = A$, $\dot{x}(0) = 0$, dargestellt ist. Es lässt sich zeigen, dass für schwache Dämpfung $\delta \ll \omega_0$ die Energieverluste durch Reibung proportional zu δ zunehmen, wogegen sie stärker als linear für $\delta \gtrsim \omega_0$ ansteigen.

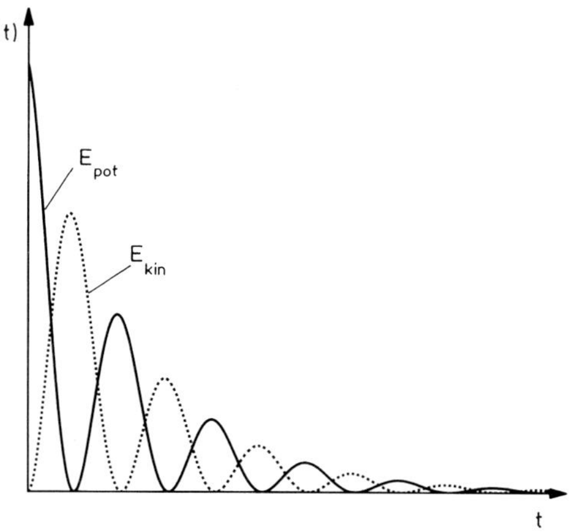

Abb. 30.15

Bei steigender Dämpfung erreicht man für $\omega_0 = \delta$ die sog. **kritische Dämpfung**, d. h. nach (30.42) bzw. (30.41) folgt $\mu^2 = 4m \cdot D$. Das System vollführt keine Schwingungen mehr, sondern es kommt nur zu einer Auslenkung, die sich asymptotisch der Ruhelage annähert. Dieses Verhalten wird **aperiodischer Grenzfall** genannt und ist in Abb. 30.16 (1) dargestellt. Bei zunehmender Dämpfung wird $\omega_0 < \delta$ und damit ω imaginär, es liegt die sog. **starke (überkritische) Dämpfung** vor. Man nennt diesen *aperiodischen Fall* auch den **Kriechfall**, weil die Amplitude nach Erreichen ihres Maximums nur sehr langsam – langsamer als im Falle des aperiodischen Grenzfalls der kritischen Dämpfung – in die Ruhelage zurückkehrt, d. h. gegen Null „kriecht" (Abb. 30.16 (2)). Für beide Fälle der Abb. 30.16 gelten zum Zeitpunkt $t = 0$ für den Beginn der „Oszillation" die Anfangsbedingungen $x(0) = A$ für die Auslenkung und $\dot{x}(0) = 0$ für die Startgeschwindigkeit (d. h. Start mit waagrechter Tangente), die dann jeweils gegen null geht.

Der aperiodische Grenzfall wird in der Technik vielfach verwendet, z. B. zur Bedämpfung von Messinstrumenten (Wirbelstromdämpfung), von Waagen oder Fahrzeugfederungen.

Die bislang nur für das System *Masse-Feder-Pendel* angestellten Betrachtungen zu freien, gedämpften Schwingungen können analog auch auf gedämpfte Oszillationen anderer mechanischer schwingungsfähiger Systeme übertragen werden, etwa auf die einfachen Beispiele wie das *Fadenpendel* oder das *Torsionspendel*.

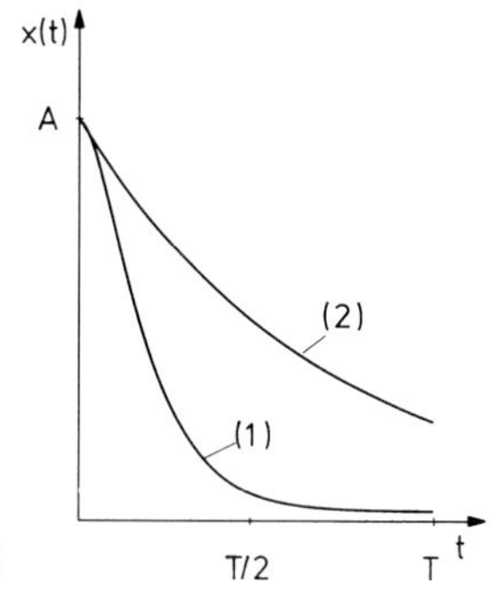

Abb. 30.16

5

§ 30.3.2 Gedämpfte elektromagnetische Schwingungen

In Abb. 30.11 des § 30.2.2 wurde gezeigt, dass bei der harmonischen Schwingung eines Masse-Feder-Pendels ebenso wie in einem *LC*-Schwingkreis ein Austausch zwischen zwei Energieformen stattfindet. Im ersten Fall sind es die kinetische und potentielle Energie, im andern Fall die elektrische und magnetische Feldenergie, deren Summe zu jedem Zeitpunkt der Oszillation jeweils als konstant angenommen wird, d. h. die schwingungsfähigen Systeme sind verlustfrei. Treten jedoch Verluste z. B. durch Reibung auf, dann sind die Oszillationen gedämpft, wie in § 30.3.1 besprochen. So hatten wir auch den elektrischen Schwingkreis als ideal und damit verlustfrei, d. h. widerstandslos angenommen. Im realen *LC*-Schwingkreis aber, der nur einmalig mit Energie versorgt wurde, werden die Oszillationen jedoch auch nicht unendlich lange andauern, sondern wegen des immer vorhandenen Widerstandes der Leiterelemente mehr oder weniger schnell abklingen infolge von Energieverlusten im ohmschen Widerstand (Joule'sche Wärme). Der reale Schwingkreis zeigt eine gedämpfte Schwingung und die Schwingungsamplituden von Strom und Spannung klingen exponentiell ab. Den allgemeineren Fall eines *LC*-Schwingkreises mit zusätzlichem ohmschem Widerstand *R* (stellvertretend für alle Verlustwiderstände, z. B. in der Spule und allen sonstigen Leiterelementen) zeigt Abb. 30.17 und in Abb. 30.18 ist die gedämpfte Schwingung dieses Kreises für die Spannung $U(t)$ am Kondensator dargestellt, nachdem er durch Öffnen des Schalters S wieder von der Spannungsquelle getrennt wurde. In der Energiebeziehung (30.29) sind nun auch noch die Energieverluste durch Joule'sche Wärmeentwicklung am Widerstand zu berücksichtigen, das bedeutet der Energie-

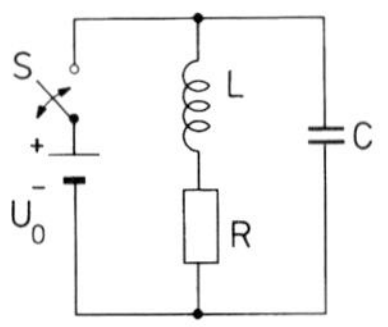

Abb. 30.17

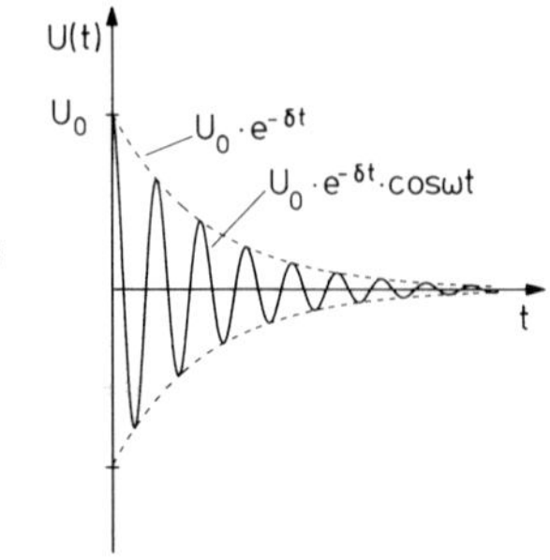

Abb. 30.18

vorrat des Schwingkreises nimmt in der Zeiteinheit um $\mathrm{d}W/\mathrm{d}t = R \cdot I^2 = P_R$ ab, wobei P_R die Wärmeleistung am Widerstand R ist. Davon ausgehend ergibt sich, ohne hier näher darauf einzugehen, schließlich eine Differentialgleichung für die Ladung Q vom Typ der Bewegungsgleichung (30.36) einer gedämpften mechanischen Schwingung:

$$L \cdot \frac{\mathrm{d}^2 Q}{\mathrm{d}t^2} + R \cdot \frac{\mathrm{d}Q}{\mathrm{d}t} + \frac{1}{C} \cdot Q = 0 \qquad (30.43)$$

Wie gezeigt werden kann, führt der Ansatz einer gedämpften harmonischen Schwingung mit zeitlich exponentiell abfallender Amplitude

$$Q(t) = Q_0 \cdot e^{-\delta \cdot t} \cdot \cos(\omega \cdot t - \varphi) \qquad (30.44)$$

zu einer Lösung der Differentialgleichung (30.43), wobei mit

$$\delta = \frac{R}{2L} \qquad (30.45)$$

der Abklingkoeffizient der Amplitude und gemäß der *Thomson'schen Gleichung* (30.33) durch

$$\omega_0^2 = \frac{1}{L \cdot C} \qquad (30.46)$$

die Kreisfrequenz ω_0 des ungedämpften Oszillators gegeben ist.

Für geringe Dämpfung $\delta \ll \omega_0$, d. h. $R \ll 2\sqrt{L/C}$, lautet die Lösung bei den Anfangsbedingungen $Q(0) = Q_0$ und $\dot{Q}(0) = I(0) = 0$ für die gedämpfte Schwingung der Ladung Q:

$$Q(t) = Q_0 \cdot e^{-\delta \cdot t} \cdot \cos(\omega \cdot t) \qquad (30.47)$$

mit der Kreisfrequenz

$$\omega = \sqrt{\frac{1}{L \cdot C} - \frac{R^2}{4L^2}} = \sqrt{\omega_0^2 - \delta^2} \qquad (30.48)$$

Damit ergibt sich z. B. für die Spannung $U_C(t) = Q(t)/C$ am Kondensator (Abb. 30.17) mit $U_0 = Q_0/C$ eine gedämpfte Schwingung (Abb. 30.18):

$$U_C(t) = U_0 \cdot e^{-\delta \cdot t} \cdot \cos(\omega \cdot t) \qquad (30.49)$$

bzw. mit entsprechender Phasenverschiebung auch für die elektrische Stromstärke im Schwingkreis.

Durch Variation der Dämpfung $\delta \gtreqless \omega_0$, d. h. $R \gtreqless 2\sqrt{L/C}$, lassen sich beim gedämpften elektrischen Schwingkreis in gleicher Weise wie beim mechanischen gedämpften Oszillator neben dem gedämpften Schwingfall, der nur für Widerstände $R < 2\sqrt{L/C}$ beobachtet werden kann, auch der aperiodische Grenzfall und bei überkritischer Dämpfung der Kriechfall einstellen, mit analogem Schwingungsverhalten des Systems. Der *RLC*-Kreis stellt somit ein schwingungsfähiges elektromagnetisches System dar, dessen Gesamtenergie aufgrund der Energieverluste am ohmschen Widerstand R abnimmt. Die elektrische Energie am Kondensator $W_{\mathrm{el}} = W_C = \frac{1}{2}\frac{Q^2}{C}$, wie auch die magnetische Energie $W_{\mathrm{mag}} = W_L = \frac{1}{2} L \cdot I^2$ an der Spule, zeigen als Funktion der Zeit, im Falle einer unterkritischen Dämpfung, eine exponentielle Abnahme analog zur potentiellen bzw. kinetischen Energie in Abb. 30.15 eines solchen gedämpften mechanischen Systems.

§ 30.4 Erzwungene und selbsterregte Schwingungen – Gekoppelte Oszillatoren

Die bisher besprochenen Schwingungen führte das schwingungsfähige System von alleine und selbstständig aus. Wurde beispielsweise ein Pendelkörper ausgelenkt oder der Kondensator eines elektrischen Schwingkreises aufgeladen, so vollführte das jeweilige System von sich aus eine ungedämpfte bzw. gedämpfte Oszillation, die von außen (Letztere außer durch Reibungsverluste) ansonsten nicht beeinflusst wurde.

Völlig anders verhält sich ein schwingungsfähiges System, wenn es unter der Einwirkung einer äußeren periodischen Erregung (z. B. Kraft oder elektrische Spannung) steht. Das System kann dann nicht mehr mit seiner Eigenfrequenz frei schwingen, sondern vollführt eine, durch die äußere periodische Erregung bedingte, ***erzwungene Schwingung***. Derartige Schwingungen spielen in Naturwissenschaft und Technik eine große Rolle. Dabei handelt es sich meist um Systeme, die aus mehreren schwingungsfähigen Komponenten bestehen, welche ***gekoppelte Schwingungen*** ausführen.

Damit ein schwingungsfähiges System ungedämpft oszilliert, muss ihm, wegen der unvermeidlichen Reibungsverluste, ständig geeignet Energie vermöge einer ***Selbsterregung*** bzw. ***Selbststeuerung*** zugeführt werden, um die Verluste auszugleichen.

§ 30.4.1 Erzwungene Schwingungen – Resonanz

Wir kennen alle das Beispiel einer Brücke, die durch darüber fahrende schwere Fahrzeuge in Schwingungen gerät, sowie die Vibrationen von „unrund" laufenden Motoren bzw. von Fahrzeugen mit ungenügend „ausgewuchteten" Laufrädern oder das Klirren von Gläsern in einem Schrank, verursacht durch externe Vibrationen. Derartige Schwingungen sind erzwungen und erfolgen mit einer Frequenz, die i. Allg. nicht der Eigenfrequenz des schwingenden Systems entspricht, sondern der sie erzeugenden Kraft.

Erzwungene Schwingungen treten immer dort auf, wo äußere periodische „Kräfte" auf ein schwingungsfähiges System einwirken, d. h. auf mechanische Oszillatoren, Wechselstromkreise oder oszillierende Atome und Moleküle.

Erzwungene mechanische Schwingungen

Beginnen wir unsere Betrachtungen zu mechanischen Systemen mit dem Beispiel des in Abb. 30.19 schematisch dargestellten einfachen Demonstrationsversuchs zu erzwungenen mechanischen Schwingungen: Eine Pendelmasse m kann zwischen zwei Federn schwingen, wobei eine Feder fest montiert und die andere exzentrisch an einer rotierenden Scheibe befestigt ist. Dadurch wird eine von außen wirkende periodische Zwangskraft $F_{\mathrm{err}}(t) = F_0 \cdot \cos \omega \cdot t$ auf die Pendelmasse übertragen und diese hin- und herbewegt (F_0 ist die Amplitude der erregenden Kraft $F_{\mathrm{err}}(t)$ und ω ihre Kreisfrequenz). Die Bewegungsgleichung lautet daher:

$$m \cdot \ddot{x}(t) + \mu \cdot \dot{x}(t) + D \cdot x(t) = F_0 \cdot \cos \omega \cdot t \tag{30.50}$$

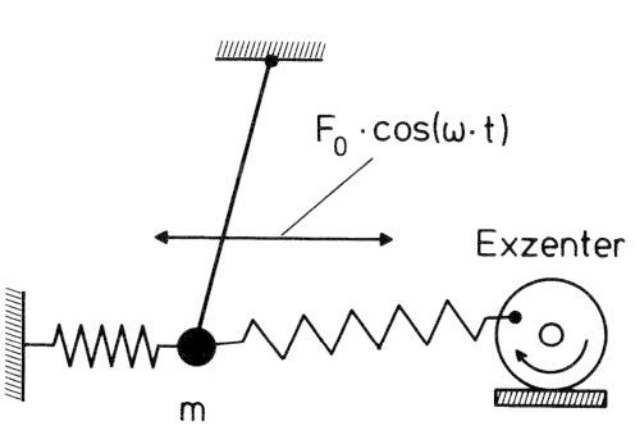

Abb. 30.19

Ohne auf die mathematische Herleitung näher einzugehen, ist für den ***stationären Fall*** (eingeschwungener Zustand) des Systems ein geeigneter Lösungsansatz:

$$x(t) = A \cdot \cos(\omega \cdot t - \varphi) \tag{30.51}$$

und die Theorie liefert für die stationäre Amplitude der erzwungenen Schwingung bei der Kreisfrequenz ω der erregenden Schwingung:

$$A(\omega) = \frac{F_0}{m \cdot \sqrt{\left(\omega_0^2 - \omega^2\right)^2 + (2\delta \cdot \omega)^2}} \tag{30.52}$$

wobei $\omega_0^2 = D/m$ die Kreisfrequenz des ungedämpften Oszillators und $\delta = \mu/2m$ den Abklingkoeffizienten der Amplitude gemäß (30.10) bzw. (30.38) bezeichnet. Die Amplitude der erzwungenen Schwingung hängt somit von der Kreisfrequenz ω und der Amplitude F_0 (bzw. der Beschleunigungsamplitude F_0/m) der erregenden äußeren Kraft und außerdem von der Dämpfung δ und der Eigenfrequenz ω_0 des erregten schwingungsfähigen Systems ab. Trägt man die Amplitude $A(\omega)$ der erzwungenen Schwingung in Abhängigkeit von der Kreisfrequenz ω der Erregerschwingung auf, so erhält man die in Abb. 30.20 bei unterschiedlichen Dämpfungen dargestellten **Resonanzkurven**. Bei konstanter, zeitunabhängiger Erregerkraft (d. h. zu Beginn der Resonanzkurve bei $\omega = 0$) ist die statische Auslenkung F_0/D. Mit steigender Erregerfrequenz ω nimmt, bei nicht zu starker Dämpfung, die Amplitude des schwingungsfähigen Systems zu und erreicht für $\boldsymbol{\omega = \omega_r}$ ein Maximum, das ***Resonanzmaximum***. Die dazugehörige ***Resonanzkreisfrequenz*** $\boldsymbol{\omega_r}$ ergibt sich zu

$$\omega_r = \sqrt{\omega_0^2 - 2\delta^2} \tag{30.53}$$

für die im allgemeinen Fall (außer für $\delta = 0$) $\omega_r < \omega_0$ gilt, aber für $\delta \ll \omega_0$ nicht stark von ω_0 abweicht. Bei einem ungedämpften System steigt, wie Abb. 30.20 für $\delta = \delta_3 = 0$ zeigt, die Amplitude der Schwingung ins Unendliche an

(Resonanzkatastrophe), wenn die Kreisfrequenz ω des Erregers mit der Eigenfrequenz der freien, ungedämpften Oszillation übereinstimmt, also $\omega = \omega_r = \omega_0$ gilt. Eine Dämpfung des Systems begrenzt somit die Amplitude auf endliche Werte und man beobachtet mit steigender Dämpfung ein Absinken der Resonanzamplitude und nach (30.53) eine (geringfügige) Verschiebung des **Resonanzmaximums** zu kleineren Frequenzen ω, wie in Abb. 30.20 für zwei unterschiedliche Dämpfungskoeffizienten δ_1 und δ_2 $(\delta_1 > \delta_2)$ schematisch dargestellt ist. Zwischen erregender und erzwungener Schwingung besteht eine Phasenverschiebung φ, für welche gilt:

$$\tan\varphi = \frac{2\delta\cdot\omega}{\omega_0^2 - \omega^2} \tag{30.54}$$

Die Phasenverschiebung hängt von der erregenden Frequenz ω und deren relativen Lage zur Eigenfrequenz ω_0 sowie von der Dämpfung δ des Systems ab, wobei die erregende der erzwungenen Schwingung vorauseilt. Für verschwindende Dämpfung $(\delta = 0)$ zeigt die Phasenverschiebung φ einen sprunghaften Verlauf (Abb. 30.21), mit steigender Dämpfung wird der Übergang stetig und zunehmend breiter. Im

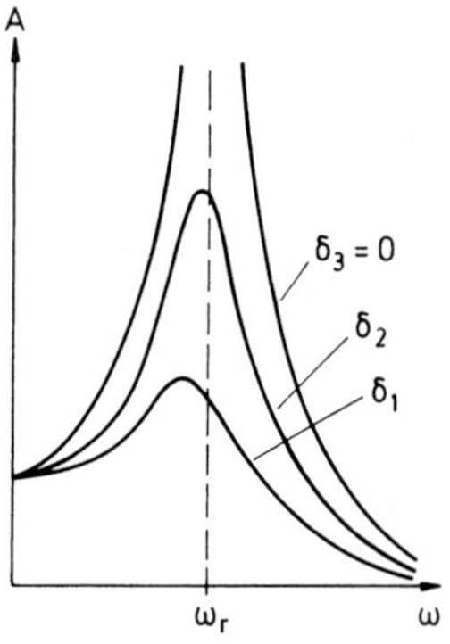

Abb. 30.20

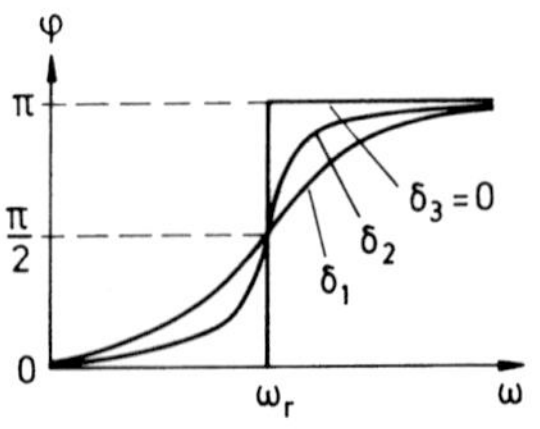

Abb. 30.21

Resonanzfall $\omega = \omega_r$ eilt die erregende der erzwungenen Schwingung um $\varphi = \frac{\pi}{2}\,(\widehat{=}\,90°)$, d. h. um eine viertel Periode voraus, oder bezieht man die Phase auf die erregende Schwingung, so hinkt die erzwungene der erregenden Schwingung um $\varphi = \frac{\pi}{2}$ nach (s. auch Gleichung (30.51)).

Erzwungene elektromagnetische Schwingungen

Zum Studium erzwungener elektrischer Schwingungen kehren wir wieder zum *RLC*-Kreis des § 27.2.4 zurück. Als Beispiel betrachten wir den Serienkreis der Abb. 27.11 und fragen, wie sich die effektive Stromstärke I_{eff} bzw. deren Amplitude I_0 (im stationären Zustand des *RLC*-Kreises) verhält, wenn die Kreisfrequenz ω der von außen angelegten Wechselspannung $U_\sim = U_0 \cdot \sin(\omega\cdot t)$ variiert wird, wobei R, L und C fest bleiben.

Die Anwendung der Kirchhoff'schen Maschenregel auf Abb. 27.11 liefert, wie in § 27.2.4:

$$L\cdot\frac{\mathrm{d}I}{\mathrm{d}t} + R\cdot I + \frac{Q}{C} = U_\sim$$

wofür sich durch Differentiation nach der Zeit

$$L\cdot\frac{\mathrm{d}^2 I}{\mathrm{d}t^2} + R\cdot\frac{\mathrm{d}I}{\mathrm{d}t} + \frac{I}{C} = \omega\cdot U_0\cdot\cos(\omega\cdot t)$$

ergibt, eine Differentialgleichung vom Typ der Gleichung (30.50) für die erzwungene mechanische Schwingung. Der Lösungsansatz für die Stromstärke ist $I_\sim = I_0\cdot\sin(\omega\cdot t - \varphi)$, wie für den Wechselstromkreis in § 27.2.4, jedoch soll auch hier die Lösung dieser Differentialgleichung nicht abgeleitet werden.

In den vorangegangenen Abschnitten sind wir bereits auf die enge Analogie zwischen mechanischen und elektromagnetischen Systemen eingegangen. So kann dann ebenso in diesem Fall die angelegte Wechselspannung $U_\sim$ als eine äußere, periodische „Erregerkraft" mit der Erregerfrequenz ω aufgefasst werden, die auf den *RLC*-Kreis einwirkt, der eine bestimmte „Eigenfrequenz" besitzt. Für den stationären Zustand, d. h. nach dem Abklingen von Einschwingvorgängen (siehe unten), erwarten wir daher für den Strom ein Maximum, wenn die Erregerfrequenz ω gerade gleich der Eigenfrequenz des Schwingkreises ist. Übernehmen wir die Überlegungen, die in § 27.2.4 im Zusammenhang mit dem Wechselstromwiderstand für den *RLC*-Serienkreis angestellt wurden, so ergibt sich mit den Gleichungen (27.21) und (27.19) für die Beziehung zwischen den Strom- und Spannungsamplituden:

$$I_0 = \frac{U_0}{\sqrt{R^2 + \left(\omega \cdot L - \frac{1}{\omega \cdot C}\right)^2}} \quad (30.55)$$

wobei anstelle der Scheitelwerte U_0 und I_0 auch die Effektivwerte gemäß (27.20) geschrieben werden können. Entsprechend ergibt sich mit (27.22) für die relative Phasenlage φ zwischen angelegter Spannung $U_\sim(t)$ und dem Strom $I_\sim(t)$ im Kreis:

$$\tan \varphi = \frac{\omega \cdot L - \frac{1}{\omega \cdot C}}{R} \quad (30.56)$$

Für die Resonanzfrequenz $\omega^2 = \frac{1}{L \cdot C} = \omega_0^2$, die durch die *Thomson'sche Schwingungsformel* (30.33) gegeben ist, nimmt die Stromamplitude I_0 ein Maximum an ***(Stromresonanz)***. Resonanz tritt also ein, wenn die Erregerfrequenz ω mit der Eigenfrequenz ω_0 des ungedämpften Schwingkreises übereinstimmt. Es liegt ein Resonanzverhalten vor, das ganz analog zu dem der erzwungenen Schwingungen mechanischer Systeme ist, wie Abb. 30.22 für den Strom eines *RLC*-Serienresonanzkreises bei drei verschiedenen Werten von R zeigt. Je schwächer die Dämpfung, also je kleiner der ohmsche Widerstand R ist, umso ausgeprägter und schärfer ist das Resonanzmaximum. Ein Maß dafür ist die ***Halbwertsbreite*** $\boldsymbol{\Delta\omega}$, die der vollen Breite der Resonanzkurve in halber Höhe des Maximums entspricht (in Abb. 30.22 für die Resonanzkurve mit Widerstand R_1 gezeigt). Das Verhältnis $\Delta\omega/\omega_0$ bezeichnet man als *Resonanzschärfe* und deren Kehrwert ist der *Gütefaktor* des mit der Eigenfrequenz ω_0 resonant oszillierenden Systems.

Der Phasenverlauf als Funktion der Erregerfrequenz $\varphi = \varphi(\omega)$ (Abb. 30.23) zeigt, dass bei kleinen Frequenzen $(\omega \ll \omega_0)$ der Serienschwingkreis kapazitives Verhalten zeigt, wogegen er für hohe Frequenzen $(\omega \gg \omega_0)$ wie eine Induktivität wirkt. Bei Resonanz $(\omega = \omega_0)$ liegt rein ohmsches Verhalten vor $(\varphi = 0)$.

Ähnliche Überlegungen, wie sie hier für den *RLC*-Serienkreis angestellt wurden, können auch auf den Parallelkreis (Abb. 27.13) sowie auf andere elektromagnetische Schwingkreise übertragen werden.

Schwingungsfähige Systeme (mechanische, akustische, elektromagnetische, optische etc.), die ***mit einer typischen Eigenfrequenz*** $\boldsymbol{\omega_r}$ (oder auch mit mehreren Eigenfrequenzen) resonant angeregt werden können, werden oft auch als ***Resonatoren*** bezeichnet.

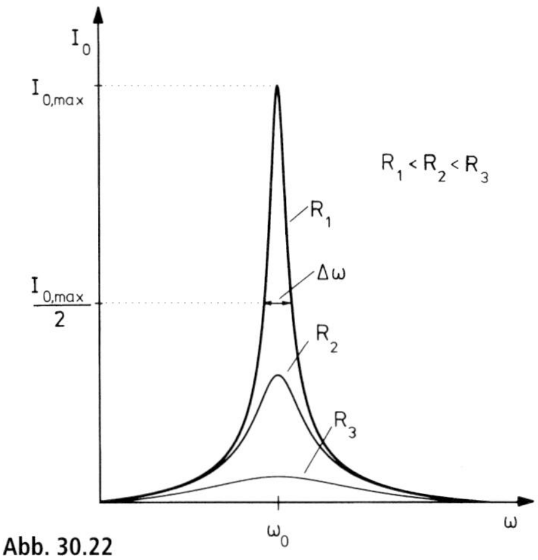

Abb. 30.22

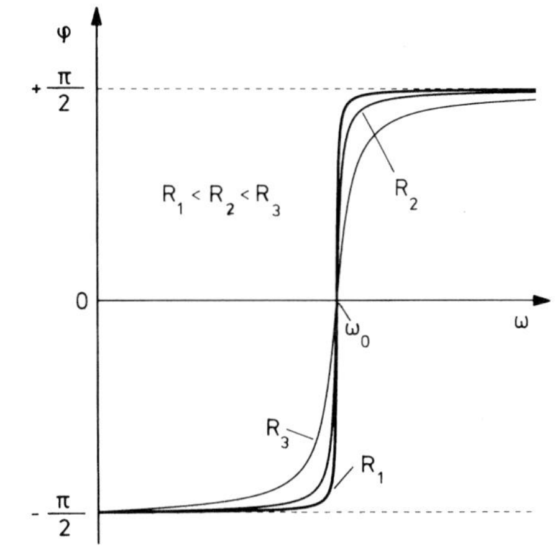

Abb. 30.23

Einschwing- und Abklingvorgänge

Bei einem gedämpften System erreicht die Amplitude der Schwingung nach Einschalten der äußeren Erregung nicht sofort ihren stationären Wert, sondern man beobachtet einen zeitlich abklingenden Einschwingvorgang, bei welchem sich die freie gedämpfte Eigenschwingung des Systems bemerkbar macht. Der stationäre Zustand mit konstanter Amplitude wird erst nach einer Zeitspanne Δt erreicht, die von der Dämpfung abhängt (Abb. 30.24). Entsprechend beobachtet man nach dem Abschalten der erregenden Kraft (zum Zeitpunkt t_1) einen

Abklingvorgang, die Amplitude der Schwingung klingt exponentiell ab.

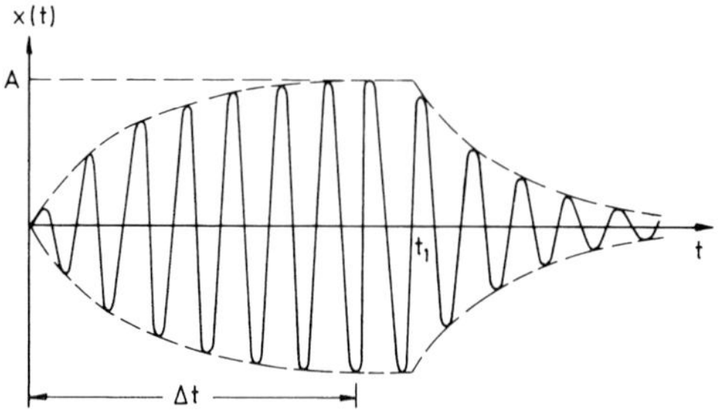

Abb. 30.24

§ 30.4.2 Selbstgesteuerte und selbsterregte Schwingungen – Rückkopplung

Reale schwingungsfähige Systeme sind wegen der unvermeidlichen Energieverluste stets gedämpft. Um ungedämpfte Schwingungen zu erzeugen, müssen die Dämpfungsverluste durch periodische Energiezufuhr ausgeglichen werden. Das kann durch eine geeignete äußere periodische Anregung geschehen (*Fremderregung*) und führt zu erzwungenen Schwingungen, wie im vorangehenden Abschnitt besprochen. Eine andere Möglichkeit besteht darin, die periodische Anregung durch das Schwingungssystem selbst zu steuern. Man spricht dann von ***selbsterregten*** bzw. treffender von ***selbstgesteuerten Schwingungen***, wenn vermöge einer geeigneten ***Rückkopplung*** Energie im Takt der Eigenschwingung (z. B. in jeder Halbperiode) in das oszillierende System eingespeist wird (s. auch § 44.4).

Einfache mechanische Beispiele zur Selbststeuerung sind die Pendeluhr oder die Taschen- bzw. Armbanduhr. Bei der Pendeluhr dient als Energiereservoir die potentielle Energie einer auf eine bestimmte Höhe angehobenen Masse oder eine gespannte Spiralfeder. Vermittels eines Zahnrades und der sog. Ankerhemmung wird damit dem Pendel kurzzeitig Energie zugeführt, indem das Zahnrad sich bei jedem Hin- und Hergang des Pendels um einen Zahn weiter dreht und dabei in gleichmäßiger Folge dem Pendel über die mit ihm starr verbundene Ankerhemmung im richtigen Sinne neue Anstöße erteilt, sodass dieses ungedämpfte Schwingungen ausführt. Der (mechanischen) Taschen- oder Armbanduhr dient als Oszillator bzw. als Taktgeber die sog. Unruh, eine Art Drehpendel. Eine gespannte (aufgezogene) Spiralfeder liefert der Unruh die durch Reibungsverluste verloren gegangene Energie wieder nach, die ihr wiederum über eine Ankerhemmung zugeführt wird.

Im Falle der elektromagnetischen Schwingungen muss man, um ungedämpfte Schwingungen beispielsweise eines *LC*-Kreises zu erzeugen, dem Schwingkreis aus einer Gleichspannungsquelle im passenden Zeitpunkt periodisch Energie zuführen. Diese Synchronisation kann bei geeignet dimensionierter Kapazität *C* und Induktivität *L* des Schwingkreises, für welchen die Eigenfrequenz in der Gegend um 1 Hz liegt, noch manuell durch einen Schalter geschehen (Abb. 30.17), um dem Kondensator wieder die fehlende Energie zuzuführen. Das elegantere Verfahren der Selbststeuerung und bei höheren Frequenzen die angezeigte Methode, ist eine elektronische Rückkopplung. Als Beispiel betrachten wir die in Abb. 30.25 schematisch dargestellte Schaltung für einen *LC*-Schwingkreis mit einem Transistor zur Selbststeuerung durch Rückkopplung. Der eigentliche Schwingkreis besteht aus der Spule *L* und dem Kondensator *C*, dessen Eigenfrequenz $\omega_0 = 1/\sqrt{L \cdot C}$ ist. Infolge der induktiven Kopplung zwischen der Spule *L* des Schwingkreises und der Rückkopplungsspule *L′* wird die Basis des Transistors synchron mit der Eigenschwingung angesteuert und dadurch die Kollektor-Emitter-Strecke periodisch geöffnet und geschlossen. Bei richtig gewählter Phasenlage der Steuerspannung öffnet der Transistorschalter dann vollkommen, wenn die obere Platte des Kondensators z. B. positiv (und die untere negativ) ist. Damit wird der Kondensator in jeder Schwingungsperiode wieder voll

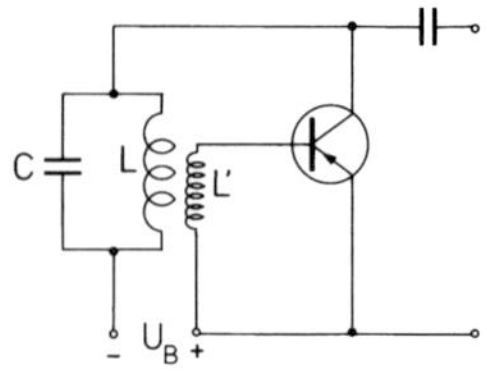

Abb. 30.25

auf die Spannung U_B der Spannungsquelle nachgeladen. Bei Gleichgewicht zwischen zugeführter und durch Dämpfung verbrauchter Leistung stellt sich eine stabile stationäre Amplitude der harmonischen Schwingung ein.

Beim ersten Rückkopplungsgenerator für elektromagnetische Schwingungen von *A. Meißner* (1913) war das Verstärkerelement eine Elektronenröhre (Triode). Heute werden hierfür überwiegend Halbleiter verwendet, wie im Beispiel der Abb. 30.25 etwa ein *pnp*-Transistor. Ein solcher rückgekoppelter Schwingkreis (Transistorgenerator) stellt einen (ungedämpften) ***Oszillator*** dar.

§ 30.4.3 Gekoppelte Oszillatoren – Eigenschwingungen

In den vorangegangenen Abschnitten beobachteten wir schwingungsfähige Systeme mit *einer* Eigenfrequenz, d. h. Systeme, für welche nur bei dieser Frequenz Resonanz eintritt. Man sagt, solche Systeme besitzen einen **Schwingungsfreiheitsgrad**. Allgemein haben schwingungsfähige Systeme, wie sie z. B. in der Technik vorkommen, mehrere Schwingungsfreiheitsgrade, wobei man sich das Gesamtsystem aus gekoppelten schwingungsfähigen Einzelsystemen bestehend vorstellen kann. Die Kopplung kann auf Reibung, Trägheit oder Elastizität beruhen.

Gekoppelte Pendel

Als erstes spezielles Beispiel zweier linearer, gekoppelter Oszillatoren werde ein System aus zwei identischen Pendeln (Masse m) mit starren Pendelstangen (der Länge l, bei vernachlässigbarer Masse) betrachtet, die durch eine Feder (Federkonstante D_{12}) elastisch gekoppelt sind (Abb. 30.26). Wird eines der Pendel in Bewegung gesetzt, so wird durch die Kopplung auch das zweite Pendel beeinflusst. Die Schwingungsenergie des einen Pendels geht allmählich auf das andere über, wobei das erste zur Ruhe kommt; dann kehrt sich der Vorgang um. Die Schwingungsenergie pendelt also periodisch zwischen den beiden Oszillatoren hin und her (Abb. 30.27). Die beiden Pendel führen jeweils erzwungene Schwingungen aus, wobei sie wechselseitig die Rolle des Erregers übernehmen. Der Bewegungsablauf jedes einzelnen Pendels entspricht dem einer Schwebung, die zeitlich um eine halbe Schwebungsdauer T_S gegeneinander versetzt sind (s. dazu auch § 30.5.1 und Abb. 30.38).

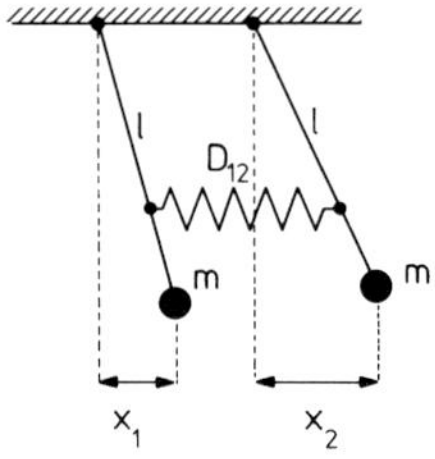

Abb. 30.26

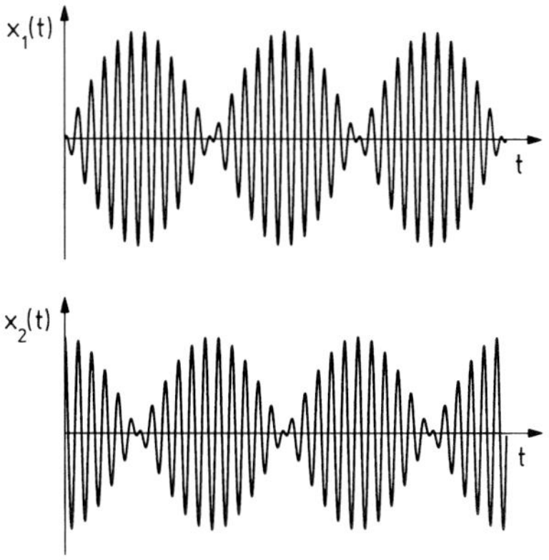

Abb. 30.27

Ausgehend von den Bewegungsgleichungen des gekoppelten Systems lässt sich zeigen, dass das Gesamtsystem unterschiedliche **Normal-** oder **Eigenschwingungen** (auch **Fundamentalschwingungen** oder **Fundamentalmoden** genannt) besitzt. Das jeweilige Schwingungsverhalten der Pendel setzt sich aus einer Linearkombination von Normalschwingungen zusammen. Durch spezielle Wahl der Anfangsbedingungen lassen sich die Normalschwingungen isoliert anregen. Bei einer der Normalschwingungen schwingen die beiden Pendel gleichsinnig, d. h. in Phase (Abb. 30.28 (a)). Hierbei wird die Kopplung überhaupt nicht beansprucht und die Pendel schwingen mit der Eigenfrequenz $\Omega_1 = \omega_0 = \sqrt{g/l}$, der Eigenfrequenz jedes einzelnen Pendels (ohne Kopplung). Die zweite Normalschwingung stellt die gegenphasige Schwingung der beiden Pendel dar (Abb. 30.28 (b)) mit der Eigenfrequenz $\Omega_2 = \sqrt{\omega_0^2 + 2D_{12}/m}$. Die beiden Frequenzen Ω_1 und Ω_2 unterscheiden sich zunehmend bei steigender Kopplungsstärke (Federkonstante). Für schwache Kopplung ($\omega_0^2 \gg D_{12}/m$) ist der Unterschied zwischen den beiden Frequenzen nur gering und man beobachtet die eingangs beschriebenen Schwebungen (s. dazu § 30.5.1).

Der allgemeine gekoppelte Oszillator eines Masse-Feder-Pendelsystems bestehend aus zwei Massenpunkten m_1 und m_2, die untereinander durch

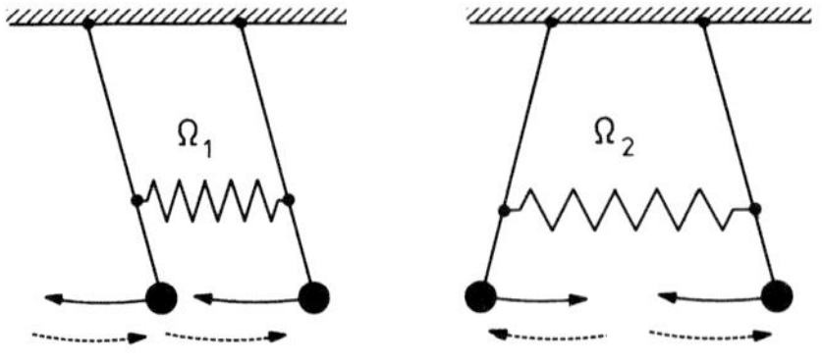

Abb. 30.28 (a) (b)

eine Feder mit der Federkonstanten D_{12} und jeweils mit einer Feder der Direktionskraft D_1 bzw. D_2 in ihrer Ruhelage fixiert sind, ist in Abb. 30.29 (a) dargestellt. Im Falle gleicher Massen $m_1 = m_2 = m$ und identischer Direktionskräfte $D_1 = D_2 = D$, ergeben sich für das gekoppelte System die Normalschwingungen wie oben mit den Eigenfrequenzen Ω_1 und Ω_2, wobei hier $\Omega_1 = \omega_0 = \sqrt{D/m}$ ist.

Auch bei dem System der Abb. 30.29(b) handelt es sich um gekoppelte Oszillatoren. Hier findet, beispielsweise durch anfängliches Auslenken der Masse m in x-Richtung, zunächst ein Übertrag der Schwingungsenergie in Längsrichtung (x-Richtung) in Rotationsenergie der Drehschwingung um die x-Richtung statt, welche anschließend wieder rückübertragen

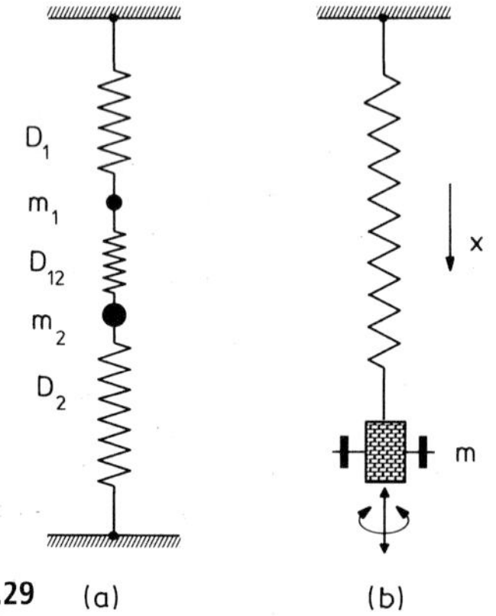

Abb. 30.29 (a) (b)

wird. Es kommt also zu einem periodischen Wechsel zwischen Längs- und Drehschwingung der Masse m, mit abwechselnden Phasen des Stillstandes einer der Schwingungsarten (bei optimaler Abstimmung des Systems), d. h. man beobachtet auch hier ein entsprechendes Schwebungsverhalten wie im obigen Beispiel der gekoppelten Pendel.

Mehrere gekoppelte Oszillatoren

Besteht das System nicht nur aus zwei, sondern aus N gekoppelten eindimensionalen Oszillatoren, dann besitzen diese im Allgemeinen N Freiheitsgrade der Bewegung, d. h. N Normalschwingungen mit Eigenfrequenzen Ω_i ($i = 1, \ldots, N$). Die tatsächlichen Schwingungen des gekoppelten Schwingungssystems ergeben sich als Linearkombination dieser Normalschwingungen. Vermag der einzelne Oszillator jedoch in allen drei Raumrichtungen x, y, z zu schwingen, so erhalten wir als Gesamtzahl $3N$ Normalschwingungen, wie z. B. für die elastischen Schwingungen der Atome im Kristallgitter um ihre Gleichgewichtslage. Für eine Masse-Feder-Kette bestehend

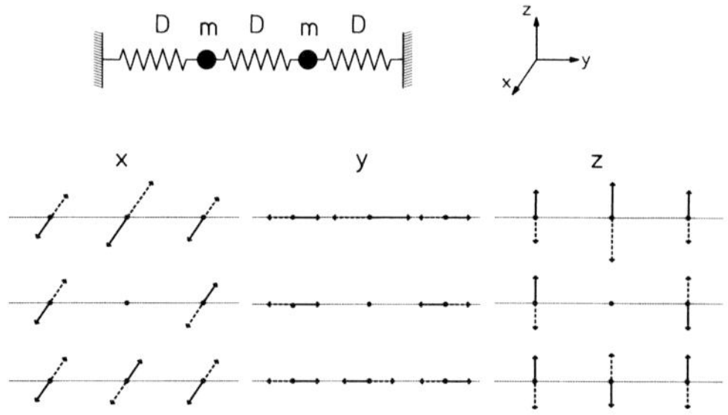

Abb. 30.30

aus nur drei Massen erhalten wir demnach $3N = 9$ Eigenschwingungen, die sich bei geeigneter Wahl der Anfangsbedingungen einzeln anregen lassen. Die Schwingungsmöglichkeiten pro Raumkoordinate der insgesamt neun Normalschwingungen sind in Abb. 30.30 angedeutet. Erfolgt die Auslenkung aus der Gleichgewichtslage bei der Schwingung in Richtung der Anordnung des Masse-Feder-Systems, so handelt es sich um eine so genannte ***Longitudinalschwingung*** (in Abb. 30.30 in y-Richtung), ist die Schwingungsauslenkung dagegen senkrecht dazu, dann liegt eine ***Transversalschwingung*** vor (in Abb. 30.30 in x- bzw. z-Richtung).

Ausgehend von der Vorstellung gekoppelter Oszillatoren kann man sich daher etwa eine Saite (z. B. Klavier- oder Violinsaite) im Modell als eine Anordnung vieler solcher gekoppelter Massenpunkte denken, wobei die Kopplung durch „elastische" Kräfte bewerkstelligt wird. Bei diesem schwingungsfähigen Modell-System sind die trägen Massen die Träger der kinetischen und die elastischen Federn die der potentiellen Energie. Wird eine Saite durch Anzupfen, -streichen oder -schlagen zum Schwingen gebracht, so vollführt sie eine **Transversalschwingung**, d. h. die Saite schwingt senkrecht zur Richtung der Kopplungskraft der Federn im Modellsystem. Die kleinste

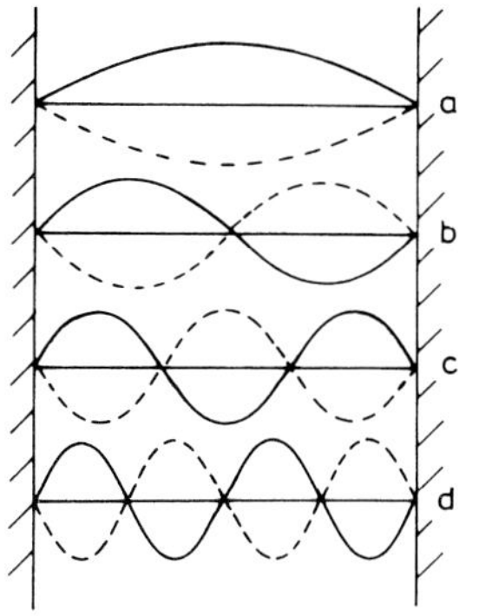

Abb. 30.31

Frequenz, in der diese Saitenschwingung erfolgen kann, ist die ihrer ***Grundschwingung*** oder ***ersten Eigenschwingung*** (s. Abb. 30.31 a). Die Frequenz ν_0 der Grundschwingung ist gegeben durch:

$$\nu_0 = \frac{1}{2l} \cdot \sqrt{\frac{F}{\varrho \cdot A}} \qquad (30.57)$$

Dabei ist F die Kraft, mit der die Saite gespannt wurde, ϱ die Dichte des Saitenmaterials, A die Querschnittsfläche und l die Länge der Saite. Mithilfe der Modellvorstellung vieler gekoppelter Massen mit einer entsprechend großen Anzahl von Eigenschwingungen lassen sich die weiteren beobachtbaren Schwingungszustände einer Saite verstehen. Neben der Grundschwingung gibt es als weitere mögliche Schwingungszustände der Saite eine erste ***Oberschwingung*** (zweite Eigenschwingung), eine zweite Oberschwingung (dritte Eigenschwingung) etc., wie in Abb. 30.31 b–d dargestellt. Wenn λ_0 die Wellenlänge der Grundschwingung der Frequenz ν_0 ist (Abb. 30.31 a), dann sind die Wellenlängen der Oberschwingungen $\lambda_1 = \frac{1}{2}\lambda_0$, $\lambda_2 = \frac{1}{3}\lambda_0$, $\lambda_3 = \frac{1}{4}\lambda_0$ etc. und damit ihre Frequenzen $\nu_1 = 2\nu_0$, $\nu_2 = 3\nu_0$, $\nu_3 = 4\nu_0$ etc. Bezeichnen wir daher mit $k = 0, 1, 2, \ldots$ die Ordnungszahl der Schwingungen unter Einbeziehung der Grundschwingung mit $k = 0$, so gilt allgemein für die Frequenz ν_k der k-ten transversalen Schwingung der Saite:

$$\nu_k = (k+1) \cdot \nu_0 \qquad (30.58)$$

$(k = 0, 1, 2, 3, \ldots)$

Grundschwingung und Oberschwingungen zusammen stellen das System der *Eigenschwingungen* der Saite dar, wobei sich die möglichen Eigenfrequenzen der Saite wie die ganzen Zahlen verhalten. Die Ordnungszahl k gibt die Anzahl der Knoten auf der schwingenden Saite an und die Frequenzen ihrer harmonischen Oberschwingungen sind gemäß (30.58) ein ganzzahliges Vielfaches der Grundfrequenz; „harmonisch" ist hier in Anlehnung an den musikalischen Sprachgebrauch verwendet und nicht im physikalisch üblichen Sinn (z. B. sinusförmig). Bei Saiten eines Musikinstrumentes beeinflussen gerade die mit angeregten verschiedenen Oberschwingungen das Klangbild (nicht die Frequenz) des wahrgenommenen Tones.
Auch andere schwingungsfähige Systeme, z. B. Metallstäbe oder die in Pfeifen (Orgeln, Flöten) eingeschlossenen Luftsäulen, können zu Grund- und Oberschwingungen angeregt werden. Nur handelt es sich bei den Schwingungen in Luftsäulen um **Longitudinalschwingungen**, in elastischen Festkörpern um longitudinale und/oder transversale Schwingungen.

Molekülschwingungen

Ähnliche Fundamentalschwingungen wie bei den oben besprochenen mehreren gekoppelten Oszillatoren mit im Allgemeinen $3N$ Freiheitsgraden treten auch bei Molekülen auf. Jedoch fallen aufgrund der nicht vorhandenen Fixierung der Massensysteme an eine feste Wand u. a. diejenigen Normalschwingungen mit gleichsinniger Schwingungsrichtung aller Massenpunkte aus (sie entspricht der Molekültranslation). Ein zweiatomiges Molekül, in erster, harmonischer Näherung durch ein eindimensionales Masse-Feder-Modell beschrieben (zwei durch eine Feder elastisch gekoppelte Massen m_1 und m_2, Abb. 30.32), besitzt somit eine Normalschwingung mit der Eigenfrequenz $\Omega = \sqrt{D/\mu}$, wobei D die Federkonstante und $\mu = m_1 \cdot m_2/(m_1 + m_2)$ die reduzierte Masse ist. Beispiele solcher Moleküle sind HCl, HF, CO, H_2, N_2 und O_2. Ganz allgemein haben mehratomige Moleküle $3N$ Freiheitsgrade für alle möglichen Bewegungen. Die Freiheitsgrade der Translation, Rotation und Schwingung (Vibration) eines N-atomigen Moleküls im dreidimensionalen Raum verteilen sich wie folgt:

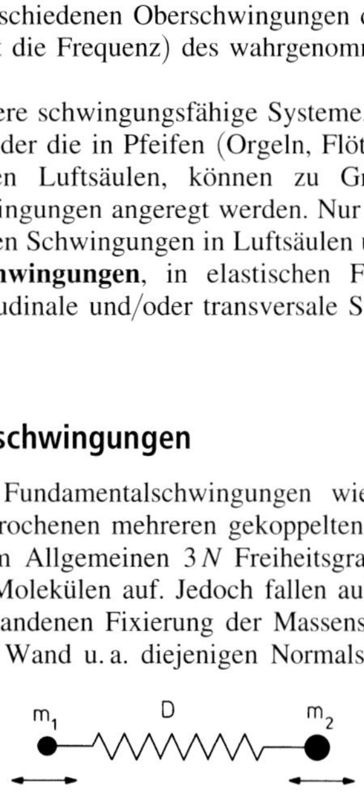

Abb. 30.32

	nichtlineares Molekül	lineares Molekül
Translation	3	3
Rotation	3	2
Schwingung	$3N-6$	$3N-5$
Gesamt	$3N$	$3N$

Die Moleküle besitzen als starre Körper (d. h. falls sie nicht schwingen würden) drei Freiheitsgrade der Translation und auch drei Freiheitsgrade der Rotation um den Massenmittelpunkt, sodass bei nichtlinearen Molekülen (z. B. CH_4) $3N-6$ Freiheitsgrade für alle möglichen Schwingungen übrig bleiben. Bei linearen Molekülen (z. B. CO_2) treten nur zwei Rotationsfreiheitsgrade auf, da wegen des sehr kleinen Trägheitsmomentes um die Verbindungsachse der Atome bei vorgegebenem Drehimpuls die Rotation um diese Achse nicht angeregt werden kann (s. auch § 14 und Abb. 14.3, Modell der starren Hantel eines zweiatomaren Moleküls). Den Schwingungsfreiheitsgraden der Moleküle entsprechen ebenso viele Normalschwingungen mit Eigenfrequenzen Ω_i, die jedoch nur bei Molekülen niedriger Symmetrie voneinander verschieden sind. Abb. 30.33 zeigt schematisch die drei Normalschwingungen Ω_1, Ω_2 und Ω_3 eines nichtlinearen dreiatomigen Moleküls AB_2. Dabei handelt es sich bei den Eigenschwingungen mit den Frequenzen Ω_1 bzw. Ω_3 um die sog. *symmetrische* bzw. *asymmetrische Streckschwingung* und mit der Frequenz Ω_2 um die sog. *Deformationsschwingung*. Ein Beispiel eines gewinkelten, nichtlinearen dreiatomigen Moleküls ist das Wasser (H_2O), das drei Rotationsfreiheitsgrade um seine Hauptträgheitsachsen besitzt, sodass $3N-6=3$ Freiheitsgrade für die Oszillation übrig bleiben wie in Abb. 30.33 dargestellt, wobei das Atom A durch den Sauerstoff O und die Atome B jeweils durch ein Wasserstoffatom H zu substituieren sind. Bei symmetrischen Molekülen sind viele der Eigenfrequenzen *entartet* (d. h. sie besitzen identische Werte), wie z. B. das fünfatomige Molekül CH_4 von den $(3N-6)=9$ möglichen Frequenzen nur vier unterschiedliche Eigenfrequenzen aufweist.

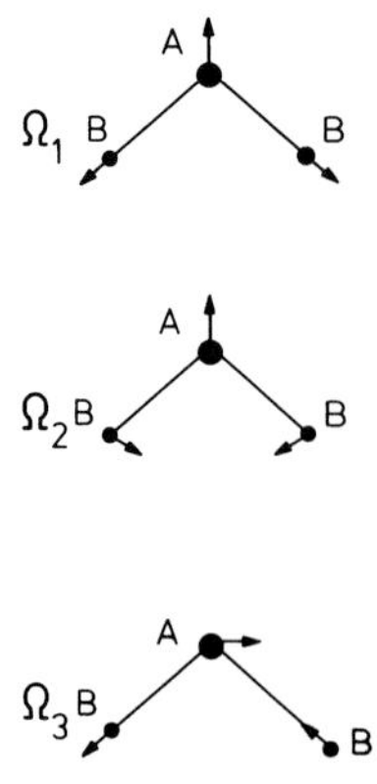

Abb. 30.33

Offener elektromagnetischer Schwingkreis – Hertz'scher Dipol

Zum Abschluss dieses Abschnitts soll noch als Beispiel einer elektrischen Oszillation in Grundzügen der sog. *Hertz'sche Dipol* angesprochen werden. In § 30.2.3 hatten wir den elektromagnetischen Schwingkreis behandelt, bei dem periodisch zwischen Kondensator und Spule elektrische und magnetische Feldenergie oszilliert. Dieser geschlossene *LC*-Schwingkreis lässt sich durch „Aufbiegen" in einen offenen Schwingkreis, den sog. Hertz'schen Dipol überführen, der lediglich aus einem Metallstab der Länge l besteht, wie dies in Abb. 30.34 (a–c) illustriert ist. Die Kapazität C bzw. Induktivität L des geraden Stabes als aufgebogener *LC*-Schwingkreis wirkt gegenüber dem umgebenden Raum als Kapazität bzw. Induktivität. Zur Anregung elektromagnetischer Schwingungen in einem offenen Schwingkreis koppelt man Energie aus einem Generator mit der Frequenz ν ein (Abb. 30.35), wie z. B. durch induktive Ankopplung an die Spule L des Transistorgenerators der Abb. 30.25. Ein in der Stabmitte befindliches Glühlämpchen (in Abb. 30.35 durch einen Kreis mit Kreuz symbolisiert) erlaubt den im Metallstab fließenden Wechselstrom sichtbar zu machen, der aufgrund der vom Generator im Stab indu-

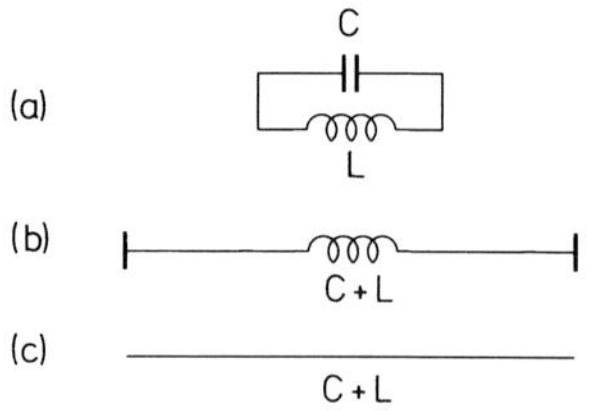

Abb. 30.34

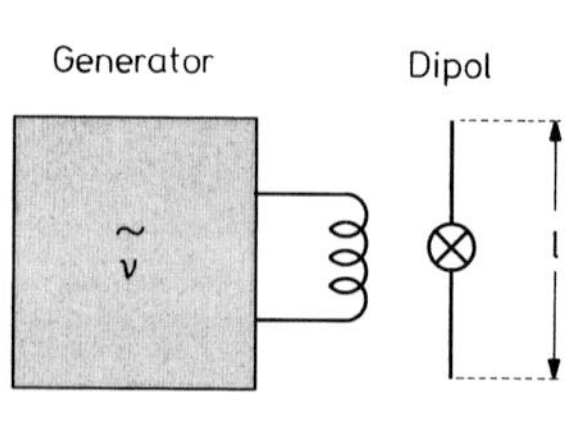

Abb. 30.35

zierten Spannung zwischen den Drahtenden entsteht. Wird die Stablänge l bei fester Eigenfrequenz ν auf Resonanz abgestimmt, so beobachtet man Eigenschwingungen, deren Grundschwingung mit der größten Wellenlänge $\lambda = 2l$ erfolgt. Längs des Metallstabes hat sich also eine stehende Strom-Spannungswelle ausgebildet und die Elektronen des Stabes oszillieren bezüglich der räumlich fest stehenden positiven Ionenrümpfe des Metallgitters. Der Metallstab stellt somit insgesamt einen schwingenden elektrischen Dipol **(Hertz'scher Dipol)** dar, womit zeitlich veränderliche elektrische und magnetische Felder verknüpft sind (s. z. B. § 26.4), die weit in den Raum hinaus reichen. Der schwingende Dipol ist relativ stark bedämpft, wobei die Energieverluste durch den ohmschen Widerstand des Stabes gering sind im Vergleich zu der Dämpfung des schwingenden Dipols durch die Abstrahlung elektromagnetischer Wellen in den freien Raum, die sich mit Lichtgeschwindigkeit ausbreiten (s. § 32). Der Hertz'sche Dipol stellt daher nicht nur einen Resonator mit bestimmten Eigenfrequenzen dar, sondern ist auch als Sender elektromagnetischer Wellen zu betrachten. Als praktische Anwendung des Hertz'schen Dipols sei die *Antenne* (Sende- bzw. Empfangsantenne) z. B. für Radiowellen erwähnt.

§ 30.5 Überlagerung und Zerlegung von Schwingungen

Für Schwingungen wie auch für Wellen (s. § 31) gilt das so genannte **Superpositionsprinzip**, welches besagt, dass sich zwei zur Überlagerung kommende Schwingungen bzw. Wellen nicht gegenseitig stören:

Die resultierende Auslenkung entspricht zu jedem Zeitpunkt der Summe der Einzelauslenkungen.

Analog lassen sich beliebige periodische Vorgänge, die nicht zwingend harmonisch zu sein brauchen, in harmonische Schwingungen zerlegen ***(Fourierzerlegung)***.

§ 30.5.1 Überlagerung harmonischer Schwingungen

Bei der Überlagerung von Schwingungen resultieren häufig mehr oder weniger komplizierte Schwingungsformen. In einem einfachen mechanischen Modell lassen sich diese beispielsweise an den Bewegungsvorgängen eines Massenpunktes studieren, an welchem nicht nur eine, sondern gleichzeitig mehrere harmonische Kräfte angreifen. Die resultierenden Schwingungsformen bei Überlagerung von elektrischen harmonischen Schwingungen können aber auch mit Hilfe eines Elektronenstrahloszillographen sehr schön demonstriert werden.

Grundsätzlich unterscheidet man folgende Fälle, wobei die Schwingungen sowohl gleiche als auch unterschiedliche Frequenzen haben können:

Sind die Schwingungsrichtungen aller überlagerten Schwingungen parallel oder antiparallel, so liegen *eindimensionale* Überlagerungen vor.

Bei einer *zwei-* oder *dreidimensionalen* Überlagerung haben die Elongationen der Schwingungen beliebige Richtungen bzw. stehen die Schwingungsrichtungen senkrecht aufeinander.

5

I. Eindimensionale Überlagerung

Nach dem Superpositionsprinzip ergibt sich die Überlagerung $x(t)$ von K einzelnen harmonischen Schwingungen, dargestellt z. B. durch $x_k(t) = a_k \cdot \sin(\omega_k \cdot t + \varphi_k)$, als eine von den Amplituden a_k, den Kreisfrequenzen ω_k und den Phasen φ_k abhängige Summe:

$$x(t) = \sum_{k=1}^{K} x_k(t) = \sum_{k=1}^{K} a_k \cdot \sin(\omega_k \cdot t + \varphi_k) \quad (30.59)$$

Wir beschränken uns auf die Überlagerung von zwei Schwingungen und betrachten deren Superposition bei gleicher und unterschiedlicher Frequenz.

I.1 Schwingungen gleicher Frequenz

Die Schwingungen gleicher Kreisfrequenz ω, aber unterschiedlicher Amplitude a_1 bzw. a_2 und Phase φ_1 bzw. φ_2 seien dargestellt durch:

$$x_1(t) = a_1 \cdot \sin(\omega \cdot t + \varphi_1)$$

und

$$x_2(t) = a_2 \cdot \sin(\omega \cdot t + \varphi_2)$$

Die überlagerte bzw. resultierende Schwingung $x_r(t)$ ergibt sich nach kleiner Rechnung unter Anwendung des Additionstheorems der trigonometrischen Funktionen zu:

$$x_r(t) = x_1(t) + x_2(t) = a_r \cdot \sin(\omega \cdot t + \varphi_r) \quad (30.60)$$

wobei für die resultierende Amplitude a_r und Phase φ_r gilt:

$$a_r = \sqrt{a_1^2 + a_2^2 + a_1 \cdot a_2 \cdot \cos(\varphi_1 - \varphi_2)} \qquad (30.61)$$

bzw.

$$\tan \varphi_r = \frac{a_1 \cdot \sin \varphi_1 + a_2 \cdot \sin \varphi_2}{a_1 \cdot \cos \varphi_1 + a_2 \cdot \cos \varphi_2}$$

Die resultierende Schwingung ist also wieder harmonisch mit gleicher Frequenz wie die beiden primären Schwingungen, aber davon verschiedener Amplitude a_r und Phase φ_r.

Folgende Spezialfälle sind in Abb. 30.36 dargestellt:

a) Gleiche Amplituden $a_1 = a_2 = a$ und Phasen $\varphi_1 = \varphi_2 = \varphi$:
Nach (30.60) und (30.61) folgt $a_r = 2a$, $\varphi_r = \varphi$ und

$$x_r(t) = x_1(t) + x_2(t) = 2a \cdot \sin(\omega \cdot t + \varphi)$$

Die resultierende Schwingung hat die gleiche Frequenz und Phasenverschiebung wie die primären, aber die doppelte Amplitude; in Abb. 30.36 a) für $\Delta\varphi = 0$ dargestellt.

b) Gleiche Amplituden $a_1 = a_2 = a$, aber eine Phasenverschiebung von $\Delta\varphi = \varphi_1 - \varphi_2 = \pi$:
Gleichung (30.61) liefert für die Amplitude: $a_r = 0$. Die beiden primären Schwingungen sind gegenphasig ($\Delta\varphi = \varphi_1 - \varphi_2 = \pi \mathrel{\widehat{=}} 180°$) und kompensieren sich in jedem Augenblick vollständig (Abb. 30.36 b)).

c) Gleiche Amplituden $a_1 = a_2 = a$ und eine Phasenverschiebung von $\Delta\varphi = \varphi_1 - \varphi_2 = \pi/2$:
Aus Gleichung (30.61) ergibt sich für die Amplitude $a_r = a \cdot \sqrt{2}$ und für die Phase $\varphi_r = \varphi_2 + \frac{\pi}{4}$, womit nach (30.60) folgt:

$$x_r(t) = x_1(t) + x_2(t) = a \cdot \sqrt{2} \cdot \sin\left(\omega \cdot t + \varphi_2 + \frac{\pi}{4}\right)$$

Man erhält eine resultierende Schwingung derselben Frequenz mit der Amplitude $a \cdot \sqrt{2}$ und einer Phasenverschiebung gegenüber den beiden Primärschwingungen um $\pm 45°$ (Abb. 30.36 c)).

I.2 Schwingungen verschiedener Frequenzen – Schwebungen

Bei der Überlagerung von zwei Schwingungen verschiedener Frequenz liegen die Verhältnisse nicht ganz so einfach wie oben. Betrachten wir das in Abb. 30.37 dargestellte Beispiel der Überlagerung zweier Schwingungen gleicher Amplituden $a_1 = a_2 = a$ und der Phasen $\varphi_1 = \varphi_2 = 0$, deren Schwingungsdauern sich wie 2 : 1 verhalten, d. h. für die Kreisfrequenzen gilt $\omega_2 = 2\omega_1 = 2\omega$ (mit $\omega_1 = \omega$). Die resultierende Schwingung

$$x_r(t) = x_1(t) + x_2(t) = a \cdot \sin \omega \cdot t + a \cdot \sin 2\omega \cdot t$$

ist wieder periodisch mit einer neuen Periodendauer T_r, aber keine rein harmonische Schwingung mehr (Abb. 30.37). Ist die Phasendifferenz $\Delta\varphi = \varphi_1 - \varphi_2$ von null verschieden, so ändert sich die Form der resultierenden Schwin-

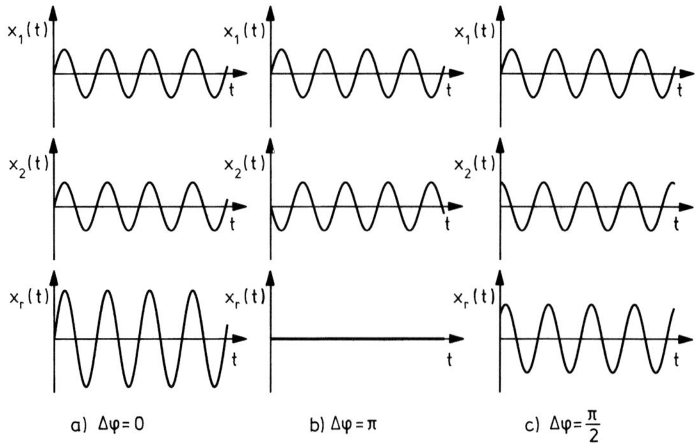

Abb. 30.36

gung, bei sonst gleichen Bedingungen, in Abhängigkeit von der Phasendifferenz. Die Superposition von Schwingungen verschiedener Frequenzen ergibt nur dann eine periodische (nicht aber harmonische) Schwingung, wenn die Frequenzen der einzelnen Schwingungen in einem ganzzahligen Verhältnis stehen.

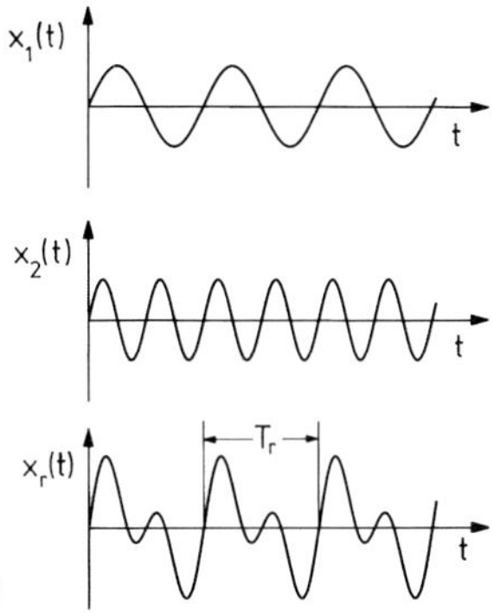

Abb. 30.37

Ein spezieller Fall der Superposition liegt vor, wenn sich zwei harmonische Schwingungen gleicher Schwingungsrichtung und gleicher Amplitude überlagern, deren Frequenzen sich nur geringfügig voneinander unterscheiden (Abb. 30.38). In Momentbildern betrachtet ergibt sich ein Maximum der resultierenden Amplitude, wenn die beiden überlagerten Schwingungen in Phase sind. Wegen des Frequenzunterschiedes geraten die beiden Schwingungen aber bald in Gegentakt, die Amplitude wird null. Man beobachtet ein periodisches An- und Abschwellen der Amplitude der Schwingung, die sog. **Schwebung**. Sind $\omega_1 = 2\pi \cdot \nu_1$, $\omega_2 = 2\pi \cdot \nu_2$ und $a_1 = a_2 = a$ die Kreisfrequenzen bzw. Amplituden der beiden Schwingungen $x_1(t)$ und $x_2(t)$, dann gilt für deren Überlagerung (Phasenverschiebung $\varphi_1 = \varphi_2 = 0$).

$$x_r(t) = x_1(t) + x_2(t) = a(\sin \omega_1 \cdot t + \sin \omega_2 \cdot t)$$

Mithilfe eines Additionstheorems der trigonometrischen Funktionen ergibt sich daraus:

$$x_r(t) = 2a \cdot \cos\left(\frac{\omega_1 - \omega_2}{2} \cdot t\right) \cdot \sin\left(\frac{\omega_1 + \omega_2}{2} \cdot t\right)$$

Da ω_1 und ω_2 sich nur geringfügig unterscheiden gilt $\frac{\omega_1 + \omega_2}{2} \approx \omega$ und es folgt mit $\Delta\omega = \omega_1 - \omega_2$ für die Schwingung:

$$\boxed{x_r(t) = 2a \cdot \cos\left(\frac{\Delta\omega}{2} \cdot t\right) \cdot \sin(\omega \cdot t)} \qquad (30.62)$$

Infolge der Kleinheit von $\Delta\omega$ ändert sich $\cos\left(\frac{\Delta\omega}{2} \cdot t\right)$ als Funktion der Zeit nur langsam im Vergleich zu $\sin(\omega \cdot t)$. Es ergibt sich somit als resultierende Bewegung $x_r(t)$ eine Schwingung der mittleren Frequenz $\nu = \omega/2\pi$, deren Amplitude $2a \cdot \cos\left(\frac{\Delta\omega}{2} \cdot t\right)$ sich langsam mit der ***Schwebungsfrequenz*** $\nu_s = \frac{\Delta\omega}{2\pi}$ ändert. Die ***Schwebungsdauer*** $T_s = 1/\nu_s$ ist das Zeitintervall zwischen zwei Schwebungsminima bzw. -maxima, der in Abb. 30.38 (unten) gestrichelt gezeichneten Hüllkurve, der resultierenden Bewegung aus der Überlagerung einer Schwingung mit vier Periodendauern und einer solchen mit fünf Periodendauern in der gleichen Zeit T_s.

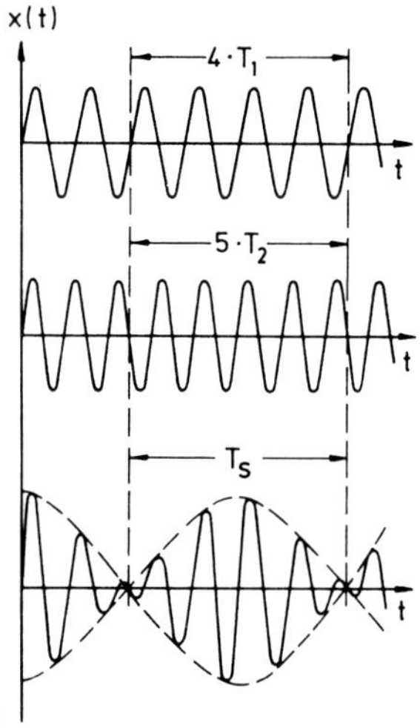

Abb. 30.38

Je kleiner die Abweichung der Frequenzen der Einzelschwingungen voneinander ist, desto kleiner wird die Schwebungsfrequenz $\nu_s = \frac{\Delta\omega}{2\pi} = \nu_1 - \nu_2$, bzw. umso größer die Schwebungsdauer $T_s = 1/\nu_s$. Voraussetzung dafür, dass die Amplitude der Schwebung auf null herunter geht, ist die Amplitudengleichheit der Einzelschwingungen. In diesen Fällen liegt eine

5

reine Schwebung vor, im Gegensatz zur sog. ***unreinen Schwebung***, die entsteht, wenn die beiden Einzelschwingungen unterschiedliche Amplituden haben.

Schwebungen spielen eine besonders große Rolle in der Akustik und bei genauen Frequenzmessungen. Ein Beispiel für Schwebungen haben wir in § 30.4.3 mit den gekoppelten Pendeln kennen gelernt.

Die Schwebung stellt einen Spezialfall sog. amplitudenmodulierter Schwingungen dar. Allgemein spricht man von Amplitudenmodulation, wenn die Amplitude einer Schwingung hoher Frequenz (Trägerfrequenz) periodisch mit einer niedrigeren „Modulationsfrequenz" verändert wird. Eine wichtige praktische Anwendung modulierter elektrischer Schwingungen findet man beispielsweise in der Nachrichtenübertragung.

II. Zweidimensionale Überlagerung

Wir betrachten nur den Fall, dass die beiden Schwingungsrichtungen senkrecht aufeinander stehen, also z. B. parallel der x- und y-Richtung eines Koordinatensystems sind. Für die beiden Schwingungen, die gleiche Frequenz haben sollen, gilt:

$$x(t) = a \cdot \sin(\omega \cdot t)$$

und (30.63)

$$y(t) = b \cdot \sin(\omega \cdot t + \varphi)$$

dabei ist φ deren relative Phasenverschiebung. Ohne die allgemeine Lösung anzugeben, betrachten wir nur ausgesuchte Spezialfälle der Überlagerung der beiden Schwingungen abhängig von ihrer Phasendifferenz:

a) $\varphi = 0$ oder $\varphi = \pi$:
Mit (30.63) folgt im Falle $\varphi = 0$:

$$x(t) = a \cdot \sin(\omega \cdot t)$$

und

$$y(t) = b \cdot \sin(\omega \cdot t)$$

Nach Division der beiden Gleichungen ergibt sich die Gleichung einer Geraden mit der Steigung b/a:

$$y(t) = \frac{b}{a} \cdot x(t)$$

Es liegt also eine lineare Schwingung vor, die für $a = b$ in Richtung der ersten Winkelhalbierenden erfolgt (Abb. 30.39).

Für den Fall $\varphi = \pi$ erhält man ebenfalls eine Gerade mit der Gleichung

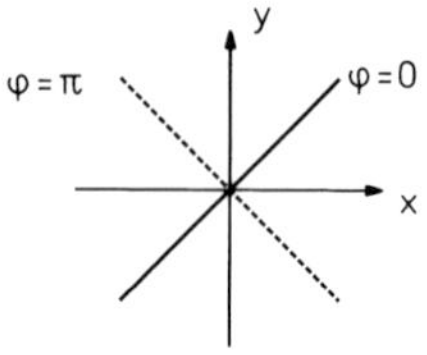

Abb. 30.39

$$y(t) = -\frac{b}{a} \cdot x(t)$$

die für $a = b$ eine Schwingung in Richtung der zweiten Winkelhalbierenden beschreibt (Abb. 30.39).

b) $\varphi = \pi/2$ oder $\varphi = 3\pi/2$:
Die Gleichung (30.63) liefert für $\varphi = \frac{\pi}{2}$:

$$x(t) = a \cdot \sin(\omega \cdot t)$$

und

$$y(t) = b \cdot \sin\left(\omega \cdot t + \frac{\pi}{2}\right) = b \cdot \cos(\omega \cdot t)$$

Durch Quadrieren und Addition beider Gleichungen folgt mit $\sin^2(\omega \cdot t) + \cos^2(\omega \cdot t) = 1$:

$$\frac{x^2(t)}{a^2} + \frac{y^2(t)}{b^2} = 1$$

für die resultierende Schwingung im Falle $a \neq b$ die Form einer Ellipse, welche für $a = b$ in einen Kreis übergeht (Abb. 30.40):

$$x^2(t) + y^2(t) = a^2$$

Entsprechende Formen der resultierenden Schwingungen erhält man für $\varphi = \frac{3\pi}{2}$.

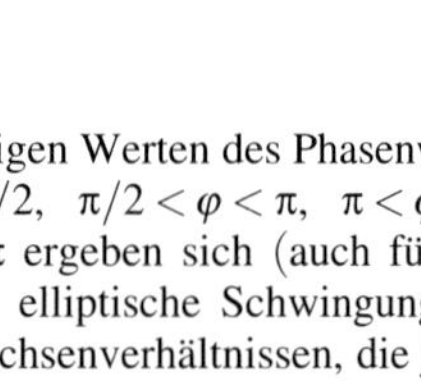

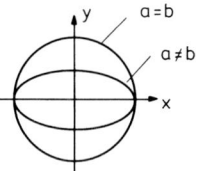

Abb. 30.40 φ = π/2 oder 3π/2

Bei allen sonstigen Werten des Phasenwinkels φ, d. h. für $0 < \varphi < \pi/2$, $\pi/2 < \varphi < \pi$, $\pi < \varphi < 3\pi/2$ und $3\pi/2 < \varphi < 2\pi$ ergeben sich (auch für gleiche Amplituden $a = b$) elliptische Schwingungen mit unterschiedlichen Achsenverhältnissen, die jeweils nur für $\varphi = 0$ oder $\varphi = \pi$ in geradlinige Schwingungen entarten.

Sind die Frequenzen der beiden senkrecht zueinander verlaufenden primären Schwingungen verschieden, so ergibt sich für die resultierende Schwingung eine umso kompliziertere Form, je stärker das Verhältnis der beiden Frequenzen von eins abweicht. Die sich für unterschiedliche Frequenzverhältnisse und Phasendifferenzen ergebenden typischen Schwingungskurven, auf deren weitere Behandlung wir hier verzichten, werden (nach ihrem Entdecker) ***Lissajous-Figuren*** genannt. Sie lassen sich z. B. sehr einfach bei der Überlagerung elektrischer Schwingungen mit dem Elektronenstrahloszillographen zeigen.

§ 30.5.2 Anharmonische Schwingungen – Fourier-Analyse

Die in Abschnitt I.2 von § 30.5.1 besprochene Überlagerung von zwei Schwingungen verschiedener Frequenz sind bereits Beispiele *anharmonischer* (oder *nicht-harmonischer*) *Schwingungen*. Die Überlagerung mehrerer harmonischer Schwingungen mit unterschiedlichen Frequenzen und Amplituden ergibt eine meist kompliziert aussehende, anharmonische, aber immer periodische Überlagerungsschwingung, die z. B. durch Gleichung (30.59) beschrieben werden kann.

Umgekehrt lassen sich beliebige periodische Vorgänge immer in eine Summe von harmonischen (sinus- und/oder cosinusförmigen) Teilschwingungen zerlegen. Periodisch heißt ein Vorgang, wenn er durch eine Funktion $f(t)$ beschrieben wird, für die jeweils nach der Periodendauer T gilt: $f(t+T)=f(t)$. Bei der Zerlegung periodischer Funktionen in die harmonischen Anteile treten nach *J. B. J. Fourier* neben der ***Grundschwingung*** (oder *Fundamentalschwingung*) mit der Frequenz $\nu=\omega/2\pi=1/T$ auch die harmonischen ***Oberschwingungen*** auf, mit Frequenzen, die ganzzahlige Vielfache $(2\nu, 3\nu, 4\nu, \ldots)$ der Grundfrequenz sind, und es gilt für die Funktion $f(t)$:

$$f(t)=a_0+\sum_{n=1}^{\infty} a_n\cdot\cos(n\cdot\omega\cdot t)+\sum_{n=1}^{\infty} b_n\cdot\sin(n\cdot\omega\cdot t) \qquad (30.64)$$

Die Zerlegung einer anharmonischen periodischen Funktion $x=f(t)$ in ihre harmonischen Anteile wird als ***Fourier-Zerlegung*** bzw. ***Fourier-Analyse*** bezeichnet. Dabei legt die Periodendauer T der anharmonischen Schwingung die Kreisfrequenz ω der niedrigsten Harmonischen (Grundschwingung) fest, während die Amplituden a_n und b_n (*Fourierkoeffizienten*) sowie die Anfangsphasen der Oberschwingungen $n\cdot\omega$ die „Feinstruktur" bestimmen. In bestimmten Fällen können einzelne Glieder der *Fourier-Reihe* auch entfallen, d. h. die a_n und b_n einzelner Oberschwingungen sind gleich null:

Als Beispiele zur Fourier-Zerlegung anharmonischer Schwingungen betrachten wir die Rechteck-, die Sägezahn- (oder Kipp-) und die Dreieckschwingung. Je mehr Fourier-Koeffizienten berücksichtigt werden, desto präziser kann die periodische Funktion approximiert werden.

Rechteckschwingung (Abb. 30.41):

$$f(t)=\frac{4A}{\pi}\left(\sin\omega\cdot t+\frac{1}{3}\sin 3\omega\cdot t+\frac{1}{5}\sin 5\omega\cdot t+\ldots\right) \qquad (30.65)$$

Sägezahnschwingung (Abb. 30.42):

$$f(t)=\frac{2A}{\pi}\left(\sin\omega\cdot t-\frac{1}{2}\sin 2\omega\cdot t+\frac{1}{3}\sin 3\omega\cdot t-+\ldots\right) \qquad (30.66)$$

Dreieckschwingung (Abb. 30.43):

$$f(t)=\frac{8A}{\pi^2}\left(\sin\omega\cdot t-\frac{1}{3^2}\sin 3\omega\cdot t+\frac{1}{5^2}\sin 5\omega\cdot t-+\ldots\right) \qquad (30.67)$$

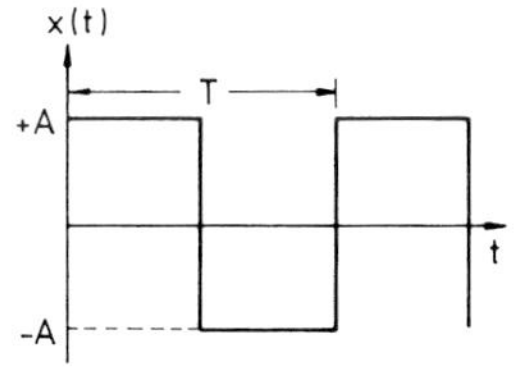

Abb. 30.41

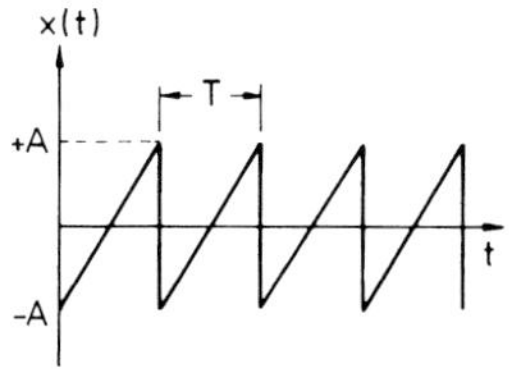

Abb. 30.42

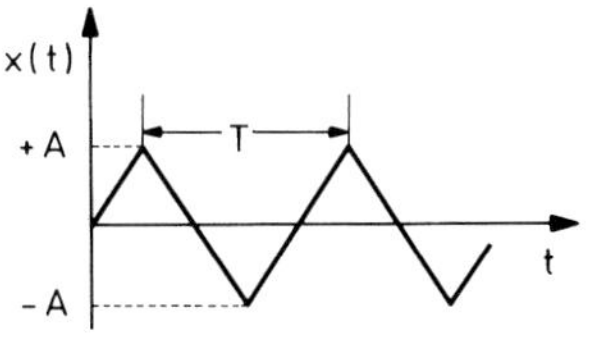

Abb. 30.43

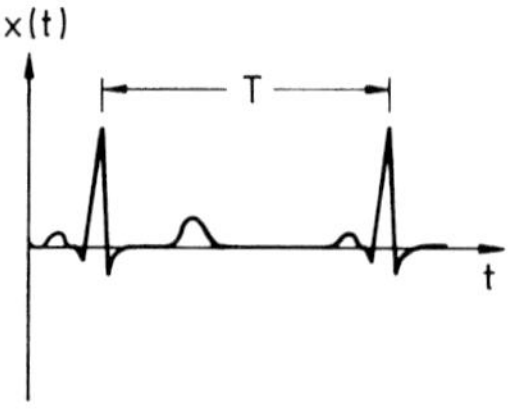

Abb. 30.44

Auch das Elektrokardiogramm (EKG), das in Abb. 30.44 schematisch z. B. die Extremitäten-Ableitung der Potentialdifferenzen der Herzmuskelerregung zeigt, stellt eine anharmonische, aber in guter Näherung periodische Schwingung dar. Die Fourier-Analyse führt zu einer Grundschwingung mit einer typischen Herzfrequenz von $\nu \approx 1\,\text{Hz}$ ($\hat{=} 60\,\text{min}^{-1}$), welcher höherfrequente Anteile überlagert sind, deren relative Stärke zur Analyse der Erregungsbildung und Erregungsleitung im menschlichen Herzen herangezogen werden kann.

Im Bereich der Akustik (s. § 33) entsprechen den Grund- bzw. Oberschwingungen der ***Grundton*** bzw. die ***Obertöne***, wobei die Frequenz des Grundtones die Klang- oder Tonhöhe bestimmt und die Amplituden- und Phasenverteilung der Obertöne die *Klangfarbe* festlegt.

Die ***Fourier***-Darstellung ist nicht auf periodische Vorgänge beschränkt. Vorgänge, denen keine Periode zugeordnet werden kann, z. B. die Erzeugung eines Knalls bzw. eines Zischlautes, oder das kurzfristige Anstoßen eines schwingungsfähigen Systems, wie etwa das Anzupfen einer Saite, das Anschlagen einer Glocke etc., lassen sich nicht durch eine Fourier-Reihe mit diskreten Frequenzen $n \cdot \omega$ darstellen. Die Summe über ein diskretes Frequenzspektrum ist dann durch das ***Fourier-Integral*** über ein ***kontinuierliches Frequenzspektrum*** zu ersetzen.

Bislang wurden Schwingungen in den Abbildungen stets so dargestellt, indem deren Elongation als Funktion der Zeit aufgetragen wurde. Es ist jedoch vielfach praktischer und informativer, die Amplitude der Oszillation in Abhängigkeit von der Frequenz $\nu = 1/T$ oder der Kreisfrequenz $\omega = 2\pi \cdot \nu$ aufzutragen, in Form einer so genannten ***Spektrendarstellung***. Das **Spektrum** einer beispielsweise rein sinusförmigen Schwingung ergibt ein ***Linienspektrum***, das in diesem Fall aus einer einzigen vertikalen Linie besteht, deren Länge der Amplitude und deren Lage auf der Abszissenachse der Frequenz der Schwingung entspricht. Handelt es sich um eine Schwingung, die aus mehreren Einzelschwingungen zusammengesetzt ist, z. B. eine anharmonische, periodische Schwingung, dann erscheint im *Spektrum* für jede vorkommende diskrete Frequenz einer Teilschwingung ein bestimmter Amplitudenwert bei der betreffenden Frequenz im Linienspektrum, entsprechend ihres Anteils an der Gesamtfunktion. Ein wesentlicher Nachteil der Spektrendarstellung ist, dass sie keine Information über die relative Phasenlage der einzelnen Schwingungen enthält. Die Kenntnis der Phasen ist zwar in vielen Fällen nicht erforderlich, doch bei der Fourier-Analyse anharmonischer Oszillationen gehört zur Darstellung des Frequenzspektrums sowohl die Amplitude als auch die Phase. Als Beispiel ist in Abb. 30.45 das Frequenzspektrum (Amplitude und Phase) der Dreieckschwingung (Abb. 30.43) dargestellt).

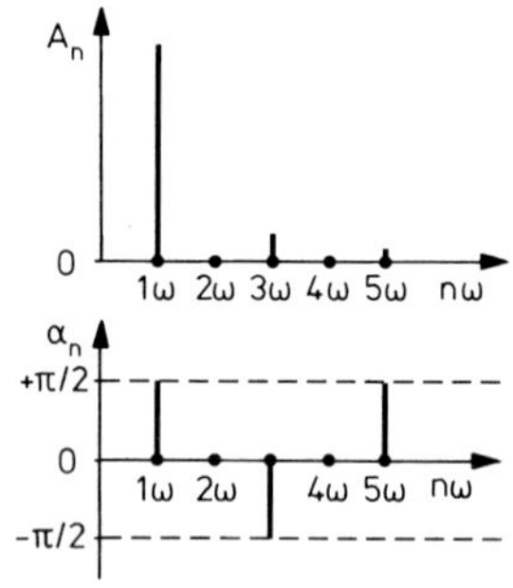

Abb. 30.45

M § 30.6 Pegelmaß

Bei der Angabe von Spannungen, Strömen und Leistungen bezieht man diese Größen z. B. in der Nachrichtentechnik oft auf bestimmte Normalwerte und gibt sie als logarithmierte Größenverhältnisse, als *Pegel*, an. Das Pegelmaß wird sowohl für die Zunahme (Verstärkung) einer Größe – mit positivem Vorzeichen – als auch für die Abnahme (Dämpfung, Abschwächung) einer Größe – mit negativem Vorzeichen – verwendet. Ebenso werden in der Akustik die Schall-Feldgrößen und Schall-Energiegrößen als Pegel angegeben (s. § 33.2).

Als Maß für die **Leistungsverstärkung *V*** wird das Verhältnis der Ausgangsleistung P_2 zur Eingangsleistung P_1 angegeben, schematische Darstellung Abb. 30.46.

$$V = \frac{P_2}{P_1} \tag{30.68}$$

Abb. 30.46

Da dieses Verhältnis oft sehr große Werte ergibt, verwendet man ein logarithmisches Maß zur Angabe von Verstärkungen, das **Dezibel (dB)**.

Definition:
Das Leistungsverhältnis $\frac{P_2}{P_1}$ beträgt 1 dB

wenn gilt: $$10 \cdot \lg \frac{P_2}{P_1} = 1 \tag{30.69}$$

Bei **Abschwächung** wird das Pegelmaß negativ, denn es gilt:

$$\lg \frac{P_2}{P_1} < 0, \quad \text{wenn} \quad \frac{P_2}{P_1} < 1$$

Beispiele:

a) Eine Leistungsverstärkung von 20 dB bedeutet:

$$10 \cdot \lg \frac{P_2}{P_1} = 20$$

$$\lg \frac{P_2}{P_1} = 2$$

also:

$$V = \frac{P_2}{P_1} = 10^2 = 100$$

b) Die Schallstärke P_1 (Schallintensität gemessen in $\mathrm{W/m^2}$) einer Schallwelle wird durch einen Schalldämmstoff um 20 dB verringert auf die Schallstärke P_2. Der Faktor, um den P_1 abnimmt, ergibt sich aus:

$$10 \cdot \lg \frac{P_2}{P_1} = -20$$

$$\lg \frac{P_2}{P_1} = -2$$

also:

$$V = \frac{P_2}{P_1} = 10^{-2} = \frac{1}{100}$$

Die Schallstärke wird durch den Dämmstoff um den Faktor 100 abgeschwächt.

Gibt man statt der Leistungsverstärkung die **Spannungsverstärkung** an, so gilt wegen

$P_1 = \frac{U_1^2}{R}$ und $P_2 = \frac{U_2^2}{R}$:

$$10 \cdot \lg \frac{P_2}{P_1} = 10 \cdot \lg \left(\frac{U_2}{U_1}\right)^2 = 20 \cdot \lg \frac{U_2}{U_1} \tag{30.70}$$

Für **Amplitudenverhältnisse** $\frac{A_2}{A_1}$ gilt entsprechend wie für Spannungsverhältnisse $\frac{U_2}{U_1}$:

$$10 \cdot \lg \frac{P_2}{P_1} = 10 \cdot \lg \left(\frac{A_2}{A_1}\right)^2 = 20 \cdot \lg \frac{A_2}{A_1} \tag{30.71}$$

Beispiel: Eine Spannungsverstärkung von 40 dB bedeutet:

$$20 \cdot \lg \frac{U_2}{U_1} = 40$$

$$\lg \frac{U_2}{U_1} = 2$$

also:

$$\frac{U_2}{U_1} = 10^2 = 100$$

Für die Angabe einer **Stromverstärkung** gilt Entsprechendes wie für die Spannungsverstärkung, da es sich hierbei ebenfalls um ein Amplitudenverhältnis handelt. Ebenso ist beispielsweise auch der *Schalldruck* (s. § 33.2) eine Amplitudengröße bzw. der **Schalldruckpegel** ein Amplitudenverhältnis.

Beispiel: Der von einer Schallquelle ausgehende Schalldruck p_1 werde um den Faktor 10 auf p_2 erhöht. Dann ergibt sich die Steigerung des Schalldruckpegels mit:

$$\frac{p_2}{p_1} = 10$$

zu:

$$20 \cdot \lg \frac{p_2}{p_1} = 20 \cdot \lg 10 \mathrel{\hat{=}} 20\,\mathrm{dB}$$

Der Schalldruckpegel steigt um 20 dB.

5

Aufgaben

Aufgabe 30.1: Eine Masse ***m*** schwingt harmonisch mit einer Kreisfrequenz $\omega = 6{,}28\,\mathrm{s}^{-1}$. Wie groß ist die Zeit Δt, die sie benötigt, um sich von einem zum anderen Umkehrpunkt zu bewegen?

Aufgabe 30.2: Zwei (harmonische) Pendel der Schwingungsfrequenzen $\nu_1 = 3$ Hz und $\nu_2 = 0{,}5$ Hz werden in die gleiche Richtung ausgelenkt und dann gleichzeitig losgelassen. Nach welcher Zeit ***t*** befinden sich beide Pendel erstmals zusammen wieder in dieser Ausgangslage?

Aufgabe 30.3: Wie ändert sich die Frequenz eines Masse-Feder-Pendels, wenn die Federkonstante verdoppelt und die Masse verachtfacht wird?

Aufgabe 30.4: Eine Schraubenfeder vernachlässigbarer Masse wird durch eine Kraft $F = 1$ N um $\Delta x = 10$ cm gedehnt. Die an der Schraubenfeder befindliche Masse $m = 100$ g werde aus der Ruhelage ausgelenkt und losgelassen. Welche Kreisfrequenz ω hat die sich ergebende Schwingung?

Aufgabe 30.5: Man stelle sich vor, in einem Festkörper wären die Atome untereinander durch Federn elastisch gekoppelt. Bei Zimmertemperatur schwingen die Atome mit einer Frequenz von ca. 10^{13} Hz. Der Festkörper sei Silber mit der molaren Masse von 108 g/mol (ein Mol enthält $6{,}02 \cdot 10^{23}$ Atome) und es schwinge ein Atom mit der oben genannten Frequenz, alle anderen befinden sich in Ruhe. Die Atome in dem Stück Silber zeigen jeweils nur Wechselwirkung mit dem nächsten Nachbarn. Wie groß ist die Federkonstante ***D*** einer solchen atomar kleinen Feder?

Aufgabe 30.6: Ein Masse-Feder-Pendel schwinge ungedämpft um seine Ruhelage (Bild A 30.1). Zu welchen der mit 1 bis 6 gekennzeichneten Zeitpunkten (Momentanwerte) liegt die gesamte Schwingungsenergie:

a) sowohl als potentielle wie auch als kinetische Energie vor und was gilt für deren Summe?
b) vollständig als kinetische Energie vor?
c) vollständig als potentielle Energie vor?

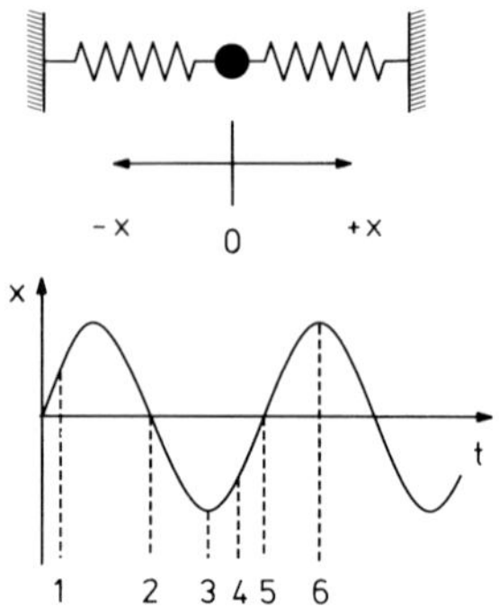

Bild A 30.1

Aufgabe 30.7: Ein kleines Fadenpendel mit punktförmiger Masse schwinge pro Sekunde fünfmal hin und her. Wie groß ist die:

a) Periodendauer ***T***?
b) Frequenz ν?
c) Winkelgeschwindigkeit ω?
d) Länge ***l*** des Fadens?
e) Wie oft schwingt das Pendel in einer Minute hin und her?

Aufgabe 30.8: In Bild A 30.2 sind zwei momentane Schwingungszustände eines harmonisch schwingenden Fadenpendels dargestellt, das nach Auslenkung zum Zeitpunkt (2) losgelassen wurde. Zu welchen der mit (1) und (2) gekennzeichneten Zeitpunkten gilt für die Beträge der Bahngeschwindigkeit ***v*** bzw. der Bahnbeschleunigung ***a***:

a) ***v*** ist maximal?
b) ***a*** ist maximal?
c) $v = 0$?
d) $a = 0$?

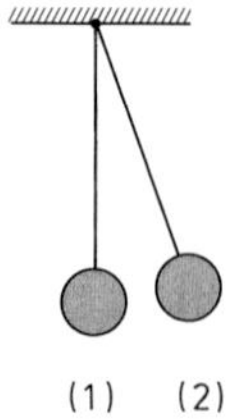

Bild A 30.2

Aufgabe 30.9: In einem idealen Schwingkreis, bestehend aus einem Kondensator der Kapazität C und einer Spule der Induktivität L, werde die Induktivität verdoppelt. Wie muss die Kapazität gewählt werden, wenn die ursprüngliche Eigenfrequenz des Kreises unverändert bleiben soll?

Aufgabe 30.10: Wie groß ist die Resonanzkreisfrequenz eines verlustfreien elektrischen Schwingkreises, bestehend aus einer Induktivität $L = 1 \cdot 10^{-2}$ H und einer Kapazität $C = 4\ \mu F$?

Aufgabe 30.11: Zwei harmonische Schwingungen mit den Frequenzen 1 kHz und 2 kHz werden überlagert. Ist die resultierende Schwingung

a) harmonisch oder anharmonisch?
b) periodisch und wenn ja, wie groß ist ihre Periodendauer T?

Aufgabe 30.12: Was ergibt sich für die Periodendauer des in Bild A 30.3 dargestellten periodischen Vorgangs?

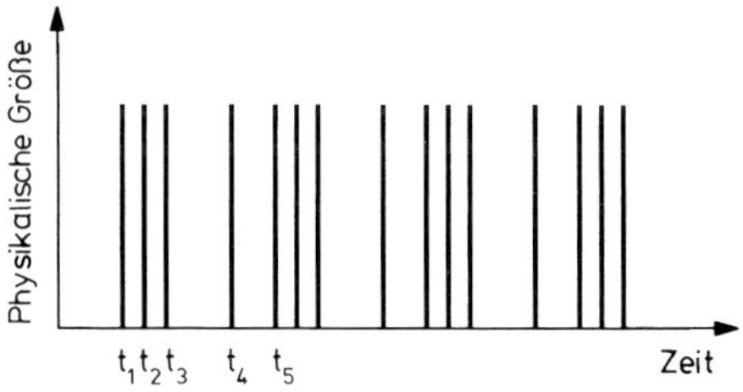

Bild A 30.3

Aufgabe 30.13: Die Periode einer nichtharmonischen Schwingung beträgt $T = (1/2000)$ s. Welches sind die Frequenzen der ersten drei Oberschwingungen?

Aufgabe 30.14: Bestimmen Sie das Verhältnis von Ausgangsleistung zu Eingangsleistung bei einem elektrischen Verstärker mit einer Leistungsverstärkung von 50 dB.

Aufgabe 30.15: Wie groß ist die Eingangsleistung eines 50 W abgebenden Verstärkers, wenn die Leistungsverstärkung 30 dB beträgt?

5

§ 31 Wellen

Aus unserer Erfahrung sind uns Seilwellen, Wasserwellen, Schallwellen, Lichtwellen, Radiowellen und andere elektromagnetische Wellen als Beispiele für Wellenbewegungen vertraut. Wellen haben in allen Gebieten der Physik eine besondere Bedeutung, aber auch in anderen naturwissenschaftlichen Disziplinen und in der Technik. In der Mechanik und Akustik handelt es sich um *Wellen* in ***elastischen*** oder ***deformierbaren*** Medien, wie etwa den elastischen Wellen in Festkörpern oder den Dichtewellen in Flüssigkeiten und Gasen sowie den Oberflächenwellen von Flüssigkeiten. Diese Art von Wellen entstehen durch Verschiebung eines Massenelementes des Mediums aus der Ruhelage mit darauf folgender Oszillation um diese Ruhelage. Diese Störung überträgt sich auf benachbarte Massenelemente und wird so als Welle im Medium weitergeleitet, ohne dass Materie als Ganzes mit der Welle voranbewegt wird. Die von der Welle transportierte Energie stellt die potentielle und kinetische Energie der oszillierenden Teilchen des Mediums dar, die von einem Mediumelement auf die nächstliegenden übertragen wird. Bei ***mechanischen Wellen*** transportiert also eine sich ausbreitende Störung Energie durch Materie, ohne eine entsprechende makroskopische Massenbewegung.

Während zur Ausbreitung mechanischer Wellen Materie als Träger erforderlich ist, benötigen ***elektromagnetische Wellen*** (wie z. B. ***Licht-*** oder ***Radiowellen***) kein materielles Trägermedium, sie breiten sich auch im Vakuum aus, aber ebenso in festen, flüssigen und gasförmigen Stoffen. Die sich ausbreitende Anregung sind oszillierende elektromagnetische Felder, d. h. zeitlich veränderliche elektrische und magnetische Felder, die untrennbar miteinander verknüpft sind und einander gegenseitig erzeugen. Die elektromagnetischen Felder sind die Träger der Energie der Welle.

Wir werden in diesem Abschnitt die wesentlichen für alle Wellenbewegungen charakteristischen Erscheinungen, die allgemeine Gültigkeit besitzen, betrachten sowie die elektromagnetischen Wellen und die Schallwellen als spezielle Erscheinungsformen.

§ 31.1 Allgemeine Grundlagen

Als **Welle** bezeichnet man einen Vorgang, bei dem sich eine physikalische Größe nicht allein als ***Funktion der Zeit*** (wie bei der Schwingung), sondern auch als ***Funktion des Ortes*** periodisch ändert. Wellen sind somit zeitperiodische Vorgänge, die sich räumlich ausbreiten. Sie werden meist durch im mathematischen Sinne periodische Funktionen beschrieben, die streng genommen unendlich ausgedehnt sind. Reale Wellenbewegungen sind jedoch zeitlich und räumlich begrenzt, es handelt sich also um *endliche Wellenzüge*. Derartigen *Wellengruppen* bzw. *Wellenpaketen* oder auch *Quanten* können aber wiederum Teilcheneigenschaften zugeordnet werden (s. § 34 und § 38.2 ff.). Der Begriff der „Welle“ ist meist mit harmonischen Wellen verknüpft, jedoch gibt es auch anharmonische Wellen und selbst nichtperiodische „Störungen“, die sich wellenartig ausbreiten. Wir befassen uns grundsätzlich zunächst mit harmonischen Änderungen, d. h. mit *harmonischen Wellen*. Eine (eindimensionale, ungedämpfte) **harmonische Welle** wird durch folgende Gleichung beschrieben:

$$u(x,t) = u_0 \cdot \sin\left(2\pi \cdot \frac{t}{T} \pm 2\pi \cdot \frac{x}{\lambda}\right) \tag{31.1}$$

u_0: Amplitude der Welle
t: Zeit
T: Schwingungs- oder Periodendauer
x: Ort
λ: Wellenlänge

Betrachtet man in Gleichung (31.1) den Ort x als konstant, so erhält man die Zeitabhängigkeit einer Welle, die durch die ***Schwingungsdauer*** $\boldsymbol{T}$ bzw. die ***Frequenz*** $\boldsymbol{\nu = \frac{1}{T}}$ charakterisiert ist. Das Wellenbild bei festem Ort (das sog. ***Ortsbild***) ist in Abb. 31.1 dargestellt und wird z. B. für $x = 0$ gemäß (31.1) durch

$$u(0,t) = u_0 \cdot \sin \frac{2\pi}{T} \cdot t = u_0 \cdot \sin \omega \cdot t$$

beschrieben.

Bei konstanter Zeit t in Gleichung (31.1) erhält man die Ortsabhängigkeit der Welle, die durch die ***Wellenlänge*** $\boldsymbol{\lambda}$ bzw. die ***Kreiswellenzahl*** $\boldsymbol{k = \frac{2\pi}{\lambda}}$ charakterisiert wird.

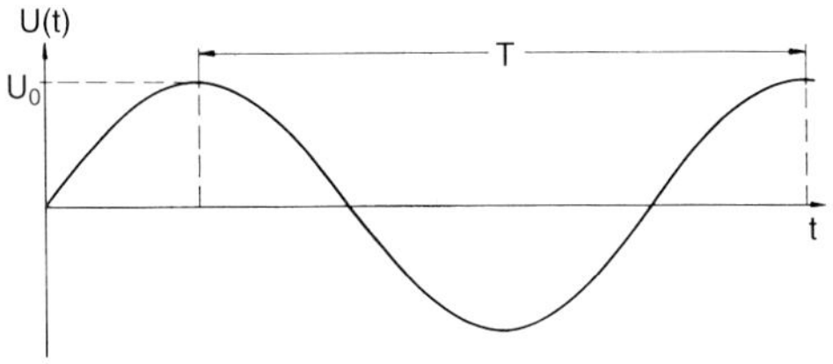

Abb. 31.1

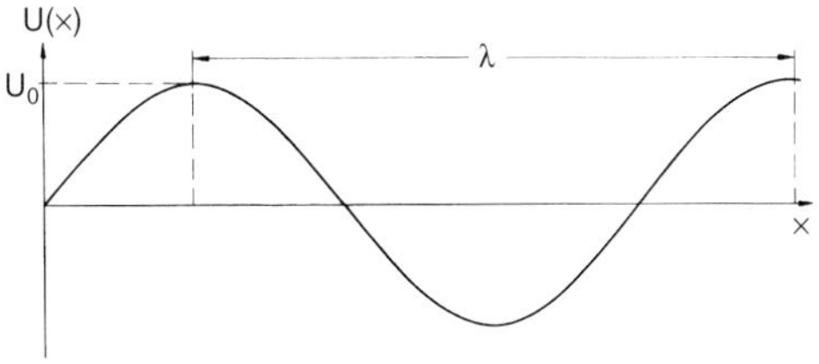

Abb. 31.2

Das Wellenbild bei fester Zeit (sog. ***Momentbild***) zeigt Abb. 31.2 und ist z. B. für $t = 0$ nach (31.1) gegeben durch:

$$u(x,\, 0) = u_0 \cdot \sin \frac{2\pi}{\lambda} \cdot x = u_0 \cdot \sin k \cdot x.$$

Analog zur Periodendauer T bezeichnet die Wellenlänge λ den Abstand zwischen zwei äquivalenten Punkten, für welche die Auslenkungen im Momentbild (also zur gleichen Zeit) gleich sind. Oft wird auch noch die ***Wellenzahl*** $\tilde{\boldsymbol{\nu}} = \dfrac{\mathbf{1}}{\boldsymbol{\lambda}}$ (in der Spektroskopie üblicherweise mit der Einheit cm^{-1}) verwendet. Es gelten daher für die Kreisfrequenz ω, die Frequenz ν und die Periodendauer T bzw. für die Kreiswellenzahl k, die Wellenzahl $\tilde{\nu}$ und die Wellenlänge λ folgende Beziehungen:

$$\omega = 2\pi \cdot \nu = \frac{2\pi}{T} \quad \text{bzw.} \qquad k = 2\pi \cdot \tilde{\nu} = \frac{2\pi}{\lambda} \qquad (31.2)$$

Zeitliche und ***räumliche Periodizität*** harmonischer Wellen heißt somit:

$$u(x,\, t + T) = u(x,\, t)$$

und

$$u(x + \lambda,\, t) = u(x,\, t) \qquad (31.3)$$

Mithilfe der Kreisfrequenz und der Kreiswellenzahl lässt sich (31.1) in der einfacheren Form:

$$u(x,\, t) = u_0 \cdot \sin(\omega \cdot t \pm k \cdot x) \qquad (31.4)$$

schreiben. Das Argument der Sinusfunktion, die ***Wellenphase*** $(\boldsymbol{\omega} \cdot \boldsymbol{t} \pm \boldsymbol{k} \cdot \boldsymbol{x})$, ist charakteristisch für die Wellenausbreitung. Eine eindimensionale Welle breitet sich in Richtung der positiven x-Achse aus im Falle des negativen Vorzeichens im Argument (Klammerausdruck) der Sinusfunktion, dagegen erfolgt im Falle des positiven Vorzeichens ihre Ausbreitung in Richtung der negativen x-Achse. **Die Gleichung einer sich in +x-Richtung ausbreitenden Welle lautet daher:**

$$u(x,\, t) = u_0 \cdot \sin(\omega \cdot t - k \cdot x) \qquad (31.5)$$

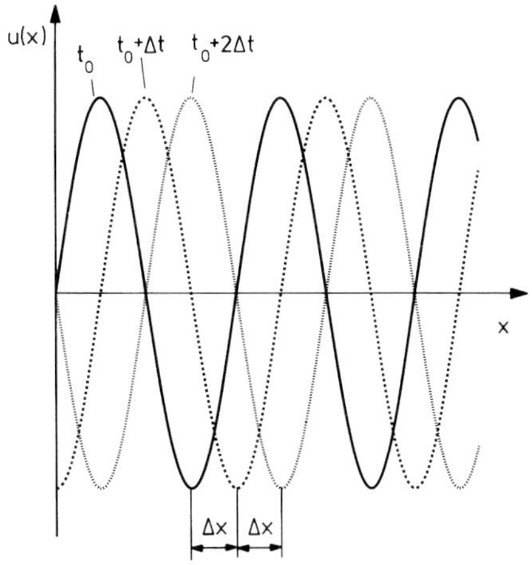

Abb. 31.3

Abb. 31.3 zeigt zu drei unterschiedlichen Zeitpunkten (t_0, $t_0 + \Delta t$, $t_0 + 2\,\Delta t$, mit $\Delta t = T/4$) eine solche in positiver x-Richtung mit einer bestimmten Geschwindigkeit fortschreitende Welle. Die Fortpflanzungsgeschwindigkeit von Orten gleicher Phase

$$\omega \cdot t - k \cdot x = \text{const.}$$

ist nach Definition die ***Phasengeschwindigkeit*** einer Welle und entspricht der ***Ausbreitungsgeschwindigkeit*** der harmonischen Welle. Sie ergibt sich durch zeitliche Differentiation von $\omega \cdot t - k \cdot x = \text{const.}$ zu $\frac{\mathrm{d}x}{\mathrm{d}t} = \frac{\omega}{k}$.

Für die **Phasengeschwindigkeit** c einer Welle erhält man somit:

$$c = \frac{\omega}{k} = \frac{\lambda}{T} = \lambda \cdot \nu \qquad (31.6)$$

Die Ausbreitungsgeschwindigkeit ist eine charakteristische Größe für die sich ausbreitende Welle und für das Medium, in welchem sie sich ausbreitet.

Mit (31.6) folgt für die Wellenlänge $\lambda = \frac{c}{\nu} = c \cdot T$, d. h. die Wellenlänge entspricht also derjenigen Strecke, welche die Welle während einer Schwingungsdauer T (zeitliche Periodendauer) zurücklegt.

§ 31.1.1 Grundsätzliches zur Ausbreitung von Wellen – Prinzip von Huygens-Fresnel

Die Wellenausbreitung kann man beispielsweise an Wasserwellen (Oberflächenwellen) gut beobachten. Wirft man z. B. einen Stein in einen See, so gehen von der Eintauchstelle („Erregungszentrum") kreisförmige Wellen aus – Wellenberg folgt auf Wellental etc. –, die sich in radialer Richtung ausbreiten.

Man bezeichnet die Fläche einer Welle, deren Punkte in gleichen Zeiten vom Erregungsort aus von der Welle erreicht werden und somit in gleicher Phase schwingen als ***Wellenfläche*** oder ***Wellenfront***. Im Falle eines homogenen isotropen Mediums erfolgt die Ausbreitung der Welle senkrecht zur Wellenfläche. Die Richtung der Senkrechten auf der Wellenfläche wird als die ***Wellennormale*** (manchmal auch als ***Strahl***) bezeichnet und gibt die Richtung der Wellenausbreitung an. In unserem Beispiel der Wasserwellen sind die Wellenflächen konzentrische Kreise (z. B. Wellenberge oder -täler) um das Erregungszentrum in Richtung der Kreisradien.

Wird allgemein eine Welle durch ein Erregungszentrum im homogenen und isotropen Raum erzeugt, dann breiten sich die Wellen nach allen Richtungen gleichmäßig aus und die Wellenflächen sind Kugelflächen; man nennt die Wellen daher ***Kugelwellen*** und die Wellennormalen sind die Radien dieser Kugeln. Liegt das Erregungszentrum im Unendlichen (oder mindestens sehr weit entfernt), oder geht die Welle von einer überall mit gleicher Phase schwingenden Ebene aus, dann sind die Wellenflächen Ebenen; man spricht von ***ebenen Wellen***.

Da alle Punkte einer Wellenfläche in gleicher Phase schwingen, unterscheiden sie sich grundsätzlich nicht vom Erregungszentrum selbst. Die Ausbreitung von Wellen lässt sich daher mit dem **Huygens-Fresnel'schen Prinzip** beschreiben, indem alle Punkte der Wellenfläche als selbstständige Erregungszentren betrachten werden:

> Jeder Punkt einer Wellenfläche ist der Ausgangspunkt einer ***Elementarwelle***. Die äußere Einhüllende solcher Elementarwellen gleicher Phase bildet wieder eine neue Wellenfläche der vom primären Erregungszentrum ausgehenden Welle (Abb. 31.4).

Der Schwingungszustand eines Punktes im Wellenfeld lässt sich damit als Überlagerung aller Elementarwellen in diesem Punkt beschreiben. Die Ausbreitung der Welle erfolgt senkrecht zur Wellenfläche (in Richtung der Flächennormalen).

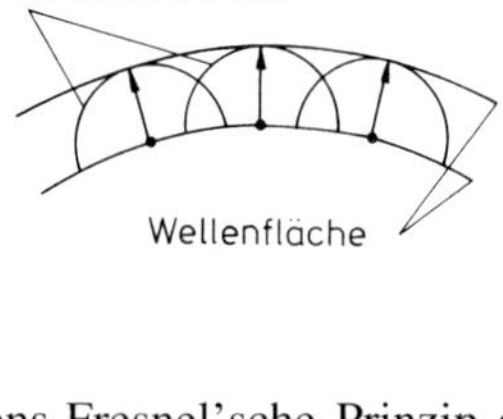

Abb. 31.4

Das Huygens-Fresnel'sche Prinzip gilt für alle Wellenarten, wie z. B. für Schallwellen, Wasserwellen, mechanische und elektromagnetische Wellen. Es erklärt anschaulich und einfach die *Reflexion* und *Brechung* von Wellen an Grenzflächen, und vor allem gelingt es mit dem Huygens-Fresnel'schen Prinzip, zwanglos Interferenz- und Beugungserscheinungen bei der Ausbreitung von Wellen hinter Öffnungen oder nach Hindernissen zu interpretieren.

§ 31.1.2 Transversale und longitudinale Wellen

Spannt man ein Seil einseitig ein und bewegt das andere Ende seitlich hin und her, also senkrecht zur Längsrichtung des Seils, dann breitet sich eine Störung längs des Seils aus, die Oszillation der Massenteilchen des Seils erfolgt aber senkrecht dazu. Betrachtet man als Modell eines eindimensionalen elastischen Festkörpers viele räumlich getrennte miteinander gekoppelte Oszillatoren (Massepunkte m_i durch Federn identischer Federkonstante D verbunden, wie in Abb. 31.5 a) für $i=5$ gezeigt) und wird z. B. ein Massenpunkt zur Oszillation angeregt, so kann sich die Schwingung in dem System in Form von Wellen längs der Kette ausbreiten. Die Oszillation kann nun im Prinzip auf zwei unterschiedliche Arten stattfinden: senkrecht zur Ausbreitungsrichtung bzw. in Ausbreitungsrichtung. Schwingen die Massenpunkte senkrecht zur Ausbreitungsrichtung der Welle (Abb. 31.5 b)), so wie im Beispiel der Seilwelle, dann liegt eine ***Transversalwelle*** vor. Erfolgt dagegen die Auslenkung der Massenpunkte m_i aus ihrer Gleichgewichtslage bei der Oszillation in Ausbreitungsrichtung der Welle, dann handelt es sich um eine ***Longitudinalwelle*** (Abb. 31.5 c)).

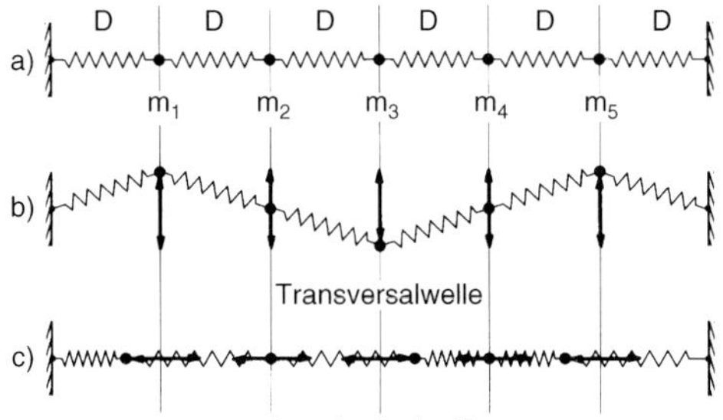

Abb. 31.5

Allgemein gilt für diese beiden Formen der Wellenausbreitung:

I. Transversale Wellen: Bei ihnen liegt die Schwingungsrichtung senkrecht zur Ausbreitungsrichtung (Abb. 31.6). Dabei ist keine der vielen möglichen Schwingungsrichtungen in einer Ebene senkrecht zur Ausbreitungsrichtung ausgezeichnet.

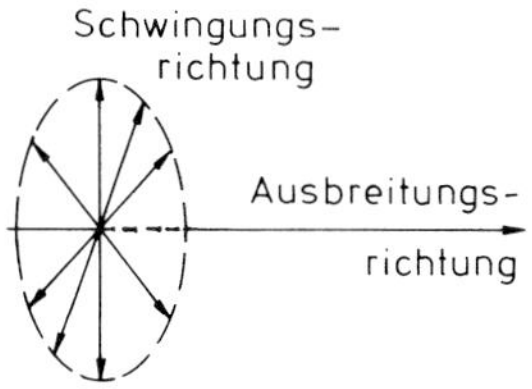

Abb. 31.6

Beispiele sind die oben genannte Seilwelle sowie elastische Wellen in Festkörpern (zusammen mit Längswellen). Typische Vertreter für transversale Wellen sind die elektromagnetischen Wellen (z. B. Lichtwellen), die sich wie eingangs erwähnt auch im Vakuum ausbreiten können. Die Störung ist dabei keine Materieschwingung, sondern es handelt sich hierbei um rechtwinklig zur Ausbreitungsrichtung oszillierende elektrische und magnetische Felder.

Ein Charakteristikum transversaler Wellen ist ihre ***Polarisierbarkeit***. Beispielsweise spricht man von *linear polarisierten Wellen*, wenn die Oszillation in nur einer der vielen möglichen Richtungen senkrecht zur Ausbreitungsrichtung erfolgt. Weiteres zur Polarisation, insbesondere bei Licht, s. § 37.

II. Longitudinale Wellen: Bei ihnen erfolgt die Schwingung in Richtung der Ausbreitungsrichtung (Abb. 31.7).

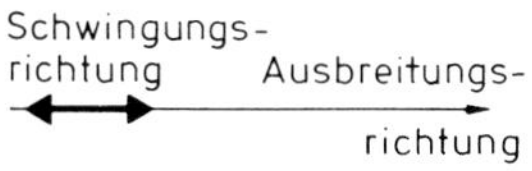

Abb. 31.7

Bei Longitudinalwellen (Längswellen) treten also Verdichtungen und Verdünnungen auf, d. h. Volumenänderungen. Sie können sich daher in allen den Medien ausbreiten, die Volumelastizität besitzen, wie feste, flüssige und gasförmige Körper. Die Schallausbreitung in Gasen oder Flüssigkeiten erfolgt durch longitudinale Wellen in Form von Dichte- bzw. Druckschwankungen in Ausbreitungsrichtung (s. auch § 33).

Im Gegensatz zu den transversalen Wellen sind longitudinale Wellen nicht polarisierbar.

An der Oberfläche von Flüssigkeiten bilden sich sog. ***Oberflächenwellen*** (Beispiel: Wasserwellen), die im Prinzip transversale Wellen

5

sind, doch nicht ausschließlich. Ihre Beschreibung ist jedoch etwas komplexerer Natur und soll hier nicht weiter verfolgt werden.

§ 31.2 Reflexion – Brechung

Trifft eine Welle (z. B. elektromagnetische Welle oder Schallwelle) auf die Grenzfläche zweier verschiedener Medien, so kann sich deren Ausbreitungsrichtung ändern, indem ein Teil der Welle in das Medium, von dem sie herkommt, durch *Reflexion* zurückgeworfen wird und/oder *Brechung* in das andere Medium hinein erfährt, in welchem die Welle eine andere Phasengeschwindigkeit (und Wellenlänge) hat. Diese Vorgänge und die sie beschreibenden Gesetzmäßigkeiten lassen sich mithilfe des Prinzips von *Huygens-Fresnel* erklären.

§ 31.2.1 Reflexion

Eine ebene Wellenfront *W*, die am Punkt A an der Grenze zum anderen Medium eintrifft, bedingt eine Elementarwelle (Abb. 31.8). In der Zeit Δt, in der die Wellenfront von E bis C vorgerückt ist, hat sich die Elementarwelle um A im Medium 1 bis D ausgebreitet. C ist wiederum Ausgangspunkt einer Elementarwelle, wie auch der Punkt B, welcher nach der Zeit $\Delta t/2$ erreicht wurde, Ausgangspunkt war. Alle Elementarwellen, die von Punkten zwischen A und C ausgehen, haben nach der Zeit Δt als Einhüllende die Ebene W'. Aus der Kongruenz der Dreiecke $\triangle$ACE und $\triangle$ACD folgt $\alpha = \alpha'$,

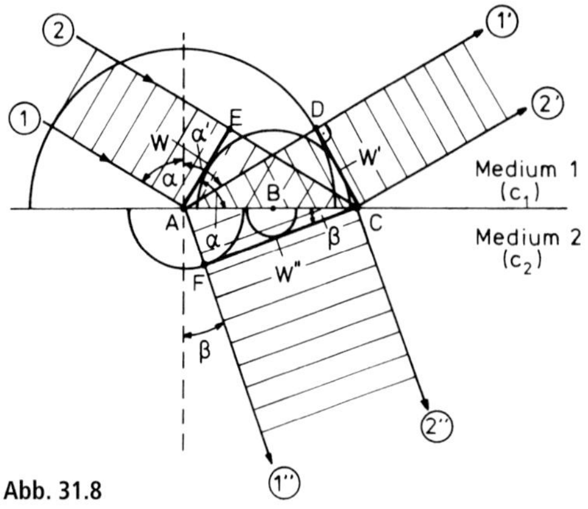

Abb. 31.8

wenn ***α***, der Winkel zwischen dem einfallenden Strahl (Wellennormale ① bzw. ②) und dem Einfallslot (Senkrechte zur Grenzfläche), der ***Einfallswinkel*** und ***α′***, der Winkel zwischen dem reflektierten Strahl (①′ bzw. ②′) und dem Einfallslot, der ***Reflexionswinkel*** ist. Einfallende und reflektierte Wellenfronten liegen in einer Ebene mit dem Einfallslot. Das ist das aus dem Huygens'schen Prinzip für alle Wellenarten folgende ***Reflexionsgesetz*** (s. auch § 35.1.1):

> Bei der Reflexion einer ebenen Welle an einer Grenzfläche unterschiedlicher Medien ist der ***Reflexionswinkel α′*** gleich dem ***Einfallswinkel α***. Einfallende und reflektierte Welle liegen in einer Ebene mit dem Einfallslot.

§ 31.2.2 Brechung

Beim Übertritt in das Medium 2 mit der Phasengeschwindigkeit $c_2 < c_1$ findet Brechung statt (Abb. 31.8). In der Zeit $\Delta t = \overline{\mathrm{EC}}/c_1$, in der sich die Wellenfront *W* im Medium 1 von E bis zum Auftreffen an der Grenzfläche in C ausbreitet, hat sich die von A ausgehende Elementarwelle im Medium 2 mit dem Radius $c_2 \cdot \Delta t$ infolge der kleineren Phasengeschwindigkeit c_2 im Vergleich zu c_1 nur bis F fortgepflanzt. Alle in der Zeit Δt von den Punkten zwischen A und C ausgehenden Elementarwellen im Medium 2 haben als Einhüllende die ebene Wellenfront W'' in der geänderten Ausbreitungsrichtung. Es folgt für den Sinus des Einfallswinkels α bzw. des Brechungswinkels β aus den Dreiecken $\triangle$ACE bzw. $\triangle$AFC:
$\sin\alpha = \dfrac{\overline{\mathrm{EC}}}{\overline{\mathrm{AC}}} = \dfrac{c_1 \cdot \Delta t}{\overline{\mathrm{AC}}}$; $\sin\beta = \dfrac{\overline{\mathrm{AF}}}{\overline{\mathrm{AC}}} = \dfrac{c_2 \cdot \Delta t}{\overline{\mathrm{AC}}}$ und damit:

> $$\frac{\sin\alpha}{\sin\beta} = \frac{c_1}{c_2} \qquad (31.7)$$
> Einfallende und gebrochene Welle liegen in einer Ebene mit dem Einfallslot.

Die Beziehung (31.7) ist das für alle Wellenarten gültige ***Brechungsgesetz***, welches von *Snellius* für Lichtstrahlen entdeckt wurde (s.

§ 35.1.2). Beim Übergang der Welle ins andere Medium ändert sich außer der Phasengeschwindigkeit c auch die Wellenlänge λ der Welle; die Frequenz ν einer Welle bleibt konstant. Das bedeutet im Beispiel der Abb. 31.8, für welches im Medium 2 die Phasengeschwindigkeit der Welle $c_2 < c_1$ im Medium 1 ist, dass im Medium 2 für deren Wellenlänge $\lambda_2 < \lambda_1$ gilt.

§ 31.3 Interferenz

Als *Interferenz* bezeichnet man das Phänomen phasen-, orts- oder richtungsabhängiger Intensitäten, welche durch die Überlagerung gleichartiger Wellen entstehen können. Die Interferenz ist eine für Wellen charakteristische Erscheinung. Für das Verständnis der Interferenz maßgebend ist das ***Superpositionsprinzip***. Dieses in § 30.5 für die ungestörte Überlagerung von Schwingungen eingeführte Prinzip kann völlig analog auf die Überlagerung zweier oder mehrerer Wellen (mit nicht zu großen Amplituden) übertragen werden. Die Amplitude des resultierenden Wellenfeldes ergibt sich an jedem Ort und zu jeder Zeit durch die vektorielle Addition der Einzelamplituden (z. B. der zu überlagernden elastischen Wellen, Schallwellen oder elektromagnetischen Wellen etc.).

Voraussetzung für ein stationäres Wellenfeld mit beobachtbaren Interferenzerscheinungen im Bereich der Überlagerung ist zunächst einmal, dass die zu überlagernden Teilwellen gleiche Frequenz $\nu = \omega/2\pi$ haben. Ist dies nicht der Fall, so kommt es zu Schwebungen (s. § 30.5.1, Abschnitt I.2) mit einer zeitlich variablen Gesamtamplitude. Außerdem muss erfüllt sein, dass die Phasendifferenz $\Delta\varphi(\vec{r})$ an jedem bestimmten Ort $\vec{r}$ im Bereich der Überlagerung der Wellen zeitlich konstant ist; dies ist eine Frage der ***Kohärenz*** der Wellen, die insbesondere für die Interferenzphänomene bei Lichtwellen eine entscheidende Rolle spielt (s. auch § 31.3.2).

§ 31.3.1 Zweistrahlinterferenz

Die *Zweistrahlinterferenz* entsteht durch die additive Überlagerung von zwei in der Regel parallel laufenden harmonischen Wellen gleicher Frequenz und unterschiedlicher Phasen bzw. einem Gangunterschied. Die beiden Wellen lassen sich beispielsweise durch die Gleichungen

$$u_1(x,t) = u_{01} \cdot \sin[\omega \cdot t - k \cdot x] \qquad (31.8)$$

und

$$u_2(x,t) = u_{02} \cdot \sin[\omega \cdot t - k \cdot (x - \Delta)] \qquad (31.9)$$

darstellen, mit dem Gangunterschied Δ, um welchen die beiden Wellen (im Momentbild) entlang der x-Achse gegeneinander verschoben sind. Ein bestimmter Gangunterschied Δ der Wellen, der in Bruchteilen der Wellenlänge angegeben wird, entspricht einer bestimmten Phasendifferenz φ (in Bruchteilen von 2π angegeben) der Schwingungsamplituden der beiden Wellen, z. B. entspricht ein Gangunterschied von $\Delta = \lambda/4$ einer Phasendifferenz von $\varphi = \pi/2$.

Die resultierende Welle lässt sich in ähnlicher Weise wie bei der Schwingungsüberlagerung (§ 30.5.1) berechnen und es ergibt sich für den speziellen Fall, dass die Amplituden der beiden gegebenen Wellen gleich sind, also $u_{01} = u_{02} = u_0$, die Gleichung:

$$u_r = 2\,u_0 \cdot \cos\left(\frac{k \cdot \Delta}{2}\right) \cdot \sin\left[\omega \cdot t - k \cdot \left(x - \frac{\Delta}{2}\right)\right] \qquad (31.10)$$

Die Amplitude der resultierenden Welle $u_r = 2\,u_0 \cdot \cos\left(\frac{k \cdot \Delta}{2}\right)$ hängt also nicht nur von den (in diesem Fall identischen) Amplituden der Primärwellen, sondern auch von ihrem Gangunterschied Δ ab.

Besonders einfach sind bei der Überlagerung der beiden Wellen die *zwei Sonderfälle*, bei denen der **Gangunterschied**

a) $\boldsymbol{\Delta = k \cdot \lambda}$ bzw. die **Phasendifferenz** $\boldsymbol{\varphi = 2k \cdot \pi}$ **($k = 0, 1, 2, \ldots$)** ist. Die resultierende Amplitude für die Interferenzmaxima ergibt sich dann im allgemeinen Fall zu $u_{0r} = u_{01} + u_{02}$ oder im speziellen Fall $u_{01} = u_{02} = u_0$ zu $u_{0r} = 2\,u_0$; es liegt **konstruktive Interferenz** vor, die Wellen verstärken sich gegenseitig.

b) $\boldsymbol{\Delta = (2k+1) \cdot \lambda/2}$ bzw. die **Phasendifferenz** $\boldsymbol{\varphi = (2k+1) \cdot \pi}$ **($k = 0, 1, 2, \ldots$)** ist. Die resultierende Amplitude für die Interferenzminima wird im allgemeinen Fall $u_{0r} = u_{01} - u_{02}$ oder $u_{0r} = 0$ im speziellen Fall $u_{01} = u_{02}$; es liegt **destruktive Interferenz** vor; die Wellen schwächen sich oder löschen sich gegenseitig aus, wenn ihre Amplituden gleich sind ($u_{01} = u_{02}$).

Wir erhalten also das gleiche Resultat, das sich bereits bei der Überlagerung von Schwingungen (§ 30.5.1) ergab. Der Gangunterschied der Wellen bedingt nämlich die Phasendifferenz zwischen den Schwingungen, zu denen der betrachtete Ort des Überlagerungsbereichs von den beiden Wellen angeregt wird. Die in Abb. 30.36 dargestellte Überlagerung zweier Schwingungen gleicher Frequenz für die speziellen Fälle kann daher analog auf die Superposition von Wellen übertragen werden.

Als ein erstes Beispiel betrachten wir das Wellenfeld, welches sich als Überlagerung zweier in gleichem Takt schwingender Erreger ergibt, d. h. von Wellen gleicher Frequenz, die sich in derselben Richtung ausbreiten. Weitere typische Beispiele für Zweistrahlinterferenzen werden wir in § 33.1 beim Schall (Kundt'sches bzw. Quincke-Rohr) und in § 46.1 mit dem Michelson-Interferometer bei Lichtwellen kennen lernen.

Bei den beiden in Phase schwingenden Quellen (1) und (2) der Abb. 31.9 kann es sich beispielsweise um zwei synchron oszillierende und in eine Wasseroberfläche eintauchende Spitzen, um zwei phasenstarr gekoppelte Lautsprecher oder um zwei kleine Öffnungen handeln, die mit Licht einer punktförmigen Lichtquelle (z. B. kohärentes Licht eines Lasers) beleuchtet werden (*Young'scher* Interferenzversuch). Die von den beiden Quellen ausgehenden Wellen gleicher Frequenz und Amplitude ($u_{01} = u_{02}$) kommen zur Überlagerung und ergeben je nach Gangunterschied bzw. Phasendifferenz an einem bestimmten Ort des Überlagerungsgebiets eine Verstärkung oder Abschwächung ihrer Amplitude. In Abb. 31.9 sind mit durchgehenden Linien (——) die Wellenberge und gestrichelt (– – –) die Wellentäler der von den Quellen (1) und (2) ausgehenden kreis- bzw. kugelförmigen Wellen dargestellt. Für die speziellen Fälle der ***konstruktiven*** und ***destruktiven Interferenz*** im Überlagerungsbereich gilt dann:

Trifft ein Wellental der von Quelle (1) ausgehenden Welle auf ein Wellental der Quelle (2) oder ein Wellenberg von Quelle (1) auf einen Wellenberg der Quelle (2), so verstärken sich die Wellen in diesen Punkten (• in Abb. 31.9), d. h. es liegt konstruktive Interferenz vor. Destruktive Interferenz ist dagegen zu beobachten, d. h. die beiden Wellen löschen sich gegenseitig aus, wenn ein Wellental (– – – in Abb. 31.9) der Quelle (1) auf einen

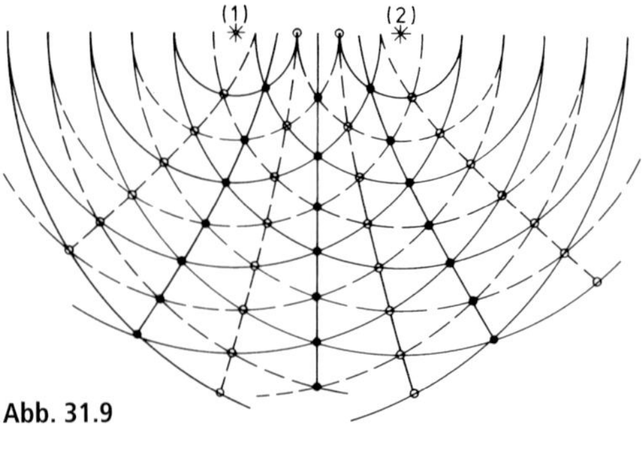

Abb. 31.9

Wellenberg (—— in Abb. 31.9) der Quelle (2) trifft oder umgekehrt (○ in Abb. 31.9). So entstehen im Überlagerungsgebiet der beiden Quellen Zonen maximaler Verstärkung (Verbindungslinien der Punkte • in Abb. 31.9) und Zonen der Auslöschung (Verbindungslinien der Kreise ○ in Abb. 31.9). Es ergibt sich ein typisches Interferenzmuster, bei welchem die Verbindungslinien der Stellen totaler Auslöschung und maximaler Verstärkung Hyperbeln mit den Quellen (1) und (2) als Brennpunkten sind.

Die Intensität I einer Welle ist proportional zum Quadrat ihrer Amplitude: $I \sim u^2(x, t)$. Für die resultierende Welle gilt daher:

$$I \sim [u_1(x,t) + u_2(x,t)]^2$$
$$= u_1^2(x,t) + u_2^2(x,t) + 2\,u_1(x,t) \cdot u_2(x,t)$$

Ihre Intensität berechnet sich als zeitlicher Mittelwert, wofür man erhält:

$$I_{1+2} = I_1 + I_2 + 2\sqrt{I_1 \cdot I_2} \cdot \cos(k \cdot \Delta) \qquad (31.11)$$

Die resultierende Gesamtintensität ergibt sich somit als Summe der Intensitäten I_1 und I_2 der einzelnen harmonischen Wellen und einem zusätzlichen sog. ***Interferenzterm***, der charakteristisch für die Superposition kohärenter harmonischer Wellen ist.

§ 31.3.2 Kohärenz

Derartige Interferenzerscheinungen lassen sich nur beobachten, wenn die interferierenden Wellen *monochromatisch* sind (d. h. gleiche Frequenz haben) und wenn zwischen ihnen eine *konstante Phasendifferenz* oder *ein konstanter Gangunterschied* besteht. Wellen, die diese beiden Bedingungen erfüllen, nennt man **kohärent**. Die Gesamtintensität der Überlagerung von kohärenten Wellen ergibt sich durch Addition gemäß dem obigen Beispiel der Zweistrahlinterferenz (Gleichung (31.11)).

Besteht dagegen keine feste Phasendifferenz zwischen den Wellen, da die Phasen der Wellen sich statistisch ändern, dann sind die Wellen **inkohärent**.

In diesem Fall *addieren sich die Intensitäten* I_1 und I_2 der einzelnen Wellen, da die zeitlichen Mittelwerte der phasenabhängigen Intensitätsterme verschwinden:

$$I_{1+2} = I_1 + I_2 \tag{31.12}$$

Inkohärente Wellen zeigen keine Interferenz.

Die Frage nach der Kohärenz spielt in der (Licht-)Optik eine viel größere Rolle als z. B. bei den Radiowellen oder in der Akustik.

Natürliches Licht entsteht durch *spontane Emission* (s. § 38.2.2) der Atome oder Moleküle einer Lichtquelle. Es werden dabei keine unendlich langen harmonischen Wellen, sondern **Wellenzüge** endlicher Länge innerhalb einer mittleren Emissionsdauer von etwa 10^{-8} s ausgesendet. Setzt man in erster Näherung voraus, dass die Wellenzüge quasimonochromatisch sind, so liegt die Länge eines Wellenzuges in der Größenordnung von etwa 10^6 bis 10^7 Wellenlängen. Bei der spontanen Emission üblicher Lichtquellen werden allerdings die elektromagnetischen Wellenzüge seitens der Atome (bzw. Moleküle) in völlig voneinander unabhängigen Elementarakten mit beliebigen Anfangsphasen emittiert, sodass das emittierte Licht im Allgemeinen inkohärent und nicht interferenzfähig ist. Durch Aufspalten in zwei oder mehr Wellensysteme der von ein und derselben (spontan emittierenden) Lichtquelle ausgesandten Wellenzüge, gelingt es, interferenzfähiges Licht zu erhalten. Da die Wellenzüge dadurch aber unterschiedliche Wegstrecken zurücklegen, können nur solche interferieren, die praktisch gleichzeitig am Beobachtungsort ankommen (und die gleiche Polarisation aufweisen). Dafür ist zum einen ***zeitliche Kohärenz*** Voraussetzung, d. h. die Laufzeitunterschiede der aus einem Elementarakt (durch Aufspaltung) stammenden Wellenzüge, die am Interferenzort zusammentreffen, sind kleiner als die oben angegebenen mittleren Emissionsdauern des Wellenzugs. Zum andern darf man nicht zu ausgedehnte (spontan emittierende) Lichtquellen verwenden, um den nicht interferenzfähigen Anteil von Wellenzügen gering zu halten, d. h. das Licht darf nur aus einem begrenzten Winkelbereich der Strahlungsquelle stammen ***(Winkelkohärenz)***.

Nun gibt es neben der spontanen Emission noch eine weitere Art der Ausstrahlung, die ***induzierte*** oder ***erzwungene Emission***. Hier induziert eine äußere (oder von benachbarten Atomen spontan emittierte) Lichtwelle geeigneter Frequenz die Emission der in angeregten Atomen gespeicherten Energie. Infolge der dadurch gegebenen festen Phasenbeziehung bei der Emission besitzt die Strahlung eine hohe Kohärenz. Mit den im optischen Bereich arbeitenden *Lasern* (s. § 41.1) werden Kohärenzlängen bis zu mehreren Kilometern erreicht.

§ 31.3.3 Stehende Wellen

Stehende Wellen sind Schwingungen eines kontinuierlichen Mediums oder einer räumlich periodischen Struktur. Sie sind eine spezielle Interferenzerscheinung, die durch geeignete Superposition laufender Wellen entstehen können unter Erfüllung bestimmter Randbedingungen. Bei einer laufenden Welle schreiten die Amplitudenmaxima und -minima mit Phasengeschwindigkeit in Ausbreitungsrichtung der Welle fort, dagegen bleiben sie bei der stehenden Welle ortsfest, d. h. es entstehen Schwingungsstrukturen, für welche an allen Orten die Oszillation *in Phase* erfolgt.

5

Überlagert man zwei Wellen gleicher Frequenz und gleicher Amplitude, die sich aber in entgegengesetzter Richtung ausbreiten, so beobachtet man eine stehende Welle. (Im Falle von Transversalwellen muss auch die Polarisation der beiden Teilwellen übereinstimmen.)

Wir betrachten Abb. 31.10, in der jeweils derselbe Ausschnitt aus dem gesamten Überlagerungsgebiet zu fünf verschiedenen Zeiten dargestellt ist, die alle um eine viertel Periodendauer T auseinander liegen. Von den beiden Wellen, die z. B. durch die Gleichungen

$$u_1(x,t) = u_0 \cdot \sin[\omega \cdot t - k \cdot x]$$

und

$$u_2(x,t) = u_0 \cdot \sin[\omega \cdot t + k \cdot x]$$

gegeben sind, breite sich der Wellenzug u_1 (Pfeilrichtung nach rechts) in positiver x-Richtung und der Wellenzug u_2 (Pfeilrichtung nach links) dazu entgegengesetzt in negativer x-Richtung aus. Diese überlagern sich zum resultierenden Momentbild u_r der stehenden Welle (wie in Abb. 31.10, unten, jeweils dargestellt), das zu den gewählten Zeiten $t=0$, $t=\frac{1}{2}T$, $t=T$ bzw. $t=\frac{1}{4}T$, $t=\frac{3}{4}T$ konstruktive bzw. destruktive Interferenz zeigt. Abb. 31.11 zeigt die Auslenkungsverteilung der stehenden Welle zu verschiedenen Zeitpunkten.

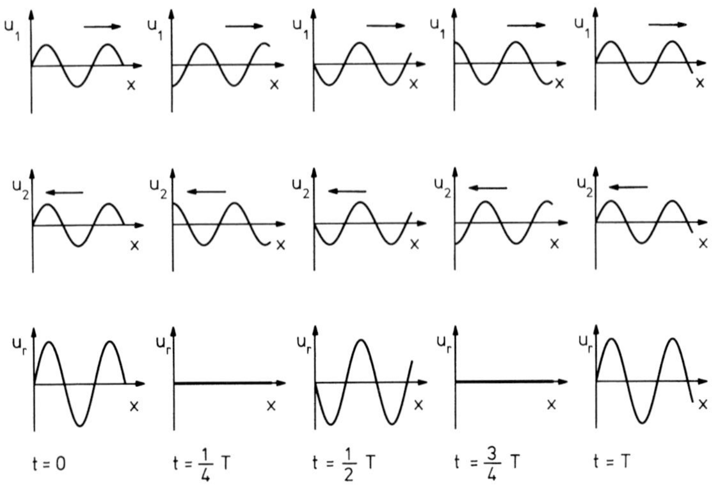

Abb. 31.10

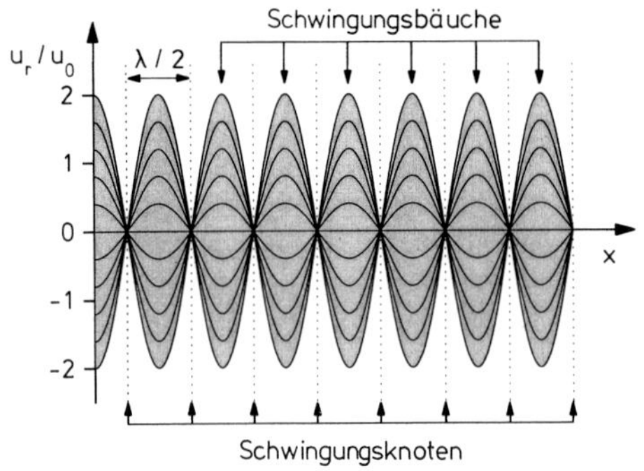

Abb. 31.11

Gemäß Abb. 31.11 ergeben sich als Resultat der Überlagerung stehende Wellen mit ortsfesten ***Schwingungsknoten*** (*Knoten der Bewegung*, d. h. die Amplitude ist ständig null) im Abstand $\frac{\lambda}{2}$ (λ die Wellenlänge der primären Wellen). Zwischen den Knoten liegen Stellen mit zeitlich veränderlicher Elongation, die ***Schwingungsbäuche*** (*Bäuche der Bewegung*, mit maximaler Amplitude $2\,u_0$), ebenfalls im Abstand $\frac{\lambda}{2}$. Der Abstand zwischen einem Schwingungsknoten und dem folgenden Schwingungsbauch beträgt somit eine viertel Wellenlänge.

In mathematischer Form ergibt sich durch trigonometrische Umformung der resultierenden Amplitude

$$\begin{aligned} u_r(x,\,t) &= u_1(x,\,t) + u_2(x,\,t) \\ &= u_0 \cdot \sin\,[\omega \cdot t - k \cdot x] + u_0 \cdot \sin\,[\omega \cdot t + k \cdot x] \end{aligned}$$

für die stehende Welle die Beziehung:

$$u_r(x,\,t) = 2\,u_0 \cdot \cos\,(k \cdot x) \cdot \sin\,(\omega \cdot t) \qquad (31.13)$$

Aus Gleichung (31.13) folgt, dass die Amplitude $2\,u_0 \cdot \cos\,(k \cdot x)$ ihren Maximalwert $2\,u_0$ an den Stellen $x = \left(0,\, \frac{\lambda}{2},\, \lambda,\, 3\frac{\lambda}{2},\, 2\lambda,\, \dots\right)$ erreicht und bei $x = \left(\frac{\lambda}{4},\, \frac{3\lambda}{4},\, \frac{5\lambda}{4},\, \frac{7\lambda}{4},\, \dots\right)$ den Minimalwert null annimmt, d. h. an den Stellen der Bäuche bzw. Knoten. Zwischen aufeinander folgenden Knoten der Welle erfolgt die Schwingung abwechselnd im Takt und Gegentakt mit der zeitperiodischen Amplitude $2\,u_0 \cdot \sin\,(\omega \cdot t)$ (Abb. 31.11).

Eine Möglichkeit zur Erzeugung stehender Wellen ist die Superposition einer auf eine Grenzfläche des Mediums, in dem sich die Welle ausbreitet, zulaufenden Welle mit der von dort reflektierten Welle. Die Reflexion kann mit einem Phasensprung der Welle verbunden sein, wovon beispielsweise die Lage der Schwingungsknoten und -bäuche abhängt. Wir untersuchen daher zunächst den Vorgang der **Reflexion** etwas genauer.

Dazu wird die Reflexion eines sehr kurzen Wellenzuges am (oberen) Seilende betrachtet, d. h. in diesem Beispiel die Reflexion einer

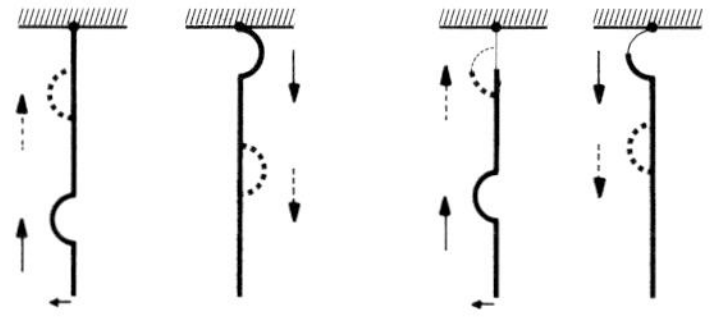

Abb. 31.12

Halbwelle, die sich längs des Seils ausbreitet. Das Seil sei zunächst fest eingespannt, wie in Abb. 31.12 a) dargestellt. Wird nun am unteren Ende des Seils, z. B. durch einen kurzen Impuls nach links eine solche Halbwelle ausgelöst, so tritt bei der Reflexion am festen Ende ein Phasensprung von $\Delta\varphi = \pi$ der reflektierten gegenüber der am Seilende ankommenden Welle auf, da das Seilende fixiert ist und nur so die Elongationen der ein- und auslaufenden Wellen sich zur resultierenden Auslenkung null überlagern. Am Seilende liegt ein Schwingungsknoten. Ist dagegen das Seilende lose, wie in Abb. 31.12 b) z. B. an einem dünnen Faden befestigt, dann erfolgt die Reflexion ohne Phasensprung ($\Delta\varphi = 0$), denn das Seilende kann der Auslenkung folgen. Einlaufende und reflektierte Welle überlagern sich zu einem Amplitudenmaximum und am oberen Seilende liegt ein Schwingungsbauch.

Erzeugt man nun durch periodisches Hin- und Herbewegen des freien Seilendes in Abb. 31.12 fortschreitende Wellen auf dem Seil, so kommt es – entsprechend der Abb. 31.11 – zur Ausbildung einer stehenden Welle mit Knoten und Bäuchen, deren Abstände von der Kreisfrequenz ω der primär erzeugten Wellen abhängen.

Dieses für ein spezielles Beispiel beschriebene Phasenverhalten ist grundsätzlich bei der Reflexion von Wellen an Grenzflächen zu anderen Medien, in denen sie eine unterschiedliche Ausbreitungsgeschwindigkeit besitzen, zu beachten. Trifft die Welle auf eine Grenzfläche zu einem Medium, in welchem ihre Phasengeschwindigkeit kleiner ist als in jenem, in dem sie sich momentan ausbreitet, dann spricht man von einem ***dichteren Medium***. Grenzt die Fläche dagegen ein Medium ab, in welchem die Phasengeschwindigkeit der Welle höher ist, dann handelt es sich um ein ***dünneres Medium***. Generell beträgt der ***Phasensprung*** somit:

$\boldsymbol{\Delta\varphi = \pi}$ bei ***Reflexion am festen Ende bzw. am dichteren Medium*** (mit kleinerer Phasengeschwindigkeit der Wellenausbreitung);
$\boldsymbol{\Delta\varphi = 0}$ bei ***Reflexion am losen (freien) Ende bzw. am dünneren Medium*** (mit größerer Phasengeschwindigkeit der Wellenausbreitung).

Beispiele klassischer stehender Wellen sind die Schwingungen von beidseitig eingespannten Saiten, wie z. B. bei Geige, Harfe, Klavier oder von allseitig eingespannten Membranen, etwa bei Pauken, Trommeln, Lautsprechern, aber ebenso von Luftsäulen in Schallresonatoren (Orgelpfeifen, Flöten, Pfeifen etc.), mit offenen wie auch festen Enden (s. auch § 33.1) sowie elektromagnetischen Schwingungen beispielsweise in Laser-Resonatoren. Infolge der bei diesen Systemen vorliegenden Randbedingungen können stehende Wellen nur für bestimmte Frequenzen, die *Eigenfrequenzen* ν_n, existieren. Jeder Eigenfrequenz der stehenden Welle entspricht ein bestimmtes räumliches Schwingungsbild, das in speziellen Fällen durch eine *charakteristische Wellenlänge* λ_n beschrieben werden kann. Für ein eindimensionales System der Länge l, das an beiden Enden fest eingespannt ist, d. h. hier liegen Schwingungsknoten vor, gilt:

$$l = n \cdot \frac{\lambda_n}{2} \quad (n = 1, 2, 3, \ldots)$$

oder (31.14)

$$\lambda_n = \frac{2l}{n} \quad \text{bzw.} \quad \nu_n = \frac{n \cdot c}{2l}$$

wobei c die Phasengeschwindigkeit der Welle im Medium ist. Sind beide Enden „offen", d. h. es liegen lose Enden vor, die frei schwingen können, dann befinden sich an den Enden Schwingungsbäuche und Bedingung (31.14) gilt ebenso für die Länge bzw. die möglichen Eigenschwingungen des Systems.

Ist dagegen ein Ende „offen", das andere fest, d. h. auf der einen Seite liegt ein Schwingungsbauch und auf der anderen ein -knoten vor, dann gilt:

$$l = (2n - 1) \cdot \frac{\lambda_n}{4} \quad (n = 1, 2, 3, \ldots)$$

oder (31.15)

$$\lambda_n = \frac{4l}{2n - 1} \quad \text{bzw.} \quad \nu_n = \frac{(2n - 1) \cdot c}{4l}$$

In § 33.1 finden sich hierzu einige Beispiele, wie auch zur experimentellen Demonstration stehender Schallwellen.

Die in diesem Abschnitt insgesamt gemachten Ausführungen gelten sowohl für Transversalwellen als auch für Longitudinalwellen.

5

§ 31.4 Beugung

Unter Beugung versteht man allgemein die Änderung der Ausbreitungsrichtung einer fortschreitenden Welle an irgendwelchen Objekten – die Hindernisse darstellen, wie z. B. an einer Kante, einer Öffnung oder sonst einer Begrenzung – und die Entstehung einer Wellenerregung auch im geometrischen Schattenraum des Objektes. Beobachten lässt sich dieses Phänomen z. B. sowohl bei elektromagnetischen Wellen (etwa für sichtbares Licht oder Röntgenstrahlen) als auch bei Schallwellen. Beugung tritt aber nur dann deutlich in Erscheinung, wenn die Ausdehnung des Objektes, als Störung des sich ausbreitenden Wellenfeldes, kleiner oder ungefähr gleich der Wellenlänge ist. Beispielsweise stellt ein Baum kein „unumgehbares" Hindernis für eine Schallwelle mit einer typischen Wellenlänge von nahezu 1 m dar, doch kann sich ohne weiteres jemand dahinter verbergen, denn sichtbares Licht mit einer Wellenlänge von typisch 0,5 µm wird von seiner geradlinigen Ausbreitung erst hinter einer, für das Auge fast nicht mehr sichtbaren Öffnung, abweichen, d. h. „um die Ecke" gehen. Oder eine Radiowelle aus dem Bereich der Mittelwellen zeigt hinter einer Öffnung mit Durchmesser von ca. 15 m ein vergleichbares Beugungsmuster wie sichtbares Licht hinter einer Blende von ca. 1 µm Durchmesser.

Die Beugungserscheinungen lassen sich mithilfe des ***Huygens'schen Prinzips*** (§ 31.1.1) beschreiben aufgrund der ***Interferenz der Elementarwellen***, die von der am Objekt angekommenen primären Welle ausgelöst werden. Zur Vereinfachung werden hier Beugungserscheinungen nur im Rahmen der sog. ***Fraunhofer-Beugung*** untersucht, für welche die Strahlungsquelle und der zur Beobachtung aufgestellte Detektor, z. B. ein Schirm im optischen Fall, in (im Prinzip unendlich) großer Entfernung zum Objekt liegen. Dadurch sind die beim Objekt ankommenden Wellenfronten ebene Wellen, d. h. die zu diesen Fronten gehörenden Strahlen (Wellennormalen) sind untereinander parallel. Fraunhofer-Beugung kann als Grenzfall der ***Fresnel-Beugung*** angesehen werden, bei welcher die Abstände von Quelle, Objekt und Detektor endlich, die Wellenfronten dann aber keine Ebenen mehr sind. In der Praxis realisiert man Fraunhofer'sche Beugung z. B. im Bereich der Lichtoptik, indem man die Lichtquelle in den Brennpunkt einer Konvexlinse bringt und damit die von der Lichtquelle divergierenden Wellen in ebene Wellen verwandelt, d. h. die Lichtquelle ins Unendliche bringt; entsprechend bildet man die vom Objekt ausgehenden Beugungserscheinungen, wiederum mit einer Konvexlinse, konvergent beispielsweise auf einem Schirm ab.

Ausgehend von der Fraunhofer'schen Beobachtungsweise mit ebenen Wellen betrachten wir die Beugung am Spalt, am Doppelspalt, an der Lochblende und am Gitter bei Einstrahlung von monochromatischem Licht. Skizziert wird auch kurz die Grundidee der Beugung von Röntgenstrahlen an Kristallen (s. dazu auch § 39.3).

§ 31.4.1 Beugung am Spalt

Trifft eine ebene Welle auf einen Spalt, dessen Breite b klein im Vergleich zur Wellenlänge ist (Abb. 31.13), so beobachtet man, dass die Intensität hinter dem Spalt unter verschiedenen Winkeln α gegen die Einfallsrichtung Maxima und Minima (symmetrisch zur Einfallsrichtung) aufweist, wie beispielsweise die schematische Darstellung Abb. 31.14 einer Intensitätsverteilung z. B. auf einen Schirm hinter dem Spalt zeigt.

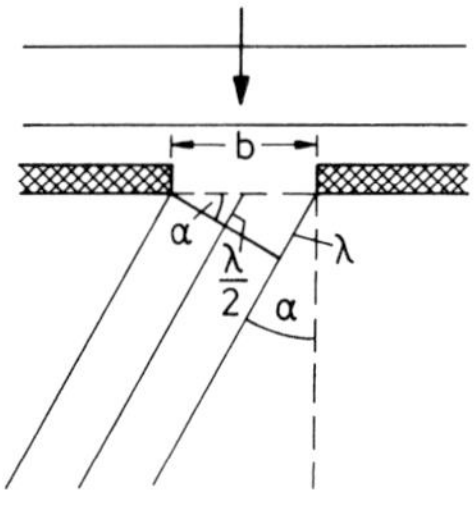

Abb. 31.13

Alle Punkte in der Spaltebene sind nach dem Huygens'schen Prinzip Ausgangspunkte kohärenter Elementarwellen, analog dem Schema der Abb. 31.4. Diese Sekundärwellen, die sich hinter dem Spalt in alle Richtungen ausbreiten, überlagern sich und interferieren. Betrachten wir anstelle der ebenen Wellenfronten die Wellennormalen oder Strahlen, die die Richtung der Lichtausbreitung angeben, dann breitet sich in eine bestimmte Richtung ein Bündel paralleler Strahlen aus, z. B. unter dem Winkel α in Abb. 31.13. Der Großteil der Lichtintensität breitet sich hinter dem Spalt jedoch geradeaus in Einfallsrichtung $(\alpha = 0)$ der ebenen Wellen aus, für welche alle parallelen Strahlen den Gangunterschied null haben, und es ergibt sich die zentrale Helligkeit, die man als das zentrale Maximum oder Hauptmaximum (Maximum 0. Ordnung) bezeichnet (Abb. 31.14). Zur Bestimmung der Lage der Minima teilen wir die Breite b des Spaltes in zwei gleiche Teile. Von den vom Spalt unter dem bestimmten Winkel α ausgehenden beiden Teilbündeln paralleler Strahlen, sind in Abb. 31.13 nur der Zentralstrahl und die beiden Randstrahlen gezeigt. Das erste Minimum liegt dann bei jenem Winkel α, für welchen die beiden Randstrahlen einen Gangunterschied $\Delta = \lambda$ (λ = Wellenlänge) besitzen, denn dann lässt sich zu jedem Strahl in der 1. Hälfte des Spaltes ein Strahl aus der 2. Hälfte finden, der einen Gangunterschied von $\lambda/2$ hat, d. h. diese Strahlen der beiden Teilbündel löschen sich durch destruktive Interferenz aus, wenn sie zur Überlagerung kommen. Geometrisch berechnet sich der Gangunterschied zu:

$$\Delta = b \cdot \sin\alpha = \lambda \qquad (31.16)$$

Allgemein gilt für das ***l*-te Minimum** ($l = 1, 2, 3, \ldots$), welches unter dem Winkel α_l beobachtet wird:

$$\boxed{b \cdot \sin\alpha_l = l \cdot \lambda} \qquad (31.17)$$

($l = 1, 2, 3 \ldots$).

Zwischen den Minima liegen **Maxima** der Intensität. Für sie gilt:

$$\boxed{b \cdot \sin\alpha_k = \left(\frac{2k+1}{2}\right) \cdot \lambda} \qquad (31.18)$$

($k = 1, 2, 3, \ldots$).

Die Zahlen l bzw. k nennt man die Beugungsordnung des Minimums bzw. Maximums.

In Abb. 31.14 ist die Intensitätsverteilung im Beugungsbild eines Spaltes schematisch dargestellt. Außer dem zentralen Maximum sind die Maxima 1. und 2. Ordnung und die Abstände der Beugungsminima (in Einheiten von $\sin\alpha$) angegeben. Das Beugungsmuster eines Spaltes besteht aus hellen und dunklen Streifen, mit Abständen wie anhand der Gleichungen (31.17) bzw. (31.18) berechnet werden kann und in Abb. 31.14 schematisch dargestellt ist. Das zentrale Maximum wird umso schmäler, je größer die Spaltbreite b gegenüber der Wellenlänge ist, das bedeutet, das Licht geht im Wesentlichen geradlinig durch den Spalt. Bei kleiner werdender Spaltbreite b wandern die Minima und Maxima immer weiter nach außen vom Zentrum weg, bis im Falle $b < \lambda$ das zentrale Maximum den gesamten Halbraum hinter dem Spalt erfüllt und daher keine Beugungsstrukturen mehr zu erkennen sind.

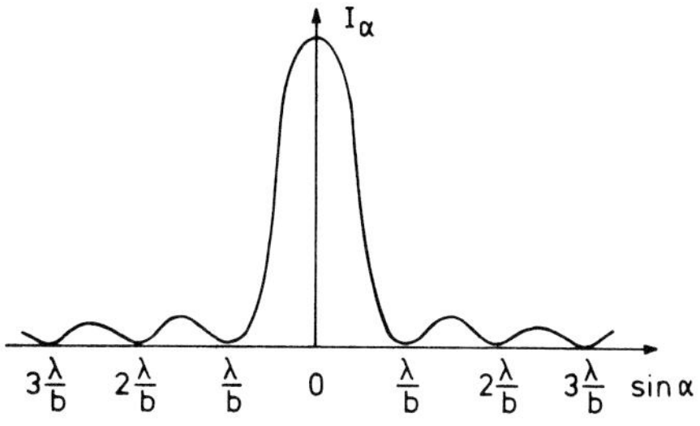

Abb. 31.14

§ 31.4.2 Beugung am Doppelspalt

Ein Doppelspalt, bestehend aus zwei Einzelspalten im Abstand d (Abb. 31.15), ergibt ein Beugungsmuster ähnlich dem des Einzelspaltes. Die beiden Einzelspalte können als zwei kohärente Lichtquellen betrachtet werden, entsprechend der Abb. 31.9 ***(Young'scher Interferenzversuch)***, mit der durch Abb. 31.14 dargestellten Intensitätsverteilung. Da aber die Beugungserscheinung als Überlagerung der Beugung an den beiden einzelnen Spalten zustande

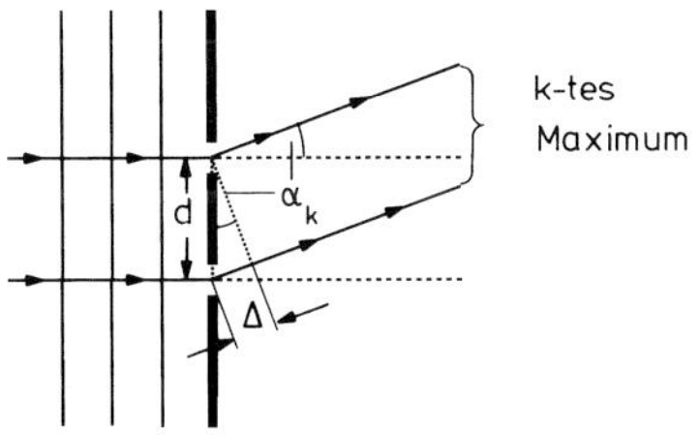

Abb. 31.15

kommt, sind die hellen Gebiete noch von dunklen Streifen durchzogen, zeigen also eine zusätzliche Beugungsstruktur. Für alle unter den Winkeln α_k von den beiden Spalten ausgehenden Strahlenbündeln, deren Gangunterschied $\Delta = \lambda$ ist, hat die Beugungsintensitätsverteilung **Maxima**, wofür sich die Bedingung ergibt:

$$d \cdot \sin \alpha_k = k \cdot \lambda \qquad (31.19)$$

$(k=0, 1, 2, \ldots)$.

Die ***l*-ten Minima** treten unter den Winkeln α_l auf, für die gilt:

$$d \cdot \sin \alpha_l = \left(\frac{2l-1}{2}\right) \cdot \lambda \qquad (31.20)$$

$(l=1, 2, 3, \ldots)$.

§ 31.4.3 Beugung an der Kreis- oder Lochblende

Bei einer *kreisförmigen Öffnung* (*Lochblende*) stellt das Beugungsbild eine wechselnde Folge heller und dunkler konzentrischer Ringe dar. Bezeichnet α_l den Winkel, unter dem sich das ***l*-te Minimum** ergibt, so gilt, wenn r der Radius der Öffnung ist:

$$r \cdot \sin \alpha_l = n \cdot \lambda \qquad (31.21)$$

Dabei nimmt n für $l=1, 2, 3, 4, \ldots$ folgende Zahlenwerte an: $n=0{,}61$; 1,12; 1,62; 2,12; …

§ 31.4.4 Beugung am Gitter

Werden mehr als zwei parallele Spalte in einer Ebene angeordnet, so erhält man ein *Gitter*. Typische optische Beugungsgitter haben z. B. mehr als $N=10^3$ Spalte pro Millimeter. Als ***Gitterkonstante g*** bezeichnet man den Abstand zweier Einzelspalte (Abb. 31.16), wobei die Gitterkonstante groß gegenüber der Breite des Einzelspaltes ist. Auf das Gitter treffe (in Abb. 31.16 von links) eine ebene Welle monochromatischen Lichts der Wellenlänge λ. Das Beugungsmuster hinter dem Gitter hängt nun einerseits von der Interferenz zwischen den von den N Spalten ausgehenden Strahlenbündeln ab und andererseits von der Intensitätsverteilung durch die Beugung an jedem einzelnen Spalt. Es treten daher im Beugungsbild (intensive) ***Hauptmaxima*** und (schwächere) ***Nebenmaxima*** auf, die bei genügend großer Zahl N von Einzelspalten i. Allg. vernachlässigbar sind. Betrachten wir, wie in Abb. 31.16 dargestellt, eine der Beugungswellen unter dem Winkel α gegenüber der geradlinigen Ausbreitung, dann ergibt sich unter diesem Beugungswinkel maximale Intensität, wenn zwischen zwei von benachbarten Spalten ausgehenden Strahlenbündeln ein Gangunterschied von $\Delta = \lambda$ besteht, für die gesamte Beugungswelle unter diesem Winkel also konstruktive Interferenz vorliegt. Für die **Hauptmaxima *k*-ter Ordnung**, welche bei der Beugung am Gitter unter den **Beugungswinkeln α_k** auftreten, gilt daher die Bedingung:

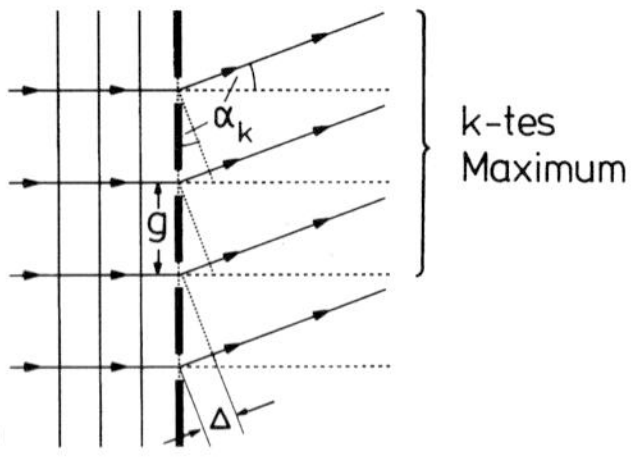

Abb. 31.16

$$g \cdot \sin \alpha_k = k \cdot \lambda \qquad (31.22)$$

$(k=0, 1, 2, \ldots)$.

Beugungsgitter finden in der Spektroskopie vielfältige Anwendung. Da der Beugungswinkel von der Wellenlänge des verwendeten Lichtes abhängt, wie Gleichung (31.22) zeigt, lässt sich ein Beugungsgitter zur Zerlegung weißen Lichts in seine Spektralfarben verwenden (s. § 36.3). Ebenso lassen sich mit Beugungsgittern Lichtwellenlängen messen. Bei beiden Anwendungen verwendet man aber i. Allg. wegen des erforderlichen spektralen Auflösungsvermögens (§ 36.3.2) und der damit notwendigen großen Zahl von Spalten keine Transmissionsgitter, sondern *Reflexionsgitter*, die technisch einfacher und reproduzierbarer hergestellt werden können.

§ 31.4.5 Röntgenbeugung

Infolge ihres regelmäßigen Aufbaus bilden die Atome oder Ionen von Kristallen ein Raumgitter. Der Abstand der Gitteratome beträgt ungefähr 0,1 – 1 nm. Diese Gitterkonstante ist somit etwa 1000-mal kleiner als die Gitterkonstante optischer Gitter. Wegen dieser kleinen Gitterkonstanten eignet sich sichtbares Licht ($\lambda = 400 - 800$ nm) nicht zur Beugung an Kristallgittern. Mit Röntgenstrahlen (Wellenlänge etwa 0,1 nm) lassen sich jedoch Beugungserscheinungen an Kristallgittern nachweisen.

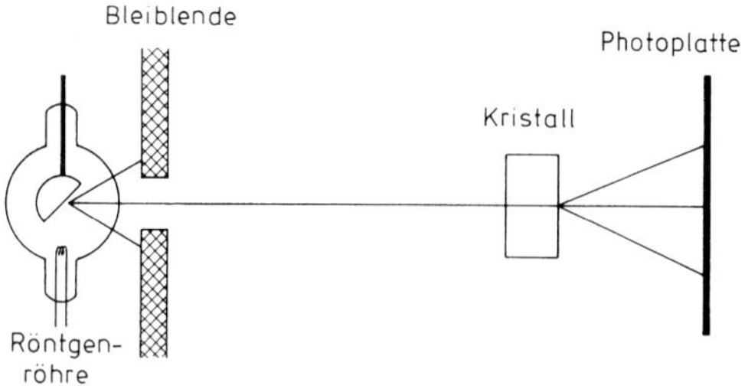

Abb. 31.17

In Abb. 31.17 ist eine Anordnung zur Erzeugung von Röntgenbeugung nach der Methode von Laue dargestellt. Ein eng ausgeblendetes Röntgenstrahlenbündel durchsetzt einen Kristall, an dessen regelmäßig angeordneten Atomen eine kohärente Streuung der Röntgenwellen erfolgt. Die von dem Kristall-Beugungsgitter erzeugte Beugungsfigur wird auf einer Photoplatte festgehalten. Aus dem Beugungsbild (*Lauediagramm* Abb. 31.18) lassen sich Rückschlüsse auf die räumliche Kristallstruktur ziehen (s. auch § 39.3).

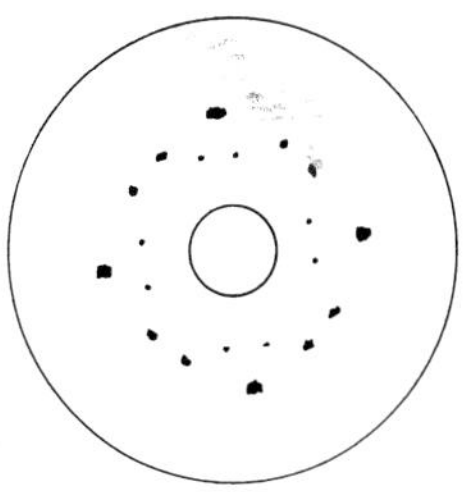

Abb. 31.18

§ 31.5 Doppler-Effekt

Bei jeder Art von Wellen tritt der von *C. Doppler* entdeckte und nach ihm benannte Effekt auf. Er ergibt für einen Beobachter eine registrierbare Frequenz- bzw. Wellenlängenänderung einer von einer Quelle ausgesandten Wellenstrahlung, für den Fall einer Relativbewegung zwischen Strahlungsquelle und Beobachter. Besondere Bedeutung hat der Doppler-Effekt in der Akustik und in der Optik erlangt.

Bewegt sich ein Beobachter mit der Geschwindigkeit υ_B relativ zum schallausbreitenden Medium auf eine im Medium ruhende Schallquelle zu oder entfernt er sich mit υ_B von ihr, so ist die von ihm empfangene Frequenz ν, wenn ν_0 die Frequenz der von der ruhenden Quelle emittierten Wellenstrahlung ist (c: Schallgeschwindigkeit im ruhenden Medium):

$$\nu = \nu_0 \left(1 \pm \frac{\upsilon_B}{c}\right) \tag{31.23}$$

Die Frequenz ist bei einer Bewegung auf die Schallquelle zu vergrößert (höherer Ton), da den Beobachter pro Zeiteinheit mehr Wellen erreichen als im ruhenden Fall. Bewegt er sich von der Schallquelle weg, erreichen ihn pro Zeiteinheit weniger Wellen, die Frequenz ist vermindert (tieferer Ton) im Vergleich zur Ruhe. Bewegt sich andererseits die Schallquelle mit der Geschwindigkeit υ_Q auf den relativ zum Ausbreitungsmedium ruhenden Beobachter zu oder von ihm weg, dann gilt für die veränderte Frequenz ν, die der Beobachter feststellt:

$$\nu = \frac{\nu_0}{1 \mp \frac{\upsilon_Q}{c}} \tag{31.24}$$

Im Falle einer Bewegung der Quelle auf den Beobachter zu (Minuszeichen im Nenner von (31.24)), entspricht dies einer Verkürzung der von ihr emittierten Wellenlänge um den Weg, den die Quelle während der Dauer einer Schwingung zurücklegt. Umgekehrt ist es bei einer Bewegung der Quelle mit der Geschwindigkeit υ_Q vom Beobachter weg.

Bei der an ein Trägermedium gebundenen Ausbreitung von Wellen, wie z. B. von Schallwellen in Luft, hängt die Frequenzänderung nicht nur von der Relativgeschwindigkeit zwischen Quelle und Beobachter ab, sondern auch davon, ob sich Quelle oder Beobachter relativ zum Trägermedium bewegen. Für $\upsilon_Q \ll c$ kann (31.24) in eine Reihe entwickelt werden und nur bei Vernachlässigung von höheren Potenzen

5

von $\frac{v}{c}$ ergibt sich in erster Näherung (31.23), d. h. nur in diesem Fall ist es gleichgültig, ob sich Quelle oder Beobachter bewegt.

Im Gegensatz zu Schallwellen benötigen Lichtwellen (wie elektromagnetische Wellen überhaupt) kein Trägermedium. Es entfällt daher der Unterschied zwischen (31.23) und (31.24) und die Frequenzänderung hängt nur von der Relativgeschwindigkeit zwischen Quelle und Beobachter ab. In der Astronomie ist es mithilfe des Doppler-Effekts daher möglich, die Geschwindigkeit von Himmelskörpern zu bestimmen, indem die Veränderung der Frequenz (bzw. Wellenlänge) des von einem Stern ausgestrahlten Lichtes gemessen wird, während er sich auf die Erde zu oder von ihr fort bewegt.

Aufgaben

Aufgabe 31.1: Wie lautet die Gleichung einer in $+x$-Richtung sich ausbreitenden Welle? Benennen Sie die vorkommenden Größen und geben Sie die jeweiligen Zusammenhänge zwischen Frequenz, Kreisfrequenz und Periodendauer bzw. Wellenzahl, Kreiswellenzahl und Wellenlänge an.

Aufgabe 31.2: Eine längs eines sehr langen Seils laufende transversale Welle kann durch die Gleichung $\boldsymbol{u} = 6 \sin(4\pi \boldsymbol{t} + 0{,}02\pi \cdot \boldsymbol{x})$ beschrieben werden, wobei $\boldsymbol{u}$ und $\boldsymbol{x}$ in cm und $\boldsymbol{t}$ in s gemessen seien. Bestimmen Sie die a) Amplitude, b) Wellenlänge, c) Frequenz, d) Ausbreitungsgeschwindigkeit und e) Ausbreitungsrichtung der Welle.

Aufgabe 31.3: Bei welcher Phasendifferenz zwischen zwei interferenzfähigen Wellenzügen gleicher Amplitude kann bei Überlagerung vollständige Auslöschung auftreten? Wie groß ist der entsprechende Gangunterschied der beiden Wellenzüge?

Aufgabe 31.4: Eine elektromagnetische Welle fällt senkrecht auf eine ebene Platte und wird am dichteren Medium reflektiert. Es bildet sich vor der Wand eine stehende Welle aus mit einem nächsten Knoten im Abstand von 2 cm vor der Wand. Wie groß ist die Wellenlänge der elektromagnetischen Welle?

Aufgabe 31.5: Bei einem Doppelspalt, auf den Licht der Wellenlänge λ auftrifft, beobachtet man für die Strahlen, die um den Winkel $\alpha = 30°$ gegenüber der geradlinigen Ausbreitung des Lichts gebeugt sind, das erste Interferenzminimum. Wie groß ist der Abstand $\boldsymbol{d}$ der beiden Spalte?

Aufgabe 31.6: Ein Laserstrahl trifft senkrecht auf ein Strichgitter (Gitterkonstante $\boldsymbol{g} = 12\ \mu\text{m}$). Auf einem $\boldsymbol{a} = 20$ cm entfernten Schirm entsteht das Beugungsbild (Bild A 31.1). Das erste Beugungsmaximum liege $\boldsymbol{d} = 1$ cm vom zentralen Maximum entfernt. Welche Wellenlänge besitzt die Laser-Strahlung? (Da α klein ist, gilt: $\sin\alpha \approx \tan\alpha$.)

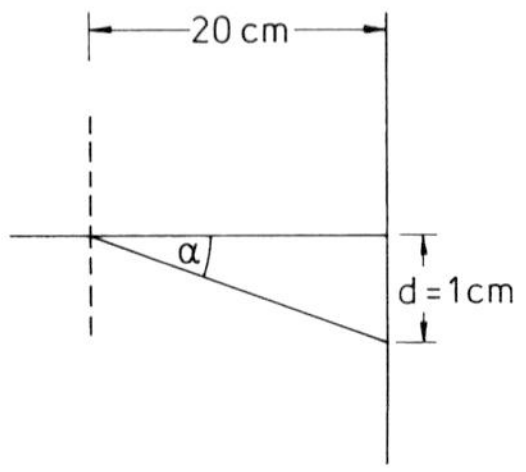

Bild A 31.1

Aufgabe 31.7: In einem Gitterspektrometer wird das Gitter mit monochromatischem Natrium-Licht beleuchtet. Auf dem Schirm können mehrere Beugungsordnungen beobachtet werden. Wie ändert sich der Abstand der Linien auf dem Schirm, wenn das Gitter gegen eines mit einer doppelt so großen Gitterkonstanten ausgetauscht wird?

Aufgabe 31.8: Monochromatisches Licht der Wellenlänge λ trifft auf das Interferenzgitter (Gitterkonstante $\boldsymbol{g}$) eines Spektrometers. Unter dem Ablenkungswinkel α_1 entsteht das erste Intensitätsmaximum. Wie groß ist der Gangunterschied und die Phasendifferenz der Wellen aus zwei unmittelbar benachbarten Spalten des Gitters?

Aufgabe 31.9: Für die Grenzen des sichtbaren Spektrums sei für die Spektralfarbe Rot der Wert $\lambda_r = 700$ nm und für Violett $\lambda_v = 400$ nm angenommen. Weißes Licht treffe auf ein Beugungsgitter, das 3000 Striche pro cm besitzt und die Entfernung $\boldsymbol{a} = 0{,}4$ m vom Auffangschirm hat (die Anordnung ist ähnlich Bild A 31.1 von Aufgabe 31.6).

a) In welcher Entfernung $\boldsymbol{x}_r$ bzw. $\boldsymbol{x}_v$ vom ungebeugten Licht beobachtet man die Hauptmaxima der 1., 2. und 3. Beugungsordnung?
b) In welchem Bereich überdecken sich die Beugungsordnungen?

Aufgabe 31.10: Eine Schallquelle fester Tonfrequenz bewege sich mit konstanter Geschwindigkeit an einem Beobachter vorbei. Was für einen Ton vernimmt der Beobachter im Vergleich zur ruhenden Schallquelle, wenn sich die Schallquelle a) auf ihn zu bewegt, b) von ihm fort bewegt?

§ 32 Elektromagnetische Wellen

Die Besonderheit der *elektromagnetischen Wellen* besteht darin, wie in § 31 bereits erwähnt, dass ihre Ausbreitung nicht an ein Trägermedium gebunden ist, d. h. sie breiten sich sowohl im Vakuum als auch in Materie aus. Elektromagnetische Wellen sind **Transversalwellen** und bestehen aus zeitlich und räumlich periodischen elektrischen und magnetischen Feldern, wobei die Feldvektoren $\vec{E}$ und $\vec{B}$ senkrecht zueinander und in einer Ebene senkrecht zur Ausbreitungsrichtung schwingen. Ein zeitlich veränderliches Magnetfeld bewirkt nach dem Induktionsgesetz (siehe § 26.4) das Entstehen eines elektrischen Feldes und umgekehrt. In der freien elektromagnetischen Welle schwingen $\vec{E}$- und $\vec{B}$-Feld in Phase, wie in Abb. 32.1 für eine linear polarisierte elektromagnetische Welle (d. h. $\vec{E}$- bzw. $\vec{B}$-Vektor schwingen nur in einer Richtung), die sich in x-Richtung ausbreitet, dargestellt ist.

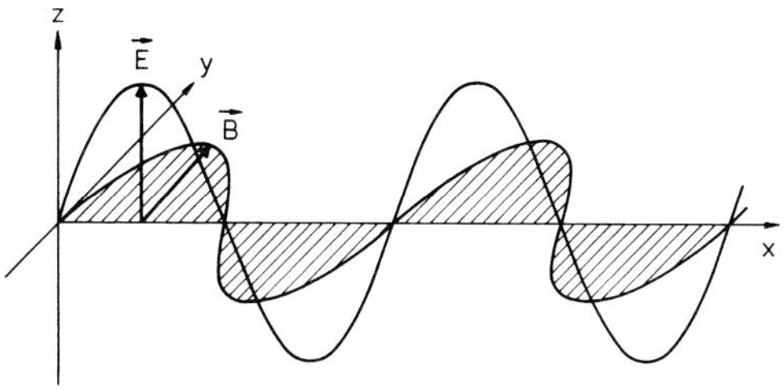

Abb. 32.1

Quelle einer solchen sich frei ausbreitenden elektromagnetischen Welle kann beispielsweise ein zeitperiodisches elektrisches Feld (Wechselfeld) sein, wie etwa durch den in § 30.4.3 angesprochenen **Hertz'schen Dipol** erzeugt. Der schwingende Dipol strahlt gekoppelte elektrische und magnetische Felder in den Raum ab, wobei die Oszillation des geraden Metallstabs durch einen Hochfrequenzgenerator aufrechterhalten wird (s. z. B. Abb. 30.35) und deren Erzeugung, betrachtet während einer Schwingungsperiode, man sich prinzipiell folgendermaßen vorstellen kann:

a) Wir beginnen mit dem Zustand, dass der Dipol maximal aufgeladen sei. Die beiden Dipolenden tragen Ladungen unterschiedlicher Polarität und das zwischen ihnen ausgebildete elektrische Feld $\vec{E}$ entspricht dem eines statischen Dipols mit Ladungen $+q$ und $-q$ im Abstand $\vec{l}$ (s. z. B. Abb. 20.9). Es fließt momentan kein Strom, daher ist auch kein $\vec{B}$-Feld vorhanden.
b) Aufgrund der Potentialdifferenz beginnt ein Strom zu fließen und es entsteht ein $\vec{B}$-Feld mit einem bestimmten Maximalwert. Das $\vec{B}$-Feld ist senkrecht zur Richtung des Stromes, d. h. zur Dipolachse (s. z. B. Abb. 23.5 oder 26.6) und damit auch senkrecht zum $\vec{E}$-Feld. Infolge des Ladungsausgleichs wird das $\vec{E}$-Feld abgebaut, wobei ein Teil der Feldlinien sich zu geschlossenen Linien einschnürt und vom Dipol ablöst. Hierfür ist wesentlich das sich aufbauende $\vec{B}$-Feld mit verantwortlich, das aufgrund der Induktion zu einem elektrischen Wirbelfeld führt (s. Abb. 26.29). Der abgelöste Feldwirbel breitet sich gekoppelt mit Phasengeschwindigkeit weiter in den Raum hinein aus.
c) Nachdem der Dipol infolge des Stromflusses mit umgekehrter Polarität wieder voll aufgeladen ist, hat auch das $\vec{E}$-Feld seinen Maximalwert erreicht, aber mit invertierter Feldrichtung wie in a).
d) Nun beginnt wieder der Stromfluss wie in b), jedoch mit umgekehrten Vorzeichen bis der Zustand a) sich wieder eingestellt hat und das Spiel sich wiederholt.

Aus dem Dipol quellen periodisch Feldlinien wechselnder Orientierung hervor, die sich abtrennen und in den Raum wandern. Dabei haben die $\vec{E}$-Vektoren der abwandernden Felder immer eine Komponente parallel und die $\vec{B}$-Vektoren senkrecht zur Richtung der Dipolachse. Infolge der Phasenverschiebung von Ladungszustand und Leitungsstrom des LC-Schwingkreises sind zwar im Nahfeld (Entfernung vom Dipol $r \ll \lambda$) die $\vec{E}$- und $\vec{B}$-Feldanteile um $\pi/2$ phasenverschoben (Gangunterschied $\lambda/4$). Im Fernfeld ($r \gg \lambda$) jedoch sind die Felder untereinander verkettet und schwingen gleichphasig (Abb. 32.1). Die mit Phasengeschwindigkeit c (*Lichtgeschwindigkeit*) sich ausbreitende transversale elektromagnetische Kugelwelle kann in großen Abständen r näherungsweise als ebene Welle betrachtet werden. Die ***Energiestromdichte*** oder ***Strahlungsintensität*** einer elektromagnetischen Welle und die Strömungsrichtung der Energie wird durch den **Poynting-Vektor** $\vec{S}$ gegeben:

Definition:

$$\vec{S} = \vec{E} \times \vec{H} \tag{32.1}$$

Einheit:

$$\frac{\mathrm{J}}{\mathrm{s} \cdot \mathrm{m}^2} \quad \text{oder} \quad \frac{\mathrm{W}}{\mathrm{m}^2}$$

Für eine ebene elektromagnetische Welle im Vakuum zeigt der Poynting-Vektor $\vec{S}$ in Ausbreitungsrichtung der Welle.

Als ein Beispiel sei die in § 17.3 genannte ***Solarkonstante*** $S \approx 1{,}37\ \mathrm{kW/m^2}$ erwähnt, welche die in Erdnähe außerhalb der Erdatmosphäre ankommende Energieflussdichte der elektromagnetischen Strahlung der Sonne angibt.

Das Strahlungsdiagramm eines Hertz'schen Dipols $\vec{p}$ zeigt Abb. 32.2. Die Abstrahlung des Hertz'schen Oszillators erfolgt nicht isotrop in den Raum, sondern rotationssymmetrisch um die Dipolachse, wobei sie in den verschiedenen Richtungen unterschiedlich ist. Maximale Abstrahlung erfolgt in der Äquatorebene, in Richtung der Dipolachse hingegen findet keine Abstrahlung statt.

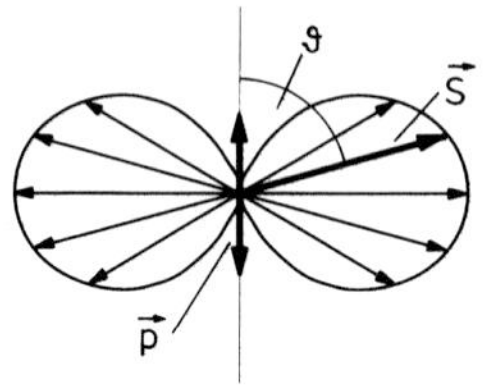

Abb. 32.2

Für die Ausbreitungsgeschwindigkeit von elektromagnetischen Wellen erhält man allgemein:

$$v = \frac{1}{\sqrt{\varepsilon_r\, \varepsilon_0\, \mu_r\, \mu_0}} \qquad (32.2)$$

Dabei ist ε_r: die Permittivitätszahl; ε_0: die elektrische Feldkonstante; μ_r: die Permeabilitätszahl; μ_0: die magnetische Feldkonstante. Im Vakuum ($\varepsilon_r = \mu_r = 1$) breiten sich nach (32.2) elektromagnetische Wellen mit der Geschwindigkeit

$$c = \frac{1}{\sqrt{\varepsilon_0 \cdot \mu_0}} \qquad (32.3)$$

aus. Mit derselben Geschwindigkeit erfolgt die Ausbreitung der elektromagnetischen Welle *Licht*. Die **Lichtgeschwindigkeit im Vakuum** wurde 1983 festgelegt zu (exakt):

$$c = 2{,}997\,924\,58 \cdot 10^8\ \frac{\mathrm{m}}{\mathrm{s}} \qquad (32.4)$$

Näherungsweise gilt für die Ausbreitungsgeschwindigkeit elektromagnetischer Wellen im Vakuum:

$$c \approx 3 \cdot 10^8\ \frac{\mathrm{m}}{\mathrm{s}} \mathrel{\hat{=}} 300\,000\ \frac{\mathrm{km}}{\mathrm{s}}$$

In Materie breiten sich elektromagnetische Wellen gemäß der Beziehung (32.2) langsamer aus. Es folgt aus (32.2) mit (32.3):

$$v = \frac{c}{\sqrt{\varepsilon_r \cdot \mu_r}}$$

Da für die meisten Medien $\mu_r \approx 1$ ist (außer für solche mit ferromagnetischen Eigenschaften), folgt für die Ausbreitungsgeschwindigkeit des Lichtes in Materie:

$$\boxed{v = \frac{c}{\sqrt{\varepsilon_r}}} \qquad (32.5)$$

Die Frequenz ν bzw. die Wellenlänge λ einer elektromagnetischen Welle, deren Produkt nach (31.6) die Ausbreitungsgeschwindigkeit der Welle ergibt, stellen ein wichtiges Unterscheidungsmerkmal der unterschiedlichen Arten von elektromagnetischen Wellen, ihrer Entstehung und auch ihrer Wirkungen dar. Dabei ist zu beachten, dass die Permittivitätszahl ε_r in Gleichung (32.5) von der Frequenz der elektromagnetischen Welle abhängig ist (s. auch § 35.1.4).

Das Spektrum der heute bekannten elektromagnetischen Wellen erstreckt sich über mehr als 24 Zehnerpotenzen und ist schematisch in Tab. 32.1 dargestellt. Neben der Frequenzskala ist in dieser Übersicht zum Vergleich auch eine Wellenlängenskala mit angegeben. Die Grenzen zwischen einigen Teilbereichen der Tab. 32.1 sind fließend, d. h. es kommt daher zu Überlappungen. So kann z. B. eine „harte" (kurzwellige) Röntgenstrahlung als „weiche" (langwellige) Gammastrahlung oder eine langwellige Röntgenstrahlung auch als extrem kurzwellige (Vakuum-)Ultraviolettstrahlung bezeichnet werden, je nach Art und Weise der Entstehung. Begrifflich spannt sich der Bogen der elektromagnetischen Wellen von den niederfrequenten Wellen, wozu z. B. auch die technischen Wechselströme gehören, den Wellen der Nachrichten-, Rundfunk- und Fernsehtechnik, über das infrarote, sichtbare und ultraviolette Spektralgebiet, der Röntgen- und Gammastrahlung bis zur hochenergetischen kosmischen Gammastrahlung. Als ***optische Strahlung*** wird üblicherweise der Frequenzbereich vom sog. IR-C-Bereich ab ca. 10^{11} Hz ($\mathrel{\hat{=}} \lambda \approx 1$ mm

Tab. 32.1

Frequenz ν/Hz	Wellenlänge λ/m	Bezeichnung der elektromagnetischen Strahlung		Quellen
	10^{-16}			
10^{24}				
		Kosmische Gammastrahlung		Zerfall und Abbremsung von Elementarteilchen
	10^{-14}			
10^{22}				
	10^{-12}	Gammastrahlung	Röntgenbremsstrahlung	Energieumsatz im Atomkern
10^{20}				
	10^{-10}			
10^{18}				
		Charakteristische Röntgenstrahlung		***Charakteristische Röntgenstrahlung:*** Energieumsatz in der Atomhülle (Übergänge innerer Elektronen). ***Röntgenbremsstrahlung:*** Abbremsung von Elektronen im Kernfeld von Atomen
	10^{-8}			
10^{16}				
		Ultraviolettstrahlung		Energieumsatz in der Atomhülle (Übergänge von Valenzelektronen)
		Sichtbares Licht		
	10^{-6}			
10^{14}				
		Infrarotstrahlung		Schwingungen und Rotationen von Molekülen Strahlungsemission heißer Körper
	10^{-4}			
10^{12}				
		Millimeterwellen		
	10^{-2}		Mikrowellen	
10^{10}				
		Zentimeterwellen		
		Dezimeterwellen		Spezielle elektrische Generatoren verschiedener Bauart (z. B. rückgekoppelte Halbleiter- und Röhrenschaltungen; ***RC***-, ***LC***- und Quarz-Oszillatoren)
	1			
10^{8}				
		Ultrakurzwellen		
		Kurzwellen	Hochfrequente Wellen (z. B. *Fernseh-* und *Rundfunkwellen*)	
	10^{2}			
10^{6}				
		Mittelwellen		
		Langwellen		
	10^{4}			
10^{4}				
		Längstwellen		
		Niederfrequente Wellen		Spezielle Generatoren
	10^{6}			
10^{2}				
	10^{8}			
1				

Vakuumwellenlänge) bis zur UV-C Bereichsgrenze bei etwa $3 \cdot 10^{15}$ Hz ($\hat{=} \lambda \approx 100$ nm) bezeichnet. Der vom menschlichen Auge wahrnehmbare *sichtbare Spektralbereich* von ca. $7{,}89 \cdot 10^{14}$ Hz bis $3{,}84 \cdot 10^{14}$ Hz stellt dabei nur einen minimalen Ausschnitt des gesamten Frequenzbereichs der elektromagnetischen Wellen dar.

Einige Teilbereiche dieser Tabelle werden nachstehend kurz angesprochen.

***Niederfrequente Wellen*:** Dazu gehören z. B. die Frequenzen des Wechselstromes von Bahnen (z. B. Eisenbahn) mit $16\frac{2}{3}$ Hz bis 50 Hz oder jene des technischen Lichtnetzes (Europa 50 Hz; USA 60 Hz). Die Abgrenzungen nach tiefen und hohen Frequenzen sind fließend. Auch Frequenzen von beispielsweise 10^{-2} Hz, entsprechend einer Wellenlänge von ca. 5000 Erdradien, gehören zum Bereich der niederfrequenten Wellen und wurden auf der Erdoberfläche nachgewiesen. Zu den hohen Frequenzen kann die Grenze bei etwa $3 \cdot 10^4$ Hz mit den Längstwellen als Übergang zum sog. *Hochfrequenzbereich* angegeben werden.

Hochfrequente Wellen umfassen den Frequenzbereich der z. B. in der *Fernseh-*, *Radio-* und allgemein in der *Nachrichtentechnik* verwendeten elektromagnetischen Wellen (hier kurz als *Radiowellen* bezeichnet) und den Bereich der *Mikrowellen*.

***Radiowellen*:** Zu ihnen zählen die Langwellen (gebräuchliche Kurzform: LW), Mittelwellen (MW), Kurzwellen (KW) und Ultrakurzwellen (UKW) mit einem Frequenzbereich von ca. 30 kHz bis 300 MHz. (In der Nachrichtenübertragung wird auch nach Modulationsart z. B. zwischen der Technik der „Amplituden-“ [AM] und „Frequenzmodulation“ [FM] unterschieden.) Der Hörrundfunk erstreckt sich über den gesamten Wellenbereich, das Fernsehen über den der Ultrakurzwellen. In den Kurz- und Ultrakurzwellenbereichen sind auch noch die verschiedensten Funkdienste angesiedelt.

Der Frequenzbereich von ca. 10^3 Hz bis ca. 10^{11} Hz ist auch das Gebiet der so genannten *Hochfrequenzspektroskopie*. Sie beobachtet die Absorption, bzw. induzierte Emission der elektromagnetischen Strahlung zwischen diskreten Energieniveaus quantenmechanischer Systeme (z. B. zwischen zwei Niveaus eines Atoms oder Moleküls). Für Analytik und Strukturanalyse sind z. B. folgende Teilgebiete der Hochfrequenzspektroskopie von Bedeutung: die magnetische Kernresonanz (NMR), die die Spinresonanz der Kerne misst; die paramagnetische Elektronenresonanz (ESR), welche die Spinresonanz der Elektronen untersucht und ferner die Atomstrahlresonanzmethode mit der die von Kern- und Hüllenspin abhängigen energetischen Zustände von Elektronen beobachtet werden.

Biologisch wichtig sind der „Kurzwellen-“ und insbesondere der „Ultrakurzwellenbereich“ zur elektrotherapeutischen Behandlung **(Diathermie)**, ähnlich wie die anschließend angesprochenen Mikrowellen. Die Wirkung dieser Strahlung beruht auf der im Innern des menschlichen Körpers auftretenden Erwärmung (s. auch § 29.1).

***Mikrowellen*:** Die Bereiche der Dezimeter-, Zentimeter-, Millimeterwellen von etwa 0,3 bis 300 GHz werden zusammenfassend als Mikrowellenbereich bezeichnet. Dieser Bereich wird bis etwa 20 GHz u. a. für die Übertragung von Nachrichtensignalen z. B. beim Mobilfunk, Richtfunk oder Satellitenfunk benutzt. Radarverfahren verwenden ebenfalls Mikrowellen z. B. zur Entfernungsmessung, Ortung, Wetterbeobachtung und Geschwindigkeitsmessung (Flugsicherung, Verkehrsradar, Abstandswarngerät etc.). Die Geschwindigkeitsmessung erfolgt mit Hilfe des *Doppler-Effektes*.

Mikrowellen werden auch in der Medizin erfolgreich eingesetzt, z. B. bei der **Diathermie** (s. auch oben). Der Vorteil dieser Hochfrequenzstrahlung zur Erwärmung von menschlichem Gewebe liegt, gegenüber der Infrarotstrahlung, in der größeren Eindringtiefe. Dabei haben sich Mikrowellenfrequenzen nahe 0,9 GHz als günstig erwiesen; sie besitzen einerseits noch genügend Eindringvermögen, andererseits den Vorzug der guten Fokussierbarkeit im Vergleich zur langwelligeren Strahlung.

In der Nahrungsmittelindustrie werden Speisen mit Mikrowellen pasteurisiert und sterilisiert. Auch zum Trocknen (Dehydratisieren) werden Mikrowellen eingesetzt. Außerdem finden Mikrowellen ihren Einsatz beim Backen, Kochen und auch beim Auftauen von Tiefkühlkost. Bei geeigneter Mikrowellenfrequenz, d. h. einer Eindringtiefe in der Größenordnung der Dicke des zu erwärmenden Materials, wird eine gleichmäßige Erwärmung erreicht.

Die Mikrowellen-Spektroskopie des kurzwelligen Bereichs der Mikrowellen, angrenzend an das (ferne) Infrarot, untersucht die Rotationsstruktur von (Gas-)Molekülen und kann daher auch zu deren Nachweis eingesetzt werden.

***Infrarotstrahlung*:** Der Infrarotbereich (IR) umfasst die Wellenlängen von ca. 1 mm bis etwa 780 nm, an der Grenze zum sichtbaren Spektralbereich. Es ist jener Teilbereich der elektromagnetischen Wellen, welcher Moleküle zu Rotationen und Schwingungen anregt und daher auch zum Nachweis von Molekülen anhand ihrer typischen Spektren eingesetzt werden kann (*Molekülspektroskopie*). In neuester Zeit gewinnt das Spektralgebiet oberhalb 780 nm bis ca. 1,5 µm für die Nachrichtenübertragung in Glasfaserkabeln zunehmend an Bedeutung.

Der IR-Bereich kann unterteilt werden in die Bereiche: Nahes IR (NIR) von ca. 0,8 bis 3 µm, mittleres IR (MIR) von 3 bis 50 µm und fernes IR (FIR) von 50 µm bis 1 mm Wellenlänge. Ein Teil des langwelligen Infrarot wird als Wärmestrahlung bezeichnet. Eine andere häufig verwendete Unterteilung gliedert den IR-Bereich in Teile, die durch folgende Wellenlängengrenzen unterschieden werden: IR-A (780 nm bis 1,4 µm), IR-B (1,4 µm bis 3,0 µm) und IR-C (3,0 µm bis 1 mm).

***Sichtbares Licht*; *Ultraviolettstrahlung*:** Dies ist der Wellenlängenbereich der optischen Spektroskopie, welche die Quantensprünge der Elektronen von Molekülen und Atomen zur Identifikation von Stoffen ausnützt. Einige weitere Anwendungsgebiete sind z. B. in der Optik erwähnt.

Der *sichtbare Spektralbereich* (VIS, engl.: visible) ist durch die spektrale Empfindlichkeit der Rezeptoren des menschlichen Auges vorgegeben und liegt etwa in den Grenzen von $\lambda = 380\,\text{nm}$ (entsprechend der Spektralfarbe Violett mit der Frequenz $\nu \approx 7{,}9 \cdot 10^{14}$ Hz) bis $\lambda = 780\,\text{nm}$ (entsprechend der Spektralfarbe Rot mit $\nu \approx 3{,}8 \cdot 10^{14}$ Hz), wobei durch individuelle Unterschiede die angegebenen Grenzen leicht verschoben sein können.

Die *Ultraviolettstrahlung* (UV) unterteilt man u. a. auch aufgrund der Strahlenwirkung in die Bereiche: UV-A (315 bis 380 nm) – das ist der Bereich, der z. B. die Melaninproduktion und die Ausbreitung der Pigmentgranula der Haut stimuliert – UV-B (280 bis 315 nm) und UV-C (100 bis 280 nm); die Strahlung des UV-B- und UV-C-Bereichs hat beispielsweise sterilisierende Wirkung, aber auch starke kanzerogene Wirkung auf menschliches Gewebe (Haut, Augen). Ultraviolette Strahlung mit einer Wellenlänge $\lambda < 200$ nm wird als Vakuum-UV (VUV) bezeichnet, da sie durch die Hauptkomponenten der Atmosphäre, N_2 und O_2, starke Absorption erfährt.

***Röntgenstrahlung*:** Bei der Röntgenstrahlung (X-Strahlung; engl.: X-ray) ist zunächst einmal zwischen *charakteristischer Röntgenstrahlung* und *Röntgenbremsstrahlung* zu unterscheiden. Letztere entsteht bei der Ablenkung und Abbremsung von Elektronen im elektrischen Kernfeld oder durch die Hüllenelektronen von Atomen (s. § 42.2) und umfasst den Wellenlängenbereich von ca. $1{,}4 \cdot 10^{-8}$ m ($\hat{=}\, \nu \approx 2 \cdot 10^{16}$ Hz) bis etwa $1 \cdot 10^{-14}$ m ($\hat{=}\, \nu \approx 2 \cdot 10^{22}$ Hz), d. h. überlappt mit den Bereichen der Gammastrahlung (anderer Erzeugungsprozess). Charakteristische Röntgenstrahlung entsteht infolge von typischen Quantensprüngen innerer Elektronen der Atomhülle (s. § 42.2) und wird durch die Wellenlängen $\lambda \approx 1{,}5 \cdot 10^{-8}$ m bis $\lambda \approx 10^{-11}$ m eingegrenzt. Die charakteristische Röntgenstrahlung dient z. B. zur quantitativen und qualitativen Analyse von Elementsubstanzen und zur Strukturanalyse (Röntgenspektroskopie, Röntgenfluoreszenzspektroskopie). Röntgenbremsstrahlung wird u. a. in der medizinischen Diagnostik, aber auch in der Werkstoffprüfung angewendet. Als Bereich der „diagnostischen Röntgenstrahlen“ bezeichnet man Frequenzen von ca. 10^{16} Hz bis 10^{19} Hz, als „therapeutische Röntgenstrahlung“ die Frequenzen von 10^{18} Hz bis ca. 10^{20} Hz.

***Gammastrahlung*:** Als eine der bei Kernumwandlungen auftretenden radioaktiven Strahlungsarten (s. § 40) kann die Gammastrahlung (γ) z. B. zur Element-(Isotopen-)Analyse eingesetzt werden (γ-Spektroskopie). Die *Mößbauer*-Spektroskopie (Resonanzabsorption von Kern-Gammastrahlung) wird auf vielen Gebieten der Festkörperphysik und der Metallurgie verwendet. Aber ebenso im Bereich der Chemie und der Biologie, beispielsweise zur Untersuchung (z. B. Strukturbestimmung) von biologischen Substanzen, etwa von Proteinen wie Myoglobin und Hämoglobin oder Enzymen wie Ferrodoxin, die als aktives Zentrum Eisen enthalten. Der Frequenzbereich der Kern-Gammastrahlung liegt etwa zwischen 10^{19} Hz und 10^{21} Hz (s. auch § 40.2).

Die *kosmische Gammastrahlung*, eine der weichen Komponenten der Höhenstrahlung, entsteht durch Abbremsung und den Zerfall von Elementarteilchen der harten Komponente (Mesonen) der Höhenstrahlung z. B. in der Atmosphäre. Die Frequenzen der kosmischen Gammastrahlung reichen bis ca. $\nu \approx 10^{23}$ Hz (entsprechend $\lambda \approx 10^{-15}$ m).

Aufgaben

Aufgabe 32.1: Das sichtbare Licht ist nur ein kleiner Teil des Spektrums der elektromagnetischen Wellen. Welche Wellenlänge (größer oder kleiner) haben folgende andere Bereiche dieses Spektrums im Vergleich zu sichtbarem Licht?
a) Radiowellen; b) Mikrowellen; c) Röntgenstrahlung; d) infrarotes Licht; e) ultraviolettes Licht

Aufgabe 32.2: Im Kohlenstoffmonoxid (CO) schwingen die beiden Atome mit einer Frequenz von $\nu = 6 \cdot 10^{13}$ Hz gegeneinander. Welchem Bereich des Spektrums der elektromagnetischen Wellen ordnen Sie diese Frequenz zu?

Aufgabe 32.3: Welchem der nachstehend aufgelisteten Spektralbereiche des elektromagnetischen Spektrums ordnen Sie die vergleichsweise kürzesten Wellenlängen zu?
Ultrakurzwellen (UKW) – Infrarot (IR) – Ultraviolett (UV) – Mikrowellen – sichtbares Licht (VIS).

Aufgabe 32.4: Ordnen Sie die nachstehend aufgeführten Strahlungsarten des elektromagnetischen Spektrums nach zunehmenden Frequenzen:
Sichtbares Licht (VIS) – Harte γ-Strahlung (γ) – Infrarote Strahlung (IR) – Röntgenstrahlung (X) – Ultraviolette Strahlung (UV)

Aufgabe 32.5: Die Ausbreitungsgeschwindigkeit der elektromagnetischen Wellen im Vakuum ist ca. $3 \cdot 10^8$ m/s.

a) Die Wellenlängen des sichtbaren Bereiches reichen von ca. $4 \cdot 10^{-7}$ m bis zu $8 \cdot 10^{-7}$ m. Welchem Frequenzbereich entspricht dies?
b) Der Frequenzbereich für Kurzwelle und Ultrakurzwelle erstreckt sich von etwa 1,5 MHz bis 300 MHz. Welchen Wellenlängen entspricht das?

§ 33 Schallwellen – Akustik

Die elastischen Wellen in deformierbaren Medien nennt man ***Schallwellen*** oder ***akustische Wellen***. Die Ausbreitung von Schallwellen ist an Materie (fest, flüssig oder gasförmig) gebunden, d. h. im Vakuum können sich Schallwellen nicht ausbreiten. Das Huygens'sche Prinzip (§ 31.1.1) ist, wie für alle Wellen, auch für die Beschreibung der Ausbreitung von Schallwellen gültig. In Flüssigkeiten und Gasen breiten sich Schallwellen als Longitudinalwellen aus, wogegen in festen Stoffen sowohl longitudinale als auch transversale Wellen möglich sind.

Die unterschiedliche Art der Wellenausbreitung in Festkörpern sei anhand eines einfachen Modells erläutert: Der elastische Festkörper bestehe im Modell, analog der linearen Kette in Abb. 31.5 a), aus vielen räumlich getrennten, miteinander elastisch gekoppelten Oszillatoren, die um ihre Gleichgewichtslage schwingen können. Nur liegt beim Festkörper aufgrund der dreidimensionalen Anordnung der Gitterbausteine eine solche Kopplung in allen drei Raumrichtungen (x, y, z) vor. Wird nun beispielsweise ein Baustein in x-Richtung zur Oszillation angeregt, so wirkt sich diese Störung des Gleichgewichtes über die elastische Kopplung nicht nur auf die in dieser Schwingungsrichtung angeordneten Bausteine, sondern auch auf die in den beiden dazu senkrechten Koordinatenrichtungen y und z aus. Die Folge ist, dass sowohl in Richtung der primären Auslenkung als auch senkrecht dazu sich eine Welle ausbreitet. Dabei ist die Ausbreitungsgeschwindigkeit (Schallgeschwindigkeit) der Longitudinalwellen stets größer als die der Transversalwellen. Die ***Ausbreitungsgeschwindigkeit von Longitudinalwellen*** in stabförmigen **festen Körpern** ergibt sich zu:

$$c = \sqrt{\frac{E}{\varrho}} \tag{33.1}$$

E bedeutet den Elastizitätsmodul und ϱ die Dichte des Materials des Körpers. Für die ***Aus-***

breitung von Transversalwellen in isotropen festen Körpern ist in der Beziehung (33.1) der Elastizitätsmodul durch den Schubmodul G zu ersetzen.

In Flüssigkeiten und Gasen sind Schallwellen Dichteschwankungen (Druckschwankungen), sie können sich in ihnen nur als Longitudinalwellen ausbreiten. Abb. 33.1 zeigt als Beispiel die Momentaufnahme einer in x-Richtung fortschreitenden longitudinalen Welle in einem Gas. Die Auslenkung ξ (dargestellt durch Pfeile) der in Ausbreitungsrichtung schwingenden Teilchen zeigt Teilbild (a), und in Teilbild (b) der Abb. 33.1 ist die harmonische Funktion der Auslenkung dargestellt. Die elastischen Eigenschaften von Flüssigkeiten und Gasen werden durch eine Konstante, den Kompressionsmodul K, charakterisiert. Er tritt an die Stelle des Elastizitätsmoduls in (33.1), sodass für die Ausbreitungsgeschwindigkeit elastischer Wellen in **Flüssigkeiten** bzw. **Gasen** der Dichte ϱ folgt:

$$c = \sqrt{\frac{K}{\varrho}} \qquad (33.2)$$

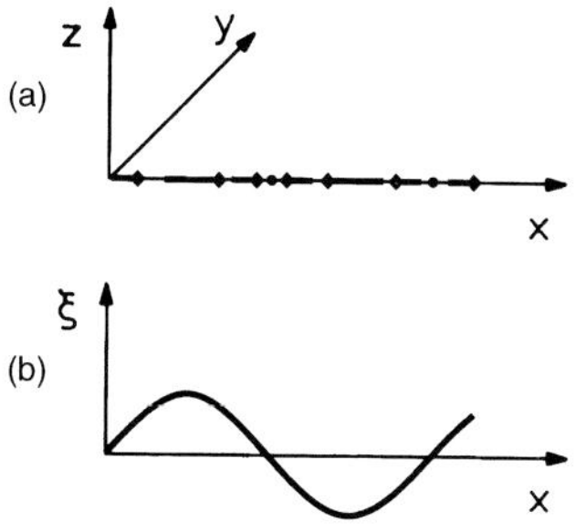

Abb. 33.1

Bei der Ausbreitung von Schallwellen in Gasen erfolgen die Zustandsänderungen jedoch so rasch, dass keine Zeit zum Temperaturausgleich zwischen den Orten hoher und denen geringer Dichte erfolgen kann; die Zustandsänderungen erfolgen also adiabatisch. Demzufolge ergibt die genauere Betrachtung zur Ausbreitung von Schallwellen in **idealen Gasen** für die Schallgeschwindigkeit die so genannte *Laplace-Gleichung*:

$$c = \sqrt{\gamma \cdot \frac{p}{\varrho}} \qquad (33.3)$$

Dabei ist p der Druck, ϱ die Dichte und γ der Adiabatenexponent des Gases. Mit der Beziehung (14.10) folgt bei niedrigen Schallfrequenzen für ein ideales Gas (M: molare Masse):

$$c = \sqrt{\gamma \cdot \frac{R \cdot T}{M}} \qquad (33.4)$$

In erster Näherung ist daher die Schallgeschwindigkeit in Gasen vom Druck unabhängig und ändert sich nur in Abhängigkeit von der Temperatur. Da die Dichte mit wachsender Temperatur abnimmt, nimmt die Schallgeschwindigkeit zu. Bei höheren Frequenzen beispielsweise muss aber eine Abhängigkeit vom Druck mit berücksichtigt werden.

In Tab. 33.1 sind die Schallgeschwindigkeiten in einigen Stoffen angegeben.

Die ***Akustik*** befasst sich mit der Entstehung, der Übertragung und dem Empfang (der Wahrnehmung) von Schall in elastischen Medien (Festkörpern, Flüssigkeiten, Gasen). Sie behandelt dabei einerseits den mit dem Gehör des Menschen wahrnehmbaren Schall, den hörbaren Schall also, andererseits auch den nicht hörbaren Schall, der mit technischen Empfängern nachgewiesen werden kann.

Tab. 33.1

Stoff fest (bei 20 °C)	**Schallgeschwindigkeit c in $\frac{m}{s}$**		**Stoff flüssig (bei 20 °C)**	**c in $\frac{m}{s}$**	**Stoff gasförmig (bei 0 °C, 1013,25 hPa)**	**c in $\frac{m}{s}$**
	c_{trans}	c_{long}				
Aluminium	3080	6260	Wasser	1483	Helium	965
Eisen	3230	5850	Aceton	1192	Kohlenstoffdioxid	259
Gummi	27	1040	Glycerin	1923	Luft	331

Das menschliche Gehör nimmt in der Regel Schallwellen in einem Frequenzbereich von etwa

16 Hz–18 000 Hz

wahr. Dieser Frequenzbereich, dessen untere und obere Grenze als Richtwerte anzusehen sind, wird als **Hörbereich** des menschlichen Gehörs bezeichnet. Die *untere Frequenzgrenze des Hörens* **(untere Hörgrenze)**, die individuell zwischen 15 und 20 Hz liegen kann, entspricht dem gerade noch hörbaren Ton dieser Frequenz beim kleinsten hörbaren Schalldruck (Schwellendruck) von ca. 0,1 Pa. Die *obere Frequenzgrenze des Hörens* **(obere Hörgrenze)** schwankt zwischen 10 kHz bei älteren und bis zu maximal 20 kHz bei jüngeren Menschen. Den beiden Grenzfrequenzen des Hörbereichs des menschlichen Gehörs entsprechen bei einer Schallgeschwindigkeit von 344 m/s (in Luft bei 20 °C und 101,3 kPa) nach $c = \lambda \cdot \nu$ Wellenlängen von 21,5 m an der unteren und 1,9 cm an der oberen Hörgrenze.

Der Hörbereich von Tieren unterscheidet sich i. Allg. von dem des Menschen, z. B. liegt bei manchen Tieren die obere Hörgrenze bei wesentlich höheren Frequenzen, wie Tab. 33.2 exemplarisch zeigt. Die Tabelle enthält außerdem Angaben zum Frequenzbereich des schallerzeugenden Organs des Lebewesens, der im Allgemeinen nicht dem seines Gehörs entspricht.

Tab. 33.2

	Frequenzbereich des schallerzeugenden Organs	Frequenzbereich des Gehörs
Delphin	7 kHz ... 100 kHz	150 Hz ... 150 kHz
Fledermaus	10 kHz ... 100 kHz	1 kHz ... 120 kHz
Hund	200 Hz ... 1 kHz	15 Hz ... 50 kHz
Mensch	50 Hz ... 5 kHz	16 Hz ... 18 kHz

Im Sprachgebrauch werden für verschiedene Erscheinungen des Schalls Ausdrücke wie Ton, Klang, Geräusch, Knall etc. verwendet, deren Schallwellen vom menschlichen Gehör aufgrund ihres Frequenzspektrums und zeitlichen Verlaufs ihrer Amplituden klassifiziert werden und sich auch physikalisch unterscheiden lassen.

Ein **Ton** wird durch eine reine harmonische Schwingung einer Frequenz bei konstanter Amplitude erzeugt. Die Frequenz ν legt die *Tonhöhe* und das Amplitudenquadrat der Schwingung die Stärke des Tones fest. Auf einer Frequenzskala, analog Abb. 30.45, würde dieser Ton, an der Stelle der entsprechenden Frequenz, durch eine einzelne scharfe Linie dargestellt, deren Höhe ein Maß für die Amplitude ist. Dies gilt jedoch nur für unendlich lange Wellenzüge, nicht aber für einen Ton endlicher Dauer. Gemäß der *Fourier*-Analyse bedeutet dies eine Verbreiterung der Linie, die umso größer wird, je kleiner die Anzahl der Schwingungsperioden während der Dauer des Tones ist.

Ein **Klang** ist die Superposition mehrerer harmonischer Töne zu einer nicht rein sinus- oder cosinusförmigen, aber in der Grundfrequenz harmonischen Schwingung, deren Fourier-Zerlegung eine Summe von Sinus- und Cosinusschwingungen mit festen Frequenzverhältnissen ergibt. Der Ton mit der kleinsten Frequenz bestimmt die Tonhöhe der gesamten Schallempfindung, die Obertöne verursachen den Eindruck der Klangfarbe (s. auch § 30.4.3).

Ein **Geräusch** ist ein vollkommen unperiodischer Vorgang, bei dem die enthaltenen Frequenzen und deren Amplituden statistisch wechseln. Treten alle Frequenzen mit gleicher Amplitude auf, spricht man von „weißem" Rauschen.

Ein **Knall** ist ein kurzzeitiger Schalleindruck, der alle Frequenzen eines großen Bereiches enthält, deren Amplituden innerhalb weniger Periodendauern abklingen.

Die an den Hörbereich des menschlichen Gehörs unmittelbar angrenzenden Schallgebiete sind unterhalb der unteren Hörgrenze der **Infraschall**, mit Frequenzen der Schallwellen kleiner als ca. 15 Hz, und oberhalb der oberen Hörgrenze, der **Ultraschall**, mit Frequenzen ab ca. 20 kHz. Der Bereich des *Ultraschalls* erstreckt sich bis zu Frequenzen von etwa 1 GHz, bei Frequenzen über 1 GHz spricht man von **Hyperschall** (s. § 33.3).

M § 33.1 Stehende Schallwellen – Schallresonatoren

Stehende Wellen (s. § 31.3.3) lassen sich mit Schallwellen relativ einfach erzeugen und nachweisen. Die Ausmessung stehender Schallwellen und damit die Bestimmung ihrer Wellenlänge kann z. B. mit dem ***Kundt'schen Rohr*** durchgeführt werden. In ein einseitig abgeschlossenes Glasrohr ragt ein Metallstab, der zu Längsschwingungen angeregt wird. Diese Schwingungen übertragen sich auf die Luftsäule im Glasrohr, es läuft eine Schallwelle durch das Rohr, die am Ende des geschlossenen Rohres reflektiert wird (Abb. 33.2). Die Reflexion an der Wand des Rohrendes stellt für die Welle eine **Reflexion am dichteren Medium** dar, sodass die Welle einen **Phasensprung** um π, entsprechend einem Gangunterschied von einer halben Wellenlänge ($\lambda/2$), erfährt; an der Reflexionsstelle befindet sich ein *Schwingungsknoten* (s. § 31.3.3). Einlaufende und reflektierte Welle überlagern sich zu einer stehenden Welle. Die stehende Welle kann sichtbar gemacht werden, wenn feines Korkmehl im Glasrohr verteilt ist. In den Schwingungsbäuchen der stehenden Welle wird das Korkmehl aufgewirbelt, da dort die Dichteschwankungen in der Luftsäule maximal sind. In den Schwingungsknoten bleibt das Korkmehl liegen, denn dort sind die Dichteschwankungen null. Der Abstand benachbarter Schwingungsknoten bzw. -bäuche ist $\lambda/2$.

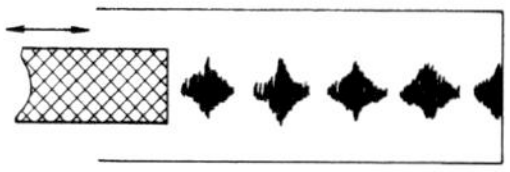

Abb. 33.2

Das ***Quincke'sche Rohr*** nützt wie das Kundt'sche Rohr aus, dass Luftsäulen zu Eigenschwingungen fähig sind. Über der oberen Öffnung eines Glasrohres G, das mit Wasser gefüllt ist, befindet sich ein Lautsprecher L, der einen Ton konstanter Frequenz aussendet (Abb. 33.3). Durch Heben und Senken des Vorratsgefäßes V kann der Wasserspiegel im Glasrohr verändert werden und es kommt bei ganz bestimmten Längen l der darüber befindlichen Luftsäule zu Resonanzerscheinungen (der Ton wird lauter). Das ist dann der Fall, wenn sich in der Luftsäule eine stehende Welle ausbildet, die an der Wasseroberfläche (dichteres Medium) einen Schwingungsknoten und am offenen Rohrende einen Schwingungsbauch besitzt. Diese Bedingung kann aber gemäß Beziehung (31.15) nur erfüllt werden für eine Länge der Luftsäule im Rohr von $l = \frac{1}{4}\lambda;\ \frac{3}{4}\lambda;\ \frac{5}{4}\lambda \ldots$. Die Differenz der Längen l, bei denen Resonanz eintritt, beträgt $\lambda/2$.

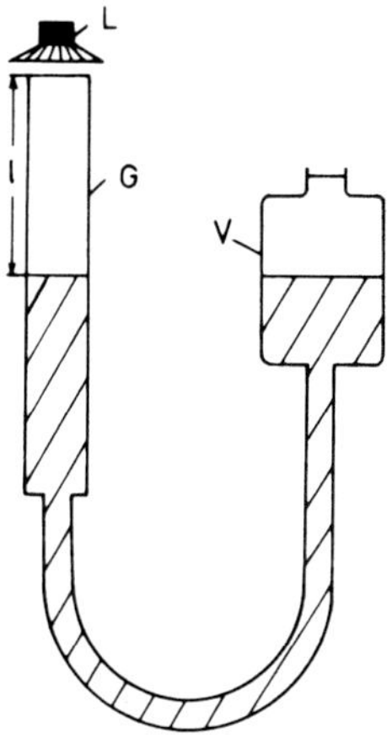

Abb. 33.3

Das ***Rubens-Rohr*** erlaubt einen optisch eindrucksvollen Nachweis stehender longitudinaler Wellen in Gasen. Ein zylindrisches Metallrohr, das am einen Ende fest und am anderen Ende mit einer beweglichen Membran verschlossen ist, besitzt über seine gesamte Länge an einer Seite in dichter Abfolge kleine Öffnungen, durch welche das zugeführte brennbare Gas wieder ausströmen kann (Abb. 33.4). Nach dem Anzünden des ausströmenden Gases brennen die Flämmchen über den Öffnungen zunächst gleich hoch. Mittels eines von einem Tonfrequenzgenerator variabler Frequenz angeregten Lautsprechers lassen sich bei passender

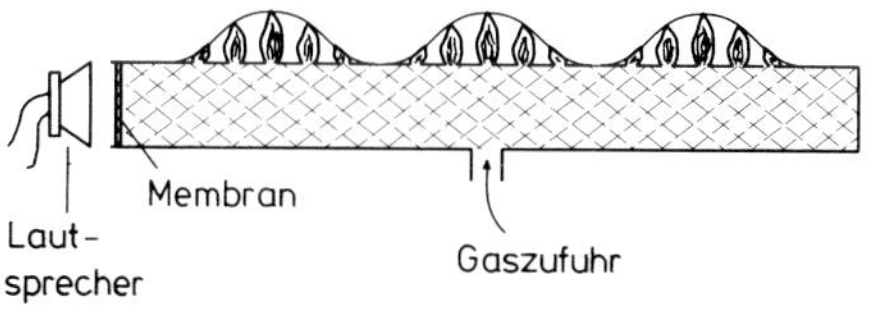

Abb. 33.4

Eigenfrequenz in dem Rohr stehende Schallwellen erzeugen, wovon durch die periodisch variierende Höhe der Gasflämmchen ein deutliches Bild vermittelt wird. Ihre Höhe ist maximal an den Stellen, an denen im Rohr der Druck am größten ist. Durch Variation der anregenden Frequenz bilden sich unterschiedliche stehende Schallwellen aus.

Resonanz von Schall

Wie die beiden Beispiele oben zeigen, können Schallwellen schwingungsfähige Systeme zu Resonanzschwingungen anregen, wenn die Frequenz der Schallwellen mit der Eigenfrequenz des schwingungsfähigen Systems übereinstimmt. So kann z. B. eine Stimmgabel durch Schallwellen zu Resonanzschwingungen angeregt werden. Ebenso regt man Luftsäulen z. B. in Orgelpfeifen oder anderen Pfeifeninstrumenten durch Anblasen zu Resonanzschwingungen an. Je nach Art der Schwingungsanregung spricht man von *Zungenpfeifen* (z. B. Oboe, Klarinette, Fagott) oder *Lippenpfeifen* (Blockflöte, Querflöte). Bei beiden unterscheidet man wiederum zwischen *offenen* und *geschlossenen* (*gedackten*) Pfeifen, je nachdem, ob das obere Ende der Pfeife offen oder geschlossen ist. Bei einer offenen Pfeife (*offener akustischer Resonator*) entsteht am oberen Ende ebenfalls ein Wellenbauch. Da sie somit beidseitig offen ist, beträgt nach Beziehung (31.14) die Frequenz des Grundtons $\nu = c/2l$ bzw. dessen Wellenlänge $\lambda = 2l$, wenn l die Länge der Pfeife ist. Abb. 33.5 a) zeigt schematisch die Grundschwingung und die ersten drei Eigenschwingungen einer offenen Pfeife, deren Frequenzen bzw. Wellenlängen durch Gleichung (31.14) gegeben sind.

In der geschlossenen Pfeife (*halb offener akustischer Resonator*) bildet sich am geschlossenen oberen Ende ein Schwingungsknoten aus (Reflexion am festen Ende). Die Frequenz des Grundtones ergibt sich gemäß Gleichung (31.15) zu $\nu = c/4l$, bzw. dessen Wellenlänge zu $\lambda = 4l$ (l: Länge der Pfeife) und entsprechend die Frequenzen bzw. Wellenlängen der in Abb. 33.5 b) dargestellten ersten drei Oberschwingungen der gedackten Pfeife.

Auch die Schallerzeugung des menschlichen Stimmorgans ist ein Beispiel für die Resonanz von Schall in Hohlräumen. Bei der Stimmbildung ***(Phonation)*** werden im Prinzip durch die periodisch im Luftstrom sich öffnenden und schließenden und so zu Schwingungen angestoßenen Stimmbänder Töne erzeugt. Durch das nicht sinusförmige Hin- und Herschwingen entsteht ein Klanggemisch, das den obertonreichen Klang der menschlichen Stimme bewirkt, wobei die Grundfrequenz von der Stimmbänderspannung und dem Druck der Exspirationsluft in der Luftröhre abhängt. Sowohl die Luft im „Anblasrohr" (Lunge und Luftröhre) als auch im „Ansatzrohr" (Rachenraum, Mund- und Nasenhöhle mitsamt deren Nebenhöhlen) schwingen mit, wobei verschiedene Frequenzen des Obertonspektrums die Hohlräume des „Ansatzrohres" zu Resonanzschwingungen anregen und dadurch verstärkt nach außen abgestrahlt werden. Die

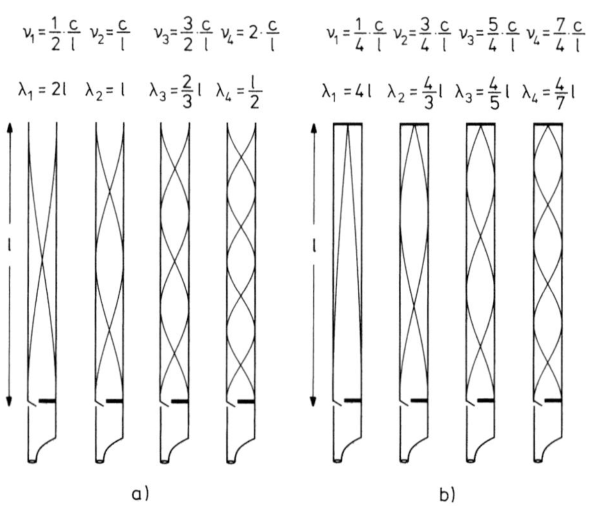

Abb. 33.5 a) b)

Tab. 33.3

Tonquelle	Harmonischer Tonumfang Bezeichnung	Frequenz in Hz
Männerstimme	a^{-1} bis e	109 bis 163
Frauenstimme	a bis e^1	217 bis 326
Gesangslagen:		
Bass	(d^{-1}) e^{-1} bis e^1 (g^1)	(73) 81 bis 326 (387)
Tenor	(a^{-1}) h^{-1} bis h^1 (d^2)	(109) 122 bis 488 (581)
Alt	(c) d bis f^2 (a^2)	(131) 145 bis 690 (870)
Sopran	(h) c^1 bis c^3 (e^3)	(244) 259 bis 1035 (1303)
Flügel	a^{-3} bis c^5	27 bis 4140
Violine	g bis d^5	194 bis 4648
Orgel	c^{-3} bis c^5	65 bis 4140

Formung der Klangfarbe der Stimme durch das „Ansatzrohr" ist z. B. besonders gut an der Bildung der Vokale zu erkennen. Jedem Vokal entspricht eine bestimmte Mundstellung, gebildet durch Unterkiefer, Zunge, Lippen und Gaumen, womit Form und Größe des Hohlraumes bestimmte Frequenzen resonant hervorzuheben vermag. Die Stimmlippen bestimmen also die Höhe des Grundtons und die Lautstärke, das „Ansatzrohr" den Vokalcharakter. Der für das Sprachverständnis genügende Frequenzbereich, das ***Haupt-Sprachgebiet***, liegt zwischen etwa 200 Hz und 3 kHz. Der Schwingungsbereich der menschlichen Sprache reicht aber aufgrund des hohen Obertonanteils bis über 10 kHz, sodass beispielsweise eine Beschneidung des Frequenzbandes z. B. auf den Bereich unter 4 kHz bei Lautsprecherübertragungen zu deutlich unvollkommener Wiedergabe führt.

In Tab. 33.3 sind die ungefähren Bereiche (Grundschwingung) der normalen Sprech- und Stimmlagen angegeben (Werte in Klammern: Extremwerte der verschiedenen Gesangslagen) sowie drei Beispiele von Musikinstrumenten (zwei Saiten- und ein Blasinstrument). Die in der Tabelle angegebenen Frequenzen sind gerundet. Zur Kennzeichnung der Töne in den verschiedenen Oktaven, die als einzige völlig reine Intervalle jeweils ein Frequenzverhältnis von 2 : 1 haben, wird u. a. folgende Nomenklatur verwendet: Als Absolutfrequenz nach internationaler Vereinbarung wird der Kammerton a^1 gewählt, mit der Frequenz $\nu_{a^1} = 440\,\text{Hz}$. Alle weiteren Töne dieses Intervalls, vom nächst tieferen c^1 unterhalb bis zum nächsten h^1 oberhalb des Kammertons, werden durch eine hochgestellte 1 (oder auch durch einen Strich) gekennzeichnet. Die nächsthöhere Oktave wird durch eine hochgestellte 2 (oder zwei Striche) etc. bezeichnet, bzw. die unterhalb der eingestrichenen liegende kleine Oktave, ohne eine hochgestellte Kennung, und die darunter liegenden Oktaven mit einer hochgestellten –1, –2 etc. oder mit Großbuchstaben gekennzeichnet.

M § 33.2 Schallfeldgrößen

Als **Schallfeld** bezeichnet man dasjenige Raumgebiet, welches von den Schallwellen erfasst wird. Zur Beschreibung des Schallfeldes verwendet man folgende Größen:

Die Bewegungs- oder Teilchenamplitude ξ

Sie gibt die maximale Auslenkung bzw. die Amplitude der Schwingungen der Moleküle an und liegt in der Größenordnung von einigen Moleküldurchmessern, d. h. um ca. 10 nm. Die Bewegungsamplitude ist deshalb einer direkten Messung in den meisten Fällen nicht zugänglich.

Die Schallschnelle oder Teilchenschwinggeschwindigkeit υ

Sie ist die zeitliche Änderung der Bewegungsamplitude und stellt damit die Geschwindigkeit $\upsilon = \frac{d\xi}{dt}$ der ausgelenkten Moleküle dar. Die Schallschnelle in Luft liegt im Hörbereich in der Größenordnung von einigen 10^{-4} m/s, sie darf nicht mit der Schallgeschwindigkeit c verwechselt werden. Die maximale Schnelle, die so genannte **Geschwindigkeitsamplitude**, ergibt sich als Produkt aus der Bewegungsamplitude und der Kreisfrequenz der harmonischen Schallschwingung. Die Schallschnelle wird im Allgemeinen nicht gemessen, sondern aus dem

Schallwechseldruck berechnet. Oft wird auch der Effektivwert der Schallschnelle, analog zum Effektivwert von Wechselströmen (§ 27.1), als das $1/\sqrt{2}$fache der Amplitude angegeben.

Der Schallwechseldruck *p*

Durch die periodische Änderung der Geschwindigkeit der Moleküle entstehen in einem Schallfeld periodische Druckschwankungen, der **Schallwechseldruck** oder **Schalldruck**, deren Amplitude als *Schallwechseldruckamplitude* bezeichnet wird. Der Schallwechseldruck p ist als das Produkt aus Schallschnelle υ, Schallgeschwindigkeit c und Dichte ϱ des Mediums gegeben durch $p = \upsilon \cdot \varrho \cdot c$. Auch hier wird häufig der Effektivwert des Schalldrucks angegeben: $p_{\text{eff}} = p_0/\sqrt{2}$, wobei p_0 die Amplitude (Scheitelwert) des Schalldrucks ist. So beträgt beispielsweise der Effektivwert des Schallwechseldrucks an der Hörschwelle des menschlichen Gehörs (s. unten) etwa 20 µPa, an der Schmerzschwelle etwa 20 Pa.

Schallleistung *P*

Die Schallleistung P, gemessen in W, ist die gesamte von einer Schallquelle in alle Richtungen des Raumes in der Sekunde ausgestrahlte Energie. Einige typische Beispiele von Schallleistungen sind: Unterhaltungssprache $\approx 10^{-5}$ W; Maximalleistung der menschlichen Stimme ca. $2 \cdot 10^{-3}$ W; Geige (fortissimo) $\approx 10^{-3}$ W; Flügel (fortissimo) $\approx 0{,}2$ W; Orgel 1 bis 10 W; Sirene bis 10^3 W.

Schallstärke – Lautstärke – Schall- und Lautstärkepegel

Schallwellen breiten sich zwar nur materiegebunden aus, transportieren aber keine Materie, da die Partikeln des Mediums nur um ihre Gleichgewichtslage schwingen, jedoch nicht in der Ausbreitungsrichtung verschoben werden. Bei der Ausbreitung von Wellen wird jedoch Energie übertragen. Die mittlere Energie W, die pro Zeiteinheit $t = 1$ s eine Fläche A des Schallfeldes durchsetzt, bzw. die Schallleistung P pro Fläche A, bezeichnet man als die ***Schallstärke*** oder ***Intensität I*** der Schallwelle:

$$I = \frac{W}{t \cdot A} = \frac{P}{A} \tag{33.5}$$

Einheit:

$$\frac{\text{Watt}}{(\text{Meter})^2} \left(\frac{\text{W}}{\text{m}^2} = \frac{\text{J}}{\text{s} \cdot \text{m}^2}\right) \text{ oder } \left(\frac{\text{W}}{\text{cm}^2}\right)$$

Die von einer (punktförmigen) Schallquelle in den gesamten Raum abgestrahlte Schallstärke nimmt mit wachsendem Abstand r von der Schallquelle proportional zu r^2 ab, d. h. es gilt:

$$I(r) \sim \frac{1}{r^2}$$

wobei vorausgesetzt ist, dass keine Absorption in dem Medium der Schallausbreitung stattfindet.

Die Schallstärke lässt sich als das Produkt aus den Effektivwerten des Schallwechseldruckes und der Schallschnelle berechnen. Zum Vergleich zweier Schallstärken oder Schalldrücke verwendet man das Pegelmaß (s. § 30.6) und gibt den *Schallpegel*, als den Quotienten zweier Schallstärken (Leistungsverhältnis), bzw. den *Schalldruckpegel*, als das Verhältnis zweier Druckamplituden, jeweils in Dezibel (dB) an.

Die ***Lautstärke*** ist die vom Gehör eines Menschen subjektiv empfundene Schallstärke. Da die Empfindlichkeit des menschlichen Gehörs stark frequenzabhängig ist, richtet sich die subjektive Empfindung nicht allein nach der Schallstärke, sondern auch nach dem Frequenzspektrum des Schalls. Die maximale Empfindlichkeit des menschlichen Gehörs liegt etwa zwischen 1 kHz und 3,5 kHz, mit einem Maximum bei ca. 3 kHz. Die in der Akustik des hörbaren Schalls vorkommenden Schallintensitäten bzw. Schalldrücke sind durch die **Hörschwelle** (auch Hörbarkeitsschwelle oder Reizschwelle) und die **Schmerzschwelle** des menschlichen Gehörs eingegrenzt. Die Hörschwelle liegt bei einer Schallstärke von $10^{-12}\,\frac{\text{W}}{\text{m}^2}$ für einen gerade noch wahrnehmbaren Ton von 1 kHz. Die Schallstärke an der Hörschwelle entspricht einem Ausschlag der Luftteilchen von nur ca. $9 \cdot 10^{-12}$ m (zum Vergleich: der Durchmesser eines Wasserstoffatoms beträgt 10^{-10} m). Schmerzempfindungen ergeben sich bei Schallintensitäten von etwa

$1\,\frac{\mathrm{W}}{\mathrm{m}^2}$ bis $10\,\frac{\mathrm{W}}{\mathrm{m}^2}$ für einen Ton von 1 kHz. Das Verhältnis von maximaler zu minimaler Intensität des hörbaren Schalls beträgt also etwa 10^{13}, d. h. das menschliche Gehör besitzt eine große Empfindlichkeit und eine große Dynamik, die nur von wenigen technischen Schallempfängern erreicht wird. Infolge des großen Intensitätsbereiches liegt es daher nahe, logarithmische Skalen zu verwenden, die außerdem auch die Gehörempfindung besser wiedergeben. Dies hat auch seine Begründung in der Aussage des **Weber-Fechner'schen Gesetzes**, das sich auf alle Arten von physikalischen Reizen bezieht, auf welche Sinnesorgane ansprechen und wonach ein objektiver physikalischer Reiz eine subjektive Empfindung auslöst, deren Stärke – annähernd – proportional dem Logarithmus der Maßzahl der Stärke des Reizes ist. Demzufolge reagieren Sinnesorgane, wie z. B. das Gehör, in weiten Bereichen logarithmisch. Man gibt daher die Schallintensität I und den Schalldruck p als Pegel (s. oben) relativ zu Referenzwerten I_0 bzw. p_0 an, wobei man sich international auf den jeweiligen Wert an der Reizschwelle für einen Ton der Frequenz von 1000 Hz geeinigt hat:

$$I_0 = 10^{-12}\,\frac{\mathrm{W}}{\mathrm{m}^2} \qquad p_0 = 2\cdot 10^{-5}\,\mathrm{Pa} = 20\,\mu\mathrm{Pa} \tag{33.6}$$

Der ***Schallstärkepegel L*** ist somit gegeben durch:

Definition:

$$L = 10\cdot\lg\frac{I}{I_0} = 20\,\lg\frac{p}{p_0} \tag{33.7}$$

Der Schallstärkepegel ist eine reine Zahl, d. h. dimensionslos, wird aber, wie in § 30.6 bereits eingeführt, mit der Bezeichnung Dezibel (dB) versehen.

Um nun angeben zu können, wie laut ein Ton beliebiger Frequenz gehört wird, vergleicht man ihn in der Akustik üblicherweise mit einem reinen Ton der Frequenz 1 kHz. Der ***Lautstärkepegel*** L_N eines Tones beliebiger Frequenz ist dann definiert als der Schallstärkepegel L des 1-kHz-Tones, der vom so genannten „Normhörer" (eine repräsentative Anzahl – ca. 20 – normalhörende Versuchspersonen) ebenso laut empfunden wird wie der Ton beliebiger Frequenz. Der Lautstärkepegel wird dann in **Phon** (phon) angegeben, eine Bezeichnung, die heute jedoch überwiegend durch die dB(A)-Bewertung ersetzt wird (das „A" in der Angabe der Pegeleinheit dB bedeutet eine bestimmte Bewertungskurve, die einen annähernd dem Gehör entsprechenden Frequenzverlauf ergibt). Der Zahlenwert des Lautstärkepegels L_N eines Tones, gemessen in Phon, entspricht bei 1000 Hz dem Zahlenwert des Schallstärkepegels L gemessen in dB:

$$L_\mathrm{N}\,(1000\,\mathrm{Hz})/\mathrm{phon} = L/\mathrm{dB} \tag{33.8}$$

In Tab. 33.4 sind die Lautstärken in phon und die entsprechenden Schallintensitäten für verschiedene Schallquellen angegeben.

Beispiele:

1. Herrscht an einem Ort eine Schallstärke von $I = 1\cdot 10^{-12}\,\mathrm{W/m^2}$, dann ist der Lautstärkepegel $L_\mathrm{N} = 10\cdot\lg(I/I_0) = 10\cdot\lg(1) = 0\,\mathrm{phon}$. Wird derselbe Ort mit einer Schallstärke von $50\,\mathrm{mW/m^2}$ (z. B. gemessen mit einem Mikrophon) beschallt, dann ergibt sich dort ein Lautstärkepegel von $L_\mathrm{N} = 10\cdot\lg(5\cdot 10^{-2}/10^{-12}) = 10\cdot\lg(5\cdot 10^{10}) = 107\,\mathrm{phon}$, der bei längerer Einwirkung nicht ohne gesundheitliche Schäden bleiben wird. Im Übrigen treten in Diskotheken ohne weiteres Lautstärkepegel zwischen 100 und 130 phon auf.

2. Eine Stereoanlage erzeugt bei einem Zuhörer einen Lautstärkepegel von 53 phon. Die Schallstärke I berechnet sich dann mit $10\cdot\lg(I/10^{-12}) = 53$ zu $I \approx 2\cdot 10^{-7}\,\mathrm{W/m^2}$.

3. In einem Wohnraum herrscht ein mittleres „Untergrundrauschen" (erzeugt durch Hausgeräusche, Verkehrslärm) mit einer Schallstärke von $I_\mathrm{r} = 3\cdot 10^{-9}\,\mathrm{W/m^2}$, das nach (33.7) und (33.6) einem Schallstärkepegel $L = 34{,}8$ dB entspricht. Die mittlere Schallstärke eines Gesprächs in diesem Raum ist $I = 2\cdot 10^{-8}\mathrm{W/m^2}$ entsprechend einem Schallstärkepegel $L = 43$ dB. Das Gespräch liegt also 8,2 dB über dem Rauschen (dieser Wert ergibt sich auch direkt aus dem Verhältnis von I/I_r zu $10\cdot\lg(2\cdot 10^{-8}/3\cdot 10^{-9}) = 8{,}2$ dB. Das menschliche Gehör benötigt ca. 1 dB, um ein akustisches Signal im Rauschen zu erkennen, d. h. es kann noch Lautstärkedifferenzen von ca. 1 phon trennen.

4. Die Gesamtschallstärke von Gespräch und Verkehrslärm in obigem Beispiel ergibt sich durch Addition der Einzelschallstärken zu $I_\mathrm{ges} = I + I_\mathrm{r} = 2{,}3\cdot 10^{-8}\,\mathrm{W/m^2}$ und damit ein gesamter Lautstärkepegel von $L_\mathrm{N} = 10\cdot\lg\left(I_\mathrm{ges}/I_0\right) = 43{,}6\,\mathrm{phon}$.

Tab. 33.4

Lautstärkepegel in phon	Schallintensität in W/m^2	Schallquelle
0	10^{-12}	Hörschwelle
10	10^{-11}	leises Uhrticken, schalltoter Raum
20	10^{-10}	Blätterrauschen, Flüstersprache
30	10^{-9}	leises Sprechen, mittlere Wohngeräusche
40	10^{-8}	gedämpfte Unterhaltung
50	10^{-7}	Unterhaltung, schwacher Straßenverkehr, Lautsprecher auf Zimmerlautstärke
60	10^{-6}	Schreibmaschine, Staubsauger
70	10^{-5}	Vortragssprache, mittlerer Straßenverkehr
80	10^{-4}	starker Straßenverkehr, laute Musik im Zimmer, Personenauto
90	10^{-3}	Autohupe, Lastwagen, Straßenbahn
100	10^{-2}	Motorrad, schwerer Lastwagen
110	10^{-1}	Presslufthammer, elektrische Sirene (in 7 m Entfernung)
120	1	Flugzeug (in 4 m Entfernung)
130	10	Druckluftsirene (in 7 m Entfernung), Schmerzschwelle

5. Rufen unabhängig voneinander emittierende Schallquellen jeweils einen bestimmten Schallstärkepegel hervor, z. B. zwei gleiche Pkw je einen Schallstärkepegel von $L = 80$ dB, dann ist der am gleichen Ort und in gleicher Entfernung beider Schallquellen hervorgerufene Schallstärkepegel $L_{\text{ges}} = 83$ dB, denn am Ort addieren sich die Schallstärken zur Gesamtschallstärke, d. h. in diesem Fall wird die Schallstärke verdoppelt und damit steigt der Schallstärkepegel L_N um $10 \cdot \lg(2) = 3$ dB von 80 dB auf 83 dB.

6. Verzehnfacht sich die Schallstärke, so nimmt der Schallstärkepegel L um $10 \cdot \lg(10) = 10$ dB zu. Wird aber ein Schalldruck um den Faktor 10 erhöht, dann steigt der Schalldruckpegel L um $20 \cdot \lg(10) = 20$ dB.

§ 33.3 Infra-, Ultra- und Hyperschall – Echolotverfahren

Infraschall

Schallwellen mit Frequenzen kleiner ca. 15 Hz entstehen z. B. bei schwerer Dünung an der Meeresoberfläche, bei Vulkanausbrüchen, bei Erdbeben, in Gewittern und Sturmböen. Dabei liegen die Infraschallfrequenzen zwischen 10^{-2} und 10 Hz mit Schallpegeln weit über 100 dB. Auch durch Luftturbulenzen, z. B. beim Motorradfahren, beim Autofahren mit offenem Fenster oder Schiebedach, beim Überschallflug, durch Resonanzen in Gebäuden und in den unterschiedlichsten technischen Geräten entsteht Infraschall. Die Dämpfung des Infraschalls ist in Luft, in Flüssigkeiten und auch in festen Körpern äußerst gering, d. h. der Wirkungsbereich von Infraschall ist weit größer als für Hörschall.

Die Gefährdung des Menschen ist in einem Infraschallfeld sehr groß, da einige innere Organe Resonanzfrequenzen im Hz-Bereich aufweisen. Beschwerden wie Übelkeit, Erbrechen und Gleichgewichtsstörungen können durch Infraschall verursacht werden.

Ultraschall

Frequenzen ab ca. 20 kHz sind vom menschlichen Gehör nicht mehr wahrnehmbar. Man bezeichnet mechanische Wellen im Frequenzbereich von 20 kHz bis etwa 1 GHz als **Ultraschall**.

Zur Erzeugung von Ultraschall verwendet man mechanische und elektroakustische Schallquellen. Mit mechanischen Quellen, wie Pfeifen und Sirenen, lassen sich Ultraschallfrequenzen bis zu ca. 500 kHz erreichen. Die heute überwiegend verwendeten elektroakustischen Wandler (Transducer) sind piezoelektrische oder magnetostriktive Sender. Piezoelektrische Kristalle (s. § 29.1) zeigen in elektrischen

Wechselfeldern periodische Längenänderungen (Elektrostriktion, inverser Piezoeffekt), die sich als Dichteschwankungen auf das umgebende Medium übertragen. Entsprechend erzeugen magnetische Felder bei ferromagnetischen Stoffen eine Änderung der Längenausdehnung dieser Stoffe (Magnetostriktion). Mit solchen Ultraschallquellen lassen sich Frequenzen bis 10^9 Hz und Schallintensitäten in der Größenordnung von $10^5 \frac{\text{W}}{\text{m}^2}$ erreichen.

Zum Nachweis und zur Analyse von Ultraschall kann man (wie bei der Erzeugung) elektroakustische Wandler verwenden. Häufig wird derselbe Kristall als Sender eines Ultraschallimpulses und als Empfänger des Ultraschallechos benutzt. Bei der Ausbreitung von Ultraschallwellen gelten ebenfalls die Gesetze der Reflexion, Brechung, Interferenz und Beugung. Die Ultraschallwellenlängen des höheren Frequenzbereichs erreichen die Größenordnung der Wellenlängen des Lichtes, aufgrund dessen war die Entwicklung von ***Ultraschallmikroskopen*** möglich. Die Absorption von Ultraschallwellen ist in Gasen im Vergleich zur Absorption in Flüssigkeiten sehr hoch; so ist z. B. der Absorptionskoeffizient in Luft ca. 10^3-mal so groß wie in Wasser.

Die Schallwechseldruckamplituden von Ultraschallwellen nehmen so große Werte an, dass in den Unterdruckphasen des Schallfeldes die Zerreißspannungen des darin befindlichen Materials überschritten werden können. Durch starke Ultraschallfelder sinkt in Flüssigkeiten der Druck lokal unter den, zur dort herrschenden Temperatur gehörenden Dampfdruck der Flüssigkeit, wodurch es zur Bildung von Dampfblasen kommt **(Kavitation)**. Die Flüssigkeit verdampft also lokal, um beim Übergang in die Überdruckphase wieder schlagartig zu kondensieren, wobei sehr hohe Druckspitzen auftreten.

Viele *physikalische Wirkungen des Ultraschalls* beruhen auf dieser Implosion der Kavitationsblasen: Durch intensive Ultraschallstrahlung lassen sich feste Stoffe in Flüssigkeiten dispergieren, nicht mischbare Flüssigkeiten emulgieren (z. B. Bildung stabiler Emulsionen von Öl in Wasser ohne Emulgatorzusatz), Flüssigkeiten zerstäuben, Metallschmelzen oder Flüssigkeiten entgasen sowie Schmutzteilchen von Oberflächen losreißen **(Ultraschallreinigung)**. Auch zum Bohren, Schleifen und Polieren, ggf. mit Schleifmittelzugabe, selbst härtester Materialien wie Glas, Quarz, Keramik usw. wird Ultraschall eingesetzt.

Eine bewährte Anwendung findet der Ultraschall in der Zahnmedizin zur Entfernung z. B. von Zahnstein und bei der Parodontosebehandlung. Unbedingt zu erwähnen ist hier auch die medizinische Einsatzmöglichkeit des Ultraschalls bei der **Lithotripsie** zur nichtoperativen Zertrümmerung von Harnsteinen in den Nieren, ableitenden Harnwegen und der Harnblase, ebenso wie von Gallensteinen in den Gallengängen und der Gallenblase.

Auch die *chemische Wirkung des Ultraschalls* beruht auf der Kavitation: chemische Reaktionen werden in Ultraschallfeldern eingeleitet, Lösungs- und Diffusionsprozesse beschleunigt, Hochpolymere abgebaut.

Ein Beispiel der *biologischen Wirkung des Ultraschalls* ist die Vernichtung von lebenden Mikroorganismen, z. B. von Bakterien.

Von den weiteren zahlreichen Anwendungsmöglichkeiten der Ultraschallwellen sollen noch einige Beispiele aus der Technik und insbesondere der Medizin erwähnt werden.

Bei der *Materialprüfung* wird die Streuung von Ultraschallwellen an den Grenzflächen von Defekten in Festkörpern, wie z. B. Risse, Hohlräume oder strukturelle Inhomogenitäten, zu deren Aufdeckung benutzt.

Zu den ältesten technischen Anwendungen des Ultraschalls gehört die Ortung von Gegenständen mit dem ***Echolotverfahren*** und das darauf beruhende **Sonar-Prinzip** (**so**und **n**avigation **a**nd **r**anging), welches in Verbindung mit dem Doppler-Effekt auch Geschwindigkeitsmessungen ermöglicht. Beim Echolotverfahren (Abb. 33.6) sendet ein Ultraschallgeber einen kurzen Ultraschallimpuls aus, der an einem Hindernis reflektiert, mit einem Ultraschallempfänger registriert wird. Aus der Laufzeit t dieses Impulses lässt sich, bei bekannter Geschwindigkeit v des Ultraschalls im dazwischen befindlichen Medium, die Entfernung s des Hindernisses bestimmen: $s = v \cdot \frac{t}{2}$.

Anwendung finden diese Verfahren mit Ultraschall auch in der *medizinischen Diagnostik* u. a. bei den Bild gebenden Methoden zur Feststellung z. B. von Strukturveränderungen am Schädel, im Brustraum und im Bauchraum.

5

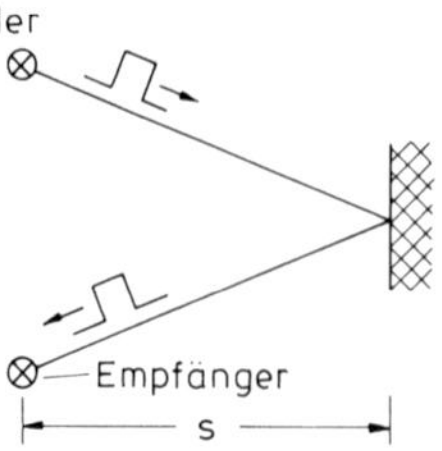

Abb. 33.6

Ultraschall durchdringt biologisches Gewebe, erfährt jedoch in Abhängigkeit von der Dichte der Gewebestrukturen Reflexion, Absorption, Brechung und Streuung.

Die **Sonographie** nutzt von diesen physikalischen Effekten überwiegend nur die Reflexion von Ultraschallimpulsen nach dem Echolotverfahren und damit die sich mit der Länge des Weges ändernden Laufzeiten (s. Abb. 33.6). Um einerseits hohe räumliche Auflösung ($<$ 1 mm) durch kleine Wellenlängen zu erlangen, andererseits aber trotz der Ultraschalldämpfung ausreichend tief ins Körperinnere eindringen zu können, verwendet man Ultraschallfrequenzen zwischen 1 MHz und 15 MHz. Damit Einkopplungsverluste des Ultraschalls in den Körper gering gehalten werden können, bringt man den zur Schallerzeugung und -detektion verwendeten Wandlerkristall über ein Hydrogel (oder einfach Wasser) in direkten Kontakt zur Haut.

Die zeitliche Folge der entstehenden Echos, die dem Abstand zwischen Wandler und Reflexionsort entspricht, ergibt auf einem Monitor (Oszillograph) Amplitudensignale der Schallechos im entsprechenden zeitlichen Abstand (Laufzeitanalyse). Dieses als *A*-Scan (Amplituden-Bild) bezeichnete Verfahren wird u. a. angewendet zur Bestimmung des fetalen Schädeldurchmessers in der Geburtshilfe, zur Tumordiagnostik bei der Echoencephalographie und in der Ophthalmologie, z. B. zur Ausmessung von Entfernungen im Auge, um etwa Brillengläser ohne den subjektiven Einfluss des Patienten anpassen zu können. Eine weitere grundsätzliche Möglichkeit stellt das *B*-Scan-Verfahren (Brightness-, Helligkeits-Scan) dar, bei welchem an die Stelle des ortsfesten Wandlers des *A*-Scan-Verfahrens ein Wandler tritt, der automatisch oder manuell rasterförmig über die Körperoberfläche geführt wird und damit die Aufnahme zweidimensionaler Darstellungen ermöglicht (Schnittbildmethode, Computer-Tomographie; s. auch §§ 36.2.4, 38.4 und 43.2.2). Auf dem Bildschirm eines Speicheroszillographen entsteht ein mehr oder weniger hell leuchtender Punkt, entsprechend der Intensität des Echosignals (Grauwert-Skala), dessen Position zur gerasterten Position des Wandlers korreliert ist. Je nach Wahl der Abtastgeschwindigkeit unterscheidet man zwischen den Bildern eines „realtime-scans“, d. h. einer raschen zeitlichen Aufeinanderfolge der Einzelbilder, um Bewegungsabläufe im Körper sichtbar zu machen, und eines „compound-scans“, dessen Bilder die Darstellung eines größeren Körperbereiches ermöglichen. Das *B*-Scan-Verfahren findet vor allem Anwendung zur Diagnostik in der Gynäkologie und bei Untersuchungen der Bauchorgane.

Der **Ultraschall-Doppler-Effekt** ist ein weiteres Beispiel der medizinischen Einsatzmöglichkeiten. Bei ihm wird die Veränderung der Frequenz eines Ultraschallsignals durch bewegte reflektierende Grenzflächen, z. B. einer Gewebestruktur oder korpuskulärer Bestandteile im Falle des strömenden Blutes ausgenutzt. Aus den Frequenzveränderungen des Ultraschallsignals lassen sich venöse und arterielle Gefäßerkrankungen und deren Folgen beurteilen, Strömungsveränderungen und -verluste im Gefäßsystem nachweisen. Ebenso dient der Ultraschall-Doppler-Effekt auch zur Aufnahme der fetalen Herzfrequenz und zur Beobachtung von Bewegungen des Feten.

Die Anwendung von Ultraschall in der medizinischen Diagnostik gilt im Vergleich zu Röntgenbild gebenden Verfahren als ungefährlich, sofern die diagnostischen Schallenergien nicht überschritten werden.

Hyperschall

Schallfrequenzen oberhalb etwa 1 GHz bis ca. 10^{13} Hz werden als *Hyperschall* bezeichnet. Mit der oberen Grenze dieses Schallbereichs endet der Bereich elastischer Schwingungen. Im Hyperschallbereich verschwindet der Unterschied zwischen Schall- und Wärmeausbreitung, da die Wellenlängen in der Größenordnung der Atomabstände der Festkörper liegen. Die Erzeugung von Hyperschall kann beispielsweise durch Lichtimpulse aus Pikosekunden-Lasern erfolgen.

Aufgaben

Aufgabe 33.1: Ein Generator erzeugt Schwingungen mit einer Frequenz von 20 kHz. In einem Gas bilden sich dabei Schallwellen mit einer Wellenlänge von 6,4 cm. Wie groß ist die Schallgeschwindigkeit $\boldsymbol{c}$ in dem Gas?

Aufgabe 33.2: Die Frequenz eines Tongenerators wird verdoppelt. Wie ändern sich die Schallgeschwindigkeit $\boldsymbol{c}$ und die Wellenlänge λ in Luft?

Aufgabe 33.3: Jemand sieht in einer Entfernung von rund 200 m eine Kiste von einem Lastwagen auf die Straße fallen. Etwa welche Zeit $\Delta \boldsymbol{t}$ später hört der Beobachter das Aufschlaggeräusch?

Aufgabe 33.4: Ein Lautsprecher strahlt genau zwei Sekunden lang einen Ton der Frequenz $\nu = 1$ kHz ab. (Schallgeschwindigkeit $c \approx 330$ m/s.)

a) Wie lang ist der Wellenzug der Schallwelle in Luft etwa?
b) Wie viele Wellenlängen umfasst er?

Aufgabe 33.5: Eine longitudinale Schallwelle der Frequenz $\nu = 100$ Hz breitet sich in einem Kunststoffstab mit einer Geschwindigkeit $\boldsymbol{c} = 400$ m/s aus. Wie groß ist die Wellenlänge λ des Schalls im Stab?

Aufgabe 33.6: Die Schallgeschwindigkeit beträgt in Luft etwa 300 m/s und in Wasser etwa 1500 m/s. In beiden Medien pflanzt sich eine ebene Schallwelle der Frequenz $\nu = 500$ Hz fort. Wie verhalten sich die Wellenlängen λ_W in Wasser und λ_L in Luft?

Aufgabe 33.7: Ein Hochsee-Fischereischiff verwendet zur Ortung von Fischschwärmen ein Ultraschall-Echolotverfahren. Ultraschallwellen haben in Meerwasser eine Ausbreitungsgeschwindigkeit von rund 1500 m/s.

a) Zur Bestimmung der Meerestiefe wird ein Ultraschall-Impuls ausgesandt, dessen Echo zwei Sekunden nach dem Aussenden wieder empfangen wird. Wie tief ist das Meer an dieser Stelle?
b) Ein weiterer Schallpuls gibt Hinweis auf einen in 500 m Abstand vom Schiff befindlichen Fischschwarm. Welche Zeit $\Delta \boldsymbol{t}$ verging ungefähr zwischen Aussendung und Rückkehr des Signals bei der Ortung des Fischschwarms?

Aufgabe 33.8: Ein luftgefüllter, halb offener akustischer Resonator besteht aus einem zylindrischen Rohr der Länge $\boldsymbol{L}$. Wie groß ist ungefähr die zur Grundschwingung gehörende Wellenlänge λ?

Aufgabe 33.9: Eine Schallwelle mit einer Wellenlänge von 0,4 m in Luft fällt senkrecht auf eine Wand und wird reflektiert. An der Wand entsteht ein Druckbauch. In welcher Entfernung von der Wand entsteht der nächste Druckbauch?

Aufgabe 33.10: Bei einer Frequenz von 1 kHz entspricht ein Schallwechseldruck von $2 \cdot 10^{-4}$ Pa einem Schallpegel von 20 dB. Wie groß wird der Schallpegel, wenn der Schallwechseldruck um den Faktor 100 erhöht wird?

5

Optik

§ 34 Allgemeine Eigenschaften des Lichtes

Die Optik umfasst ihrem Ursprung nach die Gesamtheit der von unseren Augen wahrgenommenen Empfindungen. Sie besitzt daher eine physiologische und eine physikalische Seite, wobei hier nur letztere behandelt wird. Unter Optik verstand man früher ausschließlich die Lehre vom sichtbaren Licht, bezieht aber heute ebenso das benachbarte ultraviolette und infrarote Licht mit ein. Analog spricht man auch von Röntgenlicht bzw. der Röntgenoptik oder von „optischen Eigenschaften" der elektromagnetischen Zentimeter- und Millimeterwellen in Bezug auf die Ähnlichkeit der (physikalischen) Beschreibung. Die in diesem Kapitel zur Optik des sichtbaren Lichtes gemachten grundsätzlichen Aussagen gelten auch für die anderen Spektralbereiche. Nur gibt es Unterschiede hinsichtlich der Erzeugung und des Nachweises von Strahlung verschiedener Bereiche, z. B. müssen geeignete Hilfsmittel zum Nachweis verwendet werden wie spezielle Photodetektoren, photographische Filme, Leuchtschirme etc.

Das *sichtbare Licht* ist eine **elektromagnetische Strahlung** (siehe § 32) mit Wellenlängen zwischen ca. 380 nm und ca. 780 nm (Violett bis Rot). Die Übergangsbereiche zu den anderen Teilen des elektromagnetischen Spektrums sind einerseits die mit unseren Augen nicht mehr wahrnehmbare ultraviolette Strahlung (UV, mit Wellenlängen <380 nm) und andererseits die infrarote Strahlung (IR, mit Wellenlängen >780 nm). Wie alle elektromagnetischen Wellen breitet sich das Licht im Vakuum mit Lichtgeschwindigkeit $c \approx 3 \cdot 10^8$ m/s $\hat{=}$ 300 000 km/s aus; ebenso beobachtet man die Erscheinungen der Reflexion, Brechung, Interferenz, Beugung und Polarisierbarkeit.

Jedoch gibt es auch Erscheinungen, die sich nicht mit der Wellennatur des Lichtes erklären lassen, z. B. der äußere Photoeffekt oder der Comptoneffekt (§ 43.2.2). Hier zeigt das Licht, wie jede elektromagnetische Welle, die Eigenschaften einer Ausbreitung in Form von **Korpuskeln**; diese Korpuskeln heißen **Photonen**. Im Quantenbild ist das Licht ein Fluss von Photonen, die sich mit Lichtgeschwindigkeit bewegen. Die Energie E eines Photons ist für eine elektromagnetische Welle der Frequenz ν gegeben durch:

$$E = h \cdot \nu \qquad (34.1)$$

Dabei wird

$$h = (6{,}626\,068\,96 \pm 0{,}000\,000\,33) \cdot 10^{-34}\,\mathrm{J \cdot s} \approx 6{,}6 \cdot 10^{-34}\,\mathrm{J \cdot s}$$

als die *Planck'sche Konstante* oder als das *Planck'sche Wirkungsquantum* bezeichnet (s. auch § 17.3).

Ein Photon besitzt die „Ruhmasse" null, seine Masse nimmt erst bei Lichtgeschwindigkeit einen endlichen Wert an. Der Impuls des Photons ergibt sich zu:

$$p = \frac{h \cdot \nu}{c} = \frac{h}{\lambda} \qquad (34.2)$$

Dabei ist $c = \lambda \cdot \nu$ die Lichtgeschwindigkeit und λ die Wellenlänge der elektromagnetischen Welle im Vakuum.

Beide Eigenschaften des Lichtes, sowohl Wellen- als auch Quantennatur zu besitzen – und wie wir später noch sehen werden, ist dies auch z. B. für Elektronen oder Protonen, so genannte „echte Korpuskeln“, gültig –, existieren gleichberechtigt nebeneinander und man bezeichnet dies als den **Dualismus** des Lichtes; was ebenso für alle anderen elektromagnetischen Strahlungsarten gilt.

Die physikalische Optik unterteilt man im Prinzip in die Gebiete der *Wellenoptik* und der *Quantenoptik*. Im Teilbereich der *geometrischen Optik* oder *Strahlenoptik*, interessiert die Wellen- oder Quantennatur des Lichtes kaum, bis auf die Wellenlänge des Lichtes, da seine Ausbreitungsgeschwindigkeit in Materie von der Wellenlänge abhängig ist.

In der Wellenoptik werden die klassischen Gesetze der Reflexion und Brechung durch die Wellennatur des Lichtes erklärt wie auch die Erscheinungen der Interferenz, Beugung und Polarisation überhaupt nur mit dem Wellencharakter beschrieben werden können (s. § 31).

Die geometrische Optik lässt die Wellennatur des Lichtes und die damit zusammenhängenden Beugungserscheinungen unberücksichtigt, was möglich ist, wenn die Beugungseffekte vernachlässigbar klein sind, d. h. die Öffnungen, durch welche das Licht hindurchtritt, groß sind gegenüber der Wellenlänge des Lichtes. In der geometrischen Optik werden die Gesetzmäßigkeiten der Ausbreitung des Lichtes unter der Annahme betrachtet, dass sich die Lichtenergie längs der *Lichtstrahlen* ausbreitet. Die Lichtstrahlen entsprechen in der Wellentheorie des Lichtes der Ausbreitungsrichtung der Wellenflächen. In optisch homogenen Stoffen verlaufen die Strahlen geradlinig. *Der Lichtweg ist umkehrbar.*

Zur Erzeugung elektromagnetischer Strahlung benötigt man Strahlungsquellen, welche man im sichtbaren Bereich *Lichtquellen* nennt (siehe auch § 41). Bei diesen sog. *Selbstleuchtern* ist der betreffende Körper selbst die Quelle des von ihm ausgehenden Lichtes, wie z. B. die Sonne, Fixsterne, Kerzen, elektrische Glühlampen und Leuchtstoffröhren. Als Quelle muss jedoch nicht unbedingt ein selbst leuchtender Körper, sondern es kann auch ein von einem Selbstleuchter beleuchteter Körper verwendet werden. Diese sog. *Nichtselbstleuchter* reflektieren oder streuen das von selbst leuchtenden Körpern auf sie eingestrahlte Licht, wie z. B. eine blanke Metallfläche, ein Spiegel oder eine sonstige gut reflektierende, auch diffus reflektierende Fläche. Das Tageslicht in Räumen ist bei bedecktem Himmel an Wolken und Zimmerwänden gestreutes und diffus reflektiertes Sonnenlicht, und auch der Mond und die Planeten sind bekanntlich ebenfalls Nichtselbstleuchter.

Aufgaben

Aufgabe 34.1: Wie groß sind die Frequenzen und die Periodendauern der Grenz-Spektralfarben des sichtbaren Lichts, wenn deren Vakuumwellenlängen $\lambda_v = 380$ nm (Violett) und $\lambda_r = 780$ nm (Rot) sind?

Aufgabe 34.2: Das menschliche Auge besitzt seine größte spektrale Empfindlichkeit für Tageslicht im Gelb-Grünen bei etwa 555 nm. Berechnen Sie die Photonenenergie dieser Strahlung. Geben Sie diese auch in der Einheit „eV" an.

Aufgabe 34.3: Geben Sie die Photonenenergien (in eV) an den Grenzen des sichtbaren Lichtes (s. Aufgabe 34.1) an. Welches „Licht" ist energiereicher? Was folgt für die Photonenenergie der UV-Strahlung im Vergleich zum sichtbaren Licht und zur IR-Strahlung?

§ 35 Geometrische Optik

Jede Lichtquelle besitzt eine endliche Ausdehnung und emittiert Licht i. Allg. in alle Richtungen; das Licht breitet sich geradlinig aus. Es ist häufig bequem und zulässig, die endliche Größe einer Lichtquelle zu vernachlässigen und von einer **punktförmigen Lichtquelle** zu sprechen. Eine solche punktförmige Lichtquelle sendet in radialer Richtung, einer (gedachten) Kugelschale um die Quelle, Licht aus. Diese divergente Gesamtheit von Lichtstrahlen nennt man ein *Strahlenbüschel*. Die Gesamtheit aller parallelen Lichtstrahlen, die also überall einen endlichen konstanten Querschnitt besitzt, nennt man ein **Licht-** oder **Strahlenbündel**. Ein **Lichtstrahl**, als eine von dem Begriff des Strahlenbündels abgeleitete Abstraktion, ist ein Strahlenbündel mit verschwindend kleinem Querschnitt.

Blendet man durch eine Lochblende (deren Öffnung groß gegen die Wellenlänge ist) einen Teil des von einer Lichtquelle ausgehenden Lichtes aus, dann lässt sich das hinter der Blende austretende divergente Strahlenbüschel mittels einer Sammellinse zu einem (parallelen) Lichtbündel zusammenfassen. Dies ist in Abb. 35.1 (a) für eine punktförmige und in Abb. 35.1 (b) für eine ausgedehnte Lichtquelle

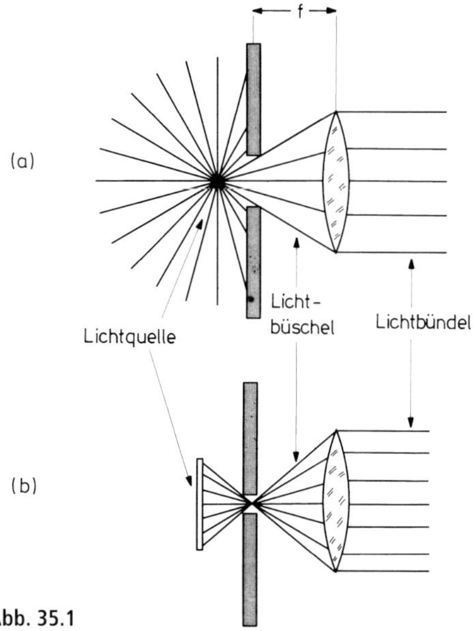

Abb. 35.1

(z. B. eine Glühlampe) schematisch dargestellt. Damit das hinter der Linse austretende Lichtbündel (im Idealfall) parallel ist, muss die Blende in der Brennebene der Linse angeordnet werden, d. h. der Abstand zwischen Blende und Linse ist gleich der Linsenbrennweite f (s. dazu § 35.3.2).

Auf der geradlinigen Ausbreitung des Lichtes, im Rahmen der Strahlenoptik, beruht auch die Beschreibung der *Schattenbildungen*. Befindet sich vor einer punktförmigen Lichtquelle Lq ein Gegenstand G, so wirft dieser auf den Schirm S einen scharfen *Schatten*. Dieser stellt eine vergrößerte Abbildung des Gegenstandes dar, welche man als Zentralprojektion des Gegenstandes bezeichnet.

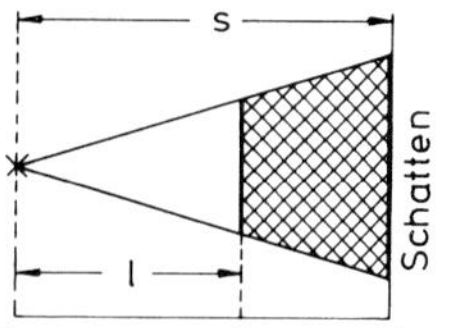

Abb. 35.2

Die Umrisse (Konturen) des Gegenstandes werden durch die so genannten Randstrahlen begrenzt (Schattenkegel, siehe Abb. 35.2). Bei Beleuchtung mit einer punktförmigen Lichtquelle Lq verhält sich die Fläche A_S des Schattenbildes zur Fläche A_G des Gegenstandes wie die Quadrate der Abstände Schatten–Lichtquelle zu Gegenstand–Lichtquelle.

$$\frac{A_S}{A_G} = \frac{s^2}{l^2} \qquad (35.1)$$

Handelt es sich bei der Beleuchtungsquelle nicht um eine punktförmige, sondern um eine flächenhaft ausgedehnte Lichtquelle, so entsteht von dem Gegenstand ebenfalls ein Schatten, der jedoch keine scharfe Begrenzung aufweist (Abb. 35.3).

Das Schattenbild erhält man als die Summation der Schattenkegel, die sich für jeden Punkt der Lichtquelle ergeben. Den Raum hinter dem Gegenstand, welcher die größte Dunkelheit aufweist, nennt man den Kernschatten K; er ist von einem Halbschatten H umgeben, der stetig in den voll beleuchteten Raum und nach innen stetig in den Kernschatten übergeht. Die Ausdehnung des Kernschattens K hängt ab von der

6

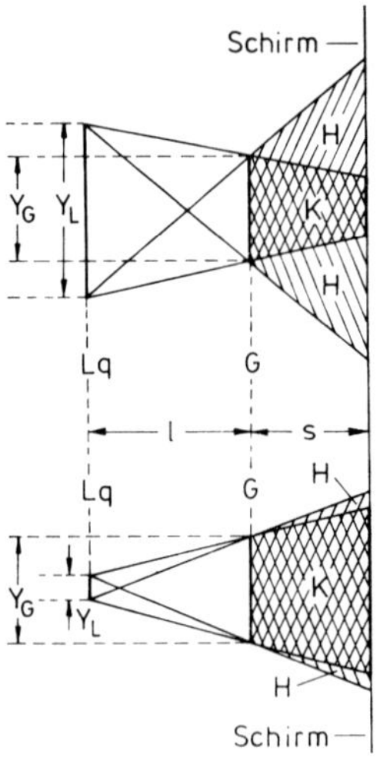

Abb. 35.3

Entfernung l bzw. s des Gegenstandes von der Lichtquelle bzw. dem Schirm und dem Größenverhältnis Y_G/Y_L von Gegenstand und Lichtquelle.

§ 35.1 Reflexion – Brechung

Die an Grenzflächen zweier unterschiedlicher Medien auftretenden Erscheinungen der *Reflexion* und *Brechung* und die dabei geltenden Gesetze wurden anhand der Wellenvorstellung in § 31.2 für alle elektromagnetischen Wellen grundsätzlich besprochen. Das dort Gesagte gilt in gleicher Weise für die elektromagnetische Welle *Licht*. Die Ausbreitungsgeschwindigkeit des Lichtes im Vakuum beträgt $c \approx 3 \cdot 10^8$ m/s, in Materie ist sie kleiner. Den Quotienten aus der Lichtgeschwindigkeit c im Vakuum und $v < c$ in Materie bezeichnet man als die **(absolute) Brechzahl *n*** (auch *Brechungsindex* genannt) und es gilt:

Definition:

$$n = \frac{c}{v} \qquad (35.2)$$

c: Lichtgeschwindigkeit im Vakuum
v: Lichtgeschwindigkeit in Materie

Einheit:
reine Zahl.

Gemäß dieser Definition ergibt sich die Brechzahl für Vakuum zu $n = 1$, alle anderen Brechzahlen sind größer als eins. Grenzen zwei Medien 1 und 2 aneinander, deren Lichtgeschwindigkeiten v_1 bzw. v_2 $(v_2 < v_1 < c)$ sind, dann gilt für die absolute Brechzahl von Medium 1 gegenüber Vakuum:

$n_1 = \frac{c}{v_1}$ und entsprechend für Medium 2:

$n_2 = \frac{c}{v_2}$. Daraus erhält man für die ***(relative) Brechzahl*** der beiden Medien 1 und 2:

$$n_{21} = \frac{n_2}{n_1} = \frac{v_1}{v_2} \qquad (35.3)$$

Je größer die Brechzahl n eines Stoffes, je kleiner also die Ausbreitungsgeschwindigkeit v des Lichtes in diesem Stoff ist, desto **optisch dichter** nennt man ihn. Ist für die Brechzahlen zweier Stoffe $n_2 > n_1$ und damit $v_2 < v_1$, so besagt dies, dass Stoff 2 optisch dichter ist als Stoff 1.

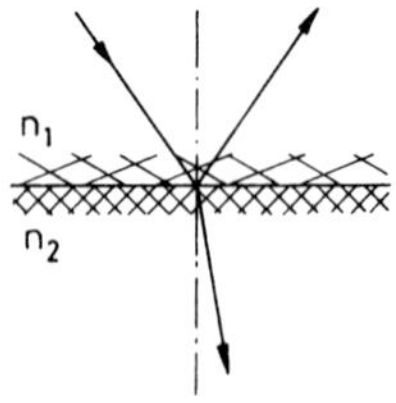

Abb. 35.4

Trifft ein Lichtbündel aus einem optisch dünneren Medium der Brechzahl n_1, auf die Grenzfläche zu einem optisch dichteren Medium der Brechzahl n_2, so wird ein Teil des Lichtes ***reflektiert*** und ein Teil in das optisch dichtere Medium ***gebrochen***, je nach Beschaffenheit der Grenzfläche. In Abb. 35.4 ist das einfallende Strahlenbündel durch einen Lichtstrahl repräsentiert.

§ 35.1.1 Reflexion

An ideal ebenen Grenzflächen zwischen zwei verschieden optisch dichten Medien – die Unebenheiten der Grenzfläche sind wesentlich kleiner als die Wellenlänge des Lichtes – beobachtet man die so genannte **reguläre Reflexion** oder **Spiegelreflexion**, d. h. einfallende und reflektierte Strahlen verlaufen im Medium derselben Brechzahl. Die Parallelität einfallender Strahlenbündel bleibt bei der Reflexion erhalten (Abb. 35.5).

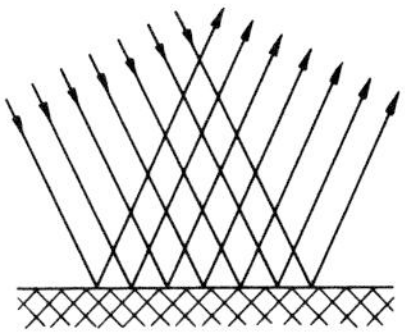

Abb. 35.5

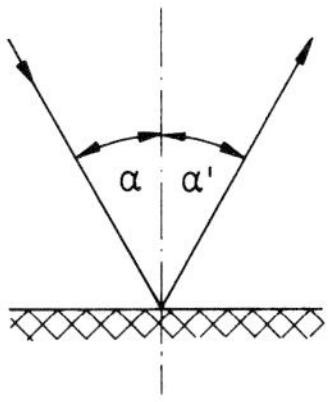

Abb. 35.6

Betrachtet man aus dem einfallenden Strahlenbündel wieder stellvertretend einen Strahl (Abb. 35.6) und untersucht man die gegenseitige Zuordnung von einfallendem Strahl, reflektiertem Strahl und der Lage der Spiegelfläche (welche durch das im Auftreffpunkt des Lichtstrahles errichtete ***Einfallslot*** charakterisiert ist), so erhält man das **Reflexionsgesetz**. Dieses in § 31.2.1 mit Hilfe des Huygens-Fresnel'schen Prinzips für alle Wellenarten abgeleitete Gesetz lautet in der Formulierung der geometrischen Optik:

> Einfallender Strahl, Einfallslot und reflektierter Strahl liegen in einer Ebene. Einfallender und reflektierter Strahl bilden mit dem Einfallslot gleiche Winkel. (35.4)
>
> **Einfallswinkel α = Reflexionswinkel α'**

Ein auf eine gut reflektierende, plane Fläche senkrecht einfallender Lichtstrahl wird in sich selbst zurückgeworfen.

Abb. 35.7

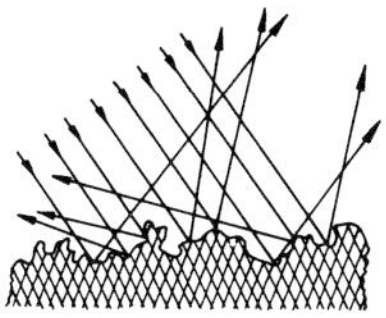

Besitzt die reflektierende Fläche Unebenheiten, die unregelmäßig verstreut liegen und in der Größenordnung der Lichtwellenlänge oder größer sind, so erhält man eine so genannte **diffuse Reflexion** (Abb. 35.7). Die Parallelität der einfallenden Strahlen bleibt in den reflektierten Strahlen nicht erhalten.

Zwischen den Grenzfällen der regulären und der diffusen Reflexion bestehen alle möglichen Übergänge.

§ 35.1.2 Brechung

Fällt ein Lichtbündel, wovon wir wieder nur einen Lichtstrahl betrachten, auf die Grenzfläche zweier verschieden optisch dichter Medien, so wird ein Teil der Gesamtintensität des einfallenden Strahles auch in das angrenzende Medium hineingebrochen (s. auch § 31.2.2 und Abb. 31.8).

Nun sei $\boldsymbol{\alpha_1}$ der ***Einfallswinkel***, welcher als der Winkel definiert wird, den der einfallende Strahl mit dem im Auftreffpunkt errichteten Einfallslot bildet, und $\boldsymbol{\alpha_2}$ entsprechend der ***Brechungswinkel***; das Licht treffe aus dem optisch dünneren Medium 1 mit Brechzahl n_1 auf die Grenzfläche zum optisch dichteren Medium 2 mit Brechzahl n_2 (Abb. 35.8).

Abb. 35.8

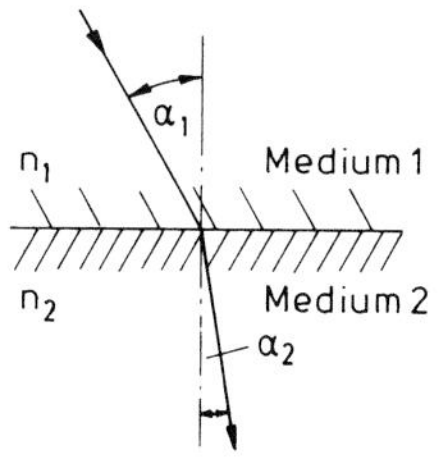

Dann gilt nach dem **Snellius'schen Brechungsgesetz** (s. auch § 31.2.2, Gleichung (31.7)):

$$\frac{\sin\alpha_1}{\sin\alpha_2} = \frac{n_2}{n_1} \qquad (35.5)$$

Beim Übergang vom optisch dünneren Medium 1, der Brechzahl n_1, zum optisch dichteren Medium 2, der Brechzahl $n_2 > n_1$, wird das Licht zum Einfallslot hin gebrochen.
Erfolgt der Übergang jedoch vom optisch dichteren Medium 2 der Brechzahl n_2, zum optisch dünneren Medium 1 der Brechzahl $n_1 < n_2$, so wird das Licht vom Einfallslot weg gebrochen (siehe dazu auch: Totalreflexion).
Einfallslot, einfallender und gebrochener Strahl liegen, analog zur Reflexion, jeweils immer in einer Ebene.

Fallen die Strahlen senkrecht auf die Grenzfläche der beiden Medien (parallel zum Einfallslot), so erfahren sie keine Richtungsänderung.

Die Intensität der einfallenden Strahlung teilt sich beim Übergang vom optisch dünneren zum optisch dichteren Medium jeweils auf den reflektierten und den gebrochenen Strahl auf. Dies ist in Abb. 35.9 als Beispiel für den Übergang von Luft auf Glas ($n = 1{,}5$) dargestellt.

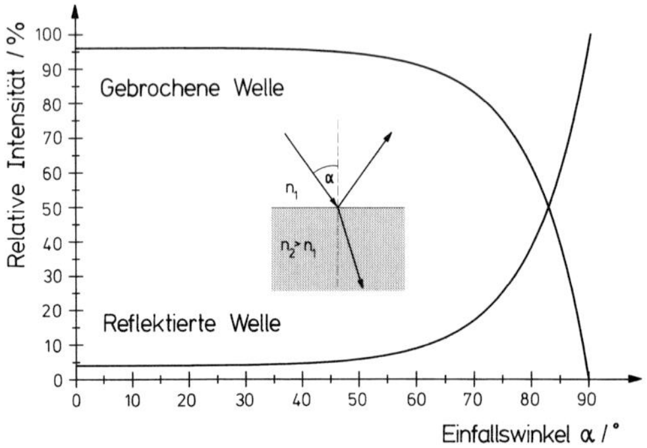

Abb. 35.9

Wie die Abbildung zeigt, werden für Einfallswinkel bis zu ca. 55° weniger als 10 % des einfallenden Lichts zurückreflektiert. Für sehr flachen Lichteinfall, d. h. Einfallswinkel α nahe 90° (sog. streifende Inzidenz), stellt die Grenzfläche Luft–Glas jedoch eine gut reflektierende Fläche dar.

Mit Beziehung (35.3) $\frac{n_2}{n_1} = \frac{v_1}{v_2}$ folgt für das Brechungsgesetz der Lichtoptik nach Snellius (35.5), wie auch für das in § 31.2.2 mithilfe des Huygens-Fresnel'schen Prinzips abgeleitete, für alle Wellenarten gültige Brechungsgesetz (31.7):

$$\frac{\sin\alpha_1}{\sin\alpha_2} = \frac{v_1}{v_2} = \frac{n_2}{n_1} \qquad (35.6)$$

Beim Übergang zwischen unterschiedlich optisch dichten Medien ändert sich die Ausbreitungsgeschwindigkeit und die Wellenlänge des Lichtes, die Frequenz des Lichtes bleibt aber unverändert (s. auch § 31.2.2 und unten). Sind v_1 bzw. λ_1 und v_2 bzw. λ_2 die Phasengeschwindigkeiten bzw. Wellenlängen des Lichtes in den beiden aneinander grenzenden Medien der Brechzahlen n_1 und n_2, dann folgt mit $c = \lambda \cdot \nu$ (31.6) in Gleichung (35.3):

$$\frac{n_2}{n_1} = \frac{v_1}{v_2} = \frac{\lambda_1}{\lambda_2} \qquad (35.7)$$

Die Phasengeschwindigkeiten bzw. Wellenlängen des Lichtes verhalten sich umgekehrt wie die Brechzahlen der Medien in welchen sich das Licht ausbreitet.

Für die Phasengeschwindigkeit v elektromagnetischer Wellen in Materie erhielten wir in § 32 aus (32.2) und (32.3) $v = \frac{c}{\sqrt{\varepsilon_r \cdot \mu_r}} < c$

(ε_r: Permittivitätszahl; μ_r: Permeabilitätszahl), womit für die Brechzahl n gemäß der Definition (35.2) die *Maxwell'sche Relation* folgt:

$$n = \frac{c}{v} = \sqrt{\varepsilon_r \cdot \mu_r} \qquad (35.8)$$

Für nicht ferromagnetische Materie, was für die hier betrachteten lichtdurchlässigen Stoffe i. Allg. vorausgesetzt werden darf, ist $\mu_r \approx 1$, sodass sich (35.8) vereinfacht und man in guter Näherung für die Brechzahl erhält:

$$n \approx \sqrt{\varepsilon_r} \qquad (35.9)$$

Die Brechzahl ist im Prinzip wie die Permittivitätszahl eine Materialkonstante und die Maxwell'sche Relation wurde experimentell bei vielen Stoffen, wie z. B. an Gasen bestätigt.

Tab. 35.1

Feste Stoffe	n	Flüssigkeiten	n
Eis (H_2O, bei 0 °C)	1,31	Wasser	1,332988
Quarzglas	1,4584	Ethanol	1,3617
Plexiglas	1,49...1,52	Glycerin, wasserfrei	1,455
Kronglas (BK 1)	1,5100	Benzol	1,5014
Flintglas (F 3)	1,6128	Kanadabalsam	1,542
Diamant	2,4173	Schwefelkohlenstoff	1,62774

Beispielsweise ergibt sich auch für Wasser ($\varepsilon_r = 81$) die Brechzahl zu $n = \sqrt{81} = 9$ für elektromagnetische Wellen nicht zu hoher Frequenz. Bei Frequenzen des sichtbaren Lichtes erhält man jedoch für die Brechzahl des Wassers $n = 1{,}33$ (s. Tab. 35.1). Es liegt also offenbar eine Abhängigkeit von der Frequenz bzw. der Wellenlänge $n = n(\lambda)$ vor, die ***Dispersion*** (s. dazu auch § 35.1.4). Für Gase und Dämpfe liegt die Brechzahl bei $n \approx 1$ (z. B. für Luft $n = 1{,}000\,292$). Für einige feste Stoffe und Flüssigkeiten sind die Brechzahlen bei 20 °C und bei Verwendung gelben Natriumlichtes (Wellenlänge $\lambda = 589{,}29$ nm) in Tabelle 35.1 angegeben.

§ 35.1.3 Totalreflexion

Licht breite sich in einem Medium der Brechzahl n_2 aus und treffe auf eine Grenzfläche zu einem optisch dünneren Medium (Brechzahl n_1; $n_1 < n_2$). Variiert man den Einfallswinkel der in dem optisch dichteren Medium sich ausbreitenden Lichtstrahlen, so beobachtet man bis zu einem bestimmten Einfallswinkel sowohl Reflexion als auch Brechung, Brechung hier aber ins optisch dünnere Medium, d. h. vom Einfallslot weg. Licht, das z. B. in Richtung des Strahls 1 der Abb. 35.10 aus dem optisch dichteren Medium auf die Grenzfläche zum optisch dünneren Medium trifft, wird (mit geringerer Intensität) wieder ins Medium mit der Brechzahl n_2 zurückreflektiert (in Abb. 35.10 nicht eingezeichnet), der größere Anteil tritt als Gebrochener Strahl 1′ ins optisch dünnere Medium über. Dies gilt für alle Lichtstrahlen, die innerhalb eines nach oben gerichteten Kegels mit dem halben Öffnungswinkel α_{gr} liegen. Treffen Lichtstrahlen unter dem sog. **Grenzwinkel α_{gr}** auf die Grenzfläche (Strahl 2 in Abb. 35.10), so werden sie unter einem Winkel von 90° in die Ebene der Grenzfläche gebrochen (Strahl 2′). Alle Strahlen, die unter Winkeln $\alpha > \alpha_{gr}$ auf die Grenzfläche zum optisch dünneren Medium auftreffen (z. B. Strahl 3 in Abb. 35.10),

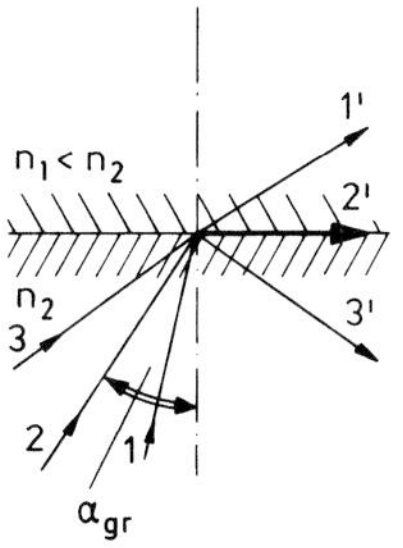

Abb. 35.10

werden wieder ins optisch dichtere Medium zurückreflektiert (und nicht mehr ins dünnere Medium gebrochen), sie werden ***total reflektiert*** (Strahl 3′). Man nennt daher α_{gr} den **Grenzwinkel der Totalreflexion**. Nach dem Snellius'schen Brechungsgesetz gilt für unter dem Grenzwinkel α_{gr} einfallende Strahlen:

$$\frac{\sin \alpha_{gr}}{\sin 90^\circ} = \frac{n_1}{n_2}.$$

Daraus folgt:

$$\boxed{\sin \alpha_{gr} = \frac{n_1}{n_2}} \qquad (35.10)$$

Beispiel: Von einer Lichtquelle unter Wasser ($n_2 \approx 1{,}33$) gehen in alle Richtungen Lichtstrahlen aus. Das optisch dünnere Medium sei Luft ($n_1 \approx 1$). Für den Winkel der Totalreflexion gilt in diesem Fall nach (35.10): $\sin \alpha_{gr} = \frac{1}{n_2} = \frac{1}{1{,}33}$, woraus sich der

Grenzwinkel der Totalreflexion zu $\alpha_{gr} = 48{,}7°$ ergibt. Alle Strahlen mit einem Einfallswinkel $\alpha > \alpha_{gr}$ werden total reflektiert.

Merke: Totalreflexion tritt nur beim Übergang vom optisch dichteren zum optisch dünneren Medium ab einem bestimmten Grenzwinkel α_{gr} auf.

Die Intensitätsverhältnisse für den Fall, dass Licht aus dem optisch dichteren Medium auf die Grenzfläche zu einem optisch dünneren Medium trifft, sind in Abb. 35.11 am Beispiel Glas–Luft dargestellt. Licht breite sich im Glas ($n = 1{,}5$) aus und treffe auf die Grenzfläche zur Luft. Die Abbildung zeigt deutlich, dass ab einem bestimmten Grenzwinkel, im Beispiel $\alpha_{gr} = 41{,}8°$, das gesamte Licht reflektiert wird.

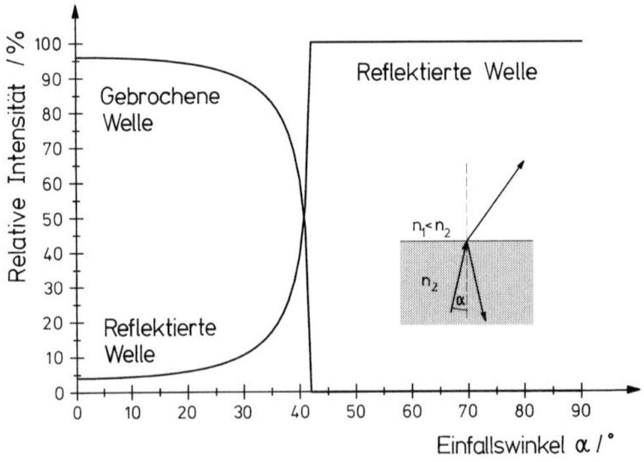

Abb. 35.11

Für sehr kleine Einfallswinkel liegt der ins Glas zurückreflektierte Anteil unter 5 % und nimmt ab Winkeln von 30° jedoch stark zu.

Aus der Bestimmung des Grenzwinkels der Totalreflexion ergibt sich das Verhältnis der Brechzahlen. Ist eine Brechzahl bekannt, so kann aus diesem Verhältnis die andere Brechzahl bestimmt werden. Die Geräte, mit denen solche Bestimmungen sehr genau durchgeführt werden können, heißen *Refraktometer*.

Eine Anwendung der Totalreflexion findet man z. B. bei den **Lichtleitern**. Lichtleiter sind gerade oder gekrümmte Stäbe aus durchsichtigem Material, das möglichst wenig absorbiert und eine hohe Brechzahl besitzt. Das Licht, das sich in einem kleinen Winkel zur Leiterachse ausbreitet, wird an der Oberfläche total reflektiert und kann so den Lichtleiter nicht verlassen (Abb. 35.12). Wegen ihrer guten Biegsamkeit benutzt man oft Bündel von Glas- oder Kunststofffasern. Sind die Fasern an beiden Enden des Lichtleiters gleich angeordnet, so kann mit dem Lichtleiter ein Bild übertragen werden (Abb. 35.13). Jede Faser gibt einen Bildpunkt wieder und das Auflösungsvermögen der übertragenen Bilder wird durch den Durchmesser der Einzelfasern bestimmt; bei einem typischen Faserdurchmesser von 5,5 μm wird ein Auflösungsvermögen von 115 Linien/mm erreicht.

Abb. 35.12

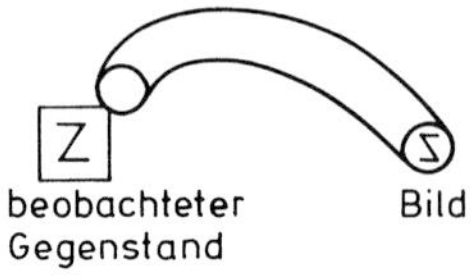

Abb. 35.13

Um einen hohen Bildkontrast zu erzielen, muss ein Übersprechen zwischen den einzelnen Fasern durch ein absorbierendes Hüllmaterial vermieden werden.

Die Anwendungsgebiete der Lichtleiter sind vielfältig, um nur einige zu nennen: Die optische Nachrichtenübertragung (z. B. Fernsehen, Telefonnetze hoher Teilnehmerdichte, Computer-Netzwerke, Verkabelung von speziellen Systemen wie Flugzeuge, Schiffe, Automobile), die medizinische Endoskopie und allgemein die Inspektion unzugänglicher Hohlräume (z. B. in der industriellen Fertigung).

§ 35.1.4 Dispersion

Die Brechzahl n eines Stoffes ist, wie in § 35.1.2 besprochen, von der Frequenz bzw. der Wellenlänge des Lichtes abhängig: $n = n(\lambda)$. In Tab. 35.2 ist diese Abhängigkeit der Brechzahl n für einige unterschiedliche Wellenlängen bzw. Frequenzen des Lichtes am Beispiel eines bestimmten Typs von Kronglas, von Quarzglas und von Wasser angegeben sowie der von dem jeweiligen Licht im Auge hervorgerufene Farbeindruck.

In graphischer Darstellung erhält man für $n = n(\lambda)$ die sog. **Dispersionskurve**, in Abb. 35.14 am Beispiel von einem Flint- bzw. Kronglastyp und von Kalkspat gezeigt. Über den Begriff o. Strahl, dem sog. „ordentlichen Strahl", s. unter Doppelbrechung in § 37.1. Fast alle Stoffe brechen langwelliges Licht schwä-

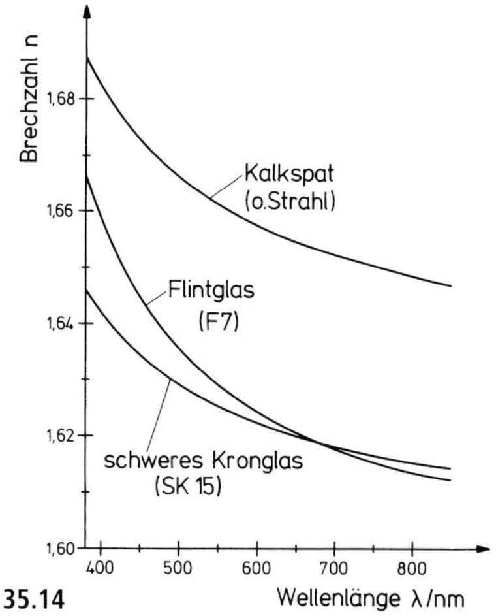

Abb. 35.14

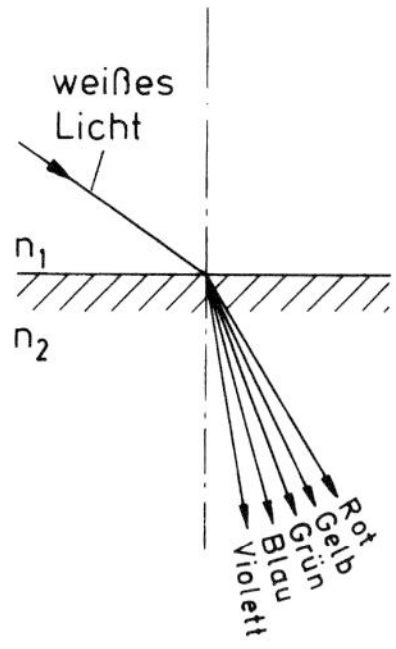

Abb. 35.15

cher als kurzwelliges, d. h. die Dispersionskurve $n = n(\lambda)$ nimmt mit steigender Wellenlänge ab (Abb. 35.14), ***die Dispersion ist normal***.

Weißes Licht, z. B. Sonnenlicht oder das Licht einer Glühlampe, setzt sich aus verschiedenfarbigem Licht (Licht verschiedener Frequenz bzw. Wellenlänge) zusammen. Somit wird ein Strahlenbündel aus weißem Licht, das schräg durch die Grenzfläche zweier verschieden optisch dichter Medien hindurchgeht, in die einzelnen Farben zerlegt, da diese verschieden stark gebrochen werden. ***Dabei erfährt das violette Licht die stärkste Brechung, rotes Licht wird am wenigsten abgelenkt*** (Abb. 35.15).

Die Farbenskala des ***sichtbaren Spektrums*** erstreckt sich von Violett über Blau, Grün, Gelb bis Rot (s. Tab. 35.2; die angegebenen Wellenlängen gelten für Vakuum) mit allen möglichen Farbtönungen dazwischen. Alle diese Farben zusammen ergeben wieder weißes Licht.

Die Frequenzabhängigkeit der Brechzahl, die **Dispersion**, ist eine der Grundlagen für die Zerlegung von weißem oder irgendeines sonstigen zusammengesetzten Lichtes in die einzelnen **Spektralfarben**, deren Gesamtheit das **Spektrum** darstellt. Die einzelnen Spektralfarben können nicht weiter zerlegt werden und man ordnet jeder Spektralfarbe eine Frequenz bzw. Wellenlänge zu. Das Licht, das aus nur einer Spektralfarbe besteht, heißt **monochromatisches Licht**. Monochromatisches Licht ist also auch **monofrequentes Licht**.

Rotes Licht, das langwelliger und damit niederfrequenter ist (s. Tab. 35.2), breitet sich z. B. in dem im Vergleich zu Vakuum (oder Luft) optisch dichteren Medium Glas mit etwas größerer Phasengeschwindigkeit aus als violettes Licht und wird daher beim Übergang aus ei-

Tab. 35.2

Farbe des Lichtes	Frequenz des Lichtes in 10^{14} Hz	Wellenlänge des Lichtes in nm	Brechzahl *n* (bei 20 °C)		
			Kronglas (BK 1)	Quarzglas (SiO_2)	Wasser (H_2O)
Dunkelrot	3,9404	760,82	1,5049	1,4542	1,3289
Rot	4,3656	686,72	1,5067	1,4558	1,3304
Rot	4,5681	656,27	1,5076	1,4564	1,3312
Gelb	5,0874	589,29	1,5100	1,4584	1,3330
Grün	5,6882	527,04	1,5130	1,4612	1,3352
Blaugrün	6,1669	486,13	1,5157	1,4632	1,3371
Blau	6,9591	430,79	1,5205	1,4672	1,3406
Violett	7,5543	396,85	1,5246	1,4706	1,3435

6

nem optisch dünneren Medium in Glas schwächer gebrochen als Violett (Abb. 35.15).

§35.2 Abbildung durch Reflexion

Die zur Abbildung durch Reflexion verwendeten Instrumente nennt man Spiegel. Dabei unterscheidet man **ebene Spiegel** oder **Planspiegel** und **gekrümmte Spiegel**, deren wichtigste Vertreter die **sphärischen Spiegel** und die **Parabolspiegel** sind.

Planspiegel

Aus dem Reflexionsgesetz folgt, dass alle Strahlen eines Lichtbüschels, das von einer punktförmigen Lichtquelle L ausgeht, nach der Reflexion so verlaufen, als würden sie von einem Punkt L′ hinter dem Spiegel herkommen. Dieser Punkt L′ hat von der Spiegelebene denselben Abstand *d* wie die Lichtquelle L vor dem Spiegel. Der Beobachter, der mit seinem Auge in das reflektierte Strahlenbüschel schaut, verlegt den Ursprung der Strahlen in die rückwärtige Verlängerung der reflektierten Strahlen, also nach L′. Der Beobachter sieht das so genannte **virtuelle Bild** L′ der Lichtquelle L (Abb. 35.16). Der Beobachter vermag ohne weitere Hilfsmittel nicht zu entscheiden, ob L′ Gegenstand oder virtuelles Bild ist. Virtuelle Bilder können im Gegensatz zu **reellen Bildern**, in denen sich die Strahlen wirklich schneiden, nicht auf einem Schirm aufgefangen werden.

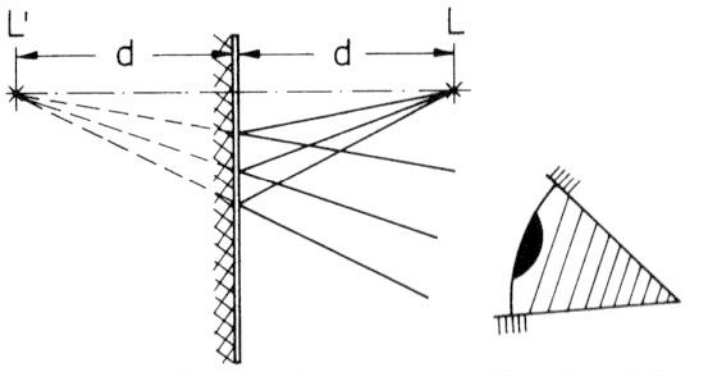

Abb. 35.16

Die Lage des virtuellen Bildpunktes findet man bei der Spiegelung, indem man vom Gegenstandspunkt aus das Lot auf die Spiegelfläche fällt und dieses um sich selbst verlängert. So kann man die Lage des virtuellen Bildes eines ausgedehnten Gegenstandes, z. B. des gekrümmten Pfeiles P in Abb. 35.17 konstruieren. *Gegenstandsgröße P und Bildgröße P′ sind dabei stets gleich* (*Abbildungsmaßstab* 1:1).

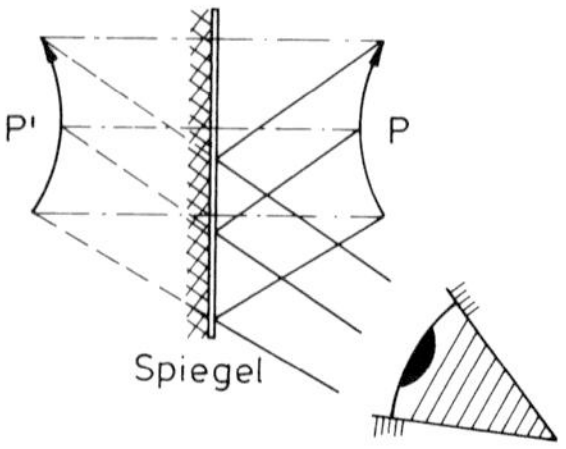

Abb. 35.17

Die dem von rechts schauenden Beobachter zugewandte Pfeilspitze des Gegenstandes P ist beim Bildpunkt P′ von ihm weggerichtet. Somit ist auch, vom Standpunkt des Beobachters aus, rechts und links im Bild vertauscht. Das im ebenen, vertikalen Spiegel erscheinende virtuelle Bild ist aufrecht und seitenverkehrt. Gegenstand und Spiegelbild lassen sich also niemals zur Deckung bringen, da ein ebener Spiegel rechts und links vertauscht.

Beispiele:

1. Eine Person hält einen Handspiegel 30 cm hinter ihren Kopf, um einen im Hinterhaar angebrachten Haarschmuck zu betrachten, und steht selbst in einer Entfernung von 1,20 m vor ihrem Garderobenspiegel (Abb. 35.18). Die Frage ist nun, wie weit hinter dem Garderobenspiegel das Bild des Haarschmucks entsteht? Das Spiegelbild des Haarschmucks entsteht 30 cm hinter dem Handspiegel, d. h. damit 60 cm hinter dem Schmuck im Haar. Die Person befindet sich 1,20 m vor dem Garderobenspiegel und somit das Spiegelbild des Haarschmucks im Handspiegel insgesamt 1,80 m davor. Damit entsteht aber das Bild genauso weit hinter dem Garderobenspiegel, nämlich 1,80 m dahinter als virtuelles Bild.

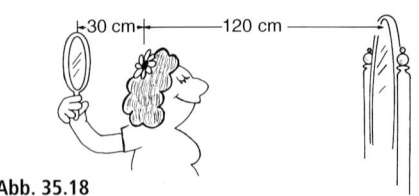

Abb. 35.18

2. Ein Amateurphotograph steht vor einem großen, senkrechten Spiegelschrank und will sein Spiegelbild photographieren. Dazu stellt er sich selbst in 1,5 m Abstand vor den Spiegel und den Photoapparat auf einem Stativ 0,5 m vor sich, d. h. in 1 m Abstand vom Spiegel. Damit sein Konterfei auf dem Film scharf abgebildet wird, muss er die Objektentfernung am Photoapparat auf 2,5 m einstellen.

3. Sie beabsichtigen einen Spiegel anzuschaffen, in welchem Sie sich ganz betrachten können, der aber wegen der Kosten nicht zu groß sein sollte? Welche Höhe x muss der Planspiegel mindestens haben, damit Sie sich in ihm von Kopf bis Fuß betrachten können (die Körpergröße sei h, die Augenhöhe a)?

Bei der Reflexion ist der Einfallswinkel gleich dem Reflexionswinkel. Die einzigen Lichtstrahlen, die von Ihren Fußspitzen in Ihre Augen gelangen, sind die, die in halber Augenhöhe auf den Spiegel treffen, d. h. der untere Rand des Spiegels kann in halber Augenhöhe $\frac{a}{2}$ sein (Abb. 35.19). Ein tiefer reichender Spiegel ist nicht nötig, da er den Boden vor den Füßen reflektiert. Das Gleiche gilt für die Begrenzung des Spiegels nach oben. Die einzigen Strahlen, die vom Scheitel (bzw. dem obersten Punkt Ihres Kopfes in der Höhe h) in Ihre Augen gelangen, sind die, die auf halbem Wege zwischen Scheitel und Augenhöhe, d. h. im Abstand $\frac{a+h}{2}$ vom Boden auf den Spiegel treffen. Weiter nach oben ist keine Spiegelfläche für den gesuchten Zweck erforderlich. Für die Betrachtung Ihres gesamten Ebenbildes reicht daher ein Spiegel von halber Augenhöhe bis zur Mitte zwischen Körpergröße und Augenhöhe. Unter Erfüllung der gestellten Anforderungen ist somit die Höhe des Spiegels $x = \frac{a+h}{2} - \frac{a}{2} = \frac{h}{2}$ zu wählen – das ist genau Ihre halbe Körpergröße – und er ist so anzubringen, dass sein unterer Rand in halber Augenhöhe $\frac{a}{2}$ liegt. Dieses Ergebnis ist unabhängig davon, in welchem Abstand vom Spiegel Sie sich befinden.

Gekrümmte Spiegel

Die **sphärischen Spiegel** haben die Gestalt einer Kugelkalotte, ihre Flächen sind also ein Teil einer Kugelfläche. Ist die innere Seite der Kalotte verspiegelt, so nennt man den Spiegel einen **Hohl-** oder **Konkavspiegel**, während Spiegel mit nach außen gewölbten Reflexionsflächen **Wölb-** oder **Konvexspiegel** heißen. Da man jede gekrümmte Fläche in hinreichend kleine ebene Flächenelemente zerlegen kann, lässt sich auch bei gekrümmten Spiegeln das Gesetz der ebenen Reflexion anwenden.

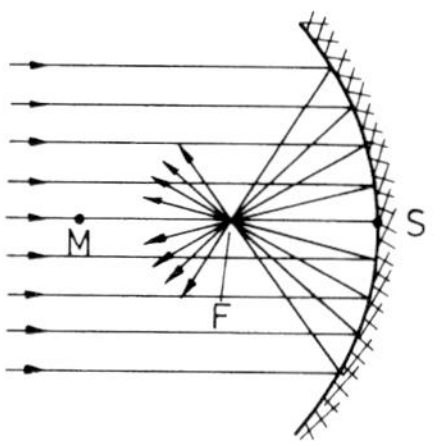

Abb. 35.20

In Abb. 35.20 ist der ebene Schnitt durch einen ***sphärischen Konkavspiegel*** gezeichnet. Der Punkt S der Kalotte heißt der Scheitelpunkt; M ist der Mittelpunkt der Kugel. Die Verbindung von M mit S heißt die ***Hauptachse*** des Spiegels. Trifft ein zur Hauptachse paralleles und achsennahes Strahlenbündel auf die spiegelnde Fläche, so werden alle Strahlen so reflektiert, dass sie durch einen Punkt gehen. Dieser Punkt ist der ***Brennpunkt*** (oder ***Fokus***) **F** des Konkavspiegels. Die ***Brennweite*** $f = \overline{FS}$ (Strecke von F bis S) ist gerade halb so groß wie der Ku-

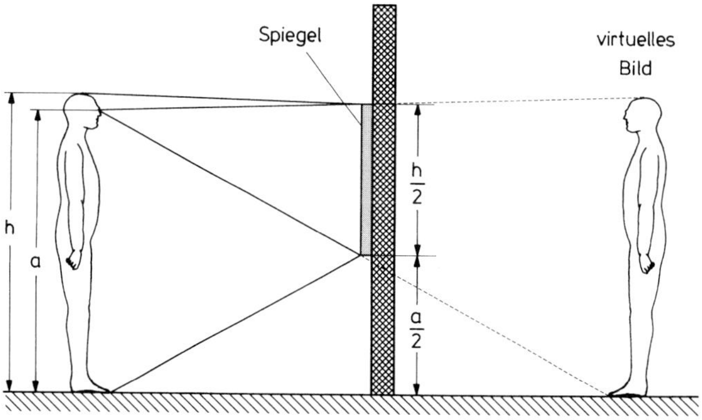

Abb. 35.19

gelradius $r = \overline{MS}$. Beim sphärischen Spiegel ist also $f = \frac{1}{2} \cdot r$.

Ist das auf den Spiegel einfallende Strahlenbündel weit geöffnet, also nicht mehr achsennah, dann werden nicht mehr alle Strahlen des Bündels in nur einem Brennpunkt vereinigt. Die achsenfernen Strahlen werden in einen anderen Brennpunkt fokussiert als die achsennahen. Wir betrachten hier nur achsennah einfallende Strahlen, d. h. nur enge Strahlenbündel.

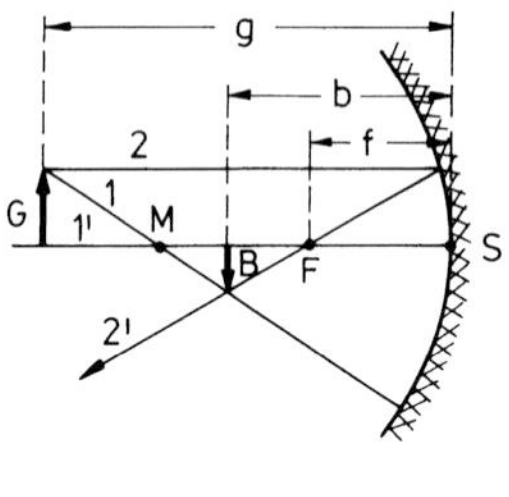

Abb. 35.21

Zur Konstruktion des Bildes bei der Abbildung eines Gegenstandes durch einen sphärischen Hohlspiegel betrachten wir Abb. 35.21. Der Gegenstand G sei auf der Hauptachse im Abstand g $(g > r = 2f)$ vom Scheitel S entfernt; g nennt man die *Gegenstandsweite*. Von den unzählig vielen nach allen Seiten vom Gegenstand ausgehenden Lichtstrahlen greift man zur Bildkonstruktion zwei charakteristisch verlaufende Strahlen heraus.

Der eine ist der Strahl 1 durch das Kugelzentrum M, welcher als ein Strahl in Richtung des Radius senkrecht auf der spiegelnden Fläche auftrifft, und daher wieder als Strahl $1'$ in sich zurückreflektiert wird; dies ist der erste Bestimmungsstrahl für das Bild B. Der zweite charakteristische Strahl ist der achsenparallel einfallende Strahl 2, der in den Brennpunkt F als Strahl $2'$ reflektiert wird und im Schnittpunkt mit dem Strahl $1'$ die Spitze des Pfeiles abbildet. Damit ergibt sich das Lot dieses Schnittpunktes auf die Hauptachse als das gesuchte Bild B im Abstand b, der *Bildweite*, vom Scheitel S. Es entsteht ein umgekehrtes aber reelles Bild.

Der Zusammenhang zwischen der Bildweite b, Gegenstandsweite g und der Brennweite f ergibt sich aus Abb. 35.21 zu:

$$\frac{1}{f} = \frac{1}{g} + \frac{1}{b} \qquad (35.11)$$

Außerdem gilt für das ***Größenverhältnis*** oder den ***Abbildungsmaßstab V*** von Bild und Gegenstand:

$$V = \frac{B}{G} = \frac{b}{g} \qquad (35.12)$$

Beide Gleichungen werden wir bei den Linsen nochmals kennen lernen.

Rückt der Gegenstand G näher als der Brennpunkt F an den Scheitel des Spiegels heran und führt man die Bildkonstruktion nach derselben Vorschrift wie oben angegeben durch, so zeigt sich, dass die Strahlen divergent vom Spiegel reflektiert werden, ihre rückwärtigen Verlängerungen sich aber in einem Punkt schneiden, sodass das Auge den Eindruck hat, die Strahlen würden von diesem Punkt ausgehen. Es entsteht ein aufrechtes, vergrößertes aber *virtuelles* Bild; die Bildweite b ist < 0 (Abb. 35.22).

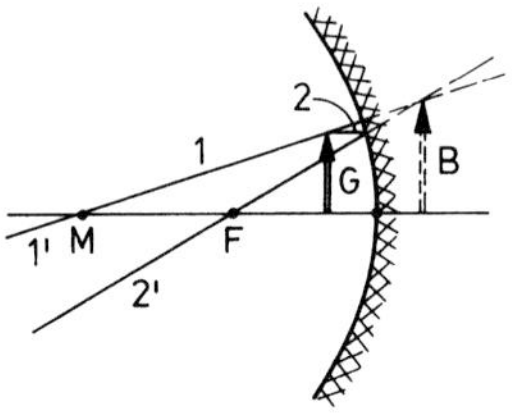

Abb. 35.22

Anwendung finden die sphärischen Hohlspiegel z. B. in Projektionsapparaten, indem man die Lichtquelle in den Brennpunkt des Spiegels stellt und damit eine beträchtliche Steigerung der Helligkeit der Lampe erzielt (Anordnung analog Abb. 35.20); jedoch umgekehrter Strahlengang des zur optischen Achse parallelen Lichtbündels). Auch die Spiegelteleskope der Astronomie bestehen aus Hohlspiegeln.

Sphärische Konvexspiegel liefern stets verkleinerte virtuelle Bilder wie in Abb. 35.23 nach der oben angegebenen Bildkonstruktion beim Konkavspiegel dargestellt; nur ist hier $f < 0$. Die Konvexspiegel finden z. B. beim

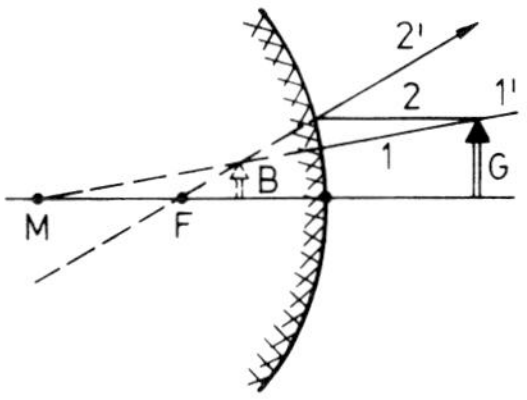

Abb. 35.23

Kraftfahrzeug als die so genannten Rückspiegel Verwendung, indem sie dem Fahrer ein verkleinertes Bild der Vorgänge hinter seinem Fahrzeug liefern.

Einen **Parabolspiegel** kann man sich durch Rotation einer Parabel um ihre Achse entstanden denken. Die Abb. 35.24 zeigt einen Achsenschnitt durch einen Parabolspiegel. Infolge der geometrischen Bedingungen einer Parabel wird jeder, also auch achsenferne, zur Achse parallel einfallende Strahl nach dem Brennpunkt F hin reflektiert. Bringt man daher eine

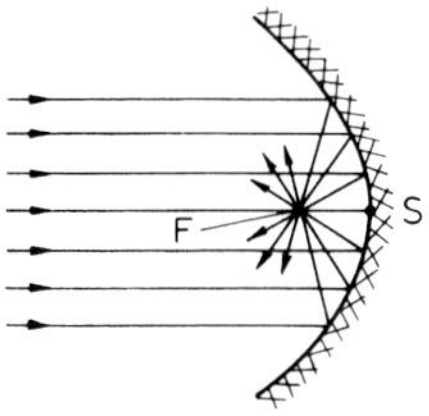

Abb. 35.24

punktförmige Lichtquelle in den Brennpunkt F des Parabolspiegels, so verlassen alle Strahlen den Spiegel als achsenparalleles Strahlenbündel. Man verwendet daher Parabolspiegel z. B. bei Scheinwerfern, bei denen es auf gute „Bündelung" der Lichtstrahlen ankommt.

§ 35.3 Abbildung durch Brechung

Die Anwendungen der Reflexion haben uns gezeigt, dass durch definierte Ablenkung von Lichtstrahlen, die mit geeignet geformten reflektierenden Oberflächen erzielt werden können, Abbildungen möglich sind. Es kann sich dabei sowohl um reine Strahlablenkungen aus der Ausbreitungsrichtung als auch um die Bilderzeugung von Gegenständen handeln. Entsprechendes kann auch mittels brechender Medien durchgeführt werden. Wir betrachten zunächst in § 35.3.1 Beispiele zur Strahlablenkung durch Brechung sowie deren Anwendung, und anschließend (§ 35.3.2) die besonders wichtigen abbildenden Eigenschaften gekrümmter Grenzflächen zwischen Medien unterschiedlicher optischer Dichte.

Zur Abbildung durch Brechung kommen in der Lichtoptik nur solche optische Elemente in Frage, die aus durchsichtigen Materialien sind, wie z. B. Glas, durchsichtige Kunststoffe, Wasser und andere durchsichtige Flüssigkeiten. Wir betrachten hier überwiegend nur optische Elemente, die aus Glasmaterialien hergestellt sind.

6

§ 35.3.1 Strahlablenkung durch Brechung

Als Beispiele besprechen wir die *planparallele Platte* sowie das *Prisma* und Anwendungen, insbesondere von Prismen.

Planparallele Platte

Wenn Licht in ein optisch dichteres Medium eintritt, so erfährt es eine Ablenkung, die zum Einfallslot hin gerichtet ist; verlässt es das optisch dichtere Medium wieder, wird es vom Lot weg gebrochen. Fällt ein z. B. in Luft sich ausbreitendes Lichtbündel (in Abb. 35.25 ist nur ein Strahl gezeigt) schräg auf eine *planparallele Platte* aus Glas, dann verläuft nach der Brechung das Lichtbündel auch im optisch dichteren Medium ebenso wie vorher geradlinig. Nach dem Wiederaustritt auf der anderen Seite der Platte ist schon aus Symmetriegründen der Ausfallswinkel gleich dem Einfallswinkel. Beim Durchgang durch eine planparallele Platte erfährt ein Lichtbündel somit keine Richtungsänderung, sondern nur eine Parallelverschiebung (Abb. 35.25). Diese ist umso größer, je größer der Einfallswinkel, die Brechzahl n und die Dicke der Platte ist.

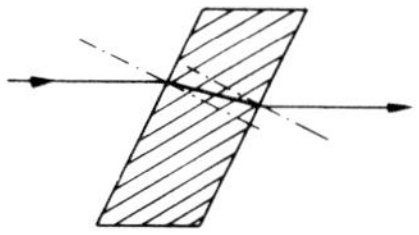

Abb. 35.25

Derartige „Strahlversetzungen" können z. B. bei photometrischen Untersuchungen beim

Lichtdurchgang durch *Glasküvetten* (planparallele Begrenzungsflächen vorausgesetzt) bei ungenügender Strahljustierung auftreten. Die Parallelverschiebung von Lichtstrahlen durch planparallele Platten wird beispielsweise auch im *Ophthalmometer* zur optischen Vermessung der Krümmungsflächen durchsichtiger Augenteile benutzt, wie etwa dem Krümmungsradius der Hornhaut.

Bei genauerer Betrachtung des Lichteinfalls auf eine planparallele Platte treten sowohl Reflexion an der oberen Grenzfläche zum optisch dichteren Medium als auch innerhalb der Platte Mehrfachreflexionen an den jeweiligen Grenzflächen zum optisch dünneren Medium auf. Der in Abb. 35.26 schräg auf die Oberfläche der planparallelen Platte auftreffende Lichtstrahl 1 wird teilweise als Strahl a reflektiert und teilweise in die Platte hineingebrochen, an ihrer Rückseite erneut teilweise rückreflektiert und tritt an der Oberfläche zum Teil als Strahl b parallel zu a aus. Der andere Teil des in die Platte gebrochenen Strahls 1 verlässt die untere Fläche als Strahl a′. Der innerhalb der Platte verlaufende Teilstrahl wird wiederholt

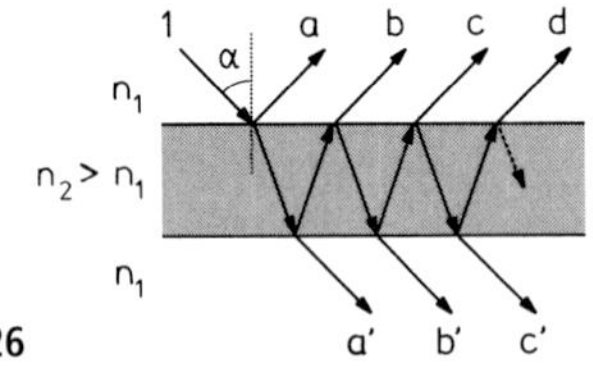

Abb. 35.26

an der oberen wie unteren Grenzfläche zum Teil reflektiert und zum Teil nach außen ins dünnere Medium jeweils als Parallelstrahlen gebrochen. Der Strahl 1 teilt sich also in eine im Prinzip unendliche Zahl unter sich paralleler Strahlen a, b, c, d etc. bzw. a′, b′, c′ etc. auf, mit jedoch abnehmender Amplitude bzw. Intensität.

Überlagert man die reflektierten Strahlen a, b, c, d, ... an der Oberseite bzw. die transmittierten Strahlen a′, b′, c′, ... an der Unterseite, z. B. durch eine Linse, so beobachtet man sowohl in Reflexion als auch in Transmission **Vielstrahlinterferenzen** (hier sog. Interferenzen gleicher Neigung), in Form von konzentrischen hellen und dunklen Ringen. Ursächlich für das Auftreten der Interferenzerscheinung der zur Überlagerung kommenden Strahlen ist die optische Wegdifferenz innerhalb der Platte. Ohne im Detail auf die Ableitung einzugehen, erhält man in Reflexion für den optischen Gangunterschied Δ_r, z. B. der beiden parallelen Strahlen a und b:

$$\Delta_r = 2d \cdot \sqrt{n^2 - \sin^2\alpha} + \frac{\lambda}{2}$$

wobei berücksichtigt ist, dass in unserem gewählten Beispiel für den reflektierten Strahl a, infolge der Reflexion am dichteren Medium (s. § 31.3.3), noch ein Phasensprung von π, d. h. ein zusätzlicher Gangunterschied von $\lambda/2$ hinzukommt. Für die außer Betracht gebliebenen reflektierten Strahlen, c, d, ..., gilt die analoge Überlegung für den optischen Gangunterschied Δ_r. Die insgesamt reflektierten Teilwellen ergeben konstruktive Interferenz (Helligkeit) bzw. destruktive Interferenz (Dunkelheit), wenn $\Delta_r = k \cdot \lambda$ bzw. $\Delta_r = (2k+1) \cdot \frac{\lambda}{2}$ ist, wobei für $(k = 0, 1, 2, \ldots)$ gilt.

In Transmission liegen die Verhältnisse etwas anders, da kein Phasensprung auftritt. Betrachten wir z. B. wieder die beiden ersten Teilstrahlen a′ und b′, dann ist somit in Transmission der optische Gangunterschied Δ_t gegeben durch

$$\Delta_t = 2d \cdot \sqrt{n^2 - \sin^2\alpha}$$

Konstruktive Interferenz (helle Ringe) ergeben sich in Transmission für $\Delta_t = k \cdot \lambda$ und minimale Intensität für $\Delta_t = (2k+1) \cdot \frac{\lambda}{2}$. Die Interferenzerscheinung im transmittierten Licht ist komplementär zu der im reflektierten Licht.

Interferenzerscheinungen, insbesondere an dünnen Schichten, finden vielfältige Anwendung in der Optik zur **Vergütung** und **Entspiegelung** von Glasflächen. Zur Herstellung reflexmindernder Schichten wird auf das Glassubstrat eine sehr dünne Schicht (bei senkrechter Inzidenz mit einer optischen Schichtdicke von $\lambda/4$) eines durchsichtigen Materials mit kleinerer Brechzahl als Glas aufgebracht. Durch destruktive Interferenz, der an den beiden Grenzflächen der aufgebrachten reflexmindernden Schicht, reflektierten Strahlen wird die Intensität des reflektierten Lichtes vermindert, die des transmittierten verstärkt.

Prisma

Sind die beiden Grenzflächen eines Mediums unter einem bestimmten Winkel γ gegeneinander geneigt, so nennt man dies ein **Prisma** (Abb. 35.27). Die Gerade $\overline{CF}$, in der sich die Flächen schneiden, heißt die ***brechende Kante***, der Winkel, den die Flächen miteinander bilden, heißt der ***brechende Winkel*** $\boldsymbol{\gamma}$. Die der brechenden Kante gegenüberliegende Fläche ABED heißt die ***Basis*** des Prismas. Meist wird nur der Hauptschnitt ABC des Prismas dargestellt, der im Beispiel der Abb. 35.27 die Form eines gleichschenkligen Dreiecks hat.

Beim Durchgang durch ein Prisma erfolgt, wie auch beispielsweise bei der planparallelen

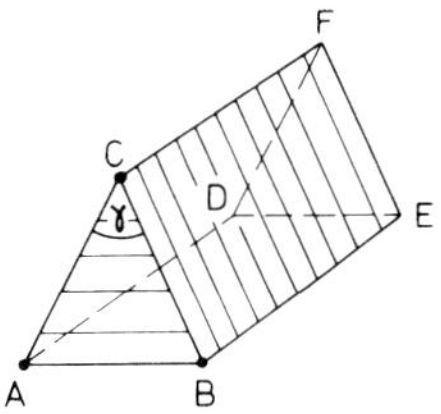

Abb. 35.27

Platte, eine zweimalige Brechung des Lichtes, wobei hier jedoch wegen der Neigung der beiden Grenzflächen um den Winkel γ gegeneinander, ein Strahlenbündel (in Abb. 35.28 durch einen Lichtstrahl symbolisiert) insgesamt eine Richtungsänderung um den Winkel δ erfährt, indem es von der brechenden Kante zur Basis hin abgelenkt wird. Dies gilt nur, wenn die Brechzahl n des Prismenmaterials größer als jene der Umgebung ist (im betrachteten Beispiel der Abb. 35.28 sei die Umgebung Luft). Ein auf das Prisma mit dem brechenden Winkel γ unter dem Einfallswinkel α_1 einfal-

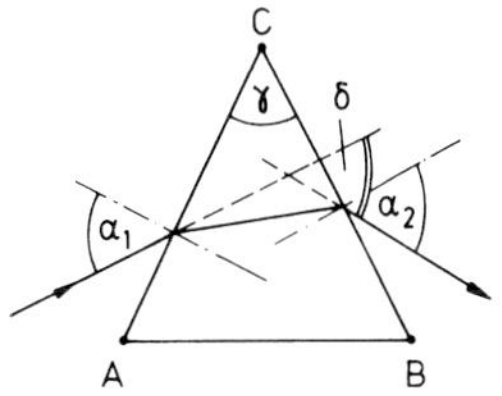

Abb. 35.28

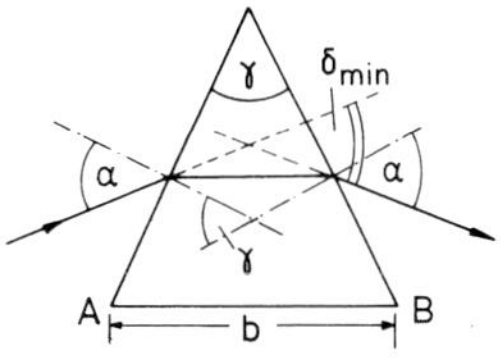

Abb. 35.29

lender Strahl verlässt das Prisma an der zweiten Fläche durch Brechung vom Einfallslot weg unter dem Winkel α_2 in den Außenraum. Die insgesamt erfolgte Ablenkung eines monochromatischen Lichtstrahls um den Winkel δ ergibt sich zu $\delta = \alpha_1 + \alpha_2 - \gamma$, was mit Hilfe des Snellius'schen Brechungsgesetzes abhängig vom Einfallswinkel α_1, der Brechzahl n des Prismenmaterials und dem brechenden Winkel γ dargestellt werden kann. Daraus lässt sich berechnen, dass die Strahlen dann eine minimale Ablenkung $\delta = \delta_{\min}$ erfahren, wenn der Einfallswinkel α_1 gleich dem Austrittswinkel $\alpha_2 = \alpha_1 = \alpha$ ist. Diesen Strahlenverlauf nennt man den symmetrischen Durchgang durch das Prisma (Abb. 35.29). Innerhalb des Prismas verläuft der Strahl dann parallel zur Basis b, d. h. senkrecht auf der Winkelhalbierenden des brechenden Winkels γ, und es gilt (wobei n die Brechzahl des Prismenmaterials ist):

$$n \cdot \sin\left(\frac{\gamma}{2}\right) = \sin\left(\frac{\gamma + \delta_{\min}}{2}\right) \qquad (35.13)$$

Misst man daher den brechenden Winkel γ sowie das sehr scharf einstellbare Minimum der Ablenkung $\delta_{\min}$, so kann nach (35.13) beispielsweise die Brechzahl des Prismenmaterials berechnet werden. Auch die Brechzahl von Flüssigkeiten oder Luft und anderen Gasen lässt sich im Prinzip so bestimmen, indem man ein damit erfülltes Hohlprisma verwendet, dessen brechende Flächen durch ebene Glasplatten mit parallelen Flächen gebildet werden.

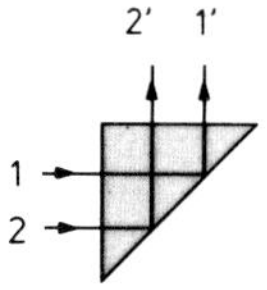

Abb. 35.30

Große Bedeutung zur Abbildung hat in der Praxis z. B. das **total reflektierende Prisma** erlangt, dessen Hauptschnitt ABC ein *rechtwinkliges* (meist gleichschenkliges) Dreieck darstellt. Tritt (beispielsweise monochromatisches) Licht senkrecht zu einer Kathetenfläche in das Prisma ein, wie Abb. 35.30 zeigt, so wird es an der Hypotenusenfläche total reflektiert, wenn sein Einfallswinkel kleiner oder gleich dem Grenzwinkel der Totalreflexion ist. Dies ist erfüllt, wenn das Prismenmaterial (z. B. Glas) nach Gleichung (35.10) für den maximalen Grenzwinkel von 45° eine Brechzahl von $n \geq 1{,}415$ aufweist, vorausgesetzt das umgehende Medium des Prismas ist Luft. Der Lichtaustritt erfolgt dann senkrecht aus der anderen Kathetenfläche des Prismas.

Polychromatisches Licht (z. B. weißes Licht) wird, wie wir in § 35.1.4 gesehen haben, infolge *Dispersion* beim Übergang zwischen unterschiedlich optisch dichten Medien, spektral zerlegt. Lässt man daher anstelle eines monochromatischen Lichtbündels weißes Licht beispielsweise parallel zur Basis in ein Prisma eintreten, so wird dieses infolge der verschieden großen

6

Brechzahlen für die verschiedenen Komponenten des weißen Lichtes in seine Spektralfarben zerlegt. Violettes Licht wird stärker gebrochen als rotes Licht (Abb. 35.31). Prismen finden daher zur *Dispersion* von Licht in seine einzelnen spektralen Komponenten vielfältige Anwendung in Prismenspektrometern bzw. -spektrographen (s. § 36.3.2).

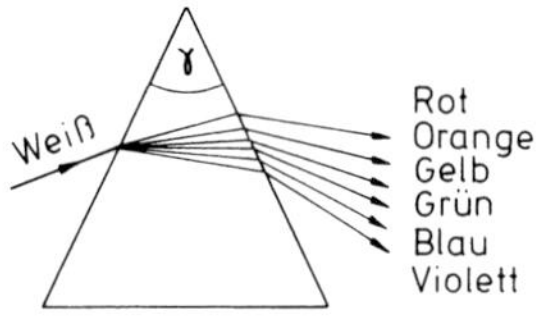

Abb. 35.31

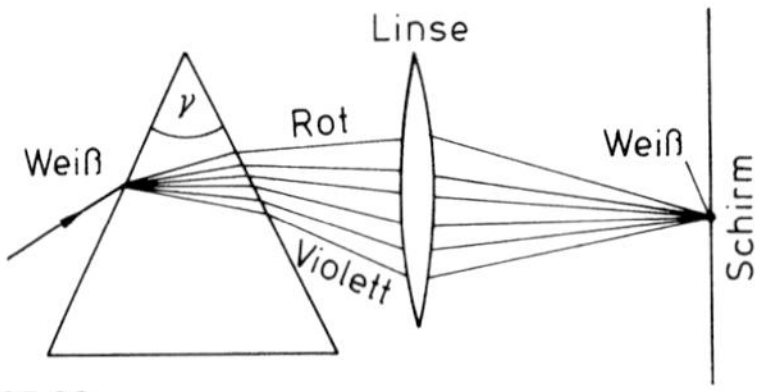

Abb. 35.32

Fokussiert man das durch ein Prisma in seine Spektralfarben zerlegte weiße Licht mittels einer Sammellinse wieder in einen Punkt, so erscheint dieser Punkt wieder weiß (Abb. 35.32). Werden hinter dem Prisma eine oder mehrere der Spektralfarben ausgeblendet, so erscheint der vorher weiße Punkt auf einem Schirm jetzt farbig, und zwar in einer *Mischfarbe*, die zusammen mit der ausgeblendeten Spektralfarbe wieder Weiß ergibt. Zwei Farben, die sich so zu weiß ergänzen, heißen **Komplementärfarben**.

In Tabelle 35.3 sind in der ersten Spalte die jeweils ausgeblendeten Spektralfarben und in der zweiten Spalte die Mischfarben des Restes angegeben. Die Farben der zweiten Spalte sind die Komplementärfarben zu den daneben stehenden Farben und umgekehrt. Jede Farbe taucht zweimal auf, als Spektralfarbe und als Mischfarbe. Unser Auge vermag zwischen diesen Farbarten nicht zu unterscheiden.

Tab. 35.3

Ausgeblendete Spektralfarbe	Mischfarbe des Restes
Rot	Grün
Orange	Blau
Gelb	Violett
Grün	Rot
Blau	Orange
Violett	Gelb

Additive Farbenmischung: Wird ein und dieselbe Stelle auf einem Schirm mit dem Licht zweier Komplementärfarben beleuchtet, z. B. mit Rot und Grün, so erscheint diese Stelle in weißem Licht. Mischt man auf dieselbe Weise zwei im Spektrum benachbarte Farben, dann ergibt sich die dazwischenliegende Farbe, z. B. ergibt Rot und Gelb als Mischfarbe Orange. Dabei können Farben entstehen, die im Spektrum nicht vorkommen, z. B. ist Purpur eine solche Farbe als Mischung aus Rot und Violett.

Subtraktive Farbenmischung: Fällt weißes Licht auf ein Farbfilter, so lässt es jenes Licht durch, in dessen Farbe es erscheint. Dabei schwächt das Filter einen bestimmten Farbenbereich, sodass der Komplementärbereich hervortritt; dieser verleiht dem Filter seine Farbe. Ein Blaufilter, z. B., absorbiert den roten bis gelben Teil des Spektrums, lässt dafür aber den grünen bis blauen Teil durch.

Beispiele: Lässt man weißes Licht erst ein gelbes Filter und dann ein blaues Filter passieren, so sieht man hinter beiden Filtern noch grünes Licht. Denn nach Tabelle 35.3 (erste Spalte) lässt das Gelbfilter Grün bis Orange durch, das Blaufilter Violett bis Grün; somit beide Zusammen nur noch Grün.

Durchsetzt aber weißes Licht eine Küvette, die Blau absorbiert (die Farbe des durchgelassenen Lichtes ist also dann die Komplementärfarbe Orange) und fällt dieses Licht auf eine Küvette, die rotes Licht absorbiert, so erscheint der Raum hinter dieser zweiten Küvette dunkel, da alles Licht absorbiert wurde.

§ 35.3.2 Abbildung mittels Linsen

Körper aus lichtdurchlässigen Stoffen mit einer von ihrer Umgebung unterschiedlichen Brechzahl, die von mindestens einer gekrümmten Fläche begrenzt sind, haben abbildende Eigenschaften. Werden die Körper von zwei zentrierten Kugelflächen bzw. von einer Kugelfläche und einer Ebene begrenzt, so bezeichnet man sie als **sphärische Linsen**. Begrenzen die Linsen andere als Kugelflächen, z. B. parabolische oder Zylinderflächen (*Zylinderlinsen*) so heißen die Linsen ***asphärisch***.

Bei den **sphärischen Linsen** gibt es je nach Anordnung der begrenzenden Flächen im Prinzip sechs verschiedene Formen, deren Querschnitte in Abb. 35.33 dargestellt sind. Die ersten drei Arten (1)–(3) heißen **Sammellinsen** oder **Konvexlinsen**, sie sind in der Mitte dicker als am Rand. Bei diesen Linsen unterscheidet man folgende Linsenformen: (1): bikonvex; (2): plankonvex; (3): konkavkonvex.

Die restlichen drei Arten, die in der Mitte dünner sind als am Rand, heißen **Zerstreuungslinsen** oder **Konkavlinsen**. Hierbei unterscheidet man die Linsenformen (s. Abb. 35.33): (4): bikonkav; (5): plankonkav; (6): konvexkonkav.

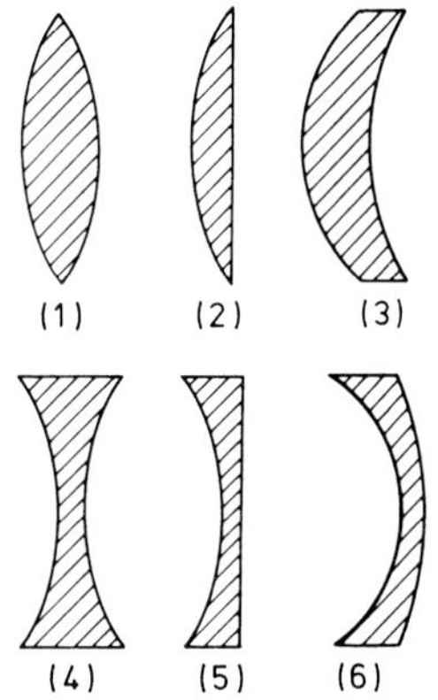

Abb. 35.33

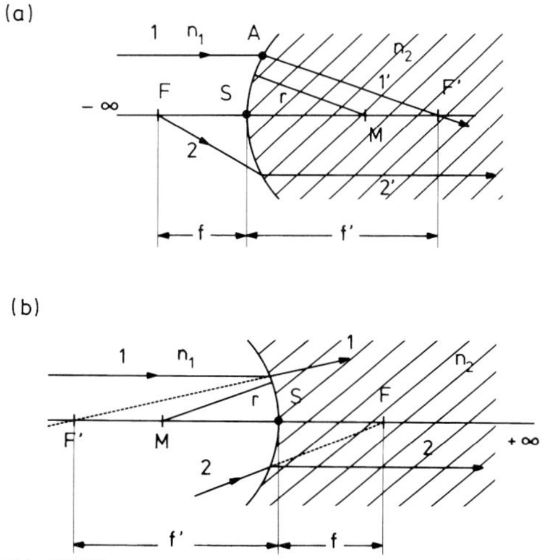

Abb. 35.34

Ehe wir uns mit den speziellen abbildenden Eigenschaften von Konvex- und Konkavlinsen befassen, behandeln wir die Brechung an gekrümmten Flächen. Wir denken uns dazu zwei Medien mit den Brechzahlen n_1 und $n_2 > n_1$ auf deren sphärische Grenzfläche das von einer Strahlungsquelle ausgehende Licht fällt, in Abb. 35.34 von links kommend (auch in den folgenden Darstellungen wird die Lichtrichtung i. Allg. von links nach rechts angenommen). Im Fall der Abb. 35.34 (a) fällt das Licht vom sog. *Gegenstands-* oder *Objektraum* (auch als *Eintrittsseite* bezeichnet) her auf eine konvexe brechende Kugelfläche, deren Krümmungsradius positiv sei. Der Krümmungsradius r wird als positiv definiert, wenn der Krümmungsmittelpunkt in dem dem Gegenstandsraum abgewandten Raum der Grenzfläche liegt. In Abb. 35.34 (b) handelt es sich dagegen um eine konkave Grenzfläche, deren Krümmungsradius r dann negativ ist, da der Krümmungsmittelpunkt der Kugelfläche im Gegenstandsraum liegt. Eine geeignete Bezugsachse stellt die Symmetrieachse der jeweiligen Anordnung dar, welche durch den Krümmungsmittelpunkt gehend, die brechende Fläche im Scheitel S schneidet. Ein in Abb. 35.34 (a) parallel zu dieser Achse aus dem Medium mit Brechzahl n_1 einfallender Lichtstrahl 1 trifft die brechende Fläche in A, wird gemäß dem Snellius'schen Brechungsgesetz gebrochen und schneidet die Bezugsachse in F′. Alle parallel zur Symmetrieachse paraxial (achsennah) auf die Grenzfläche treffenden Strahlen, die im Prinzip von einem unendlich fernen Gegenstandspunkt kommen, werden nach F′ gebrochen (wie in Abb. 35.34 (a), Strahl 1). Nach dem Satz von der Umkehrbarkeit des Lichtweges müssen daher im optisch dichteren Medium achsenparallel verlaufende Strahlen, analog von einem bestimmten Punkt F im optisch dünneren Medium ausgehen, wie in Abb. 35.34 (a) für den Strahl 2 dargestellt. Man bezeichnet F als den gegenstands- bzw. objektseitigen oder vorderen und F′ als den bildseitigen oder hinteren **Brennpunkt**. Entsprechendes gilt für die in Abb. 35.34 (b) dargestellte Brechung an einer konkaven Grenzfläche, bei welcher achsenparallel einfallende Strahlen so gebrochen werden, als würden sie vom Brennpunkt F′ ausgehen (in Abb. 35.34 (b), Strahl 1), bzw. als ob alle im optisch dichteren Medium (Brechzahl n_2) parallel verlaufenden Strahlen aus dem optisch dünneren Medium (Brechzahl n_1) in Richtung auf den Brennpunkt F hinzielend einfallen würden (in Abb. 35.34 (b), Strahl 2). Die Abstände der Brennpunkte F bzw. F′ vom Scheitelpunkt S nennen wir die ***Brennweiten*** f bzw. f', wobei $f' > 0$ stets einen im Bildraum liegenden reellen Brennpunkt bedeutet, dagegen für $f' < 0$ es sich um einen virtuell bildseitigen, im Gegenstandsraum liegenden Brennpunkt handelt. Da die Strahlen von beiden Seiten durch die konvexe oder konkave sphärische Grenzfläche treten können, besitzen diese jeweils zwei Brennpunkte F und F′ und damit zwei (unterschiedliche) Brennweiten f und f' (Abb. 35.34).

Für die gegenstands- bzw. bildseitige Brennweite f bzw. f' lässt sich folgende Beziehung herleiten:

$$f = \frac{n_1 \cdot r}{(n_2 - n_1)} \quad \text{bzw.} \quad f' = \frac{n_2 \cdot r}{(n_2 - n_1)} \tag{35.14}$$

Beide Brennweiten haben stets das gleiche Vorzeichen, d. h. die beiden Brennpunkte liegen stets auf entgegengesetzten Seiten der brechenden Fläche. Der einzige, aber wesentliche Unterschied beider Beziehungen ist die unterschiedliche Brechzahl im Zähler und es folgt für das Verhältnis der Brennweiten, dass sie sich wie die Brechzahlen beider Medien verhalten:

$$\frac{f}{f'} = \frac{n_1}{n_2} \tag{35.15}$$

d. h. das Medium mit der kleineren (größeren) Brechzahl weist die kleinere (größere) Brennweite auf.

Bei optischen Systemen hat man es meistens mit mehr als einer brechenden Fläche zu tun. Beispielsweise tritt bei einem einfachen Brillenglas oder einer einfachen Lupe das Licht aus Luft in Glas und dann von Glas wieder in Luft über. Bei Mikroskopen, Fernrohren oder Photoapparaten usw. sind es jedoch oft viel mehr als zwei brechende Flächen.

Befassen wir uns mit dem in der Praxis am häufigsten vorkommenden Fall *zweier zentrierter brechender Kugelflächen* und beginnen mit einem ***sphärischen bikonvexen System***. Abb. 35.35 zeigt eine Bikonvexlinse, mit den Krümmungsradien $r_1 > 0$ und $r_2 < 0$ (zur Vorzeichenvereinbarung s. oben), die aus einem Material mit einer Brechzahl $n_2 > n_1$ als das Medium ihrer Umgebung besteht. Die Verbindungslinie der Kugelmittelpunkte M_1 und M_2 der Krümmungsradien stellt die Bezugsachse dar, die man auch als die **optische Achse** der Anordnung bezeichnet. Da das Medium des Gegenstands- als auch des Bildraumes, wie hier angenommen, gleiche Brechzahl n_1 besitzt, sind auch die Brennweiten der Linse auf beiden Seiten identisch.

Dies lässt sich durch Betrachtung des Strahlenverlaufs bei der Abbildung an den zwei brechenden Flächen mithilfe des Brechungsgesetzes zeigen und man erhält:

$$f = f' = \frac{n_1 \cdot n_2 \cdot r_1 \cdot r_2}{(n_2 - n_1) \cdot [(n_2 - n_1) \cdot d + n_2 \cdot (r_2 - r_1)]} \tag{35.16}$$

wenn $d = \overline{S_1 S_2}$ die Dicke der Linse ist (s. Abb. 35.35). Von welchen Punkten aus die Brennweiten zu rechnen sind, werden wir weiter unten festlegen. Haben die beiden Kugelflächen gleiche Krümmungsradien $r_1 = r = -r_2$, so folgt aus (35.16) für die Brennweiten:

$$f = f' = \frac{n_1 \cdot n_2 \cdot r^2}{(n_2 - n_1) \cdot [2\, n_2 \cdot r - d \cdot (n_2 - n_1)]} \tag{35.17}$$

Ein Strahlenbündel mit nicht zu großer Öffnung treffe auf eine Bikonvexlinse, deren Krümmungsradien wir zur Vereinfachung als gleich annehmen. Ein achsenparallel zur optischen Achse einfallendes Strahlenbündel wird, wie Abb. 35.36 zeigt, durch eine ***Sammellinse*** zu einem konvergenten Strahlenbüschel und in einen Punkt auf der optischen Achse, den **Brennpunkt** gebrochen. Achsenparallele Strahlen werden also in den Brennpunkt fokussiert (Abb. 35.36). Ein unendlich fern liegender Punkt, von dem ja ein achsenparalleles Strahlenbündel eintrifft, wird also in den Brennpunkt abgebildet. Entsprechend liegt das Bild des Brennpunktes im Unendlichen. Den zweiten Brennpunkt der Linse erhält man durch Umkehr der Einfallsrichtung des Strahlenbündels. Die im Brennpunkt senkrecht auf der optischen Achse stehende Ebene heißt die **Brennebene**.

Ein paralleles Strahlenbündel, das schräg zur optischen Achse einfällt, wird in einen Punkt in der Brennebene fokussiert (Abb. 35.37). Entsprechend wird, in Umkehrung des Lichtweges, ein von einem Punkt in der Brennebene ausge-

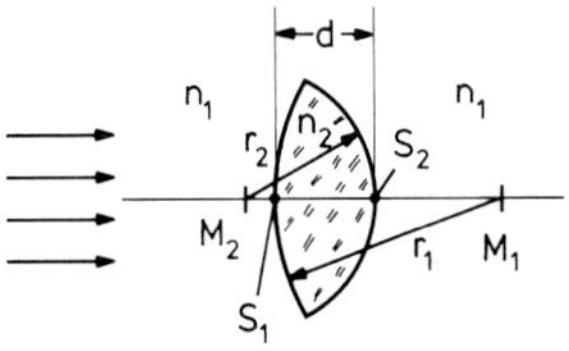

Abb. 35.35

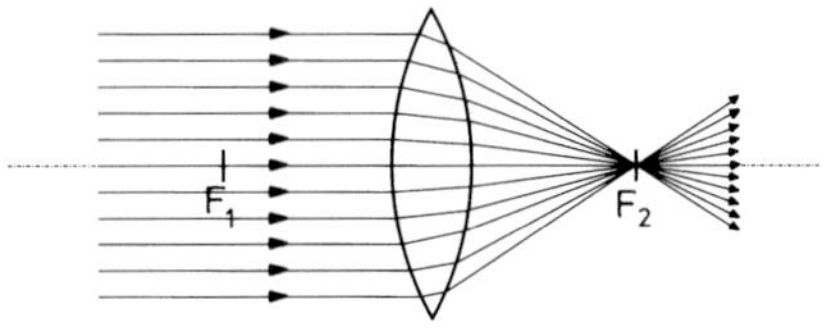

Abb. 35.36

hendes und auf eine Konvexlinse auftreffendes divergentes Strahlenbüschel, die Linse als paralleles Strahlenbündel verlassen.

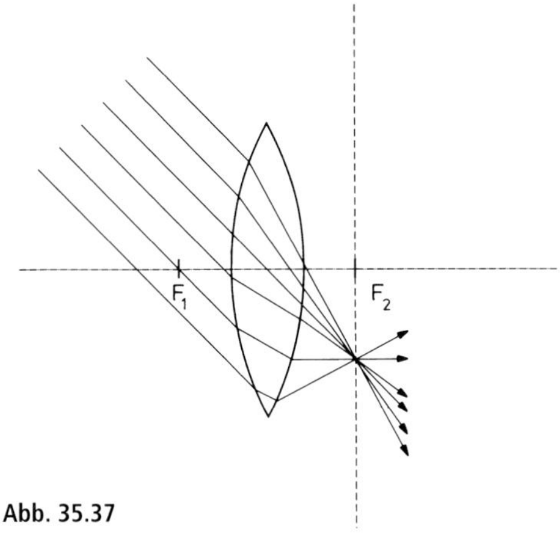

Abb. 35.37

Ein ***sphärisch bikonkaves System*** mit zwei zentrierten brechenden Kugelflächen ist in Abb. 35.38 dargestellt, wobei wir zur Vereinfachung identische Krümmungsradien angenommen haben. Die ***Zerstreuungslinse*** der Brech-

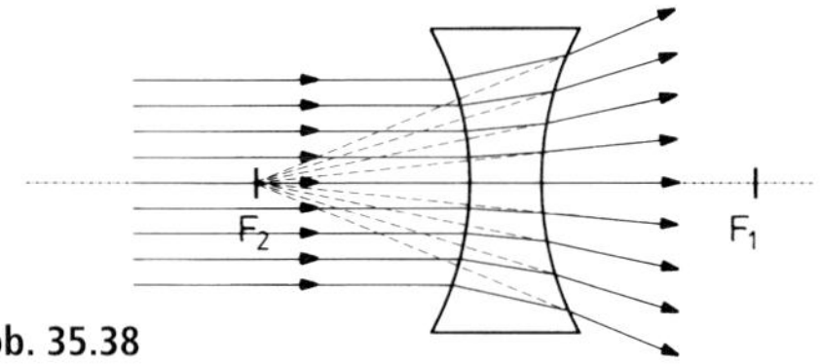

Abb. 35.38

zahl n_2 befinde sich außerdem in einem umgebenden Medium der Brechzahl $n_1 < n_2$, sodass die Brennweiten gegenstands- wie bildseitig identisch sind. Diese Linsen besitzen die Eigenschaft, ein parallel zur optischen Achse einfallendes Strahlenbündel divergent zu machen. Das Strahlenbündel wird dabei so abgelenkt, als würden alle Strahlen dieses divergenten Strahlenbüschels von dem Brennpunkt der Linse herkommen, der auf der Seite des einfallenden Strahlenbündels liegt, in Abb. 35.38 vom Brennpunkt F_2. Die Brennpunkte der Konkavlinse sind, wie oben bei der Brechung an der konkaven Grenzfläche bereits erwähnt, **virtuelle Brennpunkte**.

Zur Beschreibung ihrer Abbildungseigenschaften betrachtet man das Material optischer Linsen, wie auch oben, normalerweise als *optisch dichter* im Vergleich zu seiner Umgebung. Dann wirken, aufgrund des Brechungsverhaltens des Lichtes, die *konvexen Linsen* als *Sammellinsen* und die *konkaven Linsen* als *Zerstreuungslinsen*. Ist dagegen das Linsenmaterial *optisch dünner* als seine Umgebung, beispielsweise ein lufterfüllter Hohlraum in entsprechender Form einer Linse eingebettet in eine Umgebung von Plexiglas, dann folgt aus dem Brechungsverhalten des Lichtes, dass *Konvexlinsen* die Wirkung von *Zerstreuungslinsen* und *Konkavlinsen* von *Sammellinsen* haben.

Die *Abbildungseigenschaften* von Linsen mit sphärischen Grenzflächen, die auch wieder mittels des Brechungsgesetzes beschrieben werden können, betrachten wir für den Fall von Linsen in Luft, d. h. wir können für die Brechzahl des die Linse umgebenden Mediums $n_1 \approx 1$ und für die des Linsenmaterials $n_2 = n > 1$ setzen. Außerdem sollen die Krümmungsradien der sphärischen Grenzflächen i. Allg. gleich sein.

Linsen werden idealisiert als **dünne Linsen** bezeichnet, wenn ihre Dicke d (s. Abb. 35.35) klein gegenüber den Krümmungsradien ihrer sphärischen Grenzflächen ist.

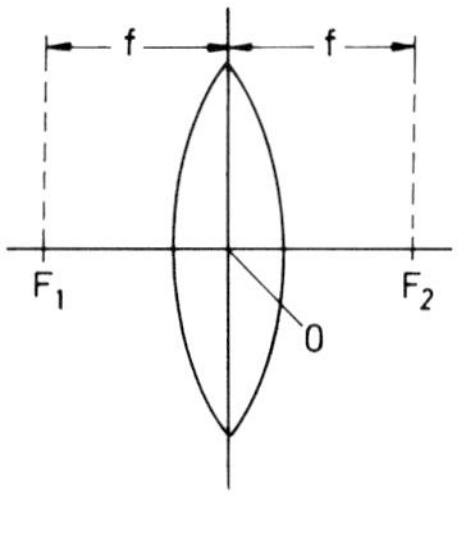

Abb. 35.39

Abb. 35.39 zeigt eine ***dünne Konvexlinse*** mit gleichen Krümmungsradien der Grenzflächen. Die Gerade durch die Schnittpunkte der beiden Kugelflächen bezeichnet man als **Mittelebene** oder allgemeiner als **Hauptebene** der Linse. Sie steht senkrecht zur Symmetrieebene, der *optischen Achse*, und schneidet diese im optischen Mittelpunkt O der Linse. Die Strecke $\overline{F_1O}$ bzw. $\overline{F_2O}$ nennt man die **Brennweite** f_1 bzw. f_2 der Linse, wobei in unserem Fall $f_1 = f_2 = f$ ist. Die Brennweite ist bei dünnen Linsen jeweils der Abstand der Brennebenen (durch die Brennpunkte F_1 bzw. F_2) von der Mittelebene.

6

Für die Brennweite f der dünnen Linse kann im allgemeinen Fall ungleicher Krümmungsradien der beiden Grenzflächen wegen $d \ll r_1, r_2$ in Gleichung (35.16) $d \cdot (n_2 - n_1)$ gegenüber $n_2 \cdot (r_2 - r_1)$ vernachlässigt werden und es folgt:

$$f = \frac{n_1 \cdot r_1 \cdot r_2}{(n_2 - n_1) \cdot (r_2 - r_1)} \qquad (35.18)$$

bzw. im Falle gleicher Krümmungsradien $r_1 = r = -r_2$ ergibt sich für die Brennweite:

$$f = \frac{n_1 \cdot r}{2(n_2 - n_1)} \qquad (35.19)$$

Dabei ist n_1 die Brechzahl des (beliebigen) umgebenden Mediums der Linse mit Brechzahl $n_2 > n_1$.

Den reziproken Wert der Brennweite f bezeichnet man als den **Brechwert** (früher die **Brechkraft**) $\boldsymbol{D}$:

Definition:

$$D = \frac{1}{f} \qquad (35.20)$$

Einheit:

Dioptrie (dpt)
1 dpt = 1 m^{-1}

Beispiel: Eine Linse mit einer Brennweite von $f = 0{,}25$ m besitzt einen Brechwert von $D = 4$ dpt.

Die Brennweite f und damit gemäß der Definition (35.20) auch der Brechwert D ist, wie die Beziehungen (35.16) bis (35.19) zeigen, von den Brechzahlen des Linsenmaterials und seiner Umgebung sowie von den Krümmungsradien seiner Begrenzungsflächen abhängig. Im allgemeinen Fall einer dünnen Linse mit unterschiedlich gekrümmten brechenden Flächen (z. B. in der Form der Abb. 35.35) ergibt sich aus (35.18) gemäß (35.20) für den Brechwert D einer bikonvexen Linse der Brechzahl n_2 im umgebenden Medium mit Brechzahl $n_1 < n_2$:

$$D = \frac{1}{f} = \left(\frac{n_2}{n_1} - 1\right) \cdot \left(\frac{1}{r_1} - \frac{1}{r_2}\right) \qquad (35.21)$$

oder für eine Bikonvexlinse mit $n_2 = n$, die sich im Vakuum ($n_1 = 1$) bzw. im Medium Luft ($n_1 \approx 1$) als Umgebung befindet:

$$D = \frac{1}{f} = (n-1) \cdot \left(\frac{1}{r_1} - \frac{1}{r_2}\right) \qquad (35.22)$$

Diese Beziehung wird auch als *Linsenmacherformel* bezeichnet.

Aus Gleichung (35.22) oder mit (35.19) und (35.20) folgt für den Brechwert D einer dünnen Linse mit brechenden Flächen gleicher Krümmung ($r_1 = r$; $r_2 = -r$), deren Umgebung Vakuum bzw. Luft ist (Abb. 35.39):

$$D = \frac{1}{f} = \frac{2(n-1)}{r} \qquad (35.23)$$

Der Brechwert einer bikonvexen Linse ($r_1 > 0$, $r_2 < 0$) ist positiv, wogegen der Brechwert einer bikonkaven Linse ($r_1 < 0$, $r_2 > 0$), negativ ist (s. § 35.3.2. II).

I. Abbildung mittels dünner Sammellinsen

Wir betrachten die Abbildung eines Gegenstandes mit einer dünnen Sammellinse der Brechzahl $n_2 = n$ in einem umgebenden Medium (z. B. Luft) mit $n_1 < n_2$. Der Gegenstand G befinde sich im Abstand der *Gegenstandsweite g* von der Mittelebene der Linse entfernt. Die Brennweite der Linse sei f; es sei $g > f$. Das entstehende Bild B des Gegenstandes G liege im Abstand der *Bildweite b* von der Mittelebene (Abb. 35.40).

Die Bildkonstruktion erfolgt ähnlich der beim Hohlspiegel, indem von den unendlich vielen vom Gegenstand ausgehenden Strahlen, drei von seiner Spitze ausgehende charakteristische Strahlen herausgegriffen werden, deren Brechung durch die Linse mit Hilfe des Brechungsgesetzes beschrieben wird: ein parallel zur optischen Achse einfallender, ein durch den gegenstandsseitigen (vorderen) Brennpunkt F_1 und ein durch den optischen Mittelpunkt O der dünnen Linse gehender Strahl.

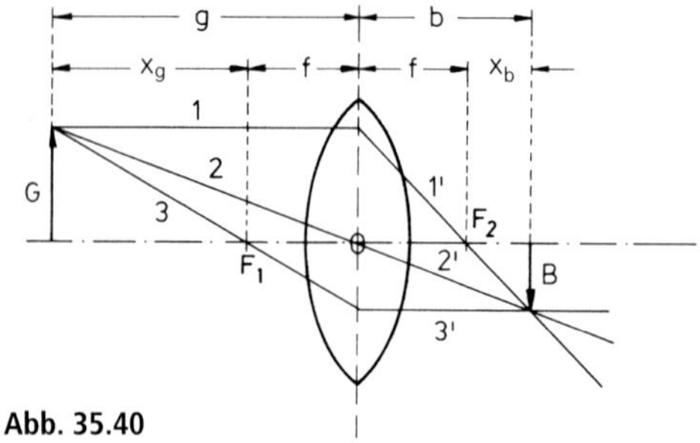

Abb. 35.40

Man kann nun zeigen, dass bei dünnen Linsen die zweifache Brechung an den beiden Grenzflächen durch eine Brechung an der Mittelebene der Linse ersetzt werden kann. Der von G ausgehende parallel zur optischen Achse einfallende Strahl 1 wird daher bis zur Mittelebene der Linse verlängert und von diesem Schnittpunkt aus in Richtung des bildseitigen Brennpunkts F_2 als Strahl $1'$ gebrochen. Strahl 2 von G aus geht ungebrochen durch den optischen Mittelpunkt O der Linse und schneidet als Strahl $2'$ den über F_2 hinaus verlängerten Strahl $1'$ im Bildpunkt der Pfeilspitze. (Alle Strahlen, die durch den optischen Mittelpunkt einer Linse gehen, erfahren keine Brechung.) Strahl 3 von G aus durch den gegenstandsseitigen Brennpunkt F_1 bis zur Mittelebene gezogen, wird als Strahl $3'$ parallel zur optischen Achse abgelenkt und schneidet die beiden anderen Strahlen $1'$ und $2'$ ebenso im Bildpunkt der Pfeilspitze. Das Lot auf die optische Achse von diesem Punkt ergibt dann die Abbildungsebene und das gesuchte Bild B. Ein Schirm, eine Photoplatte etc. muss somit in der Bildebene aufgestellt werden, um ein scharfes Abbild des Gegenstandes zu erhalten. Im Falle der Abb. 35.40 entsteht ein umgekehrtes, reelles und verkleinertes Bild B des Gegenstandes G. Weitere Beispiele zeigt Abb. 35.41.

Die Größe des Bildes B in Relation zu jener des Gegenstands G, die **Lateralvergrößerung** oder der **Abbildungsmaßstab *V*** bei der Abbildung durch eine Linse, ergibt sich aus Abb. 35.40 nach dem Strahlensatz zu:

Definition:

$$V = \frac{B}{G} = \frac{b}{g} \qquad (35.24)$$

(Lateral- oder Seitenvergrößerung).

Die Lage des Bildes B, d. h. die Bildweite b, bestimmt man durch Anwendung des Brechungsgesetzes auf die aufeinander folgenden Abbildungen durch die sphärischen Grenzflächen und erhält so für achsennahe Strahlen die **Abbildungsgleichung** (nach *C. F. Gauß* bzw. *P. S. Laplace*), die der Form nach identisch mit Gleichung (35.11) für den Hohlspiegel ist. Es gilt:

$$\frac{1}{f} = \frac{1}{g} + \frac{1}{b} \qquad (35.25)$$

Dabei sind für dünne Linsen die Brennweite f, Gegenstandsweite g und Bildweite b jeweils von der Mittelebene gerechnet.

Für den Abstand zwischen dem Ort des Gegenstands G und Brennpunkt F_1 (Abb. 35.40): $x_g = g - f$ und zwischen dem Ort des Bildes B und Brennpunkt F_2: $x_b = b - f$ folgt, durch Auflösen nach g bzw. b und Einsetzen in Gleichung (35.25), die damit identische ***Newton'sche Abbildungsgleichung***:

$$x_g \cdot x_b = f^2 \qquad (35.26)$$

Bei der Abbildung eines Gegenstandes G durch Linsen ergeben sich für verschiedene Gegenstandsweiten g unterschiedliche Orte und Arten des Bildes B eines Gegenstandes. In Abb. 35.41 sind für einige typische Gegenstandsweiten g die Bildkonstruktionen sowie die gegenseitige Lage von Gegenstand und Bild und die Bildart für dünne Konvexlinsen angegeben.

Für Gegenstandsweiten g zwischen $-\infty$ und der Brennweite f ergeben sich jeweils reelle und umgekehrte Bilder unterschiedlicher Vergrößerung in Abhängigkeit vom konkreten Gegenstandsort, deren Bildweite b jeweils positiv ist ($b > 0$). Liegt der Gegenstandsort jedoch zwischen $g = f$ und $g = 0$, dann entsteht ein virtuelles, aufrechtes und vergrößertes Bild B auf der Gegenstandsseite, die Bildweite b ist bei unserer Vorzeichenwahl daher negativ ($b < 0$). Somit fällt bei aufrechtem Bild die Lateralvergrößerung V negativ aus, weshalb hier (Abb. 35.41, unten) der Absolutbetrag von V angegeben ist. Ein Anwendungsbeispiel einer solchen Anordnung, bei welcher der Gegenstand sich innerhalb der einfachen Brennweite befindet, ist die *Lupe* (s. § 36.2.1).

II. Abbildung mittels dünner Zerstreuungslinsen

Auch hier betrachten wir wieder eine dünne Linse der Brechzahl n_2 in einem umgebenden Medium (z. B. Luft) mit $n_1 < n_2$. Auch bei dün-

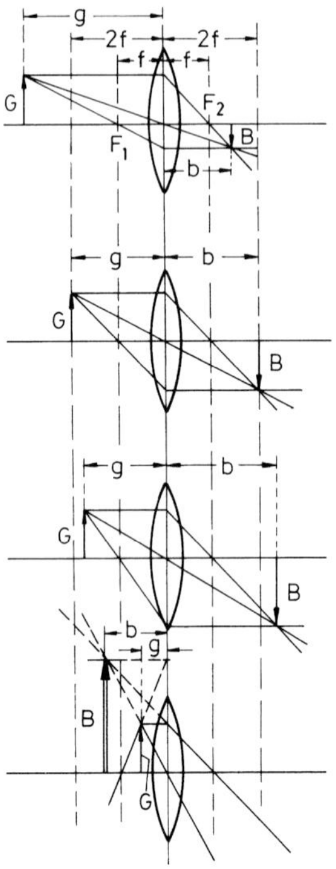

Gegenstand G:	Bild B:
$\infty > g > 2f$	B reell, umgekehrt, verkleinert $B < G$; $V < 1$ $f < b < 2f$
$g = 2f$	B reell, umgekehrt, gleich groß $B = G$; $V = 1$ $b = 2f$
$f < g < 2f$	B reell, umgekehrt, vergrößert $B > G$; $V > 1$ $2f < b < \infty$
$0 < g < f$	B virtuell, aufrecht, vergrößert $B > G$; $\lvert V \rvert > 1$ $-\infty < b < 0$ (Bildweite b negativ)

Abb. 35.41

nen Konkavlinsen gilt wie bei dünnen Konvexlinsen, dass die zweifache Brechung an den beiden Grenzflächen durch eine Brechung an der Mittelebene der Linse ersetzt werden kann. Der Gegenstand G befinde sich im Abstand g von der Mittelebene der Linse. Das Bild B, das auf derselben Seite entsteht, wo sich der Gegenstand befindet, ist virtuell und im Abstand b von der Linse (Abb. 35.42).

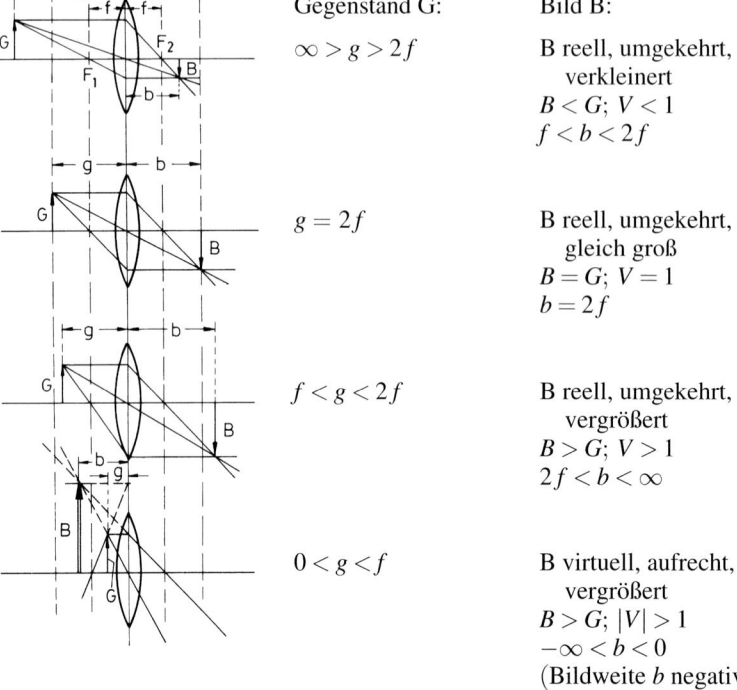

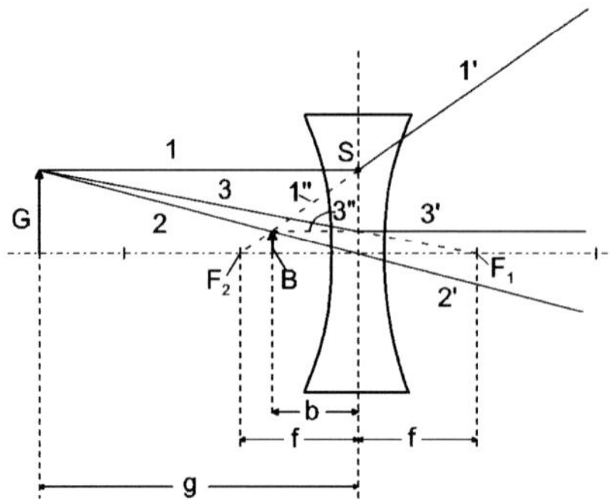

Abb. 35.42

Die Bildkonstruktion ist folgende: Strahl 1 von G bis zum Schnittpunkt mit der Hauptebene in S. Die Verlängerung der Verbindung des Brennpunktes F_2 mit S über S hinaus ergibt den gebrochenen Strahl 1′. Strahl 2 durch O geht in 2′ über. Strahl 2 schneidet $\overline{F_2S}$ im Bild der Pfeilspitze. Das Lot auf die optische Achse ergibt das virtuelle, aufrechte und verkleinerte Bild B. Zur Kontrolle kann außerdem noch Strahl 3 von G aus zum Brennpunkt F_1 auf der anderen Seite der Linse gezeichnet werden. Am Schnittpunkt mit der Hauptebene der Linse (Mittelachse) geht dieser Strahl in Strahl 3′ über. Dessen rückwärtige Verlängerung 3″ schneidet ebenfalls Strahl 2 und Strahl 1′ im Bild der Pfeilspitze.

Die Abbildungsgleichung gilt ebenfalls für dünne konkave Linsen, nur ist hier die Brennweite der Linse negativ zu rechnen; die Gegenstandsweite g ist stets größer null. Damit folgt, dass die reziproke Bildweite $\frac{1}{b} = \frac{1}{f} - \frac{1}{g} < 0$ ist. Für Gegenstandsweiten zwischen $g = \infty$ und

$g=0$ liegen somit die Bildorte zwischen $b=-f$ und $b=0$ bei einer Lateralvergrößerung $|V|<1$. Wegen $f<0$ ist auch der Brechwert D einer Zerstreuungslinse negativ.

III. Abbildung mittels Linsensystemen

Die Kombination mehrerer Linsen in geeigneter Weise nennt man ein **Linsensystem**. Die abbildenden Optiken zahlreicher optischer Instrumente, wie z. B. von Mikroskopen, Fernrohren, Photoapparaten, Projektoren usw. stellen i. Allg. optimierte Kombinationen unterschiedlicher Linsen dar, wodurch eine wesentliche Steigerung der Qualität der Abbildung erreicht wird. Ein Prototyp solcher Systeme ist die einfache Kombination, z. B. zweier dünner Sammellinsen, die dicht hintereinander sitzen, wie in Abb. 35.43 dargestellt, oder die im Abstand d voneinander sind (Abb. 35.44). Betrachten wir zunächst das System der Abb. 35.43: Strahlen, die beispielsweise vom Brennpunkt F_1 ausgehen, verlassen die erste Linse parallel und werden daher von der zweiten Linse in den Brennpunkt F_2 fokussiert. Die zwei Linsen wirken wie eine Linse, deren Brechwert $D=\frac{1}{f}$ die Summe der Brechwerte der Einzellinsen D_1 und D_2 ist.

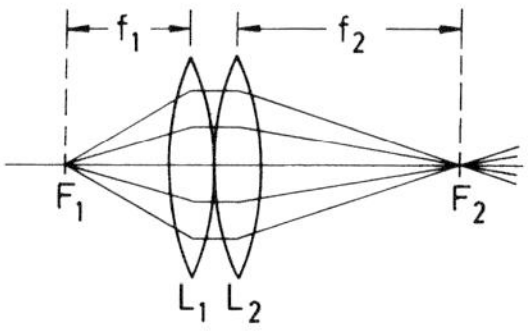

Abb. 35.43

$$D=D_1+D_2 \qquad (35.27)$$

Die Brennweite f des Gesamtsystems ergibt sich mit der Definition des Brechwerts (Gleichung (35.20)) aus (35.27) zu:

$$\frac{1}{f}=\frac{1}{f_1}+\frac{1}{f_2}, \quad \text{oder} \quad f=\frac{f_1\cdot f_2}{f_1+f_2} \qquad (35.28)$$

Werden wie im Beispiel der Abb. 35.43 nur dicht aneinander gesetzte Konvexlinsen kombiniert, deren Brennweiten nach Vereinbarung positives Vorzeichen haben, dann sind auch die Brennweiten bzw. Brechwerte des kombinierten Systems positiv, d. h. es handelt sich um ein konvex abbildendes System. Entsprechend ergibt die Kombination von dicht aneinander gesetzten Zerstreuungslinsen ($f<0$ bzw. $D<0$) ein konkav abbildendes System mit negativer Gesamtbrennweite bzw. negativem Gesamtbrechwert. Bei gemischter Kombination von Sammel- und Zerstreuungslinsen ergibt sich aus der Bestimmung des Brechwerts bzw. der Brennweite des Gesamtsystems gemäß (35.27) bzw. (35.28), unter Berücksichtigung des Vorzeichens dieser Größen der Einzellinsen, ob insgesamt ein konvex oder konkav abbildendes System vorliegt.

6

Beispiele:

1. Zwei dünne Sammellinsen L_1 mit der Brennweite $f_1=20$ cm (Brechwert $D_1=5$ dpt) und L_2 mit der Brennweite $f_2=80$ cm (Brechwert $D_2=1{,}25$ dpt) werden dicht hintereinander gesetzt. Das so entstandene Linsensystem besitzt nach Formel (35.28) eine Gesamtbrennweite von $f_{ges}=16$ cm (Gesamtbrechwert $D_{ges}=6{,}25$ dpt) und wirkt als Sammellinse.

2. Die Brennweite einer Linse L_1 beträgt $f_1=200$ mm. Um den Brechwert um 10 % zu erhöhen, soll dicht hinter L_1 eine zweite Linse L_2 gesetzt werden. Der Gesamtbrechwert ist also $D=D_1+0{,}1\,D_1$, womit eine Linse L_2 des Brechwerts $D_2=0{,}1\,D_1$ bzw. der Brennweite $f_2=10\,f_1=2000$ mm gewählt werden muss.

3. Setzt man eine dünne Sammellinse der Brennweite $f_1=12$ cm und eine dünne Zerstreuungslinse der Brennweite $f_2=-48$ cm dicht aneinander, so ergibt sich gemäß (35.28) ein sammelndes System der Brennweite $f=16$ cm.

4. Kombiniert man dagegen eine dünne Sammellinse der Brennweite $f_1=48$ cm mit einer dünnen Zerstreuungslinse mit $f_2=-12$ cm, dicht hintereinander, so hat das Gesamtsystem mit einer Brennweite $f=-16$ cm zerstreuende Wirkung.

5. Werden zwei Zerstreuungslinsen der Brennweiten $f_1=-12$ cm und $f_2=-48$ cm dicht aneinander gesetzt, dann hat das dadurch gebildete zerstreuende System eine Gesamtbrennweite von $f=-9{,}6$ cm.

Sind die beiden Linsen nicht dicht aneinander gesetzt, sondern haben die Linsenmitten einen Abstand $d>f_1+f_2$ voneinander (Abb. 35.44), wenn f_1 und f_2 die Brennweiten der beiden Ein-

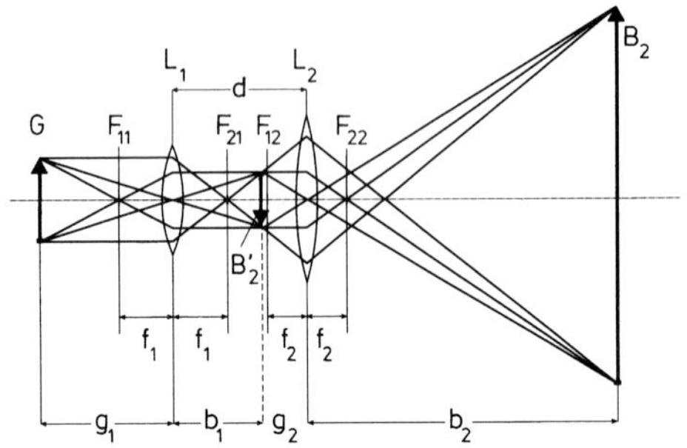

Abb. 35.44

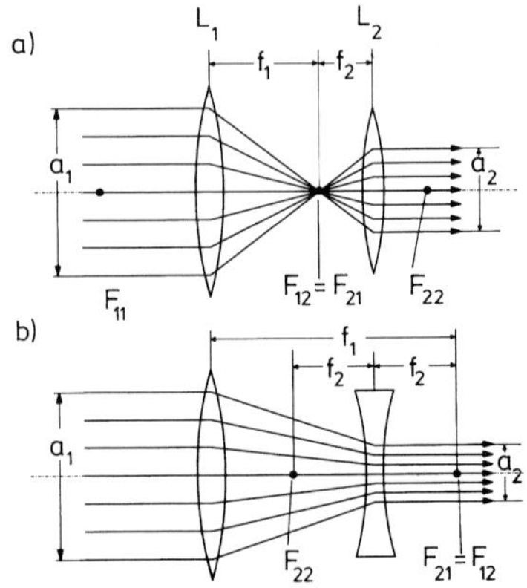

Abb. 35.45

zellinsen sind, dann ergibt sich für den Brechwert des Gesamtsystems

$$D = D_1 + D_2 - d \cdot D_1 \cdot D_2 \tag{35.29}$$

bzw. für die Brennweite

$$\frac{1}{f} = \frac{1}{f_1} + \frac{1}{f_2} - \frac{d}{f_1 \cdot f_2}$$

oder

$$f = \frac{f_1 \cdot f_2}{f_1 + f_2 - d} \tag{35.30}$$

Bei geeigneter Wahl der Brennweiten f_1, f_2 und des Abstandes d der einzelnen kombinierten Linsen lassen sich im Prinzip Systeme beliebiger Brennweiten bzw. Brechwerte verwirklichen. Sowohl Gleichung (35.29) als auch (35.30) gehen für vernachlässigbaren Abstand d ($d \ll f_1, f_2$) in (35.27) bzw. (35.28) über.

Eine spezielle Kombination stellt die Anordnung zweier Linsen dar, deren Abstand d gleich der (algebraischen) Summe der Einzelbrennweiten f_1 und f_2 beider Linsen ist. Es liegt dann ein ***teleskopisches System*** vor, das die Eigenschaft besitzt, dass parallel einfallende Strahlen wieder als paralleles Strahlenbündel austreten. In Abb. 35.45 ist schematisch der Strahlengang durch zwei Beispiele teleskopischer Systeme dargestellt; Abb. 35.45 a) zeigt die Kombination zweier konvexer Linsen, bei welcher der hintere Brennpunkt von L_1 mit dem vorderen Brennpunkt der Linse L_2 zusammenfällt, und in Abb. 35.45 b) ist eine konvexe mit einer konkaven Linse kombiniert, mit dem gemeinsamen Brennpunkt $F_{21} = F_{12}$. Bezeichnet a_1 den Durchmesser des einfallenden Lichtbündels, a_2 den des austretenden, dann ergibt sich für ein teleskopisches System (Abb. 35.45) die Beziehung:

$$\frac{a_1}{a_2} = \frac{f_1}{f_2} \tag{35.31}$$

Ist, wie z. B. in Abb. 35.45 a), die Brennweite f_1 der ersten Linse L_1 größer als die Brennweite f_2 der zweiten Linse L_2, dann erfolgt nach (35.31) eine Reduktion des Strahlenquerschnitts bei Durchgang durch das teleskopische System; um eine Strahlaufweitung zu erreichen, müssen Linsen verwendet werden, bei denen die Brennweite der zweiten Linse $f_2 > f_1$ der ersten Linse ist. Teleskopische Systeme werden beispielsweise vorteilhaft zur Querschnittsänderung von Laserstrahlung eingesetzt.

Beispiele:

1. Zwei dünne Sammellinsen der Brennweiten $f_1 = 2$ cm und $f_2 = 3$ cm haben bei einem Abstand der beiden Mittelebenen von $d = 7$ cm nach (35.30) eine Gesamtbrennweite von $f = -3$ cm, d. h. zerstreuende Wirkung. Ist der Abstand $d < f_1 + f_2 = 5$ cm, z. B. $d = 4$ cm (oder $d = 0{,}7$ cm), so wirkt das System als Sammellinse mit einer Gesamtbrennweite $f = 6$ cm (oder $f \approx 1{,}4$ cm). Geht der Abstand $d \to 0$, so nähert sich die Gesamtbrennweite dem Wert $f = 1{,}2$ cm für dicht aneinander gesetzte Linsen.

2. Sollen zwei dünne Sammellinsen, die in Luft je einen Brechwert von 5 dpt haben, so hintereinander gesetzt werden, dass sich gerade ein Gesamtbrechwert von $D_{ges} = 0$ dpt ergibt, dann müssen die Mitten der Linsen sich nach Gleichung (35.29) im Abstand $d = 40$ cm befinden.

3. Stehen zwei Sammellinsen mit derselben optischen Achse so hintereinander, dass der hintere

Brennpunkt F_{21} der ersten Linse mit dem vorderen Brennpunkt F_{12} der zweiten Linse zusammenfällt, wobei im Unterschied zu Abb. 35.45 a) $f_2 > f_1$ sein soll, dann wird ein von links auf L_1 einfallendes achsenparalleles schmales Strahlenbündel, mit dem Durchmesser a_1, die zweite Linse L_2 mit dem größeren Durchmesser $a_2 > a_1$ achsenparallel verlassen, d. h. das Strahlenbündel wird aufgeweitet.

M IV. Abbildung mittels dicker Linsen

Bei dicken Linsen, deren Dicke nicht mehr vernachlässigbar ist gegenüber dem Krümmungsradius der Begrenzungsflächen, ist die Bildkonstruktion mit Hilfe nur einer Hauptebene, der Mittelebene der Linse, nicht mehr möglich. Verfolgt man den Strahlengang durch eine dicke Linse, wie er aufgrund des Brechungsgesetzes erwartet wird, so kann man analog zur dünnen Linse zeigen, dass die zweifache Brechung an den beiden Grenzflächen hier durch die Brechung an zwei räumlich getrennten Ebenen ersetzt werden kann. Diese **Hauptebenen** (in Abb. 35.46 mit H_G und H_B bezeichnet), die die optische Achse in den **Hauptpunkten** H bzw. H′ schneiden, liegen nicht notwendigerweise innerhalb des Linsenkörpers, sondern können auch außerhalb liegen, bei Linsensystemen selbst weit außerhalb der Linsen.

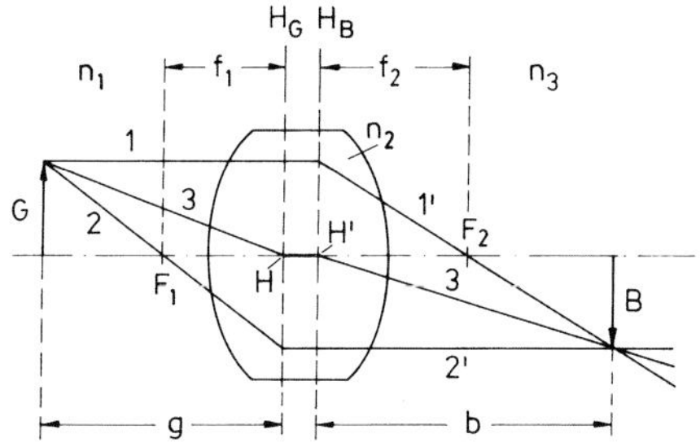

Abb. 35.46

Abb. 35.46 zeigt eine dicke Linse (Brechzahl $n_2 > n_1, n_3$) mit gleichen Radien der Krümmungsflächen, die gegenstands- und bildseitig an Medien unterschiedlicher Brechzahlen $n_1 \neq n_3$ angrenzt. Die Gegenstandsweite g wird vom Gegenstand G und die Brennweite f_1 vom Brennpunkt F_1 jeweils bis zur ersten Hauptebene H_G gemessen und von der zweiten Hauptebene H_B bis zum Bild B die Bildweite b bzw. bis zum Brennpunkt F_2 die Brennweite $f_2 \neq f_1$. Es wird $f_1 = f_2 = f$, wenn die Brechzahlen der an die Linse angrenzenden Medien gleich sind ($n_1 = n_3$). Das Bild eines Gegenstandes G konstruiert man folgendermaßen: Zwischen den Hauptebenen verlaufen die Strahlen parallel; man zeichnet daher Strahl 1 von der Pfeilspitze von G aus zur bildseitigen Hauptebene H_B, dort wird er als Strahl 1′ zum Brennpunkt F_2 abgelenkt. Der Strahl 2 durch den gegenstandsseitigen Brennpunkt wird bis zur gegenstandsseitigen Hauptebene H_G gezeichnet und von dort als Strahl 2′ parallel zur optischen Achse abgelenkt; er schneidet Strahl 1′ im Bildpunkt der Pfeilspitze. Strahl 3 verläuft von der Pfeilspitze bis zum gegenstandsseitigen Hauptpunkt H und wird parallel verschoben durch den bildseitigen Hauptpunkt H′ gezeichnet; er trifft auf den Schnittpunkt von Strahl 1′ und 2′. Das Lot dieses Schnittpunktes auf die optische Achse ergibt das Bild B.

Werden bei dicken Linsen die Gegenstandsweite g, die Bildweite b und die Brennweite(n) f, wie oben angegeben, von den jeweiligen Hauptebenen aus gemessen statt von der Linsenmitte wie bei dünnen Linsen, dann gilt die dort angegebene Abbildungsgleichung (35.25) auch für dicke Linsen.

M V. Ausgezeichnete Elemente eines optischen Systems

Betrachten wir die eingangs zu diesem Abschnitt allgemein behandelte Brechung an gekrümmten sphärischen Grenzflächen unter Verwendung der oben eingeführten charakteristischen Strahlen zur Abbildung eines Gegenstandes G. Analog zu Abb. 35.34 (a) treffe in Abb. 35.47 das vom Gegenstand G ausgehende Licht auf eine konvexe brechende Kugelfläche, welche die beiden Medien der Brechzahlen n_1 und $n_2 > n_1$ trennt. Der gegenstands- bzw. bildseitige Brennpunkt sei hier mit F_1 bzw. F_2 bezeichnet. Entsprechend der oben angegebenen Konstruktionsvorschrift wird der vom Gegenstand G aus gezogene zur optischen Achse paraxiale Strahl an der brechenden Kugelfläche zum bildseitigen Brennpunkt F_2 hin gebrochen. Der gegenstandsseitige Brennpunktstrahl durch F_1 wird zum Parallelstrahl zur optischen Achse. Der ungebrochen eintretende Strahl schneidet die optische Achse im **Knotenpunkt** K. Alle drei Strahlen schneiden sich in der Spitze des Bildes B (Abb. 35.47).

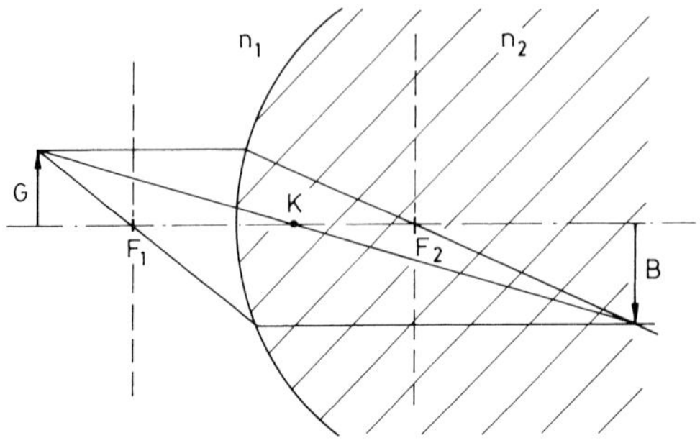

Abb. 35.47

Bei zentrierten optischen Systemen werden zwei, wie bei den Linsen, oder mehrere brechende Kugelflächen derart zusammengesetzt, dass alle Krümmungsmittelpunkte auf einer Geraden, der optischen Achse, liegen. Für die Darstellung der Abbildung mit paraxialen Strahlen besitzt jedes solche System drei Paare so genannter **Kardinalelemente**, die *Kardinalebenen* bzw. *Kardinalpunkte*, wobei die Kardinalebenen senkrecht auf der optischen Achse stehen und durch die auf der optischen Achse liegenden Kardinalpunkte gehen. Die sechs Kardinalelemente sind (Abb. 35.48):
zwei Brennebenen bzw. Brennpunkte F und F′
zwei Hauptebenen bzw. Hauptpunkte H und H′
zwei Knotenebenen bzw. Knotenpunkte K und K′.

Dabei sind die Knotenebenen, als Senkrechte auf der optischen Achse in den Knotenpunkten, die Ebenen auf der Gegenstands- bzw. Bildseite, die sich als Schnittpunkte all der Strahlen ergeben, die mit derselben Steigung vom Gegenstandspunkt ausgehen und im Bildpunkt endigen. Dann gilt: K liegt um f' von F entfernt und K′ um f von F′.

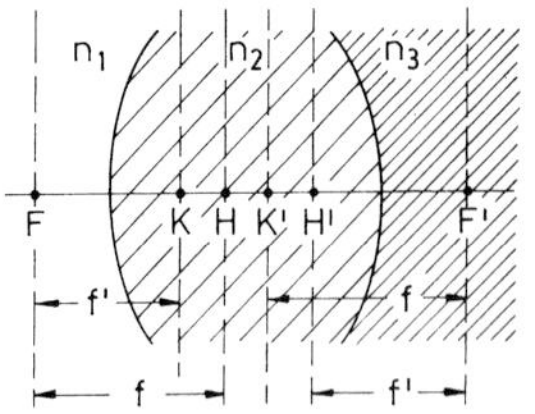

Abb. 35.48

Befinden sich vor und hinter dem optischen System (Medium mit Brechzahl n_2 in Abb. 35.48) Medien mit verschiedenen Brechzahlen $n_1 \neq n_3$, dann sind die beiden Brennweiten f und f' verschieden. Sind dagegen beide Medien gleich ($n_1 = n_3$, z. B. Luft), wie meist bei der Abbildung mit Linsen, außer beispielsweise bei der Augenlinse, so sind die Beträge der Brennweiten auf der Gegenstands- und Bildseite gleich, und die Knotenpunkte fallen mit den Hauptpunkten zusammen. Es folgt daher, dass optische Systeme, z. B. (dicke) Linsen, die insgesamt von ein und demselben Medium umgeben sind, nur vier Kardinalelemente besitzen:
zwei Brennebenen bzw. Brennpunkte F und F′
zwei Hauptebenen bzw. Hauptpunkte H und H′.

Sind die Linsen schließlich so dünn, dass man ihre Dicke vollkommen vernachlässigen darf, d. h. es liegen sehr dünne (oder ideelle) Linsen vor, dann rücken die beiden Hauptebenen in eine Ebene, die Mittelebene, zusammen. Somit werden dünne Linsen durch drei Kardinalelemente bestimmt:
zwei Brennebenen bzw. Brennpunkte F und F′
eine Mittelebene bzw. das optische Zentrum.

VI. Abbildung mittels Zylinderlinsen

Die **Zylinderlinsen** stellen astigmatisch brechende Flächen dar. Als Beispiel betrachten wir eine Linse, die durch eine plane Fläche und eine Zylinderfläche begrenzt ist (Abb. 35.49).

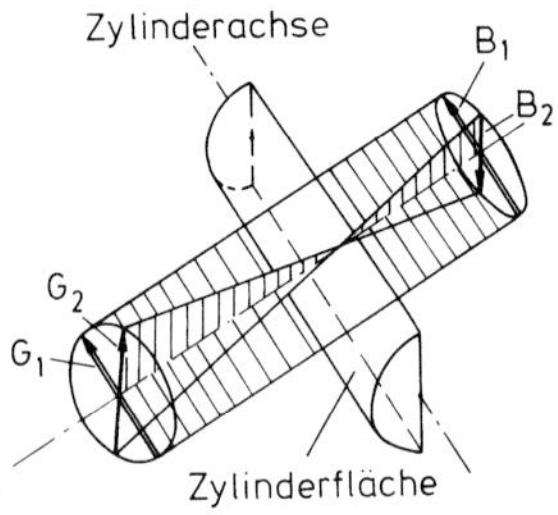

Abb. 35.49

Der abzubildende Gegenstand sei wieder ein Pfeil. Liegt der Pfeil, G_1, in Richtung der Zylinderachse, dann erfährt er eine Abbildung an einer nicht gekrümmten Fläche, er bleibt also gleich groß und wird als Bild B_1 abgebildet. Steht der Pfeil, G_2, senkrecht zur Zylinderachse, so erfährt er eine Abbildung an einer sphärisch gekrümmten Fläche, die z. B. eine verkleinerte Abbildung sein soll (Bild B_2). Befindet sich in der Ebene der Pfeile G_1 bzw. G_2 eine Kreisscheibe, so wird sie nicht als kreisförmige, sondern als ellipsenförmige Fläche in die Ebene der Bilder B_1 bzw. B_2 abgebildet, die im Extremfall auch zur Linie entarten kann. Mithilfe von Zylinderlinsen lassen sich somit Abbildungsfehler, die auf Krümmungsunterschiede in den Linsenoberflächen zurückzuführen sind, korrigieren (s. dazu: *Astigmatismus*).

§ 35.3.3 Abbildungsfehler von Linsen

Es werden hier die häufigsten Fehler angegeben, die bei der Abbildung mit Linsen auftreten. Man unterscheidet chromatische Abbildungsfehler, die als Folge der Dispersion bei Verwendung polychromatischen Lichtes auftreten, von den auch bei monochromatischem Licht vorkommenden Abbildungsfehlern (2. bis 5.).

1. Die chromatische Aberration

Wie schon in § 35.1.4 angeführt, ist die Brechzahl n des Linsenmaterials von der Frequenz des einfallenden Lichtes abhängig. Folglich ist bei der Verwendung von z. B. weißem Licht der Brennpunkt der stärker gebrochenen violetten Strahlen näher der Linse gelegen als der Brennpunkt der schwächer gebrochenen roten Strahlen (Abb. 35.50).

Die Linse entwirft bei Verwendung von weißem Licht nur für eine Farbe ein scharfes Bild, das von farbigen Rändern umgeben ist.

Durch Kombination der Konvexlinse mit einer passenden Konkavlinse aus einem Glas anderer Dispersion (z. B. eine Kombination aus Kron- und Flintglas), die miteinander mittels

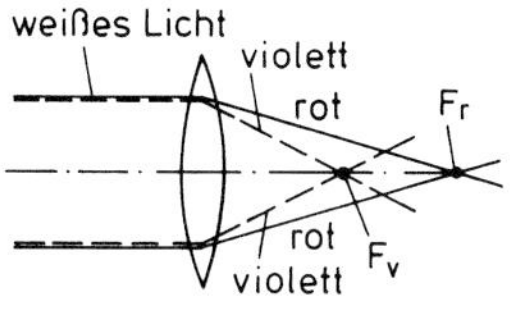

Abb. 35.50

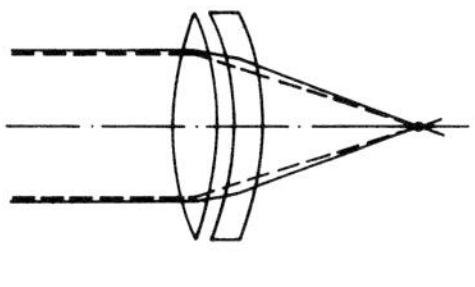
Abb. 35.51

eines durchsichtigen Materials verkittet sind (in Abb. 35.51 schematisch dargestellt), kann die chromatische Aberration wenigstens für zwei Farben korrigiert werden (meist für die zwei Wellenlängen $\lambda = 656{,}27$ nm und $\lambda = 486{,}13$ nm). Ein solches Linsensystem heißt dann **Achromat**. Wird die Achromasie für mindestens drei Wellenlängen (z. B. Rot, Gelb und Blau) durchgeführt, nennt man das entsprechende Linsensystem **Apochromat**.

2. Die sphärische Aberration

Die bislang betrachteten optischen Abbildungen gelten nur für paraxiale Strahlenbündel, d. h. die achsennah sind, oder die optische Achse nur unter kleinen Winkeln schneiden.

Werden bei einem parallel zur optischen Achse einfallenden monochromatischen Strahlenbündel z. B. die Randstrahlen nicht ausgeblendet, so ergeben sie einen anderen Brennpunkt als die achsennah einfallenden Strahlen. Die Randstrahlen, welche stärker gebrochen werden, schneiden sich im Punkt F_R, der näher an der Linse liegt als der Brennpunkt F der achsennahen Strahlen (Abb. 35.52). Die Strecke $\overline{F_R F}$ bezeichnet man als den **Öffnungsfehler** oder die **sphärische Längsaberration** der Linse. Denken wir uns durch den Brennpunkt F der achsennahen Strahlen eine Ebene senkrecht zur optischen Achse, so ergeben die vom Brennpunkt F_R kommenden Randstrahlen auf dieser Ebene einen Kreis, dessen Radius man als **Lateralaberration** der Linse bezeichnet. Die *sphärische Aberration* beobachtet man sowohl bei dünnen als auch bei dicken konvexen wie auch konkaven Linsen. Bei gegebener Linsenöffnung ist sie umso größer, desto stärker die Linse gekrümmt, d. h. je kürzer ihre Brennweite ist. Bei einfachen Linsen wählt man daher möglichst große Krümmungsradien und ein Linsenmaterial hoher Brechzahl, um nicht zu große Brennweiten zu haben. Eine Verringerung dieses Abbildungsfehlers kann durch Ausblenden der achsenfernen Strahlen – jedoch auf Kosten der Intensität – erreicht werden, wie z. B. in Abb. 35.52 angedeutet, wie auch durch geeignete Wahl der Krümmungsradien der brechenden Flächen, wobei die stärker gekrümmte Fläche dem einfallenden Licht zugewandt sein sollte (z. B. die konvex gekrümmte Fläche im

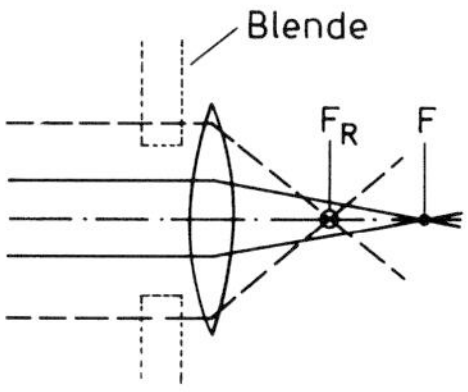

Abb. 35.52

Falle einer plan-konvexen Linse). Eine weitgehende Verringerung bzw. Korrektur des Abbildungsfehlers sphärische Aberration gelingt durch Kombination mehrerer konvexer und konkaver Linsen aus geeignetem Material, bzw. durch entsprechend gekrümmt geschliffene brechende Flächen der Linse, welche i. Allg. asphärisch sind.

3. Die Koma

Trifft auf eine Linse ein zwar paraxiales aber nicht symmetrisch zu ihrer Symmetrieachse verlaufendes Lichtbündel (Abb. 35.53 a)) oder ein von einem seitlich der Symmetrieachse der Linse liegenden Punkt P ausgehendes Lichtbüschel (Abb. 35.53 b)), so erhält man infolge der vorher besprochenen sphärischen Aberration keinen scharfen punktförmigen Bildpunkt, sondern eine einseitig verzerrte Figur. Eine Reduktion dieses beim schiefen Durchgang durch eine Linse auftretenden Abbildungsfehlers lässt sich durch entsprechendes Abblenden der Linse erreichen.

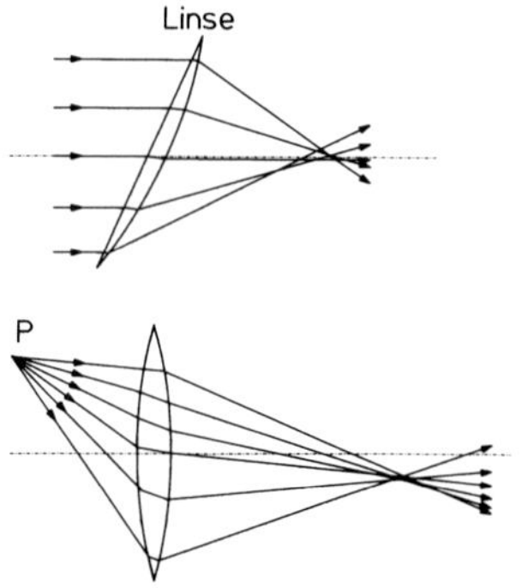

Abb. 35.53

4. Der Astigmatismus

Linsen, deren begrenzende Flächen keine gleichmäßigen Krümmungen aufweisen oder keine Kugelflächen sind, fokussieren achsennah paraxial einfallende Strahlen nicht in einen Bildpunkt, sondern in gewissem Abstand voneinander liegende Bildlinien. Diesen Abbildungsfehler nennt man **Astigmatismus**. Er kommt auch beim menschlichen Auge häufig vor (s. § 36.1.1).

Eine Linse besitze z. B. in zwei zueinander senkrechten Ebenen zwei verschiedene Krümmungen – etwa Kugelflächen unterschiedlicher Krümmungsradien oder in einer Ebene die Krümmung einer Kugelfläche, in der anderen einer Zylinderfläche – und von links treffe ein Strahlenbündel auf, von dem in Abb. 35.54 zwei zueinander senkrechte Ebenen (horizontal und vertikal) hervorgehoben sind. Alle Strahlen der Vertikalebene (Meridionalebene) werden in den Bildpunkt F_1 fokussiert, wogegen jene der Horizontalebene (Sagittalebene) erst im Bildpunkt F_2 vereinigt sind. Man erhält daher in F_1 statt eines Bildpunktes eine horizontale Bildlinie der Sagittalebene und in F_2, wo die Sagittalebene ihren Bildpunkt hat, eine vertikale Bildlinie der Meridionalebene. Der Abstand zwischen den Bildlinien wird als *astigmatische Differenz* bezeichnet.

Die Erscheinung des Astigmatismus beobachtet man auch bei der Abbildung eines Gegenstandes durch eine präzis geschliffene sphä-

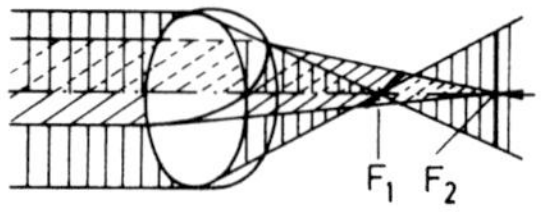

Abb. 35.54

rische Linse, für weit seitlich entfernt von der Achse liegende Gegenstandspunkte, deren Strahlenbüschel sehr schief durch die Linse gehen (*Astigmatismus schiefer Bündel*).

Wie in § 35.3.3 VI erwähnt, stellen *Zylinderflächen* einen speziellen Typ astigmatisch brechender Flächen dar. Zur Korrektur einer astigmatisch verzerrenden sphärischen Linse kann daher eine geeignet gekrümmte Zylinderlinse mit entsprechender Orientierung der Zylinderachse verwendet werden. Auch Kombinationen mehrerer Linsen aus geeignetem Glasmaterial, sog. *Anastigmate*, können so hergestellt werden, dass sie den Astigmatismus und noch einen weiteren Abbildungsfehler, die *Bildfeldwölbung* (Krümmung der Bildebene), korrigieren.

5. Die Verzeichnung

Die geometrische Ähnlichkeit von Gegenstand und Bild ist eine weitere Forderung an die optische Abbildung mit Linsen. Dies ist aber nur dann gegeben, wenn der Abbildungsmaßstab für alle Bildwinkel konstant bleibt. Ist dies nicht der Fall, tritt **Verzeichnung** (Distorsion) des Bildes auf. Ein Kreuzgitter beispielsweise wird dann entweder mit nach außen gewölbten Randpartien abgebildet – *tonnenförmige Verzeichnung* – oder mit nach innen gewölbten Randpartien – *kissenförmige Verzeichnung*. Linsensysteme, die keinerlei Verzerrung hervorrufen, heißen **orthoskopische Systeme**.

Aufgaben

Aufgabe 35.1: Die Brechzahl eines Glases für gelbes Natriumlicht beträgt $\boldsymbol{n} = 1{,}5$. Wie groß ist die Ausbreitungsgeschwindigkeit dieses Lichtes im Glas?

Aufgabe 35.2: Eine Leuchtdiode strahlt periodisch kurze Lichtblitze in einem zeitlichen Abstand von $\Delta \boldsymbol{t} = 2 \cdot 10^{-6}$ s in einen Lichtleiter (Brechzahl $\boldsymbol{n} = 1{,}5$). In welchem Abstand $\Delta \boldsymbol{s}$ laufen die Lichtblitze im Lichtleiter?

Aufgabe 35.3: Die Lichtgeschwindigkeit beträgt in Luft rund 300 000 km/s, in Glas rund 200 000 km/s. Wie groß sind für rotes Licht ungefähr Frequenz ν_{r_G} und Wellenlänge λ_{r_G} in Glas, wenn sie in Luft $\nu_{r_L} = 4 \cdot 10^{14}$ Hz und $\lambda_{r_L} \approx 750$ nm betragen?

Aufgabe 35.4: Berechnen Sie die Brechzahl $\boldsymbol{n}$ beim Übergang eines Lichtstrahles aus Luft in Wasser, wenn der zum Einfallswinkel $\alpha = 30°40'$ gehörende Brechungswinkel $\beta = 22°30'$ beträgt.

Aufgabe 35.5: Ein Lichtstrahl trifft auf Bergkristall, dessen Brechzahl $\boldsymbol{n} = 1{,}545$ ist. Wie groß muss der Einfallswinkel sein, damit der reflektierte Strahl senkrecht auf dem gebrochenen Strahl steht?

Aufgabe 35.6: Ein paralleles Lichtbündel läuft durch Glas (Brechzahl $\boldsymbol{n} = 1{,}5$) und trifft unter dem Winkel α schräg auf die an Wasser (Brechzahl $\boldsymbol{n} = 1{,}33$) grenzende ebene Oberfläche des Glases. Wie groß ist der Grenzwinkel der Totalreflexion α_{gr}?

Aufgabe 35.7: In welcher Entfernung $\boldsymbol{b}$ von einem Hohlspiegel mit der Brennweite $\boldsymbol{f} = 36$ cm kommt das Bild zu Stande, wenn der Gegenstand sich in der Entfernung $g = \frac{1}{6}\boldsymbol{f}, \frac{1}{3}\boldsymbol{f}, \frac{1}{2}\boldsymbol{f}, \frac{2}{3}\boldsymbol{f}, \frac{5}{6}\boldsymbol{f}$ befindet?

Aufgabe 35.8: Ein Hohlspiegel erzeugt von einem Gegenstand ein umgekehrtes vergrößertes Bild mit einem Abbildungsmaßstab von $\boldsymbol{V} = 3$. Bild- und Gegenstandsort befinden sich im Abstand $\boldsymbol{e} = 28$ cm voneinander. Wie groß ist die Gegenstandsweite $\boldsymbol{g}$, in der sich der Gegenstand befindet und wie groß ist die Brennweite $\boldsymbol{f}$ des Hohlspiegels?

Aufgabe 35.9: Ein Prisma hat die Brechzahl $\boldsymbol{n} = 1{,}52$ und den brechenden Winkel $\gamma = 34°36'$. Unter welchem Winkel α muss ein Lichtstrahl im Hauptschnitt auf die eine Prismenfläche fallen, damit die Ablenkung δ minimal ist?

Aufgabe 35.10: Eine dünne Konvexlinse mit gleichen Krümmungsradien der brechenden Flächen besteht aus einem Material der Brechzahl $\boldsymbol{n} = 1{,}5$ und liefert von einem $\boldsymbol{g} = 50$ cm entfernten Gegenstand ein Bild im Abstand $\boldsymbol{b} = 75$ cm von der Hauptebene.

a) Wie groß ist der Krümmungsradius $\boldsymbol{r}$?
b) Welche Größe $\boldsymbol{B}$ hat das Bild, wenn der Gegenstand $\boldsymbol{G} = 8$ cm hoch ist?

Aufgabe 35.11: Ein Gegenstand der Größe $\boldsymbol{G} = 5$ cm stehe senkrecht zur optischen Achse vor einer Sammellinse der Brennweite $\boldsymbol{f} = 10$ cm. Die Gegenstandsweite betrage $\boldsymbol{g} = 15$ cm. Wie groß ist a) die Bildweite $\boldsymbol{b}$, b) die Bildgröße $\boldsymbol{B}$ und c) ist dieses Bild virtuell oder reell aufrecht bzw. umgekehrt?

Aufgabe 35.12: Eine Briefmarke soll im Abbildungsmaßstab $\boldsymbol{V} = 1:1$ (Bildgröße gleich Gegenstandsgröße) photographiert werden. Das Photoobjektiv hat eine Brennweite von $\boldsymbol{f} = 50$ mm. Praktisch ist nur der Abstand der Filmebene (angenähert die Position der Kamerarückwand) zum Gegenstand direkt messbar. Wie groß muss dieser Abstand $\boldsymbol{e}$ sein?

Aufgabe 35.13: Wie groß ist in Luft die Brennweite $\boldsymbol{f}$ eines Brillenglases des Brechwerts $\boldsymbol{D} = 4$ dpt?

Aufgabe 35.14: Ein Brillenglas gibt von der Sonne ein scharfes Bild im Abstand 50 cm von der Linse. Wie groß ist der Brechwert $\boldsymbol{D}$ der Linse?

Aufgabe 35.15: Eine bikonvexe Linse aus Glas mit der Brechzahl $n = 1{,}53$ in Luft wird in verschiedene Flüssigkeiten getaucht. Wie ändert sich der Brechwert der Linse verglichen mit ihrem Brechwert in Luft, wenn die Linse

a) in Wasser mit der Brechzahl $n = 1{,}33$,
b) in Benzol mit der Brechzahl $n = 1{,}53$,
c) in 1-Bromnaphthalin mit der Brechzahl $n = 1{,}66$ getaucht wird?

Aufgabe 35.16: Ein Brillenglas der Brechzahl $n = 1{,}5$ ist konkavkonvex geschliffen, und zwar ist der Radius der konvexen Krümmung $r_1 = 12$ cm, der für die konkave $r_2 = 18$ cm. Welche Brennweite f und welchen Brechwert D hat das Glas?

Aufgabe 35.17: Zur Bestimmung der Brennweite einer Sammellinse betrachtet man mit ihr einen Gegenstand G in der Gegenstandsweite g_1 und stellt fest, dass das Bild $B = 3{,}5 \cdot G$ ist. Verschiebt man die Linse um $\Delta x = 10$ mm, so ergibt sich vom gleichen Gegenstand ein 2,5-mal so großes Bild. Wie groß ist die Brennweite f der dünnen Linse?

Aufgabe 35.18: Zwei dünne Sammellinsen der Brennweiten $f_1 = 6$ cm und $f_2 = 30$ cm werden dicht hintereinander gesetzt. Wie groß ist die Brennweite f des Linsensystems?

Aufgabe 35.19: Eine dünne Sammellinse der Brennweite $f_1 = 10$ cm soll mit einer dünnen Zerstreuungslinse dicht zusammengesetzt werden, um ein System von einer Gesamtbrennweite von $f = 20$ cm zu erhalten. Wie groß muss die Brennweite f_2 der auszuwählenden Zerstreuungslinse sein?

Aufgabe 35.20: Das Objektiv einer Kleinbildkamera habe eine Brennweite von $f_1 = 50$ mm. Wie groß ist ungefähr die resultierende Brennweite f des Gesamtsystems, wenn bei einem solchen Objektiv eine Vorsatzlinse (Sammellinse) mit $f_2 = 50$ cm Brennweite verwendet wird, deren Abstand $d \ll f_1, f_2$ ist?

§ 36 Optische Einrichtungen und Systeme

In diesem Abschnitt befassen wir uns mit einigen Anwendungen zusammengesetzter abbildender optischer Systeme mit mehreren brechenden Medien und Krümmungsradien, wie z. B. dem optischen Apparat des menschlichen Auges, den prinzipiellen Wirkungsweisen von Lupe und Mikroskop, von Fernrohr oder Photokamera etc. Ebenso werden wir die Anwendung der spektralen Zerlegung von Licht mittels Prismen oder Gittern in Spektralapparaten betrachten. Es wird sich dabei die Wellennatur des Lichtes als die limitierende Eigenschaft sowohl des endlichen räumlichen als auch spektralen Auflösungsvermögens der nach geometrisch optischen Prinzipien konzipierten optischen Systeme erweisen.

§ 36.1 Das menschliche Auge als optisches Instrument

Das menschliche Auge stellt ein optisches System dar, dessen schematischer Aufbau in Abb. 36.1 dargestellt ist. Der nahezu kugelförmige Augapfel wird von der undurchsichtigen Sehnenhaut S umschlossen, die an der Vorderseite des Auges in die leicht nach vorn gewölbte durchsichtige Hornhaut Hh ($n = 1{,}378$) übergeht. Die ca. 1 mm dicke Hornhaut (*Cornea*) besteht an ihrer an Luft angrenzenden gewölbten Vorderfläche (typischer Krümmungsradius $r_{Hh} \approx 7{,}8$ mm), aus einem sehr gleichmäßigen und unverhornten geschichteten Plattenepithel. Zur Kompensation von Brechungsdifferenzen durch Unebenheiten wird ihre Oberfläche noch durch die Tränenflüssigkeit geglättet, welche zusätzlich auch reinigende Funktion hat. Nach hinten, zur so genannten vorderen Augenkammer, ist sie mit einem einschichtigen Plattenepithel überzogen. Der Raum der vorderen Augenkammer, der nach hinten durch die Augenlinse L abgeschlossen wird, ist mit einer durchsichtigen, wässrigen Flüssigkeit, dem Kammerwasser Kw ($n = 1{,}336$) gefüllt, das sich wenig vom Blutplasma unterscheidet. Die Hornhaut bildet zusammen mit dem hinter ihr liegenden Kammerwasser ein konkavkonvexes System.

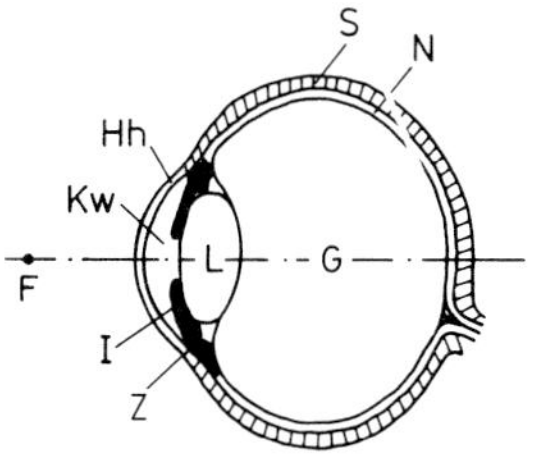

Abb. 36.1

Die Augenlinse L (*Lens cristallina*) ist eine optisch inhomogene Bikonvexlinse mit verschieden gekrümmten brechenden Flächen (s. Tab. 36.1) und besteht aus vielen konzentrisch angeordneten durchsichtigen Schichten ($n=$ 1,37 in den Randschichten, bis $n=1{,}42$ im Linsenzentrum). Als mittlere Brechzahl der Augenlinse gilt der Wert von $n=1{,}41$. Die Augenlinse des gesunden jungen Menschen ist vollkommen durchsichtig und elastisch. Im Laufe des Lebens lässt sowohl ihre Elastizität als auch ihre Durchsichtigkeit nach (s. § 36.1.1).

Vor der Augenlinse L ist die Regenbogenhaut (*Iris*) I ausgespannt, in deren Mitte als kreisförmige Öffnung die Pupille liegt, die sich je nach Helligkeit mehr oder weniger öffnet und so als Blende wirkt (*Hell-*, *Dunkel-Adaption*). Je nach Belichtungsstärke ändert sich reflektorisch, gesteuert durch den Lichtreiz auf der Netzhaut N, der Durchmesser der Pupille im Bereich zwischen maximaler Öffnung von 8 mm und minimaler von 2 mm, was einem Verhältnis der Pupillenflächen und damit einer relativen Änderung der Leuchtdichte auf der Netzhaut von 16 : 1 entspricht. Wird nur ein Auge belichtet, dann ändert sich neben der Pupillenöffnung dieses Auges auch die des anderen, nicht belichteten Auges. Mit einer Pupillenverengung geht im Übrigen eine Verminderung der sphärischen Aberration der Augenmedien einher.

Als hintere Augenkammer bezeichnet man den ebenfalls mit Kammerwasser erfüllten Raum, der nach innen von der Linse L, nach außen vom Ziliarkörper Z und nach hinten vom Glaskörper G begrenzt wird.

Den größten Teil des Augeninnenraumes hinter der Augenlinse L füllt der Glaskörper G (*Corpus vitreum*) aus, eine durchsichtige gallertartige Masse ($n=1{,}336$), die ca. 98 % Wasser gebunden enthält. Seine Hauptfunktion ist die eines Lichtleitersystems.

An der Innenwand, dem Augenhintergrund, liegt die Netzhaut N (*Retina*), die mit einem Augenspiegel durch die brechenden Medien des Auges betrachtet, orange-rötlich gefärbt erscheint. Bei ihr lässt sich ein Sehteil, das eigentliche lichtempfindliche Organ mit etwa rund 6 Millionen Zapfen und annähernd 120 Millionen Stäbchen (s. auch unten) als Photorezeptoren, von einem Gehirnteil (den Nervenzellen mit Fortsätzen) unterscheiden.

Das abbildende System des Auges (*dioptrischer Apparat*) entwirft von einem betrachteten Gegenstand auf der Netzhaut ein **reelles, umgekehrtes** und **verkleinertes Bild**. Der („Grund") – Gesamtbrechwert des (maximal auf die Ferne akkommodierten) dioptrischen Apparates im menschlichen Auge beträgt (s. Tab. 36.1) $D_{\mathrm{ges}} = \dfrac{1}{0{,}017} \approx 59$ dpt. Den größten Beitrag zum Gesamtbrechwert erbringt bei der Abbildung dabei die Hornhaut, wobei die vordere brechende konvexe Fläche des Übergangs Luft–Hornhaut einen Brechwert von ca. 49 dpt und die hintere konkave Fläche zur vorderen Augenkammer hin (deren Brechwert vernachlässigt werden kann) von –6 dpt aufweist, d. h. insgesamt einen Brechwert dieses konkavkonvexen abbildenden Systems von $D_{\mathrm{Hh}}=43$ dpt, das sind rund 73 % des Gesamtbrechwerts des dioptrischen Apparates. Bei Fernakkommodation (Akkommodationsruhe, s. unten) entfällt auf die brechenden Flächen der Augenlinse L insgesamt ein Brechwert von $D_{\mathrm{L}}=16$ dpt, wobei der Brechwert des Glaskörpers vernachlässigbar ist.

Befindet sich das Auge an seiner Vorderseite nicht im Medium Luft, sondern z. B. in Wasser, d. h. die Hornhaut befindet sich beim Eintauchen (ohne Taucherbrille) in direktem Kontakt mit dem Wasser, dann nimmt der Gesamtbrechwert des Auges (im Vergleich zum Brechwert beim Übergang Luft–Hornhaut) um ca. 65 % ab, mit der Folge, dass Gegenstände nur noch unscharf zu sehen sind.

Da beim Auge das Bild nicht im Medium derselben Brechzahl entsteht, in dem sich der Gegenstand befindet (nämlich in Luft), sondern in einem optisch dichteren Material als Luft, liegen der vordere und hintere Brennpunkt in verschieden optisch dichten Medien und damit sind die vordere und hintere Brennweite verschieden (s. Tab. 36.1).

Ebenso fallen daher die Knotenebenen durch die Knotenpunkte K und K′ nicht mehr mit den Hauptebenen H und H′ des Systems zusammen. Die im Bereich der vorderen Augenkammer zwischen Hornhaut und Augenlinse liegenden Hauptebenen H und H′, bzw. die Hauptpunkte als deren Schnittpunkte mit der optischen Achse, haben beim normalsichtigen Auge einen Abstand von im Mittel 0,3 mm, und im fast gleichen Abstand sind die beiden Knotenpunkte K und K′ (Abb. 36.2). Diese Abstände sind im Vergleich zur Gesamtlänge (ca. 24 mm) des nahezu kugelförmigen Augapfels (*Bulbus oculi*) sehr gering und können vernachlässigt werden. Zur Vereinfachung können daher die beiden Hauptpunkte, wie auch die beiden Knotenpunkte, zu je einem Punkt vereinigt werden, d. h. das gesamte abbildende System des Auges wird angenähert als eine sphärische Grenzfläche zwischen Luft und Augeninnerem betrachtet, in deren Mittelpunkt die beiden Knotenpunkte zusammenfallen und durch den die Strahlen aller ins Auge fallender Lichtbüschel gehen. Dieses vereinfachte optische System bezeichnet man als **reduziertes Auge**.

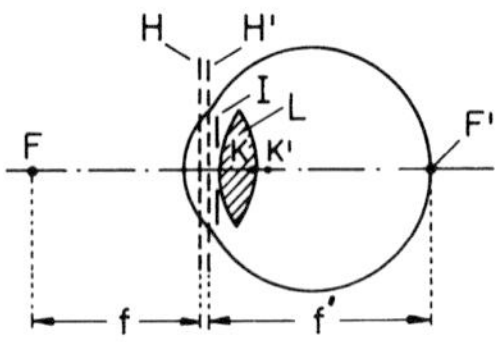

Abb. 36.2

Der dioptrische Apparat des Auges kann sich auf unterschiedliche Entfernungen von Gegenständen anpassen, um diese auf der Netzhaut scharf abzubilden. Die **Akkommodation** wird durch Veränderung der Brechkraft infolge einer Formänderung der Augenlinse erreicht, wobei sich vor allem der Krümmungsradius der vorderen Linsenfläche ändert und durch Kontraktionsänderungen des ringförmigen Ziliarmuskels bewirkt wird. Bei ***Fernakkommodation*** (Akkommodationsruhe) ist der Ziliarmuskel nicht kontrahiert und damit die Aufhängevorrichtung (*Zonulafasern*) der Linse gespannt. Diese Spannung der Zonulafasern wird auf die Linsenkapsel übertragen, wodurch die elastische Linse abgeflacht und so gehalten wird, dass der ***Fernpunkt***, d. h. der Punkt, der bei Fernakkommodation scharf gesehen wird, im Unendlichen liegt, was bei Gegenstandsweiten von über 5 m der Fall ist. Bei ***Nahakkommodation***, also zum Betrachten von Gegenständen in Entfernungen kleiner als 5 m, führt die Kontraktion des Ziliarmuskels zu einer Entspannung der Zonulafasern, sodass die Linse infolge ihrer Eigenelastizität sich zunehmend wölbt (insbesondere die vordere Linsenfläche) und damit mehr Kugelform annimmt (s. Tab. 36.1), verbunden mit einer Erhöhung des Brechwerts. Bei normalsichtigen Jugendlichen erlaubt die maximale Nahakkommodation Gegenstände in einer Entfernung von ca. 10 cm vor dem Auge, dem sog. ***Nahpunkt***, gerade noch scharf abzubilden. Dies entspricht dann einem Gesamtbrechwert des nahakkommodierten Auges von 69 dpt. Die maximal mögliche Brechwertänderung, d. h. die Differenz der Brechwerte des Auges bei Einstellung auf den Nah- und auf den Fernpunkt, wird ***Akkommodationsbreite*** genannt und beträgt somit beim Jugendlichen etwa 10 dpt, verändert sich jedoch mit zunehmendem Alter (s. § 36.1.1). Bei Nahakkommodation kommt es beim binokularen Sehen gleichzeitig zu einer konvergierenden Bewegung beider Augen.

In Tabelle 36.1 sind die Brennweiten für das fernakkommodierte Auge (normal entspanntes Auge) und für das nahakkommodierte Auge und die Radien der Augenlinse angegeben. Die Brennweiten werden von den Hauptebenen aus gemessen.

Tab. 36.1

	Auge akkommodiert auf Ferne	Auge akkommodiert auf Nähe
Vordere Brennweite des Auges *f*	+17,055 mm	+14,169 mm
Hintere Brennweite des Auges *f′*	+22,785 mm	+18,930 mm
Radius der vorderen Linsenfläche	10 mm	5,33 mm
Radius der hinteren Linsenfläche	− 6 mm	− 5,33 mm

Auf die Netzhaut gelangt das von außen auf das Auge auftreffende Licht nach Durchdringen der Hornhaut, der vorderen Augenkammer, der Linse und des Glaskörpers. Dort findet die Umwandlung der einfallenden Strahlung in Nervenerregungen in den *Zapfen* und *Stäbchen* statt, durch chemische Veränderungen der in diesen Rezeptoren enthaltenen Photopigmente, die regenerierbar sind. Die Sehzellen können nur durch Licht des sichtbaren Spektrums zwischen ca. 380 nm und 780 nm erregt werden, d. h. kurzwelliges ultraviolettes, wie auch das langwellige infrarote Licht, ist für unser Auge unsichtbar.

Die ***Stäbchen***, die alle einheitlich das photosensitive Pigment *Rhodopsin* (den sog. *Sehpurpur*) enthalten, haben eine sehr hohe Absolutempfindlichkeit (bereits ca. zwei bis acht Photonen können eine Lichtempfindung bewirken). Sie sind daher die Photorezeptoren für das Sehen bei geringen Leuchtdichten, d. h. sie sind für das *Nachtsehen* (*skotopisches Sehen*) verantwortlich. Der spektrale Hellempfindlichkeitsgrad des dunkeladaptierten Auges (Abb. 36.3), der dem spektralen Absorptionsverhalten des Sehpurpurs entspricht, zeigt ein Maximum im blaugrünen Spektralbereich bei einer Wellenlänge von ca. 507 nm und ist für Wellenlängen 400 nm $> \lambda > 650$ nm nahezu null. Der spektrale Hellempfindlichkeitsgrad ist als eine physiologische Eigenschaft bei den einzelnen Menschen unterschiedlich und stellt eine über viele Beobachter gemittelte und genormte Bewertungsfunktion dar.

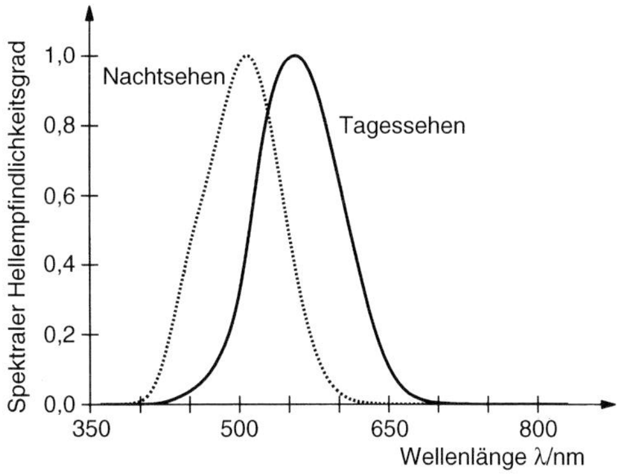

Abb. 36.3

Die mit den Stäbchen weitgehend baugleichen ***Zapfen*** haben wesentlich geringere Empfindlichkeit und sind die Rezeptoren des *Tagessehens* (*photopisches Sehen*). Der Zwischenbereich, in welchem Stäbchen und Zäpfchen gleichzeitig in Funktion sind, wird als *Dämmerungssehen* (*mesopisches Sehen*) bezeichnet. Bei ***Dunkeladaption*** sind alleine die Stäbchen wirksam, die zwar die Wahrnehmung von Helligkeitsunterschieden, jedoch nicht das Unterscheiden von Farben ermöglichen („nachts sind alle Katzen grau"), da sie farbuntüchtig sind. Dagegen sind bei ***Helladaption*** die Zapfen in Tätigkeit mit hoher Kontrastempfindlichkeit und der Möglichkeit zur Farbunterscheidung bei großer Sehschärfe im Bereich des *Gelben Flecks* (*Fovea centralis* oder *Netzhautgrube*), einer kleinen Grube, in der die optische Achse die Netzhaut trifft (in Abb. 36.2 etwa die Lage des hinteren Brennpunktes F′). Während die Fovea centralis ausschließlich Zapfen enthält, kommt in deren unmittelbarer Umgebung auf zwei Stäbchen ein Zapfen, mit abnehmender Zahl der Zapfen zu den äußeren Bereichen der Retina, wo die Stäbchen überwiegen. Das Empfindlichkeitsmaximum des photopischen Tageslichtsehens liegt im grüngelben Spektralbereich bei 555 nm (Abb. 36.3). Die Unterschiede in der spektralen Empfindlichkeit der beiden Rezeptorsysteme Stäbchen und Zapfen sind ursächlich dafür, dass im Tageslicht mit gleicher Helligkeit erscheinende farbige Körper, in der Dämmerung verschieden hell sind. Während rote Farbe als nahezu schwarz empfunden wird, wirkt blaue Farbe in der Dämmerung heller.

Im Gegensatz zu den Stäbchen gibt es *drei Zapfenarten*, deren Pigmente zwar alle Retinal I enthalten, jedoch mit unterschiedlichen Proteinanteilen. Jede der drei Zapfenarten hat somit nur ein farbempfindliches Pigment mit einem Empfindlichkeitsmaximum für Licht bei einer bestimmten Wellenlänge. Das Absorptionsmaximum der einen Gruppe liegt im blauvioletten bei 455 nm, das der zweiten im grünen bei 535 nm und das der dritten im gelben Spektralbereich bei 570 nm, die auch im Roten noch genügend empfindlich sind. Der Nachweis der drei verschiedenen Pigmente in der Retina stützt die *trichromatische Theorie* (*Dreifarbentheorie*) von *Th. Young* und *H. v. Helmholtz*, womit sich die Vorgänge auf der Rezeptorebene deuten lassen. Sie wird ergänzt durch die sog. *Gegenfarbentheorie* von *E. Hering*, die von zwei Farbpaaren Rot-Grün, Blau-Gelb und einem Schwarzweiß-Paar ausgeht, welche gegensätzliche Wirkungen (Erregung bzw. Hemmung) hervorrufen und nach den Vorstellungen des Physiologen *J. v. Kries* auf die neuronalen Prozesse in der Netzhaut anwendbar ist.

Das *räumliche Auflösungsvermögen* (s. § 36.2.3) oder die **Sehschärfe** ist die Fähigkeit des visuellen Systems, zwei Punkte getrennt wahrzunehmen. Die Grenze der Sehschärfe des normalen Auges ist durch den kleinsten Sehwinkel α (s. auch § 36.1.2) gegeben, unter dem zwei nebeneinander liegende Punkte zum Knotenpunkt des (reduzierten) Auges liegen. Dieser kleinste Sehwinkel beträgt normalerweise für die Stelle des schärfsten Sehens (d. h. für die *Fovea centralis*) bei guter Beleuchtung $\alpha_{\min} = 1'$ (1 Winkelminute $\widehat{=} 1/60$ Winkelgrad) und entspricht einem Punktabstand von 1,5 mm zweier in einer Ebene nebeneinander liegender Punkte in einer Distanz von 5 m zum Auge. Setzt man die beim kleinsten Sehwinkel $\alpha_{\min} = 1'$ vorliegende Sehschärfe gleich eins, dann definiert man die Sehschärfe für das foveale Sehen, die als **Visus** bezeichnet wird, als den Kehrwert

(1/α) des im Einzelfall vorliegenden Grenzwinkels α (in Winkelminuten gemessen). Vermag das Auge beispielsweise zwei im Abstand von 1,5 mm nebeneinander befindliche Punkte erst aus der halben Entfernung (2,5 m) zu erkennen, bzw. in 5 m Entfernung nur Punkte mit 3 mm Abstand, dann ist der Visuswert nur noch halb so groß wie der Normwert beim kleinsten Sehwinkel α_{min}. Der Visus ist also umso größer, je näher die noch unterscheidbaren Punkte nebeneinander liegen. Die für den kleinsten Sehwinkel $\alpha_{min} = 1'$ auf der Netzhaut erzeugte Bilddistanz beträgt etwa 4–5 μm, eine Distanz, die im Bereich der Fovea centralis wenig größer als der Abstand zweier Zapfen (Durchmesser $\approx 1,5$ µm) ist, welche bei einem mittleren Abstand von 3,5 µm hier sehr dicht stehen. Infolge des zunehmenden Abstandes der Rezeptoren sinkt die Sehschärfe außerhalb der Fovea centralis zur Netzhautperipherie hin außerordentlich stark ab.

Das *zeitliche Auflösungsvermögen* ist durch die Trägheit des Rezeptorapparates begrenzt. Kurz aufeinander folgende Lichtreize verlieren oberhalb einer bestimmten Frequenz den Eindruck des Flackerns oder Flimmerns und sind von einer konstanten Belichtung nicht unterscheidbar, sie verschmelzen zu einem kontinuierlichen Empfindungsablauf. Die dazu gehörige niedrige Reizfrequenz wird als *Verschmelzungs-* oder *Fusionsfrequenz* bezeichnet und ist von der Leuchtdichte, der Größe der belichteten Fläche und von der Wellenlänge des Lichtes abhängig. Bei schwacher Beleuchtung, z. B. bei einem Kinofilm, ist es wegen der Trägheit der Netzhautrezeptoren möglich einen flimmerfreien Bewegungseindruck mit einer Bildfolge von etwa 25 Bildern pro Sekunde zu gewinnen, während bei höheren Leuchtdichten (Tageslicht) 50 bis 60 Bilder pro Sekunde, wie z. B. beim Fernsehen, erforderlich sind, um eine einwandfreie Darstellung von „laufenden Bildern" zu erhalten.

§ 36.1.1 Refraktionsanomalien des Auges (Sehfehler)

Wie im vorangehenden Abschnitt ausgeführt, fällt beim normalsichtigen (*emmetropen*) Auge der hintere (bildseitige) Brennpunkt F′ mit der Netzhaut im Bereich des Gelben Flecks zusammen (Abb. 36.2). Das normal entspannte Auge ist „auf Unendlich akkommodiert" (sein *Fernpunkt* liegt im Unendlichen) und sieht somit einen weit entfernten Gegenstand scharf, d. h. die von dort eintreffenden parallelen Strahlen werden auf F′ fokussiert (schematisch in Abb. 36.4 dargestellt). In diesem Fall entsteht also von einem Gegenstand ein stark verkleinertes, reel-

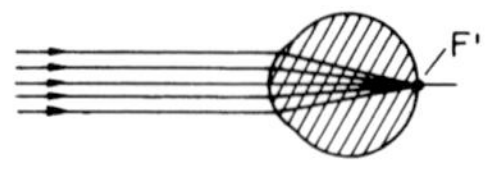

Abb. 36.4

les, umgekehrtes, scharfes Bild auf der Netzhaut. Aufgrund der Akkommodationsbreite von ca. 10 dpt, welche das Auge des normalsichtigen Jugendlichen vermöge seiner Akkommodationsfähigkeit mit voller Bildschärfe zwischen Fern- und Nahpunkt zu übersehen vermag, können Gegenstände in einer Entfernung von ungefähr 10 cm vor dem Auge gerade noch scharf gesehen werden.

Die Akkommodation auf den Nahpunkt ist für das normalsichtige Auge ziemlich anstrengend. Auf Gegenstände, die sich in einer Entfernung von 25 cm vor dem Auge befinden, vermag es jedoch ohne besondere Anstrengung längere Zeit zu akkommodieren (bequeme Entfernung beim Lesen). Diese Entfernung $s_0 = 25$ cm, die bei mit dem Auge benutzten optischen Instrumenten eine besondere Rolle spielt, bezeichnet man als **konventionelle Sehweite** oder **Bezugssehweite**, mitunter auch als *deutliche Sehweite*.

Mit zunehmendem Alter verliert die Augenlinse allmählich ihre ursprüngliche Elastizität, die Akkommodationsfähigkeit lässt nach. Infolgedessen nimmt die Akkommodationsbreite ab und der Nahpunkt rückt immer weiter vom Auge weg, sodass allmählich das Lesen beschwerlich wird. Ungefähr im Alter von 45 Jahren beginnt die sog. **Alterssichtigkeit** oder **Presbyopie**. Der nachlassende Brechwert des Auges kann, bei im Übrigen normalsichtigen Personen, zum Scharfsehen naher Gegenstände und zum Lesen durch eine Sammellinse, meist als „Lesebrille" bezeichnet, kompensiert werden.

Refraktionsanomalien sind pathologische Veränderungen des brechenden Systems des Auges, die zu einer unscharfen Abbildung auf der Netzhaut führen. Man unterscheidet dabei im Wesentlichen drei Formen: die *Kurzsichtigkeit*, die *Weitsichtigkeit* (*Übersichtigkeit*) und den *Astigmatismus*.

Die **Kurzsichtigkeit** (*Myopie*) wird meist durch einen in Relation zum Brechwert des abbildenden Systems zu langen Augapfel verursacht, seltener durch einen verstärkten Brechwert des dioptrischen Apparates bei normaler Achsenlänge des Augapfels. Strahlen, die aus der Ferne auf das (fernakkommodierte) Auge treffen, haben ihren Brennpunkt vor der Netzhaut im Glaskörper, sodass auf der Retina ein unscharfes Bild entsteht (Abb. 36.5 (a)). Gegenstände in der Nähe können jedoch bei entsprechender Akkommodation scharf auf der Netzhaut abgebildet werden. Die Korrektur dieses Sehfehlers erfolgt mittels einer Konkavlinse (Abb. 36.5 (b)), die den Brechwert des dioptrischen Apparates reduziert. Für den Kurzsichtigen ist damit auch wieder Scharfsehen in die Ferne möglich.

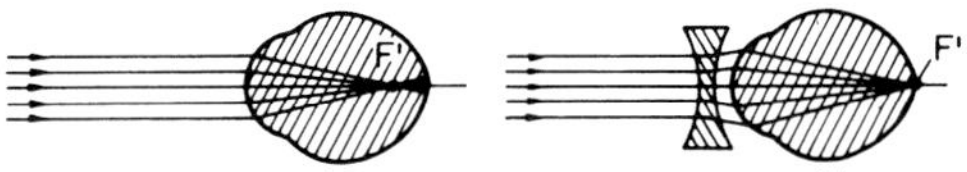

Abb. 36.5 (a) (b)

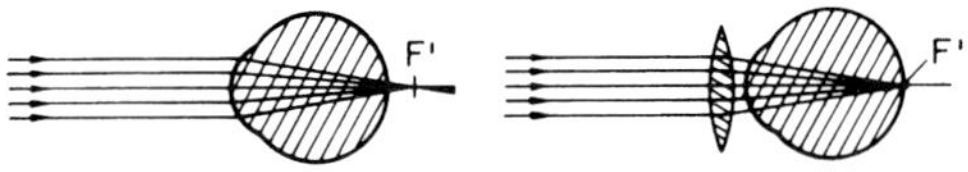

Abb. 36.6 (a) (b)

Bei der **Weitsichtigkeit** (*Hyperopie*) liegt überwiegend ein relativ zu kurzer Augapfel vor (Abb. 36.6 (a)), weniger häufig ein (bei normaler Achsenlänge des Augapfels) zu geringer Brechwert des abbildenden Systems, wie z. B. nach Entfernung der Augenlinse (*Aphakie*). Im Fall der Hyperopie liegt bei Fernakkommodation die Bildebene hinter der Retina, sodass das Netzhautbild wiederum unscharf ist. Das Auge hat demzufolge keinen natürlichen Fernpunkt und muss schon bei weiter entfernten Gegenständen akkommodieren, was eine rasche Ermüdung des Augenmuskels zur Folge hat. Die Korrektur erfolgt mittels einer Konvexlinse (Abb. 36.6 (b)), womit eine scharfe Abbildung entfernter Gegenstände ohne Akkommodation und gleichzeitig eine Verschiebung des Nahpunktes auf das Auge zu erreicht wird und somit eine scharfe Abbildung auch nahe dem Auge befindlicher Gegenstände.

Der **Astigmatismus** des Auges besteht darin, dass eine der brechenden Flächen, insbesondere die vordere Hornhautfläche, nicht in allen Richtungen gleich gewölbt ist, sondern unterschiedliche Krümmungsradien aufweist. Ein Punkt wird daher im Extremfall als Linie, bzw. ein kreisrunder Gegenstand elliptisch verzerrt auf der Netzhaut abgebildet. Die Korrektur erfolgt mittels zylindrisch eingeschliffener Brillengläser (s. auch § 35.3.2. VI).

Das abbildende System des Auges zeigt ebenfalls sowohl *sphärische* als auch *chromatische Aberration*. Bei schwacher Beleuchtung ist die Augenpupille weit geöffnet und beeinträchtigt die Sehschärfe. Erst bei hinreichend hoher Lichtstärke überdeckt die Iris die Linsenränder, sodass Randstrahlen nicht zur Abbildung beitragen. Aufgrund der chromatischen Aberration muss auf Rot stärker akkommodiert werden als auf Blau oder Violett. Rote Flächen erscheinen dem Auge daher scheinbar näher als blaue und springen deutlich hervor. Da das Auge auf die hellste Strahlung mittlerer Wellenlänge akkommodiert, wird die chromatische Aberration i. Allg. nicht bemerkt.

Neben dem Verlust ihrer Elastizität zeigt die Augenlinse mit steigendem Alter auch Trübungserscheinungen, die Katarakt oder den **grauen Star**. Der Altersstar beruht auf einer Degeneration der Linsenfasern, wodurch die Linse undurchsichtig und trübe wird. Wird sie entfernt, so ist kein Scharfsehen mehr möglich. Eine Brille müsste allein für das Sehen in die Ferne einen Brechwert von mindestens 13 dpt haben, für die Nähe aber noch stärkere Gläser. Daher stellt eine an Stelle der Augenlinse in das Auge eingesetzte künstliche Linse die bessere Alternative dar.

§ 36.1.2 Sehwinkel – Vergrößerung

Die Größe, unter der ein Beobachter einen Gegenstand G sieht, hängt vom Abstand seines Auges vom Gegenstand ab. Dieser Abstand legt den **Sehwinkel** fest.

Der Sehwinkel ist der Winkel, unter dem ein Gegenstand vom optischen Mittelpunkt des (reduzierten) Auges aus gesehen wird, d. h. der Winkel zwischen den vom optischen Mittelpunkt zu den Randpunkten des Gegenstandes verlaufenden Sehstrahlen. Ein im Abstand s_1 befindlicher Gegenstand G_1 wird vom Auge unter dem Sehwinkel ε gesehen (Abb. 36.7) und es gilt:

$$\tan\frac{\varepsilon}{2}=\frac{G_1}{2\,s_1} \quad \text{oder} \quad \varepsilon\approx\frac{G_1}{s_1}$$

wobei der Tangens des Winkels angenähert dem Winkel (im Bogenmaß) entspricht, da es sich in der Regel um kleine Winkel handelt.

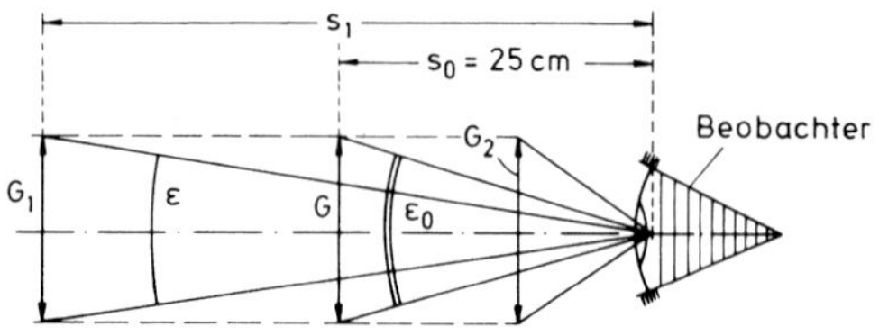

Abb. 36.7

Da von der Größe des Sehwinkels die Größe des auf der Netzhaut entworfenen Bildes abhängt, erscheint, infolge des größeren Sehwinkels, der Gegenstand G_2, der ebenso groß ist wie G_1, dem Beobachter vergrößert.

Es wurde daher festgelegt:

Einen Gegenstand G sieht man unter der Vergrößerung 1, wenn er sich in der konventionellen Sehweite $s_0 = 25$ cm vor dem Auge befindet; der dazugehörige Sehwinkel sei ε_0 (Abb. 36.7). Die konventionelle Sehweite s_0 (s. auch § 36.1.1) stellt also eine Norm-Gegenstandsweite dar.

Ist der Abstand des Gegenstandes größer als s_0, so sieht man ihn verkleinert; ist der Abstand kleiner, so erscheint der Gegenstand vergrößert.

Die **Vergrößerung** υ (*Winkelvergrößerung*), die auch als *subjektive Vergrößerung* bezeichnet wird, ist das Verhältnis des Sehwinkels ε, unter dem der Gegenstand erscheint, zum Sehwinkel ε_0, unter dem der Gegenstand in konventioneller Sehweite s_0 erscheinen würde.

Definition:

$$\upsilon = \frac{\varepsilon}{\varepsilon_0} \qquad (36.1)$$

Die Akkommodationsfähigkeit des menschlichen Auges reicht bis zu einer Annäherung eines Gegenstandes auf ungefähr 10 cm an das Auge. Um den Sehwinkel weiter zu vergrößern, bedarf es daher der Verwendung optischer Instrumente wie Lupe oder Mikroskop. Die mit einem optischen Instrument erzielbare Vergrößerung ist gegeben durch:

$$\text{Vergrößerung } \upsilon = \frac{\text{Sehwinkel } \varepsilon \text{ mit Instrument}}{\text{Sehwinkel } \varepsilon_0 \text{ ohne Instrument}}$$

Die *Winkelvergrößerung* oder *subjektive Vergrößerung*, als Quotient der Tangens der Sehwinkel bzw. der Sehwinkel (da i. Allg. die Winkel klein sind) mit und ohne Instrument, entspricht, wie sich leicht zeigen lässt, dem Verhältnis der linearen Abmessungen der für beide Fälle auf der Netzhaut entstehenden Bilder.

Bei der Abbildung mit optischen Instrumenten werden von einem Objekt in der Gegenstandsweite nur die Punkte P vollkommen scharf abgebildet, die in der Gegenstandsebene liegen, da in der Regel die optischen Instrumente fest vorgegebene Brennweiten f haben. Infolge der räumlichen Ausdehnung der Objekte in Abbildungs- bzw. Beobachtungsrichtung (z-Richtung entsprechend der optischen Achse) werden daher Objektpunkte, die um Δz vor oder hinter der Gegenstandsebene liegen, in der Bildebene unscharf abgebildet. Nur in der Gegenstandsebene liegende Objektpunkte werden so abgebildet, dass ihre Strahlenkegel sich in der Bildebene schneiden und einen scharfen Bildpunkt liefern. Für alle vor oder hinter der Gegenstandsebene liegende Objektpunkte des körperlichen Objektes schneiden sich die Strahlenkegel vor oder hinter der Bildebene und erzeugen in der Bildebene daher keine scharfen Bildpunkte, sondern kleine Streuflächen, die man als „Zerstreuungskreise" bezeichnet. Damit dem betrachtenden Auge auch Objektpunkte, die um $\pm\Delta z$ außerhalb der Gegenstandsebene liegen, im Bild noch scharf erscheinen, dürfen die zugehörigen Zerstreuungskreise in der Bildebene eine gewisse Größe nicht überschreiten, d. h. sie dürfen dem Auge höchstens unter einem Sehwinkel zwischen $1'$ und $4'$ (physiologischer Grenzwinkel, s. oben) erscheinen. Die maximale Entfernung, die zwei Objektpunkte in z-Richtung eines räumlich ausgedehnten Objektes demnach haben dürfen, um im Bild noch scharf zu erscheinen, bezeichnet man als die ***Schärfentiefe*** des optischen Instrumentes. Eine Steigerung der Schärfentiefe wird z. B. in der Photographie durch Blendenreduktion („Abblenden") erzielt, wodurch zwar die durch das Objektiv tretende Lichtmenge reduziert wird, aber auch die Öffnungswinkel der abbildenden Strahlen. In der Photographie wie auch bei visueller Beobachtung wird zur Steigerung der Schärfentiefe das begrenzte Auflösungsvermögen des lichtempfindlichen Materials bzw. der Rezeptoren der Netzhaut ausgenützt.

§ 36.2 Abbildende optische und elektronenoptische Instrumente – Auflösungsvermögen

Obwohl das menschliche Auge, wie wir gesehen haben, ein bemerkenswert effektives System ist mit einer erstaunlichen Anpassungsfähigkeit sowohl an Helligkeitsunterschiede als auch an rasch wechselnde Entfernungsänderungen zur Gegenstandsbeobachtung in der Nähe und Ferne, benötigt es doch eine Vielzahl von optischen Instrumenten beispielsweise zur vergrößerten und lichtstarken Darstellung sehr kleiner oder weit entfernter Objekte, aber auch zur Erweiterung seines Wahrnehmungsbereiches, z. B. über den sichtbaren Teil des elektromagnetischen Spektrums hinaus. Die Einsatzmöglichkeiten einiger wichtiger solcher Systeme wollen wir in diesem und auch im nächsten Abschnitt (§ 36.3) besprechen sowie deren Grenzen aufzeigen. Bei fast allen der hier betrachteten optischen Instrumente sind die abbildenden Optiken keine „dünnen Linsen“, sondern optisch hochwertige Linsensysteme, trotzdem werden wir in den schematischen Darstellungen zur Vereinfachung die Abbildungen mittels dünner Linsen anwenden.

§ 36.2.1 Die Lupe

Die **Lupe** ist eine Sammellinse mit kleiner Brennweite, also hohem Brechwert $D = \frac{1}{f}$. Beim Betrachten naher Gegenstände erzielt man damit Vergrößerungen bis etwa 10fach. Dazu muss der Gegenstand innerhalb der einfachen Brennweite nahe an den Brennpunkt der Lupe gebracht werden. Die Lupe entwirft von dem Gegenstand dann ein vergrößertes, aufrechtes, virtuelles Bild, das von dem nahe an der Lupe, etwa in der Brennebene befindlichen Auge, im Unendlichen unter dem Sehwinkel ε wahrgenommen wird (Abb. 36.8).

Sehwinkel mit Instrument: $\varepsilon = \frac{G}{f}$

Sehwinkel ohne Instrument: $\varepsilon_0 = \frac{G}{s_0}$

(Gegenstand in konventioneller Sehweite)

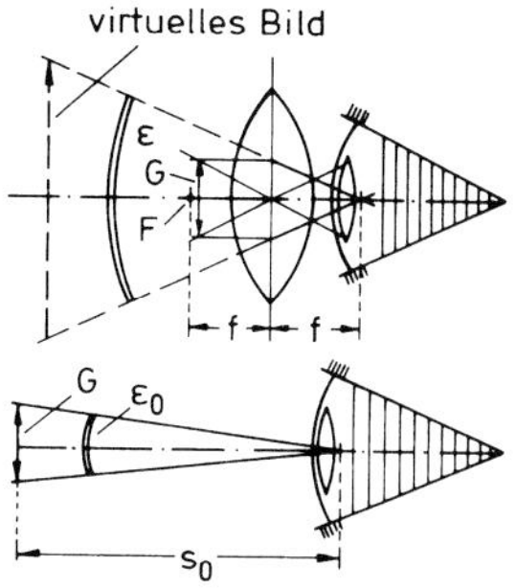

Abb. 36.8

Damit ergibt sich die Vergrößerung v_L der Lupe nach Gleichung (36.1):

$$v_L = \frac{s_0}{f} \tag{36.2}$$

§ 36.2.2 Das Lichtmikroskop

Das **Mikroskop** besteht im Prinzip aus zwei Sammellinsen, dem **Objektiv** L_1 und dem **Okular** L_2 (Abb. 36.9). Beide sind zur Vermeidung von Abbildungsfehlern aus mehreren Linsen zusammengesetzt. Der Abstand des Objektivs und des Okulars, die verschiedene Brennweiten f_1 und f_2 besitzen, ist wesentlich größer als die Summe ihrer Brennweiten. Der zu vergrößernde Gegenstand G, das *Objekt*, wird mit dem Objektiv L_1 betrachtet; er befindet sich dicht vor dem vorderen Brennpunkt F_1 des Objektivs. (Der Gegenstand wird meist durch den Kondensor, eine Sammellinse, beleuchtet, der das von einer Lichtquelle ausgehende Licht bündelt.) Das Objektiv erzeugt vom Gegenstand G ein umgekehrtes, vergrößertes, ***reelles Zwischenbild*** B, das innerhalb der vorderen Brennweite des Okulars L_2 entsteht. Das als Lupe wirkende Okular L_2 erzeugt von dem reellen Zwischenbild ein nochmals vergrößertes ***virtuelles*** Bild. Das bei A befindliche, auf unendlich akkommodierte Auge sieht also von dem Gegenstand ein umgekehrtes virtuelles, stark vergrößertes Bild B′ (Abb. 36.9).

Die Lateralvergrößerung (der Abbildungsmaßstab) des Objektivs ergibt sich mit dem Abstand t der zwischenbildseitigen Objektiv- und Okularbrennpunkte, den man auch die opti-

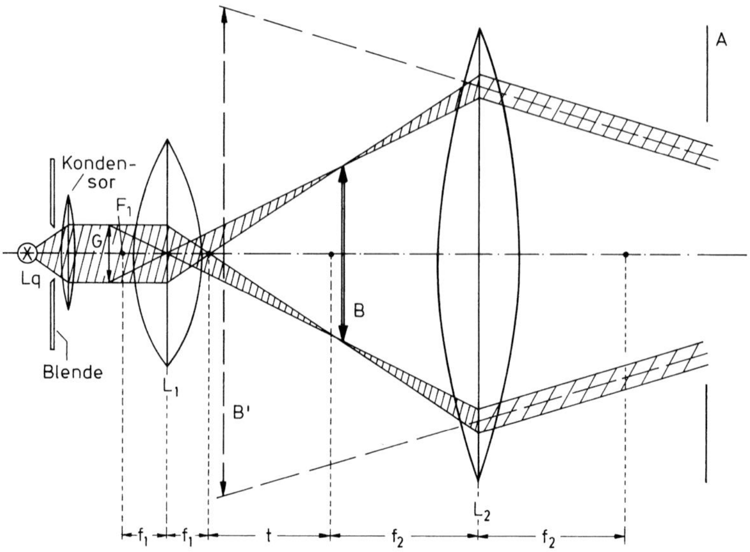

Abb. 36.9

sche Tubuslänge nennt, gemäß Beziehung (35.24) zu:

$$V = \frac{B}{G} = \frac{t}{f_1}$$

Mit dem als Lupe wirkenden Okular erzielt man die Vergrößerung:

$$v_L = \frac{s_0}{f_2} \quad (s_0 = \text{konventionelle Sehweite}).$$

Daraus ergibt sich die Gesamtvergrößerung des Mikroskops als Produkt der Teilvergrößerungen von Objektiv und Okular zu:

$$v_M = \frac{t}{f_1} \cdot \frac{s_0}{f_2} \qquad (36.3)$$

Die erzielbaren Vergrößerungen liegen bei $v_M \approx 10^3$.

§ 36.2.3 Auflösungsvermögen – Auflösungsgrenze

Das räumliche Auflösungsvermögen optischer Instrumente ist durch die Beugung des Lichtes, also durch seine Wellennatur begrenzt. Eine Punktlichtquelle wird nicht als Punkt, sondern infolge der Beugung als Scheibchen abgebildet (Abb. 36.10). Liegt ein ausgedehntes Objekt vor, so wird von jedem Objektpunkt ein solches Beugungsscheibchen entworfen. Befinden sich zwei Objektpunkte im Abstand der **Auflösungsgrenze *δ*** (Abb. 36.11), d. h. ist δ der kleinste Abstand der gerade noch aufgelöst werden kann, dann ist das **Auflösungsvermögen** U des optischen Instrumentes gegeben durch:

Definition:

$$U = \frac{1}{\text{kleinster auflösbarer Abstand}} = \frac{1}{\delta} \qquad (36.4)$$

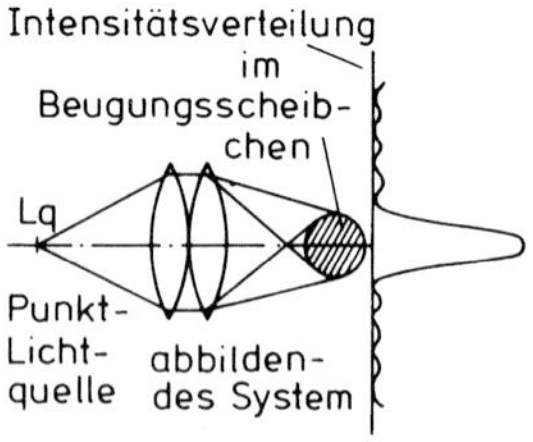

Abb. 36.10

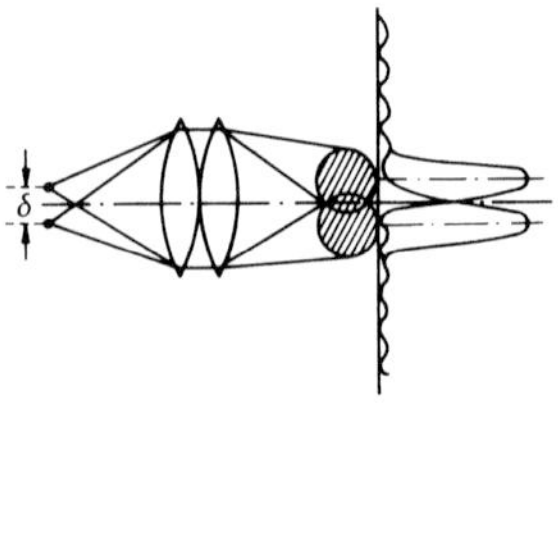

Abb. 36.11

Zwei Punkte im Abstand δ können dann noch räumlich aufgelöst werden, wenn das zentrale Beugungsmaximum des einen Scheibchens in das erste Beugungsminimum des anderen Beugungsscheibchens fällt (Abb. 36.11); dies wird als das ***Rayleigh-Kriterium*** bezeichnet. In den Abbildungen 36.10 und 36.11 ist rechts neben den Beugungsscheibchen die Intensitätsverteilung in den Scheibchen eingezeichnet (s. auch § 31.4.3).

Auflösungsgrenze bzw. Auflösungsvermögen des Lichtmikroskops

Der kleinste auflösbare Abstand δ, den zwei Objektpunkte haben dürfen, damit sie im Mikroskop noch getrennt wahrgenommen werden können, ergibt sich für ***selbstleuchtende Objekte*** nach der Theorie von *Helmholtz* zu:

$$\delta = \frac{0{,}61 \cdot \lambda}{n \cdot \sin \alpha} \qquad (36.5)$$

(Selbstleuchter)

λ: Wellenlänge des verwendeten Lichtes im Vakuum.
α: halber Öffnungswinkel des vom Objekt ausgehenden Strahlenbüschels, welches noch in das Objektiv gelangt.
n: Brechzahl des Mediums, z. B. Luft oder eine ***Immersionsflüssigkeit*** zwischen Deckglas und Frontlinse des Objektivs (s. Abb. 36.12). Das Produkt $n \cdot \sin \alpha$ im Nenner von Gleichung (36.5) wird als die ***numerische Apertur*** des Objektivs bezeichnet.

Im Gegensatz zu Helmholtz betrachtet *E. Abbe* nur die Abbildung von beleuchteten Objekten. Nach seinen Überlegungen treten z. B. an Strukturen des beleuchteten Objektes Beugungserscheinungen ähnlich jener beim Gitter auf (s. § 31.4.4). *Abbe* konnte zeigen, dass ein Bild der betrachteten Struktur nur dann beobachtet werden kann, wenn außer der nullten Beugungsordnung (zentrales Maximum) mindestens auch die Beugungsmaxima erster Ordnung ins Objektiv des Mikroskops eintreten können. Objektdetails werden umso deutlicher, je mehr Beugungsmaxima ins Objektiv gelangen können. Aufgrund dieser Tatsache kam *Abbe* zu einer Beziehung für den mit einem Mikroskop gerade noch auflösbaren Abstand δ zweier Punkte eines ***Nichtselbstleuchters***; diese lautet:

$$\delta = \frac{\lambda}{n \cdot \sin \alpha} \qquad (36.6)$$

(Nichtselbstleuchter)

Beide Theorien kommen im Wesentlichen zum gleichen Resultat für den minimal auflösbaren Abstand.

Die Auflösungsgrenze δ des Mikroskops liegt bei etwa 0,2 bis 0,3 µm, d. h. es können keine Strukturen aufgelöst werden, die wesentlich kleiner als die halbe mittlere Wellenlänge des verwendeten (sichtbaren) Lichtes (mittlere Wellenlänge ca. 550 nm) sind.

Begrenzt durch die Beugung erhält man mit (36.5) bzw. (36.6) nach der Definition (36.4) für das ***Auflösungsvermögen U des Lichtmikroskops***:

für *Selbstleuchter*:

$$U = \frac{n \cdot \sin \alpha}{0{,}61 \cdot \lambda} \qquad (36.7)$$

für *Nichtselbstleuchter*:

$$U = \frac{n \cdot \sin \alpha}{\lambda} \qquad (36.8)$$

Die Auflösungsgrenze δ wie auch das Auflösungsvermögen U des Lichtmikroskops sind von der Wellenlänge des verwendeten Lichtes und der numerischen Apertur des Objektivs abhängig und unterscheiden sich für Selbstleuchter bzw. Nichtselbstleuchter jeweils nur um einen konstanten Faktor. Eine Steigerung des Auflösungsvermögens lässt sich somit durch die Vergrößerung der numerischen Apertur erzielen, ebenso wie durch Verwendung von Licht mit kleinerer Wellenlänge. Eine Vergrößerung der numerischen Apertur erreicht man durch die Verwendung eines so genannten **Immersionssystems** (Abb. 36.12). Bei diesem ist der Raum zwischen Deckglas und Frontlinse des Objektivs mit einer Flüssigkeit (z. B. Zedernholzöl mit $n = 1{,}51$) ausgefüllt, wodurch die beim Trockensystem (Abb. 36.12 A) auftretende Totalreflexion des Lichtes an der oberen Fläche des Deckglases ($n = 1{,}5$) vermieden wird. Dadurch wird beim Immersionssystem (Abb. 36.12 B) der Öffnungswinkel der Frontlinse und auch die Lichtstärke des Mikroskops vergrößert.

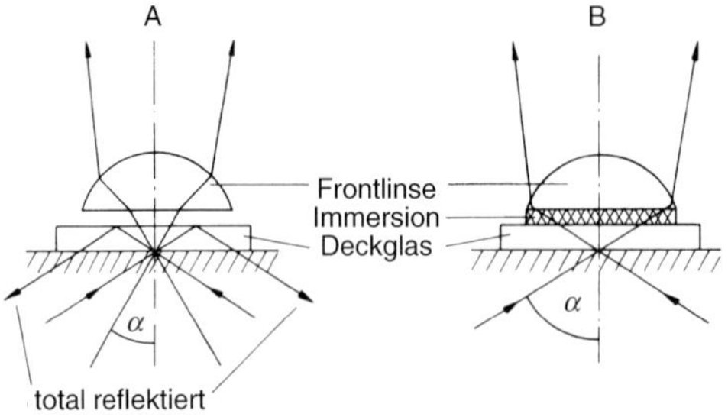

Abb. 36.12

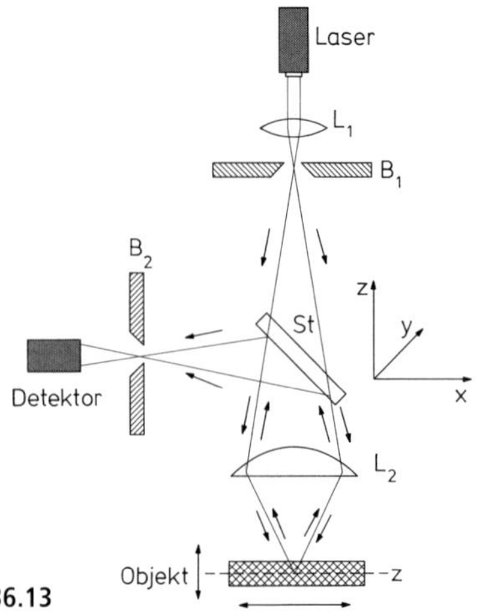

Abb. 36.13

§ 36.2.4 Das konfokale Mikroskop

Die konfokale Mikroskopie ermöglicht im Gegensatz zur konventionellen Mikroskopie eine reale dreidimensionale Auflösung. Es können damit mikroskopisch kleine Strukturen, wie etwa Gewebe, lebende Zellen, Oberflächen etc. in den drei Raumrichtungen abgebildet und präzise vermessen werden. Dazu wird im konfokalen Mikroskop nicht das gesamte Objekt gleichzeitig beleuchtet und abgebildet wie beim klassischen Lichtmikroskop, sondern jeweils nur ein Objektpunkt, womit Strukturen, die bei der Abbildung außerhalb des Fokus des Objektivs liegen, unterdrückt werden. Dies erreicht man mittels geeignet angeordneter Blenden, die je eine Punktlichtquelle und einen Punktlichtdetektor darstellen, wie in Abb. 36.13 schematisch dargestellt. Die Linse L_1 fokussiert das intensive Licht eines Lasers auf eine sehr kleine kreisförmige Öffnung B_1 (sog. *Pinhole*). Diese Punktlichtquelle wird durch das kurzbrennweitige Objektiv L_2 in eine Ebene z des Objektes (die in der Brennebene des Objektivs L_2 liegt), durch einen Strahlteiler St hindurch, abgebildet. Das vom Objekt rückgestreute Licht wird durch das Objektiv L_2, über den Strahlteiler St reflektiert, auf die Blende B_2 fokussiert, die vor dem Detektor angebracht ist (Punktlichtdetektor). Es wird somit nur Licht auf die Detektionsblende B_2 fokussiert, das aus der Ebene z des Objektes stammt, Licht von oberhalb oder unterhalb dieser Ebene (d. h. außerhalb der Brennebene des Objektivs) wird so unterdrückt. Außerdem kommt es durch die punktförmige Beleuchtung und abschirmende Wirkung der Detektionsblende B_2 zu einer Streulichtreduktion von benachbarten Strukturen. Das Auflösungsvermögen des konfokalen Mikroskops ist wie beim konventionellen Mikroskop durch die Wellenlänge des verwendeten Lichts und durch die numerische Apertur des Objektivs begrenzt. Das Konfokalmikroskop besitzt jedoch, durch die sowohl für die Beleuchtung als auch für die Detektion verwendete beugungsbegrenzte Punktabbildung, gegenüber dem konventionellen Mikroskop, ein um etwa den Faktor 1,4 verbessertes laterales Auflösungsvermögen.

Um ein (zweidimensionales) Bild der Ebene z eines Objektes, bzw. ein dreidimensionales Bild des gesamten Objektes aufzuzeichnen, muss der auf das Objekt fokussierte Lichtpunkt in geeigneter Weise relativ zum Objekt bewegt werden. Wird der Fokuspunkt in lateraler Ebene (x,y-Ebene), d. h. quer zur optischen Achse des Mikroskops für eine fixe axiale Position z, relativ zum Objekt rasternd bewegt, so erhält man einen xy-Schnitt des Objektes. Analog sind durch kontinuierliches Verfahren des Objektes längs der optischen Achse (z-Richtung) Seitenansichten des Objektes (xz-Schnitte) möglich. Bei den bei Konfokalsystemen zum Abrastern eines Objektes verwendeten Scanverfahren unterscheidet man zwischen Objekt-, Objektiv- und Strahlscannern. Reine Objektscanner, die durch Verschieben des Objektes mittels Galvanometern, Piezokristallen oder Motoren mit Getriebe in alle drei Raumrichtungen abgetastet werden, haben den Vorteil einfacher optisch abbildender Komponenten. Ähnlich liegen die Verhältnisse bei den Objektivscannern, bei denen das Objekt vorteilhafterweise in Ruhe bleibt. Die Objektbewegung wird in der Praxis i. Allg. nur zum Abtasten der langsamsten Achse verwendet. Bei Strahlscannern, die man in Einpunkt-, Mehrpunkt- und Spaltscanner einteilt, findet eine Strahlablenkung statt. Beispielsweise geschieht bei den Einpunktscannern der schnelle

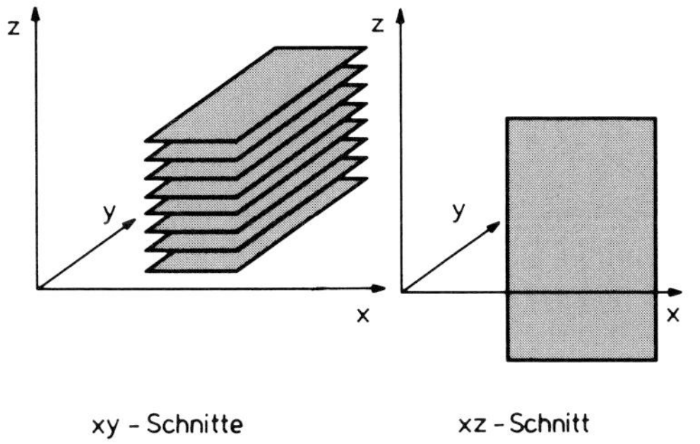

Abb. 36.14

Achsenscan des Laserstrahls mit Galvanometerspiegeln, akustooptischen Deflektoren oder Polygonspiegeln.

Die vom Detektor erfassten Daten werden digitalisiert einem leistungsfähigen Computer zugeführt und dort verarbeitet. Zur Erzeugung eines dreidimensionalen Datensatzes werden sukzessive alle drei Raumrichtungen abgerastert und man erhält einen Bildstapel aus *xy*- oder auch *xz*-Schnitten (schematisch in Abb. 36.14 dargestellt). Diese Datensätze unterschiedlicher Brennebenen, d. h. unterschiedlicher Ebenen des Objektes, können, ähnlich wie bei der Computertomographie makroskopischer Objekte (s. z. B. § 38.4), mithilfe von digitaler Bildverarbeitung zu einem neuen, kompletten Bild des Objektes mit großer Schärfentiefe (s. § 36.1.2) bei hohem lateralem und axialem Auflösungsvermögen zusammengesetzt werden. Im Vergleich dazu muss beim konventionellen Lichtmikroskop zur Vergrößerung der Schärfentiefe die numerische Apertur und damit auch das Auflösungsvermögen reduziert werden.

Die konfokale Mikroskopie erlaubt völlig neue Einblicke z. B. in die Morphologie und Dynamik im Bereich der Zellforschung bzw. ermöglicht interessante Anwendungsmöglichkeiten beispielsweise zur tomographischen Darstellung auf vielen Gebieten der Biologie, Chemie, Medizin, Pharmazie und der Physik.

§ 36.2.5 Elektronenmikroskope – Mikroskope atomarer Auflösung

Eine beträchtliche Steigerung des Auflösungsvermögens erhält man, wenn anstelle eines Lichtmikroskops ein **Elektronenmikroskop** verwendet wird. Nach *de Broglie* kann man Elektronen, die bisher als Teilchen interpretiert wurden, auch Welleneigenschaften zuweisen. Die Wellenlänge λ dieser ***Materiewellen*** hängt mit dem Impuls $p = m \cdot v$ der Teilchen analog zu Impuls und Wellenlänge der Lichtquanten gemäß Gleichung (34.2) zusammen, woraus für die sog. ***de Broglie Wellenlänge*** der Materieteilchen folgt:

$$\boxed{\lambda = \frac{h}{p} = \frac{h}{m \cdot v}} \qquad (36.9)$$

(de Broglie Beziehung)

Beschleunigt man Elektronen in einem elektrischen Feld mit einer Beschleunigungsspannung U, dann ergibt sich ihre Endgeschwindigkeit v aus der Zunahme der kinetischen Energie, wobei vorausgesetzt sei, dass die Geschwindigkeit der Elektronen im nichtrelativistischen Bereich (s. § 7.1) bleibt, was für Beschleunigungsspannungen $U < 10^4$ bis 10^5 V erfüllt ist. Für Elektronen, deren Anfangsgeschwindigkeit gleich null ist, folgt daher aus $\frac{1}{2} m_e \cdot v^2 = e \cdot U$ für die Endgeschwindigkeit v:

$$v = \sqrt{\frac{2\,e \cdot U}{m_e}} \qquad (36.10)$$

Für die Materiewellenlänge λ der Elektronen erhält man somit folgende Beziehung:

$$\lambda = \frac{h}{m_e \cdot v} = \frac{h}{\sqrt{2 \cdot m_e \cdot U \cdot e}} \qquad (36.11)$$

h: $6{,}626 \cdot 10^{-34}$ J · s, das Planck'sche Wirkungsquantum
m_e: Elektronenmasse
U: Beschleunigungsspannung
e: Elementarladung

Aus Gleichung (36.11) erhält man mit den Zahlenwerten der Konstanten als Beziehung zur Abschätzung der Materiewellenlänge der Elektronen (in nm), wobei die Spannung U in Volt einzusetzen ist: $\lambda/\text{nm} \approx \left(1{,}23 \cdot 10^{-9}/\sqrt{U/\text{V}}\right)$. Für Beschleunigungsspannungen von z. B. 50 kV haben Elektronen daher de Broglie Wellenlängen von etwa 5 pm, die damit um ca. fünf Zehnerpotenzen kleiner als die Wellenlängen sichtbaren Lichtes und weit kleiner als die Atomabstände in kondensierter Materie sind. Wie wir in Kapitel 4 gesehen haben, lassen sich

Elektronen durch elektrische oder magnetische Felder ablenken, die im einfachsten Fall etwa durch Kondensatoren bzw. stromdurchflossene Spulen erzeugt werden. Damit ist eine elektronenoptische Abbildung mit z. B. rotationssymmetrischen elektrostatischen oder magnetischen *Elektronenlinsen* möglich (*H. Busch*, 1926), wie sie beispielsweise bei *Elektronenmikroskopen* verwendet werden, deren beide wichtigste Vertreter das elektronenoptisch abbildende ***Durchstrahlungs***- oder ***Transmissions-Elektronenmikroskop*** und das ***Raster-Elektronenmikroskop*** sind.

Das Transmissions-Elektronenmikroskop

Den prinzipiellen Aufbau eines *Durchstrahlungs*- oder *Transmissions-Elektronenmikroskops* (*TEM*) zeigt schematisch Abb. 36.15 (links). Dessen grundsätzlicher Strahlengang entspricht dem eines Projektions-Lichtmikroskops, wie in Abb. 36.15 (rechts) zum Vergleich dargestellt ist. Bei Elektronenmikroskopen werden heute überwiegend magnetische (*M. Knoll* und *E. Ruska*, 1931/32), seltener elektrostatische (*E. Brüche* und *H. Johanson*, 1931) Elektronenlinsen zur Abbildung verwendet. Der aus der Elektronenquelle, durch die angelegte Hochspannung (typisch 100 kV) auf die entsprechende Endgeschwindigkeit beschleunigte, austretende fein gebündelte Elektronenstrahl wird durch die Kondensorlinse (ein Spulensystem) auf das zu untersuchende Objekt fokussiert. Das ins Vakuum des Elektronenmikroskops eingeschleuste Objekt – eine geeignet präparierte Durchstrahlungsprobe, deren Dicke größenordnungsmäßig weniger als 100 nm beträgt – befindet sich auf einer sehr dünnen Trägerfolie oberhalb der Objektivlinse. Nach Durchdringen des Objektes durchläuft der Elektronenstrahl die erste vergrößernde Linse (das System der Objektivspule), die ein Zwischenbild erzeugt, das durch ein Projektionsspulen-System auf einem fluoreszierenden Schirm vergrößert abgebildet wird. Das auf dem Fluoreszenzschirm erhaltene Endbild kann z. B. durch ein Beobachtungsmikroskop kontrolliert oder auf einem für Elektronen empfindlichen photographischen Film (an der Position des Fluoreszenzschirms) registriert werden. Für die Bildentstehung ist die Streuung und Absorption der Elektronenstrahlen im durchstrahlten Objekt wesentlich. Die meisten kommerziell erhältlichen Transmissions-Elektronenmikroskope arbeiten mit Beschleunigungsspannungen von einigen 10 kV bis 200 kV, Sondergeräte mit z. T. über 1 MV (Höchstspannungs-Elektronenmikroskope), womit auch noch dickere Proben (bis ca. 1 µm) durchstrahlt werden können.

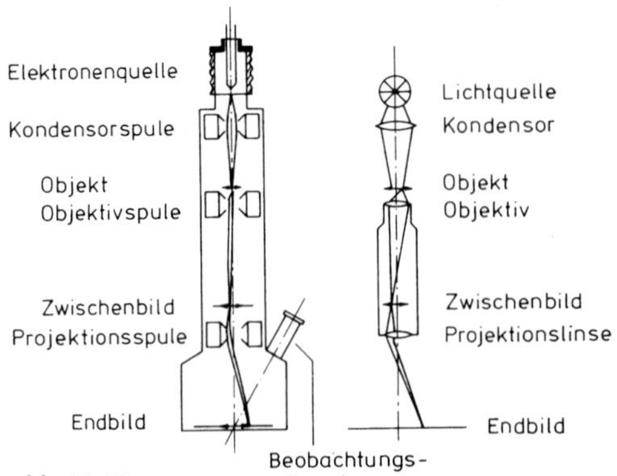

Abb. 36.15

Die um etwa den Faktor 10^5 kleinere Wellenlänge der Elektronen – bei einer Beschleunigungsspannung von z. B. $U = 100$ kV gemäß (36.11) $\lambda \approx 4$ pm – bedeutet aber, dass nach Gleichung (36.8) das Auflösungsvermögen mit Elektronenmikroskopen beträchtlich gesteigert werden kann. Zwar erreicht man infolge der Beschränkung der Objektivöffnung der Elektronenlinsen auf einen Aperturwinkel von ca. 2° die der Wellenlänge entsprechende theoretische Auflösungsgrenze nicht; die erreichbare räumliche Auflösungsgrenze beträgt $\delta \approx 0{,}1$ nm. Das bedeutet, dass das Auflösungsvermögen des Lichtmikroskops jedoch um gut drei Zehnerpotenzen übertroffen wird und das Transmissions-Elektronenmikroskop daher die Abbildung von Einzelheiten bis in die Größenordnung des Atomdurchmessers gestattet.

Das Raster-Elektronenmikroskop

Das *Raster-Elektronenmikroskop* (*REM*) oder „*Scanning Electron Microscope* (*SEM*)“ stellt ein in Aufbau und Wirkungsweise vom Transmissions-Elektronenmikroskop völlig unterschiedliches Verfahren dar (*M. Knoll*, 1935; *M. v. Ardenne*, 1938). Beim Raster-Elektronenmikroskop (eine vereinfachte schematische Darstellung zeigt Abb. 36.16) wird die Oberflä-

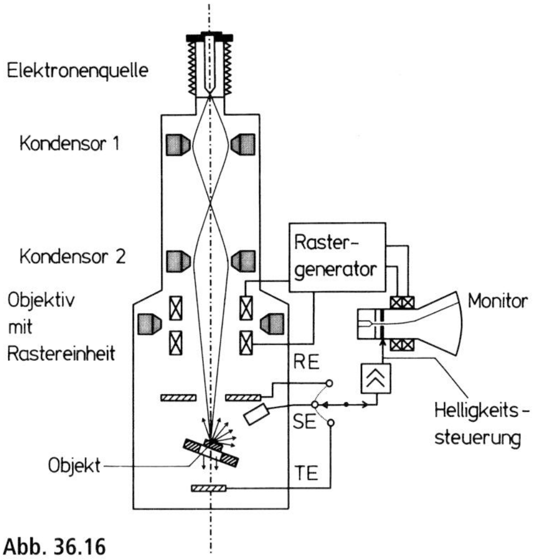

Abb. 36.16

che des Objektes mit einem durch die elektromagnetischen Kondensorspulen sehr fein fokussierten, elektronenoptisch verkleinerten Elektronenstrahl (Durchmesser 10 nm bis $\lesssim$ 1 nm) mithilfe zeitlich veränderlicher magnetischer Felder der Ablenkspulen Punkt für Punkt zeilenweise abgerastert. Von dem vom Elektronenstrahl getroffenen Flächenelement des Objektes können Elektronen rückgestreut (RE) und Sekundärelektronen (SE) ausgelöst werden (s. § 25.5); bei dünnen Objektschichten können auch transmittierte Elektronen (TE) beobachtet werden. Die entsprechenden Elektronen (RE, SE, TE) werden durch geeignete Detektoren erfasst und das so erhaltene, verstärkte Signal kann jeweils zur Helligkeitssteuerung eines synchron mit der Elektronenstrahlablenkung des Rastermikroskops geführten Strahls eines Elektronenstrahloszillographen oder Fernsehmonitors verwendet werden, dessen Bildschirm das insgesamt generierte Bild zeigt. Die Helligkeit eines jeden Bildpunktes ist dabei durch die Intensität der jeweils registrierten Elektronen gegeben. Beispielsweise ist der Bildkontrast bei Erfassung der Sekundärelektronen durch unterschiedliche SE-Ausbeuten auf der Probe (Material-, Orientierungskontrast) und durch Topographie-Effekte (unterschiedliche Neigung der Probenoberflächen, Abschattung bzw. Kanteneffekte) bestimmt. Dieses Abbildungsverfahren ermöglicht daher auch die elektronenmikroskopische Direktabbildung von Oberflächen massiver Proben bei relativ geringer Probenpräparation.

Die Kondensorspulen dienen beim Rastermikroskop nicht zur Abbildung, sondern nur als Kondensoren zur Erzeugung des sehr fein fokussierten Elektronenstrahls am Ort der Probenoberfläche. Die Vergrößerung ergibt sich daher als Verhältnis der Quadratlänge auf dem Bildschirm zur Länge des abgerasterten Quadrates auf der Probe. Letztere kann elektrisch eingestellt werden, wodurch Vergrößerungen des Rastermikroskops zwischen ca. 30fach bis etwa $5 \cdot 10^4$fach stufenlos möglich sind. Obwohl mit dem Raster-Elektronenmikroskop keine so hohe Auflösung wie mit dem Transmissions-Elektronenmikroskop erreicht wird – die Auflösungsgrenze des REM liegt bei ca. $\lesssim$ 5 nm, bietet es Vorteile, die zu seiner weiten Verbreitung in vielen Bereichen, wie z. B. der Halbleiterindustrie, der biologisch-medizinischen sowie der technisch-industriellen Forschung und in der Qualitätskontrolle geführt haben. Wie bereits erwähnt, lassen sich kompakte Proben untersuchen, wobei von strukturierten Objekten, wegen der etwa hundertfach größeren Schärfentiefe als im Lichtmikroskop, ein räumlicher Bildeindruck vermittelt wird. Darüber hinaus bietet das Raster-Elektronenmikroskop, neben der Möglichkeit weitere Objektinformation durch die Bildsignale der rückgestreuten (RE) oder transmittierten (TE) Elektronen zu gewinnen, durch Auswertung der vom gerasterten Elektronenstrahl induzierten Emission von charakteristischer Röntgenstrahlung (§ 42.2), die stoffliche Zusammensetzung des Objektes (sowohl Elementprofile als auch flächenhafte Elementverteilungen) in Mikrobereichen zu ermitteln. Stark reduziert ist beim Raster- im Vergleich zum Transmissions-Elektronenmikroskop die thermische Objektbelastung infolge der Elektronenstrahlrasterung.

Das Raster-Tunnelmikroskop – Das Raster-Kraftmikroskop

Diese beiden Rasterverfahren sind Beispiele einer großen Familie unterschiedlicher sog. Nahfeld-Rastersondenmethoden, die in den zurückliegenden rund zwanzig Jahren entwickelt wurden, zur Charakterisierung atomarer und molekularer Oberflächenstrukturen mit Auflösungen von weniger als 1 nm sowie in neuerer Zeit auch zu deren gezielten Manipulation und Veränderung im Submikro- bis Nanometerbereich. Dabei liefern diese Techniken in vielen Fällen qualitativ neue Informationen, die mit konventionellen Methoden, wie z. B. der Lichtmikroskopie oder der Raster-Elektronenmikroskopie nicht zu erhalten bzw. zu diesen komplementär sind und vermitteln in Biologie, Chemie, Physik und Technik neue Einsichten in atomare und molekulare Mechanismen.

Den Ausgang nahm diese Entwicklung mit dem *Raster-* oder *Scanning-Tunnelmikroskop* (*RTM* bzw. *STM*), vorgestellt 1982 durch *G. Binnig* und *H. Rohrer*. Im Vergleich zum Raster-Elektronenmikroskop ist das Raster-Tunnelmikroskop sehr einfach aufgebaut (Abb. 36.17). Eine mittels piezoelektrischer Stellglieder dreidimensional verschiebbare, feine Me-

6

tallspitze – im Idealfall mit einem einzigen Atom auf der Spitze – wird im Abstand von nur wenigen Atomdurchmessern ($\lesssim 1$ nm) zeilenweise über die zu untersuchende Oberfläche geführt. Bei Anlegen einer elektrischen Spannung von einigen Millivolt bis zu einigen Volt zwischen Spitze und leitendem Objekt fließt ein messbarer Strom in der Größenordnung Nanoampere, obwohl keine leitende Verbindung vorliegt.

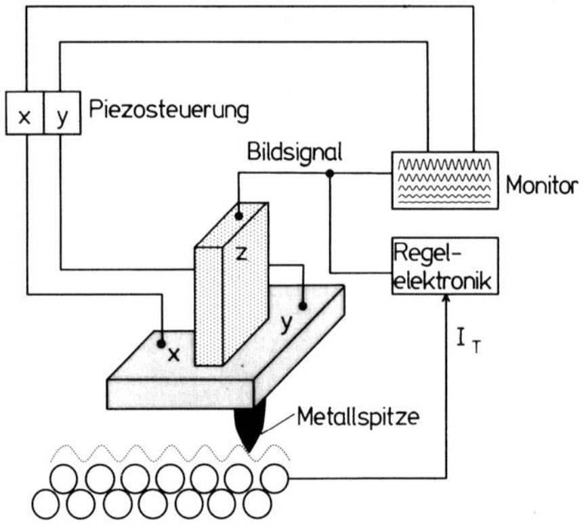

Abb. 36.17

Ursache dafür ist der quantenmechanische *Tunneleffekt* (erstmalig 1926 zur Beschreibung des α-Zerfalls herangezogen, s. § 40.2), der u. a. auch für die Feldemission (§ 25.5) maßgebend ist. Nach diesem quantenmechanischen Effekt ist es Materiewellen unter gewissen Voraussetzungen und in gewissem Umfange möglich, eine Potentialschwelle endlicher Höhe und endlicher Breite auch dann zu durchdringen, wenn dies für ein klassisches Teilchen aus energetischen Gründen nicht möglich ist. Demnach haben die in einem Potentialtopf (s. Abb. 25.5) befindlichen Elektronen auch außerhalb ihrer Austrittspotentialschwelle eine gewisse Aufenthaltswahrscheinlichkeit (d. h. die Wellenfunktion der Elektronen ist auch außerhalb noch merklich), falls die Schwellenbreite sehr klein ist, z. B. infolge eines vorhandenen elektrischen Feldes. Die Elektronen durchlaufen somit den Potentialberg wie durch einen Tunnel (quantenmechanischer Tunneleffekt).

Der beim Raster-Tunnelmikroskop auftretende Tunnelstrom ist exponentiell vom Abstand zwischen Spitze und Oberfläche abhängig. Hält man den Tunnelstrom – und damit den Abstand der Spitze zur Oberflächenstruktur – beim rasternden Abtasten der Objektoberfläche mit den piezoelektrischen x- und y-Stellgliedern mittels einer rückgekoppelten Steuerelektronik konstant, dann folgt die Spitze allen Höhenveränderungen der Objektoberfläche. Entsprechend wie beim Raster-Elektronenmikroskop wird einem synchron gerasterten Bildschirm oder Schreiber das aus der lokalen Regelabweichung erzeugte Signal über der x-, y-Ebene als Bild aufgezeichnet. Die experimentell erreichbare Auflösungsgrenze liegt senkrecht zur Oberfläche bei einigen pm, in lateraler Richtung bei ca. 0,1 nm. Raster-Tunnelmikroskope können sowohl im Vakuum als auch in Flüssigkeiten oder in Gasen (z. B. in Luft bei Atmosphärendruck) betrieben werden.

Auch das *Raster-Kraftmikroskop* (*RKM* bzw. *SFM*, Scanning Force Microscope) beruht auf der interatomaren Wechselwirkung zwischen den vordersten Atomen einer Messspitze und den Atomen der Probenoberfläche, nur dass bei diesem Verfahren nicht mehr ein Tunnelstrom gemessen wird, sondern direkt die anziehenden oder abstoßenden Kräfte zwischen der nur wenige nm bis 0,1 nm von der Oberfläche entfernten Tastspitze. Bestimmt werden diese Kräfte z. B. über die Auslenkung einer weichen Blattfeder (auf der die Messspitze montiert ist), die mittels der Ablenkung eines an der Blattfeder reflektierten Laserstrahls gemessen wird, wodurch eine Auflösung im Zehntel-Nanometerbereich möglich ist. Die Raster-Kraftmikroskopie ist auch bei Oberflächen nichtleitender Materialien anwendbar, wie z. B. Oberflächenvergütungsschichten, Glasoberflächen, Oberflächen von (weichen und harten) Polymeren oder von biologischen Proben, aber ebenso bei Halbleiter- oder Metalloberflächen.

Außer den beiden hier erwähnten Beispielen gibt es noch weitere dem Raster-Tunnelmikroskop analoge, in vielen wissenschaftlichen Disziplinen anwendbare moderne Verfahren der Mikroskopie, auf welche jedoch hier nicht eingegangen werden kann.

§ 36.2.6 Fernrohre

Diese optischen Instrumente unterscheiden sich von der Lupe und dem Mikroskop in ihren Aufgaben darin, dass sie weit entfernt liegende Objekte unter einem größeren Sehwinkel erscheinen lassen sollen und von den häufig lichtschwachen Objekten ein möglichst helles Bild erzeugen. Wie bei Mikroskopen gibt es auch bei Fernrohren sehr verschiedene Konstruktionen. Man unterscheidet zwei Haupttypen, die *Refraktoren*, bei denen die abbildenden optischen Systeme Linsen bzw. Linsensysteme sind, und die *Spiegelteleskope*, bei denen ein abbildendes System ein Hohlspiegel ist.

Refraktoren sind beispielsweise das *holländische* oder *Galilei'sche* und das *Kepler'sche* oder *astronomische* Fernrohr. Die von einem sehr weit entfernten Objekt (Planet, Fixstern etc.) ankommenden Lichtstrahlen treffen annähernd parallel auf das Objektiv des Fernrohrs und müssen hinter dem Okular dieses auch wieder parallel verlassen, damit das Auge nicht zu akkommodieren braucht. Ein solches Fernrohr stellt daher ein teleskopisches System dar (s. § 35.3.2). Zur Erzielung hoher Lichtstärke wird der Objektivdurchmesser so groß als möglich gemacht (Steigerung der Helligkeit proportional zum Quadrat des Objektivdurchmessers).

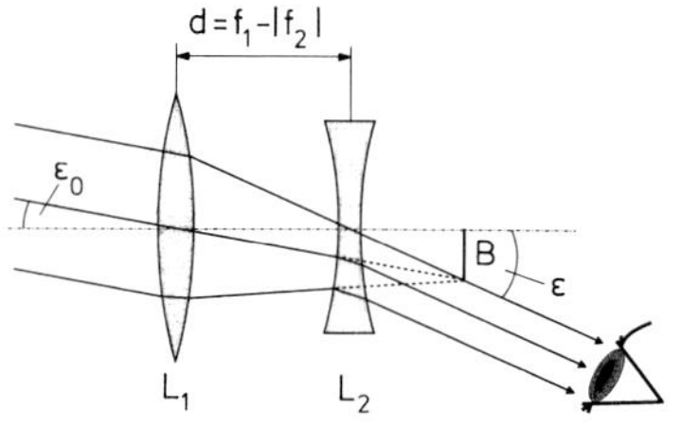

Abb. 36.18

Das **Galilei'sche Fernrohr**, bei dem das Objektiv aus einer langbrennweitigen Sammellinse besteht, während das Okular eine Zerstreuungslinse ist (Abb. 36.18), liefert aufrechte, vergrößerte Bilder. Der Linsenabstand beträgt $d = f_1 - |f_2|$, wobei f_1 die Brennweite des Objektivs und $|f_2|$ der Absolutbetrag der (negativen) Brennweite f_2 des Okulars ist; der hintere Brennpunkt des Objektivs fällt mit dem vorderen Brennpunkt des (konkaven) Okulars zusammen (Abb. 35.45 b)). Ein unter dem kleinen Winkel ε_0 gegenüber der optischen Achse einfallendes Strahlenbündel von einem weit entfernten Objekt würde ohne Okularlinse L_2 durch das Objektiv L_1 in dessen hinterer Brennebene, die gleichzeitig die vordere Brennebene von L_2 ist, fokussiert werden. Durch das Okular L_2 werden diese Strahlen jedoch so abgelenkt, als würden sie von einem im Unendlichen liegenden Bildpunkt stammen, wobei sie die optische Achse unter dem Winkel ε schneiden. Für die Vergrößerung des holländischen oder Galilei'schen Fernrohrs erhält man:

$$|V| = \frac{\varepsilon}{\varepsilon_0} = \frac{f_1}{|f_2|} \tag{36.12}$$

die sich (wegen $f_2 < 0$) eigentlich als negativ ergibt und somit, gemäß der Definition, die Bilder aufrecht sind. Zur Betrachtung irdischer Objekte, die sich also in endlicher Entfernung befinden, muss zur Scharfstellung des Bildes der Abstand von Objektiv und Okular etwas vergrößert werden. Als *Opern-* oder *Theaterglas* finden häufig zwei binokular, im Augenabstand parallel zueinander montierte Galilei-Fernrohre Verwendung.

Beim **Kepler'schen** oder **astronomischen Fernrohr** sind Objektiv bzw. Okular lang- bzw. kurzbrennweitige Sammellinsen der Brennweiten f_1 bzw. f_2, die im Abstand $d = f_1 + f_2$, d. h. der Summe ihrer Brennweiten angeordnet sind (Abb. 36.19). Vom weit entfernten Objekt erzeugt das Objektiv L_1 in sei-

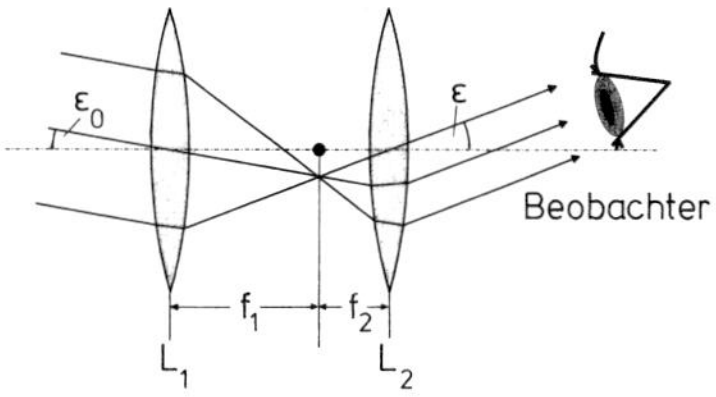

Abb. 36.19

ner hinteren Brennebene $F_{12} = F_{21}$ ein umgekehrtes, reelles Zwischenbild, das mit dem als Lupe wirkenden Okular L_2 in dieser Brennebene betrachtet wird. Das auf Unendlich akkommodierte Auge sieht somit vom Gegenstand ein umgekehrtes, vergrößertes, virtuelles Bild. Für die Vergrößerung des Fernrohrs erhält man auch hier:

$$V = \frac{\varepsilon}{\varepsilon_0} = \frac{f_1}{f_2} \tag{36.13}$$

nur ist beim Kepler'schen Fernrohr das Bild umgekehrt und damit die Vergrößerung positiv.

Bei astronomischen Beobachtungen ist ein umgekehrtes Bild nicht weiter störend, jedoch bei Betrachtung terrestrischer Objekte. Es wird daher beim **terrestrischen Fernrohr** nach Kepler zwischen Objektiv und Okular eine weitere Sammellinse geeignet positioniert, die das vom Objektiv erzeugte Zwischenbild nochmals umkehrt und somit insgesamt ein aufrechtes Bild entsteht. Die durch den Einbau dieser weiteren Umkehrlinse bedingte Vergrößerung der Länge macht das Fernrohr etwas unhandlich. Dieser Nachteil wird durch die Verwendung von entsprechend zueinander angeordneten Prismen anstelle der Umkehrlinse behoben und damit eine starke Verkürzung des Fernrohrs erreicht. *Prismenferngläser* sind binokulare Fernrohre, die aus zwei solchen Prismenfernrohren zusammengesetzt sind und bei welchen, infolge der seitlich versetzten Anordnung der Prismen, eine Vergrößerung des Objektivabstandes gegenüber dem Okular- bzw. Augenabstand erreicht wird und damit bei binokularer Beobachtung eine Erhöhung des stereoskopischen Effektes.

Spiegelteleskope werden überwiegend in der Astronomie verwendet, finden aber auch in anderen Bereichen der Fernerkundung Anwendung. Bei dieser Art von Fernrohren stellt ein Konkavspiegel das Objektiv dar, dessen umgekehrtes, reelles Bild i. Allg. mit einem Okular als Lupe betrachtet wird. Es gibt verschiedene Bauarten, von denen als Beispiel die Ausführungsform nach *Cassegrain* in Abb. 36.20 schematisch dargestellt ist. Die auf dem konkaven Hauptspiegel Sp_1 ankommenden Strahlen werden reflektiert und treffen beim Cassegrainsystem vor ihrer Vereinigung auf einen konvexen Fangspiegel Sp_2, der sich in der optischen Achse am Rohrende befin-

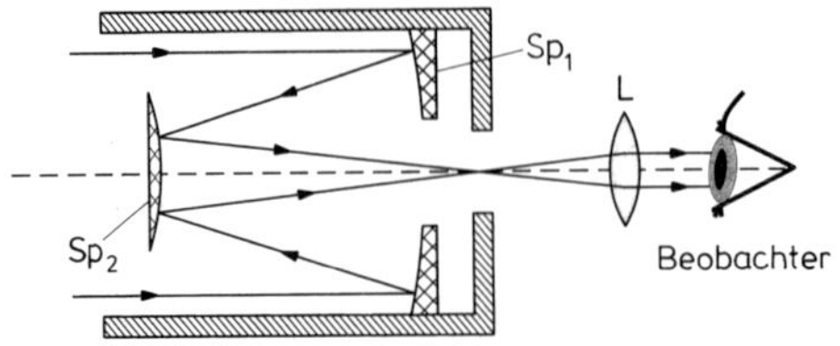

Abb. 36.20

det. Der Fangspiegel ist so geschliffen, dass die Strahlen erst dicht vor dem Okular L zu einem Bild vereinigt werden, nachdem sie durch eine Bohrung in der Mitte des Hauptspiegels Sp_1 getreten sind und womit eine Verlängerung der Brennweite des Hauptspiegels (um ca. einen Faktor drei) erreicht wird. Dieses Bild wird durch die Okularlinse L als Lupe betrachtet. Zur Vermeidung des Abbildungsfehlers der sphärischen Aberration sind die Spiegel im Allgemeinen parabolisch geschliffen, in speziellen Systemen nach Cassegrain auch hyperbolisch gekrümmt.

§ 36.2.7 Photographische Apparate

Bei der photographischen Kamera erzeugt das Objektiv vom Objekt ein reelles, umgekehrtes und i. Allg. verkleinertes Bild auf einer Mattscheibe oder einer lichtempfindlichen Schicht (ein Film oder eine photographische Platte), wobei in der Schicht bei Belichtung ein sog. latentes Bild entsteht, das durch „Entwicklung" sichtbar gemacht werden muss. Die Objektive moderner Kameras sind sphärisch und chromatisch korrigierte Linsensysteme ohne Astigmatismus, die mit möglichst großer Lichtstärke ein vollkommen ebenes, verzeichnungsfreies Bild liefern und daher aus mehreren unterschiedlich brechenden Linsenflächen und Glasmaterialien bestehen. Bei der Aufnahme weit entfernter Objekte, die mit nahezu parallelen Strahlen aufs Objektiv auftreffen, fällt die Bildebene (Position der lichtempfindlichen Schicht oder der Mattscheibe) mit der Brennebene des Objektivs zusammen. Zur Ablichtung von Objekten in der Nähe, d. h. bei kleiner Gegenstandsweite, muss die Bildweite b als Abstand zwischen Filmebene und Objektiv größer werden, damit die Abbildungsgleichung gilt, wozu das Objektiv weiter herausgezogen werden muss oder die Brennweite durch eine Vorsatzlinse verkleinert wird.

Der Bildwinkel von ***Standardobjektiven*** (ca. 50 mm Brennweite) beträgt 40° bis 60° und bei den kurzbrennweitigen ***Weitwinkelobjektiven*** bis über 100°. Zur Erzeugung möglichst großer Bilder bzw. von Ausschnitten weit entfernter Objekte werden langbrennweitige, sog. ***Teleobjektive*** verwendet. Sie sind in gewisser Weise verkürzte Galileifernrohre, wodurch die Kamera noch handlich bleibt und trotzdem die langen Objektivbrennweiten erzielt werden. Verwandt mit diesen Objektiven sind die sog. ***Vario-*** oder ***„Zoom"-Objektive*** mit veränderbarer Brennweite. Die kontinuierliche Veränderung der Brennweite wird dadurch erreicht, dass der Abstand zwischen dem hinteren und vorderen Objektivteil durch Verschieben innerer Teile des Linsensystems längs der Objektivachse variiert werden kann. Eine Photokamera enthält außerdem noch eine Irisblende, um die wirksame Öffnung und damit die Lichtstärke zu verändern, einen Verschluss zur Steuerung der Belichtungszeit, i. Allg. einen Entfernungs- und Belichtungsmesser sowie ein Suchersystem und ein Transportsystem zum Weitertransport des belichteten Filmmaterials. In modernen Kameras sind die diversen Einstellungen jedoch nicht mehr durch den Nutzer vorzunehmen, sondern erfolgen durch einen kleinen Mikroprozessor gesteuert automatisch, sei es die Fokussierung, die Belichtungskorrektur oder das Filmtransportsystem, oft auch mit Bildfolgefrequenzen im Videobereich.

Eine interessante Neuerung auf dem Gebiet der Photographie war die *Polaroid-Kamera*, bei welcher man schon kurze Zeit nach der Belichtung ein fertig entwickeltes Positiv-Papierbild (ca. zehn Sekunden bei schwarzweiß oder eine Minute bei farbig) aus der Kamera ziehen kann.

Eine rasante Verbreitung haben in den letzten ca. 20 Jahren die ***digitalen Kameras*** erfahren. Der photographische Film der konventionellen Kamera ist hier durch einen elektronischen Bildwandler ersetzt, im Prinzip ein lichtempfindliches Halbleitermaterial, das aus einzelnen in einer Matrix nahezu nahtlos aneinander liegenden Photoelementen (den einzelnen Bildpunkten oder sog. *Pixeln* mit einer Größe von einigen μm) besteht. Diese CCD (**C**harge **C**oupled **D**evice) Sensoren wurden ursprünglich als Datenspeicher entwickelt, die sich aber als lichtempfindliche integrierte Schaltkreise erwiesen. Die in einem solchen *Halbleiter-Chip* durch den *inneren Photoeffekt* (s. § 25.2.3) erzeugten Photoelektronen, deren Anzahl direkt proportional zur Intensität der auftreffenden optischen Strahlung ist, werden in dem Photodiodenarray zunächst akkumuliert sowie zeitlich begrenzt gespeichert und erst anschließend ausgelesen, digitalisiert, weiter bearbeitet und als Bildinformation in einem geeigneten Speichermedium (z. B. einer Speicherkarte) abgelegt, von wo das Bild bei Bedarf abgerufen werden kann.

Die Anzahl der Bildpunkte (Pixels) ist bei den heutzutage verfügbaren CCD Chips groß genug (10 Megapixel sind selbst bei digitalen Kompaktkameras nahezu Standard), um eine gute Auflösung zu gewährleisten. Für die Farbwiedergabe werden im Prinzip die einzelnen Pixel bzw. definierte Pixelgruppen des Chips systematisch abwechselnd mit roten, grünen und blauen Farbfiltern versehen, ähnlich dem

Farbensehen des menschlichen Auges mit den drei Zapfenarten, die unterschiedliche Farbpigmente enthalten (s. § 36.1). Die Bildinformationen der einzelnen Pixel des CCD Sensors werden dann nach einem bestimmten Algorithmus verknüpft und verrechnet.

In Digitalkameras und in Videokameras finden zweidimensionale CCD Arrays Verwendung, wobei bei den analogen Videokameras das Auslesen der Bildinformation zur weiteren Verarbeitung oder Aufzeichnung analog erfolgt. Hochwertige Videokameras verwenden zur besseren Farbenselektion keine Farbfilter, sondern drei CCD Chips für je eine der drei Farbkomponenten Rot, Grün und Blau. Mittels eines Prismas wird das Bild in seine roten, grünen und blauen Spektralkomponenten zerlegt, welche durch einen dichroitischen Strahlteiler (zum Dichroismus s. § 37.1) jeweils gewichtet nach Farbanteil auf den entsprechenden CCD Chip gelenkt wird. Die Reproduktion der farbigen Bildinformation erfolgt durch entsprechende Überlagerung der digital gespeicherten Informationen.

Auch die moderne Mikroskopie nutzt CCD Arrays zur Bildaufzeichnung und in der eindimensionalen Ausführung als CCD Zeilensensoren kommen sie beispielsweise in Barcodelesern, an Scannerkassen, in Faxgeräten, in Flachbettscannern sowie in optischen Monochromatoren und Spektrographen zum Einsatz.

§ 36.2.8 Projektoren

Stellvertretend für die verschiedenen Ausführungsarten von Projektoren sollen hier zunächst der klassische Diaprojektor und anschließend exemplarisch die Grundprinzipien einiger Digitalprojektoren angesprochen werden.

Die Abb. 36.21 zeigt schematisch das Bauprinzip und den Strahlengang eines ***Diaprojektors***. Das Licht einer intensiven Lichtquelle Lq (häufig eine Halogenlampe) wird durch einen Kondensor K so konvergent gemacht, dass der Fokus in der Mitte des Objektivs O liegt. Zur Erhöhung der Lichtstärke wird das von der Lichtquelle nach hinten abgestrahlte Licht durch einen Hohlspiegel Sp ebenfalls auf den Kondensor abgebildet. Um eine gleichmäßige und vollständige Ausleuchtung des zu projizierenden Diapositivs D zu erreichen, befindet sich dieses dicht hinter dem Kondensor, getrennt durch ein Wärmeschutzfilter W zum Schutz vor thermischer Zerstörung. Die

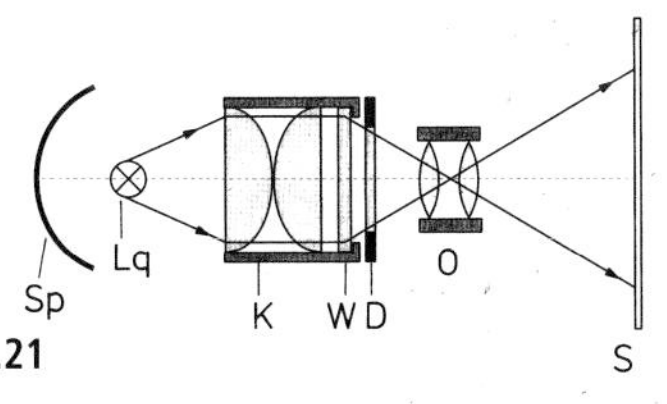

Abb. 36.21

Größe des auf dem Schirm durch das Objektiv O erzeugten Bildes des Diapositivs hängt, bei vorgegebener Größe des Diapositivs und Entfernung des Schirmes, von der Brennweite des Objektivs ab; je kurzbrennweitiger das Objektiv ist, desto größer wird das Bild. Zu beachten ist, dass das Diapositiv umgekehrt und seitenverkehrt installiert wird, um ein aufrechtes Bild zu erhalten.

Bei den *Digital-* oder *Videoprojektoren*, die häufig auch als *Beamer* bezeichnet werden, handelt es sich um Projektionsgeräte, welche die beispielsweise in einem Computer bzw. auf dem Speichermedium eines DVD- oder Videokassetten-Abspielgerätes digital vorliegenden Bildinformationen großflächig auch für ein größeres Auditorium zu projizieren erlauben. Historisch gesehen war das erste Verfahren zur brillanten Projektion großflächiger Fernsehbilder das sog. *Eidophor*-Verfahren, auf welches hier jedoch nicht näher eingegangen werden soll, ebenso wie auch nicht auf die lange Zeit weit verbreiteten Röhrenprojektoren, bei denen es sich im Prinzip um drei spezielle lichtstarke Elektronenstrahlröhren mit getrennten Objektiven und vorgeschalteten Farbfiltern in den Grundfarben rot, grün und blau zur Projektion handelte. Hier sollen nur in knapper Form die Flüssigkristall (**L**iquid **C**rystal **D**isplay) Projektoren (LCD-Projektoren), die sog. DLP (**D**igital **L**ight **P**rocessing) Projektoren und die LED-Projektoren angesprochen werden.

Flüssigkristallprojektoren (zu Flüssigkristallen s. § 37.2), kurz auch als ***LCD-Projektoren*** bezeichnet, sind im Prinzip wie Diaprojektoren aufgebaut (s. schematische Darstellung in Abb. 36.21), nur dass sie i. Allg. eine lichtstärkere Lichtquelle haben und das Diapositiv durch Flüssigkristallzellen sowie ein spezielles Projektionssystem mit dichroitischen Kristallen ersetzt ist. In modernen Geräten wird in der Regel für jede Grundfarbe (rot, grün und blau) ein LC-Display verwendet, in hochwertigen Geräten zur Optimierung der Farbwiedergabe noch ein viertes, speziell für die Farbe gelb. Mittels des speziellen Projektionssystems wird dann das farbige Bild relativ hoher Brillanz für die Projektion durch additive Farbenmischung (s. § 35.3.1) generiert.

In ***DLP-Projektoren***, die auch bei der Großbildprojektion (z. B. im Kino) Verwendung finden, beleuchtet ein mit hoher Drehzahl rotierendes Farbrad (das mehr als drei Farben verwendet), miniaturisierte Spiegel, die auf einer integrierten Schaltung angeordnet sind (pro Bildpunkt einer) und elektronisch definiert angesteuert, gekippt werden können (mit Frequenzen bis zu 5 kHz). Je nach Kippzustand des Miniaturspiegels gelangt das von ihm reflektierte Licht entsprechender Farbe in das Objektivsystem und trägt zur Generierung des projizierten Bildes bei.

LED-Projektoren haben die Grundkonzeption der DLP-Projektoren, nur ist das Farbrad durch rot, grün und blau emittierende Leuchtdioden ersetzt, die nacheinander angesteuert die miniaturisierten Spiegel beleuchten. Die Bildgenerierung ist wie oben skizziert.

Weiterentwicklungen der LCD-Technologie sind auf dem Weg zur Marktreife, wie auch die bislang für den professionellen Markt entwickelten *Laser-Projektoren*, insbesondere in Kombination von Lasern mit herkömmlicher Technologie, zukünftig ihre Anwendungen finden werden.

§ 36.3 Spektral selektive optische Instrumente

Es gibt vielfältige Anwendungen, bei welchen nur ein bestimmter mehr oder weniger eng begrenzter spektraler Bereich des gesamten Spektrums einer kontinuierlichen Lichtquelle gefragt ist oder nur spezielle Spektrallinien einer kontinuierlichen bzw. diskontinuierlichen Strahlungsquelle interessieren, oder aber die spektrale Charakteristik der von einer Lichtquelle emittierten Strahlung als Funktion der Wellenlänge gemessen werden soll. Bei derartigen Fragestellungen kommen je nach Anwendungszweck unterschiedliche spektral selektive optische Instrumente zur Anwendung, deren Wirkungsweise auf der Wellenlängenabhängigkeit von Absorption, Reflexion, Brechung, Polarisation oder Beugung und Interferenz beruht, wie z. B. optische Farbfilter, Interferenzfilter, Prismen- und Gitterspektralapparate, Vielkanal- und Fourierspektrometer. Einige von ihnen wollen wir uns hier etwas näher ansehen.

§ 36.3.1 Optische Filter

Optische Filter werden zur selektiven oder unselektiven Abschwächung der auf sie auftreffenden Strahlung entweder in Transmission, wie z. B. bei Absorptions- und Interferenzfiltern, oder in Reflexion, wie z. B. bei Interferenzfiltern bzw. -spiegeln, in großer Auswahl für Wellenlängen von 200 nm bis 20 µm hergestellt und eingesetzt.

Als **Absorptionsfilter** werden geeignet absorbierende Substrate, wie z. B. spezielle Farbgläser, die mit Metallionen (Ca, Co, Ni, W etc.) gefärbt sind, Kunststofffarbfilter (Basismaterial meist Plexiglas) oder gefärbte Folien sowie Farbstofflösungen bzw. Halbleiterschichten (im infraroten Spektralgebiet) verwendet. Sie zeigen Transmission für ein mehr oder weniger breites spektrales Intervall (Bandpassfilter) bzw. blockieren ab einer bestimmten Wellenlänge die Transmission (Kantenfilter). Zu beachten ist, dass diese Filter durch Absorption der Strahlungsleistung der zu sperrenden Wellenlängenbereiche mitunter sehr starke Erwärmung zeigen.

Interferenzfilter sind vielfachreflektierende, planparallele Systeme verschiedenartiger dünner Schichten und lassen sich für jeden gewünschten Wellenlängenbereich als schmalbandige Bandpassfilter herstellen (s. auch Vielstrahlinterferenz, § 35.3.1). Zur prinzipiellen Herstellung von Interferenzfiltern wird im Hochvakuum in „Sandwich-Bauweise“ ein Glas- oder Quarzsubstrat zunächst mit einer dünnen halbdurchlässigen Metallschicht und anschließend mit einer dielektrischen Schicht (z. B. Kryolit) bedampft, das mit einer weiteren metallisch bedampften Glas- oder Quarzscheibe bedeckt wird. Die transmittierte Wellenlänge, die komplementär zum reflektierten Licht ist, hängt von der Brechzahl und der Dicke der dielektrischen Schicht sowie der Ordnung k der Interferenz (s. § 35.3.1) ab. Unerwünschte Nebenmaxima werden durch zusätzliche Filter abgeblockt. Die Breite des durchgelassenen Wellenlängenintervalls (sog. Halbwertsbreite) des Filters liegt bei guten Interferenzfiltern bei ca. 1,5 nm bei einer Transmission von zwischen ca. 20 % und 40 %. Die Möglichkeiten der modernen Dünnschichttechnik gestatten heute Interferenzfilter vom Vakuum-UV bis zum IR mit verschiedenen Halbwertsbreiten herzustellen.

§ 36.3.2 Spektralapparate – Fourier-Spektrometer

Spektralapparate nutzen die Wellenlängenabhängigkeit entweder der Brechung – *Prismenspektralapparate* – oder die der Beugung und Interferenz – *Gitterspektralapparate* – zur räumlichen Trennung von Strahlung unterschiedlicher Wellenlängen.

Bei Prismenspektralapparaten bedingt die Dispersion $n(\lambda)$ der Brechzahl einer Substanz (s. § 35.1.4) unterschiedliche Brechungswinkel in Abhängigkeit von der Wellenlänge, wie wir z. B. in § 35.3.1 bei der Zerlegung weißen Lichtes in seine Spektralfarben durch ein Prisma betrachtet haben (zur Erinnerung: dabei wird kurzwelliges [z. B. violettes] Licht stärker gebrochen als langwelliges [z. B. rotes] Licht). Eine einfache Ausführung zur schnellen Orientierung über das Aussehen eines Spektrums stellt das oft benutzte *geradsichtige Taschenspektroskop* dar.

Geradsichtiges Taschenspektroskop

Da das gleichschenklige Prisma (siehe § 35.3.1) immer eine Ablenkung des Lichtes um einen bestimmten Winkel zur Folge hat, werden zur Erreichung einer minimalen Abweichung von der Geradlinigkeit, bei gleich bleibender Dispersion, mehrere Prismen aus Glas verschiedener Brechzahlen (z. B. aus Kron- und Flintglas) aufeinander gesetzt. Solche so genannte Geradsichtprismen werden in den Taschenspektroskopen verwendet (Abb. 36.22). Es besteht aus zwei ineinander verschiebbaren Metallrohren, von denen das eine den in seiner Breite verstellbaren Spalt Sp und eine Schutzscheibe G aus Glas enthält. Das zweite Metallrohr enthält ein Objektiv O, das als Lupe zur Betrachtung des Spaltes von der Öffnung L aus dient, und ein meist dreiteiliges Geradsichtprisma. Durch Verschieben der Rohre ineinander kann der Spalt scharf abgebildet werden.

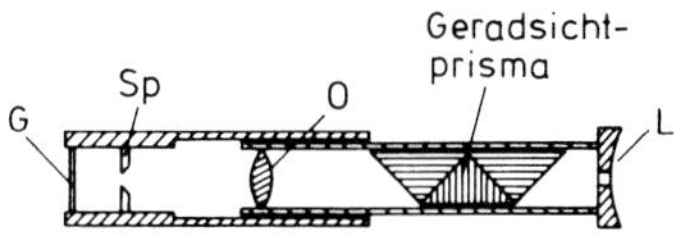

Abb. 36.22

Prismenspektralapparate

Zur genaueren Untersuchung von Spektren, insbesondere zum Ausmessen der spektralen Verteilung des von einer Strahlungsquelle emittierten Lichts, werden Spektralapparate verwendet mit einer in Wellenlängen kalibrierten Skala, sog. ***Spektrometer***. Der schematische Aufbau eines ***Prismenspektrometers*** ist in Abb. 36.23 angegeben.

Das von der zu untersuchenden bzw. als Strahlungsquelle dienenden Lichtquelle Lq ausgehende Licht wird durch abbildende Optiken (Linsen oder Spiegel) auf den in seiner Breite einstellbaren Eintrittsspalt Sp des Spektrometers abgebildet (in Abb. 36.23 nicht dargestellt). Die Sammellinse L_1 des Kollimators, in deren Brennebene sich der Eintrittsspalt befindet, erzeugt aus dem von Sp ausgehenden Licht paralleles Licht, welches das (möglichst voll ausgeleuchtete) Prisma P durchsetzt und dort aufgrund der Dispersion unterschiedlich abgelenkt wird. Die vom Prisma ausgehenden spektral zerlegten parallelen Lichtbündel können z. B. mit einem Fernrohr beobachtet werden, das ein farbiges Bild des Eintrittsspaltes entwirft.

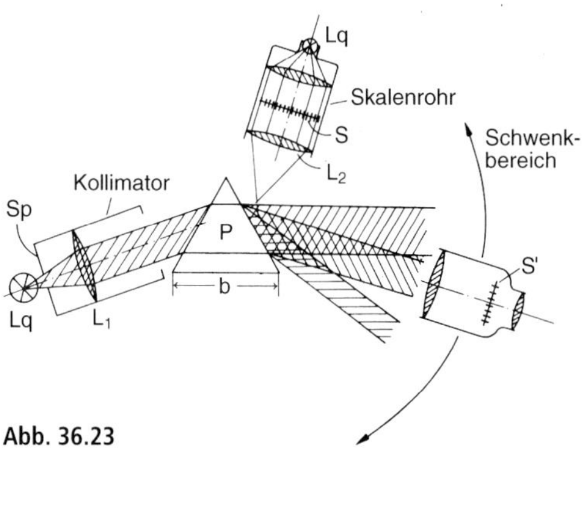

Abb. 36.23

Das Fernrohr kann in einem gewissen Bereich geschwenkt werden, um so die unter bestimmten Winkeln gebrochenen Spektralfarben beobachten zu können. Um das Spektrum mit einem Maßstab vergleichen zu können, ist noch ein weiteres Rohr, das Skalenrohr, angebracht. In ihm beleuchtet eine Lichtquelle eine kleine Skala S mit durchsichtigen Teilstrichen, welche durch die Linse L_2 auf die Vorderfläche des Prismas und von dort reflektiert in das Fernrohr abgebildet wird. Mit dem Spektrum erblickt man dann gleichzeitig im Fernrohr ein scharfes Bild S' der Skala. Wurde die Skala mithilfe bekannter Spektrallinien in Wellenlängen kalibriert, so kann ein im Fernrohrokular befindliches Fadenkreuz durch Drehen des Fernrohrs auf die einzelnen Spektrallinien eingestellt und deren Wellenlänge bestimmt werden, indem die Drehung des Fernrohrs entweder an einem Teilkreis seines Schwenkbereichs oder an einer Mikrometerschraube abgelesen werden kann. Zur photographischen Registrierung eines Spektrums ersetzt man das Fernrohr durch eine fokussierende Optik an der Position des Fernrohrobjektivs und einer Photokamera (oder Photoplatte) in deren Brennebene, entsprechend der Position des Skalenbildes S' bzw. der Bildebene des Spektrums. Man erhält dann in dieser Ebene für die verschiedenen Wellenlängen räumlich getrennte Spaltbilder und man bezeichnet bei dieser Art von Registrierung eines Spektrums den Spektralapparat als ***Spektrographen***.

Ersetzt man die in der Bildebene des Spektrums befindliche Photokamera durch einen Austrittsspalt, so erhält man einen ***Monochromator***, der zur Herstellung monochromatischen

6

Lichts dient. Die gefragte Wellenlänge lässt sich entweder durch Verschieben des Spaltes in der Bildebene des Spektrums, entsprechend wie das Fernrohr, oder durch Drehen des Prismas einstellen. Da viele Spektrometer beide Arten der Registrierung gestatten, verliert die Klassifizierung in Spektrographen und Monochromatoren an Bedeutung.

Die Leistungsfähigkeit eines Prismenspektralapparates zur Trennung zweier eng benachbarter Spektrallinien wird ebenfalls durch die Beugung begrenzt. Es stellt sich daher die Frage nach dem **spektralen Auflösungsvermögen** $\frac{\lambda}{\mathrm{d}\lambda}$ des verwendeten *Prismas*, d. h. welche Wellenlängendifferenz $\mathrm{d}\lambda$ müssen zwei benachbarte Wellenlängen λ und $\lambda+\mathrm{d}\lambda$ haben, um noch getrennt werden zu können. Die in § 36.2.3 angestellten Überlegungen zum räumlichen Auflösungsvermögen lassen sich analog auf das spektrale Auflösungsvermögen übertragen. Somit können zwei Spektrallinien dann noch getrennt werden, wenn das zentrale Helligkeitsmaximum der Spektrallinie mit $\lambda+\mathrm{d}\lambda$ gerade in das erste Beugungsminimum fällt, das die Spektrallinie der Wellenlänge λ in der Bildebene des Spektrums (in Abb. 36.23 die Ebene S') erzeugt (***Rayleigh-Kriterium***, s. § 36.2.3). Bezeichnet b die Basislänge des Prismas (Abb. 36.23 bzw. 35.29) und n die Brechzahl des Prismenmaterials, dann findet man für das *spektrale Auflösungsvermögen des Prismas*:

$$\frac{\lambda}{\mathrm{d}\lambda}=b\cdot\frac{\mathrm{d}n}{\mathrm{d}\lambda} \tag{36.14}$$

Das spektrale Auflösungsvermögen des Prismas ist also nur von seiner Basislänge und der Dispersion des Prismenmaterials abhängig.

Gitterspektralapparate

Nach § 31.4.4 Gleichung (31.22) ist der Beugungswinkel α, unter dem beim Gitter eine bestimmte Helligkeitsordnung auftritt, auch von der Wellenlänge des verwendeten Lichtes abhängig. Es eignet sich somit ein Beugungsgitter ebenfalls zur Bestimmung der Wellenlänge von Spektrallinien. Ein Gitterspektrometer erhält man, wenn das Prisma im Prismenspektrometer durch ein Gitter ersetzt wird. *Beim Gitter weist jedoch, im Gegensatz zum Prisma, kurzwelliges Licht eine geringere Ablenkung auf als langwelliges Licht.* Bei Gitterspektrometern bzw. -monochromatoren müssen höhere Beugungsordnungen z. B. durch geeignete Kantenfilter oder Interferenzfilter unterdrückt werden.

Die verwendeten *Beugungsgitter* sind z. B. planparallele Glasplatten, auf denen in gleichen Abständen, der so genannten Gitterkonstanten g, parallele Furchen geritzt sind. Die unverletzten Stege dienen als lichtdurchlässige Spalte. Die Anzahl der beugenden Öffnungen beträgt bei guten Gittern etwa 10^5, was ungefähr 400 Striche pro Millimeter erfordert.

Reflexionsgitter

Da es bei einem Gitter auf dasselbe hinauskommt, ob man im durchgehenden oder reflektierten Licht beobachtet, kann man ein Gitter auch durch Einritzen in hoch polierte spiegelnde Flächen oder wie bei ***holographischen Gittern*** auf photochemischem Wege durch Ätzen herstellen. Solche Reflexionsgitter, die bis zu 1700 Striche pro mm aufweisen, finden heute überwiegend in Gitterspektrographen bzw. -monochromatoren Verwendung. Sie bieten sich, außer im Sichtbaren, auch zur Spektroskopie im UV- und IR-Bereich an, wo Quarz und Glas wegen der Absorption des kurzwelligen UV bzw. des langwelligen IR nicht mehr geeignet sind. Ein klassisches Beispiel für ein Reflexionsgitter ist das so genannte *Rowlandgitter*, ein Konkavgitter, das parallel einfallende Strahlen in einen Brennpunkt vereinigt (Wirkung des Hohlspiegels), wodurch das Spektrum ohne weitere Abbildungsoptik z. B. auf einer Photoplatte aufgenommen werden kann. Neben solchen geritzten Konkavgittern werden in heutiger Zeit vielfach auch konkave holographische Gitter verwendet.

Die Abb. 36.24 zeigt den schematischen Aufbau eines Gitterspektrographen bzw. -monochromators mit Spiegeloptik. Das Licht der Strahlungsquelle Lq wird durch den Spiegel Sp auf den Eintrittsspalt Spa_1 abgebildet. Vom Kollimatorspiegel K fällt die Strahlung als Parallelbündel auf das Gitter G, durch welches die Strahlung verschiedener Wellenlänge unterschiedlich gebeugt wird. Der Spiegel F fokussiert das vom Gitter kommende spektral zer-

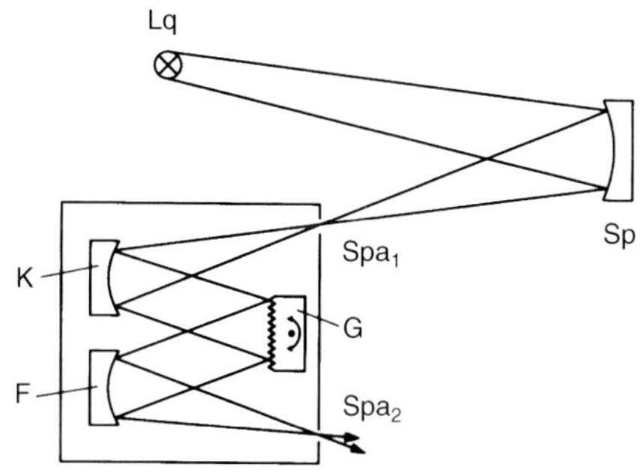

Abb. 36.24

legte Lichtbündel auf den Austrittsspalt Spa_2. Die Wellenlängenänderung geschieht dabei durch Drehen des Gitters, was in den meisten Anwendungsfällen automatisch mittels eines Schrittmotors erfolgt. In modernen Spektralapparaten werden überwiegend Gitter, insbesondere Reflexionsgitter, anstelle von Prismen verwendet. Gitterspektrometer besitzen ein höheres spektrales Auflösungsvermögen und sind einfacher zu kalibrieren.

Das *spektrale Auflösungsvermögen eines Gitters* ergibt sich aus ähnlichen Überlegungen wie beim Prisma. Für das Gitter (Reflexions- oder Transmissionsgitter) erhält man:

$$\frac{\lambda}{\mathrm{d}\lambda} = k \cdot N \tag{36.15}$$

Dabei bezeichnet k die Ordnung der betrachteten Beugungsmaxima (die im Allgemeinen auf Werte bis zu $k=3$ beschränkt ist) und N die Zahl der Gitterstege (Striche/mm). In der Regel beobachtet man in der ersten, zweiten oder dritten Beugungsordnung des Gitters, sodass man für das Auflösungsvermögen eines guten Gitters $2 \cdot 10^5$ bis $3 \cdot 10^5$ erhält.

Reflexionsgitter haben gegenüber Transmissionsgittern den Vorzug mit kleineren Gitterkonstanten, d. h. mit besserem Auflösungsvermögen hergestellt werden zu können.

Fourier-Spektrometer

Seitdem die verfügbare Rechnerkapazität in der Computertechnik keinen limitierenden Faktor mehr darstellt, findet die rechen- und speicherintensive Fourierspektroskopie zunehmende Anwendung in der spektroskopischen Analytik. Wie jede Spektroskopieart bestimmt auch die Fourierspektroskopie eine Strahlungsleistung in Abhängigkeit von der Frequenz ν des Strahlungsfeldes, jedoch nicht in Form einer räumlichen Trennung der Strahlung unterschiedlicher Frequenzen, wie bei Prismen- und Gitterspektrographen, sondern die auf der Zweistrahlinterferometrie (s. § 31.3.1) beruhende frequenzabhängige Transmission. Im Unterschied zur klassischen Spektroskopie wird also weder ein Prisma noch ein Gitter für die spektrale Zerlegung verwendet, sondern man erzeugt in einer interferometrischen Anordnung, etwa einem Zweistrahlinterferometer wie z. B. dem *Michelson-Interferometer* (s. § 46.1, Abb. 46.5), eine örtliche Intensitätsverteilung (*Interferogramm*). Dieses am Interferometerausgang (bei B in Abb. 46.5) beobachtete Interferenzmuster variiert bei Verschiebung des beweglichen Spiegels Sp2 in Richtung seiner Normalen (parallel zu s_2) mit der Spiegelstellung. Für die Ermittlung der spektralen Eigenschaften einer zu untersuchenden Substanz, wird das jeweilige Interferogramm sowohl ohne als auch mit der Probensubstanz (an geeigneter Stelle im Strahlengang, beispielsweise zwischen Strahlteiler St und einem bei B angebrachten Detektor in Abb. 46.5) ausgemessen und verglichen (z. B. durch Quotientenbildung). Die Fourier-Transformation (§ 30.5.2) des Interferogramms in die ansonsten übliche Darstellungsform eines Spektrums als Funktion der Frequenz bzw. der Wellenlänge (des eingestrahlten Lichts) erfolgt mittels des sog. Fast-Fouriertransformations-Algorithmus. Das von einem Computer errechnete Spektrum, welches als digitaler Datensatz bzw. in ein Analogsignal gewandelt zur Verfügung steht, kann auf einem Bildschirm oder Schreiber dargestellt werden.

Im Gegensatz zu Prismen- oder Gitterspektrometern, durch welche das Licht in relativ schmale Wellenlängenbereiche zerlegt wird, registriert der Detektor bei der Fourier-Spektroskopie das insgesamt vorhandene Licht. Die apparativen Anforderungen an ein Fourierspektrometer sind relativ hoch; so muss beispielsweise die mechanische Verstimmung des Spiegels Sp2 in einem Michelson-Interferometer (Abb. 46.5) mit einer Genauigkeit von Bruchteilen der Wellenlänge erfolgen.

§ 36.4 Holographie

Das moderne Abbildungsverfahren der Holographie nutzt das durch das *Huygens-Fresnel'sche* Prinzip beschriebene Phänomen der Interferenz aus (§§ 31.1.1 und 31.3), nach dem aus der Kenntnis des Wellenfeldes in einer Ebene das Lichtwellenfeld im ganzen Raum konstruiert werden kann und wodurch es möglich ist, von Gegenständen beispielsweise räumliche

6

Bilder wiederzugeben. Bei den konventionellen Abbildungsverfahren, wie etwa der Photographie, werden auf einer zweidimensionalen Fläche (z. B. photoempfindliche Schicht einer Photoplatte oder eines Films), die Amplituden des Lichtwellenfeldes, d. h. die Lichtintensität registriert. Die Informationen über die räumlichen Verhältnisse in der Tiefenstruktur entnehmen wir einem solchen photographisch aufgenommenen Bild allein aufgrund unserer erlernten stereoskopischen Erfahrungen, die wir beim stereoskopischen Sehen und durch entsprechende Standortveränderungen in vergleichbaren Konstellationen gewonnen haben. Im Gegensatz dazu ist die Speicherung bei holographischen Aufnahmen vollständig, d. h. es wird neben der Amplitude des Wellenfeldes (und damit deren Intensität) auch die Phaseninformation der Wechselwirkung des Lichtwellenfeldes mit dem untersuchten Objekt gespeichert.

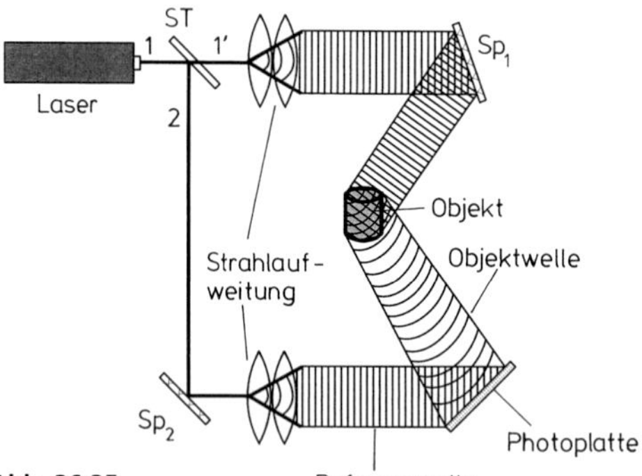

Abb. 36.25

Die Holographie ist eine zuerst von *Dennis Gabor* (1948) angewandte Technik zur Erzeugung eines dreidimensionalen Bildes eines (beliebigen) Gegenstandes. In einer ersten Stufe, der Herstellung eines Hologramms, wird das Interferenzmuster auf einer Photoplatte (mit feinkörnigem lichtempfindlichem Material) aufgezeichnet, das entsteht, wenn die vom Objekt reflektierte (oder durchgelassene) Lichtwelle als Objektwelle mit einem dazu kohärenten Lichtbündel, der Referenzwelle, interferiert. Dazu wird das kohärente monofrequente Lichtbündel 1, z. B. eines Lasers, durch einen Strahlteiler St (s. Abb. 36.25) in zwei Teilbündel 1′ und 2 aufgeteilt, wobei Letzteres über einen Spiegel Sp_2 und unter anschließender Strahlaufweitung auf die Photoplatte als Referenzwelle reflektiert wird. Das Lichtbündel 1′ wird ebenfalls aufgeweitet und beleuchtet über den Spiegel Sp_1 als Beleuchtungswelle das Objekt. Von jedem Punkt der Objektoberfläche geht jeweils eine Kugelwelle aus, die jede mit der Referenzwelle interferiert und deren unterschiedlichen Intensitäts- und Phasenbeziehungen auf der Photoplatte als Interferenzstreifensystem registriert werden. Die Photographie des entstehenden Interferenzmusters, das die komplette Objektwelleninformation enthält, bezeichnet man als ***Hologramm***.

Bei direkter visueller Betrachtung lässt ein Hologramm keinerlei Ähnlichkeit mit dem Bild des Objektes erkennen. Zur Rekonstruktion wird daher das Hologramm, in einer zweiten Stufe, in derselben Anordnung nur durch die Referenzwelle als Wiedergabewelle beleuchtet, wie in Abb. 36.26 schematisch dargestellt. Die an dessen gitterähnlichem Interferenzmuster gebeugte Referenzwelle geht vom Hologramm als neue (rekonstruierte) Objektwelle aus, die identisch ist mit der ursprünglichen (bei der Hologrammerzeugung). Blickt man durch das Hologramm (von seitlich, nicht direkt in den Laserstrahl!), dann sieht man das Objekt an der ursprünglichen Stelle als virtuelles Bild hinter dem Hologramm stehen, mit allen Eigenschaften, die man von einem räumlichen Bild erwartet: Unter verschiedenen Beobachtungsrichtungen sieht man, wie beim realen Objekt, verschiedene Seiten des Objektes und ebenso ändert sich die Perspektive bei Betrachtung aus unterschiedlichen Entfernungen. Verwendet man zur Rekonstruktion des Hologramms eine Referenzwelle mit größerer bzw. kleinerer Wellenlänge als jene bei der Erzeugung, dann werden auch die holographisch rekonstruierten Bilder vergrößert bzw. verkleinert wiedergegeben.

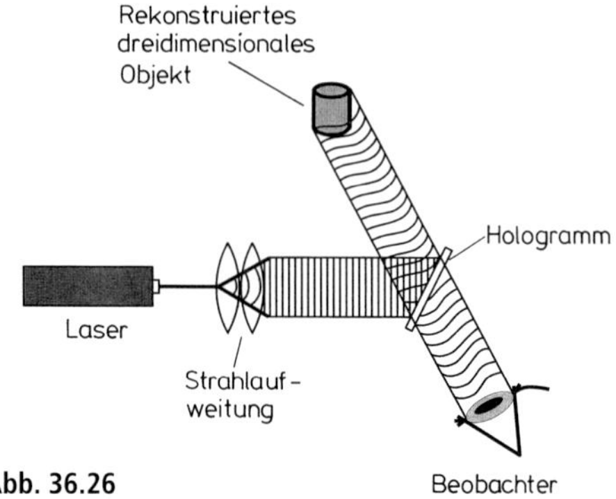

Abb. 36.26

Auf der gleichen photographischen Schicht lassen sich mehrere Hologramme überlagern, indem z. B. vom gleichen Objekt nacheinander zwei Objektwellen, die in zwei verschiedenen Zuständen (etwa zu unterschiedlichen Zeiten) des Objektes entstanden sind, mit derselben Referenzwelle überlagert werden. Bei der Rekonstruktion entstehen beide Objektwellen gleichzeitig. So lassen sich z. B. durch Mehrfachbelichtung bei der Herstellung mit verschiedenfarbigen kohärenten Lichtquellen (deren Summe weiß ergibt), mit mehrfarbigem Licht auch farbige Bilder rekonstruieren. Das Doppel- oder Mehrfachbelichtungsverfahren nutzt auch die *holographische Interferometrie* aus, mit der minimale Veränderungen von Objekten genau vermessen werden können, wie z. B. Gestaltsänderungen bedingt durch Temperatur- oder Druckänderungen bzw. von Schwingungsdeformationen der Objektoberfläche, aber ebenso das Wachstum biologischer Spezies (z. B. von Pilzkulturen) innerhalb einiger Sekunden. Anwendungsfelder in der Computertechnologie auf der Basis der holographischen Interferometrie findet man in der Generierung assoziativer Speicherstrukturen, die wesentlich raumsparender als konventionelle Computerspeicher sind.

Abschließend soll noch kurz die prinzipielle Herstellung ***holographischer Gitter*** angesprochen werden. Wird in Abb. 36.25 die vom Spiegel Sp_1 kommende Welle direkt auf die Photoplatte abgebildet und als Objektwelle dort mit der Referenzwelle überlagert, so führt dies in der lichtempfindlichen Schicht der Photoplatte zu einem periodischen Streifenmuster mit sinusförmiger Intensitätsmodulation. Das periodische Schwärzungsmuster der Photoplatte kann sowohl zur Herstellung holographischer Transmissions- als auch Reflexionsgitter mit Gitterkonstanten g höchster Präzision verwendet werden, die jedoch im Vergleich zu geritzten Gittern ein geringeres Reflexionsvermögen aufweisen.

Aufgaben

Aufgabe 36.1: Beim Eintauchen in Wasser komme die Hornhaut des menschlichen Auges in Kontakt mit dem Wasser. Wie ändert sich der Gesamtbrechwert $\boldsymbol{D}$ des Auges?

Aufgabe 36.2: Der Fernpunkt eines menschlichen Auges liege bei 2 m, der Nahpunkt bei 20 cm. Wie groß ist die Akkommodationsbreite des Auges?

Aufgabe 36.3: Ein normalsichtiges Auge ist auf die „konventionelle Sehweite" $s_0 = 25$ cm akkommodiert. Wo entsteht und welche Eigenschaften hat das Bild eines Gegenstandes, der sich in 10 m Entfernung befindet?

Aufgabe 36.4: Welchen Brechwert $\boldsymbol{D}$ muss eine Lupe haben, wenn mit ihr ein Gegenstand in 50 mm Entfernung in akkommodationsfreiem Zustand betrachtet werden soll?

6

Aufgabe 36.5: Bei einem Lichtmikroskop mit auswechselbaren Objektiven und Okularen sind jeweils folgende Vergrößerungen angegeben:
auf den Objektiven: 6fach, 25fach, 40fach;
auf den Okularen: 10fach, 20fach.
Welche Gesamtvergrößerungen sind insgesamt wählbar?

Aufgabe 36.6: Wie groß wird die Vergrößerung eines Mikroskops, das zunächst eine Vergrößerung erbringt von

a) $\boldsymbol{v} = 480$, wenn das Objektiv gegen eines mit doppelter und das Okular gegen eines mit dreifacher Brennweite ausgetauscht wird?
b) $\boldsymbol{v} = 60$, wenn das Objektiv gegen eines mit einem Drittel der Brennweite, das Okular gegen eines mit einer halb so großen Brennweite ausgetauscht wird?

Aufgabe 36.7: Welche Vergrößerung $\boldsymbol{v}$ erzielt man ungefähr mit einem Lichtmikroskop und in welcher Größenordnung liegt die erreichbare Auflösungsgrenze $\boldsymbol{g}$?

Aufgabe 36.8: In welcher Größenordnung liegt der noch auflösbare Abstand $\boldsymbol{g}$ zweier Objektpunkte bei einem guten Elektronenmikroskop?

Aufgabe 36.9: Wie groß ist etwa die de Broglie Wellenlänge λ von Elektronen, bei einer Beschleunigungsspannung von $\boldsymbol{U} = 200$ kV in einem Elektronenmikroskop?

Aufgabe 36.10: Welcher physikalische Prozess ist für die Zerlegung weißen Lichtes in seine Spektralfarben verantwortlich beim

a) Prismenspektrometer?
b) Gitterspektrometer?

§ 37 Polarisation

Das Licht ist eine transversale elektromagnetische Welle und kann daher wie alle transversalen Wellen polarisiert werden (siehe auch §§ 31.1.2 u. 32). Die elektromagnetische Welle breite sich in z-Richtung aus. Der elektrische Feldvektor $\vec{E}$ und der magnetische Feldvektor $\vec{B}$ der elektromagnetischen Welle stehen senkrecht aufeinander und senkrecht zur Ausbreitungsrichtung. Die Ebene, in welcher der $\vec{E}$-Vektor schwingt, bezeichnet man als die **Schwingungsebene**, und die Ebene des $\vec{B}$-Vektors heißt die **Polarisationsebene** (Abb. 37.1). Meist wird aber als die ***Polarisationsrichtung*** einer Lichtwelle die ***Schwingungsrichtung*** des ***$\vec{E}$-Vektors*** betrachtet.

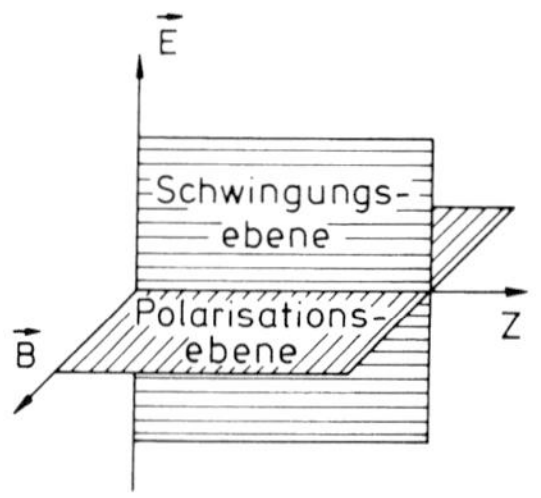

Abb. 37.1

Natürliches Licht, wie es z. B. von der Sonne oder einer Glühlampe ausgeht, ist unpolarisiert; hier ist keine Schwingungsrichtung bevorzugt, d. h. im Mittel sind die Schwingungsrichtungen in der zur Ausbreitungsrichtung z des Lichtes senkrechten Schwingungsebene gleichmäßig verteilt, wie schematisch Abb. 37.2 oder auch Abb. 31.6 für den elektrischen Vektor $\vec{E}$ zeigt. Um die Ausbreitungsrichtung z des Lichtes liegt also Symmetrie vor.

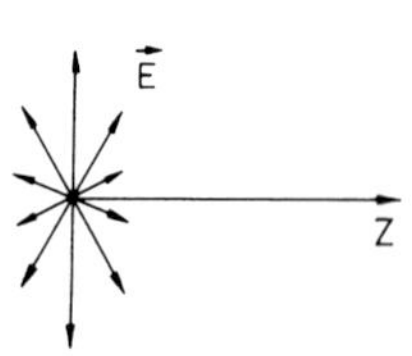

Abb. 37.2

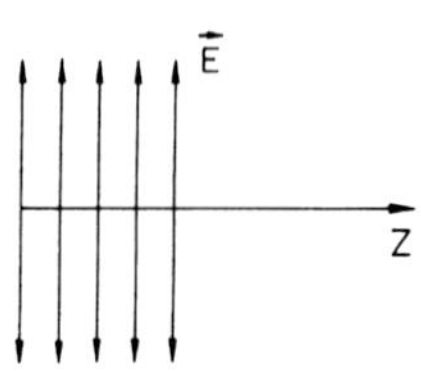

Abb. 37.3

Linear polarisiertes Licht ist solches Licht, bei welchem der $\vec{E}$-Vektor nur in einer einzigen Ebene senkrecht zur Ausbreitungsrichtung schwingt (Abb. 37.3).

Zirkular polarisiertes Licht: bei der zirkular polarisierten Lichtwelle rotiert die Spitze des elektrischen Vektors $\vec{E}$ um die Ausbreitungsrichtung z auf einer kreisförmigen Spirale, d. h. die Projektion des Umlaufs des $\vec{E}$-Vektors auf eine Ebene senkrecht zur Ausbreitungsrichtung ergibt einen Kreis (Abb. 37.4).

Ist die Umlaufsebene des $\vec{E}$-Vektors kein Kreis, sondern eine Ellipse, so nennt man das Licht **elliptisch polarisiert**.

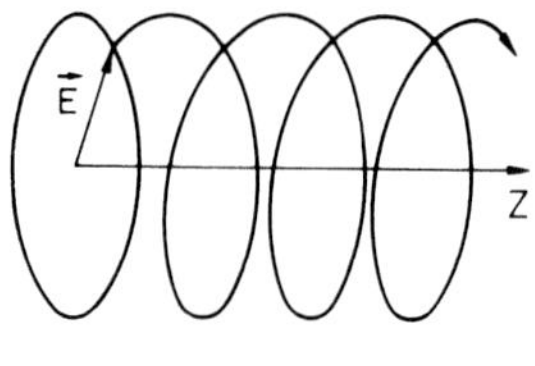

Abb. 37.4

Anordnungen, mit welchen man aus natürlichem Licht polarisiertes Licht erzeugen kann, heißen **Polarisatoren**. Geräte, die dem Nachweis des Polarisationszustandes dienen, werden **Analysatoren** genannt. Analysatoren sind genauso gebaut wie Polarisatoren.

Natürliches, unpolarisiertes Licht breite sich in z-Richtung aus und falle von links auf einen Polarisator P (Abb. 37.5), dessen Durchlassrichtung für den elektrischen Vektor $\vec{E}$ der Lichtwelle parallel zur x-Richtung sei. Der Polarisationszustand des hinter dem Polarisator sich ausbreitenden linear polarisierten Lichts der Intensität I_0 kann durch Drehung des Analysators A, womit dessen Durchlassrichtung bezüglich des Polarisators P verändert wird, untersucht werden. Stellt man den Analysator A zunächst parallel zum Polarisator P, stellt der Beobachter B, z. B. auf einem Projektionsschirm, maximale Intensität $I = I_0$ (Helligkeit) fest. Steht dagegen der Analysator A senkrecht – „gekreuzt" – zum Polarisator P, nimmt die Intensität I ihren Minimalwert an, das Gesichtsfeld ist dunkel. Bildet die Durchlassrichtung des Analysators einen beliebigen Winkel α mit jener des Polarisators P, zeigt das Gesichtsfeld eine von α abhängige Helligkeit, für welche gilt:

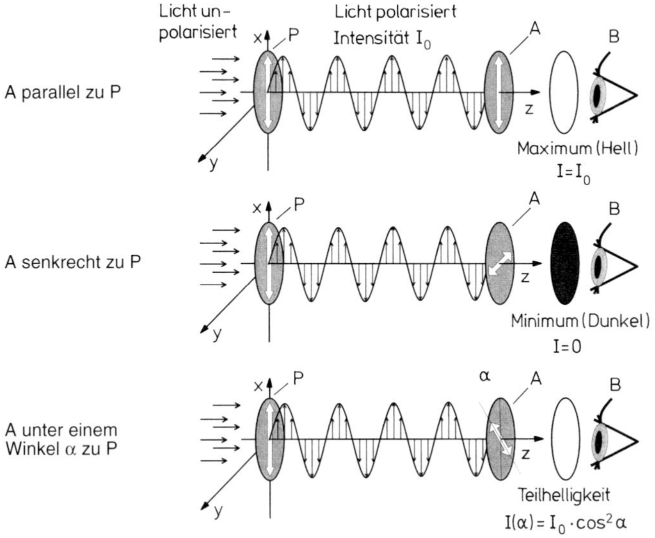

Abb. 37.5

$$I(\alpha) = I_0 \cdot \cos^2\alpha \qquad (37.1)$$

Die Anordnung der Abb. 37.5 stellt die einfachste Form eines Polarisationsapparates dar (s. auch § 37.2).

Im Unterschied zu vielen Insekten, wie z. B. den Bienen, besitzt das menschliche Auge nur in sehr geringem Maße und unter eingeschränkten Bedingungen die Fähigkeit den Polarisationszustand von Licht zu erkennen. Es ist zur objektiven und quantitativen Beurteilung daher erforderlich jeweils einen geeigneten Analysator zu verwenden, um über die für das Auge beobachtbaren Intensitätsänderungen bei unterschiedlichen Analysatorstellungen den Polarisationszustand des Lichtes festzustellen.

Grundsätzlich definiert man den **Polarisationsgrad *P*** als den Anteil von linear polarisierter Strahlung an der Gesamtintensität einer aus linear polarisierten und unpolarisierten Anteilen zusammengesetzten Strahlung (Gesamtstrahlungsintensität), der gegeben ist durch:

$$P = \frac{I_p - I_s}{I_p + I_s} \qquad (37.2)$$

worin I_p bzw. I_s die Intensitäten der Strahlung mit in zwei zueinander senkrechten Richtungen der $\vec{E}$-Vektoren (parallel bzw. senkrecht) bezüglich einer vorgegebenen Richtung sind.

§ 37.1 Erzeugung polarisierten Lichtes

Doppelbrechung

Das Snellius'sche Brechungsgesetz gilt nur dann, wenn sich das Licht im brechenden Medium nach allen Richtungen mit gleicher Geschwindigkeit ausbreitet. Nun gibt es neben diesen ***optisch isotropen*** Stoffen, zu denen unter normalen Bedingungen Gase, Flüssigkeiten, amorphe Festkörper und Kristalle mit kubischer Symmetrie zählen (s. § 39.2), auch solche, bei denen die Brechzahl und damit die Ausbreitungsgeschwindigkeit des Lichtes richtungsabhängig ist. Sie heißen ***optisch anisotrop*** und zeigen die Erscheinung der **Doppelbrechung** des Lichtes, d. h. ein Lichtstrahl, der auf ein derartiges Material trifft, wird gleichzeitig in zwei verschiedene Richtungen gebrochen, sodass zwei getrennte Strahlen wieder aus dem Material austreten. Zu den optisch anisotropen Stoffen gehören die Kristalle des hexagonalen Systems, die, wie der Kalkspat ($CaCO_3$), eine kristallographische Hauptachse besitzen, welche durch ihre Symmetrie auch eine *optische Vorzugsrichtung*, die **optische Achse** festlegt. In Richtung der optischen Achse (bzw. auch parallel zur kristallographischen Achse) verlaufendes Licht erfährt keine Doppelbrechung.

Licht, das nicht in Richtung der optischen Achse einfällt, wird von diesen Kristallen in zwei Teilstrahlen aufgespalten, in einen Strahl, der dem Snellius'schen Brechungsgesetz genügt, und in einen zweiten Strahl, der es nicht erfüllt. Es gibt aber auch Kristalle mit zwei kristallographischen Hauptachsen, wie z. B. der Aragonit (eine andere Form des $CaCO_3$) und der Glimmer; bei ihnen erfüllt kein Strahl das Snellius'sche Brechungsgesetz.

Auch an sich isotrope Materialien, z. B. viele durchsichtige amorphe Festkörper (wie Gläser und Kunststoffe), werden optisch anisotrop, wenn sie Spannungen unterliegen, erzeugt durch Druck, Biegung, Temperaturunterschiede, elektrische Felder etc. Diese künstlich erzeugte Doppelbrechung bezeichnet man als **induzierte** oder **Spannungs-Doppelbrechung**. Sie kann über die interne Belastungsverteilung bei unterschiedlichsten Formen diverser Materialien oder auch von mechanischen Vorrichtungen, beispielsweise anhand von Modellen aus Plexiglas, mit Hilfe der Polarimetrie Aufschluss geben.

Die Erscheinung der Doppelbrechung zeigt sich besonders ausgeprägt bei dem optisch einachsigen Kalkspat oder Calcit ($CaCO_3$), einem farblosen, durchsichtigen Material, das in Rhomboedern kristallisiert. Fällt ein Lichtbündel senkrecht auf eine solche Rhomboederfläche, Abb. 37.6, so wird es, wenn der Einfall des Lichtes nicht in Richtung der optischen Achse erfolgt, in zwei Teilbündel aufgespalten.

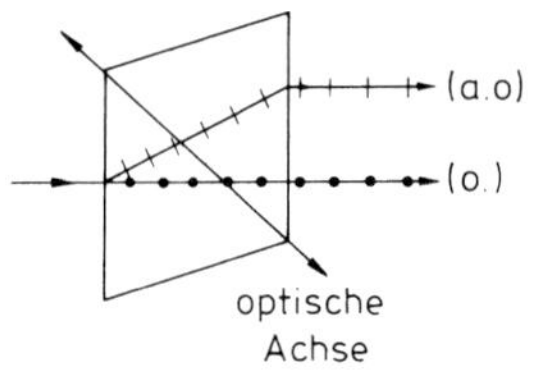

Abb. 37.6

Die gemäß dem Snellius'schen Brechungsgesetz sich ausbreitenden Strahlen heißen die ordentlichen Strahlen: *(o.)-Strahl*; die Strahlen, die trotz senkrechtem Einfall eine Brechung erfahren, heißen die außerordentlichen Strahlen: *(a. o.)-Strahl*. Der (a. o.)-Strahl verlässt den Kristall parallel verschoben zur ursprünglichen Einfallsrichtung.

Der (o.)-Strahl breitet sich im Kristall, wie in optisch isotropen Medien, in alle Richtungen mit derselben Geschwindigkeit $\upsilon_{(o.)}$ in Form von sphärischen Wellen aus und es kann ihm in der üblichen Weise eine Brechzahl $n_{(o.)} = c/\upsilon_{(o.)}$ zugeordnet werden. Die Wellenflächen des (a. o.)-Strahls sind dagegen keine Kugelflächen, sondern Rotationsellipsoide, die in Richtung der optischen Achse des Kristalls die sphärischen Flächen des (o.)-Strahls berühren. Parallel zur optischen Achse beobachtet man daher, wie oben erwähnt, keine Doppelbrechung, da der (a. o.)-Strahl sich in diese Richtung mit der gleichen Geschwindigkeit $\upsilon_{(o.)}$ wie der (o.)-Strahl ausbreitet. Für alle anderen Richtungen liegt die Ausbreitungsgeschwindigkeit der elliptischen Welle des (a. o.)-Strahls zwischen $\upsilon_{(o.)}$ (längs der optischen Achse) und $\upsilon_{(a.o.)}$ in der Ebene senkrecht zur optischen Achse. Bei Calcit ist $\upsilon_{(a.o.)} > \upsilon_{(o.)}$ und damit variiert die Brechzahl des (a. o.)-Strahls zwischen:
$n_{(o.)} = c/\upsilon_{(o.)}$ und $n_{(a.o.)} = c/\upsilon_{(a.o.)} < n_{(o.)}$;
$\upsilon_{(a.o.)}$ kann jedoch auch kleiner als $\upsilon_{(o.)}$ sein, wie z. B. bei Quarz. Man bezeichnet $n_{(o.)}$ und $n_{(a.o.)}$ bzw. $\upsilon_{(o.)}$ und $\upsilon_{(a.o.)}$ als *Hauptbrechzahlen* bzw. *Hauptlichtgeschwindigkeiten* des Kristalls.

Der in Abb. 37.6 von links rechtwinklig auf die Oberfläche des Kristalls auftreffende Lichtstrahl ist unpolarisiert. Untersucht man mit einem Analysator den (o.)- und (a. o.)-Strahl auf ihren Polarisationszustand, so stellt man fest, dass beide Strahlen vollständig linear polarisiert sind, jedoch in zwei zueinander senkrechten Ebenen (in Abb. 37.6 mit der Schwingungsrichtung für den (o.)-Strahl senkrecht zur Zeichenebene, durch Punkte angedeutet, und für den (a. o.)-Strahl in der Zeichenebene, angedeutet durch kurze Striche). Die Intensitäten beider Strahlen sind gleich und gleich der Hälfte der einfallenden Intensität.

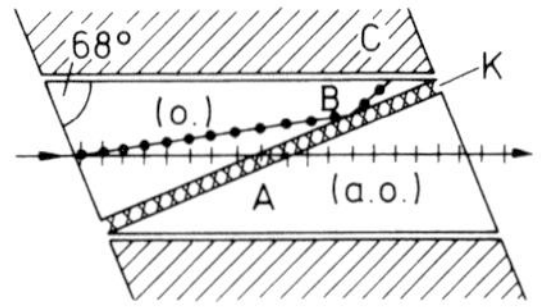

Abb. 37.7

Zur Erzeugung polarisierten Lichtes muss ein Teilstrahl entfernt werden, was z. B. mit dem **Nicol'schen Prisma** (Abb. 37.7) möglich ist, auf welches von links unpolarisiertes Licht fällt:

Ein geeignet geschliffener Kalkspatkristall wird in zwei gleich große Teile zerschnitten und mit einem durchsichtigen Material (z. B. Kanadabalsam) wieder in seiner ursprünglichen Form zusammengekittet. Die Kittschicht (in Abb. 37.7 mit K bezeichnet) besitzt eine Brechzahl, die ein wenig kleiner ist, wie z. B. bei Kanadabalsam mit $n_K = 1{,}542$, als die Brechzahl des (o.)-Strahls ($n_o = 1{,}658$) und etwas größer als die des (a. o.)-Strahls ($n_{ao} = 1{,}486$). Für den (a. o.)-Strahl stellt die Kittschicht somit ein optisch dichteres, für den (o.)-Strahl ein optisch dünneres Medium dar. Der (o.)-Strahl wird daher, falls sein Einfallswinkel – so wie bei den hier gewählten Bedingungen für das Prisma – größer als der Grenzwinkel der Totalreflexion ist, an der Grenzschicht zur Kittfläche in B total reflektiert, seitlich abgelenkt und in der geschwärzten Wand C absorbiert. Infolge seiner geringen Brechung tritt der (a. o.)-Strahl bei A fast ohne Reflexionsverluste durch den Kitt hindurch und verlässt das Prisma als linear polarisierter Lichtstrahl (in Abb. 37.7 in der Zeichenebene polarisiert). Wegen der Neigung der Ein- und Austrittsfläche bezüglich der Einfallsrichtung sind beim Nicol'schen Prisma ein- und austretender Strahl parallel versetzt, was sich bei Drehung des Prismas um die Richtung des einfallenden Lichtes störend bemerkbar macht, außerdem ist der mögliche Öffnungswinkel der zu polarisierenden Lichtbündel gering.

Diese Nachteile des Nicol'schen Prismas werden beim **Glan-Thompson-Prisma** dadurch vermieden, dass die beiden zusammengekitteten Kalkspatstücke senkrechte Endflächen haben (wozu die optische Achse jeweils parallel ist) und der einfallende Strahl senkrecht auf die Eintrittsfläche trifft. Auch hier wird die Brechzahl des Kittmaterials so gewählt ($n \approx 1{,}49$), dass der (o.)-Strahl total reflektiert und der (a. o.)-Strahl mit geringen Verlusten transmittiert wird, ohne Strahlversatz. Daher und wegen seiner kürzeren Länge sowie der größeren Öffnung der Eintrittsfläche im Vergleich zum Nicol'schen Prisma werden in Polarisationsapparaten meist Glan-Thompson-Prismen verwendet.

Dichroismus

Es gibt einachsige Kristalle, die den (o.)- und (a. o.)-Strahl zusätzlich verschieden stark absorbieren. Solche Kristalle heißen **dichroitisch**. So lässt z. B. Turmalin, welcher längs der optischen Achse geschnitten ist, den (a. o.)-Strahl ohne wesentliche Schwächung durch, absorbiert den (o.)-Strahl jedoch schon auf einer Schichtdicke von 1 mm fast vollständig. Mit einer so geschnittenen Turmalinplatte kann daher unpolarisiertes Licht mit hohem Polarisationsgrad linear polarisiert werden, wobei das transmittierte Licht grünlich gefärbt ist.

Polarisationsfolien

In dünnen Platten aus Zellulosefolien werden Moleküle eingelagert, die in einer Richtung auskristallisieren; wie z. B. kleine Kristallnadeln von Herapathit (schwefelsaures Jodchinin), die einen starken Dichroismus zeigen. Ebenso lassen sich solche Folien durch Streckung von Zellulosehydratfolien herstellen, welche dann mit bestimmten Farbstoffen eingefärbt werden. Beide Arten von Folien zeigen Transmission für Licht nur einer Schwingungsebene und absorbieren die dazu senkrechte Komponente nahezu vollständig. Jedoch auch die transmittierte linear polarisierte Komponente erfährt eine relativ große Abschwächung, so lassen z. B. zwei solche Polarisationsfolien in Parallelstellung noch ca. 25 % des einfallenden Lichts hindurch. Deshalb kann sehr intensives Licht (z. B. Laserlicht) eine starke Erwärmung bzw. ein Verbrennen der Polarisationsfolie bedingen infolge der großen Absorption.

Dichroitische Folien finden auch in der Photographie als Polarisationsfilter Verwendung, um reflektiertes oder gestreutes, mehr oder weniger polarisiertes Licht zu eliminieren, bzw. um damit spezielle photographische Effekte zu erzielen.

Reflexion und Brechung

Trifft ein in Luft oder Vakuum ($n = 1$) sich ausbreitendes unpolarisiertes Lichtbündel, in Abb. 37.8 für einen Lichtstrahl dargestellt, auf eine Glasplatte (Brechzahl $n > 1$), so sind reflektierter und gebrochener Strahl teilweise linear polarisiert. Für den Fall, dass reflektierter und gebrochener Strahl senkrecht aufeinander stehen, also $\alpha_B + \beta_B = 90°$ ist, ist *der reflektierte Strahl vollständig linear polarisiert und*

6

der gebrochene Strahl teilweise polarisiert (***Brewster'sches Gesetz*** (37.3)).

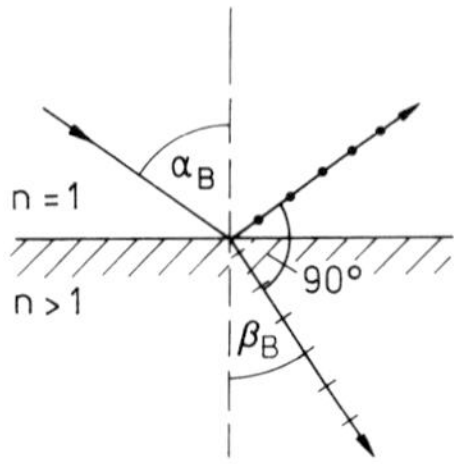

Abb. 37.8

Wie Abb. 37.8 zeigt, ist die *Schwingungsebene des reflektierten linear polarisierten Lichtes senkrecht zu der Ebene, die einfallender Strahl, Einfallslot und reflektierter Strahl bilden*, liegt also senkrecht zur Zeichenebene (in Abb. 37.8 durch Punkte angedeutet). Der gebrochene Strahl erweist sich als eine Mischung aus unpolarisiertem und linear polarisiertem Licht, wobei die überwiegende Schwingungsrichtung des linear polarisierten Anteils senkrecht zu der des reflektierten Lichtes liegt (in Abb. 37.8 durch kurze Striche in der Zeichenebene angedeutet).

Für den Fall, dass $\alpha_B + \beta_B = 90°$ ist, folgt aus dem Snellius'schen Brechungsgesetz (35.5):

$$\frac{\sin \alpha_B}{\sin \beta_B} = \frac{\sin \alpha_B}{\cos \alpha_B} = \tan \alpha_B = \frac{n_2}{n_1}$$

oder falls sich das einfallende Licht, wie in Abb. 37.8 dargestellt, in Luft ($n_1 = n \approx 1$) ausbreitet und auf ein durchsichtiges Medium (Glas, Quarzglas, Wasser etc.) der Brechzahl $n_2 = n > 1$ trifft, erhält man daraus das **Brewster'sche Gesetz**:

$$\tan \alpha_B = n \tag{37.3}$$

Der für eine maximale lineare Polarisation des reflektierten Lichtes erforderliche ***Polarisationswinkel*** $\boldsymbol{\alpha_B}$, den man auch als den ***Brewsterwinkel*** bezeichnet, ist durch die Brechzahl n des verwendeten Materials bestimmt, z. B. ist für Glas der Brechzahl $n = 1{,}5$ der Brewsterwinkel $\alpha_B = 56{,}5°$, oder an einer Wasseroberfläche ($n = 1{,}333$) $\alpha_B = 53{,}1°$. Fällt daher unpolarisiertes Licht unter dem Brewsterwinkel auf eine Glasplatte oder eine Wasseroberfläche, so ist das reflektierte Licht vollständig und das gebrochene Licht partiell polarisiert. Da die Brechzahl wellenlängenabhängig ist ($n = n(\lambda)$), ergeben sich daher für Licht verschiedener Wellenlänge verschiedene Brewsterwinkel, d. h. weißes Licht kann z. B. durch Reflexion nicht vollständig polarisiert werden.

Streuung

Streuung von Licht, d. h. die Beobachtung einer bestimmten Lichtintensität seitlich zur Richtung des in ein Medium einfallenden Lichtes, kann immer dann auftreten, wenn eine irreguläre Verteilung kleiner Streuzentren – klein im Vergleich zur Wellenlänge des Lichtes – vorliegt, wie z. B. Staubteilchen in Luft, sehr kleine Partikeln in einer kolloidalen Suspension bzw. trüben Flüssigkeit oder die Moleküle der Luft selbst. Trifft auf ein solches Medium unpolarisiertes Licht (in Abb. 37.9 sind von den statistisch verteilten Schwingungsrichtungen nur zwei zueinander senkrechte dargestellt, die auf das Streuvolumen auftreffen), so kann das von den für das Auge nicht sichtbaren Teilchen gestreute Licht vollständig oder partiell polarisiert sein. Der grundlegende Mechanismus für die Erzeugung polarisierten Lichtes durch Streuung ist folgender: Der elektrische Anteil der von links auf das Streuvolumen (schematisch als Würfel in Abb. 37.9 dargestellt) in z-Richtung einfallenden unpolarisierten Lichtwelle regt die Atomelektronen der Partikeln bzw. Moleküle, in zur Ausbreitungsrichtung des Lichtes senkrechten Richtungen, zu erzwungenen Schwingungen an, induziert also

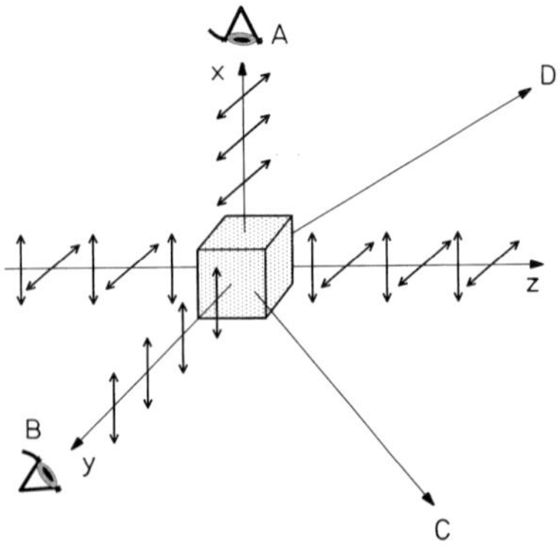

Abb. 37.9

oszillierende Dipole. Die Wiederabstrahlung von Licht erfolgt in alle Richtungen, **außer** in der Schwingungsrichtung (der Dipolachse), die der Richtung des ursprünglichen elektrischen Feldes entspricht (s. § 32, Hertz'scher Dipol, bzw. Abb. 32.2). Ein Beobachter sieht daher das unter 90° zur Einfallsrichtung (in x- bzw. y-Richtung) gestreute Licht senkrecht zu der von Einfalls- und Streurichtung gebildeten Ebene linear polarisiert (A oder B in Abb. 37.9). In andere Streurichtungen, wie z. B. C oder D, beobachtet man partiell polarisiertes Licht, während das transmittierte Licht (z-Richtung), wie das einfallende, unpolarisiert ist.

Die blaue Farbe des (wolkenlosen) Himmels ist ein bekanntes Beispiel für Streuung des von der Sonne kommenden Lichtes an den Molekülen der Erdatmosphäre. Ohne Atmosphäre, bzw. ohne die Streuung des Sonnenlichtes daran, wäre der Himmel schwarz, außer man würde direkt in die Sonne blicken. Das Himmelsblau am helllichten Tag und das Rot bei Sonnenaufgang bzw. vor allem beim Sonnenuntergang, kommt durch die stärkere Streuung (*Rayleigh*-Streuung) des kurzwelligen blauen Lichtes im Vergleich zu langwelligem rotem Licht zustande. Das Sonnenlicht wird in der Atmosphäre in alle Richtungen gestreut, wovon ein Teil in den Weltraum zurückgestreut und ein Teil – infolge der stärkeren Streuung insbesondere das blaue Licht – zur Erdoberfläche gestreut wird. Sind, wie abends oder morgens, die Wege des Sonnenlichtes durch die Atmosphäre länger als in den Mittagsstunden, so ist dessen Blauanteil größtenteils weggestreut und fehlt somit weitgehend im für unser Auge sichtbaren Spektrum, d. h. die Sonne erscheint rötlich. Selbstverständlich tragen andere in der Atmosphäre enthaltene mikroskopische Partikeln (Aerosole, Wassertröpfchen, Eiskristalle usw.) durch ihre weitaus größere Streuung (sog. *Mie*-Streuung) wesentlich zur Abschwächung des Blauanteils des Sonnenlichtes bei.

Der oben beschriebene Mechanismus der Polarisation durch Streuung macht sich auch in der Erdatmosphäre bemerkbar. Das von einem wolkenlosen Himmel kommende Licht ist zumindest partiell polarisiert, wobei der elektrische Feldvektor senkrecht zu der Ebene schwingt, die vom einfallenden und gestreuten Strahl gebildet wird. Wie in Abb. 37.9 ist auch hier bei Beobachtung unter einem Streuwinkel von 90° die Polarisation vollständig. Wenn auch das menschliche Auge einen Polarisator zur Analyse des Polarisationszustandes des Lichts benötigt, gibt es Lebewesen, wie z. B. Bienen und andere Insekten, die sich, wie aus Studien an ihnen bekannt ist, beim Flug mittels der Polarisation des Himmelslichtes orientieren.

Zirkulare Polarisation

Die Eigenschaft optisch anisotroper Medien, d. h. von Stoffen, deren optische Eigenschaften richtungsabhängig sind, so wie wir sie bei der optischen Doppelbrechung kennen gelernt haben, lassen sich auch zur Beeinflussung der Phase einer Lichtwelle heranziehen, um z. B. linear polarisiertes Licht in zirkular polarisiertes umzuwandeln.

Man verwendet beispielsweise eine planparallele dünne Platte aus doppelbrechendem Material (z. B. Calcit), wobei die optische Achse parallel zur Kristalloberfläche liegt (Abb. 37.10). Fällt linear polarisiertes Licht, dessen Schwingungsebene mit der optischen Achse einen Winkel von 45° einschließe, senkrecht auf das Plättchen, so laufen die Wellen des (o.)- und (a. o.)-Strahls in der gleichen Richtung, aber mit unterschiedlichen Geschwindigkeiten weiter, sodass sie beim Verlassen des Kristalls eine Phasendifferenz $\Delta\varphi$ aufweisen. Zur Erzeugung ***zirkular polarisierten Lichts*** wählt man die Dicke des Plättchens so, dass für eine bestimmte Frequenz des Lichts die Phasendifferenz $\Delta\varphi = \pi/2$, bzw. der Gangunterschied $\lambda/4$ wird. Die aus dem sog. ***Lambda-Viertel-Plättchen*** mit einer Phasenverschiebung von $\Delta\varphi = \pi/2$ austretenden, senkrecht zueinander schwingenden Wellen gleicher Frequenz und Amplitude, ergeben in der Überlagerung einen auf einem Kreis umlaufenden resultierenden elektrischen Vektor (s. auch § 30.5.1, II), das Licht ist zirkular polarisiert.

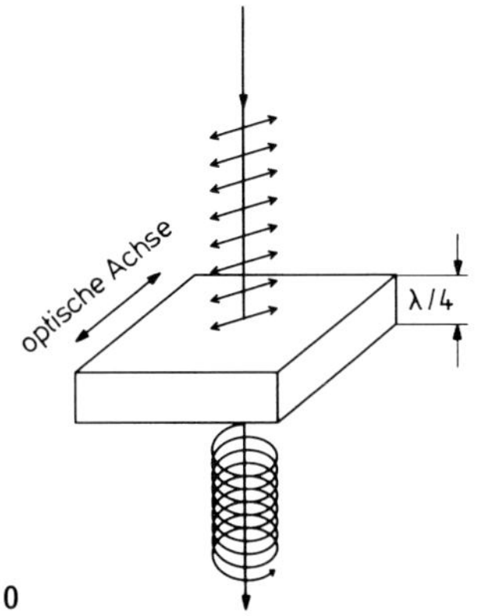

Abb. 37.10

6

§ 37.2 Drehung der Polarisationsebene

Bringt man zwischen Polarisator P und Analysator A des in Abb. 37.5 skizzierten einfachen Polarisationsapparates ein Medium durch dessen planparallele Begrenzungsflächen senkrecht linear polarisiertes monochromatisches Licht fällt, so erwartet man bei Parallelstellung von Polarisator und Analysator maximale Helligkeit, und Dunkelheit bei gekreuzter Stellung. Dies ist erfüllt für optisch isotrope Substanzen, jedoch gibt es zahlreiche Stoffe, wie z. B. Rohrzuckerlösung, bei welchen die Stellung des Analysators bezüglich des Polarisators zur Erzielung von Dunkelheit bzw. maximaler Helligkeit gedreht ist. Derartige Substanzen drehen die Schwingungsebene des linear polarisierten Lichtes beim Durchgang und man nennt sie **optisch aktiv**. Die Eigenschaft der Drehung der Polarisationsebene wird als **optische Aktivität** bezeichnet.

Polarimeter

Zur Messung der Drehung der Schwingungsebene durch optisch aktive Substanzen verwendet man so genannte *Polarimeter*. Eine einfache Anordnung, unter Verwendung von Nicol'schen Prismen als Polarisator bzw. Analysator, ist in Abb. 37.11 dargestellt.

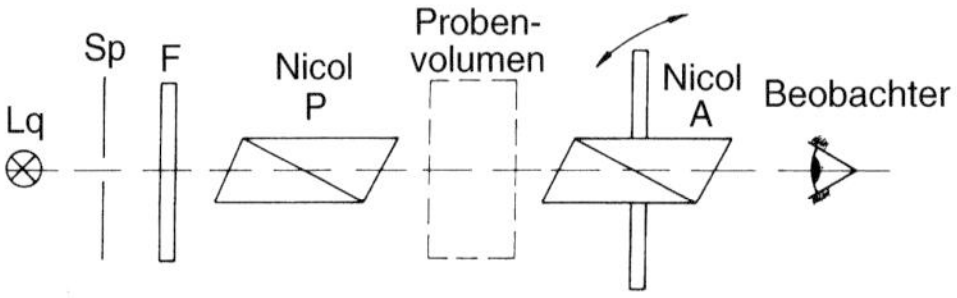

Abb. 37.11

Das durch den Spalt Sp durchgelassene Licht der Lichtquelle Lq durchsetzt ein Farbfilter F (oder bei höheren spektralen Anforderungen einen Monochromator) und trifft als monochromatisches Licht auf das Nicol'sche Prisma P, den Polarisator, welches das Licht linear polarisiert. Der Polarisationszustand kann mit dem Nicol A, dem Analysator, nachgewiesen werden. Am Analysator ist eine Winkelskala angebracht, an welcher der Drehwinkel des Analysators gegen den Polarisator abgelesen werden kann. Bringt man in den als Probenvolumen bezeichneten Raum eine Substanz, welche die Polarisationsebene des vom Polarisator kommenden Lichtes zu drehen vermag, so wird diese Drehung mit dem Analysator nachgewiesen. Dazu wird mit Substanz und ohne Substanz jeweils auf Dunkelheit (Intensität $I=0$) eingestellt, die Einstellung an der Winkelskala jeweils notiert und aus der Differenz der Drehwinkel bestimmt. Die Einstellung auf völlige Dunkelheit ist mit großen subjektiven Fehlern behaftet, die Messungen sind daher ungenau. Genauere Ergebnisse erzielt man mit dem ***Halbschattenpolarimeter nach Lippich*** (Abb. 37.12).

Das Polarimeter sei in Blickrichtung des Beobachters von oben betrachtet. Die Linse L erzeugt von dem von der Lichtquelle Lq ausgehenden Licht ein paralleles Strahlenbündel. Dieses durchsetzt auf der linken Gesichtshälfte des Polarimeters nur das Polarisationsprisma P, auf der rechten Gesichtshälfte aber auch noch das halb so große Nicol'sche Prisma P′, das wesentlich für die sog. Halbschatteneinstellung ist. Durch das Probenvolumen gelangt das Licht in den Analysator A und von hier in ein kleines astronomisches Fernrohr F, das auf die mit E bezeichnete Kante des kleinen Nicols P′ scharf eingestellt ist, sodass sich die Kante E in der Mitte des Gesichtsfeldes des Fernrohrs F als scharfe vertikale Trennlinie zeigt. Der entscheidende Punkt ist, dass die beiden Nicols P und P′ um einen kleinen Winkel ε gegeneinander geneigt sind (Abb. 37.13 a), dadurch ist es möglich, mittels des Analysators A einen Abgleich auf gleiche Helligkeit der beiden Gesichtshälften mit bzw. ohne Substanz einzustel-

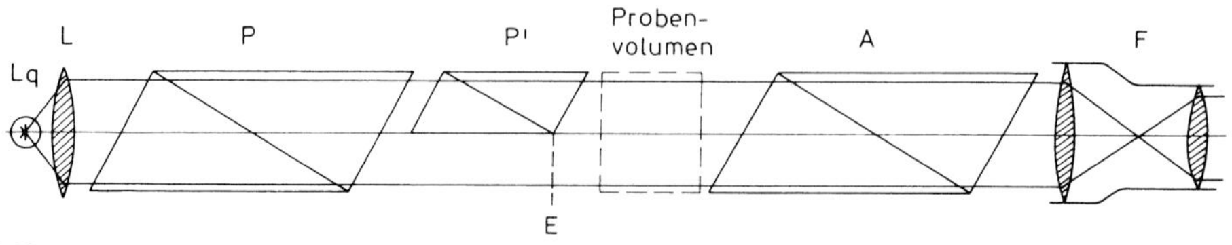

Abb. 37.12

len (Abb. 37.13 d). Dieser Abgleich auf gleiche Helligkeit ist sehr empfindlich.

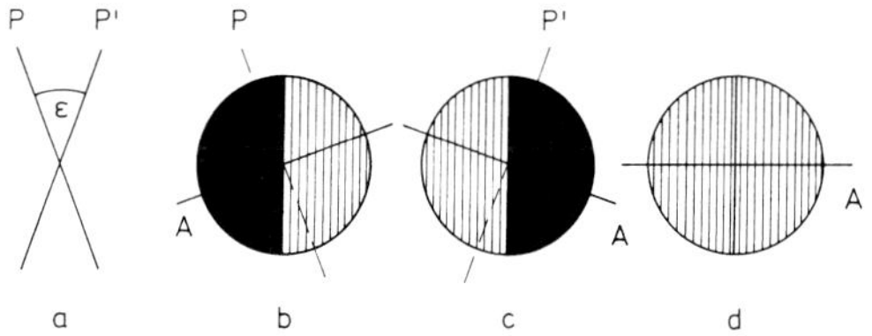

Abb. 37.13

Die Einzeldarstellungen in Abb. 37.13 zeigen Folgendes:

a) Die Polarisationsrichtungen der beiden Nicols P und P′ bilden einen Winkel ε miteinander.

b) Wird der Analysator A senkrecht zum Polarisator P gestellt, erscheint die linke Gesichtshälfte dunkel.

c) Wird der Analysator A senkrecht zum Polarisator P′ gestellt, erscheint die rechte Gesichtshälfte dunkel.

d) Wird der Analysator A senkrecht zur Winkelhalbierenden von ε gestellt, so erscheint ohne Substanz das Gesichtsfeld gleich hell. Mit Substanz ist die Analysatorstellung eine andere; aus der Differenz folgt dann die Drehung der Polarisationsebene durch die optisch aktive Substanz.

Polarimeter, die zur Zuckergehaltsbestimmung verwendet werden, bezeichnet man als ***Saccharimeter***.

Anwendungen der Polarimetrie

Wie eingangs zu diesem Abschnitt angesprochen, drehen optisch aktive Substanzen die Polarisationsebene linear polarisierten Lichtes. Optische Aktivität kann man bei kristallinen Festkörpern, Einkristallen, Flüssigkeiten, Lösungen fester Stoffe und bei Gasen beobachten. Die Untersuchung solcher Substanzen ist eine der Anwendungen der Polarimetrie. Der Drehwinkel α, um den optisch aktive Substanzen die Schwingungsebene linear polarisierten Lichtes drehen, ist abhängig von der Dicke der durchstrahlten Substanz und, falls es sich um Lösungen handelt, auch von der Konzentration derselben; außerdem ist der Drehwinkel von der Frequenz des verwendeten Lichtes abhängig. Man unterscheidet bei den optisch aktiven Substanzen zwischen solchen, die *rechtsdrehend*, früher auch mit „d" (*dextro*) bezeichnet, und solchen, die *linksdrehend* sind, früher mit „l" (*laevo*) bezeichnet. Heute verwendet man üblicherweise die Bezeichnung (+) für rechtsdrehende (positiver Drehwinkel) und (−) für linksdrehende (negativer Drehwinkel) Substanzen, dabei gilt nach Konvention der Drehwinkel als positiv, wenn für einen Beobachter, der dem Lichtstrahl entgegenblickt, sich die Schwingungsrichtung im Uhrzeigersinn dreht, d. h. der Analysator in diesem Sinne nachgedreht werden muss, um Dunkelstellung zu erreichen. Für linksdrehende Substanzen dreht sich die Schwingungsebene entsprechend im Gegenuhrzeigersinn. In Fortpflanzungsrichtung des Lichtes gesehen dreht sich der Feldvektor des linear polarisierten Lichtes somit in rechtsdrehenden Substanzen im Drehsinn einer Linksschraube, bei linksdrehenden im Sinne einer Rechtsschraube. Jede optisch aktive chemische Substanz ist sowohl in einer rechts- als auch einer linksdrehenden Modifikation möglich.

Die optische Aktivität eines Stoffes beruht auf dem asymmetrischen Bau seiner Moleküle oder dem der Kristalle, der sich in der Existenz zweier zueinander spiegelbildlicher, aber nicht deckungsgleicher (sog. *enantiomorpher*) Formen ausdrückt, die auch als *optische Antipoden* bezeichnet werden. Die Eigenschaft von Verbindungen, sich infolge des Fehlens eines Symmetrieelementes der Enantiomere, wie Bild und Spiegelbild zu verhalten, beschreibt man in der Stereochemie mit dem Begriff der *Chiralität* als Charakteristikum der Moleküle. Chirale Verbindungen sind im kristallinen Zustand, in der Lösung, Schmelze und im gasförmigen Zustand optisch aktiv. Dagegen ist das optische Drehvermögen enantiomorpher Kristalle, wie z. B. Quarz etc., eine reine Kristalleigenschaft, die nicht an das Vorliegen chiraler Bausteine gebunden ist, weshalb deren optische Aktivität beim Schmelzen oder Lösen der Kristalle verloren geht.

Bei Festkörpern ist der Drehwinkel α, um den die Schwingungsebene des linear polarisierten Lichtes gedreht wird, proportional der durchstrahlten Substanzdicke d und es gilt:

$$\alpha = \{\alpha\} \cdot d \tag{37.4}$$

6

wobei $\{\alpha\} = \alpha/d$ als die *spezifische Drehung* oder das *spezifische optische Drehvermögen* bezeichnet und die Schichtdicke d der durchstrahlten Substanz in mm gemessen wird.

$\{\alpha\}$ ist eine von der Temperatur und der Art des Stoffes sowie von der Wellenlänge des verwendeten Lichtes abhängige Größe, deren Vorzeichen für eine rechts- bzw. linksdrehende Modifikation eines Stoffes, z. B. Rechtsquarz und Linksquarz, gemäß der oben angegebenen Konvention ist.

Bei Lösungen ist $\{\alpha\}$ außer von der Temperatur und von der Wellenlänge des verwendeten Lichtes auch noch vom Lösungsmittel und der Konzentration c der darin gelösten Substanz abhängig und wird häufig für Schichtdicken von $d = 100$ mm angegeben. Es gilt daher bei Lösungen, z. B. wässrige Lösungen von Dextrose oder Lävulose, für den Drehwinkel α, um den linear polarisiertes Licht gedreht wird:

$$\alpha = \{\alpha\} \cdot c \cdot d \tag{37.5}$$

worin c die Konzentration der optisch aktiven Substanz (Massengehalt z. B. in Gramm Substanz pro Gramm Lösung) bezeichnet. Gleichung (37.5) ist mit $c = 1$ auch für reine Flüssigkeiten gültig, wie z. B. Terpentinöl oder Nicotin.

Die spezifische Drehung $\{\alpha\}$ wird tabelliert meist für gelbes Natrium-D-Licht angegeben und beträgt (bei einer Temperatur von 20 °C) z. B. für eine wässrige Rohrzuckerlösung $\{\alpha\}_D = +66{,}5°/\text{dm}$, für flüssiges Nicotin $\{\alpha\}_D = -162°/\text{dm}$ oder für Quarz $\{\alpha\}_D = 21{,}7°/\text{mm}$.

Die spezifischen Drehungen enantiomorpher Substanzpaare unterscheiden sich lediglich im Vorzeichen der Drehung, sind betragsmäßig aber gleich groß. Daher verringern Gemische solcher Substanzen den Drehwinkel α der Schwingungsebene polarisierten Lichtes; sind die Mengen gleich **(razemisches Gemisch)**, so kompensiert sich die Drehung.

Die Abhängigkeit des spezifischen optischen Drehvermögens $\{\alpha\}$ von der Frequenz des verwendeten Lichtes bezeichnet man als **Rotationsdispersion**, dabei wird die Polarisationsebene kurzwelligen Lichtes meist stärker gedreht (andernfalls spricht man von anormaler Rotationsdispersion). Beispielsweise erhält man für die spezifische Drehung von Quarz (bei 20 °C) mit rotem Licht ($\lambda = 761$ nm) $\{\alpha\}_{761} = 12{,}7°/\text{mm}$ und mit violettem Licht ($\lambda = 397$ nm) $\{\alpha\}_{397} = 51{,}1°/\text{mm}$. Verwendet man daher bei der Beobachtung optisch aktiver Substanzen kein linear polarisiertes monochromatisches, sondern weißes Licht, dann zeigt sich für keine Stellung des Analysators bezüglich des Polarisators Dunkelheit, vielmehr ist das Gesichtsfeld jeweils stets gefärbt.

Eine weitere Anwendung polarisierten Lichtes findet man beim **Polarisationsmikroskop**. Hier ist zwischen der Lichtquelle und der Kondensorlinse ein Polarisator und unterhalb des Okulars ein Analysator angebracht. Nun tritt die Erscheinung der Doppelbrechung nicht nur z. B. bei kristallinen Stoffen auf, sondern auch bei vielen pflanzlichen oder tierischen Substanzen, die eine geschichtete Struktur bzw. eine Faserstruktur besitzen oder einem einseitig gerichteten Zug unterworfen worden sind. Mittels der Polarisationsmikroskopie lassen sich daher, als zusätzliche Information zur Ermittlung von Objektstrukturen, solche polarisationsabhängige Eigenschaften der Stoffe heranziehen, welche im reinen Lichtmikroskop mit unpolarisiertem Licht nicht zu erkennen sind, wie z. B. der Dichroismus oder die Drehung der Polarisationsebene polarisierten Lichtes aufgrund unterschiedlicher optischer Aktivität der untersuchten Objekte.

Flüssigkristalle

Seit langem schon finden Leuchtdioden (engl.: **L**ight **E**mitting **D**iode) oder Flüssigkristalle (engl.: **L**iquid **C**rystal) als Anzeigeeinheiten (engl.: **D**isplays) zur Visualisierung von Daten oder Informationen für die digitale Elektronik vielfache Verwendung. Wegen ihres sehr geringen Verbrauchs an elektrischer Energie und der relativ hohen Zuverlässigkeit wurden Flüssigkristalle hierfür besonders interessant. Waren es zunächst die digitalen Anzeigeelemente für Taschenrechner oder Uhren etc., so folgten diesen alsbald Entwicklungen wie Flachbildschirme für Computer oder Fernsehgeräte sowie die prinzipielle Erschließung aller Applikationen von Displays, einschließlich der flachen, hoch auflösenden Farbfernsehmonitore.

Flüssigkristalle stehen mit ihren physikalischen Eigenschaften zwischen dem isotrop flüssigen und dem anisotrop festkristallinen Zustand (s. § 39.2) und weisen in einem bestimmten Temperaturbereich bez. ihrer elastischen, elektrischen und optischen Eigenschaften eine anisotrope Phase auf, die man als ***Meso-*** oder ***Zwischenphase*** (auch als ***mesomorphe Phase***) bezeichnet. Die flüssigkristallinen Zustände sind eigenständige, thermodynamisch stabile Phasen, die in organischen Materialien auftreten können, in denen eine weitreichende molekulare Wechselwirkung vorliegt, die Moleküle aber weitgehend gegeneinander noch frei beweglich sind. Dadurch können sich die Moleküle des Flüssigkristalls aufgrund ihrer z. B. stäbchenförmigen Struktur in Längsrichtung anordnen und auch Molekülaggregate bilden, die physikalisch anisotrop sind. Außerdem besitzen die Moleküle starke elektrische Dipolmomente und leicht polarisierbare chemische Gruppen.

Gewinnt man die flüssigen Kristalle aus festen organischen Substanzen durch Erwärmen und Schmelzen, so bezeichnet man sie als **thermotrope Flüssigkristalle**, erhält man sie jedoch aus Lösungen in einem geeigneten polaren Lösungsmittel (meist Wasser), dann spricht man von **lyotropen Flüssigkristallen**. Die Flüssigkristalle, die i. Allg. in dünnen Schichten verwendet werden, teilt man nach der Art ihrer darin erfolgenden Ausrichtung in zwei Hauptstrukturen ein, in die **nematischen** und in die **smektischen Strukturen**, wobei von den *nematischen Strukturen* auch der Spezialfall der **cholesterinischen** (oder **cholesterischen**) **Strukturen** Bedeutung erlangt hat.

Die einfachste flüssigkristalline Struktur ist die *nematische Struktur*. Die langen Achsen der organischen Moleküle sind innerhalb kleiner Volumina in einer Vorzugsrichtung parallel zueinander orientiert (nematisch, d. h. *fadenförmig*), wobei sie in Achsenrichtung leicht gegeneinander verschiebbar und um die Längsachse drehbar sind. Erfolgt die Anordnung und parallele Orientierung in untereinander parallelen Ebenen, wobei die Struktur pro Ebene nematisch ist, die Nachbarebenen aber jeweils sukzessiv um einen konstanten Winkel verdreht sind, mit Ganghöhen (Drehwinkel 180°) bei manchen Materialien in der Größenordnung der Lichtwellenlänge, so entsteht dadurch eine schraubenförmige Gesamtstruktur, die *cholesterinische Struktur*. Flüssigkristalle mit *smektischer Struktur* haben ebenfalls einen schichtenförmigen Aufbau, wobei auch hier die Struktur pro Ebene nematisch ist, aber die Molekülachsen der monomolekularen Schichten mit der Ebene jeweils entweder einen Winkel von 90° oder einen davon verschiedenen Winkel aufweisen, wodurch sich ein- oder zweidimensionale Strukturen ausbilden.

Wie eingangs schon angesprochen tritt bei Flüssigkristallen eine ausgeprägte Anisotropie auf, die sich insbesondere in ihrem optischen Verhalten zeigt. So können flüssigkristalline Materialien durch elektrische und magnetische Felder wie auch durch mechanische Einwirkungen großräumig einheitlich ausgerichtet oder ihr optisches Verhalten verändert werden, wie beispielsweise die Brechung, Transmission und Reflexion von Licht oder die Drehung der Schwingungsebene linear polarisierten Lichtes.

Eine der ersten Anwendungen von flüssigkristallinen Strukturen war die digitale **Flüssigkristallanzeige** (**LCD**: **L**iquid **C**rystal **D**isplay). Der Anfang der heutigen LCD- und Flüssigkristall-Technologie begann aber erst mit den sog. *verdrillten nematischen* (engl.: **T**wisted **N**ematic) *Strukturen*, den TN-LCD's. Sie sind ähnlich aufgebaut wie die cholesterinischen Strukturen, nur dass die homogenen Orientierungen der Moleküle der beiden Endschichten des Flüssigkristalls unter einem Winkel von 90° angeordnet sind und dazwischen sukzessive die Orientierungsrichtung der einzelnen Molekülschichten jeweils um kleine Winkel gedreht ist. Sie zeigen daher wie die cholesterinischen Strukturen optische Aktivität, d. h sie drehen die Schwingungsebene linear polarisierten Lichtes. Der prinzipielle Aufbau eines TN-LCD ist schematisch in Abb. 37.14 dargestellt.

Der TN-Flüssigkristall (TN-LC) befindet sich, eingebettet zwischen zwei Elektroden E_1 und E_2 sowie zwei Glasplatten G, zwischen zwei gekreuzten Polarisationsfolien P_1 und P_2. wobei die den Folien gegenüberliegenden Moleküle des TN-LC parallel zur jeweiligen Polarisationsrichtung ausgerichtet sind. Soll die Anzeige in Reflexion verwendet werden, ist hinter dem Polarisator P_2 noch zusätzlich ein Spiegel S angebracht, damit das einfallende Licht zurückgeworfen wird. Liegt an den Elektroden keine Spannung an, dann ist die Anordnung lichtdurchlässig, da die Polarisationsebene des

6

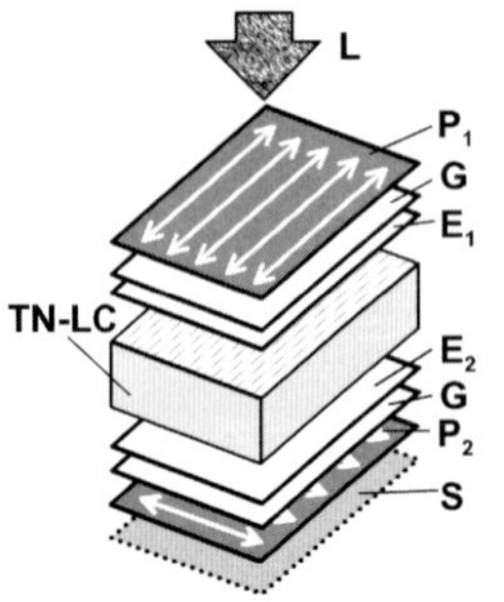

Abb. 37.14

durch den Polarisator P_1 linear polarisierten Lichtes, infolge des sog. *Drehzellen-Effektes* (nach ihren Entdeckern auch als *Schadt-Hellfrich-Effekt* bezeichnet) des Kristalls nach Durchlaufen um 90° gedreht ist und damit den zu P_1 gekreuzten Polarisator P_2 passieren kann. Durch Anlegen eines elektrischen Feldes kommt es jedoch zur Umorientierung und Ausrichtung der Moleküle des Flüssigkristalls in Feldrichtung wodurch sich die Lichtdurchlässigkeit verändert, d.h. im Extremfall wird das TN-LCD lichtundurchlässig. Außer zur Herstellung von Flüssigkristallanzeigen werden die TN-LC auch für die Fertigung von Polarisationsfiltern oder elektrooptischen Lichtmodulatoren verwendet. Verdrillte nematische Schichten können sowohl mit elektrischen als auch mit magnetischen Feldern gesteuert werden.

Weitere vielfältige Anwendungsgebiete eröffneten sich durch die Möglichkeit einzelne TN-Flüssigkristallzellen direkt elektronisch anzusteuern indem im Vakuum miniaturisierte Halbleiterstrukturen aufgedampft werden. Mittels solcher Dünnfilmtransistoren (**TFT**: **T**hin **F**ilm **T**ransistor) kann in einer matrixartigen Anordnung von TN-Flüssigkristallen jeder einzelne LCD-Bildpunkt individuell angesteuert werden. Mit diesen TFT-TN-LCD's war der Weg frei für die Fertigung von Monitoren für Computer, von Farbfernsehern, großflächigen flachen Farbbildschirmen oder Projektoren etc.

Die Temperaturabhängigkeit der Mesophase der flüssigkristallinen Strukturen, insbesondere der dabei auftretenden Farbänderung des reflektierten Lichtes cholesterinischer oder verdrillt nematischer Strukturen, wird in zunehmendem Maße für die Thermographie oder als Temperaturindikator verwendet. Es können damit Temperaturunterschiede bis zu 1/100 °C aufgelöst werden. Der Flüssigkristall wird dazu auf die Oberfläche beispielsweise eines elektronischen Bauelementes aufgetragen, um über eine lokal auftretende Farbveränderung Fehler zu erkennen. Im Bereich der Medizin lassen sich mit derartig auf die Haut aufgebrachten Flüssigkristallen Blutgefäße oder selbst Krebsgeschwüre unter der Haut detektieren.

Aufgaben

Aufgabe 37.1: Polarisator und Analysator eines Polarisationsapparates ergeben bei Parallelstellung maximale Intensität $\hat{I}$ des transmittierten Lichtes. Um welchen Winkel α muss eines der Polarisationsfilter gedreht werden, damit die transmittierte Intensität noch halb so groß ist ($I = \hat{I}/2$)?

Aufgabe 37.2: Ein Lichtbündel treffe aus Luft auf eine Glasplatte der Brechzahl $n = 1{,}5$.

a) Wie groß ist der Brewsterwinkel α_B?
b) Unter welchem Winkel β_B wird das Licht gebrochen, wenn es unter dem Brewsterwinkel α_B einfällt?

Aufgabe 37.3: Ein Saccharimeter der Rohrlänge $d = 20$ cm enthält eine wässrige Rohrzuckerlösung mit $m = 1$ g Rohrzucker in $V = 100\ \text{cm}^3$. Wie groß ist der Drehwinkel α bei Verwendung gelben Natrium-D-Lichtes, wobei für eine wässrige Rohrzuckerlösung $\{\alpha\}_D = +66{,}5°/\text{dm}$ ist?

Atomistische Struktur der Materie

§ 38 Atome

Die Frage nach der unendlichen Teilbarkeit der Materie ist sehr alt und wurde schon von den Philosophen des griechischen Altertums gestellt. *Leukipp* (um 460 v. Chr.) und *Demokrit* (um 460–371 v. Chr.) gelten als die Urheber des Begriffes „*ατομος*“, der Lehre von den letzten „*teil-losen*“ Teilen der Materie, den „*A-tomen*“. Über 2200 Jahre vergingen, bis *J. Dalton* am Ende des 18. Jahrhunderts (n. Chr.) den Begriff des Atoms wieder aufnahm und weiter konkretisierte. Damit war der Anfang zu einer modernen wissenschaftlichen Atomlehre gemacht.

§ 38.1 Grundbegriffe

Als **Atom** bezeichnet man nach *Dalton* das kleinste Teilchen eines chemischen Elementes, das mit *chemischen Verfahren* nicht weiter zerlegbar ist. Untersuchungen mit physikalischen Verfahren ergeben jedoch, dass Atome einen positiv geladenen *Kern* und eine negativ geladene Hülle, die *Elektronenhülle*, besitzen. Dabei ist die Zahl der Elektronen in der Atomhülle gleich der Zahl der positiven Kernbausteine, sodass das Atom nach außen elektrisch neutral erscheint. Die Masse der Atome ist fast vollständig im Atomkern konzentriert, da die Masse der Elektronen viel kleiner ist als die der Kernbausteine $\left(\text{etwa } \frac{1}{1836}\right)$.

Als *Atommassenkonstante* oder *atomare Masseneinheit* wird ein Zwölftel der Masse eines Atoms des Kohlenstoffnuklids ^{12}C eingeführt. Sie wird mit $\boldsymbol{m_u}$ oder als *Unit* mit dem Symbol **u** bezeichnet und ist durch folgende Definition gegeben:

$$
\begin{aligned}
1\,m_u &= \frac{m(^{12}C)}{12} = 1\,u = \frac{10^{-3}}{N_A}\frac{kg}{mol} \\
&= (1{,}660\,538\,782 \pm 0{,}000\,000\,083) \cdot 10^{-27}\ kg \\
&\approx 1{,}66 \cdot 10^{-27}\ kg,
\end{aligned}
$$

wobei N_A die Avogadrokonstante ist.

Die Masse eines Teilchens (Atom, Molekül, Ion etc.) kann in der Einheit kg (oder g) oder in der atomaren Masseneinheit u angegeben werden.

Meist wird anstelle der *Atommasse* ihr relativer Wert, die *relative Atommasse* verwendet. Die **relative Atommasse** A_r ist die Masse eines Atoms X bezüglich einem Zwölftel der Masse des Kohlenstoffnuklids ^{12}C:

$$A_r(X) = \frac{m(X)}{\frac{1}{12}\, m(^{12}C)} \qquad (38.1)$$

Als Verhältnis zweier Massen (kg/kg oder g/g) besitzt A_r die Dimension 1.

Die im Periodensystem eingetragene Massenzahl eines Elements ist seine relative Atommasse.

Der Zahlenwert der Atommasse $m(X)$, angegeben in der atomaren Masseneinheit, ist gleich der relativen Atommasse $A_r(X)$.

Beispiel:

Relative Atommasse	Atommasse
$A_r(\mathrm{H}) = 1{,}008$	$m(\mathrm{H}) = 1{,}008\ \mathrm{u} = 1{,}674 \cdot 10^{-27}\ \mathrm{kg} = 1{,}674 \cdot 10^{-24}\ \mathrm{g}$
$A_r(\mathrm{Au}) = 196{,}9665$	$m(\mathrm{Au}) = 196{,}9665\ \mathrm{u} = 3{,}271 \cdot 10^{-22}\ \mathrm{g}$

Auch der Zahlenwert der durch Gleichung (3.6) definierten molaren Masse M eines Stoffes (angegeben in der Einheit g/mol) ist gleich der relativen Atommasse:

$$M(\mathrm{X}) = \frac{m(\mathrm{X})}{\frac{1}{12} m(^{12}\mathrm{C})} \frac{\mathrm{g}}{\mathrm{mol}} \tag{38.2}$$

denn der Quotient ist $A_r(\mathrm{X})$, vgl. (38.1) (Beispiele s. § 13.2.3).

Die Benennung „Atommasse" und „relative Atommasse" kann auf andere Teilchen (Moleküle, Ionen etc.) sinngemäß übertragen werden; beispielsweise *Molekülmasse m* und *relative Molekülmasse* M_r.

Die Bezeichnung „molare Masse" gilt jedoch für alle Teilchenarten.

Da nahezu die gesamte Atommasse im Atomkern vereinigt ist, haben Atomkerne eine sehr große Massendichte. Sie liegt in der Größenordnung von $10^{17}\ \frac{\mathrm{kg}}{\mathrm{m}^3}$. Atome bestehen somit aus einem Kern hoher und einer Elektronenhülle geringer Massendichte.

Ausgehend von der Tatsache, dass die Atome ihrerseits aus kleineren Bausteinen aufgebaut sind, stellt sich die Frage nach ihrer Substruktur und damit auch nach der räumlichen Verteilung der positiven und negativen Ladungen im Atom. Erste Versuche von *H. Hertz* und *P. Lenard* zeigten, dass energiereiche Elektronen dünne Metallfolien durchdringen können, doch erst die **Streuexperimente** von *H. Geiger*, *E. Marsden* und *E. Rutherford* konnten Wesentliches zur Klärung der gestellten Fragen beitragen.

Rutherford untersuchte die Streuung von α-Teilchen ($^4_2\mathrm{He}^{++}$) eines radioaktiven Präparates an dünnen Folien (z. B. einer Au-Folie mit Dicke $d \approx 10\ \mu\mathrm{m}$) und beobachtete die in den Raumwinkel $\mathrm{d}\Omega$ gestreuten Teilchen $\mathrm{d}n$ in Abhängigkeit vom Streuwinkel ϑ (Abb. 38.1 zeigt die Geometrie des Experiments). In Abb. 38.2 sind drei mögliche Bahnkurven von α-Teilchen mit verschiedenen Stoßparametern b gezeichnet (bei ruhend gedachtem Streuzentrum S).

Als einfaches Modell nahm Rutherford an, dass die positiv geladenen α-Teilchen im Coulomb-Feld

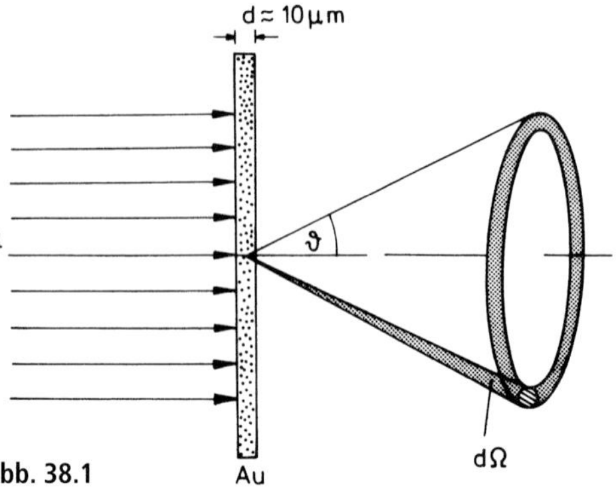

Abb. 38.1

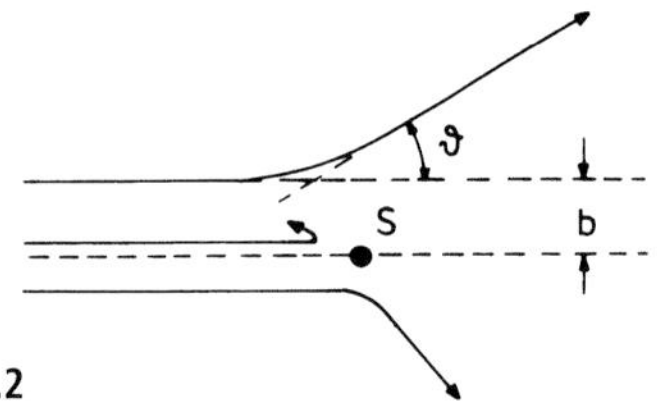

Abb. 38.2

der positiven Ladung des Streuzentrums S (Kernladung der Atome der Folie) abgelenkt werden, sofern sie nahe genug am Streuzentrum vorbeifliegen (Stoßparameter b). Zwischen dem Stoßparameter b und dem Streuwinkel ϑ besteht eine eindeutige Beziehung, woraus sich die Streuverteilung klassisch berechnen lässt. Für die unter dem Streuwinkel ϑ in ein Raumwinkelelement $\mathrm{d}\Omega$ gestreute Teilchenzahl $\mathrm{d}n$ der insgesamt auftreffenden Teilchenzahl n, lautet die **Rutherford'sche Streuformel**:

$$\frac{\mathrm{d}n}{n} = C \cdot \frac{\mathrm{d}\Omega}{\sin^4\left(\frac{\vartheta}{2}\right)} \tag{38.3}$$

Die Konstante des Experiments ergibt sich dabei zu:

$$C = \frac{N \cdot d}{(4 \cdot E_{\mathrm{kin}})^2} \cdot \left(\frac{Z_1 \cdot Z_2 \cdot e^2}{4\pi \cdot \varepsilon_0}\right)^2$$ (N: Anzahl der Folienatome/m^3; d: Foliendicke; Z_1, Z_2: Ladungszahl von Projektil bzw. Streuzentrum; E_{kin}: kinetische Energie der Projektile).

Sehr genaue Messungen von *Geiger* und *Marsden* bestätigten die Rutherford'sche Formel.

Rutherford folgerte aus den Streuexperimenten, dass der Atomkern mit seiner hohen Massendichte auch der Träger der positiven Ladung ist; sie ist betragsmäßig das Z-fache der Elementarladung (Z: Ordnungszahl); da das Atom

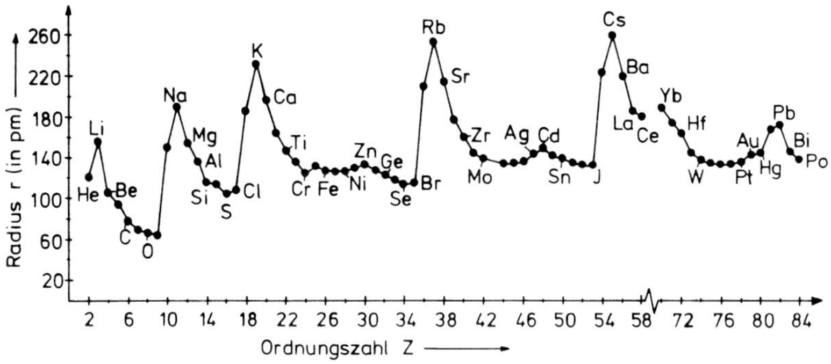

Abb. 38.3

als Ganzes neutral ist, befinden sich in der Atomhülle entsprechend Z Elektronen. Als empirisches Ergebnis solcher Streuversuche erhält man für den Kernradius R_K:

$$R_K \approx r_0 \cdot \sqrt[3]{A_r} \tag{38.4}$$

mit $r_0 = (1{,}3 \pm 0{,}1) \cdot 10^{-15}$ m und der relativen Atommasse A_r. Die Radien R_K der Kerne liegen daher in der Größenordnung von $R_K \approx 10^{-15}$ m.

Demgegenüber ergeben sich die Radien der Atome R_A in der Größenordnung von $R_A \approx 10^{-10}$ m. Die „Atomkernradien" sind also sehr viel kleiner als die „Atomradien". Zur Abschätzung der Größe der Atome gibt es verschiedene Möglichkeiten, z. B. aus der leicht messbaren Dichte und molaren Masse von Flüssigkeiten (beispielsweise verflüssigter Gase wie Helium oder Argon, unter der Annahme einer dichtesten Kugelpackung der Atome), oder aus dem Kovolumen der van der Waals Gleichung sowie dem Diffusionskoeffizienten oder der Viskosität in Gasen etc. Unter der Annahme einer kugelsymmetrischen Gestalt der Atome (Modell harter Kugeln) ergibt sich mit derartigen Methoden für das Atomvolumen ein Wert in der Größenordnung von $V_A \approx 10^{-29}$ m^3. Ein präzises Verfahren zur Bestimmung der Atomgröße stellt die Elektronen- oder Röntgenbeugung an Atomen in Kristallgittern dar. Abb. 38.3 zeigt die Abhängigkeit der Atomradien von der Ordnungszahl Z der Elemente im periodischen System, deren Deutung sich aus der Atomtheorie ergibt (s. § 38.2.4).

Die Atomradien ergeben sich zwar auch hier in vergleichbarer Größenordnung, wie mit den anderen genannten Methoden. Die Unterschiede, die sich bei den verschiedenen Verfahren zur Bestimmung der Atomgröße jedoch zeigen, sind auf die unterschiedlich weit reichenden Wechselwirkungen der Atome zurückzuführen, da reale Atome nicht als starre Kugeln betrachtet werden können.

§ 38.2 Die Atomhülle

Als eine weitere Folgerung aus den Ergebnissen der Streuuntersuchungen stellte *Rutherford* 1911 ein ***dynamisches Modell der Atome auf.*** Nach diesem klassischen Atommodell bewegen sich in der Atomhülle die Elektronen auf Kreisbahnen um den positiven Kern, wobei sich die Zentrifugalkräfte und die Coulombkräfte das Gleichgewicht halten. Die Umlauffrequenz der Elektronen entspräche dann der Frequenz der abgestrahlten Lichtquanten. Dieses Modell weist aber einige Widersprüche auf:

1. Das Rutherford'sche Modell kann das Auftreten diskreter Spektren, wie sie bei Atomen beobachtet werden (s. § 42.1), nicht erklären, da nach der klassischen Mechanik unendlich viele Bahnen möglich wären.

2. Die Elektronen erfahren auf einer Kreisbahn eine Radialbeschleunigung. Beschleunigte elektrische Ladungen strahlen jedoch elektromagnetische Wellen ab, d. h. die umlaufenden Elektronen würden ein kontinuierliches Spektrum emittieren (im Gegensatz zur

Beobachtung diskreter Atomspektren), dabei mit der Strahlung ständig Energie verlieren und sich infolge des Energieverlustes auf einer spiralförmigen Bahn dem Atomkern nähern, um schließlich in den Atomkern zu stürzen.

Für die im sichtbaren Spektralbereich beobachtbaren Wellenlängen des Wasserstoff-Linienspektrums war zu jener Zeit eine zuerst von *J. Balmer*, einem Basler Gymnasiallehrer, bereits 1885 angegebene sehr genaue empirische Formel bekannt. Mit den Theorien der klassischen Physik (Newton, Maxwell) konnte aber auch das Spektrum des einfachsten Atoms, des Wasserstoffs, nicht vorhergesagt werden.

Der dänische Physiker *Niels Bohr* war es dann, der 1913 das Rutherford'sche Atommodell mit der Planck'schen Quantentheorie verband und ein theoretisches Modell für das Wasserstoffatom entwickelte, das in seiner allgemeinen Formulierung als hilfreiche praktische Modellvorstellung auch auf andere atomare oder molekulare Systeme, selbst auf Atomkerne anwendbar ist. *Bohr* hat damit die Quantentheorie in den Mittelpunkt des wissenschaftlichen Interesses gerückt und durch sein Wirken auf eine ganze Generation von Wissenschaftlern entscheidend zur Herausbildung der modernen Physik und zur Formung unseres Weltbildes beigetragen.

§ 38.2.1 Bohr'sches Atommodell

Das Atommodell von *Niels Bohr* beseitigte die Widersprüche der Modelle auf der Basis der klassischen Theorien durch folgende drei **Postulate:**

1. Postulat: Die Elektronen bewegen sich im Atom auf bestimmten ***stationären Bahnen (Zuständen)***, mit diskreten Energien E_1, E_2, $E_3, \ldots, E_n, \ldots$, auf denen keine Energieabstrahlung erfolgen kann, d. h. sie bewegen sich strahlungslos.

2. Postulat: Die stationären Zustände sind dadurch festgelegt, dass der Bahndrehimpuls $\vec{L}_n$ des mit der Kreisfrequenz $\vec{\omega}_n$ auf der n-ten Bahn (Radius $\vec{r}_n$) umlaufenden Elektrons der Masse m_e gequantelt ist. Für den Betrag des Drehimpulses gilt:

$$L_n = m_e \cdot r_n^2 \cdot \omega_n = n \cdot \frac{h}{2\pi} = n \cdot \hbar \qquad (38.5)$$

L_n kann nur ein ganzzahliges Vielfaches n des *Planck'schen Wirkungsquantums* h dividiert durch 2π sein. Diesen Quotienten bezeichnet man mit $\hbar$ (sprich h quer):

$$\hbar = \frac{h}{2\pi} = (1{,}054\,571\,628 \pm 0{,}000\,000\,053) \cdot 10^{-34}\ \mathrm{J \cdot s} \approx 1{,}1 \cdot 10^{-34}\ \mathrm{J \cdot s}$$

Die Zahl $n = 1, 2, 3, 4, \ldots$ heißt die **Hauptquantenzahl**.

3. Postulat: Die Ausstrahlung von Energie (Lichtemission) erfolgt bei einem sprunghaften Übergang eines Elektrons von einer stationären Bahn höherer Energie E_m zu einer stationären Bahn geringerer Energie E_n. Die Energiedifferenz ΔE wird in Form eines Lichtquants (Photons, s. § 34) emittiert (Abb. 38.4):

$$\Delta E = E_m - E_n = h \cdot \nu_{mn} \qquad (38.6)$$

(*Planck'sches Wirkungsquantum* (siehe auch Gleichung (34.1)): $h \approx 6{,}6 \cdot 10^{-34}\ \mathrm{J \cdot s}$.

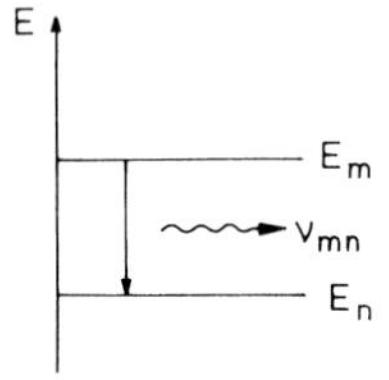

Abb. 38.4

Dieser Modellansatz von *Bohr* war einer der ersten genialen und wichtigen Schritte auf dem Wege zur Quantentheorie. Er ergab jedoch nur im Falle des Wasserstoffatoms (bis auf die so genannten Feinstrukturkorrekturen) eine quantitative Übereinstimmung mit den Ergebnissen aus spektroskopischen Untersuchungen. Die spektroskopischen Befunde ähnlich einfacher Ionen, z. B. He^+, Li^{++}, Be^{+++}, wie überhaupt aller Mehrelektronenatome, lassen sich mit den Bohr'schen Vorstellungen nur in grober Näherung bzw. gar nicht beschreiben. Auch die Erweiterungen des Bohr'schen Modells durch

A. Sommerfeld brachten keine befriedigende Übereinstimmung zwischen Theorie und experimentellem Befund. Die Weiterentwicklung der **Quanten-** und **Wellenmechanik** machte außerdem klar, dass eine Lokalisierung der Elektronen auf Umlaufbahnen nicht mit der Existenz scharf definierter Energiezustände verträglich ist.

Andererseits zeigte der Erfolg des Bohr'schen Atommodells, dass wichtige Zusammenhänge damit richtig beschrieben waren und auch heute noch Bestand haben, wie die Quantisierung des Bahndrehimpulses in Einheiten von $\hbar$ (wenn auch nicht in der von Bohr postulierten Größe), die Existenz stationärer Zustände und die Emission oder Absorption von Strahlung durch Übergänge zwischen diesen diskreten Zuständen. Außerdem erlaubt das Bohr'sche Modell auch viele andere Vorgänge in der Hülle der Atome anschaulich zu interpretieren, wenn auch nicht in vollem Umfang der Wirklichkeit entsprechend.

Energiezustände des Wasserstoffs

Von allen Elementen hat der Wasserstoff das einfachste Spektrum, welches sich mithilfe des Bohr'schen Modells auch weitgehend erklären lässt. Gehen wir zur Berechnung der Energiezustände nach der Bohr'schen Theorie vom allgemeinen Fall (wasserstoffähnlicher Systeme wie He^+, Li^{++}, usw.) aus, dann befindet sich ein Elektron im Coulombfeld eines Kerns der Ladung $Z \cdot e$ (Z: Ordnungszahl). Unter der Voraussetzung, dass die Masse des Kerns m_K groß gegen die der Elektronen m_e ist, folgt für ein auf der n-ten Bahn mit Radius r_n und Geschwindigkeit v_n umlaufendes Elektron durch Gleichsetzen von Zentripetal- und Coulombkraft:

$$\frac{m_e \cdot v^2}{r_n} = \frac{Z \cdot e^2}{4\pi\,\varepsilon_0 \cdot r_n^2} \qquad (38.7)$$

Das 2. Bohr'sche Postulat (Drehimpulsquantelung) liefert:

$$m_e \cdot r_n \cdot v_n = n \cdot \hbar \qquad (38.8)$$

Aus beiden Gleichungen ergibt sich für die möglichen Bahnradien:

$$r_n = \frac{4\pi\,\varepsilon_0 \cdot \hbar^2}{Z \cdot e^2 \cdot m_e} \cdot n^2 \qquad (38.9)$$

Mit $Z=1$ und $n=1$ erhält man den kleinsten Bahnradius r_1 des Wasserstoffs, welcher als 1. *Bohr'scher Radius* a_0 des Wasserstoffs bezeichnet wird, zu $a_0 = (0{,}529\,177\,208\,59 \pm 36 \cdot 10^{-11}) \cdot 10^{-10}$ m $\approx 0{,}529 \cdot 10^{-10}$ m $= 0{,}529$ Å (wobei für die früher gebräuchliche atomare Längeneinheit Ångström (Å) gilt: 1 Å $\hat{=}$ 0,1 nm). Die Größenordnung der Ausdehnung des neutralen Wasserstoffatoms wird durch die Bohr'sche Theorie richtig wiedergegeben. Nach der Bohr'schen Theorie sind die Bahnradien der Elektronen proportional n^2 (n: Hauptquantenzahl).

Zur Berechnung der Frequenzen des ausgestrahlten Lichtes der Atome müssen wir die Energiezustände E_n kennen, die sich als Summe der kinetischen und der potentiellen Energie der Elektronen im Kraftfeld ergeben. Das Endresultat für die Gesamtenergie der möglichen Energiezustände E_n folgt zu:

$$E_n = -\frac{Z^2 \cdot m_e \cdot e^4}{2(4\pi\,\varepsilon_0 \hbar)^2} \cdot \frac{1}{n^2} \qquad (38.10)$$

Aus (38.10) erhält man für $Z=1$ und $n=1$ das tiefste Energieniveau des Wasserstoffs, mit der Bindungsenergie $E_1 = -13{,}6$ eV, die betragsmäßig gleich der Ionisationsenergie ist.

Eine entsprechende Beziehung zu (38.10) lässt sich auch für einen Energiezustand E_m angeben, sodass sich nach dem 3. Bohr'schen Postulat (38.6) für die emittierte Photonenenergie ergibt (wobei E_n den tieferen und E_m den höheren Energiezustand bezeichne):

$$h \cdot \nu_{mn} = \frac{Z^2 \cdot e^4 \cdot m_e}{2(4\pi\,\varepsilon_0 \cdot \hbar)^2} \cdot \left(\frac{1}{n^2} - \frac{1}{m^2}\right)$$

oder für die Frequenzen der Spektrallinien:

$$\nu_{mn} = \frac{Z^2 \cdot e^4 \cdot m_e}{8 \cdot \varepsilon_0^2 \cdot h^3} \cdot \left(\frac{1}{n^2} - \frac{1}{m^2}\right) \qquad (38.11)$$

Der Vergleich dieses Resultats für Wasserstoff nach der Bohr'schen Theorie mit der empirisch gefundenen Beziehung von *J. Balmer*, für die im sichtbaren Bereich liegenden Spektrallinien, und vor allem mit der, von *J. Rydberg* ebenfalls aus spektroskopischem Untersuchungsmaterial abgeleiteten, für Wasserstoff allgemein gültigen so genannten *Rydbergformel*, zeigte völlige Übereinstimmung bezüglich der von *Bohr* eingeführten Hauptquantenzahl n. Die **Rydbergformel** lautet:

$$\nu_{mn} = R'_\infty \cdot \left(\frac{1}{n^2} - \frac{1}{m^2}\right) \quad (m > n, \text{ ganzzahlig})$$

wobei die so genannte *Rydbergfrequenz* $R'_\infty = R_\infty \cdot c$ für $Z=1$ identisch ist mit dem Faktor vor dem Klammerausdruck in (38.11) und den Zahlenwert

7

$R'_\infty \approx 3{,}2898 \cdot 10^{15}$ Hz hat. Die Spektroskopie bestätigte somit die Berechnung der Energieniveaus des Wasserstoffs nach der Bohr'schen Theorie.

Das tiefste Energieniveau, welches das äußerste Elektron (oder die äußersten Elektronen) eines Atomes einnehmen kann (bzw. können), ist der so genannte *Grundzustand*; beim Wasserstoff, als einem Einelektronensystem, ist dies der Term für $n=1$. Alle übrigen (höheren) Energieniveaus sind so genannte *angeregte Zustände*, in die ein Atomelektron unter Aufnahme von Energie (Anregungsenergie) durch das Atom gelangen kann (z. B. beim Wasserstoff die Zustände mit $n=2, 3, 4, \ldots$), d. h. die energiereicher als der Grundzustand sind. Das negative Vorzeichen in Gleichung (38.10) bedeutet,

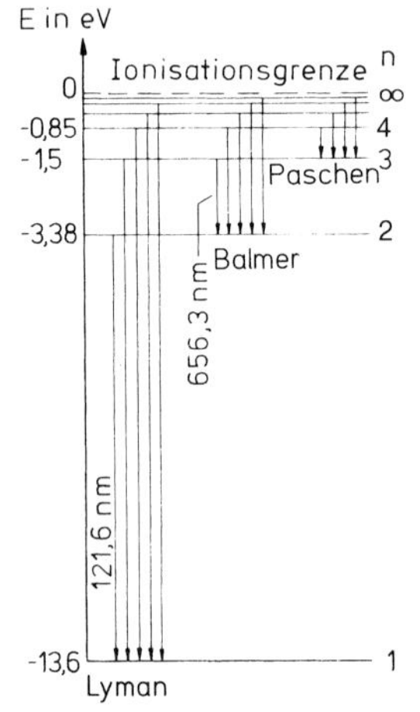

Abb. 38.5

dass es sich bei den möglichen Energiezuständen um gebundene Zustände handelt, d. h. es muss Arbeit aufgewendet werden, um Elektron und Kern zu trennen. Die in Abb. 38.5 angegebenen Energien E sind die Elektron-Bindungsenergien für das Wasserstoffatom. Jeder Hauptquantenzahl $n=1, 2, 3, 4, \ldots$ entspricht eine bestimmte Zustandsenergie $E_1, E_2, E_3, E_4, \ldots$ mit $E_1 < E_2 < E_3 < E_4$ etc. Mit $n=\infty$ ergibt sich aus Gleichung (38.10) für die Bindungsenergie $E_\infty = 0$. Mit E_∞ ist die *Ionisationsgrenze* erreicht; ab dieser Grenze ist das Elektron nicht mehr an den Atomkern gebunden. Die Loslösung eines Atomelektrons, das sich im Grundzustand befinden soll, aus der Bindung an den Kern erfolgt somit durch Aufnahme von *Ionisationsenergie* durch das Atom und es entsteht ein einfach (positiv) geladenes Ion des betreffenden Atoms. Im Beispiel des Wasserstoffatoms mit nur einem Elektron in der Atomhülle und einem Proton im Kern bedeutet die Zufuhr der Ionisationsenergie von 13,6 eV die Erzeugung eines H^+-Ions, des Protons p. Die Ionisationsenergie ist betragsmäßig gleich der Bindungsenergie des Atomelektrons an den Kern. Anstelle der (negativen) Bindungsenergie, wie z. B. in Abb. 38.5 für das Wasserstoffatom dargestellt, kann in einem Termschema als Energieskala auch die (positive) Anregungsenergie des Atomelektrons bezogen auf den Grundzustand (dessen Energie dann gleich null ist), aufgetragen werden.

Wie Abb. 38.5 zeigt, liegen die Energiezustände E_n gemäß Gleichung (38.10): $E_n \sim \frac{1}{n^2}$ desto dichter je größer die Hauptquantenzahl n wird, d. h. die Abstände der Niveaus konvergieren mit steigender Hauptquantenzahl n bis zur Ionisationsgrenze gegen null. In Abb. 38.5 sind außerdem einige Übergänge von drei Spektralserien im Spektrum des atomaren Wasserstoffs dargestellt. Ein nach unten weisender Pfeil zwischen zwei Niveaus repräsentiert in Übereinstimmung mit dem 3. Bohr'schen Postulat (38.6) die Emission eines Photons, dessen Frequenz der Beziehung (38.11) bzw. der Rydbergformel genügt. In der Abbildung ist jeweils der Wert der maximal auftretenden Wellenlänge (kleinste Frequenz) der Spektrallinien für zwei Serien mit angegeben. Für steigendes ganzzahliges $m > n$ ergeben sich die Lyman-Serie ($n=1$), die Balmer-Serie ($n=2$), die Paschen-Serie ($n=3$) usw., deren Spektrallinien im ultravioletten ($\lambda = 121{,}6 \ldots 91{,}2$ nm ($n=\infty$)), sichtbaren ($\lambda = 656{,}3 \ldots 364{,}6$ nm ($n=\infty$)) bzw. infraroten ($\lambda = 1875{,}1 \ldots 822{,}0$ nm ($n=\infty$)) Spektralbereich liegen.

§ 38.2.2 Das wellen- und quantenmechanische Atommodell

Trotz einer Reihe von Erfolgen ist die Bohr-Sommerfeld'sche Theorie, wie oben schon angedeutet, als nicht befriedigend zu betrachten. Die experimentellen Ergebnisse des Verhaltens von Atomen selbst mit einem einzigen Elektron (oder Außenelektron) in einem Magnetfeld können durch diese Theorie nicht richtig beschrieben werden, genauso wenig lässt sie sich auf Atome mit zwei oder mehr Elektronen weiterentwickeln. Erst die moderne Atommechanik, die von *E. Schrödinger* und *P. Dirac* entwickelte *Wellenmechanik* und die auf der Basis eines etwas anderen Formalismus von *W. Heisenberg*, *P. Jordan* und *M. Born* erarbeitete *Quantenmechanik*, brachten den großen Fortschritt in der Erkenntnis atomarer Vorgänge und erlaubte, die experimentell beobachtbaren Tatsachen richtig zu beschreiben.

Es ist hier nicht möglich, eine Darstellung der modernen Atomtheorie zu geben. Jedoch soll ein Aspekt erwähnt werden, der zu einer wichtigen Umdeutung der Grundvorstellungen der Bohr'schen Theorie führt bezüglich der ausgezeichneten Quantenbahnen der Elektronen im Atom. Fasst man nämlich das Elektron nach *de Broglie* als Materiewelle auf, mit einer Wellenlänge, gegeben durch die Beziehung (36.9), so ist eine **stationäre Bahn** dadurch ausgezeichnet, dass sich auf ihr eine **stehende Welle** ausbildet. Der Umfang der Bahn muss dann ein ganzzahliges Vielfaches der Wellenlänge des Elektrons sein, da sich die Elektronenwellen andernfalls infolge Interferenz auslöschen müssten, d. h. ein stationärer Zustand nicht möglich wäre. Für den Spezialfall einer Kreisbahn folgt aus dem 2. Bohr'schen Postulat (38.5):

$$m_e \cdot r_n \cdot v_n = n \cdot \hbar$$

oder

$$2\pi \cdot r_n \cdot m_e \cdot v_n = n \cdot h$$

Ersetzt man hierin den Impuls $p = m_e \cdot v_n$ des Elektrons auf der n-ten Bahn (Radius r_n) durch die *de Broglie Wellenlänge* λ gemäß Beziehung (36.9), so folgt:

$$2\pi \cdot r_n = n \cdot \lambda \qquad (38.12)$$

$(n = 1, 2, 3, \ldots)$.

An die Stelle des auf der Bahn umlaufenden Elektrons tritt eine geschlossene (stehende) Elektronenwelle (Abb. 38.6). Das Amplitudenquadrat der stehenden Elektronenwelle gibt die Wahrscheinlichkeitsverteilung der Elektronen im Atom an. Die Wahrscheinlichkeitsverteilungen ergeben sich als Lösungen (so genannte *Eigenfunktionen*) der *Schrödinger'schen* bzw. *Dirac'schen* Wellengleichung. Dabei enthalten die Eigenfunktionen der Schrödingergleichung drei *Quantenzahlen* (n, l, m_l, s. § 38.2.3) als Parameter (*Eigenwerte*), die unterschiedliche Elektronen-Zustände beschreiben. Eine weitere Eigenschaft des Elektrons, sein *Eigendrehimpuls* oder *Spin*, wird in der Schrödingergleichung nicht berücksichtigt, sondern erst in deren relativistischen Verallgemeinerung (z. B. nach *Dirac*). Das *wellenmechanische* oder *quantenmechanische Atommodell* setzt daher an die Stelle des klassischen *Bahnbegriffs* die (komplexe) Zustands- bzw. Wellenfunktion ψ des Elektrons, deren Eigenwerte – die **Quantenzahlen** – den Zustand des Atoms und die diesen Zustand charakterisierenden Größen eindeutig zu beschreiben gestatten.

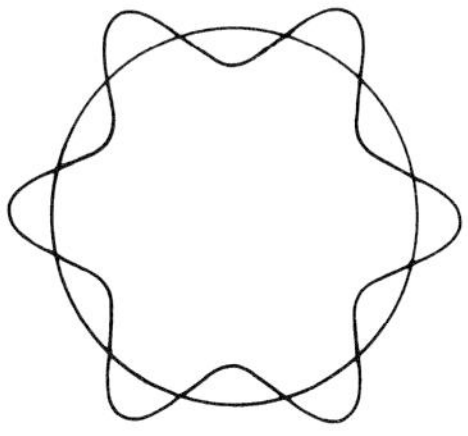

Abb. 38.6

Der Begriff der Elektronenbahn ist zur Beschreibung von Atomen nicht erforderlich. Atommodelle *müssen* ohne Bahnen auskommen, wie sich beispielsweise relativ einfach mithilfe der von *W. Heisenberg* 1927 formulierten *Unbestimmtheitsrelation* überlegen lässt. Für die Unschärfe Δx der Ortsbestimmung eines Teilchens und die Unbestimmtheit Δp_x des Impulses des Teilchens gilt nach der ***Heisenberg'schen Unbestimmtheits***- oder ***Unschärferelation***:

$$\Delta x \cdot \Delta p_x \geq \hbar \qquad (38.13)$$

Das Produkt aus Orts- und Impulsunschärfe ist immer mindestens gleich $\hbar$. Es ist nicht möglich, gleichzeitig Ort und Impuls eines Teilchens mit unbegrenzter Genauigkeit zu bestimmen, d. h. ist z. B. der Ort x exakt messbar, so bleibt der Impuls völlig unbestimmt und *vice versa*. Legt man beispielsweise das Elektron des Wasserstoffs auf den Bereich des Atoms fest, wählt also als Ortsunschärfe den Durchmesser der ersten Bohr'schen Bahn $\Delta x = 2a_0 = 106$ pm, so ist nach (38.13) die Unbestimmtheit des Impulses $\Delta p_x = \hbar/\Delta x \approx 1 \cdot 10^{-24}$ kg · m/s, woraus sich mit der Elektronenmasse $m_e = 9{,}1 \cdot 10^{-31}$ kg die Geschwindigkeitsunschärfe des auf der ersten Bohr'schen Bahn „umlaufenden" Elektrons zu $\Delta v_x = \Delta p_x/m = 1{,}1 \cdot 10^6$ m/s ergibt, die von gleicher Größenordnung wie die klassisch nach (38.7) zu berechnende Umlaufgeschwindigkeit des Elektrons ist. Wenn diese Vorstellung auch schwer fällt, es ist illusorisch davon zu sprechen, dass sich Atomelektronen auf irgendwelchen Bahnen bewegen: Im Mikrokosmos ist (auf Elektronen) die klassische Physik nicht anwendbar.

§ 38.2.3 Quantenzahlen

Bereits aus der genauen Analyse der Spektrallinien der Atome ergab sich zu deren Interpretation die Existenz der oben, in § 38.2.2, angesprochenen vier Quantenzahlen: die beim Wasserstoffatom schon eingeführte *Hauptquantenzahl n*, die *Bahndrehimpulsquantenzahl (oder Nebenquantenzahl) l*, die *magnetische Quantenzahl* m_l und die *Spinquantenzahl s*.

1. Die **Hauptquantenzahl *n*** ist eine ganze Zahl. Sie nimmt folgende Werte an:
$n = 1, 2, 3, 4, \ldots$ und bestimmt beim Wasserstoffatom die Eigenwerte der Energie (entsprechend der Bindungsenergie je nach Anregungszustand des Elektrons). Bei Mehrelektronenatomen gibt die Hauptquantenzahl die grobe Stufe der Energieniveaus (Termlage) an, die aber außerdem von den anderen Quantenzahlen abhängen.

Alle Elektronen mit gleicher Hauptquantenzahl bilden eine sog. „Elektronenschale", womit eine Gruppe von Zuständen gemeint ist, die energetisch dicht beieinander liegen. Diese Schalen werden z. B. im *„Periodischen System der Elemente"* in der Chemie auch mit den Buchstaben K, L, M, N, ... bezeichnet, mit folgender Zuordnung zu den Hauptquantenzahlen:

K ($n=1$), L ($n=2$), M ($n=3$), N ($n=4$) usw.

2. Die **Bahndrehimpuls-** oder **Nebenquantenzahl *l*** bestimmt den Betrag des gequantelten Bahndrehimpulses $\vec{L}$ eines Elektronenzustandes und kann folgende Werte annehmen:

$$l = 0, 1, 2, 3, \ldots, n-1.$$

Sie kennzeichnet die Bahnform und bedingt eine Aufspaltung der Energiezustände mit n (etwas) unterschiedlichen Energiewerten. Der Drehimpuls $|\vec{L}|$ des Elektrons auf diesen Bahnen ist nach der klassischen Theorie gegeben durch (Bohr'sches Postulat): $L = l \cdot \hbar$. (Die Quantenmechanik liefert für den Bahndrehimpuls L die exakte Beziehung:

$$L = \sqrt{l(l+1)} \cdot \hbar.$$

Alle Elektronen eines Zustandes mit gleicher Bahndrehimpulsquantenzahl l bilden eine so genannte Unterschale. In der Spektroskopie sind hierfür die folgenden Symbole eingeführt worden:

s ($l=0$), p ($l=1$), d ($l=2$), f ($l=3$) usw.

Man nennt diese auch s-, p-, d-, f-Terme bzw. die Elektronen mit $l=0$, 1, 2, 3 heißen s-, p-, d-, f-Elektronen.

3. Die **magnetische (Bahndrehimpuls-) Quantenzahl** $\boldsymbol{m_l}$ gibt die gequantelte räumliche Orientierung des Bahndrehimpulses (in klassischer Formulierung: die räumliche Einstellung einer Elektronenbahn) bezüglich einer physikalisch vorgegebenen Richtung (z. B. eines äußeren Feldes) an (*Richtungsquantelung*). Die Projektion des Bahndrehimpulses auf die vorgegebene Richtung kann insgesamt $(2l+1)$ Werte annehmen:

$$m_l = -l, \quad -l+1, \ldots, -1, 0, 1, \ldots, +l-1, \quad +l$$

Ein nach der klassischen Vorstellung umlaufendes Elektron stellt einen Ringstrom dar, dessen Magnetfeld (magnetisches Bahnmoment $\vec{\mu}_l$) z. B. mit einem äußeren Magnetfeld in Wechselwirkung treten kann. Dabei sind nur solche Raumlagen des Bahndrehimpulses $\vec{L}$ des Elektrons möglich, für die die Projektion von $\vec{L}$ auf die Richtung des Magnetfeldes eine ganze Zahl m_l ist.

4. Die **Spinquantenzahl *s*** kennzeichnet den Eigendrehimpuls der Elektronen. Die Spinquantenzahl hat für Elektronen den Wert: $s = \frac{1}{2}$. Der Spin eines Elektrons, der ebenfalls mit einem magnetischen Moment $\vec{\mu}_s$ verbunden ist, besitzt zwei Einstellmöglichkeiten bezüglich eines äußeren Magnetfeldes. Für die **magnetische Spinquantenzahl** $\boldsymbol{m_s}$ gilt damit: $m_s = \pm\frac{1}{2}$.

§ 38.2.4 Aufbau der Atomhülle und periodisches System der Elemente

Für den Aufbau der Elektronenhülle bei Atomen mit mehreren Elektronen ist das von *W. Pauli* 1925 als Erfahrungstatsache aufgestellte, aber auch aus der Quantenmechanik folgende **Pauli-Prinzip** von Bedeutung:

Ein Quantenzustand in einem Atom, der durch die Hauptquantenzahl n, Bahndrehimpulsquantenzahl l, magnetische Quantenzahl m_l und Spinquantenzahl m_s definiert ist, darf höchstens durch **ein** Elektron besetzt werden.

Demnach müssen sich alle Elektronen eines Atoms mindestens in einer der vier Quantenzahlen n, l, m_l und m_s unterscheiden. Damit ergibt sich eine höchstmögliche Elektronenzahl für die einzelnen Schalen. Sie beträgt: $2 \cdot n^2$, d.h. die K-Schale $(n=1)$ kann höchstens $2 \cdot 1^2 = 2$ Elektronen, die L-Schale $(n=2)$ $2 \cdot 2^2 = 8$ Elektronen und die M-Schale $(n=3)$ $2 \cdot 3^2 = 18$ Elektronen aufnehmen. In Tab. 38.1 sind die K-, L-, M-Schalen mit den möglichen Quantenzahlen und den maximalen Elektronenzahlen dargestellt.

Beim Aufbau der Elektronenhülle der Atome sind die Elektronen bestrebt, einen Zustand möglichst minimaler Energie (d.h. großer Bindungsenergie) einzunehmen. In einem Atom der Ordnungszahl Z nehmen die Elektronen die niedrigsten Energiezustände im Grundzustand ein. Besonders energiearm sind abgeschlossene Schalen oder Unterschalen mit acht Elektronen (bzw. für $n=1$ mit zwei Elektronen). Daher haben Atome mit abgeschlossenen äußeren Elektronenschalen große Ionisationsenergien, sind stabil und chemisch inert (wie z.B. die Edelgase). Daher bezeichnet man solche abgeschlossene Schalen bzw. Unterschalen auch als *Edelgaskonfiguration.* Ab der Hauptquantenzahl $n=3$ bleiben aus energetischen Gründen einige Unterzustände (3 d-Schale) zunächst un-

Tab. 38.1

Schale		Quantenzahlen n	l	m_l	m_s	maximale Elektronenzahl	
K	1 s	1	0	0	$\pm\frac{1}{2}$	2	
L	2 s	2	0	0	$\pm\frac{1}{2}$	2	8
	2 p		1	−1	$\pm\frac{1}{2}$	6	
				0	$\pm\frac{1}{2}$		
				+1	$\pm\frac{1}{2}$		
M	3 s	3	0	0	$\pm\frac{1}{2}$	2	18
	3 p		1	−1	$\pm\frac{1}{2}$	6	
				0	$\pm\frac{1}{2}$		
				+1	$\pm\frac{1}{2}$		
	3 d		2	−2	$\pm\frac{1}{2}$	10	
				−1	$\pm\frac{1}{2}$		
				0	$\pm\frac{1}{2}$		
				+1	$\pm\frac{1}{2}$		
				+2	$\pm\frac{1}{2}$		

7

Tab. 38.2

1	2	3	4	5	6	7	8	9	10	11	12	13	14	15	16	17	18
Ia	IIa	IIIb	IVb	Vb	VIb	VIIb	VIIIb			Ib	IIb	IIIa	IVa	Va	VIa	VIIa	VIIIa
1 **H** 1,00794	(Bemerkung: Gruppen-Notation neu, nach IUPAC:1- 18; alt: I–VIII)																**2** **He** 4,002602
3 **Li** 6,941	**4** **Be** 9,012182						Erläuterung: Protonenzahl (Ordnungszahl) → **63**; Symbol → **Eu**; Relative Atommasse → 151,965					**5** **B** 10,811	**6** **C** 12,0107	**7** **N** 14,00674	**8** **O** 15,9994	**9** **F** 18,998403	**10** **Ne** 20,1797
11 **Na** 22,989768	**12** **Mg** 24,3050	Übergangselemente										**13** **Al** 26,981539	**14** **Si** 28,0855	**15** **P** 30,973762	**16** **S** 32,066	**17** **Cl** 35,4527	**18** **Ar** 39,948
19 **K** 39,0983	**20** **Ca** 40,078	**21** **Sc** 44,955910	**22** **Ti** 47,867	**23** **V** 50,9415	**24** **Cr** 51,9961	**25** **Mn** 54,938049	**26** **Fe** 55,845	**27** **Co** 58,933200	**28** **Ni** 58,6934	**29** **Cu** 63,546	**30** **Zn** 65,39	**31** **Ga** 69,723	**32** **Ge** 72,61	**33** **As** 74,92160	**34** **Se** 78,96	**35** **Br** 79,904	**36** **Kr** 83,80
37 **Rb** 85,4678	**38** **Sr** 87,62	**39** **Y** 88,90585	**40** **Zr** 91,224	**41** **Nb** 92,90638	**42** **Mo** 95,94	**43** ***Tc*** (98)	**44** **Ru** 101,07	**45** **Rh** 102,90550	**46** **Pd** 106,42	**47** **Ag** 107,8682	**48** **Cd** 112,411	**49** **In** 114,818	**50** **Sn** 118,710	**51** **Sb** 121,760	**52** **Te** 127,60	**53** **I** 126,90447	**54** **Xe** 131,29
55 **Cs** 132,90545	**56** **Ba** 137,327	**57** **La** * 138,9055	**72** **Hf** 178,49	**73** **Ta** 180,9479	**74** **W** 138,84	**75** **Re** 186,207	**76** **Os** 190,23	**77** **Ir** 192,217	**78** **Pt** 195,078	**79** **Au** 196,96655	**80** **Hg** 200,59	**81** **Tl** 204,3833	**82** **Pb** 207,2	**83** **Bi** 208,98038	**84** ***Po*** (209)	**85** ***At*** (210)	**86** ***Rn*** (222)
87 ***Fr*** (223)	**88** ***Ra*** [226,0]	**89** * ***Ac*** * [227,028]	**104** ***Rf*** (261)	**105** ***Db*** (262)	**106** ***Sg*** (263)	**107** ***Bh*** (262)	**108** ***Hs*** (265)	**109** ***Mt*** (266)	**110** ***Ds*** (271)	**111** ***Rg*** (274)	**112** ***Cn*** (279)	**113** ***Uut*** (284)	**114** ***Uuq*** (287)	**115** ***Uup*** (290)	**116** ***Uuh*** (292)	**117** ***Uus***	**118** ***Uuo*** (294)

* **Lanthanoide**	**58** **Ce** 140,116	**59** **Pr** 140,90765	**60** **Nd** 144,24	**61** ***Pm*** (145)	**62** **Sm** 150,36	**63** **Eu** 151,965	**64** **Gd** 157,25	**65** **Tb** 158,92534	**66** **Dy** 162,50	**67** **Ho** 164,93032	**68** **Er** 167,26	**69** **Tm** 168,93421	**70** **Yb** 173,04	**71** **Lu** 174,967
* * **Actinoide**	**90** ***Th*** [232,0381]	**91** ***Pa*** [231,03588]	**92** ***U*** 238,0289	**93** ***Np*** [237,048]	**94** ***Pu*** (244)	**95** ***Am*** (243)	**96** ***Cm*** (247)	**97** ***Bk*** (247)	**98** ***Cf*** (251)	**99** ***Es*** (252)	**100** ***Fm*** (257)	**101** ***Md*** (258)	**102** ***No*** (259)	**103** ***Lr*** (262)

besetzt und werden erst bei höheren Protonenzahlen Z aufgefüllt (im Beispiel der $3\,d$-Schale in der 4. Periode).

Der Schalenaufbau der Elektronenhülle ist eng mit den chemischen Eigenschaften der Elemente verknüpft, denn die chemischen Eigenschaften der Atome werden durch die Elektronen der äußeren Schale, die **Valenzelektronen**, bestimmt. Dies zeigt sich beispielsweise auch im *„Periodischen System der Elemente"* (Tab. 38.2, s. auch die ausführlichere Darstellung auf der 3. Umschlagseite), dessen ursprüngliche Anordnung auf *L. Meyer* und *D. Mendelejew* zurückgeht. Hier sind die Elemente nach ansteigender Protonenzahl (Ordnungszahl) – und damit nach steigender Anzahl der Atomelektronen – so angeordnet, dass alle Elemente mit ähnlichen chemischen Eigenschaften in Gruppen untereinander stehen. Das „Periodische System der Elemente" enthält sieben *Perioden* (Zeilen) und acht *Gruppen* (Spalten), dazu einige *Nebengruppen*. Die erste Hauptgruppe (Gruppe I a) bilden die in ihrem chemischen Verhalten sehr ähnlichen *Alkalien* mit je einem Elektron in der äußersten Schale, die *Erdalkalien* mit je zwei Valenzelektronen die zweite Hauptgruppe II a oder die *Halogene* mit sieben Valenzelektronen die Gruppe VII a, und in Gruppe VIII a finden sich die *Edelgase*, welche acht Elektronen in der Valenzschale besitzen, abgesehen von Helium mit nur zwei Valenzelektronen, und die damit eine abgeschlossene Schale bzw. Unterschale aufweisen. Die Elemente der Hauptgruppe III a, die *Bor-Aluminium-Gruppe*, und die *Chalkogene* (Gruppe VI a) unterscheiden sich jeweils innerhalb ihrer Gruppe etwas stärker in ihren chemischen Eigenschaften. Die Nebengruppenelemente (Übergangselemente) haben aber noch eine gewisse Verwandtschaft zur jeweiligen Hauptgruppe. Alle Elemente mit den Protonenzahlen 57 bis 71, die *Lanthanoide* (*Seltene Erden*), müssen wegen ihres ähnlichen Verhaltens auf einen einzigen Platz gesetzt werden, ebenso wie alle *Actinoide* (Elemente mit den Protonenzahlen 89 bis 103).

Jede neue Periode beginnt mit einem Alkalimetall den Aufbau einer neuen Schale und beendet die Periode mit einem Edelgas. In ähnlicher Weise wie diese chemische Periodizität verhalten sich zahlreiche andere Eigenschaften der Elementatome, z. B. der Atomradius (bzw. das Atomvolumen) wie Abb. 38.3 zeigt, ebenso wie die Ionisationsenergie, die Schmelztemperatur, der thermische Ausdehnungskoeffizient usw., wie auch die Struktur der optischen Atomspektren, die eine konsequente Folge der Anzahl und Anordnung der Valenzelektronen (d. h. der durch ihre Quantenzahlen bestimmten Termlage) sind.

§ 38.2.5 Emission und Absorption elektromagnetischer Strahlung

Im Folgenden diskutieren wir kurz die Wechselwirkung elektromagnetischer Strahlung mit einer Anzahl von identischen Systemen, wie z. B. Atome, Ionen oder Moleküle, welche sich im thermodynamischen Gleichgewicht bei der Temperatur T befinden. Der Einfachheit halber beschränken wir uns auf die Betrachtung von nur zwei Energieniveaus von den gemäß der Quantenbedingungen energetisch möglichen der Systeme, den Grundzustand mit der Energie E_1 und einen angeregten Zustand der Energie $E_2 > E_1$; es handelt sich um ein sog. *Zweiniveau-System*. Das mit der Strahlung in Wechselwirkung befindliche System bestehe stets aus einer Vielzahl von Teilchen (Atomen,...). Wie viele dieser Teilchen sich nun jeweils in den beiden Energiezuständen befinden, ist durch die ***Boltzmann-Verteilung*** gegeben (s. auch § 14). Für das Verhältnis der Anzahl der Teilchen N_2, die sich im höheren Energiezustand befinden, zur Anzahl N_1 derer im Grundzustand gilt:

$$\frac{N_2}{N_1} = e^{-\frac{E_2 - E_1}{k \cdot T}} = e^{-\frac{\Delta E}{k \cdot T}} \qquad (38.14)$$

wobei die beiden Zustände als nicht entartet vorausgesetzt seien. Wegen $E_2 > E_1$ ist das Verhältnis N_2/N_1 stets kleiner als eins, d. h. im angeregten Zustand (höheres Energieniveau) sind immer weniger Atome als im Grundzustand (niedrigeres Energieniveau). Dies entspricht der allein durch thermische Anregung entsprechenden Niveaubesetzung. Die Besetzung der beiden Niveaus ist schematisch in Abb. 38.7 dargestellt. Es gibt nun drei mögliche Wechselwirkungsprozesse zwischen der elektromagnetischen Strahlung und den Systemen (wobei wir uns auf Zweiniveau-Systeme beschränken): die ***Absorption***, die ***spontane Emission*** und die ***stimulierte*** bzw. ***induzierte Emission***.

Absorption: Unter den gegebenen Besetzungsverhältnissen der Niveaus wird der vorherrschende Prozess unter dem Einfluss des Strahlungsfeldes die Absorption sein. Ein Atom, Ion

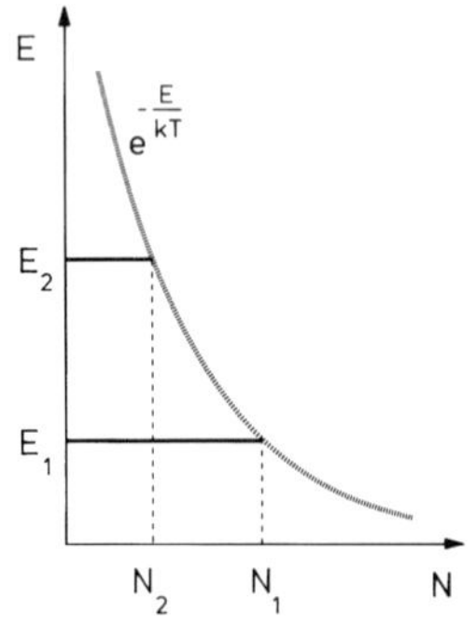

Abb. 38.7

oder Molekül, welches sich im tieferen Niveau E_1 befindet, kann durch Absorption eines Photons der Energie $h \cdot \nu = E_2 - E_1$ (gemäß Gleichung (38.6)) aus dem Strahlungsfeld in das angeregte Niveau E_2 gelangen (Abb. 38.8). Dies ist ein resonanter Prozess (die Photonenfrequenz stimmt mit der Übergangsfrequenz überein) und wird auch als ***induzierte Absorption*** bezeichnet, da die Übergangswahrscheinlichkeit vom tieferen Niveau E_1 ins höhere Niveau E_2 überzugehen, proportional zur Energiedichte des Strahlungsfeldes bei der Frequenz ν ist.

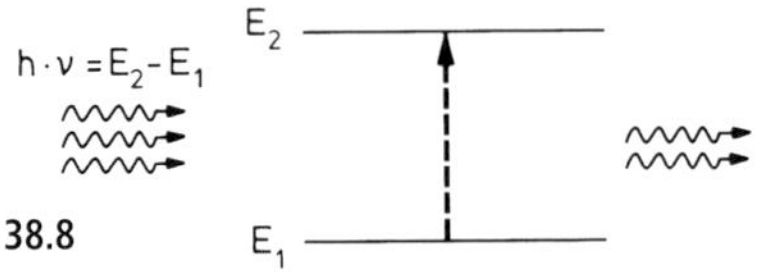

Abb. 38.8

In der modellhaften Betrachtung wird durch die Absorption eines Photons aus dem Strahlungsfeld ein Elektron aus dem tieferen Energieniveau, i. Allg. aus dem Grundzustand, in ein höheres Energieniveau angehoben.

Emission: Wie bereits in § 38.2.1 durch das 3. Bohr'sche Postulat formuliert, erfolgt die Emission eines Photons, wenn in der Modellbetrachtung ein Elektronenübergang aus einem Zustand höherer Energie zu einem Zustand geringerer Energie stattfindet, wobei sich die emittierte Photonenenergie nach Gleichung (38.6) berechnet. Als mögliche Emissionsvorgänge sind die spontane von der induzierten Emission zu unterscheiden:

a) Spontane Emission: Ein Teil der Atome, Ionen oder Moleküle befinde sich im höheren Energiezustand E_2. Nach einer mittleren Verweildauer, der sog. ***mittleren Lebensdauer*** τ_{sp} des angeregten Zustandes, kehren sie unabhängig von einem vorhandenen Strahlungsfeld und ohne jede äußere Einwirkung vom angeregten Zustand der Energie E_2 ***spontan*** in den Grundzustand der Energie E_1 zurück, wobei die Energiedifferenz zwischen den beiden Zuständen $\Delta E = E_2 - E_1 = h \cdot \nu$ als *Photon* der Frequenz ν *emittiert* werden kann (Abb. 38.9). Der Zeitpunkt der Emission, bzw. die Phase, Polarisations- und Emissionsrichtung der emittierten Photonen bei ***spontaner Emission*** sind voll-

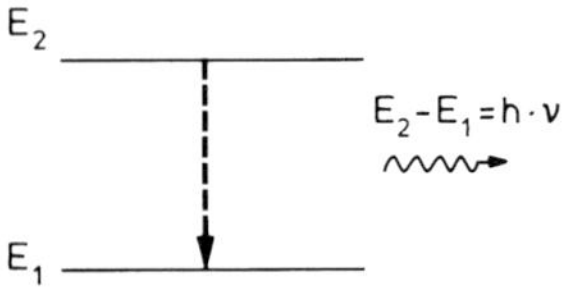

Abb. 38.9

kommen unabhängig voneinander und rein zufällig, d. h. ***statistisch***. Anders gesagt, die aufgrund spontaner Emission emittierte Strahlung ist überwiegend ***inkohärent*** (s. § 31.3.2). Erwähnt werden sollte auch, dass spontane Übergänge nur von höher zu tiefer liegenden Energieniveaus erfolgen können, nie umgekehrt.

Die mittlere Lebensdauer τ_{sp} angeregter Zustände für spontane Emission liegt in der Größenordnung von $\tau \approx 10^{-8}$ s (für Photonen im sichtbaren Spektralbereich), abgesehen von längerlebigen, z. B. *metastabilen Zuständen*, die beim Lasereffekt eine große Rolle spielen.

b) Induzierte oder **stimulierte Emission:** Das Atom, Ion oder Molekül befinde sich wieder in seinem höheren Energieniveau E_2 und gleichzeitig unter der Einwirkung des äußeren Strahlungsfeldes, so kann es vom Niveau der Energie E_2 in das Niveau geringerer Energie E_1 übergehen unter ***induzierter*** oder ***stimulierter***, durch das Strahlungsfeld ***erzwungener Emission*** eines Photons der Energie $\Delta E = E_2 - E_1 = h \cdot \nu$ (Abb. 38.10). Das durch das Strahlungsfeld induzierte emittierte Photon hat außer der gleichen Energie, dieselbe Richtung, Phase und Polarisation wie die stimulierenden Photonen; die erzeugte Strahlung ist ***kohärent*** (s. § 31.3.2). Die induzierte Emission, wie auch die induzierte Absorption, sind im Gegensatz zur spontanen Emission vom vorhandenen Strahlungsfeld abhängig und sind ***kohärente Prozesse***. Stimulierte Emission verstärkt das Strahlungsfeld, eine für das Funktionsprinzip von Lasern wesentliche Eigenschaft (§ 41.1).

Für die Absorption bzw. Emission von Strahlung durch Atome und Ionen sind die Elektronen des äußersten Energiezustandes, die so genannten **Valenz**- oder **Leuchtelektronen**, verantwortlich. Die Frequenzen der absorbierten bzw. emittierten Strahlung liegen im ***ultravioletten***, ***sichtbaren*** und ***(nahen) infraroten Spektralbereich***. Es treten nur Übergänge zwischen den durch die Quantenzahlen bestimmten diskreten Energiezuständen der Atome bzw. Ionen auf, die – von einigen Ausnahmen abgesehen – bestimmten Auswahlregeln genügen. ***Atom***- und ***Ionenspektren*** sind grundsätzlich ***Linienspektren*** (s. § 42.1).

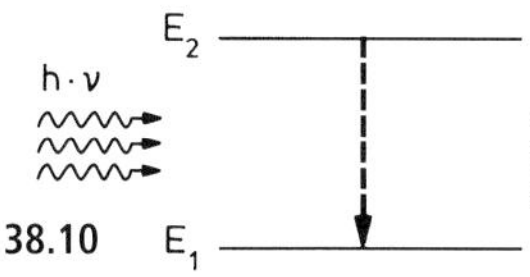

Abb. 38.10

Die Besetzung angeregter Energiezustände von Atomen bzw. Ionen kann außer durch Strahlungsabsorption auch durch andere Energiezufuhr erfolgen, sofern die zugeführten Energieportionen groß genug sind, wie beispielsweise durch thermische Anregung (etwa in der Flamme), mittels elektrischer Energie z. B. in Gasentladungen oder Funken und durch inelastische Stöße von Teilchen (z. B. Elektronenstoßanregung) etc. (s. auch § 41.1).

Bei Atomen mit größeren Ordnungszahlen Z können auch Übergänge zwischen inneren, kernnahen Energiezuständen stattfinden. Dabei werden Photonen höherer Quantenenergie absorbiert bzw. emittiert, deren Frequenzen im Bereich der ***Röntgenstrahlung*** liegen. Diese Strahlung bezeichnet man als **charakteristische Röntgenstrahlung**, da sie im Gegensatz zur Röntgenbremsstrahlung für jedes Element charakteristisch ist (Weiteres s. § 42.2).

§ 38.3 Der Atomkern

Die Streuexperimente von *Rutherford*, *Geiger* und *Marsden* mit α-Teilchen zeigten, dass die Atome einen Kern hoher Massendichte besitzen, der positive Ladungen enthält. Wie wir heute wissen – und von *Rutherford* bereits 1920 postuliert wurde – enthalten **Atomkerne**, auch **Nuklide** genannt, ***Protonen (p)*** und ***Neutronen (n)***, die man auch als ***Nukleonen*** bezeichnet. Die Anzahl der Protonen im Kern ist gleich der Anzahl der Elektronen in der Hülle. Da die Atome nach außen elektrisch neutral erscheinen, müssen die ***Protonen*** somit ***eine positive Elementarladung*** tragen:

$+e \approx +1{,}6 \cdot 10^{-19}\,\mathrm{C}.$

Die ***Neutronen*** sind ***elektrisch neutrale Teilchen***, sie tragen also *keine Ladung*. Die Ruhemasse der Nukleonen liegt in der Größenordnung der Atommassenkonstanten m_u und ist etwa 1836-mal größer als die Elektronenmasse: $m_\mathrm{p} \approx m_\mathrm{n} \approx 1836\,m_\mathrm{e}$, wobei das Neutron im Vergleich zum Proton eine um etwa 0,1 % größere Masse hat. Für die **Ruhemassen** der beiden Nukleonen erhält man:

Proton (p):

$$m_\mathrm{p} = (1{,}672\,621\,637 \pm 0{,}000\,000\,083) \cdot 10^{-27}\,\mathrm{kg} \approx 1{,}673 \cdot 10^{-27}\,\mathrm{kg}$$

Neutron (n):

$$m_\mathrm{n} = (1{,}674\,927\,211 \pm 0{,}000\,000\,084) \cdot 10^{-27}\,\mathrm{kg} \approx 1{,}675 \cdot 10^{-27}\,\mathrm{kg}$$

Die Anzahl der Protonen im Atomkern, die ***Protonenzahl*** oder ***Kernladungszahl***, wird mit dem Symbol **Z** abgekürzt und ist mit der ***Ordnungszahl*** im periodischen System der Elemente identisch. Die Anzahl der Neutronen heißt die ***Neutronenzahl*** und wird mit ***N*** bezeichnet. Die Gesamtzahl der Nukleonen im Atomkern, also die **Zahl der Protonen Z plus der Zahl der Neutronen *N***, gibt die ***Nukleonenzahl*** oder ***Massenzahl A*** an. Es gilt daher:

$$A = Z + N \qquad (38.15)$$

Für die Schreibweise zur Kennzeichnung eines Atomkerns eines chemischen Elementes ist vereinbart, dass die Protonenzahl Z links unten und die Nukleonenzahl A links oben vor dem chemischen Symbol angegeben wird. Man schreibt daher ein beliebiges chemisches Element **X** in abgekürzter Schreibweise als:

$${}^{A}_{Z}\mathbf{X}; \quad \text{z.B.} \quad {}^{4}_{2}\text{He}, \; {}^{120}_{50}\text{Sn}, \; {}^{1}_{1}\text{H} \quad \text{usw.}$$

dabei bedeutet ${}^{4}_{2}$He, dass es sich um das Edelgas Helium mit $A=4$ und $Z=2$ handelt, also um ein Atom mit je zwei Protonen und Neutronen im Kern; oder die Angabe ${}^{120}_{50}$Sn heißt, dass das Nuklid des Elementes Zinn 120 Nukleonen enthält, davon 50 Protonen und 70 Neutronen, und bei ${}^{1}_{1}$H handelt es sich um Wasserstoff, dessen Nuklid allein aus einem Proton besteht und diesem äquivalent ist. Unterschiedliche Nuklide unterscheiden sich in mindestens einer der Zahlen A, Z und N.

Die Streuversuche mit α-Teilchen hinreichend hoher Energie (§ 38.1) zeigten auch, dass die Atomkerne in guter Näherung als kugelförmig betrachtet werden können und es ergab sich für die Kernradien R_K die empirische Beziehung (38.4): $R_K \approx r_0 \cdot \sqrt[3]{A_r}$; dabei entspricht die Konstante $r_0 = (1{,}3 \pm 0{,}1) \cdot 10^{-15} \approx 1{,}3\,\text{fm}$ dem Radius eines Nukleons. Die Radien der Nuklide liegen daher in der Größenordnung von einem bis einigen Femtometern und sind im Vergleich zu den Atomdurchmessern etwa 10^5-mal kleiner, entsprechend sind die Kernvolumina 10^{15}-mal kleiner als die Atomvolumina. Demzufolge ist die Massendichte ϱ_K der Kerne sehr hoch und für alle Kerne nahezu konstant: Das Kernvolumen $(\sim R_K^3)$ steigt nach (38.4) proportional zur Nukleonenzahl $A = A_r$ an, somit erhält man für die Massendichte des Kerns:

$$\varrho_K \approx \frac{A \cdot m_u}{\frac{4}{3}\pi \cdot R_K^3} = \frac{1{,}66 \cdot 10^{-27}}{\frac{4}{3}\pi \cdot r_0^3}\,\text{kg} \approx 10^{17}\,\frac{\text{kg}}{\text{m}^3} \tag{38.16}$$

Die Dichte der Kerne ist also etwa um einen Faktor 10^{14} größer als die Dichte fester Stoffe.

Um den Kern mit der in ihm konzentrierten Masse und Ladung zusammenzuhalten, bedarf es starker anziehender Kräfte, die völlig neuer Art sein müssen (sog. *starke Wechselwirkung*). Die anziehenden Kernkräfte, welche die Protonen und Neutronen auf einem relativ kleinen Volumen zusammenhalten, sind größer als die zwischen den (positiv geladenen) Protonen wirkenden abstoßenden Coulomb-Kräfte. Experimentelle Untersuchungen haben gezeigt, dass diese *starke Wechselwirkungskraft* für alle Paare von Kernbausteinen die Gleiche ist, unabhängig davon, ob es sich um Protonen oder Neutronen handelt und nur eine kurze Reichweite besitzt. In einem Abstand von etwa $r >$ 0,7 fm sind z. B. die Kernkräfte zwischen zwei Protonen um mehr als einen Faktor 100 größer als die Coulomb-Wechselwirkung. Ab einem kritischen Wert der Nukleonabstände (ca. ab $r \geq 2$ fm) werden die Kernkräfte jedoch wirkungslos. Die anziehende Kernkraft eines Nukleons kann daher, abgesehen von den kleinsten Kernen, nicht auf alle anderen Nukleonen des Kerns wirken, sondern nur auf den nächsten Nachbarn. Dagegen übt jedes Proton auf alle anderen Protonen des Kerns eine abstoßende Coulomb-Kraft aus, infolge ihrer im Vergleich zur Kernkraft großen Reichweite. Die Kernkräfte wirken für Abstände $r <$ 0,7 fm abstoßend, d. h. sie halten die Nukleonen in entsprechenden Abständen, in Einklang mit der von der Nukleonenzahl nahezu unabhängigen Massendichte des Kerns).

Die Natur der Kernkraft, der *starken Wechselwirkung*, lässt sich mit Hilfe bestimmter Austauschteilchen, der Pionen (π^+-Mesonen), zwischen den Nukleonen beschreiben, welche wiederum auf das grundlegendere Konzept eines Austauschs von *Quarks* und *Gluonen* zurückführbar ist, denn auch die Nukleonen (Proton und Neutron) setzen sich aus anderen Teilchen, den *Quarks*, zusammen. Eine eingehende Beschreibung würde jedoch den Rahmen dieser Darstellung überschreiten.

Protonen und Neutronen haben wie die Elektronen einen Eigendrehimpuls (Spin) der Größe $\frac{1}{2}\hbar$ (s. Tab. 38.3) und aufgrund von Bahnbewegungen der Nukleonen im Atomkern auch einen Bahndrehimpuls. Sie koppeln ihre Spins und ihre Bahndrehimpulse zum resultierenden mechanischen Gesamtdrehimpuls, dem *Kernspin* $\vec{I}$, der wie der Drehimpuls der Elektronenhülle gequantelt ist. Dabei ist die zugehörige Quantenzahl I, die den Betrag des Kernspins $|\vec{I}| = \sqrt{I \cdot (I+1)}$ kennzeichnet, ganz- oder halbzahlig, je nachdem Kerne mit gerader oder ungerader Nukleonenzahl A vorliegen (da Bahndrehimpulse stets ganzzahlig sind). Kerne mit gerader Anzahl von Protonen und Neutronen (sog. (g, g)-Kerne) haben die Kernspinquantenzahl $I=0$, das bedeutet, dass die Spins der Nukleonen paarweise antiparallel angeordnet sind. Mit dem Drehimpuls des Kerns ist auch ein magnetisches Dipolmoment $\vec{\mu}_I$ verbunden, das dem Drehimpuls proportional ist: $\vec{\mu}_I = \gamma \cdot \vec{I}$, wobei man die Proportionalitätskonstante γ als das gyromagnetische Verhältnis bezeichnet. Das magnetische Kernmoment ist wesentlich kleiner als das magnetische Moment der Atomhülle, da auch das magnetische Moment des einzelnen Nukleons wesentlich kleiner als das des Elektrons ist.

§ 38.3.1 Isotope Nuklide

Unter **isotopen Nukliden** versteht man Kerne mit **gleicher Protonen-** bzw. **Ordnungszahl *Z***, aber **verschiedener Neutronenzahl *N*** und damit auch **verschiedener Nukleonen-** bzw. **Massenzahl *A***. Isotope sind mit chemischen Methoden nicht voneinander zu trennen, da isotope Nuklide die gleiche Elektronenhülle besitzen. Die meisten Elemente besitzen mehrere stabile Isotope. Die in der Natur vorkommenden Elemente sind also Gemische von Isotopen. Deshalb weichen z. B. die im periodischen System der Elemente (Tab. 38.2) angegebenen relativen Atommassen, als Mittelwerte über die natürliche Isotopenzusammensetzung, oft von der Ganzzahligkeit relativ stark ab.

Beispiele einiger Isotope:

Wasserstoff:

$$^{1}_{1}\mathrm{H};\ ^{2}_{1}\mathrm{H}\ (\mathrm{D: Deuterium});\ \underbrace{^{3}_{1}\mathrm{H}\ (\mathrm{T: Tritium})}_{\text{instabil}}$$

Helium:

$$^{3}_{2}\mathrm{He};\ ^{4}_{2}\mathrm{He};\ \underbrace{^{6}_{2}\mathrm{He};\ ^{8}_{2}\mathrm{He}}_{\text{instabil}}$$

Kohlenstoff:

$$^{12}_{6}\mathrm{C};\ ^{13}_{6}\mathrm{C};\ \underbrace{^{14}_{6}\mathrm{C};\ ^{15}_{6}\mathrm{C};\ ^{16}_{6}\mathrm{C}}_{\text{instabil}}$$

Stickstoff:

$$\underbrace{^{12}_{7}\mathrm{N};\ ^{13}_{7}\mathrm{N};}_{\text{instabil}}\ ^{14}_{7}\mathrm{N};\ ^{15}_{7}\mathrm{N};\ \underbrace{^{16}_{7}\mathrm{N};\ ^{17}_{7}\mathrm{N};\ ^{18}_{7}\mathrm{N}}_{\text{instabil}}$$

Sauerstoff:

$$^{16}_{8}\mathrm{O};\ ^{17}_{8}\mathrm{O};\ ^{18}_{8}\mathrm{O}$$

Phosphor:

$$\underbrace{^{29}_{15}\mathrm{P};\ ^{30}_{15}\mathrm{P};}_{\text{instabil}}\ ^{31}_{15}\mathrm{P};\ \underbrace{^{32}_{15}\mathrm{P};\ ^{33}_{15}\mathrm{P}}_{\text{instabil}}$$

Kalium:

$$^{39}_{19}\mathrm{K};\ \underbrace{^{40}_{19}\mathrm{K};}_{\text{instabil}}\ ^{41}_{19}\mathrm{K};\ \underbrace{^{42}_{19}\mathrm{K};\ ^{43}_{19}\mathrm{K}}_{\text{instabil}}$$

Cobalt:

$$\underbrace{^{55}_{27}\mathrm{Co};\ ^{56}_{27}\mathrm{Co};\ ^{57}_{27}\mathrm{Co};\ ^{58}_{27}\mathrm{Co};}_{\text{instabil}}\ ^{59}_{27}\mathrm{Co};\ \underbrace{^{60}_{27}\mathrm{Co};\ ^{61}_{27}\mathrm{Co}}_{\text{instabil}}$$

Iod:

$$\underbrace{^{121}_{53}\mathrm{I};\ ^{123}_{53}\mathrm{I};\ ^{124}_{53}\mathrm{I};\ ^{125}_{53}\mathrm{I};\ ^{126}_{53}\mathrm{I};}_{\text{instabil}}\ ^{127}_{53}\mathrm{I};\ \underbrace{^{129}_{53}\mathrm{I};\ ^{131}_{53}\mathrm{I};\ ^{132}_{53}\mathrm{I};\ ^{135}_{53}\mathrm{I}}_{\text{instabil}}$$

Caesium:

$$\underbrace{^{127}_{55}\mathrm{Cs};\ ^{129}_{55}\mathrm{Cs};\ ^{131}_{55}\mathrm{Cs};\ ^{132}_{55}\mathrm{Cs};}_{\text{instabil}}\ ^{133}_{55}\mathrm{Cs};$$

$$\underbrace{^{134}_{55}\mathrm{Cs};\ ^{135}_{55}\mathrm{Cs};\ ^{136}_{55}\mathrm{Cs};\ ^{137}_{55}\mathrm{Cs}}_{\text{instabil}}$$

Thorium:

$$\underbrace{^{227}_{90}\mathrm{Th};\ ^{228}_{90}\mathrm{Th};\ ^{229}_{90}\mathrm{Th};\ ^{230}_{90}\mathrm{Th};\ ^{231}_{90}\mathrm{Th};\ ^{232}_{90}\mathrm{Th};\ ^{234}_{90}\mathrm{Th}}_{\text{instabil}}$$

Uran:

$$\underbrace{^{230}_{92}\mathrm{U};\ ^{231}_{92}\mathrm{U};\ ^{232}_{92}\mathrm{U};\ ^{233}_{92}\mathrm{U};\ ^{234}_{92}\mathrm{U};}_{\text{instabil}}$$

$$\underbrace{^{235}_{92}\mathrm{U};\ ^{236}_{92}\mathrm{U};\ ^{237}_{92}\mathrm{U};\ ^{238}_{92}\mathrm{U};\ ^{240}_{92}\mathrm{U}}_{\text{instabil}}$$

Die als „instabil" bezeichneten Isotope sind Radionuklide mit unterschiedlichen radioaktiven Zerfallsarten. Davon sind einige so genannte primordiale Kerne, d. h. solche Kerne, die bei der Bildung der irdischen Materie entstanden und infolge ihrer großen Halbwertszeit (s. § 40) heute noch vorhanden sind, wie z. B. $^{40}_{19}\mathrm{K}$, $^{232}_{90}\mathrm{Th}$, $^{235}_{92}\mathrm{U}$, $^{238}_{92}\mathrm{U}$ (s. auch Tab. 40.1). Alle anderen genannten Isotope sind stabil.

§ 38.3.2 Bindungsenergien

Moderne Massenspektrographen bzw. Massenspektrometer (Prinzipaufbau s. Abb. 26.22 in § 26.3.3) ermöglichen die Atommassen der verschiedenen Elemente mit großer Genauigkeit zu ermitteln. Relative Atommassen einzelner Nuklide lassen sich mit einer relativen Genauigkeit $\frac{\Delta m}{m} \approx 10^{-8}$ nachweisen. Außer von stabilen Kernen können auch die Massen instabilere Kerne (über Zerfalls- und Reaktionsdaten) indirekt massenspektrometrisch erschlossen werden.

Die Eigenschaften der Kernbausteine Proton und Neutron sind ebenfalls mit großer Genauigkeit gemessen worden, wobei die Masse des Neutrons indirekt bestimmt werden muss, da es elektrisch neutral ist und damit nicht direkt massenspektroskopisch bestimmt werden kann. In Tab. 38.3 sind einige Eigenschaften der beiden Nukleonen zusammengestellt und zum Vergleich die entsprechenden Daten für das Elektron.

Das in Tab. 38.3 angegebene Energieäquivalent der Masse lässt sich mit Hilfe der so genannten **Masse-Energie-Äquivalenz** berechnen. Es gilt:

$$E = m \cdot c^2 \qquad (38.17)$$

Tab. 38.3

Teilchen	Proton	Neutron	Elektron
Masse m in kg	$1{,}673 \cdot 10^{-27}$	$1{,}675 \cdot 10^{-27}$	$9{,}11 \cdot 10^{-31}$
Energieäquivalent der Masse in MeV	938,27	939,57	0,511
Ladung/C	$+1{,}602 \cdot 10^{-19}$	0	$-1{,}602 \cdot 10^{-19}$
Spin $\hbar$	1/2	1/2	1/2

Dabei ist c die Lichtgeschwindigkeit im Vakuum.

Mit jeder Masse ist somit eine Energie verbunden und umgekehrt. Man kann eine Masse daher in „eV/c^2" oder durch ihr Energieäquivalent mit der Einheit „eV" angeben.

Vergleicht man die massenspektrometrischen Daten, so sieht man, dass die Masse eines Kernes der Nukleonenzahl $A = Z + N$ stets etwas kleiner ist als die Summe der Massen der N Neutronen und Z Protonen des Kerns. Dieser **Massendefekt** entspricht der **Bindungsenergie** $\boldsymbol{E_B}$, die bei der Vereinigung der einzelnen Nukleonen zu einem Kern freigesetzt wird. Umgekehrt formuliert ist der Massendefekt derjenigen Energie äquivalent, die zur Zerlegung des Kerns in seine einzelnen Nukleonen erforderlich ist; dabei müssen die Nukleonen räumlich so weit voneinander getrennt werden, dass sich keines mehr innerhalb der Reichweite ($\lesssim 2 \cdot 10^{-15}$ m) der Kernkräfte eines anderen befindet. Besonders groß ist z. B. der Massendefekt des $^4_2$He-Kerns, wenn man seine Masse mit der Summe der Massen der vier Nukleonen vergleicht, aus denen er sich zusammensetzt. Zwei Protonen und zwei Neutronen, die den $^4_2$He-Kern bilden, haben eine Gesamtmasse von $6{,}695 \cdot 10^{-27}$ kg; dazu kommen zwei Hüllenelektronen, sodass die Gesamtmasse des $^4_2$He-Atoms $6{,}697 \cdot 10^{-27}$ kg betragen würde. Massenspektrometrisch findet man jedoch nur $6{,}647 \cdot 10^{-27}$ kg, d. h. es tritt ein Massendefekt von $\Delta m \approx 5 \cdot 10^{-29}\mathrm{kg} \approx 27\,\mathrm{MeV}/c^2$ auf, dessen Energieäquivalent somit $\Delta E \approx 27$ MeV beträgt. Abb. 38.11 zeigt den Betrag der Bindungsenergie pro Nukleon E_B/A der Kerne als Funktion der Nukleonenzahl A. Im Bereich der leichten Kerne (gespreizte Skala bis $A = 30$) sind die Bindungsenergien groß für z. B. $^4_2$He, $^8_4$Be, $^{12}_6$C. Bei Nukleonenzahlen um $A \approx 60$ hat die Kurve der Abb. 38.11 ein Maximum und nimmt für größere A einen mittleren Wert von E_B/A zwischen 7,5 und 8,5 MeV an.

Durch Verschmelzung leichter Kerne **(Kernfusion)** lässt sich daher Energie gewinnen, wie auch durch Spaltung schwerer Kerne **(Kernspaltung)** (s. Abb. 38.11).

Die Energieproduktion im Innern von Sternen (z. B. der Sonne) beruht auf der Fusion von Wasserstoff zu Helium. Auch bei der Wasserstoffbombe (H-Bombe) läuft eine Fusionsreaktion ab (nach der Zündung durch eine Uranbombe).

Technische Bedeutung hat die Fusionsenergie infolge des nahezu unbegrenzten Brennstoffvorrates. Die Realisierung der kontrollierten Kernfusion hat in den letzten Jahren zwar deutliche Fortschritte gemacht, doch stellen u. a. die bei der Fusion auftretenden und auch dafür notwendigen großen Energien hohe technologische Anforderungen, die z. T. noch ungelöst sind.

Bei der technisch ausnutzbaren Kernspaltung erfolgt die Energiegewinnung durch Spalten von Kernen mit $A > 230$ in zwei näherungsweise gleich schwere Bruchstücke. Dabei wird etwa 1 MeV pro Nukleon an Bindungsenergie gewonnen, d. h. es werden rund 200 MeV Energie pro Spaltungsprozess frei, die sich auf die Spaltprodukte verteilen (s. § 40.3).

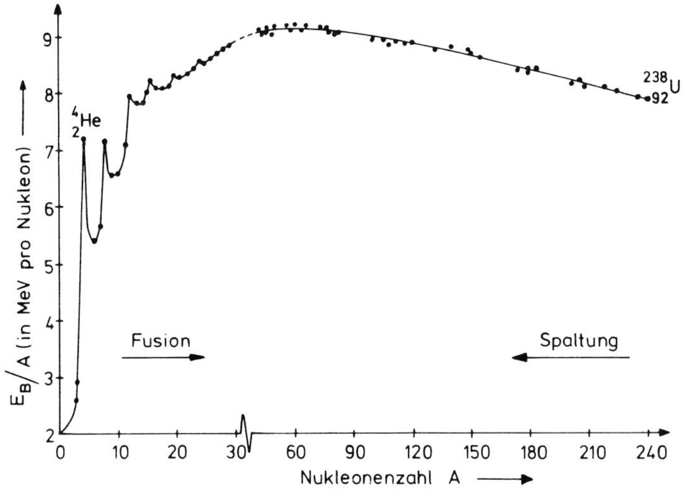

Abb. 38.11

§ 38.3.3 Kernmodelle

Zum Verständnis der diversen experimentellen Befunde bei der Untersuchung der Atomkerne, wie z. B. die ungefähr konstante Dichte der Nuklide oder die Bindungsenergie der Nukleonen, wurden verschiedene Kernmodelle entwickelt. Jedes gegenwärtig bekannte Modell ist auf seinen Anwendungsbereich beschränkt. Es werden hier zwei Modelle kurz angesprochen: das **Tröpfchenmodell** und das **Schalenmodell**.

Beim ***Tröpfchenmodell*** wird der Kern des Atoms wie ein Tropfen einer inkompressiblen Flüssigkeit betrachtet, der durch kurzreichweitige Kräfte zusammengehalten wird. Die Bindungsenergie E_B des Tropfens ergibt sich nach *v. Weizsäcker* als Summe aus fünf verschiedenen Beiträgen:

$$E_B = a_V \cdot A - a_S \cdot A^{\frac{2}{3}} - a_C \cdot Z^2 \cdot A^{-\frac{1}{3}} - a_A \cdot \frac{\left(Z - \frac{A}{2}\right)^2}{A} + \delta \qquad (38.18)$$

Die Einzelbeiträge bedeuten Folgendes:

$\boldsymbol{a_V \cdot A}$ ist die Kondensationsenergie, die freigesetzt wird, wenn sich die Nukleonen zum Kern vereinigen. Da A proportional zum Kernvolumen ist, wird dieser Hauptbeitrag zur Bindungsenergie auch *Volumenenergie* genannt.

$\boldsymbol{a_S \cdot A^{\frac{2}{3}}}$ ist ein bindungslockernder Beitrag, da die Nukleonen an der Oberfläche des Tropfens weniger stark gebunden sind. Diese Oberflächenenergie ist proportional zur Kernoberfläche.

$\boldsymbol{a_C \cdot Z^2 \cdot A^{-\frac{1}{3}}}$ stellt die so genannte *Coulomb-Energie* dar, die eine weitere Verringerung der Bindungsenergie infolge der abstoßenden Coulomb-Wechselwirkung zwischen den Protonen bedingt.

$\boldsymbol{a_A \cdot \frac{\left(Z - \frac{A}{2}\right)^2}{A}}$ trägt der Tatsache Rechnung, dass mit zunehmendem Neutronenüberschuss eine Verringerung der Bindungsenergie gegenüber symmetrisch gebauten Kernen eintritt. Kerne mit $Z = A/2$ sind am stabilsten. Der Beitrag heißt daher auch *Asymmetrieenergie*.

$\boldsymbol{\delta}$ steht für einen Beitrag, der als empirische Korrektur hinzugefügt werden muss und der nicht mit dem Tröpfchenmodell erklärbar ist. Es hat sich gezeigt, dass Kerne mit geradem Z und geradem N, sog. (g, g)-Kerne, eine hohe und Kerne mit Z und N ungerade, sog. (u, u)-Kerne, eine niedrige Bindungsenergie aufweisen. Dieser als *Paarungsenergie* bezeichnete Beitrag ergibt sich empirisch zu $\delta \approx \pm a_P \cdot A^{-\frac{1}{2}}$, wobei das „+" für (g, g)- und das „–" für (u, u)-Kerne gilt; es ist $\delta = 0$ für (u, g)- und (g, u)-Kerne.

Die Faktoren a_V, a_S, a_C, a_P werden durch Anpassung an experimentell bestimmte Kernmassen gewonnen. Ein Satz häufig benutzter Werte für diese Konstanten ist: $a_V = 15{,}56$ MeV; $a_S = 17{,}23$ MeV; $a_C = 0{,}72$ MeV; $a_A = 23{,}29$ MeV; $a_P = 12$ MeV.

Die Masse eines Atoms X der Nukleonenzahl A und Kernladungszahl Z lässt sich somit aus der Masse seiner Bausteine unter Berücksichtigung von deren Bindungsenergie gemäß (38.18) mit der durch *v. Weizsäcker* aufgestellten halbempirischen Formel berechnen.

$$m_{(^A_Z X)} = Z \cdot m_H + (A - Z)m_n - \frac{E_B}{c^2} \qquad (38.19)$$

Dabei ist m_n die Neutronenmasse und m_H die Masse des neutralen Wasserstoffatoms; die Masse der Elektronen wird also stets mitgezählt, wohingegen die Bindungsenergie der Elektronen infolge ihrer relativen Kleinheit i. Allg. vernachlässigt wird. Die *Weizsäcker'sche Massenformel* (38.19) ist für Nukleonenzahlen $A > 30$ anwendbar und gibt oberhalb $A = 40$ die Bindungsenergien auf ca. 1 % genau wieder.

***Schalenmodell*:** Hier macht man sich die Vorstellung, dass die energetische Struktur des Kerns (Energieniveaus der Nukleonen) derjenigen der energetischen Zustände der Elektronen in der Atomhülle ähnlich ist.

Die starke Wechselwirkung der Nukleonen und die geringe Reichweite dieser Wechselwirkung erlauben es, die Nukleonen so zu betrachten, als bewegten sie sich nahezu unabhängig voneinander, wobei sich jedes Nukleon A in einem effektiven Feld mit kugelsymmetrischer Potentialverteilung bewegt, welches von den restlichen $A - 1$ Nukleonen erzeugt wird. Die Nukleonen können sich hierbei in verschiedenen energetischen Zuständen befinden. Es existieren zwei Systeme von Nukleonen-Zuständen: das der Protonen und das der Neutronen, deren Niveaus unabhängig voneinander mit Nukleonen aufgefüllt werden. Jedes Nukleon ist in seinem energetischen Zustand durch einen bestimmten **Bahndrehimpuls** charakterisiert, der mit dem **Eigendrehimpuls (Spin)** des Nukleons (s. Tab. 38.3) stark gekoppelt ist. Die Besetzung der Niveaus erfolgt gemäß dem Pauli-Prinzip. Ein Kern im Grundzustand hat alle unteren Niveaus aufgefüllt.

Kerne mit abgeschlossenen Nukleonenschalen sollten erhöhte Stabilität besitzen. Tatsächlich gibt es natürlich vorkommende Kerne mit energetisch besonders bevorzugten Protonen- bzw. Neutronenzuständen, die im Vergleich zu den ihnen benachbarten Kernen am stabilsten sind. Diese sind die Kerne mit so genannten **magischen Zahlen**, d. h. jeweils mit Neutronenzahlen N oder Protonenzahlen Z gleich:

2, 8, 20, 28, 50, 82 und $N = 126$.

Kerne, bei denen sowohl N als auch Z magisch sind, werden als *doppelt magisch* bezeichnet (z. B. ^4_2He, $^{16}_8O$, $^{40}_{20}Ca$, $^{208}_{82}Pb$); sie zeichnen sich durch besondere Stabilität aus.

Das Schalenmodell ist bei leichten Kernen und bei Kernen, die sich im Grundzustand befinden, gut bestätigt. *Schalenmodell* und *Tröpfchenmodell* können als Grenzfälle eines *verallgemeinerten (kollektiven) Kernmodells* betrachtet werden, das weitere Eigenschaften der Kerne zu beschreiben ermöglicht.

§ 38.4 Die magnetische Kernresonanz

Die magnetische Kernresonanz, heute meistens NMR (**n**uclear **m**agnetic **r**esonance) genannt, wurde 1946 gleichzeitig von *F. Bloch* und *E. M. Purcell* nachgewiesen. Seit dieser Zeit hat sich die Kernresonanzspektroskopie stürmisch entwickelt und ist zu einer der wichtigsten Analysenmethoden der Physik kondensierter Materie, der Chemie, Biologie, Medizin etc. geworden. Nachdem festgestellt wurde, dass sich anomal verändertes biologisches Gewebe in den Kernrelaxationszeiten signifikant von normalem Vergleichsgewebe unterscheidet und außerdem Verfahren entwickelt wurden, die es ermöglichten, Kernresonanzdaten auch an ausgedehnten lebenden Objekten zu gewinnen, steigerte sich das Interesse an der Kernresonanz in der Biologie und in der Medizin enorm.

Die bildgebende Kernresonanz ermöglicht nicht nur morphologische Einzelheiten abzubilden, sondern auch den physiologischen Zustand des Gewebes und der Organe zu erfassen.

Grundlagen der NMR

Alle Atomkerne mit ungerader Protonen- und/oder Neutronenzahl weisen infolge des Spins ihrer Nukleonen einen resultierenden mechanischen Drehimpuls **(Kernspin I)** auf sowie ein damit gekoppeltes magnetisches Moment μ (s. auch § 38.3). Das magnetische Moment ist hier immer parallel zum Drehimpuls und es gilt:

$$\mu = \gamma \cdot \hbar \cdot I \qquad (38.20)$$

γ ist das gyromagnetische Verhältnis, das für jedes Isotop einen unterschiedlichen Wert besitzt. Die für diagnostische Zwecke wichtigen Isotope ^1_1H, $^{13}_6C$, $^{19}_9F$ und $^{31}_{15}P$ haben alle einen Kernspin $I = 1/2$, wobei der in der Natur am häufigsten vorkommende Wasserstoffkern (Proton) das größte magnetische Moment aufweist.

In einem feldfreien Raum sind alle Orientierungen der Kerndipole gleich wahrscheinlich. Bringt man eine Probe, deren Paramagnetismus allein von den Atomkernen geliefert wird (die Teilchen besitzen somit diamagnetische Elektronenhüllen), in ein äußeres statisches (homogenes) Magnetfeld der magnetischen Induktion $|\vec{B}_0|$ (erzeugt durch einen Widerstandsmagneten oder supraleitenden Magneten), so wirkt auf die Kerndipole ein Drehmoment, welches sie in Feldrichtung zu drehen sucht. Die atomaren Kreisel vollführen nach der klassischen Vorstellung eine Präzessionsbewegung um das $\vec{B}_0$-Feld (Feldrichtung definiert als z-Richtung) analog zu der eines mechanischen Kreisels im Erdfeld (s. §7.3) mit einer Präzessionsfrequenz, die durch die Larmorfrequenz nach (29.10) gegeben ist: $\omega_L = \gamma \cdot B_0$. (In einem Feld der magnetischen Induktion $B_0 = 1$ T beträgt die Larmorfrequenz für Protonen 42,573 MHz, für $^{13}_{6}$C-Kerne 10,705 MHz und für $^{31}_{15}$P-Kerne 17,238 MHz.) Nach einer gewissen Zeit, der sog. **longitudinalen** oder **Spin-Gitter-Relaxationszeit T_1** hat sich eine Gleichgewichtsmagnetisierung (Längsmagnetisierung) eingestellt.

Betrachten wir als Beispiel Protonen, so sind für sie, nach den Gesetzen der Quantenmechanik wegen des halbzahligen Kernspins nur zwei Einstellmöglichkeiten der magnetischen Momente im äußeren Feld $\vec{B}_0$ möglich (Abb. 38.12). Die beiden Orientierungen der Kernmomente besitzen unterschiedliche Energien, deren Differenz $\Delta E = \hbar \cdot \gamma \cdot B_0$ proportional zu B_0 ist. Durch Zufuhr dieser Energie gehen die magnetischen Momente vom Zustand niederer Energie (magnetisches Moment parallel zu $\vec{B}_0$) in den höherer Energie (antiparallel zu $\vec{B}_0$) über.

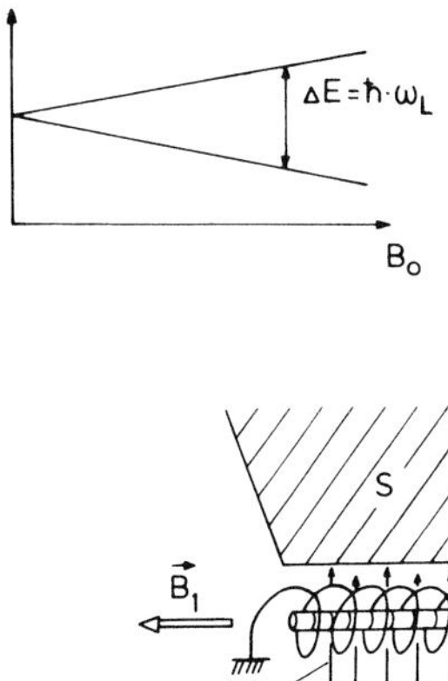

Abb. 38.12

Anders ausgedrückt, der Präzessionskegel der Kerndipole, dessen Projektion der Rotationsachse auf die z-Richtung parallel zum Feld ist, klappt in die dazu antiparallele Stellung. Solche Übergänge können experimentell mittels eines zusätzlichen Magnetfeldes der magnetischen Induktion $\vec{B}_1$ $(B_1 \ll B_0)$ erzeugt werden, das senkrecht zur Richtung von $\vec{B}_0$ ausgerichtet ist. Für den Fall, dass die Frequenz ω des **magnetischen Wechselfeldes $\vec{B}_1$** mit der Larmorfrequenz ω_L übereinstimmt, tritt Energieabsorption auf. Dies kann erreicht werden, indem die Frequenz ω bei fest vorgegebenem Feld $\vec{B}_0$ durchgestimmt oder, bei konstanter Frequenz, das Magnetfeld verändert wird, bis Resonanz für $\omega = \omega_L$ eintritt. Die Änderung der Kernmagnetisierung kann durch die in einer senkrecht zu $\vec{B}_0$ und $\vec{B}_1$ stehenden Empfängerspule induzierten Spannung registriert werden oder es wird die Widerstandsänderung gemessen, die im Resonanzfalle in der das $\vec{B}_1$-Feld erzeugenden Spule auftritt, welche somit als Sende- und Empfängerspule dient (Abb. 38.13).

Je nach Art der Anregung unterscheidet man zwischen kontinuierlicher Kernresonanz (Prinzip wie oben beschrieben) und gepulster Kernresonanz (Abb. 38.13), dem heute überwiegend angewandten Verfahren. Hierbei wird das Gleichgewicht der Kernmagnetisierung der Atome durch einen Hochfrequenzimpuls (HF-

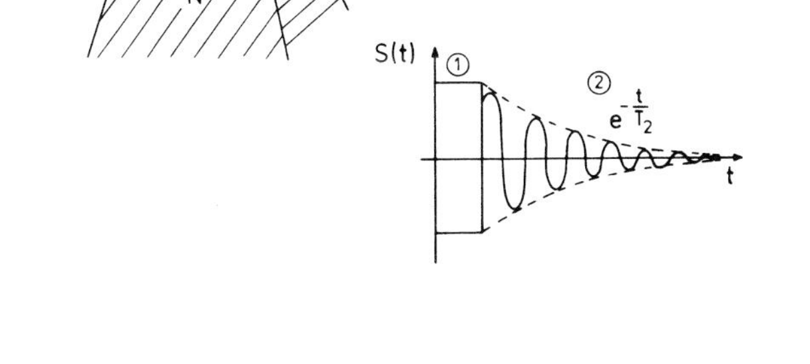

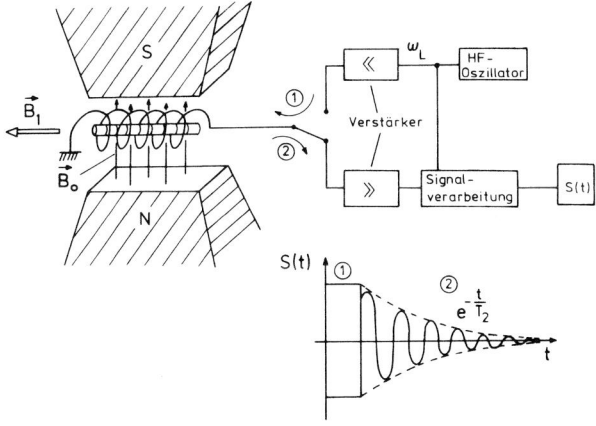

Abb. 38.13

7

Impuls) gestört, dessen Frequenz mit der der Larmorpräzession übereinstimmt.

Dadurch wird der Präzessionskegel der Kernmagnete aus seiner ursprünglichen Richtung herausgedreht, wobei der sich einstellende Winkel zwischen Kernmagnetisierung und $\vec{B}_0$-Feld von der Stärke des $\vec{B}_1$-Feldes und der Impulsdauer abhängt. Ein sog. 90°-HF-Puls ist so gewählt, dass die Längsmagnetisierung (in z-Richtung) um 90° in die zur z-Richtung senkrechte Ebene gedreht wird. Nach dem Abschalten des Pulses präzediert die Kernmagnetisierung als Quermagnetisierung „frei" um die z-Achse und induziert in der Empfängerspule eine Spannung, deren Amplitude proportional der Anzahl der präzedierenden Kerne ist.

Das Signal $S(t)$ klingt unter idealen experimentellen Bedingungen mit einer Zeitkonstanten T_2 ab, der sog. **transversalen** oder **Spin-Spin-Relaxationszeit** (in Abb. 38.13 schematisch mit angegeben). Dieses Abklingen, der sog. freie Induktionsabfall (FID: **f**ree **i**nduction **d**ecay), kann auf den Verlust der Gleichphasigkeit der präzedierenden Kernmomente („Auffächern") aufgrund der Spin-Spin-Wechselwirkung zurückgeführt werden. Legt man eine bestimmte Zeit τ nach dem 90°-Impuls einen 180°-Impuls an, dann werden alle Richtungen der Kernspins invertiert. Die vorher auseinander laufenden Spinrichtungen laufen nun aufeinander zu und erzeugen in der Empfängerspule ein Signal, das sog. **Spin-Echo**. Anstelle des zeitlichen Signalverlaufs kann mit Hilfe der Fouriertransformation auch das Frequenzspektrum (z. B. als Absorptionssignal) dargestellt werden.

Die Relaxationszeiten T_1 und T_2 liegen bei niederviskosen Flüssigkeiten (z. B. reinem Wasser) in der Größenordnung von Sekunden. In den meisten Substanzen, vor allem auch in Festkörpern, wird $T_2 < T_1$. In vitro- und in vivo-Untersuchungen an biologischem Gewebe haben gezeigt, dass die Relaxationszeiten gewebespezifisch sind und daher ggf. zur Klassifizierung verwendet werden können. Tumoröses Gewebe z. B. weist um 10 bis 50 % höhere Relaxationszeiten auf als das umgebende gesunde Gewebe.

Tab. 38.4 zeigt einige typische Relaxationszeiten für Protonen bei 15 MHz.

Tab. 38.4

Protonen in	T_1 in ms	T_2 in ms
reinem Wasser	3000	2000
an Zellstrukturen angelagertem Wasser	ca. 200	ca. 20
organischen Molekülen	ca. 100	< 2
Hirnmasse	900	60
Muskelgewebe	700	30
Fettgewebe	300	50

Kernspin- oder Magnetresonanz-Tomographie (MRT)

Untersuchte man ein biologisches Objekt, z. B. den menschlichen Kopf, mittels magnetischer Kernresonanz wie oben beschrieben, so würden z. B. durch den 90°-Impuls alle Protonen des Objektes angeregt. Das registrierte Signal wäre ein räumlicher Mittelwert über das Probenvolumen von nicht unterscheidbaren Teilsignalen. Eine solche Untersuchung wird aber erst sinnvoll, wenn das gemessene Signal dem Ort seiner Entstehung zugeordnet werden kann. Solche ortsabhängig aus den verschiedenen Teilbereichen eines Objektes gewonnenen Kernresonanzsignale lassen sich dann durch eine geeignete Bild gebende Methode in einzelne Bildelemente (sog. Pixels) umsetzen, aus denen sich das Gesamtbild aufbaut. Fast allen Abbildungsverfahren ist die Einführung von magnetischen Zusatzfeldern, sog. Gradientenfeldern gemeinsam. Die Zusatzfelder sind klein gegen das statische homogene Magnetfeld B_0 und werden durch drei unabhängige Spulensysteme (für jede Koordinatenrichtung eines) erzeugt. Die Feldzunahme erfolgt gleichmäßig von der einen zur anderen Seite (linearer Feldgradient).

Wird nun gleichzeitig ein Gradientenfeld eingeschaltet, währenddessen ein 90°-HF-Puls auf das Objekt einwirkt, so sind z. B. nur Protonen in der Nähe der Schichtmitte in Resonanz mit der eingestrahlten Frequenz ω_L (s. Abb. 38.14, schraffierter Bereich des zunächst einfachheitshalber als zweidimensional angenommenen „Objektes"); außerhalb der Schicht ist die Resonanzfrequenz verschoben. Damit ist eine selektive Anregung möglich. Das Kernresonanzspektrum nach dem 90°-Impuls ist proportional zur Dichte der Protonen im Objektbe-

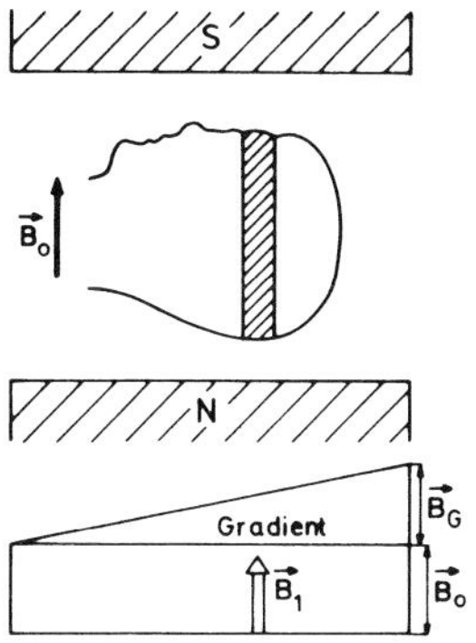

Abb. 38.14

reich und stellt die Projektion dieser Kernspindichte senkrecht auf die Richtung des Feldgradienten dar. Durch Aufnahme vieler Projektionen auf Feldgradienten in unterschiedlich gedrehte Richtungen und Überlagerung der Spektren erfolgt der Aufbau eines Bildes. Um dreidimensionale Objekte abzubilden, wird während des HF-Pulses ein zusätzlicher Feldgradient senkrecht zur abbildenden Schicht eingeschaltet, wodurch eine weitere Selektion der Kerne in dieser Richtung erfolgt. Auch hier werden wieder Projektionen aus unterschiedlichen Richtungen aufgenommen (ähnlich Abb. 36.14). Die digitalisierten Signale werden im Computer verarbeitet und zu einem Bild zusammengesetzt, wobei die Signalhöhe den Grauwert des einzelnen Bildpunktes bestimmt.

Anwendungen: Die MRT erlaubt Untersuchungen des Kopfes sowie innerer Organe wie Leber, Niere, Galle und Pankreas (mit Kontrastmittel). Bei Untersuchungen des Herzens können z. B. Gewebeveränderungen infolge von Infarkten wiedergegeben werden. Ebenso sind unblutige Messungen der Blutflussgeschwindigkeit möglich. Auch Veränderungen an der Wirbelsäule lassen sich mit der Kernspintomographie feststellen. Andere Kerne als Protonen, z. B. $^{31}_{15}P$, $^{13}_{6}C$ ergeben wertvolle Aufschlüsse über den Zellmetabolismus, erfordern jedoch starke Magnetfelder, erzeugt durch supraleitende Magnete (s. § 25.1). Außerdem kann die MRT mit anderen medizinischen Untersuchungsmethoden erfolgreich kombiniert werden, wie beispielsweise mit der Positronen-Emissions-Tomographie (PET), welche wertvolle Informationen über die Stoffwechselaktivität und die Funktion von Organen liefert (s. § 40.5 ff.).

7

Aufgaben

Aufgabe 38.1: Wie groß ist die Atommasse von
a) natürlich vorkommendem Quecksilber?
b) von $^{41}_{19}K$?

Aufgabe 38.2: In welcher Größenordnung liegen die Radien a) der Atome und b) der Atomkerne?

Aufgabe 38.3: Schätzen Sie auf der Basis der Bohr'schen Vorstellungen den Durchmesser des Heliumions He^+ im Grundzustand ab.

Aufgabe 38.4: Welche Hauptquantenzahl haben die Elektronen, die die M-Schale bilden?

Aufgabe 38.5: Welches ist die höchstmögliche Elektronenzahl x, die von der L-Schale aufgenommen werden kann?

Aufgabe 38.6: Wasserstoff emittiere Licht der Wellenlänge 486,3 nm.
a) Welcher atomare Übergang ist dafür verantwortlich?
b) Welcher der Wasserstoff-Serien gehört diese Strahlung an?

Aufgabe 38.7: Beim Wasserstoff finde der Übergang vom Zustand $n = 3$ zum Grundzustand unter Photonenemission statt. Wie groß ist
a) die Photonenergie E (in eV)?
b) der Impuls p des Photons?
c) die Wellenlänge λ des emittierten Photons?

Aufgabe 38.8: Das Elektron eines Wasserstoffatoms werde jeweils zunächst in unterschiedliche gebundene Zustände n angeregt, um es anschließend von dort aus vollends aus dem Wasserstoffatom zu entfernen. Welche Energie E (in eV) ist dazu erforderlich, wenn das Wasserstoffatom anfänglich in den Zustand a) $n = 4$ oder b) $n = 8$ oder c) $n = 25$ angeregt wurde?

§ 39 Moleküle – Festkörper

Gehen zwei oder mehrere Atome gleicher oder verschiedener Art eine Verbindung ein, so erhält man ein **Molekül**. Eine regelmäßige und sich periodisch wiederholende Anordnung vieler Atome (bzw. Ionen) oder Moleküle ist das Charakteristikum von **Kristallen**. Die Kräfte, welche jeweils zwischen den Bausteinen wirken, sind im Allgemeinen elektrischer Natur und setzen sich aus zwei Anteilen zusammen: Aus einer abstoßenden Kraft, die mit steigendem Abstand r von z. B. zwei Atomen bzw. Molekülen stark abnimmt, und aus einer weniger stark mit r abfallenden Anziehungskraft. Abb. 39.1 zeigt schematisch das Potential dieser Kräfte als Funktion des Abstandes r benachbarter Atome. Durch Überlagerung der Potentiale $\varphi_a(r)$ der abstoßenden und $\varphi_b(r)$ der anziehenden Kräfte, entsteht im Abstand r_e (Gleichgewichtsabstand) der benachbarten Atome ein Potentialminimum. Dies ist die energetisch günstigste Lage und daher auch die stabile Gleichgewichtslage der Atome im Molekül.

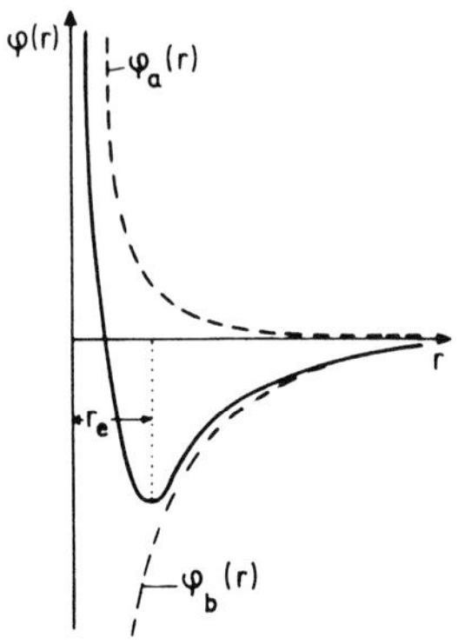

Abb. 39.1

§ 39.1 Bindungsarten

Man unterscheidet bei den *Bindungskräften* folgende Bindungsarten:

die ***van der Waals'sche Bindung***, die ***Wasserstoffbrücken-Bindung***, die ***homöopolare*** (oder ***kovalente***) ***Bindung***, die ***heteropolare*** (oder ***Ionen-***)***Bindung*** und die ***metallische Bindung***

§ 39.1.1 Van der Waals Bindung

Bei den *van der Waals* Kräften handelt es sich um zwischenatomare bzw. -molekulare Kräfte zwischen valenzmäßig abgesättigten Atomen bzw. Molekülen, die auf der Wechselwirkung von elektrischen Dipolen beruhen. Nähern sich z. B. zwei Teilchen auf Abstände von einigen Atomdurchmessern an, so erfolgt eine schwache Deformation der jeweiligen Elektronenwolken. Dadurch fallen die Ladungsschwerpunkte bei den Teilchen nicht mehr zusammen, d. h. es wird jeweils ein Dipol induziert. Die wirkenden Kräfte sind sehr schwach und nehmen als Funktion des Abstandes rasch ab; die durch sie bedingte Bindungsenergie E_B ist in erster Näherung proportional zu r^{-6}. Die Bindungsenergie E_B (sie entspricht dem Potentialminimum im Gleichgewichtsabstand r_e der Abb. 39.1) liegt in der Gegend von 1 meV bis 100 meV pro Atom. So bilden z. B. die Edelgasatome Dimere mit Werten von $E_B \approx 0{,}6\,\text{meV}$ für He_2 ($r_e \approx 0{,}3\,\text{nm}$) bis zu $E_B \approx 25$ meV für Xe_2 ($r_e \approx 0{,}44\,\text{nm}$). Es gibt auch eine ganze Reihe von van der Waals'schen Verbindungen, die durch permanente Dipolmomente bedingt sind.

Die van der Waals Bindung spielt in der gasförmigen, der flüssigen und der festen Phase eine wichtige Rolle. Beispielsweise sind bei Molekülkristallen diskrete Moleküle aufgrund ihrer van der Waals Wechselwirkung aneinander gebunden. Auch bei vielen physikalischen Eigenschaften der Materie, wie die Adhäsion, Viskosität und Oberflächenspannung stellt die van der Waals'sche Wechselwirkung wesentliche Anteile der auftretenden zwischenmolekularen Kräfte.

§ 39.1.2 Wasserstoffbrücken-Bindung

Das Wasserstoffatom kann in bestimmten Fällen eine Bindung mit zwei Atomen eingehen. Man beobachtet die Wasserstoff-Brückenbindung insbesondere bei Molekülen oder endständigen Molekülgruppen, in denen der Wasserstoff an ein stark elektronegatives Atom, wie z. B. Fluor, Sauerstoff oder Stickstoff gebunden ist. Demzufolge ist die Aufenthaltswahrscheinlichkeit des Wasserstoff-Elektrons überwiegend beim elektronegativen Atom und man kann daher in erster Näherung von einem randständigen Proton statt von einem Wasserstoffatom sprechen. Dieses ist nun in der Lage, seinerseits durch Coulomb-Wechselwirkung mit einem elektronegativen Atom einer Randgruppe benachbarter Moleküle und durch Polarisierung dieses Atoms, eine weitere Bindung einzugehen, um so eine Brücke zwischen den beiden Molekülen zu bilden.

Beispiele solcher Bindungen sind: Eis, Wasser, Alkohole, Karbonsäuren (Dimerenbildung). Aber auch Molekülkristalle von organischen, aromatischen Verbindungen (z. B. Salicylsäure) und von biologischen Molekülen (z. B. Enzymen) werden in ihrer Strukturbildung durch Wasserstoffbrücken beeinflusst.

Die Bindungsenergien reichen von ca. 20 meV/Atom bis etwa 200 meV/Atom. Die Bedeutung der Wasserstoffbrückenbindung zeigt sich z. B. in der Beeinflussung von Flüssigkeiten und Lösungen, wo sie zur Assoziation und Solvatation führen und damit Stoffeigenschaften verändern, oder bei der Bildung von Eiweißmolekülen, indem sie deren geometrische Struktur mitprägen.

§ 39.1.3 Homöopolare Bindung

Die *homöopolare* oder *kovalente Bindung* (oder auch *Atombindung*) tritt bei genügend großer Annäherung der Bausteine auf, sodass sich deren Elektronenwolken überlappen können, vorausgesetzt, die äußersten Elektronenniveaus sind nicht vollkommen besetzt. Beispielsweise hat der Wasserstoff bzw. das Chlor ein ungepaartes 1 s- bzw. 3 p-Elektron im jeweiligen Valenzzustand (vgl. Tab. 38.1). Zur Bildung eines stabilen H_2- bzw. Cl_2-Moleküls kommt es wegen des Pauli-Prinzips nur dann, wenn die Spins der unpaarigen Elektronen der beiden sich nähernden Atome entgegengesetzt sind. Die beiden H- bzw. Cl-Atome (s. Abb. 39.2) haben dann zwei Elektronen gemeinsam, sie besitzen ein so genanntes ***gemeinsames Elektronenpaar***. Das Elektron des einen Atoms kann sich einige Zeit in der Umgebung des Kerns des anderen Atoms aufhalten und umgekehrt (**Austauschwechselwirkung**). Das bedeutet, dass die Wahrscheinlichkeitsverteilung der Elektronen verändert wurde, mit einer größeren Aufenthaltswahrscheinlichkeit zwischen den Atomen. Der Potentialverlauf weist im Falle antiparallelen Spins der beteiligten Elektronen ähnlich der Abb. 39.1 im Gleichgewichtsabstand r_e ein Potentialminimum auf. Die Bindungsenergien E_B liegen in der Größenordnung von $E_B \approx 1 \ldots 7$ eV/Atom. Als Bindungskräfte wirken somit die elektrostatischen Kräfte (Coulomb-Kräfte) zwischen den positiv geladenen Atomkernen und den durch die Überlappung sich ergebenden Elektronenwolken; dazu kommt noch der Beitrag der Austauschwechselwirkung zur potentiellen Energie des Systems. Die Zahl der homöopolaren Bindungen, die ein Atom eingehen kann, ist von der Zahl seiner ungepaarten Elektronen abhängig. Es können bei dieser Bindungsart daher auch so genannte ***Mehrfachbindungen*** auftreten. Im Sauerstoffmolekül sorgen z. B. zwei gemeinsame Elektronenpaare für die Molekülbindung. Sind im statistischen Mittel die gemeinsamen Elektronen gleichmäßig auf die bindenden Atome aufgeteilt, wie z. B. bei den symmetrischen Molekülen H_2, Cl_2, O_2, N_2 oder CCl_4, so sind die Moleküle *unpolar*, d. h. sie haben kein permanentes Dipolmoment, können jedoch in einem äußeren elektrischen Feld $\vec{E}$ sehr wohl ein induziertes Dipolmoment haben (Verschiebungspolarisation, s. § 29.1). Ist dagegen die Ladungsverteilung asymmetrisch, indem sich beispielsweise das bindende Elektronenpaar näher an einem der beiden Atome befindet – wie etwa bei HCl überwiegend am Chlor, womit dieses eine negative und der Wasserstoff eine positive Ladung trägt –, dann liegt ein *polares* Molekül vor, das (auch ohne äußeres elektrisches Feld $\vec{E}$) ein permanentes Dipolmoment besitzt (Orientierungspolarisation, s. § 29.1). Auch bei dieser polaren Bindung (Beispiel HCl) liegt wie bei der unpolaren Bindung (Beispiel H_2) kovalente Bindung vor, da beide Atome an dem bindenden Elektronenpaar Anteil haben.

Die Wellenfunktionen der Bindungselektronen der Moleküle (*Molekülorbitale*) lassen sich ausgehend von den Elektronenzuständen der Atome durch Kombination nach den Regeln der Quantenmechanik konstruieren. Valenzelektronen, die sich in den getrennten Atomen

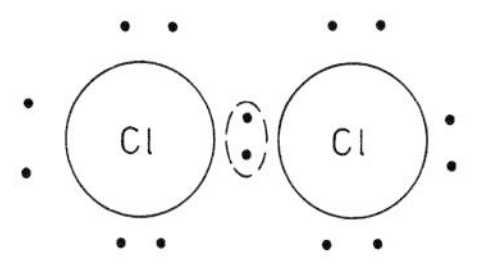

Abb. 39.2

in reinen s- ($l=0$) oder p- ($l=1$) Zuständen befinden, sind als Bindungselektronen der Moleküle in einem gemischten Zustand, der sich als Linearkombination von s- und p-Zuständen ergibt. Die mathematische Beschreibung nennt man ***Hybridisierung***. Überlappen sich nur s- oder s- mit p-Zuständen, so ergeben sich sog. σ-Bindungen. Die *Hybridorbitale* zweiatomiger Moleküle besitzen (bei homöopolarer Bindung) dann eine rotationssymmetrische Dichteverteilung der Elektronen um die Molekülachse. Bei Überlagerung von nur p-Zuständen zur π-Bindung können hantelförmige Orbitale oder ähnlich symmetrische, aber auch solche ohne Symmetrieachse entstehen. Die Art der Hybridisierung bestimmt die Geometrie des Moleküls (z. B. sp: linear; sp^3: tetraedrisch). π-Bindungen haben eine kleinere Bindungsenergie als σ-Bindungen.

§ 39.1.4 Heteropolare Bindung

Es gibt Atome, die relativ leicht Elektronen abgeben (*elektropositive Atome*) und andere, die bestrebt sind Elektronen aufzunehmen (*elektronegative Atome*).

Bei entsprechender Annäherung zweier solcher Atome wird das elektropositive Atom ein Elektron an das elektronegative Atom abgegeben, wodurch das Erstere zum positiven Ion, das Zweite zum negativen Ion wird. Die beiden entgegengesetzt geladenen Ionen werden dann aufgrund der Coulomb'schen Anziehungskräfte aneinander gebunden. Man nennt diese Art der Bindung *heteropolare Bindung* oder *Ionenbindung*. Es liegt hier der Extremfall einer polaren Bindung vor, bei welcher das Elektronen abgebende Atom keine direkte Wechselwirkung mehr damit hat, d. h. es gibt keine lokalisierten Elektronenpaare, die den Atomen gemeinsam sind, der Zusammenhalt beruht allein auf elektrostatischer Anziehung. Der Potentialverlauf eines heteropolaren Moleküls ist entsprechend der Darstellung in Abb. 39.1, mit einem Minimum der potentiellen Energie bei $r=r_e$, dem Gleichgewichtsabstand zwischen den Ionen. Für die Bindungsenergie gilt: $E_B \sim r^{-1}$; ihre Werte liegen bei 5 ... 20 eV/Atom.

Solche Ionenbindungen entstehen bevorzugt zwischen den Elementen der I. Hauptgruppe und den Elementen der VII. Hauptgruppe (Alkalihalogenide) des Periodensystems. Ein typischer Vertreter ist das NaCl-Molekül. Das Na-Atom gibt ein Elektron an das Cl-Atom ab. Das Na-Atom bleibt dann als positives Na^+-Ion zurück, während aus dem Cl-Atom ein negatives Cl^--Ion entsteht (Abb. 39.3).

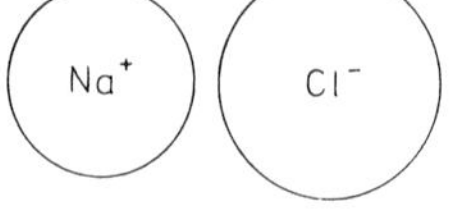

Abb. 39.3

§ 39.1.5 Metallische Bindung

Die *metallische Bindung* stellt den Übergang dar zwischen der heteropolaren Bindung, bei der die Bindung durch Coulomb-Kräfte zu Stande kommt, und der homöopolaren Bindung, wo die Bindung durch Austauschkräfte zwischen den äußeren Elektronen benachbarter Atome hervorgerufen wird. Die Ursache für die besondere Art der metallischen Bindung ist in der Elektronenstruktur der Metalle begründet. Während Metalle im gasförmigen Aggregatzustand (Metalldämpfe geringer Dichte) i. Allg. einatomar sind, zeichnen sie sich im flüssigen und festen Aggregatzustand durch starke Bindungskräfte aus, mit Bindungsenergien zwischen ca. 1 ... 9 eV/Atom. Bei der dichten Zusammenlagerung der Metallatome im festen Aggregatzustand gehören einige schwächer gebundene Valenzelektronen nicht mehr dem einzelnen Atom, sondern dem gesamten Atomverband gemeinsam an. Dabei kann man stark vereinfachend von der Vorstellung ausgehen, dass jedes der Atome im Mittel eines bis zwei seiner äußeren Elektronen an den Gesamtverband abgibt. Diese Elektronen bewegen sich quasi frei zwischen den nun positiv geladenen Atomrümpfen. Man spricht daher auch von einem *freien Elektronengas*. Die Bindung, d. h. der Zusammenhalt der Atome, kommt dabei durch die Coulomb-Wechselwirkung zwischen den positiven Atomrümpfen und dem Elektronengas zu Stande. Diese Bindung zwischen den Leitungselektronen (s. auch § 25.1 und § 25.2.4), die anstatt einer Atomhülle nun das gesamte Kristallvolumen zur Verfügung haben, und den positiv geladenen Rumpfionen der Metallatome, bedingt bei den Metallen einen großen Teil der Bindungsenergie, kettet die Bindungspartner jedoch nicht starr aneinander, d. h. die bindenden Elektronen sind nicht lokalisiert, sondern haben eine relativ große Beweglichkeit. Die große Variationsbreite der Bindungsenergien zwischen ca. 1 eV/Atom bei den Alkalimetallen und etwa 8 bis 9 eV/Atom bei den Übergangsmetallen (z. B. Eisen, Cobalt, Nickel oder Wolfram), wird vor allem dadurch bedingt, dass bei ihnen die innere *d*-Schale aufgefüllt wird bei gleicher Besetzung des Valenzzustandes, wodurch noch zusätzlich ein kovalenter Bindungsanteil hinzukommt, infolge der Erhöhung der Elektronendichte zwischen benachbarten Atomen. Die Kristalle der Übergangselemente sind daher die härtesten und höchstschmelzenden Metalle.

§ 39.2 Festkörper

Im festen Aggregatzustand der Materie kann man grob zwischen **amorphen** und **kristallinen** Festkörpern unterscheiden.

Amorphe Stoffe, wie z. B. Wachse, Harze, Gläser, keramische Stoffe und manche Kunststoffe, zeigen bei makroskopischer Betrachtung keine regelmäßige Anordnung der Atome, Moleküle oder Ionen, aus welchen sie zusammengesetzt sind; sie sind ***statistisch isotrop***. Bei mikroskopischer Betrachtung stellt man jedoch fest, dass es sich um Strukturen handelt, die entweder aus zahllosen ineinander verwachsenen Mikrokristallen bestehen oder nur in kleinsten Bereichen eine Ordnung aufweisen (Nahordnung), d. h. gar keine echten festen Stoffe darstellen, sondern sog. unterkühlte Schmelzen (bzw. Flüssigkeiten mit hoher Viskosität) sind, wie z. B. die Gläser.

Der atomistische Aufbau der ***Kristalle*** ist ***anisotrop***. In einem idealen Festkörper ist die Anordnung der Bausteine in unterschiedlichen Richtungen im Allgemeinen verschieden und in strenger räumlicher Ordnung ***(Gitterstruktur)***. Die geometrische Anordnung der Bausteine im Festkörper hängt von der räumlichen Verteilung der Anziehungskräfte zwischen den einzelnen Gitterbausteinen ab. Sie sind jedoch nicht starr an ihre Gitterplätze fixiert, sondern führen elastische Schwingungen um ihre Gleichgewichtslage aus (*Wärmebewegung*). Der Abstand zwischen benachbarten Gitterplätzen in Festkörpern (Kristallen) liegt in der Größenordnung einiger zehntel Nanometer. Es kommt daher zur gegenseitigen Beeinflussung der Elektronen benachbarter Atome und die beim freien Atom scharf definierten Terme des Energieschemas spalten infolge der Kopplung der Atome im Festkörper in sehr viele eng benachbarte Energiewerte auf, die praktisch beliebig dicht liegen. Es entstehen quasikontinuierliche *Energiebänder* mit dazwischen liegenden Energielücken, in denen keine Zustände existieren, wie Abb. 25.24 zeigt. Folgerungen aus diesem *Energie-Bändermodell* beispielsweise für die elektrische Leitfähigkeit von Metallen, Halbleitern und Isolatoren sind in § 25.2.4 kurz dargestellt.

Ein idealer Kristall müsste auch makroskopisch eine gewisse Regelmäßigkeit in der äußeren Form aufweisen und durch ebene Flächen begrenzt sein, die definierte Winkel miteinander bilden. Dies beobachtet man jedoch in der Natur selten, da die meisten Festkörper **polykristallin** sind, d. h. aus vielen mikroskopisch kleinen Kristallen (*Kristalliten*) bestehen, die unregelmäßig verteilt angeordnet sind. Die reinen Eigenschaften des kristallinen Festkörpers lassen sich dagegen nur an **Einkristallen** studieren. Diese können aus sehr langsam erstarrenden Kristallschmelzen gezüchtet werden und ergeben so im Idealfall einen Kristall mit einheitlicher Gitterstruktur. Infolge der Möglichkeit von *Gitterbaufehlern* verschiedenster Art unterscheidet man die von der Natur gelieferten Realkristalle von den idealen Einkristallen, mit denen wir uns zunächst beschäftigen.

Kristallgitter

Ein idealer Einkristall zeichnet sich durch seinen regelmäßigen Aufbau aus, bei dem sich die Atome, Moleküle oder Ionen in jeder Raumrichtung in gleichmäßigen Abständen an den Kreuzungspunkten eines räumlichen Gitters befinden. Der Kristall kann daher ausgehend von einer **Einheits-** oder **Elementarzelle**, die sämtliche Strukturinformation einschließlich der Symmetrie enthält, durch Translation in die drei Raumrichtungen lückenlos aufgebaut werden (*primitive Gitter*, *Translationsgitter*). Kristallgitter entstehen jedoch nicht nur durch Translation, sondern können z. B. auch durch Drehung um eine Achse durch einen Gitterpunkt entstehen (*nichtprimitive Gitter*).

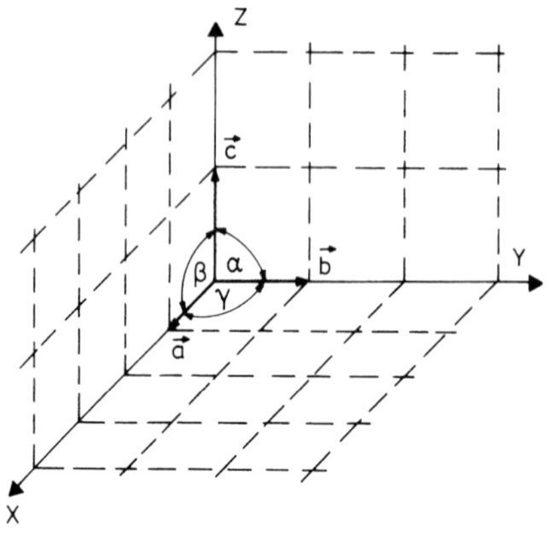

Abb. 39.4

Die Elementarzelle enthält ein Atom (Molekül oder Ion) und ist durch die Translationsvektoren $\vec{a}$, $\vec{b}$, $\vec{c}$ charakterisiert. Die Beträge a, b, c und die von den Vektoren eingeschlossenen Winkel α, β, γ bezeichnet man als die Gitterkonstanten des Kristalls (s. Abb. 39.4). Aus Symmetriegründen gibt es sieben Systeme von Basisvektoren und damit sieben ***Kristallsysteme***, die in Tab. 39.1 zusammengestellt sind.

Tab. 39.1

Kristallsystem	Gitterkonstanten	
Triklin	$a \neq b \neq c$	$\alpha \neq \beta \neq \gamma$
Monoklin	$a \neq b \neq c$	$\alpha = \gamma = 90°$; $\beta \neq 90°$
Orthorombisch	$a \neq b \neq c$	$\alpha = \beta = \gamma = 90°$
Tetragonal	$a = b \neq c$	$\alpha = \beta = \gamma = 90°$
Hexagonal	$a = b \neq c$	$\alpha = \beta = 90°$; $\gamma = 120°$
Rhomboedrisch oder trigonal	$a = b = c$	$\alpha = \beta = \gamma \neq 90°$, $\gamma < 120°$
Kubisch	$a = b = c$	$\alpha = \beta = \gamma = 90°$

Die Kristallsysteme der Tab. 39.1 stellen die sieben primitiven Gitter dar, bei denen nur die Eckpunkte der Elementarzelle mit Bausteinen belegt sind. Daneben gibt es noch *basiszentrierte Gitter* (zusätzlich zwei Bausteine auf gegenüberliegenden Flächen), *flächenzentrierte Gitter* (zusätzliche Belegung aller Gitterflächen) und *raumzentrierte Gitter* (zusätzlich noch ein Baustein im Innern der Elementarzelle), sodass sich insgesamt vierzehn so genannte *Bravais-Gitter* ergeben.

Es gibt beispielsweise bei kubisch kristallisierenden Systemen neben dem **einfach kubischen Gitter** (**sc-Struktur**, Abkürzung von *simple cubic*, Abb. 39.5), welches aus Würfeln gebildet wird, deren Ecken je von einem Baustein besetzt sind, noch das **kubisch flächenzentrierte Gitter** (**fcc-Struktur**, Abkürzung von *face-centered cubic*, Abb. 39.6) und das **kubisch raumzentrierte Gitter** (**bcc-Struktur**, Abkürzung von *body-centered cubic*, Abb. 39.7).

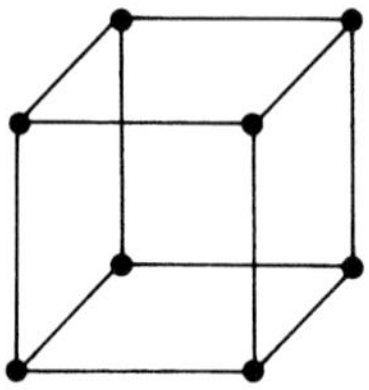

Abb. 39.5

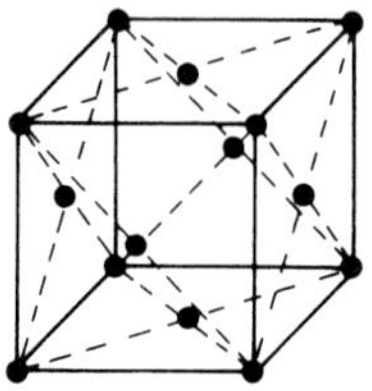

Abb. 39.6

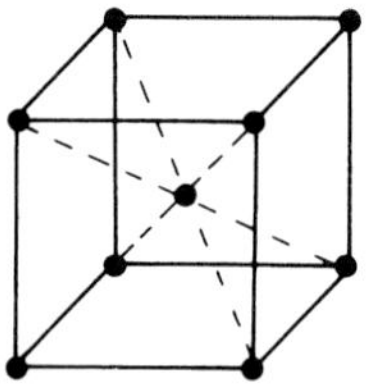

Abb. 39.7

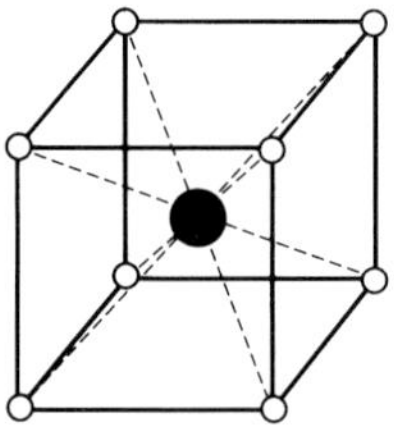

Abb. 39.8

Beispiele für Substanzen mit *bcc-Struktur* sind die Alkalimetalle oder Ba, α-Fe und die Übergangselemente Cr, Mo, Nb, Ta, V und W. Kubische Struktur, bestehend aus zwei ineinander gestellten *sc-Gittern*, findet man z. B. bei CsCl oder CsBr (*Cäsiumchloridstruktur*), wobei sich jedes Atom im Mittelpunkt eines Würfels befindet, der aus Atomen der anderen Art besteht (Abb. 39.8). Kristallstruktur mit *fcc-Raumgitter* zeigen beispielsweise Ag, Al, Au, Ca, Ce, Cu, Pb, Pt sowie C in der Modifikation des Diamanten (*Diamantstruktur*), auch Ionenbindungen wie AgBr, KCl, MgO, NaCl oder PbS (*Natriumchloridstruktur*) und (bei tiefen Temperaturen) die Edelgaskristalle (außer He).

Das kubisch flächenzentrierte Gitter des Kochsalz-Kristalls entsteht z. B. durch Ineinanderstellen eines flächenzentrierten Cl^-- und eines flächenzentrierten Na^+-Gitters (Abb. 39.9). Im Kristallinneren ist jedes Na^+-Ion (○), von 6 Cl^--Ionen (●) umgeben. In gleicher Weise ist jedes Cl^--Ion von 6 Na^+-Ionen umgeben.

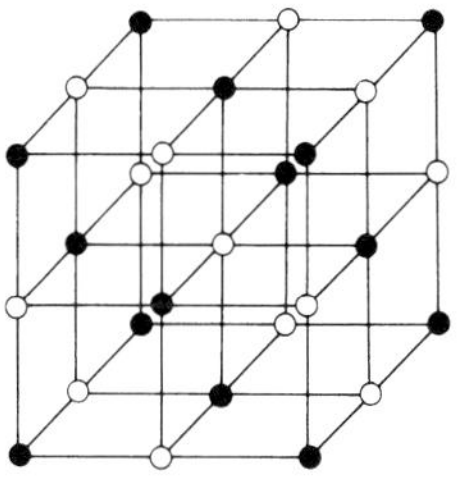

Abb. 39.9

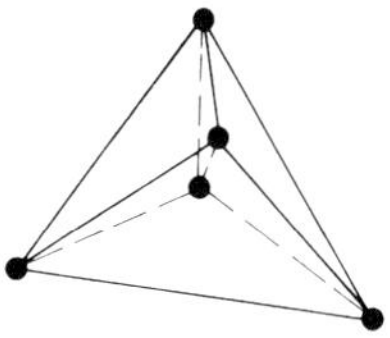

Abb. 39.10

Beim kubisch flächenzentrierten Raumgitter des Diamanten ist die Bindungsstruktur tetraedrisch, d. h. jedes Atom ist von vier Nachbaratomen umgeben, welche in den Ecken eines Tetraeders angeordnet sind (Abb. 39.10). In jedem Einheitswürfel befinden sich acht Atome. Diamantstruktur zeigen insbesondere auch die Halbleiterkristalle Ge und Si.

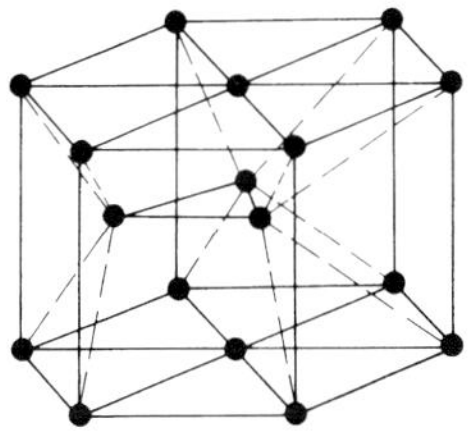

Abb. 39.11

Oft werden Festkörperstrukturen auch als **Kugelpackungen** beschrieben. Dies sind räumliche Anordnungen von starren Kugeln derselben Größe, wobei jede Kugel mindestens vier andere berührt. Dabei gibt es zwei Möglichkeiten: Die eine führt zu einer kubischen Symmetrie (*kubisch dichteste Kugelpackung*, mit fcc-Struktur der Elementarzellen), die andere zur *hexagonal dichtesten Kugelpackung* (Abb. 39.11). Hier sind die Atome in regelmäßigen Sechsecken angeordnet. Zwischen zwei solchen Sechsecken befinden sich in den Ecken eines gleichseitigen Dreiecks drei weitere Atome. Die Elementkristalle Be, Cd, Co, Mg, Ti und Zn zeigen z. B. eine solche Struktur.

Kristallbindung

Alle oben angeführten Bindungsarten (§ 39.1) der chemischen Bindung sind bei der Kristallbindung vertreten. Die ***heteropolare Bindung*** findet man bei den ***Ionenkristallen*** wie NaCl, LiF, CaF_2, Metalloxiden etc. ***Homöopolare Bindung*** zeigen die ***Valenz***- oder ***Atomkristalle***, z. B. C (Diamant), Si, Ge, Te, SiC und viele organische Festkörper. Bei den Metallen (z. B. Na, Fe, W) wird der Zusammenhalt des Gitters durch die ***metallische Bindung*** gewährleistet.

Die ***Molekülkristalle***, wie z. B. Edelgaskristalle, kristallines H_2, Cl_2, CO_2, Paraffin und zahlreiche feste organische Verbindungen, werden durch ***van der Waals Kräfte*** zusammengehalten. ***Dipol***- oder ***Wasserstoffbrückenbindung*** findet man z. B. bei Eis, HF etc.

Zwischen diesen Hauptbindungstypen gibt es Übergangsformen bzw. sie kommen gemeinsam vor. Beim Graphit beispielsweise ist die Bindung der in einer Ebene liegenden C-Atome kovalent, während sie zwischen den Ebenen metallisch ist. Ebenso ist die van der Waals'sche Bindung z. B. immer an der Ionenbindung beteiligt, wird aber infolge ihrer geringen Stärke meist vernachlässigt.

Kristallbaufehler

Reale Kristalle weisen i. Allg. Baufehler der unterschiedlichsten Art auf. Dadurch können die Materialeigenschaften beträchtlich verändert sein, das bedeutet aber, dass durch gezielten Einbau von Kristallbaufehlern bestimmte physikalische Eigenschaften erreicht werden können (z. B. Dotierung von Halbleitern mit Fremdatomen).

Man unterscheidet zwischen *Punkt-*, *Linien-* und *Flächenfehlern.*

Punktfehler: *Leerstellen:* d. h. es gibt leere Gitterplätze; *Zwischengitteratome:* hier befinden sich zusätzlich Atome zwischen anderen Atomen im Gitter; *Fehlordnung:* auf Gitterplätzen fehlen Atome (Leerstellen), zusätzlich sitzen aber welche auf Zwischengitterplätzen; *Fremdstörstellen:* fremde Atome befinden sich entweder an einem regulären Gitterplatz oder zwischen Gitterplätzen eingelagert.

Linienfehler oder **Versetzungen:** Man unterscheidet *Stufenversetzungen* (hier enden die Gitterebenen wie Keile im Kristall) und *Schraubenversetzungen* (teilweise Versetzung von Gitterebenen gegeneinander).

Flächenfehler: Hier handelt es sich um Fehler in den Grenzflächen der Kristallbereiche. So treten z. B. bei dichtesten Kugelpackungen *Stapelfehler* auf oder man beobachtet *Korngrenzen* als Grenzflächen zwischen Kristalliten, d. h. unterschiedlich orientierten Kristallbereichen.

§ 39.3 Strukturanalyse von Molekülen und Festkörpern

Es würde weit über den Rahmen dieser Darstellung hinausgehen, alle Methoden der Strukturanalyse von Molekülen und Festkörpern zu beschreiben. Vielmehr kann nur auf einige Verfahren hingewiesen werden, die dazu herangezogen werden können. Die Anwendung vieler dieser Verfahren ist jedoch nicht auf den festen Aggregatzustand beschränkt; sie werden insbesondere auch bei Flüssigkeiten und Gasen eingesetzt.

Magnetische Kernresonanz – Elektronenspinresonanz

Als Methode zur Strukturermittlung und Identifizierung von Substanzen ist hier als erste die in § 38.4 kurz angesprochene ***magnetische Kernresonanz (NMR)*** zu erwähnen. Die NMR-Spektroskopie ergibt insbesondere Aussagen z. B. zu strukturellen und dynamischen Eigenschaften von biologischen Makromolekülen, multimolekularen Systemen und deren Bausteinen. Häufig verwendete „Messsonden" sind die Atomkerne ^{1}H, ^{19}F, ^{31}P und das selten vorkommende ^{13}C sowie auch die beiden Kerne ^{17}O und ^{15}N.

Eine moderne Methode zur Untersuchung paramagnetischer Atome oder Moleküle ist die ***Elektronenspinresonanz (ESR)***, bei welcher die magnetischen Eigenschaften ungepaarter Elektronen und deren Verhalten im äußeren Magnetfeld ausgenutzt werden, um Informationen über die Struktur und Konformation der untersuchten Substanzen zu erhalten. Da beispielsweise Moleküle meist eine gerade Anzahl von Elektronen mit antiparallelen Spins aufweisen und damit diamagnetisch sind, müssen sie durch geeignete Reaktionen in eine paramagnetische Form (*Radikale*) übergeführt werden, um sie der ESR zugänglich zu machen. Solche Reaktionen sind die homolytische Dissoziation, die alkalische Reduktion, die elektrolytische Oxidation oder die Photolyse. Die große Nachweisempfindlichkeit der ESR hat zu einer breiten Anwendung dieses Verfahrens geführt.

Elektronenspektroskopie – Infrarotspektroskopie

Aussagen zur Identität eines Stoffes und über seine Struktur bzw. die Bindungszustände im Molekül lassen sich mit der ***Elektronenspektroskopie*** im Gaszustand der Stoffe – in Ausnahmen auch im kondensierten Zustand – erhalten. Elektronenspektroskopische Untersuchungen flüssiger und fester Stoffe ergeben i. Allg. breite und wenig strukturierte Absorptionsbanden. Dabei ist die Elektronenspektroskopie keine Spektroskopie mit Elektronen, sondern ein absorptionsspektroskopisches Verfahren unter Anregung elektronischer Übergänge (der Valenzelektronen) der Stoffe durch elektromagnetische Strahlung des ultravioletten (200–380 nm) und sichtbaren (380–800 nm) Spektralbereichs. Aus dem spektralen Absorptionsverhalten der Atome oder Moleküle können sowohl qualitative als auch quantitative Aussagen gewonnen werden.

Bei Molekülen treten neben diskreten Elektronenübergängen in der Atomhülle jedoch auch noch quantisierte energetische Änderungen ihres Schwingungs- und Rotationszustandes auf, aus deren Untersuchung man mit der ***Infrarot-(IR-)Spektroskopie*** und der ***Ramanspektroskopie*** Aussagen über die Struktur der Moleküle bzw. die Größe der Wechselwirkungskräfte zwischen ihren Bausteinen erhält.

Die Bausteine der Moleküle sind untereinander nicht starr verbunden, sondern können einerseits gegeneinander Schwingungen ausführen und andererseits um bestimmte Molekülachsen zu Rotationen angeregt werden – das Molekül stellt also einen ***Oszillator*** bzw. einen ***Rotator*** dar.

Wie wir in § 14 bzw. § 30.4.3 bereits gesehen haben, besitzt ein N-atomiges Molekül beliebiger Bauart grundsätzlich immer $3N$ Freiheitsgrade, wovon drei auf die Translationsbewegungen entfallen und die anderen sich unterschiedlich auf die Rotationen und Schwingungen verteilen, abhängig davon, ob es sich um lineare oder nicht lineare Moleküle handelt (s. § 30.4.3). Man hat nun gefunden, dass sowohl die Energiezustände der Schwingungen als auch der Rotationen nur ganz bestimmte Werte annehmen können, d. h. die Schwingungs- bzw. Rotationsenergie ist gequantelt. Da eine weitergehende Betrachtung hier zu weit führen würde, werden nur kurz die Ergebnisse angegeben.

Für die Rotation eines Moleküls um eine Achse mit dem Trägheitsmoment Θ, ergeben sich für den ***starren Rotator*** (§ 14, Abb. 14.3) die erlaubten Energiewerte zu:

$$E_{\text{rot}}(J) = \frac{h^2}{8\pi^2 \cdot \Theta} \cdot J \cdot (J+1) \qquad (39.1)$$

wobei ***J*** die ***Rotationsquantenzahl*** ist, mit den Werten $J = (0, 1, 2, \ldots)$. Im Falle eines zweiatomigen hantelförmigen Moleküls der Massen m_1 und m_2 im gegenseitigen festen Abstand $r = r_1 + r_2$, ergibt sich das Trägheitsmoment Θ für die Rotation um eine durch den Massenmittelpunkt gehende Achse (s. Hantelmodell Abb. 14.3 bzw. Abb. 5.46) zu $\Theta = \mu \cdot r^2$, wobei μ die sog. reduzierte Masse darstellt, die aus der Massenverteilung im Molekül zu $\mu = \frac{m_1 \cdot m_2}{m_1 + m_2}$ folgt.

Als Quotient aus der Rotationsenergie und dem Produkt $h \cdot c$ (h: Planck'sches Wirkungsquantum, c: Vakuumlichtgeschwindigkeit) erhält man mit (39.1) die *Energieterme* $F(J)$:

$$\begin{aligned} F(J) &= \frac{E_{\text{rot}}(J)}{h \cdot c} = \frac{h}{8\pi^2 \cdot c \cdot \Theta} \cdot J \cdot (J+1) \\ &= B \cdot J \cdot (J+1) \end{aligned} \qquad (39.2)$$

Die ***Rotationskonstante*** $B = \frac{h}{8\pi^2 \cdot c \cdot \Theta}$ ist nur vom Trägheitsmoment Θ abhängig und stellt für jede Molekülart eine charakteristische Größe dar. Nach der Quantenmechanik sind nur solche Übergänge erlaubt, bei denen sich die Rotationsquantenzahl J um $\Delta J = \pm 1$ ändert. Die möglichen Rotationsübergänge zwischen Zuständen J' und $J = J' \pm 1$ ergeben die *Rotationsspektren*, deren Frequenzen im fernen infraroten Spektralbereich bzw. im Mikrowellengebiet liegen. Für die Wellenzahlen $\tilde{\nu} = 1/\lambda = \nu/c$ (in cm^{-1}) der Rotationsübergänge ergibt sich unter Beachtung der Auswahlregel $\Delta J = \pm 1$ mit (39.2):

$$\tilde{\nu} = 2B \cdot (J+1) \quad (J = 0, 1, 2, \ldots) \qquad (39.3)$$

also äquidistante Linien im Abstand $2B$. Genauer betrachtet rücken die Rotationslinien jedoch mit steigender Rotationsquantenzahl J näher zusammen, infolge der in höheren Energiezuständen zunehmend wirksameren Zentrifugalkräfte bei der Rotation, die den Abstand der rotierenden Massen und damit das Trägheitsmoment vergrößern, was sich gemäß (39.1) auf die Rotationsenergie auswirkt. Es liegt also ein ***nichtstarrer Rotator*** vor, bei dessen Rotationsenergie durch ein Korrekturglied (Zentrifugalterm) dieser Tatsache, die sich insbesondere für höhere Rotationsquantenzahlen J bemerkbar macht, Rechnung getragen wird.

Neben der qualitativen Identifizierung unbekannter gasförmiger Substanzen und der Bestimmung der Isotopenzusammensetzung in einer Molekülart kann, aus der aus dem Rotationsspektrum ermittelten Rotationskonstanten, das Trägheitsmoment der Moleküle bestimmt werden und damit die Massenverteilung im Molekül, bzw. bei relativ einfachen Molekülen, wie z. B. bei zweiatomigen Molekülen, ist es möglich, den Atomabstand und die Bindungswinkel zu berechnen.

Zur Deutung der *Schwingungsspektren* benutzen wir zunächst als einfachstes Modell den sog. ***harmonischen Oszillator***, der in § 30.4.3 bereits angesprochen wurde. In diesem einfachsten Fall eines schwingungsfähigen Systems, wie z. B. bei dem in Abb. 30.32 dargestellten elastisch gekoppelten mechanischen Hantelmodell, befinden sich zwei Atome im Gleichgewichtsabstand r_e aufgrund der anziehenden und abstoßenden Kräfte (wie in Abb. 39.1 dargestellt), die durch eine periodische Verrückung aus ihrer Gleichgewichtslage zu Schwingungen gegeneinander angeregt werden können. Der quantenmechanische Oszillator kann Energie jedoch nur in Portionen aufnehmen bzw. abgeben. Für die Energiewerte der erlaubten Eigenschwingungen eines solchen Oszillatormoleküls liefert die quantenmechanische Rechnung:

$$E_{\text{osz}}(\upsilon) = h \cdot \nu_0 \cdot \left(\upsilon + \frac{1}{2}\right) \qquad (39.4)$$

mit der ***Schwingungsquantenzahl*** $\upsilon = (0, 1, 2, \ldots)$ und der *Eigenfrequenz* der *Grundschwingung* des schwingungsfähigen Systems $\nu_0 = \frac{1}{2\pi} \cdot \sqrt{\frac{D}{\mu}}$ entsprechend Gleichung (30.11), wobei D eine die Stärke der Bindung beschreibende Molekülkonstante (entsprechend der Federkonstante des klassischen harmonischen Oszillators) und μ die reduzierte Masse darstellt (s. oben). Wie aus Beziehung 39.4 zu ersehen ist, besitzt der Oszillator bereits bei der Schwingungsquantenzahl $\upsilon = 0$ eine ***Nullpunktsenergie*** $E_{\text{osz}}(0) = \frac{1}{2} h \cdot \nu_0$, eine Folge der Heisenberg'schen Unschärferelation (§ 38.2.2).

Für die *Schwingungsterme* ergibt sich mit (39.4):

$$G(\upsilon) = \frac{E_{\text{osz}}(\upsilon)}{h \cdot c} = \tilde{\nu} \cdot \left(\upsilon + \frac{1}{2}\right) \qquad (39.5)$$

$(\upsilon = 0, 1, 2, \ldots)$

Die Schwingungsamplitude der Atome der Moleküle kann jedoch nicht beliebig groß werden, da sonst Dissoziation eintritt, d. h. eine Auftrennung der Bindung der Atome bei größer werdender Entfernung von der Gleichgewichtslage (s. Abb. 39.1). Man muss daher den ***anharmonischen Oszillator*** betrachten, bei welchem der Dissoziation durch ein Korrekturglied Rechnung getragen wird:

$$E(\upsilon) = h \cdot \nu_0 \cdot \left(\upsilon + \frac{1}{2}\right) - \frac{h^2 \cdot \nu_0^2}{4(D_i)} \cdot \left(\upsilon + \frac{1}{2}\right)^2 \qquad (39.6)$$

D_i: Dissoziationsenergie
Schwingungsquantenzahl: $\upsilon = 0, 1, 2, \ldots$

7

Die Abstände zwischen den einzelnen Energietermen konvergieren demnach gegen null. Beim anharmonischen Oszillator sind im Unterschied zum harmonischen Oszillator auch Übergänge mit $\Delta\upsilon = \pm 2, \pm 3, \pm 4, \ldots$ erlaubt, das bedeutet, es treten beim anharmonischen Oszillator außer den ***Grund***- auch ***Oberschwingungen*** auf, die bei höheren Wellenzahlen $\tilde{\nu}$, also bei höheren Energien absorbieren. Ihre Intensitäten nehmen mit steigender Oberschwingung jedoch stark ab.

Mit einem Schwingungsübergang ist eine Reihe von Rotationsübergängen verbunden, sodass bei jedem Übergang zwischen zwei Schwingungszuständen υ_i eine Änderung der Rotationsquantenzahl gemäß der Auswahlregel $\Delta J = \pm 1$ erfolgt, wobei $\Delta J = 0$ verboten ist. Die dadurch entstehenden Rotations-Schwingungsspektren der Moleküle liegen im infraroten Spektralbereich und bestehen aus zahlreichen Spektrallinien. Aufgelöst beobachtbar ist die Rotationsstruktur nur im gasförmigen Zustand.

Werden, wie oben bereits angesprochen, Elektronenübergänge von Atomen eines Moleküls durch ultraviolette oder sichtbare Strahlung angeregt, dann erfolgt auch gleichzeitig eine Anregung von Schwingungs-, und/oder Rotationsübergängen der Moleküle, wobei äußerst linienreiche ***Bandenspektren*** zu beobachten sind (s. Abb. 42.3).

Vergleichbare Aussagen wie durch die Infrarot-(IR-)Spektroskopie erhält man mit der ***Ramanspektroskopie***. Diese beruht auf der Streuung monochromatischen Lichtes (des ultravioletten, sichtbaren und auch nahen infraroten Bereichs) an Molekülen, wobei neben der kohärenten Streuung (Rayleigh-Streuung), d. h. der Beobachtung von Streulicht derselben Wellenlänge wie das eingestrahlte Licht, eine Anzahl begleitender Spektrallinien (Ramanbanden) größerer oder kleinerer Wellenlänge auftreten (*Stokes-* bzw. *Antistokes-Linien*). Die Art der Anregung von Ramanspektren unterscheidet sich daher von jener der IR-Spektren, wobei insbesondere für die Beobachtung von Ramanbanden andere Voraussetzungen erfüllt sein müssen als für das Auftreten von Infrarotbanden. Bei der IR-Spektroskopie kann die Infrarotstrahlung nur absorbiert werden unter Anregung von Schwingungen und/oder Rotationen, wenn die Moleküle ein ***permanentes elektrisches Dipolmoment*** aufweisen oder sich das ***elektrische Dipolmoment*** beim Schwingungs- bzw. Rotationsvorgang ändert. Homonukleare Moleküle wie z. B. Cl_2, H_2, N_2 können daher durch Strahlungsabsorption nicht angeregt werden, sie sind *IR-inaktiv*. Für die Ramanspektroskopie ist jedoch Voraussetzung, dass durch das eingestrahlte monochromatische Licht (z. B. eines Lasers) – das vom Probenmaterial nicht absorbiert werden kann – sich bei den entsprechenden angeregten Schwingungen und/oder Rotationen die ***Polarisierbarkeit*** ändert. Infrarot- und Ramanspektroskopie stellen sich als komplementär ergänzende Verfahren bei der Aufklärung der Struktur von Molekülen und der Bestimmung der Bindungsstärken der Molekülbausteine dar, wobei die Entwicklung der Fourier-Transformations-(FT-)Spektroskopie einen großen Fortschritt darstellt.

Beugungs- und Interferenzverfahren

Eine Strukturanalyse von Molekülen und Festkörpern kann mit hoher Präzision aufgrund der *Beugungs-* und *Interferenzerscheinungen* bei deren Wechselwirkung mit ***Röntgen-, Elektronen-*** oder ***Neutronenstrahlen*** durchgeführt werden. Die de Broglie Wellenlängen sowohl von Elektronenstrahlen entsprechender Energie als auch jene der thermischen Neutronen sind vergleichbar mit den Wellenlängen von Röntgenstrahlen und liegen in der Größenordnung der Abstände der Bausteine der Moleküle bzw. der Festkörper. Exemplarisch soll hier kurz das Verfahren der Beugung von Röntgenstrahlen an Kristallen besprochen werden.

Das prinzipielle Verfahren und Schema einer experimentellen Anordnung zur Beugung von Röntgenstrahlen an Kristallgittern wurde in § 31.4.5 beschrieben. Die dabei beobachteten ***Laue-Interferenzen*** (Abb. 31.18) lassen sich auf die Spiegelung der einfallenden Strahlung an geeigneten **Netzebenen** im Innern des Kristalls zurückführen. Betrachtet man z. B. die Eckpunkte der Elementarzelle in einem Kristall, so liegen sie jeweils auf einer Schar paralleler Netzebenen, die untereinander den gleichen *Netzebenenabstand d* haben. In ein Kristallgitter lassen sich sehr viele solcher Netzebenenscharen hineinlegen.

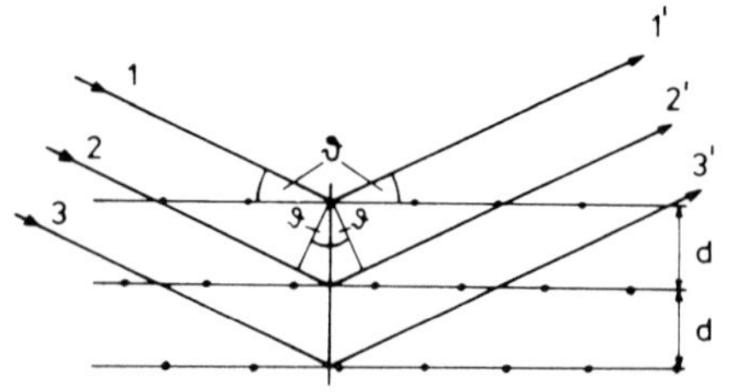

Abb. 39.12

Durchsetzt nun Röntgenstrahlung einen Kristall, so erfolgt eine kohärente Streuung der

Strahlung am Kristallgitter, die man nach *W. H.* und *W. L. Bragg* als selektive Reflexion an den Netzebenen des Kristalls auffassen darf. In Abb. 39.12 trifft ein paralleles Strahlenbündel unter dem Winkel ϑ auf parallele Netzebenen. Reflexion tritt nur auf, wenn die so genannte **Bragg'sche Reflexionsbedingung** gilt:

$$2d \cdot \sin\vartheta = n \cdot \lambda \tag{39.7}$$

$(n = 1, 2, \ldots)$.

$2d \cdot \sin\vartheta$ ist die Wegdifferenz zweier benachbarter Strahlen und d der Netzebenenabstand.

Aus dem Beugungsbild lassen sich die Gitterkonstanten und die räumliche Anordnung der Atome (mittlerer und großer Atommassen) im Kristallgitter ableiten. Während bei der Röntgenbeugung – die auf der Streuung von Röntgenstrahlen an den Atomelektronen beruht – der Beitrag der Elementatome großer Ordnungszahl dominierend ist, tragen zur Streuung von Neutronen Atome kleinerer und größerer Masse in vergleichbarer Weise bei, wie z. B. Wasserstoff- oder Deuteriumatome, weshalb die Neutronenbeugung bei der Strukturaufklärung in Ergänzung zur Röntgenbeugung herangezogen werden kann.

Neben den hier erwähnten Methoden zur Strukturanalyse gibt es eine Reihe weiterer strukturaufklärender Verfahren, wie z. B. die *Mößbauer-Spektroskopie*, die u. a. bei vielfachen Fragestellungen in den Biowissenschaften Anwendung findet, oder optische Methoden, wie etwa die *Polarimetrie* und die *optische Aktivität* etc. zur Untersuchung entsprechender Substanzen. Neben der Strukturaufklärung der Moleküle oder Festkörper ist ihre stoffliche Zusammensetzung eine ebenso wichtige Fragestellung, die mit hoher Genauigkeit z. B. mittels der *Massenspektrometrie* (*MS*) (s. § 26.3.3) oder *chromatischer Verfahren* (wie *Flüssigkeits-* (*LC-*) oder *Gaschromatographie* (*GC*)), bzw. deren Kombinationen (*LC/MS* bzw. *GC/MS*) ermittelt werden kann.

7

Aufgaben

Aufgabe 39.1: Geben Sie die Rotationsenergien (in eV) eines zweiatomigen hantelförmigen starren Moleküls in Abhängigkeit von der Rotationsquantenzahl an, im Falle des

a) H_2-Moleküls, dessen reduzierte Masse $\mu = 8{,}35 \cdot 10^{-28}$ kg und der Gleichgewichtsabstand $\boldsymbol{r} = 7{,}414 \cdot 10^{-11}$ m beträgt;
b) HCl-Moleküls, mit $\mu = 1{,}61 \cdot 10^{-27}$ kg und $\boldsymbol{r} = 1{,}275 \cdot 10^{-10}$ m.

Aufgabe 39.2: Bei einem Molekül wird in einer OH-Gruppe das Wasserstoffatom durch Tritium ersetzt. Bei welcher Frequenz ν_{OT} ist, bei grober Abschätzung, jetzt ungefähr die auftretende Infrarot-Schwingung zu erwarten, wenn der ursprüngliche Wert ν_{OH} war?

Aufgabe 39.3: Berechnen Sie nach der ***de Broglie*** Beziehung die Wellenlänge thermischer Neutronen, deren Energie $E_n \approx \frac{1}{40}$ eV beträgt (Neutronenmasse $\boldsymbol{m}_n = 1{,}675 \cdot 10^{-27}$ kg) und vergleichen Sie diese mit typischen Wellenlängen von Röntgenstrahlung.

§40 Radioaktivität

Die Entdeckung der Radioaktivität des Urans im Jahre 1896 durch *A. H. Becquerel* und der radioaktiven Elemente Polonium und Radium durch das Ehepaar *Marie* und *Pierre Curie* im Jahre 1898 bildete den eigentlichen Ausgangspunkt der Kernphysik. Das detaillierte Studium der spontanen Prozesse der Kernumwandlungen hat im Laufe der Zeit Aufschluss über die Struktur der Kerne und die dort wirksamen Kräfte gegeben. Die Untersuchung instabiler Kerne ist daher auch heute noch von zentraler Bedeutung.

Von den Elementen mit den Ordnungszahlen $Z=1$ bis $Z=83$ existieren über 260 stabile Nuklide und elf sehr langlebige Isotope (z. B. Thorium, Uran, etc.), es sind aber über 2000 instabile, radioaktive Nuklide bekannt, die sich spontan in andere Nuklide umwandeln. Die Elemente mit den Ordnungszahlen $Z=43$ (Tc) und $Z=61$ (Pm) und alle mit $Z>83$ besitzen nur instabile Isotope (s. auch Tab. 38.2). Der bei einer Umwandlung, unter Aussendung von radioaktiver Strahlung, neugebildete Kern (*Tochterkern*) kann entweder stabil oder ebenfalls instabil sein und sich dann weiter umwandeln.

E. Rutherford, *H. Geiger* und *P. Villard* betrieben intensive Untersuchungen zur Aufklärung der Natur der ausgesandten radioaktiven Strahlung. Die bei Kernumwandlungen durch Zerfall natürlich radioaktiver Stoffe wie auch künstlich erzeugter Nuklide auftretenden Strahlungsarten sind (s. auch §40.2):

***α-Strahlung**:* Sie ist eine energiereiche Teilchenstrahlung, die aus Heliumkernen ($^4_2He^{++}$) besteht, die infolge ihrer zweifach positiven Elementarladung in äußeren elektrischen oder magnetischen Feldern eine (geringe) Ablenkung erfahren.

***β-Strahlung**:* Hier emittiert der Kern entweder ein hochenergetisches (negativ geladenes) Elektron (β^--Teilchen) aus der Umwandlung eines Neutrons in ein Proton oder ein Positron (β^+-Teilchen) aus der Umwandlung eines Protons in ein Neutron (s. §40.2); das Positron ist positiv geladen und besitzt dieselben Eigenschaften wie das Elektron, es ist das „Antiteilchen" zum Elektron. Diese Teilchen erfahren in äußeren elektrischen oder magnetischen Feldern eine stärkere Ablenkung als α-Teilchen.

Anmerkung: Die Gültigkeit der Erhaltungssätze der Energie, des Impulses und des Drehimpulses sowie die Energieverteilung der emittierten Elektronen oder Positronen erfordern, dass beim β-Zerfall noch ein weiteres (neutrales) Teilchen, das Neutrino (ν), emittiert wird (s. §40.2).

***γ-Strahlung**:* Bei der γ-Strahlung handelt es sich um hochenergetische elektromagnetische Wellen mit Wellenlängen $\lambda \lesssim 10^{-11}$m. Sie wird beim Übergang aus einem energetisch angeregten in einen tiefer liegenden Energiezustand des Kerns in Form eines γ-Quants der Energie $h \cdot \nu$ emittiert. Die γ-Strahlung ist durch elektrische oder magnetische Felder nicht ablenkbar.

e^--Einfang (K-Einfang): Hier fängt der Atomkern ein Elektron seiner eigenen Atomhülle ein, meist aus der K-Schale (daher auch der Name K-Einfang), wobei auch hier wieder, wie beim β-Zerfall, ein Neutrino emittiert wird.

Das bei diesem Umwandlungsprozess entstehende Tochteratom emittiert unter Auffüllung der Lücke in der Elektronenschale ein charakteristisches Röntgenquant oder die entsprechenden so genannten Auger-Elektronen.

Die Reichweite der radioaktiven Strahlungsarten ist sehr unterschiedlich und auch von deren Energie abhängig. Beispielsweise nimmt die Reichweite von Teilchenstrahlung gleicher kinetischer Energie mit steigender Masse und Ladung der Teilchen ab. Während die Reichweite von Elektronen (abhängig von ihrer Energie) z. B. in Luft dm bis m (bzw. in Wasser > 100 µm bis einige cm) ist, beträgt sie für Alphateilchen bei gleicher Energie nur wenige mm bis cm (bzw. in Wasser einige µm bis 100 µm). Die Gammastrahlung hat im Vergleich zur α- und β-Strahlung eine sehr große Reichweite aufgrund ihrer geringen Wechselwirkung mit der Materie, die energieabhängig auf unterschiedlichen Mechanismen beruht. In Wasser ist beispielsweise die Reichweite von γ-Strahlung ca. 6 cm bei einer Energie von 20 keV und etwa 65 cm bei 1 MeV γ-Energie (zur Reichweite und Wechselwirkung radioaktiver Strahlung mit Materie siehe auch §43.2.2 und §43.2.3).

Detektoren zum Nachweis und zur quantitativen Messung radioaktiver Strahlung nutzen deren anregende oder ionisierende Wirkung aus, bzw. machen die Spur der Strahlung sichtbar und sind in den §§ 25.4.2 und 25.4.3 sowie den §§ 43.1 ff. und 43.2.2 ff. behandelt.

§ 40.1 Zerfallsgesetz

Der radioaktive Zerfall erfolgt spontan und rein statistisch; er lässt sich durch Änderung physikalischer Größen wie z. B. Druck, Temperatur usw. nicht beeinflussen und ist ebenso von der chemischen Bindung des radioaktiven Nuklids unabhängig.

Wir betrachten N instabile Kerne, die sich unabhängig voneinander zu nicht voraussagbaren Zeitpunkten umwandeln. Der innerhalb eines Zeitintervalls $\mathrm{d}t$ zerfallende Bruchteil $\mathrm{d}N$ der Atomkerne eines Nuklids ist proportional zur Anzahl N der noch vorhandenen, nicht umgewandelten instabilen Kerne und es gilt:

$$\mathrm{d}N \sim N \cdot \mathrm{d}t \qquad (40.1)$$

Daraus ergibt sich durch Integration das ***exponentielle Zerfallsgesetz***:

$$N = N_0 \cdot e^{-\lambda \cdot t} \qquad (40.2)$$

N: Anzahl der zur Zeit t noch **nicht zerfallenen** Kerne

N_0: Anzahl der zur Zeit $t=0$ vorhandenen Kerne

λ: **Zerfallskonstante**

Die Zerfallskonstante λ ist für jede Kernart charakteristisch. Sie gibt die Wahrscheinlichkeit an, mit der ein Kern innerhalb einer Sekunde zerfällt. Sie hat also die *Einheit*: s^{-1}.

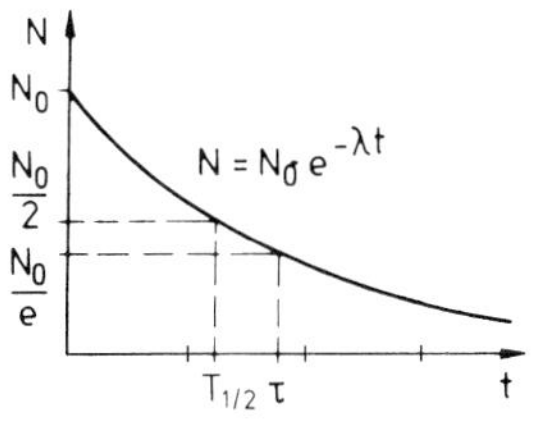

Abb. 40.1

Die Zerfallswahrscheinlichkeit eines Atomkernes ist konstant, d. h. sie hängt nicht vom Alter des radioaktiven Kernes ab (im Gegensatz zur Sterbewahrscheinlichkeit von Lebewesen). In Abb. 40.1 ist das Zerfallsgesetz graphisch dargestellt. Man bezeichnet die Zeitspanne, nach der die Hälfte der ursprünglich vorhandenen Kerne zerfallen ist, als die **Halbwertszeit $T_{1/2}$**. Nach dem Zerfallsgesetz gilt dann:

$$N_H = N_0 \cdot e^{-\lambda \cdot T_{1/2}} = \frac{N_0}{2} = N_0 \cdot e^{\ln \frac{1}{2}} = N_0\, e^{-\ln 2}$$

Daraus erhält man durch Vergleich der Exponenten:

$$\lambda \cdot T_{1/2} = \ln 2 \quad \text{oder} \quad T_{1/2} = \frac{\ln 2}{\lambda} \approx \frac{0{,}693}{\lambda} \qquad (40.3)$$

Die Halbwertszeiten radioaktiver Kerne umfassen eine große Zeitspanne und liegen zwischen ca. 10^{-7} s und ca. 10^{17} a. In Tab. 40.1 sind für einige, z. T. auch in der Medizin verwendete radioaktive Nuklide die Halbwertszeiten $T_{1/2}$, die Zerfallsart und in Klammern die Maximalenergie Q des häufigsten Übergangs angegeben (Z: Ordnungszahl; A: Massenzahl des Isotops).

Oft wird auch die **mittlere Lebensdauer τ** eines radioaktiven Kernes angegeben.

Sie entspricht der Zeitspanne nach der noch $\frac{1}{e} = 0{,}367\ldots$, d. h. noch etwa 37 % der ursprünglich vorhandenen Anzahl von Atomkernen des Nuklids (≙ 100 %) vorhanden sind. Aus dem Zerfallsgesetz folgt:

$$N_\tau = N_0 \cdot e^{-\lambda \cdot \tau} = \frac{N_0}{e} = N_0 \cdot e^{-1}$$

Für die mittlere Lebensdauer τ folgt daraus:

$$\lambda \cdot \tau = 1 \quad \text{bzw.} \quad \tau = \frac{1}{\lambda} \qquad (40.4)$$

Zwischen der Halbwertszeit $T_{1/2}$ und der mittleren Lebensdauer τ besteht nach Gleichung (40.3) und Gleichung (40.4) folgende Beziehung:

$$T_{1/2} = \tau \cdot \ln 2 \approx \tau \cdot 0{,}693 \approx 0{,}7\,\tau \qquad (40.5)$$

7

Tab. 40.1

Z	Element	A	$T_{1/2}$	Zerfallsart (Q in MeV)	Z	Element	A	$T_{1/2}$	Zerfallsart (Q in MeV)
1	${}^3_1H \equiv T$	3	12,323 a	β^- (0,02)	53	I	123	13,72 h	K-Einfang; γ (0,16)
6	C	11	20,38 min	β^+ (1,0)			131	8,02 d	β^- (0,6); γ (0,36)
		14	5730 a	β^- (0,16)	55	Cs	137	30,17 a	β^- (0,5; 1,2)
7	N	13	9,96 min	β^+ (1,19)	60	Nd	144	$2{,}1 \cdot 10^{15}$ a	α (1,83)
11	Na	22	2,6 a	β^+ (0,54); γ (1,28)	72	Hf	174	$2 \cdot 10^{15}$ a	α (2,5)
15	P	32	14,3 d	β^- (1,71)	78	Pt	190	$6{,}1 \cdot 10^{11}$ a	α (3,17)
19	K	40	$1{,}28 \cdot 10^9$ a	β^- (1,3); β^+; γ (1,46)	79	Au	198	2,7 d	β^- (1,0); γ (0,41)
26	Fe	59	44,51 d	β^- (0,5); γ (1,1)	81	Tl	201	73,1 h	K-Einfang; γ (0,17)
27	Co	60	5,271 a	β^- (0,31); γ (1,33)	90	Th	232	$1{,}405 \cdot 10^{10}$ a	α (4,01)
37	Rb	87	$4{,}8 \cdot 10^{10}$ a	β^- (0,3)	92	U	235	$7{,}038 \cdot 10^8$ a	α (4,4); γ (0,19)
38	Sr	89	50,5 d	β^- (1,5)			238	$4{,}468 \cdot 10^9$ a	α (4,2)
		90	28,79 a	β^- (0,5)	93	Np	237	$2{,}14 \cdot 10^6$ a	α (4,79); γ (0,09)
43	*Tc (i. Ü.)	99	6,01 h	γ (0,14)					

Anmerkung: Der für ${}^{99\mathrm{m}}_{43}\mathrm{Tc}$ (Technetium) angegebene Zerfall erfolgt aus einem angeregten, metastabilen Zustand (Kennung: m) des Nuklids und nicht aus dem Grundzustand. Nuklide, die trotz gleicher Protonen- und Neutronenzahl unterschiedliche Gruppen von Zerfällen mit verschiedenen Zerfallskonstanten aufweisen, haben unterschiedliche *Isomere*, die durch γ-Strahlung ineinander übergehen können. Die γ-Strahlung dieses kurzlebigen isomeren Übergangs (i. Ü.) von ${}^{99\mathrm{m}}_{43}\mathrm{Tc}$ wird z. B. in der nuklearmedizinischen Diagnostik angewendet. Im Grundzustand ist Tc ein β^--Strahler ($Q = 0{,}3$ MeV) mit $T_{1/2} = 2{,}1 \cdot 10^5$ a.

In Diagrammen wird für das Zerfallsgesetz (Gleichung (40.2)) oft eine halblogarithmische Darstellung (Abb. 40.2) gewählt, da dann ein linearer Zusammenhang zwischen $\frac{N}{N_0}$ und der Zeit t besteht (s. auch Anhang Mathematische Grundlagen, III.C.). Die Zerfallskonstante λ ergibt sich dann aus der Steigung der Geraden.

Betrachtet man nun nicht die Anzahl N der noch vorhandenen Kerne, sondern die Anzahl N_Z der zerfallenen Kerne als Funktion der Zeit t, so gilt (N_0: Anzahl der Kerne zur Zeit $t = 0$):

$$N_Z = N_0 - N = N_0 - N_0 \cdot e^{-\lambda \cdot t}$$

oder

$$\boxed{N_Z = N_0 \cdot (1 - e^{-\lambda \cdot t})} \qquad (40.6)$$

Das Diagramm der Gleichung (40.6) ist in Abb. 40.3 dargestellt.

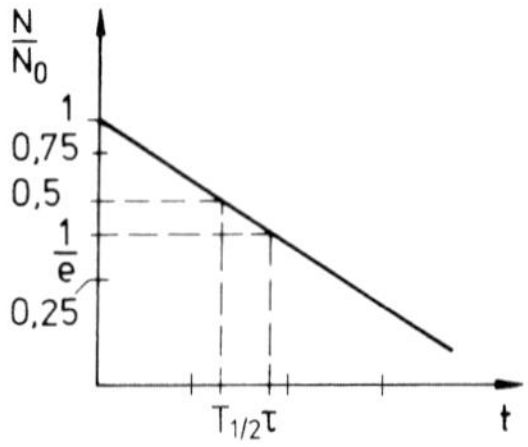

Abb. 40.2

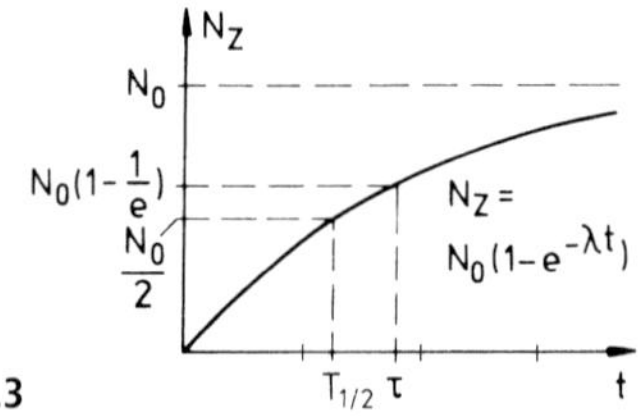

Abb. 40.3

In der Praxis wird meistens nicht die Anzahl der zerfallenen Kerne bestimmt, sondern die Anzahl der Zerfälle pro Sekunde. Diese Größe wird als **Aktivität** A einer radioaktiven Substanz bezeichnet:

Definition:

$$\text{Aktivität } A = \frac{\text{Anzahl der Zerfälle}}{\text{Sekunde}} \quad (40.7)$$

Einheit:

Becquerel (Bq); 1 Bq = 1 s^{-1}

Gemäß ihrer Definition ist die Aktivität $A = -\frac{dN}{dt}$ einer radioaktiven Substanz proportional zur Anzahl N der noch vorhandenen, nicht umgewandelten instabilen Kerne und es folgt mit Gleichung (40.2):

$$A = N \cdot \lambda = N_0 \cdot \lambda \cdot e^{-\lambda \cdot t} = A_0 \cdot e^{-\lambda \cdot t} \quad (40.8)$$

Die Zahl der pro Zeiteinheit zerfallenden Atome ist gleich der Zahl der aktiven Kerne N multipliziert mit der Zerfallswahrscheinlichkeit λ. Dabei ist $A_0 = \lambda \cdot N_0$ die Aktivität zum Zeitpunkt $t = 0$ und λ die Zerfallskonstante. Trägt man den Logarithmus der Aktivität $\ln(A(t))$ oder wie in Abb. 40.4 in logarithmischer Teilung der Ordinatenachse den Quotienten A/A_0 in Abhängigkeit von der Zeit t auf, so ist die

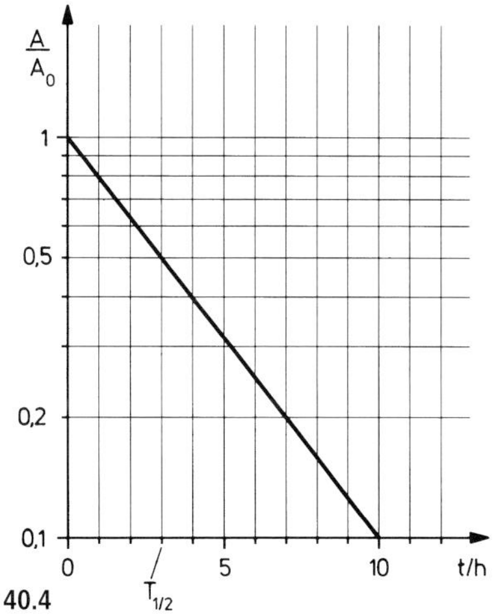

Abb. 40.4

Steigung der Geraden durch die Zerfallskonstante λ bestimmt. Aus (40.8) folgt mit (40.3), dass nach der Halbwertszeit $t = T_{1/2}$ die Aktivität $A = A_0 \cdot e^{-\lambda \cdot T_{1/2}} = \frac{A_0}{2}$ ist, d. h. auf die Hälfte abgenommen hat.

Als Einheit für die Aktivität wird mitunter noch das durch das Becquerel ersetzte, früher verwendete Curie (Ci) angegeben:

Definition:

1 Curie entspricht derjenigen Masse einer radioaktiven Substanz, bei der $3{,}7 \cdot 10^{10}$ Zerfälle pro Sekunde stattfinden (1 Ci = $3{,}7 \cdot 10^{10}$ Bq).

Die Einheit 1 Ci ist so gewählt, dass *1 Gramm Radium die Aktivität von 1 Ci besitzt*, denn $m = 1$ g Radium ($M = 226$ g/mol) enthält

$$N = \frac{N_A \cdot m}{M} = \frac{6 \cdot 10^{23}}{226} = 2{,}6 \cdot 10^{21}$$

radioaktive Kerne. Bei einer Zerfallswahrscheinlichkeit von $\lambda = 1{,}42 \cdot 10^{-11}\,s^{-1}$ ergibt sich eine Aktivität von:

$$A = N \cdot \lambda = 2{,}6 \cdot 10^{21} \cdot 1{,}42 \cdot 10^{-11} s^{-1}$$
$$= 3{,}7 \cdot 10^{10}\,\text{Bq}$$

§ 40.2 Natürliche Radioaktivität

Die Synthese der Elemente, die es heute auf der Erde gibt, fand vor ca. fünf Milliarden Jahren ihren Abschluss. Außer den stabilen Nukliden haben von den ebenfalls gebildeten radioaktiven Nukliden einige wenige infolge ihrer langen Halbwertszeit bis heute überlebt. Die in der Natur vorkommenden ***natürlich radioaktiven Nuklide*** sind somit solche, deren Halbwertszeit mindestens von der Größenordnung des Alters der Erde ist, oder die als Folgeprodukte solcher langlebiger Nuklide oder auch durch die kosmische Strahlung ständig nachgebildet werden. Natürlich radioaktive Elemente der ersten Art werden ***primordiale Nuklide*** genannt; Beispiele hierfür sind $^{40}_{19}K$, $^{87}_{37}Rb$, $^{144}_{60}Nd$, $^{174}_{72}Hf$, $^{232}_{90}Th$, $^{235}_{92}U$, $^{238}_{92}U$ (s. auch Tab. 40.1). Die letzten drei genannten primordialen Kerne bilden jeweils die Muttersubstanz einer radioaktiven Zerfallsreihe, bei der die Folgeprodukte durch sukzessive α- oder β-Zerfälle gebildet werden, bis schließlich ein stabiles (d. h. *nicht* radioaktives) Endprodukt erreicht wird. Es gibt genau vier verschiedene radioaktive Zerfallsreihen mit den Bezeichnungen: ***Thorium-Reihe***, ***Uran-Radium-Reihe***, ***Uran-Actinium-Reihe*** und ***Neptunium-Reihe***, die in Tab. 40.2 zusammen mit ihren Ausgangs- und Endkernen und den Halbwertszeiten $T_{1/2}$ der Mutterkerne angegeben sind.

Die Glieder der Neptunium-Reihe kommen auf der Erde nicht natürlich vor, da die längste Halbwertszeit nur $2{,}2 \cdot 10^6$ a beträgt. Die Abb. 40.5 zeigt als Beispiel die Uran-Radium-Zerfallsreihe. Man erkennt deutlich, dass durch *α- und β-Zerfall Umwandlungen von Elementen stattfinden*, wobei innerhalb der Zerfallsreihe wieder ein radioaktiver Kern gebildet wird, bis die Reihe mit einem stabilen Kern endet (im Beispiel $^{206}_{82}Pb$).

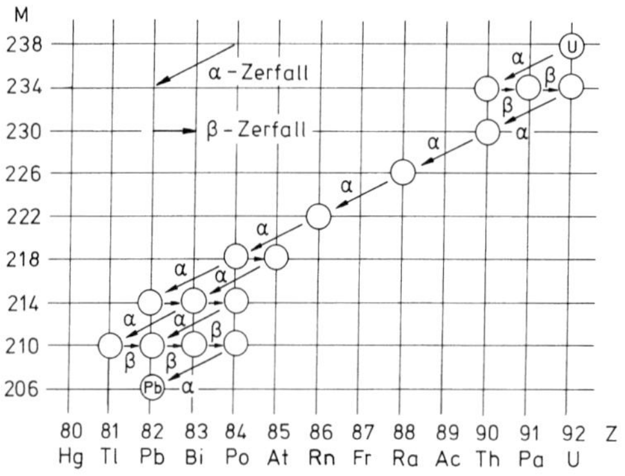

Abb. 40.5

Die radioaktiven Zerfallsarten

Die eingangs zu diesem Abschnitt erwähnten Arten der radioaktiven Strahlung sollen nun im Folgenden etwas eingehender besprochen werden.

α-Zerfall

Diese Zerfallsart findet man für Ordnungszahlen $Z \geq 60$ und Massenzahlen $A \geq 144$ und vor allem für die schweren Kerne mit $Z > 83$. Da α-Teilchen ^4_2He-Kerne sind, verringert sich die Ordnungszahl Z um 2 und die Massenzahl A um 4, wenn ein radioaktives Nuklid X_M ein α-Teilchen emittiert, dabei wandelt sich das Mutternuklid X_M in das Tochternuklid X_T um. Allgemein gilt bei α-Zerfall:

$$^{A}_{Z}X_M \rightarrow \alpha + ^{A-4}_{Z-2}X_T$$

Beispiele für α-Strahler sind (siehe auch Tab. 40.1):

$$^{226}_{88}Ra \rightarrow \alpha + ^{222}_{86}Rn$$

Das $^{222}_{86}Rn$ ist auch instabil und zerfällt ebenfalls unter α-Emission:

$$^{222}_{86}Rn \rightarrow \alpha + ^{218}_{84}Po$$

wobei das ebenfalls instabile $^{218}_{84}Po$ weiter durch sukzessive α- und β^--Emissionen zerfällt, bis schließlich das stabile Tochternuklid $^{206}_{82}Pb$ erreicht ist. Weitere Beispiele von α-Strahlern sind:

$$^{210}_{84}Po \rightarrow \alpha + ^{206}_{82}Pb$$

$$^{238}_{92}U \rightarrow \alpha + ^{234}_{90}Th$$

$$^{232}_{90}Th \rightarrow \alpha + ^{228}_{88}Ra$$

$$^{190}_{78}Pt \rightarrow \alpha + ^{186}_{76}Os$$

$$^{174}_{72}Hf \rightarrow \alpha + ^{170}_{70}Yb$$

$$^{144}_{60}Nd \rightarrow \alpha + ^{140}_{58}Ce$$

Die von den Radionukliden emittierten α-Teilchen haben eine Energie zwischen $E_\alpha \approx 1{,}5$ MeV und ca. 10 MeV. Die beim radioaktiven Zerfall einer bestimmten Nuklidsorte emittierten α-Teilchen zeichnen sich durch diskrete Energie aus; häufig treten auch mehrere diskrete Gruppen von α-Teilchen auf, die sich in ihrer Energie unterscheiden. Die diskreten α-

Tab. 40.2

Name der Reihe	Ursprung	Mutterkern	$T_{1/2}$ (in a)	Endkern
Thorium	natürlich	$^{232}_{90}Th$	$1{,}4 \cdot 10^{10}$	$^{208}_{82}Pb$
Uran-Radium	natürlich	$^{238}_{92}U$	$4{,}5 \cdot 10^{9}$	$^{206}_{82}Pb$
Uran-Actinium	natürlich	$^{235}_{92}U$	$7{,}1 \cdot 10^{8}$	$^{207}_{82}Pb$
Neptunium	künstlich	$^{237}_{93}Np$	$2{,}2 \cdot 10^{6}$	$^{209}_{83}Bi$

Energien geben einen Hinweis auf diskrete Energieniveaus der Bausteine im Atomkern.

Die kinetische Energie der α-Teilchen beispielsweise beim Zerfall des $^{238}_{92}U$ (s. oben) beträgt $E_\alpha = 4{,}2\,MeV$, die gesamte Bindungsenergie des α-Teilchens im Kern jedoch ca. 28 MeV. Nach den Regeln der klassischen Physik wäre somit ein α-Zerfall energetisch unmöglich. In der Quantenmechanik können wir aber eine Wahrscheinlichkeit dafür angeben, dass die α-Teilchen den Potentialwall durchtunneln können ***(quantenmechanischer Tunneleffekt)***. Im Kern befinden sich nun die einzelnen Nukleonen in gebundenen Zuständen. Durch die Vereinigung von vier Nukleonen im Kerninnern zu einem α-Teilchen entsteht ein sog. quasistationärer Zustand mit positiver Zerfallsenergie Q. Je höher diese Energie ist, umso größer wird die Zerfallswahrscheinlichkeit sein, umso leichter können daher die α-Teilchen den Potentialwall durchtunneln und mit diskreter Energie den Kern verlassen. Kerne, die α-Teilchen mit höherer kinetischer Energie emittieren, sind also kurzlebiger, d. h. sie besitzen eine kleinere Halbwertszeit. Es gilt die Proportionalität $\log T_{1/2} \sim E^{-1/2}$. Die gesetzmäßige Beziehung zwischen der Energie bzw. Reichweite von α-Teilchen und der Zerfallskonstante λ ist als *Geiger-Nutall'sche Regel* bekannt (s. §43.2.3).

β^--Zerfall

Die von einem radioaktiven Isotop emittierten β^--Teilchen haben im Gegensatz zum α-Zerfall keine diskrete, sondern eine kontinuierliche Energieverteilung. Die Ursache dafür liegt in der gleichzeitigen Emission zweier Teilchen, dem Elektron β^- und dem ***Antineutrino*** $\bar{\nu}_e$ (des Elektrons). Diese werden in dem Augenblick erzeugt, in dem sich im Kern ein Neutron (n) in ein Proton (p) umwandelt:

$$n \rightarrow p + \beta^- + \bar{\nu}_e$$

Das Proton verbleibt im Kern, während das emittierte Teilchenpaar (und ggf. der emittierende Kern) die beim Kernumwandlungsprozess frei werdende Energie übernehmen. Die von β^- und $\bar{\nu}_e$ übernommene Energie, die in praktischen Fällen gleich der gesamten Umwandlungsenergie ist, verteilt sich statistisch auf beide Teilchen. Dadurch ist die beobachtete kontinuierliche Energieverteilung der β^--Teilchen erklärbar. Die Energien liegen zwischen wenigen keV bis zu 14 MeV.

Das Antineutrino $\bar{\nu}_e$ wie auch das Neutrino ν_e (s. unten) sind neutrale Teilchen mit der Ruhmasse Null und dem Spin $\frac{1}{2}\hbar$. Auf der Grundlage des Neutrinokonzeptes von *W. Pauli* ist die Gültigkeit von Energie-, Impuls- und Drehimpulserhaltungssatz beim β-Zerfall gewährleistet.

Der β^--Zerfall tritt bei solchen Kernen auf, die im Vergleich zu ihrer Protonenzahl zu viele Neutronen besitzen. Dieser Neutronenüberschuss wird durch den β^--Zerfall abgebaut und es entsteht ein (Tochter-)Nuklid X_T mit gleicher Massenzahl A, jedoch mit einer um eins erhöhten Ordnungszahl Z. Allgemein gilt:

$$^A_ZX_M \rightarrow {}^{A}_{Z+1}X_T + {}^{0}_{-1}e + {}^{0}_{0}\bar{\nu}_e$$

Beispiele für β^--Strahler sind (die ebenfalls emittierten Antineutrinos sind nachstehend weggelassen, wie auch eine eventuell auftretende γ-Emission, falls der β^--Zerfall nicht unmittelbar in den Grundzustand des Tochterkerns erfolgt):

$$^{233}_{91}Pa \rightarrow \beta^- + {}^{233}_{92}U$$
$$^{218}_{84}Po \rightarrow \beta^- + {}^{218}_{85}At$$
$$^{214}_{82}Pb \rightarrow \beta^- + {}^{214}_{83}Bi$$
$$^{214}_{83}Bi \rightarrow \beta^- + {}^{214}_{84}Po$$
$$^{210}_{83}Bi \rightarrow \beta^- + {}^{210}_{84}Po$$
$$^{40}_{19}K \rightarrow \beta^- + {}^{40}_{20}Ca$$
$$^{14}_{6}C \rightarrow \beta^- + {}^{14}_{7}N$$

Die Umwandlung eines Neutrons in ein Proton ist auch beim **freien Neutron** möglich, da der Massenüberschuss des Neutrons gegenüber dem Proton ausreicht, die für die Bildung des Elektrons notwendige, seiner Masse äquivalente Energie von 0,511 MeV zu liefern. Die Zerfallsgleichung des freien Neutrons lautet:

$$n \rightarrow p + \beta^- + \bar{\nu}_e + 0{,}8\,MeV$$

Der Energieüberschuss von 0,8 MeV wird auf das β^--Teilchen und das $\bar{\nu}_e$ aufgeteilt. Das freie Neutron ist also ein β^--Strahler mit einer Halbwertszeit von $T_{1/2} \approx 10{,}6$ min.

Der β^--Zerfall ist ein Beispiel der sog. ***schwachen Wechselwirkung.*** Diese Wechselwirkung ist um viele

7

Tab. 40.3

Wechselwirkung	Starke	Elektromagnetische	Schwache	Gravitation
Relative Stärke	1	10^{-2}	10^{-13}	10^{-39}
Reichweite	10^{-15} m	∞	$< 10^{-16}$ m	∞

Zehnerpotenzen schwächer als die Wechselwirkung der Nukleonen untereinander, die sog. ***starke Wechselwirkung***. Neben diesen beiden gibt es noch als weitere fundamentale Wechselwirkungen die ***elektromagnetische Wechselwirkung*** und die ***Gravitations-Wechselwirkung*** (s. Tab. 40.3). Aufgrund neuer Erkenntnisse können die elektromagnetische und die schwache Wechselwirkung zur ***elektroschwachen Wechselwirkung*** zusammengefasst werden. In Tab. 40.3 sind die Wechselwirkungen mit je zwei ihrer Merkmale zusammengestellt.

β^+-Zerfall

Der β^+- oder ***Positronenzerfall*** tritt bei solchen Kernen auf, die im Vergleich zur Neutronenzahl zu viele Protonen enthalten. Der β^+-Zerfall führt daher zum Abbau des Protonenüberschusses im Kern. Der der Positronenemission zugrunde liegende Prozess ist die Umwandlung eines Protons des Kerns in ein ***Positron*** $\boldsymbol{\beta^+}$ und ein ***Neutrino*** $\boldsymbol{\nu_e}$:

$$\mathrm{p} \rightarrow \mathrm{n} + \beta^+ + \nu_\mathrm{e}$$

Diese Umwandlung ist nur durch Energiezufuhr möglich. Da die Masse des Protons kleiner als die des Neutrons ist, muss die Energie zur Bildung des Neutrons und des Positrons, d. h. das Energieäquivalent von zwei Elektronenmassen, von den anderen Nukleonen des Kerns aufgebracht werden. Die Energie des Ausgangskerns muss daher beim β^+-Zerfall um mindestens 1,02 MeV größer sein als die des Endkerns (1,02 MeV ist das Energieäquivalent von 2 Elektronenmassen; s. Tab. 38.3).

Beim β^+-Zerfall entsteht ein Nuklid mit gleicher Massenzahl A, aber mit einer um eins geringeren Ordnungszahl Z:

$${}^{A}_{Z}\mathrm{X_M} \rightarrow {}_{Z-1}^{\;\;A}\mathrm{X_T} + {}^{\;\,0}_{+1}e + {}^{0}_{0}\nu_\mathrm{e}$$

Es gibt Kerne, die sowohl durch β^-- als auch β^+-Emission zerfallen können, wie z. B. das ${}^{40}_{19}\mathrm{K}$.

Eine Kernumwandlung zu einem Kern mit einer um eins geringeren Ordnungszahl kann auch durch den sog. ***K-Einfang*** oder generell ***Elektroneneinfang*** erfolgen. Dabei wird ein Elektron der Atomhülle, und zwar vorzugsweise aus der dem Kern nahe liegenden K-Schale eingefangen, um die Energie zur Umwandlung eines Protons in ein Neutron zu gewinnen: $\mathrm{p} + \mathrm{e}^- \rightarrow \mathrm{n} + \nu_\mathrm{e}$. Emittiert wird ein Neutrino und als Folge des Prozesses z. B. ein Röntgenquant der Atomhülle.

γ-Strahlung

Nach einer Kernumwandlung durch einen α-, β^-- oder β^+-Zerfall befindet sich der Tochterkern häufig in einem angeregten Zustand, d. h. die Nukleonenanordnung entspricht nicht der kleinstmöglichen potentiellen Energie. Beim Übergang in stabilere Zustände kleinerer potentieller Energie wird die Energiedifferenz in Form von γ-Quanten ausgestrahlt. Die vom Kern emittierte γ-Strahlung ist ein wichtiger Hinweis auf die Existenz diskreter Energiezustände der Nukleonen in den Kernen. Als allgemeine Darstellung lässt sich ausgehend vom angeregten Kern $\left({}^{A}_{Z}\mathrm{X}\right)^*$ schreiben:

$$\left({}^{A}_{Z}\mathrm{X}\right)^* \rightarrow {}^{A}_{Z}\mathrm{X} + \gamma$$

Massen- und Ordnungszahl bleiben beim γ-Zerfall unverändert. Die Energien der γ-Quanten liegen zwischen 0,1 MeV und 20 MeV.

§ 40.3 Gewinnung radioaktiver Nuklide – Neutronenerzeugung

Beschießt man Atomkerne mit α-Teilchen, Neutronen (n), Protonen (p) oder anderen Atomkernen (z. B. Deuterium d) oder auch mit γ-Strahlen, so finden künstliche Kernumwandlungen statt. Beim Beschuss z. B. der beiden stabilen Isotope $^{107}_{47}\text{Ag}$ bzw. $^{109}_{47}\text{Ag}$ des natürlich vorkommenden Silbers mit Neutronen entstehen aufgrund von ***Neutroneneinfang*** durch die Nuklide die beiden Kerne $^{108}_{47}\text{Ag}$ bzw. $^{110}_{47}\text{Ag}$:

$$^{107}_{47}\text{Ag} + \text{n} \rightarrow {}^{108}_{47}\text{Ag}$$

$$^{109}_{47}\text{Ag} + \text{n} \rightarrow {}^{110}_{47}\text{Ag}$$

Diese beiden Isotope sind instabil und zerfallen unter β^--Emission in die stabilen Nuklide $^{108}_{48}\text{Cd}$ bzw. $^{110}_{48}\text{Cd}$ des Cadmiums. Bei solchen Kernumwandlungen entstehen oft kurzlebige radioaktive Isotope, die sonst auf der Erde nicht vorkommen. In diesen Fällen spricht man von **künstlicher Radioaktivität**. Es gibt inzwischen eine große Zahl möglicher Erzeugungsreaktionen für künstliche ***Radioisotope*** (s. unten).

Eine Kernreaktion der obigen Art kann allgemein als folgender Vorgang betrachtet werden: Der ***Ausgangskern*** **A** (das ***Target***) wird mit dem ***Projektil*** **a** beschossen; durch Kernumwandlung entsteht der ***Produktkern*** **B**, das ***Produktteilchen*** **b** und eine **exotherme** oder **endotherme Wärmetönung** $\boldsymbol{\Delta Q}$ (> 0 oder < 0), je nach der Differenz der Gesamtmasse vor und nach der Kernumwandlung und der Größe der kinetischen Enegie des Projektils a. Es kann somit geschrieben werden:

$$\text{A} + \text{a} \rightarrow \text{B} + \text{b} + \Delta Q$$

oder kurz:

$$\text{A(a, b)B} + \Delta Q$$

Beispiele:

$$^{6}_{3}\text{Li}(\text{n},\alpha)^{3}_{1}\text{H} + \Delta Q$$

$$^{12}_{6}\text{C}(\text{p},\gamma)^{13}_{7}\text{N} + \Delta Q$$

Die erste künstliche Kernumwandlung wurde von *E. Rutherford* 1919 durchgeführt. Er beschoss Stickstoffkerne mit α-Teilchen und deutete das Auftreten von Protonen durch die Reaktion:

$$^{14}_{7}\text{N}(\alpha,\text{p})^{17}_{8}\text{O} + \Delta Q \quad (\Delta Q = -1{,}2\,\text{MeV})$$

Durch Nebelkammeraufnahmen (s. § 43.2.3) gelang *P. Blackett* 1923 der direkte Nachweis dieser Reaktion, bei der das α-Teilchen nicht nur ein Proton aus dem Stickstoffnuklid herausschlägt, sondern sich diesem unter Bildung des Zwischenkerns $^{18}_{9}\text{F}$ anlagert, welcher fast sofort wieder in $^{17}_{8}\text{O}$ zerfällt unter Freisetzung des Protons p.

Die erste Kernreaktion, die zur Bildung eines künstlich radioaktiven Nuklids führte, gelang *F. Joliot* und *I. Joliot-Curie* beim Beschuss von Aluminium mit α-Teilchen:

$$^{27}_{13}\text{Al}(\alpha,\text{n})^{30}_{15}\text{P} + \Delta Q \quad (\Delta Q = -2{,}69\,\text{MeV})$$

$^{30}_{15}\text{P}$ ist ein instabiles Nuklid, das mit einer Halbwertzeit $T_{1/2} = 2{,}5$ min unter *Positronen-* (β^+) und *Neutrinoemission* ν_e in das stabile Isotop $^{30}_{14}\text{Si}$ zerfällt:

$$^{30}_{15}\text{P} \rightarrow {}^{30}_{14}\text{Si} + \beta^+ + \nu_e$$

Außer dem künstlich radioaktiven Nuklid $^{30}_{15}\text{P}$ entstehen bei dieser Kernreaktion des Al mit α-Teilchen auch noch **Neutronen (n)**. Die Entdeckung des Neutrons durch *J. Chadwick* 1932 erfolgte mit der Kernreaktion:

$$^{9}_{4}\text{Be}(\alpha,\text{n})^{12}_{6}\text{C} + \Delta Q \quad (\Delta Q = 5{,}7\,\text{MeV})$$

die auch heute noch zur Erzeugung von Neutronen Anwendung findet. Die zum Beschuss des Targets ($^{9}_{4}\text{Be}$) erforderlichen Projektile ($^{4}_{2}\text{He}$-Kerne) stammen beispielsweise aus einer Poloniumquelle, mit dem instabilen Isotop $^{214}_{84}\text{Po}$ bzw. $^{210}_{84}\text{Po}$, aus dem α-Zerfall von $^{241}_{95}\text{Am}$ oder aus einer Radiumquelle mit $^{226}_{88}\text{Ra}$ als α-Strahler. Letzterer war vor der Zeit der Teilchenbeschleuniger und Kernreaktoren als sog. ***Radium-Beryllium-Quelle*** (Ra-Be(α, n)) eine der gebräuchlichsten Neutronenquellen.

Neben den genannten radioaktiven Neutronenquellen, bei welchen die Neutronen durch (α, n)-Reaktionen erzeugt werden, finden auch (γ, n)-Reaktionen (z. B. mit $^{124}_{51}\text{Sb}$ als γ-Strahler) an leichten Kernen (wie z. B. Be) sowie die Spontanspaltung schwerer Kerne (z. B. $^{252}_{98}\text{Cf}$) vielfältige Anwendung zur Neutronenerzeugung.

Mit Beschleunigern lassen sich Neutronen ziemlich gut definierter Energie erzeugen durch Kernumwandlungen von leichten Elementen (z. B. D, T, Li, Be) als Targetmaterial bei Beschuss mit beschleunig-

7

ten, geladenen Projektilen scharfer Energie, wie beispielsweise Protonen (p), Deuteronen (d) oder auch α-Teilchen. Die Ausbeuten sind erheblich größer als mit radioaktiven Neutronenquellen. Die besten Quellen, insbesondere für thermische Neutronen sind die Kernreaktoren, in welchen Neutronen durch Kernspaltung erzeugt werden (s. unten).

Die emittierten Neutronen weisen meist hohe Energien auf (mit breiter Energieverteilung) und müssen daher i. Allg. verlangsamt werden. Solche thermische Neutronen (typische Energien: $5\,\text{meV} < E_{\text{th}} < 0{,}5\,\text{eV}$) kann man durch ***„moderieren"*** erhalten, indem man die Quelle mit wasserstoffhaltigem Material (wie etwa Wasser oder Paraffin) umgibt. Infolge der sehr ähnlichen Massen genügen schon relativ wenige Stöße zwischen den schnellen Neutronen und den Moderatorprotonen, um die Neutronenenergie rasch auf niedrige Werte zu bringen.

Da Neutronen ungeladen sind, können sie nicht direkt registriert werden, sondern ihr Nachweis gelingt nur vermöge der durch Kernwechselwirkung erzeugten Sekundärteilchen, die durch die Energie der zu messenden Neutronen bestimmt werden und deren Intensitäten und Energien zur Erzeugung einer messbaren Ionisation ausreichen. Als Beispiel betrachten wir den indirekten Nachweis von Neutronen mit dem sog. Bortrifluorid-(BF_3-)Zähler über eine Kernreaktion mit Bor: ${}^{10}_{5}\text{B}(\text{n},\alpha){}^{7}_{3}\text{Li}$. Dazu wird ein Geiger-Müller-Zählrohr oder eine Ionisationskammer mit einem borhaltigen Gas, wie z. B. BF_3, gefüllt oder mit einer Borverbindung ausgekleidet, womit die über die Kernreaktion der Neutronen mit Bor entstehenden α-Teilchen nachgewiesen werden.

Erzeugung von Radionukliden

Die Erzeugung *radioaktiver Nuklide* erfolgt heute überwiegend in *Kernreaktoren* sowie in *Teilchenbeschleunigern* (*Zyklotrons*), aber auch in sog. *Radionuklid-Generatoren*, wobei die in Kernreaktoren und Beschleunigern erzeugten Nuklide die sog. *primären* und die in den Generatoren erzeugten die sog. *sekundären Radionuklide* darstellen.

In ***Kernreaktoren*** entstehen sie entweder bei der Kernspaltung (s. § 40.4) direkt als radioaktive Zerfallsprodukte oder durch Beschuss entsprechender neutraler Ausgangsnuklide mit langsamen Neutronen (Neutronenaktivierung), was zu instabilen Kernen mit Neutronenüberschuss führt, die sich dann spalten. Die meisten der in Technik und Medizin angewendeten Radionuklide (s. auch Tab. 40.1) werden durch Neutroneneinfang erzeugt. Wichtige medizinisch genutzte Radionuklide aus Kernreaktoren sind beispielsweise ${}^{32}_{15}\text{P}$, ${}^{131}_{53}\text{I}$ und ${}^{133}_{54}\text{Xe}$ sowie die als Mutternuklide für Radionuklidgeneratoren dienenden Radioisotope ${}^{90}_{38}\text{Sr}$, ${}^{99}_{42}\text{Mo}$ und ${}^{68}_{32}\text{Ge}$.

In ***Beschleunigern*** führt der Beschuss der Ausgangsnuklide mit geladenen Teilchen, wie α-Teilchen, Protonen oder Deuteronen, zu Kernen mit Protonenüberschuss, woraus durch Kernspaltung bzw. radioaktiven Zerfall das entsprechende Radionuklid entsteht. Beispiele medizinisch genutzter Nuklide aus Beschleunigern sind das Isotop ${}^{82}_{38}\text{Sr}$, das als Mutternuklid für den Rubidiumgenerator verwendet wird, sowie die Radionuklide ${}^{11}_{6}\text{C}$, ${}^{13}_{7}\text{N}$, ${}^{15}_{8}\text{O}$, ${}^{18}_{9}\text{F}$ und ${}^{123}_{53}\text{I}$, die Positronenstrahler sind und u. a. insbesondere bei der *Positronen-Emissions-Tomographie* (s. § 40.5) eingesetzt werden.

Radionuklidgeneratoren

In der Nuklearmedizin kommt für Bestrahlungszwecke beispielsweise die **Kobaltbestrahlungsquelle** zum Einsatz. Dieser Radionuklidgenerator generiert in einer durch thermische Neutronen induzierten Reaktion das für die Tumortherapie verwendete Radioisotop ${}^{60}_{27}\text{Co}$ des Cobalts. Dieses Nuklid wandelt sich mit einer Halbwertszeit von $T_{1/2} = 5{,}271$ a in das stabile Isotop ${}^{60}_{28}\text{Ni}$ von Nickel unter Emission von β^--Strahlung sowie von γ-Quanten unterschiedlicher Energie um. Die neutroneninduzierte Reaktion und der überwiegend ablaufende Zerfallsprozess sind wie folgt:

$$
\begin{aligned}
{}^{1}_{0}\text{n} + {}^{59}_{27}\text{Co} &\rightarrow {}^{60}_{27}\text{Co}^* \rightarrow {}^{60}_{27}\text{Co} + \gamma \\
&\rightarrow {}^{60}_{28}\text{Ni}^* + \beta^- + \bar{\nu}_{\text{e}} \rightarrow {}^{60}_{28}\text{Ni} + \gamma
\end{aligned}
$$

wobei mit (*) die angeregten Nuklidzustände gekennzeichnet sind, die durch γ-Emission zerfallen. Die auftretenden γ-Quanten besitzen eine Energie von 1,17 und 1,33 MeV, sind somit energiereicher als Röntgenstrahlen aus konventionellen Röhren (bis zu max. 300 keV) und lassen sich daher vorteilhaft bei der Krebstherapie einsetzen (Strahlentherapie mit der sog. „Kobaltbombe").

Für die Routinediagnostik, wie auch für die ***Szintigraphie*** (s. § 40.5), als eines der bildgebenden Untersuchungsverfahren der Nuklearmedizin, wird in vielfältiger Weise das Radionuklid $^{99m}_{43}$Tc des Technetiums eingesetzt. Dieses metastabile Isotop wird in **Technetiumgeneratoren** gewonnen. Ausgangskern zur Gewinnung von $^{99m}_{43}$Tc ist das Molybdän $^{99}_{42}$Mo, welches meist in Forschungsreaktoren durch Neutronenbeschuss von Uran als Spaltprodukt erzeugt wird. Dieses Mutternuklid $^{99}_{42}$Mo ist ein β^--Strahler und zerfällt mit einer Halbwertszeit von $T_{1/2} = 65{,}94$ h mit ca. 87,6 % in einen angeregten Nuklidzustand des Technetiums $^{99}_{43}\mathrm{Tc}^*$ und mit rund 12,4 % in dessen Grundzustand, gemäß $^{99}_{42}\mathrm{Mo} \rightarrow {}^{99}_{43}\mathrm{Tc}^* + \beta^- + \bar{\nu}_e$. Das so entstandene metastabile Tochternuklid $^{99m}_{43}$Tc geht durch einen isomeren Übergang mit einer Halbwertszeit von $T_{1/2} = 6{,}01$ h in den Grundzustand über, unter Emission der damit für die Diagnostik verfügbaren γ-Strahlung der Photonenenergie 143 keV: $^{99m}_{43}\mathrm{Tc} \rightarrow {}^{99}_{43}\mathrm{Tc} + \gamma$.

Die Gewinnung des Radionuklids erfolgt prinzipiell folgendermaßen: Im mit Blei abgeschirmten Radionuklidgenerator, der das an eine mit Aluminiumoxid gefüllte Chromatographiesäule adsorbierte Mutternuklid $^{99}_{42}$Mo enthält, entsteht infolge des radioaktiven Zerfalls des Mutternuklids kontinuierlich das Tochternuklid $^{99m}_{43}$Tc. Eluiert man mit isotonischer Natriumchlorid-Lösung, so kann das darin gelöste $^{99m}_{43}$Tc-Radionuklidion entweder einer direkten Verwendung zugeführt oder in Verbindung mit einem anderen Stoff oder Arzneimittel als Radiopharmakon aufbereitet werden. Eluiert wird jeweils nach Erreichen des radioaktiven Gleichgewichts zwischen Mutter- und Tochternuklid, das sich nach jeder vorausgehenden Elution wieder aufbaut. Die Nominalaktivität ist in der Regel nach drei bis maximal vier Halbwertszeiten des Tochternuklids wieder erreicht. Die Verwendbarkeit von Technetium-Generatoren neuerer Generation liegt inzwischen typischerweise, je nach Verwendungszweck, zwischen 12 Tagen bis bei maximal 20 Tagen nach Herstellungsdatum.

Mit dem Radionuklid $^{99m}_{43}$Tc steht der nuklearmedizinischen Diagnostik ein Radiopharmakon zur Verfügung, das in seiner biologischen Verteilung zahlreiche Gemeinsamkeiten mit z. B. den Iod- und Perchlorationen besitzt und daher inzwischen weltweit zu einem der meist verwendeten Radioisotope wurde. Die Palette der Anwendungsgebiete ist breit, wie beispielsweise zur Szintigraphie der Schilddrüse, des Gehirns, der Speicheldrüsen bzw. zur Angiographie bei koronarer Herzerkrankung, oder der Knochenszintigraphie, wie auch zur Markierung von organspezifischen Wirkstoffen für szintigraphische Untersuchungen wie auch zur Funktionsdiagnostik diverser Organe (z. B. Lunge, Niere etc.) oder des Blutkreislaufes.

Einen für die Anwendung in der Nuklearmedizin äußerst interessanten Radionuklid-Generator, stellt der **Germanium/Galliumgenerator** dar, durch welchen insbesondere die Positronen-Tomographie (s. § 40.5) unabhängig von der direkten Anbindung an einen Teilchenbeschleuniger werden kann.

Das Mutternuklid $^{68}_{32}$Ge des Generators wird meist in Kernreaktoren erzeugt. Es wandelt sich unter Elektroneneinfang (s. § 40.2) mit einer Halbwertszeit von 270,8 Tagen in das Tochternuklid $^{68}_{31}$Ga um, dem nuklearmedizinisch genutzten Radioisotop. Dieses zerfällt mit einer Halbwertszeit $T_{1/2} = 67{,}629$ Minuten überwiegend unter Emission eines Positrons β^+ (und eines Neutrinos ν_e) in das stabile Zinkisotop $^{68}_{30}$Zn, gemäß $^{68}_{31}\mathrm{Ga} \rightarrow {}^{68}_{30}\mathrm{Zn} + \beta^+ + \nu_e$, kann aber auch durch Elektroneneinfang in das stabile $^{68}_{30}$Zn übergehen. Trifft das beim radioaktiven Zerfall von $^{68}_{31}$Ga mit einer Maximalenergie von 1,9 MeV emittierte Positron innerhalb seiner Reichweite von wenigen Millimetern auf ein Elektron, so kann es zur *Annihilation* oder *Paarvernichtung* (s. § 40.6) kommen. Dabei wandeln sich die Ruhemassen der beiden Teilchen gemäß Gleichung (38.17) in γ-Strahlungsenergie um, wobei i. Allg. zwei γ-Quanten mit antiparallelem Impuls entstehen. Die beiden diametral entgegengesetzt von ihrem Entstehungsort wegfliegenden γ-Photonen können mit einander gegenüberliegenden, geeigneten γ-Detektoren als Koinzidenzereignisse nachgewiesen werden und im Prinzip so auf den Ort ihrer Entstehung schließen lassen.

Das Kernstück des $^{68}_{31}$Ga-Generators besteht aus einer mit Blei abgeschirmten Glassäule die als Sorbens i. Allg. Titandioxid enthält, an welches das Mutternuklid $^{68}_{32}$Ge adsorbiert ist. Infolge des radioaktiven Zerfalls des Mutternuklids wird kontinuierlich $^{68}_{31}$Ga produziert, welches nach Erreichen des radioaktiven Gleichgewichtes zwischen Mutter- und Tochternuklid mit einem geeigneten Lösungsmittel (z. B. HCl) eluiert werden kann. Die Nominalaktivität ist im Falle des $^{68}_{31}$Ga nach etwa drei- bis viereinhalb Stunden (drei- bis vierfaches der Halbwertszeit des Tochternuklids) erreicht. Zur Minimierung des Gehaltes an $^{68}_{32}$Ge und sonstiger Metallverunreinigungen, wird das Eluat gereinigt, das Radionuklid $^{68}_{31}$Ga aufkonzentriert und in Verbindung mit einem anderen Stoff oder Arzneimittel als Radiopharmakon aufbe-

7

reitet, bzw. in eine für die Anwendung geeignete Matrix eingebunden. Die typischen Nutzungszeiten von Ge/Ga-Generatoren liegen bei etwa einem Jahr.

Der **Strontium/Rubidiumgenerator** ist ebenfalls ein Radionuklidlieferant für die Positronen-Tomographie. Das Mutternuklid $^{82}_{38}$Sr dieses Generators wird in Beschleunigern entweder durch Protonenbeschuss von Molybdän und nachfolgender Kernspaltung erzeugt oder durch den Beschuss von $^{85}_{37}$Rb mit Protonen gemäß der Reaktion $^{85}_{37}$Rb(p, 4n) $^{82}_{38}$Sr. Unter Elektroneneinfang wandelt sich das Mutternuklid $^{82}_{38}$Sr mit einer Halbwertszeit von $T_{1/2} = 25{,}55$ Tagen in das Tochternuklid $^{82}_{37}$Rb um, das nuklearmedizinisch verwendete Radionuklid. Dieses zerfällt mit einer Halbwertszeit $T_{1/2} = 1{,}273$ Minuten überwiegend unter Emission eines Positrons (und eines Neutrinos ν_e) in das stabile Kryptonisotop $^{82}_{36}$Kr, gemäß der Reaktion $^{82}_{37}\text{Rb} \rightarrow {}^{82}_{36}\text{Kr} + \beta^+ + \nu_e$, kann aber auch durch Elektroneneinfang in das stabile Kryptonisotop übergehen. Zur Diagnostik wird wiederum die mit γ-Strahlungsdetektoren in Koinzidenzschaltung nachgewiesene Annihilationsstrahlung beim Zusammentreffen eines Positrons und eines Elektrons genutzt. Im Sr/Rb-Generator befindet sich das $^{82}_{38}$Sr adsorbiert an Zinnoxid in einer mit Blei abgeschirmten Säule. Das durch radiaoktiven Zerfall entstehende $^{82}_{37}$Rb wird mittels eines geeigneten (wässrigen) Lösungsmittels als $^{82}_{37}$RbCl eluiert und entsprechend weiterverarbeitet, wie oben bei den beiden anderen Radionuklidgeneratoren angesprochen.

Der **Strontium/Yttriumgenerator** kommt als β^-- und γ-Strahlungsquelle bei der Tumorbehandlung zum Einsatz. Das mittels Neutronenbeschuss in Kernreaktoren erzeugbare Mutternuklid $^{90}_{38}$Sr zerfällt mit einer Halbwertszeit von $T_{1/2} = 28{,}79$ Jahren unter β^--Emission (und eines Antineutrinos $\bar{\nu}_e$) in das Radionuklid $^{90}_{39}$Y, das zur Therapie verwendet wird, gemäß $^{90}_{38}\text{Sr} \rightarrow {}^{90}_{39}\text{Y} + \beta^- + \bar{\nu}_e$. Das Radionuklid wiederum zerfällt mit einer Halbwertszeit von $T_{1/2} = 64{,}0$ Stunden in das stabile Isotop $^{90}_{40}$Zr des Zirconiums unter β^--Emission (und eines Antineutrinos $\bar{\nu}_e$) gemäß $^{90}_{39}\text{Y} \rightarrow {}^{90}_{40}\text{Zr} + \beta^- + \bar{\nu}_e$. Im Generator ist das Strontium in einer mit Blei abgeschirmten Glassäule als $^{90}_{38}$SrCl auf einer Matrix eines Kationenaustauscherharzes immobil gebunden. Durch den radioaktiven Zerfall reichert sich das $^{90}_{39}$Y in der Säule an und kann eluiert werden, wozu eine Reihe von Lösungs- und Trennungsschritten erforderlich ist, um das Yttrium vom Strontium zu separieren. Nach der Reinigung des Eluats folgt eine Aufkonzentration, um die erforderliche Aktivität des Radionuklids $^{90}_{39}$Y für die Strahlentherapie zu erzielen.

§ 40.4 Kernspaltung – Transurane

Die Abb. 38.11 zeigt, dass Kerne mit einer relativen Atommasse größer als 100 eine geringere Bindungsenergie besitzen als zwei Kerne beispielsweise jeweils der halben relativen Atommasse. Anstatt der Umwandlung durch Emission einzelner Nukleonen (z. B. Neutronen) oder eines Nukleonenverbundes (z. B. α-Teilchen) können daher instabile oder hochangeregte Nuklide großer relativer Atommassen auch in zwei Kerne mittlerer relativer Atommassen zerfallen, wobei häufig beträchtliche Energie freigesetzt wird. Der Ausgangskern und die Spaltprodukte besitzen sehr unterschiedliche Nukleonenzahlen, weshalb die Kernmaterie eine gründlichere Veränderung erfährt als etwa bei der Emission leichterer Teilchen. Eine ***Kernspaltung*** oder ***Fission*** kann spontan erfolgen oder durch Teilchen, wie z. B. Neutronen, Protonen, Deuteronen oder α-Teilchen induziert werden (schematische Darstellung s. Abb. 40.6). Die erste Kernspaltung von Uran, induziert durch Neutronen, wurde Ende des Jahres 1938 von *O. Hahn* und *F. Straßmann* entdeckt, *Lise Meitner* und *O. R. Frisch* gaben als erste im Januar 1939 eine korrekte Interpretation der zugrunde liegenden Prozesse und in der ersten Hälfte des Jahres 1939 wurde die theoretische Behandlung der Spaltung mithilfe des Tröpfchenmodells (s. § 38.3.3) entwickelt.

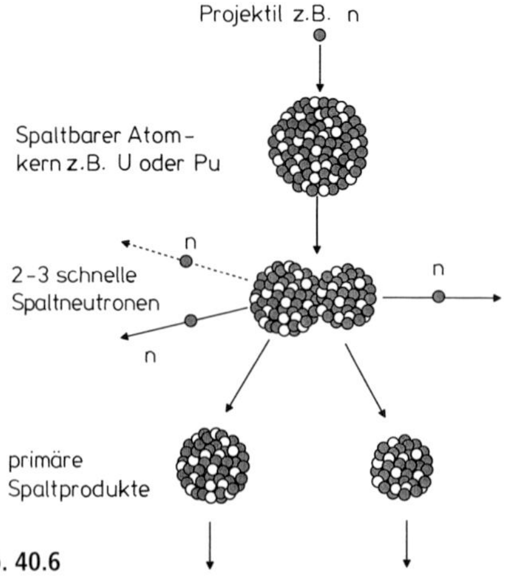

Abb. 40.6

Ein bekanntes Beispiel eines neutroneninduzierten Spaltungsprozesses ist die Spaltung von

$^{235}_{92}$U durch langsame (thermische) Neutronen $^{1}_{0}n_{th}$, wie sie auch in Kernreaktoren zur Energiegewinnung ausgenützt wird:

$$^{1}_{0}n_{th} + ^{235}_{92}U \rightarrow ^{236}_{92}U^* \rightarrow X_1 + X_2 + z \cdot n + \Delta E$$

Dabei spaltet der (g, g)-Zwischenkern $^{236}_{92}U^*$ in die beiden primären Spaltprodukte X_1 und X_2 und im Mittel $z = 2{,}47$ Spaltneutronen bei thermischer Spaltung unter Freisetzung einer Bindungsenergie von $\Delta E \approx 200\,\text{MeV}$. Die Spaltprodukte wie z. B. $X_1 = ^{145}_{56}Ba$ und $X_2 = ^{88}_{36}Kr$ sind stets zu neutronenreich und deshalb instabil, d. h. sie zeigen weiteren Zerfall durch n- bzw. insbesondere β^--Emission. Es sind auch eine ganze Reihe anderer Spaltprodukte X_1 und X_2 möglich, wobei die relative Atommasse für die Mehrzahl der „leichten“ Spaltfragmente etwa von 85 bis 104 und für die Mehrzahl der „schweren“ Spaltfragmente zwischen ca. 130 und 149 liegt.

Das Auftreten der Spaltneutronen ist durch den relativ hohen Neutronenüberschuss schwerer Kerne im Vergleich zu mittelschweren Kernen bedingt und wird daher bei der Spaltung abgebaut. Durch die primären Spaltneutronen kann eine Kettenreaktion ausgelöst werden, da sie in einer nächsten Generation wiederum Spaltreaktionen hervorrufen können. Ist die Anzahl der ausgelösten Spaltreaktionen N_{i+1} der nächsten Generation $(i+1)$ kleiner als jene der vorhergehenden N_i, dann bricht die Kettenreaktion ab, das bedeutet, der sog. *Multiplikationsfaktor* $k = \dfrac{N_{i+1}}{N_i}$ $(i = 1, 2, 3, \ldots)$ wird $k < 1$. Kann dagegen für eine gewisse Zeit der Multiplikationsfaktor $k > 1$ aufrecht erhalten werden, dann steigt die Zahl der Kernspaltungen zeitlich exponentiell an und es kommt unter bestimmten Voraussetzungen (z. B. stark angereichertes oder reines $^{235}_{92}$U und überkritische Masse) zur Kernexplosion (*Atombombe*).

Kernspaltungsreaktor

Ein Kernreaktor setzt die Spaltungsenergie langsam und kontrolliert frei, indem ein zeitlich konstanter Multiplikationsfaktor $k = 1$ eingehalten wird. Für eine kontrollierte und stationäre Kettenreaktion ist daher die Regelung des Multiplikationsfaktors k von entscheidender Bedeutung. Natürliches Uran besteht zu ca. 99,3 % aus dem neutronenabsorbierenden Isotop $^{238}_{92}$U und nur zu ca. 0,7 % aus dem spaltbaren $^{235}_{92}$U. Wegen der Verluste an Spaltneutronen (durch Streuung, Zerfall, Einfang durch nicht spaltbare Kerne etc.) muss durch Anreicherung des natürlichen Urans mit $^{235}_{92}$U auf ca. 3 % eine bestimmte ***kritische Masse*** des spaltbaren Materials erreicht werden, damit eine sich selbst erhaltende Kettenreaktion stattfinden kann, d. h. mindestens ein Neutron pro Spaltreaktion eine weitere Spaltung hervorruft. Zur Erzielung einer hohen Spaltwahrscheinlichkeit müssen die schnellen Spaltneutronen (s. Abb. 40.6) durch die Moderatorsubstanz (z. B. Graphit, Schweres Wasser (D_2O) oder Wasser) auf thermische Energien verlangsamt werden. Zur Einhaltung des Multiplikationsfaktors und damit zur Regelung des Prozesses werden Stäbe aus neutronenabsorbierendem Material (z. B. Cd) mehr oder weniger weit in den Reaktorkern eingefahren (vereinfachtes Schema s. Abb. 40.7). Die auf die Moderator- und umgebende Brennelementsubstanz durch Stöße übertragene kinetische Energie der Spaltprodukte in Form von Wärme wird durch ein geeignetes Reaktorkühlmittel abgeführt. In einem Wärmetauscher wird die Energie des Reaktorkühlkreislaufs auf einen Sekundärkreislauf übertragen, der über eine Turbine einen Generator treibt und damit elektrische Energie erzeugt.

Das Isotop $^{238}_{92}$U der Uran-Brennelemente wandelt sich unter Neutronenbeschuss (schnelle Neutronen) in Plutonium um:

$$^{1}_{0}n + ^{238}_{92}U \rightarrow ^{239}_{92}U^* \rightarrow ^{239}_{92}U + \gamma \rightarrow ^{239}_{93}Np + \beta^- + \bar{\nu}_e$$
$$\rightarrow ^{239}_{94}Pu + \beta^- + \bar{\nu}_e$$

7

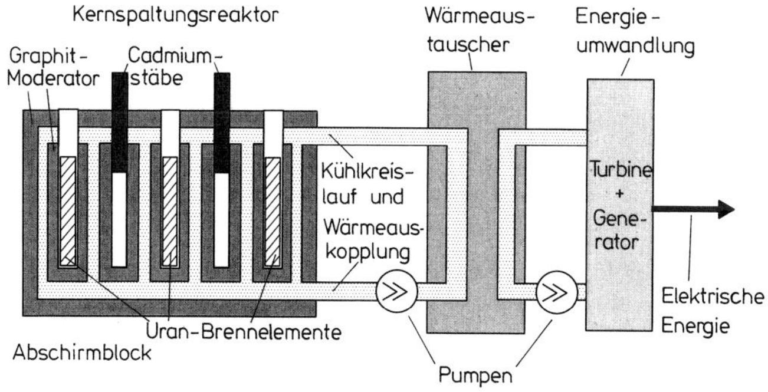

Abb. 40.7

Im Uran-Kernspaltungsreaktor wird daher auch das ebenfalls durch Neutronen spaltbare Plutoniumisotop $^{239}_{94}$Pu ***erbrütet***. Das instabile Nuklid $^{239}_{94}$Pu wandelt sich unter α-Emission mit einer Halbwertszeit $T_{1/2} = 2{,}44 \cdot 10^4$a in das $^{235}_{92}$U-Isotop um ***(Brutreaktor)***.

Erzeugung von Transuranen

Als ***Transurane*** bezeichnet man all jene Kerne, die im periodischen System der Elemente (Tab. 38.2) auf das Element Uran folgen, d. h. die Protonenzahlen $Z > 92$ aufweisen. Alle Transurane kommen in der Natur nicht vor. Sie sind alle radioaktiv und zerfallen durch α- oder β-Emission mit unterschiedlichsten Halbwertszeiten in andere Kerne. Ihre Erzeugung erfolgt über Kernreaktionen bei Beschuss von Uran oder anderen schweren Elementen mit α-Teilchen, Neutronen oder Ionen schwerer Kerne in großen Beschleunigern. Die nach dem Uran folgenden ersten Elemente Np und Pu (s. Tab. 38.2) entstehen als Folge des Neutroneneinfangs von Uran. Dabei hat insbesondere das Isotop $^{239}_{94}$Pu des Plutoniums große Bedeutung, da es ähnlich wie $^{235}_{92}$U leicht spaltbar ist und als Kernbrennstoff eingesetzt werden kann (s. oben). Auch die folgenden Elemente bis einschließlich Fermium lassen sich durch Beschuss von $^{235}_{92}$U und/oder $^{239}_{94}$Pu mit Neutronen gewinnen. Die Elemente oberhalb Fermium ($Z > 100$) existieren jeweils in Form kurzlebiger Isotope (µs bis zu einigen Tagen). Sie lassen sich nur durch Beschuss von Transuranen, wie z. B. Am, Cm, Cf, Es oder Fm mit beschleunigten Ionen von beispielsweise Bor, Kohlenstoff, Stickstoff etc. gewinnen. Durch Fusion solcher schwerer Kerne sind inzwischen Transurane mit Protonenzahlen bis $Z = 118$ erzeugt und nachgewiesen worden. Das Interesse an der Erzeugung von Transuranen ist u. a. auch durch theoretische Überlegungen bedingt, nach denen bei den „magischen Zahlen" (s. § 38.3.3) für Protonen um $Z = 120$ und für Neutronen um $N = 184$ eine sog. **„Insel der Stabilität"** existiert, mit radioaktiven Isotopen, deren (relativ große) Lebensdauer es erlaubt, auch die chemischen Eigenschaften dieser Elemente zu studieren.

Die relativ stabilsten Isotope in diesem Bereich hätten dann relative Massenzahlen um $A = 304$. Die experimentellen Möglichkeiten diese Insel der Stabilität zu erreichen, sind derzeit jedoch noch völlig offen und Gegenstand intensiver weltweiter Forschungsaktivitäten.

§ 40.5 Tracer-Methode – Szintigraphie

Die über ca. 600 überwiegend in Kernreaktoren, i. Allg. durch Neutronenbeschuss, künstlich hergestellten Radionuklide haben in Forschung und Technik als sog. ***radioaktive Tracer*** zum Nachweis kleinster Molekülkonzentrationen große Anwendung gefunden und werden insbesondere auch für medizinische Zwecke eingesetzt. Beispielsweise werden in der nuklearmedizinischen Diagnostik dem Patienten chemische Verbindungen injiziert oder oral verabreicht, die mit kurzlebigen radioaktiven Isotopen markiert sind (***Radiopharmaka***). Das radioaktive Isotop verhält sich bis zu seinem Zerfall chemisch nicht anders als das ihm gleichartige radioinaktive Nuklid. Beispiele der Anwendung radioaktiver Tracer in der Nuklearmedizin sind die Funktionsprüfung von Organen, die Lokalisierung von Entzündungsherden oder in der Krebsdiagnostik zum Aufspüren von Primärtumoren und insbesondere von Metastasen. Einige Zeit nach der Verabreichung reichert sich das Radiopharmakon je nach chemischer und biologischer Beschaffenheit in bestimmten Organen an (z. B. Schilddrüse, Leber, Niere, Lungen, Knochen oder Herzmuskel). Dabei zeigen Zellen entzündeter Bereiche, von Tumoren und Metastasen gegenüber gesunden Zellen oft einen veränderten Stoffwechsel, so dass sich das Radiopharmakon dort anders anreichert als in gesundem Gewebe. Der Weg des verabreichten Radionuklids durch den Körper eines Patienten und ggf. die Anreicherung in bestimmten Organen oder Bereichen, lässt sich durch Beobachtung des radioaktiven Zerfalls beim Abbau der aktivierten Substanz verfolgen.

Eines der bildgebenden Untersuchungsverfahren der Nuklearmedizin hierfür ist die **Szintigraphie**. Nach Verabreichung des Radiopharmakons wird die vom Radionuklid emittierte radioaktive Strahlung mittels eines Scanners oder einer γ-Kamera, die sich auf einem Halbkreis um den zu untersuchenden Patienten bewegt, detektiert, in elektrische Impulse konvertiert und einem angeschlossenen Computer zur Weiterverarbeitung zugeführt. Aus den detektierten Strahlungsereignissen können entsprechende Radionuklidverteilungsbilder des untersuchten Organs in zwei- bzw. dreidimensionaler Darstellung generiert werden. Eine solche Aufnahme der Aktivitätsverteilung der künstlichen radioaktiven Nuklide im Körper bezeichnet man als ein ***Szintigramm***. Bei den Strahlungsdetektoren handelt es sich um *Szintillationsdetektoren* (s. § 43.1.3 f.), die auch Namensgeber der Methode sind.

Betrachten wir als Beispiel die morphologische Schilddrüsendiagnostik, wozu als Tracer Iod verwendet werden kann, aufgrund dessen bevorzugter Anlagerung in diesem Organ, aber ebenso das (99m)Technetium Pertechnetat (s. § 40.3 und Tab. 40.1), welches heute wegen seiner kürzeren Halbwertszeit überwiegend zum Einsatz kommt. Durch die Einnahme einer mit dem radioaktiven Iodisotop $^{123}_{53}$I (β^+-Strahler; $T_{1/2} = 13{,}27$ h) bzw. $^{131}_{53}$I (β^--Strahler mit nachfolgender γ-Strahlung; $T_{1/2} = 8{,}02$ d) oder mit $^{99m}_{43}$Tc (γ-Strahler; $T_{1/2} = 6{,}01$ h) markierten Verbindung, lässt sich so durch Messung der Aktivitätsverteilung mittels γ-Kamera die Schilddrüsenfunktion überprüfen. Eine wesentliche Bedingung bei der Szintigraphie ist, dass das Radiopharmakon außerhalb des Körpers nachweisbar ist, weshalb i. Allg. nur γ- oder Positronenstrahler als Radionuklide in Frage kommen. Das früher vielfältig verwendete $^{131}_{53}$I-Isotop wurde in zahlreichen Bereichen durch andere Radioisotope verdrängt. Sein heute noch überwiegendes Haupteinsatzgebiet ist die Strahlentherapie von Schilddrüsenerkrankungen, bei der Nierenfunktionsdiagnostik und bei einer speziellen Schilddrüsenstoffwechseluntersuchung (Radio-Iod-Zwei-Phasen-Test).

Eine prinzipiell auf der *Szintigraphie* basierende, aber weitaus anspruchsvollere und genauere Methode ist die **Positronen-Emissions-Tomographie**, kurz **PET** genannt. Sie ist ebenso ein bildgebendes Verfahren der Nuklearmedizin wie die Szintigraphie, das Schnittbilder des untersuchten Organs erzeugt, indem es die Verteilung schwach radioaktiver Radiopharmaka sichtbar macht, die mit *Positronenstrahlern* markiert sind. Bei PET-Geräten sind zahlreiche γ-Detektoren in jeweils einzelnen Segmenten ringförmig um einen Patienten, bzw. den entsprechenden Organbereich, angeordnet. Somit kann das unter einem Winkel von 180° emittierte Paar von γ-Quanten, welches bei der Annihilation des vom Radionuklid emittierten Positrons mit einem Elektron entsteht, jeweils durch einander gegenüberliegende Detektoren als Koinzidenzereignis registriert werden. Die mittels digitaler Datenverarbeitung aufbereiteten elektrischen Ausgangssignale der Detektoren ermöglichen, dass aus der zeitlichen und räumlichen Verteilung der detektierten Annihilationsereignisse sowohl eine sehr genaue räumliche Lokalisierung des Emissionsortes (Generierung von Schnittbildern) als auch aus der detektierten Signalimpulsrate eine Bestimmung der Stärke der Stoffwechselaktivität im Anreicherungsbereich des Radiopharmakons erhalten werden kann. Ein überwiegend bei PET-Untersuchungen verwendetes Radionuklid ist das $^{18}_{9}$F ($T_{1/2} = 109{,}77$ min), aber ebenso häufig finden die Radionuklide $^{11}_{6}$C ($T_{1/2} = 20{,}39$ min), $^{13}_{7}$N ($T_{1/2} = 9{,}97$ min), $^{15}_{8}$O ($T_{1/2} = 122{,}24$ s) Anwendung. Bei diesen Isotopen handelt es sich um Radionuklide die in Beschleunigern erzeugt werden (s. § 40.3), während die bei der PET ebenfalls verwendeten Radionuklide $^{68}_{31}$Ga ($T_{1/2} = 67{,}63$ min) und $^{82}_{37}$Rb ($T_{1/2} = 1{,}27$ min) aus Radionuklidgeneratoren stammen (s. § 40.3). Die Anwendungsmöglichkeiten der PET sind sehr vielfältig und spannen sich vom Bereich der Onkologie, d. h. der Krebsforschung (z. B. der Diagnostik von Brust-, Darm-, Lungen-, Schilddrüsen- oder Speiseröhrenkrebs sowie Kopf-, Hals- und maligne Tumoren) über die Kardiologie (z. B. die Diagnose koronarer Durchblutungsstörungen, Aufschluss über Stenosen, Myokardschädigungen, Herzinfarktdiagnose) bis zur Hirnforschung (z. B. die Diagnose von Chorea Huntington, Demenz, Epilepsie, Morbus Alzheimer oder Parkinson'sche Krankheit).

Ein limitierender Faktor bei der Anwendung der Positronen- Emissions-Tomographie ist die Ortsauflösung, die ohne eine Steigerung der Strahlenbelastung nicht unter ca. 5 mm liegt. Hier eröffnen sich durch die Kombination mit anderen in der Medizin angewandten Techniken weitere Möglichkeiten zur gleichzeitigen und ergänzenden Bildgebung. Ein erster Fortschritt konnte durch die Kombination der Technik der PET mit der *Computertomographie* (CT; s. § 43.2.2 ff.) mit Röntgenstrahlung erzielt werden. Bei Anwendung dieser Kombination **PET/CT** steuert die PET die Technologie für die in vivo Bildgebung der Stoffwechselaktivität und der Organfunktion bei, während durch die CT eine höhere Ortsauflösung in der Größenordnung von kleiner als 1 mm erreicht wird. Ein zusätzlicher Vorteil ist, dass nur sehr geringe Mengen des Radiopharmakons zu verabreichen sind (in der Größenordnung µg bis ng), so dass nahezu keine pharmakologischen oder pharmakodynamischen Wirkungen bedingt werden.

Die Anwendungsmöglichkeiten und insbesondere die Qualität der Diagnostik lassen sich jedoch durch die Kombination der PET mit der *Magnetresonanz-Tomographie* (MRT), oder *Kernspintomographie* (s. § 38.4 ff.), weiter steigern. Abhängig von der Stärke der erzeugten magnetischen Felder für die MRT, erhält man mit dem kombinierten System **MR-PET** außer den anatomischen Bildern sehr hoher Detailgenauigkeit der MRT, auch noch ergänzende Informationen über Stoffwechsel und Organfunktion durch die PET.

Bei allen beschriebenen Untersuchungsmethoden mit Radiopharmaka ist eine wichtige an das Radioisotop zu stellende Bedingung, dass dessen Verweildauer im Organismus möglichst kurz ist, um die Strahlenbelastung des Organismus durch das inkorporierte Radiopharmakon gering zu halten. Die Elimination pharmakologischer Wirkstoffe aus dem menschlichen Organismus beschreibt die *Pharmakokinetik*, unter Berücksichtigung des radioaktiven Zerfalls, durch eine ***effektive Halbwertszeit*** $\boldsymbol{T_{1/2}^{\mathrm{eff}}}$, die als Maß für die Verweildauer eines Radiopharmakons im Organismus folgendermaßen definiert ist:

$$\frac{1}{T_{1/2}^{\mathrm{eff}}} = \frac{1}{T_{1/2}^{\mathrm{bio}}} + \frac{1}{T_{1/2}^{\mathrm{rad}}}$$

oder

$$T_{1/2}^{\mathrm{eff}} = \frac{T_{1/2}^{\mathrm{bio}} \cdot T_{1/2}^{\mathrm{rad}}}{T_{1/2}^{\mathrm{bio}} + T_{1/2}^{\mathrm{rad}}} \tag{40.9}$$

Dabei ist $T_{1/2}^{\mathrm{rad}}$ die Halbwertszeit des radioaktiven Zerfalls und $T_{1/2}^{\mathrm{bio}}$ die ***biologische Halbwertszeit*** des Radiopharmakons. Die *biologische Halbwertszeit* ist einerseits durch metabolischen Abbau und andererseits durch Ausscheidung bestimmt und gibt – unabhängig, ob es sich um eine einfache Exponentialfunktion oder um eine Summe von mehreren Exponentialfunktionen zur Beschreibung des Abbaus handelt – an, nach welcher Zeit die zugeführte Substanzmenge im Organismus auf die Hälfte abgenommen hat. Tab. 40.4 zeigt einige Ergebnisse für den menschlichen Organismus, wobei es sich nur um grobe Richtwerte handeln kann. Es ist aber offensichtlich, dass bei einem Teil der Radioisotope die biologische Ausscheidung den Abbau bestimmt (wie z. B. bei ${}^{3}_{1}$H, ${}^{14}_{6}$C, ${}^{226}_{88}$Ra oder ${}^{239}_{94}$Pu), während bei einem anderen Teil (z. B. ${}^{24}_{11}$Na, ${}^{32}_{15}$P, ${}^{45}_{20}$Ca oder ${}^{131}_{53}$I) der radioaktive Zerfall limitierend wirkt.

Tab. 40.4

Radioisotop	vorwiegend speicherndes Organ	$T_{1/2}^{\mathrm{bio}}$/Tage	$T_{1/2}^{\mathrm{rad}}$/Tage	$T_{1/2}^{\mathrm{eff}}$/Tage
${}^{3}_{1}$H	Ganzkörper	10	$4{,}5 \cdot 10^{3}$	10
${}^{14}_{6}$C	Ganzkörper	40	$2{,}1 \cdot 10^{6}$	40
${}^{24}_{11}$Na	Ganzkörper	10	0,63	0,59
${}^{32}_{15}$P	Knochen	1500	14,28	14,1
	Weichteilgewebe	19		8,2
${}^{42}_{19}$K	Ganzkörper	30	0,52	0,51
${}^{45}_{20}$Ca	Knochen	$6 \cdot 10^{4}$	162,7	162,3
${}^{90}_{38}$Sr	Knochen	$1{,}8 \cdot 10^{4}$	$1{,}04 \cdot 10^{4}$	$6{,}6 \cdot 10^{3}$
${}^{99\mathrm{m}}_{43}$Tc	Schilddrüse	0,5	0,25	0,17
${}^{123}_{53}$I	Schilddrüse	120	0,55	0,55
${}^{131}_{53}$I			8,04	7,54
${}^{132}_{53}$I			0,095	0,095
${}^{127}_{55}$Cs	Ganzkörper	110	0,26	0,26
${}^{135}_{55}$Cs			$8{,}4 \cdot 10^{8}$	110
${}^{137}_{55}$Cs			$1{,}1 \cdot 10^{4}$	109
${}^{226}_{88}$Ra	Knochen	$1{,}6 \cdot 10^{4}$	$5{,}8 \cdot 10^{5}$	$1{,}56 \cdot 10^{4}$
${}^{239}_{94}$Pu	Knochen	$3{,}7 \cdot 10^{4}$	$8{,}8 \cdot 10^{6}$	$3{,}68 \cdot 10^{4}$
	Leber	$1{,}5 \cdot 10^{4}$		$1{,}5 \cdot 10^{4}$

§ 40.6 Elementarteilchen

Als Elementarteilchen bezeichnet man alle Teilchen, die sowohl elementare Materiebausteine darstellen als auch Vermittler (Austauschteilchen) der verschiedenen Wechselwirkungen (wie z. B. Kernkräfte) sind. Die Teilchen können dabei elementar (z. B. das Elektron oder das Neutrino) oder selbst aus anderen Strukturen zusammengesetzt sein, wie etwa Proton und Neutron (s. auch § 38.3).

Die Elementarteilchen ordnete man ursprünglich in einer Reihenfolge nach steigenden Massen unter Berücksichtigung einiger ähnlicher Eigenschaften. Es ergeben sich so drei Teilchenfamilien: die Familie der ***Leptonen*** (leichte Teilchen), zu denen das Elektron gehört, der ***Mesonen*** (mittelschwere Teilchen)

Tab. 40.5

Teilchen-familie	Teilchen-name	Symbol Teilchen	Symbol Antiteilchen	Ruhemasse	Ladung	Spin in $\hbar = h/2\pi$	mittlere Lebens-dauer in s
Leptonen	Elektron	e^-		m_e	−e	$^1/_2$	∞
	Positron		e^+	m_e	+e	$^1/_2$	∞
	Neutrino	ν_e		0	0	$^1/_2$	∞
	Antineutrino		$\bar{\nu}_e$	0	0	$^1/_2$	∞
	Myon	μ^-		207 m_e	−e	$^1/_2$	$2{,}2 \cdot 10^{-6}$
			μ^+	207 m_e	+e	$^1/_2$	$2{,}2 \cdot 10^{-6}$
	Neutrino	ν_μ		0	0	$^1/_2$	∞
	Antineutrino		$\bar{\nu}_\mu$	0	0	$^1/_2$	∞
Mesonen	π-Meson	π^0	$\bar{\pi}^0$	264 m_e	0	0	$8{,}6 \cdot 10^{-17}$
		π^-		273 m_e	−e	0	$2{,}6 \cdot 10^{-8}$
			π^+	273 m_e	+e	0	$2{,}6 \cdot 10^{-8}$
	K-Meson	K^+		966 m_e	+e	0	$1{,}2 \cdot 10^{-8}$
			K^-	966 m_e	−e	0	$1{,}2 \cdot 10^{-8}$
		K^0	$\bar{K}^0$	974 m_e	0	0	$0{,}9 \cdot 10^{-10}$
Baryonen	<u>Nukleonen:</u>						
	Proton	p^+		1836 m_e	+e	$^1/_2$	∞
	Antiproton		p^-	1836 m_e	−e	$^1/_2$	∞
	Neutron	n		1839 m_e	0	$^1/_2$	887
	Antineutron		$\bar{n}$	1839 m_e	0	$^1/_2$	887
	<u>Hyperonen:</u>						
	Λ-Hyperon	Λ^0	$\bar{\Lambda}^0$	2183 m_e	0	$^1/_2$	$2{,}6 \cdot 10^{-10}$
	Σ-Hyperon	Σ^+		2328 m_e	+e	$^1/_2$	$0{,}8 \cdot 10^{-10}$
			$\bar{\Sigma}^-$	2328 m_e	−e	$^1/_2$	$0{,}8 \cdot 10^{-10}$
		Σ^0	$\bar{\Sigma}^0$	2334 m_e	0	$^1/_2$	$7{,}4 \cdot 10^{-20}$
		Σ^-		2343 m_e	−e	$^1/_2$	$1{,}5 \cdot 10^{-10}$
			$\bar{\Sigma}^+$	2343 m_e	+e	$^1/_2$	$1{,}5 \cdot 10^{-10}$
	Ξ-Hyperon	Ξ^0	$\bar{\Xi}^0$	2573 m_e	0	$^1/_2$	$2{,}9 \cdot 10^{-10}$
		Ξ^-		2586 m_e	−e	$^1/_2$	$1{,}6 \cdot 10^{-10}$
			Ξ^+		+e	$^1/_2$	
	Ω-Hyperon	Ω^-		3273 m_e	−e	$^1/_2$	$0{,}8 \cdot 10^{-10}$
			Ω^+		+e	$^1/_2$	

und der ***Baryonen*** (schwere Teilchen), wie z. B. die *Nukleonen* und die *Hyperonen* (Tab. 40.5). Wenn auch diese Einteilung nach Massen bei den heute bekannten Elementarteilchen nicht mehr gültig ist, da man z. B. ein Lepton und viele Mesonen kennt, deren Masse größer als die des Protons ist, stellt sie jedoch Teilchen mit typischen Eigenschaften zusammen. So unterliegen die *Mesonen* und *Baryonen*, die man zusammenfassend auch als ***Hadronen*** bezeichnet, allen vier bekannten Wechselwirkungen (Tab. 40.3), während die Leptonen keine starke (Kern-)Wechselwirkung zeigen, sondern nur für die schwache, die elektromagnetische und die Gravitations-Wechselwirkung empfindlich sind.

Beispiele von Teilchen der drei Familien und einige ihrer Eigenschaften sind in Tab. 40.5 zusammengestellt.

Zu jedem ***Teilchen*** gehört ein ***Antiteilchen*** mit z. B. entgegengesetzter elektrischer Ladung oder magnetischem Moment wie beispielsweise beim Elektron und seinem Antiteilchen, dem Positron. Teilchen und zugehörige Antiteilchen (z. B. Elektron und Positron) können sich beim Aufeinandertreffen gegenseitig vernichten (***Paarvernichtung*** oder ***Annihilation***) unter Umwandlung ihrer Ruhemasse gemäß der *Masse-Energie-Äquivalenz* (Gleichung (38.17)) in γ-Strahlungsenergie, wobei i. Allg. zwei γ-Quanten mit entgegengesetztem Impuls entstehen. Der umgekehrte Prozess kann bei hinreichend energiereicher γ-Strahlung im Kernfeld eines Nuklids zur Bildung eines Teilchenpaars, bestehend aus Teilchen und Antiteilchen, führen. Dabei muss die Quantenenergie der γ-Strahlung $E_\gamma = h \cdot \nu$ bei der ***Paarbildung*** (s. § 43.2.2) größer als das zweifache Massenenergieäquivalent des jeweils gebildeten Teilchens bzw. Antiteilchens sein.

Wie Tab. 40.5 zeigt, gibt es nur sehr wenige zeitlich stabile Elementarteilchen: das Elektron, das Elektron-Neutrino, das uns bereits im Zusammenhang mit dem β-Zerfall (§ 40.2) begegnet ist, das Myon-Neutrino sowie das Proton und die jeweils dazugehörigen Antiteilchen. Das Neutron ist nur im Kernverband völlig stabil, als freies Neutron ist seine Lebensdauer endlich (Tab. 40.5). Alle anderen Teilchen zerfallen mit einer Halbwertszeit von $< 2 \cdot 10^{-6}$ s in andere Elementarteilchen geringerer Ruhemasse, mitunter in Folgezerfällen. Außer den in Tab. 40.5 aufgeführten Beispielen von Elementarteilchen kennt man zahlreiche weitere Teilchen mit meist extrem kleinen mittleren Lebensdauern ($< 10^{-22}$ s).

Neben den Leptonen und Hadronen gibt es noch eine weitere kleine Familie von Teilchen, die sog. ***Feldteilchen*** oder ***Feldquanten*** der vier Basiswechselwirkungen (Tab. 40.3), welche als Überträger der Kräfte bei der Wechselwirkung zwischen Teilchen fungieren, wie das ***Graviton*** (Gravitationswechselwirkung), das ***Z-Boson*** und die ***W-Bosonen*** (schwache Wechselwirkung), das ***Gluon*** (starke Wechselwirkung) und das ***Photon*** als Quant des elektromagnetischen Feldes (elektromagnetische Wechselwirkung zweier Teilchen als Emission und Absorption von Photonen).

Aufgaben

Aufgabe 40.1: Entnehmen Sie dem in Bild A 40.1 dargestellten radioaktiven Zerfall eines instabilen Nuklids die Zerfallskonstante λ.

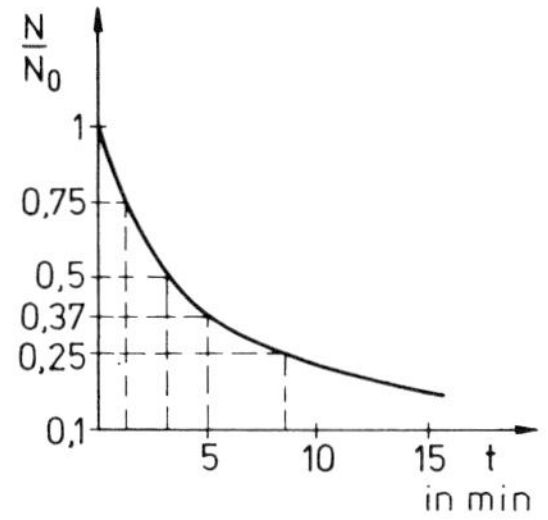

Bild A 40.1

Aufgabe 40.2: Welcher Zusammenhang besteht beim radioaktiven Zerfall zwischen der Halbwertszeit $T_{1/2}$ und der mittleren Lebensdauer τ des Radionuklids?

Aufgabe 40.3: Das instabile Kohlenstoffisotop $^{14}_{6}C$ ist ein β^--Strahler mit einer Halbwertszeit von $T_{1/2}$ = 5715 a. Wie groß ist seine mittlere Lebensdauer?

Aufgabe 40.4: In Bild A 40.2 ist der radioaktive Zerfall des Natriumisotops $^{24}_{11}Na$ wiedergegeben. Entnehmen Sie dem Diagramm näherungsweise

a) die Halbwertszeit $T_{1/2}$ und

b) die mittlere Lebensdauer τ des $^{24}_{11}Na$-Isotops.

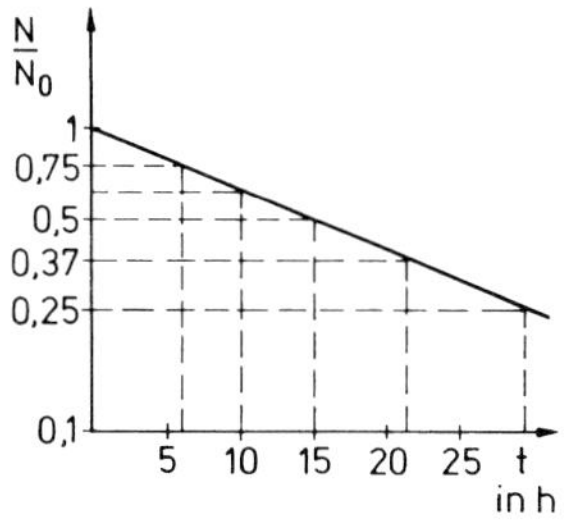

Bild A 40.2

Aufgabe 40.5: Das Nuklid $^{137}_{55}Cs$ zerfällt mit einer Halbwertszeit von $T_{1/2} = 30{,}17$ a. In welchem Zeitraum t etwa sinkt bei einer Probe mit diesem Nuklid die Aktivität A auf 10 % ihres ursprünglichen Wertes?

Aufgabe 40.6: Eine Substanz wandle sich durch radioaktiven Zerfall mit einer Halbwertszeit von $T_{1/2} = 2$ h um. Zu einem bestimmten Zeitpunkt liegen 40 ng dieses Stoffes vor. Welche Menge m dieser Substanz ist acht Stunden später noch vorhanden?

Aufgabe 40.7: Von einem radioaktiven Nuklid sind $m_0 = 5$ mg zum Zeitpunkt $t = 0$ vorhanden. Infolge radioaktiven Zerfalls liegen nach zwei Stunden noch 2,5 mg dieses Stoffes vor. Nach welcher weiteren Zeit t sind es noch 0,625 mg?

Aufgabe 40.8: Das Chromisotop $^{51}_{24}Cr$ besitzt eine Halbwertszeit von $T_{1/2} = 27{,}7$ d. Welche Aktivität A besitzt $m = 1$ g des Nuklids $^{51}_{24}Cr$?

Aufgabe 40.9: Die Halbwertszeit des Radionuklids $^{42}_{19}K$ beträgt $T_{1/2} = 12{,}36$ h. Nach welcher Zeit t ist die Aktivität eines $^{42}_{19}K$-Präparates der Aktivität $A_0 = 1 \cdot 10^8$ Bq auf ungefähr $A_t = 1 \cdot 10^5$ Bq abgesunken?

Aufgabe 40.10: Wie viel ihrer ursprünglichen Aktivität besitzt eine radioaktive Substanz nach $t = 25$ a, wenn die Halbwertszeit $T_{1/2} = 5$ a beträgt?

Aufgabe 40.11:

a) Welche Strahlungsarten können von in der Natur vorkommenden radioaktiven Stoffen emittiert werden?

b) Welche dieser Strahlenarten können in elektrischen und/oder in magnetischen Feldern abgelenkt werden?

Aufgabe 40.12: Um welches Teilchen X handelt es sich bei dem nachstehend dargestellten Zerfall des radioaktiven Nuklids $^{238}_{92}U$ gemäß: $^{238}_{92}U \longrightarrow {}^{234}_{90}Th + X$, wenn die Gesetze der Erhaltung der Nukleonen- und der Ladungszahl erfüllt sind?

Aufgabe 40.13: Um welches Teilchen X handelt es sich bei dem nachstehend dargestellten Zerfall des radioaktiven Nuklids $^{233}_{91}Pa$ gemäß: $^{233}_{91}Pa \longrightarrow {}^{233}_{92}U + X$, wenn die Gesetze der Erhaltung der Nukleonen- und der Ladungszahl erfüllt sind?

Aufgabe 40.14: Welches Nuklid X muss verwendet werden, um gemäß der Reaktionsgleichung

$X + {}^{9}_{4}Be \rightarrow {}^{12}_{6}C + {}^{1}_{0}n$

(in einer Radium-Beryllium-Quelle) Neutronen zu erzeugen?

Aufgabe 40.15: In natürlichem Silber entstehen durch Neutroneneinfang radioaktive Kerne mit den Nukleonenzahlen 108 und 110. Welche Nukleonenzahlen A haben die beiden Ausgangsisotope, aus denen natürliches Silber besteht?

Strahlung (Quellen – Größen – Spektren – Wirkungen – Nachweis)

§ 41 Strahlungsquellen – Strahlungsgrößen

In diesem Abschnitt werden hauptsächlich Strahlungsquellen angesprochen, welche elektromagnetische Strahlung im sichtbaren (VIS), ultravioletten (UV) und infraroten (IR) Spektralbereich emittieren. Die Erzeugung von Röntgenstrahlung mit einer Röntgenröhre wurde bereits in § 25.5.2 behandelt und ist in § 42.2 weiter ausgeführt. Radioaktive Strahlungsquellen haben wir in § 40 kennen gelernt, wobei die γ-Strahlung als elektromagnetische Strahlung sich energetisch an die Röntgenstrahlung zu höheren Quantenenergien hin anschließt (s. § 32), die α- und β-Strahlung jedoch eine Teilchenstrahlung darstellt. Andere radioaktive Teilchenstrahlungsquellen sind die infolge induzierter Umwandlungsprozesse erzeugten instabilen Kerne als Emittenten von z. B. Positronen, Neutronen oder Protonen. Zu nennen wären als Teilchenstrahlungsquellen beispielsweise u. a. auch noch Quellen zur Erzeugung von Elektronen oder Ionen mit ihren vielfältigen Anwendungsmöglichkeiten (z. B. beim Elektronenmikroskop, dem Elektronenstrahloszillographen oder dem Massenspektrographen etc.).

Der zweite Abschnitt befasst sich mit den physikalischen Größen eines Strahlungsfeldes, insbesondere den Größen optischer Strahlung – den Größen der *Radiometrie*, bzw. im Falle der visuellen Wahrnehmung sichtbaren Lichtes mit den Größen der *Photometrie*.

§ 41.1 Strahlungsquellen

Emission im sichtbaren Bereich, UV- und IR-Bereich

Glühlampen: *Glühlampen* und *Halogenlampen* sind noch weit verbreitete elektrische Lichtquellen, obgleich in Europa die Glühlampen bis zum Jahr 2012 sukzessive aus dem Handel genommen werden und ab 2016 auch die Halogenlampen nicht der geforderten Energieeffiziensklasse entsprechen. Beide Lampenausführungen sind Temperaturstrahler (§ 17.3) und die Lichterzeugung erfolgt nach ähnlichem Prinzip.

Bei den ***klassischen Glühlampen*** befindet sich in einem evakuierten Kolben aus Glas zwischen zwei Stromdurchführungen eine dünne Drahtwendel aus schwer schmelzendem Material, die durch den elektrischen Strom zum Glühen gebracht wird. Anstelle der ursprünglich für die Drahtwendel verwendeten Metalle Tantal und Osmium wird heute nahezu ausschließlich das hoch schmelzende Wolfram (Schmelztemperatur 3695 K) verwendet. Die Lampenkolben werden meist mit einigen hPa eines Edelgases (Argon oder Krypton) und/oder Stickstoff gefüllt, um das Verdampfen der Metalldrahtwendel bei der hohen Glühtemperatur (1500 K bis 3000 K) zu verringern. Einen weiteren Fortschritt bezüglich der Lichtausbeute brachten die ***Halogenlampen*** durch Hinzufügen von Halogen (meist Iod bzw. eine Iodverbindung) zur Gasfüllung. Daher unterscheidet sich das Funktionsprinzip der Halogenlampe etwas von dem der Glühlampe, wie nachstehend kurz beschrieben.

Ein Wolfram-Wolframiodid-Kreisprozess hindert bei den Halogenlampen das von der hocherhitzten Glühwendel verdampfte Wolfram daran, sich an der Innenwandung des relativ kühlen Lampenkolbens niederzuschlagen, indem sich das Iod mit dem Wolfram zu gasförmigem Wolframiodid verbindet. Damit diese Reaktion stattfinden kann, muss die Temperatur der Kolbenwand (auch an ihrer kältesten Stelle) mehr als 250 °C betragen, weshalb der Lampenkolben aus Quarzglas gefertigt ist. Kommt das Wolframiodid in die Nähe des Glühfadens, so zersetzt es sich wegen dessen hoher Temperatur wieder in Iod und Wolfram, das sich auf der Glühwendel niederschlägt, und das Iod steht erneut für den Kreisprozess zur Verfügung. Halogenlampen haben daher möglichst kleine Abmessungen, um eine rasche Rückführung des Wolframs aus der gasförmigen Wolframiodid-Phase zu gewährleisten. Die Glühwendel kann daher bis auf ca. 3590 K erhitzt werden, ohne ihre Lebensdauer infolge der sehr hohen Verdampfungsrate bei dieser Temperatur, die nur ca. 100 K unter der Schmelztemperatur von Wolfram liegt, zu stark zu reduzieren. Da ein Bedampfen der Innenwandung des Lampenkolbens mit lichtabsorbierendem Wolfram nahezu vollkommen verhindert wird, bleibt die Lichtausbeute von Halogenlampen während ihrer gesamten Lebensdauer sehr hoch.

Glühlampen emittieren ein kontinuierliches Spektrum. Die spektrale Intensitätsverteilung ist durch ihre Temperatur bestimmt, wie Abb. 17.6 (§ 17.3) zeigt. Als sichtbares Licht werden nur etwa 5 % der zugeführten elektrischen Leistung emittiert, das Maximum der Strahlungsemission liegt im nahen Infrarot und ein großer Anteil wird als Wärmestrahlung abgegeben. Das Maximum der Strahlung liegt für **Allgebrauchs-Glühlampen** bei ca. 1 μm. ***Die Emission erfolgt im sichtbaren und nahen IR-Bereich*** (bis etwa 2,5 μm, der Durchlässigkeitsgrenze des Glaskolbens). **Halogenlampen**, deren Maximum etwa bei 0,8 μm liegt, zeigen ***Emission im UV-, sichtbaren und IR-Bereich*** (bis ca. 3,5 μm, der Durchlässigkeitsgrenze des Quarzkolbens).

Leuchtstoffröhren: Sie sind wie die nächsten zwei zu besprechenden Lichtquellen Gasentladungslampen. Gase sind im Allgemeinen Nichtleiter, jedoch zeigen verdünnte Gase die Fähigkeit der elektrischen Leitfähigkeit durch den bei einer Gasentladung stattfindenden Ladungstransport (siehe § 25.4.1).

Leuchtstofflampen sind meist röhrenförmige Glasbehälter, deren Innenfläche mit einer Schicht aus *Leuchtpigmenten* ausgekleidet ist, deren Lumineszenz (§ 43.1.3) das Emissionsspektrum wesentlich bestimmt. Sie sind mit einem Zündgas (z. B. Argon oder Krypton) und dem eigentlichen Entladungsmaterial Quecksilber gefüllt, durch dessen Emission im Ultravioletten die Leuchtpigmente optimal zur Lumineszenz angeregt werden. In Abb. 41.1 ist schematisch das Schaltbild einer an eine technische Wechselspannungsquelle ($U = 230$ V) angeschlossenen Leuchtstofflampe dargestellt. Zur Zündung der Gasentladung einer Leuchtstoffröhre dient der sog. Starter – ein Glimmzünder (Abb. 41.1, unten) – im Zusammenspiel mit der Drosselspule, die außerdem zur Strombegrenzung erforderlich ist. Die Elektroden der

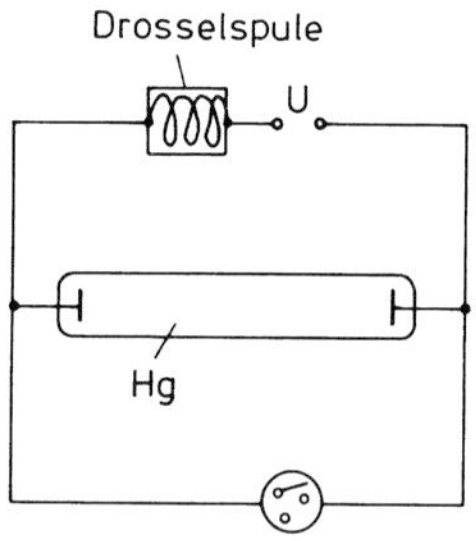

Abb. 41.1

Röhre werden über den Starter erhitzt, wodurch der Quecksilberdampfdruck (bei 20 °C ca. 0,7 Pa) so weit erhöht wird, dass die Entladung in der Röhre zündet. Nach kurzer Zeit brennt eine stationäre ***Niederdruck-Gasentladung*** (Brennspannung ca. 60 V) mit vorwiegender Emission der UV-Linien des Quecksilbers bei 254 nm (und 185 nm), deren Absorption unter Lumineszenzanregung der Leuchtpigmente die Röhrenwand in einem gleichmäßig verteilten (diffusen) Licht aufleuchten lässt. Durch Zusatz von Halogenen lassen sich auch bei Leuchtstofflampen (analog zu den Halogenlampen) metallische Niederschläge des Elektrodenmaterials auf der Innenfläche der Lampenkörper verhindern. Die Betriebstemperatur einer Leuchtstofflampe liegt maximal bei ca. 80 °C (wobei sich ein Hg-Dampfdruck von ca. 9 Pa einstellt). Leuchtstofflampen erwärmen sich (bei gleicher Leistung) also weniger als Glühlampen, haben aber eine Lichtausbeute von ca. 25 %, die bei normalen Glühlampen dagegen nur ca. 5 % beträgt, der Rest der zugeführten elektrischen Energie geht als Wärme weg.

Auch die heute sehr häufig verwendeten ***Kompakt-Leuchtstofflampen*** (sog. ***Energiesparlampen***) sind Quecksilber-Niederdrucklampen (sie enthalten ca. 1 mg bis 4 mg Quecksilber), deren Gasentladung jedoch nicht bei der Netzfrequenz von 50 Hz, sondern mit Hochfrequenz betrieben wird, erzeugt in einem in die Lampe integrierten elektronischen Vorschaltgerät. Gegenüber Glühlampen haben sie eine vier- bis sechsfache Lichtausbeute und sind überdies Energie sparend (bis zu 80 % gegenüber Glühlampen), worauf auch die populäre Bezeichnung der sog. Energiesparlampe zurückzuführen ist.

Sowohl ein Absorptionsfilm auf der Innenfläche der Glaswandung der Lampenkörper als auch das Glas selbst absorbieren die restliche UV-Strahlung der Quecksilberemission, sodass diese nicht nach außen gelangt.

Die Emission erfolgt im sichtbaren Bereich.

Quecksilberdampflampen: Man unterscheidet bei ihnen zwei Grundtypen: die ***Niederdrucklampen*** und die ***Hochdrucklampen*** (bis zu 10^7 Pa). Beide Lampentypen sind Gasentladungslampen, die nach demselben Grundprinzip arbeiten wie die Leuchtstoffröhren.

Besteht der Lampenbehälter nicht aus Glas, sondern aus Quarz, welches das nahe UV nicht absorbiert, so *emittiert* die Niederdruck-Quarz-Quecksilberdampflampe auch *im Ultravioletten*. Sie findet Verwendung als Entkeimungsstrahler und als Strahlungsquelle in Höhensonnen.

Bei Hochdrucklampen brennt eine leuchtintensive Bogenentladung des (in diesem Fall) Quecksilbers zwischen Anode und Kathode, die sich in relativ kurzem Abstand befinden (bei sog. Kurzbogenlampen hoher Leistung typischerweise z. B. 6 mm). Die Hochdrucklampen werden wegen ihrer hohen Lichtausbeute auch zur Straßenbeleuchtung bzw. in Scheinwerferanlagen, für Projektionslampen und als Lichtquellen für Untersuchungen in der optischen Spektroskopie verwendet. ***Sie emittieren im UV-, IR- und im sichtbaren Bereich.***

Höchstdrucklampen: Außer den eben erwähnten Hochdruck-Bogenentladungen des Quecksilbers finden ebenso andere Metalle (auch mit Halogenzusatz) oder Xenon als Entladungsmaterial Verwendung. Bogentemperaturen von über 7000 K und Leistungen von mehr als 130 kW erreicht man bei ***Xenon-Höchstdrucklampen*** (Drücke im Betriebszustand über 10^7 Pa), die auch mit einer ***Quecksilber-*** bzw. ***Quecksilber-Xenon-Kombination*** als Entladungsmaterial verfügbar sind. Die Leuchtdichten vor der Wolframkathode dieser Lampentypen übersteigen die Leuchtdichten der Sonne. Verwendet werden sie für Projektions- und Beleuchtungszwecke sowie in der optischen Spektroskopie als intensive breitbandig emittierende Lichtquellen. ***Ihre Emission erstreckt sich vom ultravioletten bis in den infraroten Spektralbereich.***

Metalldampf- und Spektrallampen: Diese Lampen sind Niederdruck-Gasentladungslampen, die meist noch ein Edelgas (häufig Argon) zur Zündung enthalten. Speziell zur Erzeugung von (Linien-)Spektren wurden sog. ***Spektrallampen*** für die Elemente Cd, Cs, He, Hg, K, Na, Ne, Rb, Tl und Zn entwickelt. Bei den metallischen Gasentladungslampen wird die Füllsubstanz zur Erzeugung eines entsprechenden Metalldampfdrucks durch eine zusätzliche Heizung verdampft. Sie werden zu absorptionsspektroskopischen Untersuchungen verwendet, wie auch die sog. *Hohlkathodenlampen*, die eine Variante der Spektrallampen darstellen. Bei ihnen befindet sich das Element, dessen Spektrallinien erzeugt werden sollen, in einem metallischen Hohlzylinder als Kathode, in dem durch eine intensive Entladung das Element freigesetzt wird. Ein Edelgas geringer Dichte dient zum Zünden und Aufrechterhalten der Entladung.

Höhere Lichtausbeuten als mit den oben erwähnten Leuchtstofflampen lassen sich mit ***Natrium-Metalldampflampen*** erzielen. Auch sie sind Niederdruck-Gasentladungslampen, die jedoch wegen ihrer nahezu monochromatischen Strahlungsemission (bei Natrium beispielsweise gelb) nur eingeschränkte Anwendungsmöglichkeiten haben, wie z. B. zu Beleuchtungszwecken (Straßenbeleuchtung).

Die Emission dieser Lampen ist artspezifisch vom Füllmaterial abhängig (diskontinuierliches Spektrum).

Kohlebogenlampen: Die Lichtemission erfolgt hier aus einer Bogenentladung (Lichtbogen), die zwischen zwei Kohlestäben brennt. Zwei Kohlestäbe sind über einen Widerstand oder eine Drossel an eine Gleichspannungsquelle von 110 V bzw. 220 V angeschlossen (Abb. 41.2).

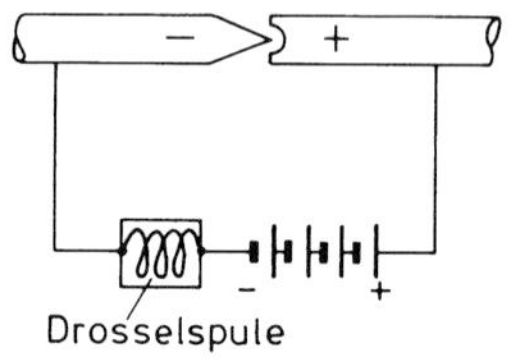

Abb. 41.2

Durch den Kurzschlussstrom beim Berühren werden die Kohlestäbe so stark erwärmt, dass nach dem Auseinanderziehen zwischen den Kohlestäben der Lichtbogen brennt. Das freie Ende der Anodenkohle brennt zu einem Krater aus, der eine höchste Temperatur von 4000 K erreicht, die Kathodenkohle nimmt dagegen die Form eines Kegels an. Die Brennspannung liegt, je nach Anwendung, bei ca. 30 bis 50 V und die Betriebsstromstärke zwischen 5 und 100 A. Die sehr lichtstarken Bogenlampen werden als Lichtquellen zu Projektionszwecken eingesetzt, wobei der Kraterbereich der Anode ca. 85 % und die Kathode ca. 10 % des ausgestrahlten Lichtes liefert.

Die Emission erfolgt im UV-, im sichtbaren und im IR-Bereich.

Laser: Seit der ersten praktischen Realisierung im Jahre 1960 haben die Laser in Wissenschaft und Technik eine Entwicklung angebahnt, die die Lasertechnologie in zahlreichen Bereichen fast zu einer Schlüsseltechnologie werden ließ und die inzwischen in zunehmendem Maße Eingang in unseren Alltag gefunden hat. Laser sind heutzutage zu einem unentbehrlichen Instrumentarium mit immer weiter steigender Bedeutung und zunehmenden Einsatzmöglichkeiten geworden. Eine der Bedeutung und Faszination des Lasers adäquate Darstellung würde jedoch den Rahmen dieses Buches sprengen. Es können daher nur wenige grundlegende Aspekte zum Laserprinzip genannt und exemplarisch an einem Beispiel angeführt werden.

Zunächst einige der zahlreichen Anwendungsmöglichkeiten: Aus dem Bereich der Medizin wäre hier z. B. das Anheften einer abgelösten Retina durch Koagulation mit einem Argonionen-Laser zu nennen oder das Laserskalpell (CO_2- bzw. Nd-YAG-Laser) zur Minimierung des Blutverlustes bei Operationen, wie auch die Behandlung von Tumoren mit Laserstrahlung. Höchst genaue Entfernungsmessungen, präzise Frequenz- und Zeitstandards sowie zahlreiche grundlegende Experimente wurden in den Naturwissenschaften mit Lasern erst möglich, beispielsweise die Beobachtung nichtlinearer Effekte und deren vielfältigen Anwendungen, oder das Kühlen und Einfangen von Atomen, die optische Laserpinzette, um nur einige Beispiele zu nennen. In der Analytik (z. B. in Photometern, Spektrometern etc.) haben Laser ebenso ihren festen Platz wie in der Technik, mit steigender Tendenz ihres Einsatzes, etwa zum Schweißen und Bohren, als Richt- und Leitstrahl im Tunnelbau oder bei der Landvermessung, in der Telekommunikation zur Informationsübertragung (optische Nachrichtentechnik), in optischen Plattenspeichersystemen wie auch in Geräten des fast alltäglichen Gebrauchs, wie Laserkopierern, -druckern, -scannern oder in CD-Spielern und CD-Brennern.

Die gebräuchlichsten Lasertypen sind: Festkörperlaser, Farbzentrenlaser, Halbleiter-Diodenlaser, Farbstofflaser (Flüssigkeitslaser) und Gaslaser. Das Lasermedium kann also fest, flüssig oder gasförmig sein. Es gibt Laser für kontinuierlichen – Dauerstrich- oder cw-Laser (cw: *continuous wave*) – oder für gepulsten Betrieb (Puls-(p-)Laser) in Einzelpulsen bzw. in periodisch repetierenden Pulsen (z. T. mit sehr hohen Pulsfrequenzen).

Laser sind Strahlungsquellen, die kohärentes monochromatisches Licht hoher Intensität in einem eng gebündelten Strahl emittieren. Das Akronym **„Laser"** leitet sich aus der angelsächsischen Bezeichnung für die im Laser stattfindende Lichtverstärkung ab:

Light **a**mplification by **s**timulated **e**mission of **r**adiation.

Der Grundaufbau eines Lasers ist in Abb. 41.3 schematisch dargestellt. Das *laseraktive Material* befindet sich in einem Resonanzraum, der als *optischer Resonator* aus einem vollkommen reflektierenden Spiegel und einem, ihm gegenüberliegenden, teilweise durchlässigen Spiegel gebildet wird. Die Zufuhr von Energie (Anregung) an das aktive Material er-

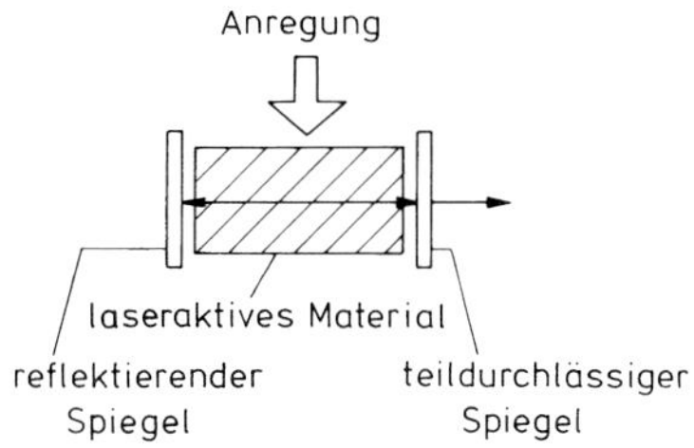

Abb. 41.3

folgt durch einen sog. *Pumpprozess*. Je nach Art des Lasers wird die Energie durch Lichteinstrahlung, elektrischen Strom, chemische Energie o. ä. bereit gestellt. Der Pumpprozess bewirkt eine *inverse Besetzung* (oder *Besetzungs-Inversion*) zwischen entsprechenden Energiezuständen eines Atom- bzw. Molekülsystems. Liegt eine Besetzungsinversion vor, so heißt dies, dass bei mehr Atomen des aktiven Mediums die Aufenthaltswahrscheinlichkeit der Elektronen im angeregten Zustand (Zustand höherer Energie) größer ist, z. B. in einem metastabilen Zustand, als beispielsweise im Grundzustand (Zustand niederer Energie). Diese Art der Besetzung der möglichen Energiezustände von Atomelektronen ist entgegengesetzt zur „normalen" Verteilung, bei der die Besetzung der Zustände tieferer Energie größer ist als die der Zustände höherer Energie und beim unbeeinflussten System von der Temperatur abhängt (Boltzmann-Verteilung, s. § 38.2.5, Gleichung (38.14) und Abb. 38.7).

Photonen, die im laseraktiven Material durch spontane Emission entstehen, können nun beim Durchgang durch dieses Medium infolge *induzierter Emission* (s. § 38.2.5, Abb. 38.10) in ihrer Anzahl verstärkt werden. Dieses verstärkte Licht trifft auf einen der Resonatorspiegel und wird, zumindest zum Teil, wieder in das aktive Medium zurückreflektiert. Dort erfolgt weitere Verstärkung infolge induzierter Emission, der Prozess wiederholt sich; es kommt zur Selbsterregung des Laser-Oszillators. Abhängig von den Transmissionseigenschaften des teildurchlässigen Spiegels tritt an dieser „Ausgangsseite" des optischen Resonators ein monochromatischer und kohärenter Laserstrahl geringer Divergenz aus.

Das Grundprinzip der Laser soll in einer vereinfachten Darstellung der physikalischen Vorgänge am Beispiel des He-Ne-Lasers besprochen werden. Daran anschließend folgt eine kurze Beschreibung des Funktionsprinzips der Halbleiter-Diodenlaser, deren Pumpprozess in unterschiedlicher Weise zu jenem der atomaren bzw. molekularen Laser erfolgt.

Der ***He-Ne-Laser*** ist ein Gaslaser, der aus einem Gemisch aus Helium und Neon besteht, dessen Mischungsverhältnis He : Ne, je nach Bauart des Entladungsrohres, in dem sich das Gasgemisch befindet, zwischen 5 : 1 bis 10 : 1 betragen kann, bei einem Gesamtdruck von 1 bis 30 hPa. Ein He-Ne-Laser emittiert sowohl im IR (3,39 µm und 1,15 µm) als auch im Sichtbaren; die am meisten benutzte Linie liegt im roten Spektralbereich bei 632 nm. Das laseraktive Gas ist das Neon. Die an dem Entladungsrohr angelegte Hochspannung unterhält eine Gasentladung. In der Gasentladung wird das Helium durch Elektronenstoß sehr leicht in einen höheren Energiezustand gebracht. Von da aus gelangt es in ein bestimmtes Energieniveau (s. Abb. 41.4), welches nahezu dieselbe Energie besitzt wie ein angeregter Energiezustand (3 oder 2) des Neons. Durch Stöße der Helium- mit den Neonatomen (sog. Stöße zweiter Art) kann daher Energie des angeregten Heliums auf das Neon übertragen werden, wobei das Helium wieder strahlungslos in seinen Grundzustand zurückkehrt. Die angeregten Neonatome in den Niveaus 3 bzw. 2 emittieren bei den Übergängen $3 \rightarrow 3'$ und $2 \rightarrow 2'$ infrarotes, beim Übergang $3 \rightarrow 2'$ rotes Licht (alle diese Energieniveaus bestehen aus mehreren Unterniveaus, sodass mehrere Linien auftreten können). Durch geeignete Wahl des Gasdruckes des Neons und passende geometrische Vorkehrungen am Entladungsrohr (z. B. langes, dünnes Rohr) kann erreicht werden, dass die Niveaus 3 bzw. 2 von mehr Neonatomen besetzt sind als die energetisch tiefer liegenden Niveaus $3'$, $2'$ und 1 (Besetzungsinversion). Die Entleerung der Niveaus $3'$ und $2'$ erfolgt durch spontane Emission; das Niveau 1, ein metastabiler Zustand, wird im Wesentlichen durch Zusammenstöße der Neonatome mit der Rohrwand entleert. Ein Teil der, bei Übergängen von Neonatomen aus den Energieniveaus 3 bzw.

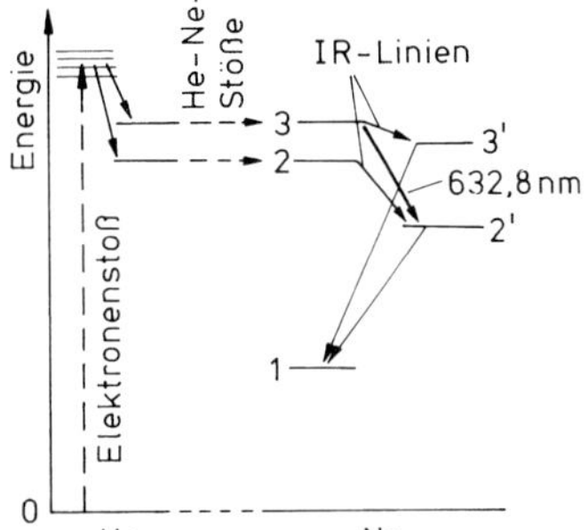

Abb. 41.4

8

2 nach 3′ und 2′, in alle Raumrichtungen emittierten Lichtquanten bleibt innerhalb des Resonators und wird zwischen den Spiegeln hin- und herreflektiert. Dabei steigt die Zahl der Photonen ständig, da durch das elektromagnetische Strahlungsfeld der Lichtwellen im Resonator zeitgleich und phasenrichtig immer weitere Übergänge aus den Niveaus 3 bzw. 2 induziert werden. Ab einer bestimmten Energie der Strahlung tritt aus dem teildurchlässigen Spiegel ein scharf gebündelter, kohärenter und monochromatischer Laserstrahl aus. Die geeignete Wahl der Betriebsbedingungen des Lasers ermöglicht eine bestimmte, beispielsweise die rote Linie mit 632,8 nm, besonders intensiv zu emittieren. Die Ausgangsleistungen liegen im Bereich von einigen 100 µW bis zu einigen 10 mW.

Halbleiter-Diodenlaser sind meist, wie auch die Leuchtdioden (LED), sog. III-V-Halbleiter, d. h. Verbindungen von halbleitenden Elementen, wie z. B. GaAs, GaAlAs oder InGaAsP, die aber überdies noch stark dotiert sind. Im Unterschied zu anderen Lasern auf atomarer oder molekularer Basis, wie beispielsweise dem He-Ne-Laser, erfolgt die Energiezufuhr zur Anregung des Laserprozesses bei Halbleiter-Diodenlasern nicht durch einen optischen Pumpprozess, sondern mittels elektrischen Stromes hoher Stromdichte. Außerdem sind in Halbleiterlasern die Energieniveaus kontinuierliche und keine diskreten Zustände, sie weisen also eine bestimmte Energieverteilung auf. Die Besetzungsinversion wird bei diesem Lasertyp zwischen dem Leitungs- und dem Valenzband (s. § 25.2.4, Abb. 25.24 (e) und (f)) des *n*- bzw. *p*-dotierten Halbleitermaterials erzeugt. Durch den in den *pn*-Halbleiter in Durchlassrichtung injizierten Strom I_{inj} (s. Abb. 41.5), weshalb der Halbleiterlaser auch oft als Injektionslaser bezeichnet wird, kommt es zu einem Fluss von Elektronen aus dem *n*-Gebiet und von Löchern aus dem *p*-Gebiet in die *pn*-Grenzschicht (die sog. *aktive Zone*, in Abb. 41.5 schraffiert dargestellt). In dieser sehr schmalen Zone (typische Dicke 1 µm) können Elektronen und Defektelektronen rekombinieren und die Rekombinationsenergie in Form von Licht emittieren. Die Laseremission erfolgt also aus dieser schmalen Zone der *pn*-Grenzschicht.

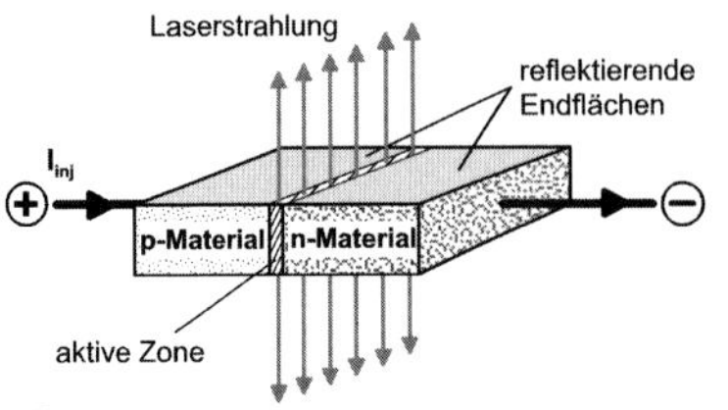

Abb. 41.5

Abbildung 41.5 zeigt den schematischen Aufbau eines *pn*-Diodenlasers. Der Laserresonator besteht aus den beiden Halbleiter-Kristallendflächen, die entweder poliert sind oder direkt an den Spaltgrenzen, infolge der hohen Brechzahl des Halbleitermaterials gegenüber Luft, ebenfalls als starke Reflexionsflächen wirken. Oberhalb einer bestimmten Schwellstromstärke (s. § 25) kann das Strahlungsfeld in der aktiven Zone durch Mehrfachreflexion zwischen den ebenen Endflächen des Halbleiterkristalls in seiner Intensität so stark ansteigen, dass die Rekombination dominant durch *induzierte Emission* erfolgt. Das senkrecht zur Ebene der *pn*-Grenzschicht emittierte Laserlicht ist aufgrund der Beugung relativ stark divergent und muss ggf. durch eine geeignete Kollimations- und Fokussieroptik (sog. *anamorphotische* Optik) gebündelt werden. Die Wellenlänge der Laserstrahlung ist abhängig von der verwendeten Kombination an Halbleitermaterialien und ihre Intensität wird stark durch den Injektionsstrom beeinflusst. Außerdem kann eine Feinabstimmung (mitunter im pm-Bereich) der emittierten Laserwellenlänge sowohl durch die Wahl des jeweiligen Injektionsstroms als auch mittels der Temperatur der temperaturstabilisierten Laserdiode erzielt werden.

Der Wirkungsgrad von Halbleiter-Laserdioden mit Emissionen im Infraroten, liegt bei ca. 50 % für die Umsetzung der aufgewandten elektrischen Energie in Strahlungsenergie. Die emittierte Strahlungsleistung liegt je nach Art der Laserdiode etwa zwischen einigen 100 µW bis über 10 W, bei Injektionsströmen zwischen ca. 100 mA bis 12 A. Ein großer Vorteil der Diodenlaser ist außerdem, dass sie sowohl in der Amplitude als auch in der Wellenlänge der emittierten Laserstrahlung relativ einfach und bis zu Frequenzen von ca. 10 GHz moduliert werden können. Es gibt zahlreiche Ausführungsvarianten von Halbleiter-Laserdioden die abhängig von der jeweiligen Anforderung entsprechend strukturiert oder mit einem externen Resonator versehen werden, um beispielsweise nur eine einzige Schwingung (Schwingungsmode) im Laserresonator anzuregen (sog. Single-Mode-Betrieb), d. h. damit die Emission einer spektral schmalbandigen Laserstrahlung (im pm-Bereich) einer definierten Wellenlänge zu erzeugen. Für zahlreiche Applikationen kann die Laseremission auch mit verschiedenen Schwingungsmoden gleichzeitig erfolgen, im sog. Multi-Mode-Betrieb eines Diodenlasers. Vielfach erfolgt die Strahlungsemission der Laserdiode auch direkt über eine Glasfaserkopplung. Die Anwendungsmöglichkeiten der Laserdioden sind äußerst vielfältig (s. § 25) und außerdem einer stetigen Weiterentwicklung unterworfen, insbesondere auch die verfügbaren Wellenlängen der Laseremission betreffend.

Eine weitergehende Beschreibung sowohl der diversen Typen und Ausführungsformen von Halbleiter-Laserdioden als auch deren mannigfaltigen Anwendungen würde jedoch über den Rahmen dieses Buches hinausgehen.

Weitere Strahlungsquellen

Emission im Röntgenbereich: Röntgenstrahlung wird mit der Röntgenröhre erzeugt, deren Aufbau, Betrieb und Wirkungsweise in § 25.5.2 besprochen wurde. Die emittierte Strahlung ist sowohl kontinuierlich (Bremsspektrum) als auch diskret (charakteristisches Spektrum). Siehe dazu auch § 42.2.

Radioaktive Strahler: Quellen radioaktiver Strahlung sind sowohl natürliche als auch durch induzierte Umwandlungsprozesse (z. B. durch Teilchenbeschuss von Nukliden) erzeugte instabile Nuklide sowie ggf. wiederum deren Zerfallsprodukte (s. § 40). Je nach Art der Quelle (Mutternuklid) bzw. des Zerfalls emittieren sie Teilchen – wie α-, β- bzw. n-Strahlung – und/oder γ-Strahlung, eine elektromagnetische Strahlung.

Elektronen- und Ionenquellen: Als Elektronenquellen werden sowohl im Vakuum als auch in Bogenentladungen Glühkathoden (glühelektrischer Effekt s. § 25.5.1) verwendet, die i. Allg. aus einem Wolfram-Sinterkörper bestehen, der zur Erniedrigung der Austrittsarbeit ein (zusammengeschmolzenes) Gemisch aus Barium- und Calciumcarbonat sowie Aluminiumoxid enthält. Die Form der Kathoden (Wendel-, Haarnadelkathode) und der Oberfläche (konvex, eben, konkav) ist durch die Anwendung bestimmt, wie z. B. durch die Anforderung eines Feinfokus-Elektronenstrahls oder eines Elektronenstrahls entsprechender räumlicher Kohärenz in Elektronenmikroskopen. Ebenso wird zur Elektronenerzeugung die Feldemission (§ 25.5) aus einkristallinen Wolframspitzen ausgenutzt.

Die Anforderungen an Ionenquellen sind sehr unterschiedlich und entscheidend von der jeweiligen Anwendung abhängig. Zur Erzeugung von Ionen (u. U. auch hochgeladener Elementionen) verwendet man z. B. thermische Ionenquellen, bei denen die zu ionisierende Substanz aus einem beheizten Wolframröhrchen bzw. an einer Wolframoberfläche verdampft wird, oder Gasentladungsquellen (die am häufigsten verwendeten Ionenquellen) in unterschiedlichsten Ausführungsformen je nach Verwendungszweck, bei denen zwischen Kathode und Anode eine Bogenentladung brennt, sowie Quellen, bei welchen die Ionen durch Verdampfung der Substanz mittels intensiver Laserstrahlung erzeugt werden.

§ 41.2 Strahlungsgrößen

Um die Stärke der auf eine Fläche auftreffenden bzw. in ein Volumen eindringenden (oder von diesem abgegebenen) Strahlungsleistung quantitativ zu erfassen, wie auch zur Beurteilung einer Strahlungsquelle oder der Empfindlichkeit von Strahlungsempfängern und anderer Objekte (z. B. Auge, Haut des Menschen), ist die Messung von Energie bzw. Leistung der Strahlung erforderlich. Sie kann durch ihre unterschiedlichen Wirkungen gemessen werden, welche sie beim Auftreffen auf Materie hervorruft (siehe § 43). Diese Art Strahlungsmessung bezeichnet man als *objektive Strahlungsmessung*, die im Prinzip auf jede Strahlung anwendbar ist. Wir betrachten in diesem Abschnitt die Strahlungsgrößen optischer Strahlung, welche allgemein als die elektromagnetische Strahlung im Spektralbereich von 100 nm bis 1 mm (zwischen der ionisierenden Röntgenstrahlung und den Mikrowellen) bezeichnet wird. Als Licht wird (im engeren Sinne) nur Strahlung des sichtbaren Spektralbereichs von 380 nm bis 780 nm verstanden, obgleich man auch von ultraviolettem bzw. infrarotem Licht spricht. Die Strahlungsgrößen (und Strahlungswirkungen) ionisierender Strahlung werden in § 43 behandelt.

Bestimmt man Energie oder Leistung einer Strahlung in Joule bzw. Watt, so handelt es sich um die Ermittlung einer strahlungsphysikalischen Größe durch eine objektive Strahlungsmessung. Absolute Strahlungsmessungen optischer Strahlung sind Aufgabe der **Radiometrie**. Speziell im sichtbaren Spektralbereich besteht die Möglichkeit einer physiologischen (visuellen) Bewertung der Strahlungsleistung gemäß der wellenlängenabhängigen Empfindlichkeit des menschlichen Auges. Diese *subjektive Strahlungsmessung* ist das Gebiet der **Photometrie**, für deren bewertete Strahlungsgrößen besondere Einheiten verwendet werden (welche die SI-Basiseinheit Candela enthalten). Häufig ist es auch zweckmäßig, z. B. bei der Betrachtung von Quantenprozessen, die Strahlungsenergie durch Zahl und Energie der Photonen zu beschreiben. Für die physikalischen, physiologischen und die Photonengrößen werden die gleichen Symbole verwendet; werden diese Größen nebeneinander benutzt, dann ist zur Vermeidung einer Verwechslung den entsprechenden Größen jeweils der Index „e" (energetisch), „v" (visuell) bzw. „p" (photon) anzufügen. Die wichtigsten dieser Größen werden nachstehend besprochen.

§ 41.2.1 Größen der Radiometrie

Die *radiometrische* (*energetische*) Ausgangsgröße ist die **Strahlungsenergie** oder **Strahlungsmenge** $\boldsymbol{Q}$ (der Index „e" wird weggelassen) mit der Einheit Joule. Strahlt ein Körper – die Strahlungsquelle – pro Zeitintervall $\mathrm{d}t$ die Strahlungsenergie $\mathrm{d}Q$ ab, dann ist der **Strahlungsfluss** oder die **Strahlungsleistung** $\boldsymbol{\Phi}$ gegeben durch:

Definition:

$$\Phi = \frac{\mathrm{d}Q}{\mathrm{d}t} \tag{41.1}$$

Einheit:

Watt (W)

Die Strahlungsleistung ist i. Allg. eine Funktion der Zeit, außer im Falle stationärer Abstrahlungsbedingungen.

Die von einem Flächenelement einer Strahlungsquelle bzw. von einer punktförmig angenommenen Strahlungsquelle Sq (Abb. 41.6) in eine bestimmte Richtung in den Raumwinkel $\mathrm{d}\Omega$ emittierte Strahlungsenergie pro Zeiteinheit, die **Strahlstärke** $\boldsymbol{I}$, wird folgendermaßen definiert:

Definition:

$$I = \frac{\mathrm{d}\Phi}{\mathrm{d}\Omega} \tag{41.2}$$

Einheit:

$$\frac{\text{Watt}}{\text{Sterad}} \quad \left(\frac{\text{W}}{\text{sr}}\right)$$

Erfolgt die Ausstrahlung isotrop, dann ist die Strahlstärke eine konstante Größe.

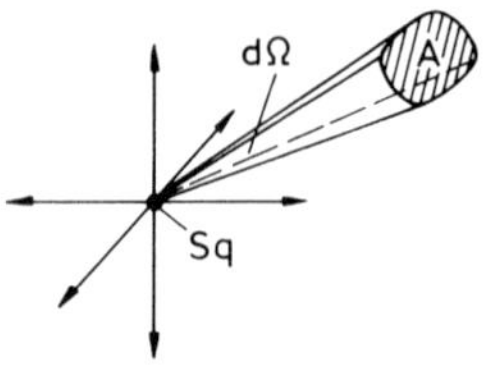

Abb. 41.6

Mit (41.2) kann der Strahlungsfluss Φ auch als Produkt aus der Strahlstärke I und dem durchstrahlten Raumwinkel angegeben werden:

$$\Phi = \int I \cdot \mathrm{d}\Omega \tag{41.3}$$

Damit ist der von einer punktförmigen Strahlungsquelle in den gesamten Raumwinkel 4π (d. h. nach allen Richtungen) emittierte Strahlungsfluss Φ_0:

$$\Phi_0 = 4\pi \cdot I \tag{41.4}$$

Eine unter dem Raumwinkel $\mathrm{d}\Omega$ von der Strahlungsquelle Sq aus erscheinende Fläche A (Abb. 41.6), die z. B. ein Flächenelement $\mathrm{d}A$ eines im Strahlungsfeld befindlichen Objektes oder Strahlungsempfängers darstellt, sei vom Strahlungsfluss Φ durchsetzt. Den pro Flächeneinheit auftreffenden Strahlungsfluss nennt man die **Bestrahlungsstärke** $\boldsymbol{E}$:

Definition:

$$E = \frac{\mathrm{d}\Phi}{\mathrm{d}A} \tag{41.5}$$

Einheit:

$$\frac{\text{Watt}}{(\text{Meter})^2} \quad \left(\frac{\text{W}}{\text{m}^2}\right)$$

Die insgesamt in einem Zeitintervall $\Delta t = t_2 - t_1$ pro Fläche auffallende Strahlungsleistung ergibt sich als Zeitintegral der Bestrahlungsstärke und wird als **Bestrahlung** $\boldsymbol{H}$ bezeichnet:

Definition:

$$H = \int_{t_1}^{t_2} E \cdot \mathrm{d}t \tag{41.6}$$

Einheit:

$$\frac{\text{Joule}}{(\text{Meter})^2} \quad \left(\frac{\text{J}}{\text{m}^2}\right)$$

Die Bestrahlung ist bei akkumulierenden Strahlungsempfängern, wie z. B. einer Photoplatte, das Maß für die auf die Fläche bezogene Strahlungswirkung.

Bezieht man die abgestrahlte Strahlungsleistung Φ nicht wie in (41.5) auf die Empfängerfläche, sondern auf ein Flächenelement der Strahleroberfläche, so erhält man die ***spezifische Ausstrahlung*** $\boldsymbol{M = \mathrm{d}\Phi/\mathrm{d}A_\perp}$ (s. auch § 17.3).

Der punktförmige Strahler stellt eine Abstraktion dar; näherungsweise kann ein ausgedehnter Strahler, wie z. B. eine strahlende Fläche, aus sehr großer Entfernung als punktförmig betrachtet werden. Im Allgemeinen müssen wir aber von Strahlungsquellen mit Oberflächen endlicher Größe ausgehen. Die Strahlstärke I einer endlich ausgedehnten Strahlungsquelle ist jedoch von der Abstrahlungsrichtung abhängig, die durch den Winkel φ charakterisiert wird, den diese mit der Flächennormalen bildet: $I = I(\varphi)$. Die auf das Flächenelement $\mathrm{d}A$ bezogene abgestrahlte Strahlstärke $\mathrm{d}I$ in Richtung φ, nennt man die **Strahlungs-** oder **Strahldichte** $\boldsymbol{L}$:

Definition:

$$L = \frac{\mathrm{d}I}{\mathrm{d}A \cdot \cos\varphi} = \frac{\mathrm{d}^2\Phi}{\mathrm{d}\Omega \cdot \mathrm{d}A \cdot \cos\varphi} \qquad (41.7)$$

Einheit:

$$\frac{\text{Watt}}{\text{Sterad} \cdot (\text{Meter})^2} \quad \left(\frac{\text{W}}{\text{sr} \cdot \text{m}^2}\right)$$

§ 41.2.2 Größen der Photometrie

Die Größen aus der Strahlungsphysik (Radiometrie) können sinngemäß in entsprechende Größen der subjektiven Strahlungsbewertung, der *Photometrie*, übertragen werden. Aus diesem Grunde werden hier im Wesentlichen nur die jeweiligen Begriffsdefinitionen angegeben.

Die *photometrische* (*lichttechnische* oder *visuelle*) Ausgangsgröße ist die **Lichtmenge** $\boldsymbol{Q}$ (der Index „v" wird weggelassen) mit der Einheit Lumensekunde. Strahlt eine Lichtquelle pro Zeitintervall $\mathrm{d}t$ die Lichtmenge $\mathrm{d}Q$ ab, dann ist der ***Lichtstrom*** $\boldsymbol{\Phi}$ gegeben durch:

Definition:

$$\Phi = \frac{\mathrm{d}Q}{\mathrm{d}t} \qquad (41.8)$$

Einheit:

Lumen (lm)

Entsprechend ergibt sich für die **Lichtstärke** $\boldsymbol{I}$:

Definition:

$$I = \frac{\mathrm{d}\Phi}{\mathrm{d}\Omega} \qquad (41.9)$$

Einheit:

Candela (cd) (***SI-Basiseinheit***)

Die Definition der Candela siehe § 2.1.

Der Lichtstrom Φ kann mit (41.8) ebenso als Produkt aus der Lichtstärke I und dem durchstrahlten Raumwinkel angegeben werden:

$$\Phi = \int I \cdot \mathrm{d}\Omega \qquad (41.10)$$

womit für den Zusammenhang der Einheit Lumen des Lichtstroms mit der SI-Basiseinheit Candela der Lichtstärke folgt:

$$1\,\text{lm} = 1\,\text{cd} \cdot \text{sr}$$

Des Weiteren gilt für die **Beleuchtungsstärke** $\boldsymbol{E}$ als Quotient von auffallendem Lichtstrom und beleuchteter Fläche:

Definition:

$$E = \frac{\mathrm{d}\Phi}{\mathrm{d}A} \qquad (41.11)$$

Einheit:

Lux (lx)

$$1\,\text{lx} = 1\,\frac{\text{lm}}{\text{m}^2} = 1\,\frac{\text{cd} \cdot \text{sr}}{\text{m}^2}$$

Früher gebräuchliche Einheit:
Phot (ph)

$$1\,\text{ph} = 1\,\frac{\text{cd} \cdot \text{sr}}{\text{cm}^2} = 10^4\,\text{lx}$$

Das Zeitintegral der Beleuchtungsstärke ist die **Belichtung H**:

Definition:

$$H = \int_{t_1}^{t_2} E \cdot \mathrm{d}t \qquad (41.12)$$

Einheit:

Lux · Sekunde (lx · s)

Analog zur Strahldichte gilt für die **Leuchtdichte L**:

Definition:

$$L = \frac{\mathrm{d}I}{\mathrm{d}A \cdot \cos\varphi} = \frac{\mathrm{d}^2\Phi}{\mathrm{d}\Omega \cdot \mathrm{d}A \cdot \cos\varphi} \qquad (41.13)$$

Einheit:

$$\frac{\text{Candela}}{(\text{Meter})^2} \quad \left(\frac{\text{cd}}{\text{m}^2}\right)$$

Früher gebräuchliche Einheit:
Stilb (sb)

$$1\,\text{sb} = 1\,\frac{\text{cd}}{\text{cm}^2} = 10^4\,\frac{\text{cd}}{\text{m}^2}$$

§ 41.2.3 Photonengrößen

Ausgangsgröße der Photonengrößen ist die **Photonenzahl N** (der Index „p" ist weggelassen). Die wichtigsten Photonengrößen mit ihren Einheiten sind nachstehend aufgeführt.

Photonenstrom Φ:

Definition:

$$\Phi = \frac{\mathrm{d}N}{\mathrm{d}t} \qquad (41.14)$$

Einheit:

$$\frac{\text{Photonen}}{\text{Sekunde}} \quad (\text{s}^{-1})$$

Photonenstrahlstärke I:

Definition:

$$I = \frac{\mathrm{d}\Phi}{\mathrm{d}\Omega} \qquad (41.15)$$

Einheit:

$$\frac{\text{Photonen}}{\text{Sekunde} \cdot \text{Sterad}} \quad (\text{s}^{-1} \cdot \text{sr}^{-1})$$

Photonenbestrahlungsstärke E:

Definition:

$$E = \frac{\mathrm{d}\Phi}{\mathrm{d}A} \qquad (41.16)$$

Einheit:

$$\frac{\text{Photonen}}{\text{Sekunde} \cdot (\text{Meter})^2} \quad (\text{s}^{-1} \cdot \text{m}^{-2})$$

Photonenbestrahlung H:

Definition:

$$H = \int_{t_1}^{t_2} E \cdot \mathrm{d}t \qquad (41.17)$$

Einheit:

$$\frac{\text{Photonen}}{(\text{Meter})^2} \quad (\text{m}^{-2})$$

Photonenstrahldichte L:

Definition:

$$L = \frac{\mathrm{d}I}{\mathrm{d}A \cdot \cos\varphi} = \frac{\mathrm{d}^2\Phi}{\mathrm{d}\Omega \cdot \mathrm{d}A \cdot \cos\varphi} \qquad (41.18)$$

Einheit:

$$\frac{\text{Photonen}}{\text{Sekunde} \cdot \text{Sterad} \cdot (\text{Meter})^2} \quad (\text{s}^{-1} \cdot \text{sr}^{-1} \cdot \text{m}^{-2})$$

§ 41.2.4 Quadratisches Abstandsgesetz

Wir betrachten eine punktförmige Quelle Sq konstanter isotroper Ausstrahlung radial in den Raum. Die Strahlung durchsetzt die Oberflächen zur Quelle konzentrischer Kugeln gleichmäßig, wie in Abb. 41.7 für Ausschnitte der Kugeloberflächen eines bestimmten Raumwinkels dargestellt ist. Die zur Strahlungsrichtung senkrechten Flächen, die sich im Abstand r_1, r_2, $r_3, \ldots$ zur Strahlungsquelle befinden, vergrößern ihre Oberfläche von $4\pi \cdot r_1^2$ auf $4\pi \cdot r_2^2$, $4\pi \cdot r_3^2$ usw., wenn sich die Strahlung aus der Entfernung r_1 vom Mittelpunkt auf die Entfernung $r_2, r_3, \ldots$ ausbreitet (Abb. 41.7). Ohne Energieverluste bleibt der Strahlungsfluss konstant und

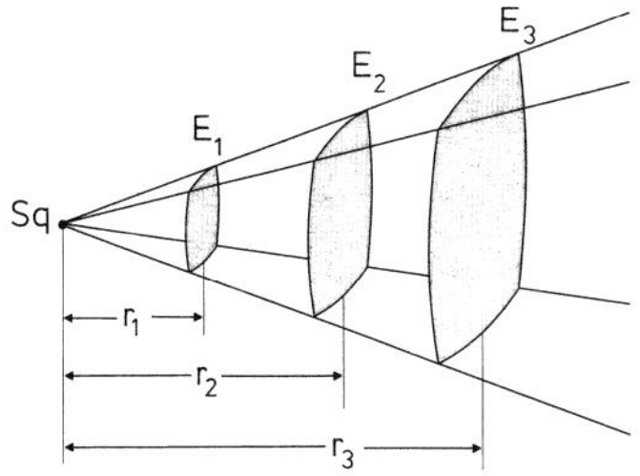

Abb. 41.7

es gilt z. B. für zwei Flächen in den Abständen r_1, r_2 von derselben Strahlungsquelle:

$$\Phi = 4\pi \cdot r_1^2 \cdot E_1 = 4\pi \cdot r_2^2 \cdot E_2 = \text{const.} \quad (41.19)$$

wobei E_1 und E_2 die Bestrahlungsstärken im Abstand r_1 bzw. r_2 von der Strahlungsquelle sind. Für die Bestrahlungsstärken ergibt sich aus (41.19) somit:

$$\frac{E_1}{E_2} = \frac{r_2^2}{r_1^2} \quad (41.20)$$

d. h. die Bestrahlungsstärke nimmt mit dem Quadrat des Abstandes von der Quelle ab:

$$E \sim \frac{1}{r^2}$$

Dieser Zusammenhang wird als das ***quadratische Abstandsgesetz*** bezeichnet und kann anstatt für Bestrahlungs- bzw. Beleuchtungsstärken auch für Intensitäten formuliert werden. Streng gilt dieses Gesetz nur für punktförmige Quellen, kann jedoch auch bei ausgedehnten Quellen angewendet werden, so lange die laterale Ausdehnung der Quelle klein gegen den Abstand r zwischen Quelle und der Fläche (z. B. Objekt bzw. Empfänger) ist.

Aufgaben

Aufgabe 41.1: Die Bestrahlungsstärke einer praktisch punktförmigen Strahlungsquelle in 2 m Abstand sei $\boldsymbol{E}_1$. Wie groß ist, bei vernachlässigbarer Absorption, die Bestrahlungsstärke $\boldsymbol{E}_2$ in 3 m Abstand in Bezug zu $\boldsymbol{E}_1$?

Aufgabe 41.2: Der Abstand eines Detektors von einer punktförmigen Lichtquelle werde von 25 cm auf 1 m geändert. Wie ändert sich die Lichtintensität, wenn die bei 25 cm Abstand gemessene Lichtintensität gleich 100 % gesetzt wird?

Aufgabe 41.3: Die Beleuchtungsstärke einer punktförmigen Lichtquelle in 16 cm Entfernung sei $\boldsymbol{E}_{16}$. In welchem Abstand $\boldsymbol{x}$ von der Lichtquelle beträgt die Beleuchtungsstärke $\boldsymbol{E}_x = 0{,}1 \cdot \boldsymbol{E}_{16}$?

8

§ 42 Spektren

Der Begriff des Spektrums ist uns bereits in vielfacher Weise begegnet, wie z. B. das Geschwindigkeits-, Massen- oder Energiespektrum in einem System von Teilchen, oder das Schallspektrum eines Musikinstrumentes, das Fourierspektrum einer periodischen Funktion sowie das Emissionsspektrum eines Atoms u. v. a. m. Im allgemeinsten Sinne stellt jede Häufigkeits- oder Intensitätsverteilung der von einer physikalischen Größe (wie z. B. die Geschwindigkeit eines Teilchensystems etc.) angenommenen Werte ein *Spektrum* dar. Im engeren Sinne bezeichnet man auch als *Spektrum* die Intensitätsverteilung einer elektromagnetischen Strahlung in Abhängigkeit von deren Wellenlänge, Wellenzahl, Frequenz oder Energie aufgetragen, wie z. B. ein Emissions- oder Absorptions-, ein Linien- oder Bandenspektrum, mit welchen wir uns in diesem Abschnitt kurz befassen werden.

Eine weitere prinzipielle Unterscheidung von Spektren ist die in *kontinuierliche Spektren* und *diskontinuierliche Spektren*.

Das Spektrum glühender fester oder flüssiger Körper ist stets ein **kontinuierliches Spektrum**, das i. Allg. alle Wellenlängen des sichtbaren Bereiches enthält, sowie (abhängig von der Temperatur) auch noch entsprechende Anteile des ultravioletten und insbesondere des infraroten Spektralbereichs umfasst, d. h. die Intensität der von diesen Körpern emittierten Strahlung ist eine kontinuierliche Funktion z. B. der Wellenlänge λ: $I = I(\lambda)$. Die Photosphäre der Sonne, die Strahlung eines schwarzen Körpers, die Elektroden der Kohlenbogenlampe, glühendes oder geschmolzenes Eisen, der Wolframdraht der Glühbirne sind Beispiele solcher Strahlungsquellen, die ein kontinuierliches Spektrum emittieren, sowohl im sichtbaren als auch im infraroten und z. T. im ultravioletten Spektralbereich, aber auch eine Kerze ebenso wie die Fluoreszenzschicht der Leuchtstofflampen emittieren ein kontinuierliches (u. a. sichtbares) Spektrum. Man kann jedoch auch in anderen, energiereicheren Bereichen der elektromagnetischen Wellen kontinuierliche Spektren beobachten, wie z. B. bei der Abbremsung der hochbeschleunigten Elektronen im Antikathodenmaterial der Röntgenröhre; das hierbei emittierte Bremsspektrum ist kontinuierlich.

Kontinuierliche Spektren sind für den strahlenden Körper nicht charakteristisch, da sie alle Wellenlängen des betreffenden Spektralbereiches enthalten.

Zum Leuchten angeregte Gase und Dämpfe liefern im Allgemeinen **diskontinuierliche Spektren**, die man auch **charakteristische Spektren** nennt und in so genannte ***Linienspektren*** (oder ***diskrete Spektren***) und in ***Bandenspektren*** unterteilt, die wir in § 42.1 noch etwas ausführlicher besprechen werden.

Die bislang erwähnten Spektren sind **Emissionsspektren**, die von bestimmten Lichtquellen infolge hoher Temperatur oder infolge direkter elektrischer oder chemischer Anregung ausgesandt werden. Nun vermag jede Substanz das Licht, welches sie emittiert, im Prinzip auch zu absorbieren, man beobachtet ihr **Absorptionsspektrum**. Bringt man also in den Strahlengang eines kontinuierlichen Spektrums eine Substanz, die gewisse Wellenlängen absorbiert, so treten in dem ursprünglich kontinuierlichen Spektrum ‚Lücken' auf. So absorbiert z. B. Natriumdampf aus weißem Licht die gelbe Natriumlinie, wodurch im weißen Licht eine schwarze Linie (Lücke) an der Stelle der Natriumlinie auftritt. Ebenso sind beispielsweise die so genannten ***Fraunhofer'schen Linien*** im Sonnenspektrum Absorptionslinien, die dadurch zustande kommen, dass, die von der lichtaussendenden Oberfläche der Sonne, der Photosphäre (Strahlungstemperatur ca. 5780 K), ausgehende kontinuierliche Strahlung durch die in den höheren kühleren Schichten (ca. 4800 K) der Photosphäre und den unteren Schichten der Chromosphäre der Sonne enthaltenen gas- bzw. dampfförmigen chemischen Elemente, eine selektive Absorption erfährt.

Absorptionsspektren sind ***charakteristische Spektren*** und man kann sie daher zum Nachweis und zur Identifizierung der absorbierenden Stoffe benutzen (s. § 38.2 u. 39.3).

§ 42.1 Linienspektren – Bandenspektren

Linienspektren und Bandenspektren sind charakteristisch für die emittierende oder absorbierende Substanz und können daher zu deren

Nachweis (Spektralanalyse) bzw. bei einem Material, das sich aus mehreren Substanzen zusammensetzt, zur Identifizierung seiner Bestandteile herangezogen werden. Dies macht man sich in der Analytik zur qualitativen und quantitativen Bestimmung von Stoffkomponenten zu Nutze, wie z. B. in der optischen Absorptions- und Emissionsspektroskopie, der Infrarot- und Ramanspektroskopie oder der Röntgenspektroskopie, um nur einige zu nennen.

Linienspektren

Sie bestehen aus einzelnen, durch dunkle Zwischenräume getrennte relativ scharfen Spektrallinien jeweils einer bestimmten Frequenz bzw. Wellenlänge (monochromatisches Licht). Die spektrale Lage der Linien, d. h. ihrer Wellenlänge bzw. Frequenz im Spektrum, ist für das die Strahlung emittierende Element charakteristisch. Ein Beispiel eines Linienspektrums haben wir beim Wasserstoff (s. § 38.2.1) bereits kennen gelernt. Die Lage der zu Serien zusammenfassbaren Linien im Frequenzspektrum ist durch die *Rydbergformel* (s. § 38.2.1) beschreibbar. Auch ist z. B. die für Natrium beobachtbare intensive gelbe Linie (die man in hochauflösenden Spektralapparaten als zwei Linien erkennt) oder sind für Kalium die beiden roten und eine schwache violette Linie (siehe schematische Darstellung in Abb. 42.1) charakteristisch.

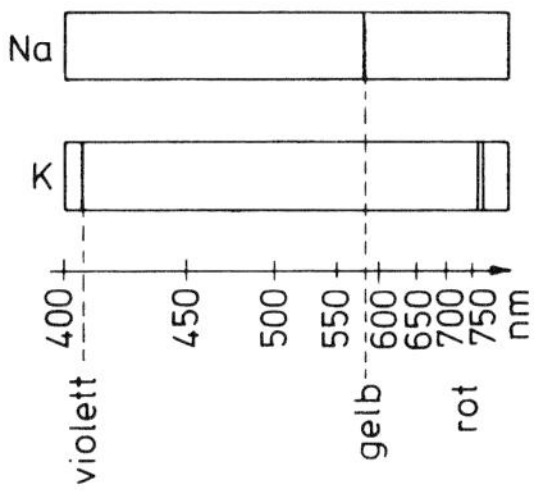

Abb. 42.1

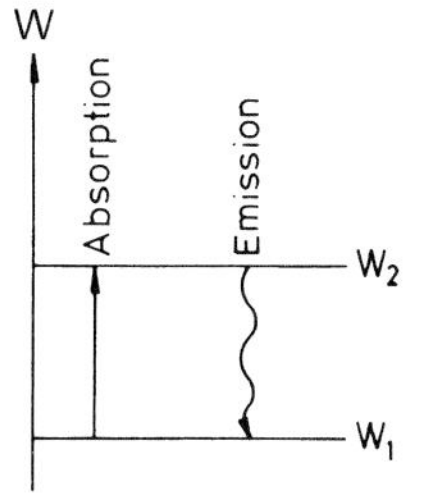

Abb. 42.2

Elektronenübergang (Abb. 42.2) aus einem angeregten (W_2) in einen energetisch tiefer liegenden Zustand (W_1), z. B. den Grundzustand, und es zeigt sich ein charakteristisches ***Emissionsspektrum***. In Abb. 42.3 ist schematisch das Linienspektrum einiger der intensivsten Linien (unter Berücksichtigung der relativen Intensitäten) von elementarem Quecksilber als Funktion der Wellenlänge λ dargestellt.

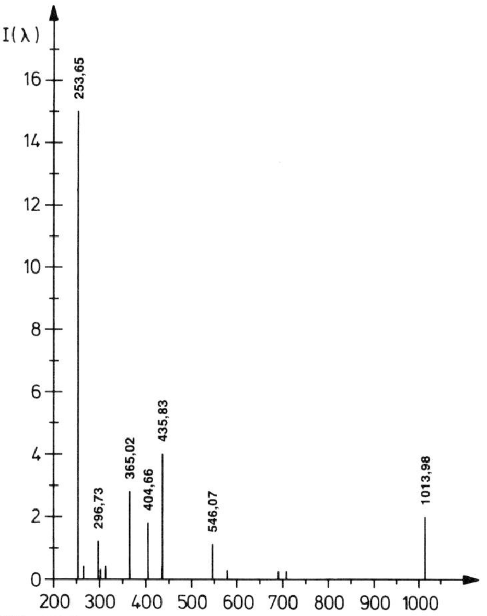

Abb. 42.3

Atomspektren sind Linienspektren. Sie entstehen im *sichtbaren, UV- und nahen IR-Bereich* durch Übergänge von *Valenzelektronen* der Atome oder Atomionen zwischen Zuständen unterschiedlicher Energie. Dabei erfolgt ***Emission*** (s. auch § 38.2.5) von Licht beim

Anmerkung: Bei extrem guter spektraler Auflösung des Nachweisgerätes (z. B. ein Monochromator höchster Auflösung) sind die Spektrallinien nicht unendlich scharf, sondern zeigen eine Intensitätsverteilung $I(\lambda)$ endlicher Breite (sog. spektrale Bandbreite), d. h. die Atome emittieren eigentlich keine streng monochromatische Strahlung. Die Gründe dieser atomaren Linienverbreiterung können jedoch im Rahmen dieser Darstellung nicht weiter diskutiert werden.

Durch ***Absorption*** (s. auch § 38.2.5) einer passenden Energieportion kann ein Valenzelektronenübergang eines Atoms oder Atomions in einen energetisch höher gelegenen Zustand stattfinden (Abb. 42.2), wobei man ein charakteristisches ***Absorptionsspektrum*** erhält. Die Anregung des Valenzelektrons kann sowohl durch Absorption einer passenden elektromagnetischen Welle als auch durch Zufuhr von Wärmeenergie, chemischer Energie, elektrischer Energie oder auch durch Stoß mit geeignet beschleunigten Teilchen erfolgen.

Linienspektren beobachtet man auch bei *Röntgenstrahlen*, die außer dem eingangs zu § 42 erwähnten kontinuierlichen Bremsspektrum auch ein **charakteristisches Röntgenspektrum** zeigen. Dieses Spektrum kommt ebenfalls durch Übergänge von Elektronen zu Stande, jedoch sind es hier Elektronenübergänge in kernnahen Schalen (siehe § 42.2).

Bandenspektren

Bandenspektren sind wie die Linienspektren diskontinuierliche Spektren, die sich jedoch in einer gesetzmäßigen Anhäufung sehr zahlreicher Linien in bestimmten spektralen Bereichen zeigen, sodass bei geringer spektraler Auflösung des zur Erfassung der Spektren verwendeten Spektralapparates die jeweilige Bande nahezu als Kontinuum mit „Bandkante" erscheint, wie in Abb. 42.4 schematisch dargestellt (die Wellenlänge steigt nach links an). In

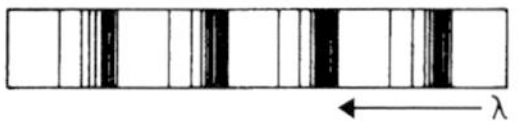

Abb. 42.4

Wirklichkeit handelt es sich aber, bei entsprechend hoher spektraler Auflösung betrachtet, um dicht liegende einzelne Linien. Abb. 42.5 zeigt schematisch die Intensitätsverteilung eines Absorptions-Bandenspektrums angeregter Moleküle in Abhängigkeit von der Wellenzahl $\tilde{\nu} = 1/\lambda$ in cm^{-1} (λ: Wellenlänge).

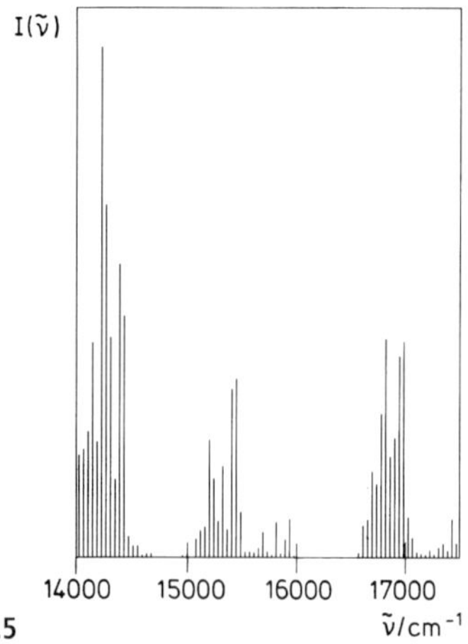

Abb. 42.5

Molekülspektren sind Bandenspektren. Zur Entstehung der Bandenspektren tragen im Prinzip drei unterschiedliche Mechanismen der gequantelten Energieaufnahme bzw. -abgabe von Molekülen bei (s. dazu auch insbesondere den entsprechenden Abschnitt in § 39.3).

1. Rotation des Gesamtmoleküls um eine bestimmte Achse oder Rotation einzelner Atome bzw. charakteristischer Gruppen des Moleküls in der Gasphase. ***Rotationsspektren*** sind Übergänge zwischen den Rotationsniveaus eines gegebenen Schwingungsniveaus in einem bestimmten elektronischen Zustand unter Änderung der Rotationsquantenzahl (s. § 39.3).
   Die Rotationsbanden liegen im fernen IR und im Mikrowellengebiet (Wellenlänge $\lambda \geq 50\,\mu m$ bis 1 mm).
2. Schwingungen von Atomen des Moleküls um ihre Gleichgewichtslage verbunden ggf. mit entsprechenden Rotationen. Die ***Rotationsschwingungsspektren*** von Molekülen in der Gasphase entsprechen den Übergängen aus den Rotationsniveaus eines bestimmten Schwingungsniveaus in die Rotationsniveaus eines anderen Schwingungsniveaus des gleichen elektronischen Zustandes. Es ändert sich die Rotations- und Schwingungsquantenzahl (s. § 39.3). Rotationsschwingungsspektren bestehen aus einer Vielzahl von Banden. Moleküle in kondensierter Phase, d. h. ohne Auflösung der Rotationsstruktur, ergeben ebenfalls charakteristi-

sche ***Schwingungsspektren*** bestimmter Molekülgruppen.
Die Bandenspektren der Molekül-Grundschwingungen liegen im mittleren IR (Wellenlänge $\lambda > 3\,\mu m$ bis $50\,\mu m$) und die ihrer Oberschwingungen (Obertöne) und Kombinationsschwingungen charakteristischer Molekülgruppen im nahen IR ($\lambda > 0{,}8\,\mu m$ bis $3{,}0\,\mu m$).

3. Elektronenübergänge erfolgen, ähnlich wie bei Atomen, in höhere Energiezustände, nur ist die Zahl der möglichen Energiestufen geringer, da höhere Anregung zum Zerfall des Moleküls führen kann. Mit jedem elektronischen Übergang sind jedoch Schwingungs- und Rotationsübergänge verknüpft (Letztere nur bei Molekülen in der Gasphase). ***Elektronenspektren*** sind somit Übergänge von den Rotationsniveaus der verschiedenen Schwingungsniveaus eines elektronischen Zustandes in die entsprechenden Rotationsniveaus der verschiedenen Schwingungsniveaus eines anderen elektronischen Zustandes, wobei sich im Allgemeinen außer der Quantenzahl des elektronischen Zustandes auch die Schwingungs- und Rotationsquantenzahl ändert. Es ergibt sich so ein ***Bandensystem***, das in eine große Zahl eng benachbarter Linien aufgespalten ist, die zur Bandengrenze hin konvergieren. Die für alle erlaubten elektronischen Übergänge sich ergebenden Bandensysteme stellen das eigentliche ***Bandenspektrum*** eines Moleküls dar (Abb. 42.4).
Die Bandenspektren der elektronischen Übergänge liegen im ultravioletten oder sichtbaren oder nahen Infrarot-Bereich.

§ 42.2 Röntgenspektren

Die ***Röntgenstrahlung*** wurde von *W. C. Röntgen* 1895 entdeckt, für welche er die im angelsächsischen Sprachbereich heute noch gebräuchliche Bezeichnung ***„X-Strahlen“*** einführte. Röntgenstrahlen sind ihrer physikalischen Natur nach sehr kurzwellige elektromagnetische Wellen mit Wellenlängen λ ungefähr zwischen 10^{-9} m und 10^{-12} m (s. auch § 32). Sie entstehen beispielsweise, wenn energiereiche Elektronen (kinetische Energie $E_{kin} \gtrsim 1$ keV) auf Materie treffen. Zur Erzeugung von Röntgenstrahlen verwendet man Hochvakuum-Röntgenröhren (s. § 25.5.2), bei welchen die zwischen der Glühkathode und der Antikathode beschleunigten Elektronen im Antikathodenmaterial (unabhängig voneinander) zwei verschiedene zur Emission von Röntgenstrahlung führende Prozesse auslösen können:

1. Emission von ***Röntgenbremsstrahlung***, deren Spektrum **(Bremsspektrum)** kontinuierlich ist und
2. Emission von ***charakteristischer Röntgenstrahlung***, die ein Linienspektrum aufweist.

Bremsstrahlung

In einer Röntgenröhre (s. § 25.5.2), beispielsweise, entsteht Bremsstrahlung, wenn die von der Glühkathode aus beschleunigten, in das Antikathodenmaterial eindringenden Elektronen die Elektronenhülle der Atome durchdringen und in Kernnähe in das starke Coulombfeld der positiv geladenen Atomkerne geraten, wodurch es infolge Ablenkung und Abbremsung im elektrischen Feld der Hüllenelektronen oder der Kerne der Atome des Antikathodenmaterials zur Strahlungsemission kommt. In Abb. 42.6 ist die Intensität dieser Bremsstrahlung als Funktion der Wellenlänge bei verschiedenen Beschleunigungsspannungen aufgetragen. Bei jeder Beschleunigungsspannung beobachtet man eine kleinste Wellenlänge, unterhalb der keine Emission mehr erfolgt; diese Wellenlänge nennt man die **Grenzwellenlänge** λ_{gr}.

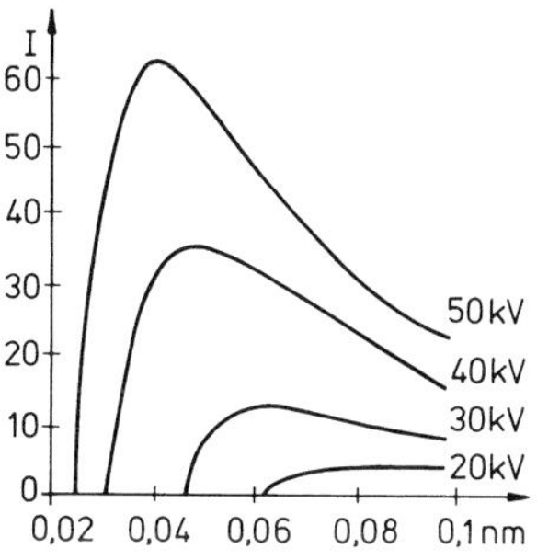

Abb. 42.6

Durch die Beschleunigungsspannung U erhalten die Elektronen eine kinetische Energie $e \cdot U$. Diese wird bei der Abbremsung im Antikathodenmaterial in die Energie der Strahlungsquanten $h \cdot \nu$ und in Wärmeenergie Q umgewandelt. Die größtmögliche Frequenz ν_{gr}, die noch ausgestrahlt werden kann, ergibt sich, wenn im günstigsten Fall (d. h. keine Energieverluste, z. B. keine Wärmeerzeugung, $Q = 0$) die Elektronen ihre gesamte Energie $e \cdot U$ in ein Quant der Röntgenbremsstrahlung umwandeln können. Es folgt dann aus dem Energiesatz:

$$e \cdot U = h \cdot \nu_{gr} = h \cdot \frac{c}{\lambda_{gr}}$$

Daraus erhält man für die Grenzwellenlänge λ_{gr} die Bedingung **(Duane-Hunt'sches Gesetz)**:

$$\lambda_{gr} = \frac{h \cdot c}{e \cdot U} \qquad (42.1)$$

h: Planck'sches Wirkungsquantum
c: Vakuumlichtgeschwindigkeit
e: Elektronenladung
U: Beschleunigungsspannung

Beispiel: $U = 50$ kV ergibt eine Quantenenergie $h \cdot \nu = e \cdot U = 8 \cdot 10^{-15}$ J. Damit erhält man nach Gleichung (42.1) eine Grenzwellenlänge von $\lambda_{gr} =$ 0,025 nm.

Setzt man in Gleichung (42.1) die entsprechenden Zahlenwerte für h, c und e ein, so lässt sich der Wert der Wellenlänge der kurzwelligen Grenze λ_{gr} für eine bestimmte Spannung U (in Volt) nach folgender Beziehung einfach berechnen:

$$\lambda_{gr} = \frac{1239{,}8}{U} \text{ nm} \cdot \text{V}$$

Mit steigender Beschleunigungsspannung U (Anodenspannung U_A in Abb. 25.37) verschiebt sich einerseits das Intensitätsmaximum und gemäß Gleichung (42.1) die kurzwellige Grenze zu kleineren Wellenlängen, die ***Röntgenstrahlung*** wird ***härter*** (d. h. ihre Durchdringungsfähigkeit von Materie steigt), andererseits ist damit eine Erhöhung der Intensität der erzeugten Bremsstrahlung verbunden (Abb. 42.6), d. h. Spektrum und Intensität ändern sich. Die Intensität der emittierten Röntgenbremsstrahlung lässt sich auch durch den Heizstrom der Kathode der Röntgenröhre (Abb. 25.37) variieren, da er die Temperatur der Glühkathode und damit den Elektronen-Emissionsstrom steuert; dabei bleibt die spektrale Verteilung jedoch gleich, d. h. die Lage des Bremsspektrums ändert sich nicht.

Charakteristische Röntgenstrahlung

Ab einer gewissen Beschleunigungsspannung U (abhängig vom Anodenmaterial) – und somit einer bestimmten Größe der Elektronenenergie – überlagert sich dem kontinuierlichen Bremsspektrum das **Spektrum der charakteristischen Röntgenstrahlung**, ein ***Linienspektrum.*** Dieses ist im Gegensatz zum Bremsspektrum für das Antikathodenmaterial charakteristisch. Es entsteht dadurch, dass die auf die Antikathode auftreffenden Elektronen durch inelastische Stöße aus den inneren Schalen der Atome des Antikathodenmaterials Elektronen in freie höhere Energiezustände anregen oder völlig aus dem Atom entfernen können. Dies ist in Abb. 42.7 schematisch dargestellt:

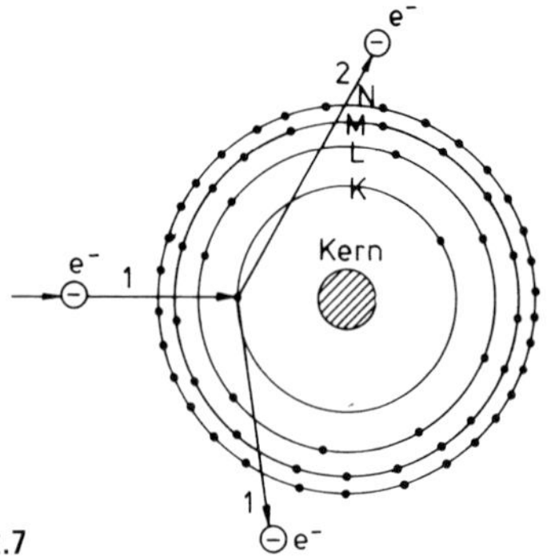

Abb. 42.7

Das Elektron 1 trifft auf ein Atom der Antikathode und schlägt dort ein Elektron 2, z. B. der K-Schale heraus; beide Elektronen, 1 und 2, verlassen in der Regel das Atom wieder. Dabei entsteht in der K-Schale eine Elektronenlücke. Diese kann durch Nachrücken eines Elektrons aus der L-Schale wieder aufgefüllt werden, was zur Emission der K_α-Linie (Abb. 42.8) führt; die so entstehende Lücke in der L-Schale kann durch ein Elektron der M-Schale geschlossen werden, was zur Emission der L_α-Linie führt. Wird die erste Lücke in der K-Schale nicht durch ein Elektron der L-Schale geschlossen, sondern durch eines der M-Schale, so wird die K_β-Linie emittiert; usw. Auf diese Weise kommt die K-, L-, M-, ...-Serie zur Ausstrahlung. Vermag das anzuregende Elektron 1

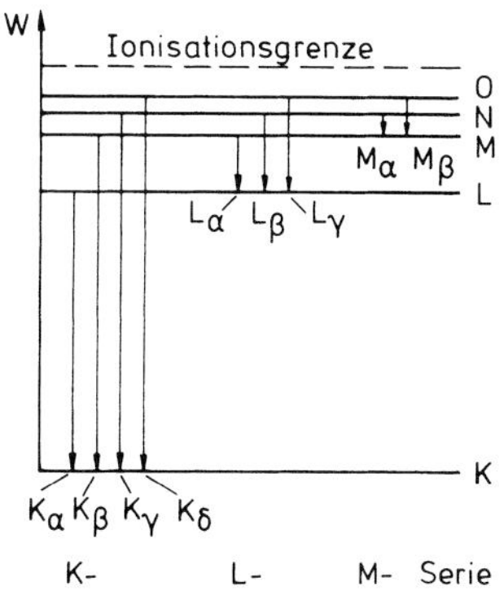

Abb. 42.8

aber nur ein L-Elektron abzulösen, so beobachtet man nur die L-, M-, N-,...-Serien. Im Gegensatz zu den optischen Spektren treten alle Linien der Röntgenserien gleichzeitig auf. Die Abb. 42.9 zeigt eine schematische Darstellung des dem Bremsspektrum überlagerten charakteristischen Spektrums.

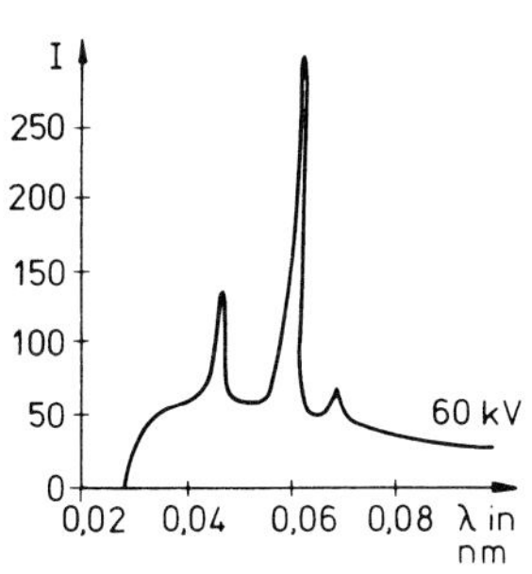

Abb. 42.9

Für die Frequenz der K_α-Linie wurde von *H. G. J. Moseley* eine (auch aus dem Bohr'schen Atommodell folgende) Beziehung empirisch abgeleitet, gültig für alle Elementatome:

$$\nu_{K_\alpha} = \frac{3}{4} R_\infty (Z-1)^2 \qquad (42.2)$$

(Moseley-Gesetz)

Dabei ist R_∞ die Rydbergfrequenz und Z die Ordnungszahl des die charakteristische Röntgenstrahlung emittierenden Elements.

Die Emission charakteristischer Röntgenstrahlung kann außer durch Elektronenbeschuss auch durch Bestrahlung von Atomen, Molekülen oder Festkörpern mit Röntgenstrahlung entsprechend hoher Energie angeregt werden, da diese Elektronen innerer Schalen der Atome anregen oder herauslösen kann (Photoeffekt, § 43.2.2). Man beobachtet die ***Röntgen-Fluoreszenzstrahlung***, deren Wellenlänge größer oder höchstens gleich derjenigen der primär anregenden Röntgenstrahlung ist. Wegen der Proportionalität $\sqrt{\nu} \sim Z$ zwischen der Frequenz ν der Röntgenfluoreszenzstrahlung und der Kernladungszahl Z der Atome (Moseley-Gesetz), stellt die *Röntgenfluoreszenzanalyse* ein wichtiges und häufig angewandtes Verfahren zur Elementbestimmung dar.

8

§ 43 Wechselwirkung von Strahlung und Materie

Unter der Wechselwirkung von Strahlung und Materie verstehen wir hier sowohl die physikalischen, chemischen und biologischen Wirkungen der Strahlung und die daraus resultierenden Nachweismöglichkeiten für die Strahlung als auch die Absorptionseigenschaften von Materie für Strahlung.

Grundsätzlich unterscheidet man beim Auftreffen von Strahlung auf Materie die *Reflexion*, die *Streuung* und die *Absorption*. Die Reflexion wird hier bei diesen Betrachtungen i. Allg. außer Acht gelassen.

§ 43.1 Strahlungswirkungen und Strahlungsnachweis

Die verschiedenen Strahlungsarten zeigen unterschiedliche Wirkungen auf Materie, woraus sich dann die strahlungsspezifischen Nachweismöglichkeiten ergeben. Die Wirkung der Strahlung kann, abhängig von der Art der Wechselwirkung, umso größer sein, je energiereicher sie ist, je größer also ihre Frequenz ν bzw. je kleiner ihre Wellenlänge λ ist.

§ 43.1.1 Erwärmung

Wirkung: Die von der Materie absorbierte Strahlung hat i. Allg. eine **Erwärmung** derselben zur Folge. Thermische Wirkung zeigt z. B. Hochfrequenzstrahlung (medizinisches Anwendungsbeispiel: Diathermie [s. §§ 29.1 und 32]) und Infrarotstrahlung, aber auch sichtbares und ultraviolettes Licht. Die thermische Wirkung sinkt jedoch mit abnehmender Wellenlänge, d. h. UV-Strahlung wird im Vergleich zur IR-Strahlung i. Allg. geringere thermische Wirkung haben, dagegen aber z. B. photochemisch wirksamer sein (s. auch § 43.1.4).

Nachweis: Zum Strahlungsnachweis durch Erwärmung ist die entstehende Temperaturerhöhung zu messen. Voraussetzung dafür ist, dass die Strahlungsenergie möglichst vollständig in Wärme umgesetzt wird und die Temperaturerhöhung über das Absorbervolumen gleichmäßig ist. Hier eignen sich z. B. mit Ruß oder Schwarzlack geschwärzte Silberscheiben oder Platinstreifen sowie mit Gold (Goldschwarz) bedampfte Metallscheiben, die mitunter mit den Temperaturfühlern direkt verbunden sind.

Als Temperaturfühler werden Thermoelemente, Thermosäulen (mehrere in Reihe geschaltete Thermoelemente) oder temperaturabhängige (Metall- und Halbleiter-)Widerstände (Bolometer) etc. verwendet (s. auch §§ 12.3 und 25.1.1). Der nachweisbare Spektralbereich umfasst z. B. bei einer großflächigen Thermosäule (ohne Eintrittsfenster) den Wellenlängenbereich von 100 nm bis 1 mm (UV-C bis IR-C) oder bei einem Metallfilm- bzw. Ge(Ga)-Bolometer den gesamten IR-Bereich von 780 nm bis 1 mm.

§ 43.1.2 Anregung

Wirkung: Bei der **Anregung** durch Strahlung gehen durch die Energiezufuhr Atome (oder Moleküle) eines Absorbermaterials in einen energetisch höheren (angeregten) Zustand über. Beispielsweise wird durch die auftreffenden Strahlungsquanten bei Atomen ein Elektronenübergang aus dem Grundzustand in ein höheres diskretes Energieniveau angeregt, bzw. werden Elektronen aus Atomen freigesetzt (Ionisation, s. auch § 43.1.5) und verlassen das Absorbermaterial oder können in einem Halbleitermaterial Interbandübergänge ins Leitungsband oder Ionisation einer Störstelle im Festkörper ausgelöst werden. Die genannten Wirkungen erfordern jedoch – im Gegensatz zu den thermischen Wirkungen – eine bestimmte Mindestenergie der absorbierten Strahlungsquanten, d. h. die Wellenlänge der Strahlung muss unterhalb einer gewissen Grenzwellenlänge liegen. Wirkungen, die zum Nachweis von Strahlung eingesetzt werden, nutzen die Freisetzung von Elektronen aus Festkörpern (Metallen) ins Vakuum (*äußerer Photoeffekt*, § 43.2.2) bzw. die Erzeugung von Ladungsträgern in Halbleitermaterialien (*innerer Photoeffekt*, § 25.2.3).

Nachweis: Der Photoeffekt ist die gemeinsame physikalische Grundlage der zum Strahlungsnachweis verwendeten ***photoelektrischen Strahlungsdetektoren***, wobei zwischen drei Haupttypen unterschieden wird: photoelektrische Empfänger, deren Wirkungsweise auf dem äußeren Photoeffekt basiert, sowie Photoleiter (Photowiderstand) und Sperrschicht-Photodetektoren (Photodiode, Photoelement), deren Wirkungsweise auf dem inneren Photoeffekt beruht und die in § 25.2.3 besprochen wurden. Strahlungsempfänger, die auf dem äußeren Photoeffekt basieren sind sog. photokathodische Detektoren, deren einfache Bauform die *Vakuumphotozelle* (oder kurz: *Photozelle*) ist und die in der Ausführung des *Photovervielfachers* (oder: *Photomultipliers*) zu den empfindlichsten optischen Strahlungsdetektoren gehören. Sie haben eine meist mit Alkali- oder Erdalkalimetallen o. ä. dünn beschichtete Elektrode (Photokathode) relativ geringer Austrittsarbeit, um auch durch längerwellige Strahlung Elektronen auslösen zu können (s. Gleichung (43.10)). Durch ein der Photokathode nachgeschaltetes elektronenoptisches Abbildungssystem können die aus der Kathode freigesetzten Elektronen auch ortsaufgelöst registriert bzw. kann auf einem Leuchtschirm ein Bild erzeugt werden. Dies findet Anwendung bei ***Bildwandlern*** und ***Bildverstärkern*** zur Visualisierung und Verstärkung intensitätsschwacher sichtbarer oder unsichtbarer Strahlung (Röntgen-, Ultraviolett- oder Infrarotstrahlung), wie z. B. u. a. als Röntgenbildverstärker oder IR-Nachtsichtgeräte bzw. -Fernsehkameras. Für diese Anwendungen werden heute in zunehmendem Maße als selektive Empfänger auch Halbleiterdetektoren eingesetzt.

Der nutzbare Spektralbereich erstreckt sich bei Photoleitern (z. B.: PbS, PbSe, (Hg, Cd)Te, InSb, etc.), abhängig von der Ausführung, in Teilbereichen vom Sichtbaren bis ins ferne Infrarot (IR-C). Auch die Photodioden und -elemente decken je nach Halbleitermaterial (z. B.: Si, Ge, GaAsP, InAs) Teilbereiche vom Ultravioletten (UV-C) bis etwa 10 µm im Infraroten ab. Bei Vakuumphotozellen und Photovervielfachern reicht der nutzbare Spektralbereich ab 100 nm bis 1,4 µm, abhängig von der Kathodenausführung.

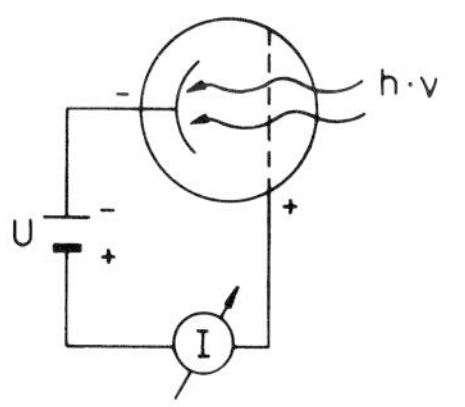

Abb. 43.1

Die ***Photozelle*** (Abb. 43.1) ist in ihrer grundsätzlichen Konstruktionsart eine ungeheizte Hochvakuumdiode (§ 25.5.1), mit einer netz- oder gitterartigen Anode und einer Kathode, deren Oberfläche mit einem Material (s. oben) beschichtet ist, das z. B. schon bei sichtbarem Licht Elektronen abgibt. So lange kein Licht auf die Kathode fällt, fließt am Instrument I kein Strom; so bald aber Lichtquanten auf die Kathode treffen, werden dort Elektronen ausgelöst (siehe §§ 25.5 u. 43.2.2), die zur netzartig ausgebildeten Anode fließen und einen Photostrom zur Folge haben. Der Photostrom ist proportional zur einfallenden monochromatischen Strahlungsleistung und ist oberhalb einer *Sättigungsspannung* unabhängig von der angelegten Anodenspannung. Üblicherweise sind Photozellen evakuiert, können aber auch mit einem Edelgas geringen Drucks gefüllt sein, wodurch der Elektronenstrom durch Stoßionisation etwa auf das Zehnfache verstärkt werden kann. Anstelle der Photozellen spielen jedoch heute Halbleiterdetektoren eine immer größere Rolle.

Beim ***Photomultiplier*** (Abb. 43.2) treffen die durch ein Fenster in die evakuierte Röhre eintretenden Lichtquanten $h \cdot \nu$ auf eine Photokathode K. Die dort ausgelösten Elektronen werden über nachfolgende Elektroden, den sog. Dynoden (in der Abb. 43.2 D1 bis D6), infolge Sekundärelektronenemission (s. § 25.5) vervielfacht. Die an den Elektroden anliegenden Spannungen werden so gewählt, dass ausgehend von der bezüglich der Anode negativen Photokathode K die Dynoden auf zunehmend positiverem Potential liegen (z. B.: $U_K = -2\,kV$; $U_{D1} = -1{,}7\,kV; \ldots$). An der Anode A entsteht ein entsprechend der Dynodenanzahl und der pro Dynode ausgelösten Zahl der Sekundärelektronen verstärkter Photostrom I_A. Photomultiplier sind sehr empfindliche Nachweisinstrumente.

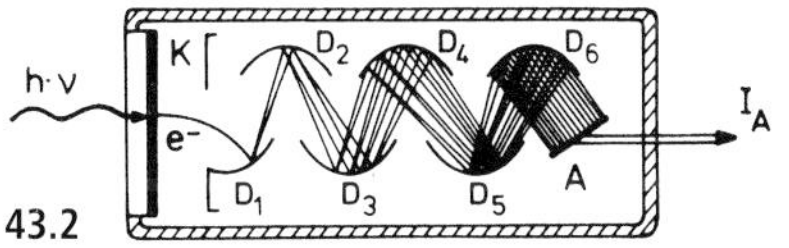

Abb. 43.2

Sekundärelektronenvervielfacher (SEV) sind analog zu den Photomultipliern aufgebaut, nur besitzen sie keine lichtempfindliche Photokathode. Mit einem SEV können daher z. B. Ionen oder Elektronen nachgewiesen werden, die direkt an der ersten Elektrode Elektronen auslösen, welche dann entsprechend verstärkt werden.

§ 43.1.3 Lumineszenz

Wirkung: Die Absorption von Energie, nicht notwendigerweise nur von Strahlungsenergie, durch Atome, Moleküle oder kondensierte Materie, die zur Erzeugung angeregter Zustände der Stoffe führt mit nachfolgender Emission von elektromagnetischer Strahlung (Leuchterscheinungen), bezeichnet man als **Lumineszenz**. Die *Lumineszenz* ist der Oberbegriff solcher beobachtbarer Leuchterscheinungen und wird aufgrund der Abklingzeiten der emittierten Strahlung (Abnahme der Strahlungsintensität auf den e-ten Teil) nach Ende der Anregung durch die ***Fluoreszenz*** und die ***Phosphoreszenz*** weiter unterschieden:

Die **Fluoreszenz** ist die Lumineszenz, für welche das Abklingen der Leuchterscheinung nur von der spontanen Übergangswahrscheinlichkeit zwischen den beteiligten Energiezuständen abhängt (kurze Abklingzeit: $\tau < 10^{-8}$ s, entsprechend der mittleren Lebensdauer eines angeregten Zustandes für spontanen Zerfall). Bei Gasen und Metalldämpfen kann man die einfachste Form der Fluoreszenz beobachten, die ***Resonanzfluoreszenz***, durch Strahlungsanregung eines direkten Übergangs in mögliche höhere Energiezustände aus dem Grundzustand und nachfolgender Abregung, wieder in den Grundzustand, unter Emission von Strahlung gleicher Wellenlänge wie bei der Absorption.

Die **Phosphoreszenz** ist die Lumineszenz mit langen Abklingzeiten $\tau > 10^{-8}$ s, d. h. es tritt ein Nachleuchten auf, das auch noch nach Ende der Strahlungseinwirkung vorhanden ist, bzw., wie bei manchen Phosphoren, die zugeführte Energie über längere Zeit in einem längerlebigen Zustand gespeichert (*Speicherleuchtstoffe*) und erst durch z. B. thermische Stimulation emittiert wird.

Bei Anregung mit elektromagnetischen Wellen gilt allgemein für die Lumineszenz die ***Stokes'sche Regel***, die besagt, dass die Wellenlänge λ der Lumineszenzstrahlung langwelliger oder höchstens gleich der Wellenlänge der anregenden Strahlung ist. Abweichungen davon (sog. antistokessche Emission) treten nur dann auf, wenn z. B. zur elektromagnetischen Anregungsenergie noch Energiebeiträge aus Molekül- oder Gitterschwingungen hinzukommen.

Betrachtet man den Lumineszenzvorgang als einen Zweistufenprozess – 1) Absorption der Anregungsenergie; 2) Emissionsprozess – dann lässt sich die Lumineszenz nach der Art der Anregung, d. h. nach der Quelle der Energiezufuhr einteilen. Beispielsweise unterscheidet man folgende Lumineszenzerscheinungen, abhängig von der Art der Anregungsenergie:

Photolumineszenz: elektromagnetische Strahlung (niederenergetische Photonen)

Röntgenlumineszenz: Röntgenstrahlung

Radiolumineszenz: radioaktive Strahlung (z. B. α-, β-, γ- oder Protonenstrahlung)

***Kathodolumineszenz*:** Elektronenstrahlung

Chemolumineszenz: chemische Reaktion (insbesondere Oxidationsprozesse)

Biolumineszenz: biochemische Reaktion (z. B. Glühwürmchen etc.)

Elektrolumineszenz: elektrische Gleich- oder Wechselfelder

Nachweis: Die durch die Wechselwirkung der auftreffenden Strahlung mit der Materie bedingten unterschiedlichen Lumineszenzerscheinungen finden zahlreiche Anwendungen zum Strahlungsnachweis, wie z. B.:

Die *Kathodolumineszenz* nutzt man bei den Bildschirmen der Fernsehröhren und Elektronenstrahloszillographen, die beispielsweise mit ZnS, CdS, ZnO bzw. bei den Farbfernsehröhren mit speziellen Leuchtstoffen beschichtet sind und infolge der Anregung durch Elektronen sichtbares Licht emittieren.

Röntgenlumineszenz wird beispielsweise bei den sog. ***Fluoreszenzschirmen*** zur direkten Umwandlung der Röntgenstrahlung in sichtbares Licht angewendet. Die Fluoreszenzschirme enthalten als Leuchtstoffe z. B. (Zn, Cd)S:Ag oder Gd_2O_2S:Tb und werden u. a. bei Durchleuchtungsgeräten verwendet.

Die *Elektrolumineszenz* bewirkt bei den Lumineszenz- oder Leuchtdioden (LED, s. § 25.2.3) und den Halbleiterdiodenlasern (Injektionslasern) die Lichtemission.

Ein bekanntes Beispiel zur *Photolumineszenz* sind die Leuchtstoffröhren (§ 41.1), bei welchen die mit einer Lumineszenzschicht versehene Röhreninnenwand durch das von angeregten Quecksilberatomen emittierte UV-Licht zum Leuchten angeregt wird. Auch bei zahlreichen Typen von Lasern wird die Lichtemission mittels Photolumineszenz erzeugt.

Auf der *Radiolumineszenz* beruht der ***Szintillationszähler***, mit dem radioaktive Strahlung, Röntgenstrahlung, Protonen, Neutronen, Deuteronen u. ä. bei Verwendung geeigneter Szintillatoren nachgewiesen werden können. Als Szintillatormaterialien finden anorganische Kristalle (wie z. B. NaI, NaI(Tl), CsI(Tl), ZnS(Ag)), organische Kristalle (wie z. B. Anthrazen, Stilben), Kunststoffe (z. B. Polystyrol) und organische Flüssigkeiten (z. B. Lösungen von Toluol und Xylol mit jeweils anderen organischen Substanzen) Verwendung. Speziell zum Nachweis von γ-Strahlung wird beispielsweise oft ein NaI(Tl)-Kristall benutzt, insbesondere wenn z. B. kleinste Aktivitäten im menschlichen Körper nachzuweisen und durch Energiebestimmung der Radionuklide zu identifizieren sind.

Im praktischen Aufbau wird der mit einem diffusen Reflektor aus MgO oder Al_2O_3 zur optimalen Lichtsammlung umgebene Szintillator lichtdicht an einen Photovervielfacher (mit einem Kontaktmittel oder einem Lichtleiter) optisch angekoppelt. Das bedeutet beispielsweise in der Schemaskizze der Abb. 43.2 eine lichtdichte Kopplung des Szintillationskristalls mit dem Photomultiplier an dessen linker Seitenfläche. Die Lichtblitze, die bei Einfall der Strahlung in den Szintillationskristall auftreten, lösen an der Photokathode des Photomultipliers Elektronen aus, die an der Anode zu einem Stromimpuls führen. Aus der Impulshöhe kann unter bestimmten experimentellen Voraussetzungen die Teilchenenergie ermittelt werden.

§ 43.1.4 Photochemische Reaktionen

Wirkung: Bei der Wechselwirkung von Materie mit Strahlung, darunter soll hier ultraviolettes, sichtbares und in speziellen Fällen infrarotes Licht verstanden werden, können in der Materie auch chemische Veränderungen hervorgerufen werden. Voraussetzung für eine durch Licht initiierte, **photochemische Reaktion**, ist die Absorption des Lichtes, das entweder die Aktivierungsenergie für eine Reaktion (*photoaktivierte Reaktion*) liefert, oder die bei der Reaktion zugeführte Lichtenergie als chemische Energie in Form von freier Enthalpie speichert (*photosynthetische Reaktion*). Photochemisch wirksam ist also nur solche Strahlung, die absorbiert wird und eine photochemische Wirkung tritt nur ein, falls nicht andere konkurrierende Prozesse, wie Fluoreszenz, Phosphoreszenz, thermische Wirkung auftreten oder Photoeffekt stattfindet, an den sich keine weiteren chemischen Reaktionen anschließen.

Wirkungen der Strahlungsabsorption können Defektentstehungen in chemischen Strukturen sein, der Zerfall von Molekülen in Radikale, Ionen oder Atome. Wegen ihrer höheren Quantenenergie ist dabei UV-Strahlung photochemisch wirksamer als IR-Strahlung.

Als **Photolyse** bezeichnet man die photochemische Primärreaktion der Zersetzung chemischer Verbindungen, deren Zerfallsprodukte dann untereinander oder mit anderen Atomen, Molekülen oder Ionen in einer photochemischen Sekundärreaktion reagieren können. Ein Beispiel ist die Zersetzung und Erzeugung von Ozon (O_3) in den oberen Schichten der Atmosphäre (überwiegend in der oberen Stratosphäre in Höhen oberhalb etwa 20 bis 25 km). Ozon wirkt als Filter für den Anteil an UV-B und UV-C der Sonnenstrahlung und hält den größten Anteil dieser Strahlung von der Erdoberfläche zurück.

Die Ozonerzeugung erfolgt in diesen Höhen der Erdatmosphäre durch die photolytische Spaltung des molekularen Sauerstoffs (I) und nachfolgender Synthese von Ozon (II), wie durch die folgenden zwei „Reaktionsgleichungen" beschrieben:

$$\text{(I)}: O_2 + h \cdot \nu\,(\lambda < 240\,\text{nm}) \rightarrow O + O$$
$$\text{(II)}: O + O_2 + M \rightarrow O_3 + M$$

wobei M das zur Erfüllung von Energie- und Impulserhaltungssatz erforderliche weitere Partnermolekül (z. B. N_2) ist. Durch Photolyse des Ozonmoleküls, $O_3 \xrightarrow{h\cdot\nu} O_2 + O$, wird Ozon wieder abgebaut, was sowohl durch längerwellige Strahlung ($\lambda < 1100$ nm, mit Maximum im Sichtbaren zwischen 450 nm und 700 nm) als auch durch UV-Absorption ($\lambda <$ 310 nm, insbesondere zwischen 190 nm und 320 nm) erfolgen kann. Der atomare Sauerstoff kann nun gemäß Sekundärreaktion (II) wieder zu Ozon reagieren und damit die Photolyse rückgängig machen oder durch die weitere mögliche (jedoch langsam ablaufende) Reaktionsfolge, $O + O_3 \rightarrow 2\,O_2$, molekularen Sauerstoff bilden, sodass beim Ozonabbau es insgesamt zur Bildung von drei O_2-Molekülen unter Zerstörung von zwei O_3-Molekülen kommen kann. Für den noch durch weitere Mechanismen beeinflussten Ozonkreislauf besteht ein dynamisches Gleichgewicht der zur Synthese und Photolyse von Ozon führenden Prozesse. Dieses Gleichgewicht ist jedoch, u. a. infolge anthropogener Einflüsse gestört, wodurch es zu vermehrtem Ozonabbau und damit zu einer Verringerung der stratosphärischen Ozonschicht kommt. Zur Bildung troposphärischen, bodennahen Ozons (über Gebieten starker Abgasentwicklung) tragen ebenfalls photolytische Prozesse bei, wie z. B. die Protolyse von Stick- und Schwefeloxiden unter Einwirkung der Sonnenstrahlung.

Als weiteres Beispiel der Photolyse sei noch die photolytische Reaktion beim photographischen Prozess erwähnt, wo es bei Belichtung des photographischen Materials durch Strahlung zu einer Spaltung von Silberhalogeniden kommt, z. B. von AgBr in Ag und Br.

Als spezieller Prozess sei die **Photodissoziation** erwähnt, wodurch beispielsweise ein Molekül AB unter Strahlungseinwirkung in die Bruchstücke A und B gespalten werden kann. Lichtabsorption führt dann leicht zur Dissoziation, wenn dabei eine elektronische Anregung in einen höheren elektronischen Zustand und gleichzeitig eine höhere Schwingungsanregung erfolgt. Dazu ist i. Allg. sichtbare oder ultraviolette Strahlung erforderlich.

Eine weitere photochemische Wirkung ist die **Photosynthese**, bei der unter Lichteinwirkung aus atomaren oder einfachen molekularen Bausteinen komplexere chemische Verbindungen synthetisiert werden. Der wichtigste Photosyntheseprozess ist die *Assimilation* der grünen Pflanzen. Hier werden mit Hilfe der Strahlungsenergie des Sonnenlichtes aus anorganischen Stoffen (CO_2 der Luft und Wasser) organische Stoffe (Kohlenhydrate) aufgebaut. Die Absorption der Strahlung erfolgt in Photosynthesepigmenten, deren wichtigste – die *Chlorophylle* – sichtbares Licht vor allem im blauen und roten Spektralbereich absorbieren.

Ebenso kann durch eine photochemische Reaktion die Bildung von Makromolekülen aus niedermolekularen organischen Verbindungen ausgelöst werden (*Polymerisation*).

Nachweis: Eine wichtige Nachweismethode von Strahlung beruht auf der Belichtung von Photoplatten bzw. den photographischen Filmen (Photolyse). Die zur Spaltung von z. B. AgBr erforderliche Energie beträgt 99,2 kJ/mol: $99{,}2\,\text{kJ} + \text{AgBr} \rightarrow \text{Ag} + \frac{1}{2}\text{Br}_2$. Damit diese Reaktion in Gang gesetzt werden kann, ist also eine bestimmte Lichtenergie erforderlich. Ein Photon einer Strahlung der Wellenlänge λ besitzt die Energie $E = h \cdot \nu = h \cdot c/\lambda$. Multipliziert man die Energie eines Photons mit der Avogadro-Konstante N_A, so erhält man die (spektrale) molare Strahlungsenergie der Photonen, die man auch als *photochemisches Lichtäquivalent* der Strahlung bezeichnet.

In Tab. 43.1 sind einige Lichtäquivalente für den sichtbaren Bereich angegeben. Die zur Spaltung von AgBr erforderliche Energie (99,2 kJ/mol) ist relativ gering, sodass schon IR- oder sichtbares Licht ausreicht. Da aber Silberbromid erst im Blauen zu absorbieren beginnt, also langwelligeres Licht unwirksam bliebe, muss man der AgBr-Schicht der Photoplatte Farbstoffe („Sensibilisatoren") zufügen, welche das langwelligere Licht (z. B. rot oder IR) zu absorbieren und die absorbierte Energie auf das AgBr zu übertragen vermögen. Photoplatten werden ebenso zum Nachweis elektromagnetischer Strahlung höherer Quantenenergie als sichtbares Licht verwendet, wie UV-, Röntgen- und γ-Strahlung, wobei aus dem Schwärzungsgrad der Photoplatte auf die Dosis der jeweiligen Strahlung geschlossen werden kann. Jedoch auch die Teilchenstrahlung des radioaktiven Zerfalls, α- und β-Strahlung sowie einige Elementarteilchen, wie z. B. Elektronen-, Protonen- oder Mesonenstrahlung schwärzen eine Photoplatte.

Tab. 43.1

λ in nm	Farbe	Lichtäquivalent (in kJ/mol)
350	UV	341,8
450	Blau	265,6
550	Grün	217,5
700	Rot	170,9
800	IR	149,5

§ 43.1.5 Ionisation

Wirkung: Energiereiche Strahlung kann bei der Wechselwirkung mit Materie aus deren Atomen ein oder mehrere Elektronen abspalten, d. h. das Atom ionisieren. Solche ionisierende Strahlungsarten sind z. B. die UV-, die Röntgen- und die radioaktive Strahlung (α, β, γ) sowie Elektronen, Protonen, Deuteronen oder Myonen. Anwendung findet ionisierende Strahlung beispielsweise bei der Entkeimung von Wasser, der Sterilisierung von Verbandsmaterial und von Lebensmitteln und auch bei der Vernetzung von Kunststoffen.

Nachweis: Der Nachweis von Strahlung durch die Wirkung der Ionisation erfolgt mit der Ionisationskammer (§ 25.4.2), dem Geiger-Müller- oder dem Proportional-Zählrohr (§ 25.4.3) sowie dem Szintillationsdetektor (§ 43.1.3). Nachgewiesen werden können damit ionisierende Strahlungsarten, wie z. B. Röntgen-, α-, β-, γ-, p- und energiereiche Elektronenstrahlung sowie – mit einer mit Edelgas gefüllten Ionisationskammer – kurzwellige UV- und weiche Röntgenstrahlung.

§ 43.2 Absorption und Streuung von Strahlung

Die Materie besitzt die Eigenschaft, in bestimmten Wellenlängenbereichen Strahlung stark zu absorbieren, in anderen dagegen nur schwach oder gar nicht. So ist beispielsweise Normalglas für sichtbares Licht voll durchlässig, nicht aber für das UV-Licht; Quarzglas dagegen lässt beide Wellenlängenbereiche durch. Ebenso ist menschliches Gewebe für sichtbares Licht undurchlässig, Röntgenlicht jedoch vermag Gewebe gut zu durchdringen. Ursächlich dafür ist das unterschiedliche Verhalten der atomaren Oszillatoren der Materie bei der Wechselwirkung mit der einfallenden elektromagnetischen Strahlung verschiedener Frequenz, wodurch diese zu erzwungenen Schwingungen in Richtung des elektrischen Vektors der Welle angeregt werden.

Absorption findet statt, und damit eine Abnahme der Strahlungsleistung, wenn die Atome oder Moleküle der Substanz durch die Strahlung in höhere Energiezustände angeregt werden, bzw. ggf. auch Ionisation erfolgen kann. Dadurch wird die Strahlung i. Allg. in eine andere Energieform umgewandelt und kann z. B. im Falle der Anregung als (längerwellige) Fluoreszenzstrahlung reemittiert werden oder als Wärmeenergie auftreten.

Daneben kann die Strahlungsleistung auch durch ***Streuung*** abnehmen, womit eine Ablenkung aus der ursprünglichen Ausbreitungsrichtung (Vorwärtsrichtung) verbunden ist. Beide Ursachen zusammen bezeichnet man als ***Extinktion***:

Die *Extinktion* setzt sich somit aus der *Absorption* und der *Streuung* zusammen.

Die bei der *Streuung* beobachtbare Intensität der gestreuten Strahlung hängt vom Streuwinkel ϑ ab, unter dem die Strahlung gegenüber der Vorwärtsrichtung gestreut wird. Tritt keine seitliche Streuintensität auf, wie beispielsweise beim Durchgang von sichtbarem Licht durch einen Festkörper wie etwa Glas, so beruht dies auf der Tatsache, dass die durch die elektromagnetische Welle zu erzwungenen Schwingungen angeregten Oszillatoren, wegen des gegenüber der Wellenlänge der Strahlung kleinen Abstandes der Atome im Festkörper, in Phase angeregt werden und daher kooperativ bzw. kohärent wirken; die Strahlung seitlich zur Vorwärtsrichtung löscht sich aus ***(kohärente Streuung)***. Dagegen wird bei unregelmäßiger Anordnung der Teilchen, z. B. bei pulverförmiger Materie, oder im Falle einer thermisch bedingten statistischen Fluktuation der Teilchen, beispielsweise in Flüssigkeiten oder Gasen, keine phasenstarre Anregung der einzelnen Oszillatoren durch die Strahlung mehr möglich sein und somit deren Oszillation weitgehend unabhängig voneinander erfolgen; die Auslöschung der Strahlung der einzelnen Oszillatoren seitlich zur Vorwärtsrichtung wird weniger wahrscheinlich ***(inkohärente Streuung)***. Außerdem kann die Frequenz der gestreuten von der Frequenz der (monofrequent) einfallenden Strahlung abweichen. Man unterscheidet daher zwischen:

elastischer Streuung: ohne Frequenzänderung, z. B. Resonanz-(Fluoreszenz-)Streuung (Anregung resonanter atomarer Übergänge) sowie Rayleigh-Streuung an Teilchen mit Durchmessern $d \ll \lambda$ (λ: Wellenlänge der Strahlung) oder Mie-Streuung an Teilchen (Staub, Ruß, Wassertröpfchen etc.) mit $d \geq \lambda$ (Beispiel s. § 37.1)

und ***in***- oder ***unelastischer Streuung***: mit Frequenzänderung, z. B. Raman-Streuung (§ 39.3) und Compton-Streuung (§ 43.2.2).

8

Für die Streuung sind in allen Fällen letztlich die gebundenen Elektronen verantwortlich.

§ 43.2.1 Sichtbares Licht, nahes UV und IR

Streuung*:** Wie oben bereits erwähnt, wird Licht, das ein Medium durchsetzt, z. B. eine Flüssigkeit oder ein Gas, durch darin befindliche Partikeln (z. B. Schmutz, suspendierte Teilchen, Makromoleküle einer kolloidalen Lösung, Tröpfchen, Schwebstoffe etc.) ***diffus gestreut, das Medium erscheint *getrübt*. Die Lichtstreuungsmessung oder ***Nephelometrie*** wird zur Bestimmung der Konzentration, Größe und Gestalt von Partikeln angewandt. Die Intensität des Streulichtes, das i. Allg. senkrecht zur Vorwärtsrichtung gemessen wird, hängt von der Wellenlänge des eingestrahlten Lichtes (meist eines Lasers), der Zahl der Partikeln pro Volumeneinheit und stark von der Partikelgröße ab. Die Messung der Lichtstreuung lässt sich beispielsweise auch erfolgreich zur Reinheitsprüfung von Arzneimitteln anwenden.

***Absorption*:** Auf die Grenzfläche eines Mediums der Dicke d – ein Feststoff oder ein Fluid (Flüssigkeit oder Gas) in einer geeigneten Küvette – treffe in x-Richtung ein monochromatisches Strahlenbündel der Intensität I_0, die mit zunehmender durchsetzter Schichtdicke abnimmt (Abb. 43.3). Der reflektierte Bruchteil der Strahlung sei bereits berücksichtigt. Ist außerdem die Streuung im Medium vernachlässigbar, dann kann die Extinktion gleich der Absorption gesetzt werden.

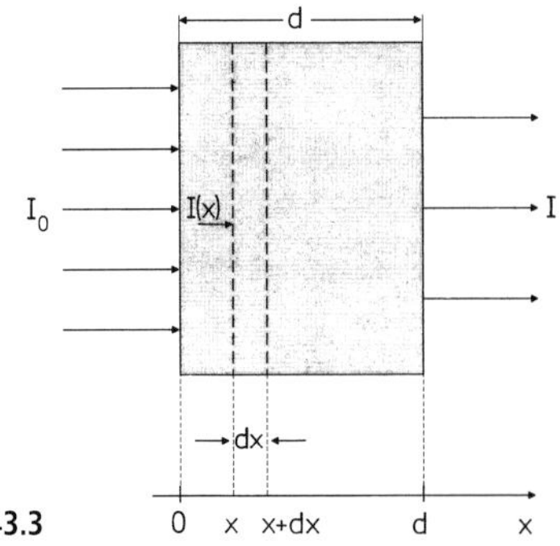

Abb. 43.3

Die an der Stelle x ankommende Strahlungsintensität sei $I(x)$ und nach Durchdringen der Schichtdicke $\mathrm{d}x$ an der Stelle $(x+\mathrm{d}x)$ noch $I(x+\mathrm{d}x)$. Dann ist die Abnahme der Intensität in der Schichtdicke $\mathrm{d}x$:
$\mathrm{d}I(x) = I(x) - I(x+\mathrm{d}x)$, d. h. die Strahlung wird in jeder infinitesimal dünnen Schicht der Dicke $\mathrm{d}x$ um den gleichen Bruchteil geschwächt (*Bouguer* [1729] und *J. H. Lambert* [1760]):

$$-\mathrm{d}I(x) \sim I(x) \cdot \mathrm{d}x$$

oder

$$-\mathrm{d}I(x) = a_\mathrm{n}(\lambda) \cdot I(x) \cdot \mathrm{d}x$$

woraus sich durch Integration für die von dem Medium der gesamten Schichtdicke d durchgelassene Intensität $I(x)$ das Gesetz nach **Lambert-Bouguer** ergibt:

$$\boxed{I(x) = I_0 \cdot e^{-a_\mathrm{n}(\lambda) \cdot d}} \qquad (43.1)$$

I_0: Intensität für $x = 0$ (Anfangsintensität)
$I(x)$: durchgelassene (transmittierte) Intensität
$a_\mathrm{n}(\lambda)$: **natürlicher Extinktions- oder Absorptionskoeffizient** (*Einheit:* m^{-1}), eine wellenlängenabhängige, substanzspezifische Proportionalitätskonstante
d: Dicke der durchstrahlten Schicht

In dekadischer Darstellung erhält man:

$$I(x) = I_0 \cdot 10^{-a(\lambda) \cdot d} \qquad (43.2)$$

wobei $a(\lambda)$ der ***dekadische Extinktions-*** oder ***Absorptionskoeffizient*** ist, mit der Umrechnung:

$$a(\lambda) = a_\mathrm{n}(\lambda) \cdot \lg e \approx 0{,}4343 \cdot a_\mathrm{n}(\lambda)$$

bzw.

$$a_\mathrm{n}(\lambda) = a(\lambda) \cdot \ln 10 \approx 2{,}3026 \cdot a(\lambda)$$

Unter der wellenlängenabhängigen ***Transmission T*** (früher: *Durchlässigkeit D*) des Mediums versteht man den Anteil $I(x)$ des einfallenden Lichtes I_0, der von der Probe hindurchgelassen (und detektiert) wird:

$$T = \frac{\text{durchgelassene Intensität}}{\text{Anfangsintensität}}$$

Mit (43.1) bzw. (43.2) folgt

$$T = \frac{I(x)}{I_0} = e^{-a_\mathrm{n} \cdot d} \quad \text{bzw.} \quad T = 10^{-a \cdot d}$$

Der Extinktionskoeffizient hat die *Einheit* m^{-1} und ist abhängig von der Wellenlänge der verwendeten Strahlung. Er ist als der Kehrwert jenes Weges gegeben, auf welchem die Intensität der einfallenden Strahlung bestimmter Wellenlänge auf den e-ten Teil abgenommen hat ($I(x) = I_0 \cdot e^{-1}$). Diesen Weg bezeichnet man als die **mittlere Eindringtiefe** $\boldsymbol{x_e}$:

$$x_e = \frac{1}{a_n} = \frac{\lg e}{a} \tag{43.3}$$

Auf einer Wegstrecke der Länge der mittleren Eindringtiefe x_e nimmt somit die Intensität auf ca. 37 % ihres Anfangswertes ab.

Entsprechend lässt sich die Länge des Weges x_d angeben, auf welchem die Intensität auf 1/10tel ($\hat{=}$ 10 %) der Anfangsintensität abnimmt ($I(x) = I_0 \cdot 10^{-1}$):

$$x_d = \frac{1}{a} = \frac{\ln 10}{a_n} \tag{43.4}$$

Die Dicke der Schicht, auf welcher die Intensität der Strahlung auf die Hälfte abgenommen hat $\left(\frac{I(x)}{I_0} = \frac{1}{2}\right)$ heißt die **Halbwertsdicke** $\boldsymbol{x_H}$:

$$x_H = \frac{\ln 2}{a_n} = \frac{\lg 2}{a} \tag{43.5}$$

Die Darstellung des Lambert-Bouguer'schen Gesetzes in einem Diagramm $I = f(x)$ gibt den exponentiellen Verlauf der Absorption wieder (Abb. 43.4).

In halblogarithmischer Darstellung $\left(\frac{I}{I_0}\right.$ logarithmisch geteilt; x linear geteilt$\left.\right)$ ergibt sich eine Gerade, aus welcher sich der Extinktionskoeffizient als die Steigung der Geraden ermitteln lässt (Abb. 43.5).

Für den negativen Exponenten in Gleichung (43.1) bzw. (43.2) führt man als spektrales Absorptionsmaß die **Extinktion** ein, wobei wiederum zwischen ***natürlicher Extinktion*** $\boldsymbol{A_n(\lambda)}$ und ***dekadischer Extinktion*** $\boldsymbol{A(\lambda)}$ (früheres Symbol: $\boldsymbol{E}$) zu unterscheiden ist. Es gilt:

$$A_n(\lambda) = a_n(\lambda) \cdot d$$

bzw. (43.6)

$$A(\lambda) = a(\lambda) \cdot d$$

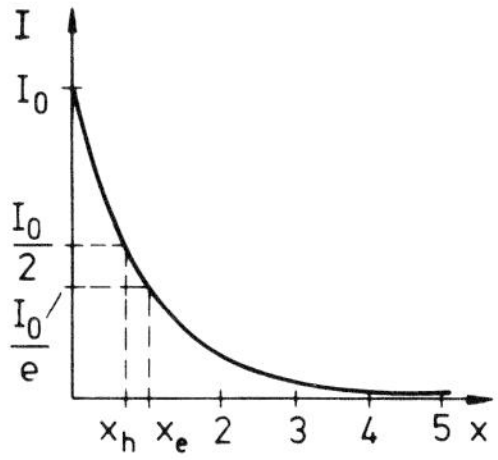

Abb. 43.4

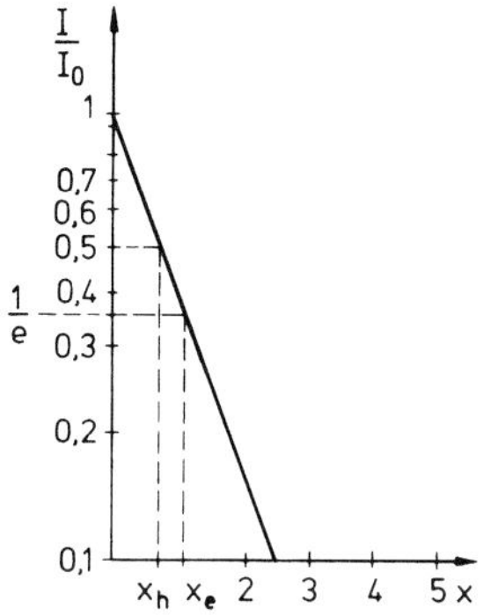

Abb. 43.5

Damit ergibt sich für die Gleichungen (43.1) bzw. (43.2):

$$I(x) = I_0 \cdot e^{-A_n(\lambda)}$$

bzw. (43.7)

$$I(x) = I_0 \cdot 10^{-A(\lambda)}$$

Die Extinktion kann daher auch als der negative Logarithmus der Transmission definiert werden.

Es folgt für die ***natürliche Extinktion***:

$$A_n(\lambda) = -\ln T = \ln \frac{1}{T} = \ln \frac{I_0}{I} \tag{43.8}$$

bzw. für die ***dekadische Extinktion:***

$$A(\lambda) = -\lg T = \lg \frac{1}{T} \approx 0{,}4343 \cdot \ln \frac{1}{T} = 0{,}4343 \cdot A_n(\lambda) \tag{43.9}$$

Nach *A. Beer* (1852) ist nun (in gewissen Grenzen) die Absorption längs eines Weges d des absorbierenden Mediums nur von der Gesamtzahl der im Strahlengang befindlichen absorbierenden Teilchen (Atome, Moleküle) abhängig. Ist c_i die Stoffmengenkonzentration (Molarität) oder p_i der Partialdruck der i-ten Art der absorbierenden Teilchen, so ist die Gesamtzahl der Absorber proportional zu $c_i \cdot d$ oder $p_i \cdot d$. Der Extinktionskoeffizient ist somit proportional zur molaren Konzentration oder zum Partialdruck und es gilt:

$$a_\mathrm{n}(\lambda) = \kappa_\mathrm{n}(\lambda) \cdot c$$

bzw. (43.10)

$$a(\lambda) = \kappa(\lambda) \cdot c$$

$a_\mathrm{n}(\lambda)$ bzw. $a(\lambda)$:
natürlicher bzw. dekadischer Extinktions- oder Absorptionskoeffizient

$\kappa_\mathrm{n}(\lambda)$ bzw. $\kappa(\lambda)$:
molarer natürlicher bzw. dekadischer Extinktions- oder Absorptionskoeffizient (früheres Symbol: ε_λ) mit der *Einheit*:

$$\frac{\mathrm{m}^2}{\mathrm{mol}} \text{ oder auch } \frac{\mathrm{L}}{\mathrm{m} \cdot \mathrm{mol}}$$

c: Stoffmengenkonzentration in $\frac{\mathrm{mol}}{\mathrm{m}^3}$ oder auch $\frac{\mathrm{mol}}{\mathrm{L}}$

Die natürliche bzw. dekadische Extinktion (43.6) können wir dann wie folgt angeben:

$$A_\mathrm{n}(\lambda) = \kappa_\mathrm{n}(\lambda) \cdot c \cdot d$$

bzw. (43.11)

$$A(\lambda) = \kappa(\lambda) \cdot c \cdot d$$

und mit (43.10) sowie (43.1) bzw. (43.2) erhalten wir das Gesetz von ***Lambert-Beer-Bouguer***, üblicherweise kurz als **Lambert-Beer'sches Gesetz** bezeichnet:

$$I(x) = I_0 \cdot e^{-\kappa_\mathrm{n}(\lambda) \cdot c \cdot d}$$

bzw. (43.12)

$$I(x) = I_0 \cdot 10^{-\kappa(\lambda) \cdot c \cdot d}$$

Voraussetzung für die Gültigkeit des *Lambert-Beer'schen Gesetzes* ist, dass die absorbierenden Teilchen gegenseitig keine Wechselwirkungen aufeinander ausüben, was bei geringen Konzentrationen oder Partialdrücken i. Allg. der Fall sein dürfte. Das Lambert-Beer'sche Gesetz ist ein Grenzgesetz und kann daher nur bei kleinen Konzentrationen oder Partialdrücken angewendet werden. Verlässt man diesen Geltungsbereich, so treten ***wahre Abweichungen*** auf. Auch chemische Änderungen, z. B. Konzentrationsänderungen, die zu Dissoziation, Assoziation oder zu Verbindungen führen, bedingen solche Abweichungen von der Linearität der Extinktion beispielsweise bei einer Konzentrationsmessreihe. Weitere Voraussetzungen für die Gültigkeit sind die Monochromasie der Strahlung und insbesondere, dass die Schwächung nur durch Absorption und nicht auch durch Streuung und Reflexion bedingt wird; sind diese nicht erfüllt, treten ***scheinbare Abweichungen*** auf. (Der üblicherweise verwendete Term *Extinktionskoeffizient* bezieht sich inkonsequenterweise nur auf die reine Absorption der Teilchen, stellt also eigentlich den *Absorptionskoeffizienten* dar.)

Im idealen Fall der Bedingungen kann, sofern beispielsweise der molare Extinktions-(Absorptions-)koeffizient bekannt ist, aus der Bestimmung der Extinktion, mittels einer photometrischen Transmissionsmessung (bei konstanter Schichtdicke d), die Konzentration eines Stoffes, z. B. in einer verdünnten Lösung, ermittelt werden.

Analoge Beziehungen wie oben gelten für Gase, nur dass die Konzentration c durch den Partialdruck p und die entsprechenden Absorptionskoeffizienten zu ersetzen sind.

§ 43.2.2 Röntgen- und γ-Strahlung

Röntgen- und γ-Strahlen sind elektromagnetische Wellen hoher Energie, die bei verschiedenen Prozessen entstehen (s. §§ 40.2 und 42.2). Sie können durch ihre ionisierende Wirkung in Zählrohren nachgewiesen werden wie auch durch die von ihnen hervorgerufenen Leuchterscheinungen im Kristall eines Szintillationszählers oder auf einem Fluoreszenzschirm, aber auch durch die Schwärzung von Photoplatten.

Die Schwächung von Röntgen- und γ-Strahlung beim Durchgang durch Materie ist u. a. von der Art des Absorbers abhängig und wird durch eine analoge Beziehung wie bei der Absorption von sichtbarem Licht (Lambert-Beer-Bouguer-Gesetz) beschrieben. Ist I_0 die Intensität der auf die Materie der Dicke d auftreffenden monochromatischen Strahlung, $I(x)$ die der durchgelassenen Strahlung, so erhält man:

$$I(x) = I_0 \cdot e^{-\mu \cdot d} \qquad (43.13)$$

Dabei hängt der **Schwächungskoeffizient μ** (*Einheit:* m^{-1}) stark vom Material und von der Energie der Strahlung ab.

Die graphische Darstellung der Schwächung von Röntgen- oder γ-Strahlung gemäß Gleichung (43.13) ist entsprechend den Abb. 43.4 oder 43.5. Ebenso gilt auch hier z. B. für die Halbwertsdicke x_H, als die Materiedicke auf der die auftreffende Strahlung auf 50 % reduziert wird:

$$x_H = \frac{\ln 2}{\mu} \qquad (43.14)$$

Wenn wir einmal von der Reflexion der Strahlung absehen, dann setzt sich der ***Schwächungskoeffizient μ*** additiv aus dem ***Streukoeffizienten μ_{streu}*** und dem ***Absorptionskoeffizienten μ_{abs}*** zusammen. Der Schwächungskoeffizient ist von der Dichte ϱ des Absorbermaterials, der Ordnungszahl Z der die Materie aufbauenden Atome und der Energie $h\nu$ der Strahlung abhängig. Um von der Dichte des Absorbermaterials unabhängig zu sein, werden daher häufig der durch $\mu_m = \mu/\varrho$ definierte **Massenschwächungskoeffizient**, bzw. die entsprechend definierten ***Massenabsorptions***- und ***Massenstreukoeffizienten*** verwendet. In Tab. 43.2 sind die Massen-Schwächungskoeffizienten μ/ϱ (in cm^2/g) einiger Stoffe für Photonenstrahlung im Energiebereich zwischen 10 keV und 20 MeV und die entsprechenden Wellenlängen angegeben. Mit aufgenommen sind auch jeweils die Ordnungszahl **Z** bzw. die mittlere Ordnungszahl **$\bar{Z}$** sowie die Dichten ϱ (als Zahlenwert $\varrho^* = \varrho/(g/cm^3)$) der Stoffe (bei 20 °C und Normaldruck).

Für Röntgenstrahlung gilt (außerhalb der Röntgenabsorptionskanten) genügend genau, bei einer Energie der Röntgenquanten die zur Ionisation der K-Schale ausreicht und für $Z > 2$, für den (**wahren**) ***Massenabsorptionskoeffizienten*** die empirische Beziehung:

$$\frac{\mu_{abs}}{\varrho} \sim \lambda^3 \cdot Z^3$$

8

Tab. 43.2

E in MeV	λ in pm	Luft $\bar{Z} = 7{,}78$ $\varrho^* = 0{,}0012$	Wasser $\bar{Z} = 7{,}51$ $\varrho^* = 0{,}9982$	Fett $\bar{Z} = 6{,}46$ $\varrho^* = 0{,}92$	Muskel $\bar{Z} = 7{,}64$ $\varrho^* = 1{,}04$	Knochen $\bar{Z} = 12{,}31$ $\varrho^* = 1{,}65$	Ca $Z = 20$ $\varrho^* = 1{,}55$	Cu $Z = 29$ $\varrho^* = 8{,}96$	Pb $Z = 82$ $\varrho^* = 11{,}34$
0,010	124	5,120	5,329	3,268	5,356	28,51	93,41	215,9	130,6
0,015	82,7	1,614	1,673	1,083	1,693	9,032	29,79	74,05	111,6
0,02	62	0,7779	0,8096	0,5677	0,821	4,001	13,06	33,79	86,36
0,05	24,8	0,2080	0,2269	0,2123	0,226	0,424	1,019	2,613	8,041
0,1	12,4	0,1541	0,1707	0,1688	0,169	0,186	0,2571	0,458	5,549
0,2	6,2	0,1233	0,1370	0,1368	0,136	0,131	0,1376	0,156	0,9985
0,4	3,1	$9{,}549 \cdot 10^{-2}$	0,1061	0,1062	0,105	0,0991	0,0978	0,0941	0,2323
0,8	1,55	$7{,}074 \cdot 10^{-2}$	$7{,}865 \cdot 10^{-2}$	0,0787	0,0779	0,0731	0,0712	0,0661	0,0887
1,0	1,24	$6{,}358 \cdot 10^{-2}$	$7{,}072 \cdot 10^{-2}$	0,0708	0,0701	0,0657	0,0639	0,0590	0,0710
1,5	0,83	$5{,}175 \cdot 10^{-2}$	$5{,}754 \cdot 10^{-2}$	0,0576	0,0570	0,0535	0,0521	0,0480	0,0522
2,0	0,62	$4{,}447 \cdot 10^{-2}$	$4{,}942 \cdot 10^{-2}$	0,0494	0,0490	0,0461	0,0452	0,0421	0,0461
4,0	0,31	$3{,}079 \cdot 10^{-2}$	$3{,}403 \cdot 10^{-2}$	0,0338	0,0337	0,0326	0,0340	0,0332	0,0420
6,0	0,21	$2{,}522 \cdot 10^{-2}$	$2{,}770 \cdot 10^{-2}$	0,0272	0,0274	0,0273	0,0304	0,0311	0,0439
10,0	0,12	$2{,}045 \cdot 10^{-2}$	$2{,}219 \cdot 10^{-2}$	0,0214	0,0219	0,0231	0,0284	0,0310	0,0497
15,0	0,08	$1{,}810 \cdot 10^{-2}$	$1{,}941 \cdot 10^{-2}$	0,0184	0,0192	0,0213	0,0284	0,0325	0,0566
20,0	0,06	$1{,}705 \cdot 10^{-2}$	$1{,}813 \cdot 10^{-2}$	0,017	0,0179	0,0207	0,0290	0,0341	0,0621

Dabei ist $\frac{\mu_{abs}}{\varrho}$ der Massenabsorptionskoeffizient, λ die Wellenlänge der Röntgenstrahlung und Z die Kernladungszahl der Atome des Absorbermaterials. Langwellige, sog. **weiche** Röntgenstrahlung wird daher stärker absorbiert als kurzwellige, sog. **harte** Röntgenstrahlung (bei entsprechend hoher Anodenspannung). Die Halbwertsdicke (Gleichung (43.14)) der weichen Röntgenstrahlung ist somit kleiner als die der harten Röntgenstrahlung. Andererseits wird Röntgenstrahlung gleicher Wellenlänge in Stoffen höherer Kernladungszahl Z stärker absorbiert als in solchen mit kleinerem Z. Es eignen sich daher Stoffe mit großem Z (z. B. Pb, $Z=82$) gut zur Abschirmung von Röntgen- und γ-Strahlung (s. auch Tab. 43.2).

Die durch Gleichung (43.13) beschriebene Schwächung der Röntgen- oder γ-Strahlung beim Durchgang durch Materie beruht sowohl auf Absorption als auch auf Streuung. Die für die Absorption bzw. Streuung wirksamen Mechanismen sind, wie oben schon bemerkt, auch von der Energie der Strahlung abhängig. Bei Photonenenergien der ionisierenden Strahlung unterhalb von 1 MeV sind für die Schwächung die folgenden Mechanismen eins bis drei verantwortlich, der vierte Mechanismus erst für Photonenenergien größer 1 MeV:

1. Die echte ***photoelektrische Absorption***, die auf dem *äußeren Photoeffekt* beruht (s. unten).

2. Die ***klassische Streuung***, bei welcher die Strahlung elastisch gestreut wird, d. h. nur eine Richtungsänderung der einlaufenden Welle erfolgt, ohne Energie an die Materie abzugeben (s. oben § 43.2). Oberhalb einer Photonenenergie von 10 keV wird der Beitrag der klassischen Streuung zur Schwächung ionisierender Strahlung zunehmend vernachlässigbar.

3. Die ***Compton-Streuung*** (s. unten), bei welcher ein Teil der Strahlungsenergie photoelektrisch absorbiert, der andere gestreut wird. Mit steigender Quantenenergie überwiegt der Comptoneffekt die klassische Streuung.

4. Die ***Paarbildung*** (s. unten) ist mit steigender Photonenenergie ab 1 MeV der zunehmend dominierende Mechanismus der Schwächung der Strahlung.

Von diesen vier Mechanismen haben wir die ***klassische Streuung*** zu Beginn von § 43.2 bereits bei der Streuung sichtbaren Lichtes angesprochen (Rayleigh-Streuung). Ebenso können auch Röntgenquanten elastisch, d. h. ohne Energieverlust, gestreut werden, indem die durch die Photonen zu Oszillationen angeregten Atomelektronen, als klassische Hertz'sche Strahler (§ 32) die Strahlung mit gleicher Frequenz in alle Richtungen senkrecht zur Schwingungsrichtung wieder abstrahlen. Die anderen drei Mechanismen werden nachstehend beschrieben.

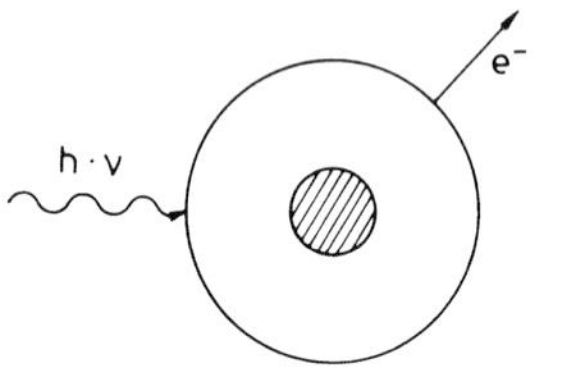

Abb. 43.6

Der Photoeffekt: Beim äußeren Photoeffekt löst die auf die Materie einfallende ionisierende Strahlung (auch kurzwelliges UV) ein Hüllenelektron (bei entsprechend hoher Energie auch aus tieferen Schalen) aus (schematische Darstellung in Abb. 43.6). Dabei wird die gesamte Photonenenergie in die Ionisationsarbeit (bzw. Austrittsarbeit) W_A und in die kinetische Energie des ausgelösten Elektrons umgesetzt:

$$h \cdot \nu = W_A + \frac{m}{2} \cdot v^2 \qquad (43.15)$$

(Einstein'sche Gleichung).

Die Grenzfrequenz, welche die Strahlung mindestens haben muss, um das Atom gerade zu ionisieren, folgt aus:

$h \cdot \nu_{gr} = W_A$, zu $\nu_{gr} = W_A/h$.

Ist die Frequenz $\nu > \nu_{gr}$ und damit die Energie des einfallenden Strahlungsquants größer als die zur Elektronenablösung erforderliche Mindestenergie, so steht der Rest der Strahlungsquantenenergie als kinetische Energie für das Photoelektron zur Verfügung. Die Energie der Photoelektronen hängt jedoch nicht von der Intensität der Strahlung – und damit von der Strahlungsleistung – ab, sondern nur von der Frequenz der Strahlung. Dagegen ist die Anzahl der emittierten Photoelektronen, d. h. der Photoelektronenstrom, der Strahlungsintensität proportional.

Der Photoeffekt ist bei weichen Röntgenstrahlen und bei Absorbern mit großem Z der Atome der überwiegende Prozess der Strahlungsschwächung. Für Photonenenergien $h \cdot \nu > 600\,\text{keV}$ nimmt der Beitrag des Photoeffektes zur Strahlungsschwächung sehr stark ab.

Der Comptoneffekt: Der Comptoneffekt ist die Streuung von Photonen an freien oder schwach gebundenen Elektronen. Elektronen in Materie sind näherungsweise „frei", wenn $h \cdot \nu_1$ groß gegen die Bindungsenergie der Elektronen ist. Das Schema der Streuung zeigt Abb. 43.7.

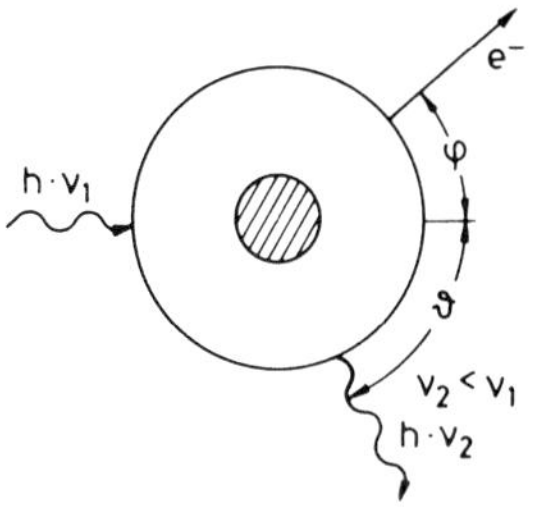

Abb. 43.7

Die einfallende Strahlung gibt hier nur einen Teil ihrer Energie zum Ablösen eines Hüllenelektrons ab. Die restliche Strahlungsenergie wird aus Gründen des Impulserhaltungssatzes von der geradlinigen Ausbreitung abgelenkt und kann (gegenüber der primären) als langwelligere Strahlung in Abhängigkeit vom Beobachtungswinkel ϑ registriert werden. Für die Wellenlängenverschiebung $\Delta\lambda$ der gestreuten Strahlung besteht, unabhängig von der streuenden Materie und der Wellenlänge der einfallenden Strahlung, ein einfacher Zusammenhang mit dem Streuwinkel ϑ.

$$\Delta\lambda = \lambda_C \cdot (1 - \cos\vartheta) \qquad (43.16)$$

dabei ist:
$\lambda_C = (2{,}426\,310\,215 \pm 0{,}000\,000\,018) \cdot 10^{-12}\,\text{m} \approx 2{,}426 \cdot 10^{-12}\,\text{m}$ die sog. ***Compton-Wellenlänge.***

Die Intensität der Compton-Streuung ist dagegen vom Streumaterial abhängig. Bei Absorbern mit kleiner Ordnungszahl Z, wie z. B. biologischem Gewebe, ist sie wegen der geringen Absorption besonders groß. Als Mechanismus der Strahlungsschwächung ist der Compton-Effekt im Spektralbereich der Röntgenstrahlung besonders ausgeprägt.

Die Paarbildung: Bei Enegien $h\nu > 1{,}02\,\text{MeV}$ von harten Röntgen- oder von γ-Quanten, d. h. Energien, die mindestens doppelt so groß wie die Ruheenergie eines Elektrons sind, kann es im Nahbereich (Gebiet des Coulombfeldes) eines Atomkerns des Absorbermaterials zur Bildung von je einem Positron und Elektron kommen (Abb. 43.8). Dabei wird die gesamte Strahlungsenergie in die Ruhemasse (gemäß der Einstein'schen Masse-Energie-Äquivalenz $E = mc^2$, s. Gleichung (38.17)) und zusätzlich in kinetische Energie der beiden Teilchen umgewandelt. Dieser Prozess dominiert bei sehr hohen Strahlungsenergien.

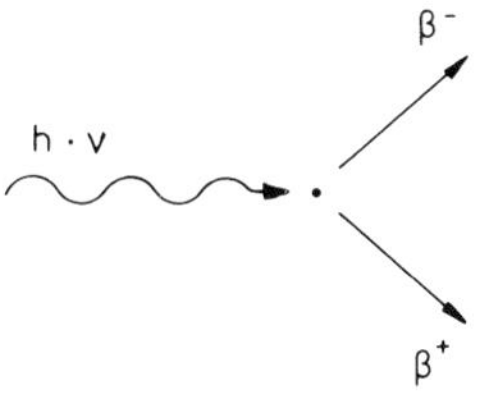

Abb. 43.8

Gammastrahlung zählt wie die Röntgenstrahlung zu den *indirekt ionisierenden Strahlen*, da sie nur über die drei Wechselwirkungsmechanismen *Photoeffekt*, *Compton-Effekt* und *Paarbildung* eine Ionisation bewirken. Die auf diese Weise freigesetzten hochenergetischen Elektronen (Sekundärelektronen) verhalten sich im Prinzip wie eine ionisierende Teilchenstrahlung, die in der durchstrahlten Materie weitere Ionisation bedingt. Die Quantenenergie der elektromagnetischen Strahlung wird also hauptsächlich mittels der Sekundärelektronen weitere Ionisationsprozesse bedingen. Auch ungeladene Teilchen (Neutronenstrahlung) setzen in einem primären Wechselwirkungsprozess mit den Atomkernen der Materie zunächst geladene Teilchen frei, welche dann ihrerseits weiter ionisierend wirken. Dagegen können Alpha- und Betateilchen sowie Protonen etc. als schnell bewegte geladene Partikeln selbst eine Serie von Ionisationen hervorrufen, sie stellen somit eine *direkt ionisierende Strahlung* dar. Dabei wird die gesamte Teilchenenergie portionsweise für die Erzeugung von Ionen in der durchstrahlten Materie verwendet (Beispiele zur Wirkung von Teilchenstrahlung s. § 43.2.3).

Anwendung der Röntgenabsorption in der Medizin

Von den Röntgentechniken, welche das unterschiedliche Absorptionsverhalten von Materie für Röntgenstrahlung nutzen, wird hier die Anwendung in der *medizinischen Diagnostik* etwas näher betrachtet.

In der Röntgendiagnostik dient der gewebeabhängige Schwächungskoeffizient zur Darstellung anatomischer Strukturen. Bei dieser ältesten Methode der bildgebenden medizinischen Diagnostik wird der Körper bzw. Körperbereich mit Röntgenstrahlung bestrahlt und der nicht absorbierte Strahlungsanteil z. B. auf einem Röntgenfilm sichtbar gemacht. Dabei ergeben Körperteile mit kleinem Schwächungskoeffizienten (z. B. Weichteilgewebe) eine größere Schwärzung des Photomaterials als solche mit größerem Absorptionskoeffizienten (z. B. Knochengewebe). Die bisher häufig angewandte Methode der Röntgendurchleuchtung, bei der das Röntgenbild direkt auf einem Leuchtschirm beobachtet werden kann, wird in den letzten Jahren zunehmend durch das sog. Röntgenfernsehen verdrängt. Dieses, wegen der verminderten Strahlenbelastung vorzuziehende Verfahren, benutzt einen Röntgenbildverstärker, der die Röntgenstrahlung mithilfe eines Leuchtschirms und nachfolgender elektronenoptischer Abbildung in ein helligkeitsverstärktes sichtbares Bild umsetzt, das mittels einer Fernsehkamera auf einem Sichtgerät (Monitor) das Röntgendurchleuchtungsbild ergibt.

Diese Art der Röntgenaufnahme ergibt jedoch immer eine integrale Aussage der Schwächung der Röntgenstrahlung über die insgesamt durchstrahlten Gewebeschichten. Hier brachte die **Röntgencomputertomographie** eine entscheidende Verbesserung der Abbildung. Diese Methode ermöglicht eine überlagerungsfreie Darstellung der gewebespezifischen Röntgenabsorption in Schnittbildern senkrecht zur Körperachse. Damit gelingt es, entlang der Durchstrahlungsrichtung im Körper Bereiche unterschiedlicher Schwächungskoeffizienten aufzulösen, indem von derselben Körperregion, aus mehreren Richtungen, Röntgenbilder aufgenommen werden. Die digitalisierten Bildsignale aus jeder Richtung werden in einem Computer mit entsprechenden mathematischen Verfahren verarbeitet. Daraus ergeben sich die Schnittbilder senkrecht zur Körperachse (ähnlich Abb. 36.14), bei deren Darstellung auf einem Monitor jedem Grauwert (oder jeder Farbe) ein bestimmter lokaler Absorptionskoeffizient entspricht.

Beim Vergleich mit den üblichen Röntgenbildern zeigen die ***Computertomographie-(CT-)Bilder*** einen höheren Kontrast; jedoch ist die räumliche Auflösung der CT etwa um den Faktor 5 bis 10 schlechter als die der herkömmlichen Röntgentechnik ($< 0{,}1$ mm).

Oft sind die bei der Röntgendiagnostik vorliegenden natürlichen Unterschiede der Dicken, Dichten und Ordnungszahlen zwischen den Weichteilbereichen (Organen) des Körpers für einen befriedigenden Kontrast im Röntgenbild nicht ausreichend. In diesen Fällen erreicht man durch den Einsatz sog. Kontrastmittel in geeigneter Darreichungsform eine deutliche Kontrastverbesserung. Dabei handelt es sich entweder um Stoffe, die Elemente höherer Ordnungszahl enthalten (positive Kontrastmittel), wie z. B. Iod oder Barium, oder um Gase, die schon aufgrund ihrer geringen Dichte die Strahlung weniger stark absorbieren als Gewebe (negative Kontrastmittel).

Anwendung findet die Röntgen- und γ-Strahlung auch in der **Strahlentherapie** zu therapeutischen Zwecken, mit dem Hauptanwendungsgebiet der Bekämpfung bösartiger Tumore sowie der Behandlung entzündlicher Prozesse oder funktioneller Störungen. Die therapeutisch gewollte schädigende Wirkung beruht auf dem Übertrag der Strahlungsenergie auf die Materie unter Veränderung von deren Struktur. Die am häufigsten ausgelösten Prozesse der Strahlenwirkung sind die Ionisation und Anregung der Materieatome bzw. -moleküle des bestrahlten krankhaften Gewebes, wobei der Paarbildung sowie dem Compton-Effekt die wesentliche Bedeutung zukommen, dem Photoeffekt dagegen i. Allg. eine geringere. Als Quantenstrahlung werden zur Strahlentherapie Röntgenstrahlen (im Energiebereich zwischen 5 und 400 keV), Gammastrahlen (Energien bis ca. 2 MeV) und ultraharte Bremsstrahlung (mit Energien bis 45 MeV) verwendet.

§ 43.2.3 Teilchenstrahlung (α-, β- und n-Strahlen)

Die α- und β-Strahlung kann ebenfalls durch ihre ionisierende Wirkung in Ionisationskammern, Zählrohren, Szintillationsdetektoren oder durch die Schwärzung von Photoplatten nachgewiesen werden. Außerdem ist als historisches Nachweisgerät noch die ***Wilson'sche Nebel-***

kammer zu erwähnen, die ein mit Wasserdampf gesättigtes Gas enthält. Die Spur der bei ihrem Flug die Gasmoleküle ionisierenden Teilchen kann nachgewiesen werden, indem im richtigen Augenblick das Volumen adiabatisch ausgedehnt wird. Die ionisierten Gasmoleküle dienen dann als Kondensationskeime für den Wasserdampf, die Teilchenbahn ist als Kette feiner Nebeltröpfchen beobachtbar. Durch Anlegen eines magnetischen Feldes kann, infolge der Ablenkung durch die Lorentzkraft, die Bahnkrümmung, Art und Geschwindigkeit der mit Ladung behafteten Teilchen nachgewiesen werden.

Zum Nachweis von Neutronen muss man sich des Umwegs über eine Kernreaktion bedienen. Geeignete Nachweisgeräte sind Zählrohre mit Bortrifluorid-(BF_3-)Zusätzen (s. § 40.3), Szintillationsdetektoren (§ 43.1.3) mit geeignetem Szintillatormaterial (organische Kristalle oder Flüssigkeiten, Plastikszintillatoren) oder ^{3}He-gefüllte Proportionalzählrohre bzw. ^{3}He-Ionisationskammern, welche auf der exothermen Kernreaktion ^{3}He(n, p)T beruhen und die entstehenden geladenen Teilchen p und T nachweisen.

Die **Durchdringungsfähigkeit** bzw. **Reichweite** von α-, β- und n-Strahlung ist, infolge der unterschiedlichen Wechselwirkungsmechanismen beim Durchgang durch Materie, sehr verschieden. Die ***Reichweite*** stellt dabei die Weglänge dar, die Teilchen beim Durchgang durch Materie unter Energieabgabe in einer Folge von Wechselwirkungsprozessen zurücklegen, wobei sie i. Allg. zugleich ihre Richtung ändern, d. h. der tatsächliche Weg ist nicht geradlinig. Die Reichweite ist außer von der Teilchenart (geladen oder neutral) auch von deren Energie und von der Dichte der durchstrahlten Materie abhängig. Die von der Teilchenart abhängigen möglichen Wechselwirkungsprozesse sind: Wechselwirkungen mit den einzelnen Elektronen der Atome und Moleküle der bestrahlten Materie, mit den Atomen oder Molekülen als Gesamtheit und mit den Atomkernen.

α-Strahlung

Als Zerfallsprodukte radioaktiver Umwandlungen liegt ihre Energie im Bereich zwischen 1,5 und 10 MeV. Für α-Strahlung besteht zwischen der Zerfallskonstante λ und der Reichweite R der emittierten Strahlung ein Zusammenhang, der durch die in § 40.2 bereits erwähnte **Geiger-Nutall-Beziehung** beschrieben wird:

$$\ln\lambda = A + B \cdot \ln R \qquad (43.17)$$

Dabei besitzt die Konstante B für alle drei natürlich radioaktiven Zerfallsreihen den gleichen Wert, die Konstante A für jede Reihe einen besonderen Wert.

Die Reichweite von α-Teilchen in Luft, Aluminium und in biologischem Gewebe ist in Tabelle 43.3 für drei Einschussenergien angegeben.

Tab 43.3

Energie der α-Teilchen	Luft	Aluminium	biologisches Gewebe
4 MeV	2,5 cm	16 µm	31 µm
7 MeV	5,9 cm	38 µm	72 µm
10 MeV	10,6 cm	69 µm	130 µm

β-Strahlung

Die Maximalenergien bei radioaktiven Umwandlungen liegen überwiegend zwischen 0,1 und 14 MeV. Die Reichweite der β-Strahlung ist größer als jene der α-Teilchen gleicher Energie. In Tabelle 43.4 sind für drei Energiewerte von β-Teilchen die ungefähren Reichweiten in Luft, Aluminium und Wasser angegeben.

Tab. 43.4

Energie der β-Teilchen	Luft	Aluminium	Wasser
1 MeV	3,7 m	2,2 mm	5,1 mm
5 MeV	17,5 m	10,1 mm	25,2 mm
10 MeV	39,4 m	19 mm	50,2 mm

Als Wechselwirkungsprozesse kommen beim Durchgang von β-Teilchen (Elektronen, Positronen) durch Materie, außer der elastischen Streuung, als inelastische Prozesse die Anregung und Ionisation der Atome der bestrahlten Materie sowie die Bremsstrahlung als Energieverlust infrage. Der Energieverlust durch Strah-

8

lungsenergie kann für Elektronen bestimmter Maximalenergie über einen großen Bereich der Dicke des Absorbermaterials annähernd durch eine exponentielle Abhängigkeit analog Gleichung (43.13) beschrieben werden.

n-Strahlung

Durchdringen Neutronen Materie, so ist die Wechselwirkung zwischen ihnen und den Atomkernen der Materie viel geringer als die geladener Teilchen. Die beim Durchgang von Neutronen durch Materie erfolgenden physikalischen Prozesse sind elastische und unelastische Streuung und Absorption durch Neutroneneinfang durch ein Atom des Materials. Die bei Stößen der Neutronen mit den Atomkernen übertragene Energie wird bei gleicher Masse der Stoßpartner am größten sein. Zur Absorption von Neutronen sind daher Materialien, die viel Wasserstoff enthalten, am effektivsten (z. B. Paraffin). Auch Cadmium zeigt eine starke Neutronenabsorption für thermische Neutronen und findet daher beispielsweise zur Regelung des Neutronenflusses in einem Kernreaktor Anwendung (s. § 40.3).

§ 43.3 Dosimetrie – Strahlenbelastung – Strahlenschutz

Die Erdbewohner waren schon immer ionisierender Strahlung, d. h. einer ***natürlichen Strahlenbelastung***, ausgesetzt. Seit Beginn der Anwendung ionisierender Strahlung im letzten Jahrhundert sowohl im Bereich der Medizin als auch der Technik kommt jedoch eine ***zivilisatorische Strahlenbelastung*** hinzu und eine dadurch bedingte akkumulierende Wirkung. Einige vergleichende Daten und Fakten finden sich hierzu im Abschnitt *Strahlenbelastung* und die wichtigsten Grundregeln für den Umgang mit der von einer Quelle ausgehenden ionisierenden Strahlung im anschließenden Teil *Strahlenschutz*. Für die quantitative Erfassung einer Strahlenwirkung sind, neben den entsprechenden Messmethoden, geeignete Messgrößen – insbesondere biologisch relevante Messgrößen und -einheiten – erforderlich, die im Abschnitt *Dosimetrie* eingeführt werden. Eine darüber hinausgehende, detaillierte Darstellung der physikalischen und konzeptionellen Grundlagen sowohl der Dosimetrie als auch des Strahlenschutzes ist in diesem Rahmen nicht möglich.

Dosimetrie

Wie wir in den beiden vorausgehenden Abschnitten (§§ 43.2.2 und 43.2.3) gesehen haben, überträgt ionisierende Strahlung auf die Materie Energie durch Ionisation, Anregung und Änderung chemischer Bindungsenergien in Molekülen oder Kristallgittern, wobei die Ionisation der wesentlichste Wechselwirkungsmechanismus ist. Entscheidend für die weitere Wirkung ist dabei die Tatsache, dass die wechselwirkenden Teilchen – ob Partikeln (z. B. α-, β-Strahlung etc.) oder Photonen (elektromagnetische Strahlung wie Röntgen- oder γ-Strahlung) – in der Regel ihre gesamte Energie nicht aufgrund eines einzigen Elementaraktes verlieren, sondern durch weitere Wechselwirkungsprozesse längs ihrer Bahn sukzessive Energie verlieren, bis sie ans Ende ihrer Reichweite gelangt sind, und dass die i. Allg. freigesetzten sekundären Teilchen eine bestimmte Energieportion von ihrem Erzeugungsort mit fort transportieren können. Es ist daher zwischen *übertragener* und *absorbierter* Energie zu unterscheiden, dabei spielt die Reichweite der sekundären Strahlung in der Materie und die Größe des Bremsstrahlenverlustes eine entscheidende Rolle. Die relevanten dosimetrischen Größen zur Erfassung der auf die Materie auftreffenden ionisierenden Strahlungsmenge sowie der Strahlenwirkung in der Materie sind die ***Ionen***-, ***Energie***- und ***Äquivalentdosis*** bzw. die jeweiligen ***Dosisleistungen*** oder ***Dosisraten***.

Die **Dosis** ist dabei das Maß für die einem System zugeführte Menge an ionisierender Strahlung ***(Strahlendosis)*** und die **Dosisleistung** oder **Dosisrate** die pro Zeiteinheit (Sekunde [s], Minute [min], Stunde [h], Tag [d] oder auch Jahr [a]) aufgenommene Dosis.

Die Dosisleistung ist also ein Maß für die momentane Stärke der Strahlenexposition, während die Dosis selbst der akkumulierten Exposition über den gesamten Beobachtungszeitraum entspricht.

Folgende Definitionen gelten für die meist benutzten Dosis- bzw. Dosisleistungsgrößen:

Energiedosis

Die **Energiedosis** $\boldsymbol{D}$ (englisch: *absorbed dose*) ist der Quotient aus der Energie $\mathrm{d}W$, die durch ionisierende Strahlung auf die Masse $\mathrm{d}m$ des Materials der Dichte ϱ im (endlichen) Volumenelement $\mathrm{d}V$ übertragen wird:

Definition:

$$\text{Energiedosis} = \frac{\text{absorbierte Energie}}{\text{bestrahlte Masse der Substanz}}$$

$$D = \frac{\mathrm{d}W}{\mathrm{d}m} = \frac{1}{\varrho} \cdot \frac{\mathrm{d}W}{\mathrm{d}V} \qquad (43.18)$$

dabei entspricht $\mathrm{d}W$ aufgrund der statistischen Natur der Energieübertragung dem Mittelwert der Energie.

Einheit:

Gray (Gy)
$1\ \mathrm{Gy} = 1\ \mathrm{J} \cdot \mathrm{kg}^{-1}$

Früher gebräuchliche Einheit: Rad (rd)
Umrechnung: $1\ \mathrm{rd} = 10^{-2}\ \mathrm{Gy}$

Anmerkung: Bei der Angabe einer Energiedosis muss das jeweilige Bezugsmaterial (der Masse $\mathrm{d}m$) genannt werden, wie z. B. D_w (Wasser-Energiedosis) oder D_a (Luft-Energiedosis mit Index a für „air").

Energiedosisleistung oder -rate

Definition:

$$\dot{D} = \frac{\mathrm{d}D}{\mathrm{d}t} \qquad (43.19)$$

Einheit:

$$\frac{\mathrm{Gy}}{\mathrm{s}} \left(\text{auch z. B.: } \frac{\mathrm{Gy}}{\mathrm{min}}, \frac{\mathrm{Gy}}{\mathrm{h}}\right)$$

$1\ \mathrm{Gy/s} = 1\ \mathrm{W/kg}$

Ionendosis

Die **Ionendosis** $\boldsymbol{J}$ (englisch: *specific ionization, mass ionization in air*) ist der Quotient aus dem Betrag $\mathrm{d}Q$ der Ladung der Ionen (eines Vorzeichens) – welche durch die ionisierende Strahlung direkt (z. B. bei Elektronenstrahlung) oder indirekt (z. B. bei Photonenstrahlung mittels der Sekundärelektronen) in Luft im Volumenelement $\mathrm{d}V$ gebildet werden – und der bestrahlten Luftmasse $\mathrm{d}m_\mathrm{a} = \varrho \cdot \mathrm{d}V$ (Index a für „air") der Dichte ϱ.

Definition:

$$J = \frac{\mathrm{d}Q}{\mathrm{d}m_\mathrm{a}} = \frac{1}{\varrho} \cdot \frac{\mathrm{d}Q}{\mathrm{d}V} \qquad (43.20)$$

Einheit:

$$\frac{\text{Coulomb}}{\text{Kilogramm}} \quad \left(\frac{\mathrm{C}}{\mathrm{kg}}\right)$$

Früher gebräuchliche Einheit: Röntgen (R)
Umrechnung: $1\ \mathrm{R} = 258\ \mu\mathrm{C} \cdot \mathrm{kg}^{-1}$

Ionendosisleistung oder -rate

Definition:

$$\dot{J} = \frac{\mathrm{d}J}{\mathrm{d}t} \qquad (43.21)$$

Einheit:

$$\frac{\mathrm{A}}{\mathrm{kg}}$$

Während die z. B. mit einer Ionisationskammer (mit Füllgas Luft) bestimmbare *Ionendosis* die Strahlungsmenge angibt, welche auf die Materie auftrifft, hängt die von der Materie effektiv absorbierte Energie, die *Energiedosis*, bei gegebener Ionendosis von den Eigenschaften der bestrahlten Materie und der Energie der ionisierenden Strahlung ab. Die gleiche Ionendosis führt also bei unterschiedlicher Energie der ionisierenden Strahlung zu verschiedenen Werten der Energiedosis.

Äquivalentdosis – Effektivdosis

Die gleiche Energiedosis verschiedener Strahlenarten (und -energien) kann in biologischem Material unterschiedliche Strahlenschädigungen hervorrufen. Für den ***Strahlenschutz*** ist nicht allein der Gesamtbetrag der übertragenen Energie maßgeblich, sondern auch das Energieübertragungsvermögen der jeweiligen Strahlungsart auf das biologische Material.

Für die Belange des Strahlenschutzes führt man daher zur Kennzeichnung der biologischen Strahlenwirkung und zur Beurteilung des Strahlenrisikos einen von der Strahlenart abhängigen *Bewertungsfaktor*, den ***Qualitätsfaktor*** (*quality factor*) $\boldsymbol{q}$ und die ***Äquivalentdosis H*** (englisch: *dose equivalent*) ein, als Produkt aus Energiedosis D und dem dimensionslosen Qualitätsfaktor q für die Strahlenart:

Definition:

$$H = q \cdot D \tag{43.22}$$

Einheit:

Sievert (Sv)

$$1\,\mathrm{Sv} = 1\,\frac{\mathrm{J}}{\mathrm{kg}}$$

Früher gebräuchliche Einheit: röntgen equivalent men (rem)
Umrechnung: $1\,\mathrm{rem} = 10^{-2}\,\mathrm{Sv}$

Zur Unterscheidung der *Äquivalentdosis H* von der *Energiedosis D*, die beide als Energiedosen eigentlich in der abgeleiteten Einheit J/kg gemessen werden, wurde als gesonderter Name für die Einheit der Äquivalentdosis das „Sievert" eingeführt, um sie deutlich von der Energiedosis der Strahlung mit dem Namen „Gray" für die Einheit abzugrenzen. Dies bedeutet aber für den Qualitätsfaktor q, dass er als Quotient aus zwei Energiedosen zwar dimensionslos ist, ihm aber trotzdem die „Einheit" Sv/Gy zuzuordnen ist, um Gleichung (43.22) auch von der Dimension her zu erfüllen.

Die Festlegung des Qualitätsfaktors q für die verschiedenen Strahlungsarten erfolgt unter Berücksichtigung strahlenbiologischer Erkenntnisse und deren *linearem Energieübertragungsvermögen LET* (Linear Energy Transfer) in Wasser, das üblicherweise in keV/µm angegeben wird. Für Werte bis 3,5 keV/µm beträgt der q-Faktor 1, steigt aber bei einigen 100 keV/µm bis zu 20 an. So ergeben sich für verschiedene Strahlenarten und -energien die in der dritten Spalte der Tab. 43.5 angegebenen Qualitätsfaktoren q.

Eine differenziertere Bewertung der Strahlenwirkung in biologischem Gewebe führte zu revidierten Werten des Qualitätsfaktors, der, nach einer Empfehlung der internationalen Strahlenschutzkommission ICRP (International Commission on Radiological Protection) von 1991, durch den ***Strahlungs-Wichtungsfaktor*** $\boldsymbol{w_R}$ zu ersetzen ist (s. Tab. 43.5). Für die ***Äquivalentdosis H*** folgt somit anstelle von (43.22):

$$H = w_R \cdot D \tag{43.23}$$

Die SI-Einheit ist ebenfalls das Sievert (Sv).

Betrachtet man die Bestrahlung einzelner Organe, so ergibt sich mit (43.23) für die sog. **Organdosis** $\boldsymbol{H_T}$ die äquivalente Beziehung:

$$H_T = w_R \cdot D \tag{43.24}$$

Dabei ist wie definiert w_R der Strahlungswichtungsfaktor und D die Energiedosis.

In Tabelle 43.5 sind für verschiedene Strahlenarten und -energien außer den Qualitätsfaktoren q auch die Strahlungs-Wichtungsfaktoren w_R angegeben.

Tab. 43.5

Strahlenart	Energiebereich	q	w_R
Photonen (Röntgen- oder γ-Strahlung)	alle Energien	1	1
Elektronen, Positronen und Myonen	alle Energien	1	1
Neutronen	$<$ 10 keV	3	5
	10 keV bis 100 keV	5	10
	$>$100 keV bis 2 MeV	10	20
	$>$2 MeV bis 20 MeV	10	10
	$>$20 MeV	10	5
Protonen (außer Rückstreuprotonen)	$>$2 MeV	10	5
α-Teilchen, Spaltfragmente, Schwere Kerne		20	20

Als ein Beispiel zur unterschiedlichen biologischen Strahlenwirkung von verschiedenen Strahlungsarten betrachten wir zwei gleiche biologische Objekte, z. B. menschliche Gewebezellen, die mit Strahlung zwar gleicher Energiedosis bestrahlt werden sollen, aber eines der Objekte mit Beta- das andere mit Alphastrahlung. Die Folge wäre, dass gemäß Tab. 43.5 man die 20-fache biologische Strahlenwirkung durch die Alpha- im Vergleich zur Betastrahlung feststellen würde. Die Ionisierungsdichte (LET-Wert, s. oben) längs des Weges der Alphastrahlung muss also wesentlich höher sein als jene der Betastrahlung, d.h. die Alphastrahlung ruft eine stärkere Gewebeschädigung hervor.

Von großem Einfluss auf die biologische Strahlenwirkung ist auch die räumliche Dosisverteilung auf den menschlichen Organismus. Bei Ganzkörperbestrahlung oder Bestrahlung eines großen Teils des Körpers (*Ganzkörperdosis*) sind bei gleicher Energiedosis die Wirkungen wesentlich stärker ausgeprägt als nach Bestrahlung von Organen oder kleinerer Bereiche des Körpers (*Teilkörperdosis*). Beispielsweise besagt die Angabe, dass 1 Gray appliziert worden sei, allein nichts über die Strahlenwirkung, denn dieses 1 Gy kann als Teilkörperbestrahlung (z. B. nur in einem Gramm Gewebe der Fingerspitze) aber auch als Ganzkörperbestrahlung appliziert worden sein, wobei im letzteren Fall jedes Gramm Gewebe des gesamten Körpers eine Strahlenbelastung von 1 Gy erhalten hätte. In beiden Fallbeispielen unterscheiden sich sowohl die absorbierte Strahlenenergie als auch die dadurch jeweils bedingten Strahlenwirkungen. Um die tatsächliche Strahlenwirkung abschätzen zu können, muss außer der Angabe der Dosis auch die räumliche Dosisverteilung bekannt sein.

Auch bei Teilkörperbestrahlung des Menschen, sowohl durch äußere Strahlungsquellen als auch durch inkorporierte Radionuklide, werden im Allg. gleichzeitig mehrere Organe oder Gewebe des Körpers der Strahlung exponiert. Die verschiedenen Organe oder Gewebe zeigen im Hinblick auf mögliche Strahlenschäden jedoch unterschiedliche Empfindlichkeiten. Um aber die Strahlenbelastungen verschiedener Organe vergleichen sowie die Gesamtbelastung eines Menschen durch ionisierende Strahlung beurteilen zu können wurde die ***effektive Äquivalentdosis*** oder ***effektive Dosis*** $\boldsymbol{H_E}$ eingeführt. Sie ergibt sich aus der Organdosis durch Multiplikation mit dem ***Gewebe-Wichtungsfaktor*** $\boldsymbol{w_T}$, wobei ein linearer Zusammenhang zwischen dem Auftreten stochastischer Strahlenschäden und der Äquivalentdosis angenommen wurde. Die **effektive Äquivalentdosis** $\boldsymbol{H_E}$, die man auch als **effektive Dosis** oder **Effektivdosis** $\boldsymbol{H_E}$ bezeichnet, wird definiert durch:

Definition:

$$H_E = w_T \cdot H_T \qquad (43.25)$$

H_E: Effektive Äquivalentdosis oder Effektivdosis
w_T: Gewebe-Wichtungsfaktor
H_T: Organ- bzw. Teilkörperdosis

Die SI-Einheit der effektiven Äquivalentdosis ist ebenfalls das Sievert (Sv).

In Tab. 43.6 sind die Gewebe-Wichtungsfaktoren w_T für verschiedene Gewebe zusammengestellt, deren Summe den Wert eins ergibt: $\sum_T w_T = 1$.

Tab. 43.6

Gewebe	w_T	Gewebe	w_T
Gonaden	0,2	Leber	0,05
Dickdarm	0,12	Schilddrüse	0,05
Knochenmark	0,12	Speiseröhre	0,05
Lunge	0,12	Haut	0,01
Magen	0,12	Knochenoberfläche	0,01
Blase	0,05	Andere	0,05
Brust	0,05		

Infolge der Wichtung von w_T entsprechend der Strahlenwirkung und damit der direkten Zuordnung zu einem bestimmten Risiko, lassen sich somit die effektiven Dosen aus unterschiedlichen Quellen zur Gesamtstrahlungsbelastung eines Menschen aufsummieren. Die zahlenmäßige Erfassung der Wirkung einer Strahlenart auf ein Organ folgt durch direktes Einsetzen von Gleichung (43.24) in (43.25), während für die Berechnung der effektiven Dosis für eine Strahlenexposition durch mehrere Strahlungsarten der Energiedosis D_R, die auch gleichzeitig mehrere Organe T betrifft, jeweils noch eine Summation über alle Komponenten durchzuführen ist. Es folgt für die effektive Äquivalentdosis mit (43.24) und (43.25):

$$H_E = \sum_T w_T \cdot H_T = \sum_T w_T \cdot \sum_T w_R \cdot D_R \qquad (43.26)$$

Die effektive Äquivalentdosis ermöglicht eine Abschätzung des somatischen und genetischen Risikos sowohl einzelner Personen als auch der Gesamtbevölkerung bei einer Strahlenexposition.

Äquivalentdosisleistung oder -rate

Definition:

$$\dot{H} = \frac{\mathrm{d}H}{\mathrm{d}t} \qquad (43.27)$$

Einheit:

$$\frac{\mathrm{Sv}}{\mathrm{s}}$$

Die zeitliche Verteilung der Strahlungseinwirkung spielt ebenso eine große Rolle wie die räumliche. Am wirksamsten ist eine einmalige kurzzeitige Bestrahlung. Die Wirkung ist geringer, wenn die gleiche Gesamtdosis fraktioniert oder protrahiert über eine längere Periode appliziert wird. Die Abhängigkeit der Strahlenwirkung von der räumlichen und zeitlichen Dosisverteilung ist daher von grundlegender Bedeutung für die Strahlentherapie.

Zur Messung der Strahlenbelastung werden entweder *Dosimeter* verwendet, welche die integrale Dosis über den gesamten Zeitraum der Strahlungsapplikation messen, oder *Dosisleistungsmesser* zur Ermittlung der augenblicklich vorliegenden Dosisrate. Als Dosimeter werden z. B. Thermolumineszenz-, Photolumineszenz-, Film- (s. §§ 43.1.3, 43.1.4) bzw. Füllhalter- oder Stabdosimeter benutzt. Bei den Füllhalterdosimetern handelt es sich um kleine luftgefüllte Ionisationskammern, an deren Kondensatorplatten eine Spannung zwischen 100 und 200 V angelegt ist; die durch die auftreffende ionisierende Strahlung im Luftraum erzeugten Ionen bedingen einen Ladungsrückgang, der ein Maß für die Dosis ist. Als Dosisleistungsmesser finden je nach Strahlungsart unterschiedliche Detektoren Verwendung, wie z. B. Ionisationskammern, Geiger-Müller- und Proportional-Zählrohre oder Halbleiter- und Szintillationsdetektoren (s. auch §§ 43.1.5 und 43.2.3).

Strahlenbelastung

Die Strahlenbelastung des Menschen durch ionisierende Strahlung ist prinzipiell durch zwei Anteile bedingt: einerseits durch die ständig vorhandene ***Strahlenexposition aus natürlichen Quellen*** und andererseits die ***zivilisatorisch bedingte Strahlenexposition durch künstliche Quellen***, deren Anteil an der durchschnittlichen gesamten Strahlenexposition der Bevölkerung im Mittel etwa 50 % jener aus natürlichen Quellen beträgt (Tab. 43.7). Nun ist zwar die Wechselbeziehung zwischen Strahlung und Leben so alt wie das Leben selbst, doch ist die Bedeutung der zusätzlichen künstlichen Strahlenbelastung im Hinblick auf genetische Schädigungen schwer einzustufen. Die dadurch bedingte Gefährdung kann daher nur in Form einer Risikobetrachtung abgeschätzt werden, wobei die natürliche Strahlenbelastung als Vergleich herangezogen wird.

Natürliche Quellen ionisierender Strahlung sind die ***terrestrische Strahlung***, d. h. die natürlichen Radionuklide in der Erde bzw. der erdnahen Atmosphäre, und die ***kosmische Strahlung (Höhenstrahlung)***, welche eine äußere Strahlenexposition bedingen, sowie die ***Radionuklide in Nahrung*** und ***Luft***, die durch Ingestion und Inhalation zu einer inneren Strahlenexposition führen.

Die ***kosmische Strahlung*** hat eine galaktische Komponente, welche überwiegend aus Protonen im Energiebereich von 1 bis 10^{14} MeV, aus α-Teilchen, in geringem Maße aus schweren Ionen und aus Elektronen besteht, und eine solare Komponente, die im Wesentlichen auch Protonen (Maximalenergie ca. 40 MeV) und Elektronen, sowie zu einem geringen Teil α- und schwere Teilchen enthält. Durch Wechselwirkung dieser primären kosmischen Strahlung mit den Molekülnukliden der Erdatmosphäre entsteht die sog. *Sekundärstrahlung*, großenteils π-Mesonen (aus Kollisionen der Primärteilchen mit N-, O-, Ar-Kernen), welche entweder über Myonen in Elektronen oder in zwei γ-Quanten zerfallen. Außerdem werden u. a. Myonen, Neutronen, Protonen, Neutrinos (harte Komponente) sowie Elektronen, Positronen und Photonen (weiche Komponente) gebildet. Die wichtigsten Sekundärteilchen dieser Art, welche die Erdoberfläche (Meeresniveau) erreichen können, stellen die Myonen dar (im norddeutschen Tiefland z. B. ca. 5 Myonen pro Sekunde und Person), während die Neutronenkomponente erst in größeren Höhen (Maximum in ca. 20 km Höhe) zum Tragen kommt. Die primäre kosmische Strahlung selbst spielt direkt an der Erdoberfläche eine zu vernachlässigende Rolle.

Einen wesentlichen Einfluss auf die geladenen Teilchen der kosmischen Strahlung übt aber das Erdmagnetfeld aus, auf dessen Wechselwirkung mit den Teilchen die Existenz der sog. ***Strahlungsgürtel*** zurückzuführen ist. Diese sind: ein Protonen-Strahlungsgürtel im Höhenbereich von ca. 3000 bis

8000 km, ein innerer Elektronen-Strahlungsgürtel zwischen etwa 1000 km und 3000 km sowie ein äußerer in einer Höhe zwischen ungefähr 15 000 km und 25 000 km. Diesen kommt damit ebenso wie der Lufthülle der Erde eine abschirmende Wirkung bzw. Filterwirkung für die Erdoberfläche zu. Die Intensität der kosmischen Strahlung nimmt, wegen der Ablenkung der geladenen Teilchen niedriger Energie durch das Erdmagnetfeld, vom Äquator nach beiden magnetischen Polen hin zu und ist außerdem vom elfjährigen Zyklus der Sonnenaktivität (Sonnenflecken) abhängig.

Niederenergetische kosmische Strahlung ruft in der Atmosphäre z. B. die Erzeugung von radioaktivem Kohlenstoff ($^{14}_{6}C$), Tritium ($^{3}_{1}H$) und Beryllium ($^{10}_{4}Be$) hervor. So bewirken beispielsweise Neutronen der Höhenstrahlung in der Stratosphäre den relativ häufigen Kernprozess $^{14}_{7}N(n,p)^{14}_{6}C$. Ein Teil des entstehenden radioaktiven Kohlenstoffisotops (β^--Strahler, $T_{1/2} = 5730$ a) wird vom atmosphärischen O_2 zu $^{14}_{6}CO_2$ oxidiert und gelangt durch Austauschvorgänge in die Troposphäre und in Bodennähe. Dort wird es durch die Assimilation als $^{14}_{6}C$ in Pflanzen eingelagert und schließlich von Tieren und Menschen aufgenommen (s. auch § 46.2, Radiokarbonmethode).

Unter der ***terrestrischen Strahlung*** versteht man die Strahlung, welche von den radioaktiven Nukliden emittiert wird, die in der Erdkruste seit ihrer Entstehung vorhanden sind, bzw. durch Zerfall entstehen (erzeugt durch Kernprozesse der kosmischen Strahlung mit den Molekülnukliden der Luft) sowie von anderen Materialien der unmittelbaren Umgebung abgegeben wird. Zur ersten Gruppe gehören außer den langlebigen Nukliden $^{40}_{19}K$ und $^{87}_{37}Rb$ (die zu den sog. primordialen Radionukliden gehören) die Glieder der natürlichen Zerfallsreihe (s. § 40.2, Tab. 40.2), wobei die radioaktiven Seriennuklide der $^{238}_{92}U$- und der $^{232}_{90}Th$-Umwandlungsreihe die wichtigsten der noch natürlich vorkommenden sind. Von den durch die Höhenstrahlung erzeugten Radionukliden sind insbesondere $^{3}_{1}H$ und $^{14}_{6}C$ zu nennen.

Einen wesentlichen Beitrag zur Abschätzung der durchschnittlichen jährlichen Strahlenexposition durch terrestrische Strahlung bringt auch der Aufenthalt in Gebäuden. Hier muss mit einer höheren Dosisleistung gerechnet werden als im Freien, da die Baumaterialien der Gebäude und der Baugrund selbst Radionuklide enthalten und damit Strahlungsquellen darstellen. Die Belastung durch terrestrische Radionuklide kann sowohl zu einer äußeren als auch inneren Bestrahlung führen. Untersuchungen der Strahlenexposition durch Radonfolgeprodukte in Gebäuden zeigten, dass die Strahlenbelastung zu etwa je einem Drittel durch den Baugrund, die verwendeten Baumaterialien und die Außenluft verursacht wird. Für die externe Strahlenbelastung des Organismus spielen praktisch nur $^{40}_{19}K$ und die gammastrahlenden Zerfälle der Uran-Radium- bzw. der Thorium-Reihe eine Rolle.

Verantwortlich für die durch Ingestion und Inhalation bedingte ***innere Strahlenbelastung*** sind von den primordialen Radionukliden vor allem das $^{40}_{19}K$ sowie $^{222}_{86}Rn$ (mit Folgeprodukten) und in geringerem Maße $^{226}_{88}Ra$, $^{220}_{86}Rn$ (Thoron) und $^{87}_{37}Rb$. Die über die Nahrungskette in den Körper gelangenden radioaktiven Stoffe verteilen sich dort ungleichmäßig, werden teilweise in Organen und Geweben gespeichert und bewirken dabei eine kontinuierliche Bestrahlung des Körpers. Beispielsweise wird das mit hohem Anteil in vielen Nahrungsmitteln – speziell auch pflanzlichen – vorhandene $^{40}_{19}K$ insbesondere in der Muskulatur eingelagert. Hauptquelle der Strahlenexposition durch Inhalation sind die Radionuklide $^{222}_{86}Rn$ und $^{220}_{86}Rn$ (und ihre kurzlebigen Folgeprodukte), die durch Diffusion aus dem Boden und den Baumaterialien in die Atmosphäre gelangen und beim Einatmen eine lokale Belastung der Atemwege bedingen. Die durch die kosmische Strahlung erzeugten Radionuklide $^{3}_{1}H$, $^{7}_{4}Be$, $^{14}_{6}C$, $^{22}_{11}Na$ etc. liefern insgesamt gesehen, im Vergleich zum $^{40}_{19}K$, jedoch nur geringe Beiträge zur inneren Strahlenexposition.

8

Künstliche Quellen ionisierender Strahlung sind alle vom Menschen erzeugten Radionuklide, die technischen Einrichtungen zur Erzeugung ionisierender Strahlung und die kerntechnischen Anlagen, sowie jene technischen Produkte, die als Nebeneffekt Quellen ionisierender Strahlung darstellen. Hierbei muss zwischen Strahlenexpositionen von Personen im Zusammenhang mit ihrer beruflichen Tätigkeit und solchen der Allgemeinbevölkerung unterschieden werden. Für Einzelpersonen, die sich z. B. in einem dem Strahlenschutz unterliegenden Kontroll- oder Überwachungsbereich befinden, kann die Strahlenbelastung dosimetrisch erfasst werden, wogegen die Strahlenbelastung der Allgemeinbevölkerung nur durch statistische Erhebungen abgeschätzt werden kann. Dabei zeigt sich der sehr hohe Anteil der Strahlenexposition durch die Anwendung ionisierender Strahlung in der Medizin, wobei die individuellen Strahlenexpositionen stark unterschiedlich sind (Tab. 43.7).

Den Hauptbeitrag zur mittleren effektiven jährlichen Äquivalentdosis der zivilisatorisch verursachten Strahlenexposition der Bevölkerung, bedingt die medizinische Anwendung ionisierender Strahlung und radioaktiver Stoffe mit ca. 1,9 mSv, wobei am stärksten hier die Röntgendiagnostik zu Buche schlägt. Zwar nehmen die klassischen Röntgenuntersuchun-

Tab. 43.7

Quelle der Strahlenbelastung	Mittlere effektive Äquivalentdosis in mSv pro Jahr	
Natürliche Strahlenquellen:		
Äußere		
kosmische Strahlung (Meereshöhe)	ca. 0,3	
terrestrische Strahlung (ortsabhängig)	ca. 0,4	
durch Aufenthalt im Freien (5 h/Tag)		ca. 0,1
durch Aufenthalt in Gebäuden (geschlossene Fenster; 19 h/Tag)		ca. 0,3
Innere:		
radioaktive Stoffe im Körper (Ingestion und Inhalation) Inhalation von Radon- Folgeprodukten im Mittel	ca. 1,1	
durch Aufenthalt im Freien (5 h/Tag); Abschätzung		ca. 0,2
durch Aufenthalt in Gebäuden (19 h/Tag)		ca. 0,9
Ingestion natürlich radioaktiver Stoffe	ca. 0,3	
$^{22}_{11}Na$, $^{40}_{19}K$		ca. 0,25
$^{210}_{82}Pb$, $^{210}_{84}Po$, $^{226}_{88}Ra$		ca. 0,03
$^{3}_{1}H$, $^{14}_{6}C$		ca. 0,02
Summe der natürlichen Strahlenexposition	**ca. 2,1**	
Künstliche (zivilisatorische) Strahlenquellen:		
Anwendung ionisierender Strahlung und radioaktiver Stoffe in der Medizin (Röntgenaufnahmen, Strahlentherapie, Isotope in der Diagnostik)	ca. 1,9	
durch Röntgendiagnostik		ca. 1,8
durch nuklearmedizinische Untersuchungen		ca. 0,1
Anwendung radioaktiver Stoffe und ionisierender Strahlung in Forschung, Technik und Haushalt	< 0,01	
kerntechnische Anlagen und Kohlekraftwerke	< 0,01	
Strahlenexposition durch den Reaktorunfall im Atomkraftwerk Tschernobyl	< 0,012	
radioaktive Niederschläge (Fall-out) von Kernwaffenversuchen	< 0,01	
Summe der künstlichen Strahlenexposition:	**ca. 1,9**	
Gesamtbelastung:	**ca. 4,0**	

gen seit rund zehn Jahren im Mittel pro Jahr um ca. 1 % ab, wobei derzeit im Mittel pro Einwohner und Jahr ca. 1,5 Untersuchungen durchgeführt werden, jedoch hat sich in den vergangenen zehn Jahren die Anzahl der Röntgen-CT-Untersuchungen nahezu verdoppelt, mit einem Anstieg von rund 8 % pro Jahr auf einen Wert von derzeit ca. 0,14 Untersuchungen pro Einwohner und Jahr. Auf konstantem Niveau bewegt sich die zahnmedizinische Röntgendiagnostik (Zähne und Kiefer) bei etwa 0,6 Untersuchungen pro Einwohner und Jahr, was rund 40 % der Gesamtzahl der Röntgenuntersuchungen entspricht. Trotzdem ist in den vergangenen zehn Jahren die effektive Äquivalentdosis nahezu kontinuierlich pro Jahr um ca. 2,5 % angestiegen, was im Wesentlichen auf die stetige Zunahme der CT-Untersuchungen zurückzuführen ist, wie auch auf die dosisintensivere Angiographie. Selbst der im vergangenen Zeitraum von etwa zehn Jahren beobachtete Anstieg der Anwendung alternativer Untersuchungsverfahren ohne die Nutzung ionisierender Strahlen, wie z. B. Untersuchungen mittels Magnetresonanz-Tomographie (Anstieg pro Jahr um ca. 30 % auf ca. 0,1 Untersuchungen pro Einwohner und Jahr im Jahr 2006) oder mittels Sonographie, führten entgegen der Erwartungen nicht zu einer Abnahme der Häufigkeit der CT-Anwendungen. Im Gegensatz zur CT hat aber die Anzahl der konventionellen Röntgenuntersuchungen des Schädels, des Thorax und des Bauchraumes einschließlich des oberen Magen-Darm-Trakts, des Gallesystems und des Urogenitaltrakts abgenommen. Zu erwähnen ist auch, dass bei der Anwendung von Röntgenstrahlen sowohl durch technische als auch organisatorische Maßnahmen wesentliche Beiträge zur Reduktion der Strahlenexposition bei Untersuchungen erreicht wurden, beispielsweise durch die Anwendung moderner Nachweistechniken, wie z. B. Bildverstärker, Verstärkerfolien, Filter o. ä. und ebenso durch optimierte organisatorische Maßnahmen, wie etwa durch Bündelung der Untersuchungen, Vermeidung von Mehrfachuntersuchungen und insbesondere durch die strikte Beachtung einfacher Strahlenschutzmaßnahmen.

Bei nuklearmedizinischen Untersuchungen, deren Anteil an der mittleren effektiven Äquivalentdosis von 1,9 mSv pro Jahr der medizinischen Anwendungen ionisierender Strahlung und radioaktiver Stoffe mit ca. 0,1 mSv zu veranschlagen ist, stellen in der nuklearmedizinischen Diagnostik die Schilddrüsen- und die Skelettszintigraphie die häufigsten Untersuchungen dar. Auch die Positronen-Emissions-Tomographie (PET) gewinnt auf Grund der hohen diagnostischen Aussagekraft des Verfahrens immer mehr an Bedeutung. Gerade in der Nuklearmedizin konnte durch die Verwendung moderner Techniken sowie der Verfügbarkeit kurzlebiger Radionuklide aus Generatoren (s. § 40.3) die Strahlenbelastung vielfach gesenkt werden. Zwar bringt der technische Fortschritt hier eine Reduktion der Belastung durch ionisierende Strahlung, verbunden ist aber auch damit eine Erweiterung der Palette der Anwendungsmöglichkeiten zur Diagnose.

Die höchsten Strahlenexpositionen treten in der Strahlentherapie auf mit lokal hohen Strahlendosen im Zielvolumen. Die Kollektivdosis und der daraus abgeleitete Beitrag zur genetisch signifikanten Bevölkerungsdosis ist jedoch relativ klein, wobei gerade hier – unter Abwägung aller Risiken – in jedem Einzelfall die medizinische Indikation vorangestellt werden muss.

In Forschung, Technik und Haushalt werden zahlreiche Produkte eingesetzt, die, i. Allg. als unerwünschten Nebeneffekt, ionisierende Strahlung emittieren. Dies sind beispielsweise Geräte zur Materialprüfung, Füllstandskontrolle oder Dickenmessung sowie wissenschaftliche Instrumente, die primär einen kleinen Personenkreis berufsbedingt betreffen. Breitere Bevölkerungsgruppen können durch Industrieprodukte belastet werden, die radioaktive Stoffe enthalten, wie keramische Gegenstände (uranhaltige Farben für Kacheln und Porzellan), Glaswaren und Legierungen, oder Geräte, die Leuchtfarben enthalten (Skalen und Zeiger bei Uhren, Kompassen und sonstigen Instrumenten). Aber auch elektronische Bauteile und elektrotechnische Geräte, z. B. Elektronenröhren, Gasentladungsröhren und insbesondere Fernsehgeräte bringen als ***Störstrahler*** einen Beitrag zur Strahlenbelastung, welcher der sonstigen technischen Strahlenanwendung vergleichbar ist. Die jährliche genetisch signifikante Dosis für die Strahlenbelastung der Bevölkerung der Bundesrepublik durch das Fernsehen, kann zu maximal ca. 7 μSv abgeschätzt werden.

Die Strahlenbelastungen durch kerntechnische Anlagen stammen überwiegend aus der Abluft und zu einem geringen Teil aus Spaltprodukten im Abwasser. In die Atmosphäre gelangen radioaktive Isotope der Edelgase (Krypton und Xenon), gasförmige Aktivierungsprodukte (z. B. ${}^{14}_{6}C$, ${}^{16}_{7}N$), Tritium und Iodisotope. Der Beitrag liegt inklusive der Emissionen aus Kohlekraftwerken unter 0,01 mSv pro Jahr.

Die Kernexplosionen zur Erprobung von Kernwaffen, die in überwiegender Zahl in den Jahren 1957 bis 1962 stattfanden, führten zur radioaktiven Kontamination der Atmosphäre und infolge der atmosphärischen Austauschvorgänge zu einer Verteilung des radioaktiven Staubes über den Globus, von wo aus er als radioaktiver „Fallout" den Erdboden erreichte. Von den ursprünglich vorhandenen Radionukliden sind heute nur noch die langlebigen Nuklide ${}^{90}_{38}Sr$ und ${}^{137}_{55}Cs$ von Bedeutung, die vor allem zur äußeren Strahlenbelastung beitragen, mit einer gegenwärtig jährlichen effektiven Äquivalentdosis von ca. 5 μSv. Ein Bruchteil der Isotope wird auch über die Nahrungskette inkorporiert.

Die Strahlenexposition durch den schweren nuklearen Unfall im Kernkraftwerk Tschernobyl am 25./26.4.1986 führte zu einer Ausbreitung der dabei freigesetzten Radionuklide durch atmosphärische Luftströmungen über zahlreiche europäische Länder mit zum Teil hohen Aktivitätskonzentrationen. Die Strahlenexposition außerhalb der unmittelbaren Umgebung des Kernkraftwerkes wurde vor allem durch die radioaktiven Nuklide ${}^{131}_{53}I$, ${}^{134}_{55}Cs$ und ${}^{137}_{55}Cs$ verursacht. Die heute noch vorliegende äußere Strahlenexposition pro Jahr liegt bei einer mittleren effektiven Dosis von $< 0{,}012$ mSv und ist damit deutlich unter ein Prozent der natürlichen Strahlenexposition abgesunken. Sie wird heute überwiegend (zu ca. 90 %) durch die Bodenstrahlung des ${}^{137}_{55}Cs$ verursacht, ${}^{134}_{55}Cs$ ist seit 1998 nicht mehr nachweisbar. Die mittlere Dosis für die durch Ingestion aufgenommenen radioaktiven Stoffe, wobei es sich im Wesentlichen um das radioaktive Cäsium handelt, liegt bei etwa 1 μSv. Diese Strahlenexposition kann in Süddeutschland je nach den örtlichen Gegebenheiten in Einzelfällen auch höher sein (maximal um eine Größenordnung). Beispielsweise wurden in Lebensmitteln aus Waldgebieten und vereinzelt auch bei Fischen aus Binnenseen weiterhin höhere Werte gemessen. Ebenso überschreitet hier insbesondere Wildschweinfleisch häufig den zulässigen Höchstwert der ${}^{137}_{55}Cs$-Kontamination von 600 Bq/kg und darf daher nicht vermarktet werden. Insgesamt beläuft sich heute (2010) für die Bevölkerung der Bundesrepublik Deutschland die zusätzliche Strahlenexposition durch den Reaktorunfall in Tschernobyl auf eine mittlere effektive Strahlendosis von weniger als 0,012 mSv pro Jahr.

In Tabelle 43.7 ist die Strahlenexposition der Bevölkerung der Bundesrepublik als mittlere effektive Äquivalentdosis in mSv pro Jahr nach den verschiedenen Strahlenquellen aufgeschlüsselt angegeben.

Die **mittlere Gesamtbelastung** durch *natürliche* und *künstliche Strahlenexposition* mit etwa 4 mSv pro Jahr ist im Vergleich zu den Vorjahren relativ konstant. Rund die Hälfte der gesamten Strahlenbelastung stammt aus natürlichen Quellen (ca. 2,1 mSv/a), wozu als externe Strahlenexposition jährlich im Mittel die kosmische Strahlung etwa 0,3 mSv und die terrestrische Strahlung (aus Boden und Gestein) ca. 0,4 mSv beiträgt. Ungefähr doppelt so groß ist der Anteil an der natürlichen Strahlenexposition, bei üblichen Lebens- und Ernährungsgewohnheiten, der durch Inhalation und Ingestion natürlicher Radionuklide hinzukommt, mit einer mittleren effektiven Dosis von etwa 1,4 mSv pro Jahr. Davon übertrifft aber die durchschnittliche Strahlenbelastung durch Inhalation von Radon mit 1,1 mSv deutlich alle anderen Beiträge. Nach Schätzungen können daher 4 % – 12 % der Lungenkrebsfälle in der Bundesrepublik auf die Inhalation von Radonzerfallsprodukten zurückgeführt werden. In Anbetracht der Variationsbreite der einzelnen Beiträge zur gesamten natürlichen Strahlenexposition, insbesondere jener durch das Radionuklid $^{222}_{86}Rn$, liegt die jährliche mittlere effektive Dosis, für die durchschnittlichen Verhältnisse in der Bundesrepublik, im Bereich zwischen 2 und 3 mSv. Die mittlere effektive Äquivalentdosis für die durchschnittlichen Verhältnisse in der nördlichen Hemisphäre liegt bei 2,4 mSv pro Jahr.

Der Anteil der zivilisatorischen (künstlichen) Strahlenexposition beträgt 1,9 mSv pro Jahr und ist dominant durch die Anwendung radioaktiver Stoffe und ionisierender Strahlung in der medizinischen Diagnostik verursacht, wie oben bereits erläutert. Hier besteht Handlungsbedarf, die Strahlenexposition insbesondere in der medizinischen Diagnostik zu senken, nicht zuletzt auch durch Steigerung des Problembewusstseins im Bereich der Medizin.

Die natürliche Strahlenbelastung zeigt zeitlich und geographisch mitunter erhebliche Abweichungen, die teils durch die zeitliche Variation der kosmischen Strahlung und die Abhängigkeit des Einflusses der kosmischen Komponente von der geographischen Breite begründet ist. Den hauptsächlichen Beitrag bedingen jedoch starke Konzentrationsunterschiede an Radionukliden in den unterschiedlichen geologischen Formationen (Zusammensetzung, Verwitterung, Porosität, Feuchtigkeit) und auch die klimatischen Bedingungen. Beispielsweise ist in Granitgestein die Konzentration an Radionukliden höher als in Sedimentformationen; so findet man etwa Maximalwerte der Strahlenbelastung von ca. 1,8 mSv/a im Bayerischen Wald und minimale Werte um 0,2 mSv/a in Regionen mit Kalksteinuntergrund. In Brasilien, China und Indien gibt es Gegenden, deren Böden hohe Gehalte an radioaktiven Mineralien aufweisen, wie beispielsweise Monazit-Sand (Monazit ein seltenes Erdmineral). Hier treten, vor allem wegen des hohen $^{232}_{90}Th$-Gehaltes des Monazits, erheblich höhere Strahlenbelastungen auf, wie z. B. ca. 12 mSv/a in Kerala (Indien). Die individuelle Strahlenexposition kann daher sehr unterschiedlich ausfallen.

Die mittlere Strahlenbelastung durch kosmische Strahlung in Meereshöhe beträgt ca. 0,3 mSv/a und verdoppelt sich etwa bei jeweils 1500 m Höhenzunahme, so dass sie sich bei einem Gebirgsaufenthalt beispielsweise in 3000 m auf ca. 1,2 mSv/a erhöht. Ebenso können Flugreisen die jährliche Dosis steigern, abhängig vor allem von der Häufigkeit, der Flughöhe, der Flugdauer, der geographischen Lage der Flugroute und von der Sonnenaktivität (je höher die Sonnenaktivität, desto geringer die Höhenstrahlung). Die Strahlenbelastung kann bei Flugreisen in einer Höhe von 11 km und nördlich des 60. Breitengrades um bis zu ca. 7 μSv pro Flugstunde ansteigen, im Bereich des Äquators beträgt sie nur rund ein Drittel davon. Bei einem Standard-Linienflug zwischen Frankfurt und New York über die Nordroute, mit etwa neun Stunden Flugdauer, wovon ca. acht Stunden in der Reiseflughöhe stattfinden, ergibt sich somit eine mittlere effektive Dosis von ca. 56 μSv. Dagegen beträgt die Dosis bei einem Direktflug von Frankfurt nach Sao Paulo (ca. zwölf Stunden Gesamtflugdauer) nur etwa die Hälfte davon. Diese zusätzliche Strahlenexposition durch das Fliegen ist für Gelegenheitsflieger, wie es die meisten Urlaubsflieger sind, äußerst gering und gesundheitlich unbedenklich; das gilt auch für Schwangere und Kleinkinder. Fliegendes Personal jedoch, vor allem wenn häufig Langstrecken auf den nördlichen

Polrouten geflogen werden, zählt zu den am höchsten strahlenexponierten Berufsgruppen in Deutschland. Deren Expositionsdaten werden daher auch seit 2003 erfasst und im Jahre 2008 betrug die mittlere Jahresdosis für diesen Personenkreis ca. 2,3 mSv, mit einem Maximalwert einer Jahrespersonendosis von ca. 7,9 mSv. Der Jahresgrenzwert von 20 mSv wurde jedoch in keinem Fall überschritten.

Hinsichtlich der Wirkung der Strahlung unterscheidet man zwischen ***somatischen Strahlenschäden*** (Schädigung der Körperzellen des Individuums) und ***genetischen Schäden*** (biologische Schädigungen am Erbgut von Organismen). Bei den somatischen Strahlenwirkungen unterscheidet man zwischen Frühwirkungen, die sich innerhalb von Tagen bis zu einigen Monaten durch z. B. Hautrötung, Erbrechen, Augenkatarakt u. a. zeigen, und Spätwirkungen, d. h. Strahlenschäden, die beim Menschen i. Allg. erst nach mehreren Jahren erkennbar werden, selbst wenn keine Frühwirkungen aufgetreten sind. Genetische Strahlenwirkungen bedingen Schäden, die entweder die Lebensfähigkeit von Nachkommen bereits in einem frühen Entwicklungsstadium verhindern, oder welche sich erst bei den Nachkommen als somatische Veränderungen zeigen, also vererbbare Strahlenwirkungen darstellen. Der Organismus verfügt sowohl über Reparaturmechanismen als auch über erhebliche Regenerations- und Funktionsreserven, sodass es eine obere Dosisgrenze gibt, ab der eine kleinste Wirkung nachgewiesen werden kann. Diese Schwellendosis liegt bei Erwachsenen bei 200 mSv, das bedeutet bei kurzzeitiger Ganzkörperbestrahlung oder zumindest großer Teile des Körpers, z. B. des Rumpfes, mit einer γ-Strahlungsdosis oberhalb 200 mSv können biologische Schädigungen auftreten. Eine besondere Bedeutung kommt jener Dosis zu, bei der innerhalb von 30 Tagen 50 % der bestrahlten Individuen den Strahlentod erleiden. Diese sog. mittlere letale Dosis liegt beim Menschen bei Ganzkörperbestrahlung mit Röntgen- oder γ-Strahlung bei ca. 3,5 Sv, wogegen eine Dosis von 6 Sv eine Mortalität von fast 100 % zur Folge hat.

M Strahlenschutz

Es können hier nur einige grundlegende Hinweise zum Strahlenschutz gegeben werden, die beim Umgang mit Quellen ionisierender Strahlung zu beachten sind.

Als Basisgrundsatz des Strahlenschutzes gilt, dass eine unzulässige Einwirkung ionisierender Strahlung auf den Menschen und die Umwelt zu vermeiden ist. Eine erforderliche Strahlenexposition bedarf daher, insbesondere auch bei medizinischer Indikation, sowohl einer Analyse des Strahlenrisikos und des Nutzens der Strahlungsanwendung als auch der Forderung nach einer Optimierung der Strahlenschutzmaßnahmen. Dabei wird gefordert, dass alle Maßnahmen ausgeschöpft werden, die dem Stand von Wissenschaft und Technik entsprechen, um das Schadensrisiko für den Einzelnen und die Bevölkerung herabzusetzen. Der Strahlenschutz geht dabei weltweit nach dem „**ALARA**-Prinzip" (**A**s **L**ow **A**s **R**easonably **A**chievable) vor, d. h. dass jede unvermeidbare Strahlenexposition so gering wie möglich sein sollte, unter Abwägung von Risiko zu Nutzen des angewandten Verfahrens. Dazu müssen individuelle Grenzwerte für die Strahlenexposition von Personen auf der Basis des vertretbaren Risikos festgelegt sein.

Den wichtigsten Beitrag zur Verminderung der Strahlenbelastung liefern meist die einfachen Strahlenschutzmaßnahmen, welche allerdings viel Sorgfalt und Kenntnis beim medizinischen Personal und auch Vernunft bei den untersuchten Patienten voraussetzen:

Die vier Grundprinzipien eines physikalischen Strahlenschutzes sind:

1. Den Abstand von der Strahlungsquelle möglichst groß halten. Bei punktförmigen Strahlungsquellen nimmt der *Strahlungsfluss* mit dem Quadrat des Abstandes vom Strahler ab (§ 41.2.4 und Abb. 41.7). Beispielsweise bedeutet eine Verdoppelung des Abstandes zur Strahlungsquelle eine Reduktion des Strahlungsflusses auf $\frac{1}{4}$, eine Vervierfachung des Abstandes eine Reduktion auf $\frac{1}{16}$;
   das bedeutet: **Abstand halten**.
2. Die Strahlung kann durch geeignet gewählte Materie infolge Absorption stark geschwächt werden (§§ 43.2.2 und 42.2.3);
   das bedeutet: **Abschirmen**.
3. Die Aufenthaltsdauer im Strahlungsfeld ist so kurz wie möglich zu halten, da die gesamte absorbierte Dosis als Produkt aus Dosislei-

stung und Einwirkungsdauer bei konstanter Dosisleistung bzw. -rate des Strahlers proportional zur Zeitdauer der Einwirkung ist;
das bedeutet: **kurze Bestrahlungsdauer**, um die Dosis zu reduzieren.

4. Bei der Anwendung radioaktiver Nuklide sollten nur die unbedingt erforderlichen Aktivitäten eingesetzt und nur Radionuklide verwendet werden, deren effektive (physikalische und/oder biologische) Halbwertszeit so klein wie möglich ist;
das bedeutet: **Begrenzung der Aktivität der Strahlenquelle**.

Damit die Wirksamkeit von Strahlenschutzmaßnahmen sichergestellt werden kann, ist die Einhaltung festgelegter Dosisgrenzwerte zu kontrollieren. Dabei wird irrigerweise sehr häufig davon ausgegangen, dass bei einer Einhaltung des Grenzwertes die aufgenommene Dosis hinnehmbar und erst bei Überschreitung des Grenzwertes als gefährlich einzustufen ist, d. h. die Dosisgrenzwerte werden als Grenze zwischen „gefährlicher“ und „ungefährlicher“ Strahlenexposition interpretiert. Doch wird der Grenzwert überschritten, so bedeutet dies, dass bei fortdauernder Exposition dies für den Einzelnen mit einem radiologischen Risiko verknüpft ist, das unter normalen Umständen nicht mehr akzeptiert werden kann. Unterhalb der Dosisgrenzwerte geht der Strahlenschutz allein von der Hypothese der Existenz eines geringen, aber nicht eines vernachlässigbaren radiologischen Risikos aus. Gemäß ALARA-Prinzip ist es deshalb nicht ausreichend, einfach den Dosisgrenzwert einzuhalten, sondern es müssen alle vernünftigen und sinnvollen Maßnahmen ergriffen werden, um die Strahlenexposition auch unterhalb des Grenzwertes so niedrig wie möglich zu halten.

Aufgaben

Aufgabe 43.1: Die Transmission (für monochromatisches Licht) zweier Substanzen wurde zu
a) $T = 10\,\%$ bzw.
b) $T = 50\,\%$ bestimmt.
Wie groß ist jeweils die Extinktion A der Substanzen?

Aufgabe 43.2: Durch eine Schicht der Dicke $d_1 = 1$ cm einer absorbierenden Flüssigkeit tritt $T_1 = \frac{1}{3}$ der einfallenden Lichtstärke einer monochromatischen Strahlung hindurch. Welcher Anteil T_2 tritt, bei Gültigkeit des Lambert-Beer'schen Gesetzes, durch eine doppelt so dicke Schicht ($d_2 = 2$ cm) derselben Flüssigkeit?

Aufgabe 43.3: Die Lichtabsorption in einer flüssigen Probe genüge dem Lambert-Beer'schen Gesetz. Im Photometer wird eine Transmission von 25 % beobachtet. Wie groß ist die ungefähr zu erwartende Transmission T bei Verdünnung auf die Hälfte der Konzentration der Probe?

Aufgabe 43.4: Eine flüssigkeitsgefüllte Küvette von 2 cm Schichtdicke reduziert die Stärke des sie durchsetzenden monochromatischen Lichtes auf die Hälfte. Wie groß ist
a) der Absorptionskoeffizient a_n der Flüssigkeit?
b) die mittlere Eindringtiefe x_e des Lichtes in die Flüssigkeit?

Aufgabe 43.5: Welche Schichtdicke d einer Bleiplatte reduziert eine sie durchsetzende γ-Strahlung auf den Wert $I = 0{,}05\ I_0$, wenn die Halbwertsdicke des Bleis $x_H = 5$ mm beträgt?

Aufgabe 43.6: Im Abstand 1 m von einem punktförmigen, radioaktiven γ-Strahler beträgt die Dosisleistung in Luft $\dot{D}_1 = 8\ \mu J \cdot kg^{-1} \cdot h^{-1}$. Wie groß ist etwa die aufgenommene Energiedosis D bei 2 m Abstand und fünfstündigem Aufenthalt? (Die Schwächung durch die 1 m bzw. 2 m dicke Luftschicht sei vernachlässigbar klein.)

Aufgabe 43.7: Die Energiedosisrate einer monochromatischen γ-Strahlung beträgt in 2 m Abstand von der Quelle $\dot{D} = 2\ mGy \cdot s^{-1}$. Wie viele Bleiplatten von 1 cm Stärke müssen mindestens zwischen Quelle und Beobachtungsort aufgestellt werden, wenn die Dosisrate auf weniger als $2\ \mu Gy \cdot s^{-1}$ reduziert werden soll und die Halbwertsdicke von Blei 5 mm beträgt?

Aufgabe 43.8: An einer Röntgenanlage (Strahlengang in Luft; Strahlungsschwächung durch die Luft vernachlässigbar) wird in 50 cm Fokusabstand eine Energiedosisleistung von 4 Gy/min gemessen. In welchem Fokusabstand x würde sich unter Annahme eines punktförmigen Röntgenfokus die Energiedosisleistung 1 Gy/min ergeben?

Steuerung – Regelung – Informationsübertragung

§44 Steuerung und Regelung

Viele biologische Vorgänge, ebenso wie Vorgänge im technischen Bereich, beruhen auf Steuerungs- und Regelungsvorgängen. Steuerungsvorgänge unterscheiden sich zwar prinzipiell von Regelungsvorgängen in ihrem Wirkungsablauf, sind jedoch keine grundsätzlich verschiedenen Techniken. Viele Prozesse, die steuernd wirken, enthalten intern Regelungsvorgänge, wie andererseits die Stücke eines Regelkreises auch als Teilsteuerungen aufgefasst werden können. Für die Steuerungs- und Regelungstechnik ist die Erfassung von Messdaten, mit Hilfe bestimmter Messverfahren, Voraussetzung (Messtechnik).

§44.1 Prinzip der Steuerung und Regelung

Steuerung

Darunter versteht man einen Eingriff in den Ablauf eines Prozesses zur Erzielung eines oder mehrerer bestimmter Resultate. Kennzeichnend für die Steuerung ist ein offener Wirkungsablauf, bei dem eine oder mehrere ***Eingangsgrößen*** auf festgelegte Weise ***Ausgangsgrößen*** zielgerichtet beeinflussen können. Bei der Steuerung, als offener Wirkungskette ***(open loop control)***, fließt Information nur in einer Richtung.

Die Glieder einer Steuerkette sind:

1. Eingangsgröße (Steuerbefehl); z. B. die Daten einer Messeinrichtung

2. Stellglieder (Übertragungsglied); die Steuergeräte, welche die Verstellung vornehmen

3. Ausgangsgröße (Steuerwirkung): die gesteuerte Größe.

Im Gegensatz zur Regelung wird der erreichte Wert der Ausgangsgrößen, d. h. der Erfolg des z. B. durch eine ***Störgröße*** ausgelösten Steuervorgangs nicht kontrolliert und durch Rückkopplung auf den System-Eingang zurückgeführt.

Beispiel: Die Temperatur T eines Raumes soll konstant gehalten werden. Eine Änderung der Außentemperatur **(Störgröße)** bedingt eine Änderung der Raumtemperatur. Die Konstanthaltung der Raumtemperatur erreicht man beispielsweise, indem über ein Steuergerät St (Stellglied) die Raumheizung verändert wird. Ist der funktionale Zusammenhang zwischen Außentemperatur und der für die Konstanthaltung der Raumtemperatur erforderlichen Heizleistung bekannt, so wird durch die entsprechende Steuerung die Störgröße in ihrer Wirkung aufgehoben.

Wird in dem Raum ein Fenster geöffnet (Strögröße 2), so kann diese Störung durch den oben beschriebenen Steuerungsmechanismus aber nicht beseitigt werden. Dazu muss ein weiteres Steuersystem eingebaut werden.

In Abbildung 44.1 ist der schematische Aufbau ((a)) und das Blockschaltbild ((b)) angegeben.

Regelung

Regelungsvorgänge stellen im Gegensatz zu Steuerungsvorgängen geschlossene Wirkungsabläufe dar. Bei der Regelung ***(closed loop control)*** wirkt die am Ausgang vorliegende Information ***(Ausgangsgröße)*** mittels eines ***Rückkopplungsgliedes*** auf den Eingang zurück und beeinflusst so das System, d. h. es liegt eine geschlossene Informationskette mit Rückführung vor.

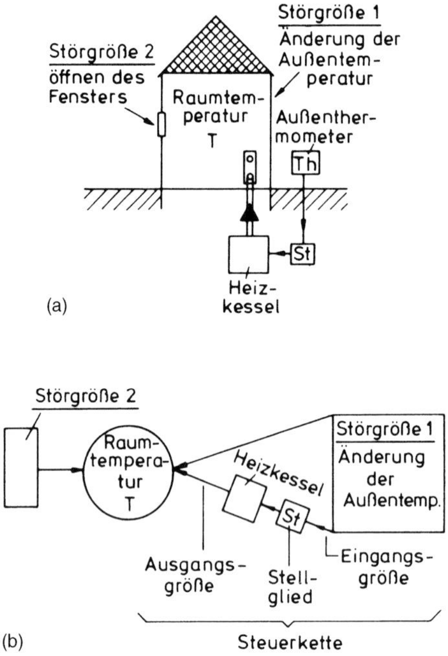

Abb. 44.1

Durch eine Regelung wird, unabhängig von irgendwelchen Störgrößen, eine bestimmte Zustandsgröße innerhalb gewisser Grenzen konstant gehalten oder nach einem vorgegebenen Programm verändert. Weicht der Wert der zu regelnden Größe, die laufend gemessen wird, von einem vorgegebenen Sollwert ab, so spricht auf diese Abweichung eine Regeleinrichtung an, die ein geeignetes Stellglied so verändert, dass die Abweichung zwischen der zu regelnden Größe und ihrem Sollwert beseitigt wird. Die in einem solchen System auftretenden Störungen verursachen also eine Regelabweichung, welche die Auslösung eines Regelvorgangs bedingt. Die Steuergröße bewirkt somit selbst den Regelvorgang.

In unserem Beispiel für einen Steuervorgang – Konstanthaltung der Raumtemperatur – soll nun die Raumtemperatur T selbst gemessen werden; diese wird mit dem geforderten Sollwert verglichen. Nun verstellt die Regeleinrichtung aufgrund einer Abweichung die Heizung, sodass die verursachte Regelabweichung infolge einer Veränderung einer oder beider Störgrößen beseitigt wird.

§ 44.2 Regelkreis

Bei einer Regelung ist der Wirkungsablauf in sich geschlossen. Man bezeichnet daher einen solchen Ablauf einen **Regelkreis**. Dieser ist in die **Regelstrecke** und die **Regeleinrichtung** oder den **Regler** unterteilt.

Die ***Regelstrecke*** enthält einerseits die Messeinrichtung, welche die zu regelnde Größe, die **Regelgröße**, misst und andererseits eine entsprechende Stelleinrichtung, das **Stellglied**, wodurch die Regelgröße beeinflusst werden kann. Dazu muss das Stellglied durch die **Stellgröße** betätigt werden.

Die ***Regeleinrichtung*** ermöglicht eine automatische Veränderung der Stellgröße, um die **Regelabweichung**, welche durch die **Störgröße** verursacht wurde, zu beseitigen. Dabei ist die Regelabweichung der Unterschied zwischen der Regelgröße und einer vorgegebenen **Führungsgröße**, auf welche die Regelgröße gebracht werden soll.

Der Wert, den die Regelgröße im Augenblick haben soll, heißt der **Sollwert**; der Wert, den sie momentan hat, heißt der **Istwert**. Die Regelabweichung ist also immer der Vergleich des durch die Führungsgröße vorgegebenen Sollwertes, den die Regelgröße haben soll, mit dem momentan gemessenen Istwert. Dabei kann die Führungsgröße ein fest vorgegebener Wert sein wie auch ein als Funktion der Zeit veränderlicher Wert.

Jeder Regler regelt nur die Größe, die er misst.

Der schematische Aufbau (a) und das Blockschaltbild (b) des Regelkreises für die Konstanthaltung der Raumtemperatur bei zwei Störgrößen ([1] und [2]) ist in Abb. 44.2 dargestellt.

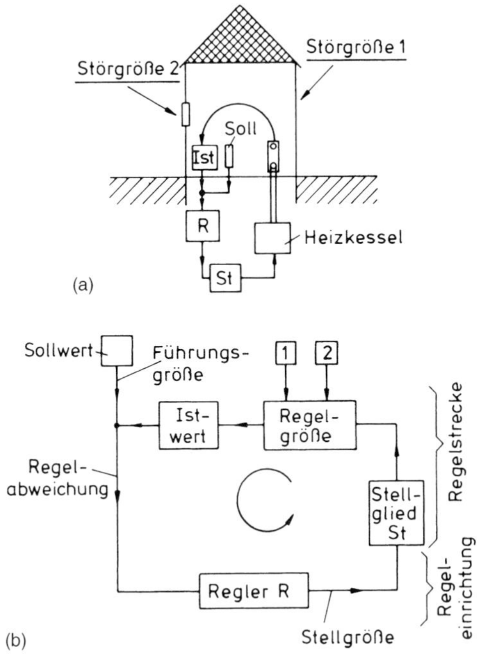

Abb. 44.2

Dabei ist:

die **Störgröße**: Änderung der Außentemperatur oder Öffnen eines Fensters;

die **Führungsgröße**: bestimmte Raumtemperatur;

die **Regelgröße**: Temperatur;

der **Sollwert**: eingestellte Temperatur:

der **Istwert**: tatsächliche, augenblickliche Temperatur im Raum;

die **Regelabweichung**: Differenz zwischen Ist- und Sollwert;

die **Regeleinrichtung R**: z. B. ein Schalter;

die **Stellgröße**: z. B. ein Strom, der durch das Schließen des Schalters in der Regeleinrichtung fließen kann;

das **Stellglied**: z. B. ein Ventil, das durch den Strom geöffnet oder geschlossen wird, um damit die Heizung zu regulieren.

Häufig wird das Stellglied nicht als Untersystem betrachtet, wie eingangs dargestellt, sondern als Bindeglied zwischen Regeleinrichtung und Regelstrecke. Dann umfasst der Regelkreis die drei Komponenten Regler, Stellglied und Regelstrecke.

Beispiele biologischer Regelkreise sind die Regelung des Blutdrucks, der Atmung, des Blutzuckers, der Kerntemperatur des Körpers, des Wasser- und Elektrolythaushalts usw., welche *homöostatische Regelungsmechanismen* darstellen. Dabei versteht man unter *Homöostase* die Fähigkeit lebender Organismen, bestimmte physiologische Parameter, wie z. B. die eben genannten und viele andere, gegenüber Störeinflüssen aus der Umwelt regulatorisch auf einem bestimmten Wert konstant zu halten. Auch der Pupillenreflex zur Einstellung der Leuchtdichte auf der Netzhaut stellt beispielsweise einen Regelungsprozess dar.

Die Informationsübertragung in biologischen Systemen erfolgt neural, d. h. mittels elektrischer Impulse (Aktionspotentiale) längs der Nervenbahnen, aber auch humoral, das bedeutet über chemische Signale im Blut- oder Lymphstrom und ggf. (bei kurzen Übertragungsentfernungen) auch durch Diffusionsprozesse. Die durch die Regeleinrichtung initiierten Vorgänge setzen jedoch nicht sofort ein, vielmehr erst nach einer gewissen Zeitspanne, der **Totzeit**, bis der Regelkreis auf die Regelabweichung reagiert. Totzeiten haften jedem Regelsystem an und können sich im Bereich biologischer Regelvorgänge mitunter sehr störend auf die Übersichtlichkeit einer Regelung auswirken. Die kürzeste Totzeit haben biologische Regeleinrichtungen dann, wenn sie neural geregelt, die längste, wenn langfristige Stoffwechseländerungen mit involviert sind. Der Organismus der Tiere und Menschen kennt neben rein neuraler bzw. nur humoraler Regelung auch gemischte Formen der Informationsübertragung. So kann die Blutdruckregelung sowohl in kürzester Zeit auf neuralem Weg (über den Sympathikus) als auch humoral auf dem Weg über die Ausschüttung eines Hormons (des Adrenalins) in die Blutbahn mit einer Totzeit von 10 bis 20 s erfolgen. Der erste Vorgang sichert die rasch einsetzende regulatorische Wirkung, der letztere ihren länger andauernden Fortbestand.

§ 44.3 Übertragungsfunktionen

Der zeitliche Verlauf der Ausgangsgrößen eines Regelkreises hängt von den Eingangsgrößen und dem Übertragungsverhalten der einzelnen Glieder des Regelkreises ab. Zur Charakterisierung des Verhaltens der Übertragungsglieder eignen sich

die **Übertragungsfunktion:** $\dfrac{x_a}{x_e}$,

der Quotient aus Ausgangsgröße x_a und beliebiger Eingangsgröße x_e,

die **Übergangsfunktion:** $\dfrac{x_a(t)}{\hat{x}_e}$,

bei sprunghafter Änderung der Eingangsgröße x_e (als Regelabweichung) mit der Amplitude $\hat{x}_e$

und der **Frequenzgang:** $\dfrac{x_a(\omega, t)}{x_e(\omega, t)}$,

bei harmonischer (sinus- oder cosinusförmiger) Eingangsgröße der Kreisfrequenz ω.

Der Frequenzgang ist eine komplexe Größe, die in Amplitude und Phase von der Kreisfrequenz ω abhängig ist. Die Übertragungs- bzw. Übergangsfunktion beschreibt nach erfolgter Störung den Zeitgang des Einschwingens auf den neuen Zustand, denn der Sollwert wird entweder langsam monoton oder, wie meist, mit periodischen Regelkreisschwingungen erreicht, aber u. U. auch mit einer Nachführung in falscher Richtung. Nehmen die Regelkreisschwingungen mit Erreichen des Sollwertes ab, dann arbeitet der Regler stabil, nehmen sie dagegen zu und überdauern die Einstellung des neuen Wertes, so liegt ein instabiles Regelsystem vor, wodurch dieses schließlich auch zerstört werden kann.

Es sei hier vorausgesetzt, dass der Zusammenhang zwischen Reglereingangsgröße x_e und Reglerausgangsgröße x_a linear ist, wobei die Verknüpfung dieser Größen proportional, differentiell oder integral sein kann. Dies führt uns zu den elementaren Übertragungsgliedern wie z. B. dem ***Proportional- (P-)***, ***Differential- (D-)*** und ***Integral-(I-)Regler*** sowie Kombinationen dieser Regler bzw. mit Verzögerungs- oder Totzeitgliedern. Wesentliches Merkmal des reinen Proportionalreglers ist, dass seine Ausgangsgröße unter der Einwirkung einer sprungförmigen Eingangsgröße nach Ablauf der Einstellzeit einen der Regelabweichung proportionalen konstanten Endwert erreicht, wogegen der Differentialregler nicht direkt auf die Regelabweichung, sondern auf ihren Differentialquotienten, d. h. auf deren Änderung anspricht, und der Integralregler liefert das zeitliche Integral der Regelabweichung. Differentialregler enthalten meist ein Proportionalglied, sodass sie üblicherweise als P-D-Regler vorliegen. Regeleinrichtungen biologischer Systeme zeigen vielfach die Eigenschaften von P-D-Reglern, aber auch von P-D-I-Reglern, wobei die Regelkreisglieder meistens mit einer mehr oder minder großen Verzögerung reagieren. Wir betrachten hier nur die grundlegenden Funktionsweisen elementarer Regeleinrichtungen ohne Verzögerung.

Proportionalregler (P-Regler)

Die Ausgangsgröße x_a ist beim **P-Regler** proportional zur Eingangsgröße, der Regelabweichung x_e. Es gilt für einen idealen P-Regler (P-Regler ohne Verzögerung):

$$x_a = V_P \cdot x_e \qquad (44.1)$$

V_P: Proportionalbeiwert oder auch Übertragungs- bzw. Verstärkungsfaktor des Proportionalgliedes

Ein P-Regler nimmt nur dann eine Verstellung eines Stellgliedes vor, wenn eine Regelabweichung vorliegt. Unabhängig davon, ob die Eingangsgröße x_e gemäß einer Sprungfunktion oder einer harmonischen Funktion verläuft, ist für das reine P-Glied das Verhältnis $x_a/x_e = V_P$ eine Konstante und somit die Übertragungs- und Übergangsfunktion sowie der Frequenzgang identisch.

Proportionalregler mit Differentialanteil (PD-Regler)

Eine Verbesserung der Wirksamkeit zeigen Regeleinrichtungen, bei welchen die Ausgangsgröße durch die Änderungsgeschwindigkeit der Regelgröße bestimmt wird. Die mathematische Formulierung hierfür ist:

$$x_a = V_D \cdot \dot{x}_e \qquad (44.2)$$

V_D: Differenzierbeiwert oder Übertragungsfaktor des D-Gliedes

Dieses Regelkreisglied spricht bereits auf kleinste zeitliche Änderungen $\dot{x}_e$ der Eingangsgröße an. Im Idealfall reagiert das D-Glied bei eine sprungförmigen Regelabweichung zuerst mit einem sehr starken Ansteigen der Stellgröße, die unmittelbar daraufhin wieder auf null abfällt, d. h. die Ausgangsgröße ist theoretisch ein unendlich schmaler und unendlich hoher Impuls. Das Ausregeln einer über längere Zeit konstant einwirkenden Störung ist damit jedoch unmöglich. Nun tritt der ideale D-Regler in der Realität nicht auf, da einerseits sprungförmige Änderungen eine endliche Anstiegszeit und andererseits D-Glieder stets eine, wenn auch noch so kleine Verzögerung aufweisen. Das Ausgangssignal eines D-Gliedes ist daher desto größer, je größer die Änderungsgeschwindigkeit (Steilheit) der Eingangsgröße ist. Diese Eigenschaft des D-Gliedes lässt sich in geeigneter Weise gut mit dem Vorzug des P- bzw. des PI-Reglers verbinden, unter Verbesserung von deren dynamischem Verhalten.

Der praktisch häufig vorkommende *Proportionalregler* mit *Differentialanteil*, kurz **PD-Regler**, wobei eine Parallelschaltung eines P- und D-Gliedes vorliegt, spricht bei einer Sprungfunktion als Eingangsgröße daher anfänglich mit einer sehr rasch ansteigenden, u. U. auch überschießenden Ausgangsgröße x_a (Gegenregelungsvorgang) an. Ist die Änderung $\dot{x}_e$ wieder null, nimmt die Ausgangsgröße den dem P-Regler entsprechenden Wert an. Die Übertragungsfunktion des idealen PD-Reglers setzt sich additiv aus der eines P- und eines D-Gliedes zusammen:

$$x_a = V_P \cdot (\underset{\substack{\uparrow \\ \text{P-Anteil}}}{x_e} + \underset{\substack{\uparrow \\ \text{D-Anteil}}}{T_v \cdot \dot{x}_e}) \qquad (44.3)$$

$T_v = \dfrac{V_D}{V_P}$ ist die sog. Vorhaltzeit.

Betrachtet man die Übergangsfunktion des PD-Reglers (bei sprungförmiger Eingangsgröße), so zeigt sich, dass das Verhalten des PD-Reglers dem eines P-Reglers entspricht, dessen Wirkungsbeginn um die Vorhaltzeit T_v vorverlegt ist.

Integralregler (I-Regler)

Bei diesem Regler besteht Proportionalität zwischen der Änderungsgeschwindigkeit der Ausgangsgröße und der Eingangsgröße, d. h. die Ausgangsgröße x_a ist proportional zum zeitlichen Integral der Regelabweichung x_e. Die Übertragungsfunktion des idealen **I-Reglers** lautet:

$$x_a = V_I \cdot \int x_e \cdot \mathrm{d}t \qquad (44.4)$$

V_I: Integrierbeiwert oder Übertragungsfaktor des I-Gliedes

Hier erfolgt die Veränderung des Stellgliedes so lange, wie die Regelabweichung x_e vorhanden ist.

Die Kombination aus P- und I-Regler in Form einer Parallelschaltung, der **PI-Regler**, vereint deren beider Eigenschaften. Das (verzögerungsarme) Proportionalverhalten des P-Reglers bewirkt ein relativ rasches Eingreifen, mit dem Nachteil, die Regelabweichung nicht vollständig zu beseitigen, wogegen das I-Glied infolge der endlichen Stellgeschwindigkeit relativ langsam anspricht, jedoch zu einem völligen Verschwinden der Regelabweichung führt. Die Wirkungsweise eines PI-Reglers folgt durch Addition der Wirkungen von P- und I-Glied:

$$x_a = V_P \cdot \left(x_e + \frac{1}{T_n} \cdot \int x_e \cdot \mathrm{d}t\right) \qquad (44.5)$$

$T_n = \dfrac{V_P}{V_I}$ ist die sog. Nachstellzeit

In ähnlicher Weise wie beim PD-Regler entspricht das Verhalten des PI-Reglers dem eines I-Reglers, dessen Wirkungsbeginn um die Nachstellzeit T_n vorverlegt ist.

Die Eigenschaften der drei oben genannten Reglertypen finden sich beim **PDI-Regler** vereinigt, der sich ebenfalls additiv aus seinen Bausteinen zusammensetzt und für welchen folgende Gleichung gilt:

$$x_a = V_P \cdot \left(x_e + T_v \cdot \dot{x}_e + \frac{1}{T_n} \cdot \int x_e \cdot \mathrm{d}t\right) \qquad (44.6)$$

Durch Parallelschaltung von P-, D- und I-Gliedern kann im Prinzip das additive Zusammenwirken der einzelnen Komponenten realisiert werden. Gegenüber dem PI-Regler, der zwar eine sprungförmige Störung völlig beseitigt, bringt der D-Anteil des PDI-Reglers noch eine Verbesserung, indem durch seine Wirkung die Regelabweichung schneller beseitigt wird.

§ 44.4 Rückkopplung

Bei einem rückgekoppelten Regelkreis wird die Ausgangsgröße des Reglers, das Stellsignal, über einen geeigneten Rückführzweig einem Mischer zugeführt und mit der Eingangsgröße gemischt wieder dem Reglereingang zugeführt. Man unterscheidet dabei die ***Mitkopplung*** und die ***Gegenkopplung***.

Mitkopplung

Die Mitkopplung ist die **positive Rückkopplung**, bei welcher die Ausgangsgröße x_a mittels des Überträgers der Mischstelle zugeführt und dort zur Eingangsgröße **addiert** wird (Abb. 44.3).

Beträgt im Beispiel der Temperaturkonstanthaltung eines Raumes der Sollwert 23 °C, der Istwert 20 °C, d. h. die Regelabweichung $x = 3$ °C, so bedingt die Regelung eine Vergrößerung der Heizleistung. Dabei wird durch die Mitkopplung die Regelabweichung additiv verstärkt, was den gewünschten Sollwert rasch erreichen lässt.

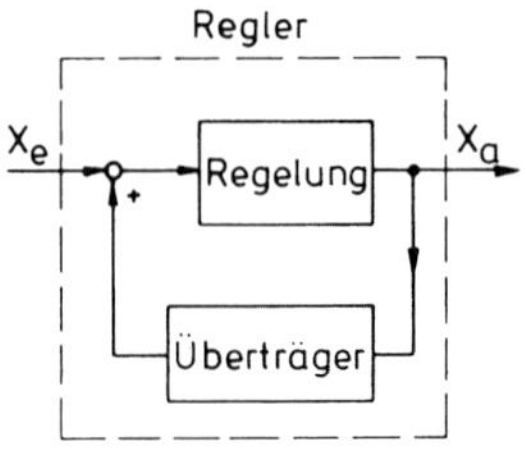

Abb. 44.3

Allgemein gilt, dass bei nicht zu starker positiver Rückkopplung die Wirkungen der Eingangsgröße auf den Ausgang des Systems lediglich verstärkt werden. So können z. B. bestimmte Komponenten der Eingangsgröße hervorgehoben werden (Filterwirkung). Ist die positive Rückkopplung dagegen stark, dann kann das System instabil werden und auch kleinste Anfangsamplituden der Eingangsgröße können ggf. bis zur Zerstörung des Systems anwachsen. Ist das System bedämpft, entstehen zumindest andauernde Oszillationen (technische Anwendung bei den Schwingungserzeugern).

Gegenkopplung

Hier wird die Ausgangsgröße x_a durch den Überträger zur Mischstelle derart zurückgeführt, dass die rückgeführte Größe von der Eingangsgröße **subtrahiert** wird. Es liegt also eine **negative Rückkopplung (Gegenkopplung)** vor (Abb. 44.4).

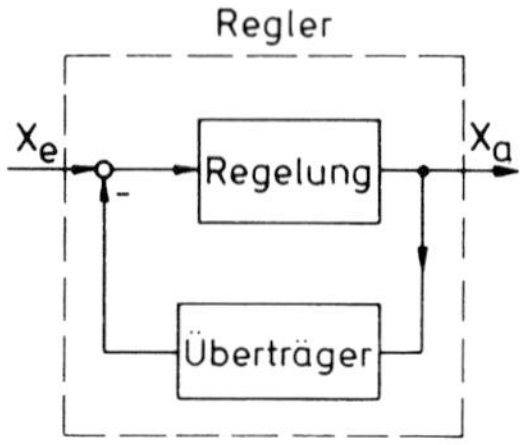

Abb. 44.4

Das bedeutet aber für das Beispiel, dass die Regelabweichung von 3 °C (bei 23 °C Sollwert, 20 °C Istwert) jetzt infolge der Gegenkopplung verkleinert wird und der Raum nur sehr langsam oder eventuell gar nicht auf seinen Sollwert aufgeheizt wird, je nach Eigenschaften des Überträgers.

Im Vergleich zur Mitkopplung erhöht die negative Rückkopplung dagegen die Stabilität eines Systems, d. h. die zeitliche Konstanz und die Unempfindlichkeit gegenüber Störungen wird verbessert. Die Gegenkopplung bildet auch die Grundlage der Regelung, wo durch eine starke negative Rückkopplung die zu regelnde Größe, trotz Störeinflüssen, selbsttätig zeitlich konstant bleibt. Die negative Rückkopplung findet mannigfache Anwendung in technischen Systemen, ebenso werden im Organismus durch solche Regelmechanismen beispielsweise Bewegungsabläufe stabilisiert oder in vielfacher Weise die für das Leben notwendigen konstanten Umweltbedingungen aufrechterhalten.

§ 45 Informationsübertragung

Kommunikation beruht auf der Übermittlung oder dem Austausch von Nachrichten. Die Gesetzmäßigkeiten der Übertragung von Nachrichten und der Steuerung und Regelung sind in der Technik wie auch im lebenden Organismus im Prinzip identisch. Der Begriff der Nachricht besitzt daher eine sehr allgemeine Bedeutung; er tritt als ein Grundbegriff neben Begriffe wie Materie und Energie. Ebenso wie diese können Nachrichten transportiert, verarbeitet und gespeichert werden. Die Übertragung aller Arten von Nachrichten wird in der Informationstheorie allgemein und quantitativ zusammengefasst.

Ein einfaches Kommunikationssystem ist in Abb. 45.1 in einem Blockschema dargestellt. Wir unterscheiden dabei folgende Teile: Der *Sender* S (Nachrichtenquelle) bringt eine Nachricht oder eine Folge von Nachrichten hervor, welche durch die *Transformation* T_1 (*Codiereinrichtung*, Wandler, ‚transducer') in eine Form (*Signal*) „übersetzt" wird, die über den *Kanal* K, das Übertragungsmedium, eine Übertragung der nunmehr *codierten* (verschlüsselten) Nachricht erlaubt. Durch eine erneute *Transformation* T_2 (*Decodiereinrichtung*, Rückwandler) erfolgt eine „Rückübersetzung", das *Decodieren*, in eine Form, in welcher der *Empfänger* E (Nachrichtensenke, ‚receiver') die Nachricht bzw. Nachrichtenfolge verarbeiten kann. Ob nun E tatsächlich die gleiche Nachricht erhält, die S abgesendet hat, hängt von eventuell eingeschlichenen Fehlern und Verstümmelungen ab. Solche können sowohl in T_1 als auch in T_2, aber auch in K oder auf Zwischenwegen eine Veränderung der Nachricht verursachen. Alle derartigen Einflüsse bezeichnet man zusammenfassend als *Störung* oder *Rauschen* („noise"); diese sind in Abb. 45.1 durch den Block N berücksichtigt. Ein System der mit Abb. 45.1 beschriebenen Art wird auch als *Informationskette* bezeichnet.

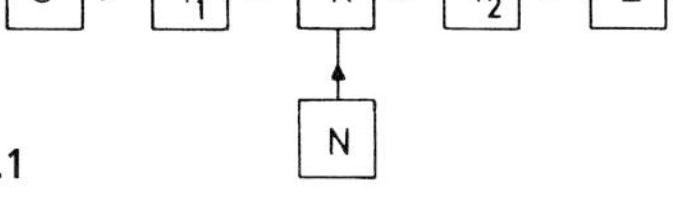

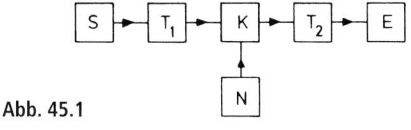

Abb. 45.1

Nachricht – Information – Redundanz

Mit dem Begriff **Nachricht** werden nicht nur schriftliche und mündliche Mitteilungen bezeichnet, sondern jede Art von Daten, Zahlenangaben, Messwerten und Reizen. Begrifflich kann das Wort **Information** als gleichbedeutend mit Nachricht verwendet werden. Da die Information im engeren Sinne aber die Bedeutung von Unterrichtung bzw. Belehrung hat, kann umgekehrt das Wort Information nicht immer durch Nachricht ersetzt werden. Eine Nachricht ergibt in diesem Sinne keine weitere Information mehr, wenn beispielsweise die stündlichen Nachrichtensendungen eines Rundfunksenders immer mit gleichem Inhalt verlesen werden: es findet keine Vermehrung der Kenntnisse des Empfängers statt. Dies kann nur erfolgen, wenn dem Empfänger mit der Nachricht Information vermittelt und damit Nichtwissen beseitigt wird. Man sagt daher auch:

> Information ist beseitigte Ungewissheit.

Nun ist i. Allg. nicht jede Nachricht so knapp abgefasst, dass keine überflüssigen Teile oder Wiederholungen enthalten sind. Man bezeichnet dann diese Anteile einer Nachricht, die keine Information vermitteln, als **redundant**. Übersetzt man **Redundanz** mit „Weitschweifigkeit", so trifft diese Übersetzung nur den umgangssprachlichen Begriff, den wir gebrauchen, wenn von jemand eine Nachricht mit unverhältnismäßig mehr Wörtern übermittelt wird, als er für die Mitteilung eigentlich benötigte. Andererseits kann eine gewisse Weitschweifigkeit, beispielsweise bei der Darstellung eines komplizierten Sachverhalts, für das Verständnis sehr hilfreich sein. Man muss daher zwischen einer positiven und einer negativen (oder zwischen nützlicher und schädlicher) Weitschweifigkeit unterscheiden. Die wissenschaftliche Auslegung des Begriffes *Redundanz* ist eng mit dem der Information verknüpft: Überflüssiger Inhalt einer Nachricht übermittelt keine Information, d. h. beseitigt keine Ungewissheit. Der Gesamtumfang I_{max} einer Nachricht setzt sich somit aus dem wahren Informationsgehalt I und der Redundanz R zusammen. Für die Redundanz gilt somit:

$$R = I_{max} - I$$

Der Begriff der *Redundanz* wird damit aber erheblich erweitert. Sind nämlich in einer Nachricht Teile enthalten, die der Empfänger eigentlich „erraten“ oder durch „Kombination“ von sich aus in die Nachricht einsetzen kann, so tragen sie nichts zur Information bei, sind also redundant.

Für den Sender bedeutet dies aber, dass z. B. bei der Übermittlung von Sprache alle Regelmäßigkeiten und statistischen Gesetzmäßigkeiten (wie Auftretens- und Folgewahrscheinlichkeiten von Buchstaben und Wörtern), alle grammatikalischen Regeln sowie (auf der semantischen Ebene) alle logischen und sachlichen Gesetzmäßigkeiten redundant sind. Ein Empfänger muss eine davon befreite Nachricht aufgrund dieser Regelmäßigkeiten und Gesetzmäßigkeiten, wenn er sie kennt, von selbst sinngemäß ergänzen können. Im Falle einer gestörten Nachrichten-Übermittlung kann jedoch eine gewisse Redundanz wiederum sehr hilfreich beim Entschlüsseln der beim Empfänger eingetroffenen Nachricht sein.

Zeichen – Signal – Code

In der Informationstheorie werden alle Nachrichten auf Nachrichten- bzw. Informationselemente, d. h. **Zeichen** oder *Symbole*, zurückgeführt. Beispiele sind die Buchstaben der Schrift, die Laute der Sprache, die Messwerte eines Experiments und andere Zahlenwerte. Ihre Gesamtheit bildet für jede Art von Nachricht den **Zeichen**- oder **Wertevorrat**. Ist der Zeichenvorrat geordnet, so wird er ***Alphabet*** genannt. Beispiele sind: das Schriftalphabet mit $n = 32$ Zeichen (26 Buchstaben, der Zwischenraum, die Satzzeichen: Punkt, Komma, Strichpunkt, Frage- und Ausrufungszeichen); der Zeichenvorrat für die Zahlen des Dezimalsystems mit $n = 10$ Zeichen; ein Thermometer mit einem Temperaturbereich von 35 °C bis 42 °C, bei einer Ablesegenauigkeit von $\frac{1}{10}$ °C, hat einen Zeichenvorrat von $n = 71$ Werten.

Zur Übermittlung einer Nachricht müssen deren Elemente, die Zeichen, in eine spezielle Form transformiert werden. Eine solche Form heißt **Signal**. Das Signal ist Träger der Nachricht; diese geht in Form eines Signals von S zu E über (Abb. 45.1).

Um nun Signale durch eine Transformation zu erzeugen, z.B. die Umsetzung eines Telegrammtextes in elektrische Impulsfolgen oder eines Sinnesreizes in eine für die weitere Verarbeitung im Gehirn geeignete Signalform, benötigen wir ein Alphabet (mit seinem Zeichenvorrat) und gewisse Regeln, den sog. **Code**. Er bestimmt, welche Zeichenzusammenstellungen sinnvolle Signale ergeben. Die **Codierung** dient somit der Umsetzung des Zeichenvorrats einer Nachricht in eine andere Menge von Zeichen, die als Signale für eine Übertragung (oder auch Speicherung) geeigneter sind.

Der Code mit dem kleinstmöglichen Alphabet ist der **Binär-Code**, der nur zwei verschiedene Elementarzeichen besitzt, 1 und 0 (manchmal auch mit L und O bezeichnet). So kann jede hinreichend klar gestellte Frage mit Ja oder Nein beantwortet werden, jede Nachrichtenübertragung mittels elektrischem Strom durch Strom an oder aus (1 oder 0) geschehen.

Die Einheit, in der man diese *Informationsmenge* (Binärziffer 0 oder 1) misst, ist das **bit**, entstanden aus **b**inary **d**igit. Es gilt also:

$$1 \text{ bit} \mathrel{\hat{=}} 1 \text{ Binärziffer}$$

Die Anzahl der Binärstellen (Anzahl der „bit“) ist der sog. *Entscheidungsgehalt* einer Nachricht, d.h. die minimale Informationsmenge, die benötigt wird, um eine Nachricht zu identifizieren. Man beachte jedoch, dass die Informationsmenge nichts mit der semantischen Information in einer Nachricht zu tun hat, die beispielsweise in der identifizierten Zeichenfolge stecken kann (s. Redundanz).

Als Beispiel betrachten wir die Informationsmenge des Buchstabens I eines Alphabets mit einem Wertevorrat von 32 Zeichen (s. oben). Wir ermitteln sie durch eine Serie von Ja/Nein-Entscheidungen (*Binärentscheidungen*) beispielsweise in Form eines Frage- (F-) und Antwort-(A-)Spiels, indem wir eine sukzessive Halbierung des zutreffenden Wertevorrats durchführen, bis I eindeutig bestimmt ist.

F: Befindet sich der Buchstabe in der ersten (0) oder zweiten (1) Hälfte des Alphabets?

A: (0)

F: Steht er bei den 16 Buchstaben der ersten Hälfte bei den ersten (0) oder zweiten (1) acht?

A: (1)

F: Gehört er bei den zweiten acht Buchstaben zur ersten (0) oder zweiten (1) Vierergruppe?
A: (0)
F: Liegt er in der ersten (0) oder zweiten (1) Hälfte der Buchstaben I, J, K, L?
A: (0)
F: Ist es I (0) oder J (1)?
A: (0)

Man erhält somit durch fünf Binärentscheidungen die Codegruppe (01000) für die Darstellung des Buchstabens I aus dem Wertevorrat der 32 Zeichen. Jedes der $32 = 2^5$ Zeichen lässt sich durch fünf aufeinanderfolgende Entscheidungen im Binärcode verschlüsseln. Für die deutsche Schrift wurde ermittelt, dass infolge der statistischen Häufigkeiten und der Gesetzmäßigkeiten der mittlere Informationsgehalt 1,3 bit/Symbol beträgt, während bei regelloser Aneinanderreihung der Buchstaben der Informationsgehalt gleich dem oben ermittelten Wert von etwa 5 bit/Symbol wäre.

Die spezielle Form der Darstellung in Binärzahlen ist nichts anderes als die Anwendung des Dualsystems zur Darstellung von Zahlen bzw. Zeichen. So wie eine Zahl Z im üblichen Dezimalsystem (Basiszahl 10) darstellbar ist als:

$$(Z)_{10} = a_n \cdot 10^n + a_{n-1} \cdot 10^{n-1} + a_{n-2} \cdot 10^{n-2} + \ldots + a_0 \cdot 10^0$$

kann diese Zahl auch im Dualsystem (Basiszahl 2) dargestellt werden als:

$$(Z)_{10} = a_m \cdot 2^m + a_{m-1} \cdot 2^{m-1} + a_{m-2} \cdot 2^{m-2} + \ldots + a_0 \cdot 2^0$$

Für die Zahl 6412 erhält man im Dezimalsystem:

$$6412 = 6 \cdot 10^3 + 4 \cdot 10^2 + 1 \cdot 10^1 + 2 \cdot 10^0$$

Entsprechend ergibt sich im Dualsystem:

$$(6412)_{10} = 1 \cdot 2^{12} + 1 \cdot 2^{11} + 0 \cdot 2^{10} + 0 \cdot 2^9 + 1 \cdot 2^8 + 0 \cdot 2^7 + 0 \cdot 2^6 + 0 \cdot 2^5 + 0 \cdot 2^4 + 1 \cdot 2^3 + 1 \cdot 2^2 + 0 \cdot 2^1 + 0 \cdot 2^0$$

Es folgt somit: $(6412)_{10} = (1100100001100)_2$.

Bei der Darstellung von Zeichen in Digitalrechnern wird heute als Einheit üblicherweise das **Byte** (B) verwendet. Ein Byte umfasst eine Gruppe von acht Binärstellen und einem zusätzlichen Paritätsbit (Prüfbit). Der Inhalt eines Bytes kann als Dualzahl (zwischen 0 und 255) oder als Darstellung eines Textzeichens interpretiert werden. Die Kapazität eines Datenspeichers wird in der Einheit Byte bzw. der größeren Einheiten wie z. B. kB, MB, GB oder TB angegeben.

Kanal – Kanalkapazität

Durch die Codierung wird die Nachricht so umgesetzt, dass sie vom Übertragungsmedium, dem **Kanal**, weitergeleitet werden kann. Dabei sollte der Übertragungskanal die Informationen mindestens so schnell verarbeiten können, wie sie von der Nachrichtenquelle erzeugt werden. Die maximal von einem Kanal übertragbare Nachrichtenmenge pro Zeiteinheit (bit/s) wird als **Kanalkapazität** bezeichnet. Eine einzelne Nervenfaser hat beispielsweise eine maximale Kanalkapazität von ca. 500 bis 1000 bit/s; die nutzbare fehlerfreie Kapazität ist i. Allg. jedoch kleiner.

Physikalische Messung – Messfehler

§ 46 Beispiele einiger Messgeräte

Die Messung einer physikalischen Größe erfolgt durch Vergleich mit einer Größe gleicher Art oder durch eine Verhältnis-Bildung mit dieser Größe, wobei sich ein bestimmter Zahlenwert ergibt. Mithilfe unserer Sinne ist es uns möglich, für einige wenige Größen, verschiedenartige Vergleiche zwar direkt durchzuführen, wie z. B. die Beurteilung unterschiedlicher Helligkeitswerte oder Lautstärken, ebenso die grobe Abschätzung von Längen, Geschwindigkeiten oder eines Gewichtes, wobei hier individuelle Erfahrungswerte eine wesentliche Rolle spielen, doch sind dadurch keine objektiven, quantitativen Messergebnisse zu erzielen. Für jegliche quantitative Messung physikalischer Größen benötigen wir ein entsprechendes Messverfahren und geeignete Messgeräte – im einfachsten Fall z. B. einen Meterstab zur Messung eine Länge oder eine Stoppuhr, um ein bestimmtes Zeitintervall zu erfassen. Im Allgemeinen bestehen Messgeräte aus einem Messaufnehmer (Fühler, Sensor, Detektor), der ein Messsignal erzeugt, welches durch einen Messumformer (Messwandler, Messverstärker, Rechengerät) in andere geeignete Messsignale umgeformt wird, die der Ausgabeeinheit (Sichtanzeige, Zähler, Schreiber, Drucker) zugeleitet werden, eventuell unter Zwischenschaltung eines Messwertumschalters zur Anpassung der Größe des Messsignals an den Anzeigebereich der Ausgabeeinheit.

Die Anzeige des gesuchten Messwerts erfolgt ***analog*** mittels einer geeichten Skala mit Zeiger, wenn innerhalb des Messbereichs jedem beliebigen Wert der Messgröße (als Eingangsgröße) kontinuierlich eine eindeutige Zeigerstellung (als Ausgangsgröße) auf der Skala zugeordnet werden kann: Messgeräte mit stetig ablesbarer Skala. Bei der ***digitalen*** Anzeige wird der Messgröße eine Ausgangsgröße zugeordnet, die eine mit fest gegebenem kleinsten Schritt quantisierte, zahlenmäßige Darstellung der Messgröße ist: Messgeräte mit einer diskontinuierlichen Anzeige oder Ausgabe in Ziffern ***(digits)***. Solche Messgeräte haben daher keine stetig ablesbare Skala. Viele Messgeräte erfassen die Messgröße analog und wandeln anschließend das Messsignal mittels eines Analog-Digital-Wandlers zur Anzeige in digitale Form.

Für zwei physikalische Größen sollen nun exemplarisch einige einfache Messgeräte kurz besprochen werden: zur Messung der Länge und der Zeit. Auf die grundsätzlichen Möglichkeiten der Messung anderer physikalischer Größen wurde in den entsprechenden Kapiteln hingewiesen.

§ 46.1 Messung von Längen, Flächen, Volumen

Eine Länge wird z. B. durch das Anlegen eines in Meter geeichten Maßstabes (Strichmaßstab) unmittelbar bestimmt. Mit einem Maßstab lässt sich eine Messgenauigkeit von etwa 1 mm erreichen. Eine größere Messgenauigkeit ist mit einer Schieblehre, Mikrometerschraube, einem Messmikroskop oder gar einem Interferometer zu erzielen.

Bevor wir diese Messgeräte etwas genauer betrachten, noch einige Anmerkungen zur Messung von Flächen und Volumina. Grundsätzlich sind sowohl Flächen und Volumina durch ihre linearen Abmessungen bestimmt und können somit auf die Messung von Längen zurückgeführt werden. Voraussetzung dafür ist aber, dass zur Berechnung einer Fläche oder eines Volumens aus den jeweils bestimmten relevanten linearen Abmessungen, eine exakte mathematische Beziehung (s. z. B. Anhang Mathematische Grundlagen, II.) oder wenigstens eine Näherungsformel verfügbar ist. Beispielsweise lässt sich nach *Dubois* die Körperoberfläche S (in m^2) eines Menschen aus der Körpermasse m (in kg) und der Körpergröße l (in cm) nach folgender Näherungsbeziehung hinreichend genau berechnen: $S/\text{m}^2 = m^{0{,}425} \cdot l^{0{,}725} \cdot 71{,}84 \cdot 10^{-4} \cdot \text{kg}^{-0{,}425} \cdot \text{cm}^{-0{,}725}$. So folgt nach dieser Beziehung z.B. für einen Menschen der Masse $m = 80$ kg und einer Körpergröße von $l = 185$ cm eine Körperoberfläche von $S \approx 2{,}04\ \text{m}^2$, was sich auch bei Approximation des Menschen in Kopf-, Hals-, Arm-, Rumpf- und Beinzylinder entsprechender Längen und Durchmesser durch Addition deren Oberflächen näherungsweise ergibt. Handelt es sich um eine unregelmäßige ebene Fläche, so hilft als eine erste grobe Näherung diese Fläche in entsprechender Größe (maßstabsgerecht) auf Millimeterpapier aufzuzeichnen und die Millimeterkästchen auszuzählen. Einfacher ist es natürlich die Fläche zu planimetrieren, was mit modernen Bildanalysegeräten elegant zu lösen ist. Bei gekrümmten Oberflächen hilft entweder eine Näherungsformel (wie oben bei der Körperoberfläche) oder eine Schätzung durch Annäherung bekannter Flächen an die Form der zu bestimmenden Fläche. Zur Bestimmung des Volumens eines unregelmäßig geformten Körpers ist die Ermittlung des Auftriebs in einer geeigneten Flüssigkeit das genaueste Verfahren, oder man macht sich die Verdrängung von Wasser oder einer anderen Flüssigkeit durch den darin völlig eingetauchten Körper zu nutze. Das verdrängte Flüssigkeitsvolumen kann entweder in einem Messzylinder oder mittels eines Überlaufgefäßes einigermaßen zuverlässig ermittelt werden. Die Bestimmung des Volumens aus der Verdrängung von Gas kann erfolgreich z.B. bei porösen Stoffen eingesetzt werden, wenn andere Methoden ausscheiden.

Schieblehre

Zur genaueren Längenmessung (von Längen bis zu einigen Dezimetern) verwendet man die Schieblehre, mitunter auch als Schublehre bezeichnet (Abb. 46.1). Zur Verbesserung der Ablesegenauigkeit ist auf dem Schieber eine *Noniusskala* angebracht. Der Teilstrichabstand auf dieser Skala beträgt $\frac{9}{10}$ mm, d. h. auf 10 Teilstriche des Nonius kommen 9 Teilstriche der Messskala (Abb. 46.2 (1)).

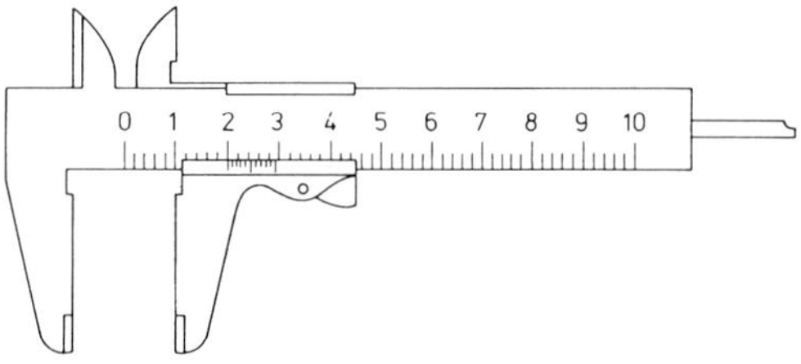

Abb. 46.1

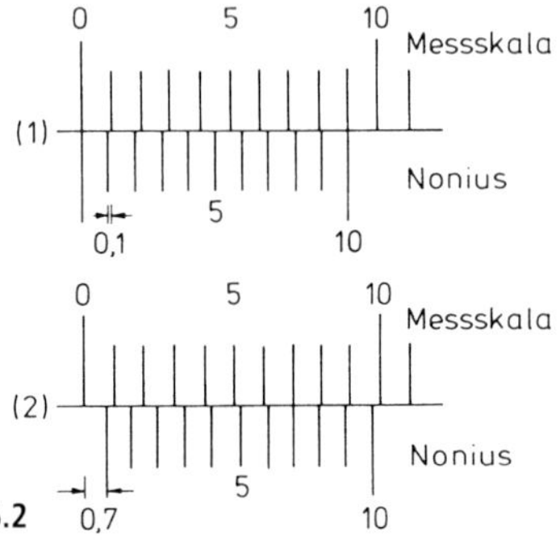

Abb. 46.2

Der Abstand zwischen dem 1. Teilstrich des Maßstabes und dem 1. Noniusstrich beträgt damit $\frac{1}{10}$ mm. Entsprechend ist der Abstand zwischen 2. Noniusstrich und 2. Maßstabsstrich $\frac{2}{10}$ mm usw. Verschiebt man nun den Schieber, z. B. um 0,7 mm, dann muss der 7. Skalenstrich mit dem 7. Noniusstrich zusammenfallen (Abb. 46.2 (2)). Die Genauigkeit der Längenmessung ist damit etwa $\frac{1}{10}$ mm.

Mikrometerschraube

Die Mikrometerschraube (Feinmessschraube) dient zur Bestimmung von Außenmaßen. Sie besteht aus einem U-förmigen Metallbogen, an welchem an einem Ende eine zylindrische Gewindebohrung G angebracht ist (Abb. 46.3). In der Gewindebohrung sitzt eine Spindel Sp, die mit einer Hülse H starr verbunden ist. Die Ganghöhe der Spindel ist i. Allg. so gewählt, dass bei einer Umdrehung der Hülse H die Spindel um 1 mm verschoben wird. Auf G ist dann eine Millimeterskala eingraviert, deren Nullmarke so gewählt wird, dass bei Berührung der Spindel mit dem Anschlag A der Hülsenrand auf der Nullmarke steht. Auf dem Hülsenumfang ist eine Skala mit $\frac{1}{100}$-Teilung angebracht, sodass $\frac{1}{100}$ Umdrehung der Hülse einer Verschiebung der Spindel um 10^{-2} mm entspricht. Man kann also mit einer Mikrometerschraube eine Messgenauigkeit von etwa 10^{-2} mm erreichen.

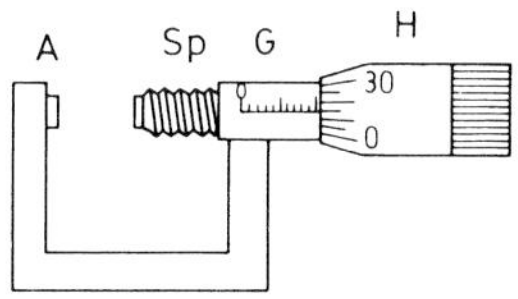

Abb. 46.3

Messmikroskop

Sind Objekte mit noch kleineren Abmessungen zu bestimmen, wie z. B. der Durchmesser eines Öltröpfchens in einer Emulsion, die Abmessungen eines Insekts, einer Geißelalge usw., so ist ein Mikroskop mit einem geeichten *Okularmikrometer* erforderlich. Dazu verwendet man ein Okular mit Okularmikrometer, d. h. eine auf Glas geritzte, geeichte Skala, die am Ort des vom Objektiv erzeugten reellen Zwischenbildes (s. auch § 36.2.2, Abb. 36.9) gleichzeitig mit diesem scharf gesehen wird. Zur Eichung des Okularmikrometers wird am Objektort ein in Zehntelmillimeter geteiltes, durchsichtiges Objektmikrometer angebracht, sodass die beiden Skalen im Gesichtsfeld des Mikroskops parallel und überlappend zueinander verlaufen und so die sich entsprechende Anzahl von Teilstrichen des Okular- und des Objektmikrometers durch Abzählen bestimmt. Mit einem geeichten Okularmikrometer können wir, unter Berücksichtigung des Abbildungsmaßstabes, die Abmessungen von Gegenständen mit dem Messmikroskop auf etwa 1 µm genau bestimmen.

Parallaxe

Bei der Ablesung von Messgeräten ist darauf zu achten, dass dies *parallaxenfrei* geschieht, d. h. dass die Visierlinie senkrecht auf der Skala des Messgerätes steht (Abb. 46.4). Zur parallaxenfreien Ablesung sind z. B. an Drehspulinstrumenten mit Skalenanzeige meistens Spiegelskalen angebracht.

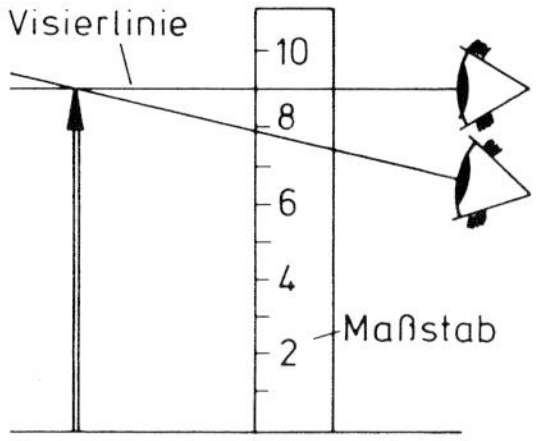

Abb. 46.4

Interferometer

Die Bestimmung beispielsweise von Abständen oder Flächenabweichungen ist mit großer Genauigkeit durch interferentielle Messverfahren möglich. Dabei werden Gangunterschiede von kohärentem monochromatischem Licht beobachtet, wodurch die Messung der zugehörigen Wegdifferenzen mit einer Auflösung kleiner als 1 µm möglich ist. Voraussetzung für interferentielle Methoden sind monochromatische Lichtquellen mit genau bekannter Wellenlänge; Laser sind daher besonders geeignet. Von den vielen Möglichkeiten der apparativen Durchführung derartiger Messungen wird als Beispiel ein Differential-Interferometer in Michelson-Anordnung kurz beschrieben.
Der schematische Aufbau eines ***Michelson-Interferometers*** ist in Abb. 46.5 dargestellt (s. dazu auch die Anmerkungen in § 36.3.2). Das von der Lichtquelle Lq (Laser) ausgehende Licht wird durch einen halb durchlässigen Spiegel oder, wie in Abb. 46.5, einen Strahlteiler St (z. B. ein Würfel aus Glas mit diagonaler halb durchlässig verspiegelter Trennfläche) in zwei kohärente Teilstrahlenbündel zerlegt. Nach Reflexion an den Spiegeln Sp1 (fest

10

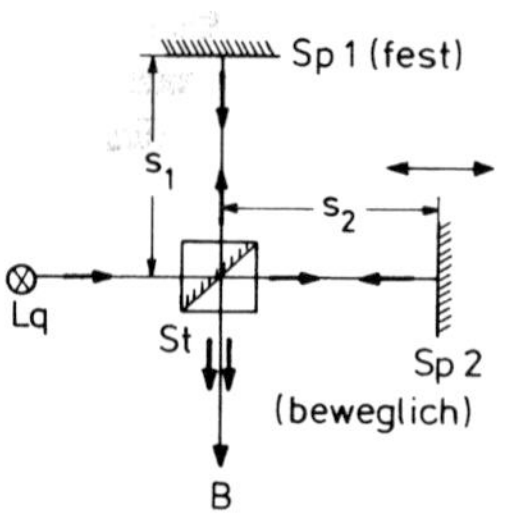

Abb. 46.5

montiert) und Sp2 (beweglich und mit dem auszumessenden Objekt verbunden) vereinigen sich die Teilbündel wieder an St und ergeben die vom Beobachter B (Lupe, Fernrohr, Auge, Photodetektor) registrierten Interferenzen. Die Interferenzerscheinung ändert ihre Intensität beim Verschieben des Spiegels Sp2 periodisch, wobei eine volle Periode einer Verschiebung von $\lambda/2$ entspricht. Durch Zählung der Intensitätswechsel ergibt sich die Verschiebung als ganzes Vielfaches von $\lambda/2$. Diese Anordnung ist besonders für präzise *Abstands-* und *Längenmessungen* geeignet.

Laufzeitmessungen

Ein allgemein einsetzbares Verfahren zur Ermittlung von Entfernungen sind Laufzeitmessungen. Das Prinzip der Laufzeitmessung haben wir beim Echolotverfahren bereits kennen gelernt (§ 33.3). Dieses Verfahren wird nicht nur zur Entfernungsmessung über große Distanzen verwendet, sondern hat seine Anwendung auch im kürzeren Distanzbereich gefunden. Zur Ausmessung eines Raumes hat damit vielfach der Meterstab ausgedient, heutzutage kommt hierfür ein Ultraschall-Entfernungsmesser zum Einsatz, üblicherweise mit einem Ziellaser ausgestattet, um die das Schallsignal reflektierende Fläche anzupeilen. Mit solchen Handgeräten sind Entfernungsmessungen zwischen etwa 0,5 m und ca. 20 m mit einer Messgenauigkeit um 0,5 % möglich, wobei mittels der integrierten Software auch gleich die Flächen- und Raummaße beispielsweise eines Zimmers ermittelt werden können.

Laufzeitmessungen können auch optisch eingesetzt werden, insbesondere bei Verwendung von Lasern als wenig divergente Strahlungsquellen. Auf dem optischen Laufzeitmessverfahren beruht z. B. die Festlegung der Längeneinheit (s. § 2.1), aber auch für die berührungslose Entfernungsmessung im Bereich zwischen 0,5 m und 50 m sind mit Lasern bestückte Handgeräte verfügbar (Messgenauigkeit ca. $\pm$ 2 mm). Bei diesen relativ kurzen Distanzen sind bei reiner Laufzeitmessung aufgrund der hohen Lichtgeschwindigkeit, die Anforderungen an die Zeiterfassung extrem hoch (ps bis ns) um Messgenauigkeiten im Millimeterbereich zu erzielen. Es kommen daher andere Techniken zum Einsatz, wie beispielsweise Frequenzmodulation der Laserstrahlung, Messung der Phasenverschiebung zwischen Primär- und Reflexionsstrahl oder Triangulationsverfahren, wobei letzteres bevorzugt bei Entfernungsmessungen an beweglichen Objekten Verwendung findet, z. B. zur Überwachung des Fahrzeugverkehrs (*Laserpistole*). Für Entfernungsmessungen über sehr große Distanzen werden Laser zu Laufzeitmessungen vielfältig und erfolgreich eingesetzt, darauf kann jedoch im Rahmen dieser Darstellung nicht näher eingegangen werden, bis auf folgende kurz angesprochene Anwendung. In der Astronomie sind nach dieser Methode mit Laser-Lichtimpulsen die Entfernungen Erde – Mond und Erde – Venus mit hoher Präzision bestimmt worden. Letztere Messung ist astronomisch von Bedeutung, da man aus den Kepler'schen Gesetzen durch Messung der Planetenumlaufzeiten nur auf die Verhältnisse der Planetenbahnradien schließen kann; mit dieser Messung ist aber ein Bezugsmaß für die Berechnung der absoluten Bahndaten vorhanden.

In diesem Zusammenhang bietet sich die Einführung der Längeneinheit *Lichtjahr* an: Ein Lichtjahr (1 *Lj*) ist die Entfernung, die das Licht in einem Jahr durchläuft.

$$1\,Lj \approx 9{,}46 \cdot 10^{15}\,\mathrm{m}$$

Einige experimentelle Daten von großen und kleinen Längen sind in Tab. 46.1 zusammengestellt.

§ 46.2 Zeitmessung

Die Maßeinheit der Zeit ist die Sekunde, die ab 1967 als SI-Sekunde auf atomarer Grundlage definiert wurde, wie in § 2.1 angegeben. Zeitmessung bedeutet einerseits das Festlegen eines

Tab. 46.1

	Einheit in m
Ausdehnung des Weltalls	ca. 10^{26}
Max. Durchmesser unserer Galaxie	ca. 10^{21}
Mittlerer Abstand Sonne – Erde (astronomische Einheit)	$1{,}496 \cdot 10^{11}$
Höchster Berg der Erde (Mt. Everest)	$8{,}85 \cdot 10^{3}$
Mensch	1,75
Durchmesser von Erythrozyten (Mensch)	$7 \cdot 10^{-6}$
Dicke von Erythrozyten (Mensch)	$2 \cdot 10^{-6}$
Länge oder Durchmesser von Bakterien	$3 \cdot 10^{-6} \ldots 3 \cdot 10^{-7}$
Wellenlänge des sichtbaren Lichts (gelb)	$5 \cdot 10^{-7}$
Durchmesser von Viren	$2{,}5 \cdot 10^{-7} \ldots 1 \cdot 10^{-8}$
Durchmesser des Harnstoffmoleküls	$6 \cdot 10^{-10}$
Durchmesser des Wassermoleküls	$3 \cdot 10^{-10}$
typ. Durchmesser der Atomhülle	10^{-10}
typ. Durchmesser des Atomkerns	$3 \cdot 10^{-15}$

Ereignisses oder eine zeitliche Abfolge von Ereignissen in einer vorgegebenen Zeitskala, indem Datum und Uhrzeit bestimmt wird, d. h. das Messresultat ist ein Datum in einer benennbaren Zeitskala. Andererseits versteht man unter Zeitmessung die Messung der Dauer eines Vorgangs, begrenzt durch zwei zeitlich getrennte Ereignisse, als Zeitintervall Δt, das ein Vielfaches oder ein Bruchteil der zu Grunde gelegten Zeiteinheit ist. Grundlagen für Zeitmessungen und damit der Zeitmessgeräte sind periodisch sich wiederholende Vorgänge, wie z. B. Pendelschwingungen (Pendeluhr), Torsionsschwingungen einer Spiralfeder (Unruh-Uhren, Taschenuhr), Kristallgitterschwingungen (Quarzuhren); aber auch elektrische Schwingkreise können durch ihre definierte Frequenz zum Bau einer Uhr eingesetzt werden. Prinzipiell sind Uhren mit einem frequenz- bzw. zeitgebenden Oszillator (Verknüpfung von Zeitdauer T und Frequenz ν durch $T = 1/\nu$), einem nachfolgenden Zähl- bzw. Integriersystem der Schwingungen und mit einer Vorrichtung zur analogen oder/und digitalen Anzeige der Uhrzeit ausgestattet.

Uhren mit der größten Genauigkeit lassen sich aber unter der Nutzung inneratomarer Schwingungen (atomare Übergänge) oder molekularer Schwingungen herstellen.

Beispiele solcher Atom- oder Moleküluhren sind: die Cäsiumuhr (Definition der Zeiteinheit), Rubidiumuhr, Wasserstoffuhr, Ammoniakuhr. Die mit ihrer hohen Ganggenauigkeit als Weltzeitstandard verwendete Cäsium-Atomuhr der Physikalisch-Technischen Bundesanstalt (PTB) in Braunschweig, die mit Vergleichsnormalen in den USA und in England per Funk verbunden ist, weist eine relative Frequenzinstabilität von $\Delta\nu/\nu \approx 10^{-14}$ auf. Auch hochgenaue Quarzuhren haben relative Frequenzinstabilitäten (in einem Jahr) von $\Delta\nu/\nu \approx 10^{-10}$, d. h. eine solche Präzisionsuhr geht im Jahr nur um ca. 3 ms falsch.

Das menschliche Auge kann noch zeitlich aufeinander folgende Ereignisse bis zu maximal ca. $1/25$ s (entsprechend einer Frequenz von 25 Hz) auflösen. Zur Messung kürzerer Zeiten, bzw. höherer Frequenzen, können Stroboskope (s. § 4.2.1) zur Sichtbarmachung periodisch ablaufender Vorgänge oder z. B. Hochgeschwindigkeitskameras (Streak-Kameras), auch für nicht-periodische Vorgänge, eingesetzt werden. Vielfältige Verwendung findet der Elektronenstrahloszillograph zur Messung und Sichtbarmachung kurzzeitig veränderlicher periodischer und nicht-periodischer – auch einmaliger – Vorgänge aller Art, die sich in elektrische Signale umwandeln lassen und dessen Funktionsprinzip bzw. eine Anwendung in § 25.5.3 bzw. § 28.2 (Abb. 28.5) erläutert wurde.

Zur Messung großer Zeitintervalle, die im Bereich von Jahren bis zu mehreren Millionen Jahren liegen, können – aufgrund der streng erfüllten exponentiellen Abhängigkeit des radioaktiven Zerfalls von der Zeit (s. § 40.1) – erfolgreich radioaktive Nuklide geeigneter Halbwertszeit benutzt werden. Diese Datierungsmethoden erfordern jedoch für jeden einzelnen Anwendungsfall eine genaue Kenntnis der Zusammenhänge und eine gründliche Analyse möglicher Störeffekte.

Die *Altersbestimmung* mittels des radioaktiven Zerfalls ist auf Gesteinsproben anwendbar, welche aufgrund ihrer Elementzusammensetzung irgendein langlebiges Radionuklid enthalten, wie beispielsweise $^{238}_{92}U$ ($T_{1/2} = 4{,}47 \cdot 10^9$ a), $^{235}_{92}U$ ($T_{1/2} = 7{,}04 \cdot 10^8$ a), $^{232}_{90}Th$ ($T_{1/2} = 1{,}4 \cdot 10^{10}$ a), deren Zerfallsreihen jeweils in stabilen Bleiisotopen enden, oder das in zahlreichen Mineralien enthaltene $^{40}_{19}K$ ($T_{1/2} = 1{,}28 \cdot 10^9$ a), das durch Elektroneneinfang in

$^{40}_{18}Ar$ zerfällt. Im Prinzip kann dann aus dem heute bestimmten Zahlenverhältnis der stabilen Endkerne und des jeweiligen Radionuklids auf das Gesteinsalter geschlossen werden, wobei allerdings Korrekturen erforderlich sind, wie z. B. der Beitrag zum Blei aus allen Zerfallskanälen im Falle, dass die Proben beide Uranisotope und Thorium enthalten.

Ein vielfach angewandtes Verfahren ist die $^{14}_{6}C$-Datierung zur Altersbestimmung kohlenstoffhaltiger Fossilien und archäologischer Objekte für den Zeitraum zwischen 1000 und etwa 20 000 Jahren (*Radiokarbonmethode*). Wie in § 43.3 besprochen, wird durch Neutronen der Höhenstrahlung in der Atmosphäre das Radioisotop $^{14}_{6}C$ gebildet, das durch β^--Emission mit einer Halbwertszeit von 5730 Jahren in $^{14}_{7}N$ zerfällt. Es stellt sich also ein Gleichgewicht zwischen zerfallendem und neu gebildetem $^{14}_{6}C$ ein. Das durch den atmosphärischen Sauerstoff zu $^{14}_{6}CO_2$ oxidierte $^{14}_{6}C$ wird durch die Austauschvorgänge in der Atmosphäre zur Erdoberfläche verfrachtet und dort zunächst durch die Pflanzen aufgenommen und über die Nahrungskette auch von Tier und Mensch. Man kann davon ausgehen, dass das Häufigkeitsverhältnis $^{14}CO_2/^{12}CO_2$ in der gesamten Biosphäre dem der Atmosphäre entspricht. Unter der Voraussetzung, dass in den letzten ca. zehn Jahrtausenden die kosmische Höhenstrahlung sowie die Dichte und Zusammensetzung der Atmosphäre sich nicht geändert haben, kann dieses Verhältnis zur Datierung herangezogen werden. Zu Lebzeiten des Organismus enthält er $^{14}_{6}C$ in der Gleichgewichtskonzentration, ab dem Zeitpunkt des Absterbens aber, d. h. so bald kein CO_2 mehr aufgenommen wird, bleibt der Gehalt von $^{12}_{6}C$ konstant, während der von $^{14}_{6}C$ durch β^--Zerfall mit $T_{1/2}=5730$ a exponentiell abnimmt. Aus der restlichen β^--Aktivität der archäologischen Probe kann auf den $^{14}_{6}C$-Gehalt und daraus auf den Zeitpunkt des Absterbens der betreffenden Substanz, d. h auf deren Alter geschlossen werden. Eine ganze Reihe von Fehlerquellen können das Ergebnis jedoch verfälschen, wie etwa Variationen der $^{14}_{6}C$-Konzentration durch natürliche (z. B. Schwankungen der Höhenstrahlung) und anthropogene (Verbrennung fossiler Brennstoffe, Kernwaffentests) Einflüsse, aber auch beispielsweise kohlenstoffhaltige Verunreinigungen anderen Ursprungs einer Probe. Vergleichende Untersuchungen mit anderen Methoden können hier sehr aufschlussreich sein. In diesem Zusammenhang sei beispielsweise auch die Dendrochronologie erwähnt, die eine Datierung aus den Jahresringen von Bäumen ermöglicht.

In Tab. 46.2 sind die Größenordnungen einiger in der Natur auftretender Zeiten zusammengestellt.

Tab 46.2

Alter des Universums	ca. 10^{10} a
Alter der Erde	$4{,}5 \cdot 10^{9}$ a
Alter der Menschheit	$1{,}8 \cdot 10^{6}$ a
Umlaufzeit der Erde um die Sonne (1 a)	$3{,}156 \cdot 10^{7}$ s
Dauer eines mittleren Sonnentags (1 d)	$8{,}64 \cdot 10^{4}$ s
Eine Stunde (1 h)	$3{,}60 \cdot 10^{3}$ s
Eine Minute (1 min)	$6 \cdot 10$ s
Herzschlag	ca. 1 s
Schwingungsdauer von Schall im Maximum des Hörbereichs	10^{-3} s
Schwingungsdauer von Mikrowellen	10^{-9} s
Schwingungsdauer von Licht (gelb)	$1{,}6 \cdot 10^{-15}$ s
Dauer zum Durchlaufen eines Atomkerns mit Lichtgeschwindigkeit	10^{-23} s

§47 Systematische und zufällige Fehler

Jede physikalische Messung ist mit Messfehlern behaftet. Dabei unterscheidet man zwischen *zufälligen Fehlern* und *systematischen Fehlern*.

Systematische Fehler

Fehler, die hauptsächlich durch die Unvollkommenheit der Messgeräte, der Messverfahren und auch des Messgegenstandes hervorgerufen werden, sind **systematische Fehler**.

So ergeben sich systematische Fehler, z. B. wenn die zur Messung verwendeten Messgeräte falsch geeicht oder fehlerhaft gefertigt sind, d. h. wenn beispielsweise der zur Längenmessung verwendete Maßstab etwa 1001 mm statt 1000 mm lang ist oder nur 998 mm misst infolge Schrumpfung, z. B. durch Austrocknung des Materials, und damit verbunden auch einer systematischen Verkürzung der Abstände der Skalierungsmarken der Maßstabseinheit. Im ersten Fall erscheinen die abgelesenen Maßzahlen kleiner, im zweiten Fall jeweils größer als der wahre Wert des vermessenen Objekts. Auch bei elektrischen (analog) anzeigenden Zeigerinstrumenten kann beispielsweise ein durch Alterung schwächer gewordener Magnet eines Drehspulinstrumentes bzw. elektronisch verstimmter Vorverstärker eines Zählrohres im gesamten Messbereich systematisch kleinere bzw. systematisch größere Werte anzeigen. Die Genauigkeit der Skaleneichung analog anzeigender elektrischer Messinstrumente wird durch verschiedene Qualitätsstufen, die ***Güteklassen***, charakterisiert (s. unten). Digital anzeigende elektronische Messgeräte, inkl. z. B. der Waagen, zeigen systematische Abweichungen in Abhängigkeit vom anfänglichen Abgleich, aber auch einer Drift der Elektronik. Hinzu kommen bei der (diskontinuierlichen) digitalen Anzeige noch Digitalisierungsfehler (Rundungsfehler) jeweils in der letzten Ziffer hinzu.

Eine weitere Ursache von systematischen Fehlern kann aber auch in dem verwendeten Messverfahren selbst liegen. Wenn z. B. die Abmessungen eines weichen elastischen Körpers durch das Anlegen einer Schieblehre verändert werden, oder wenn ein in waagrechter Lage zu benutzendes Amperemeter bei der Messung senkrecht aufgestellt wird.

Weiterhin können systematische Fehler auftreten, wenn die zu messende Größe während der Messung infolge von Änderungen der Messbedingungen (z. B. Änderung der Temperatur der Umgebung) verändert wird.

Systematische Fehler sind entweder systematisch größer oder systematisch kleiner als der tatsächliche Messwert und gehorchen nicht den Gesetzen der Statistik. Im Allgemeinen sind systematische Fehler nach Betrag und Vorzeichen erfassbar und können daher rechnerisch durch Korrektionen berücksichtigt oder (bei entsprechendem Aufwand) experimentell eliminiert werden.

Güteklassen

Zur Kennzeichnung der Genauigkeit von elektrischen Messinstrumenten werden diese in die Güteklassen 0,1; 0,2; 0,5; 1; 1,5; 2,5 und 5 eingeteilt. In dieser Angabe sind die auftretenden systematischen Fehler wie Eichfehler, Reibungsfehler oder Fehler durch umweltbedingte Einflüsse wie Aufstellung des Gerätes, Temperatur, Fremdfelder usw. nach oben abgeschätzt. Die Güteklasse gibt den zugelassenen Anzeigefehler in Prozent des Messbereichsendwertes oder der Skalenlänge an. Ein Messgerät der Güteklasse 0,5 darf also an keiner Stelle der Skala einen Anzeigefehler aufweisen, der mehr als 0,5 % des Messbereichsendwertes (bzw. der Skalenlänge) aufweist.

Beispiel: Bei einem Voltmeter der Güteklasse 1,5 und einem Messbereich von 1000 V beträgt also der Anzeigefehler maximal 15 V.

Zufällige Fehler

Selbst bei völliger Ausschaltung aller systematischen Fehler erhält man bei mehrmaliger Messung der gleichen physikalischen Größe nie genau übereinstimmende Messergebnisse. Vielmehr wird man zufällig einmal etwas größere, ein anderes Mal etwas kleinere Messergebnisse erhalten. Diese Abweichungen, die das Resultat ungleich nach Betrag und Vorzeichen verändern, bezeichnet man als **zufällige** oder **statistische Fehler**. Sie sind im Einzelnen nicht erfassbar und machen das Ergebnis unsi-

10

cher, d. h. die einzelnen Messwerte streuen um einen bestimmten Wert (Mittelwert). Diese prinzipiell unvermeidbaren Fehler können aber in ihrer Gesamtheit durch geeignete Rechenmethoden (Fehlerrechnung) abgeschätzt und gekennzeichnet werden, und zwar umso zuverlässiger, je größer die Anzahl der wiederholt durchgeführten Messungen ist. Zufällige Fehler entstehen durch den Beobachter selbst (Einstell- und Ablesefehler) während der Messung, wie auch durch nicht erfassbare und nicht beeinflussbare statistische Schwankungen von Einflüssen auf das Messobjekt und auf die Messgeräte (z. B. variierende Reibung in Drehlagern der Anzeigeinstrumente, Schwankungen der Spannungsversorgung, Rauschen).

Führt eine Messreihe zu n voneinander unabhängigen Einzelwerten, so kann das Messergebnis durch den Mittelwert, das arithmetische Mittel, und die Standardabweichung bzw. den Fehler des Mittelwertes beschrieben werden (§ 48). Der so errechnete Wert kommt dem „wahren oder tatsächlichen Wert" der Messgröße sehr nahe.

Absoluter Fehler – relativer Fehler

Zur Fehlerkennzeichnung von Messergebnissen kann sowohl der *absolute Fehler* (die *absolute Unsicherheit*) als auch der *relative Fehler* (die *relative Unsicherheit*) verwendet werden.

Der **absolute Fehler** Δx ist gleich der Abweichung des Messwertes x_i vom wahren Wert x oder vom Mittelwert $\bar{x}$ (s. § 48) und entspricht der halben Breite jenes Bereiches, innerhalb dessen der wahre Wert mit einer vorgegebenen Wahrscheinlichkeit liegt. Der absolute Fehler ist mit der Einheit der gemessenen Größe behaftet.

Der **relative Fehler** wird als Verhältnis aus dem absoluten Fehler Δx und dem tatsächlichen Wert x angegeben: $\frac{\Delta x}{x}$. Der relative Fehler ist also eine dimensionslose Zahl. Er wird meistens in Prozent angegeben.

Beispiel:

1. Der Abstand d zweier Tische wird mit einem Maßstab zu 54,6 cm gemessen, mit einem Fehler von rund 1 mm, d. h. der Abstand kann 0,1 cm größer oder kleiner sein. Gibt man den Fehler absolut an, so gilt für den Abstand: $d = 54{,}6\,\text{cm} \pm 1\,\text{mm} = (54{,}6 \pm 0{,}1)\,\text{cm}$; bzw. als relativer Fehler ausgedrückt erhält man: $d = 54{,}6\,\text{cm} \pm 0{,}2\,\% = 54{,}6\,\text{cm} \pm 2\,‰$.
2. Bei einem Voltmeter der Güteklasse 1,5 (s. oben) wird ein Messwert von 250 V bei einem Messbereich von 500 V abgelesen. Der maximale absolute Gerätefehler beträgt daher 1,5 % von 500 V, also 7,5 V und der relative Fehler somit $\frac{7{,}5\,\text{V}}{250\,\text{V}} \cdot 100$, d. h. 3 %. Im Falle, dass ein Messbereich von 1000 V bei gleichem Messwert gewählt worden wäre, würde der relative Fehler 6 % betragen.
3. Der elektrische Widerstand metallischer Leiter nimmt mit steigender Temperatur zu (§ 25.1.1). In einem Praktikumsexperiment wurde in einem gut isolierten Behälter (Dewargefäß) die Temperaturabhängigkeit eines solchen Leiters im Temperaturbereich zwischen –10 °C und 100 °C untersucht. In diesem Temperaturbereich gilt recht gut die lineare Beziehung (25.9): $R(\vartheta) = R_0 \cdot (1 + \alpha \cdot \vartheta)$, wobei α der Temperaturkoeffizient des elektrischen Widerstandes und R_0 der Widerstand bei 0 °C ist. Mit den Messwerten ergibt sich als graphische Darstellung die Abb. 47.1, in welcher der Widerstand R als Funktion der Temperatur ϑ aufgetragen ist.

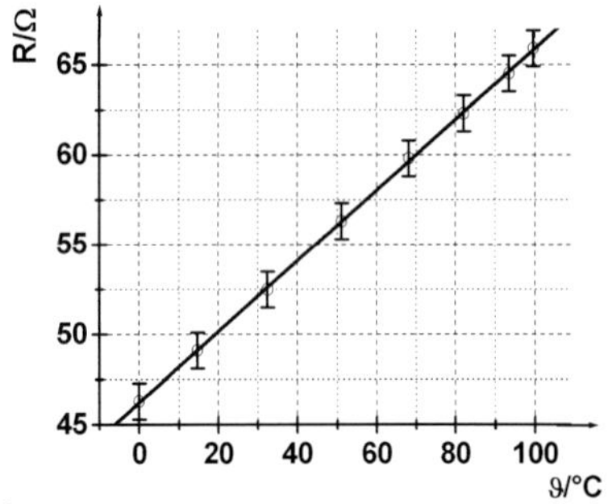

Abb. 47.1

Die eingezeichnete Gerade wurde linear an die Messwerte angepasst. Mit eingetragen sind auch die relativen Unsicherheiten (Fehlergrenzen) der einzelnen Widerstandswerte, die sich aus dem Diagramm zu etwa ± 1% ermitteln lassen. Der Temperaturkoeffizient kann aus der Steigung der graphischen Darstellung $R = R(\vartheta)$ und dem aus der Messung bestimmten Mittelwert des Widerstandes R_0 bei 0 °C gemäß $\alpha = \frac{1}{R_0} \cdot \frac{\Delta R}{\Delta \vartheta}$ berechnet werden.

§ 48 Fehlerrechnung

Im Folgenden wollen wir nur zufällige Fehler betrachten. Führen wir n voneinander unabhängige Messungen einer physikalischen Größe durch, so bezeichnet man die n Messungen in der Statistik als eine **Stichprobe**, die einzelnen Messergebnisse x_i $(i=1, 2, \ldots, n)$ als **Stichprobenwerte**. Als **Mittelwert** der Stichprobe wird das *arithmetische Mittel* der einzelnen Messwerte angegeben.

***Mittelwert*:**

$$\bar{x} = \frac{1}{n}\sum_{i=1}^{n} x_i \qquad (48.1)$$

Ein Maß für die Streuung der Messwerte x_i um den Mittelwert $\bar{x}$ ist die **Varianz**.

***Varianz*:**

$$s^2 = \frac{1}{n-1}\sum_{i=1}^{n}(x_i - \bar{x})^2 \qquad (48.2)$$

Eine für die praktische Rechnung nützliche Beziehung für die Varianz erhält man durch Ausquadrieren der Summe von (48.2) mit $\sum_{i=1}^{n} x_i = n \cdot \bar{x}$:

$$s^2 = \frac{1}{n-1} \cdot \left(\sum_{i=1}^{n} x_i^2 - n \cdot \bar{x}^2\right) \qquad (48.3)$$

Die positive Wurzel $s = +\sqrt{s^2}$ aus der Varianz bezeichnet man als die *Standardabweichung* oder *Streuung*. Die **Standardabweichung** ist der mittlere quadratische Fehler der Einzelmessung:

***Standardabweichung*:**

$$s = +\sqrt{\frac{1}{n-1}\sum_{i=1}^{n}(x_i - \bar{x})^2} \qquad (48.4)$$

Den **Fehler des Mittelwertes** erhält man, indem man die Standardabweichung durch die Wurzel aus der Anzahl der Messungen dividiert:

***Fehler des Mittelwertes*:**

$$\Delta\bar{x} = \frac{s}{\sqrt{n}} = \sqrt{\frac{1}{n(n-1)}\sum_{i=1}^{n}(x_i - \bar{x})^2} \qquad (48.5)$$

Der Fehler des Mittelwertes, als Maß für die Unsicherheit des Mittelwertes $\bar{x}$, bestimmt den Bereich innerhalb dessen der wahre Wert der Messgröße liegt. Als Bestwert von n Messungen x_i einer physikalischen Größe erhält man somit den Mittelwert $\bar{x}$, der mit einem Fehler $\Delta\bar{x}$ behaftet ist. Das Ergebnis unserer Messung lautet: $\bar{x} \pm \Delta\bar{x}$.

Normalverteilung

Trägt man die Häufigkeit H, mit der die einzelnen nur mit statistischen Fehlern behafteten Messwerte x_i auftreten, als Funktion von x auf, so erhält man die in Abb. 48.1 dargestellte **Gauß'sche Fehlerkurve** (Glockenkurve).

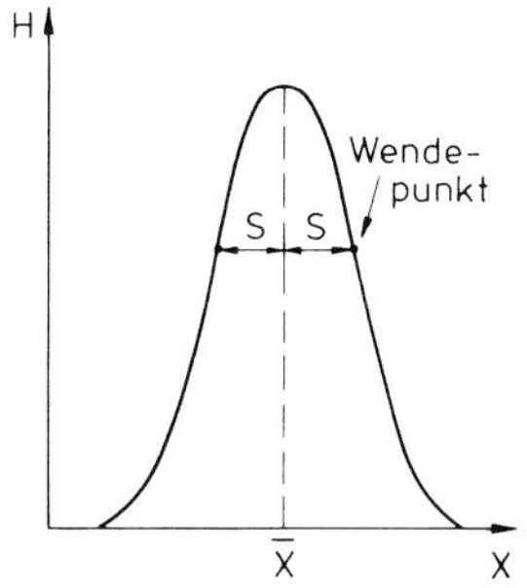

Abb. 48.1

Der Mittelwert $\bar{x}$ der Stichprobe liegt, wenn keine systematischen Fehler vorliegen, im Maximum der Fehlerkurve. Die Breite der Fehlerkurve ist ein Maß für die Streuung der Messwerte, denn die Wendepunkte der Gauß'schen Fehlerkurve liegen bei den Werten $x = \bar{x} - s$ und $x = \bar{x} + s$. Der Abstand der beiden Wendepunkte beträgt also $2 \cdot s$. Eine Häufigkeitsverteilung der Messwerte, die eine Gauß'sche Kurve ergibt, nennt man auch eine **Normalverteilung**. *Eine kleine Standardabweichung s ergibt eine hohe, schlanke Fehlerkurve; eine große Standardabweichung s entspricht einer niedrigen, breiten Fehlerkurve.*

Wenn alle systematischen Fehler ausgeschaltet werden können und eine hinreichend große Anzahl von Messungen vorliegt, kann eine

10

Wahrscheinlichkeit P angegeben werden, einen einzelnen Messwert x_i bzw. den wahren Wert der Messgröße innerhalb eines ***Vertrauensbereichs*** zu finden, der durch die Standardabweichung s bzw. den Fehler des Mittelwertes $\Delta\bar{x} = s/\sqrt{n}$ als ***Vertrauensgrenzen*** gegeben ist. Bezeichnet $\bar{x}$ den arithmetischen Mittelwert der Messreihe, dann liegt mit der Wahrscheinlichkeit:

$P = 68{,}3\,\%$ ein Messwert x_i zwischen $\bar{x} \pm s$ bzw. der wahre Wert zwischen $\bar{x} \pm \Delta\bar{x}$;

$P = 95{,}4\,\%$ ein Messwert x_i zwischen $\bar{x} \pm 2s$ bzw. der wahre Wert zwischen $\bar{x} \pm 2 \cdot \Delta\bar{x}$;

$P = 99{,}73\,\%$ ein Messwert x_i zwischen $\bar{x} \pm 3s$ bzw. der wahre Wert zwischen $\bar{x} \pm 3 \cdot \Delta\bar{x}$.

Fehlerfortpflanzung

Bisher haben wir uns mit der Definition der Rechengrößen für zufällige Fehler (Mittelwert, Varianz, Standardabweichung) bei nur einer Messgröße befasst. Viele physikalische Größen sind jedoch abgeleitete Größen, die durch die Messung mehrerer Teilgrößen bestimmt werden. Sind für die voneinander unabhängigen Messgrößen $x_1, \ldots, x_m$ deren Mittelwerte $\bar{x}_1, \ldots, \bar{x}_m$ und die Standardabweichungen $s_1, \ldots, s_m$ bekannt, so ist die Standardabweichung s_y des Messergebnisses $y = f(\bar{x}_1, \ldots, \bar{x}_m)$ nach dem **Gauß'schen Fehlerfortpflanzungsgesetz** zu berechnen:

$$s_y = \sqrt{\sum_{j=1}^{m} \left(\frac{\partial y}{\partial \bar{x}_j} \cdot s_j \right)^2} \qquad (48.6)$$

Voraussetzung hierfür ist eine Normalverteilung der Messwerte und $s_j \ll \bar{x}_j$.

Den Quotienten $\dfrac{\partial y}{\partial \bar{x}_j}$ in Gleichung (48.6) bezeichnet man (s. Anhang Mathematische Grundlagen, IV.A.3) als die partielle Ableitung der Größe y nach $\bar{x}_j$ $(j = 1, \ldots, m)$.

Das Fehlerfortpflanzungsgesetz soll nun an einem Beispiel erläutert werden: Das Volumen V eines Quaders lässt sich durch Messen der Höhe a, der Breite b und der Tiefe c, also durch drei Längenmessungen berechnen. Mit den Mittelwerten der drei Größen a, b, c und den Standardabweichungen s_a, s_b und s_c berechnet sich die Standardabweichung s_V des Volumens nach dem Fehlerfortpflanzungsgesetz wie folgt:

$$s_V = \sqrt{\left(\frac{\partial V}{\partial a} \cdot s_a \right)^2 + \left(\frac{\partial V}{\partial b} \cdot s_b \right)^2 + \left(\frac{\partial V}{\partial c} \cdot s_c \right)^2} \qquad (48.7)$$

Das Volumen $V = V(a, b, c) = a \cdot b \cdot c$ ist eine Funktion der drei Variablen a, b, c. Für die partiellen Ableitungen erhält man:

$$\frac{\partial V}{\partial a} = b \cdot c, \quad \frac{\partial V}{\partial b} = a \cdot c, \quad \frac{\partial V}{\partial c} = a \cdot b$$

Damit folgt für Gleichung (48.7):

$$s_V = \sqrt{b^2 \cdot c^2 \cdot s_a^2 + a^2 \cdot c^2 \cdot s_b^2 + a^2 \cdot b^2 \cdot s_c^2}$$

oder:

$$s_V = V \cdot \sqrt{\left(\frac{s_a}{a}\right)^2 + \left(\frac{s_b}{b}\right)^2 + \left(\frac{s_c}{c}\right)^2}$$

Für den relativen Fehler erhält man dann:

$$\frac{s_V}{V} = \sqrt{\left(\frac{s_a}{a}\right)^2 + \left(\frac{s_b}{b}\right)^2 + \left(\frac{s_c}{c}\right)^2}$$

Die Berechnung des Gesamtfehlers mittels des Gauß'schen Fehlerfortpflanzungsgesetzes beinhaltet, dass eine gewisse Wahrscheinlichkeit für einen teilweisen gegenseitigen Ausgleich der Fehler der einzelnen Größen besteht. Da Fehler i. Allg. jedoch eher unter- als überschätzt werden, nimmt man in der Praxis den ungünstigsten Fall an, dass alle Fehler gleichsinnig wirken und berücksichtigt den sog. **Größtfehler** oder die **maximale Unsicherheit**. Unter Verwendung der Ungleichung $\sqrt{a^2 + b^2} \leq \sqrt{(a+b)^2} \leq |a| + |b|$ lässt sich (48.6) auch schreiben als:

$$s_y \leq \left| \frac{\partial y}{\partial \bar{x}_1} \cdot s_1 \right| + \left| \frac{\partial y}{\partial \bar{x}_2} \cdot s_2 \right| + \ldots \qquad (48.8)$$

woraus sich für den Größtfehler Δy bei gegebener Funktion $y = f(\bar{x}_1, \bar{x}_2, \ldots)$ mit den Fehlern $\Delta\bar{x}_1, \Delta\bar{x}_2, \ldots$ ergibt:

$$\Delta y = \left| \frac{\partial y}{\partial \bar{x}_1} \cdot \Delta\bar{x}_1 \right| + \left| \frac{\partial y}{\partial \bar{x}_2} \cdot \Delta\bar{x}_2 \right| + \ldots \qquad (48.9)$$

Daraus lassen sich folgende Regeln für die Berechnung des Größtfehlers von Summen, Differenzen, Produkten, Quotienten, auch in Potenzen auftretender, fehlerbehafteter Messgrößen ableiten:

> Bei *Addition* und *Subtraktion* von Messgrößen **addieren** sich die Beträge der **absoluten Einzelfehler** zum **absoluten Größtfehler**.
> Bei *Multiplikation* und *Division* von Messgrößen **addieren** sich die Beträge der **relativen Einzelfehler** zum **relativen Größtfehler**.
> Der **relative Größtfehler** eines *Potenzproduktes* oder *-quotienten* ist **gleich der Summe** der mit den absoluten Beträgen der betreffenden **Exponenten multiplizierten Einzelfehler** der Messgrößen.

Der Fehler (die Unsicherheit) von Verknüpfungen fehlerbehafteter Messgrößen ist stets größer als jeder Einzelfehler der Messgrößen.

Fehler bei Zählungen an statistischen Prozessen

Beim Zählen von statistischen Ereignissen, wie sie z. B. beim radioaktiven Zerfall auftreten, wird als Standardabweichung die Wurzel aus der Anzahl der registrierten Ereignisse N angegeben:

$$s = \sqrt{N} \tag{48.10}$$

Für die relative Unsicherheit der Standardabweichung folgt mit (48.10):

$$\frac{s}{N} = \frac{\sqrt{N}}{N} = \frac{1}{\sqrt{N}} \tag{48.11}$$

woraus zu ersehen ist, dass zur Erreichung einer zuverlässigen Aussage eine bestimmte Mindestanzahl von Ereignissen erfasst werden muss. Ist man beispielweise damit zufrieden, einen relativen Fehler der Standardabweichung von ca. $\pm 5\,\%$ zu akzeptieren, so sind dazu etwa 400 Ereignisse zu zählen. Erfasst man dagegen 40 000 Ereignisse, dann beträgt der Fehler bereits nur noch $\pm 5\,‰$. Es ist dabei zu beachten, dass der Einzelmesswert größer oder kleiner als der wahre Wert sein kann, d. h. er kann nach oben oder unten abweichen.

10

Aufgaben

Aufgabe 48.1: In Bild A 48.1 ist der Ausschnitt einer Schieblehrenskala (Abstand zweier kleiner Skalenstriche: 1 mm) mit Nonius dargestellt. Welche Skalen- und Noniuseinstellung ***d*** lesen Sie für den mit der Schieblehre vermessenen Gegenstand ab?

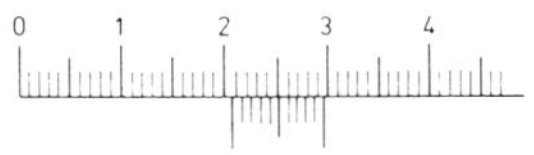

Bild A 48.1

Aufgabe 48.2: Zur Ermittlung der Entfernung des Mondes von der Erde sei die Laufzeit eines von der Erde ausgestrahlten und vom Mond reflektierten Lichtblitzes eines Lasers bis zum Empfang auf der Erde zu etwa 2,56 s bestimmt worden. Wie groß ist danach etwa die Entfernung Erde–Mond zum Zeitpunkt der Messung?

Aufgabe 48.3: Ein Amperemeter der Güteklasse 0,2 werde im Messbereich 100 mA zur Strommessung verwendet.

a) Wie groß ist der maximale Anzeigefehler?
b) Wie groß ist der relative Fehler einer Strommessung, bei der mit dem Amperemeter im Messbereich 100 mA eine Stromstärke von 80 mA gemessen wird?

Aufgabe 48.4: Der Wert eines unbekannten Widerstandes wird durch Messung zu $(200 \pm 3)\ \Omega$ bestimmt. Wie groß ist der relative Fehler?

Aufgabe 48.5: Die Messung einer Länge von $l = 40$ cm wird mit einer Messunsicherheit von $\Delta l = 1$ mm durchgeführt. Wie groß ergibt sich die relative Messunsicherheit?

Aufgabe 48.6: Eine Quarzstoppuhr gehe in einem Monat 24 s nach. Wie groß ist etwa der relative Fehler?

Aufgabe 48.7: Bei der Messung einer Stromstärke I wurde folgendes Ergebnis erhalten: $I = (4{,}00 \pm 0{,}12)$ A. Wie groß ist der relative Fehler (die relative Messunsicherheit) dieser Messung?

Aufgabe 48.8: Wie groß ist die relative Messunsicherheit (in Prozent) einer Spannungsmessung, für die sich ein Wert von $U = 2$ kV $\pm$ 20 mV ergibt?

Aufgabe 48.9: Bei der Messung einer Länge ergibt sich die in Bild A 48.2 dargestellte Gauß'sche Fehlerkurve ($H_2 = H_0/2$).
a) Wie groß ist der Mittelwert und
b) wie groß die Standardabweichung der Messung?

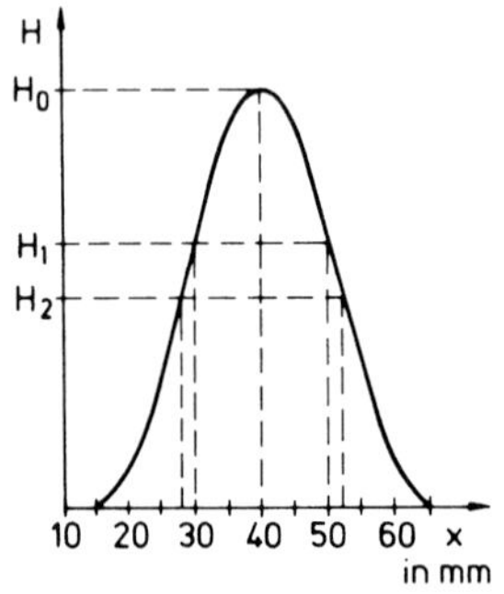

Bild A 48.2

Aufgabe 48.10: An einer elektronischen Waage mit vierstelliger digitaler Anzeige werde bei einer Wägung eine Masse von $m = 34{,}17$ g abgelesen. Wie groß ergibt sich etwa die relative Unsicherheit der Messung, wenn infolge Digitalisierung die letzte Ziffer um ± 1 Einheit unsicher ist?

Aufgabe 48.11: Der Mittelwert des Durchmessers von 100 Erythrozyten sei $x_1 = 8{,}0\ \mu$m. Nachträglich stellt sich heraus, dass sich unter den Messwerten ein sehr großer Wert (sog. Ausreißer) mit einem Durchmesser von 30 μm befindet. Wie groß ergibt sich der Mittelwert x_2 der 99 Erythrozyten ohne den Ausreißer?

Aufgabe 48.12: Unter einem Messmikroskop werden rote Blutkörperchen als kreisförmige Scheibchen gesehen. Als Ergebnis einer Messreihe folgt für ihren Durchmesser im Mittel $d = 8\ \mu$m mit einer Messunsicherheit von $\Delta d = \pm\ 0{,}1\ \mu$m. Wie groß ist die relative Messunsicherheit bei Angabe der Querschnittsfläche A?

Aufgabe 48.13: Die Kantenlänge a eines Würfels wird zu $a = (1{,}00 \pm 0{,}001)$ m gemessen. Auf welchen Wert ist demnach sein Volumen ungefähr bekannt?

Aufgabe 48.14: Die elektrische Leistungsaufnahme eines Heizgerätes soll bestimmt werden. Die Messwerte betragen: $U = 200$ V $\pm$ 3 %, $I = 10$ A $\pm$ 2 %. Wie groß ist die maximale absolute Unsicherheit (Fehler) der so bestimmten Leistung?

Aufgabe 48.15: Für das Trägheitsmoment J einer Kugel der Masse m und Radius r, die sich um ihre eigene Achse dreht, gilt die Formel: $J = \frac{2}{5} m \cdot r^2$. Sowohl m als auch r seien auf jeweils $\pm\frac{1}{2}$ % genau bestimmt worden. Wie groß ist die maximale relative Unsicherheit des nach obiger Formel berechneten Trägheitsmomentes?

Aufgabe 48.16: Aus einer Massenbestimmung (relative Unsicherheit $\pm$ 4 %) und einer Volumenbestimmung (relative Unsicherheit $\pm$ 3 %) wird die Dichte einer Probe bestimmt. Wie groß ist der maximale Wert für deren relative Unsicherheit?

Aufgabe 48.17: Bei einem Auto sei die Geschwindigkeit mit einer relativen Unsicherheit von $\pm$ 2,5 % sowie die Masse entsprechend mit $\pm$ 5 % gemessen worden. Wie groß wird die maximale relative Unsicherheit der kinetischen Energie des Autos?

Aufgabe 48.18: In einem Experiment werde die Fallbeschleunigung g aus der Messung der Zeit t, die ein Körper im Vakuum benötigt, um eine bestimmte Strecke s zu durchfallen, bestimmt. Wie groß ist etwa die maximale relative Unsicherheit des so bestimmten Wertes von g, wenn die relativen Unsicherheiten bei der Zeitmessung $\pm$ 2 % und bei der Wegmessung $\pm$ 1 % betragen?

Aufgabe 48.19: Der Brechwert eines Linsensystems aus dicht hintereinander stehender Sammel- und Zerstreuungslinse betrage (50 $\pm$ 0,5) dpt, der Brechwert der Sammellinse allein (55 $\pm$ 0,5) dpt. Wie groß wird ungefähr die maximale relative Unsicherheit (bzw. der maximale relative Fehler), die sich aus diesen Angaben für den Brechwert der Zerstreuungslinse ergibt?

Aufgabe 48.20: Ein radioaktives Präparat mit einer Halbwertszeit von 1 Woche werde mit einem Geiger-Müller-Zählrohr untersucht. Dazu wird zunächst die stets vorhandene natürliche Strahlung aus der Umgebung bestimmt (auch als „Untergrund" oder „Nulleffekt" bezeichnet). Dieser Wert ergibt sich im Mittel zu 20 Impulsen pro Minute. Anschließend wird das Präparat vor das Zählrohr gesetzt und man erhält bei dieser Messung im Mittel 220 Impulse pro Minute.
Welchen Messwert (Impulse/Minute) zeigt das Zählrohr bei gleichem Untergrund 1 Woche später im Mittel an, wenn das Präparat vor das Zählrohr gesetzt wird?

Mathematische Grundlagen

I. Begriffe und Formeln aus Arithmetik und Algebra

A. Potenzen und Wurzeln

Es wird $a^m = a \cdot a \cdot \ldots \cdot a$ (m Faktoren) als Potenz bezeichnet, wobei a die **Basis** und die positive ganze Zahl m ($m \neq 0$) der **Exponent** ist. Für $m = 0$ gilt: $a^0 = 1$.

Ist der Exponent ein Bruch, so stellt die Potenz $a^{\frac{m}{n}}$ (m, n ganze Zahlen) eine **Wurzel** dar: $a^{\frac{m}{n}} = \sqrt[n]{a^m}$.

Die Schreibweise für die Quadratwurzel ($n=2$) lautet: $\sqrt[2]{a} = \sqrt{a}$ ($m=1$ gesetzt). Für Potenzen und Wurzeln gelten folgende Rechenregeln:

$a^{m+n} = a^m \cdot a^n$	$a^{m-n} = \dfrac{a^m}{a^n}$
$a^m \cdot b^m = (a \cdot b)^m$	$\dfrac{a^m}{b^m} = \left(\dfrac{a}{b}\right)^m$
$a^{-m} = \dfrac{1}{a^m}$	$a^{m \cdot n} = (a^m)^n$
$\sqrt[m]{a} \cdot \sqrt[m]{b} = \sqrt[m]{a \cdot b}$	$\dfrac{\sqrt[m]{a}}{\sqrt[m]{b}} = \sqrt[m]{\dfrac{a}{b}}$
$\dfrac{a}{\sqrt{b}} = \dfrac{a \cdot \sqrt{b}}{b}$	$\sqrt[m]{a^n} = \left(\sqrt[m]{a}\right)^n$
$\sqrt[m]{\sqrt[n]{a}} = \sqrt[n]{\sqrt[m]{a}} = \sqrt[m \cdot n]{a} = a^{\frac{1}{m \cdot n}}$	

B. Logarithmen

Der **Logarithmus** der Zahl b zur Basis a ist eine Zahl m und man schreibt: $m = \log_a b$, dabei gilt, dass m diejenige Hochzahl ist, mit der man die Basis a potenzieren muss, um die Zahl b zu erhalten: $b = a^m$ (s. auch III.C.7).

Die am häufigsten gebrauchten Logarithmen sind:

Der ***dekadische*** oder ***Brigg'sche Logarithmus*** mit der Basis $a = 10$:

Schreibweise:

$\log_{10} x = \lg x$

und der ***natürliche*** oder ***Napier'sche Logarithmus*** mit der Basis $a = e = 2{,}718\ldots$ (Euler'sche Zahl):

Schreibweise:

$\log_e x = \ln x$

Zur Umrechnung zwischen dekadischem Logarithmus $\lg x$ und natürlichem Logarithmus $\ln x$ gelten die Beziehungen:

$$\lg x = \frac{\ln x}{\ln 10} = (0{,}434\ldots) \cdot \ln x$$

$$\ln x = (2{,}302\ldots) \cdot \lg x$$

Verwendet wird auch der ***duale*** bzw. ***binäre Logarithmus (Zweierlogarithmus)*** mit der Basis $a=2$:

Schreibweise:

$\log_2 x = \operatorname{ld} x$ bzw. $\operatorname{lb} x$

wobei für den Zweierlogarithmus hier $\operatorname{ld} x$ als Schreibweise benutzt wird. Zwischen dualem Logarithmus $\operatorname{ld} x$ und dekadischem bzw. natürlichem Logarithmus $\lg x$ bzw. $\ln x$ lauten die Umrechnungsbeziehungen:

$$\operatorname{ld} x = \frac{\lg x}{\lg 2} = (3{,}321\ldots)\cdot \lg x$$

$$\lg x = (0{,}301\ldots)\cdot \operatorname{ld} x$$

bzw.

$$\operatorname{ld} x = \frac{\ln x}{\ln 2} = (1{,}442\ldots)\cdot \ln x$$

$$\ln x = (0{,}693\ldots)\cdot \operatorname{ld} x$$

Für den Logarithmus gelten folgende Rechenregeln (unabhängig von der Basis):

$\log(b\cdot c) = \log b + \log c$	$\log\frac{b}{c} = \log b - \log c$
$\log(b^n) = n\cdot\log b$	$\log\sqrt[n]{b} = \frac{\log b}{n}$
$\log(b^m)^n = \log(b^{m\cdot n}) = m\cdot n\cdot\log b$	
$\log\frac{1}{b} = -\log b$	$\log 1 = 0$

Aufgrund der Definition des Logarithmus ist $\lg 10^x = x$, bzw. $\ln e^x = x$ oder $\operatorname{ld} 2^x = x$, und man erhält damit, z. B.: $\lg 10 = 1$; $\lg 10^2 = 2$; $\ln e = 1$; $\ln\frac{1}{e} = -1$; $\ln\frac{1}{e^2} = -2$; $\operatorname{ld} 2 = 1$; $\operatorname{ld} 1024 = \operatorname{ld} 2^{10} = 10$.

C. Binomialkoeffizienten

Unter $p!$ (lies: p Fakultät) versteht man das Produkt:

$$p! = 1\cdot 2\cdot 3\cdot\ldots\cdot(p-2)\cdot(p-1)\cdot p$$

und man definiert $0! = 1$.

Der *Binomialkoeffizient* $\binom{n}{p}$ (lies: n über p) ist gegeben durch den Quotienten:

$$\binom{n}{p} = \frac{n\cdot(n-1)\cdot\ldots\cdot(n-p+1)}{p!} = \frac{n!}{(n-p)!\cdot p!}$$

$(0 \le p \le n)$

Es ist: $\binom{n}{p} = 0$, wenn $p > n$; $\binom{n}{1} = n$; $\binom{n}{n} = 1$ und $\binom{n}{0} = 1$

Für ganze positive Zahlen lautet der **Binomische Lehrsatz**:

$$(a\pm b)^n = \binom{n}{0}\cdot a^n \pm \binom{n}{1}\cdot a^{n-1}\cdot b + \ldots$$
$$\ldots(\pm 1)^n\cdot\binom{n}{n}\cdot b^n$$
$$= \sum_{k=0}^{n}\left[(\pm 1)^k\cdot\binom{n}{k}\cdot a^{n-k}\cdot b^k\right]$$

Beispiele:

$(a\pm b)^2 = a^2 \pm 2\cdot a\cdot b + b^2$

$(a\pm b)^3 = a^3 \pm 3\cdot a^2\cdot b + 3\cdot a\cdot b^2 \pm b^3$

Beachte aber:

$a^2 - b^2 = (a-b)\cdot(a+b)$

D. Imaginäre und komplexe Zahlen

Die **imaginäre Einheit** wird mit i (oder j) bezeichnet und ist definiert durch:

$i^2 = -1$

Sind a und b reelle Zahlen, so nennt man:

$z = i\cdot b$	eine *imaginäre Zahl*,
$z = a + i\cdot b$	eine *komplexe Zahl*
$z* = a - i\cdot b$	die dazugehörige *konjugiert komplexe Zahl*

Dabei heißt a der **Realteil** (Schreibweise: $a = \operatorname{Re} z$), b der **Imaginärteil** ($b = \operatorname{Im} z$) der Zahl z.

Es gilt:

$i^2 = -1; \quad i^3 = -i,\ i^4 = +1; \quad i^5 = +i$

$z_1 \pm z_2 = (a_1 \pm a_2) + i \cdot (b_1 \pm b_2)$

$z_1 \cdot z_2 = (a_1 \cdot a_2 - b_1 \cdot b_2) + i \cdot (a_1 \cdot b_2 + a_2 \cdot b_1)$

$$\frac{z_1}{z_2} = \frac{a_1 \cdot a_2 + b_1 \cdot b_2}{a_2^2 + b_2^2} + i \cdot \frac{a_2 \cdot b_1 - a_1 \cdot b_2}{a_2^2 + b_2^2}$$

$z \cdot z* = (a + i \cdot b)(a - i \cdot b) = a^2 + b^2 = z^2$

E. Gleichungen

1. Gleichungen mit einer Unbekannten

Es werden hier nur die Gleichung ersten Grades – die **lineare Gleichung** – und die Gleichung zweiten Grades – die **quadratische Gleichung** – mit einer Unbekannten angesprochen.

Eine ***lineare Gleichung*** mit einer Unbekannten lautet:

$a \cdot x + b = 0 \quad (a \neq 0)$

mit der Lösung:

$$x = -\frac{b}{a}$$

Eine ***quadratische Gleichung*** mit eine Unbekannten

$a \cdot x^2 + b \cdot x + c = 0 \quad (a \neq 0)$

besitzt zwei Lösungen x_1 und x_2, welche gegeben sind durch:

$$x_{1/2} = \frac{-b \pm \sqrt{b^2 - 4 \cdot a \cdot c}}{2 \cdot a}$$

Die beiden Lösungen x_1, x_2 sind

reell und verschieden, wenn $b^2 - 4 \cdot a \cdot c > 0$,
reell und gleich, wenn $b^2 - 4 \cdot a \cdot c = 0$,
konjugiert komplex, wenn $b^2 - 4 \cdot a \cdot c < 0$.

2. Gleichungen mit mehreren Unbekannten

Einige Bemerkungen zu deren prinzipiellen Darstellungs- und Behandlungsmöglichkeiten werden hier angegeben.

Zunächst wird der Begriff der **Matrix** und der **Determinante** eingeführt.

α) Matrix

Unter einer ***Matrix A*** versteht man ein System von $m \cdot n$ Zahlen a_{ik} mit m Zeilen (Horizontalreihen) und n Spalten (Vertikalreihen), die man in folgender Form schreibt:

$$\boldsymbol{A} = \begin{pmatrix} a_{11} & a_{12} & a_{13} & \dots & a_{1n} \\ a_{21} & a_{22} & a_{23} & \dots & a_{2n} \\ \vdots & \vdots & \vdots & & \vdots \\ a_{m1} & a_{m2} & a_{m3} & \dots & a_{mn} \end{pmatrix} = (a_{ik})$$

Die a_{ik} ($i = 1, 2, \dots, m$; $k = 1, 2, \dots, n$) nennt man die Elemente der Matrix und im Fall $n = m$ ist (a_{ik}) quadratisch. Es sollen hier nur quadratische Matrizen betrachtet werden.

Die ***Summe*** $\boldsymbol{C} = \boldsymbol{A} + \boldsymbol{B}$ ***der Matrizen*** $\boldsymbol{A} = (a_{ik})$ *und* $\boldsymbol{B} = (b_{ik})$ *mit n* Zeilen und Spalten ergibt eine Matrix $\boldsymbol{C} = (c_{ik})$ mit den Elementen $c_{ik} = a_{ik} + b_{ik}$.

Als ***Produkt*** $\boldsymbol{C} = \boldsymbol{A} \cdot \boldsymbol{B}$ ***zweier Matrizen*** $\boldsymbol{A} = (a_{ik})$ und $\boldsymbol{B} = (b_{ik})$ mit n Zeilen und Spalten erhält man die ***Produktmatrix*** $\boldsymbol{C} = (c_{ik})$ mit $c_{ik} = \sum_{s=1}^{n} a_{is} \cdot b_{sk}$ $(i,\ k = 1,\ 2,\ \dots,\ n)$.

β) Determinante

Eine ***Determinante n-ten Grades***, bzw. ***n-ter Ordnung***, der Matrix $\boldsymbol{A} = (a_{ik})$ hat n Zeilen und Spalten und besteht damit aus n^2 Elementen. Sie wird geschrieben:

$$D = \begin{vmatrix} a_{11} & a_{12} & a_{13} & \dots & a_{1n} \\ a_{21} & a_{22} & a_{23} & \dots & a_{2n} \\ \vdots & \vdots & \vdots & & \vdots \\ a_{n1} & a_{n2} & a_{n3} & \dots & a_{nn} \end{vmatrix}$$

und wird auch mit $\|a_{ik}\|$ oder det (a_{ik}) bezeichnet.

Zur Berechnung einer Determinante, beispielsweise 3. Grades,

$$\begin{vmatrix} a_{11} & a_{12} & a_{13} \\ a_{21} & a_{22} & a_{23} \\ a_{31} & a_{32} & a_{33} \end{vmatrix}$$

wird wie folgt vorgegangen:

Man setzt die beiden ersten Spalten in der gleichen Reihenfolge neben die letzte Spalte und bildet, wie in diesem Fall, die sechs Produkte der Elemente, die auf einer Diagonale liegen. Die Produkte erhalten bei der von links oben nach rechts unten verlaufenden Hauptdiagonalen (Pfeilrichtung: ↘) positives (+) und bei der von links unten nach rechts oben verlaufenden Nebendiagonalen (Pfeilrichtung: ↗) negatives (–) Vorzeichen.

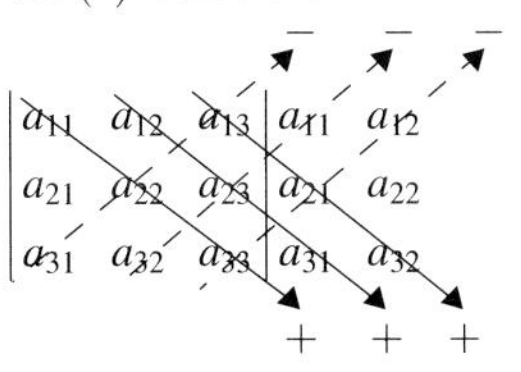

$= a_{11} \cdot a_{22} \cdot a_{33} + a_{12} \cdot a_{23} \cdot a_{31} + a_{13} \cdot a_{21} \cdot a_{32}$

$\quad - a_{31} \cdot a_{22} \cdot a_{13} - a_{32} \cdot a_{23} \cdot a_{11} - a_{33} \cdot a_{21} \cdot a_{12}$

Eine Determinante n-ter Ordnung kann mithilfe von *Unterdeterminanten* $(n-1)$-ter Ordnung zerlegt werden. Man erhält die Unterdeterminante zu einem Element a_{ik} in der i-ten Zeile und der k-ten Spalte, indem man die i-te Zeile und die k-te Spalte der ursprünglichen Determinante streicht. Die Unterdeterminanten werden mit dem Element a_{ik} unter Berücksichtigung des Vorzeichens $(-1)^{i+k}$ multipliziert und die Produkte aufsummiert. Für eine Determinante 4. Ordnung ergibt sich:

$$\begin{vmatrix} a_{11} & a_{12} & a_{13} & a_{14} \\ a_{21} & a_{22} & a_{23} & a_{24} \\ a_{31} & a_{32} & a_{33} & a_{34} \\ a_{41} & a_{42} & a_{43} & a_{44} \end{vmatrix} = a_{11} \cdot \begin{vmatrix} a_{22} & a_{23} & a_{24} \\ a_{32} & a_{33} & a_{34} \\ a_{42} & a_{43} & a_{44} \end{vmatrix}$$

$$- a_{21} \cdot \begin{vmatrix} a_{12} & a_{13} & a_{14} \\ a_{32} & a_{33} & a_{34} \\ a_{42} & a_{43} & a_{44} \end{vmatrix} + a_{31} \cdot \begin{vmatrix} a_{12} & a_{13} & a_{14} \\ a_{22} & a_{23} & a_{24} \\ a_{42} & a_{43} & a_{44} \end{vmatrix}$$

$$- a_{41} \cdot \begin{vmatrix} a_{12} & a_{13} & a_{14} \\ a_{22} & a_{23} & a_{24} \\ a_{32} & a_{33} & a_{34} \end{vmatrix}$$

Die Determinanten 3. Ordnung können nun wieder in entsprechende Unterdeterminanten 2. Ordnung zerlegt oder, wie oben für Determinanten 3. Ordnung angegeben, berechnet werden.

Systeme linearer Gleichungen lassen sich sehr vorteilhaft mit Hilfe der Determinantendarstellung behandeln. Beispielhaft werden lineare Gleichungssysteme 2. und 3. Grades betrachtet.

Gegeben sei das Gleichungssystem

$$\begin{cases} a_{11}\,x_1 + a_{12}\,x_2 = \alpha_1 \\ a_{21}\,x_1 + a_{22}\,x_2 = \alpha_2 \end{cases}$$

Nach dem Additionsverfahren muss man, um x_1 zu erhalten, die erste Gleichung mit a_{22}, die zweite mit $-a_{12}$ multiplizieren und, um x_2 zu erhalten, die erste Gleichung mit $-a_{21}$, die zweite mit a_{11}. Dann resultieren folgende Gleichungen als Lösungen:

$$x_1 = \frac{\alpha_1\,a_{22} - \alpha_2\,a_{12}}{a_{11}\,a_{22} - a_{21}\,a_{12}} \quad \text{und} \quad x_2 = \frac{a_{11}\,\alpha_2 - a_{21}\,\alpha_1}{a_{11}\,a_{22} - a_{21}\,a_{12}}$$

Die im Zähler und Nenner auftretenden Differenzen lassen sich als Determinanten zweiter Ordnung schreiben, wobei die gemeinsame Nennerdeterminante aus den Koeffizienten der gesuchten Lösungen x_1 und x_2 gebildet wird. Sie muss von Null verschieden sein, wenn das Gleichungssystem lösbar sein soll. Man erhält somit:

$$x_1 = \frac{\det(\alpha_i\,a_{i2})}{\det(a_{ik})} = \frac{\begin{vmatrix} \alpha_1 & a_{12} \\ \alpha_2 & a_{22} \end{vmatrix}}{\begin{vmatrix} a_{11} & a_{12} \\ a_{21} & a_{22} \end{vmatrix}}$$

und

$$x_2 = \frac{\det(a_{i1}\alpha_i)}{\det(a_{ik})} = \frac{\begin{vmatrix} a_{11} & \alpha_1 \\ a_{21} & \alpha_2 \end{vmatrix}}{\begin{vmatrix} a_{11} & a_{12} \\ a_{21} & a_{22} \end{vmatrix}}$$

Beispiel: Gesucht sind die Lösungen des Gleichungssystems

$$\begin{cases} 7x_1 + 5x_2 = 85 \\ 4x_1 - x_2 = 37 \end{cases}$$

Es folgt mit oben:

$$x_1 = \frac{\begin{vmatrix} 85 & 5 \\ 37 & -1 \end{vmatrix}}{\begin{vmatrix} 7 & 5 \\ 4 & -1 \end{vmatrix}} = \frac{-85-185}{-7-20} = 10$$

und

$$x_2 = \frac{\begin{vmatrix} 7 & 85 \\ 4 & 37 \end{vmatrix}}{\begin{vmatrix} 7 & 5 \\ 4 & -1 \end{vmatrix}} = \frac{259-340}{-7-20} = 3$$

Das lineare Gleichungssystem dritten Grades

$$\left\{\begin{aligned} a_{11}\,x_1 + a_{12}\,x_2 + a_{13}\,x_3 = \alpha_1 \\ a_{21}\,x_1 + a_{22}\,x_2 + a_{23}\,x_3 = \alpha_2 \\ a_{31}\,x_1 + a_{32}\,x_2 + a_{33}\,x_3 = \alpha_3 \end{aligned}\right\}$$

mit den Unbekannten x_1, x_2, x_3 besitzt genau eine Lösung x_1, x_2, x_3, wenn die Determinante der Koeffizienten

$$\det(a_{ik}) = \begin{vmatrix} a_{11} & a_{12} & a_{13} \\ a_{21} & a_{22} & a_{23} \\ a_{31} & a_{32} & a_{33} \end{vmatrix} \neq 0$$

ist. Damit ergibt sich für die Unbekannten des Gleichungssystems:

$$x_1 = \frac{\begin{vmatrix} \alpha_1 & a_{12} & a_{13} \\ \alpha_2 & a_{22} & a_{23} \\ \alpha_3 & a_{32} & a_{33} \end{vmatrix}}{\det(a_{ik})}; \quad x_2 = \frac{\begin{vmatrix} a_{11} & \alpha_1 & a_{13} \\ a_{21} & \alpha_2 & a_{23} \\ a_{31} & \alpha_3 & a_{33} \end{vmatrix}}{\det(a_{ik})};$$

$$x_3 = \frac{\begin{vmatrix} a_{11} & a_{12} & \alpha_1 \\ a_{21} & a_{22} & \alpha_2 \\ a_{31} & a_{32} & \alpha_3 \end{vmatrix}}{\det(a_{ik})}$$

Die Berechnung der Determinanten erfolgt nach dem vorher beschriebenen Verfahren.

II. Formeln der Geometrie und Trigonometrie

A. Rechtwinkliges Dreieck

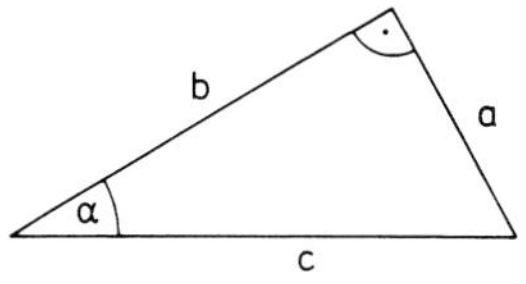

Fläche:

$A = \frac{1}{2} a \cdot b$ $\quad$ (a, b: Katheten)

Satz des Pythagoras:

$c^2 = a^2 + b^2$ $\quad$ (c: Hypotenuse)

Einfache trigonometrische Funktionen:
Im rechtwinkligen Dreieck gelten folgende Definitionen der Winkelfunktionen:

Sinus des Winkels α:

$$\sin \alpha = \frac{a}{c} \qquad \frac{\textit{Gegenkathete}}{\textit{Hypotenuse}}$$

Cosinus des Winkels α:

$$\cos \alpha = \frac{b}{c} \qquad \frac{\textit{Ankathete}}{\textit{Hypotenuse}}$$

Tangens des Winkels α:

$$\tan \alpha = \frac{a}{b} \qquad \frac{\textit{Gegenkathete}}{\textit{Ankathete}}$$

Cotangens des Winkels α:

$$\cot \alpha = \frac{b}{a} \qquad \frac{\textit{Ankathete}}{\textit{Gegenkathete}}$$

Einige *spezielle Funktionswerte* sind in der folgenden Tabelle zusammengestellt:

α	0°	30°	45°	60°	90°
$\sin \alpha$	0	$\frac{1}{2}$	$\frac{\sqrt{2}}{2}$	$\frac{\sqrt{3}}{2}$	1
$\cos \alpha$	1	$\frac{\sqrt{3}}{2}$	$\frac{\sqrt{2}}{2}$	$\frac{1}{2}$	0
$\tan \alpha$	0	$\frac{\sqrt{3}}{3}$	1	$\sqrt{3}$	∞
$\cot \alpha$	∞	$\sqrt{3}$	1	$\frac{\sqrt{3}}{3}$	0

Ferner gelten folgende Beziehungen:

$$\sin^2 \alpha + \cos^2 \alpha = 1$$

$$\tan \alpha = \frac{\sin \alpha}{\cos \alpha} = \frac{1}{\cot \alpha}$$

$$\sin(2\alpha) = 2 \cdot \sin \alpha \cdot \cos \alpha$$

$$\cos(2\alpha) = \cos^2 \alpha - \sin^2 \alpha$$

$$\sin(-\alpha) = -\sin \alpha \qquad \cos(-\alpha) = +\cos \alpha$$

$$\tan(-\alpha) = -\tan \alpha \qquad \cot(-\alpha) = -\cot \alpha$$

$$\sin(\alpha \pm 90°) = \pm \cos \alpha$$

$$\cos(\alpha \pm 90°) = \mp \sin \alpha$$

$$\sin(\alpha \pm \beta) = \sin \alpha \cdot \cos \beta \pm \cos \alpha \cdot \sin \beta$$

$$\cos(\alpha \pm \beta) = \cos \alpha \cdot \cos \beta \mp \sin \alpha \cdot \sin \beta$$

$$\tan(\alpha \pm \beta) = \frac{\tan \alpha \pm \tan \beta}{1 \mp \tan \alpha \cdot \tan \beta}$$

B. Allgemeines Dreieck

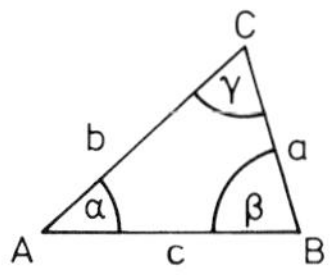

Fläche:

$$A = \frac{1}{2} \cdot a \cdot b \cdot \sin \gamma = \frac{1}{2} \cdot a \cdot c \cdot \sin \beta$$
$$= \frac{1}{2} \cdot b \cdot c \cdot \sin \alpha$$

Winkelsumme:

$$\alpha + \beta + \gamma = 180°$$

(Dabei sind a, b, c die Seiten des Dreiecks ABC und α, β, γ entsprechend die den Seiten a, b, c gegenüber liegenden Winkel.)

In einem solchen beliebigen (nicht notwendig rechtwinkligen) Dreieck gelten die Sätze:

Sinussatz:

$$\frac{a}{\sin\alpha}=\frac{b}{\sin\beta}=\frac{c}{\sin\gamma}$$

Cosinussatz:

$$a^2=b^2+c^2-2\cdot b\cdot c\cdot\cos\alpha$$

$$b^2=a^2+c^2-2\cdot a\cdot c\cdot\cos\beta$$

$$c^2=a^2+b^2-2\cdot a\cdot b\cdot\cos\gamma$$

Aus der letzten Gleichung beispielsweise folgt für den Fall des rechtwinkligen Dreiecks ($\gamma=90°$) der Satz des Pythagoras (s. oben II.A).

C. Gleichseitiges Dreieck

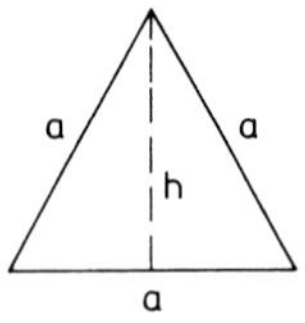

Fläche:

$$A=\frac{1}{4}a^2\sqrt{3}$$

Höhe:

$$h=\frac{a}{2}\sqrt{3}$$

D. Rechteck

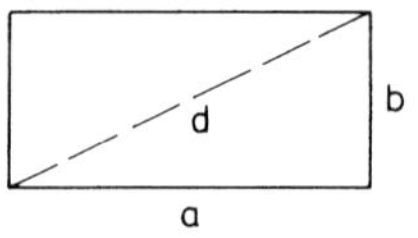

Diagonale:

$$d=\sqrt{a^2+b^2}$$

Fläche:

$$A=a\cdot b$$

E. Parallelogramm

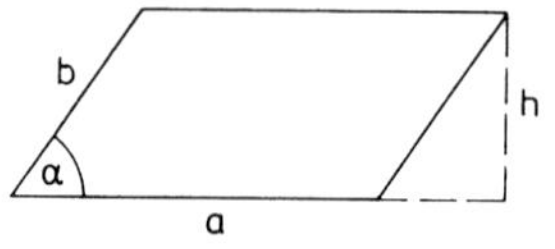

Fläche:

$$A=a\cdot h=a\cdot b\cdot\sin\alpha$$

Höhe:

$$h=b\cdot\sin\alpha$$

F. Kreis

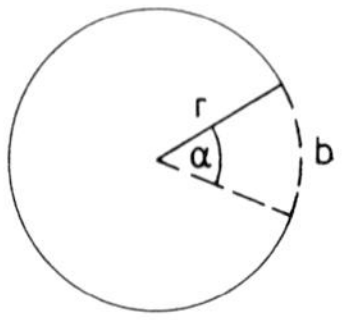

Umfang:

$$U=2\cdot\pi\cdot r$$

Fläche: $A=\pi\cdot r^2$

Kreisbogen:

$$b=\frac{\pi\cdot r\cdot\alpha}{180°}=r\cdot\mathrm{arc}\,\alpha$$

Dabei bezeichnet arc α (lies: Arcus α) das **Bogenmaß** des Winkels α, das definiert ist als die Länge des Bogens b auf dem Kreis mit Radius r dividiert durch den Radius r:

$$x=\frac{b}{r}\quad\text{Bezeichnung: } x=\mathrm{arc}\,\alpha$$

Das Bogenmaß x des Winkels α entspricht also der Bogenlänge auf dem so genannten Einheitskreis (Kreis mit Radius $r=1$). Zur Umrechnung vom Gradmaß ins Bogenmaß gilt folgende Beziehung:

$$x=\frac{\pi\cdot\alpha}{180°}=\mathrm{arc}\,\alpha$$

Einige Werte für arc α sind in folgender Tabelle angegeben:

α	0°	30°	45°	60°	90°	180°	270°	360°
$x=\mathrm{arc}\,\alpha$	0	$\frac{\pi}{6}$	$\frac{\pi}{4}$	$\frac{\pi}{3}$	$\frac{\pi}{2}$	π	$\frac{3\pi}{2}$	2π

G. Ellipse

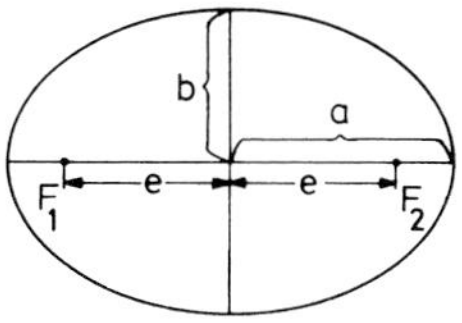

Elemente der Ellipse (s. Abb.) sind:
a: große Halbachse; b: kleine Halbachse;
F_1, F_2: Brennpunkte im Abstand e vom Mittelpunkt

Lineare Exzentrizität e: $e^2 = a^2 - b^2$

Numerische Exzentrizität: $\varepsilon = \frac{e}{a}$

Fläche: $A = \pi \cdot a \cdot b$

H. Quader

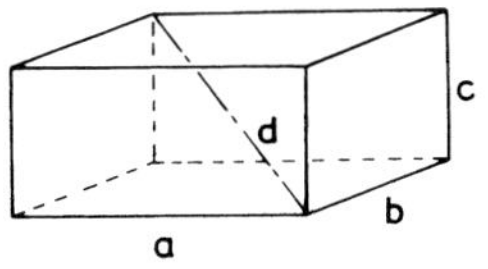

a, b, c: Kantenlängen
Raumdiagonale: $d = \sqrt{a^2 + b^2 + c^2}$
Oberfläche: $S = 2 \cdot (a \cdot b + b \cdot c + c \cdot a)$
Volumen: $V = a \cdot b \cdot c$

I. Würfel

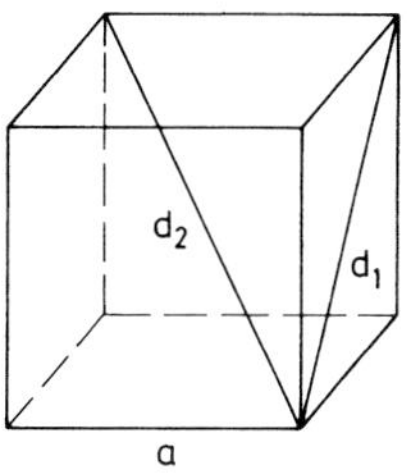

Volumen: $V = a^3$
Oberfläche: $S = 6 \cdot a^2$
Flächendiagonale: $d_1 = a \cdot \sqrt{2}$
Raumdiagonale: $d_2 = a \cdot \sqrt{3}$

J. Kugel

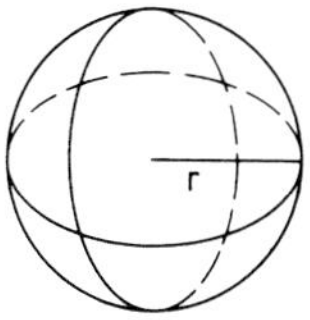

Volumen: $V = \frac{4}{3} \cdot \pi \cdot r^3$
Oberfläche: $S = 4 \cdot \pi \cdot r^2$

K. Zylinder

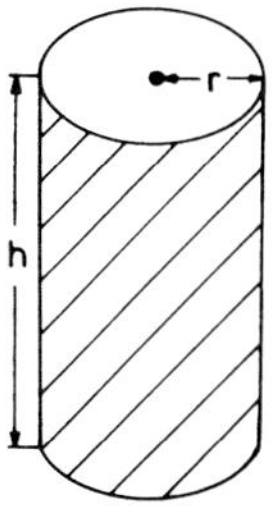

Gerader (senkrechter) Kreiszylinder (s. Abb.).
Mantelfläche (schraffiert): $M = 2 \cdot \pi \cdot r \cdot h$
Oberfläche: $S = 2 \cdot \pi \cdot r(r + h)$
Volumen: $V = \pi \cdot r^2 \cdot h$

L. Kreiskegel

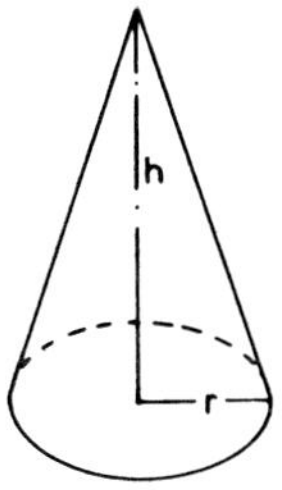

Gerader Kreiskegel (s. Abb.).
Mantelfläche: $M = \pi \cdot r \cdot s$ mit $s = \sqrt{r^2 + h^2}$
Oberfläche: $S = \pi \cdot r \cdot (r + s)$
Volumen: $V = \frac{1}{3} \cdot \pi \cdot r^2 \cdot h$

III. Funktionen und ihre graphische Darstellung

A. Begriff der Funktion

Zur mathematischen Behandlung vieler physikalischer Gesetzmäßigkeiten ist es nützlich, den Begriff der Funktion einzuführen. Wir definieren deshalb:

Definition:

y heißt Funktion von x, wenn jedem Wert der Variablen x durch eine Vorschrift **ein** Wert y (eindeutige Funktion) oder **mehrere** Werte y (mehrdeutige Funktion) zugeordnet werden.

Schreibweise: $y = f(x)$

Die ***unabhängige Variable x*** wird oft als Argument der Funktion $f(x)$ bezeichnet. Der Wertebereich von x heißt der *Definitionsbereich* der Funktion $f(x)$. Der Wertebereich der ***abhängigen Variablen y*** ist der Wertevorrat der Funktion $f(x)$.

B. Graphische Darstellung

Zur graphischen Darstellung einer Funktion tragen wir in einem kartesischen (rechtwinkligen) Koordinatensystem die Variable x auf der Abszisse (x-Achse), die Funktionswerte y auf der Ordinate (y-Achse) auf. Damit erhält man ein geometrisches Bild der Funktion. Jeder Punkt P der Kurve ist durch seine Koordinaten (x, y) gekennzeichnet. So hat z. B. der Punkt P_1 in Abb. III.1 die Koordinaten:
$P_1 : (x_1, y_1) = (2, 1)$.

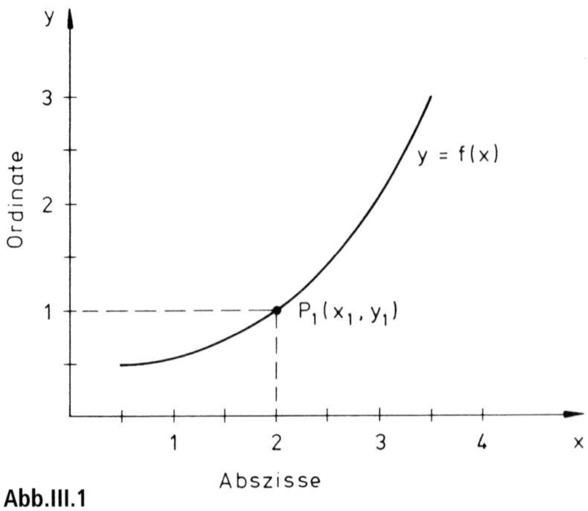

Abb.III.1

C. Beispiele einfacher Funktionen

1. Gerade; lineare Funktion

Die allgemeine Gleichung der ***Geraden*** stellt eine lineare Funktion dar:

$$y = a \cdot x + b$$

Eine Gerade ist durch *zwei konstante Größen* charakterisiert: Den **Achsenabschnitt *b*** (Funktionswert von y für $x = 0$) und die **Steigung *a***.

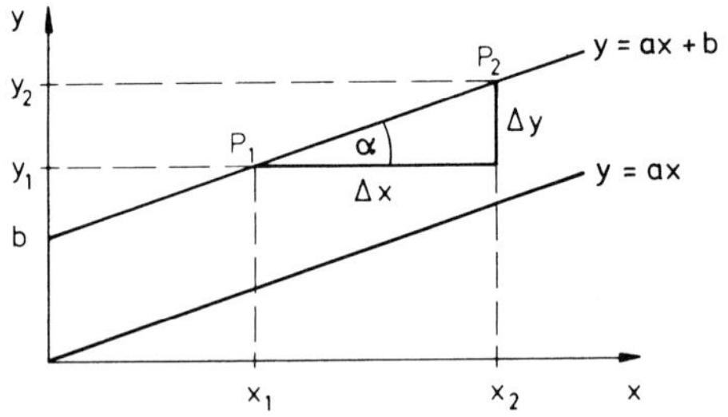

Abb.III.2

Die Steigung ist gegeben durch das Verhältnis (s. Abb. III.2):

$$\frac{\Delta y}{\Delta x} = \frac{y_2 - y_1}{x_2 - x_1} = \tan \alpha = a$$

Die Steigung a ist also gleich dem Tangens des Winkels α, welchen die Gerade mit der Abszissenachse, oder einer Parallelen dazu, bildet. Weil a konstant ist, besitzt eine Gerade in jedem Punkt die gleiche Steigung.

Ist der y-Achsenabschnitt $b = 0$, so ergibt die graphische Darstellung eine Gerade, die durch den Koordinatenursprung geht (Abb. III.2). Ihre Gleichung: $y = a \cdot x$ drückt die *Proportionalität* zwischen x und y aus. Der *Proportionalitätsfaktor a* ist identisch mit der Steigung der Geraden. Die Beziehung $y = a \cdot x + b$ setzt sich somit aus der Proportionalität $a \cdot x$ und der Konstanten b zusammen.

2. Potenzfunktion

Für Funktionen, deren abhängige Variable nicht proportional zur unabhängigen Variablen ist, sondern proportional zu deren Quadrat ($y = a \cdot x^2$), deren dritten Potenz ($y = a \cdot x^3$) oder zu höheren Potenzen, lautet die allgemeine Funktionsgleichung:

$$y = a\,x^n$$

wobei n und a konstante reelle Zahlen sind.

Die Konstante $y = a$ bzw. die Ursprungsgerade $y = a \cdot x$ sind als Sonderfälle für $n = 0$, bzw. $n = 1$ mit enthalten.

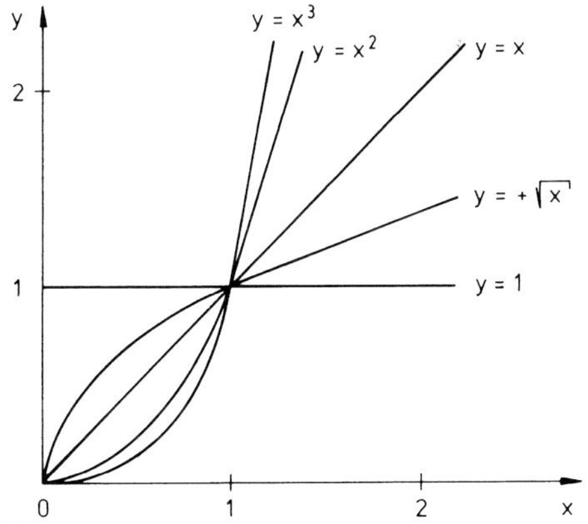

Abb.III.3

Beispiele (s. Abb. III.3; die Funktionen sind nur für die positiven Halbachsen dargestellt):
Es wird vorausgesetzt $a = 1$ und $n \geq 0$

a) Für $n = 0$ erhält man $y = 1$, eine Gerade parallel zur Abszissenachse im Abstand $y = 1$.
b) $n = 1$ ergibt in kartesischen Koordinaten die 1. Winkelhalbierende $y = x$.
c) $n = 2$ ergibt die Parabel $y = x^2$.
d) $n = 3$ ergibt die Parabel höherer Ordnung $y = x^3$.
e) n kann auch eine gebrochene rationale Zahl sein.

Z. B. ergibt $n = 1/2$ die Wurzelfunktion: $y = \pm x^{1/2} = \pm\sqrt{x}$.

Bei der Wurzelfunktion werden jedem x-Wert ($x > 0$) zwei Funktionswerte $+\sqrt{x}$ und $-\sqrt{x}$ zugeordnet (zweideutige Funktion).

Potenzfunktionen $y = a \cdot x^n$ mit negativem Exponenten ($n < 0$) werden in III.C.5 angesprochen und anhand eines einfachen Beispiels behandelt.

3. Polynome

Eine Linearkombination aus Potenzfunktionen verschiedener Exponenten nennt man ein Polynom oder eine ganze rationale Funktion:

$$y = a_0 + a_1\,x + a_2\,x^2 + \ldots + a_n\,x^n$$

4. Kreis und Ellipse

Die Funktionsgleichung eines ***Kreises*** (s. Abb. III.4) mit Radius r und Mittelpunkt $M(x_0, y_0)$ ist gegeben durch:

$$(x - x_0)^2 + (y - y_0)^2 = r^2$$

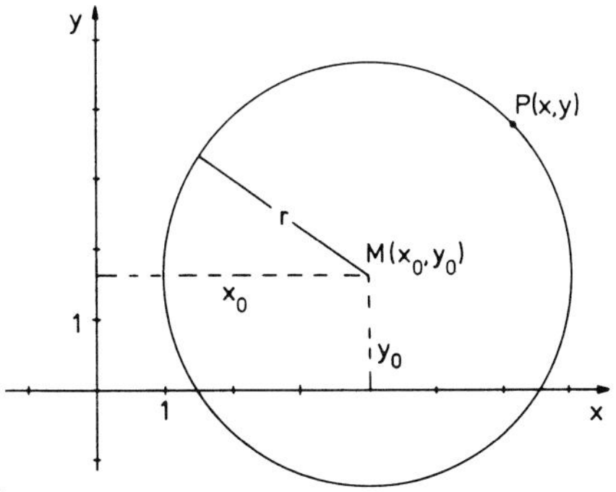

Abb.III.4

Ist der Koordinatenursprung der Mittelpunkt des Kreises, so gilt:

$$x^2 + y^2 = r^2$$

Die Hauptform der Gleichung einer ***Ellipse*** ist gegeben durch:

$$\frac{(x - x_0)^2}{a^2} + \frac{(y - y_0)^2}{b^2} = 1$$

$P(x, y)$ ist ein beliebiger Punkt der Ellipse mit Mittelpunkt $M(x_0, y_0)$, der **großen Halbachse *a*** und der **kleinen Halbachse *b***.

Abb. III.5 zeigt eine Ellipse mit dem Koordinatenursprung als Mittelpunkt; deren Gleichung lautet:

$$\frac{x^2}{a^2}+\frac{y^2}{b^2}=1$$

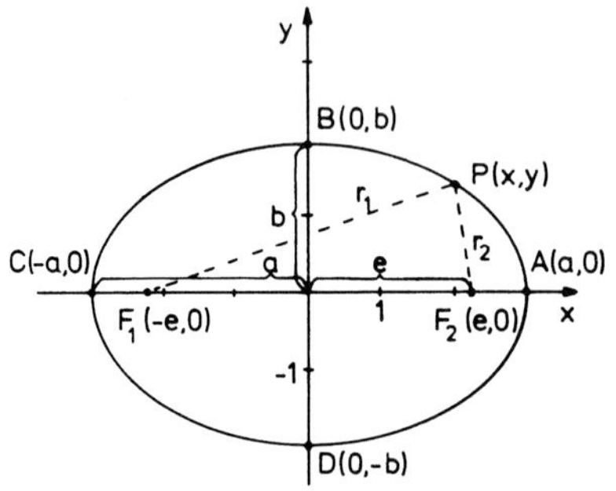

Abb.III.5

Für jeden Punkt P(x, y) einer Ellipse gilt, dass die Summe der Entfernungen r_1, r_2 von zwei festen vorgegebenen Punkten F_1 und F_2, den Brennpunkten, konstant ist (Abb. III.5): $r_1+r_2=2\cdot a$ (a: große Halbachse). Die Strahlen F_1 P und F_2 P nennt man **Brennstrahlen**.

5. Hyperbel

Die Hyperbel gehört zur Klasse der gebrochenen rationalen Funktionen. Sie wird hier in ihrer einfachsten Form, der ***gleichseitigen Hyperbel*** (Koordinatenachsen als Asymptoten), angegeben:

$$y=\frac{a}{x} \quad \text{oder} \quad x\cdot y=a$$

Die Funktion $y=\frac{a}{x}$ drückt aus, dass die Variable y umgekehrt proportional zur Variablen x ist **(umgekehrte Proportionalität)**. Das Produkt beider Variablen ist konstant. In Abb. III.6 ist die Funktion $y=\frac{a}{x}$ für $a=1$ dargestellt.

Die ***allgemeine Form der Hyperbelgleichung*** lautet: $y=\frac{a}{x^n}\,(n\geq 1)$.

Mit steigendem Exponenten n werden die Hyperbeln steiler. Die Hyperbeläste mit ge-

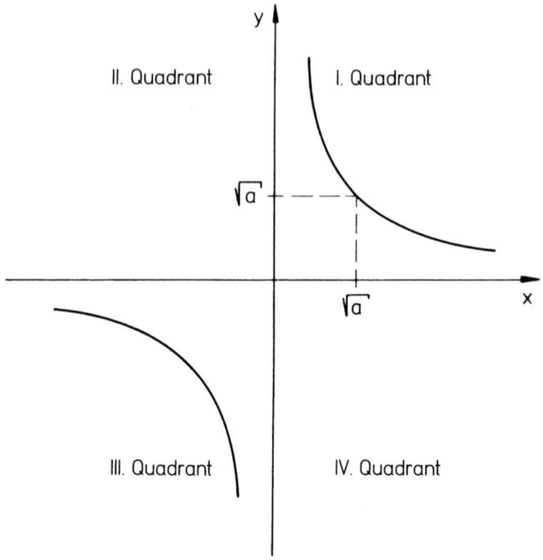

Abb.III.6

radem Exponenten liegen im I. und II. Quadranten, jene mit ungeradem n im I. und III. Quadranten (s. Abb. III.6).

6. Exponentialfunktion

Die ***allgemeine Exponentialfunktion*** ist gegeben durch die Gleichung:

$$y=b\cdot a^{c\cdot x}$$

mit der Basis $a>0$; $a\neq 1$; b, c reell.

Der Definitionsbereich der Funktion $y=f(x)=b\cdot a^{c\cdot x}$ ist die Menge der reellen Zahlen.

Wählt man für die Basis a speziell die Zahl $e=\lim_{n\to\infty}\left(1+\frac{1}{n}\right)^n$, wobei für die transzendente ***Euler'sche Zahl*** $e=2{,}718281\ldots$ gilt (e ist ein nichtperiodischer unendlicher Dezimalbruch), so erhält man die allgemeine Gleichung der in den Naturwissenschaften und insbesondere zur Beschreibung zahlreicher physikalischer Probleme bedeutungsvollen **speziellen Exponentialfunktion**:

$$y = b \cdot e^{c \cdot x}$$

Mit $b = c = +1$ lautet die Exponentialfunktion:

$$y = e^x$$

Weitere gebräuchliche Schreibweise:
$y = \exp(x)$

Die Funktionswerte von $y = e^x$ lassen sich mit beliebiger Genauigkeit durch

$$e^x = 1 + \frac{x}{1!} + \frac{x^2}{2!} + \frac{x^3}{3!} + \ldots$$

berechnen.

In Abb. III.7 ist die spezielle Exponentialfunktion für $b = 1$ und $c = \pm 1$ dargestellt.

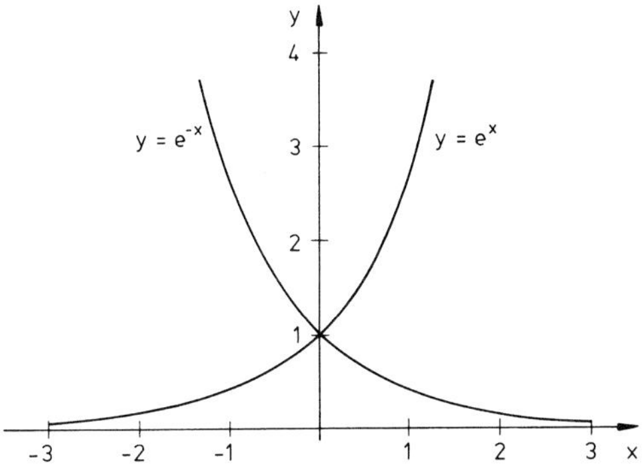

Abb.III.7

Die Exponentialfunktion $y = e^{\pm x}$ ergibt Kurven, welche die Ordinatenachse bei $y = 1$ schneiden (Abb. III.7). Die Steigung der Funktion $y = e^x$ nimmt mit wachsendem x zu; in jedem Punkt ist die Steigung zahlenmäßig gleich dem jeweiligen Ordinatenwert $\left(\text{es gilt: } y = \frac{dy}{dx}\text{, s. auch IV.A}\right)$. Die Steigung der Funktion $y = e^{-x}$ ist immer negativ, d. h. die Kurve fällt (Abb. III.7).

Beispiele zu Anwendungen der Funktion $y = b \cdot e^{c \cdot x}$ sind:

Organisches Wachstum: $g(t) = g_0 \cdot e^{c \cdot t}$
(g_0: Anfangsgröße; c: Wachstumskonstante; t: Zeit).

Zerfallsprozesse: $n(t) = n_0 \cdot e^{-\lambda \cdot t}$
(n_0: Anfangsgröße; λ: Zerfallskonstante; t: Zeit)

Gedämpfte Schwingung: $z(t) = z_0 \cdot [\sin(\omega \cdot t + \varphi)] \cdot e^{-\delta \cdot t}$
(z_0: Anfangsamplitude; ω: Kreisfrequenz; t: Zeit; φ: Phasenverschiebung; δ: Dämpfungsgröße).

Fehleruntersuchungen: $f(x) = e^{-x^2}$
(Gauß'sche Fehlerfunktion)

7. Logarithmusfunktion

Die zur Exponentialfunktion $y = f(x) = a^x$ existierende Umkehrfunktion oder inverse Funktion $\bar{f}$ heißt ***Logarithmusfunktion***. Wir betrachten die Funktion $x = a^y$ und definieren als Umkehrfunktion die Logarithmusfunktion zur Basis a durch:

$$y = \log_a x$$

mit $a > 0$ und $a \neq 1$.

Ihr Definitionsbereich ist $0 < x < \infty$, ihr Wertevorrat $-\infty < y < \infty$.

Zur Definition des Logarithmus und seiner Rechenregeln s. Abschnitt I.B.

In Abb. III.8 sind die häufigst gebrauchten Logarithmusfunktionen dargestellt: die ***dekadische Logarithmusfunktion***, mit der ***Basis a = 10***

$$y = \lg x$$

und die ***natürliche Logarithmusfunktion***, mit der ***Basis e = 2,718...*** *(Euler'sche Zahl)*

$$y = \ln x$$

Außerdem ist in Abb. III.8 auch die ***duale Logarithmusfunktion*** mit der ***Basis a = 2:***

$$y = \mathrm{ld}\, x$$

mit aufgenommen.

Anhang

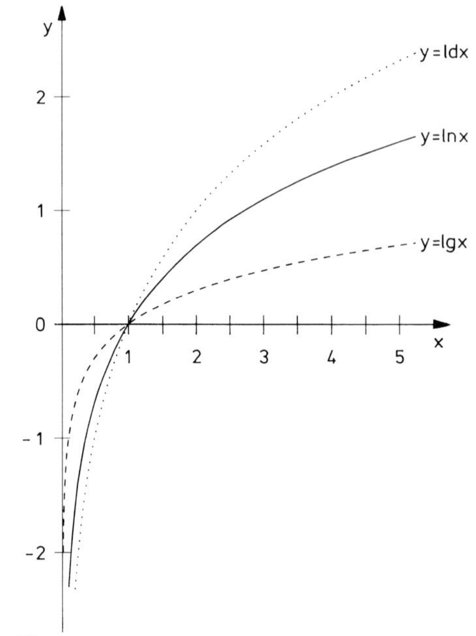

Abb.III.8

Die Kurven sind monoton steigend, mit der negativen y-Achse als Asymptote. Sie gehen sämtlich durch den Punkt ($x=1$, $y=0$), als Schnittpunkt mit der x-Achse.

8. Darstellung von Funktionen in Diagrammen mit logarithmisch geteilten Achsen

a) Besteht zwischen zwei Größen x und y ein funktionaler Zusammenhang $y=f(x)$, der durch eine **Exponentialfunktion** beschrieben wird, so ist zu deren graphischer Darstellung und insbesondere für die Bestimmung der Funktionsparameter aus dem Graphen, von beispielsweise Messdaten, eine **halblogarithmische Darstellung** geeignet.

Ausgehend von der *Exponentialfunktion* $y=b\cdot a^{c\cdot x}$ ergibt sich durch logarithmieren mit dem Logarithmus zur Basis a ($\log_a$) auf beiden Seiten der Gleichung:

$$\log_a y = \log_a(b\cdot a^{c\cdot x}) = \log_a b + c\cdot x$$

Es besteht also zwischen $\mathbf{log}_a\,\boldsymbol{y}$ und $\boldsymbol{x}$ ein linearer Zusammenhang. Teilt man daher die Ordinate des Koordinatensystems im logarithmischen Maßstab, während die Abszisse linear geteilt bleibt ***(halblogarithmische Darstellung)***, so erhält man als Schaubild der Funktion eine Gerade.

In Abb. III.9 ist für $b=1$ und $a=e$ (Euler'sche Zahl) die spezielle Exponentialfunktion $y=e^{c\cdot x}$ in halblogarithmischer Darstellung als Beispiel dargestellt, für welche durch Logarithmieren der Gleichung folgt:

$$\ln y = c\cdot x$$

Der Koeffizient c ergibt sich als Steigung der Geraden in Abb. III.9 gemäß:

$$c=\frac{\Delta y}{\Delta x}=\frac{y_2-y_1}{x_2-x_1}=\frac{\ln 1-\ln 10^{-3}}{0-1,5}$$
$$=\frac{0+3\ln 10}{-1,5}=-4,6$$

Der funktionale Zusammenhang zwischen x und y lautet damit: $y=e^{-4,6x}$.

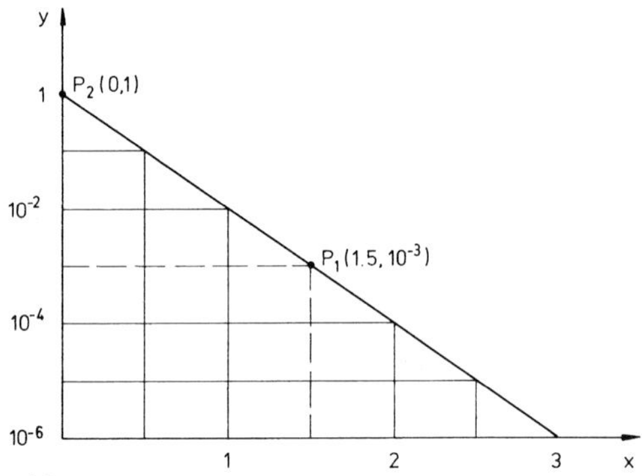

Abb.III.9

Als weiteres Beispiel betrachten wir einen funktionalen Zusammenhang zwischen x und y gegeben durch eine Exponentialfunktion mit der Basis $a=10$: $y=b\cdot 10^{c\cdot x}$. Die Messdaten einer experimentellen Untersuchung, z. B., sind in *halblogarithmischer Darstellung* aufgetragen und lassen sich mit guter Näherung durch eine Gerade anpassen (Abb. III.10). Aus der Abbildung ergibt sich für die Koeffizienten b und c der Exponentialfunktion:

An der Stelle $x=0$ entnimmt man für $b=y(0)=100$ und als Geradensteigung folgt für

$$c=\frac{\Delta y}{\Delta x}=\frac{y(0)-y(5)}{0-5}=\frac{\lg 100-\lg 10}{-5}$$
$$=\frac{2-1}{-5}=-\frac{1}{5}$$

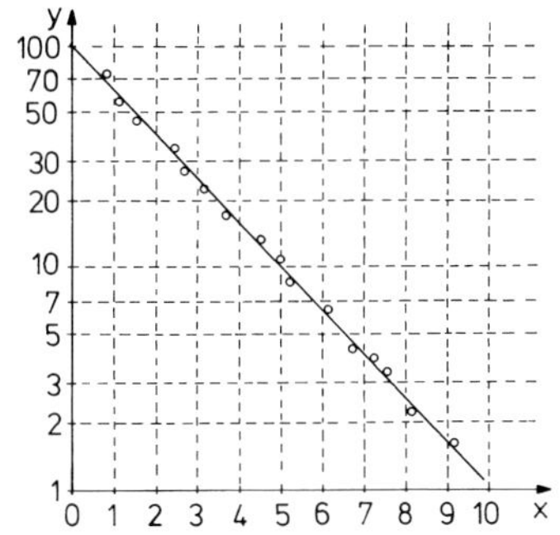

Abb.III.10

Damit wird der Zusammenhang zwischen x und y durch folgende Gleichung wiedergegeben:

$$y = 100 \cdot 10^{-0{,}2x}$$

b) Zur Darstellung einer **Potenzfunktion** $y = a \cdot x^n$, insbesondere der Bestimmung ihrer Koeffizienten, eignet sich eine **doppeltlogarithmische Darstellung**. Aus der *Potenzfunktion* $y = a \cdot x^n$ folgt durch Logarithmieren:

$$\log y = \log a + n \cdot \log x$$

Hier besteht also zwischen **log** y und **log** x ein linearer Zusammenhang. Mit einem logarithmischen Maßstab auf der Abszissen- **und** Ordinatenachse erhält man als Schaubild wieder eine Gerade ***(doppeltlogarithmische Darstellung)***. Den Exponenten der Potenzfunktion entnimmt man aus dem Schaubild als Steigung der Geraden. Aus Abb. III.11 (beide Achsen in dekadischen Logarithmen geteilt) folgt:

$$n = \frac{\lg 10^5 - \lg 10}{\lg 10 - \lg 1} = \frac{5-1}{1-0} = 4$$

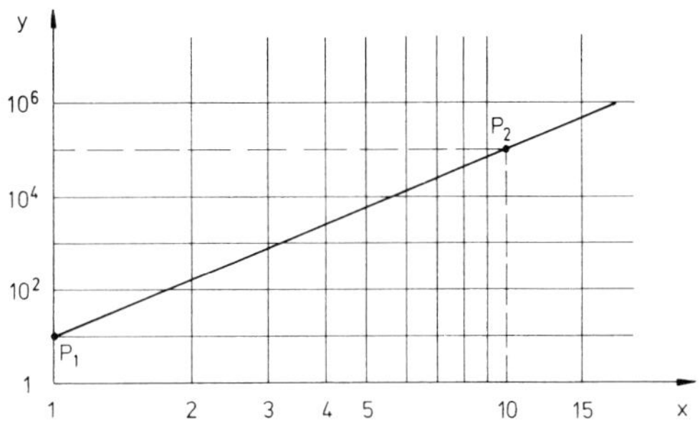

Abb.III.11

Bei unserem Beispiel handelt es sich also um die Potenzfunktion: $y = 10 \cdot x^4$.

9. Sinus- und Cosinusfunktion

Wir betrachten einen Punkt $P_2 = (a, b)$ auf dem Kreis (Abb. III.12) mit dem Radius r. α sei der Winkel zwischen der Abszisse und der Strecke $\overline{OP_2}$.

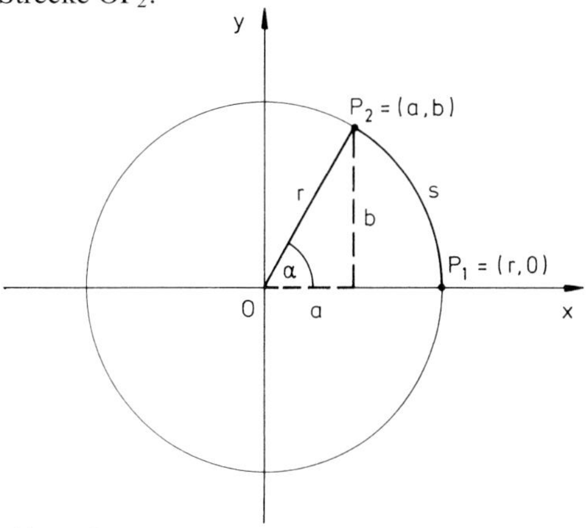

Abb.III.12

Der Sinus bzw. Cosinus des Winkels α ist gegeben durch (s. auch II.A):

$$\sin\alpha = \frac{b}{r} \text{ bzw. } \cos\alpha = \frac{a}{r}.$$

Lässt man den Punkt P_2 in Abb. III.12 auf dem Kreis im mathematisch positiven Sinn (entgegen dem Uhrzeigersinn) umlaufen und trägt in Abhängigkeit vom Winkel α oder vom Bogenmaß $x = \operatorname{arc}\alpha$ jeweils den entsprechenden Wert $b = r \cdot \sin\alpha$ des Sinus bzw. $a = r \cdot \cos\alpha$ des Cosinus als Ordinate y ab (Abb. III.13), so erhält man die ***Sinusfunktion*** bzw. die ***Cosinusfunktion***:

$\boxed{y = r \cdot \sin\alpha}$ bzw. $\boxed{y = r \cdot \cos\alpha}$

(α im Gradmaß)

oder:

$\boxed{y = r \cdot \sin x}$ bzw. $\boxed{y = r \cdot \cos x}$

(x im Bogenmaß)

Dabei bedeutet r die Amplitude der Sinus- bzw. Cosinusfunktion.

Abb. III.13 zeigt die Sinus- bzw. Cosinusfunktion für die Amplitude $r = 1$ in Abhängigkeit vom Winkel α bzw. Bogenmaß $x = \operatorname{arc}\alpha$.

Diese beiden Winkelfunktionen zeigen ein periodisches Verhalten.

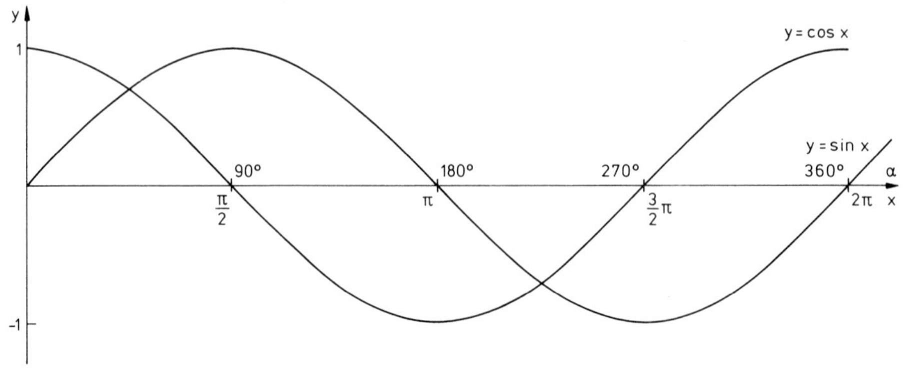

Abb.III.13

Es gilt:

$$\sin(x + 2n \cdot \pi) = \sin x$$
$$\cos(x + 2n \cdot \pi) = \cos x$$

n ganze Zahl.

IV. Differentiation und Integration

A. Differentiation

1. Der Differentialquotient

Wir betrachten die Funktion $y = f(x)$ (Abb. IV.1) und gehen vom Punkt $P(x, y)$ auf der Kurve zum Punkt $P(x + \Delta x, y + \Delta y)$ über. Dabei ändert sich der Abszissenwert x in $x + \Delta x$, der Ordinatenwert y in $y + \Delta y$ und es ist $y + \Delta y = f(x + \Delta x)$. Daraus erhält man $\Delta y = f(x + \Delta x) - y = f(x + \Delta x) - f(x)$ und nach Division durch Δx:

$$\frac{\Delta y}{\Delta x} = \frac{f(x + \Delta x) - f(x)}{\Delta x}$$

Diesen Ausdruck bezeichnet man als den ***Differenzenquotienten***. Er ist gleich der Steigung $\tan \beta = \frac{\Delta y}{\Delta x}$ der Sekante von $P(x, y)$ nach $P(x + \Delta x, y + \Delta y)$.

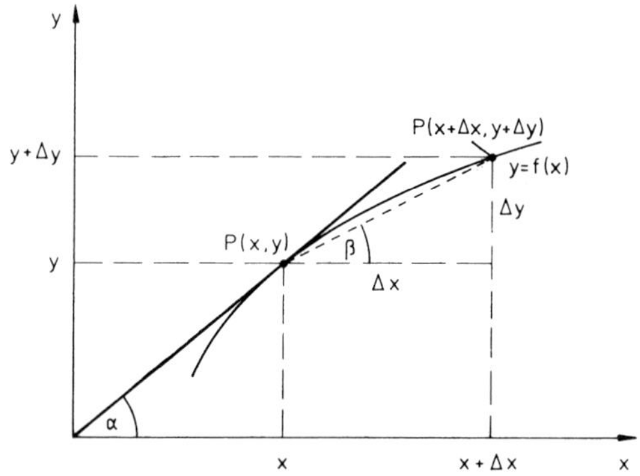

Abb.IV.1

Nähert sich der Punkt $P(x + \Delta x, y + \Delta y)$ auf der Kurve $y = f(x)$ dem Punkt $P(x, y)$, so werden die Differenzen Δy und Δx immer kleiner, d. h. für $\Delta x \to 0$ nähert sich der Differenzenquotient einem Grenzwert (limes; Abkürzung: lim). Wir definieren dann als **ersten Differentialquotienten** $\frac{dy}{dx} = \frac{d(f(x))}{dx}$ bzw. als **erste Ab-**

leitung $y' = f'(x)$ der Funktion $y = f(x)$ diejenige Funktion, welche durch folgende Grenzwertbildung erhalten wird:

$$\frac{dy}{dx} = y' = \lim_{\Delta x \to 0} \frac{\Delta y}{\Delta x} = \lim_{\Delta x \to 0} \frac{f(x+\Delta x) - f(x)}{\Delta x}$$

Man bezeichnet dx und dy als **Differentiale**, d ist das **Differentialzeichen**. Durch die Grenzwertbildung geht der Differenzenquotient $\frac{\Delta y}{\Delta x}$ in den Differentialquotienten $\frac{dy}{dx}$ über und entsprechend geht die Sekante in die Tangente an die Kurve $y = f(x)$ in $P(x, y)$ über $\left(\text{Steigung der Tangente: } \tan\alpha = \frac{dy}{dx}\right)$.

Das Differenzieren hat eine **geometrische Bedeutung**: Der Differentialquotient (die Ableitung) gibt in jedem Punkt $P(x, y)$ der Funktion $y = f(x)$ die Steigung der Kurve an (Steigung der Tangente in $P(x, y)$).

Ist die unabhängige Variable x beispielsweise die Zeit t, d. h. betrachten wir eine Größe, die sich in Abhängigkeit von der Zeit ändert, z. B. die Ortskoordinate oder der Weg s, so schreibt man anstelle des funktionalen Zusammenhangs $y = f(x)$ für die Abhängigkeit des Weges von der Zeit: $s = f(t)$. Der erste Differentialquotient dieser Funktion $\frac{ds}{dt}$ wird häufig auch mit $\dot{s}$ (1. Ableitung des Weges nach der Zeit) bezeichnet:

$$\dot{s} - \frac{ds}{dt}$$

2. Die erste Ableitung einiger einfacher Funktionen; Differentiationsregeln

Funktion $y = f(x)$	Ableitung $y' = f'(x) = \frac{dy}{dx}$
$y = c$ (Konstante)	$y' = 0$
$y = a \cdot x^n$	$y' = n \cdot a \cdot x^{n-1}$
$y = a \cdot x^{-n}$	$y' = -n \cdot a \cdot x^{-(n+1)}$
$y = \sqrt{x}$	$y' = \frac{1}{2} \cdot x^{-1/2} = \frac{\sqrt{x}}{2 \cdot x}$
$y = \sqrt[3]{x}$	$y' = \frac{1}{3} \cdot x^{-2/3} = \frac{1}{3 \cdot \sqrt[3]{x^2}}$
$y = \sqrt[n]{x}$	$y' = \frac{1}{n \cdot \sqrt[n]{x^{n-1}}}$
$y = a^x$	$y' = a^x \cdot \ln a$
$y = e^x$	$y' = e^x$
$y = e^{c \cdot x}$	$y' = c \cdot e^{c \cdot x}$
$y = e^{-x}$	$y' = -e^{-x}$
$y = \ln x$	$y' = \frac{1}{x}$
$y = \lg x$	$y' = \frac{1}{x \cdot \ln 10} = \frac{\lg e}{x}$
$y = \sin x$	$y' = \cos x$
$y = \cos x$	$y' = -\sin x$
$y = \tan x$	$y' = \frac{1}{\cos^2 x}$
$y = \cot x$	$y' = -\frac{1}{\sin^2 x}$

Bei zusammengesetzten Funktionen gelten folgende Regeln für die Differentiation:

Summe bzw. Differenz:

$$(f_1(x) \pm f_2(x))' = f'_1(x) \pm f'_2(x)$$

Multiplikation mit konstantem Faktor:

$$(c \cdot f(x))' = c \cdot f'(x)$$

Produkt:

$$(f_1(x) \cdot f_2(x))' = f'_1(x) \cdot f_2(x) + f_1(x) f'_2(x)$$

Quotient:

$$\left(\frac{f_1(x)}{f_2(x)}\right)' = \frac{f'_1(x) \cdot f_2(x) - f_1(x) \cdot f'_2(x)}{(f_2(x))^2}$$

Kettenregel: Sei $y=\mathrm{f}(u)$ und $u=\mathrm{g}(x)$, dann gilt für den ersten Differentialquotienten $\frac{\mathrm{d}y}{\mathrm{d}x}$:

$$\frac{\mathrm{d}y}{\mathrm{d}x}=\frac{\mathrm{d}\,\mathrm{f}(u)}{\mathrm{d}u}\cdot\frac{\mathrm{d}\,\mathrm{g}(x)}{\mathrm{d}x}$$

3. Der zweite Differentialquotient – Partielle Ableitung

Differenziert man den ersten Differentialquotienten einer Funktion $y=\mathrm{f}(x)$ nochmals nach x, so erhält man den **zweiten Differentialquotienten** $\frac{\mathrm{d}^2y}{\mathrm{d}x^2}$ (Sprechweise: d zwei y nach dx Quadrat) bzw. die **zweite Ableitung** y'' (Sprechweise: y zwei Strich) der Funktion $y=\mathrm{f}(x)$. Folgende Schreibweisen sind gebräuchlich:

$$y''=\mathrm{f}''(x)=\frac{\mathrm{d}\mathrm{f}'(x)}{\mathrm{d}x}=\frac{\mathrm{d}}{\mathrm{d}x}\left(\frac{\mathrm{d}y}{\mathrm{d}x}\right)$$
$$=\frac{\mathrm{d}^2y}{\mathrm{d}x^2}=\frac{\mathrm{d}^2\mathrm{f}(x)}{\mathrm{d}x^2}$$

Entsprechend gilt bei zeitabhängigen Funktionen $s=\mathrm{f}(t)$ für die zweite Ableitung $\ddot{s}$ (Sprechweise: s zwei Punkt) nach der Zeit t:

$$\ddot{s}=\frac{\mathrm{d}^2s}{\mathrm{d}t^2}=\frac{\mathrm{d}^2\mathrm{f}(t)}{\mathrm{d}t^2}$$

Partieller Differentialquotient: Ist eine Funktion eine differenzierbare Funktion mehrerer Variablen und differenziert man diese nach einer der Variablen, wobei die anderen Variablen als konstant betrachtet werden, so erhält man den **partiellen Differentialquotienten** bzw. die **partielle Ableitung** der Funktion nach dieser Variablen. Als Beispiel betrachten wir die von den zwei Variablen x und y abhängige Funktion $z=\mathrm{f}(x, y)$, für welche sich zwei partielle Ableitungen bilden lassen. Betrachtet man zunächst, z. B., y als konstant und x als variabel, so kann z nach x bei konstantem y differenziert werden. Der so erhaltene *partielle Differentialquotient* von $z=\mathrm{f}(x, y)$ differenziert nach x wird mit

$$\frac{\partial z}{\partial x}=\frac{\partial \mathrm{f}(x, y)}{\partial x}$$

bezeichnet, ∂ ist das **Differentialzeichen** für die partielle Differentiation. Entsprechend lautet der partielle Differentialquotient von $z=\mathrm{f}(x, y)$ differenziert nach y bei konstantem x:

$$\frac{\partial z}{\partial y}=\frac{\partial \mathrm{f}(x, y)}{\partial y}$$

Die Ausdrücke $\frac{\partial z}{\partial x}\cdot \mathrm{d}x$ und $\frac{\partial z}{\partial y}\cdot \mathrm{d}y$ nennt man die **partiellen Differentiale** von $z=\mathrm{f}(x, y)$, d. h. die differentiellen Änderungen, welche die abhängige Variable z bei einer Änderung von x bzw. y um dx bzw. dy erfährt. Ändert sich sowohl x um dx als auch y um dy, so bezeichnet man die Summe der beiden partiellen Differentiale als das **totale (vollständige) Differential** dz von $z=\mathrm{f}(x, y)$:

$$\mathrm{d}z=\frac{\partial z}{\partial x}\cdot \mathrm{d}x+\frac{\partial z}{\partial y}\cdot \mathrm{d}y$$

Beispiel: Gegeben sei die Funktion
$z=\mathrm{f}(x, y)=x^2\cdot y^3$

Partielle Differentiale: $\frac{\partial z}{\partial x}=2\cdot x\cdot y^3$ und

$\frac{\partial z}{\partial y}=3\cdot x^2\cdot y^2$

Totales Differential: $\mathrm{d}z=2\cdot x\cdot y^3\cdot \mathrm{d}x+3\cdot x^2\cdot y^2\cdot \mathrm{d}y$

B. Integration

1. Stammfunktion und unbestimmtes Integral

In der Differentialrechnung wird zu einer gegebenen Funktion der dazugehörige Differentialquotient gesucht, während es in der Integralrechnung zu einem Differentialquotienten die entsprechende Funktion, die so genannte **Stammfunktion**, zu finden gilt.

Wir bezeichnen eine **Funktion F(*x*)** als eine ***Stammfunktion* von *y* = f(*x*),** wenn folgende Beziehung erfüllt ist:

$$\frac{\mathrm{d}\,\mathrm{F}(x)}{\mathrm{d}x} = \mathrm{F}'(x) = \mathrm{f}(x)$$

Aus dieser Definition folgt, dass die Funktion $\mathrm{F}(x) + C$ (C = Konstante) ebenfalls eine Stammfunktion von $\mathrm{f}(x)$ ist.

Der allgemeine Ausdruck $\mathrm{F}(x) + C$ für alle Stammfunktionen einer gegebenen Funktion $y = \mathrm{f}(x)$ wird **unbestimmtes Integral** der Funktion $\mathrm{f}(x)$ genannt, mit folgender Schreibweise:

$$\mathrm{F}(x) + C = \int \mathrm{f}(x) \cdot \mathrm{d}x$$

Dabei ist $\int$ das **Integralzeichen**, $\mathrm{f}(x)$ der **Integrand**.

Oft wird zwischen den Begriffen Stammfunktion und unbestimmtes Integral nicht unterschieden.

2. Stammfunktion einiger einfacher Funktionen

Funktion $\mathrm{f}(x)$	Stammfunktion $\mathrm{F}(x)$
c (Konstante)	$c \cdot x$
$a \cdot x^n$ ($n \neq -1$)	$\frac{a}{n+1} \cdot x^{n+1}$
$\frac{1}{x}$	$\ln \lvert x \rvert$
e^x	e^x
$e^{c \cdot x}$	$\frac{1}{c} e^{c \cdot x}$
a^x	$(\ln a)^{-1} \cdot a^x$
$\sin x$	$-\cos x$
$\cos x$	$\sin x$

3. Integrationsregeln

Multiplikation mit konstantem Faktor:

$$\int c \cdot \mathrm{f}(x) \cdot \mathrm{d}x = c \cdot \int \mathrm{f}(x) \cdot \mathrm{d}x$$

Summe bzw. Differenz von Funktionen:

$$\int (\mathrm{f}_1(x) \pm \mathrm{f}_2(x)) \cdot \mathrm{d}x = \int \mathrm{f}_1(x) \cdot \mathrm{d}x \pm \int \mathrm{f}_2(x) \cdot \mathrm{d}x$$

Partielle Integration:

$$\int \mathrm{f}_1(x) \cdot \mathrm{f}_2'(x) \cdot \mathrm{d}x = \mathrm{f}_1(x) \cdot \mathrm{f}_2(x) - \int \mathrm{f}_1'(x) \cdot \mathrm{f}_2(x) \cdot \mathrm{d}x$$

Man hat hier *ein* Integral ($\int \mathrm{f}_1 \cdot \mathrm{f}_2' \cdot \mathrm{d}x$) in ein *anderes* Integral ($\int \mathrm{f}_1' \cdot \mathrm{f}_2 \cdot \mathrm{d}x$) übergeführt.

4. Bestimmtes Integral

Aus der Stammfunktion $\mathrm{F}(x)$ erhalten wir das bestimmte Integral der Funktion $\mathrm{f}(x)$ über dem Intervall (a, b) durch folgende Beziehung:

$$\mathrm{F} = \int_a^b \mathrm{f}(x) \cdot \mathrm{d}x = \mathrm{F}(b) - \mathrm{F}(a) = \mathrm{F}(x)\Big|_a^b$$

Die rechte Seite dieser Gleichung wird häufig auch in folgenden Formen dargestellt:

$$\mathrm{F}(b) - \mathrm{F}(a) = \left[\mathrm{F}(x)\right]_a^b = \mathrm{F}(x)\Big|_a^b$$

$\mathrm{F}(b)$ ist dabei der Zahlenwert der Stammfunktion an der „oberen Grenze“ b, $\mathrm{F}(a)$ an der „unteren Grenze“ a des Integrationsintervalls (a, b).

Die Methode zur Berechnung bestimmter Integrale besteht also darin, die Stammfunktion $\mathrm{F}(x)$ von $\mathrm{f}(x)$ zu ermitteln und die Integrationsgrenzen wie oben beschrieben einzusetzen, dabei verschwindet die Integrationskonstante und kann daher bei der Berechnung eines bestimmten Integrals weggelassen werden.

Das bestimmte Integral hat eine **geometrische Bedeutung**:

$$\mathrm{F} = \int_a^b \mathrm{f}(x) \cdot \mathrm{d}x$$

entspricht der Fläche, welche die Abszissenachse und die Funktion $f(x)$ im Intervall (a, b) einschließen (Abb. IV.2).

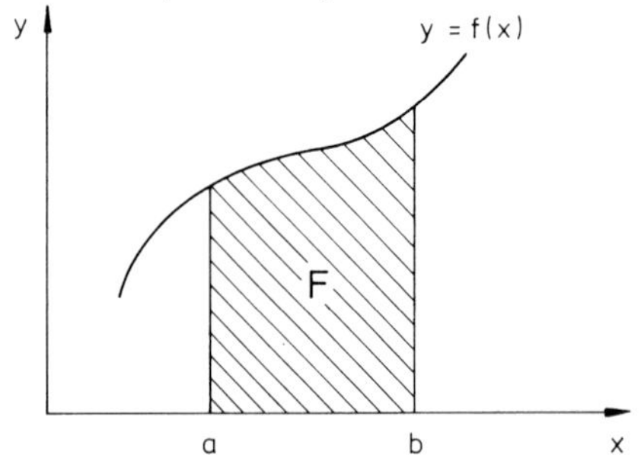

Abb.IV.2

Die so definierte *Fläche besitzt ein Vorzeichen.* Nimmt die Funktion $f(x)$ im Intervall (a, b) nur negative Werte an, so wird $F < 0$.

Beispiel: Das bestimmte Integral der Sinusfunktion über eine volle Periode (0 bis 2π) verschwindet, da die Fläche im Intervall (π bis 2π) negativ wird und betragsmäßig gleich der Fläche im Intervall (0 bis π) ist.

$$F = \int_0^{2\pi} \sin x \cdot dx = -\cos x \Big|_0^{2\pi} = -(1-1) = 0$$

5. Riemann-Integral

Wir zerlegen das Intervall (a, b) in n Teile der Breite $\Delta x_i = x_i - x_{i-1}$ (Abb. IV.3).

$$a = x_0 < x_1 < x_2 < \ldots < x_i < \ldots < x_n = b$$

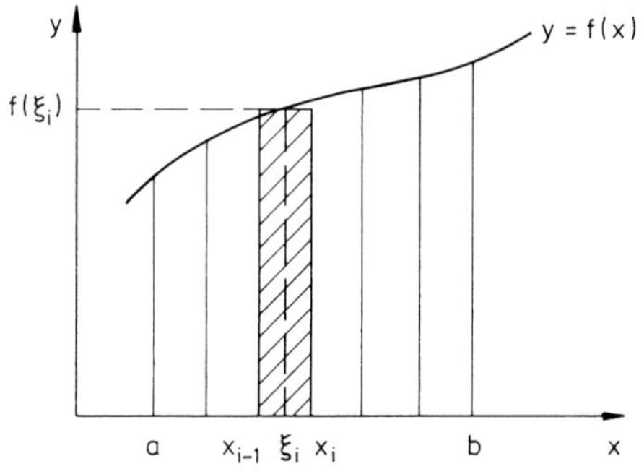

Abb.IV.3

Nun wählen wir eine Zwischenstelle ξ_i mit $x_{i-1} \leqq \xi_i \leqq x_i$. Die Fläche unter der Kurve $y = f(x)$ lässt sich dann durch die **Riemannsumme** annähern:

$$S = \sum_i f(\xi_i)\Delta x_i$$

Das bestimmte Integral ergibt sich dann als Grenzwert für eine immer feinere Zerlegung des Intervalls (a, b):

$$F = \int_a^b f(x) \cdot dx = \lim_{\Delta x_i \to 0} \sum_i f(\xi_i) \cdot \Delta x_i$$

6. Eigenschaften des bestimmten Integrals

Vertauschung der Integrationsgrenzen:

$$\int_a^b f(x) \cdot dx = -\int_b^a f(x) \cdot dx$$

Intervallzerlegung:

$$\int_a^c f(x) \cdot dx = \int_a^b f(x) \cdot dx + \int_b^c f(x) \cdot dx$$

V. Vektoren

A. Definition und Darstellung

Eine Größe, die allein durch die Angabe einer einzigen Zahl, den ***Betrag***, eindeutig festgelegt ist, bezeichnet man als eine **skalare Größe** oder kurz als **Skalar**. Beispielsweise sind die physikalischen Größen Masse, Zeit oder Temperatur durch den Betrag (inkl. der jeweiligen Maßeinheit) vollständig bestimmt.

Daneben gibt es aber auch Größen, zu deren Beschreibung zwei Angaben erforderlich sind, die Vorgabe eines **Betrags** (reine Zahl, ggf. mit Maßeinheit) und die Information über die **Richtung**. Diese Größen heißen **Vektoren**. Als Beispiele seien hier genannt die Geschwindigkeit, die Beschleunigung und die Kraft. In der Schreibweise werden Vektoren durch Buchstabensymbole mit hochgesetzten Pfeilen, wie zum Beispiel $\vec{d}$ oder durch halbfett gedruckte Buchstaben (z. B. ***d***) von den Skalaren unterschieden. Hier werden im Folgenden Vektoren durch Buchstaben mit hochgestellten Pfeilen symbolisiert. Als Symbol für den Betrag eines Vektors verwendet man gewöhnlich das Zeichen $|\vec{d}|$, man setzt also das Vektorsymbol in Betragsstriche. Es ist aber auch gebräuchlich, ihn durch den entsprechenden Buchstaben auszudrücken, im gewählten Beispiel also einfach d zu schreiben, d. h. es ist $|\vec{d}| = d$.

Graphisch werden Vektoren durch Pfeile dargestellt, deren Länge den Betrag $|\vec{A}| = A$ und deren Lage (mit Pfeilspitze) die Richtung angeben (Abb. V.1).

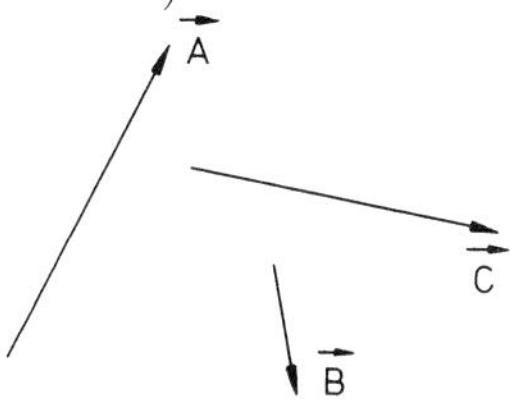

Abb.V.1

Zwei Vektoren gelten als gleich, wenn sie durch Parallelverschiebung ihrer Länge und ihrer Richtung nach zur Deckung gebracht werden können.

Einheitsvektor: Unter einem Einheitsvektor verstehen wir jeden Vektor $\vec{e}$, der den Betrag 1 hat: $|\vec{e}| = 1$.
Damit lässt sich jeder beliebiger Vektor $\vec{A}$ folgendermaßen darstellen (Abb. V.2):

$$\vec{A} = |\vec{A}| \cdot \vec{e}_A = A \cdot \vec{e}_A$$

$\vec{e}_A$ = Einheitsvektor in Richtung von $\vec{A}$.

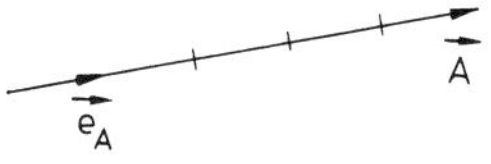

Abb.V.2

Für Skalare gelten die Rechenregeln der gewöhnlichen Algebra, für Vektoren sind jedoch die Gesetze der Vektoralgebra anzuwenden. Die in der Physik vorkommenden Vektoren werden uns nur in einfachen mathematischen Zusammenhängen begegnen, weshalb wir uns im Folgenden auf die Darlegung der Grundoperationen der Vektoralgebra beschränken können.

B. Addition und Subtraktion von Vektoren

Bei der **Addition** von Vektoren, z. B. der zwei Vektoren $\vec{A}$ und $\vec{B}$, erhält man den Summenvektor

$$\vec{C} = \vec{A} + \vec{B}$$

indem einer der beiden Vektoren $\vec{A}$ oder $\vec{B}$ so lange zu sich selbst parallel verschoben wird, bis sein Anfangspunkt die Spitze des anderen Vektors berührt. Der ***resultierende Vektor*** (die ***Resultante***) ist dann die Verbindungslinie zwischen Anfangspunkt des einen und der Spitze des anderen Vektors.

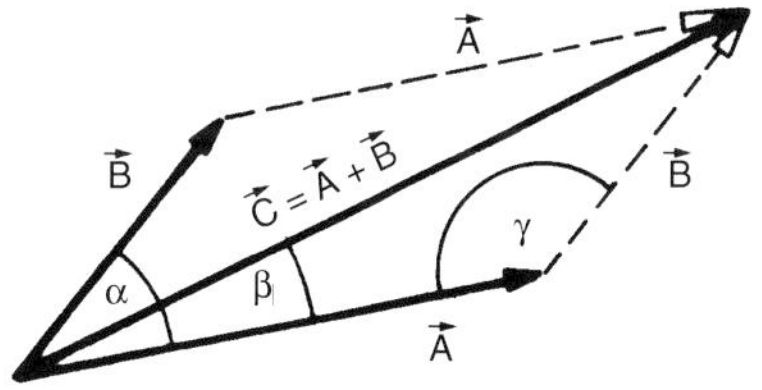

Abb.V.3

In Abb. V.3 greifen zwei Vektoren $\vec{A}$ und $\vec{B}$ am selben Punkt an und es ist Vektor $\vec{B}$ (bzw. $\vec{A}$) parallel zu sich selbst vom Endpunkt (Pfeilspitze) des Vektors $\vec{A}$ (bzw. $\vec{B}$) ausgehend aufgetragen (jeweils gestrichelte Linie). Der Summenvektor $\vec{C} = \vec{A} + \vec{B}$ weist dann vom Anfangspunkt von $\vec{A}$ (bzw. $\vec{B}$) zum Endpunkt von $\vec{B}$ (bzw. $\vec{A}$), wie Richtung und Länge der Diagonalen eines Parallelogramms mit den Seiten $\vec{A}$ und $\vec{B}$, ausgehend von derselben Ecke.

Der Betrag $|\vec{C}|$ des resultierenden Vektors $\vec{C}$ aus der Vektoraddition $\vec{A} + \vec{B}$ in Abb. V.3 berechnet sich nach den Regeln der ebenen Trigonometrie mithilfe des Cosinussatzes (s. Abschnitt II.B):

$$|\vec{C}| = \sqrt{|\vec{A}|^2 + |\vec{B}|^2 - 2 \cdot |\vec{A}| \cdot |\vec{B}| \cdot \cos\gamma}$$

mit $\gamma = 180° - \alpha$, wobei α den Winkel darstellt, den die Vektoren $\vec{A}$ und $\vec{B}$ einschließen. Die Richtung von $\vec{C}$ wird mithilfe des Sinussatzes (s. Abschnitt II.B) berechnet aus:

$$\sin\beta = \frac{|\vec{B}|}{|\vec{C}|} \cdot \sin\gamma$$

wobei β der Winkel zwischen $\vec{A}$ und $\vec{C}$ ist (Abb. V.3). Für den Fall, dass die Vektoren $\vec{A}$ und $\vec{B}$ senkrecht aufeinander stehen und somit $\alpha = \gamma = 90°$ beträgt, vereinfacht sich die Berechnung von Länge und Richtung des Summenvektors $\vec{C}$, da das Vektorendreieck mit den Seiten $\vec{A}$, $\vec{B}$, $\vec{C}$ rechtwinklig ist.

Die graphische Addition mehrerer Vektoren erfolgt nach demselben Prinzip wie oben für zwei Vektoren beschrieben, wobei auch hier die Reihenfolge der Zusammensetzung keine Rolle spielt. Abb. V.4 zeigt die Addition der Vektoren $\vec{D}$, $\vec{E}$, $\vec{F}$ zu:

$$\vec{G} = \vec{D} + \vec{E} + \vec{F}$$

Der Betrag bzw. die Richtung des Summenvektors $\vec{G}$ kann, bei bekannten Winkeln der Vektoren gegeneinander, durch sukzessive Anwendung des Cosinus- bzw. Sinussatzes berechnet werden (s. oben).

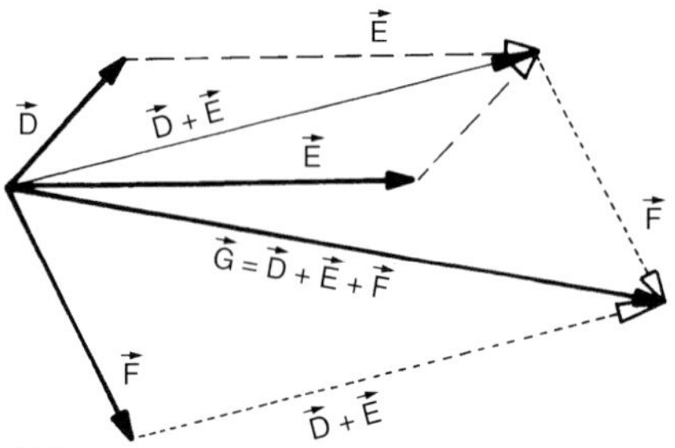

Abb.V.4

Die Beispiele der Abb. V.3 und V.4 zeigen uns zwei grundlegende Eigenschaften der Vektoraddition. Es gilt:

$\vec{A} + \vec{B} = \vec{B} + \vec{A}$ ***(Kommutativgesetz)***

und

$(\vec{D} + \vec{E}) + \vec{F} = \vec{D} + (\vec{E} + \vec{F})$ ***(Assoziativgesetz)***

Wie bei der Addition von Zahlen dürfen die Summanden vertauscht werden, und es kommt nicht darauf an, welche zwei der Summanden zuerst addiert werden.

Ehe wir die Subtraktion von Vektoren betrachten, definieren wir das Negative eines Vektors: Unter dem **negativen Vektor** $-\vec{A}$ versteht man einen Vektor, der den gleichen Betrag hat wie $\vec{A}$, aber in die entgegengesetzte Richtung zeigt (Abb. V.5).

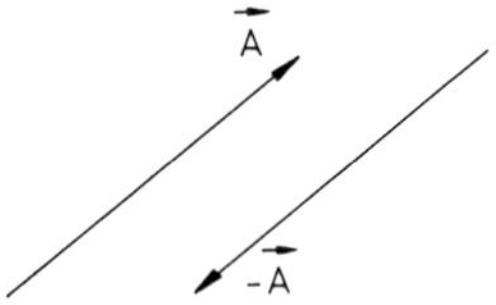

Abb.V.5

Die **Subtraktion** von Vektoren kann dann folgendermaßen eingeführt werden. Für die Differenz $\vec{C}$, beispielsweise von zwei Vektoren $\vec{A}$ und $\vec{B}$, erhält man durch Umschreiben:

$$\vec{C} = \vec{A} - \vec{B} = \vec{A} + (-\vec{B})$$

Den resultierenden Vektor $\vec{C} = \vec{A} - \vec{B}$ zweier Vektoren erhält man, indem zum Vektor $\vec{A}$ der negative Vektor $-\vec{B}$ addiert wird (Abb. V.6). Die Vektorsubtraktion erfolgt graphisch analog zur Vektoraddition.

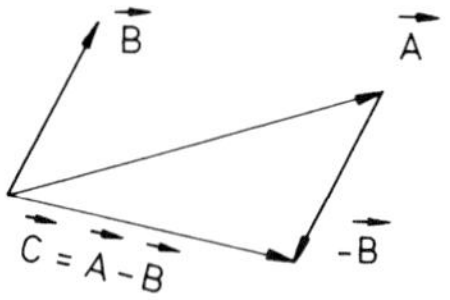

Abb.V.6

Beispiel: Gegeben sind 5 Vektoren unterschiedlicher Länge in z. T. entgegengesetzter Richtung (Abb. V.7). Damit die Vektorsumme aller 5 Vektoren null ergibt, muss Vektor $\vec{D}$ durch den negativen Vektor $-\vec{D}$ ersetzt werden, da $\vec{A} + \vec{E} = 0$ und $\vec{B} + \vec{C} = \vec{D}$ ergibt.

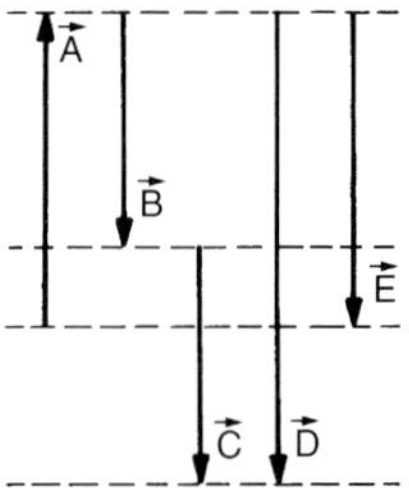

Abb.V.7

Zerlegung in Vektorkomponenten: Häufig ist es sehr nützlich, einen gegebenen Vektor in zwei oder mehr Komponenten in bestimmte vorgegebene oder für die weitere Problembearbeitung hilfreiche Richtungen zu zerlegen. Die Addition der Komponenten muss selbstverständlich den gegebenen Vektor rekonstruieren. So kann beispielsweise der Summenvektor $\vec{C}$ in Abb. V.3 in seine Komponenten $\vec{A}$ und $\vec{B}$, bei vorgegebener Richtung von $\vec{A}$ und $\vec{B}$, mithilfe des Vektorparallelogramms zerlegt werden.

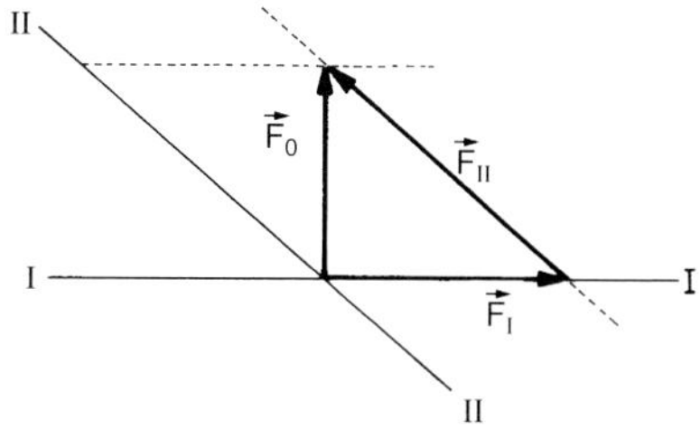

Abb.V.8

Beispiel: Der Vektor $\vec{F}_0$ soll in zwei Komponenten mit den Richtungen I und II zerlegt werden (Abb. V.8). Die graphische Lösung erhält man mithilfe der Parallelen zu den Richtungen I bzw. II durch den Endpunkt (Pfeilspitze) des Vektors $\vec{F}_0$. Aus dem Vektorparallelogramm entnimmt man, dass $\vec{F}_0$ wieder als Summenvektor der beiden Vektoren $\vec{F}_\mathrm{I}$ und $\vec{F}_\mathrm{II}$ betrachtet werden kann, d. h. $\vec{F}_\mathrm{I}$ und $\vec{F}_\mathrm{II}$ sind die gesuchten Komponenten.

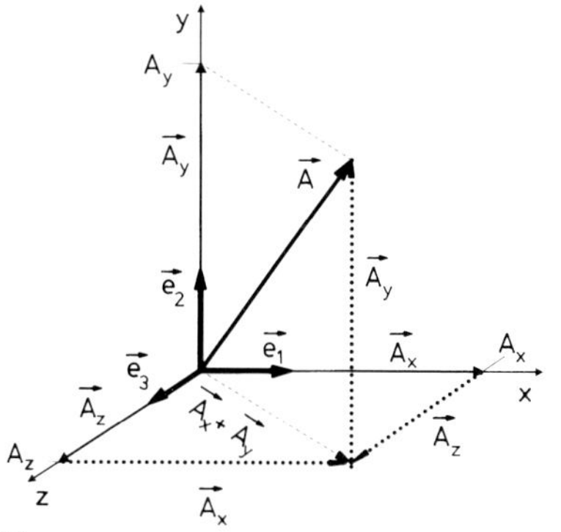

Abb.V.9

Je nach Wahl des Bezugssystems ergeben sich für den Vektor andere Komponenten. Für die Zerlegung hätte man auch ein schiefwinkliges Koordinatensystem wählen können, wie beispielsweise im Falle der zweidimensionalen Darstellung für den Vektor $\vec{C}$ in Abb. V.3 oder für $\vec{F}_0$ in Abb. V.8. Die Komponenten eines Vektors sind daher erst dann eindeutig bestimmt, wenn das zu verwendende Bezugssystem festgelegt ist.

C. Komponentendarstellung in kartesischen Koordinaten

Die geometrische Methode der Addition ist für Vektoren im dreidimensionalen Raum nicht sehr zweckmäßig und auch im zweidimensionalen Fall oft unhandlich. Deshalb findet üblicherweise eine analytische Methode Verwendung, der die Zerlegung eines Vektors in Komponenten bezüglich eines Koordinatensystems zugrunde liegt. Abb. V.9 zeigt einen Vektor $\vec{A}$, dessen Anfangspunkt in den Ursprung eines rechtwinkligen (kartesischen) Koordinatensystems gelegt wurde. Fällt man von der Spitze des Vektors $\vec{A}$ das Lot auf die Koordinatenachsen (bzw. auf die von ihnen jeweils aufgespannte Ebene), so erhält man die **Vektorkomponenten** $\vec{A}_x$, $\vec{A}_y$ und $\vec{A}_z$ des Vektors $\vec{A}$ bezüglich des gewählten Koordinatensystems. Der Vektor $\vec{A}$ kann dann als Summenvektor $\vec{A} = \vec{A}_x + \vec{A}_y + \vec{A}_z$ dargestellt werden.

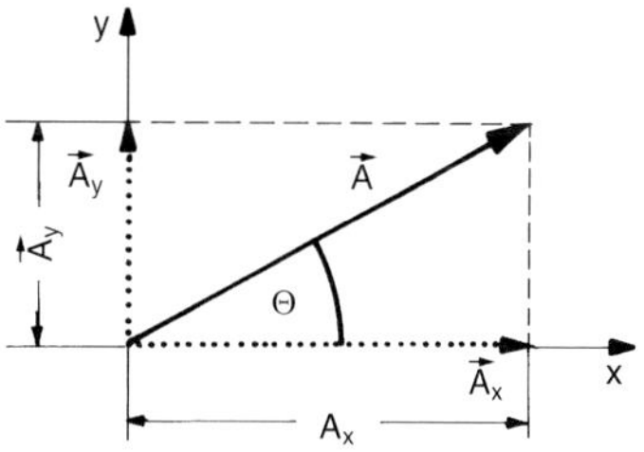

Abb.V.10

Die Beträge der Komponenten eines Vektors, bezüglich eines Koordinatensystems, lassen sich mittels trigonometrischer Beziehungen einfach bestimmen, insbesondere für rechtwinklige Koordinatensysteme. Im Beispiel der Darstellung eines Vektors im zweidimensionalen rechtwinkligen Koordinatensystem liest man aus Abb. V.10 für die Komponenten des Vektors $\vec{A}$ ab:

$$A_x = |\vec{A}_x| = |\vec{A}| \cdot \cos\theta$$

und

$$A_y = |\vec{A}_y| = |\vec{A}| \cdot \sin\theta$$

wobei θ der Winkel ist, den der Vektor mit der positiven x-Achse einschließt.

Häufig ist es bei der Zerlegung eines Vektors bezüglich eines Bezugssystems in einer vorgegebenen Richtung nützlich, einen ***Basis***- oder ***Einheitsvektor*** (das ist ein Vektor mit dem Betrag eins) einzuführen. Zur Komponentendarstellung eines Vektors in einem rechtwinkligen Koordinatensystem führen wir daher Einheitsvektoren $\vec{e}_1$ $\vec{e}_2$ und $\vec{e}_3$ in Richtung der Koordinatenachsen x, y und z ein (Abb. V.9). Für die Vektorkomponenten $\vec{A}_x$, $\vec{A}_y$ und $\vec{A}_z$ des Vektors $\vec{A}$ folgt dann $\vec{A}_x = A_x \cdot \vec{e}_1$ in x-Richtung, $\vec{A}_y = A_y \cdot \vec{e}_2$ in y-Richtung und $\vec{A}_z = A_z \cdot \vec{e}_3$ in z-Richtung und für die Darstellung des Vektors $\vec{A}$ als Summe der Vektorkomponenten $\vec{A}_x$, $\vec{A}_y$ und $\vec{A}_z$ erhält man:

$$\vec{A} = A_x \cdot \vec{e}_1 + A_y \cdot \vec{e}_2 + A_z \cdot \vec{e}_3$$

Die Skalare A_x, A_y und A_z nennt man die **rechtwinkligen kartesischen Koordinaten** des Vektors $\vec{A}$. Den Betrag des Vektors $\vec{A}$ erhält man in dieser Darstellung aus folgender Beziehung:

$$|\vec{A}| = A = \sqrt{A_x^2 + A_y^2 + A_z^2}$$

Für den zweidimensionalen Fall ist dies in Abb. V.11 als Beispiel dargestellt.

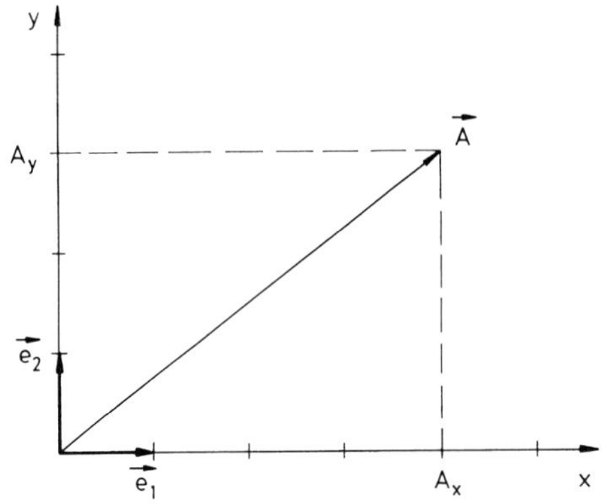

Abb.V.11

Beispiel: Für den Betrag des Vektors $\vec{A}$ aus Abb. V.11 erhält man:

$A = \sqrt{16 + 9} = 5$

Die Addition von Vektoren zum Summenvektor $\vec{C}$ nach der analytischen Methode erfolgt, indem zunächst jeder Vektor, nach Wahl eines Bezugssystems, in seine Koordinaten (bzw. Komponenten) zerlegt wird. Die Koordinate (Komponente) des Summenvektors, in einer bestimmten Koordinatenrichtung, erhält man durch Addition der Koordinaten (Komponenten) der einzelnen Summanden in dieser Richtung.

Sind beispielsweise zwei Vektoren $\vec{A}$ und $\vec{B}$ gegeben, deren Summenvektor $\vec{C}$ in einem dreidimensionalen Koordinatensystem (x, y, z) mit den Einheitsvektoren ($\vec{e}_1$, $\vec{e}_2$, $\vec{e}_3$) bestimmt werden soll, so gilt:

$$\vec{C} = \vec{A} + \vec{B} = \underbrace{(A_x + B_x)}_{C_x} \cdot e_1 + \underbrace{(A_y + B_y)}_{C_y} \cdot \vec{e}_2 + \underbrace{(A_z + B_z)}_{C_z} \cdot \vec{e}_3$$

oder:

$$\vec{C} = C_x \cdot \vec{e}_1 + C_y \cdot \vec{e}_2 + C_z \cdot \vec{e}_3$$

Die Addition von zwei Vektoren, entsprechend Abb. V.3, im zweidimensionalen Koordinatensystem (x, y) mit den Einheitsvektoren ($\vec{e}_1$, $\vec{e}_2$) ist in Abb. V.12 dargestellt.

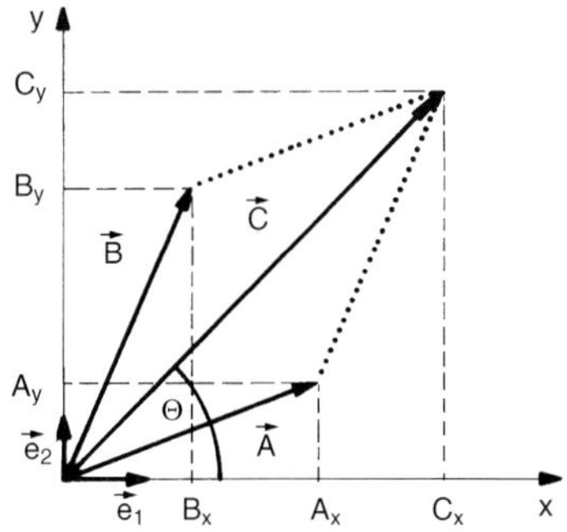

Abb.V.12

Mit den so eingeführten Einheitsvektoren können $\vec{A}$ und $\vec{B}$ wie folgt geschrieben werden:

$$\vec{A} = A_x \cdot \vec{e}_1 + A_y \cdot \vec{e}_2$$

und

$$\vec{B} = B_x \cdot \vec{e}_1 + B_y \cdot \vec{e}_2$$

Die Summe der beiden in der x, y-Ebene liegenden Vektoren $\vec{A}$ und $\vec{B}$ ist:

$\vec{C} = \vec{A} + \vec{B}$

Im gegebenen Bezugssystem ergibt sich für die entsprechenden Koordinaten des Summenvektors:

$C_x = A_x + B_x$

und

$C_y = A_y + B_y$

Diese beiden algebraischen Gleichungen sind äquivalent zur Vektorgleichung $\vec{C} = \vec{A} + \vec{B}$.

Für den Betrag des Summenvektors $\vec{C}$ erhält man (Abb. V.12):

$C = \sqrt{C_x^2 + C_y^2}$

und für die Richtung

$\tan\theta = \frac{C_y}{C_x}$

D. Multiplikation von Vektoren

Bislang haben wir die Verknüpfung von Vektoren, beispielsweise durch Addition, rein formal mathematisch beschrieben, entsprechend kann auch die multiplikative Verknüpfung von Vektoren behandelt werden. Interpretieren wir jedoch die Vektoren als physikalische Größen, so wird stillschweigend vorausgesetzt, dass die Vektoren jeweils von der gleichen Art sind, wenn sie durch die mathematischen Operationen Addition bzw. Subtraktion verknüpft werden. Mit Beispielen aus der Physik heißt dies, wir haben jeweils Verschiebungsvektoren zu Verschiebungsvektoren, Geschwindigkeitsvektoren zu Geschwindigkeitsvektoren oder Kraftvektoren zu Kraftvektoren addiert. Wie bei skalaren Größen unterschiedlicher Art, z. B. Masse und Temperatur, so macht es auch bei unterschiedlichen vektoriellen Größen keinen Sinn, sie zu addieren, beispielsweise die Summe aus einem Beschleunigungsvektor und der magnetischen Feldstärke zu bilden.

Durch Multiplikation hingegen können auch Vektoren verschiedener Art verknüpft und so neue physikalische Größen definiert werden. Die Rechenregeln der Multiplikation von Skalaren (d. h. von Zahlen) können jedoch nicht einfach übernommen werden, da Vektoren sowohl durch einen Betrag als auch durch eine Richtung charakterisiert sind. Die Verknüpfung von Vektoren durch Multiplikation muss daher neu definiert werden.

Wir unterscheiden in der Vektoralgebra i. Allg. drei Arten der Multiplikation:

1. Die Multiplikation eines Vektors mit einem Skalar (einer Zahl):

   $\Rightarrow$ als Resultat ein Vektor,

2. die Multiplikation von zwei Vektoren, dem ***Skalarprodukt***:

   $\Rightarrow$ als Resultat ein Skalar,

3. die Multiplikation von zwei Vektoren, dem ***Vektorprodukt***:

   $\Rightarrow$ als Resultat ein Vektor.

Produkt eines Vektors und eines Skalars

Eine einfache Bedeutung hat die Multiplikation eines Vektors mit einer Zahl. Unter dem Produkt $k \cdot \vec{A}$ eines Vektors $\vec{A}$ mit einer skalaren Größe k versteht man den Vektor

$$\vec{B} = k \cdot \vec{A}$$

mit dem Betrag $|\vec{B}| = B = k \cdot |\vec{A}|$. Der Vektor $\vec{B}$ zeigt in dieselbe Richtung wie $\vec{A}$, wenn $k > 0$ ist, und in die entgegengesetzte Richtung von $\vec{A}$, für den Fall $k < 0$. Wir haben davon bei der Multiplikation von Einheitsvektoren (Abschnitte V.A und V.C) bereits Gebrauch gemacht. Die Division eines Vektors durch einen Skalar bedeutet nichts anderes als die Multiplikation dieses Vektors mit dem Kehrwert des Skalars.

Skalarprodukt oder inneres Produkt

Das Skalarprodukt $\vec{A} \cdot \vec{B}$ zweier Vektoren $\vec{A}$ und $\vec{B}$ ist definiert als:

$$\vec{A} \cdot \vec{B} = A \cdot B \cdot \cos(\vec{A}, \vec{B})$$

(Skalarprodukt)

Die Sprechweise für das Skalarprodukt ist „$\vec{A}$ Punkt $\vec{B}$", auch „$\vec{A}$ in $\vec{B}$", und wird mitunter in

Anhang

der Schreibweise $(\vec{A}, \vec{B})$ verwendet. Das Resultat der Multiplikation ist ein Skalar, gegeben durch das Produkt aus den Beträgen der beiden Vektoren (A Betrag von $\vec{A}$, B Betrag von $\vec{B}$) und dem Cosinus des (kleineren) von ihnen eingeschlossenen Winkels (Winkel ϕ in Abb. V.13).

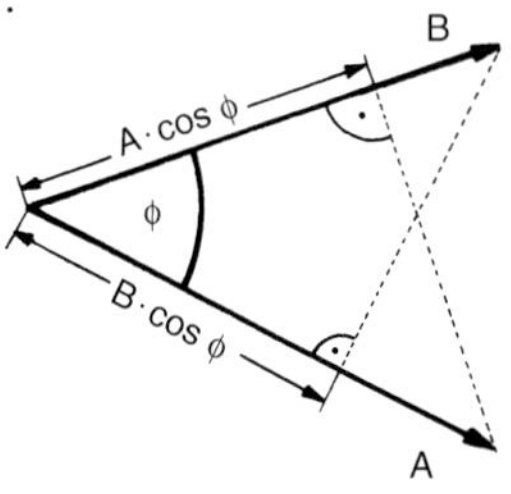

Abb.V.13

Man kann das Skalarprodukt auch als das Produkt des Betrages des einen Vektors mit dem Betrag der Komponente des anderen Vektors in Richtung des ersteren (senkrechte Projektion) interpretieren. Aus Abb. V.13 entnimmt man beispielsweise für den Betrag der Komponente des Vektors $\vec{B}$ in Richtung von $\vec{A}$ (senkrechte Projektion von $\vec{B}$ auf $\vec{A}$) $B \cdot \cos\phi$ bzw. $A \cdot \cos\phi$ für den Betrag der Komponente von Vektor $\vec{A}$ in Richtung von $\vec{B}$, womit sich dann das Skalarprodukt durch Multiplikation mit dem Betrag des Vektors $\vec{A}$ bzw. $\vec{B}$ ergibt.

Aus der Definition des Skalarprodukts zweier Vektoren $\vec{A}$ und $\vec{B}$ erhält man:
sind die beiden Vektoren $\vec{A}$ und $\vec{B}$ parallel, d. h. $\phi = 0°$, so folgt:

$$\vec{A} \cdot \vec{B} = A \cdot B \quad (\text{für } \vec{A} \| \vec{B})$$

insbesondere ist

$$\vec{A} \cdot \vec{A} = \vec{A}^2 = |\vec{A}|^2 = A^2$$

Stehen die beiden Vektoren jedoch senkrecht aufeinander ($\phi = 90°$), dann gilt:

$$\vec{A} \cdot \vec{B} = 0 \quad (\text{für } \vec{A} \perp \vec{B})$$

Außerdem gilt für das skalare Produkt von Vektoren:

$$\vec{A} \cdot \vec{B} = \vec{B} \cdot \vec{A}$$ ***(Kommutativgesetz)***

$$(\vec{A} + \vec{B}) \cdot \vec{C} = \vec{A} \cdot \vec{C} + \vec{B} \cdot \vec{C}$$ ***(Distributivgesetz)***

und bei Multiplikation mit einem konstanten Faktor k (k reelle Zahl):

$$(k \cdot \vec{A}) \cdot \vec{B} = k \cdot (\vec{A} \cdot \vec{B})$$

In einem rechtwinkligen kartesischen (x, y, z)-Koordinatensystem, mit den Einheitsvektoren $\vec{e}_1, \vec{e}_2, \vec{e}_3$, lautet das Skalarprodukt in Komponentenschreibweise:

$$\vec{A} \cdot \vec{B} = A_x \cdot B_x + A_y \cdot B_y + A_z \cdot B_z$$

da die Einheitsvektoren $\vec{e}_1 \perp \vec{e}_2 \perp \vec{e}_3$ sind und für sie somit gilt:

$$\vec{e}_1 \cdot \vec{e}_1 = \vec{e}_2 \cdot \vec{e}_2 = \vec{e}_3 \cdot \vec{e}_3 = 1$$

sowie

$$\vec{e}_1 \cdot \vec{e}_2 = \vec{e}_2 \cdot \vec{e}_3 = \vec{e}_3 \cdot \vec{e}_1 = 0$$

Für die Physik ist der Begriff des Skalarproduktes zweier Vektoren von großer Bedeutung, da zahlreiche physikalische Größen als Skalarprodukt definiert werden, wie beispielsweise die mechanische Arbeit, die Leistung oder das Potential im Gravitationsfeld und im elektrischen Feld.

Vektorprodukt oder äußeres Produkt

Das Vektorprodukt (oder äußeres Produkt bzw. Kreuzprodukt) zweier Vektoren $\vec{A}$ und $\vec{B}$ wird geschrieben $\vec{A} \times \vec{B}$ (gesprochen $\vec{A}$ kreuz $\vec{B}$), manchmal auch $[\vec{A}, \vec{B}]$, und ergibt wieder einen Vektor $\vec{C}$ gemäß folgender Definition:

$$\vec{C} = \vec{A} \times \vec{B}$$

mit dem Betrag

$$|\vec{C}| = |\vec{A} \times \vec{B}| = A \cdot B \cdot \sin(\vec{A}, \vec{B})$$

(Vektorprodukt)

Der *Betrag* des Vektors $\vec{C}$ ist also gegeben durch das Produkt aus den Beträgen der beiden Vektoren $\vec{A}$ und $\vec{B}$ und dem Sinus des von ihnen eingeschlossenen (kleineren) Winkels (in Abb. V.14 ist dies der Winkel ϕ), sodass gilt: $C = A \cdot B \cdot \sin\phi$. Der Betrag C (die Länge des Vektors $\vec{C}$) entspricht dem Flächeninhalt des von $\vec{A}$ und $\vec{B}$ aufgespannten Parallelogramms.

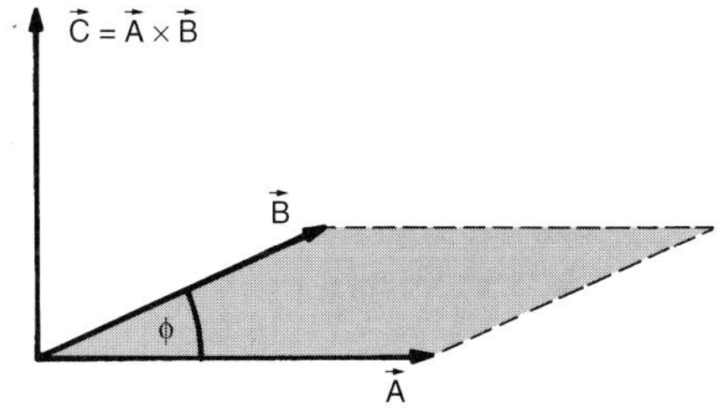

Abb.V.14

Der Vektor $\vec{C} = \vec{A} \times \vec{B}$ steht auf der von $\vec{A}$ und $\vec{B}$ aufgespannten Ebene senkrecht und seine *Richtung* ist dadurch festgelegt, dass die drei Vektoren $\vec{A}$, $\vec{B}$ und $\vec{C}$ in der genannten Reihenfolge ein rechtshändiges System bilden (Abb. V.14 und V.15).

Merkregel: Ganz entsprechend wie ein Korkenzieher in den Korken einer Weinflasche (daher auch oft als *Korkenzieherregel* bezeichnet) oder eine Schraube mit Rechtsgewinde durch eine Rechtsdrehung, d. h. im Uhrzeigersinn, eingedreht wird, denkt man sich senkrecht zu der von $\vec{A}$ und $\vec{B}$ aufgespannten Ebene eine Rechtsschraube so gedreht, dass der erste Faktor im Vektorprodukt (in diesem Fall $\vec{A}$), um den kleinsten Winkel ϕ im Uhrzeigersinn in die Richtung von $\vec{B}$ bewegt wird; dann gibt die Fortschreitungsrichtung des Korkenziehers bzw. der Schraube die Richtung an, in welche der Vektor $\vec{C}$ zeigt (Abb. V.15).

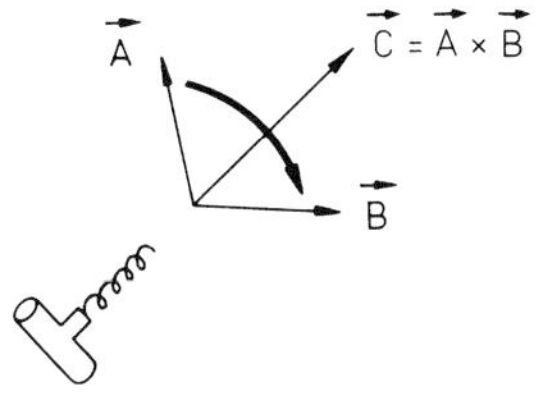

Abb.V.15

Das Vektorprodukt ist nicht kommutativ, d. h. $\vec{A} \times \vec{B} \neq \vec{B} \times \vec{A}$, da es bei der vektoriellen Multiplikation auf die Reihenfolge der Faktoren ankommt, in der sie verknüpft werden. Es ist daher zu beachten:

$$\vec{A} \times \vec{B} = -\left(\vec{B} \times \vec{A}\right)$$

Der Vektor $\vec{D} = \vec{B} \times \vec{A}$ (Abb. V.16) ist zwar dem Betrag nach gleich groß wie der Vektor $\vec{C} = \vec{A} \times \vec{B}$, aber die Richtung von $\vec{D}$ ist der von $\vec{C}$ entgegengesetzt: $\vec{D} = -\vec{C}$, da die Rechtsschraube in entgegengesetzter Richtung fortschreitet; wenn der Vektor $\vec{B}$ um den kleinsten Winkel ϕ in die Richtung von $\vec{A}$ gedreht wird (Abb. V.16).

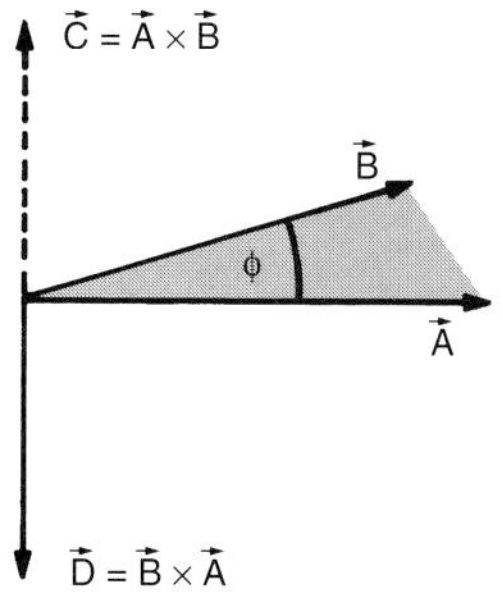

Abb.V.16

Die weiteren Eigenschaften des vektoriellen Produktes sind:

$$\left(\vec{A} + \vec{B}\right) \times \vec{C} = \vec{A} \times \vec{C} + \vec{B} \times \vec{C}$$

(Distributivgesetz)

und bei Multiplikation mit einem konstanten Faktor k (k reelle Zahl) gilt:

$$\left(k \cdot \vec{A}\right) \times \vec{B} = k \cdot \left(\vec{A} \times \vec{B}\right)$$

Aus der Definition des Vektorprodukts zweier Vektoren $\vec{A}$ und $\vec{B}$ erhält man:

Sind die beiden Vektoren $\vec{A}$ und $\vec{B}$ parallel bzw. antiparallel, d. h. $\phi = 0°$ bzw. $180°$, so folgt:

$$\vec{A} \times \vec{B} = 0$$

insbesondere ist

$$\vec{A} \times \vec{A} = 0$$

Für den Fall $\phi = 90°$ stehen die drei Vektoren $\vec{A}$, $\vec{B}$ und $\vec{C} = \vec{A} \times \vec{B}$ paarweise senkrecht aufeinander und bilden ein dreidimensionales, orthogonales, rechtshändig orientiertes System.

Sind die Vektoren $\vec{A}$ und $\vec{B}$ in rechtwinkligen kartesischen Koordinaten (x, y, z) mit den Einheitsvektoren $\vec{e}_1$, $\vec{e}_2$, $\vec{e}_3$ gegeben durch

$$\vec{A} = A_x \cdot \vec{e}_1 + A_y \cdot \vec{e}_2 + A_z \cdot \vec{e}_3$$

und

$$\vec{B} = B_x \cdot \vec{e}_1 + B_y \cdot \vec{e}_2 + B_z \cdot \vec{e}_3$$

dann berechnet sich das Vektorprodukt in Komponentenschreibweise gemäß:

$$\vec{C} = \vec{A} \times \vec{B} = \left(A_y \cdot B_z - A_z \cdot B_y\right) \cdot \vec{e}_1 + \left(A_z \cdot B_x - A_x \cdot B_z\right) \cdot \vec{e}_2 + \left(A_x \cdot B_y - A_y \cdot B_x\right) \cdot \vec{e}_3 = C_x \cdot \vec{e}_1 + C_y \cdot \vec{e}_2 + C_z \cdot \vec{e}_3$$

denn für die drei paarweise senkrecht aufeinander stehenden Basis- oder Einheitsvektoren $\vec{e}_1$, $\vec{e}_2$, $\vec{e}_3$ gilt für deren skalares Produkt

$$\vec{e}_1 \cdot \vec{e}_1 = \vec{e}_2 \cdot \vec{e}_2 = \vec{e}_3 \cdot \vec{e}_3 = 1$$

bzw.

$$\vec{e}_1 \cdot \vec{e}_2 = \vec{e}_2 \cdot \vec{e}_3 = \vec{e}_3 \cdot \vec{e}_1 = 0$$

und für deren vektorielles Produkt

$$\vec{e}_1 \times \vec{e}_2 = \vec{e}_3, \quad \vec{e}_2 \times \vec{e}_3 = \vec{e}_1, \quad \vec{e}_3 \times \vec{e}_1 = \vec{e}_2$$

Die Komponenten (C_x, C_y, C_z) des Vektors $\vec{C}$ ergeben sich somit zu:

$$C_x = A_y \cdot B_z - A_z \cdot B_y$$

$$C_y = A_z \cdot B_x - A_x \cdot B_z$$

$$C_z = A_x \cdot B_y - A_y \cdot B_x$$

In Determinantenschreibweise (s. Abschnitt I) lässt sich die oben angegebene Komponentendarstellung des Vektorprodukts in knapper Form darstellen als:

$$\vec{C} = \begin{vmatrix} \vec{e}_1 & \vec{e}_2 & \vec{e}_3 \\ A_1 & A_2 & A_3 \\ B_1 & B_2 & B_3 \end{vmatrix}$$

Für die Physik ist wie das Skalarprodukt auch der Begriff des Vektorproduktes von großer Bedeutung, da eine Reihe physikalischer Größen als Vektorprodukt aus anderen vektoriellen physikalischen Größen definiert ist, wie beispielsweise das Drehmoment, der Drehimpuls oder die Kraft auf eine bewegte Ladung bzw. einen Strom im äußeren magnetischen Feld.

Mehrfache Produkte von Vektoren

i. Das doppelte Vektorprodukt

Das aus den drei Vektoren $\vec{A}$, $\vec{B}$ und $\vec{C}$ gebildete doppelte Vektorprodukt

$$\vec{D} = \vec{C} \times (\vec{A} \times \vec{B})$$

ist ein Vektor $\vec{D}$, der den Vektoren $\vec{A}$ und $\vec{B}$ komplanar ist. Denn das Vektorprodukt $\vec{A} \times \vec{B}$ ergibt einen Vektor, der senkrecht auf der von $\vec{A}$ und $\vec{B}$ aufgespannten Ebene steht, dessen vektorielle Multiplikation mit $\vec{C}$ den Vektor $\vec{D}$ ergibt, der nunmehr auf der von $\vec{C}$ und $\vec{A} \times \vec{B}$ aufgespannten Ebene wiederum senkrecht steht und damit in der Ebene von $\vec{A}$ und $\vec{B}$ liegt. Der Vektor $\vec{D} = \vec{C} \times (\vec{A} \times \vec{B})$ lässt sich daher in Abhängigkeit von den beiden Vektoren $\vec{A}$ und $\vec{B}$ darstellen durch:

$$\vec{D} = \left(\vec{C} \cdot \vec{B}\right) \cdot \vec{A} - \left(\vec{C} \cdot \vec{A}\right) \cdot \vec{B}$$

ii) Das Spatprodukt

Eine weitere Art der Verknüpfung dreier vom Nullvektor verschiedener nicht komplanarer Vektoren $\vec{A}$, $\vec{B}$, $\vec{C}$ ist das *Spatprodukt*, das Skalarprodukt der beiden Vektoren $\vec{C}$ und $(\vec{A} \times \vec{B})$:

$$V = \vec{C} \cdot (\vec{A} \times \vec{B})$$

Dieses Produkt ergibt eine Zahl, deren Betrag das Volumen V des von den Vektoren $\vec{A}$, $\vec{B}$, $\vec{C}$ aufgespannten Parallelepipeds (schiefwinkliger Quader) darstellt und sich zu $V = |\vec{C}| \cdot |\vec{A} \times \vec{B}| \cdot \cos \Psi$ ergibt (Abb. V.17). Das Spatprodukt ist positiv, wenn die Vektoren $\vec{A}$, $\vec{B}$, $\vec{C}$ ein rechtshändiges System bilden, sonst ist es negativ.

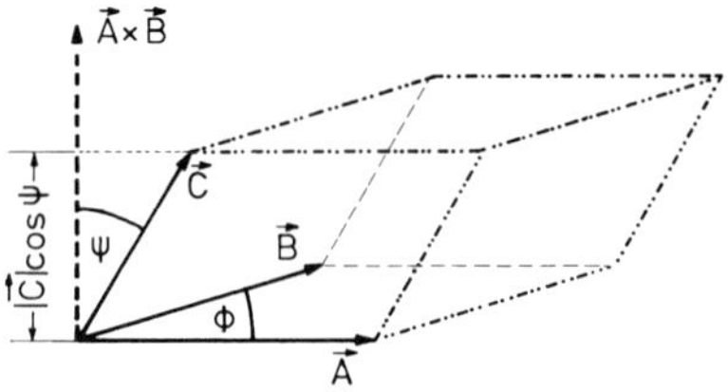

Abb.V.17

Sind die Vektoren $\vec{A}$, $\vec{B}$, $\vec{C}$ in einem rechtwinkligen kartesischen Koordinatensystem mit den Einheitsvektoren $\vec{e}_i$ $(i = 1, 2, 3)$ in Komponentendarstellung gegeben durch

$$\vec{A} = A_x \cdot \vec{e}_1 + A_y \cdot \vec{e}_2 + A_z \cdot \vec{e}_3$$

$$\vec{B} = B_x \cdot \vec{e}_1 + B_y \cdot \vec{e}_2 + B_z \cdot \vec{e}_3$$

und

$$\vec{C} = C_x \cdot \vec{e}_1 + C_y \cdot \vec{e}_2 + C_z \cdot \vec{e}_3$$

dann kann das Spatprodukt durch folgende Determinante dargestellt und berechnet werden:

$$V = \vec{C} \cdot (\vec{A} \times \vec{B}) = \begin{vmatrix} A_x & A_y & A_z \\ B_x & B_y & B_z \\ C_x & C_y & C_z \end{vmatrix}$$

Es treten nun neben dem Skalarprodukt zweier Vektoren und dem Vektorprodukt in der Physik auch andere Produkte von Vektoren auf, deren Definition jedoch etwas komplizierter ist und hier nicht näher besprochen werden soll. So kann man beispielsweise einen Tensor (2. Stufe) bilden durch die Multiplikation jeder Komponente des einen Vektors mit jeder Komponente des anderen Vektors; in Komponentenschreibweise hat der Tensor dann neun Komponenten. Beispiele solcher physikalischer Größen sind die mechanische Spannung oder Dehnung (Spannungs- bzw. Dehnungstensor) oder das Trägheitsmoment (Trägheitstensor).

E. Richtungsableitung – Gradient

Es wird noch kurz ein mathematischer Operator aus der Vektoranalysis eingeführt, der vielfach in der Physik verwendet wird. Dabei handelt es sich um die Ableitung (den ersten Differentialquotienten) einer Funktion in eine bestimmte Richtung (Richtung eines Vektors) und man bezeichnet den sich ergebenden Vektor als den ***Gradient*** (mathematische Kurzform: **grad**).

Ist beispielsweise $f = f(x, y, z)$ eine skalare Funktion in kartesischen Koordinaten x, y, z, dann ist der Gradient von f:

$$\mathbf{grad}\,f = \left(\frac{\partial f}{\partial x}, \frac{\partial f}{\partial y}, \frac{\partial f}{\partial z}\right)$$

d. h. ein Vektor, dessen Komponenten die partiellen Ableitungen der Funktion $f = f(x, y, z)$ darstellen. In abgekürzter Schreibweise verwendet man das Symbol $\boldsymbol{\nabla}$ (sprich: ***Nabla***) als Differentialoperator mit der Definition

$$\nabla = \left(\frac{\partial}{\partial x}, \frac{\partial}{\partial y}, \frac{\partial}{\partial z}\right)$$

der auf die Funktion f angewendet wird. Damit kann man den Gradienten auch in der Form schreiben:

$$\mathrm{grad}\,f = \nabla f$$

Mit den Einheitsvektoren $\vec{e}_1$, $\vec{e}_2$, $\vec{e}_3$ eines kartesischen (x, y, z)-Koordinatensystems ergibt sich für den Gradientenvektor:

$$\boldsymbol{grad\,f} = \boldsymbol{\nabla f} = \frac{\partial f}{\partial x} \cdot \vec{e}_1 + \frac{\partial f}{\partial y} \cdot \vec{e}_2 + \frac{\partial f}{\partial z} \cdot \vec{e}_3$$

Die Richtung des Gradienten ist die Richtung des stärksten Anstiegs der Funktion f (d. h. die Richtung mit der größten Richtungsableitung) und der Gradient von f steht senkrecht auf der Niveaufläche von f. Die Gradientenoperation ist die Umkehrung des Linienintegrals.

Beispiele aus der Physik haben wir dazu beim Gravitationspotential, dem elektrischen Potential oder der Diffusion längs eines Konzentrations- oder Temperaturgefälles kennen gelernt.

Kurzer historischer Überblick

Der Name *Physik* hat seinen Ursprung in dem griechischen Wort *physis*, das dem lateinischen *natura* entspricht, und ursprünglich so viel wie „Entstehen und Werden" bedeutete. Für die Griechen war die Natur Prinzip und Ursprung der Entstehung und des Werdens aller Dinge nach einer festen Ordnung und sie versuchten sich in Denkmodellen über das Naturgeschehen Rechenschaft zu geben.
Nach heutigem Verständnis ist die Physik die Wissenschaft, die sich mit den Grundgesetzen der Natur befasst, insbesondere mit den Eigenschaften, dem Aufbau und der Bewegung der (unbelebten) Materie. Sie erforscht deren Wechselwirkungs- und Strahlungsfelder und sucht allgemeingültige Gesetzmäßigkeiten von solchen Naturvorgängen aufzustellen, die einer mathematischen Beschreibung zugänglich sind und vor allem durch experimentelle Forschung und numerische Erfassung von Messungen gewonnen werden können.

Zwischen diesen beiden Begriffsbeschreibungen der Physik liegt ein historischer Werdegang von über 2500 Jahren. In der Antike war die Physik ein Teil der Philosophie. Sie war Naturphilosophie und fragte nach den Prinzipien mit deren Hilfe es möglich ist, ohne Einbeziehung der überlieferten mythischen Vorstellungen, die Natur und die Naturerscheinungen aufgrund der ihnen innewohnenden Gesetzmäßigkeiten zu erklären, mit dem Anspruch auf Richtigkeit und Nachprüfbarkeit der Erklärungen. Aus dem Altertum (Mesopotamien, Ägypten) stand den Griechen bereits eine im Verlauf von Jahrtausenden gesammelte Wissensmenge zur Verfügung, mehr oder weniger geordnet und in einigen Details bereits beachtlich gut bearbeitet, wie beispielsweise auf den Gebieten der Astronomie, Geometrie und Mathematik (Zahlensysteme). Die antike Physik mit ihrer rationaleren Betrachtung der Natur beginnt bei den ionischen Naturphilosophen und kann mit der Zeit des Wirkens des Mathematikers und Philosophen THALES VON MILET (~ 625–547 v. Chr.) verknüpft werden. Für ihn und seine Schüler waren Luft und Wasser die Baustoffe, die die Welt zusammenhielten. Andere Schulen versuchten auf ihre Weise die Welt zu verstehen, wie beispielsweise die *Pythagoreer*, ein von PYTHAGORAS AUS SAMOS (~ 570–497/96 v. Chr.) in Kroton (Unteritalien) um 530 v. Chr. gegründeter Bund. Die Entdeckung, dass die konsonanten Intervalle Oktave, Quinte und Quarte in rationalen Zahlenverhältnissen stehen, führte sie zu der Lehre, die ganze Welt aus Harmonien aufgebaut zu sehen: *Die Zahl ist die Natur und das Wesen der Dinge*. Eine ihrer größten Taten auf dem Gebiet der Astronomie war die Behauptung von der Kugelgestalt der Erde. Als eine weitere wichtige Schule ist die der *Atomisten* zu betrachten, die im fünften Jahrhundert v. Chr. von den beiden ionischen Philosophen LEUKIPP VON MILET (~ 460 v. Chr.) und DEMOKRIT VON ABDERA (~ 460–371 v. Chr.) begründet wurde. Für sie bestand die Welt aus unteilbaren kleinen Teilchen, den Atomen, die dauernd in Bewegung sind, und die Vielfalt der Welt wird durch verschiedene Kombinationen und Bewegungsformen dieser Atome realisiert – eine gute Näherung an unsere heutigen Vorstellungen. Der erste große Versuch, die Gesamtheit alles Wissens von der

Natur in einer Synthese zusammenzufassen, ist das Weltbild des ARISTOTELES (384–322 v. Chr.). Nach ihm erklärt sich die Vielfalt der sublunaren (also irdischen) Welt als unterschiedliche Kombinationen oder Gemische der vier Elemente des EMPEDOKLES (∼ 495–435 v. Chr.) Erde, Luft, Wasser und Feuer. Unveränderlich, nicht entstehend und nicht vergehend, da aus einem besonders feinen fünften Stoff bestehend (*quinta essentia*), sind nur die von der Fixsternsphäre umschlossenen Himmelssphären. Während hier die Bewegungen nach einer ewigen Harmonie in gleichförmigen Kreisbewegungen erfolgen, gehört nach ARISTOTELES in der sublunaren Welt bei erzwungenen Bewegungen zu jeder Bewegung ein Beweger, der mit dem Körper in unmittelbarem Kontakt stehen muss. In vielen Arbeiten hat ARISTOTELES zu den unterschiedlichsten Wissenschaftsgebieten seine Gedanken niedergelegt und dieses einheitliche Gedankengebäude hat über einen Zeitraum von mehr als 2000 Jahren Bestand gehabt und bis ins Mittelalter, trotz offenkundiger Widersprüche, zahlreiche bedeutende Gelehrte fasziniert. Die griechische Naturphilosophie hat sicherlich auf zahlreichen Teilgebieten viel vollbracht, doch Physik als Naturwissenschaft nach heutigem Verständnis wurde von den griechischen Naturphilosophen nicht betrieben, da sie es ablehnten, das Experiment zur Überprüfung ihrer Hypothesen heranzuziehen. Als eine Ausnahme muss jedoch ARCHIMEDES VON SYRAKUS (∼ 287–212 v. Chr.) erwähnt werden, der als erster Mathematik und Physik miteinander verknüpft hatte und dessen Name mit dem ältesten physikalischen Gesetz verbunden ist, das bis zum heutigen Tage in seiner ursprünglichen Form Gültigkeit hat: Das *archimedische Prinzip* über den Auftrieb, den Körper in Flüssigkeiten erfahren.

Im heutigen Sinne ist die Physik daher erst 400 Jahre alt und bei der Herausbildung der modernen Naturwissenschaft im 17. Jahrhundert kommt hier ein zentraler Platz GALILEO GALILEI (1564–1642) zu. Er führt die induktive Methode in die Naturwissenschaft ein, welcher sich auch sein Zeitgenosse JOHANNES KEPLER (1571–1630) bei der Ableitung der nach ihm benannten drei Gesetze der Planetenbewegung bediente. GALILEI fragt nicht mehr, *warum* die Körper fallen müssen, sondern zunächst einmal, *wie* sie tatsächlich fallen müssen und findet in systematischen Versuchen an der Fallrinne (die den Fall verlangsamt) die Fallgesetze. Mit den Gesetzen von KEPLER und den Beobachtungen von GALILEI gelang es auch, das geozentrische Weltsystem des alexandrinischen Astronoms CLAUDIUS PTOLEMÄUS (∼ 100–160) durch das heliozentrische des Astronoms und Naturforschers NIKOLAUS KOPERNIKUS (1473–1543) abzulösen.

Im Jahre 1687 erschien die *Philosophiae naturalis principia mathematica* (Mathematische Prinzipien der Naturphilosophie) von SIR ISAAC NEWTON (1643–1727), ein Datum, das man als Ende der antiken und als Beginn der klassischen Physik bezeichnen kann. NEWTON gelangt, ausgehend von Definitionen und Axiomen oder Gesetzen, auf deduktivem Wege zu Theoremen, deren Übereinstimmung mit der Erfahrung sich nachweisen lässt. Er vollendet mit seiner universellen Gravitationstheorie das Werk von GALILEI und KEPLER auf dem Gebiet der Himmelsmechanik und rundet die **Mechanik**, deren Grundbegriffe die Masse und die Kraft darstellen, bereits in klassischer Weise ab. Die Masse eines Körpers ist gekennzeichnet durch ihre Trägheit, d. h. das Beharrungsvermögen, mit dem sie ihren Bewegungszustand beizubehalten versucht. Diesen zu ändern vermag nur eine Kraft, die ihm dabei eine Beschleunigung verleiht. Üben zwei Körper Kräfte aufeinander aus, so gilt actio = reactio. Die Mechanik kann mit wenigen Grundprinzipien begründet werden. NEWTON führte seine Beweise, zumindest in den *Principia* größtenteils geometrisch und algebraisch, erarbeitete zur gleichen Zeit aber ein weitaus brauchbareres mathematisches Hilfsmittel, die Fluxionenrechnung, ein Verfahren, das wir heute noch in der von GOTTFRIED WILHELM LEIBNIZ (1646–1716) entwickelten Differentialrechnung (1684) und Integralrechnung (1686), mit viel Gewinn in der Physik verwenden. Ganz im Sinne NEWTON'S, der in seiner wissenschaftlichen Haltung ein Tatsachenforscher war und nicht über die Grenzen der Erfahrung hinaustreten wollte, löste sich die Physik in zunehmendem Maße von der naturphilosophischen Betrachtungsweise und erfuhr eine auf Beobachtung und Messung gestützte Mathematisierung der Naturerscheinungen. Zur weiteren Vervollkommnung der klassischen Mechanik und zu ihrer geschlossenen mathematischen

Darstellung trugen wesentlich LEONHARD EULER (1707–1783), JOSEPH LOUIS LAGRANGE (1736–1813) und SIR WILLIAM ROWAN HAMILTON (1805–1865) bei, deren mathematischen Prinzipien auch heute noch zum unentbehrlichen Bestand der Physik gehören.

Für die verschiedenen physikalischen Erscheinungen hatten sich mittlerweile unterschiedliche Teilgebiete entwickelt, in denen im 18. Jahrhundert vorwiegend noch qualitativ vorgegangen wurde und die noch Mängel aufwiesen im Vergleich zur Vollkommenheit der mathematischen Formulierung der Mechanik. Als NEWTON starb, war die **Optik** im Vergleich zur Elektrizitäts- oder Wärmelehre schon weiter entwickelt. Der Siegeszug seiner Mechanik hatte auch die Anerkennung seiner Optik zur Folge, trotz der Vorbehalte von ROBERT HOOKE (1635–1703) und der völlig anderen Vorstellungen über die Lichtausbreitung von CHRISTIAN HUYGENS (1629–1695). Bewegung in die Physik des Lichts kam anfangs des 19. Jahrhunderts durch Experimente und Berechnungen von THOMAS YOUNG (1773–1829) und JEAN AUGUSTIN FRESNEL (1788–1827) zu den Interferenzerscheinungen und der Ausbreitung des Lichts auf der Basis der HUYGENS'schen Wellentheorie. Der Zusammenhang zwischen Polarisation und Transversalität der Wellen, wie auch der Nachweis der Wesensgleichheit der Lichtwellen mit den elektromagnetischen Wellen im Jahre 1887 durch HEINRICH HERTZ (1857–1894), ließ immer größere Zweifel an der mechanischen Äthertheorie aufkommen. Aber erst die Versuche 1881 von ALBERT ABRAHAM MICHELSON (1852–1931), und 1887 zusammen mit EDWARD WILLIAMS MORLEY (1838–1923), welche die Konstanz der Lichtgeschwindigkeit zeigten, und letztendlich die Relativitätstheorie beseitigten die Probleme mit den Eigenschaften des Äthers, indem sie seine Nichtexistenz belegten.

Auf dem Gebiet der **Elektrizitätslehre**, bzw. der **elektromagnetischen Erscheinungen**, konnten aus der Antike nur einige Bezeichnungen übernommen werden. Den Griechen war bekannt, dass geriebener Bernstein (griechisch: Elektron) kleine Stückchen Wolle anzieht und ebenso Magneteisenstein (Griechisch: Stein aus Magnesia) Eisen, worin die begrifflichen Wurzeln von *Elektrizität* und *Magnetismus* zu sehen sind. Der Kompass, als Erbe aus China, kam etwa ab dem 12. Jahrhundert in Gebrauch. Im 13. Jahrhundert berichtet PIERRE DE MARICOURT über umfangreiche Untersuchungen zu magnetischen Eigenschaften und führt die Begriffe Nord- und Südpol ein. Das Wissen von den elektrischen Erscheinungen hat sich jedoch von der Antike bis zum Beginn des 17. Jahrhunderts kaum verändert. In seinem 1600 erschienen Werk *De magnete* berichtet der Hofarzt von Königin Elizabeth I. von England, WILLIAM GILBERT (1540–1603) über die Eigenschaften des magnetischen Feldes künstlicher Magnete und der Erde. Daneben befasste er sich auch ausgiebig mit elektrischen Erscheinungen und kannte außer Bernstein auch andere Stoffe, die durch Reibung elektrisierbar waren. Eine wesentliche Erkenntnis für ihn war, dass Magnetismus und Elektrizität verschiedene Phänomene darstellten und er unterteilte die Körper in elektrische und nichtelektrische. Die erste Elektrisiermaschine wurde im 17. Jahrhundert von dem vielseitigen und äußerst erfolgreich experimentierenden Magdeburger Bürgermeister OTTO VON GUERICKE (1602–1686) erfunden. Als ein großer Fortschritt in der qualitativen Elektrostatik ist die Entdeckung von elektrischen Leitern und Nichtleitern zu bezeichnen, welche zu einem großen Teil als das Verdienst des Engländers STEPHEN GRAY (~ 1666–1736) anzusehen ist. Die Erfindung der *Leidener Flasche* durch den Pfarrer EWALD GEORG VON KLEIST (~ 1700–1748) und den in Leiden tätigen Professor PETRUS VAN MUSSCHENBROEK (1692–1761) ermöglichte Versuche unter besseren experimentellen Bedingungen durchzuführen und die Beschäftigung mit der Elektrizität wurde direkt zu einer Modeerscheinung. So war es um die Mitte des 18. Jahrhunderts in gebildeten Kreisen einfach schick, sich elektrisieren zu lassen, um dann beispielsweise mithilfe elektrischer Funken Spiritus in Brand zu setzen. Auch die Ärzte entdeckten Anwendungsmöglichkeiten für die elektrischen Effekte, wie etwa – wenn auch nicht im heutigen Sinne – die Elektroschockbehandlung. Doch nicht nur in den eleganten Salons des Adels wurden allerlei elektrische Schauversuche vorgeführt, auch auf Jahrmärkten dienten sie als Attraktion zur Volksbelustigung. So wurde BENJAMIN FRANKLIN (1706–1790) durch einen in Amerika herumziehenden Schausteller auf die elektrischen Erscheinungen aufmerksam. FRANKLIN wurde zum erfolgreichsten Forscher dieser Epoche und der erste amerikanische Wissenschaftler, dem Weltruhm zuteil wurde. Insbesondere ist mit seinem Namen die Erfindung des Blitzableiters verknüpft.

Die quantitative Formulierung der Elektrostatik begann ab etwa der zweiten Hälfte des 18. Jahrhunderts. Zu dem von CHARLES AUGUSTE DE COULOMB (1736–1806) formulierten und nach ihm benannten Gesetz zur Wechselwirkung elektrisch geladener Körper, gelangten unabhängig voneinander außer COULOMB drei weitere Forscher jener Zeit, PRIESTLEY, ROBISON und CAVENDISH, wobei zur Aufstellung der Gesetzmäßigkeiten in Anlehnung an NEWTON die Existenz von Fernwirkungskräften zwischen geladenen Körpern vorausgesetzt wurde. Auch die Idee die Messung der auftretenden sehr kleinen Kräfte mithilfe von Torsionswaagen durchzuführen oder die Ladungsmengen mit Elektroskopen zu registrieren, hatten mehrere Forscher gleichzeitig und setzten sie auch in die Tat um, wie z. B. COULOMB oder CAVENDISH. Die Vervollkommnung der Elektrostatik, im Sinne einer mathematischen Beschreibung ähnlich der Mechanik, erfolgte durch DENIS POISSON (1781–1840), der in gleicher Weise auch die Magnetostatik vollendete. Schließlich brachten GEORGE GREEN (1793–1841) und CARL FRIEDRICH GAUß (1777–1855) die Elektrostatik in die heutige Form.

Die Gesetzmäßigkeiten strömender elektrischer Ladungen und ihrer Wirkungen konnten erst untersucht und aufgestellt werden, als es möglich war, fortwährend strömende elektrische Ladungsmengen beobachtbarer Größe zu erzeugen. Der Zufall war es wieder einmal, der bei den Entdeckungen hilfreich zur Seite stand, als der in Bologna tätige Anatomieprofessor LUIGI GALVANI (1737–1798) die Nervenreizung von Froschschenkeln durch elektrische Felder und durch elektrische Ströme aufgrund von unterschiedlichen Kontaktpotentialen verschiedener Stoffe beobachtete. ALLESSANDRO VOLTA (1745–1827), der die Experimente GALVANIS fortführte und mit dem Kenntnisstand damaliger Zeit auch richtig deutete, gelang im Jahre 1800, mit der nach ihm benannten Säule, die Erfindung einer Gleichstrom-Quelle, die ununterbrochen fließende Ströme zu erzeugen erlaubte. Die Tür war nun aufgestoßen zu weiteren Erkenntnissen über die Eigenschaften und die Wirkungen dieser Ströme, wie beispielsweise den einfachen Gesetzmäßigkeiten der Elektrotechnik durch GEORG SIMON OHM (1789–1854) und GUSTAV ROBERT KIRCHHOFF (1824–1887), der Elektrochemie durch SIR HUMPHREY DAVY (1778–1829) oder der magnetischen Wirkung und der Wechselwirkung der Ströme durch HANS CHRISTIAN OERSTED (1777–1851) und insbesondere ANDRÉ-MARIE AMPÈRE (1775–1836), der als erster zwischen „elektrischer Spannung" und „elektrischer Intensität" (d. h. Stromstärke) unterschied und aufgrund seiner intensiven systematischen Experimente eine umfassende Abhandlung über die mathematische Theorie der elektrodynamischen Phänomene verfasste. MAXWELL bezeichnete ihn daher sicherlich nicht zu Unrecht als den NEWTON der Elektrodynamik. Wesentliche Beiträge zur Physik und Chemie zugleich leistete der im Alter von 13 Jahren als Laufjunge bei einem Buchbinder beginnende Autodidakt MICHAEL FARADAY (1791–1867), wie beispielsweise zur Elektrochemie (Elektrolyse) und Magnetochemie einerseits bzw. zur Elektrizität und zum Elektromagnetismus andererseits. Er zeigte, dass den Raum um eine elektrische Ladung ein elektrisches Feld erfüllt, welches den Träger der Energie darstellt, ähnlich wie vom Magnetismus und dem magnetischen Feld her bekannt. FARADAY demonstrierte, wie das elektrische Feld beeinflusst werden kann, dass elektrische und magnetische Felder miteinander zusammenhängen und der Spannungszustand der Felder sich durch den Raum hin fortpflanzt. Mit einer von ihm ersonnenen Versuchsanordnung entdeckte FARADAY 1831 die Phänomene der magnetischen Induktion (Induktionsgesetz) und er konstruierte im Prinzip auch den ersten Elektromotor. Berühmt war auch die hohe Vortragskunst, die seine Vorlesungen auszeichnete und mit der er sowohl einem erlauchten Publikum in den so genannten „Freitagabend-Vorträgen" die neuesten wissenschaftlichen Erkenntnisse zu vermitteln suchte als auch zur Weihnachtszeit besonders leicht verständliche Vorträge für Kinder abhielt, dessen berühmtester *„The Chemical History of a Candle"* auf der ganzen Welt bekannt wurde.

Bezeichnet man FARADAY, wie es häufig getan wird, als den größten Experimentalphysiker des 19. Jahrhunderts, dann war JAMES CLERK MAXWELL (1831–1879) dessen bedeutendster theoretischer Physiker. Er entwickelte, unter anderem, aus den zahlreichen experimentellen Beobachtungen von FARADAY eine Theorie dieser Erscheinungen und vollendete die klassische Elektrodynamik durch das, nach ihm benannte, in sich geschlossene System von mathematischen Grundgleichungen und verknüpfte sie mit der Optik, die von nun an ein Teil der Elektrodynamik war. Wie oben schon erwähnt, konnte HERTZ 1887 die von der MAXWELL'schen Theorie geforderten elektromagnetischen Wellen experimentell erzeugen. Es zeigte sich, dass sie in ihrem Verhalten in Reflexion, Brechung, Interferenz und Beugung mit den Lichtwellen übereinstimmen, transversale Wellen sind und sich mit Lichtgeschwindigkeit ausbreiten.

Die Entwicklung der **Wärmelehre** ist einerseits durch den Fortgang der Erkenntnisse über die atomistische Struktur der Materie geprägt und andererseits eng mit der Herausbildung des Energiebegriffs verbunden. Bereits im Mittelalter hatte man den Unterschied zwischen – wie wir heute sagen – der Temperatur und der Wärmeenergie eines Körpers vom Grundsatz her erkannt. Der Temperaturbegriff selbst lässt sich auf ARISTOTELES zurückführen, der den fühlbaren Eigenschaften der Körper Gegensatzpaare zugeordnet hatte: warm und kalt, trocken und feucht. Die Ausdehnung der Luft bei Erwärmung nutzte man bereits in Alexandria zum Bau von so genannten *Thermoskopen*, mit denen bis ins 17. Jahrhundert die Intensitäten der Qualitäten warm und kalt ermittelt wurden, die man als den Grad der Wärme bzw. das Temperament und später dann die Temperatur des Körpers bezeichnete. Ab der Mitte des 17. Jahrhunderts waren geschlossene Flüssigkeitsthermometer (Wasser, Alkohol, Quecksilber) in Gebrauch mit regional unterschiedlicher Festlegung der Skaleneinteilung. Die Aggregatzustandsänderungen des Wassers als Fixpunkte wurden von RENÉ-ANTOINE RÉAUMUR (1683–1757) eingeführt, der dieses Intervall in 80 gleiche Teile einteilte, und 1741 auch von ANDERS CELSIUS (1701–1744) übernommen, indem er als 0 Grad den Siedepunkt des Wassers, und eine Temperatur von 100 Grad als den Schmelzpunkt des Eises festlegte, aber bei einer Unterteilung in 100 gleiche Teile. Erst 1745 drehte CARL VON LINNÉ (1707–1778) die Fixpunktfestlegung um, in die uns heute vertraute Einteilung der ‚Celsius'-Skala. In der zweiten Hälfte des 19. Jahrhunderts stellte WILLIAM THOMSON (1824–1907), ab 1892 LORD KELVIN, mithilfe von Gasthermometern die so genannte *absolute thermodynamische Temperaturskala* oder Kelvin-Skala auf, die heute verbindliche Temperaturskala mit der Einheit ‚Kelvin' (K) als SI-Basiseinheit.

Die verbesserten Ausführungen der Thermometer ermöglichten den Beginn einer eher quantitativen Beschreibung der Grundgesetze der Wärmelehre, wozu wesentliche Beiträge von dem in Edinburgh lehrenden JOSEPH BLACK (1728–1799) stammten. Seine zahlreichen Experimente führten ihn zu einer klaren Unterscheidung von Wärme und Temperatur und zur Einführung der Begriffe (in heutiger Bezeichnung) Wärmemenge, Wärmekapazität, latente Wärme, Schmelz- und Siedetemperatur. BLACK hielt jedoch immer noch an der Existenz des *Caloricums* fest, dem mit jedem Körper verbundenen Wärmestoff, und das von dem französischen Chemiker ANTOINE LAURENT DE LAVOISIÉR (1743–1794) noch zu den Elementen, den chemisch nicht weiter zerlegbaren Stoffen, gerechnet wurde. Die Wärmestofftheorie hielt sich bis in die erste Hälfte des 19. Jahrhunderts, denn die Gelehrten gewöhnten sich daran von „unwägbaren Stoffen", den *‚Imponderabilien'* zu sprechen und beschritten weiterhin diesen Irrweg, indem sie einander bestätigten auf dem richtigen Weg zu sein, trotz evidenter experimenteller Resultate, welche der Theorie des Caloricums widersprachen. Zu den Wenigen, die den richtigen Pfad einschlugen, wie sich später herausstellte, gehörten beispielsweise GRAF VON RUMFORD aufgrund seiner experimentellen Vorgehensweise und der bereits oben erwähnte SIR HUMPHREY DAVY mit Überlegungen zur Durchführung geeigneter Experimente. GRAF VON RUMFORD (1753–1814), ein aus Woburn, Massachusetts, gebürtiger Amerikaner, der eigentlich BENJAMIN THOMPSON hieß, war auf unterschiedlichsten Gebieten tätig. Nach aktiver Teilnahme im nordamerikanischen Unabhängigkeitskrieg auf Seiten der Engländer, trat er 1784 in die Dienste des Kurfürsten Karl Theodor von Bayern, der ihn wegen seines vielseitigen und erfolgreichen Wirkens zum Grafen ernannte. So legte er in München den Englischen Garten an, sorgte für die Verbreitung des Kartoffelanbaus, schuf den Rost zum Braten, konstruierte den Küchenherd anstelle des offenen Feuers, warb für den Dampftopf und kreierte die nahrhafte „Rumford-Suppe", um nur ein paar Beispiele zu nennen. In der Wissenschaft befasste er sich u. a. mit Untersuchungen über die Kräfte des Schießpulvers und vor allem mit der Natur der Wärme. Beim Ausbohren von Kanonenrohren, insbesondere mit stumpfer werdenden Bohrern, stellt er jedes Mal eine starke Erwärmung fest, die das zur Kühlung verwendete Wasser zum Sieden brachte. Aus systematischen Untersuchungen folgerte er, dass Wärme nichts anderes als Bewegung ist und sich durch mechanische Reibung stets neu erzeugen lässt, jedoch keinesfalls ein Stoff (bzw. gar Element) sein kann, der durch die Erschütterungen beim Bohren aus dem Eisen freigesetzt wird, wie Anhänger der Wärmestofftheorie meinten. Zwar wurden die experimentellen Ergebnisse RUMFORDS zu Beginn des 19. Jahrhunderts akzeptiert, ihre Deutung jedoch auf der Basis des Caloricums versucht. Auch DAVY, der erste Direktor der *Royal Institution* in London, welche von RUMFORD im Jahre 1800 nach seiner Rückkehr nach England gegründet wurde, war nicht der vehemente Verfechter einer kinetischen Theorie der Wärme. In der ersten Hälfte des 19. Jahrhunderts diente die Wärmestofftheorie noch immer als Ausgangspunkt für wärmephysikalische Untersuchungen und Überlegungen, war dabei aber an die Grenze ihrer Leistungsfähigkeit gestoßen wie manche ihre Anhänger alsbald bemerkten. Einer der bedeutendsten Erfolge auf der Basis der Wärmestofftheorie wurde durch JOSEPH FOURIER (1768–1830), einem der hervorragendsten französischen Mathematiker aus der Revolutionszeit, mit der von ihm entwickelten Theorie der Wärmeleitung erzielt.

Während sich der Engländer JAMES WATT (1736–1819) mehr von der ingenieurwissenschaftlichen Seite mit Dampfmaschinen und der technischen Realisierung der Erhöhung ihres Wirkungsgrades befasste, setzte sich der von WATT sehr beeindruckte französische Wissenschaftler, Militär und Politiker SADI NICOLAS LEONARD CARNOT (1796–1832) mit dem Kreisprozess einer Wärmekraftmaschine bei möglichst hohem Wirkungsgrad in einer theoretischen Abhandlung auseinander, der uns heute noch als Carnot'scher Kreisprozess wohlvertraut ist. Aus seinen Aufzeichnungen geht auch hervor, dass er die kinetische Theorie der Wärme bereits als Alternative erkannt hatte, ebenso wie in seinen Aufzeichnungen Grundlagen für die Formulierung des Energieerhaltungssatzes enthalten sind. Um die Mitte des 19. Jahrhunderts war die Umwandlung von mechanischer Arbeit in Wärme durch ein festes Zahlenverhältnis (mechanisches Wärmeäquivalent) bewiesen, so dass der Erhaltungssatz der Energie aufgestellt werden konnte. Als ‚Väter' des Energieerhaltungssatzes (erster Hauptsatz der Thermodynamik) können zahlreiche Gelehrte genannt werden, die Beiträge über die Rolle der Wärmeenergie bei diversen Vorgängen verfasst hatten, er wird jedoch gewöhnlich mit drei Namen verknüpft: JULIUS ROBERT MAYER (1814–1878) – einem aus Heilbronn stammenden Arzt –, JAMES PRESCOTT JOULE (1818–1889) – Besitzer einer Brauerei und als Wissenschaftler reiner Autodidakt –, und dem Physiker und Physiologen HERMANN VON HELMHOLTZ (1821–1894), welcher überdies in der zweiten Hälfte des 19. Jahrhunderts eine überragende Rolle im Ausbau des Hochschulwesens sowie bei der Entwicklung des wissenschaftlichen Lebens in Deutschland gespielt hatte.

Schon etwa im Jahre 1662 veröffentlichte eine Gruppe von Wissenschaftlern aus Oxford unter der Federführung von ROBERT BOYLE (1627–1691) unter der Annahme, dass die Luft aus Atomen besteht, das Gesetz über die Konstanz des Produktes aus dem in der Luft herrschenden Druck und dem von ihr dabei eingenommenen Volumen. Beispielhafte Experimente dazu führte EDMÉ MARIOTTE (1620–1684) durch, weshalb dieses Gesetz auch mit seinem Namen verknüpft ist. Mit Vorstellungen, die denen der heutigen elementaren kinetischen Gastheorie sehr ähnlich sind, stellte DANIEL BERNOULLI (1700–1782) bereits in der Mitte des 18. Jahrhunderts in seinen Arbeiten zur Hydrodynamik quantitative Formulierungen auf. Bestand für BOYLE und MARIOTTE die Luft noch aus Luft-Atomen, so war sie für den bereits vorher erwähnten LAVOISIÉR nur noch ein Gemisch von Gasen, ein Gas unter vielen. LAVOISIÉR, welchem um 1789 bereits eine Klärung des chemischen Elementbegriffs gelungen war, JOSEPH-LOUIS PROUST (1754–1826), dem wir das Gesetz der konstanten Proportionen verdanken, und JOHN DALTON (1766–1844), der durch seine Untersuchungen zum Gesetz der multiplen Proportionen gelangte und beide Gesetze auf atomistischer Basis erklärte, legten die Grundlagen unserer heutigen Vorstellung von den Atomen. Die für die Volumina geltenden Gesetze bei chemischen Reaktionen in der Gasphase, die JOSEPH-LOUIS GAY-LUSSAC (1778–1850) um 1808 auf experimentellem Wege gefunden hatte, erfuhren ihre atomistische Deutung 1811 durch AMEDEO AVOGADRO (1776–1856), wonach bei gleicher Temperatur und gleichem Druck gleiche Volumina verschiedener Gase die gleiche Anzahl Teilchen enthalten. Die Existenz kleinster Teilchen und deren Bewegung zeigte der schottische Arzt und Botaniker ROBERT BROWN (1773–1858), der 1828 erstmals die mit einem Mikroskop beobachtbare regellose Zitterbewegung von kolloidalen oder suspendierten mikroskopischen Teilchen in Flüssigkeiten (und Gasen) beschrieb, hervorgerufen durch Zusammenstöße mit den in Wärmebewegung befindlichen, selbst nicht sichtbaren Molekülen. So rückte allmählich die atomistische Theorie der Materie, zunächst in Form der kinetischen Gastheorie, wieder in den Mittelpunkt des Interesses, nachdem ca. 2000 Jahre lang mit der Atomistik lediglich qualitative und günstigenfalls auch philosophische Fragen geklärt werden konnten. Etwa ab der Mitte des 19. Jahrhunderts ist festzustellen, wie die makroskopische Thermodynamik und die kinetische Gastheorie bzw. die klassische Statistik sich in steigendem Maße gegenseitig befruchtet und ergänzt haben. Wesentlichste Anteile an der Weiterentwicklung der kinetischen Gastheorie hatten: RUDOLF JULIUS EMANUEL CLAUSIUS (1822–1888) – er gab 1857 eine kinetische Deutung der verschiedenen Aggregatzustände, formulierte 1865 den zweiten Hauptsatz der Thermodynamik und führte den Entropiebegriff als Maß für die Reversibilität einer Erscheinung ein –, J. C. MAXWELL, den wir im Zusammenhang mit den elektromagnetischen Erscheinungen bereits erwähnt haben – stellte 1860 als erster statistische Überlegungen an, die notwendig sind, um den Mittelwert der Geschwindigkeiten zu finden, und behandelte u. a. ebenso erfolgreich die Probleme der Wärmeleitung und der Viskosität – und LUDWIG BOLTZMANN (1844 – 1906) – der, neben vielen anderen Beiträgen zur Physik, 1872 erkannte, dass die Probleme der mechanischen Theorie der Wärme zugleich Probleme der Wahrscheinlichkeitstheorie sind, formulierte die Regeln für das statistische Abzählen der Mikrozustände, die zu ein und demselben Makrozustand eines physikalischen Systems gehören; er zeigte, dass ein makroskopischer Gleichgewichtszustand das Ergebnis einer statistischen Entwicklung eines Systems ist und stellte die Entropie als eine Funktion der thermodynamischen Wahrscheinlichkeit eines Systems dar. Viele empfanden die von CLAUSIUS, MAXWELL und BOLTZMANN weiterentwickelte kinetische Theorie der Gase als eine Provokation, da dadurch die Vorstellung des Äthers und die dynamistischen Theorien aufgegeben werden mussten. Wärme war jetzt nicht mehr die Folge anziehender und abstoßender Kräfte, sondern *„nur“* noch eine besondere Art der Bewegung von kleinsten Teilchen. Die unaufhörliche Bewegung der Teilchen genügte, um das mechanische Verhalten eines Gases bei Temperaturänderungen zu erklären und damit die universelle Zustandsgleichung idealer Gase zu deuten. Diese Gleichung, von BENOÎT PAUL EMILE CLAPEYRON (1799–1864) um 1840 durch Zusammenfassung der Gesetze von BOYLE- MARIOTTE und von GAY-LUSSAC formuliert, wurde 1873 von JOHANNES DIDERIK VAN DER WAALS (1837–1923) durch Zusatzterme erweitert, die das Eigenvolumen und Kräfte zwischen den Molekülen berücksichtigen, so dass damit das Verhalten einiger realer Gase und der Übergang zwischen dem flüssigen und dem gasförmigen Aggregatzustand beschrieben werden konnte. Der Höhepunkt der statistischen Behandlung thermodynamischer Vorgänge im Rahmen der klassischen Physik wurde mit den Arbeiten des amerikanischen Mathematikers und Physikers JOSIAH WILLARD GIBBS (1839–1903) am Ende des 19. und in den wenigen ersten Jahren des 20. Jahrhunderts erreicht. Die GIBBS'schen Prinzipien sind so allgemein und abstrakt formuliert, dass deren Anwendungsmöglichkeiten teilweise erst Jahrzehnte später erkannt und verwertet worden sind, und bildeten beispielsweise eine solide Grundlage für die Quantenstatistik, wie auch für die Fortschritte in der

Thermodynamik irreversibler Prozesse oder der Nichtgleichgewichtsthermodynamik.

Die kinetische Gastheorie hatte ab den sechziger Jahren des 19. Jahrhunderts eigenständige und mehr oder weniger konkrete Vorstellungen über den korpuskularen Aufbau der Stoffe. Bestimmte Kenngrößen der Molekeln konnten numerisch angegeben werden, wie beispielsweise die Zahl der Molekeln in der Volumeneinheit, ihre Masse sowie eine Abschätzung ihrer Größe. Keine Erkenntnisse gab es aber darüber, wie die Atome der Elemente sich zu Molekülen der chemischen Verbindungen zusammensetzen, oder gar über den inneren Aufbau bzw. die Struktur der Atome. Es bestand die Vermutung, dass die chemischen Elemente nach einem bestimmten Bauplan aufgebaut sind, denn es waren als zueinander chemisch sehr ähnliche Elemente die Alkalimetalle und die Halogene bekannt. In Konsequenz dieser Ideen und in Kenntnis der Zahlenwerte der Massen zahlreicher bekannter Elementatome gelang es, nach mancherlei vorausgegangenen Versuchen, ein Ordnungsschema zu finden. Unabhängig voneinander veröffentlichten 1869 zwei Professoren der Chemie ein periodisches System der Elemente, der eine, DIMITRI IWANOWITSCH MENDELEJEW (1834–1907), wirkte in Petersburg und der andere, JULIUS LOTHAR MEYER (1830–1895), in Tübingen. Beide Entdecker hatten in ihrem System Lücken gefunden, in denen offenbar Elemente fehlten. MENDELEJEW zog die Nutzanwendung daraus und beschrieb die Eigenschaften einiger noch unbekannter Grundstoffe, wie beispielsweise des zu jener Zeit noch unbekannten Germaniums und einiger anderer Elemente. Wesentliche Beiträge zur Klärung der Struktur der Atome erbrachten die intensiven Untersuchungen elektrischer Entladungen in Gasen und vor allem der dabei beobachtbaren Kanalstrahlen und Kathodenstrahlen. Um die Mitte des 18. Jahrhunderts waren bereits die Leuchterscheinungen bekannt, die beim Stromdurchgang durch verdünnte Gase zu beobachten sind und auch der ungemein vielseitige FARADAY war auf diesem Gebiet erfolgreich tätig. Technisch immer weiter verbesserte Pumpen, die bessere Vakua zu erzeugen erlaubten, förderten den Fortgang der Untersuchungen ab der Mitte des 19. Jahrhunderts. JOHANN WILHELM HITTORF (1824–1914), EUGEN GOLDSTEIN (1850–1930) und SIR WILLIAM CROOKES (1832–1919) seien stellvertretend für die Entdeckung und Charakterisierung der Eigenschaften der Kathodenstrahlen genannt, deren Natur (Ladungszustand, Größenordnung der Ladung und der Masse) JOSEPH JOHN THOMSON (1856–1940) im Jahr 1897 klären konnte, womit dieses Jahr als Geburtsjahr des ‚Elektrons' angesehen werden kann, eine Bezeichnung die sich für das „Atom" der Elektrizität etwa ab 1897 einbürgerte. E. GOLDSTEIN entdeckte 1886 die Kanalstrahlen, WILHELM WIEN (1864–1928) stellte ein Jahr später die große Masse dieser Teilchenstrahlungsart (es handelt sich ja hierbei um positiv geladene Ionen) im Vergleich zu jener der Kathodenstrahlen fest und legte damit den Grundstein für die Massenspektrometrie.

Die Kathodenstrahlexperimente hatten eine äußerst stimulierende Wirkung auf die gesamte Entwicklung der Physik. Eigentlich mit der Untersuchung der Kathodenstrahlen und des durch sie beim Auftreffen auf verschiedene Substanzen hervorgerufenen schwachen Fluoreszenzlichtes beschäftigt, entdeckte 1895 WILHELM CONRAD RÖNTGEN (1845–1923) die nach ihm benannte Strahlung (auch X-Strahlung genannt). Eine weitere große Entdeckung gelang 1896 HENRI ANTOINE BECQUEREL (1852–1908) bei der Untersuchung der Fluoreszenz eines Uransalzes. Zu dieser Zeit wurde allgemein angenommen, dass zwischen Röntgenstrahlen und Fluoreszenz ein Zusammenhang besteht, doch stellte BECQUEREL alsbald fest, dass diese Fluoreszenz auch im Dunkeln auftrat und ungewöhnlich intensiv war. Die von dem Uransalz ausgehende Strahlung, die eine Zeit lang als *Becquerel*-Strahlung bezeichnet wurde, vermochte Luft genau so zu ionisieren wie die Röntgenstrahlung. Das Ehepaar MARIE CURIE-SKLODOWSKA (1867–1934) und PIERRE CURIE (1859–1906), welche für die Becquerel-Strahlung 1898 das Wort *Radioaktivität* prägten, entdeckten in den folgenden Jahren noch weitere radioaktive Elemente, die in der Natur vorkommen, wie z. B. Thorium, Polonium oder Radium. Die von radioaktiven Substanzen emittierten drei Strahlungsarten zeigten unterschiedliches Durchdringungsvermögen und in Magnetfeldern verschiedenes Ablenkungsverhalten, wie von BECQUEREL, ERNEST RUTHERFORD (LORD RUTHERFORD OF NELSON) (1871–1937)

– der den α-, β- und γ-Strahlen ihre Namen gab – und PAUL VILLARD (1860–1934) experimentell festgestellt wurde. Die Natur der α-, β- und γ-Strahlen wurde in den ersten Jahrzehnten des 20. Jahrhunderts geklärt. Den Begriff der Isotopie führte der britische Physikochemiker FREDERICK SODDY (1877–1956) ein und stellte zusammen mit RUTHERFORD, aufgrund zahlreicher Experimente in den Jahren 1900–1904, die für die damalige Zeit kühne Hypothese auf, dass sich radioaktive Atome in andere Atome umwandeln, mit kleineren atomaren Massen (bei α-Zerfall, wie wir heute wissen) und anderen chemischen Eigenschaften.

Zur Jahrhundertwende sahen zahlreiche Zeitgenossen die Physik für eine weitgehend abgeschlossene Wissenschaft an, als gut gegründetes und verstrebtes Gebäude. Von den geschaffenen Grundlagen ausgehend, sollte es für das 20. Jahrhundert genügen, die experimentelle und theoretische Methodik zu verfeinern und zu präzisieren. Es gab jedoch noch eine ganze Reihe dunkler Punkte, wie beispielsweise die Invarianz der Lichtgeschwindigkeit, die Strahlung des schwarzen Körpers oder die diskreten Atomspektren, aber auch der radioaktive Zerfall, die noch einer Klärung bedurften. Für viele Physiker standen daher, wie LORD KELVIN 1900 anlässlich eines Vortrags formulierte, dunkle Wolken am Horizont der Physik zum 20. Jahrhundert.

Grundlegende Experimente zum Ätherproblem, z. B. das weiter oben erwähnte von MICHELSON und MORLEY zur Konstanz der Lichtgeschwindigkeit, und zahlreiche theoretische Arbeiten haben zur Herausbildung und endgültigen Formulierung der Relativitätstheorie beigetragen, die auch als Abschluss der klassischen Physik angesehen werden kann. Die Hauptbeiträge zur Relativitätstheorie wurden von HENDRIK ANTOON LORENTZ (1853–1928), JULES HENRI POINCARÉ (1854–1912) und von ALBERT EINSTEIN (1879–1955) erbracht. Die spezielle Relativitätstheorie erhielt durch EINSTEIN 1905 ihre heutige Form, in der es keinen absoluten Raum und keine absolute Zeit und somit sowohl kein ausgezeichnetes Bezugssystem als auch keinen Äther mehr gibt. Die allgemeine Relativitätstheorie, die nicht nur die Äquivalenz von Inertialsystemen feststellt, sondern auch von relativ zueinander beschleunigten Systemen, und darüber hinaus zu einer neuen Theorie der Gravitation führt, wurde von EINSTEIN 1916 vorgestellt.

Die Beschreibung des Verlaufs des von heißen Körpern abgestrahlten kontinuierlichen Energiespektrums (schwarzer Strahler) als Funktion der Frequenz, konnte weder auf der Grundlage der experimentellen Daten noch aus den Gesetzen der Thermodynamik bzw. der Elektrodynamik umfassend abgeleitet werden. Sowohl der von W. WIEN 1896 angegebene algebraische Ausdruck als auch die Beziehung, die von LORD RAYLEIGH (JOHN WILLIAM STRUTT [1842–1919]) und SIR JAMES HOPWOOD JEANS (1877–1946) 1900 abgeleitet wurde, waren nicht allgemein gültig, sondern vermochten nur bei großen bzw. kleinen Frequenzen die experimentellen Ergebnisse richtig zu beschreiben. Erst die Einführung einer Quantisierungsbedingung für die Energie der Oszillatoren des schwarzen Strahlers durch MAX PLANCK (1858–1947), womit der erste Ansatz zu einer Quantentheorie gemacht war, ergab mit dem im Jahr 1900 veröffentlichten und seither mit seinem Namen verknüpften Strahlungsgesetz, eine für den gesamten Frequenzbereich gültige Beschreibung. Eine Ableitung für die PLANCK'sche Strahlungsformel, welche, wenn auch in etwas anderer Form die theoretische Grundlage für die Lasertechnologie darstellt, wurde von EINSTEIN 1916 angegeben. Bereits 1905 erweiterte er den Quantenbegriff über die Strahlungsformel hinaus, durch die Quantisierung auch des Lichts und damit der Einführung der *Photonen* als dessen Energiequanten $h \cdot \nu$, wobei h das PLANCK'sche Wirkungsquantum und ν die Frequenz des Lichts bedeutet. EINSTEIN vermochte damit den Photoeffekt (äußerer lichtelektrischer Effekt) zu erklären, der 1902 zufällig durch PHILIPP LENARD (1862–1947) experimentell entdeckt wurde.

Damit war eine wesentliche Basis für ein Verständnis der Atomspektren und insbesondere waren Ansatzpunkte zur Vorstellung über die Struktur der Atome geschaffen. Schon die Spektralanalyse, deren Grundlagen in der zweiten Hälfte des 19. Jahrhunderts wesentlich durch G. R. KIRCHHOFF und ROBERT WILHELM BUNSEN (1811–1899) gelegt sowie durch den in Basel tätigen Gymnasiallehrer JOHANN JACOB BALMER (1825–1898) anhand der Wasserstoffspektrallinien 1885 systematisiert worden sind, hatten gezeigt, zusammen mit Ergebnissen weiterer Experimente zu Beginn des 20. Jahrhunderts, dass das Atom eine Elektronenhülle besitzt und eine gleich große Anzahl positiver Ladungsmengen im Kern konzentriert enthält. Im Linienspektrum der Atome äußert sich die Auszeichnung diskreter Energiewerte und damit stellte sich die Frage nach einer quantentheoretischen Beschreibung. Den Grundstock hierzu legte NIELS BOHR (1885–1962), ein Schüler von RUTHERFORD, durch sein 1913 vorgestelltes Atommodell, mit welchem er den im Coulombfeld des positiv geladenen Atomkerns, ähnlich einem Planetensystem kreisenden Elektronen, stationäre Energiezustände zuordnete, festgelegt durch das Postulat der Quantisierung ihres Bahndrehimpulses. Übergänge zwischen entsprechenden dieser ausgezeichneten Zustände bedingen die Emission bzw. Absorption monochromatischer Strahlung der Photonenenergie $h \cdot \nu$. Die überaus anschauliche BOHR'sche Atomtheorie fand gewissermaßen ihren Abschluss mit der Einführung eines Ellipsenmodells für die Elektronenbahnen durch ARNOLD SOMMERFELD (1868–1951). Zu Beginn der zwanziger Jahre waren die Grenzen der Leistungsfähigkeit der BOHR-SOMMERFELD'schen Theorie offensichtlich und es bedurfte einer Weiterentwicklung zu einer mathematisch fundierten Theorie. Dies erfolgte im selben Jahrzehnt einerseits durch die *Wellenmechanik* von ERWIN SCHRÖDINGER (1887–1961) und andererseits durch die *Matrizenmechanik* von WERNER HEISENBERG (1901–1976), zu deren endgültigen mathematischen Formulierung vor allem MAX BORN (1882–1970) und ERNST PASCUAL JORDAN (1902–1980) beigetragen haben. Beide Methoden sind, wie SCHRÖDINGER zeigen konnte, mathematisch äquivalent. Weitere experimentelle Ergebnisse erforderten einen weiterführenden Ausbau der Quantentheorie, verknüpft mit den Namen PAUL ADRIEN MAURICE DIRAC (1902–1984), ENRICO FERMI (1901–1954) und in den vierziger Jahren mit RICHARD PHILLIPS FEYNMAN (1918–1988). Die *Quantenelektrodynamik* erlaubt heute die Atomhülle weitgehend geschlossen zu beschreiben.

Anfang der dreißiger Jahre des letzten Jahrhunderts standen somit bereits die physikalischen Theorien zur Verfügung, mit denen man sowohl makroskopische als auch atomare Erscheinungen, d. h. Systeme in einer Größenordnung von 10^{-10} m, beschreiben konnte. Die Quantenphysik erklärt die Elektronenstruktur der Atome und Moleküle und findet in den fünfziger und sechziger Jahren beispielsweise Anwendung, im Zusammenwirken mit zahlreichen experimentellen Fakten, bei der Strahlungsverstärkung durch stimulierte Emission zunächst mit Mikrowellen beim *MASER* später auch mit sichtbarem Licht beim *LASER*, einem Instrumentarium mit heute vielfältigstem Einsatz und diversen Weiterentwicklungen. Aber auch die Beschreibung thermo-mechanischer Eigenschaften von Festkörpern oder Vorgänge der Elektrizitätsleitung in Metallen und Halbleitern sind Anwendungsbereiche der klassischen Physik und der Quantenphysik. Zu erwähnen wäre hier etwa die Supraleitung in Metallen oder die Suprafluidität des $^{4}_{2}$He-Isotops für Temperaturen kleiner 4 K, wo es sich um ein Quantenverhalten makroskopischer Systeme handelt. Sicherlich waren – und sind auch noch heute – manche Erscheinungen beim weiteren Ausbau der Physik ausgeklammert oder vernachlässigt, bedingt entweder durch fehlende notwendige experimentelle Hilfsmittel bzw. Datenerfassungssysteme oder durch komplizierte theoretische Beschreibung der Systeme.

War das erste Drittel des 20. Jahrhunderts im Wesentlichen von der Physik der Atomhülle beherrscht, so gewinnt Anfang der dreißiger Jahre die Physik des Atomkerns und der Elementarteilchen zunehmend an Interesse, das mit den gegebenen technischen Möglichkeiten mittels Teilchenbeschleunigern, bis in die heutige Zeit reicht. Ein Problem, das sich sehr früh stellte war, kann der Gültigkeitsbereich der Quantentheorie auch auf Größenordnungen von 10^{-15} m, d. h. auf die Atomkerndimension, ausgedehnt werden? Die Entdeckung des radioaktiven Zerfalls, wie oben bereits angesprochen, insbesondere aber der künstlich erzeugten Radioaktivität sowie die Beobachtung von Protonen und Neutronen, die als Kernbausteine erkannt wurden, warfen viele Fragen auf. Zum Verständnis des α-Zerfalls half der quantenmechanische Tunneleffekt, für den β-Zerfall war das 1927 von WOLFGANG PAULI (1900–1958) vermutete, gleichzeitig mit dem Elektron auftretende Zerfallsteilchen, das Neutrino, sowie FERMI's Theorie der *schwachen Wechselwirkung* erfolgreich und für die Stabilität des

Atomkerns bediente man sich ab 1936 der Theorie der *starken Wechselwirkung* von HIDEKI YUKAWA (1907–1981). Als bedeutende Entdeckung Ende der dreißiger Jahre kann die Kernspaltung des Urans durch langsame Neutronen von OTTO HAHN (1879–1968), FRITZ STRASSMANN (1902–1980) und LISE MEITNER (1878–1968) angesehen werden. Damit war ein teilweise äußerst verhängnisvolles Kapitel der Physik eingeläutet, das deutlich aufzeigte, dass Wissenschaftler die Verantwortung ihres Tuns nicht ausklammern können und dürfen. In der kosmischen Strahlung und vor allem mittels Teilchenbeschleunigern wurden immer mehr Elementarteilchen entdeckt, sodass man sich in den sechziger Jahren vor die Aufgabe gestellt sah, Ordnung in die Fülle des bereits bekannten und sich ständig vermehrenden experimentellen Materials zu bringen. Ein mathematisches Hilfsmittel zur Klassifizierung der Elementarteilchen fanden 1961 unabhängig voneinander MURRAY GELL-MANN (geb. 1929) und YUVAL NE'EMAN (1925–2006). GELL-MANN musste allerdings annehmen, dass noch einfachere Elementarteilchen existieren, die im freien Zustand nicht vorkommen: die *Quarks*, deren Hypothese er 1964 aufstellte. Danach lässt sich die Vielfalt der Elementarteilchen im Prinzip durch drei Arten von Quarks als Grundteilchen aufbauen, die sich jedoch durch weitere charakteristische Quantenzahlen unterscheiden. Damit sind die bisher als elementar angesehenen schweren Teilchen (die Hadronen wie Proton, Neutron, etc.) aus noch elementareren Bausteinen, den Quarks zusammengesetzt, deren Zusammenhalt durch die starke Wechselwirkung (Kernkräfte) die 1970 entwickelte Quantenchromodynamik beschreibt, während die leichten Teilchen (die Leptonen wie Elektron, Neutrino etc.) keine starke Wechselwirkung zeigen. Da die Wechselwirkungen, die den Zusammenhalt zwischen den Elementarteilchen bewerkstelligen, nach unserer heutigen Vorstellung, durch den Austausch von anderen Elementarteilchen bewerkstelligt werden, muss man zu den oben genannten Teilchen noch die Quanten der verschiedenen Wechselwirkungsfelder hinzufügen: das *Graviton* als Feldquant des Gravitationsfeldes (Nachweis ist noch nicht gesichert), das *Photon* als Feldquant des elektromagnetischen Feldes, die drei *intermediären Bosonen* des schwachen Feldes und die acht *Gluonen* als Feldquanten des starken Feldes. Eines der bedeutendsten Ereignisse der letzten ca. vier Jahrzehnte ist, dass vielversprechende Fortschritte in der Vereinheitlichung der grundlegenden Wechselwirkungen erzielt worden sind. 1967 wurde eine einheitliche Theorie der elektromagnetischen und der schwachen Wechselwirkung entwickelt, das bedeutet in der elektroschwachen Theorie sind die beiden Teiltheorien zwei verschiedene Erscheinungsformen ein und derselben Wechselwirkung. Intensive Bemühungen um eine experimentelle Bestätigungsmöglichkeit sowie um die theoretische Verifizierung der großen Synthese, der einheitlichen Theorie der elektronuklearen (elektromagnetische, schwache und starke) Wechselwirkung sind im Gange, werfen aber große Probleme auf, da dann Umwandlungen von Quarks in Leptonen möglich sein müssen. Ein wesentliches Ziel aller Forschung auf dem Gebiet der Elementarteilchenphysik ist die Verwirklichung des alten Traums, ob sich nicht alle vier Wechselwirkungen, die Gravitation und die in der elektronuklearen enthaltenen drei Wechselwirkungen, zu einer einzigen Wechselwirkung vereinheitlichen lassen. Diese ‚Supergravitation' wirkte vermutlich unmittelbar nach dem Augenblick des Urknalls und ließe so eventuell die Evolution des Weltalls bis zum heutigen Stadium verstehen sowie die Bildung der Materie in ihrer gesamten Variationsbreite.

Abschließend zu diesem geschichtlichen Überblick im Zeitraffer lässt sich feststellen, dass die Physik in ihrer Entwicklung, wie jede andere Naturwissenschaft, mitunter Wege gegangen ist, die in eine falsche Richtung führten, das Experiment ihr aber wieder den richtigen Weg wies und sie so in jedem Stadium ihre Naturvorstellung und -beschreibung nicht immer neu zu schreiben, sondern jeweils nur zu erweitern hatte.

Lösungen zu den Aufgaben

Kapitel 1 Physikalische Größen – Einheiten – Mengenbegriffe

Die Beantwortung der Aufgaben ist unmittelbar dem Lehrstoff zu entnehmen.

Kapitel 2 Mechanik

4.1: 4,5 km; **4.2: a)** 1600 m/s; **b)** 200 m; **4.3:** 10 m/s; **4.4: a)** 50 m/s; **b)** $t = 1$ s; **c)** Die Tangente an die Kurve im Punkt (2, 100) schneidet die t-Achse in $t = 1$ s; aus der Tangentensteigung folgt $v_{mom} = 100$ m/s; **4.5:** beide gleich 0,28 m/s^2; **4.6: a)** 0 bis t_1, t_5 bis t_6; **b)** t_2, t_4; **4.7: a)** 0,18 m/s^2; **b)** 13,5 km; **4.8: a)** 144 km/h; **b)** 2 m/s^2; **4.9: a)** Aus der Relativgeschwindigkeit $v_{rel} = v_1 - v_2$ und Δs folgt $t = 75$ s; **b)** 1500 m; **4.10: a)** 5,8 s; **b)** 56,9 m/s $\approx$ 205 km/h; **4.11: a)** 4,9 m; **b)** 14,7 m; **4.12: a)** 17,2 m/s; **b)** 3,5 s; **4.13:** 2,97 m/s; **4.14: a)** 7 m/s; **b)** 1,25 m; **c)** 1 s; **4.15:** 5 s; **4.16:** 4 mm/min; **4.17: a)** ~ 100; **b)** 9,8 m/s; **4.18:** $7{,}9 \cdot 10^5$ m/s^2; **4.19: a)** 245,3 m/s^2; **b)** 1,97 Hz; **4.20:** 1,57 s^{-2}.

5.1: a) 0,5 m $\cdot$ s^{-2}; **b)** 500 N; **5.2:** 10^5 N; **5.3: a)** 500 N; **b)** 866 N; **5.4: a)** 875 N; **b)** 525 N; **c)** 0 N; **5.5:** $g_S \approx 276$ m $\cdot$ s^{-2}; **5.6:** 6,1 kg; **5.7:** 0,039 m $\cdot$ s^{-2}; **5.8:** ca. 17-mal; **5.9:** 71 N; **5.10:** $v = 2{,}8$ m $\cdot$ s^{-1} (aus $|\vec{F}_f| = |\vec{G}|$ im oberen Scheitelpunkt); **5.11:** $F \approx 64$ N (aus $\vec{F} = \vec{F}_f - \vec{G}$); **5.12: a)** $v \approx 28{,}3$ cm $\cdot$ s^{-1}; $a \approx 160$ cm $\cdot$ s^{-2}; **b)** $F \approx 0{,}12$ N; **5.13:** $R \approx 6$ N (aus $\vec{F} = m \cdot \vec{a} = \vec{G} - \vec{R}$); **5.14:** $r \approx 4683$ km (aus $M_E \cdot r = M_M \cdot (a - r)$); Massenmittelpunkt liegt innerhalb der Erde; **5.15: a)** 0,825 m von B entfernt; **b)** Last von A ca. 539,6 N und von B ca. 637,6 N; **c)** nein; **5.16:** $\vec{F}_1$ und $\vec{F}_2$; **5.17:** $T = l \cdot F = 20$ Nm; **5.18: a)** Körper (4); **b)** Körper (1); **5.19:** $J = 200$ g $\cdot$ cm^2; **5.20:** $r = 10$ cm.

6.1: $2{,}8 \cdot 10^5$ J; **6.2:** 88,3 J; **6.3:** 6 kJ; **6.4:** 150 m; **6.5: a)** 2 J; **b)** $1{,}6 \cdot 10^3$ N $\cdot$ m^{-1}; **6.6:** ≈ 18 kJ/s; **6.7:** 112,5 kJ; **6.8:** $v \cdot \sqrt{2}$ (≈ 141 km $\cdot$ h^{-1}); **6.9:** $1{,}44 \cdot 10^7$ J; **6.10:** $2{,}6 \cdot 10^{29}$ J; **6.11:** $T = 1{,}03 \cdot 10^{-12}$ s; $\nu = 9{,}68 \cdot 10^{11}$ Hz; **6.12:** $v = \sqrt{2g \cdot h}$; **6.13:** $v \approx 7{,}7$ m $\cdot$ s^{-1}; $E_{kin} \approx 589$ J; **6.14: a)** Im Nulldurchgang; **b)** in den Umkehrpunkten; $E_{kin} = 0$; **c)** $v = \sqrt{2g \cdot h}$; **6.15:** 1,8 J; **6.16: a)** 2 kJ; **b)** 25 J; **c)** 200 W; **6.17:** 0,5 kWh $\triangleq$ 1,8 MJ; **6.18:** $\bar{P} = m \cdot g \cdot h \cdot t^{-1}$; **6.19:** 4 kW; **6.20:** 69,4 W.

7.1: $E_{kin,1} = 80$ J; $E_{kin,2} = 40$ J; **7.2:** $v_1/v_2 = 2$; **7.3:** 2 m $\cdot$ s^{-1}; **7.4:** $p_{ges} = 3$ kg $\cdot$ m $\cdot$ s^{-1}; $E_{ges} = 3$ J; **7.5: a)** $\vec{p}_2 = -\vec{p}_1$; **b)** $2m \cdot \vec{v}_1$; **7.6:** $u_n = 1100$ m $\cdot$ s^{-1}; $u_{He} = 600$ m $\cdot$ s^{-1}; **7.7:** Nach dem Stoß; Kugel 1 kommt zur Ruhe; Kugel 2 bewegt sich mit $\vec{u}_2 = \vec{v}_1$ nach rechts; **7.8:** Nach dem Stoß: Beide Kugeln bewegen sich mit $u = v_1/2$ gemeinsam nach rechts; **7.9: a)** $Q = m \cdot v^2$; **b)** $Q = m \cdot v^2$; **c)** $Q = 2m \cdot v^2$; **7.10: a)** $\vec{L}_{II} = \vec{L}_I$; **b)** $\vec{\omega}_{II} > \vec{\omega}_I$.

8.1: $l_m = l_0 + \Delta l = 961{,}2$ mm; **8.2:** $E = 2 \cdot 10^{11}$ N $\cdot$ m^{-2}; **8.3:** $\sigma = 10^7$ N $\cdot$ m^{-2}; **8.4: a)** $E_1 > E_2 > E_3$; **b)** für $\langle 1 \rangle$ bis ε_1; für $\langle 2 \rangle$ bis ε_2 für $\langle 3 \rangle$ im gesamten ε-Bereich; **8.5:** $p = 1 \cdot 10^8$ N $\cdot$ m^{-2}

9.1: $F \approx 15{,}6$ N; **9.2:** $p \approx 1{,}1 \cdot 10^5$ Pa; **9.3: a)** $F_2 = 100$ N; **b)** $s_2 = 5$ mm; **9.4:** Schweredruck $p = 1{,}962 \cdot 10^5$ Pa; **9.5:** Gefäße (1) und (2); **9.6: a)** $p \approx 1{,}1 \cdot 10^8$ Pa, d. h. ca. 1000facher Luftdruck; **b)** $V \approx 951$ cm^3 [aus (9.3) folgt in differentieller Schreibweise $\mathrm{d}V/V = -\kappa \cdot \mathrm{d}p$; Integration: $\ln V = -\kappa \cdot p + C$; Bedingung für $C = \ln V_0$ für $p = 0$; somit $V = V_0 \cdot e^{-\kappa \cdot p} \approx V_0 \cdot (1 - \kappa \cdot p)$]; **c)** $\varrho_h \approx 1{,}076 \cdot 10^3$ kg/m^3 [Für $\varrho = m/V$ folgt mit V aus Lösung 9.6 b): $\varrho = \varrho_0 \cdot e^{\kappa \cdot p} \approx \varrho_0 \cdot (1 + \kappa \cdot p) = \varrho_0 \cdot (1 + 0{,}049)$, d. h. ϱ steigt um ca. 4,9 %]; **9.7:** $\Delta p \approx 1{,}81 \cdot 10^4$ Pa; **9.8:** $p = 2{,}6 \cdot 10^4$ Pa (ca. $p_0/4$); **9.9:** $V = 2$ m^3; **9.10:** $p_N = 7{,}9 \cdot 10^4$ Pa; **9.11:** $G^* \approx 11{,}8$ N [nach Gleichung (9.16)]; **9.12:** $m_G \approx 36$ g, $m_S \approx 12$ g [$m_K = m_G + m_S$; die Volumenanteile sind die Massenanteile durch die jeweilige Dichte, d. h. $m_G/\varrho_G + m_S/$

$\varrho_S = V_K$; mit Volumen der Kette V_K aus Auftrieb und gegebenem m_K erhält man aus den beiden Gleichungen m_G und m_S]; **9.13:** $x = 18{,}4$ m [Quaderfläche sei A, mit (9.18): $V'_E/V_E = A \cdot x / A \cdot (x+h) = \varrho_E/\varrho_{MW} \Rightarrow x = h \cdot \varrho_E/(\varrho_{MW} - \varrho_E)$];
9.14: Abnahme um $\Delta V \approx 314$ m^3 [aus (9.18) $V'_K = \varrho_K \cdot V_K/\varrho_{Fl} = m_K/\varrho_{Fl}$, woraus sich die jeweils verdrängten Volumina ergeben]; **9.15:** Schwimmen: i); Schweben: ii), iv); Sinken: iii), v); **9.16:** $\frac{V}{3}$;
9.17: ca. 90 g; **9.18:** $\varrho_S = 1{,}85 \cdot 10^3$ kg/m^3 [$\varrho_S = \varrho_W \cdot (m_2 - m)/(m_1 - m)$];
9.19: $\varrho_E = \varrho_W \cdot (G_L - G_E)/(G_L - G_W)$;
9.20: $\Delta\varrho = 0{,}9$ g/cm^3 bis 1 g/cm^3.

10.1: $3\,v_1$; **10.2:** $v_1 = 1{,}9$ m/s; $v_2 = 3{,}4$ m/s; **10.3:** **a)** $p_{ges} = $ const.; **b)** p_{stat} wird um $\frac{\varrho}{2} \cdot v^2$ reduziert;
10.4: $I = 2{,}5 \cdot 10^{-4}$ m^3/s $= A \cdot v = $ const.; **a)** $v_1 = I/A_1 = 0{,}25$ m/s; mit Glg. (10.8) und $\Delta p = p_1 - p_2$ folgt $v_2 = \sqrt{(2\Delta p/\varrho_{Fl}) + v_1^2} = 20$ m/s; **b)** aus $A_2 = \pi \cdot (d_2/2)^2 = I/v_2 \Rightarrow d_2 = 4$ mm; **10.5:** $\eta \approx 845$ mPa · s; **10.6:** um ca. 5 %; **10.7:** $t = 50$ s;
10.8: $R_G = 1{,}12 \cdot 10^{12}$ Pa · s · m^{-3} (wg. $R_S \sim \eta$);
10.9: Newtonsch: 0 bis Δp_1; Nicht-Newtonsch: Δp_1 *bis* Δp_2; **10.10:** $R_{ges} = \frac{1}{14} R_1$ (Leitwert $L = \frac{1}{R} \sim A^2$);
10.11: $G = m \cdot g = \varrho_{Holz} \cdot \frac{4}{3}\pi \cdot r^3 \cdot g = F_w = c_w \cdot \frac{\pi}{2} \cdot r^2 \cdot v^2 \cdot \varrho_{Luft} \Rightarrow v \approx 46$ m/s;
10.12: $F_w = c_w \cdot \frac{v^2}{2} \cdot \varrho_{Luft} \cdot \mathrm{d} \cdot l = 2185$ N; $G = 877{,}7$ N; $F_w/G \approx 2{,}5$.

11.1: nach (11.1) mit $\Delta S = 4\pi \cdot r^2 \Rightarrow \Delta W = 8{,}8 \cdot 10^{-7}$ J;
11.2: a) nach (11.3) $p = 2\sigma/r = 9{,}4 \cdot 10^5$ Pa ≈ 10 bar; **b)** nach (11.5) $p = 4\sigma/r = 4$ Pa; **11.3:** mit (11.5) $\Rightarrow$ Abnahme um 3,24 Pa; **11.4:** nach (11.1) $\sigma = h \cdot r \cdot g \cdot \varrho_{Fl}/2 = 0{,}0221$ N/m; **11.5:** mit (11.1) $h_2 = h_1/\sqrt{2}$.

Kapitel 3 Wärmelehre

12.1: a) 273,16 K (Tripelpunkt von Wasser); **b)** 0 °C (Schmelzpunkt von Eis) und 100 °C (Siedepunkt von Wasser; **12.2:** $\vartheta = 1771{,}84$ °C ≈ 1772 °C;
12.3: a) diese 25 °C entsprechen tatsächlichen $24 \cdot 100/98 \approx 24{,}5$ °C; **b)** 50 °C; **12.4:** $T = 291{,}1$ K $\triangleq 17{,}9$ °C; **12.5:** $\Delta U \approx 2{,}7$ mV.

13.1: $\Delta l \approx 12$ cm; **13.2:** $\Delta l \approx 1$ cm; **13.3:** Für Flächen gilt mit guter Näherung: $\Delta A = 2\alpha \cdot A \cdot \Delta T$, $\Rightarrow \Delta A \approx 2{,}3$ cm^2; **13.4:** nach (13.1): $T_2 = T_1 + (d - 2r)/2r\alpha \approx 552$ K $\triangleq 279$ °C; **13.5: a)** $\Delta V = 2907$ cm^3; **b)** $\varrho_T = 2{,}598 \cdot 10^3$ kg/m^3; **13.6:** wird halb so groß; **13.7:** $\frac{\mathrm{d}p}{\mathrm{d}T} = \frac{n \cdot R}{V}$; **13.8: a)** A; **b)** B; **c)** E;

13.9: a) D; **b)** B; **c)** C; **13.10: a)** E; **b)** C; **c)** B; **13.11:** aus (13.13) $\Rightarrow \Delta T = 15$ K; **13.12: a)** nach (13.14) oder (13.15) gilt:
$\frac{p_1 \cdot V_1}{T_1} = \frac{p_2 \cdot V_2}{T_2}$, $\Rightarrow T_2 = 494$ K $\triangleq 221$°C; **b)** aus (13.15) $\Rightarrow n = 38{,}9$ mmol; **13.13:** mit (13.12) $\Rightarrow V_T = 16{,}6$ L; **13.14:** mit (9.6) $p_h = \varrho \cdot g \cdot h + p_0$ ($p_0 \approx 1 \cdot 10^5$ Pa, Atmosphärendruck) und nach (13.9) $p_h \cdot V_h = p_0 \cdot V_0 \Rightarrow V_0 \approx 24$ L (oder pro 10 m Wassertiefe ca. 10^5 Pa Druckzunahme, d. h. in 30 m Tiefe: $3 \cdot 10^5 + p_0$); **13.15:** $h = 10$ m; **13.16:** mit (13.13) $\Rightarrow p \approx 0{,}5 p_0$; **13.17:** mit (13.10) oder (13.12) $\Rightarrow \Delta V \approx V_0/100$;
13.18: mit (13.13) $\Rightarrow T \approx 323$ K $\triangleq 50$°C;
13.19: a) aus (13.19) $\Rightarrow p \approx 3{,}26 \cdot 10^6$ Pa; **b)** aus (13.16) $\Rightarrow p \approx 4{,}13 \cdot 10^6$ Pa; **13.20:** mit (13.20) und (13.23) $\Rightarrow p_{O_2} = 5 \cdot 10^5$ Pa; $p_{N_2} = 20 \cdot 10^5$ Pa.

14.1: a) $E_1 = E_2$; **b)** $\varrho_{N_1} = \varrho_{N_2}$; **14.2:** $\vartheta \approx 327$ °C;
14.3: $\sqrt{\overline{v^2}} \approx 2$ cm/s; **14.4:** (4); **14.5:** $\bar{l} \approx 73$ nm.

15.1: mit (15.1): $\Delta Q = 252$ kJ; **15.2:** mit (3.3), (6.25), (15.1): $\Delta t = 3{,}5$ min; **15.3:** mit (3.3), (6.25), (10.5), (15.1): $\Delta P \approx 4{,}2 \cdot 10^4$ W; **15.4:** mit (3.3), (6.25), (10.5), (15.1): $P = 6 \cdot 10^4$ J/s; **15.5:** nach (15.1) unter Berücksichtigung, dass die Gesamtmasse der Luft pro m^3 beim Druck $p < p_0$ um p/p_0 geringer ist: $\Delta Q_L = 2929$ kJ; **15.6:** $c = 2$ J/(g · K); **15.7:** mit (15.16), wobei $c_1 = c_2$: $T_{mt} = 303$ K $\triangleq 30$ °C;
15.8: Umformung von (15.18): $T_{mt} = 329$ K $\triangleq 56$ °C;
15.9: $T_{mt} = 280{,}5$ K $\triangleq 7{,}5$°C; **15.10:** $\vartheta_{mt} = 25{,}76$ °C;
15.11: nach (15.14) mit $C_K = 0$: $c = 0{,}7$ J/(g · K);
15.12: nach (15.12), (15.13) mit $C_K = 0$: $\vartheta \approx 1200$ °C; **15.13: a)** mit (15.1): $\Delta Q = 920$ J; **b)** nach (15.20) mit $i = 5$ und $n = 10/32$ mol: $\Delta U = 649{,}5$ J $\mathrel{\hat{\approx}} 71$ %; **15.14:** nach (15.36) und mit Tab. 15.3 folgt: **a)** $T_2 = 1360$ K $\triangleq 1087$ °C;
b) $T_2 = 736$ K $\triangleq 463$ °C; **15.15:** Mit (15.38) und aus Tab. 15.2 folgt: $T_2 \approx 850$ K $\triangleq 577$ °C; **15.16:** nach (15.43): $\eta \approx 39$ %; **15.17: a)** Gesamtenergie bleibt konstant; der Körper höherer Temperatur gibt so viel Wärme ab, wie der auf niedrigerer Temperatur aufnimmt; **b)** Gesamtentropie beider Körper steigt.

16.1: a) und **b)** s. Abb. 16.1 und Tab. 16.1;
16.2: $\Delta Q = 30$ kJ (Eis: 18 g/mol, d. h. 90 g $\triangleq$ 5mol);
16.3: mit (15.1) u. (16.1): $\vartheta_{mt} = (m_W \cdot c_W \cdot \vartheta_W - m_E \cdot q_E)/[c_W \cdot (m_E + m_W)] \approx 36$ °C; **16.4:** $\vartheta_{mt} = [m_D \cdot q_D - m_E \cdot q_E + c_W \cdot (m_W \cdot \vartheta_W + m_D \cdot \vartheta_D)]/[c_W \cdot (m_E + m_W + m_D)] \approx 40$ °C; **16.5:** $\vartheta_{mt} = [m_D \cdot q_D - m_E \cdot (q_E + c_E \cdot \vartheta_E) + c_W \cdot (m_W \cdot \vartheta_W + m_D \cdot \vartheta_D)]/[c_W \cdot (m_E + m_W + m_D)] \approx 39$ °C; **16.6: a)** $m_{StK} = 19{,}9$ kg (n. (16.4)); **b)** $m_W = 3$ t; $V_W = 3$ m^3; **c)** $\Delta t \approx 21$ d $\triangleq$ 3 Wochen; **16.7: a)** Dem Gas wird Energie entzogen, seine Temperatur sinkt; **b)** der Dampf kondensiert bei konstant bleibender Temperatur unter Abgabe von Kondensationswärme; **c)** das Gas ist

vollständig kondensiert; **d)** die Flüssigkeit beginnt bei konstant bleibender Temperatur zu erstarren; **e)** die Flüssigkeit ist erstarrt, die Substanz liegt im festen Aggregatzustand vor; **16.8: a)** ca. 22 min; **b)** ca. 28 min; **c)** ca. 150 min (wg. $\Delta t = Q/P$ mit $Q = m \cdot q$ bzw. $Q = m \cdot c \cdot \Delta\vartheta$); **16.9: a)** t_1; **b)** II; **c)** in III größer als in I; **16.10: a)** Sättigungsdampfdruck gleich äußerem Luftdruck p_0; **b)** Siedetemperatur sinkt; **16.11:** bleibt konstant; **16.12:** mit (16.17) $p_W = f_{rel} \cdot p_D = 17{,}6$ hPa u. (13.15) $p \cdot V = n \cdot R \cdot T = (m_W/M_W) \cdot R \cdot T \Rightarrow m_W \approx 13$ g.

17.1: mit (17.1) und (17.4) $\Delta t = 30$min; **17.2:** mit (17.4) $\Phi_2 = 100$ J/s; **17.3: a)** mit (17.4) $\Phi = 16{,}1$ W; **b)** mit (16.1) und (17.1) $\Delta m/\Delta t \approx 48$ mg/s; **17.4: a)** mit (6.7) und (17.1) ca. 28-mal; **b)** mit (16.4) und (17.1) $\Delta m/\Delta t \approx 0{,}3$ t/s; **17.5:** mit $P \sim T^4$ nach (17.22) folgt ca. 4 %; **17.6: a)** mit (17.26) $T_{Si} = 12\,075$ K; $T_{Be} = 3409$ K; **b)** mit (17.22) $M_{Si} = 1{,}21 \cdot 10^9$ W/m^2 = 121 kW/cm^2; $M_{Be} = 7{,}66 \cdot 10^6$ W/m^2 = 716 W/cm^2; **c)** mit (17.23) $P_{Si} \approx 2{,}3 \cdot 10^{28}$ W; $P_{Be} \approx 4{,}7 \cdot 10^{31}$ W; infolge der enormen Größe ist P_{Be} trotz der geringen Oberflächentemperatur ca. $2 \cdot 10^3$-mal größer als P_{Si} bzw. ca. $1{,}2 \cdot 10^5$-mal größer als P_{So}.

18.1: mit (18.1) oder (18.2) oder (18.3): Dicke der Membran auf 50 % herabsetzen; **18.2:** mit (18.3): $j_2 = 6$ mmol $\cdot$ m^{-2} $\cdot$ s^{-1}; **18.3:** mit (18.10) folgt: $r \approx 5{,}4$ nm; **18.4: a)** aus (18.13) folgt $\Delta n = 1{,}13 \cdot 10^{-5}$ mol; **b)** mit (3.6): $\Delta m \approx 2$ mg.

19.1: a) Anlagerung von Lösungsmittelmolekülen an Moleküle des gelösten Stoffes durch elektrostatische Wechselwirkung (s. auch § 19); **b)** Solvatation bei Wasser als Lösungsmittel; **19.2:** $\approx 1{,}5 \cdot 10^4$ Pa; **19.3:** $n \approx 10$ mol; **19.4:** $M \approx 46$ g/mol; **19.5:** 0,27 cm^3 (die Löslichkeit ist 0,9 und davon 0,03 %).

Kapitel 4 Elektrizität und Magnetismus

20.1: a) $F_1 : F_2 = 1 : 1$; **b)** $\vec{F}_1$ ist entgegengesetzt zu $\vec{F}_2$ und damit zu $\vec{r}_0$; **20.2: a)** $F \approx 9 \cdot 10^{-5}$ N; **b)** $6{,}24 \cdot 10^{10}$ Elektronen (pro Elektron die Elementarladung e); **20.3:** Negative Ladung; **20.4: a)** Coulombkraft $|F_C| \approx 8{,}2 \cdot 10^{-8}$ N; **b)** Gravitationskraft $|F_G| = 3{,}6 \cdot 10^{-47}$N; **c)** $F_C/F_G \approx 10^{39} \Rightarrow F_C \gg F_G$; **20.5: a)** $F \approx 14$ N; **b)** Die kurzreichweitigen Kernkräfte F_K sind sehr viel stärker als die Coulombkräfte F_C ($F_K \gg F_C$); **20.6:** Kernladung $Q_K = Z \cdot e = 4{,}6 \cdot 10^{-18}$C gleich Elektronenladung; Anzahl der Atome der Münze $N = \frac{m}{M} \cdot N_A = 2{,}2 \cdot 10^{22}$; somit Gesamtladung $Q \approx 2 \cdot 10^5$ C (Protonen plus Elektronen); **20.7: a)** $3{,}21 \cdot 10^{-19}$C; **b)** zwei; **20.8:** F_1 und F_2 verdoppelt sich;

20.9: a) $F \approx 9 \cdot 10^3$N; **b)** $F \approx 4{,}5 \cdot 10^3$ N;
20.10: a) $\vec{p}_1 = Q \cdot \vec{l}$; **b)** $\vec{p}_2 = \vec{p}_1$.

21.1: $W = 2{,}4$ J; **21.2:** $W = q \cdot \Delta U = 3{,}2 \cdot 10^{-7}$ J; **21.3:** $|W| = 8{,}09$ J mit $W = \int_{r_1}^{r_2} F \cdot dr$, $F = Q \cdot E$ und $E = \frac{Q}{4\pi\varepsilon_0 \cdot r^2}$.

22.1: a) Für die Ladungsverteilung gilt: $Q_0 = Q_1 + Q_2$ und aus (22.1) folgt: $C_1 \cdot U_0 = C_1 \cdot U + C_2 \cdot U$ oder $U = U_0 \cdot C_1/(C_1 + C_2)$; **b)** $W_C = \frac{1}{2}(C_1 + C_2) \cdot U^2$;
22.2: Mit der Beziehung aus Aufgabe 22.1 a) folgt $C_2 = 25$ pF; **22.3:** $Q = 1{,}5 \cdot 10^{-7}$ C; **22.4:** Nach (22.6): $C \approx 140$ pF; **22.5: a)** $C = 4{,}4$ pF (verdoppelt); **b)** $Q = 4{,}4 \cdot 10^{-10}$ C (verdoppelt); **c)** $U = 100$ V (konstant); **d)** $E = 5 \cdot 10^4$ V/m (konstant);
22.6: a) $C_D = 4{,}4$ pF (verdoppelt); **b)** $Q =$ const.; **c)** $U = 50$ V (halbiert); **d)** $E = 2{,}5 \cdot 10^4$ V/m (halbiert);
22.7: a) Mit (21.11): $U = 8{,}4 \cdot 10^7$ V; **b)** Mit (22.1) und (22.4): $Q = 177$ mC; **c)**: Nach (22.14): $W_C \approx 7{,}4 \cdot 10^6$ J; **d)** Da 1 kWh $= 3{,}6 \cdot 10^6$ Ws $= 3{,}6 \cdot 10^6$ J folgt: ca: 0,25 €; **22.8: 1)** $C_{ges} = \frac{2}{3} C$;
2) $C_{ges} = 3\,C$;
3) $C_{ges} = 2\,C$; **4)** $C_{ges} = \frac{1}{5} C$; **5)** $C_{ges} = \frac{1}{6} C$;
22.9: a) Aus (22.14): $Q_e = 2W_e/U_e = 0{,}4$C; **b)** Mit (22.1): $C = 800$ µF; **22.10: a)** Aus (20.3): $Q \approx 588 \cdot 10^3$ C; **b)** Mit (22.7) folgt $C \approx 713$ µF; **c)** Mit (22.13): $W_{el} \approx 2{,}43 \cdot 10^{14}$J.

23.1: $\Delta Q = 1800$C;
23.2: $N = \Delta Q/e = I \cdot \Delta t/e = 2{,}25 \cdot 10^{22}$;
23.3: Mit (22.1) und (23.1): $I = C \cdot U/\Delta t = 10$ µA;
23.4: $I = 2{,}12$ A; **23.5:** $I = 0{,}43$ A; **23.6:** $t = 13{,}33$ h;
23.7: $P = U \cdot I = 230 \cdot 16$ W $= 3{,}68$ kW;
23.8: a) $W = 0{,}54$ kWh; **b)** $t_{max} = 45$ h;
23.9: a) $W = 2{,}16$ kJ; **b)** $P = 18$ W;
23.10: Aus $q \cdot U - m \cdot v^2/2$ folgt: $v - 2$ m/s.

24.1: $R = 880\ \Omega$; **24.2: a)** ja; **b)**: $R = 500\ \Omega$;
24.3: $R \approx 8{,}4\ \Omega$; **24.4:** $d_{Cu} \approx 3$ mm;
24.5: a) $P_2 = \frac{1}{4} P_1 = 302{,}5$ W; **b)** $I_2 = \frac{1}{2} I_1 = 2{,}75$ A;
c) unverändert; **24.6:** $R = 529\ \Omega$; **24.7:** 269,65 kWh (elektrische Arbeit $\Delta W = P \cdot \Delta t$, s. § 23.2; dem Wasser zugeführte Wärmemenge nach Gleichung (15.1)); **24.8: a)** $R = 7{,}64\ \Omega$; **b)** $U = 2{,}3$ V;

24.9: a) $R_{ges} \approx 119\ \Omega$; **b)** $I_1 \approx 50$ mA; $I_2 = I_4 \approx 19$ mA; $I_3 = 13$ mA; **24.10:** $R_{ges} = \frac{5}{6} R$; **24.11: a)** $I = 500$ mA; **b)** $U = 4$ V; **24.12: a)** $G = 0{,}2$ S; **b)** $I = 2$ A;
24.13: a) $R_x = 4\ \Omega$; **b)** $I = 1{,}2$ A; **c)** $I = 0{,}4$ A; **d)**: $I = 0{,}8$ A; **24.14:** $l \approx 532$ m (mit den Gleichungen

(24.5) und (24.22)); **24.15: a)** $U_K = 10{,}5$ V; **b)** $I_{max} = 4$ A; **24.16: a)** $U^{EMK} = 2{,}0\,V (= U_K \text{ für } I = 0)$; **b)** Aus dem Steigungsdreieck der Geraden folgt $R_i = \frac{\Delta U_K}{\Delta I} = 0{,}02\,\Omega$; **c)** $I_{max} = 100$ A (mit (24.27)); **24.17: a)** $P_i = 0{,}4$ W; **b)** $P_V = 3{,}6$ W; **24.18:** Nach (24.29) folgt $\frac{U_x}{U_0} = \frac{R}{R + 24\,\Omega}$ und mit U_x und U_0 daraus $R = 72\ \Omega$; **24.19: a)** bleibt konstant; **b)** bleibt konstant; **c)** die Stromstärke nimmt ab; **24.20: a)** $I = 10$ mA; **b)** bleibt konstant; **c)** $U(a) = -1{,}5$ V; $U(b) = +1{,}5\,V$.

25.1: Nach (25.2) ist $v_{dr} = j/(\varrho_N \cdot e) = 3{,}5 \cdot 10^{-2}\text{cm/s}$ mit $j = I/A = 476\ \text{A/cm}^2$ und aus (3.1), (3.3) und (3.4) folgt $\varrho_N = \varrho \cdot N_A/M \approx 8{,}5 \cdot 10^{22}/\text{cm}^3$; **25.2:** Mit (25.8): $\varrho_T = 2{,}38 \cdot 10^{-6}\Omega \cdot \text{cm}$; **25.3: a)** ii) und iii); **b)** i) und iv); **25.4:** (4); **25.5:** 0,05 mol NaCl $\triangleq 3 \cdot 10^{22}$ Teilchen $\rightarrow$ dissoziieren in $N_{ges} \approx 6 \cdot 10^{22}$ Ionen; **25.6:** Mit (25.19) und (25.24) folgt: $M = (m \cdot z \cdot F)/(I \cdot t) = 16{,}08$ g/mol; **25.7:** $Q = 96\,485$ C; **25.8:** $\Delta t \approx 100$ Minuten; **25.9:** im Punkt (5); **25.10:** Aus Gleichung (25.31): $v = 1{,}46 \cdot 10^8$ m/s.

26.1: Mit (26.2), (26.3) und $\mu_r = 1 : I \approx 25$ mA; **26.2:** Mit (26.13): $H = 10^4$ A/m; **26.3:** $H = 1{,}44 \cdot 10^4$ A/m (beachte: doppellagig); $\Phi = 2 \cdot 10^{-4}$ V · s; **26.4:** Mit (26.12): $H = |e|/(2\Delta t \cdot r_0) \approx 10^7$ A/m; $B \approx 12\,T$; **26.5:** $F = I \cdot l \cdot \mu_0 \cdot H = 1{,}3$ mN; $\vec{F} \perp \vec{B}$; $\vec{F} \perp \vec{l}$ (s. Abb. 26.17); **26.6:** Mit (26.15) und (26.11): $F = I \cdot l \cdot B = I \cdot l \cdot \mu_0 \cdot H = I^2 \cdot l \cdot \mu_0/2\pi \cdot r \approx 25$ mN; **26.7:** $F = 6{,}4 \cdot 10^{-12}$ N; **26.8:** Aus (20.5) und (26.16): $v \approx 8 \cdot 10^7$m/s; $E \approx 18$ keV; **26.9: a)** Mit $v = \sqrt{2E_{kin}/m}$ und (26.23): $r = \left(\sqrt{2m \cdot E_{kin}}\right)/(e \cdot B) \approx 11$cm; **b)** $\nu = \omega/2\pi = v/(2\pi r) = e \cdot B/(2\pi m) \approx 2{,}8 \cdot 10^6$ Hz, unabhängig von der Geschwindigkeit v; **c)** $T = 1/\nu \approx 3{,}6 \cdot 10^{-7}$ s; **26.10:** Mit (26.23): $B \approx 1{,}6 \cdot 10^{-8}$ T; **26.11:** $|\vec{F}| = 1{,}6 \cdot 10^{-14}$ N; $\vec{F} \perp \vec{v}$ und $\vec{B}$; **26.12:** $U_{ind} = v \cdot B \cdot l = 43$ mV.

27.1: $R_C = 159\ \Omega$; **27.2:** $\nu = 100$ Hz; **27.3:** $\tau = 10$ ms; **27.4:** $Z = 4{,}71$ kΩ; **27.5:** $\bar{P}_W \approx 132$ W; **27.6: a)** $R_C = 21{,}2\ \Omega$; **b)** $R_L = 18{,}9\ \Omega$; **c)** nach (27.21) $Z \approx 4{,}6\ \Omega$; **d)** nach (27.19) $I_0 \approx 70$ A; **e)** $\tan\varphi \approx -0{,}6 \Rightarrow \varphi \approx -31°$; φ negativ, da $R_C > R_L$, d. h. die Spannung hinkt dem Strom hinterher; **27.7: a)** $U_{eff} = 230$ V; $I_{eff} \approx 49$ A; **b)** mit φ aus Aufgabe 27.6 $\Rightarrow \cos\varphi = 0{,}86$; **c)** mit (27.40) $\bar{P}_W = 9{,}7$ kW; **27.8:** $N_2 = 18$; **27.9: a)** $N_1/N_2 = 87$; **b)** $I_{2,eff} = \bar{P}/(U_{2,eff} \cdot \cos\varphi) = 304$ A; $I_{1,eff} = \bar{P}/(U_{1,eff} \cdot \cos\varphi) = 3{,}5$ A; **c)** nach (27.39) $R = 0{,}76\ \Omega$; **27.10:** $\bar{P} = 1{,}67 \cdot 10^6$ W.

28.1: nur (3); **28.2:** keines; **28.3: a)** (2), (3) und (4); **b)** den Gesamtstrom im Kreis; **28.4: a)** (1); **b)** (2), (3) und (4); **28.5:** $R = 0{,}4\ \Omega$.

29.1: a) (1); (2); (6); (7); (9); (11); (12); **b)** (3); (5); (8); **c)** (4), (10); **29.2: a)** (2); (3); (8); (9); (10); (12); (15); **b)** (1); (4); (7); (11); (14); **c)** (5); (6); (13); **29.3: a)** (1); **b)** (2); **c):** (3); (4).

Kapitel 5 Schwingungen und Wellen

30.1: $\Delta t = 0{,}5$ s; **30.2:** $t = 2$ s; **30.3:** ν wird halbiert; **30.4:** $\omega = 10\ \text{s}^{-1}$; **30.5:** $D \approx 708$ N/m; **30.6: a)** (1), (4), $E_{pot} + E_{kin} = E_{ges} = \text{const.}$; **b)** (2), (5); **c)** (3), (6); **30.7: a)** $T = 0{,}2$ s; **b)** $\nu = 5$ Hz; **c)** $\omega = 31{,}4\ \text{s}^{-1}$; **d):** $l \approx 1$ cm; **e):** 300-mal; **30.8: a)** (1); **b)** (2); **c)** (2); **d)** (1); **30.9:** Kapazität halbiert; **30.10:** $\omega = 5 \cdot 10^3\ \text{s}^{-1}$; **30.11: a)** anharmonisch; **b)** periodisch; $T = 1$ ms; **30.12:** $t_5 - t_1$; **30.13:** Frequenz der Grundschwingung: 2 kHz; Frequenzen der ersten drei Oberschwingungen: 4 kHz; 6 kHz; 8 kHz; **30.14:** $V = 10^5$; **30.15:** $P_1 = 50$ mW.

31.1: s. Gleichungen (31.5) und (31.2); **31.2: a)** 6 cm; **b)** 100 cm; **c)** 2 Hz; **d)** 2 m/s; **e)** negative x-Richtung; **31.3:** $\varphi = \pi$; $\Delta = \lambda/2$; **31.4:** 1. Knoten an der Wand $\Rightarrow \lambda = 4$ cm; **31.5:** nach Gleichung (31.20): $d = \lambda$; **31.6:** $\tan\alpha = \frac{d}{a} = 0{,}05 \approx \sin\alpha = \lambda/g \Rightarrow \lambda = 6 \cdot 10^{-7}$m; **31.7:** Er geht auf die Hälfte zurück; **31.8:** $\Delta = \lambda$; $\varphi = 2\pi$; **31.9: a)** Die Spektren liegen symmetrisch zum unabgebeugten Licht, und zwar von der Mitte entfernt das blaue bzw. rote Ende des Spektrums in 1. Ordnung: $x_v = 48{,}4$ mm; $x_r = 85{,}9$ mm; in 2. Ordnung: $x_v = 98{,}9$ mm; $x_r = 185{,}1$ mm; in 3. Ordnung: $x_v = 154{,}3$ mm; $x_r = 324{,}5$ mm; **b)** 2. und 3. Beugungsordnung überlappen sich auf 30,8 mm; **31.10: a)** Ton höherer Frequenz; **b)** Ton geringerer Frequenz.

32.1: a) größer; **b)** größer; **c)** kleiner; **d)** größer; **e)** kleiner; **32.2:** IR; **32.3:** UV; **32.4:** IR – VIS – UV – X – γ; **32.5: a)** 750 THz bis 375 THz; **b)** 200 m bis 1 m.

33.1: $c = 1{,}28$ km/s; **33.2:** c bleibt konstant, λ wird halb so groß; **33.3:** $\Delta t \approx 0{,}6$ s; **33.4: a)** 660 m; **b)** 2000; **33.5:** $\lambda = 4$ m; **33.6:** $\lambda_W/\lambda_L = 5{,}0$; **33.7: a)** 1,5 km; **b)** $\Delta t \approx 0{,}67$ s; **33.8:** $\lambda = 4\,L$; **33.9:** 20 cm vor der Wand; **33.10:** 60 dB.

Kapitel 6 Optik

34.1: $\nu_v \approx 7{,}9 \cdot 10^{14}$ Hz; $T_v \approx 1{,}3 \cdot 10^{-15}$ s; $\nu_r \approx 3{,}8 \cdot 10^{14}$ Hz; $T_r \approx 2{,}6 \cdot 10^{-15}$s; **34.2:** $E_g \approx 3{,}6 \cdot 10^{-19}$J

$\hat{\approx}$ 2,2 eV; **34.3:** $E_v \approx 3{,}26$ eV; $E_r \approx 1{,}59$ eV; $E_{UV} > E_{VIS} > E_{IR}$.

35.1: $v \approx 2 \cdot 10^8 \frac{m}{s}$; **35.2:** $\Delta s = 400$ m; **35.3:** $\nu_{r_G} = 4 \cdot 10^{14}$ Hz; $\lambda_{r_G} \approx 500$ nm; **35.4:** $n = 1{,}33$; **35.5:** $\alpha = 57°5'13''$; **35.6:** $\alpha_{gr} \approx 63°$; **35.7:** $b = -\frac{f}{5}$; $-\frac{f}{2}$; $-f$; $-2f$; $-5f$ bzw. (7,2; 18; 36; 180) cm; **35.8:** $g = \frac{e}{V-1} = 14$ cm; $f = \frac{V \cdot e}{V^2 - 1} = 10{,}5$ cm; **35.9:** Nach Gleichung (35.13) folgt wegen $\alpha = \frac{1}{2}(\gamma + \delta_{min})$: $\alpha = 26°52'$; **35.10: a)** $r = 30$ cm; **b)** $B = 12$ cm; **35.11: a)** $b = 30$ cm; **b)** $B = 10$ cm; **c)** reell, umgekehrt; **35.12:** $e = 20$ cm; **35.13:** $f = 25$ cm; **35.14:** $D = 2$ dpt; **35.15: a)** $D > 0$, aber kleiner; **b)** $D = 0$; **c)** $D < 0$, Wirkung einer Zerstreuungslinse; **35.16:** $f = 72$ cm; $D = 1{,}4$ dpt; **35.17:** $f = 8{,}75$ cm; **35.18:** $f = 5$ cm; **35.19:** $f_2 = -20$ cm; **35.20:** $f \approx 45$ mm.

36.1: Abnahme von D um ca. 65 %; **36.2:** $D_{Akk} = 4{,}5$ dpt; **36.3:** Es entsteht ein reelles, umgekehrtes Bild vor der Netzhaut; **36.4:** $D = 20$ dpt; **36.5:** 60-, 120-, 250-, 400-, 500- und 800fach; **36.6: a)** $v = 80$; **b)** $v = 360$; **36.7:** $v \approx 1000$; $g \approx \lambda/2 \approx 250$ nm; **36.8:** $g \approx 0{,}3$ nm; **36.9:** $\lambda \approx 2{,}7$ pm; **36.10: a)** Dispersion der Brechzahl n; **b)** Beugung.

37.1: Mit Gleichung (37.1) folgt $\alpha = \arccos\left(\pm 1/\sqrt{2}\right) = \pm 45°$ oder $\pm 135°$; **37.2: a)** aus (37.3) folgt $\alpha_B = \arctan(1{,}5) \hat{=} 56{,}3°$; **b)** mit (35.5) ergibt sich $\beta_B = 33{,}7°$; **37.3:** mit (37.5) folgt: $\alpha = 1{,}33°$.

Kapitel 7 Atomistische Struktur der Materie

38.1: a) $m(\text{Hg}) = 3{,}33 \cdot 10^{-25}$ kg; **b)** $m(\text{K}) = 6{,}81 \cdot 10^{-26}$ kg; **38.2: a)** $R_A \approx 10^{-10}$ m; **b)** $R_K \approx 10^{-15}$ m; **38.3:** nach (38.9): $R_{He^+} \approx 0{,}53 \cdot 10^{-10}$ m; **38.4:** $n = 3$; **38.5:** $x = 8$; **38.6: a)** Mit (38.11) bzw. der Rydbergformel: von $m = 4$ nach $n = 2$; **b)** Balmer-Serie: **38.7: a)** $E \approx 12$ eV; **b)** mit (34.2) folgt: $|\vec{p}| \approx 6{,}5 \cdot 10^{-27}$ kg · m · s^{-1}; **c)** $\lambda = 102{,}5$ nm; **38.8: a)** $E_{n=4} = 0{,}85$ eV; **b)** $E_{n=8} = 0{,}213$ eV; **c)** $E_{n=25} = 0{,}022$ eV.

39.1: Mit $\Theta = \mu \cdot r^2$ und (39.1) folgt: **a)** $E_{rot} = (7{,}6 \cdot 10^{-3}\ \text{eV}) \cdot J \cdot (J+1)$; **b)** $E_{rot} = (1{,}3 \cdot 10^{-3}\ \text{eV}) \cdot J \cdot (J+1)$; **39.2:** $\nu_{OT} \approx \nu_{OH}/\sqrt{3}$; **39.3:** Mit $E = p^2/2\,m$ oder $p = \sqrt{2\,m \cdot E}$ und (36.9) folgt für $\lambda_n = 1{,}81 \cdot 10^{-10}$m.

40.1: Mit (40.4) folgt $\lambda = \frac{1}{\tau} = \frac{1}{3} \cdot 10^{-2}\ \text{s}^{-1} \approx 3{,}3 \cdot 10^{-3}\ \text{s}^{-1}$; **40.2:** $T_{1/2} = \tau \cdot \ln 2$; **40.3:** $\tau = 8245$ a; **40.4: a)** $T_{1/2} \approx 15$ h; **b)** $\tau \approx 21{,}6$ h; **40.5:** $t \approx 100$ a; **40.6:** $m = 2{,}5$ ng $\left(8\ \text{h} \hat{=} 4 \cdot T_{1/2}\right)$; **40.7:** $t = 4$ h; **40.8:** Mit (40.8) folgt $A = N \cdot \lambda = \frac{N_A \cdot m}{M} \cdot \lambda = 3{,}4 \cdot 10^{15}\ \text{s}^{-1}$; **40.9:** $t \approx 123$ h; **40.10:** $A_t = 1/32$; **40.11: a)** α, β, γ; **b)** α und β sowohl in elektrischen als auch in magnetischen Feldern; **40.12:** X = α-Teilchen; **40.13:** X = β^--Teilchen; **40.14:** X = $^4_2$He-Kerne $\hat{=}$ α-Teilchen; **40.15:** Isotope mit den Nukleonenzahlen $A = 107$ und 109.

Kapitel 8 Strahlung

41.1: $E_2 = \frac{4}{9} E_1$; **41.2:** wird auf ca. 6 % reduziert; **41.3:** $x = 50{,}6$ cm.

43.1: a) $A = 1$; **b)** $A = \lg 2 \approx 0{,}3$; **43.2:** $T_2 = 1/9$; **43.3:** $T = 50$ %; **43.4: a)** $a_n = 34{,}6$ m^{-1}; **b)** $x_e \approx 3$ cm; **43.5:** $d \approx 21{,}6$ mm; **43.6:** $D = 10$ µJ · kg^{-1}; **43.7:** mindestens 5 Bleiplatten; **43.8:** $x = 100$ cm.

Kapitel 9 Steuerung – Regelung – Informationsübertragung

Keine Aufgaben.

Kapitel 10 Physikalische Messung – Messfehler

48.1: $d = 2{,}06$ cm; **48.2:** 383 734 km; **48.3: a)** 0,2 mA; **b)** ± 2,5‰; **48.4:** ± 1,5 %; **48.5:** $\pm 2{,}5 \cdot 10^{-3} \hat{=} \pm 2{,}5$‰; **48.6:** $\pm 9 \cdot 10^{-6}$; **48.7:** ± 3%; **48.8:** $\pm 10^{-3}$%; **48.9: a)** 40 mm (Maximum der Fehlerkurve); **b)** 10 mm (halber Abstand der Wendepunkte bei H_1); **48.10:** ± 0,03%; **48.11:** $x_2 = 7{,}8$ µm; **48.12:** ± 2,5%; **48.13:** ± 3 dm^3; **48.14:** ± 100 Watt; **48.15:** ± 1,5%; **48.16:** ± 7%; **48.17:** ± 10%; **48.18:** ± 5%; **48.19:** ± 20%, mit Gleichung (35.27); **48.20:** 120 Impulse/Minute.

Anhang

Weiterführende Lehrbücher

Alonso-Finn: **Physik**, Oldenbourg, 2005
Atkins, de Paula: **Physikalische Chemie**, Wiley-VCH, 2006
Bergmann-Schaefer: **Lehrbuch der Experimentalphysik**, de Gruyter, 2001/2008
Demtröder: **Experimentalphysik**, Springer, 2008/2010
Feynman, Leighton, Sands: **Feynman-Vorlesungen über Physik**, Oldenbourg, 2009
Gerthsen: **Gerthsen, Physik**, Springer 2006
Giancoli: **Physik**, Pearson Studium, 2010
Halliday-Resnick: **Physik**, de Gruyter, 1993/1994
Kneubühl: **Repetitorium der Physik**, Teubner, 1994
Pohl: **Einführung in die Physik**, Springer, 2009/2010
Wedler: **Lehrbuch der Physikalischen Chemie**, Wiley-VCH, 2004

Einige physikalische Konstanten

Gravitationskonstante $\gamma = \left(6{,}674\,28 \pm 67 \cdot 10^{-5}\right) \cdot 10^{-11}\,\frac{\mathrm{N \cdot m^2}}{\mathrm{kg^2}} \approx 6{,}7 \cdot 10^{-11}\,\frac{\mathrm{N \cdot m^2}}{\mathrm{kg^2}}$

Vakuumlichtgeschwindigkeit (exakt) $c = 2{,}997\,924\,58 \cdot 10^{8}\,\frac{\mathrm{m}}{\mathrm{s}} \approx 3 \cdot 10^{8}\,\frac{\mathrm{m}}{\mathrm{s}}$

Avogadro-Konstante $N_\mathrm{A} = (6{,}022\,141\,79 \pm 30 \cdot 10^{-8}) \cdot 10^{23}\,\mathrm{mol}^{-1} \approx 6 \cdot 10^{23}\,\mathrm{mol}^{-1}$

Loschmidt-Konstante (273,15 K; 101,325 kPa)

$N_0 = \frac{N_\mathrm{A}}{V_\mathrm{m}} = \left(2{,}686\,777\,4 \pm 47 \cdot 10^{-7}\right) \cdot 10^{25}\,\mathrm{m}^{-3} \approx 2{,}7 \cdot 10^{25}\,\mathrm{m}^{-3}$

Universelle (molare) Gaskonstante $R = \left(8{,}314\,472 \pm 15 \cdot 10^{-6}\right)\frac{\mathrm{J}}{\mathrm{mol \cdot K}} \approx 8{,}3\,\frac{\mathrm{J}}{\mathrm{mol \cdot K}}$

Molares Volumen des idealen Gases

(bei Normbedingungen: $T_0 = 273{,}15$ K; $p_0 = 101{,}325$ kPa)

$V_\mathrm{m} = \frac{R \cdot T_0}{p_0} = \left(22{,}413\,996 \pm 39 \cdot 10^{-6}\right) \cdot 10^{-3}\,\frac{\mathrm{m^3}}{\mathrm{mol}} \approx 22{,}4\,\frac{\mathrm{dm^3}}{\mathrm{mol}}$

Boltzmann-Konstante $k = \frac{R}{N_\mathrm{A}} = \left(1{,}380\,650\,4 \pm 24 \cdot 10^{-7}\right) \cdot 10^{-23}\,\frac{\mathrm{J}}{\mathrm{K}} \approx 1{,}4 \cdot 10^{-23}\,\frac{\mathrm{J}}{\mathrm{K}}$

Konstante des Wien'schen Verschiebungsgesetzes

$b = (2897{,}768\,5 \pm 51 \cdot 10^{-4})\,\mathrm{\mu m \cdot K} \approx 2898\,\mathrm{\mu m \cdot K}$

Stefan-Boltzmann-Strahlungskonstante

$\sigma = (5{,}670\,400 \pm 40 \cdot 10^{-6}) \cdot 10^{-8}\,\frac{\mathrm{W}}{\mathrm{m^2 \cdot K^4}} \approx 5{,}7 \cdot 10^{-8}\,\frac{\mathrm{W}}{\mathrm{m^2 \cdot K^4}}$

Elektrische Feldkonstante oder Permittivität des Vakuums (exakt)

$\varepsilon_0 = \frac{1}{\mu_0 \cdot c^2} = (8{,}854\,187\,817\ldots) \cdot 10^{-12}\,\frac{\mathrm{F}}{\mathrm{m}} \approx 8{,}9 \cdot 10^{-12}\,\frac{\mathrm{F}}{\mathrm{m}} = 8{,}9 \cdot 10^{-12}\,\frac{\mathrm{A^2 \cdot s^2}}{\mathrm{N \cdot m^2}}$

Maßsystemkonstante des elektrischen Grundgesetzes

$$\frac{1}{4\pi\,\varepsilon_0} = 10^{-7} \cdot c^2 = (8{,}987\,551\,787\ldots) \cdot 10^9\,\frac{\mathrm{m}}{\mathrm{F}} \approx 9 \cdot 10^9\,\frac{\mathrm{m}}{\mathrm{F}} = 9 \cdot 10^9\,\frac{\mathrm{N}\cdot\mathrm{m}^2}{\mathrm{A}^2\cdot\mathrm{s}^2}$$

Magnetische Feldkonstante oder Permeabilität des Vakuums (exakt)

$$\mu_0 = \frac{1}{\varepsilon_0 \cdot c^2} = 4\pi \cdot 10^{-7}\,\frac{\mathrm{H}}{\mathrm{m}} = (1{,}256\,637\,061\,4\ldots) \cdot 10^{-6}\,\frac{\mathrm{H}}{\mathrm{m}} \approx 1{,}3 \cdot 10^{-6}\,\frac{\mathrm{H}}{\mathrm{m}} = 1{,}3 \cdot 10^{-6}\,\frac{\mathrm{N}}{\mathrm{A}^2}$$

Elementarladung $e = (1{,}602\,176\,487 \pm 40 \cdot 10^{-9}) \cdot 10^{-19}\,\mathrm{C} \approx 1{,}6 \cdot 10^{-19}\,\mathrm{C}$

Faraday-Konstante

$$F = N_\mathrm{A} \cdot e = (9{,}648\,533\,99 \pm 24 \cdot 10^{-8}) \cdot 10^4\,\frac{\mathrm{C}}{\mathrm{mol}} \approx 9{,}7 \cdot 10^4\,\frac{\mathrm{C}}{\mathrm{mol}} \text{ oder } \approx 96485\,\frac{\mathrm{C}}{\mathrm{mol}}$$

Ruhmasse des Elektrons $m_\mathrm{e} = (9{,}109\,382\,15 \pm 45 \cdot 10^{-8}) \cdot 10^{-31}\,\mathrm{kg} \approx 9 \cdot 10^{-31}\,\mathrm{kg}$

Spezifische Elektronenladung $\dfrac{-e}{m_\mathrm{e}} = \left(-1{,}758\,820\,150 \pm 44 \cdot 10^{-9}\right) \cdot 10^{11}\,\dfrac{\mathrm{C}}{\mathrm{kg}} \approx 1{,}8 \cdot 10^{11}\,\dfrac{\mathrm{C}}{\mathrm{kg}}$

Ruhmasse des Protons $m_\mathrm{p} = (1{,}672\,621\,637 \pm 83 \cdot 10^{-9}) \cdot 10^{-27}\,\mathrm{kg} \approx 1{,}673 \cdot 10^{-27}\,\mathrm{kg}$

Verhältnis Ruhmasse des Protons zu Ruhmasse des Elektrons

$$\frac{m_\mathrm{p}}{m_\mathrm{e}} = \left(1{,}836\,152\,672\,47 \pm 80 \cdot 10^{-11}\right) \cdot 10^3 \approx 1836$$

Ruhmasse des Neutrons $m_\mathrm{n} = (1{,}674\,927\,211 \pm 84 \cdot 10^{-9}) \cdot 10^{-27}\,\mathrm{kg} \approx 1{,}675 \cdot 10^{-27}\,\mathrm{kg}$

Atommassenkonstante (atomare Masseneinheit) $m_\mathrm{u} = m\left({}^{12}_{6}\mathrm{C}\right)/12 = 1\,\mathrm{u}$

$1\,m_\mathrm{u} = 1\,\mathrm{u} = (10^{-3}\,\mathrm{kg}\cdot\mathrm{mol}^{-1})/N_\mathrm{A} = (1{,}660\,538\,782 \pm 83 \cdot 10^{-9}) \cdot 10^{-27}\,\mathrm{kg} \approx 1{,}661 \cdot 10^{-27}\,\mathrm{kg}$

Planck-Konstante $h = (6{,}626\,068\,96 \pm 33 \cdot 10^{-8}) \cdot 10^{-34}\,\mathrm{J}\cdot\mathrm{s} \approx 6{,}6 \cdot 10^{-34}\,\mathrm{J}\cdot\mathrm{s}$

$$\hbar = \frac{h}{2\pi} = \left(1{,}054\,571\,628 \pm 53 \cdot 10^{-9}\right) \cdot 10^{-34}\,\mathrm{J}\cdot\mathrm{s} \approx 1{,}1 \cdot 10^{-34}\,\mathrm{J}\cdot\mathrm{s}$$

Rydberg-Konstante $R_\infty = (1{,}097\,373\,156\,852\,7 \pm 73 \cdot 10^{-13}) \cdot 10^7\,\mathrm{m}^{-1} \approx 1{,}1 \cdot 10^7\,\mathrm{m}^{-1}$

Rydberg-Frequenz $R'_\infty = R_\infty \cdot c = (3{,}289\,841\,960\,361 \pm 22 \cdot 10^{-12}) \cdot 10^{15}\,\mathrm{Hz} \approx 3{,}29 \cdot 10^{15}\,\mathrm{Hz}$

Bohr-Radius $a_0 = (5{,}291\,772\,085\,9 \pm 36 \cdot 10^{-10}) \cdot 10^{-11}\,\mathrm{m} \approx 5{,}3 \cdot 10^{-11}\,\mathrm{m}$

Compton-Wellenlänge des Elektrons $\lambda_{\mathrm{C,e}} = \dfrac{h}{m_\mathrm{e} \cdot c} = \left(2{,}426\,310\,217\,5 \pm 33 \cdot 10^{-10}\right) \cdot 10^{-12}\,\mathrm{m}$

Energieeinheit Elektronenvolt $1\,\mathrm{eV} = (1{,}602\,176\,487 \pm 40 \cdot 10^{-9}) \cdot 10^{-19}\,\mathrm{J} \approx 1{,}6 \cdot 10^{-19}\,\mathrm{J}$

Energieäquivalent der Protonmasse

$$E(m_\mathrm{p}) = m_\mathrm{p} \cdot c^2 = (1{,}503\,277\,339 \pm 75 \cdot 10^{-9}) \cdot 10^{-10}\,\mathrm{J} \mathrel{\widehat{=}} (9{,}382\,720\,13 \pm 23 \cdot 10^{-8}) \cdot 10^{8}\,\mathrm{eV}$$

Energieäquivalent der Neutronmasse

$$E(m_\mathrm{n}) = m_n \cdot c^2 = (1{,}505\,349\,505 \pm 75 \cdot 10^{-9}) \cdot 10^{-10}\,\mathrm{J} \mathrel{\widehat{=}} (9{,}395\,653\,46 \pm 23 \cdot 10^{-8}) \cdot 10^{8}\,\mathrm{eV}$$

Energieäquivalent der Elektronmasse

$$E(m_\mathrm{e}) = m_\mathrm{e} \cdot c^2 = (8{,}187\,104\,38 \pm 41 \cdot 10^{-8}) \cdot 10^{-14}\,\mathrm{J} \mathrel{\widehat{=}} (5{,}109\,989\,10 \pm 13 \cdot 10^{-8}) \cdot 10^{5}\,\mathrm{eV}$$

Energieäquivalent der atomaren Masseneinheit

$$E(m_\mathrm{u}) = (1m_\mathrm{u}) \cdot c^2 = (1{,}492\,417\,830 \pm 74 \cdot 10^{-9}) \cdot 10^{-10}\,\mathrm{J} \mathrel{\widehat{=}} (9{,}314\,940\,28 \pm 23 \cdot 10^{-8}) \cdot 10^{8}\,\mathrm{eV}$$

Das griechische Alphabet

Alpha	*Α*	α
Beta	*Β*	β
Gamma	*Γ*	γ
Delta	*Δ*	δ
Epsilon	*Ε*	ϵ, ε
Zeta	*Ζ*	ζ
Eta	*Η*	η
Theta	*Θ*	ϑ, θ
Jota	*Ι*	ι
Kappa	*Κ*	κ, ϰ
Lambda	*Λ*	λ
My [mü]	*Μ*	μ
Ny [nü]	*Ν*	ν
Xi	*Ξ*	ξ
Omikron	*Ο*	ο
Pi	*Π*	π
Rho	*Ρ*	ρ, ϱ
Sigma	*Σ*	σ, ς
Tau	*Τ*	τ
Ypsilon	*Υ*	υ
Phi	*Φ*	ϕ, φ
Chi	*Χ*	χ
Psi	*Ψ*	ψ
Omega	*Ω*	ω

Sachregister

A

B

C

D

F

G

H

I

J

K

M

O

P

Q

R

S

T

U

V

W

X

Y

Z

Der Autor

Prof. Dr. Ulrich Haas
Universität Hohenheim
Fakultät Naturwissenschaften (220)
D – 70593 Stuttgart

Ulrich Haas diplomierte und promovierte in Physik am Physikalischen Institut der Universität Tübingen über ein Thema aus der Atomphysik und war dort als Assistent tätig, ehe er an die Universität Hohenheim wechselte. Hier habilitierte er sich mit einer physikalisch-chemischen und biophysikalischen Arbeit. Ein Forschungsaufenthalt in Brasilien schloss sich an. Neben dem Forschungsschwerpunkt der Spektroskopie kondensierter Materie wandte er sich an der Universität Hohenheim verstärkt der Entwicklung hochempfindlicher Detektionssysteme zum Spurengasnachweis mittels Laserspektroskopie zu. Als Professor für Physik ist er hier nach seiner Pensionierung auch heute noch in Forschung und Lehre tätig, wobei ihm die Verquickung beider stets wichtig ist. Jungen Menschen die Physik, die Freude an Naturwissenschaften zu vermitteln hat ihn schon immer begeistert. Der ihm verliehene Landeslehrpreis Baden-Württemberg ist nicht zuletzt ein Votum für sein erfolgreiches Wirken in der Lehre.